Hans Jörg Leyhausen
Die Meisterprüfung im Kfz-Handwerk

Dipl.-Ing. Hans Jörg Leyhausen

Die Meisterprüfung im Kfz-Handwerk

Das umfassende Standardwerk für den angehenden und praktizierenden Meister

Allgemeine Grundlagen, Verbrennungsmotoren
Gemischbildung, Kraftübertragung, Fahrwerk
Fahrzeugbremsen, Kfz-Elektrik, Fachrechnen
Werkstoffkunde, Kraft- und Schmierstoffe
Technisches Zeichnen

13. Auflage

Vogel Buchverlag

Die Deutsche Bibliothek – CIP-Einheitsaufnahme

Leyhausen, Hans Jörg:
Die Meisterprüfung im Kfz-Handwerk : das umfassende Standardwerk für den angehenden und praktizierenden Meister / Hans-Jörg Leyhausen. – 13. Aufl. – Würzburg : Vogel, 1993
(Vogel-Fachbuch : Kraftfahrzeugtechnik : Die Meisterprüfung)
ISBN 3-8023-1504-9

ISBN 3-8023-1504-9
13. Auflage. 1993

Druck und buchbinderische Verarbeitung:
Friedrich Pustet, Regensburg

Vorwort

Es gibt heute nicht mehr viele Ausbildungswerke, die über so lange Zeit Gültigkeit behielten wie der «Leyhausen». Seit dem Erscheinen 1969 wurde die «Meisterprüfung im Kfz-Handwerk» immer wieder den aktuellen Forderungen und der technischen Weiterentwicklung angepaßt. Gewiß ist das auch der Grund für den dauerhaften Erfolg.

Seit dem 1. 3. 1989 gelten neue Verordnungen zur Meisterprüfung für Kfz-Mechaniker und Kfz-Elektriker. Der «Leyhausen» genügt auch diesen Ansprüchen: Durch Konzentration auf das Wesentliche einerseits und durch thematische Vollständigkeit andererseits bietet er dem Lernenden alles an Wissen über die Kfz-Technik, was er zum Bestehen der Meisterprüfung braucht.

Darüber hinaus behält der «Leyhausen» seinen Wert als Ratgeber für die tägliche Praxis, auch in der Berufsausbildung.

Autor und Verlag

Inhaltsverzeichnis

1 Allgemeine Grundlagen für die Meisterprüfung

Zulassungsbedingungen

Hat ein Kraftfahrzeugmechaniker- oder -elektrikergeselle die Absicht, die Meisterprüfung abzulegen, muß er neben der Meisterprüfungsordnung zunächst die Voraussetzungen für die Zulassung zur Prüfung kennen.

Nachfolgend sind die für den Bereich der Handwerkskammer Flensburg gültigen Voraussetzungen zur Zulassung zur Meisterprüfung in gekürzter Form wiedergegeben (Stand 1. 3. 1989):

1. Zur Meisterprüfung sind Personen zugelassen, die eine Gesellenprüfung bestanden haben und in dem Handwerk, in dem sie die Meisterprüfung ablegen wollen, eine mehrjährige Tätigkeit als Geselle zurückgelegt haben oder zum Ausbilden von Lehrlingen (Auszubildenden) in diesem Handwerk fachlich geeignet sind (§49 Abs. 1 Satz 1 HwO). Für die Zeit der Gesellentätigkeit sollen nicht weniger als drei und dürfen nicht mehr als fünf Jahre gefordert werden (§49 Abs. 1 Satz 2 HwO).
2. Kürzt die Handwerkskammer nach Anhörung des Meisterprüfungsausschusses die Dauer der Gesellentätigkeit gemäß §49 Abs. 5 Nr. 1 HwO, so ist die abgekürzte Zeit der Gesellentätigkeit maßgebend. Für die Entscheidung über die Abkürzung ist die Handwerkskammer zuständig, die die Geschäfte des die Prüfung abnehmenden Meisterprüfungsausschusses führt.
3. Zur Meisterprüfung ist ferner zuzulassen, wer in dem Handwerk, in dem die Meisterprüfung abgelegt werden soll, das Prüfungszeugnis über die vor einem Prüfungsausschuß der Industrie- und Handelskammer abgelegte Abschlußprüfung besitzt, sofern er im übrigen die Voraussetzungen des Absatzes 1 erfüllt (§49 Abs. 2 HwO).
4. Personen, deren Prüfungszeugnis den Zeugnissen über das Bestehen der Gesellenprüfung durch Rechtsverordnung gleichgestellt worden ist (§40 Abs. 1 und 2 HwO), sind entsprechend Abs. 1 zu behandeln.
5. Der Besuch einer Fachschule kann teilweise oder ganz, höchstens jedoch mit drei Jahren auf die Gesellentätigkeit angerechnet werden (§49 Abs. 3 Satz 1 HwO). Soweit die Landesregierung oder die von ihr ermächtigte Stelle für einzelne Fachschulen besondere Bestimmungen erlassen hat, gelten diese (§49 Abs. 3 Satz 2 HwO).
6. Ist der Prüfling in dem Handwerk, in dem er die Meisterprüfung ablegen will, als selbständiger Handwerker, als Werkmeister oder in ähnlicher Stellung tätig gewesen oder weist er eine der Gesellentätigkeit gleichwertige praktische Tätigkeit nach, so ist die Zeit dieser Tätigkeit anzurechnen (§49 Abs. 4 HwO).
7. Zur Meisterprüfung ist außerdem zuzulassen, wer von der nach Abs. 2 Satz 2 zuständigen Handwerkskammer nach Anhörung des Meisterprüfungsausschusses von den Voraussetzungen der Absätze 1 bis 4 gemäß §49 Abs. 5 Nr. 2 HwO ganz oder teilweise befreit ist.
8. Sind durch Rechtsverordnung zusätzliche Zulassungsvoraussetzungen vorgeschrieben, kann eine Zulassung zur Prüfung erst erfolgen, wenn der Prüfling diesen Nachweis erbringt.

Der Anwärter auf die Meisterprüfung muß ein handschriftliches Zulassungsgesuch an die zuständige Handwerkskammer richten. Das Muster auf den nachfolgenden Seiten zeigt solch ein vollständig

Vom Antragsteller auszufüllen:

Erklärung

Ich erkläre,

* 1. daß ich die Meisterprüfung **zusammenhängend** ablegen will,
~~daß ich die Meisterprüfung **abschnittweise** (siehe § 18 Abs. 2 MPO) **beginnend mit Teil** ___, ablegen will.~~

* 2. daß ich mich der Meisterprüfung in dem Handwerk, in dem ich die Prüfung jetzt ablegen möchte, noch an keiner Stelle unterzogen habe,

3. daß ich die Meisterprüfung im ______ ./. ______-Handwerk

am ______ in ______

am ______ in ______

ohne Erfolg abgelegt habe.

Mein ständiger Wohnort liegt im Bezirk der Handwerkskammer Flensburg

Unterzeichner nimmt davon Kenntnis, daß die Ablegung der Meisterprüfung auf eigene Rechnung und Gefahr des Prüflings erfolgt, so daß Ansprüche irgendwelcher Art aus Unfällen oder Sachbeschädigungen bei der Anfertigung der Prüfungsarbeiten in eigener oder fremder Werkstatt weder an die Kammer, den Prüfungsausschuß noch an den Schaumeister gestellt werden können.
Durch Unterschrift bestätige ich, daß ich einen Auszug aus der Meisterprüfungsordnung (MPO) erhalten habe. Von den Rechtsfolgen nach § 22 Abs. 5 und § 24 (Täuschungshandlungen und Ordnungsverstöße) § 25 Abs. 2 + 3, habe ich Kenntnis genommen.

Unterzeichner bestätigt durch seine Unterschrift, daß er die zusätzlich zur Meisterprüfungsordnung nachstehend aufgeführte Ordnung zur schriftlichen Prüfung in den Teilen

II – Fachtheorie –
III – Wirtschafts- und Rechtskunde sowie Angebotskalkulation –
IV – Berufs- und Arbeitspädagogik –

für sich verbindlich anerkennt.

1. Der Prüfungsteilnehmer hat sich auf Verlangen des Aufsichtführenden durch Vorlage seines Personalausweises/Reisepasses und der Einladung zur Prüfung gegenüber dem Aufsichtführenden vor Beginn der Prüfung auszuweisen.
2. Prüfungsbewerber, die sich nicht ausweisen können, nehmen an der Prüfung **nicht** teil.
Erscheint ein Prüfungsbewerber nicht zur Zeit gemäß seiner Einladung kann er nicht an der bereits begonnenen Prüfung teilnehmen.
In beiden genannten Fällen kann der Prüfungsbewerber **nicht** die sofortige Nachprüfung begehren. In der Regel wird die Prüfung erst nachzuvollziehen sein zum nächsten ordentlichen Hauptprüfungstermin des jeweiligen Prüfungsteils. Soweit die Prüfungskommission auf Antrag des Prüfungsbewerbers eine Nachprüfung außerhalb der Regeltermine ermöglichen kann, gehen die entstehenden Kosten zu Lasten des Prüflings.
3. Der Prüfungsteilnehmer hat den Platz unverzüglich einzunehmen, der ihm vom Aufsichtführenden zugewiesen wird.
4. Die Prüfung beginnt mit dem genehmigten Betreten des Prüfungsraumes. Der Prüfungsteilnehmer hat daher nach Einlaß in den Prüfungsraum Ruhe zu halten.
5. Die im Prüfungsraum ausgelegten bzw. zur Verteilung gelangenden Prüfungsarbeiten hat der Prüfungsteilnehmer **erst nach Aufforderung** durch den Aufsichtführenden zu öffnen bzw. einzusehen.
Zuwiderhandlungen können zum Ausschluß von der Prüfung führen.
6. Alle Prüfungsarbeiten sind mit Tinte bzw. Kugelschreiber auszuführen. Mit Bleistift oder Buntstift gefertigte Prüfungsarbeiten können nicht bewertet werden. Ausgenommen bleibt das Prüfungsfach »Fachzeichnen«.
7. In den Prüfungsraum dürfen nur die in der Einladung bezeichneten Materialien eingebracht werden.
Das Mitbringen von Aktentaschen oder ähnlichen Gegenständen sowie Schreibunterlagen ist untersagt.

25746 Heide, den 19.9.1993 Hans Bergmann
Wohnort / Datum / Unterschrift

* **Das Nichtzutreffende ist zu streichen**

Antrag auf Zulassung zur Meisterprüfung

im *KRAFTFAHRZEUGMECHANIKER ~~KRAFTFAHRZEUGELEKTRIKER~~ -Handwerk

An die
Handwerkskammer Flensburg
Postfach 1738
Johanniskirchhof 1
2390 Flensburg

Vom Antragsteller auszufüllen:	
MK.-Nr.: 219	Prüfungs-gruppe Nr.: 5

Herr/Frau/Fräulein Bergmann
Zuname (bei verh. Frauen bitte Geburtsname angeben)

Hans
Vornamen (Rufname unterstreichen)

geb. am 12. 10. 1963 in Heide Kreis Dithmarschen
(Die Angaben müssen mit der Geburtsurkunde übereinstimmen)

Staatsangehörigkeit: deutsch

Straße: Stiftstraße 83

Wohnort: 25746 Heide
Postleitzahl

Die Meisterprüfungsarbeit wird in Klausur angefertigt: ______

Die Unterschrift unter der Erklärung auf der letzten Seite ist unbedingt erforderlich. Ohne Unterschrift gilt der Antrag als nicht gestellt.
* Nichtzutreffendes streichen

Wird von der Handwerkskammer ausgefüllt:

Beginn der prakt. Arbeit: ______

			schriftlich	mündlich	Prüfungsgebühr	
Teil I	Praktische Prüfung (Meisterprüfungsarbeit, Arbeitsprobe)	am			DM ___ am: ___	Sb: ___
Teil II	Fachtheoretische Kenntnisse	am			DM ___ am: ___	Sb: ___
Teil III	Wirtschaftliche und rechtl. Kenntnisse	am			DM ___ am: ___	Sb: ___
Teil IV	Berufs- und arbeitspädagogische Kenntnisse	am			DM ___ am: ___	Sb: ___

Eing.buch ☐

Handwerkskammer Flensburg, Postfach 1738 · 2390 Flensburg, Telefon (0461), Durchwahl 866127
Stadtsparkasse Flensburg, Konto-Nr. 271233 (BLZ 21550050)
Flensburger Volksbank, Konto-Nr. 10405 · (BLZ 21590018)
Vereins- und Westbank, Konto-Nr. 8003147 (BLZ 21530080)
Postgiro Hamburg, Konto-Nr. 41672-203 (BLZ 20010020)

Vom Antragsteller auszufüllen:

Berufliche Tätigkeit:

Von	bis	bei wem? Name	Wohnort	Lehrling	Geselle	selbstdg.	Fach-schule	Wehr-dienst	Bemerkungen
				tätig als (Zahl der Monate eintragen)					
1. 8. 77	31. 8. 80	Fa. Jungjohann	Heide	36					Gesellen-Prüfung
15. 9. 80	15. 2. 82	Bundeswehr						15	
1. 4. 82	30. 4. 85	Hinrichsen & Wolters	Heide		48				
1. 5. 85	30. 6. 93	Singelmann	Heide		98				
			zus.	36	146			15	

Folgende Lehrgänge zur Vorbereitung auf die Meisterprüfung habe ich besucht bzw. besuche ich noch:

a) Geschäfts- und Rechtskunde (Teil III) vom 23. 9. bis 31. 10. 1993 in Meisterlehrwerkstatt Heide

b) Berufs- und Arbeitspädagogik (Teil IV) vom 1. 10. bis 23. 10. 1993 in " "

c) Fachlehrgänge vom 27. 10. bis 27. 2. 1993 in " "

vom ______ bis ______ in ______

Dem Antrag sind beizufügen:

1. ein selbstverfaßter, eigenhändig geschriebener Lebenslauf,
2. eine Geburts- oder Heiratsurkunde,
3. der Gesellen- oder Facharbeiterbrief,
4. sämtliche Zeugnisse bzw. Bescheinigungen über die Tätigkeit nach der Lehrzeit,
5. ./. Zeugnisse über den Besuch von Fachschulen und Bescheinigungen über die Teilnahme an berufsfördernden Lehrgängen,
6. einen Gewerbeanmeldeschein (nur bei selbständigen Handwerkern),
7. Prüflinge, die die Meisterprüfung wiederholen, haben die Bescheinigung über das Ergebnis der vorangegangenen Meisterprüfung beizufügen.

Keine Originalpapiere, sondern Fotokopien oder beglaubigte Abschriften einreichen.

ausgefülltes Gesuch, wie es an die zuständige Handwerkskammer zu richten ist. Soweit vorhanden, sind dem Zulassungsgesuch außerdem folgende Unterlagen beizufügen:

1. Zeugnisse und Bescheinigungen über den Besuch von berufsbildenden Schulen, die Teilnahme an Lehrgängen usw.,
2. Nachweis über den Besitz der Ausbildungsbefugnis,
3. Prüfungszeugnis über eine bereits bestandene Meisterprüfung.

Nach Prüfung des vorgelegten Gesuchs spricht der Vorsitzende des Meisterprüfungsausschusses die Zulassung zur Prüfung aus, wenn die Voraussetzungen dazu vorliegen.

Ziel der Meisterprüfung

Im §46 Abs. 2 der Handwerksordnung ist das Ziel der Meisterprüfung wie folgt beschrieben:

Durch die Meisterprüfung ist festzustellen, ob der Prüfling befähigt ist, einen Handwerksbetrieb selbständig zu führen und Auszubildende ordnungsgemäß auszubilden; der Prüfling hat insbesondere darzutun, ob er die in seinem Handwerk gebräuchlichen Arbeiten meisterhaft verrichten kann und die notwendigen fachtheoretischen Kenntnisse und die erforderlichen wirtschaftlichen, rechtlichen sowie berufs- und arbeitspädagogischen Kenntnisse besitzt (vgl. §46 Abs. 2 HwO).

Die Meisterprüfung kann nur in einem Gewerbe, das in der Anlage A zur Handwerksordnung aufgeführt ist, abgelegt werden (vgl. §46 Abs. 1 HwO).

Meisterprüfungsausschuß

Aufgaben und Errichtung

1. Die Meisterprüfungen werden in den einzelnen Handwerken durch Meisterprüfungsausschüsse abgenommen.
2. Der Meisterprüfungsausschuß ist eine staatliche Prüfungsbehörde; er wird nach Anhörung der Handwerkskammer vom Ministerium für Wirtschaft und Verkehr am Sitz der Handwerkskammer für deren Bezirk errichtet (vgl. §47 Abs. 1 Satz 2 und §47 Abs. 2 Satz 1 HwO).
   In besonderen Fällen kann ein Meisterprüfungsausschuß für mehrere Handwerkskammerbezirke errichtet werden (vgl. §47 Abs. 1 Satz 3 und 4 HwO).
3. Der Meisterprüfungsausschuß besteht aus fünf Mitgliedern; für die Mitglieder sind Stellvertreter zu berufen. Die Mitglieder und ihre Stellvertreter sollen das dreißigste Lebensjahr vollendet haben und müssen deutsche Staatsangehörige sein sowie die Fähigkeit zur Bekleidung öffentlicher Ämter besitzen und für die Mitwirkung im Prüfungswesen geeignet sein.
4. Der Vorsitzende braucht nicht Handwerker zu sein; er soll dem Handwerk, für das der Meisterprüfungsausschuß errichtet ist, nicht angehören.
5. Zwei Fachbeisitzer müssen das Handwerk, für das der Meisterprüfungsausschuß errichtet ist, mindestens seit einem Jahr selbständig als stehendes Gewerbe betreiben und in diesem Handwerk die Meisterprüfung abgelegt haben oder das Recht zum Ausbilden von Auszubildenden besitzen.
6. Ein Fachbeisitzer soll ein Arbeitnehmer sein, der in dem Handwerk, für das der Meisterprüfungsausschuß errichtet ist, die Meisterprüfung abgelegt hat und in einem Handwerk tätig ist.
7. Für die Abnahme der Prüfung der wirtschaftlichen und rechtlichen Kenntnisse (Teil III) sowie der berufs- und arbeitspädagogischen Kenntnisse (Teil IV) soll ein Beisitzer bestellt werden, der in diesen Prüfungsgebieten besonders sachkundig ist. Er braucht dem Handwerk nicht anzugehören.
8. Die Mitglieder des Meisterprüfungsausschusses und die Stellvertreter werden auf Vorschlag der Handwerkskammer vom Ministerium für Wirtschaft und Verkehr auf die Dauer von drei Jahren ernannt.

9. Die Mitglieder des Meisterprüfungsausschusses üben ihr Amt als Ehrenamt aus. Für bare Auslagen und für Zeitversäumnis wird eine Entschädigung gewährt, die von der Handwerkskammer mit Genehmigung des Ministeriums für Wirtschaft und Verkehr festgesetzt wird.

Verschwiegenheitspflicht

Die Ausschußmitglieder sind zur Amtsverschwiegenheit verpflichtet. Diese Verpflichtung bleibt auch nach dem Ausscheiden aus dem Meisterprüfungsausschuß bestehen.

Befangenheit

Bei der Zulassung zur Meisterprüfung und bei ihrer Abnahme dürfen Personen nicht mitwirken, die

a) zur Zeit der Prüfung Arbeitgeber des Prüflings sind,
b) zur Zeit der Prüfung Geschäftsteilhaber oder Vorgesetzte des Prüflings oder Mitarbeiter, die mit ihm unmittelbar zusammenarbeiten, sind.
c) mit dem Prüfling in gerader Linie oder bis zum zweiten Grad in der Seitenlinie verwandt oder bis zum zweiten Grade verschwägert, seine Adoptiveltern oder sein Ehegatte sind.

Aufsicht

Der Meisterprüfungsausschuß unterliegt der Aufsicht des Ministeriums für Wirtschaft und Verkehr.

Geschäftsführung

1. Die Geschäftsführung der Meisterprüfungsausschüsse liegt bei der Handwerkskammer. Sie hat insbesondere die Prüfungsunterlagen vorzubereiten; nach Abschluß der Meisterprüfung sind die Niederschrift mindestens 30 Jahre und sonstige Unterlagen fünf Jahre aufzubewahren.
2. Im Rahmen ihrer Geschäftsführung ist die Handwerkskammer berechtigt, einen Vertreter zu den Meisterprüfungen zu entsenden. An den Beratungen des Meisterprüfungsausschusses darf er nicht teilnehmen.

Zuständigkeit

1. Für die Abnahme der Meisterprüfung ist der Meisterprüfungsausschuß zuständig, in dessen Bezirk der Prüfling seit mindestens drei Monaten in einem Arbeitsverhältnis steht, oder, sofern er nicht in einem Arbeitsverhältnis steht, seinen ersten Wohnsitz hat oder eine Fachschule oder Ausbildungsstätte im Tagesunterricht besucht oder das Handwerk selbständig betreibt.
2. Ist für ein Handwerk im Bezirk der Handwerkskammer mehr als ein Meisterprüfungsausschuß errichtet, so regelt die Handwerkskammer die Geschäftsverteilung.
3. Der Meisterprüfungsausschuß ist auch für die Abnahme der Meisterprüfung zuständig, wenn ein Prüfling, der die Voraussetzungen des Absatzes 1 nicht erfüllt, eine von dem örtlich zuständigen Meisterprüfungsausschuß erteilte Ausnahmegenehmigung gemäß Absatz 4 beibringt.

Der Meisterprüfungsausschuß kann auf Antrag des Prüflings in begründeten Fällen die Genehmigung zur Ablegung der Meisterprüfung oder einzelner Teile (§ 18 Abs. 2) vor einem örtlich nicht zuständigen Meisterprüfungsausschuß erteilen.

In der Genehmigung ist der Meisterprüfungsausschuß zu benennen, vor dem die Meisterprüfung abgelegt werden soll.

Aufgaben des Vorsitzenden des Meisterprüfungsausschusses

Dem Vorsitzenden des Meisterprüfungsausschusses obliegt insbesondere

1. Die Zulassung,
2. die Bestimmung, wo und wann die Meisterprüfungsarbeit, die Arbeitsprobe und die schriftlichen Arbeiten anzufertigen sind,
3. die Regelung der Aufsicht bei der Anfertigung der Prüfungsarbeiten.
4. die Bestimmung, wo und wann die mündliche Prüfung und die praktische Unterweisung stattfinden,
5. die Festlegung des Übergabezeitpunktes und Übergabeortes der Meisterprüfungsarbeit, falls diese nicht in Klausur angefertigt wird,
6. die Verteilung der Prüfungsgebiete auf die Mitglieder des Meisterprüfungsausschusses.

Die in Absatz 1 Nr. 2 bis 5 genannten Aufgaben des Vorsitzenden sind im Benehmen mit den übrigen Ausschußmitgliedern und der Handwerkskammer durchzuführen. Der Vorsitzende kann einzelne der Obliegenheiten auf andere Mitglieder des Meisterprüfungsausschusses übertragen.

Entscheidung über die Zulassung

1. Liegen die Voraussetzungen nach §§ 12, 13 und 14 vor, so hat der Vorsitzende die Zulassung zur Meisterprüfung auszusprechen. Hält er die Zulassungsvoraussetzungen nicht für gegeben, so entscheidet der Meisterprüfungsausschuß (vgl. § 49 Abs. 6 HwO).
2. Wenn der Prüfling trotz Erinnerung mit angemessener Fristsetzung die Unterlagen nicht vollständig eingereicht hat, kann er zur Meisterprüfung nicht zugelassen werden.
3. Über die Zulassung ist der Prüfling rechtzeitig vor dem Prüfungstermin zu unterrichten.
4. Der Bescheid über die Nichtzulassung ist dem Prüfling umgehend zu übermitteln.

Durchführung der Meisterprüfung

Prüfungsverfahren

1. Die Meisterprüfung beginnt mit dem Tage, an dem mit der ersten Prüfungsarbeit angefangen wird, und endet mit der Bekanntgabe des Prüfungsergebnisses; sie soll zusammenhängend abgenommen werden. Wird eine angefangene Meisterprüfung durch Verschulden des Prüflings nicht innerhalb von 24 Monaten zu Ende geführt, so gilt sie als nicht bestanden.
2. Die Meisterprüfung ist nicht öffentlich. Der Vorsitzende kann im Einvernehmen mit der Handwerkskammer Beobachter bei der Meisterprüfung zulassen, wenn diese ein berechtigtes Interesse nachweisen. An den Beratungen des Meisterprüfungsausschusses dürfen sie nicht teilnehmen.
3. Die Meisterprüfung ist in allen Teilen vor demselben Meisterprüfungsausschuß abzulegen. In begründeten Ausnahmefällen kann dem Prüfling die Genehmigung erteilt werden, einzelne Hauptteile vor einem anderen Meisterprüfungsausschuß abzulegen, wenn für diesen die Voraussetzungen nach Absatz 3 und 4 des Zuständigkeitsabschnittes nach Beginn der Meisterprüfung eintreten. Zuständig für die Genehmigung ist der Meisterprüfungsausschuß, vor dem die Prüfung begonnen wurde.

Einladung

1. Die Prüflinge und Mitglieder des Meisterprüfungsausschusses sind schriftlich mindestens zwei Wochen vor Beginn der Prüfung unter Angabe des Prüfungstages und -ortes einzuladen.

2. In der Einladung an die Prüflinge ist auf die erlaubten Arbeits- und Hilfsmittel sowie auf die Regelungen in Absatz 3, § 22 Abs. 5, § 23 und § 25 hinzuweisen.
3. Prüflinge, die zu einem Prüfungstermin eingeladen, aber an der Teilnahme verhindert sind, haben dies unverzüglich der Handwerkskammer mitzuteilen. Die Hinderungsgründe sind nachzuweisen.
4. Ist ein Mitglied des Meisterprüfungsausschusses an der Mitwirkung in der Prüfung oder an der Erfüllung einzelner Aufgaben verhindert, so hat es dies unverzüglich der Handwerkskammer mitzuteilen. Es ist dann umgehend ein Stellvertreter einzuladen.

Ausweispflicht und Belehrung

Die Prüflinge haben sich auf Verlangen eines Mitgliedes des Meisterprüfungsausschusses oder des Aufsichtsführenden über ihre Person auszuweisen. Sie sind vor Beginn der Prüfung insbesondere über den Prüfungsablauf, die zur Verfügung steheende Zeit, die erlaubten Arbeits- und Hilfsmittel sowie über die Folgen von Täuschungshandlungen und Ordnungsverstößen zu belehren.

Täuschungshandlungen und Ordnungsverstöße

1. Prüflinge, die sich einer Täuschungshandlung oder einer erheblichen Störung des Prüfungsablaufs schuldig machen, können von der Prüfung ausgeschlossen werden. Entsprechendes gilt, wenn unerlaubte Arbeits- und Hilfsmittel benutzt werden, Sicherheitsbestimmungen beharrlich mißachtet werden oder bei der Anfertigung der Meisterprüfungsarbeit die Mithilfe Dritter verschwiegen worden ist.
2. In schwerwiegenden Fällen, insbesondere bei vorbereiteten Täuschungshandlungen, kann die Meisterprüfung für nicht bestanden erklärt werden. In den übrigen Fällen gilt die Meisterprüfung als nicht abgelegt. Das gleiche gilt bei innerhalb eines Jahres nachträglich festgestellten Täuschungen.
3. Aufsichtsführende können eine vorläufige Entscheidung im Sinne des Absatzes 1 treffen; die endgültige Entscheidung in diesem Fall trifft der Prüfungsausschuß nach Anhören des Prüflings.

Rücktritt, Nichtteilnahme

1. Der Prüfung kann bis zum Beginn der Meisterprüfung durch schriftliche Erklärung von der Prüfung zurücktreten. In diesem Fall gilt die Meisterprüfung als nicht abgelegt.
2. Tritt der Prüfling nach Beginn der Meisterprüfung zurück, so können bereits erbrachte, in sich abgeschlossene Prüfungsleistungen nur anerkannt werden, wenn ein wichtiger Grund für den Rücktritt vorliegt.
3. Erfolgt der Rücktritt nach Beginn der Meisterprüfung oder erscheint der Prüfling nicht zum Prüfungstermin, ohne daß ein wichtiger Grund vorliegt, so gilt die Meisterprüfung als nicht bestanden.
4. Über das Vorliegen eines wichtigen Grundes entscheidet der Meisterprüfungsausschuß.
5. Die Meisterprüfung beginnt mit der Verteilung der ersten Prüfungsaufgaben und endet mit der Bekanntgabe des letzten Prüfungsergebnisses.

Befreiung von gleichartigen Prüfungsfächern

1. Prüflinge, welche die Meisterprüfung in einem anderen Handwerk bereits bestanden haben, sind durch den Meisterprüfungsausschuß von der Ablegung der Prüfung in gleichartigen Prüfungsfächern ganz oder teilweise zu befreien (vgl. §46 Abs. 3 Satz 1 HwO).

2. Das gleiche gilt für Prüflinge, die Prüfungen an deutschen staatlichen oder staatlich anerkannten Unterrichtsanstalten oder vor staatlichen Prüfungsausschüssen mit Erfolg abgelegt haben, sofern bei diesen Prüfungen mindestens die gleichen Anforderungen gestellt werden wie in der Meisterprüfung (§46 Abs. 3 Satz 2 HwO). Welche Prüfungen den Anforderungen einer Meisterprüfung entsprechen und das Ausmaß der Befreiung ergeben sich aus den nach §46 Abs. 3 Satz 3 HwO erlassenen Rechtsverordnungen.
3. Die Befreiung ist unter Bezugnahme auf die Rechtsgrundlage im Meisterprüfungszeugnis zu vermerken.

Gliederung der Prüfung

Die Meisterprüfung gliedert sich in vier Hauptteile. Sie umfaßt

im Hauptteil I die praktische Prüfung
im Hauptteil II die Prüfung der fachtheoretischen Kenntnisse
im Hauptteil III die Prüfung der wirtschaftlichen und rechtlichen Kenntnisse
im Hauptteil IV die Prüfung der berufs- und arbeitspädagogischen Kenntnisse.

Hauptteil I: Die praktische Prüfung

Gliederung, Dauer und Bestehen der praktischen Prüfung

(1) In Teil I sind eine Meisterprüfungsarbeit anzufertigen und eine Arbeitsprobe auszuführen.
(2) Die Anfertigung der Meisterprüfungsarbeit soll nicht länger als 24 Stunden, die Ausführung der Arbeitsprobe nicht länger als acht Stunden dauern.
(3) Mindestvoraussetzung für das Bestehen des Teils I sind jeweils ausreichende Leistungen in der Meisterprüfungsarbeit und in der Arbeitsprobe.

Meisterprüfungsarbeit

Als Meisterprüfungsarbeit sind drei der nachstehend genannten Arbeiten, davon in jedem Fall die nach Nummer 5 oder 6, auszuführen:

1. Instandsetzen eines Fahrwerks an einem Kraftfahrzeug einschließlich Demontieren, Montieren und Prüfen von Teilen sowie Vermessen und Einstellen der gesamten Baugruppe,
2. Prüfen und Einstellen einer Einspritz-, einer Vergaser- oder einer Gasanlage einschließlich Ersetzen defekter Teile,
3. Prüfen, Instandsetzen und Einstellen einer hydraulischen Bremsanlage mit Bremskraftverstärkung und -regelung oder einer druckluftgesteuerten Bremsanlage einschließlich Anfertigen des Meßprotokolls,
4. Instandsetzen, Prüfen und Einstellen eines Verbrennungsmotors einschließlich von Teilen des Kurbeltriebs, der Steuerung, des Zylinderkopfes oder Instandsetzen, Prüfen und Einstellen eines Getriebes,
5. Instandsetzen einer Karosserie mit Richtgeräten und Rahmenmeßvorrichtungen,
6. abschnittsweises Ersetzen von Karosserieteilen,
7. Einbauen einer Autoabgasreinigungsanlage, einer Autogasanlage, eines Sportfahrwerks, eines Sonnendachs oder einer anderen mechanisch, hydraulisch oder pneumatisch wirkenden Zusatzeinrichtung,
8. Ersetzen eines Kraftradrahmens.

Arbeitsprobe

(1) Als Arbeitsprobe sind insgesamt drei der nachstehend genannten Arbeiten auszuführen:

1. Vermessen eines Kraftfahrzeugs mit einem Achsmeßgerät,
2. Feststellen und Beheben einer Störung an einer Diesel- oder Benzineinspritzanlage,
3. Feststellen und Beheben einer Störung an einer Zündanlage,
4. Feststellen und Beheben einer Störung an einer Vergaser- oder Gasanlage,
5. Herstellen einer Verbindung von Karosserieblechen nach dem Schutzgasschweißverfahren durch Punktschweißen und durch Hartlöten, Herstellen einer Rohrverbindung durch Gasschmelzschweißen,
6. Herstellen einer Verbindung von Karosserieteilen durch Kleben,
7. Bearbeiten der Oberfläche eines Karosserieteils einschließlich Wiederherstellen des Korrosionsschutzes,
8. Instandsetzen eines Schaltgetriebes oder Achsantriebs,
9. Instandsetzen und Anschließen elektrischer Anlagen,
10. Instandsetzen eines Zylinderkopfes,
11. Ersetzen einer Radaufhängung an einem Kraftrad,
12. Ersetzen eines Bauteils am Fahrwerk,
13. Prüfen einer Bremsanlage an Nutzkraftwagen,
14. Untersuchen eines Kraftfahrzeugs oder Anhänge-Fahrzeugs für Kraftfahrzeuge nach den gesetzlichen Vorschriften für wiederkehrende Fahrzeugprüfungen im vorgegebenen Umfang,
15. Durchführen einer Abgasuntersuchung an Kraftfahrzeugen mit Fremdzündungsmotor und Abgasreinigungssystem oder an Kraftfahrzeugen mit Dieselmotor,
16. Herstellen eines berufsbezogenen Werkzeugs.

(2) In der Arbeitsprobe sind die wichtigsten Fertigkeiten und Kenntnisse zu prüfen, die in der Meisterprüfungsarbeit nicht oder nur unzureichend nachgewiesen werden konnten.

Hauptteil II: Prüfung der fachtheoretischen Kenntnisse

(1) In Teil II sind Kenntnisse in den folgenden fünf Prüfungsfächern nachzuweisen:

1. Technische Mathematik:

a) Berechnen physikalischer Größen, insbesondere von Druck, Kraft, Arbeit, Drehzahl, Geschwindigkeit, Leistung, Übersetzung, Energieverbrauch, Wirkungsgrad, Spannung, Strom, Widerstand und Leitungsquerschnitt,
b) Durchführen von Festigkeitsberechnungen, insbesondere von Kräften, Spannungen, Querschnitten, Torsions- und Biegemomenten;

2. Technisches Zeichnen:

a) Anfertigen von Skizzen und Zeichnungen,
b) Lesen von Schaltplänen für elektrische Anlagen,
c) Lesen von Leitungsplänen und Blockschaltbildern für hydraulische und pneumatische Übertragungs- und Regeleinrichtungen;

3. Fachtechnologie:

a) Mechanik,
b) Hydraulik und Pneumatik,
c) Elektrotechnik,

d) elektrotechnische und elektronische Bauteile und Baugruppen in Kraftfahrzeugen,
e) Maschinenelemente im Kraftfahrzeugbau,
f) Kraftfahrzeugtechnik, insbesondere Aufbau, Funktion und Zusammenwirken von fahrzeugtechnischen Teilen, Aggregaten, Baugruppen und Zusatzeinrichtungen sowie Fahrmechanik,
g) Verbrennungsmotoren einschließlich der wärmetechnischen Grundlagen, der Schadstoffentstehung und -reduzierung,
h) Kraft- und Schmierstoffe für Kraftfahrzeuge,
i) Reparaturtechnik, Geräteeinsatz, berufsbezogene Werkzeuge und Maschinen,
k) Bergung von Kraftfahrzeugen,
l) berufsbezogene Vorschriften der Arbeitssicherheit und des Arbeitsschutzes,
m) berufsbezogene ISO-, DIN- und VDE-Normen, Vorschriften des Straßenverkehrsrechts, insbesondere der Straßenverkehrsordnung und der Straßenverkehrszulassungsordnung, des Wasserrechts, des Umwelt-, insbesondere des Immissionsschutzes und der Abfallbeseitigung;

4. Werkstoffkunde:

a) Arten, Eigenschaften, Bezeichnungen, Verwendung und Verarbeitung der Werk-, Betriebs- und Hilfsstoffe,
b) Einfluß von Dauerschwingungen, Form, Oberflächenbearbeitung, Temperatur, Zeit, Licht und Korrosion auf Bauteile sowie Kenntnisse der Gefügeveränderung beim Schweißen und Löten;

5. Kalkulation

a) Kostenermittlung unter Einbeziehung aller für die Preisbildung wesentlichen Faktoren.

(2) Die Prüfung ist schriftlich und mündlich durchzuführen.

(3) Die schriftliche Prüfung soll insgesamt nicht länger als zwölf Stunden, die mündliche je Prüfling nicht länger als eine halbe Stunde dauern. In der schriftlichen Prüfung soll an einem Tag nicht länger als sechs Stunden geprüft werden.

(4) Der Prüfling ist von der mündlichen Prüfung auf Antrag zu befreien, wenn er im Durchschnitt mindestens gute schriftliche Leistungen erbracht hat.

(5) Mindestvoraussetzung für das Bestehen des Teil II sind jeweils ausreichende Leistungen in jedem der Prüfungsfächer nach Absatz 1 Nr. 3 und 4.

Hauptteil III: Prüfung der wirtschaftlichen und rechtlichen Kenntnisse

(1) In Teil III sind die für den Handwerksmeister als Unternehmer notwendigen Kenntnisse in den folgenden drei Prüfungsfächern nachzuweisen:

1. Rechnungswesen:

a) Buchhaltung und Bilanz, insbesondere Buchführung, Vermögensaufstellung, Inventur, Bewertung sowie Gewinn- und Verlustrechnung, Buchstellen und zentrale Datenverarbeitung im Handwerk;
b) Kostenrechnung, insbesondere Ermittlung der Einzelkosten, der Gemeinkosten sowie der kalkulatorischen Kosten in der Zuschlagkalkulation, Kalkulationsschema, Vor- und Nachkalkulation;
c) betriebswirtschaftliche Auswertung von Buchhaltung, Jahresabschluß sowie Kostenrechnung, Kennzifferrechnung, insbesondere Liquiditätsberechnung und Anlagedeckungsberechnung, Betriebsvergleiche.

2. Wirtschaftslehre:

a) Grundfragen der Betriebs- und Geschäftsgründung, insbesondere Markt- und Standortanalyse, Rechtsform, Betriebsgröße;
b) Betriebs- und Arbeitsorganisation, insbesondere Arbeitsvorbereitung und Auftragsabwicklung, Materialverwendung und Lagerwesen, Formen der Rationalisierung, Verwaltung, Einfluß der Automatisierung auf die Betriebsorganisation;
c) Personalorganisation, insbesondere Besetzung, Führungsfragen und Betriebsklima;
d) betriebswirtschaftliche Aufgaben im Handwerksbetrieb, insbesondere Einkauf, Produktion, Reparaturleistungen, Dienstleistungen, Handelstätigkeit, Absatz, Werbung, Kundendienst, zwischenbetriebliche Zusammenarbeit, insbesondere Genossenschaftswesen;
e) finanzwirtschaftliche Grundfragen, insbesondere betriebliche Finanzwirtschaft und ihre Funktionen, Finanzplanung, Zahlungs- und Kreditverkehr, Arten der Finanzierung, Kreditgarantiegemeinschaften und andere Förderungsmaßnahmen;
f) Gewerbeförderungsmaßnahmen, insbesondere Betriebsberatung, überbetriebliche Unterweisung und Fortbildung.

3. Rechts- und Sozialwesen:

a) bürgerliches Recht, Mahn- und Zwangsvollstreckungsverfahrensrecht;
b) Handwerksrecht, Gewerberecht, Handelsrecht, insbesondere Kaufmannseigenschaft von Handwerkern und Eintragung in das Handelsregister, Wettbewerbsrecht, Gesetz zur Bekämpfung der Schwarzarbeit;
c) Arbeitsrecht, soweit es nicht Gegenstand der Prüfung im Hauptteil IV ist, insbesondere Arbeitsvertrags-, Betriebsverfassungs- und Tarifvertragsrecht, Arbeitszeit- und Urlaubsrecht, Arbeitsschutz- und Arbeitsgerichtsverfahrensrecht;
d) Sozial- und Privatversicherungsrecht, insbesondere Kranken-, Renten-, Arbeitslosen- und Unfallversicherungsrecht, Lebens-, Sach- und Haftpflichtversicherungsrecht, Altersversorgung der selbständigen Handwerker;
e) Vermögensbildungsrecht;
f) Steuerwesen:
   aa) Steuerarten, insbesondere Umsatzsteuer, Gewerbesteuer, Einkommensteuer einschließlich Lohnsteuer, Vermögensteuer, Erbschaft- und Schenkungssteuer;
   bb) Steuerverfahren, insbesondere Steuertermine, Steuerveranlagung, Steuerstundung, Steuererlaß und Einlegen von Rechtsmitteln;
g) Handwerk in Wirtschaft und Gesellschaft, Entwicklung, Aufbau und Aufgaben der Handwerksorganisationen, Industrie- und Handelskammern, Wirtschaftsverbände, Gewerkschaften.

(2) Die Prüfung ist schriftlich und mündlich durchzuführen.

(3) Die schriftliche Prüfung soll in der Regel insgesamt nicht mehr als fünf Stunden, die mündliche Prüfung nicht mehr als eine halbe Stunde je Prüfling dauern.

(4) Der Prüfling ist von der mündlichen Prüfung zu befreien, wenn er in den drei Prüfungsfächern mindestens gute schriftliche Leistungen erbracht hat.

(5) Wird die schriftliche Prüfung programmiert durchgeführt, kann abweichend von den Absätzen 2 und 3 auf die mündliche Prüfung verzichtet und die Dauer der schriftlichen Prüfung entsprechend gekürzt werden.

(6) Mindestvoraussetzung für das Bestehen des Teils III sind ausreichende Leistungen in zwei Prüfungsfächern.

Hauptteil IV: Prüfung der berufs- und arbeitspädagogischen Kenntnisse

(1) In Teil IV sind die für den Handwerksmeister als Ausbilder notwendigen Kenntnisse in den folgenden vier Prüfungsfächern nachzuweisen:

1. Grundfragen der Berufsbildung:

a) Aufgaben und Ziele der Berufsbildung im Bildungssystem, individueller und gesellschaftlicher Anspruch auf Chancengleichheit, Mobilität und Aufstieg, individuelle und soziale Bedeutung von Arbeitskraft und Arbeitsleistung, Zusammenhänge zwischen Berufsbildung und Arbeitsmarkt;
b) Betriebe, überbetriebliche Einrichtungen und berufliche Schulen als Ausbildungsstätten im System der beruflichen Bildung;
c) Aufgabe, Stellung und Verantwortung des Ausbildenden und des Ausbilders, Menschenführung.

2. Planung und Durchführung der Ausbildung:

a) Ausbildungsinhalte, Ausbildungsberufsbild, Ausbildungsrahmenplan, Prüfungsanforderungen;
b) didaktische Aufbereitung der Ausbildungsinhalte:
  aa) Festlegen von Lernzielen, Gliederung der Ausbildung;
  bb) Festlegen der lehrgangs- und produktionsgebundenen Ausbildungsabschnitte, Auswahl der betrieblichen und überbetrieblichen Ausbildungsplätze, Erstellen des betrieblichen Ausbildungsplanes;
c) Zusammenarbeit mit der Berufsschule, der Berufsberatung, dem Ausbildungsberater und dem Lehrlingswart;
d) Lehrverfahren und Lernprozesse in der Ausbildung:
  aa) Lehrformen, insbesondere Unterweisen und Üben am Ausbildungs- und Arbeitsplatz, Lehrgespräch, Demonstration von Ausbildungsvorgängen;
  bb) Ausbildungsmittel;
  cc) Lern- und Führungshilfen;
  dd) Beurteilen und Bewerten;
  ee) Mitwirkung von Fachkräften in der Ausbildung;
  ff) Lern- und Arbeitsgruppen.

3. Der Jugendliche in der Ausbildung:

a) Notwendigkeit und Bedeutung einer jugendgemäßen Berufsausbildung;
b) Leistungsprofil, Fähigkeiten und Eignung;
c) typische Entwicklungserscheinungen und Verhaltensweisen im Jugendalter, Motivation und Verhalten, gruppenpsychologische Verhaltensweisen;
d) betriebliche und außerbetriebliche Umwelteinflüsse, soziales und politisches Verhalten Jugendlicher;
e) Verhalten bei besonderen Erziehungsschwierigkeiten des Jugendlichen;
f) gesundheitliche Betreuung des Jugendlichen einschließlich der Vorbeugung gegen Berufskrankheiten, Beachtung der Leistungskurve, Unfallverhütung.

4. Rechtsgrundlagen für die Berufsbildung:

a) Die wesentlichen Bestimmungen des Grundgesetzes, der jeweiligen Landesverfassung, des Berufsbildungsgesetzes und der Handwerksordnung, insbesondere deren zweiter und dritter Teil;
b) die wesentlichen Bestimmungen des Arbeits- und Sozialrechts sowie des Arbeitsschutz- und

Jugendschutzrechts, insbesondere des Arbeitsvertragsrechts, des Betriebsverfassungsrechts, des Tarifvertragsrechts, des Arbeitsförderungs- und Ausbildungsförderungsrechts, des Jugendarbeitsschutzrechts und des Unfallschutzrechts;

c) die rechtlichen Beziehungen zwischen dem Ausbildenden, dem Ausbilder und dem Auszubildenden.

(2) Die Prüfung ist schriftlich und mündlich durchzuführen.

(3) Die schriftliche Prüfung soll in der Regel insgesamt fünf Stunden dauern und aus mehreren unter Aufsicht anzufertigenden Arbeiten aus den in Absatz 1 Nr. 2, 3 und 4 aufgeführten Prüfungsfächern bestehen.

(4) Die mündliche Prüfung soll die in Absatz 1 Nr. 1 bis 4 genannten Prüfungsfächer umfassen und je Prüfling in der Regel eine halbe Stunde dauern. Außerdem soll eine vom Prüfling praktisch durchzuführende Unterweisung von Auszubildenden stattfinden.

(5) Mindestvoraussetzung für das Bestehen des Teils IV sind ausreichende Leistungen in den in Absatz 1 Nr. 2, 3 und 4 aufgeführten Prüfungsfächern.

Bewertung, Feststellung und Bekanntgabe des Prüfungsergebnisses

Bewertung

Die Prüfungsleistungen sind wie folgt zu bewerten:
eine den Anforderungen in besonderem Maße entsprechende Leistung 100 bis 92 Punkte = Note 1 = sehr gut;
eine den Anforderungen voll entsprechende Leistung = unter 92 bis 81 Punkte = Note 2 = gut;
eine den Anforderungen im allgemeinen entsprechende Leistung unter 81 bis 67 Punkte = Note 3 = befriedigend;
eine Leistung, die zwar Mängel aufweist, aber im ganzen den Anforderungen noch entspricht unter 67 bis 50 Punkte = Note 4 = ausreichend;
eine Leistung, die den Anforderungen nicht entspricht, jedoch erkennen läßt, daß die notwendigen Grundkenntnisse vorhanden sind, unter 50 bis 30 Punkte = Note 5 = mangelhaft;
eine Leistung, die den Anforderungen nicht entspricht und bei der selbst Grundkenntnisse lückenhaft sind, unter 30 bis 0 Punkte = Note 6 = ungenügend.
Soweit eine Bewertung der Leistungen nach dem Punktsystem nicht zweckmäßig erscheint, ist die Bewertung nur nach Noten vorzunehmen. Dabei sind folgende Noten anzuwenden:

sehr gut	= 1,0 bis 1,49
gut	= 1,50 bis 2,49
befriedigend	= 2,50 bis 3,49
ausreichend	= 3,50 bis 4,49
mangelhaft	= 4,50 bis 5,49
ungenügend	= 5,50 bis 6,0

Feststellung des Prüfungsergebnisses

1. Der Meisterprüfungsausschuß stellt gemeinsam die Ergebnisse der einzelnen Prüfungsleistungen und der einzelnen Prüfungsteile sowie das Bestehen oder Nichtbestehen der Meisterprüfung fest; dabei übernimmt er die Ergebnisse von abschnittsweise abgelegten Prüfungsteilen (§ 18 Abs. 2).
2. Der Vorsitzende kann mit der Begutachtung und Benotung der Meisterprüfungsarbeit, der Arbeitsprobe und der schriftlichen Arbeiten in Teil II mindestens zwei Fachbeisitzer und der

schriftlichen Arbeiten in den Teilen III und IV mindestens zwei Mitglieder des Meisterprüfungsausschusses beauftragen.

3. Die Prüfungsleistungen sind von den Mitgliedern des Meisterprüfungsausschusses getrennt und selbständig zu bewerten. Dabei dient die Benotung nach Abs. 2 als Grundlage für die Bewertung der Prüfungsleistungen.
4. Zum Bestehen der Meisterprüfung müssen – abgesehen von der Voraussetzung nach § 18 Abs. 2 Satz 2 – in jedem einzelnen der vier Teile im rechnerischen Durchschnitt ausreichende Prüfungsleistungen sowie die für das Bestehen der einzelnen Prüfungsteile vorgeschriebenen Mindestvoraussetzungen erfüllt werden.
5. Bei der Ermittlung des rechnerischen Durchschnitts jedes Prüfungsteils sind die Leistungen in den einzelnen Prüfungsfächern in der Meisterprüfungsarbeit, in der Arbeitsprobe und in der Unterweisung zugrunde zu legen; dabei sind die Noten für schriftliche und mündliche Prüfungsleistungen in einem Prüfungsfach zu einer Note zusammenzufassen.
6. Das Prüfungsergebnis ist dem Prüfling unverzüglich nach Abschluß der Meisterprüfung mitzuteilen.
7. Wird die Meisterprüfung abschnittsweise abgelegt (§ 18 Abs. 2), ist der Prüfling unverzüglich über das Prüfungsergebnis des jeweiligen Abschnitts zu unterrichten und ihm eine Bescheinigung zu erteilen.

Niederschrift

1. Über die Meisterprüfung ist eine Niederschrift zu fertigen und von den Mitgliedern des Meisterprüfungsausschusses zu unterschreiben.
2. Aus der Niederschrift müssen die Angaben zur Person des Prüflings und die Zusammensetzung des Meisterprüfungsausschusses zu ersehen sein. In die Niederschrift sind ferner die Einzelbewertungen in den einzelnen Prüfungsfächern und die Noten für jeden der vier Prüfungsteile einzutragen. Es sind außerdem die vom Prüfling gefertigte Meisterprüfungsarbeit und die Arbeitsprobe einschließlich festgestellter Fehler und Mängel zu bezeichnen.
3. Bei nicht bestandener Meisterprüfung muß in der Niederschrift auch die Frist angegeben werden, vor deren Ablauf die Meisterprüfung nicht wiederholt werden darf (§ 31).

Prüfungszeugnis, Meisterbrief

1. Über das Bestehen der Meisterprüfung ist ein Zeugnis gebührenfrei auszustellen, aus dem die in den einzelnen Prüfungsteilen erzielten Prüfungsnoten hervorgehen müssen. Es ist von den Mitgliedern des Meisterprüfungsausschusses zu unterschreiben und von der Handwerkskammer zu beglaubigen.
2. Die Handwerkskammer stellt auf Antrag nach Bestehen der Meisterprüfung einen Meisterbrief aus. In dem Meisterbrief sind keine Noten anzugeben.

Nicht bestandene Prüfung

Bei nicht bestandener Meisterprüfung erhält der Prüfling von dem Meisterprüfungsausschuß einen schriftlichen Bescheid. Darin ist anzugeben, in welchen Prüfungsteilen ausreichende Leistungen erbracht, welche Prüfungsleistungen in einer Wiederholungsprüfung zu wiederholen sind (§ 32 Abs. 2) und wann die Wiederholung der Meisterprüfung frühestens möglich ist. Die Frist soll mindestens drei und darf nicht mehr als zwölf Monate betragen. Auf die übrigen besonderen Bedingungen bei der Wiederholungsprüfung gemäß § 32 ist hinzuweisen.

Wiederholung der Meisterprüfung, Wiederholungsprüfung

1. Die Meisterprüfung kann zweimal wiederholt werden.
2. Der Prüfling ist auf Antrag von der Wiederholung von Prüfungsteilen, von Prüfungsfächern, der Meisterprüfungsarbeit, der Arbeitsprobe oder der Unterweisung zu befreien, wenn seine Leistungen darin in einer vorangegangenen Meisterprüfung ausgereicht haben.
3. Die Regelung des Absatzes 2 gilt nicht, wenn sich der Prüfling nicht innerhalb von zwei Jahren – gerechnet vom Tage der Beendigung der nicht bestandenen Prüfung an – zur Wiederholungsprüfung anmeldet.

Schlußbestimmungen

Rechtsmittel

Entscheidungen des Meisterprüfungsausschusses sowie der Handwerkskammer sind bei ihrer schriftlichen Bekanntgabe an den Prüfling mit einer Rechtsmittelbelehrung zu versehen. Diese richtet sich im einzelnen nach der Verwaltungsgerichtsordnung und den Ausführungsbestimmungen des Landes Schleswig-Holstein.

Prüfungsunterlagen

1. Auf Antrag ist dem Prüfling nach Abschluß der Meisterprüfung Einsicht in seine Prüfungsunterlagen zu gewähren.
2. Die schriftlichen Prüfungsarbeiten und die Anmeldungen sind zwei Jahre, die Prüfungsniederschriften gemäß § 29 Abs. 1 mindestens zehn Jahre nach Abschluß der Meisterprüfung aufzubewahren.

Berufsbild des Kraftfahrzeugmechanikers

Seit dem 18. August 1988 ist das Berufsbild des **Kfz-Mechanikers** im Hauptteil I und II neu geordnet:

(1) Dem Kraftfahrzeugmechaniker-Handwerk sind folgende Tätigkeiten zuzurechnen:

1. Instandhaltung von Kraftfahrzeugen einschließlich Krafträdern und Anhänge-Fahrzeugen für Kraftfahrzeuge, von Flurförderzeugen, ihren Teilen und Baugruppen sowie von Verbrennungsmotoren einschließlich ihrer Kraftübertragungselemente im stationären und mobilen Einsatz,
2. Ausrüstung von Kraftfahrzeugen einschließlich Krafträdern und Anhänge-Fahrzeugen für Kraftfahrzeuge, von Flurförderzeugen mit Zusatzeinrichtungen und Zubehör,
3. Instandhaltung der Karosserien und Rahmen von Kraftfahrzeugen einschließlich Krafträdern und Anhänge-Fahrzeugen für Kraftfahrzeuge,
4. Durchführung des Hohlraum- und Unterbodenschutzes sowie von Innenlackierungen im Zusammenhang mit Karosseriereparaturen,
5. Instandhaltung der elektrischen Anlagen von Kraftfahrzeugen einschließlich Krafträdern und Anhänge-Fahrzeugen für Kraftfahrzeuge, von Baumaschinen und Flurförderzeugen einschließlich ihrer Elektroantriebe, ihrer Energiespeicher sowie ihrer Steuer- und Regeleinrichtungen,
6. Untersuchung von Bremsanlagen, Fahrtenschreiberanlagen, Verbrennungsmotoren, insbesondere ihrer Abgas- und Abgasreinigungsanlagen.

(2) Dem Kraftfahrzeugmechaniker-Handwerk sind folgende Kenntnisse und Fertigkeiten zuzurechnen:

1. Kenntnisse über Mechanik,
2. Kenntnisse der Anwendung der statischen und dynamischen Hydraulik,
3. Kenntnisse der Anwendung der Pneumatik,
4. Kenntnisse der Wärmelehre, insbesondere des Kreisprozesses von Otto- und Dieselmotoren,
5. Kenntnisse des Verbrennungsprozesses und der Schadstoffreduzierung in Abgasen von Verbrennungsmotoren,
6. Kenntnisse der Festigkeitslehre,
7. Kenntnisse über Elektrotechnik,
8. Kenntnisse der Anwendung und Funktion elektrotechnischer und elektronischer Bauteile und Baugruppen in Kraftfahrzeugen,
9. Kenntnisse der Maschinenelemente in Kraftfahrzeugen,
10. Kenntnisse der Schaltpläne in der Kraftfahrzeugtechnik,
11. Kenntnisse der Werk-, Hilfs- und Betriebsstoffe,
12. Kenntnisse der Kraft- und Schmierstoffe für Kraftfahrzeuge,
13. Kenntnisse der Berechnung physikalischer Größen aus der Kraftfahrzeugtechnik,
14. Kenntnisse der Warmbehandlung von Metallen, insbesondere der Gefügeveränderung beim Schweißen und Löten,
15. Kenntnisse der Energieeinsparung, insbesondere beim Betrieb von Kraftfahrzeugen,
16. Kenntnisse der Kraftfahrzeugtechnik, insbesondere des Aufbaus, der Funktion und des Zusammenwirkens von fahrzeugtechnischen Teilen, Aggregaten, Baugruppen und Zusatzeinrichtungen sowie der Fahrmechanik,
17. Kenntnisse der Meß- und Prüfverfahren sowie des Einsatzes der Geräte, Werkzeuge und Maschinen,
18. Kenntnisse der Suchverfahren zur Feststellung von Störungen an fahrzeugtechnischen Systemen,
19. Kenntnisse der Entstörung,
20. Kenntnisse der Schweißverfahren und -geräte,
21. Kenntnisse der Bestimmungen über Schweißarbeiten an Straßenfahrzeugen, insbesondere in bezug auf die Gütesicherung,
22. Kenntnisse des Korrosionsschutzes und der Oberflächenbearbeitung,
23. Kenntnisse der berufsbezogenen Vorschriften des Straßenverkehrsrechts, insbesondere der Straßenverkehrsordnung und der Straßenverkehrszulassungsordnung,
24. Kenntnisse der berufsbezogenen Vorschriften der Arbeitssicherheit und des Arbeitsschutzes,
25. Kenntnisse der berufsbezogenen Normen insbesondere der ISO, des DIN und des VDE, der berufsbezogenen technischen Regeln, des Wasserrechts, des Umwelt-, insbesondere des Immissionsschutzes und der Abfallbeseitigung,
26. Kenntnisse der betriebswirtschaftlichen Berechnungen in Kraftfahrzeugbetrieben,
27. Kenntnisse der Schadensbeurteilung und -regulierung sowie des Anfertigens von Kostenvoranschlägen,
28. Kenntnisse der Organisation von Kraftfahrzeugbetrieben,
29. Anfertigen von Skizzen und Zeichnungen,
30. spanloses und spanabhebendes Bearbeiten von Werkstoffen,
31. Verbinden von Blechen und Blechprofilen, insbesondere durch Gasschmelzschweißen, Schutzgasschweißen und Widerstandspunktschweißen sowie Hartlöten,

32. Verbinden von Teilen durch Lichtbogenhandschweißen,
33. Verbinden von Werkstoffen, insbesondere durch Weichlöten, Kleben und Nieten,
34. Messen, Prüfen, Durchführen von Soll-Ist-Vergleichen, Beurteilen von typischen Fehlermerkmalen und Feststellen von Fehlern,
35. Bedienen von Datenübertragungsgeräten sowie Auslesen und Auswerten von Fehlerspeichern,
36. Zerlegen, Zusammenbauen und Sichern von Teilen durch lösbare Verbindungen, insbesondere durch Schraub-, Kegel-, Schrumpf-, Stift- und Klemmverbindungen sowie durch Keilverzahnungen,
37. Richten von Karosserien und Rahmen,
38. Vermessen von Karosserien, Fahrgestellen und Fahrzeugrahmen,
39. Bearbeiten der blanken Oberflächen, insbesondere Ausbeulen, Schleifen, Verzinnen und Schützen der Trennstellen vor Korrosion,
40. Behandeln der nach Abschluß der Reparaturarbeiten nicht mehr zugänglichen Innenflächen durch Grundieren und Lackieren,
41. Behandeln der Hohlräume, Auftragen des Unterbodenschutzes und Konservieren,
42. Einbauen von Zubehör und Zusatzeinrichtungen,
43. Bergen und Schleppen,
44. Instandhalten der Betriebseinrichtungen, insbesondere der Werkzeuge, Geräte, Maschinen und Anlagen.

Berufsbild des Kraftfahrzeugelektrikers

Seit dem 18. August 1988 ist das Berufsbild des **Kfz-Elektrikers** im Hauptteil I und II neu geordnet.

(1) Dem Kraftfahrzeugelektriker-Handwerk sind folgende Tätigkeiten zuzurechnen:

1. Wartung und Inspektion von Steuer-, Regel- und Zusatzeinrichtungen, insbesondere von elektrisch, elektronisch, hydraulisch und pneumatisch wirkenden Teilen und Baugruppen an Kraftfahrzeugen einschließlich Krafträdern und Anhänge-Fahrzeugen, an Baumaschinen und Flurförderzeugen sowie von Verbrennungsmotoren und ihren Aggregaten im stationären und mobilen Einsatz,
2. Instandhaltung von Steuer-, Regel- und Zusatzeinrichtungen, insbesondere von elektrisch, elektronisch, hydraulisch und pneumatisch wirkenden Teilen und Baugruppen an Kraftfahrzeugen einschließlich Krafträdern und Anhänge-Fahrzeugen, an Baumaschinen und Flurförderzeugen sowie der Nebenaggregate von Verbrennungsmotoren im stationären und mobilen Einsatz,
3. Ausrüstung von Kraftfahrzeugen einschließlich Krafträdern und Anhänge-Fahrzeugen, von Baumaschinen und Flurförderzeugen mit Zusatzeinrichtungen und Zubehör,
4. Wartung und Inspektion von Elektroantrieben und ihren Energiespeichern, von Steuer- und Regeleinrichtungen für Kraftfahrzeuge einschließlich Krafträdern, Anhänge-Fahrzeugen und Arbeitsmaschinen,
5. Instandsetzung der Verschleißteile von Elektroantrieben für Kraftfahrzeuge sowie ihrer Energiespeicher und Austausch von Teilen der Steuerungselektronik von Elektroantrieben für Kraftfahrzeuge,
6. Untersuchung von Bremsanlagen, Fahrtenschreiberanlagen, Verbrennungsmotoren, insbesondere ihren Abgas- und Abgasreinigungsanlagen.

(2) Dem Kraftfahrzeugelektrikerhandwerk sind folgende Kenntnisse und Fertigkeiten zuzurechnen:

1. Kenntnisse über Elektrotechnik,
2. Kenntnisse über Hochfrequenztechnik,
3. Kenntnisse der Kraftfahrzeug-Elektrik und -Elektronik,
4. Kenntnisse über Mechanik und Festigkeitslehre,
5. Kenntnisse der Anwendung der statischen und dynamischen Hydraulik,
6. Kenntnisse der Anwendung der Pneumatik,
7. Kenntnisse der Berechnung physikalischer, insbesondere elektrischer Größen,
8. Kenntnisse der Wärmelehre, insbesondere des Kreisprozesses von Otto- und Dieselmotoren,
9. Kenntnisse des Verbrennungsprozesses und der Schadstoffreduzierung in Abgasen von Verbrennungsmotoren,
10. Kenntnisse der Werk-, Hilfs- und Betriebsstoffe,
11. Kenntnisse der Kraft- und Schmierstoffe für Kraftfahrzeuge,
12. Kenntnisse der Maschinenelemente, insbesondere der lösbaren Verbindungen,
13. Kenntnisse über unlösbare Verbindungen,
14. Kenntnisse der Warmbehandlung von Metallen, insbesondere der Gefügeveränderung beim Schweißen und Löten,
15. Kenntnisse der Energieeinsparung, insbesondere beim Betrieb von Kraftfahrzeugen,
16. Kenntnisse der Kraftfahrzeugtechnik, insbesondere des Aufbaus, der Funktion und des Zusammenwirkens von fahrzeugtechnischen Teilen, Aggregaten, Baugruppen und Zusatzeinrichtungen sowie der Fahrmechanik,
17. Kenntnisse der Meß- und Prüfverfahren sowie des Einsatzes der Geräte, Werkzeuge und Maschinen,
18. Kenntnisse der Suchverfahren zur Feststellung von Störungen an fahrzeugtechnischen Systemen,
19. Kenntnisse der Entstörung,
20. Kenntnisse über Schweißverfahren und -geräte,
21. Kenntnisse der berufsbezogenen Vorschriften des Straßenverkehrsrechts, insbesondere der Straßenverkehrsordnung und der Straßenverkehrszulassungsordnung,
22. Kenntnisse der berufsbezogenen Vorschriften der Arbeitssicherheit und des Arbeitsschutzes,
23. Kenntnisse der berufsbezogenen Normen, insbesondere der ISO, des DIN und des VDE, der berufsbezogenen technischen Regeln, des Wasserrechts, des Umwelt-, insbesondere des Immissionsschutzes und der Abfallbeseitigung,
24. Kenntnisse der Organisation von Kraftfahrzeugbetrieben,
25. Kenntnisse der betriebswirtschaftlichen Berechnungen in Kraftfahrzeugbetrieben,
26. Kenntnisse der Schadensbeurteilung und -regulierung sowie des Anfertigens von Kostenvoranschlägen,
27. Anfertigen von Schaltplänen für elektrisch und elektronisch wirkende Anlagen sowie von Skizzen und Zeichnungen,
28. Anfertigen von Schaltplänen für hydraulische und pneumatische Übertragungs- und Regeleinrichtungen,
29. spanloses und spanabhebendes Bearbeiten von Werkstoffen,
30. Herstellen von unlösbaren Verbindungen durch Löten, Schweißen, Kleben und Nieten,
31. Herstellen und Sichern von lösbaren Verbindungen,

32. Messen, Prüfen, Durchführen von Soll-Ist-Vergleichen, Beurteilen von typischen Fehlermerkmalen und Feststellen von Fehlern,
33. Bedienen von Datenübertragungsgeräten sowie Auslesen und Auswerten von Fehlerspeichern,
34. Prüfen von elektrischen und elektronischen Schaltungen,
35. Herstellen von elektrischen und elektronischen Schaltungen,
36. Aus- und Einbauen, Prüfen, Instandsetzen und Zusammenbauen von Teilen und Baugruppen, insbesondere mit elektrischen, elektronischen, hydraulischen und pneumatischen Funktionen,
37. Einbauen von Zubehör und Zusatzeinrichtungen,
38. Instandhalten der Betriebseinrichtungen, insbesondere der Werkzeuge, Geräte, Maschinen und Anlagen.

25746 Heide, den 19. 9. 93

Lebenslauf

Am 12. 10. 1963 wurde ich als zweiter Sohn des Schmiedemeisters Otto Bergmann und seiner Ehefrau Hannelore, geborene Müller, in Heide geboren.
Ich bin evangelischer Konfession.
Die Jugend verbrachte ich mit meinem älteren Bruder im Elternhaus.
Vom Herbst 1969 bis zum Herbst 1977 besuchte ich die Volksschule in meiner Heimatstadt und schloß sie mit dem Hauptabschluß ab.
Ab 1. August 1977 ging ich bei der Firma Jungjohann, Vertragshändler der Daimler Benz AG in Heide in die Lehre, die ich nach 3 Jahren im August 1980 mit der Kfz.-Mechaniker-Gesellenprüfung abschloß. Die Einberufung zur Bundeswehr erfolgte am 15. September 1980. Nach Ableistung der Wehrpflicht bei einer Pioniereinheit in Rendsburg wurde ich im Februar 1982 als Obergefreiter entlassen.
Nach kurzer Arbeitslosigkeit wurde ich am 1. 4. 1982 als Kfz.-Mechaniker-Geselle bei der VW-Werkstatt Hinrichsen und Wolters eingestellt. Zur Erweiterung meines Kenntnisse wechselte ich am 1. 5. 1985 zur Firma Singelmann, Opel-Vertragswerkstatt in Heide, wo ich zur Zeit noch als Geselle arbeite.
Seit Oktober 1984 bin ich verheiratet und habe zwei Kinder.

Hans Bergmann

2 Verbrennungsmotoren

Verbrennungsmotoren sind **Wärmekraftmaschinen.**

Wärmekraftmaschinen – Motoren – sind Kraftmaschinen, die zugeführte Wärmeenergie in mechanische Energie – meist eine Drehbewegung – umwandeln.

Die Technik unterscheidet Wärmekraftmaschinen mit

- ☐ **innerer Verbrennung:** Verbrennungsmotoren und
- ☐ **äußerer Verbrennung:** Dampfmaschinen und -turbinen.

Bei **Wärmekraftmaschinen** mit *äußerer Verbrennung* – zum Beispiel den Dampfmaschinen – findet die Verbrennung außerhalb des Arbeitsraums – des Zylinders – in der Kesselanlage statt. Durch Verbrennung gasförmiger, flüssiger oder fester Brennstoffe wird das im Kessel befindliche Wasser verdampft. Der erzeugte Dampf wird durch das Dampfrohr über die Steuerung in den Zylinder geleitet, wo er durch Ausdehnung (Expansion) den Kolben bewegt. Die hin- und hergehende (translatorische) Kolbenbewegung wird über Kolbenstange, Kurbelstange und Kurbel der Kurbelwelle in Drehbewegung umgewandelt. Der Kolben wird abwechselnd von beiden Seiten mit dem Dampfdruck beaufschlagt. Derartige Dampfmaschinen werden daher als *doppelt wirkende* Kolbenmotoren bezeichnet. Mit nur einem Zylinder wird bei einer Umdrehung der Kurbelwelle *zweimal* Arbeit geleistet. Bild 2.1 zeigt dies in stark vereinfachter Darstellung.

Bei **Verbrennungsmotoren** – Wärmekraftmaschinen mit innerer Verbrennung – erfolgt die Verbrennung im allseitig geschlossenen Arbeitsraum, dem Zylinder. Die bei der Verbrennung

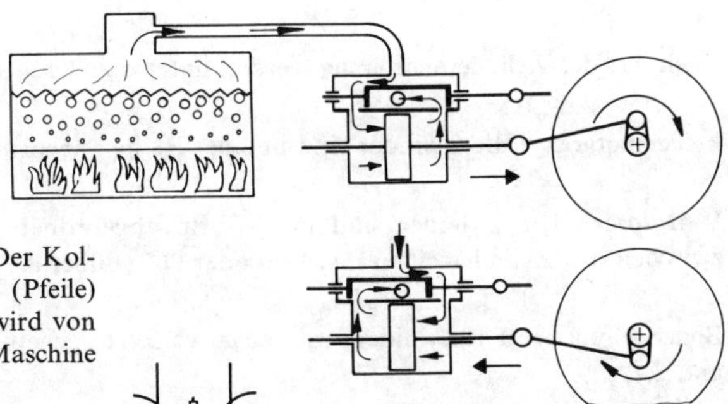

Bild 2.1 Dampfmaschine. Oberes Bild: Der Kolben wird von links mit Dampfdruck (Pfeile) beaufschlagt. Unteres Bild: Der Kolben wird von rechts mit Dampfdruck beaufschlagt: Die Maschine arbeitet doppeltwirkend

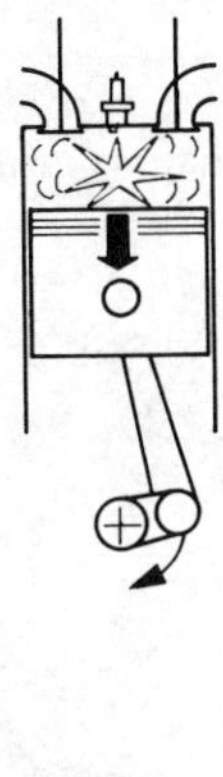

Bild 2.2 Verbrennungsmotor. Der Kolben wird nur von einer Seite mit Druck beaufschlagt: Der Motor arbeitet einfachwirkend

entstehende Ausdehnung des brennenden Gases (Expansion) treibt den im Zylinder beweglich angeordneten, gut abgedichteten Kolben; dessen Bewegung über Kolbenbolzen, Pleuelstange und Kurbelwelle in eine Drehbewegung der Kurbelwelle umgewandelt wird.

Der Kolben wird stets nur von *einer Seite*, dem Kolbenboden, mit Druck beaufschlagt. Man bezeichnet Kfz-Motoren daher als *einfachwirkende* Kolbenmotoren. Das Prinzip zeigt Bild 2.2.

Dem Kraftfahrzeugmotor wird die Wärmeenergie üblicherweise in flüssiger Form als Otto- oder Dieselkraftstoff zugeführt, in einigen Fällen auch als Gas. Versuche mit Festbrennstoffen sind im Gange, haben bis heute aber keine Bedeutung erlangt (Rupa-Motor mit Kohlenstaubeinspritzung). In Norwegen laufen Versuche, Holzmehl – feinstzermahlene Holzspäne – als Kraftstoff zu verwenden.

2.1 Ottomotoren

Ottomotoren können als Kreiskolbenmotoren (Abschnitt 2.1.8) oder wie meistens üblich als Hubkolbenmotoren ausgeführt sein. Letzteres trifft bei Dieselmotoren generell zu. Bei Hubkolbenmotoren führen die Kolben in den Zylindern Hubbewegungen aus. Die sich hin- und herbewegenden (translatorisch) Kolben werden mit Hilfe des Kurbeltriebes in Drehbewegungen umgewandelt.

Bezüglich des Arbeitsverfahrens unterscheidet man Viertaktmotoren (Abschnitt 2.1.6) und Zweitaktmotoren (Abschnitt 2.1.7).

Viertaktmotoren erfordern für den Ablauf eines Arbeitsspiels *vier Kolbenhübe* (Takte) = *zwei* Kurbelwellenumdrehungen.

Zweitaktmotoren erfordern für ein Arbeitsspiel *zwei Kolbenhübe* = *eine* Kurbelwellenumdrehung.

Nach Art der **Zylinderanordnung** werden unterschieden:

Reihenmotoren Die Zylinder sind in einer Reihe angeordnet (Bild 2.8).

V-Motoren Die Zylinder sind in V-Form angeordnet. Bei Kfz-Motoren beträgt der Winkel zwischen den Zylinderreihen meist 60 oder 90° (Bilder 2.9 und 2.12).

Boxer-Motoren Die Zylinder sind – etwas versetzt – gegenüberliegend angeordnet (Bilder 2.10, 2.18 und 2.19).

Nach Art der **Kühlung** unterscheidet man *flüssigkeitsgekühlte* und *luftgekühlte* Motoren.

2.1.1 Grundbegriffe, Abmessungen und Daten

Sie gelten grundsätzlich für alle Arten von Hubkolbenmotoren.

Bohrung Der Durchmesser eines Zylinders (*D*) wird als Bohrung bezeichnet (Bild 2.3).

Hub Der Hub (*s*) ist der Weg, den der Kolben im Zylinder zwischen den Totpunkten zurücklegt. Die *Totpunkte* sind die Endpunkte der Kolbenbewegung, in denen er seine Bewegungsrichtung umkehrt. Man unterscheidet den *Oberen Totpunkt* (OT) und *Unteren Totpunkt* (UT). Im OT hat der Arbeitsraum (Zylinder) sein kleinstes, im UT sein größtes Volumen (Bild 2.3).

Hubraum Der Hubraum eines Zylinders (V_h) ist der Raum, den der Kolben während eines Hubes durchläuft. Anders ausgedrückt: Es ist der Zylinderraum zwischen OT- und UT-Stellung des Kolbens (Bild 2.3).

$$\text{Berechnung: } \frac{\text{Bohrung} \cdot \text{Bohrung} \cdot 3{,}14 \cdot \text{Hub}}{4}$$

Gesamthubraum Der Gesamthubraum eines Motors (V_H) ist der *Hubraum aller Zylinder* des Motors. Er wird in Litern oder – bei kleinen Motoren (Zweirad) – in Millilitern (ml) angegeben.

Verdichtungsraum (V_c) Dies ist der Raum, der über dem in OT-Stellung befindlichen Kolben verbleibt (Bild 2.3).

Verdichtungsverhältnis Das Verdichtungsverhältnis (ε) ist das Verhältnis von Hubraum und Verdichtungsraum zu Verdichtungsraum.

$$\varepsilon = \frac{\text{Hubraum} + \text{Verdichtungsraum}}{\text{Verdichtungsraum}}$$

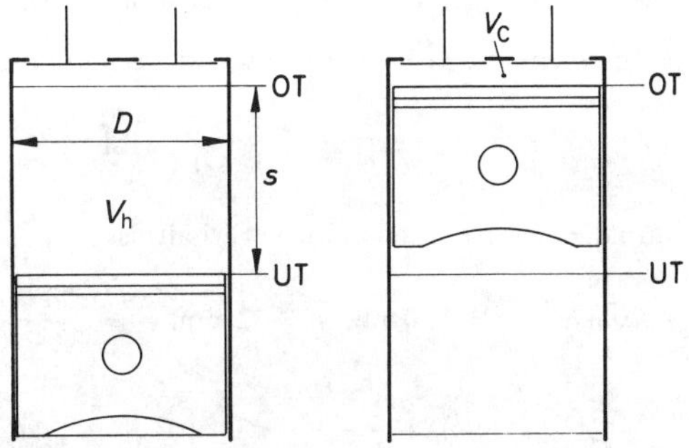

Bild 2.3 Begriffe und Abmessungen von Verbrennungsmotoren, Erklärung siehe Text

Das Hub-Bohrungs-Verhältnis (*s*/*D*)

Motoren werden ihrer Bauart gemäß in Lang- oder Kurzhuber unterteilt.

Beim *Langhuber* ist der *Hub* (*s*) *größer* als die Zylinderbohrung (*D*), beim *Kurzhuber* ist die *Zylinderbohrung größer* als der Hub.

Motoren, bei denen *Hub* und *Bohrung gleich groß* sind, werden zu den Kurzhubern gerechnet. Man bezeichnet solche Motoren als *quadratische Motoren*, weil der Längsschnitt durch den Hubraum ein Quadrat darstellt (Bild 2.4).

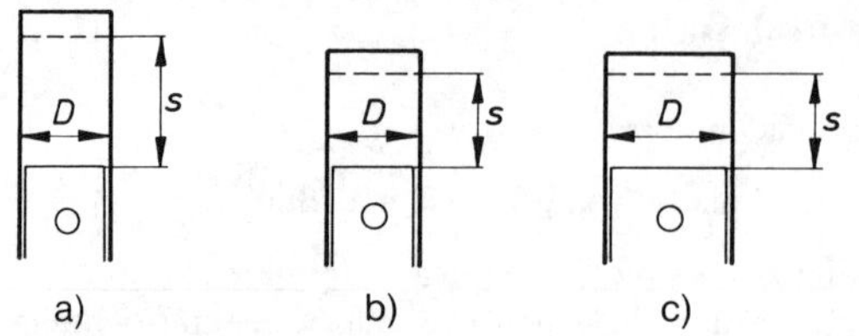

Bild 2.4 Hub-Bohrungs-Verhältnis
a) Langhuber: s größer als D
b) Kurzhuber: $s = D$
c) Kurzhuber: s kleiner als D

Beispiel für einen quadratischen Motor:

Hub $s = 68\,\text{mm}$, Bohrung $D = 68\,\text{mm}$,

Hub-Bohrungs-Verhältnis $\frac{s}{D} = \frac{68}{68} = 1$.

Beim *quadratischen* Motor ist das Hub-Bohrungs-Verhältnis = 1.

Bei langhubigen Motoren liegt das Hub-Bohrungs-Verhältnis über 1. Daher auch die Bezeichnung eines solchen Motors als *überquadratisch.*

Beispiel: Hub $s = 100\,\text{mm}$, Bohrung $D = 80\,\text{mm}$, $\frac{s}{D} = \frac{100}{80} = 1{,}25$

Ist die Bohrung größer als der Hub, liegt das Hub-Bohrungs-Verhältnis unter 1. Daher bezeichnet man solche Motoren als *unterquadratisch.*

Beispiel: Hub $s = 64\,\text{mm}$, Bohrung $D = 77\,\text{mm}$,

Hub-Bohrungs-Verhältnis $\frac{s}{D} = \frac{64}{77} = 0{,}8$.

Das Kurbel- oder Pleuelstangenverhältnis (λ, Lambda)

Es bezeichnet das Verhältnis der Pleuelstangenlänge (l) zum Kurbelradius (r):

Kurbelverhältnis $\lambda = \frac{l}{r}$ (Bild 2.5).

Im allgemeinen ist das Kurbelverhältnis $\lambda = \frac{3{,}0}{1}$ bis $\frac{4{,}5}{1}$.

Beispiel: $l = 130\,\text{mm}$, $r = 32\,\text{mm}$, $\frac{l}{r} = \frac{130}{32} = 4{,}06$.

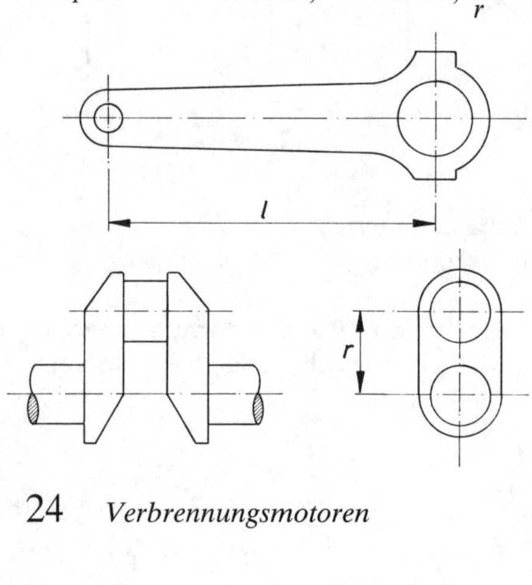

Bild 2.5 Kurbel- oder Pleuelstangenverhältnis $\lambda = l/r$

Je größer das Pleuelstangenverhältnis ist, um so weniger Seitenkräfte hat die Zylinderwandung aufzunehmen. Nachteilig ist bei großem Pleuelstangenverhältnis hingegen die größere Bauhöhe des Motors.

Aus diesem Grund werden Reihenmotoren in Personenkraftwagen meist nicht senkrecht, sondern geneigt eingebaut; wodurch eine große Pleuellänge beibehalten werden kann.

Die mittlere Kolbengeschwindigkeit

Bei gleichförmiger Drehbewegung (konstante Drehzahl) der Kurbelwelle ist die Kolbengeschwindigkeit stets unterschiedlich. Befindet sich der Kolben im OT, so ist seine Geschwindigkeit $= 0$. Beim Abwärtsgang nimmt die Geschwindigkeit zu, bis der Höchstwert erreicht ist, wenn die Pleuelstange den Kurbelkreis tangiert (Bild 2.6, die Mittellinie der Pleuelstange und der Kurbelradius bilden einen rechten Winkel).

Bei weiterer Abwärtsbewegung des Kolbens verlangsamt sich seine Geschwindigkeit, bis sie im $\text{UT} = 0$ ist. Beim Aufwärtsgang nimmt die Geschwindigkeit wieder zu, bis zum Erreichen des Höchstwertes bei den Kurbelkreis tangierender Pleuelstange (Bild 2.6), um bis zum OT wieder bis auf 0 abzunehmen.

Wegen dieser stets unterschiedlichen Kolbengeschwindigkeiten (Beschleunigen und Verzögern des Kolbens) rechnet man in der Technik mit der *mittleren Kolbengeschwindigkeit*, d.h. einer *theoretisch konstanten Geschwindigkeit* (Durchschnittsgeschwindigkeit), *konstante Drehzahl* – Nenndrehzahl – vorausgesetzt.

Die Berechnung der mittleren Kolbengeschwindigkeit erfolgt nach der Formel:

$$v_m = \frac{s \cdot n}{30000}$$

Darin bedeuten:

v_m = mittlere Kolbengeschwindigkeit in m/s,
s = Kolbenhub in mm,
n = Umdrehungen/Minute (min^{-1}).

Werte für die mittlere Kolbengeschwindigkeit bei:

Pkw-Motoren mittlerer Leistung	10 bis 14 m/s
Pkw-Motoren hoher Leistung	14 bis 18 m/s
Rennsportmotoren	18 bis 22 m/s
Lastwagen-Dieselmotoren	10 bis 12 m/s

Die mittlere Kolbengeschwindigkeit ist ein Maß für die mechanische Belastung des Motors.

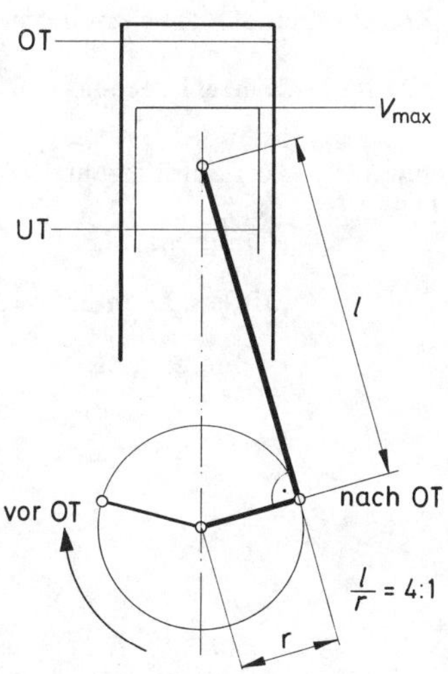

Bild 2.6 Kurbeltrieb bei größter Kolbengeschwindigkeit. $l/r = 4:1$ (s. Text)

Die Hubraumleistung (Literleistung)

Unter Hubraumleistung (P_H) versteht man, wieviel effektive Nutzleistung (P_e) aus 1 l Hubraum des betreffenden Motors erzielt wird. Sie ist ein Maß für die Hochzüchtung des Motors.

Die Berechnung erfolgt nach der Formel:

$$P_H = \frac{P_e}{V_H}$$

Dabei bedeuten:

P_H = Hubraumleistung in kW/l
P_e = Nutzleistung des Motors in kW
V_H = Hubvolumen des Motors in l

Beispiel:

$$P_e = 80\,\text{kW}, \quad V_H = 1{,}6\,\text{l}; \quad P_H = \frac{80}{1{,}6} = 50\,\text{kW/l}$$

Motordrehzahlen Die Anzahl der Kurbelwellenumdrehungen des Motors in einer Minute (*n*).

Es werden unterschieden:

☐ **Start- oder Anlaßdrehzahl** Die *Mindestdrehzahl* der Kurbelwelle, die zum *sicheren Anspringen* des Motors erforderlich ist. Sie beträgt $^1/_4$ bis $^1/_3$ der Leerlaufdrehzahl.

☐ **Leerlaufdrehzahl** Die Drehzahl des Motors bei *Standgas*, Getriebe in Leerlauf-(Leergang-) Stellung.

☐ **Nenndrehzahl** Drehzahl, bei der der Motor seine *Höchstleistung* abgibt. Sie wird vom Hersteller in Verbindung mit der Angabe der Höchstleistung genannt.

Beispiel: 60 kW (80 PS) bei $n = 5800\,\text{min}^{-1}$

☐ **Höchstdrehzahl** Die *absolut höchstzulässige* Motordrehzahl.

☐ **Mittlere Drehzahl** Sie liegt in der Mitte zwischen Leerlauf- und Nenndrehzahl.

Beispiel: Leerlaufdrehzahl = 900 min^{-1}

Nenndrehzahl = 5600 min^{-1}

Mittlere Drehzahl = 3250 min^{-1}

Rechnungsgang

$$\begin{array}{r} 900 \\ +\ 5600 \\ \hline = 6500 : 2 = 3250 \end{array}$$

2.1.2 Bauformen der Hubkolbenmotoren

Die Bauformen sind in den Deutschen Normen in DIN 1940 festgelegt.

Bauformen nach Lage der Zylinderachsen

Hiernach unterscheidet man

stehend und liegend angeordnete Motoren (Bild 2.7).

Die in Pkw vielfach geneigt eingebauten Motoren werden zur stehenden Anordnung gezählt. Liegende Anordnung von Motoren findet man bei der Unterflurbauweise.

Bild 2.7 Motorbauformen nach Lage der Zylinderachsen

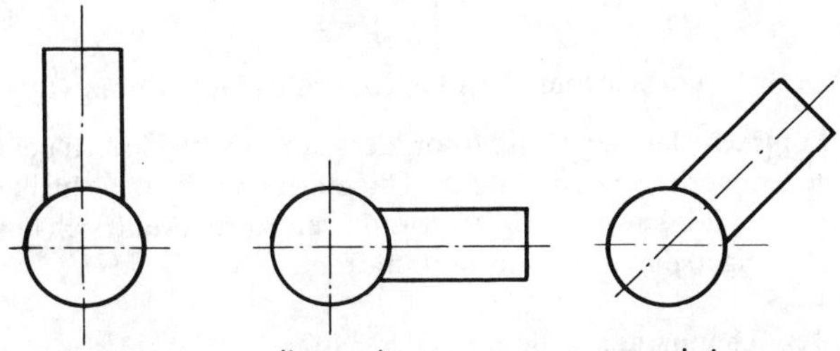

Bauformen nach der Zylinderanordnung

Es werden unterschieden:

Einzylinder- und Einreihenmotoren (Bild 2.8).

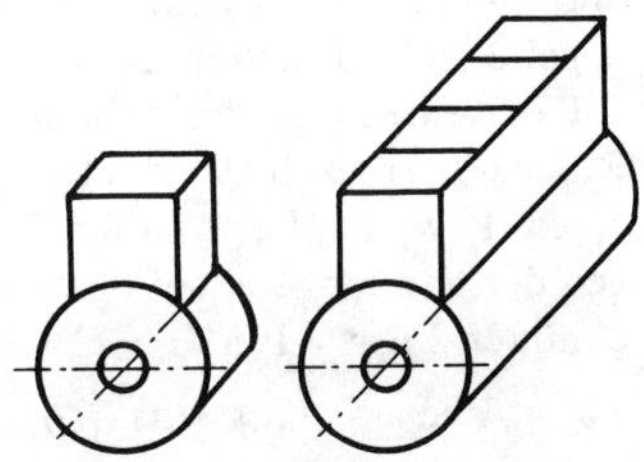

Bild 2.8 Einzylindermotor, Einreihenmotor

Bei **V-Motoren und V-Reihenmotoren** (Bild 2.9) stehen die Zylinder bzw. die Zylinderbänke in einem Winkel von 15 bis 180° zueinander. Der Unterschied eines 180°-V-Motors zu einem Boxermotor liegt in der Anordnung der Hubzapfen der Kurbelwelle.

Bei **Boxermotoren und Boxer-Reihenmotoren** (Bild 2.10) stehen sich die Zylinder wie die Hubzapfen genau gegenüber. Diese Anordnung gibt es z. B. bei Porsche, Alfa-Romeo, Lancia und Subaru.

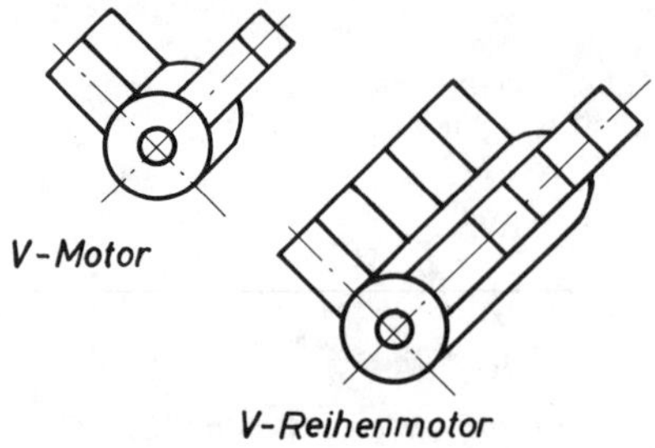

Bild 2.9 V-Motor, V-Reihenmotor

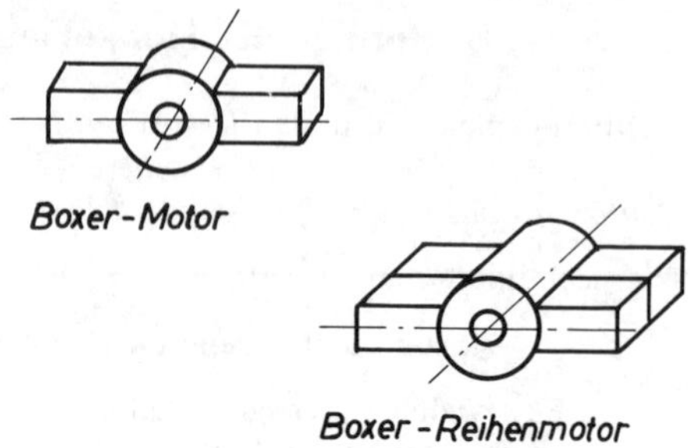

Bild 2.10 Boxermotor, Boxerreihenmotor

Drehrichtungsbestimmung für Kraftfahrzeugmotoren (DIN 73021)

Ein **Rechtsläufer** ist ein Motor, dessen Kurbelwelle sich bei Blickrichtung auf die der Kraftabgabe gegenüberliegenden Seite im Uhrzeigersinn, d. h. rechtsherum dreht.

Ein **Linksläufer** ist ein Motor, dessen Kurbelwelle sich bei gleicher Blickrichtung entgegen dem Uhrzeigersinn, d. h. linksherum dreht.

Bezeichnung der Zylinder (DIN 73021)

Blickrichtung ist wieder auf die der Kraftabgabe gegenüberliegende Seite. Man stelle sich eine waagerechte Ebene durch die Längsachse der Kurbelwelle vor.

Die erste Zylinderreihe ist diejenige, die entweder links in dieser Ebene liegt (9-Uhr-Stellung) oder der Ebene im Uhrzeigersinn folgt. Der Zylinder Nr. 1 ist der dem Betrachter am nächsten liegende in der ersten Zylinderreihe.

Die Reihenfolge der Zylinder ist fortlaufend je Reihe, wobei in der im Uhrzeigersinn folgenden Reihe weitergezählt wird. Diese Beschreibung erscheint komplizierter als sie ist. Öffne ich z. B. bei einem Pkw mit Vierzylinder-Reihenmotor den Haubendeckel des Motorraumes und sehe entgegen der Kraftabgabe auf die Riemenscheibe, so ist der mir am nächsten liegende Zylinder Nr. 1, dahinter 2 usw. (Bilder 2.11 bis 2.13).

Beachte: Nicht alle Kfz-Hersteller, vor allem ausländische, richten sich nach der deutschen Norm (Bild 2.14).

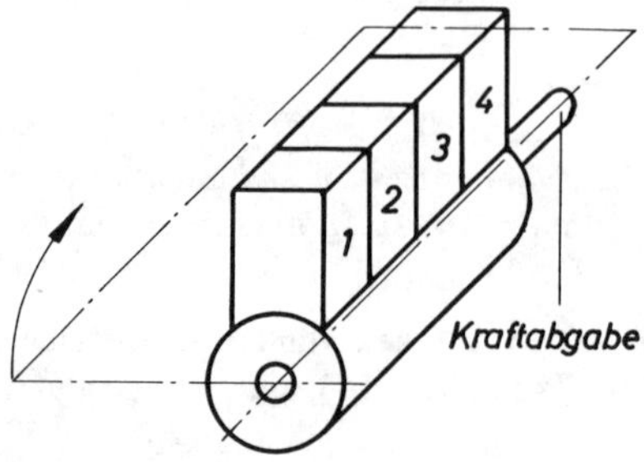

Bild 2.11 Bezeichnung der Drehrichtung und der Zylinder beim Reihenmotor

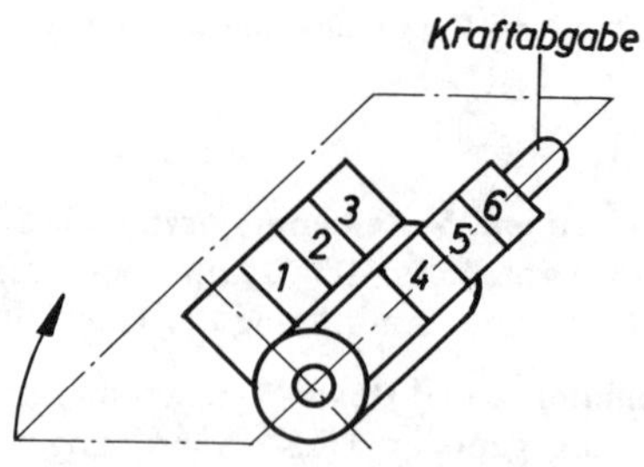

Bild 2.12 Bezeichnung der Drehrichtung und der Zylinder beim V-Reihenmotor

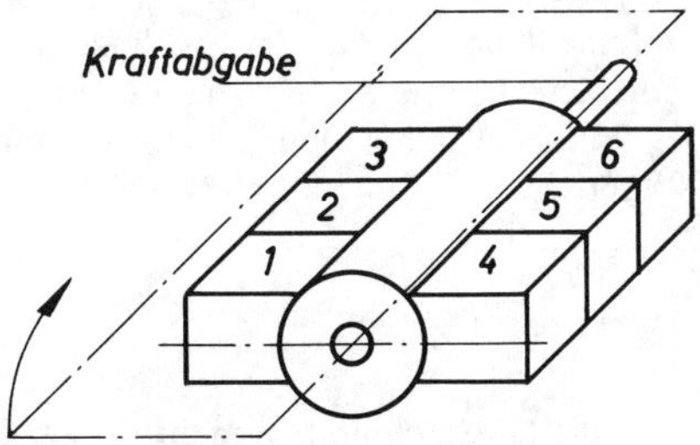

Bild 2.13 Bezeichnung der Drehrichtung und der Zylinder beim Boxerreihenmotor

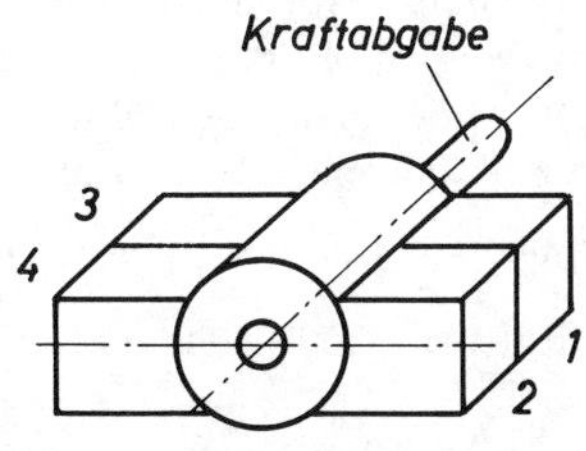

Bild 2.14 Zylinderbezeichnung bei VW- und Porsche-Vierzylindertypen

2.1.3 Zündfolgen und Zündabstände

Zündfolge Hierunter versteht man die *Reihenfolge,* in der die Zylinder eines Motors nacheinander gezündet werden.

Die Zündfolge wird bestimmt durch

- □ die *Bauform* des *Motors* (Reihen-, Boxer- oder V-Motor),
- □ günstigen *Massenausgleich,*
- □ den *Zündabstand.*

Zündabstand nennt man den Drehwinkel der Kurbelwelle zwischen zwei aufeinanderfolgenden Zündungen.

Da sich beim Viertaktmotor das Arbeitsspiel – ansaugen, verdichten, arbeiten und auslassen – über zwei Kurbelwellenumdrehungen gleich 720° erstreckt, rechnet man

720 : Zylinderzahl des Motors = Zündabstand

Beispiele: **Vierzylinder-Reihenmotor** 720 : 4 = 180. Der Zündabstand beträgt 180°. Anders ausgedrückt: Nach jeweils einer halben Umdrehung der Kurbelwelle erfolgt ein Arbeitstakt.

Fünfzylinder-Reihenmotor 720 : 5 = 144. Der Zündabstand beträgt 144°.

Sechszylinder-Reihenmotor 720 : 6 = 120. Der Zündabstand beträgt 120°. Anders ausgedrückt: Nach jeweils $^1/_3$ Kurbelwellendrehung erfolgt ein Arbeitstakt.

Für Vier- und Sechszylinder-Boxermotoren sowie die Vier- und Sechszylinder-V-Motoren von Ford sowie alle V-8- und V-12-Motoren erfolgt die Ermittlung des Zündabstandes in gleicher Weise.

Ausnahmen bilden:

- □ *Zweizylinder-Viertaktmotoren* mit 180° Hubzapfenversatz der Kurbelwelle,
- □ die meisten *mehrzylindrigen Kraftradmotoren* und
- □ *V-Motoren,* bei denen der *Winkel* zwischen den *Zylinderachsen,* multipliziert mit der Anzahl der Zylinder, *nicht die Zahl* **720** ergibt.

Beispiele: Beim «echten» PRV-Sechszylinder-V-Motor (eine Gemeinschaftsentwicklung der Firmen Peugeot, Renault und Volvo) mit einem gemeinsamen Hubzapfen für je 2 Pleuels ist der Zündabstand ungleich, da der Winkel zwischen den Zylinderachsen beider Zylinderreihen nicht 120°, sondern 90° beträgt. 90 · 6 = 540, **nicht** 720!

Zündfolge: 1 – 6 – 3 – 5 – 2 – 4 ··· 1

Zündabstand: | 150° | 90° | 150° | 90° | 150° | 90°

Beim neueren PRV-Sechszylinder-V-Motor sind die Hubzapfen nicht mehr für zwei Pleuel ausgelegt, sondern wie beim Honda-V-6-Motor um 30° zueinander versetzt **(«unechter V-Motor»).**

Daraus ergibt sich der Vorteil, daß ein gleichmäßiger Zündabstand von 120° entsteht.

Beim Zehnzylinder-V-Motor beträgt der Winkel zwischen den Zylinderachsen nicht 72° (72 · 10 = 720), sondern 90°. Dadurch ergibt sich ebenfalls ein ungleicher Zündabstand:

Zündfolge: 1 – 6 – 5 – 10 – 2 – 7 – 3 – 8 – 4 – 9 ··· 1

Zündabstand: 90° | 54° | 90° | 54° | 90° | 54° | 90° | 54° | 90° | 54°

Gebräuchliche Zündfolgen bei Viertaktmotoren

Reihenmotoren	– Vierzylinder:	1-3-4-2 oder 1-2-4-3
	– Fünfzylinder:	1-2-4-5-3
	– Sechszylinder:	1-5-3-6-2-4
V-Motoren	– Vierzylinder (Ford):	1-3-4-2
	– Sechszylinder	
	Ford:	1-4-2-5-3-6
	Nissan:	1-2-3-4-5-6
	VW (VR6):	1-5-3-6-2-4
	Audi:	1-4-3-6-2-5
	– Achtzylinder	
	Audi, BMW, Mercedes:	1-5-4-8-6-3-7-2
	Porsche:	1-3-7-2-6-5-4-8
	– Zwölfzylinder	
	BMW:	1-7-5-11-3-9-6-12-2-8-4-10
	Mercedes, Jaguar:	1-12-5-8-3-10-6-7-2-11-4-9
Boxermotoren	– Vierzylinder (VW):	1-4-3-2
	– Sechszylinder	
	Porsche:	1-6-2-4-3-5

Der Kraftfahrzeughersteller versucht in jedem Fall durch die Wahl der geeigneten Zündfolge, ein für die gewählte Bauform des Motors optimales Laufverhalten zu erreichen.

Die Bilder 2.15 bis 2.19 zeigen die Aufeinanderfolge der Zündungen einiger Motorenbauformen in bildlicher Darstellung.

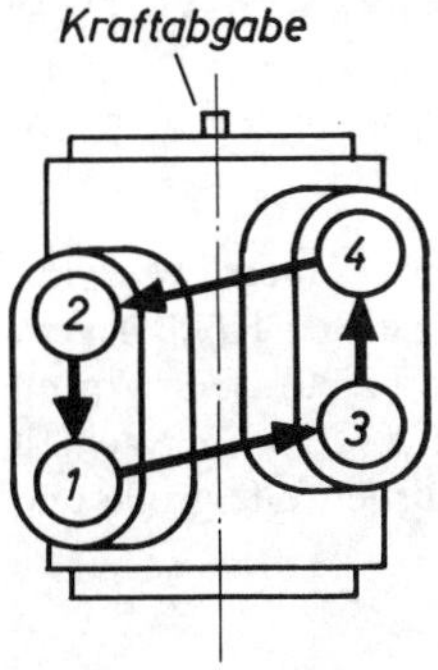

Bild 2.15

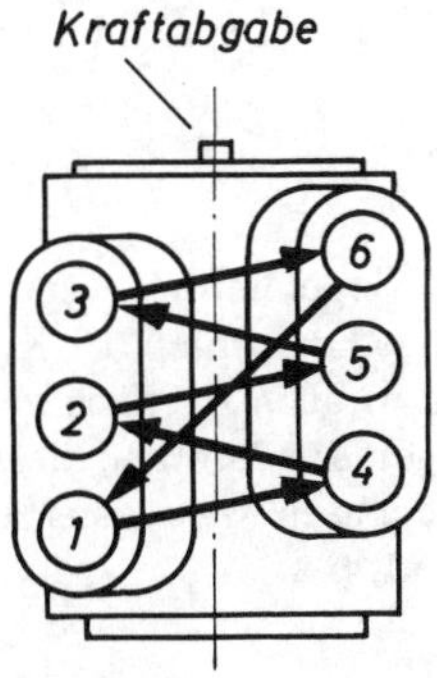

Bild 2.16

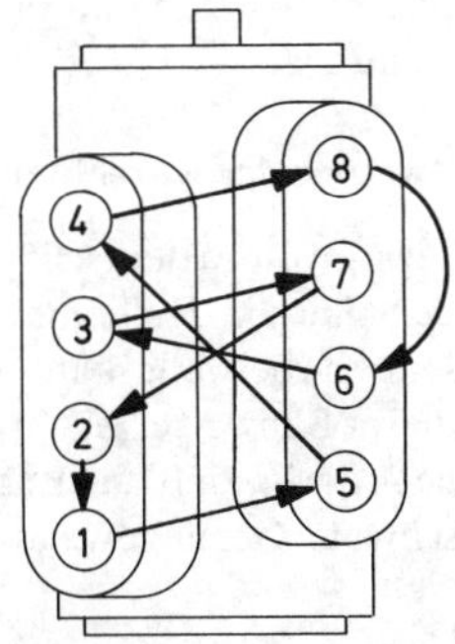

Bild 2.17

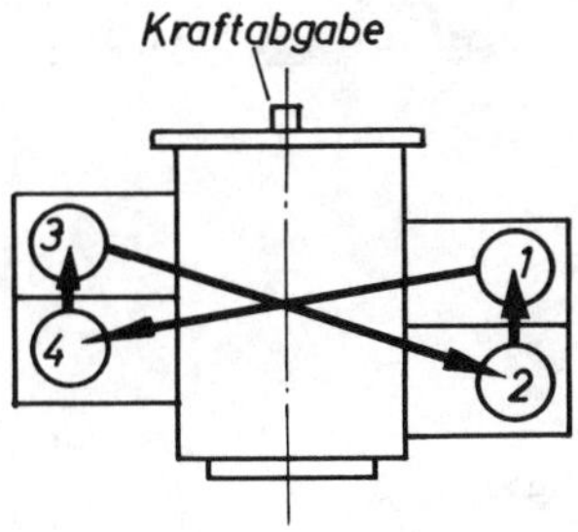

Bild 2.18

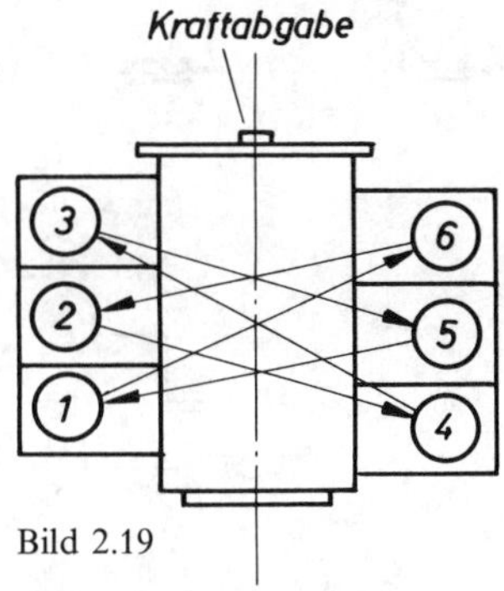

Bild 2.19

Bild 2.15 Bildliche Darstellung der Zündfolge 1-3-4-2 beim Vierzylinder-V-Motor (Ford)

Bild 2.16 Bildliche Darstellung der Zündfolge 1-4-2-5-3-6 beim Sechszylinder-V-Motor (Ford)

Bild 2.17 Bildliche Darstellung der Zündfolge 1-5-4-8-6-3-7-2 beim Achtzylinder-V-Motor

Bild 2.18 Bildliche Darstellung der Zündfolge 1-4-3-2 beim Vierzylinder-Boxermotor

Bild 2.19 Bildliche Darstellung der Zündfolge 1-6-2-4-3-5 beim Sechszylinder-Boxermotor (Porsche)

2.1.4 Bauformen von Kurbelwellen

Die Bauformen von Kurbelwellen werden durch folgende Faktoren bestimmt:

- □ Anzahl der Zylinder,
- □ Lage der Zylinderachsen zueinander (bei V-Motoren),
- □ Zündfolge des Motors.

Es werden dementsprechend unterschieden:

- □ Reihenmotor-Kurbelwellen,
- □ V-Motor-Kurbelwellen,
- □ Boxermotor-Kurbelwellen.

In Kraftfahrzeugmotoren gelangen Zwei- bis Sechszylinder-Reihenmotor-Kurbelwellen zur Anwendung.

Zweizylinder-Kurbelwellen

Twin-Motor (deutsch: Zweifach- oder Doppelmotor) Man versteht hierunter einen Zweizylinder-Viertakt-Reihenmotor, bei dem beide Hubzapfen der Kurbelwelle auf gleicher Höhe liegen. Die Kurbelwelle kann sowohl dreifach als auch zweifach gelagert sein (Bild 2.20). Der Vorteil dieser Bauweise liegt in dem gleichmäßigen Zündabstand dieser Motoren (Bild 2.21). Ein Nachteil liegt darin, daß zur Erzielung des brauchbaren Massenausgleichs an der Kurbelwelle große und schwere Gegengewichte erforderlich sind.

Bild 2.20
Twin-Motor-Kurbelwellen in schematischer Darstellung, links zweifach gelagert, rechts dreifach gelagert

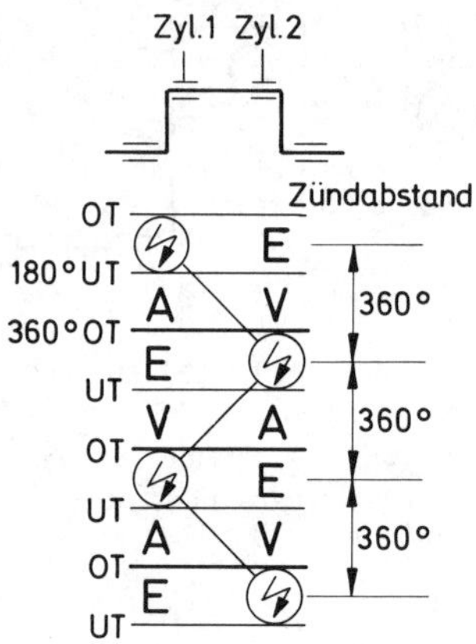

Bild 2.21 Gleichmäßiger Zündabstand beim Twin-Motor. Je eine Kurbelwellenumdrehung – 360° – erfolgt ein Arbeitstakt

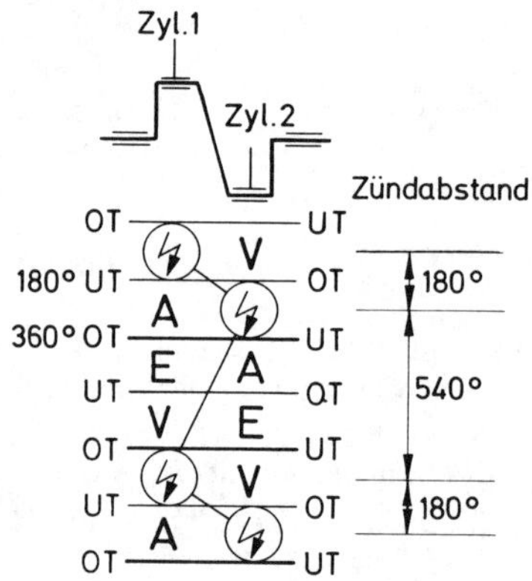

Bild 2.22 Hubzapfenversatz (180°) und Zündabstand beim Zweizylindermotor. Der Zündabstand ist ungleichmäßig

Kurbelwellen mit 180° Hubzapfenversatz Bei diesen Kurbelwellen sind die beiden Hubzapfen gegeneinander um 180° versetzt, die Kurbelwelle ist meist nur zweifach gelagert (Bild 2.22). Der Vorteil dieser Bauart liegt in dem günstigeren Massenausgleich gegenüber dem Twin-Motor, da keine großen und schweren Gegengewichte erforderlich sind. Nachteilig ist allerdings der ungleichmäßige Zündabstand. Einmal beträgt er 180°, dann 540° usw. Aus diesem Grund werden langsamlaufende Dieselmotoren (Schlepper- und Stationärmotoren) mit derartigen Kurbelwellen ausgerüstet. Die sehr großen und schweren Schwungscheiben halten die durch die unregelmäßigen Zündabstände bedingte Ungleichförmigkeit der Drehbewegung in erträglichen Grenzen.

Ausnahmen:

Moderne Zweizylinder-Viertakt-Kraftradmotoren sehr hoher Drehzahlen – 8000 bis 12 000 min^{-1} – sind ebenfalls mit Kurbelwellen ausgerüstet, deren Hubzapfen um 180° versetzt sind. Dadurch ergibt sich ein günstiger Massenausgleich, wohingegen der ungleichmäßige Zündabstand bei derart hohen Drehzahlen vernachlässigt werden kann.

Moderne schnellaufende kleinvolumige Dieselmotoren werden als Twin-Motoren gebaut. Durch zusätzliche, mittels Zahnräder angetriebene Ausgleichwellen wird eine hervorragende Laufruhe erzielt.

Vierzylinder-Reihenmotor-Kurbelwellen Die Hubzapfen sind gegeneinander um 180° versetzt. Die Hubzapfen für die Zylinder 1 und 4 sowie für die Zylinder 2 und 3 liegen jeweils auf gleicher Höhe (Bild 2.20). Hierdurch wird erreicht, daß, wenn Kolben 1 im Zünd-OT steht, Kolben 4 im Überschneidungs-OT steht und umgekehrt. Dasselbe gilt für die Kolben 2 und 3. Steht Kolben 3 im Zünd-OT, steht Kolben 2 im Überschneidungs-OT und umgekehrt.

Man unterscheidet nach Anzahl der Hauptlager heute:

- □ dreifach gelagerte Kurbelwellen (Bild 2.23); Verwendung nur bei Motoren niedriger und mittlerer Leistung;
- □ fünffach gelagerte Kurbelwellen bei modernen Motoren (Bild 2.24).

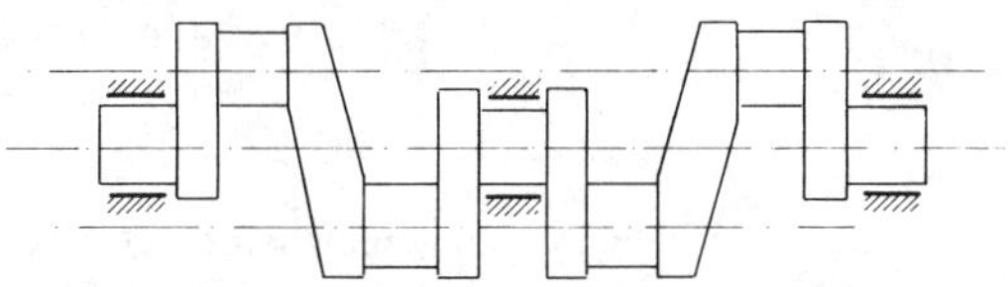

Bild 2.23 Vierzylinder-Reihenmotor-Kurbelwelle. Der Hubzapfenversatz beträgt 180°

Bild 2.24 Vierzylinder-Reihenmotor-Kurbelwelle mit fünffacher Lagerung in schematischer Darstellung

Sechszylinder-Reihenmotor-Kurbelwellen Die Hubzapfen sind gegeneinander um 120° versetzt, so daß die Hubzapfen von Zylinder 1 und 6, 2 und 5 sowie 3 und 4 jeweils in einer Ebene liegen (Bild 2.25). Befindet sich Kolben 1 im Zünd-OT, steht Kolben 6 im Überschneidungs-OT und umgekehrt. Dasselbe gilt sinngemäß für die Kolben 2 und 5 sowie 3 und 4.

Anzahl der Hauptlager

- □ vier Hauptlager (ältere Opel-2,5-l-Motoren),
- □ sieben Hauptlager (Ottomotoren höherer Leistung und Dieselmotoren).

Fünfzylinder-Reihenmotor-Kurbelwelle (Bild 2.26) Die Hubzapfen sind zueinander um 72° versetzt (360 : 5 = 72). Im Gegensatz zu den bisher beschriebenen Reihenmotor-Kurbelwellen liegen die Hubzapfen nicht paarweise in einer Ebene.

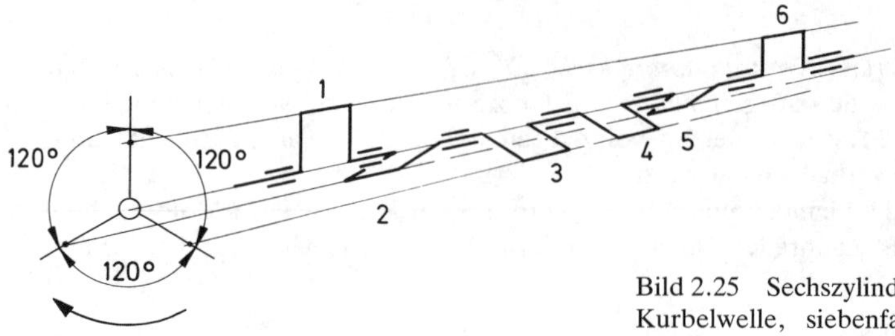

Bild 2.25 Sechszylinder-Reihenmotor-Kurbelwelle, siebenfach gelagert (schematische Darstellung). Der Hubzapfenversatz beträgt 120°

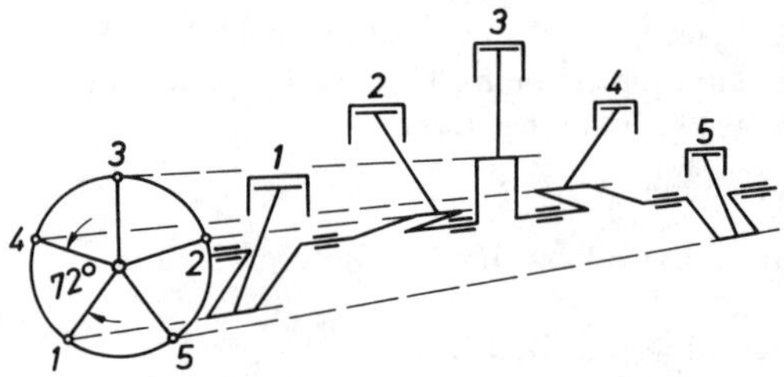

Bild 2.26 Fünfzylinder-Reihenmotor-Kurbelwelle

V-Motor-Kurbelwellen

Bei V-Motor-Kurbelwellen können entweder zwei Pleuel einen gemeinsamen Hubzapfen haben *(Echte V-Motoren)* oder jedem Pleuel steht ein eigener Hubzapfen zur Verfügung *(Unechte V-Motoren)*.

Der Hubzapfenversatz ist bei echten V-Motoren gleichmäßig und bei unechten V-Motoren ungleichmäßig, jedoch nicht genau entgegengesetzt wie bei Boxermotoren.

Vierzylinder-V-Motor-Kurbelwelle (Ford) Die Kurbelwelle ist dreifach gelagert (drei Hauptlager). Jeder Kolben der vier Zylinder hat seinen eigenen Hubzapfen. Da die Achsen der beiden Zylinderreihen miteinander einen Winkel von 60° bilden, sind die Hubzapfen von Zylinder 1 und 4 und die Hubzapfen der Zylinder 2 und 3 zueinander jeweils um 60° versetzt. Die Winkel zwischen den Hubzapfen 1 und 2 sowie 3 und 4 betragen 120° (Bild 2.27). Hierdurch wird ein gleichmäßiger Zündabstand von 180° erreicht, obwohl der Winkel zwischen den Zylinderreihen 60° beträgt.

Sechszylinder-V-Motor-Kurbelwelle (Ford) Diese Kurbelwelle ist vierfach gelagert (vier Hauptlager). Auf zwei Hubzapfen folgt jeweils ein Hauptlager. Sämtliche Hubzapfen sind auf einen Vollwinkel (360°) regelmäßig verteilt, so daß alle 60° ein Hubzapfen angeordnet ist. Hierdurch wird bei dem Winkel von 60° der Zylinderachsen zueinander ein Zündabstand von 120° erzielt (Bild 228), siehe auch Abschnitt 2.1.4, Zündfolgen von Verbrennungsmotoren.

Sechszylinder-V-Kurbelwelle eines «unechten» PRV-Motors (*P*eugeot, *R*enault, *V*olvo). Im Gegensatz zum «echten» V-Motor gleicher Fabrikation, bei dem die Hubzapfen gleichmäßig um 120° versetzt sind und jeder Hubzapfen zwei Pleuel trägt, sind hier alle Hubzapfen gegeneinander versetzt, und zwar unregelmäßig, nämlich jeweils um 90° bzw. 30° abwechselnd.

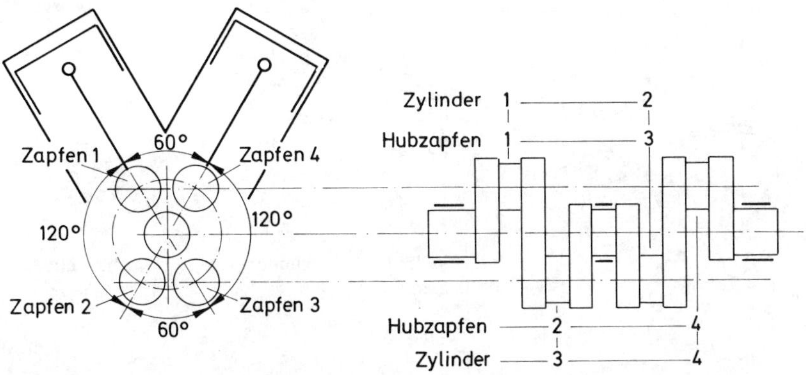

Bild 2.27 Ford-Vierzylinder-V-Motor-Kurbelwelle (schematisch) Zündfolge 1-3-4-2 (s. Text)

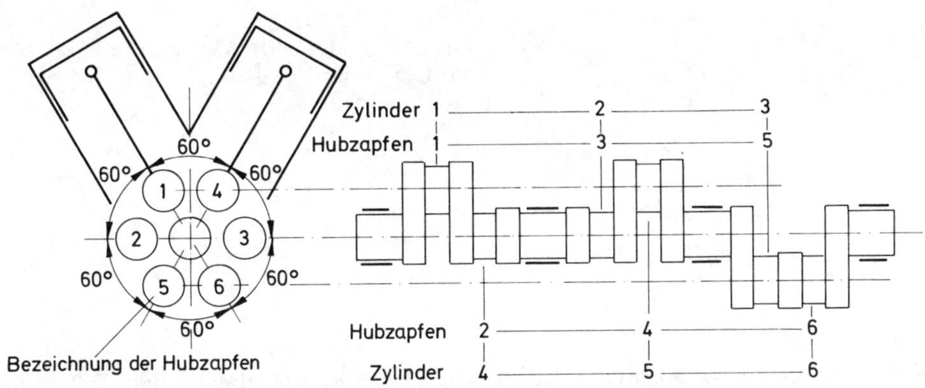

Bild 2.28 Ford-Sechszylinder-V-Motor-Kurbelwelle (schematisch) Zündfolge 1-4-2-5-3-6 (s. Text)

Anders ausgedrückt: Während üblicherweise jeweils zwei Pleuel von einem Hubzapfen getragen werden, hat hier jedes Pleuel einen eigenen Hubzapfen, wobei diese um 30° zueinander versetzt sind. Die Kurbelwelle hat also geteilte Zapfen («splin-pin-Kurbelwelle»).

Achtzylinder-V-Motor-Kurbelwelle Die *vier* Hubzapfen sind gegeneinander um 90° versetzt. Im Hinblick auf einen guten Massenausgleich – schüttelfreier Lauf des Motors in allen Drehzahlbereichen – wurden der erste und letzte Hubzapfen sowie der zweite und dritte gegenüberliegend (180°) angeordnet. Auf jedem Hubzapfen sind *zwei Pleuel hintereinander* angeordnet. Jeweils die vier *vorderen Pleuel* führen zu einer Zylinderreihe, üblicherweise in Fahrtrichtung gesehen der *rechten,* die vier *hinteren Pleuel* zur anderen Zylinderreihe, der *linken.* Durch diese Anordnung sind die beiden Zylinderreihen um eine Pleuelfußbreite zueinander versetzt. Bild 2.29 zeigt die Kurbelwelle in schematischer Darstellung.

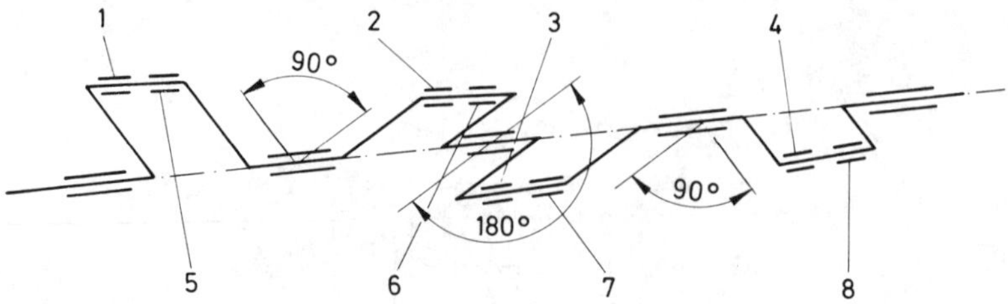

Bild 2.29 Achtzylinder-V-Motor-Kurbelwelle (schematisch)

Boxermotor-Kurbelwellen

Bei Boxermotor-Kurbelwellen hat jedes Pleuel einen eigenen Hubzapfen, wobei diese für die Zylinder 1 und 3, wie für die Zylinder 2 und 4 (Bild 2.30), genau entgegengesetzt angeordnet sind. Man kann sagen, daß die Kolben miteinander boxen.

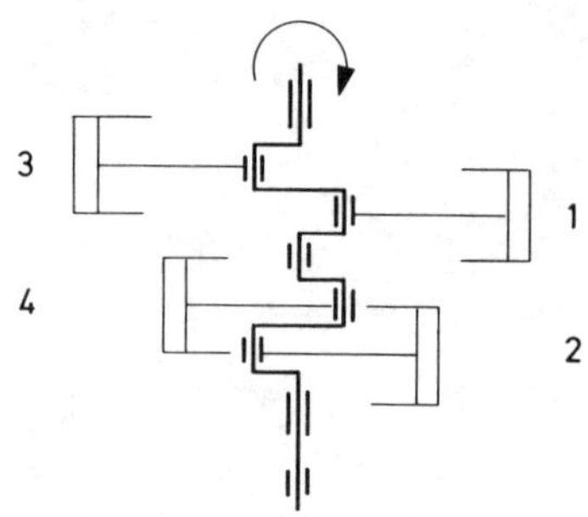

Bild 2.30 Kurbelwelle des Vierzylinder-Boxermotors (schematisch)

Vierzylinder-Boxermotor-Kurbelwelle (Porsche und VW) Die Kurbelwelle (Bild 2.30) sieht ähnlich aus wie eine Vierzylinder-Reihenmotor-Kurbelwelle (vgl. Bild 2.23). Durch die Bauart des Boxermotors bedingt, ist sie jedoch kürzer als eine vergleichbare Reihenmotor-Kurbelwelle ausgeführt.
Dadurch ergeben sich:

- □ große Drehfestigkeit und
- □ große Widerstandsfähigkeit gegen Drehschwingungen, verursacht durch Ungleichförmigkeiten der Kurbelwellendrehbewegung.

Durch die gegenüberliegende Anordnung der Zylinder kann – bei Motoren mittlerer Leistung und Drehzahl – im Gegensatz zur Reihenmotor-Kurbelwelle auf Gegengewichte verzichtet werden (VW).

Sechszylinder-Boxermotor-Kurbelwelle Auch diese Kurbelwelle ähnelt der entsprechenden Sechszylinder-Reihenmotor-Kurbelwelle. Das über die Vierzylinder-Boxermotor-Kurbelwelle Gesagte gilt entsprechend. Da der Sechszylindermotor des Porsche 911 für höhere Drehzahl und Leistung ausgelegt ist, wurde die Kurbelwelle zur Erzielung des bestmöglichen Massenausgleichs mit Gegengewichten versehen.

Zweizylinder-Viertakt-Boxermotor

Die Bauart wurde von BMW seit Beginn der Kraftradproduktion angewendet. Sie vereinigt in sich die Vorteile des Twin-Motors – gleicher Zündabstand – und die Vorteile des langsamlaufenden Dieselmotors – guter Massenausgleich. Die Hubzapfen sind um 180° gegeneinander versetzt, die Kurbelwelle ist kurz (geringe Empfindlichkeit gegen Drehschwingungen, Bild 2.31).

Bild 2.31 Gleichmäßiger Zündabstand (360°) und guter Massenausgleich beim Zweizylinder-Boxermotor

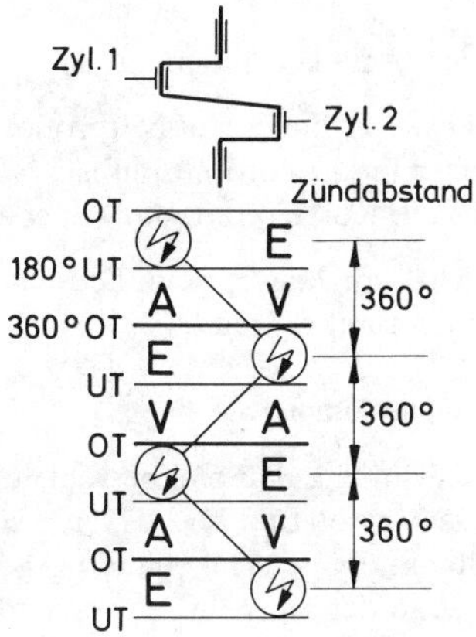

Schwungscheibe

Aufgaben der *Schwungscheibe* sind:

□ Leertakte zwischen zwei aufeinanderfolgenden Arbeitstakten überwinden,
□ Verringerung der Drehzahlschwankungen des Motors (Ungleichförmigkeit),
□ Aufnahme der Kupplung,
□ Kraftabgabe des Motors an die Kupplung,
□ Aufnahme des Zahnkranzes, in den beim Starten des Motors das Starterritzel eingreift.

Gewicht und Durchmesser der Schwungscheibe werden durch folgende Faktoren bedingt:

□ 1. Zylinderzahl und
□ 2. Drehzahl des Motors.

Zu 1. Beim Einzylinder-Viertaktmotor folgen auf einen Arbeitstakt (halbe Kurbelwellendrehung) eineinhalb Leerdrehungen der Kurbelwelle (Zündabstand beim Einzylindermotor: 720°). Daher erfordern Einzylindermotoren die größten und schwersten Schwungscheiben. Je größer die Zylinderzahl des Motors, um so kleiner wird der Zündabstand. Dementsprechend werden die Schwungscheiben mit zunehmender Zylinderzahl kleiner und leichter (siehe auch Abschnitt Zündfolgen von Verbrennungsmotoren).

Zu 2. Langsamlaufende Motoren erfordern große, schwere Schwungscheiben, da die Zeitspanne zwischen den einzelnen Arbeitstakten, die durch gespeicherte Drehenergie überwunden werden muß, groß ist.

Schnellaufende Motoren kommen dementsprechend mit kleineren und leichteren Schwungscheiben aus.

Motoren mit großen, schweren Schwungscheiben setzen jeder Drehzahländerung große Trägheit entgegen. Kraftfahrzeugmotoren werden daher mit kleinen, leichten Schwungscheiben ausgerüstet. Das ermöglicht sowohl rasches Beschleunigen als auch schnellen Drehzahlabfall beim Schalten.

Ungleichförmigkeit des Motors

Der Motorlauf ist durch den ständigen Wechsel zwischen dem Arbeitstakt und den Leertakten ungleichförmig. So entstehen Drehzahlschwankungen, die als Laufunruhe des Motors spürbar sind.
Die Ungleichförmigkeit nimmt zu

- □ je kleiner die Zylinderzahl ist (großer Zündabstand),
- □ je niedriger die Motordrehzahl ist,
- □ je größer die Kolbenkraftunterschiede sind.

Die Ungleichförmigkeit ist beim Dieselmotor größer als beim Ottomotor und kann zu Getrieberasseln bei Leerlauf führen.

Drehschwingungsdämpfer

Der Drehschwingungsdämpfer besteht aus einer Festscheibe = kleine Masse und einem Schwungring = große Masse (Bild 2.32). Beide sind durch eine Gummieinlage miteinander vulkanisiert und deshalb um einige Winkelgrade gegeneinander verdrehbar. Die Festscheibe ist mit der vorderen Stirnseite der Kurbelwelle verschraubt.

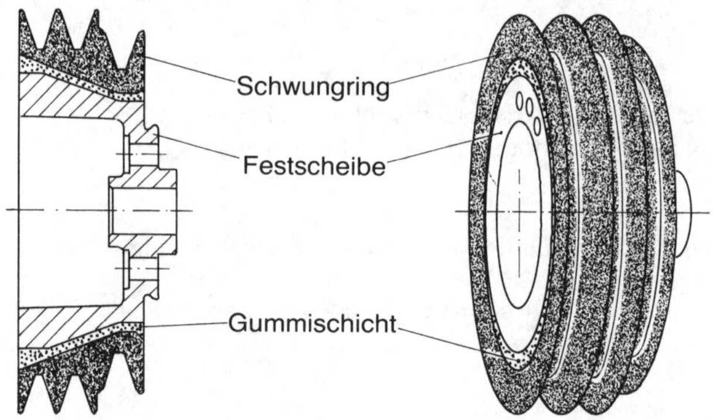

Bild 2.32
Drehschwingungsdämpfer (VAG)

Der Drehschwingungsdämpfer gleicht Drehschwingungen der Kurbelwelle aus. Bei plötzlicher Beschleunigung bleibt der Schwungring um einige Winkelgrade hinter der Kurbelwellendrehzahl zurück, während er bei Gaswegnahme entsprechend voreilt.

Drehschwingungsdämpfer findet man bei Sechszylinder-Reihenmotoren, z. T. auch bei Vierzylinder-Reihenmotoren und bei Achtzylinder-V-Motoren. Der Drehschwingungsdämpfer ist nicht nur für die Laufruhe des Motors, sondern auch für einen gleichmäßigen und verschleißarmen Nockenwellenantrieb wichtig.

Zweimassen-Schwungrad

Die durch die Zündfrequenzen an der Kurbelwelle ausgelösten Drehschwingungen übertragen sich üblicherweise auf das Getriebe, den Antriebsstrang und über die Achsaufhängung auf die Karosserie. Sie machen sich z. B. in Form von Getrieberasseln bzw. als Dröhn- und Brummgeräusche negativ bemerkbar. Dies läßt sich in gewissem Umfang durch Torsionsfedern in der Mitnehmerscheibe der Kupplung unterdrücken.

Das Zweimassen-Schwungrad ist mit der hinteren Stirnseite der Kurbelwelle verschraubt und besteht wie der Drehschwingungsdämpfer aus zwei Massen (Bild 2.33), die miteinander beweglich vernietet sind. Zwischen den beiden Massen befindet sich ein mehrstufiges Federdämpfersystem, bestehend aus drei Federgruppen und einer Reibeinrichtung. Der bewegliche Teil des Zweimassen-Schwungrades ist gegen Federkraft max. bis zu einem festen Anschlag verdrehbar. Beim Starten und Abstellen des Motors entsteht die größte Verdrehung zwischen den Schwungmassen, d. h., alle Federgruppen sind in Aktion. Bei Leerlaufdrehzahl arbeiten die Dämpferfedern der 1. Stufe, während im Fahrbetrieb je nach Lastzustand des Motors die Dämpferfedern der 2. und 3. Stufe wirksam sind.

Die Mitnehmerscheibe der Kupplung hat hier keine Torsionsfedern. Das Zweimassen-Schwungrad verhindert z. B. beim BMW-Diesel das Schütteln des Motors und das Getrieberasseln bei Leerlauf, störende Geräusche im Antriebsstrang sowie Dröhn- und Brummgeräusche in der Karosserie. Ein solches Fahrzeug kann deshalb ohne Komforteinbuße mit niedriger Geschwindigkeit im hohen Gang bei günstigem Kraftstoffverbrauch und verringertem Schadstoffausstoß gefahren werden.

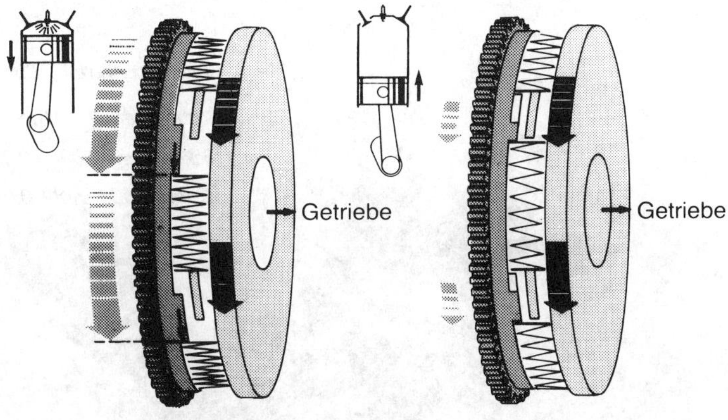

Bild 2.33
Zweimassen-Schwungrad (LuK)

2.1.5 Bauelemente von Hubkolbenmotoren

Gleitlager

Gleitlager erlauben durch ihre Teilbarkeit die einteilige Herstellung mehrzylindriger Kurbelwellen. Sie sind bei modernen Motoren sehr hohen Belastungen ausgesetzt und müssen folgende Anforderungen erfüllen:

- □ gute Notlaufeigenschaften,
- □ geringe Freßempfindlichkeit,

□ große Ermüdungsfestigkeit,
□ große Verschleißfestigkeit,
□ gute Einlauf- und Anpassungsfähigkeit,
□ gute Schmutzeinbettung.

Nach der **Belastungsrichtung** unterscheidet man *Querlager* (Radiallager) und *Längslager* (Axiallager).

Querlager (Radiallager) *Haupt-* und *Pleuellager* sowie *Kolbenbolzenbuchsen, Nockenwellenlager* und *Kipphebelbuchsen* sind *Quer*lager.

Längslager Sie dienen zur Aufnahme des *Axialschubs,* der beim Auskuppeln entsteht. Sie sind meist mit einem Querlager (Hauptlager) kombiniert. Man bezeichnet diese Lager als *Bund-, Paß-* oder *Führungslager.* Bild 2.34 zeigt die Anordnung eines derartigen Lagers im Motor. Die Nokkenwelle ist ebenfalls mit einem Bundlager versehen, um axiale Verschiebung zu verhindern.

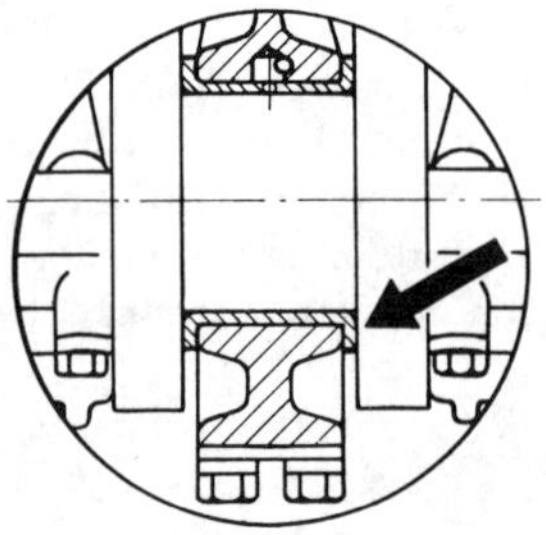

Bild 2.34 Bund-, Paß- oder Führungslager zur axialen Abstützung der Kurbelwelle. Der Pfeil zeigt auf den beim Auskuppeln belasteten Lagerbund

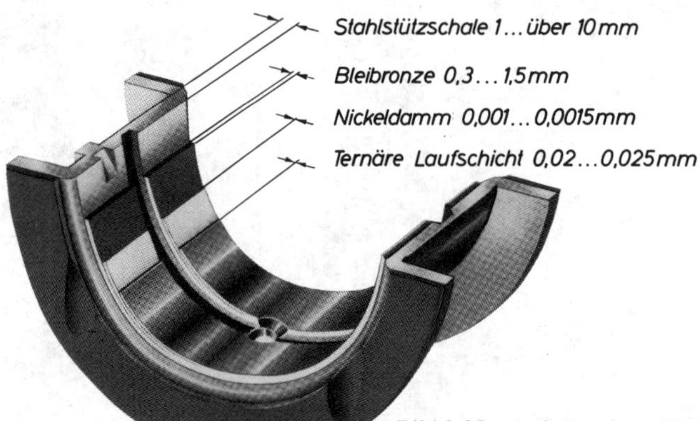

Bild 2.35 Aufbau eines Dreistofflagers (Bund-, Paß- oder Führungslager)

Aufbau von Gleitlagern

Von wenigen Ausnahmen abgesehen, werden Gleitlager als *Verbundlager* ausgeführt. Das heißt, auf einer *Stahlstützschale*, auch *Stahlrücken* genannt, ist der eigentliche Lagerwerkstoff aufgebracht. Man unterscheidet *aufgegossene* Lagermetalle, *aufgesinterte* Lagermetalle und *galvanisch* aufgebrachte Schichten. Den grundsätzlichen Aufbau eines Verbundlagers, ausgeführt als Dreistofflager, zeigt Bild 2.35.

Gleitlager verschiedener Werkstoffausführungen und deren Anwendung (nach K.S.).

Stahl-Bleibronze-Lager Sie können sowohl nach dem *Gieß-* als auch nach dem *Sinterverfahren* gefertigt sein. Die Bleibronzeschicht (Lagermetallschicht) besteht zu $^3/_4$ bis $^4/_5$ aus Kupfer, der Rest aus Blei und etwas Zinn.

Anwendung: Mit einer zusätzlichen galvanischen Laufschicht versehen, als Haupt- und Pleuellager für Otto- und Dieselmotoren mit mittlerer bis höherer Belastung und hohen Gleitgeschwindigkeiten (hohe Drehzahlen). Außerdem werden derartige Lager zur Lagerung von Pumpen- und Turbinenrädern im hydrodynamischen Drehmomentwandler verwendet.

Der Name **Dreistofflager** (Bild 2.35) bezeichnet die *drei* verschiedenen Werkstoffe, aus denen das Lager besteht:

1. Der Stahlrücken oder die Stahlschützschale.
2. Die Bleibronzezwischenschicht, bei dem abgebildeten Lager bestehend aus 75,5 % Kupfer, 23 % Blei und 1,5 % Zinn. Nickeldamm, Dicke 0,0015 mm.
3. Ternärschicht, Laufschicht, bei diesem Lager bestehend aus 87 % Blei, 10 % Zinn und 3 % Kupfer.

Der *Nickeldamm* ist *nicht mitgezählt.* Er hat die Aufgabe, die Zinn-Diffusion aus der Ternärschicht in die Bronze weitgehend zu verhindern.

Anwendung: Als Hauptlager, Pleuellager, Nockenwellenlager, Lager für Steuerräder und Ölpumpen bei hoher Belastung.

Stahl-Aluminium-Lager

1. **Zweischichtlager** Der Lagerwerkstoff, eine Legierung aus 91,5 % Aluminium, 4,5 % Zink, 1,5 % Silizium, 1,5 % Kupfer und 1 % Blei wird mittels des Heißplattierverfahrens auf den Stahlrücken aufgewalzt. Zweischichtlager sind für mittlere Belastungen geeignet.

Beim *Heißplattierverfahren* erwärmt man den Stahlband, den Stahlrücken, vor dem Einlauf in den Walzspalt induktiv auf ca. 300 °C, wodurch eine *einwandfreie Verbindung* zwischen *Stahlrükken* und *Lagerwerkstoff* erzielt wird.

2. **Dreischichtlager** Für *hohe Belastungen* und *Gleitgeschwindigkeiten* wird das Lager zusätzlich mit einer Galvaniklaufschicht, der vom Dreistofflager her bewährten *Ternärschicht* aus 87 % Blei, 10 % Zinn und 3 % Kupfer, versehen.

Anwendung: Als *Haupt-* und *Pleuellager* für *aufgeladene Dieselmotoren* mit *hohen Drehzahlen* (Pkw-Turbo-Dieselmotoren).

Infolge Leistungssteigerungen moderner Motoren sind Gleitlager erforderlich, die *höchsten* Belastungen bei langer Standzeit gewachsen sind. Hierzu gehören z. B. Rillen- und Sputterlager. Sie haben gegenüber Dreistofflagern deutlich höhere Standzeiten und kleinere Verschleißraten.

Rillenlager weisen eine Profilierung der Lauffläche (Gleitfläche) auf. Die vorhandenen Rillen sind mit weichem PbSn 18 Cu 2 gefüllt, wodurch eine gute Anpassungsfähigkeit und geringe Schmutzempfindlichkeit erreicht wird.

Sputterlager sind auf der Basis von Dreistofflagern hergestellt. Die durch Ermüdung und Verschleiß gefährdete Laufschicht (Gleitschicht) des Gleitlagers PbSn 10 Cu 3 ist durch eine ebenso dünne AlSn 20 Cu-Schicht ersetzt.

Wissenswertes über Gleitlager

Spreizung der Lagerschalen Unter Spreizung versteht man das Maß, um das der Außendurchmesser einer Halbschale, über die Trennfläche gemessen, größer ist als der Durchmesser der Gehäusebohrung (Bild 2.36). Die Spreizung der dünnwandigen Lagerschalen erleichtert deren Einbau. Die Lagerschalen müssen mit leichtem Daumendruck in die Lagerbohrung gedrückt werden. Infolge der Spreizung fallen sie beim Aufsetzen des Lagerdeckels nicht wieder heraus.

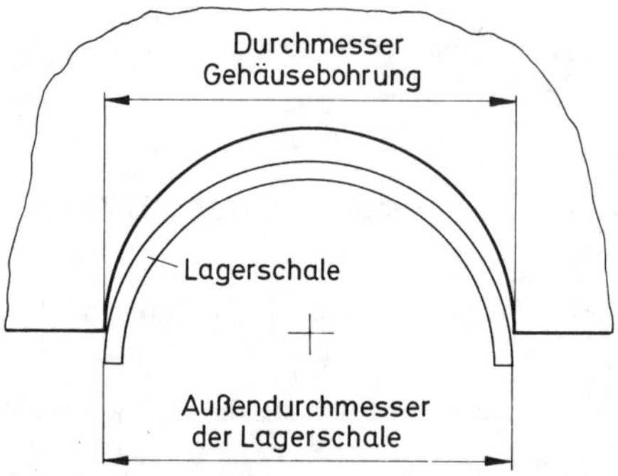

Bild 2.36 Spreizung der Gleitlager-Halbschale. Der Außendurchmesser der Halbschale ist um das Maß der Spreizung (0,3 bis 0,5 mm) größer als der Durchmesser der Gehäusebohrung

Preßsitz von Gleitlagerschalen Gleitlagerschalen werden grundsätzlich mit Preßsitz eingebaut. Allgemeine Angaben über die Größenwerte des Preßsitzes lassen sich nur schlecht machen. Als Hilfsmittel beim Einbau der Lagerschalen gilt das Maß für die Überdeckung. Nach dem (richtigen!) Einlegen der Lagerschalen in die Gehäusebohrungen wird der Lagerdeckel aufgesetzt. Ohne den Lagerdeckel festzuschrauben, darf er auf einer Seite nicht plan aufliegen. Der Spalt beträgt im Mittel etwa 0,1 mm (Bild 2.37).

Beim Festziehen des Lagerdeckels mit dem vorgeschriebenen Anzugsdrehmoment erhält das Lager dann den erforderlichen Preßsitz (Angaben der Motorenhersteller beachten!). Unter *Überdeckung* versteht man das Maß, um das die in der Gehäusebohrung eingelegte Halbschale am einen Ende übersteht (Bild 2.38).

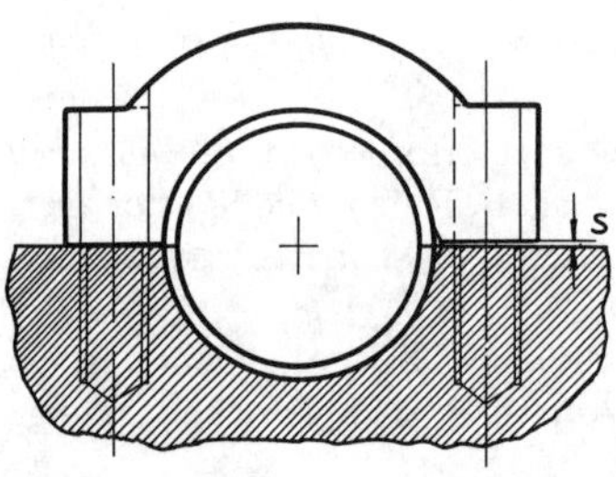

Bild 2.37 Vorspannung (*s*) des Gleitlagers beim Einbau (s. Text)

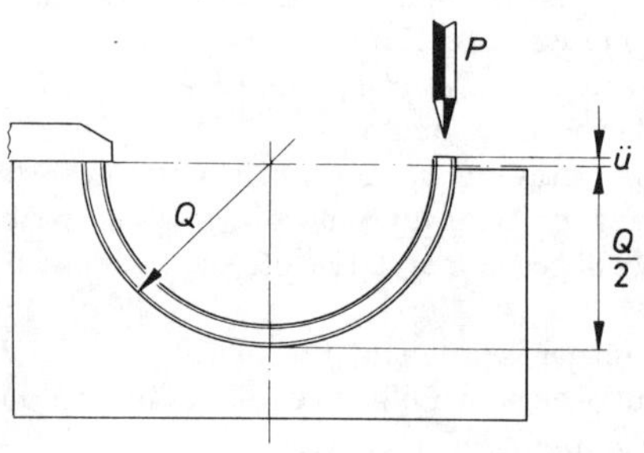

Bild 2.38 Überdeckungsmaß (*Ü*) der Gleitlager-Halbschale bei Messung im Prüfblock mit einseitigem Anschlag: *F* = Prüfkraft, *Q*/2 = Halbmesser der Prüfblockbohrung

Sicherung gegen Verdrehen und seitliches Herausschieben der Lagerschalen Dünnwandige Lagerschalen (Verbundlager) erhalten *Fixiernasen* zur Sicherung gegen Verdrehen und seitliches Herausschieben. Bild 2.39 zeigt die Form der Fixiernasen. Die Fixiernasen dienen nur als zusätzliche Sicherung der Lagerschalen, vor allem beim Einbau. Sie sind kein Ersatz für den Preßsitz.

Liegen die Fixiernasen beider zusammengehöriger Lagerschalen auf *derselben Seite,* ist das Lager in *beiden Drehrichtungen gesichert* (Bild 2.40 a). Liegen die Fixiernasen auf *verschiedenen Seiten,* ist das Lager *nur in einer Drehrichtung gesichert* (Bild 2.40 b). Im Motorenbau gelangen derzeit beide Arten zur Anwendung.

Vollwand- oder Massivlager werden durch Stifte gesichert.

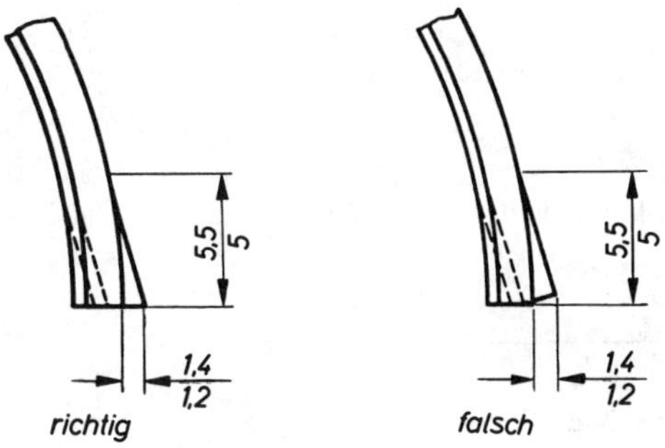

Bild 2.39 Form der Fixiernasen

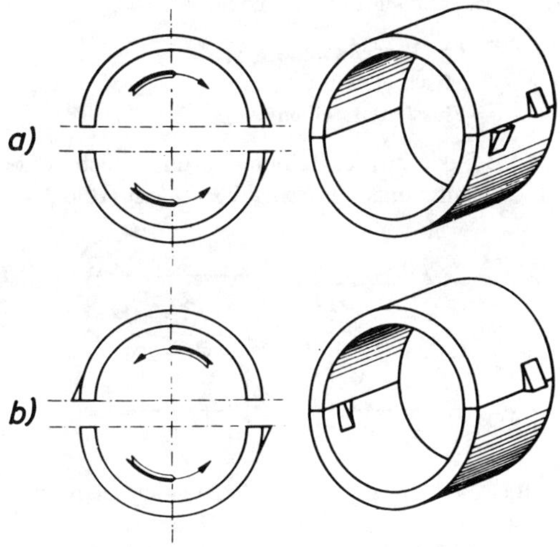

Bild 2.40 Einbau von Gleitlagerschalen mit Fixiernasen
a) in beiden Drehrichtungen gesichert,
b) nur in einer Drehrichtung gesichert

Das Lagerspiel Bei einbaufertigen Lagerschalen wird das Lagerspiel durch eine entsprechende Wahl der Wanddicke der Lagerschalen eingestellt. Die Gehäusebohrung und der Zapfendurchmesser werden im allgemeinen nach den ISA-Passungstoleranzen H 6 und h 6 oder g 6 gewählt. Bei *Dreistoff-* bzw. Dreischichtlagern hat sich in Pkw-Motoren als *kleinstes Lagerspiel* für Haupt- und Pleuellager 0,04 mm bewährt.

Hierbei ist eine Aufweitung der Gehäusebohrung von etwa 0,004 bis 0,015 mm durch den Einbau der Gleitlagerschalen berücksichtigt. Je größer die Drehzal eines Motors ist, desto größer muß – bei sonst gleichen Bedingungen – das Lagerspiel gewählt werden, damit ein ausreichender Öldurchsatz zur Kühlung des Lagers vorhanden ist.

Öldurchsatz ist die Menge Öl, die in einer bestimmten Zeit durch das Lager fließt. Bei Dreistofflagern in Lkw- und Kom-Dieselmotoren wird man im allgemeinen ein Kleinstspiel von 0,8‰ des Zapfendurchmessers nicht unterschreiten. Diese Angaben über das Lagerspiel können nur als Anhaltspunkte gelten, da das Lagerspiel von vielen Faktoren abhängt. Hierzu gehören besonders die Fertigungstoleranzen für die Welle und für die Gehäusebohrungen (nach Glyco).

Motorschmierung

Die Schmierung erfolgt *ausschließlich durch Öl.*

Aufgaben des Motoröls sind:

a) **Schmieren,** b) **Kühlen** (Wärme abführen), c) **Feinstabdichten,** d) **Reinigen** (Motor sauberhalten), e) **Schutz vor Korrosion.**

a) **Schmieren** Vereinfacht ausgedrückt bedeutet es, aufeinanderreibende Flächen zu trennen. Dies geschieht durch das Öl, das von der Ölpumpe den Schmierstellen des Motors zugeführt wird. Anders ausgedrückt: Das Schmiermittel soll die Reibung zwischen sich gegeneinander bewegenden Flächen herabsetzen, den Verschleiß verringern oder möglichst ganz vermeiden.

An *Reibung* unterscheidet man:

Trockenreibung,
☐ **Mischreibung** und
☐ **Flüssigkeitsreibung.**

a) Bei der Trockenreibung berühren sich beide Teile mit *völlig trockenen* Oberflächen. Bei Bewegung entsteht *hoher Verschleiß* (Bild 2.41 a).

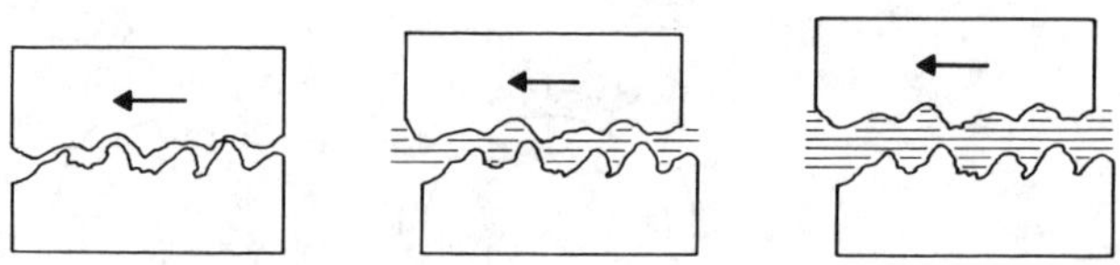

Bild 2.41 Darstellung der Reibung im mikroskopischen Bereich.
a) Trockenreibung: Beide Körper berühren sich mit absolut trockener Oberfläche.
b) Mischreibung: Zwischen beiden Körpern befindet sich Schmiermittel. Nur noch einzelne Oberflächenspitzen können sich berühren: Es tritt nur noch geringer Verschleiß auf.
c) Flüssigkeitsreibung: Beide Körper sind durch eine Flüssigkeitsschicht vollständig voneinander getrennt. Es tritt praktisch kein Verschleiß auf.

Im Kfz-Motor herrscht praktisch nie Trockenreibung. Die Lagerstellen des neuen Motors sind beim Zusammenbau eingeölt, die Kolben mit Öl in die Zylinder eingesetzt. Selbst nach langem Stillstand eines Motors haften noch geringe Ölmengen in den Haupt- und Pleuellagern sowie an den Zylinderlaufflächen, es herrscht beim Starten des Motors also *Mischreibung* (Bild 2.41 b), beim Starten tritt nur geringer Verschleiß auf. Nach dem Starten des Motors wird den Schmierstellen Öl zugeführt, bei betriebswarmem Motor stellt sich weitgehend *Flüssigkeitsreibung* ein: Die sich gegeneinander bewegenden Flächen sind durch eine Flüssigkeitsschicht des Schmiermittels vollständig voneinander getrennt. Es tritt praktisch kein Verschleiß auf (Bild 2.41 c).

Die *Schmierung der Gleitlager* erfolgt nach dem *hydrodynamischen Prinzip* (hydro, gr. = Wasser, Flüssigkeit; dynamis, gr. = bewegte Kraft).

Die Wirkungsweise ist folgende: Im Stillstand des Motors liegt der Lagerzapfen durch sein Gewicht am Grund der Lagerschale auf. Nach dem Starten des Motors dreht sich die Welle, es findet kurzzeitig *Mischreibung* statt. Tritt Öl in das Lager ein – der Öleintritt befindet sich *vor* der

Auflage des Zapfens in der Lagerschale –, wird es vom Zapfen mitgenommen. *Durch* die *keilförmige Verengung des Spaltes zwischen Zapfen* und *Lagerschalen entsteht* ein *hoher Druck, der den Lagerzapfen auf dem Schmierfilm des Öls «aufschwimmen» läßt,* so daß jetzt *Flüssigkeitsreibung* zwischen Zapfen und Lager herrscht. Dieser Druck erzeugt eine Kraft, die der Kolbenkraft, entstanden durch den Verbrennungsdruck, entgegenwirkt.

Je höher die Gleitgeschwindigkeit wird – zunehmende Drehzahl der Welle –, um so größer wird der Druck des Schmieröls, der sich im Schmierkeil aufbaut. Bild 2.42 zeigt die durch die Schmierkeilwirkung im Lager entstehende Druckverteilung. *Zur Bildung des Schmierkeils* im Gleitlager *ist ein Lagerspiel* – Unterschied zwischen Lagerzapfendurchmesser und Lagerdurchmesser – *erforderlich.*

Bild 2.42 Schmierkeilwirkung und Druckverteilung (*P*) im hydrodynamischen Gleitlager. Der Lagerzapfen schwimmt auf dem Schmierkeil auf, es findet nur noch Flüssigkeitsreibung statt

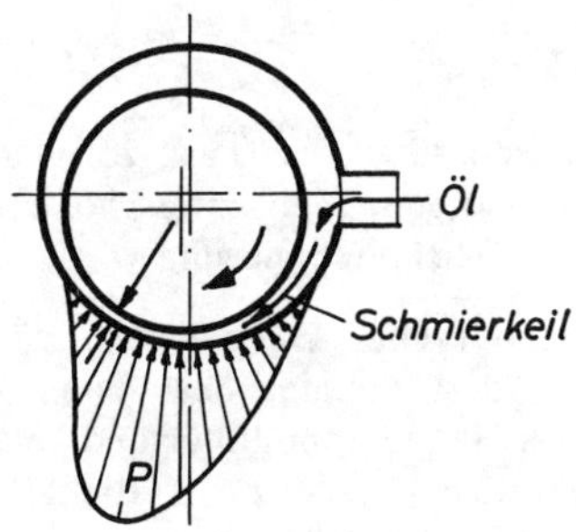

Die Schmierung der Kolben und der Kolbenbolzen

Die Schmierung der Kolben in den Zylindern erfolgt durch Spritz- oder Schleuderöl, das bei drehender Kurbelwelle aus dem Spalt zwischen Pleuelfuß und Kurbelwange abgeschleudert wird. Zusätzlich kann an jedem Pleuelfuß eine Abspritzbohrung angebracht sein, um die Ölmenge zur Schmierung der Kolben in den Zylindern sowie der Kolbenbolzen zu erhöhen. Dies ist immer dann der Fall, wenn Pleuelstangen mit Schrumpfsitz für den Kolbenbolzen verwendet werden.

b) **Kühlen** (Reibungswärme abführen) Durch Reibung entsteht Wärme. Ein Teil dieser Wärme wird vom Schmieröl aufgenommen und über die Ölwanne an die Außenluft abgeleitet, ebenso ein Teil der bei der Verbrennung entstehenden Wärme.

Flüssigkeitsgekühlte Motoren hoher Leistung haben zusätzlich einen *Ölkühler*, wodurch die Überhitzung des Schmieröls verhindert wird.

Luftgekühlte Motoren selbst nur geringer Leistung haben stets einen Ölkühler, da bei ihnen das Öl weit mehr zur Wärmeableitung herangezogen wird als im flüssigkeitsgekühlten Motor.

c) **Feinstabdichtung der Kolben in den Zylindern** Man unterscheidet *drei* Stufen der *Abdichtung* zwischen Kolben und Zylinder:

- ☐ **Grobabdichtung** Der Kolben hat den zur Zylinderbohrung gehörenden richtigen Durchmesser.
- ☐ **Feinabdichtung** Sie erfolgt durch die Kolbenringe (Kompressionsringe) im Zylinder.
- ☐ **Feinstabdichtung** Sie erfolgt durch den Ölfilm zwischen Kolbenringen und Zylinderwandung.

d) **Reinigen** (Motor sauberhalten) Beim Starten des kalten Motors entsteht ein geringer *Abrieb* dadurch, daß die sich gegeneinander bewegenden Flächen der Lager, Kolben, Kolbenringe und Zylinder, Stößel und Kipphebel durch das Schmieröl noch nicht völlig voneinander getrennt sind: Es herrscht zunächst *Mischreibung* statt Flüssigkeitsreibung (Bild 2.41 b). Dieser entstehende Abrieb muß durch das Öl sofort aus dem Schmierspalt herausgespült werden, um eine schmirgelnde Wirkung dieser kleinsten Metallteile zu verhindern. Außerdem muß das Öl so beschaffen sein, daß sich diese Abriebpartikelchen gemeinsam mit den bei der Verbrennung entstehenden Ruß- und Bleiverbindungen nicht an irgendeiner Stelle des Ölkreislaufs ablagern, sondern in Schwebe gehalten und in das Ölfilter abtransportiert werden.

e) **Schutz vor Korrosion** Durch ständige Temperaturschwankungen in Verbindung mit der Luftfeuchtigkeit bildet sich Rost. Außerdem entstehen bei der Verbrennung korrosiv wirkende Stoffe, wie z. B. schwefelige Säure. Vor der zerstörenden Wirkung dieser Stoffe schützt das Motoröl durch die Bildung eines schützenden Überzugs. Dieser Korrosionsschutz wird unterstützt durch das Neutralisationsvermögen des Öls. Die sauren Bestandteile – z. B. die schwefelige Säure H_2SO_3 – werden vom Öl neutralisiert, so daß sie wirkungslos werden.

Schmiersysteme

Das Schmiersystem dient dazu, alle zu schmierenden und zu kühlenden Stellen im Motor mit Schmieröl zu versorgen. Man unterscheidet: *Druckumlauf*schmierung, *Trockensumpf*-Umlaufschmierung und *Firschöl*schmierung.

Druckumlaufschmierung Die meisten Kraftfahrzeuge sind mit Druckumlaufschmierung ausgerüstet. Das von der Ölpumpe über einen Saugkorb vom Boden der Ölwanne angesaugte Öl durchströmt das Hauptstromölfilter und gelangt dann in den Hauptschmierkanal, der üblicherweise im Motorblock parallel zur Kurbelwelle verläuft. Von hier aus führen Stichkanäle zu den Hauptlagern der Kurbelwelle, von wo aus ein Teil des Öls durch Bohrungen in den Hauptlagerzapfen und Ölkanäle zu den Kurbel-(Pleuel-)Zapfen gelangt. Ein Teil des von der Ölpumpe geförderten Öls wird vom Hauptschmierkanal abgezweigt und dient zur Schmierung der Nockenwellenlager. Von hier aus wird ggf. ein Teil den Kipp- oder Schwinghebeln zur Schmierung der Hebel und der Nocken zugeführt.

Die Schmierung der Kolbenbolzen und der Kolben in den Zylindern erfolgt durch das Öl, das bei drehender Kurbelwelle aus dem Spalt zwischen Pleuelfuß und Kurbelwange abgeschleudert wird. Oft ist am Pleuelfuß eine kleine Bohrung angebracht, aus der ein Teil des Schmieröls für den Hubzapfen abspritzt, um die Schmierung von Kolbenbolzen und Kolben zu verbessern.

Den Ölkreislauf der kleinen VW-Golf- und Scirocco-Motoren zeigt Bild 2.43.

Trockensumpf-Umlaufschmierung Eine Druckpumpe fördert das Öl aus einem separaten Ölbehälter zu den Schmierstellen des Motors. Das aus den Schmierstellen austretende Öl tropft auf den Boden des Kurbelgehäuses und sammelt sich an der tiefsten Stelle, im Sumpf. Von hier wird es durch eine zweite Ölpumpe (Saugpumpe) abgesaugt und wieder dem Ölvorratsbehälter zugeführt.

Die Förderleistung der Saugpumpe ist stets größer als die der Druckpumpe, um zu verhindern, daß sich im Kurbelgehäuse Öl ansammelt.

Obwohl die Trockensumpfumlaufschmierung zwei Ölpumpen erfordert, bietet sie gegenüber der üblichen, meist angewendeten Druckumlaufschmierung einige Vorteile:

- ☐ Das «Luftansaugen» der Ölpumpe bei sehr schneller Kurvenfahrt ist nicht möglich.
- ☐ Durch Fortfall der Ölwanne am Motorgehäuse wird die Bauhöhe des Motors verringert.
- ☐ Der Ölbehälter kann an beliebiger Stelle angebracht und – mit Röhren versehen – zur Ölkühlung herangezogen werden.
- ☐ Auf dem Weg von der Saugpumpe zurück zum Ölbehälter kann die abgesaugte Ölmenge wirkungsvoll in einem Ölkühler gekühlt und in einem Filter gereinigt werden.

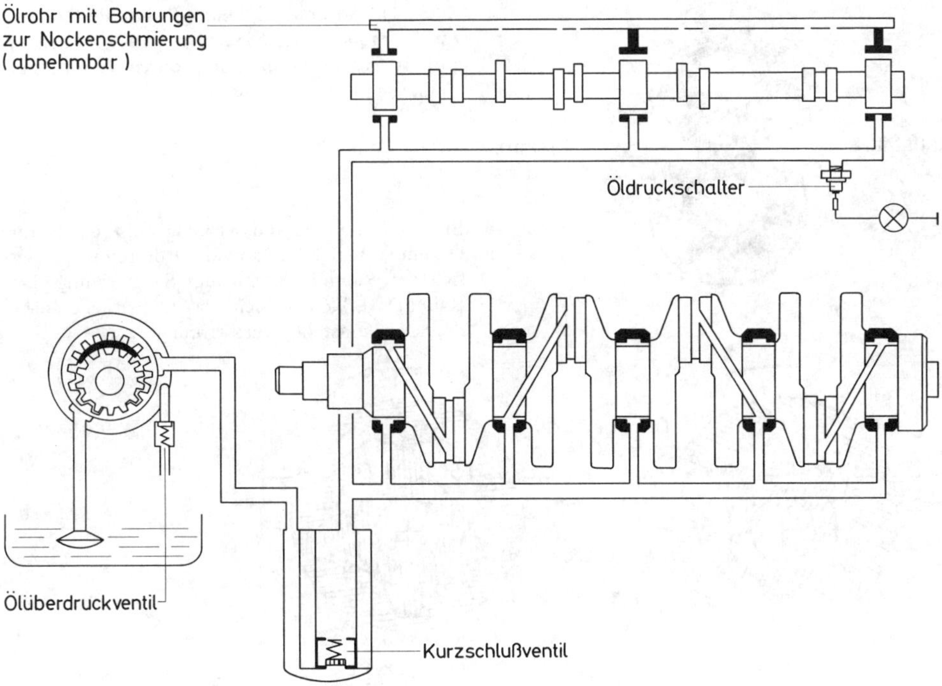

Bild 2.43 Ölkreislauf der kleinen VW-Golf- und Scirocco-Motoren

Frischölschmierung Sie gelangt bei Zweitaktmotoren zur Anwendung, entweder als Mischungsschmierung, indem dem Kraftstoff Motoröl im Verhältnis 1 : 25 (früher) bis 1 : 50 oder gar 1 : 100 (bei neuesten Motoren) beigemischt wird oder indem dem Kraftstoff vor dem Eintritt in den Vergaser durch eine Ölpumpe Öl zugesetzt wird. Über ein Gestänge, das mit der Drosselklappe des Vergasers verbunden ist, wird die Fördermenge der Ölpumpe in Abhängigkeit von der Drosselklappenstellung des Vergasers reguliert.

Ölpumpen

Allgemein werden Zahnradölpumpen verwendet. Bild 2.44 zeigt eine Zahnradölpumpe üblicher Bauart mit außenverzahnten Stirnzahnrädern.

Die Arbeitsweise der Stirnradpumpe ist folgende: Durch die Drehung der beiden miteinander kämmenden Zahnräder entsteht auf der Saugseite eine Volumenvergrößerung, wodurch Öl angesaugt wird. Das Öl wird in den Zahnlücken entlang der Gehäusewandung gefördert. Auf der Druckseite tritt Volumenverkleinerung ein, wodurch Druckwirkung entsteht. Die *Ölpumpe* wirkt also als kombinierte *Saug- und Druckpumpe,* wodurch sie in der Lage ist, selbsttätig anzusaugen. Um die Wirkung der Pumpe zu erhöhen, wird sie an der tiefstmöglichen Stelle angebracht, um die Saughöhe möglichst gering zu halten. Hierdurch wird eine schnelle Versorgung der Schmierstellen mit Öl beim Starten des Motors erreicht. Es werden sowohl gerade- als auch schrägverzahnte Stirnradpumpen verwendet.

Bild 2.44 Stirnrad-Ölpumpe. Durch die Drehung der Zahnräder entsteht rechts durch Volumenvergrößerung Saugwirkung, links durch Volumenverkleinerung Druckwirkung

Bild 2.45 Aufbau und Wirkungsweise der Rotor-Ölpumpe. Durch Drehung der Rotoren vergrößert sich der Raum S, es entsteht Saugwirkung. Der Raum D verkleinert sich, das Öl wird herausgedrückt, es entsteht Druckwirkung

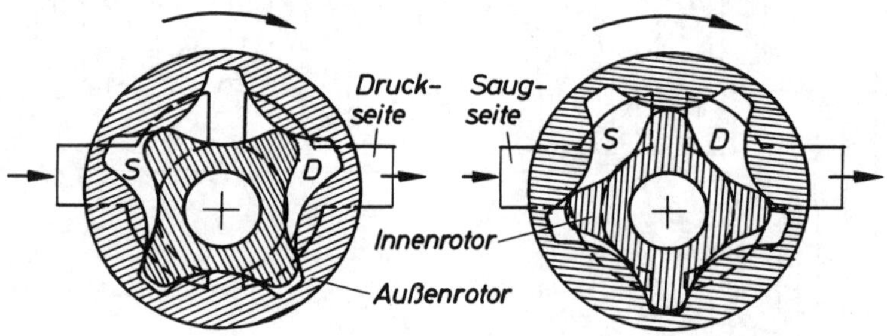

Bild 2.45 zeigt eine Rotorölpumpe, auch Eaton- oder Sternkolbenpumpe genannt. Die Pumpe besteht aus zwei Rotoren, einem Innen- und einem Außenrotor. Der Außenrotor hat einen «Zahn» mehr als der Innenrotor. Angetrieben wird der Innenrotor. Auch diese Pumpe arbeitet als Saug- und Druckpumpe.

Ölpumpen können sowohl von der Nocken- oder Verteilerwelle aus als auch von der Kurbelwelle angetrieben werden. Läuft die Ölpumpe mit Kurbelwellendrehzahl, bedingt durch die bauliche Ausführung des Motors, verwendet man eine *Exzenterzahnradpumpe,* auch Mondsichel- oder Sichelpumpe genannt, wie in Bild 2.43 dargestellt.

Die *Fördermengen* von Ölpumpen an Pkw-Motoren liegen zwischen 15 und 45 kg/min. Die *Drücke* im Schmiersystem betragen bis zu 5 bar bei mittlerer Drehzahl und einer Betriebstemperatur des Öls von 100 °C (373 K) gemessen in der Ölwanne.

Sicherheits- oder Überdruckventil Dieses Ventil, das auf der Druckseite angebracht ist, bildet eine Sicherung gegen zu hohen Öldruck, der beim Start des Motors bei kaltem Öl auftritt. Gesichert werden Ölpumpe und Ölpumpenantrieb, Hauptstrom-Ölfilter und Ölkühler. So ist es möglich, den Öldruck im Schmierölkreislauf unter allen Betriebsbedingungen konstant zu halten. Das Ventil wird so dicht als möglich hinter der Ölpumpe, oft direkt im Ölpumpengehäuse, angeordnet. Die Öffnungsdrücke dieser Ventile liegen zwischen 3 und 10 bar.

Der **Öldruckschalter** dient zur *Überwachung des Schmiersystems.* Bei stehendem Motor und eingeschalteter Zündung erhält die Ölkontrolleuchte über den Schalter Massekontakt. Sie leuchtet auf. Wird der Motor gestartet, öffnet der Massekontakt durch den Druck der Ölpumpe, und die Kontrollleuchte verlöscht. Der *Ansprechdruck* der *Öldruckschalter* liegt in der Regel zwischen 0,2 und 0,6 bar.

Ölfilter

Ölfilter dienen der Reinigung des Öls und sollen verhindern, daß Schmutzteile, in die Lager gelangen.

Hauptstromfilter liegen im Hauptstrom, d.h., die gesamte von der Ölpumpe geförderte Ölmenge durchläuft das Filter, ehe sie den Schmierstellen zugeführt wird. Die Schmierstellen erhalten so stets gefiltertes Öl. Um die Ölversorgung der Schmierstellen auch bei verschmutztem (verstopftem) Hauptstromfilter sicherzustellen, ist parallel zum Hauptstromfilter ein *Filterumgehungsventil* (Kurzschlußventil) angeordnet. Steigt der Öldruck aufgrund des verstopften Filters an, öffnet er dieses Ventil, so daß das – allerdings ungefilterte – Schmieröl trotzdem zu den Schmierstellen gelangt.

Nebenstromfilter Hierbei wird ständig nur ein Teil des Schmieröls (5 bis 10 % der Gesamtölmenge) gefiltert. Um den erforderlichen Druck des Schmieröls an den Schmierstellen zu erhalten, ist es erforderlich, den Ausgang des Nebenstromfilters mit einer Drosselbohrung zu versehen, damit das Öl nicht den Weg des geringsten Widerstandes durch das Filter zurück in die Ölwanne nimmt und die Schmierstellen nicht genügend versorgt werden.

Ölvorrat

Früher galt die Regel, daß ein Motor je 10 PS Leistung 1 l Ölvorrat benötigt. Heute ist der Vorrat geringer, da einmal die Schmieröle leistungsfähiger, zum anderen die Schmierung und Wärmeableitung der Motoren sorgfältiger durchkonstruiert sind. Heute wird für eine Motorleistung von 15 kW (20 PS) und mehr 1 Liter Motoröl verwendet.

Kurbeltrieb

Der Kurbeltrieb besteht aus Kolben, Kolbenbolzen, Pleuel und Kurbelwelle mit den zugehörigen Lagern.

Er hat die Aufgabe, die sich hin- und herbewegenden (translatorisch) Kolben in eine Drehbewegung umzuwandeln.

Kolben

Drei Aufgaben hat der *Kolben* im Verbrennungsmotor zu erfüllen:

a) Er muß die bei der Verbrennung entstehende Druckenergie aufnehmen und mit Hilfe des Kurbeltriebes in mechanische Arbeit umwandeln.
b) Er muß die Wärme, die bei der Verbrennung vom Kolbenboden zwangsweise aufgenommen wird, an die Zylinderwand abführen.
c) Er muß den unter hohem Druck stehenden Verbrennungsraum abdichten, damit Verluste an Energie vermieden werden.

Zu a) Der auf den Kolben wirkende Druck hängt von verschiedenen Faktoren ab. (Siehe hierzu die Abschnitte 2.1.6 «Das Viertakt-Arbeitsverfahren» und die Kapitel 3 und 4 «Gemischbildung und Verbrennung».)

Zu b) Abführung der vom Kolbenboden bei der Verbrennung aufgenommenen Wärme. Wie Bild 2.46 zeigt, hängt die Temperaturverteilung am Kolben von folgenden Faktoren ab:

- ☐ Motorart: Ottomotor oder Dieselmotor,
- ☐ Art der Kühlung: Wasser oder Luft.
- ☐ Art des Verbrennungsverfahrens bei Dieselmotoren:
- ☐ Vorkammer oder Direkteinspritzer.

			Bodenmitte	Feuersteg	1. Ringnute	Schaft-oberkante	Schaft-unterkante
OTTO-MOTOREN	Zweitakt	Wasserkühlung	290–340	260–280	200–250	180–210	110–150
OTTO-MOTOREN	Zweitakt	Luftkühlung	320–360	270–320	210–260	200–250	140–190
OTTO-MOTOREN	Viertakt	Wasserkühlung	240–290	190–260	170–210	125–170	100–140
OTTO-MOTOREN	Viertakt	Luftkühlung	280–330	230–300	190–260	190–230	130–160
DIESEL-MOTOREN	Zweitakt	Wasserkühlung	300–360	210–300	200–240	150–200	110–140
DIESEL-MOTOREN	Zweitakt	Luftkühlung	320–410	220–300	220–270	160–210	120–150
DIESEL-MOTOREN	Viertakt	Wasserkühlung	290–340	210–285	180–230	130–180	100–140
DIESEL-MOTOREN	Viertakt	Luftkühlung	290–360	220–290	190–240	160–200	120–150

Bild 2.46 Kolbentemperaturen in °C (30 bis 150 mm ∅)

Diesen recht unterschiedlichen Wärmebeanspruchungen muß der für den jeweiligen Motor gewählte Kolben gerecht werden.

Zwei Faktoren bestimmen das Verhalten des Kolbens gegenüber den im Betrieb auftretenden Wärmebeanspruchungen:

□ der Kolbenwerkstoff und die Kolbenbauart.

Kolbenwerkstoffe

Kolben in Kfz-Motoren werden aus *Aluminium-Silizium-Legierungen* gefertigt.

Man unterscheidet:

□ *Eutektische* Aluminium-Silizium-Legierungen,
□ *übereutektische* Aluminium-Silizium-Legierungen und
□ *hoch-übereutektische* Aluminium-Silizium-Legierungen.

Die *eutektische* Al-Si-Legierung besteht zu etwa 84 % aus Al und 12 % (11 bis 13 %) aus Silizium. (Der Rest sind geringe Anteile aus Kupfer, Nickel und Magnesium.) Verwendung als Standardwerkstoff in Deutschland für Ottomotoren – außer Zweitaktmotoren – und Dieselmotoren in gegossener und geschmiedeter Ausführung.

Die *übereutektische* Al-Si-Legierung besteht zu etwa 78 % aus Al und 18 % (17 bis 19 %) aus Silizium. (Für den Rest gilt dasselbe wie bei der eutektischen Al-Si-Legierung.) Wärmedehnung und Verschleiß sind geringer als bei der eutektischen Legierung. Die Bearbeitung ist jedoch schwieriger. Verwendung in hochbelasteten Dieselmotoren in gegossener oder geschmiedeter Ausführung. Zunehmend werden solche Kolben heute auch in eutektischen Al-Si-Legierungen mit Armierung der ersten bzw. ersten und zweiten Kolbenringnut hergestellt.

Die *hoch-übereutektische* Al-Si-Legierung besteht zu etwa 70 % aus Al und 25 % (23 bis 26 %) aus Silizium. (Für den Rest gilt dasselbe wie beiden beiden zuvor genannten Legierungen.) Verwendung bei Zweitaktmotoren mit hoher Wärmebelastung. Die Wärmedehnung ist noch geringer als bei der übereutektischen Al-Si-Legierung.

Wie die Zusammenstellung zeigt, unterscheiden sich die einzelnen Kolbenwerkstoffe praktisch nur durch den unterschiedlichen Siliziumgehalt voneinander.

Aluminiumlegierungen mit einem *Siliziumanteil bis zu 13 %* bezeichnet man als *eutektische Legierungen*, solche mit einem *Siliziumanteil von 17 bis 25 %* als *übereutektische Legierungen.*

Forderungen an Kolben:

- □ geringes Gewicht, damit die Zugbelastung der Pleuel nicht übermäßig ansteigt,
- □ gute Gleiteigenschaften, damit die Reibverluste gering sind,
- □ große Verschleißfestigkeit zwecks langer Lebensdauer,
- □ große Festigkeit und Härte, um große Motorleistungen zu ermöglichen,
- □ eine Wärmedehnung, die möglichst der des Graugußblockes entspricht, damit kleine Kolbenlaufspiele (Laufruhe) möglich sind.

Kolbenbauarten

Die konstruktive Entwicklung der Al-Si-Kolben hat eine Vielzahl von Bauformen hervorgebracht, von denen die wichtigsten im Kraftfahrzeugmotor verwendeten gezeigt werden sollen. Die Hauptabmessungen des Kolbens sind in Bild 2.47 mit Kurzzeichen gezeigt und folgendermaßen benannt:

D	= Kolbendurchmesser	F	= Feuersteghöhe
GL	= Gesamtlänge	SL	= Schaftlänge
KH	= Kompressionshöhe	BO	= Bolzenloch-Bohrungsdurchmesser
UL	= Untere Länge	AA	= Augenabstand
St	= Ringsteghöhe	BL	= Bolzenlänge

Man unterscheidet folgende Kolbenbauarten:

1. Kolben *ohne* Regelwirkung,
2. Kolben *mit* Regelwirkung.

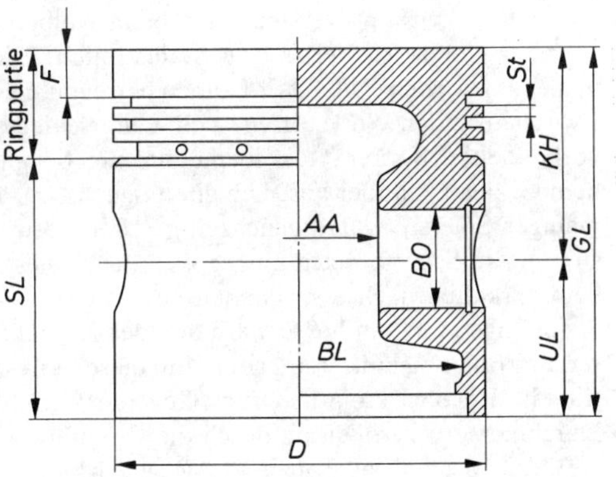

Bild 2.47 Hauptabmessungen von Kolben (s. Text)

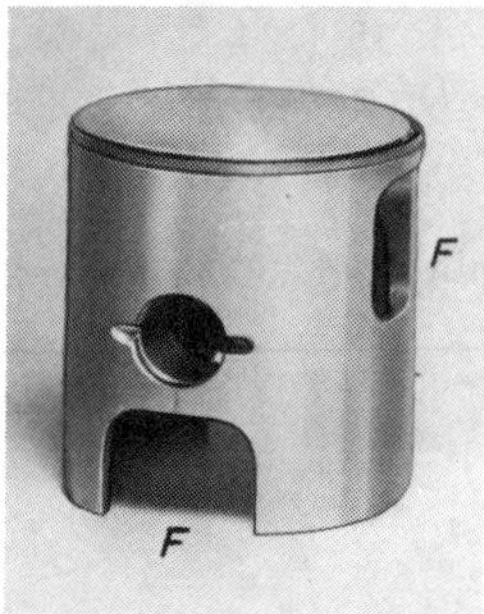

Bild 2.48 Zweitakt-Vollschaftkolben aus hochübereutektischer Al-Si-Legierung. F = Fenster für die Spülschlitze

Bild 2.49 Zweitakt-Kastenkolben für Außenspülung (s. Text)

1. Kolben ohne Regelwirkung

Es sind *Vollschaftkolben* in gegossener oder gepreßter Ausführung, die nach dem Temperaturdiagramm bearbeitet sind. Das bedeutet: größter Kolbendurchmesser an Stellen geringster Wärmedehnung, kleinster Durchmesser an Stellen größter Wärmedehnung. Vollschaft bedeutet, keine Schlitze in der Ringnut für den Ölring, sondern nur wenige Bohrungen zur Ölrückfuhr. Derartige Kolben werden lediglich für Sport- und Rennzwecke in einigen Fällen verwendet.

In *Kleinmotoren,* vor allem Zweitaktmotoren, werden Vollschaftkolben (Bild 2.48) oder Kastenkolben verwendet. Bei letzteren sind die beim Vollschaftkolben im Bolzenaugenbereich gewölbten Seitenflächen gradlinig und stützen die Bolzenaugen mittig ab. Durch diese Bauart wird bei Zweitaktmotoren die sogenannte Außenspülung möglich.

Außenspülung bedeutet: Die Spül- oder Überströmschlitze sind nicht durch sogenannte Fenster im Kolben, sondern direkt, außerhalb des Kolbens, mit dem Kurbelgehäuse verbunden (Pfeil in Bild 2.49).

2. Kolben mit Regelwirkung

Unter Regelwirkung versteht man beim Kolben eine im Schaftbereich örtlich behinderte Ausdehnung durch Eingießen von Stahlstreifen. Ein «geregelter» Kolben kann mit engem Spiel eingebaut werden. Die Al-Si-Kolben bewegen sich meistens in Zylindern aus Grauguß auf und ab. Zwischen beiden Werkstoffen ist ein Unterschied der Wärmeausdehnungswerte im Verhältnis 2 : 1 vorhanden, d. h., der Alukolben dehnt sich bei gleicher Temperatur um das Doppelte gegenüber dem Graugußzylinder aus. Um ein möglichst geräuscharmes Laufverhalten bei möglichst gleichmäßigen Spielen, womit gleichzeitig Seitenkräfte vermindert werden, zu erhalten, werden Stahlstreifen im Schaftbereich eingegossen. Auf diese Stahlstreifen schrumpft der Aluminiumschaft beim Erkalten nach dem Gießen auf und erzeugt im Aluminium Schrumpfspannungen. Diese Spannungen müssen bei Erwärmung des Kolbens zuerst abgebaut werden, ehe eine Durchmesservergrößerung eintreten kann. Sind diese Stahlstreifen über die Bolzenrichtung eingegossen, so tritt die Regelwirkung in Druck/Gegendruckrichtung auf. In Bolzenrichtung wird die stärkere Durchmesservergrößerung durch die Ovalität aufgefangen oder ausgeglichen.

Bild 2.50 zeigt das Prinzip der Regelwirkung.

Bild 2.50
Prinzip der Regelwirkung (s. Text)

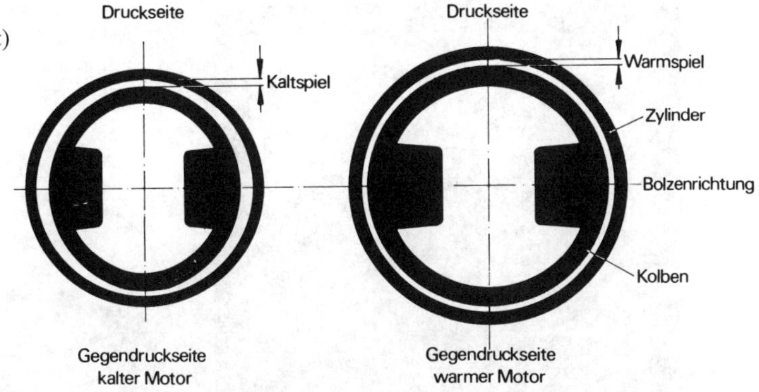

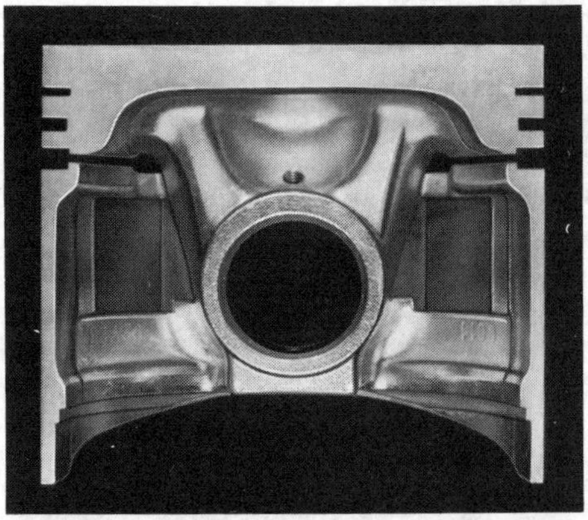

Bild 2.51 Kastenförmiger Autothermikkolben, 90 mm ∅, Legierung Mahle 124 (eutektische Al-Si-Legierung). Schaft und Ringpartie sind durch einen Schlitz getrennt

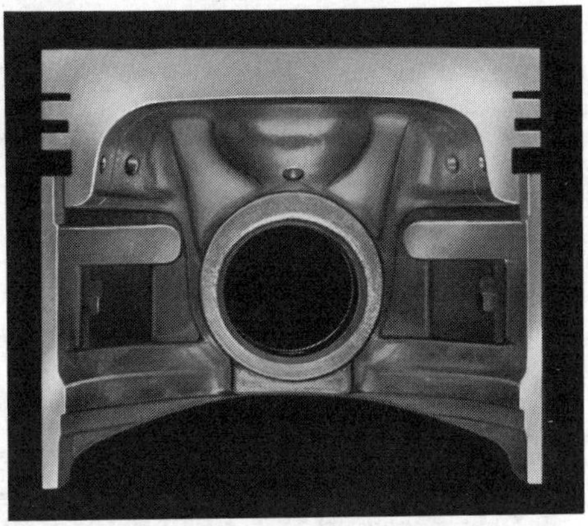

Bild 2.52 Duothermkolben, 92 mm ∅, aus eutektischer Al-Si-Legierung (s. Text)

Bei Regelkolben unterscheidet man nun zwischen *Kolben mit* einer *Trennung des Schaftes zur Ringpartie* und solchen *ohne* eine solche *Trennung* (Bilder 2.51 bis 2.53).

Nachfolgend sind einige der meistverwendeten Regelkolben von Mahle und KS dargestellt.

Duotherm-Kolben (Bild 2.52) Der Duotherm-Kolben hat zwei Streifen eingegossen. Der eine von Bolzenauge zu Bolzenauge reichende Streifen übernimmt die Regelung des oberen Schaftteils und tritt unterhalb der Ringpartie in die Ölringnut aus, wobei hinter diesem Streifen – dem Kolbeninneren zugewandt – sich der vertikale Schlitz zwischen Schaft und Ringpartie befindet.

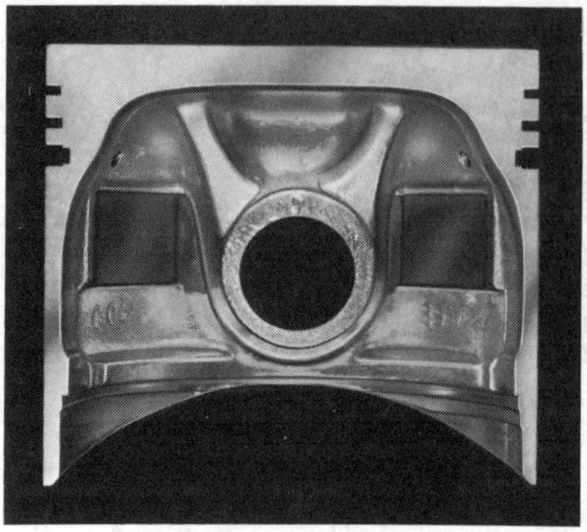

Bild 2.53 Autothermikkolben, 89 mm ∅. Im Gegensatz zum Autothermikkolben (Bild 2.49) sind Schaft und Ringpartie nicht durch einen Schlitz getrennt

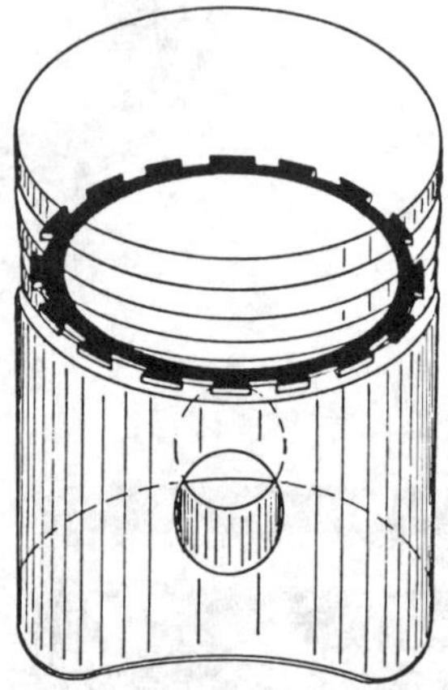

Bild 2.54 KS-Ringstreifenkolben (s. Text)

Der zweite Streifen ist in den Bolzenaugen verankert und endet in Diagonalrichtung. Er übernimmt in Druck-/Gegendruckrichtung die Regelung des unteren Schaftteils. Beide Streifen zusammen ermöglichen ein gleichmäßiges Einbauspiel über die ganze Schaftlänge.

Ringstreifenkolben (Bild 2.54) Bei der Herstellung dieses Kolbens wird im oberen Teil des Kolbens ein Stahlring eingegossen (Ringstreifen). Da dieser Stahlring einen geringeren Wärmeausdehnungsbeiwert als der Kolbenwerkstoff hat, steht er nach dem Abkühlen des Kolbens nach dem Gießen unter Vorspannung. Der weniger als der Kolbenwerkstoff schrumpfende Ringstreifen hält das Leichtmetall unter Spannung. Bei der Erwärmung des Kolbens im Betrieb findet so lange keine Wärmedehnung statt, bis die Spannung zwischen Ringstreifen und Kolbenwerkstoff ausgeglichen ist. Steigt die Betriebstemperatur weiter an, hält der eingegossene Ringstreifen das Leichtmetall fest und verhindert so eine übermäßige Wärmedehnung. Im kalten Zustand ist der Kolben oval, bei Erwärmung wird die Ausdehnung des Kolbenwerkstoffs durch den Ringstreifen in Richtung der Kolbenbolzenachse – kleinerer Durchmesser des Kolbens – gelenkt, so daß der Kolben bei Erreichen der Betriebstemperatur zylindrische Form annimmt. (Siehe hierzu auch Bild 2.50.)

Ferrocoat-Kolben

Hier handelt es sich um Aluminium-Silizium-Kolben, deren Kolbenschaft verkupfert, dann mit einer Eisenoxidschicht versehen und anschließend verzinnt wird.

Dieser Aufwand ist notwendig, damit bei Verwendung von Leichtmetall-Zylinderblöcken (Alusil) gute Gleiteigenschaften entstehen.

Das Aluminium wird aus der Zylinderlauffläche herausgeätzt, so daß sich kleine Öltaschen und ein tragendes Netz von Siliziumkristallen ergeben.

Kolben für Lastwagen-Dieselmotoren

In Dieselmotoren laufen vorwiegend gegossene oder gepreßte Kolben ohne Regelglieder. Da die Kolben formbeständig über eine lange Betriebszeit bei hoher thermischer und mechanischer Beanspruchung ihren Dienst erfüllen müssen, werden sie aus Verschleißgründen vielfach mit einem Ringträger ausgerüstet.

Der **Ringträger-Kolben** hat im Bereich der ersten, mitunter auch der zweiten Nut eine Armierung aus *Ni-Resist,* einem *austenitischen Gußeisen.* Die Armierung, Ringträger genannt, ist bei gegossenen Kolben mit einer intermetallischen Verbindung – Al-Fin-Bindung – eingegossen (Bild 2.55). Bei gepreßten Kolben wird ein Ringträger z. B. durch eine rauhe Oberfläche mechanisch im Kolben verankert (Bild 2.56).

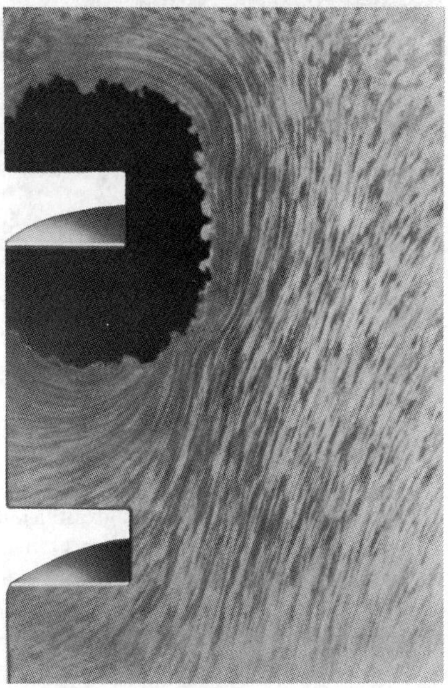

Bild 2.55 Al-Fin-gebundener Ni-Resist-Ringträgerkolben, 120 mm ∅ aus eutektischer Al-Si-Legierung

Bild 2.56 Ringträger im gepreßten Kolben (Schnitt). Die Oberfläche des Ringträgers ist stark aufgerauht, um sowohl gute mechanische Verbindung als auch Wärmeleistung zu erzielen

Bei Kolben für Direkteinspritzmotoren wird der Muldenrand der sich im Kolbenboden befindenden Verbrennungsmulde thermisch sehr hoch beansprucht. Um auch unter diesen Bedingungen dem Kolben eine lange Lebensdauer zu geben, wurde der Kolben mit eingegossenen *Muldenrandschutz* und *Ringträger* entwickelt. Dieser Kolben wird *Armalkolben* genannt (Bild 2.57).

Kavitationserscheinungen an der wasserseitigen Zylinderwand können bei Motoren mit Zylinderbohrungen bis zu 150 mm Durchmesser mit Regelkolben – Autothermatik- oder Duotherm-Kolben – verhindert werden. Durch die kleineren Einbauspiele wird die Zylinderwand weniger zum Schwingen angeregt. Außerdem arbeiten auch hier Regelkolben geräuschärmer.

Rennmotoren In Rennmotoren sind ausschließlich gepreßte Kolben aus eutektischer Al-Si-Legierung im Einsatz. Werden sie als *Kastenkolben* ausgeführt, kann der Schaftbereich in Druck- und Gegendruckrichtung sehr schmal gehalten werden (Bild 2.58).

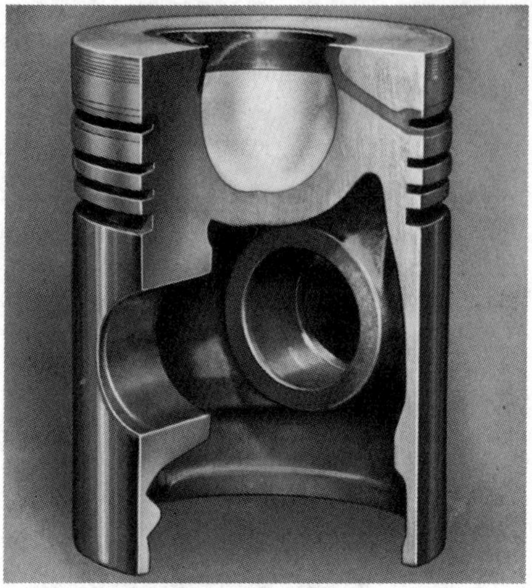

Bild 2.57 Armalkolben, 121 mm ∅, aus eutektischer Al-Si-Legierung (s. Text)

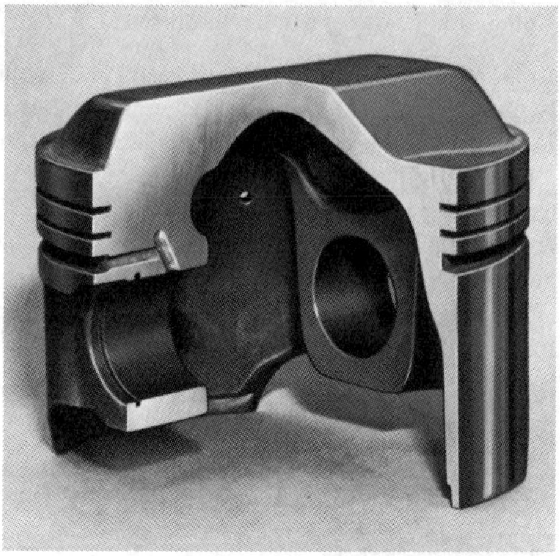

Bild 2.58 Gepreßter Rennkolben in Kastenbauweise aus eutektischer Al-Si-Legierung

Kolbenspiele

Aufgrund der unterschiedlichen Temperaturen, bedingt durch die Wärmebelastung des Kolbens, ist das Kolbenspiel, über die Gesamtlänge des Kolbens betrachtet, unterschiedlich groß.

Abgesehen von der Ovalität ist der Durchmesser an den wärmsten Stellen des Kolbens am kleinsten (das Kolbenspiel am größten), an den kältesten Stellen des Kolbens ist der Durchmesser am größten (das Kolbenspiel am kleinsten). Um die Schmierkeilbildung zwischen Kolben und Zylinder sicherzustellen, ist der Kolben am unteren Schaftende im Durchmesser etwas kleiner als darüber. Vereinfacht kann man sagen, daß der Kolben über seine Gesamtlänge leicht ballig ist.

Die Kolbeneinbauspiele von Kraftfahrzeugmotoren betragen – abhängig von der jeweiligen Kolbenbauart und der Größe des Zylinderdurchmessers – einige hundertstel Millimeter.

Einbaurichtung von Kolben

In vielen Motoren müssen die Kolben in einer *bestimmten Richtung zur* Motorachse (Mittellinie durch die Hauptlager der Kurbelwelle) eingebaut werden. Es ist beim Einbau deshalb zunächst darauf zu achten, ob auf dem Kolbenboden ein besonderer Hinweis für die Einbaurichtung angegeben ist. Jede Bezeichnungsart, wie „*Front*", *vorn* oder *avant*, ist so zu verstehen, daß damit und auch zusammen mit dem *aufgezeichneten Pfeil die Fahrtrichtung* des Fahrzeugs angegeben ist. Diese grundsätzliche Festlegung gilt für Front-, Heck- und Boxermotoren, und zwar für den im Fahrzeug eingebauten Motorzustand.

Kolben mit *geschlitztem Schaft,* müssen so eingebaut werden, daß der *Schlitz nicht* auf der *druckbelasteten Seite liegt.* Normal ist:

□ Der Schlitz liegt in *Fahrtrichtung* gesehen *links.* (Vorausgesetzt der Motor dreht rechts herum, wie meist üblich.)

Kolben mit gegenüber der Kolbenmitte *versetzten Bolzen* müssen normalerweise so eingebaut werden, daß der *Bolzen* stets *zur Druckseite hin versetzt* ist = *Desachsierung.*

Die druckbelastete oder Druckseite des Kolbens ist die Seite des Kolbens, die während des Arbeitstaktes an der Zylinderwandung anliegt (Bild 2.59). Durch diese Desachsierung der Bolzenmitte werden Geräusche des Kolbens – Kolbenkippen – in den Totpunkten vermieden. Normal ist:

□ Die Versetzung der Bolzenmitte ist in Fahrtrichtung gesehen *nach rechts.* (Vorausgesetzt der Motor dreht rechts herum.)

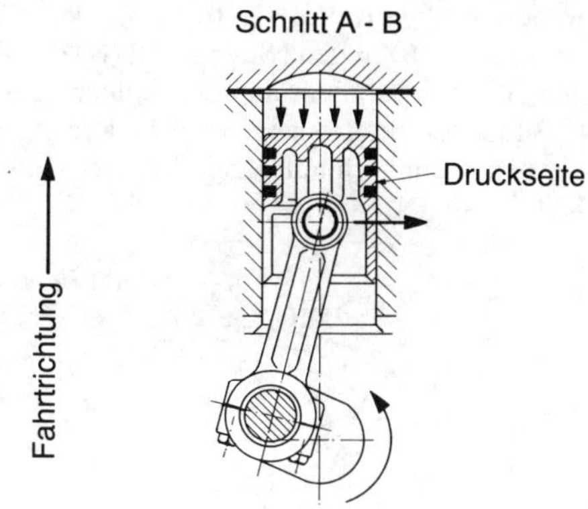

Bild 2.59 Versetzung der Kolbenbolzenmitte zur Druckseite hin

Kolbenringe

Aufgabe der Kolbenringe ist:

□ den Verbrennungsraum nach unten gegen den Triebwerksraum abzudichten, also das Durchblasen von Luft und Verbrennungsgasen zu verhindern;
□ einen Teil der bei der Verbrennung entstehenden Wärme abzuleiten;
□ den Ölverbrauch zu regeln, d. h. überschüssiges Öl abzustreifen und in den Ölsumpf zurückzuführen.

Die ersten beiden Aufgaben fallen den *Verdichtungsringen,* die letzte Aufgabe den *Ölabstreifringen* sowie den *Schlauchfederölringen* zu.

Mit steigenden Motordrehzahlen wurde die axiale Höhe der Ringe gegenüber früher verringert, um etwaiger Flatterneigung besser begegnen zu können.

Formen und Abmessungen von Kolbenringen Verdichtungsringe haben meist eine axiale Höhe von 1,5 bis 4 mm, die radiale Wandstärke beträgt in der Regel 1/22 bis 1/25 des Zylinderdurchmessers.

Die Abmessungen axiale Höhe und radiale Wandstärke zeigt Bild 2.60. Zur Erzeugung des Anlagedruckes gegen die Zylinderwand erhalten die Ringe die Form einer offenen Ringfeder. Die Stoßöffnung (meist gerade, manchmal noch unter 45° zur Längsachse schräg geschnitten) ist zur Erzeugung der Federkraft im ungespannten Zustand auf 0,10 bis 0,15 D (D = Zylinderdurchmesser) aufgespreizt. Im geschlossenen Zustand muß sie so bemessen werden, daß infolge der Wärmeausdehnung kein Klemmen eintritt. Unter den Verdichtungsringen wird meist ein Ölabstreifring (manchmal ein zweiter darunter oder am Schaftende) angeordnet. Die radiale Wandstärke und die Spreizung wird ähnlich wie bei den Verdichtungsringen gehalten. Die Höhe ist dagegen meist größer (4 bis 7 mm). *Verschiedene Kolbenringformen zeigt Bild 2.61.* Verdichtungsringe sowie Ölabstreifringe, die in bestimmter Einbaulage eingebaut werden müssen, sind mit dem Aufdruck «Top» (oben) versehen. Dieser Aufdruck *Top* zeigt bei *richtigem Einbau der Ringe* stets in *Richtung Kolbenboden.*

Die grundsätzliche Wirkungsweise des Ölabstreifringes zeigt Bild 2.62a. Das von der Zylinderwandung abgestreifte Öl tritt von der Rille (R) des Ölringes durch gefräste Schlitze oder Bohrungen (S) in den Nutengrund (N) des Kolbens und von dort durch die Rückführungsöffnungen (L) in den Innenraum des Kolbens. Von hier tropft das Öl in den Sumpf (Ölwanne).

Bild 2.62b und c zeigt zwei andere Ausführungen für Ölabstreifringe, die dann verwendet werden, wenn sich aufgrund niedriger Kolbenbauhöhe kein spezieller Ölabstreifring verwenden läßt.

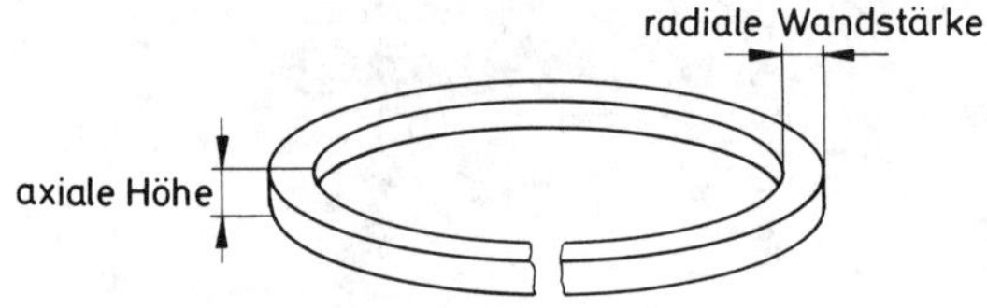

Bild 2.60 Abmessungen von Kolbenringen (s. Text)

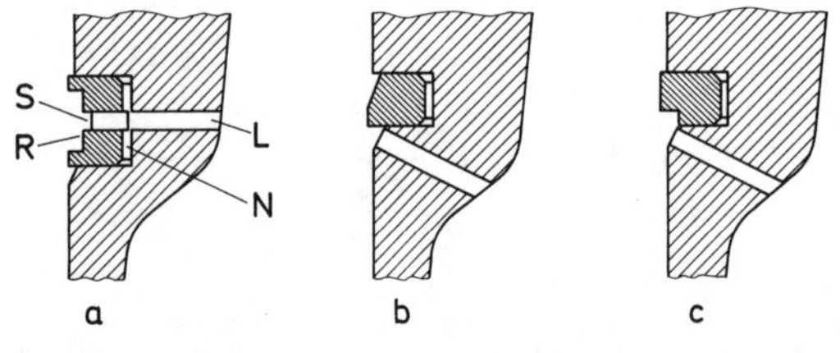

Bild 2.62 Wirkungsweise des Ölabstreifrings

Werkstoffe und Herstellung von Kolbenringen Kolbenringe werden – abgesehen von Stahlringen für Höchstleistungsmotoren – meist im Einzelgußverfahren aus phosphorlegiertem feinkörnigem Grauguß gefertigt.

Durch Vorgießen und Kopierdrehen der vom Kreis abweichenden „Unrundform" des ungespannten Ringes und nachträgliches Ausschneiden der Spreizöffnung erhält man die wärmebeständige und formgenaue „Naturspannung". Das Betriebsverhalten der Kolbenringe hängt stark von der Bearbeitungsgüte ab. Die äußere Mantelfläche wird feingedreht (raschere Abdichtung durch Einlaufen als nach dem Schleifen), die Planflächen werden feingeschliffen und geläppt.

Um den Verschleiß der Kolbenringe zu verringern, den Einlaufvorgang zu beschleunigen und dem Entstehen von Brandflecken vorzubeugen, werden viele Kolbenringe *oberflächenbehandelt.*

Bild 2.61 Kolbenringarten

Verdichtungsringe und Ölabstreifringe

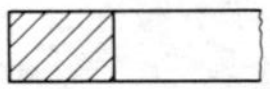	Der Rechteckring	**R**	ist bei Motoren von geringer Beanspruchung von ausreichender Abdichtfähigkeit
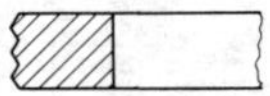	Der Rechteckring mit grobem Vorschub	**RV**	erhöht die Schmierfähigkeit im oberen Zylinderbereich und läuft rasch ein
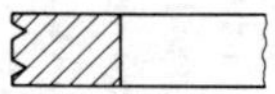	Der Rechteckring mit Ölhalterillen	**RO**	erhöht die Schmierfähigkeit im oberen Zylinderbereich auch über lange Laufzeit und schützt vor Freßangriffen
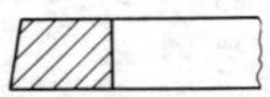	Der Minutenring	**M**	benötigt durch seine konische Lauffläche kürzere Einlaufzeit und bewirkt damit eine raschere Abdichtung Top-Kennzeichen muß zum Kolbenboden zeigen
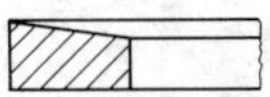	Der einseitige Trapezring	**ET**	verhindert das Verkoken und Festgehen des Rings, speziell bei Diesel-Motoren Top-Kennzeichen muß zum Kolbenboden zeigen
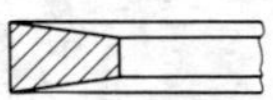	Der (Doppel-) Trapezring	**T**	verhindert das Verkoken und Festgehen des Rings bei hohen Temperaturen in der Ringzone, speziell bei Hochleistungs-Diesel-Motoren
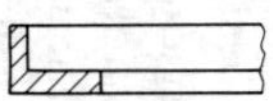	Der L-Ring	**L**	läßt Verbrennungsgase hinter die senkrechte Flanke dringen, wodurch eine erhebliche Erhöhung des Anpreßdruckes an die Zylinderlaufbahn eintritt Top-Kennzeichen muß zum Kolbenboden zeigen
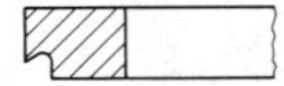	Der Nasenring	**N**	besitzt durch seine eingedrehte Nase neben der Abdichtungsaufgabe auch eine Ölabstreifwirkung Top-Kennzeichen muß zum Kolbenboden zeigen
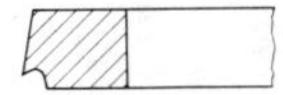	Der Nasen-Minutenring	**NM**	beschleunigt durch seine zusätzliche konische Lauffläche den Einlaufvorgang und erzielt erhöhte Ölabstreifwirkung Top-Kennzeichen muß zum Kolbenboden zeigen
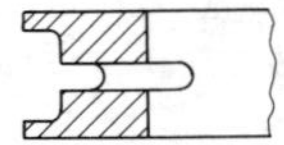	Der Ölschlitzring	**S**	sorgt bei niedrig belasteten Motoren gegen unzulässigen Öldurchtritt in den Verbrennungsraum
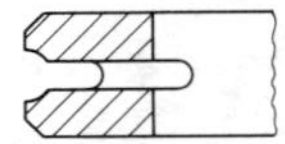	Der Dachfasenring	**D**	beschleunigt den Einlaufvorgang und verstärkt die Ölabstreifwirkung
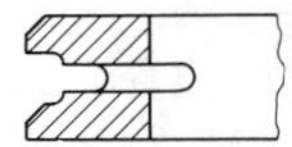	Der Gleichfasenring	**G**	erhöht die Ölabstreifwirkung durch scharfe Abstreifkanten Top-Kennzeichen muß zum Kolbenboden zeigen
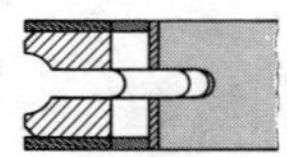	Der Paßform-Ölring	**PSF**	ist ein Guß-Ölschlitzring mit oben und unten angebrachten Stahllamellenringen und dahinter liegender Expanderfeder. Für Reparaturfälle in verschlissenen Zylindern geeignet
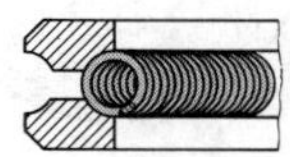	Der Dachfasenring mit Schlauchfeder	**DSF**	enthält eine in sich selbst abgestützte Feder zur Erhöhung des Anpreßdrucks und damit besserer Regulierung des Ölverbrauchs
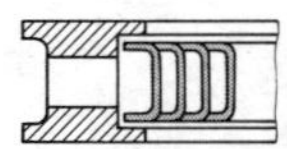	Der Ölschlitzring mit U-Flexfeder	**SUF**	bewirkt durch die eingebetteten Spezialfedern einen verstärkten Anpreßdruck und besitzt damit eine ausgezeichnete Abstreifwirkung
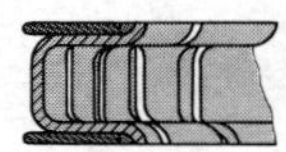	Der dreiteilige Stahl-Ölring	**3S**	mit Distanzfeder drückt die Stahllamellen an die Zylinderwand und an die Ringnutenflanken, wodurch der Schubölverbrauch verringert wird

Beispiel:

- ☐ phosphatiert, verzinnt, verkupfert, ferroxidiert, verchromt und geläppt.
- ☐ Die Laufflächen können auch mit Molybdän gefüllt oder beschichtet sein.

Stoßspiele, Behandlung und Einbau von Kolbenringen *Stoßspiel von Kolbenringen ist das Maß zwischen den Ringenden in eingebautem Zustand* (Bild 2.63). Seine Größe hängt ab vom Zylinder-Bohrungsdurchmesser:

Bei kleinsten Kolben beträgt es 0,15 mm, bei Durchmessern von 60 bis 100 mm 0,25 bis 0,55 mm. Bei sehr großen Kolben mit Durchmessern bis zu 200 mm beträgt es bis zu 0,9 mm.

Bei zu geringem Stoßspiel können die Ringenden zusammenstoßen, was zum Bruch des Ringes führt.

Zum *Messen des Stoßspiels* wird der Kolbenring vom Kolben abgenommen und in den Zylinder eingesetzt. Dann wird er durch Einführen des Kolbens soweit im Zylinder verschoben, bis er *genau senkrecht zur Zylinderwand* sitzt. Dann kann mit einer Fühlerblattlehre das Stoßspiel (s. in Bild 2.63) gemessen werden.

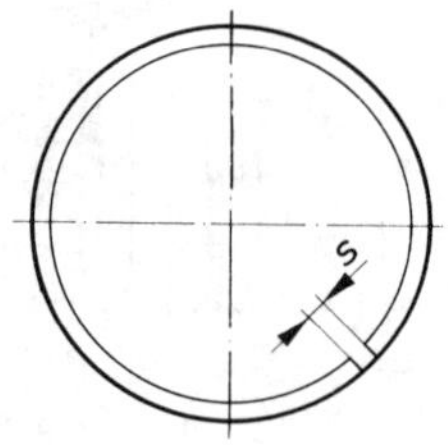

Bild 2.63 Stoßspiel von Kolbenringen (s) (s. Text)

Das Abnehmen vom und das Aufsetzen des Ringes auf den Kolben erfolgt mit Spezialzangen oder -vorrichtungen, um die Spannung des Ringes möglichst wenig zu beeinträchtigen. Jedes unnötige Auf- und Abziehen der Ringe sollte vermieden werden, da durch übermäßiges Spreizen bleibende Verformung verursacht und damit die Abdichtwirkung des Ringes nachteilig beeinflußt wird.

Einbau der Kolben in die Zylinder Die Kolbenringe werden vor dem Einbau der Kolben in die Zylinder so gedreht, daß die Ringstöße gegeneinander versetzt sind.

Beispiel: Die drei Ringe eines Kolbens werden so gedreht, daß die Stöße unter einem Winkel von 120° zueinanderliegen. Dabei geht man üblicherweise von der – meist vom Motorhersteller vorgeschriebenen – Lage des *Ringstoßes des Ölabstreifringes* aus.

Das Einsetzen der so vorbereiteten Kolben in die Zylinder erfolgt mit Kolbenring-Spannvorrichtungen, keinesfalls mit Hilfe von Schraubendrehern o. dgl. Nur so wird vermieden, daß beim Einbau evtl. ein Kolbenring zerbricht, was in eingebautem Zustand des Kolbens nicht mehr feststellbar ist.

Kolbenbolzen

Kolbenbolzen werden stark auf Biegung beansprucht. Da das verhältnismäßig langsame Hin- und Hergleiten in den Lagerflächen des Kolbens und der Pleuelstange unter hohen Drücken bei magerer Schmierung erfolgt, muß die Oberfläche hart und verschleißfest sein.

Die meisten Kolbenbolzen werden aus Stählen hergestellt, die ohne oder nur mit geringen Legierungszusätzen auf die erforderliche Festigkeit vergütet werden können, ohne zu verspröden.

Die nötige Oberflächenhärte wird durch Einsatzhärten oder Nitrieren erzeugt. Gehärtete Oberflächenschichten mäßiger Dicke erhöhen durch die in ihnen herrschende Druckspannung die Dauerfestigkeit der Bolzen beträchtlich, vermindern sie jedoch, wenn der Anteil der Einsatzschicht etwa 30% des Gesamtquerschnitts übersteigt. Einsatzhärtung bedingt daher eine bestimmte Mindestwanddicke.

Hohe Glätte der Außenfläche, die man durch Feinschliff und nachfolgendes Läppen erzeugt, ist ebenso unerläßlich wie genaue Rundheit, gleichmäßige Wanddicke und saubere Bohrung. Sofern die Bolzen nicht durch Schraub- oder Schrumpfverbindung im Pleuel festgehalten werden, müssen sie durch andere Sicherungen am Anlaufen an der Zylinderwand gehindert werden. Dazu dienen meist federnde Ringe in Rillen am Außenende der Bolzenlöcher im Kolben. Es werden Drahtringe oder Seegerringe verwendet.

Pleuel

Pleuel übertragen die Kolbenkraft auf die Kurbelwelle. Sie sind besonders bei hohen Drehzahlen sehr großen Belastungen ausgesetzt. Um dem bei möglichst geringem Gewicht zu entsprechen, kommen hochwertige Werkstoffe, z. B. Chrom-Nickel-Stahl oder bei Rennmotoren sogar Titan, und meistens Doppel-T-Profile zur Anwendung. Pleuel werden im Gesenk geschmiedet (gepreßt). Um Bruchgefahr infolge Kerbwirkung zu vermeiden, werden Pleuel schnellaufender Motoren auf der ganzen Oberfläche bearbeitet.

Beanspruchung:

□ Druck und Knickung durch den Verbrennungsdruck.
□ Zug durch die Massenkräfte der Kolben.

Pleuel bestehen aus

□ dem Pleuelkopf (Kolbenbolzenaufnahme),
□ dem Pleuelfuß (Kurbelzapfenaufnahme).
Der Pleuelfuß ist meistens waagerecht geteilt. Bei Lkw-Dieselmotoren ist er infolge größerer Kräfte wesentlich größer ausgelegt und meistens schräg geteilt, damit die Kolben ohne Kurbelwellenausbau «gezogen» werden können.
□ dem Pleuelschaft (Verbindung zwischen Pleuelfuß und Pleuelkopf mit oder ohne Ölbohrung).

Zylinder

Der Zylinder dient der Führung des Kolbens sowie der Ableitung der Wärme an das Kühlmittel. Außerdem soll durch geeignete Werkstoffwahl der Verschleiß von Zylinder, Kolbenringen und Kolben bei guten Gleiteigenschaften gering gehalten werden.

Die Technik unterscheidet

□ Zylinder aus Grauguß und
□ Zylinder aus Leichtmetall

Graugußzylinder Im Motorenbau werden vorwiegend Zylinder aus Grauguß verwendet. Der Graphitgehalt ermöglicht gute Gleiteigenschaften auch bei vorübergehend mangelhafter Schmierung. Die Zylinder werden meist als Laufbüchsen in den Motorblock eingesetzt. Man unterscheidet

□ trockene Laufbüchsen und
□ nasse Laufbüchsen.

Trockene Laufbüchsen – dünnwandige Laufbüchsen, meist aus verschleißfestem Sondergrauguß mit Phosphorzusatz im Schleudergußverfahren hergestellt – werden in entsprechende Bohrungen des Zylinderblocks eingedrückt (siehe auch Abschnitt 2.2.2).

Nasse Laufbüchsen. Sie sind in der Wandung wesentlich stärker als trockene Büchsen. Unter Verwendung von Dichtelementen (Gummi- oder Weichmetalldichtringe) werden sie in den Motorblock eingesetzt. Da sie unmittelbar vom Kühlwasser umgeben sind, ist eine sehr gute Wärmeableitung gewährleistet (siehe auch Abschnitt 2.2.2).

Leichtmetallzylinder (nach MAHLE) Sie gelangen vorwiegend bei luftgekühlten Motoren zur Anwendung, da Leichtmetalle, besonders Aluminiumlegierungen, gegenüber Grauguß den Vorteil haben, die Wärme etwa dreimal besser zu leiten.

Da Leichtmetallegierungen als Lauffläche für den Kolben nicht ohne weiteres verwendbar sind, müssen die Leichtmetallzylinder mit einer besonderen Kolbenlauffläche versehen werden.

In der Praxis werden folgende Ausführungen verwendet:

1. Nikasil-Zylinder: Leichtmetallzylinder mit einer von Mahle entwickelten galvanischen Beschichtung. Eine Nickelschicht dient als Lauffläche, in die Siliziumkarbidteilchen von einer Größe kleiner als 3 µm gleichmäßig verteilt eingebettet sind. Anwendung: Vom kleinsten Modellmotor bis zum größten Zylinder für Großmotoren.
2. Cromal-Zylinder: Ein Leichtmetallzylinder mit einer galvanisch aufgebrachten Hartchromschicht. Anwendung vorwiegend bei Motorrad-Zweitaktmotoren.
3. Silumal-Zylinder: Der nicht beschichtete Aluminiumzylinder wird mit einem mit einer dünnen Chrom- oder Eisenschicht versehenen Kolben gepaart.
4. Ferral-Zylinder: Eine dünn aufgespritzte Molybdän-Eisen-Schicht in Leichtmetallzylindern ergibt eine Laufschicht mit günstiger Ölhaftung. (Ferral-Zylinder sind weitgehend von Nikasil-Zylindern abgelöst.)
5. Verbundgußzylinder: Eine Grauguß- oder Stahlbuchse ist von einem Leichtmetallrippenmantel umgeben. Der Verbundgußzylinder hat durch den Nikasil-Zylinder etwas an Bedeutung verloren.

Die erforderliche Haftung und Verteilung des Schmierölfilms auf der Hartchromschicht von Leichtmetallzylindern läßt sich auf dreierlei Art erzielen:

1. **Randrieren** Vor dem Verchromen werden mechanisch eine Vielzahl von Vertiefungen eingedrückt, die nach dem Honen der verchromten Lauffläche Öltaschen für den Schmierfilm ergeben.
2. **Porös verchromen** Es bildet sich ein feines Netzwerk von Kanälen und Vertiefungen in der Chromschicht, die die Ausbildung eines Schmierfilms begünstigen.
3. **Honen** Durch besondere Honverfahren wird auf der Hartchrom-Zylinderlauffläche eine ausgezeichnete Ölhaftung erzielt.

Die richtig ausgebildete Chromlauffläche ergibt einen ausgezeichneten Laufpartner für die Kolben und die Kolbenringe. Die Härte und die chemische Widerstandsfähigkeit der Chromschicht führen zu niedrigen Verschleißwerten für Zylinder und Kolbenringe und damit zu langer Lebensdauer.

Ventiltrieb

Der Ventiltrieb dient der *Steuerung des Gaswechsels.* Gaswechsel bedeutet: *Einlassen* des Kraftstoff-Luft-Gemisches – beim Dieselmotor nur der Luft – *in* den Arbeitsraum des Motors und *Auslassen* der verbrannten Gase *aus* dem Arbeitsraum des Motors.

Der Ventiltrieb ist für jeden Motortyp so ausgelegt, daß sowohl die Einlaß- als auch die Auslaßventile im jeweils *richtigen Zeitpunkt öffnen* (aufgehen) und *schließen* (geschlossen haben).

Das Öffnen und Schließen der Ventile wird durch die von der Kurbelwelle des Motors angetriebene Nockenwelle bewirkt. Die *Nockenwelle* läuft mit *halber Kurbelwellendrehzahl.*

Die **Steuerzeiten von Viertaktmotoren** geben an, in welcher *Winkelstellung der Kurbelwelle* – ausgehend von den *Totpunktstellungen der Kolben* – die *Ein-* und *Auslaßventile öffnen* und *schließen.*

Die bildliche Darstellung der Steuerzeiten – das *Steuerdiagramm* – eines BMW-Motors zeigt Bild 2.64.

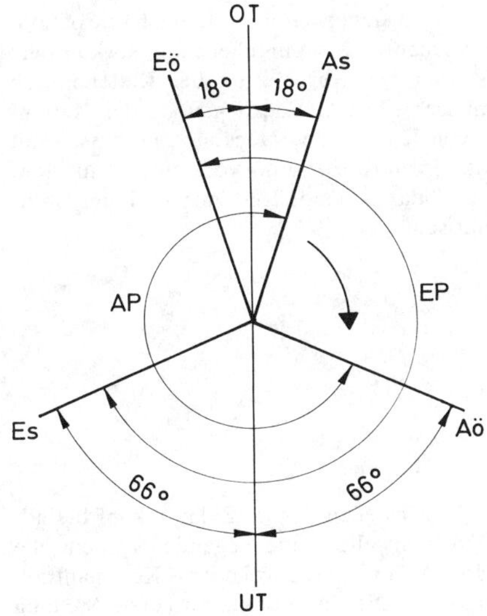

Bild 2.64 Symmetrisches Steuerdiagramm des BMW-Motors 320/320 A (Einlaßperiode 264° = 264°-Nockenwelle)

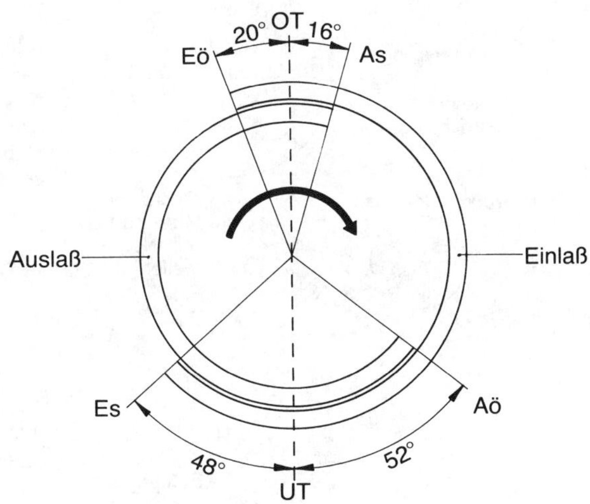

Bild 2.65 Asymmetrisches Steuerdiagramm des BMW-V-12-Motors (Einlaßperiode 248° = 248°-Nockenwelle)

Da der Winkel *Einlaß öffnet vor* OT (Eö) gleich dem Winkel *Auslaß schließt nach* OT (As) ist und der Winkel *Einlaß schließt nach* UT (Es) gleich dem Winkel *Auslaß öffnet vor* UT (Aö) ist, spricht man von einem *symmetrischen Steuerdiagramm.* Bild 2.65 zeigt ein *asymmetrisches Steuerdiagramm:* Sowohl die Winkel Eö *vor* OT und As *nach* OT als auch die Winkel Es *nach* UT und Aö *vor* UT sind unterschiedlich.

Der Drehwinkel, den die Kurbelwelle zwischen Einlaß öffnet *vor* OT und Auslaß schließt *nach* OT durchläuft, wird als *Ventilüberschneidung* (Überschneidungswinkel) bezeichnet.

Für die Einhaltung der Steuerzeiten ist es erforderlich:

□ daß die *Nockenwelle* in genau *richtiger Stellung* zur Kurbelwelle eingebaut ist,

□ daß das *Ventilspiel* den Herstellerangaben entsprechend eingestellt ist.

Die *Einstellung* der *Nockenwelle* zur *Kurbelwelle* ist abhängig vom *Antrieb* der Nockenwelle und ihrer *Anordnung* im Motor.

Anordnung der *Nockenwelle* im *Kurbelgehäuse*

Erfolgt der Antrieb der Nockenwelle über *Stirnzahnräder,* ist die Einstellung verhältnismäßig einfach. Es ist lediglich darauf zu achten, daß die Markierungen an den miteinander in Eingriff befindlichen Zahnrädern passend zueinander stehen.

Erfolgt der Antrieb der Nockenwelle durch eine *Kette,* so sind die *Markierungen beider Kettenräder genau in Flucht mit den Mitten von Kurbel- und Nockenwelle* zu bringen, wobei das ziehende Kettentrum straff sein muß (Bild 2.66).

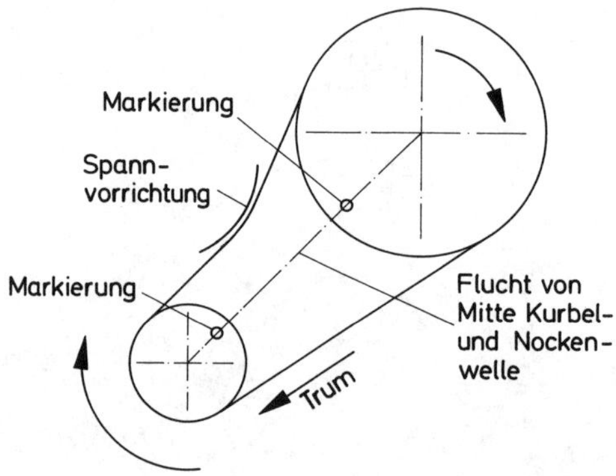

Bild 2.66 Einstellen der im Kurbelgehäuse befindlichen Nockenwelle = untenliegende Nockenwelle (ohv-Motor) zur Kurbelwelle bei Kettenantrieb (schematisch). Die Markierungen auf den Kettenrädern von Kurbel- und Nockenwelle müssen mit den Mitten von Kurbel- und Nockenwelle fluchten. Dabei muß das ziehende Kettentrum (Trum) straff gespannt sein

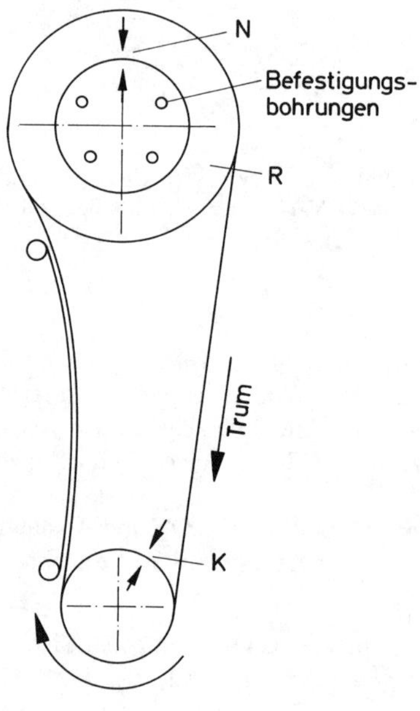

Bild 2.67 Einstellen der im Zylinderkopf befindlichen Nockenwelle = obenliegende Nockenwelle (ohc-Motor) zur Kurbelwelle bei Kettenantrieb (schematisch). Die Kurbelwelle wird in die Stellung gebracht, in der die am Kurbelwellenrad angebrachte Markierung mit der zugehörigen, meist am Motorgehäuse angebrachten Gegenmarke übereinstimmt (K). Die Nockenwelle wird gedreht, bis die Markierungen (N) auf Nockenwelle und Zylinderkopf übereinstimmen. Dann legt man die Kette so auf das lose Rad (R), daß bei gespanntem Trum die Befestigungsbohrungen im Kettenrad (R) mit denen der Nockenwelle übereinstimmen. Anschließend wird das Nockenwellen-Antriebsrad (R) an der Nockenwelle angeflanscht.

Anordnung der *Nockenwelle* im *Zylinderkopf*

Die Markierungen für die Einstellung sind bei den verschiedenen Fabrikaten sehr unterschiedlich, so daß hier nur allgemein gültige Richtlinien gegeben werden können. Bild 2.67 zeigt das Einstellen der obenliegenden, durch *Kette angetriebenen* Nockenwelle schematisch.

Die Einstellung der durch *Zahnriemen angetriebenen* Nockenwelle erfolgt grundsätzlich genauso. Jedoch ist dabei die zusätzliche Einstellung der Zwischen- oder Hilfswelle zu beachten. Bild 2.68 zeigt die durchzuführenden Einstellarbeiten schematisch.

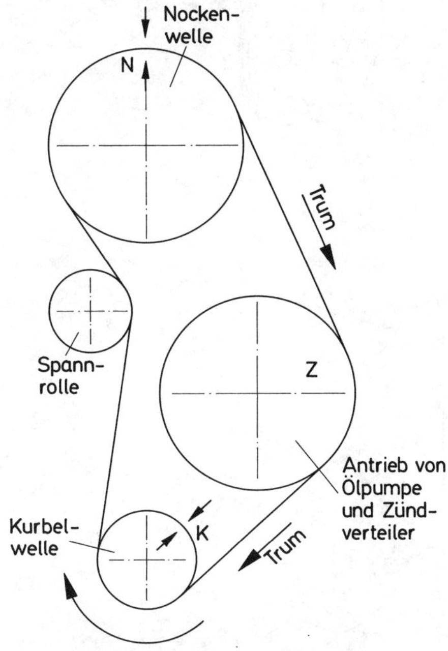

Bild 2.68 Einstellen der obenliegenden Nockenwelle zur Kurbelwelle bei Zahnriemenantrieb (schematisch). Die Spannrolle wird gelöst. Wie beim Kettenantrieb werden die Markierungen für die Kurbelwelle (K) und die für die Nockenwelle (N) zueinander gestellt. Das Rad der Zwischen- oder Hilfswelle für den Antrieb von Ölpumpe und Zündverteiler (Z) dreht man so, daß bei öffnendem Unterbrecher der Rotor auf Zylinder 1 weist. Dann wird der Zahnriemen aufgeschoben, so daß das ziehende Trum straff ist. Dabei muß das Rad (Z) evtl. etwas gedreht werden. Als letztes wird die Spannrolle je nach Vorschrift angelegt

Variable Ventilsteuerung

Bei der allgemein üblichen Ventilsteuerung stellen die Steuerzeiten eine Kompromißlösung dar, da sie fixiert und auf Sportlichkeit oder auf gute Laufkultur des Motors ausgelegt sind.

Die variable Ventilsteuerung ermöglicht dagegen beides und optimiert die Leistungsausbeute über den gesamten Drehzahlbereich. Variable Steuerzeit bedeutet allgemein eine Verschiebung der Öffnungsphase der Einlaßventile (Phasenverschiebung).

Beim *MB 129* ist die Einlaßnockenwelle gegenüber dem Nockenwellenrad um 34° Kurbelwinkel hydraulisch/mechanisch in Richtung «früh» und zurück (also in Richtung «spät») verdrehbar (Bild 2.69).

Bis 2000 min^{-1} ist die Stellung «spät» (Verbesserung des Leerlaufs), über 2000 min^{-1} die Stellung «früh» (Verbesserung des Drehmoments) und über 5000 min^{-1} wieder die Stellung «spät» wirksam (Verbesserung der Leistung).

Der für die Verstellung erforderliche Ölzulauf vom Schmiersystem des Motors zum Stellkolben wird durch den Steuerkolben gesteuert. Die Position des Steuerkolbens ist von der Feder und dem elektrisch gesteuerten Stellmagneten abhängig.

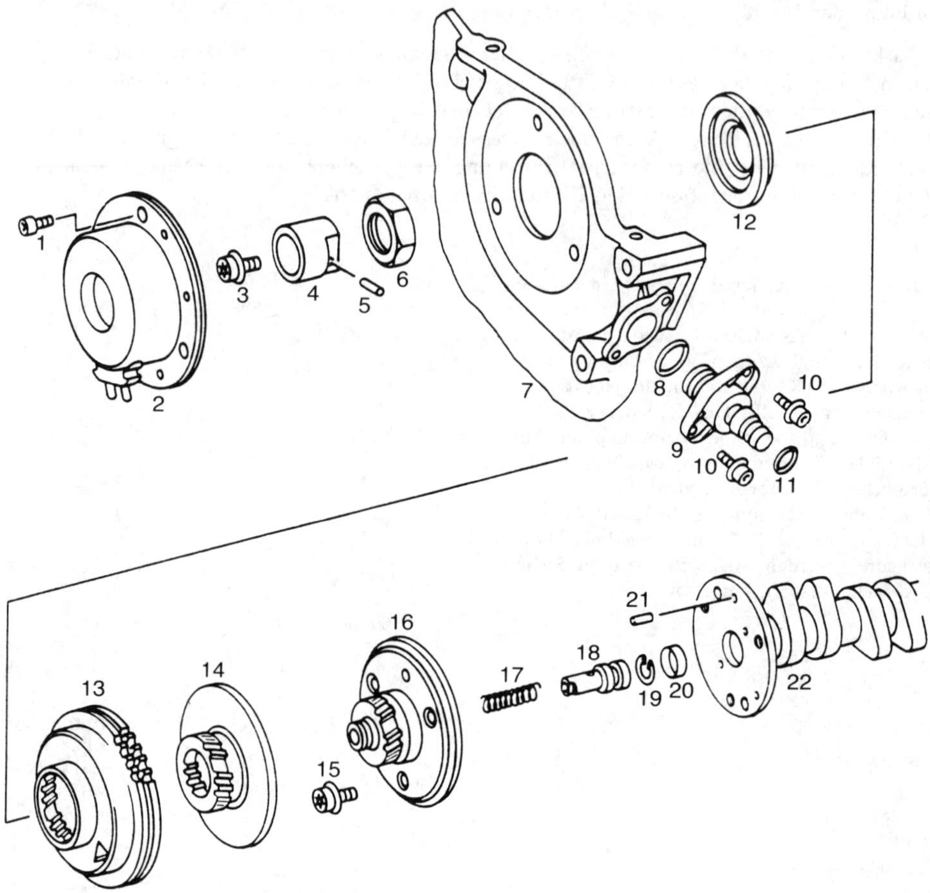

Bild 2.69 Nockenwellenversteller (MB)

1 Schraube M6 × 18
2 Stellmagnet mit 2poligem Stecker
3 Kombischraube M5 × 12, Torx T25
4 Anker
5 Spannhülse 3 × 22 im Anker
6 Mutter M20 × 1,5, SW30
7 Deckel vorn
8 Dichtung
9 Positionsgeber Zündschaltgerät
10 Kombischraube M6 × 16
11 Dichtring
12 Deckel mit Ring
13 Nockenwellenrad mit Positionszeiger
14 Stellkolben
15 Kombischraube M7 × 12, Torx T30
16 Flanschwelle
17 Druckfeder
18 Steuerkolben
19 Sicherungsring 18 × 1
20 Verschlußdeckel A 18 Ölbohrung
21 Zylinderstift in Nockenwelle
22 Nockenwelle Einlaß

Die Verstellung der Nockenwelle erfolgt bei axialer Bewegung des Stellkolbens mit Hilfe von Schrägverzahnungen am Nockenwellenrad, am Stellkolben (Innen- und Außenverzahnung) und an der Flanschwelle, die mit der Nockenwelle verschraubt ist.

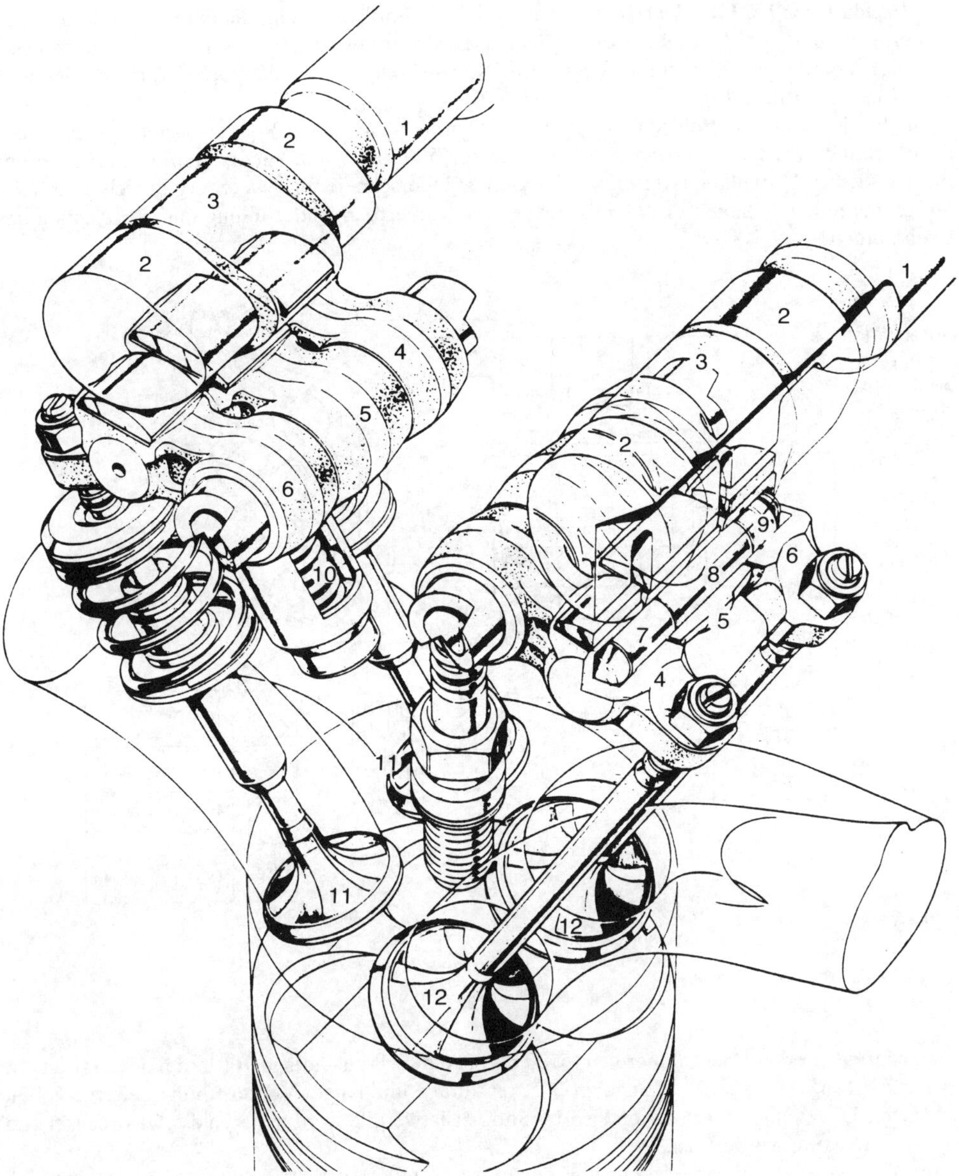

Bild 2.70 Variable Ventilsteuerung (Honda)

1 Nockenwelle
2 Nockenprofil für niedrige Drehzahlen
3 Nockenprofil für hohe Drehzahlen
4 Primärer Schwinghebel
5 Mittlerer Schwinghebel
6 Sekundärer Schwinghebel
7 Sperrschieber A
8 Sperrschieber B
9 Endanschlag mit Rückstellfeder
10 Abstützelement
11 Auslaßventil
12 Einlaßventil

Der **Honda Civic 1,6 Liter DOHC** hat eine variable Ventilsteuerung, die eine Veränderung der Steuerzeiten und des Ventilhubes ermöglicht. Der Motor besitzt zwei obenliegende Nockenwellen, vier Ventile pro Zylinder sowie je drei Nocken und drei Schlepphebel für die Ein- und Auslaßventile (Bild 2.70).

Die für den unteren Drehzahlbereich (bis 5100 min^{-1}) wirksamen Nocken tragen ein «zahmes» Profil (Bild 2.71), d. h., sie bewirken einen kleinen Ventilhub und kurze Ventil-Öffnungszeiten. Infolge kleiner Durchlaßquerschnitte und kleiner Überschneidungswinkel ergibt sich eine hohe Strömungsgeschwindigkeit des Gemisches, eine optimierte Zylinderfüllung und ein Anstieg des Drehmoments.

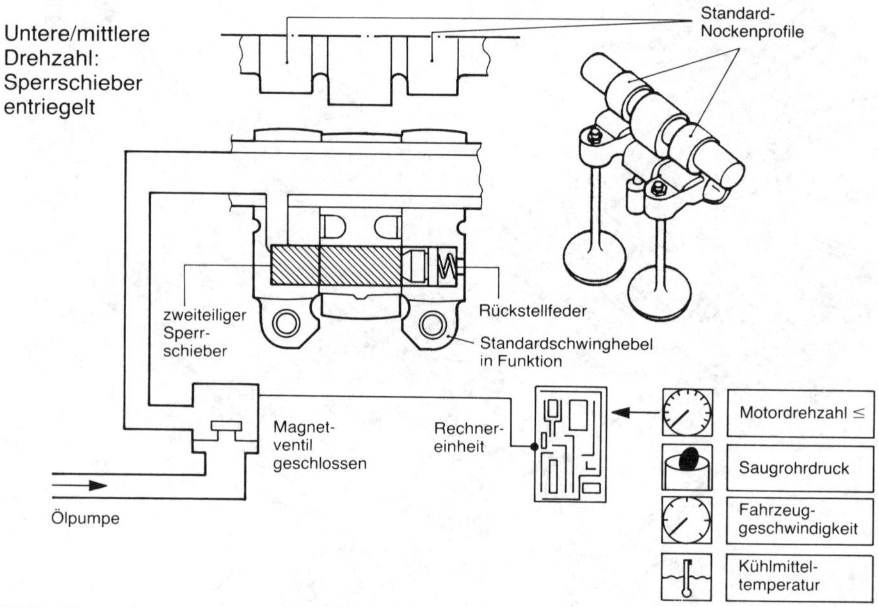

Bild 2.71

Der für den hohen Drehzahlbereich (5100 bis 8000 min^{-1}) zuständige mittlere Nocken trägt ein «scharfes» Profil (Bild 2.72). Infolge großer Ventilhübe und langer Ventilöffnungszeiten ergeben sich große Überschneidungswinkel der Ein- und Auslaßventile, wodurch sich der Gaswechsel und die Motorleistung verbessern.

Im unteren Drehzahlbereich schwingt der mittlere, federbelastete Schlepphebel leer mit.

Die Aktivierung des «scharfen» Profils – gleicher Grundkreis für alle Nocken – erfolgt durch Kopplung der Schlepphebel. Dies geschieht mittels eines zweiteiligen Sperrschiebers durch Öldruck gegen Federkraft. Bei Umschaltung auf das «zahme» Profil läuft der Vorgang umgekehrt (Bilder 2.71 und 2.72). Die Steuerung der Kopplung erfolgt per Computer mittels Magnetventil.

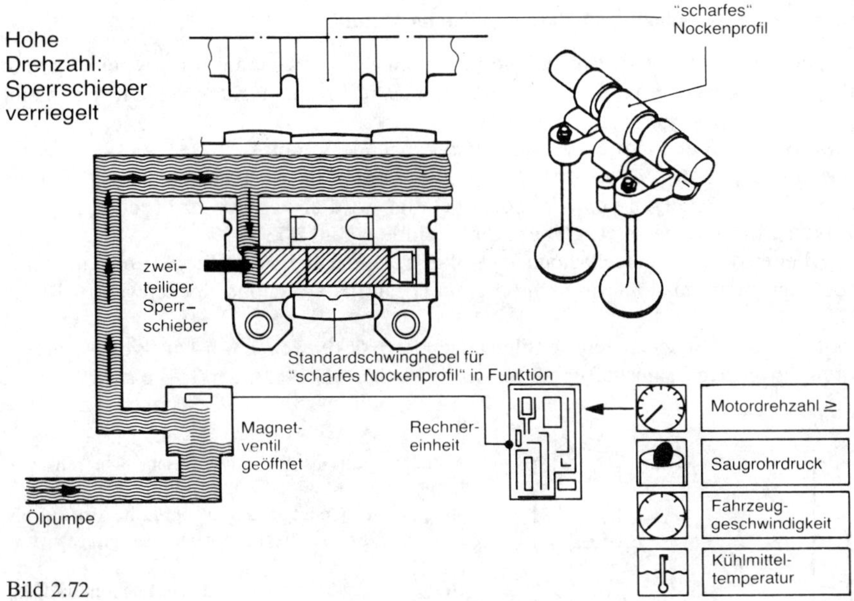

Bild 2.72

Überprüfung der Steuerzeiten

Da die Größe des Ventilspiels Einfluß auf die Steuerzeiten hat, können diese nur unter Berücksichtigung der vom Hersteller angegebenen Meßbedingungen überprüft werden.

So ist z. B. beim MB 190 das für den Fahrbetrieb vorschriftsmäßige Ventilspiel und beim Porsche 928 das Nullspiel (beide Fahrzeuge mit manueller Einstellung) Voraussetzung für die Überprüfung.

Dann setzt man an die Ventilbetätigung eine Meßuhr und an die Riemenscheibe des Motors eine Gradscheibe an. Die Meßuhr ist, während der Taststift die entspannte Ventilbetätigung berührt, auf Null zu stellen. Die Nullmarke der Gradscheibe muß mit der OT-Markierung der Riemenscheibe übereinstimmen.

Jetzt dreht man die Kurbelwelle so lange, bis der vom Hersteller angegebene Ventilhub, z. B. 2 mm beim MB 190 oder 1 mm beim Porsche 928, erreicht ist (Ausschaltung der Spiele) und liest an der Gradscheibe ab, wieviel Grad Kurbelwellenwinkel sich der Kolben *nach* OT befindet oder wie der Hersteller sagt, wieviel Grad *nach* OT das Einlaßventil (2 mm bzw. 1 mm) öffnet. Dreht man die Kurbelwelle weiter, so zeigt sich, wieviel Grad nach UT das Einlaßventil schließt. Die gleiche Methode ist auch bei der Überprüfung der Steuerzeit der Auslaßventile gültig.

Die jeweiligen Werte für die Steuerzeiten sind den Angaben des Herstellers zu entnehmen.

Beim Fiat Uno i. e. ist das Ventilspiel für das Einlaß- und Auslaßventil auf ein Prüfspiel von 0,80 mm einzustellen. Dann sollen sich folgende Steuerzeiten ergeben:

Einlaßventil	öffnet bei OT = 0°	
	schließt	40° nach UT
Auslaßventil	öffnet	30° vor UT
	schließt	10° vor OT

Anordnung der Ventile, Gaskanäle und Nockenwellen im Motor

Alle Motoren, bei denen die *Gaskanäle* und die *Ventile* im *Zylinderkopf* angeordnet sind, werden nach DIN 1940 als **obengesteuerte Motoren** bezeichnet. (Die Anordnung der Nockenwelle bleibt dabei unberücksichtigt.)

Moderne Motoren sind obengesteuert (sie haben hängende Ventile).

Ein *obengesteuerter Motor,* bei dem die Nockenwelle unten im Kurbelgehäuse liegt und die Ventile über Stößel, Stoßstangen und Kipphebel betätigt, wird als *ohv-Motor* bezeichnet (engl. *o*ver *h*ead *v*alves, wörtlich übersetzt: «Über-Kopf-Ventile»; Bild 2.73).

Motoren, bei denen die Nockenwelle hoch liegt, aber trotzdem über kurze Stößel und Kipphebel die Ventile betätigt, nennt man *hc-Motoren* (engl. *h*igh *c*amshaft = «hohe Nockenwelle»; Bilder 2.74 und 2.75).

Motoren mit über oder zwischen den Ventilen liegenden Nockenwellen werden als *ohc-Motoren* bezeichnet (engl. *o*ver *h*ead *c*amshaft = «Über-Kopf-Nockenwelle»; Bilder 2.76 bis 2.79).

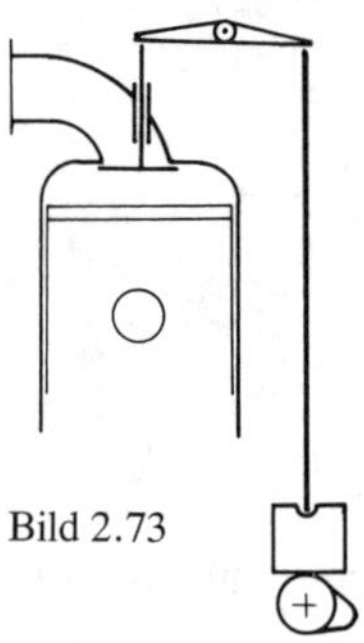

Bild 2.73

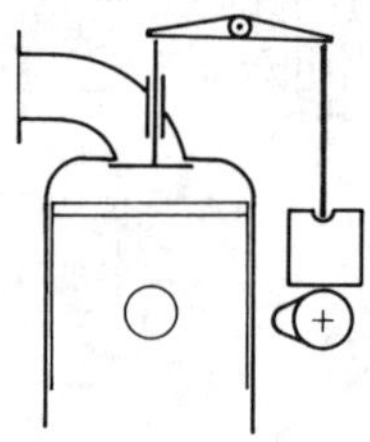

Bild 2.74

Bild 2.73 ohv-Motor schematisch. Die hin- und hergehenden Massenkräfte – Stößel und lange Stoßstangen – sind recht groß. Für sehr hohe Motordrehzahlen sind diese Motoren wenig geeignet.

Bild 2.74 hc-Motor schematisch. Die hin- und hergehenden Massenkräfte sind geringer als beim ohv-Motor

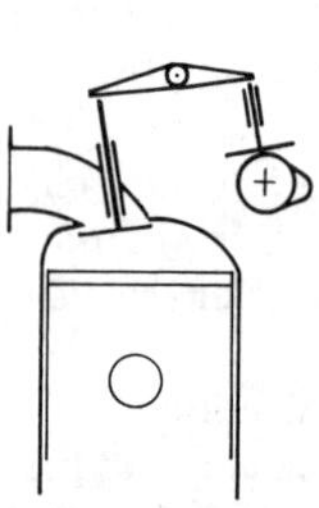

Bild 2.75

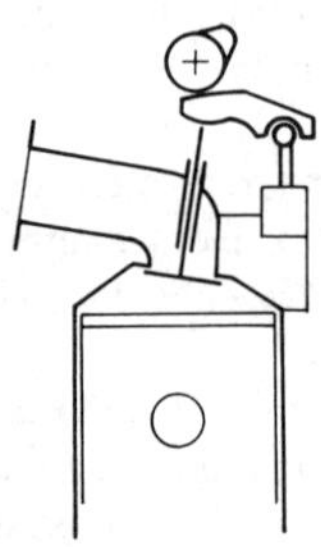

Bild 2.76

Bild 2.75 hc-Motor. Kurze Stößel arbeiten über Kipphebel auf die Ventile. Stoßstangen entfallen

Bild 2.76 ohc-Motor. Die Nocken arbeiten über Schlepphebel auf die Ventile, Stößel entfallen

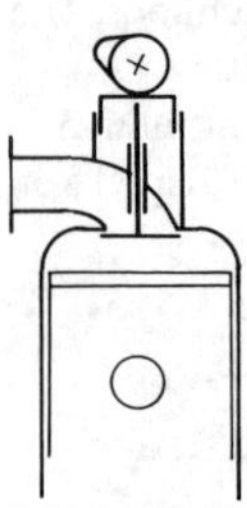

Bild 2.77

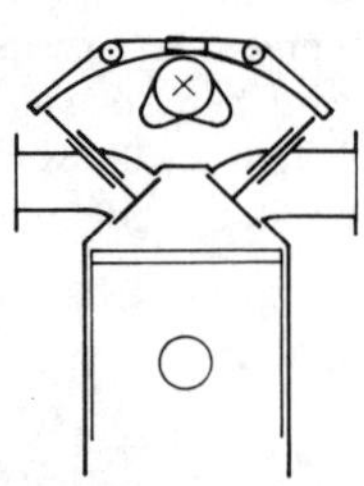

Bild 2.78

Bild 2.77 ohc-Motor, bei dem die Nocken über Becher- oder Tassenstößel direkt auf die Ventile arbeiten. Alle Ventile des Motors sind in einer Reihe angeordnet

Bild 2.78 ohc-Motor, bei dem eine Nockenwelle über Kipphebel auf die V-förmig angeordneten Ventile arbeitet. Auf einer Seite sind alle Einlaß-, auf der anderen alle Auslaßventile angeordnet

Bild 2.79 ohc-Motor, bei dem zwei obenliegende Nockenwellen über Becher- oder Tassenstößel direkt auf die V-förmig angeordneten Ventile arbeiten. Eine Nockenwelle betätigt alle Einlaß-, die andere alle Auslaßventile

Bild 2.80 sv-Motor. Beschreibung siehe Text

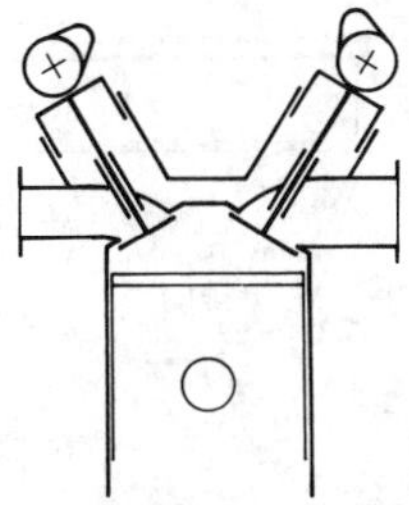

Bild 2.79

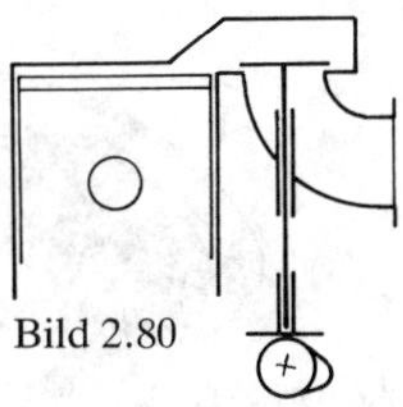

Bild 2.80

Die Zylinderköpfe der Motoren nach den Bildern 2.78 und 2.79 werden als *Querstromzylinderköpfe* bezeichnet.

Bei *ohc-Motoren* sind die hin- und hergehenden Massenkräfte äußerst gering, wodurch ventiltriebseitig hohe Motordrehzahlen ermöglicht werden.

Untengesteuerte Motoren sind Motoren, bei denen die Ventile seitlich stehend neben den Zylindern angeordnet sind. Sie werden als *sv-Motoren* bezeichnet (engl. *s*ide *v*alves, wörtlich übersetzt: Seitenventile). Sie gelangen nur noch als Stationärmotoren oder in Rasenmähern zur Anwendung (Bild 2.80).

Wechselgesteuerte Motoren sind Motoren, bei denen die Saugkanäle und Einlaßventile im Zylinderkopf angeordnet sind, die Auslaßventile hingegen seitlich stehend neben den Zylindern (Bild 2.81).

Die Bilder 2.82 und 2.83 zeigen zwei obengesteuerte Motoren mit im Zylinderkopf angeordneter Nockenwelle.

Bild 2.81 Wechselgesteuerter Motor. Beschreibung siehe Text

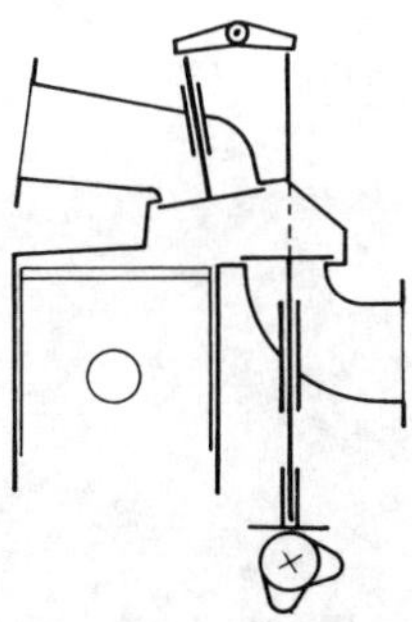

Fertigung und Beschaffenheit von Nockenwellen Nockenwellen werden heute meist aus Gußstahl hergestellt, seltener im Gesenk geschmiedet. Die Nockenbahnen und die Lagerzapfen werden gehärtet, geschliffen und geläppt. Die Lagerung erfolgt in Gleitlagern. Die Durchmesser der Lagerzapfen werden so groß gewählt, daß sich die Nockenwelle nach einer Seite aus ihren Lagern herausziehen läßt.

Nockenformen Besondere Sorgfalt wird für die Form der Nocken verwendet: Zu berücksichtigen sind die Forderungen:

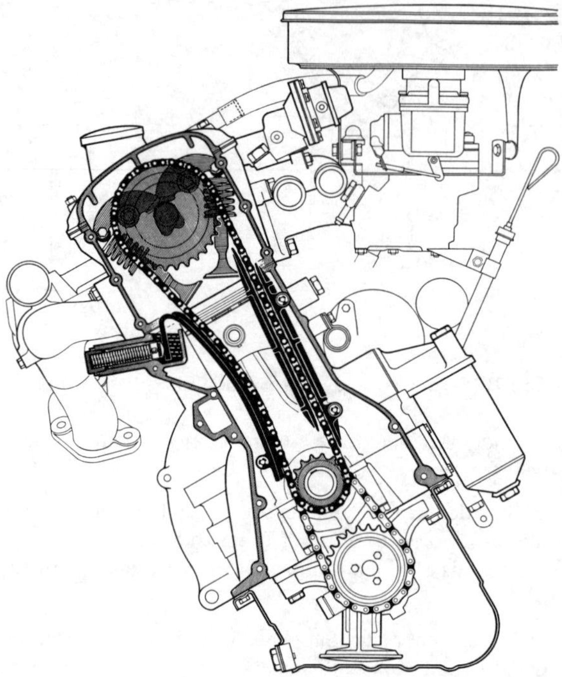

Bild 2.82 ohc-Motor BMW. Die durch Kette angetriebene Nockenwelle betätigt die Ventile über Kipphebel

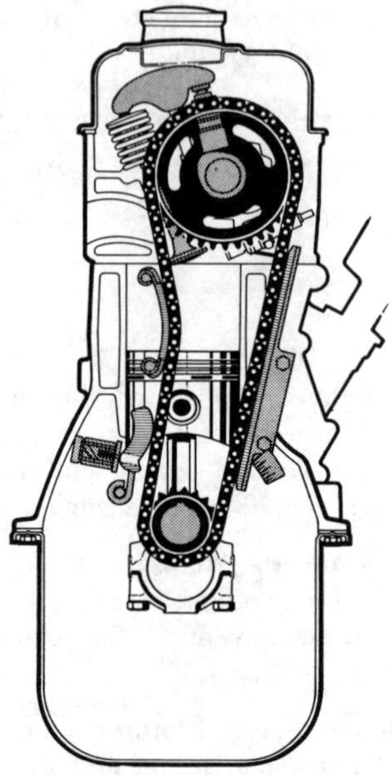

Bild 2.83 Ventiltrieb eines Opel-Motors. Die Nockenwelle betätigt die Ventile über kurze Stößel und Kipphebel

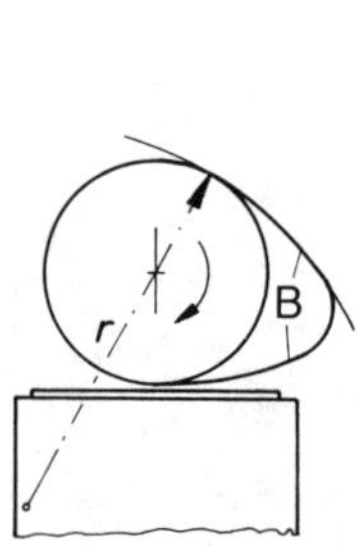

Bild 2.84 Kreisbogennocken. Die Nockenbahnen (B) stellen Kreisausschnitte dar (r = Kreisradius)

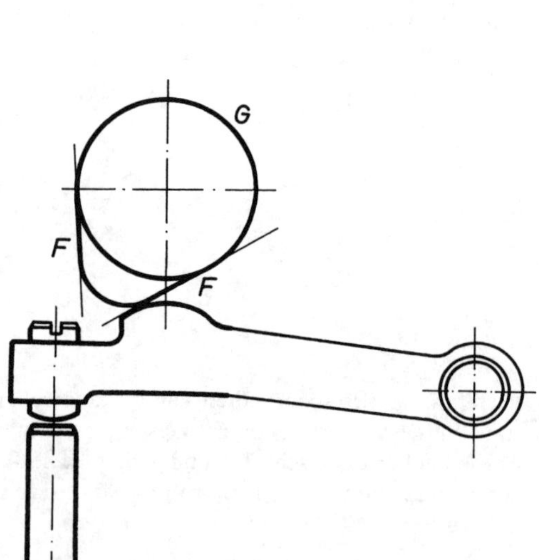

Bild 2.85 Tangentennocken mit Schwinghebel. Die Nockenbahnen (F) bilden Tangenten an den Grundkreis (G)

Schnelles Öffnen des Ventils selbst bei höchsten Drehzahlen sowie hohe Verschleißfestigkeit, um große Lebensdauer zu erzielen.

In Kfz-Motoren mit hohen Drehzahlen gelangen vorwiegend *harmonische Nocken* zur Anwendung. Es sind Kreisbogennocken, bei denen die Nockenbahnen (Flanken) Kreisbogenausschnitte darstellen, die auf gerade geführte Flachstößel – Becher- oder Tassenstößel – arbeiten (Bild 2.84).

Werden die Ventile vom Nocken über Schwinghebel (Schlepphebel) betätigt, können *Tangentennocken* verwendet werden, wenn die druckaufnehmende Fläche am Schwinghebel gewölbt ist (Bild 2.85).

In Bild 2.86 ist der Nockenhub in Abhängigkeit vom Kurbelwellendrehwinkel für den Kreisbogennocken, der auf einen Flachstößel arbeitet, dargestellt. Man erkennt, daß das Ventil «sanft» bis zum größten Hub öffnet und wieder schließt.

Bei Motoren mit extrem hohen Drehzahlen ist das rechtzeitige Schließen großer und daher schwerer Ventile durch die Feder nicht immer gewährleistet. In *Rennsportmotoren* werden daher vielfach mehrere kleine Ein- und Auslaßventile je Zylinder angeordnet. Die Ventil-Zwangssteuerung – desmodromische Ventilsteuerung –, bei der auch das *Schließen* der *Ventile* durch einen zusätzlichen Nocken erfolgt, wird zur Zeit nur von dem italienischen Zweiradhersteller Ducati angewendet.

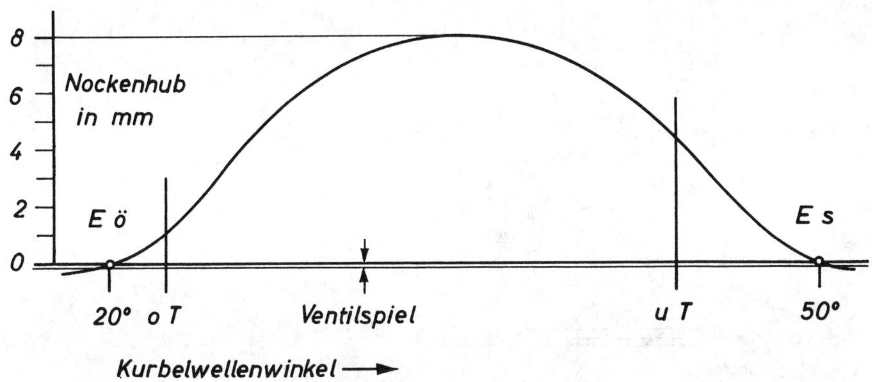

Bild 2.86 Nockenhub in Abhängigkeit vom Kurbelwellendrehwinkel. Dargestellt ist der Hub eines «harmonischen Nockens» (Kreisbogennocken mit gewölbter Nockenbahn und Flachstößel)

Ventile (nach Teves-Thompson)

Aufgabe Gemeinsam mit den Ventilsitzringen bilden die Ventile die *Abdichtung* des *Arbeitsraumes* des Zylinders sowohl gegenüber dem Saugrohr (Einlaßventil) und dem Auspuff (Auslaßventil).

Ventilabmessungen In Motoren hoher Leistung und Drehzahl werden die Ventiltellerdurchmesser so groß wie möglich gewählt. Der Durchmesser des Einlaßventils ist in der Regel um 10 bis 20 % größer als der des Auslaßventils, da die Auspuffgase den Zylinder unter Druck verlassen, das Kraftstoff-Luft-Gemisch aber eingesaugt werden muß.

Der Ventilhub beträgt etwa 25 % des Ventildurchmessers. Die Bezeichnungen an einem Ventil zeigt Bild 2.87.

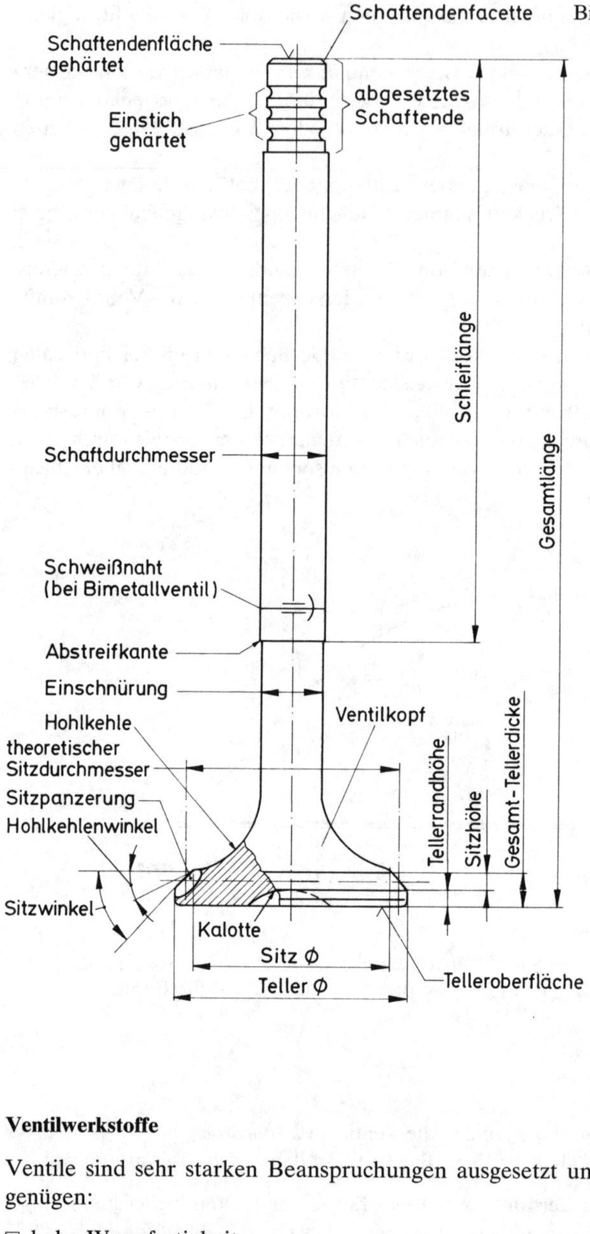

Bild 2.87 Bezeichnungen an einem Ventil

Ventilwerkstoffe

Ventile sind sehr starken Beanspruchungen ausgesetzt und müssen folgenden Anforderungen genügen:

- □ hohe Warmfestigkeit,
- □ Korrosionsbeständigkeit gegen aggressive Verbrennungsprodukte,
- □ ausreichende Härtbarkeit zur Erzielung hoher Verschleißfestigkeit am Schaftende,
- □ gute Gleiteigenschaften des Schaftes in der Ventilführung trotz häufiger Mangelschmierung.

Wärmebelastung von Ventilen, Ventilwerkstoffe

An *Einlaßventilen treten Betriebstemperaturen bis zu etwa 550 °C* (830 K) auf, an *Auslaßventilen bis über 800 °C* (1100 K).

Einlaßventile sind meistens Einmetallventile, d. h., sie werden aus einem Werkstoff hergestellt:

□ bei normaler Beanspruchung aus Chrom-Silizium-Stahl,
□ bei hoher Beanspruchung aus Chrom-Molybdän-Stahl.

Auslaßventile sind meistens Bimetallventile, d. h., sie werden aus zwei verschiedenen Werkstoffen gefertigt. Die Verbindung der beiden Werkstoffe erfolgt durch Reib- oder Stumpfschweißen. Die Lage der Schweißnaht (Bild 2.88) wird entsprechend der motorischen Bedingungen gewählt. Während der Ventilschaft gute Gleiteigenschaften und eine gute Wärmeleitfähigkeit haben muß, soll der untere Teil besonders warmfest, korrosionsfest und zunderbeständig sein.

So verwendet man z. B. für den Ventilschaft Chrom-Silizium-Stahl (bis 800 °C) bzw. Chrom-Kobalt-Wolfram-Stahl (über 800 °C). Der untere Teil wird z. B. aus folgenden Werkstoffen hergestellt:

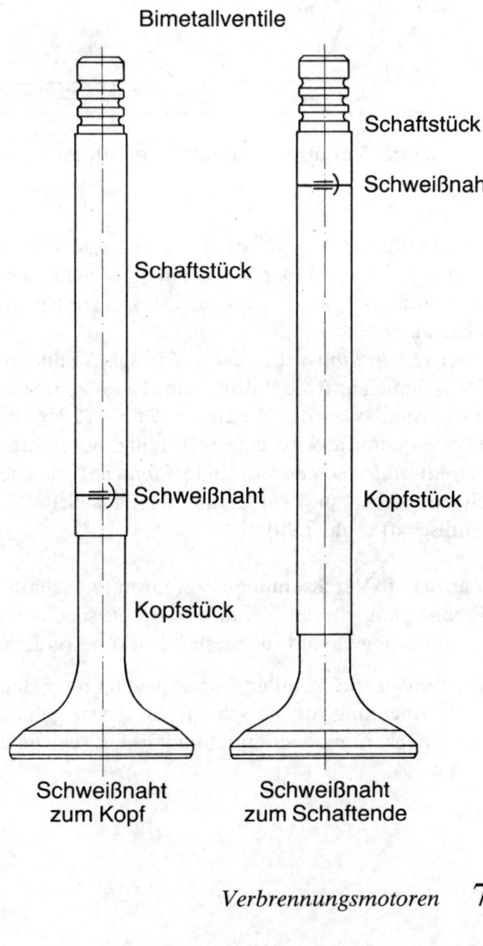

Bild 2.88 Bimetallventile (s. Text)

□ bei normaler Beanspruchung (bis 800°C) Chrom-Mangan-Nickel-Stahl,
□ bei hoher Beanspruchung (über 800°C) Nickel-Chrom-Stahl.

Die Lebensdauer von Ventilen kann durch induktive Härtung oder Panzerung an Sitz und Schaftende verbessert werden.

Panzerung des Ventilsitzes Sie ist erforderlich, da der *Sitz von Auslaßventilen* durch thermische, mechanische und chemische Beanspruchung besonders gefährdet ist. Der Panzerwerkstoff wird mittels *Schutzgasschweißung* auf den Ventilteller aufgetragen. Als Panzerwerkstoff hat sich vor allem Stellit F bewährt, er besteht im wesentlichen aus:

Kobalt,	Chrom,	Nickel,	Wolfram
37%	25%	22%	12%

Einlaßventile hochbelasteter Motoren können am Ventilsitz induktiv *gehärtet* werden, wodurch das «Einschlagen» – der gefürchtete Verschleiß der Ventilsitze – vermieden wird (Bild 2.89).

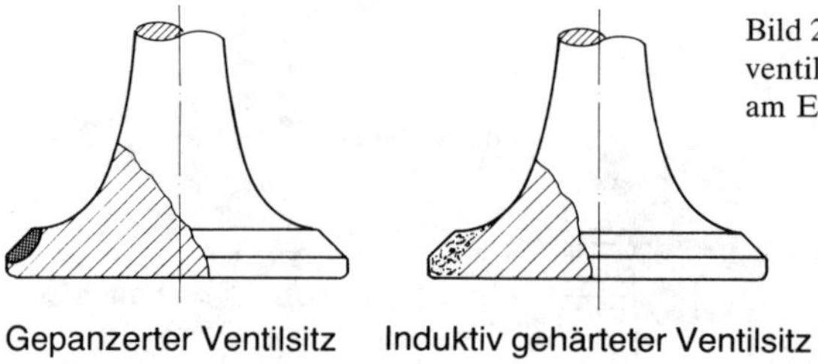

Bild 2.89 Linkes Bild: Sitzpanzerung am Auslaßventil, rechtes Bild: Induktiv gehärteter Ventilsitz am Einlaßventil

Hohlventile In Hochleistungs- und Vielstoffmotoren treten besonders hohe thermische Belastungen auf. Gegenüber Vollschaftventilen kann man mit Hohlventilen die Betriebstemperaturen der Ventile beachtlich senken. Damit erreicht man geringere Korrosionsanfälligkeit und lange Lebensdauer.

Der *Hohlraum* wird zu etwa *60%* des Volumens mit metallischem *Natrium* gefüllt, das bei ca. 97 °C schmilzt und die Wärme vom Teller zum Schaft ableitet. Die Temperatur am Ventilkopf des Auslaßventiles wird dadurch um *60 bis 120 °C verringert.* Durch den raschen Wärmeentzug in Tellerbodenmitte wird eine Selbstentzündungsquelle ausgeschaltet.

Hohlventile können sowohl in *Einmetall-* als auch in *Bimetallausführung* gefertigt sein. Äußerlich erkennbar sind sie daran, daß das Schaft*ende* im Durchmesser stets *kleiner* ist als der Ventilschaft (Bild 2.90).

Ventilschaft-Verchromung Verchromte Schäfte austenitischer Ventilstähle vermeiden die «Freßneigung» in der Ventilführung. Zusätzlich erlauben sie kleinere Einbauspiele. Gußeiserne Ventilführungen sind für diese Ventile besonders günstig.

Schaftenden von Ventilen unterliegen hoher Beanspruchung durch den Kipphebel oder Stößel. Zur Vermeidung von Verschleiß werden sie gehärtet. Besteht das Schaftende aus nichthärtbarem Stahl, panzert man es mit Stellit oder schweißt ein Plättchen aus härtbarem Werkstoff auf (Bild 2.91).

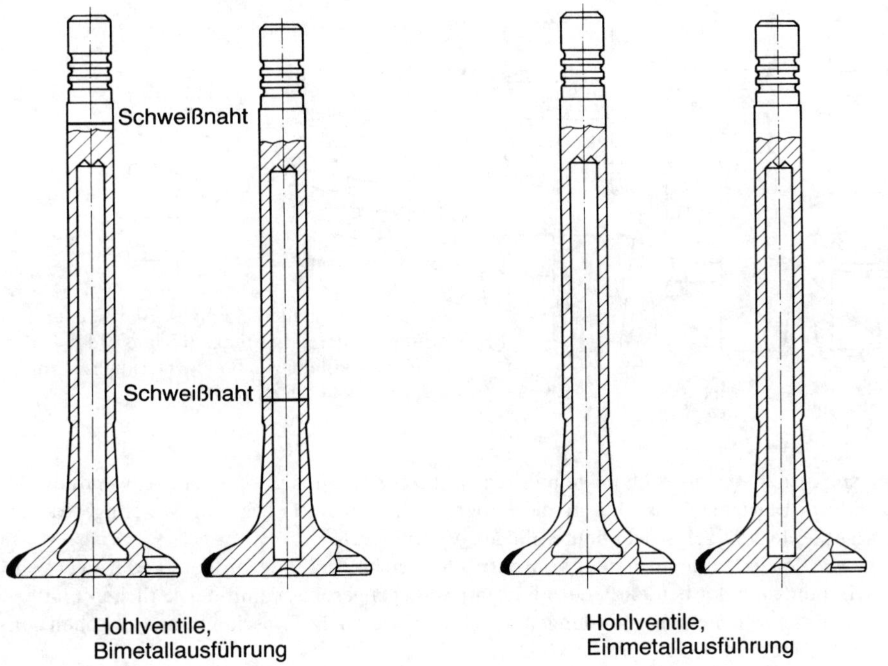

Bild 2.90 Hohlventile (s. Text)

Bild 2.91 Ausführungen von Ventilschaftenden

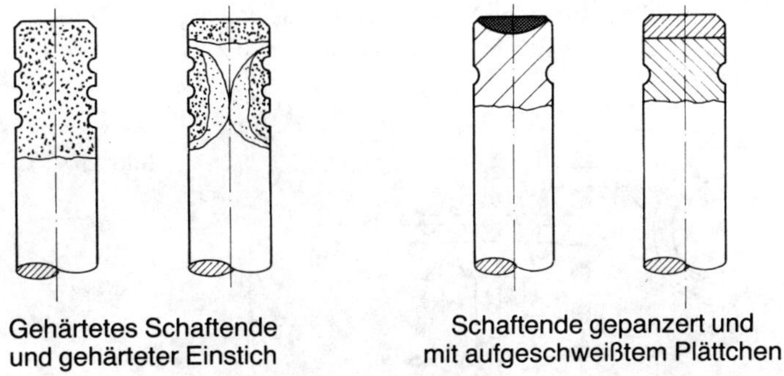

Einstich und Kegelstücke Am Ende sind die Ventilschäfte mit einem *Einstich* versehen. Entsprechende *Kegelstücke* stellen die Verbindung zwischen dem Ventilschaft und dem Teller für die Ventilfeder her (Bild 2.92).

Ventilfedern Sie müssen folgende Aufgaben erfüllen:

- □ das Ventil mit einer bestimmten Vorspannung dicht geschlossen halten,
- □ das Ventil beim Schließhub des Nockens der Nockenwelle so nachzuführen, daß es selbst bei Höchstdrehzahl rechtzeitig schließt.

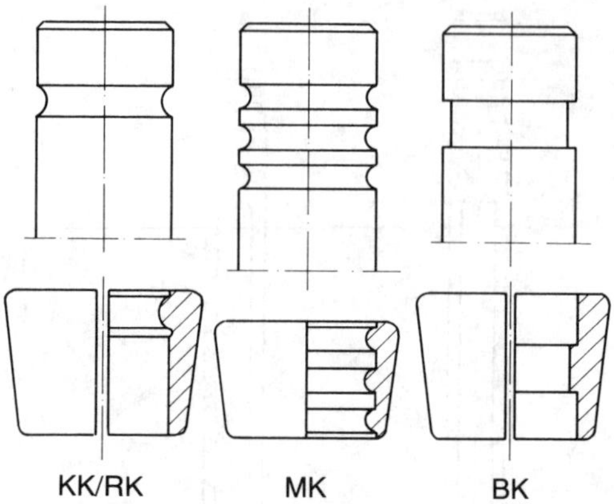

Bild 2.92 Einsicht und Ventilkegelstücke

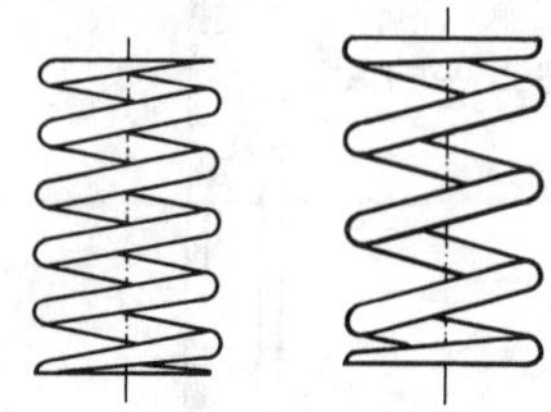

Bild 2.93 Ventilfedern. Linkes Bild: Feder für Motoren mittlerer Leistung. Rechtes Bild: Feder mit 3 ½ bis 4 Windungen für Hochleistungsmotoren mit extrem hohen Drehzahlen

Von wenigen Ausnahmen abgesehen, gelangen *zylindrische Schraubenfedern* zur Anwendung. Je höher die Motordrehzahl, um so härter die Feder. Je härter die Feder, um so geringer deren Windungszahl. Bild 2.93 zeigt zwei heute übliche Ventilfedern.

Teilweise werden je Ventil auch *zwei* konzentrisch (gleichmittig) angeordnete Federn verwendet. Der Windungssinn der beiden Federn ist dann entgegengesetzt, damit bei seitlichen Flatterbewegungen der Federn nicht die Windungen der einen Feder in die Zwischenräume zwischen den Windungen der anderen Feder geraten können.

Ventildrehvorrichtung Rotocap Sie bewirkt, daß sich das Ventil dreht. Dadurch werden ungleichmäßige Erwärmung der Ventilteller, Verzug und Undichtigkeiten sowie Hochtemperaturkorrosion an den wärmsten Stellen und abblätternde Verbrennungsrückstände vermieden.

In schnellaufenden Motoren wird das *untenliegende* Rotocap verwendet, da so die Massenkräfte des Ventiltriebs nicht erhöht werden (Bild 2.94).

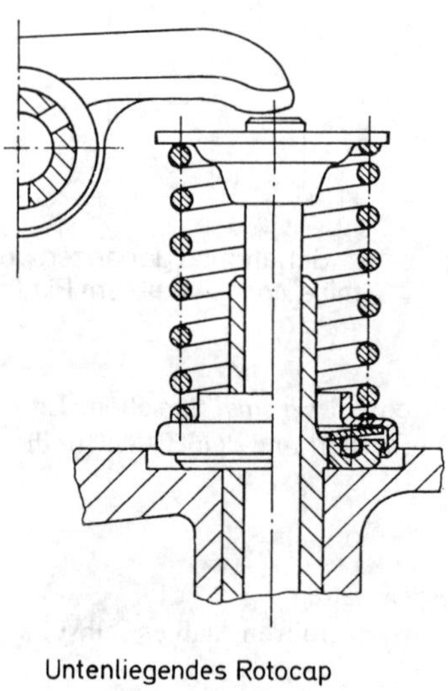

Bild 2.94 Ventildrehvorrichtung Rotocap

Ventilsitze

Ventilsitzwinkel ist der Winkel zwischen dem Ventilsitz und einer (gedachten) Ebene senkrecht zum Ventilschaft (Bild 2.95).

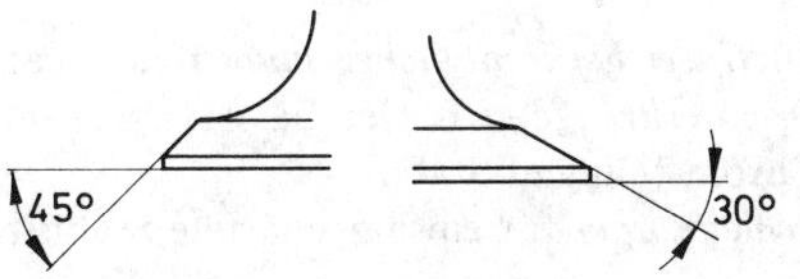

Bild 2.95 Ventilsitzwinkel. Linkes Bild: Sitzwinkel 45°, rechtes Bild: Sitzwinkel 30°

Ventilsitzfläche ist die Fläche, mit der das *geschlossene* Ventil auf dem Ventilsitzring des Zylinderkopfes aufliegt. Die *Breite* der *Ventilsitz*fläche ist nicht einheitlich: *Schmale* Ventil*sitzflächen verbessern* die *Abdichtung*, *verschlechtern* jedoch die *Wärmeableitung*.

Allgemein werden die Sitze der geringer belasteten Einlaßventile schmaler ausgeführt als die der hochbelasteten Auslaßventile. Die Sitzbreiten liegen etwa zwischen 1,2 und 2,0 mm.

Wichtig ist die *richtige Lage des Sitzes.* Liegt er am Außenrand des Tellers, ist die mechanische Belastung des Ventils zu hoch. Liegt er zu weit innen, ist die Ableitung der Wärme vom äußeren Rand des Tellers ungenügend; außerdem wird der Öffnungsquerschnitt kleiner (Bild 2.96). Die richtige Anordnung des Sitzes zeigt Bild 2.97.

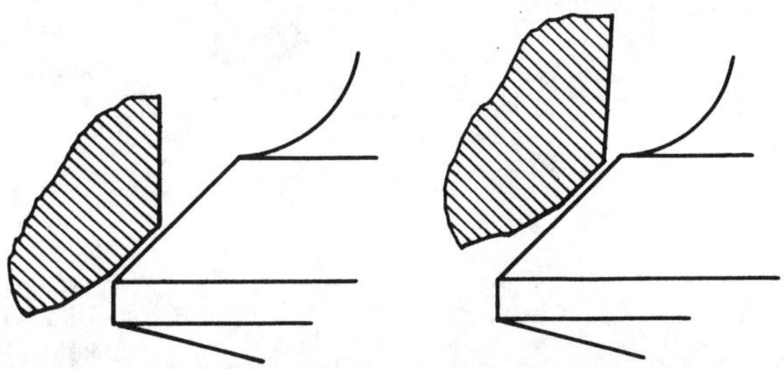

Bild 2.96 Falsche Lage des Ventilsitzes
Linkes Bild: zu weit außen,
rechtes Bild: zu weit innen

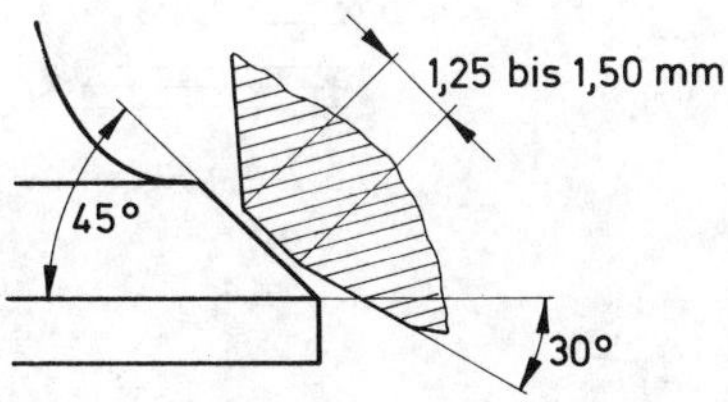

Bild 2.97 Richtig bearbeiteter Sitz eines Einlaßventils (Opel)

Ventilsitzringe

Sie bilden gemeinsam mit den Ventilen die Abdichtung des Arbeitsraumes (Brennraum) des Zylinders, sowohl gegenüber dem Saugrohr (Einlaßventil) und dem Auspuff (Auslaßventil). Ventilsitzringe bestehen aus:

□ *Sondergrauguß* – in Zylinderköpfen aus Gußeisen,

☐ *Chrom-Mangan-Stahl* – für besonders hohe Belastung sowohl in Leichtmetall- als auch in Gußeisenköpfen, aus

☐ *einsatzgehärtetem Stahl* in Motoren für den Betrieb mit bleifreiem Kraftstoff.

Die Bearbeitung von Ventilsitzringen muß mit *geeigneten Werkzeugen* durchgeführt werden:

☐ *Sitzfräser herkömmlicher Bauart* zur Bearbeitung *weicher* Ventilsitze aus Grauguß.
☐ *Drehwerkzeuge* (z.B. der Fa. Hunger) mit Hartmetallschneiden (Widia), für härtere Sitze aus Chrom-Mangan-Stahl.
☐ *Schleifkörper* für einsatzgehärtete Stahlsitze.

Reihenfolge der Ventilsitzbearbeitung

Als *erstes* wird die Sitzfläche für den Ventilteller bearbeitet, 45° oder 30°, je nach Ventil. Wie Bild 2.98 zeigt, ist der Ventilsitz – im gezeigten Beispiel ein Sitzwinkel von 45° – durch die Bearbeitung *zu breit* geworden. Durch die *Bearbeitung der Korrektions- oder Freiwinkel* wird nun der Ventilsitz korrigiert, d. h., er wird

☐ in die *richtige Lage* (an die richtige Stelle) und
☐ auf die *richtige Breite* gebracht.

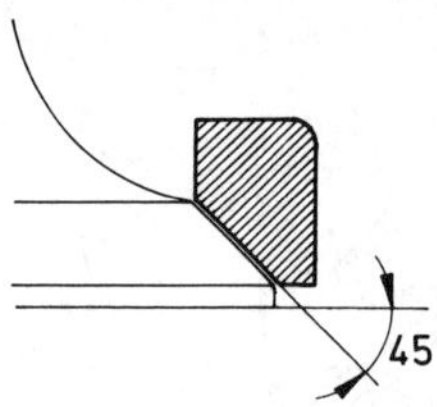

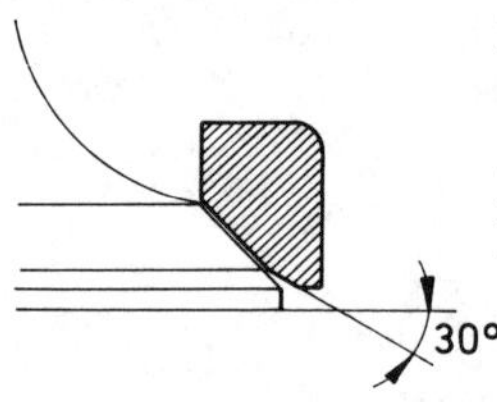

Bild 2.98 45°-Ventilsitz nach der Bearbeitung (s. Text)

Bild 2.99 Der äußere Korrektions- oder Freiwinkel ist bearbeitet

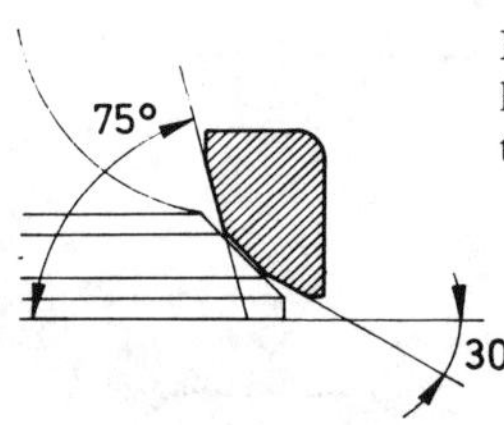

Bild 2.100 Der innere Korrektions- oder Freiwinkel ist bearbeitet. Der Ventilsitz ist fertig bearbeitet

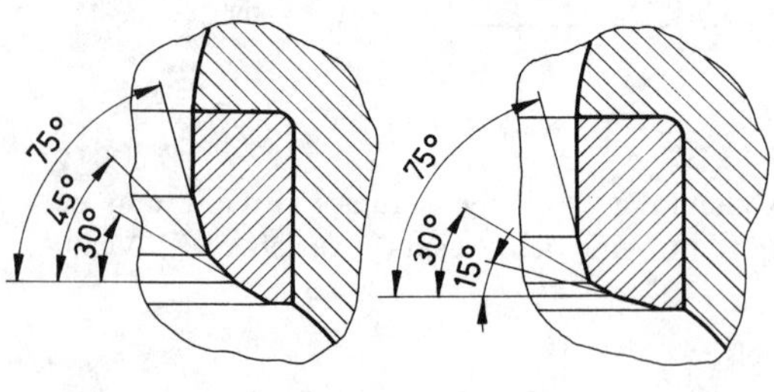

Bild 2.101 Ventilsitzwinkel mit Korrektions- oder Freiwinkeln. Linkes Bild: Ventilsitzwinkel 45°, rechtes Bild: Ventilsitzwinkel 30°

Außerdem wird der Strömungswiderstand für das im Saughub einströmende Kraftstoff-Luft-Gemisch verringert, daher auch die Bezeichnung Freiwinkel: Das Gemisch kann «freier» einströmen. Bild 2.99 zeigt den Ventilsitzring aus Bild 2.98, nachdem der *äußere* Korrektions- oder Freiwinkel – im gezeigten Beispiel 30° – bearbeitet ist. Bild 2.100 zeigt den gleichen Ventilsitzring nach der Bearbeitung des *inneren* Korrektions- oder Freiwinkels – im Beispiel 75°. Der Ventilsitz hat jetzt sowohl die richtige Lage als auch richtige Breite. Bild 2.101 zeigt zwei Beispiele für richtig bearbeitete Ventilsitzringe aus der Praxis.

Vielfach besteht zwischen dem Sitzwinkel des Ventiltellers und dem des Ventilsitzringes im Zylinderkopf ein Unterschied von 1°. Dies dient lediglich der Vereinfachung der Bearbeitung. Da die durch die unterschiedlichen Winkel bedingte Dichtfläche schmal ist, arbeiten sich Ventilteller und Sitzring bei der ersten Inbetriebnahme des Motors schnell aufeinander ein, so daß schnell die erforderliche Abdichtung und Sitzbreite erreicht werden, ohne daß die Ventilsitzfläche vorher zeitraubend eingeschliffen wurde. In diesem Fall sollte bei der Einstellung des Ventilspiels das *höchstzulässige Ventilspiel* eingestellt werden.

Ventilführungen

Von den Ventilführungen fordert man

- ☐ gute Laufeigenschaften (Gleiteigenschaften) selbst bei mangelhafter Schmierung,
- ☐ große Wärmeleitfähigkeit und
- ☐ hohe Verschleißfestigkeit zur exakten Führung des Ventils über lange Betriebszeiten.

Ventilführungen werden gefertigt aus

- ☐ Bronze,
- ☐ Grauguß oder
- ☐ Sintermetall.

Der Einbau der Führungen in den Zylinderkopf erfolgt durch Einpressen und Einschrumpfen durch Unterkühlung.

Zylinderköpfe aus feinkörnigem Sondergrauguß sind teilweise aus einem Stück hergestellt, d.h., es sind weder gesonderte Ventilsitzringe noch Ventilführungen eingesetzt.

Ventilspiel

Das Ventilspiel hat Einfluß auf die Steuerzeiten des Motors.

- ☐ Zu großes Ventilspiel: Die Ventile öffnen später und schließen früher.
- ☐ Zu kleines Ventilspiel: Die Ventile öffnen früher und schließen später.

Die Größe des Ventilspiels ist so ausgelegt, daß die Ventile trotz unterschiedlicher Wärmeausdehnung der beteiligten Werkstoffe auch im Schiebebetrieb sicher schließen. Das Ventilspiel ist temperaturabhängig und führt zu Motorlaufgeräuschen.

Manuelle Ventilspieleinstellung

Das Ventilspiel ist je nach Angabe des Herstellers bei kaltem oder betriebswarmem, bei stehendem oder bei laufendem Motor einzustellen. Die Einstellung selbst erfolgt je nach Ausführung z.B. mittels Einstellschraube, Exzenter mit Klemmschraube oder Einstellplättchen (Tassenstößel), wobei es Fahrzeuge gibt, bei denen dann die Nockenwellen ausgebaut werden müssen (z.B. MB 190/2,3 l – 16-Ventiler).

Hydraulischer Ventilspielausgleich

Aufgaben

- □ Er soll bewirken, daß das *Ventilspiel* unter allen Betriebsbedingungen stets *gleich Null* ist.
- □ Das Einstellen des Ventilspiels erübrigt sich, selbst nach längerer Betriebsdauer des Motors.

Anordnung im Ventiltrieb:

Der hydraulische Ventilspielausgleich kann, wie z. B. bei Opel, auf *zwei Arten* erfolgen:

- □ durch **Hydrostößel** bei 1,6 . . . 3,0-l-cih-Motoren (Gußkopf). Hier ist eine Grundeinstellung des Ventilspiels erforderlich, d. h.:
  1. Ventilspiel auf null einstellen (bei stehendem Motor),
  2. Einstellschraube in drei Stufen um jeweils 90° bei laufendem Motor reindrehen,
- □ durch **Ventilspielausgleicher** bei allen ohc-Motoren (Alu-Kopf). Hier ist keine Grundeinstellung erforderlich.

Beachte: Bei Demontage des Zylinderkopfes müssen die Ventilspielausgleicher von Öl geleert, d. h. auseinandergezogen und wieder zusammengesteckt werden, damit die Ventile nach der Montage einwandfrei schließen können. Andernfalls dauert es nach dem Anspringen einige Zeit, bis der Motor wieder einwandfrei läuft.

Bild 2.102 zeigt einen Ventilspielausgleicher beim Motor des Opel Kadett D.

Der Schwing- oder Schlepphebel (S) ist *nicht fest* am Zylinderkopf gelagert. Er ruht auf dem Kugelkopf des Kolbens (K), der beweglich im feststehenden Druckzylinder (Z) angeordnet ist.

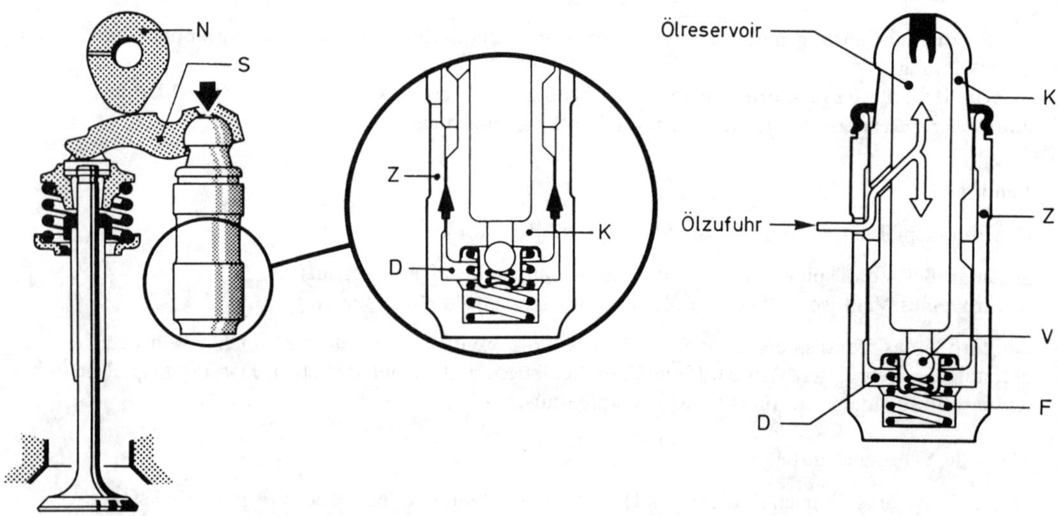

Bild 2.102 Hydraulischer Ventilspielausgleicher am Motor des Opel-Kadett D. Während des Öffnens des Ventils tritt eine geringe Leckölmenge zwischen Kolben (K) und Zylinder (Z) aus dem Druckraum aus (Pfeile in der Ausschnittvergrößerung)

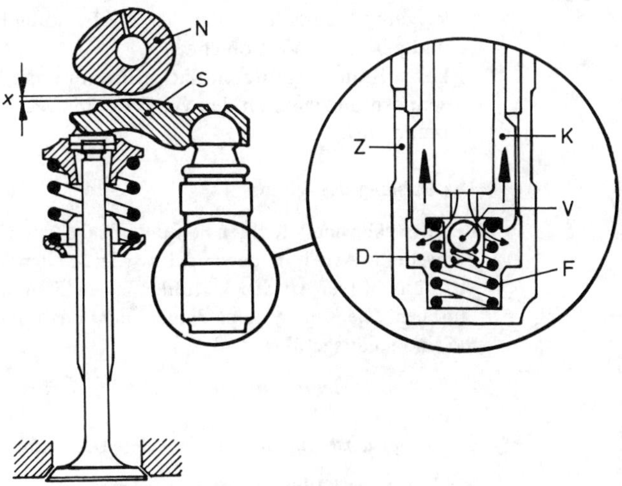

Bild 2.103 Nach dem Schließen des Ventils drückt die Druckfeder (F) den Kolben mit Kugelkopf (K) nach oben (Pfeile in der Ausschnittvergrößerung). In die Druckkammer (D) wird über die geöffnete Verschlußkugel (V) aus dem Ölreservoir Öl angesaugt

Öffnet der Nocken (N) über den Schwing- oder Schlepphebel (S) das Ventil, wirkt auch eine Kraft über den Kugelkopf auf den Kolben (K) (Pfeil in Bild 2.102). Über das in der Druckkammer (D) befindliche Öl stützt sich der Kolben im feststehenden Druckzylinder (Z) ab. Dabei tritt eine geringe Menge Lecköl zwischen Kolben und Druckzylinder nach oben aus (Pfeile in der Ausschnittvergrößerung).

Durch das Herausdrücken des Lecköls aus dem Druckraum (D) beim Öffnungshub des Ventils, würde nach dem Schließen des Ventils Spiel zwischen Nocken und Schwing- oder Schlepphebel (S) entstehen (x in Bild 2.103). Dazu kommt es nicht, denn die Feder (F) drückt den Kolben mit Kugelkopf (K) nach oben, so daß der Schwing- oder Schlepphebel stets am Nocken anliegt. Dabei entsteht im Druckraum (D) durch Volumenvergrößerung Saugwirkung. Die Verschlußkugel (V) hebt gegen ihre Feder vom Sitz ab, und der Druckraum (D) füllt sich mit Öl aus dem Ölreservoir. Ist Druckraum (D) gefüllt, verschließt die Verschlußkugel (V) den Druckraum.

Beim nächsten Öffnen des Ventils wiederholt sich der Vorgang wie für Bild 2.102 beschrieben. Wieder tritt beim Öffnen des Ventils ein wenig Lecköl aus der Druckkammer aus, bei geschlossenem Ventil wird etwas Öl in die Druckkammer gesaugt. Genau betrachtet, findet in jedem hydraulischen Ventilspielausgleicher ein kleiner Ölkreislauf statt:

- ☐ Beim *Öffnungshub* des Nockens wird Öl aus der Druckkammer als Lecköl *verdrängt,* beim
- ☐ *Schließhub* des Nockens wird Öl aus dem Ölreservoir in die Druckkammer *gesaugt.*

Vierventiler

Moderne Motoren haben häufig vier Ventile pro Zylinder. Dies bewirkt eine Verbesserung der Leistung und der Elastizität.

Entscheidende Vorteile sind:

- ☐ verbesserte Gaswechselarbeit (ca. 20% mehr Öffnungsquerschnitt) und sehr gute Frischgasverwirbelung,
- ☐ kleinere und leichtere Ventile (Drehzahlsteigerungen),

- □ kürzere Steuerzeiten, d. h. bessere Leistung bei niedrigen Drehzahlen, geringere Spülverluste und geringere Verbräuche,
- □ kurze Brennwege durch flache Brennräume infolge kleiner Ventilhübe und idealer Zündkerzenposition zwischen den vier Ventilen (geringere Empfindlichkeit bezüglich klopfender Verbrennung).

Die Kühlung des Motors

Begriffserklärung Kühlen heißt, den bei der Verbrennung im Motor entstehenden Teil der Wärme, der weder in Arbeit umgewandelt wird noch den Motor durch den Auspuff verläßt, an die Außenluft abzuführen. Der Ausdruck Kühlen ist sachlich nicht richtig, es müßte heißen Wärme ableiten oder tauschen. Die Kühlsysteme dienen nicht dazu, möglichst viel Wärme an die Außenluft abzuführen. Sie sind so ausgeführt, daß

- □ die *Betriebstemperatur* des Motors von 80 bis 90 °C (350 bis 360 K) möglichst schnell erreicht wird, und
- □ die *Betriebstemperatur* unter allen Bedingungen *konstant* gehalten wird.

Nach Art der Kühlung unterscheidet man Luftkühlung und Flüssigkeitskühlung.

Luftkühlung Die Luftkühlung bietet sich an, da in der Atmosphäre Luft in jeder Menge vorhanden ist. Vorteil: Ein besonderer Flüssigkeitskreislauf mit Kühlmänteln, Rohren, Schläuchen, Pumpen und Kühlern ist nicht erforderlich, keine Kontrolle der Kühlflüssigkeit, keine Frostschutzmittel. Nachteil: Die Geräuschentwicklung des Motors wird durch die Kühlluft weniger gedämpft als durch den Kühlwassermantel, der den Verbrennungsraum umschließt. Es ist schwierig, die Kühlluft in gleicher Menge und Geschwindigkeit an alle Stellen heran- und dann wieder abzuführen. Deshalb hat ein luftgekühlter Motor Stellen stark unterschiedlicher Temperatur. Die Konstruktion des Motors, besonders die Führung der Gaskanäle, erfordert daher viel Sorgfalt und umfangreiche Versuche.

Fahrtwindkühlung Sie ist die einfachste Form der Luftkühlung. Kühlgebläse sind nicht erforderlich. Angewendet wird sie nur bei Krafträdern, bei denen die zu kühlenden Partien des Motors dem Fahrtwind direkt ausgesetzt sind.

Gebläsekühlung Anwendung bei Personen- und Lastwagen sowie Kleinkrafträdern und Motorrollern.

Kühlung mit Axialgebläse (Bild 2.104). Das Axialgebläse saugt Luft in Richtung der Achse an und stößt sie in der gleichen Richtung aus. Axialgebläse für Kühlluft sind mit vielen Flügeln ausgerüstet, um eine möglichst große Luftmenge zu fördern. Um eine Wirbelung der geförderten Luftmenge zu vermeiden, muß die Luft Leitschaufeln durchströmen, die vor oder hinter dem Gebläserad feststehen. Bei den Axialgebläsen der Firma K. H. D. sind die Leitschaufeln vor dem Gebläserad angeordnet; sie bilden dadurch einen gewissen Schutz vor Beschädigungen des Gebläserades (Bild 2.105).

Kühlung mit Radialgebläse Beim Radialgebläse erfolgt der Lufteintritt (Ansaugen) axial, der Luftaustritt aber radial. Man bezeichnet diese Gebläse als Zentrifugal-, Schleuder- oder Kreiselgebläse. Der Schaufelwinkel ist recht unterschiedlich: Rückwärts gekrümmte Schaufeln ergeben den besten Wirkungsgrad, gerade oder gar vorwärts gekrümmte Schaufeln einen schlechteren Wirkungsgrad, dafür etwas höheren Druck der geförderten Luft. Bei Kraftwagenmotoren werden Gebläse mit rückwärts gekrümmten, aber radial auslaufenden Schaufeln verwendet, bei Kleinmotoren (Kleinkrafträdern und Stationärmotoren) meist vorwärts gekrümmte Schaufeln (Bild 2.106).

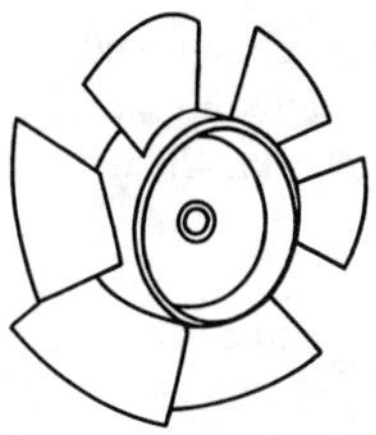

Bild 2.104 Axialgebläserad (Deutz)

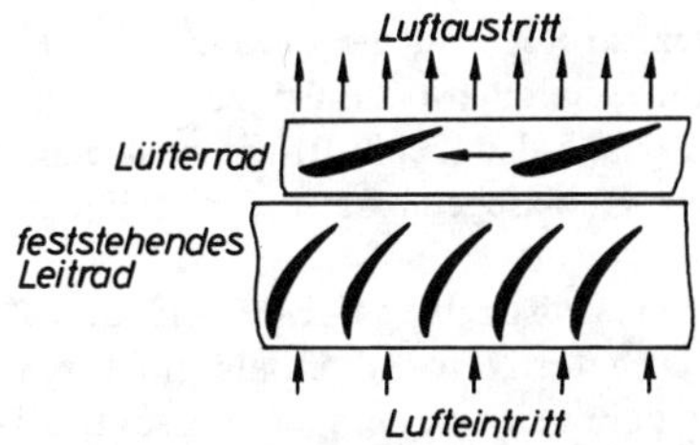

Bild 2.105 Anordnung von Lüfter- und Leitrad beim Deutz-Kühlluftgebläse

Bild 2.106 Schaufelformen an Kreiselgebläsen und Kühlmittelpumpen.
a) rückwärts gekrümmt,
b) vorwärts gekrümmt mit radialem Auslauf,
c) vorwärts gekrümmt (nicht bei Wasserpumpen zu verwenden),
d) gerade (radial)

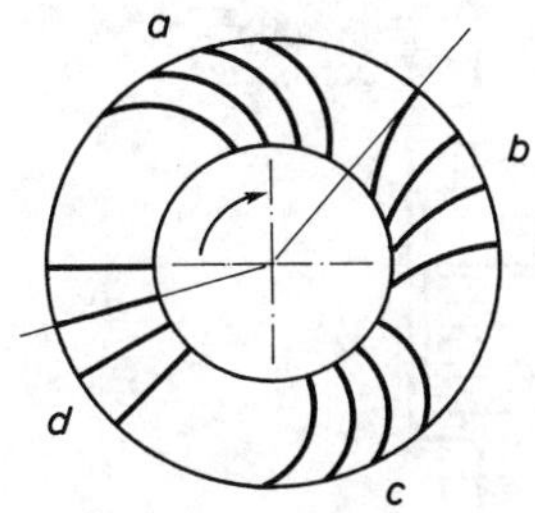

Flüssigkeitskühlung Vorteil: Die Flüssigkeit läßt sich besser an die wärmeabgebenden Stellen des Motors bringen. Die Wärmeverteilung, besonders am Zylinderkopf, ist ausgeglichener als beim luftgekühlten Motor. Durch den Wassermantel werden die Motorgeräusche gedämpft.

Thermosyphonkühlung Das vom Motor erwärmte Wasser wird leichter und steigt nach oben in den Wasserkasten des Kühlers. Der Fahrtwind, der durch den Kühler strömt, nimmt die Wärme des Wassers auf, das durch die Abkühlung spezifisch schwerer wird, nach unten sinkt und in den Motorblock zurückläuft. Charakteristisch für das System sind Kühlwasserschläuche mit großem Durchmesser, Kühler mit großem Wasserinhalt, keine Wasserpumpe. In Kfz-Motoren wird diese Kühlung nicht mehr angewendet.

Pumpenumlaufkühlung Die Wasserpumpe ist in der Rücklaufleitung vom Kühler zum Motorblock angeordnet. Grund: Die Pumpe drückt das im Kühler abgekühlte Wasser in den Motor, nicht das im Motor erwärmte Wasser in den Kühler. Die Gefahr der Dampfblasenbildung und daraus folgender *Kavitationsschäden* für das Pumpenrad werden dadurch weitgehend vermieden (Kavitation = Hohlsog).

Thermostatische Regelung

(thermos = gr. warm, Wärme; stare = lat. stehen, halten, regeln)

Sie dient dazu, schnell die Betriebstemperatur zu erreichen. Da die Betriebstemperaturen der Motoren verschiedener Fabrikate und Typen unterschiedlich sind, ist auf den Thermostaten die Schalttemperatur angegeben. Ebenso angegeben ist die Einbaurichtung, da der Faltenbalg oder der Dehnstoffzylinder stets zur „warmen Seite" – zum Motor hin – angeordnet werden muß. Der Thermostat kann sonst nicht arbeiten.

Thermostaten zur Regelung der Luftkühlung Bei luftgekühlten VW-Motoren kommen mit Alkohol gefüllte Fahltenbalgthermostaten zur Anwendung. Sie sind zwischen dem ersten und zweiten Zylinder innerhalb der Kühlluftführungsbleche angeordnet. Der Thermostat regelt den Ablauf der Luft aus dem Gebläsegehäuse zu den Zylindern.

Thermostaten zur Regelung der Flüssigkeitskühlung *Der Faltenbalgthermostat.* Ein aus dünnem Messingblech gefertigter Faltenbalg mit vergälltem Alkohol gefüllt und dicht verschlossen. Bei Erwärmung dehnt sich der eingeschlossene Alkohol aus, der Faltenbalg wächst in der Länge und öffnet ein Tellerventil, so daß das Kühlmittel zum Kühler strömen kann (Bilder 2.107 und 2.108).

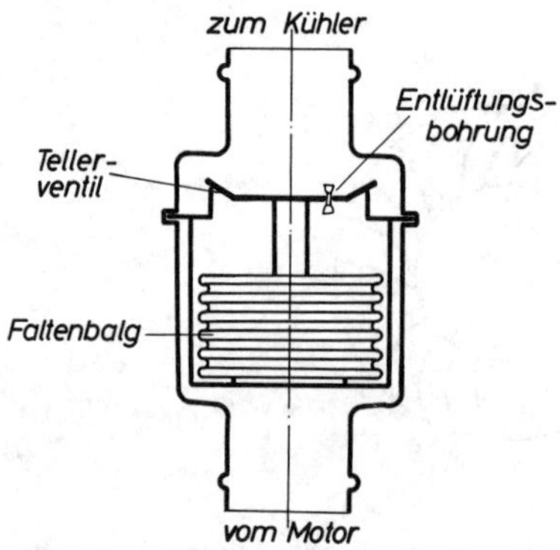

Bild 2.107 Faltenbalgthermostat geschlossen

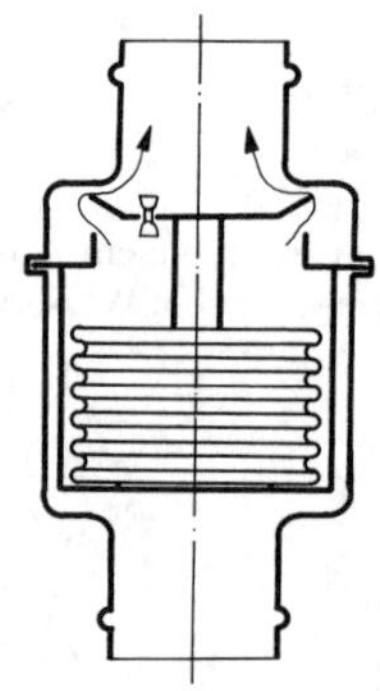

Bild 2.108 Faltenbalgthermostat geöffnet

Der Behr-Thomson-Dehnstoffthermostat. In einem kleinen, mit Spezialwachs gefüllten Zylinder ragt ein Kolbenstift, der mit dem Gehäuse nach Einstellung der geforderten Öffnungstemperatur fest verlötet ist. Bei Erwärmung dehnt sich das Wachs aus, der Zylinder verschiebt sich aus dem Kolbenstift gegen eine Feder und öffnet das Ventil (Bilder 2.109 und 2.110).

Bei sämtlichen Thermostaten, die durch ein Teller- oder Klappenventil den Zufluß zum Kühler dicht verschließen, ist der Ventilteller mit einer kleinen Bohrung (etwa 2,5 mm ∅) versehen. Beim Befüllen des Kühlsystems entweicht die Luft aus dem Motorblock über die Leitung, den oberen Wasserkasten und die Einfüllöffnung ins Freie. Ohne diese Bohrung wäre ein Vollfüllen der Anlage nicht möglich, da die Luft bei geschlossenen Thermostaten nicht aus dem Motorblock entweichen kann. Um zu verhindern, daß sich die Bohrung durch Ablagerungen zusetzt, ist ein im Durchmesser kleinerer Messingdraht beweglich darin angeordnet. Durch seine dauernde Bewegung hält er die Bohrung offen (Bilder 2.107 und 2.108). In den Bildern 2.109, 2.110 und 2.112 ist die Bohrung nicht dargestellt.

Einwegthermostaten. Vor Erreichen der Betriebstemperatur ist der Zulauf zum Kühler geschlossen. Ist die Betriebstemperatur erreicht, wird er geöffnet. Der Einwegthermostat schließt oder öffnet also nur einen Weg: vom Motor zum Kühler (Bilder 2.107 bis 2.110).
Zweiwegthermostat mit Bypassleitung. (Das Prinzip zeigt Bild 2.111.) Solange die Betriebstemperatur nicht erreicht ist, bleibt der Weg zum Kühler geschlossen. Dafür ist eine im Querschnitt geringere Kurzschlußleitung – ein Bypass – geöffnet, die vor der Wasserpumpe in die Rücklauf-

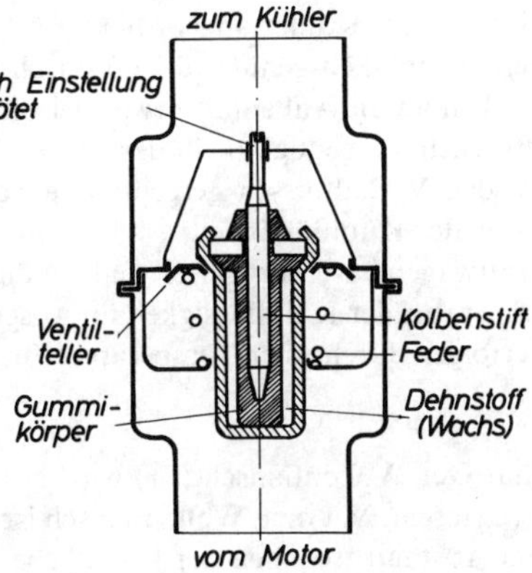

Bild 2.109 Dehnstoffthermostat geschlossen

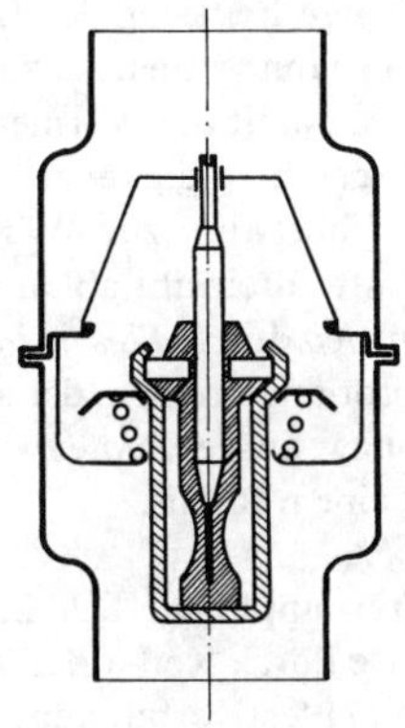

Bild 2.110 Dehnstoffthermostat geöffnet

Bild 2.111 Pumpenumlaufkühlung mit Zweiwegthermostat (schematisch, s. Text)

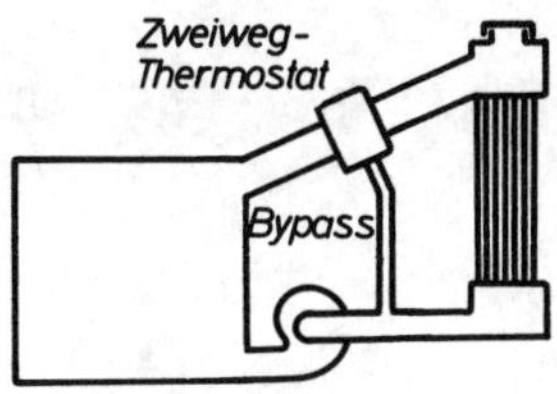

Bild 2.112 Zweiwegthermostat.
a) Leitung zum Kühler geschlossen, Bypass zum Pumpeneingang geöffnet,
b) Betriebstemperatur ist erreicht, Bypass geschlossen, Leitung zum Kühler geöffnet

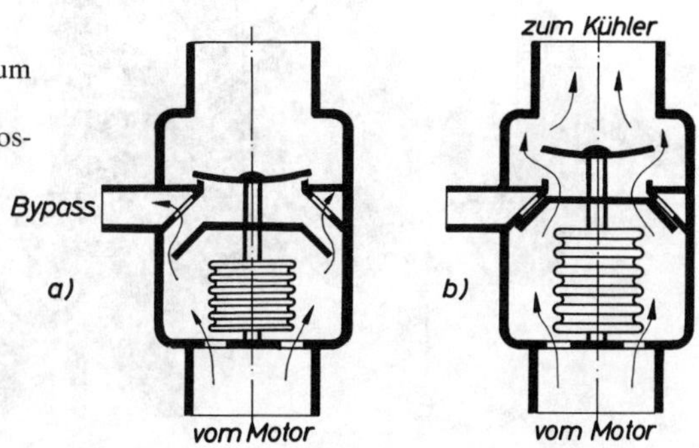

leitung vom Kühler zum Motor mündet (Bild 2.112a). Bei Erreichen der Betriebstemperatur öffnet der Thermostat die Leitung vom Motor zum Kühler und schließt gleichzeitig die Kurzschlußleitung (Bild 2.112b). Der Vorteil gegenüber dem Einwegthermostaten liegt darin, daß ein Kreislauf des Wassers über die Kurzschlußleitung stattfindet. Die Wasserpumpe fördert also auch bei abgeschaltetem Kühler und wird dadurch weitgehend gegen Kavitationsschäden geschützt.

Temperaturabhängige Regelung der Lüfterdrehzahl Der hinter dem Kühler angeordnete Lüfter – auch Ventilator genannt – dient dazu, bei geringer Fahrgeschwindigkeit genügend Luft durch den Kühler zu fördern, damit die Wärmeabgabe der Kühlflüssigkeit an die Außenluft gewährleistet ist. Bei höheren Fahrgeschwindigkeiten – außerhalb des Stadtverkehrs – genügt allein der den Kühler durchströmende Fahrtwind zur Wärmeaufnahme. Um beiden Verhältnissen gerecht zu werden, regelt man die Lüfterdrehzahl abhängig von der Temperatur der Kühlflüssigkeit.

Lüfter mit *Antrieb* durch *Elektromotor*. Bei Personenkraftwagen wird der Lüfter vielfach durch einen Elektromotor angetrieben, der abhängig von der Temperatur der Kühlflüssigkeit im Ausgang des Kühlers ein- bzw. ausgeschaltet wird. Die Schaltungen erfolgen durch einen Temperaturfühler in Verbindung mit einem Relais.

Behr-Visco-Lüfterkupplung Bild 2.113 zeigt den Aufbau. Der Wellenflansch (11) wird in herkömmlicher Weise durch Keil- oder Keilrippenriemen angetrieben. Mit dem Wellenflansch ist die Antriebsscheibe (7) fest verbunden, die mit sehr geringem Abstand zwischen der Ringfläche des Kupplungsgrundkörpers (8) und der Zwischenscheibe (5) läuft. Hat der Motor seine Betriebs-

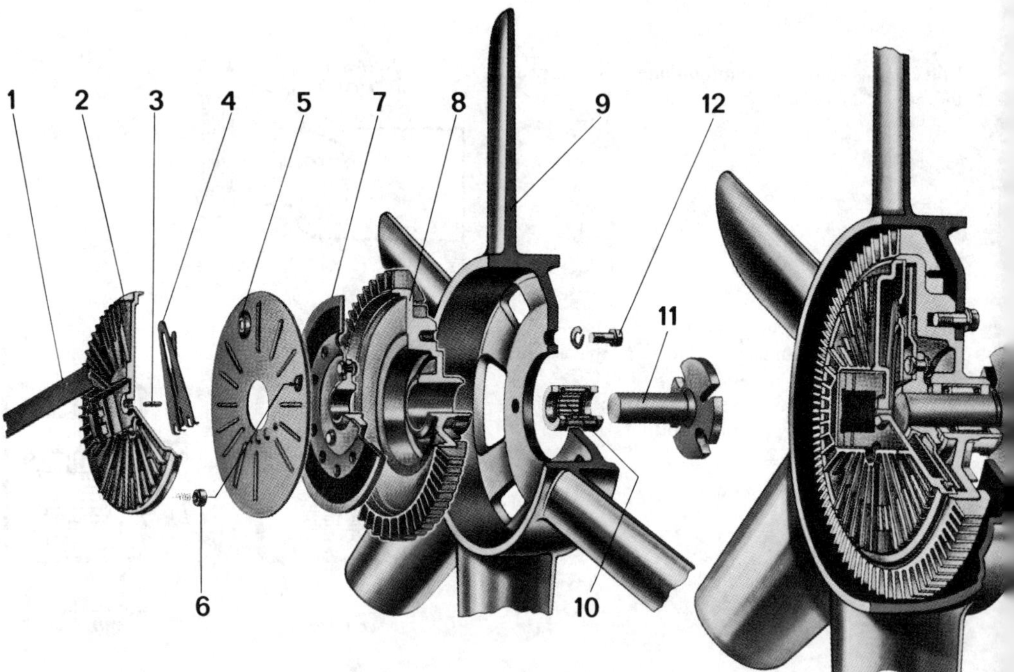

Bild 2.113 Aufbau der Behr-Visco-Lüfterkupplung
1 Bimetall (Steuerelement),
2 Deckel mit Bimetallhalter,
3 Schaltstift,
4 Ventilhebel,
5 Zwischenscheibe mit Ventilbohrung und Pumpschlittenaufnahme,
6 Pumpschlitten mit Feder,
7 Antriebsscheibe,
8 Kupplungsgrundkörper,
9 Lüfterrad,
10 Nadellager mit Dichtungsringen,
11 Wellenflansch,
12 Befestigungsschrauben für Lüfter

temperatur erreicht, bewirkt das Bimetallsteuerelement (1) über die Teile (3 und 4), daß Silikonöl zwischen die Teile (5, 7 und 8) gelangt. Durch die hohe Viskosität (Zähflüssigkeit) des Silikonöls nimmt die Antriebsscheibe (7) den Kupplungsgrundkörper (8) und somit den daran befestigten Lüfter (9) mit. Ist die Temperatur gesunken, wird der Zulauf von Silikonöl gesperrt. Das zwischen den Teilen (5, 7 und 8) befindliche Öl wird durch den Pumpschlitten (6) in den Vorratsraum zwischen den Teilen (2 und 5) zurückgefördert. Durch eine am Kupplungsgrundkörper angebrachte Schraube kann im Bedarfsfall der Lüfter mit dem Wellenflansch drehfest verbunden werden.

Ölhydraulischer Antrieb des Axialgebläses bei Deutz-Motoren. Die größeren luftgekühlten Deutz-Motoren sind mit zwei gleichmittig gelagerten Axialgebläsen ausgerüstet. Das kleinere Rad wird vom Motor starr angetrieben, das größere über eine Flüssigkeitskupplung erst dann, wenn der Motor seine Betriebstemperatur erreicht hat. Das starr angetriebene kleine Lüfterrad fördert eine geringe Menge Kühlluft, die an einem Bimetallthermostat vorbeiströmt. Ist die Betriebstemperatur erreicht, öffnet ein mit den Bimetallscheiben verbundener Schaltkolben den Zulauf des Motoröls in die Flüssigkeitskupplung, wodurch diese das Hauptlüfterrad antreibt. Durch eine sehr kleine Bohrung im Gehäuse der Flüssigkeitskupplung wird erreicht, daß das Öl nicht schnell austritt, die Kupplung somit den vollen Öldruck erhält. Fällt die Betriebstemperatur, gelangt weniger Öl zur Kupplung, das Lüfterrad läuft langsamer. Schließt der Thermostat den Ölzufluß, so tritt das restliche Öl aus dem Kupplungsgehäuse durch die anfangs erwähnte kleine Bohrung aus: Es erfolgt keine Kraftübertragung.

Nach demselben Prinzip arbeitet der Abgasthermostat. Er ist in den Auspuffkrümmer eingeschraubt, besitzt aber anstelle des Pakets aus Bimetallscheiben einen in einem Gehäuse angeordneten Dehnstift. Dehnstift und Gehäuse bilden – ähnlich wie das Plattenpaket – ein Bimetallelement. Bei Erwärmung erfolgt eine Ausdehnung des Dehnstiftes, der ein Kugelventil öffnet, wodurch das Motoröl in die Flüssigkeitskupplung gelangt. Durch die sinnvolle Anordnung des Kugelventils in Verbindung mit einem Dosierkolben arbeitet der Thermostat in mehreren Phasen, abhängig von der Motorbelastung.

Technische Merkmale: Die Flüssigkeitskupplung überträgt etwa 8,7 kW (12 PS) bei einer maximalen Drehzahl des Lüfterrades von 5600 min^{-1}.

Hydrostatischer Antrieb des Lüfterrades. Bei Unterflur- und Heckmotoren in Lkw und Kraftomnibussen erfolgt der Antrieb des Lüfterrades vielfach hydrostatisch, d.h.: Ist die Betriebstemperatur erreicht, öffnet ein Thermostat (Lüfterregler) den Zulauf zu einem Ölmotor, der den Windflügel antreibt. Das Drucköl wird von der Pumpe für die Hilfskraftlenkung erzeugt und bezogen.

Kühlmittelpumpen

Sie sind als Kreiselpumpen ausgeführt. Für den Schaufelwinkel gilt dasselbe wie für die Radialkühlluftgebläse (Bild 2.106). Das Gehäuse ist spiralförmig ausgebildet, um einen genügenden Wirkungsgrad zu erzielen (Bild 2.114). Da Kreiselpumpen – abgesehen von Spezialausführungen – nicht selbst ansaugen, sind sie so angeordnet, daß sie ständig unter Kühlflüssigkeit stehen. Beim Füllen des leeren Kühlsystems ist darauf zu achten, daß die Luft aus dem Pumpengehäuse restlos entweicht. An einigen Wasserpumpen oder am höchsten Punkt des Motors (V-Motor) sind dazu besondere Entlüftungsschrauben oder Hähne angebracht. Ist *Luft* im *Pumpengehäuse* vorhanden, wird die *Dampfblasen- oder Hohlsogbildung* erleichtert. Starke Beschädigungen (Anfressungen) der Schaufeln der Pumpenräder sind die Folge.

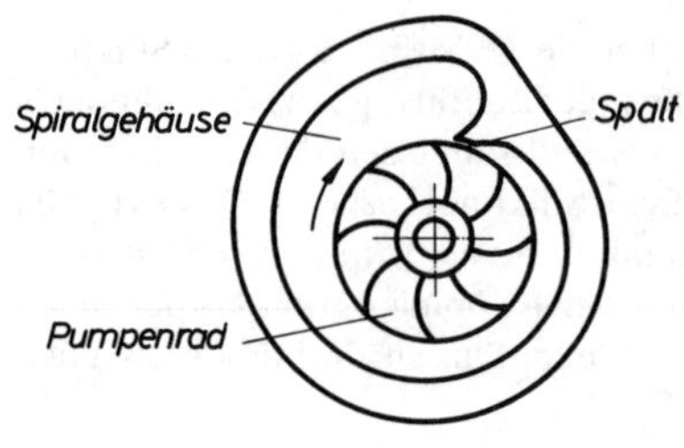

Bild 2.114 Kühlmittelpumpe (schematisch)

Kühler

Über den Kühler wird die vom Wasser oder der Kühlflüssigkeit aufgenommene Wärme des Motors an die Außenluft abgegeben. Heute werden fast ausschließlich Druckkühlsysteme verwendet.

Druckkühlsystem Das gesamte Kühlsystem wird nach außen hin durch ein federbelastetes *Druckventil* fest verschlossen (Bild 2.115). Beim Fahren in Gebieten niedrigen Luftdrucks (Gebirge) würde das Kühlwasser bei nach außen offenem System schon bei Betriebstemperatur sieden und somit verdampfen. Ständiges Nachfüllenmüssen bei Fahrten in den Bergen wäre die Folge. Da der Druck des warmen oder heißen Kühlwassers stets höher ist als der der Außenluft, muß der Kühlwasserverschluß bei betriebswarmem Motor langsam und vorsichtig geöffnet werden (Bild 2.116). Außer dem Druckventil enthält der Kühlwasserverschluß ein *Rückschlagventil,* das in umgekehrter Richtung wirkt. Es hat folgende Aufgabe: Wird der Kühlwasserverschluß bei warmem Motor geöffnet, gleicht sich der Druckunterschied zwischen Kühlsystem und Außenluft aus. Nach dem Schließen des Kühlverschlusses kühlt das Kühlwasser – bei stehendem Motor – ab. Dadurch sinkt der Druck im Kühlsystem gegenüber dem der Außenluft.

Die Schläuche würden sich zusammenziehen, in besonderen Fällen würden sogar die Wasserkästen des Kühlers zusammenschrumpfen. Dem wirkt das Rückschlagventil entgegen, indem es durch den höheren Druck der Außenluft geöffnet wird, wodurch sich Druckgleichheit zwischen Außenluft und Kühlsystem einstellt (Bild 2.117).

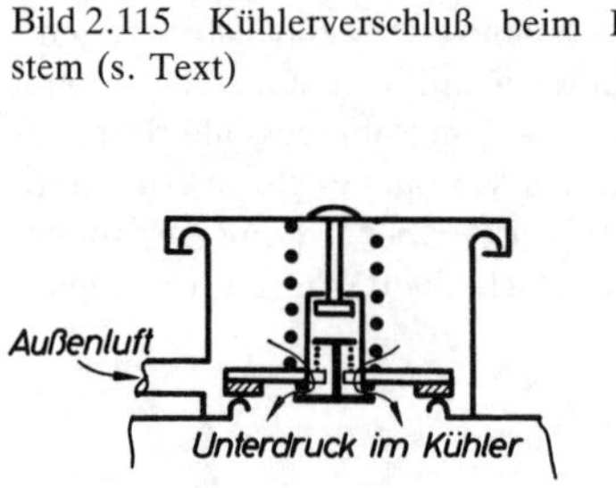

Bild 2.115 Kühlerverschluß beim Druckkühlsystem (s. Text)

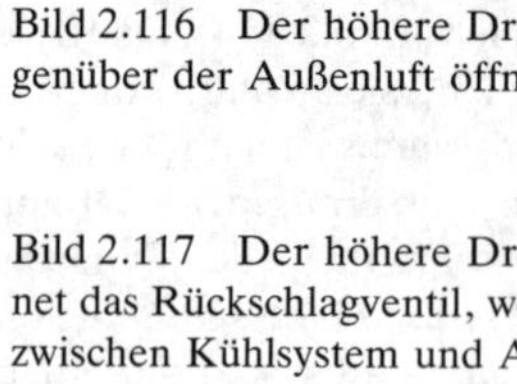

Bild 2.116 Der höhere Druck im Kühlsystem gegenüber der Außenluft öffnet das Druckventil

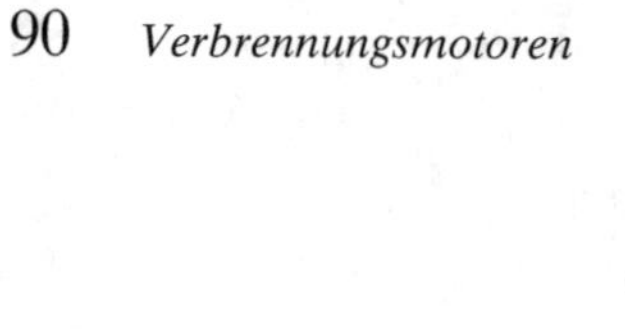

Bild 2.117 Der höhere Druck der Außenluft öffnet das Rückschlagventil, wodurch Druckausgleich zwischen Kühlsystem und Außenluft bewirkt wird

Wasser- und Flüssigkeitskühler Heute werden fast ausnahmslos Röhrenkühler verwendet. Der obere Wasserkasten ist mit dem unteren durch eine Vielzahl von Röhren – meist länglichen Querschnitts – verbunden. Die Röhren sind wiederum zur Schaffung einer möglichst großen Oberfläche zur Wärmeabgabe durch dünne Bleche gesteckt und mit ihnen verlötet (Bilder 2.118).

Bild 2.118 Wasserrohrkühler (schematisch)

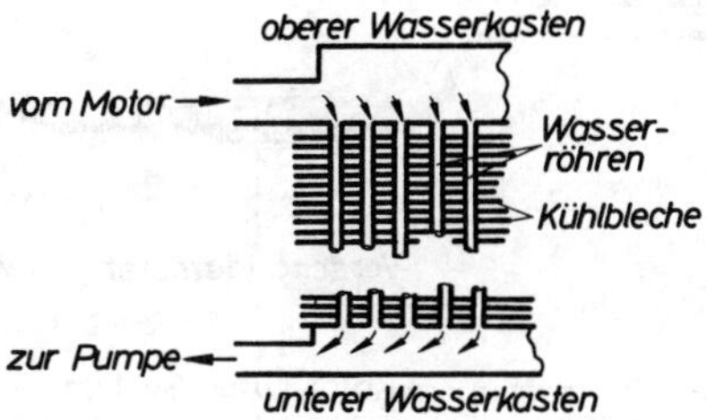

Ölkühler Ölkühler sind ähnlich gebaut, aber wesentlich kleiner. Außerdem gibt es Ölkühler, bei denen das Öl eine Rohrschlange durchläuft, die außen von Kühlwasser umschlossen wird.

Kühlwasserthermometer In den Warmwasseraustritt ist ein Temperaturfühler eingesetzt. Er ist über eine geschützte dünne Rohrleitung mit einem Rohrfedermanometer verbunden. Das gesamte System ist mit vergälltem Alkohol gefüllt. Bei Erwärmung dehnt sich der Alkohol aus, der Druck erhöht sich und wird vom Manometer angezeigt. Die Skala ist meist in farbige Sektoren unterteilt. Dabei bedeuten die Felder unterschiedlicher Farbe jeweils zu niedrige, richtige und zu hohe Temperatur. Außerdem gibt es aufwendigere elektrische Thermometer. Zu hohe Betriebstemperatur wird durch das aufleuchten einer roten Lampe (Warnanzeige) angezeigt. Sie erhält Strom durch einen Bimetallkontakt, der bei entsprechender Temperatur den Stromkreis schließt.

Die Abgasanlage (nach EBERSPÄCHER)

Sie hat folgende Aufgaben:

1. Ableitung der Abgase vom Motor in die Außenluft,
2. Dämpfung der Abgasgeräusche (Schalldämpfung) und, noch nicht in allen Fällen,
3. Reinigung der Abgase.

Die oft gehörte Behauptung, ein Motor ohne jegliche Abgasanlage habe die größte Leistung, ist absolut falsch. Das auf den jeweiligen Motor abgestimmte Schwingungsverhalten der Abgassäule bewirkt vielmehr ein günstiges Abströmen der Abgase aus dem Zylinder, wobei die dabei entstehende geringe Druckminderung zur Einleitung des Saugtaktes ausgenutzt wird (siehe das Viertakt-Arbeitsverfahren und Schwingungssysteme des Zweitaktmotors).

Die Motorleistung wird beeinflußt durch die Rohrlänge und die Lage des Schalldämpfers. Moderne Abgasanlagen sind mit zwei oder drei Schalldämpfern ausgerüstet, wobei die Längen auch der Rohre zwischen den einzelnen Dämpfern von Bedeutung sind. Bild 2119, oberes Bild, zeigt die Anordnung der Dämpfer und die Rohrlängen bei Abgasanlagen mit zwei Schalldämpfern.

Abgasanlagen für Hochleistungsmotoren sind vielfach so ausgeführt, daß *je zwei Zylinder eine gemeinsame Abgasleitung* von nicht ganz 1 m Länge haben. Erst danach münden diese Leitungen –

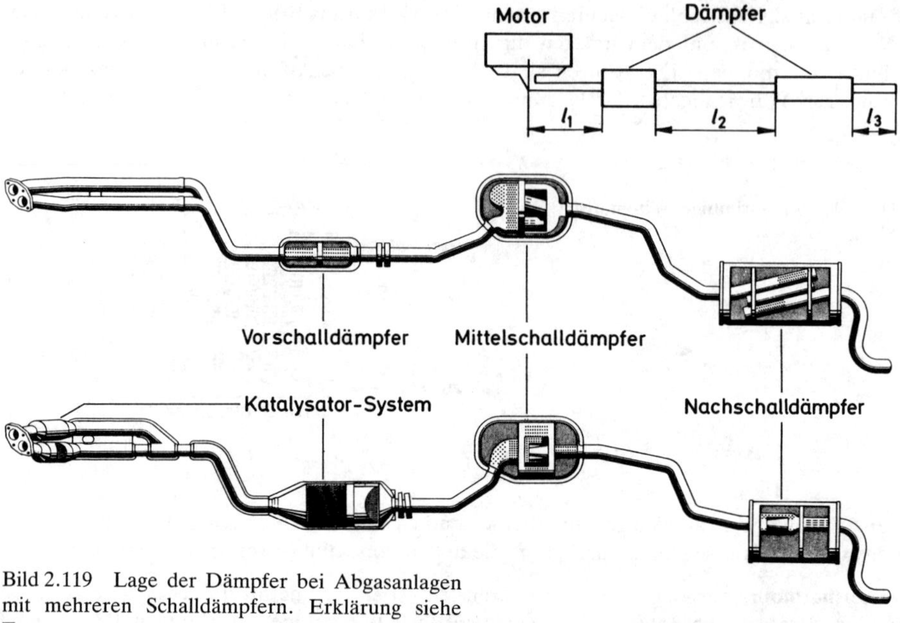

Bild 2.119 Lage der Dämpfer bei Abgasanlagen mit mehreren Schalldämpfern. Erklärung siehe Text

bei Vierzylinder- zwei, bei Sechszylindermotoren drei – in den Vorschalldämpfer. Bild 2.114, mittleres Bild, zeigt die grundsätzliche Anordnung. Ist die Abgasanlage mit einem Katalysator ausgerüstet, muß dieser hinter dem Motor anstelle des Vorschalldämpfers angeordnet sein, da er, um optimale Wirkung zu erzielen, Abgastemperaturen zwischen ca. 300 °C min. und 850 °C max. benötigt. Bild 2.119, unteres Bild, zeigt die grundsätzliche Anordnung.

Der Schalldämpfer reduziert das Geräusch der Abgase auf die vom Gesetzgeber vorgeschriebene Lautstärke.

Zur Schalldämpfung gibt es mehrere Möglichkeiten:

Absorption Hierunter versteht man, daß die höheren (besonders lästigen) Frequenzen durch Schluckstoffe (Basalt-, Stahl- oder Asbestwolle) absorbiert – aufgesaugt – bzw. in Reibungswärme umgewandelt werden. (Die Endrohre beim VW-Käfer z. B. arbeiten nach diesem Prinzip.)

Reflexion Hierbei hebt sich ein Teil der Schallenergie durch Echowirkung auf.

Interferenz = Überlagerung Ein Teil der Schallenergie löscht sich beim Zusammentreffen nach verschieden lang zurückgelegten Wegen aus (vergleichbar mit dem Schwund beim Rundfunkempfang). Die verschieden langen Wege werden im Schalldämpfer durch den Zweifach-Kettenleiter erzielt.

Bild 2.120 zeigt einen modernen Eberspächer-Schalldämpfer im Schnitt. Der Saugresonator im Eingang des Schalldämpfers dient dazu, die *Rohrresonanz* abzusaugen. Das sind Resonanzschwingungen der Abgasleitung, die durch ganz bestimmte Motordrehzahlen angefacht werden. Die Rohrleitung vom Schalldämpfer bis zur Mündung ins Freie sollte nicht zu kurz sein, etwa 0,5 m sind angemessen.

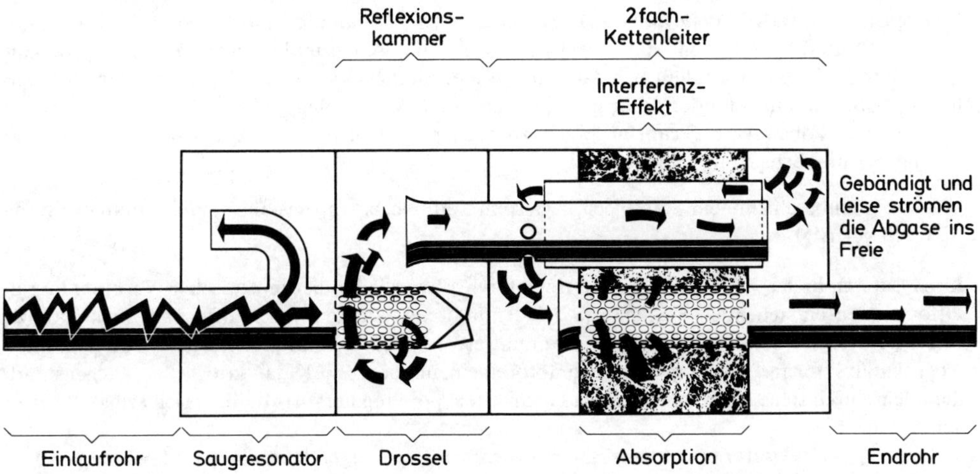

Bild 2.120 Aufbau eines Eberspächer-Schalldämpfers in schematischer Darstellung (s. Text)

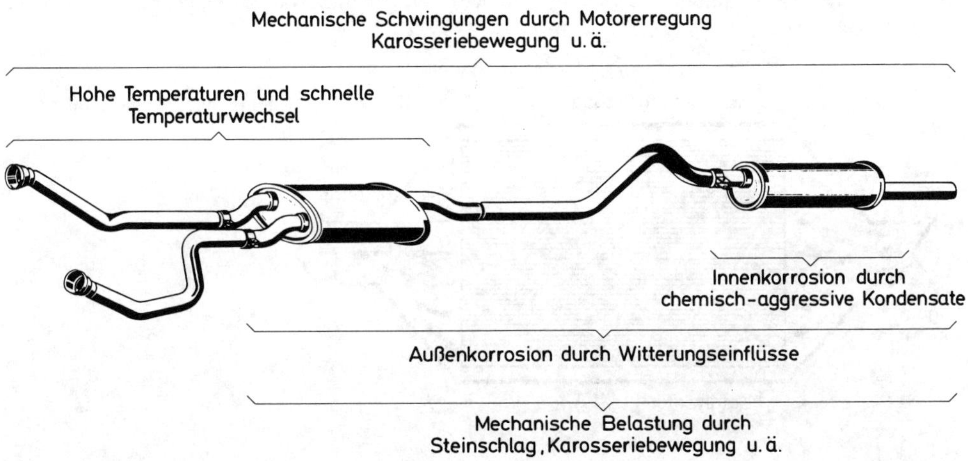

← Temperaturen bei Nenndrehzahl/Vollast (Autobahn)

1000...1100K	800...1000K		600...700K

← Temperaturen bei mittl. Drehzahlen im unteren Teillastbereich (Stadtverkehr)

≈ 600K	≈ 500K		≈ 300...400K

Bild 2.121 Beanspruchungen, denen die Abgasanlage von Kfz ausgesetzt sind

Beanspruchung und Werkstoffe von Abgasanlagen Schalldämpfer und Rohrleitungen der Abgasanlage unterliegen hohen, stark wechselnden mechanischen und chemischen Beanspruchungen. Über die Lebensdauer läßt sich daher nichts Verbindliches sagen. Bild 2.121 zeigt in anschaulicher Weise die auftretenden Beanspruchungen einer Abgasanlage.

Um diesen hohen Anforderungen gerecht zu werden, sind die Abgasanlagen der Fa. Eberspächer – je nach Aufgabenstellung – aus

☐ aluminiumbeschichtetem Stahlblech, legiertem Stahlblech, Chromstahl- und Chromnickelstahlblech gefertigt.

Katalysatoren in der Abgasanlage von Ottomotoren Um die bei der motorischen Verbrennung in Ottomotoren entstehenden Schadstoffe Kohlenmonoxid, Kohlenwasserstoffe und Stickoxide zu verringern, ist eine katalytische Nachverbrennung erforderlich. Daraus entsteht die Forderung, einen Abgaskatalysator in Fahrzeuge mit Ottomotoren einzubauen. Ein Katalysator ist ein Gegenstand, der allein durch seine Anwesenheit einen chemischen Vorgang hervorruft, ohne sich selbst dabei zu verändern.

Der Abgaskatalysator besteht aus einem wabenförmigen Träger, hergestellt aus hochtemperaturbeständigem Magnesium-Aluminium-Silikat in Zylinderform. Die Wabenoberflächen werden mit den Edelmetallen Platin, Palladium oder Rhodium beschichtet (Bild 2.122). Die beste Lösung zur Abgasreinigung bietet der Selektiv- oder Dreiwegkatalysator, der die giftigen Abgase Kohlenmonoxid, Kohlenwasserstoffe und Stickoxide in Kohlendioxid, Wasserdampf und Stickstoff umwandelt. Diesen Vorgang nennt man bifunktionell, da die Schadstoffe sowohl oxidiert als auch reduziert werden. Bei diesem Katalysatortyp ist die Einhaltung des stöchiometrischen Luft-Benzin-Verhältnisses Lambda = 1 wichtig. Dies wird erreicht durch den zusätzlichen Einbau einer Lambda-Sonde.

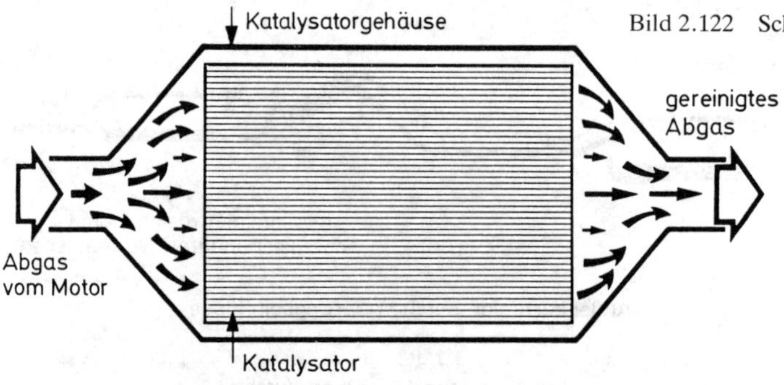

Bild 2.122 Schema eines Abgaskatalysators

Dichtungselemente

Die Dichtelemente (Dichtungen) im Kfz-Triebwerk haben zwei grundsätzliche Aufgaben zu erfüllen:

☐ Abdichten von aufeinander *ruhenden Flächen,*
☐ Abdichten sich *bewegender Flächen.*

Abdichten ruhender Flächen Hierbei dienen die Dichtungen dazu, verschiedene Bauteile *flüssigkeits- oder gasdicht* miteinander zu verbinden.

Ausführung und Werkstoffe der Dichtungen hängen dabei von folgenden Faktoren ab:

a) Höhe des Druckes, der abgedichtet werden muß,
b) Temperatur der Gase oder Flüssigkeiten (Medien),
c) Werkstoffe, aus denen die abzudichtenden Bauteile gefertigt sind,
d) Beschaffenheit (Rauhtiefe) der Dichtflächen der Bauteile,
e) Größe der Flächenpressung.

Welche Dichtungen (Dichtungswerkstoff) werden wo und wann verwendet? (Angaben nach REINZ, Werkstatthinweise für Kfz-Instandsetzung und Reparatur.)

Dünne Papierdichtungen können nur zur Abdichtung relativ steifer Bauteile bei niederen Drücken und Temperaturen verwendet werden. Steife Bauteile sind solche, bei deren Verbindung miteinander so gut wie kein Verzug auftritt. Die Rauhtiefe der Dichtflächen darf nur sehr gering sein.

Besser sind:

Faserstoff-Dichtungsmaterialien Sie bestehen aus mit Leim oder Kautschuk gebundenen Zellulosefasern, die sowohl imprägniert als auch nicht imprägniert sein können (z. B. Reinzoloid FS 53). Sie sind sehr anpassungsfähig, beständig gegen Fette, Öle und Kraftstoffe, ihre Temperaturbeständigkeit reicht bis max. ca. 130 °C (400 K). Bei Kautschukbildung reicht die Temperaturbeständigkeit bis 300 °C (573 K). (Die Zylinderfußdichtungen der luftgekühlten VW-Motoren bestehen aus solchen Faserstoff-Dichtungsmaterialien.)

Flachdichtungswerkstoff it Er besteht im wesentlichen aus Asbest, anorganischen Füllstoffen und sogenannten elastomeren Bindemitteln. Die Bezeichnung it ist aus den beiden Endbuchstaben der Worte Gumm**i** und Asbes**t** entstanden. Die Dichtungen erfordern hohe Flächenpressungen, bei Flüssigkeiten 100 bar, bei Gasen 250 bis 300 bar.

Metall-Asbest-Dichtungen Als Flansche bestehen sie aus Asbestpappe, die beidseitig mit Metallblechen abgedeckt ist. Die einzelnen Dichtungsanlagen werden durch Bördel zusammengehalten (Bild 2.123). Metall-Asbest-Dichtungen werden sowohl als Flansch als auch als Ringdichtungen an Kfz-Motoren zur Abdichtung der Abgasleitungen verwendet (z. B. Abdichtung der Auspuffrohre an den Zylinderköpfen der VW-Boxermotoren, Metall-Asbest-Dichtringe zur Abdichtung der Saugleitung).

Bild 2.123 Aufbau einer Metall-Asbest-Dichtung

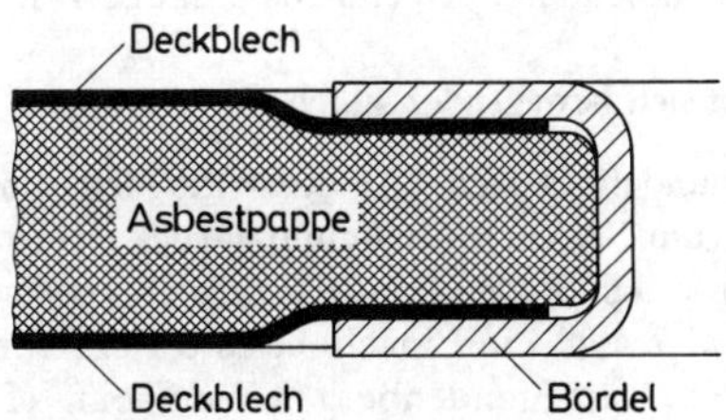

Zylinderkopfdichtungen Reinz-Zylinderkopfdichtungen sind auf einem Metallgewebe hoher Elastizität aufgebaut. Das Gewebe wird mit einer asbesthaltigen Spezialmasse imprägniert und anschließend auf Kalandern beidseitig mit porenfüllenden Deckschichten aus Asbestgemisch versehen. Bild 2.124 zeigt den Aufbau in zwei Ansichten in vergrößerter Darstellung. Ihre Druck- und Hitzebeständigkeit sind so groß, daß sie selbst bei Hochleistungs-Dieselmotoren an sich keine

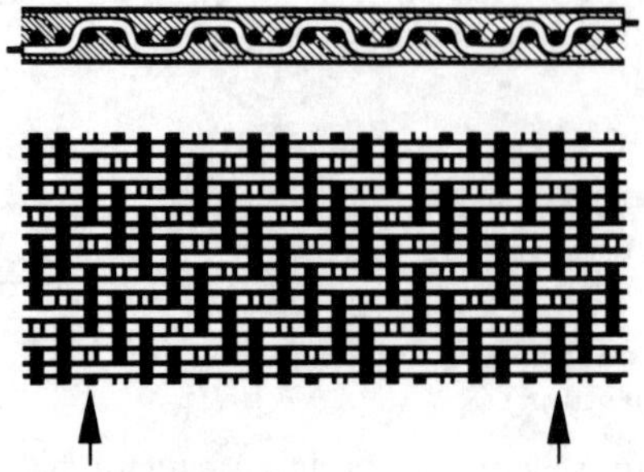

Bild 2.124 Aufbau der Reinz-Zylinderkopfdichtung. Unteres Bild: Draufsicht, oberes Bild: Seitenansicht (s. Text)

metallischen Einfassungen als Kantenschutz benötigten. Soweit Reinz-Zylinderkopfdichtungen mit Einfassungen an den Brennraumdurchgängen oder an Öl- und Wasserlöchern versehen sind, dienen diese zur Erhöhung der Flächenpressung.

Dichtungen aus Kork und Kork-Kautschuk Sie werden zur Abdichtung von Deckeln und Gehäusen verwendet, wenn nur geringe Flächenpressungen möglich sind. Gummi-Kork-Dichtungen weisen gegenüber reinen Korkdichtungen wesentliche Vorteile auf: Große Formbeständigkeit, hohe Elastizität, gute Anpassung an Oberflächenunebenheiten (Anwendungsbeispiel: Ventildeckeldichtungen bei VW-Boxermotoren).

Metalldichtungen Sie gelangen als Flanschdichtungen vielfach bei Kraftradmotoren als Zylinderkopfdichtung zur Anwendung. Metalldichtringe aus Kupfer bei Dieselmotor-Einspritzanlagen der hohen Drücke wegen. Um die zur Abdichtung erforderliche Plastizität (Verformbarkeit) zu erzielen, sind derartige Dichtungen vielfach weich geglüht. Metalldichtungen können grundsätzlich nach der Demontage nicht wiederverwendet werden.

Abdichtung ohne Dichtelemente

Bei hoher Flächenpressung, entsprechender Oberflächenbeschaffenheit und so gut wie keinem Verzug kann die Abdichtung selbst zwischen Zylinder und Zylinderkopf ohne besondere Dichtung erfolgen, wie z.B. bei den luftgekühlten VW-Motoren. Die Abdichtungen von Gehäusen erfolgt oftmals durch flüssige Dichtungsmassen, wie bei VW und mehreren Kraftradmotoren. Dabei ist beim Zusammenbau auf peinlichste Sauberkeit der Dichtflächen zu achten.

Abdichten sich bewegender Flächen

Hierbei handelt es sich fast ausschließlich um das *Abdichten sich drehender Wellen* gegenüber Räumen, um Schmiermittel- und Druckverluste zu vermeiden. Dazu werden in allen Motoren, Getrieben u.dgl. *Radial-Wellendichtringe* verwendet.

Bild 2.125 zeigt die Einzelteile und Bezeichnungen an Radial-Wellendichtringen, Simmerringen, der Fa. Carl Freudenberg in Weinheim. (Der Name *Simmerring* ist in dieser Fa. geschütztes Warenzeichen. Der Name rührt von dem Mann her, der diesen Wellendichtring in den 30er Jahren schuf.) Die verschiedenen lieferbaren Ausführungen für die unterschiedlichsten Verwendungszwecke sind derart zahlreich, daß hier nur auf einige Merkmale eingegangen werden soll.

Die *Außenfläche,* mit der der Wellendichtring im Gehäuse sitzt, kann sowohl aus Metall als auch als gummielastischer Außenmantel ausgeführt sein. Letzteres ist vor allem bei der *Dreh-Druckdichtung* Simmerring Bauform BABSL der Fall. Eine zusätzliche kurze Staublippe ohne Feder schützt die Wellendichtung gegen Verunreinigung von außen (Bild 2.126). Der Raum zwischen

Bild 2.125 Aufbau und Bezeichnungen an Radial-Wellendichtringen (nach KARL FREUDENBERG, Weinheim)

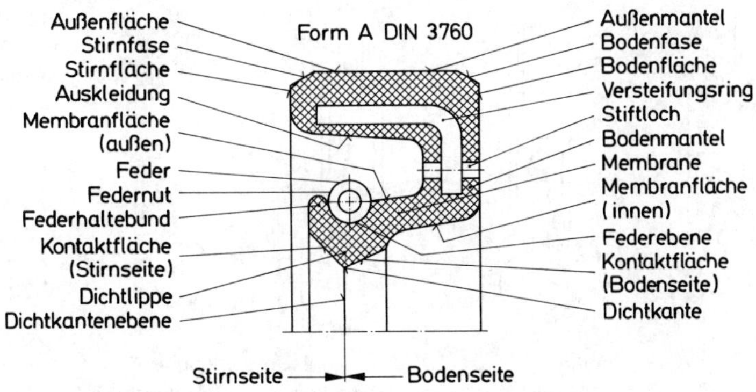

Bild 2.126 Radial-Wellendichtring mit Staublippe, Bauform BABSL (s. Text)

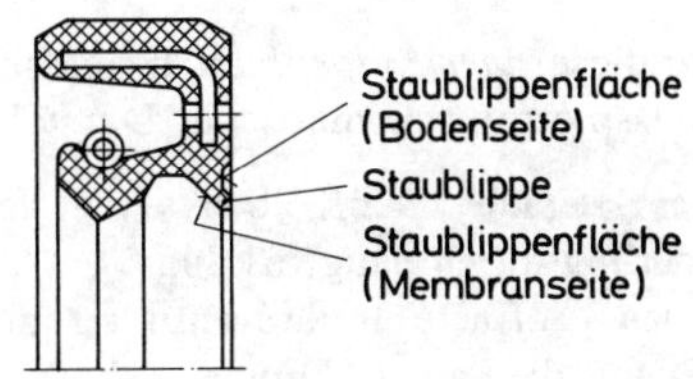

Dichtung und Staublippe kann vor dem Einbau der Welle mit Fett gefüllt werden. Derartige Wellendichtringe – entsprechende Ausführung vorausgesetzt – sind einsetzbar bei Drücken bis zu 10 bar. Sie werden vorwiegend zur Abdichtung von Hydropumpen und -motoren verwendet.

Der *Einbau von Radial-Wellendichtringen* muß sorgfältig vorgenommen werden. Besitzt die abzudichtende Welle keine Anschrägung, müssen – vor allem bei abgesetzten Wellen – Einbauhülsen verwendet werden, um die Dichtlippe beim Einsetzen der Welle nicht zu beschädigen. Vor dem Einbau der Welle sind Dichtlippe und Welle mit Schmiermittel zu versehen, um bei der ersten Inbetriebnahme Trockenlauf (Festkörperreibung) zu vermeiden. Das Einpressen der Wellendichtringe in die Bohrung des Gehäuses soll mit passenden Einpreßstempeln erfolgen. Ist die Welle an der Dichtstelle bereits eingelaufen, muß der Wellendichtring so eingebaut werden, daß die Dichtkante auf einer neuen Laufstelle zur Anlage kommt. Dies erreicht man durch Einbau von Distanzringen oder unterschiedlich tiefes Einpressen des Wellendichtringes gegenüber dem vorherigen Sitz.

2.1.6 Das Viertakt-Arbeitsverfahren

Der Name rührt daher, daß für ein Arbeitsspiel **vier Kolbenhübe** erforderlich sind. Die einzelnen Kolbenhübe sind:

- □ Saughub,
- □ Verdichtungshub,
- □ Arbeitshub,
- □ Auspuffhub.

Der Ablauf dieser vier Kolbenhübe erfordert je Motorzylinder zwei Kurbelwellenumdrehungen.

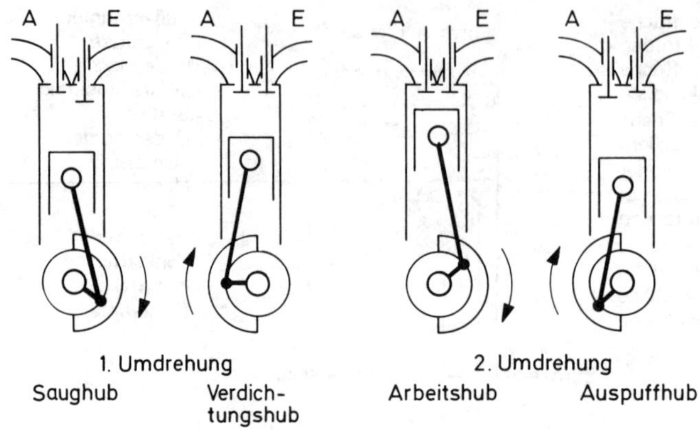

Bild 2.127 Die vier Kolbenhübe eines Arbeitsspiels in schematischer Darstellung

Den *Ablauf* dieser *vier Kolbenhübe* bezeichnet man als *Arbeitsspiel.* Bild 2.127 zeigt den Ablauf eines Arbeitsspiels in schematischer Darstellung.

1. Takt: Der Saughub Der Kolben bewegt sich vom OT zum UT und erzeugt dabei im Zylinder eine Druckminderung durch Saugwirkung.

Durch das geöffnete Einlaßventil strömt das angesaugte Kraftstoff-Luft-Gemisch in den Zylinder. Damit die Saugwirkung des abwärtsgehenden Kolbens schnell wirksam wird, öffnet das Einlaßventil bereits vor dem OT.

Das einströmende Kraftstoff-Luft-Gemisch hat eine gewisse Trägheit, so daß es die durch den Kolben erzeugte Druckminderung nicht sofort ausgleicht. Um einen möglichst hohen Füllungsgrad zu erreichen, nützt man die Strömungsenergie des angesaugten Kraftstoff-Luft-Gemisches aus, indem man das Einlaßventil erst verhältnismäßig spät nach dem UT schließen läßt. Trotz der Bewegung des Kolbens vom UT zum OT strömt das einmal in Bewegung befindliche Kraftstoff-Luft-Gemisch in den Zylinder ein. Beste Füllung des Zylinders erreicht man, wenn das Einlaßventil genau nach dem „Ausschwingen" der Saugsäule – gemeint ist das einströmende Gemisch – schließt.

Trotz dieser Maßnahmen beträgt der Füllungsgrad des Motors bei hohen Drehzahlen nur etwa 75% des Hubvolumens, da sich die Reibungswiderstände im Ansaugweg (Luftfilter, Vergaser, Saugleitung und Ventilquerschnitt) gerade bei hohen Drehzahlen und daher hohen Gasgeschwindigkeiten stark auswirken.

2. Takt: Der Verdichtungshub Im Verdichtungshub bewegt sich der Kolben von UT nach OT.

Das *Verdichten* selbst beginnt erst, nachdem das Einlaßventil geschlossen hat (vergleiche Ventilsteuerzeiten, Bild 2.65). Der Kolben verdichtet das angesaugte Gemisch. Dabei steigen Druck und Temperatur an, das Kraftstoff-Luft-Gemisch wird zum Gas.

Der *Verdichtungsenddruck* – der Druck am Ende des Verdichtungshubs – wird in OT-Stellung des Kolbens erreicht. Je nach Verdichtungsverhältnis beträgt er 10 bis 15 bar, die Temperatur des Gases steigt dabei auf 400 bis 500 °C (670 bis 770 K). Je größer das Verdichtungsverhältnis, um so höher die Motorleistung bei gleichzeitig geringerem Kraftstoffverbrauch (je größer das Verdichtungsverhältnis, um so höher der thermische Wirkungsgrad η_{th}).

Grund: Bei höherem Verdichtungsverhältnis ist der Verbrennungsraum und damit die wärmeaufnehmende Kühlfläche kleiner. Das «Mehr» an Wärme, das nicht über die Kühlfläche abgeleitet wird, erzeugt mehr Arbeitskraft (Druck) auf den Kolben).

Bei Erhöhung des Verdichtungsverhältnisses steigen die Kräfte auf das Triebwerk und die Temperaturen stark an, es besteht außerdem die Gefahr, daß die *Selbstentzündungstemperatur* des Kraftstoffs, 500 bis 600 °C (770 bis 870 K), erreicht wird.

Kompressionsdruckprüfung

Voraussetzung für die Überprüfung des Verdichtungsdruckes = Kompressionsdruckes des Motors sind folgende Punkte:

□ betriebswarmer Motor,
□ dekomprimierter Motor, d. h. alle Zündkerzen, bzw. alle Glühkerzen oder alle Einspritzdüsen ausbauen,
□ Drosselklappe voll geöffnet,
□ volle Batteriespannung,
□ vorschriftsmäßiges Ventilspiel,
□ gleichmäßig lange Startdauer
□ bei Einspritzmotoren alle Einspritzleitungen abschließen,
□ bei Transistor-Zündanlagen Zentralstecker vom Schaltgerät abziehen, damit das Schaltgerät nicht zerstört wird.

Soll der Verdichtungsdruck gemessen werden, müssen die Verhältnisse wie während der Fahrt hergestellt werden. Bei kalter Maschine ist der Verdichtungsdruck niedriger, weil die Erwärmung der angesaugten Luft während der Verdichtung zu gering ist. Der angezeigte Wert entspricht dann nicht den Verhältnissen während der Fahrt. Bei einem Motor mit schlechtem Startverhalten kann – nachdem Zündung, Anlaßdrehzahl, Ventilspiel und Vergaser als in Ordnung befunden sind – ein Prüfen des Verdichtungsdruckes bei kalter Maschine von Nutzen sein.

Durch das Herausschrauben der Zündkerzen erreicht der Motor beim Durchdrehen durch den Starter eine höhere Drehzahl, die eher den wahren Betriebsbedingungen entspricht als die niedrige Startdrehzahl.

Die Drosselklappe muß voll geöffnet sein, damit der Motor genügend Luft ansaugt. Bei teilweise bzw. ganz geschlossener Drosselklappe kann der zu prüfende Zylinder nicht genügend ansaugen und daher auch nicht verdichten.

Die Werte für die Prüfung des Verdichtungsdrucks werden vom Fahrzeughersteller angegeben, wobei zwischen Sollwerten und Mindestwerten (Verschleißgrenze) unterschieden wird. Ergibt die Prüfung, daß ein Zylinder einen zu geringen Verdichtungsdruck hat, weiß man noch nicht warum.

Druckverlusttest

Um die *Ursache zu geringer Verdichtung festzustellen,* bedient man sich des Druckverlusttests. Der Kolben des zu prüfenden Zylinders wird dazu auf Zündtotpunkt gestellt, der genau zu ermitteln ist. In die Zündkerzenöffnung wird der Anschluß für Druckluft eingeschraubt. Ein geeichtes Manometer zeigt bei absoluter Dichtheit einen Druckverlust von 0 % an. Entweichen 50 % des Druckes im Zylinder durch Undichtigkeit, zeigt das Manometer einen Kompressionsverlust von 50 % an. Entweichen nur 10 %, zeigt das Instrument einen Druckverlust von 10 % an. Ein Druckverlust bis zu etwa 25 % ist noch zu billigen. Bei sehr gutem Motorzustand liegt der Druckverlust jedoch bei 10 % und darunter.

Bei hohem Druckverlust läßt sich die Ursache leicht feststellen. Pfeift die Luft aus dem Auspuff: Auslaßventil ist undicht. Strömt die Luft aus dem Entlüfter: Kolbenringe undicht (festgebacken oder gebrochen). Gluckert es im Kühlwasser: Kopfdichtung schadhaft. Strömt Luft durch den

Vergaser (bei abgenommenem Luftfilter): Einlaßventil ist undicht (seltener Fehler). Die Prüfung des Kompressionsverlustes zeigt also nicht nur den Grad des Verlustes an, sondern gestattet darüber hinaus eine Bestimmung der Ursache.

3. Takt: Arbeitshub Die Verbrennung beginnt mit der Entzündung des Gases durch den Zündfunken, der zwischen den Elektroden der Zündkerze überspringt (etwa 0 bis 45° v. OT). Der Zündfunken besteht aus Funkenkopf und Funkenschwanz. Bei betriebswarmem Motor (Kraftstoff-Luft-Gemisch voll vergast) genügt der Funkenkopf zur Entzündung. Beim Start ist ein länger andauernder Zündfunke vorteilhaft, weil er zur Verdampfung des zwischen den Kerzenelektroden befindlichen Kraftstoffnebels beiträgt (nach Bosch: «Kraftfahrttechnisches Taschenbuch»). Zwischen dem Überspringen des Zündfunkens und der Bildung der fortschreitenden Flammenfront vergeht eine Zeit von etwa 0,001 s. Da außerdem die Verbrennungsgeschwindigkeit mit 25 m/s (= 90 km/h) verhältnismäßig niedrig ist, muß die Zündung so früh eingeleitet werden, daß der bei der Verbrennung entstehende *Höchstdruck,* beim Ottomotor 35 bis 60 bar, kurz *nach dem* OT auf den Kolben *wirkt.* Bei hohen Drehzahlen muß der Zündzeitpunkt also wesentlich früher liegen als bei niedrigeren Drehzahlen (im Leerlauf). Dies wird durch die rein drehzahlabhängig arbeitende Fliehkraftverstellung des Unterbrechers bewirkt. Im Teillastgebiet, vor allem beim Beschleunigen, ist das angesaugte Kraftstoff-Luft-Gemisch magerer. Da weniger Gemisch angesaugt wird, ist der Verdichtungsdruck geringer, das Gemisch verbrennt folglich langsamer. Der Unterdruckzündversteller gleicht dies aus, indem er im Teillastbereich – unabhängig von der Fliehkraftverstellung – die Zündung früher stellt.

Man kann also sagen:

□ Die *Fliehkraftverstellung arbeitet drehzahlabhängig,*
□ die *Unterdruckverstellung lastabhängig* (Drosselklappenstellung).

Die Entzündung des Gases sollte stes an der wärmsten Stelle des Brennraumes beginnen, so daß sich die Flammenfront zur kältesten Stelle hin fortbewegt. Durch diese Maßnahme wird der Klopfneigung durch teilweise Selbstentzündung des Gases an warmen Stellen des Brennraumes entgegengewirkt. Die Verbrennung des Gemisches soll möglichst schnell vor sich gehen, aber nicht detonationsartig. Um dies zu erreichen, spielt die Gestaltung des Brennraumes eine große Rolle.

Bei richtig ablaufender Verbrennung wirkt der Verbrennungshöchstdruck (35 bis 60 bar) kurz *nach der OT-Stellung* auf den Kolben. Die Verbrennungstemperatur kann dabei bis zu 2000 °C (2270 K) betragen. Bei einer Zylinderbohrung von $D = 80$ mm und einem Verbrennungsdruck von 50 bar beträgt die Kraft, die auf den Kolben wirkt (Kraft = Druck · Fläche), 50 · 50 = 2500 = 25 000 N. Diese Kraft wird über Kolben, Kolbenbolzen, Pleuelstange und Kurbelwelle in Drehbewegung umgewandelt. Mit der Abwärtsbewegung des Kolbens nehmen Druck und Temperatur stark ab. Einen großen Teil der Wärme nehmen die Zylinderwandungen auf, wodurch der Druck absinkt. Am Ende des Arbeitstaktes ist der Druck der brennenden Gase auf etwa 3 bis 5 bar abgesunken, die Temperatur auf etwa 900 °C (1200 K). Bei einer vollständigen (idealen) Verbrennung verbrennen Kohlenstoff und Wasserstoff zu Kohlendioxid (Kohlensäure, CO_2) und Wasser (H_2O).

Brennraum

Die Gestaltung des Brennraums erfolgt durch eine ausgeklügelte Oberflächenformung des Kolbenbodens oder des Zylinderkopfes, so daß bei modernen Motoren sich gegenüberliegende Planflächen = *Quetschflächen* entstehen. Beim Verdichten schießt das Gemisch mit großer Ge-

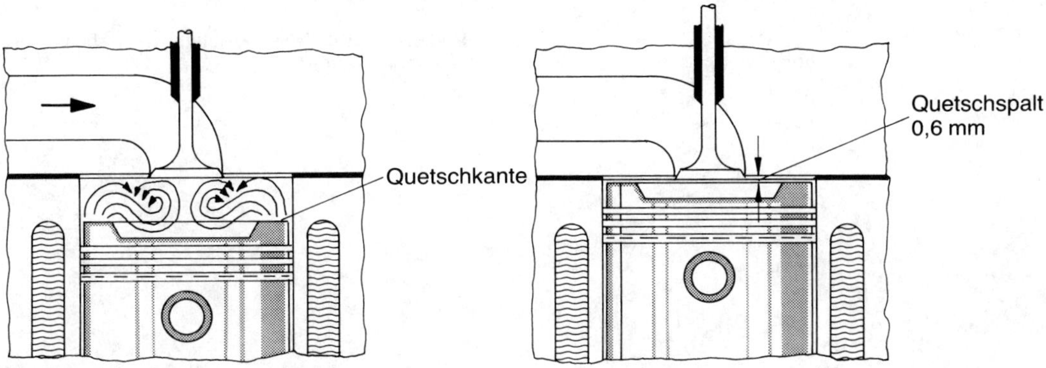

Bild 2.128 Brennraum mit Quetschkante/ Quetschspalt (VAG)

Bild 2.129 Brennraum mit Quetschzonen (Toyota)

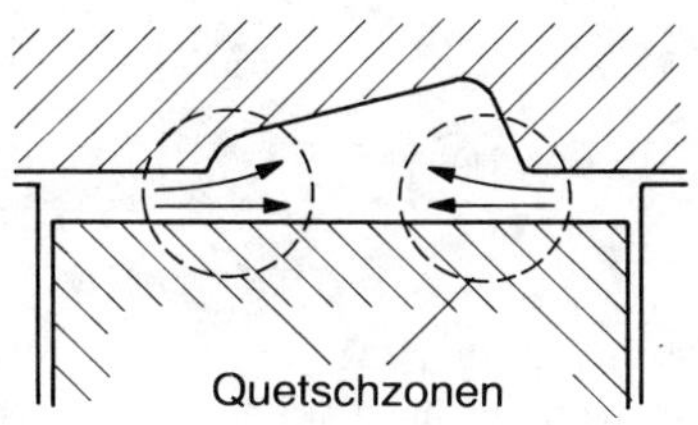

schwindigkeit aus den *Quetschspalten* in den übrigen Brennraum, also zur Zündkerze (Bilder 2.128 und 2.129).

Die Quetschflächen bewirken eine Verdichtungsturbulenz, die gerade bei niedrigen Drehzahlen (geringe Eingangsturbulenz) zwecks hoher Flammgeschwindigkeit für die einwandfreie Verbrennung wichtig ist.

Die Gestaltung des Brennraumes hat einen günstigen Einfluß auf

- ☐ die Qualität der Verbrennung,
- ☐ den Kraftstoffverbrauch,
- ☐ das Laufverhalten des Motors,
- ☐ das Leistungsverhalten des Motors,
- ☐ den Schadstoffanteil im Abgas.

4. Takt: Auspuffhub Das Auslaßventil öffnet bereits vor UT, so daß die verbrannten Gase durch ihren *Restdruck* von etwa 3 bis 5 bar selbsttätig durch die Auspuffleitung ins Freie strömen. Nachdem der Kolben den UT durchlaufen hat und sich wieder aufwärts zum OT bewegt, schiebt er im Bereich seiner größten Geschwindigkeit die verbrannten Gase aus.

Nähert sich der Kolben dem OT, nimmt seine Geschwindigkeit ständig ab. Die ausströmenden Abgase kühlen in der Auspuffleitung (Kühlung durch Fahrtwind) ab und entspannen sich. Dabei erzeugen sie im Verbrennungsraum eine geringe Druckminderung, die durch das bereits vor dem OT öffnende Einlaßventil den nächsten Ansaugtakt einleitet. Um die Saugwirkung der ausströmenden Abgase gut auszunutzen, schließt das Auslaßventil erst spät nach dem OT.

Bild 2.130 zeigt den Ablauf eines Arbeitsspiels, bei angenommenen Ventilsteuerzeiten von:

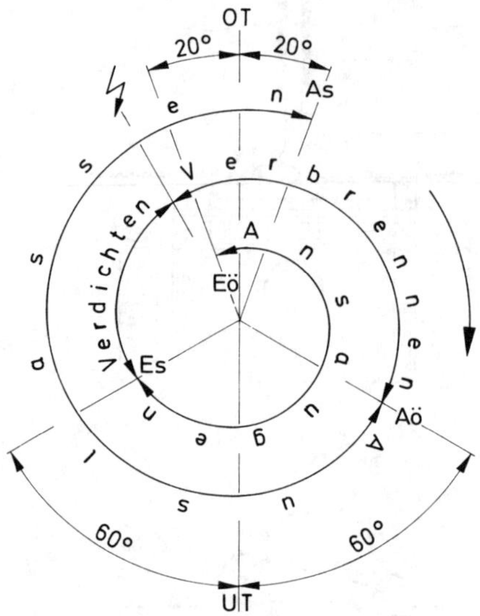

Bild 2.130 Bildliche Darstellung des Arbeitsspiels eines Viertakt-Ottomotors

- ☐ Einlaß öffnet 20° vor OT,
- ☐ Einlaß schließt 60° nach UT und
- ☐ Auslaß öffnet 60° vor UT,
- ☐ Auslaß schließt 20° nach OT.

Der Zündzeitpunkt beträgt im gezeigten Beispiel 30° vor OT.

2.1.7 Das Zweitakt-Arbeitsverfahren

Beim *Zweitakt*-Arbeitsverfahren sind im Unterschied zum Viertaktverfahren nur *zwei Hübe* – eine Kurbelwellenumdrehung – zum Ablauf eines Arbeitsspiels erforderlich. Im Gegensatz zum Viertaktmotor spielen sich die einzelnen zu einem Arbeitsspiel gehörenden Vorgänge sowohl über als auch unter dem Kolben – im Kurbelgehäuse – ab.

Zweitakt-Spülsysteme Heute gelangen nur noch die *Umkehrspülung nach* Schnürle und deren Weiterentwicklungen zur Anwendung. In wenigen Sonderfällen bei Außenbord- und Aggregatmotoren noch die *Querstromspülung* mit Nasenkolben (Bild 2.131).

Umkehrspülung nach Schnürle Das Gemisch strömt durch zwei tangential angeordnete Kanäle (Ü) in den Zylinderraum ein. Beide Ströme treffen sich an der Zylinderwandung gegenüber dem Auslaßschlitz, werden nach oben gelenkt und kehren dabei ihre Strömungsrichtung im Zylinderkopf um (Umkehrspülung). Der abwärtsgehende Strom schiebt die verbrannten Gase vor sich her in den Auslaßkanal (A) (Bild 2.131).

Querstromspülung mit Nasenkolben Der Gemischtstrom verläuft im wesentlichen quer zum Kolben durch den Zylinder. Eine Nase auf dem Kolben verhindert, daß der Spülstrom direkt geradlinig vom Überstromschlitz (Ü) in den Auslaßschlitz (A) entweicht. Durch die Nase wird der

Bild 2.131 Zweitakt-Spülsysteme. Linkes Bild: Umkehrspülung nach SCHNÜRLE. Rechtes Bild: Querstromspülung mit Nasenkolben (Beschreibung s. Text)

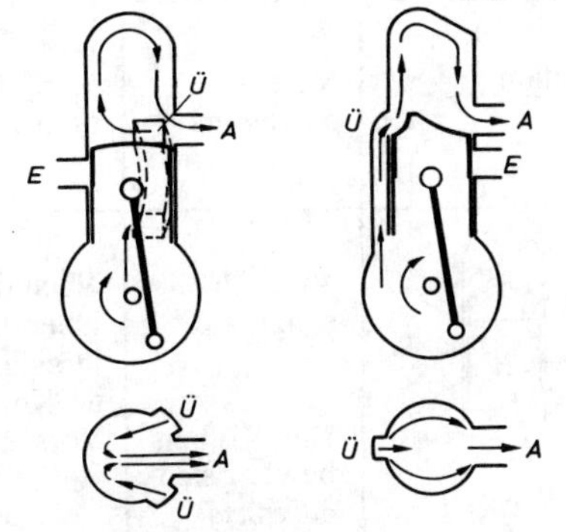

Spülstrom nach oben abgelenkt, kehrt seine Richtung im Zylinderkopf um und schiebt die verbrannten Gase zum Auslaß (A) hinaus (Bild 2.131).

Ein gewisser Vorteil der Querstromspülung liegt in dem regelmäßigen Lauf bei niederen Drehzahlen und einem guten Beschleunigungsverhalten. Aus diesem Grund wird das Spülsystem bei einigen Außenbord- und Rasenmähermotoren noch heute angewendet. Die Einlaßsteuerung erfolgt dann vielfach durch ein Flatterventil, anstelle der sonst üblichen Schlitzsteuerung, um einen möglichst wirtschaftlichen Betrieb selbst bei unterschiedlichen Drehzahlen zu erreichen.

Wirkungsweise des Zweitakt-Arbeitsverfahrens Im Zweitaktmotor laufen *sieben verschiedene Vorgänge* während *zwei Kolbenhüben* gleich einer Kurbelwellenumdrehung ab. Die einzelnen Vorgänge sind im Steuerdiagramm Bild 2.132 dargestellt.

Bild 2.132 Steuerdiagramm eines Zweitaktmotors. Innerer Kreis: Vorgänge unter dem Kolben.
Eö = Einlaß öffnet.
Es = Einlaß schließt.
Üö = Überströmschlitze öffnen.
Üs = Überströmschlitze schließen.
Aö = Auslaßschlitz öffnet.
As = Auslaßschlitz schließt

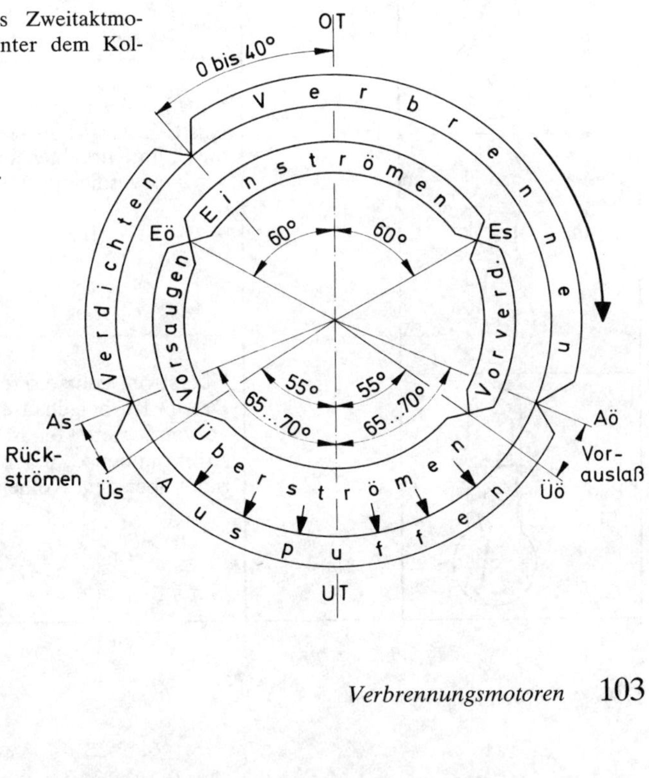

Kolbenstellung	Kolbenbewegung	Vorgang unter dem Kolben	Vorgang über dem Kolben
Bild 2.133 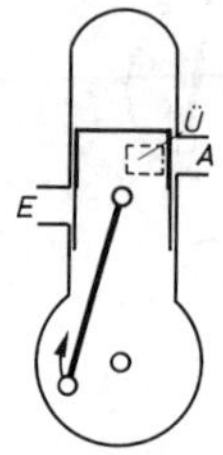	**Verdichtungstakt** 1. Takt Der Kolben bewegt sich aufwärts von UT nach OT	Nach dem Schließen der Überströmschlitze Druckminderung im Kurbelgehäuse: Vorsaugen	Verdichten nach dem Schließen des Auslaßschlitzes
Bild 2.134 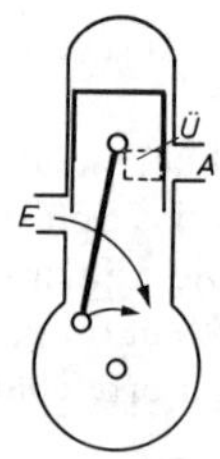		Einlaßschlitz geöffnet, Kraftstoff-Luft-Gemisch strömt in das Kurbelgehäuse ein	Kurz vor OT wird das Gemisch entzündet
Bild 2.135 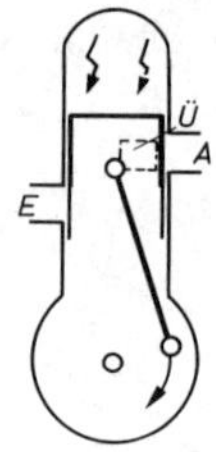	**Arbeitstakt** 2. Takt Der Kolben bewegt sich abwärts von OT nach UT		Verbrennung (Arbeitstakt). Die brennenden Gase dehnen sich aus und treiben den Kolben abwärts. Es wird Arbeit geleistet
Bild 2.136 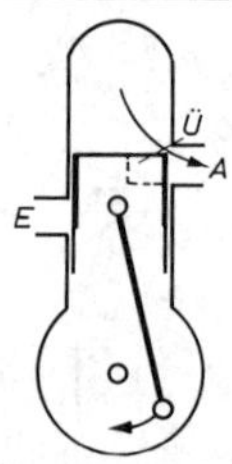		Einlaßschlitz geschlossen. Das Kraftstoff-Luft-Gemisch im Kurbelgehäuse wird vorverdichtet	
Bild 2.137 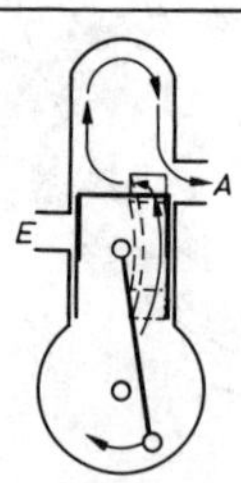		Überströmschlitze offen. Das im Kurbelgehäuse vorverdichtete Gemisch strömt in den Zylinderraum über dem Kolben	Auspuffen. Die verbrannten Gase strömen durch ihren Restdruck durch den geöffneten Auslaßschlitz

1. Das **Vorsaugen** oder die Druckverringerung im Kurbelgehäuse (Bild 2.133) Der Kolben bewegt sich aufwärts, von UT nach OT. Nachdem die Kolbenoberkante die Überstromschlitze geschlossen hat (etwa 55° Kurbelwinkel nach UT), ist das Kurbelgehäuse zum Arbeitsraum des Motors über dem Kolben und zum Vergaser hin luftdicht verschlossen. Hierdurch verringert der Kolben beim weiteren Aufwärtsgang den Druck im Kurbelgehäuse um etwa 0,2 bis 0,6 bar, je nach Motorenbauart.

2. Das **Einströmen** (Einlassen) Etwa 60° Kurbelwinkel vor OT gibt der Kolbenschaft den Einlaßschlitz frei, in OT-Stellung des Kolbens ist er voll geöffnet (siehe auch Bild 2.134). Durch den Druckunterschied zwischen Kurbelgehäuse und Außenluft strömt das Kraftstoff-Luft-Gemisch mit hoher Geschwindigkeit in das Kurbelgehäuse ein. Beim Abwärtsgang des Kolbens, etwa 60° Kurbelwinkel nach OT, schließt der Kolbenschaft den Einlaßschlitz.

3. Das **Vorverdichten** Beim weiteren Abwärtsgang verdichtet der Kolben das Gemisch im Kurbelgehäuse (Vorverdichtung). Die Höhe des Vorverdichtungsdrucks beträgt zwischen 0,3 und 0,6 bar je nach Motorbauart (siehe auch Bild 2.135).

4. Das **Überströmen** Etwa 55° Kurbelwinkel vor UT gibt die Kolbenoberkante die Überströmschlitze – auch Spülschlitze genannt – frei, so daß das unter Vorverdichtungsdruck stehende Kraftstoff-Luft-Gemisch durch die Überströmkanäle, die in UT-Stellung des Kolbens voll geöffnet sind, in den Raum über dem Kolben strömt (siehe auch Bild 2.136). Der Kolben bewegt sich von UT nach OT. Ebenfalls 55° Kurbelwinkel nach UT schließt die Kolbenoberkante die Überströmschlitze, das Überströmen ist beendet.

5. Das **Verdichten** Es beginnt, nachdem der Kolben beim Aufwärtsgang die Überström- und kurz darauf den Auslaßschlitz geschlossen hat (siehe auch Bild 2.133).

6. **Verbrennen, Arbeiten** Kurz vor OT-Stellung des Kolbens wird das Gemisch entzündet, so daß der Verbrennungshöchstdruck kurz nach OT-Stellung auf den Kolben wirkt und diesen abwärts treibt. Es wird Arbeit geleistet (siehe auch Bilder 2.134 und 2.135).

7. **Auspuffen** Etwa 65 bis 70° Kurbelwinkel vor UT gibt die Kolbenoberkante den Auslaßschlitz frei. Die verbrannten Gase strömen durch ihren Restdruck (etwa 3 bar) in die Auspuffanlage und entspannen sich (Bild 2.136). Kurz nach dem Öffnen des Auslaßschlitzes öffnen auch die Überströmschlitze, das inzwischen in das Kurbelgehäuse eingeströmte und dort vorverdichtete Gemisch strömt in den Raum über dem Kolben, es folgen wieder Verdichtungs- und Arbeitstakt (Bild 2.137).

Soweit die übliche Erklärung des Zweitakt-Arbeitsverfahrens, um sie auch dem Nichtfachmann nahezubringen. Moderne Hochleistungs-Zweitaktmotoren, wie sie seit Jahren in Zweiräder eingebaut werden, mit oft mehr als 75 kW (100 PS)/Liter Hubraumleistung, dürfen nicht mehr, wie bisher geschehen, als *Verdränger-*, sondern müssen als *Schwingungs-* oder gar *Strömungsmaschinen* betrachtet werden. Diese genau abgestimmten Motoren geben ihre hohe Leistung nur in einem engbegrenzten Drehzahlbereich (Drehzahlband) ab, weswegen Fahrzeuge mit solchen Motoren mit fünf bis sechs Gängen ausgerüstet sind.

Schwingungssysteme des Zweitaktmotors

Zwei Schwingungssysteme müssen, um Höchstleistungen zu erzielen, in sich genau und beide aufeinander abgestimmt sein:

- □ das *Ansaugsystem:* Saugrohr-, Kurbelgehäusevolumen und Einlaßquerschnitt (Einlaßschlitzhöhe),
- □ das *Auspuffsystem:* Volumen der Auspuffleitung bis zum ersten Prallblech am Beginn des Schalldämpfers und der Auslaßquerschnitt (Auslaßschlitzhöhe).

Beide Schwingungssysteme, Ansaug- und Auspuffanlage, müssen so ausgelegt sein, daß sie bei ein und derselben Motordrehzahl ihre beste Wirkung abgeben.

Das Ansaugsystem Bei *richtig abgestimmtem Ansaugsystem* schließt der Kolbenschaft den Einlaßschlitz in dem Augenblick, wo das gesamte angesaugte Kraftstoff-Luft-Gemisch in das Kurbelgehäuse eingeströmt ist (Bild 2.140). Stimmt die zugrundegelegte Drehzahl des Motors der besten Leistung mit der Drehzahl bester Füllung überein, spricht man von der *Resonanzdrehzahl* (Resonanz = Übereinstimmung).

Um diesen Vorgang zu verstehen, muß man sich das Ansaugsystem als eine Feder vorstellen. Beim Vorsaugen des Kolbens wird der Druck im Kurbelgehäuse gegenüber dem der Außenluft verringert, die gedachte Feder (F) wird in die Länge gezogen, sie wird gespannt (Bild 2.138).

Nach dem Öffnen des Einlaßschlitzes strömt das Gemisch ein, die Feder zieht sich zusammen, sie wird kürzer als in ungespannter Ruhelage. Der Druck im Kurbelgehäuse ist etwas größer als der der Außenluft (Bild 2.139).

Sofort darauf will sich die Feder wieder entspannen, das eingeströmte Gemisch will zurückströmen. Schließt jetzt der Einlaßschlitz, so haben wir die bestmögliche Füllung erreicht

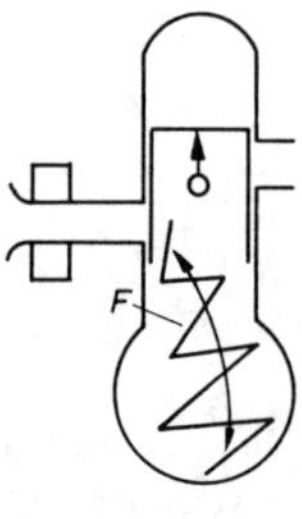

Bild 2.138

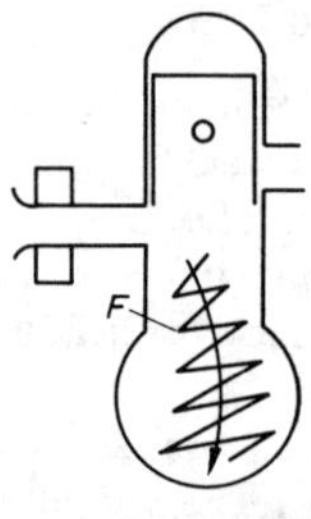

Bild 2.139

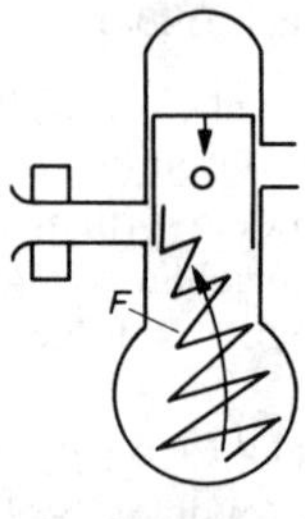

Bild 2.140

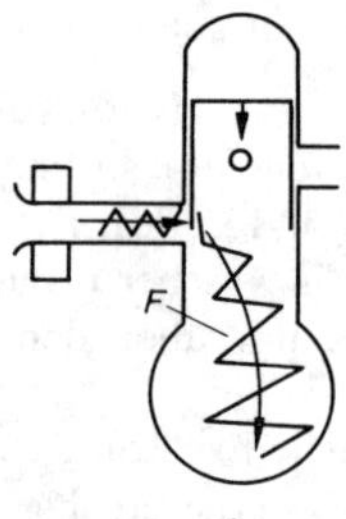

Bild 2.141

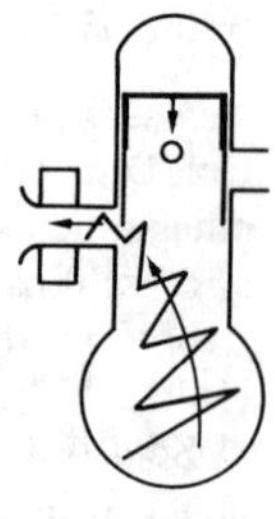

Bild 2.142

Bild 2.138 Der aufwärtsgehende Kolben bewirkt eine Druckminderung im Kurbelgehäuse. Die «Feder» (F) wird in die Länge gezogen, gespannt

Bild 2.139 Das Gemisch ist eingeströmt. Feder (F) ist leicht zusammengedrückt. Der Druck im Kurbelgehäuse ist höher als der der Außenluft

Bild 2.140 Der Kolben verschließt den Einlaßschlitz rechtzeitig, das Gemisch kann nicht zurückströmen. Die bestmögliche Füllung ist erreicht

Bild 2.141 Saugleitung ist zu lang. Beim Schließen des Einlaßschlitzes ist das Kurbelgehäuse noch nicht gefüllt

Bild 2.142 Einlaß schließt zu spät, bzw. die Saugleitung ist zu kurz. Ein Teil des Gemischs strömt zurück

(Bild 2.140). Schließt der Einlaßschlitz zu früh, ehe sich die Feder zusammengezogen hat – Saugleitung zu lang –, erhalten wir nicht die bestmögliche Füllung (Bild 2.141). Schließt der Einlaßschlitz zu spät – Saugleitung zu kurz –, ist die Feder zurückgefedert, ein Teil des Gemisches hat das Kurbelgehäuse durch den Einlaßschlitz wieder verlassen (Bild 2.142).

Das Auspuffsystem Jede Auspuffanlage besteht aus zwei Teilen:

□ dem *leistungsbestimmenden Teil:* Auspuffrohr (Krümmer) und Diffusor,
□ dem *schalldämpfenden Teil:* der Schalldämpfer

Der Schalldämpfer dient ausschließlich der Geräuschdämpfung. Solange er nicht restlos verkokt ist, hat er keinerlei Einfluß auf die Motorleistung.

Wirkung und Abstimmung des leistungsbestimmenden Teiles der Auspuffanlage

Beim Öffnen des Auslaßschlitzes herrscht im Zylinder noch ein Druck von etwa 3 bar. Durch diesen Druck strömen die verbrannten Gase schnell in die Auspuffanlage – 500 bis 600 m/s –, deren Rauminhalt (Krümmer und Diffusor) so groß sein muß, daß sich die verbrannten Gase schnell genug entspannen können, d. h. ihren Druck abbauen. Da kurz nach dem Auslaßschlitz auch die Überströmschlitze öffnen (siehe Steuerdiagramm, Bild 2.132), muß der *Vorauslaß* – der Unterschied zwischen Höhe Auslaßschlitz und Höhe Überströmschlitze – so groß gewählt werden, daß beim Öffnen der Überströmschlitze der Restdruck der verbrannten Gase bis unter den Vorverdichtungsdruck des Gemischs im Kurbelgehäuse – etwa 0,3 bis 0,6 bar – abgesunken ist (siehe auch «Das Vorverdichten»). Anderenfalls würden die verbrannten Gase beim Öffnen der Überströmschlitze zunächst in das Kurbelgehäuse strömen. (Bei Motoren *mittlerer Leistung* beträgt die Höhe des Auslaßschlitzes etwa 30 %, die der Überströmschlitze etwa 20 % des Kolbenhubes. Bei Motoren hoher Leistung sind die Schlitzhöhen individuell stark unterschiedlich.) Nachdem sich der Druck der verbrannten Gase verringert hat, strömt das im Kurbelgehäuse vorverdichtete Gemisch in den Zylinder und spült die verbrannten Restgase aus. Dabei läßt es sich nicht vermeiden, daß ein Teil des übergeströmten Gemisches (G) durch die Saugwirkung des Diffusors mit in die Auspuffleitung gerät (Bild 2.143). Die Saugwirkung des Diffusors ist so groß, daß trotz des übergeströmten Gemischs im Zylinder sogar durch die Überströmschlitze im Kurbelgehäuse eine Druckverringerung erzeugt wird, die dem nächsten Einlaßvorgang zugute kommt.

Der Kolben bewegt sich aufwärts, von UT nach OT. Nachdem die Überströmschlitze geschlossen sind, ist der Auslaßschlitz noch etwas geöffnet. Bei richtig bemessener Auspuffanlage (Krümmer und Diffusor) ist inzwischen ein Teil des Restgases im Diffusor am Prallblech des Schalldämpfers reflektiert (Druckwellenreflektor), so daß die Restgase jetzt in umgekehrter Richtung zum Zylinder zurückströmen. Dabei schieben sie das mit in den Auspuff geströmte Gemisch (G) durch den noch offenen Auslaßschlitz in den Zylinder zurück (*Rückströmung, Nachladung,* Bild 2.144).

Bei genau auf Motor und Drehzahl abgestimmter Auspuffanlage verschließt der Kolben beim weiteren Aufwärtsgang den Auslaßschlitz genau in dem Moment, wo das gesamte Gemisch (G) in den Zylinder zurückgedrückt ist.

Während der bis zum nächsten Auspufftakt verstreichenden Zeit baut sich der Restdruck der verbrannten Gase in der Auspuffanlage über den Schalldämpfer ins Freie ab. Bei Motoren mittlerer Leistung spielen sich die Schwingungsvorgänge in der Auspuffanlage (Krümmer und Diffusor) mit einer Geschwindigkeit von 500 bis 600 m/s ab. Bei Hochleistungsmotoren erreichen sie etwa dreifache Schallgeschwindigkeit.

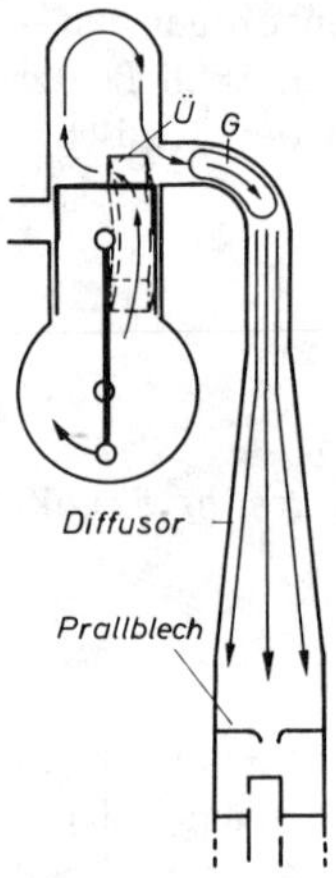

Bild 2.143

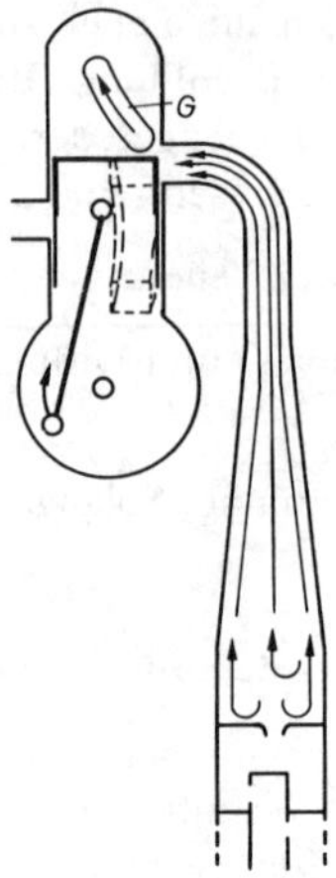

Bild 2.144

Bild 2.143 Durch die Saugwirkung des Diffusors ist Gemisch (G) mit in den Auspuff gelangt. Über die Überströmschlitze (Ü) wird im Kurbelgehäuse eine Druckminderung bewirkt

Bild 2.144 Rückströmen (Nachladung). Das Prallblech wirkt als Druckwellenreflektor. Die zurückströmende Druckwelle schiebt das im Krümmer befindliche Gemisch (G) durch den noch offenen Auslaßschlitz zurück in den Zylinder

2.1.8 Kreiskolbenmotoren

Sie verbinden die Vorteile des Hubkolbenmotors – exakter Ablauf des Viertakt-Arbeitsverfahrens – mit den Vorteilen der Gasturbine – nur drehende (rotierende) und keine hin- und hergehenden Teile. Daraus ergibt sich ein hervorragend erschütterungsfreier (vibrationsarmer) Lauf des Motors.

Ansaugen und Verdichten des Kraftstoff-Luft-Gemischs werden durch die Flanken eines im Aussehen etwa dreieckigen Kolbens bewirkt. Im Arbeitstakt drücken die verbrennenden Gase auf die Flanken des Kolbens, der seine Bewegung über einen Exzenter auf die Exzenterwelle überträgt. Im Auspufftakt schieben die Kolbenflanken die verbrannten Gase durch den vom Kolben freigegebenen Auslaßschlitz in die Abgasanlage.

Die **Steuerung des Gaswechsels** erfolgt durch Schlitze, die durch die Ecken des Kolbens freigegeben werden, ähnlich wie beim Zweitaktmotor. Eine Ventilsteuerung wie beim Viertakt-Hubkolbenmotor ist nicht erforderlich.

Der **Kolben** ist mit einer *Innenverzahnung* (Hohl- oder Ringrad) versehen, die über ein feststehendes Ritzel abrollt. Dieser Zahnradbetrieb dient zur *exakten Führung des Kolbens* in richtiger Lage zur inneren Gehäusebahn, dem Mantel.

Die Bilder 2.145 und 2.148 zeigen den Ablauf des Arbeitsspiels in den drei Kammern A, B und C. Der Kolben dreht sich dabei *links herum,* entgegen dem Uhrzeiger laufend.

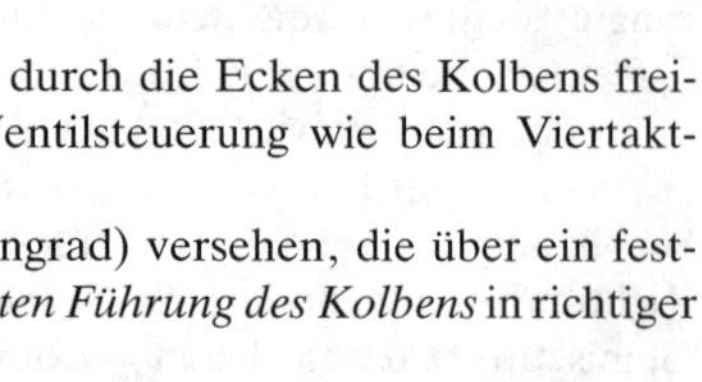

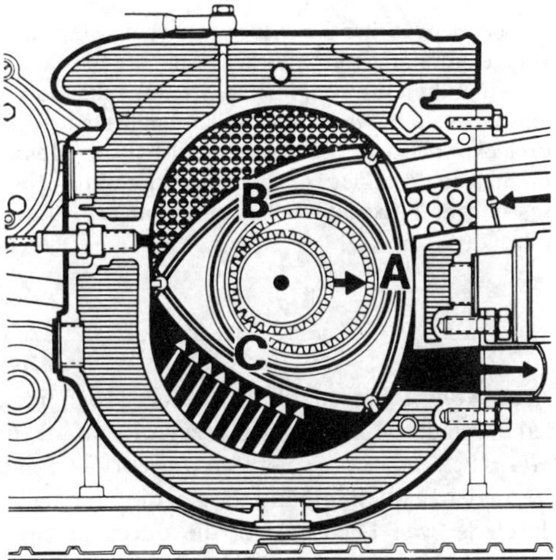

Bild 2.145 Die Kammer A befindet sich – verglichen mit dem Hubkolbenmotor – im Überschneidungstotpunkt (OT). Der Auslaßschlitz (unten rechts im Bild) ist noch geöffnet, der Einlaßschlitz (oben rechts im Bild) ist schon geöffnet. Kammer B ist mit Kraftstoff-Luft-Gemisch gefüllt: Es wird verdichtet. In Kammer C dehnen sich die verbrennenden Gase arbeitleistend aus. Der Exzenter zeigt nach rechts (Pfeil)

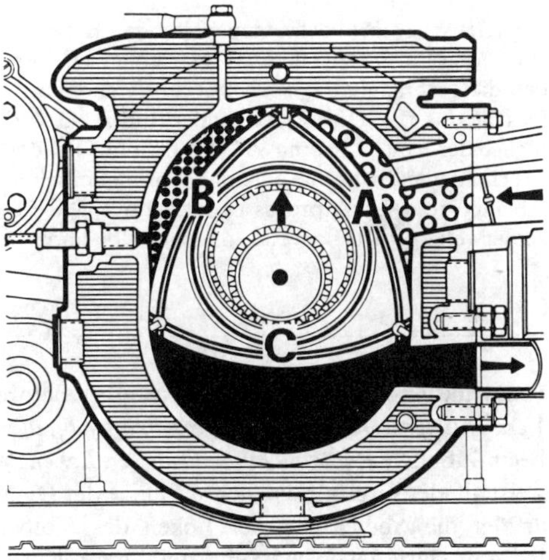

Bild 2.146 In Kammer A wird Kraftstoff-Luft-Gemisch angesaugt, in Kammer B verdichtet. In Kammer C entweichen die verbrannten Gase durch den voll geöffneten Auslaßschlitz. Die Kolbenstellung entspricht der Kolbenstellung beim Hubkolbenmotor in UT-Stellung am Ende des Arbeitshubes. Der Exzenter hat sich gegenüber Bild 2.138 um 90° gedreht, er zeigt senkrecht nach oben (Pfeil)

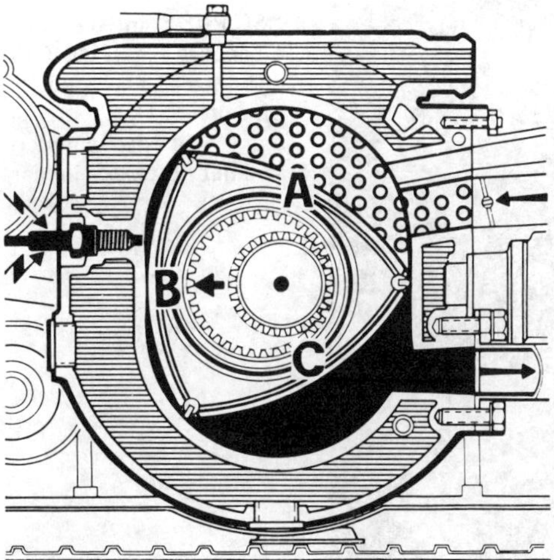

Bild 2.147 Kammer A saugt noch Kraftstoff-Luft-Gemisch an. Kammer B hat voll verdichtet: Die Kolbenstellung entspricht der Kolbenstellung beim Hubkolbenmotor im Zünd-OT. Aus Kammer C werden die verbrannten Gase ausgeschoben. Der Exzenter zeigt waagerecht nach links (Pfeil)

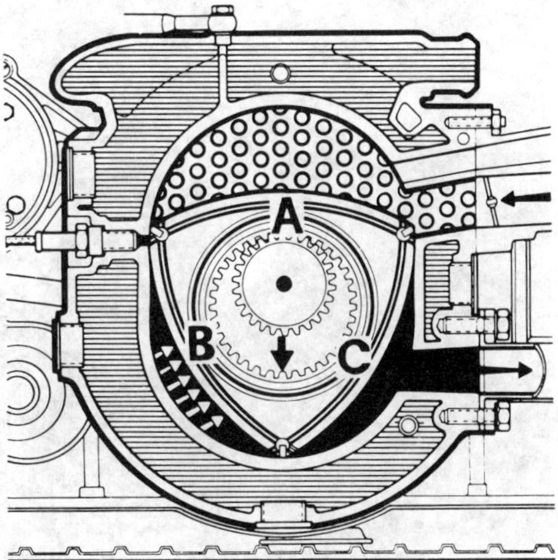

Bild 2.148 Kammer A hat ihr größtes Volumen erreicht, der Einlaßschlitz ist noch nicht geöffnet. Die Kolbenstellung entspricht der Kolbenstellung beim Hubkolbenmotor in UT, am Ende des Saughubes. In Kammer B dehnen sich die verbrennenden Gase arbeitleistend aus, der Kolben treibt über

den jetzt senkrecht nach unten weisenden Exzenter (Pfeil) die Exzenterwelle an. Aus Kammer C werden die verbrannten Gase weiter ausgeschoben. Das nächste Bild entspräche wieder Bild 2.145. Lediglich der Kolben hat mit ⅓ Drehung (120°) in der Trochoidenlaufbahn die Flanken zum neuerlichen Ablauf eines Viertaktprozesses gewechselt. Die Exzenterwelle (= Kurbelwelle im Hubkolbenmotor) legt bei dem vorher geschilderten Arbeitsgang eine volle Umdrehung (360°) zurück. Auf jede Exzenterwellenumdrehung kommt also beim Wankelmotor ein Arbeitstakt. Nach einer vollen Umdrehung des dreieckigen Kolbens um sich selbst hat der Motor dreimal den kompletten Ablauf des Viertaktprozesses und drei Exzenterwellenumdrehungen ausgeführt

Konstruktionsmerkmale von Kreiskolbenmotoren Der *Kolben* hat die Form einer Trochoide. *Verdichtungsverhältnis und Verbrennungsablauf* werden durch die Mulden in den drei Kolbenflanken beeinflußt. Die *Radialdichtungen* an den *Ecken des Kolbens* bestehen aus *dreiteiligen Dichtleisten.* Eine Leistenfeder sorgt für die dichte Anlage der Dichtleiste an der Mantellaufbahn. Gegen die Seitenteile erfolgt die Abdichtung der Ecken des Kolbens durch je zwei Dichtbolzen, die durch je zwei Bolzenfedern gegen die Seitenteile gepreßt werden. Je drei Paar Dichtstreifen übernehmen die Abdichtung der Stirnflächen des Kolbens gegenüber den Seitenteilen des Motors. Die feste Anlage der Dichtstreifen erfolgt durch die Dichtstreifenfedern (Bild 2.149). Die Kraftabgabe des Kolbens auf den Exzenter erfolgt über ein Gleitlager. Ein ebenfalls im Kolben angebrachtes Hohlrad rollt um ein mit dem Seitenteil fest verbundenes Ritzel ab, wodurch eine exakte Steuerung des Kolbens zu den Umdrehungen der Exzenterwelle und zum Umlauf in der Trochoidenbahn (innere Mantelfläche) erfolgt (Bilder 2.145 bis 2.148).

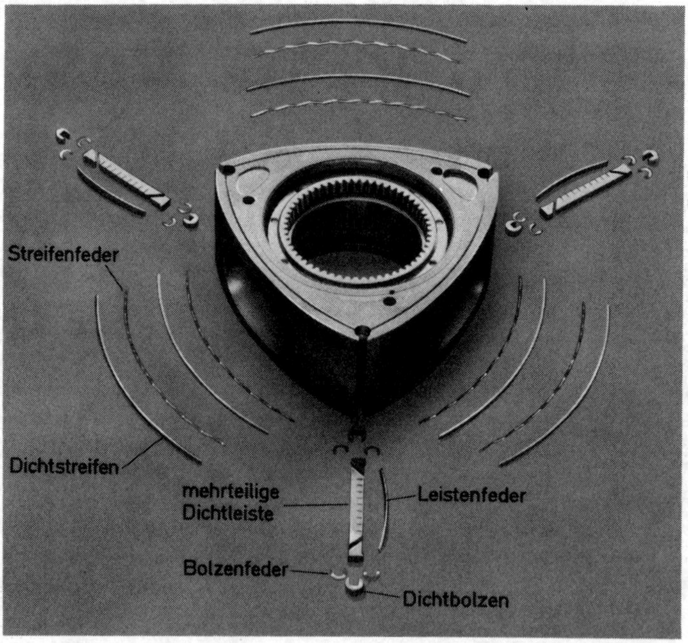

Bild 2.149 Kolben des NSU Ro 80 mit Gasdichtungen (s. Text). Die Gasdichtungen umfassen 54 Einzelteile. (Dichtstreifen und Dichstreifenfedern sind nur für eine Seite dargestellt)

Das Zähnezahlverhältnis der beiden Räder beträgt:

Hohlrad zu Ritzel
3:2

Mantel und Seitenteile Mit Mantel wird das Gehäusemittelteil bezeichnet, das seiner Form nach ein ringförmiger Trochoidenzylinder ist. Es wird beidseitig durch Seitenteile abgeschlossen. Mantel wie Seitenteile sind wassergekühlt.

Exzenterwelle (auch Antriebswelle genannt). Der Exzenter nimmt die Arbeit des sich ausdehnenden Gases auf. Die Exzenterwelle trägt am einen Ende die Schwungscheibe, am anderen eine Ausgleich- sowie die Keilriemenscheibe. Alle sich bewegenden Teile sind gemeinsam gewuchtet, wodurch ein völlig erschütterungsfreier Lauf über den gesamten Drehzahlbereich des Motors erzielt wird.

Schmierung und Kühlung Die Ölpumpe bringt außer Öl zu den Schmierstellen auch einen erheblichen Teil in den dazu hohlen und innen mit Kühlrippen versehenen Kolben. In einem Ölkühler gibt das Öl Wärme an das Kühlwasser ab. Zu demselben Zweck ist die Kühlfläche der Ölwanne besonders groß gehalten.

Eine Dosierpumpe, deren Förderleistung der Drosselklappenstellung des Vergasers entsprechend geregelt wird, führt dem Kraftstoff am Eingang der Kraftstofförderpumpe eine geringe Menge Motoröl zu. Dieses Öl gelangt durch den Vergaser in die Kammern des Motors und erzeugt auf der inneren Mantelfläche einen feinen Ölfilm zur Schmierung und besseren Abdichtung der Radialdichtungen am Gehäuse.

Bei den *luftgekühlten Sachs-Kreiskolbenmotoren* (Bild 2.150), wird das angesaugte Kraftstoff-Luft-Öl-Gemisch (Kraftstoff : Öl = 50 : 1) in besonderem Maße mit zur Wärmeabfuhr (Kühlung) herangezogen. Bevor es in eine der Kammern gelangt, durchläuft es Hohlräume im Kolben, wobei Exzenter und Zahnradtrieb geschmiert werden, das Kraftstoff-Luft-Gemisch die Wärme des Kolbens aufnimmt. Hierdurch entsteht ein äußerst zündwilliges Gemisch, das Ladegewicht wird allerdings durch Wärmeaufnahme etwas verringert. Sowohl das Exzenterlager des Kolbens als

Bild 2.150 Gasführung im luftgekühlten Sachs-Kreiskolbenmotor KM 914 (s. Text)

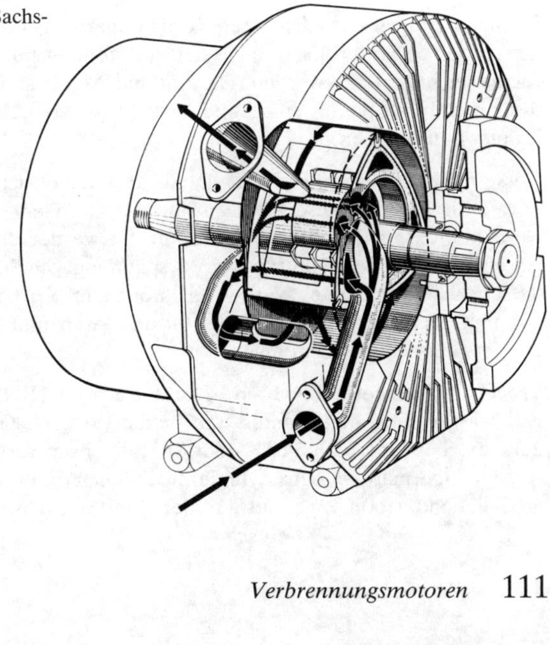

auch die Lager für die Exzenterwelle in den Seitenteilen sind als Wälzlager ausgeführt. Der in Bild 2.150 dargestellte Motor KM 914 ist mit einem *Umfangseinlaß* ausgerüstet, d. h., der Einlaßschlitz ist wie beim NSU-Ro-80-Motor im Mantel angeordnet. Die Motoren KM 37 und KM 48 hingegen sind mit *Seiteneinlaß* ausgerüstet, d. h., der Einlaßschlitz ist in einem der Seitenteile angeordnet.

2.2 Dieselmotoren

Benannt nach dem Erfinder Rudolf Diesel, der im Jahre 1897 bei der M.A.N. in Augsburg einen Motor nach seinen Plänen bauen ließ. Dieser erste Dieselmotor leistete 20 PS bei 172 min^{-1}. Er besaß einen stehenden Zylinder und Kraftstoffeinblasung mit Druckluft (60 bis 70 bar). Erst 25 Jahre später war der Dieselmotor für den Antrieb von Fahrzeugen geeignet. Heute verwendet man ihn hauptsächlich aus wirtschaftlichen Gründen bei Nutzfahrzeugen, in der Land- und Bauwirtschaft, als Antrieb für Generatoren und als Schnelläufer in Pkw.

2.2.1 Aufbau des Dieselmotors

Der Dieselmotor (Bilder 2.151 und 2.152) besitzt die gleichen Triebwerksteile wie der Ottomotor (siehe Abschnitt 2.1.5), nur müssen diese stärker ausgeführt sein, da infolge höherer Verdichtung auch der Verbrennungshöchstdruck höher ist. So ist der Verdichtungsdruck etwa dreimal und der Verbrennungshöchstdruck doppelt oder sogar dreimal so hoch wie beim Ottomotor. Durch die höhere Belastung vom Brennraum her müssen Zylinderblock, Kolben, Pleuelstangen, Kurbelwelle und Lager stärker ausgeführt bzw. größer bemessen sein. Neben der stärkeren Ausführung besitzt der Dieselmotor noch die Einspritzanlage. Diese besteht zur Hauptsache aus der Einspritzpumpe mit Drehzahlregler und Spritzversteller sowie den Einspritzdüsen.

2.2.2 Zylinderlaufbuchsen

Bei den heutigen Dieselmotoren werden überwiegend Zylinderlaufbuchsen verwendet. Sie werden in den Zylinderblock eingesetzt und können im Reparaturfall mit einem Spezialauszieher relativ leicht gezogen werden. Die Laufbuchsen bestehen aus hochwertigem (legiertem) Schleudergrauguß und haben eine hohe Verschleißfestigkeit. Man unterscheidet nasse und trockene Zylinderlaufbuchsen.

Nasse Zylinderlaufbuchsen Es sind dickwandige Buchsen (Bild 2.153) mit einer Wanddicke von etwa 6 bis 10 mm. Diese Buchsen sind mit geringem Spiel in den Zylinderblock eingesetzt und werden direkt vom Kühlwasser umspült. Sie werden durch den Zylinderkopf niedergehalten und bekommen dabei eine bestimmte Vorspannung, die durch den Buchsenbundüberstand von etwa 0,05 bis 0,10 mm entsteht. Die Abdichtung zum Kurbelgehäuse hin erreicht man durch mehrere Gummiringe oder bei französischen Ottomotoren mit Flachsitzabdichtung am unteren Bund durch Kupfer- bzw. Papierdichtungen.

Trockene Zylinderlaufbuchsen Diese Buchsen (Bild 2.154) haben keinen Kontakt mit dem Kühlwasser, sind dünnwandig und haben (je nach Größe) eine Wanddicke von etwa 1,5 bis 2,5 mm. Sie werden als Preß- oder Slipfitbuchsen verwendet. Die Preßbuchsen werden mit geringem Übermaß in den Zylinderblock eingepreßt (Einpreßkraft etwa 3000 bis 5000 daN), anschließend gebohrt, gehont und der Bund mit dem Zylinderblock plan geschliffen.

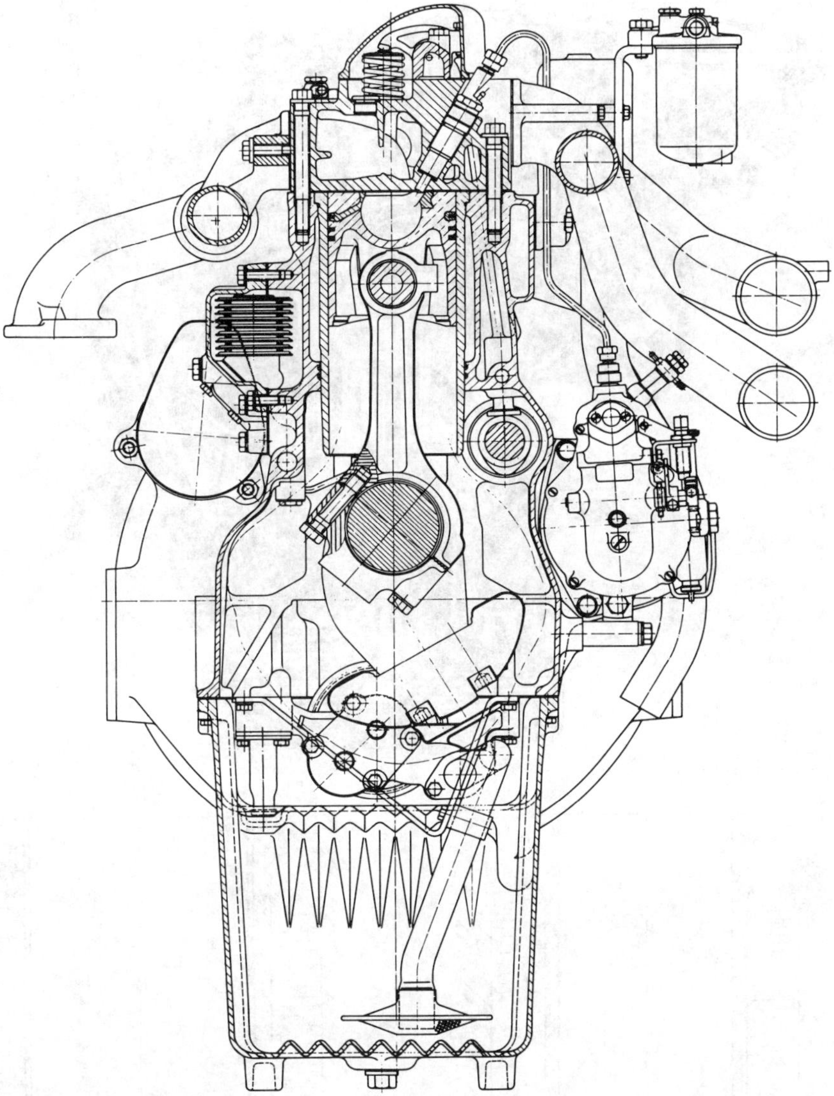

Bild 2.151 Schnittbild durch einen M. A. N.-Dieselmotor mit Direkteinspritzung

Die Slipfit-, d. h. einbaufertigen Buchsen haben ein geringes Spiel zum Zylinderblock. Vor dem Einbau werden sie unterkühlt. Dadurch lassen sie sich leicht von Hand in die Bohrungen hineinschieben. Diese Slipfitbuchsen werden wie auch die nassen Buchsen durch den Zylinderkopf niedergehalten. Um dieses zu gewährleisten, muß der Buchsenbund bis zu 0,005 mm überstehen.

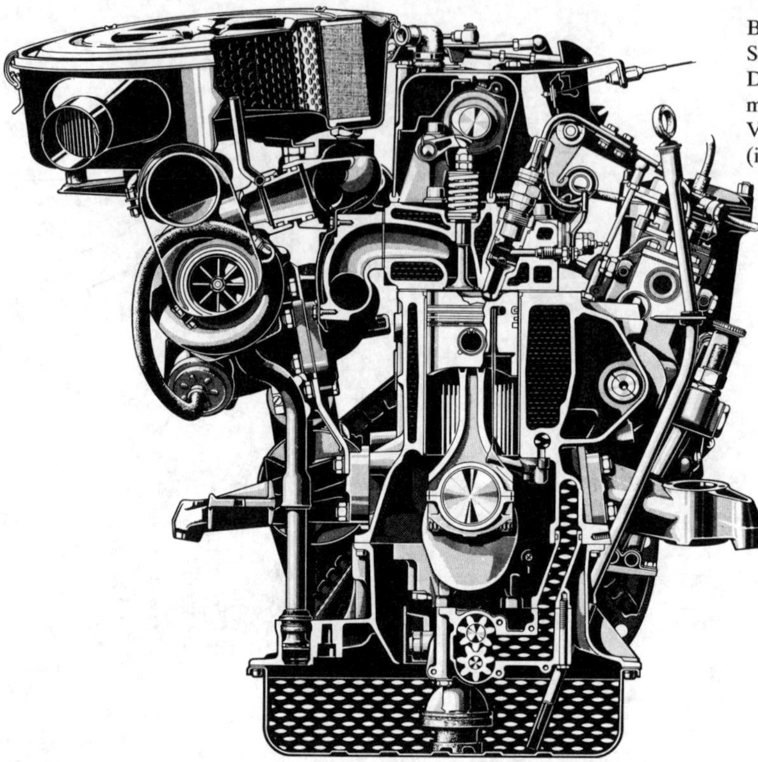

Bild 2.152
Schnittbild durch einen Daimler-Benz-Dieselmotor 300 Turbo mit Vorkammerverfahren (indirekte Einspritzung)

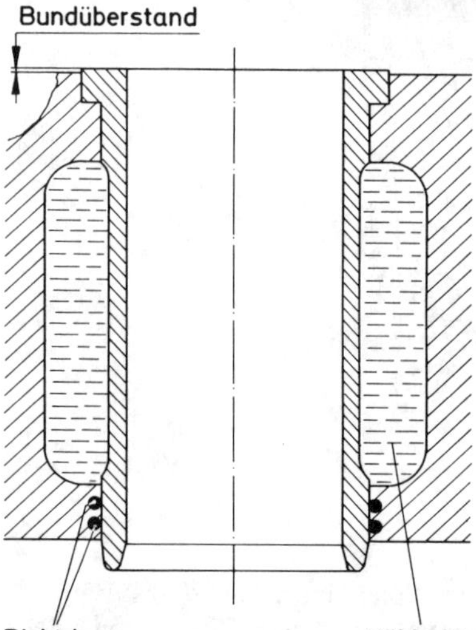

Bild 2.153 Nasse Zylinderlaufbuchse (schematisch)

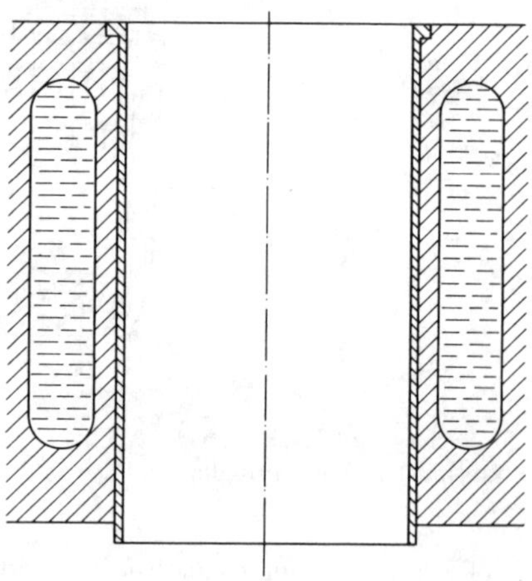

Bild 2.154 Trockene Zylinderlaufbuchse (schematisch)

2.2.3 Arbeitsverfahren

Der Dieselmotor arbeitet nach dem Viertakt- und dem Zweitaktverfahren. Der Viertakt-Dieselmotor wird als Fahrzeug-, Einbau- und Schleppermotor verwendet, während der Zweitaktmotor fast nur noch als Großdiesel in Seeschiffen zum Einsatz kommt.

Das Viertakt-Arbeitsverfahren Das Viertakt-Arbeitsverfahren bezeichnet man als solches, weil die vier Takte während vier Kolbenhüben und zwei Umdrehungen der Kurbelwelle ablaufen (Bild 2.155). Die vier Takte bezeichnet man auch als Arbeitsspiel: 1. Ansaugen, 2. Verdichten, 3. Verbrennen (Arbeiten) und 4. Auslassen.

Bild 2.155 Steuerdiagramm eines Viertakt-Dieselmotors

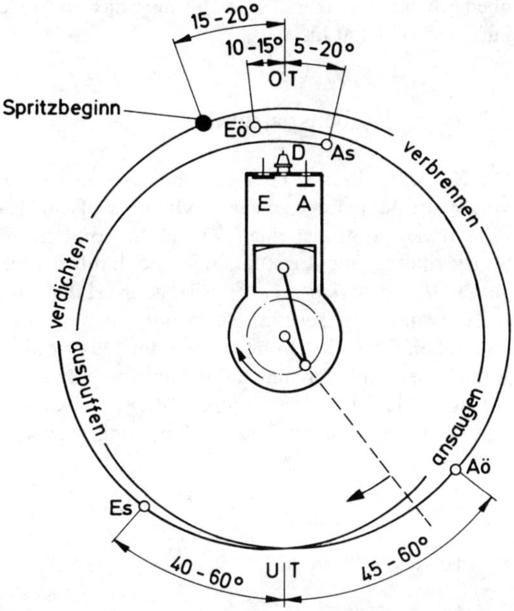

1. Takt: Ansaugen Nach dem Öffnen des Einlaßventils (10 bis 15° v. OT) wird von dem abwärtsgehenden Kolben gefilterte Luft angesaugt.

2. Takt: Verdichten Der aufwärtsgehende Kolben komprimiert, nachdem das Einlaßventil geschlossen wurde (40 bis 60° n. UT), die angesaugte Luft auf einen Druck von 25 bis 35 bar. Dabei entsteht eine Temperatur von 500 bis 700 °C (773 bis 973 K). In diese heiße Luft wird – durch die einsetzende Förderung der Einspritzpumpe – etwa 15 bis 20° v. OT von der Einspritzdüse der Kraftstoff fein genug zerstäubt eingespritzt und verteilt. Der zuerst in den Brennraum eingespritzte Kraftstoff muß verdampfen und sich mit der Verbrennungsluft vermischen. Die Zeit, die dafür erforderlich ist, nennt man den Zündverzug (etwa 1 ms). Erst danach kommt es, aufgrund hoher Wärmebelastung, zur Selbstentzündung bzw. Entflammung des Kraftstoff-Luft-Gemischs.

3. Takt: Arbeiten Durch die Entflammung des Kraftstoffs herrscht jetzt im Verbrennungsraum eine Temperatur von max. 2100 °C (2773 K), so daß der danach eingespritzte größere Kraftstoffanteil ohne Zündverzug sofort zu brennen anfängt. Durch die länger anhaltende Kraftstoffeinspritzung (z.B. bei Vollast über etwa 20° Kurbelwinkel) wird die Verbrennung so gesteuert, daß der Verbrennungsdruck nicht zu schlagartig ansteigt und dann der Höchstwert direkt nach OT kurzzeitig auf fast gleicher Höhe gehalten wird (annähernd Gleichdruckverbrennung). Der hohe Verbrennungsdruck (60 bis 140 bar) wirkt über die Kolbenfläche als Kolbenkraft und treibt den Kolben nach unten. Diese Kolbenkraft wird über Kolben, Kolbenbolzen, Pleuelstange auf die Kurbelwelle übertragen und in Drehbewegung umgewandelt. Mit der Abwärtsbewegung des Kolbens nehmen Druck und Temperatur stark ab.

4. Takt: Auslassen Kurz vor UT (40 bis 60°) öffnet das Auslaßventil, und die Abgase strömen mit eigenem Druck ins Freie (Restdruck etwa 7 bis 10 bar), wobei die Temperatur der Gase noch 400 bis 600 °C (673 bis 873 K) beträgt. Nach dem Überschreiten des UT werden die Abgase von dem nach oben gehenden Kolben fast restlos über das Auslaßventil hinausgedrückt. Das Auslaßventil schließt kurz nach OT (10 bis 15°).

2.2.4 Kolbenspaltmaß

Das Kolbenspaltmaß ist der Abstand des Kolbenbodens (im oberen Totpunkt) vom Zylinderkopf bei vorschriftsmäßig angezogenen Zylinderkopfschrauben. Nach jeder Grundüberholung des Motors muß dieses Maß bei allen Zylindern ermittelt werden, weil das Verdichtungsverhältnis, das Startverhalten, die Leistung und die Laufruhe des Motors davon abhängen. *Durchschnittlich beträgt das Spaltmaß 1,5 mm*, es ist aber bei den Motoren verschieden und wird jeweils angegeben.

Zur Ermittlung dieses Maßes benutzt man einen ungefähr 2 mm dicken Bleidraht, den man dann von außen über die Glühkerzen- oder Düsenbohrung in den Verbrennungsraum hineinschiebt. Beim Hineinschieben muß darauf geachtet werden, daß der Draht immer bis zur Mitte des Kolbens gelangt (Bild 2.156), damit direkt über dem Kolbenbolzen gemessen wird. Im anderen Fall kann der Kolben kippen, und das Meßergebnis wird verfälscht. Anschließend dreht man die Kurbel-

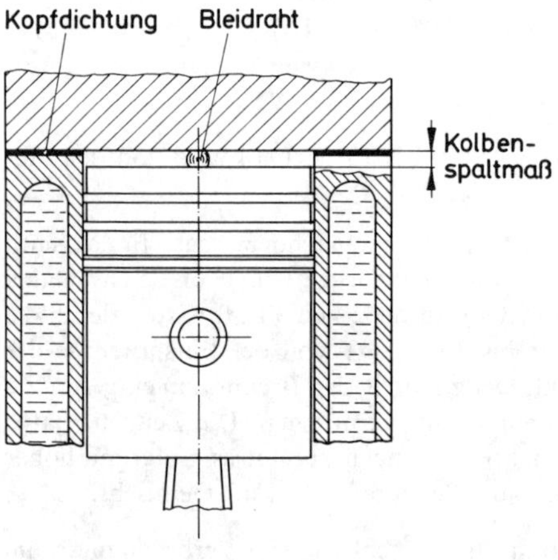

Bild 2.156 Messen des Kolbenspaltmaßes mit Bleidraht

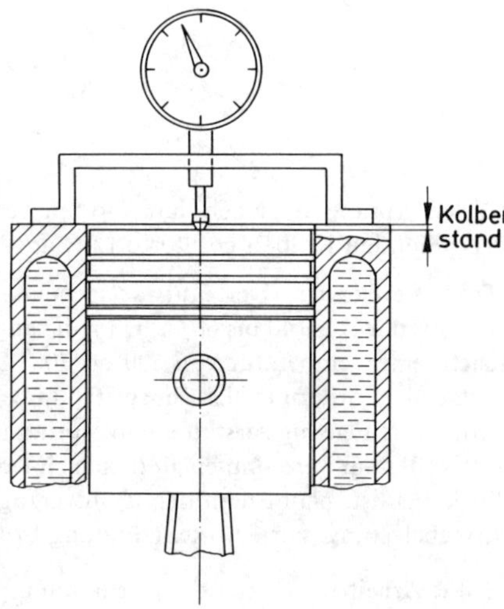

Bild 2.157 Kolbenstandmessung mit einer Meßuhr

welle durch, wobei der Draht auf das Spaltmaß zusammengedrückt wird. Das Kolbenspaltmaß soll bei allen Zylindern eines Motors nach Möglichkeit gleich groß sein. Ein Unterschied von maximal 0,2 mm ist gerade noch zulässig. Werden größere Unterschiede festgestellt, kann man etwas vom Kolbenboden abdrehen oder bei luftgekühlten Motoren die Scheibenstärke unter dem Zylinderfuß ändern. Ist nach einer Überholung des Motors der Unterschied abnorm groß, sollte man die Pleuellänge kontrollieren.

Das Messen mit dem Bleidraht ist veraltet und wird nur noch in einzelnen Fällen durchgeführt. Eine zeitsparende Methode ist, bei abgenommenem Zylinderkopf und abgenommener Zylinderkopfdichtung den Abstand (Kolbenstand) vom Kolbenboden bis zur Planfläche des Zylinderblockes zu messen (Bild 2.157). Zu diesem Zweck legt man eine Meßbrücke über die Zylinderbohrung, stellt den Kolben auf OT und mißt den Abstand mit einer Meßuhr. Das Meßergebnis ist allerdings kleiner; meistens liegt es um Null. Wird anschließend der Zylinderkopf mit montiert, dann ist der tatsächliche Abstand zwischen Kolbenboden und Zylinderkopf wieder etwa 1,5 mm.

2.2.5 Abgasturbolader

Die Leistung eines Dieselmotors hängt von der Frischluftfüllung bzw. dem Luftgewicht ab, das in den Zylindern für die Verbrennung der eingespritzten Kraftstoffmenge zur Verfügung steht. Um eine fast vollkommene Verbrennung zu erreichen, muß der Dieselmotor auch noch mit Luftüberschuß arbeiten. Soll nun die Leistung erhöht werden – eventuell weil es die gesetzlichen Bestimmungen verlangen –, so kann dieses Ziel auf mehreren Wegen erreicht werden:

1. durch Hubraumvergrößerung des vorhandenen Saugmotors,
2. wenn es technisch möglich ist, durch Drehzahlerhöhung,
3. durch Aufladung eines vorhandenen Saugmotors, vorausgesetzt, der Kurbeltrieb ist für die höheren Arbeitsdrücke stärker ausgelegt.

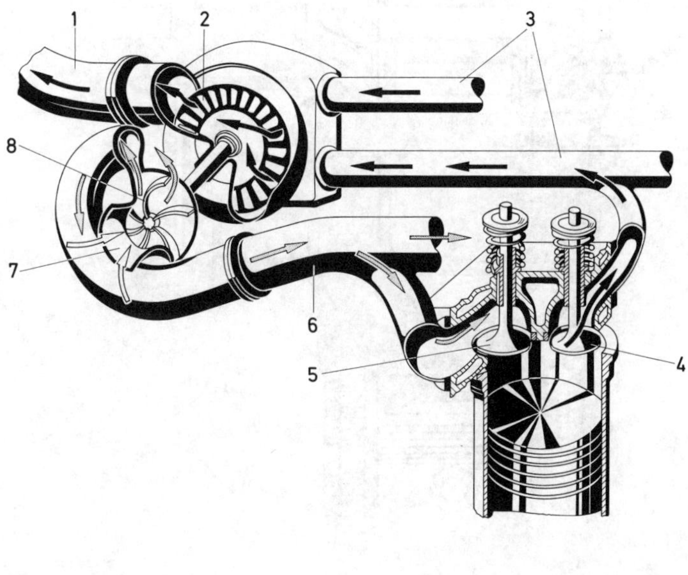

Bild 2.158 Abgasturbolader (schematisch)
1 Abgasabführung
2 Abgasturbine
3 Abgaszuführung vom Auslaßventil, Zylinderkopf, zur Turbine
4 Auslaßventil
5 Einlaßventil
6 Ladeluftzuführung vom Lader zum Zylinderkopf, Enlaßventil
7 Außenlufteintritt zum Lader
8 Läuferrad des Laders

Bei der Aufladung von Viertaktmotoren werden heute meistens Abgasturbolader verwendet (Bild 2.158). Der Einsatz eines solchen Laders hat den Vorteil, daß für seinen Antrieb keine Motorleistung abgenommen wird, der Motor leichter ist, weniger Einbauraum beansprucht und einen geringeren spezifischen Kraftstoffverbrauch hat als der Saugmotor gleicher Leistung.

Wirkungsweise

Die heißen Abgase des Motors treffen auf das Abgasturbinenrad und bringen es auf eine maximale Drehzahl von etwa 100000 min^{-1}. Ein auf der gleichen Welle angeordnetes Läufer- oder Verdichterrad saugt Frischluft an und führt diese mit einem geringeren Überdruck von etwa 0,6 bis 0,8 bar den Zylindern zu. Auf diese Weise gelangt mit jedem Hub mehr Verbrennungsluft in den Zylinderraum als bei einem Saugmotor. Die vom Lader erzeugte Druckerhöhung bewirkt also eine größere Dichte (ein höheres spezifisches Gewicht) und auch eine höhere Temperatur der Luft. Ist die Temperatur zu hoch (z. B. 120 °C [393 K]), muß eine Kühlung der Luft auf etwa 70 bis 80 °C (343 bis 353 K) zwischen Turbolader und Motoreintritt erfolgen (Zwischenkühlung = Intercooling).

Bei unaufgeladenen Motoren bleibt bekanntlich nach dem Auslaßhub eine gewisse Abgasmenge als Restgas im Zylinder. Diese Restgasmenge kann durch die mit erhöhtem Druck in den Zylinder einströmende Frischluft bei entsprechender größerer Ventilüberschneidung hinausgespült werden, wodurch sich der Füllungsgrad verbessert. Gleichzeitig wird durch diesen Spülvorgang eine gewisse Zylinder- und Auslaßventilkühlung erreicht. Kommt also mehr Verbrennungsluft in die Zylinder, so wird auch eine Leistungssteigerung von etwa 30 bis 40 % erreicht, wenn gleichzeitig die Einspritzmenge (Vollastfördermenge) bis zur Rauchgrenze erhöht wird.

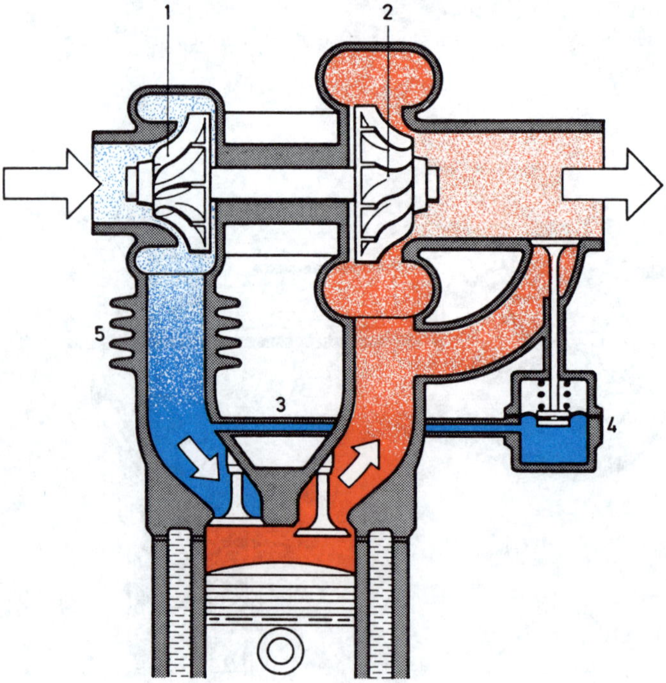

Bild 2.159 Abgasturbolader mit Ladedruckregelung
1 Verdichterrad
2 Abgasturbine
3 Verbindungsleitung zwischen Ansaugkrümmer und Membrankammer
4 Regelventil
5 Ansaugkrümmer

Bei Abgasturboladern für Pkw-Otto- und -Dieselmotoren wird noch zusätzlich ein *Ladedruckregler* (Bild 2.159) verwendet. Er besteht aus einer federbelasteten Membran und dem Regelventil. Die Membrankammer ist über eine Leitung mit dem Ansaugkrümmer des Motors verbunden.

Wirkungsweise

Bei niedriger Drehzahl und geringer Abgasmenge ist das Regelventil geschlossen. Die heißen Abgase strömen nur über den Hauptkanal auf das Abgasturbinenrad und bringen es schnell auf eine hohe Drehzahl von über 100000 min^{-1}. Der mit der Drehzahl ansteigende Ladedruck wirkt über die Verbindungsleitung auf die Membran des Regelventils. Sobald der maximale Ladedruck (0,6 bis 1,5 bar) überschritten wird, öffnet das Regelventil und läßt den überschüssigen Teil der Abgase über den Umgehungskanal (Bypass) direkt in das Abgasrohr strömen. Dadurch steigt der Ladedruck nicht weiter an, und ein Überladen bei hohen Drehzahlen wird verhindert.

2.2.6 Unterschiede zwischen Otto- und Dieselmotor

Der Ottomotor unterscheidet sich vom Dieselmotor in mehreren Punkten, hauptsächlich aber in der Gemischbildung und der Zündung.

Beim Ottomotor wird im Gegensatz zum Dieselmotor ein fast fertiges Kraftstoff-Luft-Gemisch angesaugt, das außerhalb des Verbrennungsraums im Vergaser oder bei Verwendung einer Einspritzanlage im Saugkanal entsteht. Dieses Kraftstoff-Luft-Gemisch wird komprimiert und kurz vor OT durch den Zündfunken der Zündkerze gezündet. Der *Ottomotor* hat somit *äußere Gemischbildung und Fremdzündung.*

Beim Dieselmotor wird im Saughub nur Luft angesaugt, die anschließend im Verdichtungstakt sehr hoch verdichtet wird. Da sich beim Verdichten die Luft stark erwärmt, entzündet sich der Kraftstoff von selbst, wenn er wenige Gradkurbelwinkel vor OT eingespritzt wird. Damit hat der *Dieselmotor innere Gemischbildung und Selbstzündung.*

Beide Motorarten unterscheiden sich noch in folgenden weiteren Eigenschaften:

	Ottomotor	*Dieselmotor*
Verdichtungsverhältnis		
	7 bis 11 : 1	15 bis 19 : 1 (Direkteinspritzverfahren) 21 bis 23 : 1 (Vor- u. Wirbelkammerverfahren)
Verdichtungshöchstdruck bei Starterdrehzahl		
	8 bis 15 bar	25 bis 35 bar
Verdichtungshöchsttemperatur		
	etwa 400 °C (673 K)	500 bis 700 °C (773 bis 973 K)
Verbrennungshöchsttemperatur		
	über 2000 °C (2273 K)	über 2000 °C (2273 K)
Verbrennungshöchstdruck		
	35 bis 45 bar (Vergasermotor) 55 bis 60 bar (Einspritz- und Turbomotor)	70 bis 85 bar (Saugmotor) 120 bis 140 bar (Turbomotor)

Ottomotor	*Dieselmotor*
Restdruck im Zylinder (kurz vor Auslaßventilöffnung)	
3 bis 5 bar	7 bis 10 bar
Mittlerer Arbeitsdruck	
etwa 7 bis 10 bar	etwa 8 bis 14 bar
Abgastemperatur bei Vollast	
800 bis 1000 °C (1073 bis 1273 K)	400 bis 600 °C (673 bis 873 K)
Wirkungsgrad (wirtschaftlich) (siehe Sankey-Diagramm Bild 2.160)	
25 bis 32 %	32 bis 40 %
Spezifischer Kraftstoffverbrauch	
200 bis 250 g/kWh	190 bis 230 g/kWh (Direkteinspritzverf.) 230 bis 250 g/kWh (Vor- u. Wirbelkammerverf.)
Kohlenoxidgehalt der Abgase (Vol.-%)	
0,5 bis 2,0 % (im Leerlauf) 0,2 bis 1,0 % (in Teillast) 2,0 bis 4,0 % (in Vollast)	0,03 bis 0,05 % (im Leerlauf) 0,05 bis 0,25% (in Vollast)
Flammpunkt der Kraftstoffe (siehe auch Kapitel 11)	
−21 bis −23 °C (252 bis 250 K)	+55 bis +100 °C (328 bis 373 K)
Selbstentzündungstemperatur der Kraftstoffe (siehe Kapitel 11)	
etwa 500 bis 600 °C (773 bis 873 K)	etwa 300 bis 350 °C (573 bis 623 K)
Drehmoment bei niedriger Drehzahl	
klein	groß

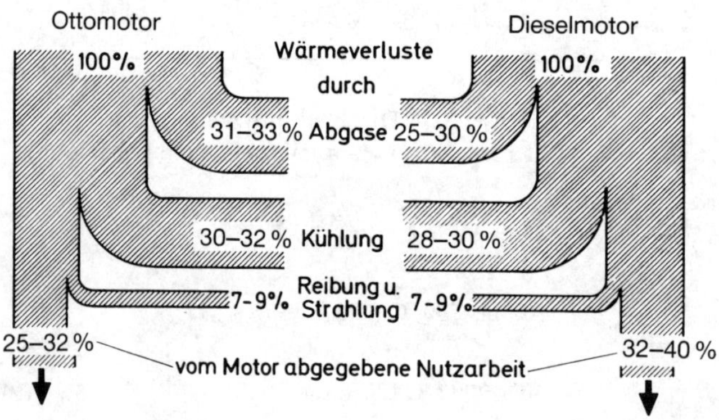

Bild 2.160 Wärmeenergieverluste (Sankey-Diagramm)

3 Gemischbildung und Verbrennung bei Ottomotoren

Die Gemischbildung bei Ottomotoren erfolgt durch Vergaser (Abschnitt 3.6) oder Benzineinspritzanlagen (Abschnitt 3.8). Ihre Aufgabe ist es, dem jeweiligen Motor bei allen Betriebsbedingungen und bei allen atmosphärischen Zuständen ein zündfähiges Kraftstoff-Luft-Gemisch zu liefern, so daß der Motor die größtmögliche Leistung bei möglichst geringem Kraftstoffverbrauch, geringer Luftverschmutzung und langer Lebensdauer abgeben kann. Um dies zu erreichen, müssen die Unterdruckverhältnisse stimmen, sowie Kompression und Zündung in Ordnung sein.

Die *Gemischzusammensetzung* muß je nach Betriebszustand, entsprechend den motorischen Bedürfnissen, unterschiedlich sein.

Zunächst interessiert die Kraftstoffgrundmenge. Es ist die Menge, die der betriebswarme Motor für den Leerlauf und den Teillastbereich benötigt. In allen anderen Situationen reicht diese Kraftstoffmenge nicht aus. Beim *Kaltstart* und in der Warmlaufphase muß z. B. angereichert werden, weil bei niedriger Außentemperatur nur ein Teil des Kraftstoffes, nämlich die leichtsiedenden Bestandteile, vergasen. Es kann durchaus sein, daß die Kraftstoffgrundmenge hierbei um das 3- bis 5fache erhöht werden muß, damit ein zündfähiges Gemisch entsteht. Da Luftmangel vorliegt, wird die Verbrennung zwangsläufig unvollständig. Bei Betriebsbedingungen, bei denen der Motor keine Anreicherung benötigt (Teillast), wird eine nahezu vollständige Verbrennung erreicht. Hier liegt kein Luftmangel vor.

Die Güte der Verbrennung hängt also von der angesaugten oder zugeführten Luftmenge ab. Bei der Luftmenge unterscheidet man zwischen der zugeführten Luftmenge und dem theoretischen Luftbedarf. Das Verhältnis zwischen diesen Luftmengen wird als Luftzahl mit dem Kurzzeichen λ (Lambda) bezeichnet. Die *Luftzahl* errechnet sich aus:

$$\lambda = \frac{\text{zugeführte Luftmenge}}{\text{theoretischer Luftbedarf}}$$

Bei $\lambda = 1$ entspricht die zugeführte Luftmenge genau dem theoretischen Luftbedarf.
Bei $\lambda = 0{,}9$ ist die zugeführte Luftmenge etwa 10 % kleiner, das bedeutet etwa 10 % Luftmangel.
Bei $\lambda = 1{,}1$ ist die zugeführte Luftmenge etwa 10 % größer als der Luftbedarf, das bedeutet etwa 10 % Luftüberschuß.

Kraftstoff-Luft-Verhältnis Das Kraftstoff-Luft-Gemisch ist im Ottomotor bei einem Gewichtsverhältnis von etwa 1 : 11 ($\lambda = 0{,}75$) bis 1 : 18 ($\lambda = 1{,}25$) brennfähig. Hier sind also die Brenngrenzen erreicht (Bild 3.1).

In der Praxis liegt das Kraftstoff-Luft-Verhältnis

im Leerlauf bei etwa 1 : 14 bis 1 : 15,
im Teillastbereich bei etwa 1 : 15 bis 1 : 16,
im Vollastbereich bei etwa 1 : 13 bis 1 : 14.

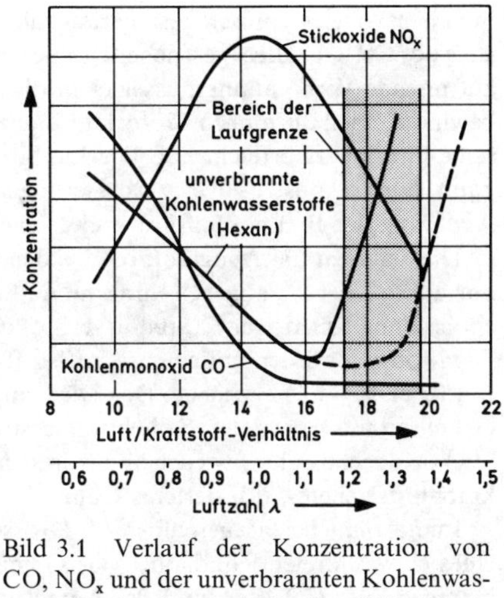

Bild 3.1 Verlauf der Konzentration von CO, NO_x und der unverbrannten Kohlenwasserstoffe über dem Luft-Kraftstoff-Verhältnis bzw. der Luftzahl λ. (Bosch)

Teillast: Die Drosselklappe ist teilweise geöffnet.
Vollast: Die Drosselklappe ist voll geöffnet.

Die Begriffe Teillast und Vollast haben nichts mit der Belastung des Fahrzeuges zu tun. Unterschiedliche Gemischzusammensetzungen bewirken unterschiedliche Brenngeschwindigkeiten, Leistungen und Temperaturen. Damit der größtmögliche Verbrennungsdruck stets unmittelbar nach dem Zünd-OT erfolgt, muß der Zeitpunkt des Zündfunkens entsprechend gesteuert werden. Dies zu regeln ist die Aufgabe der Zündzeitpunkt-Verstellung.

Die *größte Motorleistung*, gleich *schnellste Verbrennung*, erhält man bei etwa 10 % Luftmangel (Vollast).

Der *sparsamste Kraftstoffverbrauch* ist bei etwa 10 % Luftüberschuß möglich. Eine *vollständige Verbrennung* wird theoretisch bei einem Kraftstoff-Luft-Verhältnis von 1 : 14,8 (stöchiometrisches Verhältnis) bei Teillast erreicht. 1 kg Benzin muß also mit 14,8 kg atmosphärischer Luft gemischt werden. Da atmosphärische Luft (21 % Sauerstoff) sehr leicht und Benzin verhältnismäßig schwer ist, sind zur Verbrennung von 1 l Benzin etwa 10000 l Luft erforderlich.

Bei der Verbrennung von 1 l Benzin entsteht 1 l Wasser, das unterhalb

+65 °C Kühlmitteltemperatur den Auspuff in flüssiger Form und ab
+65 °C (Taupunkt) als Wasserdampf verläßt.

Beachte: Die «klingelnde» Verbrennung ist im Kapitel 11 «Kraft- und Schmierstoffe» beschrieben.

Verbrennung Wie bereits erwähnt, ist die Güte der Verbrennung von der angesaugten oder zugeführten Luftmenge abhängig.

Aus dem Diagramm (Bild 3.1) kann man ersehen, daß der CO-Gehalt mit ansteigender Luftzahl abnimmt und oberhalb von $\lambda = 1$, dem stöchiometrischen Verhältnis, bereits einen sehr niedrigen Wert (unter 0,25 %) erreicht und diesen auch bei ansteigender Luftzahl beibehält. Der Gehalt an unverbrannten Kohlenwasserstoffen (CH) nimmt ebenfalls mit ansteigender Luftzahl ab und weist den niedrigsten Wert in dem Bereich zwischen $\lambda = 1$ und $\lambda = 1{,}1$ auf. Bei weiterer Abmagerung des Gemisches steigt die Linie wieder an, wobei die ausgezogene Linie einen Durchschnittswert für heutige Motoren darstellt. Bei Motoren mit einem Verdichtungsverhältnis von 11:1 in Verbindung mit einer vollelektronisch gesteuerten Zündanlage und Klopfsensor, verschiebt sich der Wiederanstieg des CH-Gehaltes (gestrichelte Linie) in Richtung $\lambda = 1{,}25$. Der Wiederanstieg ergibt sich durch auftretende Verbrennungsaussetzer infolge zu starker Abmagerung. Diese Verbrennungsaussetzer bewirken einen unruhigen Motorlauf und ein Ruckeln im Fahrbetrieb, ein Zeichen, daß der Motor seine Laufgrenze erreicht hat. Die Laufgrenze liegt zur Zeit bei $\lambda = 1{,}25$ (Durchschnittswert) und kann durch konstruktive Verbesserungen, z.B. Erhöhung des Verdichtungsverhältnisses und Änderung der Brennraumform, weiter nach oben hin verlagert werden.

Die heutigen Fahrzeugmotoren werden überwiegend im *Teillastbereich* betrieben, müssen somit nur wenig Leistung abgeben und sind deshalb sehr *mager* eingestellt. Somit wird im Teillastbereich ein besonders niedriger Kraftstoffverbrauch und ein geringer Schadstoffanteil im Abgas gemessen. Die Motoren werden mit einem Kraftstoff-Luft-Gemisch in dem Verhältnis etwa 1 : 15 bis 1 : 16 ($\lambda = 1{,}05$ bis $\lambda = 1{,}1$) betrieben. Das Diagramm (Bild 3.1) läßt erkennen, daß der CO-Gehalt und der Gehalt an unverbrannten Kohlenwasserstoffen bei dieser Einstellung sehr niedrig ist und auch der Stickoxidgehalt schon wieder abgenommen hat. Bei Leerlauf und Vollast verlangt der Motor ein kraftstoffreicheres, d.h. fetteres Gemisch.

Im *Leerlauf*, bei fast geschlossener Drosselklappe und geringer Zylinderfüllung muß zur Erzielung eines einwandfreien Rundlaufes das Gemischverhältnis etwa 1 : 14 bis 1 : 14,8 ($\lambda = 0{,}95$ bis $\lambda = 1$) betragen. Der CO-Wert und der Anteil unverbrannter Kohlenwasserstoffe ist hier größer als bei Teillast, wobei die Stickoxide fast den maximalen Wert erreicht haben.

Beschleunigung und Vollast verlangen ein kraftstoffreicheres Gemisch, damit infolge höherer Brenngeschwindigkeit Kolbenkraft und Leistung ansteigen können. Das Gemischverhältnis beträgt in diesem Fall etwa 1 : 13 ($\lambda = 0,9$). Das Diagramm (Bild 3.1) zeigt, daß bei Luftmangel der Gehalt an Kohlenmonoxid und unverbrannten Kohlenwasserstoffen ansteigt, während die Stickoxide abfallen.

3.1 Abgase von Ottomotoren

Abgase enthalten verschiedene und gesundheitsschädliche Bestandteile. Dies sind in erster Linie Kohlenmonoxid (CO), Kohlenwasserstoff (CH) und Stickoxid (NO_x).

Kohlenmonoxid und Stickoxid sind unsichtbar, geruchlos und giftig. Das Stickoxid wird vom menschlichen Körper aufgenommen, jedoch nicht wieder ausgeschieden. Kohlenwasserstoff riecht unangenehm und bildet bei Sonneneinstrahlung zusätzlich giftige Stoffe. Zu den Schadstoffen gehören auch Blei- und Schwefeloxid.

Beachte: Motoren dürfen ohne ausreichende Absaugung nicht in geschlossenen Räumen laufen, da ohne Wahrnehmung der Gefahr der Erstickungstod eintreten kann.

Die jeweilige Zusammensetzung der Abgase ist von der Menge der angesaugten Luft, der Motorkonstruktion, dem Motorzustand und der Gemischaufbereitung abhängig. Der Anteil und die Zusammensetzung der Schadstoffe können durch eine richtige Vergaser-, Zünd- und Motoreinstellung (nach Herstellerangaben) begrenzt werden, ohne die Betriebsfähigkeit des Motors einzuschränken. Damit die Umweltbelastung nicht unnötig groß wird, hat der Gesetzgeber den Bleigehalt im Fahrbenzin auf 0,15 g/l und den CO-Gehalt im Abgas bei Leerlauf auf 4,5 Vol.-% begrenzt.

Abgasvorschriften nach § 47 StVZO

Kraftfahrzeuge müssen so beschaffen sein, daß die Verunreinigung der Luft durch Abgase das nach dem jeweiligen Stand der Technik unvermeidbare Maß nicht übersteigt. Die Prüfung des CO-Gehaltes im Abgas bei Leerlauf ist seit dem 1. Juli 1969 und bei verschiedenen Betriebszuständen seit dem 1. Oktober 1971 in Kraft.

Prüfung der Kraftfahrzeuge mit Ottomotor auf den Gehalt an Kohlenmonoxid (CO) im Abgas bei Leerlauf

1. *Anwendungsbereich:* Dies gilt nur für Kraftfahrzeuge mit Ottomotor. Ausgenommen sind Pkw bis 250 cm^3 sowie andere Kraftfahrzeuge bis 800 cm^3 Hubraum.
2. *Grenzwert:* Der Gehalt an Kohlenmonoxid im Abgas bei Leerlauf muß auf einen möglichst niedrigen, aber fahrtechnisch noch vertretbaren Wert eingestellt sein; er darf unter den nachstehenden Bedingungen jedoch nicht mehr als 3,5 Vol.-% betragen. Dieser Wert darf im Einzelfall überschritten werden, wenn das Fahrzeug bei der Einstellung des Motors nach Satz 1 nicht einwandfrei im Verkehr betrieben werden kann.
   Wegen der Garantiefehlergrenze der Meßgeräte kann bei der Prüfung eine Anzeige von 3,5 plus 1,0 Vol.-% CO unbeanstandet bleiben.
3. *Meßbedingungen:* Der Gehalt an Kohlenmonoxid wird im Leerlauf bei betriebswarmem Motor gemessen. Der Motor gilt als betriebswarm, wenn die Temperatur des Öls mindestens 60 °C = 333 K beträgt. Bei Fahrzeugen mit automatischem Getriebe wird bei Null-(Neutral-) oder Parkstellung gemessen.
4. *Abgasentnahme:* Die Entnahmesonde muß soweit wie möglich, mindestens jedoch 30 cm, in das Auspuffrohr oder in ein aufgestecktes Sammelrohr eingeführt werden.

Abgasuntersuchung (AU)

Die Abgasuntersuchung nach § 47a StVZO ist vom 1. 12. 93 an für alle Fahrzeuge mit Ottomotor wie mit Dieselmotor periodisch vorgeschrieben und darf von Kfz-Werkstätten ausgeführt werden, die dafür eine Anerkennung nach § 47b StVZO haben.

Im einzelnen:

1. **Fahrzeuge mit Ottomotoren**
   - ☐ ohne Katalysator (Kat) und mit ungeregeltem Katalysator (U-Kat) alle 12 Monate,
   - ☐ mit geregeltem Katalysator (G-Kat) erstmalig nach 36 Monaten, dann alle 24 Monate.
2. **Fahrzeuge mit Dieselmotoren**
   - ☐ Pkw erstmalig nach 36 Monaten, dann alle 24 Monate,
   - ☐ Lkw bis 3,5 t zul. Ges.-Gewicht alle 24 Monate, über 3,5 t zul. Ges.-Gewicht alle 12 Monate.

Abgasuntersuchung bei konventionellen Ottomotoren und solchen mit ungeregeltem Katalysator

Prüfungsumfang:

☐ Sichtprüfung der Abgasanlage auf Dichtheit, ggf. Tankeinfüllstutzen in Verbindung mit dem Katalysator,

☐ Messung:
- der Leerlaufdrehzahl,
- des Schließwinkels,
- des Zündzeitpunkts,
- des CO-Leerlaufwertes.

☐ Funktionsprüfung:
- des Katalysators,
- des AGR-Ventils (Abgasrückführung).

Abgasuntersuchung bei Ottomotoren mit geregeltem Katalysator

Prüfungsumfang:

☐ Sichtprüfung der schadstoffbeeinflussenden Bauteile, und zwar auf Vorhandensein, Vollständigkeit, Beschädigung und Dichtheit,

☐ Ermittlung von Lambda (siehe Kapitel 3) anhand der Abgaszusammensetzung bei normalem und erhöhtem Leerlauf,

☐ Messung der CO-Konzentration bei normalem und erhöhtem Leerlauf,

☐ Störgrößenaufschaltung (z. B. Falschluft durch Abziehen der Kurbelgehäuseentlüftung) zur Prüfung der Lambda-Regelfunktion. Bei der Aufschaltung als auch nach Rücknahme der Störgröße, muß der ursprüngliche Lambdawert gehalten werden.

Für diese Überprüfung ist ein Viergasmeßgerät erforderlich. Es mißt die Konzentration von CO, CH, CO_2 und O_2, errechnet den Lambdawert und zeigt diesen an.

Abgasuntersuchung bei Dieselmotoren

Prüfungsumfang:

☐ Sichtprüfung der Abgasanlage auf Dichtheit bzw. Beschädigung und des Vollastanschlags bei durchgetretenem Fahrpedal.

☐ Messung:
- der Leerlaufdrehzahl,
- der Abregeldrehzahl (Höchstdrehzahl),
- des Spitzenwertes der Abgastrübung mittels Opazimeter im Teilstromverfahren bei freier Beschleunigung.

Bei Überschreitung des Grenzwertes der Abgastrübung von 66 % bzw. $k = 2{,}5\ m^{-1}$ (k = Absorptionskonstante) können folgende Fehler vorliegen:
- Luftmangel infolge Luftfilterverschmutzung,
- schlecht zerstäubende Einspritzdüsen,
- verstellter Vollastanschlag,
- nicht funktionierender Spritzversteller.

Die erfolgreich durchgeführte Abgasuntersuchung wird durch eine Plakette am vorderen Nummernschild und durch eine Prüfbescheinigung nachgewiesen.

3.1.1 Abgasprüfung

Zur Überprüfung und Einstellung des CO-Gehaltes im Abgas sind seit dem 1.1.1983 eichfähige Infrarot-Abgasmeßgeräte vorgeschrieben. Für die Eichung sind die Eichämter zuständig. Die Dauer der Eichgültigkeit beträgt ein Jahr. Abgasmeßgeräte ermöglichen die Überprüfung des CO-Gehaltes bei kaltem und betriebswarmem Motor genauso wie bei Leerlauf und verschiedenen Betriebszuständen.

Die *Überprüfung im Leerlauf* bei betriebswarmem Motor kann erfolgen, wenn

1. das Abgasmeßgerät nach etwa 10 min Einschaltdauer betriebsbereit,
2. die Meßsonde mindestens 30 cm in das Auspuffrohr eingesteckt,
3. der Luftfilter aufgesetzt,
4. die Kurbelgehäuseentlüftung abgezogen und zur Saugseite verschlossen ist,
5. die elektrischen Verbraucher und die Klimaanlage abgeschaltet sind,
6. der Wählhebel beim Automatikgetriebe auf Null oder Parken zeigt.

Der *CO-Gehalt* im Abgas beträgt im Leerlauf

- ☐ bei betriebswarmem Motor etwa 1 bis 3 Vol.-%,
- ☐ bei kaltem Motor unmittelbar nach dem Start etwa 5 bis 8 Vol.-%.

Über den CO-Gehalt läßt sich feststellen, ob

1. der Luftfilter sauber ist,
2. eine Motorölverdünnung vorliegt,
3. die Beschleunigungspumpe arbeitet.

Der CO-Gehalt darf sich *mit/ohne Luftfilter* um max. 1 Vol.-%, *mit/ohne Kurbelgehäuseentlüftung* um max. 0,5 Vol.-% ändern und soll bei einem Beschleunigungsstoß um etwa 1 bis 3 Vol.-% ansteigen.

Beachte:

1. Das CO-Meßgerät muß im Freien überprüft bzw. justiert werden, da sich in Werkstatträumen CO-Reste befinden können.
2. Der Auspuff darf keine offensichtliche Undichtigkeit aufweisen.
3. Wird das Abgas für die Messung abgesaugt, so darf dies nicht direkt, sondern unter Verwendung eines Trichters erfolgen. Bei einer Direktabsaugung sind Fehlmessungen möglich, weil bei Leerlaufdrehzahl des Motors ein Unterdruck im Auspuff entstehen kann, so daß Frischluft über die nicht 100%ig dichte Auspuffanlage angesaugt werden kann.
4. Beträgt die Leerlaufdauer des Motors mehr als 3 min, so soll er 30 s lang mit gleichbleibend erhöhter Drehzahl laufen. Hierdurch werden Aussetzer, die durch Verrußung der Zündkerzen entstehen, vermieden.

Läßt sich ein Vergaser nicht zufriedenstellend regulieren, so ist eine Grundeinstellung durchzuführen, sofern kein anderer Fehler vorliegt. Der CO-Wert kann z.B. durch eine starke Motorölverdünnung erheblich ansteigen. Hier würde schon ein Ölwechsel genügen. Es wäre also falsch, einfach den Vergaser zu verstellen.

Abgasprüfung mit dem CH-Meßgerät Während das CO-Meßgerät die verbrannten Anteile im Abgas mißt und mit gewisser Verzögerung auf eine Gemischverstellung reagiert, gibt das CH-Meßgerät praktisch sofort, auch bei einzelnen Verbrennungsaussetzern, Aufschluß über die unverbrannten Anteile. Das CH-Meßgerät zeigt also an, wie gut der Motor das angesaugte Kraftstoff-Luft-Gemisch verbrennt, wie gut das Zusammenspiel zwischen Verdichtung, Gemisch und Zündung ist.

Wird z. B. das Leerlaufgemisch stark abgemagert, so können Verbrennungsaussetzer die Folge sein. Die verbrannte Kraftstoffmenge wird dann kleiner (weniger CO), die unverbrannte Kraftstoffmenge wird dagegen größer (mehr CH). Vergaser sind im Leerlauf bei Einhaltung der vorgeschriebenen Werte so einzustellen, daß der CH-Wert möglichst gering ist. Dabei gilt ein CH-Wert unter 200 ppm (parts per million) als gut.

3.2 Katalytische Nachverbrennung

Bei Verwendung eines Katalysators werden die Schadstoffe im Abgas ab 300 °C (573 K) durch chemische Reaktion fast vollständig zu ungiftigen Bestandteilen umgewandelt. Diese Wirkung wird nur in einem engen Bereich um Lambda 1 erreicht. Links und rechts von diesem Tiefpunkt steigen die Schadstoffwerte sofort an (Bild 3.1 a). Aus Kohlenmonoxid (CO), Kohlenwasserstoff (CH) und Stickoxiden (NO_x) wird Kohlendioxid (CO_2), Wasser (H_2O) und reiner Stickstoff (N_2).

3.2.1 Lambda-Regelung

Die Lambda-Regelung wird in Verbindung mit einem Katalysator (siehe auch Abschnitt 2.1.5 «Abgasanlage») bei Motoren mit *elektronisch gesteuerter* Gemischaufbereitung eingesetzt. Ihr Vorteil besteht darin, daß alle drei Schadstoffkomponenten Kohlenmonoxid (CO), unverbrannter Kraftstoff (CH) und Stickoxide (NO_x) in ausreichendem Maße abgebaut werden (Bild 3.1 a).

Wirkungsweise

Die Lambda-Sonde ist in den Abgaskrümmer des Motors eingesetzt und kommt direkt mit den Abgasen in Berührung. Die Wirkungsweise beruht darauf, daß der verwendete Keramikwerkstoff bei Temperaturen ab etwa 250 bis 300 °C (523 bis 573 K) für Sauerstoffionen leitend wird. Ist auf der Abgasseite der Sauerstoffanteil anders als auf der Seite, die der Atmosphäre ausgesetzt ist, entsteht aufgrund der besonderen Eigenschaften des Werkstoffs zwischen den beiden Grenzflächen eine elektrische Spannung in Millivolt.

Die Sonde als Meßfühler mißt also den schwankenden Restsauerstoffgehalt (etwa 0,2 bis 0,3 %) der Abgase. Dieser ändert sich, wenn das Kraftstoff-Luft-Gemisch fetter oder magerer wird und von dem stöchiometrischen Verhältnis (1 : 14,8) $\lambda = 1$ abweicht.

Die Sonde regelt so, daß bei einer Abweichung von $\lambda = 1$ ein Spannungssprung (Signal) entsteht und durch das Steuergerät (Computer) eine Korrektur der Kraftstoffmenge vorgenommen wird (Bild 3.2). Bei dem Übergang von z. B. einem mageren zum fetteren Gemisch wird bei Überschreitung von $\lambda = 1$ das Steuergerät informiert. Es läßt jetzt stufenlos so lange abmagern, bis die Sonde auf das abgemagerte Gemisch reagiert und durch einen Spannungssprung in entgegengesetzter Richtung das Gemisch wieder fetter werden läßt. Das bedeutet, daß eine ständige geringfügige Änderung des Kraftstoff-Luft-Gemischs vorgenommen wird.

Die Regelung erfolgt nur bei betriebswarmem Motor im Leerlauf und bei Teillast. Während des Anreicherns bei Kaltstart, in der Warmlaufphase und bei Vollast ist die Lambda-Regelung unwirksam.

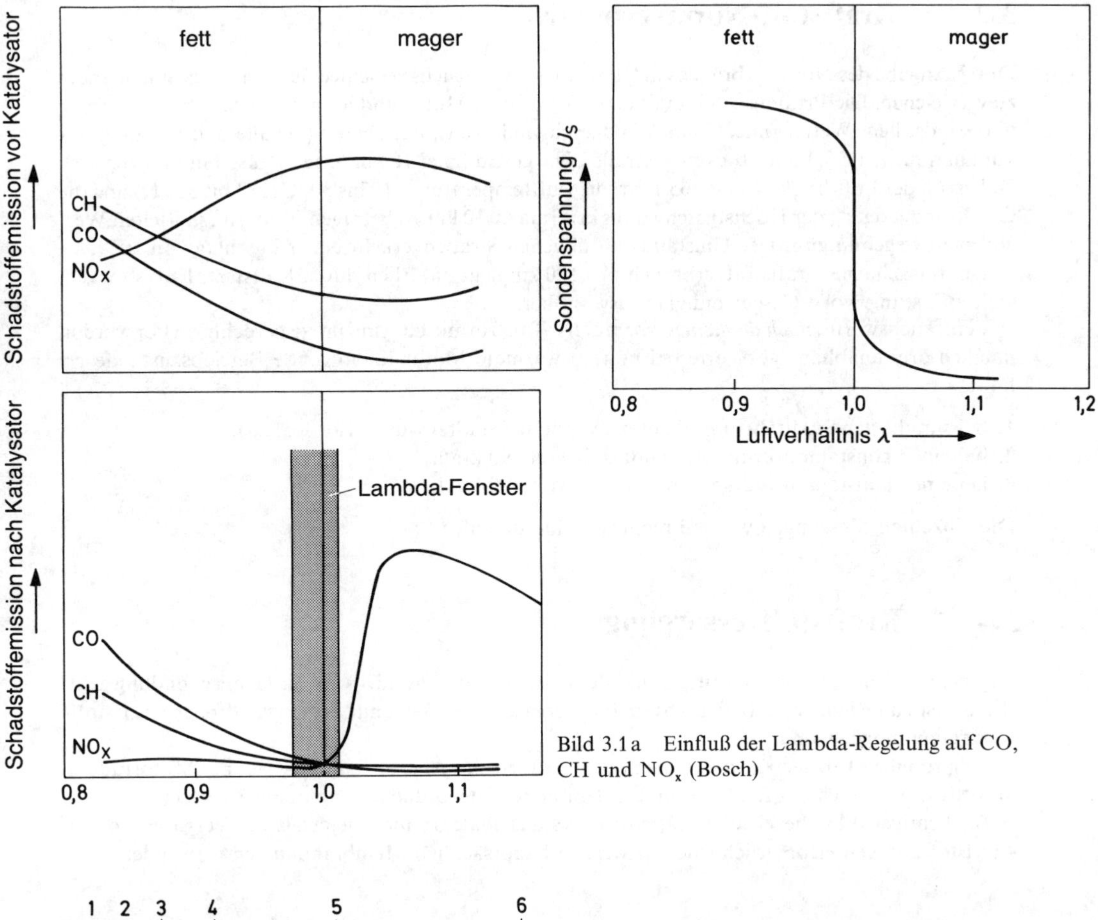

Bild 3.1 a Einfluß der Lambda-Regelung auf CO, CH und NO_x (Bosch)

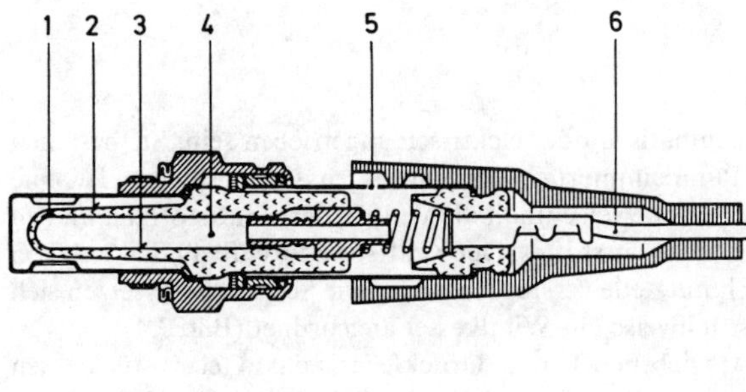

Bild 3.2 Lambda-Sonde (Bosch)
1 Zirkoniumdioxid
2 äußere Oberfläche platinbeschichtet
3 innere Oberfläche platinbeschichtet
4 Luft
5 Lufteintrittsbohrung
6 Leitung

3.3 Kraftstoff-Normverbrauch

Durch Angabe des Normverbrauchs in l/100 km ist es möglich, verschiedene Fahrzeuge miteinander zu vergleichen. Die Prüfung erfolgt mit betriebswarmem Motor und halber Nutzlast, bei trockenem und windstillem Wetter (max. 3 m/s Windgeschwindigkeit), auf ebener (Gefälle und Steigung nur kurz und max. 1,5 %) und trockener Straße über genau 2mal 10 km (ohne Pause hin und zurück). Dabei soll der Luftdruck 745 bis 765 Torr, die Lufttemperatur +10 bis 30 °C (283 bis 303 K) und die Geschwindigkeit $^3/_4$ der Höchstgeschwindigkeit (max. 110 km/h) betragen. Dem so ermittelten Wert gibt man wegen ungünstiger Umstände im üblichen Straßenverkehr einen Zuschlag von 10 %.

Der tatsächliche Kraftstoffverbrauch pro 100 km liegt natürlich durch Kaltstart, Kurzstrecken, volle Belastung, volle Geschwindigkeit usw. höher.

Verbrauchswerte, *nach der neuen Norm* DIN 70030 ermittelt, sind praxisgerechter. Hier werden nämlich drei unabhängige Werte bei betriebswarmem Motor für folgende Betriebszustände erfaßt:

1. bei simulierter Stadtfahrt mit dichtem Verkehr (Stadtzyklus = Europatest),
2. bei einer konstanten Prüfgeschwindigkeit von 90 km/h,
3. bei einer konstanten Prüfgeschwindigkeit von 120 km/h.

Die einzelnen Messungen werden mehrfach durchgeführt.

3.4 Kraftstoffversorgung

Allgemein stehen Vergaser im Mittelpunkt der Betrachtungen, wenn es um die Gemischbildung geht. Hierbei ist zu bedenken, daß wunschgemäße Vergaserfunktionen nur bei einwandfreier Kraftstoffversorgung möglich sind.

Ursprünglich lief der Kraftstoff nach dem Öffnen des Absperrhahnes – wie bei Motorrädern, Mopeds usw. – auch bei Kraftwagen aus dem höher angeordneten Tank zum Vergaser.

Bei heutigen Pkw liegen die Kraftstofftanks aus Platzgründen tiefer als die Vergaser, so daß Kraftstoffpumpen erforderlich sind. Es werden hauptsächlich Membranpumpen verwendet.

3.4.1 Membranpumpen

Membranpumpen können mechanisch, pneumatisch oder elektrisch angetrieben sein. Sie bestehen aus einem Pumpenoberteil und einem Pumpenunterteil. Zwischen den Gehäuseteilen ist eine Membrane angeordnet (Bild 3.3). Das Pumpenoberteil enthält die Ventile, den Kraftstoffzulauf, den Kraftstoffablauf und ein Sieb zur Filterung des Kraftstoffes. Der Kraftstoff durchfließt das Sieb von unten nach oben, so daß es nicht durch Schmutzteile verstopfen kann. Die Schmutzteile setzen sich am Boden ab. Hinter dem Druckventil ist teilweise ein Windkessel angeordnet (Bild 3.4).

Das Pumpenunterteil enthält den Antriebshebel mit Druckfeder, das Gelenkstück, den Pumpenstößel mit Membranfeder und eine Be-/Entlüftungsbohrung. Die Membrane besteht aus mehreren Lagen kraftstoffunempfindlichen und kraftstoffundurchlässigen Gewebes, dem Federteller für die Membranfeder und dem Pumpenstößel. Diese Teile sind miteinander vernietet.

Beachte: Sind Membranpumpen zerlegbar, so ist bei der Montage darauf zu achten, daß die Membrane in Endstellung steht. Damit ist sichergestellt, daß sie den vollen Hub ausführen kann.

Bild 3.3 Membran-Kraftstoff-pumpe mit Hebelantrieb (schematische Darstellung)

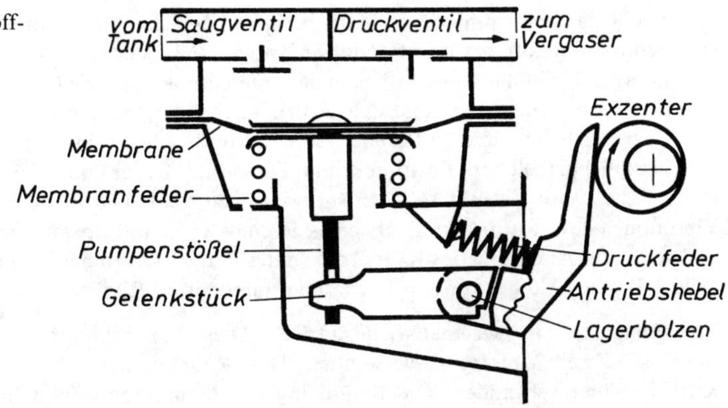

Bild 3.4 Linkes Bild: Förderhub der Pumpe, rechtes Bild: Druckventil geschlossen. Die während des Förder(Druck)-hubes zusammengedrückte Luft dehnt sich aus

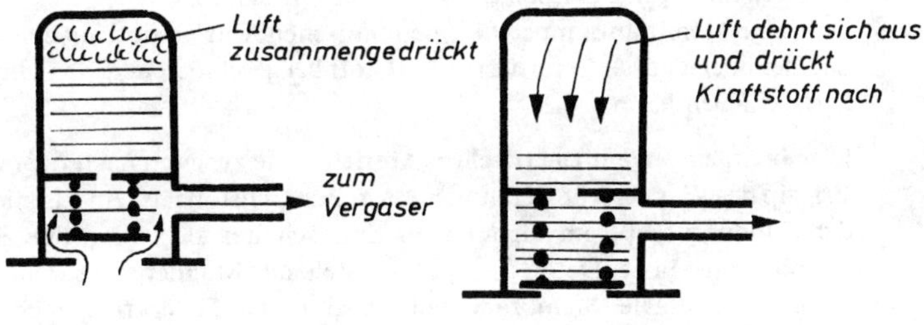

Membranpumpen mit mechanischem Antrieb Sobald der Exzenter der Nockenwelle den Antriebshebel betätigt, wird die Membrane gegen die Membranfeder nach unten gezogen und führt dabei den Saughub aus. Jetzt wird Kraftstoff mit etwa 0,2 bar (Unterdruck) vom Tank angesaugt. Entlastet der Exzenter den Antriebshebel, so kann bei geöffnetem Schwimmernadelventil der Druck- oder Förderhub ausgeführt werden. Die Membrane wird mittels Federkraft angehoben und drückt den Kraftstoff mit ca. 0,1 bis 0,35 bar (Überdruck) in die Schwimmerkammer des Vergasers. *Der Saughub erfolgt zwangsgetrieben, der Druck- oder Förderhub dagegen federgetrieben.*

Bild 3.5 Wirkung des Pumpenantriebs bei Leerlauf

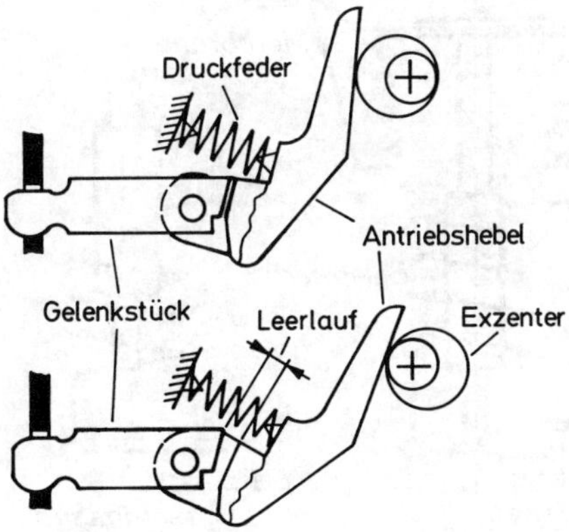

Schließt das Schwimmernadelventil bei gefüllter Schwimmerkammer den Kraftstoffzulauf, so wird kein Kraftstoff gefördert (Nullförderung). Während der Antriebshebel weiterhin ständig betätigt wird, bleibt das Gelenkstück in der unteren Position. Die Membranfeder ist dabei gespannt. Zwischen dem Gelenkstück und dem Antriebshebel entsteht ein Leerlauf (Bild 3.5).

Öffnet das Schwimmernadelventil, so entspannt sich die Membranfeder, die das Gelenkstück mittels Stößel in die obere Position bringt. Dies ist ein Druck- oder Förderhub. Der Kraftstoff wird leider nicht kontinuierlich, sondern stoßweise gefördert. Die stoßweise Förderung kann mit den Vibrationen des Motors zum Lecken des geschlossenen und einwandfreien Schwimmernadelventils und somit zur Änderung des Kraftstoffstandes in der Schwimmerkammer führen. Der Windkessel (Bild 3.4) dämpft die stoßweise Förderung durch ein Luftpolster.

Membranpumpen für pneumatischen Antrieb Diese Membranpumpen werden zur Kraftstofförderung bei Zweitaktmotoren verwendet. Der Raum unterhalb der Membrane ist mit dem Kurbelgehäuse verbunden. Die Betätigung der Membrane erfolgt durch den Druckwechsel im Kurbelgehäuse des Zweitaktmotors und durch die Membranfedern. Bei einer Umdrehung der Kurbelwelle erfolgt ein Saughub und ein Druckhub.

Einige Membranpumpen für pneumatischen Antrieb sind mit einem Überdruckventil versehen, so daß der überschüssig geförderte Kraftstoff bei geschlossenem Schwimmernadelventil zum Saugraum zurückfließen kann.

Membranpumpen mit elektrischem Antrieb Sie arbeiten nach dem von der Elektrik her bekannten Prinzip des Wagnerschen Hammers. Am Pumpenstößel ist ein Eisenkern befestigt. Beim Einschalten der Zündung fließt ein Strom vom Zündschalter (15) über eine Spule und einen geschlossenen Kontakt zur Masse. Der in der Spule entstehende Magnetismus zieht den Eisenkern an und führt den Saughub aus. Die Membrane wird also gegen Federkraft nach unten bewegt. Am Ende des Saughubes öffnet ein Druckstift den Kontakt, der Stromkreis wird unterbrochen (Bild 3.6), und das Magnetfeld bricht zusammen. Die Membranfeder drückt die Membrane hoch, und es wird Kraftstoff gefördert. Bei geschlossenem Schwimmernadelventil bleibt die Membranfeder gespannt, und der Druckstift hält den Kontakt geöffnet.

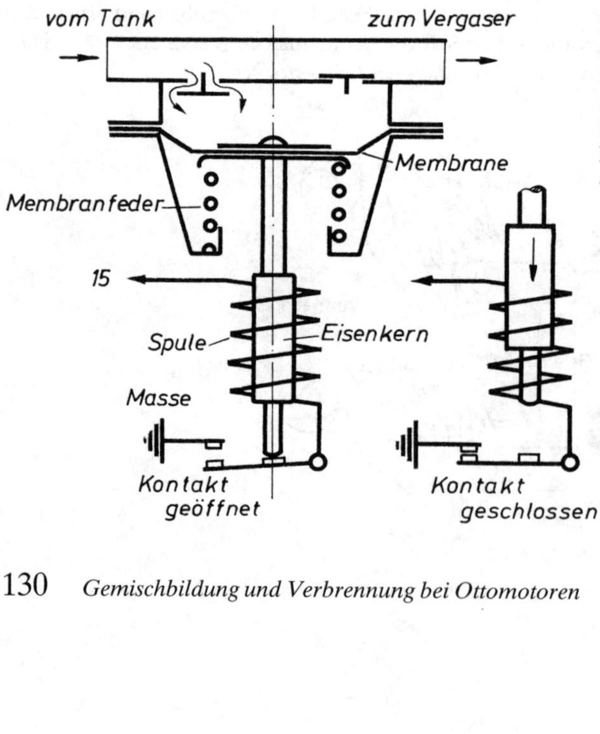

Bild 3.6 Elektrische Membranpumpe (schematische Darstellung).
Linkes Bild: Ende des Saughubes. Der Stromkreis ist unterbrochen, die Membranfeder kommt zur Wirkung.
Rechtes Bild: Stromkreis geschlossen, der Eisenkern wird angezogen

Vorteile des elektrischen Antriebes:

1. Die Kraftstofförderung beginnt mit dem Einschalten der Zündung.
2. Die Förderleistung der Membranpumpe ist von der Motordrehzahl unabhängig.
3. Keine Gefahr der Dampfblasenbildung, weil diese Membranpumpe an relativ kühler Stelle (Karosserie) angebracht werden kann.
4. Es können mehrere Pumpen parallelgeschaltet werden (Zuverlässigkeit bei Wettbewerbsfahrzeugen).

Beachte: Kraftstoffpumpen für Benzineinspritzanlagen sind im Abschnitt 3.8 und für Dieseleinspritzanlagen im Abschnitt 4.3 beschrieben.

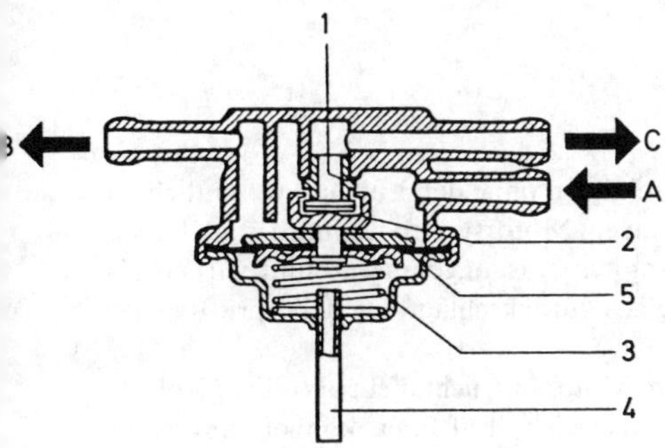

Bild 3.7 Kraftstoffrücklaufventil (DB)
1 Ventilsitz
2 Ventil
3 Feder
4 Unterdruckanschluß
5 Membrane
A Kraftstoffzulauf von der Förderpumpe
B Kraftstoffzulauf zum Vergaser
C Kraftstoffrücklauf zum Kraftstoffbehälter

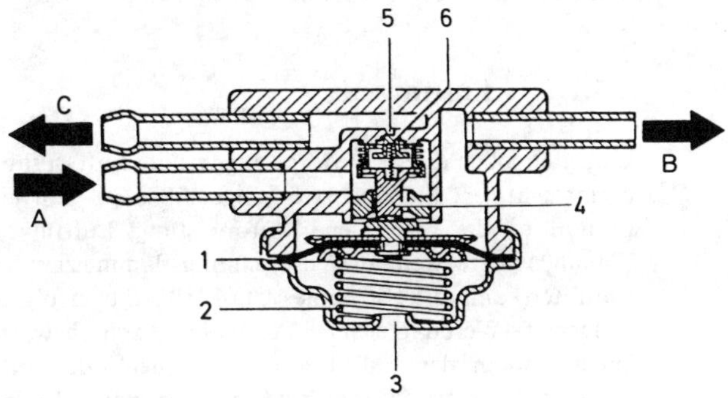

Bild 3.8 Kraftstoffrücklaufventil mit Druckregelung (DB)
1 Membrane
2 Feder
3 Belüftungsbohrung
4 Steuerkegel
5 Drosselbohrung
6 Rücklaufventil

3.4.2 Kraftstoffrücklauf

Verschiedentlich können Motorlaufstörungen durch Dampfblasen in der Kraftstoffversorgung auftreten. Dies passiert kaum, wenn der überschüssige, von der Kraftstoffpumpe geförderte Kraftstoff durch eine Rücklaufleitung zum Tank abfließen kann, so daß der Vergaser auch bei geringer Drosselklappenöffnung kühlen Kraftstoff erhält. Der Rücklauf erfolgt durch eine einfache Rücklaufleitung oder in Verbindung mit einem Kraftstoff-Rücklaufventil. Das Rücklaufventil kann an der Kraftstoffpumpe, zwischen Kraftstoffpumpe und Vergaser oder direkt am Vergaser angeordnet sein.

Kraftstoff-Rücklaufventil Das Kraftstoff-Rücklaufventil in Bild 3.7 ist in der Kraftstoff-Zulaufleitung vor dem Vergaser angebracht. Der Rücklauf wird durch Unterdruck gesteuert. Bei geringer Drosselklappenöffnung (Leerlauf und Teillast) ist das Ventil geöffnet, so daß viel Kraftstoff zum Tank abfließen kann.

Kraftstoff-Rücklaufventil mit Druckregelung Dieses Kraftstoff-Rücklaufventil (Bild 3.8) ist gleichzeitig ein Druckregler. Es besitzt ein federbelastetes Ventil, das den Rücklauf und den Kraftstoffdruck regelt. Der Kraftstoffdruck beträgt etwa 0,2 bar (Überdruck). Er hält den Kraftstoffstand im Vergaser fast konstant.

3.5 Ansaugsystem

Das Ansaugsystem ist an der Gemischbildung und Gemischverteilung beteiligt. Es hat bei allen Betriebsbedingungen Einfluß auf das Laufverhalten des Motors. Verschmutzte Luftfilter, Falschluft und fehlerhafte Temperierung wirken sich nachteilig aus.

3.5.1 Luftfilter

Luftfilter sollen die vom Motor angesaugte Luft optimal reinigen, ohne den Luftfluß wesentlich zu beeinträchtigen. Sie sind strömungsmäßig auf den jeweiligen Motortyp abgestimmt und haben Einfluß auf die abgegebene Motorleistung. Luftfilter dämpfen Ansauggeräusche und wirken als Flammensperre, wenn die Verbrennungsflamme zum Vergaser zurückschlägt. Die Überprüfung der Luftfilter kann mit Hilfe eines CO-Meßgeräts erfolgen.

Der CO-Wert darf sich bei Leerlauf und betriebswarmem Motor um nicht mehr als max. 1 Vol.-% ändern, wenn der Luftfilter abgenommen oder aufgesetzt wird. Luftfilter können mit einer Ansaugvorwärmung ausgerüstet sein, die manuell oder automatisch von Frischluft auf Warmluft oder umgekehrt umschaltbar ist.

3.5.2 Ansaugluftvorwärmung

Bei niedrigen Lufttemperaturen ist es sinnvoll, die angesaugte Luft zu erwärmen. Dies begünstigt die Gemischbildung und beugt einer Vergaservereisung vor. Die Lufttemperatur im Vergaser liegt infolge Kraftstoffverdampfung etwa 10 °C unter der Außentemperatur.

Vergaservereisung bedeutet Eisbildung an Drosselklappe und Mischrohrträger durch Gefrieren der angesaugten Luftfeuchtigkeit. Kurzfristig fehlende Endleistung und ein Absterben des Motors bei Gasrücknahme können die Folge sein. Vergaservereisung tritt überwiegend bei Temperaturen zwischen −4 °C bis +8 °C auf. In den Wintermonaten wird der Vergaservereisung durch Kraftstoffzusätze entgegengewirkt.

Ansaugluftvorwärmung mit manueller Umschaltung Bei Außenlufttemperaturen bis +15 °C soll die Stellung Winter, über +15 °C die Stellung Sommer eingeschaltet werden. Eine übermäßige Erwärmung der Luft bringt Nachteile. Die Luft wird dann verdünnt, und das Kraftstoff-Luft-Gemisch magert ab. Der Motor kann zu heiß werden und «klingeln».

Beachte: «Klingeln» ist im Kapitel 11 «Kraft- und Schmierstoffe» beschrieben.

Ansaugluftvorwärmung mit automatischer Umschaltung Die in Bild 3.9 dargestellte Ansaugluftvorwärmung wird temperaturabhängig von einem Regelelement gesteuert. Bei Außenlufttemperaturen unter +13 °C wird dem Motor Warmluft zugeführt. Ab +13 °C und mit steigender Temperatur wird die Klappe zunehmend auf Frischluft verstellt. Beträgt die Außenlufttemperatur etwa +25 °C, so ist

Bild 3.9 Ansaugluftvorwärmung (DB)
1 Regelelement (Thermostat)
2 Regelstange
3 Druckfeder
4 Druckfeder
5 Klappe
6 Luftfilter
7 Ansaugrohr
8 Anschlußstutzen für Warmluftschlauch
9 Kompensationsbohrung mit Luftführungsrohr

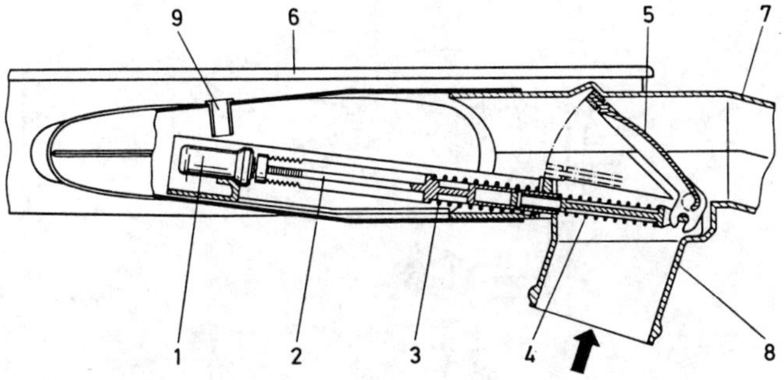

der Warmlaufkanal geschlossen und der Motor erhält nur Frischluft. Zwischen +13 °C und +25 °C erhält der Motor Mischluft.

Beachte: Eine weitere Ausführung der automatischen Umschaltung ist beim Gleichdruckvergaser 175 CDTU beschrieben (Abschnitt 3.7.1).

3.5.3 Saugrohr

Saugrohre sollen das Kraftstoff-Luft-Gemisch auf die einzelnen Zylinder verteilen. Die Ansaugwege der Zylinder können jedoch verschieden lang und unterschiedlich ausgebildet sein. Zwangsläufig treten dann unterschiedlich große Widerstände auf, die zu unterschiedlichen Zylinderfüllungen führen.

Laufverhalten und Leistung eines Motors hängen also unter anderem von der Abstimmung des Saugrohrs zum Motor ab. Die Länge des Saugrohrs beeinflußt die Frequenz der schwingenden Gassäule, so daß die optimale Zylinderfüllung nur in einem bestimmten Drehzahlbereich möglich ist. Lange Ansaugrohre wirken sich hauptsächlich bei niederen Drehzahlen, kurze Ansaugrohre dagegen mehr bei hohen Drehzahlen günstig aus.

Um die mangelhafte Gemischbildung bei kaltem Motor spürbar zu verbessern, verwendet man bei verschiedenen Fahrzeugen Saugrohrvorwärmer. Die bei V.A.G-Fahrzeugen anzutreffenden Saugrohrvorwärmer sind als «Igel» bekannt. Der «Igel» ist bei der Gemischvorwärmung beschrieben.

3.5.4 Gemischvorwärmung

Die Saugrohrbeheizung soll intensiv sein, muß jedoch geregelt werden. Sie verbessert das Warmlaufverhalten und die Gasannahme. Gleichzeitig wird eine Kraftstoffersparnis im Kurzstreckenbetrieb durch Verkürzung der Warmlaufphase erreicht.

Der *Igel* (Bild 3.10) ist im Saugrohr von der Unterseite eingebaut. Er wird bis 55 °C Kühlmitteltemperatur elektrisch beheizt und danach durch das erwärmte Kühlmittel. Der «Igel» erwärmt sich nach dem Einschalten der Zündung sekundenschnell, so daß der Kraftstoff im Saugrohr nicht kondensiert, sondern vollständig verdampft. Bei 55 °C schaltet der im Kühlmittelzulauf befindliche Thermoschalter das Relais für den «Igel» aus. Anschließend erfolgt die Saugrohrbeheizung durch das erwärmte Kühlmittel, welches über einen Temperaturregler am Zylinderkopf in das Saugrohr gelangt.

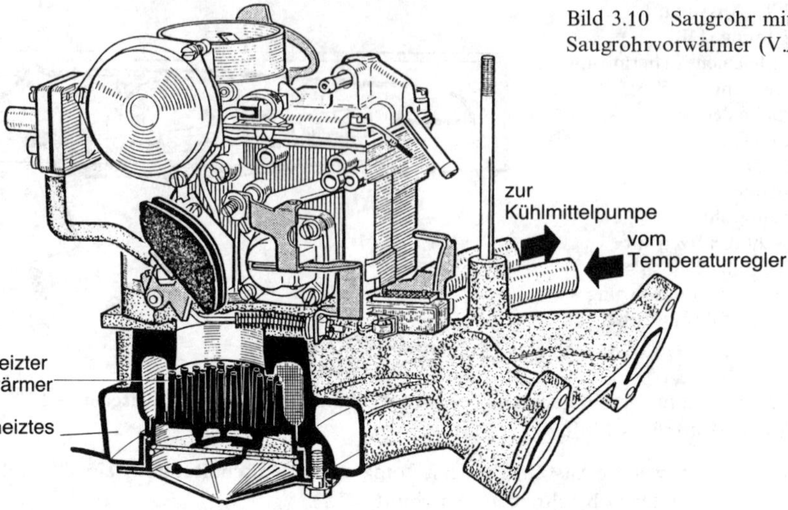

Bild 3.10 Saugrohr mit Saugrohrvorwärmer (V.A.G)

3.6 Vergaser

In den Anfängen gab es Vergaser, die durch Beheizung Benzin vergasten. Dieser Weg wurde verlassen, weil man erkannte, daß sich dies ungünstig auf Zylinderfüllung und Motorleistung auswirkt. Heutige Vergaser zerstäuben den Kraftstoff und erzeugen einen sehr feinen Kraftstoff-Luft-Nebel (Bild 3.11). Man spricht von einem *homogenen Gemisch*, wenn die Kraftstofftröpfchen gleichmäßig verteilt sind. Die eigentliche Vergasung erfolgt durch die Kompressionswärme im Motor und kann schon im Saugrohr beginnen.

Vergaser bestehen aus mehreren Einrichtungen. Im einzelnen sind dies Schwimmersysteme, Startersysteme, Leerlaufsysteme, Übergangseinrichtungen, Hauptvergasersysteme, Beschleunigungseinrichtungen, Anreicherungssysteme und besondere Einrichtungen. Das Zusammenspiel dieser Einrichtungen erfolgt bei wechselnden Drehzahlen und Belastungen automatisch.

Aufgabe Vergaser sollen dem Motor bei allen Betriebsbedingungen und bei allen atmosphärischen Zuständen ein zündfähiges Kraftstoff-Luft-Gemisch liefern, so daß der Motor bei geringem Verbrauch, langer Lebensdauer und geringer Luftverschmutzung die größtmögliche Leistung abgeben kann. Ein hoher Wirkungsgrad – große Motorleistung bei geringem Kraftstoffverbrauch – ist nur erreichbar, wenn *Kompression, Gemisch und Zündung* gleichermaßen optimal sind. Bei

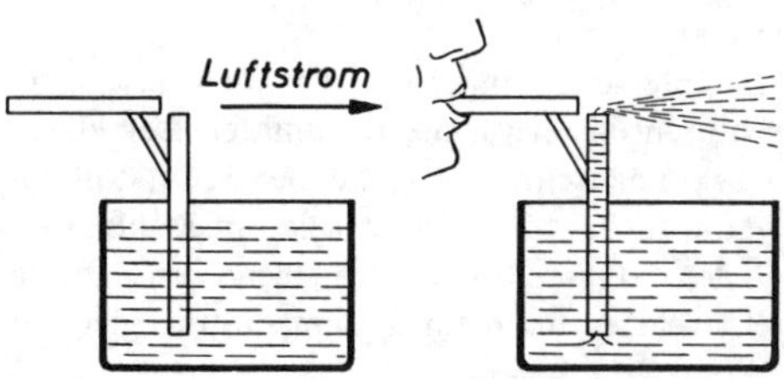

Bild 3.11 Injektorwirkung

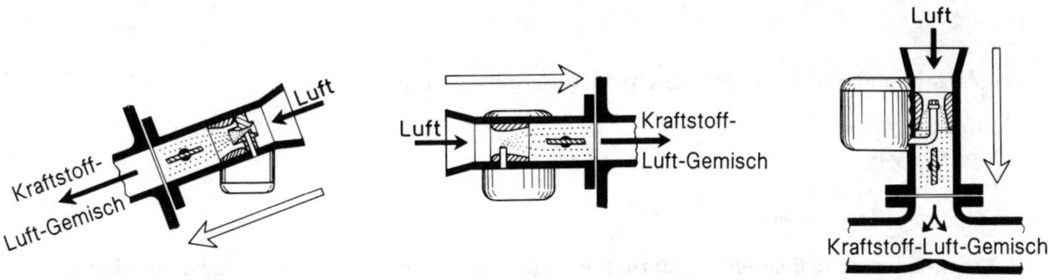

a) Schrägstromvergaser b) Flachstromvergaser c) Fallstromvergaser

Bild 3.12 Anordnung des Saugrohrs

Normalfahrt genügt ein relativ mageres Gemisch. Beim Anlassen, im Leerlauf, beim Beschleunigen, bei Vollast und bei großer Last wird ein mehr oder weniger fettes Gemisch benötigt. Vergaser sind grundsätzlich nach den Weisungen der Fahrzeug- bzw. Vergaserhersteller einzustellen. Falsche Vergasereinstellungen führen zu hohem Kraftstoffverbrauch, schlechtem Fahrverhalten, Ölverdünnung und hoher Umweltbelastung oder gar zu Motorschäden. Durch eine zu magere Einstellung können z. B. die Auslaßventile und die Kolben verbrennen.

Vergaserbauarten

Je nach Anordnung des Saugrohres und nach Strömungsrichtung des Kraftstoff-Luft-Gemischs gibt es *Schrägstrom-*, *Flachstrom- und Fallstromvergaser* (Bild 3.12).

Am häufigsten werden Fallstromvergaser verwendet, weil sie eine besonders gute Zylinderfüllung ermöglichen und von allen Seiten leicht zugänglich sind. Bei eingeschränktem Platzangebot werden Vergaser mit anderer Strömungsrichtung, meistens Flachstromvergaser, verwendet.

Bild 3.13 Vergaserausführungen nach Anzahl und Funktion der Mischkammern
a) Einfachvergaser
b) Doppelvergaser
c) Stufen- oder Registervergaser
d) Doppelregistervergaser

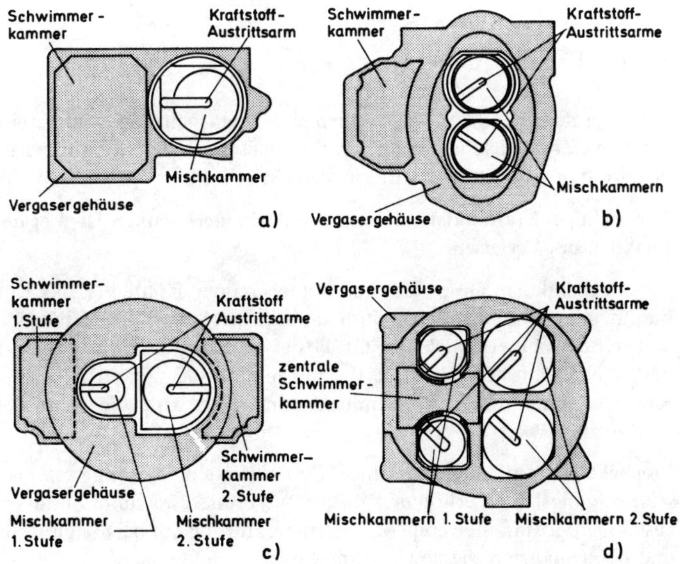

Nach Anzahl und Funktion der Mischkammern gibt es (Bild 3.13):

1. Einfachvergaser
2. Doppelvergaser
3. Stufen- oder Registervergaser
4. Doppelregistervergaser

Die Vergaseranzahl und deren Ausführung wird je nach Motor und Leistungsbedarf bestimmt.

Einfachvergaser haben eine Mischkammer und werden für kleinere Motoren (bis etwa 50 PS) verwendet. Sollen höhere Leistungen erreicht werden, so müssen die Ansaugquerschnitte entsprechend groß sein. Große Querschnitte verringern jedoch die Luftgeschwindigkeit und erschweren so die Gemischbildung im Teillastbereich. Die Ansaugquerschnitte werden deshalb aufgeteilt.

Doppelvergaser haben zwei Mischkammern und zwei Drosselklappen, die bei Betätigung des Gaspedals gleichzeitig und gleichmäßig (synchron) öffnen. Diese Vergaser bewirken eine gute Zylinderfüllung, zumal die Ansaugrohre aufgeteilt und verkürzt werden können. Doppelvergaser werden für sportlich betonte Fahrzeuge verwendet.

Stufen- oder Registervergaser haben auch zwei Mischkammern und zwei Drosselklappen, die jedoch nicht gleichzeitig geöffnet werden. Die 1. Stufe arbeitet für den Leerlauf und für den unteren Teillastbereich. Sie sorgt durch ihren relativ kleinen Querschnitt für eine gute Gemischbildung im unteren Drehzahlbereich. Die 2. Stufe wird für den oberen Drehzahlbereich, mechanisch oder durch Unterdruck, in Abhängigkeit der Drosselklappenstellung der 1. Stufe, zugeschaltet. Jetzt erhält der Motor die volle Zylinderfüllung und kann entsprechende Leistung abgeben.

Doppelregistervergaser haben vier Mischkammern und vier Drosselklappen. Es handelt sich praktisch um zwei Registervergaser, die in einem Gehäuse vereint sind. Die Drosselklappen der 1. und 2. Stufen werden jeweils gemeinsam, jedoch nacheinander geöffnet. Doppelregistervergaser werden für großvolumige Motoren verwendet.

3.6.1 Schwimmersysteme

Jeder Vergaser hat – von Ausnahmen abgesehen – eine Schwimmereinrichtung (Bild 3.14). Sie sorgt für einen etwa gleichmäßigen Kraftstoffstand in der Schwimmerkammer und verhindert einen ungewollten Kraftstoffaustritt aus dem Mischrohr.

Der richtige Kraftstoffstand in der Schwimmerkammer ist Voraussetzung für die einwandfreie Funktion des Vergasers.

Entsprechend dem Gesetz der kommunizierenden Röhren ist das Kraftstoffniveau in den Kanälen und im Mischrohr vom Kraftstoffstand in der Schwimmerkammer abhängig.

Das Schwimmergewicht, die Größe des Nadelventils, die Dicke des Dichtrings, der Pumpendruck und die Dichte des Kraftstoffs haben Einfluß auf den Kraftstoffstand. Ändert sich der Kraftstoffstand in der Schwimmerkammer, so wird die Kraftstoffabsaugung erleichtert oder erschwert.

Mögliche Folgen sind schlechtes Startverhalten, unsauberer Leerlauf, Übergangsfehler, Beschleunigungsfehler, erhöhter Kraftstoffverbrauch, verrußte Zündkerzen, Veränderung der Abgaszusammensetzung, steigende Motortemperatur. Damit bei Steigungen die gewünschte Anreicherung und bei Talfahrten die gewünschte Abmagerung entsteht, soll die Schwimmerkammer in Fahrtrichtung vorn angeordnet sein (Bild 3.15).

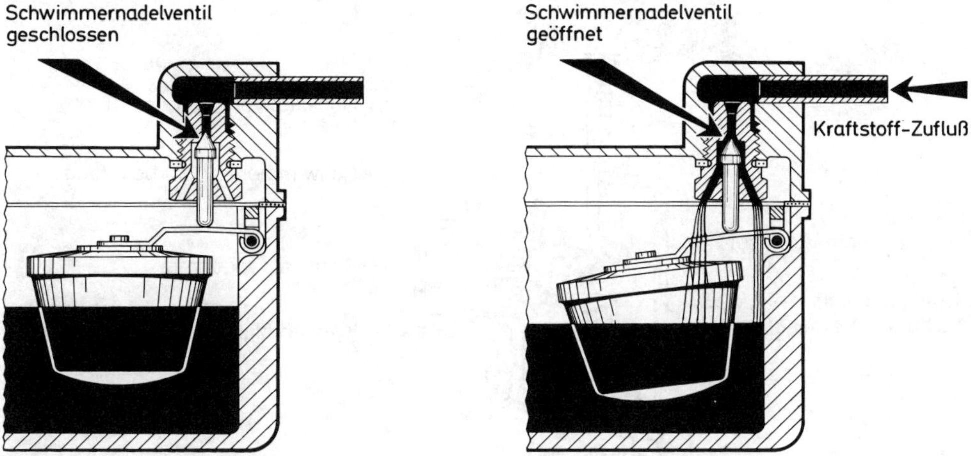

Bild 3.14 Schwimmereinrichtung

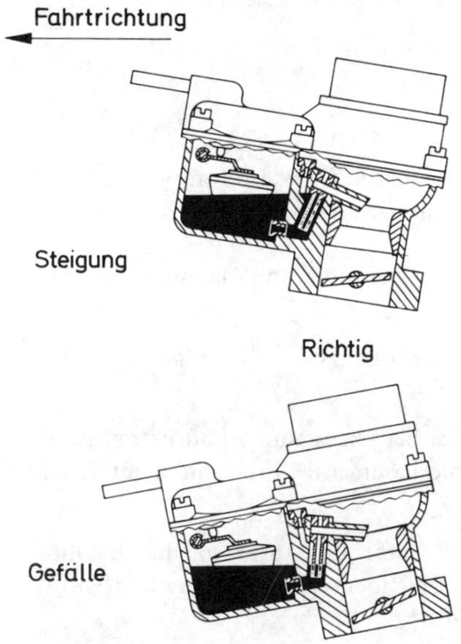

Bild 3.15 Anordnung des Schwimmergehäuses.
Der steigende Kraftstoffstand im Mischrohr führt zu einer gewünschten Anreicherung.
Der fallende Kraftstoffstand im Mischrohr führt zu einer gewünschten Abmagerung.

Überlaufsystem Bei dieser Ausführung ist die Schwimmerkammer von den Vergasern getrennt (Bild 3.16) und unterhalb des Kraftstoffstandes der Vergaser an der Karosserie befestigt. Sie unterliegt nicht den Vibrationen des Motors und gewährleistet deshalb einen konstanten Kraftstoffstand. Dies wirkt sich besonders günstig bei scharfer Kurvenfahrt – wie bei Wettbewerbsfahrzeugen – aus. Das Überlaufsystem benötigt zwei Kraftstoffpumpen. Pumpe I fördert Kraftstoff vom Tank zur Schwimmerkammer, Pumpe II dagegen von der Schwimmerkammer zu den Vergasern. Das Kraftstoffniveau in den Vergasern ist durch Überlaufrohre geregelt, die den Rücklauf des überschüssig geförderten Kraftstoffs zur Schwimmerkammer ermöglichen.

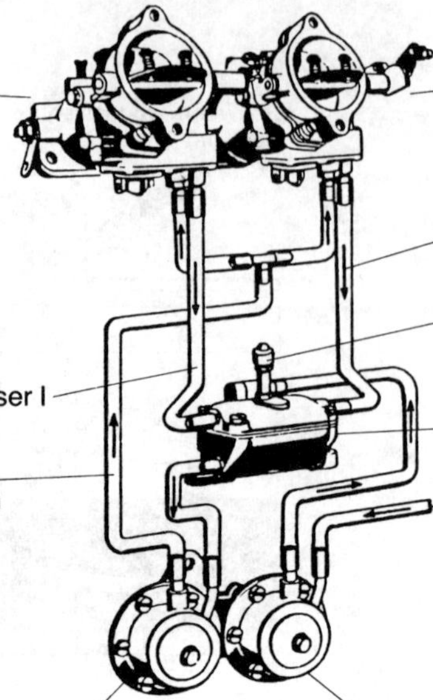

Bild 3.16 Vergaser mit Überlaufsystem

3.6.2 Schwimmerkammerbelüftungen

Die Schwimmerkammer muß ständig belüftet sein, damit beim Lauf des Motors ungehindert Kraftstoff vom Vergaser abgesaugt werden kann. Umgekehrt läßt sich die Schwimmerkammer nur dann mit Kraftstoff füllen, wenn die Luft entweichen kann.

Zur Anwendung kommen die Außenbelüftung, die Innenbelüftung und die umschaltbare Belüftung.

Außenbelüftung Wie in Bild 3.17 erkennbar, führt das Belüftungsrohr ins Freie. Dies hat einen Vorteil, bietet aber auch Nachteile.

Vorteil Heißstartschwierigkeiten werden vermieden, weil die bei abgestelltem und betriebswarmem Motor entstehenden Kraftstoffdämpfe aus der Schwimmerkammer ins Freie und nicht in den Vergaser gelangen.

Nachteile 1. Verschmutzung der Schwimmerkammer durch Staub und Insekten, die zu Laufstörungen des Motors führen kann. 2. Bei Verschmutzung des Luftfilters erhöht sich der Kraftstoffverbrauch, weil sich der Unterdruck nur im Vergaser vergrößert.

Innenbelüftung Das Belüftungsrohr mündet in den Saugraum (Bild 3.18). Hier bleibt die Schwimmerkammer weitgehend sauber. Bei Verschmutzung des Luftfilters erhöht sich der Unterdruck im Vergaser und in der Schwimmerkammer gleichermaßen, so daß eine Überfettung des Gemisches nicht eintritt.

Umschaltbare Belüftung Die Umschaltung kann mechanisch oder elektrisch erfolgen. Bild 3.19 zeigt eine mechanisch umschaltbare Belüftung. Bei der mechanischen Umschaltung ist die Außenbelüftung bei abgestelltem Motor und bei Leerlauf geöffnet. Im Fahrbetrieb ist die Innenbelüftung geöffnet. Bei der elektrischen Steuerung erfolgt die Umschaltung mit dem Ein- bzw. Ausschalten der Zündung.

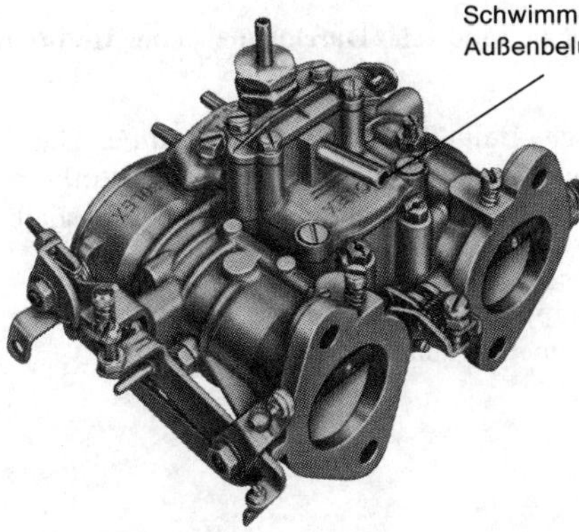

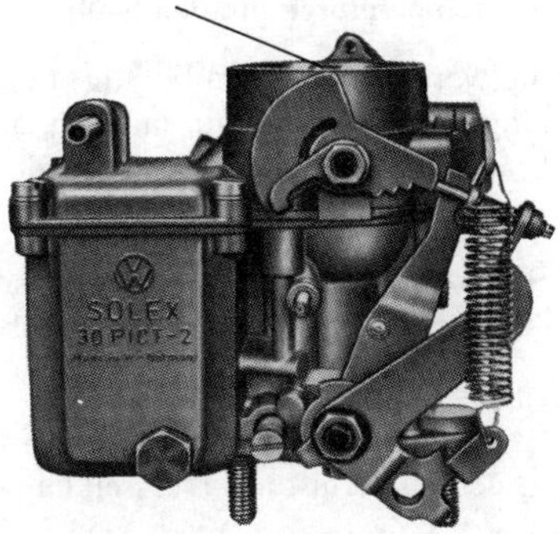

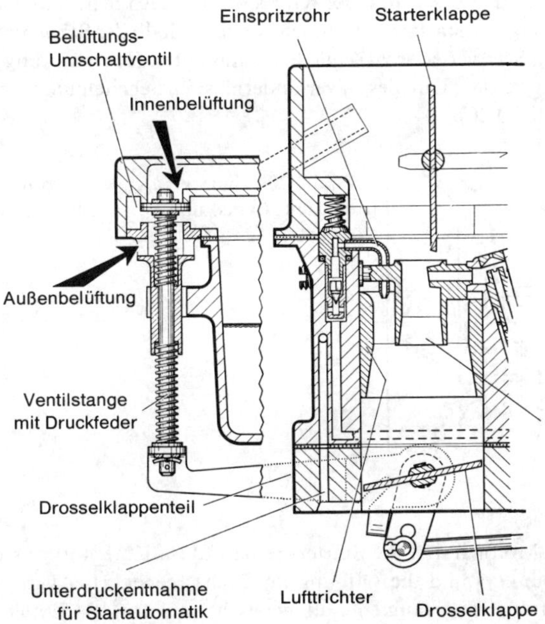

Bild 3.17 (oben links) Doppel-Flachstromvergaser mit Außenbelüftung

Bild 3.18 (oben rechts) Fallstromvergaser mit Innenbelüftung

Bild 3.19 Umschaltung von Innen- auf Außenbelüftung

3.6.3 Starteinrichtungen

Bei niedrigen Außentemperaturen ergeben sich normalerweise Kaltstartprobleme, und zwar deshalb, weil der angesaugte Kraftstoff mangels Wärme nur unvollständig verdampft. Er schlägt sich teilweise an den Wandungen des Saugrohrs und der Zylinder nieder, so daß der Motor ein zu mageres Kraftstoff-Luft-Gemisch erhält. Dies wird mit Hilfe von Starteinrichtungen ausgeglichen. Sie liefern ein besonders kraftstoffreiches Gemisch (1 : 3 bis 1 : 5).

Starteinrichtungen ermöglichen ein sicheres Anspringen und einwandfreies Durchlaufen kalter Motoren bei Temperaturen um den Nullpunkt und darunter.

Sie werden per Hand betätigt oder arbeiten automatisch. Beim Thermo-Choke wird per Hand eingeschaltet und automatisch ausgeschaltet. Starteinrichtungen erhöhen den Kraftstoffverbrauch, den Motorverschleiß, die Ölverdünnung und die Umweltbelastung. Sie sollen deshalb nicht unnötig benutzt werden.

Startvergaser Startvergaser besitzen keine Starterklappe, sondern einen Startdrehschieber (Bild 3.20). Das Startgemisch ergibt sich aus dem Zusammenwirken

- ☐ der Starterkraftstoffdüse,
- ☐ der Starterluftdüse und
- ☐ der Zusatzluft am Drosselklappenspalt.

Beachte: Die gewünschte Kraftstoffanreicherung ist bei eingeschaltetem Drehschieber nur dann möglich, wenn das Gaspedal nicht betätigt wird.

Bei dem schematisch dargestellten Fallstromvergaser muß der Kraftstoff über den Scheitelpunkt *S* hinübergehoben werden, weil die Mündung der Starterbohrung sehr tief unterhalb der Schwimmerkammer angebracht ist. Vergißt man den Startvergaser zu schließen, kann durch Heberwirkung die gesamte Schwimmerkammer leergesogen werden. Um dies zu verhindern, ist im Scheitelpunkt *S* eine Bohrung *b* für Bremsluft angebracht (Bild 3.20).

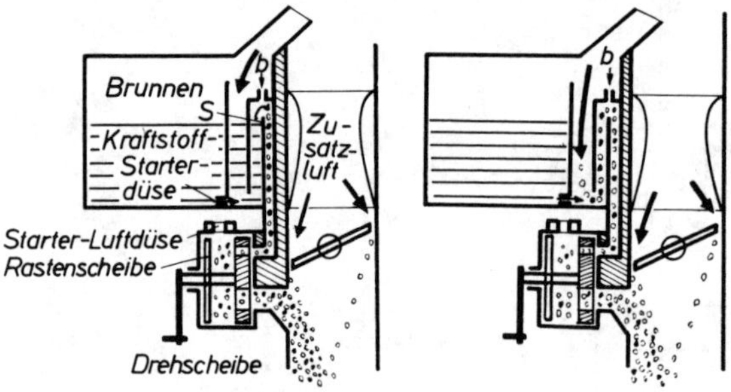

Bild 3.20 Startvergaser während des Startens (links) und kurz nach dem Start (rechts)

Arbeitsweise

Bei geöffnetem Startschieber saugt der Motor durch die Starterkraftstoffdüse Kraftstoff aus der Schwimmerkammer über den Scheitelpunkt *S* und die Öffnung im Drehschieber. Hier wird der Kraftstoff mit der durch die Starterluftdüse angesaugten Luft gemischt und tritt als Emulsion unterhalb der Drosselklappe aus. Mit der durch den Drosselklappenspalt angesaugten Hauptluft vermischt, entsteht das Startgemisch.

Ist der Motor angesprungen, tritt erhöhte Saugwirkung ein. Da der Kraftstoff nicht schnell genug durch die Starterkraftstoffdüse nachfließen kann, wird der Brunnen leergesaugt. Es tritt Luft durch den Brunnen ein, wodurch das Startgemisch abgemagert wird (Bild 3.20).

Starterklappe (Choke) Die Starterklappe befindet sich vor dem Mischkammereingang, also beim Fallstromvergaser im Vergaseroberteil (Bild 3.21). Sie ist normalerweise voll geöffnet und ändert ihre Position, sobald der Starterzug von Hand gezogen wird.

Beim Schließen der Klappe wird die Drosselklappe über eine Verbindungsstange etwas geöffnet. Dadurch kann sich beim Startvorgang der relativ kräftige Unterdruck bis zur Mischkammer

Bild 3.21
Starteinrichtung mit Luftventil, links ausgeschaltet und rechts eingeschaltet

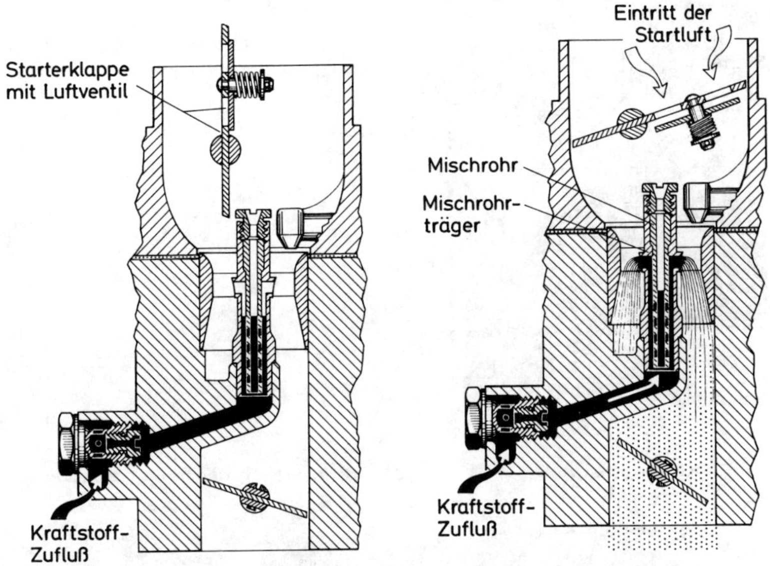

fortpflanzen. Der Motor saugt reichlich Kraftstoff aus dem Hauptdüsensystem, also ein fettes Kraftstoff-Luft-Gemisch, und springt deshalb auch bei niedrigsten Temperaturen sicher an.

Nach dem Anspringen des Motors vergrößert sich der Unterdruck. Dabei öffnet das in der Starterklappe angeordnete Luftventil, und das fette Startgemisch wird ein wenig abgemagert. Der Motor läuft in dieser Zeit, aufgrund der angestellten Drosselklappe, mit erhöhter Leerlaufdrehzahl (Schnell-Leerlauf). Die Drosselklappe geht in die eigentliche Leerlaufstellung zurück, wenn die Starterklappe voll geöffnet wird.

Beachte: Die Starterklappe soll

1. nur geschlossen werden, wenn dies nötig ist,
2. nach dem Anspringen des Motors so weit wie möglich geöffnet werden,
3. baldmöglichst ganz geöffnet sein.

Halbautomatische Starterklappe Diese Starterklappe wird auch mittels Starterzug von Hand geschlossen. Da sie außermittig gelagert und auf der Starterklappenwelle frei beweglich ist, übernimmt sie die Luftregulierung selbst (Bild 3.22). Sie gerät bei laufendem Motor durch die Kraft des Saugdruckes und der Rückdrehfeder in einen Zustand des Flatterns. Bei diesem schnellen Wechsel zwischen Öffnen und Schließen «schnüffelt» der Motor Luft.

Thermo-Choke Beim Ziehen des Starterzugs bewegt sich die Starterklappe in Richtung Schließen. Dies geschieht über einen Mitnehmerhebel durch Verdrehen der ausgesparten Kurvenscheibe (Bild 3.23).

Die volle Schließung kann nur durch die Spannkraft der temperaturabhängigen Bimetallfeder erreicht werden. Bei dem beschriebenen Vorgang wird die Drosselklappe zwangsläufig entsprechend geöffnet.

Ist der Motor angesprungen, so wird die Starterklappe durch den verstärkten Unterdruck, gegen die Spannkraft der Bimetallfeder und durch den Pulldown (Abmagerungseinrichtung) etwas geöffnet. Der Starterzug muß nach dem Anspringen des Motors in die Warmlaufstellung, in der angefahren werden darf, zurückgeschoben werden. Jetzt kann die Starterklappe durch die

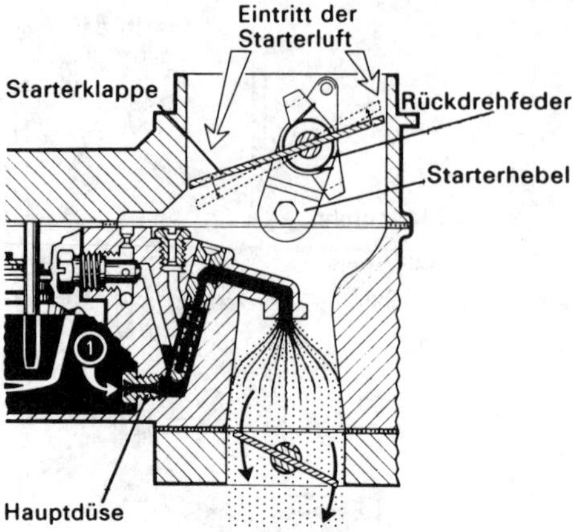

Bild 3.22 Halbautomatische Starterklappe

Bild 3.23 Thermo-Choke

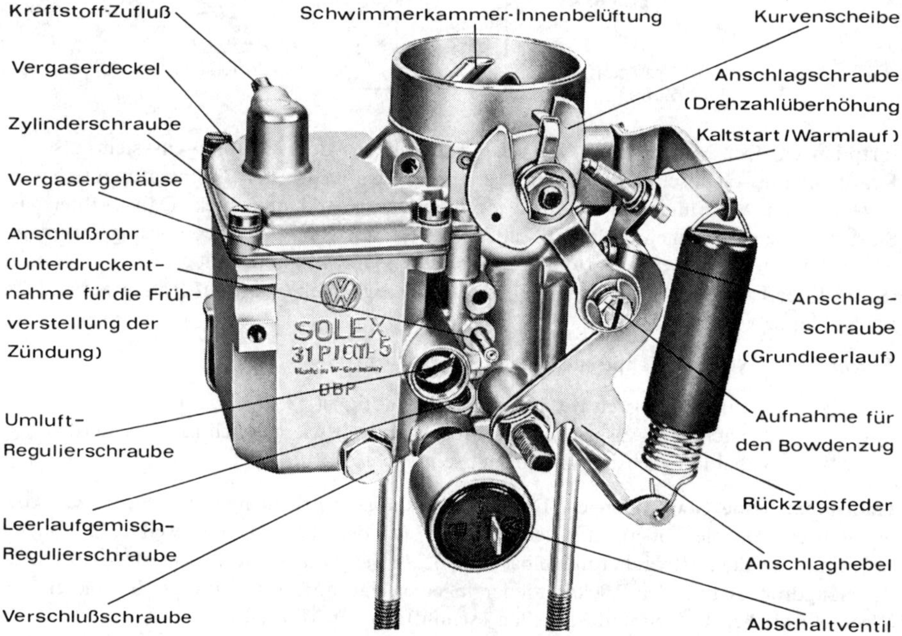

temperaturabhängige Bimetallfeder, aufgrund der Aussparung in der Stufenscheibe, nahezu vollständig öffnen. Schiebt man also den Starterzug nicht baldmöglichst ganz zurück, so hat dies auf die Starterklappenstellung kaum einen Einfluß.

Bedingt durch die Stellung der vom Starterzug betätigten Kurvenscheibe geht jedoch die Drosselklappe nicht in die eigentliche Leerlaufstellung zurück, d.h., der Motor läuft bei Gaswegnahme ständig mit erhöhter Drehzahl. Um diese Vergeßlichkeit auszuschalten, wird die Stellung des Starterzuges teilweise durch eine Kontrollampe überwacht.

Startautomatik Moderne Vergaser sind vielfach mit einer Startautomatik (Thermostarter) ausgerüstet. Die *Halbautomatik* hat eine Stufenscheibe. Sie läßt das selbsttätige Schließen der Starterklappe durch die Spannkraft der temperaturabhängigen Bimetallfeder erst dann zu, wenn zuvor das Gaspedal einmal betätigt wurde. Bei der *Vollautomatik* schließt die Starterklappe völlig selbsttätig ohne vorherige Betätigung des Gaspedals. Sie hat keine Stufenscheibe, sondern einen Drehzahlregler (Bild 3.24).

Bild 3.24 Drehzahlregler und Thermo-Zeit-Ventil

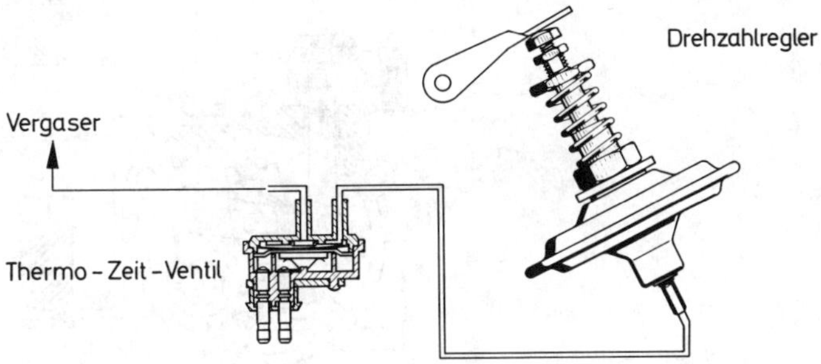

Bild 3.25 Startautomatik in Kaltstartstellung

f = Anschlaghebel
g = Stufenscheibe
h = Mitnehmerhebel
i = Membranstange
k = Abmagerungsmembrane
l = Starterklappe
m = Drosselklappe
n = Hauptdüse
o = Mischkammer

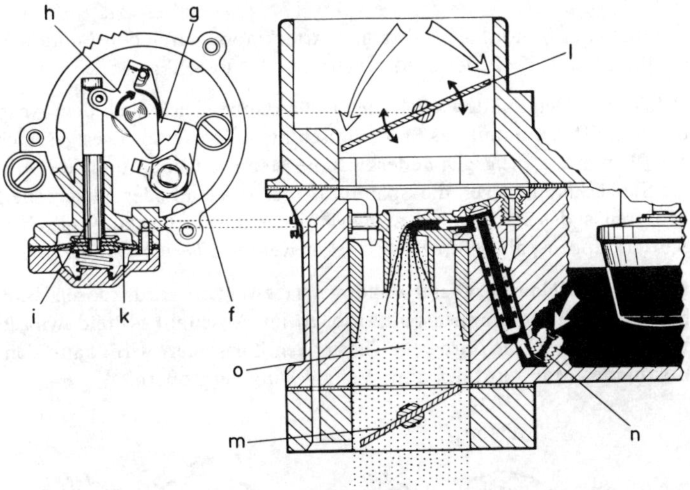

Halbautomatik Beim Schließen der Starterklappe verdreht sich die Stufenscheibe (Bild 3.25), so daß die Drosselklappe bei gelöstem Gaspedal um den *Drosselklappenspalt* geöffnet ist (Bild 3.26).

Der Drosselklappenspalt kann bei abgebautem Vergaser gemessen werden. Er bewirkt, daß der Motor einen *Schnell-Leerlauf* hat. Dieser wird bei aufgebautem Vergaser und betriebswarmem Motor gemessen und kann an der Schraube M eingestellt werden.

Erfolgt der Startvorgang bei geschlossener Starterklappe, so saugt der Motor ein fettes Kraftstoff-Luft-Gemisch an. Eine Überfettung tritt nicht ein, weil die außermittig gelagerte Starterklappe «schnüffelt», d.h., durch den Saugdruck und die Kraft der Bimetallfeder im schnellen Wechsel etwas öffnet und wieder schließt. Der Motor kann also genügend Luft ansaugen.

Bild 3.26 Startautomatik in Warmlaufstellung

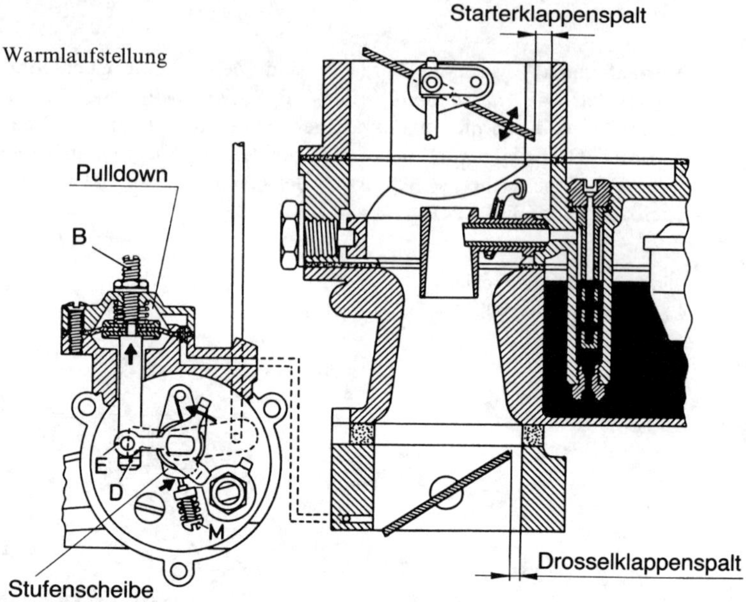

Sobald der Motor läuft, wird die Starterklappe durch den *Pulldown* um den *Starterklappenspalt* geöffnet (Bild 3.26), der an der Schraube B einstellbar ist.

Pulldown Der Pulldown soll die Starterklappe gleich nach dem Anspringen um den Starterklappenspalt öffnen, damit das Startgemisch nicht überfettet. Dies geschieht mittels Unterdruck durch eine Membrane, die gegen Federkraft die Membranstange und den Mitnehmerhebel betätigt, so daß die Starterklappe gegen die Spannkraft der Bimetallfeder entsprechend öffnet. Bei verschiedenen Motoren ist das Startgemisch zu mager, wenn die Starterklappe gleich nach dem Anspringen um den Starterklappenspalt geöffnet wird. Hier werden *Thermoverzögerungsventile* verwendet.

Doppelter Pulldown Dieser Pulldown hat zwei Unterdruckdosen (Bild 3.27). Die eine sorgt für den bekannten Starterklappenspalt, wie er im Abschnitt «Pulldown» beschrieben ist. Die zweite Unterdruckdose, die durch ein Thermoventil gesteuert wird, kann den Starterklappenspalt um ein bestimmtes Maß mit oder ohne Verzögerung vergrößern.

Bild 3.27 Startautomatik mit doppeltem Pulldown

Bild 3.28 Startautomatik mit Thermo-Verzögerungsventil

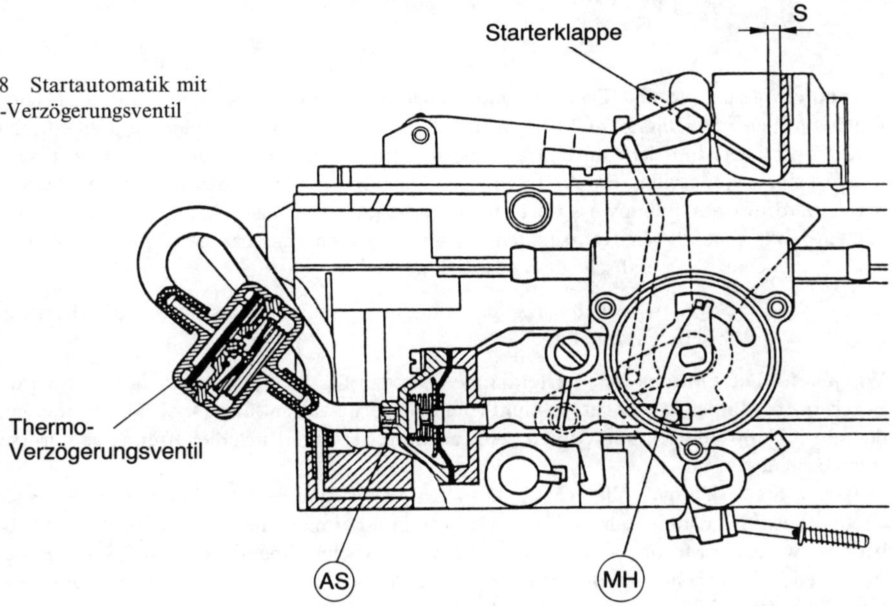

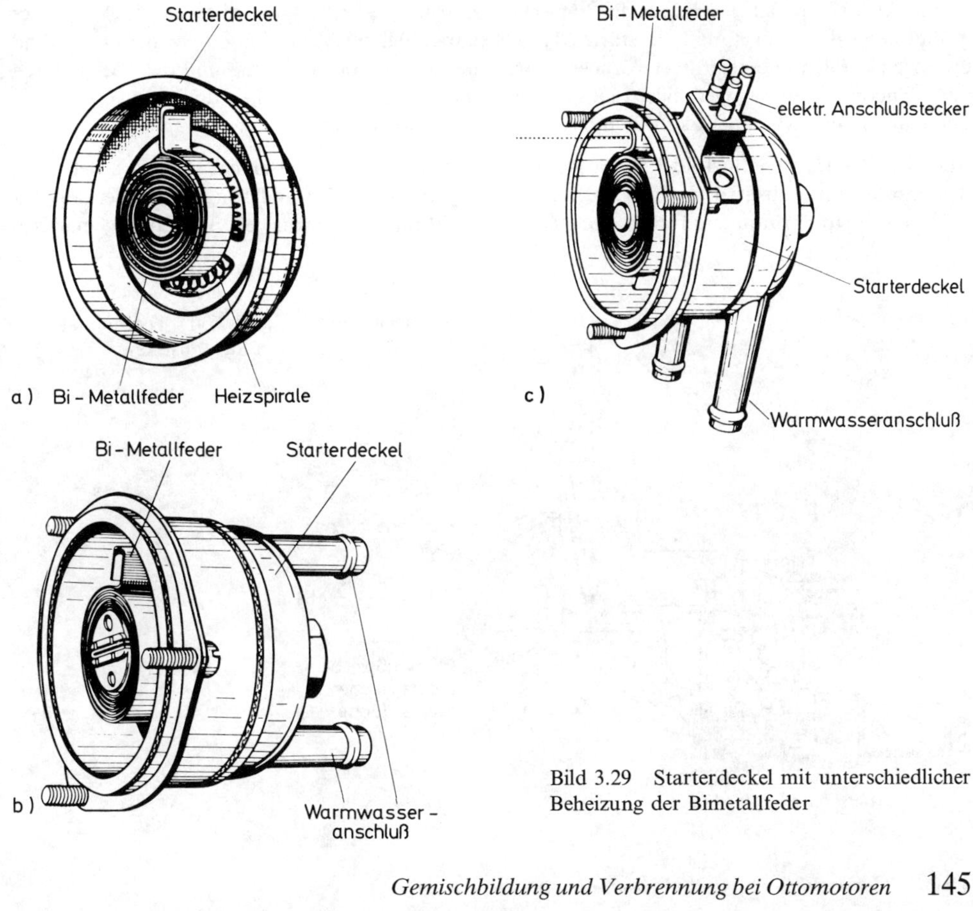

Bild 3.29 Starterdeckel mit unterschiedlicher Beheizung der Bimetallfeder

Thermoverzögerungsventil Das Thermoverzögerungsventil ist in der Unterdruckleitung des Pulldown eingesetzt (Bild 3.28). Es bewirkt, daß die Starterklappe bei Temperaturen unterhalb etwa −12 °C verzögert um den Starterklappenspalt öffnet. Bei Tempraturen oberhalb etwa −12 °C erfolgt keine Verzögerung. Bei Abbruch eines Startversuches baut das Thermoverzögerungsventil den Unterdruck am Pulldown sofort ab, so daß problemlos nachgestartet werden kann. Die im Winter durch Feuchtigkeit verursachten Störungen des Thermoverzögerungsventils können durch Vorschalten eines Wasserabscheiders beseitigt werden.

Beachte: Eine weitere Ausführung der Pulldownverzögerung ist beim Gleichdruckvergaser beschrieben (Abschnitt 3.7.1).

Warmlauf Die Öffnung der Starterklappe über den Starterklappenspalt hinaus wird durch die Beheizung der Bimetallfeder geregelt und vom Unterdruck beeinflußt. Da sich die Stufenscheibe mit der Starterklappe in Richtung Öffnen bewegen kann, verringert sich die Öffnung der Drosselklappe entsprechend.

Ist die Starterklappe völlig geöffnet, so befindet sich die Drosselklappe in der eigentlichen Leerlaufposition. Damit sich die Starterklappe gerade immer nur so weit in der Schließstellung befindet, wie es der Motor verlangt, wird die Schließkraft der Bimetallfeder durch ständige Beheizung fortlaufend geschwächt. Die Beheizung erfolgt elektrisch, durch die Wärme des Kühlwassers oder kombiniert (Bild 3.29).

Eine elektrische Beheizung läßt die Starterklappe relativ schnell öffnen, während die Wärme des Kühlwassers dafür sorgt, daß die Starterklappe bei abgestelltem Motor lange geöffnet bleibt. Sind zwei Heizspiralen in einem Starterdeckel, so wird die eine mit der Zündung und die andere durch einen Thermoschalter eingeschaltet. Das Zuschalten der zweiten elektrischen Beheizung erfolgt nur bei temperiertem Motor. Das Öffnen der Starterklappe wird dadurch beschleunigt.

Thermopulldown Die in Bild 3.30 dargestellte Startautomatik ist mit einem elektrisch beheizten Thermostellmotor ausgerüstet. Er bewirkt eine temperaturabhängige Änderung des Starterklappenspaltes. Die Überprüfung und Einstellung ist bei einer Raumtemperatur von etwa 20 °C gemäß den

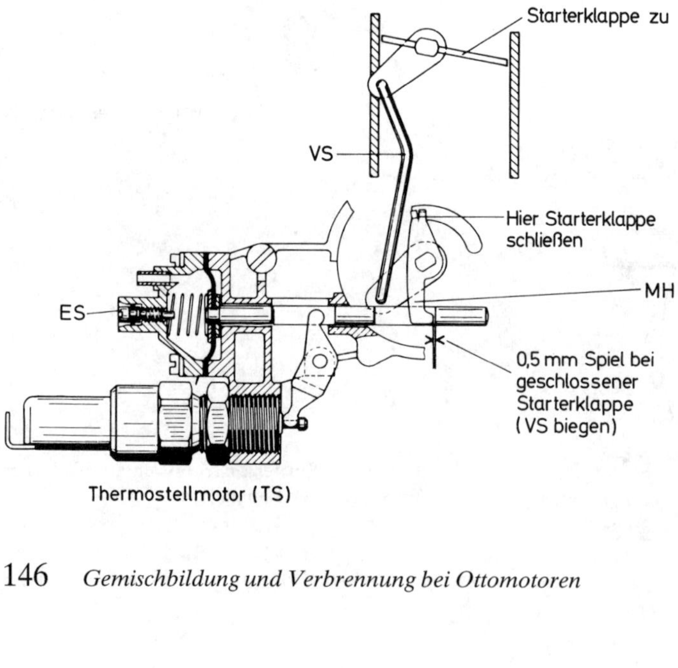

Bild 3.30 Thermopulldown in Startposition

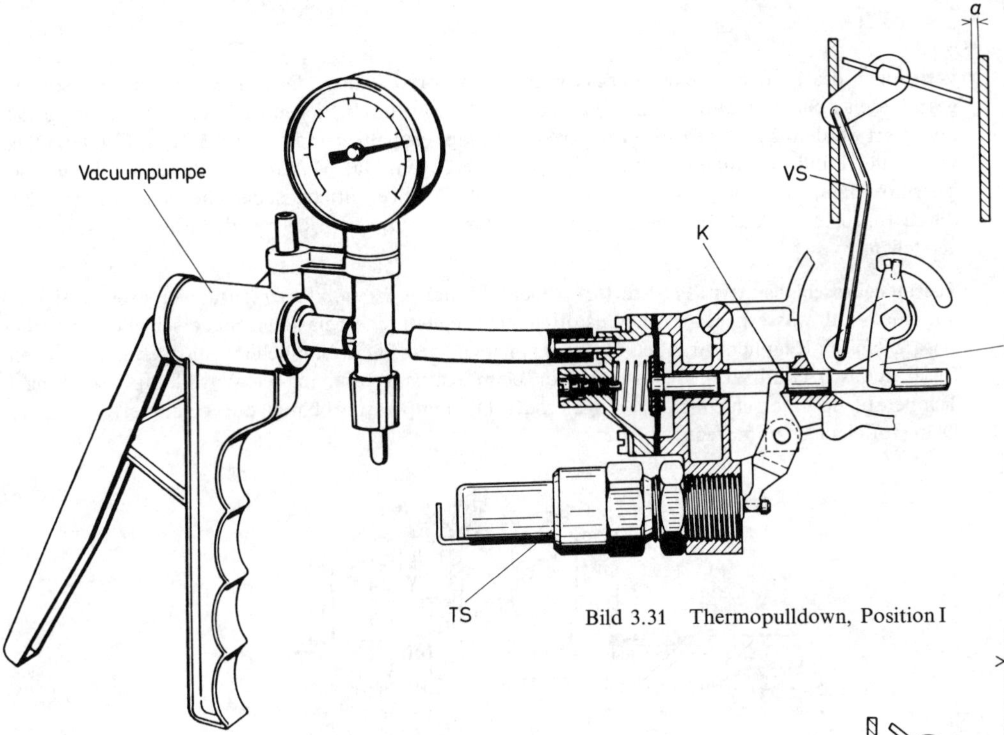

Bild 3.31 Thermopulldown, Position I

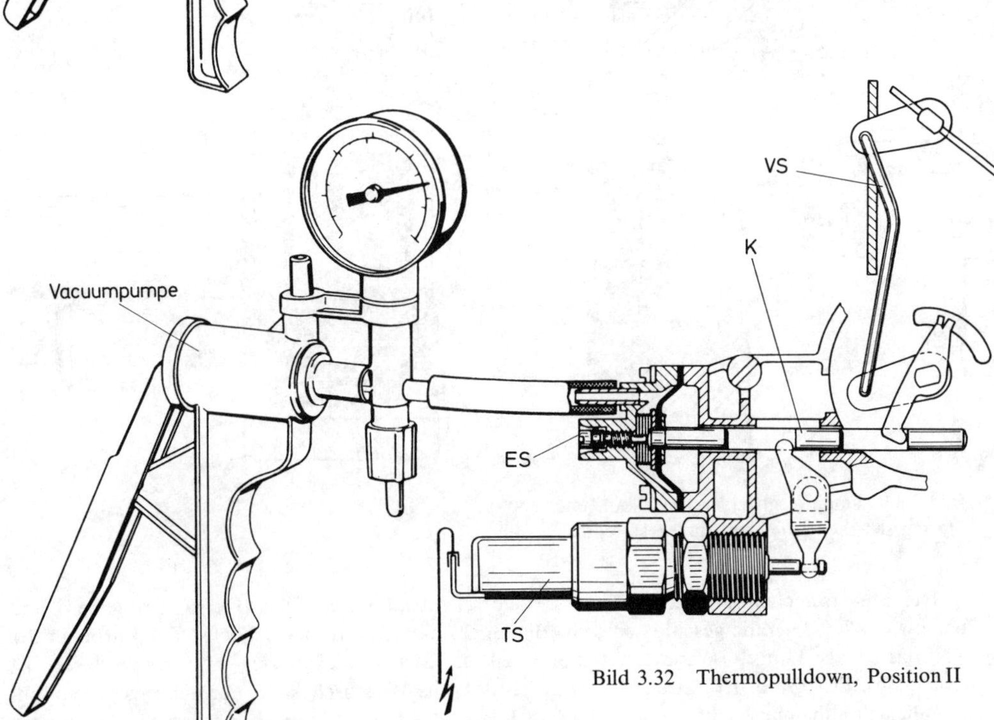

Bild 3.32 Thermopulldown, Position II

Weisungen des Fahrzeug- bzw. Vergaserherstellers vorzunehmen. Das Spiel x (Bild 3.30) soll bei geschlossener Starterklappe 0,5 mm betragen und kann durch Biegen der Verbindungsstange VS korrigiert werden. Zwecks Ermittlung der Starterklappenspalte a und a_1 (Bild 3.31 und Bild 3.32) ist vorher der Pulldown mittels Vakuumpumpe zu betätigen. Das Maß a kann durch Verdrehen des Thermostellmotors TS geändert werden. Um das Maß a_1 zu ermitteln, ist der Thermostellmotor 120 s durch Einschalten der Zündung zu beheizen. Das Maß a_1 läßt sich mit der Einstellschraube ES verstellen.

Thermonebenschlußstarter (TN-Starter) Der TN-Starter ist ein kleiner Zusatzvergaser (Bild 3.33) mit einem kühlwasserbeheizten Dehnstoffelement, einem federbelasteten Steuerschieber und einer Zusatzgemisch-Regulierschraube. Er sorgt neben dem herkömmlichen Startgemisch für ein Zusatzgemisch (Bild 3.33), das der Motor beim Kaltstart und in der Warmlaufphase je nach Temperatur in unterschiedlicher Menge erhält. Die temperaturabhängige Regelung erfolgt mittels Dehnstoffelement und Steuerschieber.

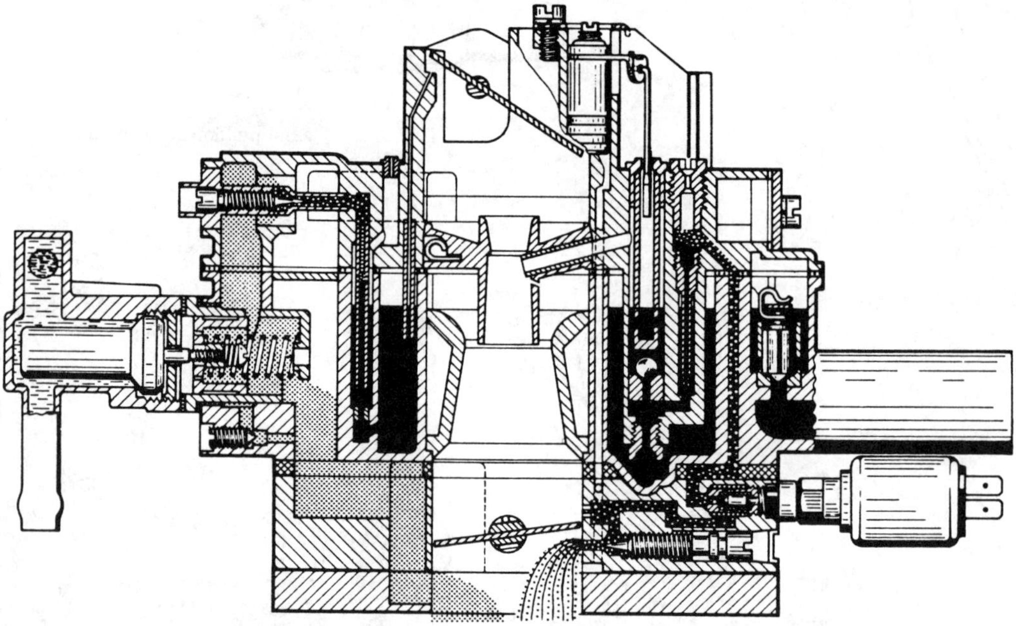

Bild 3.33 Doppelregistervergaser 4A1 mit TN-Starter, der Steuerschieber (links) ist geöffnet

Der Steuerschieber soll bei etwa +20 °C vorschriftsmäßig geöffnet (Herstellerangaben) und bei etwa +70 °C gerade geschlossen sein (Bild 3.33 und 3.34). In der Schließstellung arbeitet der TN-Starter als Umgemischsystem weiter, weil im Steuerschieber eine Nut eingearbeitet ist (Bild 3.34). Der Grad der Anreicherung durch das Zusatzgemisch kann mit der Zusatzgemisch-Regulierschraube eingestellt werden. Zusätzlich zum TN-Starter kann neben den herkömmlichen Zündverstellungen eine *thermogesteuerte Unterdruck-Zünd-Frühverstellung* vorhanden sein. Sie sorgt zu Beginn der Warmlaufphase für eine Drehzahlstabilisierung.

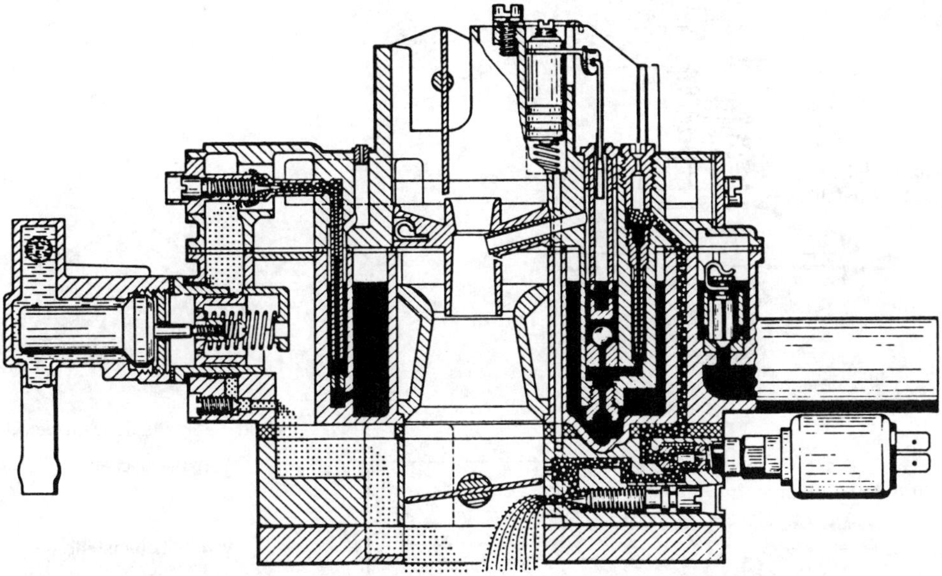

Bild 3.34 Doppelregistervergaser 4A1 mit TN-Starter, der Steuerschieber (links) ist geschlossen

Drehzahlregler Der Drehzahlregler arbeitet bei der Startautomatik ohne Stufenscheibe (Vollautomatik) parallel zum TN-Starter. Er wird durch ein elektrisch beheiztes Thermozeitventil per Unterdruck gesteuert (Bild 3.24).

Bei Temperaturen unter +20 °C ist das Thermozeitventil geschlossen und die Drosselklappe durch Federkraft auf den Drosselklappenspalt angestellt. Das Thermozeitventil öffnet, sobald die Temperaturen über +20 °C liegen. Jetzt wird der Unterdruck am Drehzahlregler wirksam, und die Drosselklappe kann in die Leerlaufposition zurück.

Der Drehzahlregler findet auch bei Fahrzeugen mit automatischem Getriebe oder Klimaanlage Anwendung, wobei der Unterdruck direkt Einfluß auf den Drehzahlregler hat. Im Leerlauf wird die Anschlagschraube des Drehzahlreglers per Unterdruck gegen Federkraft zurückgezogen (Bild 3.35). Beim Einlegen einer Fahrstufe oder beim Einschalten der Klimaanlage ist der Motor belastet, und die Leerlaufdrehzahl fällt. Dabei verringert sich der Unterdruck, so daß die Feder des Drehzahlreglers diesen Drehzahlabfall weitgehend ausgleichen kann.

Thermo-Startventil Das Thermo-Startventil kann für Fahrzeuge mit automatischen Getrieben verwendet werden. Es sorgt neben der Startautomatik zusätzlich für ein fettes Gemisch, damit der kalte Motor beim Gangeinlegen nicht stehenbleibt. Die Dauer der Gemischzugabe wird vom Thermostartventil bestimmt. Dieses besteht aus einem Gehäuse mit Ventil, Bimetallfeder und Heizwiderstand. In kaltem Zustand ist das Ventil durch die Bimetallfeder geschlossen. Der Motor kann über die Starterkraftstoff- und Starterluft-Zusatzdüse (Bild 3.36) das Zusatzgemisch absaugen. Bei eingeschalteter Zündung wird die Heizspirale elektrisch erwärmt, so daß die Bimetallfeder das Ventil je nach Außentemperatur früher oder später öffnet. Weil der Unterdruck nicht mehr wirksam ist, kann kein Zusatzgemisch mehr abgesaugt werden.

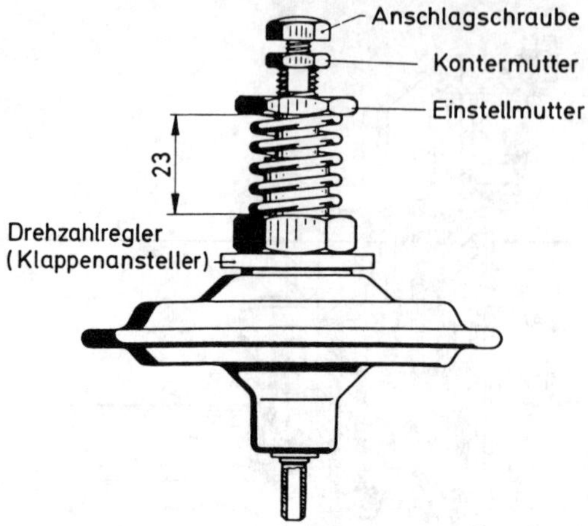

Bild 3.35 Drehzahlregler

Bild 3.36 Bendix-Startventil

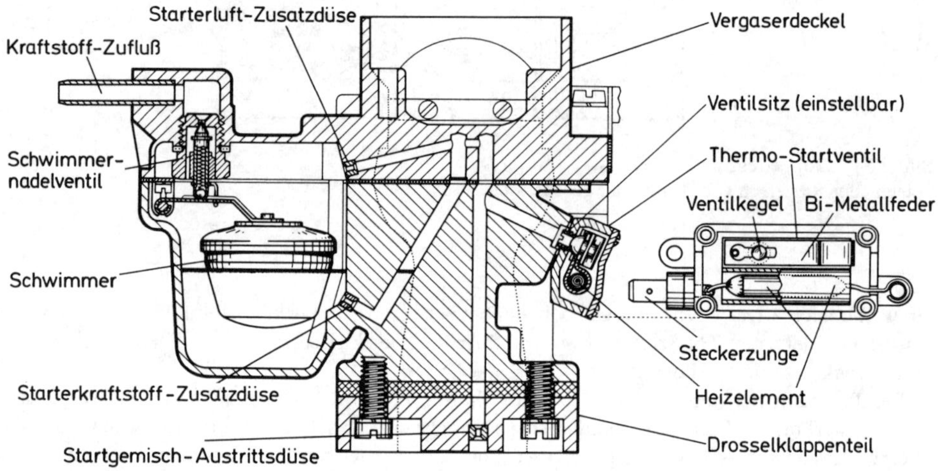

3.6.4 Leerlaufeinrichtungen

Leerlaufeinrichtungen sollen das Kraftstoff-Luft-Gemisch liefern, das der betriebswarme Motor für einen runden Leerlauf mit möglichst niedriger Drehzahl benötigt. Der Hauptvergaser kann diese Aufgabe nicht übernehmen, weil die Luftgeschwindigkeit im Lufttrichter bei Leerlaufdrehzahl zu gering ist.

Unabhängiger Leerlauf Der Kraftstoff für das Leerlaufsystem wird *vor* der Hauptdüse entnommen. Das Leerlaufsystem arbeitet ständig mit. Eine fehlerhafte Leerlaufeinstellung kann sich also z.B. auch bei Vollast bemerkbar machen. Vergaser mit einem unabhängigen Leerlauf sind relativ selten.

Abhängiger Leerlauf Der Kraftstoff für das Leerlaufsystem wird *hinter* der Hauptdüse entnommen (Bild 3.37). Durch diese Maßnahme verringert sich der Kraftstofffluß im Leerlaufsystem bei steigender Drehzahl des Motors solange, bis er unterbrochen ist. Das Leerlaufsystem wird also von der Hauptdüse kontrolliert, so daß sich eine fehlerhafte Leerlaufeinstellung z.B. bei Vollast nicht bemerkbar machen kann. Heutige Vergaser sind überwiegend mit einem abhängigen Leerlauf ausgestattet. Die Regulierung des Leerlaufs ist bei den einzelnen Vergasern je nach Reguliermöglichkeit verschieden.

Leerlauf mit Gemischregulierung Zur Gemischregulierung (Bild 3.37) gehören:

1. Leerlaufkraftstoffdüse
2. Leerlauf-Luftdüse
3. Leerlaufgemisch-Regulierschraube
4. Drosselklappen-Anschlagschraube

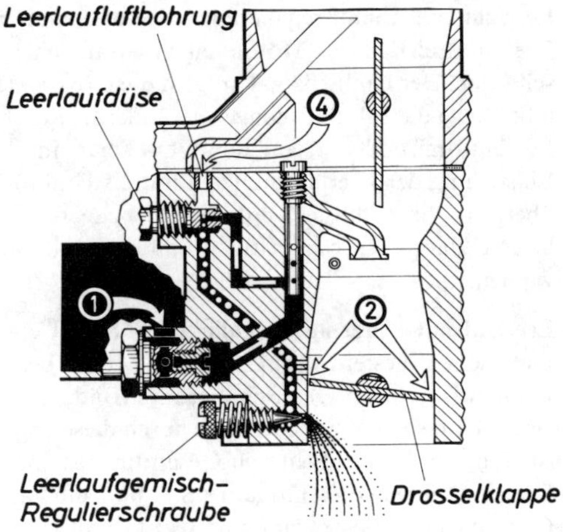

Bild 3.37 Wirkungsweise beim Leerlauf
1 Zufluß des Kraftstoffs
2 Zustrom der Hauptluft
4 Eintritt der Leerlaufluft

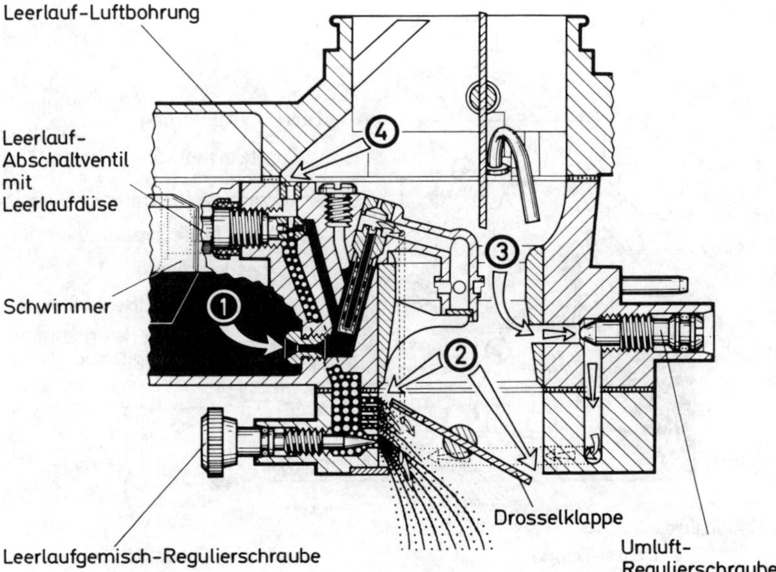

Bild 3.38 Wirkungsweise Umluftregulierung des Leerlaufs mit

Leerlauf-Kraftstoffdüse und Leerlauf-Luftdüse bilden ein *Vorgemisch*, das mit der Leerlaufgemisch-Regulierschraube mengenmäßig reguliert werden kann. Das Vorgemisch bildet mit der am Drosselklappenspalt einströmenden Hauptluft das eigentliche Leerlaufgemisch.

Die *Leerlaufgemisch-Regulierschraube* ist für die CO-Einstellung vorgesehen. Herausdrehen bewirkt mehr CO, Hineindrehen dagegen weniger CO.

Mit der Drosselklappen-Anschlagschraube kann die Leerlaufdrehzahl eingestellt werden. Hineindrehen bewirkt einen Drehzahlanstieg, Herausdrehen dagegen einen Drehzahlabfall. Bei Vergasern mit *Umluft- oder Umgemischregulierung* ist die Leerlaufdrehzahl ohne Verstellung der Drosselklappe regelbar. Die Drosselklappe wird hier grundeingestellt, so daß stets ein wunschgemäßes Ansprechen des Vergasers und der unterdruckgesteuerten Frühzündung möglich ist.

Leerlauf mit Umluftregulierung Vergaser mit Umluftregulierung haben für die Einstellung der Leerlaufdrehzahl des Motors einen zusätzlichen Kanal (Umluftkanal) und eine Umluft-Regulierschraube. Der Umluftkanal umgeht die Drosselklappe (Bild 3.38). Mit der Umluft-Regulierschraube läßt sich die Umluftmenge verändern. Sie hat Einfluß auf das Leerlaufgemisch, auf die Leerlaufdrehzahl und auf den CO-Gehalt im Abgas bei Leerlauf. Weil sich der CO-Gehalt bei Einstellung der Leerlaufdrehzahl mittels Umluft-Regulierschraube verändert, muß er anschließend überprüft bzw. durch Verdrehen der Leerlaufgemisch-Regulierschraube korrigiert werden. Die Drosselklappe ist werkseitig grundeingestellt und darf ohne zwingenden Grund nicht verstellt werden.

Leerlauf mit Umgemischregulierung Sie ist eine Weiterentwicklung der Umluftregulierung. Der Unterschied besteht darin, daß der Motor bei Leerlauf durch den zusätzlichen Kanal Luft und Kraftstoff, also ein Gemisch, ansaugt (Bild 3.39). Man kann praktisch von nasser Umluft oder von einem Umgemisch sprechen. Die durch diesen Kanal (Umgemischkanal) angesaugte Gemischmenge ist Teil der Leerlaufgemisch-Gesamtmenge. Mit der Umgemisch-Regulierschraube läßt sich die Umgemischmenge verändern. Sie hat nur auf die Leerlaufdrehzahl des Motors Einfluß – Gemischzusammensetzung und CO-Gehalt im Abgas bleiben unverändert. Die Drosselklappe und die Leerlaufgemisch-Regulierschraube sind werkseitig grundeingestellt und dürfen ohne zwingenden Grund nicht verstellt werden.

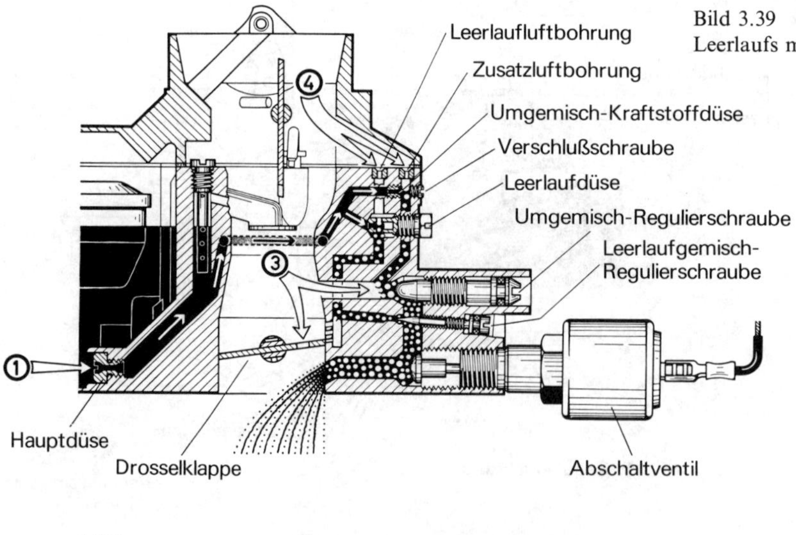

Bild 3.39 Wirkungsweise des Leerlaufs mit Umgemischregulierung

Eingriffsicherungen Seit dem 1.10.1976 (Erstzulassung) sind gesetzlich geschützte Eingriffsicherungen für die Regulierschrauben, die Einfluß auf den CO-Wert haben, vorgeschrieben. Es sind Kunststoffkappen, die sich nicht zerstörungsfrei entfernen lassen. Sie werden innerhalb der EG verwendet und können farblich verschieden sein.

Für Deutschland liegt folgende Regelung vor:

1. Sicherung durch den Vergaserhersteller = weiße Kunststoffkappen
2. Sicherung durch den Fahrzeughersteller = gelbe Kunststoffkappen
3. Sicherung durch den Kundendienst = blaue Kunststoffkappen

Elektromagnetische Leerlaufdüse Die Leerlaufdüse in Bild 3.40 wird beim Einschalten der Zündung elektromagnetisch geöffnet. Beim Ausschalten der Zündung schließt sie selbsttätig, so daß das gefürchtete *Nachlaufen* des Motors verhindert wird.

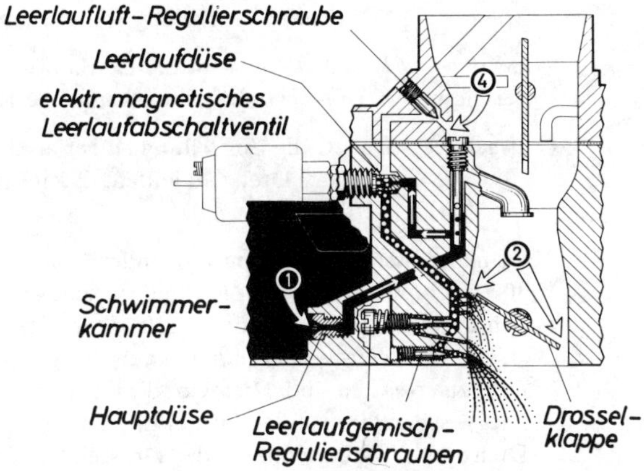

Bild 3.40 30 PICT-2, Wirkungsweise beim Übergang vom Leerlauf auf das Hauptdüsensystem.
1 Zufluß des Kraftstoffes
2 Zustrom der Hauptluft
4 Eintritt der Ausgleichsluft

Elektromagnetisches Abschaltventil Das in Bild 3.39 abgebildete Abschaltventil arbeitet im Prinzip wie die elektromagnetische Leerlaufdüse. Sie sperrt jedoch beim Ausschalten der Zündung das Leerlaufgemisch und das Umgemisch.

Heißleerlauf-Luftventil Das Leerlauf-Luftventil (Bild 3.41) wird durch eine Bimetallfeder temperaturabhängig gesteuert. Es soll bei hohen Motortemperaturen öffnen und das Saugrohr etwas belüften. Dadurch wird eine Überfettung im Leerlauf verhindert, so daß der Motor sicher durchlaufen kann.

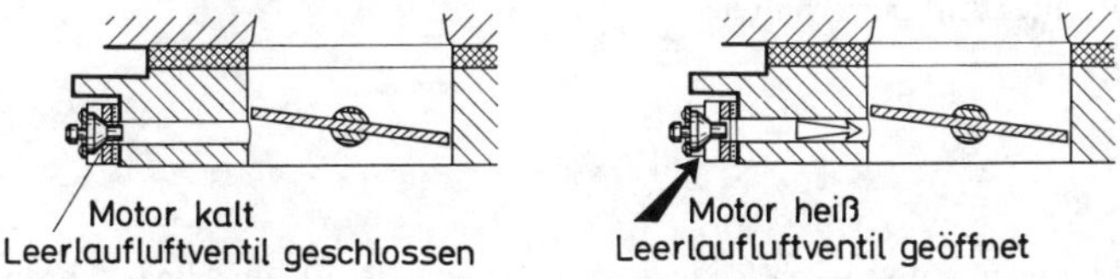

Bild 3.41 Funktion des Heißleerlauf-Luftventils

Leerlaufeinstellung Leerlaufeinstellung bedeutet meistens *Leerlaufkorrektur*, seltener *Leerlauf-Grundeinstellung* oder *Schnell-Leerlaufeinstellung*.

Allgemeine Voraussetzungen:

1. Motorzustand, Ventilspiel und Zündanlage komplett in Ordnung,
2. Ansaug- und Auspuffanlage nicht undicht,
3. Vorschriftsmäßiger Vergaser, vollständig, nicht beschädigt und sauber,
4. Motor betriebswarm, nicht heißgefahren,
5. Starterklappe vollständig geöffnet,
6. Luftfilter sauber und aufgebaut,
7. Kurbelgehäuseentlüftung abgezogen und zur Saugseite abgedichtet,
8. Elektrische Verbraucher wie Lüfter, Fahrlicht und heizbare Heckscheibe abgeschaltet,
9. Drehzahlmesser und CO-Tester betriebsbereit und angeschlossen,
10. Fahrzeugbezogene Prüf- und Einstellweisung.

Merke: Die Leerlaufeinstellung soll die letzte aller den Motor betreffenden Einstellungen sein.

Bei der *Leerlaufkorrektur* wird die Leerlaufdrehzahl eingestellt. Dies kann bei einer Gemischregulierung und bei einer Umluftregulierung eine Korrektur des CO-Wertes erfordern.

Beachte: Dauert die Einstellung länger als 3 min, so soll der Motor etwa 30 s mit gleichbleibend erhöhter Drehzahl laufen, damit die Zündkerzen freibrennen und *Aussetzer* vermieden werden.

Da man Aussetzer bei einem 4-Zylinder-Motor bis zu etwa 20 %, bei einem 6-Zylinder gar bis zu etwa 30 % nicht merkt, ist das Zündbild (Oszillograph) hilfreich. Bei der Umgemischregulierung ändert sich der CO-Wert durch die Leerlaufkorrektur nicht.

Die *Leerlaufgrundeinstellung* kann nötig werden, wenn die Sollwerte bei der Leerlaufkorrektur nicht zu erreichen sind. Hier wird die Grundeinstellung der Drosselklappe überprüft bzw. korrigiert. Dies geschieht je nach Prüfanweisung unterschiedlich, nämlich mittels Unterdruck, Meßuhr, Lehre, Drehzahl, Öffnungswinkel oder Drosselklappenwinkel.

Beachte: Nach 1 Jahr oder 50000 km Betriebsdauer können die Kanäle im Vergaser durch Ablagerungen so verschmutzt sein, daß eine einwandfreie Funktion nicht mehr möglich ist.

Der Vergaser ist dann zu zerlegen – Dichtungen und Membranen entfernen – und gründlich in einem Vergaserbad (Elmotan oder Carit) zu reinigen. Konstruktiv bedingte Störungen können durch eine Einstellung nicht beseitigt werden. Hier sind die technischen Informationen des Herstellers zu beachten.

Folgen einer falschen Einstellung können sein:

1. unsauberer Leerlauf und schlechtes Anfahrverhalten
2. erhöhter Kraftstoffverbrauch
3. Motorölverdünnung
4. Motorschaden
5. hohe Schadstoffwerte im Abgas

Extrem kraftstoffsparende Einstellungen mit weiterer Reduzierung der Schadstoffe im Abgas führen zu einem unstabilen Leerlauf, sobald Fahrlicht, Lüftergebläse, Heckscheibenbeheizung, Klimaanlage und dergleichen den Motor belasten.

Wird jedoch der Zündzeitpunkt parallel zur Motorbelastung jeweils entsprechend in Richtung «früh» verstellt, so erhöht sich das Motordrehmoment und die Leerlaufdrehzahl bleibt trotz optimierter Vergasereinstellung konstant.

Digitale Leerlauf-Stabilisierung Bei V.A.G-Fahrzeugen mit digitaler Leerlauf-Stabilisierung (DLS) wird die Leerlaufdrehzahl des Motors im Bereich von 600 bis 940 min^{-1} durch eine automatische Veränderung des Zündzeitpunktes in Richtung «früh» stabilisiert.

Beachte: Müssen Prüf- und Einstellarbeiten bezüglich Zündzeitpunkt, Abgas- und Leerlaufeinstellung durchgeführt werden, so ist die DLS vorher auszuschalten. Dies geschieht, indem beide Kabelstecker vom DLS-Gerät abgezogen und miteinander *verbunden* werden.

Elektronische Leerlauf-Stabilisierung Beim Porsche 924 erfolgt die Stabilisierung der Leerlaufdrehzahl im Bereich von 450 bis 900 min^{-1} auf ca. 800 min^{-1} in gleicher Weise, jedoch durch eine elektronische Leerlauf-Stabilisierung (ELS).

Beachte: Zwecks Prüf- und Einstellarbeiten bezüglich Zündzeitpunkt, Abgas- und Leerlaufeinstellung ist die ELS durch *Trennen* der Steckerverbindung auszuschalten. Nach erfolgter Arbeit sind die DLS und die ELS wieder in Funktion zu bringen.

Der *Schnell-Leerlauf* ist zu überprüfen bzw. einzustellen, wenn der kalte Motor nicht anspringt oder nach dem Anspringen nicht durchläuft.

Beachte: Der Schnell-Leerlauf ist im Abschnitt «Startautomatik» beschrieben.

3.6.5 Übergangs- oder Bypass-Bohrungen

Die richtige Leerlaufeinstellung ist Voraussetzung dafür, daß der Übergang vom Leerlaufsystem auf das Hauptvergasersystem einwandfrei gelingt.

Der *Übergang* selbst wird durch eine oder mehrere Bypass-Bohrungen geregelt. Sie befinden sich oberhalb der geschlossenen Drosselklappe und stehen mit dem Leerlaufsystem in Verbindung. Die Steuerung der Bypass-Bohrungen erfolgt durch die Drosselklappe. Im Lauf der Zeit können hier Störungen durch Verkokung eintreten, so daß eine Reinigung des zerlegten Vergasers in einem Vergaserbad nötig wird. Zu Übergangsschwierigkeiten kann es auch kommen, wenn Lage und Größe der Bypass-Bohrungen nicht stimmen (Bild 3.42).

3.6.6 Hauptvergasersysteme

Hauptvergasersysteme sind für die Gemischbildung im mittleren und oberen Drehzahlbereich des Motors zuständig. Sie arbeiten nach dem *Gleichdruckverfahren* (siehe Gleichdruckvergaser) oder nach dem *Bremsluftverfahren.*
Die Gemischbildung erfolgt durch vier auswechselbare Teile (Bild 3.43):

Hauptdüse:	Dosierung der Kraftstoffmenge
Lufttrichter:	Festlegung der Luftmenge
Luftkorrekturdüse	} Regelung des Zusatzes von Ausgleichsluft
Mischrohr	} in Abhängigkeit der Motordrehzahl

Das *Mischrohrsystem,* bestehend aus Mischrohrträger, Mischrohr und Luftkorrekturdüse kann im Lufttrichter angeordnet oder seitlich weggebaut sein.

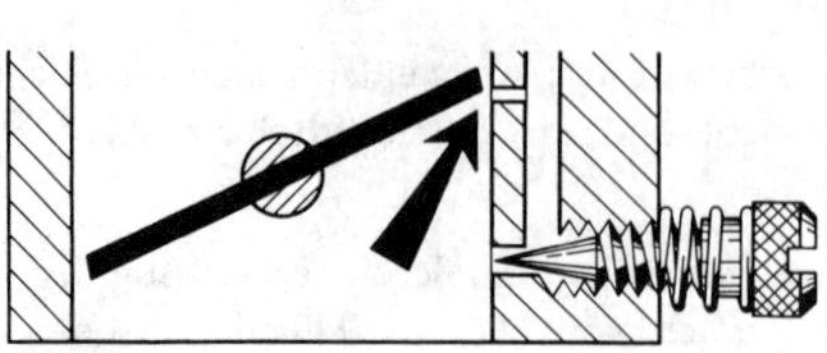

a) die Drosselklappe hat die Bypass-Bohrung überschritten

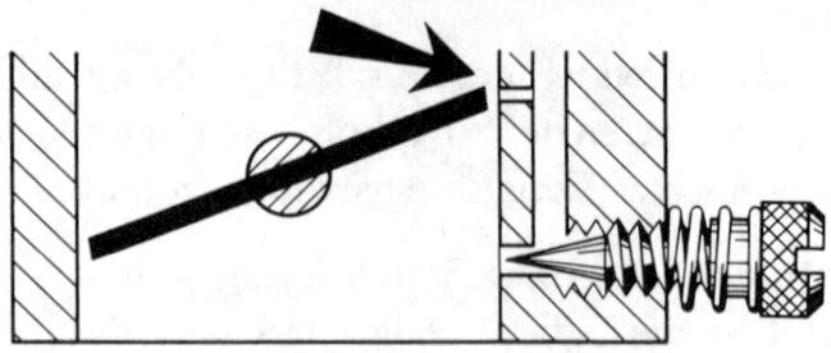

b) die Drosselklappe hat die Bypassbohrung erreicht

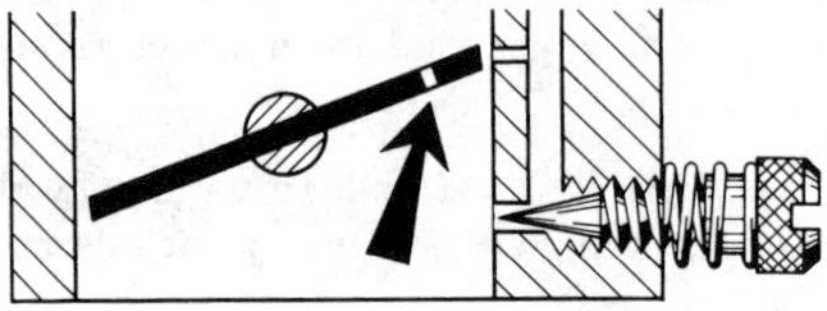

c) ein Loch, das an der Drosselklappe gebohrt ist, läßt die Bypass-Bohrung später ansprechen

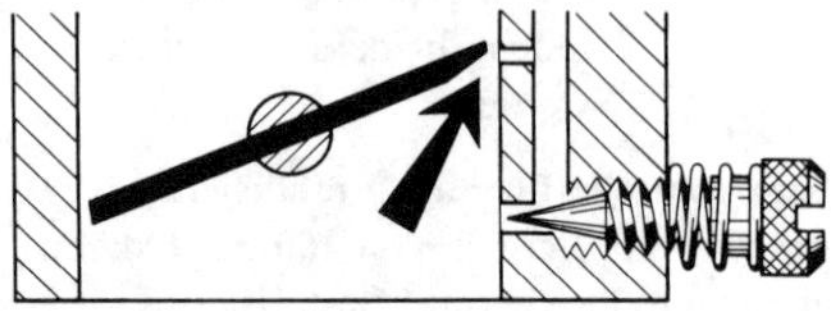

d) eine Abschrägung an der Drosselklappe läßt die Bypass-Bohrung früher ansprechen

Bild 3.42 Drosselklappenposition

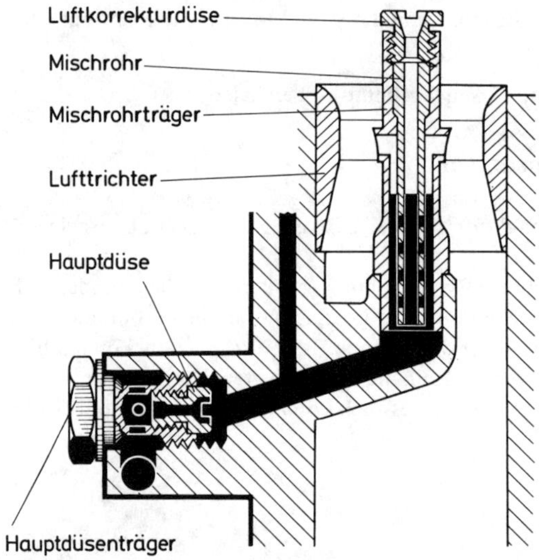

Bild 3.43 Mischrohrsystem, im Lufttrichter angeordnet

Vergaser mit im Lufttrichter angeordnetem Mischrohrsystem

Wichtigstes Bauteil für die Hauptvergasung ist der Mischrohrträger, dessen Austrittsöffnungen im engsten Querschnitt des Lufttrichters liegen. Von oben her ist in ihn das Mischrohr eingesetzt, das durch die darüber aufgeschraubte Luftkorrekturdüse festgeklemmt wird (Bild 3.43). Der Kraftstoff fließt aus der Schwimmerkammer über die Hauptdüse in den Mischrohrträger. Er wird durch die Austrittsbohrungen des Mischrohrträgers abgesaugt und mit Luft vermischt. Sinkt mit zunehmender Drehzahl des Motors der Kraftstoffstand im Mischrohr ab, tritt durch die Luftkorrekturdüse Ausgleichsluft ein, die sich durch die kleinen seitlichen Bohrungen im Mischrohr mit dem durch die Hauptdüse nachfließenden Kraftstoff zu einer Emulsion vermischt.

Diese mit zunehmender Drehzahl luftreicher werdende Emulsion beugt der sonst eintretenden Überfettung vor und gewährleistet die gleichmäßige Zusammensetzung des Kraftstoff-Luft-Gemischs über den gesamten Drehzahlbereich des Motors.

Vergaser mit seitlich weggebautem Mischrohrsystem und Austrittsarm

Aus der Schwimmerkammer gelangt der Kraftstoff durch die Hauptdüse in eine Bohrung, in die das mit einer kleinen Entlüftungsbohrung versehene Mischrohr eingepreßt ist. Durch eine Querbohrung wird eine Verbindung zur Luftkorrekturdüse hergestellt. Der Austritt des Kraftstoffs erfolgt über einen in der Mischkammer eingegossenen Austrittsarm (Bild 3.44).

Bild 3.44 Seitlich angeordnetes Mischrohrsystem (35 PDSIT-1)

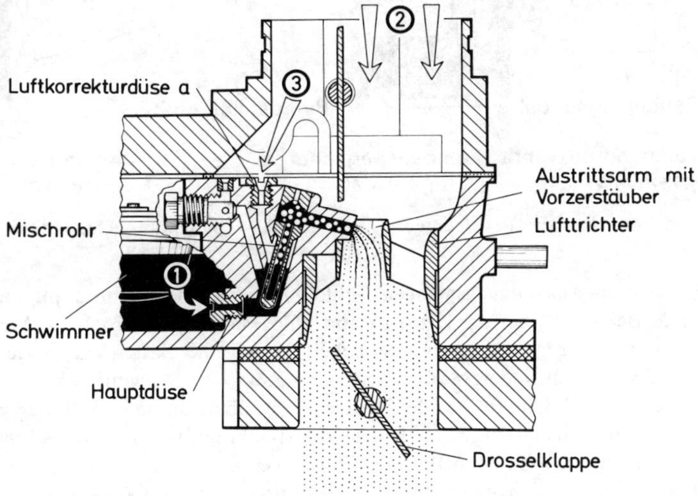

3.6.7 Beschleunigungseinrichtungen

Bei schneller Betätigung des Gaspedals ist ein einwandfreies Fahrverhalten nur mittels Beschleunigungspumpe möglich. Sie ist nötig, weil der relativ schwere Kraftstoff bei schnellem Gasgeben nicht so schnell nachfließen kann wie die wesentlich leichtere atmosphärische Luft. Die Übergangseinrichtung (Bypass) allein reicht in diesem Fall nicht aus. Anders ausgedrückt: Die Beschleunigungseinrichtung ermöglicht einen *schnellen Übergang* vom Leerlaufsystem auf das Hauptvergasersystem.

Beschleunigungspumpen werden meistens mechanisch betätigt, seltener durch Unterdruck. Sie werden als Kolben- oder Membranpumpen gebaut.

Je nach Funktion unterscheidet man

1. anreichernde Beschleunigungspumpen,
2. abmagernde Beschleunigungspumpen,
3. neutrale Beschleunigungspumpen.

Kolbenbeschleunigungspumpen Bild 3.45 zeigt eine Kolbenpumpe mit mechanischer Betätigung im Saug- und Druckhub. Beim Schließen der Drosselklappe wird der Saughub ausgeführt. Der Druckhub erfolgt beim Gasgeben, wobei der Pumpenhebel durch den Betätigungshebel über eine Rolle bewegt wird. Die Kurvenbahn des Pumpenhebels bestimmt dabei die Dauer des Druckhubes.

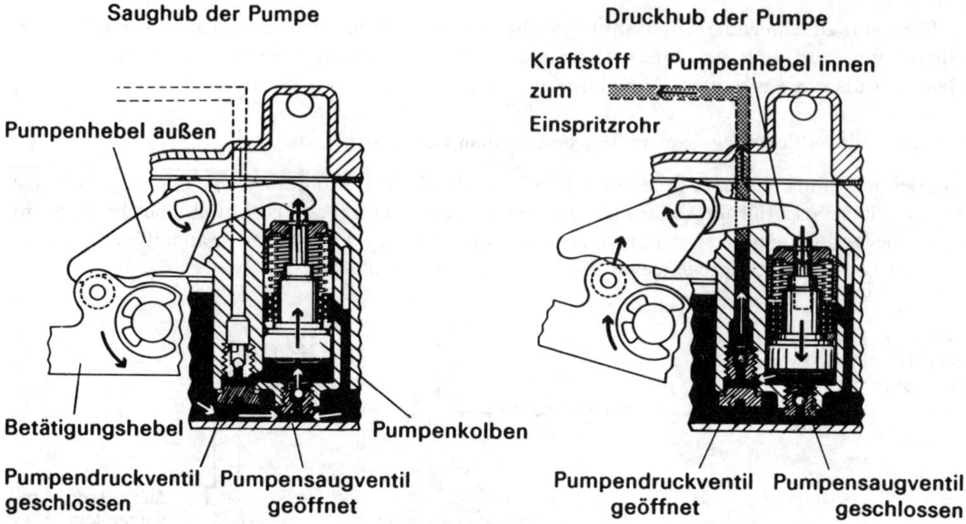

Bild 3.45 Kolben-Beschleunigungspumpe, links = Saughub, rechts = Druckhub

Membranbeschleunigungspumpen Bild 3.46 zeigt eine Membranpumpe mit mechanischer Betätigung. Beim Schließen der Drosselklappe (Gaswegnehmen) drückt die Membranfeder die Membrane nach außen gegen den Pumpenhebel. Durch die Saugwirkung der Membrane schließt das Druckventil, das Saugventil öffnet, und aus der Schwimmerkammer tritt Kraftstoff in den Pumpenraum. Beim Öffnen der Drosselklappe überträgt sich die Bewegung über Pumpenstange und Druckfeder auf den Pumpenhebel, der die Membrane nach innen drückt. Das Saugventil schließt, der austretende Kraftstoff öffnet das Druckventil und strömt über die Pumpendüse durch das Einspritzrohr in den Saugraum vor dem Lufttrichter. Pumpendüse und Einspritzrohr bilden vielfach eine Einheit.

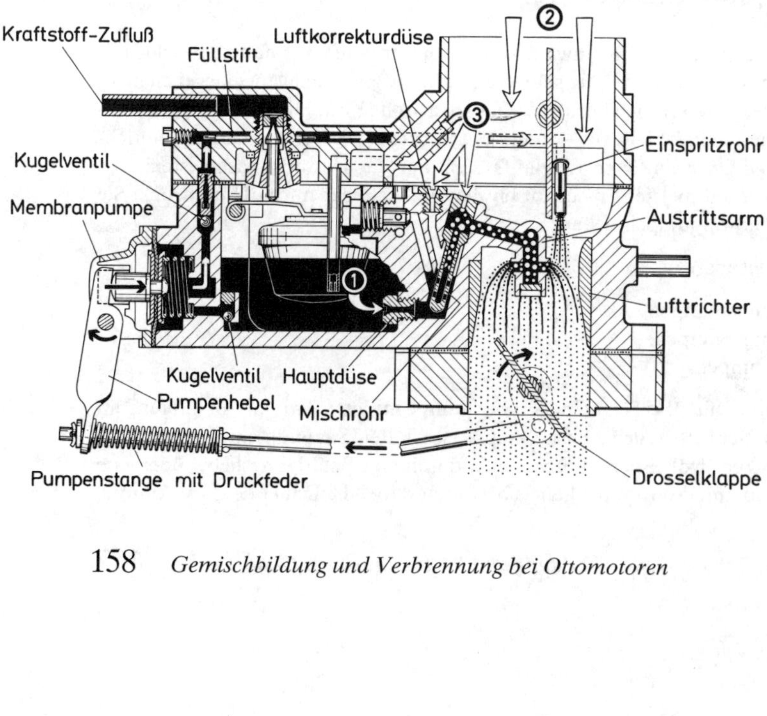

Bild 3.46 Wirkungsweise bei der Beschleunigung (35 PDSIT-5)
1 Zufluß des Kraftstoffs
2 Zustrom der Hauptluft
3 Eintritt der Ausgleichsluft

Bild 3.47 EEIT-Vergaser mit unterdruckbetätigter Membran-Beschleunigungspumpe

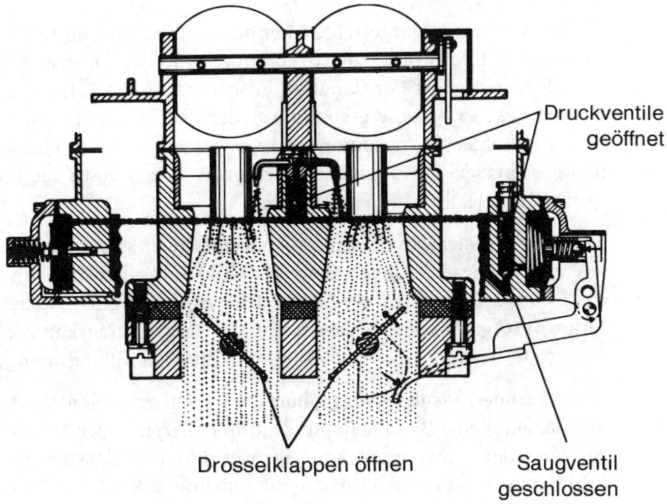

Bild 3.48 Thermisch gesteuerte Beschleunigungsmenge

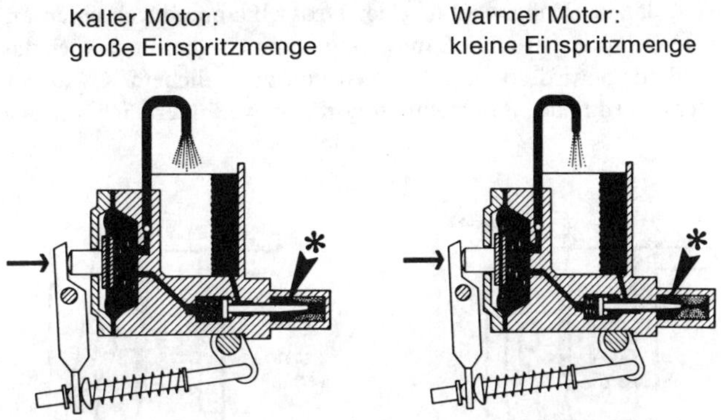

Bild 3.49 Wirkungsweise des Pumpenventils bei der Beschleunigungspumpe des Solex-Vergasers 32 PICP
a) bei Teillast,
b) bei Vollast

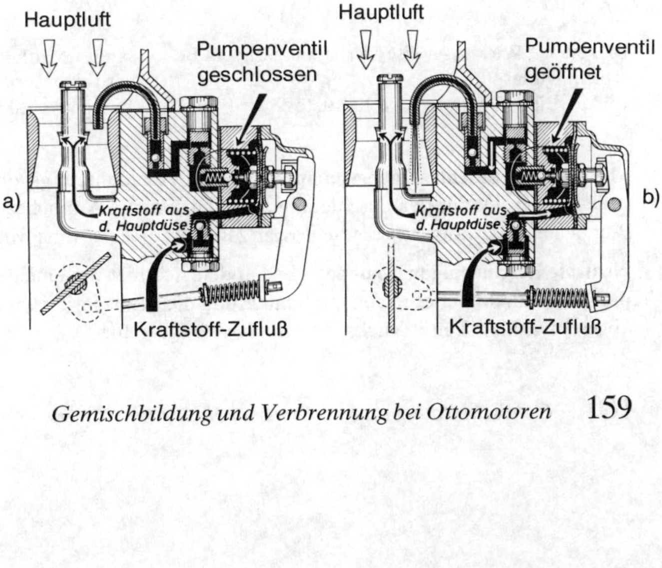

Die in Bild 3.47 dargestellte Membranpumpe wird mittels Unterdruck gesteuert. Bei Leerlauf des Motors zieht der hohe Unterdruck unterhalb der Drosselklappe die Membrane gegen Federkraft zurück. Dabei wird der Saughub ausgeführt. Beim Öffnen der Drosselklappe verringert sich der Unterdruck, so daß die gespannte Feder den Druckhub ausführt.

Die Beschleunigungspumpe wird allgemein auf den kalten Motor abgestimmt und ist für den betriebswarmen Motor eigentlich zu groß. Hier schafft die thermisch gesteuerte Beschleunigungsmenge Abhilfe.

Thermisch gesteuerte Beschleunigungsmenge Membranbeschleunigungspumpen mit thermisch gesteuerter Beschleunigungsmenge (Bild 3.48) arbeiten in kaltem Zustand wie üblich. Bei Erwärmung öffnet sich ein mittels Dehnstoffelement gesteuertes Ventil, so daß ein Teil des beim Druckhub geförderten Kraftstoffs zur Schwimmerkammer abfließen kann. Die thermische Steuerung bewirkt eine Anpassung der Beschleunigungsmenge an die jeweilige Motortemperatur.

Anreichernde Beschleunigungspumpe Bei dieser Ausführung (Bild 3.49) handelt es sich zunächst nur um eine reine Beschleunigungspumpe. Erreicht der Motor jedoch bei Vollast hohe Drehzahlen, so steigt der Unterdruck am Einspritzröhrchen der Beschleunigungspumpe derart an, daß bei geöffnetem Saug- und Druckventil selbsttätig Kraftstoff aus der Schwimmerkammer abgesaugt wird. Einspritzung und Anreicherung gehen ineinander über. Das Einspritzröhrchen befindet sich in einem Bereich verstärkten Unterdrucks, ist also *niedrig* angeordnet. Um dieses Absaugen zu erleichtern, sind anreichernde Beschleunigungspumpen teilweise mit einem Pumpenventil ausgerüstet, das bei Vollgasstellung der Drosselklappe durch einen an der Membrane angebrachten Stift offengehalten wird. Die Saugwirkung braucht dann nur noch das Druck- und Saugventil abzuheben. Außerdem wird so ein Absaugen von zusätzlichem Kraftstoff im Teillastbereich verhindert. Bei Veränderung der Beschleunigungsmenge verändert sich automatisch der Beginn der Anreicherung.

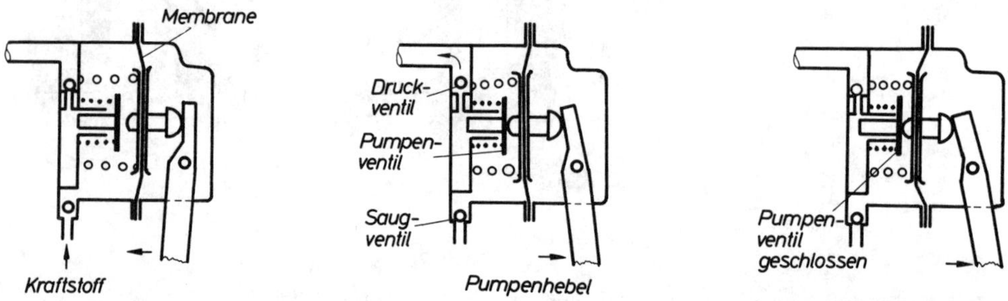

Bild 3.50 Wirkungsweise der abmagernden Beschleunigungspumpe.
Linkes Bild: Saughub, der Kraftstoff wird angesaugt. Mittleres Bild: Druckhub, der Kraftstoff wird eingespritzt. Rechtes Bild: Vollgasstellung, das Pumpenventil ist geschlossen.

Abmagernde Beschleunigungspumpe Beim Beschleunigungsvorgang arbeitet diese Pumpe wie andere auch. Damit der Beschleunigungsmenge keine Anreicherungsmenge folgen kann, wird das Pumpenventil zwangsweise geschlossen (Bild 3.50). Das Einspritzröhrchen ist *niedrig* angeordnet.

Neutrale Beschleunigungspumpe Es handelt sich hier um eine ganz gewöhnliche Beschleunigungspumpe ohne Anreicherung oder Abmagerung. Das Einzspritzröhrchen befindet sich in einem Bereich abgeschwächten Unterdrucks, ist also *hoch* angeordnet.

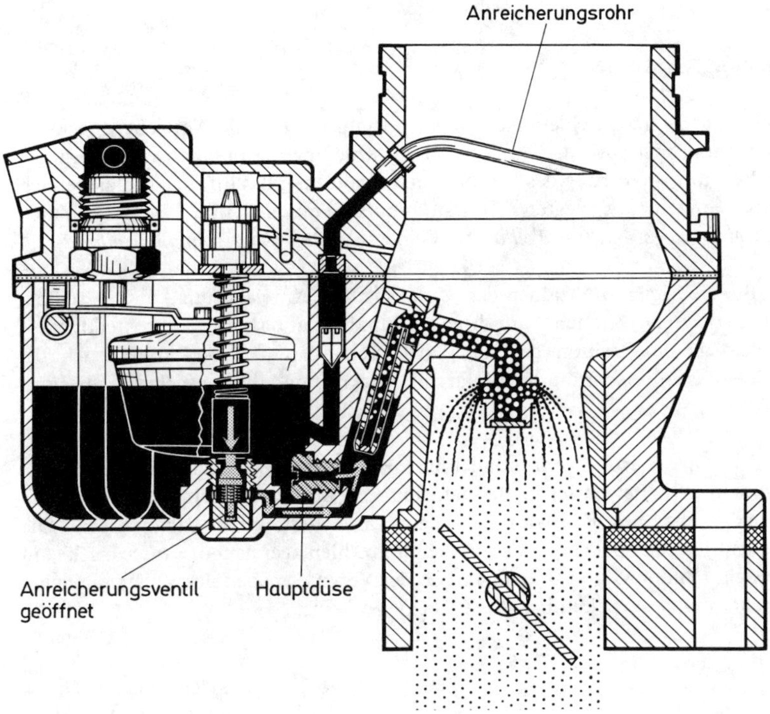

▲

Bild 3.51 Wirkungsweise eines Anreicherungssystems mit Ventilsteuerung durch Unterdruckkolben. Teillastanreicherung, oberer Teillastbereich beim VW Passat (Solex 35 PDSIT)

Bild 3.52 Wirkungsweise eines Anreicherungssystems mit Ventilsteuerung durch Unterdruckmembrane.

1 Zufluß des Kraftstoffes

▼

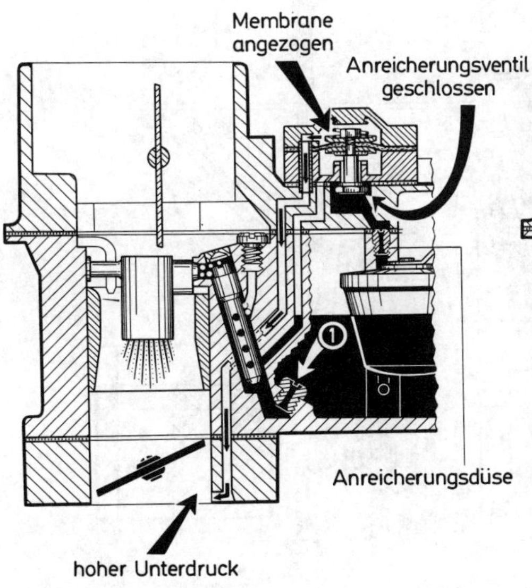

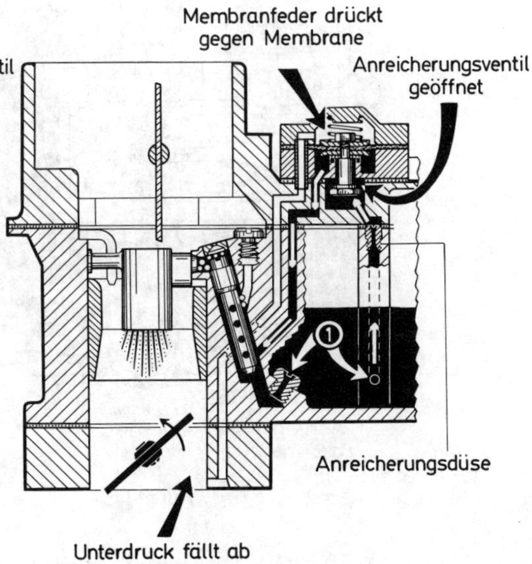

3.6.8 Anreicherungssysteme

Neben den Bypass-Bohrungen und Beschleunigungspumpen gibt es spezielle Anreicherungen für Teillast und Vollast. Hierzu gehört auch die anreichernde Beschleunigungspumpe. Anreicherungssysteme bewirken eine Leistungssteigerung des Motors durch Anfettung des für den Teillastbereich auf größtmögliche Sparsamkeit ausgelegten Kraftstoff-Luft-Gemischs. Bild 3.51 zeigt einen Vergaser mit einem *Anreicherungsventil für Teillast* und einem *Anreicherungsrohr für Vollast.*

Teillastanreicherung Bei niedrigen Drehzahlen des Motors ist das Anreicherungsventil geschlossen, weil der Kolben durch den relativ hohen Unterdruck – Entnahme unterhalb der Drosselklappe – gegen Federkraft in der oberen Position gehalten wird. Verringert sich der Unterdruck bei Drehzahlanstieg, so öffnet das Anreicherungsventil durch Federkraft und die Anreicherung beginnt (Bild 3.51 und Bild 3.52).

Vollastanreicherung Das Anreicherungsrohr mündet in einer Zone abgeschwächten Unterdrucks, ist also relativ weit vom Lufttrichter entfernt. Bei niederen und mittleren Drehzahlen reicht der erzeugte Unterdruck nicht aus, um Kraftstoff aus dem Anreicherungsrohr abzusaugen. Die Anreicherung erfolgt erst, wenn bei höheren Vollastdrehzahlen genügend Unterdruck am Anreicherungsrohr entsteht (Bild 3.53 und Bild 3.54). Hat der Vergaser neben der Vollastanreicherung eine Teillastanreicherung, so arbeiten bei Vollast beide Systeme.

Bild 3.53 Anreicherung bei Vollast beim VW Passat (Solex 35 PDSIT)

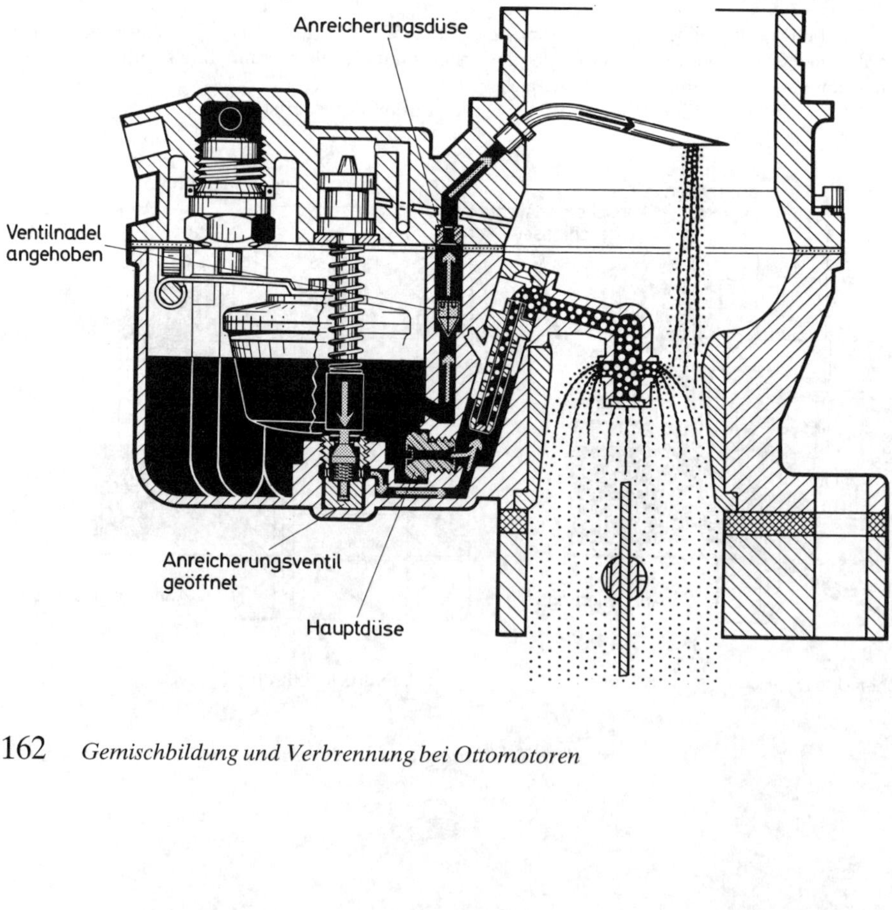

Bild 3.54 Vollastanreicherung (Solex 36/38 PDSI)

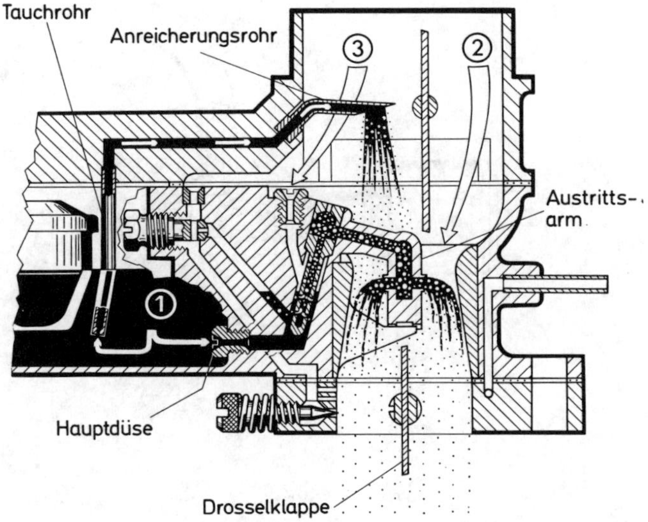

3.7 Vergaservarianten

In diesem Abschnitt werden Vergaser beschrieben, die sich von den am meisten verwendeten Ausführungen verschiedentlich unterscheiden.

3.7.1 Gleichdruckvergaser

Gleichdruckvergaser arbeiten nach dem Prinzip des konstanten Unterdrucks. Die fast gleichmäßige Luftgeschwindigkeit am Kraftstoffaustritt ermöglicht eine günstige Gemischbildung bei allen Betriebszuständen des betriebswarmen Motors mit nur einer Düse.

Gleichdruckvergaser 175 CDTU

Der 175 CDTU ist ein Flachstromvergaser mit einer Mischkammerweite von 1,75″ = 45 mm. Die Schwimmerkammer ist über den Luftfilter innenbelüftet. Zu diesem Vergaser gehört ein Kolben und eine Düsennadel (Bild 3.55). Beide werden gemeinsam durch Unterdruck über eine Membrane je nach Drosselklappenstellung, Motordrehzahl und Belastung mehr oder weniger weit angehoben und ermöglichen eine variable Querschnittsänderung von Lufttrichter und Nadeldüse.

Das *Leerlaufgemisch* wird aus zwei unterschiedlich großen Teilmengen gebildet (Bild 3.55). Die größere Menge ist einstellbar. Sie gelangt bei geöffnetem Leerlaufgemisch-Abschaltventil unter Umgehung der Drosselklappe durch den Verbindungsschlauch und über die Leerlaufgemisch-Mengenregulierschraube in das Saugrohr. Die Restmenge wird durch den für den Leerlauf fixierten Drosselklappenspalt angesaugt. Der Drosselklappenspalt darf nicht verändert werden. Muß die Leerlaufdrehzahl korrigiert werden, so ist dies durch Verdrehen der Leerlaufgemisch-Mengenregulierschraube möglich.

Im Düsenhalter sind Bimetallscheiben eingesetzt. Sie bewirken ein temperaturabhängiges Verschieben der Nadeldüse zur Düsennadel. Diese Korrektur, die hauptsächlich bei Leerlauf

15 Drosselklappe
33 Kolben
40 Düsennadel
41 Nadeldüse
42 Düsenhalter
44 Bimetallscheiben
49 Schlauch für Leerlaufgemisch-Umführung
50 Leerlaufgemisch-Mengenregulierschraube
51 Leerlaufgemisch-Abschaltventil
52 Saugrohr

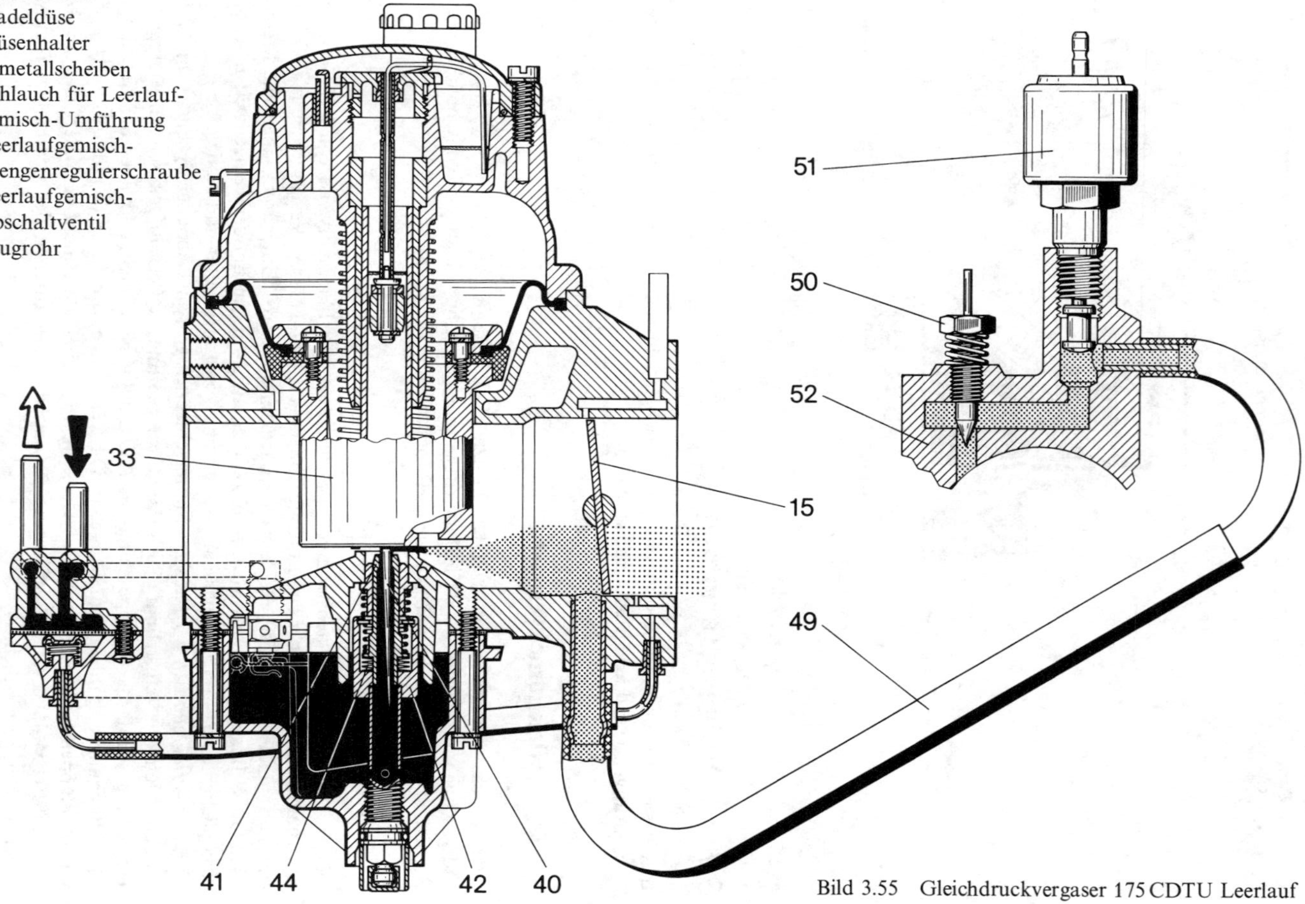

Bild 3.55 Gleichdruckvergaser 175 CDTU Leerlauf

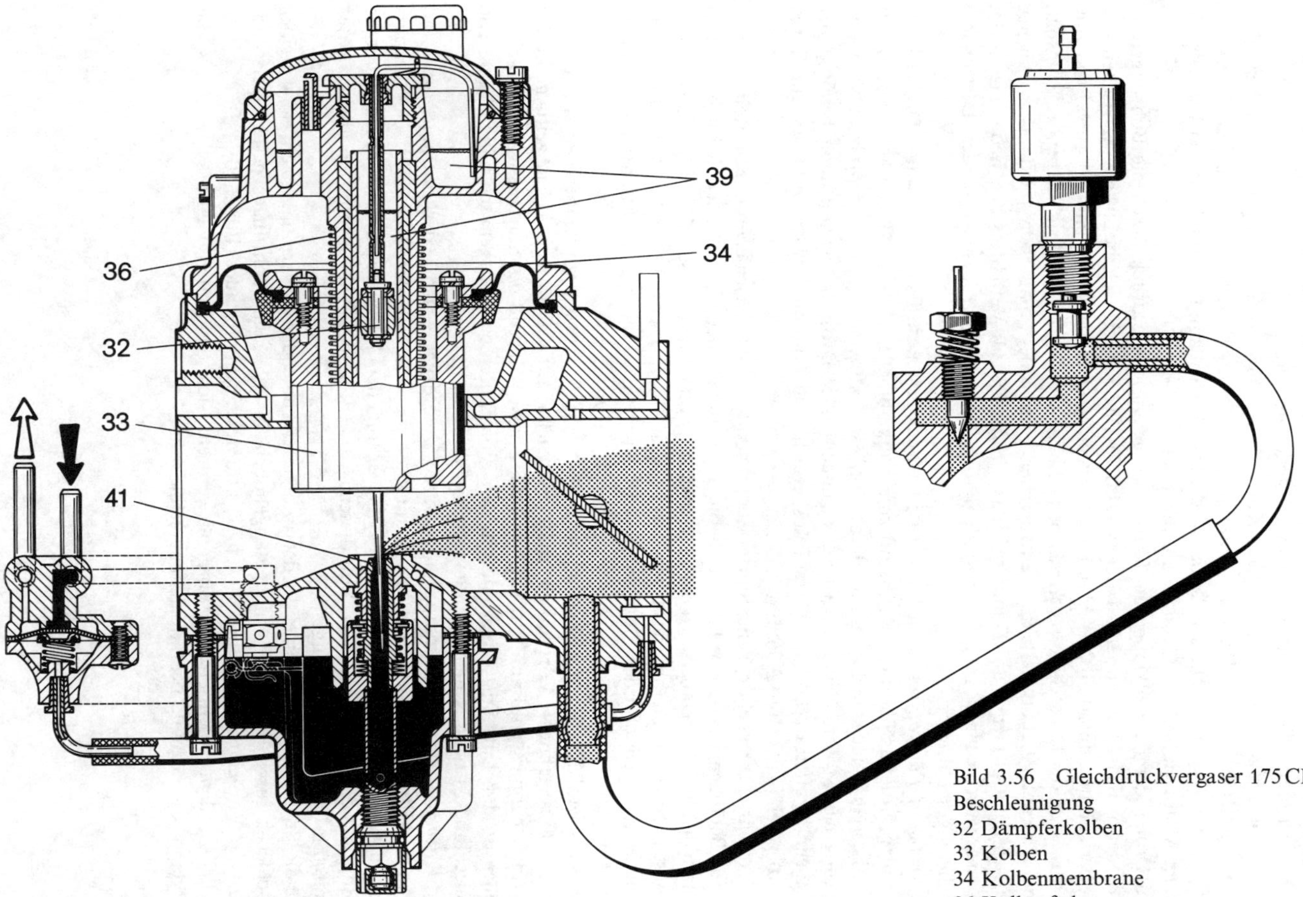

Bild 3.56 Gleichdruckvergaser 175 CDTU, Beschleunigung
32 Dämpferkolben
33 Kolben
34 Kolbenmembrane
36 Kolbenfeder
39 Dämpferöl
41 Nadeldüse

wirksam ist, sorgt für eine entsprechende Anpassung des Kraftstoffdurchsatzes. Das Leerlaufgemisch-Abschaltventil schließt bei ausgeschalteter Zündung den Leerlaufgemisch-Umführungskanal und verhindert damit das Nachdieseln beim Abstellen des Motors.

Beim Beschleunigen (Bild 3.56) werden Kolben und Düsennadel verzögert angehoben. Dies geschieht durch die Kolbenfeder und durch den Dämpferkolben, der sich im ölgefüllten Führungsrohr des Kolbens befindet. An der Nadeldüse entsteht kurzfristig ein erhöhter Unterdruck, so daß der Motor ein fetteres Gemisch ansaugen kann.

Beim Öffnen der Drosselklappe im *Fahrbetrieb* gelangt Unterdruck durch die Bohrungen im Kolbenboden in die Kammer oberhalb der Membrane (Bild 3.56). Durch die Differenz zwischen dem Druck oberhalb und unterhalb der Membrane werden Kolben und Düsennadel proportional zum Luftdurchsatz an der Drosselklappe angehoben (Bild 3.56 und 3.57). Weil sich dabei der Ringspalt zwischen Düsennadel und Nadeldüse entsprechend vergrößert, paßt sich die Kraftstoffmenge automatisch der Luftmenge an. Damit sich das Kraftstoff-Luft-Verhältnis den Bedürfnissen des Motors bei verschiedenen Betriebszuständen anpassen kann, ist der Kegel der Düsennadel entsprechend geschliffen.

Das *Kraftstoff-Rücklaufventil* wird durch Unterdruck gesteuert. Es ist bei geringer Drosselklappenöffnung geöffnet und läßt viel Kraftstoff zum Tank abfließen (Bild 3.55). Der Motor bekommt also bei Leerlauf einen recht kühlen Kraftstoff, so daß eine durch Dampfblasen bedingte Laufstörung des Motors kaum auftritt. Bei zunehmender Drosselklappenöffnung benötigt der Motor mehr Kraftstoff. Da der Unterdruck gleichzeitig abnimmt, wird der Rücklauf durch Federkraft geschlossen (Bild 3.56 und 3.57).

Zur Starteinrichtung gehört keine Starterklappe, sondern ein Startschieber. Die Starteinrichtung wird beim Betätigen des Gaspedals durch die kalte Bimetallfeder über einen Mitnehmerhebel eingeschaltet (Bild 3.58). Dabei wird der Starterschieber und die Stufenscheibe in die Kaltstartstellung gebracht. Nach Rücknahme des Gaspedals ist die Drosselklappe angestellt, und alle Bohrungen des Starterschiebers sind für den Kraftstoffdurchfluß frei. Gleichzeitig ist das Starteranreicherungsventil geöffnet.

Beim Start wird Kraftstoff über den Anschluß A und Starterzusatzluft über den Anschluß C angesaugt. Das so gebildete Vorgemisch erhält zusätzlich Kraftstoff durch das gleichzeitig geöffnete Starter-Anreicherungsventil und tritt am Anschluß B aus. Während des Startens wird der Kolben angehoben, so daß Luft einströmen und mit dem Vorgemisch ein Startgemisch bilden kann. Die Starteinrichtung ist beim Kaltstart und Warmlauf des Motors wirksam.

Beim *Warmlauf* wird die Membranstange durch Unterdruck gegen Federkraft angezogen und verstellt den Mitnehmerhebel gegen die Spannkraft der Bimetallfeder (Bild 3.59). Das Starter-Anreicherungsventil schließt, und der Starterschieber folgt dem Mitnehmerhebel. Dabei schließt die große Bohrung des Starterschiebers. Von diesem Moment an erhält der Motor ein abgemagertes Vorgemisch in verkleinerter Menge.

Läßt die Schließkraft der Bimetallfeder infolge zunehmender Erwärmung nach, so wird der Starterschieber durch Federkraft solange angehoben, bis alle Steuerbohrungen geschlossen sind. Damit ist der Vorgemischdurchfluß bzw. die Startanreicherung beendet (Bild 3.60).

Parallel zu dem beschriebenen Vorgang verdreht sich die Stufenscheibe solange, bis die Drosselklappe die normale Leerlaufstellung erreicht hat.

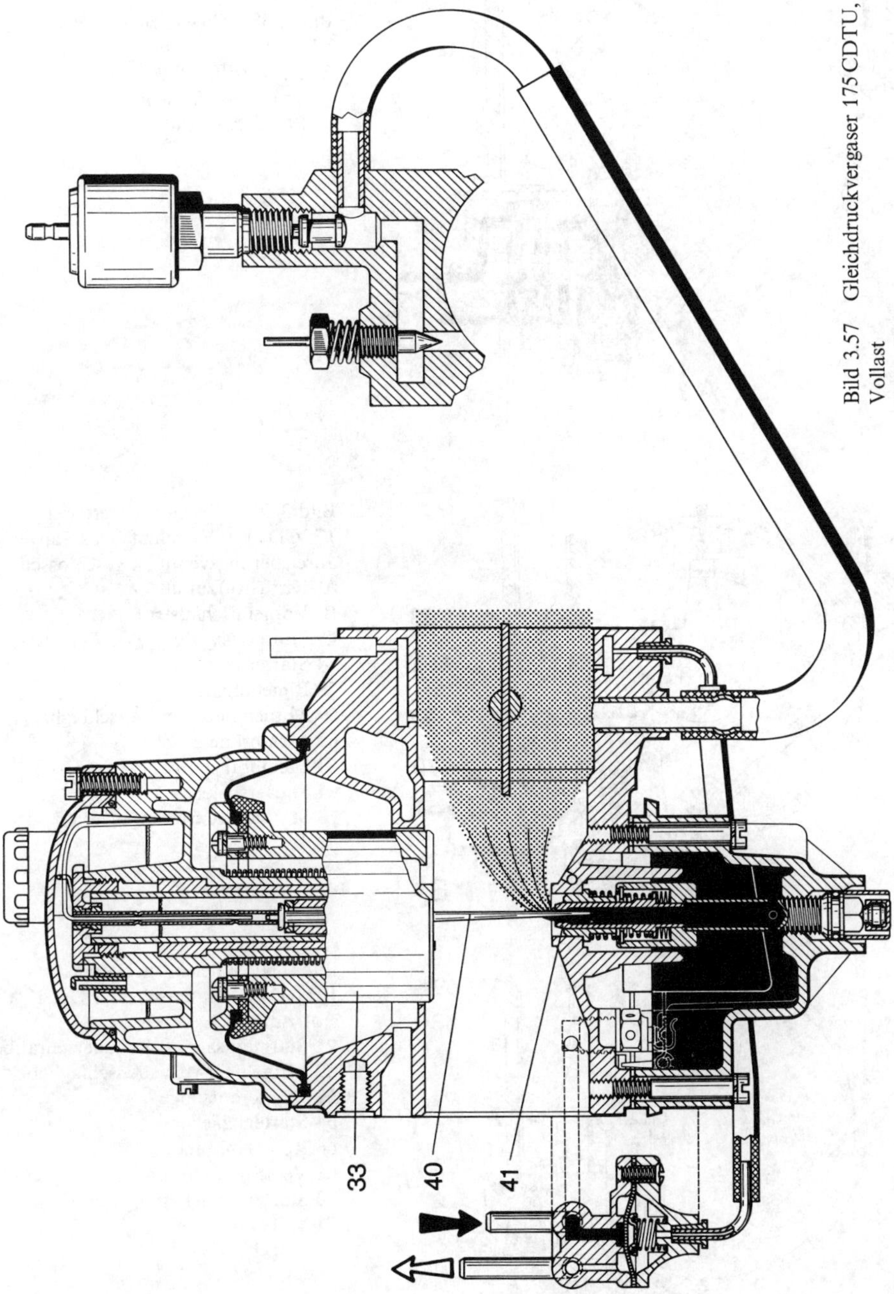

Bild 3.57 Gleichdruckvergaser 175 CDTU, Vollast
33 Kolben
40 Düsennadel
41 Nadeldüse

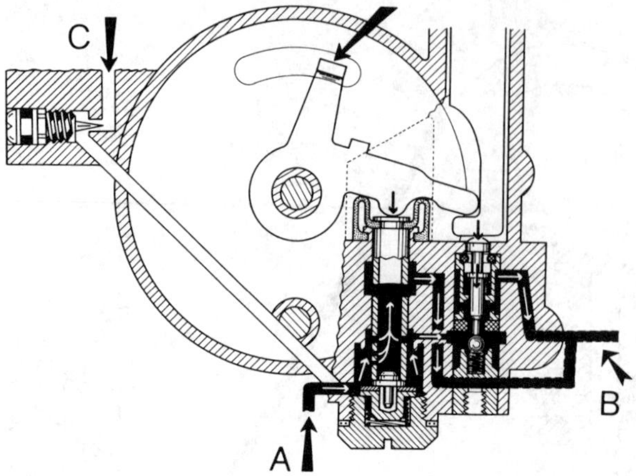

Bild 3.58 Gleichdruckvergaser 175 CDTU, Kaltstart
A Kraftstoffzufluß
B Vorgemischaustritt
C Starterzusatzluft

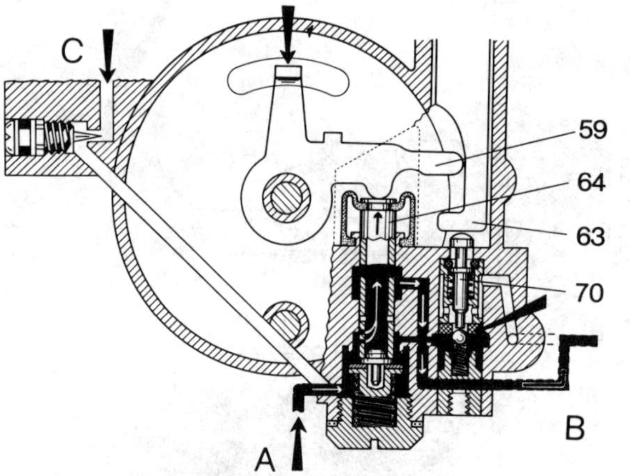

Bild 3.59 Gleichdruckvergaser 175 CDTU, Warmlauf. Das Starteranreicherungsventil ist geschlossen.
A Kraftstoffzufluß
B Vorgemischaustritt
C Starterzusatzluft
54 Starterhebel
58 Bimetallfeder
59 Mitnehmer- bzw. Anschlaghebel
62 Membrane
63 Membranstange
64 Starterschieber
70 Starteranreicherungsventil

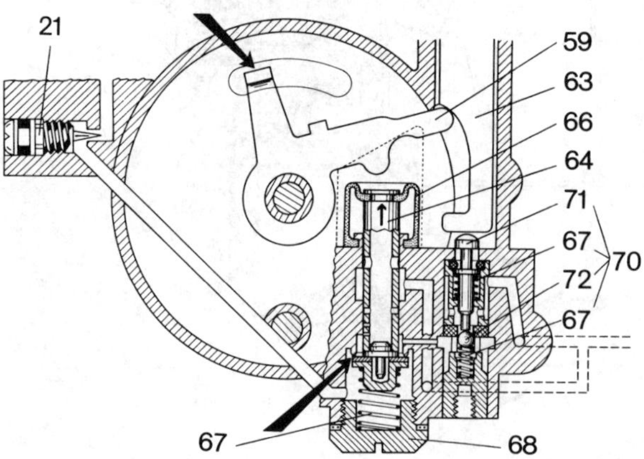

Bild 3.60 Gleichdruckvergaser 175 CDTU, Hauptschema. Der Kraftstoffzufluß ist gesperrt.
21 Starterzusatzluft-Regulierschraube
59 Mitnehmer- bzw. Anschlaghebel
63 Membranstange
64 Starterschieber
66 Rollmembrane
68 Verschlußschraube
70 Starteranreicherungsventil
71 Stößel
72 Kugel

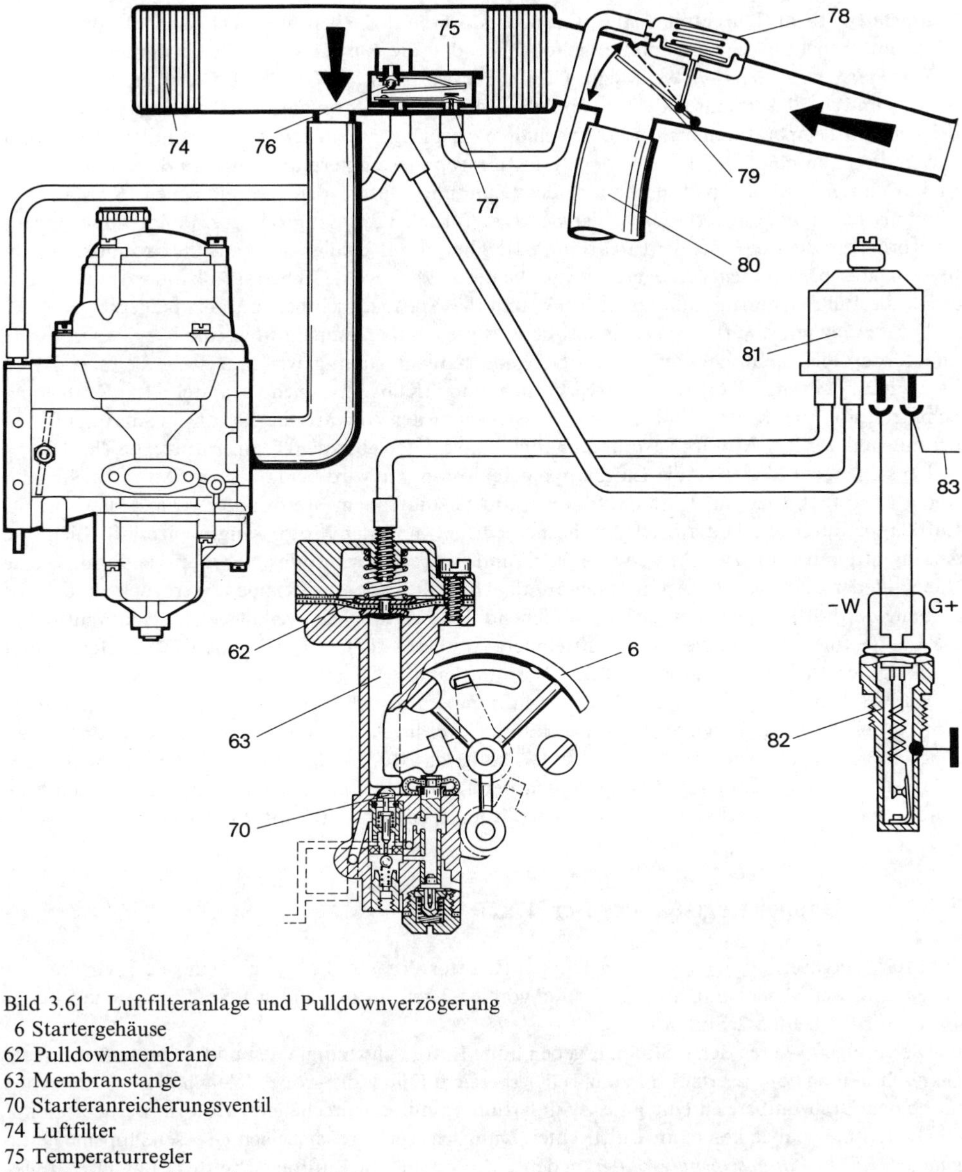

Bild 3.61 Luftfilteranlage und Pulldownverzögerung
6 Startergehäuse
62 Pulldownmembrane
63 Membranstange
70 Starteranreicherungsventil
74 Luftfilter
75 Temperaturregler
76 Nebenluftventil
77 Rückschlagventil
78 Unterdruckdose
79 Luftklappe
80 Warmluftkanal
81 Elektroumschaltventil
82 Thermozeitschalter
83 Stromzufuhr

Warmstart Beim Durchtreten des Gaspedals werden Kolben und Düsennadel über einen Mitnehmerhebel und einen Tupfer angehoben, so daß die Ansaugwege belüftet werden können.

Die *Pulldownverzögerung* wird beim Gleichdruckvergaser 175 CDTU durch einen Thermozeitschalter und ein Elektroumschaltventil erreicht (Bild 3.61). Sie sorgt dafür, daß die Startanreicherung bei niederen Temperaturen nicht sofort nach dem Anspringen reduziert wird, damit der kalte Motor einwandfrei durchlaufen kann. Liegt die Umgebungstemperatur unter +35 °C, wird das Elektroumschaltventil ab Einschalten der Zündung durch den geschlossenen Kontakt im Thermoschalter angesteuert. Damit ist der Unterdruck vom Saugrohr zur Pulldownmembrane unterbrochen. Bei zunehmender Erwärmung des Thermozeitschalters wird das Elektroumschaltventil nach einer bestimmten Verzögerungszeit, die bei −20 °C max 27 s betragen kann, stromlos. Jetzt erhält die Pulldownmembrane Unterdruck, und das Startgemisch beginnt abzumagern.

Die *Ansaugluftvorwärmung* verhindert bei niederen Außentemperaturen eine Vergaservereisung und fördert die Gemischbildung. Sie darf jedoch nicht ständig wirksam sein, da es sonst zu Leistungsminderung, Kraftstoffmehrverbrauch und «Klingeln» (siehe Kapitel 11, «Kraft- und Schmierstoffe») des Motors führen kann. Die Steuerung der Vorwärmung ist von der Ansauglufttemperatur und von der Motorbelastung abhängig. Sie erfolgt über den Temperaturregler (Bild 3.61).

Bei stehendem Motor ist die Luftklappe geschlossen. Sie wird bei laufendem Motor mehr oder weniger geöffnet. Liegt die Ansauglufttemperatur bei laufendem Motor unter etwa +30 °C, ist die Luftklappe durch die Unterdruckmembrane geöffnet, und der Motor saugt Warmluft. Liegt die Ansauglufttemperatur zwischen etwa +30 °C und +40 °C, beginnt das Nebenluftventil durch eine Bimetallfeder zu öffnen. Jetzt nimmt der auf die Unterdruckdose wirksame Unterdruck ab, und die Stellung der Luftklappe ändert sich entsprechend. Dies ist möglich, weil das Rückschlagventil über +25 °C geöffnet ist. Liegt die Ansauglufttemperatur über +40 °C, so sind beide Ventile offen. Damit ist die Unterdruckdose belüftet, und der Warmluftkanal wird geschlossen.

Bei Beschleunigung bis +25 °C Ansauglufttemperatur schließt das Rückschlagventil infolge Unterdruckabsenkung. Weil die Unterdruckdose Unterdruck behält, bleibt die Luftklappe geöffnet. Liegt die Ansauglufttemperatur über +25 °C, so ist das Rückschlagventil durch die Bimetallfeder geöffnet. Bei Beschleunigung verringert sich der Unterdruck in der Unterdruckdose, so daß die Luftklappe kurzzeitig schließt, d.h., die Vorwärmung ist kurzzeitig aufgehoben.

3.7.2 Doppel-Registervergaser 4A1

Der 4A1-Vergaser (Bild 3.62) ist ein Doppel-Registervergaser. Er hat ein zentrales Schwimmersystem und vier Mischkammern mit Weiten von je 32 mm für die beiden 1. Stufen sowie je 54 oder 44 mm für die beiden 2. Stufen.

Die geringen Weiten der 1. Stufen ergeben hohe Luftgeschwindigkeiten und damit eine optimale Gemischbildung vom Leerlauf bis zum Teillastbereich. Durch die großen Weiten der 2. Stufen wird im oberen Drehzahlbereich eine gute Zylinderfüllung mit entsprechender Motorleistung erreicht.

Die 1. Stufen haben konstante Lufttrichter. Dadurch ergeben sich je nach Drosselklappenstellung *unterschiedliche Luftgeschwindigkeiten.* In den 2. Stufen sind die Luftquerschnitte durch unterdruckgesteuerte Luftklappen veränderbar, so daß sich nahezu *konstante Luftgeschwindigkeiten* ergeben (Bild 3.63).

Die Drosselklappen beider Stufen sind jeweils auf einer durchgehenden Welle befestigt. Dadurch entfällt die aufwendige Synchronisation bei Einstellarbeiten.

Haben die Drosselklappen der 1. Stufen etwa $^2/_3$ geöffnet, so werden die Drosselklappen der 2. Stufen – nach Ausschalten der mit der Startautomatik gekoppelten Sperre – mechanisch und progressiv geöffnet.

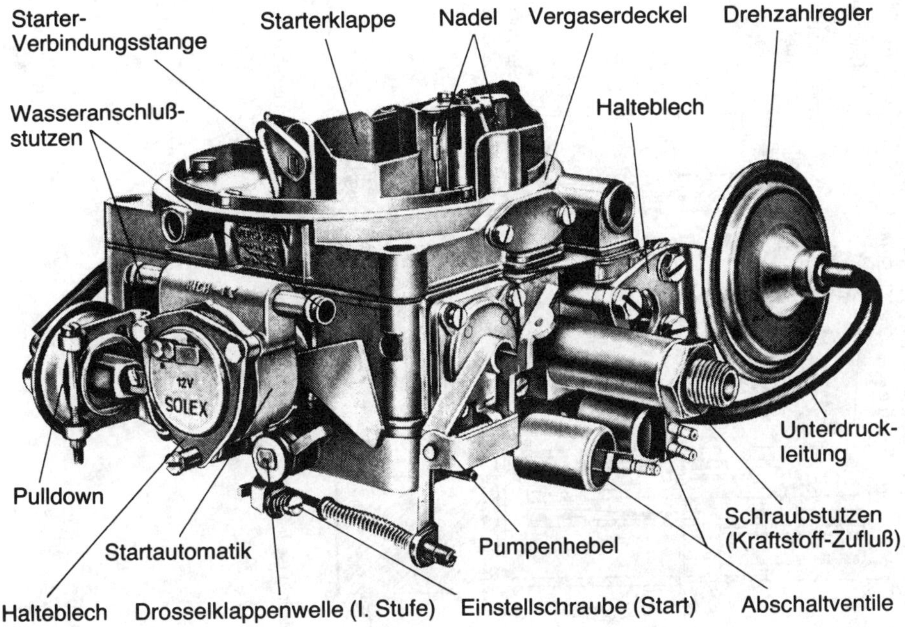

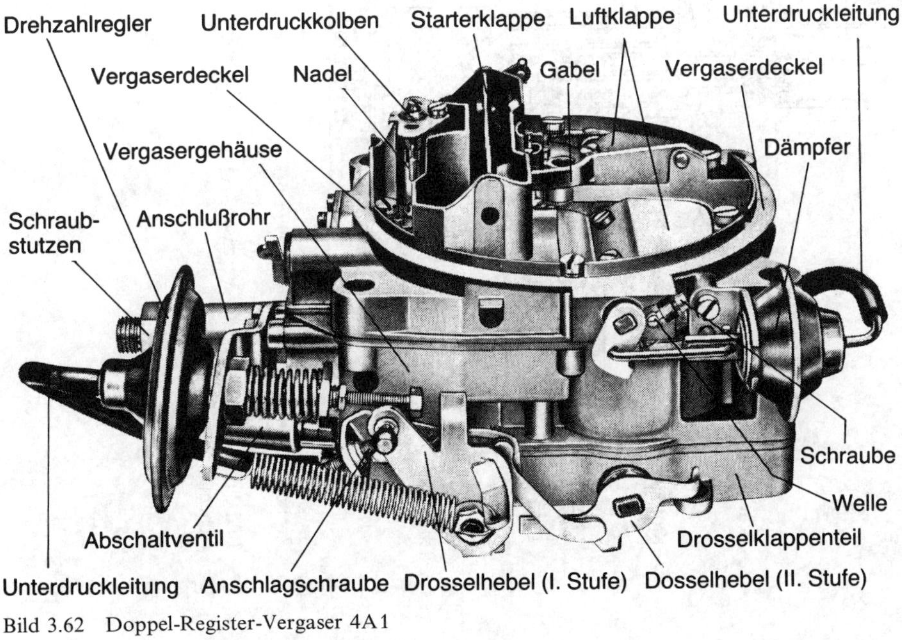

Bild 3.62 Doppel-Register-Vergaser 4A1

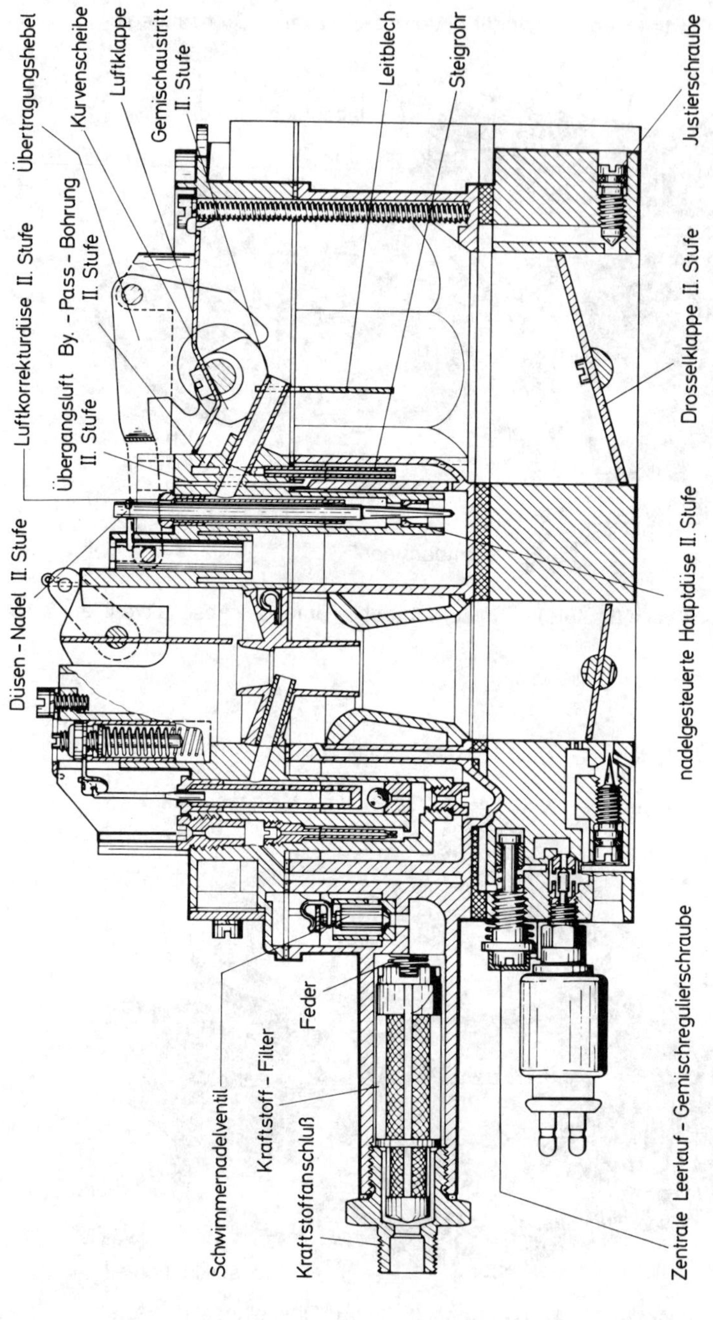

Bild 3.63 Doppel-Register-Vergaser 4A1 (schematischer Schnitt)

Zu den beiden 1. Stufen gehören weiter je zwei Leerlaufsysteme, elektromagnetische Abschaltventile, Übergangssysteme, Vorzerstäuber, Hauptdüsen, nadelgesteuerte Luftkorrekturdüsen und eine Beschleunigungspumpe. Dazu kommt eine Start- und Warmlaufeinrichtung, die aus den Starterklappen, der Startautomatik, der Kaltstartanreicherung, dem TN-Starter (thermischer Nebenschluß-Starter) und dem unterdruckgesteuerten Drehzahlregler besteht.

Der *Drehzahlregler* öffnet die Drosselklappen der 1. Stufen bei stehendem Motor mittels Federkraft auf ein bestimmtes Spaltmaß.

Die Starterklappen sind auf einer Welle befestigt und schließen bei kaltem Motor durch Spannkraft der Bimetallfeder, wenn das Gaspedal zuvor einmal niedergetreten wird. Dabei verdreht sich die Stufenscheibe in die Kalt-Leerlaufstellung, und die Drosselklappen der 2. Stufen werden durch die Startautomatik mittels Klinke gesperrt.

Erfolgt der Kaltstart, so saugt der Motor ein fettes Kraftstoff-Luft-Gemisch an. Dabei sind durch den verstärkten Unterdruck in den Mischkammern jeweils das Hauptdüsensystem, das Leerlaufsystem, die Kaltstarteinrichtung und der TN-Starter in Funktion. Die Starterklappen werden durch den Unterdruck gegen die Schließkraft der Bimetallfeder ein wenig geöffnet, so daß der Motor die für das Startgemisch nötige Luftmenge erhält. Nachdem der Motor angesprungen ist, wird der Stößel des Drehzahlreglers durch Unterdruck über eine Membrane gegen Federkraft zurückgezogen. Jetzt können die Drosselklappen der 1. Stufen in die Leerlaufstellung zurück. Parallel zu diesem Vorgang werden die Starterklappen durch den unterdruckgesteuerten Pulldown auf ein bestimmtes Spaltmaß geöffnet. Dadurch wird das ursprünglich fette Startgemisch abgemagert.

Bei höheren Drehzahlen in der Kaltlaufphase reicht das durch den Pulldown bewirkte Spaltmaß nicht aus. Die Starterklappen werden deshalb bei voller Betätigung des Gaspedals mechanisch auf ein größeres Spaltmaß aufgezogen. Die weitere Öffnung der Starterklappen wird von der elektrisch und warmwasserbeheizten Bimetallfeder gesteuert.

Sind die von der Startautomatik gesteuerten Starterklappen geöffnet, so wird die Sperre für die 2. Stufen durch Absenken eines Gegengewichtes gleichzeitig entriegelt.

Der *TN-Starter* liefert dem Motor parallel zum Startgemisch ein Zusatzgemisch. Die Zusammensetzung und die Menge des abgesaugten Zusatzgemisches ist abhängig von der Stellung der Zusatzgemisch-Regulierschraube, der Starterklappen und der Drosselklappen der 1. Stufen.

Das Dehnstoffelement verstellt den Steuerschieber je nach Motortemperatur und regelt so die Zusatzgemischmenge. Hat das Kühlwasser eine Temperatur von 60 bis 65 °C (333 bis 338 K) erreicht, sperrt der Steuerschieber den Zusatzgemischkanal völlig ab. Befindet sich im Gehäuse des TN-Starters eine Ringnut, so erhält der Motor weiterhin ein Restgemisch. Es wird jedoch durch Abnahme des Unterdrucks bei steigender Drehzahl bereits im Teillastbereich abgeschaltet.

Die elektromagnetischen Abschaltventile sperren bei Abschaltung der Zündung das Leerlaufgemisch und verhindern damit ein Nachlaufen des Motors.

Durch die Verwendung der Vorzerstäuber ergibt sich im unteren Teillastbereich eine verbesserte Gemischaufbereitung.

Die Luftkorrekturdüsen arbeiten mit Düsennadeln – unten dicker als oben –, die vom Saugrohrunterdruck über einen Unterdruckkolben gegen Federkraft gesteuert werden. Beim Öffnen der Drosselklappen verringert sich der Unterdruck, und die Feder drückt den Unterdruckkolben, also auch die Düsennadeln, nach oben. Dadurch verkleinern sich die Ringquerschnitte zwischen den Luftkorrekturdüsen und den Düsennadeln. Der Motor erhält jetzt ein fetteres Gemisch, weil weniger Ausgleichluft angesaugt wird. Beim Schließen der Drosselklappen ist der Vorgang umgekehrt.

Das hier beschriebene System ist eine lastabhängige Anreicherung für die 1. Stufen.

Zu den beiden 2. Stufen gehören neben den erwähnten Drosselklappen zwei auf einer Welle befestigte Luftklappen sowie je zwei Übergangsbohrungen, Leitbleche, Luftkorrekturdüsen und nadelgesteuerte Hauptdüsen (Blenden). Dazu kommt eine Dämpferdose.

Die Übergangsbohrungen sind unterdruckgesteuert und wirken wie Beschleunigungspumpen. Sie sollen den einwandfreien Übergang von den 1. Stufen zu den 2. Stufen ermöglichen und werden durch die Leitbleche unterstützt. Die Leitbleche lenken das Gemisch auf die abfallenden Flügel der Drosselklappen.

Beim Öffnen der Drosselklappen der 2. Stufen werden die Luftklappen entsprechend dem jeweiligen Unterdruck gegen die Kraft der Rückstellfeder so weit geöffnet, bis sich Unterdruck und Federkraft die Waage halten. Dabei werden die mit den Luftklappen gekoppelten Düsennadeln mittels Kurvenscheibe angehoben. Die Düsennadeln gleiten mit dem zylindrischen Teil (oben) in den Luftkorrekturdüsen und gleichzeitig mit dem konischen Teil (unten) in den Hauptdüsen. Der sich in Abhängigkeit der Luftklappenstellung ergebende Ringspalt zwischen den Hauptdüsen und den Düsennadeln bestimmt die durchfließende Kraftstoffmenge.

Beachte: Düsennadeln dürfen nicht geschmiert werden, weil sich die entstehende Verharzung nachteilig auf den Übergang und auf den Kraftstoffverbrauch auswirkt.

Der unterdruckgesteuerte Dämpfer soll das schlagartige Aufspringen der Luftklappen beim plötzlichen Öffnen der Drosselklappen der 2. Stufen verhindern, damit ein ruckfreier Übergang erreicht wird.

3.7.3 Elektronisch beeinflußter Vergaser 2B-E

Beim Vergaser 2B-E handelt es sich um einen auf seine Grundfunktionen vereinfachten Stufenvergaser (Bild 3.64 und 3.65). Er ist mit elektronisch steuerbaren Stellgliedern für die Vordrossel- oder Starterklappe (Vordrosselansteller) und für die Drosselklappe (Drosselklappenansteller) sowie mit einem Drosselklappenpotentiometer ausgerüstet.

Alle Komponenten sind mit dem elektronischen Steuergerät verbunden. Das Steuergerät verarbeitet unterschiedliche Geberinformationen und steuert nach der Auswertung den Vordrosselansteller und den Drosselklappenansteller. Er steuert außerdem ein Ventil zur Umschaltung der Zündung und das Hauptrelais. Zur Vordrosselklappe gehört eine vordrossel-positionsabhängige Nadelsteuerung. Sie beeinflußt das Kraftstoff-Luft-Verhältnis im Leerlauf und Übergangsbereich durch Querschnittsänderung der Luftkorrekturdüse.

Vorteile gegenüber konventionellen Vergasern:

1. Vollautomatische Starteinrichtung
2. Konstante Leerlaufdrehzahl
3. Verbesserung des Betriebsverhaltens
4. Kein Schieberuckeln
5. Volle Motorbremswirkung
6. Kraftstoffeinsparung
7. Senkung der Abgaswerte
8. Service und Diagnose

Bei Störungen oder Ausfall der elektrischen Steuerung läßt sich die Fahrt mit betriebswarmem Motor aufgrund guter Notlaufeigenschaften fortsetzen. Beeinträchtigungen sind möglich, wenn der Motor nicht betriebswarm ist.

Vordrosselansteller Der Vordrosselansteller ist als Drehmomentmotor ausgelegt. Er steuert das Kraftstoff-Luft-Verhältnis bei Kaltstart, Warmlauf, Beschleunigung und Teillast.

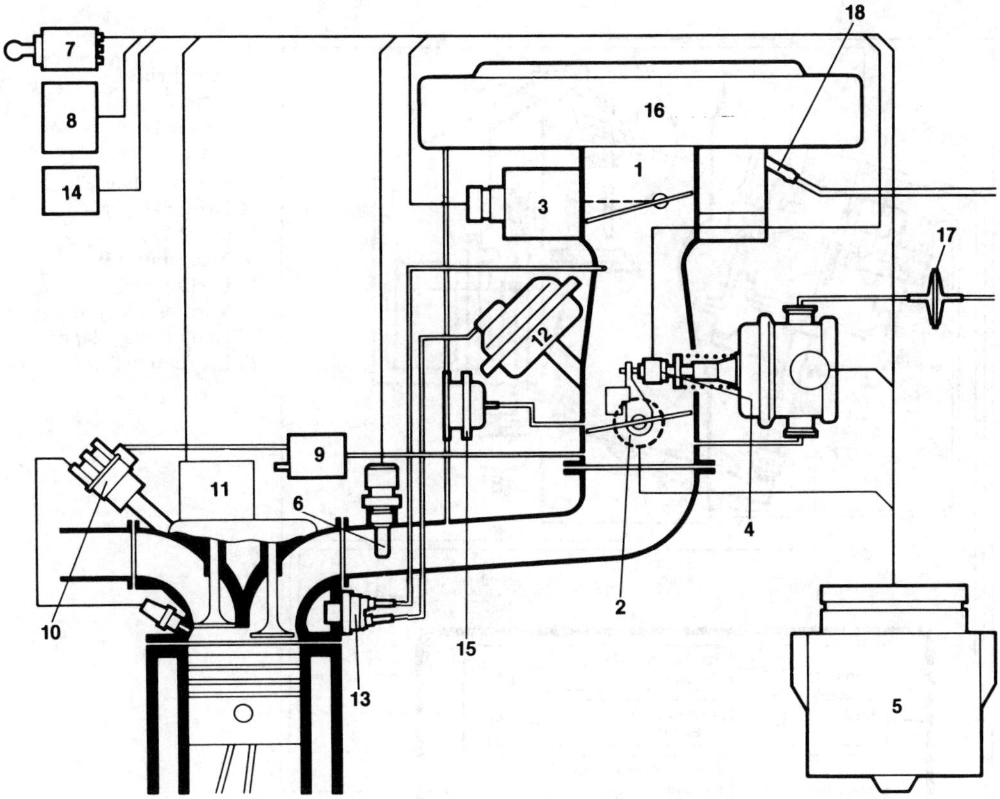

Bild 3.64 Elektronisch beeinflußter Vergaser
1 Vergaser
2 Drosselklappenpotentiometer
3 Vordrosselansteller
4 Drosselklappenansteller mit LL-Schalter
5 Elektronisches Steuergerät
6 Temperaturfühler
7 Zündschloß (Klemme 15)
8 Hauptrelais
9 Magnetventil (Zündzeitpunktsteuerung)
10 Zündverteiler
11 Zündschaltgerät (Drehzahlinformation) TD-Signal
12 Membrandose II. Stufe
13 Thermoventil (temperaturabhängige Dämpfung)
14 Verbrauchsanzeige
15 Schubventil
16 Luftfilter
17 Filter
18 Kraftstoffanschluß

Drosselklappenansteller mit Leerlaufschalter Der elektropneumatisch arbeitende Drosselklappenansteller übernimmt die Füllungssteuerung. Sie dient zur Regelung der Leerlaufdrehzahl und der Steuerung von Start, Hochlauf, Warmlauf, Schubabschaltung und Motorstopp.

Der pneumatische Arbeitsdruck wird durch zwei Elektromagnetventile geregelt. Ein Elektromagnetventil ist mit dem Saugrohrdruck, das andere mit der Atmosphäre verbunden. Zur Saugrohrseite gehört ein Rückschlagventil und zur atmosphärischen Seite ein Luftfilter.

Das im Drosselklappenansteller eingebaute *Potentiometer* gibt dem Steuergerät eine Rückmeldung über die Stößelstellung. Durch den im Stößel integrierten Leerlaufschalter erhält das

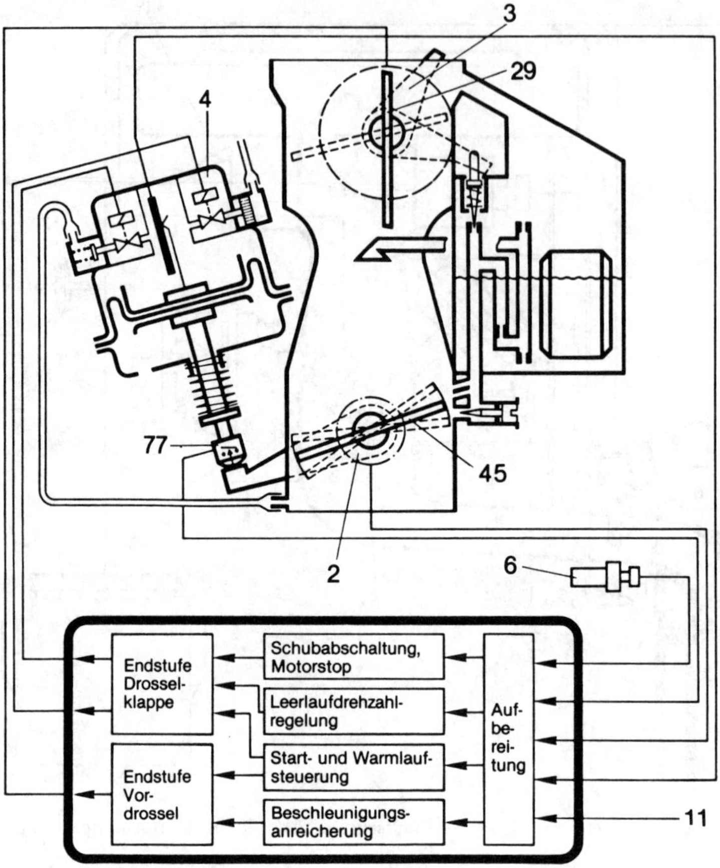

Bild 3.65
Elektronisches Steuergerät
2 Drosselklappenpotentiometer
3 Vordrosselansteller
4 Drosselklappenansteller
6 Temperaturfühler
11 Drehzahlinformation
29 Vordrosselklappe
45 Hauptdrosselklappe
77 Leerlaufschalter

Steuergerät in gedrückter Stellung (Schalter offen) das Signal zur Leerlaufdrehzahlregelung und in ungedrückter Stellung (Schalter geschlossen) die Information, daß beschleunigt wird.

Drosselklappenpotentiometer Dieses Potentiometer informiert das Steuergerät über die Stellung und den Bewegungsablauf der Drosselklappe.

Gemischanreicherung bei Start, Warmlauf und Beschleunigung Die erforderliche Anreicherung wird durch die Vordrosselsteuerung unter Berücksichtigung folgender Betriebsparameter erreicht:

1. Motortemperatur
2. Motordrehzahl
3. Drosselklappenstellung
4. Laufzeit des Motors nach dem Kaltstart
5. Öffnungsgeschwindigkeit der Drosselklappe

Beachte: Ist der Motor «abgesoffen», so kann die Vordrosselklappe durch volle Betätigung der Drosselklappe geöffnet werden.

Bei Beschleunigung wird die Vordrossel kurzzeitig in Schließrichtung bewegt. Dies ersetzt die bei konventionellen Vergasern übliche Beschleunigungspumpe.

Gemischmenge bei Start und Hochlauf Vor dem Start ist die Drosselklappe automatisch durch den voll ausgefahrenen Stößel des Drosselklappenanstellers wunschgemäß geöffnet. Die für den Hochlauf erforderliche Gemischmenge wird durch eine temperatur- und drehzahlabhängige Steuerung der Drosselklappe erreicht. Sobald die Leerlaufdrehzahl den Sollwert überschreitet, übernimmt die Leerlaufdrehzahlregelung die Füllungssteuerung.

Leerlaufdrehzahlregelung Die Motordrehzahl wird laufend mit dem Sollwert verglichen und korrigiert, unabhängig vom Einlaufzustand des Motors, von Motortemperatur, Luftdruck, Lufttemperatur und Belastung (z. B. Klimaanlage, Automatikgetriebe und Beleuchtung).

Schubabschaltung Beim Schubbetrieb oberhalb $1400\,\text{min}^{-1}$ wird die Drosselklappe so weit geschlossen, daß der Leerlauf-Gemischaustritt im atmosphärischen Bereich (oberhalb der Drosselklappe) liegt. Damit ist die Kraftstofförderung unterbrochen. Sie setzt wieder ein, wenn die Drehzahl auf $1400\,\text{min}^{-1}$ fällt oder wenn beschleunigt wird. Mit dem Schließen der Drosselklappe wird ein Schubluftventil mittels Saugrohrdruck geöffnet. Dabei wird eine Verbindung zwischen dem Luftfilterinnenraum und dem Saugrohr hergestellt. Diese Maßnahme begrenzt den Unterdruck im Saugrohr und verhindert die Verbrennung von Restgasanteilen im Auspuff (Auspuffblubbern).

Motorstopp Die Kraftstofförderung wird wie bei der Schubabschaltung unterbrochen. Sie verhindert das «Nachlaufen» des Motors.

Zündzeitpunktsteuerung Die unterdruckbedingte Zündzeitpunktsteuerung für den Leerlauf erfolgt temperatur- und leerlaufschalterabhängig. Bei einer Saugrohrwandtemperatur über +15 °C und gedrücktem Leerlaufkontakt (Kontakt offen) ist die unterdruckbedingte Zündfrühverstellung nicht wirksam. Unter +15 °C Saugrohrwandtemperatur ist die unterdruckbedingte Zündfrühverstellung bereits bei Leerlauf wirksam.

3.8 Benzineinspritzung bei Ottomotoren

Die Benzineinspritzung gewinnt immer mehr an Bedeutung. In den früheren Jahren wurde sie verwendet, um in erster Linie die Hubraumleistung (Literleistung) zu erhöhen und einen geringeren spezifischen Kraftstoffverbrauch zu erreichen. Heute, bei den immer schärferen Abgasbestimmungen, soll außerdem die Verbrennung möglichst vollkommen sein, damit nur geringe Mengen von Kohlenoxid (CO) und Kohlenwasserstoff (CH) in den Abgasen enthalten sind.

Den Kohlenoxid- bzw. Kohlenwasserstoffgehalt und den spezifischen Kraftstoffverbrauch kann man niedriger halten, da mit Benzineinspritzanlagen, im Gegensatz zu Vergaser, jedem einzelnen Motorzylinder die Kraftstoffmenge zugemessen werden kann, die er aufgrund seiner Luftfüllung in jeder Drehzahl und bei jeder Motorbelastung benötigt.

Die Hubraumleistung wird durch Verbesserung des Luftfüllungsgrades erhöht. Der Motor saugt, da der Vergaser mit dem verhältnismäßig kleinen Lufttrichter (Venturirohr) wegfällt, über einen wesentlich größeren Querschnitt an. Außerdem sind die Saugrohre, die vom Hauptrohr mit Drosselklappe zu den einzelnen Zylindern führen, länger und im Querschnitt größer, so daß einmal die Luft ohne Wirbelbildung in die Zylinder strömt und sich durch Pulsation der Luftsäule der Selbstaufladeeffekt verbessert.

Bei der Benzineinspritzung verwendet man mechanisch und elektronisch gesteuerte Anlagen. Dabei unterscheidet man Anlagen, die *intermittierend* (zeitweilig unterbrochen) oder *kontinuierlich* (ununterbrochen, andauernd) einspritzen.

Alle Einspritzanlagen haben die Aufgabe, dem Motor unter allen Betriebsbedingungen das verlangte Kraftstoff-Luft-Gemisch im richtigen Verhältnis zu bemessen (siehe auch Kapitel 3 «Gemischbildung und Verbrennung bei Ottomotoren»).

3.8.1 Bosch K-Jetronic

Die K-Jetronic (Bild 3.66) ist eine *mechanisch arbeitende* Einspritzanlage, die *kontinuierlich* (ununterbrochen, andauernd) in den *Saugkanal* auf den Einlaßventilteller einspritzt. Bei diesem System wird die vom Motor angesaugte Luftmenge – die sich abhängig von der Drosselklappenstellung verändert – gemessen und dazu die verlangte Kraftstoffmenge angepaßt. Die Anpassung ist so optimal, daß in allen Betriebszuständen das gewünschte Kraftstoff-Luft-Verhältnis erreicht wird. Außerdem wird, da es eine echte luftmengenmessende Anlage ist, auch bei motorischen Veränderungen eine gleichbleibende Abgasqualität garantiert.

Aufbau

Die Anlage besteht aus Elektro-Kraftstoffpumpe (Rollenzellenpumpe), Kraftstoffspeicher, Kraftstoffilter, Gemischregler (Luftmengenmesser und Kraftstoffmengenteiler), Warmlaufregler (Steuerdruckregler), Drosselklappenstutzen, Zusatzluftschieber, Elektro-Kaltstartventil, Thermozeitschalter und Einspritzventile.

Wirkungsweise

Die K-Jetronic arbeitet nach dem Prinzip der Luftmengenmessung. Es muß die vom Motor angesaugte Luftmenge, abhängig von der Drosselklappenstellung, gemessen d.h. erfaßt werden. Diese Aufgabe übernimmt der Luftmengenmesser, der in Strömrichtung vor der Drosselklappe eingebaut ist.

Luftmengenmesser Es gibt Fallstrom- und Steigstrom-Luftmengenmesser. Der Steigstrom-Luftmengenmesser (Bild 3.67) besteht aus einem Lufttrichter und der an einem Verstellhebel befestigten Stauscheibe. Das Gewicht von Stauscheibe und Hebel ist durch ein Gegengewicht ausgeglichen.

Die im Lufttrichter stehende Stauscheibe reagiert, wenn Verbrennungsluft angesaugt wird, d.h., sie wird in Strömungsrichtung mitgenommen. Dabei vergrößert sich immer der Ringspalt zwischen Stauscheibe und Trichter im direkten Verhältnis (proportional) zum Hub. So wird die Stauscheibe entsprechend der Ansaugluftmenge im Lufttrichter ausgelenkt.

Kraftstoffmengenteiler Der Luftmengenmesser ist mit dem Kraftstoffmengenteiler zu einem Bauteil, dem Gemischregler, zusammengefaßt. Im Kraftstoffmengenteiler (Bild 3.68) sind der Steuerkolben und der Schlitzträger zentral angeordnet. In den Schlitzträger sind immer der Zylinderzahl entsprechend rechteckige senkrechte Schlitze mit einer Breite von etwa 0,2 mm eingearbeitet (Bild 3.69). Diese Schlitze bezeichnet man als Steuerdrosseln. Sie werden durch die waagerechte Steuerkante des Steuerkolbens verschieden weit geöffnet. Der Öffnungsquerschnitt der Steuerdrosseln ist abhängig von der Auslenkung der Stauscheibe, die über den Hebel auf den Steuerkolben übertragen wird.

Bild 3.66 K-Jetronic (Bosch)

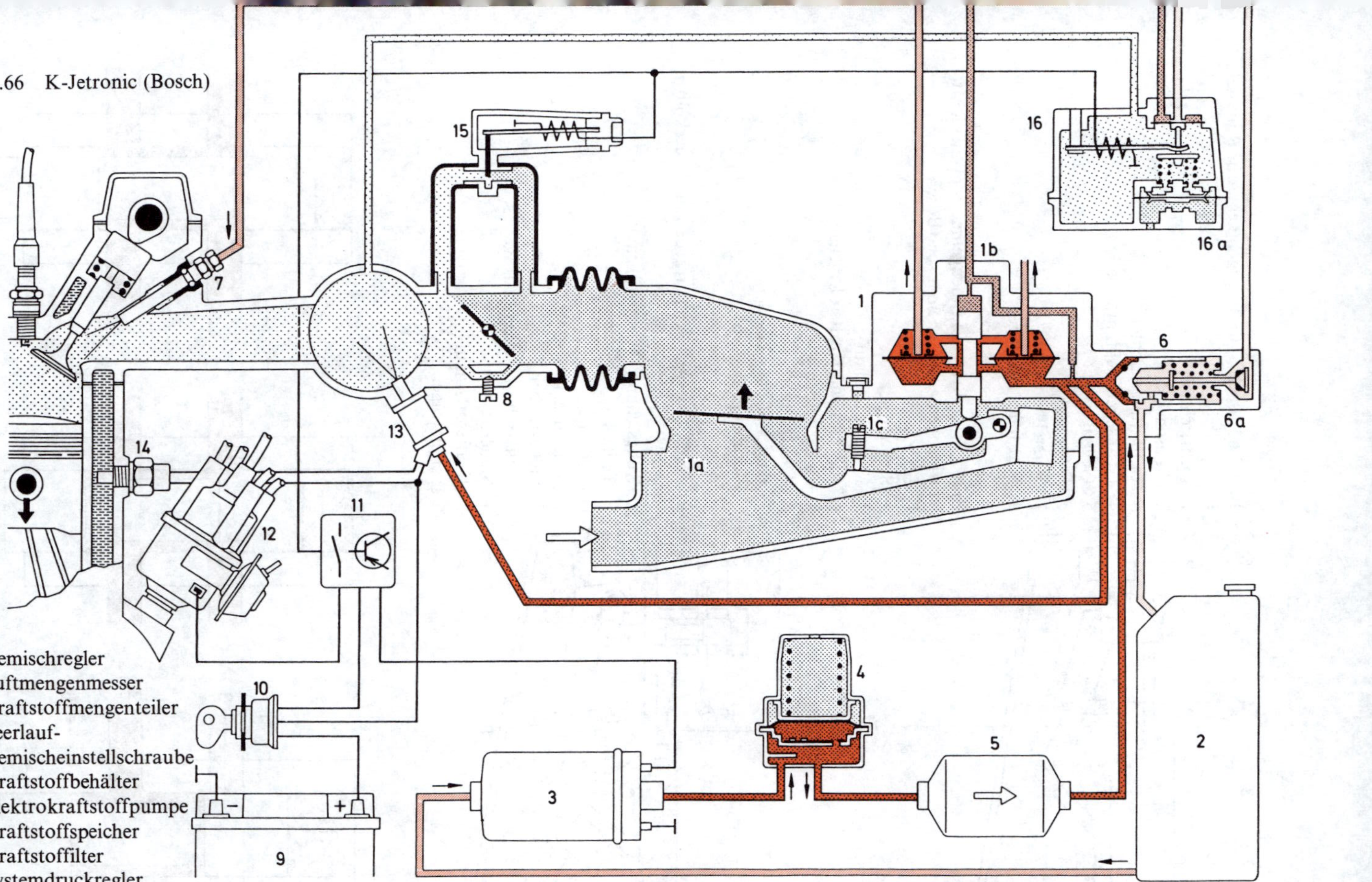

1 Gemischregler
1a Luftmengenmesser
1b Kraftstoffmengenteiler
1c Leerlauf-Gemischeinstellschraube
2 Kraftstoffbehälter
3 Elektrokraftstoffpumpe
4 Kraftstoffspeicher
5 Kraftstoffilter
6 Systemdruckregler
6a Aufstoßventil
7 Einspritzventil
8 Leerlauf-Drehzahleinstellschraube
9 Batterie
10 Zünd-Startschalter
11 Steuerrelais
12 Zündverteiler
13 Kaltstartventil
14 Thermozeitschalter
15 Zusatzluftschieber
16 Warmlaufregler (Steuerdruckregler)
16a Vollastmembran

Förderdruck (Systemdruck) 4,8 bar
Druck in der Oberkammer 4,7 bar
Einspritzdruck 3,5 bar
Steuerdruck 0,5 bis 3,7 bar
Saug- bzw. Rücklauf
Atmosphärischer Druck
Druck im Saugrohr
Kühlwasser

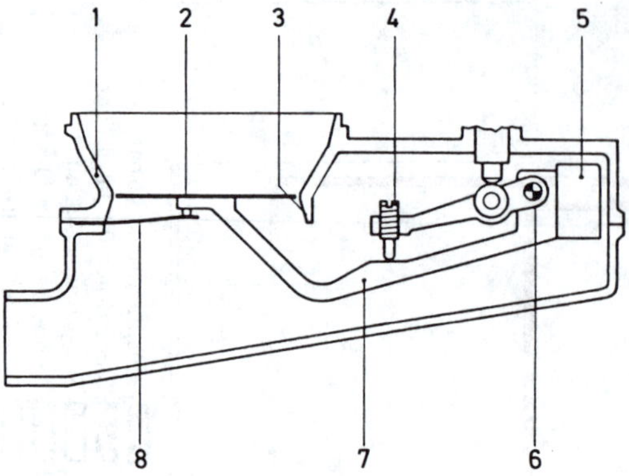

Bild 3.67 (oben) Luftmengenmesser in Ruhestellung (Bosch)
1 Lufttrichter
2 Stauscheibe
3 Entlastungstrichter
4 Gemischeinstellschraube
5 Gegengewicht
6 Drehpunkt
7 Verstellhebel
8 Blattfeder (Auflage)

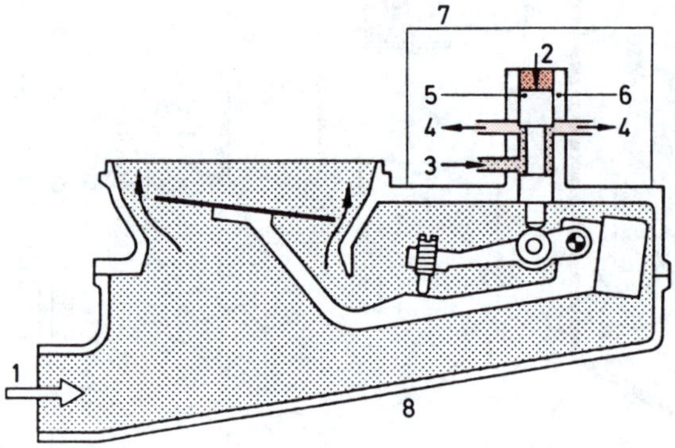

Bild 3.68 (mitte) Luftmengenmesser mit Kraftstoffmengenteiler, schematisch (Bosch)
1 Lufteintritt
2 Steuerdruck
3 Kraftstoffzulauf
4 zugemessene Kraftstoffmenge
5 Steuerkolben
6 Schlitzträger
7 Kraftstoffmengenteiler
8 Luftmengenmesser

Bild 3.69 (unten) Schlitzträger mit Steuerkolben (Bosch)
a Ruhestellung (Motorstillstand)
b Teillast
c Vollast
1 Steuerdruck
2 Steuerkolben
3 Steuerschlitz im Schlitzträger
4 Steuerkante
5 Kraftstoffzulauf
6 Schlitzträger

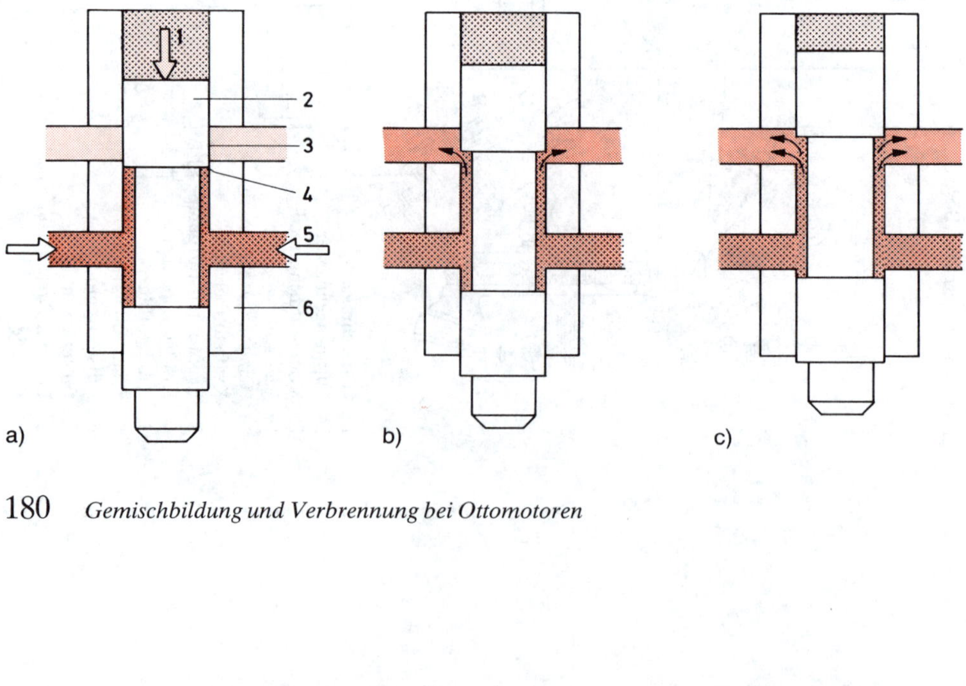

Hebt die vom Motor angesaugte Luftmenge die Stauscheibe an, bestimmt durch den Drosselklappenquerschnitt, dann wird an der Stauscheibenfläche eine Luftkraft wirksam. Dieser Luftkraft ist im Kraftstoffmengenteiler durch den Steuerdruck eine hydraulische Kraft auf den Steuerkolben entgegengerichtet. Die Stauscheibe wird also nur so weit ausgelenkt, bis die Luftkraft und die hydraulische Kraft im Gleichgewicht stehen. Da bei diesem Vorgang auch der Steuerkolben in eine bestimmte Lage kommt, gibt er den Querschnitt an den Steuerdrosseln (Steuerschlitzen) nur so weit frei, daß von hier aus zu den Einspritzventilen nur so viel Kraftstoff fließt, wie es die vom Motor angesaugte Luftmenge verlangt.

Kraftstoffverlauf Der Kraftstoff wird von einer Elektro-Kraftstoffpumpe (Bild 3.70 und 3.71) aus dem Kraftstoffbehälter angesaugt und über Kraftstoffspeicher und Kraftstoffilter zum Kraftstoffmengenteiler gefördert. Hier gelangt er zuerst in die Unterkammern des Mengenteilers und fließt über den Systemdruckregler und der Rücklaufleitung zum Tank zurück. Von dem Kraftstoffmengenteiler führt noch eine Versorgungsleitung zum Elektro-Kaltstartventil.

Systemdruckregler Der Systemdruckregler (Bild 3.66 und 3.72) regelt in dem Versorgungssystem (Systemdruckkreis) einen Vordruck von etwa 4,7 bis 5,2 bar. Er sorgt außerdem dafür, daß nach dem Abstellen des Motors der Systemdruck von 4,7 bis 5,2 bar auf etwa 2,5 bis 2,8 bar, d.h. unter den

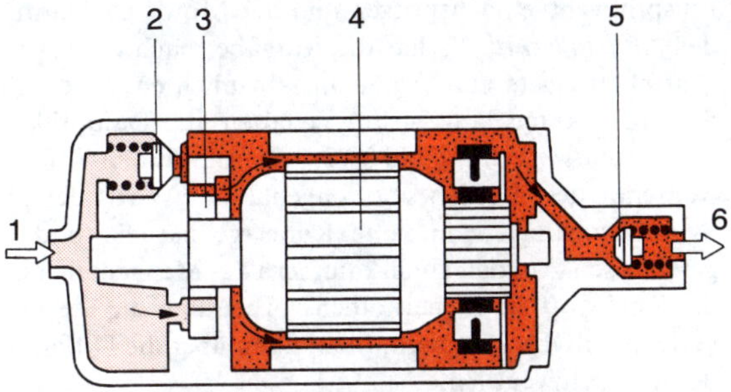

Bild 3.70 Elektrokraftstoffpumpe (Bosch)
1 Saugseite
2 Überdruckventil
3 Rollenzellenpumpe
4 Motoranker
5 Rückschlagventil
6 Druckseite

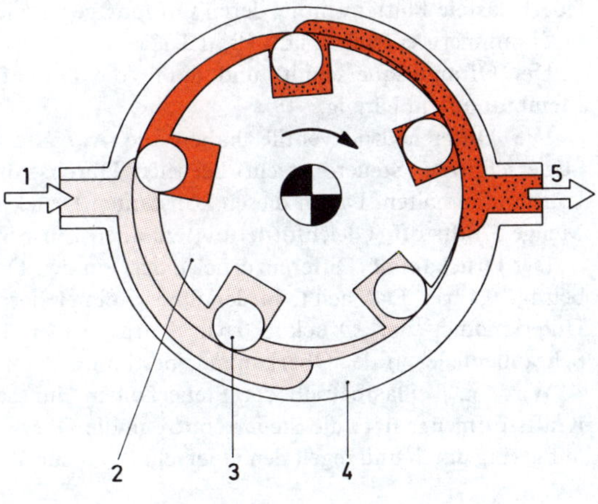

Bild 3.71 Rollenzellenpumpe (Bosch)
1 Saugseite
2 Läuferscheibe
3 Rolle
4 Pumpengehäuse
5 Druckseite

Kraftstoff drucklos

Kraftstoff fördern

Kraftstoff unter Druck

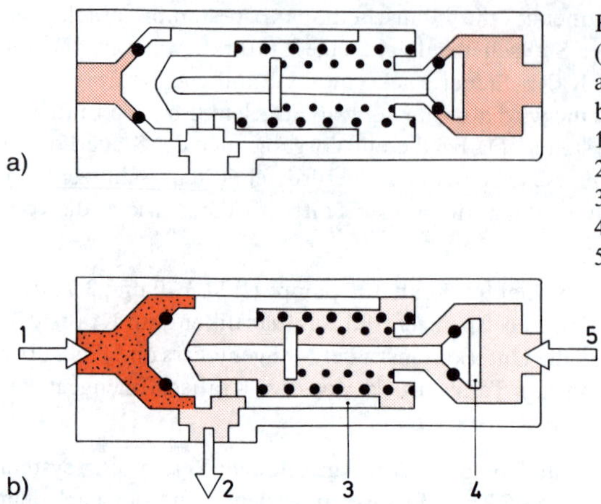

Bild 3.72 Systemdruckregler mit Aufstoßventil (Bosch)
a in Ruhestellung
b in Arbeitsstellung
1 Zulauf Systemdruck
2 Rücklauf (zum Tank)
3 Kolben des Systemdruckreglers
4 Aufstoßventil
5 Zulauf Steuerdruck (vom Warmlaufregler)

Öffnungsdruck der Einspritzventile, absinkt. Durch diese Absenkung wird verhindert, daß die Einspritzventile nachspritzen und der Motor nachläuft. Der Systemdruckregler ist kombiniert mit dem *Aufstoßventil.* Es hat die Aufgabe, nach dem Abstellen des Motors die Rücklaufleitung des Warmlaufreglers zum Tank hin abzudichten. Dadurch wird der Vordruck in dem System- und Steuerdruckkreis lange genug gehalten und Dampfblasenbildung verhindert.

Das *Aufstoßventil* (Bild 3.72) wird durch den Kolben des Systemdruckreglers aufgestoßen und während des Betriebes offengehalten. Wird der Motor abgestellt, geht der Kolben des Systemdruckreglers in seine Ruhelage zurück, und das Aufstoßventil wird durch eine Feder geschlossen. Aus den Unterkammern des Mengenteilers, die alle miteinander verbunden sind, gelangt der Kraftstoff am Steuerkolben vorbei über die Steuerschlitze (Steuerdrosseln) in die voneinander getrennten Oberkammern, fließt dann über die Differenzdruckventile und die Einspritzleitungen zu den Einspritzventilen.

Differenzdruckventile Die Differenzdruckventile – zu jeder Steuerdrossel gehört ein Ventil – sind federbelastete Plattenventile, deren Öffnung gegen die Stahlmembrane gerichtet ist, die Unter- und Oberkammern entstehen läßt (Bild 3.73).

Der Öffnungsquerschnitt und damit die Durchflußmenge zu den Einspritzventilen ist vom Membranhub abhängig.

Die Differenzdruckventile haben die Aufgabe, den Kraftstoffdruck vor und hinter den Steuerschlitzen (Steuerdrosseln) bei jeder Durchströmmenge, also bei jeder Steuerschlitzöffnung, konstant zu halten. Durch diesen konstanten Druck in allen Oberkammern fließt auch die gleiche Menge Kraftstoff (Gleichförderung) zu allen Einspritzventilen.

Der Druckabfall (Differenzdruck), der von den Differenzdruckventilen konstant gehalten wird, beträgt 0,1 bar. Das heißt, in der Oberkammer herrscht ein Druck von 4,9 bar, während in der Unterkammer der Druck 5,0 bar beträgt. Der Differenzdruck wird durch die Kraft der Schraubenfeder in der Oberkammer bestimmt.

Wird im Teillastbetrieb der Steuerkolben nur gering angehoben, so strömt nur eine kleine Kraftstoffmenge über die Steuerschlitze in die Oberkammern (Bild 3.74). Die Membran wölbt sich nur gering durch und regelt den Querschnitt an den Ventilrohren so weit, bis sich ein Differenzdruck

Bild 3.73 Kraftstoffmengenteiler mit Differenzdruckventilen (Bosch)
1 Kraftstoffzulauf (Systemdruck)
2 Oberkammer
3 Ventilrohr mit Leitung zum Einspritzventil
4 Steuerkolben
5 Steuerkante und Steuerdrossel
6 Ventilfeder
7 Ventilmembran
8 Unterkammern

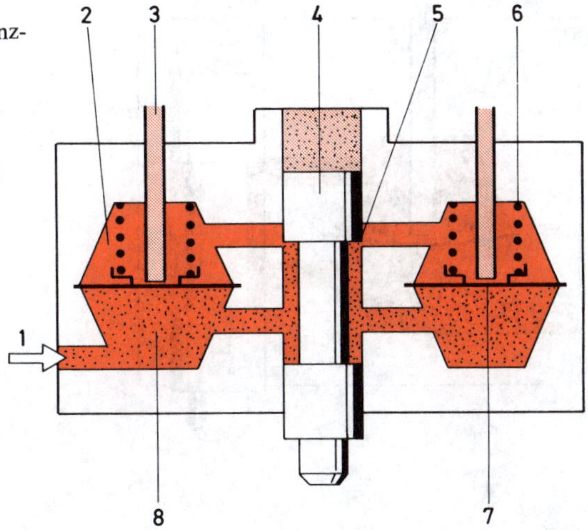

Bild 3.74 Differenzdruckventile, Stellung bei kleiner Einspritzmenge (Bosch)

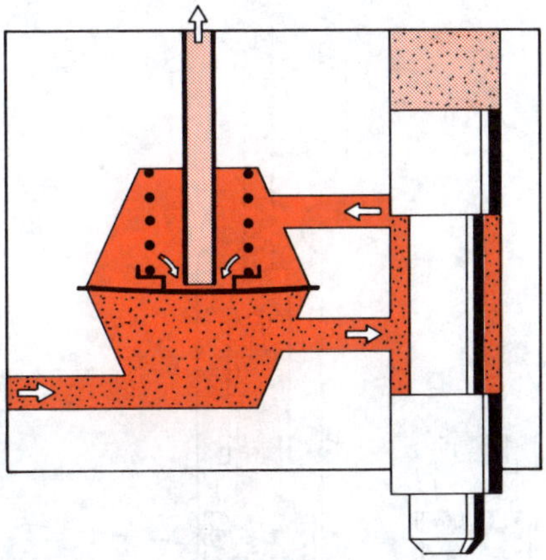

von 0,1 bar eingestellt hat. Dann herrscht in den Oberkammern ein Druck von z. B. 4,9 bar zuzüglich der Schraubenfederkraft und in den Unterkammern 5,0 bar. Die Kräfte sind ausgewogen.

Wird die Fahrpedalstellung geändert, z. B. auf Vollast, dann wird der Steuerkolben weit angehoben, und es strömt eine große Kraftstoffmenge in die Oberkammern (Bild 3.75). Die Membran wölbt sich weit nach unten und gibt einen großen Ventilquerschnitt frei. Kurzzeitig ist der Kraftstoffdruck in den Oberkammern über 4,9 bar angestiegen. Der Differenzdruck hat sich verringert, bis sich durch den größeren Kraftstoffabfluß zu den Einspritzventilen ein Differenzdruck von 0,1 bar eingeregelt hat und die Kräfte in den Ober- und Unterkammern gleich hoch sind.

Einspritzventile Die Einspritzventile (Bild 3.66 und 3.76) sind in wärmeisolierende Halter gesteckt und werden hydraulisch bei einem Druck von 3,3 bis 3,6 bar geöffnet. Sie spritzen die vom Kraftstoffmengenteiler zugemessene Kraftstoffmenge kontinuierlich (ununterbrochen) in den

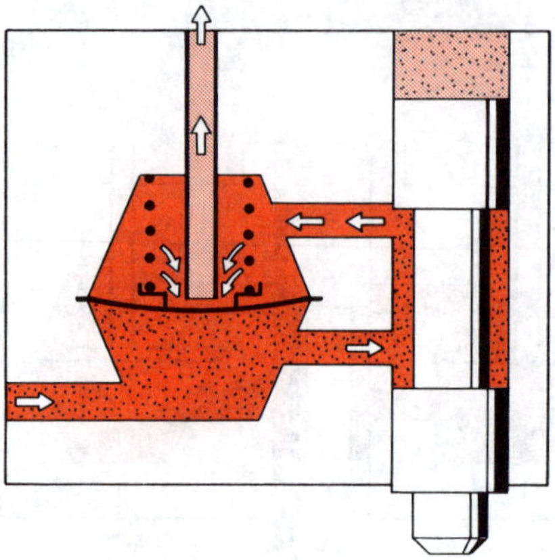

Bild 3.75 Differenzdruckventile, Stellung bei großer Einspritzmenge (Bosch)

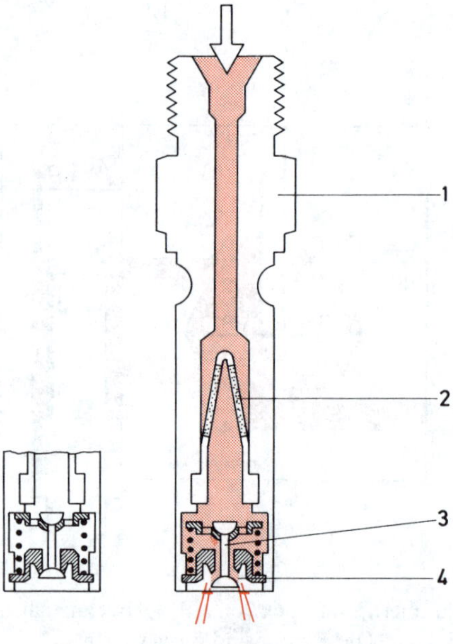

a) b)

Bild 3.76 Einspritzventil (Bosch)
a in Ruhestellung
b in Betriebsstellung
1 Ventilgehäuse
2 Filter
3 Ventilnadel
4 Ventilsitz

Saugkanal vor die Einlaßventile. Dabei entsteht überwiegend eine Gemischvorlagerung. Nach dem Abstellen des Motors schließt das Einspritzventil dicht ab, sobald der Druck im Systemkreis unter den Öffnungsdruck der Ventile abgesunken ist.

Kraftstoffspeicher Er ist direkt hinter der Elektro-Kraftstoffpumpe eingebaut (Bild 3.66). Beim Anlaufen der Pumpe wird der Speicher gefüllt und die Membranfeder gespannt. Durch den Füllvorgang wird erreicht, daß der Aufbau des Systemdrucks auf 4,5 bis 5,2 bar zeitlich verzögert wird.

Durch diese Verzögerung kann sich über die kleine Abkoppelbohrung (0,3 mm) im Kraftstoffmengenteiler der Steuerdruck aufbauen und während des Startens den Steuerkolben nach unten drücken. Dadurch wird verhindert, daß die Stauscheibe den Steuerkolben zu weit anhebt und über die Steuerschlitze zuviel Kraftstoff zu den Einspritzventilen gelangt. Weitere Aufgaben des Kraftstoffspeichers bestehen darin:

1. Bei abgestelltem heißem Motor das Kraftstoffsystem lange genug unter Vordruck zu halten, damit keine Dampfblasen frei werden und sich keine Heißstartschwierigkeiten einstellen.
2. Beim Auskühlen der Anlage den Kraftstoffvolumenschwund auszugleichen, damit in der Anlage kein Unterdruck entsteht und der Steuerkolben nicht hochgesaugt wird.

Neben dem Systemdruckkreis ist noch der *Steuerdruckkreis* vorhanden, der für die hydraulische Gegenkraft auf den Steuerkolben zur Luftkraft an der Stauscheibe sorgt. Dieser Steuerdruckkreis (Bild 3.66) ist über eine Abkoppelbohrung mit dem Systemkreis verbunden. Über einen Kanal und die Drosselbohrung kann der jeweilige Steuerdruck auf den Steuerkolben des Mengenteilers wirken.

Der Kraftstoffmengenteiler ist über die Steuerdruckleitung mit dem Warmlaufregler (Steuerdruckregler) und dieser wiederum über eine Leitung mit dem Kraftstoffbehälter verbunden.

Der *Warmlauf- oder Steuerdruckregler* regelt stufenlos den Kraftstoffrückfluß zum Kraftstoffbehälter. Im betriebswarmen Zustand des Motors beträgt der Steuerdruck etwa 3,5 bis 3,7 bar (mageres Kraftstoff-Luft-Gemisch). Im kalten Zustand dagegen kann dieser Steuerdruck durch den Warmlaufregler (bei sehr niedrigen Temperaturen) bis auf 0,5 bar abgesenkt werden (fettes Gemisch). Es kann somit durch Änderung des Steuerdrucks bzw. der hydraulischen Gegenkraft, bei gleicher Luftkraft und gleicher Ansaugluftmenge, der Steuerkolben zu den Steuerschlitzen angehoben oder abgesenkt werden.

Die Drosselbohrung oberhalb des Steuerkolbens hat die Aufgabe, bei pulsierender Luftströmung die Dämpfung von Stauscheibe und Steuerkolben zu übernehmen.

Kaltstartanreicherung Bei Kaltstart spritzt das *Elektro-Kaltstartventil* (Bild 3.77) zusätzlich Kraftstoff in das Hauptansaugrohr. Das Ventil wird elektromagnetisch geöffnet und über die

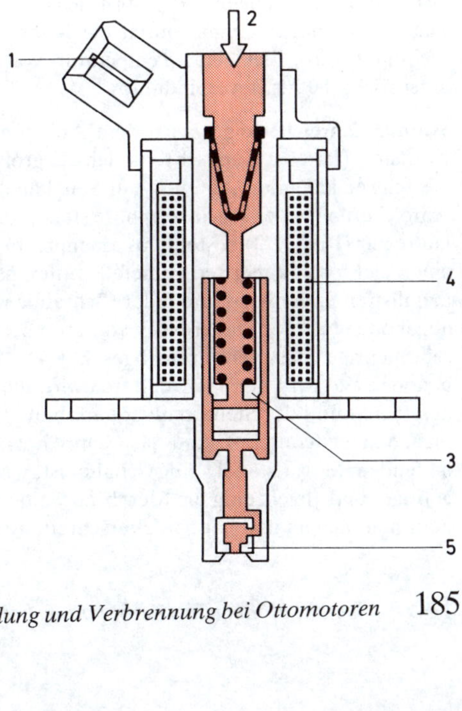

Bild 3.77 Elektrokaltstartventil geöffnet (Bosch)
1 elektrischer Anschluß
2 Kraftstoffzulauf mit Sieb
3 Ventil (Magnetanker)
4 Magnetwicklung
5 Dralldüse

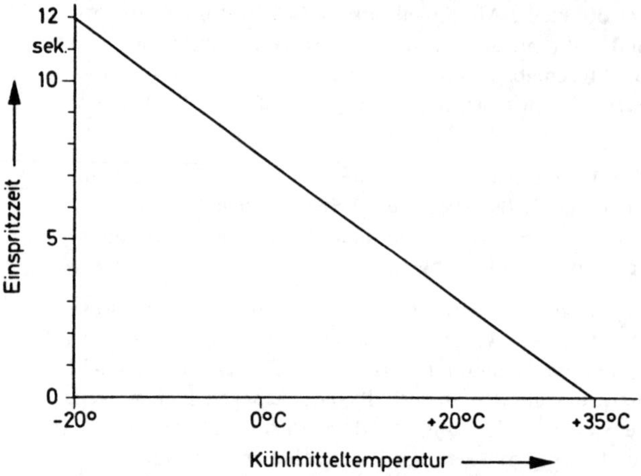

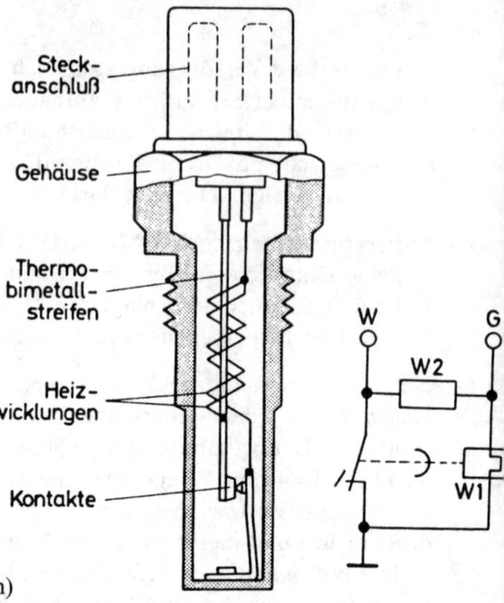

Bild 3.78 Thermozeitschalter mit Spritzzeitdiagramm (Bosch)

Startersteuerleitung (Klemme 50) mit Strom versorgt. Die Masseverbindung wird bei einer Kühlmitteltemperatur unter + 35 °C (308 K) von dem *Thermozeitschalter* (Bild 3.78) hergestellt. Bei einfachen Anlagen spritzt das Kaltstartventil nur während des Startvorgangs ein, bei Anlagen mit *Nachstartanreicherung* dagegen solange, bis der Thermozeitschalter ausgeregelt hat und die Spritzzeit begrenzt.

Bei – 20 °C (253 K) läßt der Schalter das Ventil etwa 12 s lang und bei + 20 °C (293 K) nur noch etwa 3 s lang einspritzen. Die Einspritzung nach dem Starten ist bei manchen Motoren erforderlich, damit sie durchlaufen.

Diese linear abnehmende Spritzzeit wird dadurch erreicht, daß der Bimetallkontakt im Thermozeitschalter einmal durch die Kühlmittelwärme und außerdem durch die Heizwicklung beeinflußt wird. Bei einer Temperatur von + 35 °C (308 K) öffnet der Bimetallkontakt und unterbricht die Masseverbindung.

Warmlaufanreicherung Nach dem Anlaufen in der Warmlaufphase benötigt der Motor mehr Kraftstoff (fetteres Gemisch), da sich ein großer Teil der eingespritzten Kraftstoffmenge – es sind die schwersiedenden Anteile – an Saugkanal- und Brennraumwandungen niederschlägt. Diese Anreicherung in der Warmlaufphase steuert der Warmlaufregler (Steuerdruckregler). Der Warmlaufregler (Bild 3.79) besteht aus einem federbelasteten Regelventil (Membranventil), das durch einen elektrisch beheizten Bimetallstreifen gesteuert wird. In der Warmlaufphase wirkt der Bimetallstreifen der Membranfeder (Schraubenfeder) entgegen, dadurch wird die Membran weiter abgehoben und der Steuerdruck von etwa 3,7 bar im betriebswarmen Zustand bis auf 0,5 bar bei sehr niedrigen Temperaturen abgesenkt. Das bedeutet, die hydraulische Kraft auf der Steuerkolbenoberseite wird geringer, dadurch wird die Stauscheibe bei gleicher Ansaugluftmenge stärker ausgelenkt und der Steuerschlitzquerschnitt größer. Der Motor bekommt also bei gleicher Luftmenge mehr Kraftstoff, und das Gemisch wird fetter. Durch die elektrische Beheizung, die bei laufendem Motor ständig eingeschaltet ist, wird die Wirkung des Bimetallstreifens nach und nach geringer und gleichzeitig die Membran weiter zum Sitz gedrückt. Der Steuerdruck steigt dadurch kontinuierlich an und hat bei Überschreitung der Motortemperatur – etwa +65 °C (333 K) – den

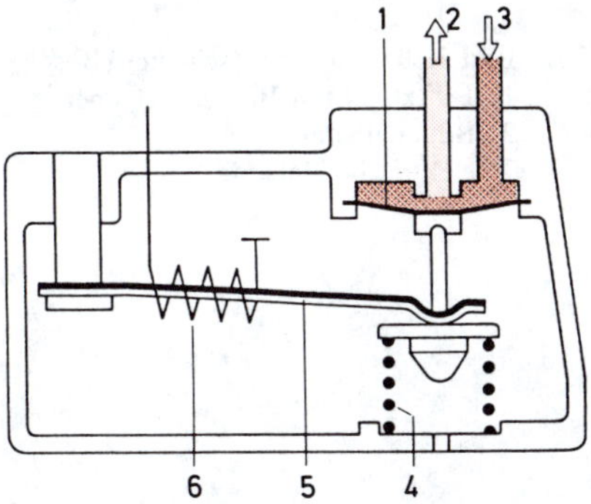

a)

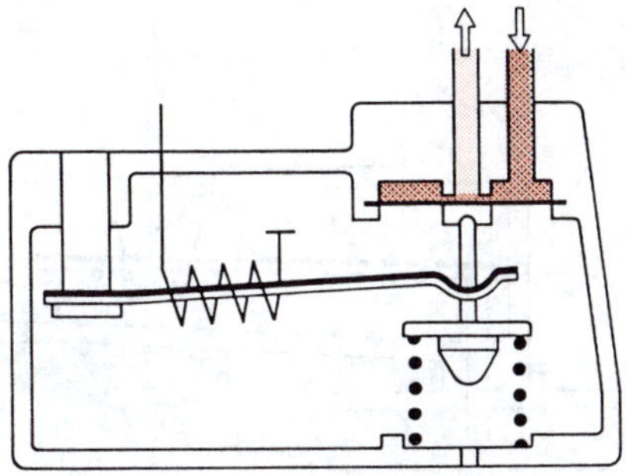

b)

Bild 3.79 Warmlaufregler (Steuerdruckregler) (Bosch)
a bei kaltem Motor,
b bei betriebswarmem Motor
1 Ventilmembran
2 Rücklauf
3 Steuerdruck vom Kraftstoffmengenteiler
4 Ventilfeder
5 Bimetall
6 elektrische Heizung

Normalwert von etwa 3,7 bar erreicht. Der Warmlaufregler ist so am Motor angebaut, daß er die Temperatur vom Motorblock annimmt. Beim Starten im halbwarmen Zustand kann der Bimetallstreifen nicht wirksam werden und eine unnötige Kraftstoffanreicherung hervorrufen.

Anhebung der Leerlaufdrehzahl bei Kaltstart

In der Warmlaufphase arbeitet auch der *Zusatzluftschieber* (Bild 3.80). Er bewirkt eine Anhebung der Motordrehzahl, um die erhöhte Reibleistung im Leerlauf auszugleichen. Durch einen Kanal wird die Drosselklappe umgangen. Bei kaltem Motor steht der volle Querschnitt dieses Kanals zur Verfügung, und wenn bei Erwärmung die Anreicherung in der Warmlaufphase durch den Warmlaufregler herausgenommen wird, nimmt auch hier am Zusatzluftschieber der Saugquerschnitt ständig ab. Bei Erreichung der Motortemperatur – etwa +65 °C (333 K) – ist der Kanal dann ganz geschlossen.

Die Saugquerschnittsteuerung erfolgt – wie auch beim Warmlaufregler – mit einem elektrisch beheizten Thermo-Bimetallstreifen. Der Zusatzluftschieber wird so am Motor angebaut, daß er die Motorumgebungstemperatur annimmt. Beim Starten im halbwarmen Zustand wird dadurch eine zu hohe Drehzahlanhebung vermieden.

Beschleunigungsanreicherung Wird aus niedriger Drehzahl heraus die Drosselklappe schnell geöffnet, entsteht im Luftmengenmesser oberhalb der Stauscheibe eine schnelle Druckabsenkung. Das hat zur Folge, daß die Stauscheibe durch die Luftkraft ebenso schnell angehoben wird und kurz über ihre einzunehmende Stellung hinausschwingt, bis sich die Luftkraft mit der hydraulischen Gegenkraft ausgewogen hat. Dieses kurze Überschwingen, d.h. Anheben der Stauscheibe, wird auf den Steuerkolben übertragen und an den Steuerschlitzen kurzzeitig etwas mehr Kraftstoff zu den Einspritzventilen durchgelassen.

Bei einer Anlage mit einem Warmlaufregler (Steuerdruckregler), der eine unterdruckgesteuerte Vollastanreicherung besitzt, wird das Überschwingen der Stauscheibe noch durch eine Steuerdruckabsenkung um 0,5 bis 0,7 bar verstärkt (siehe Vollastanreicherung).

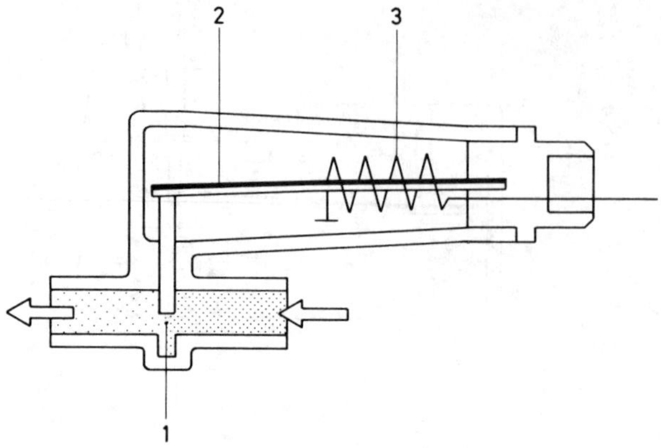

Bild 3.80 Zusatzluftschieber (Bosch)
1 Luftkanal mit Blendenschieber
2 Bimetallfeder
3 elektrische Heizung

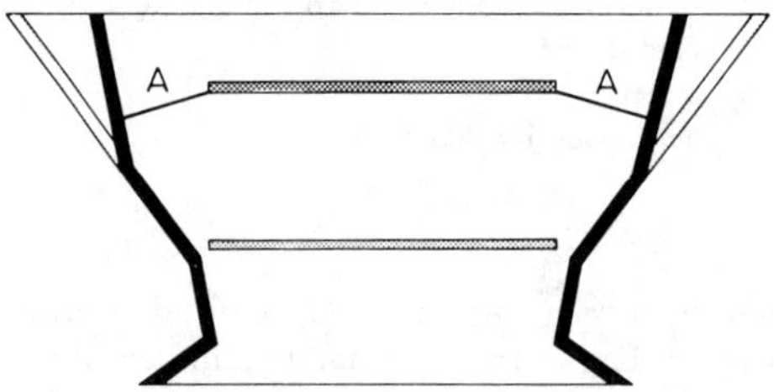

Bild 3.81 Kegelkorrektur im Lufttrichter des Luftmengenmessers (Bosch)

Vollastanreicherung Normal wird das Kraftstoff-Luft-Verhältnis – im Leerlauf 1 : 14 bis 1 : 14,7, in Teillast 1 : 15 bis 1 : 16 und bei Vollast etwa 1 : 13 – dadurch bestimmt, daß man die Kegelwinkel im Lufttrichter des Luftmengenmessers entsprechend bemißt (Bild 3.81). Läuft ein Motor im Teillastbereich, wird, um Kraftstoff zu sparen, der Stauscheiben- und Steuerkolbenhub durch einen großen Kegelwinkel im Lufttrichter klein gehalten (mageres Gemisch). Im Vollastbereich muß jedoch der Kegelwinkel kleiner sein, damit sich der Stauscheiben- und Steuerkolbenhub vergrößert und bei gleicher Ansaugluftmenge eine größere Kraftstoffmenge zu den Einspritzventilen fließt (fetteres Gemisch).

Bei größeren Motoren reicht diese Art der Vollastanreicherung nicht aus. Deshalb muß von einer anderen Stelle aus dafür gesorgt werden, daß mehr Kraftstoff zu den Einspritzventilen fließt. Diese Aufgabe übernimmt der Warmlaufregler mit unterdruckgesteuerter Vollastanreicherung. Er regelt den Steuerdruck in Abhängigkeit vom Saugrohrunterdruck. Das Gehäuse des Warmlaufreglers ist durch eine Zwischenplatte und eine Membran (Vollastmembran) in zwei Kammern unterteilt. Die äußere Schraubenfeder stützt sich am Federteller und an der Zwischenplatte, die innere an der Membran ab. Die Oberkammer ist über einen Unterdruckschlauch mit dem Saugrohr, die Unterkammer mit der Atmosphäre verbunden.

Im Leerlauf- und Teillastbereich ist der Unterdruck hoch, so daß die Membran bis zum mechanischen Anschlag angehoben wird (Bild 3.82). Beide Schraubenfedern haben im betriebswarmen Zustand eine Vorspannung, so daß ein Steuerdruck von etwa 3,7 bar geregelt wird. Beim weiteren Öffnen der Drosselklappe bis zur Vollaststellung nimmt der Unterdruck immer mehr ab, und die Membran wird durch die innere Feder nach unten gedrückt (Bild 3.83). Da sich die innere Feder entspannt hat, wird der Steuerdruck um etwa 0,5 bis 0,7 bar abgesenkt. Diese Steuerdruckabsenkung hat zur Folge, daß sich der Steuerkolben etwas anheben läßt und im Verhältnis zur angesaugten Luftmenge mehr Kraftstoff zu den Einspritzventilen fließen kann.

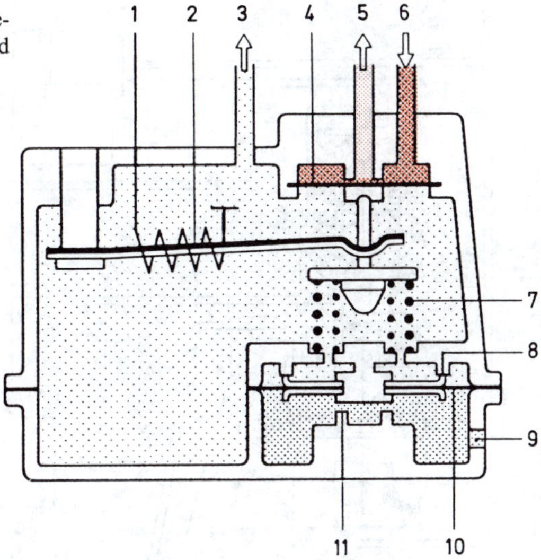

Bild 3.82 Warmlaufregler mit unterdruckgesteuerter Vollastanreicherung bei Leerlauf und Teillast (Bosch)
1 elektrische Heizung
2 Bimetallfeder
3 Unterdruckanschluß (vom Saugrohr)
4 Ventilmembran
5 Rücklauf zum Kraftstoffbehälter
6 Steuerdruck (vom Mengenteiler)
7 Ventilfeder
8 oberer Anschlag
9 Entlüftung
10 Membran
11 unterer Anschlag

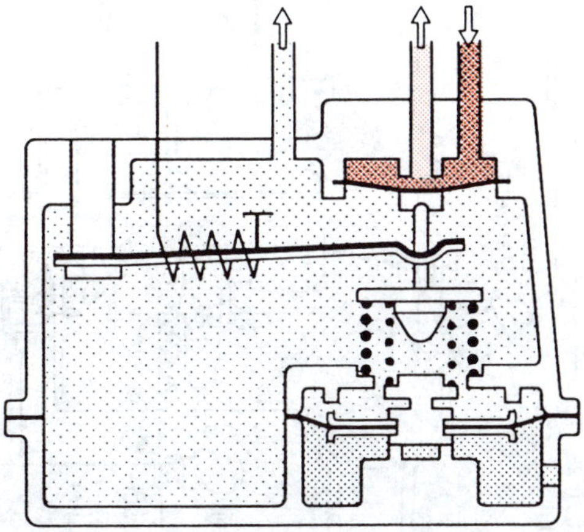

Bild 3.83 Warmlaufregler mit unterdruckgesteuerter Vollastanreicherung bei Vollast (Bosch)

Diese unterdruckgesteuerte Vollastanreicherung wirkt sich auch beim Beschleunigen aus, wenn durch schnelles Öffnen der Drosselklappen der Unterdruck kurzzeitig abfällt.

Schubabschaltung Bei Fahrzeugen kann serienmäßig oder nachträglich eine Schubabschaltung (Bild 3.84) eingebaut werden. Diese bringt eine Kraftstoffeinsparung von etwa 5 %. Zu der K-Jetronic-Anlage sind zusätzlich das Schubabschaltventil, der Drosselklappenschalter und das Drehzahlrelais erforderlich.

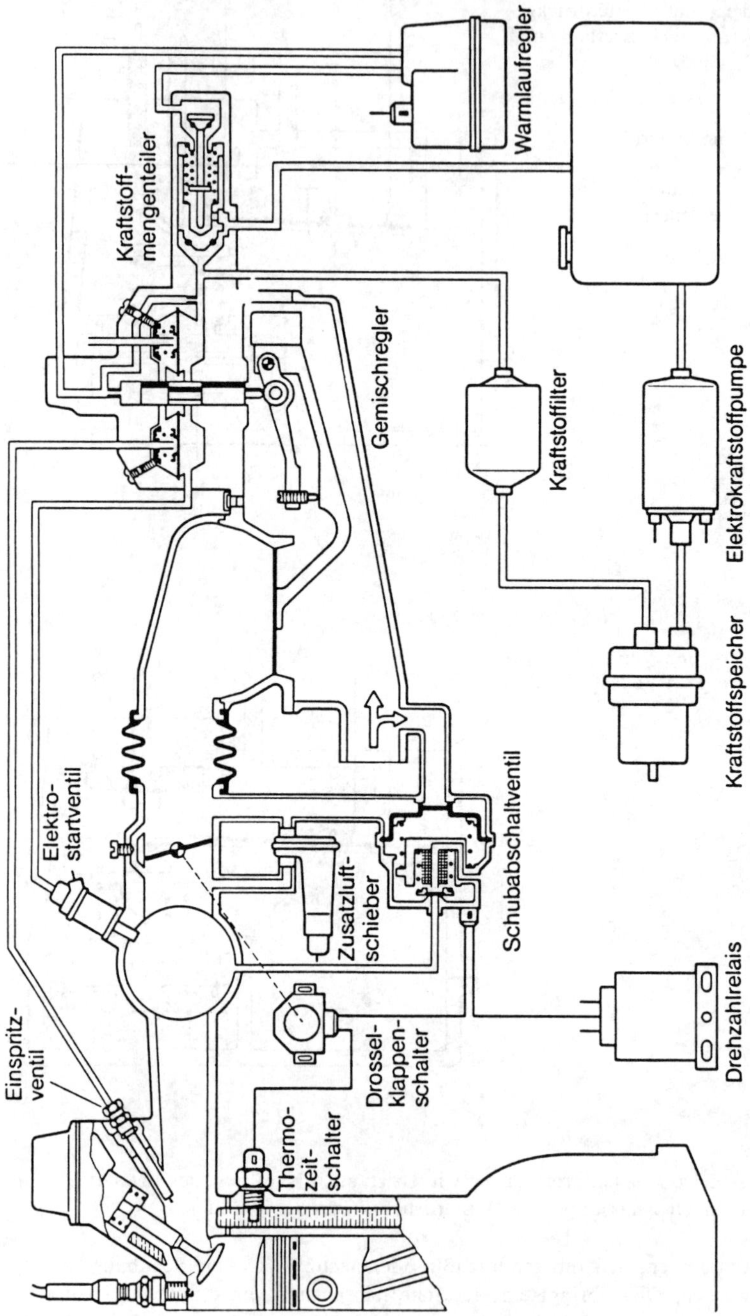

Bild 3.84 K-Jetronic mit Schubabschaltung (Bosch)

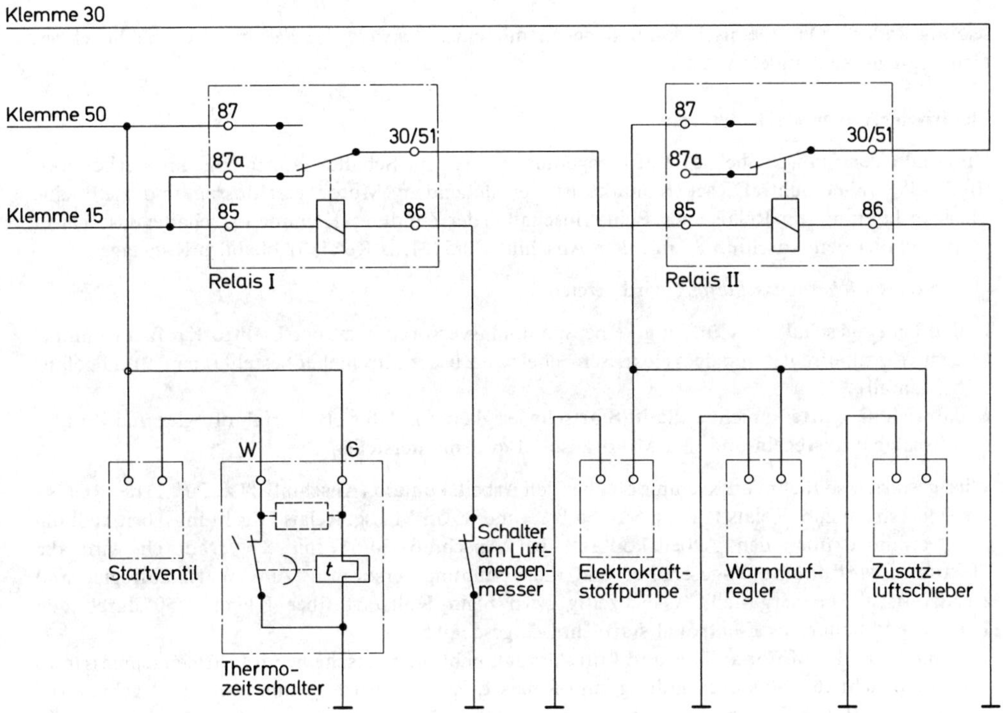

Bild 3.85 Elektrischer Schaltplan der K-Jetronic mit Luftmengenmesserkontakt (Bosch)

Wirkungsweise

Wird während der Fahrt bei einem betriebswarmen Motor und einer Drehzahl über 1800 min^{-1} die Drosselklappe geschlossen, dann öffnet zuerst elektrogmagnetisch das Unterdruckventil und stellt eine Verbindung von dem Ansaugrohr zum Schubabschaltventil her.

Der Unterdruck wirkt auf das Membranventil (Luftbypassventil) und verbindet das Luftfilter mit dem Ansaugrohr hinter dem Luftmengenmesser. Dadurch umströmt die vom Motor angesaugte Luft die Stauscheibe. Diese wird durch die auf den Steuerkolben wirkende hydraulische Gegenkraft in die Nullage gedrückt. Der Steuerkolben verschließt die Steuerschlitze und sperrt die Kraftstoffversorgung zu den Einspritzventilen. Der Motor erhält während des Schiebebetriebes kein Gemisch, sondern nur Luft. Wird während des Schiebebetriebes das Fahrpedal nicht wieder betätigt, setzt bei Unterschreitung von etwa 1200 min^{-1} die Einspritzung automatisch wieder ein. Diese Steuerung übernimmt das Drehzahlrelais. Wird dagegen im Schiebebetrieb das Fahrpedal betätigt, öffnet der Kontakt im Drosselklappenschalter, das Schubabschaltventil schließt, und die Luft durchströmt wieder den Luftmengenmesser.

Leerlaufeinstellung Der Motor saugt die Leerlaufluftmenge – bei geschlossener Drosselklappe – nur über den Leerluftkanal im Klappenstutzen an. In diesem Kanal befindet sich eine *Luftregulierschraube* (Bild 3.66). Mit dieser Schraube kann der Querschnitt des Kanals und damit die Leerlaufdrehzahl verändert werden, ohne daß sich das Kraftstoff-Luft-Gemisch in der Zusammensetzung ändert. Das Gemisch kann dagegen mit einer *Einstellschraube* am Zwischenhebel des Gemischreglers verändert werden.

Elektrische Anlage der K-Jetronic

Unterhalb der Stauscheibe des Luftmengenmessers ist ein Schalter (Luftmengenmesserkontakt) (Bild 3.85) angebracht. Dieser Kontakt ist bei stehendem Motor geschlossen und stellt eine Masseverbindung zum Relais I her. Beim Einschalten der Zündung (Klemme 15) schaltet das Relais I und verbindet den Anschluß 87 mit dem Anschluß 30/51. Das Relais II bleibt in Ruhelage.

Durch diese *Sicherheitsschaltung* wird erreicht,

1. daß bei eingeschalteter Zündung keine Spannungsversorgung zu der Elektro-Kraftstoffpumpe, dem Warmlaufregler und dem elektrisch beheizten Zusatzluftschieber besteht (keine Brandgefahr bei Unfall),
2. daß sich die Batterie nicht entlädt (Startschwierigkeiten), daß sich Warmlaufregler und Zusatzluftschieber ausregeln und den Motorzustand «warm» herstellen.

Wird gestartet, so fließt von Klemme 50 über den Arbeitskontakt (Anschluß 87 zu 30/51) des Relais I ein Steuerstrom zum Relais II über Anschluß 85 und 86 an Masse. Relais II geht in Arbeitsstellung und verbindet über den Arbeitskontakt den Anschluß 30/51 mit 87. Dadurch wird die Elektrokraftstoffpumpe eingeschaltet und die Spannungsversorgung zum Warmlaufregler und Zusatzluftschieber hergestellt. Gleichzeitig wird beim Kaltstart über Klemme 50 durch den Thermozeitschalter das Elektrokaltstartventil eingeschaltet.

Sobald nun der Motor anläuft und Luft ansaugt, hebt die Stauscheibe im Luftmengenmesser ab und unterbricht die Masseverbindung zum Relais I. Relais I wird spannungslos und geht in die Ruhestellung. Relais II bleibt aber weiter eingeschaltet, da über Klemme 15 und den Anschlüssen 87a und 30/51 des Relais I das Relais II weiter mit Spannung versorgt wird.

Kommt es bei einem Unfall zum Motorstillstand, so wird auch bei eingeschalteter Zündung die Elektrokraftstoffpumpe abgeschaltet. Dies wird durch den Luftmengenmesserkontakt verursacht, der durch die Stauscheibe geschlossen wird. Dadurch geht das Relais I in Arbeitsstellung und unterbricht die Spannungsversorgung zu Relais II. Relais II geht in Ruhelage, und die Verbindung von 30/51 zu 87 ist unterbrochen.

In manchen Anlagen wird auch statt des Luftmengenmesserkontaktes ein elektronisches Sicherheitsschaltrelais verwendet (Bild 3.86). Dieses Relais ist mit der Klemme 1 der Zündanlage verbunden und schließt erst, wenn der Motor beim Starten mit mindestens 60 min^{-1} dreht. Ebenso öffnet das Relais, wenn die Zündung ausgeschaltet wird oder es durch irgendwelche Umstände zum Motorstillstand kommt.

K-Jetronic mit Lambda-Regelung

Bei der K-Jetronic-Anlage (Bild 3.87) wird eine Lambda-Sonde in Verbindung mit einem Steuergerät und einem elektromagnetischen Taktventil verwendet. Der Kraftstoffmengenteiler ist, gegenüber solchen von normalen Anlagen, geändert. Die Unterkammern sind weitgehend vom Systemdruck durch die Festdrossel getrennt. Außerdem besteht ein zusätzlicher Anschluß von den Unterkammern über das Taktventil zu der Rücklaufleitung.

Das elektromagnetische Taktventil hat nun die Aufgabe, den Druck in den Unterkammern geringfügig abzusenken bzw. zu erhöhen. Bei Absenkung des Druckes in den Unterkammern vergrößert sich der Querschnitt an den Differenzdruckventilen, es fließt mehr Kraftstoff zu den Einspritzventilen, und das Gemisch wird in Richtung «fett» geändert. Umgekehrt, läßt das Taktventil weniger Kraftstoff abfließen, dann erhöht sich der Druck in den Unterkammern, der Querschnitt an

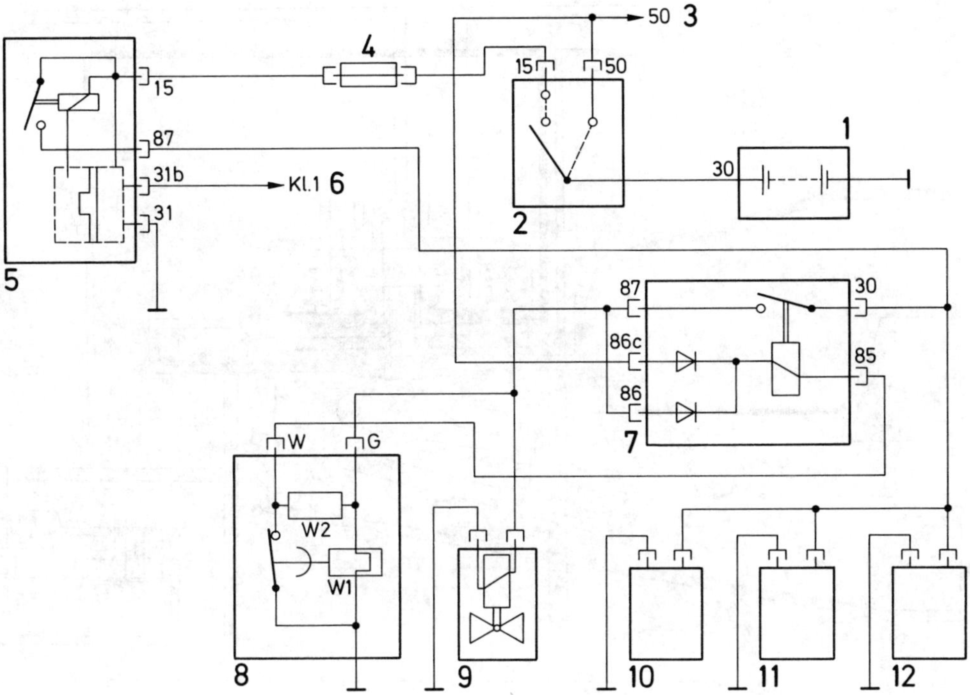

Bild 3.86 Elektrischer Schaltplan der K-Jetronic mit Drehzahlrelais (Sicherheitsschaltrelais) (BMW)
1 Batterie
2 Zünd- und Anlaßschalter
3 zum Anlasser Klemme 50
4 Sicherung
5 Sicherheitsschaltrelais
6 zu Klemme 1 (Zündspule)
7 Kraftstoffpumpenrelais
8 Thermozeitschalter
9 Kaltstartventil
10 Elektrokraftstoffpumpe
11 Warmlaufregler
12 Zusatzluftschieber

den Differenzdruckventilen verkleinert sich, die Kraftstoffdurchflußmenge zu den Einspritzventilen wird geringer und das Gemisch magerer.

Das Taktventil entspricht dem Einspritzventil der L-Jetronic und wird gesteuert von einem elektronischen Steuergerät. Das Steuergerät bekommt ein elektrisches Signal von der Lambda-Sonde (siehe auch 3.2.1 Lambda-Regelung). Bei dem Übergang von einem mageren zum fetteren Kraftstoff-Luft-Gemisch reagiert die Sonde mit einem Spannungssprung, den das Steuergerät verarbeitet. Das Steuergerät läßt jetzt stufenlos so lange abmagern, bis die Sonde auf das magere Gemisch reagiert und durch einen Spannungssprung in entgegengesetzter Richtung das Gemisch wieder fetter werden läßt. Das bedeutet, daß das Taktventil ständig geöffnet und geschlossen wird, aber mit einer relativ hohen Frequenz, so daß sich ein mittlerer leicht pulsierender Druck einstellt.

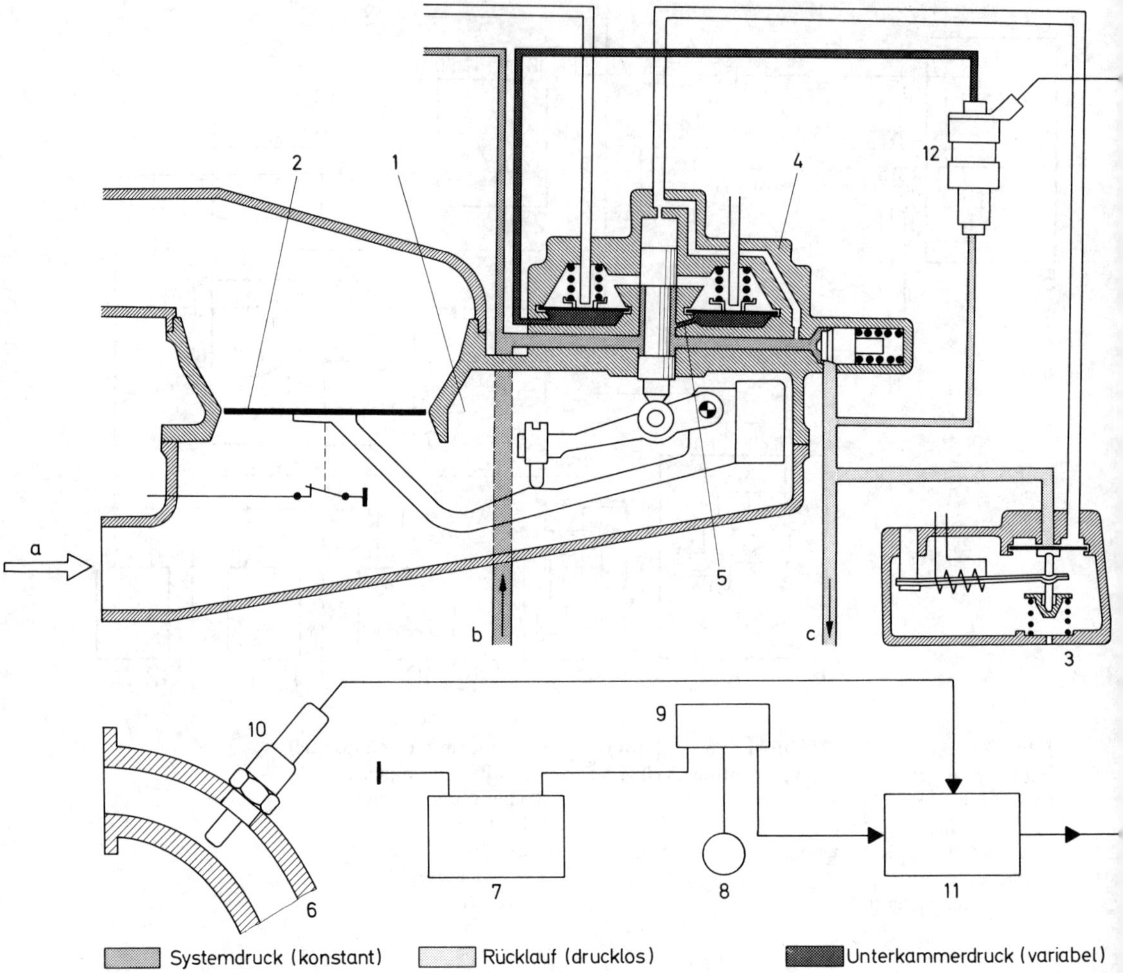

Bild 3.87 K-Jetronic mit Lambda-Regelung (Bosch)
1 Luftmengenmesser
2 Stauscheibe
3 Warmlaufregler
4 Kraftstoffmengenteiler
5 Festdrossel
6 Abgaskrümmer
7 Batterie
8 Zündschloß
9 Relais
10 Lambda-Sonde
11 Steuergerät
12 Taktventil

Fehlersuchplan für Fahrzeuge mit K-Jetronic (Bosch)

Symptom

1. Motor springt in kaltem Zustand nicht oder schlecht an
2. Motor springt in warmem Zustand nicht oder schlecht an
3. Unrunder Leerlauf in der Warmlaufphase (Schütteln)
4. Unrunder Leerlauf bei warmem Motor (Schütteln)
5. Motor nimmt kein Gas an, patscht
6. Motoraussetzer im Fahrbetrieb, hohe Last
7. Fahrleistung unbefriedigend
8. Motor dieselt nach
9. Kraftstoffverbrauch zu hoch
10. Übergangsstörungen
11. CO-Wert im Leerlauf zu hoch
12. CO-Wert im Leerlauf zu niedrig
13. Leerlaufdrehzahl nicht einstellbar (zu hoch)
14. Motor springt an, bleibt aber gleich wieder stehen

1	2	3	4	5	6	7	8	9	10	11	12	13	14	**Ursache:**	**Abhilfe:**
	●	●	●	●		●			●		●			Unterdrucksystem undicht	Sichtprüfung, defekte Schläuche bzw. Dichtungen wechseln
●	●		●			●	●		●	●	●			Luftmesserhebel bzw. Steuerkolben schwergängig	Luftmesser instandsetzen bzw. Kolben reinigen oder Mengenteiler wechseln
	●						●							Stauscheibenlage falsch	Stauscheibenlage korrigieren
●		●												Zusatzluftschieber öffnet nicht	Zusatzluftschieber wechseln

1	2	3	4	5	6	7	8	9	10	11	12	13	14		
												●		Zusatzluftschieber schließt nicht	Stromvers. prüfen, wenn i.O., Zusatzluftschieber wechseln
●	●				●								●	Elektrokraftstoffpumpe ohne Funktion	Stromvers. prüfen, Mengenmessung, falls erf., Elektrokraftstoffpumpe wechseln
●														Kaltstartanlage defekt	Kaltstartventil, Thermozeitschalter prüfen, defektes Teil wechseln
		●	●				●	●		●				Kaltstartventil undicht	Kaltstartventil wechseln
●		●												Steuerdruck „kalt" außer Toleranz	Warmlaufregler wechseln
	●		●	●	●	●			●				●	Steuerdruck „warm" (ausgeregelt) zu hoch	Rücklauf vom Warmlaufregler auf Durchgang prüfen, Warmlaufregler wechseln
			●	●		●		●	●	●			●	Steuerdruck „warm" (ausgeregelt) zu niedrig	Stromvers. prüfen, wenn i.O., Warmlaufregler wechseln
					●	●			●				●	Systemdruck außer Toleranz	Fördermenge messen, wenn i.O., Systemdruck korrigieren
	●													Kraftstoffgesamtsystem undicht	Dichtheitsprüfung Undichtheit beseitigen
	●	●	●		●		●							Einspritzventile undicht, Öffnungsdruck zu niedrig	Einspritzventile prüfen, defekte Ventile wechseln
		●	●			●			●					Ungleiche Fördermenge (Mengenstreuung)	Verursachende Komponente (Mengenteiler oder Einspritzventil(e)) wechseln
	●	●	●	●			●	●	●	●	●			Leerlauf-Grundeinstellung falsch	Leerlaufeinstellung korrigieren
						●								Drosselklappe öffnet nicht ganz	Gasgestänge und Drosselklappe einstellen

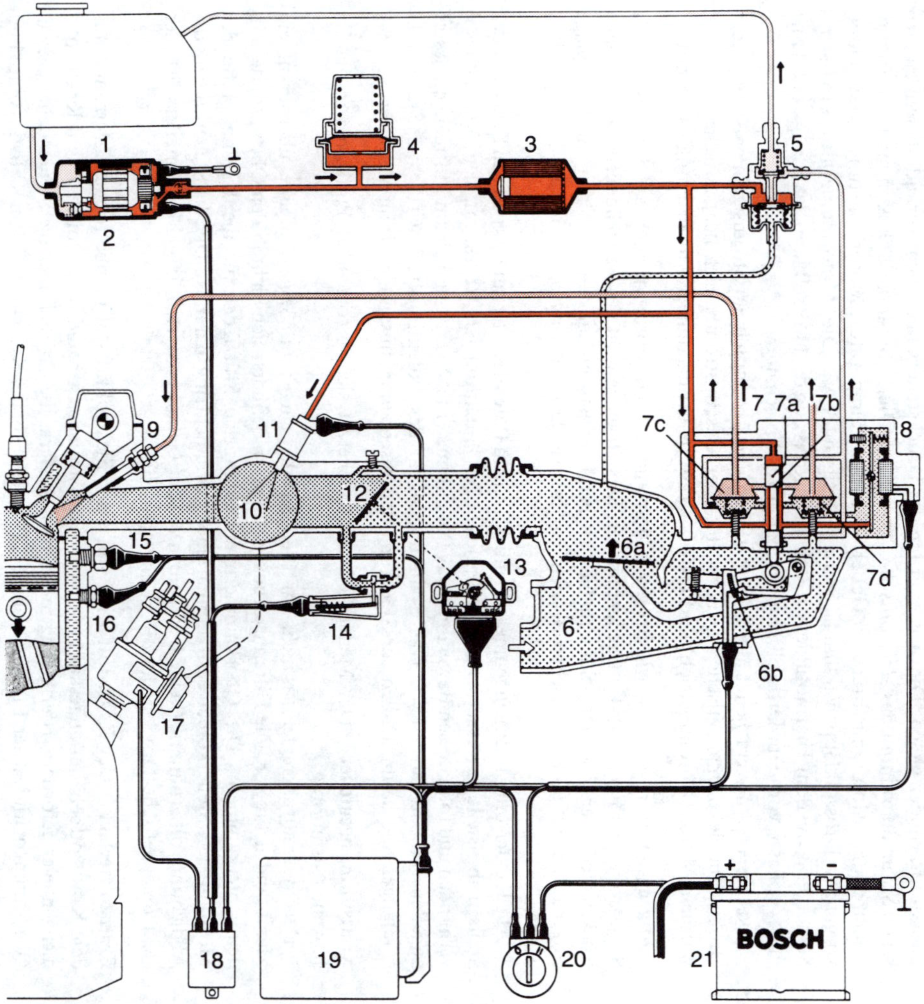

Bild 3.88 KE-Jetronic (Bosch)
1 Kraftstoffbehälter
2 Elektrokraftstoffpumpe
3 Feinfilter
4 Kraftstoffspeicher
5 Systemdruckregler
6 Luftmengenmesser mit Stauscheibe (6a) und Potentiometer (6b)
7 Kraftstoffmengenteiler mit Steuerkolben (7a) und dessen Steuerkante (7b), Oberkammern (7c) und Unterkammern (7d) der Differenzdruckventile
8 Drucksteller
9 Einspritzventil
10 Sammelsaugrohr
11 Kaltstartventil
12 Drosselklappe
13 Drosselklappenschalter
14 Zusatzluftschieber
15 Thermozeitschalter
16 Motortemperaturfühler
17 Zündverteiler
18 Steuerrelais
19 Steuergerät
20 Zünd-Startschalter
21 Batterie

Systemdruck
Einspritzdruck
Druck in Unterkammer
Saugleitung, Rücklauf
Atmosphärischer Druck
Druck im Saugrohr

3.8.2 Bosch KE-Jetronic

Die KE-Jetronic (Bild 3.88) ist eine mechanisch-elektronisch arbeitende Einspritzanlage, die kontinuierlich (ununterbrochen) in den Saugkanal auf die Einlaßventile spritzt. Für die KE-Jetronic wurde – abgesehen von einigen Änderungen – das hydraulisch-mechanische Grundprinzip der K-Jetronic übernommen. Der wesentliche Unterschied besteht darin, daß alle erforderlichen Korrekturen durch eine *elektronische Aufschaltung* gesteuert werden. Der separate Steuerdruckkreis mit dem Warmlaufregler der K-Jetronic entfällt. Der auf den Steuerkolben wirkende Druck (hydraulische Gegenkraft) ist konstant und hat die Höhe des Systemdrucks. Die Einspritzventile sind von der K-Jetronic übernommen und haben einen Öffnungsdruck von 3,6 bis 4,0 bar.

Die Steuerung aller Zusatzfunktionen (Korrekturen) erfolgt durch einen *elektromagnetischen Drucksteller,* der den Unterkammerdruck der Differenzdruckventile im Kraftstoffmengenteiler zwischen 0,4 und 1,5 bar verändern kann. Durch Veränderung des Differenzdrucks wird je nach Arbeitspunkt des Druckstellers eine Anreicherung oder Abmagerung des Kraftstoff-Luft-Gemischs erzielt. Da alle Unterkammern hydraulisch verbunden sind, ist die Gemischänderung für alle Motorzylinder gleich. Die Ansteuerung des Druckstellers mit einem veränderlichen elektrischen Strom übernimmt das *elektronische Steuergerät.* Dieses Steuergerät bekommt alle Informationen der am Motor angebrachten Geber über Motortemperatur, Motorbelastung, Gaswechselvorgänge, Drosselklappenstellung, Starterbetätigung usw. Die Motortemperatur erhält das Steuergerät von dem Thermofühler im Kühlmittelkreis und die Drosselklappenstellung «Leerlauf» und «Vollast» von dem Drosselklappenschalter (Mikroschalter).

Das *Steuergerät* verarbeitet alle Informationen und übermittelt ein Stromsignal entsprechender Größe zum elektromagnetischen Drucksteller. Der Gesamtstrombereich liegt zwischen 0 mA bei warmem Motor (Normalbetrieb) und bis etwa 150 mA bei maximaler Anreicherung (Kaltstart).

Luftmengenmesser Es gibt wie bei der K-Jetronic je nach Motortyp auch bei der KE-Jetronic Steigstrom- und Fallstrom-Luftmengenmesser. Das Gegengewicht des Verstellhebels ist durch eine Rückstellfeder ersetzt. Die Stauscheibe ist beim Fallstrom-Luftmengenmesser in Schräglage eingebaut, damit im zylindrischen Bereich des Lufttrichters der Ringspalt möglichst klein gehalten werden kann.

Alle KE-Jetronic-Luftmengenmesser sind mit einem Potentiometer zur elektrischen Erfassung der Stauscheibenstellung ausgerüstet. Der Schleifer des Potentiometers ist fest mit dem Verstellhebel verbunden und folgt dessen Bewegung. Das Potentiometergehäuse ist seitlich am Luftmengenmesser angeflanscht und einstellbar. Das Spannungssignal des Potentiometers wird vom Steuergerät empfangen und hauptsächlich zur Steuerung der Beschleunigungsanreicherung ausgewertet.

Kraftstoffmengenteiler Der Mengenteiler unterscheidet sich in folgenden Punkten von der K-Jetronic-Ausführung:

Der Systemdruckregler ist nicht im Mengenteiler eingebaut. Seine Aufgabe übernimmt ein Membrandruckregler. Die Differenzdruckventilfedern befinden sich nicht in den Ober-, sondern in den Unterkammern. Die Oberkammern enthalten eine Stützfeder für die Keramikplatte der Membran. Der Steuerkolben besitzt unten einen Formdichtring, der in Nullage des Steuerkolbens die Abdichtung übernimmt (kein Leckbenzin). Am Gehäuseunterteil des Mengenteilers ist der elektromagnetische Drucksteller direkt angeflanscht.

Kraftstoffverlauf Der Kraftstoff wird von einer Elektrokraftstoffpumpe (siehe K-Jetronic) aus dem Kraftstoffbehälter angesaugt und über Kraftstoffspeicher und Kraftstoffilter zum Kraftstoffmengenteiler gefördert. Hier gelangt er an dem Steuerkolben vorbei über die Steuerschlitze in die Oberkammern und zu den Einspritzventilen. Parallel fließt der Kraftstoff zu dem Kaltstartventil und über eine Drossel in den Raum oberhalb des Kolbens. Der überschüssige Kraftstoff gelangt über den

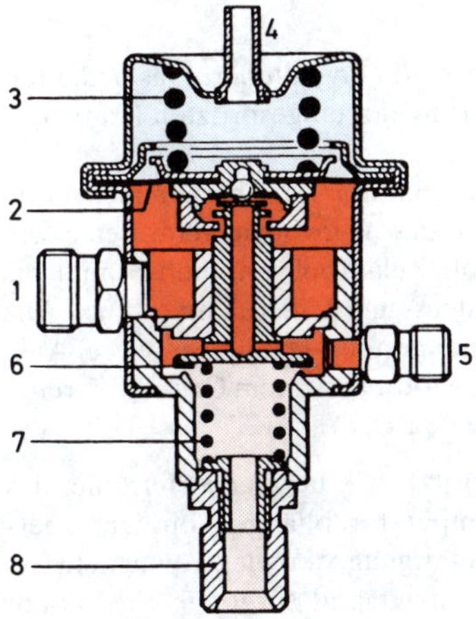

Bild 3.89 Membrandruckregler (Bosch)
1 Kraftstoffzulauf
2 Membran
3 Regelfeder
4 Belüftung
5 Rücklauf-Differenzdruckventile
6 Dichtplatte (Aufstoßventil)
7 Regelfeder für Systemrestdruck
8 Kraftstoffrücklauf

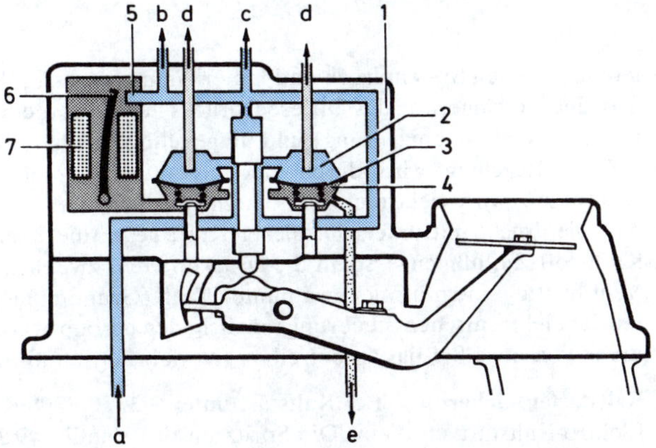

Bild 3.90 Kraftstoffmengenteiler mit elektromagnetischem Drucksteller (Mercedes-Benz) Warmlauf, Beschleunigungsanreicherung, Vollastanreicherung
1 Kraftstoffmengenteiler
2 Oberkammer
3 Membran
4 Unterkammer
5 Zulauf (Düse)
6 Ventilplatte
7 Wicklung
a Zulauf Systemdruck
b zum Membrandruckregler
c zum Kaltstartventil
d zum Einspritzventil
e Rücklauf zum Membrandruckregler

Membrandruckregler zum Kraftstoffbehälter. Ein geringer Teil Kraftstoff kann gesteuert über den elektromagnetischen Drucksteller in die Unterkammern mit den Differenzdruckventilen und von hier über eine Festdrossel (0,3 mm) zum Membrandruckregler fließen.

Kraftstoffdruckregler Der Membrandruckregler (Bild 3.89) regelt in dem Versorgungssystem einen *Systemdruck* (Vordruck) von etwa **5,2** bis **5,6** bar. Dieser Druck wirkt auch auf den Steuerkolben als hydraulische Gegenkraft zur Luftkraft an der Stauscheibe. Beim Abstellen des Motors sorgt er für ein rasches Absenken des Systemdrucks unter den Öffnungsdruck der Einspritzventile (3,6 bis 4,0 bar), damit diese dicht schließen und der Motor nicht nachläuft. Mit der Dichtplatte im Regler wird das Versorgungssystem zum Kraftstoffbehälter hin abgedichtet (ähnlich dem Aufstoßventil der K-Jetronic).

Elektromagnetischer Drucksteller Der Drucksteller ist hydraulisch zwischen Systemkreis und dem Unterkammer-Zulauf der Differenzdruckventile im Mengenteiler wirksam. Im Rücklauf von den Unterkammern ist eine Festdrossel (0,3 mm) mit konstanter Durchflußmenge eingesetzt. Der Drucksteller regelt in Abhängigkeit des vom Steuergerät gelieferten Stromsignals die Druckdifferenz zwischen Systemdruck und Unterkammerdruck im Kraftstoffmengenteiler. Das bedeutet, daß eine Verringerung des Differenzdrucks auch eine Reduzierung der eingespritzten Kraftstoffmenge (Gemischabmagerung) und umgekehrt ergibt.

Diese Regelung wird durch eine als Wippe ausgebildete Ventilplatte übernommen. Ihre Auslenkung wird elektromagnetisch, entsprechend dem Stromsignal vom Steuergerät bemessen, d.h., sie drückt mit unterschiedlicher Kraft gegen die Kraftstoff-Zulaufbohrung und bemißt die Kraftstoff-Zuflußmenge, somit die Druckdifferenz zwischen System- und Unterkammerdruck. Die Ventilplatten sind mit einer bestimmten Kraft (Grundmoment) eingestellt. Dadurch ist es bei Ausfall der elektronischen Steuerung möglich, den betriebswarmen Motor mit einem Grunddifferenzdruck von etwa 0,4 bar zu betreiben (Notfahrbetrieb mit Lambda = 1).

Kaltstartanreicherung Bei Kaltstart unter +35 °C (308 K) spritzt, wie bei der K-Jetronic, das Elektro-Kaltstartventil ein. Die Spritzzeit des Ventils wird temperaturabhängig von dem Thermozeitschalter gesteuert. Gleichzeitig wird mit der Starterbetätigung der elektromagnetische Drucksteller mit dem höchsten Strom (etwa 150 mA) beaufschlagt und sorgt für eine starke Anreicherung (Bild 3.90). Dabei wird die Ventilplatte gegen die Kraftstoffzulaufbohrung bewegt und der Unterkammerdruck um bis zu 1,5 bar (Differenzdruck) abgesenkt. Diese Anreicherung endet etwa mit dem Ende des Startvorgangs.

Nachstartanreicherung Bei Beendigung des Startvorgangs wird noch für wenige Sekunden so stark angereichert, daß der Motor einwandfrei durchläuft. Danach fällt die Anreicherung auf den temperaturabhängigen Warmlaufwert ab.

Warmlaufanreicherung In der Warmlaufphase ist ebenfalls eine Gemischanreicherung notwendig, um die Kondensationsverluste auszugleichen. Die Größe der Anreicherung ist von der Motortemperatur abhängig. Je niedriger die Temperatur, desto höher ist der Strom am Drucksteller und somit die Anreicherung, da der Differenzdruck noch relativ hoch ist. Mit zunehmender Motortemperatur wird durch das Steuergerät der Strom am Drucksteller gleichmäßig verringert und dadurch bis etwa 60 °C (333 K) der Differenzdruck auf 0,4 bar zurückgeregelt. Der Motor ist durch die Warmluftphase hindurch und bekommt seine Kraftstoffgrundmenge bemessen (Bild 3.91).

Beschleunigungsanreicherung In der Warmlaufphase bis etwa 80 °C (353 K) ist die elektronisch gesteuerte Beschleunigungsanreicherung wirksam. Dabei wird durch den Drucksteller der Differenzdruck kurzzeitig erhöht, d. h. der Unterkammerdruck abgesenkt. Abhängig ist die Anreiche-

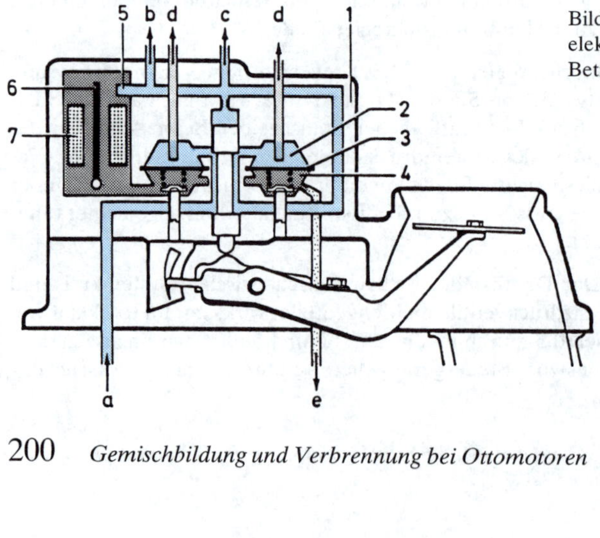

Bild 3.91 Kraftstoffmengenteiler mit elektrischem Drucksteller (Mercedes-Benz) Betriebstemperatur

rung von der Kühlmitteltemperatur, der Öffnungsgeschwindigkeit und dem Hub der Stauscheibe. Mit steigender Temperatur wird die Anreicherung verringert. Ab 60 °C (333 K) wird die Beschleunigungsanreicherung nur noch wie bei der K-Jetronic durch das Überschwingen der Stauscheibe erreicht und nicht mehr durch eine Differenzdruckerhöhung.

Vollastanreicherung Die Vollastanreicherung wird einmal wie bei der K-Jetronik mechanisch durch einen besonders großen Stauscheiben- bzw. Steuerkolbenhub erreicht. In dem unteren bis in den mittleren Drehzahlbereich hinein ist eine zusätzliche Anreicherung erforderlich, die elektronisch gesteuert wird. Die elektronisch gesteuerte Anreicherung ist nur wirksam bei betriebswarmem Motor und geschlossenem Vollastkontakt im Drosselklappenschalter. Durch das Steuergerät wird der elektromagnetische Drucksteller angesteuert, der daraufhin den Differenzdruck gering erhöht bzw. den Unterkammerdruck absenkt.

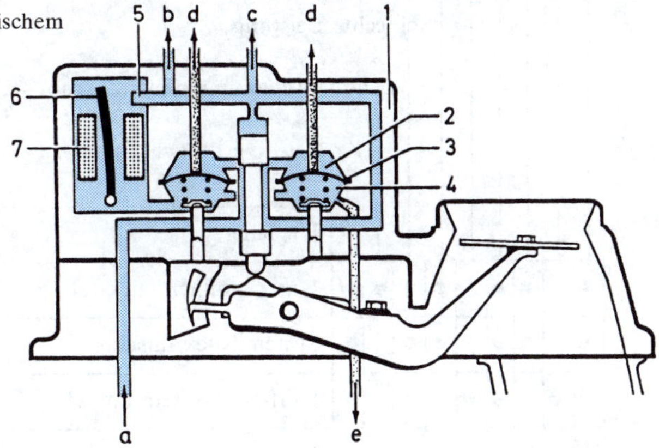

Bild 3.92 Kraftstoffmengenteiler mit elektrischem Drucksteller (Mercedes-Benz)
Schubabschaltung

Schubabschaltung Wird während der Fahrt das Fahrpedal in Leerlaufstellung gebracht und die Drosselklappe geschlossen, dann erfolgt bei einer Drehzahl über 1700 min^{-1} und geschlossenem Leerlaufkontakt im Drosselklappenschalter die Sperrung der Einspritzung (Bild 3.92). Durch das Steuergerät wird am Drucksteller die Stromflußrichtung umgekehrt und die Ventilplatte entgegen der Kraftstoff-Zulaufbohrung verstellt. In den Unterkammern wird jetzt der volle Systemdruck plus der Federkraft wirksam und der Zulauf zu den Einspritzventilen durch die Membrane geschlossen. Die Einspritzung setzt bei einer Kühlmitteltemperatur über 60 °C nahe der Leerlaufdrehzahl (etwa 1200 min^{-1}) oder beim Öffnen des Leerlaufkontakts ein.

Sicherheitsschaltung Die Spannungsversorgung des Steuergeräts, der Elektro-Kraftstoffpumpe und des Zusatzluftschiebers übernimmt ein *Steuerrelais.* Es ist außer den üblichen Anschlüssen auch noch mit der Klemme 1 der Zündanlage verbunden.

Während des Startens wird über Klemme 50 das Relais angesteuert und schließt. Nach dem Starten wird durch die eingehenden Zündimpulse die Spannungsversorgung aufrechterhalten, wenn die Drehzahl mindestens 225 min^{-1} beträgt. Bleiben die Zündimpulse aus, wird durch das Steuerrelais die Spannungsversorgung unterbrochen. Dadurch keine Brandgefahr bei einem Unfall und keine Batterieentladung bei eingeschalteter Zündung.

Leerlaufeinstellung Die Leerlaufdrehzahl wird mit der Einstellschraube am Drosselklappenstutzen und der CO-Gehalt mit der Einstellschraube am Zwischenhebel des Gemischreglers eingestellt.

Fehlersuchlaufplan der KE-Jetronic

Hinweis:
Vor Arbeiten an der Einspritzanlage Zündzeitpunkt, Zündkerzen und Leerlaufeinstellung prüfen.

1 Motor startet kalt nicht oder schlecht, läuft nicht durch
2 Unrunder Leerlauf in der Warmlaufphase
3 Beschleunigung in der Warmlaufphase unzureichend
4 Motor startet warm nicht oder schlecht
5 Unrunder Leerlauf bei warmem Motor
6 Beschleunigung bei warmem Motor unzureichend
7 Schlechte Leistung
8 Schubabschaltung nicht wirksam
9 Kraftstoffverbrauch zu hoch

1	2	3	4	5	6	7	8	9	Ursache	Abhilfe/Prüfprogramm
●		●	●		●	●	●	●	Unterkammerdruck falsch	Unterkammerdruck prüfen
●		●	●		●	●		●	Systemdruck falsch	Systemdruck prüfen
●	●		●	●		●		●	Kraftstoffsystem undicht	Dichtheit prüfen
				●					Mengenstreuung	Mengenvergleichsmessung
●			●						Nullage der Stauscheibe außer Toleranz	Nullage prüfen
●	●	●	●					●	Temperaturfühler Kühlmittel außer Toleranz	Temperaturfühler Kühlmittel prüfen
●									Nachstartanhebung nicht wirksam	Nachstartanhebung prüfen
							●		Mikroschalter defekt	Mikroschalter prüfen
					●	●			Drosselklappenschalter defekt	Drosselklappenschalter prüfen
					●	●	●		TD-Signal fehlt	TD-Signal prüfen
●	●				●		●		Überspannungsschutz defekt	Überspannungsschutz prüfen
				●		●		●	Grundeinstellung falsch	Leerlauf einstellen
		●							Geber Luftmengenmesser defekt	Geber prüfen

KE-Jetronic mit Lambda-Regelung

Bei diesen Anlagen wirkt die Lambda-Sonde während des Regelvorgangs (siehe auch Abschnitt 3.2.1 Lambda-Regelung) über das elektronische Steuergerät auf den elektromagnetischen Drucksteller. Dabei wird der Druckstellerstrom «Null» um ±1 bis 2 mA verändert. Bei einem Plus-Strom von 1 bis 2 mA sinkt der Unterkammerdruck, die Differenzdruckventile öffnen weiter, das Gemisch wird fetter. Umgekehrt, bei einem Minus-Strom von 1 bis 2 mA steigt der Unterkammerdruck, die Differenzdruckventile schließen geringfügig und das Gemisch wird magerer. Die Änderung des Druckstellerstroms bedeutet die Regelung um $\lambda = 1$.

3.8.3 Bosch L-Jetronic

Die L-Jetronic (Bild 3.93) ist eine *elektronisch gesteuerte* Einspritzanlage, die *intermittierend* (zeitweilig aussetzend) in den Saugkanal auf den Einlaßventilteller einspritzt. Bei diesem System wird wie bei der K-Jetronic die vom Motor angesaugte Luftmenge – die sich abhängig von der Drosselklappenstellung und der Drehzahl verändert – gemessen.

Aufbau Die Anlage besteht aus dem *Kraftstoffteil* mit Elektro-Kraftstoffpumpe, Kraftstoffilter, Membrandruckregler, Einspritzventile, Elektro-Kaltstartventil und dem *Steuerteil* mit Steuergerät, Luftmengenmesser, Thermozeitschalter, Temperaturfühler (Kühlwasser und Luft), Drosselklappenschalter, Zusatzluftschieber.

Kraftstoffverlauf Die Elektro-Kraftstoffpumpe saugt den Kraftstoff aus dem Kraftstoffbehälter und drückt ihn über das Filter in die Versorgungsleitung (Verteilerrohr). Am Ende des Verteilerrohrs ist der Kraftstoffdruckregler eingebaut. Der überschüssige Kraftstoff fließt vom Kraftstoffdruckregler über die Rücklaufleitung zum Behälter zurück. Von der Versorgungsleitung (Verteilerrohr) werden über Abzweigungen die Verbraucher, wie Einspritzventile und das Elektro-Kaltstartventil, versorgt.

Elektro-Kraftstoffpumpe Die Kraftstoffpumpe ist eine Rollenzellenpumpe (Bild 3.94), die durch einen Elektromotor angetrieben wird. Pumpe und Motor befinden sich in einem gemeinsamen Gehäuse und werden vom Kraftstoff umspült. Beim Starten läuft die Pumpe, solange der Startschalter betätigt wird. Ist der Motor angelaufen, so bleibt die Pumpe eingeschaltet. Mit einer Sicherheitsschaltung (siehe «Elektrische Anlage») wird verhindert, daß bei eingeschalteter Zündung und stehendem Motor Kraftstoff gefördert wird.

Bild 3.93 (nächste Seite) L-Jetronic (Bosch)
1 Kraftstoffbehälter
2 Elektrokraftstoffpumpe
3 Kraftstoffilter
4 Verteilerrohr
5 Kraftstoffdruckregler
6 Steuergerät
7 Einspritzventil
8 Kaltstartventil
9 Leerlauf-Einstellschraube
10 Drosselklappenschalter
11 Drosselklappe
12 Luftmengenmesser
13 Relaiskombination
14 Lambda-Sonde
15 Motortemperaturfühler (NTC II)
16 Thermozeitschalter
17 Zündverteiler
18 Zusatzluftschieber
19 Leerlaufgemisch-Einstellschraube

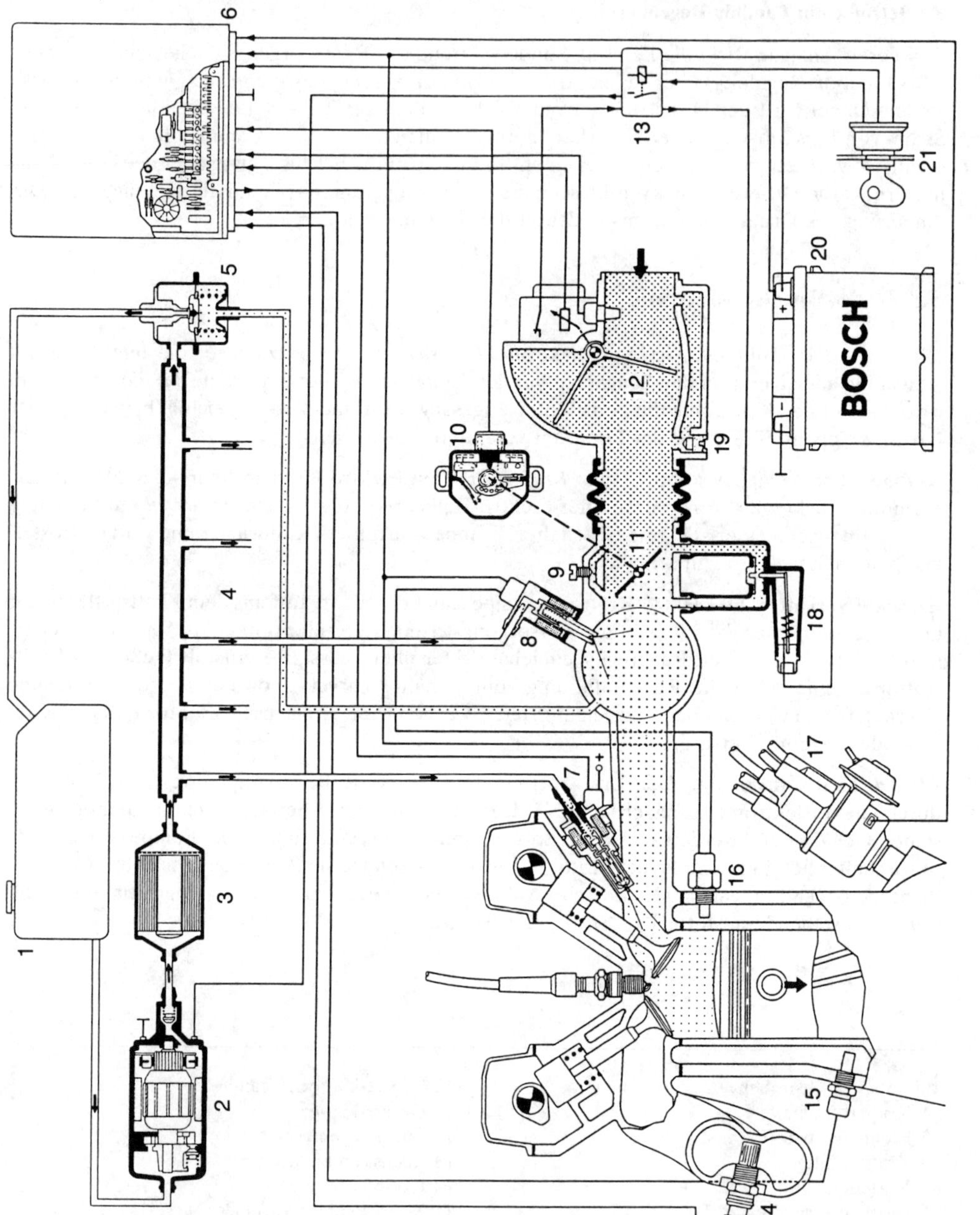
1
2
3
4
5
6
7
8
9
10
11
12
13
14
15
16
17
18
19
20
21
BOSCH

Bild 3.94 Elektrokraftstoffpumpe (Bosch)
1 Saugseite
2 Druckbegrenzer
3 Rollenzellenpumpe
4 Motoranker
5 Rückschlagventil
6 Druckseite

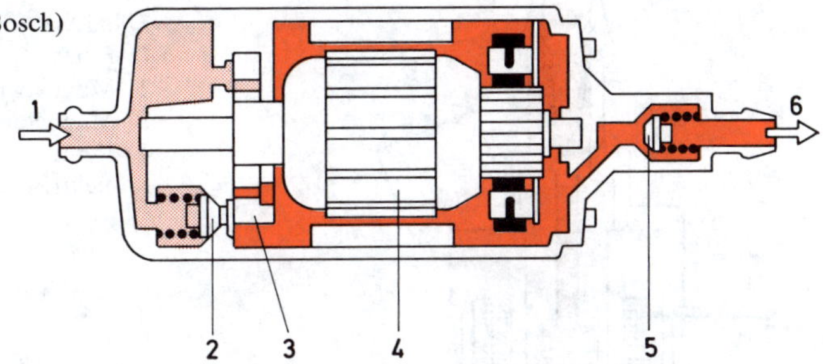

Bild 3.95 Kraftstoffdruckregler (Bosch)
1 Kraftstoffzulauf
2 Rücklaufanschluß
3 Ventilplatte
5 Membran
6 Regelfeder
7 Saugrohranschluß

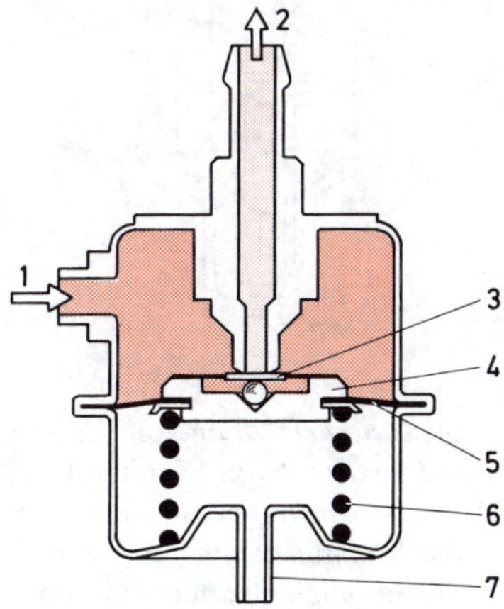

Kraftstoffdruckregler Am Ende der Versorgungsleitung (Verteilerrohr) ist der Membrandruckregler (Bild 3.95) eingebaut. Er regelt den Kraftstoffdruck (Vordruck) je nach Anlage auf 2,5 oder 3,0 bar. Dieser Druck ist auch der Einspritzdruck der elektromagnetischen Einspritzventile. Das Reglergehäuse wird durch eine Membran in zwei Kammern unterteilt. In der einen Kammer wird die Regelfeder (Druckfeder) aufgenommen, die nicht einstellbar ist. Die Federkammer ist über eine Schlauchleitung mit dem Hauptansaugrohr verbunden. Man erreicht damit, daß bei jeder Drosselklappenstellung der Druckunterschied zwischen Kraftstoffdruck in den Leitungen und dem absoluten Saugrohrdruck gleichbleibt.

Einspritzventile Jedem Motorzylinder ist ein Einspritzventil (Bild 3.96) zugeordnet. Sie werden in die Saugrohre eingebaut und mit wärmeisolierenden Haltern befestigt. Die Einspritzventile werden elektromagnetisch durch die vom Steuergerät ankommenden elektrischen Impulse geöffnet und geschlossen. Ventilnadel und Anker sind aus einem Stück gefertigt. Wird der Magnet erregt, so hebt die Ventilnadel vom Sitz ab, der Kraftstoff tritt fein zerstäubt aus. Beendet das Steuergerät die Einspritzung, wird der Magnet stromlos, und eine Schraubenfeder drückt Anker und Ventilnadel zurück.

Steuergerät Das Steuergerät hat die Aufgabe, die Einspritzzeit der elektromagnetischen Einspritzventile zu bemessen. Die Einspritzzeit beträgt im Leerlauf etwa 2 bis 3 ms und bei Vollast 15 bis 20 ms. Um diese Aufgabe übernehmen zu können, muß das Steuergerät informiert werden über:

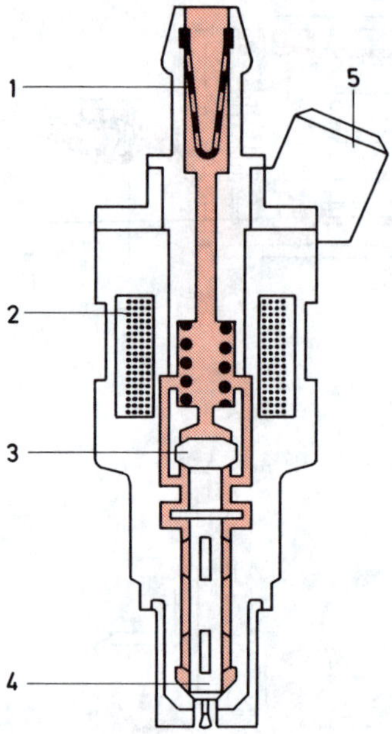

Bild 3.96 Einspritzventil (Bosch)
1 Filter
2 Magnetwicklung
3 Magnetanker
4 Ventilnadel
5 elektrischer Anschluß

- □ die *Zylinderfüllung* vom Luftmengenmesser,
- □ die *Drehzahl* von Klemme 1 der Zündanlage,
- □ die *Drosselklappenstellung* vom Drosselklappenschalter,
- □ die *Kühlmitteltemperatur* vom Thermofühler II,
- □ die *Ansauglauftemperatur* vom Thermofühler I im Luftmengenmesser,
- □ das Startsignal von Klemme 50 der Startanlage.

Die durch die Luftmengenmessung und die Drehzahl ermittelte Kraftstoffmenge wird auch als Kraftstoffgrundmenge bezeichnet. Diese Grundmenge muß bei verschiedenen Betriebszuständen noch vergrößert (angereichert) werden. Mit der Grundmenge kann der betriebswarme Motor nur im Leerlauf und bei konstanter Teillast betrieben werden.

Luftmengenmesser Die Information über die angesaugte Luftmenge (Zylinderfüllung) bekommt das Steuergerät von dem Luftmengenmesser (Bild 3.97). Dieser sitzt in Strömrichtung vor der Drosselklappe und besteht aus einer Stauklappe und der Dämpfungsklappe (Kompensationsklappe). Außerdem ist ein Bypass-Kanal mit einer Gemischeinstellschraube (CO-Einstellschraube) eingesetzt (siehe Bild 3.93).

Bei laufendem Motor wird durch die angesaugte Luftmenge (Luftkraft) die Stauklappe entgegen der Rückstellkraft einer Spiralfeder ausgelenkt (mitgenommen), und zwar im direkten Verhältnis zur Drosselklappenstellung bzw. angesaugter Luftmenge.

Der Verdrehwinkel der Stauklappe wird über eine Drehachse auf ein Potentiometer (siehe Bild 3.101) übertragen, in ein Spannungssignal umgesetzt und dem Steuergerät eingegeben. Das Potentiometer ist so ausgelegt, daß sich ein linearer (direkter) Zusammenhang zwischen angesaugter Luftmenge und abgegebener Spannung ergibt. Damit die durch die Saughübe entstehende pulsierende Luftströmung kein zu starkes Flattern der Stauklappe hervorruft, ist eine Dämpfungsklappe (Kompensationsklappe) wirksam.

Bild 3.97 Luftmengenmesser der L-Jetronic (Bosch)

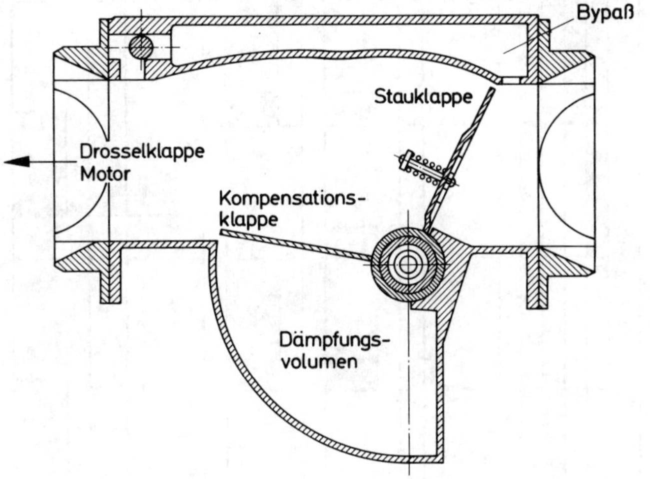

Einspritzzeitpunkt Der Einspritzzeitpunkt wird von dem Steuergerät bestimmt. Es verarbeitet die Primär-Zündimpulse und läßt z.B. bei einem 4-Zylinder-Motor (Bild 3.98) nur durch jeden zweiten Zündimpuls eine Einspritzung auslösen, bei einem 6-Zylinder-Motor nur durch jeden dritten Impuls. Da sämtliche Einspritzventile elektrisch parallel geschaltet sind, spritzen auch alle gleichzeitig ein, und zwar bei jeder Kurbelwellenumdrehung einmal die Hälfte der Kraftstoffmenge, die der Motor pro Arbeitsspiel verlangt.

Kaltstartanreicherung Bei Kaltstart unter +35 °C (308 K) spritzt das *Elektrokaltstartventil* zusätzlich Kraftstoff in das Hauptansaugrohr. Das Ventil wird elektromagnetisch geöffnet und die Spritzdauer von dem *Thermozeitschalter* gesteuert (siehe auch Abschnitt 3.8.1). Bei Anlagen, die kein Elektrokaltstartventil besitzen, ist eine *Kaltstartsteuerung* wirksam. Hier wird durch Verlängerung der Einspritzdauer während der Startphase mehr Kraftstoff über die Einspritzventile eingespritzt. Die Kaltstartsteuerung ist in dem Steuergerät programmiert und wird durch die Information von Klemme 50 und dem Thermofühler II (Kühlmittel) veranlaßt.

Warmlaufanreicherung Nach dem Anlaufen benötigt der kalte Motor mehr Kraftstoff (fetteres Gemisch), da sich ein großer Teil der eingespritzten Kraftstoffmenge (es sind die schwersiedenden Anteile) an Saugkanal- und Zylinderwandungen niederschlägt. Diese Anreicherung in der Warmlaufphase steuert der *Thermofühler II* (Bild 3.93) im kleinen Kühlwasserkreis des Motors. Dieser Thermofühler besteht aus einem Widerstand, der bei steigender Temperatur seinen ohmschen Widerstandswert erheblich und stufenlos verringert. Bei kaltem Motor läßt er die Einspritzzeit durch das Steuergerät verlängern, also mehr Kraftstoff einspritzen, und bei Erwärmung des Motors die Einspritzzeit verkürzen, die dann bei Überschreitung der Motortemperatur etwa +60 °C (333 K) den Normalwert (die Normaleinspritzzeit) erreicht hat. Bei +80 °C (353 K) ist der Widerstandswert fast Null.

Anhebung der Leerlaufdrehzahl bei Kaltstart In der Warmlaufphase arbeitet auch der *Zusatzluftschieber* (Bild 3.99). Er bewirkt eine Anhebung der Motordrehzahl, um die erhöhten Reibungswiderstände im Leerlauf auszugleichen. Durch einen Kanal wird die Drosselklappe umgangen. Bei kaltem Motor steht, je nach Temperatur, ein bestimmter Querschnitt dieses Kanals zur Verfügung

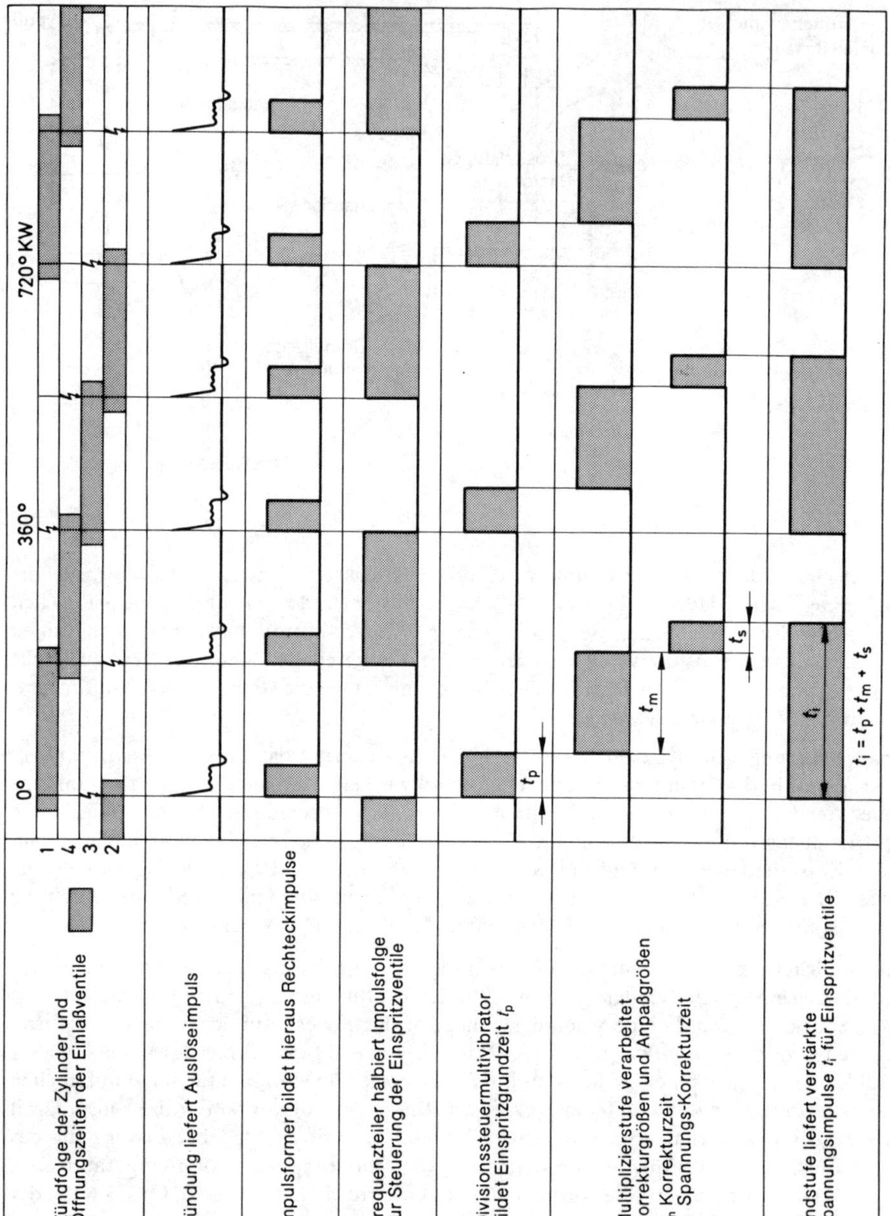

Bild 3.98 Entstehung der Einspritzimpulse im Steuergerät bei einem Vierzylindermotor (Bosch)

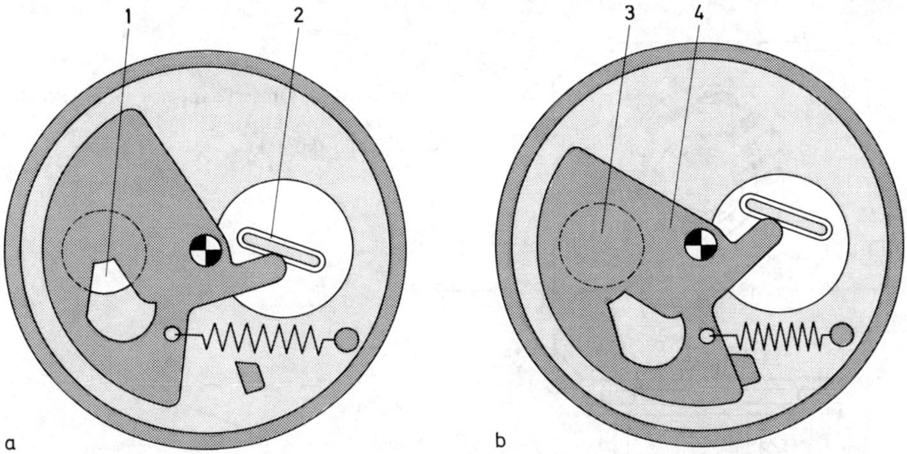

Bild 3.99 Zusatzluftschieber mit Fremdbeheizung (Bosch)
a Umgehungsleitung teilweise geöffnet
b Umgehungsleitung geschlossen (betriebswarmer Motor)

1 Öffnung für Zusatzluft
2 Bimetall mit Heizwicklung
3 Querschnitt der Umgehungsleitung im Bildteil a teilweise frei, im Bildteil b verschlossen
4 Absperrschieber (Blende)

(voll geöffnet bei etwa $-20\,°C = 253\,K$). Bei Erwärmung, wenn die Reibungswiderstände geringer werden, nimmt der Saugquerschnitt ständig ab, so daß bei spätestens $+70\,°C$ (343 K) der Kanal ganz geschlossen ist. Die Saugquerschnittssteuerung erfolgt mit einem elektrisch beheizten Thermo-Bimetallstreifen. Der Zusatzluftschieber ist so am Motor angebaut, daß er die Motorumgebungstemperatur annimmt. Dadurch wird beim Starten im halbwarmen Zustand eine unnötig hohe Drehzahlanhebung vermieden.

Beschleunigungsanreicherung Wird aus niedriger Drehzahl heraus die Drosselklappe schnell geöffnet, so entsteht im Luftmengenmesser hinter der Stauklappe (Bild 3.93 und 3.97) eine schnelle Druckabsenkung. Dies hat zur Folge, daß die Stauklappe durch den äußeren vollen Luftdruck (Luftkraft) ebenso schnell mitgerissen wird und kurzzeitig über ihre einzunehmende Stellung hinausschwingt, bis sich die Luftkraft mit der Spiralfeder im Luftmengenmesser ausgewogen hat. Durch dieses kurzzeitige Überschwingen der Stauklappe – in der Stärke durch die Dämpfung bestimmt – wird das Steuergerät über eine Zylinderluftfüllung informiert, die in Wirklichkeit kleiner ist und der Drosselklappenstellung entspricht. Dadurch wird mehr Kraftstoff eingespritzt, als die angesaugte Luftmenge verlangt, und das Gemisch wird fetter.

Vollastanreicherung Der Drosselklappenschalter (Bild 3.100) besitzt einen *Leerlauf-* und einen *Vollastkontakt* und informiert das Steuergerät über die jeweilige Drosselklappenstellung Leerlauf, Teillast, Vollast. Wird der *Vollastkontakt* kurz vor der Vollaststellung der Drosselklappe geschlossen, verlängert das Steuergerät auf diese Information hin die Einspritzzeit der Einspritzventile, d.h., es löst die *Vollastanreicherung* aus.

In dem Luftmengenmesserschacht ist ein *Lufttemperaturfühler I* eingesetzt (in dem Bild 3.93 sichtbar). Mit ihm wird die Ansauglufttemperatur gemessen. Da die Dichte der Luft und damit der Luftfüllungsgrad der Motorzylinder zunimmt, wenn z.B. die Temperatur fällt, kann es bei gleicher Kraftstoffmenge zu einem Abmagern und somit zu Zündaussetzern kommen. Umgekehrt könnte bei Temperaturzunahme eine leichte Überfettung eintreten. Der Temperaturfühler I bewirkt, daß durch das Steuergerät eine geringe Änderung der Einspritzzeit vorgenommen wird, so daß die Abgaswerte in etwa unverändert bleiben.

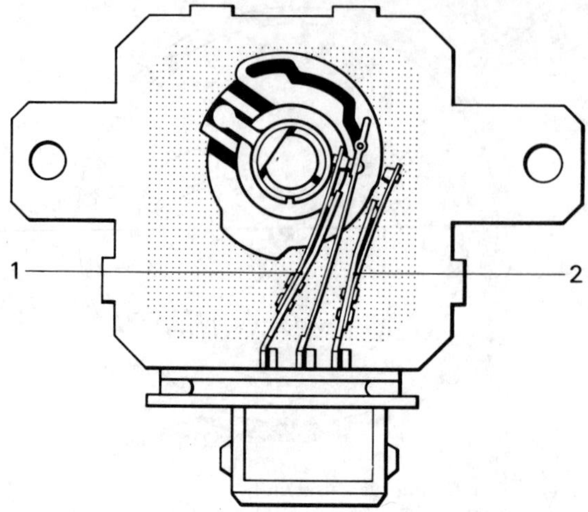

Bild 3.100 Drosselklappenschalter (Bosch)
1 Leerlaufkontakt
2 Vollastkontakt

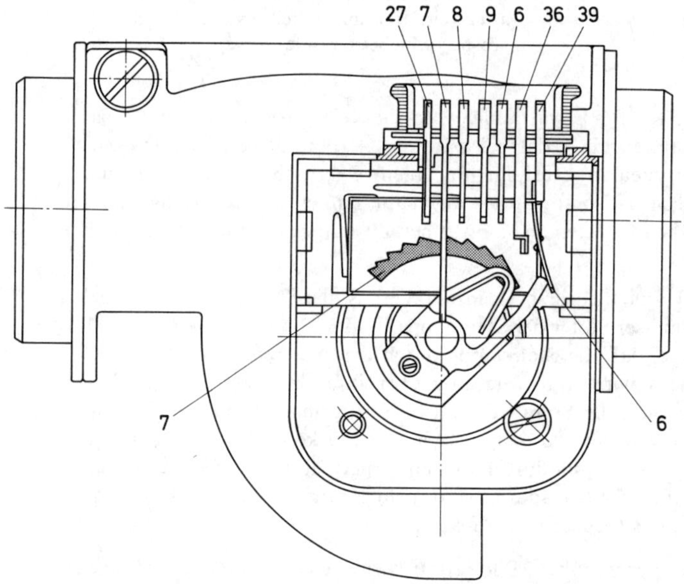

Bild 3.101 Luftmengenmesser mit elektrischem Teil (Bosch)
6 Pumpenkontakt
7 Potentiometerbahn

Sicherheitsschaltung Bei stehendem Motor und eingeschalteter Zündung besteht keine Spannungsversorgung zur Elektro-Kraftstoffpumpe und dem Zusatzluftschieber. Während des Startens wird die Relaiskombination (siehe Bild 3.93) von Klemme 50 angesteuert und versorgt das Steuergerät, die Kraftstoffpumpe und den Zusatzluftschieber mit Spannung. Nach dem Starten, wenn Klemme 50 spannungsfrei geworden ist, bleibt die Relaiskombination in Funktion, weil der *Pumpenkontakt* im Luftmengenmesser (Bild 3.101) durch die Stauklappe geschlossen wurde und die Spannungsversorgung bestehen läßt. Läuft der Motor nicht an oder stirbt nach dem Starten ab, setzt bei eingeschalteter Zündung die *Sicherheitsschaltung* ein. Der Pumpenkontakt wird durch die Stauklappe geöffnet und die Spannungsversorgung der Verbraucher unterbrochen. Dadurch keine *Brandgefahr* bei einem Unfall und keine *Batterieentladung*.

3. Fehlersuchtabelle für L-Jetronic

1. Motor springt nicht an
2. Motor springt in kaltem Zustand schlecht an
3. Motor springt an, bleibt jedoch wieder stehen
4. Motor springt in warmem Zustand schlecht an
5. Leerlauf weicht vom Sollwert ab
6. CO-Wert zu niedrig
7. CO-Wert zu hoch
8. Starke Leerlaufschwankungen
9. Motoraussetzer in allen Fahrzuständen
10. Auspuffknallen im Schubbetrieb
11. Kraftstoffverbrauch zu hoch
12. Motor hat schlechte Leistung

1.	2.	3.	4.	5.	6.	7.	8.	9.	10.	11.	12.	Ursache
	●		●					●		●	●	1.
		●		●	●		●					2.
				●	●		●					3.
	●											4.
●		●	●					●				5.
●	●							●			●	6.
●								●				7.
								●			●	8.
●		●	●		●	●		●		●	●	9.
						●				●		10.
●	●	●	●	●		●				●		11.
	●		●	●		●				●		12.
									●			13.
	●	●							●			14.
				●				●			●	15.
●	●	●	●	●	●	●	●	●	●	●	●	16.
			●			●				●		17.
						●		●				18.
					●							19.
				●			●					20.
					●	●						21.
				●			●					22.
											●	23.
						●				●		24.

Zur Beachtung:

Bei Anwendung dieser Fehlersuchtabelle wird vorausgesetzt, daß Motor und Zündung (Zündkerzen und Kontakte in einwandfreiem Zustand) in Ordnung und richtig eingestellt sind.

	Ursache	
	1.	Undichtheiten an den Kraftstoffanschlüssen
	2.	Undichtheiten am Luftansaugsystem
	3.	Zusatzluftschieber schließt nicht
	4.	Zusatzluftschieber öffnet nicht
	5.	Elektrische Anschlüsse der Aggregate falsch oder lose
	6.	Elektrische Kraftstoffpumpe läuft nicht
	7.	Kraftstoffleitung gequetscht oder verstopft
	8.	Elektrische Kraftstoffpumpe oder Druckregler ausgefallen
	9.	Kraftstoffdruck stimmt nicht
	10.	Kraftstoffrücklaufleitung gequetscht oder verstopft
	11.	Kaltstartventil, -Relais oder Thermozeitschalter defekt
	12.	Temperaturfühler Wasser ohne Funktion
	13.	Kraftstoffabschaltung über 3000/min funktioniert nicht
	14.	Drosselklappenschalter falsch eingestellt
	15.	Einspritzventil(e) mechanisch defekt
	16.	Fehler im elektrischem Teil der L-Jetronic-Anlage
	17.	Einspritzventil(e) undicht
	18.	Luftmengenmesser defekt
	19.	Steuergerät ausgefallen
	20.	Leerlaufluftschraube falsch eingestellt
	21.	Umluftschraube am Luftmengenmesser falsch eingestellt
	22.	Drosselklappe nicht voll geschlossen, klemmt
	23.	Förderleistung der elektrischen Kraftstoffpumpe zu gering
	24.	Vakuumschlauch zwischen Druckregler und Saugrohr undicht

3.8.4 Bosch LE-Jetronic

Die LE-Jetronic (E für Zulassung nach europäischen Richtlinien) ist in der Grundausführung wie die der L-Jetronic (Abschnitt 3.8.3). Geändert wurden nur folgende Bauteile: Das Steuergerät, der Luftmengenmesser, die elektromagnetischen Einspritzventile und das Spannungsversorgungsrelais.

Steuergerät Das Steuergerät wurde schaltungstechnisch neu entwickelt und im inneren Aufbau kleiner ausgeführt. Die elektronischen Grundfunktionen bleiben aber im Vergleich zur L-Jetronic trotzdem erhalten. Die Anschlußklemmenzahl an der Steckerleiste wurde von 35 auf 25 reduziert.

Gegenüber der L-Jetronic kann das Steuergerät folgende zusätzliche Funktionen übernehmen: die Schubabschaltung, die Nachstartanreicherung, die Kaltstartsteuerung und die Lambda-Regelung.

Luftmengenmesser Der Luftmengenmesser hat seine äußere Form behalten. Weggefallen ist der Pumpenkontakt für die Sicherheitsschaltung. Der Thermofühler I für die Messung der Lufttemperatur ist mit in die Schaltung des Potentiometers einbezogen (integriert). Dadurch hat sich die Klemmenzahl von 7 auf 5 verringert, wobei eine Anschlußzunge (mit M oder E bezeichnet) ausschließlich zu Abgleichzwecken im Herstellerwerk dient.

Steuerrelais Das Steuerrelais übernimmt einmal die Spannungsversorgung der Bauteile, die vorher von der Relaiskombination versorgt wurden und außerdem die Aufgabe der *Sicherheitsschaltung*. Diese wurde bisher von dem Pumpenkontakt im Luftmengenmesser übernommen. Während des Startens wird über Klemme 50 das Relais angesteuert und schließt. Steuergerät, Elektrokraftstoffpumpe und Zusatzluftschieber werden mit Spannung versorgt.

Nach dem Starten wird durch die Zündimpulse über die Klemme 1 der Zündanlage die Spannungsversorgung aufrechterhalten, wenn die Drehzahl bei einem 4-Zylinder-Motor mindestens 225 $\min^{-1}$ und bei einem 6-Zylinder-Motor mindestens 150 $\min^{-1}$ beträgt. Bleiben die Zündimpulse aus, wird durch das Steuerrelais die Spannungsversorgung unterbrochen. Dadurch keine Brandgefahr bei einem Unfall und keine Batterieentladung bei eingeschalteter Zündung.

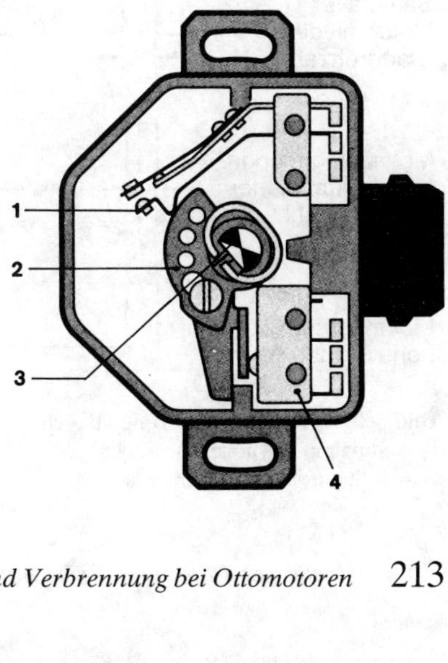

Bild 3.102 Drosselklappenschalter der LE-Jetronic (Bosch)
1 Vollastkontakt
2 Schaltkulisse
3 Drosselklappenwelle
4 Leerlaufkontakt

Einspritzventile Die Änderung gegenüber den Ventilen der L-Jetronic besteht in der Spule. Die neuen Ventile besitzen Messing- statt Kupferspulen mit einem höheren Widerstand. Dadurch können die Vorwiderstände entfallen.

Kaltstartsteuerung

Bei der Kaltstartsteuerung erfolgt die Anreicherung nicht über das Elektrokaltstartventil in das Hauptansaugrohr, sondern zusätzlich über die Elektroeinspritzventile. Das Elektrokaltstartventil und der Thermozeitschalter entfallen.

Die Spritzdauer der Elektroeinspritzventile für die Kaltstartsteuerung ist von folgenden Faktoren abhängig:

- □ Kühlmitteltemperatur des Motors,
- □ Motorstartdrehzahl,
- □ Startdauer.

Wirkungsweise

Die Kaltstartsteuerung arbeitet nur bei Starterbetätigung (Klemme 50). Die Einspritzimpulse der Kaltstartsteuerung werden durch jeden Zündimpuls synchron ausgelöst. Bei Startbeginn des kalten Motors wird (z. B. 4-Zylinder-Motor) mit jedem Zündimpuls abgespritzt, d. h. zweimal pro Kurbelwellenumdrehung. Die in der Kaltstartsteuerung gebildeten zusätzlichen Einspritzimpulse t_2 (Bild 3.103) werden den normalen Einspritzimpulsen t_1 überlagert, bzw. zwischen den normalen Einspritzimpulsen t_1 (einmal pro Kurbelwellenumdrehung) ausgegeben.

Mit längerer Startzeit wird der Einspritzimpuls immer kürzer. Steigt dabei die Startdrehzahl weiter an, entfällt irgendwann der zusätzliche Kaltstartsteuerungsimpuls. Es wird nur noch die normale Startmenge eingespritzt.

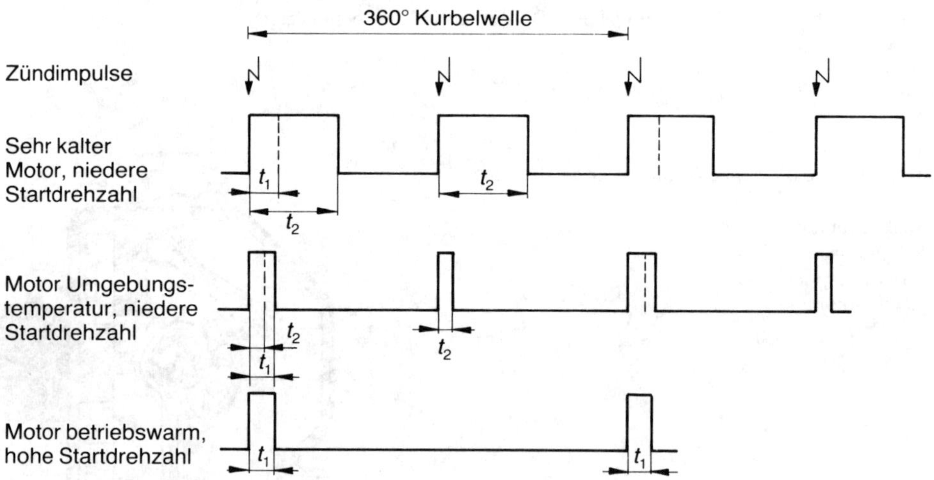

Bild 3.103 Kaltstartsteuerung (Bosch)
t_1 = Startimpuls (normal)
t_2 = Kaltstartsteuerungsimpuls

Nachstartanreicherung Bei Beendigung des Startvorgangs wird noch für kurze Zeit so stark angereichert, daß der Motor einwandfrei durchläuft. Danach fällt die Anreicherung auf den temperaturabhängigen Warmlaufwert ab.

Schubabschaltung Beim Übergang in den Schiebebetrieb wird der *Leerlaufkontakt* im Drosselklappenschalter (Bild 3.102) geschlossen. Das Steuergerät wird informiert und sperrt oberhalb einer bestimmten Drehzahl die Kraftstoffeinspritzung. Die Höhe der Drehzahl, ab der die Sperrung einsetzt, ist abhängig von der Motortemperatur. Sinkt die Drehzahl unter einen bestimmten Wert (z. B. 1200 bis 1300 min^{-1}) ab oder wird der Leerlaufkontakt geöffnet, setzt die Kraftstoffeinspritzung wieder ein.

Schubabschaltung (adaptiv)

Die adaptive (angepaßte) Schubabschaltung bedeutet die Abschaltung der Einspritzung durch das Steuergerät in Abhängigkeit von der Motortemperatur und des Drehzahlabfalls über die Zeit. So sind bei kaltem Motor (Warmlaufphase) die Abschalt- und Wiedereinschaltdrehzahlen höher als bei warmem Motor. Im anderen Fall erkennt das Steuergerät einen langsamen bzw. schnellen Drehzahlabfall. Beim schnellen Drehzahlabfall (z. B. Auskuppeln) setzt die Einspritzung ebenfalls bei höherer Drehzahl ein. Die Motordrehzahl wird frühzeitiger abgefangen und ein Motorstillstand verhindert.

3.8.5 Bosch LH-Jetronic

Die LH-Jetronic ist eine Anlage mit einem *Hitzdraht-Luftmassenmesser* (Bild 3.105). Die Grundausstattung ist die der LE-Jetronic (Kapitel 3.8.3 u. 3.8.4).

Hitzdraht-Luftmassenmesser

In dem Innenrohr des Luftmassenmessers (Bild 3.104) sind die funktionswichtigen Bauteile wie Hitzdraht (Platindraht), Ausgleichwiderstand und Meßwiderstand angeordnet. Das Innenrohr (kleines Rohr) ist in dem zylindrischen Gehäuse zentrisch eingebaut. Im Luftmassenmesser-Gehäuse ist ein von außen verstellbares Leerlaufpotentiometer eingesetzt und dient zur Einstellung des CO-Gehalts im Leerlauf.

Wirkungsweise

Der Hitzdraht wird mit einer Temperatur geregelt, die immer 100 °C (373 K) über der Ansauglufttemperatur liegt. Die Regelung ist so ausgelegt, daß der Hitzdraht unabhängig von der durchströmenden Luftmasse konstant auf dieser Temperatur bleibt. Wird nun durch Änderung der Drosselklappenstellung mehr oder weniger Luft angesaugt, führt die Regelung den Heizstrom so nach, daß die mehr oder weniger starke Abkühlung des Hitzdrahtes ausgeglichen wird. Der Heizstrom fließt dabei über einen Meßwiderstand. Der dabei entstehende Spannungsabfall ist ein direktes Maß für die angesaugte Luftmasse. Diese Spannungsänderung wird dem Steuergerät mitgeteilt, das daraufhin die Einspritzdauer der Einspritzventile bemißt.

Schwankungen der Ansauglufttemperatur werden durch den Ausgleichswiderstand erfaßt und der Regelung mitgeteilt. Da der Hitzdraht im Ansaugkanal des Motors eingebaut ist, können Ablagerungen entstehen, die das Meßergebnis beeinflussen. Deshalb wird nach jedem Abstellen des Motors für kurze Zeit der Hitzdraht auf eine Temperatur von etwa 1000 °C (1273 K) geregelt, der sich dadurch freibrennt. Dieses Freibrennen erfolgt nicht, wenn der Motor gestartet wird ohne anzulaufen und danach die Zündung ausgeschaltet wird (Unfallgefahr).

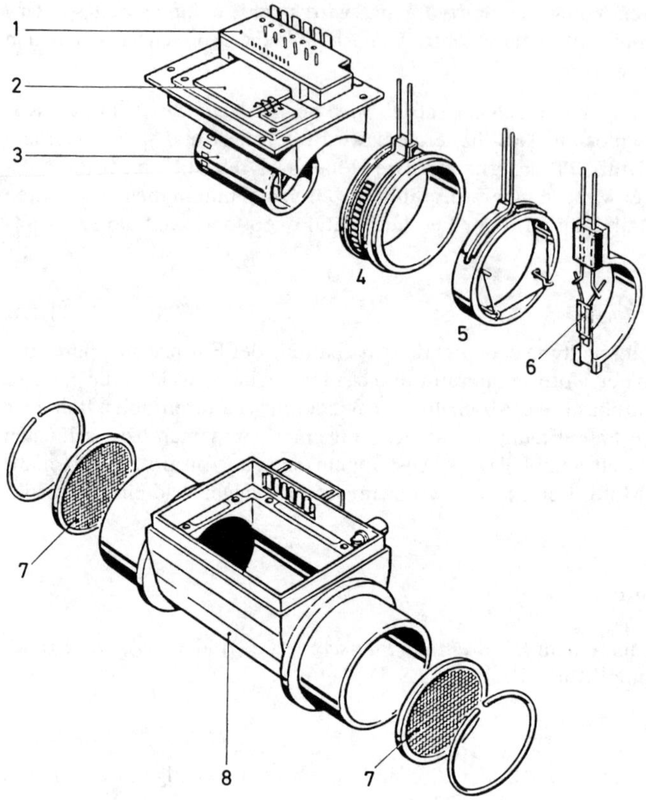

Bild 3.104
Hitzdraht-Luftmassenmesser (Bosch)

1 Leiterplatte
2 Hybridschaltung.
Sie enthält neben den Widerständen der Brükkenschaltung noch die Regelschaltung für das Konstanthalten der Temperatur und die Reinigungs-(Freibrenn-)Schaltung
3 Innenrohr
4 Präzisionsmeßwiderstand
5 Hitzdrahtelement
6 Temperaturausgleichswiderstand
7 Schutzgitter
8 Gehäuse

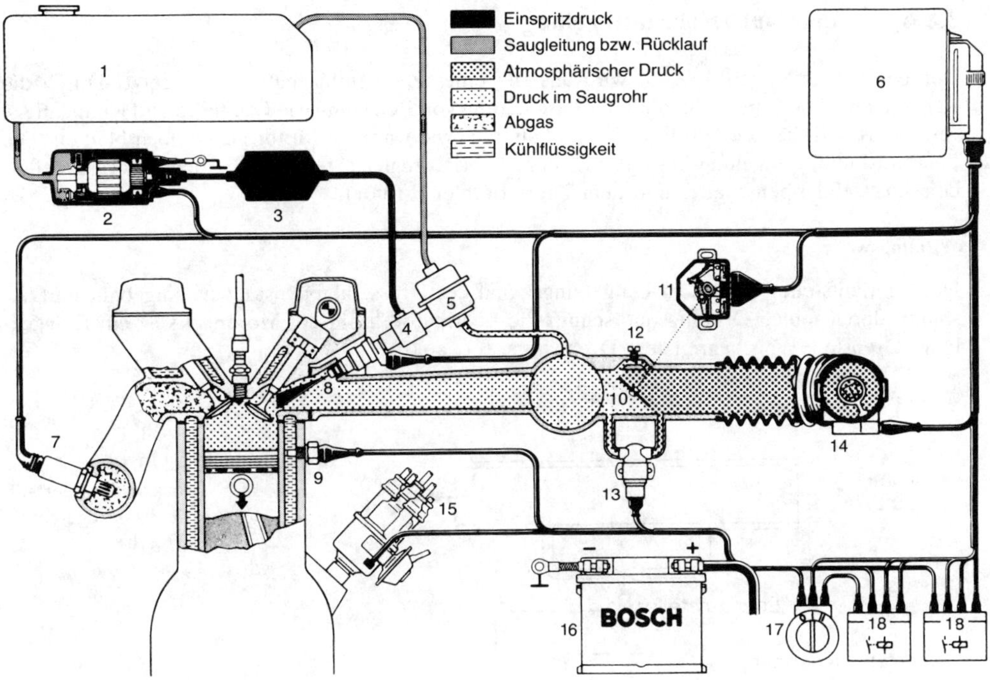

Bild 3.105 LH-Jetronic (Bosch)

1 Kraftstoffbehälter
2 Elektrokraftstoffpumpe
3 Kraftstoffilter
4 Kraftstoffverteiler
5 Druckregler
6 Steuergerät
7 Lambda-Sonde
8 Einspritzventil
9 Temperaturfühler
10 Drosselklappe
11 Drosselklappenschalter
12 Leerlaufdrehzahl-Einstellschraube
13 Leerlaufsteller
14 Hitzdraht-Luftmassenmesser
15 Zündverteiler
16 Batterie
17 Zünd-Start-Schalter
18 Relais

3.8.6 Leerlauf-Drehzahlregelung

Der Leerlaufsteller (Bild 3.106) wird anstelle eines Zusatzluftschiebers eingesetzt. Durch die Regelung wird der Drehzahlabfall bei Zuschaltung von Belastung wie Lenkhilfe und Klimaanlage verhindert und die Leerlaufdrehzahl bei kaltem sowie warmem Motor gleich hoch bleiben. Die Leerlauf-Füllungsregelung besteht aus: dem Leerlaufregler (Steuergerät), dem Leerlaufsteller, dem Drosselklappenschalter und dem Thermofühler (Motor).

Wirkungsweise

Der Leerlaufsteller ist in dem Umgehungskanal des Drosselklappenstutzens eingebaut und bestimmt durch seinen Öffnungsquerschnitt die Leerlaufdrehzahl des Motors. Es ist ein Einwicklungs-Drehsteller mit begrenztem Drehwinkel (etwa 90°).

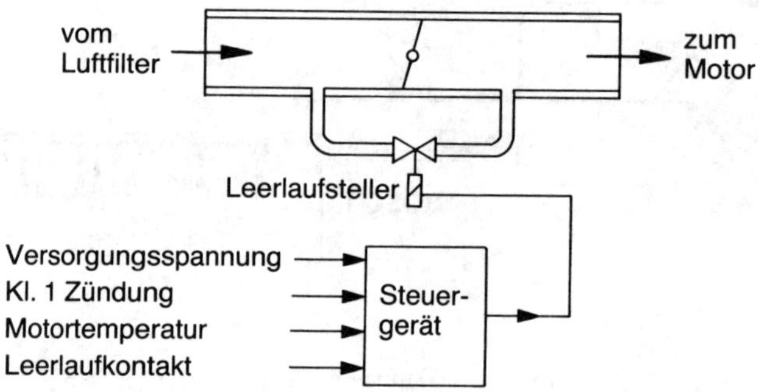

Bild 3.106
Prinzip der Leerlauf-Drehzahlregelung (Bosch)

Durch einen auf der Ankerwelle befestigten Drehschieber wird ein Luft-Bypasskanal so weit geöffnet, daß die verlangte Leerlaufdrehzahl unabhängig von der Belastung des Motors auf die Soll-Drehzahl geregelt wird.

Die Regelung der Soll-Drehzahl erfolgt durch das Steuergerät, das die dazu nötigen Informationen von der Zündanlage erhält. Bei warmem, unbelastetem Motor stellt sich bei der Regelung auf Soll-Drehzahl ein kleiner Öffnungsquerschnitt ein. Bei kaltem Motor oder Lasterhöhung wird der Öffnungsquerschnitt entsprechend größer geregelt, bis Ist- und Soll-Drehzahl gleich sind.

3.8.7 Mono-Jetronic

Die Mono-Jetronic (Bild 3.107) ist eine elektronisch gesteuerte Einspritzanlage mit nur einem elektromagnetischen Einspritzventil. Dieses Ventil sitzt zentral in dem Gehäuse oberhalb der Drosselklappe (zentrale Einspritzeinheit) und spritzt intermittierend (zeitweilig aussetzend) ein. Die Verteilung des Kraftstoffs bzw. Gemisches auf die einzelnen Zylinder erfolgt wie beim Vergaser durch das Hauptansaugrohr.

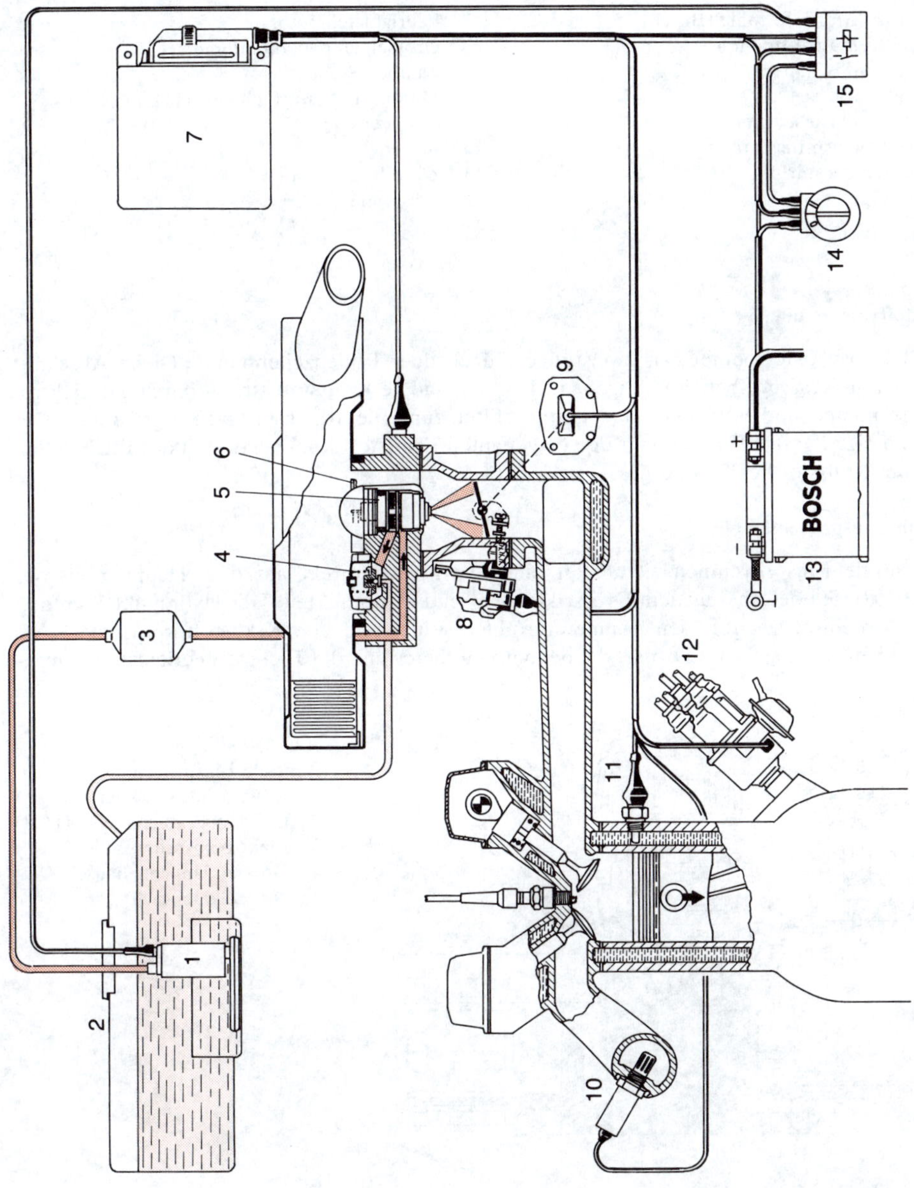
1
2
3
4
5
6
7
8
9
10
11
12
13
14
15
BOSCH

Bild 3.107 Mono-Jetronic (Bosch)
1 Elektrokraftstoffpumpe
2 Kraftstoffbehälter
3 Kraftstoffilter
4 Kraftstoffdruckregler
5 Elektroeinspritzventil
6 Lufttemperaturfühler (NTC I)
7 Steuergerät
8 Leerlaufstellmotor
9 Drosselklappenpotentiometer
10 Lambda-Sonde
11 Motortemperaturfühler (NTC II)
12 Zündverteiler
13 Batterie
14 Zünd-Start-Schalter
15 Hauptrelais

Kraftstoffversorgung

Die Elektrokraftstoffpumpe, als zweistufige Flügel- oder Rollenzellenpumpe (siehe Abschnitt 3.8.3), ist im Kraftstoffbehälter eingebaut. Der angesaugte Kraftstoff strömt durch die Elektrokraftstoffpumpe und wird über den Leitungsfilter zum Elektroeinspritzventil gefördert. Der überschüssige Kraftstoff fließt über den eingebauten Kraftstoffdruckregler und der Rücklaufleitung zum Kraftstoffbehälter zurück.

Zentrale Einspritzeinheit

Die zentrale Einspritzeinheit sitzt, statt eines Vergasers, direkt auf dem Hauptansaugrohr (Bild 3.108). Sie besteht aus dem Drosselklappen- und Hydraulikteil. Der Hydraulikteil enthält das Elektroeinspritzventil, den Temperaturfühler (Luft) und den Kraftstoffdruckregler. Am Drosselklappenteil sind das Drosselklappenpotentiometer und der Elektro-Leerlaufsteller angebaut.

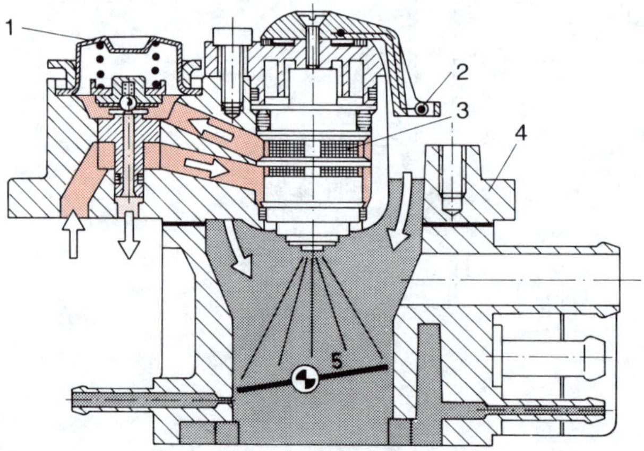

Bild 3.108
Zentrale Einspritzeinheit (Bosch)
1 Kraftstoffdruckregler
2 Lufttemperaturfühler (NTC I)
3 Elektroeinspritzventil
4 Drosselklappengehäuse
5 Drosselklappe

Kraftstoffdruckregler

Der Regler (Membranregler) ist oben in dem Hydraulikteil der zentralen Einspritzeinheit eingebaut (Bild 3.108). Er kann weder eingestellt noch separat gewechselt werden. Seine Aufgabe besteht darin, einen konstanten Vordruck (gleich Einspritzdruck) von 1 bar vor dem Elektroeinspritzventil zu halten. Damit ist die eingespritzte Kraftstoffmenge nur noch von der Spritzdauer des Elektroeinspritzventils abhängig.

Elektroeinspritzventil

Das Hauptteil der zentralen Einspritzeinheit ist das Elektroeinspritzventil (Bilder 3.108 und 3.109), das einen kegeligen Kraftstoffstrahl über sechs radial angeordnete, schräg verlaufende Spritzbohrungen erzeugt. Zur Kraftstoffzerstäubung wird anstelle des sonst üblichen Spritzzapfenventils (siehe Abschnitt 3.8.3) eine Kombination von Prall- und Drallaufbereitung verwendet. Der Kraftstoff trifft gegen die Wandung einer ventilseitigen konischen Aufbereitungskammer. Der Spritzwinkel des Strahls ist so ausgebildet, daß der Kraftstoff direkt in die sichelförmige Spalte zwischen Gehäusewandung und Drosselklappe trifft. Das Elektroeinspritzventil wird vom Steuergerät angesteuert und öffnet im Takt der Zündimpulse, z. B. bei einem 4-Zylinder-Motor viermal bei zwei Kurbelwellenumdrehungen.

Bild 3.109 Elektroeinspritzventil (Bosch)
1 Konische Aufbereitungskammer
2 Spritzlöcher
3 Ventilkugel
4 Ventilfeder
5 Membranfeder
6 Flachanker
7 Magnetspule
8 Elektrischer Anschluß
9 Ventilkörper
10 Ringsieb
11 Kraftstoffablauf
12 Kraftstoffzulauf

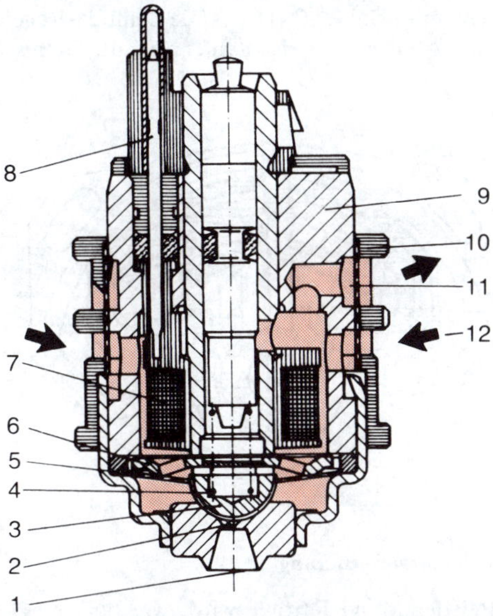

Steuergerät

Es ist ein digitales Steuergerät mit Mikrocomputer, Programm- und Datenspeicher sowie Analog/Digital-Wandler. Das Steuergerät hat die Aufgabe, die Spritzzeit des einzigen Einspritzventils zu errechnen. Von der Spritzzeit hängt die aus dem Ventil austretende Kraftstoffmenge ab. Dazu benötigt das Steuergerät Informationen über die verschiedenen Betriebszustände. Zum Beispiel:

- □ über den Lastzustand bzw. den Drosselklappenwinkel vom Drosselklappenpotentiometer (Bild 3.110),
- □ über die Drehzahl von der Klemme 1 der Zündanlage,
- □ über die Kühlmitteltemperatur vom Motortemperaturfühler (NTC II),
- □ über die Ansauglufttemperatur vom Lufttemperaturfühler (NTC I),
- □ über die Startvorgänge (Beginn und Ende) von der Klemme 50 der Startanlage,
- □ über die Abweichung vom Kraftstoff-Luft-Verhältnis 1 : 14,8 ($\lambda = 1$) von der Lambda-Sonde.

Die Bemessung der Kraftstoffgrundmenge (Einspritzgrundzeit) erfolgt bei der Mono-Jetronic mit der Alpha/n-Steuerung. Der Lastzustand (Ansaugluftmenge) des Motors wird durch die Drosselklappenstellung bestimmt. Das Doppelpotentiometer (Bild 3.110) erfaßt den entsprechenden Öffnungswinkel (α) der Drosselklappe und informiert das Steuergerät. Zur genaueren Information, besonders im Teillastbereich, ist das Potentiometer zweibahnig ausgeführt und mit getrennten Schleifern versehen. Die Drehzahlinformation (n) wird von Klemme 1 der Zündanlage eingegeben. Mit diesen beiden Größen Drosselklappenwinkel (α) und Drehzahl (n) errechnet das Steuergerät die Einspritzgrundzeit. Hierzu ist im Steuergerät ein Kennfeld gespeichert, welches 15 Festwerte für den Drosselklappenwinkel (α) und 15 Festwerte für die Drehzahl (n) enthält. Diese $15 \times 15 = 225$ Festwerte enthalten die Einspritzgrundzeiten, die $\lambda = 1$ entsprechen. Das Grundkennfeld enthält verschiedene Bereiche, in welchen noch unterschiedlich korrigiert wird. Bei Änderung der Luftdichte, hervorgerufen durch Lufttemperaturänderung, korrigiert der Lufttemperaturfühler (NTC I). Die Lambda-Regelung korrigiert, wenn durch eingedrungene Leckluft eine Abmagerung des Kraftstoff-Luft-Gemisches eingetreten ist.

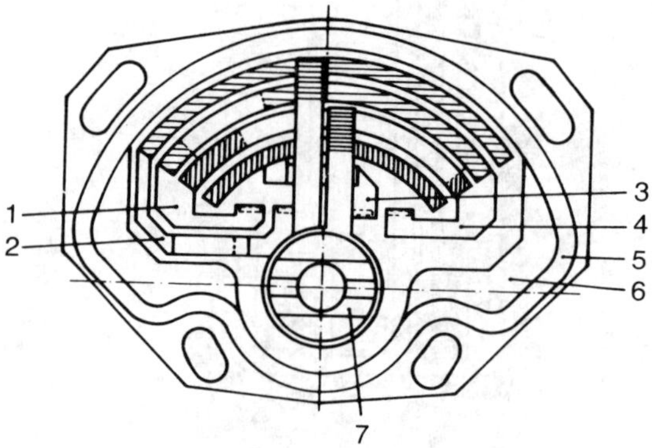

Bild 3.110 Drosselklappenpotentiometer (Bosch)

1 Masseanschluß beider Widerstandsbahnen
2 Anschluß für Schleiferbahn, Potentiometer I (Leerlauf und Teillast)
3 Anschluß für Schleiferbahn, Potentiometer II (Teillast und Vollast)
4 Spannungsversorgung (Plus) vom Steuergerät
5 Nut für Dichtring
6 Potentiometergehäuse
7 Doppelschleifer, isoliert

Kaltstartanreicherung

Bei der Mono-Jetronic wird, wie bei der L-Jetronic, die Kaltstartsteuerung wirksam. Durch Verlängerung der Einspritzzeit während der Startphase tritt mehr Kraftstoff aus dem Elektroeinspritzventil aus. Die Kaltstartsteuerung ist im Steuergerät motorspezifisch programmiert. Sie wird wirksam, wenn das Startsignal von Klemme 50 und die Kühlmitteltemperatur (unter +40 °C [313 K]) vom Motortemperaturfühler (NTC II) eingegeben worden ist.

Nachstart- und Warmlaufanreicherung

Um nach dem Start ein einwandfreies Durchlaufen des Motors sicherzustellen, muß für einige Sekunden (temperaturabhängig) die im Steuergerät programmierte *Nachstartanreicherung* wirksam werden. In diesem Fall wird ebenfalls die Einspritzzeit über die Einspritzgrundzeit verlängert. Danach setzt die *Warmlaufanreicherung* ein. Das Steuergerät verlängert, aufgrund der Temperaturinformation vom Motortemperaturfühler (NTC II) die Einspritzzeit so weit, daß der Motor einwandfrei rundläuft und Drehzahl annimmt.

Mit der Erwärmung des Kühlmittels verkürzt das Steuergerät die Einspritzzeit stufenlos, bis bei Erreichen einer Kühlmitteltemperatur von etwa +40 °C (313 K) bis +60 °C (333 K) die Einspritzgrundzeit bemessen wird.

Leerlauf-Drehzahlregelung

Durch die Leerlauf-Drehzahlregelung läßt sich die Drehzahl bei kaltem Motor erhöhen und bei Erwärmung auf die normale Leerlaufdrehzahl absenken bzw. stabilisieren.

Die Regelung erfolgt durch das Steuergerät in Verbindung mit dem Leerlauf-Stellmotor. Bei Leerlaufstellung betätigt der Stellmotor mit Schneckentrieb (Bild 3.107) über einen Stößel die Drosselklappe. Durch geringes Öffnen bzw. Schließen der Drosselklappe wird dem Motor mehr oder weniger Verbrennungsluft zugeteilt und dadurch die Abweichung der Drehzahl von der im Steuergerät programmierten Solldrehzahl ausgeglichen. Das geringe Verstellen der Drosselklappe durch den Leerlauf-Stellmotor wird durch Änderung der Stell-Motordrehrichtung erreicht. Die Leerlaufdrehzahl ist programmiert und nicht mehr einstellbar.

Beschleunigungsanreicherung

Damit bei schneller Fahrpedalbetätigung kein Leistungseinbruch (Loch) entsteht, muß angereichert (angefettet) werden. Das Steuergerät erhält vom Drosselklappenpotentiometer die Information über die schnelle Fahrpedalbetätigung und verlängert für etwa eins bis zwei Sekunden die Einspritzzeit. Die Lambda-Regelung ist kurzzeitig ausgeschaltet, es besteht normale Steuerung (Kraftstoffzumessung ohne Korrektur).

Vollastanreicherung

Dem Motor wird bei Vollast die höchste Leistung abverlangt und muß deshalb das Kraftstoff-Luft-Verhältnis (siehe 3 und 3.2), welches bei Teillast 1:14,8 ($\lambda = 1$) beträgt, auf etwa 1:13 ($\lambda = 0{,}9$) verändert bekommen. Aus der Stellung des Schleifers II im Drosselklappenpotentiometer erkennt das Steuergerät den Lastzustand Vollast (Bild 3.110) und verlängert bei betriebswarmem Motor dementsprechend die Einspritzzeit des Elektroeinspritzventils. Während der Vollast ist die Lambda-Regelung ausgeschaltet, es besteht normale Steuerung (Kraftstoffzumessung ohne Korrektur).

Schubabschaltung

Beim Übergang in den Schiebebetrieb nimmt der Leerlaufkontakt im Leerlauf-Stellmotor die Leerlaufstellung ein. Das Steuergerät reagiert auf diese Information und schaltet bei betriebswarmem Motor (+40 °C [313 K] bis +60 °C [333 K]) und oberhalb einer bestimmten Drehzahl (z. B. 1800 min^{-1}) die Einspritzung ab. Sinkt die Drehzahl unter einen bestimmten Wert (z. B. 1200 min^{-1}) oder verläßt der Kontakt durch Fahrpedalbetätigung seine Leerlaufstellung, setzt die Kraftstoffeinspritzung wieder ein.

Lambda-Regelung

Die Lambda-Sonde (siehe Abschnitt 3.2.1) im Abgasstrom mißt den Restsauerstoffgehalt und liefert bei Abweichung der augenblicklichen Gemischzusammensetzung vom stöchiometrischen Kraftstoff-Luft-Verhältnis ein Signal (Sondenspannung) an das Steuergerät. Aufgrund dieser Rückmeldung verändert das Steuergerät die vorberechnete Einspritzzeit geringfügig so, daß bei allen Betriebszuständen das Kraftstoff-Luft-Verhältnis etwa 1:14,8 ($\lambda = 1$) entspricht. Außerdem bewirkt die Auswertung des Sondensignals im Steuergerät die Selbstadaption (Lernfähigkeit). Das bedeutet, es erfolgt eine automatische Anpassung (Adaption) an motorseitige Veränderungen (z. B. Verschleiß, Leckluft usw.). Es wird dadurch eine hohe Genauigkeit des Systems während der gesamten Lebensdauer des Motors gewährleistet.

3.8.8 Motronic

Bei dieser Anlage sind die elektronisch gesteuerte Einspritzung und die elektronisch gesteuerte Zündung zur Motronic zusammengefaßt. In einem Steuergerät befindet sich die Elektronik für die LE- bzw. LH-Jetronic als auch die der elektronisch gesteuerten Zündanlage. Die LE-Jetronic ist in Abschnitt 3.8.3 und 3.8.4, die LH-Jetronic in Abschnitt 3.8.5 und die elektronisch gesteuerte Zündanlage in Abschnitt 8.2.9 beschrieben.

4 Gemischbildung und Verbrennung bei Dieselmotoren

Am Ende des Verdichtungstaktes, etwa 15 bis 20° Kurbelwinkel vor OT, wird der von der Einspritzpumpe geförderte Kraftstoff über die Einspritzdüse in den Verbrennungsraum gespritzt (Tropfengröße 4 bis 15 µm). Der in die 500 bis 700 °C (773 bis 973 K) heiße Luft eingespritzte Kraftstoff entzündet sich aber nicht sofort, sondern muß sich zunächst erhitzen, dann verdampfen und mit der Verbrennungsluft vermischen, bevor ein brennfähiges Gemisch gebildet wird. Erst nach dieser Zeit (Zündverzug) kommt es gleichzeitig an mehreren Stellen zur Selbstentzündung (Entflammung) des Kraftstoffs. Da durch die Entflammung im Verbrennungsraum eine Temperatur von über 2000 °C (2773 K) herrscht, wird der später eingespritzte Kraftstoff ohne Zündverzug sofort entflammt.

Bild 4.1 *P-V*-Diagramm für Verdichtung und Verbrennung im Dieselmotor

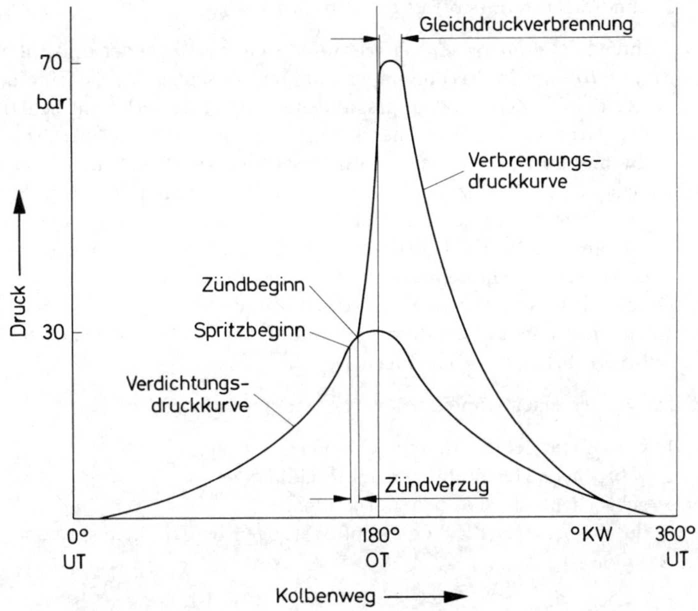

Durch die länger anhaltende Einspritzung (bei Vollast über 20° Kurbelwinkel) versucht man mit einer gleichmäßigen Kraftstoffzufuhr die Verbrennung so zu steuern, daß der Verbrennungsdruck nicht zu schlagartig ansteigt (Bild 4.1) und der Höchstdruck direkt nach OT kurzzeitig auf fast gleicher Höhe gehalten wird (annähernd Gleichdruckverbrennung). Der hohe Verbrennungsdruck (60 bis 140 bar) wirkt auf den Kolben und treibt ihn nach unten.

4.1 Zündverzug

Der in die heiße Luft eingespritzte Kraftstoff entzündet sich nicht sofort, sondern muß sich zunächst erhitzen, dann verdampfen und mit der Verbrennungsluft vermischen, bevor ein brennfähiges Kraftstoff-Luft-Gemisch gebildet wird. Die Zeit, die vom *Einspritzbeginn bis zum Zündbeginn (Entflammung)* vergeht, bezeichnet man als *Zündverzug* (Bild 4.1). Er beträgt unter normalen Bedingungen, d.h. bei betriebswarmem Motor, etwa 1 ms.

4.1.1 Nagelnde bzw. klopfende Verbrennung im Dieselmotor

Zu einer nagelnden oder klopfenden Verbrennung kommt es, wenn sich der Zündverzug auf über 2 ms vergrößert hat durch

1. zu niedrige Motortemperatur (Kaltstart),
2. zu früh eingestellten Förderbeginn der Einspritzpumpe,
3. nicht zerstäubende Einspritzdüsen (hängende Düsennadel),
4. zu geringe Verdichtung (durch einen Kolbenfresser),
5. zündträgen Kraftstoff (z.B. Ottokraftstoff)

Während des *größeren Zündverzugs* und weiter bestehender Einspritzung sammelt sich eine *größere Kraftstoffmenge* im Verbrennungsraum an, bis schließlich die Zündbedingungen erreicht sind. Der bis zu diesem Zeitpunkt angesammelte Kraftstoff verbrennt schlagartig (explosionsartig) unter steilem Druckanstieg. Je größer der Zündverzug – also je größer die angesammelte Kraftstoffmenge im Brennraum –, desto steiler wird dieser Druckanstieg, d.h., die Verbrennung läuft 10- bis 12mal schneller ab als normal (normale mittlere Verbrennungsgeschwindigkeit 25 m/s).

Der Verbrennungshöchstdruck kann dabei weit über die normale Höhe (60 bis 140 bar) ansteigen und Kolben sowie Kurbeltrieb sehr hoch belasten. Das dabei auftretende harte Verbrennungsgeräusch bezeichnet man als *Diesel*nageln oder im extremen Fall als *Dieselklopfen.* Es entsteht, wenn die Druckwellen, die von den einzelnen Zündstellen ausgehen, mit überhöhter Geschwindigkeit aufeinander oder auf die Brennraumwandungen treffen. Bei starkem Dieselklopfen kann sogar der ganze Kurbeltrieb aufschwingen.

Die Folgen einer klopfenden Verbrennung können sein:

1. gebrochene Kolbenringe und Kolbenringstege,
2. gebrochene Heizdrähte der Drahtglühkerzen,
3. gebrochene Stege in den Vorkammern,
4. durchgeschlagene Zylinderkopfdichtungen bei Direkteinspritzmotoren.

4.2 **Gemischbildungsverfahren** (Einspritzverfahren)

Dieselmotoren arbeiten heute nach den folgenden drei Verfahren:
Direkteinspritzverfahren, Vorkammerverfahren, Wirbelkammerverfahren.

4.2.1 Direkteinspritzung

Dieses Verfahren kommt bei Motoren von Nutzfahrzeugen, Schleppern und Baumaschinen zur Anwendung. Der Vorteil liegt in dem niedrigen Kraftstoffverbrauch und der Nachteil in dem härteren Verbrennungsgeräusch.

Bei der Direkteinspritzung spritzt die Lochdüse direkt auf den Kolben oder in einen im Kolben eingelassenen Verbrennungsraum. Es gibt zwei Möglichkeiten, um den Kraftstoff mit der Verbrennungsluft zu vermischen:

1. Man spritzt den vernebelten Kraftstoff in die Verbrennungsluft, wozu eine Mehrlochdüse erforderlich ist (*Kraftstoff-Luft-Verteilung*).
2. Der Kraftstoff wird mit einer Lochdüse, die nur eine Spritzbohrung besitzt, als fast geschlossener Strahl auf die Wandung des kugelförmigen Verbrennungsraums im Kolben gespritzt (*Kraftstoff-Wand-Verteilung*).

Einspritzung mit Kraftstoff-Luft-Verteilung

Der nicht unterteilte Brennraum besteht hauptsächlich aus einer flachen oder tieferen Mulde, die sich in dem Kolben befindet (Bild 4.2). Oft ist in der Mitte der Mulde eine kegelförmige Erhebung, die während des Komprimierens einen Luftwirbel erzeugt, der zu einer guten Gemischbildung beiträgt. In anderen Fällen strömt die Luft durch einen Drallkanal (tangential um das Einlaßventil angelegter Kanal) und gelangt mit einer Drehbewegung in den Zylinder. Kurz vor OT beginnt die Kraftstoffeinspritzung mit einer Mehrlochdüse (drei bis sechs Spritzbohrungen). Der Einspritzdruck beträgt 185 bis 350 bar. Durch den hohen Einspritzdruck wird der Kraftstoff schnell und gut im Brennraum, d. h. in der Verbrennungsluft, verteilt.

Bild 4.2 Mercedes-Benz-Motor mit Direkteinspritzung (Kraftstoff-Luft-Verteilung)

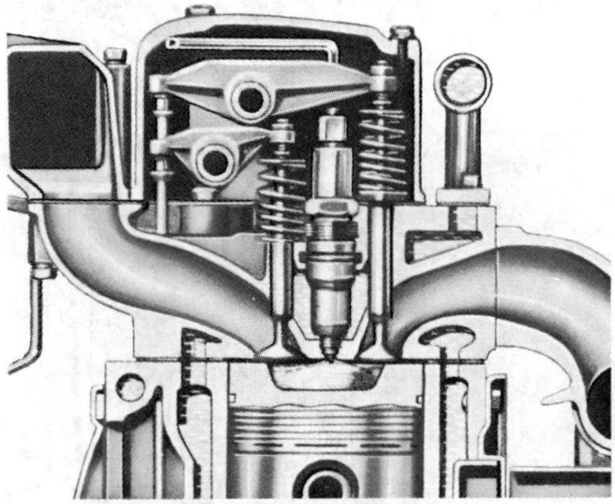

Einspritzung mit Kraftstoff-Wand-Verteilung

Motoren von M.A.N. mit dem M-Verfahren (Mittenkugelverfahren) haben eine solche Kraftstoffverteilung (Bild 4.3).

Der Ansaugkanal im Zylinderkopf ist tangential um das Einlaßventil angeordnet (Drallkanal). Beim Ansaugen gelangt die Verbrennungsluft mit einer Drehbewegung in den Zylinder. Beim

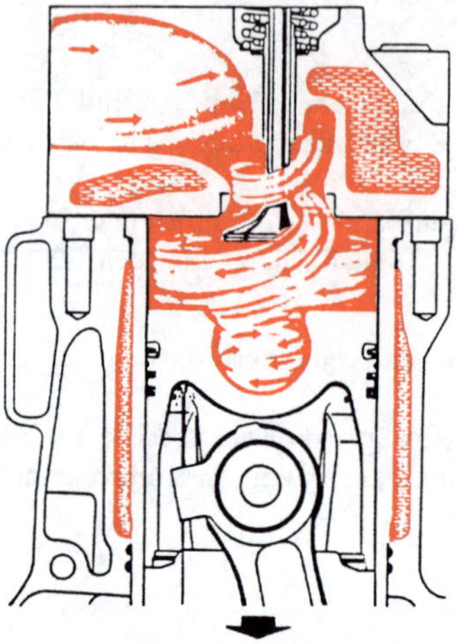

Bild 4.3 M.A.N.-M-Verfahren. Erzeugung einer kreisenden Luftströmung im Zylinder beim Ansaughub durch besondere Formgebung des Einlaßkanals (Drallkanal)

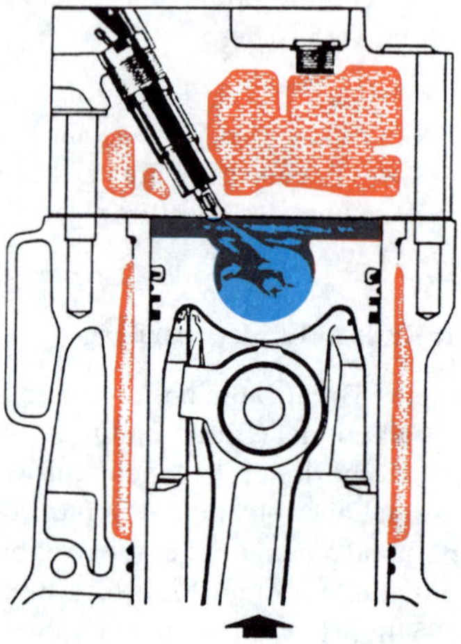

▶

Bild 4.4a M.A.N.-M-Verfahren. Aufspritzen des Kraftstoffs auf die Wandung des Kugelbrennraums und Einleitung der Verbrennung

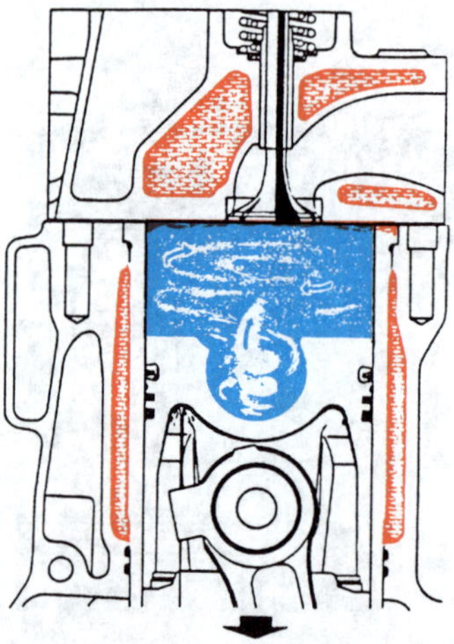

Bild 4.4b M.A.N.-M-Verfahren. Verbrennung der eingespritzten Kraftstoffmenge (Arbeitstakt)

◀

Verdichten wird beinahe die gesamte Luft in den kugelförmigen Verbrennungsraum im Kolben gepreßt. Kurz vor OT beginnt die Kraftstoffeinspritzung (Bild 4.4a) mit einer Lochdüse (Einlochdüse). Der Einspritzdruck beträgt 175 bis 185 bar. Die Düse spritzt so ein, daß etwa 5% fein genug zerstäubt werden und nach dem Mischen mit der Luft die Verbrennung einleiten. Der größere Anteil von 95% wird mit einem ziemlich geschlossenen Strahl auf die Kugelbrennraumwand

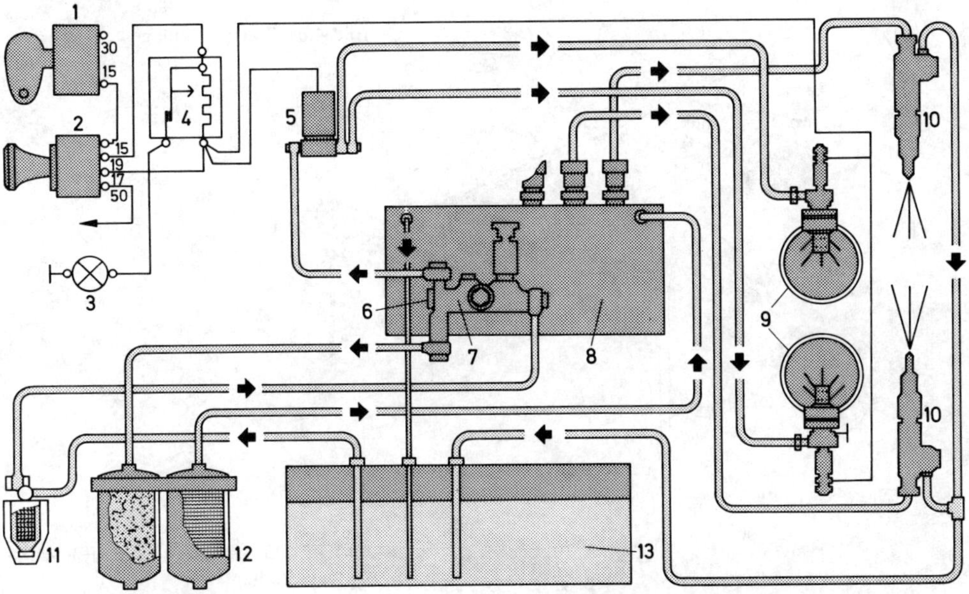

Bild 4.5 Flammstartanlage (KHD)
1 Schaltkastenschlüssel
2 Glühstarterschalter
3 Glühkontrolleuchte
4 Glühwiderstand
5 Magnetventil
6 Überdruckventil
7 Kraftstofförderpumpe
8 Einspritzpumpe
9 Stab-Flammglühkerze
10 Einspritzdüsen
11 Kraftstoffvorreiniger
12 Kraftstoffstufenfilter
13 Kraftstoffbehälter

gespritzt. Der Kraftstoff verteilt sich hier filmartig und wird nach dem Verdampfen von der stark rotierenden Luft mitgenommen und der Flamme zugeführt (Bild 4.4b).

Eine Weiterentwicklung des M.A.N.-M-Verfahrens ist das HM-Verfahren (Hochleistungs-M-Verfahren). Die Ansaugrohre sind hier so bemessen und verlegt, daß während des Ansaugens die Luft pulsierend und mit höherer Geschwindigkeit in die Zylinder strömt, wodurch sich der Zylinderfüllungsgrad verbessert (Resonanzaufladung).

Starthilfen bei Direkteinspritzmotoren

Als Starthilfen werden die Flammstart- oder die Startpilotanlage verwendet.

Flammstartanlage Sie besteht z.B. bei einem V-Motor (Bild 4.5) aus zwei Flammstiftglühkerzen, einem Magnetventil und einer Kraftstoffleitung von der Förderpumpe zu den Flammstiftglühkerzen. Diese Kerzen sind in das Saugrohr des Motors eingesetzt. Nach dem Vorglühen wird während des Startens von der Kraftstofförderpumpe Dieselkraftstoff über die glühenden Stifte der Kerzen gespritzt. Dabei entsteht eine Flamme, die die vom Motor angesaugte Luft erwärmt.

Startpilotanlage Diese Anlage (Bild 4.6) besteht aus einem kleinen Kraftstoffbehälter, einer Handpumpe und einer offenen Düse. Während des Startens wird über diese Düse eine kleine abgemessene Menge Startkraftstoff in das Hauptansaugrohr gespritzt. Mit der Verbrennungsluft

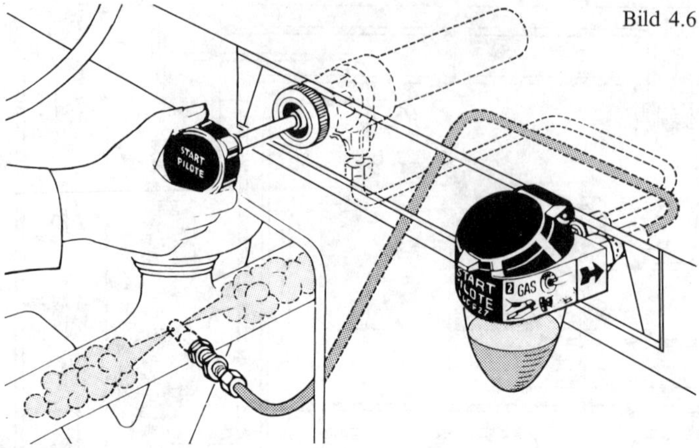

Bild 4.6 Startpilotanlage

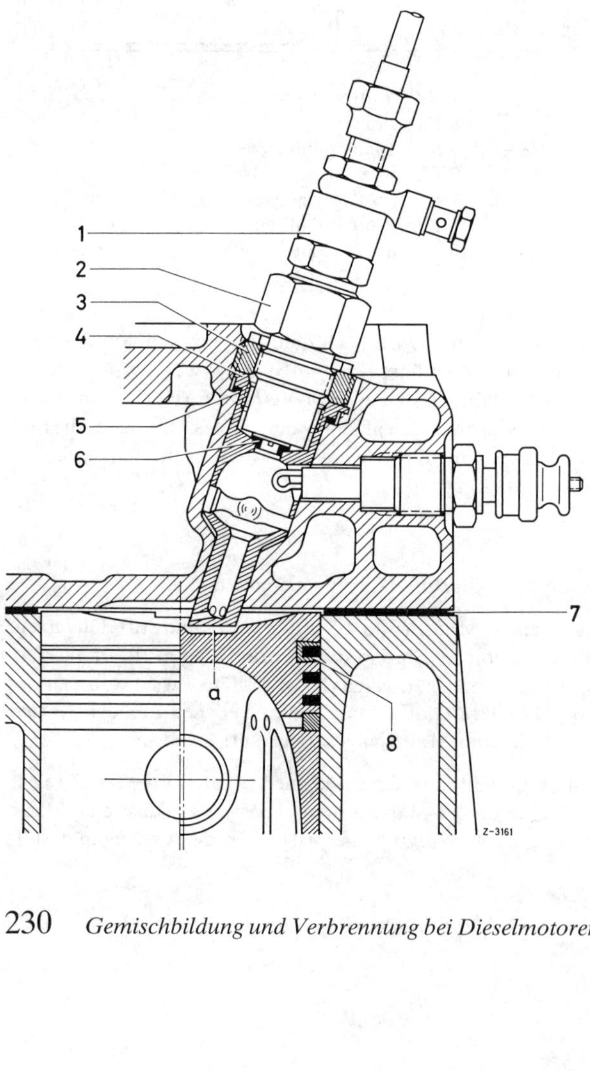

Bild 4.7 Vorkammer (Mercedes-Benz)
1 Düsenhalter
2 Überwurfmutter des Düsenhalters
3 Gewindering
4 Vorkammer
5 Dichtring
6 Dichtung
7 Zylinderkopfdichtung
8 Kolbenringträger
a Aussparung für die Vorkammer

gelangt der Kraftstoff in die Motorzylinder und entzündet sich während des Komprimierens bei etwa 180 bis 200 °C (453 bis 473 K) von selbst. Durch die Verbrennung dieser Startkraftstoffmenge erhöhen sich Druck und Temperatur der Luft, so daß beim Einspritzen des Dieselkraftstoffs durch die Einspritzdüse eine sichere Selbstentzündung einsetzt.

Heizflansch Im Hauptansaugrohr zur Erwärmung der Ansaugluft (siehe Abschnitt 8.9.4).

4.2.2 Indirekte Einspritzung

Dazu zählen Vor- und Wirbelkammerverfahren. Beide Verfahren werden bei den Motoren verwendet, wo man Wert auf eine geräuscharme Verbrennung legt (z.B. bei Pkw-Motoren und stationären Motoren für den Antrieb von Stromgeneratoren). Der Verbrennungsraum ist unterteilt und besteht aus dem Haupt- und dem Nebenbrennraum. Die Kraftstoffeinspritzung erfolgt (indirekt) in den Nebenbrennraum.

Vorkammerverfahren Die Vorkammer ist meistens ein schlanker, länglicher Brennraum, der seitlich oben im Zylinderkopf sitzt und mit dem Hauptbrennraum durch eine oder mehrere verhältnismäßig kleine Bohrungen (Schußkanäle) in Verbindung steht (Bild 4.7)

Am Ende des Verdichtungstakts erfolgt das Einspritzen des Kraftstoffs durch eine Drosselzapfendüse (Düsenöffnungsdruck 115 bis 120 bar) in die Vorkammer. Die Düse spritzt zuerst mit einem kleinen Vorstrahl ein, den man auch als Zündstrahl bezeichnen kann, weil durch ihn die Verbrennung sehr schnell eingeleitet wird. Anschließend tritt dann die Hauptmenge, die bis dahin gedrosselt wurde, aus.

Da nun die Luftmenge in der Vorkammer (etwa 30 %) für eine vollständige Verbrennung nicht ausreicht, gibt es nur eine *Teil- oder Vorverbrennung*. Durch diese Vorverbrennung sind aber Temperatur und Druck in der Vorkammer angestiegen; der größere, nichtverbrannte, gasförmige Teil wird mit hoher Geschwindigkeit über die Schußkanäle in den Hauptbrennraum geblasen und hier gut verteilt. Bei diesem Verfahren ist es also die Vorkammer, die hauptsächlich das Mischen des Kraftstoffs mit der Luft übernimmt.

Motoren mit Vorkammer haben als Starthilfe eine Glühkerze. Diese sitzt seitlich in der Vorkammer. Die Glühkerze muß vor und während des Anlassens glühen – einmal, damit die Luft erwärmt wird, die sich in der Vorkammer stark abkühlt, und zum anderen, damit sich das Kraftstoff-Luft-Gemisch an der glühenden Spirale oder einem Stab entzünden kann (siehe Abschnitt 8.9.4).

Wirbelkammerverfahren Die Form der Wirbelkammer ist die einer Kugel mit einem größeren, tangential angeordneten Schußkanal zum Hauptbrennraum hin (Bild 4.8). Durch die Anordnung des Schußkanals wird beim Verdichten eine starke Wirbelbildung der Luft hervorgerufen.

Am Ende des Verdichtungstakts erfolgt das Einspritzen des Kraftstoffs durch eine Drosselzapfendüse (Druck 125 bis 140 bar) in die Wirbelkammer. Zuerst tritt der Vorstrahl aus, der die Verbrennung schnell einleitet und den Zündverzug in normalen Grenzen (1 ms) hält. Anschließend tritt dann die Hauptmenge, die bis dahin gedrosselt wurde, aus.

Der weitere Ablauf ist wie bei der Vorkammer, wegen Luftmangel kommt es nur zu einer *Teil- oder Vorverbrennung*. Durch diese Vorverbrennung sind aber Temperatur und Druck in der Wirbelkammer angestiegen; der größere, nichtverbrannte, gasförmige Teil wird mit hoher Geschwindigkeit über den Schußkanal in den Hauptbrennraum geblasen und hier gut verteilt. Bei diesem Verfahren ist es also der Nebenbrennraum, der hauptsächlich das Mischen des Kraftstoffs mit der Luft übernimmt.

Die Verhältnisse beim Starten sind die gleichen wie bei der Vorkammer; deshalb wird auch bei diesem Verfahren eine Glühkerze benötigt (siehe Abschnitt 8.9.4).

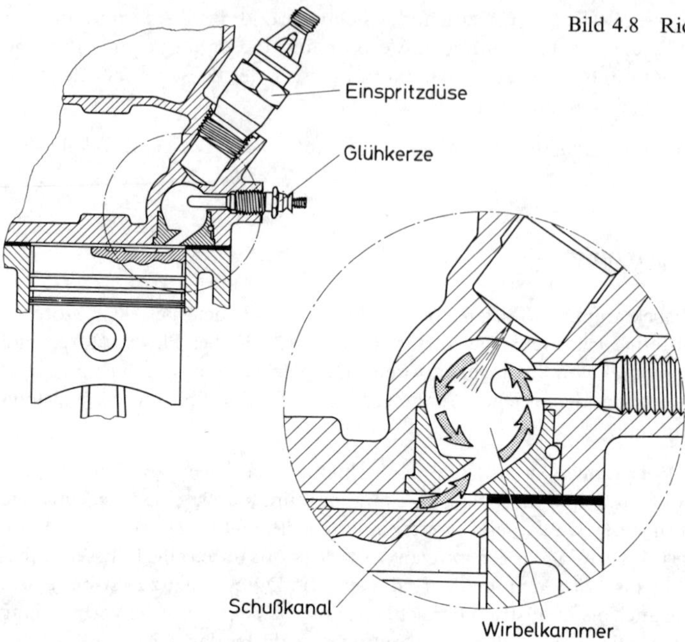

Bild 4.8 Ricardo-Wirbelkammer (V.A.G)

4.3 Dieseleinspritzanlagen

Eine Einspritzanlage besteht aus dem *Niederdruckteil* mit Kraftstoffbehälter, Kraftstoffförderpumpe, Kraftstoffhauptfilter und den Versorgungsleitungen sowie dem *Hochdruckteil* mit Reihen- oder Verteilereinspritzpumpe, Einspritzleitungen (Druckleitungen) und den Einspritzdüsen.

4.3.1 Einspritzanlage mit Reiheneinspritzpumpe

Der Kraftstoff wird von der Förderpumpe (Bild 4.9) über Saugleitung und Vorreiniger (Vorfilter) angesaugt und über die Förderleitung zu dem Kraftstoffhauptfilter gedrückt. Zum Schutz der Förderpumpe wird in dem Vorfilter grober Schmutz und Kondenswasser zurückgehalten. In dem Kraftstoffhauptfilter erfolgt die Feinfilterung. Über eine Zulaufleitung gelangt der Kraftstoff in den Saugraum der Einspritzpumpe, wo er von den Pumpenelementen aufgenommen und über die Einspritzleitungen zu den Düsen gefördert wird.

Die Förderpumpe fördert aus Sicherheitsgründen mehr, als die Einspritzpumpe maximal benötigt. Der zuviel geförderte Kraftstoff fließt über das Überströmventil und die Rücklaufleitung zum Kraftstoffbehälter zurück. Dabei hält das Überströmventil in der Anlage einen *Vordruck* von etwa 1,5 bar, der nötig ist, damit die Pumpenelemente immer ausreichend mit Kraftstoff versorgt werden. Das Überströmventil mit der Rücklaufleitung ist am Saugraum der Einspritzpumpe gegenüber der Zulaufleitung angeschlossen. Durch den ständigen Kraftstoffdurchfluß erreicht man eine Kühlung der Einspritzpumpe. Das an den Einspritzdüsen anfallende Lecköl (es dient zur Schmierung der Düsennadeln) fließt über die Leckölleitung, die in die Rücklaufleitung mündet, zum Kraftstoffbehälter zurück.

Bild 4.9 Einspritzanlage mit Saugraumspülung (Bosch)

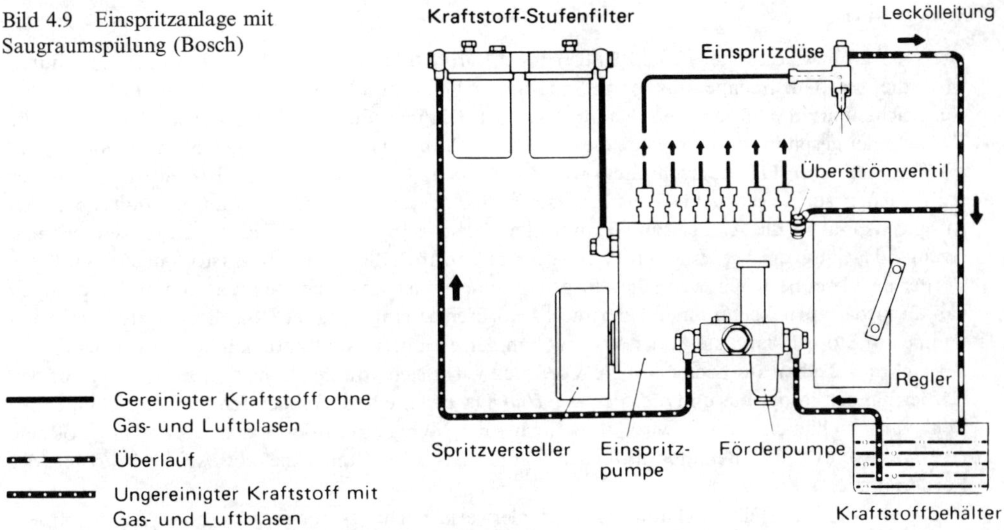

Kraftstofförderpumpe Die Förderpumpe ist an der Einspritzpumpe angeflanscht und wird von ihrer Nockenwelle angetrieben. Der Antrieb erfolgt entweder durch einen Nocken, der zugleich ein Pumpenelement betätigt, oder von einem zwischen zwei Nocken liegenden Exzenter. Bei Motoren mit höheren Drehzahlen hat man meistens den Exzenterantrieb (Bild 4.10).

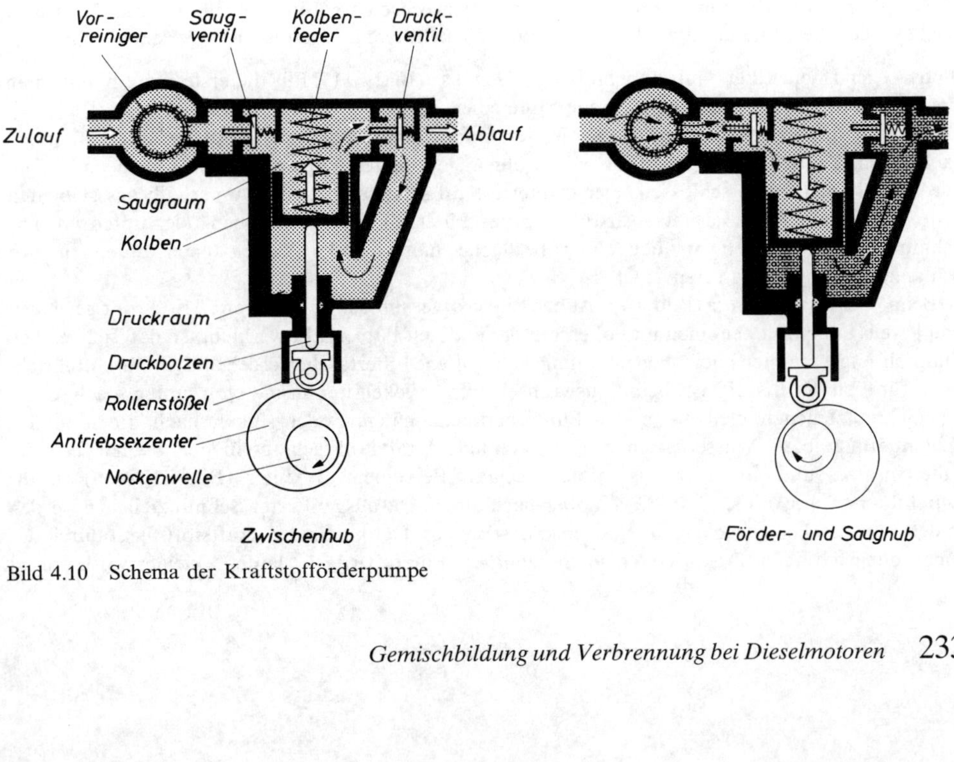

Bild 4.10 Schema der Kraftstofförderpumpe

Wirkungsweise

Der Nocken bzw. Exzenter drückt Rollenstößel, Druckbolzen und Kolben nach oben. Hierdurch wird die Kraftstoffmenge aus dem Saugraum (Federraum) über das Druckventil und den Ausgleichkanal in den unteren Raum gedrückt (Druckraum). Dabei werden gleichzeitig die Kolbenfeder gespannt und am Ende dieses Zwischenhubs das Druckventil geschlossen. Sobald nun der Exzenter den OT überschreitet, werden Kolben, Druckbolzen und Rollenstößel von der Kolbenfeder zurückgedrückt. Der Kraftstoff aus dem unteren Druckraum gelangt über den Ausgleichkanal in die Anlage zum Hauptfilter. Gleichzeitig wird im Federraum ein Unterdruck erzeugt, das Saugventil geöffnet und aus dem Kraftstoffbehälter erneut Kraftstoff angesaugt. Diese Förderung bleibt bestehen, wenn die Einspritzpumpe immer ihre volle Menge abnimmt. Wird jedoch das Gaspedal zurückgenommen oder die Motorbremse eingeschaltet (Regelstange der Einspritzpumpe auf Stopp), dann steigt der Vordruck in der gesamten Niederdruckanlage von 1 bis 1,5 bar auf mehr als **2,5 bar** an. Dieser höhere Vordruck wirkt sich von der Druckbolzenseite her auf den Förderpumpenkolben aus und *reduziert den Hub.* Da jetzt die Kolbenfeder den Kolben nicht mehr so weit zurückschieben kann, wird nur noch die Menge gefördert, die über das geöffnete Überströmventil zum Behälter abfließen kann. Das nennt man die *elastische Förderung* der Förderpumpe.

Zu einer Stoppstellung kann es normalerweise nicht kommen, da über das geöffnete Überströmventil dauernd Kraftstoff zum Behälter abfließt. Sollte der Rücklauf einmal verschlossen sein, würde der Pumpenkolben im OT stehen bleiben und sich der Vordruck nur bis auf 3,5 bis 4,5 bar erhöhen (Höchstdruck durch die Kolbenfeder).

Kraftstoffilter Die Kraftstoffilter sollen kleinste Verunreinigungen aus dem Kraftstoff zurückhalten, um zu verhindern, daß die empfindlichen Teile der Einspritzpumpe und die Düsen beschädigt oder vorzeitig abgenutzt werden. Außerdem sollen die Kraftstoffilter das aus dem Tank mitgeförderte Kondenswasser abscheiden. Sie unterscheiden sich durch ihre Größe, ihre Gehäuseausführung und durch ihre Einsätze:

Einfachfilter mit abnehmbarem Gehäuse. Als auswechselbare Einsätze nimmt man Filzrohr-, Wickel- oder Sternfiltereinsätze. Bei Stern- und Wickelfiltereinsätzen ist der Werkstoff Papier.

Stufen- oder Doppelfilter mit abnehmbarem Gehäuse (Bild 4.11). Für die erste Stufe nimmt man einen Filzrohrfiltereinsatz, für die zweite Stufe einen Filz- oder Sternfiltereinsatz.

Beim *Sternfiltereinsatz* (Bild 4.12) ist der Kraftstoffdurchfluß von der Seite her, d.h. von außen nach innen. Die sternförmig um das Mittelrohr angeordneten Papierfalten sind oben und unten durch Deckscheiben verschlossen. Der gefilterte Kraftstoff sammelt sich innerhalb des gelochten Mittelrohres und fließt, je nach Ausführung des Filtergehäuses, nach oben oder unten ab. Die Schmutzteilchen bleiben an der Filteroberfläche hängen oder sinken nach unten in den Schlammraum bzw. Wasserspeicher.

Beim *Wickelfiltereinsatz* (Bild 4.13) ist das Filterpapier um das geschlossene Mittelrohr gewickelt und jeweils unten mit der einen und oben mit der anderen Papierbahn verklebt, so daß sich je nach Flußrichtung von unten nach oben oder umgekehrt offene Filtertaschen ergeben. Die Durchflußrichtung für den Kraftstoff ist beim auswechselbaren Wickelfiltereinsatz von unten nach oben. Die Schmutzteilchen bleiben an der Filteroberfläche hängen oder sinken nach unten in den Schlammraum bzw. Wasserspeicher. Der gereinigte Kraftstoff gelangt in den oberen Teil des Filtereinsatzes und von hier aus in den Ablauf. Bei einem Boxfilter (Bild 4.13 u. 14) ist die Durchflußrichtung des Kraftstoffs von oben nach unten. Die ausgefilterten Schmutzteilchen werden in den Filtertaschen zurückgehalten, ebenso das Wasser. Der gereinigte Kraftstoff fließt durch das Innenrohr nach oben. Da durch Verschmutzung die Filteroberfläche laufend kleiner wird, erhöht

Bild 4.11 Bosch-Kraftstoffstufenfilter mit Filzrohr- (Grobfilter) und Wickelfilter (Feinfilter)

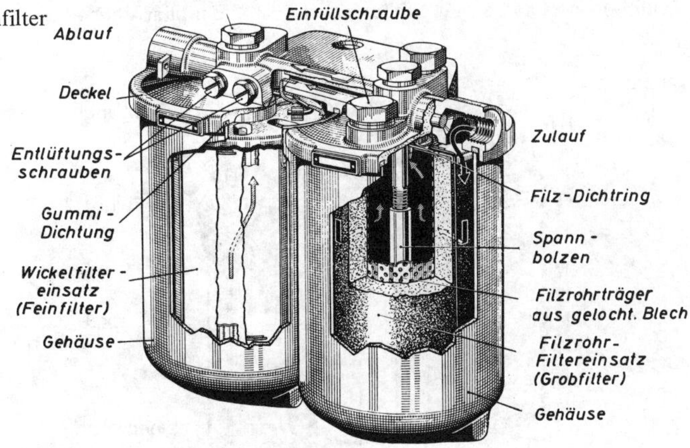

Bild 4.12 Sternfiltereinsatz (Bosch)

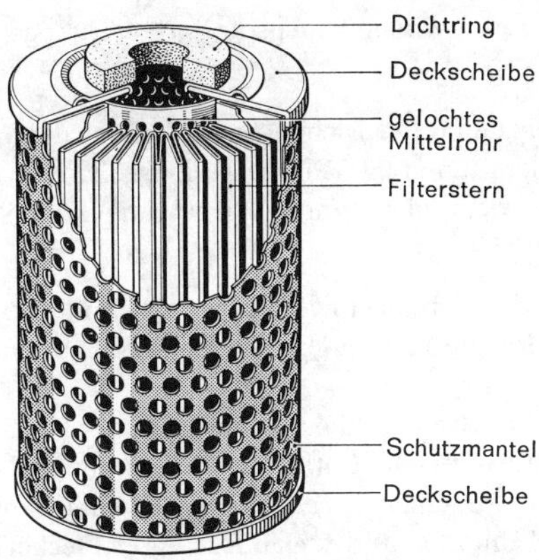

Bild 4.13 Wickelfiltereinsatz geschlossen und auseinandergezogen (Bosch)

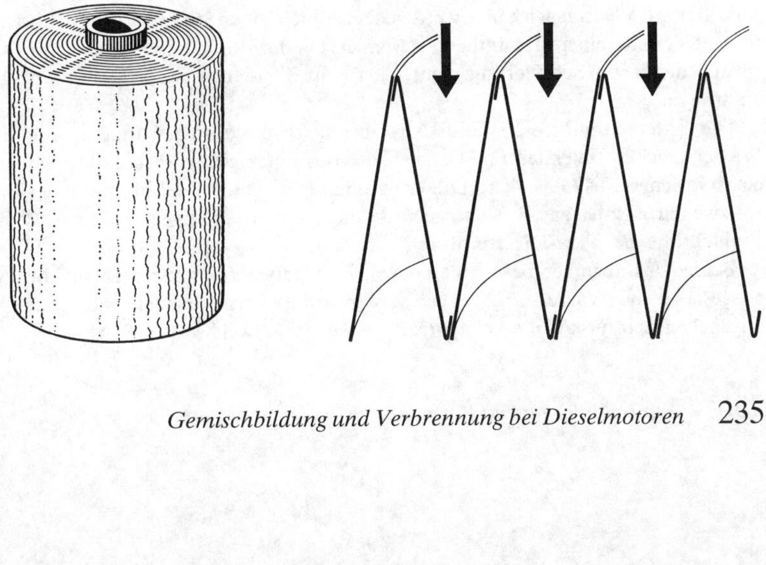

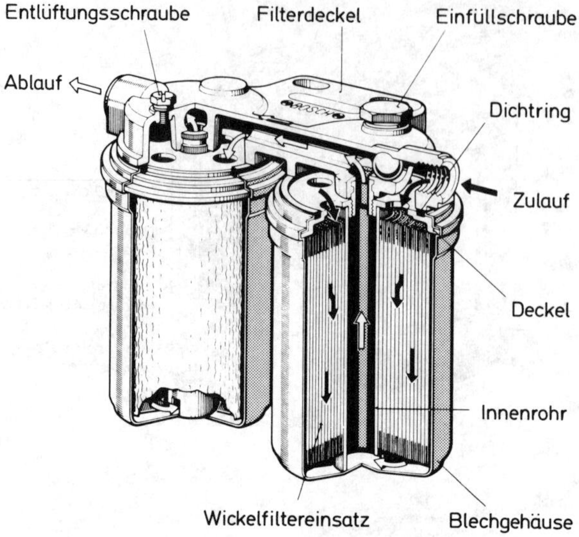

Bild 4.14 Stufenboxfilter mit geradem Flansch (Bosch)

sich der Druck in den Filtertaschen, bis schließlich das Wasser von der Schmutz- zur Reinseite gelangt und sich in dem unteren Teil des Filtergehäuses sammelt. Der Wickelfilter ist nicht mehr funktionsfähig, wenn der Wasserspiegel im Gehäuse über die Unterkante des Filtereinsatzes angestiegen ist.

Boxfilter werden so bezeichnet, weil man die Filterbox (Gehäuse mit Einsatz) mit dem Filterdeckel verschraubt. Man unterscheidet Einfach- und Stufenboxfilter. Verwendet werden hauptsächlich Einfachboxfilter.

Das *Stufenboxfilter* (Bild 4.14) besteht aus dem Filterflansch bzw. Filterdeckel mit den Kraftstoffanschlüssen, zwei Entlüftungsschrauben und den angeschraubten Filterboxen. Eine solche Filterbox besteht aus einem Blechgehäuse mit eingebautem *Wickelfiltereinsatz*. In das Gehäuse wird oben ein Deckel eingelegt und eingebördelt. Der Deckel hat in der Mitte eine Gewindebohrung. Diese dient zum Befestigen am Filterflansch und als Kraftstoffabfluß. Außerdem befinden sich in dem Deckel vier Zulaufbohrungen. Der ungefilterte Kraftsftoff gelangt über die vier Zulaufbohrungen in die Filterbox und fließt von oben nach unten durch den Wickelfiltereinsatz. Der gereinigte Kraftstoff steigt in dem Innenrohr nach oben und verläßt über die Gewindebohrung die Filterbox.

Boxfilter mit Wasserspeicher werden als Einfach- oder Stufenboxfilter (Bild 4.15) bei Dieselmotoren mit Verteilereinspritzpumpen verwendet. Da der Pumpeninnenraum mit Dieselkraftstoff gefüllt ist und dieser zur Schmierung dient, darf kein Kondenswasser aus der Anlage in den Innenraum eindringen.

Die Filterbox gibt es in zwei Ausführungen: mit durchsichtigem und mit undurchsichtigem Wasserspeicher. Im ersten Fall hat die Filterbox unten einen Abschlußdeckel, der zum Anschrauben eines Speichers aus Glas dient. Dieser wird mit einem Gewindebolzen mit der Filterbox verschraubt. Im zweiten Fall ist das Boxfiltergehäuse nach unten verlängert. Diese Ausführung wird heute als Einfachfilter bei Pkw-Dieselmotoren verwendet.

Beide Ausführungen besitzen eine Ablaßschraube mit einer zentralen Abflußbohrung, damit das ausgeschiedene Wasser abgelassen werden kann. Das Ablassen sollte nach den vom Hersteller angegebenen Intervallen erfolgen (z. B. bei jedem Ölwechsel).

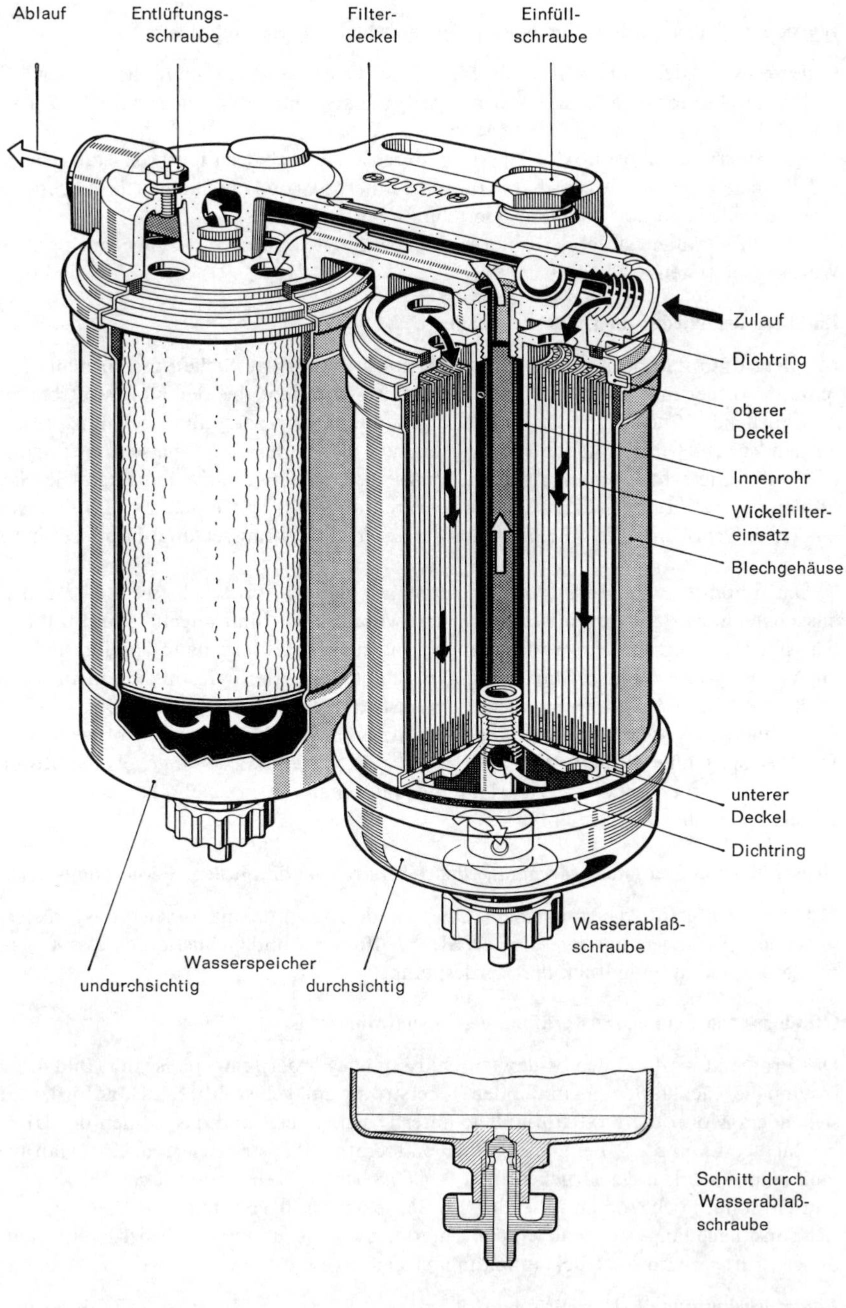

Bild 4.15 Stufenboxfilter mit Wasserspeicher und geradem Flansch (Bosch)

Wartung und Überprüfung der Niederdruckanlage des Dieselmotors

Filterwechsel Bei Filtern mit abnehmbarem Gehäuse dreht man die in der Mitte sitzende Sechskantschraube heraus, nimmt den Filtertopf nach unten weg, entleert ihn und zieht den Einsatz heraus.

Der Filterwechsel bei Boxfiltern erfolgt durch Austausch der Filterbox. Man schraubt die Filterbox mit einem Bandschlüssel ab und die neue Filterbox von Hand an, bis der Dichtring anliegt, und dreht anschließend noch um eine Viertelumdrehung weiter.

Beim Stufenfilter erfolgt der Filterwechsel der zweiten Stufe erst nach jedem zweiten oder dritten Wechsel der ersten Stufe.

Entlüften der Nieder- und Hochdruckanlage

Mit dem Entlüften beginnt man am Kraftstoffilter (höchste Stelle), indem man die Entlüftungsschraube öffnet und mit der Handförderpumpe vorpumpt, bis der Kraftstoff blasenfrei austritt. Anschließend öffnet man die Entlüftungsschraube am Saugraum der Einspritzpumpe (wenn vorhanden) und wiederholt den Vorgang, bis auch hier der Kraftstoff blasenfrei austritt. Danach sind alle Entlüftungsschrauben zu schließen. Bei Anlagen mit Saugraumspülung kann der Saugraum ohne Öffnen der Entlüftungsschraube bei Starterdrehzahl entlüftet werden. Die Luft entweicht über das Überströmventil und die Rücklaufleitung zum Tank. Voraussetzung dafür ist eine gut geladene Batterie.

Das Entlüften der Hochdruckanlage ist nur dann erforderlich, wenn die Einspritzdüsen in ausgebautem Zustand geprüft oder erneuert wurden und somit ungefüllt sind. Zum Entlüften löst man alle Überwurfmuttern der Einspritzleitungen auf der Einspritzdüsenseite, stellt das Fahrpedal auf Vollast (Regelstange in Startstellung) und läßt bei Starterdrehzahl die Einspritzpumpe fördern, bis Kraftstoff aus den gelösten Anschlüssen austritt. Danach zieht man alle Überwurfmuttern an und wiederholt den Vorgang, bis auch die Einspritzdüsen gefüllt sind und abspritzen. Bei Motoren mit Direkteinspritzung, die keine Starthilfe benötigen, startet man so lange, bis die Motoren anlaufen. Bei Motoren mit Vor- oder Wirbelkammer muß man entsprechend lange vorglühen (siehe Abschnitt 8.9.4), bevor diese anlaufen.

Überprüfen von Kraftstofförderpumpe und Überströmventil mit dem Förderpumpenprüfgerät

Mit dem Prüfgerät, das mit einem Über- und Unterdruckmanometer ausgerüstet ist, können folgende Messungen durchgeführt werden: Öffnungs- und Schließdruck des Überströmventils, Förderdruck und Saugdruck der Förderpumpe.

Öffnungs- und Schließdruckprüfung des Überströmventils

Das Prüfgerät wird mit den beiden Anschlüssen am Förderpumpenausgang (Bild 4.16) angeschlossen und die Rücklaufleitung hinter dem Überströmventil gelöst. Mit der Handförderpumpe wird bei stehendem Motor die Kraftstoffanlage unter Druck gesetzt und das Öffnen des Überströmventils beobachtet. Es muß z. B. bei *1,5 bar* öffnen und Kraftstoff austreten lassen. Hört man auf zu pumpen, muß beim Absinken des Druckes auf 1,0 bis 0,8 bar das Ventil so weit geschlossen haben, daß der Kraftstoff nur noch tropfenweise austritt. Bei spätestens 0,3 bar muß das Ventil ganz absperren, da sich sonst nach längerer Standzeit der Saugraum entleert und Startschwierigkeiten auftreten. Nach dieser Prüfung wird die Rücklaufleitung wieder angeschlossen.

Förderdruckprüfung Das Prüfgerät wird mit beiden Anschlüssen am Förderpumpenausgang (Bild 4.16) angeschlossen und die Anlage mit der Handförderpumpe entlüftet. Jetzt läßt man den Motor mit Leerlaufdrehzahl drehen und mißt den durch das Überströmventil bestimmten Vordruck in der Höhe von ungefähr *1,5 bar*. Gleichzeitig beobachtet man am Glasrohr des Geräts, ob im Kraftstoff Luftblasen enthalten sind. Ist das der Fall, kann die Dichtung am Vorreiniger oder die Saugleitung selbst undicht sein. Drückt man den Schlauch filterseitig zu, wird der maximale Förderpumpendruck angezeigt, der bei einer neuwertigen Pumpe 3,5 bis 4,5 bar beträgt. Mißt man dagegen einen Druck, der unter *2,8 bar* liegt, dann sind der Förderdruck und der Förderhub zu gering. Die Kraftstoffversorgung der Einspritzpumpe im Vollastbetrieb ist nicht mehr ausreichend gewährleistet.

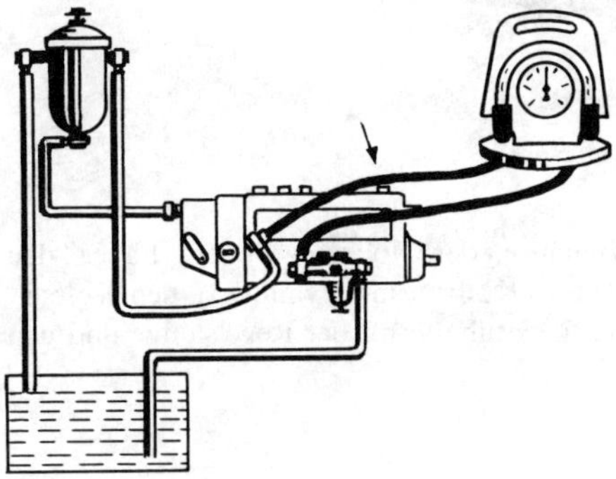

Bild 4.16 Druckmessung mit dem Förderpumpenprüfgerät (Herth & Buss)

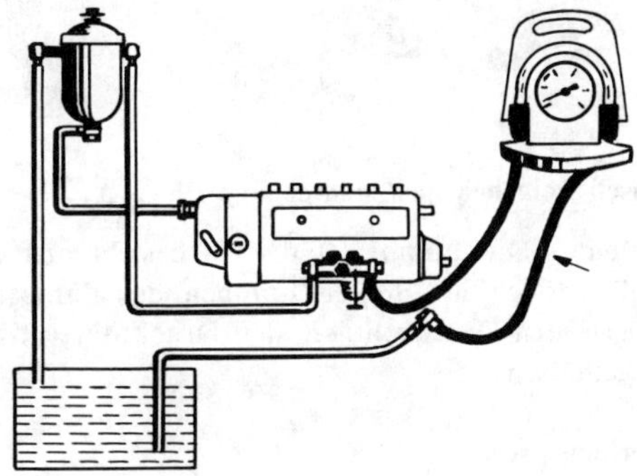

Bild 4.17 Unterdruckmessung mit dem Förderpumpenprüfgerät (Herth & Buss)

Saugdruckprüfung Das Prüfgerät wird mit den beiden Anschlüssen saugseitig an die Förderpumpe angeschlossen (Bild 4.17) und die Anlage mit der Handförderpumpe entlüftet. Danach läßt man den Motor mit Leerlaufdrehzahl drehen und mißt am Manometer den Unterdruck in der Saugleitung. Dieser muß sehr gering sein und nur der Saughöhe vom Tank zur Förderpumpe entsprechen (z. B. Saughöhe 1 m entspricht einem Unterdruck von ungefähr 0,1 bar). Bei größerem Unterdruck ist durch Verschmutzung oder Querschnittverringerung der Widerstand zu hoch. Drückt man nun saugleitungsseitig den Schlauch zu, mißt man die maximale Saugleistung der Förderpumpe. Der dabei erzeugte Unterdruck beträgt bei einer neuwertigen Pumpe 0,5 bis 0,6 bar und bei einer noch einsatzfähigen mindestens 0,2 bar. Wird der Unterdruck von 0,2 bar nicht erreicht, ist der Kolben verschlissen oder die Ventile sind undicht.

Reiheneinspritzpumpen Sie werden so bezeichnet, weil für jeden Motorzylinder eine Fördereinheit (Pumpenelement, Einspritzleitung und Einspritzdüse) vorgesehen ist und die Pumpenelemente der Reihe nach in dem Pumpengehäuse angeordnet sind. Man unterscheidet Einspritzpumpen mit Regler und *Eigenantrieb* (eigene Nockenwelle), *PE*... und *PES*... sowie Einspritzpumpen ohne eigenen Regler mit *Fremdantrieb* (der Antrieb erfolgt durch die Motornockenwelle), *PF*... und *PFR*....

Aufgabe Die Aufgabe einer Einspritzpumpe ist, den Kraftstoff in genau dosierter Menge (entsprechend der Motorbelastung) zum richtigen Zeitpunkt und mit hohem Druck in den Verbrennungsraum zu fördern.

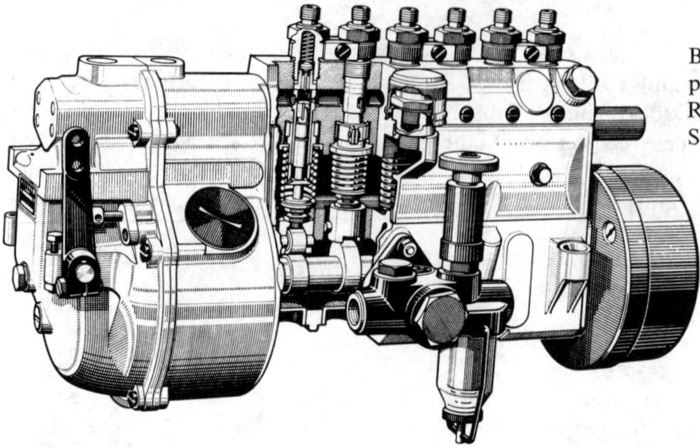

Bild 4.18 Bosch-Reiheneinspritzpumpe PE 6 A... mit angebautem RQ-Regler und automatischem Spritzversteller

Bosch-Reiheneinspritzpumpe Typ PE... A...

Aufbau Die Pumpe (Bild 4.18) besteht aus dem Gehäuse, der Nockenwelle mit Lager, den Rollenstößeln mit Stößelschrauben, den Pumpenelementen (Kolben und Zylindern), den Kolbenfedern, den Druckventilen, den Druckrohrstutzen (Druckventilhaltern), der Regelstange und den Regelhülsen.

Wirkungsweise

Der Kolbenhub vom unteren bis zum oberen Totpunkt ist unveränderlich. Im *Druckhub* wird der Kolben vom Nocken über den Rollenstößel angehoben und im *Saughub* von der Kolbenfeder zurückgedrückt.

Der Pumpenzylinder hat entweder zwei seitliche Bohrungen (Zweilochelement), dann ist die eine die Steuerbohrung und die gegenüberliegende eine zusätzliche Füllbohrung oder nur eine Bohrung (Einlochelement), dann ist diese Steuerbohrung und Füllbohrung zugleich (Bild 4.19 u. 21).

Die Kolben haben Einfräsungen. Davon ist die Längsnut die *Stoppnut* und die schräge Kante, die schraubenförmig um den Kolben verläuft, die *schräge Steuerkante* (Bild 4.20).

Bei Kolben mit untenliegender Steuerkante ist der Förderbeginn konstant, mit obenliegender Steuerkante nicht konstant (Bild 4.22). Ist zusätzlich eine kurze obenliegende Steuerkante angebracht, will man den Förderbeginn nur im Leerlauf verändern. Da bei den Reiheneinspritzpumpen der Kolbenhub unveränderlich ist, muß zum Verändern des Förderhubes bzw. der Fördermenge der Kolben mit Hilfe der Regelhülsen verdreht werden. Diese Regelhülsen haben als Führung den unteren Teil des Pumpenzylinders. Am oberen Ende der Hülsen sind Zahnsegmente aufgeklemmt, die in die Verzahnung der Regelstange eingreifen. Am unteren Ende besitzen die Regelhülsen jeweils zwei Längsschlitze, in denen die Kolbenfahnen (Mitnehmer) gleiten. Durch Verschieben der Regelstange können somit Regelhülsen und Pumpenkolben verdreht werden.

Förderung In der Kolbenstellung UT kann über die Steuer- und Füllbohrung Kraftstoff aus dem Saugraum in das Element strömen (Bild 4.19). Beim Aufwärtsgehen schließt der Kolben mit der oberen Kante, nachdem er den Vorhub zurückgelegt hat, die Bohrungen ab (*Förderbeginn*). Die Förderung hört auf, sobald die schräge Steuerkante die Steuerbohrung freigibt (*Förderende*). In diesem Augenblick steht der Hochdruckraum wieder mit dem Saugraum in Verbindung, der Kolben hat seinen Förder- bzw. Nutzhub zurückgelegt. Die Menge, die der Kolben anschließend noch verdrängt, strömt in den Saugraum zurück. Hat der Kolben OT erreicht, wird er durch die Kolbenfeder zum UT zurückgedrückt und führt den Saughub aus.

Bild 4.19 Kolbenhubphasen (Bosch)

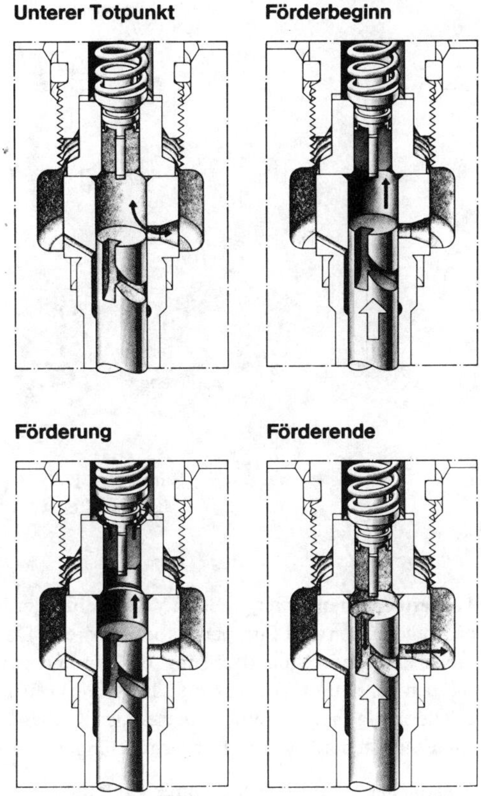

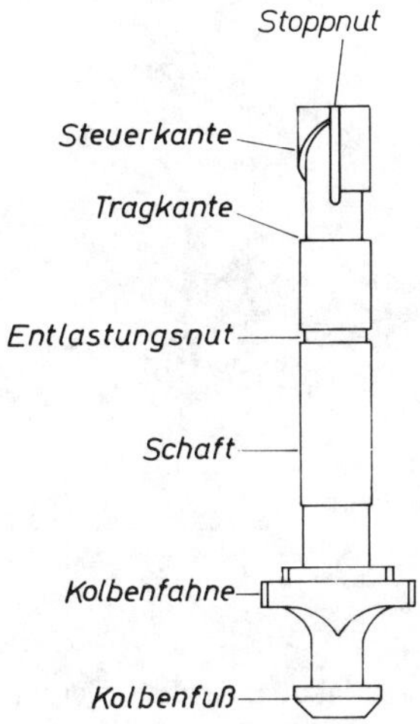

Bild 4.20 Pumpenkolben mit untenliegender Steuerkante

Bild 4.21 Bosch-Einlochelement (Kolben in verschiedenen Regelstellungen)

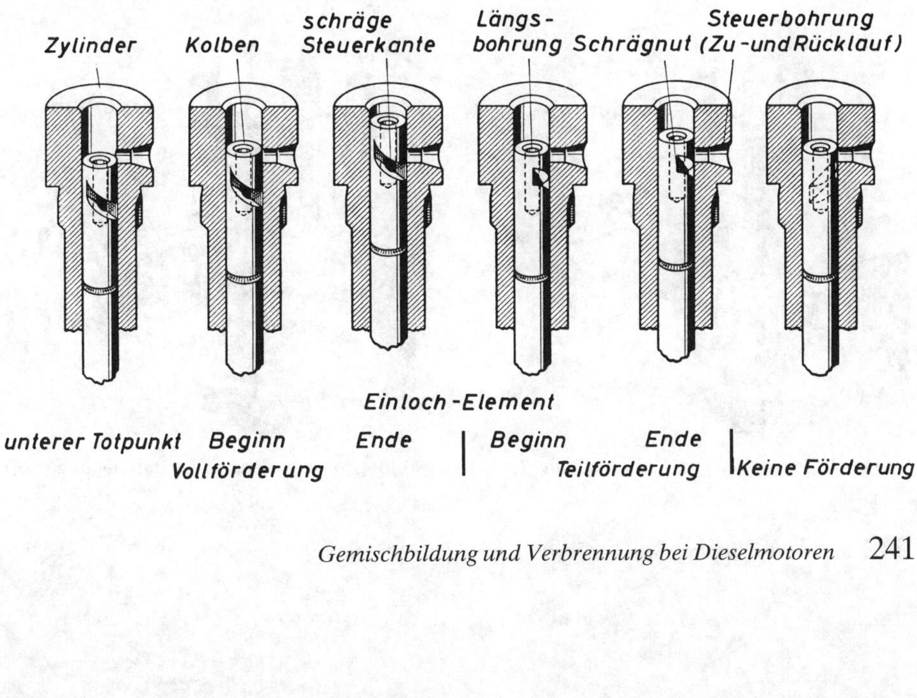

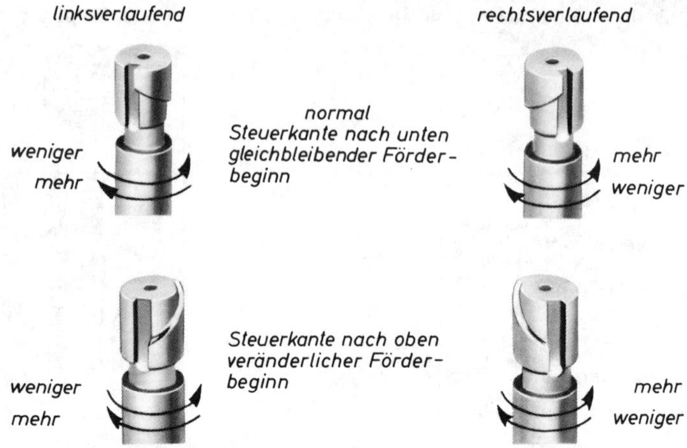

Bild 4.22 Kolben mit untenliegender und obenliegender Steuerkante (Bosch)

Fördermengenänderung Beim Verschieben der Regelstange – über Fahrpedal oder Regler – werden die Regelhülsen und Pumpenkolben verdreht. Dabei wird die Stellung der schrägen (untenliegenden) Steuerkante zur Steuerbohrung des Pumpenzylinders verändert (Bild 4.23 und 4.24). Steht der Kolben so, daß die Steuerkante die Steuerbohrung früh aufsteuert, ist der Förderhub kurz und die Fördermenge gering. Wird dagegen der Kolben so verdreht, daß die Steuerkante die Steuerbohrung später aufsteuert, ist der Förderhub länger und die Fördermenge entsprechend größer.

Startmenge Ist die Regelstange ganz durchgeschoben, steht sie in der Startstellung (Gesamtweg) (Bild 4.24). Der Kolben gibt in dieser Stellung die Steuerbohrung erst spät frei. Somit wird die größte

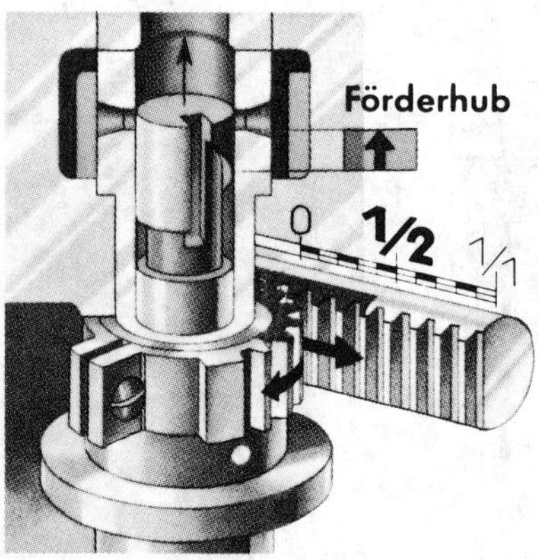

Bild 4.23 Regelstange in Vollaststellung (Bosch)

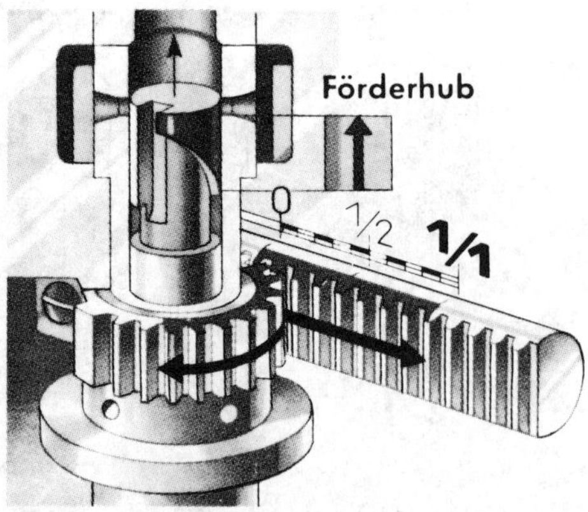

Bild 4.24 Regelstange in Startstellung (Bosch)

Menge gefördert, die der Motor als Startmenge bekommt; sie ist etwa anderthalbmal so groß wie die Vollastmenge, die bei mittlerer Regelstangenstellung abgegeben wird. Der Motor benötigt diese große Menge, weil sich beim Kaltstart viel Kraftstoff an den Brennraumwandungen absetzt, ohne zu verdampfen.

Manche Kolben haben eine sogenannte *Start-* oder *Spätspritzkante*, die in der *Startstellung* vor der Steuerbohrung steht (Bild 4.25). Durch diese Kante kommt der Förderbeginn um 5 bis 10° Kurbelwinkel später. Durch die spätere Einspritzung kann die Verdichtung des Motors beim Starten weiter vorschreiten; die Selbstzündung tritt schneller ein. Der Motor ist startfreudiger und kann beim Andrehen von Hand nicht zurückschlagen.

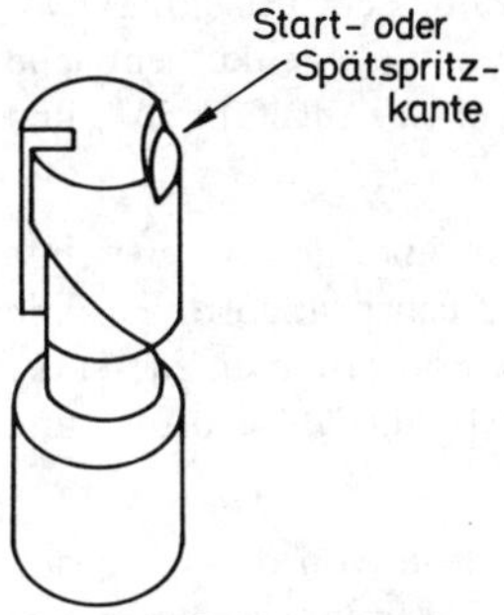

Bild 4.25 Kolben mit Start- bzw. Spätspritzkante

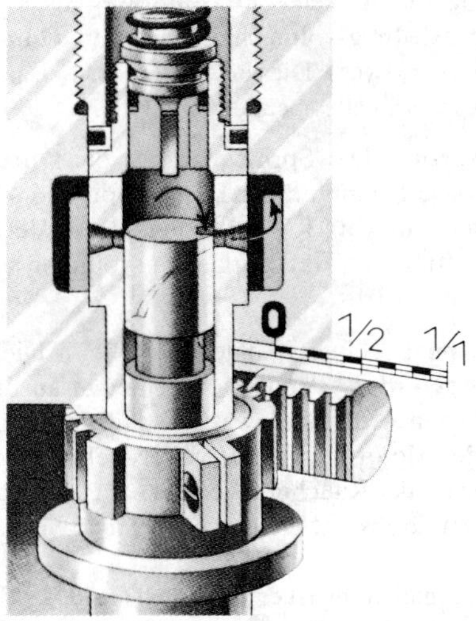

Bild 4.26 Regelstange in Stopp- bzw. Nullförderstellung (Bosch)

Nullförderung Will man die Nullförderung, so wird die Regelstange ganz zum Regler zurückgezogen. Dabei steht die *Längs-* oder *Stoppnut* des Kolbens vor der Steuerbohrung (Bild 4.26). Beim Aufwärtsgehen des Kolbens wird jetzt die Steuerbohrung nicht verschlossen, im Druckraum wird kein Druck erzeugt und damit kein Kraftstoff gefördert.

Druckventil mit Tauch- bzw. Entlastungskolben

Das Druckventil besteht aus dem Ventileinsatz und der Ventilführung (Bild 4.27). Es sitzt direkt über dem Pumpenelement. Wenn jetzt der hochkommende Kolben mit der Steuerkante die Steuerbohrung freigibt, sinkt der Druck im Pumpenelement ab. Die Ventilfeder (Bild 4.19) und der höhere

Bild 4.27 Druckventil mit Entlastungskolben

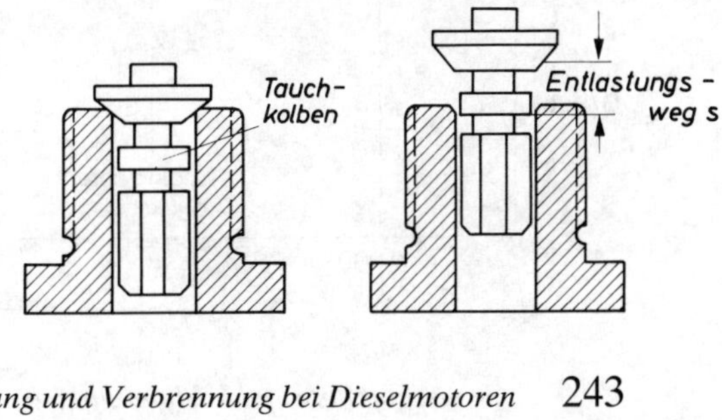

Druck in der Leitung schließen das Ventil. Dadurch wird die Leitung vom Pumpenelement getrennt und kann sich nicht entleeren.

Das Druckventil hat außerdem die Aufgabe, die Druckleitung nach der Förderung zu *entlasten*. Ohne Druckentlastung würde die Düse *nachtropfen*, weil der hohe Einspritzdruck in der Leitung die Düse zu langsam schließen lassen würde. Dabei würde Kraftstoff unzerstäubt in Tropfenform in den Brennraum gelangen und ein nagelndes Verbrennungsgeräusch entstehen lassen. Diese Aufgabe der Entlastung übernimmt der *Tauchkolben* am Ventilschaft. Er ist sehr genau (Spiel 3 bis 4 tausendstel Millimeter) in die Ventilführung eingepaßt.

Nach der Förderung gleitet der Ventileinsatz wieder in die Führung zurück. Dabei taucht zuerst der Tauchkolben ein (*Beginn der Entlastung*), der die Druckleitung vom Pumpenelement trennt. Beim weiteren Hinabsinken (Entlastungsweg) bis auf den kegeligen Ventilsitz (Ende der Entlastung) wird das Druckleitungsvolumen um das Hubvolumen des Tauchkolbens vergrößert (Tauchkolbenfläche × Entlastungsweg). Dies bewirkt in der Leitung einen schnellen Druckabfall von ungefähr 50 % und ein ebenso schnelles Schließen der Düse.

Spritzverzug Der Spritzverzug ist die Differenz in Grad Kurbelwellenwinkel (°KW) zwischen dem Förderbeginn an der Einspritzpumpe und dem Spritzbeginn an der Einspritzdüse. Er kann zwischen 3 und 10° KW betragen. Diese Verzögerung entsteht, weil bei Förderbeginn zuerst die Druckleitung um das Entlastungsvolumen aufgefüllt werden muß, bevor die Düse öffnet und Kraftstoff austritt.

Angleichung Unter Angleichung beim Dieselmotor versteht man, daß die von der Einspritzpumpe geförderte Vollastfördermenge an die vom Motor angesaugte Verbrennungsluftmenge angeglichen wird, und zwar so, daß die vom Motor angesaugte Luftmenge optimal ausgenutzt wird, der Motor aber unter voller Belastung über den ganzen Drehzahlbereich gerade rauchfrei arbeitet (in der Rauchgrenze liegt). Das ergibt bei Fahrzeugdieselmotoren einen Luftüberschuß im mittleren Drehzahlbereich von etwa 25 bis 35 und in der Nenndrehzahl (Vollastdrehzahl) 20 bis 30 %.

Die Angleichung ist erforderlich (Bild 4.28), weil der Motor etwa von der mittleren Drehzahl an je Hub weniger Luft ansaugt (Luftfüllungsgrad wird schlechter), die Einspritzpumpe dagegen bei gleichbleibender Vollaststellung der Regelstange mit zunehmender Drehzahl je Hub mehr Kraft-

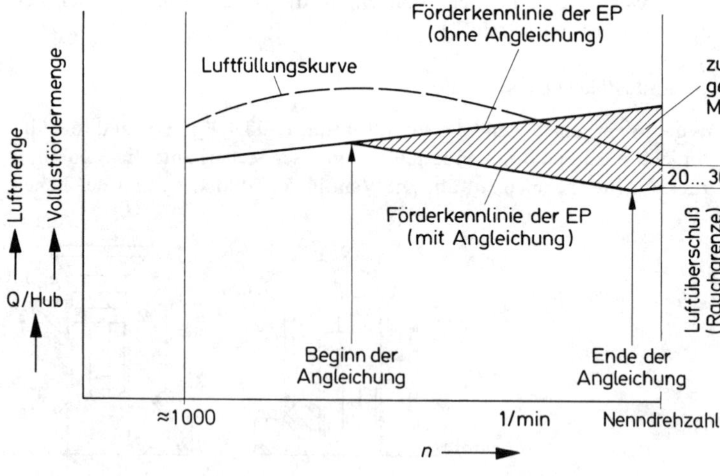

Bild 4.28 Angleichdiagramm

stoff fördert. Diese Fördermengenzunahme (ansteigende Förderkennlinie) ist dadurch zu erklären, daß einmal bei schnellerer Pumpenkolbenbewegung die Leckölmenge geringer wird und zum anderen durch die Drosselwirkung (Stau) an der Steuerbohrung vom schneller hochkommenden Pumpenkolben laufend mehr Kraftstoff abgeschnitten wird.

Die Vollastfördermenge wird durch Begrenzung des Regelstangenweges so eingestellt, daß in der mittleren Drehzahl mit der besten Luftfüllung der Motor gerade rauchfrei arbeitet. Da aber von dieser Drehzahl an die Luftfüllung des Motors schlechter wird, die Vollastfördermenge dagegen weiter zunimmt, muß mit der jeweiligen Angleichvorrichtung (siehe Regler und ladedruckabhängiger Vollastanschlag) im Regler die Regelstange etwas in Richtung Stopp zurückgezogen werden, weil sonst der Motor in den oberen Drehzahlen zuviel Kraftstoff bekommen und rauchen würde.

Ladedruckabhängiger Vollastanschlag Immer mehr Dieselmotoren werden zur Erhöhung ihrer Hubraumleistung mit Abgasturboladern ausgerüstet. Da diese aufgeladenen Motoren eine andere Luftfüllungskurve über die Drehzahl haben als die normalen Saugmotoren, müssen ihre Einspritzpumpen mit einem vom Ladedruck gesteuerten Vollastanschlag versehen sein. Seine Aufgabe besteht darin, die Vollastfördermenge, wenn sich aus niedriger Drehzahl der Ladedruck ständig erhöht (maximal 0,6 bis 1,5 bar) so zu vergrößern, daß der Motor über den ganzen Drehzahlbereich gerade rauchfrei arbeitet.

Der ladedruckabhängige Vollastanschlag (Bild 4.29) hat ein gegossenes Gehäuse, in dem oben eine Membran eingesetzt ist. Die obere Membrankammer ist über eine Druckleitung mit dem Ansaugrohr des Motors verbunden. Die Membran wird durch eine Feder gegen den Membrangehäusedeckel gedrückt. Da sich diese Feder unten an einer Führungsbuchse abstützt, kann durch Verdrehen der Führungsbuchse ihre Vorspannung verändert werden, wodurch sich der Ansprechbeginn des ladedruckabhängigen Vollastanschlags auf verschiedene Ladedruckwerte einstellen läßt. Die Membran ist über Gestänge mit dem Winkelstück beweglich verbunden. Der Drehpunkt des Winkelstücks ist die im Gehäuse dreh- und verschiebbar eingesetzte Welle. Am unteren Schenkel des Winkelstücks ist eine Anschlagschraube eingeschraubt; sie ist durch eine Gegenmutter gesichert, mit der auch gleichzeitig eine Blattfeder am Winkelstück befestigt ist. Die Vollast-Anschlagschraube ist in das Gehäuse eingesetzt und der Anschlagbolzen auf das Ende der Regelstange in eine Gewindebohrung geschraubt.

Wirkungsweise

Vollast niedrige Drehzahl Läuft der Motor mit Vollast im unteren Drehzahlbereich ohne bzw. mit geringem Ladedruck (Luftfüllung geringer), liegt die Membran durch die Feder oben am Gehäusedeckel an. Durch das Winkelstück ist die Regelstange etwas in Richtung Stopp zurückgedrückt (Bild 4.29a). Die Vollastfördermenge ist dadurch der geringeren Luftfüllung angepaßt.

Vollast höhere Drehzahl Steigt jetzt die Drehzahl und mit ihr der Ladedruck, wird die Membran mit dem Gestänge entgegen den Federdruck nach unten gedrückt. Das Winkelstück ändert seine Lage, so daß die Anschlagschraube am Vollastanschlag anliegt (Bild 4.29b). Die Regelstange kann dieser Bewegung folgen, und der Motor bekommt auf die bessere Luftfüllung hin auch eine größere Vollastfördermenge eingestellt.

Startmengenbetätigung Vor dem Starten muß das Fahrpedal bzw. der Verstellhebel am Regler auf Vollast eingestellt werden. In dieser Stellung liegt der in die Regelstange eingeschraubte Anschlagbolzen am Vollastanschlag (Winkelstück) ohne Ladedruck an (Bild 4.29a und 4.30a). Wird nun die Welle über Bowdenzug oder Hubmagnet um etwa 10 mm aus dem Gehäuse herausgezogen,

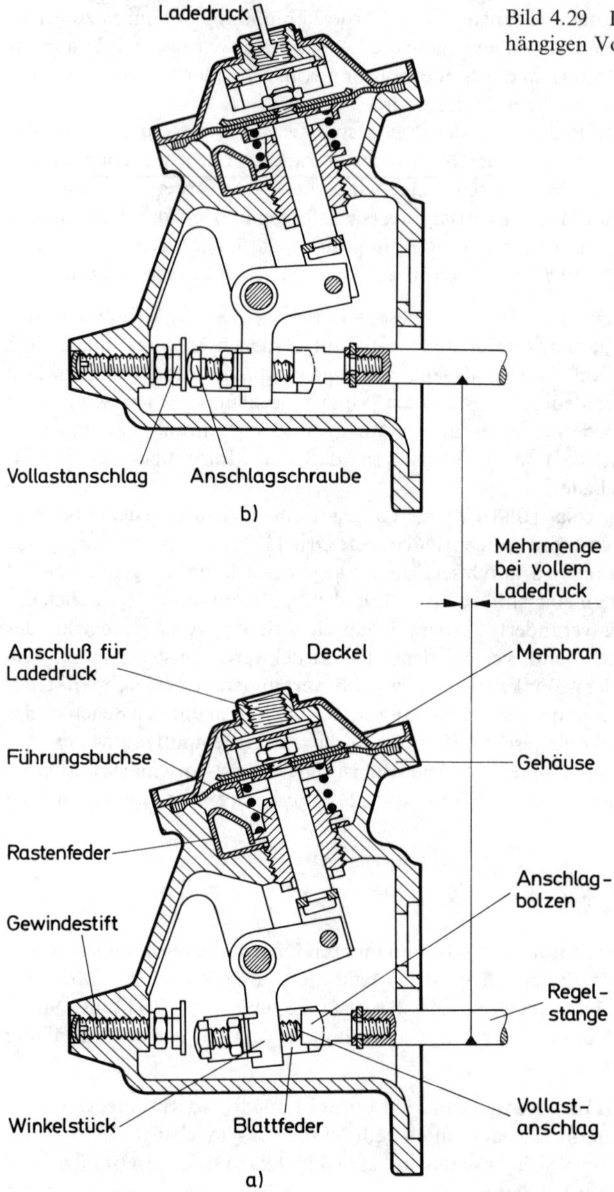

Bild 4.29 Längsschnitt durch ladedruckabhängigen Vollastanschlag (Bosch)

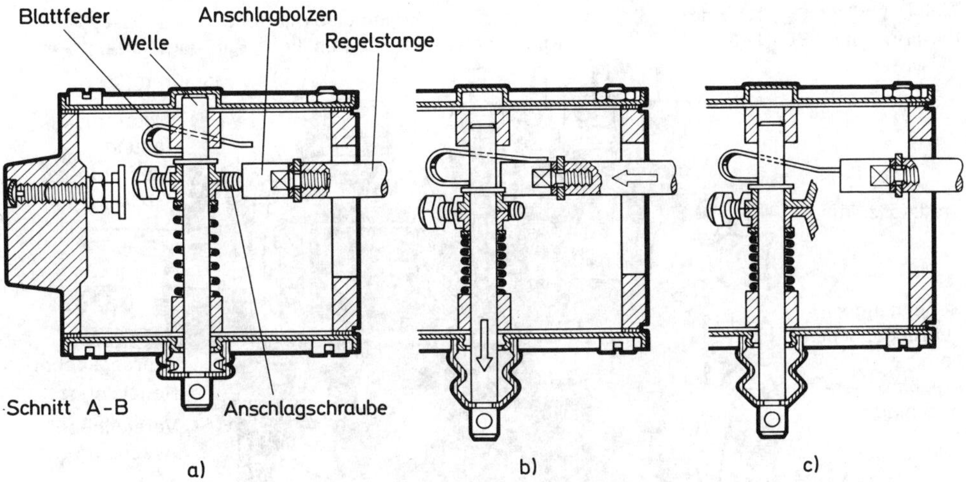

Bild 4.30 Querschnitt durch ladedruckabhängigen Vollastanschlag (Bosch)

dann machen das Winkelstück und die Anschlagschraube diese Bewegung mit, und der Weg für die Regelstange in Startstellung ist frei (Bild 4.30b).

Wird während der Fahrt bei Vollaststellung des Fahrpedals der Bowdenzug betätigt oder sogar festgeklemmt, wird die Regelstange nur so lange in Startstellung bleiben, bis das erstemal in einen anderen Gang umgeschaltet wird. Da die Regelstange dabei kurz in die Stoppstellung kommt, schiebt sich die Blattfeder in die Bahn der Regelstange, so daß diese nicht wieder in ihre ursprüngliche Vollaststellung gelangen kann (Bild 4.30c).

Bosch-Reiheneinspritzpumpe Typ PES ... M ..

Die Pumpe PES/M ist in ihren Abmessungen die kleinste in der Bauart PE mit eigener Nockenwelle (Bild 4.31). Der *wesentliche Unterschied* im Vergleich mit der herkömmlichen Einspritzpumpe besteht in der *Regelung der Fördermenge.* Die Regelhülsen dieser Pumpe besitzen keine Verzahnung, sondern Hebel, die in kleine Klemmstücke mit Nut eingreifen. Diese Klemmstücke befinden sich auf der Regelstange aus Rundstahl und können durch Verschieben für die Einzeleinstellung (Gleichförderung) in ihrer Stellung verändert werden.

Die Rollenstößel besitzen keine Stößelschrauben. Bei der Förderbeginneinstellung (auf dem Pumpenprüfstand) wird diese durch Rollen mit verschiedenen Durchmessern verändert.

Bosch-Reiheneinspritzpumpe Typ PE ... P ..

Die Einspritzpumpe PE/P ist ein neuer Pumpentyp, der mehrere verschiedene Pumpengrößen ersetzt (Bild 4.32). Die Pumpe unterscheidet sich äußerlich und im Aufbau von den herkömmlichen PE-Pumpen. Die Wirkungsweise ist jedoch grundsätzlich gleich.

Jedes Pumpenelement mit Druckventil und Druckrohranschlußstutzen wird von einer Flanschbuchse aufgenommen, die von oben in das Pumpengehäuse eingesetzt ist und von zwei Stehbolzen gehalten wird. Die Verdrehung der Pumpenkolben zur Veränderung der Fördermenge (Nutzhubänderung) erfolgt nicht wie bisher mit einer verzahnten Regelstange und Regelhülse mit Zahnsegment,

Bild 4.31 Schnitt durch eine Einspritzpumpe PES 4 M... (Bosch)

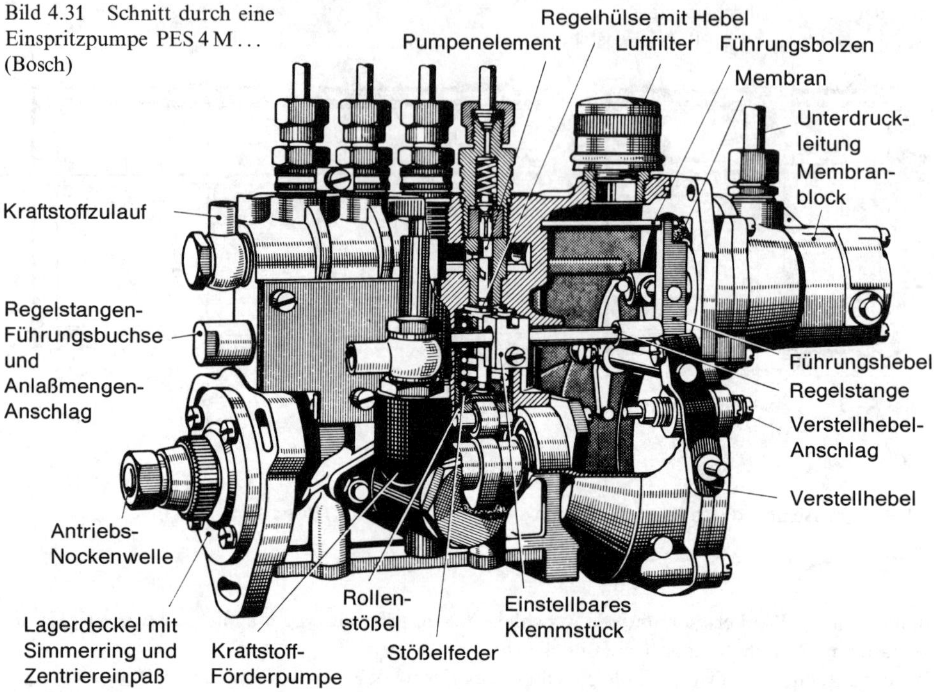

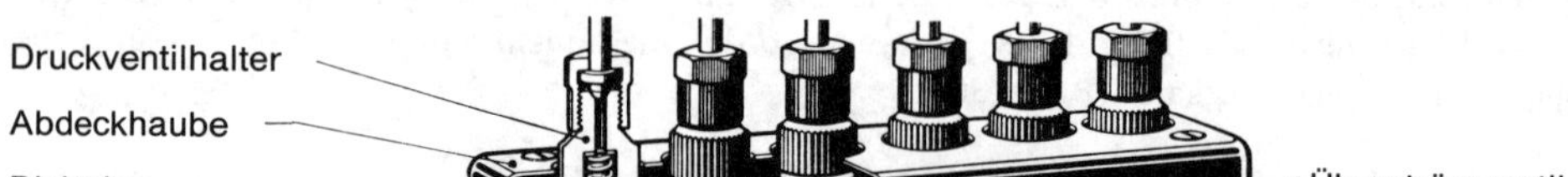

Bild 4.32 Reiheneinspritzpumpe PE 6 P... (Bosch)

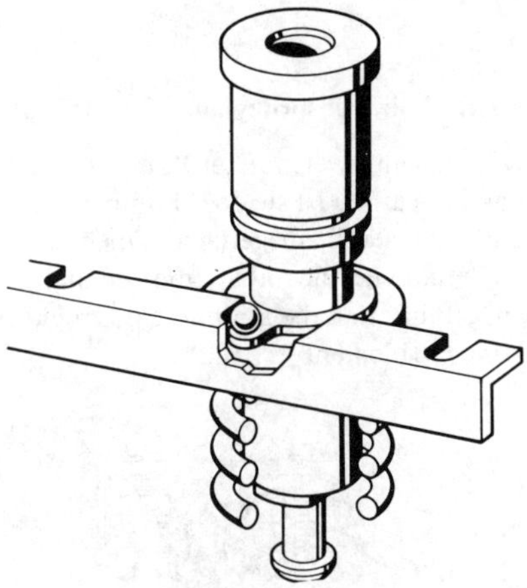

Bild 4.33 Element mit Regelhülse der Reiheneinspritzpumpe PE ... P .. (Bosch)

sondern über eine Regelstange aus Winkelprofil mit Schlitzen. In diese Schlitze greifen Kugelzapfen ein (Bild 4.33), die auf kleinen Hebeln der Regelhülsen befestigt sind. Da das Pumpengehäuse kein seitliches Einstellfenster besitzt, müssen alle Einstellarbeiten von oben durchgeführt werden. Der Förderbeginn und der Vorhub werden – bei Arbeiten am Pumpenprüfstand – durch Auswechseln der Scheiben (mit unterschiedlicher Stärke) unter die Flanschbuchsen verändert (Bild 4.34). Die Einstellung der Gleichförderung (Einzeleinstellung) wir nicht durch Verdrehung der Pumpenkolben, sondern durch Verdrehung der Flanschbuchsen in Langlöcher und somit der Pumpenzylinder durchgeführt.

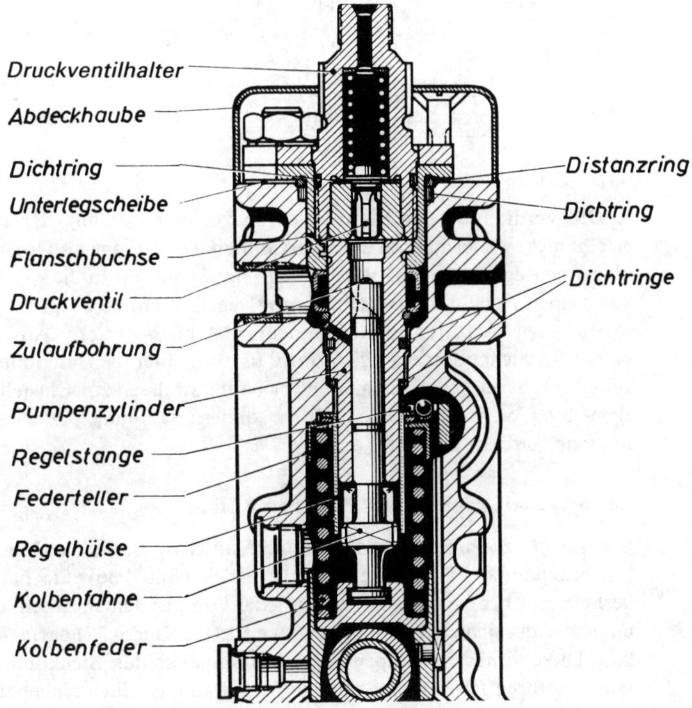

Bild 4.34 Schnitt durch eine Reiheneinspritzpumpe PE 6 P ... (Bosch)

Bosch-Reiheneinspritzpumpe Typ PE(S)... MW..

Die Wirkungsweise dieser Pumpe (Bild 4.35) ist gleich den herkömmlichen Ausführungen. Äußerlich und im Aufbau ist sie dem Pumpentyp PE... P.. ähnlich, d.h., das Gehäuse ist seitlich geschlossen und sehr stabil ausgeführt. Oben in das Gehäuse sind die Elemente eingesetzt. Diese besitzen Halteflansche, die mit Stehbolzen im Gehäuse gehalten werden. Die Elemente sind im oberen Teil so ausgeführt, daß die kompletten Druckventile mit Druckrohranschlußstutzen aufgenommen werden können (Elementverband).

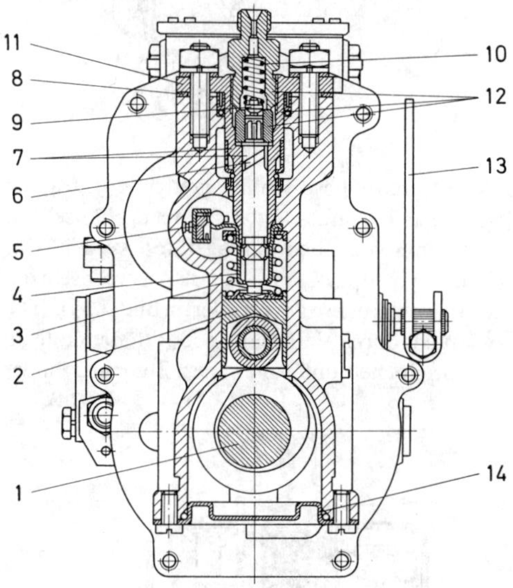

Bild 4.35 Schnitt durch die Bosch-Reiheneinspritzpumpe Typ PES... MW.. (Bosch)
1 Nockenwelle
2 Rollenstößel
3 Druckfeder
4 Regelhülse
5 Regelstange
6 Steuerkante
7 Element
8 Justierplatte
9 Druckventil
10 Druckventilfeder
11 Halteflansch
12 Elementverband
13 Verstellhebel
14 Verschlußdeckel

Die Verdrehung der Pumpenkolben zur Veränderung der Fördermenge (Nutzhubänderung) erfolgt nicht wie bisher mit einer verzahnten Regelstange und Regelhülse mit Zahnsegment, sondern über eine Regelstange aus Winkelprofil mit Schlitzen. In diese Schlitze greifen Kugelzapfen ein, die auf kleinen Hebeln der Regelbuchsen (Regelhülsen) befestigt sind. Der Förderbeginn und Vorhub wird – bei Arbeiten am Pumpenprüfstand – durch Auswechseln der Justierplatten mit unterschiedlicher Stärke (Abstufung 0,05 mm) unter die Halteflansche verändert. Weil das Pumpengehäuse kein seitliches Einstellfenster besitzt, müssen zur Einstellung der Gleichförderung (Einzeleinstellung) nicht die Pumpenkolben, sondern die Pumpenzylinder in den Langlöchern ihrer Halteflansche verdreht werden.

Bosch-Einspritzpumpen Typ PF.. und PFR..

Die Einspritzpumpe Typ PF.. (Fremdantrieb) ist im Aufbau und in der Wirkungsweise der Einspritzpumpe PE.. (Eigenantrieb) gleich (Bild 4.36). Sie hat nur keine eigene Nockenwelle; deshalb muß der Motorhersteller für jedes Pumpenelement einen Antrieb vorsehen. Die Pumpe PF.. unterscheidet sich noch von der Pumpe PFR.. (Bild 4.37) darin, daß die letztere einen Rollenstößel hat. Diese Einspritzpumpentypen werden auch als Steckpumpen bezeichnet und bei kleinen Dieselmotoren für Boote, Schlepper und Baumaschinen eingebaut.

Bild 4.36 Bosch-Einspritzpumpe Typ PF .. im Schnitt

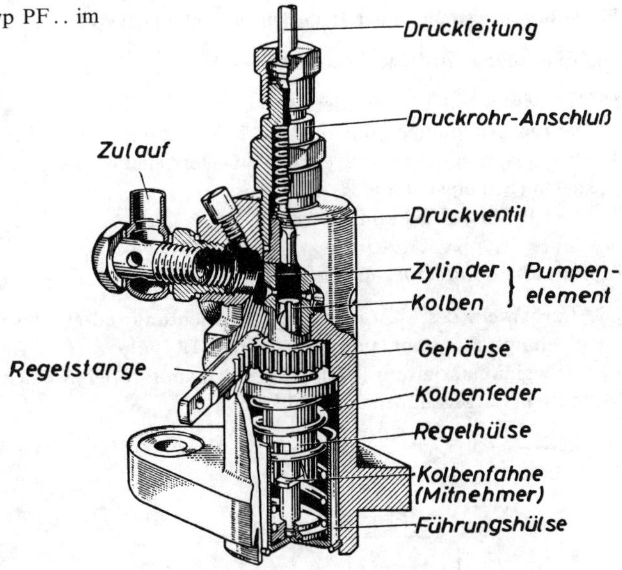

Bild 4.37 Bosch-Einspritzpumpe Typ PFR ..

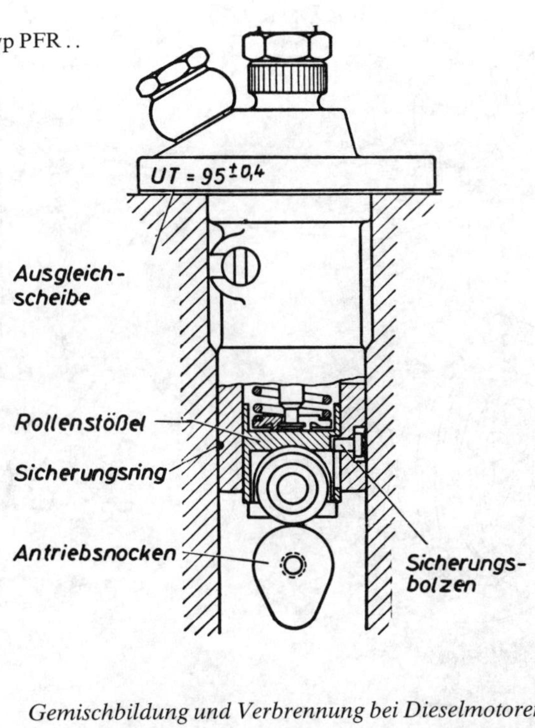

Förderbeginneinstellung der Reiheneinspritzpumpe Typ PE.. zum Motor

Die Einstellung wird wie folgt durchgeführt:

1. Den Motor auf FB-Markierung stellen.
2. Die Einspritzpumpe *grob* auf FB-Markierung stellen und in den Motor einsetzen.
3. Die Einspritzpumpe nach einer vom Hersteller verlangten Methode *genau* auf Förderbeginn stellen (Feineinstellung).
4. Die FB-Einstellung kontrollieren.

Motor auf die Förderbeginnmarkierung stellen

Die Kurbelwelle des Motors wird in Drehrichtung gedreht, bis der Kolben des ersten Zylinders im Verdichtungstakt steht und sich dem OT nähert. Es wird nur so weit gedreht, bis die Förderbeginnmarkierung (FB) an der Schwung- oder Riemenscheibe der Gegenmarkierung am Motorgehäuse gegenübersteht (Bild 4.38).

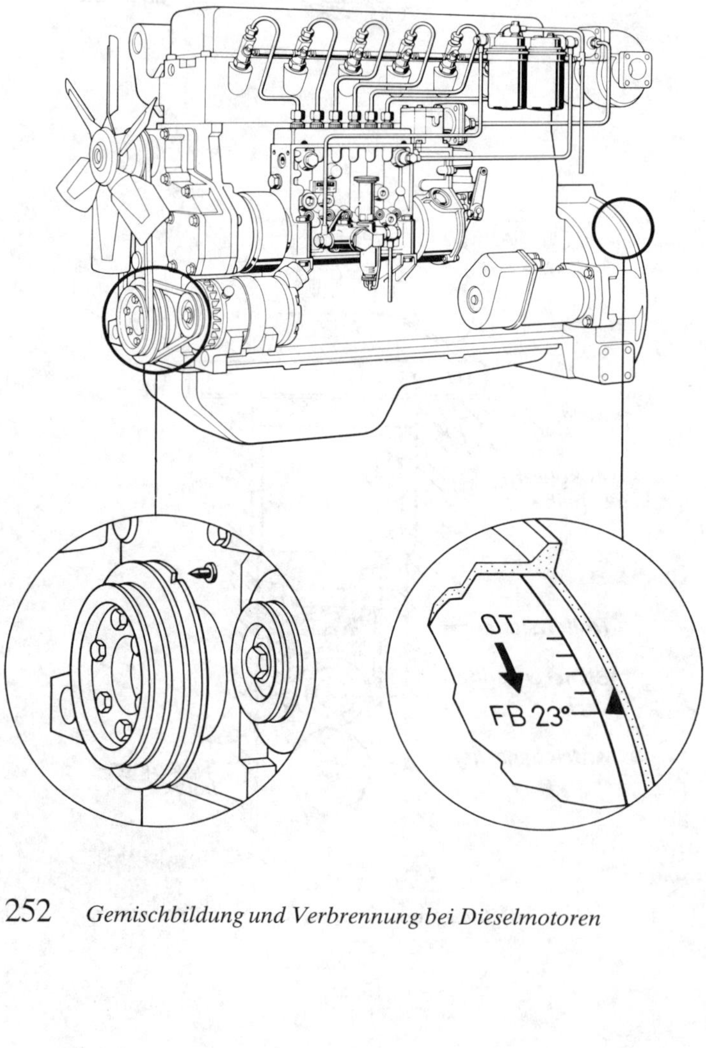

Bild 4.38 Förderbeginnmarkierungen am Dieselmotor (Bosch)

Bild 4.39 Förderbeginnmarkierung am Spritzversteller

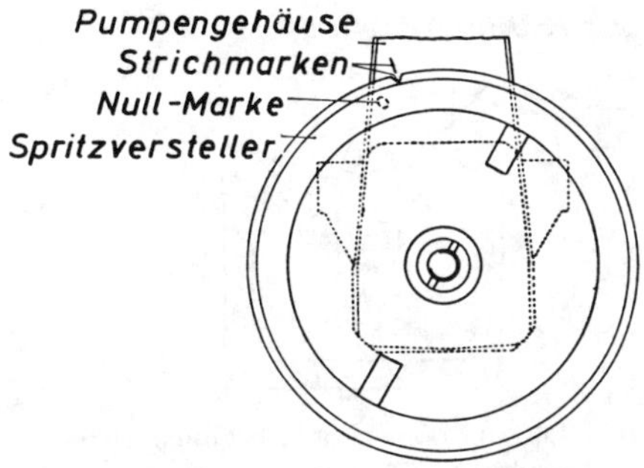

Einspritzpumpe grob auf Förderbeginn stellen und in den Motor einsetzen

In den meisten Fällen sind die Einspritzpumpen mit einer Förderbeginnmarkierung versehen, die entweder am Spritzversteller (Bild 4.39) oder an der Schwungmasse (Bild 4.40) angebracht ist.

Um die Einspritzpumpe in der Förderbeginnstellung des ersten Elements in den Motor einsetzen zu können, muß die Pumpennockenwelle in Drehrichtung gedreht werden (Drehrichtungsbuchstabe auf dem Typenschild, L = Linkslauf, R = Rechtslauf), bis sich die Strichmarkierung an dem Spritzversteller oder der Schwungmasse mit der Gehäusemarkierung deckt. In dieser Stellung wird die Einspritzpumpe in den Motor eingesetzt und befestigt.

Haben Einspritzpumpen keine Markierungen, aber ein seitliches Einstellfenster und Rollenstößel mit Stößelschrauben, kann an einer bestimmten Rollenstößelstellung der Förderbeginn erkannt werden. Dazu muß die Nockenwelle in Drehrichtung der Pumpe gedreht werden, bis der von UT

Bild 4.40 Förderbeginnmarkierung an der Einspritzpumpe (MB)

1 Gehäusemarkierung
2 Schwungmasse
3 Pumpenkupplung
4 Gradskala

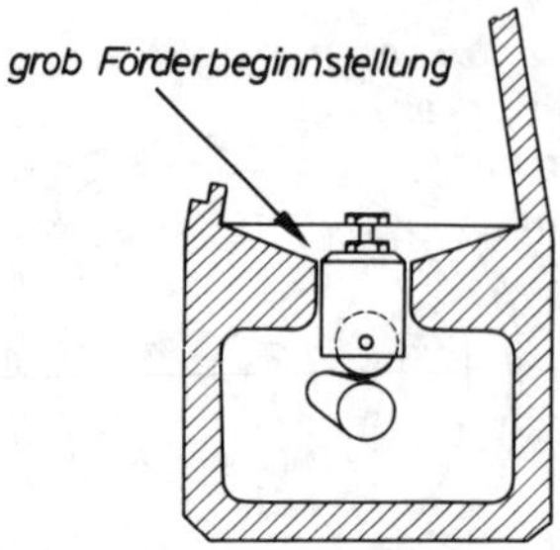

Bild 4.41 Grobe Förderbeginneinstellung am Rollenstößel (PE-Pumpe)

Bild 4.42 Stellung der Nockenwelle mit Ritzel zum Pumpengehäuse (MB)

hochkommende Rollenstößel mit seiner oberen Kante an der tiefsten Gehäusekante der Stößelführung abschließt (Bild 4.41). Der Pumpenkolben hat dann den Vorhub zurückgelegt und steht auf grob Förderbeginn.

Bei den Mercedes-Benz-Motoren 200 D, 240 D und 300 D kann man die Einspritzpumpe Typ PES.. nicht auf die übliche Weise in den Motor einsetzen, weil die Nockenwelle dabei um zwei Zähne des Antriebsritzels zurückspringt. Bei dem Ritzel mit 72 Zähnen bedeutet das ein Zurückspringen um 10° (gleich 20° KW). Eine Einstellung wäre nicht möglich, weil der Schwenkbereich in den Langlöchern des Stirnflansches nicht ausreicht.

Um die Einspritzpumpe in den Motor einsetzen zu können, muß man diese 20° KW berücksichtigen und die Kurbelwelle nur so weit drehen, daß der Motorkolben nicht auf der FB-Markierung (z.B. 26° vor OT), sondern auf 46° vor OT steht.

Die Nockenwelle der Einspritzpumpe dreht man nur so weit, daß die Markierung nicht am Ritzel (Bild 4.42), sondern zwei Zähne davor stehenbleibt (Pumpenkolben im UT). In dieser Stellung setzt man die Pumpe in den Motor, dreht danach die Kurbelwelle in Drehrichtung weiter, bis sich die FB-Markierung (z.B. 26° vor OT) mit der Motorgehäusemarkierung deckt.

Die Einspritzpumpe genau auf Förderbeginn stellen (Feineinstellung)

Die Bosch-Reiheneinspritzpumpe wird nach zwei Methoden eingestellt: nach der *Überlauf-Hochdruckmethode* (damit das Druckventil nicht ausgebaut werden muß) und in Ausnahmefällen nach der *Kapillarrohrmethode.*

Überlauf-Hochdruckmethode mit Hochdruck-Handförderpumpe

Bei dieser Methode schließt man die Hochdruck-Handförderpumpe (Bild 4.43) oder eine Elektro-Hochdruckpumpe zwischen Kraftstoffilter und Saugraum der Einspritzpumpe an. Der Anschluß für das Überströmventil mit Rücklaufleitung wird für die Zeit der Einstellung mit einem Blindstopfen verschlossen. Bei dem ersten Element (pumpenantriebsseitig) wird ohne Ausbau des Druckventileinsatzes das Überlaufrohr (Bild 4.44) angeschlossen. Die übrigen Druckrohrstutzen werden durch die Einspritzleitungen oder durch besondere Sicherheitsventile (Öffnungsdruck etwa 35 bar) verschlossen. Die Regelstange stellt man auf Vollast (halber Regelstangenweg). Durch Betätigen der Hochdruck-Handförderpumpe füllt man zuerst den Saugraum, entlüftet ihn und baut dann einen Druck auf, der hoch genug ist, den eingebauten Druckventileinsatz zum Öffnen zu bringen. Bei

Bild 4.43 Hochdruck-Handförderpumpe zur Förderbeginneinstellung (Bosch)

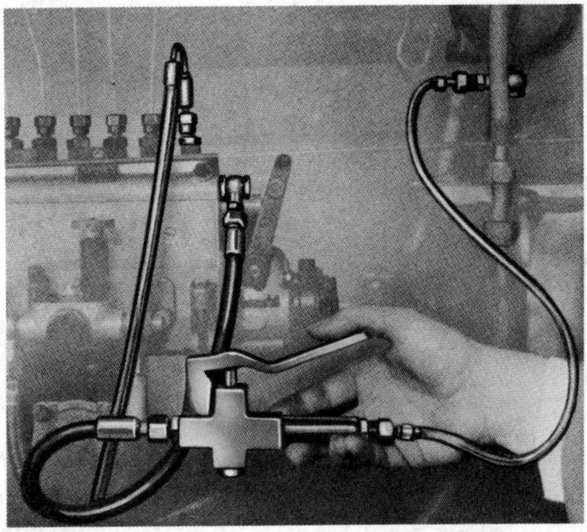

Bild 4.44 Tropfbild am Überlaufrohr bei der Förderbeginneinstellung (Bosch)

gleichmäßigem Pumpen strömt der Kraftstoff durch Saugraum, Steuerbohrung in den Zylinder und tritt als Strahl aus dem Überlaufrohr aus.

Dreht man jetzt die Nockenwelle in oder schwenkt das Stirnflanschpumpengehäuse gegen die Pumpendrehrichtung, wird der Pumpenkolben angehoben und verschließt die Steuerbohrung. Der Pumpenkolben hat dabei die genaue Förderbeginnstellung eingenommen, wenn es am Überlaufrohr aufhört zu fließen und zum Tropfen übergeht (Bild 4.44).

Kontrolle der Förderbeginneinstellung Die Kontrolle wird durchgeführt, indem man die Kurbelwelle des Motors zuerst etwas zurück- und anschließend in Drehrichtung vordreht, bis es am Überlaufrohr vom Fließen zum Tropfen übergeht. Dabei müssen die Markierungen am Motor übereinstimmen.

Kapillarrohrmethode Nach der Grobeinstellung (siehe Überlaufmethode) werden die Kraftstoffzulauf- und die Rücklaufleitung mit Überströmventil angeschlossen und der Saugraum gut entlüftet. Auf den Druckrohrstutzen des ersten Elements (antriebsseitig) wird ohne Ausbau des Druckventileinsatzes das Kapillarrohr (Glasrohr mit lichter Weite von 0,7 bis 1,0 mm) aufgeschraubt. Die Regelstange kommt in die Vollaststellung (halber Regelstangengesamtweg). Dann muß dafür gesorgt werden, daß die Kraftstoffsäule sichtbar in dem Kapillarrohr steht. Dreht man jetzt die Nockenwelle in oder schwenkt das Stirnflanschpumpengehäuse entgegen die Drehrichtung, wird durch den hochkommenden Pumpenkolben, nachdem er die Steuerbohrung im Zylinder verschlossen hat und der Gegendruck des Druckventils überwunden ist, die Kraftstoffsäule im Kapillarrohr angehoben. Stellt man die erste Aufwärtsbewegung der Kraftstoffsäule fest, steht die Einspritzpumpe auf Förderbeginn.

Kontrolle der Förderbeginneinstellung Die Kontrolle wird durchgeführt, indem man die Kurbelwelle des Motors zuerst etwas zurück- und anschließend in Drehrichtung vordreht, bis die Kraftstoffsäule in dem Kapillarrohr gerade zu steigen beginnt. Dabei müssen die Markierungen am Motor übereinstimmen.

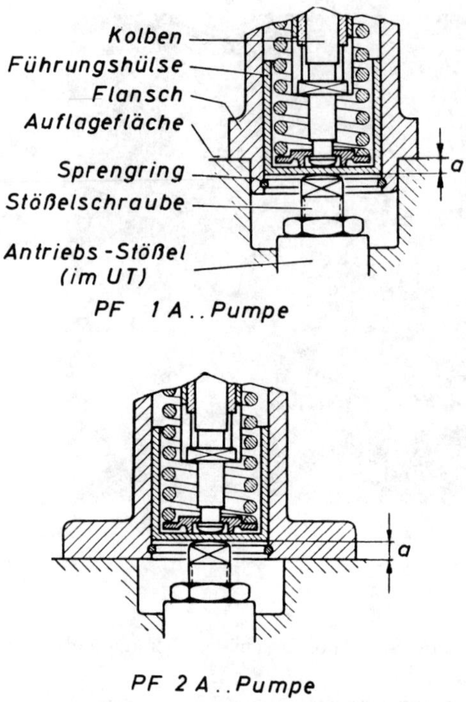

Bild 4.45 Förderbeginneinstellung der PF-Einspritzpumpe (Bosch)

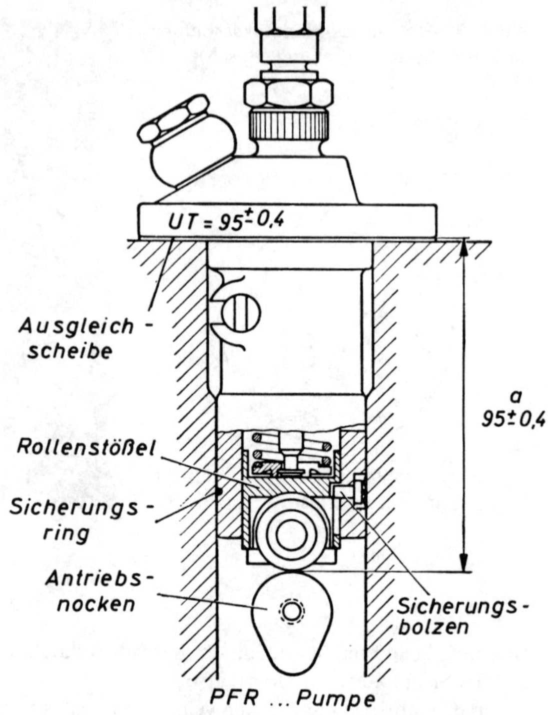

Bild 4.46 Förderbeginneinstellung der PFR-Einspritzpumpe (Bosch)

Förderbeginneinstellung von PF- und PFR-Einspritzpumpen zum Motor

Einstellen der PF-Einspritzpumpe Man muß den Motor mit dieser Pumpe bei der Förderbeginneinstellung so stehen haben, daß der Rollenstößel (motorseitig) auf dem Grundkreis des Pumpenantriebnockens, also auf UT steht. Dazu stellt man den Kolben des einzustellenden Motorzylinders so, daß die Ventile überschneiden. Diese UT-Stellung des Rollenstößels muß beachtet werden, da das auf dem Befestigungsflansch oder Typenschild angegebene *Einstellmaß a* (Bild 4.45) von der Stößelschraube (Rollenstößel in UT-Stellung) bis zur Flanschauflagefläche am Motor gemessen wird. Ist kein Maß am Pumpengehäuse angegeben, gelten die Einstelldaten des Motorenherstellers.

Beträgt das *Einbaumaß a* von UT z. B. 3,2 ± 0,4 mm, wird dieser Abstand mit einer Tiefenlehre oder mit einer Meßbrücke mit Meßuhr gemessen. Die angegebene Toleranz darf auf keinen Fall überschritten werden. Stimmt das Meßergebnis nicht mit dem Einbaumaß überein, verändert man die Stellung der Stößelschraube.

Zur Kontrolle kann man, wenn der Förderbeginn am Motor angezeichnet oder dieser in Winkelgraden bekannt ist, das Kapillarrohr benutzen.

Einstellen der PFR-Einspritzpumpe Die Vorbereitung des Motors zur Einstellung des Förderbeginns und die Art und Weise, das Einbaumaß zu messen, werden genau wie bei der PF-Pumpe durchgeführt. Jedoch ist das *Einbaumaß a* größer (ab UT 95 ± 0,4 mm) (Bild 4.46), und außerdem wird das Maß nicht durch eine Stößelschraube, sondern durch Beilegen oder Wegnehmen von Ausgleichscheiben zwischen Befestigungsflansch und Auflagefläche am Motor verändert.

4.3.2 Einspritzanlage mit Bosch-Verteilereinspritzpumpe

Die in die Verteilereinspritzpumpe eingebaute Förderpumpe (Bild 4.47) – es ist eine Flügelzellenpumpe – saugt den Kraftstoff aus dem Tank über das Kraftstoff-Feinfilter an und fördert ihn in den Pumpeninnenraum.

Der Druck, der von der Flügelzellenpumpe erzeugt wird, ist abhängig von der Drehzahl. Er beträgt bei Leerlaufdrehzahl 1,5 bis 2,0 bar und bei hoher Drehzahl 7 bis 8 bar. Die Regelung dieses Druckes wird vom Drucksteuerventil übernommen, das den überschüssigen Kraftstoff zur Saugseite zurückfließen läßt.

Der Förderpumpendruck, der mit der Drehzahl ansteigt, wirkt auch gleichzeitig auf den federbelasteten Kolben des automatischen Spritzverstellers.

Der in den Pumpeninnenraum gelangte Kraftstoff fließt beim Füllvorgang über einen Kanal in den Hochdruckraum (Element) bzw. zur Kühlung der Pumpe über eine Überströmdrossel (Durchmesser der Bohrung 0,6 mm) zum Tank zurück. Diese Überströmdrossel dient außerdem als ständige Entlüftung des Pumpeninnenraums.

Kraftstoffilter Verwendet werden grundsätzlich *Boxfilter mit Wasserspeicher* (Bild 4.47, siehe auch Bild 4.15). Die Filterbox ist nach unten verlängert, um das Kondenswasser aus dem Kraftstofftank aufzunehmen, das auf keinen Fall in das Verteilerpumpengehäuse gelangen darf. In gewissen Abständen (z.B. bei jedem Motorölwechsel) kann über eine Ablaßschraube das Kondenswasser abgelassen werden.

Bosch-Verteilereinspritzpumpe EP/VE... F..

Die Bosch-Verteilereinspritzpumpe (Bild 4.47) unterscheidet sich im Aufbau und in der Arbeitsweise grundsätzlich von den Bosch-Reiheneinspritzpumpen. Während bei den Reihenpumpen für jeden Motorzylinder ein Pumpenelement (Zylinder und Kolben) vorhanden ist, hat die Verteilereinspritzpumpe nur einen einzigen Pumpenkolben und Pumpenzylinder.

Der von der Verteilereinspritzpumpe geförderte Kraftstoff wird von dem zugleich als Verteiler ausgebildeten Kolben auf die einzelnen Druckauslässe im Verteilerkörper verteilt. Alle zusätzlichen Aggregate, die bei der Reiheneinspritzpumpe außen angebracht werden, wie Förderpumpe, Regler, automatischer Spritzversteller, sind bei der Verteilerpumpe eingebaut.

Wirkungsweise

Der Pumpen- oder Verteilerkolben wird von einer Hubscheibe (Bild 4.47) betätigt, die so viele wirksame Nockenerhebungen hat wie der Motor Zylinder. Die Hubscheibe wird von der Antriebswelle über ein Mitnehmerkreuz angetrieben. Ihre Nockenbahn rollt auf radial angeordneten Rollen, die in dem drehbaren, aber nicht umlaufenden Rollenring gelagert sind, ab. Die Hubscheibe hat eine zentrische Aussparung mit einem Mitnehmerstift als Aufnahme für den Verteilerkolbenfuß. Der Kolben mit der Hubscheibe wird durch zwei Kolbenfedern (im Bild nur eine Feder dargestellt) in Richtung UT gegen den Rollenring gedrückt. Dreht sich die Antriebswelle, so dreht sich auch die Hubscheibe mit. Diese macht also *Dreh-Hubbewegungen*, die zwangsläufig auf den Verteilerkolben übertragen werden.

Förderung Der Verteilerkolben besitzt vorne, der Motorzylinderzahl entsprechend, axiale Einlaßsteuerschlitze, im Bereich der Hochdruckkanäle nur einen Auslaßsteuerschlitz. Wird die Antriebswelle gedreht, so dreht sich auch der Kolben mit der gleichen Umdrehungszahl; er macht gleichzeitig die durch die Hubscheibe und Kolbenfeder hervorgerufenen Förderhub- und Saughubbewegungen. Im Saughub wird der Kolben durch die Feder bewegt. Dabei kommt ein Einlaßsteuer-

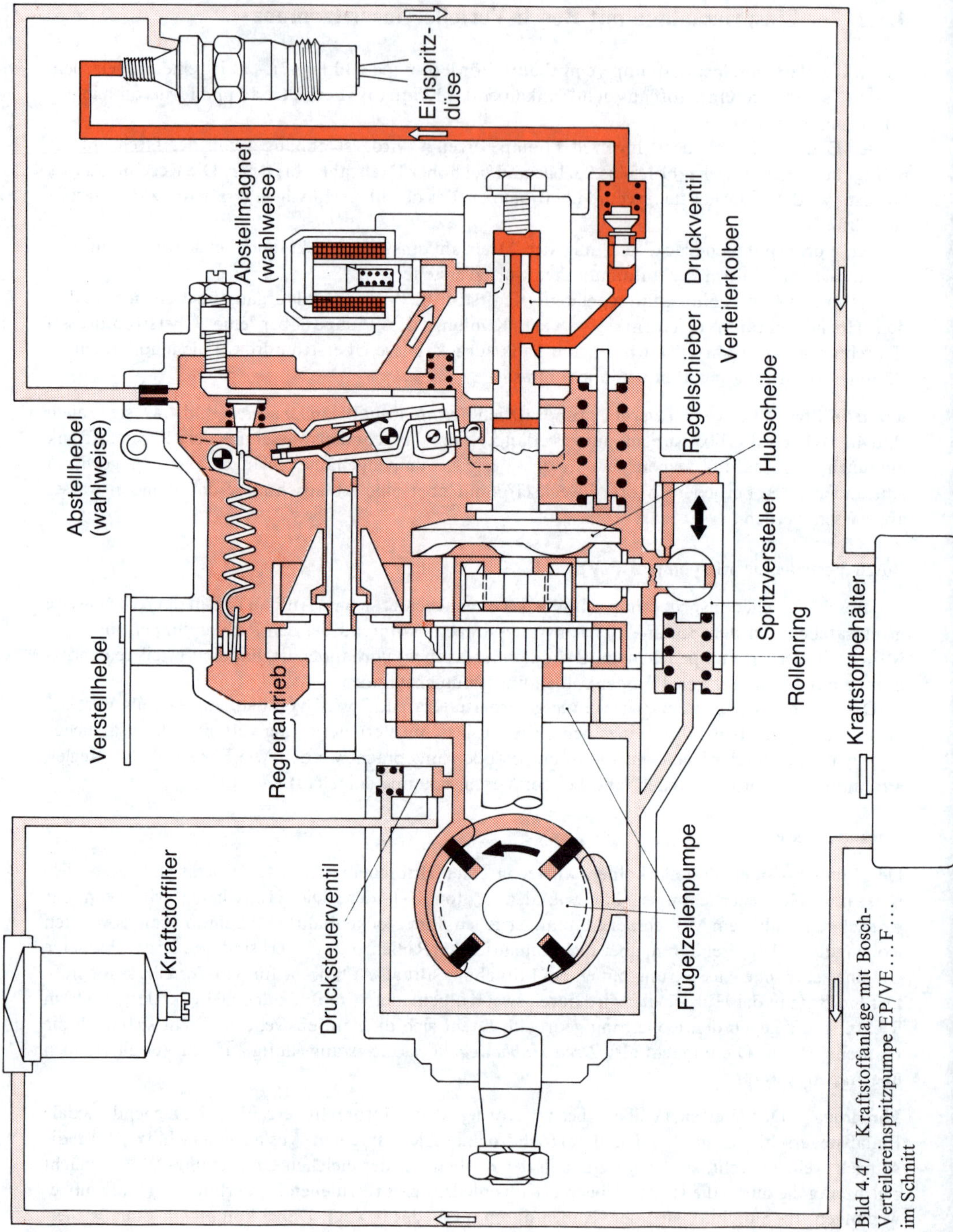

Bild 4.47 Kraftstoffanlage mit Bosch-Verteilereinspritzpumpe EP/VE . . . F . . . im Schnitt

Bild 4.48 Verteilerpumpenkolben in Füllstellung (Bosch)
1 Verteilerkolben
2 Füllbohrung
3 Einlaßsteuerschlitz
4 Hochdruckraum

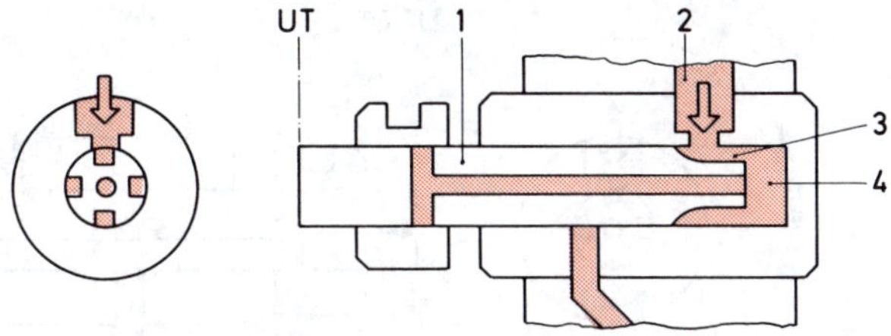

Bild 4.49 Verteilerkolben in Förderstellung (Bosch)
4 Hochdruckraum
5 Auslaßsteuerschlitz
6 Hochdruckkanal zur Einspritzdüse eines Motorzylinders

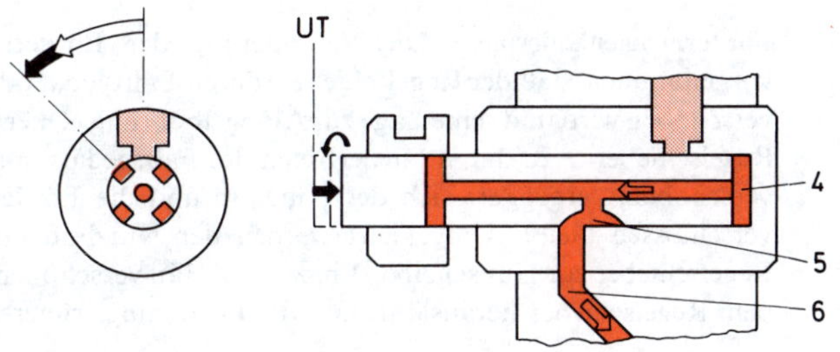

Bild 4.50 Beendigung der Förderung (Absteuerung) (Bosch)
7 Regelschieber
8 Abregelbohrung (Querbohrung)

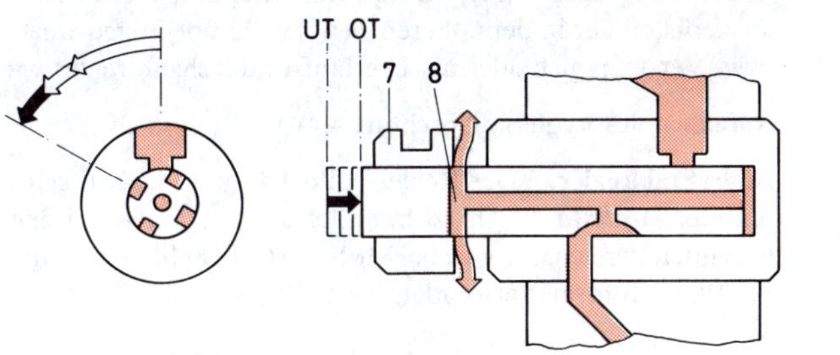

Einlaßsteuerschlitz auf die Füllbohrung zu stehen (Bild 4.48). Da der Auslaßsteuerschlitz zwischen zwei Auslaßkanälen steht, kann mit Vordruck Kraftstoff in den Hochdruckraum strömen. Bei Beginn des Förderhubes, hervorgerufen durch die Hubscheibe, hat sich der Kolben inzwischen weitergedreht und mit dem Einlaßsteuerschlitz die Füllbohrung verlassen. Der Auslaßsteuerschlitz steht jetzt auf einem Hochdruckkanal (Bild 4.49). Der Kraftstoff wird über diesen Kanal, dem Druckentlastungsventil und der Einspritzleitung zur Einspritzdüse gefördert.

Beendigung der Förderung Das Förderende wird eingeleitet, wenn die Abregelbohrung (Querbohrung) im Pumpenkolben den Regelschieber verlassen hat. Der unter Druck stehende Kraftstoff kann jetzt aus dem Hochdruckraum über die Axial- und Querbohrung (Abregelbohrung) in den Pumpeninnenraum abströmen (Bild 4.50). Der Druck im Hochdruckraum fällt schnell ab. Das Druckentlastungsventil (Bild 4.47) im Auslaß schließt wieder und senkt (wie bei der Reiheneinspritzpumpe) durch Volumenvergrößerung schlagartig den Druck in der Einspritzleitung, damit die Einspritzdüse schnell und exakt schließen kann, ohne nachzutropfen. Nach Überschreitung des OT wird der Verteilerkolben durch die Kolbenfedern zurück zum UT bewegt. Während des Kolbenrücklaufes zum UT wird durch die Dreh-Hubbewegung die Abregelbohrung (Querbohrung) durch den stehenden Regelschieber verschlossen (Bild 4.51). Der Auslaßsteuerschlitz (Verteilernut) hat den Hochdruckkanal verlassen und der nächstfolgende Einlaßsteuerschlitz die Füllbohrung aufgesteuert, so daß sich der Füllvorgang wiederholen kann.

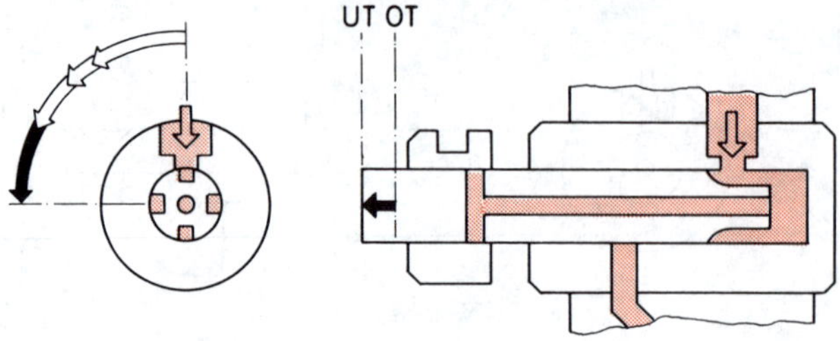

Bild 4.51 Füllvorgang während des Kolbenrücklaufs zum UT (Bosch)

Fördermengenänderung Die Veränderung der Fördermenge (Einspritzmenge) wird dadurch vorgenommen, daß der Regelschieber (durch Fahrpedal oder Regler) auf dem Verteilerkolben axial verschoben wird und seine Lage zur Abregelbohrung (Querbohrung) verändert (Bild 4.47). Wird der Regelschieber, z. B. durch Niedertreten des Fahrpedals, mit der Kolbenhubbewegung zum OT hin verschoben, vergrößert sich der Nutzhub und die Fördermenge, da die Abregelbohrung länger verschlossen bleibt. Umgekehrt werden der Nutzhub und die Fördermenge kleiner, wenn der Regelschieber zur Hubscheibe, d. h. zum UT hin verschoben wird, da die Abregelbohrung früher aus dem Regelschieber herausläuft und die Förderung früher beendet wird.

Drehzahlregelung Die Verteilereinspritzpumpe ist mit einem mechanischen, d. h. Fliehkraftregler ausgerüstet, der in dem oberen Teil der Pumpe angeordnet ist (Bild 4.47). Er kann als Alldrehzahl- bzw. Verstellregler oder als Leerlauf-Enddrehzahlregler wirken.

Aufgaben des Reglers (Abschnitt 4.4)

Alldrehzahlregler Der Regler (Bild 4.47 und 4.52) regelt alle Drehzahlen zwischen der Leerlauf- und der Höchstdrehzahl, d. h. außer der Leerlauf- und der Höchstdrehzahl auch den dazwischenliegenden Bereich. Er wird bei Motoren (z. B. Schlepper) mit Nebenantrieb (Zapfwelle) und vereinzelt bei Pkw-Motoren verwendet.

Wirkungsweise

Grundsätzlich ist die Wirkungsweise des Reglers folgende: Erhöht sich die Motordrehzahl, so bewegen sich die Fliehgewichte nach außen, sobald die vom Fahrer eingestellte Drehzahl überschritten und die Fliehkraft größer geworden ist als die Kraft der Hauptregelfeder. Es wird abgeregelt, d. h., der Regelschieber wird in Richtung kleinere Fördermenge verschoben. Nimmt dagegen die Drehzahl ab, so ist der Vorgang umgekehrt, und der Regelschieber wird in Richtung größere Fördermenge bewegt.

Startverhalten Bei Stillstand des Motors liegen die Fliehgewichte ganz an der Reglermuffe an (Bild 4.52). Die Startfeder (Blattfeder) kann sich am Spannhebel abstützen und den Starthebel ganz zu den Fliehgewichten hindrücken. Dadurch wird der Regelschieber am weitesten in der Hubrichtung des Kolbens verschoben und die Startmenge gefördert. Beim Anlaufen des Motors wird die Reglermuffe um den Betrag *a* von den Fliehgewichten verschoben. Die schwache Startfeder wird überdrückt, bis der Starthebel am Spannhebel anliegt. Die Startmenge wird automatisch auf die Leerlaufmenge reduziert.

Leerlauf Das Fahrpedal steht mit dem Drehzahl-Verstellhebel in Leerlaufstellung (Bild 4.52). Bei Leerlaufdrehzahl wirkt die geringe Kraft der Fliehgewichte gegen die schwache Leerlauffeder. Beim Auswiegen der beiden Kräfte kommt der Regelschieber in eine Stellung, in der nur ein kleiner Nutzhub (Förderhub) bemessen wird. Die Abregelbohrung tritt schon nach einem kurzen Kolbenweg aus dem Regelschieber hervor und beendet die Förderung.

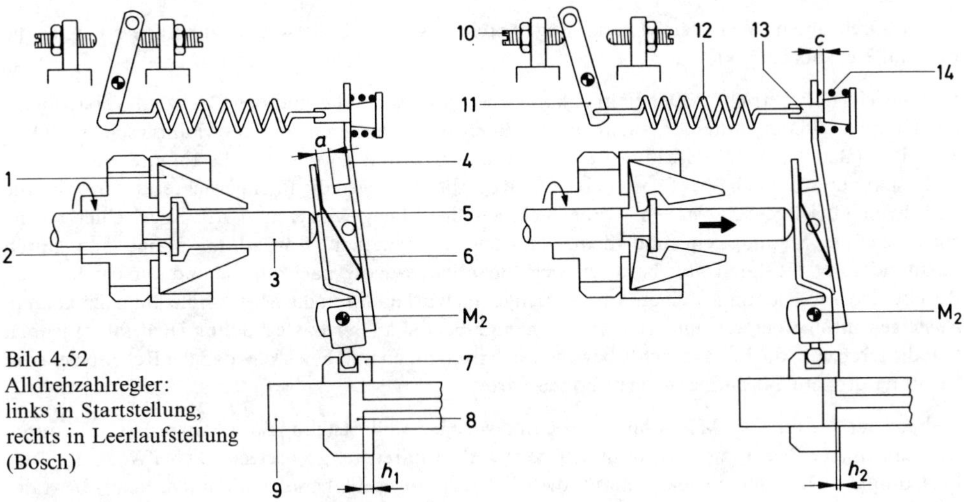

Bild 4.52
Alldrehzahlregler:
links in Startstellung,
rechts in Leerlaufstellung
(Bosch)

1, 2 Fliehgewichte,
3 Reglermuffe,
4 Spannhebel,
5 Starthebel,
6 Startfeder,
7 Regelschieber,
8 Steuerbohrung des Verteilerkolbens,
9 Verteilerkolben,
10 Einstellschraube Leerlaufdrehzahl,
11 Drehzahl-Verstellhebel,
12 Regelfeder,
13 Haltebolzen,
14 Leerlauffeder.
a Weg der Startfeder,
c Weg der Leerlauffeder,
h_1 max. Nutzhub, Start,
h_2 min. Nutzhub, Leerlauf,
M_2 Drehpunkt für 4 und 5

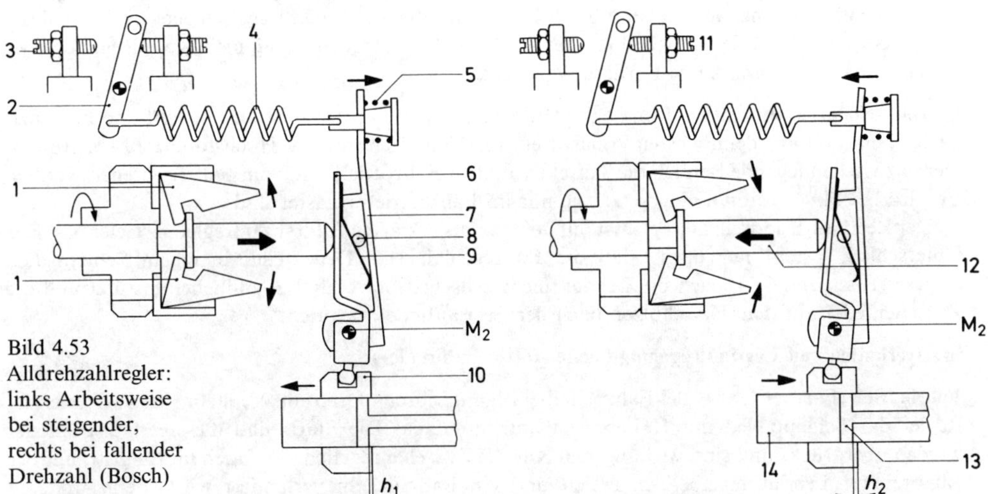

Bild 4.53
Alldrehzahlregler:
links Arbeitsweise
bei steigender,
rechts bei fallender
Drehzahl (Bosch)

1 Fliehgewichte,
2 Drehzahl-Verstellhebel,
3 Einstellschraube Leerlaufdrehzahl,
4 Regelfeder,
5 Leerlauffeder,
6 Starthebel,
7 Spannhebel,
8 Spannhebelanschlag,
9 Startfeder,
10 Regelschieber,
11 Einstellschraube Vollast,
12 Reglermuffe,
13 Steuerbohrung des Verteilerkolbens,
14 Verteilerkolben.
h_1, h_2 Nutzhub Vollast,
M_2 Drehpunkt für 6 und 7

Bei Drehzahlen über dem Leerlaufregelbereich ist der Federweg *c* zurückgelegt und die Leerlauffeder überdrückt.

Lastbetrieb (Fahrbetrieb) Der Fahrer kann über das Fahrpedal und den Drehzahl-Verstellhebel die Hauptregelfeder stufenlos spannen und dadurch jede Drehzahl und Fahrgeschwindigkeit einstellen (Bild 4.53). Die Stellung des Verstellhebels bringt jeweils eine bestimmte Hauptregel-Federspannung, die sich über Spannhebel und Reglermuffe gegen die Fliehgewichte auswirkt, bis die Kräfte im Gleichgewicht stehen. Dabei nehmen die Fliehgewichte und der Regelschieber eine entsprechende Stellung ein und bemessen den momentanen Förderhub. Steigt nun durch Lastminderung die Drehzahl, bewegen sich die Fliehgewichte nach außen und verschieben den Regelschieber in Richtung kleinere Fördermenge. Es wird dadurch die Motordrehzahl nach kurzem Ansteigen infolge der verminderten Fördermenge begrenzt. Bei Lasterhöhung (Bergfahrt) jedoch fällt die Drehzahl, die Fliehgewichte bewegen sich nach innen und bewirken, daß der Regelschieber in Richtung größere Fördermenge verschoben wird.

Endregelung Läuft der Motor mit Vollast und wird bei Vollaststellung des Fahrpedals, z. B. durch Auskuppeln, die Belastung weggenommen, so muß die Endregelung einsetzen. Da bei Wegnahme der Belastung die Drehzahl ansteigt, nimmt die Fliehkraft zu. Bei Überschreitung der Nenn- bzw. der höchsten Vollastdrehzahl ist dann die Fliehkraft höher als die Kraft der End- oder Hauptregelfeder. Von den Fliehgewichten werden Reglermuffe, Starthebel und Spannhebel betätigt und der Regelschieber aus der Vollastförderstellung in Richtung Hubscheibe (UT) verstellt. Bei Erreichen der Höchstdrehzahl (oberer Leerlauf) ist die Fördermenge um so viel verringert worden, daß der Motor seine Drehzahl wegen Kraftstoffmangels nicht weiter erhöhen kann.

Schiebebetrieb Im Schiebebetrieb und Leerlaufstellung am Fahrpedal wird der Motor vom Fahrzeug angetrieben und dreht mit höherer Drehzahl. Aufgrund geringer Leerlauffederkraft gehen die Fliehgewichte ganz nach außen und drücken über die Hebel den Regelschieber in die Stellung Nullförderung. Da in der UT-Stellung des Kolbens die Abregelbohrung nicht vom Regelschieber verschlossen wird, kann keine Förderung einsetzen.

Leerlauf-Enddrehzahlregler Der Regler (Bild 4.54) regelt nur den unteren Leerlauf und begrenzt, nach Überschreitung der höchsten Vollastdrehzahl (Nenndrehzahl), die Höchstdrehzahl des Motors. Der dazwischenliegende Bereich muß direkt von dem Fahrpedal, d. h. vom Fahrer geregelt werden. Er wird bei Pkw-Motoren eingesetzt, die nur im Fahrbetrieb belastet sind.

Der Leerlauf-Enddrehzahlregler ist mit dem bereits erklärten Alldrehzahlregler vergleichbar. Der Unterschied besteht nur darin, daß die Endregelfeder als Druckfeder in einem Schleppglied eingesetzt ist (Bild 4.54), sich die Leerlauffeder zwischen Start- und Spannhebel abstützt und die Zwischenfeder auf dem Haltebolzen nach der Leerlauffeder anspricht.

Startverhalten und Leerlaufregelung (siehe Alldrehzahlregler)

Fahrbetrieb (Lastbetrieb) Bei Fahrpedalbetätigung werden Drehzahl-Verstellhebel und innen im Regler das Schleppglied mit Haltebolzen mitgenommen. Die Start- und die Leerlaufregelfeder werden überdrückt und sind wirkungslos. Nur die Zwischenregelfeder ist noch im Eingriff, mit der ein breiterer Leerlaufregelbereich erzielt und ein Fahrruckeln verhindert wird. Beim weiteren Durchtreten des Fahrpedals gibt auch die Zwischenfeder nach, bis der Haltebolzen am Spannhebel anliegt. Jetzt ist der nichtgeregelte Bereich wirksam, weil die stark vorgespannte Endregelfeder in dem Schleppglied erst nach Überschreitung der höchsten Vollastdrehzahl nachgibt. Somit ist die ganze Betätigungseinrichtung vom Verstellhebel bis zum Regelschieber als starr anzusehen.

Will der Fahrer die Geschwindigkeit erhöhen oder wird die Motorbelastung geändert, so muß er selbst den Regelschieber betätigen, da der Regler nicht wie der Alldrehzahlregler reagiert.

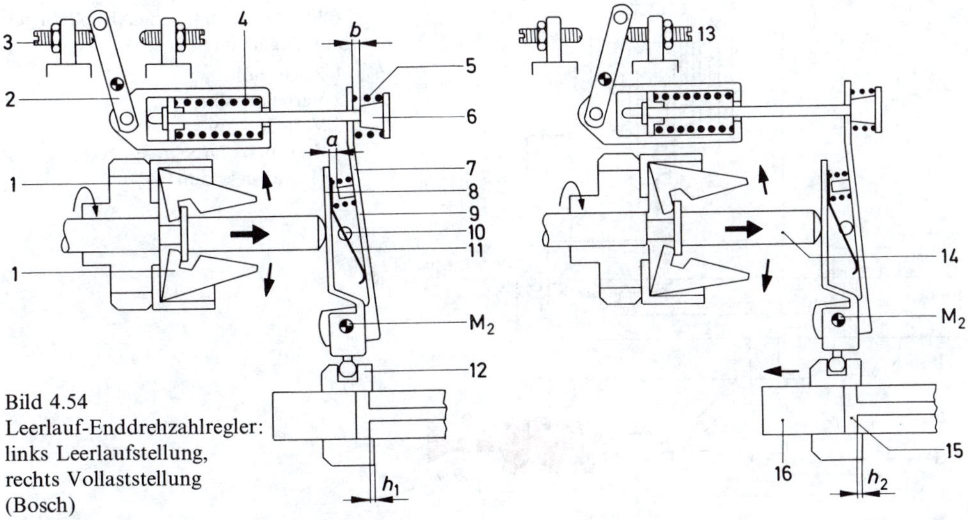

Bild 4.54
Leerlauf-Enddrehzahlregler:
links Leerlaufstellung,
rechts Vollaststellung
(Bosch)

1 Fliehgewichte,
2 Drehzahl-Verstellhebel,
3 Einstellschraube Leerlaufdrehzahl,
4 Regelfeder,
5 Zwischenfeder,
6 Haltebolzen,
7 Leerlauffeder,
8 Starthebel,
9 Spannhebel,
10 Spannhebelanschlag,
11 Startfeder,
12 Regelschieber,
13 Einstellschraube Vollast,
14 Reglermuffe,
15 Steuerbohrung des Verteilerkolbens,
16 Verteilerkolben.

a Weg der Start- und Leerlauffeder,
b Weg der Zwischenfeder,
h_1 min. Nutzhub Leerlauf,
h_2 Nutzhub Vollast,
M_2 Drehpunkt für 8 und 9

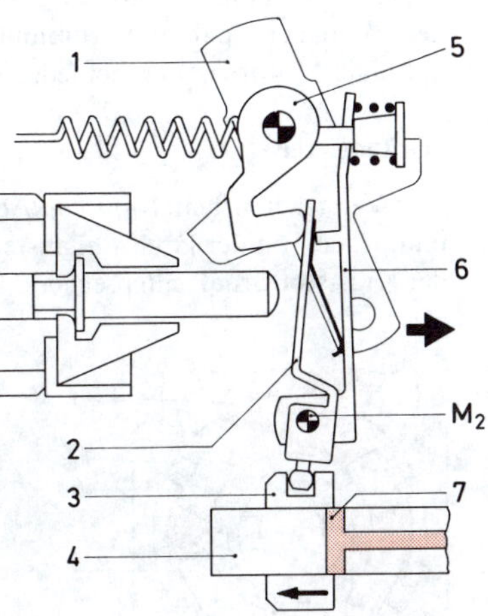

Bild 4.55 Mechanische Abstellvorrichtung (Bosch)

1 Äußerer Stopphebel,
2 Starthebel,
3 Regelschieber,
4 Verteilerkolben,
5 Innerer Stopphebel,
6 Spannhebel,
7 Steuerbohrung,
M2 Drehpunkt für 2 und 6

Endregelung und Schiebebetrieb (siehe Alldrehzahlregler)

Abstellen Zum Abstellen werden durch einen Abstellhebel (Bild 4.55) der Spannhebel betätigt und der Regelschieber so verschoben, daß der Hochdruckraum über die Abregelbohrung im Kolben ständig mit dem Pumpeninnenraum verbunden ist und kein Druck aufgebaut werden kann. Im anderen Fall wird durch eine elektrische Abstellvorrichtung (Bild 4.56), die beim Abstellen stromlos wird, die Verbindung vom Pumpeninnenraum zum Hochdruckraum gesperrt.

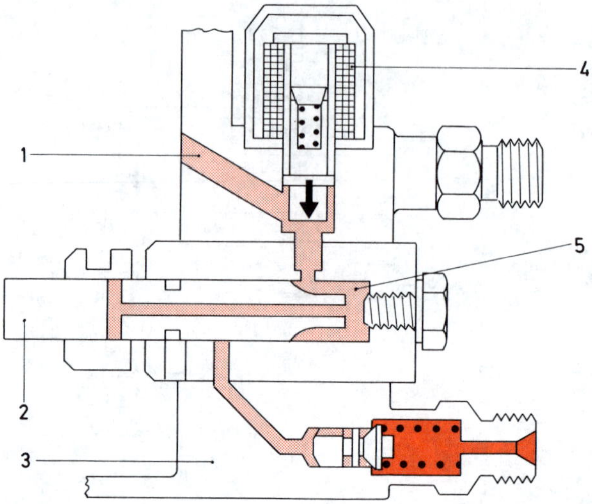

Bild 4.56 Elektrische Abstellvorrichtung mit Zugmagnet (Bosch)
1 Zulaufbohrung,
2 Verteilerkolben,
3 Verteilerkopf,
4 Zug- bzw. Druckmagnet
5 Hochdruckraum

Automatischer Spritzversteller

Bei der Verteilereinspritzpumpe ist der Spritzversteller (Bild 4.57) unten in dem Pumpengehäuse eingebaut und besteht aus einem federbelasteten Kolben, der auf den Rollenring wirkt.

Aufgabe Der Spritzversteller muß bei steigender Drehzahl den Spritzbeginn der Einspritzdüsen vorverlegen, damit der größer gewordene Zündverzug in Gradkurbelwinkel ausgeglichen wird und der optimal erreichbare Verbrennungsdruck immer direkt nach OT auf den Kolben wirkt (dadurch optimale Motorleistung bei jeder Drehzahl).

Wirkungsweise

Der Versteller arbeitet *automatisch hydraulisch*, d.h., der Förderpumpendruck der Flügelzellenpumpe, der mit der Drehzahl ansteigt, wirkt auch auf den federbelasteten Kolben des Verstellers. Ist der Kraftstoffdruck entsprechend angestiegen, wird der Kolben, der in einer quer zur Antriebswelle

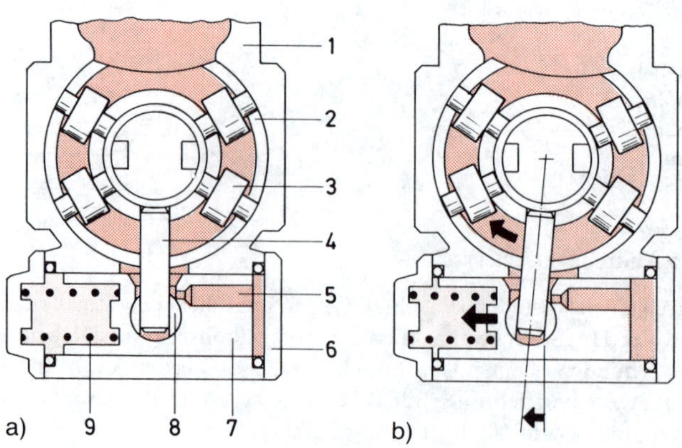

Bild 4.57 Automatischer Spritzversteller (Bosch)
a Ruhestellung
b Betriebsstellung
1 Pumpengehäuse
2 Rollenring
3 Rollen des Rollenringes
4 Bolzen
5 Bohrung im Spritzverstellerkolben
6 Deckel
7 Spritzverstellerkolben
8 Gleitstein
9 Spritzverstellerfeder

Bild 4.58 Ladedruckabhängiger Vollastanschlag (Bosch)
1 Membran
2 Einstellmutter
3 Führungsstift
4 Vollastanschlaghebel
5 Druckfeder
6 Verstellbolzen

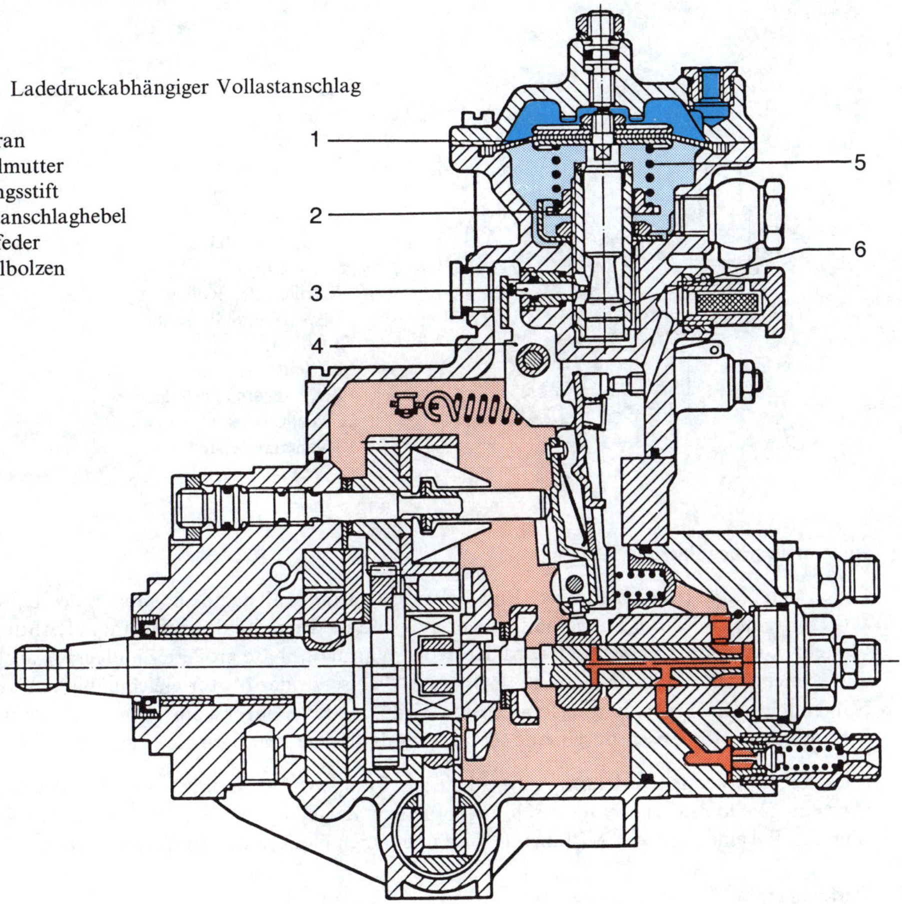

liegenden Bohrung gleitet, gegen den Federdruck verschoben. Über einen Bolzen wird dadurch der Rollenring entgegen der Pumpendrehrichtung gedreht, d.h., der Förderbeginn wird in Richtung «früh» verändert, da die Nocken der Hubscheibe die Rollen früher erreichen.

Ladedruckabhängiger Vollastanschlag Der ladedruckabhängige Vollastanschlag (Bild 4.58) ist bei Dieselmotoren mit Abgasturbolader erforderlich. Bei diesen Motoren muß die Vollastmenge der Pumpe auf die vom Ladedruck abhängige Zylinderfüllung abgestimmt werden. Dies bedeutet, daß bei niedriger Drehzahl ohne Aufladung und geringer Luftfüllung die Vollastmenge entsprechend verringert und bei steigender Drehzahl mit zunehmendem Ladedruck so weit vergrößert werden muß, daß der Motor über den ganzen Drehzahlbereich gerade rauchfrei arbeitet.

Wirkungsweise

Im unteren Drehzahlbereich ist der Ladedruck, der über eine Verbindungsleitung in der oberen Kammer wirksam wird, nicht hoch genug, um die Federkraft zu überwinden. Die Membran befindet sich in Ausgangsstellung, und der Vollast-Anschlaghebel bestimmt durch seine Lage eine geringe Vollastmenge. Bei ansteigendem Ladedruck (bis auf 0,8 bar) wird, gegen die Kraft der Druckfeder, die Membran nach unten gedrückt und dabei der Vollastanschlaghebel so verändert, daß über den Spann- und Starthebel der Regelschieber in Richtung größere Fördermenge verschoben wird.

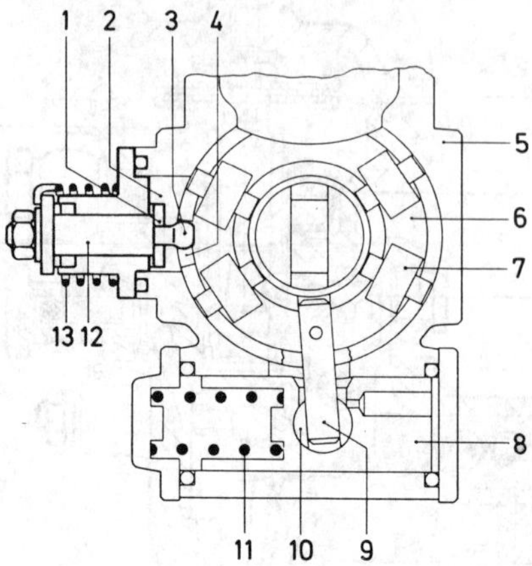

Bild 4.59 Kaltstartbeschleuniger am Rollenring (Bosch)
1 Hebel
2 Einstellfenster
3 Kugelbolzen
4 Längsnut
5 Pumpengehäuse
6 Rollenring
7 Rollen des Rollenringes
8 Spritzverstellerkolben
9 Bolzen
10 Gleitstein
11 Spritzverstellerfeder
12 Welle
13 Schenkelfeder

Kaltstartbeschleuniger

Durch den Kaltstartbeschleuniger (Bild 4.59) werden die Kaltstartbedingungen des Dieselmotors verbessert, dabei der Förderbeginn bei Leerlauf- und niedriger Teillastdrehzahl in Richtung «früh» verstellt. Durch diese Verstellung wird der in der Warmlaufphase größere Zündverzug ausgeglichen und erreicht, daß die Eigenzündung noch vor OT einsetzt, der Motor gleichmäßig läuft und nicht blau raucht. Die Verstellung erfolgt entweder durch den Fahrer vom Fahrzeuginnenraum über Seilzug oder automatisch durch eine temperaturabhängige Betätigungseinrichtung.

Aufbau Die Verstelleinrichtung ist seitlich am Pumpengehäuse angebaut. Der Verstellhebel ist über eine Welle mit dem exzentrisch angebrachten Kugelkopf verbunden, der in den Rollenring eingreift. Bei einer anderen Ausführung wird über einen Nocken der Spritzverstellerkolben betätigt.

Wirkungsweise

Bei Handbetätigung wird über den Verstellhebel die Welle gegen die Kraft der Schenkelfeder verdreht. Dabei nimmt der Kugelbolzen den Rollenring mit und verdreht diesen um etwa 2,5° entgegen der Pumpendrehrichtung.

Die automatische Verstellung erfolgt mit Hilfe eines temperaturabhängigen Dehnstoffelementes, das vom Kühlmittel umspült wird und ebenfalls auf die Welle mit dem Kugelbolzen wirkt. Der Vorteil dieser Einrichtung ist, daß immer der Motortemperatur entsprechend gesteuert wird, d.h., bei kaltem Motor die Förderbeginnverstellung des Rollenrings 2,5° beträgt und bei Erwärmung bis auf etwa + 40 °C (339 K) Kühlmitteltemperatur die Verstellung stufenlos zurückgenommen wird.

Einstellen der Verteilereinspritzpumpe zum Motor

Da die Motorenhersteller unterschiedliche Pumpeneinstellwerte angeben, kann die Einstellung nur nach genauen Einstelldaten und Einstellanleitungen erfolgen. Die Einstellung erfolgt durch Ausmessen des jeweiligen, vom Hersteller angegebenen Verteilerkolbenwegs mit einer Meßuhr. Eine Einstellung nach herkömmlicher Art mit Überlauf- oder Kapillarrohr ist nicht möglich.

1 Reglergewichte
2 Antriebswellenhalteschraube
3 Hohlwelle
4 Antriebswelle
5 Rücklaufanschluß
6 Abstellhebel
7 Reglerfeder
8 Leerlaufanschlag
9 Reglerhebel
10 Enddrehzahlanschlag
11 Dosierventil
12 Kraftstoffeinlaß
13 Endplatte, kpl.
14 Hydraul. Kopf
15 Rotor
16 Nylonfilter
17 Regulierventilhülse
18 Regulierkolben
19 Entlüftungsfeder
20 Transferpumpe
21 Zu den Düsen
22 Zündzeitpunktversteller
23 Nockenring
24 Kolben

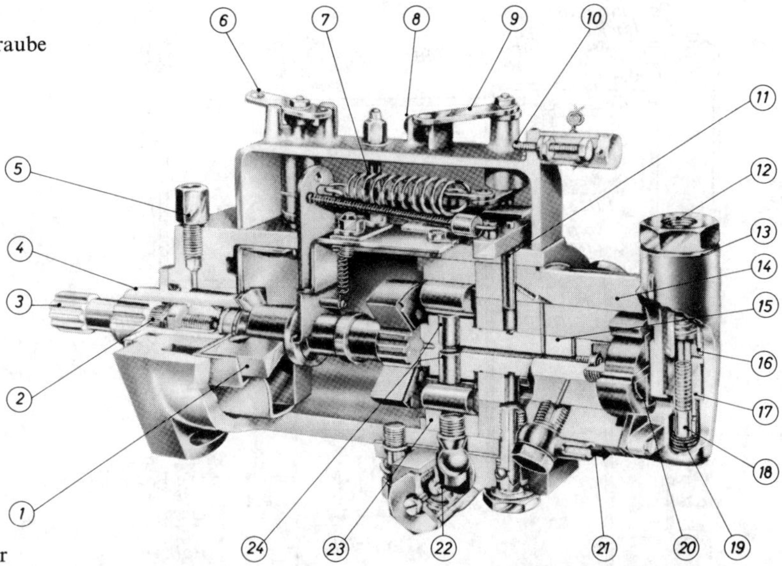

Bild 4.60 CAV-Verteilereinspritzpumpe mit mechanischem Regler und automatischem Spritzversteller

4.3.3 Einspritzanlage mit CAV-Verteilereinspritzpumpe

Die CAV-Verteilereinspritzpumpe ist als Flanschpumpe ausgeführt (Bild 4.60) und mit einem mechanischen Regler versehen. Die Förderung übernimmt ein Einzelpumpenelement, das in der Querbohrung des als Verteiler wirkenden rotierenden Mittelstücks (Rotor) sitzt. Es besteht aus zwei kleinen Gegenkolben, die bei Berührung der Nocken im Nockenring betätigt werden. Der Rotor dreht sich in dem Verteilerkopf und übernimmt über ein System von Bohrungen die Verteilung der Kraftstoffmenge auf die jeweiligen Motorzylinder.

Der Kraftstoffeinlauf in das Pumpenelement (Hochdruckraum) wird durch ein vom Regler gesteuertes Dosierungsventil abgemessen und über die jeweils vom Rotor hergestellte Verbindung von den beiden Gegenkolben zur Einspritzdüse gedrückt (Bild 4.61).

Die Einbaulage der Verteilerpumpe am Motor ist beliebig. Das Innere des Pumpengehäuses (Reglerraum) ist mit Dieselkraftstoff gefüllt, der unter einem geringen Überdruck steht und zur Schmierung dient. So kann weder Luft noch Staub eindringen, und außerdem ist keine Bildung von Kondenswasser möglich. Der Kraftstoff in diesem Reglerraum wird fortwährend ergänzt.

Wirkungsweise

Die gegenläufigen Pumpenkolben werden über Nockenrollen, die in gleitenden Schuhen im hinteren Teil des Rotors stecken, betätigt. Der Nockenring mit den innen angeschliffenen Nocken befindet sich im Pumpengehäuse und hat so viele Nocken, wie Motorzylinder vorhanden sind. Die Kolben bewegen sich gleichzeitig nach innen, wenn die Rollen die Nocken, die sich genau gegenüberliegen, berühren. Sie werden nach dem Fördervorgang nicht durch Federn, sondern durch den Druck des einströmenden Kraftstoffes zurückgedrückt.

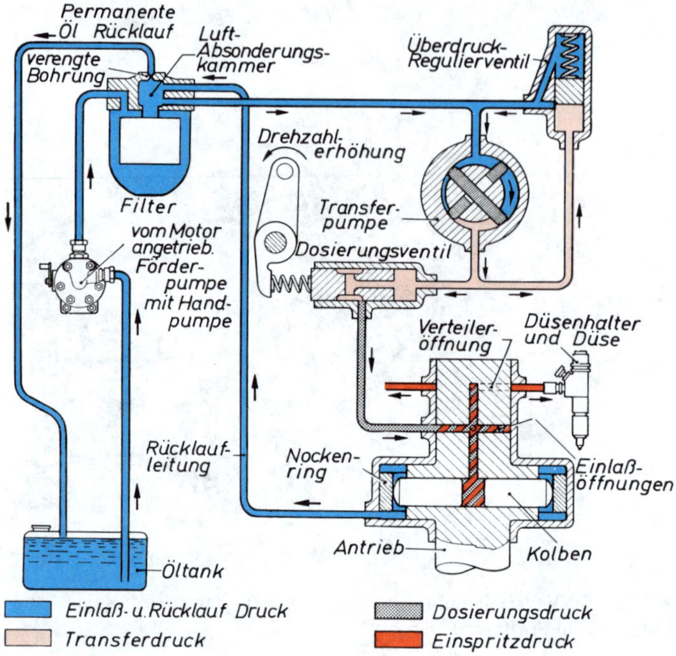

Bild 4.61 Kraftstoffverlauf bei einer Einspritzanlage mit CAV-Verteilereinspritzpumpe (schematisch)

Aus den Bildern 4.62 und 4.63 geht die Arbeitsweise sehr deutlich hervor. In Bild 4.62 ist der Rotor im Verteilerkopf in *Einlaßstellung* dargestellt.

Unter dem Förderpumpendruck des Kraftstoffes, der über das Dosierungsventil durch den Dosierungskanal im Verteilerkopf und den Einlaßkanal im Rotor über einen axialen Durchlaß fließt, bewegen sich die Pumpenkolben nach außen. Dreht sich der Rotor, so wird der Einlaßkanal verschlossen (Bild 4.63), die Verteilerbohrung im Rotor deckt sich dann mit einer Auslaßbohrung im Verteilerkopf. Gleichzeitig werden die Kolben durch die Nocken nach innen gedrückt, und der Kraftstoff fließt durch die Zentralbohrung nach vorn und durch die Auslaßbohrung zu einer der Düsen. Im Verteilerkopf befinden sich nun ebenso viele Auslaßbohrungen, wie Motorzylinder vorhanden sind; die Anzahl der Einlaßbohrungen im Rotor ist ebenfalls die gleiche.

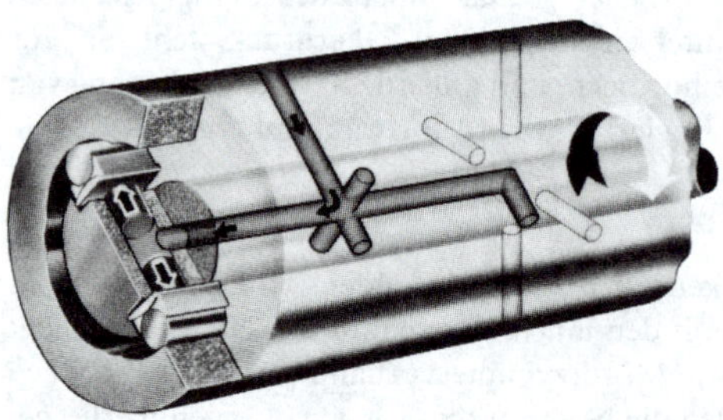

Bild 4.62 Verteilerkolben in Einlaßstellung (CAV)

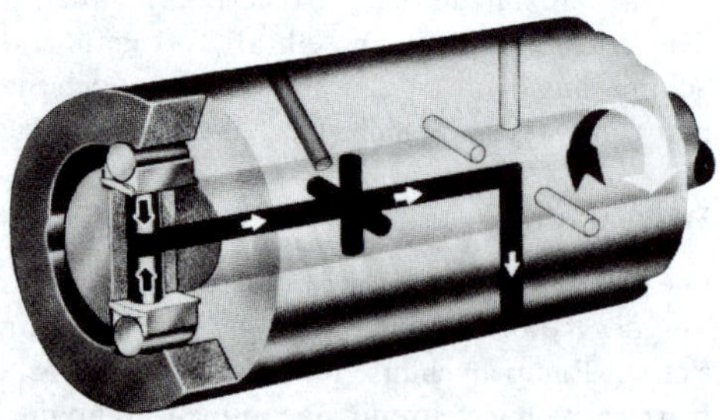

Bild 4.63 Verteilerkolben in Förderstellung (CAV)

Die Druckrohrstutzen am Verteilerkopf enthalten keine Druckventile mit Entlastungskolben. Um das Nachtropfen der Einspritzdüsen zu verhindern, wird, solange noch die Verbindung zwischen Hochdruckraum und Druckleitung besteht, durch die besonders geformten Nocken ein gewisser Druckabfall in den Einspritzleitungen erreicht. Die Pumpenkolben mit den Rollen laufen gegen Ende der Einspritzung kurz in eine Vertiefung, wodurch sich der Hochdruckraum geringfügig vergrößert. Sollte bei schnellerdrehenden Motoren diese Art der Entlastung nicht ausreichen, werden auch Druckrohrstutzen mit Druckentlastungsventilen verwendet.

Vorn am Verteilerkopf befindet sich die Förderpumpe (Transferpumpe), die vom Rotor angetrieben wird. Von ihr wird der Kraftstoff über das vom Regler gesteuerte Dosierungsventil und Kraftstoffbohrungen in das Pumpenelement gedrückt.

Automatischer Spritzversteller

Der Spritzversteller (Bild 4.64) ist unten in dem Pumpengehäuse eingebaut und besteht aus einem federbelasteten Kolben, der auf den Nockenring wirkt.

Wirkungsweise

Der Versteller arbeitet *automatisch hydraulisch*, d.h., der Pumpendruck der Förderpumpe, der mit der Drehzahl ansteigt, wirkt auch auf den federbelasteten Kolben des Verstellers. Ist der Kraftstoffdruck entsprechend angestiegen, wird der Kolben gegen den Federdruck verschoben. Über einen Bolzen wird dadurch der Nockenring entgegen der Pumpendrehrichtung gedreht, womit eine Veränderung des Förderbeginns in Richtung «früh» eintritt.

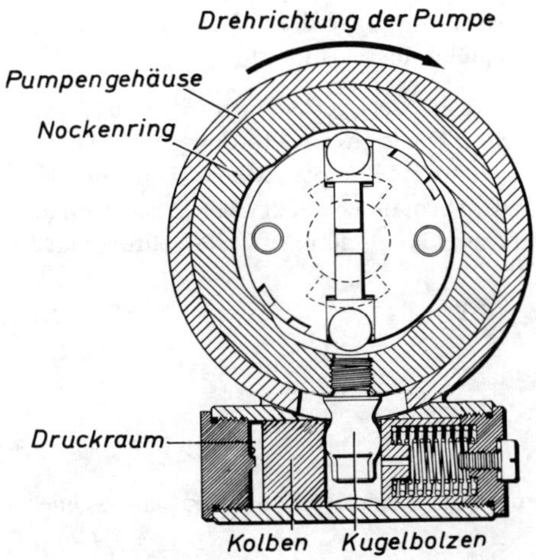

Bild 4.64 Automatischer Spritzversteller (CAV)

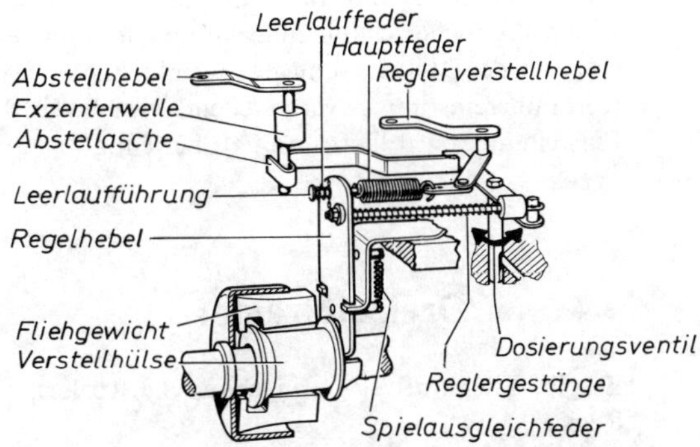

Bild 4.65 Mechanischer Alldrehzahlregler schematisch (CAV)

Wirkungsweise des mechanischen Reglers

Der Regler arbeitet als Verstell- oder Alldrehzahlregler.

Veränderungen der Motordrehzahl durch Verändern des Belastungszustandes führen auch zur Veränderung der Fliehgewichtstellung (Bild 4.65). Die Bewegung der Fliehgewichte wird auf die

Verstellhülse und von dort auf den Regelhebel übertragen. Dieser steht unter Federbelastung durch die leichte Leerlauffeder während des Leerlaufs und durch die Hauptregelfeder bei höheren Drehzahlen. Beim Anlassen oder Gasgeben wird der Reglerverstellhebel über das Gasgestänge außen in Richtung Vollast bewegt und somit das Dosierungsventil teilweise oder voll geöffnet. Ist die vom Fahrer gewünschte und eingestellte Drehzahl erreicht, so hat sich die Verstellkraft der Fliehgewichte mit der Regelfederkraft ausgewogen, und das Dosierungsventil ist über das Reglergestänge in die entsprechende Stellung verdreht worden.

Die Stellung des Reglerverstellhebels bringt jeweils eine bestimmte Regelfederspannung, die sich über Regelhebel und Verstellhülse gegen die Fliehgewichte auswirkt.

Diese Regelfederspannung wirkt sich auch auf das Dosierungsventil aus, das der Pumpe je nach Bedarf mehr oder weniger Kraftstoff zuführt. Eine Zunahme der Motordrehzahl, wie sie sich z. B. bei der Verminderung der Belastung des Motors ergibt, hat zur Folge, daß sich die Fliehgewichte nach außen bewegen. Eine derartige Bewegung dreht das Dosierungsventil in Richtung *Stopp*, und die Motordrehzahl wird nach kurzem Ansteigen infolge der verminderten Kraftstoffzufuhr begrenzt. Wenn die Motordrehzahl dagegen bei Belastungszunahme abfällt, bewegen sich die Gewichte nach innen und bewirken, daß der Motor aufgrund der höheren Belastung mehr Kraftstoff bekommt (Verstellregler). Zum Abstellen des Motors wird der Abstellhebel betätigt, der, unabhängig von der Stellung des Gaspedals, über ein Gestänge das Dosierungsventil direkt in Stoppstellung bringt. Dadurch wird die Kraftstoffzufuhr zum Hochdruckraum unterbrochen.

Einstellung der CAV-Verteilerpumpe zum Motor

Vorbereitungen am Motor Der Motor wird im Verdichtungstakt auf die vom Motorhersteller angebrachte Förderbeginnmarkierung gestellt.

Vorbereitungen der Einspritzpumpe Die Antriebswelle ist so weit zu verdrehen, bis die Stellung der breiten Führungsnut mit der motorseitigen Pumpenkupplung übereinstimmt.

Einbau der Einspritzpumpe Die Einspritzpumpe wird in der gefundenen Stellung in die Pumpenkupplung eingeführt und mit den Befestigungsschrauben leicht am Motor befestigt. Danach wird der seitliche Schaulochdeckel von der Pumpe entfernt und das Pumpengehäuse zuerst mit, dann entgegen der Drehrichtung geschwenkt, bis der Zeiger in dem Schauloch mit der Markierung auf dem Rotor übereinstimmt. Anschließend wird die Kurbelwelle zwei Umdrehungen weitergedreht und die Einstellung kontrolliert und ggf. berichtigt.

4.4 Drehzahlregler

Es gibt Fliehkraftregler (mechanische Regler), pneumatische Regler und elektronisch gesteuerte Regler.

Man unterscheidet je nach Einsatz des Reglers zwei Gruppen: einmal die *Leerlauf-Enddrehzahlregler*, die bei Nutzfahrzeugmotoren ohne Nebenantrieb (Zapfwelle) und Pkw-Motoren verwendet werden, und die *Verstell-* bzw. *Alldrehzahlregler*, die man bei Stationär-, Schlepper-, Einbau- und Nutzfahrzeugmotoren mit Nebenantrieb einbaut.

4.4.1 Aufgaben des Drehzahlreglers

Von dem Regler eines Dieselmotors verlangt man, daß er erstens für einen *gleichmäßigen runden Leerlauf* sorgt und zweitens die *Höchstdrehzahl* des Motors begrenzt, damit dieser nicht durchgehen, d.h. sich selbst zerstören kann. Außerdem wirkt der Regler noch als Überlastungsschutz, wenn die Nenndrehzahl (Vollastdrehzahl) überschritten wird. Darüber hinaus erfolgt nämlich das Abregeln, die Regelstange wird vom Regler etwas in Richtung Stopp zurückgezogen und die Fördermenge vermindert. Eine Belastung des Motors ist nicht mehr möglich.

Ohne Regler würde die Drehzahl des unbelasteten Dieselmotors so lange ansteigen, bis z.B. die Pleuelstangen abreißen und dadurch eine Selbstzerstörung eintritt. Dieser Drehzahlanstieg entsteht durch Drehzahlschwankungen (Ungleichförmigkeit) des Motors, hervorgerufen durch zeitlichen Abstand zwischen den einzelnen Arbeitstakten. Wenn nun z.B. die Motordrehzahl geringfügig ansteigt, dann wird auch zwangsläufig die Einspritzpumpe ihre Drehzahl erhöhen und durch ihr Förderverhalten, d.h., ansteigende Förderkennlinie (siehe Angleichung) mehr Kraftstoff fördern. Da beim Dieselmotor zur Veränderung der Drehzahl nur die einzuspritzende Kraftstoffmenge verändert werden muß, reagiert der Motor auf die größere Kraftstoffmenge der Pumpe und dreht wiederum schneller. Dieses wiederholt sich bis zur Selbstzerstörung des Motors.

4.4.2 Ungleichförmigkeitsgrad (P-Grad) des Drehzahlreglers

Der Regler eines Dieselmotors arbeitet drehzahlabhängig. Er benötigt somit zum Verschieben der Regelstange eine gewisse Drehzahländerung – entweder steigend oder fallend. Läuft z.B. ein Motor in der Nenndrehzahl mit voller Belastung, und nimmt man die Last weg – läßt aber das Fahrpedal stehen –, so versucht der Motor, durchzugehen. Der Regler hat jetzt die Aufgabe, abzuregeln.

Darunter versteht man, daß er beim Überschreiten der Nenndrehzahl die vom Motorhersteller zugelassene Drehzahlsteigerung bis zur Höchstdrehzahl zuläßt, die Regelstange dabei in Richtung Stopp zurückzieht und auf diese Weise die Fördermenge vermindert. Diese Drehzahlerhöhung der jeweiligen *Drehzahl mit Belastung* und der *Drehzahl ohne Belastung* bei gleicher Fahrpedalstellung nennt man den Ungleichförmigkeitsgrad δ. Neuerdings wird er auch als Proportional- gleich P-Grad bezeichnet, da sich die Drehzahl proportional zur Lastminderung erhöht. Das bedeutet, der Ungleichförmigkeits- oder P-Grad ist um so größer, je größer die Motorentlastung ist. Man gibt den P-Grad in Prozenten an.

Der Ungleichförmigkeitsgrad gibt Auskunft über die Güte eines Reglers. So ist ein Regler um so besser, je kleiner sein Ungleichförmigkeitsgrad ist. Bei Reglern von Fahrzeugmotoren beträgt er 8 bis 10% und bei Generatormotoren 0 bis 2%.

4.4.3 Leerlauf-Enddrehzahlregler

Dieser Regler regelt – wie es die Bezeichnung schon angibt – nur den unteren Leerlauf und begrenzt die Höchstdrehzahl, das Ende. In dem nichtgeregelten Drehzahlbereich zwischen diesen beiden Drehzahlen übernimmt der Fahrer mit dem Fahrpedal die Drehzahleinstellung. Er verschiebt direkt die Regelstange und verändert so die Fördermenge.

Bosch-RQ-Regler

Dieser Fliehkraftregler (Bild 4.66) mit der Bosch-Bezeichnung RQ ist mit zwei Fliehgewichten versehen, die mit ihrer Nabe auf dem Konus der Nockenwelle sitzen und von ihr angetrieben werden.

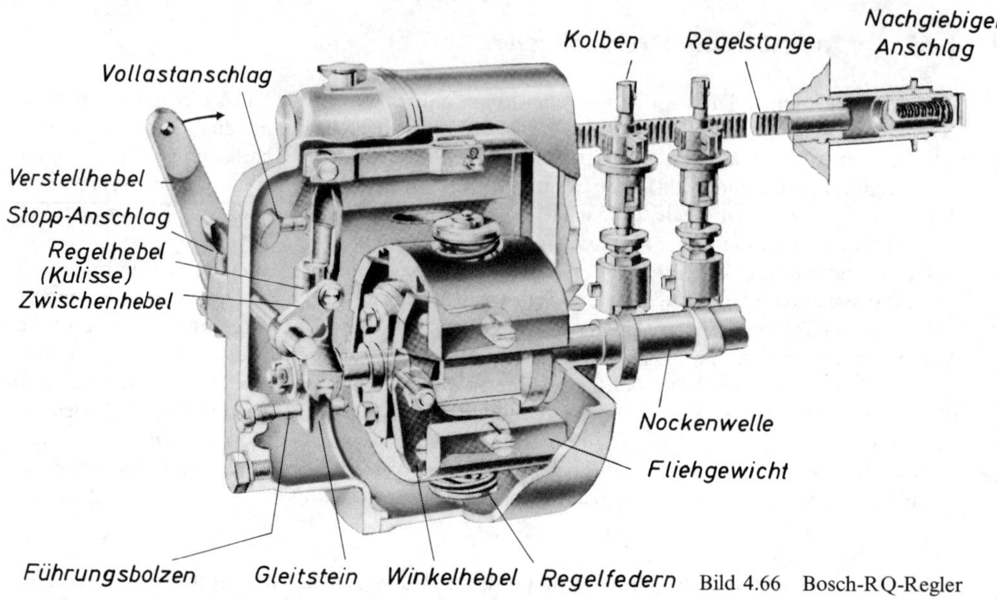

Bild 4.66 Bosch-RQ-Regler

Die Fliehgewichte sind gebohrt, und in jedem Gewicht sind eine Leerlauf- und zwei Endfedern untergebracht, die über Federteller durch Einstellmuttern gespannt oder entspannt werden können. Bei einer eingebauten Angleichung steckt dann noch eine vierte, eine Angleichfeder in dem Gewicht. Die Bewegung der Fliehgewichte wird über zwei Winkelhebelpaare auf den Verstellbolzen übertragen. Der am Ende des Verstellbolzens sitzende Gleitstein ist mit dem Regelhebel verbunden, der durch eine Verbindungslasche mit der Regelstange gekuppelt ist. Da der Regelhebel einen verschiebbaren Drehpunkt (Kulissenstein) hat, kann sich das Übersetzungsverhältnis des Hebels verändern. Damit erreicht man, daß im Leerlauf bei einem Übersetzungsverhältnis von 1 : 1,35 und geringer Fliehkraft sowie bei Höchstdrehzahl mit einem Übersetzungsverhältnis von 1 : 3,23 und großer Fliehkraft an der Regelstange immer eine gleich große Verstellkraft angreift. Die Regulierung ist dadurch in beiden Fällen sicherer. Tritt der Fahrer das Fahrpedal nieder, so verändert er auch die Stellung des äußeren Reglerverstellhebels und überträgt die Bewegung über den Zwischenhebel auf den Kulissenstein. Er schiebt den Kulissenstein in der Kulissenführung nach unten, wobei Regelhebel und Regelstange ausweichen und in irgendeine Betriebsstellung kommen.

Wirkungsweise

Die Wirkungsweise aller Fliehkraftregler ist grundsätzlich folgende: Mit zunehmender Drehzahl des Motors wandern die Fliehgewichte nach außen. Sobald die Kraft der Fliehgewichte größer geworden ist als der Druck der Regelfedern – die versuchen, die Förderung bestehen zu lassen –, wird die Fördermenge vermindert. Bei abnehmender Drehzahl ist es umgekehrt. Die Fliehkraft nimmt ab, so daß der Druck der Regelfedern schließlich größer wird, wodurch sich die Fliehgewichte wieder nach innen bewegen und die Fördermenge vergrößern.

Anlassen Beim Anlassen des Motors werden Fahrpedal und Reglerverstellhebel bis zu ihren Vollastanschlägen durchgedrückt. Da sich die Fliehgewichte nicht in ihrer Betriebsstellung befinden,

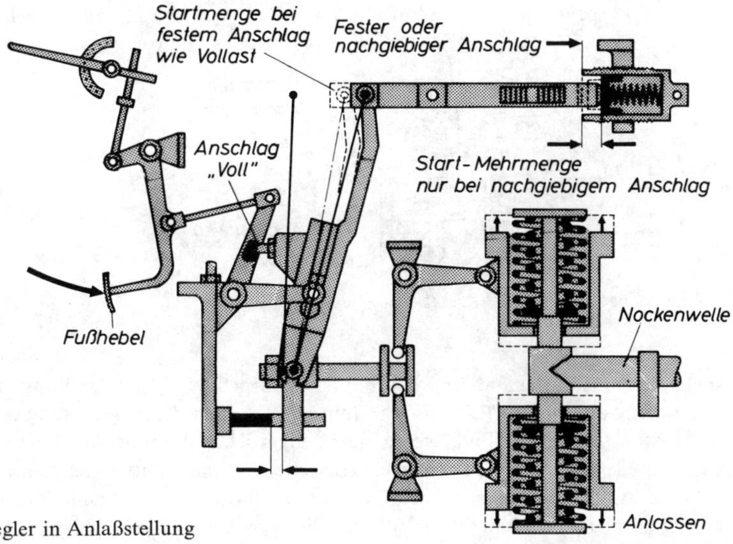

Bild 4.67 Bosch-RQ-Regler in Anlaßstellung

sondern ganz nach innen zur Nabe gedrückt sind, kommt die Regelstange nicht in ihre Vollast-, sondern in die Startstellung (Bild 4.67) (Gesamtweg der Regelstange). Der nachgiebige, federnde Regelstangenanschlag wird dabei ganz durchgedrückt. Nach dem Anlaßvorgang überwinden die Fliehgewichte die Leerlauffedern, gehen etwas nach außen und holen bis etwa 900 min^{-1} über Winkelhebel, Verstellbolzen und Regelhebel die Regelstange aus der Start- in die Vollaststellung zurück (Bild 4.68). Der Drehpunkt des Regelhebels liegt dabei im Kulissenstein.

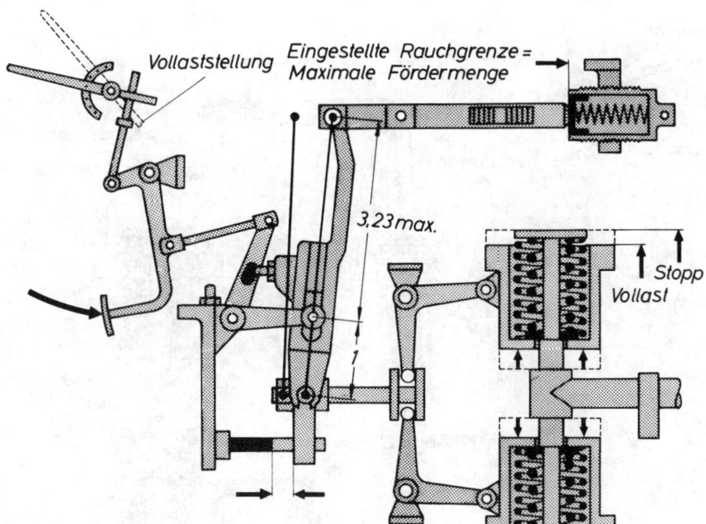

Bild 4.68 Bosch-RQ-Regler in Vollaststellung

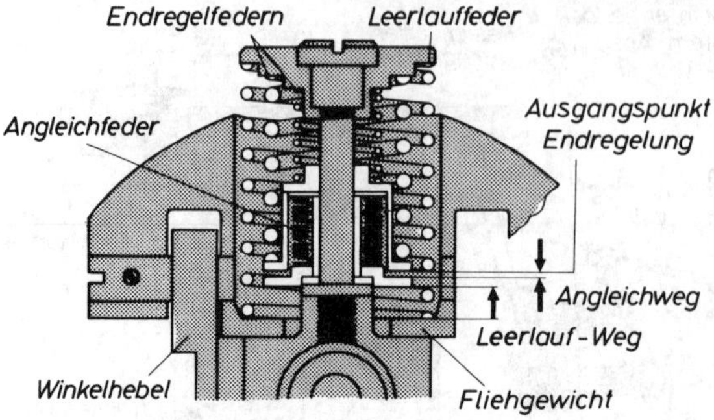

Bild 4.69 Bosch-RQ-Regler mit Angleichvorrichtung

Angleichen Hält der Fahrer weiterhin das Fahrpedal in Vollaststellung, so steigt die Motordrehzahl laufend an, und ab 1200 bis 1300 min^{-1} setzt dann die Angleichung ein (siehe Abschnitt 4.3.1, Bild 4.28). Dies ist der Fall, wenn die Fliehgewichte die inneren Federteller erreicht haben, die Angleichfedern überwinden und die Federteller mit nach außen nehmen (Bild 4.69).

Dieser Angleichweg, der an den Gewichten nur durchschnittlich 0,7 bis 1,0 mm beträgt, wird bei dem Übersetzungsverhältnis in Vollaststellung von den Fliehgewichten zur Regelstange um das Dreifache vergrößert. Die Regelstange wird also um ungefähr 2,1 bis 3,0 mm in Richtung Stopp zurückgezogen, wodurch sich die Vollastmenge etwas verringert (Angleichen an den Luftfüllungsgrad des Motors). Das Angleichen ist kurz vor oder in der Nenndrehzahl beendet, dann nämlich, wenn die inneren Federteller an den Angleichfederkapseln anliegen.

Abregeln und Begrenzen der Höchstdrehzahl Beim Überschreiten der Nenndrehzahl ist die Fliehkraft so weit angestiegen, daß die auf dem Pumpenprüfstand genau eingestellten Endregelfedern überwunden werden. Das bedeutet, daß die nach außen gehenden Fliehgewichte abermals die Regelstange zurückziehen, aber nicht auf Stopp, sondern nur in die obere Leerlaufstellung. Dabei ist

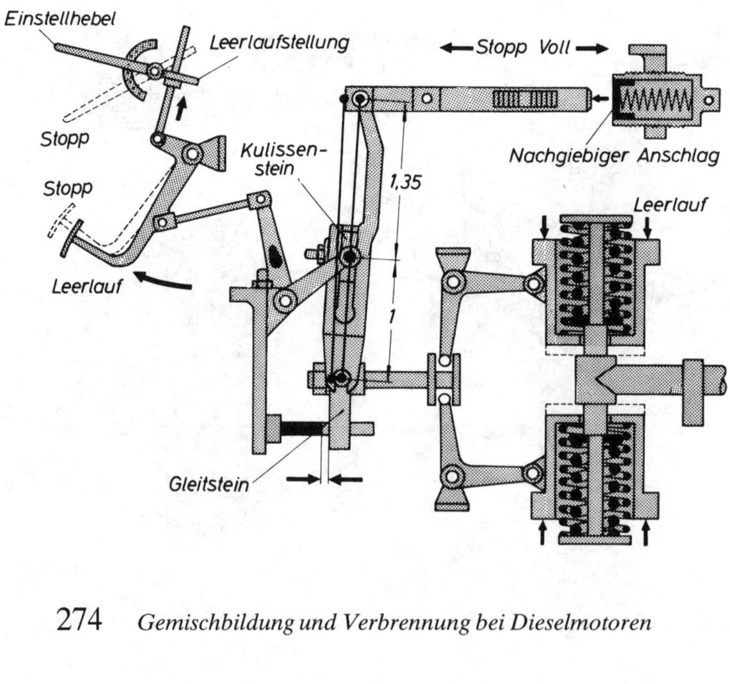

Bild 4.70 Bosch-RQ-Regler in Leerlaufstellung

durch das Zurückziehen der Regelstange die Fördermenge so weit verringert worden, daß der Motor wegen Kraftstoffmangels seine erreichte Höchstdrehzahl nicht überschreiten kann. Die Fördermenge, die hier pro Hub gefördert wird, ist durch die ansteigende Förderkennlinie der Einspritzpumpe bei gleicher Regelstangenstellung etwas größer als im unteren Leerlauf. Sollte der Motor seine Höchstdrehzahl überschreiten, was nur bei Talfahrt möglich ist, gehen die Fliehgewichte bei Überwindung aller Federn ganz nach außen und ziehen die Regelstange auf Stopp.

Leerlauf Zur Überwindung der Leerlaufbelastung benötigt der Motor eine bestimmte Kraftstoffmenge. Diese Menge wird vom Fahrer eingestellt. Er stellt den Kulissenstein ungefähr auf Mitte (Übersetzungsverhältnis 1 : 1,35) und die Regelstange dabei auf 6 bis 7 mm Regelweg (Bild 4.70). Die dazugehörige Leerlaufdrehzahl wird von den Leerlauffedern in den Fliehgewichten geregelt. Versucht der Motor z. B. seine Leerlaufdrehzahl zu erhöhen, dann bewegen sich die Fliehgewichte etwas nach außen und ziehen die Regelstange etwas in Richtung Stopp zurück. Der Motor bekommt weniger Kraftstoff und wird am Erhöhen seiner Drehzahl gehindert. Im umgekehrten Fall gehen die Fliehgewichte etwas zusammen und geben dem Motor mehr Kraftstoff. Ein Regler, der keine Schmierung hat oder verschlissen ist, läßt größere Drehzahlschwankungen entstehen, was man als „Sägen“ des Motors bezeichnet.

Abstellen des Motors Zum Abstellen des Motors wird mit dem Handgashebel oder der Motorbremsenbetätigung der Reglerverstellhebel ganz bis zur Stoppanschlagschraube (Bild 4.66) zurückgeholt. Die Regelstange kommt in die Stellung Nullförderung, und die Förderung zur Einspritzdüse wird unterbrochen.

Bosch-RSF-Regler

Dieser Regler ist ein Leerlauf-Enddrehzahlregler (Bild 4.71), der in Verbindung mit der Reiheneinspritzpumpe PES ... M .. bei den Mercedes-Benz-Motoren für Pkw verwendet wird.

Wirkungsweise

Die Wirkungsweise beruht darauf, daß der Regler nur die untere Leerlaufdrehzahl regelt und bei Überschreitung der Nenn- oder Vollastdrehzahl abregelt und die Höchstdrehzahl begrenzt. Die Regelung der unteren Leerlaufdrehzahl übernimmt in Verbindung mit der Fliehkraft der Gewichte (1 in Bild 4.71) die Leerlaufregelfeder (7 Blattfeder) und die Endregelung die Regelfeder (6 Schraubenfeder), die so stark eingestellt ist, daß sie sich erst bei Überschreitung der Nenn- oder Vollastdrehzahl durch die Fliehkraft überwinden läßt. In dem nichtgeregelten Drehzahlbereich zwischen diesen Drehzahlen übernimmt der Fahrer durch direkte Regelstangenverstellung die Regelung. (Die numerierten Hinweise in Bild 4.71 gelten gleichermaßen für die Bilder 4.72 bis 4.75.)

Anlassen Bei stehendem Motor liegen die Fliehgewichte an der Reglermuffe (2 in Bild 4.72) an. Bei Betätigung des Fahrpedals bis in die Vollaststellung wird über den Lenkhebel (10) und den Umlenkhebel (9) der Regelhebel (5) betätigt und die Regelstange (12) in die Startstellung geschoben. Das ist aber nur unterhalb der Leerlaufdrehzahl möglich, weil die Fliehgewichte ganz nach innen gestellt sind zwischen der Reglermuffe (2) und der Angleichvorrichtung (16) im Spannhebel (3) ein großer Spalt (Leerlaufstufe) entstanden ist.

Bleibt nach dem Anlassen das Fahrpedal in Vollaststellung, gehen die Fliehgewichte nach außen, überwinden die Leerlaufregelfeder (7) und schieben die Reglermuffe (2) um den Weg (Leerlaufstufe) bis zu der Angleichvorrichtung (16) vor. Die Bewegung der Reglermuffe (2) wird über den Regelhebel (5) auf die Regelstange (12) übertragen und diese aus der Start- in die Vollaststellung zurückgezogen.

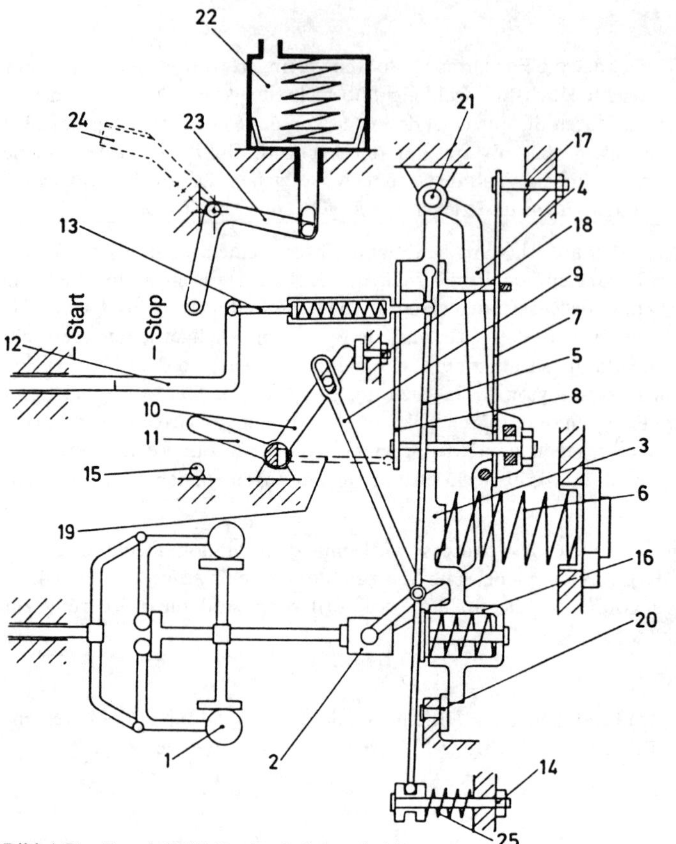

1 Fliehgewichte
2 Reglermuffe
3 Spannhebel
4 Führungshebel
5 Regelhebel
6 Endregelfeder
7 Leerlaufregelfeder
8 Leerlaufzusatzfeder
9 Umlenkhebel
10 Lenkhebel
11 Verstellhebel
12 Regelstange
13 Federnde Lasche
14 Einstellschraube für Volllastmenge
15 Fester Vollastmengenanschlag
16 Angleichfederkapsel
17 Einstellschraube für Leerlaufdrehzahl
18 Einstellschraube für Leerlaufmenge
19 Abschaltgestänge für Leerlaufzusatzfeder
20 Fester Spannhebelanschlag
21 Drehpunkt für Spann- und Führungshebel
22 Vakuumdose
23 Winkelhebel
24 Notstopphebel
25 Ausweichfeder

Bild 4.71 Bosch-RSF-Regler (schematisch)

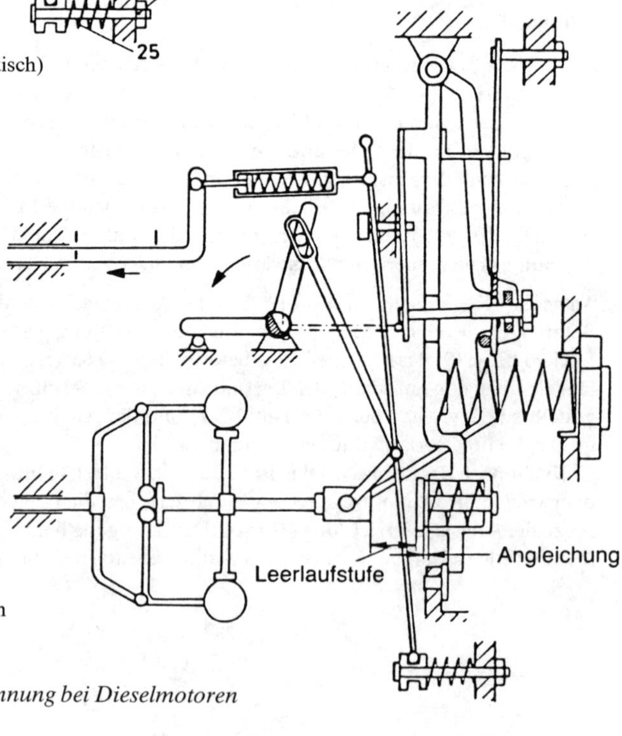

Bild 4.72 Bosch-RSF-Regler: Anlassen

Angleichen Wird das Fahrpedal aus der Leerlaufstellung heraus voll durchgetreten, wandern die Fliehgewichte nach außen, überwinden die Leerlaufregelfeder (7) und haben bei etwa 1100 bis 1200 min^{-1} die Reglermuffe (2) an die Angleichfederkapsel (16) angelegt. Wird jetzt bei steigender Drehzahl die Fliehkraft höher, wird ab der mittleren Drehzahl mit der besten Zylinderluftfüllung (siehe Abschnitt 4.3.1) die Angleichfeder in der Federkapsel (16) überdrückt und angeglichen, d.h., die Fliehgewichte können die Regelstange etwas aus der Vollaststellung in Richtung Stopp zurückholen. Dabei wird die bis dahin geförderte Vollastfördermenge verringert und der abnehmenden Zylinderluftfüllung angeglichen. Dieser Angleichvorgang ist kurz vor oder in der Nenndrehzahl beendet.

Bild 4.73 Bosch-RSF-Regler: Nullast aus Vollast abgeregelt

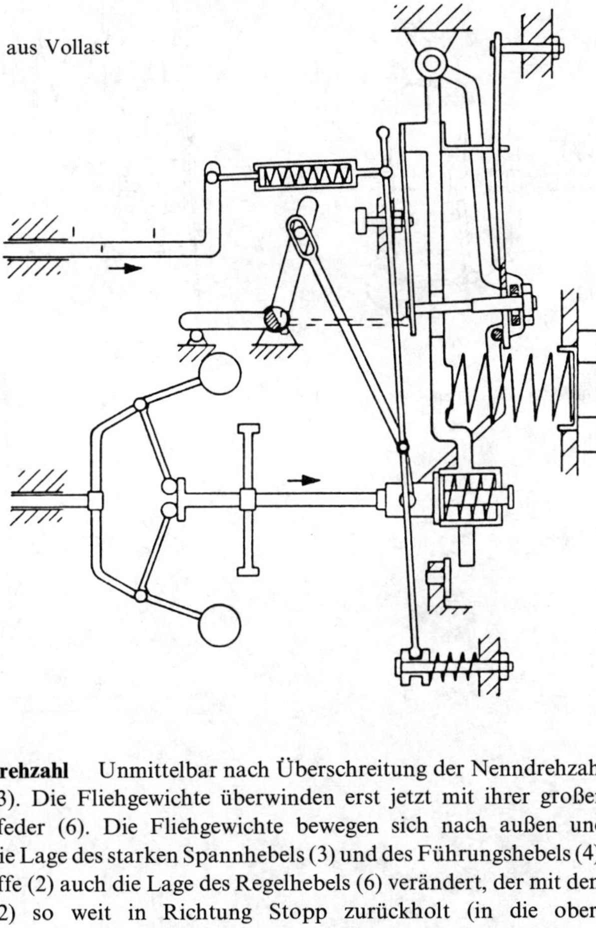

Abregeln und Begrenzen der Höchstdrehzahl Unmittelbar nach Überschreitung der Nenndrehzahl setzt die Endregelung ein (Bild 4.73). Die Fliehgewichte überwinden erst jetzt mit ihrer großen Fliehkraft die Kraft der Endregelfeder (6). Die Fliehgewichte bewegen sich nach außen und verändern über die Reglermuffe (2) die Lage des starken Spannhebels (3) und des Führungshebels (4). Gleichzeitig wird über die Reglermuffe (2) auch die Lage des Regelhebels (6) verändert, der mit dem oberen Ende die Regelstange (12) so weit in Richtung Stopp zurückholt (in die obere Leerlaufstellung), daß der Motor seine Höchstdrehzahl einnimmt, diese aber wegen Kraftstoffmangels nicht überschreiten kann. Die Höchstdrehzahl bleibt so lange bestehen, bis das Fahrpedal aus der Vollast- in die Leerlaufstellung zurückgenommen wird. Dann wird aufgrund der weit ausgefahrenen Fliehgewichte die Regelstange auf Stopp zurückgezogen und erst kurz vor Erreichen der Leerlaufdrehzahl durch die nach innen wandernden Fliehgewichte in die Leerlaufstellung geschoben.

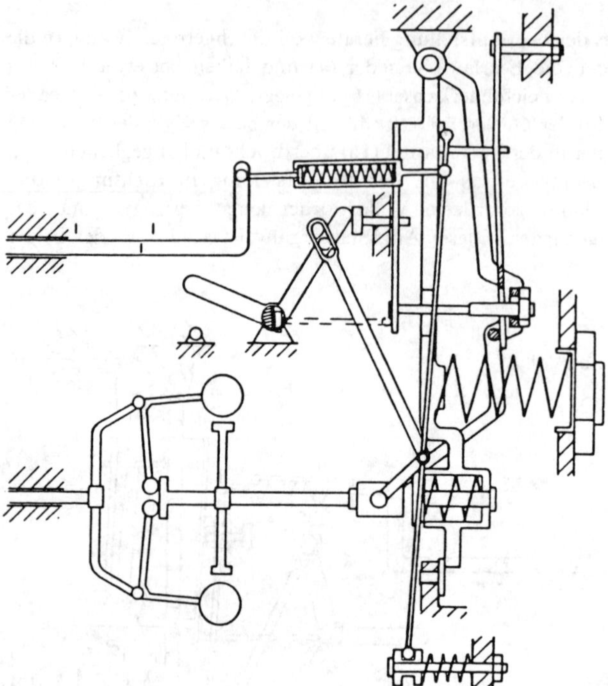

Bild 4.74 Bosch-RSF-Regler: Leerlaufstellung

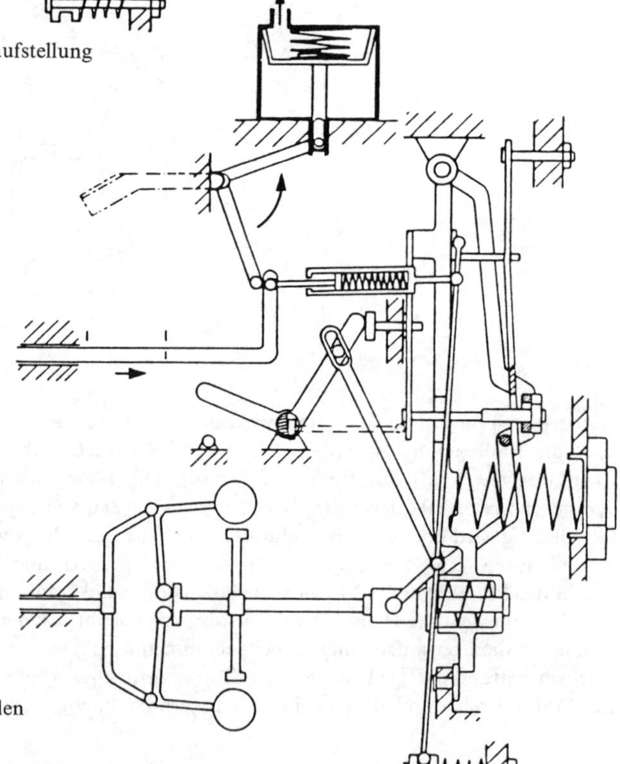

Bild 4.75 Bosch-RSF-Regler: Abstellen

Leerlauf Wird das Fahrpedal in die Leerlaufstellung gestellt (Bild 4.74), dann liegt der Lenkhebel (10) an der Leerlaufmengeneinstellschraube (18) an. Innen im Regler ist die Bewegung über den Umlenkhebel (9) und den Regelhebel (5) auf die Regelstange (12) übertragen und diese in die Leerlaufstellung geschoben worden. Die Einspritzpumpe fördert nun die für die Leerlaufdrehzahl erforderliche Kraftstoffmenge. Hat der Motor seine Leerlaufdrehzahl erreicht, so haben auch die Fliehgewichte (1) eine entsprechende Stellung angenommen und übernehmen die Regelung der Leerlaufdrehzahl. Dabei wirkt ihre Verstellkraft über die Reglermuffe (2) und den Führungshebel (4) gegen die Kraft der Leerlaufregelfeder (7 Blattfeder), bis ein Kräftegleichgewicht hergestellt ist. Versucht der Motor z. B. seine Leerlaufdrehzahl zu erhöhen, nimmt die Fliehkraft geringfügig zu. Da jetzt das Kräftegleichgewicht gestört ist, wandern die Fliehgewichte etwas nach außen und verschieben über Reglermuffe (2), Umlenkhebel (9), Regelhebel (5) die Regelstange (12) in Richtung Stopp. Im umgekehrten Fall gehen die Fliehgewichte etwas zusammen, verschieben die Regelstange geringfügig in Richtung Vollast und lassen mehr Kraftstoff einspritzen. Dieses Regeln muß so exakt erfolgen, daß keine Drehzahlschwankungen entstehen, da sonst der Motor sägen würde. Unterstützt wird das Regeln durch die Leerlaufzusatzfeder (8), die im unteren Leerlauf wirksam ist und das „Sägen" dadurch verhindert, daß sie die hin- und herschwingenden Hebel (Regelhebel und Führungshebel) mit Regelstange beruhigt. Im oberen Leerlauf (Höchstdrehzahl ohne Last) wird die Zusatzfeder (8) über Gestänge abgeschaltet, da hier der Motor gleichmäßiger durchläuft und nicht zum Sägen neigt.

Die Drehzahlregelung im Fahrbetrieb zwischen der Leerlauf- und der Enddrehzahl übernimmt der Fahrer. Er verstellt über den Verstellhebel (11), den Lenkhebel (10), den Umlenkhebel (9) den Regelhebel (5) direkt die Regelstange (12) und bestimmt durch die eingestellte Fördermenge die Drehzahl des Motors.

Abstellen des Motors Zum Abstellen des Motors kann die mit der Schlüsselstartanlage gesteuerte Vakuumdose (22) über den Winkelhebel (23) die Regelstange auf Stopp zurückholen. Der Unterdruck wird durch die Vakuumpumpe der Bremsverstärkeranlage erzeugt. Bei Ausfall der Anlage (Bild 4.75) kann auch von Hand mit dem Notstopphebel (24) die Regelstange auf Stopp gestellt werden.

4.4.4 Alldrehzahlregler (Verstellregler)

Für einen Dieselmotor, der nur im Fahrbetrieb belastet wird, genügt ein Leerlauf-Enddrehzahlregler, der nur den Leerlauf regelt und die Höchstdrehzahl begrenzt. Hat man dagegen einen Nutzfahrzeugmotor mit Nebenantrieb, einen Schlepper- oder Einbaumotor, der ohne Bedienung und Aufsicht bestimmte Motordrehzahlen zwischen Leerlauf- und Höchstdrehzahl regeln soll, dann benötigt man einen Alldrehzahl- oder Verstellregler. Man bezeichnete früher solche Regler auch als lastabhängige Regler, weil sie bei Belastungsänderung auf die dadurch entstehende Drehzahländerung reagieren, die Regelstange verstellen und dem Motor eine der Belastung entsprechende Kraftstoffmenge regeln.

Bosch-RQV-Regler

Dieser Alldrehzahlregler (Bild 4.76) ist äußerlich kaum von dem RQ-Regler (Leerlauf-Enddrehzahlregler) zu unterscheiden, nur der innere Aufbau ist in manchen Punkten anders. So werden auch hier zwei Fliehgewichte, die auf einer Reglernabe sitzen, von der Pumpennockenwelle angetrieben. In jedem Fliehgewicht ist ein Federsatz untergebracht, der aus einer Leerlaufregelfeder und einer

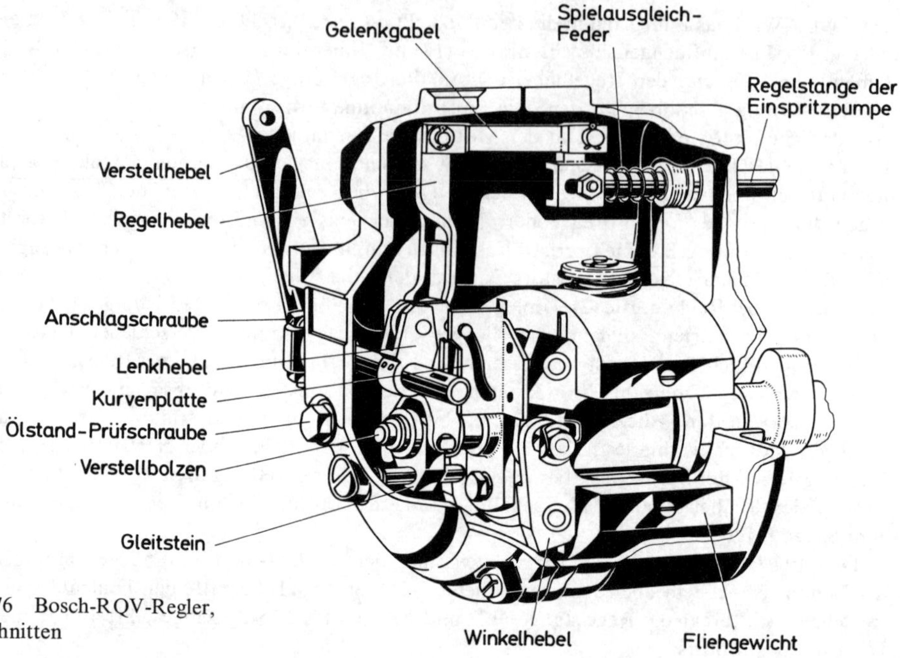

Bild 4.76 Bosch-RQV-Regler, aufgeschnitten

Hauptregelfeder besteht. Diese Regelfedern werden über Federteller und Einstellmuttern gespannt, allerdings die Hauptfeder nur gering, da mit zunehmender Drehzahl ein Spannen durch die nach außen wandernden Fliehgewichte erfolgt. Dadurch ist dieser Regler in der Lage, über den ganzen Drehzahlbereich zu regeln, denn in jeder Drehzahl kann sich der Gleichgewichtszustand zwischen der Fliehkraft nach außen und der Federkraft nach innen einstellen. Die Bewegung der Fliehgewichte wird über Winkelhebel und Verstellbolzen auf den Gleitstein übertragen. Im Verstellbolzen ist die Schleppfeder untergebracht (Bild 4.77). An dem Gleitstein greift der Regelhebel an, der durch eine Gelenkgabel mit der Regelstange verbunden ist. Der Drehpunkt des Regelhebels ist in einer Führung (Kulisse) verstellbar, wodurch sich dessen Übersetzungsverhältnis von 1 : 2 in Leerlaufstellung auf 1 : 5,9 in Vollaststellung verändern läßt (Bild 4.78).

Wirkungsweise

Grundsätzlich ist die Wirkungsweise des RQV-Reglers folgende: Erhöht sich die Motordrehzahl, so bewegen sich die Fliehgewichte nach außen, sobald die vom Fahrer eingestellte Drehzahl überschritten und die Fliehkraft größer geworden ist als die Kraft der Regelfedern. Es wird abgeregelt, d.h., die Regelstange wird in Richtung Stopp gezogen und die Fördermenge so weit vermindert, daß die Drehzahl nur um den Ungleichförmigkeitsgrad ansteigen kann. Nimmt dagegen durch Lasterhöhung die Motordrehzahl ab, so wird die Fliehkraft geringer, und die Regelfedern überwiegen, so daß sich die Fliehgewichte wieder nach innen bewegen. Diese Bewegung der Fliehgewichte wird über die Winkelhebel, den Verstellbolzen und den Regelhebel auf die Regelstange übertragen. Die Regelstange wird wieder in Richtung Vollast *verstellt*, und der Motor bekommt auf die höhere Belastung hin mehr Kraftstoff.

Bild 4.77 Verstellbolzen mit Schleppfeder (Bosch)

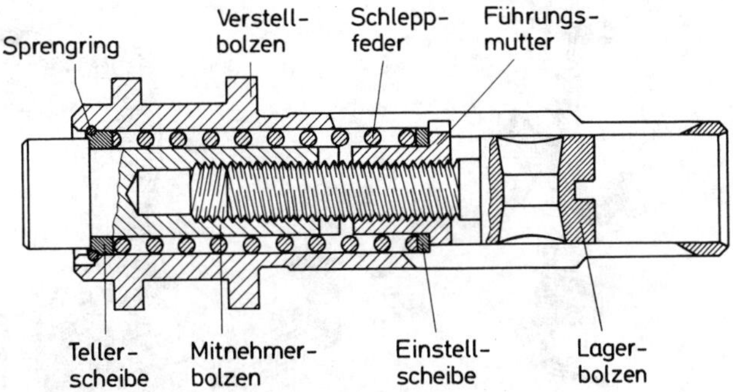

Bild 4.78 Regelhebel des RQV-Reglers mit Übersetzungsverhältnissen (Bosch)

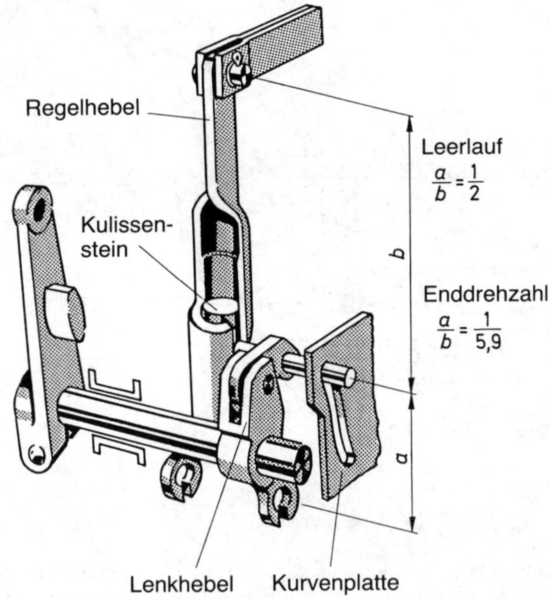

Wie schon erwähnt, beträgt bei dem RQV-Regler das Übersetzungsverhältnis in Leerlaufstellung etwa 1:2. Die Verstellkurve in der Kurvenplatte ist nun so ausgebildet, daß sich das Übersetzungsverhältnis bei Betätigung des Fahrpedals bzw. Handgashebels und Überschreitung der Leerlaufdrehzahl zwangsläufig sehr rasch bis auf 1:5,9 vergrößert. Durch diese große Hebelübersetzung zwischen Fliehgewichten und der Regelstange wird erreicht, daß der Regler schnell anspricht, denn schon eine geringe Bewegung der Fliehgewichte genügt, um die Regelstange zwischen Vollast und Nullast (ca. 5 bis 6 mm) zu verstellen. Durch das große Übersetzungsverhältnis im Regelhebel wird nun bei der Betätigung des Reglerverstellhebels mehr Weg auf die Regelstange gegeben, als diese aufnehmen kann, oder beim Abregeln mehr Weg durch die Fliehgewichte herausgenommen, als die Regelstange hergeben kann. Diese überflüssigen Wege werden in beiden Fällen von der Schleppfeder im Verstellbolzen aufgenommen (Schleppfeder wird gespannt). Dadurch wird verhütet, daß eine übermäßige Beanspruchung des Regelhebels durch Flieh- oder Regelfederkraft eintritt.

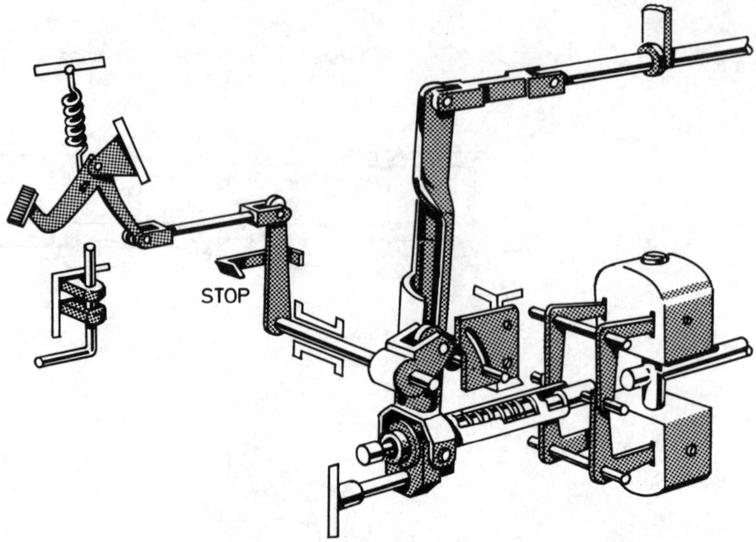

Bild 4.79 Bosch-RQV-Regler in Anlaßstellung

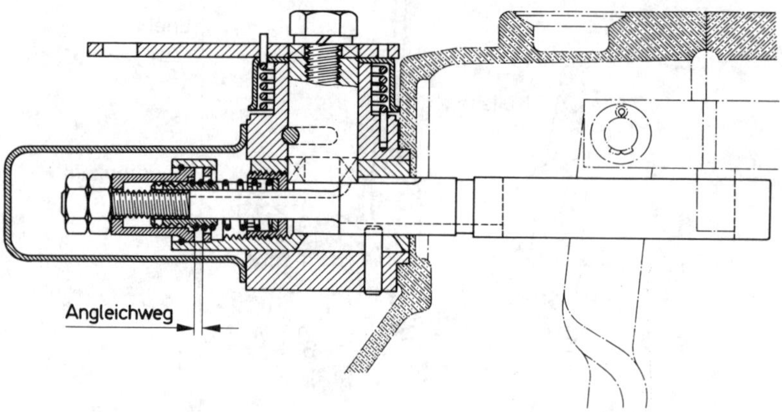

Bild 4.80 Regelstangenanschlag mit Zughebel für Startmenge und Angleichvorrichtung (Bosch)

Anlassen Aus der Ruhelage heraus wird der äußere Verstellhebel über das Fahrpedal oder den Handgashebel in seine Vollaststellung bis zum Anschlag für die maximale Drehzahl gestellt (Bild 4.79). Dadurch wird über den Lenkhebel der Kulissenstein in seiner Führung nach unten verschoben und der Regelhebel mit der Regelstange in die Vollaststellung gebracht. Da der Motor zum Anlaufen mehr als die Vollastmenge benötigt – ein Teil des Kraftstoffs schlägt sich an den kalten Brennraumwandungen nieder und verdampft nicht –, muß der feste Regelstangenanschlag bedient werden, damit die Regelstange in die Startstellung gelangen kann (Bild 4.80).

Bei manchen RQV-Reglern ist auch ein automatischer Regelstangenanschlag eingebaut (Bild 4.81). Bei Stillstand des Motors wird durch den Verstellbolzen der Kipphebel betätigt, dabei wird unten die Feder zusammengedrückt und oben die Anschlaglasche nach unten gestellt, so daß deren Anschlagnase die Gelenkgabel freigibt. Beim Starten kann deshalb die Regelstange über die Vollaststellung hinaus auf Start gestellt werden. Bei dieser Regelstangenstellung bleiben die Fliehgewichte in Ruhelage. Die Schleppfeder im Verstellbolzen ist gespannt, d. h., der Verstellbolzen ist kürzer geworden und hat den überflüssigen Weg, den die Regelstange nicht mehr aufnehmen konnte, aufgenommen (Bild 4.82).

Bild 4.81 Automatischer Regelstangenanschlag für Bosch-RQV-Regler

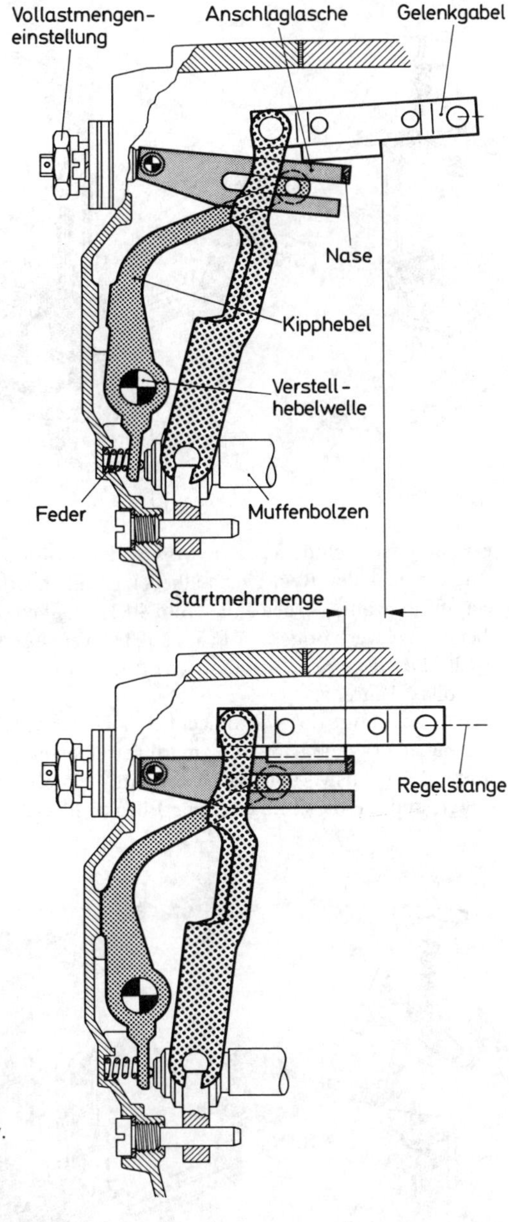

Bild 4.82 Schleppfeder gespannt, Anlassen bzw. Bergauffahrt (Bosch)

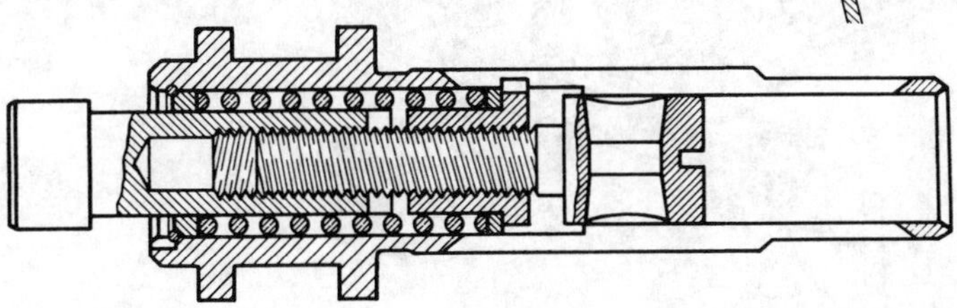

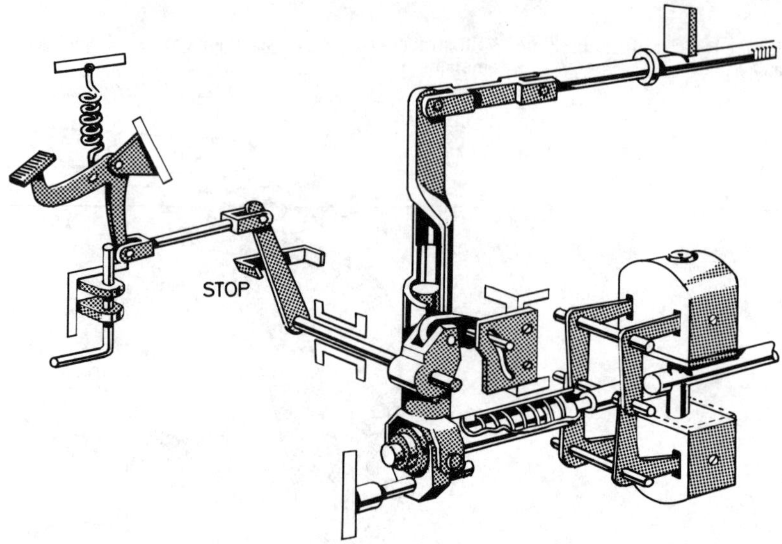

Bild 4.83 Bosch-RQV-Regler in Leerlaufstellung

Leerlauf Ist nach dem Anlaßvorgang der Motor angelaufen, so werden über das Fahrpedal bzw. Handgashebel der Reglerverstellhebel in die Leerlaufstellung zurückgenommen und die untere Leerlaufdrehzahl vorgewählt (Bild 4.83). Dabei werden der Kulissenstein hochgezogen, das Übersetzungsverhältnis von 1 : 5,9 auf 1 : 2 verringert und die Regelstange auf etwa 6 mm Regelweg gestellt. Der feste bzw. automatische Regelstangenanschlag kommt in die Stellung zurück, in der er die Vollast begrenzt.

Jetzt bekommt der Motor gerade noch die Kraftstoffmenge, die er benötigt, um seine innere Reibung überwinden und die mitangetriebenen Aggregate, wie Drehstromgenerator, Einspritzpumpe, Lüfter usw., antreiben zu können. Die Fliehgewichte haben sich geringfügig nach außen bewegt, und die dabei abgegebene Fliehkraft wiegt sich mit der Kraft der Leerlauffeder aus.

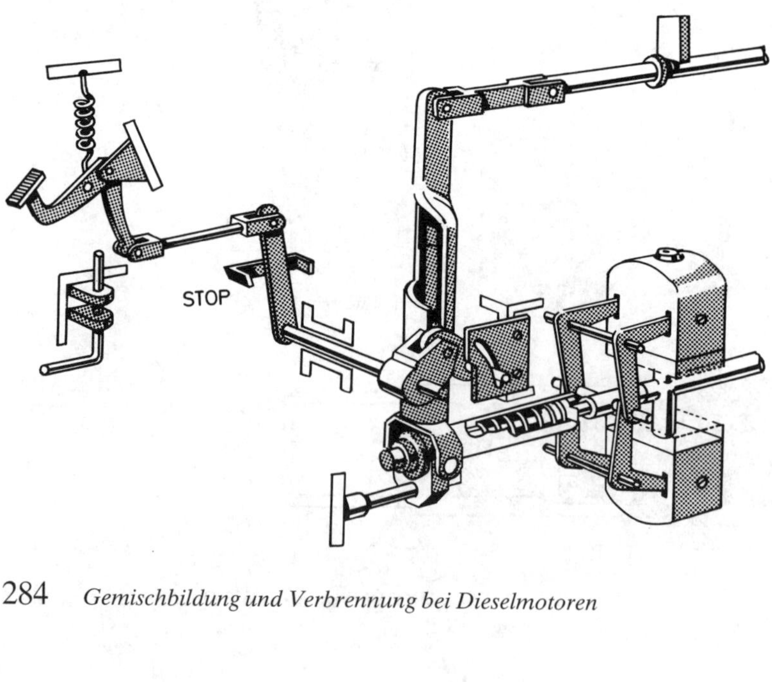

Bild 4.84 Bosch-RQV-Regler, Mittelstellung Vollast

Teillast Wird aus dem Leerlauf heraus das Fahrpedal z.B. auf Halblast gestellt, so wird diese Bewegung über das Gestänge auf den Reglerverstellhebel übertragen und innen im Regler der Kulissenstein entsprechend nach unten verschoben, so daß sich auch das Übersetzungsverhältnis verändert. Dieses Übersetzungsverhältnis ändert sich jedoch gleich oberhalb des Leerlaufgebietes so stark, daß schon ein geringer Ausschlag an dem Reglerverstellhebel bzw. Lenkhebel genügt, um die Regelstange bis zum eingestellten festen Vollastanschlag zu verschieben. Danach spannt sich die Schleppfeder und nimmt auch jetzt den überflüssigen Weg auf (Bild 4.82).

Die Regelstange bleibt nun einstweilen auf Vollast stehen. Die Folge ist ein schneller Drehzahlanstieg des Motors.

Die Fliehgewichte wandern dabei nach außen. Der Regelhebel bleibt ebenfalls so lange auf Vollast stehen, bis sich die Schleppfeder entspannt hat. Erst dann wird der Regelhebel von den Fliehgewichten mitgenommen und die Regelstange dabei so weit in Richtung Stopp verstellt, wie es die Fahrpedalstellung Halblast verlangt. Die Fördermenge wird also so weit vermindert, daß die mittlere Drehzahl bei Halblast gehalten wird. Die Drehzahl bleibt deshalb konstant, weil sich Fliehkraft und Regelfederkraft auswiegen.

Kommt es nun zu einer stärkeren Belastung des Motors, z.B. bei Bergauffahrt, dann fällt die Motordrehzahl geringfügig ab. Dadurch läßt auch die Fliehkraft nach, die Fliehgewichte bewegen sich etwas nach innen und *verstellen* über den Regelhebel die Regelstange weiter in Richtung Vollast (Bild 4.84). Ist die Belastung jedoch zu groß, dann ist die Regelstange zwar bis zum festen Vollastanschlag verstellt, da aber die Drehzahl weiter sinkt und die Fliehgewichte noch mehr zusammengehen, die Regelstange aber nicht weiter in Richtung Vollast ausweichen kann, muß die Schleppfeder einstweilen diesen Weg aufnehmen. Dieser Weg wird dann bei steigender Drehzahl wieder herausgenommen, bevor die Regelstange in Richtung Stopp verstellt werden kann.

Angleichen und Abregeln aus der Vollast Wird aus dem Leerlauf heraus das Fahrpedal ganz durchgetreten, so bekommt der Reglerverstellhebel seinen maximalen Ausschlag und liegt außen an der Anschlagschraube an. Damit ist die Nenn- oder Vollastdrehzahl vorgewählt. Im Reglerinnern wird die gleiche Bewegung auf den Lenkhebel übertragen. Der Kulissenstein wandert nach unten und gleichzeitig in der Kurvenplatte nach vorn. Dadurch wird die Regelstange bis an ihren Vollastanschlag geschoben. Da sich die Fliehgewichte noch in der Leerlaufstellung befinden, wird die Schleppfeder im Verstellbolzen gespannt. Diese drückt nun die Regelstange stark gegen den Vollastanschlaghaken (Bild 4.80), dabei gibt die Angleichfeder in der Vorrichtung nach, und die Regelstange kommt mit dem Anschlaghaken – der dabei herausgezogen wird – in die maximale Vollaststellung.

Durch das Niedertreten des Fahrpedals erhöht sich die Drehzahl. Die Fliehgewichte wandern ständig nach außen, die Schleppfeder entspannt sich zusehends, so daß der Druck auf die Regelstange in Richtung Vollast geringer wird. Ab der Drehzahl von etwa 1200 bis 1400 min^{-1} ist dann die Angleichfeder im Verhältnis stärker als die Schleppfeder, so daß sie bei weitersteigender Drehzahl in der Lage ist, über den Anschlaghaken die Regelstange um den Angleichweg (etwa 1 bis 2 mm) in Richtung Stopp zu ziehen. Die Angleichung ist kurz vor Erreichen der Nenn- oder Vollastdrehzahl beendet.

Beim Überschreiten der Nenndrehzahl ist die Schleppfeder entspannt. Die Fliehgewichte überwinden jetzt die Kraft des ganzen Federsatzes in den Gewichten; es beginnt das Abregeln. Dabei kommt die Bewegung der Fliehgewichte auf die Winkelhebel, den Verstellbolzen, den Regelhebel und von hier auf die Regelstange. Diese wird aus der angeglichenen Vollaststellung (etwa 10 mm) in die obere Leerlaufstellung (etwa 6 mm) zurückgezogen. Durch dieses Zurückziehen der Regelstange und Vermindern der Fördermenge läßt der Regler zu, daß der Motor seine Drehzahl nur bis zur Höchstdrehzahl (oberer Leerlauf) erhöhen kann. In dieser Höchstdrehzahl sind die Fliehgewichtskräfte – die beim Abregeln die Feder weiter gespannt haben – mit den Federkräften aufgewogen.

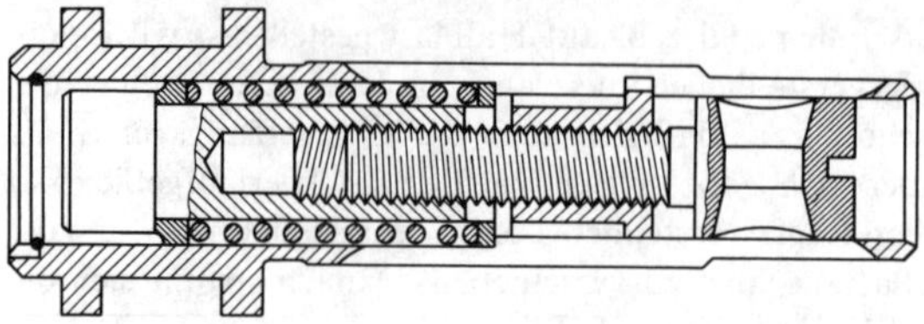

Bild 4.85 Schleppfeder gespannt, Bergabfahrt (Bosch)

Sollte der Motor seine Höchstdrehzahl überschreiten, was nur bei Talfahrt möglich ist, gehen die Fliehgewichte bei totaler Überwindung des Federsatzes nach außen und ziehen die Regelstange auf Stopp. Die Schleppfeder ist dann in entgegengesetzter Richtung wie bei der Bergauffahrt gespannt (Bild 4.85).

Abstellen des Motors Um den Motor abzustellen, muß – wie auch beim RQ-Regler – durch die Betätigung der Motorbremse bzw. des Handhebels der Reglerverstellhebel ganz bis zur Stoppanschlagschraube zurückgestellt werden. Dabei wird im Reglerinnern der Kulissenstein ganz hochgezogen und die Regelstange auf Stopp gestellt.

Pneumatischer Regler

Der *pneumatische Regler* ist ein *Verstellregler*. Aus diesem Grund verwendet man ihn bei kleinen stationären und Schleppermotoren, außerdem bei schnellaufenden Pkw-Motoren, da er sehr klein in seinen Abmessungen ist. Dieser Regler regelt alle Drehzahlen von der Leerlauf- bis zur Höchstdrehzahl. Der Klappenstutzen besitzt zwei Anschlagschrauben für den Drosselklappenhebel. Die eine Schraube begrenzt die Leerlaufdrehzahl, wenn der Motor im Leerlauf läuft, wobei die Drosselklappe nahezu geschlossen ist. Die zweite Schraube begrenzt die Höchstdrehzahl, wenn die Drosselklappe ganz geöffnet ist.

Der Regler EP/MN... (Bild 4.86) besteht aus zwei Hauptteilen: dem Klappenstutzen, der im Ansaugrohr des Motors sitzt, und dem Membranblock mit Nockenberuhigung, der an dem Einspritzpumpengehäuse angeflanscht ist.

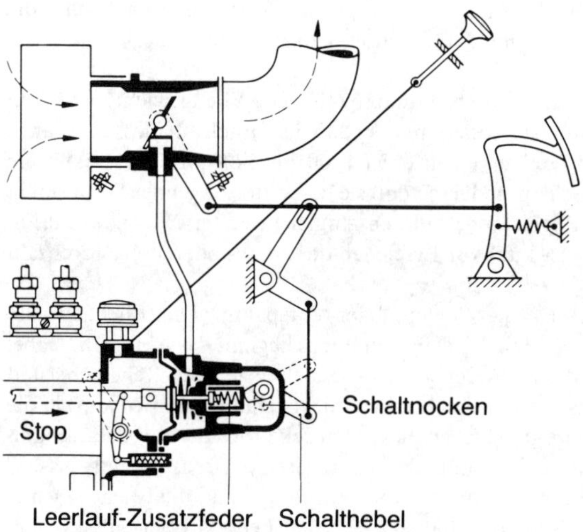

Bild 4.86 Pneumatischer EP/MN... (Bosch)

Klappenstutzen Der Klappenstutzen ist ein *Venturirohr* (Windrohr), das (übertrieben) die Form eines Tropfens hat. Man erreicht durch diese besondere Formgebung an der engsten Stelle eine hohe Luftgeschwindigkeit und eine hohe Saugwirkung. Hier befindet sich der Unterdruckanschluß zum Regler.

Ebenfalls an der engsten Stelle sitzt eine drehbare Drosselklappe, die über Verstellhebel und Gestänge mit dem Gaspedal verbunden ist. Direkt über dem Unterdruckanschluß ist noch zusätzlich ein kleines Rohr angebracht, das als *kleines Venturi-* oder *Zusatzventurirohr* bezeichnet wird. Es hat die Aufgabe, bei einem falsch umlaufenden, also rückwärts laufenden Motor zu verhindern, daß sich die Drehzahl zu sehr erhöht. Dieses kleine Venturirohr läßt die in diesem Fall über die Ansaugseite ausströmenden Abgase durchströmen, wodurch eine hohe Saugwirkung entsteht und die Membran mit Regelstange in Richtung Stopp zurückgezogen wird.

Membranblock Der Membranblock ist an der Einspritzpumpe angeflanscht und durch eine Membran (aus porenlosem Ziegenleder) in zwei Kammern unterteilt: in die *Unterdruckkammer* und in die *Atmosphärenkammer*. Die Unterdruckkammer steht über eine Stahl- oder flexible Leitung mit dem Unterdruckanschluß des Klappenstutzens in Verbindung. In der Unterdruckkammer befinden sich die Regelfeder und die Leerlaufzusatz- bzw. Beruhigungsfeder. Die Regelfeder drückt auf die Membran und versucht dauernd, diese und die an ihr befestigte Regelstange in Richtung Vollast zu schieben. Die Leerlaufzusatzfeder hat die Aufgabe, den Leerlauf des Motors zu beruhigen, damit dieser nicht «sägt».

In der Atmosphärenkammer herrscht Atmosphärendruck. Die Außenluft kann, durch ein kleines Luftfilter staubfrei, ungehindert in die Kammer ein- und aus ihr austreten. Die Atmosphärenkammer enthält den Vollastbegrenzungshebel, der den Weg der Membran in Richtung Vollast begrenzt. Der Vollastbegrenzungshebel bekommt seine normale Betriebsstellung durch die Vollastanschlagschraube. Er hat aber noch zwei weitere Funktionen. So kann man mit dem Hebel, wenn seine Stellung mit einem Bowdenzug verändert wird, die Regelstange in die Startstellung bringen oder den Motor abstellen.

Starten Zum Starten benötigt der Motor eine große Kraftstoffmenge (Startmenge). Der Pkw-Motor bekommt diese automatisch, da der Glühanlaßschalter mit dem Vollastanschlaghebel des Reglers über einen Bowdenzug verbunden ist. Während des Startens wird somit der Vollastanschlaghebel betätigt und zur Einspritzpumpe hin verstellt. Die Regelfeder kann die Membran und mit ihr die Regelstange aus der Vollast- in die Startstellung hinterherschieben. Es ist zweckmäßig, beim Starten die Drosselklappe voll zu öffnen, damit der Motor genügend Verbrennungsluft bekommt.

Leerlauf Nach dem Startvorgang wird sofort die Startmenge herausgenommen und, damit der Motor keine hohe Drehzahl annimmt, die Drosselklappe geschlossen – womit im geschlossenen Zustand die Leerlaufdrehzahl eingestellt ist. Der kleine Saugquerschnitt, der jetzt noch verbleibt (es ist hauptsächlich das kleine Venturirohr), läßt eine hohe Luftgeschwindigkeit und somit auch einen hohen Unterdruck entstehen, wenn der Motor seine Leerlaufluftmenge ansaugt. Der Unterdruck ist so hoch, daß die Membran mit Regelstange in die Leerlaufstellung zurückgezogen wird. Die Leerlaufdrehzahl verändert sich nun nicht mehr, wenn sich der Unterdruck und die Kraft der Regelfeder aufwiegen. Versucht der Motor trotzdem, seine Drehzahl zu erhöhen, so nehmen Luftgeschwindigkeit und Unterdruck zu, so daß Membran und Regelstange etwas in Richtung Stopp zurückgezogen werden. Der Motor bekommt weniger Kraftstoff und wird am Steigen seiner Drehzahl gehindert. Im umgekehrten Fall nimmt der Unterdruck ab, so daß der Motor durch die Regelfeder wieder mehr Kraftstoff bekommt.

Befindet sich die Membran in Leerlaufstellung, so schwingt sie mit der Regelstange stark hin und her. Diese starken Bewegungen werden durch die einzelnen Saughübe der Motorzylinder hervorgerufen. Da ein jeder Saughub kurzzeitig die Luftgeschwindigkeit im Venturirohr erhöht, ergibt das in der Unterdruckkammer eine kurze Erhöhung des Unterdrucks. Die Folge davon ist, daß die Membran kurz zurückgezogen und beim Nachlassen des Saugens wieder von der Regelfeder vorgedrückt wird. Ist nun diese Bewegung von Membran und Regelstange zu weit und damit zu langsam, so kann der Motor mit seiner Drehzahl den sich dauernd verändernden Fördermengen folgen und «sägt». Die Leerlaufzusatz- bzw. Beruhigungsfeder wird aus diesem Grund hinten in den Reglerdeckel eingesetzt, um die Schwingungszahl von Membran und Regelstange zu erhöhen, damit der Motor in seiner Trägkeit nicht folgen kann und der Leerlauf beruhigt wird. Die Leerlaufberuhigung wird von einem Nocken gesteuert (Bild 4.86). Dieser Nocken ist über ein Gestänge mit dem Gasgestänge verbunden und befindet sich hinten in der Unterdruckkammer. Er betätigt eine Federkapsel, in der die Leerlaufzusatzfeder eingesetzt ist. Auf diese Weise ist die Leerlaufzusatzfeder mit der Federkapsel beweglich und kann verstellt werden.

Im unteren Leerlauf bei geschlossener Drosselklappe ist der Nocken voll wirksam, d.h., er drückt die Federkapsel in Richtung Membran. Dabei wird die Leerlaufzusatzfeder gespannt, die dadurch wirksam wird und den Leerlauf des Motors beruhigt.

In Vollgasstellung wird der Nocken ganz abgeschaltet, d.h., er wird zurückgestellt, so daß die Leerlaufzusatzfeder nach dem Abregeln bei Höchstdrehzahl nicht mehr wirksam ist.

Angleichen und Abregeln aus der Vollast Tritt man bei der Leerlaufdrehzahl das Fahrpedal ganz durch, so wird die Drosselklappe im Klappenstutzen voll geöffnet. Im unbelasteten Zustand ist damit die Höchstdrehzahl eingestellt. Da sich der Saugquerschnitt stark vergrößert hat, läßt sofort die Saugwirkung nach, und der Unterdruck bricht zusammen. Die Regelfeder schiebt die Membran mit Regelstange bis zum Vollastanschlaghebel in die Vollaststellung vor. Hat der Regler eine Angleichvorrichtung, so legt sich zuerst der Angleichbolzen am Vollastanschlaghebel an, und dann drückt die Regelfeder die Angleichfeder um den Angleichweg zusammen (Bild 4.87).

Die Regelstange kommt dabei noch um ein kleines Stück in Richtung «Vollast» vor und steht jetzt in der maximalen Vollaststellung. Durch das *Gasgeben* erhöht sich die Drehzahl. Je mehr diese nun

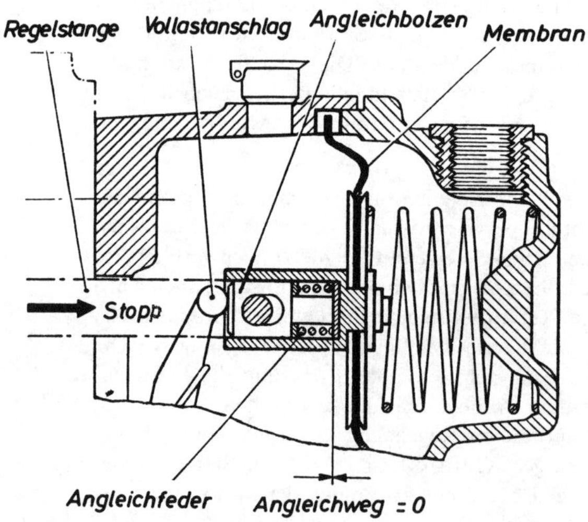

Bild 4.87 Membranstellung Vollast, niedrige Drehzahl ohne Angleichung (Bosch)

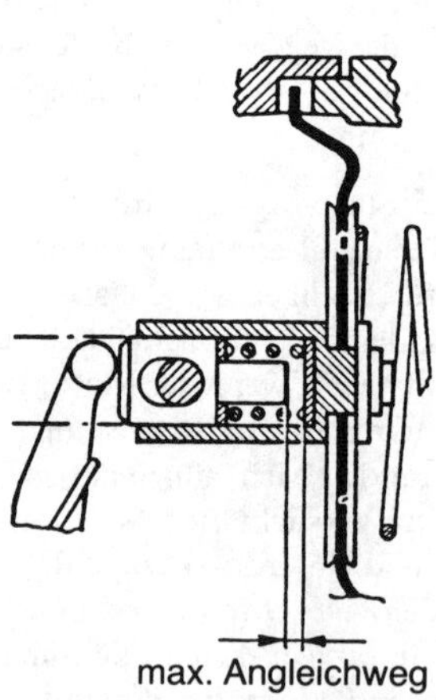

Bild 4.88 Membranstellung Vollast, hohe Drehzahl mit Angleichung (Bosch)

zunimmt, um so größer wird der Unterdruck, da der Motor seine Verbrennungsluft schneller ansaugt. Im unteren Drehzahlbereich ist der Unterdruck so weit angestiegen, daß mit der Unterstützung der Angleichfederkraft, die ebenfalls in Richtung Stopp wirkt, die Regelfeder überwunden wird. Die Regelstange kommt dabei aus der maximalen Vollast- in die angeglichene Vollaststellung zurück (Bild 4.88). Dieser Angleichvorgang ist kurz vor oder in der Nenndrehzahl beendet. Würde man den Motor wieder stärker belasten, z.B. bei Bergauffahrt, so würde durch den damit verbundenen Drehzahlabfall auch der Unterdruck sinken. Die Regelfeder würde die Regelstange wieder um den Angleichweg in Richtung Vollast vorschieben.

Wird jetzt vom Motor die Nenndrehzahl überschritten, so ist mittlerweile der Unterdruck so hoch angestiegen, daß das Abregeln beginnt. Die Regelfeder wird ganz überwunden, und Membran mit Regelstange lösen sich vom Vollastanschlaghebel und kommen in die obere Leerlaufstellung zurück. Dabei läuft der Motor mit Höchstdrehzahl. Diese obere Leerlaufstellung stimmt ungefähr mit der unteren überein, da der Unterdruck in beiden Drehzahlen ungefähr gleich ist. Nur die Stellung der Drosselklappe ist unterschiedlich. So ist sie im unteren Leerlauf nahezu geschlossen und im oberen Leerlauf bei Höchstdrehzahl voll geöffnet.

Abstellen des Motors Mit dem Abstellhebel wird die Regelstange ganz zum Regler hin zurückgestellt (Stoppstellung). Dies geschieht über einen Bowdenzug, der von dem Glühstartschalter aus betätigt wird.

4.4.5 Elektronische Dieselregelung (EDR)

Die elektronische Dieselregelung wurde für Einspritzanlagen mit Reihen- und Verteilereinspritzpumpen entwickelt.

Das Hauptteil der gesamten Einspritzanlage ist ein in Mikroprozessortechnik ausgeführtes Steuergerät (Bild 4.89). Dieses verarbeitet die eingehenden Informationen zusammen mit den gespeicherten Daten. Der Fahrer gibt die Informationen ein über die Stellung des Schlüssels im Fahrschalter, des Fahrpedals und des Drehzahl-Handverstellers. Die Bewegungen von Fahrpedal und Handversteller werden auf Potentiometer übertragen. Sensoren messen Motordrehzahl, Ladelufttemperatur, Ladeluftdruck, Kraftstofftemperatur und Fahrgeschwindigkeit.

Durch die Erfassung dieser Ist-Größen und die im Steuergerät eingespeicherten Soll-Grenzwerte ist es möglich, dem Motor bei jeder Drehzahl und bei jedem Betriebszustand (z.B. unterschiedliche Höhe über NN und Außentemperatur usw.) die optimale Kraftstoffmenge zuzumessen, ohne daß die Rauchgrenze überschritten wird. Bis zu diesen Grenzen wird die Vollastfördermenge der Einspritzpumpe erhöht, d.h., es gibt für die Regelstange keinen festen Vollastanschlag mehr. Das Steuergerät ermittelt die Vollastmenge ständig nach Umweltbedingungen.

Die elektronische Dieselregelung gibt also die Möglichkeit, die Leistungs- und Drehmomentcharakteristik des Motors optimal an die vom Fahrzeug verlangten Verhältnisse anzupassen.

Für den Fahrbetrieb ist eine Leerlauf-Enddrehzahlregler-Charakteristik programmiert. Bei Betätigung durch den Drehzahl-Handversteller wird automatisch auf Verstellreglercharakteristik umgeschaltet. Hierbei ist einer bestimmten Hebelstellung, unabhängig von der Last, eine konstante Motordrehzahl für den Antrieb von Nebenaggregaten (z.B. Lösch- und Tankpumpen usw.) zugeordnet. Die Startmengenfreigabe erfolgt abhängig von der Kraftstofftemperatur, damit beim Warmstart kein Rauchstoß entsteht.

Auftretende Störungen werden dem Fahrer durch Aufleuchten einer Fehleranzeige mitgeteilt. Ein Notfahrprogramm sorgt für eine sichere Fahrt in die Werkstatt, in der mit einem Diagnosegerät die auftretenden Fehler angezeigt werden. Die einzelnen Bauteile der Anlage sind so angeordnet, daß eine schnelle Reparatur bzw. schneller Austausch der Teile möglich ist.

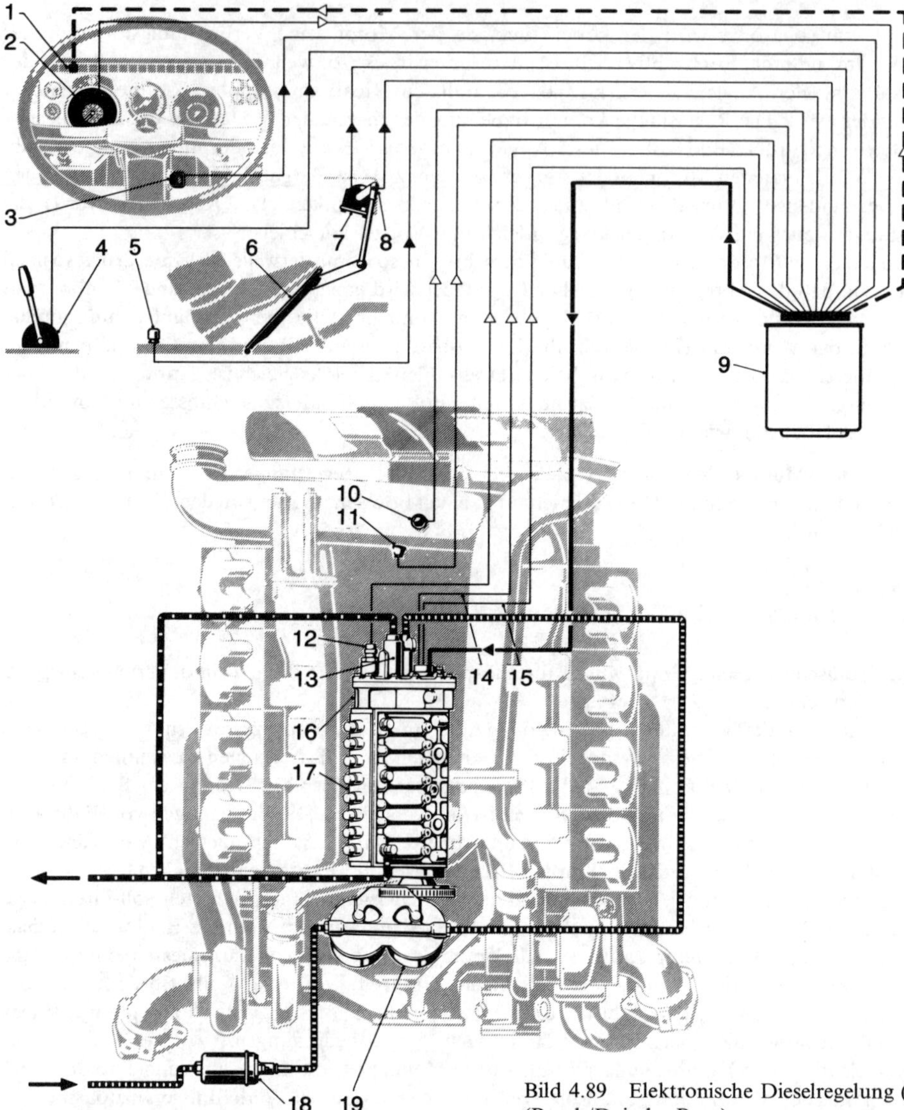

Bild 4.89 Elektronische Dieselregelung (EDR) (Bosch/Daimler-Benz)

1 Warnlampe EDR
2 Fahrzeuggeschwindigkeit
3 Schlüsselanlassung u. -abstellung
4 Drehzahl-Handversteller, z.B. Betonmischer, Müllfahrzeug
5 Motorbremsschalter
6 Fahrpedal
7 Fahr-Sollwertgeber
8 Kick-down-Schalter
9 Elektronisches Steuergerät
10 Ladeluftdruckgeber
11 Ladelufttemperaturgeber
12 Kraftstofftemperaturgeber
13 Elektromagnetisches Steuerventil
14 Regelstangenweggeber
15 Drehzahlgeber
16 Stellwerk
17 Einspritzpumpe
18 Elektrokraftstoffpumpe
19 Kraftstoffilter

Kraftstoffzulauf
Kraftstoffrücklauf
Stellwerksteuerung
Betätigung
Messung
Kontrolle

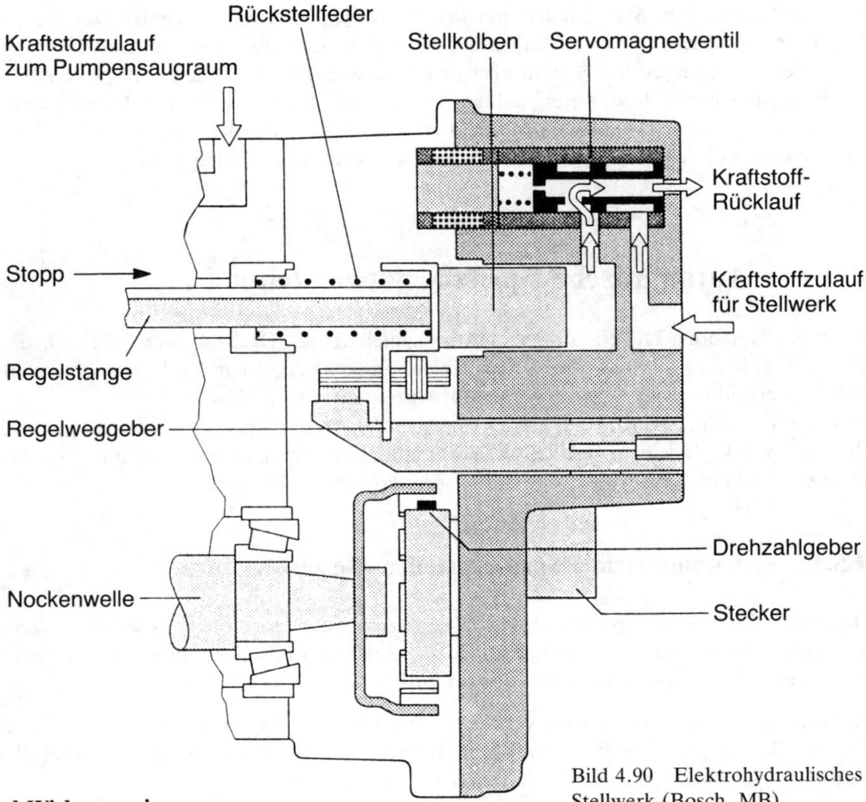

Bild 4.90 Elektrohydraulisches Stellwerk (Bosch, MB)

Aufbau und Wirkungsweise

Die Einspritzanlage (Bild 4.89) besteht aus Hochdruck-Einspritzpumpe, Niederdruckkreis, elektrohydraulischem Stellwerk (Bild 4.90), elektronischem Steuergerät mit den Informationsgebern (Sensoren) für Regelstangenweg, Motordrehzahl, Ladedruck, Ladeluft- und Kraftstofftemperatur, Fahrpedal- und Drehzahl-Handhebelstellung sowie Getriebedrehzahl.

Niederdruckkreis Beim Starten wird durch eine Elektro-Kraftstoffpumpe der Kraftstoff aus dem Tank angesaugt und über das Kraftstoffilter in den Saugraum der Einspritzpumpe gefördert. Der überschüssige Teil gelangt über das Überströmventil und die Rücklaufleitung zum Tank zurück. Parallel zu der Einspritzpumpe wird auch das elektrohydraulische Stellwerk mit Kraftstoff versorgt und steht unter dem erforderlichen Arbeitsdruck.

Bei der Situation «Notabstellen» wird die Elektrokraftstoffpumpe umgepolt und saugt den Saugraum der Einspritzpumpe leer, um eine Selbstzerstörung des Motors zu verhindern.

Elektrohydraulisches Stellwerk Der von der Elektrokraftstoffpumpe geförderte Kraftstoff gelangt über das Servomagnetventil in den Stellzylinder (Bild 4.90). In dem Stellzylinder bewegt sich der Stellkolben. Seine Bewegung wird direkt auf die Regelstange der Einspritzpumpe übertragen. Eine Rückstellfeder ist dabei immer bestrebt, Stellkolben und Regelstange in die Position «Nullförderung» zu stellen.

Das Servomagnetventil wird von dem elektronischen Steuergerät gesteuert. Wird z.B. das Fahrpedal niedergetreten oder die Last erhöht, dann öffnet das Servomagnetventil den

Kraftstoffzulauf zum Stellzylinder und läßt so lange Kraftstoff einfließen, bis Stellkolben und Regelstange die Stellung erreicht haben, die der Fahrpedalstellung oder der Last entsprechen. Diese neue Stellung der Regelstange wird über den Regelweggeber dem Steuergerät mitgeteilt.

In dem anderen Fall, bei Zurücknahme des Fahrpedals bzw. der Motorbelastung, wird durch das Servomagnetventil der Stellzylinder mit dem Rücklauf verbunden, damit die Rückstellfeder die Regelstange und den Stellkolben in Richtung Nullförderung betätigen kann.

4.5 Automatische Spritzbeginnverstellung

Bei schnellaufenden Dieselmotoren muß bei zunehmender Drehzahl der dabei größer werdende Zündverzug in Gradkurbelwinkel ausgeglichen werden. Dies erfolgt durch einen Spritzversteller, der den Förderbeginn der Einspritzpumpe in Richtung «Früh» verändert.

Ohne Verstellung würde bei hoher Drehzahl die Verbrennung zu spät einsetzen und sich zu sehr in den Arbeitstakt hinein verschleppen. Verbrennungsdruck, Drehmoment und Leistung würden absinken und der Motor nicht optimal ausgenutzt werden können.

4.5.1 Automatischer Spritzversteller (Bosch)

Bei einer Einspritzanlage mit Reiheneinspritzpumpe wird ein *mechanischer Spritzversteller* verwendet. Dieser sitzt im Pumpenantrieb auf dem Konus der Pumpennockenwelle oder im Steuergehäuse in dem Pumpenantriebszahnrad.

Aufbau Der mechanische Spritzversteller (Bild 4.91) besteht im wesentlichen aus dem Kuppelflansch (verbunden mit der Pumpennockenwelle), dem Gehäuse, dem Antriebsflansch mit Lagerkapsel, zwei Fliehgewichten mit zwei Schraubenfedern.

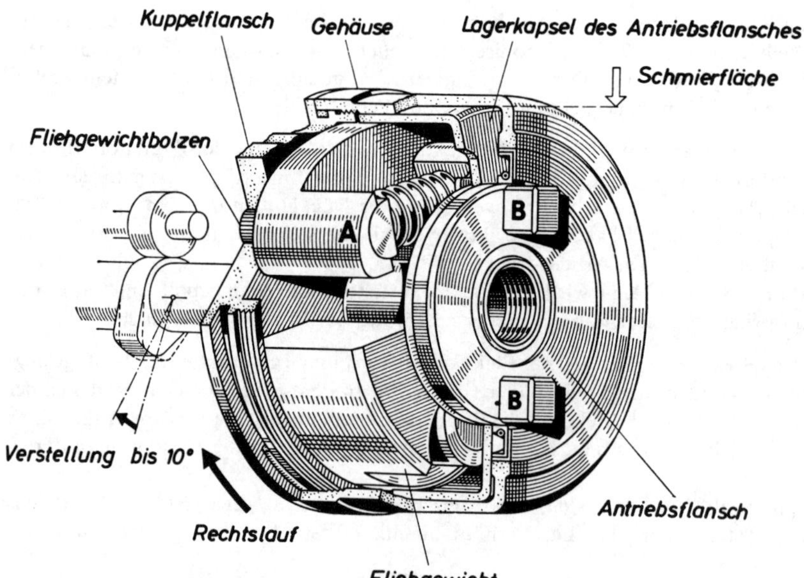

Bild 4.91 Automatischer Spritzversteller (Bosch)

Wirkungsweise

Der Spritzversteller arbeitet drehzahlabhängig. Mit steigender Drehzahl wandern die Fliehgewichte infolge der Fliehkraft nach außen (Bild 4.92). Dabei gleiten die Kurvenbahnen der Fliehgewichte entlang dem Mitnehmerbolzen (B) des Antriebsflanschs, der starr mit der Pumpenantriebswelle des Motors verbunden ist. Bewegen sich die Fliehgewichte weiter nach außen, so ziehen sie ihren Lagerzapfen (A) am Kuppelflansch an den Mitnehmerbolzen (B) des Antriebsflanschs heran.

Der Kuppelflansch und damit die *Pumpennockenwelle* werden um 5 bis 7 Grad *in Drehrichtung verdreht.* Dadurch werden die Pumpenkolben früher betätigt, und die Förderung bzw. Einspritzung setzt früher ein.

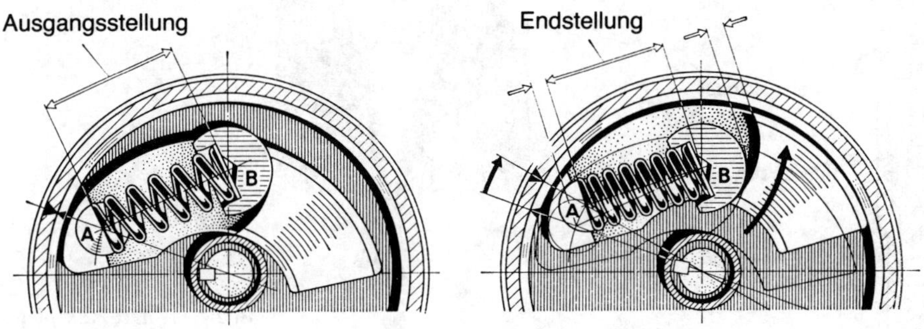

Bild 4.92 Wirkungsweise des automatischen Spritzverstellers (Bosch)

4.6 Einspritzdüsen

Es gibt zwei *Hauptarten:* die *Lochdüse,* die bei dem Direkteinspritzverfahren, und die *Drosselzapfendüse,* die bei dem Vor- und Wirbelkammerverfahren verwendet wird.

Die Düse besteht aus dem Düsenkörper und der Düsennadel. Beide Teile bilden eine Einheit (Spiel etwa 0,002 mm) und dürfen nur zusammen erneuert werden. Mit einer Überwurfmutter wird die Düse an den Düsenhalter (Düsenstock) befestigt.

Die Aufgabe der Einspritzdüse ist, den von der Einspritzpumpe unter hohem Druck geförderten Kraftstoff so in den Brennraum zu spritzen, daß er erstens ausreichend zerstäubt und zweitens gut verteilt wird.

4.6.1 Lochdüse

Die Lochdüse (Bild 4.93) wird bei dem Direkteinspritzverfahren verwendet. Sie besitzt im Gegensatz zur Drosselzapfendüse keinen Spritzzapfen, sondern einen Kegel, der als Nadelsitzfläche (Dichtfläche) dient.

Es gibt Einloch- und Mehrlochdüsen. Die *Einlochdüsen* haben nur eine seitliche Bohrung und werden bei dem M.A.N.-M-Verfahren mit Kraftstoffwandverteilung eingebaut.

Die *Mehrlochdüsen* können drei bis fünf Spritzbohrungen haben und kommen bei der Kraftstoff-Luft-Verteilung zum Einsatz.

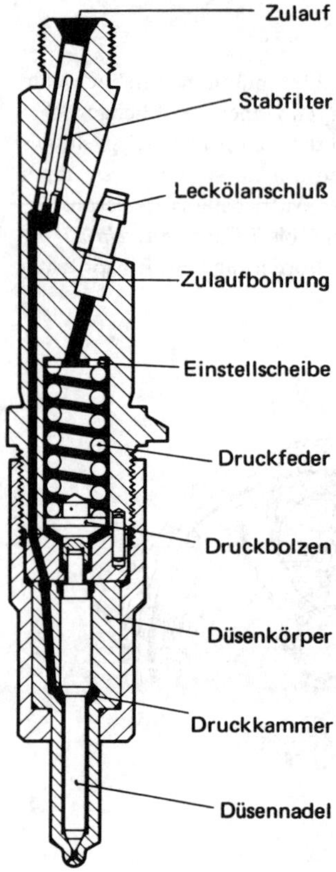

Bild 4.93 Düsenhalter mit Lochdüse (Bosch)

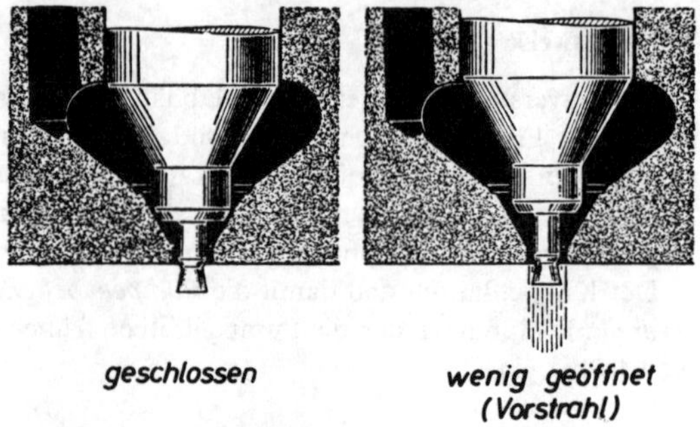

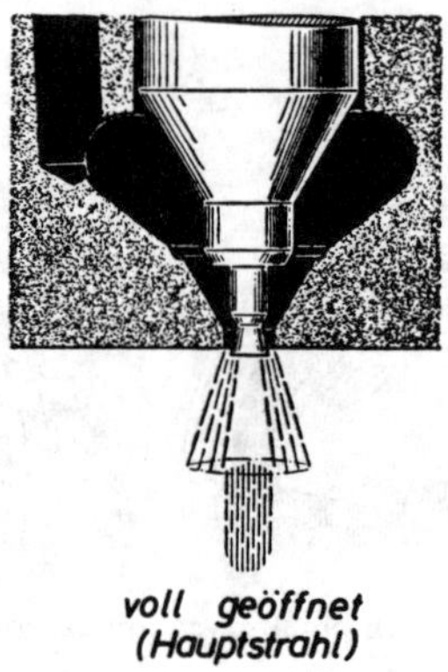

Bild 4.94 Drosselzapfendüse mit Vor- und Hauptstrahl (Bosch)

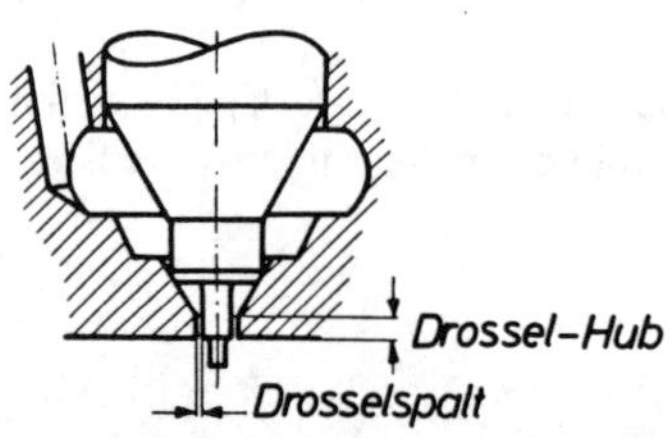

Bild 4.95 Drosselzapfendüse (schematisch)

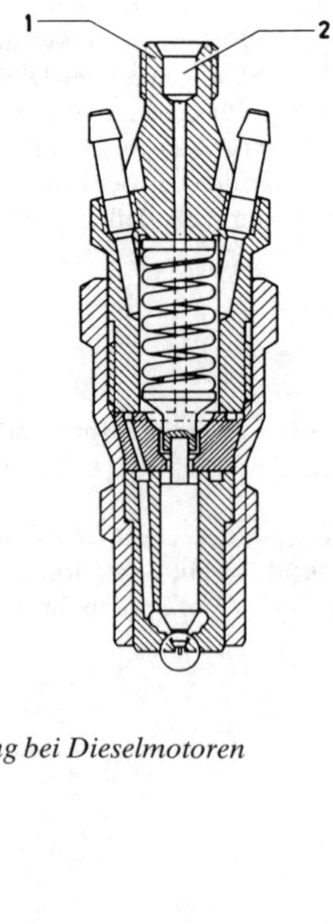

1 Einspritzdüse komplett
2 Düsenhalteroberteil
3 Düsenkörper
4 Drosselzapfen
5 Hauptstrahlzapfen

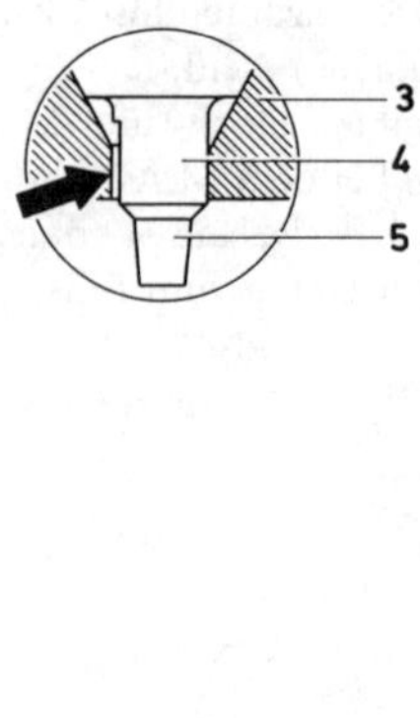

Bild 4.96 Flächenzapfendüse (MB)

Wirkungsweise

Bei der Förderung gelangt der Kraftstoff über die Druckleitung in den Druckrohrstutzen (Zulauf) des Düsenhalters. Von dort fließt er weiter über die Zulaufbohrung in die Druckkammer und an der Düsennadel vorbei bis zum Sitz.

Sobald der Kraftstoffdruck größer ist als der Druck der Druckfeder, wird die Düsennadel durch den auf die kegelige Fläche (Druckschulter) wirkenden Druck von ihrem Sitz nach innen abgehoben. Dabei tritt der Kraftstoff durch die Spritzbohrung(en) in den Verbrennungsraum ein.

Das entlang der Düsennadel austretende *Lecköl*, das zur Schmierung der Düsennadel dient, sammelt sich im Federraum und wird über die Leckölleitung zum Kraftstoffbehälter zurückgeführt.

4.6.2 Drosselzapfendüse

Die Drosselzapfendüse (Bild 4.94) wird bei allen Vor- und Wirbelkammermotoren verwendet.

Durch unterschiedliche Abmessungen der Spritzzapfen tritt bei Beginn der Einspritzung der *Vorstrahl* (kleine Menge) aus, die Hauptmenge wird zurückgehalten (gedrosselt). Durch den Vorstrahl wird die Verbrennung weich eingeleitet und der Lauf des Motors geräuschärmer.

Wirkungsweise

Bei einsetzender Förderung wirkt der Kraftstoffdruck auf die Druckschulter (Kegelfläche) der Düsennadel und hebt sie an. Der dicke Zapfen (Drosselzapfen) steht in der Spritzbohrung, und ein kleiner Ringspalt (Drosselspalt) entsteht (Bild 4.95). Über diesen kleinen Ringspalt tritt der Vorstrahl aus.

Wird die Düsennadel weiter angehoben, so hebt sich der Drosselzapfen aus der Bohrung, bis der kleinere Spritzzapfen (Hauptstrahlzapfen) diese Stellung eingenommen hat. Der Drosselhub ist zurückgelegt und die Drosselung aufgehoben. Der *Hauptstrahl* tritt über den größeren Ringspalt aus. Die Vorstrahlmenge wird also durch den Drosselhub und den Drosselspalt bstimmt.

Eine andere Drosseldüsenausführung ist die *Flächenzapfendüse* (Bild 4.96). Sie unterscheidet sich von der Ausführung in Bild 4.95 durch eine angeschliffene Fläche am Drosselzapfen.

Mit dieser *Flächenzapfendüse* wird die Drosselwirkung dadurch erreicht, daß bei Beginn der Einspritzung der Kraftstoff nicht als ringförmiger, sondern als gebündelter Vorstrahl austritt. Der Vorteil ist eine noch bessere Drosselwirkung, eine weicher einsetzende Verbrennung und geringere Rußbildung.

4.6.3 Einspritzdüsenhalter

Die Einspritzdüse wird mit einer Überwurfmutter am plangeschliffenen Schaftende des Düsenhalters (Bild 4.97) befestigt. Oben im Düsenhalter befindet sich ein größerer Raum, in dem eine Druckfeder sitzt. Diese Feder drückt über einen Druckbolzen auf die Düsennadel. Die Vorspannung der Feder, die mit einer Einstellschraube oder mit Einstellscheiben verändert werden kann, bestimmt den Öffnungsdruck (Einspritzdruck) der Düse.

Oft sind in die Druckrohrstutzen *Stabfilter* eingesetzt (Bild 4.93). Sie halten den Schmutz zurück, der bei Montagearbeiten in die Einspritzleitung gelangt ist. Der Schmutz wird während des Betriebs so fein zermahlen, daß er an dem Nadelsitz der Düse vorbei in den Brennraum gelangen kann. Ohne Stabfilter würde der Schmutz sich am Nadelsitz festsetzen und die Düse am Schließen hindern (klopfende Verbrennung).

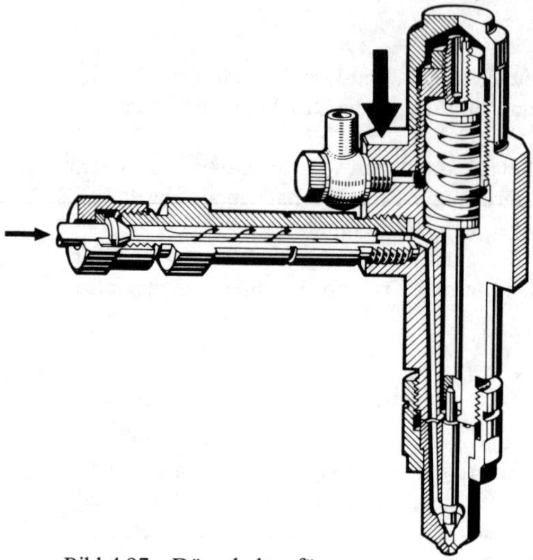

Bild 4.97 Düsenhalter für Flanschbefestigung (Bosch)

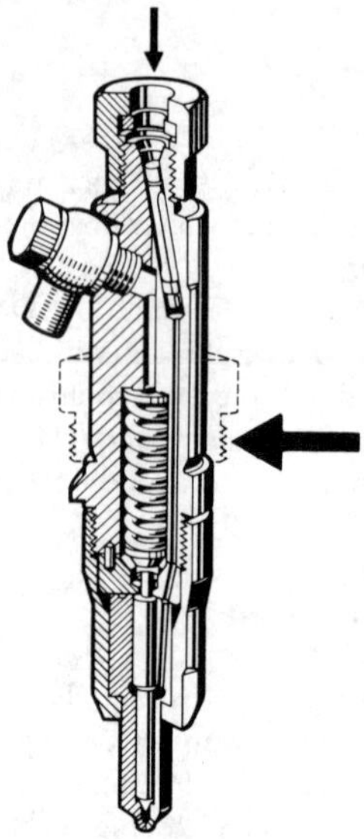

Bild 4.98 Düsenhalter für Befestigung mit Überwurfmutter (Bosch)

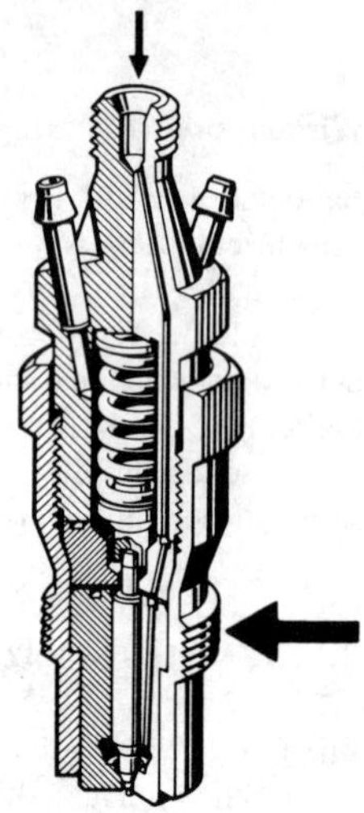

Bild 4.99 Düsenhalter mit Einschraubgewinde für Vor- und Wirbelkammermotoren (Bosch)

Zur Befestigung der Düse im Zylinderkopf des Motors sind verschiedene Düsenhalter entwickelt worden. Der Bosch-Düsenhalter mit Flanschbefestigung (Bild 4.97) nimmt eine Lochdüse auf. Der Kraftstoffzulauf von der Einspritzpumpe ist seitlich. Der Düsenöffnungsdruck wird nach Abnehmen der Verschlußkappe mit einer Einstellschraube von oben eingestellt.

Der Bosch-Düsenhalter (Bild 4.98) nimmt ebenfalls eine Lochdüse auf und wird durch eine Überwurfmutter oder eine Pratze im Zylinderkopf gehalten. Der Kraftstoffzulauf ist von oben. Der Düsenöffnungsdruck wird mit Einstellscheiben verändert. Dazu muß der Halter zerlegt werden.

Der Bosch-Düsenhalter (Bild 4.99) besitzt Einschraubgewinde, d. h., der ganze Halter wird in den Zylinderkopf eingeschraubt. Er nimmt eine Drosselzapfendüse auf und wird bei Vor- und Wirbelkammermotoren verwendet. Der Kraftstoffzulauf ist von oben. Das Lecköl kann aus dem Federraum über die beiden seitlichen Schlauchstutzen abfließen. Der Düsenöffnungsdruck wird mit Einstellscheiben verändert. Auch hier muß der ganze Halter zerlegt werden, um die Scheiben auswechseln zu können.

4.6.4 Düsenprüfung mit dem Handprüfgerät

Der Düsenhalter mit eingebauter Einspritzdüse wird an die Druckleitung des Düsenprüfgeräts angeschlossen. Es werden geprüft: Öffnungsdruck, Dichtheit, das Schnarrverhalten und die Strahlbildung.

Öffnungsdruckprüfung Zuerst wird der Öffnungsdruck (Einspritzdruck) bei geöffnetem Absperrventil des Manometers und langsamer Pumphebelbetätigung gemessen. Weicht der Druck vom Sollwert ab, so stimmt die Federvorspannung nicht, und eine Einstellung muß durchgeführt werden.

Diese richtet sich nach der Düsenhalterausführung und kann durch eine Einstellschraube oder durch Einstellscheiben verändert werden.

Die Einstellscheiben sind in Dicken von 1,0 bis 3,0 mm erhältlich und um jeweils 0,05 mm abgestuft. Als Faustregel gilt, daß etwa 0,1 mm Scheibendicke eine Druckänderung von 8 bis 10 bar ergeben.

Bei neuen Düsen wird der Öffnungsdruck um 5 bis 10 bar über den Sollwert eingestellt, weil sich die Düsennadeln schon nach kurzer Zeit einarbeiten und den Druck absenken lassen. Die Einstellung muß so genau erfolgen, daß der Druckunterschied nicht größer ist als 5 bar.

Dichtheitsprüfung Der Pumphebel wird niedergedrückt, bis der Zeiger des Manometers 20 bar unterhalb des vorher gemessenen Öffnungsdrucks steht. Die Düse ist dicht, wenn sich an der Spritzbohrung innerhalb von 10 s kein Tropfen gebildet hat.

Schnarr- und Strahlprüfung Für diese Prüfung muß das Absperrventil zugedreht werden. Der Pumphebel ist mit drei Geschwindigkeiten zu betätigen (langsam, mittel und schnell). Bei langsamer Betätigung etwa 1 bis 2 Hübe/s, bei mittlerer etwa 2 bis 3 Hübe/s und bei schneller mindestens 4 bis 6 Hübe/s.

Drosselzapfendüse Bei langsamer Betätigung tritt nur der Vorstrahl aus, der gerade und mit Schnarrgeräusch die Düse verläßt. Bei mittlerer Hebelgeschwindigkeit tritt zusätzlich der Hauptstrahl aus. Aber statt des Schnarrgeräuschs gibt sie nur ein zischendes Geräusch ab (schnarrloser Bereich). Erst bei schneller Hebelbetätigung schnarrt die Düse wieder, aber mit einem hohen Pfeifton.

Lochdüse Bei der Prüfung von Lochdüsen ist das Schnarrverhalten abhängig von folgenden Abmessungen: vom Durchmesser des Nadelsitzes, vom Durchmesser der Nadelführung und vom Durchmesser des Sackloches (Raum unterhalb des Nadelsitzes).

Es gibt Lochdüsen, die schnarren über den ganzen Prüfbereich, d.h., bei allen Hebelgeschwindigkeiten, und solche, die einen kleineren oder größeren mittleren schnarrlosen Bereich haben.

Gebrauchte Lochdüsen müssen dicht sein und bei schneller Hebelgeschwindigkeit (4 bis 6 Hübe/s) hörbar schnarren und gut zerstäuben. Dies ist die Gewähr dafür, daß die Düsennadel noch leichtgängig ist und die Düse auch unter Startbedingungen ausreichend zerstäubt einspritzt.

4.6.5 Einspritzleitungen

Die Einspritzleitungen sind aus nahtlos gezogenem Stahlrohr hergestellt und bis zu 1000 bar belastbar. Sie haben bei Anlagen für Fahrzeugmotoren einen Außendurchmesser von 4,5 und 6 mm und eine Wanddicke von 1,75 bis 2,5 mm. Damit der Einspritzzeitpunkt und die Einspritzmenge für alle Zylinder gleich sind, werden die Einspritzleitungen alle gleich lang bemessen. Sie sind auf jeden Motortyp abgestimmt und werden fertig gebogen als Ersatzteil geliefert.

5 Die Kraftübertragung

Als Kraftübertragung bezeichnet man sämtliche Bauteile des Kraftfahrzeugs, die dazu dienen, die «Dreharbeit» (das Drehmoment) des Motors auf die Antriebsräder zu übertragen.

Die Kraftübertragung besteht aus folgenden Teilen:

- ☐ Kupplung, Wechselgetriebe, Verteilergetriebe (bei Allradantrieb), Gelenkwellen (Kardanwellen),
- ☐ Winkelgetriebe, Ausgleichgetriebe und bei Schwerstlast-Kraftfahrzeugen Radvorgelegeantrieb.

Man unterscheidet folgende Antriebsarten:

a) Standardbauweise (Hinterradantrieb)
b) Heckantrieb
c) Hinterradantrieb mit Mittelmotoranordnung
d) Hinterradantrieb nach dem «Transaxle-Prinzip»
e) Frontantrieb (Vorderradantrieb)
f) Allradantrieb (Vorder- und Hinterradantrieb)

Standardbauweise (Bild 5.1)

Motoranordnung vorn, Kupplung (K), Wechselgetriebe (W) oder statt Kupplung und Wechselgetriebe: Automatikgetriebe, Gelenkwellenstrang (G) und Achsantrieb (A) an der Hinterachse.

Bild 5.1 Standardbauweise (s. Text)

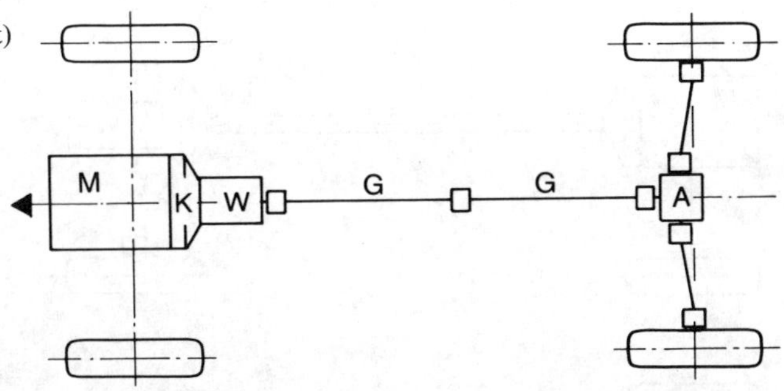

Heckantrieb (Bild 5.2)

Motor (M), Kupplung (K), Wechselgetriebe (W) und Achsantrieb (A) sind im Heck des Kfz angeordnet. Der Gelenkwellenstrang entfällt.

Mittelmotoranordnung (Bild 5.3)

Der Motor (M) mit Kupplung (K) ist *vor* der Hinterachse, Wechselgetriebe (W) hinter und Achsantrieb (A) in der Hinterachse angeordnet. Hierdurch soll eine günstige Gewichtsverteilung erzielt werden (Schwerpunkt des Kfz in der Mitte zwischen Vorder- und Hinterachse), um neutrales

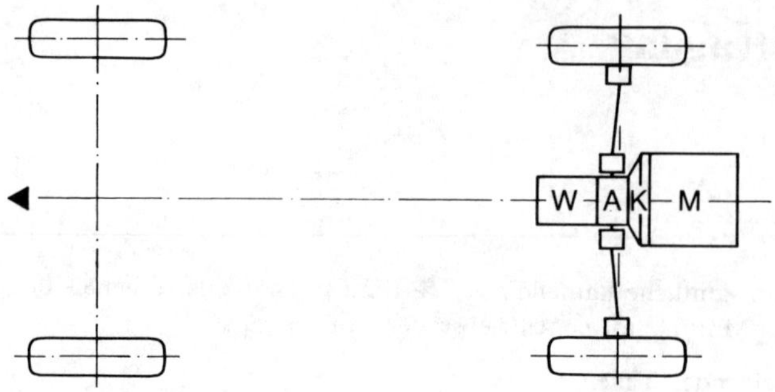

Bild 5.2 Heckantrieb (s. Text)

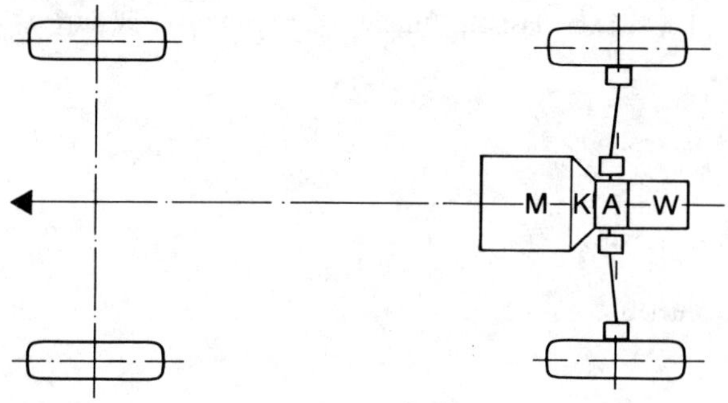

Bild 5.3 Mittelmotoranordnung (s. Text)

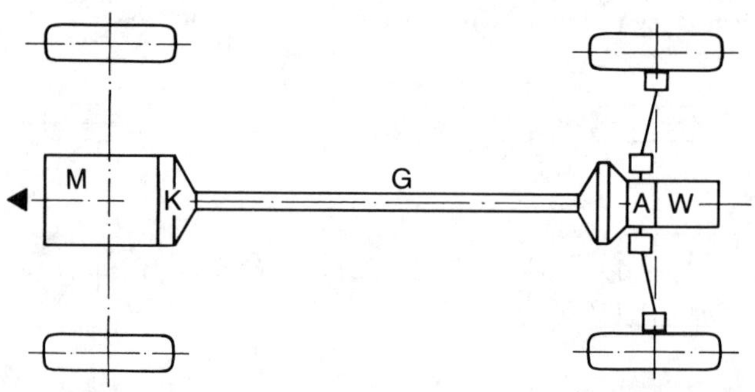

Bild 5.4 Transaxle-Prinzip (s. Text)

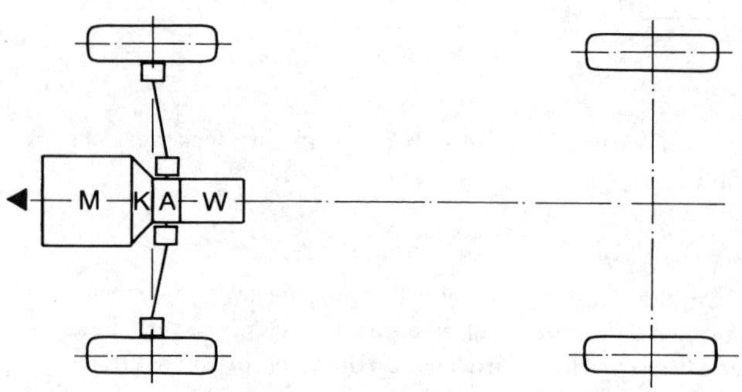

Bild 5.5 Frontantrieb (s. Text)

Kurvenverhalten zu erreichen. Nachteilig ist, daß der beste Raum im Kfz – zwischen Vorder- und Hinterachse – zum Teil durch die Unterbringung des Motors verlorengeht.

Transaxle-Prinzip (Bild 5.4)

Motor (M) und Kupplung (K) sind bei Porsche vorn, Getriebe (W) und Achsantrieb (A) an der angetriebenen Hinterachse angeordnet. Die Motorkraft wird durch die lange Zentralwelle, die in einem Wellentunnel (G) mehrfach gelagert ist, auf das Getriebe (W) mit dem Achsantrieb (A) übertragen. Durch diese Gewichtsverteilung soll ebenfalls neutrales Kurvenfahrverhalten erreicht werden. Anwendung findet das Prinzip bei Alfa-Romeo und Porsche.

Frontantrieb

Hierbei gelangt stets ein *Fronttriebsatz* zur Anwendung. Dabei kann der Motor (M) *vor oder über* der Vorderachse (Bild 5.5) oder in Längs- oder Querrichtung angeordnet sein. Bei der *Queranordnung des Motors* (Bild 5.6), die immer mehr angewendet wird, spart man den aufwendigen Kegelradantrieb.

Allradantrieb (Bild 5.7). Man unterscheidet:

- ☐ zuschaltbarer Vorderradantrieb bei permanentem (ständigem) Hinterradantrieb oder zuschaltbarer Hinterradantrieb bei ständigem Vorderradantrieb (1. Generation);
- ☐ permanenter Allradantrieb mit Verteilergetriebe (Verteilerdifferential V) und zuschaltbaren oder selbsttätigen Differentialsperren (2. Generation);
- ☐ permanenter Allradantrieb mit Visco-Kupplungen und -Sperren (Abschnitt 5.10 Allradantrieb mit Visco-Kupplungen und -Sperren, Schlupfregelung) (3. Generation).

Bild 5.6 Frontantrieb mit quergestelltem Motor (s. Text)

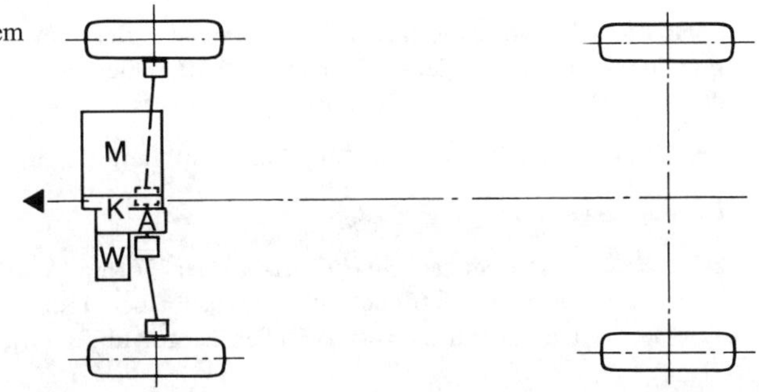

Bild 5.7 Allradantrieb (s. Text)

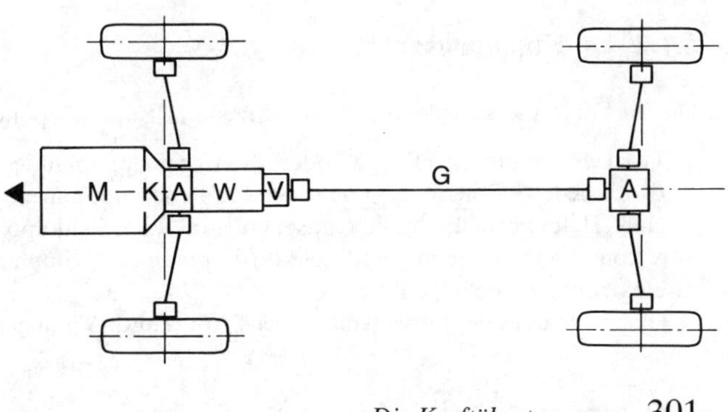

5.1 Die Kupplung

Die Kupplung überträgt die Drehbewegung – das Drehmoment – des Motors auf das Wechselgetriebe. Sie stellt eine lösbare Verbindung zwischen Motor und Getriebe dar.

5.1.1 Aufgaben der Kupplung

- ☐ Trennkupplung zum Gangwechsel,
- ☐ Rutschkupplung zum ruckfreien Anfahren,
- ☐ schlupffreie Übertragung großer Drehmomente,
- ☐ Schwingungsdämpfung,
- ☐ Überlastungsschutz innerhalb der Kraftübertragung (in Sonderfällen).

Trenn- oder Schaltkupplung zum Gangwechsel Zum Gangwechsel muß durch Auskuppeln die Antriebslast von der Mitnehmerverzahnung der Zahnräder oder der Schaltmuffe genommen werden, um das Schalten in ein anderes Zahnradpaar zu ermöglichen. Nach erfolgtem Gangwechsel wird durch Einkuppeln die formschlüssige Verbindung des Motors mit der nunmehr in Eingriff befindlichen Zahnradstufe wiederhergestellt. Auch das Schalten aus dem Leerlauf (Leergang) in den 1. Gang ist ein Gangwechsel.

Rutschkupplung zum ruckfreien Anfahren Zum ruckfreien Anfahren muß die Kupplung als Rutschkupplung arbeiten, da der Motor mit einer bestimmten Mindestdrehzahl läuft (etwa 700 bis 1000 min^{-1}), das Fahrzeug aber noch stillsteht. Würde die Kupplung nicht rutschen, wäre das «Abwürgen» des Motors beim Anfahren die Folge. Das Rutschen der Kupplung beim Anfahren bewirkt der Fahrer durch allmähliches «Kommenlassen» der Kupplung.

Schlupffreie Übertragung großer Drehmomente Befindet sich das Fahrzeug in Bewegung, wird der Fuß vom Kupplungspedal genommen. Beim Beschleunigen (Gasgeben) überträgt die Kupplung nun das volle Drehmoment des Motors, ohne zu rutschen.

Schwingungsdämpfung siehe Abschnitt Kupplungsscheiben.

Überlastungsschutz

Beispiel: Vor dem *Diwabus-Getriebe* der Firma Voith, Heidenheim (*Di*fferential*wa*ndler-Omni*bus*-Getriebe), ist eine Einscheiben-Trockenkupplung angeordnet, die lediglich als Überlastungsschutz zwischen Motor und Getriebe wirkt; sie ist nicht ausrückbar.

5.1.2 Kupplungsarten

Die Technik unterscheidet am Kraftfahrzeug folgende Kupplungsarten:

- ☐ Trockenkupplungen als Ein- oder Zweischeibenkupplungen, ausgeführt als Schraubenfeder-, Zentralfeder-, Tellerfeder- oder Membranfederkupplungen.
- ☐ Naß-(Halbnaß-)Kupplungen, ausgeführt als Lamellenkupplungen.
- ☐ Automatische Kupplungen, Fliehkraftkupplungen, Kupplungsautomat Saxomat.
- ☐ Elektrische Kupplungen.
- ☐ Hydrodynamische, Flüssigkeits- oder Strömungskupplungen.

Trockenkupplungen Sie haben ihren Namen daher, weil sie nicht im Ölbad, sondern trocken laufen. Die Gehäuse, oft Schwungscheibengehäuse oder Kupplungsglocke genannt, sind bei Fahrzeugen höherer Leistung so ausgeführt, daß Luft zur Wärmeableitung von der Kupplung zu- und abströmen kann.

Einscheiben-Trockenkupplungen werden normalerweise bei allen Kraftfahrzeugen verwendet, Mehr-(Zwei-)Scheibenkupplungen bei schweren Lkw-Motoren mit großem Drehmoment.

Aufbau und Wirkungsweise von Schraubenfederkupplungen

Bild 5.8 zeigt den grundsätzlichen Aufbau und die Wirkungsweise von Einscheiben-Schraubenfederkupplungen schematisch.

Zwischen der Schwungscheibe des Motors (1) und der Anpreßplatte aus Spezialgußeisen (2), die durch das Gehäuse (3) mit der Schwungscheibe drehfest aber axial verschiebbar verbunden ist, befindet sich die Kupplungsscheibe (4). Sie ist beidseitig mit einem Reibbelag (5) versehen. Teilweise sind die Kupplungsscheiben auf der Schwungscheiben- und der Anpreßplattenseite mit verschiedenen Reibbelägen versehen, um auf dem Stahl der Schwungscheibe sowie dem Spezialgußeisen der Anpreßplatte möglichst gleiches Reibungsverhalten zu erzielen.

Im eingekuppelten Zustand wird die Anpreßplatte (2) durch mehrere Schraubenfedern (6) gegen die Kupplungsscheibe und diese gegen die Schwungscheibe (1) gepreßt (linkes Bild). Zwischen Anpreßplatte (2) und Druckfedern (6) sind Isolierscheiben (7) eingebaut, um Wärmeübertragung auf die Federn zu verhindern.

Die Kupplungsscheibe (4) ist über Nuten- oder Kerbverzahnung ihrer Nabe (8) axial verschiebbar, aber drehfest mit der Antriebswelle (9) des Getriebes verbunden.

Beim Auskuppeln drückt der Ausrücker (10) gegen die Ausrückhebel (11), die die Anpreßplatte (2) gegen die Federn (6) zurückziehen. Die Kupplungsscheibe (4) wird frei und verschiebt sich mit ihrer Nabe (8) axial auf der Antriebswelle des Getriebes (9) so weit, bis sie zwischen Schwungscheibe (1) und Anpreßplatte (2) frei läuft. Es ist ausgekuppelt.

Bild 5.8 Schraubenfederkupplung schematisch. Linkes Bild: eingekuppelt, rechtes Bild: ausgekuppelt. Beschreibung siehe Text

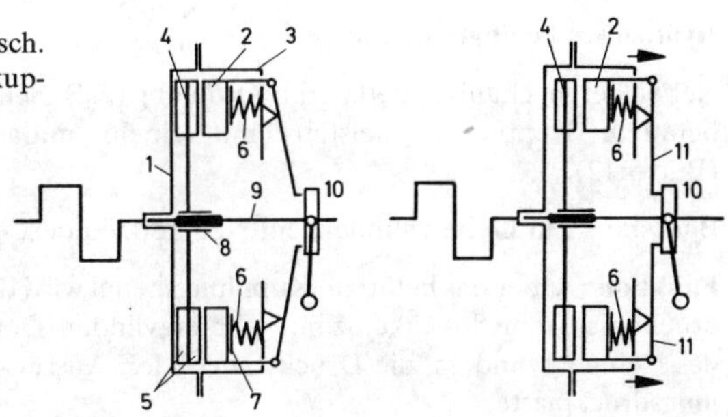

Lüftspiel

Unter Lüftspiel der Kupplung versteht man das Spiel zwischen Mitnehmerscheibe und Schwungscheibe einerseits und zwischen Mitnehmerscheibe und Druckplatte andererseits im ausgekuppelten Zustand. Es beträgt ca. 0,6 bis 0,8 mm. Das heißt, auf jeder Seite der Mitnehmerscheibe sind es ca. 0,3 bis 0,4 mm. Durch dieses Spiel wird gewährleistet, daß die Mitnehmerscheibe im ausgekuppelten Zustand freiläuft, trotz des maximal zulässigen Seitenschlags von 0,5 mm.

Vorspannweg Beim Einbau der Kupplung an der Schwungscheibe beträgt der Vorspannweg für die Druckfedern etwa eine Belagdicke (Bild 5.9).

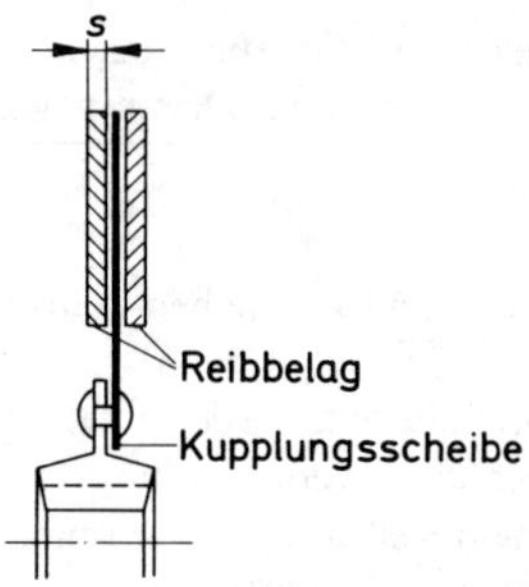

Bild 5.9 Vorspannmaß (*s*) beim Einbau der Kupplung: Etwa eine Belagdicke

Ersetzt man die Schraubenfeder durch eine *Tellerfeder,* behält die Ausrückhebel jedoch bei, erhält man die *Tellerfederkupplung.* Bild 5.10 zeigt die Wirkungsweise einer Tellerfederkupplung schematisch.

Bild 5.11 zeigt, daß trotz der Tellerfeder Ausrückhebel zum Betätigen der Kupplung angeordnet sind.

Einstellen und Nachstellen der Kupplungen

Nach dem Einbau der Kupplung ist die Kupplungsbetätigung so einzustellen, daß sich zwischen dem Ausrücker und der Kupplung ein Spiel von etwa 3 mm ergibt. Dieses Spiel entspricht am Pedalende einem Leerweg von etwa 30 mm. Bei Abnutzung der Beläge wird die Bauhöhe der Kupplung größer, wodurch sich das Spiel zwischen Kupplung und Ausrücker verringert.

Bei Seilzugbetätigung wird die Seilführung durch Hohlschraube und Kontermutter eingestellt.

Hydraulisch betätigte Kupplung

Neben der mechanisch betätigten Kupplung (z. B. Seilzug) gelangt immer häufiger die hydraulisch betätigte Kupplung (meistens mit einem mitlaufenden Ausrücklager) zur Anwendung (Bild 5.12).

Bauteile Ein Geberzylinder, ein Nehmerzylinder, eine Verbindungsleitung.

Funktion Über das betätigte Kupplungspedal wird der Kolben im Geberzylinder verschoben. Er drückt die Bremsflüssigkeit zum Nehmerzylinder. Der hydraulische Druck wirkt über den Kolben des Nehmerzylinders, die Druckstange, den Ausrückhebel und das Ausrücklager auf die Kupplungsdruckplatte.

Im eingekuppelten Zustand sorgt eine hinter dem Kolben des Nehmerzylinders angeordnete Feder dafür, daß das Ausrücklager immer spielfrei an der Druckplatte anliegt und ständig mitläuft (Selbstnachstellung).

Bild 5.10 Tellerfederkupplung in schematischer Darstellung (T = Tellerfeder).
Links: eingekuppelt, rechts: ausgekuppelt

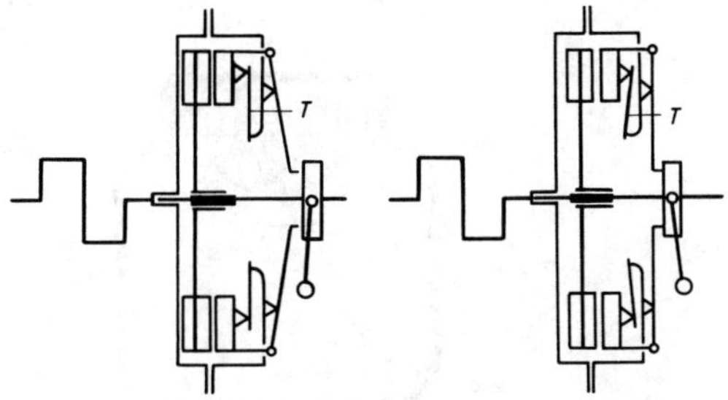

Bild 5.11 Tellerfederkupplung für Nutzfahrzeuge Typ GFT der Firma Fichtel & Sachs AG

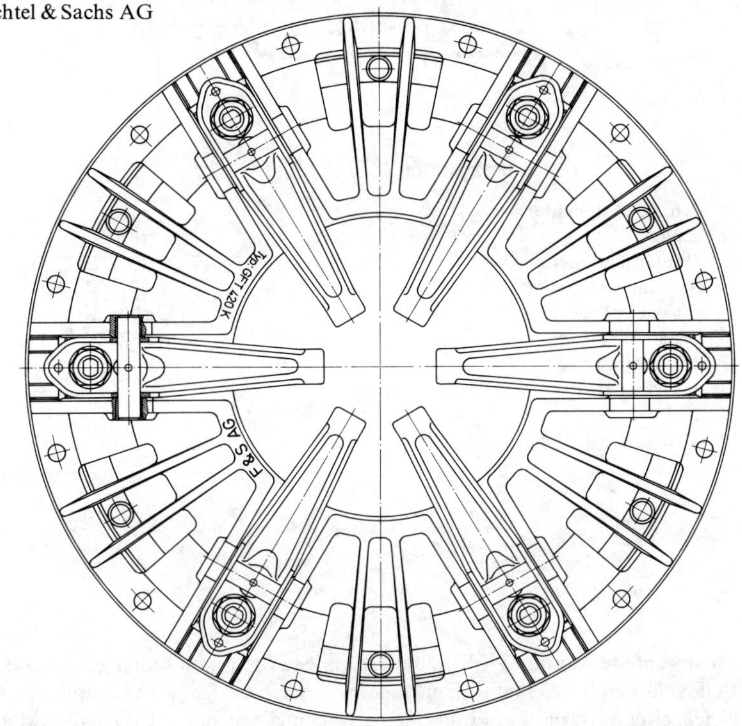

Bild 5.12 Hydraulisch betätigte Kupplung

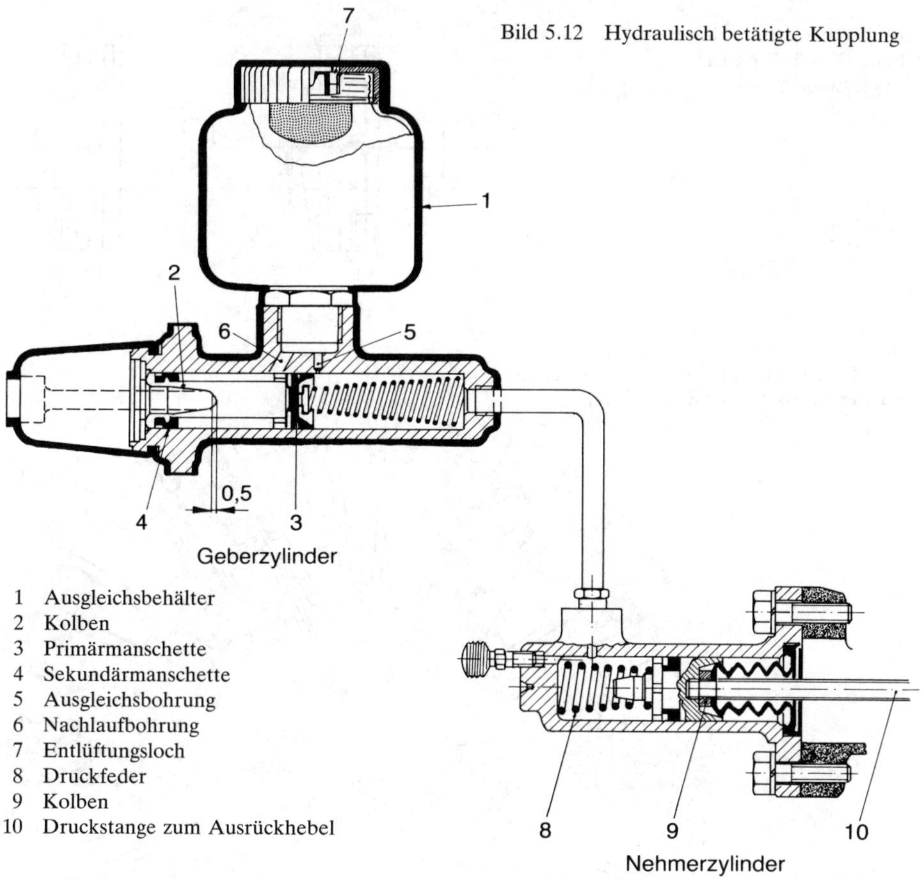

1 Ausgleichsbehälter
2 Kolben
3 Primärmanschette
4 Sekundärmanschette
5 Ausgleichsbohrung
6 Nachlaufbohrung
7 Entlüftungsloch
8 Druckfeder
9 Kolben
10 Druckstange zum Ausrückhebel

Membranfederkupplung Eine tellerförmige, von innen radial geschlitzte Membranfeder – auch Belleville-Feder genannt – dient nicht nur der Erzeugung der Anpreßkraft, sondern übernimmt gleichzeitig auch die Funktion des Ausrückmechanismus. Bild 5.13 erklärt den Aufbau und die Wirkungsweise der Membranfederkupplung schematisch.

Bild 5.14 zeigt eine Membranfederkupplung für Personenwagen. Die besondere Ausführung einer Membranfederkupplung gibt Bild 5.15 wieder. Bei dieser Kupplung – der *Schaltkupplung* im Bild – wird die Membranfeder zum Auskuppeln *nicht gedrückt,* sondern *gezogen.* Derartige Kupplungen werden von Porsche verwendet. Die im Bild 5.15 gezeigte *Sachs-Wandlerschaltkupplung WSK,* die aus einem hydrodynamischen Drehmomentwandler und der beschriebenen Schaltkupplung besteht, wird bei *halbautomatischen oder Wahlautomatikgetrieben* verwendet. Die Pfeile im Bild kennzeichnen den Kraftverlauf (siehe auch Abschnitt 5.3.9 «Halbautomatische oder Wahlautomatikgetriebe»).

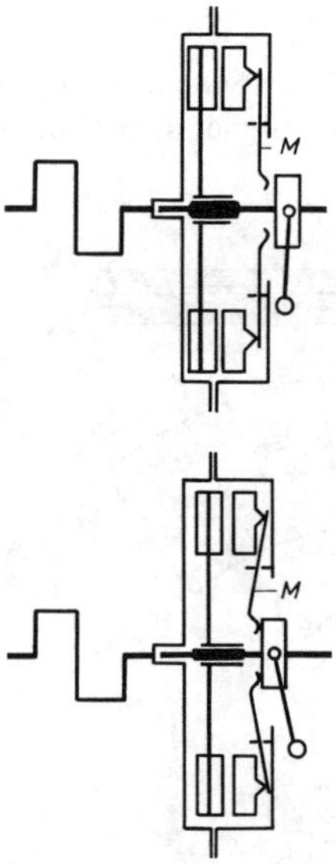

Bild 5.13 Membranfederkupplung schematisch. Oberes Bild: eingekuppelt, unteres Bild: ausgekuppelt (M = Membranfeder)

Bild 5.14 Membranfederkupplung Baureihe «M» für Personenwagen

Bild 5.15 Sachs-Wandler-Schaltkupplung WSK. Zum Auskuppeln wird der Ausrücker gezogen, nicht gedrückt. Vorteil: geringer Raumbedarf

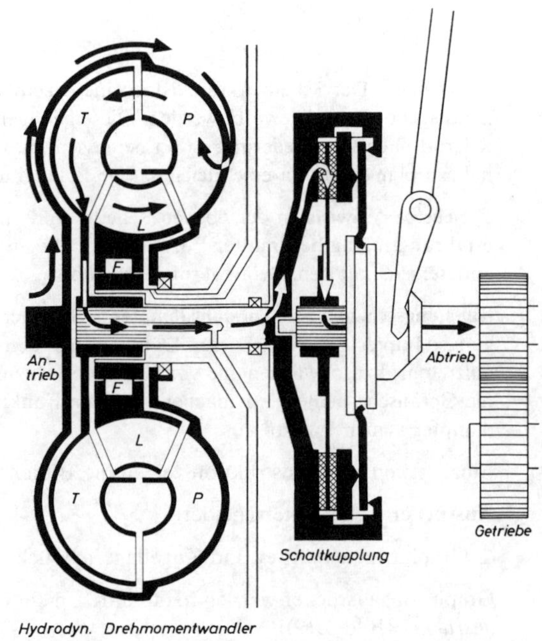

5.1.3 **Kupplungsscheiben** (Bild 5.16)

Des weicheren Eingreifens wegen werden fast alle Kupplungen mit elastischen Scheiben ausgestattet. Diese bieten vor allem auch dann große Vorteile, wenn der Kupplungsvorgang selbst durch die Schwingungen eines elastisch aufgehängten Motors beeinflußt wird.

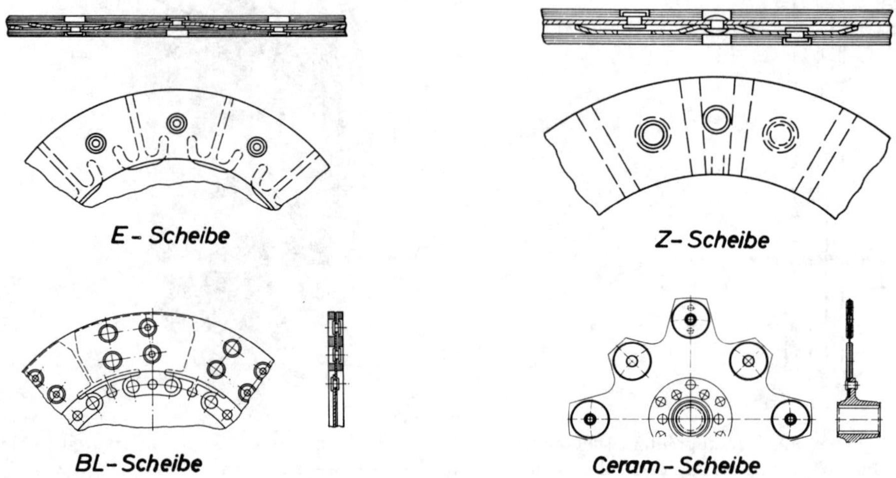

Bild 5.16 Verschiedene Ausführungen von Kupplungsscheiben (s. Text)

***E*-Scheibe** Der Scheibenkranz ist in eine Anzahl Abschnitte unterteilt, die aus der Scheibenebene herausgebogen und gewölbt werden. Diese gebogenen Segmente geben unter dem Kupplungsdruck federnd nach. Die Federung ist so bemessen, daß die Scheibe unter dem vollen Kupplungsdruck nahezu plan wird, um eine gleichmäßige Belagabnutzung zu erreichen.

***Z*-Scheibe** Zwischen der ebenen Scheibe und einem Belag sind dünne Federzwischenlagen von erfahrungsmäßig bestimmter Form und Größe angebracht, die einerseits mit der Stahlscheibe und andererseits mit dem Belag vernietet werden.

Kupplungsscheiben mit Torsionsdämpfer Sämtliche Kupplungsscheiben werden heute mit Schwingungsdämpfer geliefert. Dieser Dämpfer hat den Zweck, Torsionsschwingungen, die im Motor auftreten, abzuschwächen und vom Getriebe fernzuhalten, wo sie sich gewöhnlich durch unangenehme Geräusche bemerkbar machen. Auf die Funktion der Kupplung selbst übt der Schwingungsdämpfer keinen Einfluß aus.

Einzelheiten der Konstruktion zeigen die Bilder 5.17 und 5.18.

Ausrücker Man unterscheidet:

□ Graphitringausrücker und Kugellagerausrücker.

Graphitringausrücker werden heute in Kfz nicht mehr verwendet, sondern nur noch *Kugellagerausrücker* (Bild 5.19).

Bild 5.17 CBL-Scheibe mit Torsionsdämpfer

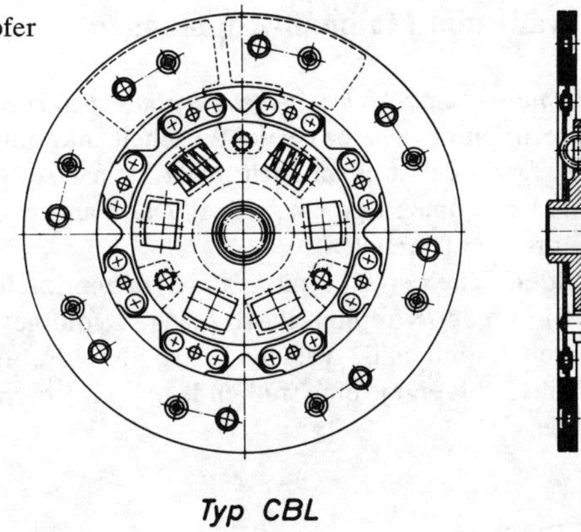

Bild 5.18 SZ-Scheibe mit Torsionsdämpfer

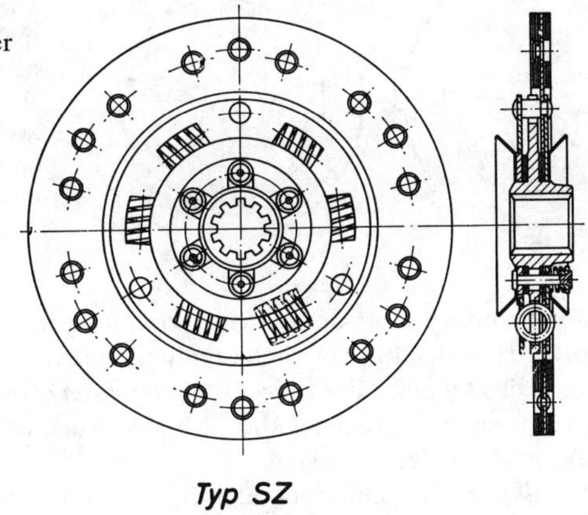

Bild 5.19 Kugellagerausrücker

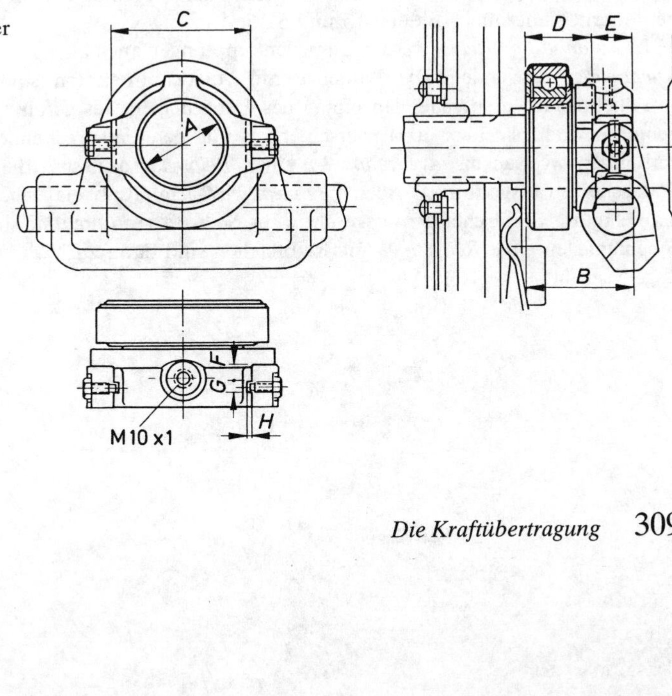

5.1.4 Naß- und Halbnaß-Kupplungen

Sie sind als *Lamellen- oder Mehrscheibenkupplungen* ausgeführt. Hierbei werden mehrere Scheiben – statt nur einer Kupplungsscheibe bei der Einscheibenkupplung – zur Übertragung des Drehmoments herangezogen. Dadurch ist es möglich, trotz kleiner Außendurchmesser und geringer spezifischer Drücke große Drehmomente zu übertragen. Der Name rührt daher, daß die einzelnen Scheiben sehr dünn ausgeführt sind (Lamellen).

Die treibenden Scheiben sind meist mit *Außen*mitnehmern versehen und axial verschiebbar, aber drehfest in einem Kupplungskorb gelagert; die getriebenen Scheiben meist mit *Innen*mitnehmern versehen und axial verschiebbar, aber drehfest auf einer Nabe der Antriebswelle angebracht. Bild 5.20 zeigt je eine treibende und eine getriebene Scheibe einer Lamellenkupplung eines Kraftrades.

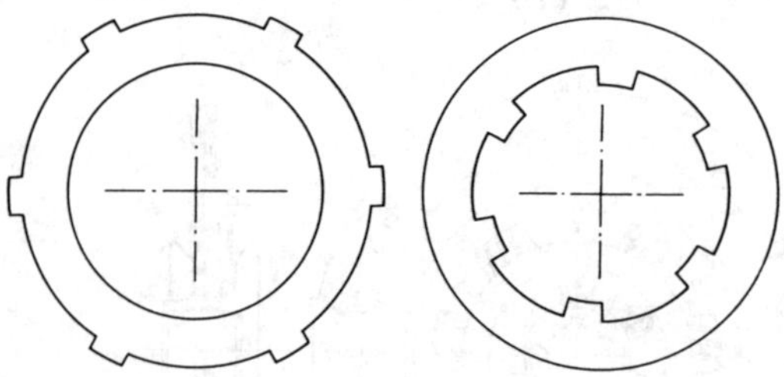

Bild 5.20 Scheiben einer Lamellenkupplung. Die im Bild linke Scheibe ist mit Außenmitnehmern, die rechte mit Innenmitnehmern versehen. Bei der Anwendung als Lamellenbremse (in Automatikgetrieben) sind die Lamellen mit Außenmitnehmern drehfest, aber axial verschiebbar mit dem Getriebegehäuse verbunden

Bei Naßkupplungen läuft die Lamellenkupplung teilweise im Ölbad (Öl geringer Viskosität, keinesfalls Getriebeöl), bei Halbnaßkupplungen läuft die Kupplung nur im Ölnebel, sie taucht selbst nicht in das Öl ein. Die *Anpreßkraft* der *Lamellen* gegeneinander kann sowohl durch eine zentrale wie durch mehrere axial angeordnete Druckfedern sowie – bei manchen Krafträdern – durch mehrere Zugfedern erfolgen.

In *Automatikgetrieben* sind zwei oder drei Lamellenkupplungen angeordnet zum Schalten der Planetensätze. Das Zusammenpressen der Lamellen erfolgt hierbei durch hydraulischen Druck, das Ausrücken (Öffnen oder Lösen) der Kupplung durch eine Tellerfeder oder mehrere Schraubenfedern, siehe auch Bilder 5.55 und 5.56.

In *Automatikgetrieben* werden Lamellenkupplungen auch als *Lamellenbremsen* oder *feststehende Kupplungen* verwendet. Die Lamellen mit *Außen*mitnehmern sind dann drehfest, aber axial verschiebbar in entsprechenden Nuten des Getriebegehäuses geführt, die Lamellen mit *Innen*mitnehmern drehfest, aber axial verschiebbar mit den entsprechenden Teilen der Planetensätze verbunden. Weisen die *Außenlamellen* einen *Reibbelag* auf, sind die Innenlamellen als belaglose Stahlscheiben ausgeführt. Werden die *Innenlamellen* mit Reibbelag versehen, sind die Außenlamellen als belaglose Stahlscheiben ausgeführt. Im *Selbstsperrdifferential* sind sowohl Außen- als auch Innenlamellen *ohne Reibbelag*. Die Reibflächen sind dann zur Erhöhung der Verschleißfestigkeit kugelgestrahlt.

5.1.5 Automatische Kupplungen

Hierunter versteht man Kupplungen, die vom Fahrer nicht direkt betätigt werden.

Die Technik unterscheidet reine Fliehkraftkupplungen sowie Kupplungsautomaten (Saxomat).

Fliehkraftkupplungen Die Fliehkraftkupplungen arbeiten abhängig von der Motordrehzahl. Sie sind so ausgelegt, daß der Einkuppelvorgang bei Erhöhung der Motordrehzahl auf etwa $n = 1000$ weich und ruckfrei beginnt. Etwa bei $n = 1500$ wird bereits das volle Motordrehmoment übertragen. Von dieser Drehzahl an tritt auch bei Vollast kein Schlupf der Kupplungsscheibe mehr auf. Ab einer Motordrehzahl von etwa $n = 2000$ liegen die Fliehgewichte fest in den taschenförmigen Ausnehmungen der Schwungscheibe an. In dieser Fliehgewichtsstellung wird der maximale Anpreßdruck der Kupplung erreicht. Eine Drehzahlsteigerung über $n = 2000$ bringt keine weitere Erhöhung des Anpreßdruckes (Bild 5.21).

Im Kupplungsautomat Saxomat Typ FLR dient eine Fliehkraftkupplung als Anfahr- und Anhaltekupplung zusätzlich zur eigentlichen Schaltkupplung.

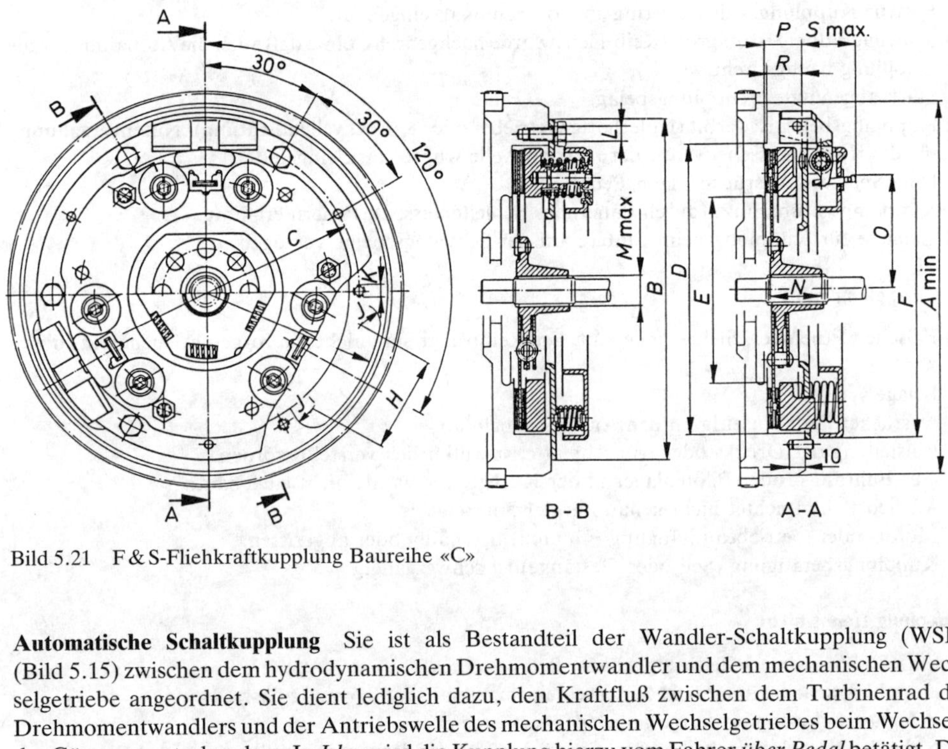

Bild 5.21 F & S-Fliehkraftkupplung Baureihe «C»

Automatische Schaltkupplung Sie ist als Bestandteil der Wandler-Schaltkupplung (WSK) (Bild 5.15) zwischen dem hydrodynamischen Drehmomentwandler und dem mechanischen Wechselgetriebe angeordnet. Sie dient lediglich dazu, den Kraftfluß zwischen dem Turbinenrad des Drehmomentwandlers und der Antriebswelle des mechanischen Wechselgetriebes beim Wechseln der Gänge zu unterbrechen. In *Lkw* wird die Kupplung hierzu vom Fahrer *über Pedal* betätigt. Die grundsätzliche Wirkungsweise in einfachster Darstellung bei Pkw ist folgende:

Zum Auskuppeln beim Schalten wird der Druckunterschied zwischen der Saugleitung des Motors und der Außenluft herangezogen. Beim Schalten wird durch Bewegen des Schalthebels ein elektrischer Kontakt geschlossen. Dadurch wird im Steuerventil ein Magnetkern angezogen, der die Verbindung zwischen Ansaugrohr und Servomotor freigibt. Der Druckunterschied zwischen der Saugleitung des Motors und der Außenluft bewegt den Membrankolben des Servomotors, der über Gestänge und Ausrückgabel die Schaltkupplung trennt. Durch Loslassen des Schalthebels nach dem Schalten wird der elektrische Kontakt geöffnet, das elektromagnetische Steuerventil verbindet die Niederdruckkammer des Servomotors wieder mit der Außenluft, und die Kupplung kuppelt ein.

Flüssigkeits- oder Strömungskupplungen Sie fallen in das Gebiet der hydrodynamischen Kraftübertragung (siehe hierzu Abschnitt 5.3.1 «Hydrodynamische Kupplungen»).

5.1.6 Kupplungsfehler und deren Ursachen

An dieser Stelle soll auf typische Kupplungsfehler und deren mögliche Ursachen hingewiesen werden.

Die Kupplung rutscht
Mögliche Ursachen:

- ☐ Falsche Kupplung, mit zu geringem Vorspannmaß eingebaut.
- ☐ Schwungradtiefe ist zu groß (Reibfläche wurde nachgedreht, ohne daß auch die Aufnahme für die Kupplung nachgedreht wurde).
- ☐ Stark abgenützter Kupplungsbelag.
- ☐ Kupplungsbelag ist verölt (fehlerhafte Getriebe- oder Kurbelwellendichtung). Nutenverzahnung für die Kupplungsscheibe auf der Antriebswelle wurde stark eingefettet.
- ☐ Kein Spiel am Ausrücker, kein Pedalspiel.
- ☐ Kupplung ist überhitzt (durch dauerndes Schleifenlassen), Federn erlahmt.
- ☐ Gehäuse für Kupplung beim Einbau auf der Schwungscheibe verzogen.

Die Kupplung rupft

- ☐ Falsche Mitnehmerscheibe eingebaut. Die Reibbeläge sind nicht die vorgeschriebenen für dieses Kfz.
- ☐ Beläge verölt.
- ☐ Ausrücker läuft einseitig an den Ausrückhebeln an.
- ☐ Einstellung der Druck- oder Anpreßplatte ist willkürlich verstellt worden.
- ☐ Das Führungs- oder Pilotenlager in der Kurbelwelle wurde nicht eingebaut.
- ☐ Antriebswelle fluchtet nicht genau mit der Kurbelwelle.
- ☐ Motor- oder Getriebeaufhängung (Gummi) beschädig oder abgerissen.
- ☐ Kupplungsbetätigung (Seil oder Gestänge) ist schwergängig.

Kupplung trennt nicht

- ☐ Falsche Mitnehmerscheibe eingebaut (Belag zu dick).
- ☐ Kupplungsscheibe hat zuviel Seitenschlag (maximal sind 0,5 mm zulässig).
- ☐ Belag am Schwungrad festgesaugt oder festgerostet.
- ☐ Nabe der Kupplungsscheibe klemmt auf der Nutung der Antriebswelle.
- ☐ Kupplungsspiel ist zu groß.
- ☐ Führungs- oder Pilotenlager defekt oder schwergängig.
- ☐ Bei Zweischeibenkupplungen ist die axiale Führung der Zwischenplatte nicht in Ordnung.
- ☐ Gelenke des Ausrückgestänges haben zuviel Spiel.

Motor bleibt beim Auskuppeln stehen

Zu große Reibung zwischen – schadhaftem – Ausrücker und Gegenring (Ausrücker ausgeglüht).

Prüfung der Kupplung in eingebautem Zustand

Wann «*rutscht*» eine Kupplung durch?
Standprüfung durchführen. Dazu benötigt die Kupplung Betriebstemperatur, vor der Prüfung muß also eine kurze *Fahrt mit mehreren Kuppelvorgängen* durchgeführt werden.

- ☐ Handbremse *fest* anziehen.
- ☐ Motor laufenlassen, auskuppeln und großen Gang einlegen.
- ☐ In ausgekuppelter Stellung Gas geben, bis eine Motordrehzahl von etwa 3000 bis 4000 min^{-1} (bei Lkw max. 2000 min^{-1}) erreicht ist.
- ☐ Rasch einkuppeln.
- ☐ Wird der Motor abgewürgt, d.h., fällt die Motordrehzahl schnell auf Null ab, so ist die Kupplung in Ordnung.

5.2 Das Wechselgetriebe

Aufgaben des Wechselgetriebes sind, dafür zu sorgen, daß an den Antriebsrädern die jeweils erforderliche Antriebskraft zur Verfügung steht.

Beim Anfahren – Übergang aus dem Stillstand in den Zustand der Bewegung – ist das größte Antriebsmoment an den Antriebsrädern bei gleichzeitig niedrigster Drehzahl (praktisch $n=0$) erforderlich.

Erreicht wird dies durch eine entsprechende Übersetzung der Motordrehzahl ins Langsame, wodurch das Antriebsmoment im gleichen Maße zunimmt (abgesehen von einem gewissen Verlust, bedingt durch den Wirkungsgrad der Kraftübertragung).

Ist das Fahrzeug in Bewegung gekommen, nimmt die Fahrgeschwindigkeit beim Beschleunigen zu. Ist die Nenndrehzahl des Motors erreicht, muß die Übersetzung gewechselt werden, um das Fahrzeug weiter beschleunigen zu können.

Als ideal ist ein Getriebe anzusehen, das unendlich viele Übersetzungen hat, also stufenlos arbeitet, so daß bei jedem Fahrvorhaben das benötigte günstigste Antriebsmoment an den Antriebsrädern zur Verfügung steht.

Die DAF-Variomatic und die daraus weiterentwickelten Transmatic-Getriebe von Borg-Warner und Fiat sollen dies auf rein mechanischem Weg (ohne Hydraulik) erreichen.

Nahezu erreicht wird dies durch automatische Getriebe, bei denen die Sprünge zwischen den einzelnen Gängen durch einen hydrodynamischen Drehmomentwandler überbrückt werden. Viele Fahrzeuge der mittleren und oberen Preisklasse werden auf Wunsch mit Teil- oder Vollautomatikgetrieben geliefert.

Die meisten Kraftfahrzeuge sind – nicht zuletzt aus Preisgründen – mit Zahnradwechselgetrieben, ausgeführt als Stufengetriebe, ausgerüstet.

Motoren mit einem über einen größeren Drehzahlbereich annähernd gleichen Drehmoment (elastische Motoren) können mit Vierganggetrieben auskommen. Motoren höherer Leistung, bei denen der Drehzahlbereich des größten Drehmoments eng begrenzt ist, machen bei Personenkraftwagen Fünf- und bei Nutzfahrzeugen bis zu Zwölfganggetriebe erforderlich, um die Leistung des Motors bei gleichzeitig geringstem Kraftstoffverbrauch ausnützen zu können (siehe hierzu auch

Abschnitt 5.2.3 «Zähnezahlen und Übersetzungsverhältnis»). Außerdem muß das Getriebe das Rückwärtsfahren ermöglichen.

Getriebebauarten Am Kraftfahrzeug werden unterschieden:

Gleichachsige Getriebe und ungleichachsige Getriebe.

Sie können ausgeführt sein als:

- ☐ Schieberadgetriebe (veraltet),
- ☐ Allklauengetriebe (Aphongetriebe),
- ☐ Synchrongetriebe oder Automatikgetriebe.

Automatikgetriebe sind immer gleichachsige Getriebe.

5.2.1 Gleichachsige Getriebe

Antrieb und Abtrieb liegen in der gleichen Achse (Mittellinie) (Bild 5.22). Die *Ausgangsdrehrichtung* des Getriebes ist *gleich* der *Eingangsdrehrichtung*. Das Getriebe hat *drei* Wellen:

- ☐ Antriebswelle (1),
- ☐ Vorgelege- oder Getriebenebenwelle (4) und
- ☐ Getriebehauptwelle (16).
- ☐ Der Rückwärtsgang wird durch ein verschiebbares Rücklaufrad (14) geschaltet.

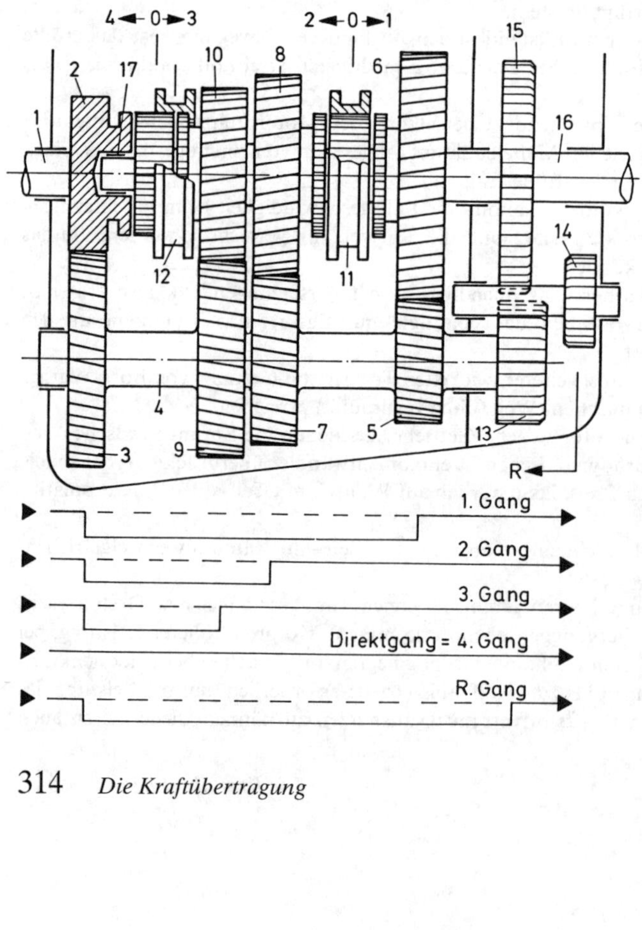

Bild 5.22 Aufbau und Wirkungsweise eines gleichachsigen Vierganggetriebes (Direktgetriebe)
(1) Antriebswelle mit Abtriebszahnrad, (2), (3) Antriebsrad der Vorlegewelle, (4), (5 bis 6) Zahnradstufe für 1. Gang, (7 bis 8) Zahnradstufe für 2. Gang, (9 bis 10) Zahnradstufe für 3. Gang, (11) Schaltmuffe für 1. und 2. Gang, (12) Schaltmuffe für 3. und 4. Gang, (13) Antriebsrad für Rückwärtsgang, (14) verschiebbares Rücklaufrad, (15) Festrad für Rückwärtsgang, (16) Getriebehauptwelle, (17) Nadellager zur Lagerung der Getriebehauptwelle in der Antriebswelle.
Die Räder 6, 8 und 10 sind die Gang- oder Losräder, die, meist in Nadellagern, auf der Getriebehauptwelle lose (frei drehbar) gelagert sind. Beim Schalten werden sie formschlüssig (drehfest) mit der Getriebehauptwelle verbunden. Festräder sind die Räder, die mit der zugehörigen Welle unlösbar verbunden sind: die Räder 2, 3, 5, 7, 9, 13 und 15

In allen Vorwärtsgängen außer dem Direktgang erfolgt der Kraftfluß über *zwei Zahnradstufen* = vier Zahnräder. (Mit Zahnradstufe bezeichnet man zwei in Eingriff befindliche Zahnräder.)

Alle *Schaltvorgänge* für die *Vorwärtsgänge* erfolgen stets auf der *Getriebehauptwelle.*

Der Kraftfluß in den einzelnen Gängen ist aus dem Kraftflußschema, unter dem Getriebe abgebildet, ersichtlich.

Im Bild ist der 3. Gang eingelegt. Der Kraftfluß erfolgt von der Antriebswelle (1) über deren Zahnrad (2) und das Zahnrad (3) auf die Vorgelegewelle (4). Von dieser über das Festrad (9) auf das Gang- oder Losrad (10), das durch seine Mitnehmerverzahnung über die Schaltmuffe (12) und deren Nabe, den Synchronkörper, mit der Getriebehauptwelle (16) drehfest verbunden ist. In allen Vorwärtsgängen außer dem 4., den direkten Gang, erfolgt der Kraftfluß zunächst über die Zahnradstufe, gebildet aus den Zahnrädern (2 und 3), auf die Vorgelegewelle (4). Man bezeichnet diese Zahnradstufe daher auch als *Zahnradkonstante.* Im 4. Gang, dem *direkten Gang,* erfolgt der Kraftfluß von der Antriebswelle (1) *direkt* auf die Getriebehauptwelle (16). In Bild 5.23 ist der Kraftfluß im direkten Gang deutlich dargestellt. Bei laufendem Motor und nicht betätigter Kupplung drehen sich sämtliche Zahnräder des Getriebes, außer dem verschiebbaren Rücklaufrad und dem Festrad (15), auch im Leerlauf des Getriebes.

Bild 5.23 Kraftfluß im direkten Gang. Der Kraftfluß erfolgt von der Antriebswelle (1), deren Festrad (2) über dessen Mitnehmerverzahnung (M) auf die Schaltmuffe (12). Von dieser über deren Nabe, den Synchronkörper (S), direkt auf die Getriebehauptwelle (16)

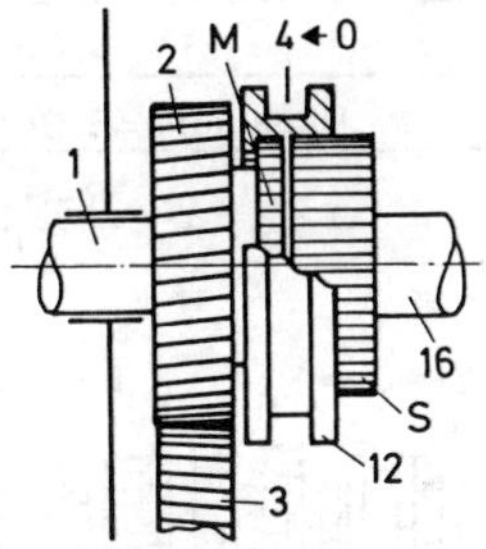

Gleichachsiges Fünfganggetriebe

Zwei Arten werden unterschieden:

a) **Fünfgang-Direktgetriebe** Der 5. Gang ist der direkte Gang. Bild 5.24 zeigt das Fünfgang-Direktgetriebe des Porsche 928 schematisch. (Das Rücklaufrad ist nicht gezeichnet.) Den Kraftfluß in den einzelnen Gängen vermittelt das Kraftflußschema unter dem Getriebebild.

b) **Fünfganggetriebe,** bei dem der 4. Gang der direkte, der 5. Gang eine Übersetzung etwas ins Schnelle ist. Die Ausgangsdrehzahl ist im 5. Gang höher als die Eingangsdrehzahl (Bild 5.25).

Die Getriebe der Bilder 5.22, 5.24 und 5.25 stellen sowohl Allklauen- als auch Synchrongetriebe dar. (Die Synchronisierung ist der besseren Übersicht halber nicht gezeichnet.) Beide Getriebearten werden auch als *Aphongetriebe* – besonders leise laufend – bezeichnet. Merkmale: Alle Zahnradstufen, ausgenommen der Rückwärtsgang, sind in Dauereingriff. Sämtliche Zahnradstufen der Vorwärtsgänge sind im Interesse geringster Geräuschentwicklung schrägverzahnt. *Allklauengetriebe* bedeutet: Alle Vorwärtsgänge werden durch Verschieben von Klauenmuffen = Schaltmuffen geschaltet.

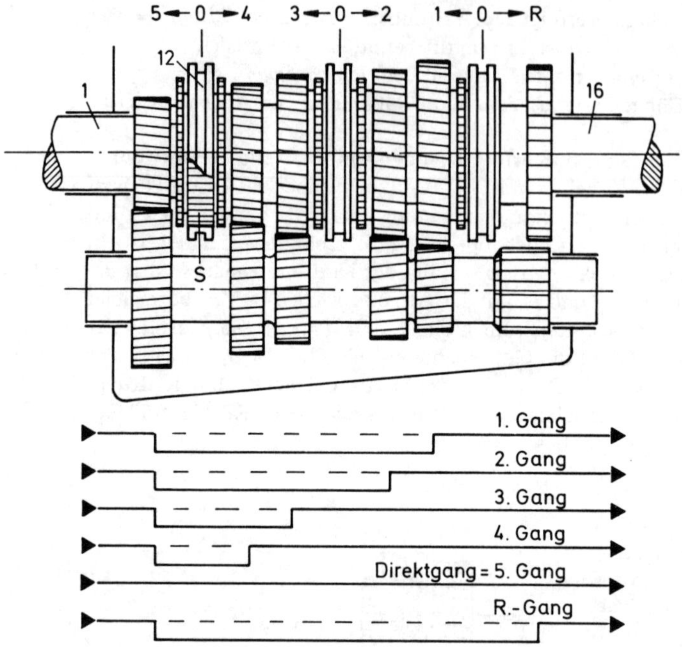

Bild 5.24 Fünfgang-Direktgetriebe. Der 5. Gang ist der direkte Gang. Der Kraftfluß erfolgt von der Antriebswelle (1) über die Schaltmuffe (12), die dann nach links geschoben sein muß, über den Synchronkörper (S) direkt auf die Getriebehauptwelle (16). (Das verschiebbare Rücklaufrad ist im Bild nicht dargestellt)

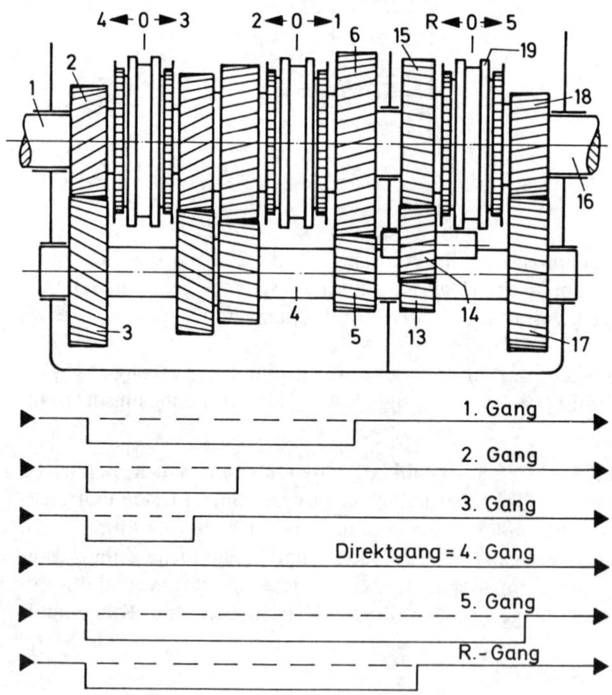

Bild 5.25 Gleichachsiges Fünfganggetriebe. Im Gegensatz zum Getriebe aus Bild 5.23 ist der 4. Gang der direkte Gang. (s. auch Kraftfluß Bild 5.22) Der 5. Gang ist eine Übersetzung ins Schnelle. Dabei geht der Kraftfluß von der Antriebswelle (1) über die Zahnräder (2 und 3) auf die Vorgelegewelle (4), die etwas langsamer läuft als die Antriebswelle. Von der Vorgelegewelle über deren Festrad (17) auf das Losrad (18). Über die Schaltmuffe (19), die dann nach rechts geschoben sein muß, und deren Synchronkörper, im Bild nicht sichtbar, auf die Getriebehauptwelle (16). Die Zähnezahlen der Räder (17) und (18) sind so bemessen, daß die Hauptwelle (16) schneller läuft als die Antriebswelle. Den Kraftfluß in den einzelnen Gängen zeigt das Kraftflußschema unter dem Getriebebild, es entspricht bis auf den Rückwärtsgang dem des Vierganggetriebes aus Bild 5.22. Die Räder für den Rückwärtsgang (13, 14 und 15) sind in Dauereingriff, sie laufen ständig mit. Sie sind deshalb schrägverzahnt. Zum Schalten des Rückwärtsgangs wird Schaltmuffe (19) nach links geschoben. Sie verbindet dann das Losrad (15) über ihren Synchronkörper, im Bild nicht sichtbar, drehfest mit der Getriebehauptwelle (16)

Bild 5.26 Ungleichachsiges Getriebe. In allen Gängen erfolgt der Kraftfluß über nur eine Zahnradstufe (siehe Kraftflußschema unter dem Getriebebild). Es bedeuten: (1) Antriebswelle, (2) Abtriebswelle, (3 bis 4) Zahnradstufe für 4. Gang, (5 bis 6) Zahnradstufe für 3. Gang, (7 bis 8) Zahnradstufe für 2. Gang, (9 bis 10) Zahnradstufe für 1. Gang. (11) Schaltmuffe für 1. und 2. Gang, (12) Schaltmuffe für 3. und 4. Gang, (16 bis 17) Zahnradstufe für den Achsantrieb. Zahnrad (17) ist mit dem Differential verschraubt. Um das Schalten des Rückwärtsganges zu erleichtern, sind die zugehörigen Räder (13, 14 und 15) angefast. Das Rad (13) ist breiter als die Verzahnung (15) der Schaltmuffe (11). Somit spurt das Schieberad (14) beim Schalten des Rückwärtsgangs zunächst nur in Rad (13) ein, erst beim Weiterschieben auch in die Verzahnung (15). Dies gilt grundsätzlich für alle Getriebe, bei denen der Rückwärtsgang durch ein verschiebbares Rücklaufrad geschaltet wird

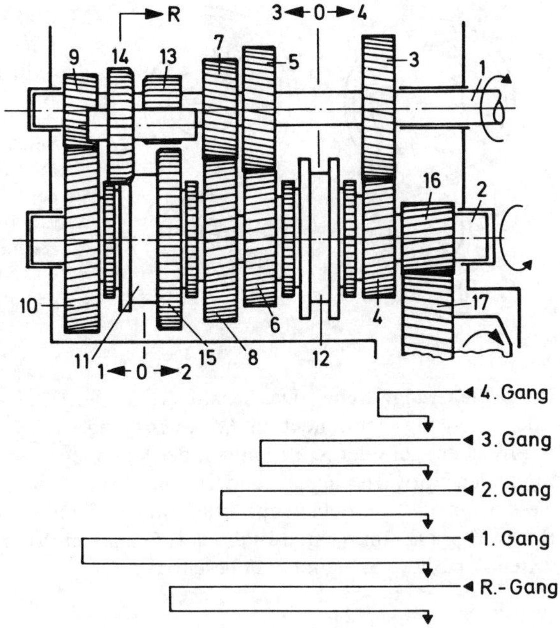

5.2.2 Ungleichachsige Getriebe

Antrieb und Abtrieb liegen *nicht* in der gleichen Achse (Mittellinie) (Bild 5.26). Die *Ausgangsdrehrichtung* ist *entgegengesetzt* der Eingangsdrehrichtung. Das Getriebe hat *zwei* Wellen: 1. Antriebswelle (1), 2. Abtriebswelle (2), auch Triebling genannt.

Der Rückwärtsgang wird durch ein verschiebbares Rücklaufrad (14) geschaltet. *In allen Gängen* erfolgt der Kraftfluß über nur *eine Zahnradstufe = zwei* Zahnräder, im *Rückwärtsgang* über *drei* Zahnräder – und nicht wie im gleichachsigen Getriebe über fünf Zahnräder. Die Schaltvorgänge für 1. und 2. Gang erfolgen stets auf der Abtriebswelle, Schaltvorgänge für 3., 4. und evtl. 5. Gang auf der Antriebswelle (Audi und VW) oder auch auf der Abtriebswelle, wie im Bild dargestellt (Opel Kadett D). Im ungleichachsigen Getriebe gibt es *keinen Direktgang. Der große Gang* ist immer eine Übersetzung etwas *ins Schnelle.*

Wirkungsweise des Allklauengetriebes

Beim Schalten müssen Gang- oder Losrad und die zugehörige Schaltmuffe vor der formschlüssigen (drehfesten) Verbindung miteinander auf *gleiche Drehzahl* gebracht werden, damit die Mitnehmerverzahnungen geräuschlos miteinander in Eingriff gebracht werden können.

Beim *Hinaufschalten* muß das Losrad durch Zwischenkuppeln *abgebremst,*
beim *Zurückschalten* durch Zwischengasgeben *beschleunigt* werden.

Wie die Bilder 5.22, 5.25 und 5.26 zeigen, wird jede Schaltmuffe zum Schalten von zwei Vorwärtsgängen ausgenutzt, wodurch sich für die Lage bei vier Vorwärtsgängen als Schaltschema ein H ergibt. Die 3. Schaltmuffe im Fünfganggetriebe *kann* zum Schalten eines Vorwärts- und des Rückwärtsganges ausgenutzt werden. Die Schaltung und Lage des Rückwärtsganges ist bei den verschiedenen Fabrikaten unterschiedlich.

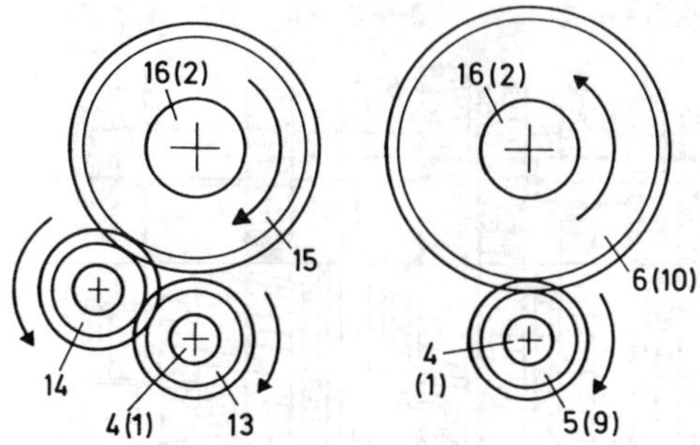

Bild 5.27 Rückwärtsgang im Wechselgetriebe. Linkes Bild: Der Kraftfluß geht von der Vorgelegewelle (4) über deren Festrad (13) zunächst auf das Rücklaufrad (14), von diesem auf das Zahnrad (15), das drehfest mit der Getriebehauptwelle (16) verbunden ist. Rechtes Bild: 1. Gang zum Vergleich: Der Kraftfluß geht von der Vorgelegewelle (4) über deren Festrad (5) ohne Zwischenrad auf das Zahnrad (6) der Getriebehauptwelle. Die Zahlenbezeichnungen stimmen überein mit den Bildern 5.22 und 5.25. Für Bild 5.26 ungleichachsiges Getriebe, gelten die Zahlen in Klammern

Das Schieberadgetriebe Das Schalten durch Verschieben von Zahnrädern wird nur noch für den Rückwärtsgang angewendet. Im *Rückwärtsgang* wird die Ausgangs*drehrichtung geändert.* Um dies zu erreichen, geht der Kraftfluß von der Vorgelegewelle *nicht* gleich auf die Getriebehauptwelle wie in den Vorwärtsgängen, sondern zunächst auf ein Zwischenrad – das Rücklaufrad – und von diesem auf die Getriebehauptwelle. Bild 5.27 links, zeigt die Anordnung der Zahnräder im Rückwärtsgang. Im rechten Bild der 1. Gang zum Vergleich. Der *Schaltvorgang* ist in den Bildtexten der Bilder 5.26 und 5.25 beschrieben.

5.2.3 Zähnezahlen und Übersetzungen

Die Zähnezahlen der beiden Zahnräder einer Zahnradstufe werden vom Getriebehersteller so gewählt, daß ihr Verhältnis zueinander *nicht ganzzahlig* ist.

Beispiel: Treibendes Rad = 17 Zähne, getriebenes Rad = 35 Zähne. 35 : 17 = **2,06**.
Nicht: Treibendes Rad = 17 Zähne, getriebenes Rad = 34 Zähne, denn 34 : 17 = 2 (eine ganze Zahl).

Das Rad mit 35 Zähnen dreht sich 17mal, das mit 17 Zähnen 35mal, bis wieder die beiden gleichen Zähne miteinander in Eingriff kommen.

Dies gilt vor allem auch für den Achsantrieb: Teller- und Kegelrad.

Beispiele: 12/49, *nicht* 12/48. Oder: 9/35, *nicht* 9/36 (siehe auch Abschnitt 9.15 «Berechnung von Kraftübertragung und Fahrgeschwindigkeit»).

Durch dieses «krumme» Verhältnis der Zähnezahlen zueinander erreicht man, daß jeder Zahn des einen Rades auch mit jedem Zahn des Gegenrades zum Eingriff kommt. Hierdurch berühren sich nicht bei jeder Umdrehung dieselben Punkte der Zahnflanken. Verschleißriefen arbeiten sich nicht gegenseitig ein, wodurch eine gleichmäßigere Abnutzung erreicht wird.

Die *Gesamtübersetzungen* liegen bei Personenkraftwagen im kleinsten, dem 1. Gang, zwischen 12 und 16. (Früher sagte man 12 : 1 und 16 : 1.) Im größten Gang, dem 4. oder 5. Gang, zwischen 3 und 4 (3 : 1 und 4 : 1). *Gesamtübersetzung* ist das Drehzahlverhältnis zwischen der Kurbelwelle des Motors und den Antriebsrädern.

Die Gesamtübersetzung ergibt sich aus der Getriebeübersetzung multipliziert mit der Übersetzung des Achsantriebes, z.B. Kegel- und Tellerrad. Gesamtübersetzung 13,0 bedeutet: Die Motorkurbelwelle muß **13** Umdrehungen machen, damit die Antriebsräder eine Umdrehung machen (siehe auch Abschnitt 9.15 «Berechnung von Kraftübertragung und Fahrgeschwindigkeit»).

Personenkraftwagen werden immer mehr mit *Fünfganggetrieben* ausgerüstet. Dabei muß man *drei Arten* unterscheiden:

1. Art Man unterteilt den Bereich zwischen kleinstem und größtem Gang anstatt in vier in fünf Gänge. Der Vorteil ist eine feinere Abstufung des Getriebes, die Sprünge zwischen den einzelnen Gängen sind kleiner, wodurch man den Motor besser als bei nur vier Gängen immer im günstigsten Drehzahlbereich halten kann. Ein solches Getriebe ergibt bei richtigem Schalten zur rechten Zeit sehr günstige Beschleunigungswerte. Die erzielbare *Höchstgeschwindigkeit* ändert sich gegenüber dem Vierganggetriebe hingegen *nicht*.

2. Art Man verschiebt die fünf Gänge etwas nach oben, unter Beibehaltung der Übersetzung des 1. Ganges. Dadurch ist dann zusätzlich zur feineren Abstufung des Getriebes auch etwas größere Höchstgeschwindigkeit zu erreichen.

Das Fünfgang-Sportgetriebe von VW für den Golf und Scirocco ist derartig ausgelegt. In Tabelle 1 sind die *Gesamtübersetzungen* der Vier- und Fünfganggetriebe dieser Fahrzeuge gegenübergestellt. Vorausgesetzt werden für beide Getriebeausführungen die gleiche Motordrehzahl, 5600 min^{-1}, und für beide Fahrzeuge die gleiche Bereifung. Die Tabelle zeigt deutlich die dichter beieinanderliegenden Gänge des Fünfganggetriebes und die nur um 10 km/h größere Höchstgeschwindigkeit. Die Übersetzungen im 1. und im Rückwärtsgang sind bei beiden Getrieben gleich.

3. Art Man behält die Übersetzungen des 1. bis 4. Ganges bei und setzt den 5. Gang oben drauf. Der 5. Gang ist dann als recht langer Gang ein reiner Schnell-, Schon- oder Spargang. Nach Erreichen der gewünschten Fahrgeschwindigkeit im 4. Gang wird in den 5. Gang geschaltet. Die Fahrgeschwindigkeit wird beibehalten bei gleichzeitig geringerer Motordrehzahl. Der 5. Gang eines derart ausgeführten Getriebes wird als E-Gang (economy = wirtschaftlicher, Energie-Spargang) bezeichnet. Früher diente hierzu der «Overdrive», ein hinter einem Vierganggetriebe angeordneter Planetenradsatz mit einer Übersetzung ins Schnelle.

In Tabelle 2 sind die *Getriebeübersetzungen* eines Vier- und Fünfganggetriebes des Audi 100 gegenübergestellt.

Tabelle 1

Vierganggetriebe			Fünfganggetriebe		
Gang	Gesamtübersetzung	Geschwindigkeit km/h	Gang	Gesamtübersetzung	Geschwindigkeit km/h
R	12,33	47	R	12,33	47
1.	13,45	44	1.	13,45	44
2.	7,55	78	2.	8,25	71
3.	5,02	117	3.	5,63	105
4.	3,77	156	4.	4,4	134
			5.	3,55	166

Tabelle 2

Vierganggetriebe		Fünfganggetriebe	
Gang	Getriebe-übersetzung	Gang	Getriebe-übersetzung
1.	3,6	1.	3,6
2.	1,94	2.	1,94
3.	1,23	3.	1,23
4.	0,90	4.	0,90
		5.	0,68

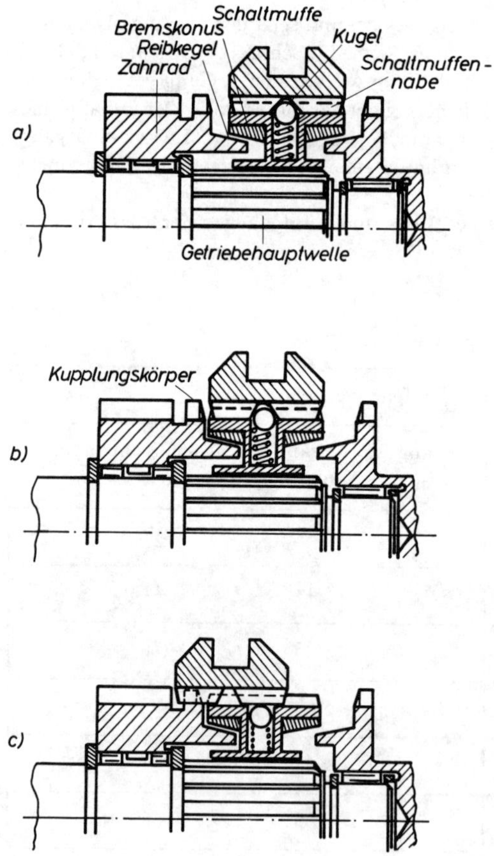

Bild 5.28 Aufbau und Wirkungsweise der normalen Synchronisierung mit federbegrenzter Anpreßkaft.

a) Leerlaufstellung
b) Synchronisiervorgang. Der Bremskonus der Schaltmuffennabe ist über die federbelasteten Kugeln auf den Reibkegel gepreßt.
c) Nachdem Zahnrad und Getriebehauptwelle mit gleicher Drehzahl laufen, wird die Schaltmuffe auf den Kupplungskörper geschoben, der Gang ist eingelegt

5.2.4 Synchrongetriebe

Unter Synchrongetrieben versteht die Technik Getriebe, bei denen die formschlüssig miteinander zu verbindenden Teile (Gang- oder Losrad und Schaltmuffe genannt) vorher auf Gleichlauf (gleiche Drehzahl) gebracht werden (synchron = gleichlaufend).

Außer bei der Porsche-Synchronisierung erfolgt das «Auf-Gleichlauf-Bringen» durch konische Synchronringe, die beim Betätigen des Schalthebels auf einen passenden Gegenkonus des Kupplungskörpers des Gangrades aufgeschoben werden und durch Reibung das Gangrad abbremsen (Hinaufschalten) bzw. beschleunigen (Zurückschalten).

Man unterscheidet:

- ☐ normale (einfache) Synchronisierung mit federbegrenzter Anpreßkraft (kaum noch in Gebrauch),
- ☐ Sperrsynchronisierung, die mit einem Sperrzahnring arbeitet,
- ☐ Sperrsynchronisierung nach Porsche. Sie arbeitet mit servogesteuerter Anpreßkraft.

Die **normale Synchronisierung** mit federbegrenzter Anpreßkraft (Bild 5.28)

Die Nabe der Schaltmuffe ist durch mehrere federbelastete Kugeln (acht Kugeln mit radial in der Schaltmuffennabe angeordneten Schraubenfedern) mit der Schaltmuffe verbunden, Bild a). Beim Schalten verschiebt die Schaltgabel die Schaltmuffe zum Gangrad hin, wobei die Schaltmuffe über eine Ringnut und die federbelasteten Kugeln die Schaltmuffennabe mitnimmt. Der in der Schaltmuffennabe fest angebrachte Bremskonus wird auf den Reibkegel des Kupplungskörpers des Gangrades aufgeschoben und bewirkt durch Reibung das Abbremsen bzw. Beschleunigen des Gangrades, Bild b). Der Fahrer muß den Schalthebel bis zum Erreichen des Gleichlaufs in dieser Stellung belassen, erst dann wird der Druckpunkt überwunden, wobei die Schaltmuffe die Kugeln eindrückt und auf der Schaltmuffennabe weitergeschoben wird, bis ihre Verzahnung in die

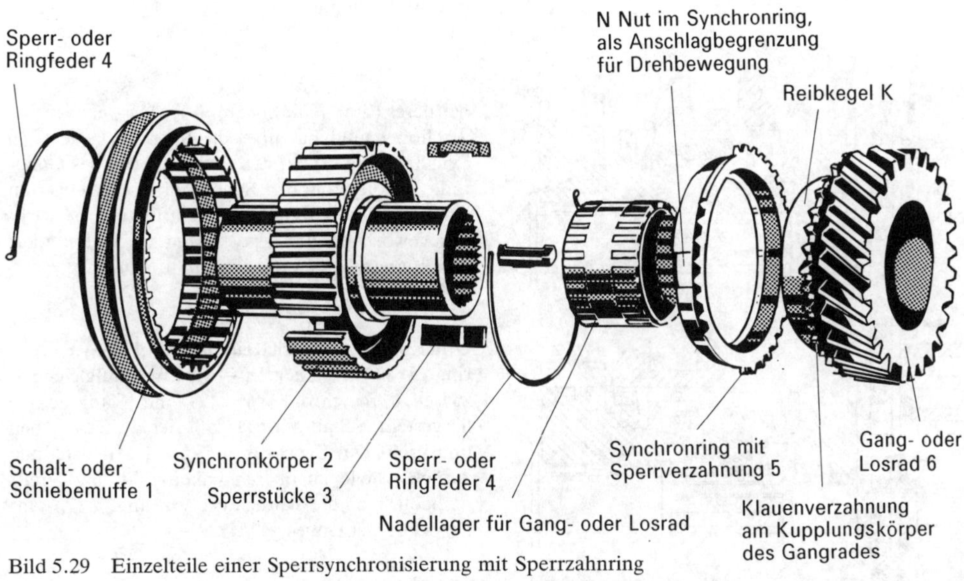

Bild 5.29 Einzelteile einer Sperrsynchronisierung mit Sperrzahnring

Mitnehmer- oder Klauenverzahnung des Gangrades eingreift und so die formschlüssige Verbindung des Gangrades mit der Getriebewelle hergestellt ist, Bild c).

Die Länge der Schaltpause zur Herstellung des Gleichlaufs ist abhängig von der Federkraft. Große Federkraft ermöglicht kurze Schaltpausen, geringe Federkraft bedingt längere Schaltpausen. Da diese Art der Synchronisierung Schaltpausen erfordert, zum anderen ein Durchschalten möglich macht, ohne den Gleichlauf abzuwarten, wird sie heute nicht mehr verwendet.

Die *Sperrsynchronisierung mit Sperrzahnring* macht die formschlüssige (drehfeste) Verbindung zwischen Gangrad und Getriebehauptwelle nur möglich, nachdem Gleichlauf hergestellt ist, außerdem ermöglicht sie schnelleres (und geräuschloses) Schalten.

Die Einzelteile einer Sperrsynchronisierung zeigt Bild 5.29.

Arbeitsweise der Sperrsynchronisierung (Bild 5.30) Die Schaltmuffe (1), die auf dem Synchronkörper (2) drehfest, aber axial verschiebbar angeordnet ist, wird beim Schaltvorgang aus der Mittelstellung (Leerlaufstellung) in Richtung auf die Mitnehmerverzahnung (Z) des Gangrads (6) verschoben. Dabei werden die drei Sperrstücke (3), die mit ihrem Höcker von den Sperr- oder Ringfedern (4) in die Ringnut (R) der Schaltmuffe (1) gedrückt werden, mitgenommen. Die Stirnflächen der Sperrstücke drücken den Synchronring (5) auf den Reibkegel (K) des Gangrades (6). Durch den Drehzahlunterschied zwischen Gangrad und Synchronkörper entsteht ein Bremsmoment, das eine Verdrehung in der Nut (N) des Synchronrings bewirkt (Nut (N) siehe Bild 5.29).

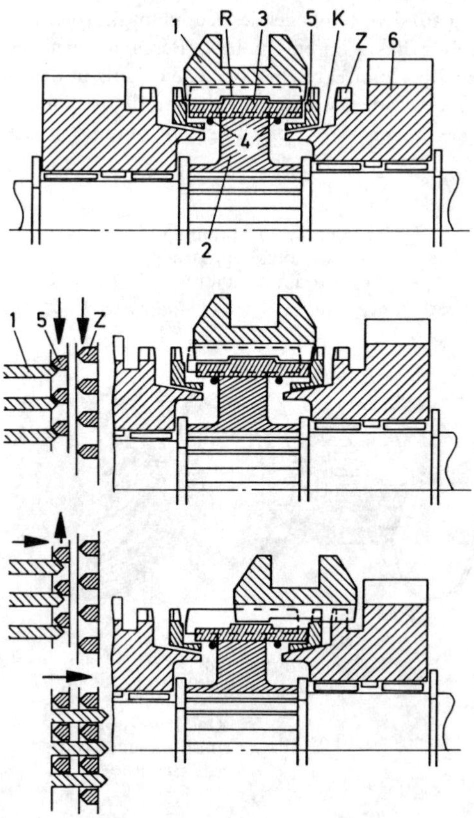

Bild 5.30 Aufbau und Wirkungsweise der Sperrsynchronisierung mit Sperrzahnring.
Oberes Bild: Leerlaufstellung. Schaltmuffe (1) steht in Mittelstellung

Mittleres Bild: Die Schaltmuffe (1) ist nach rechts geschoben und hat über die Sperrstücke (3) den Synchronring (5) auf den Reibkegel (K) des Gangrades (6) aufgeschoben. Synchronring (5) ist bis zum Anschlag verdreht: Die Sperreinrichtung ist wirksam geworden. Die Sperrverzahnung (5) verhindert das Weiterschieben der Schaltmuffe (1).

Unteres Bild: Durch Reibung zwischen Synchronring (5) und Reibkegel (K) ist Drehzahlgleichheit zwischen Synchronkörper (2) und Gangrad (6) hergestellt: Schaltmuffe (1) läßt sich weiterschieben und dreht den Synchronring (5) in Mittelstellung zurück (Pfeile im oberen linken Bild) und greift schließlich in die Mitnehmerverzahnung (Z) ein: Der Gang ist eingelegt

Durch die Verdrehung werden die angeschrägten Zähne der Sperrverzahnung (5) gegen die angeschrägten Zähne der Schaltmuffe (1) gepreßt und ein Weiterschieben verhindert: Die *Sperreinrichtung ist wirksam* geworden (mittleres Bild).

Nachdem die Sperrstücke (3) mit ihrem Höcker aus der Ringnut (R) gegen die Kraft der Ringfedern (4) herausgedrückt sind (im mittleren Bild nicht dargestellt), erfolgt nun der Anpreßdruck direkt mit den angeschrägten Zahnflanken der Schaltmuffe (1) gegen die angeschrägten Zahnflanken der Sperrverzahnung des Synchronrings (5). Hierdurch wird ein starkes Bremsmoment zwischen dem Konus des Synchronrings (5) und dem Reibkegel (K) des Gangrads (6) erzeugt. Ist durch diese Bremswirkung Drehzahlgleichheit – Gleichlauf – zwischen Gangrad (6) und Synchronkörper (2) erreicht, hört das Bremsmoment und damit die Kraft an den Zahnflanken der Sperrverzahnung (5) auf. Die Schaltmuffe (1) läßt sich weiterschieben, dreht den Synchronring (5) in Mittelstellung zurück und greift schließlich in die Mitnehmerverzahnung (Z) des Gangrades (6) ein. Die drehfeste Verbindung zwischen Gangrad (6) und der Getriebewelle ist über Schaltmuffe (1) und Synchronkörper (2) hergestellt. Der Gang ist eingelegt (unteres Bild).

Die Porsche-Sperrsynchronisierung (nach Porsche)

Die Besonderheiten dieser Synchronisierung gegenüber der Sperrzahnsynchronisierung sind:

- ☐ Der Synchronring ist ein geschlitzter federnder Stahlring ohne Sperrverzahnung.
- ☐ Das «Auf-Gleichlauf-Bringen» von Schaltmuffe und Gangrad erfolgt durch Reibung zwischen den Zähnen der Schaltmuffe und der äußeren Fläche des Synchronrings.

Die Reibung zwischen Synchronring und Schaltmuffe wird je nach Drehzahlunterschied und Schaltgeschwindigkeit durch die innerhalb des Synchronrings befindlichen Sperrteile verstärkt. Die Einzelteile und deren Anordnung zeigt Bild 5.31. Zum besseren Verständnis der Schaltvorgänge sei zuerst das Schalten bei stillstehenden Zahnrädern erklärt.

Die Schaltmuffe (2) wird aus der Mittellage (Leerlaufstellung) auf der Führungsmuffe (1) verschoben, bis ihre Verzahnung in die Mitnehmerverzahnung des Kupplungskörpers (8) am Gangrad (9) eingreift. Dabei wird der federnde Synchronring (4) bis auf den Innendurchmesser der Schaltmuffe zusammengedrückt. Bei diesem Schaltvorgang ist lediglich die federnde Kraft des Synchronrings zu überwinden (Bild 5.32).

Beim Schalten während der Fahrt sind die Verhältnisse ganz anders. Die Synchronisierung muß durch ihr Reibmoment den Drehzahlunterschied zwischen der Getriebewelle und dem Gangrad ausgleichen und die drehfeste Verbindung zwischen Schaltmuffe und Gangrad so lange sperren, bis Gleichlauf hergestellt ist.

Beim Schalten wird über Schaltstange und Schaltgabel die Schaltmuffe zum Gangrad hin verschoben. Dabei entsteht zwischen der Schaltmuffe und dem Synchronring eine Reibung, die das Gangrad beim *Hochschalten abbremst* und beim *Zurückschalten beschleunigt.*

Durch die Reibung verdreht sich der Synchronring (4), und eines seiner beiden Enden stützt sich dabei am Stein (5) ab. Dieser drückt das Sperrband (6) an den Innendurchmesser des Synchronrings (4), wobei der Anschlag (7) als Abstützung dient. Er bewegt sich durch die Anschrägung seines Höckers in der Nut des Kupplungskörpers (8) nach außen, wobei sowohl vom Anschlag (7) als auch über das Sperrband (6) radial wirkende Kräfte den Synchronring (4) aufdrücken wollen. Hierdurch verstärkt sich die Reibung zwischen Schaltmuffe und Synchronring, wodurch sich die Schaltmuffe nicht weiterschieben läßt (Bilder 5.33 und 5.34).

Bei Gleichlauf entspannt sich das Sperrsystem und setzt dem Zusammendrücken des Synchronrings keinen Widerstand mehr entgegen. Die Schaltmuffe läßt sich nun mit geringer Kraft über den Synchronring hinwegschieben, bis sie in die Mitnehmerverzahnung des Gangrads eingreift. Dieser letzte Vorgang entspricht dem Schalten bei stillstehenden Zahnrädern (Bild 5.32).

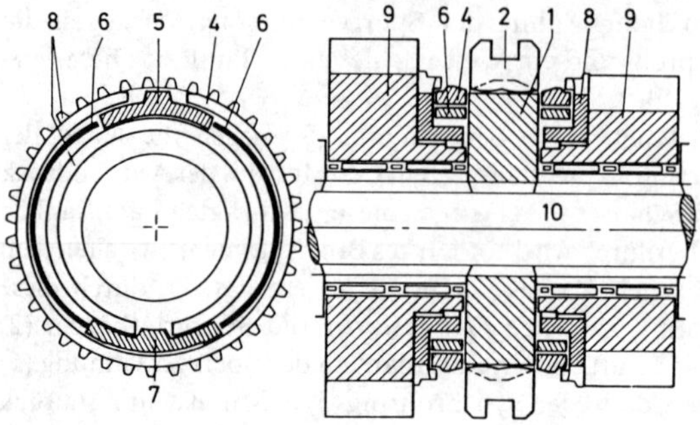

Bild 5.31 Ein Schnitt durch die Porsche-Synchronisierung mit den beiden zugeordneten Zahnrädern (9), die durch das Verschieben der Schaltmuffe (2) nach links oder rechts wahlweise über die Führungsmuffe (1) mit der Getriebewelle (10) drehfest verbunden werden können. Der Kupplungskörper (8) ist fest mit dem Zahnrad (9) verbunden (aufgepreßt). Am Kupplungskörper (8) sind der Synchronring (4), der Stein (5), die beiden Sperrbänder (6) und der Anschlag (7) angebracht. Gehalten werden sie von den geschliffenen Seitenflächen der Führungsmuffe (1). Zwischen den beiden auf der Getriebewelle nadelgelagerten Zahnrädern (9) befindet sich die Schaltmuffe (2), die zwar axial verschiebbar, aber mit der Getriebewelle (10) über die Führungsmuffe (1) drehfest verbunden ist

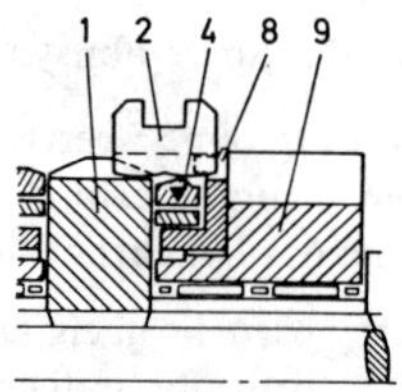

Bild 5.32 Schaltvorgang bei stillstehenden Zahnrädern. Schaltmuffe (2) ist auf der Führungsmuffe (1) verschoben, bis sie in die Mitnehmerverzahnung (8) eingreift. Der federnde Synchronring (4) wird dabei zusammengedrückt (Pfeil)

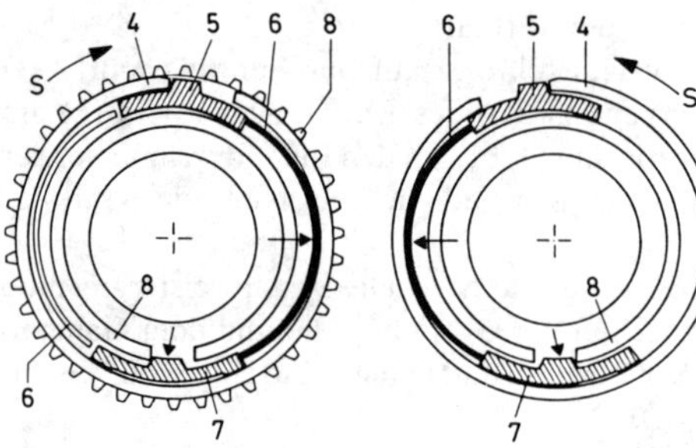

Bild 5.33 Wirkung des Sperrsystems der Porsche-Synchronisierung. Rechtes Bild: Hochschalten, linkes Bild: Zurückschalten. Die Pfeile (S) zeigen die Drehrichtung des Synchronringes (4). Synchronring (4) wird durch die Reibung der Schaltmuffe (Schaltmuffe im Bild nicht dargestellt) gegen den Stein (5) gedrückt. Dieser drückt das Sperrband (6) gegen den Anschlag (7), der in der Nut des Kupplungskörpers (8) anschlägt und den Synchronring (Pfeil) nach außen drücken will. Sperrband (6) will ebenfalls den Synchronring (Pfeil) nach außen drücken. Im rechten Bild sind, der besseren Übersicht halber, das wirkungslose zweite Sperrband und die Mitnehmerverzahnung des Kupplungskörpers (8) nicht dargestellt. Im linken Bild sind die Teile dargestellt. Das wirksame Sperrband (6) ist voll, das nicht wirksame liniert dargestellt

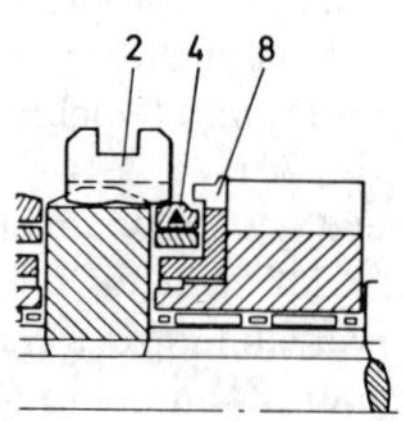

Bild 5.34 Synchronisiervorgang bei der Porsche-Synchronisierung. Der Synchronring (4) wird durch das Sperrsystem nach Bild 5.32 aufgedrückt (Pfeil). Das Weiterschieben der Schaltmuffe (2) ist gesperrt

5.2.5 Schaltsperre und Schaltarretierung

Damit nicht gleichzeitig zwei Gänge geschaltet werden können, was ein Blockieren des Getriebes zur Folge hätte, sind zwischen den Schaltstangen Schaltsperren und Gangarretierungen angeordnet. Bild 5.35 zeigt die Schaltsperren (S) zwischen den Schaltstangen (E) für den 1. und 2. sowie für den 3. und 4. Gang. (Die Schaltstange mit Schaltsperre für den Rückwärtsgang ist nicht dargestellt.) Schaltsperre (S) und Schaltarretierung (G) sind in entsprechenden Bohrungen des Gehäuses geführt. Die Schaltarretierungen (G) bestehen aus zwei federbelasteten Büchsen, die in entsprechende Bohrungen der Schaltstangen (E) eingreifen. Sie halten die nicht geschalteten Schaltstangen in Leerlaufstellung (oberes Bild), den geschalteten Gang hindern sie am Herausspringen bei unbeabsichtigter Berührung des Schalthebels (mittleres Bild). Die Schaltsperre (S) bewirkt, daß jeweils *nur eine* Schaltstange aus der Leerlaufstellung heraus verschoben werden kann, indem sie durch ihre Verschiebung die andere Schaltstange blockiert (mittleres Bild). Sollen durch unexaktes Schalten *beide* Schaltstangen *gleichzeitig* verschoben werden, wird die Bewegung nach kurzem Weg (W) durch die Schaltsperre (S) gesperrt: Es läßt sich *kein Gang* schalten (unteres Bild).

Wichtig: Wurde ein Getriebe vollständig zerlegt, ist beim Zusammenbau zu beachten, daß Schaltsperren und Schaltarretierungen nicht vergessen werden!

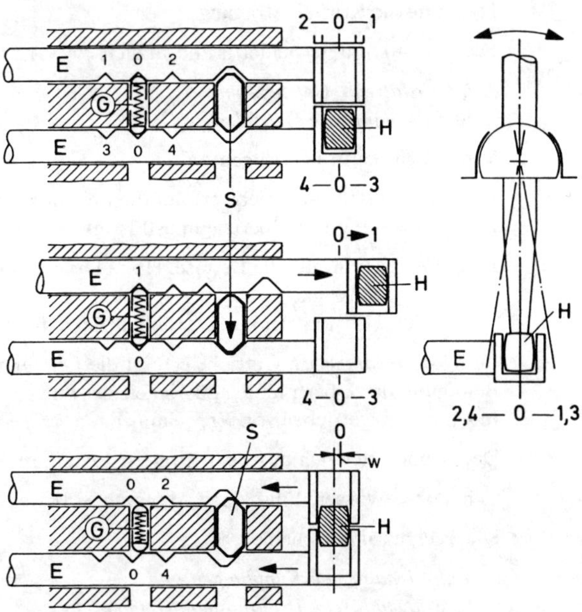

Bild 5.35 Anordnung und Wirkungsweise von Schaltsperre und Schaltarretierung. Die drei linken Bilder zeigen die Anordnung der Schaltstangen (E) für die vier Vorwärtsgänge in Draufsicht. Das rechte Bild zeigt den Eingriff des Schalthebels (H) in die Schaltstangen (E). Oberes Bild: Leerlaufstellung. Schaltsperre (S) hat keine Wirkung. Die Schaltarretierung (G) hält beide Schaltstangen (E) in Leerlaufstellung. Bei Vierganggetrieben wird der Schalthebel (H) bei Leerlaufstellung durch eine Feder in der Schaltstange für den 3. und 4. Gang gehalten. Mittleres Bild: Der 1. Gang ist geschaltet. Die Schaltsperre (S, Pfeil) blockiert die Schaltstange (E) für 3. und 4. Gang in Leerlaufstellung. Unteres Bild: Schaltsperre (S) sperrt nach kurzem Weg (W) die Bewegung beider Schaltstangen (E), s. Text

5.3 Automatikgetriebe

Wie schon der Name sagt, arbeiten diese Getriebe selbsttätig (automatisch).
Gegenüber mechanischen Wechselgetrieben bieten sie *drei wesentliche Vorteile:*

a) Der Fahrer braucht weder zu schalten noch zu kuppeln, er kann sich besser auf das Verkehrsgeschehen konzentrieren.
b) Das Getriebe schaltet *ohne Zutun des Fahrers* stets die *richtige Übersetzung* ein, damit an den Antriebsrädern die jeweils erforderliche Antriebskraft zur Verfügung steht.

c) Fast stufenlose Übersetzungsänderung bei nur drei oder vier Gängen, durch den hydrodynamischen Drehmomentwandler.

Die Technik unterscheidet:

- ☐ *halbautomatische oder Wahlautomatikgetriebe und*
- ☐ *vollautomatische Getriebe.*

Vollautomatische Getriebe

Vollautomatische Getriebe – in der Folge Automatikgetriebe genannt – sind mit drei oder vier Vorwärtsgängen und einem Rückwärtsgang ausgerüstet.

Nachfolgend sollen nur *grundsätzliche Konstruktionsmerkmale* sowie die Arbeitsweise beschrieben werden, die für alle derzeitigen Automatikgetriebe allgemein Gültigkeit haben.

Grundsätzlich bestehen Automatikgetriebe aus *drei Hauptgruppen:*

a) der *hydraulischen Kraftübertragung* (hydrodynamischer Drehmomentwandler),
b) dem *mechanischen Planetengetriebe* mit drei oder vier Gängen,
c) der *Schaltautomatik* und der hydraulischen – teilweise auch elektrischen – *Getriebesteuerung.*

Hydraulische Kraftübertragung

Die Technik unterscheidet grundsätzlich *zwei Arten* der hydraulischen Kraftübertragung:

- ☐ *hydrostatische Getriebe und*
- ☐ *hydrodynamische Getriebe*

Vereinfacht kann man sagen:

Im hydro*statischen* Getriebe erfolgt die Leistungsübertragung durch eine *Kraft* (hoher Druck, aber wenig Bewegung der Übertragungsflüssigkeit).

Beispiele: Hydraulische Bremse. Hohe Drücke im System beim Bremsen, aber nur wenig bewegte Flüssigkeit.
Hilfskraftlenkung: Hohe Drücke, über 100 bar, aber nur wenig strömende Flüssigkeit.

Im hydro*dynamischen* Getriebe erfolgt die Leistungsübertragung durch eine *Bewegung* (strömende Bewegung der Übertragungsflüssigkeit bei nur geringem Druck).
In Automatikgetrieben von *Kfz* gelangen nur *hydrodynamische Kraftübertragungen* zur Anwendung.

Der Name leitet sich aus dem Altgriechischen ab:

- ☐ hydor = Wasser, Flüssigkeit: dynamis = bewegte Kraft.

Die Technik unterscheidet:

- ☐ *hydrodynamische Kupplungen und*
- ☐ *hydrodynamische Drehmomentwandler.*

5.3.1 Hydrodynamische Kupplung

Die hydrodynamische Kupplung besteht aus zwei Schaufelrädern:

- ☐ Pumpenrad (Primärrad) und
- ☐ Turbinenrad (Sekundärrad).

Das Pumpenrad wirkt wie eine Kreiselpumpe. Es ist drehfest mit der Motorkurbelwelle über das Gehäuse verbunden und versetzt die Flüssigkeit ATF (**A**utomatic **T**ransmission **F**luid) in *strömende Bewegung* (daher auch der Name Strömungskupplung). Die strömende Flüssigkeit treibt das **Turbinenrad.** So wird die *strömende Bewegung der Flüssigkeit in Drehbewegung des Turbinenrades* umgewandelt.

Einfach kann man sagen: Durch *Drehbewegung* der Motorkurbelwelle wird über eine Pumpe Flüssigkeit in *strömende Bewegung* versetzt, in einer Turbine wird die *strömende* Bewegung in eine *Drehbewegung* zurückverwandelt. Bild 5.36 zeigt Aufbau und Wirkungsweise der hydrodynamischen Kupplung, Bild 5.37 zeigt die schraubenförmige Bewegung der strömenden Flüssigkeit.

Die Drehzahl des *Turbinenrades* ist stets *niedriger* als die des *Pumpenrades.* Den Drehzahlunterschied bezeichnet man als *Schlupf.* Bei hoher Drehzahl von Pumpen- und Turbinenrad beträgt er nur noch 2 bis 3%.

Da die hydrodynamische Kupplung beim Anfahren – Stillstand des Turbinenrades – *keine* Drehmomentverstärkung bewirkt, wird sie derzeit in Automatikgetrieben nicht verwendet.

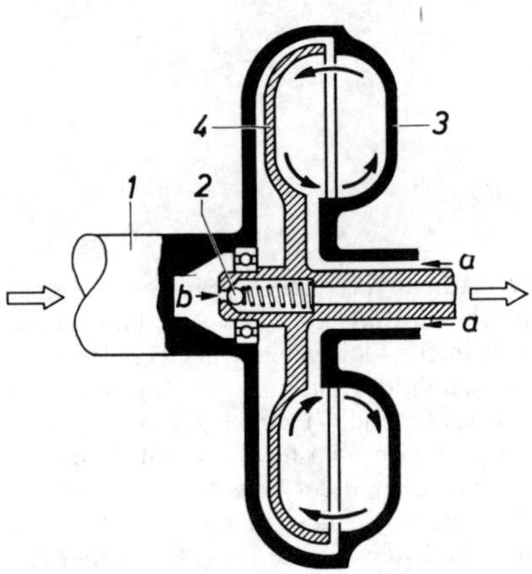

Bild 5.36 Aufbau und Wirkungsweise der hydrodynamischen Kupplung.
1 Kurbelwelle
2 Kugelventil
3 Gehäuse mit Pumpenrad
4 Turbinenrad mit Antriebswelle
a Ölzufluß
b Ölrückfluß

Die jeweils drei dick ausgezogenen Pfeile zeigen die Strömungsbewegung der Flüssigkeit. Das Kugelventil (2) hält einen bestimmten Flüssigkeitsdruck in der Kupplung aufrecht, wodurch Kavitation (Hohlsog) vermieden wird. Außerdem verhindert es das Auslaufen der Flüssigkeit bei stillstehendem Motor

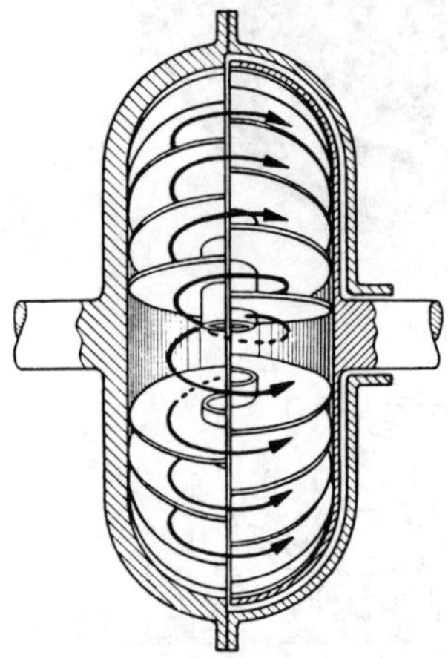

Bild 5.37 Bewegung der Flüssigkeit in der hydrodynamischen Kupplung (Schraubenlinie), durch Pfeile dargestellt

5.3.2 Hydrodynamischer Drehmomentwandler

Der hydrodynamische Drehmomentwandler nach dem Trilok-System besteht aus drei Schaufelrädern:

- ☐ *Pumpenrad,* mit Gehäuse fest verbunden,
- ☐ *Turbinenrad* mit Getriebeantriebswelle fest verbunden,
- ☐ *Leitrad* auch Stütz- oder Reaktionsrad genannt, *mit Freilauf.*

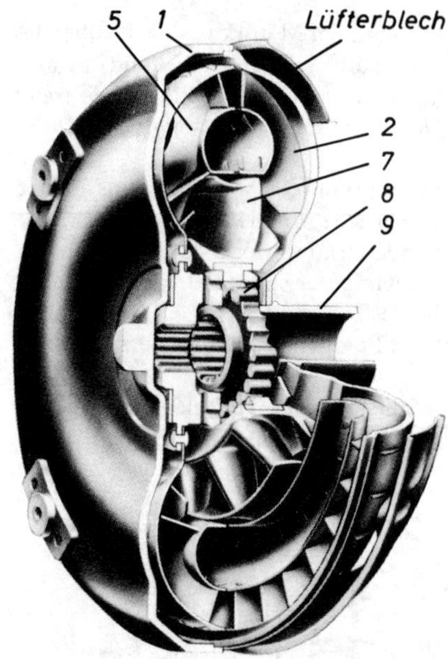

Bild 5.38 Hydrodynamischer Drehmomentwandler (Trilok-Wandler) im Schnitt. Beschreibung s. Text

1 Wandlergehäuse
2 Pumpenrad, Bestandteil des Gehäuses
3 Motorkurbelwelle
4 Mitnehmerblech zur Verbindung von Wandler und Kurbelwelle
5 Turbinenrad
6 Antriebswelle für mech. Planetengetriebe
7 Stütz-, Leit- oder Reaktionsrad
8 Rollenfreilauf
9 Stützrohr für Freilauf
10 Getriebegehäuse
11 Ölpumpenantrieb

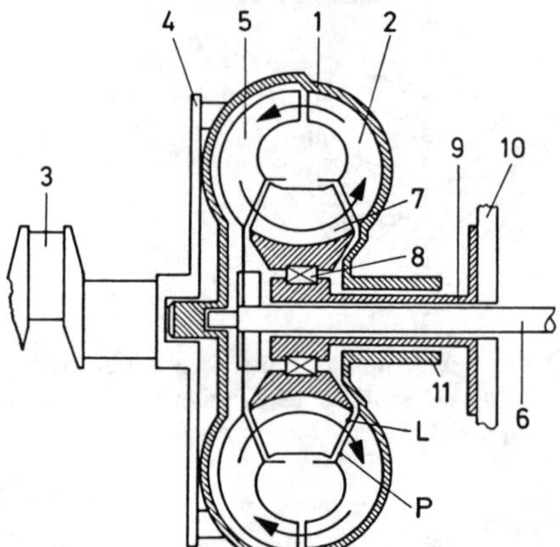

Bild 5.39 Aufbau des Trilok-Wandlers schematisch (siehe auch Bild 5.38). Der vom Pumpenrad (2) beschleunigte Flüssigkeitsstrom (Pfeile) trifft auf die Schaufeln des Turbinenrads (5) und fließt dann über das Leitrad (7) zurück zum Pumpenrad (2). In den Bildern 5.40 bis 5.43 sind Pumpen-, Turbinen- und Leitrad der besseren Verständlichkeit halber nebeneinander dargestellt: Bei (L) strömt die ATF vom Leitrad (7) (Pfeile) über (P) zurück in das Pumpenrad (2)

Hydrodynamische Drehmomentwandler nach dem Trilok-System sind im wesentlichen aus Blechteilen zusammengesetzt. Alle Schaufeln des Pumpen- und Turbinenrads sind eingelötet. Das Leitrad mit profilierten Schaufeln besteht aus Druckguß, nach außen ist es durch ein Blechband abgedeckt (Bilder 5.38 und 5.39).

In einem ringförmigen Gehäuse (1) sind hintereinander die drei Schaufelräder angeordnet. Pumpenrad (2) ist mit Gehäuse (1) fest verbunden. Gehäuse (1) ist über das Mitnehmerblech (4) mit der Motorkurbelwelle (3) fest verbunden und bildet die Schwungmasse des Motors. Das im Wandlergehäuse drehbar angeordnete Turbinenrad (5) ist mit der Antriebswelle (6) des nachfolgenden mechanischen Getriebes fest verbunden. Im *Rücklauf* der Getriebeflüssigkeit ist zwischen Turbinenrad (5) und Pumpenrad (2) das im Durchmesser kleinere Stütz-, Leit- oder Reaktionsrad (7) auf dem Rollenfreilauf (8) angeordnet. Rollenfreilauf (8) stützt sich über das mit dem Getriebegehäuse (10) fest verbundene Stützrohr (9) ab.

Alle drei Schaufelräder können sich unabhängig voneinander drehen, das Leitrad (7) jedoch nur in Motordrehung. Gegen die Motordrehrichtung wird es vom Freilauf festgehalten.

Der Wandler ist in der Motorkurbelwelle mittig zentriert und auf der Freilaufstütze (9) mit einem durch die Getriebeflüssigkeit geschmierten Gleitlager gelagert (in den Bildern nicht dargestellt). Außen am Wandler ist ein Lüfterblech mit Schaufeln angebracht. Es fördert Kühlluft über das Wandlergehäuse, wodurch die entstehende Wärme in zulässigen Grenzen gehalten wird. Der Starterzahnkranz ist am Wandlergehäuse elektrisch angeschweißt (in den Bildern nicht dargestellt).

Die Verlängerung des Wandlergehäuses (11) dient zum Antrieb der Ölpumpe, die das gesamte Automatikgetriebe mit Getriebeflüssigkeit (ATF) versorgt. Sie fördert bei laufendem Motor ständig Flüssigkeit durch den Wandler. Durch ein federbelastetes Kugelventil im Flüssigkeitsaustritt aus dem Wandler (ähnlich dem Kugelventil in Bild 5.36) wird die Flüssigkeit im Wandler unter Druck gehalten, wodurch Kavitationsschäden (Schäden durch Hohlsog) vor allem an den profilierten Schaufeln des Leitrades verhindert werden. Außerdem wird das Auslaufen der Flüssigkeit aus dem Wandler bei Stillstand unterbunden.

Je nach *Motorbelastung und Fahrgeschwindigkeit*ergeben sich *drei Wirkungsbereiche:*

a) *Wandlerbereich,* in dem die Drehmomentsteigerung stattfindet. Er reicht vom Anfahren aus dem Stand bis zum Erreichen des Kupplungspunktes;
b) *Kupplungsbereich,* in dem der Wandler ohne Wirkung des Leitrades als hydrodynamische Kupplung arbeitet;
c) *Bremsbereich.*

Wirkungsweise des Trilok-Wandlers (siehe hierzu Bilder 5.39 bis 5.43)

Wichtig: Der besseren Anschauung halber sind die *im Wandler ringförmig* angeordneten Schaufelräder, Pumpen-, Turbinen- und Leitrad, in den Bildern 5.40 bis 5.43 *nebeneinander* dargestellt: Der Rand (L) des Leitrads (7) und der Rand (P) des Pumpenrads (2) liegen dicht nebeneinander, wie aus Bild 5.39 ersichtlich.

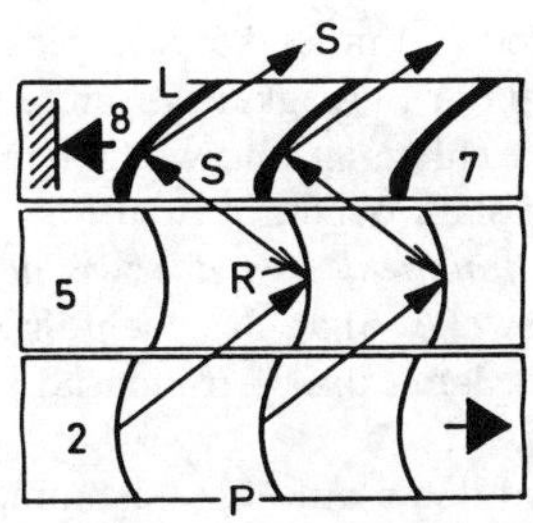

Bild 5.40 Wirkungsweise des Trilok-Wandlers beim Anfahren. Turbinenrad (5) steht still. Die starke Ablenkung des Flüssigkeitsstroms (S) im Leitrad (7), das sich über den Freilauf (8) entgegen der Drehrichtung des Pumpenrads (2) (Pfeil) fest abstützt, bewirkt die Verstärkung des Drehmoments durch Rückwirkung (Pfeil R) gegen die Schaufeln des Turbinenrads (5). Die im Wandler ringförmig angeordneten Räder (2, 5 und 7) (siehe auch Bild 5.39) sind der leichteren Verständlichkeit halber nebeneinander dargestellt. Bei (L) tritt der Flüssigkeitsstrom (S) aus dem Leitrad aus, bei (P) tritt er wieder in das Pumpenrad (2) ein

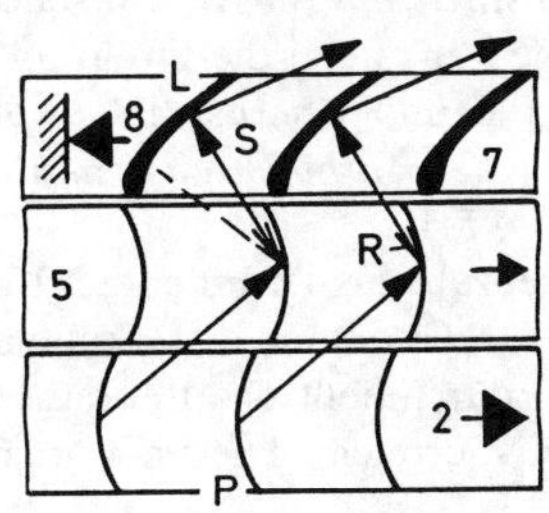

Bild 5.41 Der Wagen fährt an. Die Drehzahl des Turbinenrads (5) nimmt zu, der Flüssigkeitsstrom (S) wird weniger abgelenkt, wodurch sich die Rückwirkung (R) gegen das Turbinenrad (5) und somit die Drehmomentsteigerung verringert. (Die gestrichelte Linie zeigt die Ablenkung des Flüssigkeitsstroms (S) beim Stillstand von (5) zum Vergleich.)

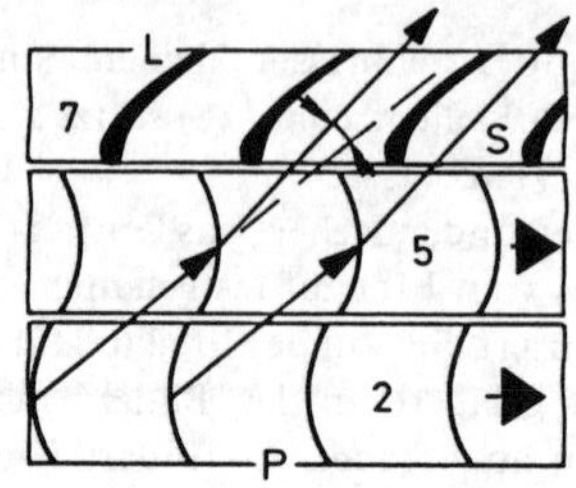

Bild 5.42 Wirkungsweise des Trilok-Wandlers im Kupplungspunkt. Der Flüssigkeitsstrom (S) durchfließt das Leitrad (7), ohne sich an dessen Schaufeln abzustützen: Es findet keine Drehmomentverstärkung mehr statt

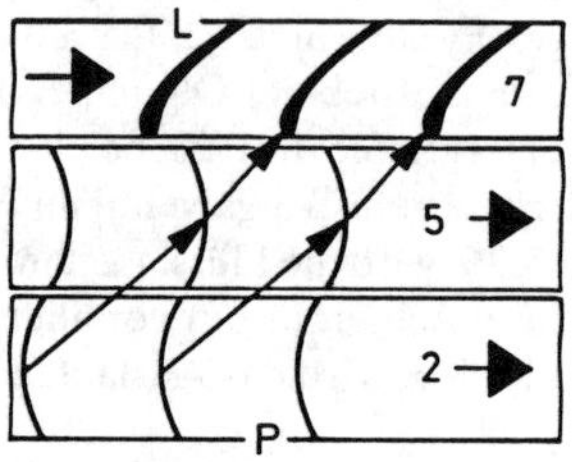

Bild 5.43 Nach Erreichen des Kupplungspunkts arbeitet der Wandler als hydrodynamische Kupplung: Er arbeitet im Kupplungsbereich. Leitrad (7) wird durch den Flüssigkeitsstrom (S) in Motordrehrichtung mitgedreht

a) **Wandlerbereich**

Bei laufendem Motor wird die zwischen den Schaufeln des Pumpenrads (2) befindliche ATF mitgenommen und durch die Einwirkung der Fliehkraft nach außen in das Turbinenrad (5) gefördert (siehe Pfeile in Bild 5.39). Sie strömt von außen in das zunächst noch stillstehende Turbinenrad (5). An den leicht gekrümmten Schaufeln des Turbinenrads (5) muß die Flüssigkeit ihre Richtung ändern und fließt dann nach innen zum Leitrad (7) ab. Dabei gibt die Flüssigkeit ihre Strömungsenergie in Form von Drehkraft an das Turbinenrad (5) ab. Die Schaufeln des vom Freilauf (8) festgehaltenen Leitrads (7) – es kann sich nur in Motorrichtung mitdrehen – stellen sich dem vom Turbinenrad (5) abfließenden Flüssigkeitsstrom (S) entgegen (Bild 5.40). Hierdurch entsteht ein *Rückstau,* eine *Reaktion* oder *Rückwirkung,* die die *Steigerung des Drehmoments bewirkt* (siehe Pfeil (R) in Bild 5.40).

Außerdem wird der Flüssigkeitsstrom (S) durch die stark gekrümmten Schaufeln des Leitrads (7) umgelenkt, beschleunigt und weitgehend wirbelfrei zum Pumpenrad (2) zurückgeleitet: Der beschriebene Kreislauf beginnt erneut.

Das größte Drehmoment, etwa das zweifache des Motordrehmoments, wird vom Turbinenrad (5) über die Antriebswelle (6) an das nachfolgende mechanische Planetengetriebe abgegeben, wenn das Fahrzeug und damit das Turbinenrad (5) stehen, während der Motor mit Vollgas das Pumpenrad antreibt.

Der Motor wird dabei auf eine bestimmte Drehzahl abgebremst. Diese Drehzahl bezeichnet man als *Festbremsdrehzahl* (engl. stall speed). Den geschilderten Vorgang zeigt Bild 5.40.

Fährt der Wagen an, steigt die Drehzahl des Turbinenrads (5) im gleichen Verhältnis wie die Fahrgeschwindigkeit und nähert sich der weniger ansteigenden Motordrehzahl. *Im gleichen Maße* wie die *Drehzahl des Turbinenrads zunimmt,* nimmt die *Drehmomentverstärkung ab.* Diesen Vorgang zeigt Bild 5.41.

Beträgt die Drehzahl des Turbinenrads (5) schließlich etwa 85 % der Drehzahl des Pumpenrads (2), findet keine Drehmomentverstärkung mehr statt. Das Leitrad (7) ist wirkungslos. Der Flüssigkeitsstrom (S) durchfließt das Leitrad (7), ohne sich an dessen Schaufeln abzustützen: Der *Kupplungspunkt* ist erreicht. Diesen Vorgang zeigt Bild 5.42.

b) **Kupplungsbereich**

Bei weiter ansteigender Fahrgeschwindigkeit arbeitet der *Wandler als hydrodynamische Kupplung,* da das Leitrad (7) keine Wirkung mehr ausübt. Im Kupplungspunkt hat sich der Winkel, mit dem die ATF aus dem Turbinenrad (5) aus- und in das Leitrad (7) eintritt (Bild 5.42), so weit geändert, daß die Schaufeln des Leitrads (7) jetzt von rückwärts, d. h. in Motordrehrichtung, angeströmt werden. Dadurch löst sich das Leitrad (7) vom Freilauf und läuft nun im Flüssigkeitsstrom zwischen Pumpen- und Turbinenrad mit (Bild 5.43).

Die Drehzahldifferenz zwischen Pumpen- und Turbinenrad nimmt auch über den Kupplungspunkt hinaus weiter ab – jedoch bei gleichbleibender Drehmomentübertragung –, bis ein *Wirkungsgrad* von etwa **96 %** erreicht wird.

Ein geringer Schlupf muß zum Aufrechterhalten des umlaufenden Flüssigkeitsstroms immer vorhanden sein.

c) **Bremsbereich**

Dreht das Turbinenrad schneller als das Pumpenrad – beim Gaswegnehmen im Schiebebetrieb –, arbeitet der Wandler umgekehrt: Das Turbinenrad treibt das Pumpenrad und damit den Motor an, wodurch dessen Bremskraft ausgenutzt wird. Das Leitrad übt dabei keine Wirkung aus.

Fassen wir noch einmal kurz zusammen:

Wandlerbereich Das *Pumpenrad,* mit der Motorkurbelwelle fest verbunden, versetzt die ATF in strömende Bewegung.

Das *Turbinenrad,* über die Antriebswelle mit dem mechanischen Planetengetriebe verbunden, wird durch die strömende ATF in Drehung versetzt.

Das *Stütz-, Leit- oder Reaktionsrad* (in der vorangehenden Beschreibung kurz als Leitrad bezeichnet) bewirkt beim Anfahren die Verstärkung des Motordrehmoments auf etwa das Doppelte, wobei es sich über einen Freilauf entgegen der Motordrehrichtung abstützt.

Im gleichen Maß wie die *Drehzahl des Turbinenrads zunimmt, nimmt die Drehmomentverstärkung ab.*

Beträgt die Drehzahl des Turbinenrads etwa 85 % der Drehzahl des Pumpenrads, findet keine Drehmomentverstärkung mehr statt: Der *Kupplungspunkt* ist erreicht.

Kupplungsbereich Bei weiterer Drehzahlsteigerung arbeitet der hydrodynamische Drehmomentwandler nur wie eine hydrodynamische Kupplung, mit Pumpen- und Turbinenrad. Das Stütz-, Leit- oder Reaktionsrad übt keine Wirkung mehr aus. Es löst sich vom Freilauf und dreht sich frei beweglich mit.

Bremsbereich Erreicht das Turbinenrad eine höhere Drehzahl als das Pumpenrad – beim Gaswegnehmen im Schiebebetrieb –, so arbeitet der Drehmomentwandler in umgekehrter Richtung als hydrodynamische Kupplung. Das Turbinenrad treibt jetzt das Pumpenrad an und somit den Motor, dessen Bremswirkung ausgenutzt wird. Das Stütz-, Leit- oder Reaktionsrad übt keine Wirkung aus.

5.3.3 Wandlerkupplung

Neuerdings werden die hydrodynamischen Drehmomentwandler einiger Hersteller von Automatikgetrieben mit einer Wandlerkupplung versehen. Dies ist eine Reibungskupplung, die im Wandler zwischen Gehäuse und Turbinenrad angeordnet ist. Das Anlegen (Schließen) der Kupplung erfolgt durch hydraulischen Druck.

Ist die Wandlerkupplung angelegt (geschlossen), werden Pumpen- und Turbinenrad des Wandlers kraftschlüssig miteinander verbunden. Der Wandler übt dann keine Wirkung aus, da der Kraftfluß vom Wandlergehäuse über die mit Reibbelag versehene Kupplungsscheibe direkt auf die Turbinenwelle (Antriebswelle des Planetengetriebes) erfolgt. Hierdurch wird der normale Schlupf des Wandlers ausgeschaltet, und damit der Kraftstoffverbrauch des Motors herabgesetzt.

Eine torsionsgefederte Nabe verbindet die Wandlerkupplung mit der Turbinenwelle. Sie ermöglicht eine Verdrehung zwischen Kupplungsscheibe und Turbinenwelle von etwa 45°. So wird ein *stoßfreies Einschalten* der Wandlerkupplung und ein *ruckfreies Fahren* bei eingeschalteter Wandlerkupplung erreicht.

Bei der *Opel-Automatik* wird die Wandlerkupplung angelegt, wenn folgende Bedingungen gleichzeitig erfüllt sind:

☐ Das Getriebe ist im 3. (direkten) Gang.
☐ Die Fahrgeschwindigkeit ist größer als 70 km/h.
☐ Die Betriebsbremse ist nicht betätigt.
☐ Die Temperatur der Kühlflüssigkeit des Motors ist höher als 75 °C.
☐ Die Saugwirkung (Zündunterdruck) ist größer als 90 mbar.

Das **ZF-Automat-Getriebe 4HP22,** mit dem u. a. die großen Typen von BMW ausgerüstet werden, ist ebenfalls mit einer Wandlerkupplung versehen. Die Kupplung wird geschlossen, wenn die Fahrgeschwindigkeit im 4. Gang 85 km/h beträgt.

Bild 5.44 zeigt den Sachs-Drehmomentwandler mit integrierter Überbrückungskupplung.

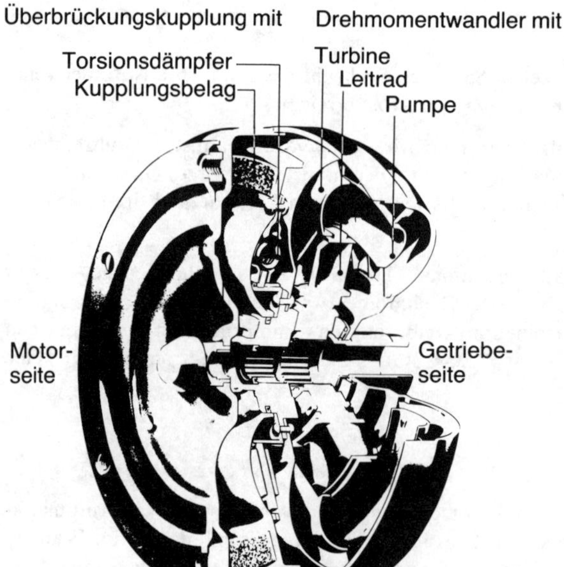

Bild 5.44 Sachs-Drehmomentwandler mit integrierter Überbrückungskupplung. Über die Überbrückungskupplung werden in der letzten Fahrstufe Pumpen- und Turbinenrad (Pumpe und Turbine) starr miteinander verbunden. Der kraftstoff- und leistungszehrende Schlupf des Wandlers entfällt. Der Kraftfluß erfolgt dann direkt vom Wandlergehäuse über den Kupplungsbelag, die Kupplungsscheibe und den Torsionsdämpfer auf die Welle des Turbinenrads. Zur Erzielung eines ruckfreien Einkuppelns ermöglicht der Torsionsdämpfer eine Verdrehung der Kupplungsscheibe von etwa 45° (s. Text)

5.3.4 Planetengetriebe, Arten

Das dem hydrodynamischen Drehmomentwandler nachgeschaltete Drei- oder Vierganggetriebe wird beim Automatikgetriebe stets als *Planetengetriebe* ausgeführt. Vorteil: Der *Kraftfluß* im Getriebe wird beim Gangwechsel *nicht unterbrochen*, er erfolgt unter Last. Planetengetriebe werden daher auch als *Lastschaltgetriebe* bezeichnet.

Aufbau des Planetengetriebes

Planetengetriebe sind sogenannte Umlaufgetriebe, deren Zahnräder ständig miteinander in Eingriff sind.

Ein *Planetengetriebe* besteht aus folgenden Teilen:

dem Hohl- oder Ringrad,
mehreren (meist drei) Planetenrädern,
dem in der Mitte angeordneten Sonnenrad und
dem Planetenradträger, an dem die Planetenräder drehbar gelagert sind (Bild 5.45)

Bild 5.45 Aufbau und Teile eines Planetengetriebes

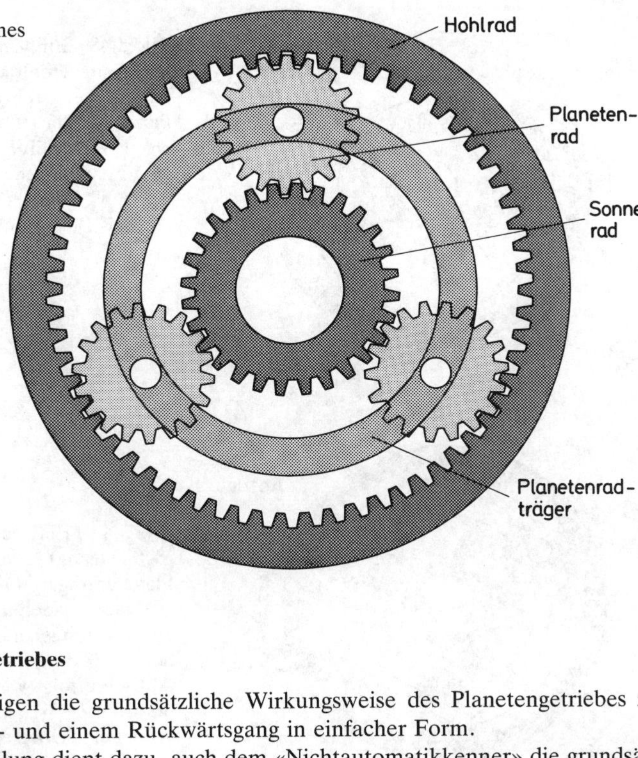

Wirkungsweise des Planetengetriebes

Die Bilder 5.46 bis 5.50 zeigen die grundsätzliche Wirkungsweise des Planetengetriebes zur Erzielung von vier Vorwärts- und einem Rückwärtsgang in einfacher Form.

Diese vereinfachte Darstellung dient dazu, auch dem «Nichtautomatikkenner» die grundsätzliche Wirkungsweise des Planetengetriebes näherzubringen.

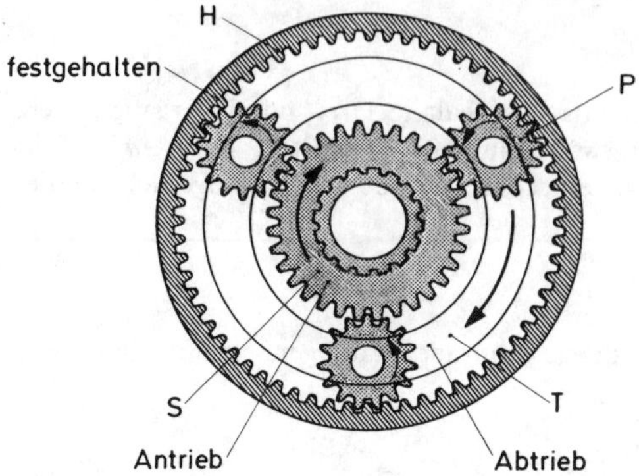

Bild 5.46 Wirkungsweise des einfachen Planetengetriebes im 1. Gang. Hohlrad (H) wird festgehalten, Sonnenrad (S) angetrieben. Die Planetenräder (P), vom Sonnenrad (S) angetrieben, wälzen sich im festgehaltenen Hohlrad ab und nehmen dabei den Planetenträger (T) mit, von dem aus der Abtrieb erfolgt

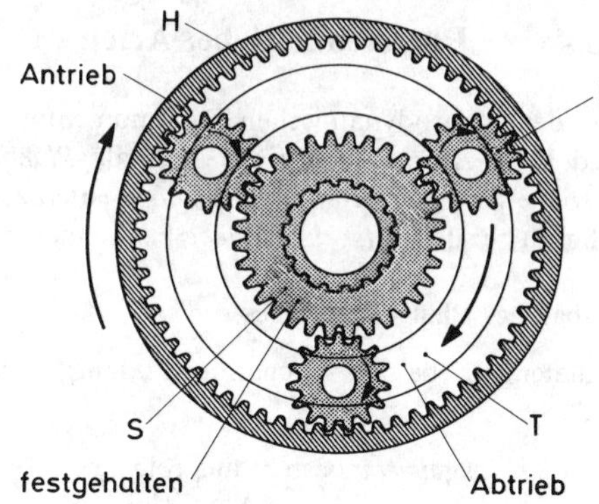

Bild 5.47 Einfaches Planetengetriebe im 2. Gang. Sonnenrad (S) wird festgehalten, Hohlrad (H) angetrieben. Die Planetenräder (P), vom Hohlrad (H) angetrieben, wälzen sich auf dem festgehaltenen Sonnenrad ab und nehmen den Planetenträger (T) mit, von dem der Abtrieb erfolgt

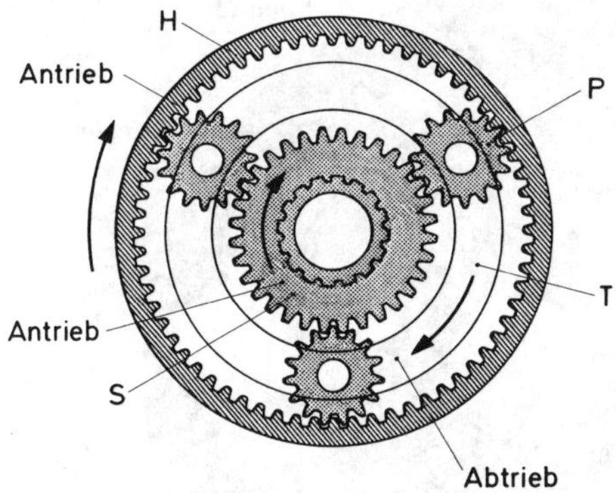

Bild 5.48 Einfaches Planetengetriebe im 3. (direkten) Gang. Hohlrad (H) und Sonnenrad (S) werden mit gleicher Drehzahl angetrieben und nehmen die Planetenräder (P) mit, die sich dabei nicht um ihre eigene Achse drehen. Sie nehmen den Planetenträger (T) mit gleicher Drehzahl mit, von dem aus der Abtrieb erfolgt. Man sagt: «Das Planetengetriebe läuft als Block um.»

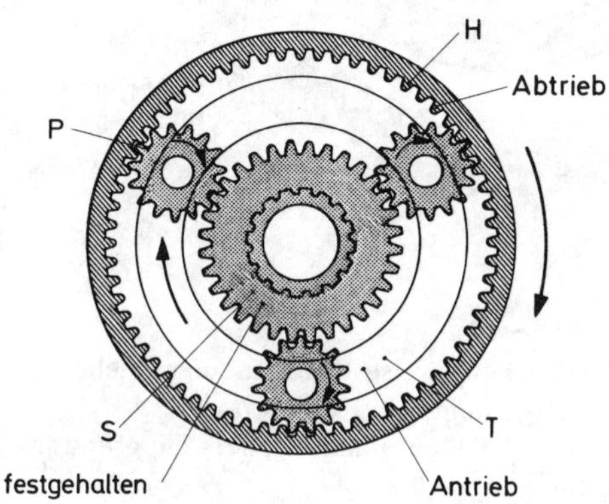

Bild 5.49 Einfaches Planetengetriebe im 4. Gang (Schnellgang). Sonnenrad (S) wird festgehalten, Planetenträger (T) angetrieben. Die Planetenräder (P), vom Planetenträger angetrieben, wälzen sich auf dem festgehaltenen Sonnenrad (S) ab und drehen das Hohlrad (H) in gleicher Drehrichtung. Der Abtrieb erfolgt vom Hohlrad (H). Die Ausgangsdrehzahl ist höher als die Eingangsdrehzahl: Es erfolgt eine Übersetzung ins Schnelle. Im ZF-Automat-Getriebe 4 HP 22 (s. Bild 5.63) wird auf diese Weise der 4. Gang gewonnen

Bild 5.50 Einfaches Planetengetriebe im Rückwärtsgang, Planetenträger (T) wird festgehalten, Sonnenrad (S) angetrieben. Die Planetenräder (P) drehen sich dann in entgegengesetzter Drehrichtung und nehmen das Hohlrad (H) in dieser Drehrichtung mit. Der Abtrieb erfolgt vom Hohlrad (H): Die Ausgangsdrehzahl ist niedrig gegenüber der Eingangsdrehzahl, die Ausgangsdrehrichtung entgegengesetzt der Eingangsdrehrichtung

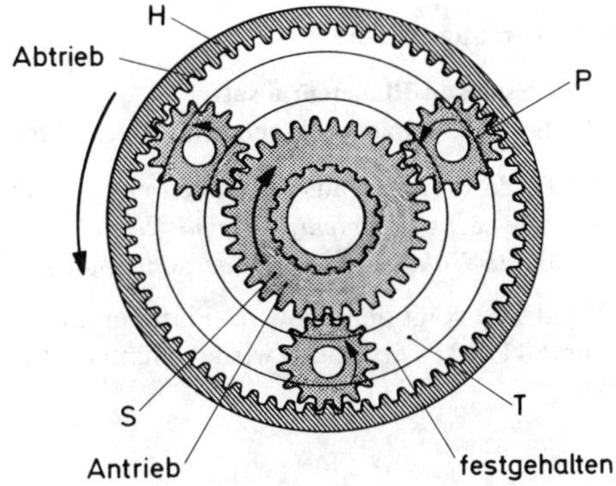

5.3.5 Übersetzungen von Planetengetrieben

In Automatikgetrieben werden in der Praxis grundsätzlich *zwei* oder gar *drei Planetenradsätze* statt nur einem verwendet.

Die Gründe sind folgende:

1. Eine *Umschaltung des Abtriebs* ist aufwendig und daher teuer. Der Abtrieb soll daher in allen Vorwärts- und dem Rückwärtsgang von den gleichen Teilen des Planetengetriebes erfolgen.
2. Der *Sprung* zwischen *erstem und zweitem Gang ist viel zu groß*. Dies ist eine Eigenart des Planetengetriebes, die nicht zu ändern ist.

   Bei nur einem Planetenradsatz wären die Übersetzungen:

   4 : 1 ins Langsame für den kleinsten (ersten) Gang
   1,33 : 1 ins Langsame für den mittleren (zweiten) Gang
   1 : 1 für den direkten Gang, da das Getriebe als Block umläuft
   0,75 : 1 ins Schnelle für den vierten Gang
   3 : 1 ins Langsame für den Rückwärtsgang

   Die von der *Praxis geforderten Übersetzungen* betragen aber angenähert:

   2,5 : 1 für den ersten Gang (statt 4 : 1 des einfachen Planetengetriebes)
   1,5 : 1 für den zweiten Gang (das trifft annähernd die Übersetzung des einfachen Planetengetriebes)
   1 : 1 ist die Übersetzung, wenn das Planetengetriebe als Block umläuft. In Dreigang-Automatikgetrieben ist dies im dritten Gang der Fall, bei der Daimler-Benz-Viergangautomatik im vierten Gang.
   Im ZF-Automatgetriebe 4HP22 ist der 4. Gang
   0,75 : 1 ins Schnelle übersetzt.

Aus dieser Betrachtung folgt, daß zur Erzielung der erforderlichen Übersetzungen ein einfaches Planetengetriebe nicht ausreicht.

Zur Erzielung von *drei Vorwärts- und einem Rückwärtsgang* werden *zwei Planetenradsätze* verwendet, zur Erzielung von *vier Vorwärts-* und *einem Rückwärtsgang drei Planetenradsätze.*

Es werden angewendet:

a) **Der Simpson-Planetenradsatz.**
Er besteht aus zwei Planetenradsätzen. Merkmale:

- ☐ Beide Planetenradsätze haben ein *gemeinsames* langes *Sonnenrad.*
- ☐ *Alle sechs Planetenräder sind gleich.*
- ☐ Beide *Hohl-* oder *Ringräder sind gleich.*

Bild 5.51 zeigt den Simpson-Planetenradsatz, wie er von ZF in den Automatgetrieben 3HP22 und 4HP22 verwendet wird, schematisch.

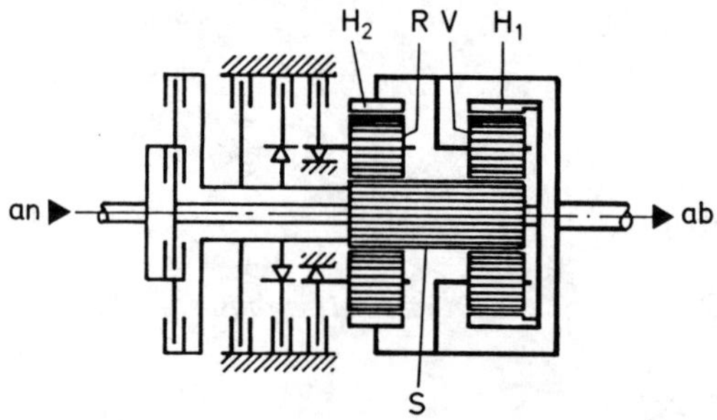

Bild 5.51 Simpson-Planetenradsatz der ZF-Automat-Getriebe 3HP22 und 4HP22 in schematischer Darstellung. Die Hohlräder (H_1 und H_2) sowie die Planetenräder (R und V) sind gleich groß. Beiden Radsätzen gemeinsam ist das lange Sonnenrad (S). (Alle Zahnräder sind in Wirklichkeit schrägverzahnt.)

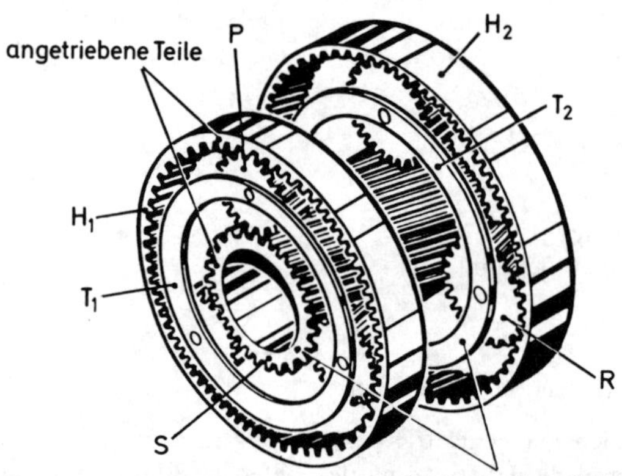

Bild 5.52 Abgewandelter Simpson-Planetenradsatz der automatischen Getriebe von Audi und VW in perspektivischer Darstellung. Der im Bild linke Planetenradsatz – Vorwärtsplanetenradsatz genannt – besteht aus den Planetenrädern (P), dem Planetenträger (T_1) und dem Hohlrad (H_1). Der im Bild rechte Planetenradsatz – Rückwärtsplanetenradsatz – Rückwärtsplanetenradsatz genannt – besteht aus den Planetenrädern (R), dem Planetenträger (T2) und dem Hohlrad (H_2). Beiden Planetenradsätzen gemeinsam ist das lange Sonnenrad (S). Die Kraftabgabe erfolgt gemeinsam vom Planetenträger des Vorwärtsplanetenradsatzes (T_1) und dem Hohlrad des Rückwärtsplanetenradsatzes (H_2). Beide Teile sind durch eine Hohlwelle drehfest miteinander verbunden (im Bild nicht dargestellt), siehe hierzu auch Bild 5.58

b) **Der abgewandelte Simpson-Planetenradsatz.**
Beide Planetenradsätze haben ebenfalls ein gemeinsames langes Sonnenrad, die Planeten- sowie die Hohl- oder Ringräder sind jedoch unterschiedlich.
Anwendung findet dieser Planetenradsatz in den automatischen Getrieben von Audi und VW (Bild 5.52).

c) **Der Ravigneaux-Planetenradsatz.**
Er besteht ebenfalls aus *zwei* Planetenradsätzen. Merkmale:

- ☐ Jeder Planetensatz hat ein Sonnenrad unterschiedlicher Zähnezahl.

Bild 5.53 Ravigneaux-Planetenradsatz. Das kleine Sonnenrad (S_1) ist mit den drei kurzen Planetenrädern (P_1) in Eingriff. Die langen Planetenräder (P_2) sind in Eingriff mit den kurzen Planetenrädern (P_1), dem großen Sonnenrad (S_2) und dem Hohlrad (H). Alle sechs Planetenräder sind an dem gemeinsamen Planetenträger (T) angeordnet, von dem aus die Kraftabgabe in allen Vorwärts- und dem Rückwärtsgang erfolgt

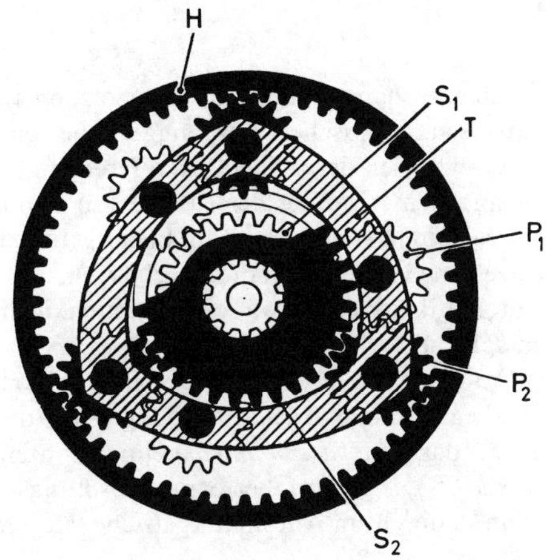

☐ Die sechs Planetenräder sind je zu zweit in Dauereingriff miteinander und auf einem *gemeinsamen Planetenträger* angeordnet.

☐ Beide Planetenradsätze haben nur *ein gemeinsames* Hohl- oder Ringrad.

Anwendung findet dieser Planetenradsatz u. a. in der Opel-Automatik, bei Borg-Warner und Daimler-Benz (Bild 5.53).

Übersetzungen einiger Automatikgetriebe im Vergleich:

Anhand von *Tabelle 3* soll gezeigt werden, daß die *Übersetzungen* in den einzelnen Gängen trotz unterschiedlicher Planetengetriebe *ziemlich gleich* sind.

Tabelle 3 Die Tabelle zeigt *Übersetzungen und Merkmale einiger Automatikgetriebe* und zum Vergleich die Übersetzungen eines Daimler-Benz-Viergang-Schaltgetriebes.

Hersteller	Art des Planetengetriebes	Übersetzung in den Gängen 1.	2.	3.	4.	R
Ford	Simpson	2,46	1,46	1,0		2,2
Audi/VW	Simpson abgewandelt	2,55	1,45	1,0		2,46
Opel	Ravigneaux	2,4	1,48	1,0		1,92
ZF3HP22	Simpson	2,48 2,73	1,48 1,56	1,0 1,0		2,09 2,09
ZF4HP22	Simpson + 1 Planetensatz	2,48	1,48	1,0	0,75	2,09
Daimler-Benz-Viergang-Automatik	3 Planetensätze	1. 3,98	2. 2,39	3. 1,46	4. 1,0	R 5,47
	Ravigneaux + 1 Planetensatz (722.3)	3,68	2,41	1,44	1,0	5,14
Daimler-Benz-Viergang-Schaltgetriebe (716.21) zum Vergleich		3,90	2,32	1,41	1,0	3,77

Eine Ausnahme bilden die Übersetzungen im Rückwärtsgang. Aus der Tabelle geht ferner hervor, daß die automatischen Vierganggetriebe von Daimler-Benz im zweiten, dritten und vierten Gang den Übersetzungen der aufgeführten Dreigang-Automatikgetriebe im ersten, zweiten und dritten Gang entsprechen. Am Ende der Tabelle 3 sind zum Vergleich die Übersetzungen in den einzelnen Gängen eines Daimler-Benz-Viergang-Schaltgetriebes aufgeführt. Vergleicht man die Übersetzungen der einzelnen Gänge miteinander, zeigt sich, daß der erste, der zweite und der dritte Gang der Dreigang-Automatikgetriebe etwa dem zweiten, dritten und vierten Gang des Viergang-Schaltgetriebes entsprechen.

Anders ausgedrückt: Im Dreigang-Automatikgetriebe fehlt der erste Gang des Schaltgetriebes. Das liegt daran, daß dem Planetengetriebe der hydrodynamische Drehmomentwandler vorgeschaltet ist, der das *Motordrehmoment* beim Anfahren – Stillstand des Turbinenrads – auf etwa das *Zweifache verstärkt.* Die große Übersetzung ins Langsame zum Anfahren – der erste Gang im Schaltgetriebe – kann dadurch im Automatikgetriebe entfallen.

5.3.6 Schalten der Planetengetriebe

erfolgt dadurch, daß Teile des Planetenradsatzes *festgehalten*, andere mit der Turbinenwelle des Drehmomentwandlers (= Antriebswelle des mechanischen Planetengetriebes) *kraftschlüssig* (drehfest) verbunden werden.

Das *Festhalten* erfolgt durch *Bremsen*,
die *kraftschlüssige Verbindung* durch *Einkuppeln von Mehrscheiben-* oder *Lamellenkupplungen.*

Bremsen und *Lamellenkupplungen* im Automatikgetriebe werden allgemein als *Schaltglieder* oder *Schaltelemente* bezeichnet. Die *Betätigung* erfolgt stets durch *hydraulischen Druck.*

Bremsen

Durch *Anlegen*, *Anziehen* oder *Festziehen* der Bremsen werden beim Schalten Sonnenräder, Planetenradträger oder Hohl(Ring-)räder *festgehalten* (stillgesetzt), durch *Lösen* oder *Freigeben* der Bremsen werden sie *freigegeben.*

Bremsen in Planetengetrieben sind ausgeführt als:

Bandbremsen Um eine Bremstrommel ist ein auf der Innenseite mit Reibbelag versehenes Bremsband angeordnet.

Bei der Brandbremse mit *einfach umschlingendem Bremsband* ist das Bremsband *einmal* um die Bremstrommel herumgeführt, bei der Bandbremse mit *doppelt umschlingendem Bremsband* ist das Bremsband *zweimal* um die Bremstrommel herumgeführt, wodurch die Bremstrommel beim Anlegen des Bremsbands doppelt so fest gehalten wird wie bei einem einfach umschlingenden Bremsband. Die Bandbremse (B_2) der Opel-Automatik ist mit einem doppelt umschlingenden Bremsband ausgerüstet. Eine Bandbremse mit einfach umschlingenden Bremsband zeigt Bild 5.54.

Lamellenbremsen Bild 5.55 zeigt die Bestandteile einer Lamellenbremse. Im Stahlträgerstück (1) sind die Stahllamellen (2) mit ihren Außenmitnehmern drehfest, aber axial verschiebbar angeordnet, die Belaglamellen (3) mit ihrer Innenverzahnung indirekt mit dem Planetensatz verbunden. Das Stahlträgerstück ist mit dem Getriebegehäuse fest verbunden. (ZF und Opel bezeichnen diese Lamellenbremse als «feststehende Kupplung».)

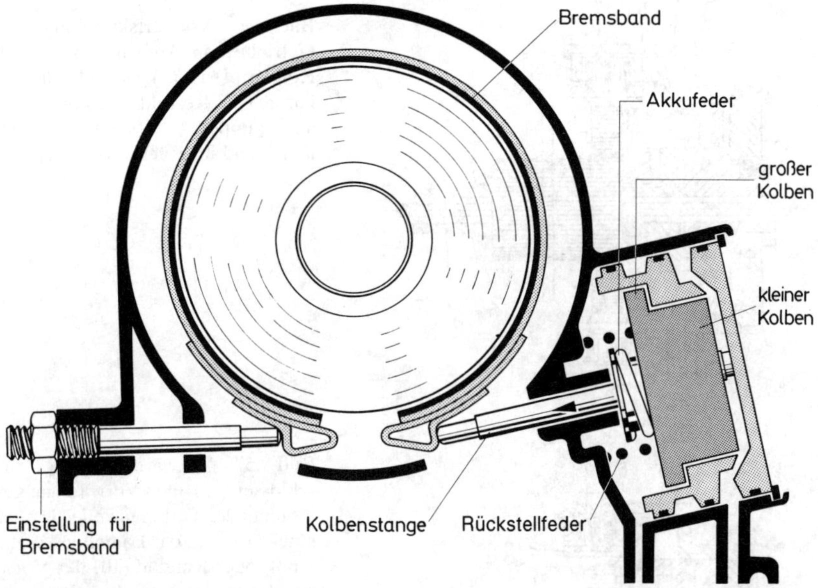

Bild 5.54 Bandbremse mit Betätigungshydraulik (Schaltautomatik) der automatischen Getriebe von Audi und VW. Im 2. Gang wird der kleine Kolben mit Öldruck beaufschlagt. Der Kolben überträgt seine Kraft über die Kolbenstange auf das Bremsband. Dadurch wird das gemeinsame Sonnenrad der beiden Planetenradsätze festgehalten. Die Akkufeder bewirkt ein weiches Zufassen der Bremse. Zum Lösen der Bremse – im 3. Gang – wird der große Kolben auf der Innenseite mit Öldruck beaufschlagt. Durch Öldruck plus Federkraft der Rückstellfeder wird der Kolben zurückgedrückt, das Bremsband wird gelöst

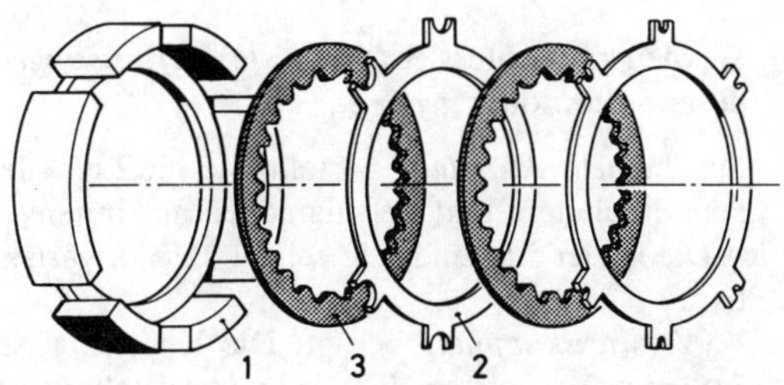

Bild 5.55 Bestandteile einer Lamellenbremse (Beschreibung s. Text)

Kupplungen

Sie dienen dazu:

- ☐ die Turbinenwelle (Antriebswelle des Getriebes) mit bestimmten Teilen der Planetensätze zu verbinden oder diese Verbindungen zu lösen,
- ☐ den Kraftfluß von Teilen des einen auf Teile eines anderen Planetensatzes zu übertragen.

Wird die kraftschlüssige (drehfeste) *Verbindung hergestellt*, sagt man, die Kupplung wird *eingerückt*, *eingekuppelt* oder *geschlossen*.

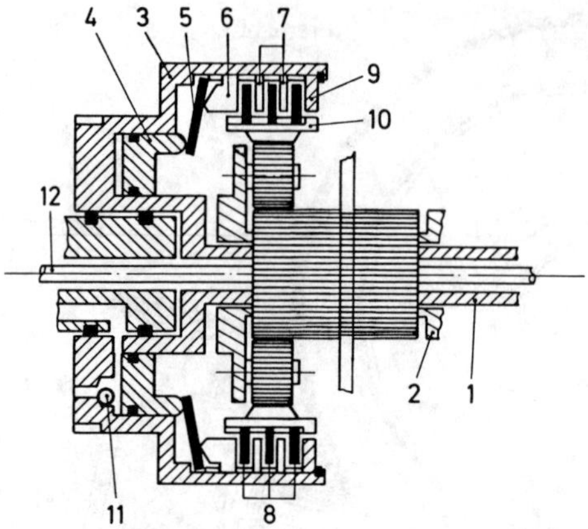

Bild 5.56 Vorwärtskupplung der automatischen Getriebe von Audi und VW. Tellerfeder (5) hat Kolben (4) zurückgedrückt, über Kugelventil (11) hat sich der Restöldruck abgebaut, die Kupplung ist ausgekuppelt (geöffnet) (Neutralstellung – Leerlauf – und im Rückwärtsgang)

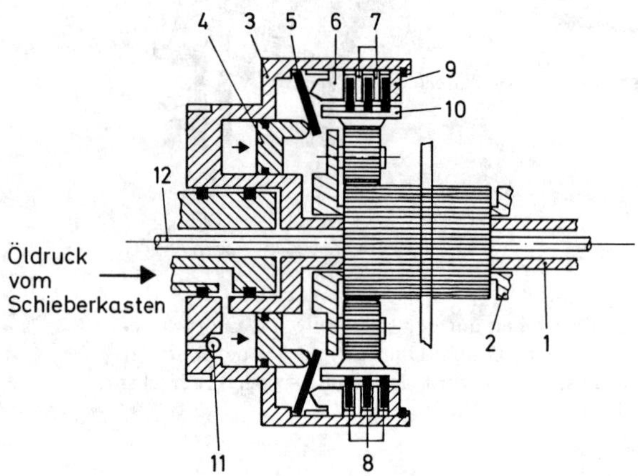

Bild 5.57 Vorwärtskupplung eingekuppelt (geschlossen). In allen Vorwärtsgängen wird das Drehmoment der Turbinenwelle (1) über die Kupplungsglocke (3) und das Lamellenpaket (7 und 8) auf das Hohl- oder Ringrad (10) des Vorwärtsplanetensatzes übertragen. Bei Öldruck betätigt der Kolben (4) die Tellerfeder (5), die als Hebel wirkt. Sie überträgt seine Kraft 2,2fach verstärkt über die Andrückplatte (6) auf das Lamellenpaket. Dadurch werden die Innenlamellen (8) von den Außenlamellen (7) mitgenommen. Das Kugelventil (11) wird durch den Öldruck abdichtend auf seinen Sitz gepreßt

Werden kraftschlüssige (drehfeste) *Verbindungen gelöst,* sagt man, die Kupplung wird *ausgerückt, ausgekuppelt* oder *geöffnet.*

Die *Lamellenkupplung* besteht wie die Lamellenbremse (Bild 5.55) aus Stahllamellen mit Außenmitnehmern und Belaglamellen mit Innenverzahnung.

Die Bilder 5.56 und 5.57 zeigen die Vorwärtskupplung der Audi- und VW-Automatik schematisch.

(*Vorwärtskupplung* besagt: Die Kupplung ist in *allen Vorwärtsgängen,* also dem 1., 2. und 3. Gang, *geschlossen.* Nur in Neutralstellung (Leerlauf) und im Rückwärtsgang ist sie geöffnet.)

Als *Schaltautomatik* bezeichnet man die *Betätigungshydraulik der Bremsen und Kupplungen.* Zum Anlegen und schnellen Lösen von *Bandbremsen* werden *kreisförmige* Kolben in entsprechenden Zylindern verwendet, wie in Bild 5.54 dargestellt.

Zum Schließen von Lamellenbremsen und -kupplungen sind die Kolben *ringförmig* ausgeführt, wie die Bilder 5.56 und 5.57 zeigen. Das Lösen der Bremsen bzw. Öffnen der Kupplungen erfolgt durch Teller- oder Mäanderfedern bzw. durch mehrere ringförmig angeordnete kleine Schraubenfedern.

5.3.7 Kraftfluß in mechanischen Planetengetrieben

Kraftfluß in Planetengetrieben mit *Simpson-Planetenradsatz* bzw. mit abgewandeltem (modifiziertem) Simpson-Planetenradsatz.

Der Kraftfluß in den einzelnen Gängen dieser Getriebe ist *grundsätzlich immer der gleiche.* Unterschiede bestehen lediglich in der Anordnung der beiden Planetensätze hintereinander, in der Ausführung der Bremsen (Band- oder Lamellenbremsen) und in der Anordnung für Kraftein- und -ausgang.

Die *beiden* zu einem Simpson-Planetensatz gehörenden Einzelplanetensätze werden bezeichnet als:

Vorwärtsplanetenradsatz und
Rückwärtsplanetenradsatz.

Das heißt:

Im *2.* und *3. Vorwärtsgang* ist *nur* der *Vorwärts*planetenradsatz am Kraftfluß beteiligt,
im *Rückwärtsgang* nur der *Rückwärts*planetenradsatz.

Ausnahme: Im 1. Gang sind sowohl Vorwärts- als auch Rückwärtsplanetenradsatz am Kraftfluß beteiligt. (Man spricht von «Leistungsverzweigung».)

Den *Kraftfluß in den einzelnen Gängen* der Automatikgetriebe von *Audi* und *VW* zeigen die Bilder 5.58 bis 5.62. Der Kraftfluß in den einzelnen Gängen der *ZF-Automatgetriebe* 3 HP 22 und 4 HP 22 ist in Bild 5.63 erklärt. Den Kraftfluß der *Opel-Automatik* zeigen die Bilder 5.64 bis 5.69.

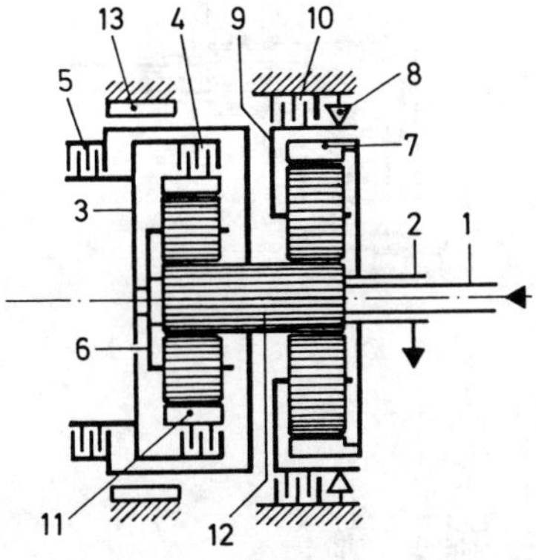

Bild 5.58 Aufbau und Wirkungsweise der Planetengetriebe von Audi und VW in schematischer Darstellung. Die Antriebswelle (Turbinenwelle) (1) ist durch die hohle Abtriebswelle (Triebwelle) (2) hindurchgeführt und mit der Kupplungsglocke (3) verbunden. Die Kupplungsglocke trägt zwei Kupplungen: die Vorwärtskupplung (4) und die Direkt- und Rückwärtskupplung (5). Die Abtriebswelle (Triebwelle) (2) ist sowohl mit dem Planetenträger (6) des Vorwärtsplanetensatzes als auch mit dem Hohl- oder Ringrad (7) des Rückwärtsplanetensatzes verbunden. Die 1.-Gang- und Rückwärtsgangbremse (Lamellenbremse) (10) wirkt auf den Planetenträger (9) des Rückwärtsplanetensatzes. Der Rollenfreilauf (8) hindert den Planetenträger am Zurückdrehen. Alle Zahnräder sind in Wirklichkeit schrägverzahnt. In Neutralstellung (Leerlauf) treibt die Turbinenwelle (1) die Kupplungsglocke (3), die die Außenlamellen der Vorwärtskupplung (4) und die Innenlamellen der Direkt- und Rückwärtskupplung (5) mitnimmt. Bei Stillstand des Kfz stehen alle anderen Teile still

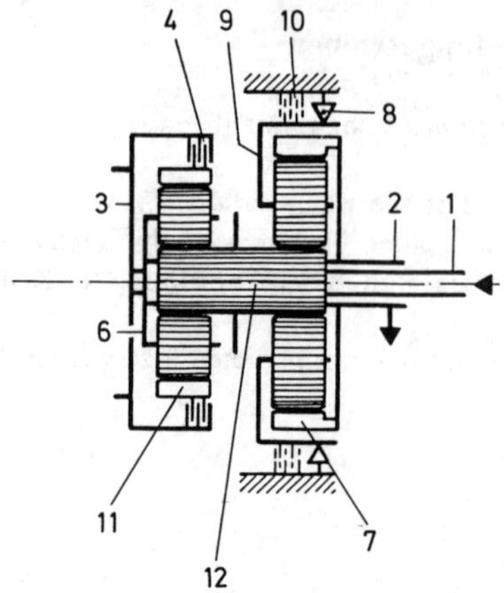

Bild 5.59 Im 1. Gang sind Vorwärts- und Rückwärtsplanetensatz am Kraftfluß beteiligt. Die Turbinenwelle (1) treibt über Kupplungsglocke (3) und die geschlossene Vorwärtskupplung (4) das Hohl- oder Ringrad (11) des Vorwärtsplanetensatzes an. Die an den Planetenrädern auftretenden Kräfte wirken über den Planetenträger (6) auf die Abtriebswelle (2) und über das Sonnenrad (12) auf die Planetenräder des Rückwärtsplanetensatzes. Das Hohl- oder Ringrad (7) des Rückwärtsplanetensatzes ist ebenfalls mit der Abtriebswelle (2) verbunden. Der Planetenträger (9) des Rückwärtsplanetensatzes wirkt somit als Drehmomentabstützung. In den Wählhebelstellungen D und 2 wird er vom Rollenfreilauf (8) am Zurückdrehen gehindert. In Wählhebelstellung 1 wird der Planetenträger von der 1.-Gang- und Rückwärtsgangbremse (10) festgehalten (gestrichelt gezeichnet). (Im Schiebebetrieb kann die Bremskraft des Motors genutzt werden.)
Die Direkt- und Rückwärtskupplung ist am Kraftfluß nicht beteiligt. Ihre Trommel wird vom Sonnenrad (12) kräftefrei rückwärts mitgedreht

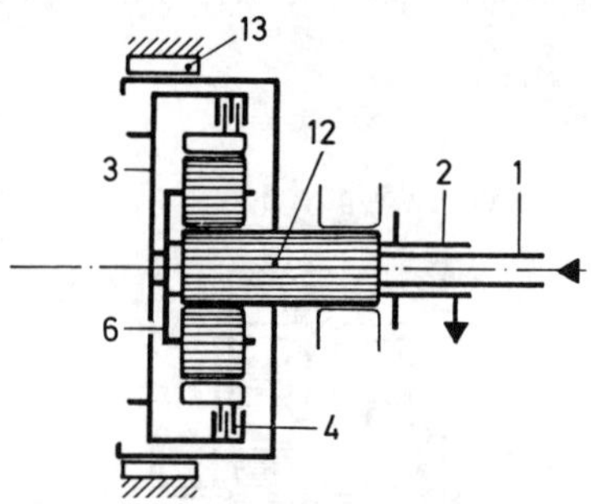

Bild 5.60 Im 2. Gang ist nur der Vorwärtsplanetensatz am Kraftfluß beteiligt. Turbinenwelle (1) treibt über die Kupplungsglocke (3) und die geschlossene Vorwärtskupplung (4) das Hohl- oder Ringrad des Vorwärtsplanetensatzes an. Die an den Planetenrädern auftretenden Kräfte wirken über den Planetenträger (6) auf die Abtriebswelle (2). Das Sonnenrad (12) wird von der 2.-Gang-Bremse (13) festgehalten und wirkt somit als Drehmomentabstützung. Der Rückwärtsplanetensatz und der Rollenfreilauf laufen, mit Abtriebswellendrehzahl vom Hohl- oder Ringrad angetrieben, leer um (vergleiche auch Bild 5.47)

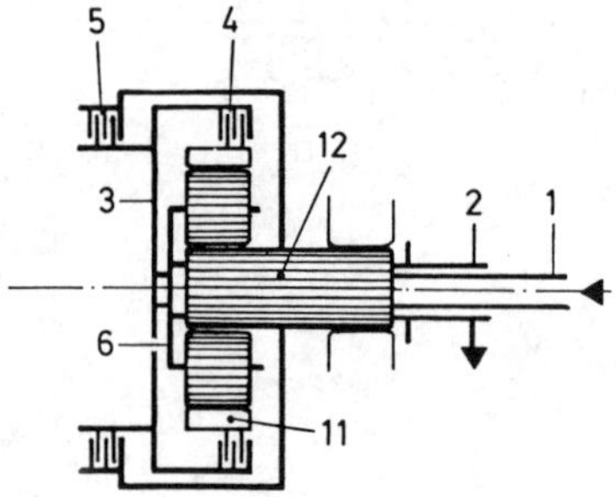

Bild 5.61 Im 3. (direkten) Gang ist nur der Vorwärtsplanetensatz am Kraftfluß beteiligt. Turbinenwelle (1) treibt über die Kupplungsglocke (3) und die geschlossene Vorwärtskupplung (4) das Hohl- oder Ringrad (11) des Vorwärtsplanetensatzes an und über die geschlossene Direkt- und Rückwärtskupplung (5) das Sonnenrad (12). Die Planetenräder nehmen, ohne sich selbst zu drehen, den Planetenträger (6) und dieser die Antriebswelle (2) mit. Der Planetensatz läuft als Block um. Die Drehzahl der Abtriebswelle ist gleich der Drehzahl der Turbinenwelle. Der Rückwärtsplanetensatz wird kräftefrei mitgedreht (vergleiche auch Bild 5.48)

Bild 5.62 Im Rückwärtsgang ist nur der Rückwärtsplanetensatz am Kraftfluß beteiligt. Die Turbinenwelle (1) treibt die Kupplungsglocke (3) und die geschlossene Direkt- und Rückwärtskupplung (5) das Sonnenrad (12) an. Der Planetenträger (9) des Rückwärtsplanetensatzes wird von der 1.-Gang- und Rückwärtsgangbremse (10) festgehalten. Er wirkt somit als Drehmomentabstützung. Das Hohl- oder Ringrad des Rückwärtsplanetensatzes (7) und damit auch die Abtriebswelle (2) werden von den Planetenrädern angetrieben, jedoch entgegen der Drehrichtung der Turbinenwelle.
Der Vorwärtsplanetensatz wird kräftefrei mitgedreht (vergleiche auch Bild 5.50)

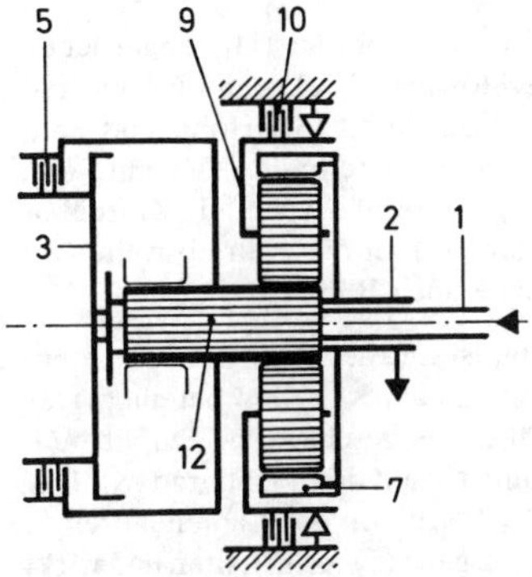

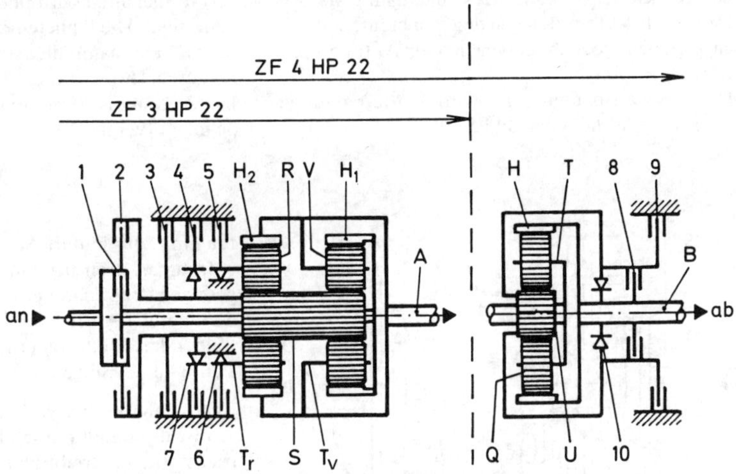

Bild 5.63 Aufbau und Wirkungsweise der ZF-Automat-Getriebe 3HP22 und 4HP22. Im 1. Gang geht der Kraftfluß über die geschlossene Vorwärtskupplung (1) auf das Hohlrad (H_1) des Vorwärtsplanetensatzes. Die an den Planetenrädern (V) auftretenden Kräfte wirken über den Planetenträger (T_v) auf die Antriebswelle (A) und über das Sonnenrad (S) auf die Planetenräder (R) des Rückwärtsplanetensatzes. Das Hohlrad (H_2) des Rückwärtsplanetensatzes ist ebenfalls mit der Abtriebswelle (A) verbunden. Der Planetenträger (T_r) des Rückwärtsplanetensatzes wirkt als Drehmomentabstützung und wird in den Wählhebelstellungen D und 2 vom Rollenfreilauf (6) am Zurückdrehen gehindert. (Im Schiebebetrieb wird er überholt.) In Wählhebelstellung 1 ist die Lamellenbremse (5) geschlossen, die Bremskraft des Motors kann genutzt werden. Der Kraftfluß unterscheidet sich nicht von dem des zuvor beschriebenen Getriebes von Audi und VW. Das gilt sowohl für die drei Vorwärtsgänge als auch für den Rückwärtsgang.

Im 2. Gang ist nur der Vorwärtsplanetensatz (H_1, V, T_v und S) am Kraftfluß beteiligt. Über die geschlossene Vorwärtskupplung (1) wird Hohlrad (H_1) angetrieben. Die an den Planetenrädern (V) auftretenden Kräfte wirken über den Planetenträger (T_v) auf die Abtriebswelle (A). Das Sonnenrad (S) wird über die geschlossenen Lamellenbremsen (3 und 4) festgehalten und wirkt so als Drehmomentabstützung. Der Rückwärtsplanetensatz läuft mit Abtriebswellendrehzahl, vom Hohlrad (H_2) angetrieben, leer um (vergleiche auch Bild 5.47).

Im 3. Gang läuft der Vorwärtsplanetensatz als Block um, der Rückwärtsplanetensatz wird kräftefrei mitgedreht. Über die geschlossene Vorwärtskupplung (1) wird das Hohlrad (H_1) angetrieben und über die geschlossene Direkt- und Rückwärtskupplung (2) das Sonnenrad (S). Hohl- und Sonnenrad nehmen die Planetenräder (V) mit, die, ohne sich um ihre Achsen zu drehen, die Kraft über den Planetenträger (T_v) an die Antriebswelle (A) abgeben (vergleiche auch Bild 5.58).

Im Rückwärtsgang ist nur der Rückwärtsplanetensatz (H_2, R, T_r und S) am Kraftfluß beteiligt. Der Antrieb erfolgt über die geschlossene Direkt- und Rückwärtskupplung (2) auf das Sonnenrad (S). Der Planetenträger (T_r) wird von der Lamellenbremse für 1. und Rückwärtsgang (5) festgehalten und wirkt so als Drehmomentabstützung. Das Hohlrad (H_2) des Rückwärtsplanetensatzes und damit die Abtriebswelle (A) werden von den Planetenrädern (R) angetrieben, jedoch entgegen der Antriebsdrehrichtung.
Der Vorwärtsplanetensatz wird kräftefrei mitgedreht (vergleiche auch Bild 5.50).

Beim Vierganggetriebe ist dem beschriebenen Dreiganggetriebe ein zusätzlicher Planetensatz nachgeschaltet, der sowohl in den drei Vorwärtsgängen als auch im Rückwärtsgang als Block umläuft. Der Antrieb geht von der Abtriebswelle (A) des Dreigangteiles auf den Planetenträger (T), der die Planetenräder (Q) mitnimmt. Sonnenrad (U) und Hohlrad (H), die durch die geschlossene Kupplung (8) mit der Abtriebswelle (B) verbunden sind, werden von den Planetenrädern mitgenommen, ohne daß sich diese um ihre eigene Achse drehen (vergleiche auch Bild 5.48).

Im 4. Gang ist Kupplung (8) geöffnet, die Lamellenbremse (9) geschlossen, wodurch das Sonnenrad (U) festgehalten wird und als Drehmomentabstützung dient. Die Planetenräder (Q) drehen das Hohlrad (H) und damit die Antriebswelle (B) mit höherer Drehzahl.
Der 4. Gang ist somit eine Übersetzung etwas ins Schnelle (vergleiche auch Bild 5.49)

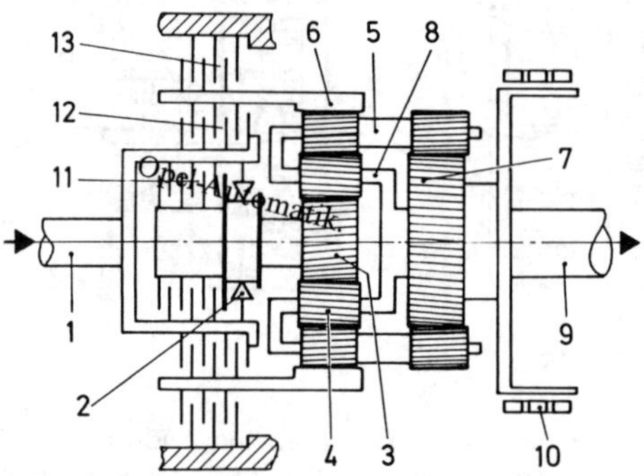

Bild 5.64 Aufbau und Wirkungsweise des Planetengetriebes mit Ravigneaux-Planetenradsatz der Opel-Automatik.

Leerlauf: Der Motor läuft, der Wählhebel findet sich in Stellung «P» oder «N», das Kfz steht still. Alle Kupplungen und Bremsen sind gelöst. Das Turbinenrad des hydrodynamischen Drehmomentwandlers treibt über die Antriebswelle (1) den Rollenfreilauf (2). Der Freilauf sperrt und treibt das vordere Sonnenrad (3). Das Sonnenrad dreht die kurzen Planetenräder (4) in entgegengesetzter Drehrichtung, diese die langen Planetenräder (5) wieder in Motordrehrichtung. Die langen Planetenräder nehmen das Hohlrad (6) in Motordrehrichtung mit, das hintere Sonnenrad (7) mit der daran befestigten Bremstrommel drehen sie in entgegengesetzter Drehrichtung. Der Planetenradträger (8), der über die Antriebswelle (9) drehfest mit den antreibenden Hinterrädern des Kfz verbunden ist, steht still (s. Bild 5.65).

Im 1. Gang in den Wählhebelstellungen «D» oder «2» ist die Bandbremse (10) festgezogen. Die Antriebswelle (1) treibt über den sperrenden Rollenfreilauf (2) das vordere Sonnenrad (3). Dieses dreht die kurzen Planetenräder (4) in entgegengesetzter Drehrichtung, diese die langen Planetenräder (5) wieder in Motordrehrichtung. Das hintere Sonnenrad (7) ist durch die festgezogene Bandbremse (10) gehäusefest und dient als Drehmomentabstützung. Die langen Planetenräder (5) wälzen sich darauf ab und nehmen über den Planetenradträger (8) die Antriebswelle (9) in Motordrehrichtung mit. Das Hohlrad (6) wird von den langen Planetenrädern kräftefrei mitgedreht. Im Schiebebetrieb wird der Rollenfreilauf (2) überholt, die Bremswirkung des Motors wird nicht genutzt (s. Bild 5.66).

Im 1. Gang in Wählhebelstellung «1» erfolgt der Kraftfluß von der Antriebswelle (1) über die eingerückte Kupplung (11) auf das Sonnenrad (3). Der Kraftfluß im Planetensatz ist der gleiche wie in den Wählhebelstellungen «D» und «2». Im Schiebebetrieb wird die Bremswirkung des Motors genutzt.

Im 2. Gang ist in den Wählhebelstellungen «D» oder «2» die Kupplung (12) eingerückt, die Bandbremse (10) festgezogen. Der Kraftfluß erfolgt von der Antriebswelle (1) über die eingerückte Kupplung (12) auf das Hohlrad (6). Das Hohlrad dreht die langen Planetenräder (5) in gleicher Drehrichtung, die sich auf dem festgehaltenen hinteren Sonnenrad (7) abwälzen und über den Planetenradträger (8) die Antriebswelle (9) mitnehmen. Das festgehaltene Sonnenrad (7) wirkt dabei als Drehmomentabstützung. Die kurzen Planetenräder (4) und über diese das vordere Sonnenrad (3) werden kräftefrei mitgedreht. Der Freilauf (2) wird überholt (Bild 5.67).

Im 3. Gang (direkter Gang) sind die Kupplungen (11) und (12) eingerückt, das Bremsband (10) ist gelöst. Der Kraftfluß erfolgt von der Antriebswelle (1) sowohl über die eingerückte Kupplung (11) und den Freilauf (2) auf das vordere Sonnenrad (3) als auch über die eingerückte Kupplung (12) auf das Hohlrad (6). Sonnenrad und Hohlrad laufen mit gleicher Drehzahl um und nehmen über die Planetenräder (4) und (5) den Planetenträger (8) und damit die Antriebswelle (9) mit gleicher Drehzahl mit. Das Planetengetriebe «läuft als Block um», die Ausgangsdrehzahl ist gleich der Eingangsdrehzahl (Übersetzung 1:1). Sowohl die kurzen als auch die langen Planetenräder drehen sich dabei nicht um ihre eigenen Achsen. Das hintere Sonnenrad (7) wird kräftefrei mitgedreht (Bild 5.68).

Im Rückwärtsgang ist die Lamellenbremse (13) (Rückfahrkupplung nach Opel) festgesetzt, die Kupplung (11) ist eingerückt. Der Freilauf (2) sperrt. Der Kraftfluß erfolgt von der Antriebswelle (1) über die eingerückte Kupplung (11) und den Freilauf (2) auf das vordere Sonnenrad (3). Dies dreht die kurzen Planetenräder (4) in entgegengesetzter Drehrichtung, diese drehen die langen Planetenräder (5) wieder in Motordrehrichtung. Da das Hohlrad (6) durch die festgezogene Lamellenbremse (13) (Rückfahrkupplung) gehäusefest ist und somit als Drehmomentabstützung wirkt, wälzen sich die langen Planetenräder (5) in ihm ab und nehmen über den Planetenradträger (8) die Abtriebswelle (9) entgegengesetzt der Motordrehrichtung mit. Das Kfz fährt rückwärts. Das hintere Sonnenrad (7) wird kräftefrei entgegen der Eingangsdrehrichtung mitgedreht (Bild 5.69).

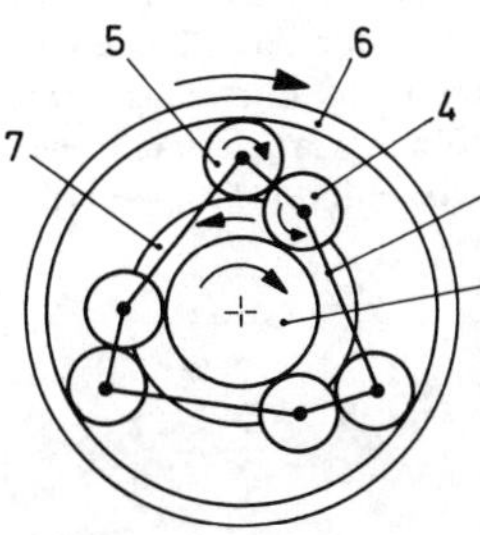

Bild 5.65 Leerlauf

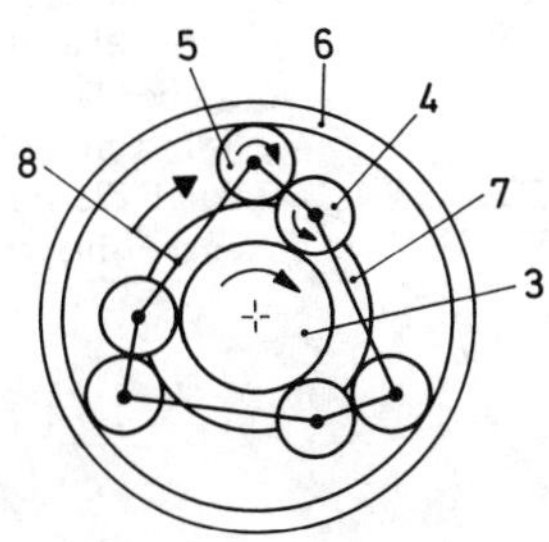

Bild 5.66 1. Gang

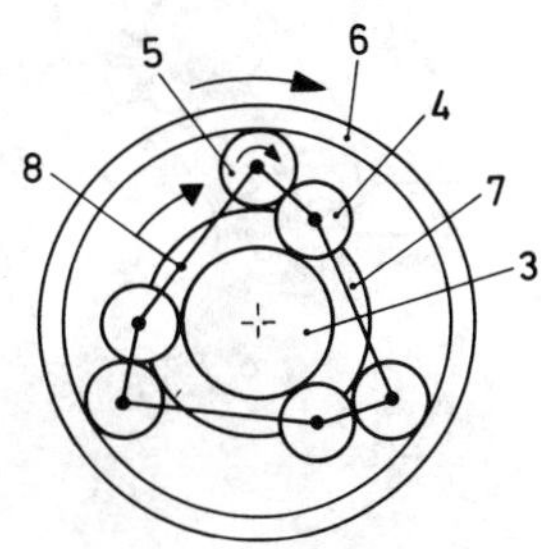

Bild 5.67 2. Gang

(Beschreibung s. Text Bild 5.64)

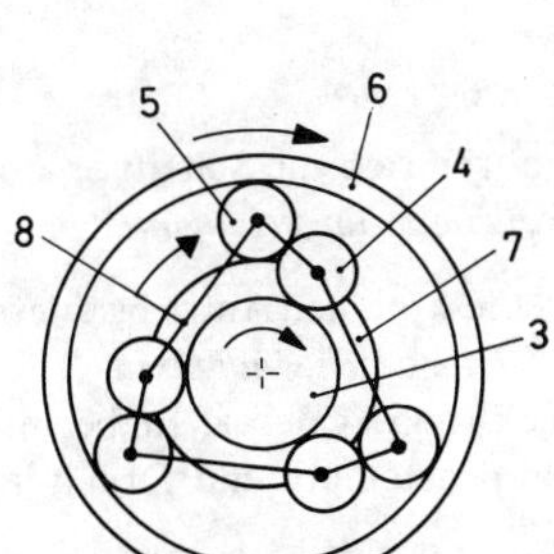

Bild 5.68 3. (direkter) Gang

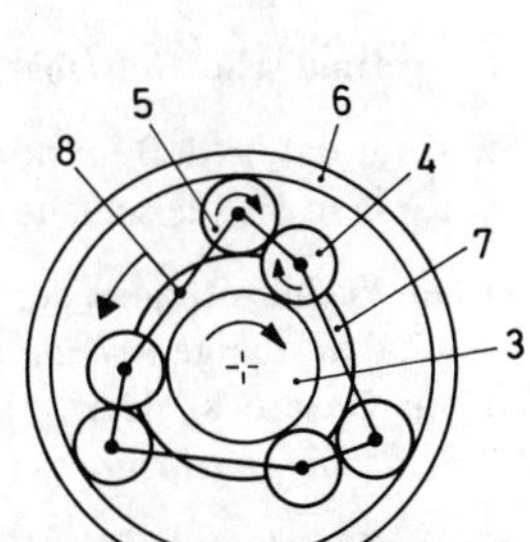

Bild 5.69 Rückwärtsgang

5.3.8 Hydraulikeinrichtung

Sie ist der weitaus komplizierteste Bestandteil eines jeden Automatikgetriebes. In dem hier zur Verfügung stehenden Raum soll nur die – für alle Getriebe gleichermaßen gültige – grundsätzliche Arbeits- und Wirkungsweise beschrieben werden.

Die Ölpumpe (Bild 5.70)

Ausgeführt als Exzenter-Zahnrad- oder Mondsichelpumpe ist sie unlösbar mit der Motorkurbelwelle verbunden. Das von ihr geförderte Drucköl – ATF = **a**utomatic **t**ransmission **f**luid – wird im Automatikgetriebe für verschiedene Funktionen verwendet, und zwar als:

a) Arbeits- und Kühlflüssigkeit im Wandler,
b) Erzeuger von Druckkraft zum Einrücken der Kupplung im Drehmomentwandler mit integrierter Überbrückungskupplung (siehe Abschnitt 5.3.3 «Wandlerkupplung»),
c) Schmieröl für die Planetenradsätze,
d) Arbeitsöl zur Erzeugung von Druckkräften, wie sie z.B. für das Anpressen der Arbeitskolben in Lamellenkupplungen und Band- und Lamellenbremsen nötig sind, und
e) Arbeitsöl in der hydraulischen Getriebesteuerung.

Die Ölpumpe ist – wie auch die Ölpumpe des Motors – mit einem Überdruckventil ausgerüstet.

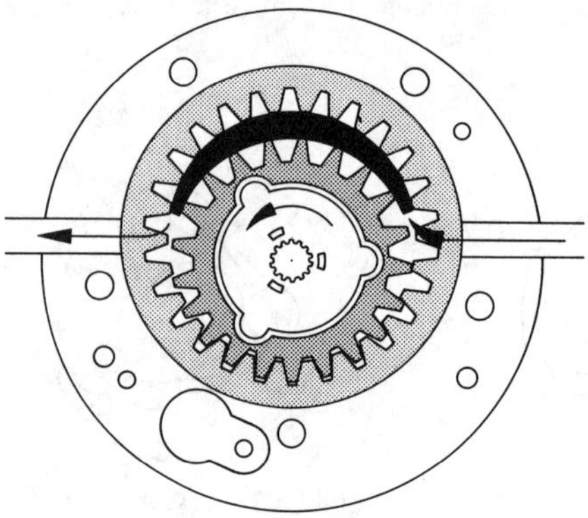

Bild 5.70 Exzenterzahnrad- oder Mondsichelpumpe zur Ölversorgung von Automatikgetrieben. Der Vorteil liegt in der flachen Bauweise sowie darin, daß die Antriebswelle für das Planetengetriebe (Turbinenwelle) problemlos durch das innere Stirnzahnrad hindurchgeführt werden kann, wodurch die Pumpe unmittelbar hinter dem Wandler angeordnet werden kann

Die hydraulische Getriebesteuerung

Sie sorgt dafür, daß im normalen Fahrbetrieb die Schaltvorgänge zum jeweils richtigen Zeitpunkt stattfinden. Das geschieht durch *zwei Steuerungselemente:*

a) den **Fliehkraftregler,** der immer drehfest mit den Antriebsrädern des Kfz verbunden ist. Er regelt die Schaltvorgänge *abhängig* von der *Fahrgeschwindigkeit;*
b) den **Gasdruck- oder Modulierdruck-Regelschieber.** Er beeinflußt die Schaltvorgänge durch die *Belastung des Motors* (Drosselklappenstellung und Druck im Saugrohr).

Als *Raufschaltpunkte* werden die *Fahrgeschwindigkeiten* des Kfz bezeichnet, bei denen das Getriebe in den nächstgrößeren Gang raufschaltet, als *Rückschaltpunkte* die Fahrgeschwindigkeiten, bei denen das Getriebe in den nächstkleineren Gang zurückschaltet.

Tabelle 4 Schaltpunkte als Beispiel (Borg-Warner-3-Gang)

Fahrbedingungen	Schaltpunkte (km/h)					
Wählhebelstellung	D	D	D	D	2 (S)	2 (S)
Schaltvorgang	1→2	2→3	3→2	2→1	1→2	2→1
minimale Drosselklappenöffnung	20	30	25	10	20	10
Vollgas (kein Kick-down)	50	100	75	25	50	25
Kick-down durchgetreten	75	128	110	55	75	55

Die Schaltpunkte können durch den Fahrer auf *dreierlei Weise* beeinflußt werden:

a) Die *Wählhebelstellung*. In Wählhebelstellung «D» schaltet das Getriebe *alle Gänge* bis in den größten Gang durch. In Wählhebelstellung «2» oder «S» schaltet das Getriebe *nicht* in den größten Gang. In Wählhebelstellung «1» oder «L» *bleibt* das Dreigang-Automatikgetriebe im *1. Gang* (die automatischen Daimler-Benz-Vierganggetriebe schalten nicht über den 2. Gang hinaus).

b) Durch die *Belastung des Motors* (Gashebelstellung). Wird *wenig* Gas gegeben, schaltet das Getriebe bereits bei *geringerer* Motordrehzahl rauf. Wird *mehr* Gas gegeben, schaltet das Getriebe erst bei *höherer* Motordrehzahl rauf.

c) Die *Kick-down-Einrichtung*, die durch mechanische oder elektrische Übertragung zwischen Gaspedal und Getriebe bewirkt, daß beim «Übergasgeben» das Getriebe erst bei höherer Fahrgeschwindigkeit als normal üblich in den nächstgrößeren Gang schaltet bzw. in den kleineren Gang zurückschaltet. Dies ist z.B. beim zügigen Überholen von Vorteil.

In Tabelle 4 sind die Rauf- und Rückschaltpunkte einer Borg-Warner-Dreigangautomatik als Beispiel angeführt. Bei geringem Gasgeben schaltet das Getriebe bereits bei einer Geschwindigkeit von 30 km/h vom 2. in den 3. Gang, bei Vollgas hingegen erst bei 100 km/h, bei Kick-down gar erst bei 128 km/h. Im Schiebebetrieb – kein Gas – sinkt die Fahrgeschwindigkeit im 3. Gang bis auf 25 km/h, erst dann schaltet das Getriebe in den 2. Gang zurück. Fährt man hingegen mit Vollgas im 3. Gang eine Steigung hinauf, so daß die Fahrgeschwindigkeit ständig abnimmt, wird schon bei 75 km/h in den 2. Gang zurückgeschaltet, bei Kick-down sogar schon bei 110 km/h.

Durch die Kontrolle sowohl der Rauf- als auch der Rückschaltpunkte kann man das Automatikgetriebe auf einwandfreie Funktion überprüfen.

Im Schaltschieberkasten – auch Schieberkasten oder Schaltschiebergehäuse genannt –, der immer unterhalb des Planetengetriebes angeordnet ist, bewirkt eine Vielzahl von Steuerschiebern und -ventilen die Verteilung des Drucköls, so daß die Arbeitskolben in den Lamellenkupplungen und Bandbremsen im jeweils richtigen Zeitpunkt die Schaltvorgänge bewirken.

Einige dieser Schieber, auch Steuerschieber genannt, die in *allen* unterschiedlichen Automatikgetrieben zu finden sind, seien kurz beschrieben.

Der *Wähl- oder Handschieber* im Schaltschieberkasten ist mechanisch über Gestänge oder Seilzug mit dem *Wählhebel verbunden*. Er steuert den Öldruck jeweils in den Ölkreislauf, der der eingeschalteten Wählhebelstellung entspricht.

Der *Kick-down-Schieber* bewirkt beim Durchtreten des Gaspedals über die Vollgasstellung hinaus in bestimmten Geschwindigkeiten ein Zurückschalten bzw. daß die Hochschaltungen erst bei höheren Geschwindigkeiten erfolgen.

Der *Gasdruckschieber oder Modulierdruckschieber* erzeugt einen Öldruck – genannt Gasdruck –, der von der Drosselklappenstellung des Motors abhängig ist und für die Steuerung des Hauptdrucks sowie der Schaltpunkte benötigt wird.

Der *Schaltschieber 1 bis 2* schaltet je nach Höhe des Regler- und des Gasdrucks den 1. oder 2. Gang.

Der *Schaltschieber 2 bis 3* schaltet je nach Höhe des Regler- und des Gasdrucks den 2. oder 3. Gang.

Der *Hauptdruckschieber* regelt den Öldruck für die Kupplungen, die Bremsen und die übrige Getriebesteuerung.

Der *Wandlerdruckschieber* regelt den Öldruck für den Drehmomentwandler.

Die automatischen Getriebe für Dieselmotoren von Audi und VW haben zwischen den Wählhebelstellungen *N* und *D* noch die zusätzliche Stellung *E*. In dieser Stellung wird die Bremswirkung des Motors im Schiebebetrieb unterbunden, sobald der Fuß vom Gaspedal genommen wird.

Über ein *Auskuppelventil* und den *Auskuppelschieber* wird die *Vorwärtskupplung geöffnet* (Bild 5.56), so daß der Kraftfluß zwischen Motor und Achsantrieb unterbrochen ist. Das bedeutet:

Kein «Kriechen» des Fahrzeugs bei Stillstand,
«Freilauf» im Schiebebetrieb und damit Kraftstoffersparnis.

Der *Anlegeschieber* gewährleistet ein schnelles, aber weiches Schließen der Vorwärtskupplung, sobald das Gaspedal betätigt wird.

Bei der *Ölstandkontrolle* sowie beim *Ölwechsel* im Automatikgetriebe sind unbedingt die *Herstellerangaben* zu beachten! Üblich ist die Ölstandkontrolle bei laufendem Motor oder unmittelbar nach dem Abstellen. Die Ölmeßstäbe sind vielfach mit mehreren Markierungen versehen, die sich auf die Öltemperatur beziehen.

Weitere Einrichtungen

Der Akkumulator, der als Druckaufnehmer wirkt, besteht aus einem federbelasteten Kolben in einer entsprechend zylindrischen Bohrung. Er verhütet Schaltstöße beim Heraufschalten aus dem 1. in den 2. Gang (Bild 5.71)

Die Parksperre (Bild 5.72) wird stets mechanisch durch Betätigen des Wählhebels eingelegt und durch Federkraft sofort gelöst, wenn der Wählhebel aus Stellung *P* genommen wird. Bei eingelegter Parksperre ist das Kfz blockiert, so daß sich das Anziehen der Handbremse erübrigt. Die Parksperre darf *nur bei stillstehendem Kfz* eingelegt werden!

Bild 5.71 Akkumulator. Der Kolben wird vom Hauptdruck gegen eine Federkraft heruntergedrückt. Beim Schalten in den 2. Gang wird der Kolben zusätzlich mit dem gleichen Hauptdruck von unten beaufschlagt und mit Unterstützung der Federkraft aufwärts bewegt. Dadurch verzögert sich der Druckaufbau in der 2.-Gang-Bremse in dem Maß, wie sich die Feder im Akkumulator entspannt. So wird ein weiches Zufassen der 2.-Gang-Bremse erreicht

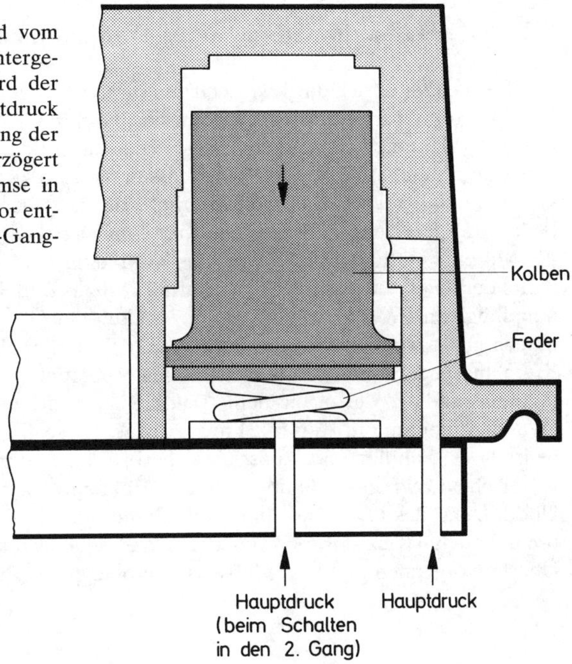

Bild 5.72 Die Parksperre ist eingelegt (s. Text). (Im Bild erkennt man außerdem die Zahnräder eines Planetenradsatzes nach Ravigneaux)

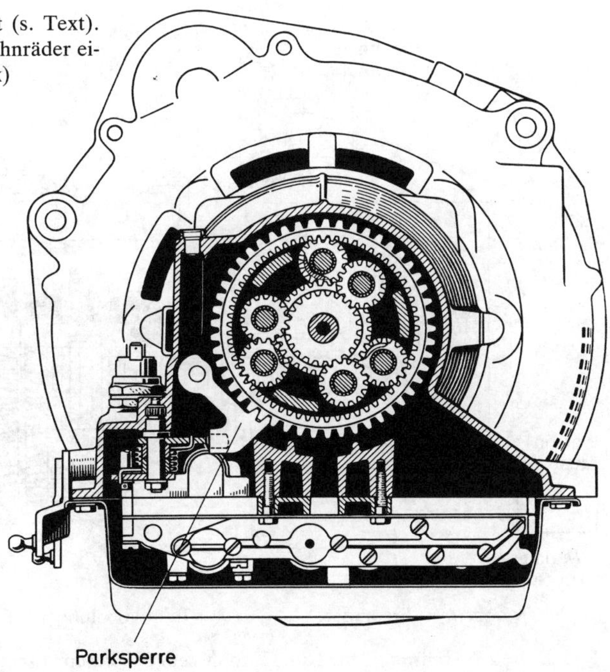

5.3.9 Halbautomatische oder Wahlautomatikgetriebe

Hierbei handelt es sich um *Vollsynchrongetriebe* üblicher Bauart mit einer vorgeschalteten *Wandler-Schaltkupplung*. Der hydrodynamische Drehmomentwandler, der nach dem Trilok-System arbeitet, «zieht die Gänge in die Länge» zu Schaltstufen. Da das Getriebe keine Planetenradsätze aufweist, die sich unter Last schalten lassen, ist zusätzlich zum Wandler eine *Trenn- oder Schaltkupplung zum Gangwechsel* erforderlich, die zwischen Wandler und Getriebe angeordnet ist (Bild 5.15). Es ist eine automatische Kupplung «Saxomat», die durch den Druck in der Saugleitung des Motors betätigt wird. So wird das Kupplungspedal gespart.

Bei der ZF-Transmatic für Nutzkraftfahrzeuge (Bild 5.73) wird ebenfalls eine Wandler-Schaltkupplung von F&S verwendet. Zum Schalten der Gänge des nachgeschalteten ZF-Synchroma-S-Sechsganggetriebes wird die Trenn- oder Schaltkupplung dabei vom Fahrer über das übliche Kupplungspedal – mit Kraftunterstützung – betätigt. Zusätzlich ist der hydrodynamische Drehmomentwandler, der nach dem Trilok-System arbeitet, mit einer Überbrückungskupplung (Wandlerkupplung in Bild 5.73) ausgerüstet. Diese Kupplung dient dazu, Pumpen- und Turbinenrad des Wandlers mechanisch zu überbrücken, wenn längeres Fahren mit großem Drehzahlunterschied zwischen Pumpen- und Turbinenrad zur Aufheizung des Wandleröls und zur Überhitzung des Getriebes führt. Die Steuerung der Überbrückungskupplung erfolgt automatisch. Durch «Kick-down» kann der Wandler jederzeit wieder eingeschaltet werden, um bei Überholvorgängen mehr Antriebsleistung oder mehr Zugkraft zur Verfügung zu haben.

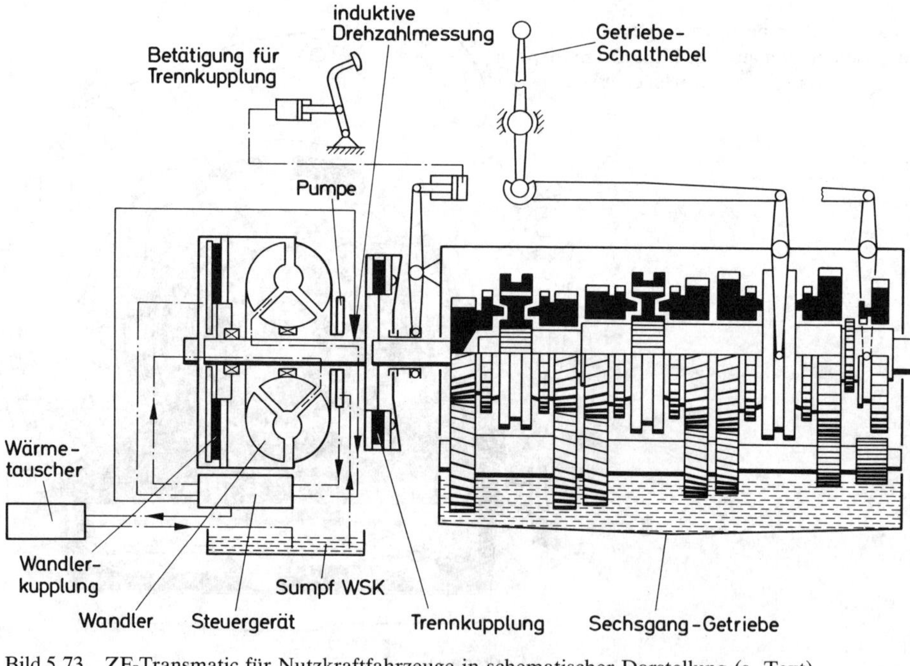

Bild 5.73 ZF-Transmatic für Nutzkraftfahrzeuge in schematischer Darstellung (s. Text)

5.4 Verteilergetriebe

Aufgabe des Verteilergetriebes ist, die vom Wechselgetriebe abgegebene *Antriebskraft* auf die *Hinter- und die Vorderachse zu verteilen.* Daher der Name.

Zur *Anwendung* gelangen sie in Lastkraftwagen und selbstfahrenden Arbeitsmaschinen, die mit *Allradantrieb ausgerüstet* sind.

Außerdem in Kfz, die mit permanentem (ständigem) Allradantrieb ausgerüstet sind, wie z.B. der Mehrzweckwagen Iltis von VW und der Audi Quattro. Die Anordnung des Verteilergetriebes in einem Lkw 4 × 4 zeigt Bild 5.73 in schematischer Darstellung. 4 × 4 bedeutet, das Kfz hat *vier Räder,* und *vier Räder sind angetrieben.*

Alle Verteilergetriebe in schweren Lastkraftwagen sind mit einer mechanischen *Klauenmuffenschaltung für zwei Gänge* ausgerüstet: *Straßengang und Geländegang* (Bild 5.75). Der Unter-

Bild 5.74 Anordnung des Verteilergetriebes in einem Lkw 4 × 4 (s. Text)

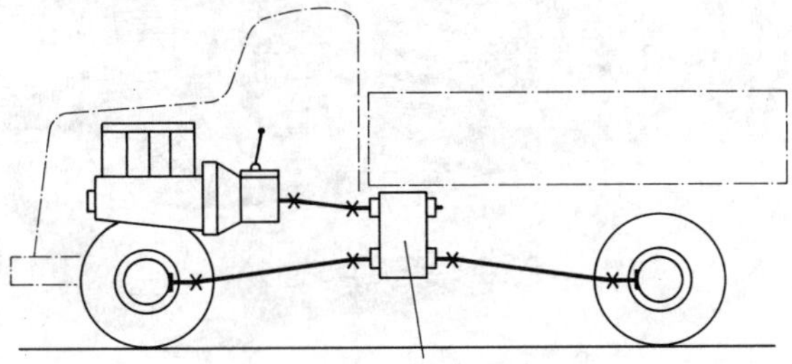

Bild 5.75 ZF-Verteilergetriebe ohne Verteilerdifferential

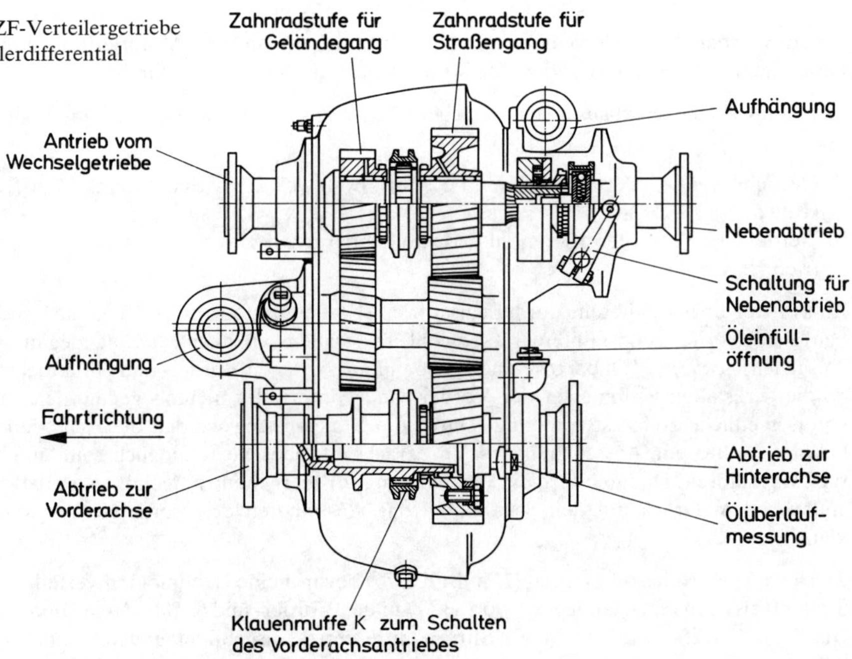

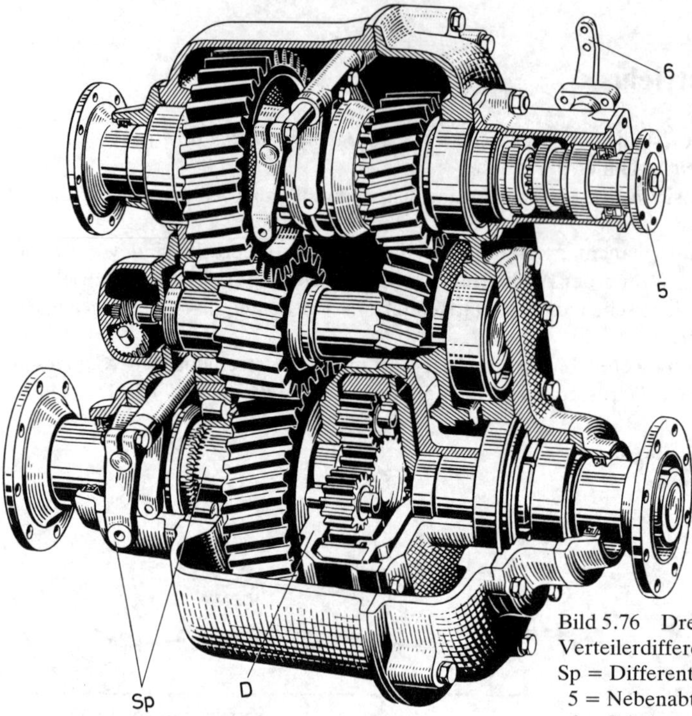

Bild 5.76 Dreiwellen-Verteilergetriebe mit Verteilerdifferential (D).
Sp = Differentialsperre,
5 = Nebenabtrieb,
6 = Schaltung für Nebenabtrieb
(Beschreibung s. Text)

schied zwischen den beiden Übersetzungen richtet sich sowohl nach Motorleistung und zulässigem Gesamtgewicht des betreffenden Kfz als auch nach dessen Verwendungszweck.

Von Sonderbauarten abgesehen unterscheidet man *zwei Grundausführungen von Verteilergetrieben:*

a) Getriebe *ohne* Verteilerdifferential, mit wahlweise zuschaltbarem Vorderachsantrieb (Bild 5.75),
b) Getriebe *mit* Verteilerdifferential und zuschaltbarer Differentialsperre für den Vorderachsantrieb (Bild 5.76).

Zu a) Bei eingeschaltetem Vorderachsantrieb (Klauenmuffe K in Bild 5.75 nach rechts geschoben) sind Vorder- und Hinterachse sowohl im Straßen- als auch im Geländegang *starr* (ohne Ausgleich) *gekuppelt!* Dabei tritt eine Verspannung zwischen Vorder- und Hinterachsantrieb auf, da die wirksamen Halbmesser der Vorder- und Hinterräder niemals genau gleich groß sind – unterschiedliche Achslastverteilung. Durch die Verspannung werden die Achstriebe zusätzlich belastet. Sollte ein Ausschalten des Vorderachsantriebes nicht möglich sein, muß man kurz rückwärts fahren. Dadurch wird die Verspannung vorübergehend aufgehoben, so daß bei leichtem andauerndem Druck auf den Schalthebel das Ausschalten des Vorderachsantriebes erfolgen kann.

Zu b) Das Verteilerdifferential (D in Bild 5.76) bewirkt eine Drehmomentverteilung sowohl im Straßen- als auch im Geländegang, von 33 % auf den Vorder- und 67 % auf den Hinterachsantrieb. Das Verteilerdifferential D ist als Stirnraddifferential ausgebildet und mit einer zusätzlichen

Sperre (SP) für den Vorderachsantrieb ausgerüstet, die mechanisch betätigt wird. Sie dient dazu, in schwerem Gelände das Durchdrehen einer Achse zu verhindern. Mit eingeschalteter Sperre ist auch bei diesem Getriebe eine Verspannung zwischen Vorder- und Hinterachsantrieb nicht zu vermeiden. Die Schalteinrichtung der Differentialsperre ist jedoch konstruktiv so ausgelegt, daß sie sich trotz Verspannung ausschalten läßt.

Verteilergetriebe können mit einem zusätzlichen Nebenabtrieb (5 in Bild 5.76) ausgerüstet werden, der sich so schalten läßt, daß er sowohl bei stillstehendem als auch bei fahrendem Kfz mitläuft.

Man unterscheidet *Dreiwellen- und Zweiwellen*verteilergetriebe. Beim Zweiwellenverteilergetriebe entfällt die Zwischenwelle aus den Bildern 5.75 und 5.76.

Zweiwellenverteilergetriebe gelangen in Kfz mit sehr hohen Motordrehmomenten zur Anwendung. Bedingt durch den Fortfall der Zwischenwelle ist die Ausgangsdrehrichtung des Verteilergetriebes entgegengesetzt der Eingangsdrehrichtung, was bei den Achsantrieben durch Umsetzen des Tellerrades zu berücksichtigen ist.

5.5 Richtlinien für das Abschleppen und Anschleppen von Kfz unter Berücksichtigung der in den zu schleppenden Kfz verwendeten Getriebe

Dieses Thema wird im Anschluß an die Wechselgetriebe behandelt, weil beim Schleppen von Kfz eine *ausreichende Schmierung des Getriebes* gewährleistet sein muß.

Abschleppen von Kfz mit Getriebeschäden

Bei *Kfz in Standardbauweise* muß die Gelenkwelle am Differential der Hinterachse abgeflanscht und hochgebunden werden.

Bei Kfz mit *Front- oder Heckantrieb* muß das Kfz mit den *Antriebsrädern* auf eine Schleppachse gesetzt werden. Oder: Im Kranzug mit Abstützung schleppen, wobei die *Antriebsachse* hochgezogen werden muß.

Abschleppen von Kfz mit Motorschäden

In den weitaus meisten Fällen müssen Kfz aufgrund von Motorschäden abgeschleppt werden.

a) **Abschleppen von Kfz in Standardbauweise** (Motor, Kupplung, Wechselgetriebe, Gelenkwellenstrang und Hinterachsantrieb).

   Bei kürzeren Schleppstrecken bis zu etwa 20 km und einer Schleppgeschwindigkeit bis zu etwa 60 km/h bietet das Abschleppen keine Probleme. Muß weiter geschleppt werden, sollte man etwa alle 10 km in *ausgekuppeltem Zustand* kurzzeitig den großen Gang einlegen, wieder herausnehmen und vorsichtig wieder einkuppeln. Hierdurch wird bei eingelegtem großem Gang über das Zahnrad der Antriebswelle die Vorgelegewelle gedreht. Deren Zahnräder schleudern dann genügend Öl hoch, so daß die Lager der Gangräder und der Getriebehauptwelle wieder geschmiert werden.

   Soll über längere Strecken und schneller geschleppt werden, ist unbedingt die Gelenkwelle am Hinterachsantrieb abzuflanschen und sicher am Kfz zu befestigen!

   Beim Abschleppen von Lkw und Kom sind unbedingt die Angaben des Herstellers über das Abschleppen zu beachten. Evtl. muß das Getriebe zusätzlich mit Öl befüllt werden.

b) **Abschleppen von Kfz mit Heck- oder Fronttriebsätzen.** Das Abschleppen dieser Kfz bietet keinerlei Probleme. Die tiefliegende Abtriebswelle wird angetrieben. Da sie in die Ölfüllung eintaucht, ist die Getriebeschmierung beim Abschleppen genauso gut wie während des normalen Fahrbetriebs. Schleppstrecke und -geschwindigkeit sind getriebeseitig nicht begrenzt.

c) **Abschleppen von Kfz mit vollautomatischen Getrieben.** *Die Anweisungen des Kfz-Herstellers über das Abschleppen sind unbedingt zu beachten!* Meist sind Anweisungen für das Abschleppen in der Bedienungsanleitung des betreffenden Kfz enthalten.

Da die Planetenradsätze schmiertechnisch weitaus empfindlicher sind als mechanische Wechselgetriebe, *verbieten* einige Hersteller das *Abschleppen von Kfz mit Automatikgetrieben!*

Als Grundregel kann das gelten, was die Mehrzahl der Hersteller angibt:

Schleppstrecke maximal 50 km,
Schleppgeschwindigkeit maximal 50 km/h!

Soll weiter als 50 km und schneller geschleppt werden, sind die Gelenkwellen – wie bereits vorher beschrieben – abzuflanschen.

Ausnahme Automatikgetriebe, die mit einer *zweiten Ölpumpe* – der Sekundärpumpe – ausgerüstet sind, lassen sich problemlos abschleppen. Schleppstrecke und -geschwindigkeit sind getriebeseitig nicht begrenzt. Die *Sekundärpumpe* wird nicht vom Motor, sondern von der Antriebswelle des Getriebes angetrieben, die mit den Antriebsrädern des Kfz unlösbar verbunden ist. Rollt das Kfz, wird auch die Sekundärpumpe angetrieben, die dann Öl in den Wandler fördert, das von dort in das Planetengetriebe gelangt und alle Teile schmiert. Sämtliche Typen der *automatischen Daimler-Benz-Getriebe* sind so ausgerüstet, so daß das Abschleppen keine Probleme aufwirft.

Abschleppen von Kfz mit halbautomatischen (Wahlautomatik-) Getrieben

Bei Kfz mit Front- oder Hecktriebsätzen bietet das Abschleppen keine Probleme. Schleppstrecke und -geschwindigkeit sind getriebeseitig unbegrenzt. (Die Wirkungsweise der Getriebeschmierung ist dieselbe wie unter b) «Abschleppen von Kfz mit Heck- oder Fronttriebsätzen» beschrieben). Bei herkömmlicher Anordnung der Kraftübertragung gilt das bereits unter a) «Abschleppen von Kfz in Standardbauweise» Gesagte.

Anschleppen (Anschieben) von Kfz Alle *Kfz mit mechanischen Wechselgetrieben* und vom Fahrer zu betätigender *Kupplung* lassen sich problemlos anschleppen.

Alle *Kfz mit halbautomatischen (Wahlautomatik-) Getrieben* lassen sich anschleppen, wenn bei eingeschalteter *mittlerer Fahrstufe die Schleppgeschwindigkeit 20 bis 30 km/h* beträgt. Die Funktion von Pumpen- und Turbinenrad im Wandler kehrt sich dabei um, wie bei der Wirkungsweise des Trilok-Wandlers, Bremsbereich, beschrieben.

Anschleppen von Kfz mit vollautomatischen Getrieben Es ist *grundsätzlich nicht möglich*, da zum Schalten der Gänge *hydraulischer Druck erforderlich ist*. Da der Motor nicht läuft, läuft auch die Ölpumpe nicht. Folglich ist auch kein hydraulischer Arbeitsdruck vorhanden, so daß kein Gang eingelegt werden kann.

Ausnahme Vollautomatische Getriebe, die mit einer zweiten Ölpumpe – der *Sekundärpumpe* – ausgerüstet sind. Die mit automatischem Getriebe ausgerüsteten Kfz von Daimler-Benz lassen sich daher anschleppen. Die erforderliche Schleppgeschwindigkeit liegt dabei allerdings höher als die bei halbautomatischen Getrieben erforderliche.

5.6 Die Kardan- oder Gelenkwellen

Zur Übertragung der Antriebskraft vom vornliegenden Motor und Getriebe auf die Hinterachse sind Gelenkwellen (Kardanwellen) erforderlich, weil die Bewegungen der Antriebsachse während der Fahrt eine starre Kraftübertragung ausschließen.

An Antriebsachsen mit Einzelradaufhängung sind außerdem Gelenkwellen zur Kraftübertragung vom Differential zu den Antriebsrädern erforderlich. Bei Frontantrieb müssen die Übertragungsgelenke an den Rädern zusätzlich sehr große Beugungswinkel zulassen, um müheloses Einparken und Rangieren zu ermöglichen.

Beugungswinkel ist der höchstzulässige Winkel zwischen der *treibenden* Welle, der Welle vor dem Gelenk, und der *getriebenen* Welle, der Welle hinter dem Gelenk (siehe Bild 5.80).

Bei den heutigen Kraftfahrzeugen ist die Gelenkwelle meist mehrteilig – zwei- oder dreiteilig – ausgeführt. Man spricht vom *Gelenkwellenstrang*. Die Zwischenlager (Stützlager), wälzgelagert, sind elastisch, sehr weich in Gummi am Fahrgestell bzw. an dem selbsttragenden Aufbau befestigt. Die Lagerung in weichem Gummi dient dazu, Dröhngeräusche zu vermeiden. Einige Ausführungen von Gelenkwellenzwischenlagern zeigt Bild 5.77.

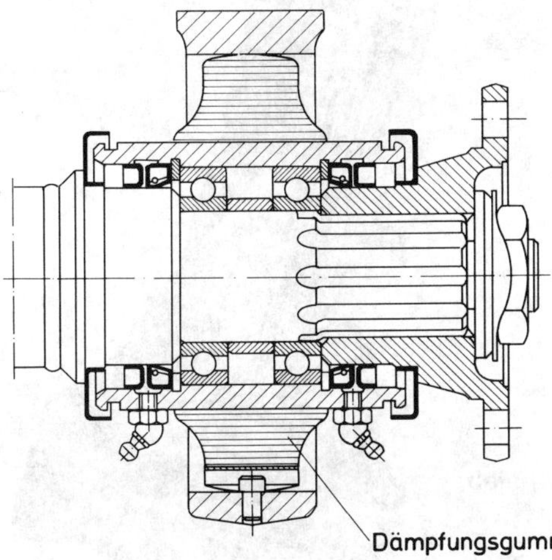

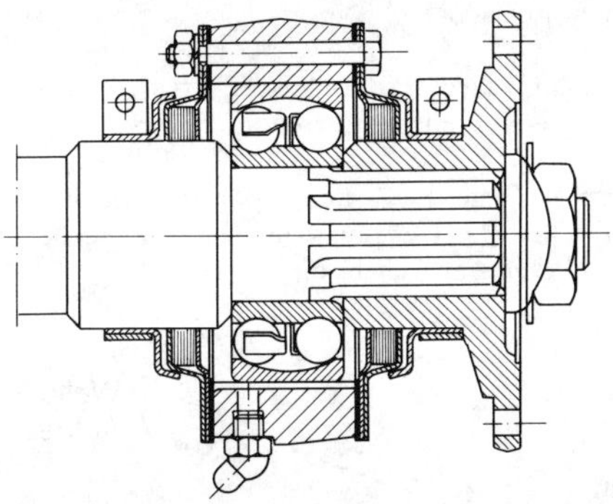

Bild 5.77 Ausführung von Gelenkwellen-Zwischenlagern

5.6.1 Gelenkwellen mit Kreuzgelenken

Bei angetriebenen Starrachsen ist jede Gelenkwelle an ihren Enden mit je einem Kreuzgelenk versehen, zur Aufnahme der unterschiedlichen Winkelstellung der Antriebsachse gegenüber dem Fahrgestell oder dem selbsttragenden Aufbau (Bild 5.80).

Nur ein einfaches Kreuzgelenk am einen Ende der Gelenkwelle würde zwar die Drehrichtung in eine neue Richtung übertragen, am anderen (gelenklosen) Ende aber eine dem jeweiligen Beugungswinkel entsprechende ungleichförmige Drehbewegung bewirken. Um die durch den Beugungswinkel hervorgerufene ungleichförmige Drehbewegung der Gelenkwelle wieder in eine gleichförmige Drehbewegung umzuwandeln, ist das zweite Kreuzgelenk am Ende der Gelenkwelle erforderlich.

Wichtig ist dabei *die richtige Lage beider Kreuzgelenke zueinander.* Die beiden Gelenkgabeln der Welle müssen unbedingt in ein und derselben Ebene liegen, da sich sonst bei Ablenkung der Gelenkwelle die Ungleichförmigkeit der Drehbewegung weiter verstärkt. Bei einem Versatz der Gelenkgabeln um 90° erreicht die Drehbewegung ihre größte Ungleichförmigkeit. Schneller Verschleiß der Kraftübertragungsteile, Kreuzgelenke, Zahnräder und Antriebswellen, wäre die Folge. Außerdem stimmt die Auswuchtung der Gelenkwelle dann nicht mehr, starke Geräuschbildung und Schwingungen, die man bis ins Lenkrad spürt, sind die Folge.

Um den richtigen Zusammenbau von Gelenkwellen und Schiebestück zu gewährleisten, sind beide Teile in der richtigen Stellung durch Pfeile markiert. Den richtigen Zusammenbau einer Gelenkwelle zeigt Bild 5.78.

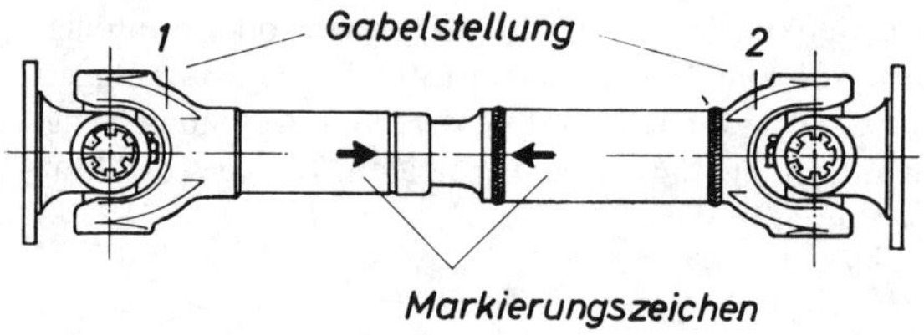

Bild 5.78 (oben) Richtiger Zusammenbau einer Gelenkwelle

Bild 5.79 (rechts) Nadelgelagertes, schweres Kreuzgelenk, teilweise geschnitten dargestellt

Bild 5.80 (unten) Z- und W-Anordnung der Gelenkwelle. Die Beugungswinkel β_1 und β_2 beider Gelenke müssen gleich sein

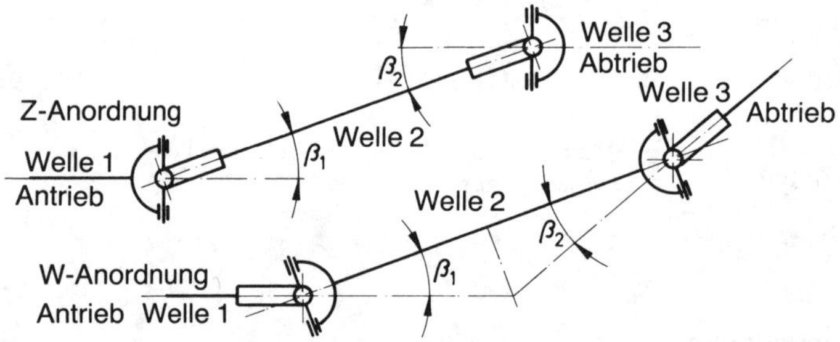

Die Zapfenkreuze der Kreuzgelenke sind nadelgelagert und durch Lippendichtungen vor Verschmutzung und dadurch bedingtem Verschleiß geschützt. Bild 5.79 zeigt ein nadelgelagertes schweres Kreuzgelenk, teilweise geschnitten.

Im Hinblick auf die Empfindlichkeit der Abdichtung darf beim Abschmieren nicht mit zu harten Schmierstößen gearbeitet werden. Der Höchstdruck soll keinesfalls 400 bar übersteigen. Das Abschmierfett wird den Lagerstellen durch die Bohrungen des Zapfenkreuzes zugeführt. Es genügt, wenn das Fett an ein oder zwei Dichtungsstellen sichtbar heraustritt.

5.6.2 Gelenkwellen mit Gleichlaufgelenken

Bei Vorderradantrieb entstehen beim Lenkeinschlag der Räder an den äußeren Gelenkwellen große Beugungswinkel, so daß einfache Kreuzgelenke wegen der entstehenden ungleichförmigen Drehbewegung nicht verwendet werden können.

Es müssen Doppelkreuzgelenke verwendet werden. Sie gelangen im wesentlichen bei allradgetriebenen Lkw zum Einbau (Bild 5.81).

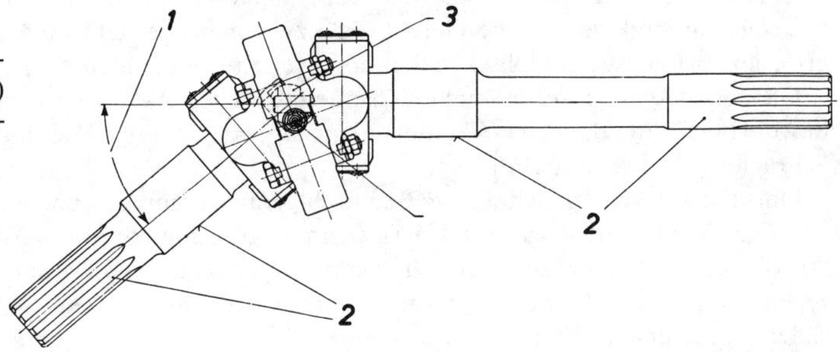

Bild 5.81 Doppelkreuzgelenk für Front- und Allradantrieb. Der Beugungswinkel (1) beträgt um 40°. 2 Gelenkwellen, 3 Zentrierkugel

Für den Frontantrieb bei Pkw werden vorwiegend Gleichlaufgelenke, auch homokinetische Gelenke genannt, verwendet.

Man unterscheidet nach der Bauart:

- ☐ Rzeppa-Birfield-Gelenke (sechs Kugeln),
- ☐ Bendix-Weiß-Kugelgelenke (vier Kugeln).

Beide Gelenke übertragen die Kraft über Kugeln.

Die Kraftübertragung wird durch sechs bzw. vier Kugeln erreicht, die auf in die Gelenkgabeln eingearbeiteten Kreisbahnen abrollen und deren Wirkungsebene sich immer in der Winkelhalbierenden zwischen den Gelenkwellen befindet. Dadurch ergibt sich eine stets gleichförmige Winkelgeschwindigkeit der äußeren Gelenkwelle (Bild 5.82).

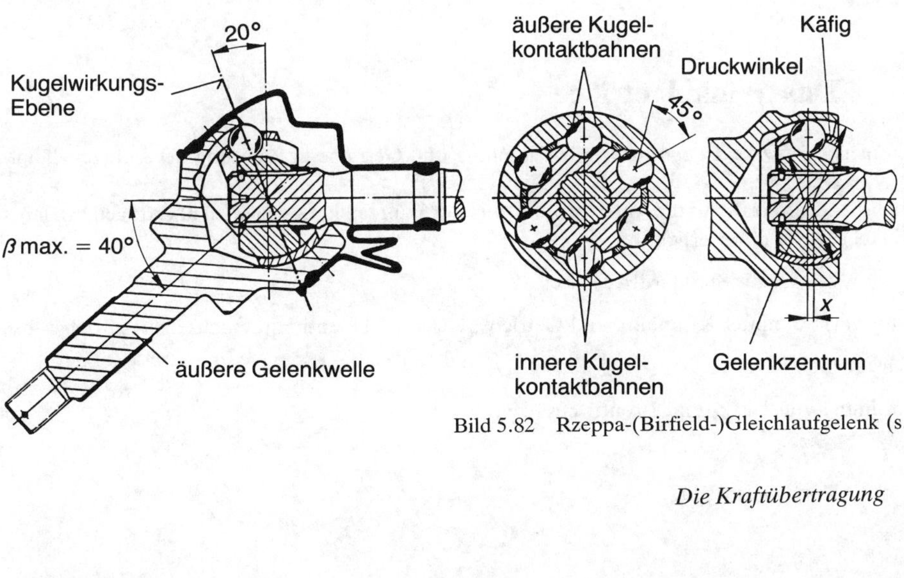

Bild 5.82 Rzeppa-(Birfield-)Gleichlaufgelenk (s. Text)

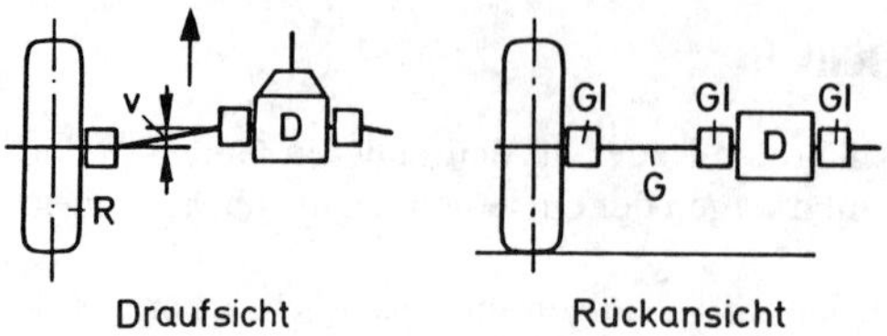

Bild 5.83 Linkes Bild: Durch den Versatz (v) der Mittenachsen von Differential (D) und Antriebsrädern (R) sind die Kugeln in den Gleichlaufgelenken (Gl) gezwungen, sich auf den Kontaktbahnen ständig abzuwälzen. Selbst dann, wenn durch entsprechende Fahrzeugbelastung die Gelenkwellen genau waagerecht stehen (rechts Bild)

Ein weiterer Vorteil ist, daß Gleichlaufgelenke selbst bei großen Beugungswinkeln *begrenzt verschiebbar* sind, so daß die Gelenkwelle zwischen zwei Gleichlaufgelenken *kein Schiebestück* erfordert, wie dies bei Gelenkwellen mit zwei Kreuzgelenken erforderlich ist.

Gleichlaufgelenke werden heute allgemein bei allen Arten von Einzelradantrieben verwendet. Sowohl bei Front- als auch bei Hinterradantrieb, bei letzterem vor allem, wenn die Hinterachse als Schräglenkerachse ausgeführt ist.

Um eine möglichst gleichmäßige Beaufschlagung der inneren und äußeren Kugelkontaktbahnen der Gleichlaufgelenke zu erzielen (gleichmäßige Abnutzung), werden die Gelenkwellen zum Antrieb der Antriebsräder grundsätzlich mit *geringen Beugungswinkeln,* bezogen auf die Waagerechte, eingebaut. Das bedeutet, die Mittenachsen vom Differential einerseits und den Antriebsrädern andererseits sind, auf die Waagerechte bezogen, gegeneinander versetzt (Betrag v in Bild 5.83). Man zwingt so die die Antriebskraft übertragenden Kugeln, sich bei jeder Umdrehung der Gelenkwelle auf den inneren und äußeren Kugelkontaktbahnen abzuwälzen (siehe Bild 5.83).

5.6.3 Trockengelenke

Sind von der Gelenkwelle nur sehr geringe Winkelausschläge zu überwinden, werden vielfach Trockengelenke verwendet. Gummigewebescheiben (Hardy-Scheiben) werden durch meist dreiarmige Flansche mit den Gelenkwellen verbunden. Um eine genaue Zentrierung beider miteinander zu verbindenden Wellen zu gewährleisten, greifen beide Wellen mit Kugel und Pfanne im Mittelpunkt der Gelenkscheibe ineinander. Anstelle der Gummigewebescheiben können auch vorgespannte Weichgummigelenke verwendet werden.

5.7 Das Winkelgetriebe

Bei den meisten Kfz liegt der Motor mit Kupplung und Getriebe in Richtung der Fahrzeuglängsachse.

Um die Antriebskraft auf die Antriebsräder quer zur Fahrzeuglängsachse zu übertragen, ist daher ein Winkelgetriebe erforderlich.

Dies gilt sowohl für die Standardbauweise:

☐ Motor vorn, dahinter Kupplung und Getriebe, Gelenkwelle und Hinterachse als Antriebsachse

als auch für die

☐ Anordnung von Heck- und Fronttriebsätzen.

Bei den letzteren wird die Gelenkwelle eingespart, Getriebe und Winkelgetriebe mit Ausgleichgetriebe sind in einem gemeinsamen Gehäuse untergebracht.

Ausnahmen, bei denen kein Winkelgetriebe erforderlich ist, bilden die Fronttriebsätze, bei denen der Motor mit Kupplung und Getriebe quer zur Längsachse des Fahrzeugs angeordnet ist, so daß die Richtung der Antriebskraft nicht geändert zu werden braucht.

Ausführungen von Winkelgetrieben:

□ Schneckenantrieb,
□ Schraubenradantrieb,
□ Kegelradgetriebe.

Heute gelangen praktisch nur noch Kegelradgetriebe zur Anwendung.

Die Technik unterscheidet zwei Arten:

□ Normalantrieb und
□ Hypoidantrieb.

Das Normalkegelradgetriebe

Bei diesem Antrieb liegen die Achsen der beiden Räder – des antreibenden Kegelrades (Ritzel) und des getriebenen Tellerrades – in einer Ebene (Bild 5.84).

Bild 5.84 Kegelradgetriebe, links Normalantrieb, rechts Hypoidantrieb

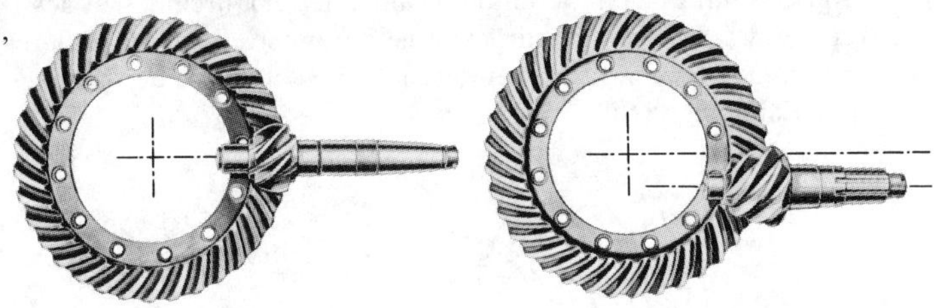

Der Hypoidantrieb

Beim Hypoidantrieb ist die Mittellinie des Kegelrades gegenüber der Mittellinie des Tellerrades nach unten versetzt (hypo = unter, Mittellinie des Kegelrades liegt unter der des Tellerrades).

Vorteile des Hypoidantriebs

1. Trotz schwacher Zähne lassen sich große Kräfte übertragen, da mit größerem Hypoidversatz der Durchmesser des Antriebkegelrades zunimmt, wodurch sich zwischen Kegel- und Tellerrad größere Eingriffsflächen ergeben. Das Tellerrad kann bei gleicher Beanspruchung wie beim Normalantrieb kleiner gehalten werden.
2. Im Gegensatz zum Normalantrieb findet zwischen den Zahnflanken beider Räder *gleitende Reibung* statt, wodurch *geringe Geräuschentwicklung* gewährleistet wird. (Man kann den Hypoidantrieb als Zwischenstellung zwischen dem Kegelradnormalantrieb und dem Schneckenantrieb auffassen.)
3. Werden bei Kfz mit Front- oder Hecktriebsätzen, bei denen der Motor in Längsrichtung angeordnet ist, Automatikgetriebe eingesetzt, können die Antriebswelle (Turbinenwelle) und der Ölpumpenantrieb durch die hohle Kegelradwelle hindurchgeführt werden. Dazu ist allerdings ein Hypoidversatz von mehr als 40 mm erforderlich.

Hypoidversatz ist der Unterschied zwischen den Mittenachsen von Kegel- und Tellerrad.

Die durch gleitende Reibung an den Zahnflanken entstehenden hohen Drücke erfordern ein hochdruckfestes Schmiermittel, das *Hypoidöl.* Es ist heute vorwiegend mit Phosphor-Schwefel-Verbindungen legiert. Diese Verbindungen reagieren bei bestimmten Temperaturen chemisch mit den Metalloberflächen und bilden dadurch Schutzschichten, die einen direkten metallischen Kontakt verhindern. Da das Hypoidöl bestimmtes Dichtungsmaterial angreift (Polyacrylat), darf es nur nach Werksvorschrift verwendet werden.

5.7.1 Verzahnungsarten von Kegelradgetrieben

Bei Kegelradgetrieben in Kraftfahrzeugen gelangen grundsätzlich nur Bogenverzahnungen zur Anwendung, da Geradeverzahnungen erhebliche Geräusche verursachen würden. Es kommen zwei unterschiedliche Verzahnungen zur Anwendung:

□ die Klingelnberg-Palloid-Spiralverzahnung und
□ die Gleason-Kreisbogenverzahnung.

Beide Verzahnungsarten sind in ihrem Betriebsverhalten gleichwertig.

Die Klingelnberg-Palloid-Spiralverzahnung Es handelt sich hierbei im wesentlichen um eine Spiralverzahnung. Die Zähne des Tellerrades lassen deutlich erkennen, daß sie ein Ausschnitt aus einer Spirale sind, weil ihre Krümmung am inneren Durchmesser des Tellerrades stärker ist als am äußeren (Bild 5.85). Der Zahnrücken ist am inneren wie am äußeren Durchmesser gleich breit (Bild 5.86). Das Tragbild liegt bei richtiger Einstellung in der Mitte des Zahnes und beträgt etwa 50% der Zahnlänge (Bild 5.87).

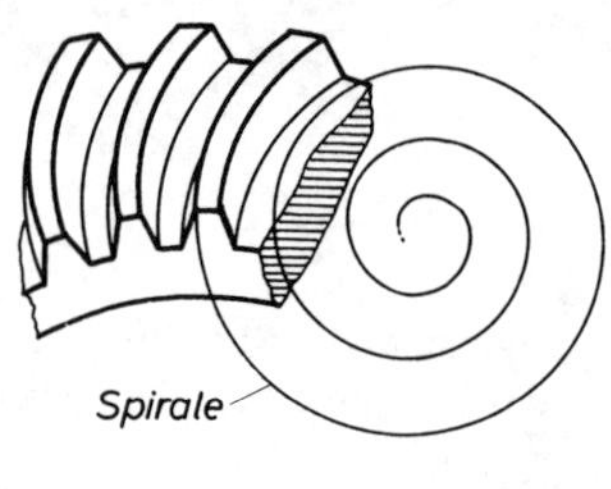

Bild 5.85 Spiralverzahntes Tellerrad. Die Zahnform entspricht dem Abschnitt einer Spirale

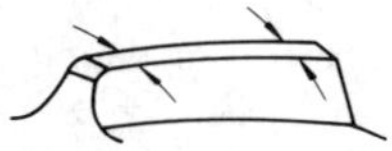

Bild 5.86 Bei der Spiralverzahnung ist der Zahnrücken über die gesamte Länge gleich breit

Bild 5.87 Tragbild bei der Spiralverzahnung. Einwandfreier Zahneingriff: Das Tragbild liegt in der Zahnmitte (beim Tellerrad eher gegen das dünnere Zahnende zu, beim Ritzel dagegen besser am dikkeren Zahnende)

Bild 5.88 Gleason-Kreisbogenverzahnung. Die Zahnform entspricht dem Abschnitt eines Kreisbogens

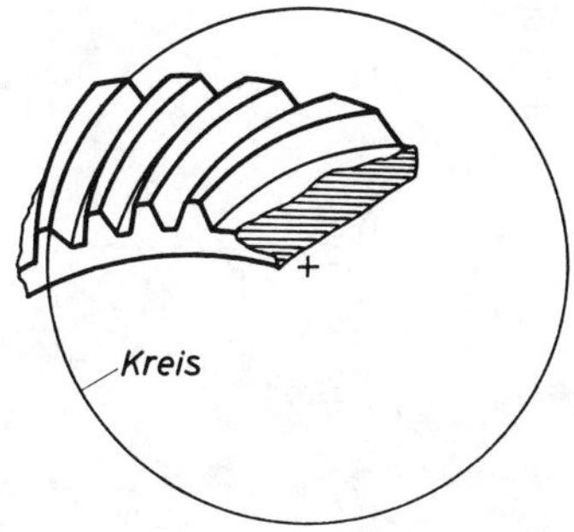

Bild 5.89 Gleason-Kreisbogenverzahnung. Der Zahnrücken verbreitert sich nach außen

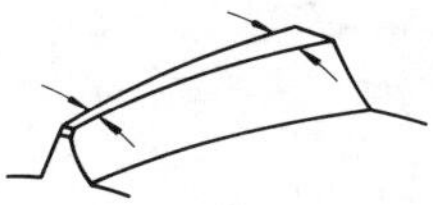

Bild 5.90 Bei der Gleason-Verzahnung darf das Tragbild keinesfalls am schwachen Zahnende liegen

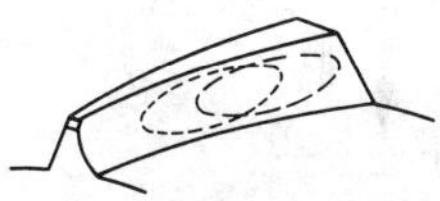

Die Gleason-Kreisbogenverzahnung Wie der Name sagt, handelt es sich hierbei um eine Kreisbogenverzahnung. Die Zähne des Tellerrades sind ein Stück eines Kreisbogens (Bild 5.88). Der Zahnrücken verbreitert sich von innen nach außen hin (Bild 5.89). Das Tragbild beträgt etwa 50 % der Zahnlänge, es soll in der Mitte, darf aber auch nach außen hin liegen, keinesfalls aber innen, am schwachen Zahnende (Bild 5.90).

5.7.2 Grundsätzliches zur Einstellung von Kegelradgetrieben

Ziel der Einstellung von Teller- und Kegelrad ist, die *Stellung der größten Laufruhe,* die der Hersteller auf der Prüfmaschine ermittelt hat, durch den richtigen Einbau wieder zu erreichen. Das bedingt:

1. *Kegel- und Tellerrad* werden als Ersatzteil *stets paarweise,* niemals einzeln *geliefert.* (Die beiden Räder eines *Triebsatzes,* wie man die zusammengehörigen Kegel- und Tellerräder bezeichnet, sind zur Erzielung größter Laufruhe miteinander eingeläppt.)
2. Um ein Vertauschen auszuschließen, werden die beiden Räder eines Triebsatzes vom Hersteller mit der *gleichen Paarungsnummer* versehen (2 in Bild 5.91).
3. Das einwandfreie Neueinstellen eines Triebsatzes, der bereits längere Betriebsdauer bei falscher Einstellung hinter sich hat, ist kaum möglich.
4. Die Räder eines Triebsatzes sind mit dem Maß gekennzeichnet, das für die *richtige Einstellung des Kegelrades* (Ritzel zur *Mittellinie des Tellerrades*) auf der Prüfmaschine ermittelt wurde (siehe 3 in Bild 5.91). Außerdem sind auf den Rädern die *Verzahnungsart und die Zähnezahlen* (Übersetzung) angegeben (1 in Bild 5.91). K = Klingelnbergverzahnung, 843 = Ritzel 8 Zähne, Tellerrad 43 Zähne.

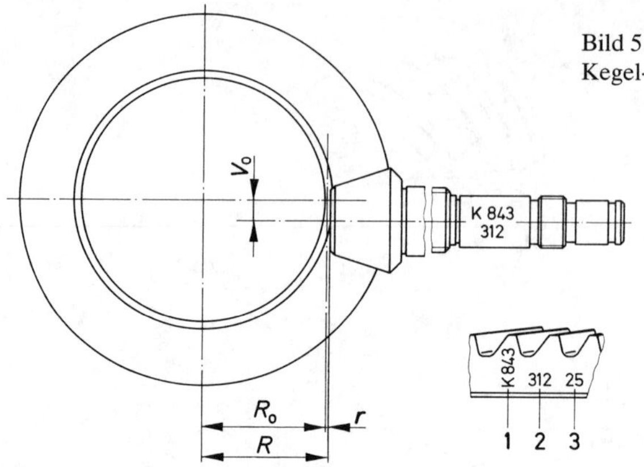

Bild 5.91 Bezeichnungen und Kennzeichen an Kegel- und Tellerrad (s. Text)

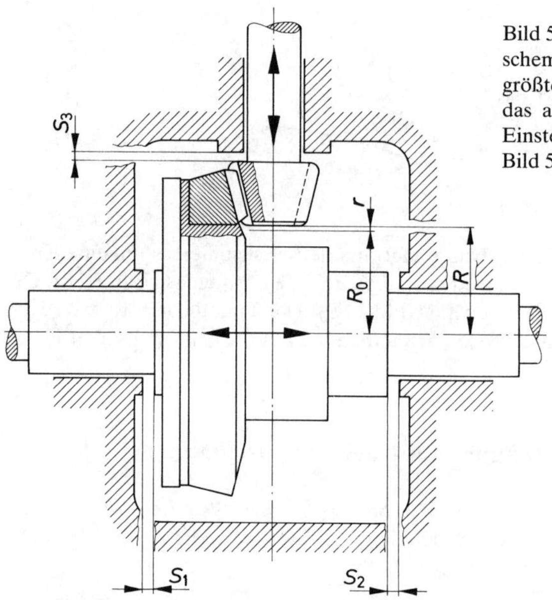

Bild 5.92 Einstellen von Kegel- und Tellerrad in schematischer Darstellung. Das Maß R für die größte Laufruhe ergibt sich aus $R_0 + r$. Dabei ist r das auf den Rädern des Triebsatzes angegebene Einstellmaß in 1/100 mm (Erklärung s. Text und (3) in Bild 5.91)

Bild 5.92 zeigt in *stark vereinfachter Darstellung,* welche Einstellarbeiten beim Zusammenbau des Triebsatzes zur Erzielung größter Laufruhe erforderlich sind:

1. *Einstellung des Ritzels* (Doppelpfeil auf der Ritzelwelle in Bild 5.92) so, daß das *Maß der größten Laufruhe* (R) zwischen Tellerradachse und Stirnseite des Ritzels erreicht wird.
2. *Einstellung des Tellerrades* mit Ausgleichgehäuse (Doppelpfeil auf der Tellerradachse in Bild 5.92) so, daß bei *richtiger Vorspannung der Kegelrollenlager* das angegebene *Zahnflankenspiel* (Verdrehspiel) zwischen Kegel- und Tellerrad erreicht wird.

Die richtige Stellung des Ritzels wird durch die Einstellscheibe (S_3) bestimmt, die richtige Stellung des Tellerrades durch die Scheiben (S_1) und (S_2) (Bild 5.92). Die Einstellscheiben (S_1) und (S_2)

bestimmen dabei die Größe des Zahnflankenspiels zwischen Kegel- und Tellerrad. Das *Zahnflankenspiel* – auch *Verdrehspiel* genannt – muß mit einer Meßuhr am Tellerrad gemessen werden. Ist es zu klein, muß die Einstellscheibe (S_1) *dünner,* die Scheibe (S_2) *um den gleichen Betrag dicker* gewählt werden. Bei zu großem Zahnflankenspiel muß umgekehrt vorgegangen werden. Um die Einstellmaße (S_1 bis S_3) zu ermitteln, sind *mindestens drei Prüfvorrichtungen* erforderlich:

□ Meisterritzel oder Einstellmeister,
□ Meßdorn oder Meßwelle für Ausgleichgehäuse,
□ Meßuhr mit entsprechenden Haltern.

Die *Ausführung und Bezeichnung* der Prüf- und Meßvorrichtungen sind bei den einzelnen Kfz-Herstellern sehr unterschiedlich. Ebenso unterschiedlich sind die Einstellmöglichkeiten für Kegel- und Tellerrad. Zum Beispiel können die Einstellscheiben (S_1 und S_2) auch zwischen den Lagerflanschen für die Kegelrollenlager und dem Gehäuse liegen. Oder: Es werden anstelle der Einstellscheiben die Lageraußenringe der Kegelrollenlager durch große Gewinderinge, die nach der Einstellung gegen Verdrehen gesichert werden, in die richtige Stellung gebracht. Die Einstellscheibe für das Ritzel (S_3 in Bild 5.92) kann auch am äußeren Kegelrollenlager (im Bild nicht angedeutet) angeordnet sein.

Nach dem Einbau des Triebsatzes wird die *Tragbildkontrolle,* die nach dem Einbau von Neuteilen erfolgen muß, durchgeführt. Die Zähne des Tellerrades werden mit Tuschierfarbe bestrichen, das Ritzel wird mehrere Umdrehungen in beiden Richtungen gedreht. Hierzu Schlüssel auf die Mutter des Gelenkwellenflansches setzen. Um das Tragbild besser sichtbar zu machen, wird das Tellerrad am äußeren Umfang mit einem Hartholzklotz gebremst. Ein einwandfreies Tragbild zeigt Bild 5.87. Das Zahnflankenspiel wird vom Hersteller angegeben, es kann bis zu 0,2 mm betragen. Im Zweifelsfall ist ein etwas größeres Spiel günstiger als ein zu kleines.

5.8 Das Ausgleichgetriebe (Differential)

Den Aufbau zeigt Bild 5.93 in schematischer Darstellung. Im Ausgleichgehäuse (3) (auch Ausgleichkorb genannt) sind die beiden Achswellenräder (5) angeordnet, die mit den Antriebswellen (6) drehfest verbunden sind. Zwischen den Achswellenrädern (5) sind die beiden Ausgleichkegelräder (4) (Trabantenräder) auf dem Mittenbolzen (7) drehbar gelagert. Der *Mittenbolzen* bildet die Verbindung zwischen dem Ausgleichgehäuse (3) und den Ausgleichkegelrädern (4).

In den Ausgleichgetrieben für schweren Betrieb ist zwischen den Achswellenrädern statt des Mittenbolzens ein Differentialkreuz mit vier Ausgleichkegelrädern angeordnet. Das Ausgleichgehäuse ist im Achsgehäuse mit Schräglagern – meist Kegelrollenlagern – in X-Anordnung gelagert (Bild 5.94).

In Kfz, mit Motor und Wechselgetriebe in *Längsrichtung*, erfolgt der Antrieb über *Kegel- und Tellerrad.* In Kfz mit *quer* zur Längsachse angeordnetem Motor über *Stirnzahnräder.* Teller- oder Stirnrad sind mit dem Ausgleichkorb verschraubt oder vernietet (Bild 5.93).

Die *ausgleichende Wirkung* des Differentials macht sich *nachteilig* bemerkbar, wenn z. B. beim Anfahren der Haftreibungsbeiwert des linken, auf fester Fahrbahn stehenden Antriebsrades groß, des rechten, auf unbefestigtem Seitenstreifen stehenden hingegen gering ist. Das linke Antriebsrad steht still, das rechte hingegen dreht mit der *doppelten Drehzahl des Ausgleichkorbes* leer durch (Haftreibungsbeiwert siehe Abschnitt 6.7.1 «Die Bereifung»).

Im Gelände sind die Verhältnisse ähnlich. Kraftfahrzeuge, die für schweren Betrieb im Gelände und auf Baustellen vorgesehen sind, werden daher mit Differentialsperren ausgerüstet.

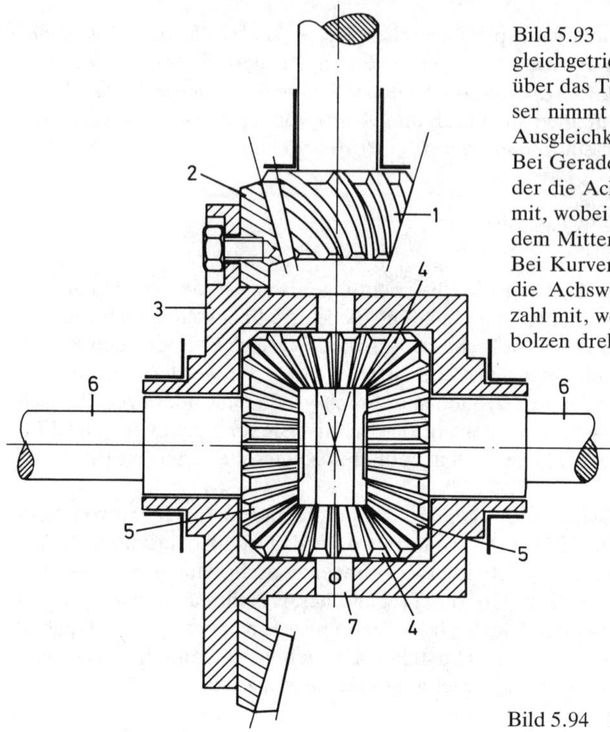

Bild 5.93 Aufbau und Wirkungsweise des Ausgleichgetriebes schematisch. Kegelrad (1) dreht über das Tellerrad (2) den Ausgleichkorb (3). Dieser nimmt über den Mittenbolzen (7) die beiden Ausgleichkegelräder (Trabantenräder) (4) mit.
Bei Geradeausfahrt nehmen die Ausgleichkegelräder die Achswellenräder (5) mit gleicher Drehzahl mit, wobei sie sich nicht um ihre eigene Achse (auf dem Mittenbolzen) drehen.
Bei Kurvenfahrt nehmen die Ausgleichkegelräder die Achswellenräder mit unterschiedlicher Drehzahl mit, wobei sie sich auch selbst auf dem Mittenbolzen drehen

Bild 5.94 Praktische Ausführung eines Ausgleichgetriebes. Außer der Lagerung erkennt man die Nutenverzahnung, über die Achswellenräder und Antriebswellen drehfest miteinander verbunden sind

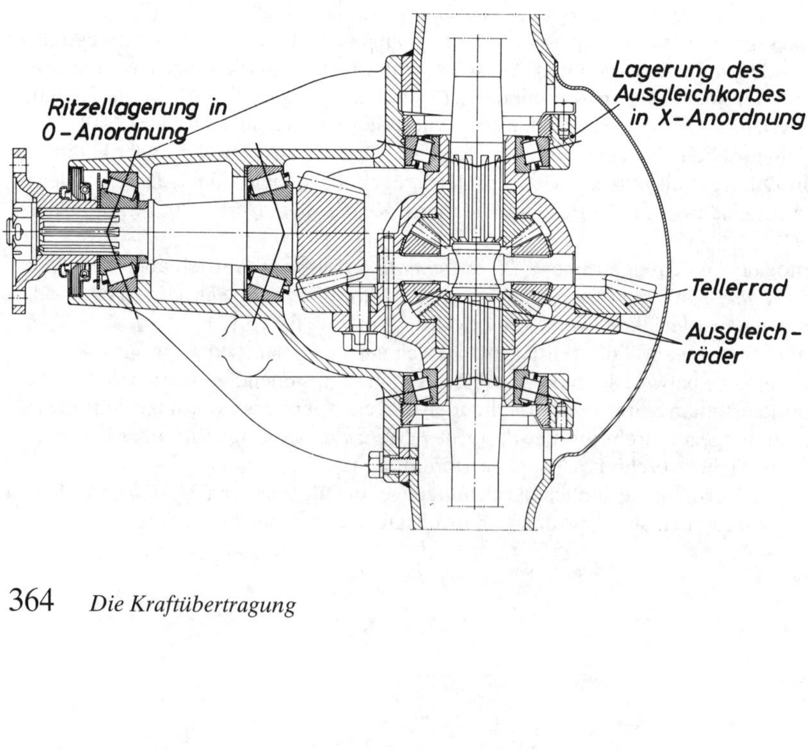

5.8.1 Die Differentialsperre

besteht im wesentlichen aus einer Schaltmuffe, die bei Betätigung den mit einer Nutenverzahnung versehenen Ausgleichkorb mit einer der Antriebswellen drehfest verbindet. Über die Achswellen- und die Ausgleichkegelräder ist die andere Antriebswelle dann ebenfalls fest mit dem Ausgleichkorb verbunden (Bild 5.95).

Beim Fahren auf festem Untergrund muß die Differentialsperre ausgeschaltet sein, da das Lenkverhalten des Fahrzeugs sonst sehr schlecht ist, außerdem erhöhter Verschleiß an den Kraftübertragungsteilen und der Bereifung auftritt.

Bild 5.95 Ausgleichgetriebe mit Differentialsperre (Daimler-Benz) (Beschreibung s. Text)

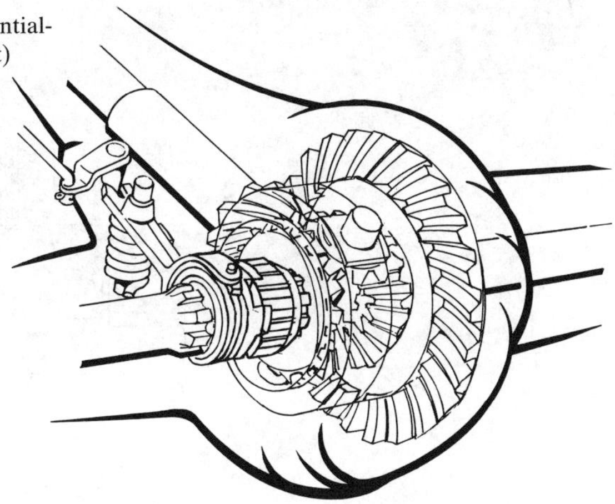

5.8.2 Das Selbstsperrdifferential

Das Selbstsperrdifferential ist so ausgeführt, daß von einem bestimmten Drehzahlunterschied zwischen den Antriebsrädern an die Ausgleichwirkung gesperrt wird.

Es werden unterschieden: **Kurven-** und **Lamellenselbstsperrdifferentiale.**

Das **Kurvenselbstsperrdifferential** wird heute nur noch als Ausgleich zwischen den beiden angetriebenen Hinterachsen bei 6 × 4- und 6 × 6-Kraftfahrzeugen angewendet.

Das Lamellenselbstsperrdifferential Die Bilder 5.95 bis 5.98 zeigen Aufbau und Wirkungsweise.

Aufbau Die Bohrung des Differentialkorbes (1) ist mit vier Längsnuten versehen, die zur Aufnahme der beiden Druckringe (4) und der Außenlamellen (10) dienen. Diese Teile haben am Außendurchmesser Mitnehmerlappen (M), die in die Nuten des Differentialkorbes eingreifen und nur eine axiale Bewegung zulassen. Die Innenlamellen (9), die jeweils zwischen den Außenlamellen angeordnet sind, sitzen mit ihrer Mitnehmerverzahnung (Z) auf den Achswellenkegelrädern (3). Die Druckringe (4) haben an ihren innenliegenden Stirnflächen keilförmige Ausfräsungen, die Schrägflächen (6). Diese haben die Aufgabe, die Differentialachsen (8) aufzunehmen, deren Enden ebenfalls mit solchen Schrägflächen ausgerüstet sind. Auf den Differentialachsen sind je zwei Ausgleichkegelräder (2) angebracht, die im Zahneingriff mit den Achswellenkegelrädern (3) stehen.

Bild 5.96 ZF-Lamellenselbstsperrdifferential Lok-O-Matic, teilweise geschnitten dargestellt

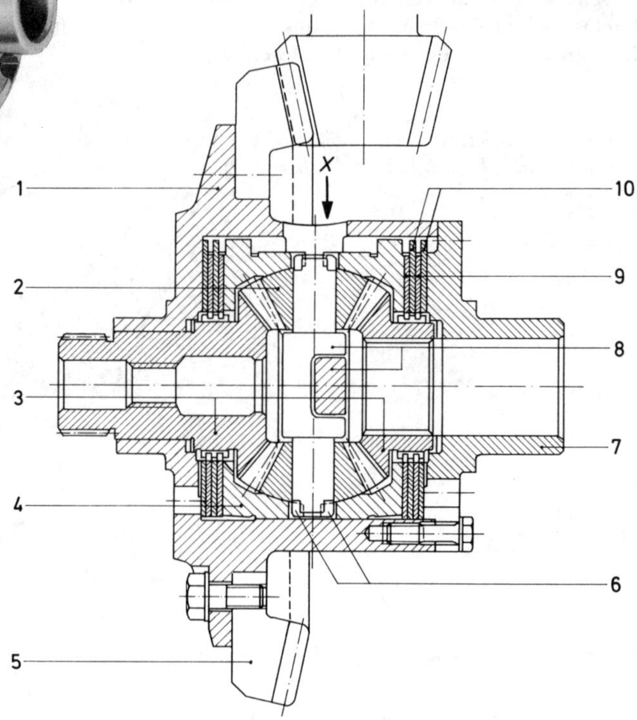

Bild 5.97 Aufbau und Wirkungweise des ZF-Lamellenselbstsperrdifferentials (Beschreibung s. Text). Die Ansicht in Richtung X zeigt Bild 5.98 in vergrößerter und vereinfachter Darstellung

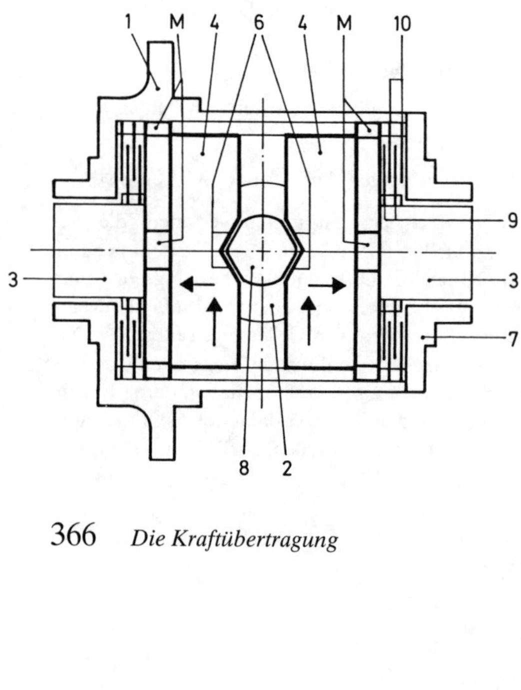

Bild 5.98 Wirkungsweise des Selbstsperrdifferentials aus Bild 5.97 in Blickrichtung X in vereinfachter Darstellung

Wirkungsweise

Die Sperrwirkung beruht auf der inneren Reibung des Differentials. Sie wird von zwei im Differentialkorb symmetrisch angeordneten Lamellenbremsen erzeugt. Bei einem normalen Differential kann man am hochgebockten Fahrzeug und bei laufendem Motor – Gang eingelegt – das eine Rad ohne nennenswerten Widerstand abbremsen oder festhalten. Das andere Rad dreht sich dann entsprechend schneller. Beim Selbstsperrdifferential wird dieser Vorgang durch die Lamellenbremsen erschwert, und zwar um so stärker, je größer das Antriebsmoment ist.

Der mit dem Tellerrad (5) fest verbundene Differentialkorb (1) nimmt die in ihm drehfest, aber axial verschiebbar angeordneten Druckringe (4) mit. Diese nehmen über die Schrägflächen (6) die Differentialachsen (8) mit, auf denen die Ausgleichkegelräder (2) angeordnet sind (*senkrechte* Pfeile in Bild 5.98). Die Ausgleichkegelräder nehmen die Achswellenkegelräder (3) mit. Durch die Schrägflächen (6) an den Druckringen (4) und den Differentialachsen (8) entstehen zusätzliche starke Spreizkräfte in axialer Richtung (*waagerechte* Pfeile in Bild 5.98), die die beiden Lamellenpakete, bestehend aus Innen- und Außenlamellen (9 und 10), zusammenpressen. Dadurch wird der Ausgleich mit zunehmendem Drehmoment erschwert.

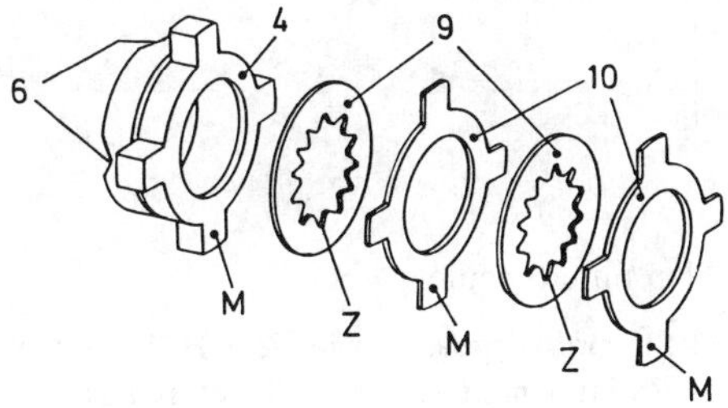

Bild 5.99 Aufbau einer Lamellenbremse im Selbstsperrdifferential. Druckring (4) mit Schrägflächen (6) und Außenlamellen (10) sind über die Mitnehmerlappen (M) drehfest, aber axial verschiebbar (in entsprechenden Nuten) mit dem Differentialkorb (1) verbunden. Die Innenlamellen (9) sind über ihre Verzahnung (Z) drehfest, aber axial verschiebbar mit den Achswellenkegelrädern (3) verbunden

Im **automatischen Sperrdifferential** (ASD) von Daimler-Benz werden die beiden Lamellenpakete *nicht* von besonderen Druckstücken – (4) in den Bildern 5.96 bis 5.99 – zusammengepreßt, sondern durch die Zahnkräfte zwischen den Ausgleich- und den Achswellenkegelrädern. Zusätzlich ist auf beiden Seiten des Ausgleichgehäuses je ein Kolben angeordnet, der mit hydraulischem Druck beaufschlagt werden kann. Die Kolben wirken über die äußeren Lager auf die Achswellen und ziehen diese mit ihren Achswellenkegelrädern nach außen, wodurch die auf die Lamellenpakete wirkende Anpreßkraft verstärkt wird. Abhängig vom Antriebsmoment wird ein Sperrwert von 35 % erreicht, mit zusätzlichem Öldruck bis zu 100 %. Bei ABS-Bremsungen wird diese hohe Sperrwirkung sofort automatisch aufgehoben.

5.9 Radvorgelegeantriebe

Schwerlastkraftwagen sowie Geländefahrzeuge für schweren Betrieb sind teilweise mit Vorgelegeantrieben ausgerüstet. Der Vorteil liegt darin, daß die Teile der Kraftübertragung, Kupplung, Getriebe, Gelenkwellen, Winkel- und Ausgleichgetriebe, mit relativ hoher Drehzahl laufen und daher nur ein geringeres Antriebsmoment übertragen brauchen. Das erforderliche hohe Antriebsmoment wird erst unmittelbar an den Enden der Antriebsachse durch ein Zahnradvorgelege erzeugt.

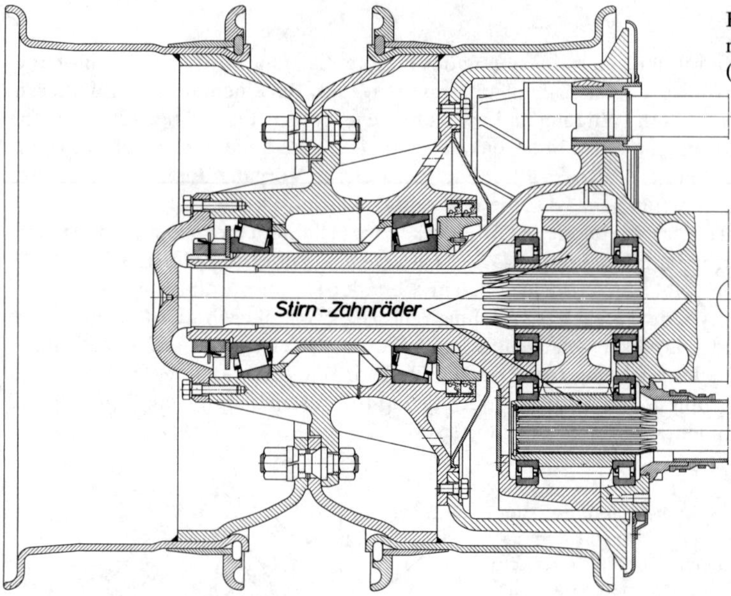

Bild 5.100 Radvorgelege mit Stirnrädern (Beschreibung s. Text)

Man unterscheidet:

□ Stirnradvorgelege, wie sie z. B. bei Daimler-Benz angewendet werden (Bild 5.100), und
□ Radaußenantriebe mit Planetengetrieben (Bild 5.101).

Bei Stirnradvorgelegen läßt sich durch die Anordnung der Zahnräder übereinander zugleich eine größere Bodenfreiheit erzielen (Portalachse), die bei Geländefahrzeugen wünschenswert ist.

▶

Bild 5.101 Planetengetriebe als Radvorgelegeantrieb (ZF).
a) Angetriebene Vorderachse. Zum Antrieb wird ein Gleichlaufgelenk verwendet (s. Abschnitt 5.6.2).
b) Kraftfluß an einer ZF-Planeten-Starrachse. Das Planetengetriebe ist in Bild 5.46, Abschnitt 5.3.4, dargestellt. Der Kraftfluß nimmt seinen Weg vom Motor über das Schaltgetriebe zum Ritzel (1) und von dort aus über das Tellerrad (2) und das Differential (3) zu den Antriebswellen (4). An deren äußeren Enden befindet sich das «schwimmende» Sonnenrad (5), welches in die Planetenräder (6) eingreift. Diese wiederum rollen in der Innenverzahnung des «schwimmend aufgehängten», aber feststehenden Hohlrades (7) ab. Der dadurch in Drehung versetzte Planetenträger (8) ist mit der Nabe (9) fest verschraubt und treibt das auf ihr befestigte Rad an

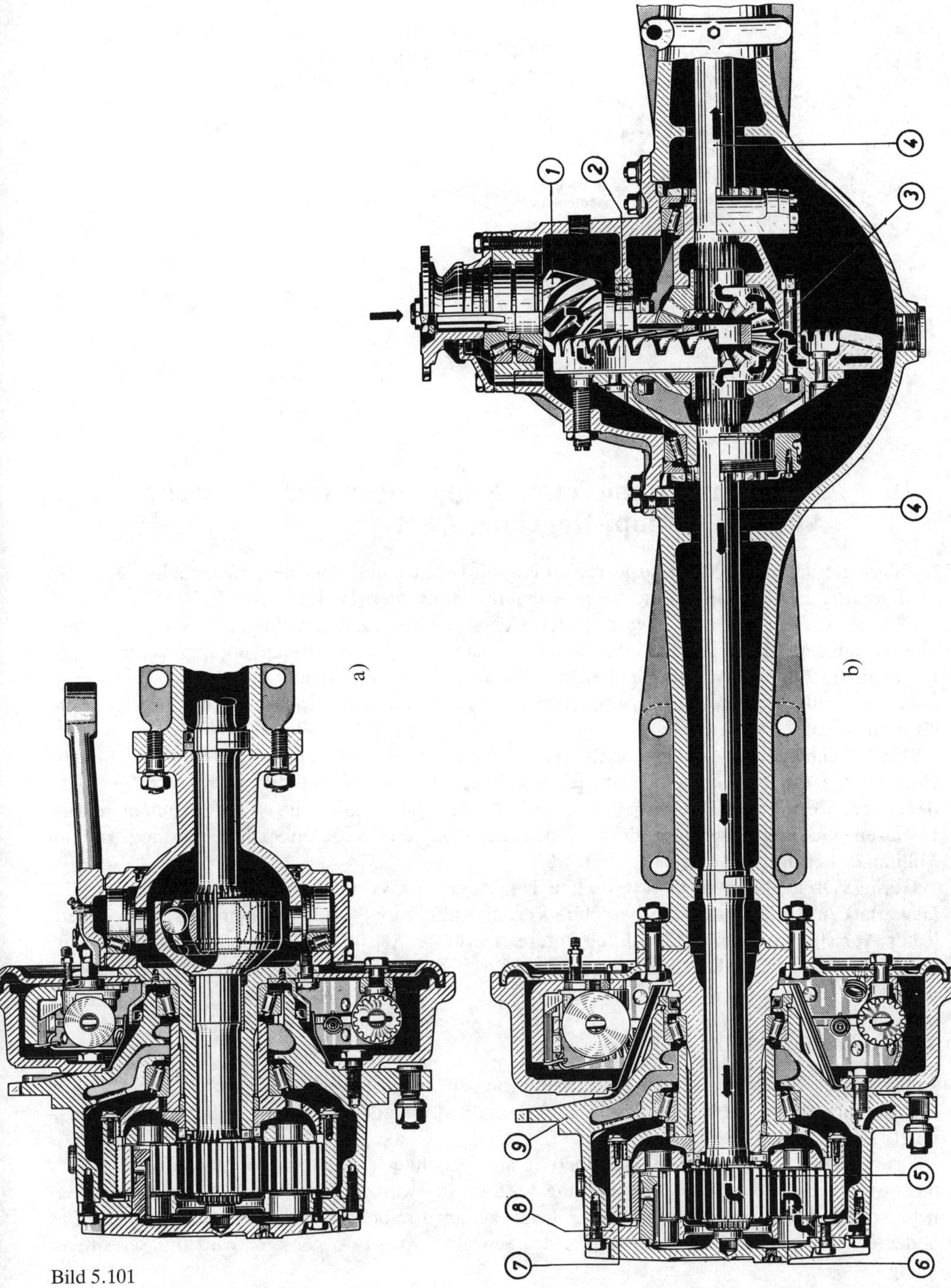

Bild 5.101

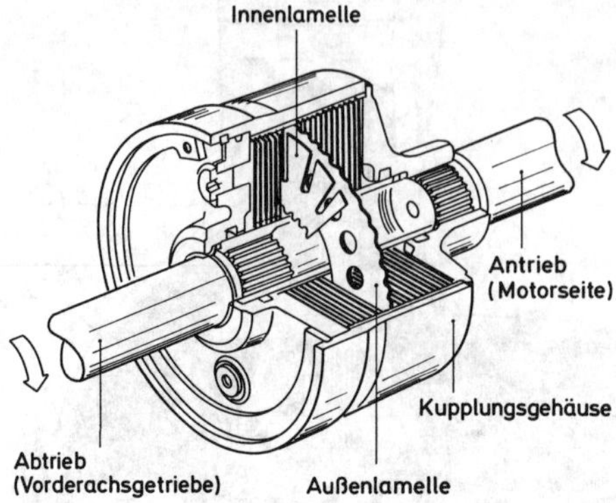

Bild 5.102 Aufbau der Visco-Kupplung des VW-Transporters syncro.
Beschreibung siehe Text.

5.10 Allradantrieb mit Visco-Kupplungen und -Sperren, Antriebs-Schlupf-Regelung ASR

Im allradgetriebenen **VW-Transporter syncro** wird statt eines Verteilerdifferentials – wie vom Audi quattro her bekannt – eine **Visco-Kupplung** verwendet (Bild 5.102).

Der Aufbau entspricht in etwa dem der Mehrscheiben- oder Lamellenkupplung. Die Kraftübertragung erfolgt von den treibenden Außenlamellen auf die Innenlamellen, jedoch nicht mechanisch, sondern hydraulisch. Langmolekulares Silikonöl zwischen den Außen- und Innenlamellen dient als Mittel zur Kraftübertragung. Das Kupplungsgehäuse ist nach außen dicht abgeschlossen.

Die Außenlamellen (Antriebslamellen) sind über das Kupplungsgehäuse mit der Antriebswelle (Motorseite), die Innenlamellen (Abtriebslamellen) formschlüssig mit der Abtriebswelle verbunden. Genau ermittelte Bohrungen in den Außenlamellen und Schlitze in den Innenlamellen bewirken eine stabile Strömung zwischen den Lamellenpaketen, deren Spaltweite wenige zehntel Millimeter beträgt.

Geringe Drehzahlunterschiede zwischen den Rädern von Vorder- und Hinterachse werden – im Gegensatz zu starrem Allradantrieb ohne Verteilerdifferential – ausgeglichen (z. B. unterschiedlicher Abrollumfang der Räder durch untereschiedliche Achslasten). Wird der Drehzahlunterschied zu groß, wird die Kraftübertragung fast starr, bedingt durch die Eigenschaften des Silikonöls und sein Verhalten bei starker Erwärmung.

Torsen Differential (Audi)

Die Firma Gleason leitete den Namen Torsen von den beiden englischen Wörtern *Tor*que *Sen*sing (drehmomentfühlend) ab. Bei diesem Differential hat man das Prinzip des Schneckentriebs genutzt (Bild 5.103).

Grundsätzlich kann beim Schneckenbetrieb nur die Schnecke das Schneckenrad antreiben, aber nicht umgekehrt. Durch eine Veränderung des Steigungswinkels der Schnecke wird es aber möglich, vom Schneckenrad aus auch die Schnecke anzutreiben (z. B. Schneckenlenkung). Das bedeutet, je steiler der Steigungswinkel der Schnecke ist, desto geringer wird die Selbsthemmung.

Aufbau

Im Differentialgehäuse befinden sich drei Achspaare mit je zwei Schneckenrädern und vier Stirnrädern sowie zwei Schnecken. Jedes Schneckenrad ist mit seinen beiden Stirnrädern starr verbunden. Die sechs Achsen sind im Differentialgehäuse gelagert. Eine Schnecke ist mit dem Triebling für den Vorderachsantrieb verbunden, und die andere ist mit dem Gelenkwellenflansch für den Hinterachsantrieb kraftschlüssig verbunden.

Kraftverlauf und Wirkungsweise

Das angetriebene Differentialgehäuse nimmt über die Schneckenradachsen die Schneckenräder mit. Diese wiederum treiben die beiden Schnecken für den Vorderachs- und den Hinterachsantrieb an.

Bei auftretenden Drehzahldifferenzen, zum Beispiel bei Kurvenfahrt, erfolgt ein Drehzahlausgleich über die Stirnräder zwischen Vorder- und Hinterachse. Wie es zum Ausgleich kommt, wird bei der Betrachtung des Kraftverlaufes deutlich.

Die schneller drehende Schnecke treibt die drei dazugehörenden Schneckenräder an. Über die miteinander im Eingriff stehenden Stirnräder werden die anderen drei Schneckenräder mitgenommen und drehen die zweite Schnecke entsprechend langsamer.

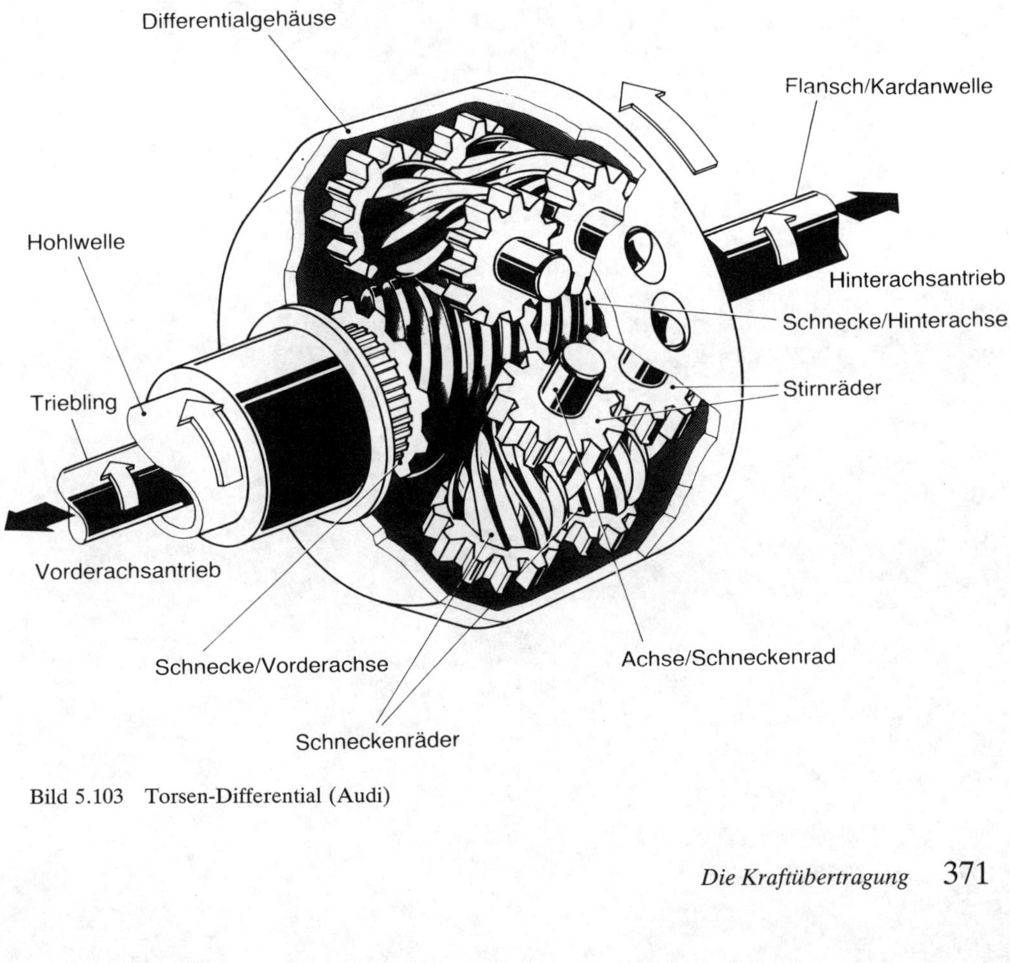

Bild 5.103 Torsen-Differential (Audi)

Durch die Sperrwirkung (Selbsthemmung) des Schneckentriebs wird der langsamer drehenden Achse mehr Antriebskraft zugeführt. Das Torsen-Differential ist so ausgelegt, daß im Höchstfall die Kraftübertragung von der einen zur anderen Achse im Verhältnis 1 : 3,5 erfolgt.

Beispiel

Die schneller drehende Achse überträgt 60 Newton, dann werden der langsamer drehenden Achse 210 Newton zugeleitet.

Bei geringer Bodenhaftung einer Achse kann diese nicht durchdrehen, da über die Stirnräder eine Abstützung auf die Achse mit der besseren Bodenhaftung erfolgt.

Der allradgetriebene **BMW 325i-4** ist mit einem Planetensatz als Verteilergetriebe ausgerüstet, der eine Verteilung des Antriebsmoments zu etwa ⅔ auf die Hinterachse und ⅓ auf die Vorderachse bewirkt (siehe Abschnitt 5.4 Verteilergetriebe). Eine Visco-Kupplung ist diesem Planetensatz parallelgeschaltet, um das «Durchdrehen» einer Achse gegenüber der anderen zu verhindern: Man spricht von einer **Visco-Sperre.**

Die **Antriebs-Schlupf-Regelung ASR** von Daimler-Benz ist die logische Weiterentwicklung des Antiblockiersystems ABS. Während das ABS ein Blockieren der Räder beim Bremsen verhindert, wird durch ASR ein Durchdrehen der Antriebsräder beim Beschleunigen vermieden. Das «elektronische Gaspedal» begrenzt das Motordrehmoment so weit, daß ein Durchdrehen der Antriebsräder unterbleibt.

6 Fahrwerk

Hierunter versteht man alle Teile, die das Fahrverhalten des Kraftfahrzeugs bestimmen bzw. beeinflussen. Dies sind:

- ☐ die Lenkgeometrie (oder Lenkungsgeometrie),
- ☐ die Achsen bzw. Radaufhängungen mit den zugehörigen Feder- und Dämpfungselementen,
- ☐ die Arten der Lenkungen bzw. Lenkgetriebe,
- ☐ Räder und Reifen.

6.1 Die Lenkgeometrie

Sie umfaßt alles, was mit der Stellung der Räder zur Fahrbahn und zur Kraftfahrzeuglängsachse bzw. Symmetrieachse zusammenhängt.

Es handelt sich dabei um *Winkel*

a) zwischen den *Radebenen* und gedachten senkrechten Ebenen auf der Fahrbahn *parallel* zur Kraftfahrzeuglängsachse – Symmetrieachse – und

b) zwischen den *Schwenkachsen – Spreizachsen* – und senkrechten Ebenen auf der Fahrbahn sowohl *parallel* als auch *senkrecht* zur Kraftfahrzeuglängsachse – Symmetrieachse –.

Die unter a) aufgeführten Winkel (Spur und Sturz) sind auch für die *Hinterräder* des Kfz von größter Bedeutung, denn:

Die Laufrichtung eines Kfz bei Geradeausfahrt wird stets durch die Spurstellung für Hinterräder bestimmt!

Dies gilt sowohl für hinterrad-, frontgetriebene als auch allradgetriebene Kraftfahrzeuge.

Radebene ist die gedachte Kreisfläche durch die Mitte der Lauffläche des Reifens (Bild 6.7).

Schwenkachse oder Spreizachse ist die Achse (Mittellinie), um die das Rad beim Lenken geschwenkt wird. Die Mittellinie geht durch den Achsschenkelbolzen oder durch die Kugelbolzen (Bilder 6.15 bis 6.17).

Kraftfahrzeuglängsachse (Linie LA in Bild 6.1) ist die gedachte Linie in Längsrichtung durch die Mitte des Kfz-Aufbaus.

Symmetrieachse ist die gedachte Linie durch die Mitte von Vorder- und Hinterachse (SA in Bild 6.2).

Fahrachse oder geometrische Fahrachse ist die Laufrichtung des Kfz bei Geradeausfahrt (Linie FA in Bild 6.3). Sie wird bestimmt durch die Spurstellungen der beiden Hinterräder. Bei dem hier gezeigten Kfz weicht die Fahrachse (FA) von der Symmetrieachse (SA) nach rechts ab. Bei Geradeausfahrt sind die Vorderräder nach rechts eingeschlagen. Das Kfz läuft im «Dackellauf» (Bild 6.4).

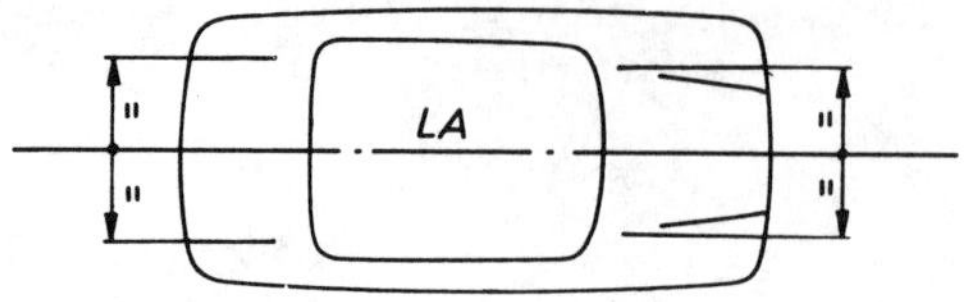

Bild 6.1 Die Kraftfahrzeuglängsachse (LA) ist die gedachte Linie durch die Mitte des Kfz-Aufbaus

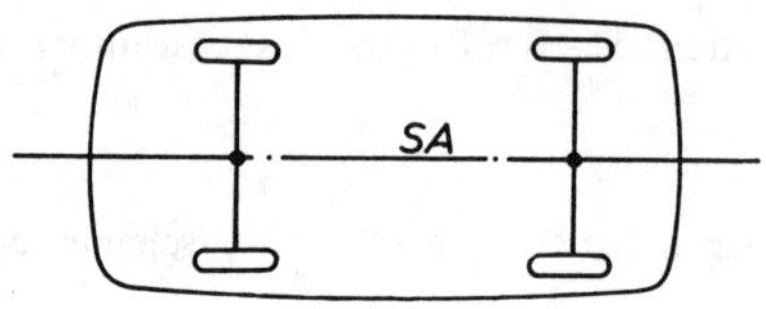

Bild 6.2 Die Symmetrieachse (SA) ist die gedachte Linie, die durch die Mitten von Vorder- und Hinterachse geht

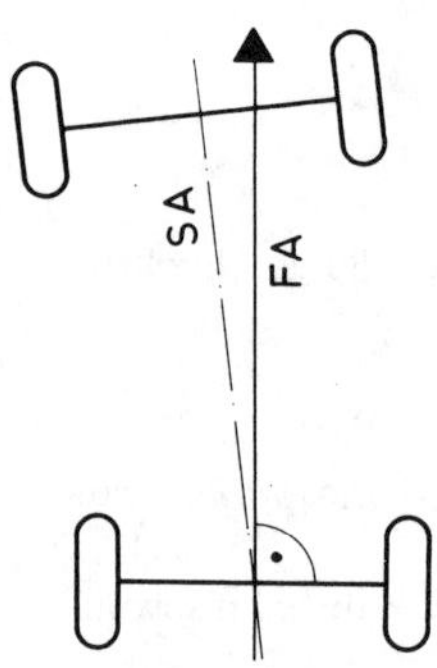

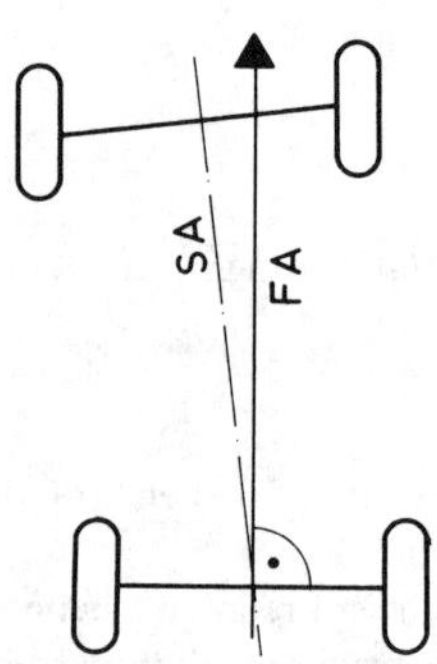

Bild 6.3 (links) Die Fahrachse (FA) ist die Laufrichtung des Kfz bei Geradeausfahrt. Bestimmt wird sie durch die Spurstellung der Hinterräder

Bild 6.4 (rechts) Bei Geradeausfahrt sind die Vorderräder des Kfz aus Bild 6.3 nach rechts eingeschlagen, da die Fahrachse (FA) nach rechts von der Symmetrieachse (SA) abweicht. Man sagt: Das Kfz ist «dackelläufig»

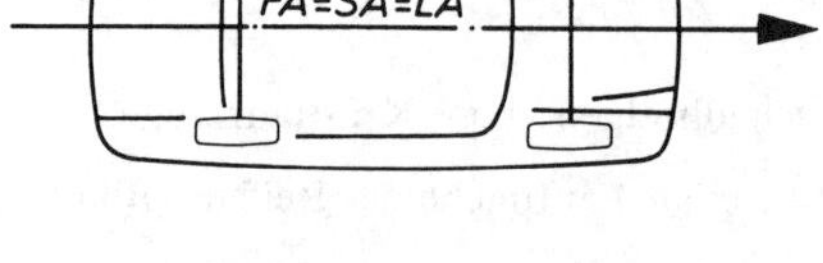

Bild 6.5 Ideales Kfz. Kfz-Längsachse (LA), Symmetrieachse (SA) und Fahrachse (FA) stimmen überein

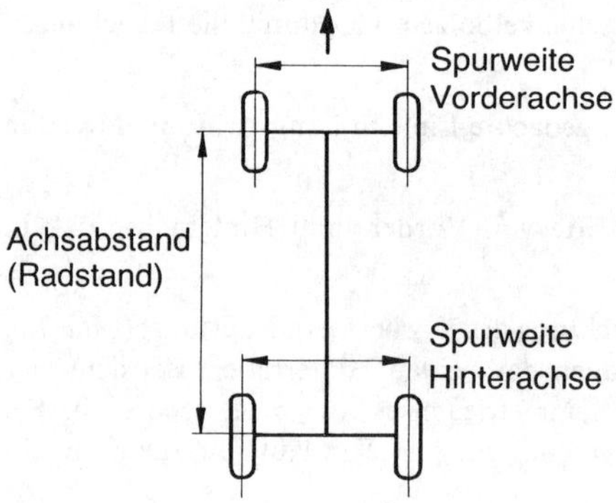

Bild 6.6 Spurweite und Achsabstand

Ideales Kraftfahrzeug ist ein Kfz, bei dem Kraftfahrzeuglängsachse, Symmetrieachse und Fahrachse übereinstimmen (Bild 6.5).

Spurweite ist der Abstand zwischen den Rädern einer Achse, gemessen von Radmitte zu Radmitte.

Achsabstand oder Radstand ist der Abstand zwischen Vorder- und Hinterachse, gemessen von Radmitte zu Radmitte (Bild 6.6).

In allen folgenden Schemabildern ist jeweils das *linke Vorderrad* in *Fahrtrichtung* gesehen *geradeaus* dargestellt!

6.1.1 Der Sturz

Sturz ist die Neigung der Radebene gegenüber einer Ebene senkrecht auf der Fahrbahn parallel zur Kraftfahrzeuglängsachse bzw. zur Symmetrieachse.

Einfacher ausgedrückt: Sturz ist die Neigung der Radebene oben nach innen oder außen zur Senkrechten auf der Fahrbahn. Angegeben und gemessen wird der *Sturz in Winkelgraden.*

Ob die Messung bei leerem oder belastetem Fahrzeug zu erfolgen hat, richtet sich nach den Angaben des Herstellers. Zur einwandfreien Messung des Sturzes muß das zu messende Rad in *Geradeausstellung* gebracht werden.

Die **Werte** für den *Sturz der Vorderräder* liegen allgemein in der Nähe von 0°. Dies gilt in besonderem Maß für Kfz mit Front- oder Allradantrieb. Bei hinterradgetriebenen Kfz betragen die Sturzwerte allerhöchstens bis zu + 1°30′ unter Berücksichtigung der üblichen Toleranzen. In Ausnahmefällen haben Vorderräder Minussturz.

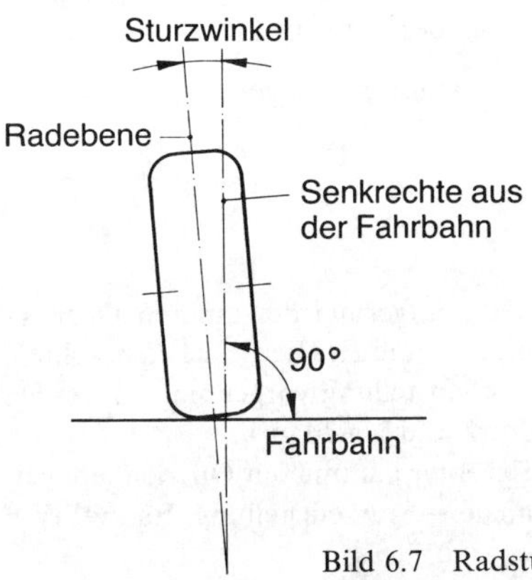

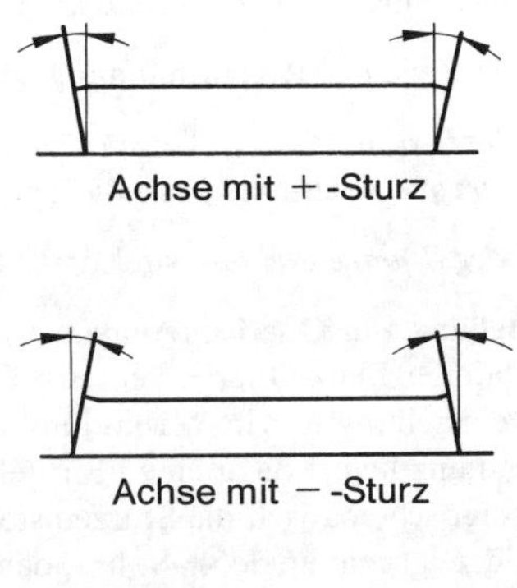

Bild 6.8

Bild 6.7 Radsturz (Sturzwinkel) und Radebene

Hinterräder haben oft *Minussturz*, vor allem an hinterradgetriebenen Kfz, die mit Schräglenkerhinterachsen ausgerüstet sind. Bild 6.8 zeigt in schematischer Darstellung eine Achse mit Plussturz (früher sagte man dazu positiver Sturz) und eine Achse mit Minussturz (früher negativer Sturz).

Vereinfacht kann man sagen:

- ☐ Bei + -*Sturz* sind die Räder *oben nach außen*,
- ☐ bei − -*Sturz oben nach innen* geneigt.

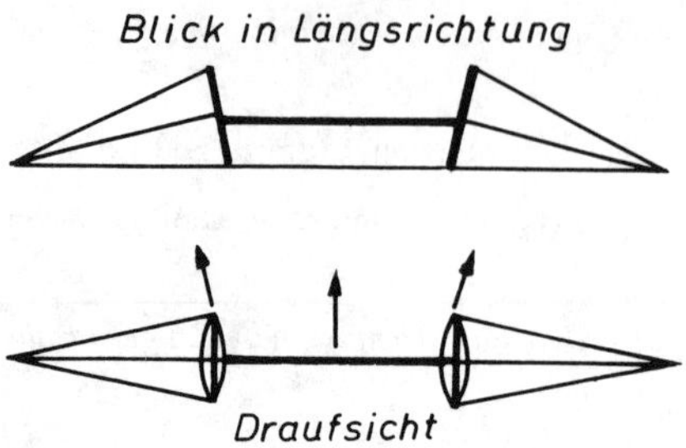

Bild 6.9 Abrollkegel der Räder bei + -Sturz. Die Räder wollen in Fahrtrichtung vorn auseinanderlaufen

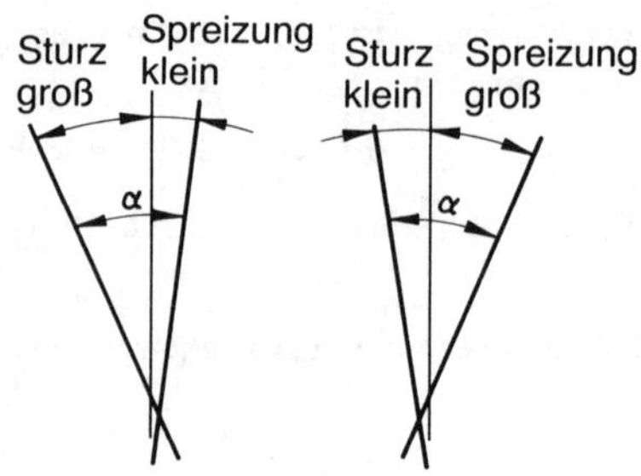

Bild 6.10 Abhängigkeit der Spreizung vom Sturz. Der Gesamtwinkel α bleibt gleich groß

Wirkung des Sturzes

Durch *Plussturz* sind die Vorderräder bestrebt, in Fahrtrichtung *vorn auseinander* zu laufen, wodurch die Flatterneigung verringert wird. Die Räder wirken dabei wie Abrollkegel auf der Fahrbahn (Bild 6.9).

Minussturz an den *Hinterrädern* erhöht die Stützkräfte des äußeren Rades bei Kurvenfahrt.

Sturzverstellung

Beachte: Eine Sturzveränderung bewirkt zwangsweise auch eine Veränderung der Spreizung oder des Nachlaufs (Bild 6.10). *Mehr Plussturz* bewirkt eine *Verkleinerung* der Spreizung, *weniger* Plus- oder gar *Minussturz eine Vergrößerung* der Spreizung.

Vorausgesetzt, die Teile der Radaufhängung sind unbeschädigt, kann man sagen:

☐ *Stimmt der Sturz, stimmt* auch die *Spreizung,*
☐ stimmt der *Sturz nicht*, stimmt auch die *Spreizung nicht.*

Folgende *Arten der Sturzverstellung* sind derzeit üblich:

a) **Exzenterverstellung von Querlenkerlagern** Bild 6.11 zeigt die Lagerung des unteren Querlenkers einiger Daimler-Benz-Querlenkerachsen in zwei Exzentern V und H. Hierbei ist zu beachten, daß die Sturzeinstellung nur in Verbindung mit der Nachlaufeinstellung vorgenommen werden darf. Daimler-Benz liefert dazu eine «Einstelltabelle für Sturz und Nachlauf».
   Bild 6.12 zeigt schematisch die Sturzeinstellung durch Exzenter am inneren Querlenkerlager. Das obere Bild zeigt maximale + -Sturz-, das untere maximale – Sturzeinstellung. Im mittleren Bild beträgt der Sturz 0°.
b) **Sturzeinstellung durch Ausgleichscheiben** Sie wird meist am inneren Lager des oberen Querlenkers durchgeführt und erfolgt durch Beilegen oder Entfernen gabelförmiger Ausgleichscheiben *gleicher Dicke an beiden Befestigungsschrauben!* (Bild 6.13).
   Durch *ungleichmäßiges* Entfernen oder Beilegen von Ausgleichscheiben kann der Nachlauf verstellt werden.
c) **Sturzeinstellung durch Gelenkverschiebung** Bei Audi und VW erfolgt die Sturzeinstellung durch Verschiebung des Führungsgelenks in Langlöchern des Dreiecklenkers.
   Bild 6.14 zeigt in schematischer Darstellung, daß ein *Verschieben nach außen* den *Sturz nach Minus*, ein *Verschieben nach innen* den Sturz mehr nach *Plus* hin verändert.

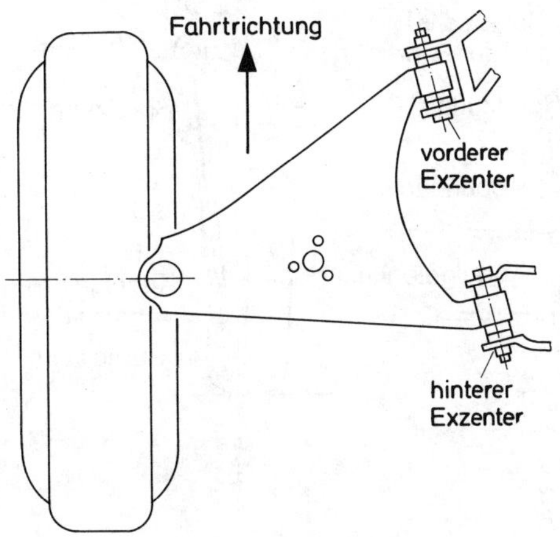

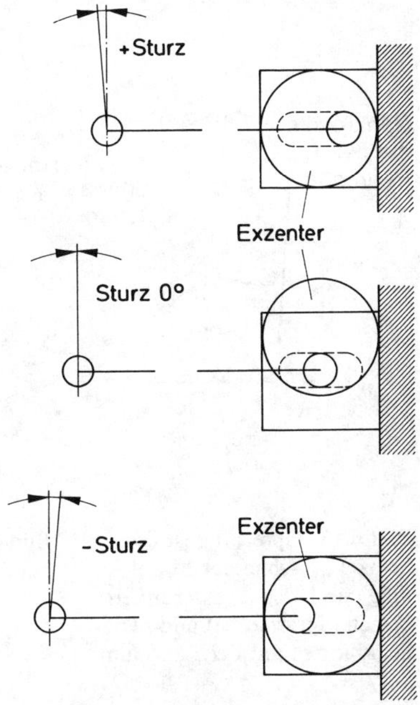

Bild 6.11 Lagerung der unteren Querlenker einer Daimler-Benz-Vorderachse

Bild 6.12 Sturzeinstellung durch Exzenter (schematisch) (Erklärung s. Text)

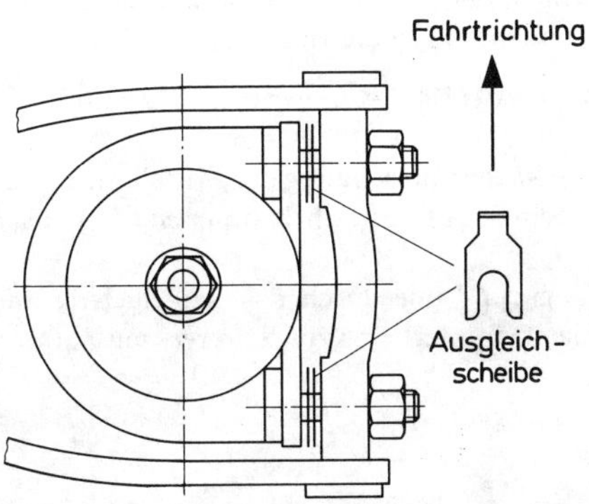

Bild 6.13

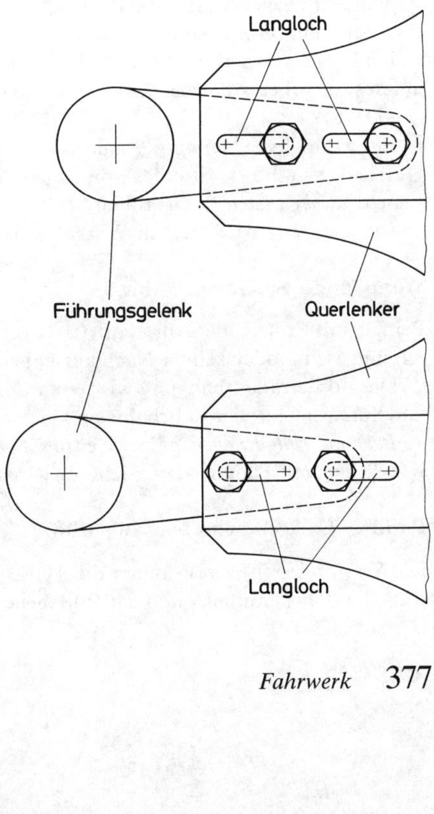

Bild 6.14 Sturzverstellung durch Verschieben des Führungsgelenks in den Langlöchern des Querlenkers bei Audi und VW. Oberes Bild: Sturz voll auf + (Plus) hin eingestellt, das Führungsgelenk ist voll hineingeschoben. Unteres Bild: Sturz voll auf – (Minus) hin eingestellt, das Führungsgelenk ist voll herausgezogen. Das Bild zeigt den linken Querlenker in Draufsicht

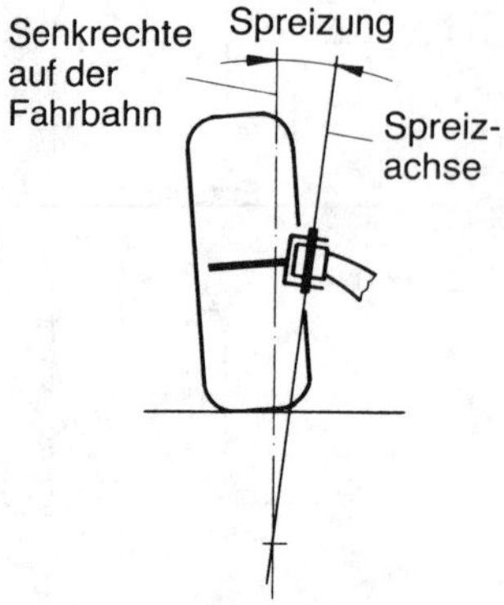

Bild 6.15 Spreizung ist der Winkel zwischen der Mittellinie durch den Achsschenkelbolzen (Spreizachse) und der Senkrechten auf der Fahrbahn

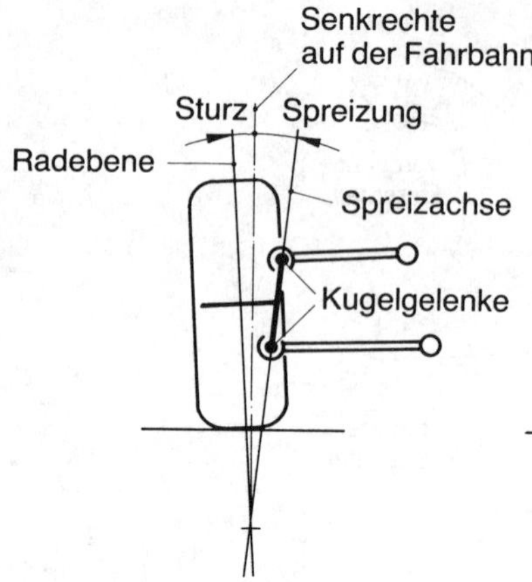

Bild 6.16 Sturz und Spreizung bei der Doppelquerlenkerachse

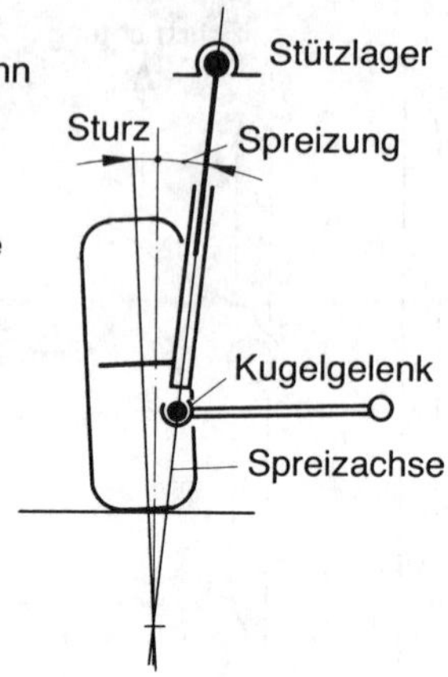

Bild 6.17 Sturz und Spreizung bei der Feder- oder Dämpferbeinachse

6.1.2 Die Spreizung

Sie ist die Neigung der Mittellinie durch den Achsschenkelbolzen (Spreizachse) gegenüber einer Ebene senkrecht auf der Fahrbahn parallel zur Kfz-Längsachse (Symmetrieachse).

Vereinfacht ausgedrückt: Spreizung ist die Neigung des *Achsschenkelbolzens* zur Senkrechten auf der Fahrbahn *oben nach innen* – zur Achsmitte hin (Bild 6.15).

Bei *Doppelquerlenkerachsen mit Kugelgelenken* ist die *Spreizung* die Neigung der Mittellinie durch unteres und oberes Kugelgelenk (Spreizachse) zur Senkrechten auf der Fahrbahn *oben nach innen* (Bild 6.16).

Bei *Feder- oder Dämpferbeinachsen* ist es die Neigung der Linie durch das Kugelgelenk am Querlenker und die Mitte des Stützlagers des Feder- oder Dämpferbeins zur Senkrechten auf der Fahrbahn *oben nach innen* (Bild 6.17).

Die Spreizung wird stets in Winkelgraden angegeben und gemessen.

Werte für die Spreizung: 5° bis 8°.

Bei Kfz mit Front- oder Allradantrieb liegen die Werte oft höher als 8°, vor allem dann, wenn diese Kfz nur wenig oder keinen Nachlauf haben.

Die Vorderradaufhängung wird vom Kfz-Hersteller so ausgelegt, daß in Verbindung mit Sturz und Spreizung auf der Fahrbahn ein kleiner Hebelarm entsteht: Der *Lenkroll- oder Rollkreisradius.*

Bei hinterradgetriebenen Kfz ist er meist *positiv*, bei *frontgetriebenen negativ* ausgeführt. In einigen Kfz-Typen von Daimler-Benz fehlt er gänzlich, im 190 ist er trotz des Hinterradantriebs negativ.

Positiver Lenkrollradius (*r* in Bild 6.18)

Die *Spreizachse* (b), es ist immer die Achse, um die das Vorderrad beim Lenken geschwenkt wird, trifft die Fahrbahn *innerhalb* der Radebene zur Achsmitte hin.

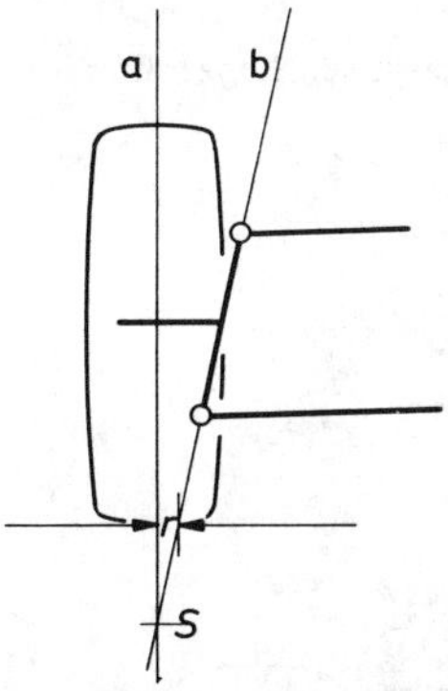

Bild 6.18 Der positive Lenkrollradius (r) entsteht dadurch, daß sich Radebene – die Linie (a) – und die Spreizachse (b) erst unterhalb der Fahrbahn im Punkt (S) schneiden

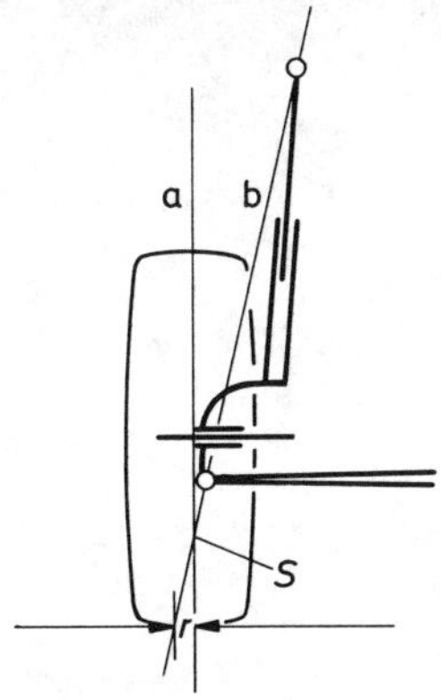

Bild 6.19 Negativer Lenkrollradius: Schnittpunkt (S) von (a) und (b) liegt oberhalb der Fahrbahn

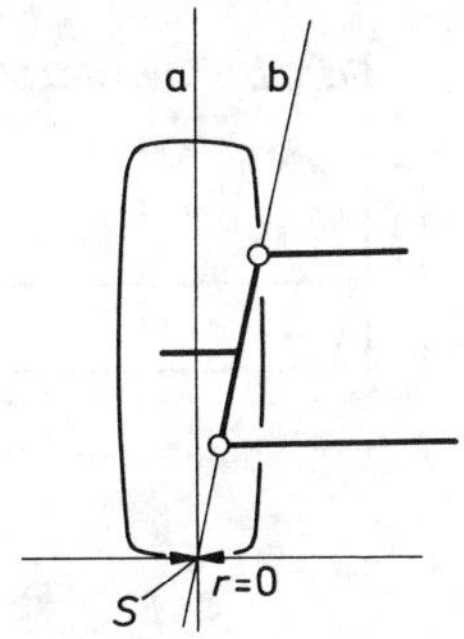

Bild 6.20 Lenkrollradius $r = 0$: Schnittpunkt (S) von (a) und (b) liegt genau auf der Fahrbahn

Anders ausgedrückt: Der *Schnittpunkt S*, in dem sich Linie (a) und Spreizachse (b) schneiden, liegt *unterhalb der Fahrbahn.* Die Linie (a) stellt dabei die Radebene dar.

Negativer Lenkrollradius (r in Bild 6.19 und 6.23)

Die Spreizachse (b) trifft die Fahrbahn *außerhalb* der Radebene (a), vom Fahrzeug weg.

Anders ausgedrückt: Der *Schnittpunkt S*, in dem sich Linie (a) und Spreizachse (b) schneiden, liegt *oberhalb der Fahrbahn.* Die Linie (a) stellt dabei die Radebene dar.

Lenkrollradius $r = 0$ (Bild 6.20)

Die Spreizachse (b) trifft die Fahrbahn *genau* in der Radebene (a).

Anders ausgedrückt: Der *Schnittpunkt S*, in dem sich Linie (a) und Spreizachse (b) schneiden, liegt *genau auf der Fahrbahn.*

Wirkung von Spreizung und Lenkrollradius

Positiver Lenkrollradius und Spreizungswinkel bewirken:

- ☐ daß beim Lenkeinschlag der Vorderräder das Kfz vorn leicht angehoben wird. Die dazu erforderliche Kraft muß beim Drehen des Lenkrades aufgewendet werden. Sie geht jedoch nicht verloren, denn beim Loslassen des Lenkrades nach der Kurvenfahrt drückt das Kfz-Gewicht die Vorderräder in Geradeausstellung zurück *(Rückstellkraft für die Räder).*
- ☐ Am Lenkroll- oder Rollkreishalbmesser – der einen kleinen Hebelarm auf der Fahrbahn darstellt – greifen die Fahrbahnwiderstände an und drücken die Räder hinten zusammen. Das Spiel in den Spurstangengelenken wird beseitigt und die Flatterneigung somit verringert (Bild 6.21). Der *positive Lenkrollradius* darf nicht zu groß sein, da sonst einseitig wirkende Fahrbahnwiderstände oder stark unterschiedlich wirkende Bremskräfte an den Vorderrädern die Räder aus ihrer Richtung schwenken würden, was der Kfz-Fahrer durch Gegenlenken ausgleichen muß.

Aus diesem Grund sind die Doppelquerlenkerachsen von Daimler-Benz mit einem *Lenkrollradius 0 (Null)* ausgerüstet (Bild 6.22).

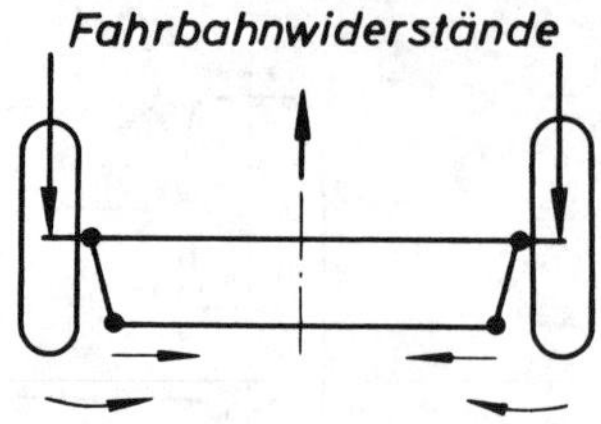

Bild 6.21 Wirkung des positiven Lenkrollradius

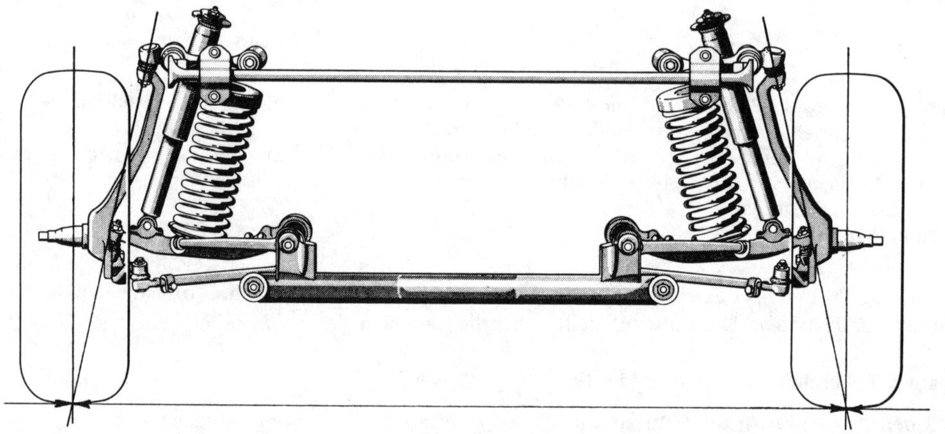

Bild 6.22 Doppelquerlenkerachse von Daimler-Benz. Der Lenkrollradius ist 0 (Null)

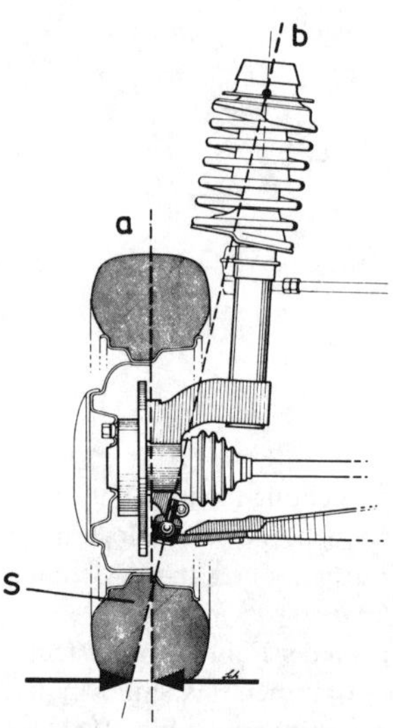

Bild 6.23 Vorderradaufhängung des Audi 80 bzw. VW Passat. Der negative Lenkrollradius entsteht dadurch, daß sich die Radebene (Linie a) und die Spreizachse (b) im Punkt (S) oberhalb der Fahrbahn schneiden

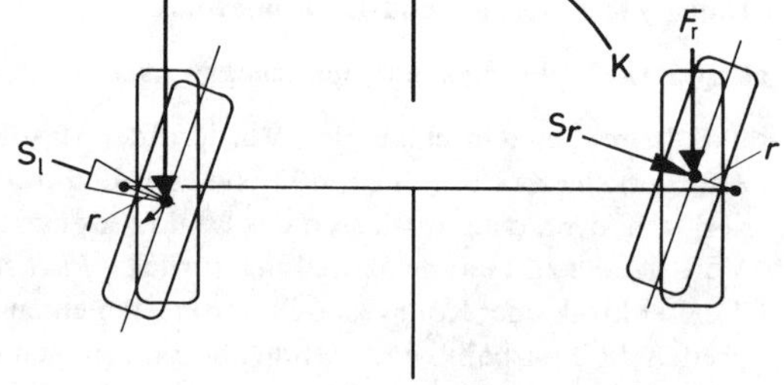

Bild 6.24 Selbststabilisierend wirkende Lenkung durch negativen Lenkrollradius (r). Die Differenz der Kräfte $F_l - F_r$ greift am Rollkreisradius (r) des linken Vorderrades an und schlägt die Vorderräder nach rechts ein

Negativer Lenkrollradius

Er wurde erstmals beim Audi 80 angewendet. Bild 6.23 zeigt die praktische Ausführung der Vorderradaufhängung. Heute sind fast alle frontgetriebenen Kfz mit einer derartigen Radaufhängung ausgerüstet. Durch den *negativen Lenkrollradius* wird eine *Selbststabilisierung der Lenkung* erreicht.

Selbststabilisierende Wirkung der Lenkung bedeutet:

Der Kfz-Fahrer braucht *keine Kurskorrektur* durchzuführen, er braucht die *Stellung der Vorderräder nicht zu ändern*, wenn

- ☐ beim Bremsen die Bodenhaftung unterschiedlich ist,
- ☐ die Bremsen stark unterschiedlich wirken,
- ☐ die Räder unterschiedlichen Reifenluftdruck haben.

Selbst bei Totalausfall einer Vorderradbremse oder dem Platzen eines Reifens ist keine Kurskorrektur erforderlich. Bild 6.24 soll diese Wirkung des negativen Lenkrollradius in einfacher Darstellung verdeutlichen. Angenommen ist, daß die *linke Vorderradbremse doppelt so stark wirkt als die rechte*. Die Kraft $F_l - F_r$ greift an dem Hebelarm (r) an – es ist der negative Lenkrollradius – und bewirkt einen Einschlag des linken Vorderrads nach rechts. Über die Spurstangen wird auch das rechte Vorderrad nach rechts eingeschlagen. Dadurch entstehen an beiden Vorderrädern *Seitenführungskräfte* (S_l und S_r). Diese Seitenführungskräfte wirken der Kraft (K) entgegen, die durch die Energie der weniger gebremsten rechten Kfz-Seite bestrebt ist, das Kfz nach links zu schieben. Beide Kräfte, die Seitenführungskräfte (S_l und S_r) an den Rädern und die Schubkraft (K) heben sich gegenseitig auf. Dadurch hält das Kfz seinen Kurs, wobei die Vorderräder nach rechts eingeschlagen sind, bis der *Schräglaufwinkel groß genug ist, um die erforderlichen Seitenführungskräfte zu erzeugen.*

Seitenführungskräfte sind Kräfte, die die *seitliche Führung der Räder* quer zur Längsrichtung bewirken. Sie entstehen durch den Schräglauf der Räder, das heißt dadurch, daß die Räder *nicht* in Richtung ihrer Radebene rollen, sondern schräg dazu «driften» (Bild 6.25). Der *Schräglaufwinkel*, auch Drift- oder Schwimmwinkel genannt, ist der Winkel zwischen der Radebene und der tatsächlichen Laufrichtung des Rads. Seine maximal zulässige Größe ist abhängig vom Haftreibungsbeiwert zwischen Reifen und Fahrbahn. Sie beträgt etwa 18° (Bild 6.25).

Bild 6.25 Entstehung der Seitenführungskraft (Beschreibung s. Text)

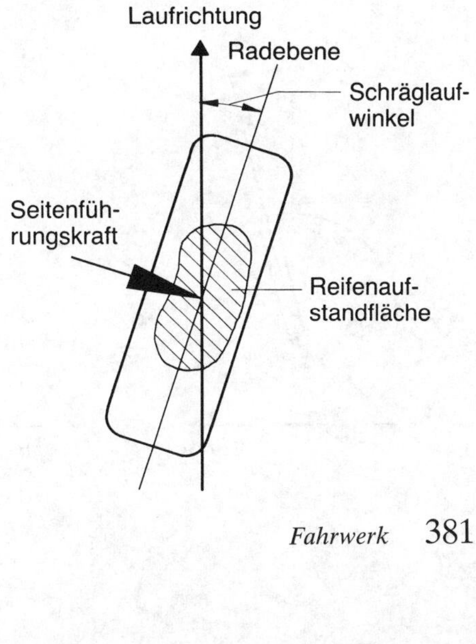

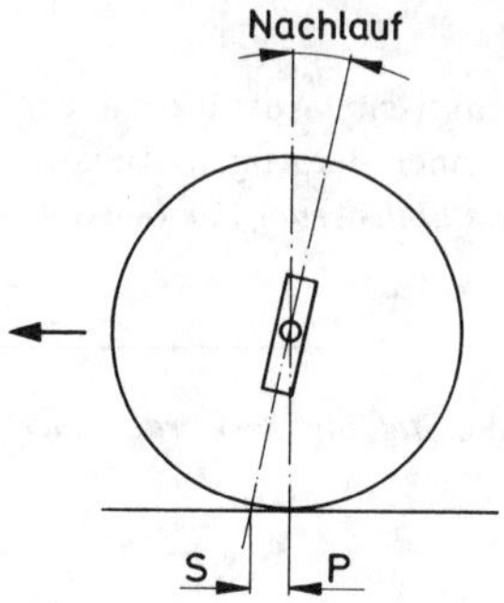

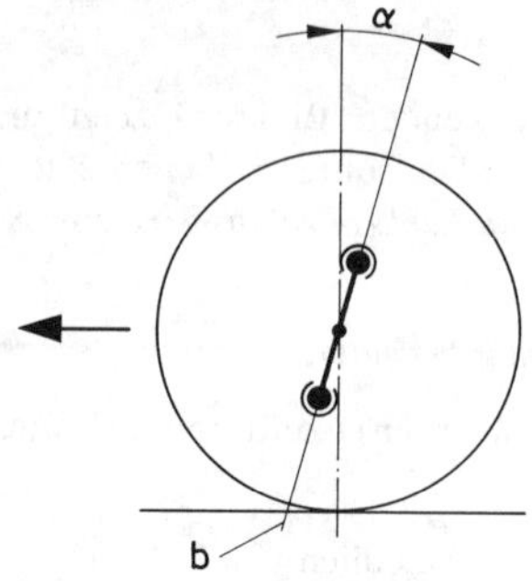

Bild 6.26 (links) Nachlaufwinkel (Beschreibung s. Text)

Bild 6.27 (rechts) Nachlauf bei der Doppelquerlenkerachse mit Kugelgelenken. α = Nachlaufwinkel, b = Spreizachse (Beschreibung s. Text)

6.1.3 Der Nachlauf

Nachlauf ist die Neigung der Mittellinie des Achsschenkelbolzens *oben nach hinten* gegenüber einer senkrechten Ebene auf der Fahrbahn senkrecht zur Kfz-Längsachse (Symmetrieachse).

Vereinfacht: Nachlauf ist die Neigung des *Achsschenkelbolzens oben nach hinten.* Der Reifenberührungspunkt (P) läuft dem Schnittpunkt der Mittellinie durch den Achsschenkelbolzen mit der Fahrbahn (S) nach (Bild 6.26).

Bei *Doppelquerlenkerachsen mit Kugelgelenken* (Bild 6.27) ist der Nachlauf die Neigung der Linie durch unteres und oberes Kugelgelenk (Spreizachse b) zur Senkrechten auf der Fahrbahn *oben nach hinten.*

Bei *Feder- oder Dämpferbeinachsen* ist es die Neigung der Linie durch die Mitte des Kugelgelenks am Querlenker und die Mitte des Stütz- oder Traglagers (T) des Federbeins (Spreizachse b) zur Senkrechten auf der Fahrbahn *oben nach hinten.*

Wie Bild 6.28 rechtes Bild zeigt, kann man *nicht einfach sagen*, Nachlauf sei die Neigung der Mittellinie des Feder- oder Dämpferbeins oben nach hinten!

Der Nachlauf wird – genau wie Sturz und Spreizung – in Winkelgraden angegeben und gemessen.

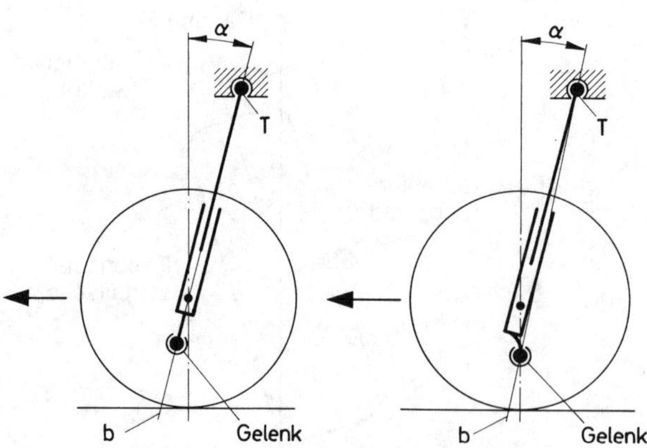

Bild 6.28 Nachlauf bei der Feder- oder Dämpferbeinachse.
α = Nachlaufwinkel, b = Spreizachse.
Linkes Bild: Spreizachse (b) geht durch die Mitte des Feder- oder Dämpferbeins. Rechtes Bild (BMW, schematisch): Das Gelenk am Querlenker ist zurückversetzt, Spreizachse (b) geht nicht durch die Mitte des Feder- oder Dämpferbeins (Beschreibung s. Text)

Werte für den Nachlauf

Hinterradgetriebene Kfz mittlerer Leistung: 1° bis 3°.

Kleinere Werte (um 0°): Kfz mit Front- und Allradantrieb.
Größere Werte bis etwa 10°:

- ☐ leichte Kfz mit Hecktriebsätzen,
- ☐ sehr schnelle hinterradgetriebene Kfz hoher Leistung.

Werden *Hilfskraftlenkungen* verwendet, liegen die Werte für den Nachlauf etwa 1° bis 3° *höher*, da die größere Innenreibung von Hilfskraftlenkgetrieben größere Rückstellkräfte der Vorderräder erfordert.

Wirkung des Nachlaufs (Prinzip der Teewagenräder, Bild 6.29) Durch den *Nachlauf* werden die *Vorderräder gezogen*, nicht geschoben. Läßt man das Lenkrad nach der Kurvenfahrt los, bewirkt der Nachlauf die *Rückstellung* der Vorderräder in *Geradeausstellung*. Die Rückstellung der Vorderräder wird außerdem durch den *Reifennachlauf* bewirkt, der durch die Rollwulstbildung am rollenden Rad entsteht.

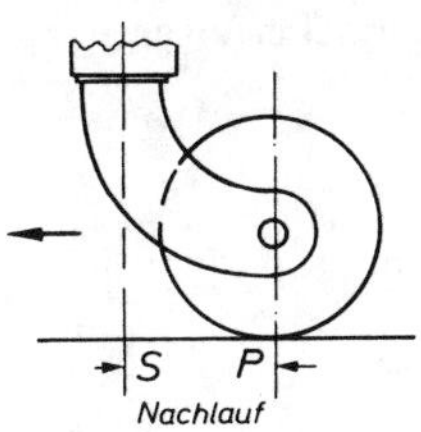

Bild 6.29 Teewagenrad zur Erklärung des Nachlaufs. Der Punkt (P) läuft dem Punkt (S) nach, wenn das Rad in Pfeilrichtung gezogen wird

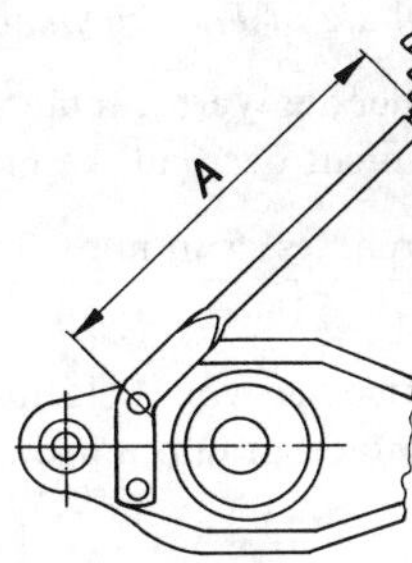

Bild 6.30 Nachlaufeinstellung an der Zugstrebe des unteren Querlenkers. Durch Verkleinerung des Maßes (A) wird der Nachlauf größer, durch Vergrößerung des Maßes (A) wird er kleiner

Die *Rückstellung der Vorderräder in Geradeausstellung* wird also sowohl durch die Spreizung in Verbindung mit dem positiven Lenkrollradius als auch durch den Nachlauf bewirkt. Man bezeichnet beides als *Rückstellkräfte*.

Großer Nachlauf wirkt richtungsstabilisierend bei hohen Fahrgeschwindigkeiten, ist bei geringeren Fahrgeschwindigkeiten jedoch weniger günstig.

Front- und allradgetriebene Kfz haben *keinen* oder nur *wenig Nachlauf*, da diese Kfz von den Vorderrädern gezogen werden.

Ein Kfz muß beim Loslassen des Lenkrades auf ebener Fahrbahn geradeauslaufen. Voraussetzung: Der Radablauf ist korrekt, die Bereifung in Ordnung, der Reifenluftdruck je Achse gleich, die Belastung gleichmäßig verteilt, und es herrscht kein Seitenwind.

Nachlaufeinstellung Sie kann durch Exzenterverstellung erfolgen (Bild 6.11) oder durch Verändern der Länge der Zug- oder Schubstrebe am unteren Querlenker (Bild 6.30).

6.1.4 Spur der Räder zueinander, Gesamtspur oder Spur

Plusspur (Vorspur) ist das Maß, um das die Räder einer Achse *vorn enger* zusammenstehen als hinten,

Minusspur (Nachspur) ist das Maß, um das die Räder einer Achse *vorn weiter* auseinanderstehen als hinten. Gemessen von Felgenhorn zu Felgenhorn in Achshöhe (Bild 6.31).

Bei dieser Methode der *mechanischen Spurmessung* wird die Spur in mm angegeben. Es ist zu beachten, daß die Messung von Felgenhorn zu Felgenhorn *vorn und hinten am gleichen Punkt des Felgenhorns* vorgenommen wird.

Nur so wird das Meßergebnis nicht durch einen evtl. Felgenschlag verfälscht. Zwischen der Messung vorn und hinten muß das Kfz also *genau um eine halbe Umdrehung* der Vorderräder in *Fahrtrichtung geschoben werden* (Bild 6.32).

Bei der Messung der Spur mit optischen oder elektronischen Achsmeßgeräten, wobei die Spur nicht in mm, sondern in Winkelminuten angezeigt wird, erklärt man die Spur so:

+-Spur (Vorspur) ist der Winkel, unter dem die Räder einer Achse *vorn zusammenlaufen*,
−-Spur (Nachspur) ist der Winkel, unter dem die Räder einer Achse *vorn auseinanderlaufen*.
Bezogen auf die *Horizontale in Fahrtrichtung*!

Meist geben die Kfz-Hersteller die Werte für die Spur der Räder zueinander sowohl in mm als auch in *Winkelminuten* an. Ist dies nicht der Fall, kann die Umrechnung nach der Formel erfolgen:

$$1^\circ = \frac{\text{Felgendurchmesser in mm} \cdot 3{,}14}{180}$$

Dabei ist der Felgendurchmesser von Felgen*horn* zu Felgen*horn* zu messen, es darf nicht die angegebene Felgengröße einfach in mm umgewandelt werden!

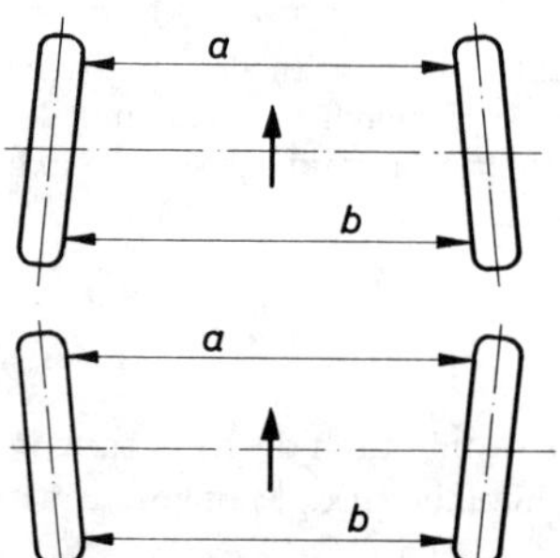

Bild 6.31 Oberes Bild: Bei +-Spur ist der Abstand zwischen den Vorderrädern vorn (a) kleiner als hinten (b). Unteres Bild: Bei −-Spur ist der Abstand zwischen den Vorderrädern vorn (a) größer als hinten (b)

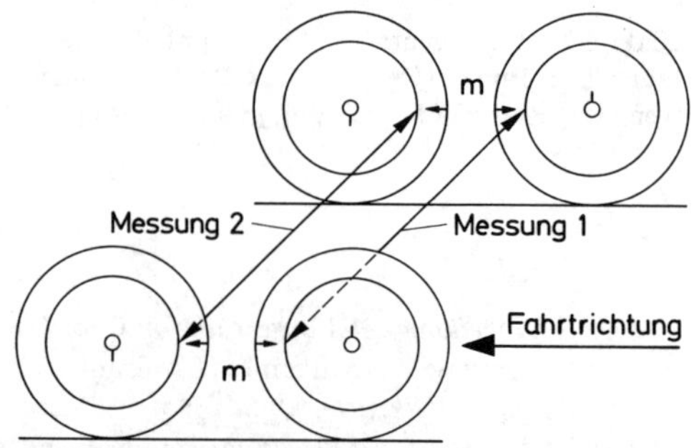

Bild 6.32 Richtige mechanische Spurmessung. In Achshöhe wird seitlich am Reifen eine Markierung (m) angebracht. An dieser Stelle wird Messung 1 durchgeführt. Nach der Messung wird das Kfz um eine halbe Umdrehung der Vorderräder in Fahrtrichtung geschoben – im Bild nach links –, bis die Markierung (m) in Achshöhe hinten steht. Dann erfolgt Messung 2. Die Differenz zwischen Messung 1 und 2 ist die Spur der Räder zueinander

Da schnelle hinterradgetriebene Kfz nur sehr wenig +-Spur haben, genügt als *Richtwert für den Praktiker:*

10″ bis 13″ Felgengröße: 10′ ≈ 1,0 mm
14″ bis 16″ Felgengröße: 10′ ≈ 1,25 mm

(Genauere Angaben über die optische und elektronische Messung von Spur, Sturz und Nachlauf usw. entnehme man der im Vogel-Buchverlag erschienenen Service-Fibel «Kfz-Vermessung und -Wuchtung».)

Wirkung der Spur

Die Größenwerte für die Spur oder Gesamtspur der Räder zueinander sind vom Kfz-Hersteller so gewählt, daß in Verbindung mit den zugehörigen Werten für Sturz und Nachlauf – bezogen auf die Horizontale – bei *Geradeausfahrt ein Parallellauf der Vorderräder* erreicht wird.

Grundsätzlich gilt:

☐ Kfz mit *großem +-Sturz* an den Vorderrädern haben auch *mehr +-Spur*.
☐ Kfz mit *wenig +-Sturz* oder gar *–-Sturz* haben nur *wenig +-Spur* oder vielfach Spur 0.

Allgemein übliche Werte für die Spur der Vorderräder zueinander sind:

☐ Kfz mit mittlerer Leistung und Hinterradantrieb: 0° bis +40′ (0 bis +4 mm)
☐ Schnelle Kfz mit Hinterradantrieb: 0° bis +30′ (0 bis +3 mm)
☐ Kfz mit Front- oder Allradantrieb: 0° bis −40′ (0 bis −4 mm)

Falsche Spureinstellung an den Vorderrädern verursacht *Schäden am Reifenprofil*, die sich schon nach einer Fahrleistung von etwa 2000 km deutlich feststellen lassen (Bild 6.33).

Bild 6.33 Profilschäden bei falscher Spureinstellung an den Vorderrädern hinterradgetriebener Kfz

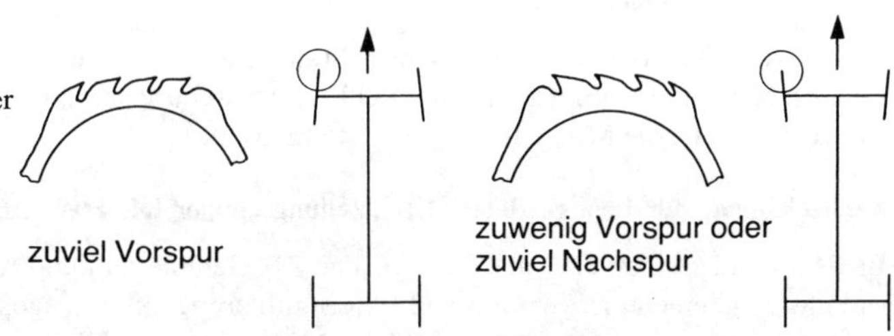

Das Einstellen der Spur

erfolgt durch *Ändern der Länge der Spurstangen.* Ist die Spurstange am einen Ende mit Rechts-, am anderen mit Linksgewinde für die Gelenke versehen, läßt sich jede gewünschte Länge einstellen. Ist nur ein Gelenk verstellbar angeordnet, ist die geringstmögliche Längenänderung gleich der Steigung des Gewindes. Die Steigung beträgt – von Ausnahmen abgesehen – 1,5 mm (bei Renault 1,0 mm).

Zum Prüfen und Einstellen der Spur wird das *Lenkgetriebe in Mittelstellung* gebracht. Stimmt die Spur, müssen jetzt beide Vorderräder um die Hälfte der +-Spur vorn nach innen zeigen (Bild 6.34). Ist dies nicht der Fall, müssen die Spurstangen so eingestellt werden, bis jedes Rad um die Hälfte der +-Spur nach innen zeigt.

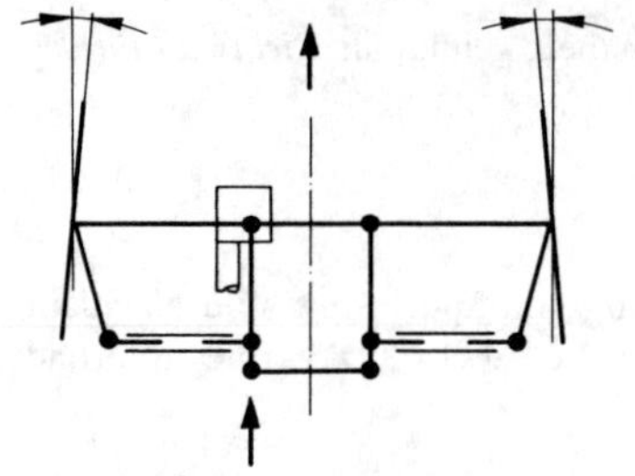

Bild 6.34 Richtig eingestelltes Lenktrapez. Je Rad halbe Vorspur

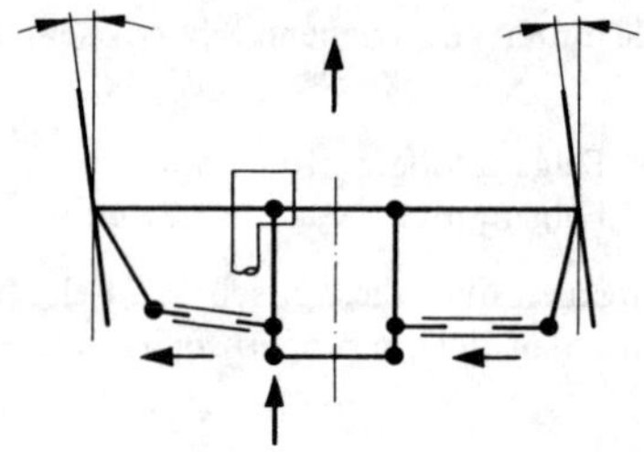

Bild 6.35 Falsch eingestelltes Lenktrapez. Die linke Spurstange muß heraus-, die rechte hineingedreht werden

Beispiel (Bild 6.35): Das Lenkgetriebe steht in Mittelstellung (im Bild durch den kleinen Pfeil dargestellt, der auf den Lenkstockhebel zeigt), das linke Rad zeigt um 30′ nach außen (Nachspur), das rechte Rad um 30′ nach innen (Vorspur). Die Vorspur laut Werksangabe soll 20′ betragen. Das bedeutet je Rad 10′ Vorspur. Die Spurstangen liegen – auf die Fahrtrichtung bezogen – hinter der Vorderachse.

Arbeitsvorgang Linke Spurstange lösen und so lange herausdrehen, bis das linke Rad um 10′ nach innen zeigt. Dann rechte Spurstange lösen und so lange hineindrehen, bis das rechte Rad nur noch 10′ nach innen zeigt. Ist kein Lenkhebel verbogen, wird der Spurdifferenzwinkel bei Links- und Rechtseinschlag jetzt gleich groß sein bzw. im angegebenen Toleranzbereich liegen.

Ist der Unterschied zwischen beiden Spurdifferenzwinkeln immer noch unzulässig groß, ist ein Lenkhebel oder gar der ganze Achsschenkel verbogen. Die Teile müssen ausgebaut, geprüft und das schadhafte Teil ersetzt werden.

Lenkgetriebe-Mittelstellung ermitteln Man dreht das Lenkrad von Endanschlag links bis Endanschlag rechts und zählt die Lenkradumdrehungen. Die Hälfte der gezählten Lenkradumdrehungen ist die Mittelstellung des Lenkgetriebes.

Kennzeichnung der Lenkgetriebe-Mittelstellung einiger Kfz-Hersteller:

BMW, Modellreihen 5, 6 und 7 Bei der ZF-Gemmerlenkung und der ZF-Kugelmutter-Servolenkung zeigt eine innenverzahnte Gummistaubkappe mit aufgegossenem „Zeiger" am Eintritt der Lenkspindel in das Lenkgehäuse auf die Mitte der 7 mm breiten Nase am Lenkungsgehäuse. In Einbaulage ist die Markierung *von unten* sichtbar.

Daimler-Benz Nach Entfernen der Öleinfüllschraube im Deckel des Lenkgetriebes steht bei Mittelstellung eine Senkbohrung genau unter der Mitte der Öleinfüllöffnung. Durch Eindrehen einer Körnerschraube kann das Lenkgetriebe in Mittelstellung festgesetzt werden (Bild 6.36).

Nach der *Spurprüfung oder -einstellung* wird der *Spurdifferenzwinkel* gemessen. Die *Messung des Spurdifferenzwinkels* erfolgt, um festzustellen, ob das *Lenktrapez fehlerfrei arbeitet*, d.h., ob bei Kurvenfahrt der Unterschied im Radeinschlag nach beiden Seiten gleich groß ist. Es ist durchaus möglich, daß das Kfz einwandfrei geradeausläuft, sich in Links- oder Rechtskurven jedoch merklich unterschiedlich verhält (Radieren eines der Vorderräder).

Der Spurdifferenzwinkel ist der Winkel, um den eines der Vorderräder *weniger weit oder weiter* einschlägt als das andere, gemessen beim Einschlag *eines der Räder um 20°*.

Bild 6.36 Blockierung des Lenkgetriebes in Mittelstellung durch Körnerschraube (Daimler-Benz)

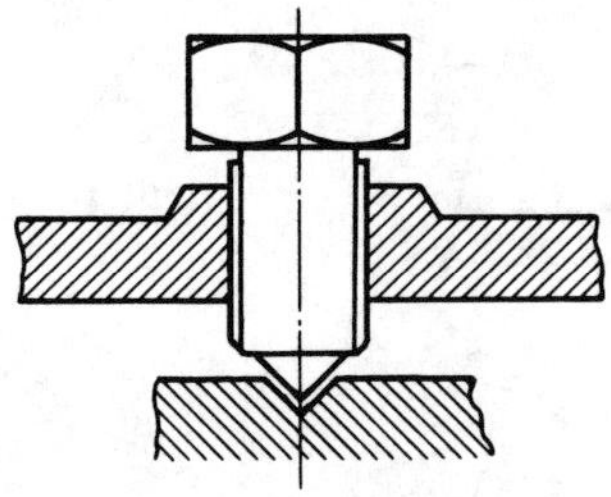

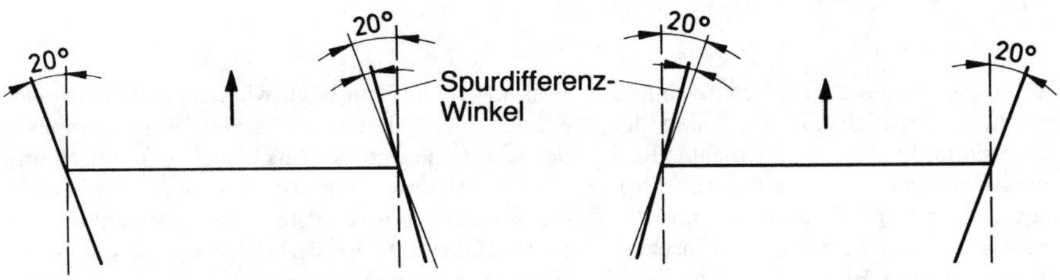

Bild 6.37 Spurdifferenzwinkel, gemessen am Kurvenaußenrad. Das Kurvenaußenrad schlägt um den Spurdifferenzwinkel weniger weit ein als das Kurveninnenrad

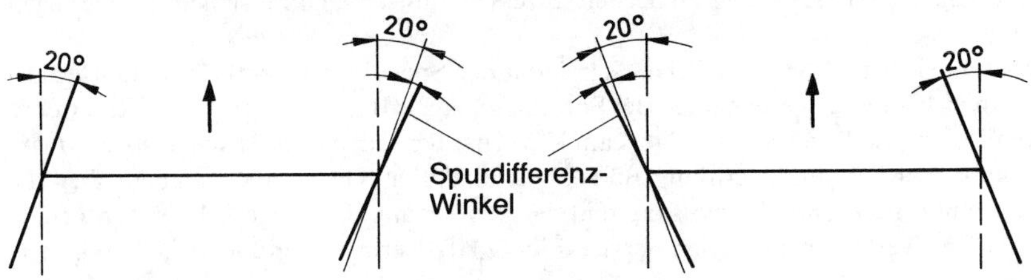

Bild 6.38 Spurdifferenzwinkel, gemessen am Kurveninnenrad. Das Kurveninnenrad schlägt um den Spurdifferenzwinkel weiter ein als das Kurvenaußenrad.

Bild 6.37 zeigt die *Messung des Spurdifferenzwinkels* am Kurven*außenrad*, bei einem Einschlag des *Kurveninnenrades um 20°*.

Bild 6.38 zeigt die Messung des Spurdifferenzwinkels am Kurven*innenrad*, bei einem Einschlag des *Kurvenaußenrades um 20°*.

Die verschiedenen im Handel befindlichen optischen und elektronischen Achsmeßgeräte gehen von einer der beiden Meßmöglichkeiten aus.

Die Messung nach Bild 6.37 geht so vor sich, daß man zunächst das *linke Rad um 20° nach links* einschlägt und am *rechten Rad den Spurdifferenzwinkel* abliest. Dann schlägt man das *rechte Rad um 20° nach rechts* ein und liest am *linken Rad den Spurdifferenzwinkel* ab. Sind beide Werte gleich oder annähernd gleich groß, ist das Lenktrapez in Ordnung. Ein Unterschied bis zu 30′ ist durchaus noch als gut zu bezeichnen. Beträgt der Unterschied zwischen den beiden Winkeln mehr als 1°, arbeitet das Lenktrapez fehlerhaft.

Werden die Vorderräder nur wenig eingeschlagen, ist der Unterschied zwischen beiden Rädern gering – der Spurdifferenzwinkel ist klein. Werden die Räder weit eingeschlagen, ist der

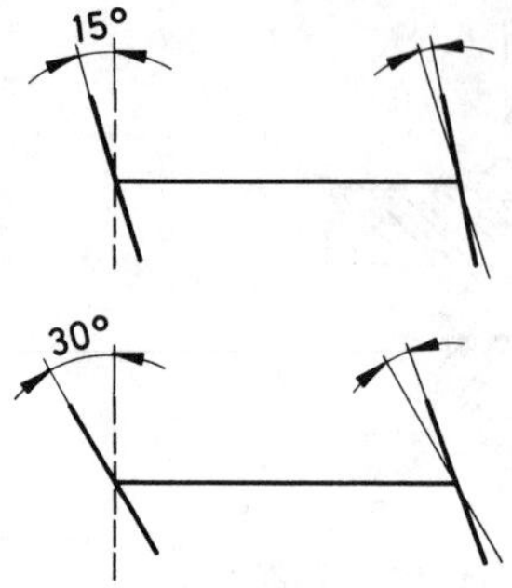

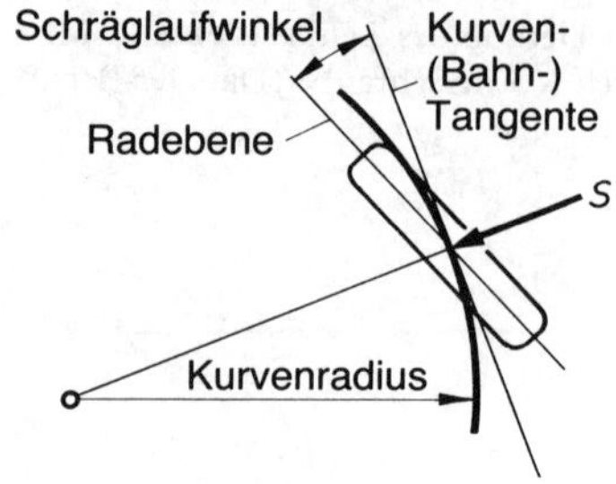

Bild 6.39 Abhängigkeit des Spurdifferenzwinkels vom Lenkeinschlag. Beispiel: Ein Einschlag des linken Vorderrades um 15° bewirkt am rechten Rad einen nur wenig kleineren Einschlag (oberes Bild). Ein Einschlag des lineken Vorderrades um 30° hingegen bewirkt einen sehr viel kleineren Einschlag des rechten Rades (unteres Bild)

Bild 6.40 Der Schräglaufwinkel, auch Drift- oder Schwimmwinkel genannt, ist der Winkel zwischen der Radebene und der tatsächlichen Laufrichtung des Rads (Kurven- oder Bahntangente). Er bewirkt die Seitenführungskraft (*S*), die der Fliehkraft bei Kurvenfahrt entgegenwirkt. Gezeigt ist das rechte Vorderrad in einer Linkskurve

Spurdifferenzwinkel groß (Bild 6.39). Man hat sich daher in der Automobilindustrie geeinigt, *den Spurdifferenzwinkel* bei einem *Einschlagwinkel* eines Rades von **20**° *anzugeben.*

Die Werte für den Spurdifferenzwinkel sind bei den einzelnen Fabrikaten unterschiedlich. Sie liegen zwischen *0°30′* und etwa *2°*.

Bei besonders schnellen und bei sportlichen Kfz kann der Spurdifferenzwinkel aus fahrtechnischen Gründen gänzlich andere Werte haben. Bei Porsche schlägt z. B. das kurvenäußere Rad weiter ein als das kurveninnere. Die *Seitenführungskraft* am Kurvenaußenrad, *die durch den Schräglaufwinkel zustande kommt*, wird dadurch erhöht (Bild 6.40 und 6.25). (Genauere Angaben über die Durchführung der Spurdifferenzwinkelmessung und die Auswertung der Meßergebnisse entnehme man der im Vogel-Buchverlag erschienenen Service-Fibel «Kfz-Vermessung und -Wuchtung».)

6.1.5 Das Lenktrapez

Es besteht aus:

- ☐ Vorderachse (die gedachte Linie durch die Mitten beider Vorderräder),
- ☐ den beiden Lenkhebeln an den Achsschenkeln,
- ☐ einer oder mehreren Spurstangen.

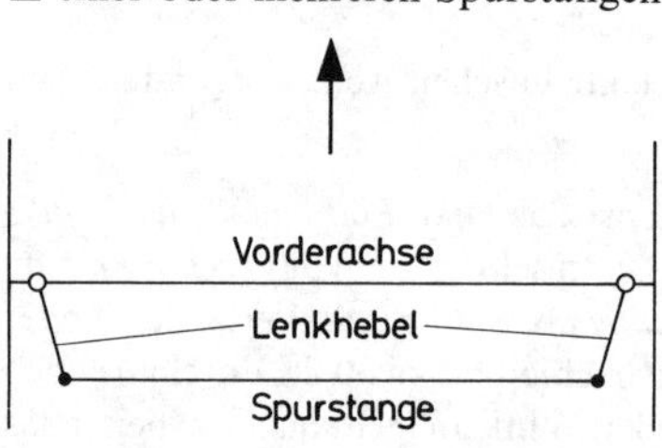

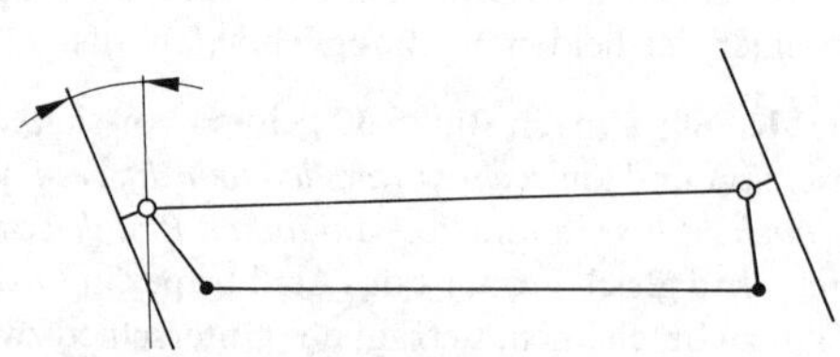

Bild 6.41 Lenktrapez, bestehend aus: Vorderachse, Spurstange und den Lenkhebeln. Linkes Bild: Geradeausstellung, Spurstange parallel zur Vorderachse. Rechtes Bild: Verschiebung des Lenktrapezes bei Kurvenfahrt, Spurstange nicht parallel zur Vorderachse

Bild 6.41 zeigt das Lenktrapez in ursprünglicher Form, wie es heute noch bei Lastkraftwagen mit starrer Vorderachse angewendet wird, in Geradeausstellung und bei Kurvenfahrt.

Aufgaben des Lenktrapezes sind:

a) Übertragung der Lenkbewegung vom Lenkgetriebe auf die zu lenkenden Räder.
b) Es bewirkt den unterschiedlichen Einschlagwinkel (Schwenkwinkel) der Vorderräder bei Kurvenfahrt.
c) Es hält die Vorderräder in der eingestellten Spurstellung zueinander.

Die Anzahl der Spurstangen des Lenktrapezes hängt ab von der *Ausführung der Vorderachse* und dem verwendeten *Lenkgetriebe.*

Bei starren Vorderachsen – die heute praktisch nur noch an Lastkraftwagen Anwendung finden – hat das Lenktrapez *eine Spurstange.* Gleichgültig, ob die Vorderachse angetrieben ist oder nicht (Bild 6.42).

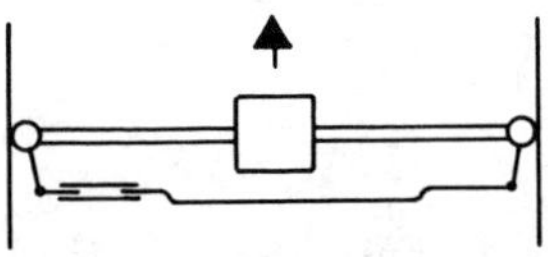

Bild 6.42 zeigt die starre Vorderachse von Lkw in Draufsicht schematisch. Sie hat nur eine Spurstange, die den linken und rechten Lenkhebel miteinander verbindet. Gleichgültig, ob eine Kugelumlauf-, Rollen- oder Spindellenkung mit oder ohne hydraulische Lenkunterstützung verwendet wird

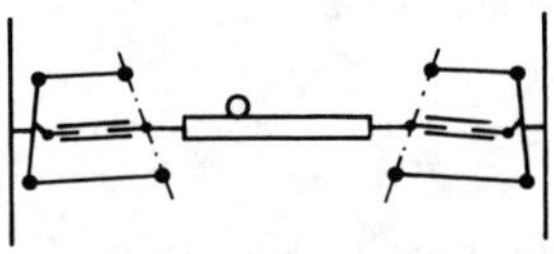

Bild 6.43 Ist ein Kfz mit Einzelradfederung – im Bild mit einer Doppelquerlenkerachse – ausgerüstet und wird eine Zahnstangenlenkung verwendet, hat das Lenktrapez zwei Spurstangen (schematische Darstellung in Fahrtrichtung gesehen)

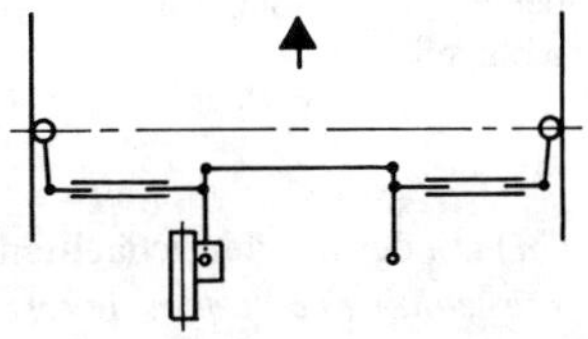

Bild 6.44 Wird bei Einzelradaufhängung eine andere als eine Zahnstangenlenkung verwendet, hat das Lenktrapez drei Spurstangen (Draufsicht)

Ist die Spurstange gekröpft, wie im Bild dargestellt, muß zur Einstellung der Spur ein Kugelbolzen aus dem Lenkhebel ausgepreßt werden. In diesem Fall kann *nicht jeder gewünschte Spurwert eingestellt werden*!

Bei Vorderachsen mit Einzelradaufhängung müssen *mehr als eine* Spurstange verwendet werden. Werden *Zahnstangenlenkungen* verwendet, hat das Lenktrapez immer *zwei Spurstangen.* Sind die zwei Spurstangen an den Enden der Zahnstange angeordnet wie in Bild 6.43, sind üblicherweise *beide verstellbar* ausgeführt.

Werden *Kugelumlauflenkungen oder Gemmer-Globoidschneckenlenkungen* an Vorderachsen mit Einzelradaufhängung verwendet, hat das Lenktrapez *drei Spurstangen* und zusätzlich zum Lenkstockhebel einen Lenkzwischenhebel. Von wenigen Ausnahmen abgesehen, sind dann die beiden an den Lenkhebeln angreifenden Spurstangen verstellbar ausgeführt (Bild 6.44).

Unterschiedliche Ausführungen des Lenktrapezes in schematischer Darstellung vermitteln die Bilder 6.45 bis 6.47. Bild 6.45 zeigt das Lenktrapez in allgemein üblicher Ausführung. Bei *langsamer Kurvenfahrt* rollen alle Räder in Richtung ihrer Radebene um den gemeinsamen Kurvenmittelpunkt

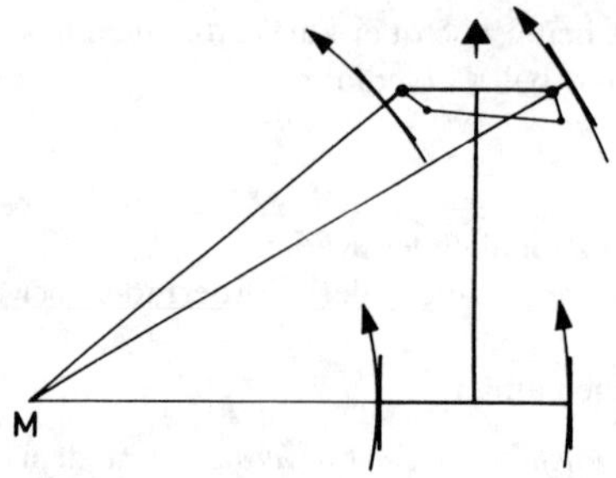

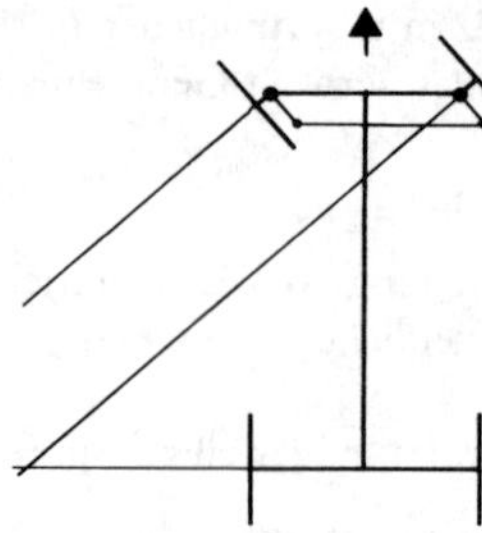

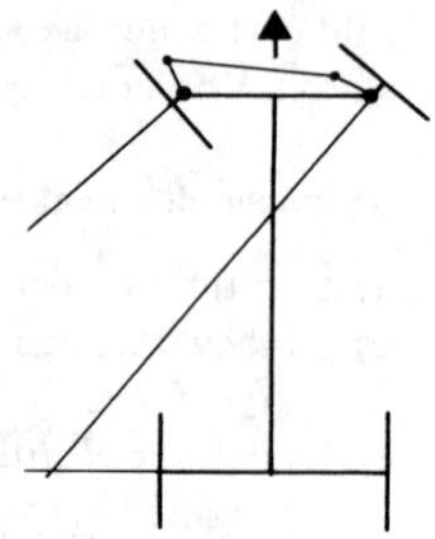

Bild 6.45 Ackermannsches Prinzip: Alle Räder rollen ohne zu radieren um den gemeinsamen Kurvenmittelpunkt (*M*) ab (Beschreibung s. Text)

Bild 6.46 (mitte) Das Lenktrapez ist als «Lenkrechteck» ausgeführt. Bei Kurvenfahrt werden beide Vorderräder um den gleichen Winkel eingeschlagen

Bild 6.47 (rechts) Lenktrapez nach Porsche (schematisch). Das Kurvenaußenrad schlägt weiter ein als das Kurveninnenrad (Beschreibung s. Text)

(*M*) ab, der auf der gedachten Verlängerung der Hinterachse liegt. Man bezeichnet dies als *Statische Kurvenfahrt nach dem Ackermannschen Prinzip.*

Bei dem Lenktrapez in Bild 6.46 handelt es sich um ein «Lenkrechteck». Bei Kurvenfahrt werden *beide Vorderräder* um den *gleichen Winkel* eingeschlagen. Es entsteht *kein Spurdifferenzwinkel.*

Das Porsche-Lenktrapez in schematischer Darstellung zeigt Bild 6.47. Das Lenktrapez wirkt so, daß bei Kurvenfahrt das Kurven*außenrad weiter einschlägt als das* Kurven*innenrad.* Bei schneller Kurvenfahrt entsteht dadurch am Kurvenaußenrad ein größerer Schräglaufwinkel als am Kurveninnenrad. Hierdurch wird eine große Seitenführungskraft am Kurvenaußenrad wirksam, die die *Kursstabilität* des Kfz wesentlich *erhöht* (vergleiche auch Text und Bild 6.40).

Zusammenfassung zum Abschnitt Lenkgeometrie

Am wichtigsten ist stets die Einstellung der richtigen Spur. Zum *Abschluß aller Arbeiten* an der Vorderachse sowie der Lenkung muß grundsätzlich die *Spur gemessen* und erforderlichenfalls *neu eingestellt* werden. Ergibt die Fahrzeugvermessung, daß *Spur und Sturz* eingestellt werden müssen, muß *erst der Sturz*, dann die Spur eingestellt werden. Denn: Eine *Sturzverstellung* bewirkt stets eine *Änderung der Spur*, eine *Spurverstellung* hingegen *keine Änderung* des Sturzes! Wird der Nachlauf eingestellt, muß anschließend ebenfalls die Spur geprüft und erforderlichenfalls eingestellt werden, da ein Verstellen des Nachlaufs ebenfalls eine Veränderung der Spur bewirkt.

Die Einstellung der Spur muß bei mehreren verstellbaren Spurstangen stets von der Lenkgetriebe-Mittelstellung ausgehend erfolgen und nicht etwa nur an der Spurstange, die gerade am zugänglichsten ist. Das bedeutet, daß zum Einstellen und zur Kontrolle der Spur ein optisches oder elektronisches Achsmeßgerät unentbehrlich ist.

Wurde die Spur eingestellt, wird *anschließend der Spurdifferenzwinkel* gemessen, um das *Lenktrapez auf fehlerfreies Arbeiten* zu prüfen!

Ist nur eine verstellbare Spurstange vorhanden, ist eine *Korrektur* des Lenktrapezes nicht möglich. Gemessen wird der Spurdifferenzwinkel trotzdem, um zu erfahren, ob das Lenktrapez einwandfrei arbeitet.

Verhält sich das Kfz *trotz richtiger Einstellung des Lenktrapezes* in Links- und Rechtskurven merkbar unterschiedlich, ist *unbedingt die Spur der Hinterräder* zu prüfen. In solchen Fällen *weicht die Laufrichtung der Hinterräder* – die geometrische *Fahrachse* – von der Symmetrieachse ab. Die *Vermessung und Einstellung der Vorderräder sollte dann von der Fahrachse ausgehend* vorgenommen werden. (Siehe hierzu Genaueres in der im Vogel-Buchverlag erschienenen Service-Fibel «Kfz-Vermessung und -Wuchtung».)

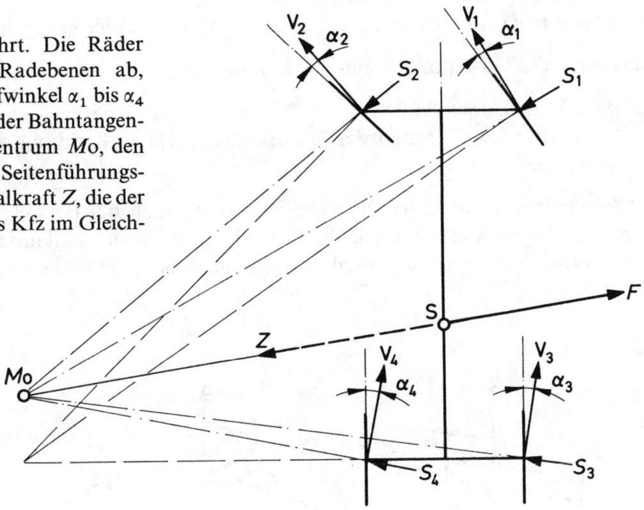

Bild 6.48 Dynamische Kurvenfahrt. Die Räder rollen nicht in Richtung ihrer Radebenen ab, sondern drängen um die Schräglaufwinkel α_1 bis α_4 nach außen. Sie laufen in Richtung der Bahntangenten V_1 bis V_4 um das Momentanzentrum *Mo*, den wahren Kurvenmittelpunkt. Die Seitenführungskräfte S_1 bis S_4 bilden die Zentripetalkraft *Z*, die der Fliehkraft *F* entgegenwirkt und das Kfz im Gleichgewicht hält.

6.1.6 Dynamische Kurvenfahrt

Mit *dynamischer Kurvenfahrt* bezeichnet man im Gegensatz zur *statischen Kurvenfahrt* nach dem *Ackermannschen Prinzip* (Bild 6.45) *das Verhalten des Kfz bei schneller Kurvenfahrt* (Bild 6.48).

Es werden *drei Arten* der dynamischen Kurvenfahrt unterschieden:

a) **Übersteuern** (Bild 6.49) Der Schwerpunkt des Kfz (*S*) liegt im *hinteren Teil* des Kfz, es drängt bei schneller Kurvenfahrt *mit den Hinterrädern nach außen weg*. Man muß gegenlenken. Die Vorderräder sind *nicht so weit* eingeschlagen, wie es zum langsamen Durchfahren der gleichen Kurve notwendig wäre. Zum Übersteuern neigen vornehmlich Kfz, bei denen Motor, Getriebe und Achsantrieb im Heck eingebaut sind (Schwerpunkt liegt hinten).

b) **Untersteuern** (Bild 6.50) Der Schwerpunkt (*S*) liegt im *vorderen Teil* des Kfz, bei Kurvenfahrt drängt es mit den *Vorderrädern nach außen weg*. Man muß die Lenkung weiter einschlagen. Die Vorderräder sind also *weiter eingeschlagen*, als es zum langsamen Durchfahren der gleichen Kurve notwendig wäre. Kfz mit Frontantrieb, bei denen Motor, Getriebe und Achsantrieb vorn angeordnet sind, neigen vornehmlich zum Untersteuern.

c) **Neutrales Kurvenverhalten** (Bild 6.51) Der Schwerpunkt (*S*) des Kfz liegt in der *Mitte* zwischen Vorder- und Hinterachse, so daß *Vorder- und Hinterachse gleichmäßig nach außen* (aber nur wenig) *wegdrängen und keine Lenkkorrektur* notwendig wird. Dies wird dadurch erreicht, daß man die Gewichte im Kfz dementsprechend verteilt. Zum Beispiel durch die «Mittelmotoranordnung», wobei der gewichtige Motor zwischen Vorder- und Hinterachse angeordnet wird, oder das «Transaxle-Prinzip» von Alfa Romeo und Porsche, wobei der Motor vorn liegt, das Getriebe mit dem Achsantrieb aber an der Hinterachse angeordnet ist.

6.1.7 Unterschied zwischen Hinterrad- und Frontantrieb

Bei gleicher Auslastung des Kfz ist die Lage des Antriebs von großem Einfluß auf das Fahrverhalten. Der *Frontantrieb* ermöglicht gegenüber dem *Hinterradantrieb* ein schnelleres Durchfahren von Kurven aus zwei Gründen:

- ☐ Das Kfz wird gezogen, nicht geschoben.
- ☐ Das Kfz wird in Richtung der eingeschlagenen Räder gezogen.

Dagegen die Verhältnisse beim Hinterradantrieb:

- ☐ Das Kfz wird geschoben,
- ☐ es wird in Laufrichtung der Hinterräder, nicht in Richtung der eingeschlagenen Vorderräder geschoben.

Allradantrieb Einige Automobilhersteller wenden bei Personenkraftwagen den Allradantrieb an. Der Vorteil liegt darin, daß die Antriebskraft auf vier statt nur auf zwei Räder verteilt wird. Die Antriebskraft läßt sich so, vor allem unter ungünstigen Fahrbedingungen, besser auf die Fahrbahn übertragen.

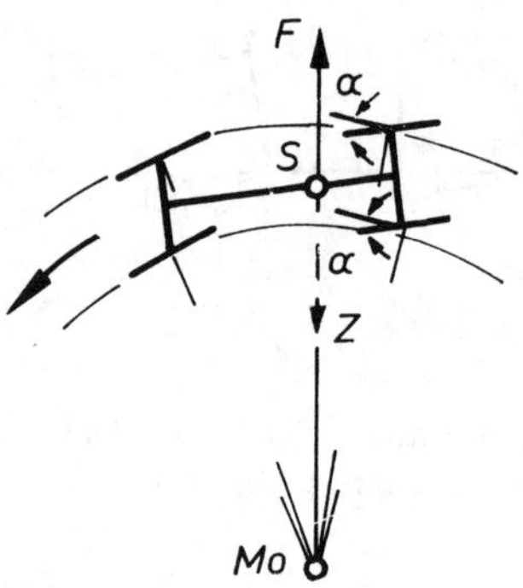

Bild 6.49 Übersteuern. Die Hinterräder drängen nach außen weg. Schräglaufwinkel α hinten größer als vorn

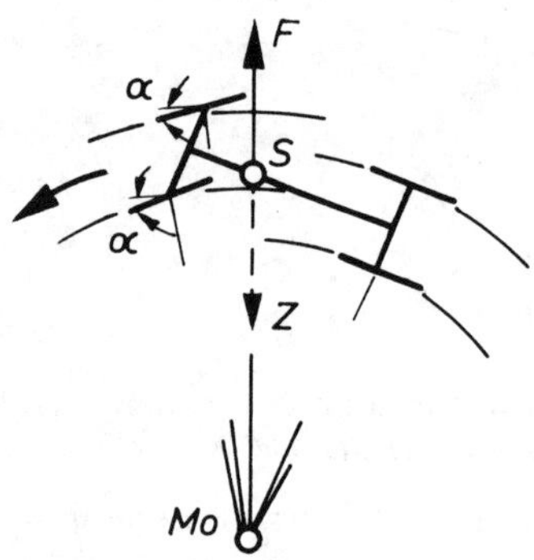

Bild 6.50 Untersteuern. Die Vorderräder drängen nach außen weg. Schräglaufwinkel α vorn größer als hinten

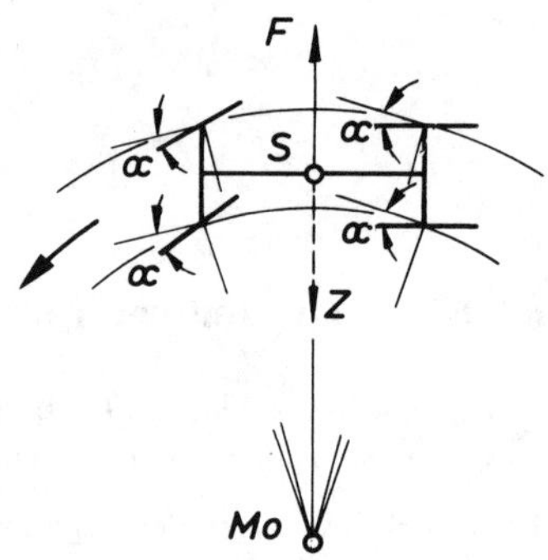

Bild 6.51 Neutrales Kurvenverhalten. Schwerpunkt *S* liegt in Fahrzeugmitte. Schräglaufwinkel α an Vorder- und Hinterrädern gleich groß

6.2 Lenkgetriebe

Die Aufgabe der Lenkgetriebe besteht darin, die *Drehbewegung des Lenkrads* in eine *Schubbewegung umzuwandeln* und diese mittels der Spurstangen auf die zu lenkenden Räder zu übertragen. Durch genügend große *Übersetzung ins Langsame* bewirken sie, daß die zum Lenken *erforderliche Kraft klein* gehalten wird.

Die *Lenkübersetzungen* liegen etwa bei:

- ☐ Personenkraftwagen zwischen 14 und 24,
- ☐ Lastkraftwagen und Kraftomnibussen zwischen 30 und 40.

Das bedeutet: Beträgt die Lenkübersetzung $i = 15$, muß das Lenkrad um einen Winkel von 15° gedreht werden, damit die Vorderräder um 1° aus der Geradeausstellung nach links oder rechts geschwenkt werden. Ein Beispiel zur Berechnung der Lenkübersetzung siehe Abschnitt 9 «Fachrechnen».

Heute gelangen folgende *Arten von Lenkgetrieben* zur Anwendung:

- ☐ Zahnstangenlenkungen, Kugelumlauflenkungen, Gemmer-Globoidschneckenlenkungen, allgemein als Rollzahn- oder Rollenlenkungen bezeichnet.

6.2.1 Zahnstangenlenkung

Ein Ritzel mit fünf bis neun Zähnen, mit der Lenksäule meist über eine Gelenkkupplung (Hardyscheibe oder Kreuzgelenk) drehfest verbunden, ist mit einer quer zur Fahrzeuglängsachse angeordneten Zahnstange in Eingriff. Die Zahnstange überträgt die Lenkbewegung über die Spurstangen und die Lenkhebel auf die Achsschenkel.

Zwei verschiedene Ausführungen der Anlenkung der Spurstangen an der Zahnstangenlenkung gelangen zur Anwendung:

a) Anlenkung der Spurstangen an den Enden der Zahnstange. Die Zahnstange wird somit selbst zum Bestandteil des Lenktrapezes (Bild 6.52).
b) Anlenkung beider Spurstangen in der Mitte, zwischen den beiden Lagern der Zahnstange (Bild 6.53).

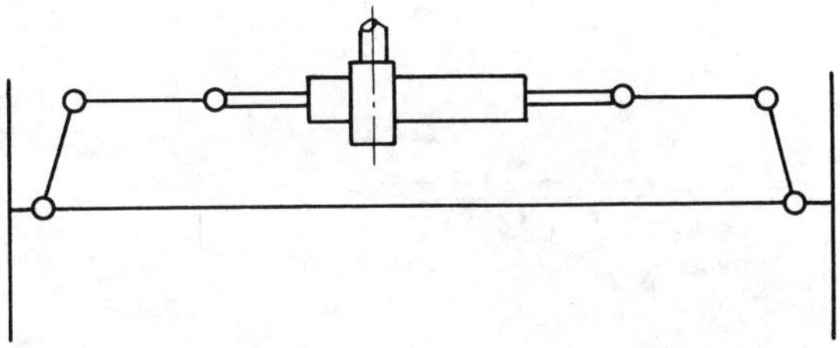

Bild 6.52 Zahnstangenlenkung als Bestandteil des Lenktrapezes

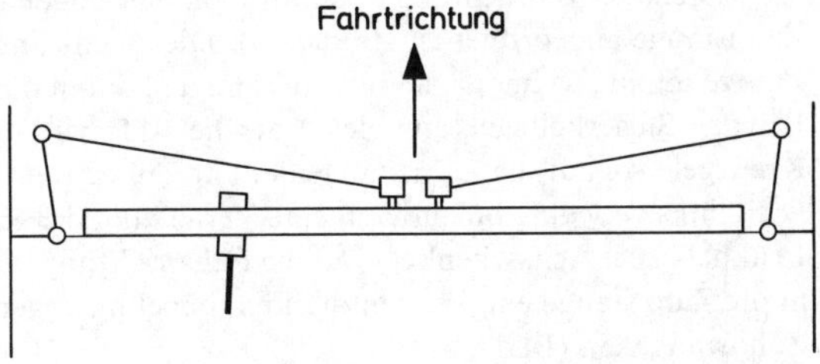

Bild 6.53 Zwei Spurstangen sind in der Mitte der Zahnstange angelenkt (Audi, Citroën, VW)

Die Vorteile der Zahnstangenlenkung bestehen darin, daß

- ☐ das Lenktrapez einfach wird, da *nur zwei Spurstangen* erforderlich sind,
- ☐ das Lenkgetriebe nicht nachgestellt zu werden braucht,
- ☐ die Herstellung preiswert ist,
- ☐ die Innenreibung und damit die zum Lenken erforderlichen Kräfte gering sind.

Die Zahnstange wird durch ein federbelastetes Druckstück aus Bronze oder Kunststoff in das Ritzel gedrückt. In Bild 6.54 wird hierzu eine zylindrische Schraubenfeder durch eine Spannschraube mit Kontermutter vorgespannt. Das Einstellen erfolgt derart, daß die Spannschraube zunächst bis zum Anschlag angezogen, dann ein wenig gelöst und gekontert wird. Die Zahnstange steht dann unter Federvorspannung.

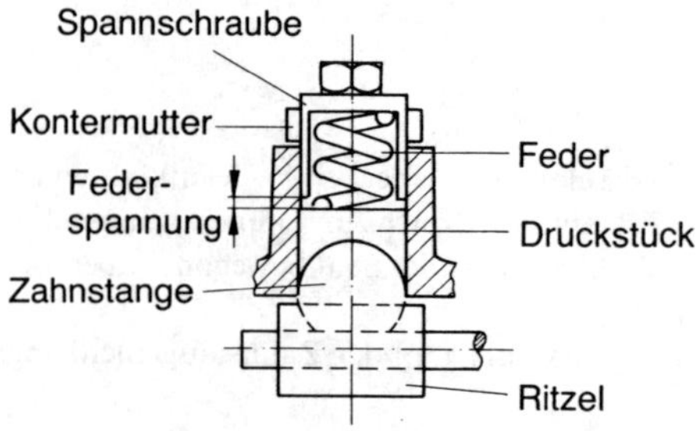

Bild 6.54 Federvorpannung bei der Zahnstangenlenkung (schematisch)

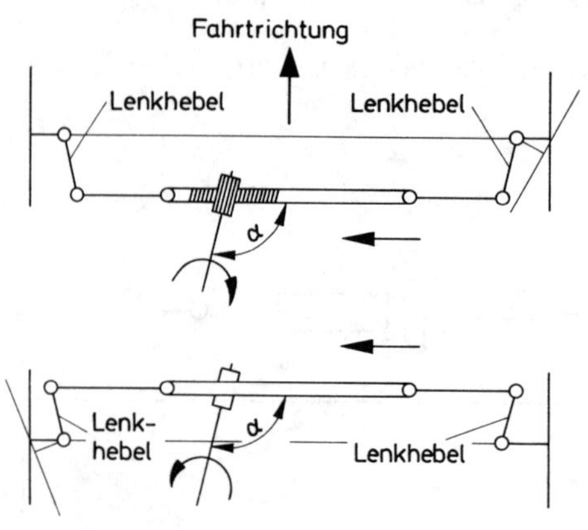

Bild 6.55 Ritzeleingriff in Zahnstangenlenkungen. Oberes Bild: Die Lenkhebel zeigen – auf die Fahrtrichtung bezogen – nach hinten. Ritzeleingriff in die Zahnstange von oben. Unteres Bild: Die Lenkhebel zeigen nach vorn, Ritzeleingriff in die Zahnstange von unten. Das Ritzel ist nicht rechtwinklig zur Zahnstange angeordnet (Winkel α) (Beschreibung s. Text)

Bei genauer Betrachtung erkennt man, daß bei den Lenkgetrieben das *Ritzel nicht senkrecht* zur Zahnstange angeordnet ist (Bild 6.55). Dies dient unter anderem dazu, mit der Lenksäule aus der Fahrzeugmitte weiter nach links zu kommen, damit der Fahrer nicht zu weit in der Mitte sitzen muß. Bei der Sicherheitslenkung des Porsche 911 wird die Drehbewegung des Lenkrads über zwei Kreuzgelenke auf die Zahnstangenlenkung übertragen. Hierdurch wird einmal das Lenkrad weiter nach links verlegt, zum anderen eine Verletzung des Fahrers beim Auffahren vermieden. Zeigen die Lenkhebel der Achsschenkel – auf die Fahrtrichtung bezogen – nach *hinten*, greift das Ritzel von *oben* in die Zahnstange ein. Weisen die Lenkhebel hingegen nach *vorn*, greift das Ritzel von *unten* in die Zahnstange ein (Bild 6.55).

6.2.2 Kugelumlauflenkung

Hierbei befinden sich zwischen Lenkschnecke und Lenkmutter Stahlkugeln, die bei der Lenkbewegung zwischen Schnecke und Mutter abrollen (Bild 6.56). Durch diese rollende statt gleitender Reibung sind zum Lenken nur geringe Kräfte erforderlich. Das Abrollen der Kugeln erfolgt wie im Vierpunktlager, d.h., jede Kugel liegt an je zwei Punkten auf der Schnecke und in der Mutter auf (Bild 6.57). Jede Kugelumlauflenkung enthält aus Gründen der Sicherheit zwei Kugelumläufe, erkennbar an den zwei Röhrchen auf der Lenkmutter (Bild 6.58).

Die Kugeln der Kugelumlauflenkungen werden nach einer besonderen Ausführungsvorschrift hergestellt und einer 100 %igen Ultraschallprüfung auf Kernlunker unterzogen (SKF).

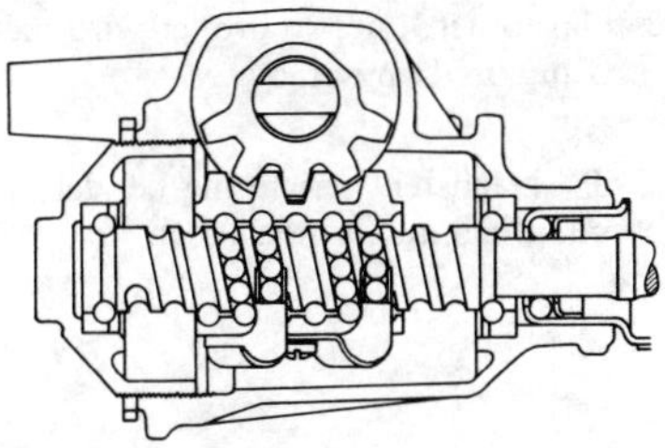

Bild 6.56 Kugelumlauflenkung

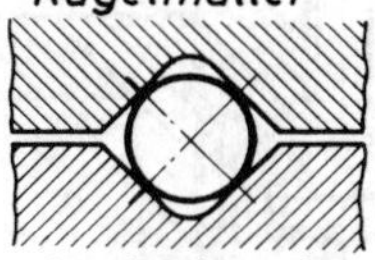

Bild 6.57 Vierpunktlagerung der Kugeln bei der Kugelumlauflenkung

Bild 6.58 Aus Sicherheitsgründen enthält die Kugelumlauflenkung zwei getrennte Kugelumläufe

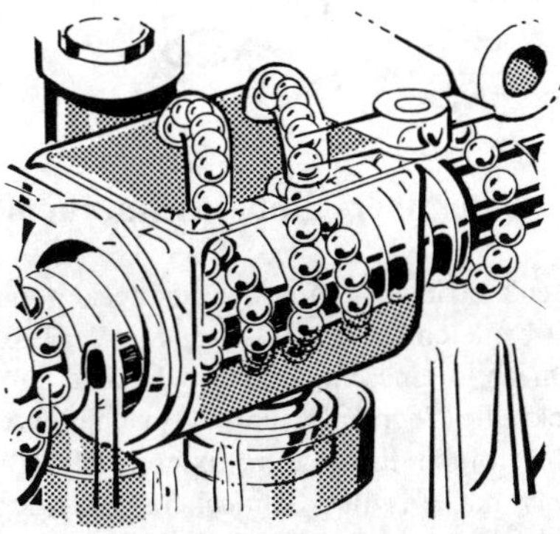

Die Kraftübertragung von der *Kugelmutter auf die Lenkstockwelle* erfolgt meist über eine Geradverzahnung an der Kugelmutter, in die ein entsprechendes Zahnsegment der Lenkstockwelle eingreift. In Bild 6.59 ist die übliche Verzahnung dargestellt sowie eine neuere Ausführung, bei der sich die Übersetzung ins Langsame mit zunehmendem Lenkeinschlag vergrößert. Ein Nachstellen der Spielfreiheit zwischen Schnecke und Lenkmutter ist nicht notwendig, da es sich um rollende (praktisch verschleißlose) Reibung handelt. Zwischen Lenkmutter und Zahnsegment erfolgt die Nachstellung durch Veränderung des Abstands zwischen beiden Teilen mittels einer gekonterten Druck- und Zugschraube. Hierzu sind die Zähne von Lenkmutter und Zahnsegment keilförmig ausgebildet (Bild 6.60).

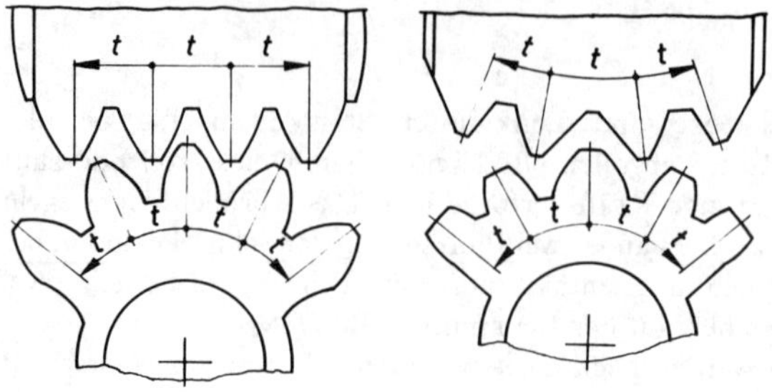

Bild 6.59 Verzahnung von Kugelmutter und Zahnsegment der Lenkstockwelle. Linkes Bild: Die Teilung (t) – der Abstand von Zahn zu Zahn – ist gleich. Die Übersetzung der Lenkung ist über den gesamten Einschlagbereich gleich groß. Rechtes Bild: Neuere Ausführung der Verzahnung von Kugelmutter und Zahnsegment. Die Teilung (t) ist in Mittelstellung größer als bei Endeinschlag. So wird bei geringem Lenkeinschlag eine mehr «direkte» Lenkung erreicht. Je weiter aus der Mittelstellung nach links oder rechts eingeschlagen wird, um so größer wird die Übersetzung ins Langsame

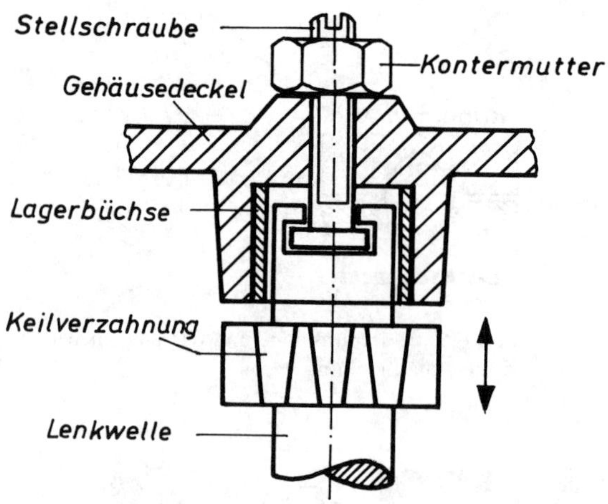

◂ Bild 6.60 Nachstellvorrichtung bei der Kugelumlauflenkung, schematisch

6.2.3 **Gemmer-Globoidschneckenlenkung** (Rollenlenkung)

Dieses Lenkgetriebe ist aus der Schneckensegmentlenkung hervorgegangen, die heute nur noch vereinzelt bei leichten Kraftfahrzeugen Verwendung findet (z.B. Fiat, Bild 6.61). Hierbei greift ein Zahnsegment in eine eingängige Schnecke ein. Die Einstellung erfolgt dabei derart, daß sich die Lenkstockwelle (Segmentwelle), die in einer exzentrischen Büchse gelagert ist, im Gehäuse verdrehen und nach erfolgter Einstellung fixieren läßt (Bild 6.62).

Gemmer hat aus der Schneckensegmentlenkung mit gleitender Reibung die *Rollzahn- oder Rollenlenkung* mit rollender Reibung geschaffen, indem er statt des Zahnsegments zwei – bei stärkeren Lenkgetrieben drei – spielfrei drehbar gelagerte Rollen in die Schnecke eingreifen läßt. Da die Lenkrollen beim Einschlagen des Lenkrads eine Drehbewegung um die Lenkstockwelle ausführen, muß die Lenkschnecke in der Mitte (Geradeausstellung) im Durchmesser kleiner sein als an den Enden (voller Rechts- oder Linkseinschlag). Eine solche Lenkschnecke wird als *Globoidschnecke* bezeichnet (Bild 6.63). Je weiter das Lenkgetriebe aus der Mittelstellung nach rechts oder links eingeschlagen wird, um so größer wird das Spiel zwischen den Flanken der Schnecke und den Lenkrollen, da der Radius der Globoidschnecke etwas größer ist als der Radius, den die Lenkrollen beschreiben.

Die Nachstellung – die wie bei jedem Lenkgetriebe in Mittelstellung, spielfrei möglich sein muß – geht aus Bild 6.64 hervor.

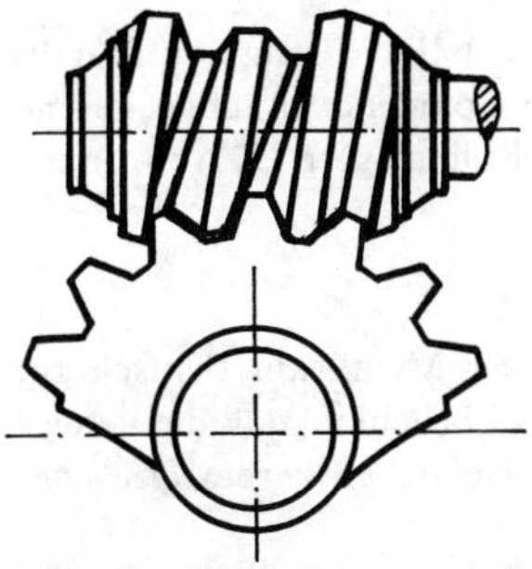

Bild 6.61 Schneckensegmentlenkung mit Globoidschnecke

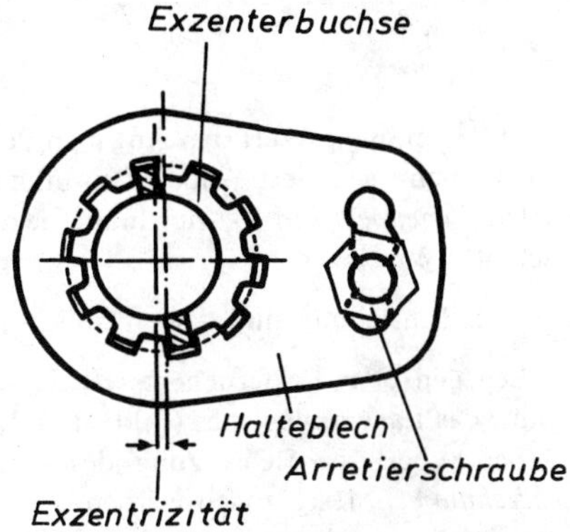

Bild 6.62 Lenkgetriebenachstellung durch Exzenterbüchse (Fiat) (schematisch)

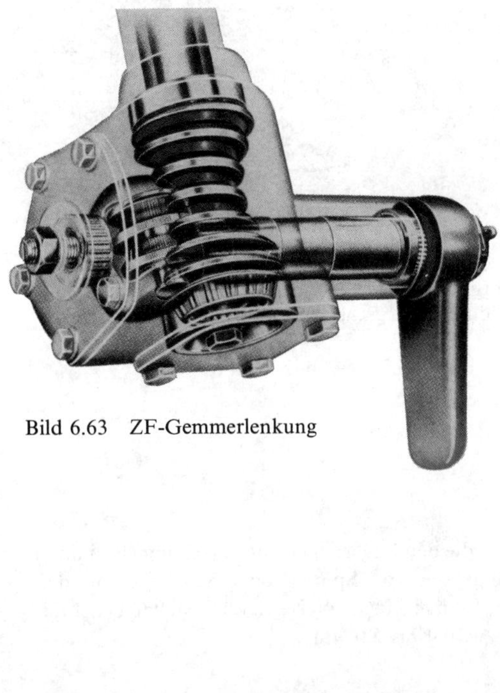

Bild 6.63 ZF-Gemmerlenkung

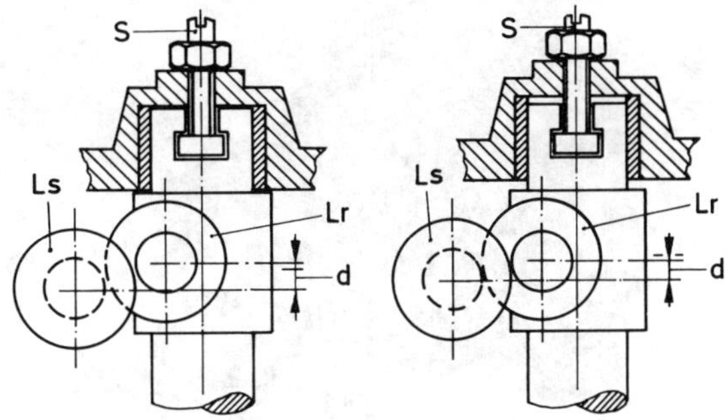

Bild 6.64 Nachstellung der Gemmerlenkung schematisch. Linkes Bild: Herausdrehen der Einstellschraube (S) vergrößert das Spiel zwischen Lenkrolle (Lr) und Lenkschnecke (Ls) – Höhenunterschied (*d*) ist groß. Rechtes Bild: Hineindrehen der Einstellschraube (S) verringert das Spiel. Es wird so eingestellt, daß die Lenkrolle (Lr) in Mittelstellung der Lenkung spielfrei in die Lenkschnecke (Ls) eingreift. Der Höhenunterschied (*d*) ist kleiner

6.2.4 Das Einstellen von Lenkgetrieben

Vorarbeiten zur Grundeinstellung von Lenkgetrieben

Soll und kann ein Lenkgetriebe in eingebautem Zustand eingestellt werden, müssen die Spurstangen oder der Lenkstockhebel mit den daran befestigten Spurstangen abgenommen werden.

Einstellen des Axialspiels – Längsspiels – der Spindel oder Schnecke. *Wichtig!* Zunächst muß die *Lenkstockwelle lose* gestellt werden, um die Gängigkeit der Spindel oder Schnecke messen zu können. Die Messung erfolgt mit einem Reibwertmesser, z.B. *Torsiometer*.

Entspricht der gemessene Wert den Angaben des Herstellers, wird an der Einstellung von Spindel oder Schnecke nichts geändert. Andernfalls muß neu eingestellt werden. Spindel oder Schnecke sind stets in *Schrägkugellagern* in X-Anordnung gelagert, seltener in Kegelrollenlagern (X-Anordnung siehe Abschnitt «Wälzlager»).

Zwei Arten der Einstellung sind derzeit üblich:

a) Durch Beilegen oder Entfernen von Beilegscheiben aus Papier oder Metall am Flansch zur Aufnahme des Lageraußenrings (Bild 6.65). Bei der Einstellung ist zu beachten, daß die – meist vier – Schrauben zur Befestigung des Deckels mit dem vom Hersteller *vorgeschriebenen Anzugsdrehmoment* festgezogen werden.

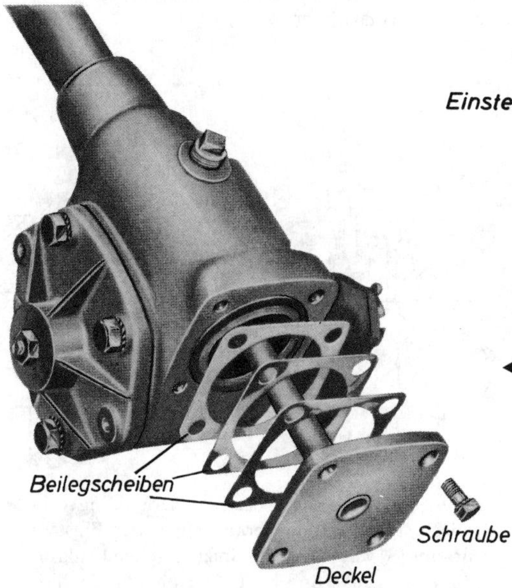

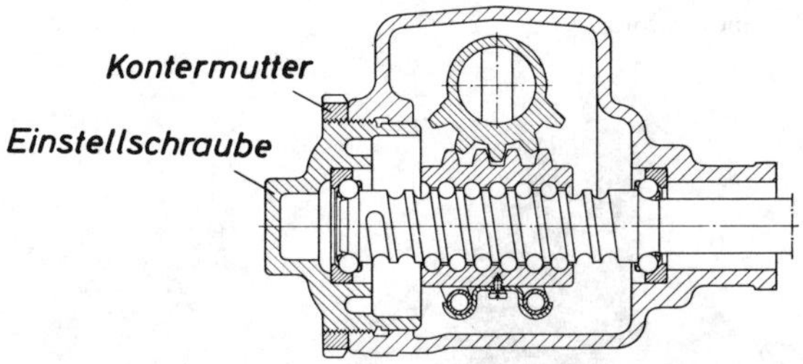

Bild 6.66 Einstellen des Längsspiels der Spindel durch Einstellschraube und Kontermutter

◀ Bild 6.65 Einstellen des Längsspiels der Spindel durch Beilegscheiben

b) Durch Einstellen der Schraube mit Kontermutter, die den Lageraußenring verschiebt (Bild 6.66). Nach erfolgter Einstellung muß die Leichtgängigkeit von Spindel oder Schnecke mit dem Reibwertmesser (Torsiometer) gemessen werden! Angegebene Werte der Hersteller beachten! Übliche Werte liegen zwischen 4 bis 20 cmkp bzw. 0,4 bis 2,0 Nm.

Einstellen der Lenkstockwelle

Die Lenkstockwelle wird so eingestellt, daß das Lenkgetriebe in Mittelstellung – Geradeausstellung – spielfrei arbeitet. Verschiedentlich sind Lenkgetriebe auch so ausgeführt, daß die Spielfreiheit nicht genau in Mittelstellung liegt, sondern an *zwei Punkten*, sowohl wenig rechts als auch wenig links von der Mittelstellung.

Die Einstellung erfolgt durch Einstellschraube mit Kontermutter, wie es z. B. in den Bildern 6.60 und 6.64 schematisch dargestellt ist. Für die Einstellschraube werden vielfach ebenfalls Anzugsdrehmomente plus Drehwinkel angegeben, so daß zur Einstellung ebenfalls ein Reibwertmesser verwendet werden muß (zum Beispiel bei Ford 35 cmkp = 3,5 Nm).

6.2.5 Hilfskraftlenkungen (Servolenkungen)

Sie müssen laut StVZO bei Kraftomnibussen verwendet werden, wenn die zulässige Achslast der gelenkten Achsen 4,5 t überschreitet. Außerdem müssen sie so beschaffen sein, daß bei Versagen der Lenkhilfe die Lenkbarkeit des Fahrzeugs erhalten bleibt (höchstzulässige Lenkkraft ohne Hilfe: 40 kg = 400 N je Arm).

Üblicherweise sind Servolenkungen als *Drossellenkungen* aufgebaut. Das heißt, der Ölstrom geht (im Prinzip) drucklos durch das Steuersystem, solange keine Hilfskraft zum Lenken gebraucht wird.

Da es eine Vielzahl unterschiedlicher Ausführungen von Hilfskraftlenkungen gibt, sollen hier nur der *grundsätzliche Aufbau* und die *Wirkungsweise* beschrieben werden. Die ausgeführten Beschreibungen gelten sinngemäß auch für alle anderen Arten von Servolenkungen.

Hauptbestandteile aller Hilfskraftlenkungen sind:

- ☐ *Mechanisches Lenkgetriebe.* Bei Personenwagen ausgeführt als Zahstangenlenkung mit hydraulischer Lenkhilfe oder Kugelmutter-Servolenkung. Bei Lastkraftwagen, Kraftomnibussen und Lieferwagen ausgeführt als Kugelmutter-Servolenkung, Spindelhydrolenkung oder Gemmer-Hydrolenkung.
- ☐ *Hydraulikeinrichtung* bestehend aus *zwei Kolbenflächen* in entsprechenden Zylindern, die starr miteinander verbunden, ihre Bewegung auf die Lenkwelle, bei der Zahnstangenlenkung über die Zahnstange direkt auf die Spurstangen übertragen.
- ☐ *Die hydraulische Steuereinrichtung* bestehend aus einer *Einlaßöffnung* (Einlaßventil) und einer Rücklauföffnung (Auslaßventil) je Zylinder. Insgesamt also *vier* Steueröffnungen oder -schlitze, die durch Steuerschieber oder Steuerkolben geöffnet oder geschlossen werden.
- ☐ *Ölbehälter mit Filtereinsatz.*
- ☐ *Ölpumpe* mit Druck- und Mengenregelventil (Strombegrenzungsventil).
- ☐ *Regelvorrichtung* (in einigen Fällen), die die hydraulische Lenkunterstützung mit zunehmender Fahrgeschwindigkeit verringert, bei hoher Geschwindigkeit evtl. gänzlich abschaltet.
- ☐ *Hydraulische Lenkbegrenzung.* Anwendung bei Servolenkungen an schweren Kfz, wie Kraftomnibussen, Lastkraftwagen und Lieferwagen. In Personenkraftwagen ist sie nicht üblich.

Ölpumpe

Sie wird meist von der Kurbelwelle des Motors mittels Keilriemen oder Keilrippenriemen angetrieben.

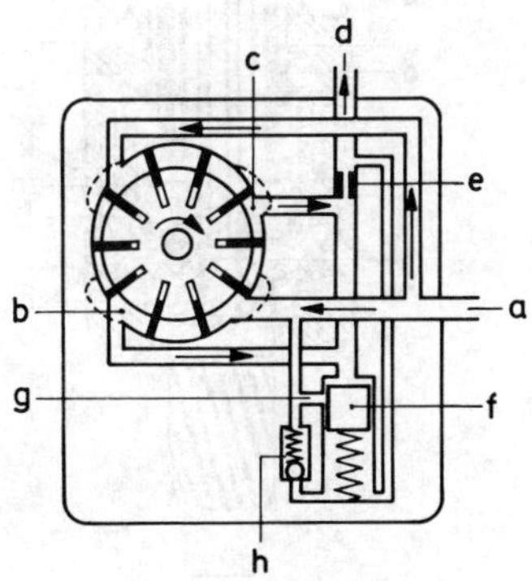

Bild 6.67 Hochdruckflügelpumpe der Porsche-Servolenkung (Beschreibung s. Text).
a Ansaugkanal
b Druckkammer
c Druckkammer
d Druckkanal
e Drossel
f Strombegrenzungsventil
g Abspritzbohrung
h Druckbegrenzungsventil

Ausführung: Bei Pkw, Lieferwagen, *leichten* Kom und Lkw als Flügelpumpe (Flügelzellenpumpe), bei *schweren* Kom und Lkw als Eatonpumpe (Rotorpumpe).

Bild 6.67 zeigt die Hochdruckflügelpumpe der Zahnstangenlenkung mit hydraulischer Lenkhilfe von Porsche.

Wirkungsweise

Beim Drehen der Antriebswelle, die mit dem Läufer fest verbunden ist, werden die Flügel durch ihre Fliehkraft und durch Öldruck an die Führungsbahn des Kurvenrings gedrückt. Durch die Anordnung von zwei Druckkammern im Kurvenring fördert jede Flügelzelle zweimal je Umdrehung Öl vom geteilten Ansaugkanal (a) über die Druckkammern (b und c) in den Druckkanal (d). Durch das im Druckkanal eingebaute *Strombegrenzungsventil* (Mengenregelventil f) und eine Drossel (e) wird der Ölstrom (Durchflußmenge) zur Lenkung geregelt. Mit steigender Drehzahl fördert die Pumpe mehr Öl. Dadurch wird die Druckdifferenz vor und hinter der Drossel (e) größer. Der reduzierte Druck hinter der Drossel ist wirksam über den Nebenkanal auf der federbelasteten Seite des Strombegrenzungsventils (f). Durch den höheren Druck vor der Drossel wird der Kolben gegen die Feder nach unten bewegt. Die Abspritzbohrung (g) zum Ansaugkanal (a) wird frei, und es erfolgt ein Druckabbau. Das Strombegrenzungsventil ist so abgestimmt, daß hinter der Drossel (e) die Durchflußmenge mit steigender Drehzahl abnimmt. Die Folge ist, daß bei *hoher Geschwindigkeit des Fahrzeugs die Lenkunterstützung abnimmt* und das „Lenkgefühl" zunimmt. Das Druckbegrenzungsventil (h) ist ein federbelastetes Kugelventil, das den maximalen Druck in der Pumpe abregelt. Es öffnet bei einem Druck von 75 bar. (Mit diesem Druck arbeiten auch die Zahnstangen-Servolenkungen anderer Hersteller, z. B. Audi.)

Hydraulische Steuereinrichtung Als Beispiel wird das *Drehkolbenventil* der Porsche-Servolenkung (Zahnstangenlenkung mit hydraulischer Unterstützung) beschrieben. Das Drehkolbenventil steuert je nach Lenkmoment den Öldruck für den Arbeitszylinder.

Die Hauptbestandteile sind (Bild 6.68):

Feststehendes Ventilgehäuse (i), Lenkspindel mit Formteil (b), Ventilkörper mit Lenkritzel (e), Drehstab (f) und zwei Ventilkolben (l).

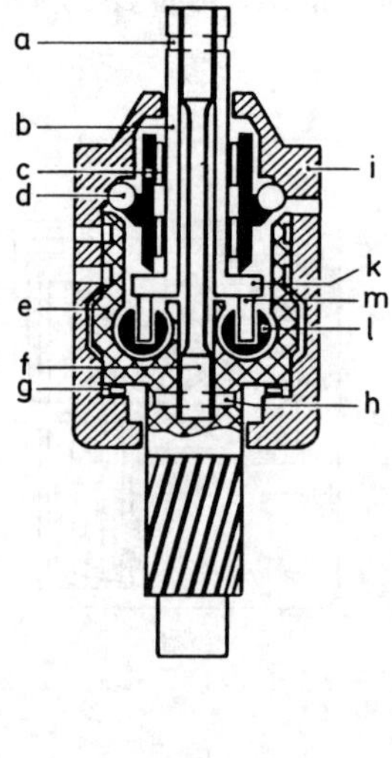

Bild 6.68 Drehkolbenventil der Porsche-Servolenkung (Beschreibung s. Text).
- a Zylinderstift (Verbindung Lenkspindel-Drehstab)
- b Lenkspindel mit Formteil
- c Nadellager
- d Schrägkugellager
- e Ventilkörper mit Lenkritzel
- f Drehstab
- g Axialnadellager
- h Zylinderstift (Verbindung Drehstab – Ventilkörper mit Ritzel)
- i feststehendes Ventilgehäuse
- k Formteil
- l Ventilkolben in Neutralstellung
- m Zapfen

Die Lenkspindel (b) mit Formteil (k) und Steuerzapfen (m) für die Ventilkolben ist ein Bauteil. Im Ventilkörper (e) sind zwei quer zur Ventilkörperachse liegende Ventilkolben (l) untergebracht, die beim Drehen des Lenkrades zusammen mit dem Ventilkörper und der Lenkspindel (b) im feststehenden Ventilgehäuse (i) gedreht werden.

Die Ventilkolben (l) haben in der Mitte eine Querbohrung, in die zwei Zapfen (m) der Lenkspindel eingreifen. Es besteht somit eine nahezu spielfreie Verbindung zwischen den Ventilkolben (l) und der Lenkspindel (b). Der Drehstab (f), der mit der Lenkspindel und dem Ventilkörper verbohrt und verstiftet ist, hält die Lenkspindel und somit auch die Ventilkolben in Neutrallage, solange am Lenkrad keine Kraft aufgebracht wird.

Wirkungsweise

Beim Lenkeinschlag wird der Drehstab (f) je nach Größe des Lenkmoments gespannt. Die beiden Zapfen (m), die mit der Lenkspindel drehfest verbunden sind, verschieben die Ventilkolben (l) aus der Neutralstellung. Wird das Lenkrad losgelassen, sorgen der Drehstab und zusätzlich eingebaute Zentrierfedern (nicht gezeichnet) dafür, daß die Ventilkolben in Neutrallage zurückgeschoben werden. Der Verdrehbereich des Drehstabs ist durch den Anschlag des Formteils (k) im Ventilkörper (e) begrenzt. Bei stehendem Motor oder Ausfall der Hydraulik wird über den Anschlag rein mechanisch gelenkt (Bild 6.75).

Zahnstangenlenkung mit hydraulischer Lenkhilfe (nach Porsche)

Bild 6.69 zeigt die Servolenkung in schematischer Darstellung.

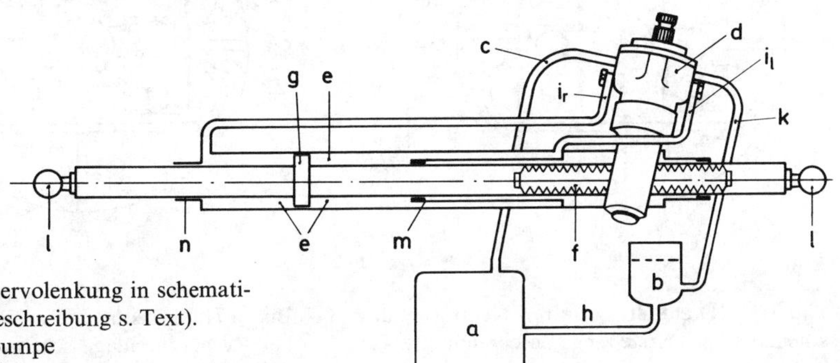

Bild 6.69 Porsche-Servolenkung in schematischer Darstellung (Beschreibung s. Text).

a Hochdruckflügelpumpe
b Ölbehälter mit Filtereinsatz
c Hochdruckdehnschlauch
d Drehkolbenventil
e Arbeitszylinder
f Zahnstange
g Kolben
h Saugleitung
i_l Druckleitung für Linkseinschlag
i_r Druckleitung für Rechtseinschlag
k Rücklaufleitung
l Kugelgelenk der Spurstange
m Rohr mit Hochdruckdichtung
n Büchse mit Hochdruckdichtung

Allgemeines

Die Zahnstange ist in einem zum Teil rohrförmigen Gehäuse mit Hochdruckdichtung (m) untergebracht. Sie ist am zylindrischen glatten Teil in einer Büchse mit Hochdruckdichtung (n) gelagert (in der schematischen Darstellung nicht gezeichnet). An der verzahnten Seite wird sie von einem federbelasteten Druckstück radial spielfrei in der Verzahnung des Antriebsritzels gehalten (in der Darstellung nicht gezeichnet). Auf der Zahnstange ist auch der Kolben (g) befestigt. Das Lenkgehäuse bildet den Arbeitszylinder (e). Die Hochdruckflügelpumpe ist am Motor befestigt und wird über einen Keilriemen von der Kurbelwelle des Motors angetrieben. Das Drehkolbenventil (d) ist mit dem Lenkgetriebe verschraubt.

Wirkungsweise

Das zum Lenken mit hydraulischer Unterstützung notwendige Hydrauliköl wird von der Hochdruckflügelpumpe (a) aus dem Ölbehälter (b) angesaugt und von dieser über den Hochdruckdehnschlauch (c) zum Drehkolbenventil (d) gefördert. Im Drehkolbenventil (d) wird das Öl je nach Lenkmoment (Kraft am Lenkrad) in die entsprechende Seite des Arbeitszylinders (e) geleitet. Durch den auf die Kolbenfläche wirkenden Öldruck wird die Lenkbewegung über die Zahnstange (f) unterstützt. Das Öl auf der anderen Seite im Arbeitszylinder fördert der Kolben (g) zum Drehkolbenventil (d). Von dort fließt das Öl durch die Rücklaufleitung (k) in den Ölbehälter (b).

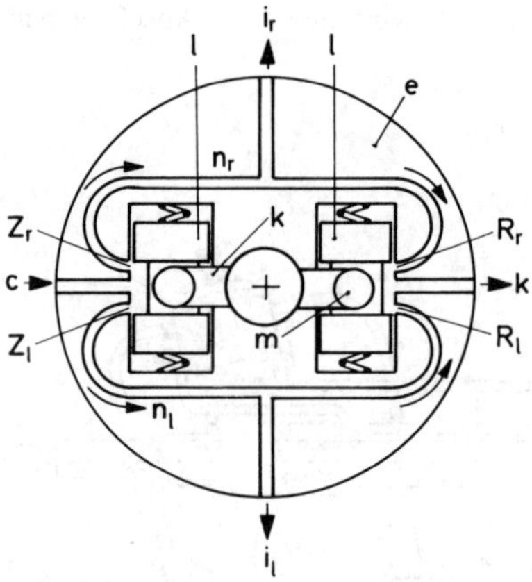

Bild 6.70 Drehkolbenventil in Neutralstellung in schematischer Darstellung (Beschreibung s. Text)

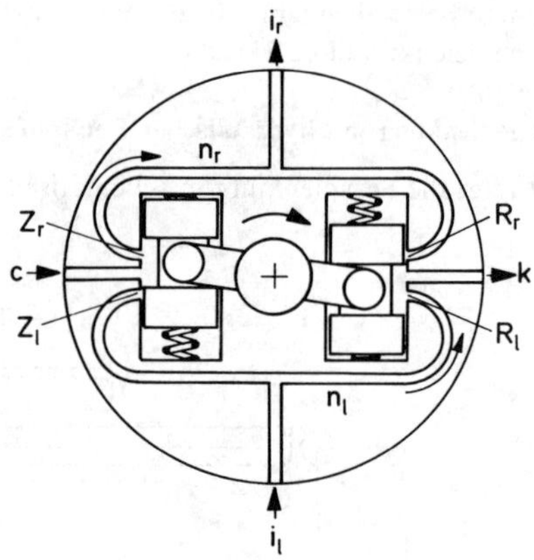

Bild 6.71 Wirkungsweise des Drehkolbenventils bei Rechtseinschlag (schematisch) (Beschreibung s. Text)

Wirkungsweise des Drehkolbenventils In den Bildern 6.70 bis 6.72 ist das Drehkolbenventil der (hoffentlich!) leichteren Verständlichkeit halber etwas anders dargestellt als in Wirklichkeit. Abgebildet sind jeweils nur der Ventilkörper (e) mit den Ventilkolben (l) und dem Formteil (k) mit den Zapfen (m) aus Bild 6.68. Die in den Bildern 6.70 bis 6.72 dargestellten Bohrungen (c), (i_r), (i_l) und (k) münden in vier hintereinander angeordnete Ringkanäle des Ventilkörpers (e), über die die Verbindung mit den am Ventilgehäuse (d) (Bild 6.69) angebrachten Leitungen (c), (i_r), (i_l) und (k) hergestellt wird. Die Ringkanäle sind nicht gezeichnet.

Wirkungsweise des Drehkolbenventils in Neutralstellung (keine Drehbewegung am Lenkrad) (Bild 6.70). Der Drehstab ist entlastet. Beide Einlaßöffnungen (Z_r und Z_l) und die beiden Rücklauföffnungen (R_r und R_l) sind von den Ventilkolben (l) geöffnet. Von der Pumpe fließt das Hydrauliköl durch die beiden Einlaßöffnungen (Z_r und Z_l) in die Kanäle (n_r und n_l), durch die

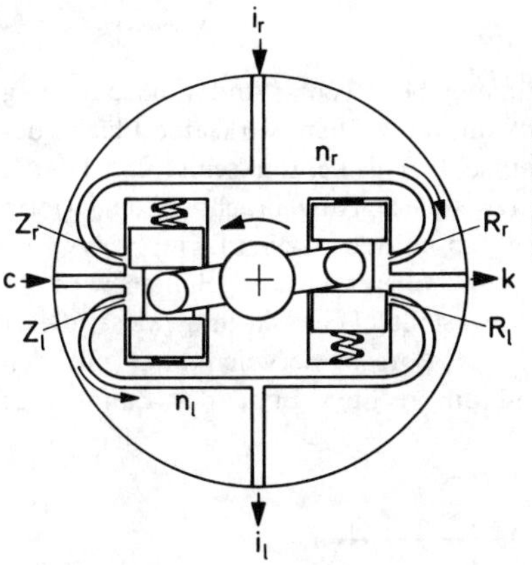

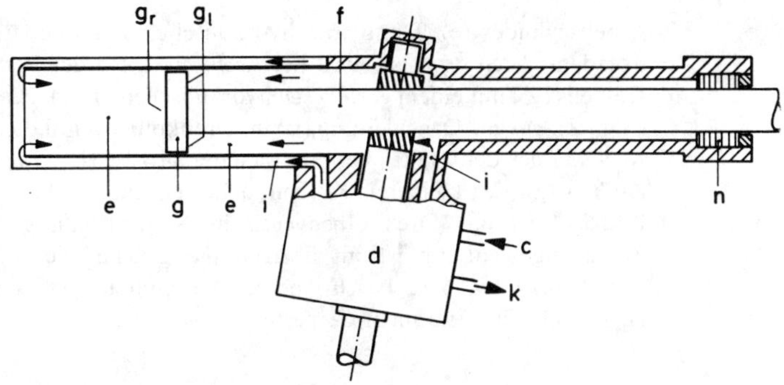

Bild 6.72 Wirkungsweise des Drehkolbenventils bei Linkseinschlag (schematisch) (Beschreibung s. Text)

Bild 6.73 Zahnstangen-Servolenkung mit am Ende der Zahnstange angebrachtem Kolben.
c Zulauf von der Ölpumpe
d Drehkolbenventil
e Arbeitszylinder
f Zahnstange
g Kolben
g_l wirksame Kolbenfläche bei Linkseinschlag
g_r wirksame Kolbenfläche bei Rechtseinschlag
i_l Druckleitung für Linkseinschlag
i_r Druckleitung für Rechtseinschlag
k Rücklaufleitung
n Büchse mit Hochdruckdichtung

Rücklauföffnungen (R_r und R_l) durch die Leitung (k) zum Ölbehälter (b) (siehe auch Bild 6.69). Vom Kanal (n_r) gelangt das Öl durch die Leitung (i_r) in den Arbeitszylinder (e) links vom Kolben (g), vom Kanal (n_l) durch die Leitung (i_l) in den Arbeitszylinder (e) rechts vom Kolben (g). Da der Druck auf beiden Seiten des Kolbens gleich groß ist, heben sich die Kräfte gegen den Kolben auf: Es findet *kein Lenkeinschlag* statt.

Wirkungsweise bei Rechtseinschlag (Lenkrad im Uhrzeigersinn gedreht) (Bild 6.71). Wird durch eine Kraft am Lenkrad der Drehstab nach rechts gespannt, wird der rechte Ventilkolben nach unten und der linke Ventilkolben nach oben verschoben. Von der Pumpe fließt das Öl über die Leitung (c) durch die geöffnete Einlaßöffnung (Z_r) zum Kanal (n_r) und von dort durch die Leitung (i_r) in den Arbeitszylinder (e) *links* vom Kolben (g) (Bild 6.69). Da die Rücklauföffnung (R_r) geschlossen ist, wird der Kolben nach *rechts* bewegt. Gleichzeitig schiebt der Kolben das Öl aus der rechten Seite des Arbeitszylinders durch die Leitung (i_l), den Kanal (n_l) und die geöffnete Auslaßöffnung (R_l) in den Ölbehälter zurück. Die Einlaßöffnung (Z_l) ist dabei geschlossen (Bild 6.71).

Wirkungsweise bei Linkseinschlag (Lenkrad entgegen dem Uhrzeigersinn gedreht) (Bild 6.72). Wird der Drehstab durch eine Kraft am Lenkrad nach links gespannt, wird der linke Ventilkolben nach unten und der rechte nach oben verschoben. Das Hydrauliköl fließt von der Pumpe (Leitung c) durch die geöffnete Einlaßöffnung (z_l) zum Kanal (n_l) und von dort durch die Leitung (i_l) in den Arbeitszylinder (e) *rechts* vom Kolben (g) (Bild 6.69). Da die Rücklauföffnung (R_l) verschlossen ist, wird der Kolben nach *links* bewegt. Der Kolben schiebt dabei das Öl aus dem linken Raum des Arbeitszylinders durch die Leitung (i_r), den Kanal (n_r) im Drehkolbenventil, die geöffnete Auslaßöffnung (R_r) und durch die Leitung (k) in den Ölbehälter (b) zurück (Bild 6.69).

Eine *Zahnstangen-Servolenkung*, bei der der Kolben (g) am linken *Ende* der Zahnstange angeordnet ist, zeigt Bild 6.73. Hierdurch ergeben sich *unterschiedlich große Kolbenflächen* im

Arbeitszylinder (e). Damit die hydraulische Lenkunterstützung bei Rechts- und Linkseinschlag trotzdem gleich groß ist, wird bei *Rechtseinschlag* der Lenkung die größere wirksame Fläche des Kolbens (g_r) mit einem *geringeren* hydraulischen Druck beaufschlagt als bei Linkseinschlag. Hierzu ist im *Zulauf* zur Druckleitung (i_r) im Drehkolbenventil die Drossel (D_z) angebracht (Bild 6.74). Im *Rücklauf* der Leitung (i_l) befindet sich die Drossel (D_r), wodurch im Arbeitszylinder (e) *rechts* vom Kolben (g), der kleineren Kolbenfläche (g_l) entsprechend, ein höherer Druck gehalten wird. In Bild 6.74 ist das Drehkolbenventil in Neutralstellung dargestellt. Die Wirkungsweise dieser Zahnstangenlenkung ist im übrigen die gleiche wie die der Porsche-Servolenkung (mit den Bildern 6.70 bis 6.72 beschrieben). Die Spurstangen sind am rechten Ende der Zahnstange angebracht (im Bild nicht dargestellt).

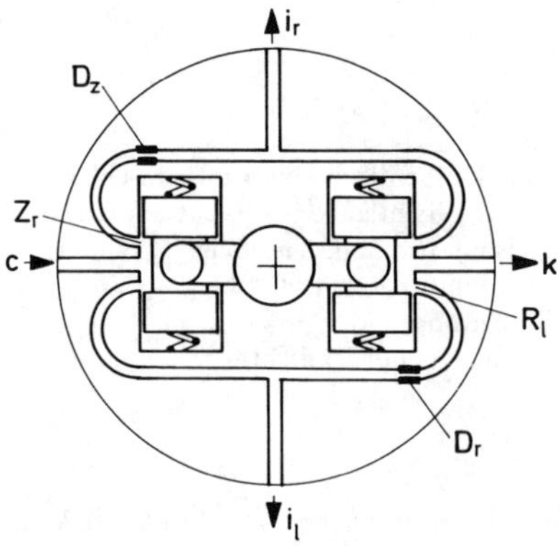

Bild 6.74 Drehkolbenventil, abgewandelt für Servolenkungen mit unterschiedlich großen Kolbenflächen (Beschreibung s. Text)

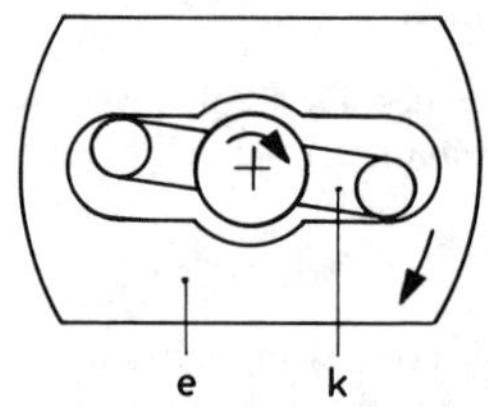

Bild 6.75 Wirkungsweise des Drehkolbenventils bei rein mechanischer Lenkung. Bei stehendem Motor oder Ausfall der Hydraulik erfolgt die Übertragung der Lenkbewegung rein mechanisch vom Formteil (k) auf den Ventilkörper mit Lenkritzel (e) (s. auch Bilder 6.70 bis 6.72)

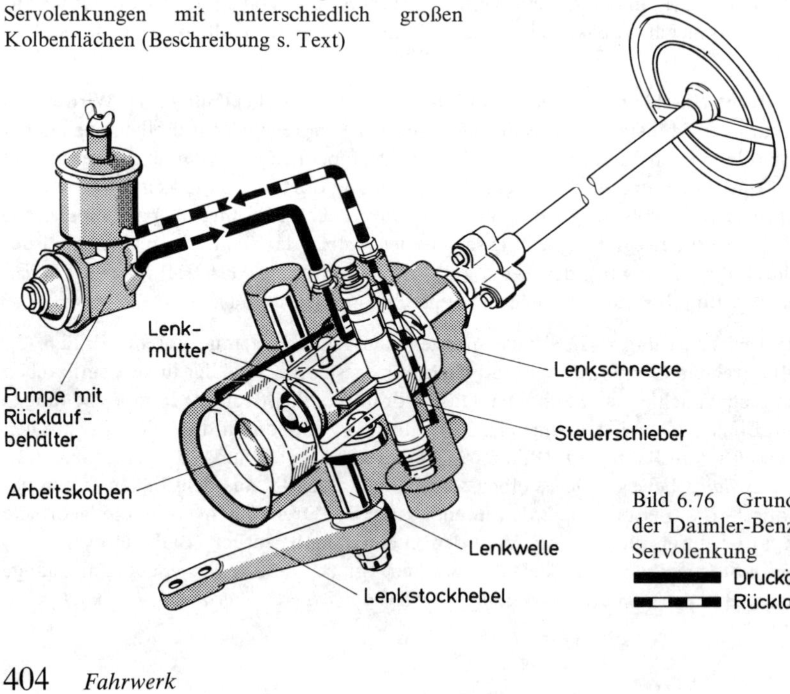

Bild 6.76 Grundsätzlicher Aufbau der Daimler-Benz-Kugelmutter-Servolenkung
Drucköl
Rücklauföl

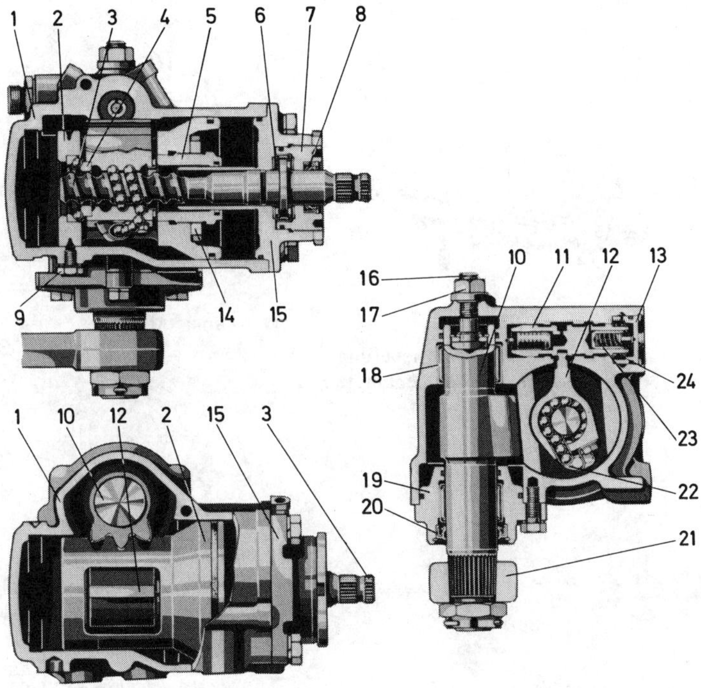

Bild 6.77 Mercedes-Benz-Servolenkung LSE 090 für Personenwagen.
1 Lenkgehäuse
2 Arbeitskolben
3 Lenkschnecke
4 Axiallager
5 Schraubdeckel
6 Axialnadellager
7 Lagereinsatz
8 Dichtring
9 Verschlußschraube
10 Lenkwelle
11 Steuerventil
12 Lenkmutter
13 Verschlußdeckel
14 Nutmutter
15 Lagerdeckel
16 Einstellschraube
17 Dichtmutter
18 Nadellager
19 Gehäusedeckel
20 Dichtring
21 Lenkstockhebel
22 Kugelführung
23 Reaktionskolben
24 Rückstellfeder

Daimler-Benz-Personenwagen-Servolenkung (nach Daimler-Benz)

Bild 6.76 zeigt den grundsätzlichen Aufbau einer Daimler-Benz-Kugelmutter-Servolenkung in Kompaktbauweise.

Bild 6.77 zeigt die Anordnung der Einzelteile bei der Mercedes-Benz-Servolenkung LSE 090 für Personenwagen.

Die Lenkung ist wie fast alle Servolenkungen als *Drossellenkung* aufgebaut, d.h., der Ölstrom geht (im Prinzip) drucklos durch das Steuersystem, solange keine Hilfskraft zum Lenken gebraucht wird.

Im Gegensatz zu der in Bild 6.76 gezeigten Lenkung, bei der für die Übertragung der Kräfte zwischen Lenkmutter und Lenkwelle noch die Kombination Kugelkopf – Hebelarm angewendet wurde, sind heute die Daimler-Benz-Servolenkungen mit Zahnstange und Zahnsegment als Übertragungsmechanismus zwischen Arbeitskolben und Lenkwelle ausgerüstet (Bild 6.77).

Die *Steuerung* wird durch das zylindrisch ausgeführte Steuerventil (11) in den Bildern 6.77, 6.78 und 6.79 bewirkt, das durch Drehung der Lenkmutter (12) nach der einen oder anderen Seite bewegt wird. Bild 6.78 zeigt schematisch die Bewegung des Steuerventils (11) durch Steuerlineal (L) der Lenkmutter.

Die *grundsätzliche Wirkungsweise der Steuereinrichtung* bei Links- und Rechtseinschlag sowie Neutralstellung zeigen die Bilder 6.80 bis 6.82. Reaktionskolben und Mittenfedern sind der leichteren Übersicht halber nicht gezeichnet.

Linkseinschlag (Bild 6.80) Wird das Lenkrad links herum (entgegen dem Uhrzeigersinn) gedreht, verschiebt das Steuerlineal (L) den Steuerkolben (Steuerschieber) (11) nach unten. Das von der Ölpumpe geförderte Hydrauliköl (1) fließt durch den geöffneten Einlaßschlitz (2) und die Leitung (3)

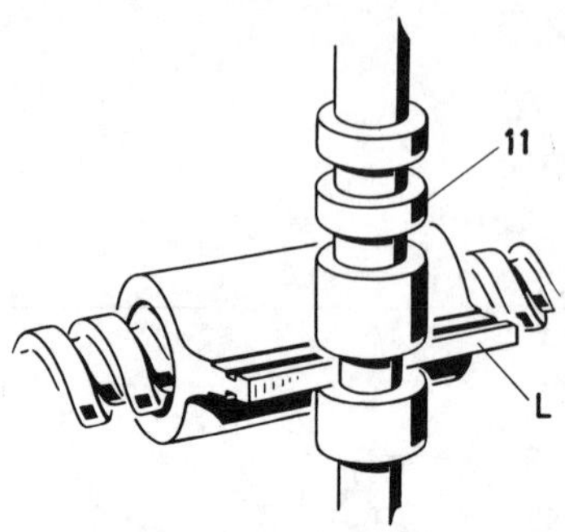

Bild 6.78 Schema der Ventilsteuerung mit dem Steuerlineal (L) der Lenkmutter

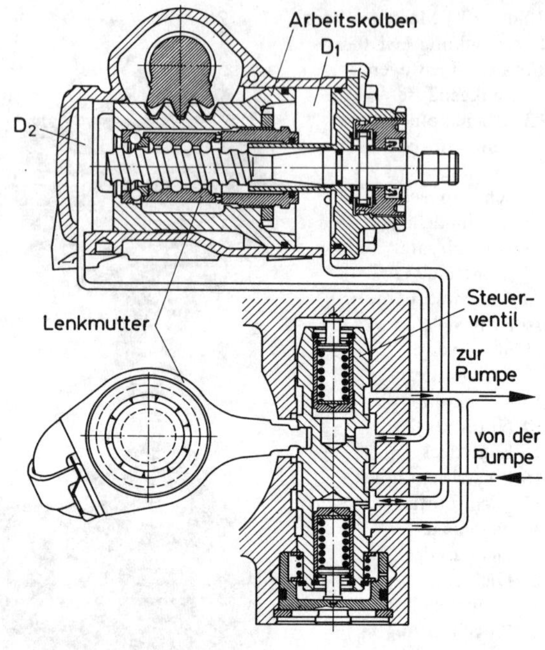

Bild 6.79 Steuerungsschema der Daimler-Benz-Servolenkung LSE 090, D_1 und D_2 = Druckräume für Links- und Rechtseinschlag

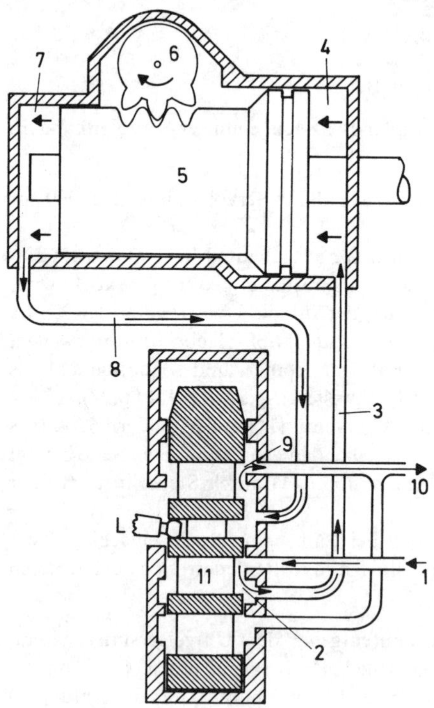

Bild 6.80 Steuerungsschema der Daimler-Benz-Servolenkung bei Linkseinschlag (Beschreibung s. Text)

Bild 6.81
(links) Steuerungsschema der Daimler-Benz-Servolenkung bei Rechtseinschlag (Beschreibung s. Text)

Bild 6.82
(rechts) Steuerungsschema der Daimler-Benz-Servolenkung bei Neutralstellung (Beschreibung s. Text)

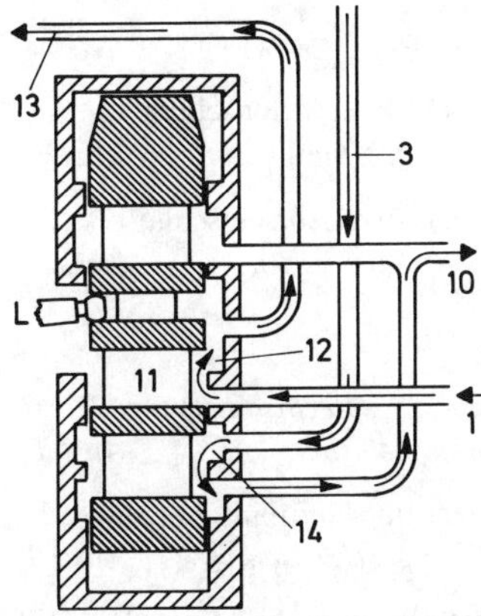

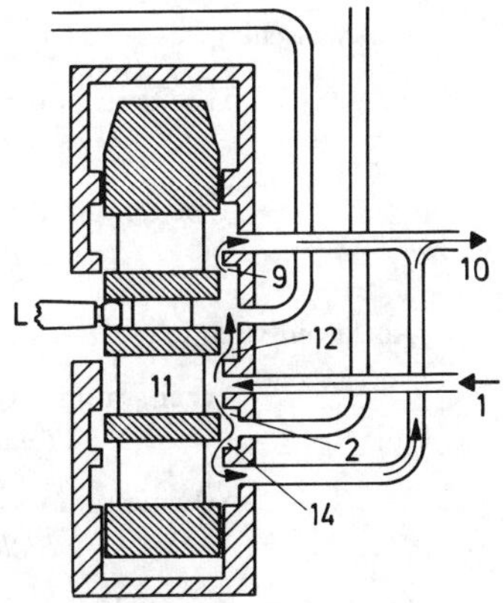

in den Arbeitszylinder (4) und drückt den Kolben (5) nach *links*. Die Kolbenbewegung wird über die Verzahnung des Kolbens auf das Zahnsegment (6) der Lenkwelle übertragen. Gleichzeitig schiebt der Kolben (5) das Öl aus dem Arbeitszylinder (7) durch die Leitung (8) und den geöffneten Auslaßschlitz (9) durch die Leitung (10) in den Ölbehälter.

Rechtseinschlag (Bild 6.81) Wird das Lenkrad rechts herum (im Uhrzeigersinn) gedreht, verschiebt das Steuerlineal (L) den Steuerschieber (11) nach oben. Das von der Pumpe geförderte Öl (1) fließt durch den geöffneten Einlaßschlitz (12) und die Leitung (13) in den Arbeitszylinder (7) (Bild 6.80) und drückt den Arbeitskolben (5) nach *rechts*. Gleichzeitig schiebt der Kolben das Öl aus dem Arbeitsraum (4) durch die Leitung (3) und den geöffneten Auslaßschlitz (14) durch die Leitung (10) in den Ölbehälter. Leitung (13) in Bild 6.81 = Leitung (8) in Bild 6.80.

Neutralstellung (keine Drehbewegung am Lenkrad, Bild 6.82) Der Steuerschieber (11) wird durch Federn – in Bild 6.79 erkennbar – genau in Mittelstellung gehalten, senkrecht zum Steuerlineal (L). Die Federn sind in Bild 6.82 nicht gezeichnet. Das von der Pumpe geförderte Öl (1) fließt durch die geöffneten Einlaßschlitze (2 und 12) und die ebenfalls geöffneten Auslaßschlitze (9 und 14) durch die Leitung (10) in den Ölbehälter zurück.

Mechanisches Lenken

Bei stillstehendem Motor oder Ausfall der Hydraulik verschiebt das an der Kugelmutter angebrachte Steuerlineal (L) den Steuerschieber (11) bis zum Anschlag, dann erfolgt der Lenkeinschlag rein mechanisch von der Lenkmutter über den Arbeitskolben und die Verzahnung auf die Lenkwelle (siehe auch Bild 6.79).

Grundsätzliche Wirkungsweise der hydraulischen Steuereinrichtungen aller Lenkungen mit hydraulischer Lenkhilfe:

Neutralstellung, auch Mittelstellung oder Neutrallage genannt (keine Drehbewegung am Lenkrad):

Arbeitsraum (-zylinder) für *Links*einschlag
Einlaß *geöffnet,* *Auslaß* *geöffnet*

Arbeitsraum (-zylinder) für *Rechts*einschlag
Einlaß *geöffnet,* *Auslaß* *geöffnet*

Linkseinschlag

Arbeitsraum (-zylinder) für *Links*einschlag
Einlaß geöffnet, Auslaß geschlossen

Arbeitsraum (-zylinder) für *Rechts*einschlag
Einlaß geschlossen, Auslaß geöffnet

Rechtseinschlag

Arbeitsraum (-zylinder) für *Rechts*einschlag
Einlaß geöffnet, Auslaß geschlossen

Arbeitsraum (-zylinder) für *Links*einschlag
Einlaß geschlossen, Auslaß geöffnet

Dieser Grundsatz gilt für *alle* Ausführungen hydraulischer Hilfskraftlenkungen!

Hydraulische Lenkbegrenzung

Der Sinn der hydraulischen Lenkbegrenzung ist es, Radanschläge, Lenkgestänge und Pumpe vor übermäßiger und unnötiger Beanspruchung zu schützen.

Mit hydraulischer Lenkbegrenzung sind die Servolenkungen für Lieferwagen, Kraftomnibusse und Lastkraftwagen ausgerüstet. Bei Servolenkungen für Personenkraftwagen wird sie allgemein *nicht verwendet.*

Die Bilder 6.83 und 6.84 zeigen eine ZF-Kugelmutter-Hydrolenkung mit *einstellbarer* hydraulischer Lenkbegrenzung.

Wie aus Bild 6.83 ersichtlich ist, sind zwei Ventile im Gehäuse der Lenkung eingebaut, deren Ventilkolben über Laschen mit einem Zahnsegment verbunden sind. Dieses Segment ist im Gehäusedeckel drehbar gelagert und steht mit einer Zahnscheibe im Eingriff, die auf der Segmentwelle befestigt ist.

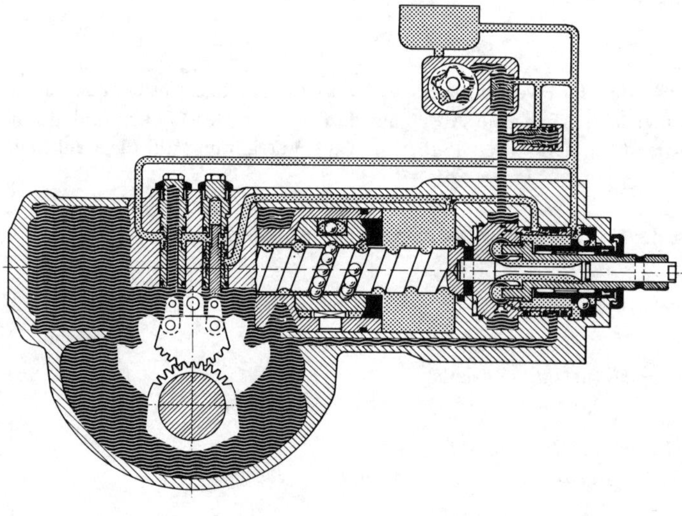

Bild 6.83 Schematische Darstellung einer ZF-Kugelmutter-Hydrolenkung mit einstellbarer hydraulischer Lenkbegrenzung sowie angeschlossener ZF-Eatonpumpe. Kolbenbewegung nach rechts. Lenkbegrenzung nicht betätigt (Lenkbegrenzungsventil geschlossen)

Bild 6.84 Lenkbegrenzung betätigt (Lenkbegrenzungsventil geöffnet), Öldruck stark vermindert

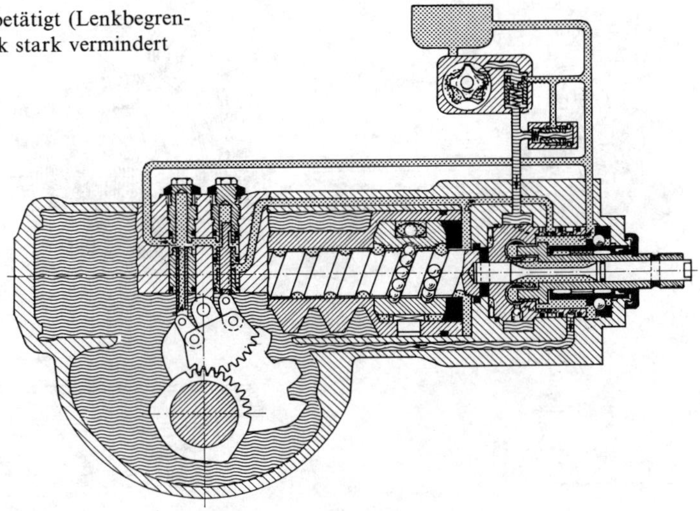

Beim Drehen der Segmentwelle wird ein Ventilkolben nach oben, der andere nach unten bewegt. Dadurch wird jeweils die Verbindung von der unter Hochdruck stehenden Zylinderseite zum Ölrücklauf hergestellt (Bild 6.84). Der im Zylinder wirkende Druck fällt hierdurch ab, und die hydraulische Hilfskraft wird stark reduziert, das Lenkrad kann nur mit erhöhtem Kraftaufwand bis zum Anschlag weitergedreht werden.

Wichtig für den *Einbau von Hilfskraftlenkungen* bzw. nach dem *Ersetzen oder Austauschen von Servolenkungen: Die Spur des Kraftfahrzeugs* muß mit einem optischen oder elektronischen Achsmeßgerät *genau von Lenkungsmittelstellung ausgehend* eingestellt werden. Andernfalls ist beim Loslassen des Lenkrads eine genaue Geradeausfahrt nicht möglich!

6.3 Achsen am Kraftfahrzeug

Mit der Steigerung der Ansprüche an den Fahrkomfort der Kraftwagen geht die Entwicklung zu Achskonstruktionen, die immer weniger ungefederte Masse haben.

Außerdem fordert man Achsen – besser Radaufhängungen–, bei denen sich die Stellung der Radebenen sowohl der Vorder- als auch der Hinterräder zur Fahrbahn jedem Fahrvorhaben entsprechend anpaßt, um vor allem bei schneller Kurvenfahrt große Seitenführungskräfte zu gewinnen. Die Vorteile der Starrachse, nämlich stets gleichbleibende Spurweite, gleiche Spur und gleicher Radsturz, sind deshalb im Pkw-Bau nicht unbedingt von ausschlaggebender Bedeutung.

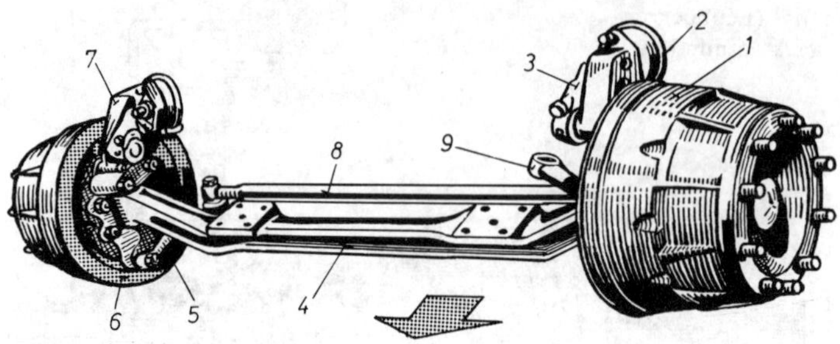

Bild 6.85 Faustachse (Daimler-Benz)
1 Bremstrommel
2 Radbremszylinder
3 Gestängesteller
4 Vorderachskörper
5 Spurstangenhebel
6 Schutzblech
7 Lagerbock
8 Spurstange
9 Lenkhebel

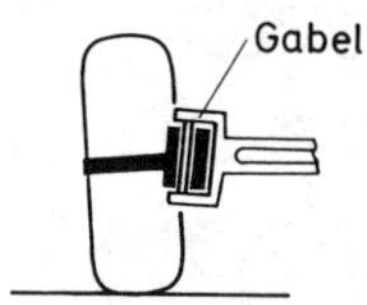

Bild 6.86 Gabelachse (schematisch)

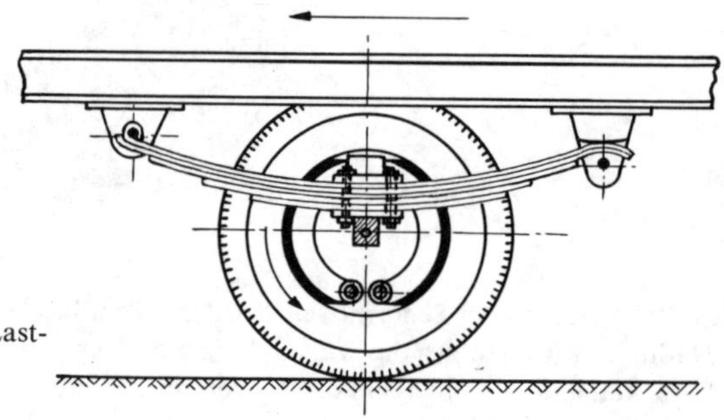

Bild 6.87 Starrachse mit Längsblattfeder bei Lastkraftwagen

6.3.1 Starrachsen

Als Vorderachsen werden sie nur noch bei Lkw, Kraftomnibussen und geländegängigen Kfz verwendet.

Man unterscheidet Gabel- und Faustachsen, je nach Ausbildung der Achsenden zur Aufnahme des Achsschenkels (Bilder 6.85 und 6.86). Bei Schwerlast-Kraftfahrzeugen gelangen ausschließlich Faustachsen zur Anwendung, da Gabelachsen schwieriger und somit nur wesentlich teurer herzustellen sind. Der Achskörper, der im Gesenk geschlagen wird, hat meist Doppel-T-Profil oder vierkantigen Querschnitt. Abgesehen von Fahrzeugen mit Luftfedern und vereinzelten Sonderkonstruktionen, sind starre Vorderachsen über Blattfedern (Längsfedern) mit dem Fahrgestell verbunden (Bild 6.87). Einzelradaufhängungen lohnen sich an Lkw nicht, da sie das Verhältnis zwischen ungefederter Masse und Gesamtmasse nicht wesentlich beeinflussen.

Als ungefederte Massen bezeichnet man alle Teile des Kraftfahrzeugs, die den Unebenheiten der Fahrbahn zwangsweise folgen müssen.

Beispiele: Rad und Reifen, Radnabe, Bremstrommel oder Bremsscheibe, Bremsankerplatte mit -backen und Bremszylindern bzw. Bremssattel mit Kolben bei der Scheibenbremse, der Achsschenkel mit Radlagern und Lenkhebel, teilweise die Spurstangen sowie der größte Gewichtsanteil der Blattfedern, wenn sie als Längsfedern ausgeführt sind.

Alle Teile des Fahrzeugs, die über den Federn angeordnet sind, gehören zur *gefederten Masse*. Die Straßenlage eines Kraftfahrzeugs ist um so besser, je größer das Verhältnis zwischen Gesamtmasse und ungefederter Masse ist. Um dies zu erreichen, ist der Automobilkonstrukteur gezwungen, gerade bei Fahrzeugen mit geringem Gesamtgewicht zu aufwendigen Einzelradaufhängungen zu greifen.

Beispiel: Ein Lkw hat ein Gesamtgewicht von 16 t. Das Gewicht der ungefederten Masse sei 1,6 t, so ist das Verhältnis 10 : 1. Soll das gleiche Verhältnis bei einem Pkw mit einem Gesamtgewicht von 1000 kg erreicht werden, dürfen die ungefederten Massen nur 100 kg wiegen. Es ist einleuchtend, daß das bei der Verwendung von Starrachsen mit Längsfedern nicht zu erreichen ist.

An Personenwagen wird deshalb zumindest für die Vorderräder ausnahmslos gewichtssparende Einzelradaufhängung verwendet.

Bei den *Starrachsen als Antriebsachsen* unterscheidet man nach der Ausführung:

☐ Banjoachsen,
☐ Trichter- oder Trompetenachsen,
☐ einteilige Achse (ungeteilte Hinterachse).

Der Vorteil der *Banjo-Achse* (Bild 6.88) liegt darin, daß der gesamte Achskopf – Kegelradgetriebe mit Ausgleichkorb – in ausgebautem Zustand montiert und eingestellt werden kann und dann fertig in das Achsgehäuse eingebaut wird.

Nicht so leicht sind Einstellarbeit und Montage bei der quergeteilten *Trichter- oder Trompetenachse* (Bild 6.89).

Die *einteilige Achse* ist nicht zerlegbar. Kegelrad- und Ausgleichgetriebe müssen im Achskörper zusammengebaut und eingestellt werden. Sie gelangt vorwiegend in Pkw zur Anwendung.

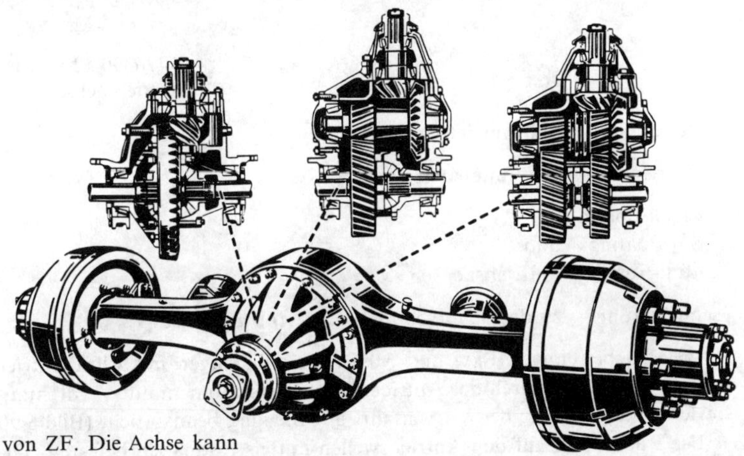

Bild 6.88 Banjo-Achse von ZF. Die Achse kann wahlweise mit drei verschiedenen Achseinsätzen ausgerüstet werden

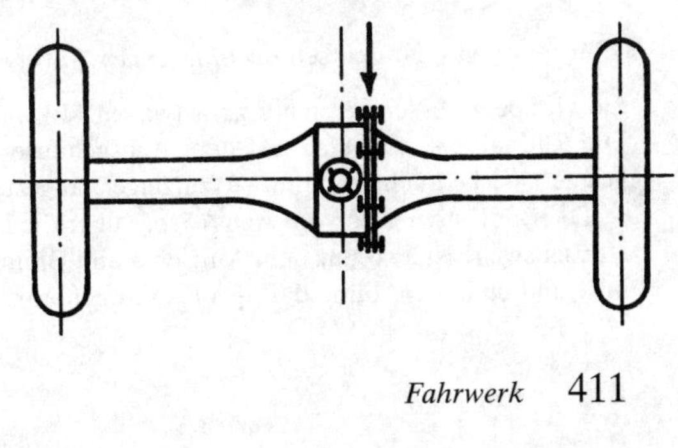

Bild 6.89 Trichter- oder Trompetenachse. Der Pfeil zeigt auf die flanschartige Schraubverbindung der beiden Achshälften

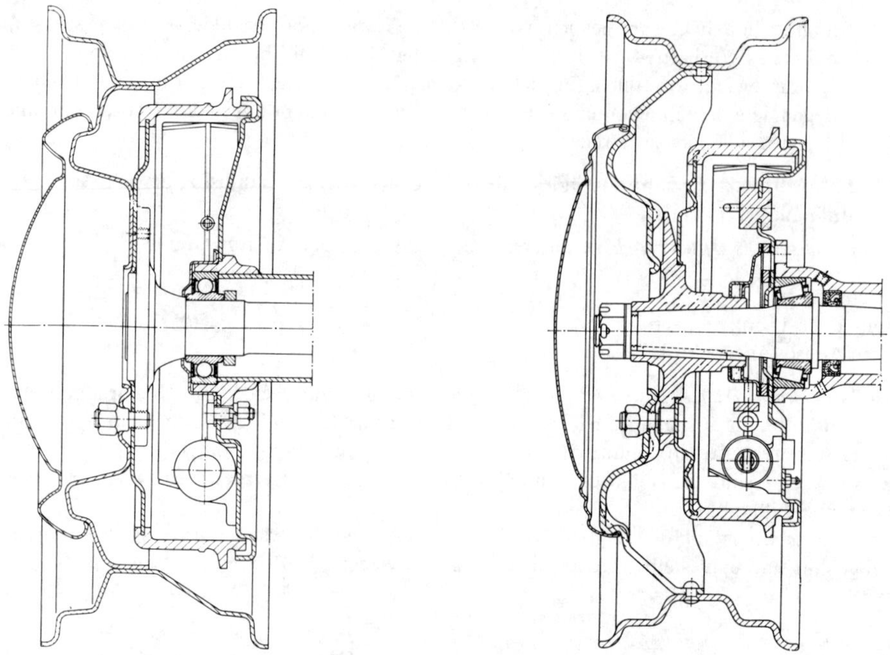

Bild 6.90 Lagerung einer «Semi-floating»-Antriebsachse

Hinterradlagerung an Antriebsachsen

Es werden drei Arten unterschieden:

- ☐ «semi-floating»-,
- ☐ «$^3/_4$-floating»- und
- ☐ «full-floating»-Antriebsachsen.

«semi-floating»-, zu deutsch *«halbfliegende» Antriebsachse*

Sie gelangt bei einigen Pkw und Mehrzweckfahrzeugen mit Allradantrieb zur Anwendung. Die Antriebswelle wird durch das Antriebs- und Bremsmoment auf Verdrehung und durch die Radlast sowie die Seitenkräfte bei Kurvenfahrt auf Biegung beansprucht (Bild 6.90).

Die Räder sind auf den Antriebswellen mittels Radnaben befestigt. Die Antriebswellen lagern außen mit Wälzlagern im Achskörper, im Ausgleichgetriebe sind die durch Verzahnung formschlüssig mit den zugehörigen Achswellenkegelrädern verbunden.

«full-floating»-, zu deutsch *«vollfliegende» Antriebsachse*

Sie wird bei allen schweren Nutzkraftwagen – Lkw und Kraftomnibussen – ausschließlich verwendet. Die Radnabe ist zweifach auf dem Achsgehäuse durch angestellte Schräglager in O-Anordnung gelagert (siehe auch Abschnitt «Wälzlager, angestellte Lagerung»).

Die Radlast wird so vom Achskörper über die Lager und die Nabe auf das Rad übertragen. Die Antriebswelle ist also nur dem Antriebs- und Bremsmoment ausgesetzt. Die Antriebswelle läßt sich aus- und einbauen, ohne daß das Rad abgenommen werden muß (Bild 6.91).

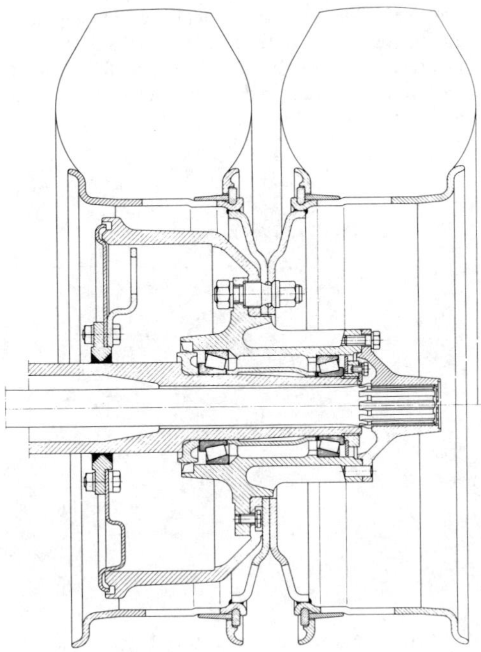

Bild 6.91 Radlagerung bei der «Full-floating»-Antriebsachse

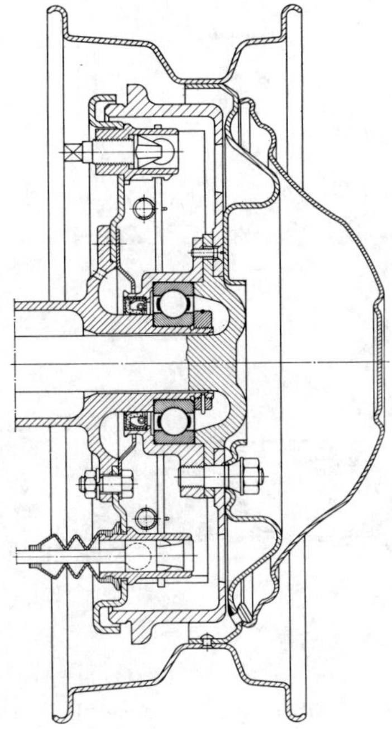

Bild 6.92 Radlagerung bei einer «$^{3}/_{4}$-floating»-Antriebsachse

«$^{3}/_{4}$-floating»-, zu deutsch «$^{3}/_{4}$-*fliegende*» *Antriebsachse*

Diese weniger gebräuchliche Ausführung stellt ein Mittelding zwischen der halbfliegenden und der vollfliegenden Antriebsachse dar. Die Antriebswelle wird nicht durch die Radlast beansprucht, jedoch durch die Seitenkräfte und deren Biegemoment bei Kurvenfahrt und natürlich durch das Antriebs- und Bremsmoment. Diese Art Antriebsachse gelangt bei Ford zur Anwendung (Bild 6.92).

6.3.2 Die De-Dion-Achse

Sie ist nach ihrem Erfinder, dem französischen Marquis und Ingenieur De Doin, benannt.

Das Besondere dieser Achse besteht darin, daß sie die Vorteile der Starrachse – keine Veränderung von Spurweite und Radsturz beim Ein- und Ausfedern – mit den Vorteilen der Einzelradaufhängung – geringe ungefederte Masse – verbindet.

Bild 6.93 zeigt den Aufbau der Hinterachse mit gekoppelter Einzelradaufhängung nach dem De-Dion-Prinzip von Opel.

Das De-Dion-Rohr (1) verbindet die beiden Hinterradlagerungen fest miteinander, wodurch keine Spur- und Sturzänderungen beim Ein- und Ausfedern entstehen. Die Längslenker (2) nehmen die Schub- und Zugkräfte auf und bewirken gemeinsam mit dem hinteren Dreieckslenker (3) eine exakte Führung der Hinterachse. Das am Fahrzeugchassis befestigte Ausgleichsgetriebe (4) überträgt

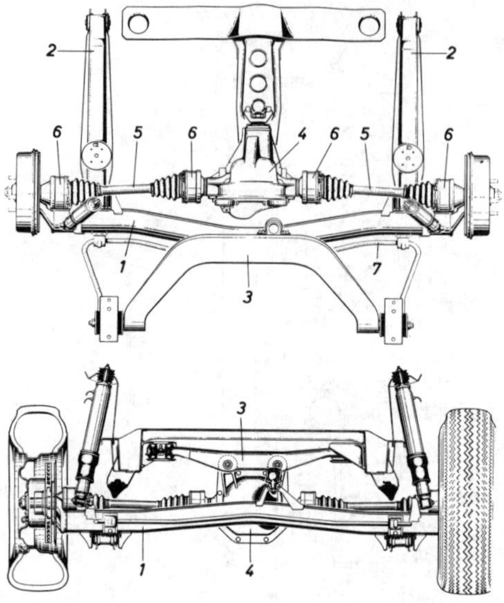

Bild 6.93 De-Dion-Hinterachse von Opel. Oberes Bild: Draufsicht, unteres Bild: Rückansicht. Der Deutlichkeit halber sind die Schraubenfedern sowie die hintere Befestigung des Ausgleichgetriebes nicht mit abgebildet (Beschreibung s. Text)

die Antriebskraft über zwei Antriebswellen (5) auf die Räder. Jede der beiden Antriebswellen ist mit zwei homokinetischen Gelenken (6) ausgerüstet, die sowohl große Beugungswinkel bei gleichmäßiger Drehbewegung ermöglichen, als auch die Längenänderung der Antriebswellen beim Ein- und Ausfedern der Räder ausgleichen. Ein Drehstabilisator (7) sorgt für geringste Neigung des Aufbaus bei schneller Kurvenfahrt.

6.3.3 **Einzelradaufhängung** (Schwingachsen)

Im Gegensatz zu den Starrachsen bezeichnet man alle Arten der Einzelradaufhängung mit dem Gesamtbegriff Schwingachsen.

Die Hauptvorteile der Einzelradaufhängung sind

- ☐ geringe ungefederte Masse,
- ☐ kleiner Raumbedarf und
- ☐ keine gegenseitige Beeinflussung der Räder untereinander.

Querfeder-Querlenkerachse

Die Ausführung mit obenliegender Querfeder zeigt Bild 6.94 schematisch. Sowohl die angetriebene Vorderachse des Autobianchi als auch die angetriebenen Vorder- und Hinterachsen des VW-Mehrzweckwagens «Iltis» sind auf diese Art ausgeführt. Im Gegensatz zu der im Bild dargestellten herkömmlichen Blattfeder wird beim Iltis eine *Weitspaltfeder* verwendet, bei der die einzelnen Blätter parabelförmig ausgewalzt sind (siehe auch Abschnitt 6.4 «Federn»). Die Ausführung mit *untenliegender* Querfeder zeigt Bild 6.95 schematisch. Die *nicht angetriebenen* Vorderachsen einiger Typen von Fiat und Seat sind derartig ausgeführt.

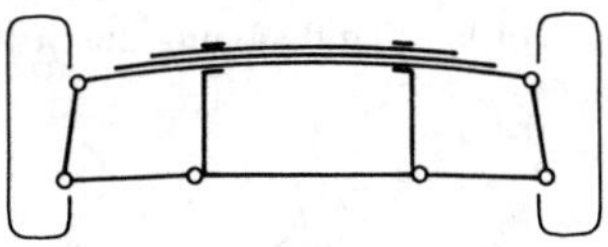

Bild 6.94 Querfeder-Querlenkerachse mit obenliegender Blattfeder (Beschreibung s. Text)

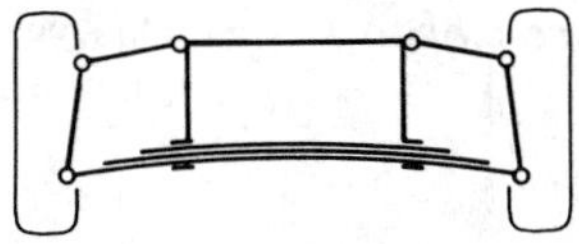

Bild 6.95 Querlenker-Querfederachse mit untenliegender Blattfeder (Beschreibung s. Text)

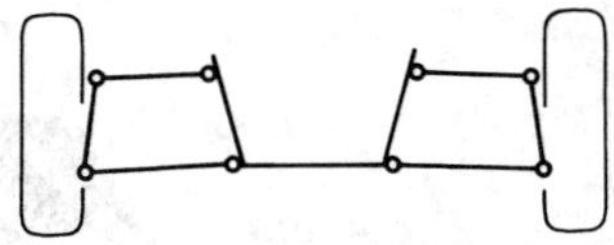

Bild 6.96 Doppelquerlenkerachse schematisch (Beschreibung s. Text)

Doppelquerlenkerachse

Bei der Doppelquerlenkerachse verändern sich beim Ein- und Ausfedern Sturz und Spreizung, die Spurweite hingegen kaum. Erreicht wird dies dadurch, daß der obere Querlenker stets kürzer ausgeführt ist und meist steiler nach innen steht als der untere (Bild 6.96).

Bei den Querlenkern unterscheidet man zwei Ausführungsformen:

☐ *Trapezlenker*. Verbindet man die vier Lager in Draufsicht miteinander, ergibt sich ein Trapez (Bild 6.97).

☐ *Dreieckslenker*. Verbindet man die Lagerpunkte, ergibt sich ein Dreieck (Bild 6.98).

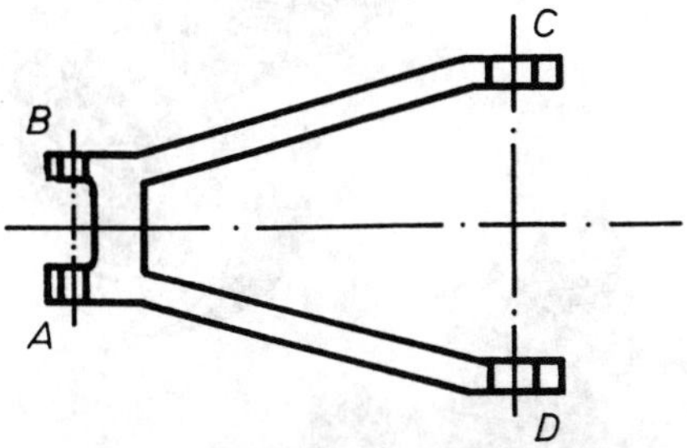

Bild 6.97 Trapezlenker schematisch. Die Lagerpunkte A, B, C und D bilden ein Trapez

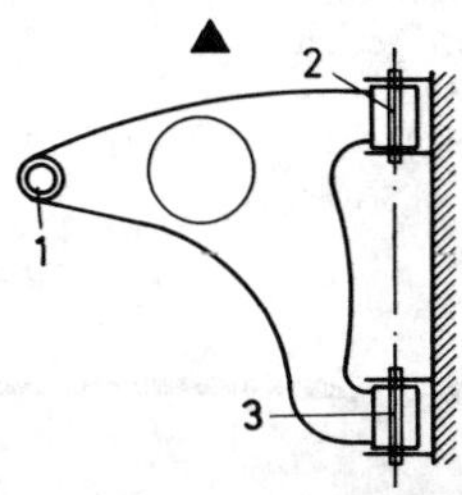

Bild 6.98 Dreieckslenker schematisch. Die Lager 1, 2 und 3 bilden ein Dreieck

Werden die inneren Querlenkerlager als Exzenterlager ausgeführt, lassen sich Sturz und Nachlauf einstellen.

Die oberen oder die unteren Dreieckslenker können auch durch einen einfachen Querlenker (nur zwei Lager) und den *Hebelarm* des Querstabilisators gebildet werden.

Bild 6.100 zeigt die Doppelquerlenkerachse der S-Klasse-Modelle von Daimler-Benz. Die oberen Dreieckslenker werden aus je einem einfachen geraden Querlenker (Q) und dem Hebelarm (H) des Querstabilisators (S) gebildet.

Allgemein gelangt die *Doppelquerlenkerachse als Vorderachse* zur Anwendung. Als *Antriebsachse* wird sie von Porsche eingesetzt. Bild 6.101 zeigt die *spurkorrigierende Querlenkerachse (Weissach-Achse)* des Porsche 928. Um freien Durchgang für die Antriebswellen zu erzielen – sie sind in Bild 6.101 nicht dargestellt –, sind die Federbeine hinter der Achsmitte angeordnet. Zur Aufnahme

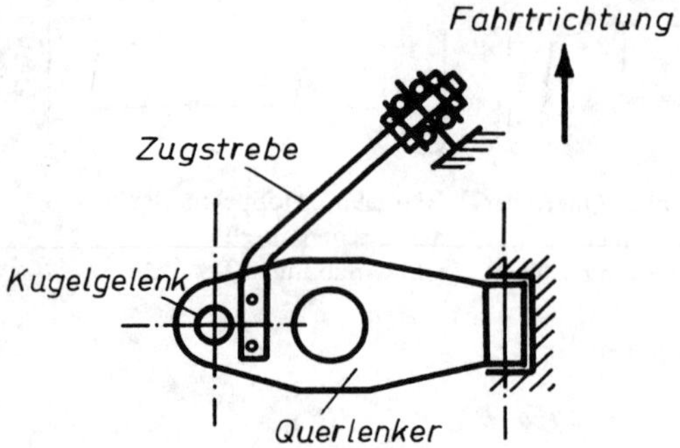

Bild 6.99 Opel-Vorderradaufhängung durch Querlenker mit Zugstrebe

Bild 6.100 Vorderachse der S-Modelle von Daimler-Benz (Beschreibung s. Text)

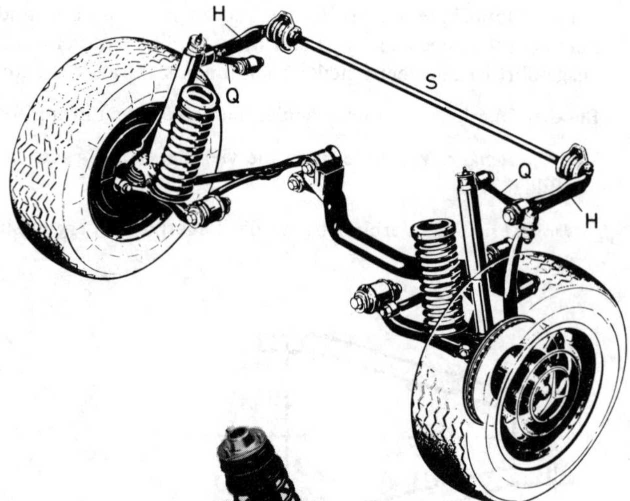

Bild 6.101 Spurkorrigierende Hinterachse des Porsche 928
1 Hinterachsträger, mit dem Aufbau verschraubt, 2 unterer Querlenker, bestehend aus dem Stahlblatt 3 und dem nach vorn weisenden starr am Radträger befestigten Rohr 4, 5 Anlenkschwinge, 6 Exzenterlager zur Spureinstellung, 7 Exzenterlager zur Sturzeinstellung, 8 oberer Querlenker (Beschreibung s. Text)

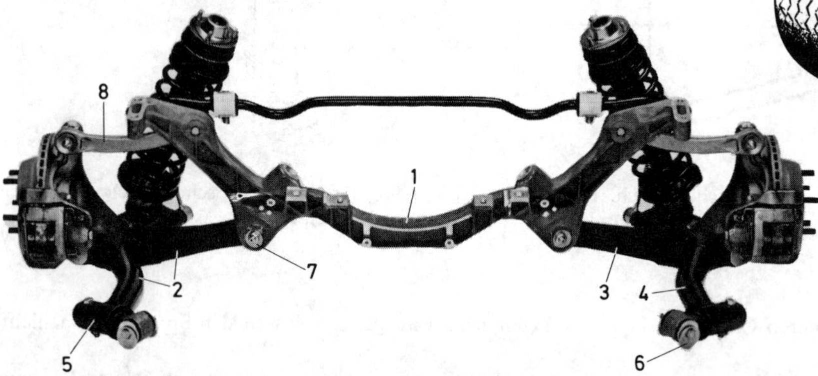

der Schubkräfte, vor allem beim Anfahren, und der Zugkräfte beim Bremsen, sind die unteren Querlenker (2) sehr breit gelagert (siehe auch Bild 6.102). Zur Aufnahme der Seitenkräfte dienen außerdem die oberen Querlenker (8). Die Querlenkerlager (6 und 7) sind mit Exzentereinstellung versehen. Exzenter (6) dient zur Spureinstellung, Exzenter (7) zur Sturzeinstellung. Die unteren Querlenker bestehen aus einem flachen Stahlblatt (3) und dem nach vorn weisenden starren Rohr (4). Zwischen dem starren Rohr (4) und dem Lager (6) ist die Steuerschwinge (5) beweglich angeordnet.

Bei Geradeausfahrt steht die Steuerschwinge (5) in einem Winkel von etwa 45° zur Längsachse (Bild 6.102 linkes Bild). Beim Gaswegnehmen bremst der Motor, wodurch die Kraft (p) auf das Rad

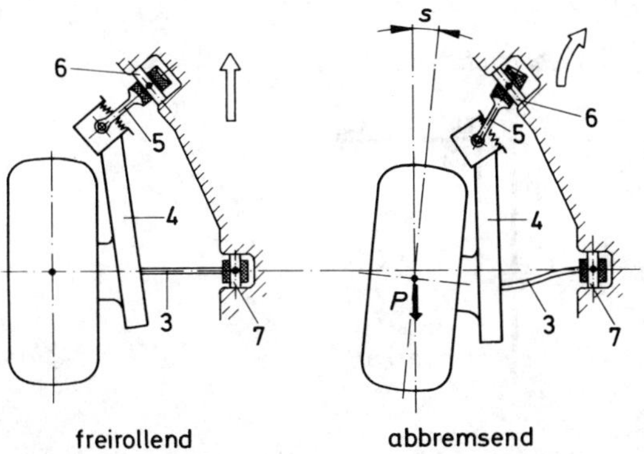

Bild 6.102 Wirkungsweise der Weissach-Achse aus Bild 6.101 (Beschreibung s. Text)

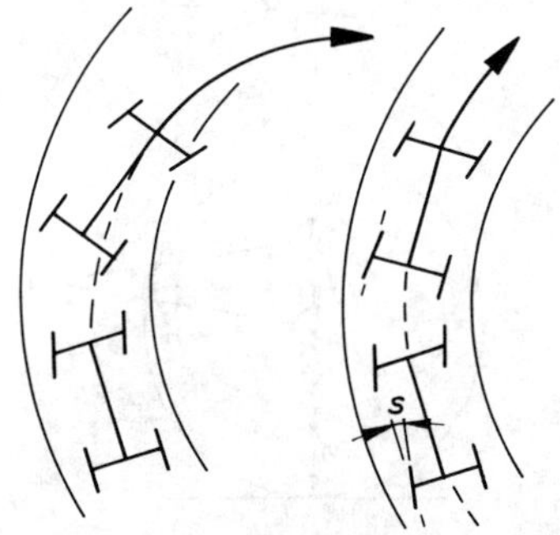

Bild 6.103 Linkes Bild: Eindreheffekt an hinterradgetriebenen Kfz. Rechtes Bild: Bei der spurkorrigierenden Weissach-Achse wird durch die Vorspur am kurvenäußeren Hinterrad (s) der Eindreheffekt weitgehend vermieden

wirkt (Bild 6.102 rechtes Bild). Das Stahlblatt (3) gibt federnd nach hinten nach, was eine Drehung der Steuerschwinge (5) zur Folge hat, wodurch das *Rad in die Vorspur* geht (Winkel (s) im rechten Bild). Erfolgt das Gaswegnehmen in der Kurve, geht somit das stärker belastete kurvenäußere Rad in Vorspur, es lenkt in die Kurve hinein. Das Kfz bleibt auf der vorgeschriebenen Bahn, der *Eindreheffekt* ist weitgehend beseitigt.

Der *Eindreheffekt* entsteht an Kfz mit angetriebenen Hinterrädern, wenn bei Kurvenfahrt durch das Gaswegnehmen die Hinterräder nach außen drängen und der Fahrer nicht gegenlenkt (Bild 6.103, links).

Durch das *Eigenlenkverhalten der Weissach-Achse* – beim Gaswegnehmen geht das stärker belastete kurvenäußere Hinterrad in Vorspurstellung – wird der Eindreheffekt vermieden. Das Kfz bleibt in der vorgeschriebenen Bahn (Bild 6.103, rechts).

Längslenkerachsen (Kurbelachsen)

Der Name rührt daher, daß die Lenker zur Führung des Rades nicht quer, sondern parallel zur Fahrzeuglängsachse Angeordnet sind.

Man unterscheidet Einfach- und Doppellängslenkerachsen.

Einfachlängslenkerachsen (Einfachkurbelachsen). Als *Vorderachse* sind sie wenig geeignet, da das Ein- und Ausfedern der Räder eine große Veränderung des Nachlaufs bewirkt. Anwendung daher nur bei kleinen leichten Kfz, zum Beispiel Citroën 2 CV und Nachfolgetypen (Bild 6.104).

Als *Hinterachsen* werden sie bei Kfz mit Frontantrieb verwendet. Die Hinterräder werden dabei gezogen (Bild 6.105).

Vorteile: Geringe ungefederte Masse, geringer Raumbedarf. Bei entsprechender Ausführung läßt sich die Laufrichtung der Hinterräder zur Kfz-Längsachse – die Einzelspur der Räder – einstellen. Zum Beispiel im Peugeot 104 (Bild 6.106).

Doppellängslenkerachse. Sie wird nur noch von VW im 1200er Käfer als Vorderachse verwendet. Wegen des großen Raumbedarfs und der aufwendigen und damit teuren Herstellung gelangt sie sonst nicht zur Anwendung.

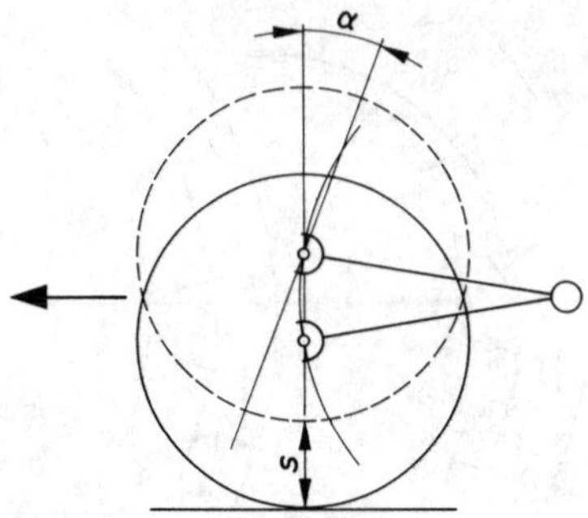

Bild 6.104 Einfachlängslenker-Vorderachse. Federt das Rad um den Weg *S* ein, ändert sich der Nachlauf um den Winkel α (im Beispiel um 20°!)

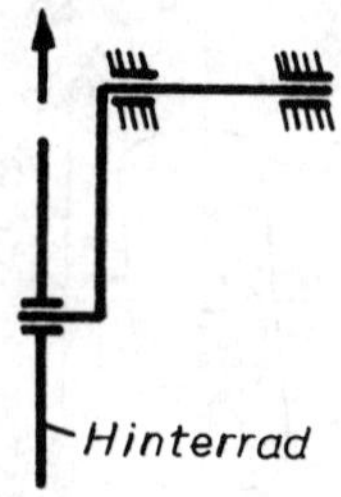

Bild 6.105 Längslenker-Hinterachse bei Fahrzeugen mit Frontantrieb (schematisch), das Rad wird gezogen

Bild 6.106 Hinterradaufhängung des Peugot 104. Das geteilte Achsrohr ermöglicht das Einstellen der Spur der Hinterräder

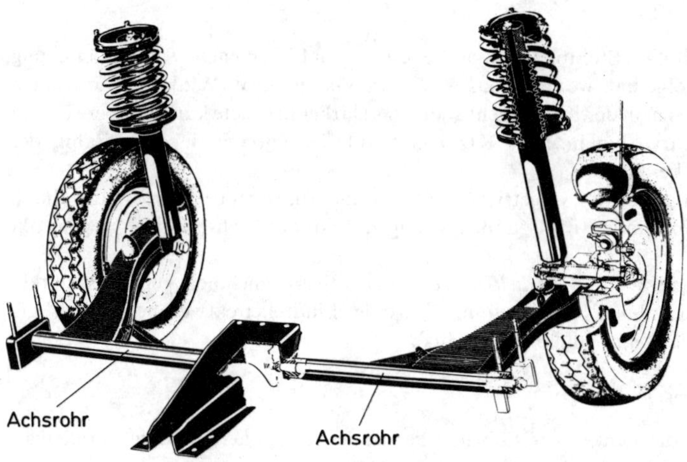

Torsionskurbelachse (Bild 6.107)

Die Besonderheiten dieser Achse zeigt Bild 6.108. Die blattförmigen biegsamen Längslenker (L) sind mit der Hinterachse (H) verschweißt, die aus einem unten offenen U-Profil besteht. In diesem U-Profil ist ein *Torsionsrohr* (T) angeordnet, das an beiden Enden ebenfalls mit den Längslenkern (L) verschweißt ist. Es wirkt als Querstabilisator und verringert so die Querneigung des Kfz bei schneller Kurvenfahrt. Ein langer Panhardstab dient zur Führung des Aufbaus auf der Achse in Querrichtung. Aufgrund seiner Anordnung wird er auch als «*Diagonalstrebe*» bezeichnet (Bild 6.107).

Koppellenker- und Verbundlenkerachsen

Beide Achsarten haben Längslenker, die durch Querträger miteinander verbunden sind. Bei der Koppellenkerachse (Bild 6.109) ist es ein biegesteifer aber torsionsweicher Achsträger (A), bei der Verbundlenkerachse von VW Golf und Scirocco ist es ein die Lenker verbindendes T-Profil

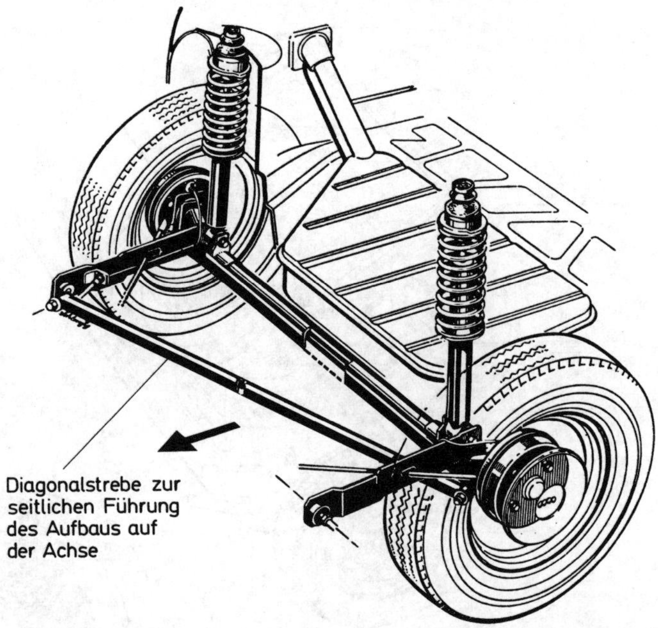

Bild 6.107 Torsionskurbelachse von Audi und VW

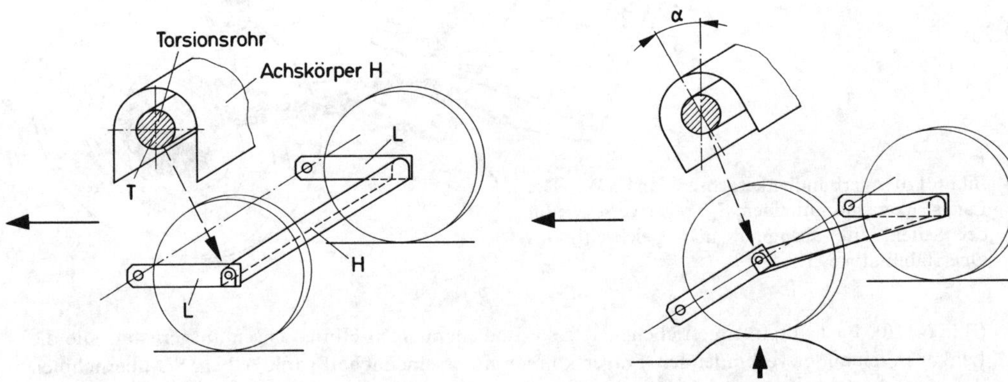

Bild 6.108 Wirkungsweise der Torsionskurbelachse. Linkes Bild: Wirkungsweise in Ruhestellung. Achskörper H und Torsionsrohr T sind nicht verdreht. Rechtes Bild: Das linke Rad federt ein. Hinterachskörper H mit dem innenliegenden Torsionsrohr T werden um den Winkel α verdreht. Das Torsionsrohr wirkt als Querstabilisator und verringert die Querneigung des Fahrzeugs

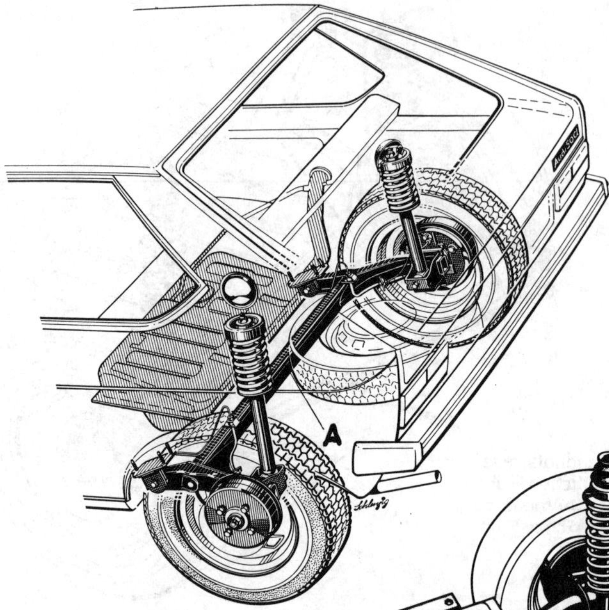

Bild 6.109 Koppellenkerachse (Beschreibung s. Text)

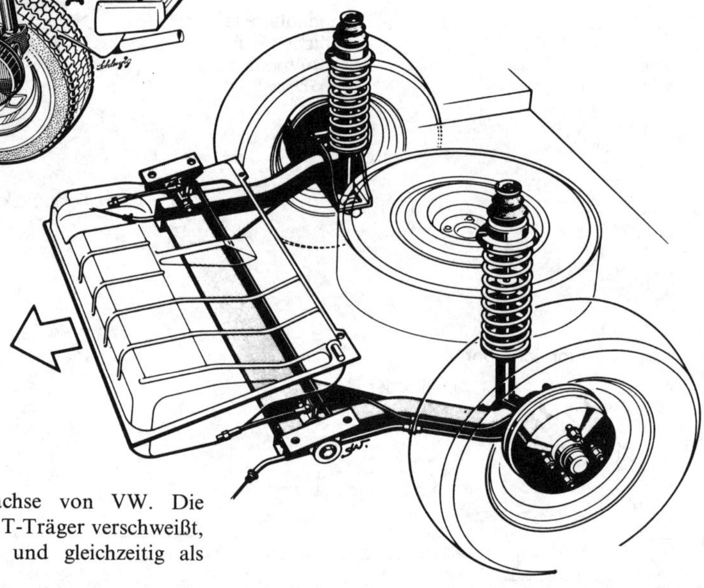

Bild 6.110 Verbundlenkerachse von VW. Die Längslenker sind mit einem T-Träger verschweißt, der Seitenkräfte aufnimmt und gleichzeitig als Querstabilisator wirkt.

(Bild 6.110). Fast alle frontgetriebenen Kfz sind mit derartigen Hinterachsen ausgerüstet. Die die Lenker miteinander verbindenden Träger können unterschiedliche Profile haben. Sie übernehmen immer auch die Aufgabe des Querstabilisators.

Schräglenkerachsen

Sie werden als angetriebene Hinterachsen eingesetzt. Bild 6.111 zeigt die Schräglenkerachse von Daimler-Benz.

Um das «In-die-Hocke-Gehen» beim Anfahren aus dem Stand zu vermeiden (Bild 6.112), sind die Schräglenkerhinterachsen der großen Daimler-Benz-Modelle mit einer *Anfahrmomentabstützung* versehen. Diese Anordnung, die ungefähr einem Wattgestänge entspricht, bewirkt, daß die Räder

Bild 6.111 Schräglenkerhinterachse von Daimler-Benz. Bei der von Daimler-Benz als Diagonal-Doppelgelenkpendelachse bezeichneten Hinterachse werden die Räder einzeln an Lenkern geführt, deren Drehachsen schräg zur Fahrtrichtung (diagonal) fast durch die Mitte des jeweils gegenüberliegenden Rades weisen. Beim Ein- und Ausfedern sowie bei Kurvenfahrt ergeben sich dadurch nur sehr geringe Änderungen von Spur und Sturz

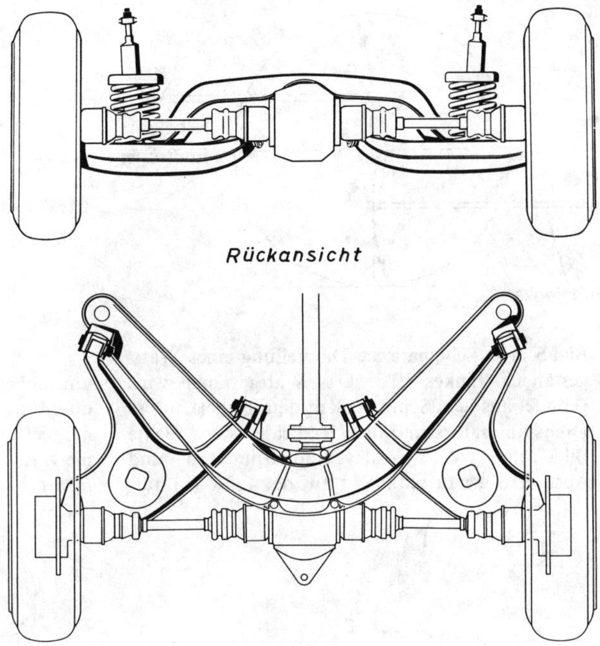

Bild 6.112 Radführung durch Schräglenker. Beim Einfedern bewegt sich das Rad nicht nur nach oben, sondern auch in Fahrtrichtung nach vorn. Im gezeigten Beispiel um (w). (Beschreibung s. Text)

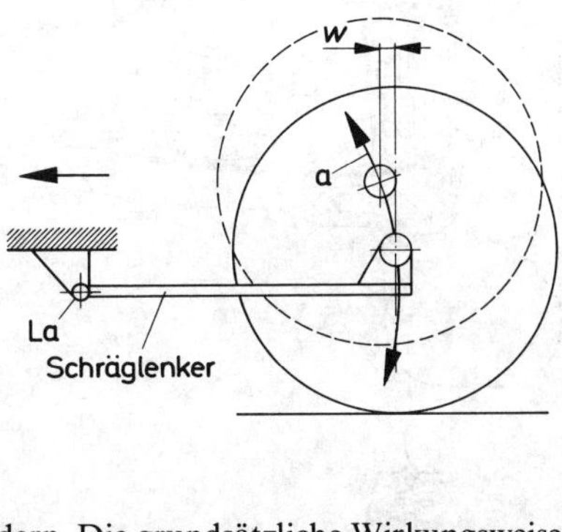

– auf die Längsrichtung bezogen – senkrecht ein- und ausfedern. Die grundsätzliche Wirkungsweise zeigt Bild 6.113. Ein derartiges Wattgestänge wird in Anordnung quer zur Längsachse von Alfa-Romeo zur seitlichen Führung des Aufbaus auf der Hinterachse verwendet. Schräglenkerachsen gelangen heute bei fast allen hinterradgetriebenen Kfz zur Anwendung.

Raum-Lenker-Hinterachse

Sie besteht aus dem Hinterachsträger, der mit dem Rahmenboden verbunden ist, dem Radträger, der durch 5 räumlich angeordnete Lenker eine Verbindung zum Hinterachsträger herstellt und den Antriebswellen. Die 5 Lenker pro Rad sollen eine exakte Radführung, eine geringfügige Änderung der Spur beim Einfedern sowie einen ständigen negativen Sturz der Hinterräder gewährleisten.

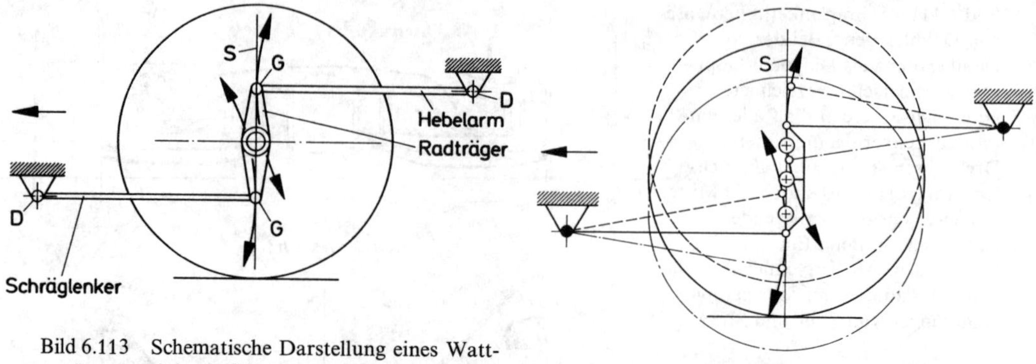

Bild 6.113 Schematische Darstellung eines Wattgestänges. Linkes Bild: Das Wattgestänge wird gebildet aus dem Schräglenker, dem Hebelarm des Drehstabilisators und dem Radträger. Das rechte Bild zeigt, daß sich das Rad beim Ein- und Ausfedern genau senkrecht auf der Linie (S) auf- und abbewegt. Ein «In-die-Hocke-Gehen» ist dadurch trotz größter Anfahrbeschleunigung nicht möglich. Liniert: Rad in Normalstellung. Strichliniert: Rad eingefedert. Strichpunktiert: Rad ausgefedert

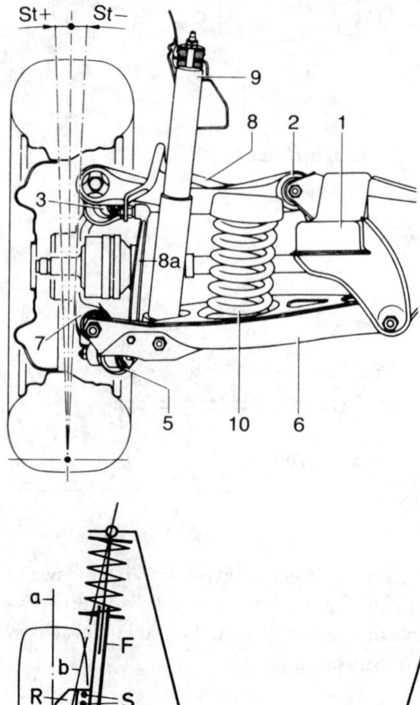

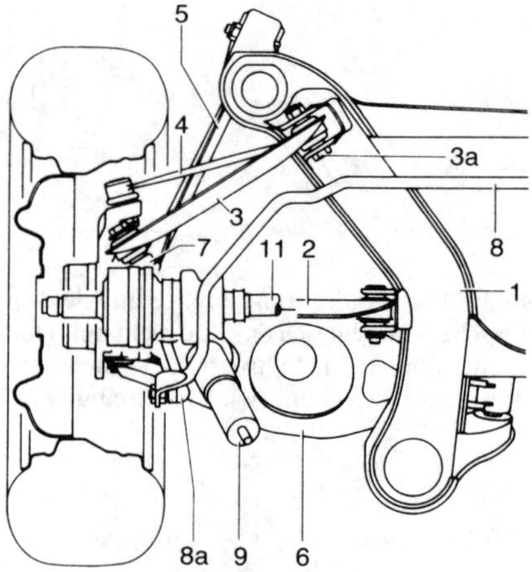

Bild 6.114 (oben) Raum-Lenker-Hinterachse

1 Hinterachsträger
2 Sturzstrebe
3 Zugstrebe
3a Exzenterbolzen
4 Spurstange
5 Schubstrebe
6 Federlenker
7 Radträger
8 Drehstab
8a Verbindungsstange
9 Stoßdämpfer
10 Hinterfeder
11 Hinterachswelle

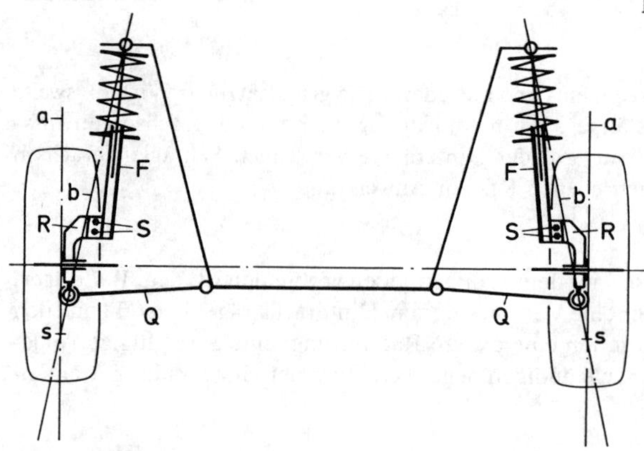

Bild 6.115 Federbeinachse, schematisch (Beschreibung s. Text)

Mc-Pherson- oder Federbeinachsen

Diese Radaufhängung wird sowohl an nicht angetriebenen als auch an angetriebenen Vorderachsen verwendet. Vorteile dieser Radaufhängung:

- ☐ Es sind große Federwege (über 200 mm) bei sehr weich einsetzender Federwirkung möglich;
- ☐ geringer Platzbedarf, der Motorraum wird nicht für die Lagerung von Querlenkern oder dgl. beansprucht;
- ☐ geringe ungefederte Masse (Bild 6.115).

Bild 6.115 zeigt eine Federbeinachse als angetriebene Vorderachse schematisch. Heute sind die Federbeine (F) mit den Radträgern (R) meist verschraubt (S). Hierdurch wird das Auswechseln der Stoßdämpfer erleichtert, außerdem kann durch Langlöcher für eine der Befestigungsschrauben (S) der Sturz des Rades eingestellt werden (wie beim VW Golf).

Der Querlenker (Q in Bild 6.115) ist als Dreieckslenker ausgebildet, kann aber auch aus einem einfachen Querlenker (L) und dem Hebelarm (H) des Querstabilisators gebildet werden (Bild 6.116).

Dämpferbeinachse

Sie gelangt beim Daimler-Benz Typ 190 als Vorderachse zur Anwendung (Bild 6.117). Der Unterschied zur Federbeinachse besteht darin, daß die Feder gesondert auf dem Querlenker und nicht auf dem Stoßdämpfer angeordnet ist. Die mit Gasdruckdämpfern mit hohler Kolbenstange ausgerüsteten Dämpferbeine (D) sind mit den Radträgern (R) dreifach verschraubt. Die Dreieckslenker (Q) sind am Achsträger (A) vorn und hinten in Exzentern gelagert. Die vorderen – im Bild nicht sichtbaren – Exzenter dienen zur Sturz-, die hinteren (E) zur Nachlaufeinstellung.

Wie die Bilder 6.115 und 6.117 zeigen, haben beide Radaufhängungen einen negativen Lenkrollradius: Die Radmittenebenen (a) und die Spreizachsen (b) schneiden sich in den Punkten (S) bzw. (s) oberhalb der Radaufstandsfläche.

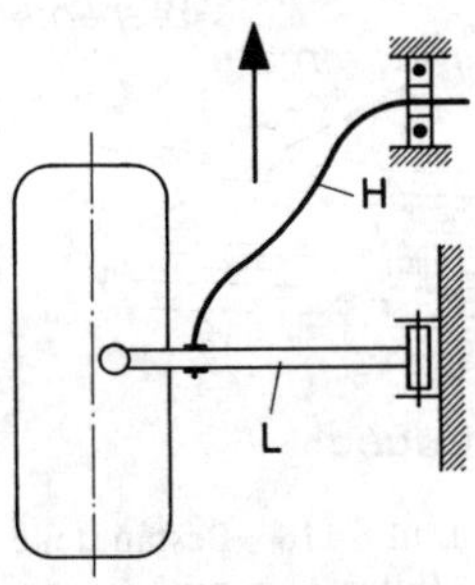

Bild 6.116 Dreieckslenker der Mc-Pherson- oder Federbeinachse in Draufsicht (schematische Darstellung). Pfeil = Fahrtrichtung (Erklärung s. Text)

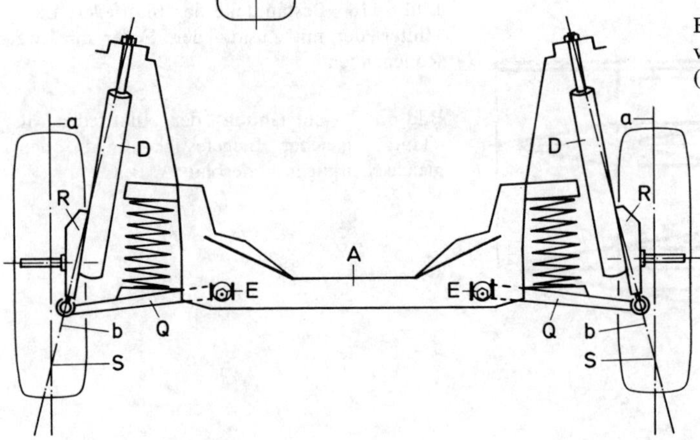

Bild 6.117 Dämpferbeinachse von Daimler-Benz (Beschreibung s. Text)

6.4 Federn (Federelemente) am Kraftfahrzeug

An die Federung von Kfz werden folgende Anforderungen gestellt:

- ☐ *Erhöhung des Fahrkomforts.* Durch Fahrbahnunebenheiten verursachte Stoßkräfte sollen von Fahrgestell und Aufbau ferngehalten werden.
- ☐ *Erhöhung der Fahrsicherheit* durch gute Bodenhaftung zwischen Rädern und Fahrbahn.

An Kfz verwendet man folgende Federelemente:

- ☐ Blattfedern,
- ☐ Schraubenfedern,
- ☐ Torsions- oder Drehstabfedern,
- ☐ Luft- oder Gasfedern.

6.4.1 Die Blattfeder

Aufbau und Bestandteile einer Blattfeder mit zwei Rollenenden zeigt Bild 6.118.

Die ideale Blattfeder stellt einen *Träger gleicher Biegefestigkeit* dar, d.h., an allen Querschnitten wird die Feder annähernd gleich beansprucht. Ihre Entstehung aus einem an der Breitseite eingespannten dreieckigen Federblatt (gleichschenkliges Dreieck) geht aus Bild 6.119 hervor.

Querfedern gelangen an einigen Pkw und Mehrzweckfahrzeugen sowohl bei der Vorderrad- als auch bei der Hinterradaufhängung zur Anwendung. Der Vorteil besteht darin, daß nur die leichten Enden der Feder den Unebenheiten der Fahrbahn folgen müssen, wohingegen die *schweren*

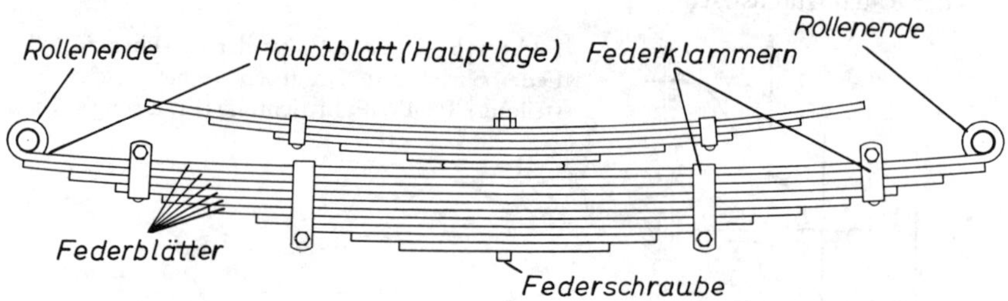

Bild 6.118 Bestandteile der Blattfeder. Lkw-Hinterfeder mit Zusatzfeder. Feder mit zwei Rollenenden

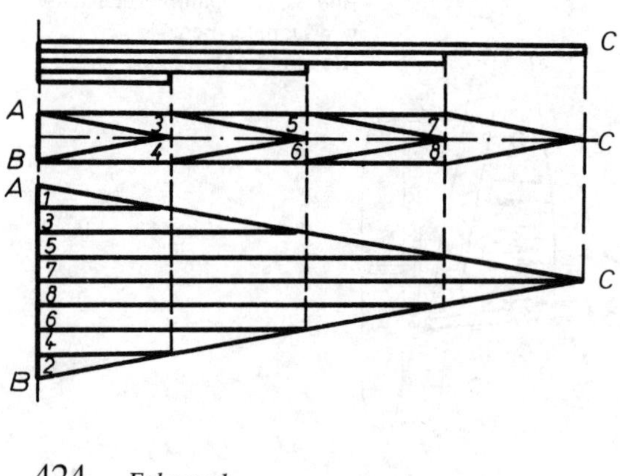

Bild 6.119 Entstehung der Blattfeder als «Träger gleicher Biegefestigkeit» aus dem gleichschenkligen Federblatt A, B, C

Mittelteile – am Fahrgestell befestigt – bereits zur *gefederten Masse* gehören (siehe Abschnitt 6.3.1 «Starrachsen»).

Bei *Längsfedern* ist der *schwere Mittelteil,* der an der Achse befestigt ist, Bestandteil der *ungefederten Masse.* Dieser Nachteil wird weitgehend vermieden durch die Parabelfeder bzw. die geschichtete Parabelfeder.

Parabelfeder

Sie entsteht dadurch, daß ein Federblatt von der Mitte ausgehend nach beiden Seiten gleichmäßig parabolisch ausgewalzt wird (Bild 6.120). Man erhält so eine Einblattfeder, die sich angenähert einem «Träger gleicher Biegefestigkeit» nach Bild 6.119 verhält. Die Parabelfeder hat die gleichen Federungseigenschaften wie eine Schraubenfeder, gleichzeitig den Vorteil aller Blattfedern, Längs- und Seitenführungskräfte aufnehmen zu können. Bild 6.121 zeigt drei Ausführungen schwerer Blattfedern mit gleicher Leistung im Vergleich. Bild A: Herkömmliche Ausführung ohne Zwischenlagen, sehr hohes Gewicht, große Reibung und großer Verschleiß. Bild B: Weitspaltfeder mit kleiner Reibung und geringerem Gewicht. Bild C: Weitspaltfeder. Eine geschichtete Parabelfeder, die aus drei übereinandergebauten Einblattfedern besteht, mit sehr geringem Gewicht. Eine solche Feder gelangt u.a. in entsprechend leichterer Ausführung an der Vorder- und Hinterachse des Mehrzweckwagens VW Iltis zur Anwendung.

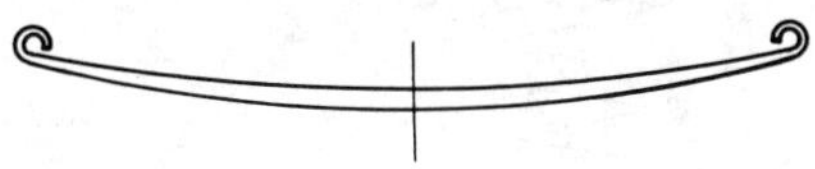

Bild 6.120 Einblatt-Parabelfeder (Beschreibung s. Text)

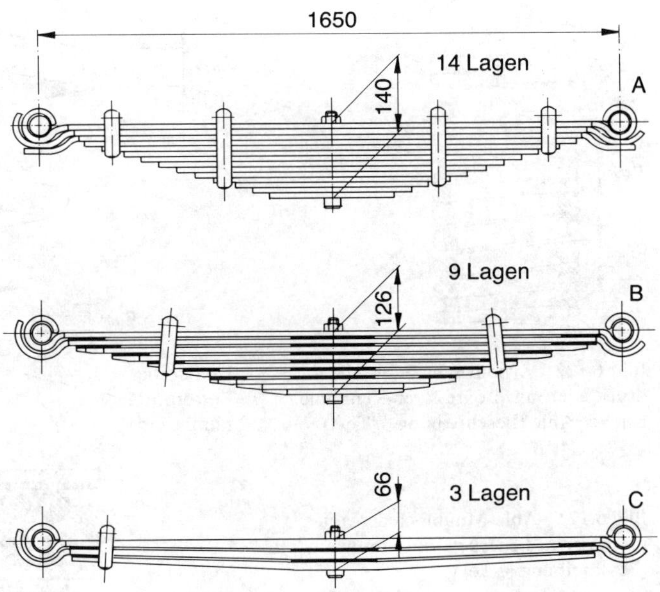

Bild 6.121 Drei Ausführungen schwerer Blattfedern mit gleicher Leistung (52000 N) max. Belastung. Gewicht: A = 124 kg, B = 87 kg, C = 58 kg

6.4.2 Die Schraubenfedern

Ihre Vorteile sind geringes Gewicht, Wartungsfreiheit und einfache Befestigung, die keine Gelenke erfordert. Sie ist frei von Reibung.

Nachteile liegen darin, daß sie weder die Radführung übernehmen kann noch Eigendämpfung besitzt.

Schraubenfedern werden eingesetzt an: Doppelquerlenkerachsen als Vorder- und Hinterachsen, Federbein- und Dämpferbeinachsen, Schräglenkerachsen und den verschiedenen Längslenker- oder Verbundlenkerhinterachsen frontgetriebener Kfz.

Bild 6.122 zeigt eine zylindrische Schraubenfeder mit progressiver Kennlinie der Fa. Ahle. Die Progressivität, zunehmende Federhärte bei zunehmendem Einfederweg, wird durch die unterschiedlichen Drahtdurchmesser der Windungen erreicht (d_{min} und d_{max} in Bild 6.122). Mit zunehmendem Einfedern legen sich die Drahtwindungen mit kleinem Drahtdurchmesser nach und nach aufeinander, wodurch die Feder zunehmend härter wird (siehe unteres Bild).

Um Raum in der Höhe zu sparen, werden Schraubenfedern als Miniblocfedern ausgeführt. Bild 6.123 zeigt eine Ahle-Miniblocfeder mit progressiver Federkennung in Tonnenform. Die Endwindungen können plan – oberes Bild, oberes Ende – oder nicht plan – oberes Bild unteres Ende –

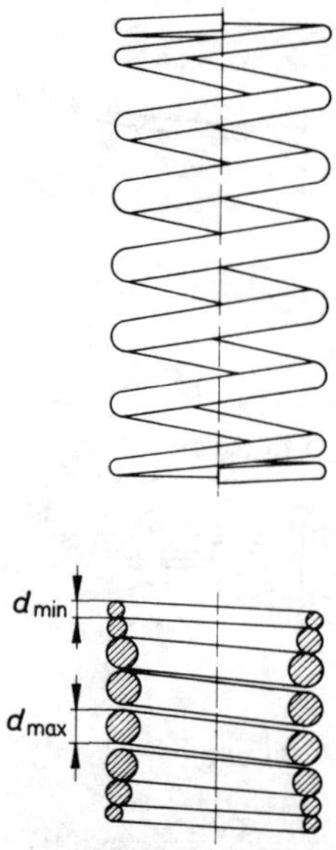

Bild 6.122 Zylindrische Schraubendruckfeder mit progressiver Kennlinie der Fa. Ahle (Beschreibung s. Text)

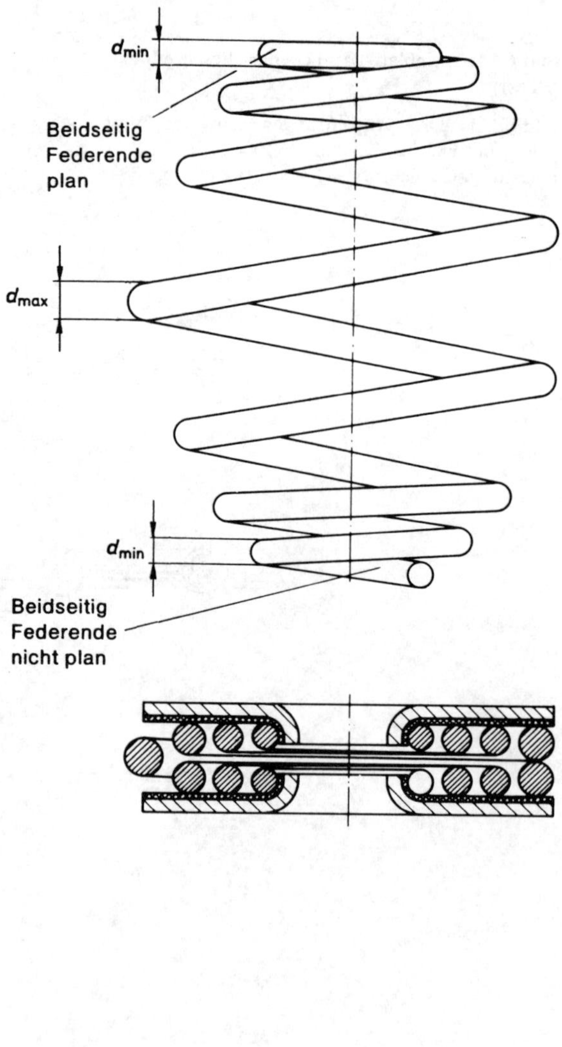

Bild 6.123 Ahle-Miniblocfeder mit progressiver Federkennung, tonnenförmig (Beschreibung s. Text)

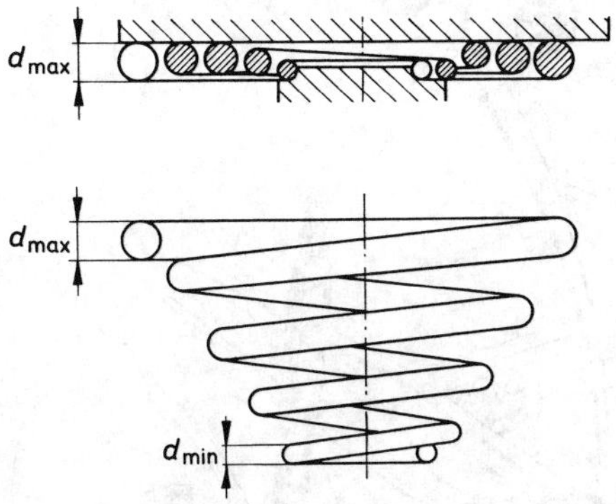

Bild 6.124 Ahle-Miniblocfeder mit progressiver Kennung, kegelförmig (Beschreibung s. Text)

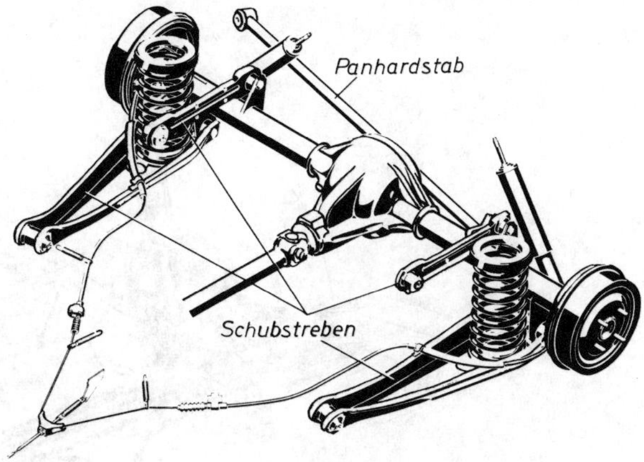

Bild 6.125 Hinterachse mit Schraubenfedern, Schubstreben und Panhardstab

ausgeführt sein. Bei Belastung legen sich alle Windungen einer Federhälfte spiralförmig ineinander, wobei sich die Windungen für den progressiven Kennlinienverlauf, vom kleinsten Windungsradius her beginnend, nach und nach auf beide Federteller spiralförmig ineinanderlegen.

Vorteile dieser Feder: Keine Geräusche und Abplattungen durch Windungsberührung beim Einfedern. Kleines Federgewicht, sehr kleine Blocklänge, wie das untere Bild zeigt, die Feder ist knicksicher. Bild 6.124 zeigt eine Feder des gleichen Herstellers in Kegelform, wie sie z.B. im Opel Kadett verwendet wird.

6.4.3 Torsions- oder Drehstabfedern

Ihre *Vorteile* sind geringes Gewicht und Wartungsfreiheit (ausgenommen die erforderlichen Gelenke). Drehstäbe lassen sich gut im Fahrzeug unterbringen, ihr Platzbedarf ist gering. Bei entsprechender Ausführung lassen sie sich genau einstellen.

Bild 6.126 zeigt durch Exzenter verstellbare, querliegende Drehstäbe an einer Hinterachse von Renault.

Bild 6.127 zeigt das Torsionsprinzip an einem gebündelten Drehstab von VW.

Nachteile Der Drehstab ist oberflächenempfindlich, er hat keine Eigendämpfung, und die Herstellung ist kostspielig.

6.4.4 Luftfederung

Die Luftfederung wird sowohl als reine Luftfederung wie auch als hydropneumatische Federung gebaut.

Bei der reinen Luftfederung werden Federbälge aus Gummi mit Gewebeeinlage unter einem der Belastung entsprechenden Luftdruck gehalten.

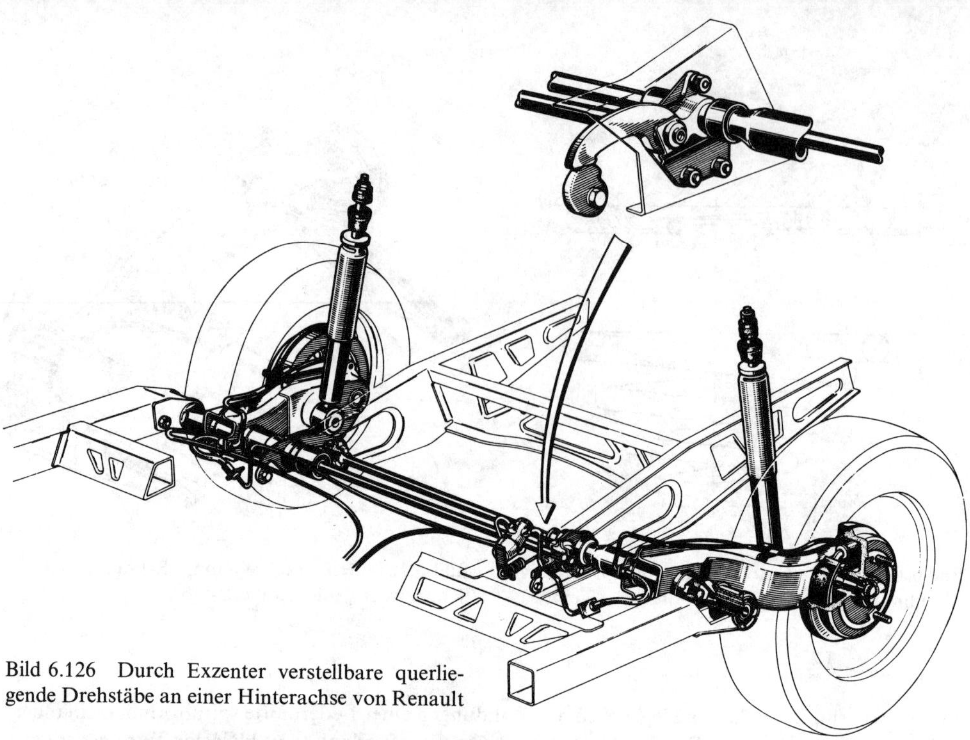

Bild 6.126 Durch Exzenter verstellbare querliegende Drehstäbe an einer Hinterachse von Renault

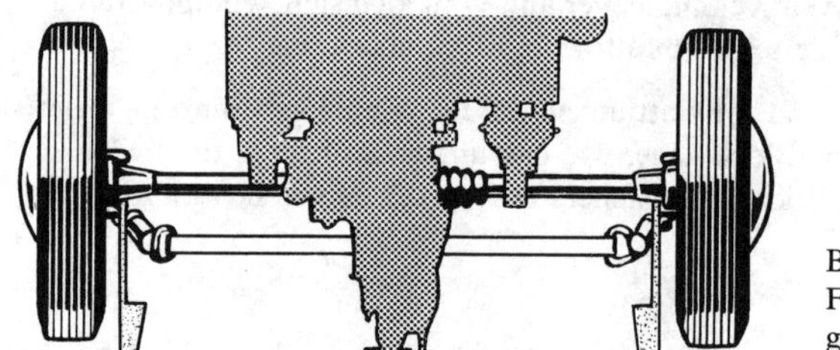

Bild 6.127 Gebündelter Drehstab. Die Federkraft entsteht durch die Verwindung der gebündelten Federblätter

Bild 6.128 Luftgefederte Hinterachse mit Faltenbälgen

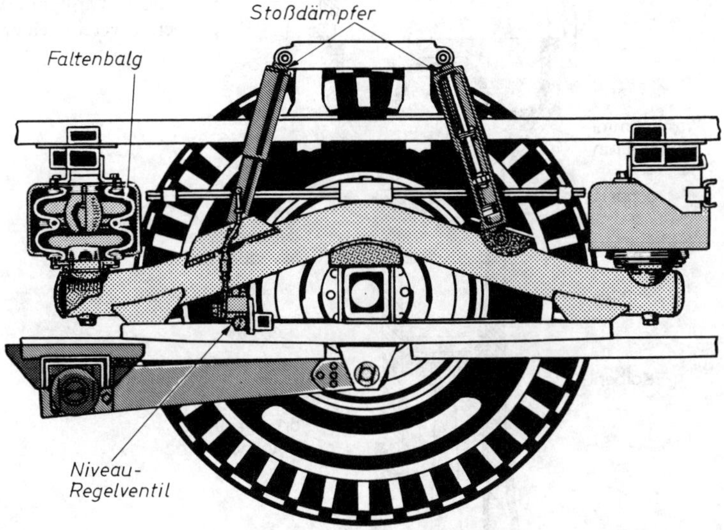

Es gelangen zwei Arten von Federbälgen zur Anwendung:

- ☐ Faltenbälge und
- ☐ Rollbälge (Bilder 6.128 und 6.129).

Der Vorteil der Luftfederung besteht u.a. darin, daß durch die Niveauregulierung bei Kraftomnibussen die Einstieghöhe bei allen Belastungszuständen stets gleich ist. Dadurch bleiben selbst bei Einzelradaufhängung die Radwinkelstellungen Spur und Sturz weitgehend erhalten.

Bild 6.129 Luftfederelement mit Rollbalg. Querschnitt durch die Luftfederung eines M.A.N.-Omnibusses. Eine Gummihohlfeder ist zusätzlich angeordnet, sie erlaubt die Weiterfahrt bei Druckluftausfall.

1 Gummihohlfeder
2 innerer Spannring
3 äußerer Spannring
4 Entwässerungsschraube
5 Anschluß für Druckluftleitung
6 Luftfedertopf
7 Rollbalg
8 Abrollstempel

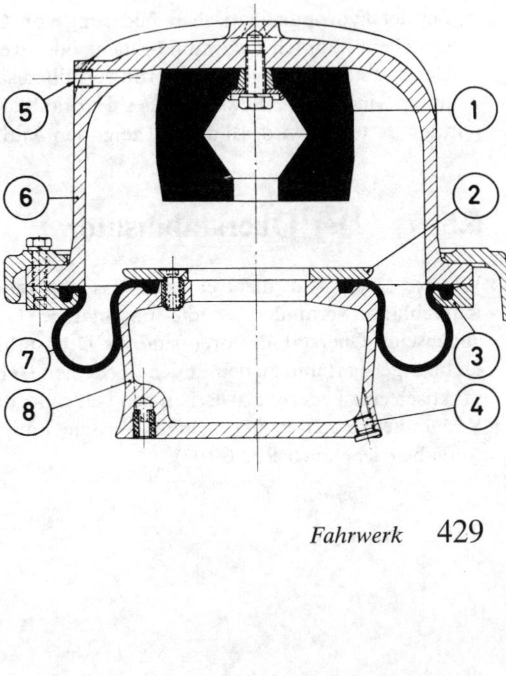

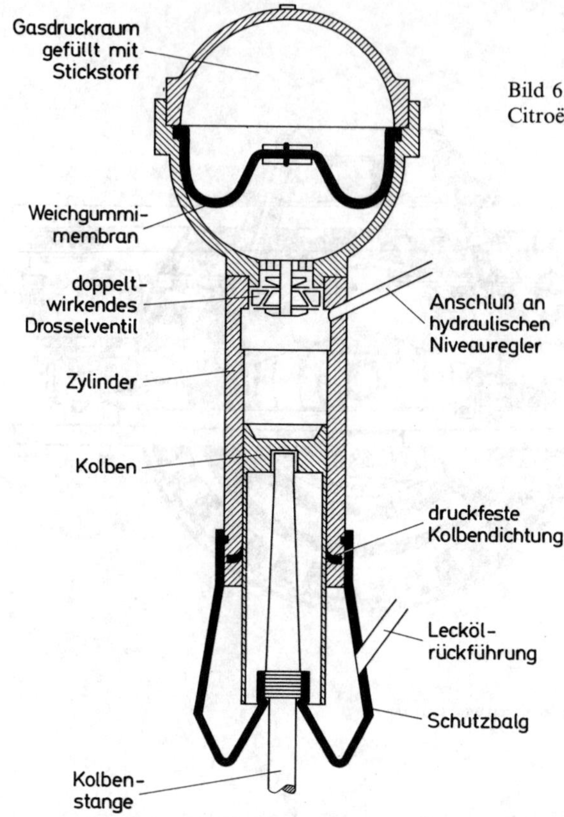

Bild 6.130 Gashydraulisches Federelement von Citroën in vereinfachter Darstellung

6.4.5 **Gashydraulische** (hydropneumatische) **Federung**

Hierbei wird eine einmalig eingefüllte Gasmenge (meist Stickstoff), die unter hohem Druck steht, als Federelement verwendet.

Bei der hydropneumatischen Federung von Citroën wird die Gasmenge – der Kfz-Belastung entsprechend – durch Hydrauliköl mehr oder weniger stark vorgespannt.

Der hydraulische Teil der Federung erfüllt zusätzlich die Aufgaben des Stoß- bzw. Schwingungsdämpfers, indem die Bewegung des Hydrauliköls durch ein doppeltwirkendes Drosselventil im Ölraum gesteuert wird. Bild 6.130 zeigt den Aufbau des Federbeins in vereinfachter Darstellung.

6.5 Der Querstabilisator

Wie der Name sagt, dient er dazu, das Fahrzeug in Querrichtung zu stabilisieren. Bei schneller Kurvenfahrt verhindert er die übermäßige Querneigung des Fahrzeugaufbaus zur Kurvenaußenseite. Querstabilisatoren sind als Drehstabfedern ausgebildet, die am Aufbau oder Chassis drehbar gelagert und an den Enden über einen Hebelarm mit den Rädern verbunden sind. Sie stellen praktisch eine Federung zwischen den beiden Rädern derselben Achse dar. Bei Torsionskurbel- und Verbundlenkerachsen übernehmen die die Längslenker miteinander verbindenden Träger diese Aufgabe (siehe auch Bild 6.107).

6.6 Stoßdämpfer

Zwei Aufgaben hat der Stoßdämpfer am Kfz zu erfüllen:

- ☐ Gewährleistung *hoher Fahrsicherheit,*
- ☐ Erhöhung des *Fahrkomforts.*

Um beides zu erfüllen, muß der Stoßdämpfer *zwei Forderungen* gerecht werden:

- ☐ Er muß *Stöße*, die von Fahrbahnunebenheiten verursacht werden, *dämpfen* und weitestgehend vom Aufbau fernhalten. So wird ein Durchschlagen der Federung bis zum Anschlag vermieden, Radaufhängungen und Anschlagbegrenzungen werden geschont, der *Komfort* für die Insassen des Kfz *wird verbessert.*
- ☐ Er muß die *Schwingungen der ungefederten Massen möglichst gering* halten. Nur dadurch wird ein besserer – möglichst ununterbrochener – Bodenkontakt zwischen Rad und Fahrbahn erzielt, der zur *Gewährleistung hoher Fahrsicherheit* unumgänglich notwendig ist.

Genaugenommen ist der Stoßdämpfer sowohl ein *Stoß-* als auch ein *Schwingungsdämpfer.*
In der Automobiltechnik gelangen nur noch *Teleskopstoßdämpfer* zur Anwendung.
Es werden in *zwei Systeme* unterschieden:

a) **Zweirohrstoßdämpfer,**
b) **Einrohrstoßdämpfer.**

a) *Zweirohrstoßdämpfer* Der Name rührt daher, daß der Dämpfer aus zwei gleichachsig angeordneten Rohren besteht. Bild 6.131 zeigt schematisch Aufbau und Arbeitsweise eines Zweirohrstoßdämpfers.

Im Innenrohr wird die Dämpfungsarbeit geleistet, physikalisch gesehen erfolgt dort die Umwandlung der Stoßenergie in Wärme. Das Außenrohr dient zur Aufnahme des Ölvorrats und wirkt als Ausgleichraum. Der Ausgleichraum muß beim Einfahren der Kolbenstange mit dem Arbeitskolben das Öl aufnehmen, das durch das Volumen der einfahrenden Kolbenstange verdrängt wird. Dieses Öl wird durch das Gegendruckventil (Bodenventil) in den Vorrats- und Ausgleichraum gedrückt. Fährt die Kolbenstange mit dem Arbeitskolben wieder aus, wird das Öl aus dem Ausgleichraum in den Ölraum im Innenrohr zurückgesaugt.

Alle Teleskopstoßdämpfer haben einen solchen Ölvorrats- und Ausgleichraum. Er ist unumgänglich notwendig, weil diese Dämpfersysteme sonst nicht funktionieren würden.

Wichtig ist die richtige Einbaulage!

Wird der Stoßdämpfer *falsch herum* eingebaut, arbeitet er nicht, da dann durch das Gegendruckventil beim Ausfahren der Kolbenstange *Luft statt Öl* in den Ölraum gesaugt würde. Da Luft zusammendrückbar ist, das Öl hingegen nicht, hat der Stoßdämpfer dann keine Wirkung mehr.

Der *Ölvorrat* beträgt mengenmäßig wesentlich mehr als zur einwandreien Funktion des Dämpfers notwendig ist. So ist ein gewisser Ölverlust für längere Betriebsdauer vom Hersteller vorsorglich eingeplant. Dies Mehr an Öl wird zur Schmierung der Kolbenstange in der Führung und Dichtung gebraucht. Würde sich die Kolbenstange völlig trocken bewegen, wäre sie binnen kurzer Zeit verschlissen, der Stoßdämpfer wäre unbrauchbar. *Hauchdünne Ölspuren* an der Kolbenstange bedeuten also nicht, daß der Stoßdämpfer unbrauchbar ist!

b) *Einrohrstoßdämpfer* (Gasdruckstoßdämpfer) Bild 6.132 zeigt schematisch Aufbau und Arbeitsweise eines Gasdruckstoßdämpfers. Auch dieser Dämpfer hat einen Ausgleichraum und einen um etwa 10 % höheren Ölvorrat als erforderlich. Bei voll eingefahrener Kolbenstange ist der

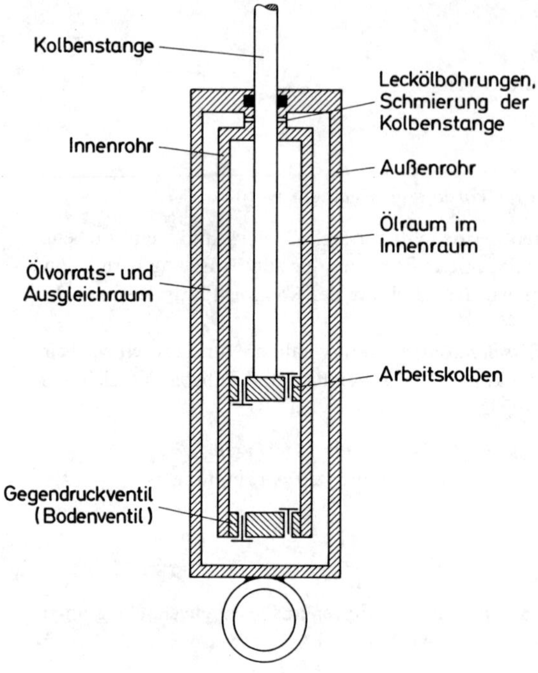

Bild 6.131 Aufbau eines Zweirohrstoßdämpfers schematisch (Erklärung s. Text)

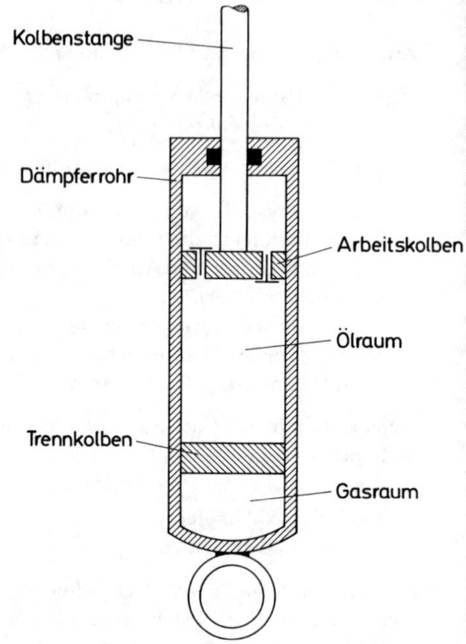

Bild 6.132 Aufbau eines Gasdruckstoßdämpfers System de Carbon, schematisch (Erklärung s. Text)

Raum zwischen Arbeitskolben und Trennkolben mit dem Ölvorrat und dem von der Kolbenstange verdrängten Öl angefüllt, er wirkt somit als Ausgleich- und Vorratsraum. Der Trennkolben trennt den Ölraum vom Gasraum, der mit *Stickstoff* gefüllt ist. Der Stickstoff steht unter einem Druck von etwa 25 bar.

Zwei Aufgaben erfüllt der Gasraum:

- ☐ Beim Einfahren der Kolbenstange (Bild 6.132) wird das Öl verdrängt, das den Trennkolben gegen den Gasraum drückt und diesen verkleinert. Fährt die Kolbenstange wieder aus, schiebt der Gasdruck den Trennkolben wieder in seine Ausgangsstellung zurück.
- ☐ Durch den hohen Druck des Gases wird eine *Ölverschäumung im Stoßdämpfer verhindert.*

Die *Dämpferbeine* der «kleinen» Mercedes-Modelle 190 und 190 E sind von Fichtel & Sachs entwickelte *Gasdruckdämpfer*, die nach dem *Zweirohrprinzip* arbeiten.

Sie verbinden die Vorteile des Einrohr-Gasdruckdämpfers – exakte Dämpfung selbst kleinster schnellster Achsbewegungen – mit denen des Zweirohrfederbeins: Guter Abrollkomfort der Räder bei weitgehender Ausschaltung unangenehmer Poltergeräusche. Das beim Zweirohrfederbein schwerste Bauteil, die Kolbenstange, ist hohl ausgeführt, wodurch bei gleicher Festigkeit 400 bis 500 g Gewicht eingespart werden.

Wie beim üblichen Zweirohrdämpfer wird ein Bodenventil verwendet, wodurch der Gasdruck niedrig gehalten werden kann. Das Rückschlagventil an der Führung der Kolbenstange verhindert das Absinken des Gasdrucks. Aufbau und Teile des Dämpferbeins zeigt Bild 6.133.

Jeder moderne Stoßdämpfer arbeitet *doppeltwirkend*, d.h., er dämpft sowohl beim Ein- als auch beim Ausfahren der Kolbenstange. Grundsätzlich ist die Wirkung der Dämpfung in der *Druckstufe* (*Einfahren* der Kolbenstange) *geringer* als in der *Zugstufe* (*Ausfahren* der Kolbenstange). Bild 6.134 zeigt das Kraft-Weg-Diagramm eines Zweirohrstoßdämpfers, das in der Meister-Lehrwerkstatt für das Kfz-Handwerk in Heide auf einer Stoßdämpferprüfmaschine der Fa. Koni, Modell 4422 gefahren wurde. Bild 6.134 zeigt, daß der Prüfhub der Prüfmaschine (s) = 75 mm beträgt. In Punkt (A) ist die Kolbenstange des Stoßdämpfers ausgefahren. Beim Einfahren der Kolbenstange – der Druckstufe (Pfeil d) – steigt die Kraft zunächst stark an. In Punkt 1 nach 10 mm Hub beträgt sie 45 kg = 450 N (Newton; 1 mm in der Waagerechten = 10 kg = 100 N). Dann nimmt die Kraft nur noch wenig zu, bis sie bei halbem Prüfhub – Punkt 2 – 70 kg = 700 N erreicht hat. Gegen Ende des Hubes fällt die Kraft schnell ab, bis sie im Punkt (E) – die Kolbenstange ist eingefahren – 0 wird. Nun beginnt die Zugstufe des Stoßdämpfers (Pfeil z). Beim halben Hub – Punkt 3 – wird die höchste Dämpfungskraft erzielt, 170 kg = 1700 N. Von da an fällt die Kraft wieder ab, bis sie am Ende der

Bild 6.133 F & S-Dämpferbein (Beschreibung s. Text)

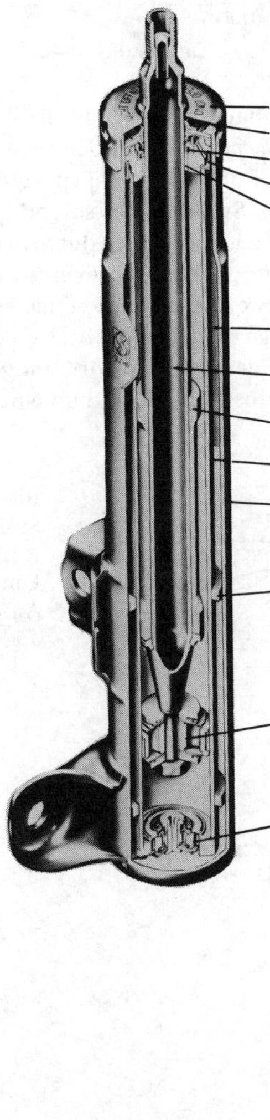

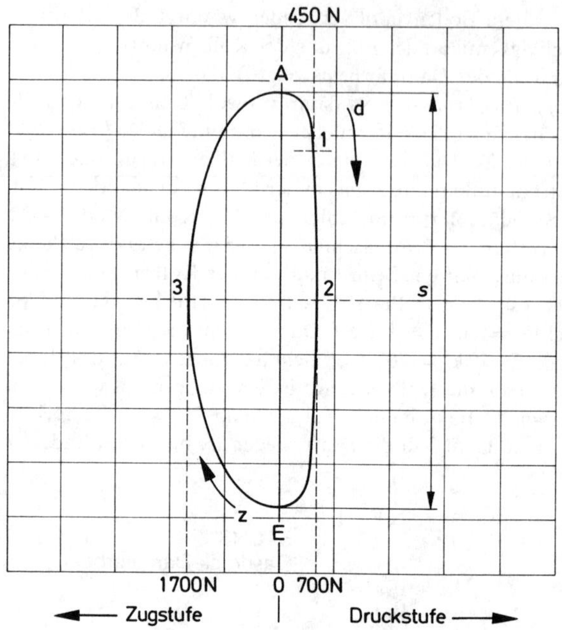

Bild 6.134 Kraft-Weg-Diagramm eines Zweirohrstoßdämpfers. 1 mm = 10 kg = 100 Newton, s = Prüfhub 75 mm (Erklärung s. Text)

Zugstufe (A) = 0 ist. Wie das Diagramm zeigt, ist die Kraft der Zugstufe etwa $2^1/_2$ mal so groß wie die der Druckstufe. Diese Größenwerte sind bei den verschiedenen Stoßdämpfern für die unterschiedlichsten Kfz sehr verschieden. Für jeden Kfz-Typ werden die erforderlichen Werte für Druck- und Zugstufe der zu verwendenden Stoßdämpfer sorgfältig ermittelt.

Die Kräfte für Druck- und Zugstufe werden durch den *Querschnitt der Bohrungen im Arbeitskolben* sowie die *Federvorspannung der zugehörigen Ventile bestimmt.*

Bei den Koni-Spezial-«D»-Stoßdämpfern läßt sich in ausgebautem Zustand die *Kraft der Zugstufe* durch Drehen der Kolbenstange verstellen. Dabei werden sowohl der wirksame Querschnitt als auch die Federspannung für das in der Zugstufe wirksam werdende Ventil im Arbeitskolben verändert. Bild 6.135 zeigt das Kraft-Kolbenweg-Diagramm eines solchen Stoßdämpfers.

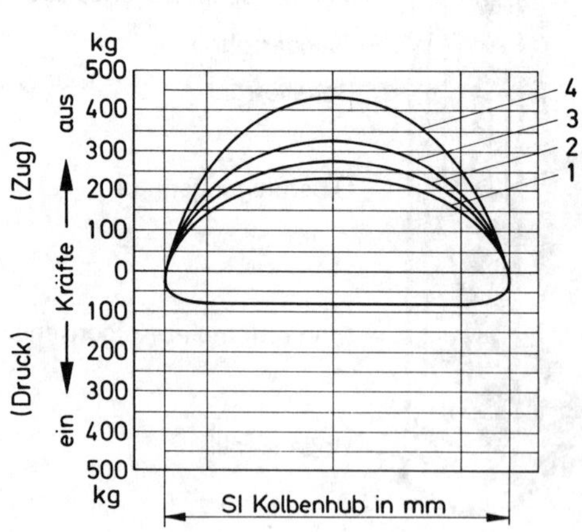

Bild 6.135 Diagramm eines Koni-Spezial-D-Stoßdämpfers. 1 = Kolbenstange (links herum) losgedreht, 2 = 2 halbe Umdrehungen, 3 = 3 halbe Umdrehungen, 4 = 4 bis 5 halbe Umdrehungen (bis Anschlag) festgedreht

Prüfen von Stoßdämpfern

Technisch einwandfrei können Stoßdämpfer nur in *ausgebautem Zustand* auf einer speziellen *Prüfmaschine mit Kraft-Weg-Diagramm-Anzeige* geprüft werden.

Eine *Prüfung in eingebautem Zustand* ist bedingt möglich, z.B. auf dem «Schock-Tester» der Fa. Boge. Dabei muß beachtet werden, daß defekte Stoßdämpferbefestigungen sowie Spiel in der Radaufhängung und Radlagerung in das Prüfergebnis mit eingehen.

Die einfachsten grundsätzlichen Kontrollen:

- ☐ Das Kfz von Hand einfedern. Federt es langsam aus, *kann* der betreffende Stoßdämpfer in Ordnung sein. Federt es schnell aus, ist er sicher defekt.
- ☐ Sichtkontrolle der Stoßdämpferbefestigung.
- ☐ Sichtkontrolle auf *starke Ölspuren* am Stoßdämpferrohr. Nur geringe Ölspuren an der Kolbenstange sind normal.
- ☐ Stoßdämpferbefestigung an einem Ende lösen und von Hand durch kurzen Hubwechsel auf toten Gang prüfen. Beim Gasdruckstoßdämpfer muß in ab- oder ausgebautem Zustand sofort die Kolbenstange ausfahren, wenn er nicht völlig unbrauchbar ist.

6.7 Räder und Reifen am Kraftfahrzeug

Aufgaben des Rades am Kraftfahrzeug

Das Rad am Kraftfahrzeug hat folgende Aufgaben zu erfüllen:

- ☐ Das Gewicht des Kfz auf die Fahrbahn zu übertragen. (Den Anteil des Kfz-Gesamtgewichts, mit dem ein Rad die Fahrbahn belastet, bezeichnet man als *Radlast.*)
- ☐ Die Antriebskraft auf die Fahrbahn zu übertragen (Antriebsräder).
- ☐ Die durch die Bremseinrichtung bewirkte Bremskraft auf die Fahrbahn zu übertragen.
- ☐ Das Kfz in der gewünschten Fahrtrichtung zu halten (Spurtreue).
- ☐ Einen Teil der Fahrbahnunebenheiten aufzunehmen und so Fahrsicherheit und Fahrkomfort des Kfz zu verbessern.

Aufbau des Rades am Kraftfahrzeug

Kraftfahrzeugräder bestehen im wesentlichen aus zwei Teilen:

- ☐ der Bereifung und
- ☐ dem Rad.

6.7.1 Die Bereifung

Kraftfahrzeuge sind – von wenigen Ausnahmen abgesehen – mit Luftreifen ausgerüstet.

Ein *Luftreifen* ist ein Reifen, dessen Arbeitsvermögen überwiegend durch den Druck eines eingeschlossenen Luftinhalts bestimmt wird.

Derzeit gelangen an Kfz nur Gürtelreifen (Radialreifen) zur Anwendung.

Gürtelreifen (Radialreifen) Das Kernstück des Reifens ist der Gewebeunterbau, die *Karkasse.* Die Fäden der Karkasse laufen beim Gürtelreifen auf kürzestem Wege von Wulst zu Wulst. Sie bilden mit

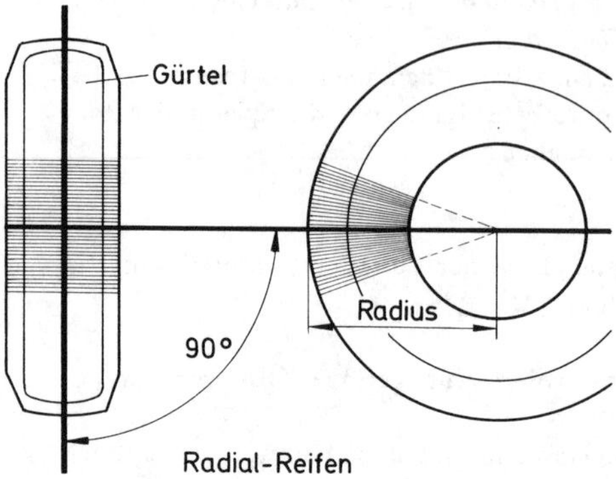

Bild 6.136 Fadenverlauf beim Continental-Radial-Reifen

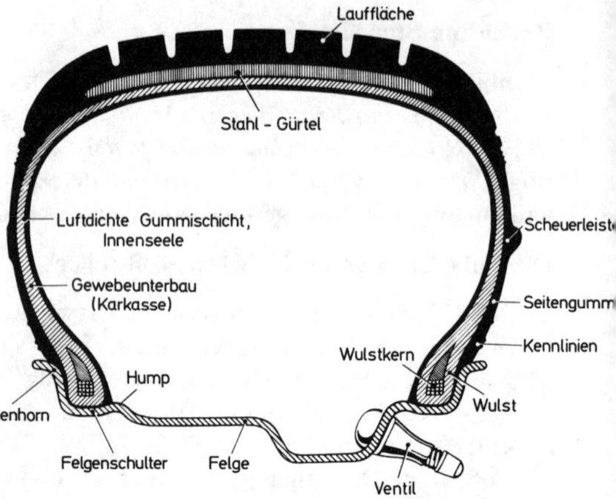

Bild 6.137 Aufbau von Continental-Stahlgürtelreifen

der Reifenumfangslinie einen Winkel von 90°. Betrachtet man den Reifen von der Seite, so verlaufen die Fäden in radialer Richtung, daher das «*R*» (Radial) in der Reifenbezeichnung von Gürtelreifen. Bild 6.136 zeigt den Fadenverlauf beim Continental-Radial-Reifen.

Durch den Fadenwinkel von 90° federn Gürtelreifen wesentlich weicher als konventionelle Reifen. Zwischen Karkasse und Lauffläche liegt in Form eines Gürtels ein Festigkeitsträger, der bei modernen Gürtelreifen grundsätzlich als Stahlseilgürtel ausgeführt ist. Bild 6.137 zeigt den Aufbau von Stahlgürtelreifen.

Der *Stahlgürtel* besteht aus in Gummi gebetteten Stahlseillagen. Gegenüber den früher verwendeten Diagonalreifen bieten Gürtelreifen folgende Vorteile:

☐ Die *Bodendruckellipse* (die Aufstandsfläche des Reifens auf der Fahrbahn) ist *größer*, dadurch
☐ *besserer Bodenkontakt* mit der Fahrbahn,
☐ *größeres Beschleunigungs- und Bremsvermögen* (geringere Durchdreh- und Blockierneigung),
☐ *geringerer Verschleiß* (höhere Kilometerleistung) und
☐ *gute Spurtreue*,
☐ *geringere Erwärmung* des Reifens, da durch Gürtel stabilisierte Lauffläche,
☐ *bessere Eignung als Winterreifen.*

Reifenlaufflächen Der Einsatz des Kraftfahrzeugs bestimmt die Gestaltung der Reifenlauffläche.

Reifen für Geschwindigkeitsrekorde: dünnste Laufflächen, fast ohne jede Profilierung.

Reifen für Rennwagen: äußerst glattes, sehr feines Profil bei nasser Fahrbahn. «Slicks» – profillose Rennreifen in Diagonalbauart – für beste Leistungen auf trockener Fahrbahn.

Reifen für Fahrzeuge, die vorwiegend auf der Straße eingesetzt sind, werden mit möglichst glattem, feinem Profil versehen, das ein Maximum an Bodenhaftung bietet.

Reifen für Geländefahrzeuge: Grobstolliges Profil, möglichst auf diagonaler Grundlage, wegen der Selbstreinigung des Profils, verursacht durch Querkontraktion der Lauffläche.

M+S-Reifen vom englischen «mud and snow» rührt die deutsche Bezeichnung «Matsch und Schnee» her: grobstollige Spezialreifen für Matsch und Schnee.

M + SE-Reifen: Matsch- und Schnee-Eis-Reifen mit Spikes, die bei vereister Fahrbahn ausgezeichnete Bodenhaftung, unter allen anderen Bedingungen jedoch nur Nachteile haben. In einigen Ländern dürfen sie verwendet werden, jedoch nicht in der Bundesrepublik Deutschland.

Reifenarten Die Reifenarten richten sich – von wenigen Ausnahmen abgesehen – vorwiegend nach den Höchstgeschwindigkeiten der Kraftfahrzeuge (siehe Tabelle Höchstgeschwindigkeit).

Kennziffern für Reifentragfähigkeit und Höchstgeschwindigkeit

Tragfähigkeits-Kennziffer	Reifentragfähigkeit in kg max.	Tragfähigkeits-Kennziffer	Reifentragfähigkeit in kg max.	Tragfähigkeits-Kennziffer	Reifentragfähigkeit in kg max.
50	190	72	355	92	630
52	200	74	375	94	670
54	212	76	400	96	710
56	224	78	425	98	750
58	236	80	450	100	800
60	250	82	475	102	850
62	265	84	500	104	900
64	280	86	530	106	950
66	300	88	560	108	1000
68	315	90	600	110	1060
70	335				

Höchstgeschwindigkeit

Kennzeichnung	Höchstgeschwindigkeit km/h	Kennzeichnung	Höchstgeschwindigkeit km/h
L	120	S	180
M	130	T	190
N	140	U	200
P	150	H	210
Q	160	V	über 210
R	170	Z	über 240

Reifenbezeichnungen Frühere Bezeichnungen für Gürtelreifen enthielten vier oder fünf Angaben, heutige enthalten entsprechend sechs oder sieben. Die *Tragfähigkeitskennziffer* (siehe Tabelle Kennziffern für Reifentragfähigkeit) ist neu hinzugekommen, außerdem erfolgt die Bezeichnung in geänderter Reihenfolge.

Des leichteren Verständnisses halber sollen anhand von zwei Beispielen die alten und die neuen Bezeichnungen für praktisch gleiche Reifen gegenübergestellt werden.

1. Früher vier Angaben:

165 S R 14

- 14 — Felgendurchmesser = 14″
- R — Reifenbauart Radial = Gürtelreifen
- S — zugelassen f. Höchstgeschwindigkeit bis max. 180 km/h
- 165 — Reifenbreite in mm = 165 mm

Heute fünf Angaben:

165 R 14 80 S

- S — zugelassen f. Höchstgeschwindigkeit bis max. 180 km/h
- 80 — Reifentragfähigkeit max. 450 kg
- 14 — Felgendurchmesser 14″
- R — Reifenbauart Radial = Gürtelreifen
- 165 — Reifenbreite in mm = 165 mm

2. Früher fünf Angaben:

185/70 H R 14

- 14 — Felgendurchmesser = 14″
- R — Reifenbauart Radial = Gürtelreifen
- H — zugel. f. Höchstgeschwindigkeit bis max. 210 km/h
- 70 — Verhältnis Reifenhöhe zu Reifenbreite
- 185 — Reifenbreite in mm = 185 mm

Heute sechs Angaben:

185/70 R 14 84 H

- H — zugel. f. Höchstgeschwindigkeit bis max. 210 km/h
- 84 — Reifentragfähigkeit max. 500 kg
- 14 — Felgendurchmesser = 14″
- R — Reifenbauart Radial = Gürtelreifen
- 70 — Verhältnis Reifenhöhe zu Reifenbreite
- 185 — Reifenbreite in mm = 185 mm

Reifenerneuerung

Rundum die gleichen Reifen verwenden. Nur so werden die vom Kfz-Hersteller konstruktiv festgelegten Fahreigenschaften erreicht.

Soweit Grundsätzliches über Aufbau und Eigenschaften von Reifen. Alle weiteren wichtigen Begriffe und Fachausdrücke, Räder und Reifen betreffend, werden übersichtlich in alphabetischer Reihenfolge nachstehend aufgeführt, unter Verwendung von Unterlagen der Firmen Continental, Dunlop, Kronprinz, Lemmerz und Michelin.

Abmessungen von Reifen und Rädern siehe Bild 6.138.

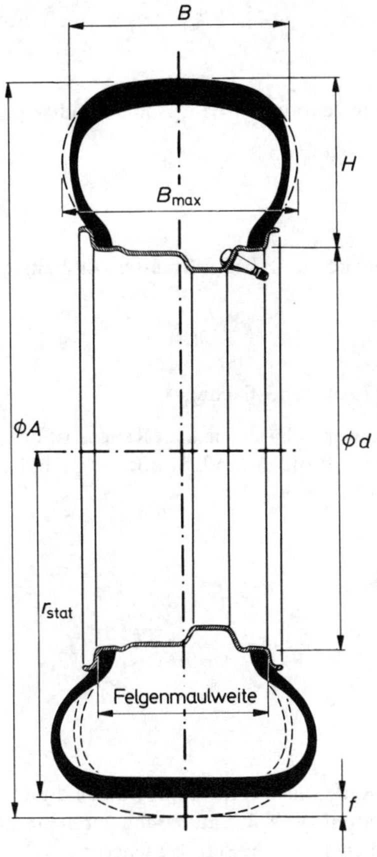

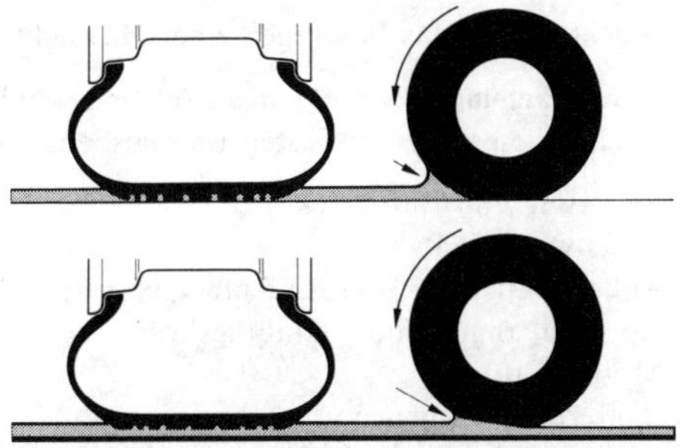

Bild 6.139 Aquaplaning. Bei einer Geschwindigkeit von 80 km/h müssen vom Reifen ca. 2,5 l Wasser je Sekunde mit hohem Druck durch die Profilrillen abgeleitet werden. Bei 120 km/h sind es ca. 10 l! Das untere Bild zeigt das Aufschwimmen eines Reifens mit ungenügender Profiltiefe bei hoher Geschwindigkeit. Der Reifen hat keinen Kontakt mit der Fahrbahn. Oberes Bild: Maßnahmen gegen Aquaplaning. Der Reifen hat ausreichende Profiltiefe. Die Fahrgeschwindigkeit bei Wasser muß herabgesetzt werden. Bei Nässe nicht in Spurrillen, sondern seitlich versetzt fahren!

Bild 6.138 Abmessungen von Reifen und Rad. d_0 = Felgendurchmesser, A = Außendurchmesser des Reifens. B = Reifenquerschnittsbreite, H = Reifenquerschnittshöhe. Die maximale Betriebsbreite des Reifens B_{max} kann durch Beschriftung und Wachstum während des Gebrauchs etwas größer sein als die Querschnittsbreite B. Durch Einfederung des Reifens unter Last (um den Betrag f) ist die wirksame statische Halbmesser r_{stat} kleiner als die Hälfte des Reifendurchmessers

Abriebindikatoren Die amerikanischen Sicherheitsvorschriften schreiben vor, daß an den Reifen Abriebindikatoren vorhanden sein müssen. Die Indikatoren bestehen aus Erhebungen im Profilgrund, die sichtbar werden, wenn das Profil noch 1,6 mm tief ist.

Abrollgeräusche entstehen beim Abrollen des Reifens auf der Fahrbahn. Sie sind abhängig von Profilart und Laufflächenmischung. (Bei Reifen mit blockähnlichen Profilen, z.B. M+S, sind sie stärker.)

Abrollumfang ist die Wegstrecke, die ein Reifen je Radumdrehung zurücklegt.

Antriebsverhalten des Reifens wird durch Schlupf und Spurhaltung bei der Übertragung der Antriebskräfte bestimmt. Ein guter Reifen mit hohem Haftbeiwert überträgt dank seines geringen Schlupfes und seiner Spurtreue eine große Antriebskraft auf die Fahrbahn.

Aquaplaning – auch Hydroplaning, Wassergleiten oder Wasserglätte –, Aufschwimmen der Reifen bei nasser Fahrbahn, so daß der Bodenkontakt verlorengeht; Folge ist, daß Antriebs-, Brems- und Lenkkräfte nicht mehr übertragen werden (siehe Bild 6.139).

Auswuchten ist das Beseitigen einer Unwucht.

Betriebsbedingungen sind von ausschlaggebender Bedeutung für Lebensdauer und Wirtschaftlichkeit der Reifen. Die wichtigsten Betriebsbedingungen:

- ☐ Belastung und Luftdruck,
- ☐ Geschwindigkeit,
- ☐ Außentemperatur und Reifentemperatur,
- ☐ am Rad angreifende Umfangskräfte beim Antrieb und beim Bremsen (abhängig von der Motorleistung),
- ☐ Fahrertemperament,
- ☐ Fahrbahnoberfläche und Streckenführung.

Bodenberührungsfläche = Bodendruckellipse (siehe Aufstandsfläche).

Bodenhaftung = Reibbeiwert (auch Kraftschlußbeiwert) eines rollenden Reifens ist hauptsächlich abhängig von Laufflächengummi, Profilkonstruktion, Profilzustand, Straßenbelag und Straßenzustand (Verschmutzung, Nässe), siehe Tabelle «Reibbeiwert».

Reibbeiwert	trocken	naß
Beton	1	0,7
Asphalt	0,9	0,6
Pflaster	0,8	0,4
Schnee	–	0,2
Eis	0,7	0,1

Breitreifen sind Reifentypen, die bei geringerem Reifenquerschnitt sehr breit sind und daher mit geringerem Luftdruck gefahren werden können. Breitreifen – z. B. Baumaschinenreifen – passen sich besser schwierigen Bodenverhältnissen an und erreichen eine bessere Einfederung.

Dynamischer Halbmesser (Bild 6.142) siehe *Wirksamer Halbmesser*.

Einpreßtiefe ist das Maß von der Felgenmitte des Scheibenrads bis zur inneren Anlagefläche der Radschüssel. Dieses Maß kann positiv oder negativ sein.

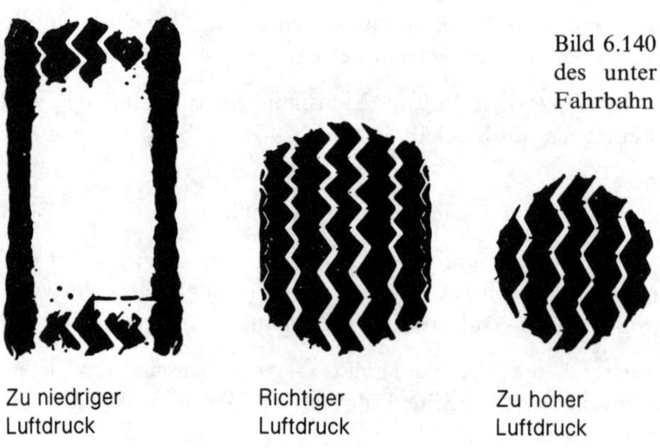

Bild 6.140 Aufstandsfläche (Bodendruckellipse) des unter Last abgeplatteten Reifens auf der Fahrbahn

Bild 6.141 Einpreßtiefe am Scheibenrand (e) ▶ (s. Text)

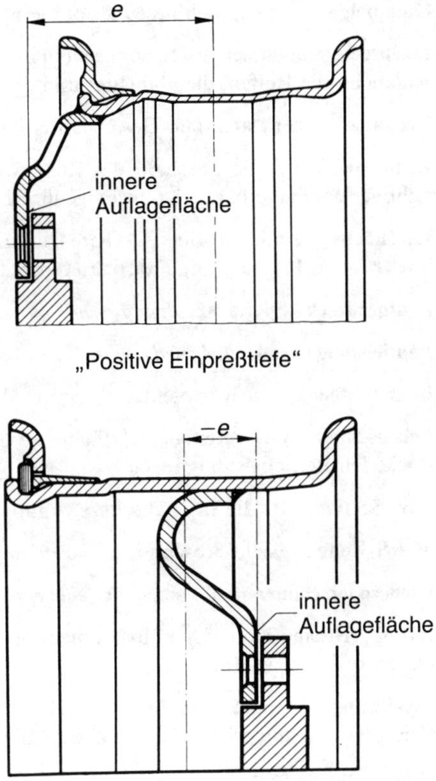

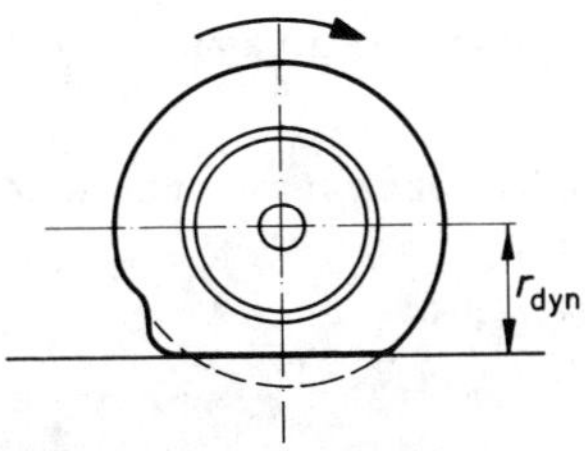

Bild 6.142 Rollwulst am rollenden Reifen. Der wirksame dynamische Halbmesser r_{dyn} ist infolge von Fliehkraft und Schlupf des drehenden Rades stets größer als der statische Halbmesser aus Bild 6.138

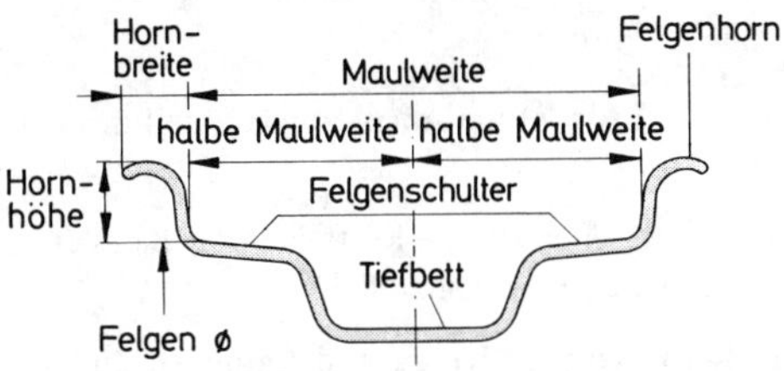

Bild 6.143 Symmetrische Sicherheitsfelge

Die *Einpreßtiefe* wird als *positiv* bezeichnet, wenn die innere Anlagefläche der Radschüssel, bezogen auf Felgenmitte, zur Radaußenseite verschoben ist.

Sie wird als *negativ* bezeichnet, wenn die innere Anlagefläche der Radschüssel, bezogen auf Felgenmitte, zur Radinnenseite verschoben ist (siehe Bild 6.141).

Felgenbezeichnung, Felgengrößen siehe Abschnitt 6.7.2 «Räder».

Felgenmaulweite ist der Abstand von Felgenhorn zu Felgenhorn, an den Innenflanken senkrecht zur Umfangsrichtung in Zoll gemessen (Bild 6.138).

Felgenschulter – meist zur Mitte geneigt (Schrägschulter, Steilschulter) – stützt den Reifenfuß und sichert mit dem Felgenhorn den einwandfreien Sitz des Reifens (Bild 6.143).

Bild 6.144 Unsymmetrische Sicherheitsfelge (s. Text)

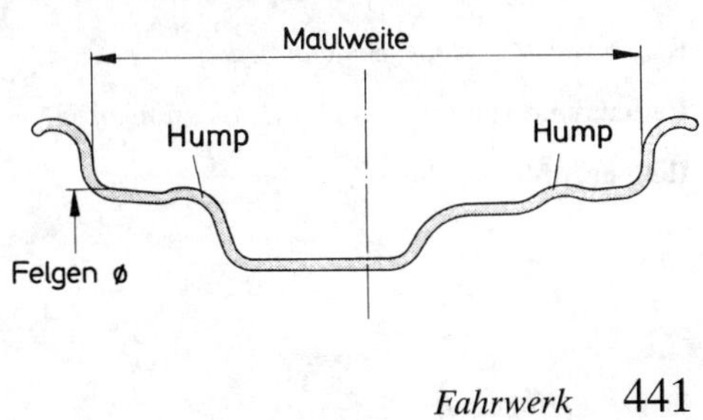

Humpfelge siehe Abschnitt 6.7.2 «Räder», Ausführungen von Sicherheitsschultern.

Innenseele auch englisch «innerlining», ist die luftdichte Gummischicht im Innern von schlauchlosen Reifen, die abdichtet und den Schlauch ersetzt (Bild 6.137).

Karkasse nennt man den Gewebeunterbau des Reifens als Festigkeitsträger.

Kennlinie wird die oberhalb des Reifenwulstes umlaufende Markierungslinie genannt, die bei richtiger Montage parallel zum Felgenhorn läuft (Bild 6.137).

Lauffläche ist der profilierte äußere Umfangsstreifen des Reifens, der der Abnutzung unterliegt. Er überträgt im Kontakt zur Fahrbahn Antriebs-, Brems- und Seitenkräfte.

Laufgeräusch siehe *Abrollgeräusche*

Laufleistung siehe *Lebensdauer*

Laufstreifen – auch Protektor genannt – besteht aus Lauffläche und Seitengummi.

Lebensdauer eines Reifens ist abhängig von Reifenkonstruktion, Laufflächenprofil und -gummi sowie den Betriebsbedingungen (→).

Low Section ist die englische Bezeichnung für Niederquerschnittreifen.

M+S-Reifen siehe Abschnitt 6.7 «Reifenlaufflächen».

Niederquerschnittreifen siehe *Reifenquerschnitt.*

Nylon ist eine Kunstfaser aus Kohlenwasserstoffen (z.B. Erdgas) und dient zur Herstellung von Reifencord für die Karkasse.

Ply-Rating – abgekürzt: PR – ist das internationale Kennzeichen für die Festigkeit der Karkasse. (Die PR-Zahl entspricht nicht in allen Fällen der tatsächlichen Einlagenzahl.)

Profil nennt man die Anordnung von Klötzen (Stollen), Rippen, Rillen und Lamellen auf der Lauffläche. Von der Art des Profils und dessen Zustand hängen Bodenhaftung, besonders auf nasser Fahrbahn (= Sicherheit gegen Aquaplaning), Abnutzung und Abrollgeräusch ab.

Profiltiefe ist bestimmend für die Bodenhaftung des Reifens, namentlich bei Nässe. Darum von großem Einfluß auf die Verkehrssicherheit. Die Mindestprofiltiefe beträgt 2 mm, bei M + S-Reifen 4 mm.

Protektor siehe *Laufstreifen*

Rad, Radscheibe, Radschüssel siehe Abschnitt 6.7.2 «Räder».

Radialreifen siehe Abschnitt 6.7.1 «Gürtelreifen (Radialreifen)»

Radlast siehe Abschnitt 6.7 «Aufgaben des Rades am Kfz».

Räder-Kennzeichnung siehe Abschnitt 6.7.2 «Räder».

Reibbeiwert siehe *Bodenhaftung*

Reifenabmessungen siehe *Abmessungen*

Reifenprofil siehe *Profil*

Reifenquerschnitt wird mit fortschreitender Entwicklung immer flacher. Je flacher der Reifenquerschnitt, desto bessere Seitenführung und Bodenhaftung. Der Reifenquerschnitt wird bestimmt durch das Querschnittsverhältnis Reifenhöhe zu Reifenbreite (H : B).

ab 1924	Ballon-Reifen	H : B = 0,98
ab 1948	Super-Ballon-Reifen	H : B = 0,94
ab 1959	Nieder-Querschnitt-Reifen	H : B = 0,88
ab 1964	Super-Niederquerschnitt-Reifen	H : B = 0,82
ab 1959	Gürtelreifen	H : B = 0,78
ab 1967	«Serie 70»-Reifen	H : B = 0,70
ab 1971	«Serie 60»-Reifen	H : B = 0,60
ab 1975	«Serie 50»-Reifen	H : B = 0,50

Reifenwechsel siehe Abschnitt 6.7 «Reifenerneuerung».

Reifenwulst ist der «Fuß» des Reifens, der auf der Felgenschulter steht bzw. bei Schrägschulterfelgen sich auf der schrägen Schulter aufkeilt. Bei schlauchlosen (Tubeless-)Reifen mit einer Gummiauflage versehen, dichten beide Reifenwulste gegen Luftaustritt an der Felge ab.

reinforced (englisch = verstärkt) ist die Zusatzbezeichnung auf Radial-Gürtelreifen (siehe Abschnitt Gürtelreifen) mit höherer Tragfähigkeit, speziell für Kombifahrzeuge und Transporter. Gleiche Abmessungen wie Pkw-Reifen. Zulässige Höchstgeschwindigkeit z.Z. auf 170 km/h beschränkt.

Riesenluftreifen nennt man die großformatigen Reifen für Lkw, Omnibusse, Lkw-Anhänger und Baumaschinen.

Rollwiderstand ist der Anteil der Fahrwiderstände am Kfz, der in seiner Größe von den Reifen abhängt. Es ist die Summe von Rollreibung + Walkarbeit (→) + Luftreibung (an der Oberfläche des gesamten Rades) + Reibung im Radlager. Durch geeignete konstruktive Maßnahmen am Reifen läßt sich der Rollwiderstand verringern. Gürtelreifen haben einen geringeren Rollwiderstand als Diagonalreifen. Mit steigendem Luftdruck im Reifen verringert sich der Rollwiderstand, mit sinkendem Luftdruck steigt er an (Einfluß verringerter oder größerer Walkarbeit und Rollreibung).

Rollwulst heißt die Verformung des rollenden Reifens hinter dem Auflauf auf die Fahrbahn (Bild 6.142).

Scheibenrad siehe Abschnitt 6.7.2 «Räder».

Scheuerleiste (Scheuerrippe) zum Schutz der Reifenflanke gegen Bordsteinscheuerung bei einigen Reifenausführungen (auch zum Schutz von Radkappen). Zumeist umlaufende Rippe mit dreieckigem Querschnitt auf der Reifenflanke (siehe Bild 6.137).

Schlauchlose Reifen siehe *Tubeless.*

Schlupf nennt man den Verlust an Vortrieb. Die auf die Räder übertragenen Antriebskräfte sind größer als die Reifenhaftung: Die Reifen «schlupfen».

Schwingungsverhalten ist das Ergebnis eines Systems von Achsfedern, Stoßdämpfern, Sitzfedern und gut federnden Reifen, um den Einfluß der Fahrbahnunebenheiten auf Fahrer und Ladung möglichst klein zu halten. Hierbei kommt dem Reifen mit seinen Federungs- und Dämpfungseigenschaften eine besondere Bedeutung zu. (Reifenfederung und Fahrzeugfederung müssen aufeinander abgestimmt sein. Jede willkürliche Änderung kann zu einer Störung dieser Einheit führen.)

Seitenführungskräfte siehe Seitenstabilität

Seitenkräfte sind alle Kräfte, die quer zur Fahrtrichtung auf die Räder einwirken, z. B. Zentrifugalkräfte bei Kurvenfahrt.

Seitenstabilität ist das Vermögen eines Reifens, durch Schräglauf zur Fahrtrichtung zunehmend höhere Seitenkräfte (→) bis zu einem Grenzwert aufnehmen zu können.

«Serie 70»- «Serie 60»- bzw. «Serie 50»-Reifen, siehe Reifenquerschnitte.

Stahlcord ist die Bezeichnung für dünne Stahlseile, die den Textilcord in modernen Reifen ersetzen, z. B. in Pkw-Stahlgürtel-Reifen und Lkw-Ganzstahl-Gürtelreifen.

Stahlscheibenrad siehe Abschnitt 6.7.2 «Räder».

Tiefbettfelge ist die Bezeichnung für ungeteilte Felgen mit eingepreßtem Tiefbett. Vorzugsweise Verwendung an Motorrollern, Krafträdern, Pkw und landwirtschaftlichen Fahrzeugen.

Tragfähigkeit siehe Tabelle

Traktion siehe Zugkraft

Tread-wear-indicators (TWI), siehe Abriebindikatoren

Tubeless (aus dem Englisch-Amerikanischen = «schlauchlos») ist die international verbreitete Bezeichnung für schlauchlose Reifen.

Tube-Type (aus dem Englisch-Amerikanischen: soviel wie «mit Schlauch») ist die international verbreitete Bezeichnung für Reifen, die mit Schlauch gefahren werden müssen.

Unwucht ist die ungleichmäßige Massenverteilung im Rad. Sie führt zu Laufunruhe. Ursache kann in Rad, Reifen, Bremsscheibe oder Bremstrommel liegen (siehe Auswuchten).

Walkarbeit ist ein Teil des Rollwiderstandes (→). Energieverlust im rollenden Reifen durch innere Reibung, wobei kinetische Energie in Wärme umgewandelt wird (Reifenerwärmung).

Walkzone ist der Teil der Reifenseitenwand, der sich unter Belastung durchbiegt. Die umlaufende Durchbiegung beim rollenden Reifen nennt man Walken.

Winterreifen siehe M + S-Reifen.

Wirksamer Halbmesser

a) wirksamer statischer Halbmesser: Abstand von der Radmitte bis zur Standebene bei stillstehendem Kfz (siehe Bild 6.138).
b) wirksamer dynamischer Halbmesser: Die bei 60 km/h Geschwindigkeit je Umdrehung des Rades zurückgelegte Wegstrecke wird durch 2π geteilt. Liegt die in der Norm angegebene Höchstgeschwindigkeit *unter* 60 km/h, so ist mit der dort angegebenen Höchstgeschwindigkeit zu messen. Der Reifen muß dabei entsprechend der in den Normen festgelegten größten Tragfähigkeiten belastet und mit dem dieser Belastung entsprechenden Luftdruck aufgepumpt sein. Infolge von Fliehkraft und Schlupf des drehenden Rades ist der wirksame dynamische Halbmesser stets größer als der wirksame statische Halbmesser (siehe Bild 6.138).

Wulst siehe Reifenwulst.

Wulstband – aus Gummi – schützt den Luftschlauch auf Flachbett- und Schrägschulterfelgen gegen Anscheuerungen durch Reifenwülste.

Zugkraft ist die von einem Reifen mit möglichst geringem Schlupf auf den Boden zu übertragende Antriebskraft. (Die Übertragungsfähigkeit – Traktionsfähigkeit – wird vor allem durch griffiges Profil am Reifen bestimmt.)

6.7.2 Räder

Stahlscheibenräder bestehen im wesentlichen aus zwei Bauteilen:

- ☐ der *Felge*, dem ringförmigen, profilierten Teil des Rades, der den Reifen trägt, und
- ☐ der *Radschüssel* oder der Radscheibe, die als Verbindungsstück zwischen Radnabe und Felge dient.

Beide Teile werden heute ausschließlich durch Widerstands- oder Lichtbogenschweißung miteinander zum *Scheibenrad* verbunden.

Felgen

Felgenbezeichnungen und -abmessungen sind in den DIN-Normen (z.B. DIN 7817, 7820 u.a.) festgelegt und stimmen heute weitgehend mit den internationalen Normen überein.

Wichtige Einzelheiten der Felge sind (Bild 6.143):

Felgenhorn Seitlicher Anschlag für den Reifenwulst. Das Innenmaß zwischen den Felgenhörnern ist die *Maulweite*.

Felgenschulter Sitzfläche für den Reifenwulst, auf der sich der Reifen in radialer Richtung abstützt.

Tiefbettfelgen sind einteilige Felgen, bei denen das Bett zum Radmittelpunkt hin vertieft ist, um die Montage des Reifens zu ermöglichen. Sie werden in *symmetrischer und asymmetrischer* Ausführung gefertigt (Bilder 6.143 und 6.144). In der Felgenbezeichnung erhalten sie ein «X».

Beispiele: $4^1/_2$ J × 14 H2 eine Tiefbettfelge mit einer Maulweite von $4^1/_2''$, einem J-Horn, einem Durchmesser von 14″ und je einem Hump auf beiden Felgenschultern

7.50 × 22.5 eine Steilschulterfelge mit einer Maulweite von 7.50″ und einem Durchmesser von 22.5″ (Bild 6.145).

Ausführungen von Sicherheitsschultern

Zusätzlich erhalten moderne Tiefbettfelgen an einer oder beiden Felgenschultern eine umlaufende Erhöhung, «Hump» genannt («Buckel»). Dieser soll verhindern, daß bei scharfer Kurvenfahrt der Reifenwulst eines schlauchlosen Reifens in das Felgenbett hineinrutscht, wodurch schlagartig totaler Luftverlust eintreten würde. Der «Hump» wird wahlweise als runder (H) oder abgeflachter

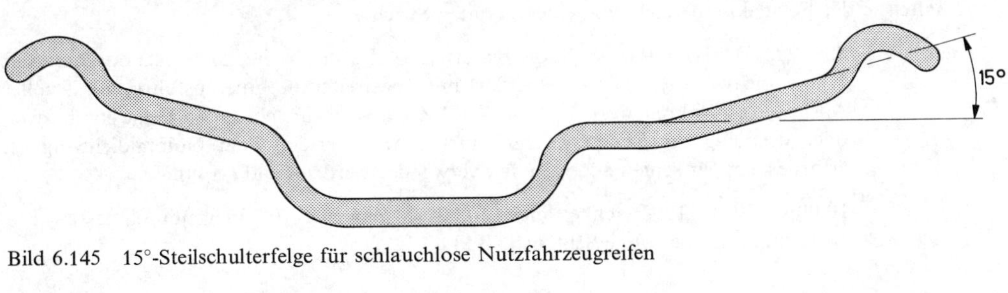

Bild 6.145 15°-Steilschulterfelge für schlauchlose Nutzfahrzeugreifen

(FH = Flat-Hump) gefertigt. Auch die weniger bekannte «Special Ledge»-Felge (SL) mit einem zylindrischen Felgenteil zur Fahrzeugaußenseite zählt zu diesen Sicherheitsfelgen, die beim Einsatz schlauchloser Gürtelreifen in Radialbauart vom Gesetzgeber vorgeschrieben sind.

Es bedeutet gemäß DIN 7817:

Kennzeichnung von Sicherheitsfelgen

Benennung	Art der Sicherheitsschulter Felgenaußenschulter	Felgeninnenschulter	Kennbuchstaben
Hump	Hump	normal	H
Doppelhump	Hump	Hump	H2
Einseitiger Flat-Hump	Flat-Hump	normal	FH
Doppelseitiger Flat-Hump	Flat-Hump	Flat-Hump	FH2
Combination-Hump	Flat-Hump	Hump	CH

Tiefbettfelgen mit Sicherheitsschultern werden hinter der Felgengrößenbezeichnung durch die vorgenannten Symbole gekennzeichnet.

Beispiele für die Bezeichnung von Sicherheitsfelgen:

6J × 14H2 Asymmetrische Tiefbettfelge mit 6″ Maulweite, J-Horn, 14″ Felgendurchmesser und je einem Hump auf beiden Felgenschultern (Bild 6.144).

Eine *völlig neue Sicherheitsfelge* haben Goodyear und Pirelli entwickelt:

□ Die **AH-Felge** mit **a**symmetrischem Doppel-**H**ump.

□ Der Fiat Ritmo Abarth 130TC ist serienmäßig mit derartigen Rädern der Felgengröße **$5^1/_2$J × 14 AH2** ausgerüstet (Bereifung Pirelli P6 185/60R 14 82H).

Das Besondere dieser Felge besteht darin, daß die beiden Humps asymmetrisch, d.h. exzentrisch angeordnet sind. Die beiden höchsten sowie die beiden tiefsten Erhebungen liegen sich diametral (kreuzweise) gegenüber (Bild 6.146).

Die so angeordneten Humps sollen ein Abrutschen des Reifens in fast allen Gefahrensituationen verhindern, die sich durch unzureichenden Luftdruck ergeben können. Außerdem soll verhindert werden, daß sich der Reifen von der Felge löst und das Rad mit dem Felgenhorn Bodenkontakt hat, wodurch es ebenfalls zerstört wird. Die Wirkungsweise zeigt Bild 6.147.

Mehrteilige Felgen

Alle Schrägschulter-, Flachbett-, Halbtief- und EM-Felgen (Felgen für Erdbewegungsmaschinen) erhalten in der Felgenkurzbezeichnung einen geraden Strich «–».

Beispiele: 8.5 – 20 HD UNI KPZ-Schrägschulterfelge, 8,5″ Maulweite, 20″ Felgendurchmesser. HD → «heavy duty». Diese Felge darf mit Regelreifen in Superausführung mit voller Auslastung gefahren werden. UNI → KPZ-Universal-Felge. Diese Felge kann zwei- oder dreiteilig für Reifen mit Schlauch sowie vierteilig (ein Gummidichtring ist erforderlich) für schlauchlose Reifen verwendet werden (Bild 6.148).

10.00 V – 20 KPZ-Flachbettfelge, 10.00″ Maulweite, 20″ Felgendurchmesser. Für Bereifung mit oder ohne Schlauch (Bild 6.149).

Bild 6.146 Rad mit AH-Felge. Die beiden asymmetrisch angeordneten Humps liegen sich mit ihren höchsten Erhebungen diametral gegenüber: links unten und rechts oben. Ebenfalls die niedrigsten Erhebungen: Rechts unten und links oben

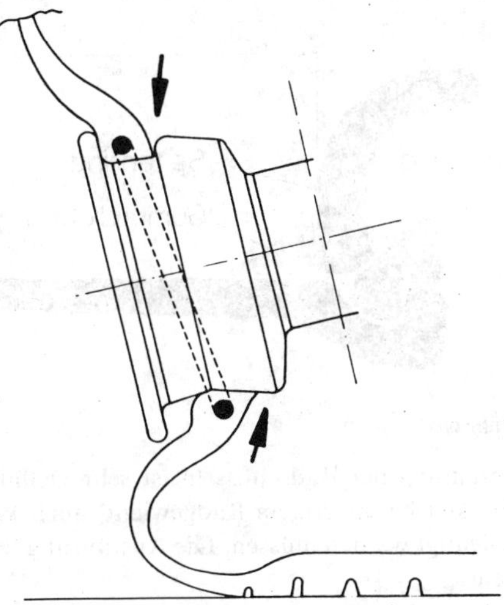

Bild 6.147 Wirkungsweise der asymmetrischen Doppelhumpfelge. Wird der Reifenfuß auf den Hump hinaufgedrückt (unterer Pfeil), tritt im Wulstkern (Drahtkern) durch die Schrägstellung (gestrichelte Linie) eine starke Spannung auf, die ein Hinübergleiten über die Humpspitze verhindert (oberer Pfeil)

Bild 6.148 KPZ-Universalfelge (s. Text)

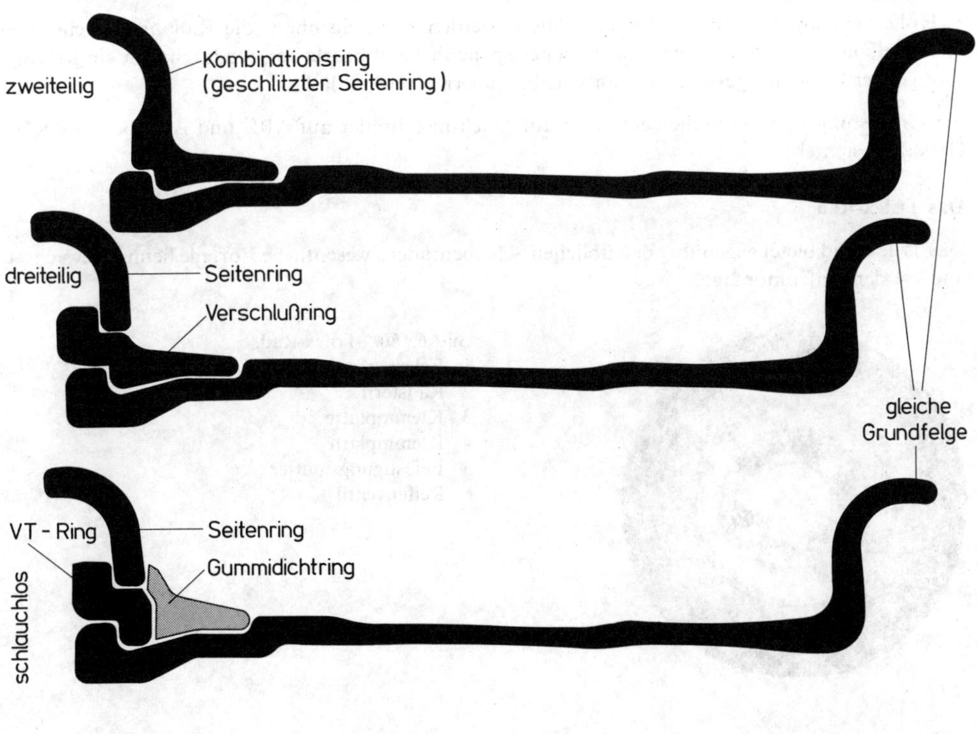

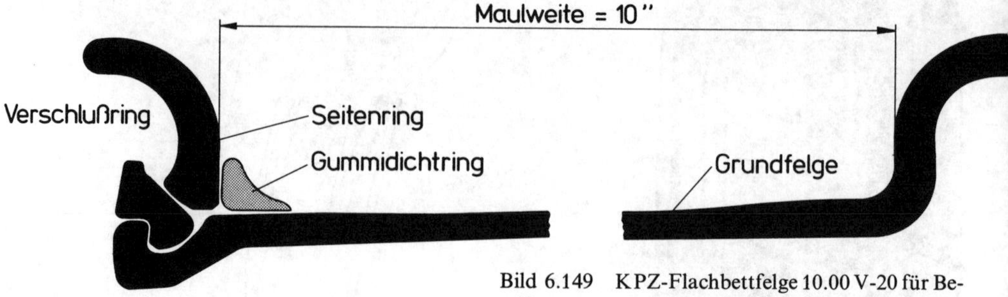

Bild 6.149 KPZ-Flachbettfelge 10.00 V-20 für Bereifung mit oder ohne Schlauch

Radschüsseln

Die Gestaltung der Radschüsseln ist sehr vielfältig, da neben konstruktiven Forderungen (hohe Belastbarkeit bei niedrigem Radgewicht) auch Wünsche nach ansprechendem Aussehen (Styling) berücksichtigt werden müssen. Die Ausführung der Radschüssel richtet sich nach der Radnabe und der Bremse.

Leichtmetallräder

Vorteile gegenüber Stahlscheibenrädern:

a) Geringeres Gewicht. Die Verwendung von Aluminium-Legierungen ergibt eine Gewichtsersparnis von ca. 30%, bei Einsatz von Magnesium-Legierungen werden gar ca. 50% des Gewichtes eingespart. Dies, obwohl wegen der geringeren Festigkeit der vorgenannten Legierungen die Wanddicken üblicherweise doppelt so groß sind wie bei entsprechenden Stahlscheibenrädern.
b) Hohe Genauigkeit. Bei Leichtmetallrädern werden das Felgenbett, die Radanlagefläche, die Mittelbohrung und die Befestigungslöcher spanabhebend bearbeitet, wodurch sich ein hervorragender Rundlauf gegenüber Stahlscheibenrädern erreichen läßt.

Bei Umrüstung von Stahlscheibenrädern auf Leichtmetallräder auf ABE und Angaben des Kfz-Herstellers achten!

Das Trilex-Rad

Das Trilex-Rad bietet gegenüber den üblichen Scheibenrädern wesentliche Vorteile beim Radwechsel und bei der Reifenmontage.

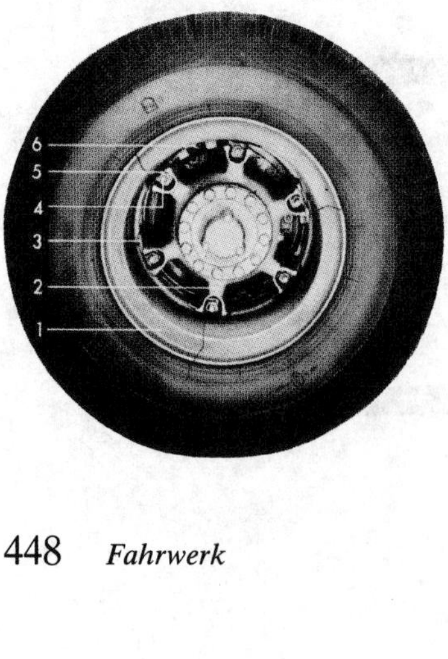

Bild 6.150 Trilex-Rad.
1 Felgensegment
2 Radstern
3 Klemmplatte
4 Klemmplatte
5 Befestigungsmutter
6 Reifenventil

□ Es besteht aus dem Radstern mit Nabe, der dreigeteilten Felge (drei Felgensegmente) und den Befestigungsteilen (Bild 6.150). Die Trilex-Felgen sind im Profil geschlossen, jedoch im Umfang dreimal geteilt (ein langer und zwei kurze Felgenbögen).

□ Beim Befestigen der Trilex-Felge auf dem Radstern werden die Muttern – oben beginnend – im Rundherumgang der Reihe nach angezogen!

□ Keinesfalls über Kreuz anziehen, wie bei Scheibenrädern vorgeschrieben!

6.8 Unwucht an Kfz-Rädern

An allen sich drehenden Teilen muß die Massenverteilung vom Drehpunkt aus nach außen hin rundherum gleich sein, wenn das sich drehende Teil vollkommen ruhig im Auflager liegenbleiben soll.

Die Materialverteilung bei Rad und Reifen muß aber, da Toleranzen bei der Fertigung erlaubt sind, vom Drehpunkt, der sich in der Mitte befindet, nach außen hin nicht gleichmäßig sein. Es ist in der normalen Fertigung nicht möglich, ein geometrisch genau kreisrundes Rad oder einen kreisrunden Reifen zu fertigen.

Aus Fertigungsgründen können Rad und Reifen Höhen- und/oder Seitenschlag oder unterschiedliche Materialstärken haben. Wenn das der Fall ist, läuft das Rad nicht rund, es möchte neben der Drehbewegung auch noch den Drehpunkt selbst bewegen. Man sagt dann, das Rad hat eine Unwucht.

Diese Unwucht kann sich aus dem statischen und dynamischen Anteil zusammensetzen.

Statische Unwucht

Betrachten wir das Rad eines Kfz zunächst einmal als eine flache Scheibe. Diese Scheibe sei zwar rund, hat aber – vom Drehpunkt aus gesehen nach außen – nicht überall die gleiche Materialstärke.

Hebt man z.B. das Vorderrad eines Fahrrades an der Achse hoch, so fängt das Rad an zu pendeln. Es pendelt, ohne daß das Rad von außen angestoßen worden ist, also ohne äußere Einwirkung. Es wird so lange pendeln, bis das Ventil senkrecht unter der Drehachse steht. Hebt man ein drehbar gelagertes Teil, bei dem sich der Schwerpunkt außerhalb des Drehpunktes befindet, an, pendelt das Drehteil so lange, bis sich der Schwerpunkt unter dem Drehpunkt befindet.

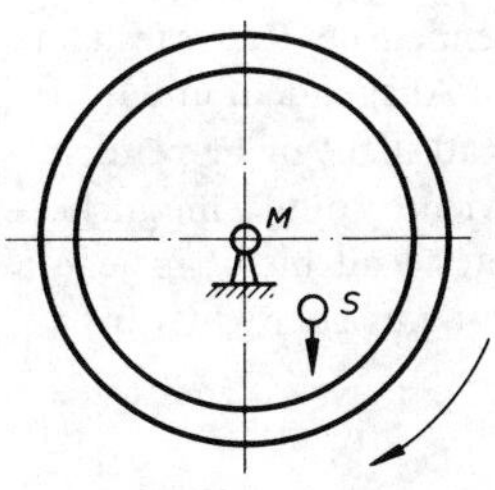

Bild 6.151 Schwerpunkt befindet sich rechts außerhalb des mittigen Drehpunktes. Rad dreht sich im Uhrzeigersinn

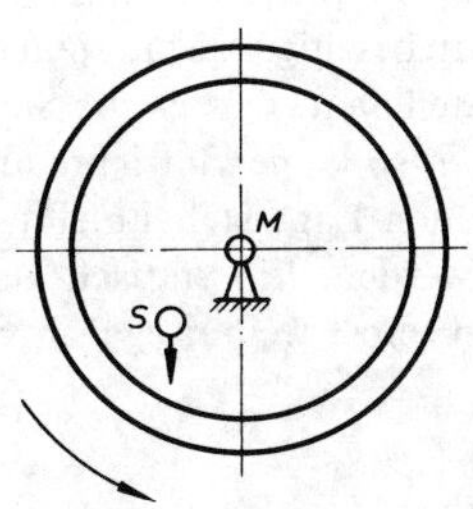

Bild 6.152 Schwerpunkt befindet sich links außerhalb des mittigen Drehpunktes. Rad dreht sich gegen Uhrzeigersinn

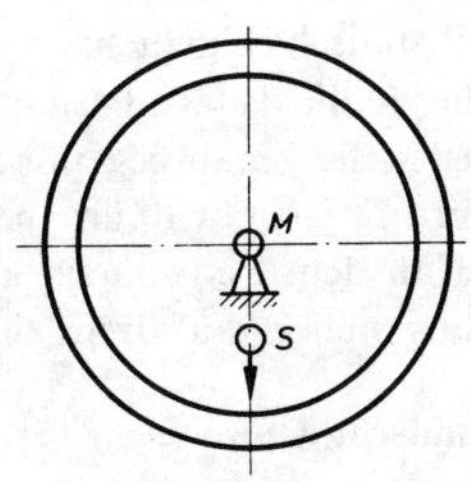

Bild 6.153 Schwerpunkt liegt unter Drehpunkt. Rad hat ausgependelt

Da diese Bewegung ohne äußere Einflüsse vonstatten geht, also nur dadurch, daß man ein ruhendes Rad anhebt, nennt man diese Erscheinung einen *statischen* Vorgang (Bilder 6.151 bis 6.153).

Diese statischen Kräfte bewirken, daß das drehende Rad sich in der Radebene bewegen möchte. An Fahrzeugen kann sich das Rad innerhalb der Radebene aber nur in Richtung der Federwege, also auf und ab bewegen, in jeder anderen Ebene ist es fest geführt. Das heißt: Durch die statischen Anteile der Unwucht möchte sich das Rad auf und ab bewegen, also eine vertikale Bewegung durchführen. Aufwärts, wenn sich die statischen Anteile der Unwucht oberhalb des Radmittelpunktes befinden, abwärts, nach 180° Raddrehung, wenn sich die statischen Anteile der Unwucht unterhalb der Radmitte befinden (Bilder 6.154, 6.155 und 6.156).

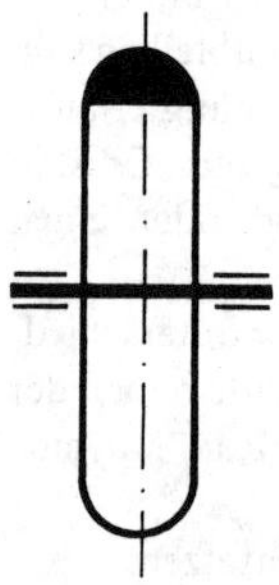

Bild 6.154 Schwerpunkt liegt oben. Das gesamte Rad möchte sich nach oben bewegen

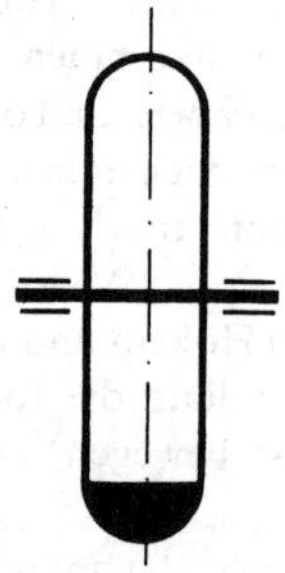

Bild 6.155 Schwerpunkt liegt durch Raddrehung um 180° unten: Das Rad möchte sich nach unten bewegen

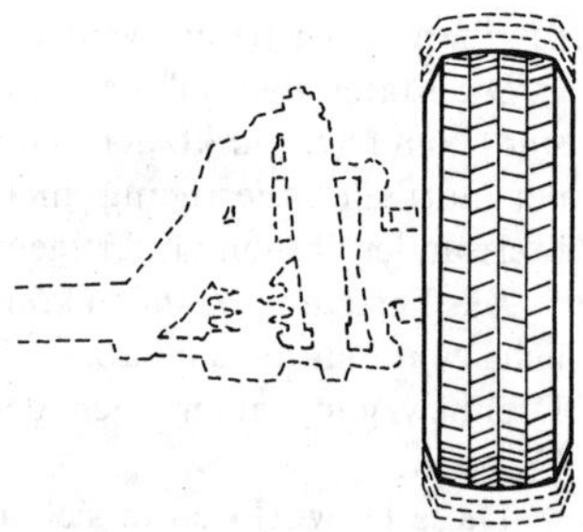

Bild 6.156 Das drehende Rad bewegt sich – bedingt durch statische Unwucht – auf und ab

Diese *statische* Unwucht kann sowohl an den Vorderrädern als auch an den Hinterrädern auftreten, da sich ja alle diese Räder auf- und abbewegen lassen. Man muß also sowohl die Vorderräder als auch die Hinterräder eines Kfz statisch auswuchten.

Die statische Unwucht ist sehr einfach zu beseitigen. Man stellt durch Auspendeln des Rades fest, an welcher Stelle das Rad seine schwerste Stelle hat. Das ist die Stelle, die beim Auspendeln unten ist. Dieser Stelle genau gegenüber bringt man so lange Gewichte an, bis das Rad nicht mehr pendelt, sondern in jeder willkürlichen hingedrehten Lage stehenbleibt. Diese Gewichte sollten möglichst innen an dem Felgenhorn angebracht werden. Ein statisch gut gewuchtetes Rad bleibt in jeder Stellung stehen und dreht sich nicht von selbst weiter, egal in welche Stellung es gebracht wird.

Dynamische Unwucht

Das Rad eines Kfz ist aber in Wirklichkeit keine Scheibe, sondern es hat ja noch eine seitliche Ausdehnung (eine Breite).

Da sich bei gelenkten Rädern von Kfz der Drehpunkt der Achse in einem gewissen Abstand von dem Rad befindet, entsteht um diesen Drehpunkt ein Moment, wenn das Rad durch ungleiche Massenverteilung über die Breite eine Unwucht aufweist (Bild 6.157 und 6.158).

Bild 6.157 (links) Unwucht F befindet sich vorne: Rad möchte sich um den Drehpunkt M entgegen dem Uhrzeigersinn drehen

Bild 6.158 (rechts) Unwucht befindet sich nach 180° Raddrehung hinten, Rad möchte sich um M im Uhrzeigersinn drehen

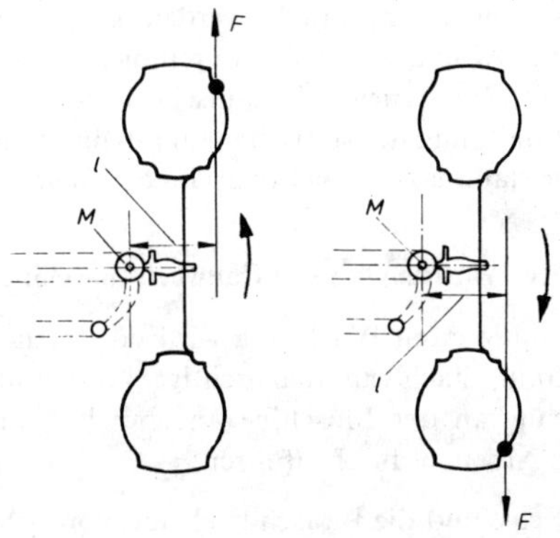

Dieses Moment, das mit der Kraft F und dem senkrechten Abstand l der Wirkungslinie von F zum Drehpunkt M zu einem Drehmoment wird, wirkt ständig während eines gesamten Radumlaufs. Da bei gelenkten Rädern aber nur in der horizontalen Ebene eine Radbewegung um M möglich ist (Lenkung), wirkt die Unwucht in der horizontalen Ebene einmal, wenn sich F in Fahrtrichtung vorne und einmal, wenn sich F – um 180° weitergedreht – hinten befindet. Durch diesen ständigen Richtungswechsel entsteht eine Flatterbewegung, die am Lenkrad im Fahrbetrieb gut zu spüren ist (Bild 6.159). Dieser Anteil der Unwucht ist, da er nur an dem sich drehenden Rad wirksam ist – einem Rad also, was in Bewegung ist –, der dynamische Anteil. Allgemein wird diese Erscheinung *dynamische* Unwucht genannt. Dynamische Unwucht kann sowohl an den Vorder- als auch an den Hinterrädern eines Kfz vorhanden sein. Sie muß an beiden beseitigt werden. Da sich an den Hinterrädern aber die durch dynamische Unwucht hervorgerufene Bewegung und damit Kraft nicht nachweisen läßt, können Hinterräder am Kfz *nicht* dynamisch gewuchtet werden, man muß sie an einer stationären Maschine wuchten.

Die Beseitigung der dynamischen Unwucht erfolgt dadurch, daß man an der der Unwucht gegenüberliegenden Stelle am Felgenhorn außen ein gleich großes Gewicht G_1 anbringt, das den gleichen senkrechten Abstand vom Drehpunkt M hat wie die Masse F (Bild 6.160).

Nach Anbringung des Gewichts G_1 ergibt sich dynamisches Gleichgewicht, da $F \cdot l = G_1 \cdot l$. Um die eventuell vorher ausgeführte statische Wuchtung nicht wieder zu stören, muß dem Ausgleichsgewicht G_1 gegenüber an der Innenseite des Felgenhorns ein um rd. 20% größeres

Bild 6.159 Umlaufendes Rad flattert in horizontaler Ebene infolge dynamischer Unwucht

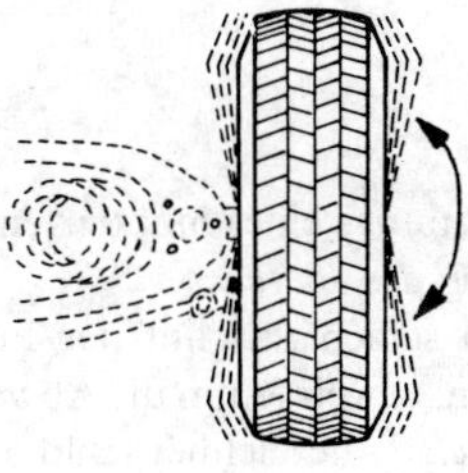

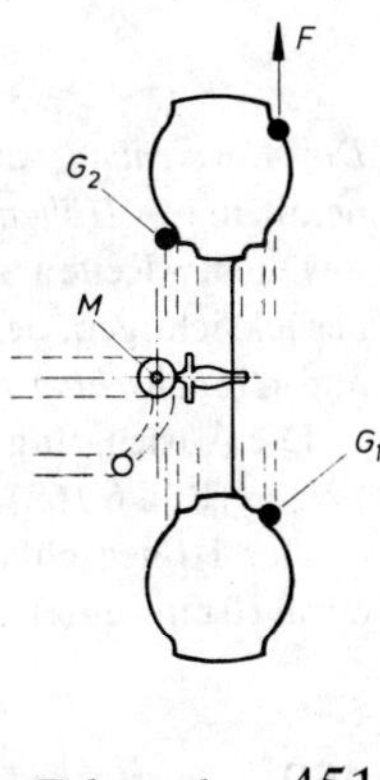

Bild 6.160 Anbringung eines Gegengewichts G_2 gegenüber von G_1 zum statischen Ausgleich

Gegengewicht G_2 angebracht werden. Da dieses Gewicht G_2 keinen senkrechten Abstand um den Drehpunkt M hat, ergibt sich durch dieses zusätzliche Gewicht kein erneutes Drehmoment um M und damit keine erneute dynamische Unwucht.

Die Ermittlung der statischen und dynamischen Anteile der Unwucht und deren Ausgleich kann mit einer stationären Wuchtmaschine erfolgen.

Stationäre Wuchtung an der Radwuchtmaschine

Bei der stationären Wuchtung wird das fertig montierte Rad auf die Nabe der Wuchtmaschine aufgespannt, nachdem der richtige Aufnahmeflansch mit richtigem Lochkreis und richtiger Zentrierung an der Maschine angebracht worden ist. Vor der eigentlichen Auswuchtung sind folgende Arbeiten durchzuführen:

a) Die Felge und die Radschüssel sind von Schmutz zu säubern.
b) Reifen von eventuell im Profil vorhandenen Steinen befreien.
c) Alte Wuchtgewichte entfernen.
d) Luftdruck im Reifen richtigstellen.

Sind die vorgenannten Arbeiten durchgeführt, werden *Höhen- und Seitenanschlag* des Rades gemessen.

Hierzu bedient man sich entweder einer normalen Schlaguhr oder eines speziell für diese Zwecke gefertigten Schlagmessers, der durch geeignete stabile Übersetzung und große Skaleneinteilung sowohl robust als auch funktionstüchtig ist (Bild 6.161).

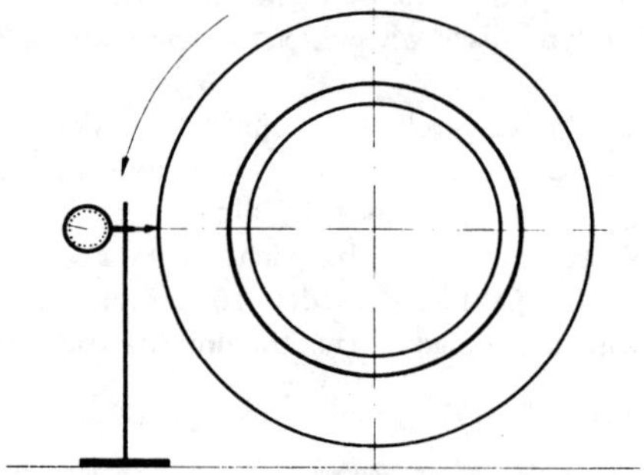

Bild 6.161 Messung des Gesamthöhenschlages

Die Abweichung des Umfangs eines montierten, aufgepumpten Reifens von der idealen Kreisform nennt man «*Höhenschlag des Reifens*».

Da der Reifen durch seinen Sitz auf der Felge geführt wird, ist auch der «*Felgenschlag*» zu berücksichtigen, den man, soweit es um die Abweichung der Felgenschulter von der Kreisform geht, mit «*Höhenschlag der Felge*» bezeichnet (Bild 6.162).

Die Auslenkung des Reifens aus der Radebene bezeichnet man mit «Axial- oder *Seitenschlag der Felge*» (Bild 6.163).

Der Höhenschlag wird ca. 20 mm außerhalb der Laufflächenmitte gemessen, der Seitenschlag etwa 10 mm unterhalb des seitlichen Laufflächenendes.

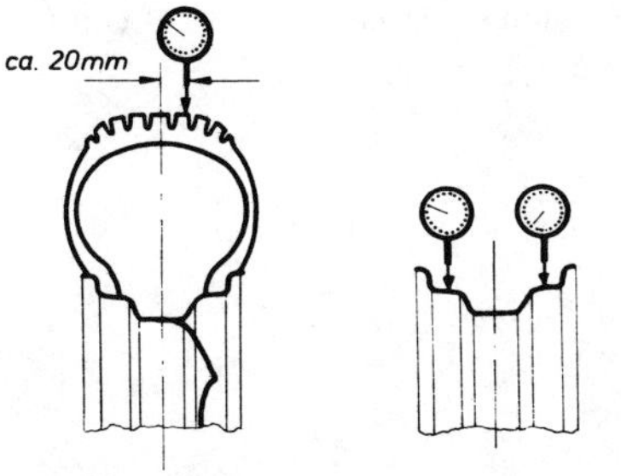

Bild 6.162 Messung des Höhenschlags an Reifen und Rad

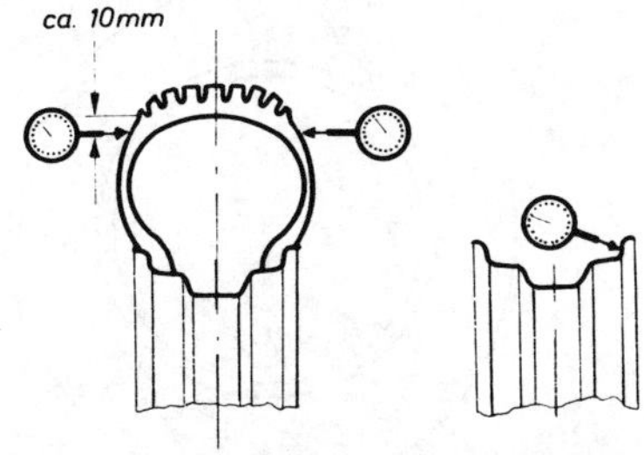

Bild 6.163 Messung des Seitenschlags an Reifen und Rad

Die Maximalwerte für den *Höhenschlag* betragen

für das Rad	1,50 mm	
für den Reifen	1,25 mm	so daß der
Gesamthöhenschlag	2,75 mm	betragen dürfte

Es ist aber *nicht* möglich, ein Rad mit 2,75 mm Höhenschlag so vollkommen zu wuchten, daß es ruhig läuft.

Die für die einzelnen Gürtel-Reifentypen noch angängigen *Gesamthöhenschläge* sind:

für Räder mit S-Reifen	1,2 mm
für Räder mit H-Reifen	1,0 mm
für Räder mit V-Reifen	0,8 mm

Man kann den Höhenschlag eines Rades verringern, wenn man den Reifen auf dem Rad so lange verdreht, bis höchste Stelle (+ Toleranz) des Rades und tiefste Stelle des Reifens (– Toleranz) übereinanderstehen. Diesen oft zeitraubenden Vorgang nennt man «matchen».

Die andere Lösung, die weit besser ist:

Man verwendet

a) gute Stahlräder mit einem geringen Höhenschlag (bis ca. 0,5 mm) oder Leichtmetallräder, deren Höhenschlag im Neuzustand um 0,1 mm liegt, und
b) Reifen, die vorher mit einer Lehrfelge zusammen *harmonisiert* worden sind. Harmonisieren bedeutet, daß das Rad während des Rundlaufs am Profil so lange beschliffen wird, bis das Rad und damit der Reifen vollkommen rund ist (Bild 6.164).

Der *Seitenschlag* des Rades darf 1,5 mm bei Gürtelreifen nicht überschreiten, sonst ist kein einwandfreier vibrationsfreier Rundlauf des Rades am Kfz möglich. Diese Vibration überträgt sich schon im Stadtverkehr, also bei Geschwindigkeiten bis 50 km/h, unangenehm auf das gesamte Fahrzeug.

Auf die oft an Reifen auftretenden *Radialkraftschwankungen* am Gürtelreifen kann hier nicht näher eingegangen werden, da eine Werkstatt keine Möglichkeit hat, sie nachzuweisen. Es sei nur erwähnt, daß Reifen mit Radialkraftschwankungen eine unterschiedliche Einfederung bei einem Umlauf haben. Dieser Fehler ist auf eine gewisse Ungleichförmigkeit des Reifens – hervorgerufen durch fertigungstechnische Ursachen – zurückzuführen. Die Radialkraftschwankungen erzeugen Laufunruhe und Vibration und verschlechtern damit den Fahrkomfort.

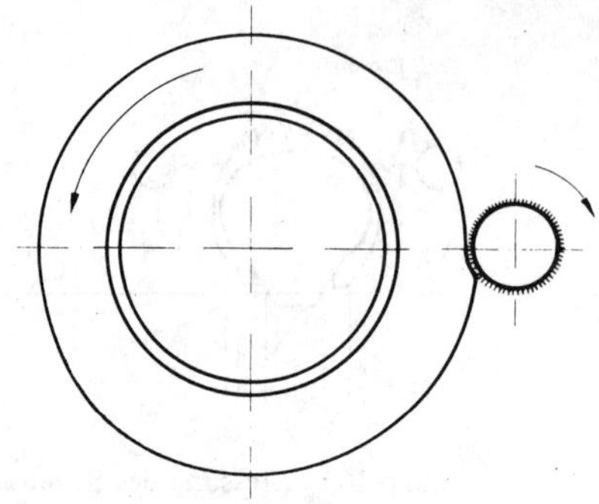

Bild 6.164 Harmonisieren des Reifens auf einem Lehrrad

Auf der einfachen stationären Wuchtmaschine werden zuerst die dynamischen, dann die statischen Anteile der Unwucht beseitigt.

Nach Abbau von der Wuchtmaschine wird das Rad am Kfz angebracht. Hierbei werden häufig große Fehler gemacht.

Zunächst muß das Rad so angebracht werden, daß es zentrisch auf der Nabe sitzt. Nicht alle Kfz haben eine exakte Zentrierung.

Dann müssen die Radmuttern nach Vorschrift bei entlastetem Rad angezogen werden.

Bei *Scheibenrädern* sind die Radmuttern grundsätzlich *über Kreuz* anzuziehen, bei *Trilexrädern* (Trilex = dreigeteilte Felge, bei der die Felge auf den am Fahrzeug befindlichen Radstern bzw. dessen Konus aufgeschoben wird) müssen die Radmuttern *der Reihe nach* angezogen werden. Man sollte so vorgehen, daß man die Radmuttern erst lose anschraubt und dann mit Drehmomentschlüssel oder einstellbarem Schlagschrauber das erforderliche Drehmoment aufbringt. Es empfiehlt sich, das Drehmoment in Stufen von 50 zu 50 Nm bis zum Sollwert aufzubringen.

Eine Tabelle einiger Drehmomente für das Anziehen der Radmuttern (bzw. Radbolzen) an Pkw befindet sich auf Seite 429.

Wie aus der nachstehenden Tabelle ersichtlich, liegen die Anzugsdrehmomente für Pkw-Radmuttern bei 100 Nm. Bei Lkw-Rädern liegen diese Werte sowohl bei Scheiben- als auch bei Trilexrädern bei 250 Nm bis 300 Nm.

Unsachgemäße Radbefestigung kann am Fahrzeug ein vorher stationär einwandfrei gewuchtetes Rad als mit Unwucht behaftet erscheinen lassen.

Moderne Wuchtmaschinen unterscheiden nicht mehr zwischen statischer und dynamischer Unwucht. Bei ihnen werden an der inneren Radebene die statischen, an der äußeren Radebene die dynamischen Anteile der Unwucht ermittelt.

Wuchtung der Räder am Kfz

Bei Wuchtung an der stationären Wuchtmaschine wird nur das Kfz-Rad gewuchtet. Nach Anbringen des Rades am Kfz dreht sich im Fahrbetrieb nicht nur das Rad, sondern auch die Nabe mit der Bremstrommel oder -scheibe.

Auch diese Teile unterliegen in der Fertigung Toleranzen, sie müssen also nicht unbedingt schlagfrei sein und können vom Mittelpunkt nach außen hin eine ungleiche Massenverteilung haben. Aus diesem Grunde sind sie in den meisten Fällen mit Unwucht behaftet, und man tut gut daran, alle sich mit dem Rad drehenden Teile mit diesem zusammen (so wie sie sich am Fahrzeug drehen) auszuwuchten.

Kfz-Hersteller	Kfz-Typ	Erforderliches Anzugsdrehmoment (Nm)
Alfa Romeo	alle	100
Audi	alle	100
BMW	alle	100 ± 10
Citroën	AX BX CX XM	75 80 70 bis 90 90
Fiat	126 Croma alle anderen	70 120 90
Ford	Fiesta Escort Orion Scorpio Sierra	70 bis 100 70 bis 100 70 bis 100 70 bis 100 100
Honda	Civic Accord Legend	100 bis 120 100 bis 120 100 bis 120
Lada	alle	60 bis 70

Kfz-Hersteller	Kfz-Typ	Erforderliches Anzugsdrehmoment (Nm)
Mazda	alle	90 bis 120
Mercedes-Benz	alle	110
Mitsubishi	alle	70 bis 80
Nissan	Patrol alle anderen	120 bis 150 80 bis 90
Opel	alle	100
Peugeot	205 309 405 605	85 85 85 90
Porsche	924 Stahl/Alu alle anderen Stahl/Alu	110/130 130/130
Renault	alle	60 bis 80
Seat	alle	90 bis 100
Skoda	alle	70 bis 80
Toyota	alle	90 bis 120
VW	1; 4; alle anderen	130 110

Sollte das Rad vorher auf einer stationären Maschine exakt gewuchtet worden sein, können – wegen der vorgenannten Ursachen – trotzdem bei der Wuchtung der Räder am Fahrzeug noch kleine Gewichts- oder Lageveränderungen der Ausgleichgewichte notwendig werden.

Bei schwierig zu wuchtenden Kfz-Rädern (dazu zählen besonders alle Kfz, die neben der McPherson- oder Federbeinachse noch mit Gürtelreifen ausgerüstet sind) empfiehlt sich, die Räder nur am Kfz zu wuchten.

Bevor die Wuchtung vorgenommen werden kann, sind die nachfolgenden Punkte zu beachten:

Luftdruck im Reifen richtigstellen.
Radlagerspiel prüfen.
Achs- und Radaufhängung auf Spiel überprüfen.
Höhen- und Seitenschlag prüfen.
Alte Wuchtgewichte entfernen, Rad und Reifen von grobem Schmutz säubern.
Reifen gegebenenfalls warmfahren.

Eine Reihe von Reifen neigen dazu, bedingt durch ihren Aufbau, sogenannte *flat-spots* zu bilden *(Flachstellen)*. Diese flat-spots sind Abplattungen an der Radaufstandsfläche und können eine Unwucht vortäuschen. Flat-spots können entstehen, wenn ein warmgefahrener Reifen bei stehendem Kfz erkaltet, sie können nach ca. 10 bis 20 Fahrkilometern wieder verschwinden. Bei Gürtelreifen, die sich bei der Kfz-Lackierung mit im Trockenofen befinden, sind diese Flachstellen nicht immer zuverlässig zu beseitigen. Man sollte für diesen Fall sogenannte Rollreifen zur Hand haben.

Bei einigen Reifen mit Nylon- oder Reyon-Unterbau treten solche Flachstellen auf, wenn das Kfz länger als einen Monat auf einer Stelle gestanden hat (Gebrauchtwagenmarkt). Diese Flachstellen sind nicht mehr zu beseitigen, die Bereifung muß erneuert werden.

Die Auswuchtung der Räder ist nach der Bedienungsanleitung des Geräteherstellers durchzuführen. Es genügt in den meisten Fällen, die Räder eines Kfz auf der stationären Wuchtmaschine zu wuchten und sie nach Vorschrift am Kfz anzubringen. Diese Methode hat ja auch den Vorteil, daß man das Ersatzrad gewuchtet hat und bei Reifenschaden nach Radwechsel ohne Störung weiterfahren kann.

Wuchtet man nur am Kfz, hat man die Garantie, daß alle sich mit dem Rad zusammen drehenden Teile ausgewuchtet sind. Bei dieser Methode ist es aber nicht möglich, das Ersatzrad mitzuwuchten. Das kann nach Radwechsel den Fahrkomfort oder das Fahrverhalten bei verschiedenen Geschwindigkeiten erheblich beeinträchtigen.

Bei besonders schwer zu wuchtenden Vorderrädern an Kfz (Kombinationen: Gürtelreifen und Federbein) wird stationäre Vorwuchtung und Nachwuchtung am Kfz empfohlen.

Da Reifen, durch ihren Aufbau bedingt, eine gewisse Einlaufstrecke benötigen, bis sie sich gesetzt, d.h. ihre endgültige Form erreicht haben, sollte man nur solche Reifen exakt wuchten, die bereits 500 km Laufstrecke zurückgelegt haben.

7 Fahrzeugbremsen

Wenn ein Motor nicht läuft, ist niemand in Gefahr; wenn eine Bremse versagt, kann es tödlich sein.

7.1 Rechtliche Grundlagen

Um dem modernen Straßenverkehr gerecht zu werden, muß sich ein Kraftfahrzeug möglichst schnell beschleunigen und abbremsen lassen. Von besonderer Wichtigkeit ist dabei das Abbremsen, also Verringern der Geschwindigkeit. Deshalb hat der Gesetzgeber die Forderungen an die Bremsen in der Straßenverkehrs-Zulassungs-Ordnung (StVZO) festgelegt.

Auszug aus der StVZO

§ 41, Absatz 1

Kraftfahrzeuge müssen zwei voneinander unabhängige Bremsanlagen haben oder eine Bremsanlage mit zwei voneinander unabhängigen Bedienungsvorrichtungen, von denen jede auch dann wirken kann, wenn die andere versagt. Die Bremsen müssen leicht nachstellbar sein oder eine selbsttätige Nachstellvorrichtung haben.

§ 41, Absatz 4

Bei Kraftfahrzeugen – ausgenommen Krafträder – muß mit der einen Bremse (Betriebsbremse) eine mittlere Verzögerung von mindestens 2,5 m/s^2 erreicht werden; bei Kraftfahrzeugen mit einer durch die Bauart bestimmten Höchstgeschwindigkeit von nicht mehr als 25 km/h genügt jedoch eine mittlere Verzögerung von 1,5 m/s^2.

§ 41, Absatz 5

Bei Kraftfahrzeugen – ausgenommen Krafträder – muß die Bedienungsvorrichtung der anderen Bremse feststellbar sein. Die festgestellte Bremse muß ausschließlich durch mechanische Mittel und ohne Zuhilfenahme der Bremswirkung des Motors das Fahrzeug auf der größten von ihm befahrbaren Steigung am Abrollen hindern können. Mit der Feststellbremse muß eine mittlere Verzögerung von mindestens 1,5 m/s^2 erreicht werden.

§ 41, Absatz 6

Bei Krafträdern – auch mit Beiwagen – muß mit jeder der beiden Bremsen eine mittlere Verzögerung von mindestens 2,5 m/s^2 erreicht werden.

§ 41, Absatz 7

Bei Kraftfahrzeugen, die mit gespeicherter elektrischer Energie angetrieben werden, kann eine der beiden Bremsanlagen eine elektrische Widerstands- oder Kurzschlußbremse sein. Bei solchen

Fahrzeugen muß mit der mechanischen Feststellbremse eine mittlere Verzögerung von mindestens 2,5 m/s^2 erreicht werden. Wenn die durch die Bauart bestimmte Höchstgeschwindigkeit nicht mehr als 25 km/h beträgt, genügt eine mittlere Verzögerung von 1,5 m/s^2.

§ 41, Absatz 9

Zwei- oder mehrachsige Anhänger müssen eine ausreichende, leicht nachstellbare oder sich selbsttätig nachstellende Bremsanlage haben; mit ihr muß eine mittlere Verzögerung von mindestens 2,5 m/s^2 erreicht werden. Bei Anhängern hinter Kraftfahrzeugen mit einer Geschwindigkeit von nicht mehr als 25 km/h (Betriebsvorschrift) genügt eine eigene mittlere Verzögerung von 1,5 m/s^2, wenn die Anhänger für eine Höchstgeschwindigkeit von nicht mehr als 25 km/h gekennzeichnet sind. Die Bremse muß feststellbar sein. Die festgestellte Bremse muß ausschließlich durch mechanische Mittel den vollbelasteten Anhänger auch bei einer Steigung von 20 vom Hundert auf trockener Straße am Abrollen hindern können. Die Bremsanlage muß vom ziehenden Fahrzeug aus bedient werden können oder selbsttätig wirken; sie muß den Anhänger beim Lösen vom ziehenden Fahrzeug auch bei einer Steigung von 20 vom Hundert selbsttätig zum Stehen bringen. Anhänger hinter Kraftfahrzeugen mit einer durch die Bauart bestimmten Höchstgeschwindigkeit von mehr als 25 km/h müssen eine auf alle Räder wirkende Bremsanlage haben. Das gilt nicht für die nach § 58 für eine Höchstgeschwindigkeit von nicht mehr als 25 km/h gekennzeichneten Anhänger hinter Fahrzeugen, die mit einer Geschwindigkeit von nicht mehr als 25 km/h gefahren werden (Betriebsvorschrift).

§ 41, Absatz 10

Auflaufbremsen (Bremsen, deren Wirkung ausschließlich durch die Auflaufkraft erzeugt wird) sind nur bei Anhängern mit einem zulässigen Gesamtgewicht von nicht mehr als 8 t zulässig. In einem Zug darf nur ein Anhänger mit Auflaufbremse mitgeführt werden; jedoch sind hinter Kraftfahrzeugen mit einer durch die Bauart bestimmten Höchstgeschwindigkeit von nicht mehr als 25 km/h zwei Anhänger mit Auflaufbremse zulässig, soweit nicht das Mitführen von mehr als einem Anhänger durch andere Vorschriften untersagt ist.

§ 41, Absatz 11

An einachsigen Anhängern ist keine eigene Bremse erforderlich, wenn der Zug die für das ziehende Fahrzeug vorgeschriebene Bremsverzögerung erreicht und die Achslast des Anhängers die Hälfte des Leergewichts des ziehenden Fahrzeugs, jedoch 3 t nicht übersteigt. Soweit einachsige Anhänger mit einer eigenen Bremse ausgerüstet sein müssen, gelten die Vorschriften des Absatzes 9 entsprechend. Bei Sattelanhängern muß die Wirkung der Betriebsbremse dem von der Achse (auch Doppelachse) getragenen Anteil des zulässigen Gesamtgewichts des Sattelanhängers entsprechen.

§ 41, Absatz 12

Die vorgeschriebenen Bremsverzögerungen müssen auf ebener, trockener Straße mit gewöhnlichem Kraftaufwand bei voll belastetem Fahrzeug, erwärmten Bremstrommeln und (außer bei der in Absatz 5 vorgeschriebenen Bremse) auch bei Höchstgeschwindigkeit erreicht werden, ohne daß das Fahrzeug seine Spur verläßt. Die in den Absätzen 4, 6 und 7 vorgeschriebenen Verzögerungen müssen auch beim Mitführen von Anhängern erreicht werden. Die mittlere Bremsverzögerung ist aus der Ausgangsgeschwindigkeit und dem Weg zu errechnen, der vom Beginn der Bremsbetätigung bis zum Stillstand des Fahrzeugs zurückgelegt wird. Von dem in den Sätzen 1 bis 3 vorgeschriebenen Verfahren kann, insbesondere bei Nachprüfungen nach § 29, abgewichen werden, wenn Zustand und Wirkung der Bremsanlage auf andere Weise feststellbar sind. Bei der Prüfung neu zugelassener

Fahrzeuge muß eine dem betriebsüblichen Nachlassen der Bremswirkung entsprechend höhere Verzögerung erreicht werden; außerdem muß eine ausreichende, dem jeweiligen Stand der Technik entsprechende Dauerleistung der Bremsen für längere Talfahrten gewährleistet sein.

§ 41, Absatz 13

In diesem Absatz sind die Fahrzeuge im einzelnen benannt, die von den vorstehenden Vorschriften über Bremsen befreit sind.

§ 41, Absatz 15

Kraftomnibusse mit einem zulässigen Gesamtgewicht von mehr als 5,5 t sowie andere Kraftfahrzeuge mit einem zulässigen Gesamtgewicht von mehr als 9 t müssen außer mit Bremsen nach den aufgeführten Vorschriften mit einer Dauerbremse ausgerüstet sein. Als Dauerbremse gelten Motorbremsen oder in der Bremswirkung gleichartige Einrichtungen. Die Dauerbremse muß mindestens eine Leistung aufweisen, die der Bremsbeanspruchung beim Befahren eines Gefälles von 7 % und 6 km Länge mit einem vollbeladenen Fahrzeug bei einer Geschwindigkeit von 30 km/h entspricht. Bei Anhängern mit einem zugelassenen Gesamtgewicht von mehr als 9 t muß die Betriebsbremse den Anforderungen des Satzes 3 entsprechen, bei Sattelanhängern nur dann, wenn das um die zulässige Aufliegelast verringerte zulässige Gesamtgewicht mehr als 9 t beträgt. Die Sätze 1 bis 4 gelten nicht für

- □ Fahrzeuge mit einer durch die Bauart bestimmten Höchstgeschwindigkeit von nicht mehr als 25 km/h und
- □ Fahrzeuge, die nach § 58 für eine Höchstgeschwindigkeit von nicht mehr als 25 km/h gekennzeichnet sind und die mit einer Geschwindigkeit von nicht mehr als 25 km/h betrieben werden.

Kommentar

Infolge zwischenzeitlicher Änderung des § 41, Absatz 15 mußten die im Anhänger bereits vorhandenen Dauerbremsen spätestens bei der ersten Bremsensonderuntersuchung nach dem 1. 10. 92 dauerhaft funktionsunfähig gemacht werden (Anpassung an die EG-Vorschriften).
Hiervon sind die neuen Bundesländer bis zum 31. 12. 97 ausgenommen, weil dort noch die Einleitungsbremse existiert.

§ 41, Absatz 16

Druckluftbremsen und hydraulische Bremsen von Kraftomnibussen müssen bei Undichtigkeit an einer Stelle mindestens zwei Räder bremsen können, die nicht auf derselben Seite liegen. Bei Druckluftbremsen von Kraftomnibussen muß das unzulässige Absinken des Drucks im Druckbehälter dem Führer durch eine optisch oder akustisch wirkende Warnvorrichtung deutlich angezeigt werden.

§ 41, Absatz 17

Beim Mitführen von Anhängern mit Druckluftbremsanlage müssen die Vorratsbehälter des Anhängers auch während der Betätigung der Betriebsbremsanlage nachgefüllt werden können (Zweileitungsbremsanlage mit Steuerung durch Druckanstieg), wenn die durch die Bauart bestimmte Höchstgeschwindigkeit mehr als 25 km/h beträgt.

§ 42, Absatz 1

Die von Krafträdern, Pkw und Lkw gezogene Anhängerlast darf weder das zulässige Gesamtgewicht – bei Lkw in Zügen mit durchgehender Bremsanlage das 1,5fache des zulässigen Gesamtgewichts –

des ziehenden Fahrzeugs noch den etwa vom Hersteller des ziehenden Fahrzeugs angegebenen oder amtlich als zulässig erklärten Wert übersteigen.

Auszug aus dem Verkehrsblatt

Die durchgehende Bremse ist gegeben, wenn sie folgende Merkmale aufweist:

1. Die Bremsen des ziehenden und des gezogenen Fahrzeugs müssen sich vom Führersitz aus durch dieselbe Einrichtung abstufbar betätigen lassen,
2. die zum Bremsen des ziehenden und des gezogenen Fahrzeugs erforderliche Energie muß von derselben Energiequelle geliefert werden. Die Betätigungskraft des Fahrers darf bei der Bremsung des ziehenden Fahrzeugs mitwirken.

§ 42, Absatz 2

Hinter Krafträdern und Pkw dürfen Anhänger ohne ausreichende eigene Bremse nur mitgeführt werden, wenn das ziehende Fahrzeug Allradbremse und der Anhänger nur eine Achse hat.

Krafträder gelten trotz getrennter Bedienungsvorrichtungen für die Vorderrad- und Hinterradbremse als Fahrzeug mit Allradbremse, Krafträder mit Beiwagen jedoch nur dann, wenn auch das Beiwagenrad eine Bremse hat. Werden einachsige Anhänger ohne ausreichende eigene Bremse mitgeführt, so darf die Anhängelast höchstens die Hälfte des um 75 kg erhöhten Leergewichts des ziehenden Fahrzeugs, aber nicht mehr als 750 kg betragen.

§ 42, Absatz 3

Das Leergewicht ist das Gewicht des betriebsfertigen Fahrzeugs mit vollständig gefüllten eingebauten Kraftstoffbehältern einschließlich des Gewichts aller im Betrieb mitgeführten Ausrüstungsteile, bei anderen Kraftfahrzeugen als Krafträder und Pkw zuzüglich 75 kg als Fahrergewicht.

ECE-Reglement Nr. 13

In der Europäischen Wirtschaftskommission (ECE = Economic Commission for Europe) wurden Richtlinien für Bremsanlagen von Kraftfahrzeugen und Anhängern (über 25 km/h) mit folgenden Zielen erreicht:

1. Angleichung der Rechtsvorschriften,
2. Erleichterung des Handels,
3. Erhöhung der Verkehrssicherheit.

Diese Richtlinien sind als „Reglement Nr. 13“ bekannt und haben für alle Unterzeichnerstaaten in Ost und West Gültigkeit. Die Europäische Gemeinschaft hat inzwischen die genannten Richtlinien zur Rats-Richtlinie der EG weiterentwickelt.

Die Rats-Richtlinie existiert neben den nationalen Vorschriften der EG-Staaten und soll dort mit der Zeit Eingang finden. Eine nach dieser Richtlinie erteilte Betriebserlaubnis hat für alle EG-Staaten Gültigkeit.

EG-Richtlinien für Bremsanlagen (Auszug u. Kommentar)

Artikel 1

(1) Als Fahrzeuge im Sinne dieser Richtlinie gelten – mit Ausnahme von Schienenfahrzeugen, landwirtschaftlichen Zug- und Arbeitsmaschinen sowie anderen Arbeitsmaschinen – alle zur

Teilnahme am Straßenverkehr bestimmten unter eine der nachstehenden internationalen Klassen fallenden Kraftfahrzeuge mit oder ohne Aufbau, mit mindestens vier Rädern und einer bauartbedingten Höchstgeschwindigkeit von mehr als 25 km/h, sowie ihre Anhänger.

Einteilung in Fahrzeugklassen

Klasse M Kfz zur Personenbeförderung mit mind. 4 oder 3 Rädern und über 1 t zul. Gesamtgewicht	**Klasse N** Kfz zur Personenbeförderung mit mind. 4 oder 3 Rädern und über 1 t zul. Gesamtgewicht	**Klasse O** Anhänger einschließlich Sattelanhänger
M 1 Bis 8 Fahrgastplätze	**N 1** Bis zu 3,5 t zul. Gesamtgewicht	**O 1** Bis zu 7,5 t zul. Gesamtgewicht
M 2 Über 8 Fahrgastplätze bis 5 t zul. Gesamtgewicht	**N 2** Über 3,5 t bis 12 t zul. Gesamtgewicht	**O 2** Über 0,75 t bis 3,5 t zul. Gesamtgewicht
M 3 Über 8 Fahrgastplätze und über 5 t zul. Gesamtgewicht	**N 3** Über 12 t zul. Gesamtgewicht	**O 3** Über 3,5 t bis 10 t zul. Gesamtgewicht
		O 4 Über 10 t zul. Gesamtgewicht

Werte für Betriebsbremse

	M 1	M 2	M 3	N 1	N 2	N 3
maximale Verzögerung in m/s^2	5,8	5,0	5,0	4,4	4,4	4,4
mittlere Verzögerung in m/s^2	4,8	3,7	3,7	3,5	3,2	3,0
max. Fußkraft am Pedal in Newton	500	700	700	700	700	700
Prüfgeschwindigkeit in km/h	80	60	60	70	50	40

Werte für die Hilfsbremse

	M 1	M 2	M 3	N 1	N 2	N 3
mittlere Verzögerung in m/s^2	2,5	2,1	2,1	1,9	1,8	1,8
maximale Armkraft in Newton	400	600	600	600	600	600
maximale Fußkraft in Newton	500	700	700	700	700	700
Prüfgeschwindigkeit in km/h	80	60	60	70	50	40

Feststellbremse

Die Feststellbremse soll, auch bei Kombination mit anderen Bremsanlagen, das beladene Fahrzeug auf einer Steigung oder einem Gefälle von 18 % am Abrollen hindern können.

Bei Anhängern, die eine Betriebsbremse haben müssen, soll die Feststellbremse auch dann wirken, wenn Motorwagen und Anhänger getrennt sind.

Bei Fahrzeugen, hinter denen ein Anhänger mitgeführt werden darf, muß die Feststellbremse des Motorwagens den gesamten Zug auf einer Steigung oder einem Gefälle von 12 % am Abrollen hindern können.

Werte für die Feststellbremse

	M 1	M 2	M 3	N 1	N 2	N 3
maximale Armkraft in Newton	400	600	600	600	600	600
maximale Fußkraft in Newton	500	700	700	700	700	700

(2) In der Klasse M gelten Gelenkfahrzeuge, die aus zwei voneinander nicht trennbaren, aber gelenkig miteinander verbundenen Teilen bestehen, als ein einziges Fahrzeug.
(3) Bei Fahrzeugen der Klassen M und N ist bei einer Sattelzugmaschine das für die Einteilung des Fahrzeugs zu berücksichtigende Gesamtgewicht das Gewicht der betriebsbereiten Sattelzugmaschine, vermehrt um die zulässige vom Sattelanhänger auf die Sattelzugmaschine übertragene Last sowie gegebenenfalls um das zulässige Gewicht der Ladung der Sattelzugmaschine selbst.
(4) Bei Fahrzeugen der Klasse N gelten als beförderte Güter auch Ausrüstungen und Einrichtungen besonderer Fahrzeuge, die nicht zur Beförderung von Personen bestimmt sind (Kranfahrzeuge, Werkstattfahrzeuge, Reklamefahrzeuge usw.).
(5) Bei Sattelanhängern der Klasse O ist das für die Einteilung des Fahrzeugs geltende Gesamtgewicht die Achslast oder die Summe der Achslasten des mit dem zulässigen Gewicht der Ladung belasteten und aufgesattelten Sattelanhängers.

Untersuchung der Kraftfahrzeuge und Anhänger nach § 29 StVZO und Anlage VIII (Auszug und Kommentar)

Die Halter von Fahrzeugen, die ein eigenes amtliches Kennzeichen haben müssen, haben ihre Fahrzeuge auf ihre Kosten nach Maßgabe der Anlage VIII in regelmäßigen Zeitabständen untersuchen zu lassen.

Ausgenommen sind:

1. Fahrzeuge mit rotem Kennzeichen,
2. Fahrzeuge, die nach § 18 Abs. 7 behandelt werden, es sei denn, daß sie nach § 18 Abs. 4 Satz 1 amtliche Kennzeichen führen müssen,
3. Fahrzeuge der Bundeswehr und des Bundesgrenzschutzes.

Wird bei der Untersuchung festgestellt, daß das Fahrzeug verkehrsunsicher ist, so darf es vor Beseitigung der Mängel nicht im Straßenverkehr verwendet werden.

Absatz 2 Weist das Fahrzeug lediglich geringe Mängel auf, so kann die Prüfplakette zugeteilt werden, wenn die unverzügliche Beseitigung der Mängel zu erwarten ist.

Absatz 5 Die Prüfplakette wird mit dem Ablauf des angegebenen Monats ungültig.

Untersuchungsarten

1. **Hauptuntersuchungen** sind von einem amtlich anerkannten Sachverständigen oder Prüfer für den Kraftfahrzeugverkehr durchführen zu lassen.
   Der Halter hat das Fahrzeug spätestens bis zum Ablauf des Monats, der durch die Prüfplakette nachgewiesen ist, beim Sachverständigen oder Prüfer zur Vorführung und Untersuchung anzumelden. Der Sachverständige oder Prüfer bestimmt Ort und Zeit der Vorführung. Der Halter ist seiner Anmeldepflicht dann nachgekommen, wenn ihm Ort und Zeit der Vorführung bekanntgegeben worden sind.
   Bei der Durchführung der Hauptuntersuchung ist die Vorschriftsmäßigkeit des Fahrzeugs nach den Vorschriften der StVZO und ggf. der BO-Kraft zu prüfen. Vor der Hauptuntersuchung ist bei prüfpflichtigen Fahrzeugen zu prüfen, ob die nach Anlage VIII zur StVZO angeforderten Zwischenuntersuchungen und/oder Bremsensonderuntersuchungen durchgeführt und im Prüfbuch ordnungsgemäß eingetragen sind.
2. **Zwischenuntersuchungen** sind in einem Werk des Herstellers des Fahrzeugs oder in einer dafür amtlich anerkannten Kraftfahrzeugwerkstatt durchführen zu lassen.
3. **Bremsensonderuntersuchungen** sind in einem Werk des Herstellers des Fahrzeuges, einem Bremsenherstellerwerk oder in einem amtlich anerkannten Bremsendienst durchführen zu lassen.

Besondere Untersuchungsformen (Auszug und Kommentar)

1. **Untersuchung im eigenen Betrieb** Fahrzeughalter sind von der Pflicht zur Vorführung bei einem Sachverständigen oder Prüfer befreit, wenn sie die Hauptuntersuchung ihrer Fahrzeuge im eigenen Betrieb spätestens bis zum Ablauf des durch die Prüfplakette nachgewiesenen Monats durchführen und hierfür anerkannt sind.
   Die Prüfplakette darf nur angebracht werden, wenn keine Bedenken gegen die Vorschriftsmäßigkeit des Fahrzeugs bestehen.
   Fahrzeughaltern kann auf Antrag auch genehmigt werden, die vorgeschriebenen Zwischenuntersuchungen und Bremsensonderuntersuchungen ihrer Fahrzeuge im eigenen Betrieb durchzuführen.
2. **Untersuchungen durch Überwachungsorganisationen** Fahrzeughalter sind von der Pflicht zur Vorführung bei einem Sachverständigen oder Prüfer befreit, wenn sie die Hauptuntersuchung ihrer Fahrzeuge aufgrund eines entsprechenden Vertrags regelmäßig von einer dafür amtlich anerkannten Überwachungsorganisation in höchstens halbjährlichen Abständen, bei Fahrzeugen mit einem Zeitabstand der Hauptuntersuchungen von 24 Monaten in höchstens jährlichen Abständen durchführen lassen.
   Die Frist für die Durchführung der nächsten Hauptuntersuchung beginnt mit dem Tag der letzten Hauptuntersuchung, bei Fahrzeugen, die erstmals in den Verkehr kommen oder wieder zum Verkehr zugelassen werden, mit dem Tag der Zuteilung eines amtlichen Kennzeichens. Sie endet mit Ablauf des Monats, in dem die Hauptuntersuchung spätestens durchgeführt werden muß. Die Frist darf um höchstens einen Monat überschritten werden, wenn die Überwachungsorganisation trotz rechtzeitig erteilten Auftrags die Hauptuntersuchung nicht bis zum Ablauf der Frist durchführen konnte und dies auf dem Untersuchungsbericht bestätigt.
3. **Untersuchung durch amtlich anerkannte Kraftfahrzeugwerkstätten** Bei Fahrzeugen, die nicht Zwischenuntersuchungen oder Bremsensonderuntersuchungen unterzogen werden müssen, verdoppelt sich die Frist für die erste Hauptuntersuchung, die nach der erstmaligen Zuteilung eines amtlichen Kennzeichens fällig wird, wenn der Halter sein Fahrzeug in höchstens

halbjährlichen Abständen, bei Fahrzeugen mit einem Zeitabstand der Hauptuntersuchungen von 24 Monaten in höchstens jährlichen Abständen in dafür amtlich anerkannten Kraftfahrzeugwerkstätten untersuchen und festgestellte Mängel beseitigen läßt. Die Untersuchungen müssen mindestens den Umfang der Zwischenuntersuchung haben.

Die Frist für die Durchführung der Untersuchungen im Verdopplungszeitraum beginnt mit dem Tag der erstmaligen Zuteilung des amtlichen Kennzeichens oder dem Tag der letzten Untersuchung. Sie endet jeweils mit Ablauf des Monats, in dem die Untersuchungen in vorgeschriebenen Zeitabständen spätestens durchgeführt werden müssen.

Die oberste Zahl im Plakettenfeld bezeichnet den Anmeldemonat des Jahres, dessen letzte beiden Ziffern sich im Mittelkreis befinden.

Die Frist darf um höchstens einen Monat überschritten werden, wenn die Fahrzeugwerkstatt trotz rechtzeitig erteilten Auftrags die Untersuchung nicht bis zum Ablauf der Frist durchführen konnte und dies auf der Bescheinigung oder im Falle der dritten Untersuchung im Verdopplungszeitraum auf dem Nachweis bestätigt. Die Laufzeit der Prüfplakette verlängert sich dabei nicht.

Zeitabstand der Untersuchungen

Die Fahrzeuge sind mindestens in folgenden regelmäßigen Zeitabständen zur Hauptuntersuchung anzumelden und Zwischen- und Bremsensonderuntersuchungen zu unterziehen:

Die Kraftfahrzeugwerkstatt hat dem Halter über die erste und die zweite der im Verdopplungszeitraum durchgeführten Untersuchungen und über die Beseitigung dabei festgestellter Mängel Bescheinigungen auszustellen und hierüber fortlaufend einen Nachweis zu führen. Der Nachweis ist fünf Jahre lang aufzubewahren.

Beispiel: Ein Kraftrad wird am 5. Dezember 1985 erstmals zugelassen. Läßt der Fahrzeughalter bis zum 31. Dezember 1986 in einer amtlich anerkannten Kfz-Werkstatt eine freiwillige Zwischenuntersuchung durchführen und auftretende Mängel beseitigen, so erhält er von der verantwortlichen Person dieser Werkstatt eine vorgeschriebene Bescheinigung. Sie gilt als Nachweis für weitere Untersuchungen. Wird bis zum 31. Dezember 1987 erneut eine freiwillige Zwischenuntersuchung in einer amtlich anerkannten Kfz-Werkstatt durchgeführt, so erhält der Fahrzeughalter gegen Rückgabe der ersten Bescheinigung eine zweite. Das Fahrzeug bekommt eine neue Prüfplakette mit der Laufzeit von 1 Jahr. Im Kfz-Schein wird von der verantwortlichen Person der Zeitpunkt der nächsten Hauptuntersuchung – Dezember 1988 – eingetragen und beglaubigt.

Läßt der Fahrzeughalter bis zum 31. Dezember 1988 zum drittenmal eine freiwillige Zwischenuntersuchung durchführen, so erhält das Fahrzeug von der Werkstatt letztmalig eine Prüfplakette, wieder mit der Laufzeit von 1 Jahr.

Das Fahrzeug muß dann bis zum 31. Dezember 1989 bei einem Sachverständigen oder Prüfer zur nächsten Hauptuntersuchung angemeldet werden.

Wird die dritte freiwillige Zwischenuntersuchung nicht durchgeführt, so muß eine Hauptuntersuchung durchgeführt werden.

Die amtlich anerkannte Kraftfahrzeugwerkstatt darf die Prüfplakette nach der zweiten oder dritten freiwilligen Zwischenuntersuchung und nach Beseitigung auftretender Mängel nur anbringen, wenn zum Zeitpunkt dieser Untersuchung der Monat, in dem die Untersuchung spätestens durchgeführt sein muß, noch nicht abgelaufen ist und wenn aus der ihr ausgehändigten Bescheinigung hervorgeht, daß die jeweils vorausgegangene freiwillige Zwischenuntersuchung fristgerecht durchgeführt worden ist.

Werden untersuchungspflichtige Fahrzeuge ohne Gestellung eines Fahrers gewerbsmäßig vermietet, ohne daß sie für den Mieter zugelassen sind, so beträgt die Frist für die Anmeldung zur Hauptuntersuchung in allen Fällen 12 Monate. Außerdem sind Zwischenuntersuchungen in regelmäßigen Abständen von 6 Monaten durchführen zu lassen; jedoch bleibt der regelmäßige Abstand von 3 Monaten für Kraftomnibusse unberührt. Der Zeitabstand für Bremsensonderuntersuchungen beträgt unverändert 12 Monate.

Die Frist für die Anmeldung zur nächsten Hauptuntersuchung beginnt mit dem Tag der letzten Hauptuntersuchung, bei Fahrzeugen, die erstmals in den Verkehr kommen oder wieder zum Verkehr zugelassen werden, mit dem Tag der Zuteilung eines amtlichen Kennzeichens. Sie endet mit Ablauf des durch die Prüfplakette nachgewiesenen Monats.

Die Zulassungsstelle kann die Frist für die Anmeldung zur nächsten Hauptuntersuchung um höchstens 3 Monate verlängern.

Die Bremsensonderuntersuchung darf im Zeitpunkt einer vorgeschriebenen Hauptuntersuchung nicht länger als 3 Monate zurückliegen.

Die Frist für die Durchführung der Zwischenuntersuchung oder Bremsensonderuntersuchung beginnt mit dem Tag der letzten Untersuchung, bei Fahrzeugen, die erstmals in den Verkehr kommen oder wieder zum Verkehr zugelassen werden, mit dem Tag der Zuteilung eines amtlichen Kennzeichens. Sie endet mit Ablauf des Monats, in dem die Untersuchung nach dem vorgeschriebenen Zeitabstand spätestens durchgeführt werden muß. Die Frist darf um höchstens einen Monat überschritten werden, wenn die mit der Untersuchung beauftragte Stelle trotz rechtzeitig erteilten Antrags die Untersuchung nicht bis zum Ablauf der Frist durchführen konnte und dies in dem Prüfbuch bestätigt.

Eine Hauptuntersuchung, die zum Zeitpunkt der Fälligkeit mit einer Zwischenuntersuchung durchgeführt wird, ersetzt diese Zwischenuntersuchung.

Die Untersuchungspflicht ruht während der Zeit, in der Fahrzeuge durch Ablieferung des Kfz- oder Anhängerscheins oder der amtlichen Bescheinigung über die Zuteilung des amtlichen Kennzeichens und durch Entstempelung des amtlichen Kennzeichens vorübergehend stillgelegt worden sind. War in dieser Zeit eine Hauptuntersuchung oder eine Bremsensonderuntersuchung fällig, so ist sie bei Wiederinbetriebnahme des Fahrzeugs durchführen zu lassen.

Prüfbücher

Halter von Fahrzeugen, die nach den Vorschriften Zwischenuntersuchungen oder Bremsensonderuntersuchungen zu unterziehen sind, haben Prüfbücher nach einem vom Kraftfahrt-Bundesamt genehmigten Muster zu führen.

Im Prüfbuch hat die für die Untersuchung verantwortliche Person unter Angabe des Datums die Durchführung von Zwischenuntersuchungen und von Bremsensonderuntersuchungen, die dabei festgestellten Mängel und ihre Beseitigung zu vermerken.

Die Prüfbücher sind auf Verlangen zuständigen Personen sowie bei der Hauptuntersuchung dem Sachverständigen oder Prüfer oder bei der Hauptuntersuchung durch eine Überwachungsorganisation der für die Hauptuntersuchung verantwortlichen Person zur Prüfung vorzulegen. Stellt der Sachverständige oder Prüfer oder die für die Hauptuntersuchung durch eine Überwachungsorganisation verantwortliche Person fest, daß vorgeschriebene Zwischenuntersuchungen nicht oder erheblich verspätet durchgeführt worden sind, ist die Zulassungsstelle zu benachrichtigen. Der Halter hat das Prüfbuch ein Jahr lang nach der letzten Eintragung aufzubewahren.

Vorgeschriebene Fahrzeuguntersuchungen nach § 29 StVZO, Anlage VIII (Auszug und Kommentar)

Art des Fahrzeugs	Haupt-untersuchung Monate	Zwischenuntersuchung Pflicht Monate	Zwischenuntersuchung freiwillig Monate	Bremsen-sonder-untersuchung Monate	Prüfbuch-pflicht
Kraftrad	24	–	12	–	–
Pkw					
a) allgemein,	24	–	12	–	–
jedoch nach Erstzulassung	36	–	12	–	–
b) zur Personenbeförderung nach dem Personenbeförderungsgesetz (z. B. Taxen und Mietwagen)	12	–	6	–	–
Kraftomnibusse	12	3	–	12	ja
Lkw					
a) bis 2,8 t zul. Gesamtgewicht	24	–	12	–	–
b) über 2,8 bis 6 t zul. Gesamtgewicht	12	–	6	–	–
c) über 6 t bis 9 t zul. Gesamtgewicht	12	–	–	12	ja
d) über 9 t zul. Gesamtgewicht	12	6	–	12	ja
Zugmaschinen					
a) mit einer bauartbestimmten Höchstgeschwindigkeit bis 40 km/h	24	–	12	–	–
b) über 40 km/h					
1. bis 6 t zul. Gesamtgewicht	12	–	6	–	–
2. über 6 t zul. Gesamtgewicht	12	6	–	12	ja
selbstfahrende Arbeitsmaschinen					
a) bis 6 t zul. Gesamtgewicht	12	–	6	–	–
b) über 6 t zul. Gesamtgewicht	12	–	–	12	ja

Art des Fahrzeugs	Haupt-untersuchung Monate	Zwischenuntersuchung Pflicht Monate	Zwischenuntersuchung freiwillig Monate	Bremsen-sonder-untersuchung Monate	Prüfbuch-pflicht
Anhänger					
a) einachsige Anhänger bis 2 t zul. Gesamtgewicht	24	–	12	–	–
b) Wohnanhänger	24	–	12	–	–
c) andere Anhänger					
1. bis 6 t zul. Gesamtgewicht	12	–	6	–	–
2. über 6 t bis 9 t zul. Gesamtgewicht	12	–	–	12	ja
3. über 9 t zul. Gesamtgewicht	12	6	–	12	ja
Fahrzeuge, die nicht in der Aufzählung enthalten sind,	24	–	12	–	–
jedoch Krankenwagen bis zu 8 Fahrgastplätzen	12	–	6	–	–
über 8 Fahrgastplätze	12	3	–	12	ja

Auszug aus der Richtlinie für die amtliche Anerkennung von Betrieben für die Durchführung von Untersuchungen der Kraftfahrzeuge und ihrer Anhänger nach § 29 StVZO und der Anlage VIII

Diese Richtlinie gilt für

1. Kraftfahrzeugwerkstätten, die die vorgeschriebenen Zwischenuntersuchungen oder Untersuchungen im Umfang von Zwischenuntersuchungen zur Verdoppelung der Frist für die Hauptuntersuchung durchführen und Prüfplaketten anbringen wollen.
2. Bremsendienste, die die vorgeschriebenen Bremsensonderuntersuchungen durchführen wollen.
3. Betriebe, die an ihren Fahrzeugen die vorgeschriebenen Hauptuntersuchungen, Zwischenuntersuchungen oder Bremsensonderuntersuchungen selbst durchführen und Prüfplaketten anbringen wollen.

Antrag

Der Antrag auf Anerkennung ist bei der für den Verkehr zuständigen obersten Landesbehörde oder der von ihr bestimmten Behörde (Anerkennungsbehörde) in dreifacher Ausfertigung einzureichen. Dafür sind Vordrucke zu verwenden; die Antragsvordrucke werden von der Anerkennungsbehörde ausgegeben. Dem Antrag sind die erforderlichen Nachweise beizufügen; insbesondere sind die notwendigen Bescheinigungen der örtlich zuständigen Handwerkskammer über die Erfüllung der handwerksrechtlichen Voraussetzungen vorzulegen.

In dem Antrag sind sämtliche für die ordnungsgemäße Durchführung der Untersuchungen verantwortlichen Personen anzugeben.

Auflagen bei Erteilung der Anerkennung

Die Anerkennung ist mindestens mit folgenden Auflagen zu verbinden:

1. Veränderungen des verantwortlichen Personals, bei Bremsendiensten auch des geprüften Monteurs, sind der anerkennenden Behörde unter Angabe der Personalien und Vorlage der erforderlichen Nachweise unverzüglich mitzuteilen.

2. Der Inhaber eines Bremsendienstes oder die von ihm bestellten, für die ordnungsgemäße Durchführung der Bremsensonderuntersuchung verantwortlichen Personen sowie mindestens ein geprüfter Monteuer müssen mindestens alle drei Jahre an einem mindestens viertägigen Bremsendienstlehrgang (Fortbildungslehrgang) eines Bremsenherstellerwerks mit Erfolg teilnehmen; der Bremsendienstlehrgang muß diejenigen Arten von Bremsen erfassen, auf die sich die Anerkennung erstreckt. Die Teilnahmebescheinigungen sind den mit der Prüfung beauftragten Personen auf Verlangen vorzulegen.
3. Die Untersuchungen sind nach den von den obersten Landesbehörden eingeführten Richtlinien durchzuführen.
4. Bei Verlegung des Betriebes und bei Einrichtung von Zweigstellen ist ein erneuter Antrag auf Anerkennung zu stellen.
5. An Fahrzeugen dürfen Prüfplaketten nach Anlage VIII nur durch eine anerkannte verantwortliche Person angebracht werden und nur dann, wenn die Voraussetzungen hierfür erfüllt sind.

Zur laufenden Unterrichtung des Personals sind folgende Unterlagen bereitzuhalten:

1. Straßenverkehrs-Zulassungs-Ordnung in der jeweils gültigen Fassung;
2. Verordnung über den Betrieb von Kraftfahrunternehmen im Personenverkehr in der jeweils gültigen Fassung, wenn dem Personenbeförderungsgesetz unterliegende Fahrzeuge untersucht werden sollen (nicht bei Betrieben, die nur Bremsensonderuntersuchungen durchführen);
3. Verkehrsblatt – Amtsblatt des Bundesministers für Verkehr – oder Auszüge aus dem Verkehrsblatt, wenn sie von den Berufsorganisationen oder den Innungsverbänden ausgegeben worden sind;
4. Richtlinien für die Durchführung von Haupt-, Zwischen- oder Bremsensonderuntersuchungen, soweit sie nach dem Umfang der Anerkennung einschlägig sind;
5. Technische Ratgeber, Verbandsmitteilungen oder Mitteilungen der in Betracht kommenden Fahrzeug- oder Bremsenhersteller (nur bei Betrieben, die Zwischen- oder Bremsensonderuntersuchungen durchführen).

Auszug aus der Richtlinie für die Durchführung von Zwischenuntersuchungen an Fahrzeugen nach Anlage VIII StVZO

Bei der Durchführung der Zwischenuntersuchung eines Fahrzeugs sind die Verkehrssicherheit, die Geräuschentwicklung und das Abgasverhalten zu prüfen. Dabei sind folgende Punkte zu beachten:

1. Ausrüstung
2. Lichttechnische Einrichtungen
3. Lenkanlagen
4. Bremsanlagen
5. Bereifung
6. Fahrgestell, Antrieb (einschl. Räder und Einrichtungen zur Verbindung von Fahrzeugen) und Aufbau
7. Feuersicherheit
8. Geräusch- und Abgasverhalten

1 Ausrüstung

Besonders auf einwandfreien Zustand, vorschriftsmäßige Anbringung, Funktionsfähigkeit und soweit vorgeschriebene Bauartgenehmigung achten:

1.1 Kennzeichen
1.2 Fahrtschreiber
1.3 Geschwindigkeitsmesser
1.4 Scheiben und Scheibenwischer (Scheibenwaschanlage)
1.5 Rückspiegel
1.6 Unterlegkeile und Ersatzräder
1.7 Warndreieck, Warnleuchte
1.8 Sicherung gegen unbefugte Benutzung
1.9 Erste-Hilfe-Material DIN 13164, Verbandskasten DIN 13163
1.10 Radabdeckungen
1.11 Vorrichtung für Schallzeichen (Hupe und Hörner)

2 Lichttechnische Einrichtungen

Allgemein auf ausreichende Wirkung achten; es genügt nicht, daß Leuchte überhaupt brennt. Die Leuchten brauchen grundsätzlich nicht geöffnet zu werden, wenn aufgrund der Sicht- und Wirkungsprüfung keine Mängel festgestellt worden sind. Paarweise vorhandene Leuchten müssen gleiche Anbaulage haben, gleichfarbig und gleich hell sein. Die Wirksamkeit darf durch Auf- und Anbauteile nicht beeinträchtigt werden (z.B. teilweise Verdeckung von Schlußleuchten, Rückstrahlern usw.). Die Farbe der Leuchten muß den Bestimmungen der StVZO entsprechen. Bei Austausch oder Ersatz dürfen nur die für das betreffende Gerät vorgesehenen Teile verwendet werden, weil diese aufeinander abgestimmt sein müssen (Bauartgenehmigung).
Häufige Mängel sind:
Verbrauchte Glühlampen (sobald Schwärzung erkennbar, muß Glühlampe ersetzt werden), schlechte Kontakte, falsche oder unsachgemäß eingesetzte Glühlampen.
Beschädigte, ausgebleichte und lose Abschlußscheiben, unwirksame Dichtungen, Verschmutzung, Wasseransammlung und Rostbildung, die die Wirkung der Leuchten beeinträchtigen.

2.1 Scheinwerfer (bei Ersatz Bauartgenehmigung berücksichtigen). Scheinwerfereinstellung und Fernlichtkontrolle prüfen (Richtlinien siehe VkBl 1969, S. 655). Scheinwerferspiegel dürfen nicht in der Wirksamkeit beeinträchtigt sein (nicht blind oder beschlagen). Bei Ersatz von Spiegel und Streuscheibe nur die für den betreffenden Scheinwerfertyp vorgesehenen Teile verwenden.

2.2 Nebelscheinwerfer (bei Ersatz Bauartgenehmigung berücksichtigen). Zulässig sind zwei Nebelscheinwerfer, die nicht höher angebracht sind als die Abblendscheinwerfer. Einstellung prüfen, ggf. nachstellen (Richtlinien siehe VkBl 1969, S. 655).

2.3 Begrenzungsleuchten (bei Ersatz Bauartgenehmigung berücksichtigen), sie müssen auch bei Fern- und Abblendlicht ständig mitleuchten.

2.4 Parkleuchten (bei Ersatz Bauartgenehmigung berücksichtigen). Nur zulässig an Pkw und Kraftfahrzeugen, deren Länge 6 m und deren Breite 2 m nicht übersteigen.

2.5 Fahrtrichtungsanzeiger (bei Ersatz Bauartgenehmigung berücksichtigen).
Gut sichtbar und deutlich hell-dunkel wechselnd
(Frequenz: 90 ± 30 pro Minute)
Kontrolleinrichtung muß Wirksamkeit sinnfällig anzeigen,
Warnblinkanlage, Schaltung und Kontrolleuchte.

2.6 Schlußleuchten (bei Ersatz Bauartgenehmigung berücksichtigen).
Zulässig ist nur rotes Licht. Absicherung beachten.

2.7 Bremsleuchten (bei Ersatz Bauartgenehmigung berücksichtigen).
Bremsleuchten dürfen nur bei Betätigung der Beriebsbremse aufleuchten. Bremslichtschalter, richtige Schaltung und Einstellung prüfen.

2.8 Kennzeichenbeleuchtung (bei Ersatz Bauartgenehmigung berücksichtigen).
Die Beleuchtungseinrichtung am hinteren Kennzeichen darf kein Licht unmittelbar nach hinten austreten lassen.

2.9 Rückstrahler (bei Ersatz Bauartgenehmigung berücksichtigen).
Anbau so, daß Rückstrahlerfläche senkrecht zur Fahrbahn und rechtwinklig zur Fahrtrichtung steht. Keine zerkratzten oder gesprungenen Scheiben oder keine lockeren Befestigungsbolzen. Rückstrahler dürfen nicht pendeln.

2.10 Nebelschlußleuchte und Kontrolleuchte (bei Ersatz Bauartgenehmigung berücksichtigen).

Anbau:

Nur eine Nebelschlußleuchte an der linken Fahrzeughälfte zulässig. Oberkante der Lichtaustrittsfläche höchstens 800 mm über Fahrbahn; seitlichen Abstand mindestens 100 mm von der linken Bremsleuchte (13. Ausnahme-VO zur StVZO).

3 Lenkanlagen

Anweisungen der Fahrzeug- und Lenkungshersteller beachten. Lenkungsteile leichtgängig, nicht verbogen, sie dürfen nicht klemmen und rauh gehen. Kein zu großes Lenkungsspiel – „toter Gang am Lenkrad" –. Bei Fremdkraft- und Hilfskraftlenkanlagen auf Besonderheiten achten. Zu prüfen sind Übertragungseinrichtungen insbesondere, ob Lenksäule und Lenkgetriebe festsitzen und gesichert, Lenkgetriebe richtig eingestellt; Lenkwelle, Gelenke an Lenkhebel, Lenkstange, Spurstange, gesichert und nicht ausgeschlagen sind. Trag- und Führungsgelenke, Achsschenkelbolzen und Radlager ohne zu großes Spiel (Radaufhängung nicht ausgeschlagen); Federbeinaufhängung nicht beschädigt, Radeinschlag einwandfrei; Räder dürfen an keinem Fahrzeugteil streifen. Eine Nachprüfung von Sturz und Vorspur ist nur notwendig, wenn Anhaltspunkte für Fehler in der Vorderradeinstellung vorhanden sind (z. B. Art der Reifenabnutzung).

4 Bremsanlagen siehe § 29 StVZO in Abschnitt „Bremsensonderuntersuchungen"

4.2.7 Bremslichtschalter

Richtige Schaltung und Einstellung prüfen. Anzeige schon nach kurzem Pedalweg. Bei Ersatz von hydraulischen Bremslichtschaltern nur Schalter verwenden, die gegen Undichtheit gesichert sind (z. B. Zweikammerausführung).

5 Bereifung

5.1 Die Bereifung muß hinsichtlich der Abmessungen und der Bauart den Betriebsbedingungen, besonders der Belastung und der Geschwindigkeit, entsprechen. Hierbei sind die Betriebserlaubnis des Fahrzeugs und die Vorschriften des Herstellers zu beachten. Bei Umrüstung insbesondere von Diagonal- auf Gürtelreifen sind die Verkehrsblattverlautbarungen von 1969 Seite 69 und 1970 Seite 354 zu beachten.

5.2 Der Zustand der Bereifung ist durch eine Sichtprüfung zu kontrollieren. Die Bereifung muß rutschsicher sein, d. h. noch ausreichend Profil haben. Auf Durchschläge, Gewebebrüche und sonstige Schäden achten (Richtlinien für die Reifenbeurteilung, siehe VkBl 1961, S. 568).

6 Fahrgestell, Antrieb (einschl. Räder und Einrichtungen zur Verbindung von Fahrzeugen) und Aufbau

Rahmen einschl. Querträger (bei rahmenlosen Fahrzeugen die tragenden Teile) dürfen an keiner Stelle geschwächt sein; auf starke Verrostung, Risse, Brüche, Verbiegungen, lose Nieten und Schrauben achten. Federn, Stoßdämpfer und deren Aufhängung kontrollieren. Gelenkwellen auf Verschleiß prüfen. Bei Einrichtungen zur Verbindung von Fahrzeugen auf ordnungsgemäße Befestigung achten.

Hinweis:
Richt- und Schweißarbeiten bedürfen besonderer Fachkenntnisse und dürfen daher nur von entsprechend geschultem Personal ausgeführt werden. Diese Arbeiten dürfen an bauartgenehmigten Fahrzeugteilen nur vom Inhaber der Bauartgenehmigung durchgeführt werden. Weisungen der Fahrzeughersteller beachten. Bei Rahmen- und Karosseriearbeiten auf Erhalt der Fahrgestell-Nr. achten. Auf Ölaustritte bei Motor, Getriebe und Ausgleichsgetriebe achten.

Zustand des Aufbaus und Befestigung mit dem Fahrgestell bzw. der Bodengruppe prüfen. Auf sicheres Schließen der Türen achten.

7 Feuersicherheit

Zustand der Kraftstoff- und elektrischen Anlagen prüfen.

8 Geräusch und Abgasverhalten

8.1 Fahrzeugaufbauten dürfen nicht dröhnen, schlagen oder klappern. Auf geräuschdämpfende Zwischenlagen und Niederspannvorrichtungen ist zu achten.

8.2 Ansauganlage und Auspuffanlagen auf Dichtheit und Befestigung am Fahrzeug prüfen, schadhafte Anlagen nur durch solche gleicher Bauart oder durch Anlagen mit einer Allgemeinen Betriebserlaubnis für den Fahrzeugtyp ersetzen.

8.3 Auf unzulässige Rauchentwicklung bei Dieselfahrzeugen achten; Ursachen beseitigen (Zustand des Motors, Einspritzanlage mit Düsen, Luftfilter).

8.4 Fahrzeuge mit Ottomotor auf den Gehalt an Kohlenmonoxid (CO) im Abgas bei Leerlauf prüfen.
(VkBl 1976 S. 12)

§ 29 StVZO Richtlinie für die Durchführung von Bremsensonderuntersuchungen

Die Bremsensonderuntersuchungen eines Fahrzeugs auf Verkehrssicherheit haben zu umfassen:

1. Sichtprüfung
2. Feststellung der Wirkung und der Funktion der Bremsanlagen
3. Innere Untersuchung der Radbremsen nach den Anleitungen der Fahrzeug- oder Bremsenhersteller; nötigenfalls auch eine innere Untersuchung der einzelnen Bauteile der Bremsanlagen.

1 Sichtprüfung

1.1 Allgemeine Forderungen

Für die Überprüfung der Bremsanlagen gelten die folgenden Forderungen:

Rohr- und Schlauchleitungen und Kupplungsköpfe äußerlich nicht beschädigt, nicht korrodiert und richtig verlegt
Geräte sachgemäß eingebaut und ordnungsgemäß befestigt
Vorratsbehälter und Energiespeicher (Druckluftbehälter, Hydraulikspeicher) nicht beschädigt, keine äußeren Korrosionsschäden erkennbar. Die Energiespeicher müssen die vorgeschriebene Kennzeichnung haben.
Druckluftbehälter entwässert
Staubmanschetten nicht beschädigt
Gelenke sachgemäß gesichert, leichtgängig und nicht ausgeschlagen
Seile und Seilzüge einwandfrei geführt, gewartet, ohne erkennbare Anrisse, nicht aufgespleißt und nicht geknotet, fester Sitz der Seilklemmen
Gestänge nicht reparaturgeschweißt, nicht verbogen, leichtgängig und nicht beschädigt
Einstellzustand der Radbremsen in Ordnung (Lüftspiel, Bremszylinderhub, Belagstärke, Gestängesteller).

2 Funktions- und Wirkungsprüfung

2.1 Funktionsprüfung

Nachstehende Regelung für pneumatische Einrichtungen gelten sinngemäß auch für Bremsanlagen mit hydraulischen Übertragungseinrichtungen.

2.1.1 Druckregler, Luftpresser

Einschaltdruck *
Abschaltdruck *
Förderleistung *

2.1.2 Dichtheit der Anlage *

Bremskraftregler in Vollast
Gesamtanlage bis Abschaltdruck auffüllen
Motor abstellen
Druck in den Druckluftbehältern prüfen
Bremsung mit der Betriebsbremsanlage (BBA) mit ca. halbem Maximaldruck (üblicherweise etwa 3 bar) einleiten.

Für Anhängefahrzeuge **

Gesamtanlage mit mindestens 6,5 bar in der Vorratsleitung auffüllen
Vorratsleitung durch eine geeignete Einrichtung ohne Entlüftung absperren, so daß keine automatische Bremsung eintritt
Bremsung mit der Betriebsbremsanlage (BBA) mit einem Bremszylinderdruck von ca. 3 bar einleiten
1 Minute warten
Druck in den Druckluftbehältern messen
Nach weiteren 3 Minuten darf dieser Druck um nicht mehr als 5 % abgefallen sein.

* Herstellerangabe beachten
** Die *zusätzlichen* Hinweise *für Anhängefahrzeuge* sind im Text durch Einrücken gekennzeichnet.

2.1.3 **Mehrkreis-Schutzventil, Überströmventile, Warneinrichtung ***

2.1.3.1 Absicherung der Betriebsbremsanlage (BBA) gegen Druckabsenkung in den Kreisen, die nicht zur BBA des Kraftfahrzeuges gehören
Gesamtanlage bis Abschaltdruck auffüllen
Motor abstellen
Druck in allen Kreisen außer den beiden Kreisen der BBA des Kraftfahrzeuges schnell unter 3 bar absenken
Druck in beiden Kreisen der BBA muß sich oberhalb von 4 bar stabilisieren

2.1.3.2 Absicherung eines Kreises der BBA gegen Druckabsenkung des anderen Kreises der BBA
Gesamtanlage bis Abschaltdruck auffüllen
Motor abstellen
Druck im Druckluftbehälter eines der beiden Kreise der BBA («defekter Kreis») schnell unter 3 bar absenken. Hierbei muß Warneinrichtung Signal geben.
Druck im anderen Kreis der BBA («intakter Kreis») muß sich oberhalb von 4 bar stabilisieren.
Diese Prüfung ist mit „simuliertem Defekt" im anderen Kreis zu wiederholen.

Für Anhängefahrzeuge
Absicherung der BBA gegen Defekt in den Nebenverbrauchern (einschl. der Federspeicher-Bremsanlagen)
Gesamtanlage mit mindestens 6,5 bar in der Vorratsleitung auffüllen
Vorratsleitung durch eine geeignete Einrichtung ohne Entlüftung absperren, so daß keine automatische Bremsung eintritt
Druck in den Druckluftbehältern der Nebenverbraucher schnell auf unter 4 bar absenken
Druck in den Luftbehältern der BBA muß sich oberhalb von 5 bar stabilisieren

2.1.4 **Betriebsbremsanlage (BBA)**

2.1.4.1 Allgemeine Prüfungen
Bremskraftregler in Vollaststellung
Gesamtanlage bis Abschaltdruck auffüllen
Motor abstellen
Druck an Kupplungskopf der Vorratsleitung zwischen 6,5 und 8 bar
Bremspedal zügig durchtreten. Dabei muß der Druckaufbau in den Bremszylindern und gegebenenfalls am Kupplungskopf der Bremsleitung unmittelbar folgen.
Bei Vollbremsung Druck am Kupplungskopf der Bremsleitung zwischen 6 und 7,5 bar; ausreichende Abstufbarkeit muß gegeben sein. Aufleuchten der Bremsleuchten nach kurzem Pedalweg.

Für Anhängefahrzeuge
Funktion der automatischen Bremsanlage (Abreißbremse) und des Löseventils prüfen

2.1.4.2 Einhalten der Einstellwerte lt. ALB-Schild prüfen

2.2 **Wirkungsprüfung**

2.2.1 **Meßbedingungen**
Die Bremswirkung ist auf einem Bremsprüfstand festzustellen. Bei überschweren oder überbreiten Fahrzeugen, die auf einem solchen Bremsprüfstand nicht geprüft werden können, ist ein schreibendes Bremsmeßgerät zu verwenden, wobei die Bremswirkung auf ebener, griffiger Fahrbahn festzustellen ist.

2.2.2 **Beginn und Gleichmäßigkeit der Bremswirkung**

Bei einem Bremszylinderdruck von höchstens 1 bar muß über den Rollwiderstand hinaus an beiden Rädern einer Achse die Bremswirkung einsetzen; der Rollwiderstand bleibt hierbei unberücksichtigt. Ab diesem Bremszylinderdruck darf über den gesamten Meßbereich der Unterschied der Bremskräfte an den Rädern einer Achse nicht mehr als 30 % vom größeren Wert betragen. Bei der Bremsprüfung darf die Gleitgrenze der Räder nicht überschritten werden. Beim Fahrversuch ist auf die gleichmäßige Bremswirkung der Räder einer Achse zu achten.

2.2.3 **Messung der Bremswirkung auf dem Bremsprüfstand**

Die Bremskräfte können bei jedem beliebigen Beladungszustand gemessen werden.
Die fahrzeugbezogenen Basiswerte für den Zusammenhang von Bremskraft und Bremsdruck jeder Achse für das leere Fahrzeug müssen mindestens erreicht werden.
Die Basiswerte können vom Fahrzeughersteller angegeben werden.
Die Einhaltung der für das beladene Fahrzeug geforderten Abbremsung gilt damit als nachgewiesen.
Sofern keine fahrzeugbezogenen Basiswerte vorliegen, ist die Abbremsung, bezogen auf die zulässige Gesamtgewichtskraft des Fahrzeugs, aus den gemessenen Bremskräften wie folgt zu berechnen:

Messung der Bremskräfte

Die Abbremsung z (%) ist das Verhältnis:

$$\frac{\text{Summe der Bremskräfte am Radumfang}}{\text{zul. Gesamtgewichtskraft}^{1}\text{ des Fahrzeugs}^{2}} \cdot 100\,(\%)$$

Für die Beurteilung der Bremswirkung gelten nachstehende Werte, bezogen auf die zul. Gesamtgewichtskraft – bei Sattelanhängern bezogen auf die Summe der zulässigen Achskräfte (siehe Seite 19).

2.2.4 **Ermittlung der Abbremsung bei Druckluftbremsanlagen auf Bremsprüfständen**

Wenn die Bremskräfte bei leerem Fahrzeug gemessen werden, ist die Abbremsung wie folgt zu ermitteln:

$$z = \frac{F_1 \cdot i_1 + F_2 \cdot i_2 + \ldots .\, F_n \cdot i_n}{G_z} \cdot 100\,(\%)$$

G_z = Zul. Gesamtgewichtskraft des Fahrzeugs (N)
z = Abbremsung (%)
F_1 = Bremskraft der ersten Achse, die bei dem Druck p_1 ermittelt wurde (N)
F_2 = Bremskraft der zweiten Achse, bei dem Druck p_2 ermittelt wurde (N)
F_n = Bremskraft der letzten Achse (N)

$$i_1 = \frac{p_{N1} - 0{,}4}{p_1 - 0{,}4}$$

$$i_n = \frac{p_{Nn} - 0{,}4}{p_n - 0{,}4}$$

[1] Die zulässige Gesamtgewichtskraft [N] erhält man durch Multiplikation des zulässigen Gesamtgewichtes [kg] mit dem Faktor 10 ($g = 10\,m/s^2$).
[2] Für Sattelanhänger: Summe der zulässigen Achskräfte.

Fahrzeugklasse	max. Betätigungskraft (N) [1]						Mindestabbremsung z (%) [1]		
	BBA [2]		FBA [2]		HBA [2,4]		BBA	FBA	HBA
	F_F [3]	F_H [3]	F_F	F_H	F_F	F_H			
Kraftomnibusse Krankenkraftwagen mit über 8 Fahrgastplätzen	700	–	700	600	700	600	45	15	23
Lastkraftwagen mit einem zul. Gesamtgewicht von mehr als 6 t und Zugm. mit einer durch die Bauart bestimmten Höchstgeschwindigkeit von mehr als 40 km/h und einem zul. Gesamtgewicht von mehr als 6 t	700	–	700	600	700	600	40	15	20
selbstfahrende Arbeitsmaschinen mit einem zul. Gesamtgewicht von mehr als 6 t	800	–	800	600	800	600	40 (25)	15	20 (20
Anhänger mit einem zul. Gesamtgewicht von mehr als 6 t	–	(400)	–	600	–	–	40	15	–

1 Klammerwerte für Fz mit einer durch die Bauart bestimmten Höchstgeschwindigkeit bis 25 km/h
2 BBA = Betriebsbremsanlage   FBA = Feststellbremsanlage   HBA = Hilfsbremsanlage
3 F_F = Fußkraft F_H = Handkraft
4 Ist die Hilfsbremsanlage (HBA) mit der Betriebsbremsanlage (BBA) kombiniert (nur für ECE- und EG-Bremsanlagen), so braucht die Wirkung der HBA nur überprüft zu werden, wenn sie eine von der BBA unabhängige Betätigungseinrichtung hat.

$p_{N1} \ldots n =$ der vom Hersteller für die betreffende Achse angegebene max. Bremsdruck (bar) (siehe ALB-Schild)
Falls $p_{N1} \ldots n$ nicht angegeben ist, so ist der Berechnungsdruck einzusetzen.

$p_1 \ldots n =$ Bremsdruck, der bei der Bremsprüfung in den Radzylinder der jeweiligen Achse eingesteuert wird (bar). Bei Achsen, deren Bremsdruck durch Regelventile begrenzt wird, ist maximal dieser Druck einzusteuern.

Rechenbeispiel: $G_z = 220000$ N
$F_1 = 6500$ N
$F_2 = 8000$ N
$F_3 = 8000$ N
$p_N = 7{,}0$ bar (in diesem Fall vom Hersteller angegeben und für sämtliche Achsen)
$p_1 = 2{,}0$ bar
$p_2 = 1{,}7$ bar
$p_3 = 1{,}7$ bar

$$i_1 = \frac{7{,}0 - 0{,}4}{2{,}0 - 0{,}4} = 4{,}1$$

$$i_2 = i_3 = \frac{7{,}0 - 0{,}4}{1{,}7 - 0{,}4} = 5{,}1$$

$$z = \frac{6500 \cdot 4{,}1 + 8000 \cdot 5{,}1 + 8000 \cdot 5{,}1}{220000} \cdot 100\,\%$$

Ermittelte Abbremsung:

$$z = 49{,}2\,\%$$

2.2.5 **Ermittlung der Abbremsung bei anderen Bauarten als Druckluftbremsanlagen**

Hierbei ist sinngemäß wie bei 2.2.3 und 2.2.4 zu verfahren. Darüber hinaus sind die Anweisungen der Fahrzeughersteller zu beachten.

2.2.6 **Messung im Fahrversuch**

Wenn Messungen nur mit leerem oder teilbeladenem Fahrzeug durchgeführt werden, so muß die vorgeschriebene Abbremsung (s. Tabelle in 2.2.3) bei einem Bremszylinderdruck erreicht werden, der zum maximalen Bremszylinderdruck im gleichen Verhältnis steht wie das Fahrzeuggewicht in dem bei der Messung vorhandenen Beladungszustand zum zulässigen Gesamtgewicht des Fahrzeugs. Bei leerem oder teilbeladenem Fahrzeug mit ALB muß die Abbremsung lt. Tabelle oder nach Angabe des Herstellers bzw. nach ALB-Schild bei einem Bremszylinderdruck entsprechend der ALB-Auslegung erreicht werden.

2.2.7 **Ermittlung der Abbremsung von Anhängefahrzeugen im Fahrversuch** *

Zur Feststellung der Wirkung der Anhängerbremsanlage sind, falls wegen der Bauart des Anhängers auf Bremsprüfständen nicht geprüft werden kann, Fahrversuche mit dem Zug durchzuführen, wobei nur der Anhänger gebremst wird.
Die Abbremsung eines bis zum zulässigen Gesamtgewicht beladenen Anhängers bzw. Sattelanhängers errechnet sich dann aus:

* Gilt nicht für Anhänger mit Auflaufbremse. Solche Anhänger werden wie bisher auf Rollenbremsprüfständen über die Betätigungseinrichtung der Feststellbremse geprüft (s. Abschnitt 2.2.6).

Für Anhängefahrzeuge:

$$z_A = (z_Z - k_R)\,\frac{G_A + G_K}{G_A} + k_R\,(\%)$$

Für Sattelanhänger:

$$z_A = (z_Z - k_R)\,\frac{G_A + G_K}{G_A - G_S} + k_R\,(\%)$$

z_A : Abbremsung des Anhängers (%)
z_Z : Abbremsung des Zuges nur mit der Anhängerbremse (%)
G_A : Gewichtskraft des Anhängers (N)
G_K : Gewichtskraft des ziehenden Fahrzeugs (N)
G_S : Sattelkraft (N)
k_R : Zuschlag für Rollwiderstand (~3 %)

Können Messungen nur mit leerem oder teilbeladenem Anhänger durchgeführt werden, so muß die vorgeschriebene Abbremsung z_A (s. Tabelle in 2.2.3) bei einem Bremszylinderdruck erreicht worden sein, der zum maximalen Bremszylinderdruck im gleichen Verhältnis steht wie das Gewicht des Anhängers bzw. die Summe der Achslasten des Sattelanhängers in dem bei der Messung vorhandenen Beladungszustand zu seinem zulässigen Gesamtgewicht bzw. zur Summe seiner zulässigen Achslasten. Bei leerem oder teilbeladenem Fahrzeug mit ALB muß die Abbremsung lt. Tabelle oder nach Angabe des Herstellers bzw. nach ALB-Schild bei einem Bremszylinderdruck entsprechend der ALB-Auslegung erreicht werden.

2.2.8 **Ermittelte Abbremsung**

Die ermittelte Abbremsung z für das beladene Fahrzeug muß mindestens den in der Tabelle für die Betriebsbremsanlage angegebenen Mindestwert erreichen. Die Meßwerte und die Basiswerte bzw. die ermittelte Abbremsung für das beladene Fahrzeug sind in das Prüfbuch einzutragen.

2.2.9 **Feststellbremsanlage**

Die Funktion der Feststellbremsanlage ist entweder auf einem Bremsprüfstand oder auf griffiger Fahrbahn nachzuweisen. Dabei muß entweder eine Abbremsung nach der in der Tabelle für die Feststellbremsanlage angegebenen Mindestwert, bezogen auf die zulässige Gesamtgewichtskraft des Fahrzeugs, oder die Blockiergrenze erreicht werden. Bei Federspeicherbremsen ist die Funktion der Warneinrichtung zu prüfen.

2.2.10 **Dauerbremsanlage**

Die Bremskräfte müssen mindestens 6 % des zulässigen Gesamtgewichts des Fahrzeugs betragen.

Für Anhängefahrzeuge

Funktionsprüfung sowie Messung des eingesteuerten Druckes an den Bremszylindern. Bei Reibungsbremsen dürfen die Bremskräfte nicht mehr als 7 % des zulässigen Gesamtgewichts des Anhängefahrzeugs betragen.

2.2.11 **Funktion sonstiger Bremsanlagen**

Diese Bremsanlagen sind im Rahmen einer Probefahrt zu prüfen.

2.3 **Hydraulik-Bremsanlagen**
Prüfungen sinngemäß wie 2.1 und 2.2 und nach Angaben des Herstellers.

2.4 **Vakuum-Bremsanlagen**
Prüfung sinngemäß wie 2.1 und 2.2 und nach Angaben des Herstellers.

2.5 **Blockierschutzeinrichtung**
Bei Fahrzeugen mit Blockierschutzeinrichtung ist zu prüfen, ob die Sicherheitseinrichtung entsprechend den Herstellerangaben arbeitet (Sicherheitsschaltung in Verbindung mit der Warneinrichtung – nur Aufleuchten und Verlöschen der Kontrollampe).

2.6 **Auflaufbremsanlagen in Anhängefahrzeugen**

2.6.1 **Funktion**
Gängigkeit von Übertragungseinrichtungen (Zugstange und Gestänge)
bei selbsttätigem Rückfahrsystem nach Angabe des Herstellers prüfen (selbsttätiges Auslösen der Rückfahrsperre), bei angezogener FBA Hub der Zugstange höchstens $^2/_3$ des gesamten Auflaufweges.

2.6.2 **Wirkung**
Prüfung nur über die FBA
Es muß entweder eine Abbremsung z von mindestens 15 %, bezogen auf die zulässige Gesamtgewichtskraft des Anhängers, oder die Blockiergrenze erreicht werden.

3 **Innere Untersuchung der Radbremse nach den Anleitungen der Fahrzeug- oder Bremsenhersteller, nötigenfalls auch eine innere Untersuchung der einzelnen Bauteile der Bremsanlagen**

Eine innere Untersuchung der einzelnen Bauteile ist durchzuführen, wenn sie vom Fahrzeug-, Bremsen- oder Achsenhersteller vorgeschrieben wird oder wenn sie aufgrund einer Sicht-, Funktions- oder Wirkungsprüfung erforderlich wird.

3.1 **Aggregate**
Eine Zustandsuntersuchung der einzelnen Bremsaggregate ist nach den Wartungs- und Reparaturanweisungen der Fahrzeug- oder Bremsenhersteller durchzuführen, sofern die Bremsaggregate nicht durch Austauschteile ersetzt werden.

3.2 Nach dem Zusammenbau ist eine erneute Sicht-, Funktions- und Wirkungsprüfung durchzuführen.
(VkBl 1983 S. 560)

Muster für Prüfbücher für die amtliche technische Untersuchung von Kraftfahrzeugen und Anhängern

Bonn, den 26. Oktober 1983
StV 13/36.20.16

Nach Nummer 5 der Anlage VIII zur Straßenverkehrs-Zulassungs-Ordnung in der Fassung der Verordnung zur Straßenverkehrs-Zulassungs-Ordnung vom 15. November 1975 (Bundesgesetzbl. I S. 3193) haben die Halter von zwischenuntersuchungs- oder bremsensonderuntersuchungspflichtigen Fahrzeugen Prüfbücher nach einem vom Kraftfahrt-Bundesamt genehmigten und im Verkehrsblatt bekanntgemachten Muster zu führen. Das bisherige Muster für Prüfbücher vom 28. Oktober 1971 (VkBl 1971 S. 594) hat auf Anregung der beteiligten Organisationen und nach Anhörung der für den Verkehr zuständigen obersten Landesbehörden eine Reihe von notwendigen Änderungen und Ergänzungen erfahren. Nachstehend gebe ich das vom Kraftfahrt-Bundesamt neu genehmigte Prüfbuchmuster bekannt.

Ergänzend dazu bemerke ich:

1. In einem Prüfbuch sollten Vordrucke für einen Zeitraum von mindestens 2 Jahren enthalten sein. Die Reihenfolge und die Anzahl der Vordruckmuster richten sich nach den für die einzelnen Fahrzeugarten durchzuführenden Untersuchungen, gerechnet vom Zeitpunkt der erstmaligen Zulassung an. Bezogen auf den Zeitpunkt eines Jahres würden z.B. im Prüfbuch für einen Kraftomnibus folgende Vordruckmuster vorzusehen sein:

Muster des Blattes 2	Vorder- und Rückseite, Ergebnis der Zwischenuntersuchung in dreifacher Ausfertigung,
Muster des Blattes 3	Vorder- und Rückseite, Ergebnis der Bremsensonderuntersuchung mit Aufzeichnungen des schreibenden Prüfgerätes bei Bremsprüfungen für Bremsensonderuntersuchung,
Muster des Blattes 4	Vorder- und Rückseite, Ergebnis der Hauptuntersuchung,
Muster des Blattes 5	Rückseite, Ergebnis der Nachuntersuchungen.

2. Die Seiten des Prüfbuches sind vom Titelblatt beginnend fortlaufend zu numerieren.
3. Es ist ein Hinweis anzubringen, daß das Prüfbuch nach der letzten Eintragung ein Jahr lang aufzubewahren ist.
4. Das neue Prüfbuchmuster ist ab. 1. April 1984 zu verwenden.
   Prüfbücher nach dem bisher verwendeten Muster, in denen bereits ein Untersuchungsergebnis eingetragen ist, können aufgebraucht werden.

Meine Verlautbarungen im Verkehrsblatt 1971 S. 594 und im Verkehrsblatt 1975 S. 373 werden hiermit aufgehoben.

Der Bundesminister für Verkehr

im Auftrag
Keller

Prüfbuch

für Kraftfahrzeuge und Anhänger

nach Nummer 5 der Anlage VIII zur StVZO

Fahrzeugart: / Zul. Gesamtgewicht:

Hersteller des Fahrzeugs:

Fahrzeug-Identifizierungs-Nr.:

Amtliches Kennzeichen: ....

geändert am: .... in: ....

geändert am: .... in: ....

Fahrzeughalter: ....
(Name und Anschrift)

Fahrzeughalter: ....
(Name und Anschrift)

Fahrzeughalter: ....
(Name und Anschrift)

Prüfbuch-Nr. .... begonnen am: .... 19 ....

Dieses Prüfbuch enspricht den vom Kraftfahrzeug-Bundesamt genehmigten und im Verkehrsblatt 1983 Seite 566 bekanntgemachten Mustervordrucken und ist nach der letzten Eintragung ein Jahr aufzubewahren.

Muster des Blattes 2 (Vorderseite) „Ergebnis der Zwischenuntersuchung" (auf weißem Papier)

ERGEBNIS

der Zwischenuntersuchung **nach Nummer 1.3 der Anlage VIII zur StVZO**

Tag der Zwischenuntersuchung:

Kilometerstand:

Die Untersuchung wurde nach den Richtlinien für die Durchführung von Zwischenuntersuchungen durchgeführt.

Die festgestellten Mängel sind umseitig gekennzeichnet.

Bemerkungen:

Die festgestellten Mängel wurden am behoben.

Firmenstempel
und Kennummer
des amtlich
anerkannten
Betriebes

Die verantwortliche Person
nach § 29 Anl. VIII zur StVZO

(Unterschrift)

Muster des Blattes 2 (Rückseite)

Folgende Mängel wurden bei der Zwischenuntersuchung festgestellt:

Gruppe 1 Ausrüstung		Lenkgetriebe — Staubmanschett.	307	Bremszylinder/-hub Staubmanschetten	423	Anhänger-/Sattelkupplung	618
Rückspiegel außen innen	103	— Dichtheit	308	Bremstrommeln/-scheiben	424	Abschleppdienst vorn hint.	619
Hupe	104	— Befestigung	309	Bremsbeläge vorn hinten	425	Zugeinrichtung — Befestigung	620
Geschwindigkeitsmesser, Fahrtschreib./Kontrollgerät	105	Lenkgelenke/-scheiben	310	Bremsen — Freigängigkeit	426	— schadhaft	621
Unterlegkeil	106	Schubstange(n)/Spurstange(n)	311	— Kupplungsköpfe	427	— Bodenfreiheit/H'einst./Stützrad	622
Warndreieck, -Leuchte	107	Drehkranz	312	Prüfanschlüsse	428	Aufbau — Führerhaus	623
Verbandkasten	108	Lenkhebel	313	ALB-Schild	429	— Gefährd. Fz-Teile außen/innen	624
Funkentstörung	109	Lenkgestänge/seile	314	Federspeicher-Bremsanl.	430	— Radabdeckungen	625
Gruppe 2 Beleuchtung		Lenkhilfe Leitung/Schläuche	315	Blockierschutz-Einrichtung — Warnleuchte	431	— Spoiler	626
Scheinwerfer/Glas/Spiegel	201	Lenkungsdämpfer	316	**Gruppe 5 Räder/Bereifung**		— Einstiege/Trittst.	627
Abblendlicht Funktion/Einstellung	202	Radeinstellung	317	Bereifung — Schäden	501	— Tür/Haub./Griffe/Schl., Scharn.	628
Fernlicht Funktion/Einstellung	203	**Gruppe 4 Bremsausrüstung**		— Profiltiefe	502	— Sicht/Verglasung/Sonnenblende	629
Standlicht Parkleuchten	204	Betriebsbremse — Wirkung	401	— falsch	503	— Scheibenwischer/-wascher	630
Nebelscheinwerfer Funktion/Einstellung	205	— einseitig	402	Räder — Schäden	504	— Sitze	631
Zusatzleuchten Funktion/Anzahl	206	— Abstufbarkeit/Zeitverhalten	403	— Befestigung	505	— Sicherheitsgurte — Haltegriffe	632
Umrißleuchten Spurhalteleuchten	207	— Dichtheit	404	— falsch	506	— Reserverad-Befestigung	633
Schlußleuchten Funktion/Zustand	208	— Pedal-/Hebelweg	405	**Gruppe 6 Fahrgestell und Aufbau**		Laderaum — Boden, Wände, Rungen	634
Bremsleuchten Funktion/Zustand	209	Feststellbremse — Wirkung	406	Rahmen / tragende Teile — Bruch, Riß	601	— Plane/Gest./Verschlüsse	635
Kennzeichenbeleuchtung Funktion/Zustand	210	— einseitig	407	— Korrosion	602	— Kipp-/Ladeeinrichtung	636
Nebelschlußleuchten Funktion/Zustand	211	— Hebelweg/Feststellvorrichtung	408	— Schraub-, Niet-, Schweißverbg.	603	**Gruppe 7 Feuersicherheit**	
Rückfahrscheinwerfer Funktion/Zustand	212	Dauerbremsanlage	409	— Rep. unsachgem.	604	Kraftstoff-Gasanlage Leitungen/Tank	701
Rückstrahler vorn/seitlich hinten	213	Auflaufbremsanlage/Abreißseil	410	Unterfahrschutz	605	Elektrische Leitungen	702
Blinker Funktion/Zustand	214	Bremsseile/-gestänge	411	Vorderachse — Achskörper/Aufhängung	606	Batteriebefestigung/-abdeckung	703
Warnblinkanlage Funktion	215	Bremswellen/-hebel	412	— Federn/Stabilisat.	607	**Gruppe 8 Geräusch-/Abgasentw.**	
Kontr.-Leucht.: Fernl., Bl., W'bl.-A., Nebelschl., ABV	216	Luftpresser/Füllzeit	413	— Stoßdämpfer	608	Auspuffanlage — schadhaft/lose	801
Steckdose/Kabel/Stecker	217	Druckwarnanzeige/Manometer	414	— Radlager	609	— falsche Ausführ.	802
Gruppe 3 Lenkung		Energiespeicher/Druckluftbehälter	415	Hinterachse — Achskörper/Aufhängung	610	Rauchentwicklung	803
Lenkung — Anschlag	301	Bremskraftverstärker Hauptbremszylinder	416	— Federn/Stabilisat.	611	Abgasverhalten	804
— schwergängig Rastpunkte	302	Bremsventile/-kraftregler Funktion/Einstellung	417	— Stoßdämpfer	612	Geräuschentwicklung	805
— Spiel	303	Bremsleitungen — vorn links rechts	418	— Radlager	613		
Lenkrad/Lenker	304	— hinten links rechts	419	Motor / Antrieb — Aufhängung	614		
Diebstahlsicherung	305	— mitten	420	— Ölverlust	615		
Lenkkopflager/Lenksäule	306	Bremsschläuche — vorn links rechts	421	— Kupplung/Schaltung	616		
		— hinten links rechts	422	— Wellen	617		

Muster des Blattes 3 (Vorderseite) „Ergebnis der Bremsensonderuntersuchung" (auf weißem Papier)

ERGEBNIS

der Bremsensonderuntersuchung **nach Nummer 1.4 der Anlage VIII zur StVZO**

Tag der Bremsensonderuntersuchung:

Kilometerstand:

Die Untersuchung wurde nach den Richtlinien für die Durchführung von Bremsenuntersuchungen durchgeführt.

Die festgestellten Mängel sind nachfolgend gekennzeichnet.

Gruppe 4 Bremsausrüstung				Bremsseile/ -gestänge	411	Brems-schläuche	– vorn links rechts	421
Betriebsbremse	– Wirkung	401		Bremswellen/-hebel	412	Brems-schläuche	– hinten links rechts	422
Betriebsbremse	– einseitig	402		Luftpresser/Füllzeit	413		Bremszylinder/-hub Staubmanschetten	423
Betriebsbremse	– Abstufbarkeit/ Zeitverhalten	403		Druckwarnanzeige/ Manometer	414		Bremstrommeln/ -scheiben	424
Betriebsbremse	– Dichtheit	404		Energiespeicher Druckluftbehälter	415		Bremsbeläge vorn hinten	425
Betriebsbremse	– Pedal-/Hebelweg	405		Bremskraftverstärker/ Hauptbremszylinder	416	Bremsen	– Freigängigkeit	426
Feststell-bremse	– Wirkung	406		Bremsventile/-kraftregler Funktion/Einstellung	417	Bremsen	– Kupplungsköpfe	427
Feststell-bremse	– einseitig	407	Brems-leitungen	– vorn links rechts	418		Prüfanschlüsse	428
Feststell-bremse	– Hebelweg/Fest-stellvorrichtung	408	Brems-leitungen	– hinten links rechts	419		ALB-Schild	429
Dauerbremsanlage		409	Brems-leitungen	– mitten	420		Federspeicher-Bremsanlage	430
Auflaufbremsanlage/ Abreißseil		410					Blockierschutz-Einrichtung/ -Warnleuchte	431

Die Mängel wurden am behoben.

Firmenstempel
und Kennummer
des amtlich
anerkannten
Betriebes

Die verantwortliche Person nach § 29 Anl. VIII zur StVZO

(Unterschrift)

Muster des Blattes 3 (Rückseite) „Aufzeichnungen des schreibenden Prüfgerätes bei Bremsprüfungen für Bremsensonderuntersuchung" (auf weißem Papier)

Aufzeichnungen bei Bremsprüfungen für Bremsensonderuntersuchungen

Hersteller der Bremsanlage .... Leergewicht (Prüfgew.) des Fahrzeugs ..... N[1]

Art der Bremsanlage .... Zul. Achslasten 1: /2: /3: /4: ..... N[1]

Berechnungsdruck bzw. max. Bremsdruck für das Fahrzeug/die Einzelachsen (pN)...../...../...../.....bar

Zul. Gesamtgewicht .... N[1]

Abgelesene Bremskräfte am Bremsprüfstand / Aufzeichnung des schreibenden Bremsmeßgerätes[2])
(Die Werte sind einzutragen bzw. stattdessen das Schaublatt einzukleben)

	Betriebsbremsanlage						Feststell-bremse	Fahrzeug-gewicht/
	Bremskräfte (N)			Betätigungs-druck	$i = \frac{pN - 0.4}{p - 0.4}$	F · i	Brems-kräfte (N)	Achslasten (N) (Prüfgew.)
	links	rechts	Summe F	P (bar)				
Achse 1					i 1 =			
Achse 2					i 2 =			
Achse 3					i 3 =			
Achse 4					i 4 =			
Summe	X	X		X	X			

NB: Bei allen Achsen sollte aus Gründen der Einfachheit derselbe Betätigungsdruck (p). zum Beispiel 2 bar, eingehalten werden.

Abbremsung bezogen auf das Prüfgewicht des Fahrzeugs (z. B. bei Fahrzeugen mit ALB)

$$z_{Prüf} = \frac{\text{Summe der Bremskräfte}}{\text{Fahrzeuggewicht}} \cdot 100 = \ldots\ldots \%$$

Abbremsung bezogen auf das Zul. Gesamtgewicht des Fahrzeugs

$$z = \frac{F_1 \cdot i_1 + F_2 \cdot i_2 + F_3 \cdot i_3 + F_4 \cdot i_4}{\text{Zul. Gesamtgewicht}} \cdot 100 = \ldots\ldots \%$$

Abbremsung durch **Feststellbremsanlage** bezogen auf das zul. Gesamtgewicht des Fahrzeugs (oder Überschreiten der Blockiergrenze)

$$z_{Fest} = \frac{\text{Summe d. Bremskräfte (Feststellbr.)}}{\text{Zul. Gesamtgewicht}} \cdot 100 = \ldots\ldots \geq 15\% \ (20\%)$$

Gleichmäßige Wirkung der **Radbremsen** (Differenz links — rechts)

$$\frac{\text{Differenz der Bremskräfte (Achse)}}{\text{größte Bremswirkung}} \cdot 100 = \ldots\ldots \leq 30\%$$

Es wird hiermit bescheinigt, daß die eingetragenen Werte / beigefügten schriftlichen Aufzeichnungen[2]) an dem im Prüfbuch bezeichneten Fahrzeug bei der am .... 19.... durchgeführten Bremsensonderuntersuchung ermittelt worden sind.

....
(Unterschrift der verantwortlichen Person)

[1]) Die Gewichtskräfte in [N] erhält man durch Multipikation der Gewichtskräfte (kg) mit dem Faktor 10 (g ~ 10 m/s²)
[2]) Nichtzutreffendes streichen

Richtlinien (zu § 41 StVZO) für die Bremsenprüfung von Kraftfahrzeugen und Anhängern
(Auszug aus dem Verkehrsblatt)

(1) Die Richtlinien sind für die Prüfung der Fahrzeugbremsanlagen nach den Vorschriften der StVZO bestimmt und berücksichtigen den Stand der Technik. Für hydraulisch gebremste Anhänger gelten die „Richtlinien für die Bremsen hydraulisch gebremster Züge mit durchgehender Kraftübertragung", für Auflaufbremsen gilt Nr. 29 der „Richtlinien für die Prüfung von Fahrzeugteilen".

(2) Die Prüfung erstreckt sich auf die Bauart und die Wirkung der Bremsanlage. Bei den bereits im Verkehr befindlichen Fahrzeugen kann sich die Prüfung der Bremsen in der Regel auf die Abbremsung bei kalter Bremse beschränken. Dabei müssen die in der Tabelle angegebenen Werte eingehalten werden (siehe Absatz 6).

(3) **Begriffsbestimmungen**
Die Abbremsung z (%) ist das Verhältnis

$$\frac{\text{Summe der Bremskräfte am Radumfang (N)}^{1}}{10 \cdot \text{Fahrzeugmasse (kg)}} \cdot 100\,\%$$

Die Betätigungsdauer t_f (s) ist der Zeitraum von der Berührung des Bremspedals (Bremshebel) bis zur jeweiligen Endstellung. Bei Bremsanlagen mit Hilfs- oder Muskelkraft wird als Endstellung diejenige Pedalkraft oder die dazu proportionale Größe definiert, bei der im Kraftkennbild eine Abbremsung von 45 % erreicht wird.

Die Ansprechdauer t_a (s) beginnt mit der Berührung des Bremspedals und endet, wenn der eingesteuerte Druck auf 10 % seines Endwertes angestiegen ist.

Die Schwelldauer t_s (s) schließt unmittelbar an und endet, wenn der eingesteuerte Druck 90 % seines Endwertes erreicht hat.

Hilfskraftbremsanlage: Bei der Hilfskraftbremsanlage wird die vom Führer mit Hilfe der Betätigungseinrichtung in die Übertragungseinrichtung eingeleitete Kraft durch eine zusätzlich in die Übertragungseinrichtung eingeleitete und von einer besonderen Einrichtung erzeugte Hilfskraft unterstützt.

Fremdkraftbremsanlage: Bei der Fremdkraftbremsanlage wird die in die Übertragungseinrichtung eingeleitete Kraft durch eine besondere Einrichtung erzeugt und vom Führer durch die Betätigungseinrichtung gesteuert.

Als Zweikreisbremsanlage nach § 41 Abs. 16 StVZO gelten:

a) hydraulische Bremsanlagen ohne und mit Hilfskraftunterstützung, wenn die hydraulische Übertragungseinrichtung einschließlich des Hauptzylinders zweikreisig ist. Ist eine Hilfskraftunterstützung vorhanden, so kann sie einkreisig sein.
b) Fremdkraftbremsanlagen (hydraulische und pneumatische Bremsanlagen), wenn die hydraulische oder pneumatische Übertragungseinrichtung einschließlich des Speichers für das Übertragungsmittel zweikreisig ist. Die Druckerzeugungsanlage kann einkreisig sein, sofern dem Führer das unzulässige Absinken des Drucks in den Speichern für die Übertragungsmittel durch eine optisch oder akustisch wirkende Warnvorrichtung deutlich angezeigt wird.

(4) **Allgemeine Bedingungen**
Die Betätigungskraft und die Abbremsung sind mit Meßgeräten zu ermitteln.

Die Ansprech- und Schwelldauer sind mit schreibenden Geräten zu prüfen. Diese Prüfung ist nur bei Betriebsbremsanlagen mit Fremdkraft erforderlich, wenn die durch die Bauart bestimmte

[1] 10 N = 1 kp

Höchstgeschwindigkeit des Fahrzeugs mehr als 30 km/h beträgt. Jedoch muß das Zeitverhalten am Bremsanschluß einer Fremdkraftbremsanlage für Anhänger auch bei Betriebsbremsanlagen mit Hilfs- oder Muskelkraft geprüft werden.

Bei den Bremsprüfungen ist der Motor auszukuppeln, ausgenommen bei der Prüfung der Dauerbremsanlage. Bei automatischer Übertragung der Antriebskraft ist – soweit möglich – die Leerlaufstellung einzuschalten.

Die Ausgangsgeschwindigkeit bei Bremsprüfungen auf der Straße ist – mit Ausnahme der Dauerbremsanlage – zwischen 45 und 50 km/h zu wählen. Sofern diese Geschwindigkeit nicht erreichbar ist, gilt die jeweilige Höchstgeschwindigkeit. In besonderen Fällen können Bremsprüfungen auch aus größerer Ausgangsgeschwindigkeit durchgeführt werden.

Die Bremsen des Fahrzeugs müssen kalt sein, wenn nichts anderes bestimmt ist. Eine Bremse gilt als kalt, wenn die Temperatur an der Außenseite der Bremstrommel oder Bremsscheibe unter 100 °C liegt.

Die Abbremsung ist bei unbeladenem und bei voll beladenem Fahrzeug (zulässiges Gesamtgewicht [Gesamtmasse]) zu prüfen; die Dauerbremseigenschaften und die Wirkung der heißgefahrenen Bremse werden nur bei voll beladenem Fahrzeug geprüft.

Alle Bremsprüfungen sind mit gut eingefahrenen Bremsen auf einer waagerechten (Neigung höchstens 1 %), ebenen und griffigen Fahrbahn durchzuführen.

Der Wind darf nicht so stark sein, daß die Meßergebnisse beeinflußt werden können.

Die Reifen müssen bei Beginn der Bremsprüfung den vom Hersteller des Fahrzeugs vorgeschriebenen Luftdruck aufweisen.

Die zur Prüfung der Abbremsung des Anhängers verwendeten Zugfahrzeuge müssen diesen Richtlinien entsprechen. Die Abbremsung des Anhängers ist aus der Abbremsung des Zuges zu bestimmen, wobei nur der Anhänger gebremst wird; sie kann dann aus folgender Formel errechnet werden:

$$z_A = (z_Z - k_R)\,\frac{G_A + G_K}{G_A} + k_R$$

z = Abbremsung, G = Gewicht (Masse), Indizes «K» = Kraftfahrzeug, «Z» = Zug, «A» = Anhänger, k_R = Rollwiderstand ≈ 2 %

(5) **Prüfung der Bremsanlagen und Anforderungen an ihre Wirksamkeit bei erstmals in den Verkehr kommenden Fahrzeugen**

1. Abbremsung bei kalter Bremse

Die Abbremsung z ist abhängig von der Betätigungskraft in Stufen zu ermitteln, bis entweder die Räder zu gleiten beginnen oder die höchstzulässige Betätigungskraft erreicht ist (mindestens 5 Meßpunkte). Mit den Meßergebnissen ist ein Kraftkennbild aufzustellen.

a) **Betriebsbremsanlage (BBA)** *Kraftfahrzeuge und Anhänger* (außer Krafträder). Mit der Betätigungskraft von höchstens F = 800 N (80 kp) (bei Fremdkraftbremsanlagen: höchstens bei dem niedrigsten Einschaltdruck) muß eine Abbremsung von mindestens z = 45 % erreicht werden, ohne daß die Räder gleiten (Richtwert R_I).

Bei Fahrzeugen mit einer Höchstgeschwindigkeit von nicht mehr als 25 km/h genügt eine Abbremsung von z = 30 %, ohne daß die Räder gleiten (Richtwert R_{III}). Die Handkraft darf bei der handbetätigten Betriebsbremsanlage 400 N (40 kp) nicht übersteigen.

Bei Kraftfahrzeugen mit einer Zweikreisbremsanlage muß mit der Betätigungskraft von höchstens 800 N (80 kp) (bei Fremdkraftbremsanlagen: höchstens bei dem niedrigsten Einschaltdruck) jeder Bremskreis die Abbremsung von mindestens 15 % erreichen, ohne daß die Räder gleiten. Bei Kraftfahrzeugen mit einer Hilfskraftbremsanlage muß bei Ausfall der Hilfskraft die Abbremsung von mindestens 12 % erreicht werden.

Fahrzeuge und Anhänger mit selbsttätiger lastabhängiger Bremskraftregelung müssen leer und teilbeladen auf trockener Fahrbahn mindestens die gleiche Abbremsung wie beladen erreichen, ohne daß die Räder einer Achse gleiten.

Bei landwirtschaftlichen Zugmaschinen mit einer Höchstgeschwindigkeit von nicht mehr als 30 km/h, bei denen nur die Hinterachse gebremst ist, gilt die Prüfbedingung – falls die Hinterräder schon bei kleineren Bremskräften gleiten – als erfüllt, wenn das Meßergebnis $F(\mathrm{N})/10\,z$ der Fußbremse kleiner als 1,78 ist. Jedoch muß eine Abbremsung von mindestens $z = 37\,\%$ erreicht werden.

b) **Hilfsbremsanlage (HBA)** *Kraftfahrzeuge* (außer Krafträder). Mit der Hilfsbremsanlage muß eine Abbremsung von mindestens $z = 25\,\%$ erreicht werden (Richtwert R_{II}). Hierfür darf die Betätigungskraft bei Fußbremsen höchstens 800 N (80 kp) betragen. Die Betätigungskraft bei Handbremsen soll bei Kraftfahrzeugen mit einem zulässigen Gesamtgewicht (Gesamtmasse) von nicht mehr als 2,5 t nicht größer als 400 N (40 kp), bei allen anderen Kraftfahrzeugen nicht größer als 600 N (60 kp) sein.

c) **Feststellbremsanlage (FBA)** Die Feststellbremsanlage muß das voll beladene Fahrzeug in einer Steigung und einem Gefälle von 25 % festhalten können. Ist die Steigfähigkeit geringer als 25 %, so ist die größte befahrbare Steigung maßgebend. Diese Bedingung gilt als erfüllt, wenn mit der Feststellbremsanlage in der Ebene eine Abbremsung von 20 % bei Vor- und Rückwärtsfahrt erreicht wird. Bei Kraftfahrzeugen dürfen die erforderlichen Betätigungskräfte die in Absatz 5 Nr. 1b angegebenen Werte nicht überschreiten. Bei Anhängern darf die erforderliche Hand-Betätigungskraft nicht größer als 600 N (60 kp) sein.

d) **Abreißbremse bei Anhängern** Mit der Abreißbremse muß eine Abbremsung von 25 % erreicht werden. Wird ein Abreißseil verwendet, so muß es so beschaffen sein, daß es sich nach dem Anziehen der Bremse lösen kann.

Hinweise (für Kraftfahrzeuge und Anhänger, außer Krafträder)

a) Die vorgeschriebenen Abbremsungen müssen mit unbeladenem und mit voll beladenem Fahrzeug bei einem Kraftschlußbeiwert zwischen Rad und Fahrbahn von höchstens $\mu_R = 0{,}8$ erreicht werden. Wenn die Bremsanlage nur auf die durch den Bremsvorgang entlastete Hinterachse wirkt, kann nach der Beziehung:

$$z_{max} = \frac{l - l_s}{1{,}25\,l + h_s}\ \mathrm{P}\ 100\,\%$$

nachgeprüft werden, ob die Konstruktion des Fahrzeugs die vorgeschriebene Abbremsung zuläßt. Darin bedeuten:

l = Radstand in m
l_s = Abstand des Schwerpunkts von der Hinterachse in m
h_s = Höhe des Schwerpunkts über der Fahrbahn in m
z_{max} = erreichtbare Abbremsung in %

Wegen der Kippgefahr des Fahrzeugs beim Bremsen muß die Forderung erfüllt werden:

$$h_s \leqq 100\,\% \cdot \frac{l - l_s}{z_{max}}$$

b) Fahrzeuge mit einer Bremsanlage nach § 65 StVZO müssen eine Abbremsung von mindestens 20 % erreichen. Bei Fahrzeugen mit Eisenreifen genügen 15 % Abbremsung.

2. Abbremsung bei heißer Bremse (Wärmefading)

Hierbei ist die Bremswirkung der Betriebsbremsanlage nach Aufnahme einer bestimmten Bremsarbeit zu ermitteln. Die Bremswirkung darf bei heißer Bremse nicht weniger als 80 % der vorgeschriebenen Abbremsung und auch nicht weniger als 60 % der Abbremsung bei kalter Bremse betragen. Die Bremsen sind auf folgende Weise heißzufahren:

Kraftfahrzeuge über 25 km/h Höchstgeschwindigkeit (außer Krafträder). Aus dem zulässigen Gesamtgewicht G in t und der Motorleistung P[1] in PS (kW) des Kraftfahrzeugs wird die für das Heißfahren maßgebende Abbremsung aus folgender Formel errechnet:

P in PS

$$z = 6{,}0 + 0{,}1 \frac{P}{G} \%$$

P in kW

$$z = 6{,}0 + 0{,}1 \frac{P \cdot 1{,}36}{G} \%$$

Für diese Abbremsung z wird die zugehörige Betätigungskraft aus dem Kraftkennbild (Diagramm 1) entnommen. Das Fahrzeug wird bei einer Geschwindigkeit von $v = 40$ km/h oder, sofern diese Geschwindigkeit nicht erreicht wird, mit Höchstgeschwindigkeit auf einer Strecke von $s = 1700$ m Länge gebremst, wobei die Heißfahrt mit der ermittelten Betätigungskraft begonnen wird. Während des Heißfahrens sind Abbremsung und Geschwindigkeit konstant zu halten. Zu diesem Zweck wird das Fahrpedal während des Heißfahrens durch eine Vorrichtung in der bei kalter Bremse ermittelten Stellung festgehalten, die Geschwindigkeit wird durch Verändern der Betätigungskraft eingehalten.

Kann mit der vorgeschriebenen Abbremsung z nach der Formel nicht gefahren werden, so ist ersatzweise eine größere Abbremsung z' zu bestimmen.

Nach dem Heißfahren wird die Bremse gelöst und das Fahrzeug so schnell wie möglich auf die Geschwindigkeit von 45 bis 50 km/h beschleunigt. Anschließend wird das Fahrzeug mit der Betätigungskraft abgebremst, die nach dem Kraftkennbild bei kalter Bremse der erreichbaren Abbremsung entspricht.

Anhänger Aus dem Kraftkennbild der kalten Bremse wird die Betätigungskraft entnommen. die der Abbremsung von $z = 10$ % entspricht. Der Anhänger wird gebremst über eine Strecke von $s = 1000$ m mit einer Geschwindigkeit von 40 km/h geschleppt, wobei die Heißfahrt mit der ermittelten Betätigungskraft begonnen wird. Während des Heißfahrens sind Abbremsung und Geschwindigkeit des Anhängers konstant zu halten.

Reicht bei Anhängern über 25 km/h Höchstgeschwindigkeit die Zugkraft des Zugmittels nicht aus, so kann mit einer kleineren Geschwindigkeit v' und der Bremsstrecke s' heißgefahren werden.

Nach dem Heißfahren wird die Bremse gelöst und der Zug so schnell wie möglich auf 45 bis 50 km/h beschleunigt. Anschließend wird der Anhänger mit der Betätigungskraft abgebremst, die nach dem Kraftkennbild bei kalter Bremse der erreichbaren Abbremsung entspricht.

Diese Prüfung ist nicht erforderlich bei Anhängern, deren Bremsanlage den „Richtlinien für die Prüfung der Dauerbremseigenschaften von Anhängerbremsen" entspricht (Absatz 5 Nr. 4).

[1] Größte Nutzleistung nach DIN 70020.
[2] Die Bremsstrecken s' sind auf volle 100 m aufzurunden.

3. Abbremsung der Betriebsbremsanlage bei erhöhter Geschwindigkeit (Geschwindigkeitsfading)

Bei Kraftfahrzeugen mit einer Höchstgeschwindigkeit von mehr als 140 km/h ist der Einfluß der Geschwindigkeit auf die Bremswirkung der Betriebsbremsanlage zu prüfen. Hierzu wird das Fahrzeug bei einer Geschwindigkeit von 110 km/h kurzzeitig mit der Betätigungskraft abgebremst, die nach dem Kraftkennbild der kalten Bremse der Abbremsung von 45 % entspricht. Die Abbremsung muß dann noch mindestens 36 % betragen.

4. Dauerbremsanlage

Kraftfahrzeuge (außer Krafträder) Die Dauerbremsanlage (Motorbremse oder eine in der Bremswirkung gleichartige Vorrichtung) muß eine Dauerbremsleistung aufweisen, die der Bremsbeanspruchung beim Befahren eines Gefälles von 7 % und 6 km Länge des voll beladenen Kraftfahrzeugs mit der Geschwindigkeit von 30 km/h entspricht.

Bei Motorbremsen, die in ihrer Wirkung unabhängig von der Länge des Gefälles sind, gilt diese Beziehung als erfüllt, wenn das voll beladene Kraftfahrzeug in der Ebene mit der Motorbremse aus einer Geschwindigkeit von 30 ± 5 km/h – oder der erreichbaren Höchstgeschwindigkeit bei Fahrzeugen unter 30 km/h – eine Abbremsung von mindestens 6 % erzielt. Dabei muß das Fahrzeug mit dem Gang abgebremst werden, mit dem die Geschwindigkeit von 30 ± 5 km/h ohne Überschreitung der Nenndrehzahl gefahren wird.

Anhänger Bei Anhängern gelten für die als Dauerbremsanlage verwendete Betriebsbremsanlage die „Richtlinien für die Prüfung der Dauerbremseigenschaften von Anhängerbremsen".

5. Ansprech- und Schwelldauer bei Bremsanlagen mit Fremdkraft

Kraftfahrzeuge (außer Krafträder) Die Ansprech- und die Schwelldauer (t_a und t_s) sind bei vollem Betätigungsdruck abhängig von der Betätigungsdauer (t_f) in Stufen – mindestens fünf Meßpunkte – von der kürzestmöglichen Betätigungsdauer bis zu etwa einer halben Sekunde in einem «Zeitkennbild» aufzunehmen.

Die Ansprech- und die Schwelldauer der Betriebsbremsanlage werden im Stand aus dem zeitlichen Verlauf des Bremsdrucks ermittelt. Der Druckschreiber ist an den Bremszylinder (Radzylinder) anzuschließen, der die längste Bremsleitung hat. Die Betätigungsdauer kann entweder aus dem zeitlichen Schrieb der Pedalkraft, des Pedalwegs oder einer der Pedalkraft proportionalen Größe (z.B. des Hauptbremszylinderdrucks) ermittelt werden oder mit einem Doppelkontaktgeber am Bremspedal, der Beginn und Ende der Betätigungsdauer als Zeitmarken auf dem Schrieb des Druckschreibers gibt.

Bei Kraftfahrzeugen, die mit einem Bremsanschluß für Anhänger ausgerüstet sind, ist das Zeitverhalten in gleicher Weise am Bremsanschluß zu prüfen.

Für die Betätigungsdauer von $t_f = 0{,}2$ s gilt:

am Bremszylinder: $t_{aK} + t_{sK} \leqq 0{,}6$ s (Richtwert S_I)
am Bremsanschluß: $t_{aSt} \leqq 0{,}2$ s (Richtwert S_{II})
(Kupplungskopf für die Anhängerbremsleitung)
für Anhänger: $t_{sSt} \leqq 0{,}2$ s (Richtwert S_{III})
(Indizes «K» = Kraftfahrzeug, «St» = Steuerleitung).

Anhänger Das Zeitverhalten druckluftgebremster Anhänger wird ohne Zugfahrzeug geprüft. Deshalb ist ein Prüfgerät erforderlich, das das Zugfahrzeug ersetzt. Die Betriebsbremsanlage druckluftgebremster Anhänger wird durch den Druckabfall (Einleitungsbremse) oder den

Druckanstieg (Zweileitungsbremse) in der Steuerleitung betätigt. Das Prüfgerät muß deshalb so beschaffen sein, daß es in der Steuerleitung des Anhängers die Schwelldauer des Steuerleitungsdrucks von $t_{sSt} = 0{,}2$ s auslöst. Dabei wird eine normale Steuerleitungslänge von 2,5 m zugrunde gelegt.

Das Prüfgerät besteht aus einem Luftbehälter von mindestens zehn Litern Inhalt mit Manometer und einem elektromagnetisch betätigten Be- und Entlüftungsventil mit einem Anschluß für die Schlauchkupplung des Anhängers. Bei Einleitungsbremsen entlüftet das Ventil die Steuerleitung des Anhängers, bei Zweileitungsbremsen wird die Steuerleitung durch das Ventil aus dem Luftbehälter belüftet. Die Schwelldauer des Steuerleitungsdrucks wird durch eine eingebaute Drosseldüse festgelegt. Der Stromkreis des Elektromagneten wird mit dem Markengeber des Druckschreibers verbunden. Der Zweifach-Druckschreiber wird an die Steuerleitung und an den Bremszylinder mit der längsten Bremsleitung angeschlossen. (Bei Verwendung eines Einfach-Druckschreibers können die Druckverläufe nacheinander aufgenommen werden.)

Mit dem Prüfverfahren läßt sich lt. Diagramm (Seite 491) die Ansprech- und Schwelldauer des Anhängers ermitteln. Hierfür gilt:

$$t_{aP} + t_{sA} \leqq 0{,}4\,\mathrm{s}$$

(Indizes «P» = Prüfgerät, «A» = Anhänger)

6. **Betätigungswege und Wegübersetzungen** (außer Krafträder)

Der Betätigungsweg und die Wegübersetzung der Bremsanlage müssen so bemessen sein, daß die Bremsbacken bei betriebsüblicher Wärmeausdehnung der Bremstrommeln und betriebsüblicher Abnutzung des Bremsbelags eine ausreichende Wegreserve haben. Das ist erfüllt, wenn die nachstehenden Werte eingehalten werden.

a) **Betriebsbremsanlage**

Betätigungsweg am Bremspedal:	höchstens 250 mm
Betätigungsweg am Handbremshebel:	höchstens 400 mm

Die Wegreserve[1] wird – außer bei Betriebsbremsanlagen mit Fremdkraft – aus dem Betätigungsweg ermittelt. Hierzu werden gemessen: der größtmögliche Betätigungsweg s_{max}, der vorhandene Betätigungsweg s nach dem Heißfahren nach Absatz 5 Nr. 2 bei der Betätigungskraft, die der erreichbaren Abbremsung bei kalter Bremse entspricht.

Für die Bremsprüfung ist der Ladezustand nicht vorgeschrieben. In Zweifelsfällen ist von dem für die Abbremsung ungünstigsten Beladungszustand auszugehen. Die Werte der Tabelle gelten für das zulässige Gesamtgewicht (Gesamtmasse).

Bei Betriebsbremsanlagen mit Fremdkraft soll die Wegreserve[2] beider Backen zusammen ohne Nachstellen der Bremse mindestens 2,4 mm + 0,4 % des Bremstrommeldurchmessers in mm, gemessen auf dem Durchmesser parallel zur Zuspannvorrichtung, betragen.

b) **Hilfsbremsanlage**

Betätigungsweg am Handbremshebel:	höchstens 600 mm
Betätigungsweg bei Ratschenbremsen:	höchstens 400 mm/Hub
Betätigungsweg am Bremspedal:	höchstens 250 mm

Bei Hilfsbremsanlagen, die auf gleiche Bremsflächen wie die Betriebsbremsanlage wirken, muß bei

[1] Die Wegreserve soll mindestens betragen: $\frac{s_{max} - s}{s_{max}} \cdot 100\,\% \geqq 20\,\%$

[2] Bei Scheibenbremsen soll zunächst von einer Mindest-Wegreserve abgesehen werden.

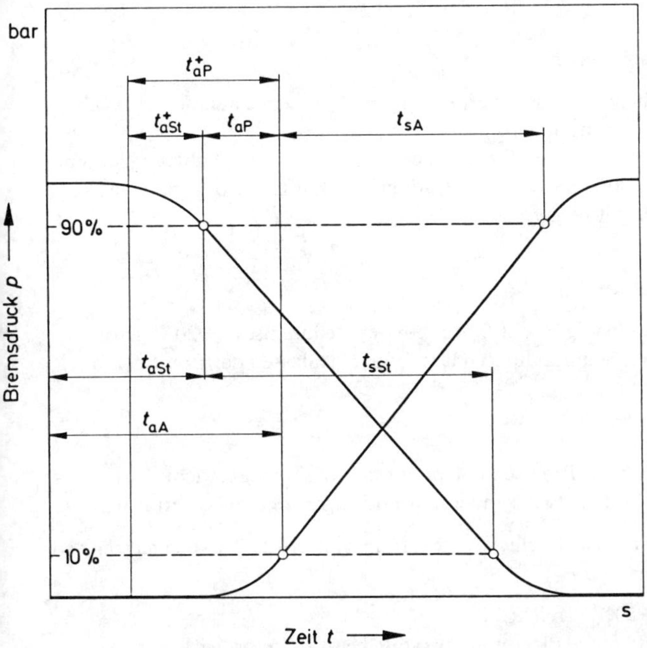

Prüfung des Zeitverhaltens von Anhängern

Zeichenerklärung

- t_{aA} Ansprechdauer-Anhänger
- t_{sA} Schwelldauer-Anhänger
- t_{aSt} Ansprechdauer-Steuerleitung
- t_{sSt} Schwelldauer-Steuerleitung

Prüfgerät (bezogen auf Zeitmarke)

- t^+_{aSt} Ansprechdauer-Steuerleitung
- t^+_{aP} Ansprechdauer-Prüfgerät

Meßgrößen (aus Meßschrieb)

t^+_{aSt} t^+_{aP} t^+_{sA}

Rechnungsgrößen

$t_{aP} = t^+_{aP} - t^+_{aSt}$

Richtwert

$t_{aP} + t_{sA} \leqq 0{,}4\,\text{s}$

der nach Absatz 5 Nr. 2 heißgefahrenen Betriebsbremse mit der zulässigen Betätigungskraft noch eine Abbremsung von 20 % erreichbar sein, ohne daß der Betätigungsweg der Hilfsbremsanlage erschöpft ist.

Hat die Hilfsbremsanlage eigene Bremsflächen, so ist mindestens die in Absatz 5 Nr. 6a angegebene Mindest-Wegreserve ohne Heißfahren einzuhalten.

(6) **Prüfung der Bremsanlagen bei bereits im Verkehr befindlichen Fahrzeugen** Die Bremsanlagen müssen bei kalter Bremse die in der Tabelle angegebenen Werte einhalten. Fahrzeuge mit einer Bremsanlage nach § 65 StVZO müssen eine Abbremsung von mindestens 15 % erreichen.

Die Bremswirkung kann auch auf Bremsprüfständen ermittelt werden, ohne daß die Geschwindigkeit nach Absatz 4 eingehalten wird.

Abweichungen der Bremskräfte an den Rädern einer Achse dürfen auf Rollenprüfständen nicht mehr als 30%, auf Plattenprüfständen nicht mehr als 20% vom größeren Wert betragen.

	Maximale Betätigungskraft (N)			Mindest-Abbremsung (%)			
	Kraftfahrzeuge		Anhänger	Kraftfahrzeuge		Anhänger	
	F_F	$F_H (G > 2{,}5\,\text{t})$	F_H	25 km/h <	>	25 km/h <	>
BBA	800	–	400	25	40	25	40
HBA	800	600	–		20		–
FBA	800	600	600			20	

BBA = Betriebsbremsanlage
HBA = Hilfsbremsanlage
FBA = Feststellbremsanlage
F_F = Fußkraft
F_H = Handkraft
10 N = 1 kp

Forderungen des TÜV an die Fahrzeugbremsen

Die Technischen Überwachungsvereine haben die Überprüfung der Fahrzeuge auf Verkehrssicherheit, insbesondere der Bremsanlagen, übernommen.

Die Bremswerte, die der TÜV von Fahrzeugen fordert, beziehen sich auf das Fahrzeuggewicht. Die Summe der beim Bremsen wirksam gewordenen Radumfangskräfte wird zum zulässigen Gesamtgewicht des Fahrzeugs ins Verhältnis gesetzt:

$$a = \frac{\text{Radumfangskräfte} \cdot 100\,\%}{\text{zul. Fahrzeug-Gesamtgewicht}}$$

Für die Betriebsbremse wird eine Abbremsung $a = 40\,\%$, für die Feststellbremse $a = 20\,\%$ gefordert. Bei Neufahrzeugen müssen diese Werte, bedingt durch das übliche Nachlassen der Bremse, um 5 % höher liegen (d.h. 45 % bzw. 25 %).

100 % Abbremsung bedeutet:

1. Die Summe der Radumfangskräfte beim Bremsen entspricht dem Fahrzeuggewicht.
2. Es wurde eine Verzögerung von 9,81 m/s^2 (wir runden auf und sagen $\approx 10\ m/s^2$) erreicht.

Diese Aussagen sind auch umkehrbar. Wurde eine Verzögerung von etwa 5 m/s^2 gemessen, so bedeutet dies:

1. Es wurde eine Abbremsung von $\approx 50\,\%$ erreicht.
2. Die Hälfte des Fahrzeuggewichts wurde als Radumfangskraft beim Bremsen wirksam.

7.2 Hydraulische Bremsen

Die grundsätzliche Wirkung der hydraulischen Bremsen beruht auf der Anwendung des Pascalschen Gesetzes.

Pascalsches Gesetz:

Der auf eine eingeschlossene Flüssigkeit ausgeübte Druck pflanzt sich in dieser nach allen Richtungen gleichmäßig fort.

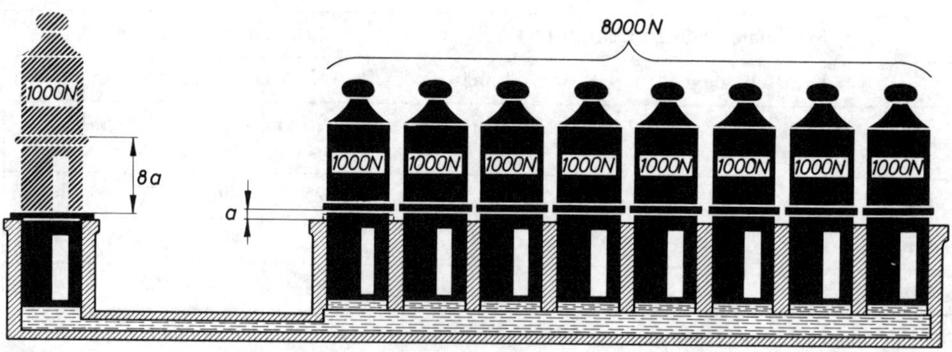

Bild 7.1 Grundprinzip des Pascalschen Gesetzes (ATE)

Bei dem in Bild 7.1 dargestellten Grundprinzip belastet der linke Kolben die Flüssigkeit mit 1000 N (100 kg). Auf jeden der rechts dargestellten Kolben wirkt bei gleicher Kolbenfläche eine Kraft von 1000 N (100 kg). Der linke Kolben legt die Summe der rechten Kolbenwege zurück. Tritt nun anstelle der Gewichtsbelastung links eine Fußkraft und läßt man die acht Kolben rechts auf die Bremsbacken wirken, so hat man das Prinzip der hydraulischen Bremse.

7.3 Hauptzylinder

Grundsätzlich bezeichnet man den Zylinder als Hauptzylinder, der durch die Fußkraft des Fahrers oder eine Hilfskraft (Druckluft, Vakuum, Pumpe) betätigt wird (Bild 7.2).

Bremsvorgang Wir betätigen das Bremspedal und überwinden das Spiel von 1 mm zwischen Druckstange und Kolbenpfanne. Anschließend wird der Kolben mit Füllscheibe und Primärmanschette in Richtung Bodenventil verschoben. Zunächst fließt Bremsflüssigkeit aus dem Druckraum durch die Ausgleichbohrung in den Ausgleichbehälter zurück (Bild 7.3). Sobald die Primärmanschette die Ausgleichbohrung verdeckt, baut sich im Druckraum ein Druck auf, der sich über das Bodenventil bis zur Radbremse fortpflanzt.

Lösevorgang Wir gehen mit der Fußkraft zurück, Bremspedal und Gestänge werden durch eine eigene Feder zurückgezogen. Kolben, Füllscheibe und Primärmanschette werden durch die Vordruckfeder *schnell* zurückgedrückt. Da die Bremsflüssigkeit durch die dünne Bremsleitung nicht so schnell zurückströmen kann, wie der Druckraum an Volumen zunimmt, entsteht im Druckraum

Bild 7.2 Hauptzylinder mit angegossenem Ausgleichbehälter (ATE)

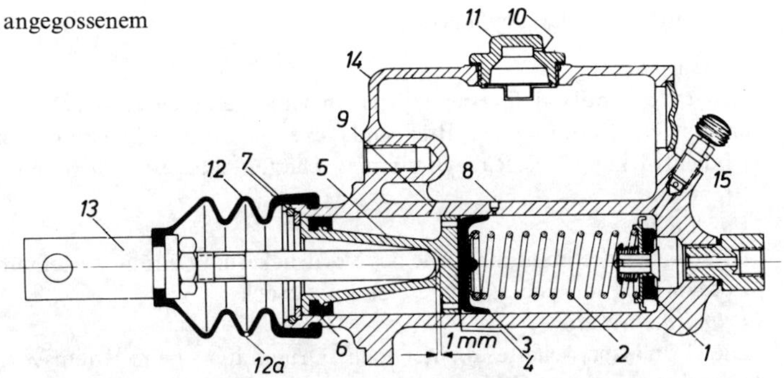

1 Bodenventil
2 Vordruckfeder
3 Primärmanschette (Topfmanschette)
4 Füllscheibe/Ringscheibe (Stahl oder Messing)
5 Kolben
6 Sekundärmanschette/Ringmanschette
7 Anschlagscheibe und Sicherungsring
8 Ausgleichbohrung (⌀ 0,7 mm)
9 Nachfüllbohrung (⌀ 3 bis 5 mm)
10 Belüftungsbohrung (⌀ 1 mm)
11 Verschraubung
12 Staubmanschette mit Bohrung für Druckausgleich (12a)
13 Druckstange
14 Ausgleichbehälter/Vorratsbehälter für die Bremsflüssigkeit
15 Entlüftungsschraube

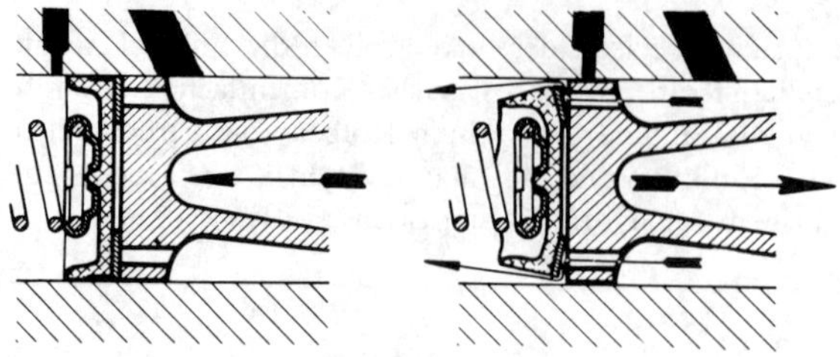

Bild 7.3 Primärmanschette, links beim Bremsvorgang, rechts beim Lösevorgang

ein Unterdruck. Dieser Unterdruck bewirkt, daß die Lippe der Primärmanschette nach innen gesaugt wird und daß die Füllscheibe vom Kolben abhebt, so daß Bremsflüssigkeit vom Ringraum durch die Füllbohrungen des Kolbens in den Druckraum strömen kann (Bild 7.3). Der Ringraum wird über die Nachfüllbohrung wieder aufgefüllt. Die anschließend aus dem Leitungssystem in den Druckraum zurückströmende Bremsflüssigkeit kann über die Ausgleichbohrung in den Ausgleichbehälter zurückfließen.

Tritt im System ein Unterdruck ein, so reagiert das innere kleine Ventil, die Ventilkappe bzw. der Ventilkegel auch bei sehr kleinen Unterschieden und läßt die erforderliche Flüssigkeitsmenge vom Ausgleichbehälter über den Zylinderdruckraum in das System fließen. Bei einem Überdruck im Bremssystem wird das Bodenventil von seinem Sitz angehoben, so daß sich die Flüssigkeit zum Behälter hin ausgleichen kann. Beim Lösen der Bremsen ist der Vorgang der gleiche.

Durch das Zusammenwirken der Ausgleichbohrung, des Kolbens mit Füllscheibe, der Primärmanschette und des Bodenventils wird eine völlig selbsttätige Regelung der Füllung erreicht und Eindringen von Luft vermieden.

Die Innenteile des Hauptzylinders

1. *Bodenventil*

   Das Bodenventil hält im Bremssystem in der Regel einen Vordruck von 0,4 bis 1,7 bar aufrecht und erlaubt ein Entlüften der Bremsanlage ohne Entlüftungsgerät. Der Vordruck verbessert die Abdichtwirkung der Radzylindermanschetten und ermöglicht ein schnelles Ansprechen der Bremsen.
2. *Vordruckfeder*

   Diese Feder bestimmt die Höhe des Vordruckes im Leitungssystem und drückt den Kolben beim Lösevorgang in seine Ausgangsstellung zurück.
3. *Primärmanschette*

   Die Primärmanschette dichtet den Druckraum beim Bremsvorgang ab und wird beim Schnellösevorgang als Ventil wirksam.

   Unterscheidungsmerkmale einer Primärmanschette gegenüber einer Radzylindermanschette (*Topfmanschette*): Die Primärmanschette hat eine längere und weichere Lippe, eine abgerundete Kante, Längsnuten zur Führung der Bremsflüssigkeit, eine Ringnut, damit sich die Lippe leicht nach innen umlegen kann, und eine Zentrierung für den Federteller.
4. *Füllscheibe/Ringscheibe* (Stahl oder Messing)

   Die Füllscheibe schützt die Primärmanschette vor Beschädigungen durch die Füllbohrungen des Kolbens beim Bremsvorgang und wird beim Lösevorgang als Ventil wirksam.
5. *Kolben*

   Er besitzt im vorderen Teil Füllbohrungen und im hinteren Teil eine Nut für die Sekundärmanschette. Der Kolben überträgt die Fußkraft auf die Bremsflüssigkeit.

6. *Sekundärmanschette/Ringmanschette*
Diese Manschette dichtet den Ringraum ab. Sie verhindert den Austritt von Flüssigkeit und den Eintritt von Luft.
7. *Anschlagscheibe und Sicherungsring*
Beide begrenzen die Stellung des Kolbens bei gelöster Bremse.
8. *Ausgleichbohrung* (⌀ 0,7 mm)
Ihre Aufgabe ist es, das Flüssigkeitsvolumen im Druckraum bei Temperaturschwankungen und beim Lösevorgang auszugleichen.
9. *Nachfüllbohrung* (⌀ 3 bis 5 mm)
Sie soll den Ringraum beim Lösevorgang auffüllen und einen Lufteintritt in das Bremssystem verhindern.
10. *Belüftungsbohrung* (⌀ 1 mm)
Diese Bohrung soll die Volumenänderung der Bremsflüssigkeit bei Temperaturschwankungen durch Lufteintritt oder Luftaustritt ermöglichen.

Bodenventile

Es gibt einfache Bodenventile und Spezialbodenventile. Sie unterscheiden sich durch ihre Aufgaben.

Da die Bremsflüssigkeit bei beiden Ausführungen wie in Bild 7.4 auf verschiedenen Wegen vom Hauptzylinder ins Leitungssystem und zurück gelangt, spricht man von doppelt wirkenden Bodenventilen.

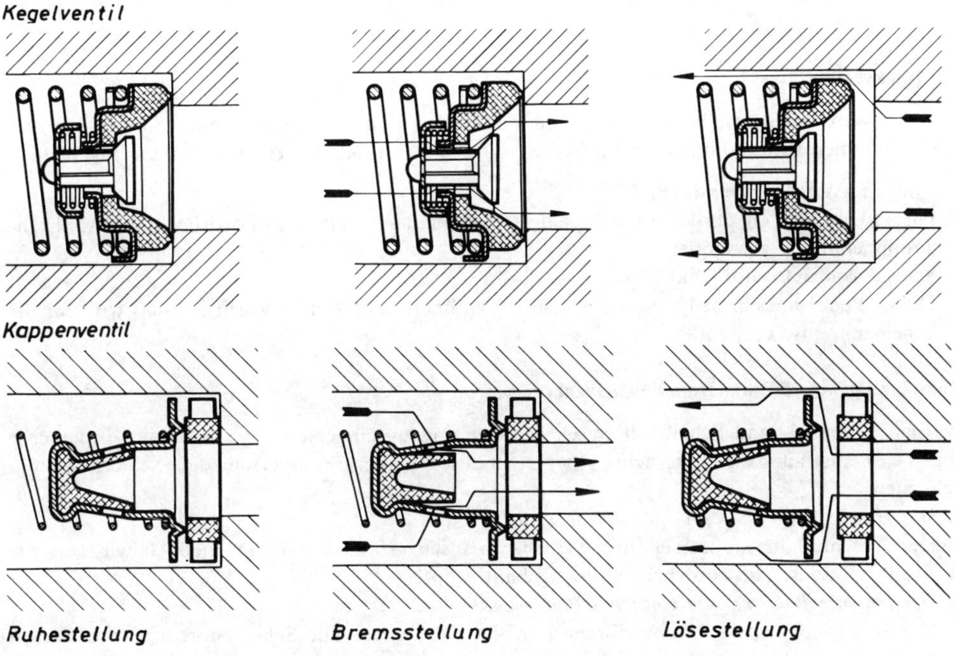

Bild 7.4 Bodenventilausführungen (ATE)

Einfaches Bodenventil Das einfache Bodenventil kann als Kegelventil oder als Kappenventil ausgelegt sein. Es hält die Bremsflüssigkeit in den Leitungen trommelgebremster Achsen unter einem Vordruck von etwa 0,4 bis 1,7 bar (Bild 7.4).

Der Vordruck bewirkt eine Verringerung des sonst üblichen Leerweges am Bremspedal, so daß die Radbremsen schnell ansprechen.

Spezialbodenventil Das Spezialbodenventil ist ein Kegelventil mit Drosselbohrung (0,7 mm). Es hat die Aufgabe, an scheibengebremsten Achsen und in der Kupplungshydraulik, an denen kein Vordruck herrschen darf, den restlosen Druckabbau zu ermöglichen, wobei jedoch das Füllen und Entlüften mit dem Bremspedal durch Pumpen gewährleistet bleibt (Bild 7.5).

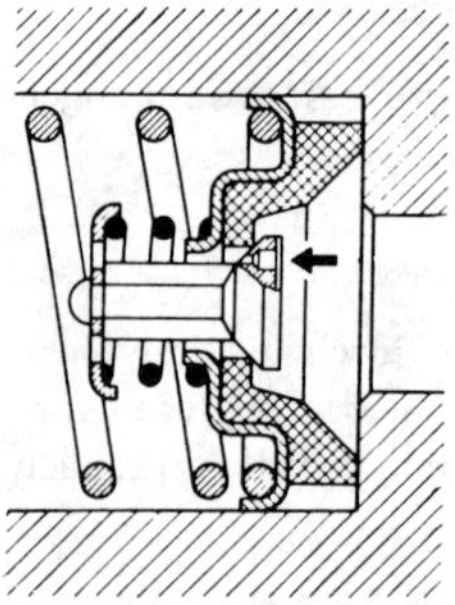

Bild 7.5 Spezialbodenventil (ATE)

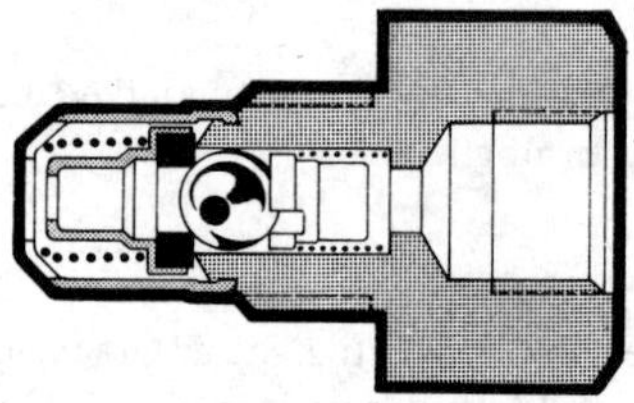

Bild 7.6 Einfaches Vordruckventil zum Einschrauben in den Hauptzylinder (ATE)

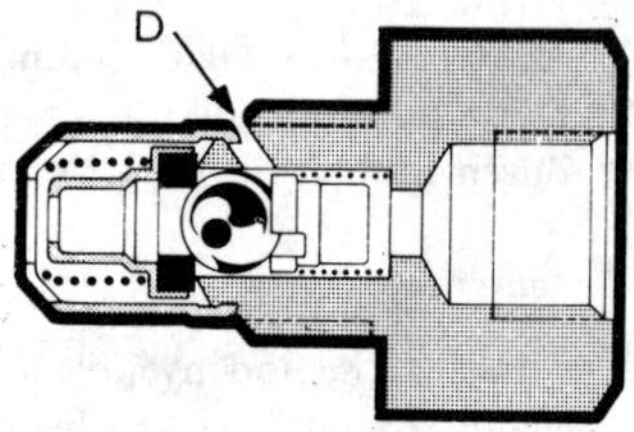

Bild 7.7 Spezialvordruckventil zum Einschrauben in den Hauptzylinder (ATE).
Die Drosselbohrung kann durch Kerben im Ventilsitz ersetzt sein

Vordruckventile

Vordruckventile ersetzen Bodenventile und werden bei Platzmangel im Hauptzylinder oder bei Kombinationen von Trommel- und Scheibenbremsen außerhalb des Hauptzylinders eingebaut.

1. Einfaches Vordruckventil (Bild 7.6)
   Dieses Ventil hat ein dunkelgraues Gehäuse (phosphatiert), hält einen Vordruck und wird für die Trommelbremse verwendet.
2. Spezialvordruckventil (Bild 7.7)
   Dieses Ventil hat ein hellgraues Gehäuse (verkadmet), hält keinen Vordruck und wird für die Scheibenbremse verwendet.

Kombination von Trommel- und Scheibenbremsen

Werden Trommel- und Scheibenbremsen in ein Fahrzeug eingebaut, so erhält die Vorderachse Scheibenbremsen und die Hinterachse Trommelbremsen. Dabei gibt es verschiedene Schaltungsmöglichkeiten.

1. *Der Hauptzylinder hat ein Spezialbodenventil*
   Der Anschluß für Trommel- und Scheibenbremsen erfolgt wie üblich, jedoch wird für die Trommelbremse ein Vordruckventil eingebaut.
2. *Der Hauptzylinder hat ein einfaches Bodenventil*
   Der Anschluß für die Trommelbremse erfolgt wie üblich. Die Scheibenbremse wird seitlich zwischen dem Bodenventil und der Primärmanschette angeschlossen, so daß kein Vordruck herrscht.

3. *Der Hauptzylinder hat eine Drosselbohrung oder ein Spezialbodenventil*
   Der Anschluß für die Trommel- und Scheibenbremse erfolgt wie üblich. Man verzichtet für die Trommelbremse auf den Vordruck und verwendet für die Radzylinder Abdichtmanschetten, die keinen Vordruck benötigen.
4. *Tandemhauptzylinder*
   Hier kann der eine Kreis mit Vordruck für die Trommelbremse und der andere Kreis ohne Vordruck für die Scheibenbremse gewählt werden.

7.3.1 Tandemhauptzylinder

Der Tandemhauptzylinder ist das Grundgerät für eine hydraulische Zweikreisbremse. Er besteht aus zwei hintereinander geschalteten Hauptzylindern, die gehäusemäßig vereint sind (Bild 7.8). Die Betätigung erfolgt durch Fußkraft, die durch Vorschaltgeräte unterstützt sein kann.

Der Hub beider Kolben ist je nach Ausführung gleich oder verschieden groß. Bei gleichem Hubvolumen ist der Anschluß der Achsen frei wählbar. Sind die Hubvolumen unterschiedlich, so wird das größere Hubvolumen der Achse mit dem größeren Volumenbedarf zugeordnet.

Arbeitsweise Der hydraulische Druckaufbau in den beiden Bremskreisen entsteht, indem der Druckstangenkolben mechanisch und der Zwischenkolben hydraulisch betätigt wird. Dabei müssen die Ausgleichbohrungen beider Kreise nacheinander überfahren werden. Am Bremspedal entstehen somit praktisch zwei Leerwege.

Bild 7.8 Tandemhauptzylinder (ATE)

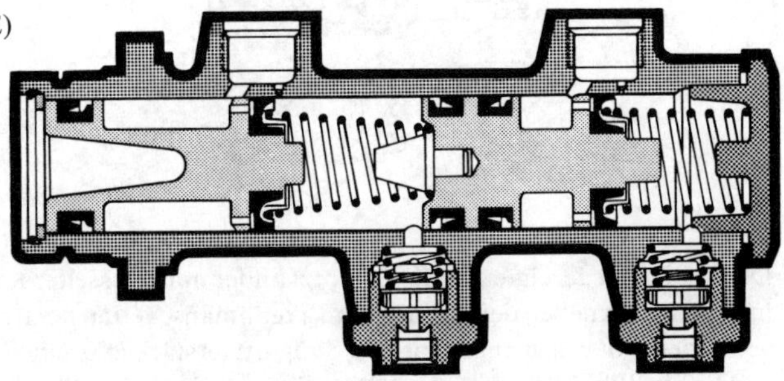

Bei Tandemhauptzylindern mit gefesselter Kolbenfeder (Bild 7.9) ist die Feder so vorgespannt, daß die Ausgleichbohrungen beider Kreise gleichzeitig überfahren werden können. Dies bewirkt eine Pedalwegverkürzung und ein gleichzeitiges Ansprechen beider Bremskreise.

Versagt der Druckstangenkreis, so vergrößert sich der Leerweg am Bremspedal, bis sich die Anschlagzapfen beider Kolben berühren. Jetzt kann das Fahrzeug nur noch einkreisig mit dem Zwischenkolbenkreis gebremst werden.

Beachte: Dies kann auch passieren, wenn die hier angeschlossene Trommelbremse der Hinterachse keine automatische Nachstellung hat und nicht rechtzeitig nachgestellt wird.

Versagt der Zwischenkolbenkreis, so vergrößert sich der Leerweg am Bremspedal, bis der Anschlagzapfen des Zwischenkolbens seinen Anschlag erreicht hat. Erst jetzt ist der Druckaufbau im Druckstangenkreis möglich.

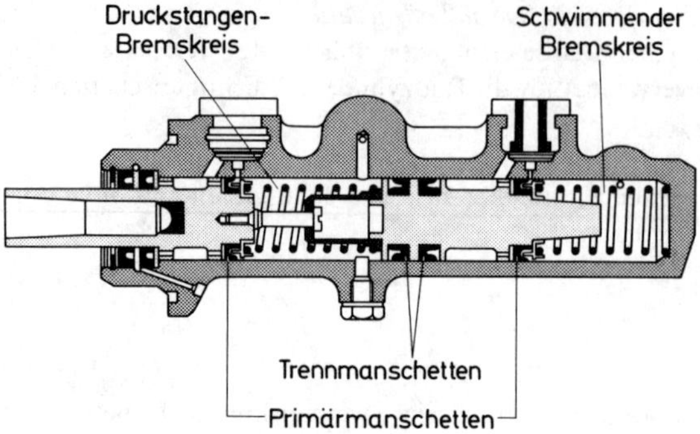

Bild 7.9 Tandemhauptzylinder mit gefesselter Kolbenfeder (ATE)

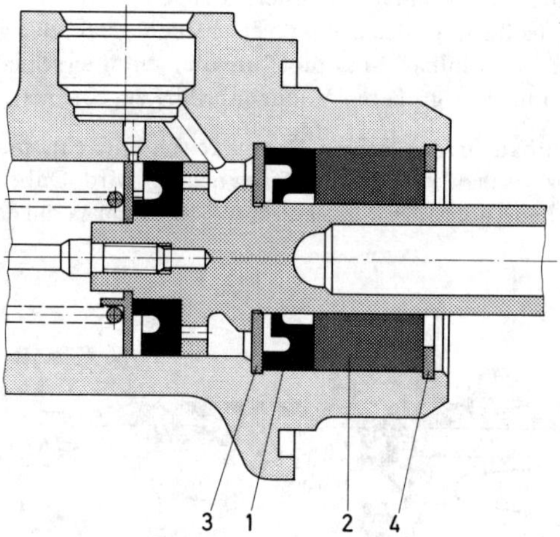

Bild 7.10 Tandemhauptzylinder für Saugluftverstärker (ATE)

1 Sekundärmanschette
2 Kunststoffbuchse
3 Anschlagscheibe
4 Sicherungsring

Der in Bild 7.9 gezeigte Tandemhauptzylinder mit gefesselter Kolbenfeder ist heute üblich. Er besitzt hier allerdings neben den Primär- und Trennmanschetten noch *zwei* Sekundärmanschetten. Sie sollen verhindern, daß der angeflanschte Saugluftverstärker Bremsflüssigkeit absaugt.

Die in Bild 7.10 gezeigte Sekundärmanschette erfüllt die gleiche Aufgabe. Sie ist doppelt ausgeführt, d.h. bremsflüssigkeitsdicht und unterdruckdicht. Durch den Wegfall der zweiten Sekundärmanschette und durch die verbesserte Führung des Druckstangenkolbens ist die Reibung geringer, so daß die Bremse schneller reagiert.

Beachte: Die gezeigte Abdichtung mit nur einer Sekundärmanschette darf nur in dafür bestimmte Tandemhauptzylinder eingebaut werden.

Wird der Tandemhauptzylinder mit einem Druckluftverstärker verschraubt, so muß die Dichtlippe der rechten Sekundärmanschette zum Druckluftverstärker ausgerichtet sein (Bild 7.11).

Die durch den Tandemhauptzylinder mögliche Zweikreisigkeit erhöht die Sicherheit. Bei einem Leitungsdefekt versagt nicht die gesamte Bremsanlage, sondern nur ein Bremskreis. Bei Ausfall eines Bremskreises wird der Pedalweg weiter und die Bremswirkung geringer. Damit der Ausfall eines Bremskreises nicht unbemerkt bleibt, gibt es Warneinrichtungen. Hierbei wird die Warnleuchte durch einen Schwimmer- oder Differenzdruckschalter gesteuert.

Bild 7.11 Tandemhauptzylinder für Druckluftverstärker (ATE)

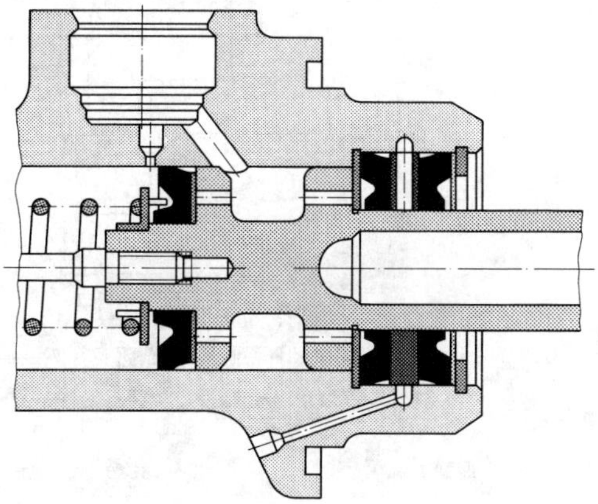

Bild 7.12 Leckstelle im Bremskreis, der mit dem vorderen Druckraum verbunden ist; Warnleuchte leuchtet auf (DB)

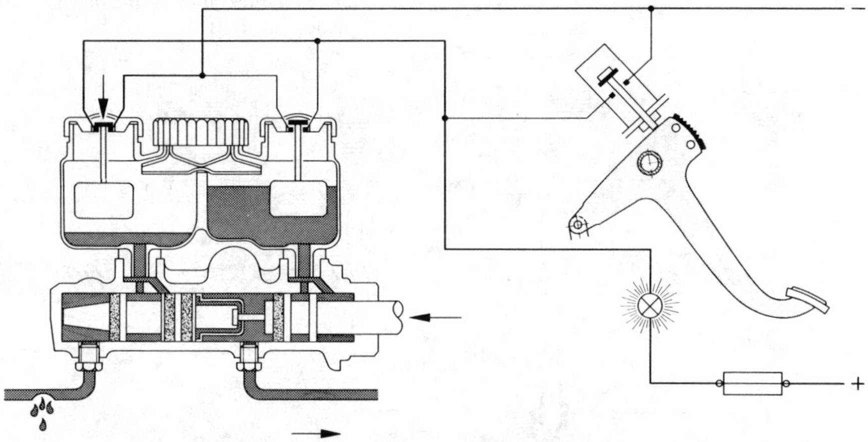

Schwimmer-Warnschalter Ist der Bremsflüssigkeitsstand im Nachfüllbehälter für einen oder beide Bremskreise unzulässig weit abgefallen, so leuchtet die Warnleuchte, sobald und solange die Zündung eingeschaltet ist (Bild 7.12 und Bild 7.13).

Differenzdruck-Warnschalter Die Warnleuchte leuchtet bei Ausfall eines Bremskreises erst dann auf, wenn bei eingeschalteter Zündung das Bremspedal betätigt wird (Bild 7.14). Je nach Auslegung erlischt die Warnleuchte beim Lösen der Bremse oder sie leuchtet infolge Arretierung ständig weiter, solange die Zündung eingeschaltet ist.

Beachte: Die Warnleuchte kann bei eingeschalteter Zündung und gelöster Bremse aufleuchten, wenn der Differenzdruck-Warnschalter beim Wechseln der Scheibenbremsklötze ungewollt einseitig betätigt wurde (Herstellerangaben beachten).

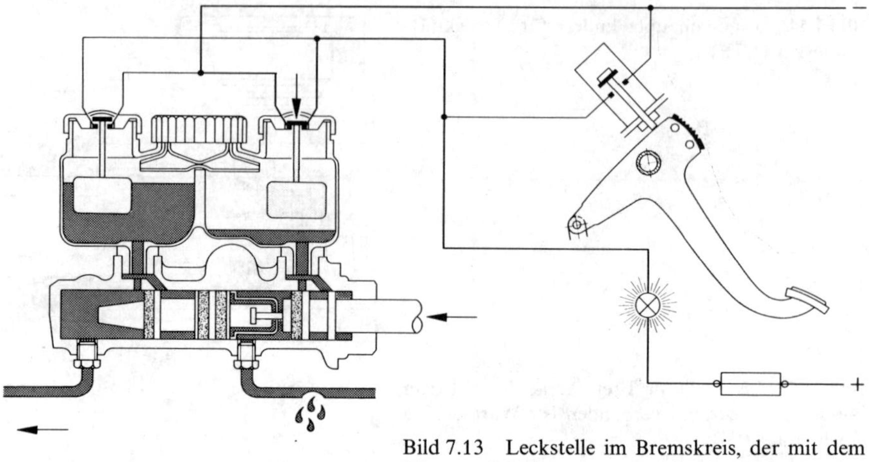

Bild 7.13 Leckstelle im Bremskreis, der mit dem hinteren Druckraum verbunden ist; Warnleuchte leuchtet auf (DB)

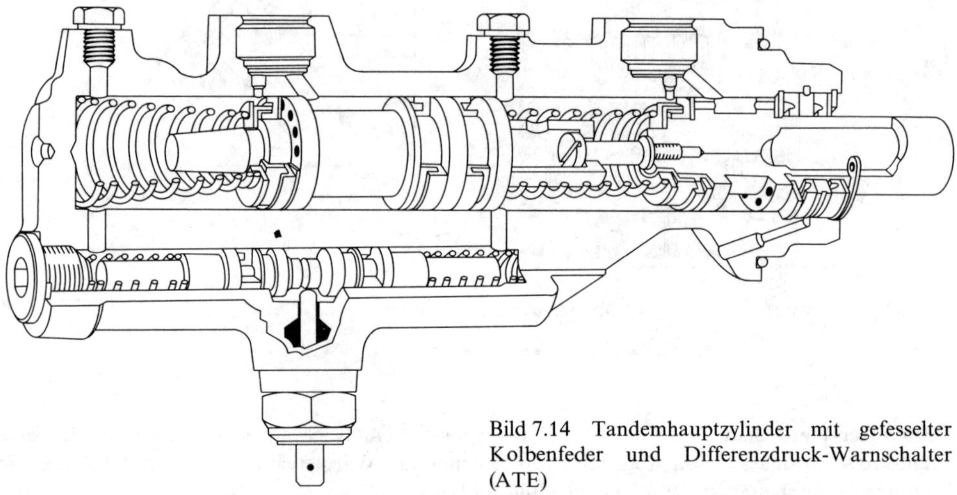

Bild 7.14 Tandemhauptzylinder mit gefesselter Kolbenfeder und Differenzdruck-Warnschalter (ATE)

7.3.2 Tandemhauptzylinder mit Volumenverbraucher

Dieser Tandemhauptzylinder wird für bestimmte Fahrzeuge mit Antiblockiersystem (ABS) verwendet. Seine Besonderheit ist der Volumenverbraucher, dessen Kolben beim Bremsvorgang einen gewissen Hub gegen Federkraft ausführt (Bild 7.15).

Der Volumenverbrauch bewirkt, daß die Primärmanschetten die Ausgleichbohrungen um einen gewissen Weg überfahren, bevor sich ein Bremsdruck aufbauen kann.

Treten beim Bremsvorgang Druckschwankungen durch Regelvorgänge der ABS auf, so bleiben die Primärmanschetten unbeschädigt, da sie genügend weit von den Ausgleichbohrungen entfernt sind.

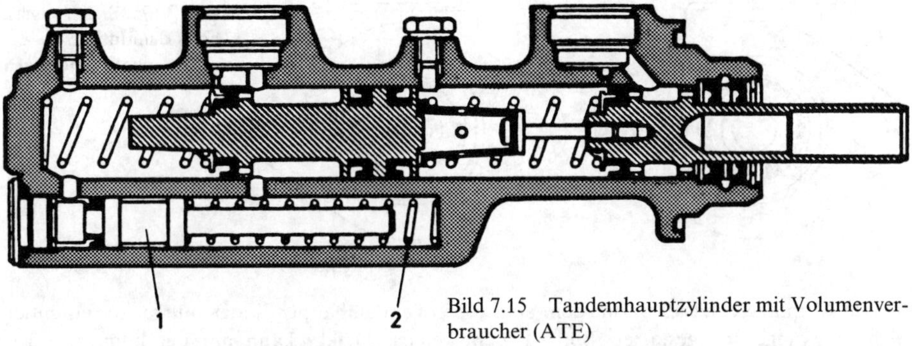

Bild 7.15 Tandemhauptzylinder mit Volumenverbraucher (ATE)

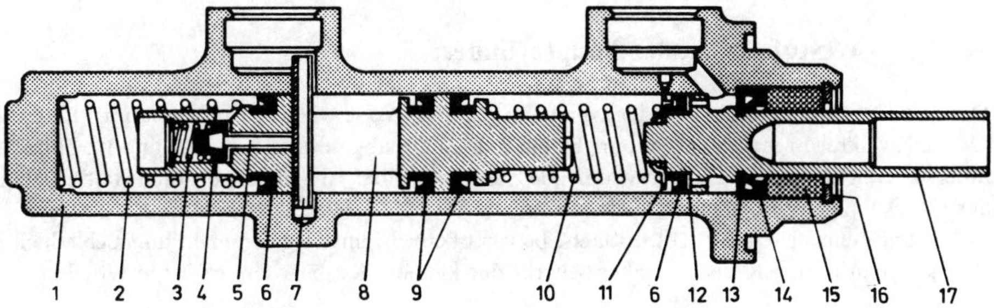

Bild 7.16 Tandemhauptzylinder mit Zentralventil (ATE)

1	Zylindergehäuse	7	Spannhülse	13	Anschlagscheibe
2	Druckfeder	8	Zwischenkolben	14	Sekundärmanschette
3	Ventilfeder	9	Trennmanschette	15	Kunststoffbuchse
4	Ventildichtung	10	Druckfeder	16	Sicherungsring
5	Ventilstift	11	Stützring	17	Druckstangenkolben
6	Primärmanschette	12	Füllscheibe		

7.3.3 Tandemhauptzylinder mit Zentralventil

Dieser Tandemhauptzylinder wird ebenfalls für Fahrzeuge mit Antiblockiersystem (ABS) verwendet. Der Weg des Zwischenkolbens wird durch eine Spannhülse begrenzt, die gleichzeitig als Nachfüllbohrung dient (Bild 7.16). Die Besonderheit dieses Tandemhauptzylinders ist das Zentralventil im Zwischenkolben. Es ersetzt die bisherige Ausgleichbohrung und deren Aufgabe im Zwischenkolbenkreis.

Das Zentralventil verhindert eine Beschädigung der Primärmanschette des Druckstangenkreises an der Ausgleichbohrung, die sich sonst beim Bremsvorgang durch Druckschwankungen infolge auftretender Regelvorgänge der ABS ergeben könnte.

Es gibt auch Tandemhauptzylinder für Fahrzeuge mit Antiblockierschutz, die zwei Zentralventile haben. Da je ein Zentralventil im Zwischenkolben und im Druckstangenkolben integriert ist, entfallen beide Ausgleichbohrungen. Automatisch sind bei Regelvorgängen der ABS beide Primärmanschetten vor den Beschädigungen geschützt.

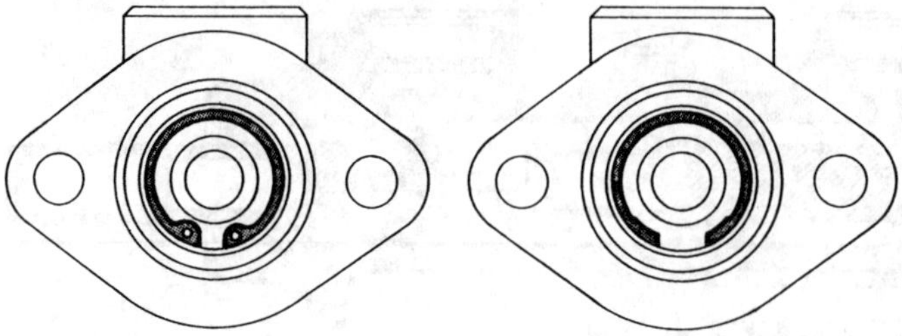

Bild 7.17 Sicherungsring, links demontierbar, rechts nicht demontierbar

Um Montagefehler zu vermeiden, sind diese Tandemhauptzylinder mit nicht demontierbaren Sicherungsringen ausgestattet (Bild 7.17). Bei einem Defekt kann nur der komplette Tandemhauptzylinder gewechselt werden.

7.3.4 Gestufter Tandemhauptzylinder

Der gestufte Tandemhauptzylinder arbeitet in gleicher Weise wie der Tandemhauptzylinder und ist für die Zweikreisbremse verwendbar. Er hat jedoch ein abgesetztes Gehäuse und im Durchmesser unterschiedliche Kolben. Der schwimmende Zwischenkolben ist – in der vorderen Hälfte – kleiner als der Druckstangenkolben (Bild 7.18).

Die Differenzierung der Kolbenfläche bewirkt beim Bremsvorgang einen unterschiedlich hohen Druckaufbau in den Kreisen. Dabei bewirkt der kleinere Kolben den größeren Druck.

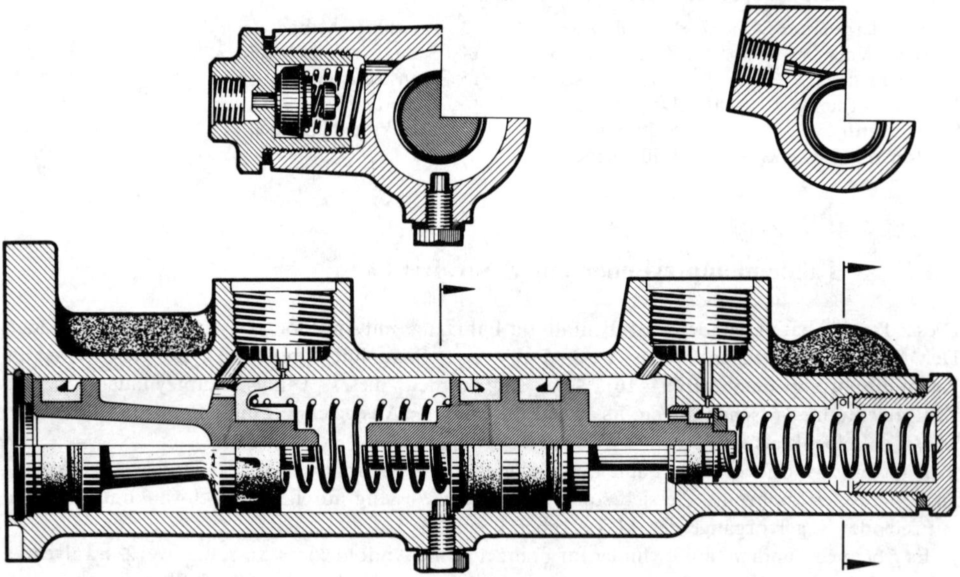

Bild 7.18 Gestufter Tandemhauptzylinder (ATE)

Bild 7.19 Gestufter Tandemhauptzylinder (ATE)

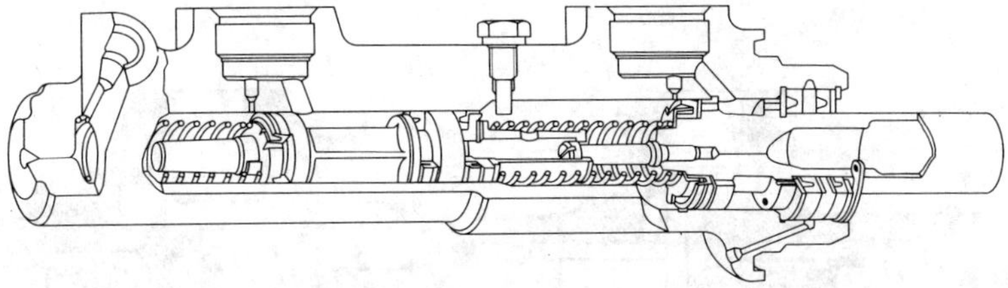

Die gestufte Ausführung dieses Tandemhauptzylinders bietet die Möglichkeit, die fehlende Selbstverstärkung der Scheibenbremse – an der Vorderachse – durch eine entsprechende Druckerhöhung auszugleichen.

Zum Druckstangenkreis gehört ein einfaches Bodenventil (Trommelbremse) und zum Zwischenkolbenkreis eine Drosselbohrung (Scheibenbremse). Die Drosselbohrung verhindert einen Vordruck und ermöglicht eine pumpende Entlüftung.

Bei der in Bild 7.19 dargestellten Ausführung ist der Zwischenkolben in beiden Hälften kleiner als der Druckstangenkolben.

Am Druckstangenkreis (großer Kolben-Ø) ist die Vorderachse und am schwimmenden Zwischenkolbenkreis (kleiner Kolben-Ø) die Hinterachse angeschlossen.

Fällt der schwimmende Kreis aus, so bremst die Vorderachse normal. Bei Ausfall des Druckstangenkreises berühren sich beide Kolben, und die Hinterachse wird automatisch mit wesentlich mehr Druck gebremst. Der gestufte Tandemhauptzylinder verbessert hier also die Bremseigenschaften des hinteren Bremskreises bei Ausfall des vorderen Bremskreises. Bei intakter Bremsanlage ist der Druck in beiden Kreisen gleich.

7.3.5 Gestufter Tandemhauptzylinder mit Zentralventil

Der gestufte Tandemhauptzylinder mit Zentralventil unterscheidet sich vom Tandemhauptzylinder mit Zentralventil durch folgende Punkte:

1. Der Weg des Zwischenkolbens wird durch einen Zylinderstift begrenzt, so daß die bekannte Nachfüllbohrung erforderlich ist.
2. Der Zwischenkolben hat einen kleineren Durchmesser als der Druckstangenkolben (Bild 7.20).

Versagt der Druckstangenkreis, so berühren sich beim Bremsvorgang die beiden Druckkolben. Jetzt wird der bisher hydraulisch gesteuerte Zwischenkolben mechanisch betätigt. Dies hat eine automatische Bremsdruckerhöhung im intakten Zwischenkolbenkreis zur Folge. Stellt man sich vor, daß dieser Bremskreis auf die Hinterachse wirkt, so kann diese aufgrund geringerer Gewichtsverlagerung verstärkt gebremst werden.

7.3.6 Spezial-Tandemhauptzylinder (Twintax)

Der Twintax ist ein gestufter Tandemhauptzylinder mit lose aneinander gefesselten Kolben (Bild 7.21). Er kann dort verwendet werden, wo der Volumenbedarf beider Kreise rechnerisch gleich ist. Dies trifft beim 2 × 3-Bremssystem von Volvo zu. Jeder Kreis wirkt auf die Vorderachse (Doppel-Bremssattel) und auf ein Hinterrad, also jeweils auf drei Räder.

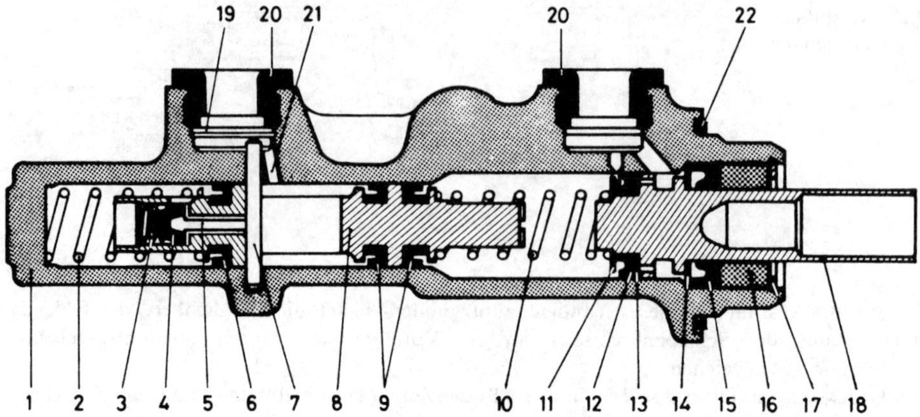

Bild 7.20 Gestufter Tandemhauptzylinder mit Zentralventil (ATE)

1	Zylindergehäuse	8	Zwischenkolben	15	Sekundärmanschette
2	Druckfeder	9	Trennmanschette	16	Kunststoffbuchse
3	Ventilfeder	10	Druckfeder	17	Sicherungsring
4	Ventildichtung	11	Stützring	18	Druckstangenkolben
5	Ventilstift	12	Primärmanschette	19	Scheibe
6	Primärmanschette	13	Füllscheibe	20	Behälterstopfen
7	Zylinderstift	14	Anschlagscheibe	21	Nachlaufbohrung
				22	Dichtring

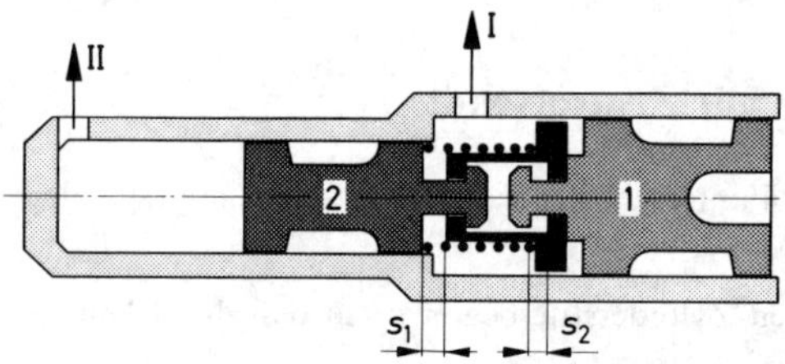

Bild 7.21 Spezial-Tandemhauptzylinder (Twintax) in Ruhestellung

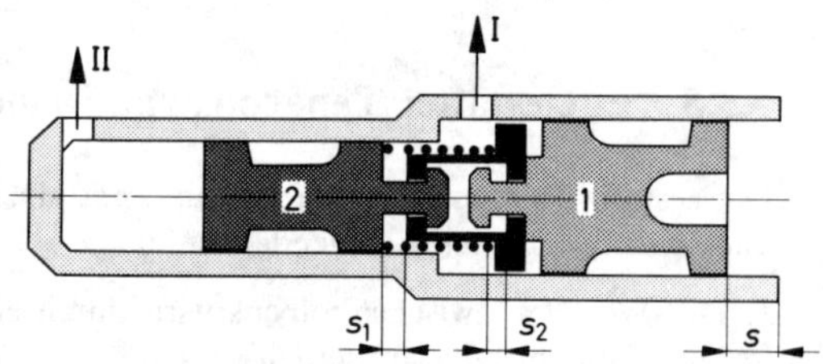

Bild 7.22 Bremsstellung

Beim Bremsvorgang (Bild 7.22) ist der Druck bei intakter Anlage in beiden Kreisen gleich. Dabei bleibt der Abstand zwischen den Kolben praktisch unverändert. Er ändert sich, wenn ein Kreis – z.B. durch Lüftspieländerung – einen größeren Volumenbedarf hat (Bild 7.23).

Fällt der Kreis I aus, so bewegt sich der Kolben 1 beim Bremsvorgang um den geringen Verlustweg S_1 nach links, bis die Fesselhülse den Kolben 2 berührt (Bild 7.24). Der sich anschließend im Kreis II aufbauende Druck ist bei unveränderter Fußkraft doppelt so groß wie im Normalfall, weil die jetzt wirksame Kolbenfläche um die Hälfte kleiner ist.

Fällt der Kreis II aus, so weicht der Kolben 2 beim Bremsvorgang – durch Druckanstieg im Kreis I – um den geringen Verlustweg S_2 nach links aus (Bild 7.25). Der Druck im Kreis I ist bei

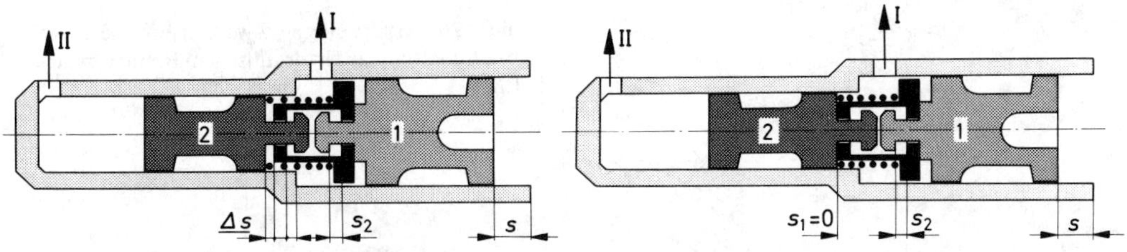

Bild 7.23 Ausfall des Druckstangen-Bremskreises (I)

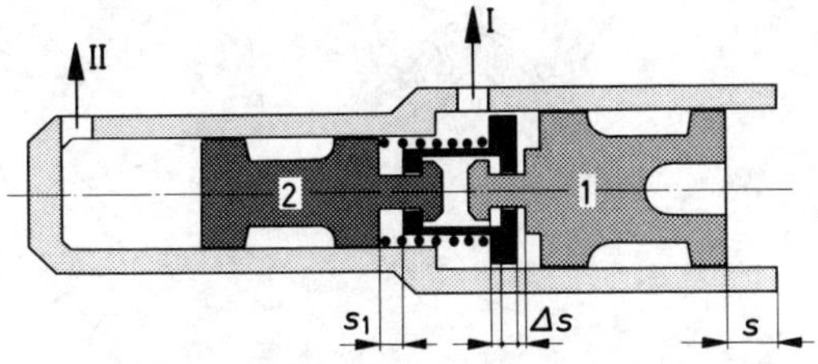

Bild 7.24 Kolbenstellungen infolge Lüftspieländerung

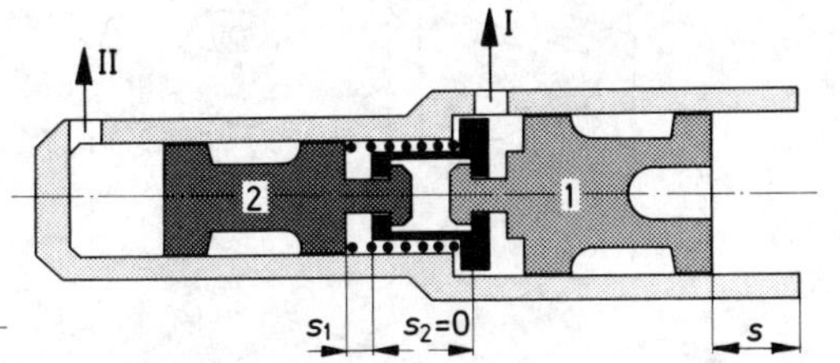

Bild 7.25 Ausfall des Zwischenkolben-Bremskreises (II)

unveränderter Fußkraft doppelt so groß wie im Normalfall, weil jetzt auch hier die wirksame Kolbenfläche um die Hälfte kleiner ist.

Der Twintax hat folgende *Vorteile:*

1. Bei Ausfall eines Kreises wird der Bremspedalweg nur geringfügig länger.
2. Fällt ein Bremskreis aus, so verdoppelt sich der Druck im intakten Kreis und die Bremswirkung läßt nur wenig nach.

Zweikreisschaltungen Bremsanlagen mit zwei Kreisen sind bei einer auftretenden Undichtigkeit sicherer als solche mit einem Kreis. Fällt ein Bremskreis aus, so kann das Fahrzeug noch mit dem anderen Kreis gebremst werden. Dabei verringert sich allerdings die Bremswirkung, und der Bremsweg wird länger. Die Wirkung des überlebenden Kreises ist von der jeweiligen Schaltung abhängig. Am einfachsten ist es, die Vorderachse von der Hinterachse bremsmäßig zu trennen. Es gibt jedoch andere Möglichkeiten, z. B. die Diagonalschaltung (Bild 7.26). Hier wirkt jeder Kreis auf ein Vorderrad und diagonal auf ein Hinterrad. Beim Doppelzweikreis-Bremssystem (Bild 7.27) wirkt der eine Kreis auf die Vorderachse und der andere auf beide Achsen. Hat ein Fahrzeug ein 2 × 3-Bremssystem, so wirkt jeder Bremskreis auf die Vorderachse und auf ein Hinterrad. Bei einer echten Zweikreisbremse wirken beide Kreise auf alle Räder.

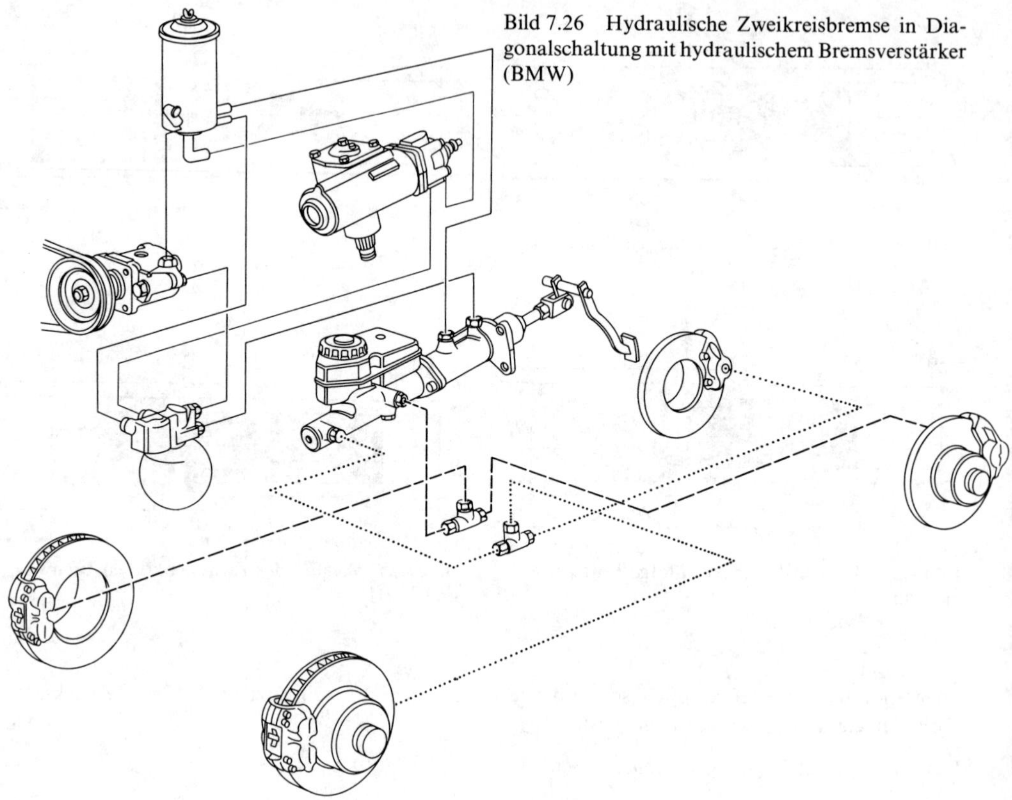

Bild 7.26 Hydraulische Zweikreisbremse in Diagonalschaltung mit hydraulischem Bremsverstärker (BMW)

7.4 Wartung der hydraulischen Bremsen

Bremsanlagen sind mit Bremsflüssigkeit oder Spiritus zu reinigen, dazu sind Haupt- und Radzylinder zu zerlegen. Anschließend müssen alle Rohrleitungen und Bremsschläuche mit wasserfreier, gefilterter Druckluft durchgeblasen werden. *Benzin und andere mineralische Produkte dürfen für die Reinigung nicht verwendet werden,* weil sie Gummiteile angreifen und stark zum Quellen bringen. Nach der Reinigung sind Bremsanlagen möglichst gleich zu montieren und mit Bremsflüssigkeit aufzufüllen, um Korrosion zu vermeiden.

Wird eine Bremsanlage versehentlich mit Benzin oder Motorenöl aufgefüllt, so ist sie sofort vollständig zu zerlegen und zunächst mit Benzin, dann mit Spiritus zu reinigen. Alle Gummiteile – Manschetten, Bremsschläuche sowie hydraulisch betätigte Bremslichtschalter und Vordruck- oder Bodenventile – müssen erneuert werden.

Bild 7.27 Doppelzweikreis-Bremssystem (BMW)

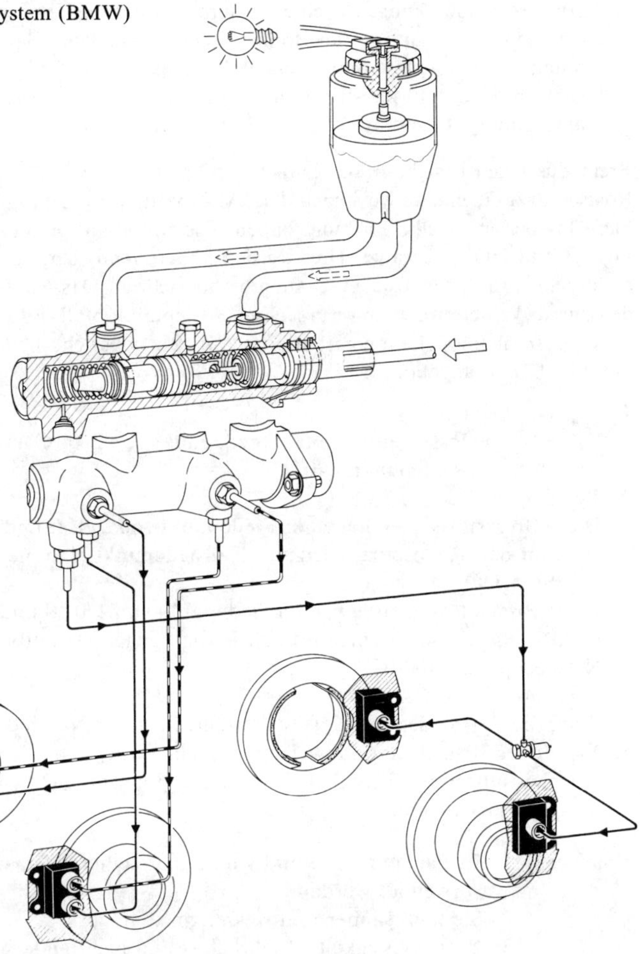

7.4.1 Bremsflüssigkeit

Die Bremsflüssigkeit ist das kraftübertragende Mittel der hydraulischen Bremse. An sie werden eine Reihe von schwer zu erfüllenden Forderungen gestellt.

1. Wasserfreiheit ist Voraussetzung, denn Wasser verursacht Korrosionsbildung im Bremssystem. Außerdem führt der relativ niedrige Siedepunkt des Wassers zur Dampfblasenbildung.
2. Gefordert wird ein hoher Siede- und Flammpunkt. Der hohe Siedepunkt der Bremsflüssigkeit gibt die Gewähr, daß auch bei hohen Temperaturen keine Dampfblasenbildung eintritt. Der hohe Flammpunkt macht die Bremsflüssigkeit praktisch unentzündbar.
3. Sie muß klimafest und unempfindlich sein und darf auch bei tiefsten Temperaturen nicht stocken.
4. Die Schmierfähigkeit muß selbst unter ungünstigsten Verhältnissen, z.B. bei hohen Drücken und hoher Betriebstemperatur, gewährleistet sein.

5. Antikorrosionswirkung ist eine weitere Forderung. Bei guter Bremsflüssigkeit tritt kein Korrosionsangriff auf die im Bremssystem verwendeten Bauteile aus Metall auf. Bauteile aus Gummi und Kunststoff werden ebenfalls nicht angegriffen.
6. Die chemischen und physikalischen Eigenschaften dürfen sich weder durch längere Erhitzung, Unterkühlung, Lagerung noch bei Betrieb verändern.

Bremsflüssigkeit besteht zu 65 % aus Glykol sowie zu etwa 35 % aus Glykoläther und Spuren aus Rostschutzzusätzen. Sie wird nach der SAE-Spezifikation J 1703 hergestellt und muß seit 1975 eine klare bis bernsteingelbe Färbung haben. Die Spezifikation J 1703 wurde durch die Güteklassen DOT 3 und DOT 4 ergänzt. Hier werden höhere Anforderungen an den Siedepunkt gestellt und außerdem wird das Naßsiedeverhalten berücksichtigt. Das Naßsiedeverhalten gibt Aufschluß über den durch Wasseraufnahme verursachten Siedepunktabfall (Bild 7.28).

ATE-Bremsflüssigkeiten garantieren z. B. Betriebssicherheit bis –40 °C und werden in folgenden Qualitäten angeboten:

1. Typ N – DOT 3
   Diese Bremsflüssigkeit hat einen Siedepunkt von 260 °C und ist für normale Beanspruchung geeignet. Naßsiedepunkt: 140 °C.
2. Typ S – DOT 3
   Diese Bremsflüssigkeit hat einen Siedepunkt von 290 °C und ist für hohe Beanspruchung, also auch für den Rennsport, geeignet. Naßsiedepunkt: 145 °C.
3. Typ SL – DOT 4
   Diese Bremsflüssigkeit hat einen Siedepunkt von 260 °C und ein günstiges Naßsiedeverhalten (Bild 7.28). Sie bietet eine große Sicherheit gegen Dampfblasenbildung und Bremsversagen. Naßsiedepunkt: 160 °C.
4. Typ Super - DOT 4
   Während der Siedepunkt 260 °C beträgt, liegt der Naßsiedepunkt bei mindestens 180 °C.
5. Typ Super Blue Racing (abweichend blaugefärbt)
   Hochleistungsbremsflüssigkeit für extreme Beanspruchung auch im Rennsport – Siedepunkt: 280 °C, Naßsiedepunkt: 200 °C.

Beachte:

1. Es darf nur neue und vom Fahrzeughersteller vorgeschriebene Bremsflüssigkeit verwendet werden.
2. Sie muß sauber und wasserfrei sein.
3. Bremsflüssigkeit ist jährlich, wenn nicht anders vorgeschrieben, zu erneuern.
4. Der Bremsflüssigkeitswechsel ist schriftlich mit Datums-Angabe festzuhalten.
5. Bremsflüssigkeit muß luftdicht verschlossen gelagert werden und ist dann 5 Jahre lagerfähig.
6. Mit Bremsflüssigkeit benetzte Lackteile sofort gründlich mit Wasser abspülen.
7. Bremsflüssigkeit darf nicht in Getränkeflaschen gefüllt werden.
8. Bremsflüssigkeit darf nicht ins Freie oder in Abflußkanäle geschüttet werden.

Nachteile der Bremsflüssigkeit:

1. Bremsflüssigkeit ist giftig, 100 cm^3 sind tödlich,
2. sie greift Lacke und die menschliche Haut an,
3. sie ist hygroskopisch, d.h., sie nimmt Feuchtigkeit aus der atmosphärischen Luft auf.

Damit die Wasseraufnahme besonders bei Bremsflüssigkeiten mit sehr hohem Siedepunkt möglichst gering gehalten wird, verwendet man eine Ausgleichkappe für den Ausgleichbehälter.

Bild 7.28 Siedepunkt der Bremsflüssigkeit in Abhängigkeit des Wassergehalts (ATE)
— — — Typ N (DOT 3)
——— Typ S (DOT 3)
— — — Typ SL (DOT 4)

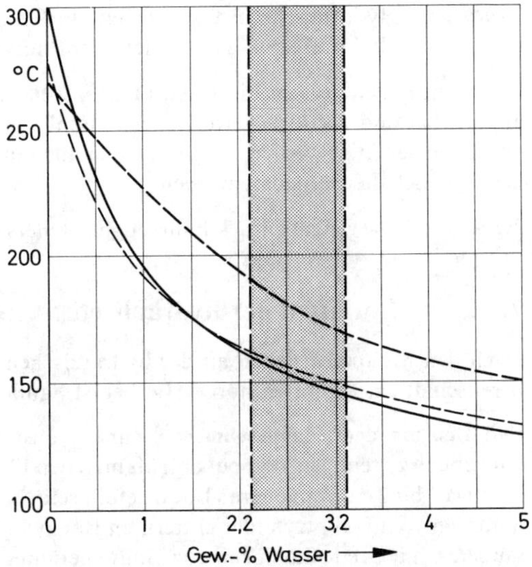

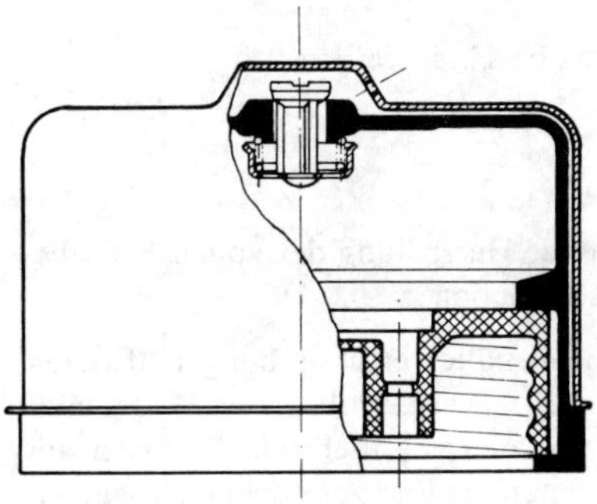

Bild 7.29 Ausgleichkappe (ATE)

Die Ausgleichkappe ist ein Gummibelag, der von einer Stahlkappe geschützt wird. Aus Bild 7.29 ist zu ersehen, daß sich unter der Stahlkappe im oberen Teil des Gummibalgs ein Ventil befindet, das einen eventuellen Über- oder Unterdruck im Ausgleichbehälter ausgleicht. Der Gummibelag ist so gestaltet, daß seine Flexibilität den erforderlichen Nachlauf von Bremsflüssigkeit in den Hauptzylinder nicht stört.

Die Wasseraufnahme bei Bremsflüssigkeit beträgt innerhalb eines Jahres etwa 2% und ist nicht vermeidbar. Dabei ergibt sich eine Herabsetzung des ursprünglichen Siedepunktes um etwa 60 °C.

Jetzt wird es Zeit, die Bremsflüssigkeit zu erneuern. Geschieht dies nicht rechtzeitig, so sinkt der Siedepunkt durch vermehrte Wasseraufnahme weiter und die hydraulische Bremse kann infolge Dampfblasenbildung versagen.

Bremsflüssigkeit muß deshalb jährlich einmal, falls nicht anders vorgeschrieben, komplett erneuert werden.

Wasserhaltige Bremsflüssigkeit verursacht außerdem einen erhöhten Verschleiß in den Bremszylindern.

Die beim Entlüften neuer oder instand gesetzter Bremsanlagen ausgepumpte Bremsflüssigkeit kann verschmutzt oder/und wasserhaltig sein. Sie darf deshalb nicht mehr verwendet werden.

Merke: Wasser und Schmutz können zum Versagen der hydraulischen Bremse führen.

Muß die Bremsflüssigkeit erneuert werden, so wird zunächst der Vorratsbehälter abgesaugt. Dabei kann er gleich auf Verschmutzung überprüft ggf. abgenommen und gereinigt werden. Die Anlage soll nicht entleert bzw. gespült werden, weil nicht alle Teilchen durch die kleinen Bohrungen der Entlüfterschrauben austreten und die Radzylinder undicht werden können.

Der Nachfüllbehälter ist vorsichtig aufzufüllen, um Verwirbelungen mit Luft zu vermeiden.

Wird die Bremsanlage entlüftet, so darf der Fluß nicht abreißen, d.h., die Bremsleitungen müssen immer mit Bremsflüssigkeit gefüllt sein. Es ist so lange zu entlüften, bis an allen Entlüfterschrauben neue Bremsflüssigkeit einwandfrei erkennbar austritt.

Achtung: Hydraulische Bremsanlagen dürfen nicht mit Mineralöl befüllt werden. Mineral-Hydraulik-Anlagen dürfen nicht mit Bremsflüssigkeit befüllt werden.

In beiden Fällen versagt die Bremsanlage, weil sämtliche Manschetten (und andere Gummiteile) angegriffen und zerstört werden. Bei Falschbefüllung muß stets die gesamte Anlage zerlegt und gründlich gereinigt werden. Dabei müssen alle Gummiteile, auch Bremsschläuche und hydraulisch betätigte Schalter, erneuert werden.

Merke: Die Angaben des Fahrzeugherstellers müssen stets beachtet werden.

7.4.2 Entlüften der hydraulischen Anlage

Nach den Montagearbeiten an der hydraulischen Bremse ist zur Herstellung der vollen Betriebsbereitschaft ein Entlüften nötig. Hierbei ist Sauberkeit oberstes Gebot.

Entlüften mit dem Hauptzylinder Zunächst ist die Ausgleichbehälterverschraubung und deren Umgebung zu reinigen, dann überprüft man den Flüssigkeitsstand im Ausgleichbehälter. Dieser muß bis etwa 1 bis 2 cm vom oberen Rand gefüllt sein. Nun schließt man den Entlüfterschlauch an den am weitesten vom Hauptzylinder entfernten Radzylinder an und leitet das Ende des Schlauches in ein sauberes, mit Bremsflüssigkeit zur Hälfte gefülltes Gefäß. Bei geöffnetem Entlüfterventil tritt man das Bremspedal schnell mit kurzen und kräftigen Stößen durch. Dann schließt man das Entlüfterventil, um zu vermeiden, daß Luft über dasselbe angesaugt wird, und läßt das Bremspedal langsam zurückkommen. Diesen Vorgang wiederholt man so oft, bis blasenfreie Bremsflüssigkeit am Schlauchende austritt. Den gleichen Vorgang wiederholt man an allen im Leitungsnetz enthaltenen Entlüfterschrauben. Die Entlüfterschraube darf erst bei ganz durchgetretenem Bremspedal geschlossen werden.

Beim Entlüften ist der Flüssigkeitsstand im Ausgleichbehälter zu beobachten. Die Ausgleichbohrung muß immer mit Flüssigkeit bedeckt sein, da sonst erneut Luft angesaugt und der Vorgang endlos würde. Bei langen, weitverzweigten Leitungen empfiehlt sich folgendes: Bevor eine der Entlüfterschrauben erstmalig geöffnet wird, ist mit dem Bremspedal so lange zu pumpen, bis sich ein kräftiger Widerstand bemerkbar macht. Das Pedal ist in dieser Stellung zu halten, während von einer zweiten Person die betreffende Entlüfterschraube ein wenig geöffnet wird. Nach dem Öffnen des Entlüfterventils wird das Bremspedal stoßartig bis zum Anschlag weiter betätigt. Das Austreten der Flüssigkeit an der Entlüfterschraube wird damit stark gedrosselt, wodurch sich die Luft besonders wirksam entfernen läßt. Alsdann wird die Entlüfterschraube immer mehr geöffnet, und es kann das Pumpen mit dem Bremspedal wie üblich einsetzen, bis aus dem Entlüfterschlauch keine Luft mehr austritt.

Beim Entlüften ist zu beachten, daß

1. der Behälter zum Auffangen der Flüssigkeit möglichst hochgestellt wird,
2. das Entlüfterventil erst geschlossen wird, wenn das Bremspedal ganz durchgetreten ist,
3. das Bremspedal schnell und stoßartig betätigt, jedoch langsam zurückbewegt wird.
   Abgelassene Bremsflüssigkeit nicht wieder verwenden!

In der Regel beginnt man an dem Rad zu entlüften, das am weitesten vom Hauptzylinder entfernt ist. Dies trifft zu, wenn

1. beide Achsen mit Trommelbremsen,
2. beide Achsen mit Scheibenbremsen

ausgerüstet sind. Bei kombinierter Anordnung wird zuerst die Scheibenbremse entlüftet.

Bei Tandemhauptzylindern ist es ratsam, zuerst den Zwischenkolbenkreis zu entlüften, damit der Zwischenkolben nicht durch die Anschlagschraube beschädigt wird und anschließend klemmt. Bei Verwendung eines Entlüftergerätes ist die Reihenfolge egal.

Entlüften mit dem Füll- und Entlüftergerät Bei Verwendung eines Füll- und Entlüftergerätes spart man Zeit und die zweite Person. Das Füll- und Entlüftergerät kann entweder über ein Entlüfterventil oder über einen speziellen Entlüfterstutzen, der auf den Ausgleichbehälter geschraubt wird, mit der Anlage verbunden werden. Wird es an ein Entlüfterventil angeschlossen, so muß eine Pedalstütze das Bremspedal um etwa 2 bis 3 cm niederdrücken, damit die Bremsflüssigkeit nicht durch die Ausgleichbohrung entweichen kann.

7.4.3 Hydraulische Dichtheitsprüfungen

Ein Prüfanschluß gestattet das schnelle und saubere Anschließen des Druckprüfers ohne Öffnen des hydraulischen Bremssystems. Ist dieser nicht vorhanden, so wird der Druckprüfer an ein gut zu erreichendes Entlüfterventilgewinde angeschlossen (Bild 7.30). Bei Fahrzeugen, die an einer Achse mit Scheibenbremsen und an der anderen Achse mit Trommelbremsen ausgerüstet sind, muß der Druckprüfer an einem zum Trommelbremssystem gehörenden Entlüfterventilgewinde angeschlossen werden, um dadurch den Vordruck überprüfen zu können.

Bild 7.30 Anschließen eines Druckprüfers

Vor Durchführung der Dichtheitsprüfungen ist die hydraulische Anlage mehrmals mit dem Druck einer Vollbremsung zu belasten.

Nachstehende Reihenfolge wird empfohlen:

1. *Niederdruckprüfung*
   Im Bremssystem wird mittels Pedalstütze ein Druck von 2 bis 5 bar erzeugt. Dieser Druck muß während einer Prüfdauer von 5 min konstant bleiben. Das Fahrzeug darf dabei nicht bewegt werden. Selbst geringfügige Bewegungen am Bremspedal oder an den Bremsschläuchen bzw. des Prüfschlauches führen zur Veränderung der Anzeige am Niederdruckmanometer, ohne daß eine Undichte vorliegen muß.

2. *Bremslichtschalterprüfung*
Das Bremslicht muß bei einem 2poligen Schalter zwischen 3 und 6 bar und bei einem 3poligen Schalter zwischen 5,5 und 7,5 bar beginnen aufzuleuchten.
3. *Hochdruckprüfung*
Mit der am Bremspedal angesetzten Pedalstütze (Bild 7.31) wird im Bremssystem ein Druck von 50 bis 100 bar erzeugt. Der eingestellte Druck darf innerhalb 10 min höchstens um 10 % abfallen. Die Hochdruckprüfung ist einmal ohne und einmal mit wirksamer Unterstützung durchzuführen, sofern eine Unterstützung vorhanden ist.

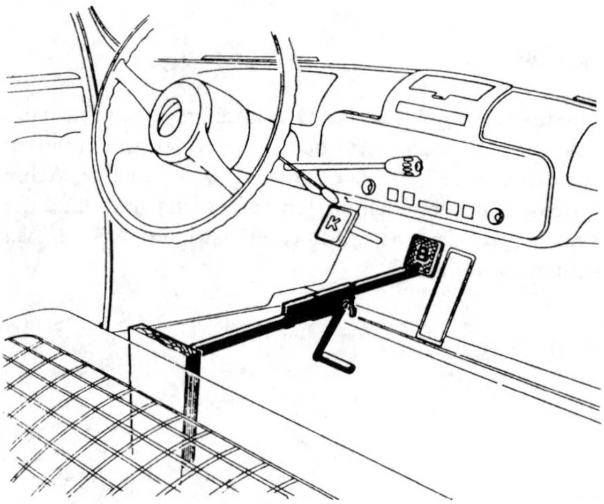

Bild 7.31 Ansetzen der Pedalstütze

4. *Bodenventilprüfung*
Diese Prüfung ist nur an trommelgebremsten Achsen mit Vordruck möglich. Scheibenbremsen haben keinen Vordruck.

Nach Entfernung der Pedalstütze muß sich am Niederdruckmanometer ein Restdruck von 0,4 bis 1,7 bar einstellen (Herstellerangaben beachten). Dieser Druck darf während einer Prüfdauer von 5 min *nicht* abfallen.

Bei Fahrzeugen mit Zweikreis-Bremsanlagen sind vorstehende Prüfungen an beiden Bremskreisen durchzuführen.

Beachte: Bremsflüssigkeit und Mineralöl haben unterschiedliche Auswirkungen auf Gummi, so daß entsprechende Gummiqualitäten erforderlich sind. Um Störungen zu vermeiden, müssen bei Druckprüfungen die dazugehörigen Druckprüfer eingesetzt werden.

ATE-Druckprüfer für *Bremsflüssigkeit sind blau-grau,*

ATE-Druckprüfer für *Mineralöl sind rot oder grün* ausgeführt.

7.4.4 Bremsleitungen

Als Leitungen für die Bremse werden nach DIN 74234 Stahlrohre verwendet. Sie müssen zunderfrei geglüht und rißfrei sein. Die gebräuchlichsten Abmessungen sind:

4,75 mm Außen-Ø,	0,7 mm Wanddicke,
(5) mm Außen-Ø,	0,75 mm Wanddicke,
6 mm Außen-Ø,	0,75 mm Wanddicke,
8 mm Außen-Ø,	0,75 mm Wanddicke,
(9) mm Außen-Ø,	1 mm Wanddicke,
10 mm Außen-Ø,	1 mm Wanddicke,
(13) mm Außen-Ø,	1,5 mm Wanddicke.

Diese Rohre sind von außen verkupfert, verzinkt, oder mit Kunststoff beschichtet. Außerdem werden auch Rohre aus nichtrostendem Stahl gefertigt.

Bremsschläuche Die Bremsschläuche sind das bewegliche Verbindungsglied zwischen der Achse und der Karosserie des Fahrzeugs.

Einbau

1. Beim Anbringen des Bremsschlauchs ist darauf zu achten, daß dieser nicht verdreht wird und daß die Schlauchbögen nicht zu tief nach unten hängen.
2. Der Bremsschlauch soll möglichst kurz sein, jedoch muß er allen Bewegungen ungehindert folgen können. Bei diesen Bewegungen darf der Bremsschlauch weder Zug- noch Verdrehungsbeanspruchungen ausgesetzt sein.
3. Der Bremsschlauch darf nicht in der Nähe der Auspuffleitung verlegt werden. Ein Berühren mit der Auspuffleitung darf auch nicht beim Durchfedern des Wagens oder Einschlagen der Räder erfolgen.
4. Der Bremsschlauch muß so verlegt werden, daß ein Scheuern unmöglich ist.
5. Bremsschläuche dürfen nicht lackiert werden.
6. Bremsschläuche sollen nicht in unmittelbarer Nähe von Schmierstellen verlegt werden, um zu vermeiden, daß überschüssiges Öl oder Fett auf die Schläuche tropft.

Bei eventuellem Durchfahren von Wärmeöfen oder bei Behandlung mit Wärmestrahlern nach einer Lackierung darf die Temperatur von 80 °C (353 K) nicht überschritten werden.

Wartung der Bremsschläuche

1. Bei Reparaturen ist darauf zu achten, daß der Schlauch so montiert wird, wie der Originalschlauch eingebaut war, bzw. unter Beachtung vorgenannter Einbaupunkte.
2. Bremsschläuche dürfen nicht mit Benzin, Benzol oder Petroleum gereinigt werden. Außen anhaftenden Schmutz entfernt man mit Wasser.
3. Beim Absprühen des Fahrzeugs sind die Bremsschläuche abzudecken, um zu vermeiden, daß Sprühmittel, die Petroleum und Mineralöl enthalten, mit den Bremsschläuchen in Berührung kommen.

Bremsleitungen und Bremsschläuche sollen in der Regel nach fünf Jahren Betriebsdauer erneuert werden. Rissige Bremsschläuche sind auszuwechseln.

Betriebsdrücke

für Trommelbremsen Pkw etwa	60 bis 80 bar,	Spitzendrücke etwa 150 bar
für Trommelbremsen Lkw etwa	80 bis 120 bar,	
für Scheibenbremsen Pkw	80 bis 120 bar,	
für Scheibenbremsen Lkw	80 bis 120 bar,	

Beachte: Es gibt Bremsschläuche für Bremsflüssigkeit und für Mineralöl.

ATE-Bremsschläuche für Mineralöl $^1/_8'' = 3{,}3$ mm haben

- ☐ in alter Ausführung eine grüne Gummiummantelung mit erhabener Schrift,
- ☐ in neuer Ausführung den grün aufgedruckten Schriftzug „*Nur für Mineralöl*" und ein grünes aufgedrucktes Schraffurband, zusätzlich um 180° verdreht ein durchgehend aufgedrucktes grünes Schraffurband.

Brems- und Kupplungsschläuche für Mineralöl $^3/_{16}'' = 4{,}5$ mm entsprechen in der Kennzeichnung der zuvor genannten neuen Ausführung der Bremsschläuche für Mineralöl.

Brems- und Kupplungsschläuche für Bremsflüssigkeit $^3/_{16}'' = 4{,}5$ mm haben eine weiße aufgedruckte Schrift und ein weißes aufgedrucktes Schraffurband, zusätzlich um 180° verdreht ein durchgehend aufgedrucktes weißes Schraffurband.

7.4.5 Lagerung der Gummiformteile

Auf Lager befindliche Bremsenteile aus Gummi können durch Sauerstoff, Ozon, Wärme, Feuchtigkeit und Sonnenbestrahlung in ihrer Funktionsfähigkeit wesentlich beeinträchtigt werden.

Lagerraum Gummiteile, hydraulische Zylinder, Festsättel, Schläuche und Bremsgeräte müssen daher möglichst kühl, trocken, staubfrei und mäßig gelüftet gelagert werden, wobei sich die Lagertemperatur zwischen 0 und 20 °C (273 K bis 293 K) bewegen soll. Das Lagergut sollte daher mindestens 1 m von Heizkörpern entfernt gelagert werden und vor Sonnenbestrahlung geschützt sein.

Lagerung der Bremsschläuche Um Bruch- und Knickstellen nach Möglichkeit auszuschalten, müssen Gummiteile auf Regalen mit ebenem Boden spannungsfrei gelagert werden.

Lagerzeit Zuerst eingelagerte Teile oder Aggregate müssen auch zuerst verbraucht werden. Eine Überlagerung kann zu Funktionsstörungen führen.

Die Aggregate müssen mit der vorgeschriebenen Konservierung, nicht mit Bremsflüssigkeit, montiert sein. Alle Anschlußbohrungen, die in das Innere führen, sind mit Schutzstopfen luftdicht zu verschließen. Vom Hersteller verpackte Teile sollen nur bei Gebrauch ausgepackt werden.

Hauptzylinder, Tandem-Hauptzylinder, Radzylinder, Geberzylinder, Nehmerzylinder, Differenzdruck-Warnschalter, Bremskraftregelgeräte	5 Jahre
Bremsgerät T 50	2 Jahre
Bremsgerät T 51/T 52/T 53 mit Haupt- oder Tandemhauptzylinder	2 Jahre
Unterdruckteil für die Bremsgeräte T 51/T 52/T 53	5 Jahre
Bremsschläuche, Kupplungsschläuche	5 Jahre
Gummiformteile, Bodenventile, Vordruckventile	5 Jahre
Gummiformteile in Reparatursätzen	5 Jahre
Reparatursätze mit montierten Gummiteilen	5 Jahre

Bremslichtschalter, elektrische Warnschalter, Vakuum-Rückschlagventile	5 Jahre
Bremsbelag-Reparatursätze	10 Jahre
Bremsflüssigkeit (original verschlossen)	5 Jahre
Festsattel, Schwimmrahmenbremse, Pendelsattel	5 Jahre
Bremszylinderpaste (original verschlossen)	5 Jahre
Aggregate der hydraulischen Bremsverstärkeranlage H 31	3 Jahre

Bei Scheibenbremssätteln ist es ratsam, nach dem Anbau an das Fahrzeug (auch vor Überschreitung der Lagerzeitgrenze), alle Kolben einmal in beide Richtungen zu bewegen. Dabei wird der Konservierungsfilm erneut aufgebaut, so daß die automatische Nachstellung gesichert ist.

Beachte: Bei kombinierten Festsätteln (mit Feststellbremse) dürfen die Kolben nur durch Verdrehen der Nachstellwelle bzw. Rückstellspindel bewegt werden. Andernfalls wird die automatische Nachstellung ausgeschaltet.

7.5 Radbremsen

Von einer guten Bremse erwartet man:

1. Kürzeste Bremswege durch kurze Ansprech- und Schwellzeiten sowie eine der dynamischen Achslastverlagerung entsprechende Bremskraftverteilung, um ein vorzeitiges Blockieren der Räder einer Achse zu vermeiden. Trommel- und Scheibenbremsen sind in dieser Beziehung gleichwertig.
2. Die Bremse soll möglichst schon bei geringen Fußkräften wirken.

Die maximale Verzögerung soll auch bei einer Bremsung über längere Zeit, z. B. bei Talfahrt oder bei kurzzeitig aufeinanderfolgenden Bremsungen, erhalten bleiben. Um dies zu erreichen, müssen die relativ hohen Temperaturen an den Reibflächen beherrscht werden. Dies wird dadurch erreicht, daß der Fahrzeughersteller die Radbremsen entsprechend groß auslegt und für eine ausreichende Kühlung (Belüftung) sorgt.

Der Größe der Bremsteile sind jedoch Grenzen gesetzt, da die ungefederten Massen möglichst klein sein sollen. Dadurch können weder die wärmeaufnehmenden Massen noch die wärmeabgebenden Oberflächen so groß gewählt werden, wie es dem idealen Zustand entspräche.

7.5.1 Trommelbremsen

Trommelbremsen haben je nach Auslegung eine mehr oder weniger große Selbstverstärkung der Bremskraft (Bild 7.32). Für den Fahrer ist dies zunächst positiv, denn er benötigt nur eine geringe Fußkraft. Die Selbstverstärkung hat jedoch auch eine negative Seite. Sie verursacht nämlich die unerwünschte Blockierung der Räder.

Bauformen
1. Simplex-Bremsen
2. Duplex-Bremsen und Duo-Duplex-Bremsen
3. Servo-Bremsen und Duo-Servo-Bremsen

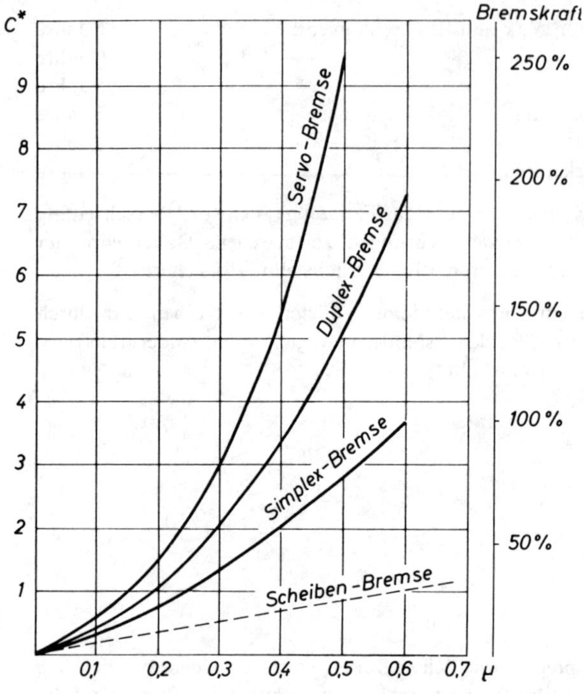

Bild 7.32 Bremskraftvergleich der Radbremsen.

$$\text{Kennwert } C^* = \frac{\text{Umfangskraft an Trommel}}{\text{Spannkraft Radzylinder}}$$

Kennwert – die innere Übersetzung der Radbremse – als Funktion des Haftwertes μ dargestellt für Simplex-, Duplex- und Servo-Bremse

Simplex-Bremse Durch den hydraulischen Druck im Radzylinder werden beide Bremsbacken gegen die Bremstrommel gedrückt. Die Abstützkräfte werden entweder von einem Lagerbock oder von Nachstellschrauben, die im Stützlager angeordnet sind, aufgenommen (Bild 7.33). Die Reibwirkung der in Fahrtrichtung vorderen Bremsbacke (Primärbacke) wirkt während der Bremsung verstärkend auf die Anpreßkraft der Bremszylinderkolben (Selbstverstärkung).

Bei der zweiten (Sekundärbacke) wirkt die Reibkraft der Anpreßkraft entgegen. Dadurch ist die Bremsarbeit der zweiten Bremsbacke geringer als die der ersten.

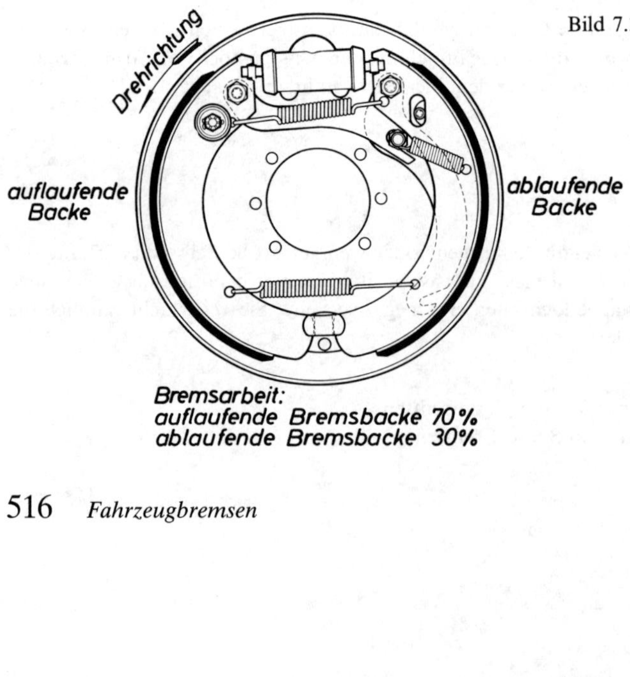

Bild 7.33 Simplex-Bremse (ATE)

Duplex-Bremse Bei der Duplex-Bremse wird durch die Anordnung zweier auflaufender Bremsbacken bei Vorwärtsfahrt eine hohe Ausnutzung der Selbstverstärkung erreicht. Die Selbstverstärkung ist etwa 1,5mal größer als bei einer gleichgroßen Simplex-Bremse. Dies erfordert für jede Backe einen eigenen, einseitig wirkenden Radzylinder, der eine Bremsbacke anpreßt und der anderen als Abstützung dient (Bild 7.34). Bei Rückwärtsfahrt, also umgekehrter Drehrichtung, werden die Bremsbacken zu ablaufenden Backen. Die Anpreßkraft und die Bremswirkung werden damit kleiner.

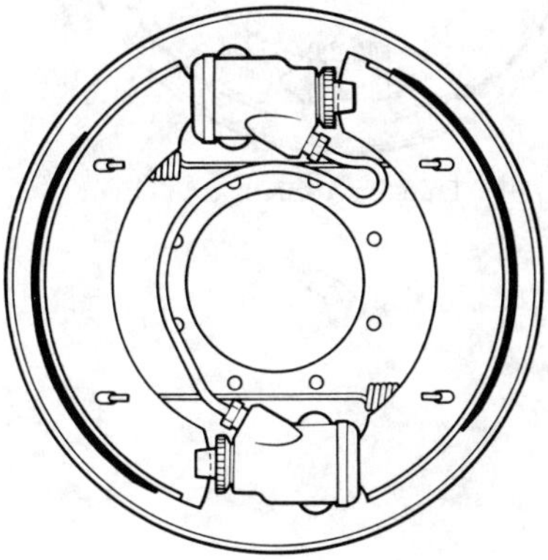

Bild 7.34 Duplex-Bremse (ATE)

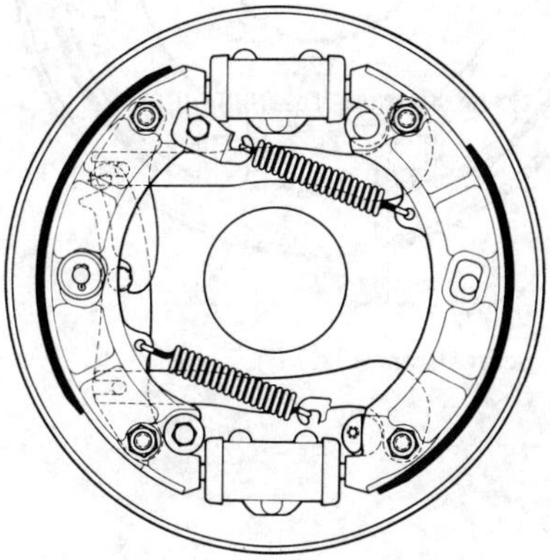

Bild 7.35 Duo-Duplex-Bremse (ATE)

Duo-Duplex-Bremse Die in Bild 7.35 dargestellte Bremse ist mit zwei beidseitig wirkenden Radzylindern ausgestattet. Dadurch wird im Gegensatz zur einseitig wirkenden Duplex-Bremse die große Selbstverstärkung in beiden Fahrtrichtungen erreicht.

Servo-Bremse Bei Vorwärtsfahrt wird die Stützkraft der Primärbacke als Spannkraft auf die Sekundärbacke übertragen, so daß beide Bremsbacken auflaufen (Bild 7.36). Die Selbstverstärkung ist etwa 2- bis 2,5mal größer als bei einer gleichgroßen Simplex-Bremse.

Bei Rückwärtsfahrt wirkt die Servo-Bremse wie eine Simplex-Bremse, d.h., die eine Bremsbacke läuft auf, und die andere läuft ab.

Beachte: Die große Selbstverstärkung bei Vorwärtsfahrt ist möglich, solange das Spiel «S» vorhanden ist. Damit dies auch nach einer Einstellung so bleibt, ist stets das Nachstellritzel «N1» zuerst einzustellen.

Duo-Servo-Bremse Da die untere Abstützung der Bremsbacken nach beiden Seiten beweglich ist (Bild 7.37), laufen beide Backen bei Vorwärts- und Rückwärtsfahrt auf. Bei der Montage dieser Bremse ist darauf zu achten, daß die schwächere Feder (verkadmet) an der Backe mit dem kürzeren Belag und die stärkere Feder (schwarz) an der Backe mit dem längeren Belag eingehängt wird (Bild 7.38). Die Bremsbacke mit dem kürzeren Belag muß in Fahrtrichtung immer vorne montiert werden.

Die in Bild 7.39 gezeigte Duo-Servo-Bremse wird durch ein Spreizschloß betätigt. Sie dient als Feststellbremse, und zwar bei den Fahrzeugen, die an beiden Achsen mit Scheibenbremsen ausgerüstet sind. Die Bremsscheiben der Hinterachse werden deshalb mit Bremstrommeln kombiniert (Bild 7.40).

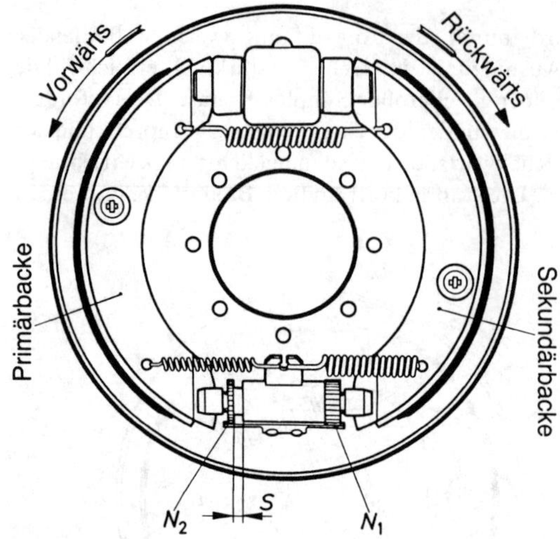

Bild 7.36 Servo-Bremse (ATE)

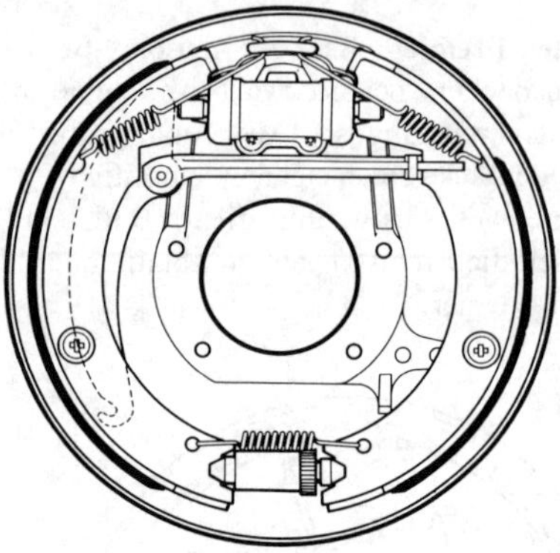

Bild 7.37 Duo-Servo-Bremse (ATE)

Bild 7.38 Duo-Servo-Bremse (ATE), Anordnung der Rückzugfedern

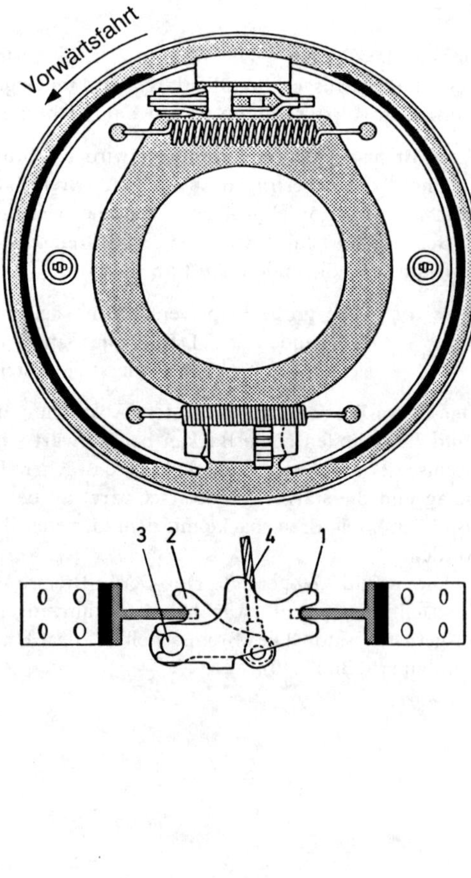

Bild 7.39 Duo-Servo-Feststellbremse (ATE) ▸

1 Drucklasche
2 Betätigungshebel
3 Gelenkbolzen
4 Seilzug

Bild 7.40 Festsattelscheibenbremse (Betriebsbremse) mit integrierter Trommelbremse (Duo-Servo-Feststellbremse)

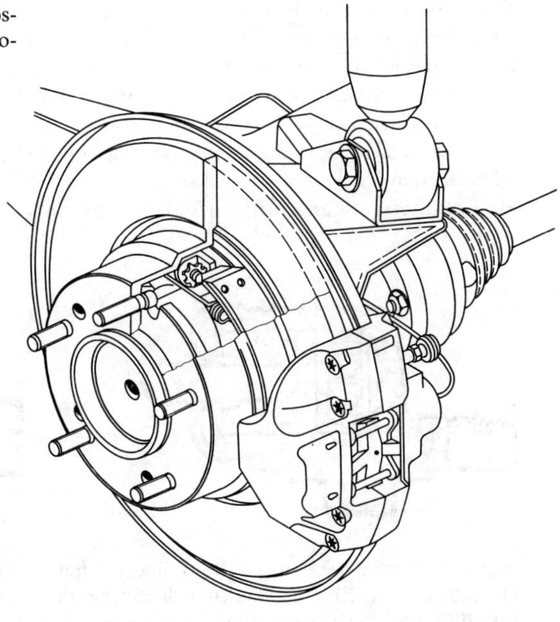

Bremsschwund Durch Dauerbremsungen, besonders, wenn diese in kurzen Zeitabständen wiederholt werden (Paßstraßen), wird so viel Wärme erzeugt, daß diese nicht genügend schnell abgeführt werden kann. Dies bewirkt eine starke Erwärmung der Bremskörper. Durch die Form der Bremstrommel ist die Wärmeableitung an der Seitenfläche größer als am freien Rand. Der freie Rand wird dadurch wärmer, so daß sich die Trommel durch Wärmedehnung konisch weitet. Folglich kommen die Bremsbeläge nicht mehr mit der ganzen Fläche zur Auflage. Da die Tragfläche bei gleichbleibender Anpreßkraft abnimmt, kommt es zwischen Belag und Bremstrommel zu einer erhöhten Druckbelastung. Diese bewirkt eine erhöhte örtliche Temperatur, durch die sich der Verschleiß bei gleichzeitiger Minderung der Bremswirkung erhöht. Außerdem weitet sich die Trommel insgesamt. Dadurch wird deren Innendurchmesser unter Umständen so groß, daß die Radien von Bremsbelag und Bremstrommel nicht mehr zueinander passen. Auch hierdurch verkleinert sich die tragende Fläche. Die sich aus beiden Faktoren ergebende Bremskraftminderung nennt man Bremsschwund oder Fading. Außerdem führt eine Weitung der Bremstrommeln zu einem Pedalschwund, d.h., daß sich das Bremspedal weiter als üblich betätigen läßt. Bei einer Scheibenbremse tritt durch Erwärmung der Bremsscheibe kein Pedalschwund ein, da die Scheibe dem Belag entgegenkommt.

Achtung! Bei stark erwärmten Bremstrommeln soll die Handbremse zum Parken des Fahrzeugs nicht betätigt werden, da sich die Trommeln beim Abkühlen verziehen können.

Daneben wirkt sich die erzeugte Wärme, besonders bei einer Scheibenbremse, auf die Bremsflüssigkeit aus. Befindet sich im Leitungssystem alte und dadurch stark wasserhaltige Bremsflüssigkeit, so kommt es bei den genannten Dauerbremsungen zum Sieden (Dampfblasenbildung) und damit zum Ausfall der Bremse. Das Bremspedal läßt sich voll durchtreten, ohne daß eine Bremswirkung erzielt wird. Kühlt die Bremse ab, so kondensieren die Dampfblasen, und es ist scheinbar alles in Ordnung.

Es ist also äußerst wichtig, daß die Bremsflüssigkeit in angemessenen Zeitabständen erneuert wird (siehe Abschnitt «Bremsflüssigkeit»).

Radzylinder Der im Hauptzylinder erzeugte Druck wird durch die Kolben der Radzylinder auf die Bremsbacken übertragen. Die Radzylinder werden am Bremsträger (Schild) befestigt. Sie bestehen aus Gehäuse, Manschetten, Kolben und den Druckbolzen, die als Verbindungsglieder zwischen Kolben und Bremsbacken angeordnet sind. Schutzkappen verhindern das Eindringen von Schmutz und Feuchtigkeit. Daneben sind auch Radzylinderausführungen ohne Druckbolzen gebräuchlich. Zwischen den Kolben befindet sich eine Anschlagfeder, die über Federteller oder Füllstärke gegen die Manschetten drückt. An der höchsten Stelle des Radzylinders ist in der Mitte zwischen beiden Kolben ein Entlüfterventil angeordnet (Bild 7.41 bis 7.44).

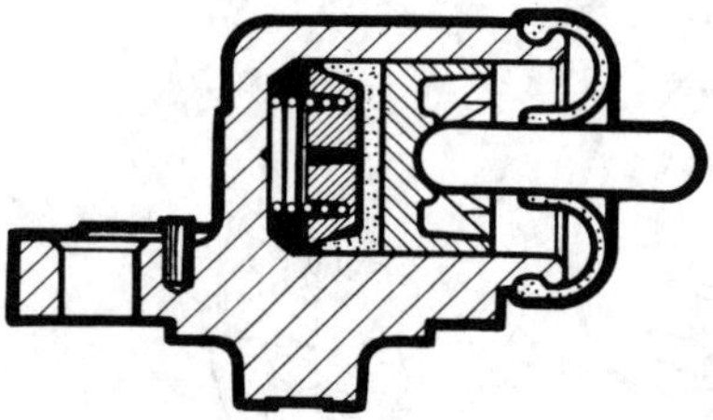

Bild 7.41 Einfachwirkender Radzylinder mit Druckbolzen (ATE). Anschlagfeder drückt gegen Füllstück. Backen stützen sich am Druckbolzen ab, der zugleich als Befestigung dient

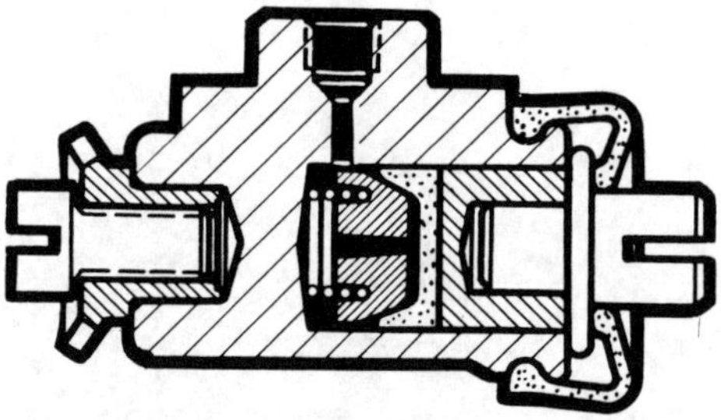

Bild 7.42 Einfachwirkender Radzylinder mit Nachstellvorrichtung (ATE). Backen stützen sich an der Nachstellvorrichtung ab

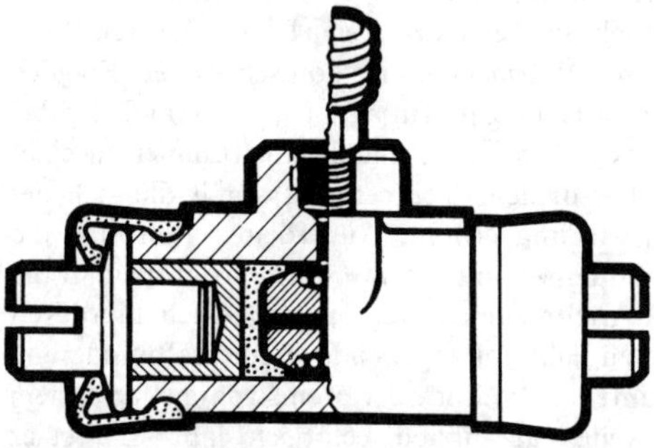

Bild 7.43 Doppeltwirkender Radzylinder mit Druckpilz (ATE). Anschlagfeder drückt gegen die Füllstücke

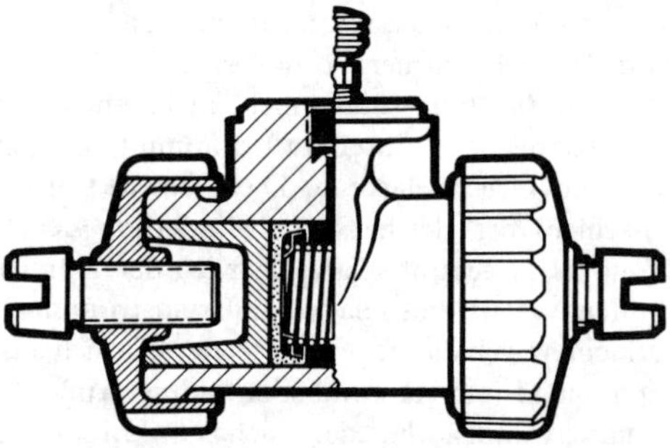

Bild 7.44 Doppeltwirkender Radzylinder mit Nachstellkappe, die gleichzeitig Schutzkappe ist. Ermöglicht Nachstellung der Bremsbacken am Radzylinder

Stufenradzylinder Der Stufenradzylinder gestattet einen begrenzten Ausgleich der Anpreßdrücke durch Verwendung verschieden großer Kolben. Der kleine Kolben wirkt dabei auf die auflaufende Backe und der größere Kolben auf die ablaufende Backe (Bild 7.45).

Manschettenverschleiß Es ist normal, daß Manschetten mit der Zeit verschleißen und eines Tages erneuert werden müssen. Bei Bild 7.46 liegt bereits eine Zerstörung vor.

Bild 7.45 Stufenradzylinder. Gestattet einen begrenzten Ausgleich der Anpreßdrücke durch Verwendung verschieden großer Kolben. Der kleine Kolben wirkt dabei auf die auflaufende Backe und der größere Kolben auf die ablaufende Backe

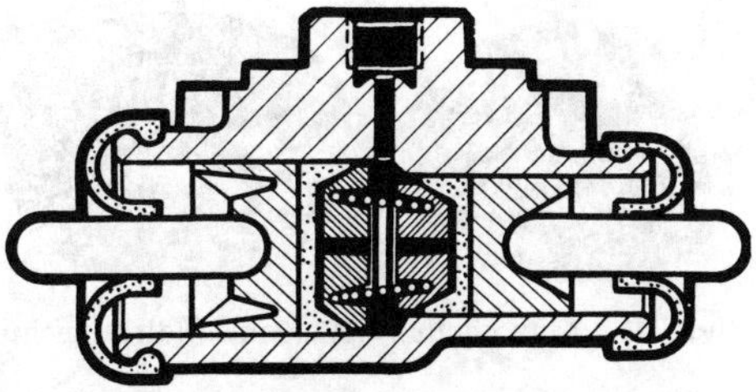

Sie kann durch ein zu großes Spiel zwischen Kolben und Zylindergehäuse oder durch thermische Überlastung der Bremse entstehen. Tritt der gezeigte Fall ein, so sind Kolben und Gehäuse durch Messen auf Verschleiß zu überprüfen und gegebenenfalls zu erneuern.

Toleranztabelle

Nur für Haupt- und Radzylinder aus *Grauguß*.
Nicht für Geber- und Nehmerzylinder.
Nicht für Zylinder der Scheibenbremse.

Nenn-∅ mm	Zoll	Gehäuse größter zul. ∅ mm	Kolben kleinster zul. ∅ mm	größtes zul. Spiel mm
12,7	$^{1}/_{2}$	12,80	12,57	0,23
14,29	$^{9}/_{16}$	14,39	14,16	0,23
15,87	$^{5}/_{8}$	15,97	15,74	0,23
17,46	$^{11}/_{16}$	17,56	17,33	0,23
19,05	$^{3}/_{4}$	19,16	18,90	0,26
20,64	$^{13}/_{16}$	20,75	20,49	0,26
22,2	$^{7}/_{8}$	22,31	22,05	0,26
23,81	$^{15}/_{16}$	23,92	23,66	0,26
25,4	1	25,51	25,25	0,26
26,99	$1^{1}/_{16}$	27,10	26,84	0,26
27,78	$1^{3}/_{32}$	27,89	27,63	0,26
28,57	$1^{1}/_{8}$	28,68	28,42	0,26
31,75	$1^{1}/_{4}$	31,84	31,58	0,26
33,0	1,2992	33,09	32,83	0,26
34,92	$1^{3}/_{8}$	35,01	34,75	0,26
38,1	$1^{1}/_{2}$	38,19	37,93	0,26
41,27	$1^{5}/_{8}$	41,36	41,10	0,26
44,45	$1^{3}/_{4}$	44,54	44,28	0,26
46,83	$1^{27}/_{32}$	46,92	46,66	0,26
48,42	$1^{29}/_{32}$	48,51	48,25	0,26
50,8	2	50,90	50,60	0,3
54,0	2,1260	54,10	53,80	0,3
57,15	$2^{1}/_{4}$	57,25	56,95	0,3
65,0	2,5590	65,10	64,80	0,3
70,0	2,7559	70,10	69,80	0,3
75,0	2,9528	75,10	74,80	0,3

Bild 7.46 Manschetten, links einwandfrei, rechts zerstört

Ausdrehen von Bremstrommeln

Achtung:

1. Bremstrommeln dürfen nur ausgedreht werden, wenn Fahrzeug- oder Bremsenhersteller es zulassen und wenn der Trommelinnendurchmesser noch innerhalb des höchstzulässigen Ausdrehmaßes liegt.
2. Je glatter die Bremstrommellauffläche, desto besser die Bremswirkung und desto geringer der Bremsbelagverschleiß.
3. Kleine Brandflecke sind auszuschleifen. Anschließend kann die Bremstrommel ausgedreht werden.
4. Bremstrommeln, die größere Brandflecken, eine starke Ovalität oder Laufflächenrisse über 0,7 mm Breite und 50 mm Länge haben, sind nicht mehr auszudrehen.

Soll eine einwandfreie und gleichmäßige Bremswirkung erreicht werden, so müssen Trommelinnenradius und Belagaußenradius in der Bremsstellung gleich sein. Dies trifft nicht zu, wenn man im Reparaturfall bei vorliegendem Trommelverschleiß normal dicke Bremsbeläge einsetzt. Der auftretende Unterschied kann ausgeglichen werden, wenn man die Bremstrommeln (achsweise) ausdreht und entsprechend dickere Bremsbeläge (Übermaß) verwendet. Normal dicke Bremsbeläge würden mehr in der Mitte tragen. Automatisch ergäbe sich eine größere Flächenbelastung und ein verstärkter Belagverschleiß. Bremsschwund könnte die Folge sein.

Um wieviel dicker die Beläge sein müssen, richtet sich nach dem Ausdrehmaß der Bremstrommeln.

Beispiel:	Laut Vorschrift ausgedrehtes Trommelmaß	201 mm
	abzüglich Original-Trommelmaß	200 mm
		1 mm : 2 = 0,5 mm

Betrug die Normaldicke 4,5 mm, so müssen jetzt Beläge von 4,5 plus 0,5 = 5,0 mm Dicke verwendet werden.

Werden die Bremsbacken etwa 0,2 mm über den Trommelinnendurchmesser gespreizt und anschließend genau auf das innere Trommelmaß abgedreht oder abgeschliffen, so spart man das Einbremsen und erreicht sofort eine gute Bremswirkung.

Natürlich können auch Übergrößen auf das passende Maß abgedreht oder abgeschliffen werden. Diese Arbeit wird mit einer Bremsbelag-Abdrehmaschine oder mit einer Bremsbelag-Schleifmaschine ausgeführt (Bild 7.47) und ist je nach Ausführung an der Achse oder im ausgebauten Zustand möglich. Erfolgt die Arbeit am Fahrzeug, so ist die Maschine vorschriftsmäßig zu montieren. Die Radlager müssen spielfrei, die Lagerstellen der Bremsbacken sauber und die Bremsbacken einwandfrei zentriert und richtig gespreizt (spezielle Spreizvorrichtungen) sein. Bei Bremsbacken mit festem Drehpunkt und mechanischer Spreizung genügt die entsprechende Betätigung des Nockens. Um bei dieser Arbeit erfolgreich zu sein, müssen die Messungen und Einstellungen genau sein.

Bild 7.47 Bremsbelag-Feindrehmaschine
(Firma Grenzland-Fahrzeugteile W. Dehler KG)

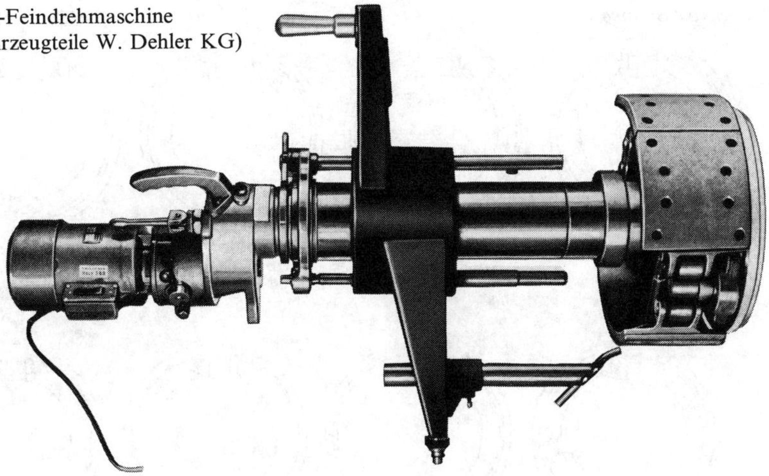

Beachte: Die Trommel wird durch übermäßiges Ausdrehen sehr geschwächt und gibt beim Bremsvorgang nach. Es ist dadurch möglich, daß der Hub des Hauptzylinders für eine volle Bremswirkung nicht mehr ausreicht.

Behandlung der Bremsbeläge und der Bremstrommeln

Durch beschädigte Simmerringe an den Achsschenkeln bzw. Achswellen tritt Schmiermittel aus und gelangt auf die Bremsbeläge, wodurch der Reibwert erheblich gemindert wird. In solchen Fällen empfiehlt es sich, nach Erneuerung der Simmerringe nicht nur die Bremstrommeln, sondern auch die Backen gründlich zu reinigen und die Bremsbeläge in jedem Fall zu erneuern. Abbrennen der Beläge und Waschen mit Benzin oder Trichlorethylen gibt keine Gewähr für eine einwandfreie Funktion der so behandelten Beläge. Es sollte unterbleiben, weil man nie weiß, wie tief der Belag verölt ist. Außerdem können in den Poren des Belages immer noch Ölreste verbleiben, die bei Erwärmung an die Oberfläche gelangen. Selbst wenn nur die Bremse einer Fahrzeugseite verölt ist, müssen beide Seiten mit neuen Belägen gleicher Qualität ausgerüstet werden. Andernfalls kann der Wagen unter Umständen beim Bremsen einseitig ziehen.

Aufrauhen der Bremsbeläge oder gar der Bremstrommeln bringt keinen Vorteil, denn aufgerauhte Beläge glätten sich sehr schnell. Aufgerauhte Bremstrommeln wirken auf den Belag wie ein Fräser und führen zu einem erhöhten Verschleiß desselben. Die Oberfläche von Belag und Trommel muß glatt sein, so daß die aufeinanderreibenden Teile haften. Jede Unebenheit an den Reibflächen vermindert die Bremswirkung.

Aufgenietete Beläge können nicht so weit abgenutzt werden wie aufgeklebte. Die Nietköpfe dürfen die Trommel nicht berühren. Geklebte Beläge dürfen bis auf $^1/_3$ der Gesamtdicke verschlissen werden.

Bremsnachstellungen Der Bremspedalweg wird durch das Lüftspiel zwischen Bremsbelag und Trommel beeinflußt. Bei nicht rechtzeitiger Nachstellung der Bremsen besteht die Gefahr, daß der noch zur Verfügung stehende Bremspedalweg zum Anlegen der Backen nicht mehr ausreicht, so daß eine Bremswirkung im entscheidenden Augenblick nicht vorhanden ist.

In jedem Fall ist, wenn nicht ausdrücklich anders betont, die *Betriebsbremse vor der Handbremse ein- bzw. nachzustellen.*

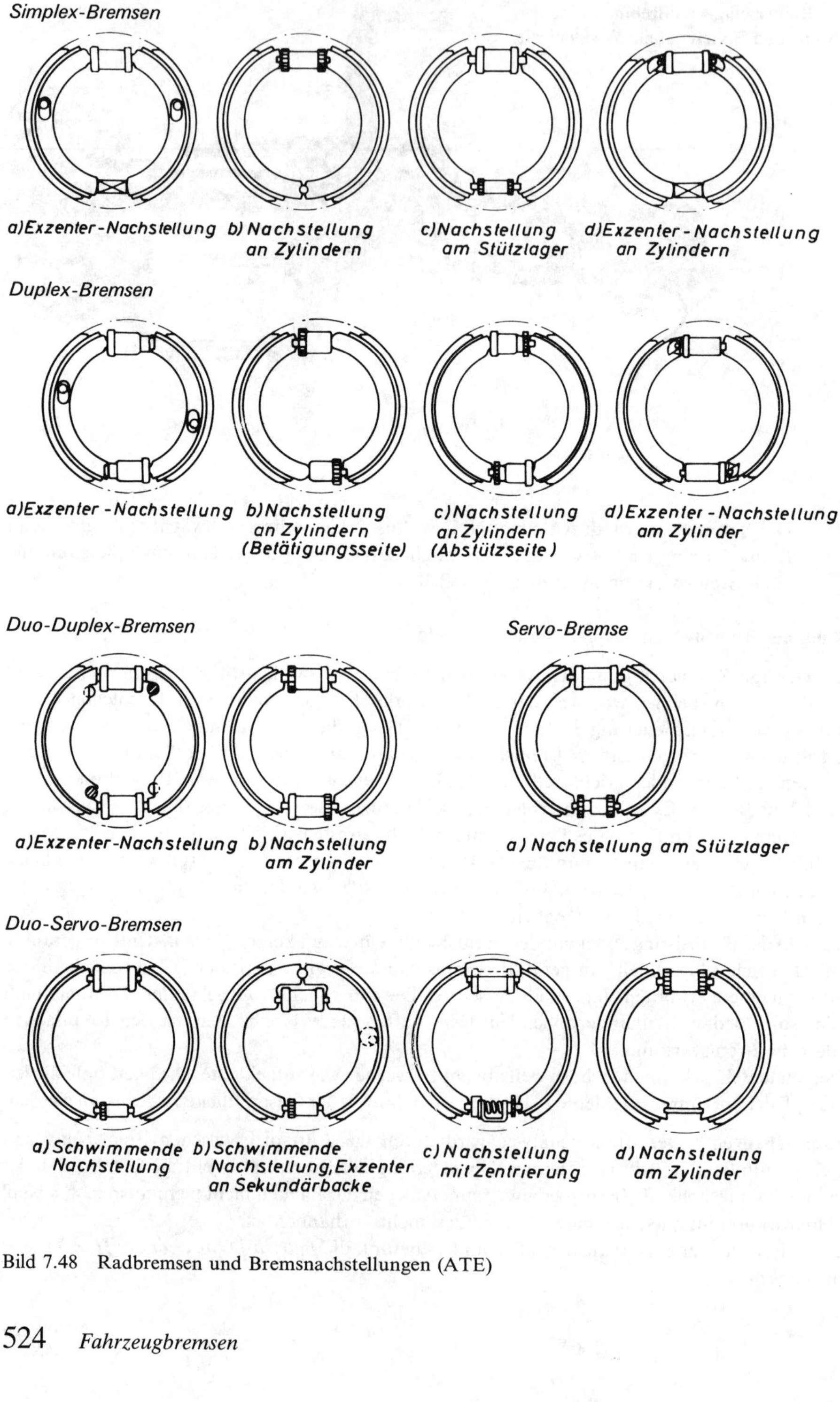

Bild 7.48 Radbremsen und Bremsnachstellungen (ATE)

Nichtselbsttätige Nachstellvorrichtungen Da alle Reibungsbremsen einer Abnutzung der Bremsbeläge unterliegen, ist von Zeit zu Zeit eine manuelle Nachstellung der Bremsbacken erforderlich, wenn keine selbsttätige Nachstellvorrichtung vorhanden ist. Die verschiedenen Ausführungen der Bremsen haben zur Folge, daß die Art der Nachstellung den Konstruktionen der Bremsen angepaßt werden muß (Bild 7.48).

Selbsttätige Nachstellvorrichtungen Selbsttätige Nachstellungen gewährleisten ein konstant geringes Lüftspiel, so daß die Bremsen stets frühzeitig reagieren können.

Automatisch-stufenweise Nachstellung Diese automatische Nachstellvorrichtung besteht aus einer Zahnstange und einer Nachstellzange und wird zwischen Bremsbacken und Bremsträger angeordnet. Die Zahnstange der automatischen Nachstellvorrichtung ist auf einem mit der Bremsbacke fest verbundenen Bolzen drehbar gelagert (Bild 7.49). Der Durchmesser des Bolzens ist um das Spiel (S) kleiner als das Auge der Zahnstange. Das Lüftspiel zwischen dem Bremsbelag und der Trommel wird durch das erwähnte Spiel (S) bestimmt. Wird durch Verschleiß des Bremsbelages das Lüftspiel größer als das Spiel (S) zwischen Bolzen und Zahnstangenauge plus Steigung des sägezahnartig ausgebildeten Gewindes der Nachstellvorrichtung, so wird die Zahnstange um einen Gewindegang aus der Nachstellzange herausgezogen.

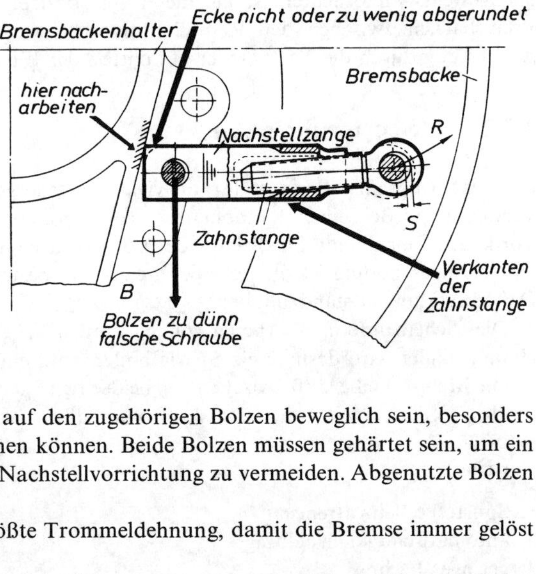

Bild 7.49 Automatisch-stufenweise Nachstellung (ATE)

Nachstellzange und Zahnstange müssen auf den zugehörigen Bolzen beweglich sein, besonders aber seitlich allen Verklemmungen ausweichen können. Beide Bolzen müssen gehärtet sein, um ein Ausschlagen durch die gehärteten Teile der Nachstellvorrichtung zu vermeiden. Abgenutzte Bolzen sind zu erneuern.

Das Spiel (S) muß größer sein als die größte Trommeldehnung, damit die Bremse immer gelöst werden kann.

Automatisch-stufenlose Nachstellung (Bild 7.50) Die selbsttätige stufenlose Nachstellvorrichtung besteht aus zwei Reibscheiben (R), die mittels Gewindestück (G) und Tatzenfeder (T) gegen die beiden Seiten des mittleren Bremsbackensteges gepreßt werden. Im Bremsträger ist der Anschlagbolzen (A) fest verankert, der mit seinem balligen Ende in die Bohrung des Gewindestückes greift. Zwischen dem Anschlagbolzen (A) und der Bohrung des Gewindestückes (G) ist ein Spiel (S) vorhanden, das größer sein muß als die größte Trommeldehnung. Bei gelöster Bremse liegt das Gewindestück (G) am Anschlagbolzen (A) an. Bei der Bremsbetätigung verschiebt sich die Bremsbacke mit den Reibscheiben um das Spiel (S). Ist an den Bremsbelägen eine Abnutzung

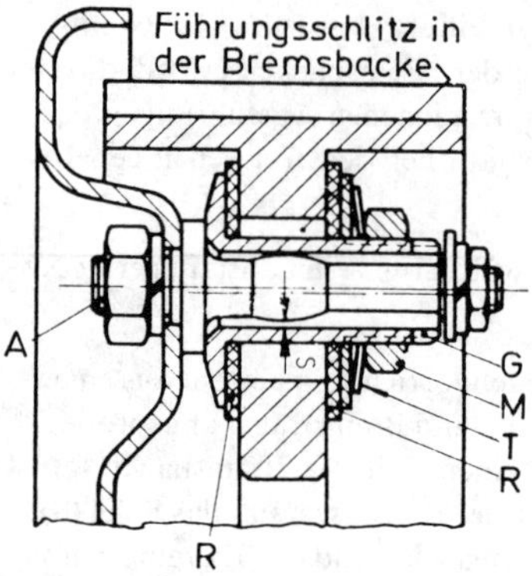

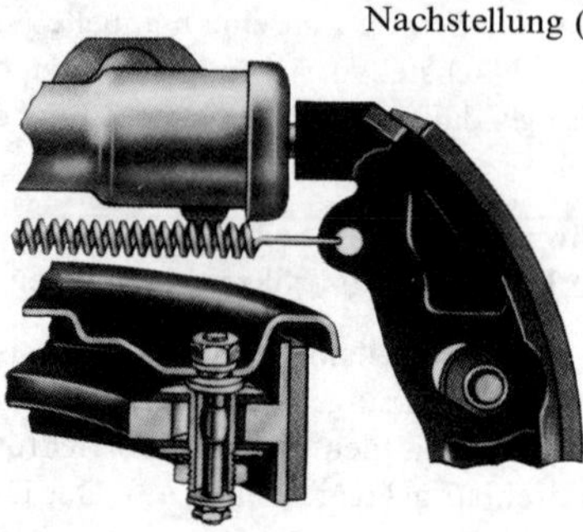

Bild 7.50 Automatisch-stufenlose Nachstellung (ATE)

eingetreten, dann gleitet das Gewindestück (G) im Führungsschlitz der Bremsbacke und kommt am Anschlagbolzen (A) zur Anlage. Dabei werden die Reibscheiben (R) festgehalten, und die Bremsbacke verschiebt sich um den Betrag der Abnutzung des Bremsbelages. Bei dem nachfolgenden Lösen der Bremsen können die Backen nur um das Spiel (S) zurückgehen. Die Bremse ist also nachgestellt. Zu beachten ist bei dieser selbsttätigen Nachstellung, daß die Rückholfedern die Bremsbacken zwischen den Reibscheiben nicht verschieben dürfen. Dementsprechend ist die Anpressung durch die Tatzenfeder (T) mittels der Einstellmutter (M) einzustellen.

7.5.2 Scheibenbremsen

Die Scheibenbremse findet aufgrund vieler Vorteile gegenüber der Trommelbremse weitgehende Verwendung. Bei einer Kombination von Trommel- und Scheibenbremse wird sie für die Vorderachse eingebaut. Die Bremse der Vorderachse muß die größte Bremsarbeit leisten. Durch ein sehr geringes Fading ist die Scheibenbremse am besten geeignet, der großen Belastung auch bei Dauerbremsungen standzuhalten.

Die Scheibenbremse arbeitet ohne Vordruck, da ihre Rückstellkräfte gering sind. Im Hauptzylinder wird deshalb ein Spezialbodenventil eingebaut.

Die Bremsscheibe läuft zwischen den beidseitig angeordneten, gegenüberliegenden Bremsbelägen (Bild 7.51). Dabei wirkt die Bremskraft von außen nach innen.

Vorteile

1. Spurtreue beim Bremsen
2. automatische Nachstellung
3. geringes Fading
4. keine Vergrößerung des Bremspedalweges bei erwärmter Bremse
5. gleiche Bremswirkung in beiden Fahrtrichtungen
6. gleiche Bremsbelagbelastung auf einer Achse

Nachteile

1. keine Selbstverstärkung, darum große Fußkraft bzw. Verstärker erforderlich;
2. hohe örtliche Erwärmung der Bremsscheibe bis etwa 500 °C (773 K). Trommelbremse: etwa 350 °C (623 K).

Bild 7.51 Festsattel-Scheibenbremse (ATE)

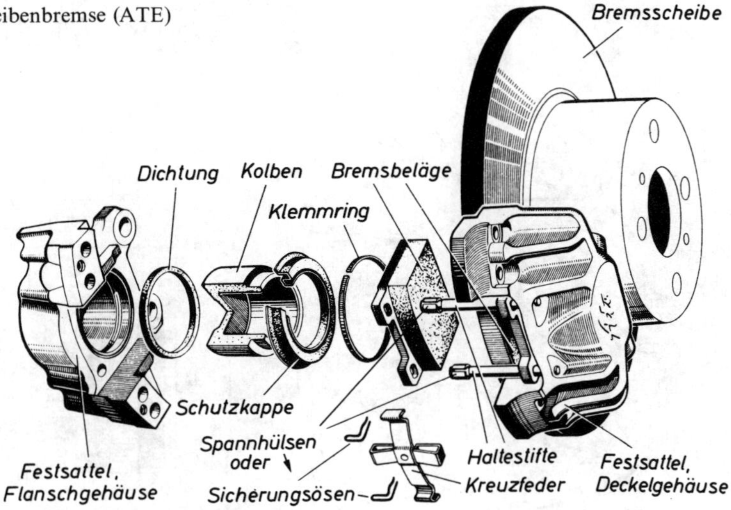

Festsattel-Scheibenbremse

Auf jeder Seite der Bremsscheibe befindet sich mindestens ein Kolben, der beim Bremsvorgang den zugehörigen Belag gegen die Scheibe preßt.

Schwimmrahmen-Scheibenbremse

Diese Ausführung besteht aus einem mit dem Achskörper verschraubten Halter und einem darauf schwimmend gelagerten Rahmen. Im Rahmen ist ein Zylindergehäuse (mit einem Kolben) eingepreßt (Bild 7.52).

Der Halter nimmt die Bremsbeläge auf und wirkt gleichzeitig als Abstützung gegen die auftretenden Umfangskräfte. Weil der Rahmen also nur die Zuspannkräfte überträgt, läßt er sich beim Bremsvorgang einwandfrei im Halter verschieben. Die Gleitbahnen des Rahmens sind in kreisbogenförmigen Nuten des Halters geführt, so daß ein Klemmen durch Schmutz und Rost verhindert wird.

Beim Bremsvorgang mit der Betriebsbremse verschiebt der Flüssigkeitsdruck den Kolben und preßt so den einen Belag gegen die Bremsscheibe. Gleichzeitig bewegt sich der Bremszylinder mit dem Rahmen in die entgegengesetzte Richtung. Der andere Belag wird also gegen die Bremsscheibe gezogen.

Das Lüftspiel ergibt sich nach dem Lösen der Bremse wie beim Festsattel.

Zu den Vorteilen der Schwimmrahmen-Scheibenbremse gehören:

1. Geringe Aufheizung der Bremsflüssigkeit,
2. Geringe Baugröße, die den negativen Lenkrollradius ermöglicht.

Die *Faustsattel-Scheibenbremse* stellt eine Weiterentwicklung in sehr kompakter Bauweise dar. Hierbei ist das Gehäuse, das mit dem Zylinder eine bauliche Einheit bildet (Bild 7.53), auf dem feststehenden Halter besonders leicht verschiebbar gelagert.

Nachstellung Die Rückstellung, Nachstellung und Abdichtung der Kolben im Sattel erfolgt bei der ATE-Scheibenbremse durch einen Gummiring.

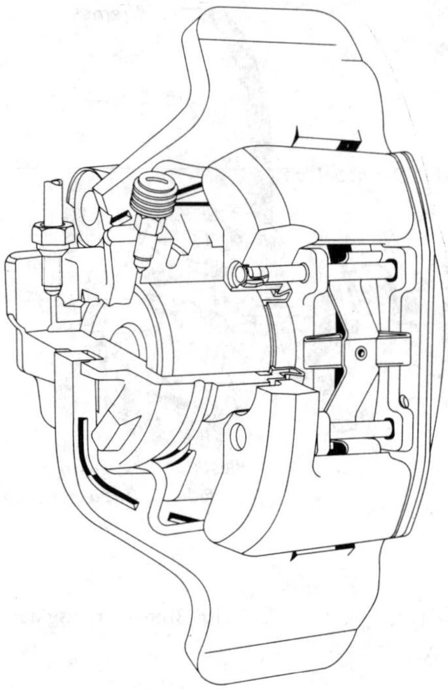

Bild 7.52 Schwimmrahmen-Scheibenbremse (ATE)

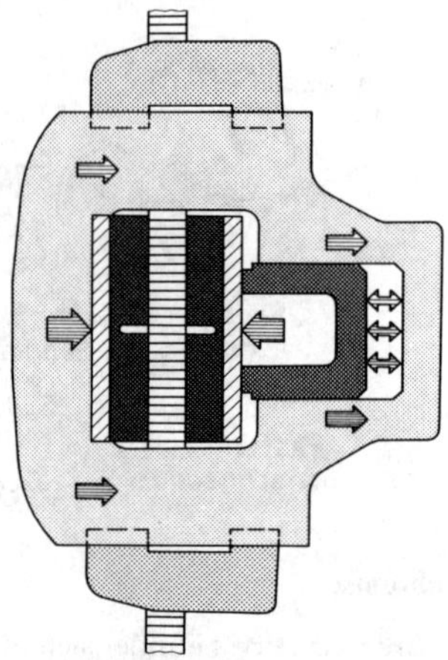

Bild 7.53 Funktionsschema einer Faustsattel-Scheibenbremse (ATE)

Der Gummiring wird beim Bremsvorgang vom Kolben einige $^1/_{100}$ mm in Richtung Bremsscheibe mitgenommen und ist damit verspannt. Darüber hinaus gleitet der Kolben durch den Gummiring hindurch, und die Bremse ist somit nachgestellt. Beim Lösen der Bremse wird der Kolben durch Entspannen des Gummirings um das Maß der Verspannung zurückgezogen, so daß sich der Belag von der Scheibe lösen kann (Bild 7.54).

Wartung der Bremsscheibe Ist eine Bremsscheibe an der Oberfläche beschädigt, so kann sie nachgeschliffen werden. Die Materialabnahme darf jedoch keinesfalls größer sein als der jeweilige Fahrzeughersteller für den betreffenden Fahrzeugtyp zuläßt. Als Anhaltspunkt dient die nachfolgende Tabelle:

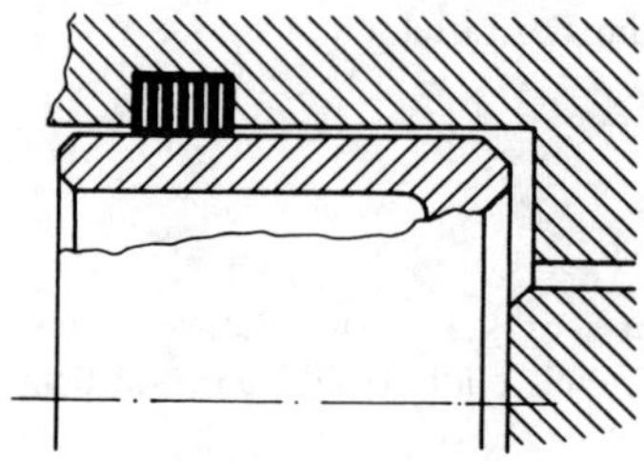

Ruhestellung des Gummiringes

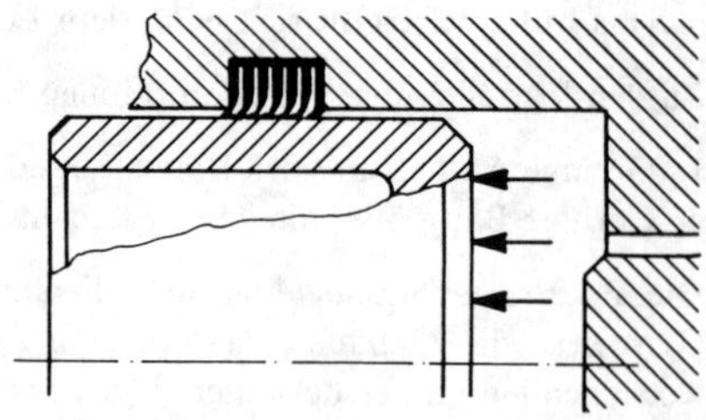

Bremsstellung des Gummiringes (ATE)

Bild 7.54 Funktion des Gummirings

Originalscheibendicke (mm)	Mindestscheibendicke (mm)
5,0	4,5
9,0	8,0
9,5	8,5
10,0	9,0
10,5	9,5
11,0	10,0
12,0	11,0
12,7	11,7
13,0	12,0
16,0	15,0
Bei innenbelüfteten Bremsscheiben	
19,0	18,0
20,0	19,0
22,0	21,0
24,0	23,0
26,0	25,0
32,0	31,0

Die zulässige Dickentoleranz über den Bremsflächen beträgt max. 0,02 mm bei einer Rauhtiefe von 4 µm (0,004 mm).

Der höchstzulässige Seitenschlag der Bremsscheibe, gemessen am größten Durchmesser der Bremsfläche, darf 0,20 mm betragen.

Die Kontrolle des Seitenschlages wird mit einer Meßuhr in Verbindung mit einem Meßuhrhalter durchgeführt. Das Meßergebnis kann durch ein zu großes Radlagerspiel verfälscht werden. Im Zweifelsfall ist daher auch das Radlagerspiel zu prüfen bzw. entsprechend den Vorschriften einzustellen.

Es ist besonders darauf zu achten, daß die Bremsscheibe, sofern sie mit dem Rad zusammen befestigt wird, mittels Radmuttern über Kreuz mit etwa 10 mkg (100 Nm) angezogen ist. Damit ein Scheibenverzug vermieden wird, müssen unter die Radmuttern plangedrehte Stahlscheiben gelegt werden. Beim Absprühen und dergleichen ist unbedingt darauf zu achten, daß Festsättel, Bremsscheiben und Bremsschläuche abgedeckt werden.

Erneuerung der Bremsbeläge Sollen die Beläge erneuert werden, so sind sie nach dem Entfernen der Haltestifte und der Kreuzfeder mit einem Ausziehhaken (möglichst mit Schlaggewicht) aus dem Sattelschacht herauszuziehen. Dann werden die Kolben mit der Kolbenrücksetzzange in die Gehäusebohrungen zurückgedrückt. Eventuell ist vorher Bremsflüssigkeit aus dem Ausgleichbehälter abzusaugen. Die neuen Bremsklötze werden in den Sattelschacht eingeführt und befestigt (Bilder 7.55 u. 7.56).

Beachte: Bremsbeläge müssen stets achsweise (gleiches Bremsverhalten) erneuert werden, wenn die Belagdicke (auch einseitig) nur noch 2 mm beträgt.

Es dürfen nur vom Fahrzeug- und Bremsenhersteller vorgeschriebene Bremsbeläge verwendet werden (Betriebserlaubnis). Sie sind auf das jeweilige Fahrzeug abgestimmt und gewährleisten ein gutes Bremsverhalten.

Bild 7.55 Zurückdrücken der Kolben mit der Kolbenrücksetzzange (ATE)

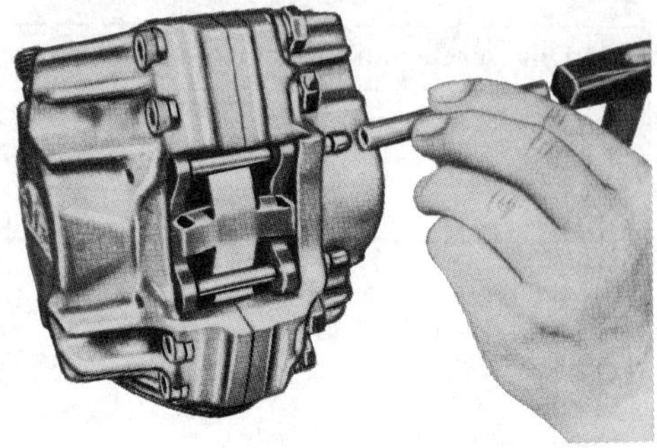

Bild 7.56 Einschlagen der Haltestifte mit Spannhülse mittels Hohldorn (ATE)

Achtung! Nach erfolgter Montage ist mit dem Bremspedal so lange zu pumpen, bis sich der ordnungsgemäße Druck einstellt. Die Kolben werden dabei bis auf das Lüftspiel in Richtung der Bremsscheibe bewegt. Wird dies nicht beachtet, so läßt sich das Pedal bei den ersten Betätigungen ohne Wirkung vollständig niedertreten.

7.6 Bremskraftverteilung

Die Fahrzeugbremse soll auf beiden Achsen so ausgelegt sein, daß auf trockener und griffiger Straße mit gewöhnlichem Kraftaufwand die größtmögliche Verzögerung und damit ein möglichst kurzer Bremsweg erreicht werden kann. Das ist nur möglich, wenn die Bremskraftverteilung zwischen den Achsen der Achslastverteilung entspricht und somit alle Räder gleichzeitig die Blockiergrenze erreichen.

Eine Überbremsung der Vorderachse bewirkt den Verlust der Lenkfähigkeit, eine Überbremsung der Hinterachse ein Schleudern des Fahrzeuges. In beiden Fällen verlängert sich der Bremsweg. Bei einem Pkw zum Beispiel verteilt sich das Fahrzeuggewicht auf die Vorder- und Hinterachse etwa in dem Verhältnis von 70% zu 30%. Bekanntlich senkt sich der vordere Teil des Fahrzeuges (Normalfall) beim Bremsvorgang, während sich der hintere Teil entsprechend hebt. Dabei wird die Vorderachse vom Schwerpunkt ausgehend verstärkt belastet und die Hinterachse gleichermaßen entlastet (Bild 7.57).

Weil aber die Bremskraft an der Hinterachse konstruktionsbedingt unverändert bleibt, neigen die Hinterräder vorzeitig zum Blockieren. Die Vorderräder können folglich nicht mehr voll ausgebremst werden.

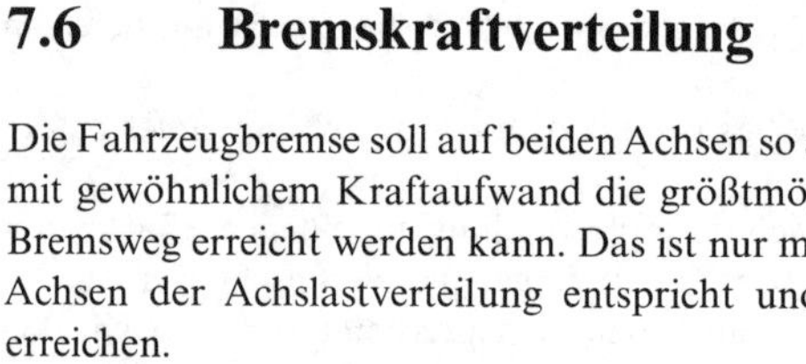

Bild 7.57 Beim Bremsen werden die Vorderräder durch die dynamische Gewichtsverteilung stärker belastet und können eine größere Bremskraft übertragen als die zum Teil entlasteten Hinterräder

Die Aufgabe des Fahrers ist es, das Bremspedal nicht voll, sondern entsprechend gefühlvoll, besonders bei nasser und schlüpfriger Fahrbahn, zu betätigen. Wird dies – z.B. bei einer Notbremsung – nicht beachtet, so erfolgt eine Überbremsung. Das Fahrzeug kann dabei schleudern oder/und seine Lenkbarkeit verlieren. Bei leerem Fahrzeug blockieren die Räder früher als bei Beladung.

Bei Stillstand des Fahrzeugs ist eine statische Gewichtsverteilung gegeben, die sich jedoch beim Bremsvorgang in eine dynamische Gewichtsverteilung verwandelt.

Sie vergrößert sich mit der Schwerpunkthöhe, mit dem Gewicht und mit der Geschwindigkeit des Fahrzeugs.

Weil sich also die Gewichtsverteilung laufend ändert, sollte sich auch die Bremskraftverteilung, möglichst verhältnisgleich, ändern.

7.6.1 Bremskraftverteiler

Bremskraftverteiler werden bei hydraulischen Bremsen, zwecks Anpassung der Bremskraft an die Achslast, zwischen dem Hauptzylinder und den Radzylindern der Hinterachse eingebaut (Bild 7.58). Sie bewirken eine Druckbegrenzung für die Hinterradbremsen und ermöglichen eine Druckerhöhung für die Vorderradbremsen. So nähert man sich bei trockener Fahrbahn der idealen Abbremsung, d.h., der Bremsweg wird verkürzt und das Fahrzeug stabilisiert.

Bild 7.58 Bremsanlage mit Bremskraftbegrenzer

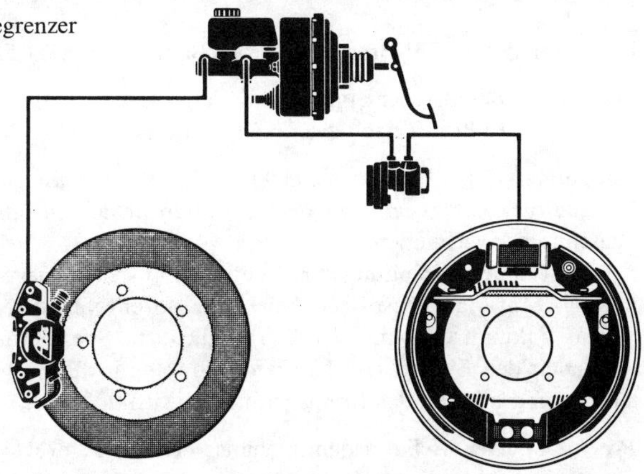

1. Bremskraftbegrenzer Der Bremskraftbegrenzer wird auf einen bestimmten, zur Achslast passenden Wert fest eingestellt.

Erreicht der Bremsdruck an der Hinterachse diesen Wert, so wird der weitere Druckanstieg durch völlige Sperrung verhindert.

2. Bremskraftregler mit Umschaltpunkt Beim Bremskraftregler erfolgt der ungehinderte Druckaufbau für die Hinterachse bis zum fest eingestellten Umschaltpunkt. Anschließend ist nur ein reduzierter Druckaufbau möglich.

3. Lastabhängiger Bremskraftverteiler (mit achslastgesteuertem Umschaltpunkt) Der lastabhängige Bremskraftverteiler arbeitet eigentlich wie der Bremskraftregler. Da er durch ein Gestänge mit der Hinterachse in Verbindung steht, wird der Umschaltpunkt automatisch der jeweiligen Achslast angepaßt.

4. Bremskraftregler mit hydraulischer Sperre Es handelt sich um die Kombination eines einfachen Bremskraftreglers und einer Sperrvorrichtung, die für hydraulische Zweikreisbremsen verwendet werden kann. Sie gewährt der Vorderachse beim Bremsvorgang den vollen und der Hinterachse einen reduzierten Druckaufbau. Fällt der Bremskreis für die Vorderachse aus, so ermöglicht der Sperrkolben den vollen Druckaufbau für die Hinterachse.

7.7 Bremsverstärker

Die Fußkraft des Fahrers muß unterstützt werden, wenn die volle Bremswirkung des an sich einwandfreien Fahrzeuges nicht ohne Schwierigkeiten erreicht wird. Es handelt sich also genaugenommen um Fußkraftunterstützungsgeräte. Versagt ein solches Gerät, so läßt sich das betreffende Fahrzeug mit reiner Fußkraft weiterhin abbremsen. Der erforderliche Kraftaufwand ist dabei natürlich erheblich größer.

Es gibt:

1. Saugluftverstärker
2. Hydraulikverstärker
3. Druckluftverstärker

7.7.1 Saugluftverstärker

Bei uns sind die ATE-Bremsgeräte der Baureihe T 50, T 51, T 52 und T 53 am bekanntesten.

Beachte: Beim Abschleppen eines Fahrzeuges mit stehendem Motor ist die Unterstützung der Fußkraft nach zwei bis drei Bremsungen nicht mehr vorhanden.

Saugluftverstärker benötigen eine Unterdruckquelle und sind deshalb durch einen Schlauch und ein Vakuumrückschlagventil mit dem Ansaugrohr des Ottomotors oder mit der Vakuumpumpe des Dieselmotors verbunden.

Die Schlauchverbindung darf nicht undicht sein, da der Saugluftverstärker sonst unwirksam wird und der Motorlauf, besonders bei Leerlaufdrehzahl, gestört ist.

Das Vakuumrückschlagventil ermöglicht die Speicherung des Unterdruckes im Verstärker und verhindert den Eintritt von Kraftstoffdämpfen ins Bremsgerät. Kraftstoffdämpfe greifen Gummiteile an und können das Bremsgerät zum Ausfall bringen.

Beachte: Der Pfeil auf dem Gehäuse des Vakuumrückschlagventils muß zur Unterdruckquelle führen.

Das Vakuumrückschlagventil soll möglichst nah am Saugrohr im ansteigenden Ast vor der ersten Schlauchbiegung angeordnet sein.

Prüfung des Rückschlagventils Prüft man bei einem Unterdruck von etwa 0,7 bar und bei abgestelltem Motor zwischen dem Saugluftverstärker und dem Rückschlagventil, so darf der Unterdruck in 30 s nicht mehr als 0,2 bar abfallen.

Funktionskontrolle eines Saugluftverstärkers Das Bremspedal wird bei abgestelltem Motor bis zu 10mal betätigt, um eventuell noch vorhandenen Unterdruck restlos abzubauen. Anschließend drückt man es mit geringer Fußkraft ein wenig nieder, hält es in dieser Stellung fest und läßt den Motor laufen. Ist der Verstärker funktionsfähig, so bewegt sich das Bremspedal automatisch weiter in Richtung Bodenblech.

Bild 7.59 Bremsanlage mit Bremsgerät T 50

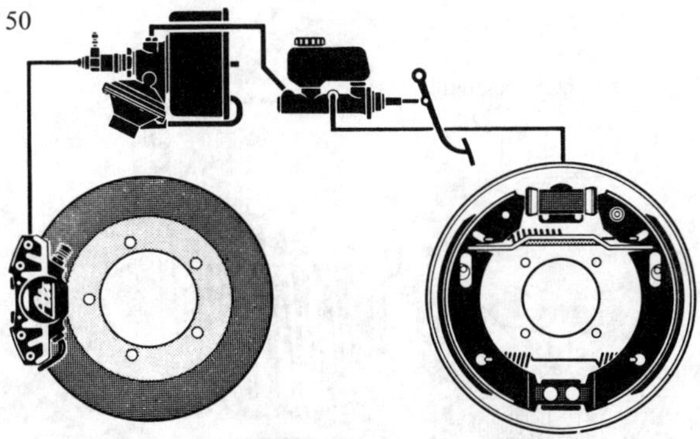

Bild 7.60 Bremsanlage mit Bremsgerät T 51

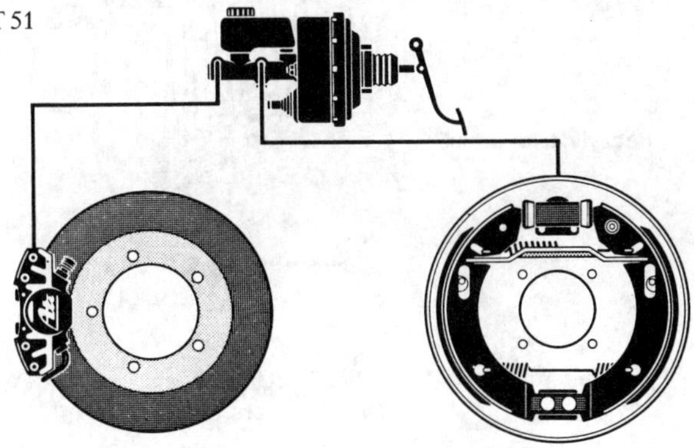

Bremsgerät T 50

Das T 50-Gerät wird durch den hydraulischen Druck des Hauptzylinders (Bild 7.59) gesteuert. Dieser Druck betätigt gleichzeitig den Hilfshauptzylinder, so daß die Funktionsfähigkeit der Bremsanlage auch beim Versagen des Saugluftverstärkers gewährleistet ist.

Das T 50-Gerät arbeitet sonst wie das T 51-Gerät, wird aber nicht mehr in Neufahrzeuge eingebaut.

Bremsgerät T 51

Das T 51-Gerät wird mechanisch betätigt, ist nicht zerlegbar und wird nicht im Austausch geliefert. Bei Ausfall der Verstärkung kann das Fahrzeug noch mit der Fußkraft abgebremst werden (Bild 7.60).

Lösestellung Der Arbeitskolben befindet sich durch die Kraft der Kolbenrückführfeder in der Ruhestellung (Bild 7.61). Die Druckfeder hält den Ventilkolben und die Kolbenstange in der rechten Endstellung. Dabei ist der Außendurchlaß geschlossen und der Unterdruckkanal geöffnet. Der geöffnete Unterdruckkanal verbindet beide Kammern. Wird bei laufendem Motor über den Saugluftanschluß Luft abgesaugt, so entsteht in beiden Kammern ein gleich großer Unterdruck von max. 0,8 bar. Der Arbeitskolben verändert seine Stellung nicht, da Druckgleichheit besteht.

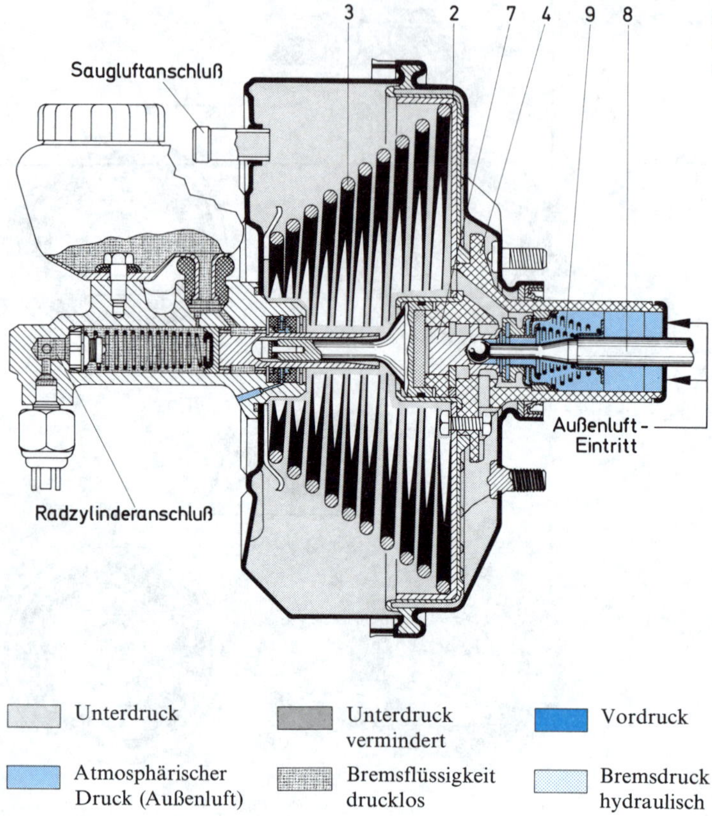

Bild 7.61 Bremsgerät T 51 in Lösestellung = Fahrstellung (ATE)

1 Unterdruckzylinder
2 Arbeitskolben
3 Kolbenrückführfeder
4 Steuergehäuse
5 Druckstange
6 Reaktionsscheibe
7 Ventilkolben
8 Kolbenstange
9 Druckfeder
10 Tellerventil
11 Unterdruckkanal
12 Steuerbohrung

Teilbremsung Bei Bremsbetätigung wird die Kolbenstange mit dem Ventilkolben gegen die Kraft der Druckfeder nach links bewegt. Die Druckfeder schiebt das Tellerventil gegen den Sitz des Steuergehäuses. Der Unterdruckkanal ist geschlossen, und die Kammern stehen nicht mehr in Verbindung. Das Fahrzeug ist durch Fußkraft mit etwa 5 bar vorgebremst. Anschließend hebt der Ventilkolben vom Tellerventil (Außenluftdurchlaß) ab, so daß Außenluft durch die Steuerbohrung in die rechte Kammer gelangt. Die sich aus beiden Kammern ergebende Druckdifferenz wirkt auf den Arbeitskolben. Er wird gegen die Kraft der Kolbenrückführfeder in die Richtung des Hauptzylinders bewegt. Der im Hauptzylinder entstehende Flüssigkeitsdruck wirkt über den Kolben, die Druckstange, die Reaktionsscheibe auf den Ventilkolben und verschiebt ihn nach rechts, bis er das Tellerventil berührt. Dabei sind der Unterdruckkanal und der Außenluftdurchlaß geschlossen (Bremsabschlußstellung) (Bild 7.62).

Vollbremsung Bei voller Bremsbetätigung ist der Außenluftdurchlaß für die Dauer der Vollbremsung geöffnet. In der rechten Kammer wird der Unterdruck durch einströmende Außenluft (Atmosphäre) restlos abgebaut, in der linken Kammer bleibt er erhalten. Jetzt ist die Verstärkung am größten (Bild 7.63).

Bild 7.62 Teilbremsung

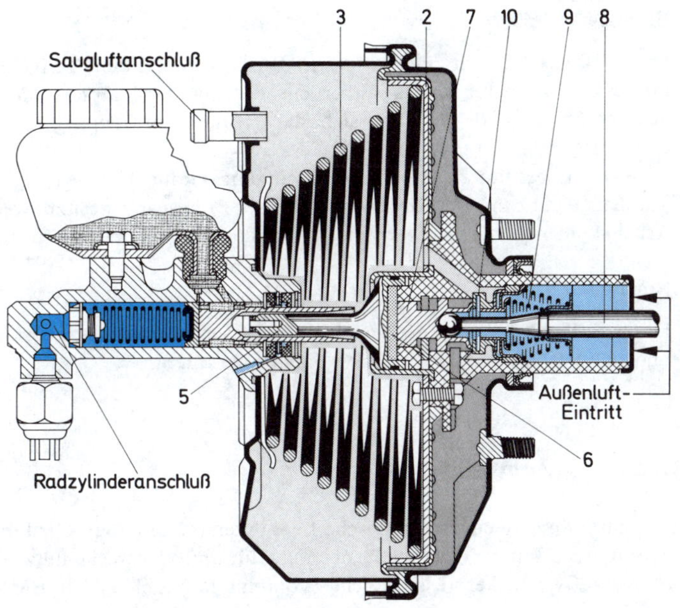

Bild 7.63 Vollbremsung

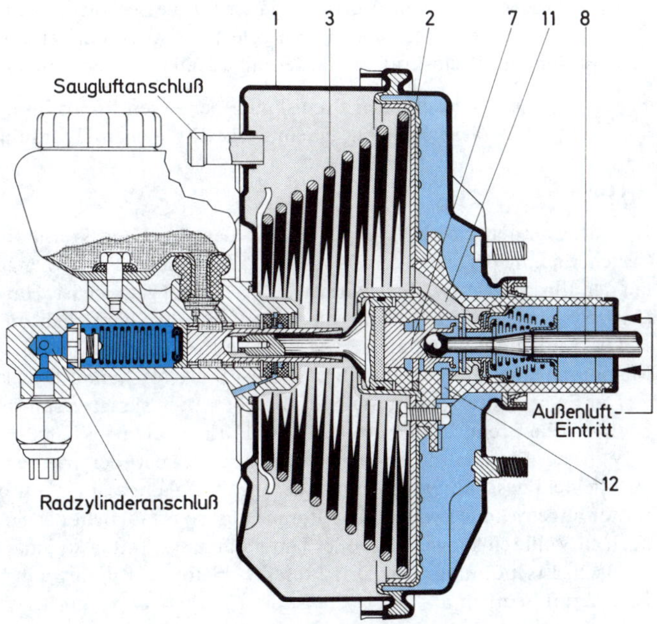

Bremsgerät T 52

Dieses Bremsgerät entspricht in seiner Wirkungsweise dem T 51-Gerät. Es ist jedoch leichter und kompakter ausgeführt. Da außerdem der Tandemhauptzylinder zum Teil vom Bremsgerät aufgenommen wird, verkürzt sich die gesamte Baugruppe. Dies ist Voraussetzung für eine platzsparende Bauweise.

Werden besonders große Unterstützungskräfte benötigt, so kommt das T 52-Gerät in Tandemausführung zur Anwendung. Dieses Bremsgerät besitzt zwei fest miteinander verbundene Arbeitskolben, d.h., die wirksame Kolbenfläche ist doppelt so groß.

Bremsgerät T 53

Das T 53-Gerät besitzt einen geänderten inneren Aufbau, der abermals eine Gewichtsverringerung und eine Verkürzung der gesamten Baugruppe zuläßt.

7.7.2 Zentralhydraulik

Hat ein Fahrzeug eine hydraulische Lenkunterstützung (Servolenkung), so läßt sich der durch die hydraulische Pumpe erzeugte Druck auch für andere Zwecke nutzen, z.B. für einen hydraulischen Bremskraftverstärker. Eine solche Kombination gibt es bei BMW-Fahrzeugen der 7er-Reihe serienmäßig.

Hydraulische Bremskraftverstärkungsanlage H-31

Die Anlage H-31 (Bild 7.64) setzt sich aus folgenden Aggregaten zusammen:

- ☐ hydraulische Pumpe mit Vorratsbehälter für die Servolenkung (1, 2, 5);
- ☐ druckgesteuerter Stromregler (DS-Regler) mit Warnschalter und Druckspeicher (3, 4);
- ☐ hydraulischer Bremskraftverstärker mit angeflanschtem Tandemhauptzylinder (6, 7).

Beachte: Die hydraulischen Bremskreise benötigen Bremsflüssigkeit, während der hydraulische Verstärkerkreis mit einem vorgeschriebenen Hydrauliköl arbeitet.

Arbeitsweise

Der druckgesteuerte Stromregler ist in den Lenkungskreislauf geschaltet. Er zweigt für die Speicherladung bei laufendem Motor 10 % der Pumpenfördermenge ab, wenn der Speicher leer oder auf den Einschalt- bzw. Zuschaltdruck (36 + 5 bar) gefallen ist. Hat der Speicher den Abschaltdruck (52 + 5 bar) erreicht, so gelangt die volle Pumpenfördermenge zur Servolenkung.

Die Aufladung ist möglich, weil der Speicher (ca. 10 cm großer Stahlkugelbehälter) durch eine Membrane unterteilt und einseitig mit Gas (Stickstoff) unter Druck gefüllt ist.

Der Speicherdruck steht am hydraulischen Bremskraftverstärker auf Abruf zur Verfügung. Der hydraulische Bremsdruck beträgt 90 bis 110 bar bei 20 kg (200 N) Fußkraft.

Wird der Einschaltdruck unterschritten, so reagiert der Warndruckschalter am Stromregler und im Blickfeld des Fahrers leuchtet eine rote Warnlampe auf. Fällt die durch einen Keilriemen vom Motor angetriebene hydraulische Pumpe aus, so ermöglicht der Speicher durch seine Druckreserve noch elf Vollbremsungen mit voller Unterstützungskraft, also 5 mal mehr als ein Saugluftverstärker.

Nach Erschöpfung der Druckreserve bleibt das Fahrzeug bremsfähig, jedoch nimmt die Bremskraft deutlich ab, wobei die Fußkraft erheblich vergrößert werden muß.

Vorteile der Anlage H-31:

1. kompakte Bauweise,
2. mehr Sicherheit durch verkürzte Bremswege infolge verkürzter Ansprechzeit,
3. mehr Betriebssicherheit durch große Druckreserve des Speichers.

Allgemeine Funktionsprüfung

Das Bremspedal ist bei abgestelltem Motor zwecks Entleerung des Druckspeichers 20mal – wie bei einer Vollbremsung – zu betätigen und anschließend mit geringem Kraftaufwand festzuhalten. Wird dann der Motor gestartet, so muß sich das Bremspedal spürbar und sichtbar senken. Ist das nicht der Fall, so sind der Bremskraftverstärker, der Stromregler, der Druckspeicher bzw. die hydraulische Pumpe lt. Fahrzeugherstellerangaben zu überprüfen.

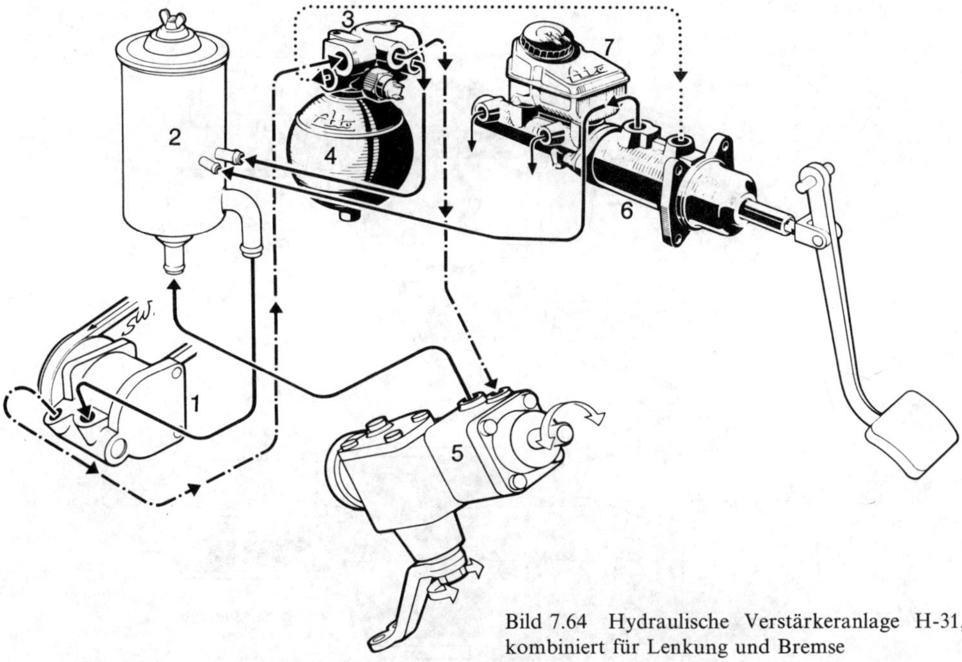

Bild 7.64 Hydraulische Verstärkeranlage H-31, kombiniert für Lenkung und Bremse

Defekte Aggregate sind grundsätzlich auszutauschen. Vorher muß jedoch der Druckspeicher bei abgestelltem Motor durch ca. 20 Bremsbetätigungen, die je einer Vollbremsung entsprechen, entleert werden.

Wurde ein Aggregat erneuert, so ist der Vorratsbehälter bis 1 cm unterhalb der Oberkante aufzufüllen. Nach dem Anlassen des Motors sollen die Lenkung und die Bremse zwecks Entlüftung betätigt werden. Es ist dafür zweckmäßig, die Rücklaufleitung zu lösen und das Öl aufzufangen. Der Ölstand im Nachfüllbehälter muß, falls erforderlich, ergänzt werden. Er darf bei geladenem Speicher die Markierung nicht überschreiten.

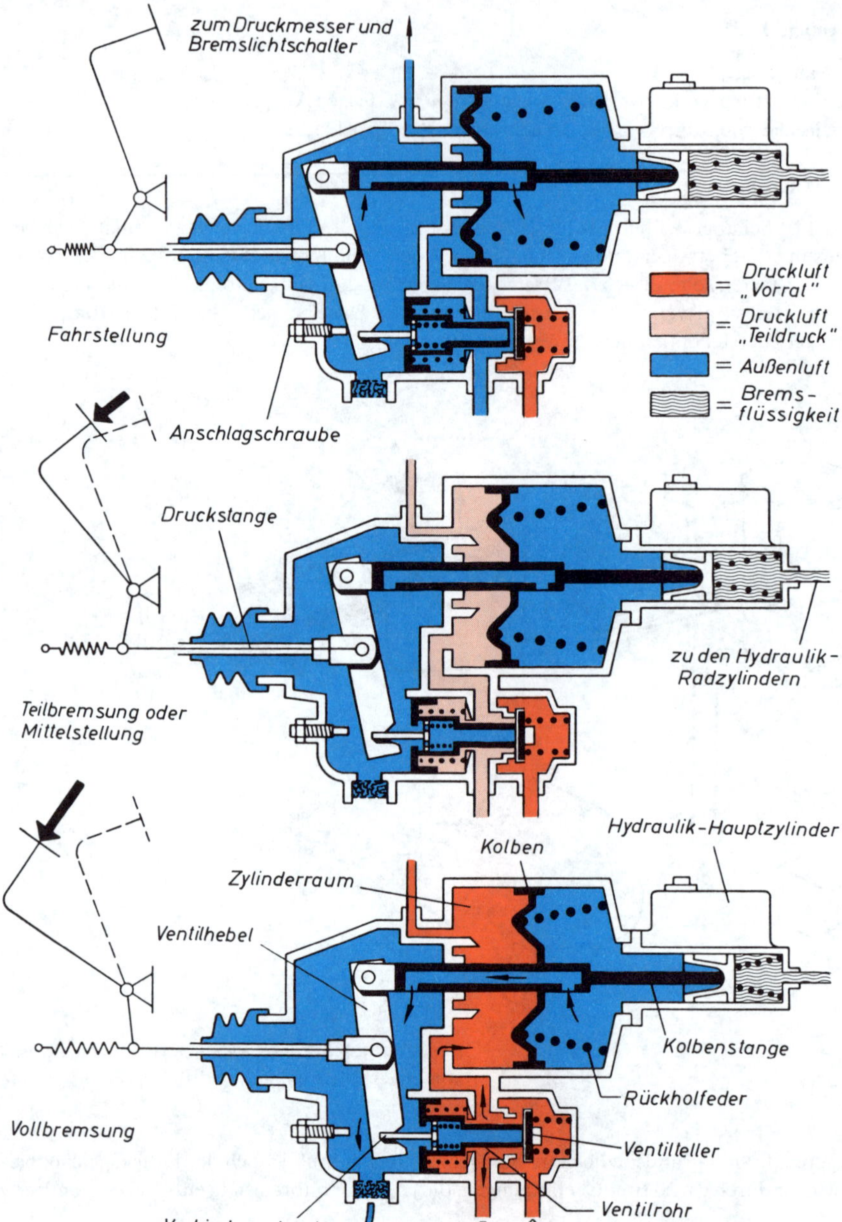

Bild 7.65 Wirkungsweise des Einkammer-Bremsverstärkers (Bosch)

Einzelprüfungen

Dichtheitsprüfung Druckspeicher bei abgestelltem Motor durch ca. 20 Bremsbetätigungen, die je einer Vollbremsung entsprechen, entleeren. Warnschalter am Stromregler ausbauen und dort ein geeignetes Prüfmanometer anschließen. Motor starten und nach Erreichung des Abschaltdruckes (52 + 5 bar am Prüfmanometer) wieder abstellen.

Fällt der angezeigte Druck in 5 min um mehr als 5 bar, ist die Rücklaufleitung am Stromregler zu lösen. Tritt dort Lecköl aus, so ist der Stromregler defekt, tritt kein Öl aus, so ist der Verstärker defekt.

Funktionsprüfung

Druckspeicher wie bei der Dichtheitsprüfung entleeren. Das Manometer muß nach dem Starten des Motors gleich 22 + 2 bar anzeigen, andernfalls ist der Hydrospeicher defekt.

Schaltet der Stromregler lt. Prüfmanometer nicht bei 52 + 5 bar ab und bei Senkung des Wertes durch Bremsung bei 36 + 5 bar ein, so ist der Stromregler defekt.

Verstärker Wird ein Druckprüfer an die Betriebsbremse angeschlossen und entlüftet sowie das Bremspedal lt. Pedalkraftmesser bei laufendem Motor = voller Speicher mit 20 kg (200 N) Fußkraft belastet, muß der Leitungsdruck der Betriebsbremse 90 bis 110 bar betragen. Wird dies bei einwandfreier Betriebsbremse nicht erreicht, so ist der Verstärker defekt.

7.7.3 Druckluftverstärker

Reicht die Fußkraft des Fahrers zur Betätigung der hydraulischen Bremse eines Lkw nicht aus, so wird sie z.B. durch einen Einkammer-Bremsverstärker unterstützt.

Der Anhänger wird dabei mit Druckluft allein gebremst.

Einkammer-Bremsverstärker

Dieser Bremsverstärker arbeitet mit Druckluft, und zwar mit Druckanstieg. Fällt die Druckluft aus, so kann das Fahrzeug mit erhöhter Fußkraft noch abgebremst werden.

Aufbau Der Einkammer-Bremsverstärker besteht aus einem Druckluft-Bremszylinder mit eingebautem Bremsventil und angeflanschtem Hydraulikhauptzylinder (Bild 7.65).

Die Kolbenstange des Druckluft-Bremszylinders wirkt direkt auf den Kolben des Hauptzylinders und steht über den Ventilhebel mit dem Bremsventil in Verbindung. An den Ventilhebel ist die Druckstange zum Bremspedal über einen Gabelkopf angelenkt. Der vordere Raum des Bremszylinders ist druckdicht ausgeführt, während der hintere Raum eine Verbindung über die hohle Kolbenstange zum Hebelgehäuse und über das Luftfilter ins Freie hat.

Der Kolben wird durch die Rückholfeder in der Ruhelage erschütterungsfrei gehalten. Das Bremsventil besteht aus dem Ventilrohr, dem Ventilsitz und dem federbelasteten Ventilteller. Der Ventilhebel liegt in der Ruhelage an der einstellbaren Anschlagschraube.

Wirkungsweise

Fahrstellung Der Ventilteller liegt auf dem Gehäusesitz, das Einlaßventil ist geschlossen, so daß nur in der rechten Ventilkammer Druckluft steht. Der vordere Raum des Bremszylinders (links) steht über die linke Ventilkammer, das Ventilrohr und das Luftfilter mit der Außenluft in Verbindung.

Bremsvorgang Wird das Bremspedal betätigt, so dreht sich der Ventilhebel um den Bolzen in der Kolbenstange. Das Ventilrohr wird über die Verbindungslasche und die im größeren Durchmesser des Ventilrohres eingebaute Feder nach rechts verschoben und legt sich zunächst auf den Ventilteller. Dadurch ist die Verbindung zwischen der vorderen Kammer des Bremszylinders und der Außenluft getrennt. Im weiteren Verlauf wird der Ventilteller vom Gehäusesitz abgehoben, also das Einlaßventil geöffnet. Die Druckluft strömt dann in die linke Ventilkammer und in die vordere Kammer des Bremsverstärkers. Der Kolben bewegt sich nach rechts, und die Druckstange drückt auf den Kolben des Hauptzylinders. Gleichzeitig strömt Druckluft durch den Ringspalt zwischen Kolbenrohr und Ventilsitz vor den Ventilkolben. Die entstehende Kolbenkraft ist am Bremspedal spürbar und bewirkt, daß der Ventilkolben so weit nach links bewegt wird, bis der Ventilteller auf seinem Gehäusesitz aufliegt. Auslaß und Einlaß sind geschlossen, dadurch ist eine Teilbremsung oder Bremsabschlußstellung erreicht. Jetzt ist ein Teildruck aufgebaut, der weder steigen noch fallen kann. Der Ventilhebel dreht sich dabei um den Gabelkopf des Bremspedals.

Wird stärker gebremst, so schwenkt der Ventilhebel wieder um den Bolzen in der Kolbenstange. Das Ventilrohr hebt den Ventilteller erneut von seinem Gehäusesitz ab, und es kann sich in der vorderen Kammer des Bremsverstärkers ein größerer Druck aufbauen.

Lösevorgang Gibt der Fahrer den Pedalweg frei, so wird kein Druck mehr auf den Ventilhebel und das Ventilrohr ausgeübt. Das Ventilrohr wird dann durch die Feder nach links bewegt, und der Ventilteller legt sich auf seinen Sitz. Das Einlaßventil ist also geschlossen, und es kann keine Druckluft mehr in den Bremszylinder strömen. Da auch das Kolbenrohr vom Ventilteller abhebt (Auslaß öffnet), wird die vordere Kammer des Bremsverstärkers über das Kolbenrohr und das Luftfilter ins Freie entlüftet.

7.8 Anhängerbremsen

Zur Erhaltung der Verkehrssicherheit ist es nötig, Anhänger ab einem bestimmten Gesamtgewicht mit einer ausreichenden eigenen Bremse auszurüsten. So wird zum Beispiel die Hydrakup-Anlage für Anhänger verwendet.

Gesetzliche Bestimmungen

Hinter Krafträdern und Pkw dürfen Anhänger ohne eine ausreichende eigene Bremse nur mitgeführt werden, wenn das ziehende Fahrzeug eine Allradbremse und der Anhänger nur eine Achse hat. Die Anhängelast darf höchstens die Hälfte des um 75 kg erhöhten Leergewichtes, jedoch nicht mehr als 750 kg betragen.

Beispiel: Ein Pkw hat ein Leergewicht von 1000 kg. Die Anhängelast für den ungebremsten Anhänger darf dann höchstens

$$\frac{1000\,\text{kg} + 75\,\text{kg}}{2} = 537{,}5\,\text{kg betragen.}$$

Hinter anderen Kraftfahrzeugen (ausgenommen Zugmaschinen und Kraftomnibusse) darf nach § 41 Abs. 11 StVZO ein ungebremster einachsiger Anhänger nur dann mitgeführt werden, wenn die Achslast des Anhängers die Hälfte des Leergewichts des ziehenden Fahrzeugs, jedoch 3 t nicht übersteigt. Außerdem darf ein ungebremster Anhänger nicht mehr wiegen als der Hersteller des Motorwagens als Anhängelast genehmigt. Diese Einschränkung ergibt sich aus Erfahrungswerten des Herstellers hinsichtlich der Haltbarkeit des Motorwagen-Fahrgestells.

7.8.1 Hydrakup – Hydraulische Bremskupplung

Die Hydrakup besteht aus zwei hydraulischen Zylindern, nämlich aus dem Motorwagenkopf MK und dem Anhängerkopf AK (Bild 7.66). Der MK ist am Motorwagen befestigt und an dessen hydraulisches Bremssystem angeschlossen. Er ist praktisch ein zusätzlicher Radzylinder. Beim Bremsvorgang darf der MK das Bremsflüssigkeitsvolumen des Motorwagens auch bei maximalem Hub nur so weit beanspruchen, daß eine Pedalwegreserve von 25 % erhalten bleibt.

Reicht das Flüssigkeitsvolumen des Motorwagens nicht aus, um die Hydrakup bei der angegebenen Pedalwegreserve voll zu betätigen, so kann ein größerer Hauptzylinder oder ein Bremsgerät (T 50) eingebaut werden. Zur Steuerung des Bremsgerätes wird vom Hauptzylinder nur eine geringe Flüssigkeitsmenge benötigt (etwa 0,5 cm^3). Der AK ist durch einen Schlauch mit dem eigenen hydraulischen Bremssystem des Anhängers verbunden. Es ist ein Hauptzylinder, der im gekuppelten Zustand vom MK mechanisch betätigt wird. Das Kuppeln erfolgt, indem der AK an den MK geschoben und verdreht wird (Bild 7.67). Durch eine bajonettartige Anordnung und einen federbelasteten Riegel wird die Stellung gesichert. Die Zapfen der Kolben des MK und des AK treffen in gekuppelter Stellung aufeinander. Wird der Anhänger abgekuppelt, so kann der AK in einen Halteflansch eingekuppelt werden. In den MK wird dann anstelle des AK ein Deckel gekuppelt, der als Anschlag für den Zapfen dient. Dabei bleiben beide Bremssysteme abgedichtet. Bei Ausfall der Anhängerbremse bleibt die Bremsfähigkeit des Motorwagens erhalten. In der Verschraubung des AK befindet sich ein Gummibalg, der einen Flüssigkeitsverlust über die Belüftungsbohrung verhindert und den Volumenausgleich der Bremsflüssigkeit bei Temperaturschwankungen ermöglicht. Der Behälter wird bis 1 cm unterhalb der Oberkante aufgefüllt.

Bild 7.66 Hydraulische Bremskupplung (ATE)

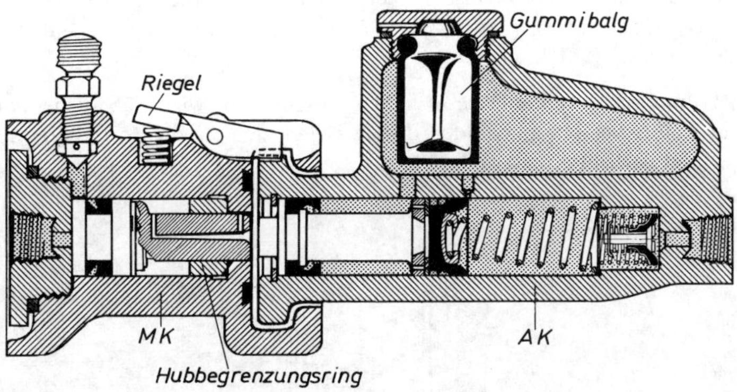

Motorwagen- und Anhängerkopf müssen aufeinander abgestimmt sein. Dabei geht man von der Bremswirkung des Anhängers aus. Die Bremse des Anhängers ist so ausgelegt, daß dieser bei einem Leitungsdruck von 100 bar eine mittlere Verzögerung von 5 m/s^2 erreicht. Im Motorwagen sucht man dann den Druck, bei dem dessen mittlere Verzögerung ebenfalls 5 m/s^2 beträgt. Entsprechend diesem Druck wird dann der Kolbendurchmesser des MK ausgelegt. Weil bei den verschiedenen Motorwagen der Leitungsdruck bei der genannten Verzögerung zwischen 50 und 120 bar schwankt, sind die Kolbendurchmesser der MK verschieden. Dadurch wird auf den AK immer die gleiche Kraft ausgeübt.

Bild 7.67 Hubschild, links für den AK und rechts für den MK

Sollen Motorwagen und Anhänger miteinander verbunden werden, müssen die Hublängen der Kupplungsköpfe zueinanderpassen. Die Hublänge des AK ist von der Radzylindergröße abhängig und wird vom Anhängerhersteller bzw. bei nachträglichem Einbau von der Werkstatt in das Hubschild des AK eingeschlagen. Die Hublänge des MK kann durch Verwendung verschiedener Hubbegrenzungsringe angepaßt werden (Bild 7.66).

Tritt der Fahrer auf das Bremspedal, so pflanzt sich der erzeugte hydraulische Druck bis zu den Radzylindern des Motorwagens und zum MK der Hydrakup fort. Dadurch wird der Kolben im MK betätigt, der den Kolben des AK weiterschiebt. Dieser drückt auf die Bremsflüssigkeit, so daß sich der im Leitungssystem des Anhängers entstehende Druck bis zu dessen Radzylindern fortpflanzt.

7.8.2 Auflaufbremsen

Gemäß § 41 Abs. 10 der StVZO sind Auflaufbremsen nur an Anhängern mit einem zulässigen Gesamtgewicht bis zu 8 t zulässig.

Beim Abbremsen des Zugfahrzeugs entsteht, hervorgerufen durch das Massenbeharrungsvermögen des Anhängers, eine axial wirkende Auflaufkraft.

Mechanische Auflaufbremse Die mechanische Auflaufbremse nutzt diese Auflaufkraft aus und überträgt sie mittels Gestänge und Hebel auf die Bremsen des Anhängers. Außerdem wirkt sie als Fallbremse (Bild 7.68).

Hydraulische Auflaufbremse Die Auflaufkraft wirkt über die Anhängerzuggabel auf einen hydraulischen Hauptzylinder, dessen Druck sich auf die Radzylinder fortpflanzt. Die Abbremsung erfolgt gewichts- bzw. lastabhängig.

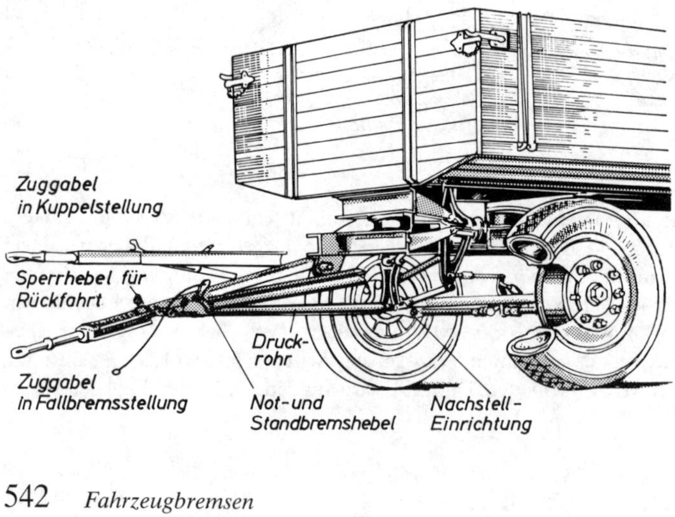

Bild 7.68 Mechanische Auflaufbremse

7.9 Druckluftbremsen

Bei schweren Lastkraftwagen und Anhängern sowie Zugmaschinen und Sattelkraftfahrzeugen reichen die Fußkräfte des Fahrers zur Erzeugung der Bremskräfte nicht aus. Hier sind hydraulische Bremsen mit Druckluftunterstützung (kombinierte Bremsen) oder Druckluftbremsen erforderlich. Druckluftbremsen gibt es als Ein- und Zweileitungsbremsen. Sie bestehen aus einer Drucklufterzeugungsanlage, einer Bremsanlage für den Motorwagen und einer Bremsanlage für den Anhänger.

Die *Drucklufterzeugungsanlage* soll ein bestimmtes Luftvolumen mit einem bestimmten Druck zur Verfügung stellen. Das Luftvolumen ist erforderlich, um kurzzeitig mehrere Bremsungen ausführen zu können. Hierbei müssen kurze Ansprech- und Schwellzeiten erreicht werden.

Die Höhe des Vorratsdruckes entscheidet darüber, ob ein druckluftgebremstes Fahrzeug wunschgemäß abgebremst werden kann.

Die *Bremsanlagen des Motorwagens und des Anhängers* sollen feinfühlige und abstufbare Abbremsungen des Lastzugs ermöglichen.

Begriffserklärungen

Bremsanlage Es ist eine Einrichtung, die wahlweise

a) die Geschwindigkeit eines Fahrzeugs verringern,
b) das Fahrzeug bis zum Stillstand abbremsen und
c) das abgestellte Fahrzeug gegen ungewolltes Wegrollen sichern kann.

Betriebsbremsanlage Abstufbare Bremsanlage, die bei normalem Fahrbetrieb benutzt wird.

Hilfsbremsanlage Abstufbare Bremsanlage, die bei Versagen der Betriebsbremse eingesetzt werden kann.

Feststellbremsanlage Bremsanlage, die das stehende Fahrzeug auch bei geneigter Fahrbahn gegen Wegrollen sichert, so daß der Fahrer das Fahrzeug verlassen kann.

Verlangsamer (Retarder) Einrichtung zur Verringerung der Geschwindigkeit, die das Fahrzeug jedoch nicht bis zum Stillstand abbremsen kann (siehe Dauerbremse).

Anschlußbezeichnungen für Druckluftgeräte Die Anschlüsse, bisher mit Buchstaben versehen, sind bei Neukonstruktionen beziffert. Dabei werden ein- und zweistellige Zahlen mit folgender Bedeutung verwendet:

0 = Ansauganschluß
1 = Energiezufluß
2 = Energieabfluß (nicht zur Atmosphäre)
3 = Atmosphärenanschluß
4 = Steueranschluß
5 = frei
6 = frei
7 = Frostschutzmittelanschluß
8 = Schmierölanschluß (Luftpresser)
9 = Kühlwasseranschluß (Luftpresser)

Sind mehrere *gleichartige* Anschlüsse vorhanden, so wird ihre Anzahl lückenlos von 1 beginnend durch die zweite Ziffer angegeben.

Das Vierkreisschutzventil trägt z. B. die Zahlen 21, 22, 23 und 24. Die Bedeutung der zweiten Ziffer *kann* vom Hersteller frei gewählt werden. *Ausgenommen* sind die Anschlüsse

81 = Schmierölzufluß
82 = Schmierölabfluß
91 = Kühlwasserzufluß
92 = Kühlwasserabfluß

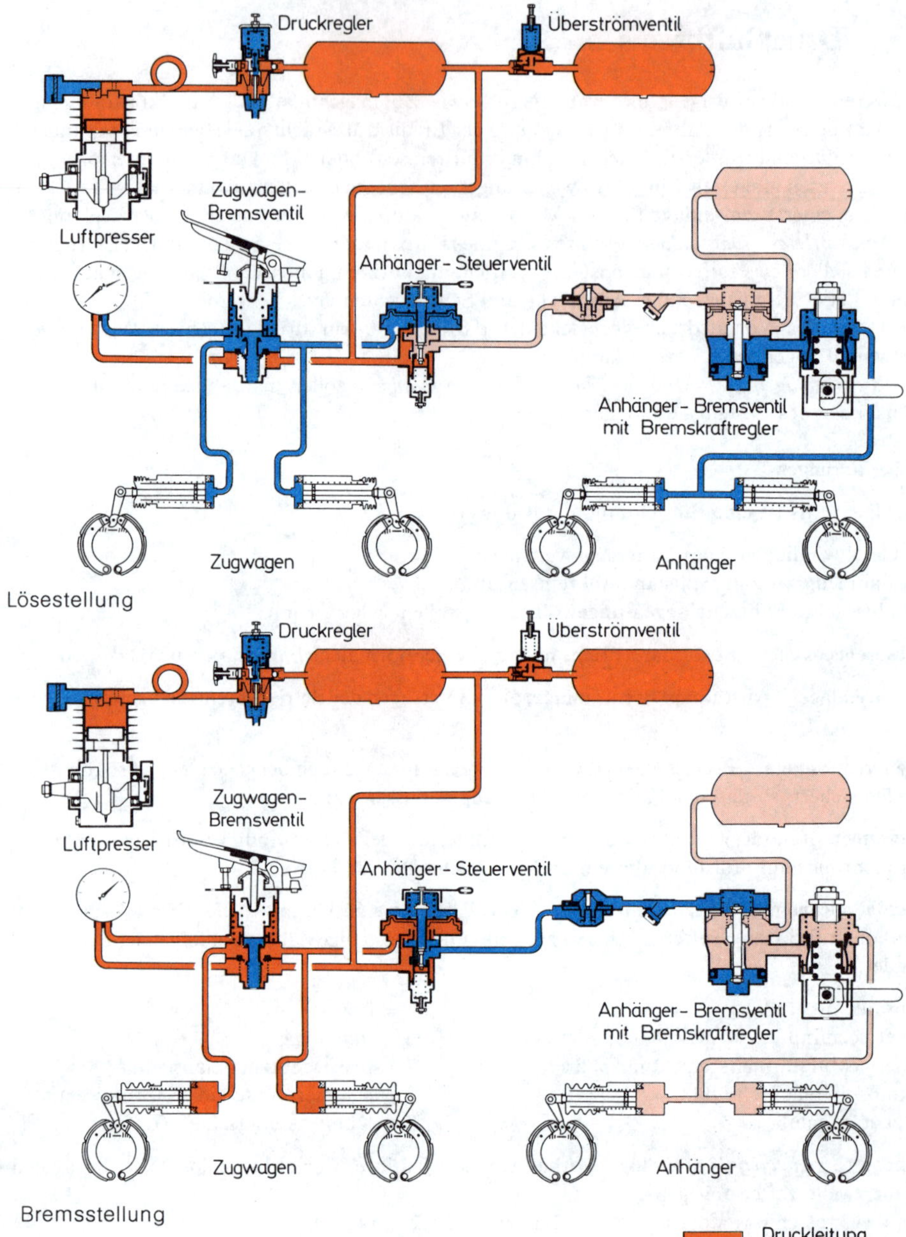

Bild 7.69 Einleitungs-Einkreis-Druckluftbremse (WABCO)
Behälterdruck: Zugwagen 6,2 bis 7,35 bar
Anhänger 5,0 bis 5,4 bar

Befinden sich mehrere gleiche Anschlüsse an einer Kammer, so erhalten sie die gleiche Bezeichnung. Da die Art und Anzahl der Funktionen eine Rolle spielt, müssen jeweils die *Herstellerangaben beachtet werden.*

Einleitungs-Druckluftbremse

Diese Bremse existiert in Ein- und Zweikreisausführung. Sie wird nicht mehr in Neufahrzeuge eingebaut.

Zwischen dem Motorwagen (Anhängersteuerventil) und dem Anhänger (Anhängerbremsventil) ist nur eine Druckluftleitung vorhanden (Bild 7.69 und 7.70). Diese Leitung (Anhängersteuerleitung) dient dem Anhänger während der Fahrt als Vorratsleitung und während der Bremsung als Steuerleitung. Bei einer Bremsung wird die Anhängersteuerleitung teilweise oder vollständig entlüftet, so daß der Anhänger dann *nicht* mit Vorratsluft versorgt werden kann. Die Bremse des Anhängers ist somit erschöpfbar.

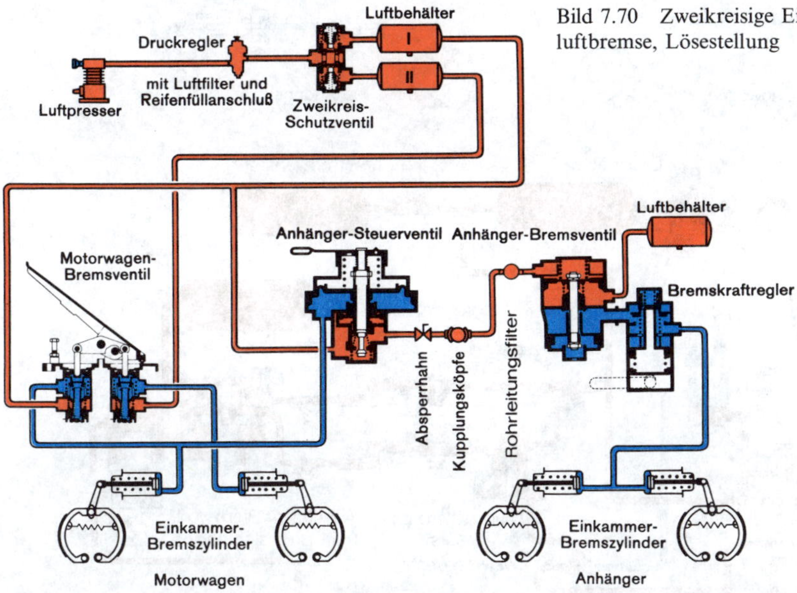

Bild 7.70 Zweikreisige Einleitungs-Druckluftbremse, Lösestellung

Einleitungs-Druckluftbremse (zweikreisig)

Zweikreisbremsen sind für erstmals zum Straßenverkehr zugelassene Kraftfahrzeuge im Personenverkehr mit mehr als acht Fahrgastplätzen seit dem 1. Juli 1963 vorgeschrieben. Durch sie wird eine erhöhte Sicherheit für die Fahrgäste dieser Fahrzeuge erreicht, denn Vorratsbehälter und Bremsventile sind zweimal vorhanden, so daß Vorder- und Hinterachse unabhängig voneinander gebremst werden können (Bild 7.70).

Bisher gibt es diese Zweikreisigkeit nur für Motorwagen. Wie im Bild zu erkennen ist, besitzt die Anlage ein Zweikreisschutzventil. Es trennt die Vorratsbehälter voneinander und dient gleichzeitig als Drucksicherung bei Ausfall eines Kreises für den noch verbleibenden Kreis. Durch das Zweikreis-

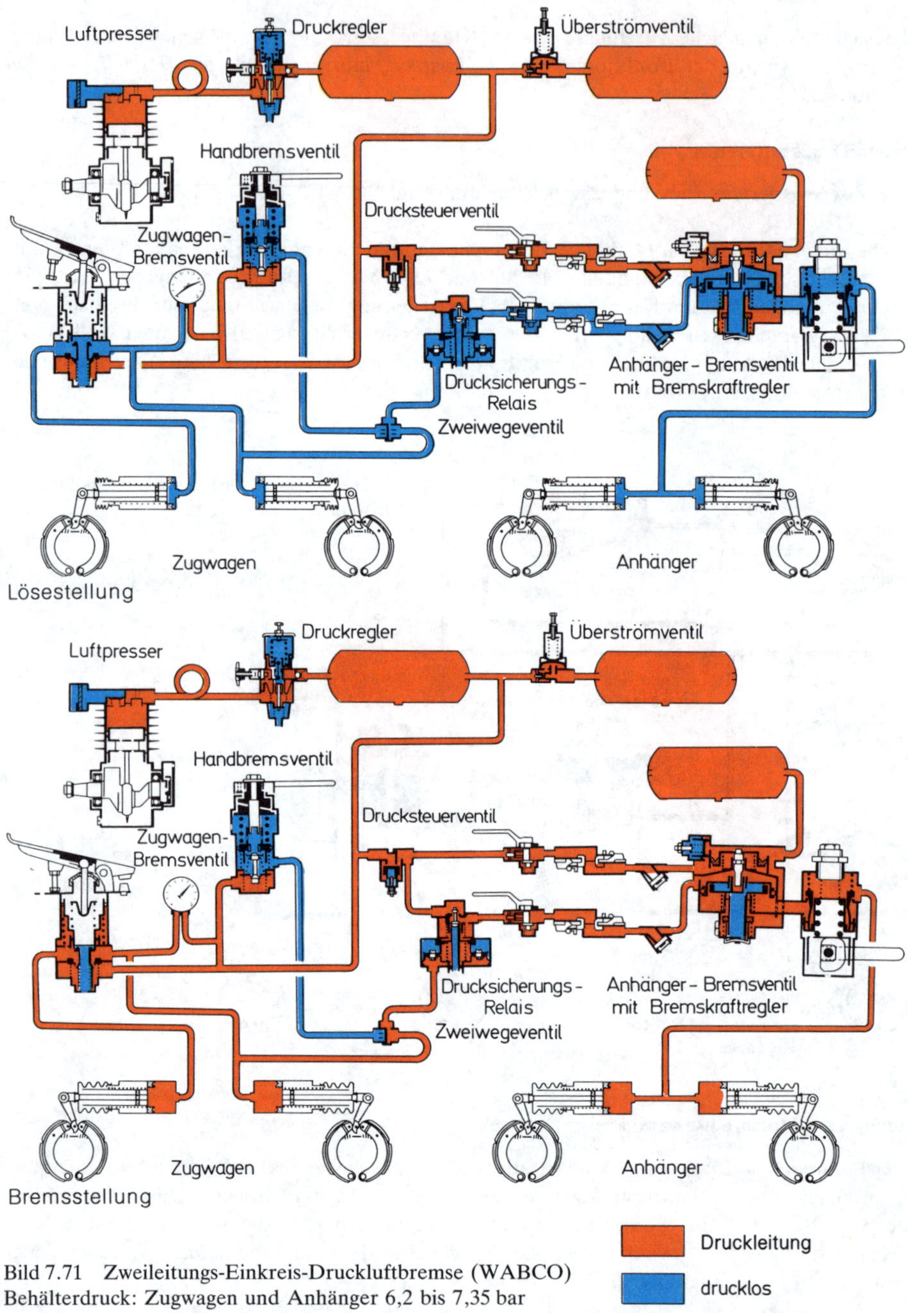

Bild 7.71 Zweileitungs-Einkreis-Druckluftbremse (WABCO)
Behälterdruck: Zugwagen und Anhänger 6,2 bis 7,35 bar

Motorwagen-Bremsventil können die Bremszylinder der Vorder- und Hinterachse unabhängig voneinander be- und entlüftet werden. Gleichzeitig wird durch einen Motorwagen-Bremskreis die Anhängerbremse gesteuert. Fällt ein Bremskreis aus, so bleibt der andere Bremskreis noch in Funktion. Das betreffende Fahrzeug ist dadurch noch bedingt bremsfähig.

Zweileitungs-Druckluftbremse

Die Zweileitungsbremse ist seit dem 1.4. 1974 für erstmals in den Verkehr kommende und druckluftgebremste Nutzfahrzeuge vorgeschrieben.

Noch vorhandene Anhänger mit Einleitungsbremsen durften bis zum 31.05.1989 hinter Zweileitungs-Motorwagen mitgeführt werden, wenn diese einen zusätzlichen Einleitungsanschluß hatten. Ab 01.06.1989 müssen alle Anhänger, die mit mehr als 25 km/h betrieben werden und Einleitungsbremsen haben, umgerüstet und mit Zweileitungsbremsen ausgestattet sein.

Zweileitungsbremsen gibt es in Ein- und Zweikreisausführung (Bilder 7.71 und 7.72).

Die nach StVZO gebaute Zweileitungsbremse hat einen Arbeitsdruck von 6,2 bis 6,9 bar, max. 7,35 bar. Motorwagen und Anhänger sind durch zwei Leitungen, die Vorratsleitung (Notbremsleitung, roter Kupplungskopf) und die Steuerleitung (Bremsleitung, gelber Kupplungskopf), miteinander verbunden. Der Vorratsdruck des Anhängers liegt geringfügig unter dem des Motorwagens, bedingt durch das Druckausgleichventil. Im Gegensatz zur Einleitungsbremse wird der Anhänger bei der Zweileitungsbremse *auch während der Bremsung* über die Vorratsleitung mit Druckluft versorgt. Die Zweileitungsbremse ist daher unerschöpfbar.

Bremsvorgang Wird das Motorwagenbremsventil betätigt, so werden die Bremsanlage des Motorwagens und das Drucksicherungsrelais belüftet (Bild 7.71). Das Drucksicherungsrelais schaltet bereits bei einem Druck von etwa 0,3 bar um und belüftet die Steuerleitung. Bei einem Druck im Motorwagen von 1 bar wird die Steuerleitung mit etwa 1,5 bar belüftet. Das Anhängerbremsventil schaltet um, so daß die Bremsanlage des Anhängers mit etwa 1,5 bar belüftet werden kann (Voreilung).

Lösevorgang Der Motorwagen, die Brems- oder Steuerleitung und der Anhänger werden entlüftet (Bild 7.71).

Zweileitungs-Druckluftbremse (zweikreisig)

Bei dieser Anlage treffen die schon bei der Einleitungsbremse hinsichtlich der Zweikreisigkeit gemachten Ausführungen zu (Bild 7.72).

Zweileitungs-Zweikreis-Druckluftbremse (EG-Bremse)

Die EG-Bremse hat im Motorwagen zwei voneinander unabhängige Bremskreise. Der Anhänger ist zweileitungsgesteuert, so daß er auch beim Bremsvorgang mit Vorratsluft versorgt wird (Bild 7.73). Dies ist laut EG-Rats-Richtlinie vorgeschrieben.

Die *Kupplungsköpfe* sind vertauschgesichert und haben keine Absperrhähne. Für die Vorratsleitung zum Anhänger wird ein automatischer Kupplungskopf mit zwei Anschlüssen verwendet. Er läßt die Vorratsluft zum Anhänger und zum Zweikreis-Anhängersteuerventil durch oder sperrt sie ab, sobald der Vorratsschlauch an- oder abgekuppelt wird.

Prüfanschlüsse sind nicht zwingend vorgeschrieben, werden jedoch meistens eingebaut. Sie befinden sich in der Vorratsanlage und in der Bremsanlage.

Der *Vorratsdruck* dieser Anlage ergibt sich aus dem Abschaltdruck und der Schaltspanne des Druckreglers. Der Abschaltdruck liegt in der Regel bei 8,1 bar, die Schaltspanne beträgt 0,6 bis 1,0 bar. Dadurch ergibt sich ein minimaler Einschaltdruck von 7,1 bar.

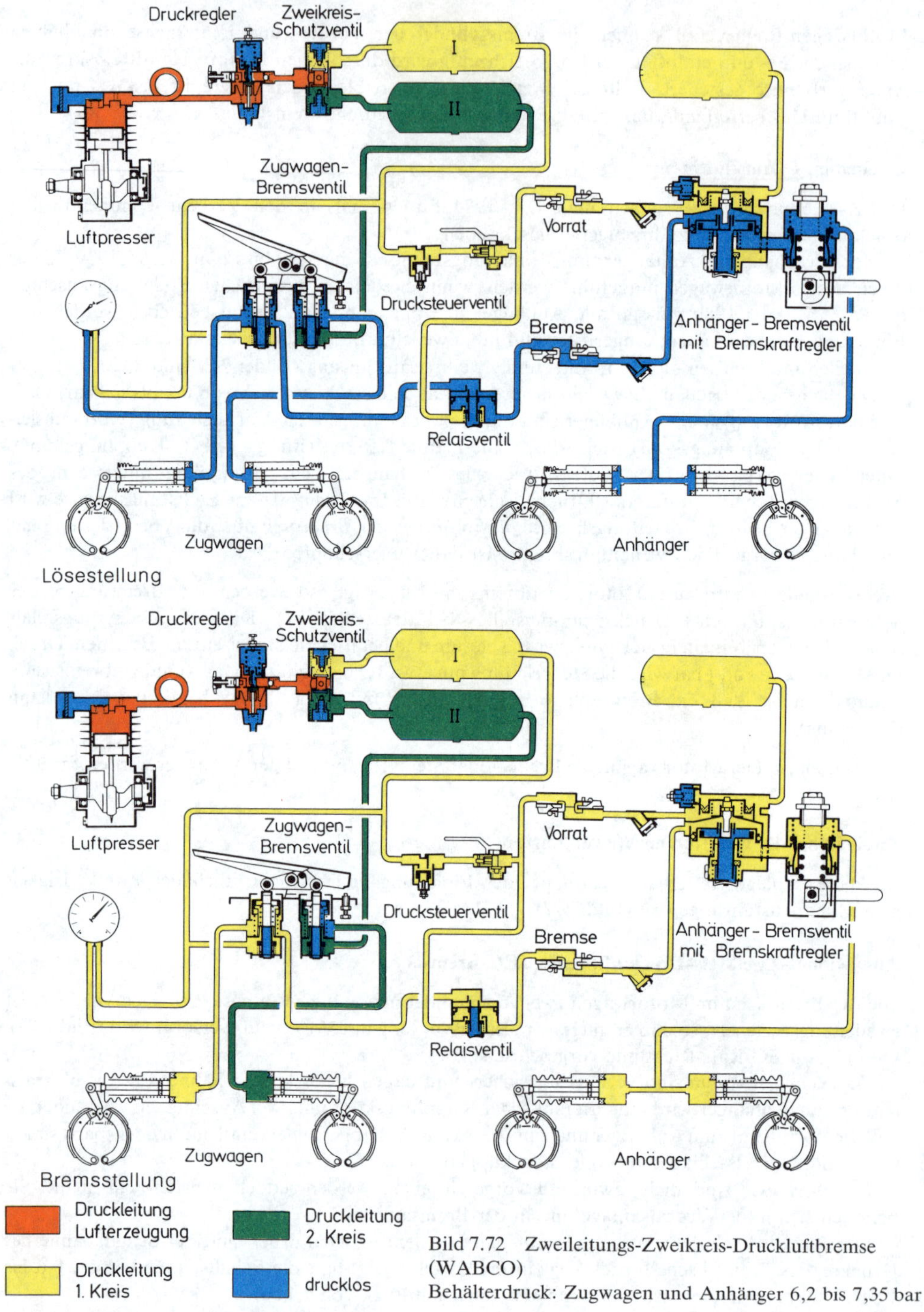

Bild 7.72 Zweileitungs-Zweikreis-Druckluftbremse (WABCO)
Behälterdruck: Zugwagen und Anhänger 6,2 bis 7,35 bar

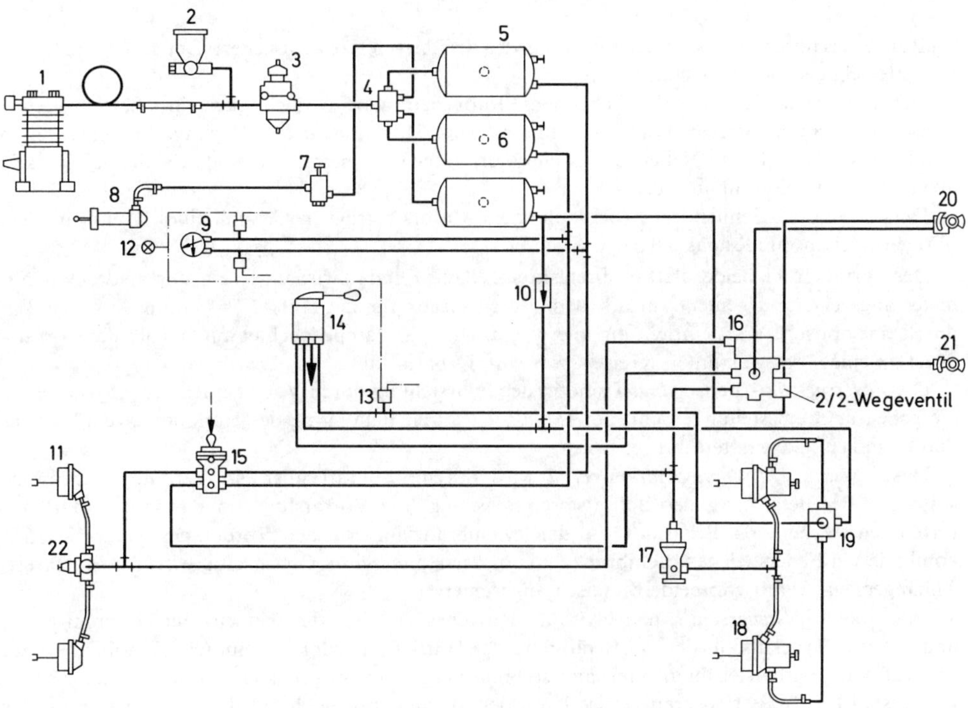

Bild 7.73 Schaltschema einer Zweileitungs-Zweikreis-Druckluftbremse (EG-Bremse)

1 Luftpresser
2 automatische Frostschutzpumpe
3 kombinierter Druckregler
4 Vierkreis-Schutzventil
5 Druckluftbehälter
6 Entwässerungsventil
7 Betätigungsventil
8 Arbeitszylinder
9 Vorratsdruckmanometer
10 Rückschlagventil
11 Membranzylinder
12 optische Warneinrichtung
13 pneumatischer Kontrollschalter
14 Handbremsventil
15 Motorwagenbremsventil
16 Anhängersteuerventil mit 2/2-Wegeventil
17 ALB-Regelventil
18 kombinierte Membran-Federspeicherzylinder
19 Relaisventil
20 Kupplungskopf «Vorrat» mit zwei Anschlüssen
21 Kupplungskopf «Bremse»
22 Regelventil

Beachte: Genaue Werte sind bei allen Positionen grundsätzlich den Angaben des Fahrzeugherstellers zu entnehmen.

Die vom Luftpresser geförderte und vom Druckregler geregelte Vorratsluft gelangt zum Vierkreisschutzventil und wird dort verteilt.

Das *Vierkreis-Schutzventil* versorgt vier Kreise mit Druckluft und sichert sie gegen Druckverlust. Angeschlossen sind zwei Betriebsbremskreise und zwei Nebenkreise:

Kreis I = Vorderachse und Ansteuerung des Anhängers,
Kreis II = Hinterachse und Ansteuerung des Anhängers,
Kreis III = Feststellbremse und Bevorratung des Anhängers,
Kreis IV = Nebenverbraucher.

Zuerst werden die Betriebsbremskreise, dann die Nebenverbraucherkreise, z.B. bis 7,0 bar, aufgefüllt, anschließend werden alle Kreise gemeinsam bis zum Abschaltdruck der Anlage gefüllt.

Fällt ein Kreis durch Druckverlust aus, so werden die übrigen Kreise gesichert. Der gesicherte Druck wird als Schließdruck bezeichnet.

Der statische Schließdruck (bei stehendem Motor) beträgt bei Undichtigkeit eines Betriebsbremskreises im intakten Betriebsbremskreis mindestens 4,5 bar und in den Nebenverbraucherkreisen mindestens 6,7 bar. Ist ein Nebenverbraucherkreis undicht, so beträgt der statische Schließdruck in allen übrigen Kreisen mindestens 4,5 bar.

Der dynamische Schließdruck (bei laufendem Motor) beträgt bei Ausfall eines Kreises in allen übrigen Kreisen mindestens 5,0 bar.

Der Vorratsdruck beider Betriebsbremskreise (Kreis 1 und 2) wird durch ein Vorratsdruckmanometer angezeigt und gemeinsam mit dem Vorratsdruck für die Hilfs-/Feststellbremse (Kreis III) durch eine optische Warneinrichtung überwacht. Die Warnlampe leuchtet auf, sobald der Vorratsdruck in einem der genannten Kreise – z.B. auf 5,5 bar – fällt.

Die *Federspeicher-Bremszylinder* sind in der Fahrstellung durch Vorratsluft über 5,5 bar gelöst. Sie gehen in Bremsstellung, wenn der Lösedruck durch Betätigung des Handbremsventiles oder durch Undichtigkeit unterschritten wird.

Das *Zweikreis-Motorwagenbremsventil* wird durch Fußkraft über ein Verbindungsgestänge gesteuert. Bei Betätigung der Betriebsbremse gelangt die Vorratsluft der Kreise I und II auf getrennten Wegen als Bremsluft zu den Membranzylindern der Vorderachse bzw. zu den kombinierten Federspeicher-Membranzylindern der Hinterachse. Gleichzeitig wird das Zweikreis-Anhängersteuerventil von beiden Kreisen angesteuert.

Das *Anhängersteuerventil* reagiert auf den Druckanstieg der beiden Betriebsbremskreise und auf den Druckabfall, der bei Betätigung der Hilfs-/Feststellbremse mittels Handbremsventil entsteht. Fällt ein Betriebsbremskreis aus, so bremst der Motorwagen noch mit dem anderen Kreis. Bei Ausfall beider Betriebsbremskreise kann der Motorwagen noch auf der Hinterachse mit der Hilfs-/Feststellbremse gebremst werden. Die Anhängerbremse bleibt in beiden Fällen unverändert voll wirksam.

Das *Handbremsventil* arbeitet auf Entlüftungsbasis und wird im Motorwagen zwecks Steuerung der gestängelosen Feststellbremse verwendet. Da sich die Federspeicher-Feststellbremse hierdurch stufenlos steuern läßt, kann sie bei Ausfall der Betriebsbremse auch als Hilfsbremse eingesetzt werden. In der Fahrstellung werden die Federspeicher-Bremszylinder und das Zweikreis-Anhängersteuerventil durch das Handbremsventil belüftet.

Bei Betätigung läßt sich der Handbremshebel stufenlos bis zum Druckpunkt (Hilfsbremsbereich) verdrehen. Dabei werden die Federspeicherzylinder und die zum Zweikreis-Anhängersteuerventil führende Leitung entsprechend entlüftet, so daß im Motorwagen eine Hilfsbremswirkung und im Anhänger die volle Bremswirkung erreicht werden kann. Läßt man den Handbremshebel los, läuft er selbsttätig in die Fahrstellung zurück. Wird er gegen Federkraft ein wenig aus dem Gehäuse gezogen, über den Druckpunkt hinaus verdreht und dann losgelassen, so rastet er ein (Stellung 1 = Feststellbremse). Jetzt wirkt im Motorwagen die Feststellbremse und der Anhänger erreicht die volle Bremswirkung mit der Betriebsbremse. Verdreht man den Handbremshebel über die Raststellung hinaus (Stellung 2 = Prüfstellung), so wird die Anhängerbremse gelöst. Dadurch kann geprüft werden, ob die Feststellbremse des Motorwagens den gesamten Lastzug bei Steigung oder Gefälle halten kann. Es kann nämlich passieren, daß sich die betätigte Anhängerbremse durch Undichtigkeit ungewollt löst.

Bei Verwendung eines Handbremsventils ohne Prüf- oder Kontrollstellung wird der Anhänger im Wirkbereich der Feststellbremse des Motorwagens *nicht* mitgebremst.

Handbremsventile können mit einer Lösefunktionsstellung ausgestattet sein. Hierdurch ist es möglich, die Federspeicher-Bremszylinder bei Druckluftausfall mit der Vorratsluft aus einem Nebenverbraucherkreis pneumatisch zu lösen. Bei Bremsung mit der *Betriebsbremse* sind die

Bremszylinder des Motorwagens (Membranzylinder), die Bremsleitung (gelber Kupplungskopf) und die Bremszylinder des Anhängers belüftet. Wird die Betriebsbremse gelöst, so ist es umgekehrt.

Der Druckanstieg in der Bremsleitung (gelber Kupplungskopf) soll 0,8 bis 1,5 bar betragen, wenn die Bremse des Motorwagens mit 1 bar beaufschlagt wird (Angaben des Herstellers beachten). Fällt ein Bremskreis aus, kann noch mit dem anderen Kreis gebremst werden. Der Motorwagen wird dann jedoch nur noch auf der Vorderachse oder auf der Hinterachse gebremst, während der Anhänger mit allen Rädern bremst.

Bei Betätigung der *Hilfs-/Feststellbremse* werden die Federspeicher-Bremszylinder im Motorwagen entlüftet und die Bremszylinder des Anhängers belüftet.

Ist die Vorratsleitung zum Anhänger defekt, so wird die Vorratsluft automatisch gesperrt. Gleichzeitig bremst der Anhänger durch Druckabfall in der Vorratsleitung. Bei einem Defekt der Bremsleitung (gelber Kupplungskopf) geschieht das gleiche, jedoch erst, wenn im Motorwagen eine Bremse betätigt wird. Dabei baut sich der Druck der Vorratsleitung über die defekte Bremsleitung ab.

Das *2/2-Wegeventil* ermöglicht bei abgerissener Anhängerbremsleitung und gleichzeitiger Betätigung der Betriebsbremse die schlagartige Entlüftung der Anhängervorratsleitung. Die so eingeleitete Notbremsung des Anhängers erfolgt durch Drosselung der vom Vorratsbehälter des Motorwagens nachfließenden Druckluft.

7.9.1 Geräte der Drucklufterzeugeranlage

Luftpresser

Luftpresser werden mittels Keilriemen oder Zahnrad vom Motor angetrieben. Sie haben einen eigenen Ölhaushalt oder sind am Ölkreislauf des Motors angeschlossen (Bild 7.74). Ihre Aufgabe besteht darin, die Vorratsbehälter der Bremsanlage und der Nebenverbraucher mit Druckluft zu versorgen. Dabei ergeben sich am Druckstutzen Temperaturen bis zu 220 °C. Um einen weiteren Temperaturanstieg bei abnehmender Lebensdauer des Luftpressers zu vermeiden, darf die Einschaltdauer max. 65 % betragen.

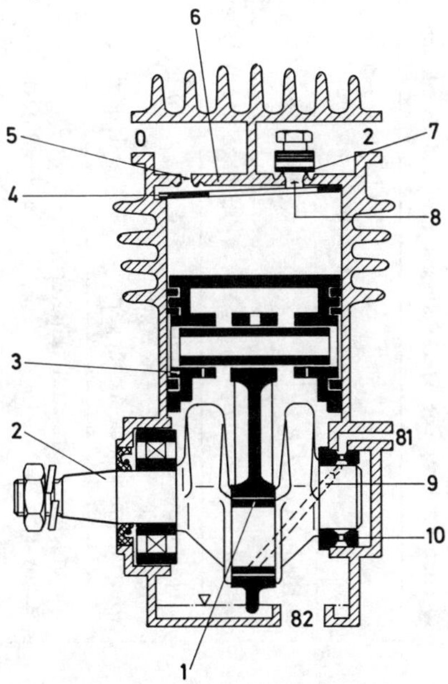

Bild 7.74 Einzylinder-Luftpresser im Schnitt (Knorr)

Legende:
1 Pleuellager
2 Kurbelwelle
3 Kolben
4 Sauglamelle
5 Einlaß
6 Sitzplatte
7 Drucklamelle
8 Auslaß
9 Ölkanal
10 Lagerbuchse

Anschlußbezeichnungen:
0 Sauganschluß
2 Druckanschluß
81 Ölzulauf
82 Ölrücklauf

Gegenüberstellung der Merkmale der Ein- und Zweileitungsbremse

	Einleitungs-Anhänger-bremsanlage	Zweileitungs-Anhänger-bremsanlage	Zweileitungs-Anhänger-bremsanlage nach EG
Arbeitsdruck Zugwagen	4,8 bis 5,6 bar Überdruck 6,2 bis 7,35 bar Überdruck	6,5 bis 7,35 bar Überdruck	6,5 bis 8,1 bar Überdruck
Arbeitsdruck Anhänger	5,3 bis 5,6 bar Überdruck	6,5 bis 7,35 bar Überdruck	6,5 bis 8,0 bar Überdruck
Berechnungsdruck Zugwagen	4,5 bzw. 6,0 bar Überdruck	6,0 bar Überdruck	–
Prüfdruck	–	–	6,5 bzw. 6,8 bar Überdruck
Berechnungsdruck Anhänger	4,5 bar Überdruck	6,0 bar Überdruck	6,0 bar Überdruck
Volumen der Druckluftbehälter Zugwagen	16- bis 20fache der Bremszylindervolumen bei maximalem Hub	13- bis 16fache der Bremszylindervolumen bei maximalem Hub	nach acht Vollbremsungen noch Wirkung von HBA
Anhänger	12- bis 16fache der Bremszylindervolumen bei maximalem Hub	8- bis 10fache der Bremszylindervolumen bei maximalem Hub	nach acht Vollbremsungen die Hälfte des Druckes, der sich nach der ersten Bremsung eingestellt hatte
Drucksicherung Zugwagen	*Rückschlagventil* im Druckregler *Überströmventil* ohne Rückströmung Schließdruck 4,8 bzw. 5,2 bar Überdruck für Nebenverbraucher	*Rückschlagventil* im Druckregler und *Überströmventil* ohne Rückströmung Schließdruck 4,8 bis 6,3 bar Überdruck oder Zweikreisschutzventil Schließdruck 5,8 bar Überdruck *Drucksteuerventil* Schließdruck 4,0 bis 4,3 bar Überdruck	*Vierkreisschutzventil* Öffnungsdruck gleich dynamischer Sicherungsdruck 7,0 bar Überdruck Schließdruck gleich statischer Sicherungsdruck mindestens 4,5 bar Überdruck

	Einleitungs-Anhänger-bremsanlage	Zweileitungs-Anhänger-bremsanlage	Zweileitungs-Anhänger-bremsanlage nach EG
Druckabfall je Vollbremsung Zugwagen	max. 0,3 bar bei Abschalt-druck 5,6 bar Überdruck max. 0,7 bar bei Abschalt-druck 7,35 bar Überdruck	max. 0,7 bar max. 0,7 bar	max. 0,7 bar max. 0,7 bar
Anhänger	mind. 0,3, max. 0,5 bar		
Ansprechdruck Anhängersteuerventil	Entlüftung um 0,2 bis 0,4 bar	Belüftung an Anschluß M 0,2 bis 0,4 bar Entlüftung an Anschluß ZM 1,7 bis 1,9 bar	Belüftung an Anschluß 41 0,2 bis 0,5 bar Belüftung an Anschluß 42 0,3 bis 1,2 bar Entlüftung an Anschluß 43 0,5 bis 1,4 bar
Ansprechdruck Drucksicherungsrelais	–	Belüftung um 0,2 bis 0,4 bar	–
Voreilung	1,7 bis 2,5 bar bei Einsteuerdruck 1,0 bis 1,3 bar Überdruck	keine	keine
Ansprechdruck Anhängerbremsventil	Entlüftung um 1,0 bis 1,3 bar	Belüftung an Anschluß ZM 0,2 bis 0,4 bar durch BBA Entlüftung an Anschluß M bei Abriß der Vorrats-leitung um 1,5 bis 2,0 bar	Belüftung an Anschluß ZM 0,2 bis 0,4 bar durch BBA Entlüftung an Anschluß M bei Abriß der Vorrats-leitung um 1,2 bis 2,8 bar
Bremskraftregler Anhänger	handbetätigt Leerlast Halblast Vollast	handbetätigt Leerlast Halblast Vollast	automatisch lastabhängig

$$\text{Einschaltdauer} = \frac{\text{Betriebszeit des Luftpressers}}{\text{Betriebszeit des Fahrzeuges}} \cdot 100\,\%$$

Soll die Fülleistung überprüft werden, müssen die Luftbehälter zuvor völlig entleert sein.

Fülleistung

Allgemein soll der betriebswarme Luftpresser bei mittlerer bis Höchstdrehzahl

- ☐ die *Vorratsanlage des Motorwagens* in weniger als 30 s von 4,5 bis 5 bar oder in weniger als 3 min von 0 bis 5 bar bzw.
- ☐ die *Vorratsanlage des Motorwagens und des Anhängers* in weniger als 5 min von 0 bis 5 bar auffüllen.

Nach *EG-Vorschrift* muß der Luftpresser folgende Fülleistung erbringen:

- ☐ Die Füllzeit darf bei Motorwagen, die nicht für den Anhängerbetrieb gebaut sind, von 0 bis 65 % des Abschaltdrucks höchstens 3 min betragen.
- ☐ Die Füllzeit darf bei Motorwagen plus Anhänger von 0 bis 65 % des Abschaltdruckes höchstens 6 min betragen.
- ☐ Von 0 ausgehend, muß der Abschaltdruck bei Motorwagen in höchstens 6 min, bei Motorwagen plus Anhänger in höchstens 9 min erreicht werden.
- ☐ Beträgt das Luftvolumen der Druckluftbehälter für Nebenverbraucher mehr als 20 % des Luftvolumens der Bremsluftbehälter, so muß die Füllzeit von Null bis zum Abschaltdruck für den Motorwagen unter 8 min und für den Lastzug unter 11 min liegen.

Kühlschlange und Luftfilter mit Reifenfüllanschluß

Die komprimierte Luft hat beim Verlassen des Luftpressers eine Temperatur von etwa 180 °C (453 K), die auf dem Weg durch die Kühlschlange auf 80 bis 100 °C (353 bis 373 K) herabgesetzt wird. Die Leitung soll möglichst 2 m lang sein und einen Außendurchmesser von 18 mm bei einer Wanddicke von 1,5 mm haben. Sie muß so ausgebildet sein, daß sie die Schwingungen zwischen Motor und Fahrgestell ausgleichen kann.

Die vom Luftpresser geförderte Luft enthält Ölkohleteilchen, die das richtige Arbeiten des Druckreglers stören können, sowie Spuren von Öl und Wasser. Deshalb muß zwischen Luftpresser und Druckregler ein Filter eingeschaltet werden. Dieses ist so ausgebildet, daß damit auch die Reifen gefüllt werden können.

Die im Bild 7.75 bei L eintretende Luft durchströmt das Filter von unten und gelangt bei D in die nach Abnehmen der Gummikappe oben an den waagerecht liegenden Anschlußstutzen geschraubte Leitung. Mit dem Anschließen des Reifenfüllschlauches wird automatisch auf Reifenfüllen umgeschaltet, und zwar wird der Ventilteller durch den Druckstößel und das Führungsblech vom Ventilsitz auf der Verschlußschraube abgehoben und auf den Sitz am Ventilgehäuse gedrückt. Somit strömt die Druckluft nicht mehr zum Druckregler, sondern in den Reifenfüllschlauch. Mit dem Abnehmen des Reifenfüllschlauches wird wieder automatisch auf Durchgang zum Druckregler umgestellt.

Zum Entwässern, das vor jedem Reifenfüllen vorgenommen werden soll, wird die unten angebrachte Flügelmutter bei laufendem Motor etwas gelöst, bis Kondenswasser und Öl aus der Bohrung der Flügelmutter ausgeblassen sind, dann wieder festgezogen. Das Sicherheitsventil verhütet, daß der Luftpresser beim Reifenfüllen gegen zu hohen Druck arbeiten muß. Es schaltet bei 11 bar ab und läßt die Luft zum Druckregler und damit ins Freie strömen.

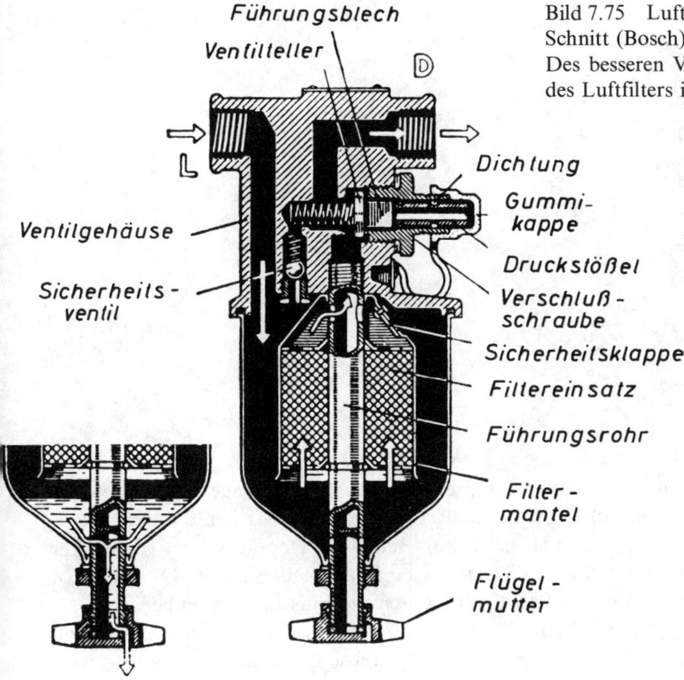

Bild 7.75 Luftfilter mit Reifenfüllanschluß im Schnitt (Bosch).
Des besseren Verständnisses halber sind die Teile des Luftfilters in einer Ebene liegend gezeichnet

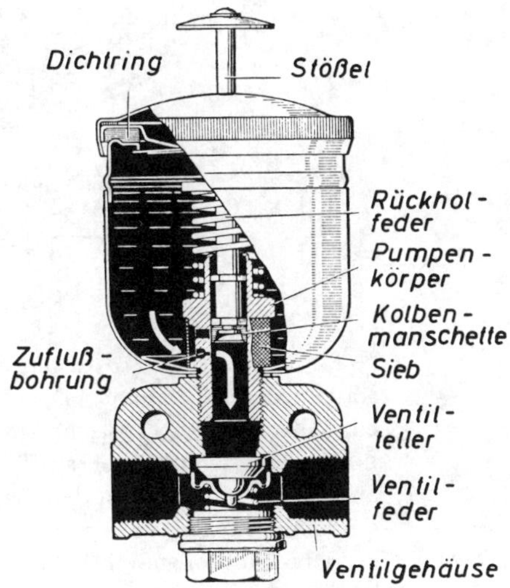

Bild 7.76 Frostschutzpumpe (Bosch)

Frostschutzpumpe

Die vom Luftpresser angesaugte Luft enthält eine gewisse Menge Wasserdampf, der sich im Leitungssystem niederschlagen und bei Frost die Funktion der einzelnen Ventile durch Bildung von Eiskristallen stören kann. Deshalb ist es erforderlich, ein geeignetes Gefrierschutzmittel zu verwenden. Dies kann ein spezielles Mittel sein oder ein Gemisch aus 75% Spiritus und 25% Kühlerfrostschutz. Spiritus allein soll nicht verwendet werden, da er die Manschetten der Aggregate fettfrei wäscht und diese dann undicht werden läßt. Die Frostschutzpumpe soll ganzjährig gefüllt sein, damit keine Korrosionsschäden entstehen. Als Geräte finden die handbetätigte Frostschutzpumpe und die druckluftbetätigte automatische Frostschutzpumpe Verwendung (Bild 7.76).

Mit dem Niederdrücken des Pumpenstößels wird bei der *handbetätigten Frostschutzpumpe* jedesmal eine bestimmte Menge Frostschutzmittel in die Leitung eingespritzt und bei laufendem Luftpresser durch den Luftstrom zu den einzelnen Geräten mitgerissen. Der Behälter für das Frostschutzmittel faßt $^1/_4$ l. In die Frostschutzpumpe ist ein Rückschlagventil eingebaut, das sich beim Einspritzen des Frostschutzmittels öffnet. Es verhindert, das Druckluft aus der Bremsanlage über die Frostschutzpumpe entweichen kann.

Bei feuchter Kälte (+5 bis −4 °C = 278 bis 269 K) ist bei Inbetriebnahme des Fahrzeugs der Betätigungsknopf etwa 4- bis 5mal voll herunterzudrücken. Anschließend sind einige Bremsungen im Stand durchzuführen. Im Laufe des Tages ist die Betätigung 4- bis 5mal zu wiederholen.

Bei trockener Kälte (unter −4 °C = 269 K) ist der Betätigungsknopf 4- bis 5mal voll herunterzudrücken, jedoch nur 3- bis 4mal am Tage.

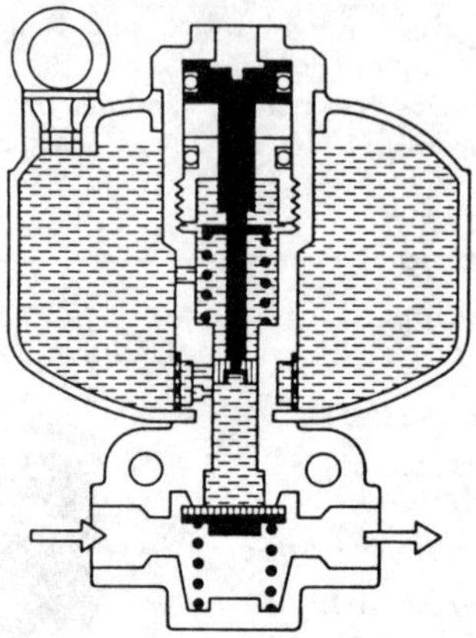

Bild 7.77 Automatische Frostschutzpumpe (Bosch)

Die automatische Frostschutzpumpe kann vor und hinter dem Druckregler eingebaut werden. Sie spritzt jedesmal, wenn der Druckregler auf Fördern schaltet, eine kleine, zwischen 0 und 0,75 cm^3 einstellbare Menge Frostschutzmittel in die Druckleitung ein (Bild 7.77). Der durchsichtige Behälter für das Frostschutzmittel faßt 1 l und umschließt die eigentliche Pumpeneinrichtung. Diese besteht aus zwei Gruppen: oben der Druckluftteil als Betätigung, unten die Flüssigkeitspumpe.

Zum Einstellen der Fördermenge muß der Druckluftanschluß oben entfernt werden, dann kann der Druckluftkolben mit Hilfe eines Schraubenziehers verdreht werden. Durch Rechtsdrehen wird die Fördermenge vergrößert.

Frostschützer Der Frostschützer arbeitet auf Verdunstungsbasis. Als Frostschutzmittel wird Brennspiritus (Ethylalkohol, Ethanol) verwendet, der eine starke Abkühlung der Druckluft in den Vorratsbehältern bewirkt. Dadurch setzt sich in den Luftbehältern je nach Luftfeuchtigkeit mehr oder weniger Kondensat ab.

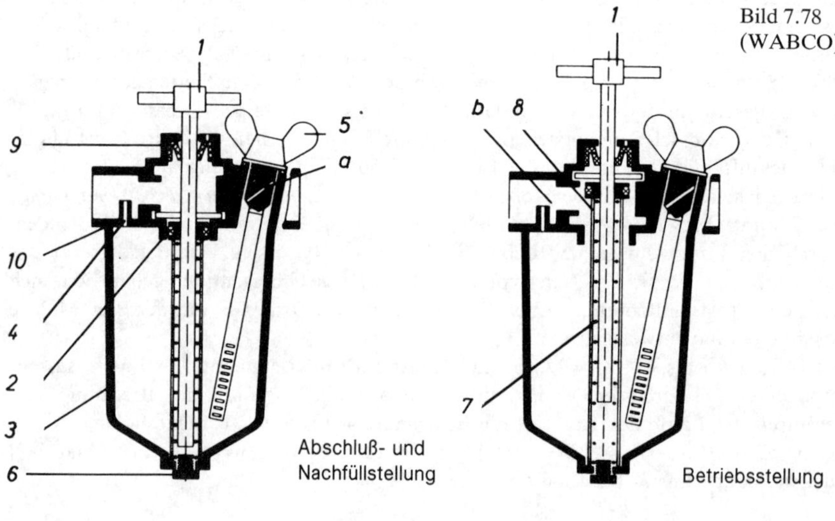

Bild 7.78 Frostschützer (WABCO)

Die Luftbehälter müssen mindestens einmal in der Woche entwässert werden. Der Frostschützer wird im Sommer und in der Übergangszeit außer Betrieb gesetzt, der Vorratsbehälter bleibt jedoch mit Brennspiritus gefüllt.

Vor Beginn der Frostperiode ist der Frostschützer zu reinigen. Er ist bis auf die Kontrolle des Frostschutzmittels wartungsfrei.

Abschluß- und Nachfüllstellung Den Knebelgriff mit der Stange (1) um 90° verdrehen, nach unten drücken und durch eine weitere Drehung um 90° in der unteren Stellung einrasten. Hierdurch schließt der O-Ring (2) den Durchgangsquerschnitt zum Vorratsbehälter (3) ab. Der Luftbehälter steht jetzt nur noch über die Düse (4) mit dem Vorratsbehälter (3) in Verbindung. Das Gerät ist außer Betrieb gesetzt (Bild 7.78). Peilstab (5) herausdrehen. Über die Bohrung (a) wird der Vorratsbehälter (3) vor der Herausnahme des Peilstabes (5) bereits entlüftet. Mit Hilfe der Ablaßschraube (6) wird die vorhandene Flüssigkeit (meistens mehr Wasser als Alkohol) abgelassen. Nach Montage der Ablaßschraube (6) wird der Vorratsbehälter (3) mit Hilfe eines Trichters bis zur maximalen Peilstabmarkierung mit Brennspiritus aufgefüllt. Der Behälterinhalt beträgt rd. 200 cm^3.

Betriebsstellung Der Frostschützer wird durch Verdrehen des Knebelgriffes (1) automatisch – bedingt durch die Federkraft (7) – in die Betriebsstellung gebracht. Die Sicherung erfolgt durch die obere Einrastung. Hierdurch ragt der im Frostschutzmittel stehende Docht (8) in den Kanal (b) hinein. Die zum Druckregler kommende Druckluft gelangt über den angeschlossenen Frostschützer zum Luftbehälter. Aufgrund der im Kanal (b) des Frostschützers herrschenden Luftgeschwindigkeit und unter Berücksichtigung der vorhandenen Lufttemperatur, mehr als 60 °C (333 K), wird das Frostschutzmittel verdunstet und somit die Druckluft mit Alkohol angereichert.

Druckregler

Der Druckregler hat die Aufgabe, den Vorratsdruck der Anlage zu überwachen und durch Ein- bzw. Abschalten zu regeln. Er kann z. B. bei 8,1 bar abschalten und bei 7,1 bar wieder einschalten, so daß sich der Vorratsdruck ständig zwischen diesen beiden Werten bewegt (Schaltspanne).

Während der Schaltspanne fördert der Luftpresser die Druckluft ins Freie, so daß er thermisch entlastet wird (Leerlaufzeit). Parallel dazu ist die bereits in den Luftbehältern befindliche Vorratsluft gegen Verlust gesichert.

Arbeitet der Druckregler auf Verlustbasis, so kann sich der Druck der gesicherten Vorratsluft über eine Düsenbohrung oder Düsenschraube automatisch vom Abschaltdruck auf den Einschaltdruck abbauen. Ein verlustfrei arbeitender Druckregler hat eine solche Bohrung nicht, d.h., der Vorratsdruck kann sich nur durch Luftverbrauch vom Abschalt- auf den Einschaltdruck abbauen. Hierdurch vergrößern sich die Leerlaufzeiten des Luftpressers, so daß sich seine Lebensdauer um etwa 20 % verlängert.

Westinghouse-Druckregler (auf Verlustbasis) Die vom Luftpresseranschluß (1) kommende Druckluft (Bild 7.79) strömt am geschlossenen Leerlaufventil (2) vorbei, hebt das Rückschlagventil (3) an und strömt weiter zum Luftbehälteranschluß (4). Gleichzeitig strömt die Druckluft durch die Bohrung a unter die federbelastete Membran (5). Sobald der eingestellte Druck erreicht ist, wird die Membran angehoben, und die Druckluft gelangt durch die Bohrung b zum Abschaltkolben (6). Der Kolben wird nach unten gedrückt, wodurch das Leerlaufventil öffnet. Der Luftpresser fördert ins Freie. Dieser Zustand hält bei Nichtbenutzung der Bremse etwa 1,5 bis 4 min an. In dieser Zeit ist der Behälterdruck über die Entlüftungsdüse (7) auf den Einschaltdruck abgesunken (auf Verlustbasis). Der Druckregler schaltet jetzt den Luftpresser von Leer- auf Lastlauf und füllt die Behälter wieder auf. Dieser Vorgang wiederholt sich fortlaufend in entsprechenden Abständen.

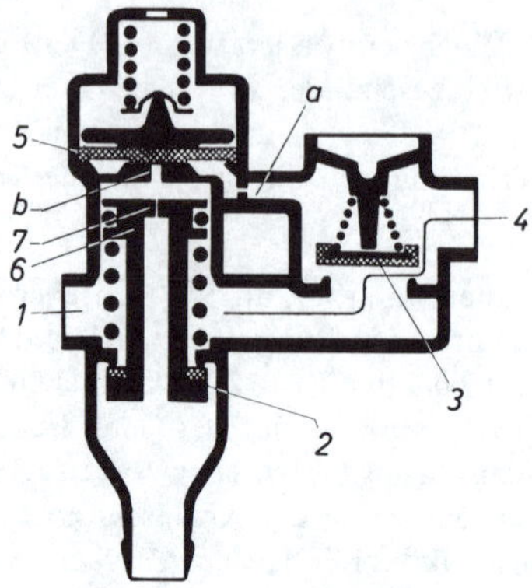

Bild 7.79 Druckregler im Schnitt (WABCO)

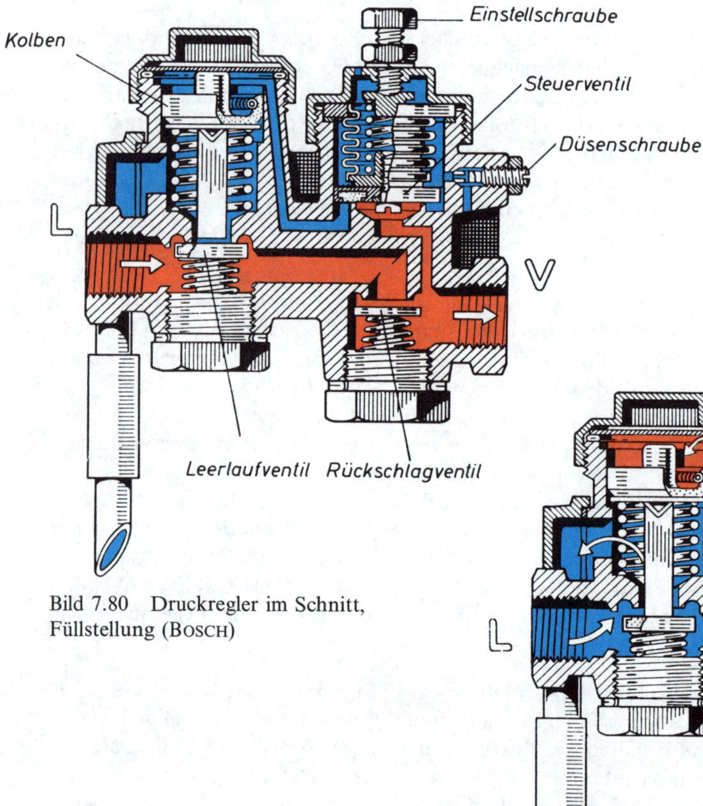

Bild 7.80 Druckregler im Schnitt, Füllstellung (BOSCH)

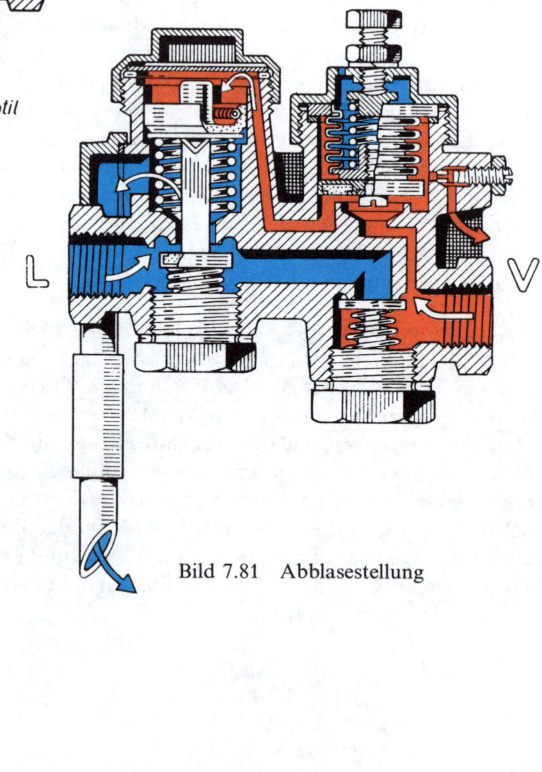

Bild 7.81 Abblasestellung

Bosch-Druckregler (auf Verlustbasis) Der Regler besteht in der Hauptsache aus einem Steuerventil, einem Leerlaufventil, das durch einen Kolben bewegt wird, und einem Rückschlagventil. Solange Luft in die Behälter gefördert wird, ist das Leerlaufventil geschlossen und das Rückschlagventil offen (Bild 7.80). Ist der durch die Einstellschraube einstellbare Höchstdruck erreicht, so wird das Steuerventil geöffnet. Die Luft gelangt auf den Kolben, drückt ihn nach unten und öffnet dadurch das Leerlaufventil. Das Rückschlagventil schließt und verhindert damit das Zurückströmen der Luft aus den Luftbehältern (Bild 7.81).

Die vom Luftpresser kommende Luft gelangt über das geöffnete Leerlaufventil und das Abblasrohr ins Freie. Durch Entweichen der Vorratsluft durch die Düsenschraube fällt der Vorratsdruck in 1 bis 5 min bis auf den Einschaltdruck ab, so daß das Steuerventil wieder schließt. Die restliche Luft im Kolbenraum entweicht durch die Düsenschraube ins Freie, und der Kolben wird durch die Rückführfeder in seine Ausgangslage zurückgedrückt.

Kombinierte Druckregler

Druckregler, Luftfilter und Reifenfülleinrichtung sind in einem Gehäuse vereinigt. Die Funktion der Innenteile entspricht den bisherigen Geräten.

Kombinierter Bosch-Druckregler (auf Verlustbasis)

Füllstellung (Bild 7.82) Die Druckluft strömt vom Luftpresser über den Stutzen L in das Gehäuse unterhalb des Filters, dann durch das Filter nach oben, am Ventilteller der Reifenfülleinrichtung vorbei und über das Rückschlagventil durch den Stutzen V in die Luftbehälter. Gleichzeitig gelangt die Druckluft auch unter den Steuerteller. Dieser bleibt so lange auf seinem Sitz am Ventileinsatz, bis der Abschaltdruck erreicht ist.

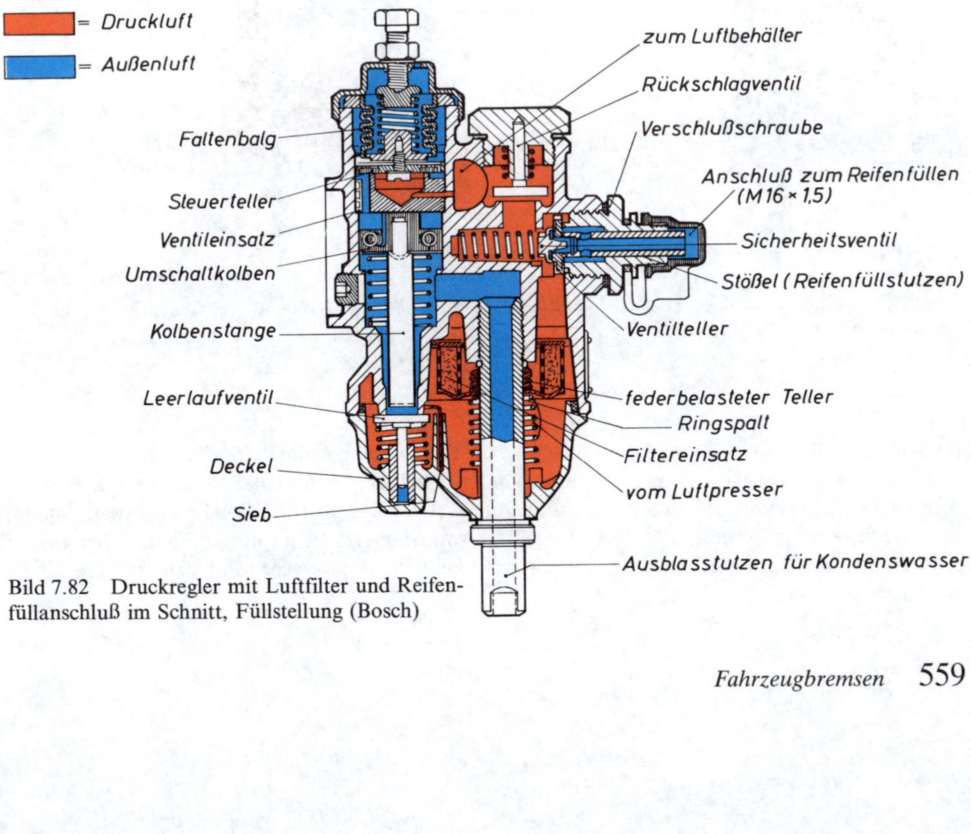

Bild 7.82 Druckregler mit Luftfilter und Reifenfüllanschluß im Schnitt, Füllstellung (Bosch)

Leerlaufstellung (Bild 7.83) Überwiegt der Druck der Luft von unten auf den Steuerteller gegenüber der Federkraft, so hebt sich der Steuerteller vom Ventilsatz ab. Die Druckluft strömt jetzt in den Außenrahmen des Faltenbalgs und über die Bohrung im Ventileinsatz nach unten vor den Umschaltkolben. Der Kolben bewegt sich abwärts und öffnet das Leerlaufventil. Die Druckluft im Gehäuse kann jetzt über das offene Leerlaufventil an der Kolbenstange vorbei zur Querbohrung im Ventilgehäuse und über den Ausblasstutzen ins Freie strömen. Da sich diese Vorgänge schlagartig abspielen, strömt die Luft aus dem Gehäuse stoßartig aus. Deshalb werden Wasser- und Ölspuren, die sich im Gehäuse während der Druckperiode angesammelt haben, von der ausströmenden Luft mitgerissen und durch den Ausblasstutzen ins Freie geblasen. Das Rückschlagventil ist geschlossen und verhindert ein Rückströmen der Luft aus dem Vorratsbehälter.

Der Luftpresser fördert so lange ins Freie, bis der Druck im Vorratsbehälter auf den Einschaltdruck abgefallen ist. Dann überwiegt beim Steuerventil wieder die Federkraft. Der Steuerteller legt sich auf seinen Sitz und versperrt der Druckluft den Weg vom Vorratsbehälter zum Raum über dem Umschaltkolben. Die dort verbleibende Luft strömt über die Leerlaufdüse ins Freie. Dadurch geht der Umschaltkolben nach oben, das Leerlaufventil schließt wieder, und es ergibt sich wieder die Füllstellung.

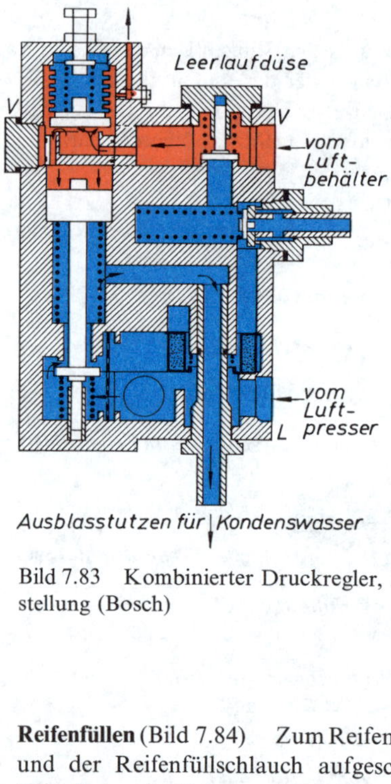

Bild 7.83 Kombinierter Druckregler, Leerlaufstellung (Bosch)

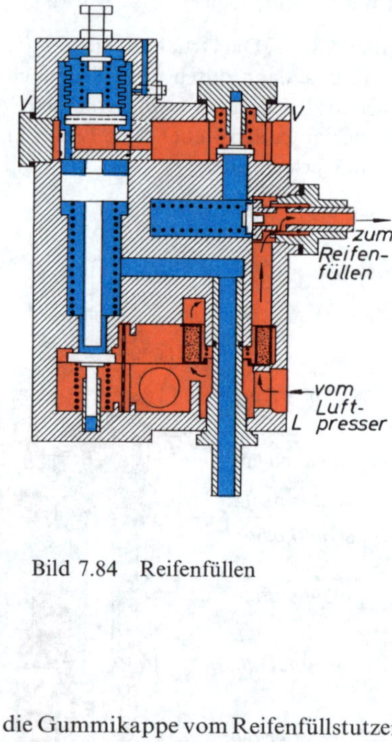

Bild 7.84 Reifenfüllen

Reifenfüllen (Bild 7.84) Zum Reifenfüllen wird die Gummikappe vom Reifenfüllstutzen abgezogen und der Reifenfüllschlauch aufgeschraubt. Dabei wird der Ventilteller von dem im Stutzen befindlichen Stößel von seinem Sitz abgehoben und auf den Ventilsitz im Gehäuse gedrückt. Damit ist der Druckregler ausgeschaltet. Die Druckluft kann nun vom Luftpresser unmittelbar in den Reifenfüllstutzen strömen. Beim Abschrauben schließt der Ventilteller, und der Druckregler ist wieder eingeschaltet.

Sicherungen gegen zu hohen Druck Wird häufig gebremst oder ist die Bremsanlage undicht, so schaltet der Druckregler seltener auf Leerlauf. Es kann sich dann Wasser im Filtereinsatz ansammeln. Ist der Motor während der Füllstellung des Druckreglers abgeschaltet, so kann das Wasser im Filter bei Temperaturen unter 0 °C (273 K) gefrieren. Die Luftbehälter können nicht aufgefüllt werden.

Wird der Motor wieder angelassen, so hebt die Druckluft die federbelastete Scheibe am Ringspalt des Filters ab und gelangt auf diesem Weg zum Behälter. Die durchströmende Luft taut das Eis schnell wieder auf.

Bild 7.85 Druckregler mit Luftfilter und Reifenfüllanschluß (WABCO)

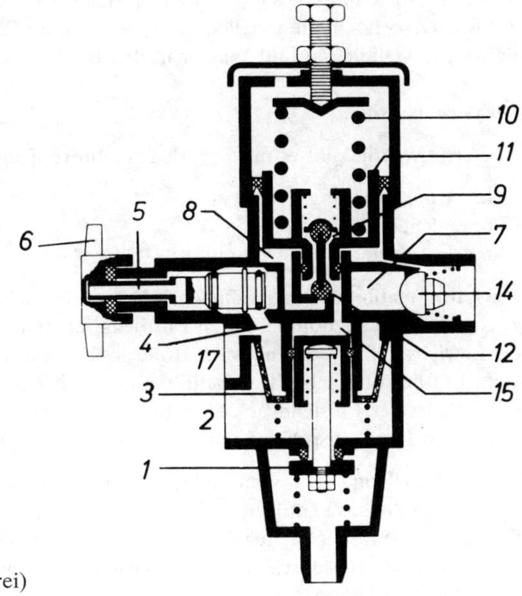

Kombinierter WABCO-Druckregler (verlustfrei)

Die vom Luftpresser kommende Druckluft (Bild 7.85) wird über den Anschluß (2) durch das Filter (3), den Zugang (4), über die Kammer (7), am Rückschlagventil (14) vorbei in die Leitung zu den Luftbehältern gedrückt. Ist der Abschaltdruck erreicht, wird der Kolben (11) gegen die Feder (10) bewegt. Die Entlüftung (9) für die Kammer (15) wird geschlossen und der Einlaß (12) geöffnet. Durch die in die Kammer (15) einströmende Druckluft wird über den Abschaltkolben das Sicherheitsventil (1) geöffnet. Der Luftpresser arbeitet im Leerlauf, bis in der Kammer (8) der Druck durch Luftverbrauch (verlustfrei) auf den Einschaltdruck gesunken ist. Weil der Luftpresser also lange entlastet wird, erhöht sich seine Lebensdauer um etwa 20 %. Ist der Einschaltdruck erreicht, wird der Kolben (11) durch Federkraft zurückgedrängt. Dabei schließt der Einlaß (12), und die Kammer (15) wird entlüftet. Das Sicherheitsventil (1), das als Leerlaufventil fungierte, schließt, und die Luftbehälter werden nachgefüllt.

Beachte: Das Sicherheitsventil öffnet automatisch, wenn der Druck im Anschluß 2 etwa 11 bar beträgt. Dieser Druck wirkt auf die Kreisringfläche des Sicherheitsventils.

Zur Benutzung des Reifenfüllanschlusses wird die Kappe (6) abgeschraubt. Beim Aufschrauben des Reifenfüllschlauches wird das Ventil (5) aufgestoßen. Der dritte Anschluß (17) für Sondergeräte steht über das Filter (3) mit dem Anschluß (2) in Verbindung.

Sollte das Abblasgeräusch des Druckreglers stören, so kann es durch Verlängern des Abblasrohrs vermindert werden.

Beachte: Die Luftentnahme über den Reifenfüllanschluß ist nicht möglich, wenn das Sicherheitsventil geöffnet ist. Es schließt selbsttätig bei Erreichen des Einschaltdruckes.

Einbau Damit der Druckregler möglichst viel Wasser abscheiden kann, das die warme Luft, die vom Luftpresser kommt, mit sich führt, soll er an einem kälteren Platz des Fahrzeugs eingebaut werden. Andererseits darf der Druckregler nicht zu weit vom Luftpresser entfernt liegen, damit im Winter die Zuleitung zum Regler nicht einfriert.

Am zweckmäßigsten wird der Regler direkt an den Vorratsbehälter geschraubt, außerhalb des Motorenraums. Falls dies nicht möglich ist, soll die Leitung vom Regler zum Behälter kurz sein und der Regler so hoch wie möglich angebaut werden, damit die Leitung bei allen Betriebslagen des Fahrzeugs Gefälle hat und Wasser in den Behälter abfließen kann.

Überströmventile

Überströmventile gibt es in folgenden Ausführungen:

- □ mit Rückströmung,
- □ ohne Rückströmung,
- □ mit begrenzter Rückströmung.

Überströmventile mit Rückströmung Diese Überströmventile werden bei einkreisigen Motorwagen zwischen dem ersten und zweiten Luftbehälter (Betriebsbremsanlage) eingebaut. Die Luftbehälter der Betriebsbremse werden bis zur Höhe des Einstelldruckes voneinander getrennt, dadurch wird der erste Luftbehälter schnell aufgefüllt und somit eine schnelle Betriebsbereitschaft des Fahrzeugs erreicht. Ist der Einstelldruck erreicht, so wird der zweite Luftbehälter gefüllt. Bei Luftverbrauch erfolgt ein Druckausgleich zwischen beiden Luftbehältern (Rückströmung) (Bild 7.86).

Rückhaltestellung Die vom ersten Luftbehälter kommende Druckluft tritt in Pfeilrichtung am Anschluß (E) in das Ventil ein. Das Rückschlagventil (1) wird durch die Kraft der Feder (2) und durch die eintretende Druckluft gehalten. Über die Bohrung (a) strömt die Druckluft in den Ringkanal (b). Da die Membran (3) durch den federbelasteten Kolben (4) die Bohrung (c) geschlossen hält, kann die Druckluft nicht überströmen.

Überströmstellung Sobald die Kraft der Stellfeder (5) durch die im Ringkanal (b) stehende Druckluft überwunden werden kann, wird die Membran (3) angehoben, so daß die Druckluft über die Bohrung (c) und den Anschluß (A) zum zweiten Luftbehälter strömen kann.

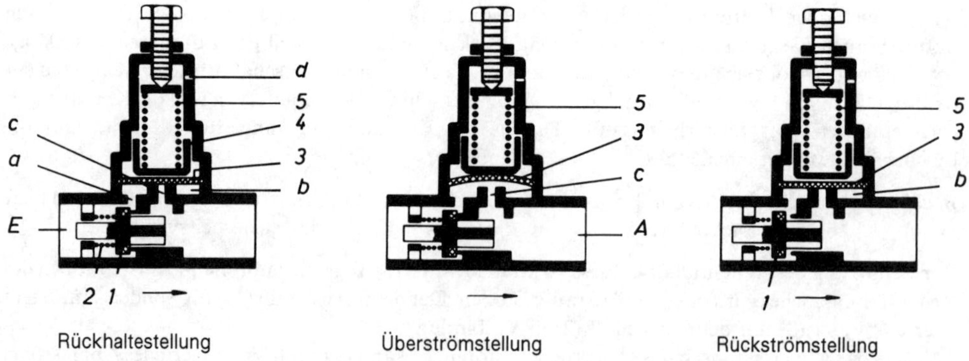

Bild 7.86 Überströmventil mit Rückströmung (WABCO)

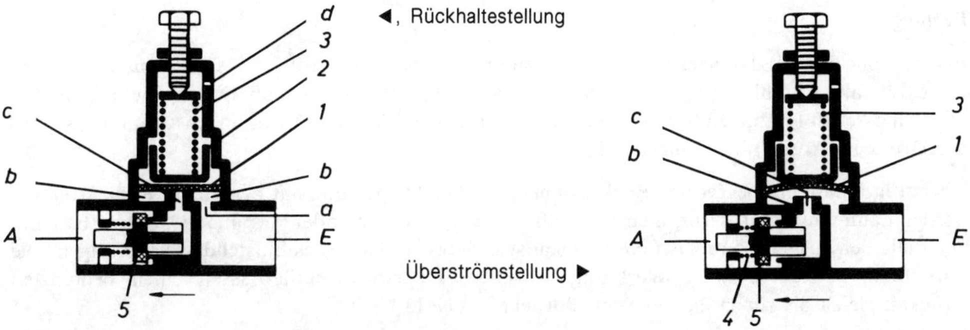

Bild 7.87 Überströmventil ohne Rückströmung (WABCO)

Rückströmstellung Bei Druckabfall im ersten Luftbehälter kann der höhere Druck des zweiten Luftbehälters über die geöffnete Membran (3) und über das sich öffnende Rückschlagventil (1) zurückströmen. Fällt der im Ringkanal (b) stehende Druck unterhalb des Öffnungsdruckes ab, wird die Membran (3) durch die Kraft der Stellfeder (5) geschlossen. Eine Rückströmung ist dann nur noch über das Rückschlagventil (1) möglich.

Prüfung

Bis zur Höhe des jeweils eingestellten Überströmdruckes darf bei Belüftung des Anschlusses (E) am Anschluß (A) keine Druckluft entweichen. Nach Überströmen muß Druckgleichheit in beiden angeschlossenen Luftbehältern herrschen. Fällt der Druck im ersten Luftbehälter, muß eine einwandfreie Rückströmung aus dem zweiten Luftbehälter (Druckausgleich) möglich sein.

Überströmventile ohne Rückströmung Überströmventile ohne Rückströmung werden zwischen einem Hauptluftbehälter und einem Hilfsluftbehälter oder zwischen einem Hauptluftbehälter und Zusatzgeräten (z.B. Lufthorn, Dauerbremse) eingebaut.

Sind weitere Hilfsluftbehälter, z.B. für Luftfederung und Handbremsverstärker, erforderlich, so werden ebenfalls Überströmventile ohne Rückströmung verwendet. Die Einstellung erfolgt je nach Werksangabe.

Es wird zunächst auch der erste Luftbehälter aufgefüllt, jedoch erfolgt bei Luftverbrauch kein Druckausgleich zwischen dem Hilfsluftbehälter und dem Hauptluftbehälter. Die verschiedenen Luftverbraucher sind also voneinander unabhängig (Bild 7.87).

Rückhaltestellung Die vom Hauptluftbehälter kommende Druckluft tritt in Pfeilrichtung am Anschluß (E) in das Ventil ein. Über die Bohrung (a) gelangt die Druckluft in den Ringkanal (b). Da die Membran (1) durch den federbelasteten Kolben (2) die Bohrung (c) geschlossen hält, kann die Druckluft nicht überströmen.

Überströmstellung Sobald die Kraft der Stellfeder (3) durch die im Ringkanal (b) stehende Druckluft überwunden werden kann, wird die Membran (1) angehoben und die Bohrung (c) belüftet. Nach Überwindung der geringen Federkraft (4) öffnet die Druckluft das Rückschlagventil (5) und strömt über den Anschluß (A) zum angeschlossenen Sekundärverbraucher.

Falls der Druckabfall im Hauptluftbehälter (Anschluß E) einmal größer sein sollte als im angeschlossenen Sekundärverbraucher, überwiegt der Druck in der Kammer (A), so daß das Rückschlagventil (5) sofort schließt und eine Rückströmung der Druckluft verhindert.

Prüfung

Bis zur Höhe des jeweils eingestellten Überströmdruckes darf bei Belüftung des Anschlusses (E) keine Druckluft am Anschluß (A) entweichen. Nach dem Überströmen muß Druckgleichkeit in den angeschlossenen Leitungen bzw. Luftbehältern herrschen. Fällt der Druck im Anschluß (E), so darf der Druck im Anschluß (A) nicht abfallen.

Überströmventile mit begrenzter Rückströmung Überströmventile mit begrenzter Rückströmung werden dann eingebaut, wenn mehrere Hilfsluftbehälter miteinander verbunden werden. Es kann innerhalb der Zusatzverbraucher ein Druckausgleich bis zur Höhe des Einstelldruckes erfolgen. Die Einstellung erfolgt je nach Werksangabe. Diese Überströmventile lassen einen begrenzten Druckausgleich bis zur Höhe des Schließdruckes zu (Bild 7.88).

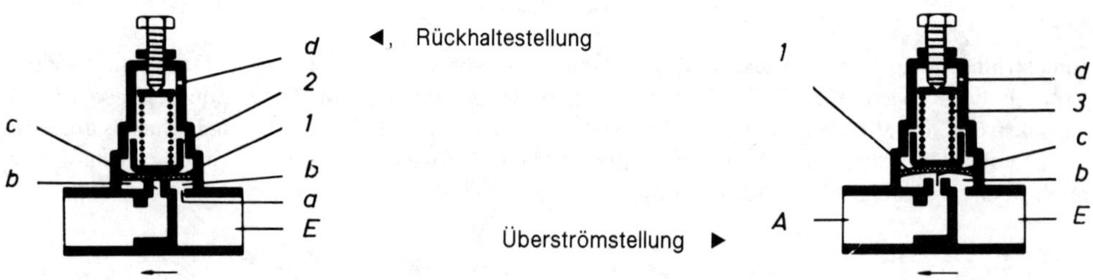

Bild 7.88 Überströmventil mit begrenzter Rückströmung (WABCO)

Rückhaltestellung Die in Pfeilrichtung am Anschluß (E) in das Ventil eintretende Druckluft strömt über die Bohrung (a) in den Ringkanal (b). Da die Membran (1) durch den federbelasteten Kolben (2) die Bohrung (c) geschlossen hält, kann die Druckluft nicht überströmen.

Überströmstellung Sobald die Kraft der Stellfeder (3) durch die im Ringkanal (b) stehende Druckluft überwunden werden kann, wird die Membran (1) angehoben und die Druckluft über die Bohrung (c) und den Anschluß (A) zu den angeschlossenen Verbrauchern gesteuert.

Begrenzte Rückströmung Bei Druckabfall in der Kammer (E) kann der in der Kammer (A) stehende Druck über die geöffnete Membran (1) zunächst zurückströmen. Sinkt der Druck unterhalb des Öffnungsdruckes der Membran (1), so wird durch die Kraft der Stellfeder (3) über den Kolben (2) die Membran (1) wieder geschlossen. Ein Druckausgleich der angeschlossenen Verbraucher ist also nur begrenzt möglich.

Prüfung

Bis zur Höhe des jeweils eingestellten Überströmdruckes darf bei Belüftung des Anschlusses (E) keine Druckluft am Anschluß (A) entweichen. Nach dem Überströmen muß Druckgleichheit in beiden Anschlüssen herrschen. Fällt der Druck im Anschluß (E), muß zunächst eine einwandfreie Rückströmung einsetzen. Nach Unterschreiten des Öffnungsdruckes muß die Rückströmung unterbrochen werden. Am Anschluß (E) darf dann keine Druckluft mehr austreten.

Anmerkung Alle Überströmventile sind stets in Pfeilrichtung einzubauen, damit sie entsprechend ihrer Aufgabe einwandfrei arbeiten.

Mehrkreis-Schutzventile

Mehrkreis-Schutzventile verteilen die vom Luftpresser geförderte Druckluft auf mehrere voneinander unabhängige Kreise. Dadurch wird die Druckluftbremsanlage unempfindlicher gegen Defekte.

Die eigentliche Aufgabe eines Mehrkreis-Schutzventils beginnt bei einem Defekt:

- ☐ Es übernimmt die Drucksicherung der intakten Kreise bis zum jeweils gesicherten Druck bei Ausfall eines Kreises sowie
- ☐ die Drucksicherung aller Kreise bei einem Defekt vor dem Mehrkreis-Schutzventil.

Mehrkreis-Schutzventile gibt es in Zwei-, Drei- und Vierkreis-Ausführung. Ein Vierkreis-Schutzventil verteilt die Vorratsluft auf zwei Betriebsbremskreise und zwei Nebenverbraucherkreise. Es kann fünf Anschlüsse (Bild 7.89) oder sieben Anschlüsse (Bild 7.90) haben. Wird mindestens ein Betriebsbremskreis vorrangig befüllt, so liegt Priorität vor (Bild 7.89 oben). Vierkreis-Schutzventile mit sieben Anschlüssen werden bei besonders schmutzempfindlichen Nebenverbrauchern eingesetzt. Schmutzteilchen gelangen hierbei in die Vorratsbehälter der Betriebsbremskreise und nicht zu den Nebenverbrauchern (Bild 7.90).

Die Nebenverbraucher sind von den Betriebsbremskreisen unabhängig. Eine Rückströmung findet hier nicht statt.

Bei Druckreglern auf Verlustbasis *muß* ein Mehrkreis-Schutzventil mit Rückströmung verwendet werden, damit der Druckregler nicht laufend ein- und abschaltet.

Bei verlustfreien Druckreglern sollte auch ein Mehrkreis-Schutzventil mit Rückströmung eingebaut werden, damit es bei geringer Undichtigkeit der Leitung zwischen dem Druckregler und dem Mehrkreis-Schutzventil nicht zu laufenden Schaltintervallen kommt.

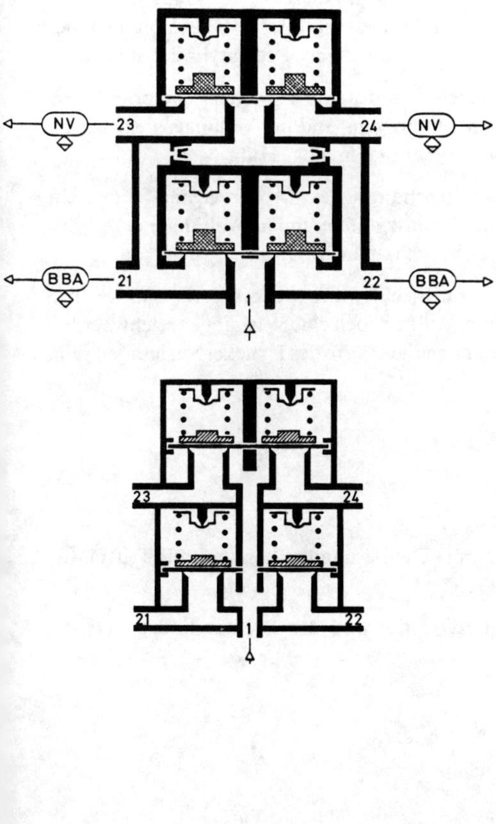

Bild 7.89 Vierkreis-Schutzventil mit 5 Anschlüssen, oben mit Priorität, unten ohne Priorität (Knorr)

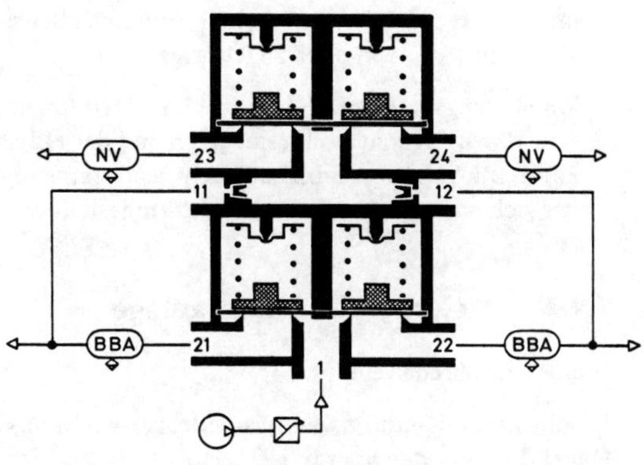

Bild 7.90 Vierkreis-Schutzventil mit 7 Anschlüssen und mit Priorität (Knorr)

Luftbehälter

Der Luftbehälter (Bild 7.91) dient zum Speichern der vom Luftpresser geförderten Luft. Dadurch kann das Fahrzeug auch bei Ausfall des Motors gebremst werden. Je nach Möglichkeit und Größe des Fahrzeugs werden ein oder mehrere Luftbehälter eingebaut.

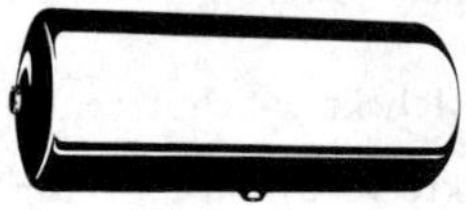

Bild 7.91 Luftbehälter

Luftbehälter werden aus Stahlblech gefertigt und bestehen aus einem zylindrischen Mittelstück mit eingeschweißten, gewölbten Böden mit Gewindestutzen. Sie sind mit einem Typenschild versehen, haben von innen eine Schutzschicht und werden mit 12 bar Wasserdruck geprüft.

Schweißarbeiten sind hier nicht zulässig, weil die Schutzschicht verbrennen würde und Rostbildung die Folge wäre.

Beschädigte Luftbehälter sind zu erneuern. Das trifft auch zu, wenn das Typenschild nicht mehr vorhanden oder unterrostet ist und wenn am Gewindestutzen des herausgeschraubten Ablaßventils Roststücke sichtbar sind.

Im Mittelstück befindet sich ein Gewindestutzen, der nach unten weisen soll und in den z.B. ein Ablaßventil eingeschraubt werden kann, so daß ein Entlüften oder Entwässern möglich ist.

Bereits nach zwei Stunden Fahrdauer kann sich in den Luftbehältern eine Wassermenge von etwa einem halben Liter gesammelt haben. Das verfügbare Luftvolumen verkleinert sich zunehmend, wenn nicht regelmäßig entwässert wird, d.h. wöchentlich mindestens einmal und bei Frostgefahr täglich. Bei Verwendung automatischer Entwässerungsventile entfällt diese Arbeit. Ohne Entwässerung kann sich der Druckabfall pro Vollbremsung unzulässig vergrößern. Das Volumen der Luftbehälter muß also in einem bestimmten Verhältnis zum Volumen der Bremszylinder stehen.

a) **Einleitungsbremse** Das Gesamtvolumen der Luftbehälter des Motorwagens entspricht dem 16- bis 20fachen Volumen aller Bremszylinder des Motorwagens und im Anhänger dem 12- bis 16fachen Volumen aller Bremszylinder des Anhängers bei maximalem Hub.

b) **Zweileitungsbremse** Das Gesamtvolumen der Luftbehälter des Motorwagens entspricht mindestens dem 13- bis 16fachen Volumen aller seiner Bremszylinder und im Anhänger dem 8- bis 10fachen Volumen aller zugehörigen Bremszylinder bei maximalem Hub.

c) **Zweileitungsbremse (EG)** Das Gesamtvolumen der Luftbehälter des Motorwagens muß so groß sein, daß nach acht Vollbremsungen mit der Hilfsbremsanlage noch eine Wirkung erreicht werden kann. Im Anhänger muß nach acht Vollbremsungen noch die Hälfte des Druckes vorhanden sein, der sich nach der ersten Bremsung eingestellt hat.

7.9.2 Geräte der Bremsanlage

Motorwagenbremsventile

Es gibt Einkreis- und Zweikreis-Motorwagenbremsventile. Die Betätigung kann mittels Trittplatte, Hebel, Stößel oder hydraulisch erfolgen.

Aufgabe: Feinfühlige und abstufbare Belüftung und Entlüftung der Bremszylinder und des Anhängersteuerventils.

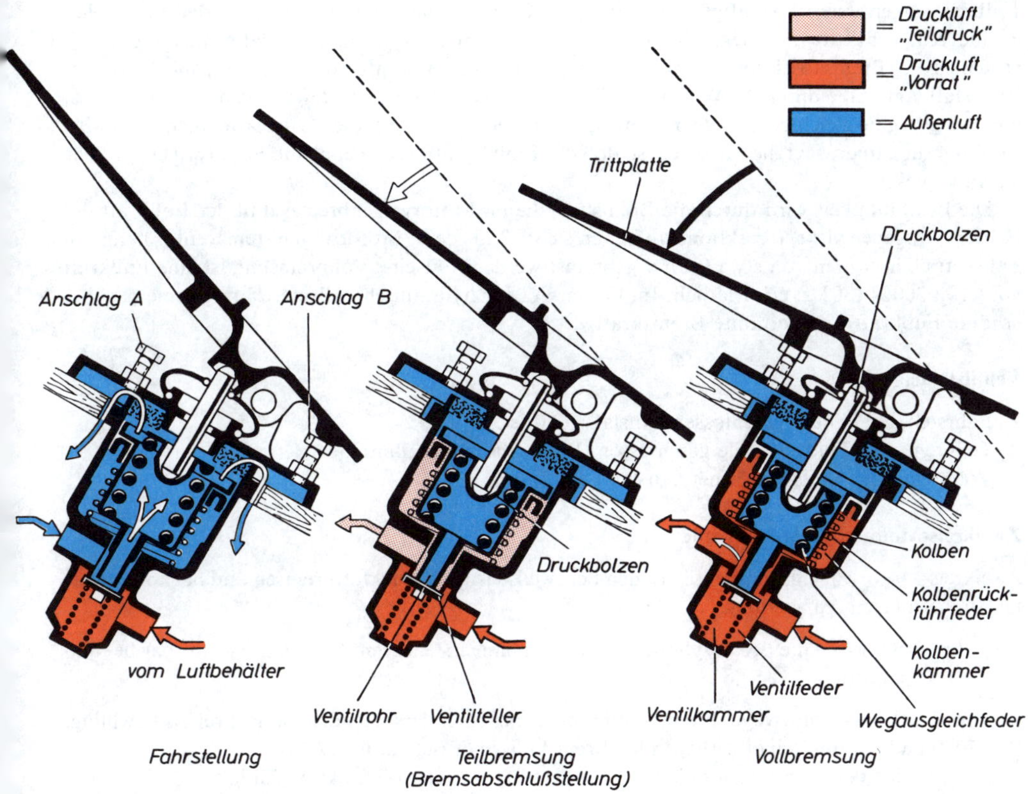

Bild 7.92 Motorwagenbremsventil in verschiedenen Stellungen (Bosch)

Einkreis-Motorwagenbremsventil

Das in Bild 7.92 gezeigte Motorwagenbremsventil wird mit einer Trittplatte betätigt.

Fahrstellung In der Fahrstellung sind die Bremszylinder über das Ventilrohr (Auslaß) mit der Außenluft verbunden, also entlüftet. Das Einlaßventil (Ventilteller) ist geschlossen, so daß keine Vorratsluft in die Bremsanlage einströmen kann.

Bremsstellung Beim Bremsen tritt der Fahrer die Trittplatte nieder. Über den Druckbolzen, den Federteller und die Wegausgleichfeder pflanzt sich die Bewegung der Trittplatte auf den Kolben mit Ventilrohr entgegen der Kraft der Kolbenrückführfeder fort. Sobald das Ventilrohr auf dem Ventilteller aufliegt, ist die Verbindung zwischen Bremszylinder und Außenluft unterbunden. Hebt sich der Ventilteller im weiteren Verlauf vom Ventilsitz ab, so strömt Druckluft über das geöffnete Einlaßventil vom Luftbehälter in die Bremszylinder. Gleichzeitig gelangt aber auch Druckluft durch den Luftspalt zwischen Ventilrohr und Ventilgehäuse vor den Ventilkolben und versucht, diesen entgegen der auf die Trittplatte ausgeübten Kraft nach oben zu schieben. Der Gegendruck auf den Kolben steigt mit dem Druck in den Bremszylindern, so daß der Fahrer in jedem Fall das Gefühl für die Bremsstärke hat. Die von unten gerichtete Kraft auf den Kolben bewirkt bei allen

Teilbremsungen eine rückläufige Bewegung des Kolbens, und zwar so lange, bis der Ventilteller gerade am Ventilsitz im Gehäuse zum Aufliegen kommt. Ein- und Auslaßventil sind somit verschlossen (Bremsabschlußstellung). Es heben sich die Fußkraft von oben und die Kraft der Bremsluft von unten durch die Wegausgleichfeder auf. Die rückläufige Bewegung des Kolbens wird von der Wegausgleichfeder aufgenommen, wirkt sich aber auf die Trittplatte nicht aus. Bei Vollbremsung überwiegt die Fußkraft, so daß das Einlaßventil geöffnet bleibt. Somit wirkt der volle Vorratsdruck.

Die Feinfühligkeit wird durch die Bremsluft, die im Motorwagenbremsventil der Fußkraft des Fahrers entgegenwirkt (Reaktionskraft), erreicht. Mit dem Motorwagenbremsventil kann im Fahrbetrieb in Stufen von etwa 0,2 bar gebremst werden. Für eine Vollbremsung ist eine Fußkraft von etwa 300 N (30 kg) erforderlich. Im Gegensatz zur hydraulischen Bremse bringt eine darüber erhöhte Fußkraft *keine* erhöhte Bremskraft.

Ventilstellungen

1. Fahrstellung: Einlaß geschlossen, Auslaß geöffnet,
2. Teilbremsung: beide Ventile geschlossen (Bremsabschlußstellung),
3. Vollbremsung: Einlaß geöffnet, Auslaß geschlossen.

Zweikreis-Motorwagenbremsventile

Zweikreis-Motorwagenbremsventile finden bei zweikreisigen Druckluftbremsen und bei kombinierten Bremsanlagen Anwendung.

Aufgabe: Sie sollen die Bremszylinder und das Anhängersteuerventil feinfühlig abstufbar be- und entlüften.

Es gibt Zweikreis-Motorwagenbremsventile mit nebeneinanderstehenden Bremskreisen (Zwilling, Bild 7.93) und mit untereinanderliegenden Bremskreisen (Tandem, Bild 7.94).

Bei Ausfall eines Bremskreises bleibt der andere Bremskreis voll funktionsfähig.

Zweikreis-Motorwagenbremsventile können folgendermaßen ausgeführt sein:

1. mit fest eingestellter oder einstellbarer Druckvoreilung für den 1. Bremskreis,
2. mit einem Sensor zur Steuerung der Motorbremse,

Bild 7.93 Zweikreis-Motorwagenbremsventil als Zwilling (WABCO)

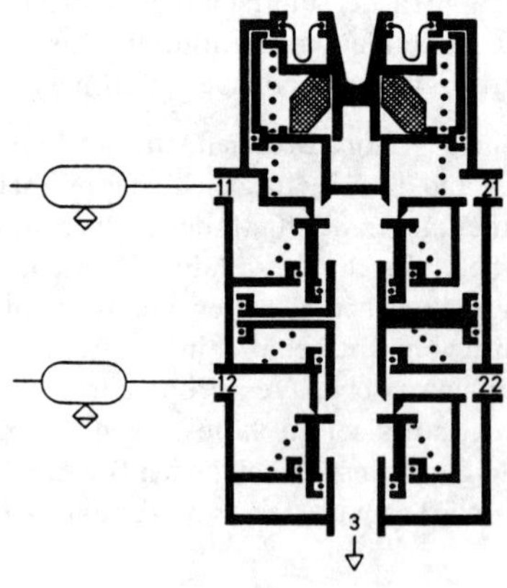

Bild 7.94 Zweikreis-Motorwagenbremsventil als Tandem (Knorr)

3. mit zwei E-Schaltern zur Steuerung von Motorbremse und Stopplicht,
4. mit drei E-Schaltern oder einem integrierten abstufbaren Vorsteuerventil für die Retardersteuerung (z.B. Wirbelstrombremse),
5. mit einem integrierten Last-Leerventil für den 2. Bremskreis.

Drucksteuerventil

Das Drucksteuerventil wird in die Vorratsleitung zwischen dem Motorwagenluftbehälter und dem Kupplungskopf eingebaut (Bild 7.95). Eine Druckluftleitung verbindet das Drucksteuerventil mit dem Drucksicherungsrelais. In seinem grundsätzlichen Aufbau entspricht das Drucksteuerventil dem Überströmventil, d.h., es läßt die vom Motorwagenluftbehälter kommende Druckluft erst nach Überwindung des Einstelldrucks von etwa 4 bis 4,5 bar zum Anhängerluftbehälter strömen. Die federbelastete Membran wölbt sich dabei nach unten durch und gibt den Einlaß frei. Entweicht die Druckluft aus der Vorratsleitung hinter dem Drucksteuerventil, so kann der Vorratsdruck im Motorwagen nur auf den Einstelldruck fallen. Die Bremsbereitschaft des Motorwagens bleibt mit vermindertem Druck erhalten.

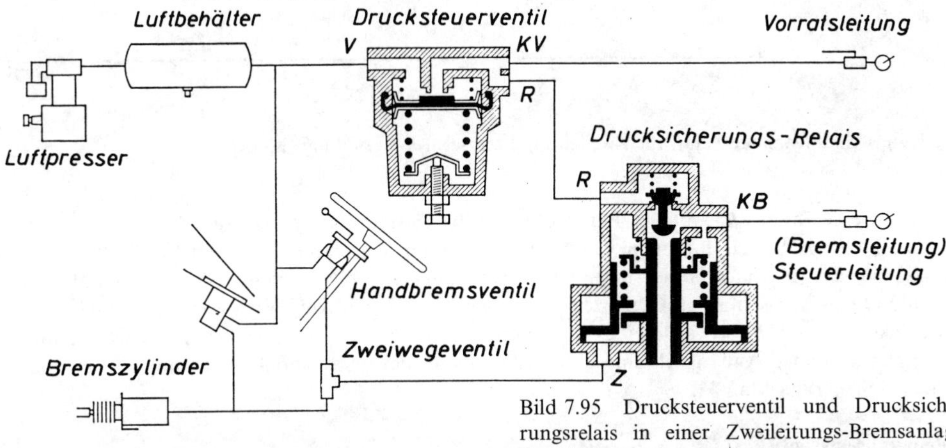

Bild 7.95 Drucksteuerventil und Drucksicherungsrelais in einer Zweileitungs-Bremsanlage (Bosch)

Drucksicherungsrelais (Anhängersteuerventil)

Das Drucksicherungsrelais wird in die Bremsleitung zwischen dem Zweiwegeventil und dem Kupplungskopf eingebaut (Bild 7.95). Es schützt die Bremsleitung vor Druckverlust beim Abreißen des Anhängers und bewirkt die druckmäßige Voreilung der Anhängerbremse. Die Steuerung des Drucksicherungsrelais erfolgt durch das Motorwagenbremsventil oder durch das Handbremsventil.

Anhängersteuerventil

Das Anhängersteuerventil (Bild 7.96) wird für EG-Zweileitungs-Bremsanlagen verwendet. Es übernimmt die Steuerung der Anhängerbremse.

Bei Betätigung der Betriebsbremse werden die Anschlüsse 41 und 42 belüftet. Im Gegensatz dazu wird der Anschluß 43 bei Betätigung der Feststellbremse entlüftet. Sobald eine dieser drei Ansteuerungen erfolgt, kann Vorratsluft vom Anschluß 11 bei geschlossenem Auslaß und geöffnetem Einlaß über den Anschluß 22 in die Bremsleitung gelangen. Beim Lösen entweicht die Druckluft der Bremsleitung über den Anschluß 22, den geöffneten Auslaß und den Anschluß 3 ins Freie.

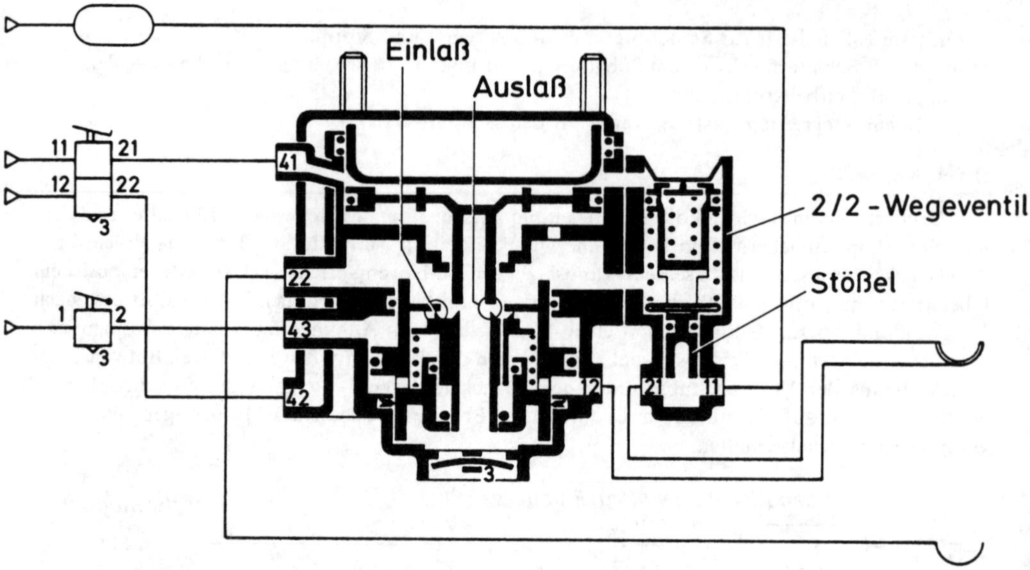

Bild 7.96 Anhängersteuerventil für Zweileitungsbremse in Fahrstellung (Knorr)

Erfolgt eine Bremsung mit der Betriebsbremse bei getrennter Bremsleitung, so kann sich am Anschluß 22 kein Druck aufbauen. Durch den Druck am Anschluß 41 verschiebt sich der Stößel des 2/2-Wegeventils nach unten und sperrt fast völlig das Nachströmen der Vorratsluft vom Anschluß 11 zum Anschluß 21. Gleichzeitig wird der Druck in der Anhänger-Vorratsleitung über die Anschlüsse 12 und 22 sowie über die getrennte Bremsleitung abgebaut, so daß der Anhänger automatisch bremst. Anhängerbremsventile gibt es mit oder ohne Voreilvorrichtung und mit oder ohne den Steueranschluß 43.

Anhängerbremsventil

Das Anhängerbremsventil (Bild 7.97 und 7.98) wird für EG-Zweileitungs-Bremsanlagen verwendet. Es übernimmt die Regelung der Anhängerbremse, wenn der Steuerkolben über den Anschluß 4 mit Druck beaufschlagt wird, und löst eine automatische Bremsung des Anhängers aus, sobald die Vorratsleitung (Anschluß 1) abreißt bzw. bricht. Anhängerbremsventile gibt es mit oder ohne Voreilvorrichtung.

Das **Löseventil** (Bild 7.97) ermöglicht ein mehrfaches Lösen der Bremse des abgekuppelten Anhängers zum Rangieren. Bei Bedarf wird die Kolbenstange bis zum Anschlag ins Gehäuse gedrückt. Die vom Anschluß 1–2 über das Löseventil einströmende Anhänger-Vorratsluft schiebt dann den Kolben gegen Federkraft in die Fahrstellung, so daß die Bremszylinder (Anschluß 2) über den Anschluß 3 entlüftet werden. Nach Beendigung des Rangiervorganges ist die Kolbenstange bis zum Anschlag herauszuziehen, damit die Anhängerbremse wieder in Funktion ist. Bei einer gewissen Restdruckhöhe im Vorratsbehälter läßt sich der Kolben nicht mehr verschieben, und der Anhänger bleibt gebremst. Das Löseventil schaltet automatisch in die Fahrstellung zurück, sobald der Kupplungskopf «Vorrat» und damit der Anschluß 1 beim Ankuppeln des Anhängers unter Druck steht.

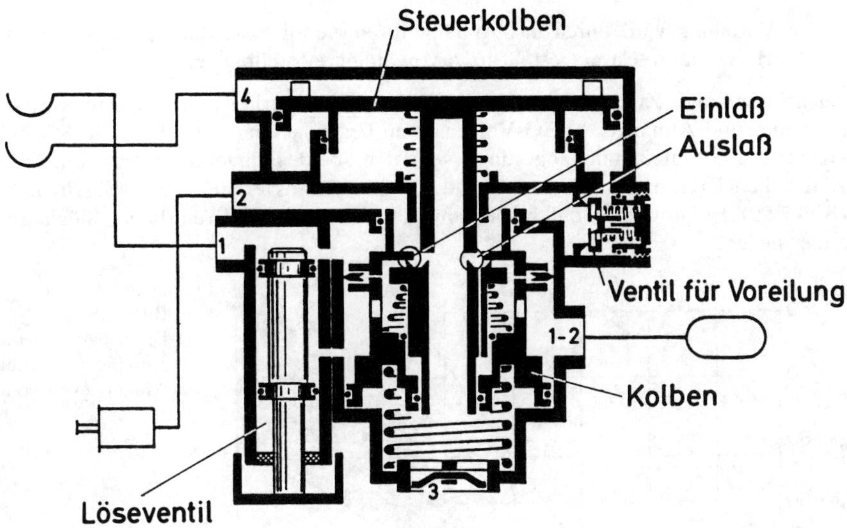

Bild 7.97
Anhängerbremsventil für Zweileitungsbremse in Fahrstellung (Knorr)

Bild 7.98
Anhängerbremsventil für Zweileitungsbremse in Vollbremsstellung (Knorr)

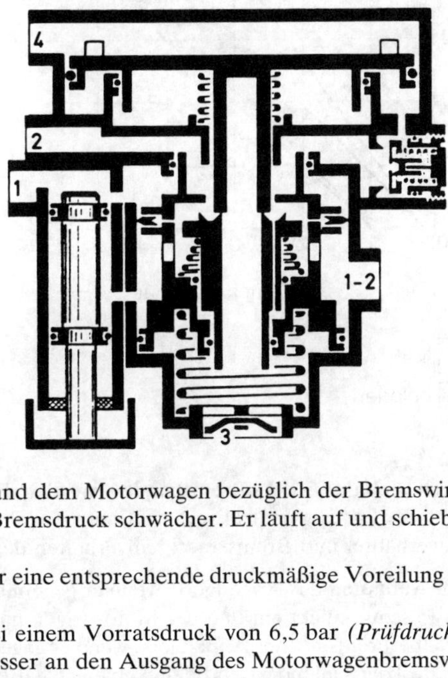

Voreilung Wenn der Anhänger im Neuzustand dem Motorwagen bezüglich der Bremswirkung nicht gleichwertig ist, bremst er bei gleichem Bremsdruck schwächer. Er läuft auf und schiebt den Motorwagen aus der Spur (Unfallgefahr).

Um dies zu verhindern, erhält der Anhänger eine entsprechende druckmäßige Voreilung (z. B. 0,5 bar).

Die Voreilung wird bei der EG-Bremse bei einem Vorratsdruck von 6,5 bar *(Prüfdruck)* gemessen. Dazu schließt man je einen Druckmesser an den Ausgang des Motorwagenbremsventils (Prüfanschluß in der Bremsleitung), an den gelben Kupplungskopf und den Ausgang des Anhängerbremsventils (Prüfanschluß in der Bremsleitung) an. Die Meßstellen liegen vor den automatischen Bremskraftreglern. Liegt der Bremsdruck im Anhänger z. B. bei 1,5 bar, während er im Motorwagen 1 bar beträgt, so hat der Anhänger eine druckmäßige Voreilung von 0,5 bar.

Die Voreilung wird durch das Anhängerbremsventil bzw. durch das Anhängersteuerventil gesteuert. Sie kann fest eingestellt bzw. von außen einstellbar sein.

Zugabstimmung Zwecks Optimierung der Verkehrssicherheit muß das Bremsverhalten der Zugfahrzeuge und Anhänger lt. EG-Vorschrift ab Erstzulassung 1. 1. 89 und lt. StVZO ab Erstzulassung 1. 1. 91 aufeinander abgestimmt sein, d. h., beide Fahrzeuge müssen vom Anlegedruck bis zum vollen Bremsdruck ein annähernd gleiches Bremsverhalten gemäß *«Bremsband»* haben (Bild 7.99). Es ist wichtig, daß beide Fahrzeuge im richtigen «Bremsband» möglichst nah beieinander liegen.

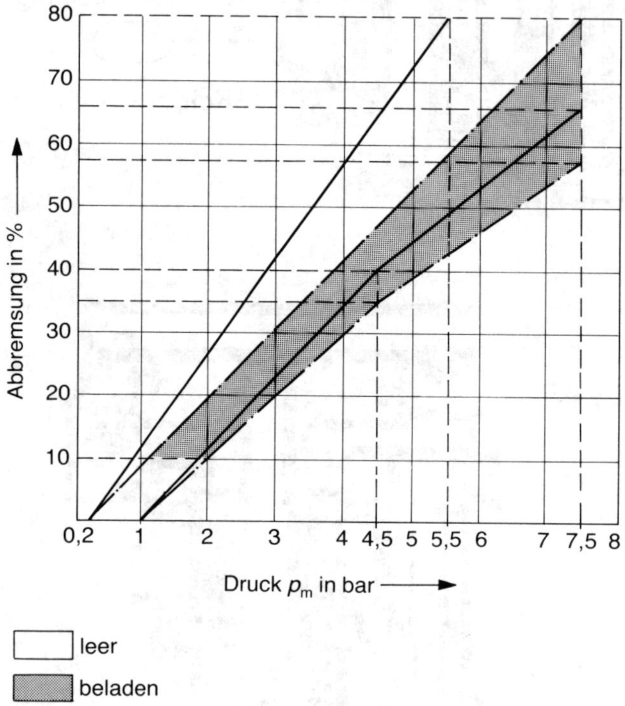

Bild 7.99
Bremsband für Lastwagen und Anhänger, Abbremsung in Abhängigkeit vom Druck

Durch Einhaltung des «Bremsbandes» werden die Deichselkräfte möglichst gering gehalten, so daß sich der Lastzug neutral verhält. Eine mangelhafte Zugabstimmung führt zu unerwünschtem Bremsverhalten und Bremsverschleißverhalten des Zuges, und zwar

- ☐ zum Auflaufen des Anhängers, wenn er gegenüber dem Motorwagen zu schwach bremst; d. h. der Lastzug knickt ein und der Motorwagen hat einen großen Bremsverschleiß;
- ☐ zur Überbremsung des Anhängers, wenn er gegenüber dem Motorwagen zu stark bremst; d. h., der Lastzug schleudert und der Anhänger hat einen großen Bremsverschleiß.

Zur Überprüfung der Zugabstimmung ist je ein Druckmesser am Kupplungskopf «Bremse» (Bezugspunkt) sowie an den Bremszylindern der Vorder- und Hinterachse von Zugfahrzeug und Anhänger anzuschließen. Dann sind alle Achsen des Lastzuges einzeln auf dem Rollenprüfstand mit gleichem Bremsdruck bei einer Abstufung von 1 bar bzw. 0,5 bar durchzumessen, und zwar sowohl bei voller Beladung wie auch im Leerzustand. Die ermittelten Bremskräfte werden zu den jeweiligen Bremsdrücken in eine Tabelle eingetragen.

Abschließend wird die Abbremsung der Fahrzeuge errechnet und in das «Bremsband» eingetragen.

Grundvoraussetzung für die Überprüfung ist, daß der gesamte Zug und die Bremse des gesamten Zuges mechanisch und pneumatisch in Ordnung ist.

Bremszylinder

Bremszylinder werden für druckluftgebremste Fahrzeuge verwendet. Sie haben die Aufgabe, gemeinsam mit den Radbremsen unter Berücksichtigung des eingesteuerten Druckes, die erforderlichen Bremskräfte zu erzeugen. Für die Betriebsbremse werden Membran- und Kolbenzylinder eingebaut.

Membranbremszylinder

Membranzylinder haben eine geringere innere Reibung als Kolbenzylinder. Sie sprechen deshalb schneller an und verschleißen weniger (Bild 7.100). Der relativ geringe Membranhub erfordert jedoch ein vermehrtes Nachstellen der Radbremsen oder die Verwendung von automatischen Gestängestellern.

Bild 7.100 Membranbremszylinder (WABCO)

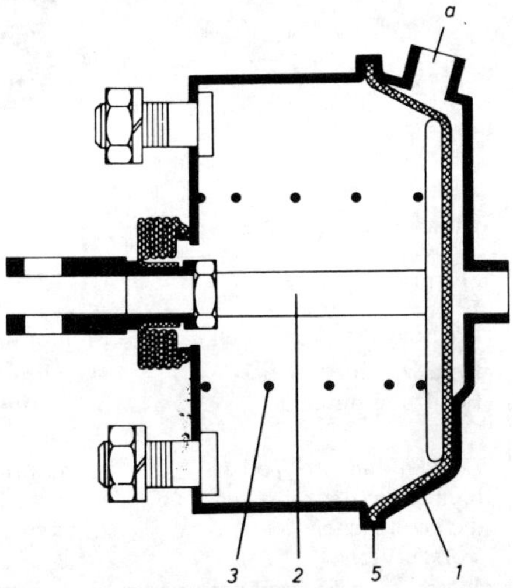

Belüftungsstellung Bei Belüftung der Kammer (a) überwindet die Membran (1) bei einer Druckeinsteuerung von 0,2 bis 0,3 bar die Kraft der Feder (3). Hierdurch wird die Druckstange (2) herausgestoßen und die erzeugte Membrankraft über den Bremshebel auf die Radbremse übertragen.

Entlüftungsstellung Bei Entlüftungsstellung der Kammer (a) wird die Druckstange (2) zusammen mit der Membran (1) durch die Federkraft (3) und durch die wirkenden Rückstellkräfte der Bremsbacken zurückgeführt.

Wartung Membranbremszylinder sind wartungsfrei. Nach einer Betriebszeit von mehr als zwei Jahren ist eine Überholung zu empfehlen.

Prüfung Der Bremszylinder ist auf einen Ansprechdruck von 0,2 bis 0,3 bar ausgelegt. Übersteigt der Ansprechdruck 0,5 bar, so ist eine innere Untersuchung erforderlich. Der Membranhub beträgt bei richtig eingestellter Radbremse ⅓ vom möglichen Gesamthub. Hierbei soll bei einer Vollbremsung der Winkel zwischen der Kolbenstange und dem Bremshebel etwa 90° betragen (Bild 7.101).

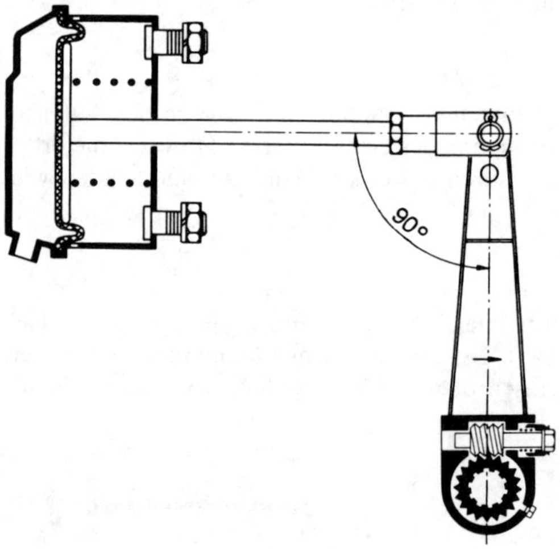

Bild 7.101 Membranbremszylinder mit Gestängesteller (WABCO).
Arbeitsstellung bei halbem maximalem Hub

Eventuelle Fehlerquellen

Störung	Ursache	Abhilfe
Ansprechdruck zu hoch	Membran (1) defekt	Membran erneuern
Bremszylinder ist bei Belüftung undicht	Membran (1) defekt. Spannring (5) bzw. Gehäuse undicht	Membran erneuern. Spannring nachziehen; eventuell Gehäuse überprüfen
Druckabfall pro Vollbremsung überschreitet die gesetzlichen Vorschriften	Membranhub eventuell zu groß. Luftbehälter zu klein	Radbremsen nachstellen. Luftbehälter nach Vorschrift der Druckluftbremsenhersteller auslegen

Kolbenbremszylinder

Kolbenbremszylinder werden nicht mehr so häufig verwendet wie Membranzylinder (Bild 7.102). Sie haben eine größere innere Reibung als Membranzylinder, sprechen deshalb später an und verschleißen mehr.

Belüftungsstellung Bei Belüftung der Kammer (a) überwindet bei einer Druckeinsteuerung von mehr als 0,3 bar der Kolben (1) den Reibungswiderstand der Hutmanschette (2) und die Kraft der Feder (3). Hierdurch wird der Kolben (1), zusammen mit der Druckstange (4), herausgestoßen und

Bild 7.102 Kolbenbremszylinder (WABCO)

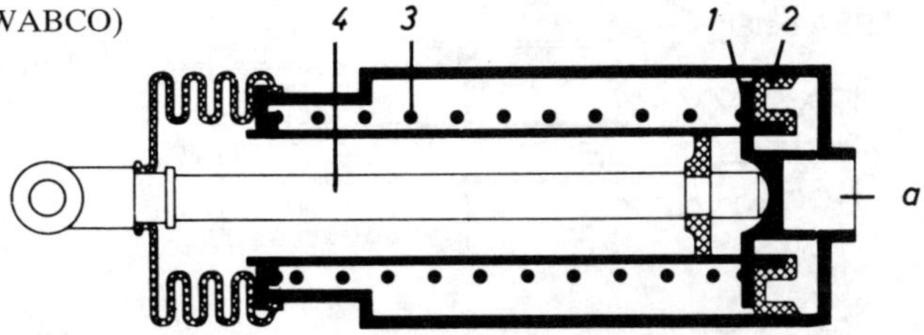

die erzeugte Kolbenkraft über den Bremsübertragungshebel auf die Steuerung der Radbremsbacken übertragen.

Entlüftungsstellung Bei Entlüftung der Kammer (a) wird die Druckstange (4) zusammen mit dem Kolben (1) durch die Federkraft (3) und durch die wirkenden Rückstellkräfte der Radbremsbacken zurückgeführt.

Wartung Kolbenbremszylinder sind wartungsfrei. Nach einer Betriebszeit von mehr als zwei Jahren ist eine Überholung zu empfehlen.

Prüfung Der Bremszylinder ist auf einen Ansprechdruck von 0,3 bar ausgelegt. Übersteigt der Ansprechdruck 0,5 bar, so ist eine innere Untersuchung erforderlich. Der Kolbenhub beträgt bei richtig eingestellter Radbremse $^1/_3$ vom möglichen Gesamthub. Hierbei soll bei einer Vollbremsung der Winkel zwischen der Kolbenstange und dem Bremshebel etwa 90° betragen.

Eventuelle Fehlerquellen

Störung	Ursache	Abhilfe
Ansprechdruck zu hoch	Zylinderlauffläche verrostet. Kolbenmanschette (2) gequollen	Bremszylinder erneuern. Kolbenmanschette erneuern
Bremszylinder ist bei Belüftung undicht	Kolbenmanschette (2) defekt	Manschette überprüfen bzw. erneuern. Zylinderlauffläche kontrollieren
Druckabfall pro Vollbremsung überschreitet die gesetzlichen Vorschriften	Kolbenhub zu groß. Luftbehälter zu klein	Radbremsen nachstellen. Luftbehälter nach Vorschrift der Druckluftbremsenhersteller auslegen

Federspeicher-Bremszylinder

Diese Bremszylinder werden auf der Antriebsachse für die Feststellbremse verwendet. Die Steuerung erfolgt gestängelos, und zwar durch ein Handbremsventil mittels Druckluft. Werden Federspeicherzylinder und Membranzylinder kombiniert, so erhält man Doppel- oder Tristopzylinder. Die Membranzylinder arbeiten für die Betriebsbremse (Bild 7.103), die Federspeicherzylinder für die Hilfs- und Feststellbremse. Bei gleichzeitiger Betätigung der Betriebsbremse und der Feststellbremse addieren sich die Bremskräfte in den Radbremsen. Um mögliche Schäden zu vermeiden, wird ein Überlastungsschutzventil eingebaut.

Die in Federspeicherzylindern befindlichen Federn sind mit Vorspannung eingebaut, das Fahrzeug ist dabei gebremst.

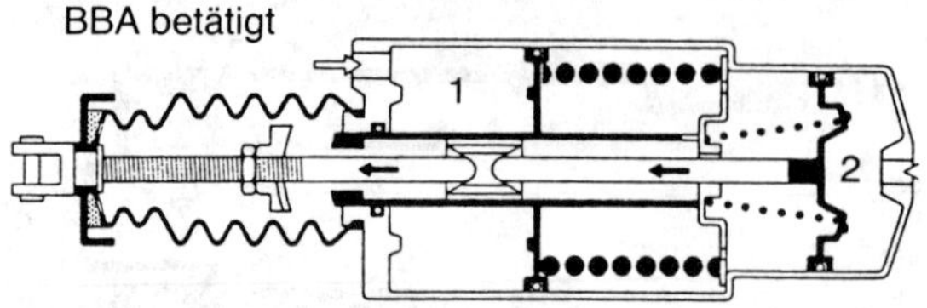

Bild 7.103 Doppelbremszylinder (Bosch), Betriebsbremse betätigt
Kammer 1 + 2 belüftet

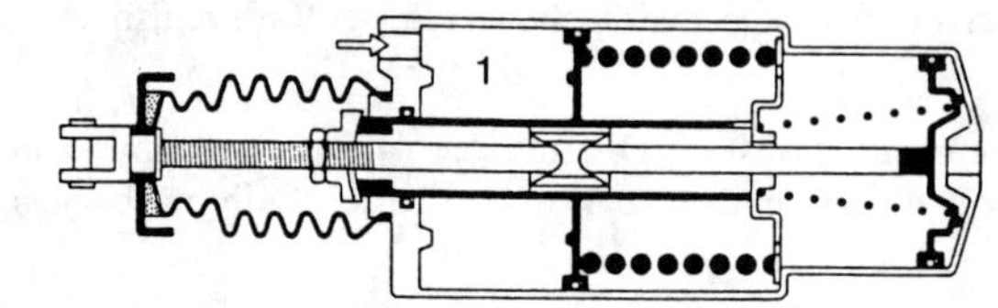

Bild 7.104 Doppelbremszylinder, Fahrstellung
Kammer 1 belüftet, Kammer 2 entlüftet

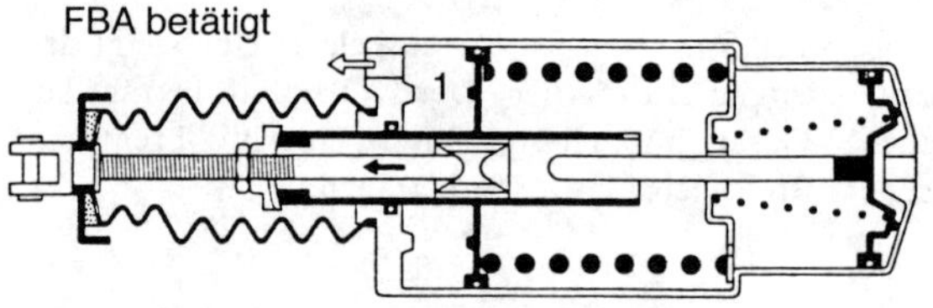

Bild 7.105 Doppelbremszylinder, Feststellbremse betätigt
Kammer 1 + 2 entlüftet

Fahrstellung Um die Federspeicherzylinder mittels Druckluft in die Lösestellung zu bringen, ist ein Druck von z. B. über 5,5 bar (Lösedruck) erforderlich (Bild 7.104). Dadurch werden die vorgespannten Federn abermals gespannt. Die Federspeicherzylinder lösen also durch Druckanstieg.

Bremsstellung Werden die Federspeicherzylinder bis unter den Lösedruck entlüftet, so entspannen sich die Federn entsprechend und erzeugen die Bremskraft (Bild 7.105).
Federspeicherzylinder können Kräfte bis zu etwa 17000 N erzeugen.

Vorteile

1. Das Fahrzeug bleibt gebremst, wenn der Lösedruck nicht erreicht wird.
2. Das Fahrzeug bremst automatisch, wenn der Vorratsdruck unter den Lösedruck abfällt.

Damit die Federspeicher-Feststellbremse nicht unbemerkt einsetzt, wird sie durch eine Warnlampe überwacht. Die Warnlampe leuchtet, sobald der Lösedruck unterschritten ist (siehe EG-Bremse).

Federspeicherzylinder dürfen wegen großer Federkräfte (*Vorsicht*, *Lebensgefahr*) nur mit einer geeigneten Spannvorrichtung demontiert werden.

Handbremsventil

Das Handbremsventil (Bilder 7.106 und 7.107) besteht aus zwei Teilen. Es hat die Aufgabe, den Bremsdruck der Hilfsbremsanlage und Feststellbremsanlage (HBA und FBA) im Motorwagen und über das Anhängersteuerventil im Anhänger zu steuern. Hierfür ist der linke Teil zuständig.

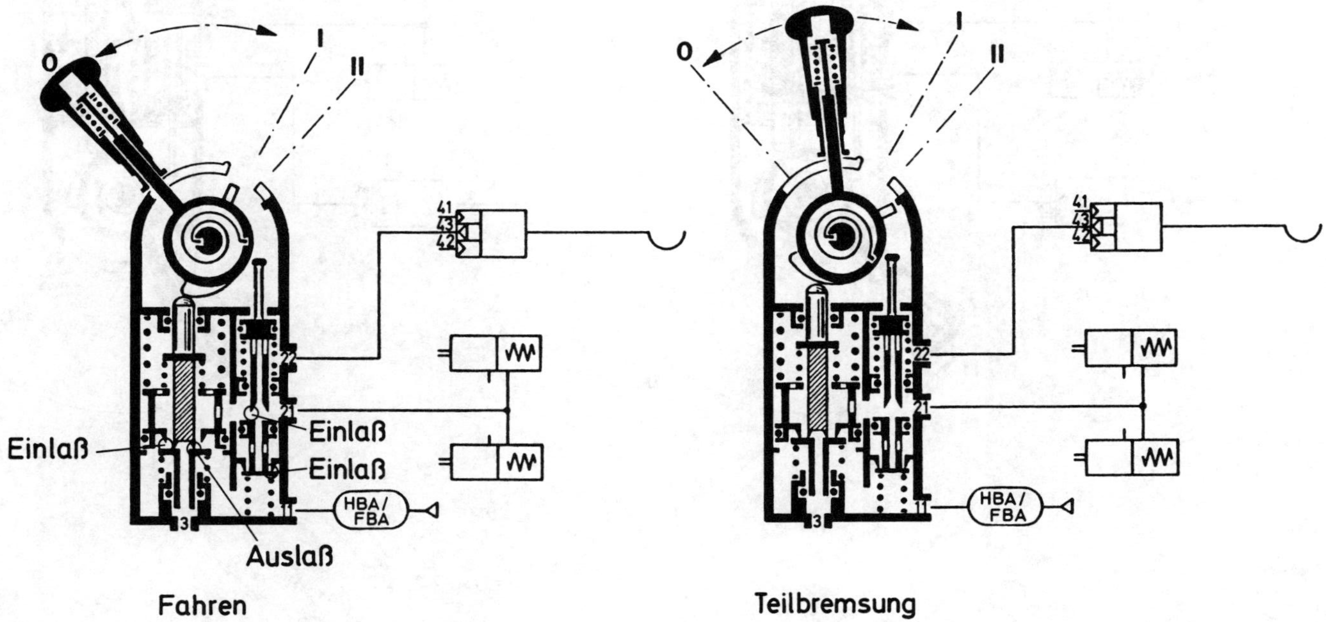

Bild 7.106 Handbremsventil mit Kontrollstellung (Knorr) (links bei Fahrt, rechts bei Teilbremsung)

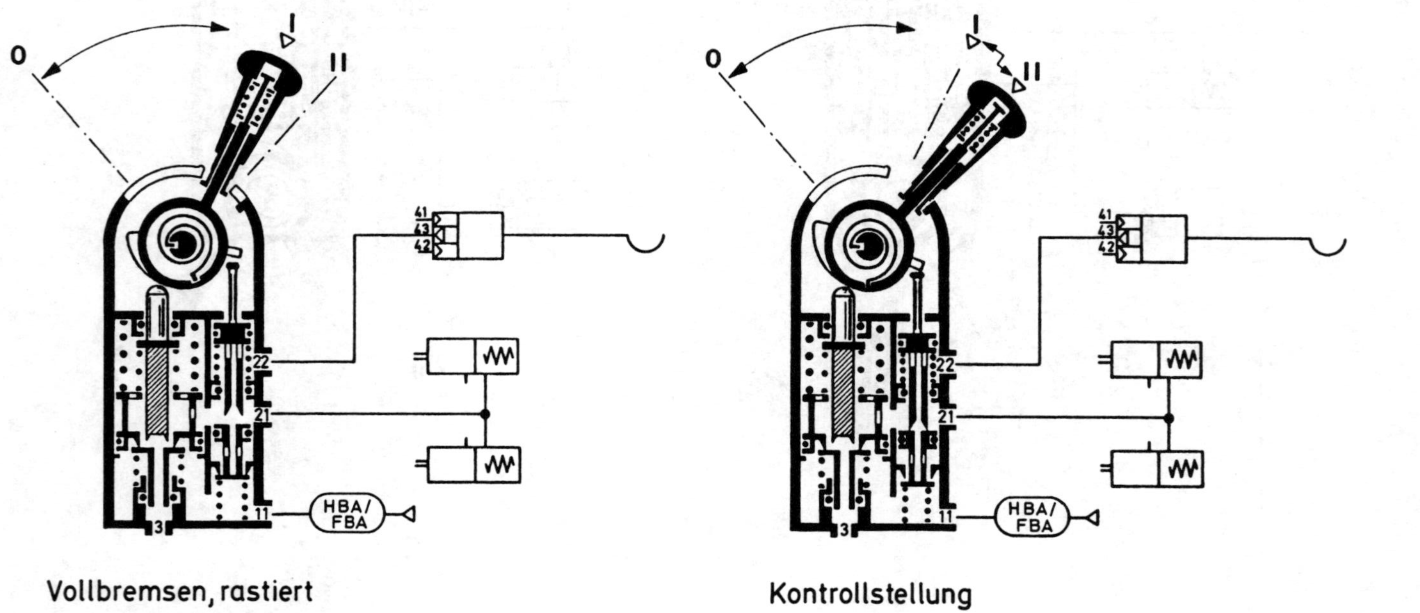

Bild 7.107 Handbremsventil mit Kontrollstellung (Knorr) (links bei Vollbremsung, rechts bei Kontrollstellung)

Der rechte Teil dient der Kontrolle der alleinigen Bremswirkung der FBA des Motorwagens bei gelöster Bremse des Anhängers.

In der *Fahrstellung* (Stellung 0) sind der Einlaß links und der Einlaß rechts oben geöffnet, so daß Vorratsluft über den Anschluß 21 in die Federspeicherzylinder und über den Anschluß 22 zum Anhängersteuerventil gelangen kann. Damit sind die Bremsen im Motorwagen und im Anhänger gelöst. Bei Betätigung der *Hilfsbremse* wird der Kipphebel in Richtung der Stellung I bewegt, wodurch der linke Einlaß schließt und der dazugehörige Auslaß öffnet. Die Federspeicherzylinder und die indirekte Kammer des Anhängersteuerventils (Anschluß 43) werden über den Anschluß 3 je nach Hebelstellung teilweise oder völlig entlüftet. Jetzt sind Motorwagen und Anhänger gebremst. Das Lösen der Hilfsbremse und die Hebelrückführung in die Nullstellung erfolgen automatisch, sobald man den Kipphebel losläßt. Beim Bremsen mit der *Feststellbremse* rastet der Kipphebel nach Überwindung einer Kraftschwelle in die Stellung I (Parkstellung) ein. Die Funktion der Feststellbremse entspricht der Hilfsbremse. Das Lösen ist jedoch erst möglich, wenn man den Kipphebel etwa 3 mm herauszieht. Die Rückführung in die Nullstellung erfolgt wieder automatisch.

Die **Kontrollstellung** (Stellung II) wird erreicht, wenn man den Kipphebel in der Stellung I etwa 3 mm hineindrückt und dann schwenkt. Der rechte obere Einlaß schließt, und der untere Einlaß öffnet, so daß Vorratsluft der HBA und FBA über den Anschluß 22 zum Anhängersteuerventil fließt. Die Bremse des Anhängers ist somit gelöst.

Leitungsfilter

Leitungsfilter werden zwischen den Kupplungsköpfen und dem Anhängerbremsventil eingebaut, um die nachfolgenden Bremsgeräte vor Verschmutzung und deren Folgen zu schützen.

Die Filterpatrone hält Schmutzteilchen zurück, so daß nur saubere Druckluft in die Anlage gelangt. Bei Verstopfung besteht die Möglichkeit, daß die Filterpatrone wie ein Ventil gegen Federkraft mittels Druckluft öffnet.

Der Leitungsfilter rechts im Bild 7.108 kann dies unabhängig von der Durchströmrichtung der Druckluft. Bei der links gezeigten Ausführung ist dies nur möglich, wenn die Druckluft vom Anschluß 2 zum Anschluß 1 strömt.

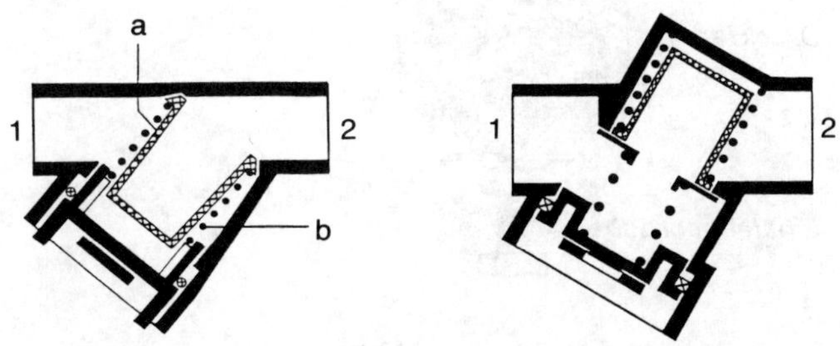

Bild 7.108
Leitungsfilter (WABCO),
a = Filterpatrone
b = Druckfeder

Druckbegrenzer

Beim Bremsen mehrachsiger Fahrzeuge treten infolge der Massenträgheit (dynamische Gewichtsverlagerung) Achsdruckänderungen auf. Die Vorderachse wird dabei zusätzlich belastet und die Hinterachse im gleichen Verhältnis entlastet. Bei Anhängern wirkt sich diese Änderung stärker aus als bei Zugwagen, weil das Verhältnis Schwerpunkthöhe zu Achsstand ungünstiger ist. Deshalb werden zum Beispiel für Anhänger auf der Vorderachse größere Bremszylinder oder eine größere

Übersetzung zwischen Bremszylinder und Bremsbacken verwendet. Die Vorderachse wird dann stärker gebremst.

Wird ein Druckbegrenzer verwendet, so können für die Vorder- und Hinterachse gleich große Bremszylinder eingebaut werden (gleiche Ersatzteile). Dadurch werden beide Achsen bei geringen Bremsverzögerungen (am häufigsten vorkommend) gleichmäßig zur Bremsung herangezogen. Bei starken Bremsungen würde die Hinterachse aufgrund der Gewichtsverlagerung blockieren; jetzt wird der Bremskraftbegrenzer wirksam. Er verhindert, daß der Bremsdruck den für die Hinterachse zulässigen Druck (Herstellerangabe) übersteigen kann. In den Bremszylindern der Vorderachse kann dagegen der volle Druck wirksam werden. Daraus ergibt sich dort allerdings ein größerer Verschleiß der Bremsbeläge und Trommeln.

Wirkungsweise (Bild 7.109) Bei geringen Bremsdrücken wird der Ventilteller durch die Druckfeder vom Gehäusesitz abgehoben, so daß die Bremsluft zu den Bremszylindern der Hinterachse strömen kann. Ist der gewünschte Bremsdruck erreicht, so überwindet die mit Bremsluft beaufschlagte Membran die Druckfeder und bewegt sich dabei abwärts. Anschließend sperrt der Ventilteller den Durchgang und begrenzt somit die Bremskraft für die Hinterachse. Der Druckbegrenzer wird zwischen dem Bremskraftregler und den Bremszylindern eingebaut.

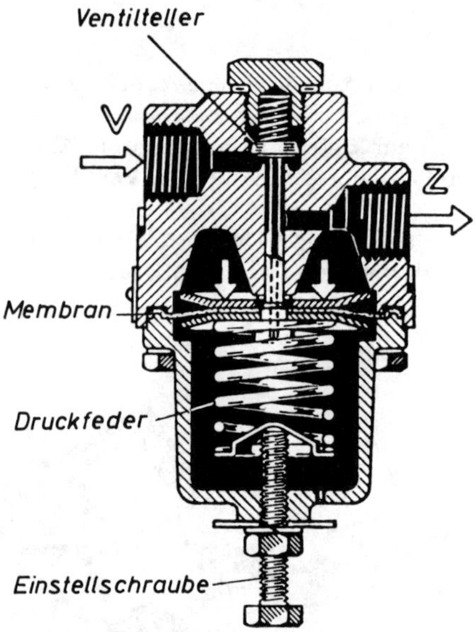

Bild 7.109 Druckbegrenzer im Schnitt (Bosch)

Schlauchkupplungen

Schlauchkupplungen sind lösbare Verbindungen der Druckluftleitung zwischen dem Motorwagen und dem Anhänger.

Schlauchkupplung für Einleitungsbremsanlage Die Anhängersteuerleitung vom Motorwagen zum Anhänger muß sich leicht abkuppeln und bei Abriß des Anhängers auf Zug trennen lassen, ohne daß die Schlauchleitung abreißt. Die Schlauchkupplung wird von unten nach oben durch

Verdrehen der Stifthälfte auf der Ventilhälfte bajonettartig gekuppelt. Die Schlauchkupplung besteht aus einem Kupplungskopf mit Ventil auf der Motorwagenseite und aus einem Kupplungskopf mit Stift und Sieb auf der Anhängerseite. Im gekuppelten Zustand hält der Stift das Ventil zwangsweise geöffnet (Bild 7.110). Beim Abkuppeln schließt das Ventil auf der Zugwagenseite durch Federdruck und verhindert einen Luftverlust des Motorwagens. Um Verschmutzung zu verhindern, werden abgekuppelte Kupplungsköpfe durch einen Deckel selbsttätig oder von Hand verschlossen. Der Kupplungskopf auf der Anhängerseite wird mit der Bremsanlage des Anhängers durch einen Schlauch verbunden. Ein Haken an der Deichsel des Anhängers nimmt den abgekuppelten Kupplungskopf mit Anhängeröse auf.

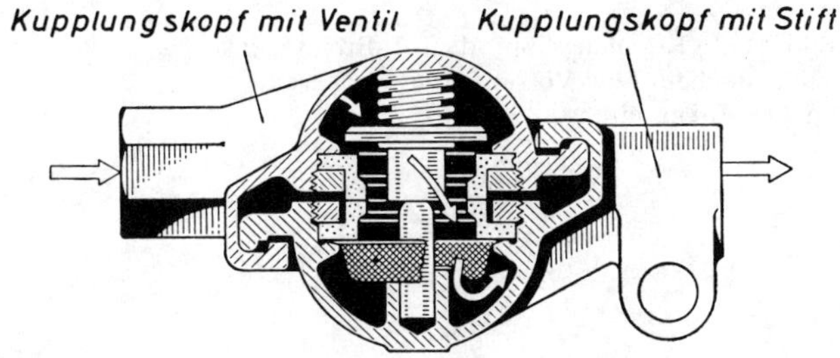

Bild 7.110
Schlauchkupplung der Einleitungsbremse im Schnitt (Bosch)

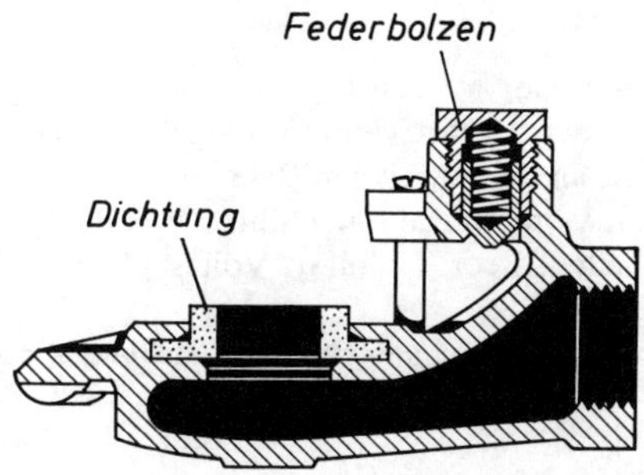

Bild 7.111 Kupplungskopf für die Zweileitungsbremse im Schnitt (Bosch)

Schlauchkupplung für Zweileitungsbremsanlage Die zweiteilige Schlauchkupplung besteht aus zwei gleichen Kupplungsköpfen (Bild 7.111). Gekuppelt wird von oben nach unten durch Verdrehen des Kupplungskopfs am Schlauch auf dem Kupplungskopf am Motorwagen. Im gekuppelten Zustand greift ein Federbolzen des einen Kupplungskopfs in die Kerbe des anderen und hält die Kupplung zusammen. Abgekuppelt wird durch Zurückdrehen oder, wenn der Anhänger abreißt, durch den Zug am Schlauch. Gegen Verschmutzung werden abgekuppelte Kupplungsköpfe mit Leerkupplungen verschlossen.

Weil die Kupplungsköpfe untereinander gleich sind, werden sie durch Farben und Schilder gekennzeichnet. Die Vorratsleitung (in Fahrtrichtung rechts) hat zwei rote Kupplungsköpfe und zwei Bezeichnungsschilder mit der Aufschrift «Vorrat». Die Bremsleitung hat zwei gelbe Kupplungsköpfe und zwei Bezeichnungsschilder mit der Aufschrift «Bremse».

Die Kupplungsköpfe der EG-Bremse sind vertauschgesichert (Bild 7.112).

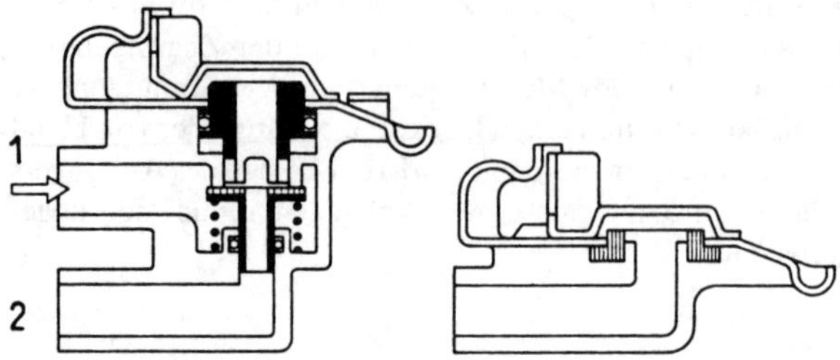

Bild 7.112 Kupplungsköpfe der EG-Bremse, links automatisch für Lkw-Vorratsleitung, rechts einfach für Lkw-Bremsleitung

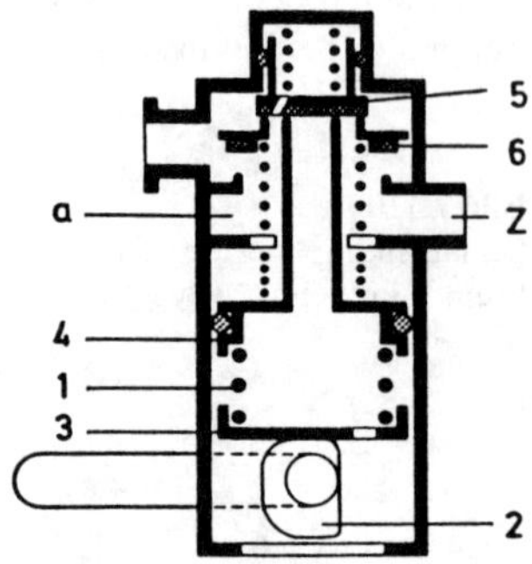

Bild 7.113 Bremskraftregler (WABCO) Stellung «Leer»

Bremskraftregler

Bremskraftregler werden innerhalb der Anhängerbremsanlage zwischen dem Anhängerbremsventil und den Bremszylindern eingebaut. Sie ermöglichen ein Anpassen der Bremskraft des Anhängers an den jeweiligen Beladungszustand. Es kann also ein leerer Anhänger hinter einem beladenen Motorwagen mitgeführt werden. Der Bremskraftregler hat in der Regel vier Einstellmöglichkeiten: Leer, Halblast, Vollast, Lösen (Bild 7.113).

Bremsdruck in bar bei den einzelnen Stellungen nach WABCO

	Leer	Halblast	Vollast	Lösen
Arbeitsdruck max. 7,35	2,0 bis 2,3	3,6 bis 4,2	6,5 bis 7,0	0,0

Ein Bremskraftregler muß immer entsprechend der Last des Anhängers eingestellt werden. Ist z.B. der Anhänger voll beladen und der Bremskraftregler auf «Leer», «Halblast» oder «Lösen» eingestellt, so wird der Anhänger zu schwach oder gar nicht abgebremst. Der Lastzug bleibt dann bei Bremsungen nicht gestreckt, und der Anhänger kann durch Auflaufen den Motorwagen querschieben.

Stellung «Leer» In der Stellung «Leer» ist die Druckfeder (1) durch den Exzenter (2) über das Federgehäuse (3) vorgespannt. Hierdurch wird der Druckbegrenzungskolben (4) in der oberen Stellung gehalten, so daß das druckentlastete Auslaßventil (5) geschlossen und das federbelastete Einlaßventil (6) geöffnet ist. Bei einer Teil- oder Vollbremsung tritt Druckluft vom Anhängerbremsventil in den Bremskraftregler ein. Da das Einlaßventil (6) geöffnet ist, gelangt die Druckluft sofort in den Raum (a) und beaufschlagt die wirksame Fläche des Kolbens (4). Gleichzeitig werden die Bremszylinder des Anhängers über den Anschluß (Z) belüftet. Ist die auf die Kolbenfläche (4) wirkende Kraft größer als die Federkraft (1), so bewegt sich der Druckbegrenzungskolben (4) nach unten. Hierdurch wird das Einlaßventil (6) – bedingt durch die Kraft der Feder (7) – geschlossen. Der Bremskraftregler hat somit den aus dem Anhängerbremsventil eventuell ausgesteuerten Druck auf den in der Tabelle angegebenen Wert begrenzt.

Stellung «Halblast» Durch Veränderung der Hebelstellung von «Leer» auf «Halblast» wird der Exzenter (2) verstellt und die Vorspannung der Feder (1) erhöht. Bei einer Teil- oder Vollbremsung ist daher ein höherer Druck in der Kammer (a) notwendig, um den ausgesteuerten Druck auf die in der Tabelle erwähnten Werte zu begrenzen. Die Wirkungsweise des Bremskraftreglers in der Stellung «Halblast» entspricht der Beschreibung im vorhergehenden Absatz.

Stellung «Vollast» Bei einer Bremskraftreglereinstellung auf «Vollast» ist die Feder (1) so weit vorgespannt, daß bei einer Vollbremsung die in der Kammer (a) wirkende Druckluft den Druckbegrenzungskolben (4) nicht nach unten drücken kann. Hierdurch bleibt das Einlaßventil (6) geöffnet, so daß der eingesteuerte Druck in voller Höhe zu den Bremszylindern gelangt.

Stellung «Lösen» Bei abgekuppelter Anhängersteuerleitung geht das Anhängerbremsventil in die Vollbremsung. Wird der Bremskraftregler aus einer der vorgenannten Stellungen in die Lösestellung gebracht, so wird die Feder (1) entlastet. Der Druckbegrenzungskolben (4) bewegt sich, bedingt durch die in der Kammer (a) wirkende Druckluft und die Federkräfte (7 und 8), nach unten und gibt durch Abheben des Kolbenrohres (4) vom Auslaßventil (5) die Entlüftung frei. Hierdurch werden die Kammer (a), der Anschluß (Z) und damit die Bremszylinder entlüftet. Der Anhänger kann also rangiert werden.

7.9.3 Automatisch-lastabhängige Bremse (ALB)

Diese Bremse ist seit dem 1. Juli 1963 für erstmals zugelassene Sattelzugmaschinen und Sattelanhänger mit einem zulässigen Gesamtgewicht von mehr als 7,5 t vorgeschrieben.

Befindet sich die Bremse bei richtiger Einstellung in gutem Zustand, so bietet die automatische Bremskraftregelung einige Vorteile:

1. kürzeste Bremswege,
2. Entlastung des Fahrers,
3. geringer Reifenverschleiß,
4. Verbesserung des Blockierverhaltens,
5. selbsttätige und stufenlose Anpassung des Bremsdrucks an die jeweilige Achslast,
6. Erhöhung der Verkehrssicherheit,
7. für die Abstufung steht der ganze Pedalweg zur Verfügung,
8. gleichmäßige Abbremsung zwischen Motorwagen und Anhänger, auch bei unterschiedlicher Beladung.

Der kürzeste Bremsweg wird dann erreicht, wenn sich die Räder beim Bremsen gerade noch drehen, ohne zu blockieren. Dieser Zustand wird durch die richtige Wahl der Bremszylinder, jedoch nur bei beladenem Fahrzeug und trockener Fahrbahn erreicht. In anderen Situationen muß der Fahrer die Bremskräfte verringern. Ändert sich die Belastung der einzelnen Achsen bei verschiedener Beladung gleichmäßig, so ist das möglich; ändert sie sich nicht gleichmäßig, so kann sich der Fahrer nur an die am schwächsten belastete Achse herantasten, damit diese nicht blockiert. Dadurch verschenkt er jedoch Bremsweg, weil er die für die Vorderachse mögliche Bremskraft nicht ausnutzen kann.

Werden die Bremskräfte abhängig von der Achslast – *automatischer Bremskraftregler* – geregelt, dann wird keine Bremskraft verschenkt. Da die Bremskraft bei Fahrzeugen mit automatischer Bremskraftregelung für eine trockene und griffige Fahrbahn ausgelegt ist, muß bei nasser Straße mit geringerer Kraft gebremst werden. Die automatische Bremskraftregelung ist also *kein Blockierschutz* und kann auch das Gefühl des Fahrers für den Straßenzustand nicht ersetzen.

Wird in einem Sattel- oder Lastzug die Bremskraft automatisch geregelt, dann muß sowohl der Motorwagen als auch der Anhänger erfaßt werden. Die Bremskräfte müssen beim beladenen Sattelzug richtig auf die einzelnen Achsen verteilt sein. Das ist der Fall, wenn auf trockener Straße bei einer 50 %igen Zugabbremsung noch kein Rad blockiert. Blockieren jedoch die Räder einer Achse, so können die Vorteile der automatischen Regelung beim leeren Sattelzug nicht voll ausgenutzt werden.

Voraussetzung für alle am Fahrzeug vorzunehmenden Arbeiten ist die Feststellung der Gewichte sämtlicher Achsen der Fahrzeuge im Zustand «Voll beladen» und «Leer». Außerdem muß die Durchbiegung der Wagenfedern bei den zu regelnden Achsen gemessen werden. Bei einem Last-Leer-Verhältnis der Vorderachse von 1,4 : 1 und darüber ist es zweckmäßig, beide Achsen der Zugmaschine lastabhängig zu regeln. Ist das Last-Leer-Verhältnis der Vorderachse kleiner als 1,4 : 1, so wird nur die Hinterachse der Zugmaschine lastabhängig geregelt (Bild 7.114).

Das Last-Leer-Ventil

Das Last-Leer-Ventil ist am Rahmen befestigt und ersetzt den vom Bremsventil durch den Fahrer eingesteuerten Druck. Es wird vom lastabhängigen Regelventil beeinflußt. Die Untersetzung entspricht dem Last-Leer-Verhältnis (Regelverhältnis) der zu regelnden Achse.

Beispiel: Bestimmung des Last-Leer-Verhältnisses einer Achse

$$\text{Hinterachse } i_\text{H} = \frac{G_\text{H Beladen}}{G_\text{H leer}} = \frac{10\,000 \text{ kg}}{4000 \text{ kg}} = 2{,}5:1.$$

Bestimmung des Leerdruckes

$$p_\text{Hinterachse} = \frac{\text{Behälterdruck } (M)}{i_\text{H}} = \frac{7 \text{ bar}}{2{,}5} = 2{,}8 \text{ bar}.$$

Arbeitsweise (Bild 7.115) Beim Bremsvorgang strömt die vom Bremsventil kommende Druckluft über den Anschluß (1) in die Kammer (2) und gleichzeitig zum lastabhängigen Regelventil. Die Druckluft in der Kammer (2) bewegt den Stufenkolben nach unten. Dabei wird das Auslaßventil (7) geschlossen und das Einlaßventil (3) geöffnet. Jetzt strömt die Druckluft aus der Kammer (2) in die Kammer (6) und in die Bremszylinder. Vom Regelventil strömt die Druckluft entsprechend dem Beladungszustand des Fahrzeugs, also voll oder reduziert, zurück und gelangt in die Ringkammer (4). Die Druckluft in Kammer (4) wirkt dem Druck in Kammer (6) entgegen, so daß sich nur der dem Beladungszustand des Fahrzeugs entsprechende Druck für die zu regelnde Achse aufbauen kann.

Das lastabhängige Regelventil

Dieses Ventil ist am Rahmen befestigt und läßt die vom Last-Leer-Ventil kommende Druckluft voll oder reduziert in die Ringkammer (4) des Last-Leer-Ventils strömen. Dadurch wird die vom Last-Leer-Ventil vorgenommene Untersetzung des Bremsdrucks mehr oder weniger aufgehoben. Der Hebel des Regelventils ist durch eine Stange mit dem an der Achse befestigten Federungskörper verbunden. Das Regelventil ist so einzubauen (neutraler Punkt), daß eine Verstellung nur durch statische oder dynamische Achslastverlagerung möglich ist (Bild 7.116).

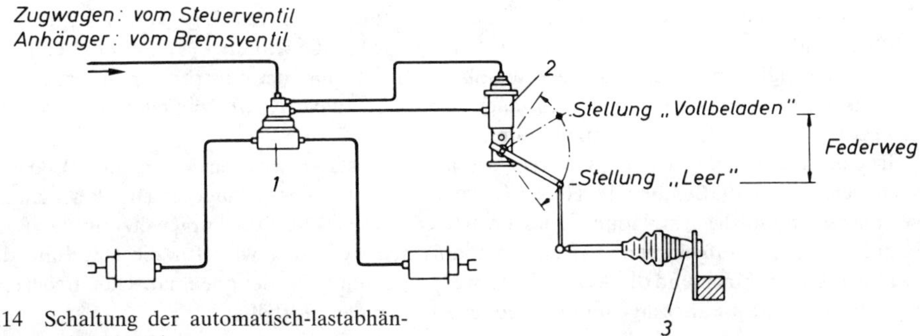

Bild 7.114 Schaltung der automatisch-lastabhängigen Bremse (WABCO)
1 Last-Leer-Ventil
2 lastabhängiges Regelventil
3 Federungskörper

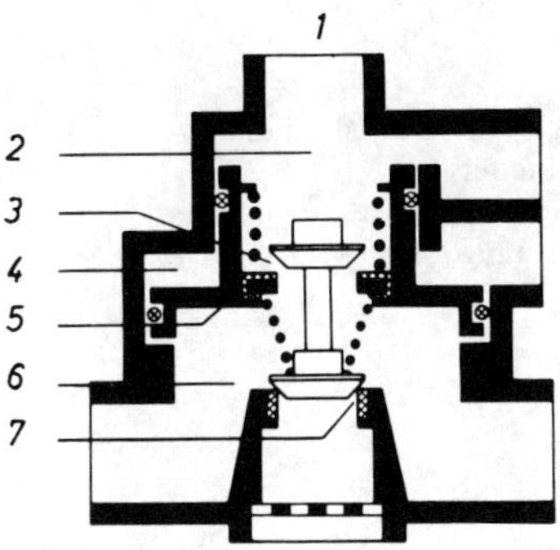

Bild 7.115 Last-Leer-Ventil

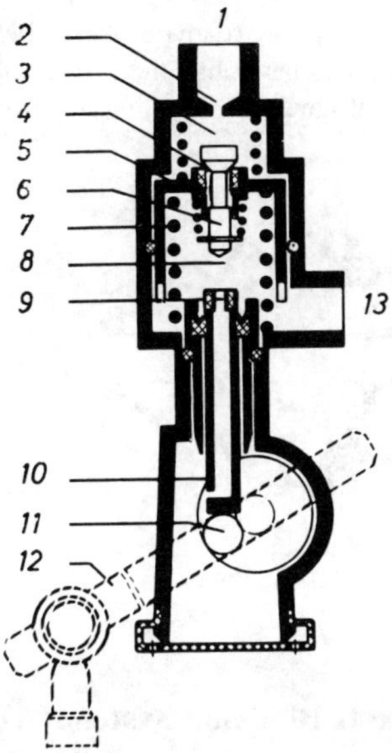

Bild 7.116 Lastabhängiges Regelventil

Arbeitsweise Bei gelöster Bremse und fahrendem Fahrzeug folgt der Hebel der jeweiligen Achsbewegung. Der Stößel (10) wird durch die Reibung der Dichtung in der jeweils obersten Stellung festgehalten, dadurch wird der Verschleiß des Exzenters (11) und des Stößels (10) verringert. Bei leerem Fahrzeug steht der Hebel (12) in der untersten Stellung (Normalstellung). Beim Bremsvorgang strömt Druckluft zum Anschluß (1) und von dort durch die Bohrung (2) in die Kammer (3). Der Kolben (5) wird gegen die Kraft der Feder (7) nach unten bewegt. Das Ventil (6) setzt sich auf den Auslaß (9) und bewegt den Stößel (10) nach unten. Bevor der Stößel (10) den Exzenter (11) erreicht, setzt sich der Kolben (5) auf das Gehäuse auf. Die Kammer (8) und der zum Last-Leer-Ventil führende Anschluß bleiben drucklos.

Wird das Fahrzeug beladen, so verringert sich der Abstand zwischen der Achse und dem Rahmen. Durch diese Änderung wird der Hebel (12) des Regelventils von der Verbindungsstange aus der Stellung «Leer» in Richtung der Stellung «Vollbeladen» verstellt. Der Stößel (10) wird dabei über den Exzenter (11) nach oben bewegt. Wird beim Bremsvorgang der Kolben (5) durch die einströmende

Druckluft nach unten bewegt, so setzt sich das Ventil (6) auf den Auslaß (9) auf. Der Einlaß (4) wird geöffnet, und die Druckluft strömt von der Kammer (3) in die Kammer (8) und über den Anschluß (13) in die Ringkammer des Last-Leer-Ventils. Die Abstufung der einströmenden Druckluft ergibt sich aus der Bewegung des Kolbens (5) nach oben, weil zu der Kraft der Feder (7) noch der in der Kammer (8) wirkende Druck hinzukommt.

Ist das Fahrzeug voll beladen, so verringert sich der Abstand zwischen dem Rahmen und der Achse noch mehr. Durch die Stellung des Hebels (12) und des Stößels (10) gelangt der Druck der Kammer (3) in voller Höhe in die Ringkammer des Last-Leer-Ventils. Die Druckuntersetzung des Last-Leer-Ventils ist damit aufgehoben. Bei der mechanischen Federung wird für die Regelung der Weg zwischen dem Rahmen und der Achse (Federweg) ausgenutzt, bei der pneumatischen Federung der je nach Beladung des Fahrzeugs unterschiedliche Druck der Luftbälge.

Der Federungskörper

Der Federungskörper wird an der Achse befestigt und nimmt die Achsschwingungen, die über den Verstellbereich des lastabhängigen Regelventils hinausgehen, auf. Dadurch wird das lastabhängige Regelventil vor Beschädigung geschützt (Bild 7.17).

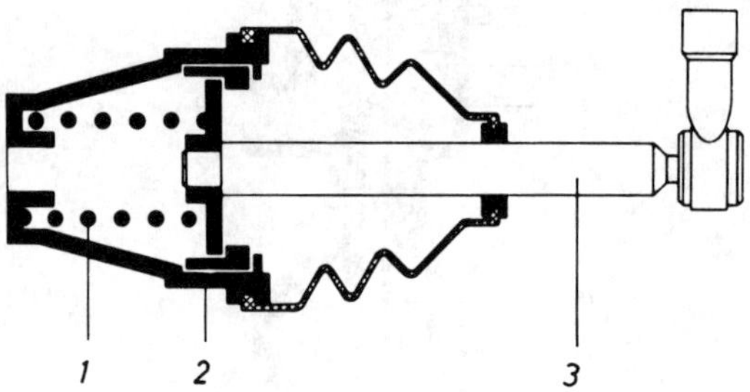

Bild 7.117 Federungskörper
1 Druckfeder
2 Gehäuse
3 Druckstange

7.9.4 Anti-Blockier-System (ABS)

Das ABS ist eine Sicherheitseinrichtung, die herkömmliche Hydraulik- und Druckluft-Bremsanlagen ergänzt. Es verhindert das Blockieren der Fahrzeugräder bei allen Straßen- und Beladungszuständen und gewährleistet einwandfreie Fahrstabilität und Lenkfähigkeit auch bei größtmöglicher Bremswirkung.

Bei intakter Anlage leuchtet die Warnlampe mit den Symbolen «ABS» bis zu einer Geschwindigkeit von 5 km/h auf, d.h., das ABS ist nicht funktionsbereit. Über 5 km/h erlischt die Warnlampe, anderenfalls liegt ein Fehler vor. Auftretende Fehler, z.B. zu geringe Spannung (unter 10,5 V) oder abgerissene Kabel, bewirken eine automatische Abschaltung des ABS, was durch Leuchten der ABS-Warnlampe angezeigt wird. Die Bremsanlage arbeitet dann im Normalbetrieb.

Das ABS ist bei einem 2-Achs-Fahrzeug mit drei Regelkreisen (Dreikanalystem) oder vier Regelkreisen (Vierkanalsystem) ausgestattet. Die Raddrehzahl wird durch induktive Drehzahlfühler erfaßt. Dies geschieht beim Dreikanalsystem an den Vorderrädern einzeln und für die Hinterräder gemeinsam am Differential. Beim Vierkanalsystem erfolgt dies an allen Rädern einzeln (Bild 7.118).

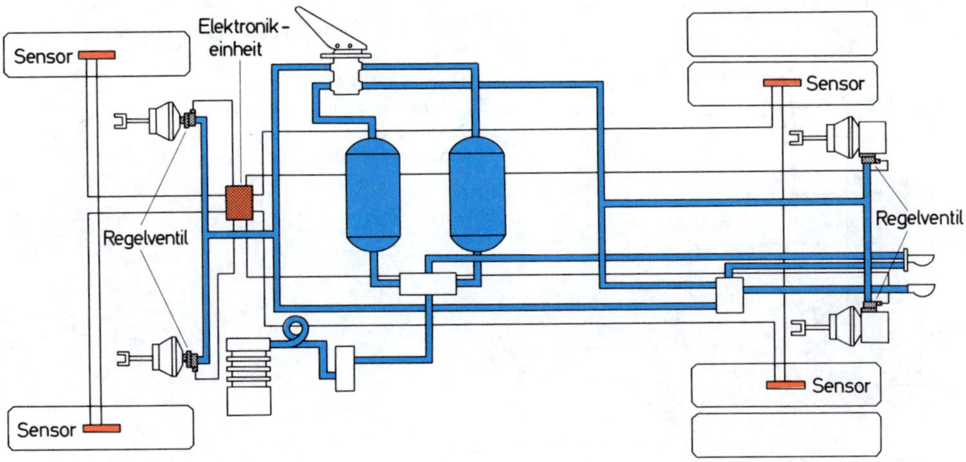

Bild 7.118 Zweileitungs-Zweikreis-Druckluftbremse mit WABCO-ABS (Einzelradregelung)

Nachfolgend wird ein ABS für eine Druckluft-Bremsanlage beschrieben. Zu jedem Regelkreis (Bild 7.119) gehören:

- □ 1 Drehzahlfühler (Sensor) und 1 Polrad (Sensorring),
- □ das elektronische Steuergerät und die Magnetregelventile.

Arbeitsweise:

Im Fahrbetrieb dreht sich das Polrad vor dem Drehzahlfühler und schneidet das Magnetfeld (Bild 7.120). Dabei wird eine Wechselspannung erzeugt, deren Frequenz sich proportional mit der Raddrehzahl ändert und dem Steuergerät als Signal für Drehzahländerungen (Verzögerung, Beschleunigung und Schlupf) dient.

Bei Blockiergefahr eines Rades registriert das Steuergerät eine starke Verzögerung und gibt gemäß der einprogrammierten Logik entsprechende Impulse (Druck halten, Druck senken) an das zugeordnete Regelventil. Der erreichte Bremsdruck wird zunächst nicht weiter erhöht, sondern gehalten. Vergrößert sich die Radverzögerung trotzdem, so erfolgt eine Bremsdruckabsenkung, bis die Radgeschwindigkeit wieder zunimmt. Erkennt das Steuergerät durch Erreichen eines Grenzwertes, daß das Rad zu schwach gebremst wird, erfolgt automatisch eine Bremsdruckerhöhung mit wechselnden Impulsen (Druck halten, Druck steigern), bis das Rad wieder Blockierneigung aufweist.

Jetzt beginnt ein neues Regelspiel, das infolge der enorm schnellen Signalverarbeitung und der kurzen Ansprechzeiten der Regelventile bis zu 10mal pro Sekunde ablaufen kann. Allgemein wird die Bremskraft der Räder einzeln geregelt. Beim Dreikanal-ABS geschieht dies jedoch für die Hinterachse gemeinsam. Somit bestimmt bei einseitig glatter Fahrbahn das auf der glatten Seite bremsende Rad den Bremsdruck für beide Hinterräder. Damit der Fahrer eines Lastzuges mit ABS stets informiert ist, gibt es für den Motorwagen und für den Anhänger je eine ABS-Warnlampe. Das Leuchten der jeweiligen Warnlampe bedeutet, daß das betreffenden ABS abgeschaltet ist und umgekehrt. Anhand der zusätzlichen Info-Lampe erkennt der Fahrer, ob der mitgeführte Anhänger mit oder ohne ABS ausgerüstet ist. Sie leuchtet, wenn der Anhänger ohne ABS ist, und erlischt bei Solobetrieb bzw. wenn der Anhänger ein ABS hat.

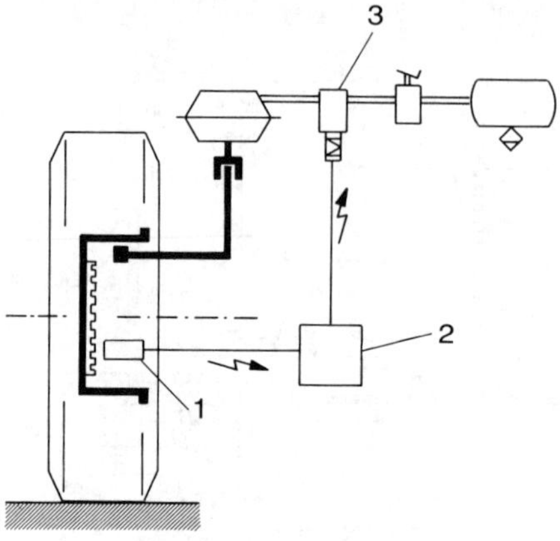

Bild 7.119 Regelkreis (Mercedes-Benz-WABCO)
1 Drehzahlfühler
(Dauermagnet und Spule)
2 Steuergerät
3 Magnetregelventil

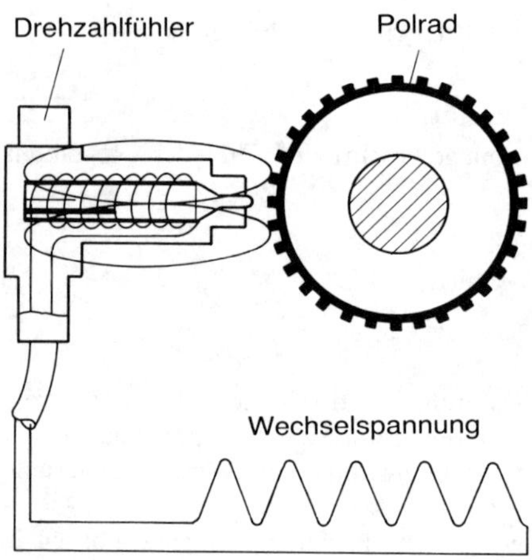

Bild 7.120 Drehzahlfühler und Polrad (Mercedes-Benz-WABCO)

Vorteil des ABS:

1. Kein Blockieren der Räder;
2. Verkürzung der Bremswege, besonders bei nasser und glatter Fahrbahn;
3. kein Schleudern des Fahrzeuges;
4. volle Lenkfähigkeit des Fahrzeuges trotz Ausnutzung der größtmöglichen Bremswirkung;
5. bei Lastzügen wird das gefürchtete «Einknicken» bei glatter Fahrbahn verhindert.

Die optimale Wirkung wird erreicht, wenn man das ABS mit der automatisch lastabhängigen Bremse (ALB) kombiniert. Ohne ALB würde z. B. bei Talfahrt die teilweise entlastete Hinterachse ständig überbremst. Das ABS müßte folglich laufend regeln, wodurch die Beanspruchung der Radbremsen und der Luftverbrauch für die Bremszylinder zunehmen würde. Die Signale der Drehzahlfühler können mit Hilfe eines zusätzlichen Steuergeräts auch für die Antriebs-Schlupf-Regelung (ASR) genutzt werden. Bei drohendem Schlupf wird die Antriebskraft durch Verstellung der Drosselklappe, des Zündzeitpunkts oder der Einspritzmenge entsprechend reduziert.

7.9.5 Dauerbremse (Dritte Bremse)

§ 41 StVZO Abs. 15

Omnibusse mit einem zulässigen Gesamtgewicht von mehr als 5,5 t und andere Kraftfahrzeuge mit einem zulässigen Gesamtgewicht von mehr als 9 t müssen außer der Betriebs- und Feststellbremse mit einer Motorbremse oder einer in der Bremswirkung gleichartigen Vorrichtung ausgerüstet sein. Das gilt nicht für Kraftfahrzeuge mit einer durch die Bauart bestimmten Höchstgeschwindigkeit von nicht mehr als 25 km/h.

Infolge zwischenzeitlicher Änderung des § 41 StVZO, Absatz 15 mußten die im Anhänger bereits vorhandenen Dauerbremsen spätestens bei der ersten Bremssonderuntersuchung nach dem 1. 10. 92 dauerhaft funktionsfähig gemacht werden (Anpassung an die EG-Vorschriften).

Hiervon sind die neuen Bundesländer bis zum 31. 12. 97 ausgenommen, weil dort noch die Einleitungsbremse existiert.

Leistung der Dauerbremse

Diese Bremse soll einen vollbeladenen Lastzug auf einer Strecke von 6 km Länge bei 7 % Gefälle mit einer Geschwindigkeit von 30 km/h halten. Nach beendeter Talfahrt müssen die von der StVZO geforderten Mindestverzögerungen noch erreicht werden.

Die Trommeltemperatur darf während der Dauerbremsung 350 °C (623 K) und die Felgenhorntemperatur 90 °C (363 K) nicht überschreiten. Die Werte gelten nur für den Anhänger, sofern die vorhandene Reibungsbremse als Dauerbremse verwendet wird. Diese wird durch einige Geräte ergänzt, so daß der Anhänger beim Betätigen der Motorbremse mit 0,8 bis 1,2 bar (Tankwagen 0,6 bar) gebremst wird. Der verminderte Arbeitsdruck bei Tankwagen soll bewirken, daß die Trommeltemperatur auf jeden Fall *unterhalb* der Selbstentzündungstemperatur des Dieselkraftstoffs (350 bis 380 °C = 623 bis 653 K) liegt, damit eine eventuelle Brandgefahr vermieden wird. Um beide Achsen gleichmäßig für die Bremsarbeit heranzuziehen, ist es ratsam, für die Vorder- und Hinterachse gleich große Bremszylinder zu verwenden (Bild 7.121).

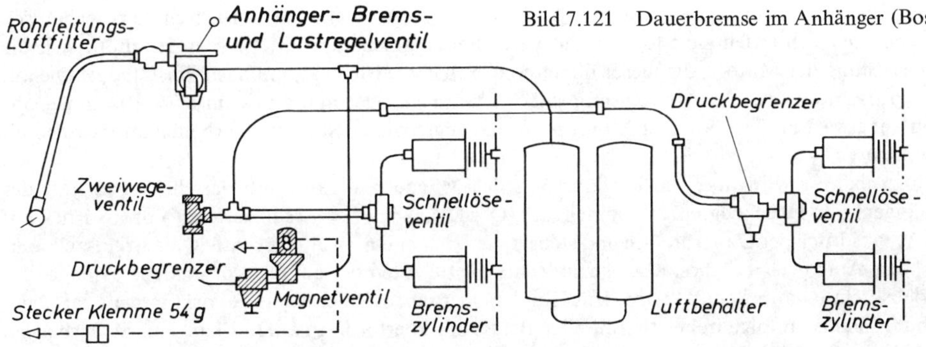

Bild 7.121 Dauerbremse im Anhänger (Bosch)

Im Motorwagen findet die Staudruckbremse Anwendung (Bild 7.122). Sie ist drehzahlabhängig und wirkt um so besser, je höher die Drehzahl des Motors ist. Um dies zu erreichen, muß der Fahrer vor der Bremsung durch niedrige Gangwahl für hohe Motordrehzahlen sorgen. Dieser Gang muß so gewählt werden, daß er den Lastzug halten kann, ohne daß der Motor überdreht. Da die Fahrer in der Regel einen Hang mit hoher Geschwindigkeit befahren, kann die Reibungsbremse im Anhänger dies auf die Dauer nicht aushalten. Ein kleiner Gang bewirkt jedoch eine

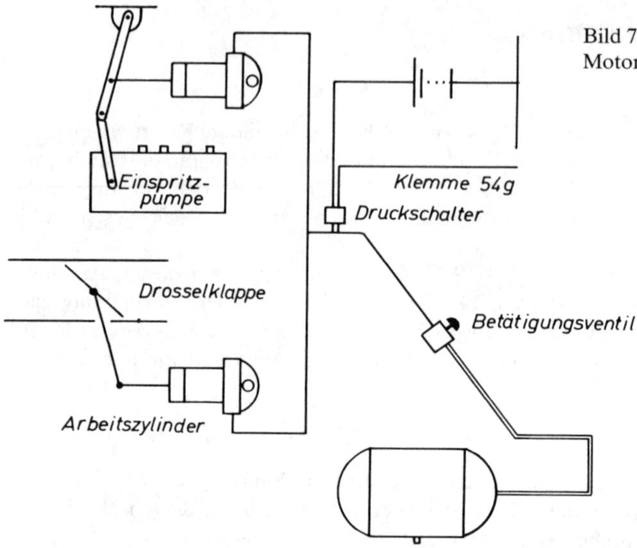

Bild 7.122 Schematische Darstellung der Motorstaudruckbremse

geringe Geschwindigkeit des Fahrzeuges und damit eine lange Fahrzeit. Es gilt noch immer die Faustregel: Jedes Gefälle befährt man am sichersten in dem Gang, den man auch für die Bergauffahrt benutzen würde. Wird die Motorbremse richtig eingesetzt, so hat man zumindest am Motorwagen eine einwandfreie Betriebsbremse für eine erforderliche Notbremsung, da diese kalt bleibt.

Wirkungsweise der Motorstaudruckbremse

Bei Betätigung der Dauerbremse wird von Hand oder Fuß (Fußknopf in der Regel links) Bremsluft in die Arbeitszylinder gesteuert, so daß die Drosselklappe im Auspuffsammelrohr geschlossen, die Regelstange der Einspritzpumpe auf Stopp oder Leerlauf verstellt und der Druckschalter mechanisch oder pneumatisch (Klemme 54g) betätigt wird. Bei eingeschalteter Motorbremse erhöht sich die Bremsleistung des Motors, die dieser ohnehin im Schiebebetrieb hat, um das 2- bis 3fache. Die auf dem Prüfstand gemessene Abbremsung soll 7% betragen. Der Staudruck im Auspuffsammelrohr steigt auf etwa 2 bis 3 bar an. Der Motor muß jetzt gegen diesen Staudruck arbeiten und wird somit abgebremst.

Im Anhänger wird über die Klemme 54g das Magnetventil betätigt, das die Vorratsluft des Anhängers zum Druckbegrenzer strömen läßt. Der Druckbegrenzer reduziert den Vorratsdruck auf den Arbeitsdruck der Dauerbremse und steuert diesen über ein Zweiwegeventil in die Bremszylinder. Für den Anhänger ist dies also keine echte dritte Bremse, da die vorhandene Anlage der Betriebsbremse dafür benutzt wird. In besonders kritischen Fällen kann es vorkommen, daß diese Reibungsbremse infolge hoher thermischer Belastung überfordert ist. Dies kann im Dauerbetrieb geschehen, obwohl im Anhänger die Schutzbleche für die Bremsbacken fehlen und eine ungehinderte Luftkühlung erreicht wird. Die Folge ist Rißbildung in den Laufflächen der Bremstrommeln oder sogar Temperaturfading. Diese mangelhafte Bremswirkung des Anhängers kann den Lastzug zum Einknicken bringen. Die Bremstrommeln des Anhängers erreichen bei häufigem Gebrauch der Dauerbremse oft nur $^1/_3$ der Lebensdauer derjenigen des Motorwagens.

Durch die Einführung von Bremsbelägen mit *Sinterstopfen* wurde dieses Problem bewältigt (Bild 7.123). Die bei Dauerbremsungen anfallende Wärme wird schnell – nämlich über die Brems-

Bild 7.123 Bremsbelag mit Sinterstopfen (Jurid). So «fließt» die Wärme innerhalb des Bremsbelags von der bremsenden Fläche über die Sinterstopfen nach unten in den Backen

trommeln *und* über die Bremsbacken mittels Sinterstopfen – abgeführt. Die Trommeltemperatur bleibt also verhältnismäßig niedrig und bewirkt einen geringen Verschleiß. Daneben entstehen, auch bei bereits eingetretener leichter Verriefung, spiegelglatte Trommellaufflächen. Um eine gute Wärmeableitung zu ermöglichen, ist es notwendig, daß die Bremsbacken vor dem Belegen einwandfrei gereinigt und entrostet werden.

Wirbelstrombremse

Die Wirbelstrombremse besteht aus einem feststehenden Gehäuse (Stator) mit Induktionsspulen und zwei Weicheisenscheiben (Rotor) mit Kühlschaufeln. Sie wird in den Kardanwellenstrang eingebaut. Die Stromversorgung der Spulen wird vom Stromkreis des Fahrzeugs vorgenommen. Das Gewicht dieser Bremse beträgt etwa bis 300 kg. Wird die Bremse betätigt, so leuchtet als Kontrolle am Armaturenbrett eine Lampe auf, und die Induktionsspulen werden erregt. Drehen sich bei diesem Vorgang die Weicheisenscheiben zwischen den Induktionsspulen, so entstehen Wirbelströme. Die Wirbelströme bremsen die Weicheisenscheiben und damit das Fahrzeug ab. Der Fahrer kann die Bremswirkung in vier Stufen bestimmen. Die bei gewöhnlichen Bremsungen erreichte Temperatur beträgt etwa 300 °C (573 K). Bei langen Gefällen kann sie sich jedoch so stark erhöhen, daß die Weicheisenscheiben in der Nacht sichtbar glühen. Die entstehende Wärme wird durch die Kühlschaufeln an die Luft abgeführt (Bild 7.124).

Soll die Wirbelstrombremse im Anhänger verwendet werden, ist eine Treibachse und eine Kardanwelle erforderlich. Die Bremswirkung hängt von der Stärke der Erregung und der Drehzahl des Rotors ab. Die größte Bremswirkung wird bei etwa 500 min^{-1} erreicht und bei höherer Drehzahl gehalten. Damit die Drehzahl des Rotors von 500 min^{-1} auch bei geringer Fahrgeschwindigkeit erreicht wird, ist eine richtige Übersetzung der Hinterachse erforderlich.

Vorteile:
1. verschleißfrei und unerschöpflich,
2. weiches Einsetzen und geräuschloses Arbeiten,
3. geringe Wartung, da nur Schmierung erforderlich,
4. verhindert ein Fading, da die Betriebsbremse wenig benötigt wird,
5. die Durchschnittsgeschwindigkeit steigt aufgrund der guten Wirkung,
6. Wirkung unabhängig vom eingeschalteten Gang.

Bild 7.124 Wirbelstrombremse (Telma)

Nachteile: 1. großes Gewicht,
2. Abhängigkeit von einer guten Stromquelle,
3. große Schubbelastung der Treibachse durch das gegenläufige Bremsmoment.

Treibachsen sind meistens für große Leistungsübertragung in Zugrichtung, nicht aber für große Leistungsübertragung in Schubrichtung ausgelegt.

Hydrodynamische Strömungsbremse

Gewöhnlich ist Öl der größte Feind einer Bremse. Bei der Strömungsbremse wird jedoch nur mit Öl gebremst. Sie ist wie die Wirbelstrombremse verschleißlos und als echte 3. Bremse zu werten. Die Funktion dieser Bremse entspricht der Wirkungsweise einer Flüssigkeitskupplung (Bild 7.125). Im Gehäuse befinden sich zwei Schaufelradpaare, bestehend aus je einem Brems-

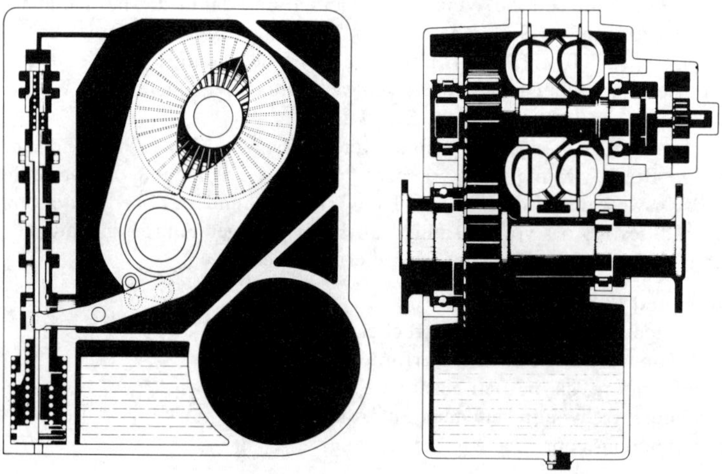

Bild 7.125
Schematischer Schnitt durch die Strömungsbremse; deutlich herausgestellt die blendenartige Trennwand zwischen Rotor und Stator (Voith)

rotor und einem Bremsstator. Der Bremsrotor ist mit dem Triebwerk des Fahrzeuges verbunden und dreht sich während der Fahrt ständig. Der Betriebsstator ist mit dem Gehäuse fest verbunden, er bewegt sich also nie. Der angetriebene Bremsmotor bewegt während der Fahrt nur die im Schaufelraum vorhandene Luft. Um den daraus entstehenden Leistungsverlust klein zu halten, werden zwischen den Schaufelradpaaren Blenden eingeschoben. Im unteren Teil der Strömungsbremse befindet sich ein mit Öl gefüllter Behälter, von dem ein Einschußzylinder zum Schaufelraum führt.

Beim Bremsvorgang betätigt der Fahrer einen Handhebel unter dem Lenkrad. Dieser Hebel beaufschlagt über ein Druckluftventil einen in der Strömungsbremse vorhandenen federbelasteten Kolben. Je nach Betätigungsstellung wird innerhalb 1 s eine mehr oder weniger große Ölmenge in den Schaufelraum «eingeschossen». Hierbei werden die bei Fahrt eingeschobenen Blenden automatisch herausgenommen. Das Öl wird vom Bremsrotor mit in Umlauf genommen, stützt sich dabei an den Schaufeln des Bremsstators ab und erzeugt dadurch eine bremsende Kraft. Die bei der Bremsung durch die Ölzirkulation entstehende Wärme wird bei luftgekühlten Fahrzeugmotoren an einen Luft-Öl-Kühler und bei wassergekühlten Motoren an einen Wärmetauscher abgeführt. Die Bremswirkung ist von der Fahrgeschwindigkeit und von der Füllung des Schaufelraums abhängig. Um zu erreichen, daß bereits bei geringer Fahrgeschwindigkeit eine gute Bremswirkung vorhanden ist, wurde die Strömungsbremse so konstruiert, daß die größte Bremswirkung bereits bei $^1/_4$ der Höchstgeschwindigkeit erreicht werden kann. Um bei höherer Fahrgeschwindigkeit die Bremswirkung nicht zu groß werden zu lassen, muß sie durch ein Überströmventil, welches durch den Öldruck im Schaufelraum gesteuert wird, begrenzt werden. Bei Schlupf an den Rädern fällt die Bremsleitung ab, so daß ein Blockieren der Räder und ein Abwürgen des Motors nicht eintritt. Soll die Bremse wirkungslos werden, so wird der Schaufelraum über ein Ventil vollständig von Öl geleert.

Die Strömungsbremse hat je nach Ausführung ein Gewicht von etwa 100 bis 300 kg. Sie wird im Motorwagen an das Getriebe angeflanscht oder in den Kardanwellenstrang eingebaut. Wird die Strömungsbremse im Anhänger verwendet, so ist zusätzlich eine Antriebsachse mit Kardanwelle und eine Kühlanlage erforderlich.

Bei Betätigung der Motorstaudruckbremse im Motorwagen kann gleichzeitig eine entsprechende Dauerbremswirkung mit der Strömungsbremse im Anhänger erreicht werden. Diese begrenzte Bremswirkung kann jedoch jederzeit durch den bereits erwähnten Handhebel erhöht werden.

Vorteile:

1. geräuschlos,
2. kein Blockieren der Räder,
3. weiches Einsetzen der Bremse,
4. stufenlose Regelung der Bremskraft,
5. verschleißlos und unerschöpflich,
6. kann bis zu 80 % aller Bremsungen verwendet werden, daher erhöhte Lebensdauer der Betriebsbremse,
7. Kühlwasser des Fahrzeuges bleibt bei langer Talfahrt warm – gute Heizung (Wärmetauscher im Fahrzeugkühler vorausgesetzt),
8. gleichbleibende Bremswirkung, unabhängig vom eingelegten Gang,
9. wartungsfrei bis auf die Ölkontrolle,
10. besondere Eignung als Dauerbremse,
11. kalte und für den Notfall voll einsatzfähige mechanische Bremse,
12. geringer Reifenverschleiß infolge geringer Erwärmung der Reifen.

Nachteile:

1. große Belastung der Antriebsachse (Differential) durch das gegenläufige Bremsmoment,
2. Leergewicht des Fahrzeugs vergrößert sich, dadurch Nutzlastverminderung.

7.9.6 Druckluftleitungssystem

Für Druckluftbremsen werden überwiegend Stahl- oder Kunststoffrohre verwendet. Verbindungen zwischen Druckluftleitungen bzw. mit Aggregaten werden mittels Steck- oder Stoßverschraubungen hergestellt. Die Verschraubungen müssen in der ersten Zeit nach der Montage nachgezogen werden, weil sich die Dichtringe bei Belastung setzen. Alle Rohrleitungen sind mit Gefälle zu den Luftbehältern zu verlegen, damit das Kondenswasser abfließen kann. Wassersäcke sind wegen der Gefahr des Einfrierens der Leitungen zu vermeiden.

Steckverschraubungen (Bilder 7.126 und 7.127) finden bei Stahlrohren bis 10 mm Durchmesser sowie bei Kupfer- und Kunststoffrohren Anwendung. Die Abdichtung erfolgt mittels Konus.

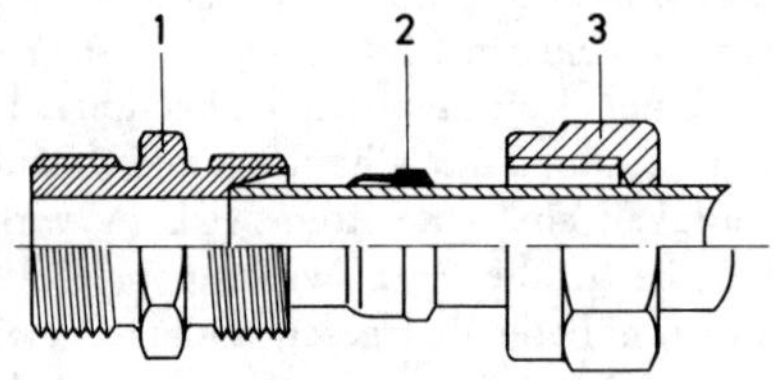

Bild 7.126 Steckverschraubung (WABCO)

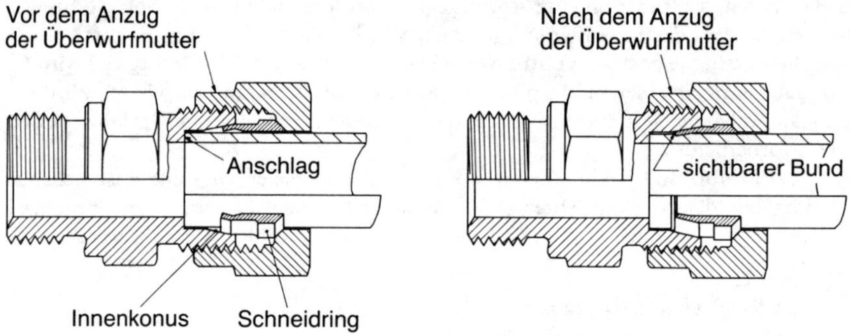

Bild 7.127 Steckverschraubung, vor und nach dem Anzug der Überwurfmutter (WABCO)

Stoßverschraubungen (Bild 7.128) werden für Stahlrohre mit 15 mm und 18 mm Durchmesser verwendet. Die Abdichtung des zusätzlichen Druckrings erfolgt meistens durch einen Fiberring, bei thermisch hochbelasteten Verschraubungen durch einen Metallring.

Der Schlüpfring hat eine Schneidkante und wird durch Aufschrauben der Überwurfmutter in den Druckring gepreßt. Dabei verkleinert sich der Durchmesser des Schlüpfringes an der vorderen Seite und schneidet etwas in das Rohr ein. Der dabei aufgeworfene Werkstoff bildet vor der Schneidkante einen festen Bund. Die Rohrlänge soll 4 mm kürzer sein als der Abstand zwischen den zwei Anschlußstellen (Bild 7.129).

Kunststoffrohre

Die für Druckluftbremsen verwendeten schwarzen Kunststoffrohre bestehen aus Polyamid 11. Sie sind leicht, biegsam und rosten nicht. Polyamidrohre dürfen im Fahrbetrieb Temperaturen von max. $-40\,°C$ bis $+60\,°C$ ausgesetzt werden. Drucklose Polyamidrohre können max. 60 min einer

Bild 7.128 Einzelteile der Ermeto-Stoßverschraubung

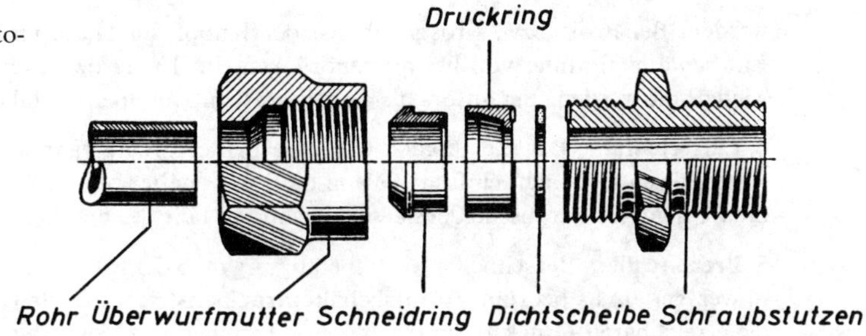

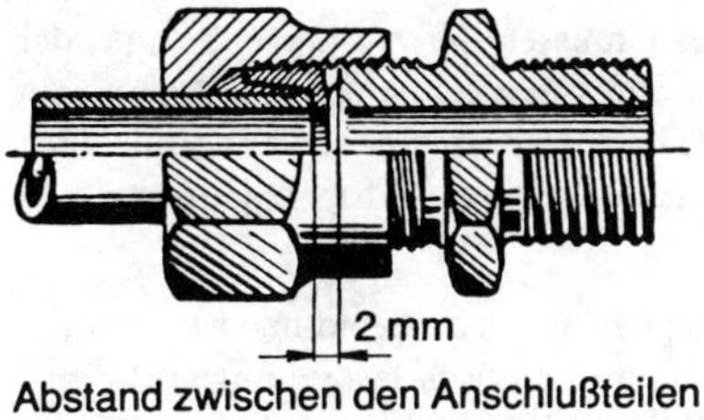

Bild 7.129 Zusammengebaute Ermeto-Stoßverschraubung

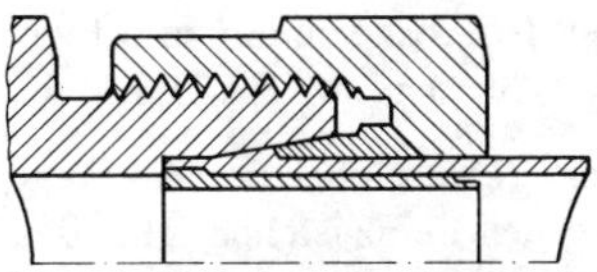

Bild 7.130 Steckverschraubung mit Verstärkerhülse fertigmontiert (WABCO)

Temperatur von 130 °C unterliegen. Bei höheren Temperaturbelastungen verlieren diese Rohre ihre Elastizität. Sie sind deshalb vor Schweißarbeiten nötigenfalls auszubauen.

Die temperaturabhängige Längenänderung ist etwa 13mal größer als bei Stahlrohren. Sie beträgt 1,5 mm pro Meter je 10 °C Temperaturänderung. Polyamidrohre sollen etwa alle 50 cm durch Schellen – wegen der großen Längenänderung sogar beweglich – gehalten werden.

Schraubverbindungen mit Kunststoffrohren sind möglich, wenn man die Rohrenden wie bei Kupferrohren mit einer Hülse stabilisiert (Bild 7.130).

7.9.7 Wartung der Druckluftbremsen

Tägliche Wartung vor Antritt der Fahrt

1. Luftpresser Bei Luftpressern mit Handnachfüllung Ölstand prüfen. Der Ölstand muß zwischen den Markierungen des Meßstabs liegen. Zum Nachfüllen gleiches Öl wie für den Motor verwenden. Ölwechsel gleichzeitig mit dem des Motors vornehmen.

Bei Luftpressern mit Druckölanschluß ist eine Überprüfung nicht erforderlich. Spannung des Antriebriemens prüfen. Richtlinien des Fahrzeugherstellers beachten.

2. Druckregler Arbeitsweise des Druckreglers beobachten. Der Abschaltdruck (6,9 bis 7,3 bar) ist erreicht, wenn der Druckregler hörbar abbläst, der Einschaltdruck (mindestens 6,2 bar), wenn der schwarze bzw. weiße Zeiger des Bremsluftmanometers wieder zu steigen beginnt. Während des Auffüllens der Luftbehälter Funktion der Warndruckeinrichtung überprüfen.

3. Frostschützer Stand des Frostschutzmittels in der Pumpe bzw. im Vorratsbehälter überprüfen und bei Bedarf nachfüllen. Für die Nachfüllung darf nur Ethylalkohol (Brennspiritus) verwendet werden. Bei Frost bzw. Frostgefahr ist der Knopf der Handpumpe während des Auffüllens der Luftbehälter fünfmal voll herunterzudrücken. Im Laufe des Tages muß dieser Vorgang fünfmal wiederholt werden. Bei automatischen Frostschutzpumpen entfallen diese Arbeitsvorgänge.

4. Luftbehälter Behälter täglich entwässern. Bei Frostgefahr darauf achten, daß die Entwässerungseinrichtung nicht einfriert. Wenn die Luftbehälter mit automatischen Entwässerungsventilen oder einem Wasserabscheider versehen sind, entfällt die manuelle Entwässerung.

5. Bremsventil Bei schneller Bremsbetätigung muß der rote Zeiger des Bremsluftmanometers zügig in weniger als 1 s bis zum Vorratsbehälterdruck ansteigen. Bei langsamer Bremsbetätigung müssen die erreichbaren Druckstufen (roter Zeiger) kleiner als 0,5 bar sein. Die Bremsleuchten müssen bei einem Bremsdruck von weniger als 1,0 bar aufleuchten.

6. Absperrhahn/Kupplungsköpfe Bei Fahrten ohne Anhänger müssen der Absperrhahn und der Deckel der Kupplungsköpfe geschlossen werden. Bei Fahrten mit Anhänger ist vor dem Ankuppeln darauf zu achten, daß die Dichtungsringe der Kupplungsköpfe in einwandfreiem Zustand sind. Nach dem Ankuppeln ist der Absperrhahn zu öffnen. Bei Bremsanlagen mit zwei Absperrhähnen gelten diese Hinweise auch für den zweiten Hahn.

7. Bremskraftregler Der Hebel des Anhängerbremskraftreglers ist dem Beladungszustand des Anhängers entsprechend einzustellen. Hat das Fahrzeug eine automatisch-lastabhängige Bremskraftregelung, erfolgt die Reglereinstellung selbsttätig beim Be- und Entladen des Fahrzeugs. Es ist auf Leichtgängigkeit der Verstellwelle des Regelventils und auf eventuelle Beschädigungen der Anlenkung zu achten.

Nach Antritt der Fahrt Wirkung der Fuß-, Hand- und Dauerbremse unter Berücksichtigung des Fahrbahnzustands prüfen.

Wöchentliche Wartung Bei stehendem Motor und einem Vorratsbehälterdruck von 6 bar ist das Bremsventil bis zu einem Druck von 3 bar (roter Zeiger) zu betätigen und festzustellen. Der von beiden Zeigern des Manometers angezeigte Druck muß innerhalb von 3 min unverändert bleiben. Erreicht der Hub der Bremszylinder $^2/_3$ des Gesamthubes, muß die Bremse nachgestellt werden. Zustand und Sitz der Staubschutzbälge müssen einwandfrei sein.

Vierteljährliche Wartung Ansaugfilter des Luftpressers, Rohrleitungsfilter und Entlüftungsfilter der Bremsgeräte mit Benzin reinigen und trocknen. Das Ansaugfilter ist mit Motorenöl zu benetzen. Bei Ölbadluftfiltern ist bei Beginn der Verschlammung das Filter in Benzin auszuwaschen und der Ölinhalt zu erneuern. Motorenöl verwenden. Gelenke an Bremsventilen, Bremszylindern und Bremsgestänge leicht einölen.

Halbjährliche Wartung Zwischenuntersuchung (ZU) gemäß Anlage VIII.

Jährliche Wartung Bremsensonderuntersuchung (BU) gemäß Anlage VIII.

7.9.8 Praktische Bremsenprüfung eines Pkw auf dem Rollenprüfstand

Beschrieben werden soll die Bremsenprüfung nach § 29 StVZO an einem Rollenprüfstand, bei dem die Prüfgeschwindigkeit 5 km/h beträgt (Bild 7.131).

(Die vom TÜV geforderte Prüfgeschwindigkeit beträgt

für Pkw mindestens 5 km/h,
für Lkw mindestens 2 km/h.)

Bild 7.131 Unterflurbremsenprüfstand (Bosch)

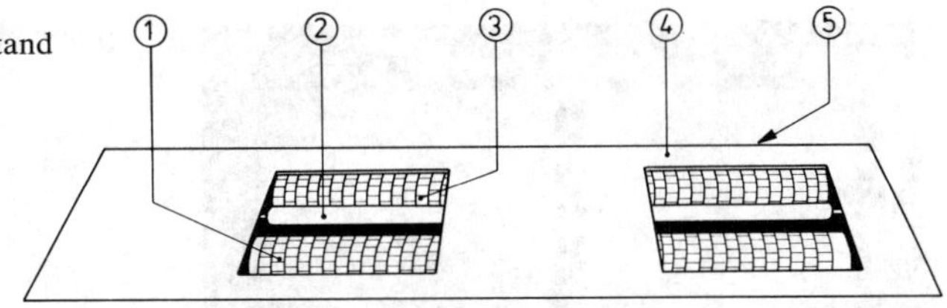

Die Rollenoberflächen des Prüfstandes sind aus Streckmetall gefertigt, der Prüfstand hat einen *Blockierschutz.*

Da die Fahrzeugräder von den Prüfrollen angetrieben werden, würden beim Blockieren der Räder die Prüfrollen weiterlaufen und dabei evtl. Schäden am Reifen hervorrufen. Um dieses zu vermeiden, muß an einem guten Prüfstand zwischen Antriebs- und Stützrolle noch eine *Tastrolle* angeordnet sein, die vom Fahrzeugrad angetrieben wird und bei deren Stillstand sofort der Antriebsmotor ausgeschaltet und damit die Rollen stillsetzt (Bild 7.132). Dieser Blockierschutz ist ein geringer Schutz gegen Reifenbeschädigungen, da der Antrieb ja erst abgeschaltet wird, wenn das Fahrzeugrad bereits steht. Besser als ein Blockierschutz ist eine Schaltung, die die Antriebsrollen bereits dann abschaltet, wenn zwischen Antriebsrolle und Fahrzeugrad Schlupf entsteht. Bei diesen Anlagen registriert ein Meßwerk die Umfangsgeschwindigkeiten der Tastrolle und der Antriebsrolle. Ist die Umfangsgeschwindigkeit der Tastrolle (und damit des Fahrzeugrades) etwa 20 % kleiner als die der Antriebsrolle, so ist Schlupf vorhanden; der Antriebsmotor schaltet ab. Mit dieser Einrichtung können Schäden an Reifen zuverlässig vermieden werden.

Die beiden Antriebsrollenpaare des Bremsenprüfstands werden über ein Getriebe von je einem Elektromotor angetrieben. Bei Betätigen der Fahrzeugbremsen steigt die Stromaufnahme der Antriebsmotoren proportional mit der Betätigungskraft, so daß sich die dem Motor jeweils abverlangte Leistung an einem Wattmeter ablesen läßt.

Die *Leistung* ergibt sich aus der Formel

$P = U \cdot I$ (W)
P = Leistung in Watt (W)
U = Spannung in Volt (V)
I = Stromstärke in Ampere (A)

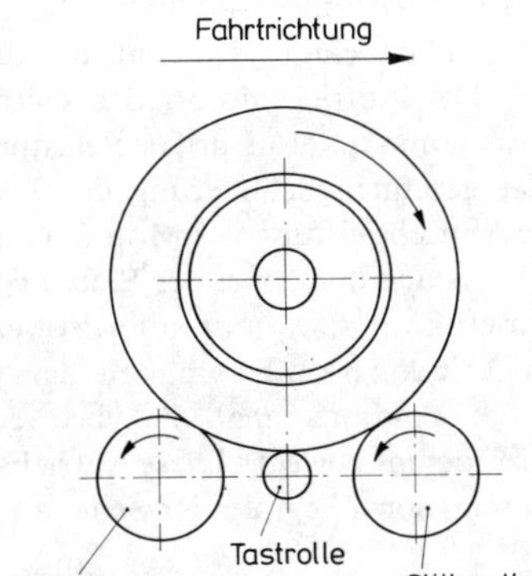

Bild 7.132 Schema der Rollenanordnung

Auf dem am Prüfstand für jedes Antriebsrollenpaar vorhandene Wattmeter wird die Bremskraft eingeeicht, so daß an den Geräten die Bremskräfte (oft *Radumfangskräfte* beim Bremsen genannt) direkt in Kilogramm oder Newton abgelesen werden können (Bild 7.133). Diese Bremskraft der einzelnen Räder gilt es zu ermitteln.

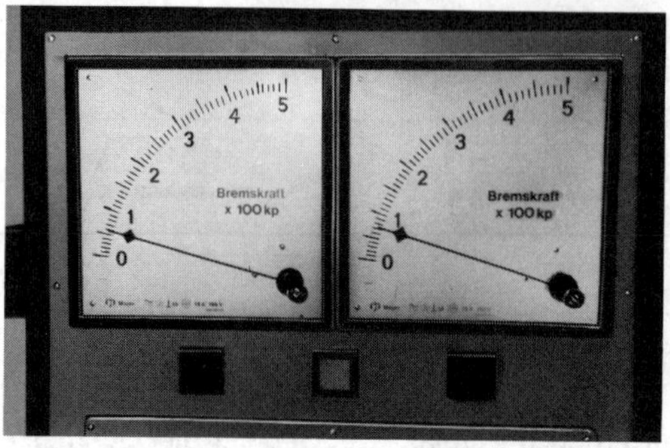

Bild 7.133 Bremskraftanzeigegerät (Bosch)

Bevor man in die Rollen hineinfährt, überzeugt man sich, ob die Reifen den vorgeschriebenen Luftdruck haben und in welchem Zustand sie sich befinden. Da auch das Profil mit in die Bremsmessung eingeht, sollten alle Fahrzeugräder das gleiche Profil und die gleiche Profiltiefe haben. Ist die Messung der Pedalkraft erforderlich, muß vorher der *Pedalkraftmesser* auf dem Bremspedal befestigt werden. Sind alle Vorbedingungen erfüllt, fährt man mit den Vorderrädern in die Prüfstandsrollenpaare so hinein, daß das Fahrzeug

1. senkrecht zu den Rollenpaaren steht,
2. in der Mitte des Prüfstands steht
   (Mitte zwischen beiden Rollenpaaren durch eine Linie markieren).

Die Antriebsrolle muß sich in Fahrtrichtung hinten befinden.

Wirkt die Handbremse auf die Hinterräder, so ist sie anzuziehen. Wirkt sie auf die Vorderachse, so sind hinter die Hinterräder Unterlegkeile zu legen, damit das Fahrzeug beim Bremsen nicht nach hinten aus dem Prüfstand herausspringt. Dann betätigt man mittels Fernbedienungsknopf die Motoren der Antriebsrollen und wartet, bis der Prüfstand die Betriebsbereitschaft anzeigt (meistens geschieht das nach einigen Sekunden Laufzeit durch Aufleuchten von je einer Lampe pro Rollenpaar). Der Antriebsmotor, das Getriebe und die Laufrollen sollen vor der eigentlichen Messung etwa 2 min unter niedriger Belastung gelaufen haben. Dadurch wird eine Erwärmung des Öls und der gesamten Schmierung des Prüfstands erreicht. Nach dieser Erwärmung sinkt die notwendige Antriebsleistung der Motoren auf einen konstanten Wert herab (Leistung zum Antrieb des leeren Prüfstands), der bei der Eichung beim Aufbau des Prüfstands berücksichtigt wurde.

Die Antriebskraft, die notwendig ist, um nichttreibende ungebremste Pkw-Räder auf einer Geschwindigkeit von 5 km/h zu halten, darf je Rad 200 N nicht überschreiten. Bei treibenden Pkw-Rädern darf die Kraft maximal 350 N betragen (hier werden Achsgetriebe, Gelenkwelle und ein Teil der Getrieberäder mitbewegt). Diese Antriebskraft muß selbstverständlich an jedem Rad einer Achse gleich groß sein, sonst liegt an der Seite, an der die Kraft größer ist, ein Fehler an Lagerung oder Bremse vor.

Während der Warmlaufzeit füllt man die Bremsprüfkarte aus (Bild 7.134), danach stellt man fest, ob die Vorspur des Fahrzeuges stimmt. Wenn das Fahrzeug genau senkrecht zum Prüfstand in den Rollen steht und die *Vorspur* positiv oder Null Millimeter ist, darf das Fahrzeug nicht ständig hin- und herpendeln, es muß ohne Berührung des Lenkrades geradeaus laufen. Tut es das nicht, d.h. pendelt es ständig, ist mit Sicherheit die Spur nicht richtig eingestellt.

Als nächstes prüft man die *Höhen- und Seitenschläge* der Räder. Bei Höhen- und Seitenschlägen über 2 mm (ebenso bei *Radialkraftschwankungen* über 150 N) bewegt sich das Fahrzeug sichtbar im

Rhythmus der Raddrehzahl, entweder auf und ab oder seitwärts. Diese Bewegungen können beim Bremsen die Anzeige verfälschen (Pendeln des Zeigers am Anzeigegerät). Dann betätigt man das Bremspedal, bis der erste Zeiger der beiden Anzeigegeräte 1000 N Bremskraft anzeigt. Man hält das Pedal in dieser Stellung fest und prüft

1. ob die Zeiger während des Radumlaufs schwanken,
2. ob an dem anderen Gerät die Anzeige gleich hoch ist.

Zu 1. Schwankt die Anzeige um $\pm$ 100 N bei Anzeige 1000 N (also um 200 N insgesamt) oder mehr, sind die Trommeln unrund (oder die Scheiben haben Schlag) und müssen instand gesetzt werden.

Zu 2. Die Anzeige zwischen rechts und links darf lt. Vorschrift um 30 % vom Höchstwert abweichen, jedoch ist z.Z. beim TÜV Norddeutschland eine Abweichung von maximal 15 % vom Höchstwert zugelassen (d.h., wenn der erste Zeiger 1000 N erreicht hat, muß der Zeiger im 2. Instrument mindestens 850 N Bremskraft anzeigen).

Nach der 1. Anbremsung läßt man das Bremspedal los. Jetzt muß auf beiden Anzeigegeräten wieder die gleiche Anzeige wie vor der Prüfung erscheinen. Ist das bei beiden oder bei einer Seite nicht der Fall, hängen die Bremsen dort, wo die höhere Anzeige erscheint. Nach dieser kurzen Prüfung bremst man erneut auf 1000 N an und hält diesen Wert etwa 1 min.

1. Trocknung evtl. nasser Bremse,
2. Trocknung der Reifen,
3. Entfernung von evtl. vorhandenem Rost,
4. Erwärmung der Bremse auf Betriebstemperatur.

Nach dieser Vorprüfung tritt man das Bremspedal langsam durch, bis sich die Räder *gerade noch* drehen, und registriert beide an den Meßinstrumenten zu diesem Zeitpunkt angezeigten Bremskräfte, also die, die kurz vor dem Blockieren eines oder beider Räder (Rutschgrenze) angezeigt werden.

Der bei der Bremsung notwendige höchste Pedaldruck muß unbedingt mit aufgeschrieben werden, da genau wie im Fahrbetrieb sowohl Vorder- als auch Hinterradbremse mit dem gleichen Pedaldruck abgebremst werden müssen. Durch die gesetzlichen Bestimmungen bedingt, soll diese Pedalkraft maximal 800 N betragen. Da die Streckmetalloberfläche der Prüfstandsrollen sehr griffig ist, kann es sein, daß an anderen Bremsenprüfständen geringere Bremsdrücke ermittelt werden. Erreichte Bremskräfte auf verschiedenen Prüfständen sind gleich oder können nur dann verglichen werden, wenn der gleiche Bremsdruck (oder Prüfdruck) zugrunde gelegt wird.

Hat man die maximale Bremskraft erreicht, stellt man die Blockiergrenze fest, d.h., man betätigt das Bremspedal weiter bis zum Stillstand beider Räder. Sowohl Fußkraft als auch Bremskraft werden im Prüfblatt eingetragen. Danach werden bei losgelassenem Bremspedal mittels Fernbedienungsschalter die Prüfstandsrollen erneut eingeschaltet, der Bremsvorgang wird zur Kontrolle wiederholt. (Zwei Vollbremsungen sind in der Regel bei Fahrzeugen mit Unterdruckverstärker möglich, bei mehrmaliger Bremsung muß für genügend Unterdruck im Bremskraftverstärker gesorgt werden.)

Nach Prüfung der Vorderachse fährt man mit der Hinterachse in den Prüfstand und blockiert die Vorderachse, indem man Unterlegkeile hinter die Vorderräder legt. Darauf prüft man die Bremsen genau wie die der Vorderachse und trägt die erreichten Werte ein. Nach Prüfung der Betriebsbremse wird die Handbremse Zahn für Zahn angezogen, wobei auf dem Prüfblatt Zähnezahl und die dabei angezeigte Bremskraft registriert werden muß. Besonders ist zu untersuchen, ob

1. die Bremsen gleichzeitig ansprechen,
2. die einzelnen Räder gleichmäßig abbremsen,
3. die Handbremse bereits im ersten Drittel ihres Gesamtbetätigungsweges anspricht und spätestens am Ende des zweiten Drittels die vorgeschriebene Mindestabbremsung von 20 % erreicht.

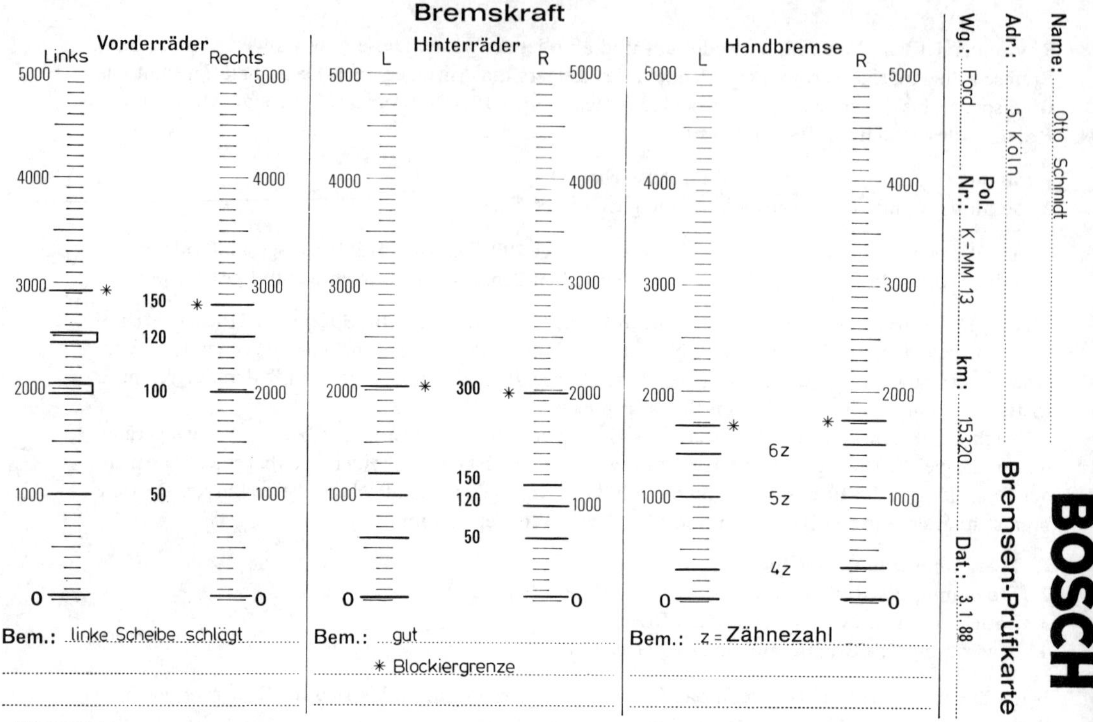

Bild 7.134

Auswertung der Bremsen-Prüfkarte

G_1 = Leergewicht des Kfz mit Fahrer .....1040..................kg

G_2 = Zulässiges Kfz-Gesamtgewicht ....1415..................kg

1. Betriebsbremse

Erreichte Bremskraft der Vorderräder	L ...2950.......	N
	R ...2800.......	N
der Hinterräder	L ...1200.......	N
	R ...1100.......	N
B = Gesamt-Bremskraft	= ...8050.......	N
2. Handbremse	L ...1650.......	N
	R ...1750.......	N
B = Gesamt-Bremskraft	= ...3400.......	N

Erreichte max. Abbremsung a in % = $\frac{B \times 100}{G}$ %

1. Betriebsbremse

Abbremsung a in % = $\frac{B \times 100}{G} = \frac{8050 \times 100}{1415 \times 10} =$ ...56,9... %

2. Handbremse

Abbremsung a in % = $\frac{B \times 100}{G} = \frac{3400 \times 100}{1415 \times 10} =$ ...24... %

Prüfer: ....Datum:........................

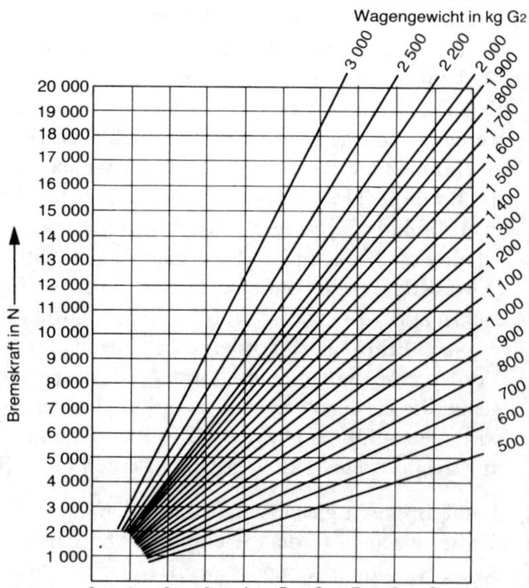

Diagramm zum Bestimmen der Verzögerung

Bild 7.135

Nach Prüfung der Betriebsbremse entfernt man die Unterlegkeile und fährt nach vorwärts aus dem Prüfstand heraus. Die Bilder 7.134 und 7.135 zeigen eine ausgefüllte Bremsenkarte.

Auf der Bremsenprüfkarte (Bild 7.134) wird auf der Vorderseite Namen, Anschrift, Fahrzeugtyp, pol. Kennzeichen, Kilometerstand und Prüfdatum eingetragen. Danach markiert man bei den Worten Vorderräder, Hinterräder und Handbremse, wo man die Werte des rechten und linken Rades eingetragen hat.

Bei der Bremsung trägt man die angezeigten Bremskraftwerte auf den entsprechenden Skalen als Striche ein und schreibt zwischen diese Striche die angezeigte Pedal- oder Fußkraft. Bei unrunden Bremstrommeln oder bei Bremsscheiben mit Schlag trägt man den höchsten und tiefsten Wert ein.

Hier schwankte die Bremskraft je Umdrehung des linken Vorderrades bei 120 N/Pedalkraft um etwa 100 N (bei Schwankungen von $\pm$ 100 N ist der Fehler zu beheben). An den Vorderrädern betrug die Antriebskraft der ungebremsten Räder auf beiden Seiten etwa 30 N, sie war also unter 200 N und auf beiden Seiten gleichmäßig, woraus man folgern kann, daß die Radlagerungen in Ordnung sind und die Bremsen lösen.

Bei 100 N Pedalkraft zogen beide Bremsen gleichmäßig, die Bremskraft betrug 2000 N je Rad. Bei 150 N Pedalkraft war die höchste Bremswirkung mit 2800 N bzw. 2950 N erreicht. Die Hinterräder gingen ebenfalls frei, die Bremsen lösten nach Betätigung wieder. Die Antriebskraft der ungebremsten Räder betrug knapp 50 N.

Bei 50 N Pedalkraft wurden rechts wie links 600 N Bremskraft erreicht, bei 150 N Pedalkraft hatte die rechte Seite 1100 N, die linke Seite 1200 N erreicht. Da bei der Vorderachse bei 150 N Pedalkraft Schlupf auftrat, muß man zur Berechnung der Gesamtbremskraft auch die Bremskraftanzeige an den Hinterrädern nehmen, die bei 150 N Pedalkraft auftrat. Um die Hinterräder zum Stillstand zu bringen, mußten 300 N Fußkraft aufgebracht werden, wobei die rechte Bremse 1950 N, die linke Bremse 2050 N erreichte. Hier blieb also die Pedalkraft unter den zulässigen 800 N. Beide Räder bremsten gleichmäßig. Trommelschlag war nicht vorhanden. Die Feststell- oder Handbremse zeigte beim 4. Zahn rechts 350 N, links 300 N Bremskraft. Bei fünf Zähnen wurden je 1000 N erreicht, bei sechs Zähnen betrug die Bremskraft rechts 1500 N, links 1400 N. Bei stärkerem Anziehen der Bremse trat Schlupf auf, die Räder kamen rechts bei etwa 1750 N, links bei etwa 1650 N zum Stillstand. Damit war die unter 3. gestellte Forderung erreicht.

Die erzielten Werte werden nun auf die Rückseite der Bremsenprüfkarte übertragen (Bild 7.135). Die erreichte Bremskraft der *Betriebsbremse* addiert sich zu $B = 8050$ N.

Eingesetzt in die Formel

$$a = \frac{B \cdot 100}{G} = 56{,}9\%$$

Die Vorschriften verlangen mindestens 40 %, die Bremse ist also in Ordnung. Die Gesamtbremskraft der *Handbremse* errechnet sich aus der gleichen Formel zu

$$a = 24\%$$

Die Vorschriften verlangen 20%, die Bremse ist in Ordnung.

Die Handbremse scheint in der Wirkung gerade noch an der Grenze zu liegen. Bei der Prüfung war das Fahrzeug nicht bis zum Gesamtgewicht beladen, das Prüfgewicht betrug nur 1040 kg. Für dieses Fahrzeug würde gelten

$$a = \frac{3400 \cdot 100}{1040 \cdot 10} = 32{,}69\%$$

Erscheint also die erreichte Abbremsung als fraglich oder zu gering, müßte mit dem zum Zeitpunkt der Prüfung vorhandenen Wert gerechnet werden. Besser ist es allerdings in Zweifelsfällen, das Fahrzeug bis zum zulässigen Gesamtgewicht zu belasten und die Prüfung dann vorzunehmen. Diese Maßnahme wird bei einigen Prüfstellen schon vorgenommen.

Das auf Bild 7.135 auf der rechten Seite aufgezeigte Diagramm erlaubt eine schnelle Kontrolle der Rechnung. Wenn man die Linie des Wagengewichts bis zum Schnittpunkt mit der Linie der Gesamtbremskraft verfolgt, findet man senkrecht unter dem Schnittpunkt die erreichte Verzögerung in m/s². Im Bild sind die Werte für Betriebs- und Feststellbremse als Beispiel eingetragen.

7.9.9 Hochrechnung der Abbremsung eines Lkw

Die Hochrechnung ermöglicht bei leerem Fahrzeug die Ermittlung der Abbremsung für das zulässige Fahrzeuggesamtgewicht unter Berücksichtigung des jeweils eingesteuerten Bremsdrucks. Erreicht z.B. ein leeres Fahrzeug bei verölter Bremse die volle Bremswirkung nur mit verhältnismäßig großem Einsteuerdruck, wird klar, daß dieser bei voller Beladung nicht entsprechend gesteigert werden kann. Zwangsläufig läßt die Bremswirkung, die auch jetzt den Vorschriften entsprechen muß, nach.

Beispiel:

$$a_z = \frac{B}{G_z} \cdot \frac{p_b - 0{,}4}{p_e - 0{,}4} \cdot 100\,\%$$

$$a_z = \frac{40000\,\text{N}}{12000\,\text{kg}} \cdot \frac{6\,\text{bar} - 0{,}4}{3{,}4\,\text{bar} - 0{,}4} \cdot 100\,\%$$

$$a_z = \frac{40000}{12000 \cdot 10} \cdot \frac{5{,}6}{3} \cdot 100\,\% \qquad 1\,\text{kg} = 10\,\text{N}$$

$$a_z = \mathbf{62{,}2\,\%}$$

a_z = Abbremsung durch die Betriebsbremse, bezogen auf das zul. Gesamtgewicht
B = Summe der Bremskräfte
G_z = zulässiges Gesamtgewicht laut Kfz- oder Anhängerschein
p_b = Berechnungsdruck der Bremsanlage
Zweileitungsbremse 6 bzw. 6,5 bar – je nach Anlage
p_e = eingesteuerter Bremsdruck vor der Blockierung
0,4 = 0,4 bar Druckminderung zur Überwindung der Federkräfte

Die so ermittelte max. Abbremsung ist noch relativ ungenau. Besser ist es, wenn man das Verhältnis Einsteuerdruck zu Berechnungsdruck für jede Achse errechnet und als «i» folgendermaßen eingesetzt:

$$z = \frac{B_1 \cdot i_1 + B_2 \cdot i_2}{G_z} \cdot 100\,\% \qquad i = \frac{p_b - 0{,}4}{p_e - 0{,}4}$$

z = Abbremsung
B_1 = Summe der Bremskräfte der Vorderachse
B_2 = Summe der Bremskräfte der Hinterachse
i = Druckverhältnis Einsteuerdruck zu Berechnungsdruck

Ermittlung der Bremswirkung des Anhängers ohne Rollenprüfstand

Zur Anwendung kommt ein schreibendes Bremsmeßgerät. Zunächst wird die Verzögerung des Lastzugs ermittelt und mit seinem tatsächlichen Gewicht multipliziert, so daß sich ein Bremsvermögen in t m/s^2 ergibt. Anschließend wird die Verzögerung des Motorwagens ermittelt und mit dessen Gewicht multipliziert. Es ergibt sich wieder ein Bremsvermögen in t m/s^2.

Wird das Bremsvermögen des Motorwagens vom Bremsvermögen des Lastzuges abgezogen, so bleibt das des Anhängers übrig. Teilt man nun das Bremsvermögen des Anhängers durch dessen Gewicht, so ergibt sich die Verzögerung a_{max} des Anhängers in m/s^2.

Beispiel: Gewicht des Lastzuges 18 t, max. Verzögerung 6 m/s^2
Gewicht des Motorwagens 10t, max. Verzögerung 6,5 m/s^2
Gewicht des Anhängers 8 t

a_A = Verzögerung des Anhängers,
G_L = Gewicht des Lastzugs,
a_L = Verzögerung des Lastzugs,
G_M = Gewicht des Motorwagens,
a_M = Verzögerung des Motorwagens,
G_A = Gewicht des Anhängers.

$$a_A = \frac{G_L \cdot a_L - G_M \cdot a_M}{G_A}$$

$$a_A = \frac{(18\,\text{t} \cdot 6\,\text{m/s}^2) - (10\,\text{t} \cdot 6{,}5\,\text{m/s}^2)}{8\,\text{t}}$$

$$a_A = \frac{108\,\text{tm/s}^2 - 65\,\text{tm/s}^2}{8\,\text{t}}$$

$$a_A = \frac{43\,\text{tm/s}^2}{8\,\text{t}}$$

$$a_A = \mathbf{5{,}38\,m/s^2}.$$

Weitere Bremsberechnungen siehe Kapitel 9.

8 Kraftfahrzeug-Elektrik

Die manchmal spürbare Abneigung der Kfz-Mechaniker bei Reparaturen in der elektrischen Anlage mag darin begründet sein, daß mangelnde Grundkenntnisse dazu führen, die Fehlersuche unsystematisch durchzuführen. Das hat zur Folge, daß der Fehler meistens zufällig entdeckt wird und die Reparatur somit zur Glücksache wird. Das befriedigt dann weder den Kunden, noch ist der Monteur selber mit dem Arbeitsablauf zufrieden. Er wird versuchen, in Zukunft solche Arbeiten nach Möglichkeit zu umgehen. Wenn er sich aber bestimmte, immer wieder anwendbare Grundkenntnisse aneignet, diese systematisch bei der Fehlersuche anwendet, wird ihm die Arbeit flotter von der Hand gehen und dadurch die Abneigung gegen diese unsichtbare Energie «Elektrizität» vermindert.

Um die Arbeitsweise der Aggregate und das Zusammenwirken der elektrischen Bauteile in dem Kraftfahrzeug besser zu verstehen, sollen hier zuerst die elektrophysikalischen Grundregeln erläutert werden.

8.1 Grundkenntnisse

Die Wirkungen, die von elektrischem Strom hervorgerufen werden können, sind seit klein auf bekannt.

Es sind:

1. Die *Wärmewirkung*, die genutzt wird bei der Glühkerze, der heizbaren Heckscheibe oder den Glühlampen.
2. Die *elektromagnetische Wirkung*, die bei Relaisspulen oder Elektromotoren genutzt wird.
3. Die *chemische Wirkung*, die das Galvanisieren ermöglicht und einen Akkumulator funktionieren läßt.
4. Die *Lichtbogenwirkung*, die teils unerwünscht die Kontakte von Schaltern verbrennen läßt, andererseits aber den Zündfunken erzeugt.
5. Die *physiologische Wirkung*, also den Stromschlag, den man beim Berühren spannungsführender Klemmen verspürt, der Schock, Verbrennungen oder sogar tödliche Unfälle herbeiführt.

Um die Ursache dieser Wirkungen zu verstehen, müssen wir in Gedanken in die atomare Struktur der Stoffe eindringen. Wenn wir ein beliebiges Material chemisch soweit wie möglich zerlegen, erhalten wir Atome (griech.: atomos = unteilbar). Diese Grundbausteine der Materie bestehen aus einem Atomkern mit Protonen und Neutronen und einer Anzahl um den Atomkern kreisender Elektronen (Bild 8.1).

Diese ordnen sich in verschiedenen Ebenen um den Atomkern und bilden hier die «Elektronenschalen». Die Anzahl der Elektronen entspricht der Anzahl der Protonen im Kern. Hier ist das Wesen der Energieform «Elektrizität» begründet, denn Elektronen sind grundsätzlich elektrisch negativ geladen und Protonen positiv. Diese beiden Ladungen halten sich im Atom normalerweise die Waage, so daß das Atom nach außen hin elektrisch neutral ist. Wird aber das Gleichgewicht gestört, so daß an einer Stelle Elektronenüberschuß, an der anderen Stelle Elektronenmangel entsteht,

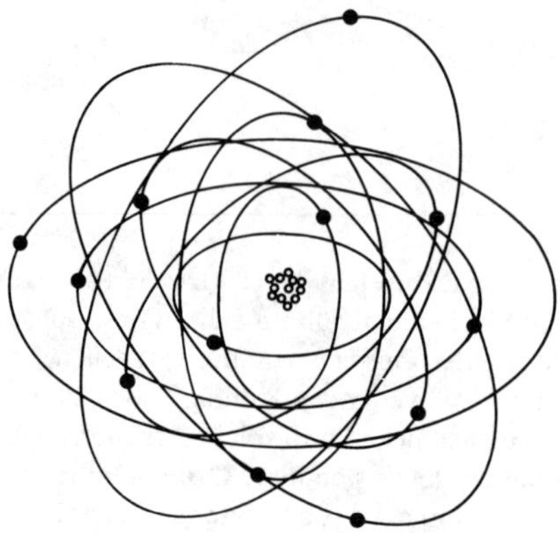

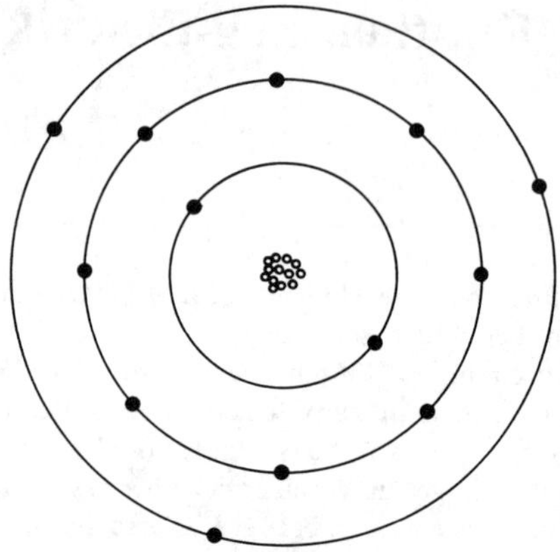

Bild 8.1 Grundsätzlicher Aufbau von Atomen, hier am Beispiel Aluminium. Es hat in drei Elektronenschalen insgesamt 13 Elektronen und ebensoviele Protonen im Kern. Daneben das Atom in vereinfachter Darstellung

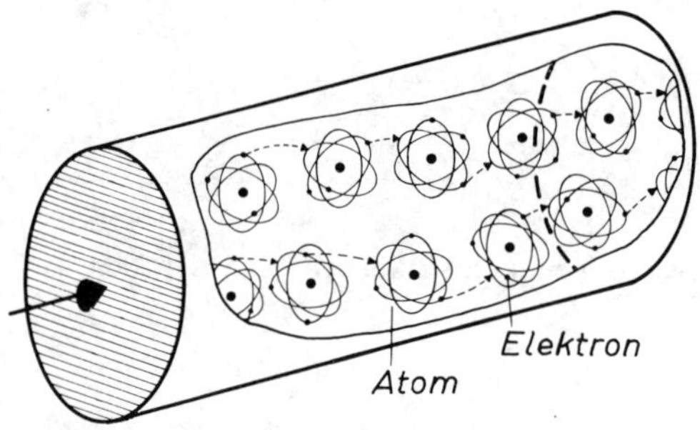

Bild 8.2 Elektronenbewegung in einem Leiter. Die Valenzelektronen wechseln fortlaufend unkontrollierbar von Atom zu Atom. Bei Spannungsanlage geraten sie in gerichtete Bewegung. Dieser Elektronenfluß verläuft von Minus nach Plus und ist somit der technischen Stromrichtung entgegengesetzt. Bei Funktionserklärungen wird immer auf die technische Stromrichtung zurückgegriffen

wollen die Elektronen das Gleichgewicht wiederherstellen. Dieses Ausgleichbestreben nennen wir elektrische Spannung. Wird den Elektronen jetzt ein Weg zum Ausgleich angeboten, geraten sie in Bewegung: Es fließt ein Strom. Dieses Fließen des Stroms wird in festen Leiterwerkstoffen durch die gerichtete Bewegung der Valenzelektronen hervorgerufen. Sie sind die Elektronen der äußeren Elektronenschale von Leiterwerkstoffen, haben keine so feste Bindung an den Atomkern und vollführen in dem Leiter eine ungerichtete Bewegung von Atom zu Atom, ohne indes die Oberfläche des Materials durchdringen zu können (Bild 8.2). Strom fließt aber ebenfalls in flüssigen oder gasförmigen Medien, hier aber durch die Bewegung der Ionen (griech.: Wanderer). Dieses sind Atome oder ganze Atomgruppen, deren elektrisches Gleichgewicht gestört ist, bei denen also Elektronen fehlen oder gemäß der Protonen in der Überzahl sind.

8.1.1 Elektrizitätsarten

Um eine einheitliche Sprachregelung zu treffen, werden die Stellen, wo sich unterschiedliche Mengen Elektronen befinden, als Pole bezeichnet. Dabei ist der Minuspol derjenige, bei dem sich die Elektronen in der Überzahl befinden, Am Pluspol herrscht Elektronenmangel. Um den Elektronenunterschied zu erzeugen, gibt es mehrere Möglichkeiten.

Reibungselektrizität

Die erste künstlich erzeugte Elektrizität wurde an einem mit Wolle geriebenen Bernstein beobachtet (Griechenland, THALES VON MILET, 600 v. Chr.). Dieser Bernstein war imstande, kleine Papierstücke anzuziehen. Diese zunächst unbekannte Kraft wurde wie der Ausgangspunkt ihrer Entstehung bezeichnet: Der Bernstein hieß hier *Elektron*, so daß Elektrizität mit Bernsteinkraft zu übersetzen ist.

Diese Reibungselektrizität tritt an vielen nichtleitenden Stoffen auf. Wird z.B. ein Glasstab mit Seide gerieben, «wischt» die Seide einige Valenzelektronen vom Glasstab ab. Hier fehlen sie also, das Glas wird somit positiv, die Seide negativ aufgeladen.

Durch die Einführung der Kunststoffe und Chemiefasern ist diese Erscheinung allgemein bekannt geworden. Ein Dralon-Pullover, im Dunkeln ausgezogen, wird mit vielen hellen Entladungsfunken vernehmlich knistern. Das gleiche kann bei einem auf trockener Asphaltstraße schnell gefahrenen Auto auftreten. Hier macht sich die Reibungselektrizität in Form von statischer Aufladung durch prasselnde Störungen im Radio bemerkbar. Empfindliche Naturen erschrecken über den leichten Stromschlag, den sie beim Aussteigen aus dem Fahrzeug verspüren. Die elektrische Ladung des Fahrzeugs wird über den Körper zur Erde abgeleitet.

Bei der Nahentstörung von Fahrzeugen mit Autoradio muß daran gedacht werden, diese Ladungen durch Radnabenschleifkontakte störungsfrei abzuleiten.

Gefährlich wird diese statische Aufladung bei Tankfahrzeugen, da ein Entladungsfunke eventuell ausgetretenes Gas oder Vergaserkraftstoff entzünden kann. Hier sind die Abschirmungs- und Erdungsmaßnahmen besonders zu beachten. Fazit: Reibungselektrizität ist im Auto höchst unerwünscht.

Thermoelektrizität

Wenn zwei verschiedene Metalldrähte, deren Spitzen miteinander verschweißt sind, hier erwärmt werden, setzen die Metalle unterschiedlich viele Elektronen frei. Dieses steigert sich annähernd proportional der Temperatur, so daß an den Drahtenden eine steigende Spannung im Millivoltbereich abgegriffen werden kann. Wird sie mit einem in Grad Celsius geeichten Voltmeter gemessen, ist eine Kontrolle der Temperatur möglich.

Im Kfz-Bereich wird von Motorherstellern und Autotunern so ein Thermoelement in Form der Temperaturmeßkerze verwendet, um die Brennraumtemperatur zu ermitteln. In ihrer hohlgebohrten Mittelelektrode befinden sich je ein isoliert eingebrachter Platin- und Platinrhodiumdraht. Da die Mittelelektrode in Abhängigkeit der Motorbelastung verschiedene Temperaturen annimmt, wird auch eine unterschiedliche Spannung erzeugt (Bild 8.3).

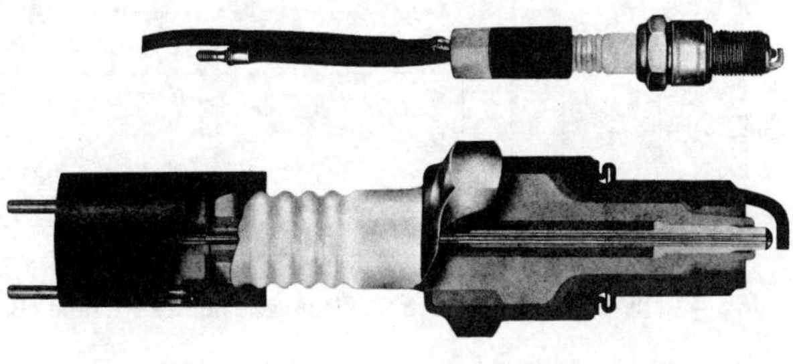

Bild 8.3 Beru-Temperaturmeßkerze mit in die Mittelelektrode eingebrachtem Thermoelement. Motorbetrieb und Brennraumtemperaturkontrolle sind gleichzeitig möglich

Galvanische Elektrizität

Im Jahr 1789 beobachtete der italienische Arzt und Naturwissenschaftler LUIGI GALVANI, daß bei toten Fröschen, die an einem Messinghaken aufgehängt waren, die Schenkel zuckten, wenn der Frosch mit einer Eisenplatte in Berührung kam. Dieses wurde auf die chemische Wirkung der Körperflüssigkeit des Tieres an den beiden verschiedenen Metallen zurückgeführt, die hier eine elektrische Spannung hervorrief. ALESSANDRO VOLTA nutzte diese Erkenntnis zum Bau des nach ihm benannten Volta-Elements, des ersten galvanischen Elements. Um eine solche Spannungsquelle zu erstellen, sind also zwei verschiedene Metalle und ein Elektrolyt nötig. Weitere Beobachtungen ergaben, daß unterschiedliche Metalle verschieden hohe Spannungen erzeugen können und als Elektrolyte sowohl Säuren, Basen oder Laugen verwendbar sind. Über die erzeugte Spannungshöhe gibt die elektrochemische Spannungsreihe der Metalle Auskunft (Bild 8.4).

Anhand eines Kupfer-Zink-Elements soll die Entstehung der Spannung erklärt werden.

Das unedlere Metall, in diesem Fall Zink, wird von dem schwefelsäurehaltigen Elektrolyten zersetzt. Dabei entstehen positive Ionen. Die Elektronen häufen sich an der Zinkelektrode. Die Wasserstoffionen der aufgespaltenen Schwefelsäure (H_2SO_4) sammeln sich an der Kupferelektrode. Zink wird also Minuspol (Katode) und Kupfer Pluspol (Anode). Werden jetzt Anode und Katode über einen Verbraucher miteinander verbunden, so wandern die Elektronen vom Zink in dem Stromkreis zum Kupfer und verbinden sich hier mit den Wasserstoffionen. Das sich bildende Wasserstoffgas setzt sich an der Anode ab, wodurch die weitere Spannungserzeugung unmöglich wird.

Ein langlebigeres galvanisches Element entwickelte LECLANCHE, das Kohle-Zink-Element. Es gibt eine Spannung von 1,5 Volt ab und wird noch heute als Trockenelement für Taschenlampenbatterien verwendet. In einen Zinkbecher, der mit Braunstein und Graphit gefüllt ist, bringt man einen Kohlestab als Anode ein. Das Braunsteinpulver ist Träger des Elektrolyten, einer eingedickten Salmiaklösung (Ammoniumchlorid). Ein solches Element gibt so lange Spannung ab, bis entweder das unedlere Material, in diesem Fall Zink, zersetzt ist, oder bis das Elektrolyt unwirksam geworden ist.

Diese sogenannten Primärelemente sind also nur begrenzt haltbar. Um eine Batterie immer weiter gebrauchen zu können, müssen die chemischen Vorgänge, die sich bei der Entladung abspielen, wieder rückgängig gemacht werden. Das hat mit einer darauffolgenden Ladung zu geschehen. Hier haben sich im Kfz-Sektor die Bleiakkumulatoren und in kleinerem Umfang die Nickel-Kadmium-Sammler als besonders belastbar und langlebig herausgestellt. Die Wirkungsweise dieser Sekundärelemente soll in einem späteren Kapitel beschrieben werden.

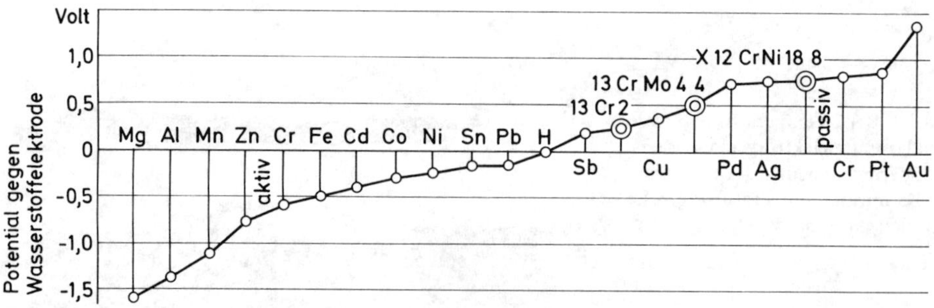

Bild 8.4 Die elektrochemische Spannungsreihe der Metalle (Bosch-Bild)

Kontaktkorrosion

Die galvanische Elektrizität kann aber auch schwerwiegende negative Folgen in der elektrischen Anlage hervorrufen. Wenn in einem Stromkreis zwei verschiedene Metalle Kontakt miteinander haben – ein Masseband aus Kupfer ist an ein Getriebe aus Aluminium angeschraubt – und an diese Stelle Feuchtigkeit, z.B. streusalzhaltiges Spritzwasser von der Straße, gelangt, läuft auch eine ähnliche chemische Reaktion ab. An diesen Stellen können durch Korrosion tiefe Ausfressungen im Metall entstehen. Die Korrosionsrückstände vergrößern sich mit der Zeit. Da sie elektrisch nicht leitfähig sind, entsteht an dieser Stelle ein zunehmender Übergangswiderstand, der letztendlich zum Ausfall der elektrischen Anlage führt.

Induktionselektrizität

Der steigende Bedarf an elektrischer Energie verlangt nach einer Erzeugungsart, die nicht an chemische Vorgänge gebunden und durch die Zersetzung von Metallen begrenzt ist. Elektrizität muß also in beliebiger Menge neu produzierbar sein. Hier bietet sich die Induktionselektrizität an.

Anfang des 18. Jahrhunderts legte der englische Naturwissenschaftler MICHAEL FARADAY deren Gesetzmäßigkeit in der nach ihm benannten *Faradayschen Regel* fest.

Diese lautet:

Wird ein elektrischer Leiter von magnetischen Kraftlinien geschnitten oder verändert sich die Stärke des den Leiter durchdringenden Magnetfelds, so wird in dem Leiter eine elektrische Spannung induziert.

Wird also ein Draht aus beliebigem Material in einem Magnetfeld bewegt, werden die Valenzelektronen des Leiters durch die Wirkung des magnetischen Kraftfelds in eine gerichtete Bewegung versetzt. An den Enden des Drahts entsteht eine elektrische Spannung, die aber nur so lange bestehen bleibt, wie der Draht bewegend das Magnetfeld schneidet (Bild 8.5).

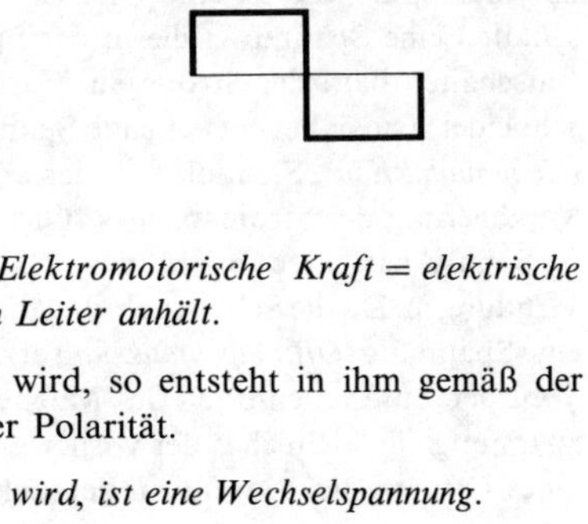

Bild 8.5 Wird ein Draht durch ein Magnetfeld bewegt, so entsteht in diesem Draht eine Spannung. Verbindet man die Drahtenden, dann fließt ein Strom. Die Stromrichtung wechselt mit der Bewegungsrichtung

Erste LENZsche Regel: *Es wird nur so lange EMK (Elektromotorische Kraft = elektrische Spannung) induziert, wie die magnetische Veränderung im Leiter anhält.*

Wenn der Leiter in dem Magnetfeld hin und her bewegt wird, so entsteht in ihm gemäß der wechselnden Schnittrichtung eine Spannung mit wechselnder Polarität.

Grundsatz: *Jede Spannung, die auf induktivem Weg erzeugt wird, ist eine Wechselspannung.*

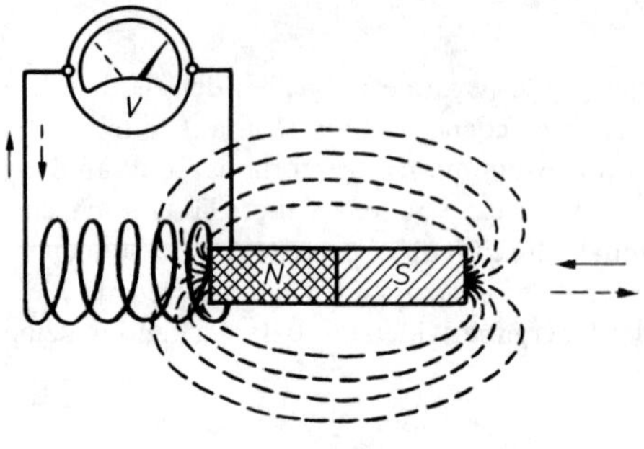

Bild 8.6 Werden die Windungen einer Spule von magnetischen Kraftlinien geschnitten, so wird gemäß der Spulenwindungen eine höhere Spannung erzeugt. Stärkeres Magnetfeld oder schnellere Schnittgeschwindigkeit verstärken ebenfalls die Wechselspannung

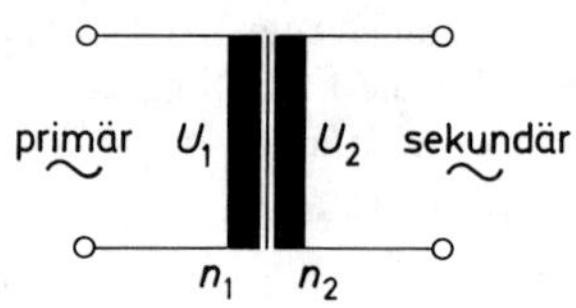

Bild 8.7 Schaltbild des Transformators. Hier verhält sich die primäre Spannung zur sekundären Spannung wie die primäre Windungszahl zur sekundären Windungszahl.
$U_1 : U_2 = n_1 : n_2$.
Die Ströme beider Spulen verhalten sich dabei entgegengesetzt wie ihre Windungszahlen

Eine geänderte Schnittrichtung oder eine geänderte Polarität haben eine entgegengesetzte Spannungspolarität zur Folge.
Um die Induktionswirkung zu steigern, gibt es drei Möglichkeiten:

1. Läßt man das Kraftfeld eines Stabmagneten auf eine Spule mit vielen Windungen wirken, wird in allen gleichzeitig geschnittenen Spulenwindungen eine Spannung erzeugt. An den Spulenenden erhöht sich somit die Spannung.
2. Eine weitere Spannungserhöhung tritt durch Verstärken des magnetischen Kraftfeldes ein.
3. Wird die Geschwindigkeit des die Spule schneidenden Magnetfeldes gesteigert, so wird auch dadurch die Spannung erhöht (Bild 8.6).

Bei diesen Induktionsvorgängen ist es gleichgültig, ob sich die Spule oder das Magnetfeld sichtbar bewegen (siehe auch 8.5.1). Es entsteht ebenfalls eine Spannung, wenn zwei Spulen so einander zugeordnet sind, daß das Elektromagnetfeld einer Spule (Primärspule) die zweite Spule (Sekundärspule) durchdringt. Ist an die Primärspule eine Wechselspannung angelegt, wird das Magnetfeld hier gemäß der Frequenz der Spannung laufend seine Richtung ändern und auch in der Sekundärspule eine Wechselspannung induzieren. Nach diesem Prinzip arbeitet ein Transformator (Bild 8.7). Selbst an jeder Spule, die an eine Gleichspannung angelegt wird, beobachtet man beim Ein- und Ausschalten eine Spannung, die in der Spule selbst entsteht. Sie wird *Selbstinduktion* genannt. Beim Einschalten baut der Strom ein Magnetfeld auf, das sich ausdehnend die Windungen der Spule schneidet. Die dabei entstehende Spannung ist der anliegenden Spannung entgegengesetzt gerichtet (*Gegeninduktion*). Sie muß von der anliegenden Spannung erst überwunden werden, was zu einer Verzögerung des Stromanstiegs führt.

Beim Abschalten bricht das Magnetfeld der Spule zusammen und schneidet dabei deren Windungen. Da die Schnittrichtung diesmal die entgegengesetzte Richtung wie beim Aufbau ist, wird eine Spannung (*Öffnungsinduktion*) erzeugt, die der vorher anliegenden Spannung richtungsgleich ist. Weil der Zusammenbruch des Magnetfelds sehr schnell geschieht, kann die Öffnungsinduktionsspannung ein Vielfaches der vorher anliegenden Erregerspannung betragen. Sie wird sich in Form eines Öffnungslichtbogens an den Schalterkontakten zeigen.

Für alle Induktionsvorgänge kommt noch die zweite Lenzsche Regel zur Anwendung. Sie sagt aus, daß induzierte Spannungen und die durch sie erzeugten Ströme immer eine Richtung haben, die ihrer Entstehungsursache entgegenwirkt. Soll also mit feststehenden Spulen und bewegten Magnetsystemen größere elektrische Energie erzeugt werden, so bremst der Induktionsvorgang den Magneten ab, bzw. es muß mehr Bewegungsenergie zugeführt werden.

Lichtelektrizität

Vereinzelt werden in der Kfz-Elektrik Fotoelemente eingesetzt, z.B. dämmerungsabhängige Parklichtschalter, kontaktlose Zündanlagen oder als Schalter für zwangsweises Abblenden bei Gegenverkehr. Ein Fotoelement besteht aus einem Trägerblech, auf das Selen aufgebracht ist. Hierauf ist wiederum eine molekularstarke Schicht eines anderen Metalls, z.B. Platin, aufgedampft. Fällt nun Licht auf die Platinschicht, entsteht zwischen dieser und der Selenschicht eine Spannung im Zehntelvoltbereich. Photonen, winzige Bestandteile des Lichts, verdrängen nämlich die Elektronen des Platins in die darunterliegende Selenschicht. Die auf diese Weise gewonnene Spannung läßt sich zur Steuerung vieler Vorgänge in Abhängigkeit des Lichtes verwenden.

Piezoelektrizität

Wenn bestimmte Kristalle, z.B. Turmalin oder Quarz, gedrückt werden, entsteht in der Druckanstiegsphase eine vom Druck abhängige Spannung an den Preßstellen. Sie kann zum Teil sehr hoch werden, so daß an hier angeschlossenen Elektroden Lichtbögen entstehen, die zum Zünden von Gasfeuerzeugen ausreicht. Da Piezoelemente aber auch schon bei sehr kleinem Druck reagieren, ist es möglich, Sensoren zu bauen, die ihren Einsatz bei Dieseltestern finden, um bei laufendem Motor den Einspritzbeginn und den Spritzversteller zu überprüfen. Weiterhin werden Klopfsensoren in manchen elektronischen Zündanlagen von Ottomotoren verwendet. Das ermöglicht eine leistungssteigernde Heranführung des Zündzeitpunkts an die Klopfgrenze, ohne Motorschäden befürchten zu müssen.

8.1.2 Definition der Grundmaßeinheiten

Die vorab beschriebenen Elektrizitätsarten haben, so verschieden sie auch anmuten, immer das gleiche bewirkt: Elektronenunterschied an zwei Polen. Elektronen haben das Bestreben, diesen Unterschied auszugleichen. Dieses Ausgleichsbestreben wird elektrische Spannung genannt. Zum Vergleich kann man Wasser heranziehen, dessen Wasserspiegel sich in zwei miteinander verbundenen Gefäßen auch ausgleichen will.

Die Spannung ist aber auch eine der wichtigsten elektrophysikalischen Grundgrößen. Man muß sie ggf. berechnen oder messen können. Grundsätzlich ist aber Messen nichts weiter als das Vergleichen einer unbekannten Größe mit einer genau bekannten. Bei der «unsichtbaren» elektrischen Spannung ist das Festlegen der Dimension der Grundgröße etwas schwieriger gewesen als z.B. bei der Längenmessung, wo das Meter die Vergleichsgröße ist. In der Elektrik konnte man nur auf die Wirkung, die man beobachten kann, zurückgreifen. Man legte als Maßeinheit das Volt (V), Formelzeichen U, fest und definierte es wie folgt:

1 Volt ist die Spannung, die durch einen Widerstand von 1 Ohm einen Stromfluß von 1 Ampere verursacht.

Dieser Merksatz ist einprägsam und enthält zusätzlich die zwei anderen wichtigen Grundgrößen. Verbindet man die Pole einer Spannungsquelle über einen Verbraucher mit einem Leiter, so wird dem

Ausgleichsbestreben der Elektronen Raum gegeben. Sie versetzen die Leitungselektronen in gerichtete Bewegung: Es fließt Strom. Dieser Stromfluß wird in Ampere (A), Formelzeichen *I*, gemessen. Da man beobachten kann, daß dieser Strom aus Elektrolyten die hierin gelösten Metallsalze auszuscheiden vermag, legte man fest:

1 Ampere Strom scheidet aus einer wäßrigen Silbernitratlösung in einer Sekunde 1,118 Milligramm Silber aus.

Strom kann allerdings erst fließen, wenn die Spannung den Widerstand des gesamten Stromkreises überwinden kann. Elektrischer Widerstand ist also eine Gegenkraft des Leiters, die den Stromfluß zu hindern trachtet, und in einem Isolator, weil hier erheblich größer, gänzlich unterbindet. Er wird in Ohm (Ω), Formelzeichen *R*, gemessen.

1 Ohm ist der Widerstand einer Quecksilbersäule mit einem gleichmäßigen Querschnitt von 1 mm^2 *und einer Länge von 106,3 cm bei 0 °C (273 K).*

Durch die Ausführungsverordnung zum Bundesgesetz für Maßeinheiten vom 2. 7. 1969 ist das Volt, das Ampere und das Ohm wie folgt festgelegt:

1 Volt ist gleich der elektrischen Spannung oder elektrischen Potentialdifferenz zwischen zwei Punkten eines fadenförmigen, homogenen und gleichmäßig temperierten metallischen Leiters, in dem bei einem zeitlich unveränderlichen elektrischen Strom der Stärke 1 Ampere zwischen den beiden Punkten die Leistung 1 Watt umgesetzt wird.

Die Basiseinheit **1 Ampere** ist die Stärke eines zeitlich unveränderlichen elektrischen Stroms, der durch zwei im Vakuum parallel im Abstand 1 Meter voneinander angeordnete, geradlinige, unendlich lange Leiter von vernachlässigbar kleinem, kreisförmigem Querschnitt fließend, zwischen diesen Leitern je Meter Leiterlänge elektrodynamisch die Kraft von $^1/_{5\,000\,000}$ Kilogrammeter durch Sekundenquadrat hervorrufen würde.

1 Ohm ist gleich dem elektrischen Widerstand zwischen zwei Punkten eines fadenförmigen, homogenen und gleichmäßig temperierten metallischen Leiters, durch den bei der elektrischen Spannung von 1 Volt zwischen beiden Punkten ein zeitlich unveränderlicher Strom von 1 Ampere fließt.

Gleichstrom wird durch Gleichspannung hervorgerufen. Er fließt auf Dauer in gleicher Höhe und gleicher Richtung. Im Kfz greift man auf Gleichstrom zurück, da mit ihm der mitgeführte Akkumulator geladen werden kann. Die vom Generator erzeugte Gleichspannung weist eine geringe Restwelligkeit auf, da sie als dreiphasige Wechselspannung erzeugt wird und erst durch Gleichrichtung mittels Dioden zustande kommt.

Wechselstrom wird durch Wechselspannung hervorgerufen. Er ändert periodisch seine Höhe und Richtung, was durch die angegebene Wechselspannungsfrequenz ersichtlich wird. Wechselstrom und Wechselspannung lassen sich durch Transformieren auf jede beliebige Höhe herauf- oder herabsetzen und haben sich in stationären Licht- und Kraftstromnetzen durchgesetzt (Bild 8.8).

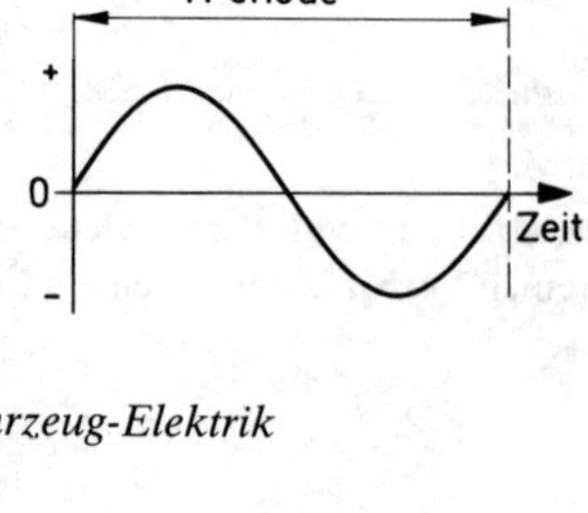

Bild 8.8 Oszillographische Aufzeichnung des Wechselstroms. Er besteht aus positiven und negativen Halbwellen (Amplituden). Die Anzahl der Perioden pro Sekunde bestimmt die Frequenz, die in Hertz ausgedrückt wird

8.1.3 Ohmsches Gesetz

Der Stromfluß in einem Leiter hängt ab von der Höhe der anliegenden Spannung und der Größe des Leiterwiderstands. Die Abhängigkeit der drei Größen zueinander ist im Ohmschen Gesetz festgelegt.

Es sagt aus:

Die Spannung ist proportional dem Produkt aus Widerstand und Strom, oder mit Formelzeichen ausgedrückt:

$$U = R \cdot I$$

Sind von einem Stromkreis zwei Werte bekannt, z.B. die Betriebsspannung und der Widerstand des Verbrauchers, so ist es durch Umstellen der Ohmschen Formel möglich, den hier zu erwartenden Strom zu errechnen. Das gilt ebenso auch für die andern beiden Grundgrößen, so daß sich neben der Grundformel noch zwei weitere Möglichkeiten ergeben: Der Strom errechnet sich, indem man die Spannung durch den Widerstand dividiert, also $I = U : R$, und der Widerstand, indem man die Spannung durch den Strom teilt, also $R = U : I$.

Als kleine Hilfe beim Umstellen des Ohmschen Gesetzes kann das sogenannte Merkdreieck gelten. Wenn hierin ein Formelbuchstabe abgedeckt wird, bleibt die anwendbare Formel lesbar (Bild 8.9).

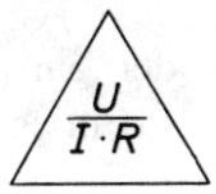

Bild 8.9 Den gesuchten Wert abdecken, die zum Rechnen passende Formel bleibt lesbar

8.1.4 Stromkreis mit mehreren Verbrauchern

In der Praxis läßt sich erkennen, daß mehrere Verbraucher von der gleichen Spannungsquelle versorgt werden. Die dann in den Teilstromkreisen fließenden Ströme lassen sich ebenfalls durch das Ohmsche Gesetz errechnen. Die Größe der Ströme hängt dann von dem Gesamtwiderstand aller vom gleichen Strom durchflossenen Verbraucher ab.

Reihenschaltung

Werden alle Verbraucher nacheinander von Strom durchflossen – der Ausgang des ersten Verbrauchers ist mit dem Eingang des zweiten verbunden – so sagt man, sie sind in Reihe geschaltet. Der Gesamtwiderstand dieses Stromkreises errechnet sich aus der Summe der Einzelwiderstände der Verbraucher.

Als Formel ausgedrückt:

$$R_{ges} = R_1 + R_2 + R_3 + \ldots.$$

Es ist somit möglich, bei festgelegter Spannung den Gesamtstrom zu errechnen. Wenn jetzt in die Ohmsche Formel der Gesamtstrom und der Widerstand eines Einzelwiderstands eingesetzt werden, ergibt sich der Spannungsabfall an diesem Widerstand. Die Summe der Spannungsabfälle aller Widerstände ist gleich der Betriebsspannung des Stromkreises (Bild 8.10).

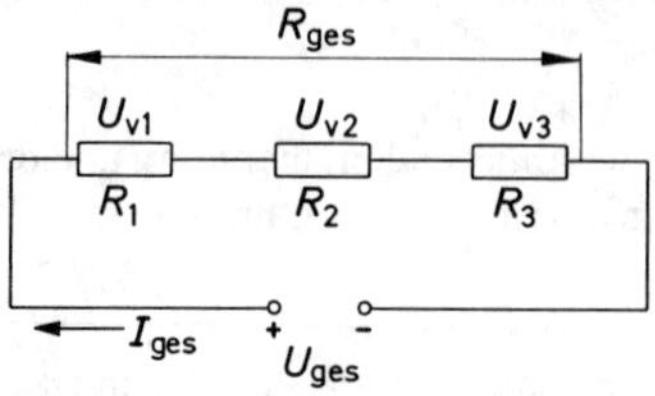

Bild 8.10 Die Spannung U_{ges} läßt den Strom I_{ges} durch die drei Widerstände fließen, deren Summe den Gesamtwiderstand R_{ges} ausmacht. $I_{ges} \cdot R_1$ ergibt U_{v1}, also den Spannungsverbrauch des ersten Widerstands. Das gleiche gilt für R_2 und R_3. Ist hinter R_1 oder R_2 ein elektrischer Anschluß angelegt, kann hier eine kleinere Spannung als U_{ges} abgegriffen werden. Eine solche Schaltung wird dann als Spannungsteiler bezeichnet.

Parallelschaltung

Da die Verbraucher im Fahrzeug bis auf wenige Ausnahmen die volle Nennspannung benötigen, müssen sie alle am Plus- und Minuspol der gemeinsamen Spannungsquelle angeschlossen sein. Somit sind sie parallel zueinander verschaltet.

Auch hier bestimmt der Gesamtwiderstand die Größe des Gesamtstroms. Er setzt sich aber aus mehreren Einzelströmen zusammen. Der Gesamtwiderstand errechnet sich aus der Formel

$$R_{ges} = \frac{1}{\frac{1}{R_1} + \frac{1}{R_2} + \frac{1}{R_3} \ldots}$$

Dabei werden im Grunde genommen die Leitwerte der Einzelwiderstände zusammengezählt. Der Leitwert gibt die Eigenschaft eines Bauteils an, den Strom zu transportieren. Ist er groß, so ist der Widerstand klein und umgekehrt.

Somit ist der Leitwert der Kehrwert des Widerstands.
(Maßeinheit Siemens, S, Formelzeichen G)

In Formel gekleidet

$$G = \frac{1}{R} \quad \text{oder} \quad R = \frac{1}{G}.$$

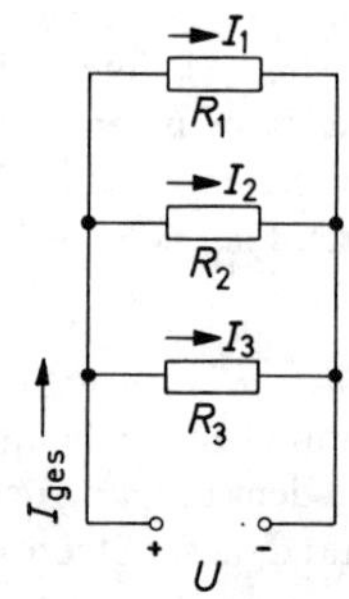

Bild 8.11 Der Gesamtwiderstand ergibt sich aus dem Kehrwert der Summe der Leitwerte jedes einzelnen Widerstands. Der Gesamtstrom I_{ges}, den die Spannung U in allen Widerständen erzeugt, ist gleich der Summe der Einzelströme

8.1.5 Der Leiterwiderstand

Bei einer beliebigen Leitung bestimmen hauptsächlich drei Faktoren den ohmschen Widerstand:

1. der spezifische oder Artwiderstand,
2. die notwendige Länge der Kabelleitung und
3. der auf die Stromaufnahme des Verbrauchers abzustimmende Kabelquerschnitt.

Daneben wird der Leitungswiderstand des Kabels auch noch durch die Temperatur bestimmt. Kurze Kabel mit großem Querschnitt haben einen geringen, lange dünne Kabel einen großen Widerstand.

Der Leitungswiderstand und der durch das Kabel fließende Strom bestimmen die Größe des Spannungsverlustes (U_v). So bezeichnet man den Teil der Betriebsspannung, der auf dem Weg von der Spannungsquelle zum Verbraucher in dem Kabel verbraucht wird. Dadurch sinkt die Nutzspannung am Verbraucher, so daß dessen Leistung geringer wird. Es ist also anzustreben, ein Kabel mit möglichst geringem Widerstand zu wählen.

Spezifischer Widerstand (Formelzeichen ϱ, sprich Rho; Dimension: $\Omega \cdot mm^2/m$). Der Spezifische Widerstand macht ein Vergleichen der verschiedenen Metalle möglich. Er sagt aus, wie groß der Widerstand des betreffenden Materials bei einem Meter Länge (l) einem Querschnitt von 1 mm² (A) und der Temperatur von 293 K (+ 20 °C) ist. Der Widerstand eines beliebigen Drahts errechnet sich nach der Formel

$$R_{Ltg} = \frac{\varrho \cdot l}{A}.$$

Aufbauend darauf ist es also auch möglich, bei bekanntem Strom den zu erwartenden Spannungsverlust der Leitung zu errechnen. Hierfür gilt:

$$U_v = R_{Ltg} \cdot I.$$

Tab. 8.1 **Spezifischer Widerstand und Temperaturbeiwert einiger Metalle**

Spezifischer Widerstand ϱ bei 293 K = 20 °C		
Metall	$\Omega \cdot mm^2/m$	Temperatur-Koeffizient a
Aluminium 99,5 %, weich	0,0278	$4 \cdot 10^{-3}$
Blei	0,208	$4 \cdot 10^{-3}$
Eisen, rein	0,1	$4,5 \cdot 10^{-3}$
Gußeisen	0,6 bis 0,1	$1,9 \cdot 10^{-3}$
Kupfer, für Leitungen	0,0175	$4,0 \cdot 10^{-3}$
Messing	0,07	1,3 bis $1,9 \cdot 10^{-3}$
Nickel	0,09	$6,0 \cdot 10^{-3}$
Nickelin (Widerstandsdraht)	0,4	0,18 bis $0,21 \cdot 10^{-3}$
Platin	0,1	3,8 bis $3,9 \cdot 10^{-3}$
Silber	0,0165	$4,1 \cdot 10^{-3}$
Wolfram	0,055	$4,6 \cdot 10^{-3}$
Zink	0,063	$3,7 \cdot 10^{-3}$
Zinn	0,12	$4,4 \cdot 10^{-3}$

8.1.6 Kabelquerschnittsbestimmung

Um den Spannungsverlust der Leitungen möglichst gering und somit die Nutzspannung am Verbraucher groß zu halten, ist es bei Neuinstallationen von elektrischen Anlagen notwendig, den Kabelquerschnitt richtig zu wählen. Die Auswahlkriterien für den Querschnitt sind der maximal zulässige Spannungsverlust, die zulässige Erwärmung des Kabels bei Betrieb und nicht zuletzt der Preis.

Tab. 8.2 **Höchstzulässige Spannungsverluste bei Kfz-Kabeln**

Ladeleitung von Generator B+ bis Batterie bei Nennspannung und Nennleistung	0,4 V in 12-V-Anlagen 0,8 V in 24-V-Anlagen
Anlasserhauptleitung bei Anlasserkurzschlußstrom	0,5 V in 12-V-Anlagen 1,0 V in 24-V-Anlagen
Anlassersteuerleitung bei Magnetschaltern mit Einzugs- und Haltewicklung	2,4 V in 12-V-Anlagen 2,8 V in 24-V-Anlagen
Lichtleitung von Lichtschalter Klemme 30 bis Leuchten bei Nennspannung und Nennleistung	0,5 V
Alle übrigen Leitungen	0,8 V in 12-V-Anlagen 1,6 V in 24-V-Anlagen
Bei isolierter Rückleitung darf deren Spannungsverlust nicht größer sein als der der Zuleitung.	

Die höchstzulässigen Spannungsverluste für Kfz-Kabel sind im DIN-Blatt 72551/3 festgelegt und für die wichtigsten Leitungen aufgeführt.

Die hier aufgeführten U_v-Werte werden zur Kabelquerschnittsberechnung in die Formel

$$A = \frac{\varrho \cdot l \cdot I}{U_v}$$

eingesetzt. Hierin ist A der zu ermittelnde Kabelquerschnitt in mm^2, ϱ der Spezifische Widerstand, l die Leiterlänge in Metern, I die Stromaufnahme des zu speisenden Verbrauchers und U_v der maximal zulässige Spannungsverlust. Sollte der Strom I nicht bekannt sein oder nicht gemessen werden können, wird er aus bekannter Leistung und Nennspannung berechnet.

Elektrische Leistung wird in Watt *(W, Formelzeichen P) angegeben. Sie ist das Produkt aus Spannung und Strom;* $P = U \cdot I$.

Der Strom errechnet sich also nach $I = \frac{P}{U}$.

Die nach der Kabelquerschnittsformel ermittelten Werte werden in der Regel nicht die genormten Kabelquerschnitte erreichen. Die Industrie stellt folgende Querschnitte für den Werkstattbedarf her: 1, 1,5, 2,5, 4, 6, 10, 16, 25, 35, 50, 70, 95, 120 mm^2. Der errechnete Querschnitt muß auf den nächsthöheren genormten aufgerundet werden. Bevor dieses Kabel verlegt wird, muß aber noch berücksichtigt werden, daß es sich bei Betrieb durch den Stromfluß erwärmt und bei unzulässig großer Stromdichte die Isolation zerstört werden kann. Das führt dann in der Regel zu Kabel- oder Fahrzeugbränden. Als Richtwert für die Stromdichte kann bei kunststoffisolierten Kabeln gelten: Querschnitte bis zu 6 mm^2 können mit 10 A/mm^2, bis 35 mm^2 mit 6 A/mm^2 und bis 120 mm^2 mit 4 A/mm^2 Dauerstrom belastet werden. Bei kurzzeitigen Strömen ist eine Stromdichte von 20 A/mm^2 zulässig. Es ist somit der Verbraucherstrom zu ermitteln und mit dem Kabelquerschnitt ins Verhältnis zu setzen. Übersteigt die Stromdichte den für diesen Querschnitt zulässigen Wert, so muß wiederum auf den nächsthöheren genormten Querschnitt zurückgegriffen werden. Diese gesamten Überlegungen gewährleisten, daß die Kabelleitung richtig auf den zu speisenden Verbraucher abgestimmt ist.

8.1.7 Widerstand und Temperatur

Das Widerstandsverhalten der meisten Materialien ändert sich in Abhängigkeit der Temperatur. Wieviel das ausmacht, gibt der Temperaturkoeffizient des betreffenden Materials an. Er sagt aus, um wieviel Ohm, ausgehend von der Temperatur von 293 K (+ 20 °C) bei einem Temperatursprung von 1 K der Widerstand zu- oder abnimmt. Bei den Metallen kann davon ausgegangen werden, daß bei steigender Temperatur der Widerstand zunimmt. Somit sind sie PTC-Leiter (*P*ositiver *T*emperatur-*C*oeffizient) (siehe Tabelle 8.1).

Metallkeramiken oder -oxide, Isolatoren, Halbleitermaterial und Flüssigkeiten (Elektrolyte) sind NTC-Leiter (*N*egativer *T*emperatur-*C*oeffizient). Werden sie erwärmt, sinkt deren Widerstand. NTC- und PTC-Leiter werden vielfach zur Steuerung elektrischer oder elektronischer Vorgänge in Abhängigkeit der Temperatur eingesetzt.

Eine Sonderstellung nehmen die sogenannten Konstantanwiderstände ein. Sie werden angewandt, wenn Temperatursprünge sich nicht in Widerstandsveränderungen niederschlagen dürfen. Konstantanlegierungen sind auf Nickelbasis aufgebaut. Für die Praxis ist es genau genug, wenn man für Kupferdraht bei einer Temperaturänderung von 10 °C eine 4%ige Widerstandsveränderung veranschlagt.

8.1.8 Halbleiterbauelemente

Die Zuverlässigkeit heutiger Kfz, deren geringer Kraftstoffverbrauch und geringere Schadstoffemission, die immer länger werdenden Zeiten zwischen den Fahrzeuginspektionen und nicht zuletzt der Komfort ist auf den Einsatz elektronischer Geräte im Auto zurückzuführen. In diesen Geräten ist eine Vielzahl von Halbleiterbauteilen sinnvoll miteinander verschaltet. Um die Arbeitsweise dieser Geräte zu verstehen und bei notwendigen Überprüfungen keine Fehler zu machen, die den Ausfall des betreffenden Geräts zur Folge haben, ist es notwendig, die Funktion der wichtigsten Halbleiterbauelemente zu verstehen.

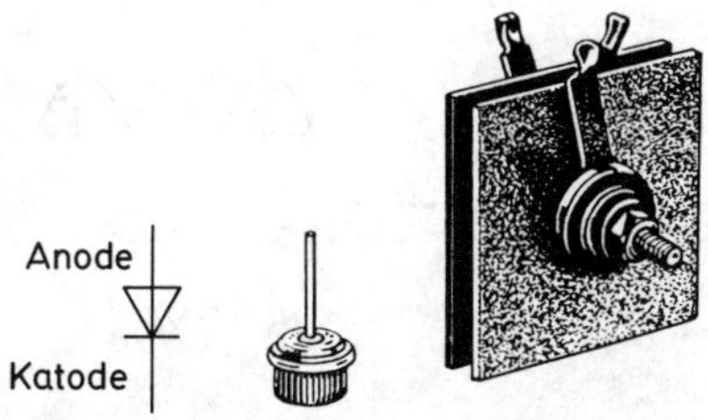

Bild 8.12 Größenvergleich zwischen Siliziumdiode und kleinem Selengleichrichter mit dem dazugehörigen Schaltzeichen

Der Grundstoff zur Herstellung ist heute vorwiegend Silizium, obwohl auch Germanium und Selen zu den Halbleiterelementen zählen. Diese nichtmetallischen Elemente liegen, wie ihr Name «Halbleiter» sagt, bezüglich ihrer Leitfähigkeit zwischen den Metallen und den Isolatoren. Reinstes Silizium ist ein Isolator, weil in ihm die Valenzelektronen fehlen. Dieses Grundmaterial wird zur Steigerung der Leitfähigkeit gezielt verunreinigt, ein Vorgang, der «Dotieren» genannt wird. Nimmt man hierzu z.B. Arsen, erhält das Silizium negative Ladungsträger und wird ein n-Leiter. Wird z.B. Indium genommen, kommen positive Ladungsträger hinzu. Es entsteht ein p-Leiter. Die Vielfalt elektronischer Halbleiterbauelemente beruht auf unterschiedlicher Kombination von n-Leitern mit p-Leitern.

Alle Halbleiterbauelemente sind empfindlich gegen zu hohe Spannung, zu hohen Strom und zu hohe Temperatur. Werden in dieser Hinsicht auch nur kurzzeitig bestimmte Grenzwerte überschritten, ist das Bauteil irreparabel zerstört. Sie weisen dagegen die Vorteile auf, daß sie heute preiswert hergestellt werden können, klein und leicht sind, schnell und verzögerungslos schalten können und unter Beachtung der zuerst genannten Empfindlichkeiten praktisch ewig leben.

Dioden (Bild 8.12) bestehen aus einem p-Leiter und einem n-Leiter. Sie haben zwei Anschlüsse, die Anode und die Katode. Positive Spannung in der Größe der Durchlaßspannung von 0,5 bis 0,8 V an die Anode gelegt, bewirkt nach technischer Stromrichtung Stromfluß durch die Diode. Positive Spannung an die Katode gelegt, läßt die Diode den Stromfluß sperren. Steigt aber hier die Spannung über die Durchbruchspannung (bei Germaniumdioden ca. 80 bis 100 V, bei Siliziumdioden z.T. 3000 V) beginnt jetzt auch Strom zu fließen, wobei die Diode zerstört wird. Werden diese Voraussetzungen erfüllt und eingehalten, hat jede Diode eine Durchlaß- und eine Sperrichtung. Sie wirkt somit in einem elektrischen Stromkreis wie ein Ventil in einem hydraulischen Kreis (siehe auch Abschnitt 8.5.2, Bild 8.95).

Diese Eigenschaft ermöglicht es Wechselspannungen gleichzurichten. Wechselspannung weist positive und negative Amplituden (Halbwellen) auf, von denen nur die positiven durchgelassen werden. Hinter der Diode fließt somit pulsierender Gleichstrom. Darum sind Dioden Gleichrichter, z.B. im Drehstromgenerator. Sie können aber auch zum Schutz anderer elektronischer Bauteile verschaltet werden, z.B. als Verpolungsschutz oder als Lösch- oder Freilaufdiode (Bilder 8.13 und 8.14).

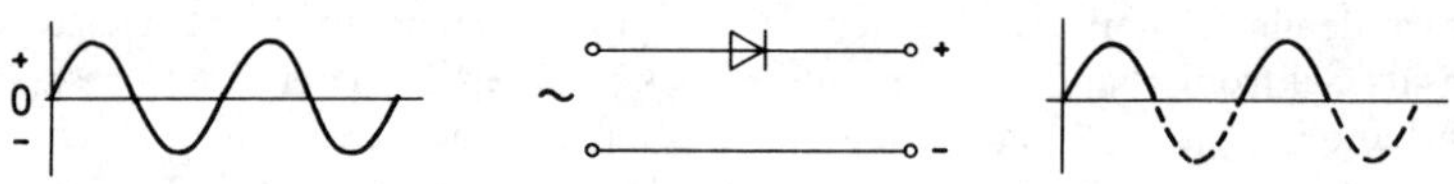

Bild 8.13 Liegt eine Diode im Wechselstromkreis, so wird nur eine Amplitude durchgelassen (Einweggleichrichtung). Hinter der Diode fließt pulsierender Gleichstrom

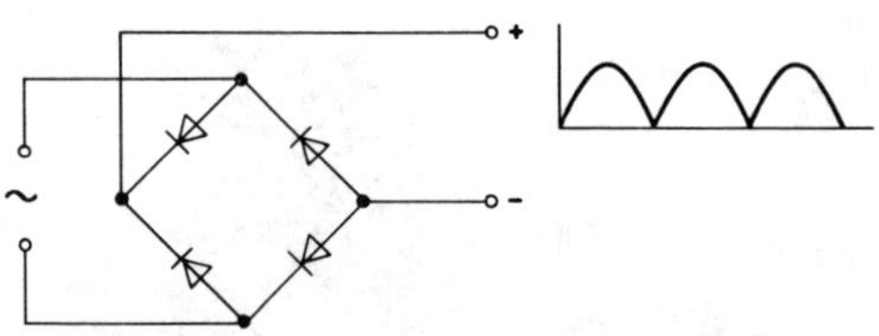

Bild 8.14 Hier sind vier Dioden in der Graetz- oder Brückenschaltung miteinander verbunden. Bei der Vollweggleichrichtung wird auch die andere Amplitude ausgenutzt, indem deren Stromrichtung gewendet wird

Zenerdioden werden nur in Sperrichtung betrieben. Sie sind durch Dotierung so ausgelegt, daß sie bei einer bestimmten Spannung, der Zenerspannung, von der Katodenseite her den Strom durchlassen. Bei Strombegrenzung wird sie aber nicht zerstört, sondern fällt bei Unterschreiten der Zenerspannung sofort in ihren Sperrzustand zurück. Diese Eigenschaft erklärt ihre Anwendung als Sollwertgeber z.B. in Transistorreglern für Generatoren, in Spannungskonstanthaltern für Anzeigeinstrumente, als spannungsbestimmendes Glied in Überspannungschutzgeräten und ähnlichem (siehe auch Abschnitt 8.5.2, Bild 8.99, und Abschnitt 8.5.4, Bild 8.101).

Thyristoren werden auch Vierschichtdioden genannt, weil sie aus vier Schichten abwechselnd aneinandergereihter p- und n-Leiter bestehen. Sie haben drei Anschlüsse: Anode, Katode und das Gate (Stromtor oder Zündelektrode). Wird an die Anode positive Spannung angelegt, sperrt der

Bild 8.15 Der Thyristor als Schaltbild und in Blockdarstellung mit Anschlußbezeichnung

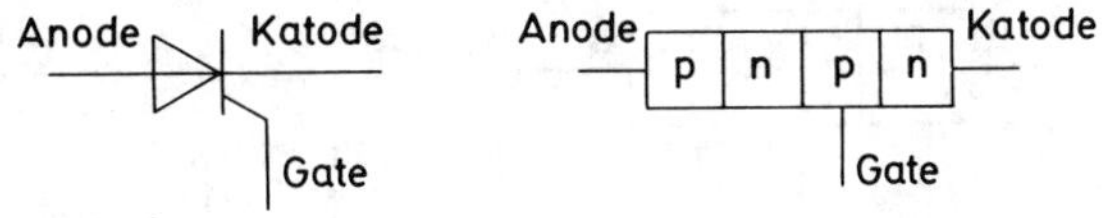

Bild 8.16 Die positive Amplitude der Wechselspannung an der Anode wird erst nach Öffnen des Thyristors durch den Zündimpuls am Gate durchgelassen. Hinter der Katode fließt pulsierender Gleichstrom, der durch phasenversetzten Zündimpuls am Gate in der Höhe verändert werden kann

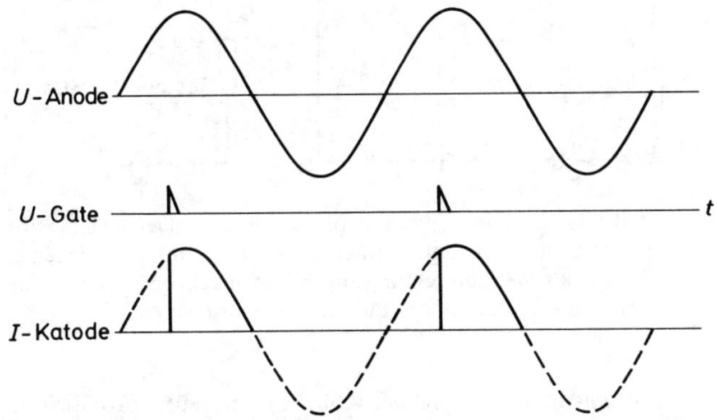

Thyristor so lange, bis an das Gate ein kurzer Spannungsimpuls gelangt. Dann zündet er, wird also Richtung Katode stromdurchlässig. Er verharrt in diesem Zustand, bis an der Anode die Spannung unter die Haltespannung sinkt. Somit ist der Thyristor ein elektronischer, sehr schneller Schalter, der bei entsprechender Auslegung auch Ströme bis zu 1000 A schalten kann. Er wird z.B. in Thyristorzündanlagen, Überspannungsschutzgeräten, aber auch als Schalter für Zündlichtpistolen verwendet (Bild 8.15).

Gelangt negative Spannung an die Anode, so sperrt er auch bei einem Auslöseimpuls an der Zündelektrode. Liegt aber Wechselspannung an der Anode, und in der gleichen Frequenz ein Zündimpuls am Gate, wird er periodisch durchgesteuert und läßt somit die positiven Halbwellen durch. Gelingt es jetzt, den Zündimpuls gegenüber der positiven Halbwelle zu verzögern, wird nicht mehr der gesamte Wert der Halbwelle durchgelassen, sondern nur noch ein Teil davon. Man spricht dann von Phasenanschnittssteuerung. Die an der Katode abnehmbare pulsierende Gleichspannung kann auf diese Weise geregelt werden. Deshalb ist der Thyristor auch als regelbarer Gleichrichter anzusprechen. Diese Eigenschaft hat den Bau der Helligkeitsregler oder Dimmer für die Beleuchtung zu Hause und der Dimmatic ermöglicht. So heißt eine Elektronik, die von der Firma Hella entwickelt wurde. Sie schaltet beim Abblenden das Fernlicht nicht schlagartig aus, sondern läßt es augenschonend langsam dunkler werden (Bild 8.16).

Transistoren unterscheidet man gemäß ihres inneren Aufbaus nach pnp- und npn-Typen. Sie haben drei Anschlüsse, die Emitter, Basis und Kollektor heißen. Um ihre Wirkung zu verstehen, vergleicht man sie am einfachsten mit der Arbeitsweise eines Arbeitsstromrelais. Beim Relais läßt ein kleiner Steuerstrom durch dessen Wicklung die Arbeitsstromkontakte schließen, so daß über diese ein großer Verbraucherstrom geschaltet werden kann. Beim Transistor bewirkt ein geringer Steuerstrom, der hier Basisstrom genannt wird und zwischen den Anschlüssen Basis und Emitter fließt, einen großen möglichen Strom zwischen Emitter und Kollektor (Bild 8.17).

Abweichend von der Wirkung eines Relais ist es hier aber möglich, den Emitterkollektorstrom durch Veränderung des Basisstroms ebenfalls zu verändern. Das geschieht in der Art, daß bei

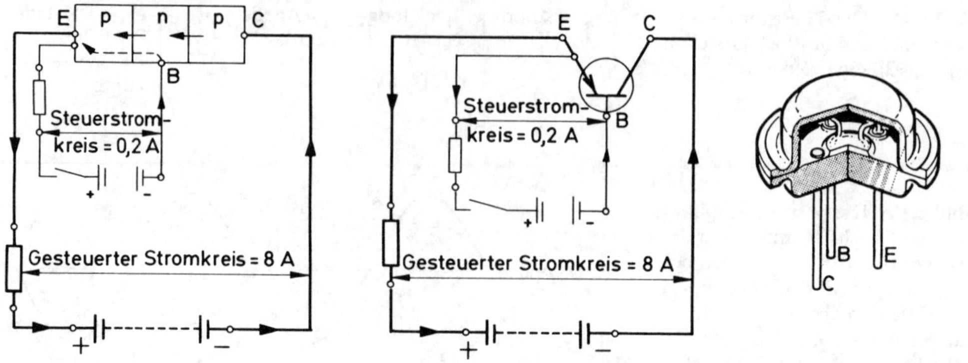

Bild 8.17 Schaltbeispiel mit pnp-Transistor. Der Steuerstrom von 0,2 A zwischen Basis und Emitter (hier Elektronenflußrichtung abgebildet) macht den Transistor zwischen den Anschlüssen Emitter und Kollektor leitfähig, so daß ein größerer Strom fließen kann. Rechts die Abbildung eines geschnittenen Transistors

steigendem Basisstrom der Kollektorstrom überproportional gesteigert wird. Das ist der sogenannte Stromverstärkungsfaktor des Transistors. Im Kfz werden Transistoren häufig anstelle von mechanischen Schaltern verwendet, z. B. im Transistorregler oder in Transistorzündanlagen.

Leuchtdioden ersetzen zunehmend Kontrolleuchten im Armaturenbrett. Gegenüber Glühlampen haben sie den Vorteil, daß sie keine Wärme erzeugen. Lumineszenzdioden – oder kurz LED – erzeugen ihr Licht in Form von elektromagnetischen Schwingungen mit einer Wellenlänge im Bereich von etwa 500 bis 750 Nanometern. Die Farbe des Lichts kann grün, gelb oder rot sein. Blaue LED werden entwickelt. Ihre weiteren Vorteile sind der geringe Stromverbrauch von 10 bis 20 mA und ihre mit über 100000 h angegebene Lebensdauer. Ferner vertragen sie extremste, mechanische Rüttelbeanspruchungen, weisen einen Wirkungsgrad von über 70 % auf und sind in der Herstellung billiger als Glühlampen (Bild 8.18).

Wird an die Anode einer LED eine Spannung von 1,6 bis 1,9 V gelegt, so geben die Elektronen in der Sperrschicht einen Teil ihrer Energie in Form von Photonen ab. Diese an sich geringe Lichtausbeute wird in dem gewölbten, transparenten Kunststoffgehäuse der LED konzentriert, so daß es gut sichtbar wird. Wegen ihrer geringen Betriebsspannung müssen LED in 12-V-Anlagen mit einem Vorwiderstand von ca. 520 Ω verschaltet sein.

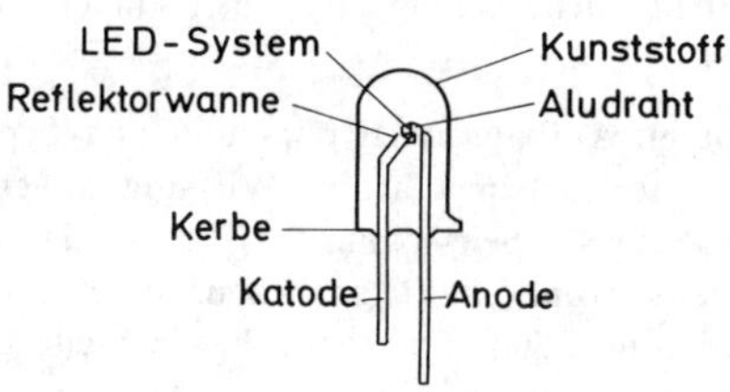

Bild 8.18 Aufbau und Anschlüsse einer Leuchtdiode

8.1.9 Magnetismus

Natürlicher Magnetismus ist an die Ferrometalle Eisen, Nickel und Kobalt gebunden. Untersucht man einen Stabmagneten auf seine magnetischen Kräfte, stellt man beim Annähern eines Eisenteils besonders starke Zugkräfte an den Polen fest. Wird der Stabmagnet mit einer Glasscheibe abgedeckt und mit Eisenfeilspänen bestreut, ordnen sie sich bogenförmig von Pol zu Pol. Sie machen also den Verlauf der magnetischen Kraftlinien sichtbar. Hypothetische Annahme ist, daß sie aus dem Nordpol des Magneten aus- und in dessen Südpol wieder eintreten. So ein Streubild läßt also erkennen, daß Magnetismus den Raum überwindet und Material – die Glasscheibe – durchdringen kann. Die Gesamtzahl der magnetischen Kraftlinien wird das magnetische Feld genannt. An den Polen ist die Feldliniendichte am größten, somit ist sie ein Anhaltspunkt für die Zugkraft eines Magneten (Bild 8.19).

Sind mehrere Magnete im gleichen Raum, beeinflussen sie sich gegenseitig.

Gleiche magnetische Pole stoßen sich ab, ungleiche ziehen sich an. Richtungsgleich zusammengestellte Magnete summieren ihre Kräfte zu einem gemeinsamen stärkeren Magnetfeld. Gleichstarke entgegengesetzte Kräfte heben sich gegeneinander auf, so daß nach außen hin kein magnetisches Feld mehr nachzuweisen ist.

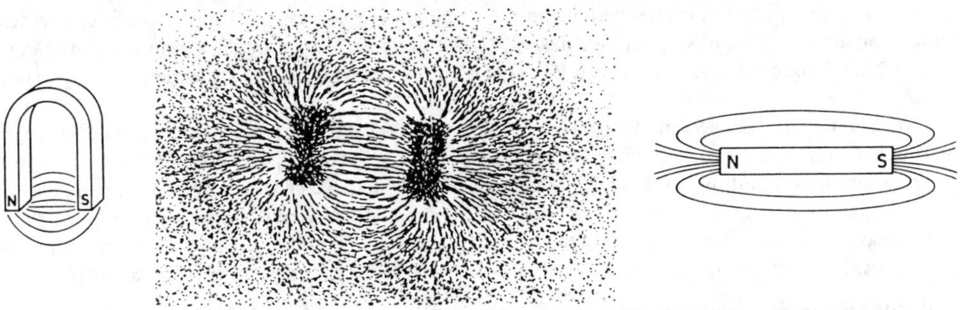

Bild 8.19 Streubild eines Hufeisenmagneten. Die Eisenfeilspäne kennzeichnen den Kraftlinienverlauf. Bei einem Stabmagneten ordnen sie sich gemäß der angedeuteten Kraftlinien

Magnetisieren lassen sich nur Metalle, die den sogenannten Molekularmagnetismus aufweisen. Darunter versteht man die Eigenart dieser Moleküle, jedes für sich einen kleinen Magneten zu bilden. Sie liegen normalerweise ungeordnet im Gefüge, so daß nach außen hin kein Magnetismus auftritt. Werden aber die Molekularmagnete durch ein von außen wirkendes starkes Magnetfeld ausgerichtet, so verharren sie in dieser Lage, und das vorher unmagnetische Eisen ist zum Magneten geworden. Wie lange dieser Magnetismus verbleibt, hängt von der verwendeten Eisensorte bzw. von der Stahllegierung ab. Weiches Eisen mit geringem Kohlenstoffgehalt und Siliziumzusatz kann mit geringen magnetischen Kräften aufmagnetisiert werden, verliert aber seinen Magnetismus schnell wieder. Diese Eigenschaft ist bei Geräten notwendig, in denen schnell wechselnde Auf- und Entmagnetisierungsvorgänge die Funktion ausmachen. Darum sind die Eisenkerne von Zündspulen, Transformatoren, Generatoren usw. aus Dynamoblechen solcher Legierungen hergestellt.

Permanentmagnete mit großer Koerzitivkraft, das ist die Kraft, die ein Magnet seiner Entmagnetisierung entgegensetzt, müssen aus gehärtetem, besonders legiertem Stahl hergestellt sein.

Dieser kräftige Dauermagnetismus ist für viele Geräte, z.B. für die Magnetsysteme der Magnetzünder, unabdingbar. Hier finden heute besonders alterungsbeständige Sinteroxidmagnete oder Alnicomagnete ihren Einsatz.

Remanenz nennt man den Restmagnetismus, der nach dem Abklingen der aufmagnetisierenden Kräfte zurückbleibt. Diese Eigenschaft ist durch die verwendete Legierung in den Polschuhen von Kollektorgeneratoren zu verzeichnen.

Entmagnetisierende Kräfte können sein: Erschüttern oder Erwärmen eines Magneten oder die Wirkung eines durch Wechselstrom in einer Spule hervorgerufenen Magnetfelds, das auf einen nur schwach aufmagnetisierten Dauermagneten wirkt. Durch diese drei Umstände wird das durch Aufmagnetisieren ausgerichtete Molekularsystem in Schwingungen versetzt und bleibt danach unausgerichtet zurück. Es darf aber auch nicht übersehen werden, daß magnetische Kraftlinien geschwächt werden, wenn sie längere Zeit hinweg schlecht magnetisch leitfähige Stoffe, dazu gehört auch Luft, durchdringen. Wenn Dauermagnetsysteme auf unbestimmbare Zeit gelagert werden sollen, ist es darum notwendig, die Pole über ein Weicheisenjoch zu verbinden. Denn Eisen leitet Magnetismus etwa 1000mal besser als Luft.

Elektromagnetismus, also die gleiche Kraft wie vorab beschrieben, entsteht um jeden stromdurchflossenen Leiter. Die Ursache ist aber hierbei der fließende Strom, und somit ist Elektromagnetismus nicht an ein bestimmtes Metall gebunden. Blickt man bei geradem Leiter in Stromrichtung auf dessen Querschnitt, so ist der Kraftlinienverlauf im Uhrzeigersinn gerichtet. Über die gesamte Länge des Leiters entsteht somit ein Magnetfeld, dessen Stärke von der momentanen Stromstärke abhängt (Bild 8.20a). Kommt der Strom auf den Betrachtet zu, ist das Magnetfeld gegen den Uhrzeigersinn gerichtet.

Eine Verstärkung des Magnetfelds erreicht man, wenn der Leiter zu einer Spule gewickelt wird. Jetzt summieren sich die vielen kleinen Magnetfelder zum gesamten Spulenmagnetfeld. Es leuchtet ein, daß somit die Windungszahl der Spule auch die Gesamtfeldstärke bestimmt. Zusammengefaßt: *Die Feldstärke einer Spule hängt ab von deren Windungszahl und dem Spulenstrom.* Multipliziert man beide Faktoren miteinander, erhält man die Amperewindungszahl und somit eine Vergleichszahl, um unterschiedliche Spulen hinsichtlich ihres Elektromagnetismus zu vergleichen (Bild 8.20b).

Werden die Spulenwindungen um Eisenkerne herumgelegt, verstärkt sich der Magnetismus um ein Vielfaches, da die Eisenkerne durch Aufmagnetisieren zum Ferromagneten werden (Bild 8.20c).

Bild 8.20

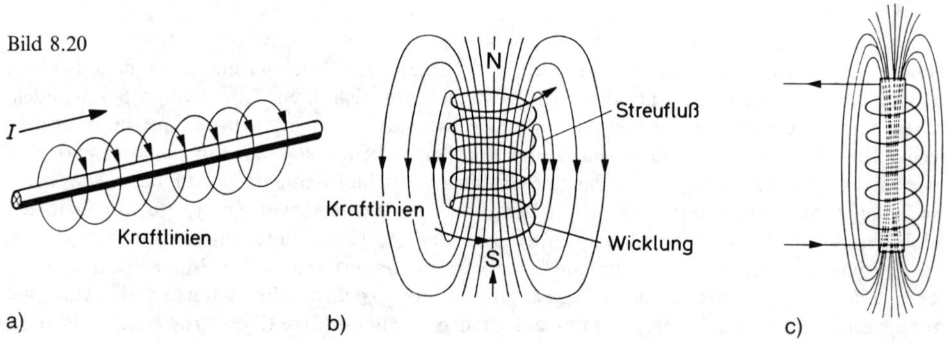

a) Bei Stromfluß entstehen über die gesamte Leiterlänge magnetische Kraftlinien
b) Die Kraftlinien summieren sich zum Spulenmagnetfeld
c) Durch den Elektromagnetismus wird der Eisenkern aufmagnetisiert und verstärkt den Spulenmagnetismus um ein Vielfaches

Wirbelströme entstehen, wenn die zur Verstärkung des Magnetismus notwendigen Eisenkerne einer magnetischen Veränderung ausgesetzt sind. Das ist immer der Fall, wenn Wechselstrom durch die umgebende Spule fließt, aber auch, wenn der Spulenstrom ein- und ausgeschaltet wird. Die Flußänderung verursacht im Eisenkern Spannung und Strom (siehe Abschnitt 8.1.1 «Induktionselektrizität»), wodurch das ganze Bauteil erwärmt wird und sein Wirkungsgrad sinkt. Außerdem erzeugt der Wirbelstrom auch ein Magnetfeld, das, da durch Induktion hervorgerufen, seiner Entstehungsursache, dem eigentlichen Magnetfeld der Spule, entgegenwirkt (siehe Abschnitt 8.1.1, 2. Lenzsche Regel). Hierdurch entstehen Magnetisierungsverluste. Um Wirbelströme möglichst gering zu halten, werden bei den meisten Geräten keine massiven Eisenkerne verwendet, sondern solche aus dünnen, einseitig isolierten Dynamoblechen.

Durch Magnetismus verursachte Bewegung wird nicht nur bei Magnetschaltern oder Relais ausgenutzt, sondern auch bei Elektromotoren. Hier gelten gleiche Gesetzmäßigkeiten wie bei Dauermagneten. Liegt eine stromdurchflossene Drahtschleife drehbar gelagert in einem Magnetfeld, dessen Kraftlinien von oben kommen, und ist der Stromfluß so gerichtet, daß er im oberen Spulenschenkel vom Betrachter weg- und im unteren auf den Betrachter zugerichtet ist, verdrängen die elektromagnetischen Kraftlinien den oberen Spulenschenkel nach links, den unteren nach rechts um den Drehpunkt der Leiterschleife. Sie stellt sich in die neutrale Zone des Dauermagnetfelds (Bild 8.21). Wird die Stromzuführung über Schleifkohlen und Kommutator (Stromwender) getätigt, schaltet dieser die Stromrichtung für die Leiterschleife um, und die Drehbewegung wird fortgesetzt. Wird die Richtung des Magnetfelds geändert oder die Stromrichtung, setzt der entgegengesetzte Drehsinn ein. Werden aber Erregermagnetfeld und Strom konträr geändert, bleibt der Drehsinn gleich.

In Elektromotoren werden meistens Erregerwicklungen mit Polschuhen statt Dauermagneten eingesetzt. Soll hier der Drehsinn geändert werden, ist es einfach, die Enden der Erregerwicklung gegeneinander zu vertauschen. Bei kleinen, mit Permanentmagneten erregten Motoren kann eine Drehrichtungsänderung nur durch Verpolen, also durch entgegengesetzten Ankerstrom erreicht werden.

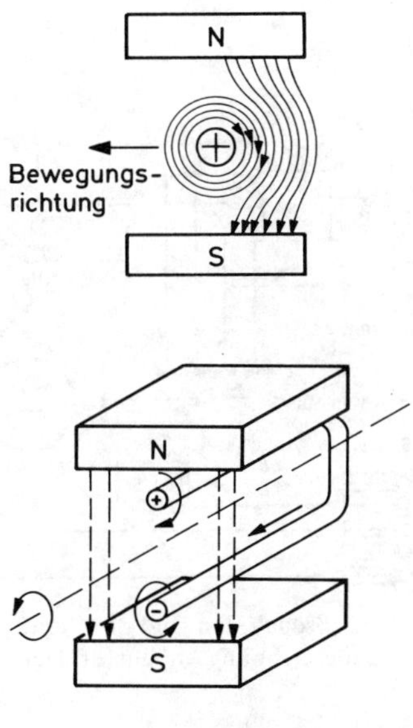

Bild 8.21 Ein stromdurchflossener Draht wird aus einem Magnetfeld gedrängt. Ist dieser Draht zu einer Leiterschleife gebogen und im Magnetfeld drehbar gelagert, führt dieses zu einer Drehbewegung der Schleife bis in die neutrale Zone. Bei Elektromotoren erfolgt dann über den Kollektor die Umschaltung des Stroms, so daß eine kontinuierliche Drehbewegung entsteht

8.1.10 Hilfsmittel bei der Fehlersuche in elektrischen Anlagen

Schaltpläne werden je nach Zweck und Erfordernis als Übersichtsschaltplan, Anschlußschaltplan, Stromlaufplan oder Wirkschaltplan ausgeführt. Die Anlage soll in stromlosem Zustand, die Schalter in ihrer Grundstellung abgebildet sein. Der Leitungsverlauf soll durch gerade, waagerechte oder senkrechte Linien dargestellt sein, wobei Leiterkreuzungen möglichst zu vermeiden sind. Unterschiedlichem Kabelquerschnitt kann durch unterschiedliche Strichstärke entsprochen werden. Der Leitungsverlauf soll übersichtlich sein, wozu es notwendig sein kann, mehrere Leitungen zu einer gemeinsamen zusammenzufassen. In Schaltplänen, ausgenommen der Übersichtsschaltplan, sollen die genormten Klemmenbezeichnungen (DIN 72552) und die genormten Schaltzeichen (DIN 40700 bis DIN 40716) verwendet werden. Oft kann es notwendig sein, funktionsbestimmende Bauteile dadurch zu betonen, daß sie z. B. in einem Anschlußplan als Wirkschaltbild dargestellt sind, um die Arbeitsweise besser zu verstehen. Ergänzend und erschwerend kommt hinzu, daß DIN-Schaltzeichen durch neue Vorschläge einer Veränderung unterliegen. Außerdem finden auch Bezeichnungen und Symbole nach VDE, besondere firmenbezogene Schaltzeichen und die des Auslands Verwendung.

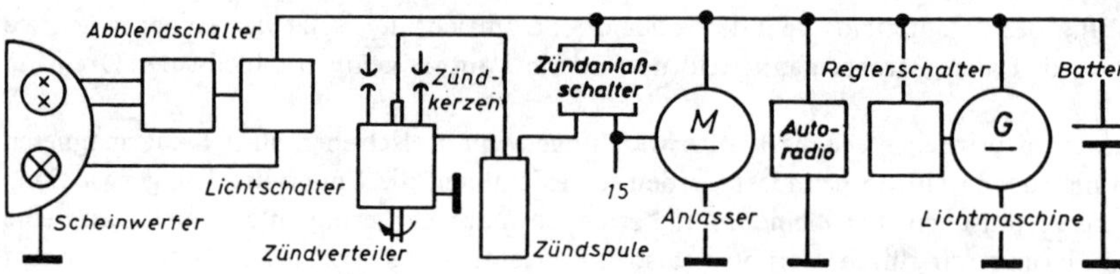

Bild 8.22 Übersichtsschaltpläne geben bei einfachster Darstellung einen Anhalt über die Art der im Kfz vorhandenen Geräte und der wichtigsten Leitungsverbindungen

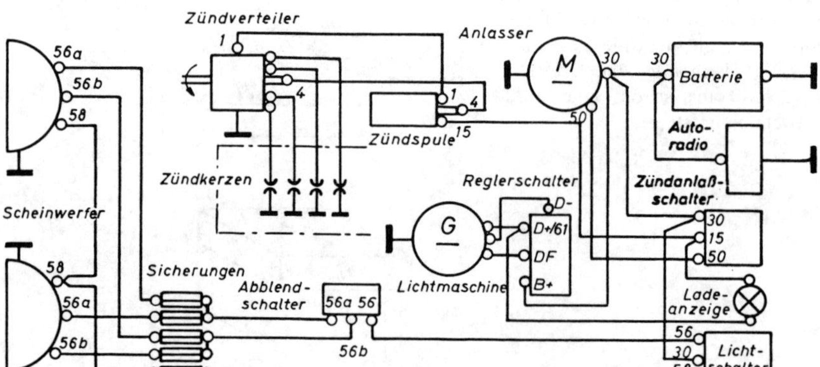

Bild 8.23 Im Anschlußschaltplan sind die Geräte mit deren Klemmenbezeichnung möglichst lagerichtig darzustellen. Es soll der Verlauf der Leitungen und die Verschaltung klar zu erkennen sein

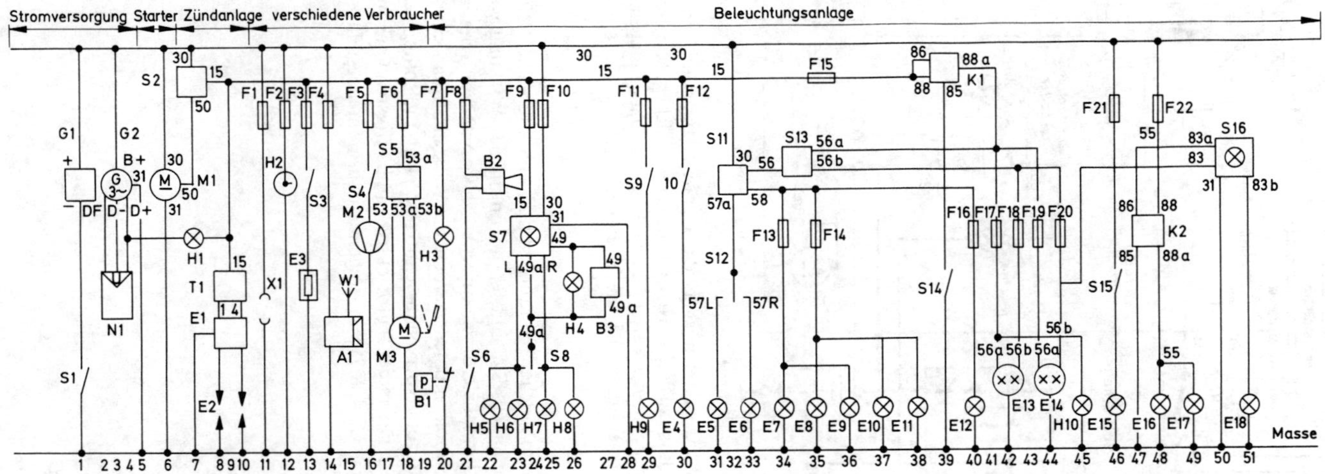

Bild 8.24 Im Stromlaufplan ist auf die lagerichtige Einzeichnung der Geräte verzichtet worden. Sie sind nach Strompfaden gegliedert. In dem fahrzeugtypenspezifischen Schaltplan ist die Positionskennzeichnung eines Geräts durch Kennbuchstabe und Kennzahl (DIN 40719) ersichtlich. Wird z.B. die Lage und Verschaltung des Warnblinkschalters gesucht, ist aus der Legende des Schaltplans dessen Kennbuchstabe und -zahl und der Strompfad zu entnehmen. Hier S7 im Strompfad 24. Im Schaltplan ist dann die Position zu suchen und anhand der genormten Klemmenbezeichnung dessen Verschaltung zu erkennen. Die gesamte Legende, also die Erklärung aller Kennbuchstaben, ist hier aus Platzgründen nicht aufgeführt

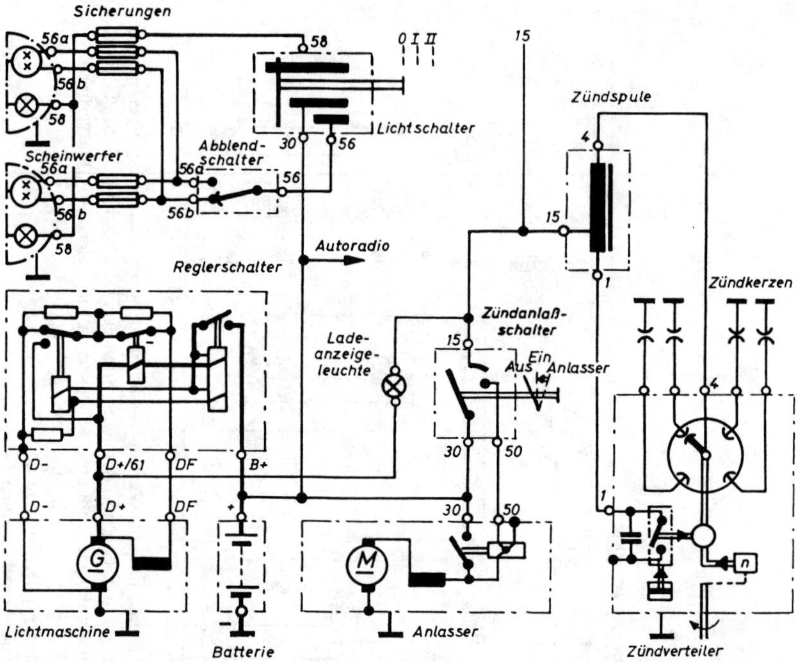

Bild 8.25 Der Wirkschaltplan stellt die Geräte und deren Verschaltung so dar, daß die Arbeitsweise und das Zusammenwirken mehrerer Bauteile erklärbar ist. Dazu ist es notwendig, die Innenschaltung der Geräte durch Einzelsymbole zu verdeutlichen. Manchmal werden hier auch aufbaugerechte Darstellungen eingefügt

Schaltzeichen ermöglichen es, aufwendige, umfangreiche Schaltpläne zu lesen, da sie häufig Symbolcharakter haben. Sie sind, bei Kenntnis der Wirkungsweise der dargestellten Bauteile die einfachste Art, komplizierte elektrische, elektromechanische oder elektronische Vorgänge zu erläutern. Aus Einzelsymbolen werden im Wirkschaltplan die Aggregate zusammengesetzt. Die Schaltzeichen sind vom Normenausschuß festgelegt und sollten gemäß ihrer Bedeutung unverändert verwendet werden. Die in der Autoelektrik am häufigsten vorkommenden Zeichen sind als Auszug der DIN 40700 bis DIN 40716 im folgenden zusammengestellt.

Tab. 8.3

Strom- und Spannungsarten	DIN 40710
—	Gleichstrom
$\sim$	Wechselstrom
$3\sim$	3-Phasen-Wechselstrom (Drehstrom)
$\overline{\sim}$	Gleichstrom oder Wechselstrom (Allstrom)
Gerätedarstellung	DIN 40712
	Umrahmungslinie, z. B. zur Abgrenzung von Geräten oder Schaltungsteilen Elektrisch nicht leitend
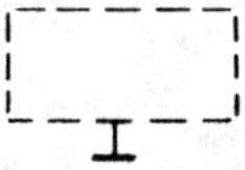	Schirmung von Geräten und Geräteteilen mit Masseverbindung
Leitungen	DIN 40711
—— ——	Leitungen, unterschiedliche Strichdicke für hervorzuhebende Teile
– – – – –	Wahlweise oder nachträglich gelegt
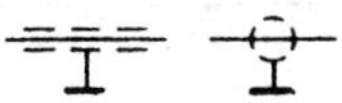	Geschirmt mit Masseverbindung
	Beweglich, lose herausgeführtes Leitungsende (Freihandlinie)
	Zusammenfassung von Leitungen zur vereinfachten Darstellung in Schaltplänen. Reihenfolge beidseitig beliebig, Leitungen sind zu kennzeichnen
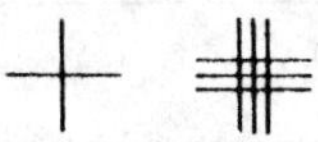	Kreuzungen von Leitungen ohne Verbindung
Verbindungen	DIN 40711
○	Verbindung, lösbar, allgemein (Klemme oder Stecker)
•	Verbindung nicht lösbar (Lötstelle)
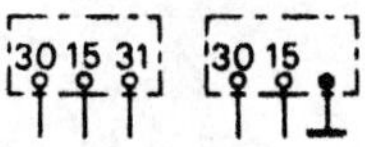	In Anschlußplänen werden die Anschlußklemmen innenliegend gezeichnet. Klemmenbezeichnung vorwiegend innen
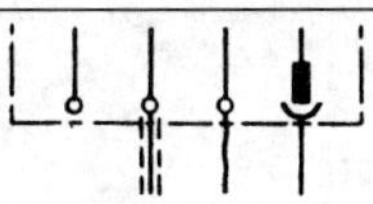	Anschlußarten (vom Gehäuse isoliert), lösbare Verbindung, mit geschirmter Anschlußleitung, mit herausgeführtem Leitungsende (Freihandlinie) und mit Steckverbindung

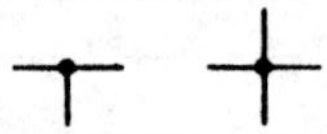	Abzweigung und Kreuzung mit leitender Verbindung
	Stecker (Steckerstift) und Steckdose (Steckerhülse) DIN 40713
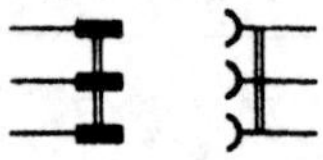	Steckverbindung, mehrpolig (auch Steckerleisten) DIN 40713
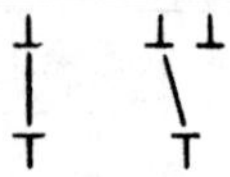	Trennstelle, allgemein und umlegbar. DIN 40713
Erde, Masse, Antenne DIN 40712	
	Erde, allgemein (nicht Fahrzeugmasse)
	Masse, Körper, Gehäuse, Fahrzeugmasse
	Antenne allgemein, Empfangsantenne, Sendeantenne (DIN 40700, Bl. 3)
Kennzeichnung der Veränderbarkeit DIN 40712	
	Veränderbar, allgemein
	Veränderbar, stetig
	Veränderbar, stufig (die Anzahl der Stufen kann angegeben werden)
	Einstellbarkeit allgemein
	Linear veränderlich unter dem Einfluß einer physikalischen Größe
Schalter Durch Anpassung an die internationalen Normen wurde DIN 40713 grundlegend geändert.	
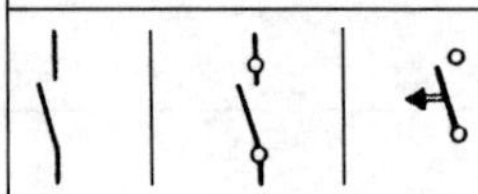	Schließer Einschaltglied
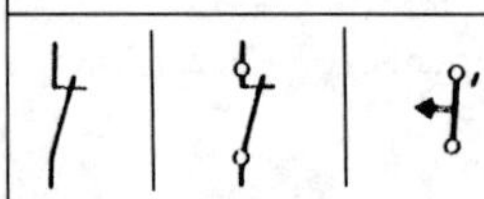	Öffner Ausschaltglied
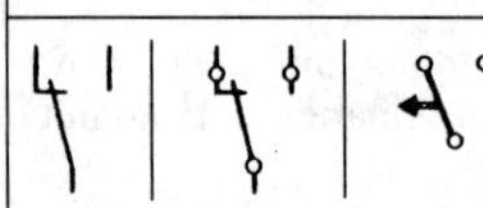	Wechsler, Umschaltglied mit Unterbrechung

<table>
<tr><td>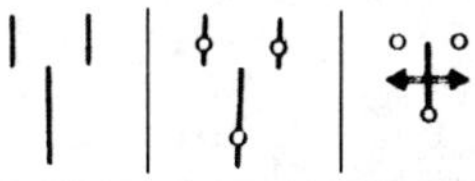</td><td>Zweiwegschließer</td></tr>
<tr><td>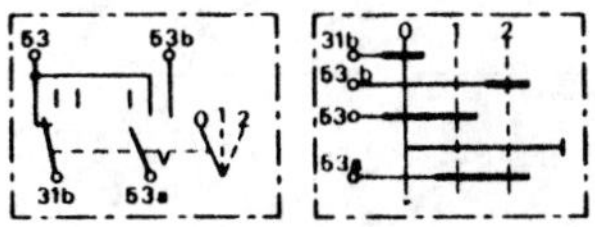
</td><td>Mehrstellenschalter
mit drei Stellungen

Schaltdiagramm
<table>
<tr><th>Stellung</th><th>verbundene Klemmen</th></tr>
<tr><td>0</td><td>53 – 31 b</td></tr>
<tr><td>1</td><td>53 – 53 a</td></tr>
<tr><td>2</td><td>53 b – 53 a</td></tr>
</table></td></tr>
<tr><td> oder </td><td>Mit einer Wicklung versehene Relaisspule</td></tr>
<tr><td>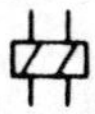 oder 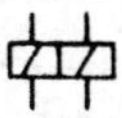</td><td>Mit mehreren gleichsinnig wirkenden Wicklungen</td></tr>
<tr><td colspan="2">Kraftantriebe DIN 40703</td></tr>
<tr><td></td><td>Fühler allgemein zur mechanischen Betätigung (auch Nocken)</td></tr>
<tr><td>----- ═</td><td>Mechanische Wirkverbindung. Gestrichelte Linie bevorzugen</td></tr>
<tr><td>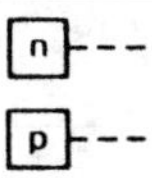
</td><td>Einflußgrößen können durch Eintragen der Formelzeichen nach DIN 1304 angegeben werden</td></tr>
<tr><td colspan="2">Anwendungsbeispiele</td></tr>
<tr><td>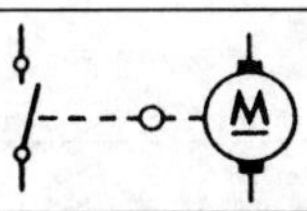
</td><td>Endabstellung an einem Wischermotor
(nockengesteuerter Schalter)</td></tr>
<tr><td>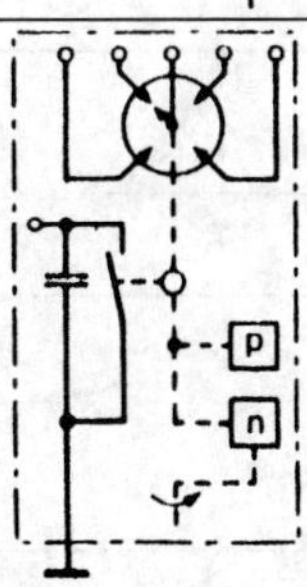
</td><td>Zündverteiler
Vierzylinder mit Unterbrecher, Unterdruckversteller und Fliehkraftregler</td></tr>
</table>

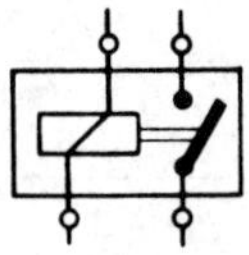	Relais mit Arbeitskontakt
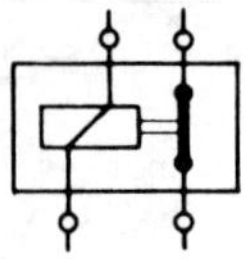	Relais mit Ruhekontakt
Wicklungen, Widerstände DIN 40712	
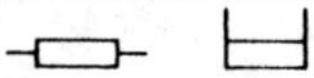	Widerstand allgemein (auch Glühkerzenschaltzeichen und Heizwiderstand)
	Widerstand mit Anzapfungen
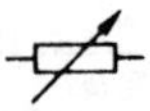	Veränderlicher Widerstand (mit zwei Anschlüssen)
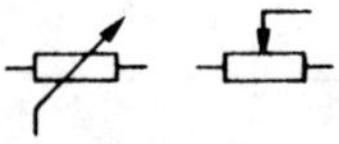	Spannungsteiler, Potentiometer (mit drei Anschlüssen)
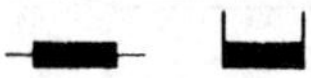	Wicklung, Induktivität, allgemein (Drossel)
	Wicklung mit Anzapfungen
	Wicklung mit Kern aus magnetischem Werkstoff (Drossel mit Kern)
Transformatoren DIN 40714	
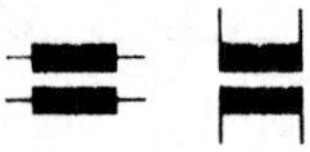	Transformator, Übertrager, Wandler, allgemein
	Transformatorwicklung mit Abgriff (Spartransformator)
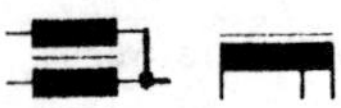	Transformator mit Kern, z.B. Zündspule
Elektrische Maschinen	
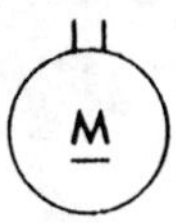	Schaltkurzzeichen, Motor, Starter (Kfz)
	Schaltkurzzeichen, Nebenschlußgenerator

Anker (Läufer)	DIN 40715
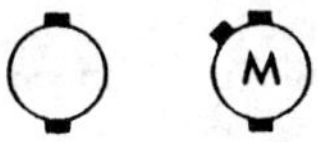	Mit feststehenden Bürsten (Kohlen), mit drei Bürsten (Wischermotor mit zwei Geschwindigkeiten). 3. Bürste unter 45° zeichnen
	Mit Wicklung
	Mit Erregung durch Dauermagnet
Wicklungen	DIN 40715
	Wicklungen werden durch Vollrechtecke dargestellt. Bei Kollektormaschinen werden die Wicklungen rechts des Ankers, senkrecht zur Bürstenachse in der Reihenfolge Nebenschluß-, Hilfs-, (Brems-), Reihenschlußwicklung angeordnet
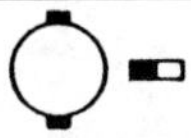	Erregung durch Dauermagnet (Magnetmotor)
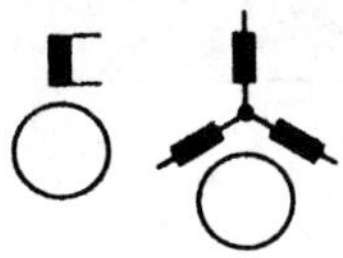	Bei Wechselstrom-(Drehstrom-)maschinen ohne Kollektor werden die Wicklungen (außer Hilfswicklungen) oberhalb des Ankers angeordnet.
Gleichstromgeneratoren, -starter	DIN 40715
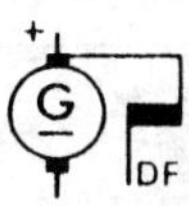	Nebenschlußgenerator, Anschluß der Erregerwicklung herausgeführt (Klemme DF)
	Reihenschlußmotor (Starter), allgemein
	Reihenschlußmotor, Erregerwicklung mit Anzapfungen zur Feldschwächung (für verschiedene Drehzahlen)
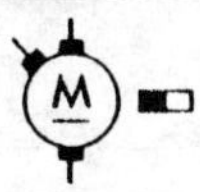	Motor (Magnetmotor), mit drei Bürsten für zwei Geschwindigkeiten

Magnetzünder(-generatoren)	DIN 40715
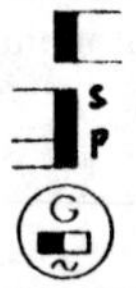	Magnetzündergenerator, mit Zünd- und Generatorwicklung. Es können weitere Generatorwicklungen oder Wicklungen mit Anzapfungen vorgesehen werden. Aus genormten Zeichen zusammengesetzt
Drehstromgeneratoren	DIN 40715
	Drehstrom-Synchrongenerator in Sternschaltung, Schleifringläufer mit Erregerwicklung
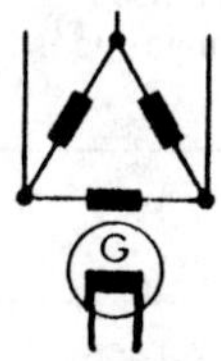	desgl., in Dreieckschaltung
Verschiedene Schaltzeichen	
	Funkenstrecke (DIN 40713), z. B. Zündkerze, Verteilerläufer
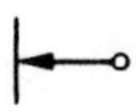	Stromabnehmer
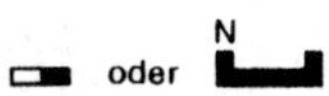	Dauermagnet (DIN 40712), schwarz entspricht N
	Glühkerze (Glühstiftkerze), Glühwiderstand, Glühüberwacher
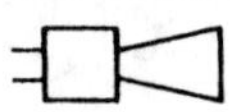	Signalhorn (DIN 40708)
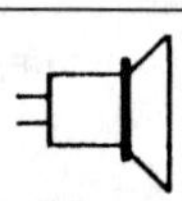	Lautsprecher (DIN 40700 Bl. 9)
	Sicherung (DIN 40713) Zeichnerisches Seitenverhältnis 1 : 3
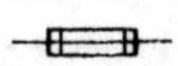	Feinsicherung
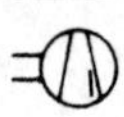	Elektrischer Lüfter (DIN 40717)

	Elektrische Uhr (DIN 40700 Bl. 5)
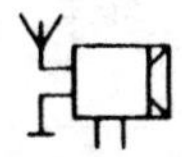	Rundfunkempfangsgerät (DIN 40717)
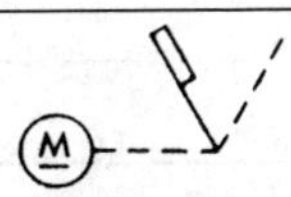	Scheibenwischer mit Motorantrieb (DIN 40703, Bbl. 1)
	Kondensator, Kapazität, allgemein
	Gepolter Kondensator, Elektrolytkondensator
	Veränderlicher Kondensator
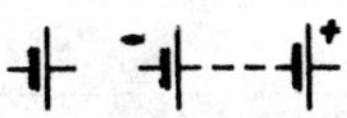	Primärelement Batterie allgemein; Batterie mit mehreren Zellen (nach Bedarf)
	Glühlampe, allgemein, mit einem Leuchtkörper (DIN 40708)
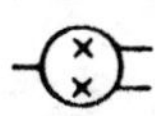	Glühlampe mit zwei Leuchtkörpern z.B. Bilux
	Leuchtstofflampe, allgemein
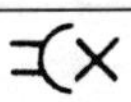	Scheinwerfer im Übersichtsschaltplan, allgemein
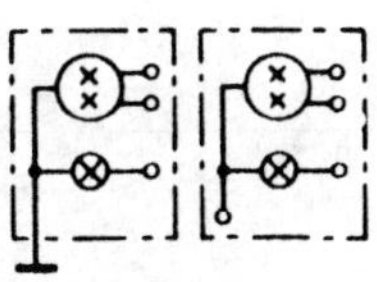	Scheinwerfer mit zwei Leuchtkörpern und Standlicht, Masse am Gehäuse und Masse isoliert (Wirkschaltung)
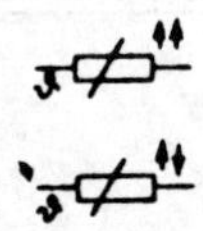	PTC-Widerstand NTC-Widerstand
	Voltmeter = V Amperemeter = A Ohmmeter = Ω Wattmeter = W usw.

Halbleiterbauelemente DIN 40700 Bl. 8	
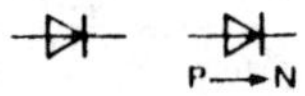	Diodengleichrichter Durchlaßrichtung für positiven Strom in Richtung der Dreieckspitze (gleichseitiges Dreieck)
	Diodengleichrichter, bisherige Darstellung
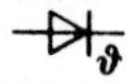	Temperaturabhängige Diode
	Z-Diode (für Betrieb im Durchbruchbereich geeignet)
	Fotodiode
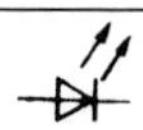	Leuchtdiode
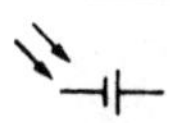	Fotoelement
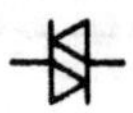	Varistor
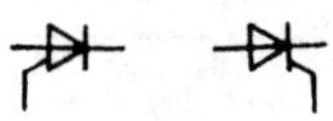	Thyristor, rückwärtssperrend anodenseitig bzw. katodenseitig gesteuert
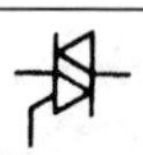	Zweirichtungsthyristor (TRIAC)
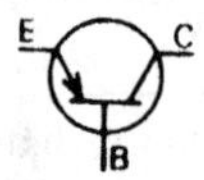	PNP-Transistor E = Emitter C = Kollektor B = Basis
	NPN-Transistor

Genormte Anschlußklemmenbezeichnungen, die in Schaltplänen und an den Geräten im Kfz aufgeführt sind, helfen bei der Fehlersuche und bei Neuinstallationen. Diese von der Firma Bosch vorgeschlagenen Zahlen und Zahlen-Buchstaben-Kombinationen sind heute in der DIN 72552 festgelegt. Daneben werden auch Bezeichnungen nach VDE verwendet. Da sie keinen Rückschluß auf die Funktion des Bauteils erkennen lassen und teilweise einer Veränderung unterliegen, ist es zweckmäßig, sie auswendig zu lernen. In ausländischen Fahrzeugen weisen Buchstaben oder Abkürzungen an den Anschlüssen auf deren Zweck hin. Mehrfachsteckverbindungen erhalten oft fortlaufende Zahlen oder Buchstabenbezeichnungen, die keine durch eine Norm festgelegte Funktionszuordnung haben.

Tab. 8.4 **Genormte Klemmenbezeichnung**

Klemmen-bezeichnung	von	nach
1	Zündspule	Zündunterbrecher
2	Magnetzünder	Zündschalter (Kurzschlußschalter)
4	Zündspule	Zündverteiler (oder Zündkerze)
7	Transistorzündung, Unterbrecher	Schaltgerät
7a	Transistorzündung, Schaltgerät	Vorwiderstand
7b	Transistorzündung, Schaltgerät	Vorwiderstand
7f	Kondensatorzündung, Ladekontakt	Zündanlage
15	Zündschalter oder Schaltkasten	Zündspule
15/54	Schaltkasten	Zündspule, Anzeigeleuchte, Sicherung für Tagesverbraucher, Vorglühanlaßschalter
16	Anlasserschalter	Zündspulenvorwiderstand oder 2. Primärspule zum Verstärken der Zündleistung beim Anlassen
16	Vorwiderstand	Zündspule
17	Vorglühanlaßschalter	Glühüberwacher (Ausgang)
19	Vorglühschalter	Glühüberwacher (Eingang)
30	Batterie (+)	Anlasser, Schaltkasten, Zündschalter, Batterieumschalter bei 12/24-V-Anlage
30a	Batterie II (+)	Anlasser
30a	Batterie II (+) oder Anlasser	Batterieumschalter bei 12/24-V-Batterieumschalter
30f	Anlasser-Reihenschlußwicklung	getrenntes Relais
30L	Elektromotoren	Schalter für Drehrichtung links
30R	Elektromotoren	Schalter für Drehrichtung rechts
30/51	Batterie oder Generator	Schaltrelais
31	Batterie (−)	Masse
31a	Batterieumschalter	Batterie II (−)
31b	Verbraucher	über Schalter an Masse oder Batterie (−)
31b	Batteriehauptschalter	Masse
31b	Scheibenwischer	Scheibenwischerschalter
44	Ausgleichspule des Reglerschalters I	Ausgleichspule des Reglerschalters II
48	Anlasser	Anlasserwiederholrelais
49	Blinkgebereingang	Zündschalter (Kl. 15)
49a	Blinkgeberausgang	Blinkschalter
50	Anlaßschalter	Anlaßmagnetschalter
50a	Vorglühanlaßschalter	Batterieumschalter
50b	Anlasser 1	Anlasser 2
50e	Startsperrelais	Glühanlaßschalter
50f	Startsperrelais Ausgang	
50g	Anlaßwiederholrelais	Anlaßdruckknopf
50h	Anlaßwiederholrelais	Anlaßmagnetschalter
51	Generatorenreglerschalter	Batterie, Anlasser, Schaltkasten oder Batterieumschalter
51e	Gleichrichter	Lichtschalter
51g	Gleichrichter	Drossel
52	Anhängersteckdose	Reifenwächter
53	Wischerschalter	Wischermotor

Klemmen-bezeichnung	von	nach
53a	Klemme 54 über Sicherung	Wischermotor
53b	Wischerschalter	Scheibenwischer
53c	Elektrische Scheibenspülerpumpe	
53e	Scheibenwischer, Bremswicklung	
54	Schaltkasten (siehe auch 15/54)	Tagesverbraucher oder Sicherung für Tagesverbraucher, Signalhorn, Winkerschalter, Bremslichtschalter, Zigarrenanzünder, Öldruckanzeiger, Öldruckschalter, Kraftstoffanzeiger, Heizscheibe, Bremsleuchte usw.
54	Bremslichtschalter	Bremslicht
54f	Bremslichtschalter	Zweikreisschalter für Fahrtrichtungsanzeiger
54g	Anhängersteckdose	Elektromagnetisch betätigtes Druckluftventil für Dauerbremse im Anhänger (siehe S. 589)
L 54	Blinkerschalter	Blink-Brems-Licht links
R 54	Blinkerschalter	Blink-Brems-Licht rechts
55	Nebellampenschalter	Nebelscheinwerfer
56	Lichtschalter	Abblendschalter
56a	Abblendschalter	Scheinwerfer (Fernlicht)
56b	Abblendschalter	Scheinwerfer (Abblendlicht)
56d	Lichthupe	Scheinwerfer (Fernlicht)
57	Lichtschalter	Standlicht (nur bei Krafträdern zulässig)
57 L	Parklicht links	
57 R	Parklicht rechts	
58	Lichtschalter	Begrenzungslicht, Schlußlicht, Nummernlicht
58 R	Schlußlicht rechts	Anhängersteckdose
58 L	Schlußlicht links	Anhängersteckdose
59	Ladespule bei Magnetzündergeneratoren	Gleichrichter
61	Generatorenregler	Generatorkontrolleuchte
61 a	Zündschalter	Generatorkontrolleuchte
63	Regler (Spannungsregler für verminderte Ladespannung bei Lichtgebrauch)	
71	Eingang Tonfolgeschaltgerät	
71 a	Ausgang tiefer Ton	
71 b	Ausgang hoher Ton	
72	Alarmschalter	Rundumkennleuchte
75	Radio	
76	Lautsprecher	
77	Türventilsteuerung	
84	Stromrelais Eingang	
84a	Wicklungsende (Betätigung)	
84b	Stromrelais Ausgang	
85	Schaltrelaiswicklung	Masse

Klemmen-bezeichnung	von	nach
85c	Tonfolgeschalter, -alarmschalter für Tonfolge	
86	Schaltrelaiswicklung	Batterie (über Schalter oder direkt)
87	Schaltrelais mit Arbeitskontakt	Verbraucher
87a	Schaltrelais mit Ruhekontakt	Verbraucher
87b	Schaltrelais mit zwei Arbeitskontakten	Verbraucher
B +	Batterie (+)	
B –	Batterie (–)	
C	Kontrollampe 1	Blinkgeber
C2	Kontrollampe 2	Blinkgeber
C3	Kontrollampe 3	Blinkgeber
D +	Generator (+)	Reglerschalter (+)
D –	Generator (–)	Reglerschalter (–)
DF	Generatorerregerwicklung	Reglerschalter
DF 1	Generator	Reglerschalter (bei 2-Feld-Regelung)
DF 2	Generator	Reglerschalter (bei 2-Feld-Regelung)
J	Erregerwicklung (+) bei getrenntem Gleichrichter	
K	Erregerwicklung (–) bei getrenntem Gleichrichter	
Mp	Drehstrom-Mittelpunktklemme	
U	Drehstromphasenklemme	
V	Drehstromphasenklemme	
W	Drehstromphasenklemme	
L	Blinkleuchten links	
R	Blinkleuchten rechts	

Tab. 8.5
Gegenüberstellung von Klemmenbezeichnungen nach DIN 72552 zu anderen Klemmenbezeichnungen

DIN 72552 und Bosch	B +	DF	D +	61	D-, B –, 31
Auto-Lite	B, BAT	F, FLD	A, ARM	I	G, GND
Delco-Remy	BAT, B	F	GEN	L	GND
Fiat	30	67	15		31
Lucas	A B	F	D	WL, IND	E, –
Ducellier	BAT, B	EXC, E	DYN D		M

Farbkennzeichnungen von Autokabeln sind bei der Störungssuche eine weitere Arbeitserleichterung. Nach DIN 72551 sind acht Grundfarben vorgesehen, die folgende Bedeutung haben:

Tab. 8.6

Farbe	Häufigste Klemmenbezeichnung	Leitung von	nach
Rot	30	Batterie	Generator, Licht und Zündschaltern, Sicherungskasten
Braun	31	Masseleitungen, wenn nicht blank	
Schwarz	15	Batterie Zündschloß Glühanlaßschalter	Anlasser Zündspule, Tagesverbraucher Vorglüh- und Anlaßanlage
Grün	1	Zündspule	Zündverteiler
Hellblau	C oder 61	Generatorregler Anzeigeinstrumente	Ladekontrolle Tankgeber oder Temperaturfühler
Weiß	56a	Abblendschalter	Fernlichtsicherung und Fernlicht
Gelb	56b	Abblendschalter	Abblendlichtsicherung und Abblendlicht
Grau	58	Lichtschalter	Standlichtsicherungen und Standlicht

Zur weiteren Unterscheidung nach dem Verwendungszweck erhalten Kfz-Kabel noch die sogenannte Kennfarbe. Das können eingeflochtene, farbige Fäden, aber auch ringförmige, spiralförmige oder in Längsrichtung verlaufende Farbstriche sein. Die Grundfarbe ist die überwiegende Farbe der Leitung und muß in der Fachsprache zuerst genannt werden. In deutschen Autos sind Leitungen wie folgt gekennzeichnet:

Tab. 8.7

Leitungen für	Grund-farbe	Kenn-farbe
Zündspule II zum Verteiler	grün	rot
Bremslicht zu Schalter, Leuchten und Steckdose	schwarz	rot
Blinklicht, Blinkgeber zu Schalter	schwarz	weiß-grün
Schalter zu Blinklicht links	schwarz	weiß
Schalter zu Blinklicht rechts	schwarz	grün
Heizbare Heckscheibe von Relaisausgang	schwarz	gelb-rot
Signalhorn von Sicherung	schwarz	gelb
Scheibenwischer vom Schalter	schwarz	lila
Fernlichtkontrolle von Sicherung 56a	hellblau	weiß
Öldruckkontrolle vom Schalter	hellblau	grün
Tankanzeige vom Tankgeber	hellblau	schwarz
Reifenwarngerät vom Reifenwächter	hellblau	gelb
Abblendschalter von Lichtschalter	weiß	schwarz
Stand- und Schlußlicht links	grau	schwarz
Stand- und Schlußlicht rechts	grau	rot

8.2 Zündanlagen

Zur Zündung des Kraftstoff-Luft-Gemisches in modernen Ottomotoren wird ein heißer, energiereicher elektrischer Funke zwischen den Elektroden der Kerze benötigt. Dies ist gewährleistet, wenn im Zündmoment eine Spannung von 10 bis 20 kV durch die Zündanlage bereitgehalten wird. Die absolute Höhe der Zündspannung unterschiedlicher Motoren kann nicht genau definiert werden, da sie von einer Reihe unterschiedlicher Faktoren bestimmt wird.

Der Zündspannungsbedarf wird vom Motor in erster Linie durch die Höhe des Kompressionsdrucks bestimmt. Hoher Druck verlangt hohe Spannung. Die Gemischzusammensetzung ist ebenfalls mitbestimmend, verlangen doch magere Kraftstoff-Luft-Gemische höhere Zündspannung als angereicherte. Von der Zündkerze ausgehend, bestimmt in erster Linie der Elektrodenabstand die Spannungshöhe, geringer Abstand verlangt auch nur geringe Zündspannung. Aber auch das

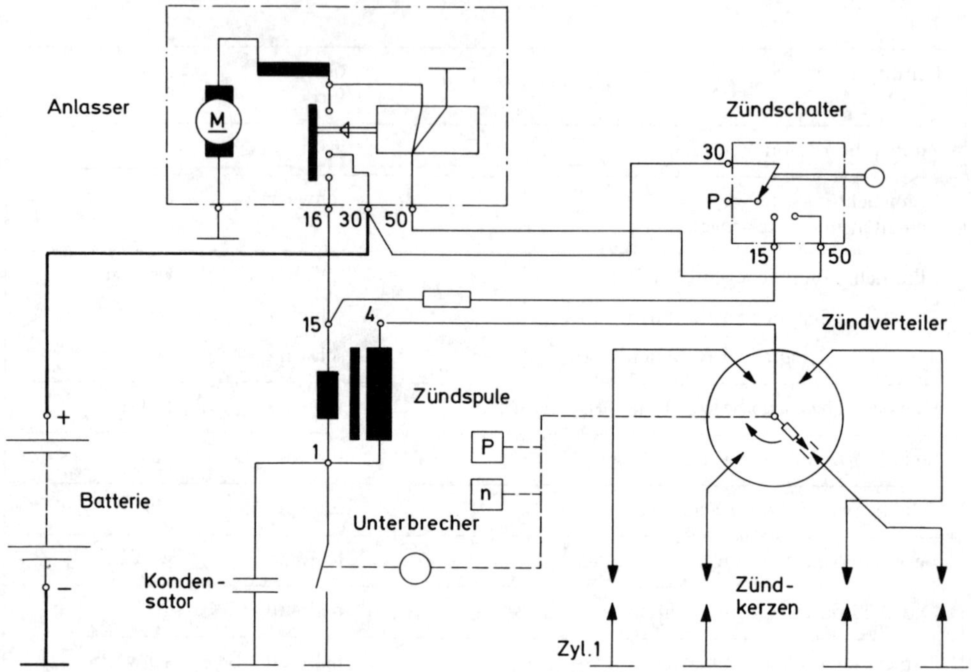

Bild 8.26 Wirkschaltbild einer konventionellen Spulenzündanlage für einen Vierzylinder-Reihenmotor mit Anlasserinnenschaltung

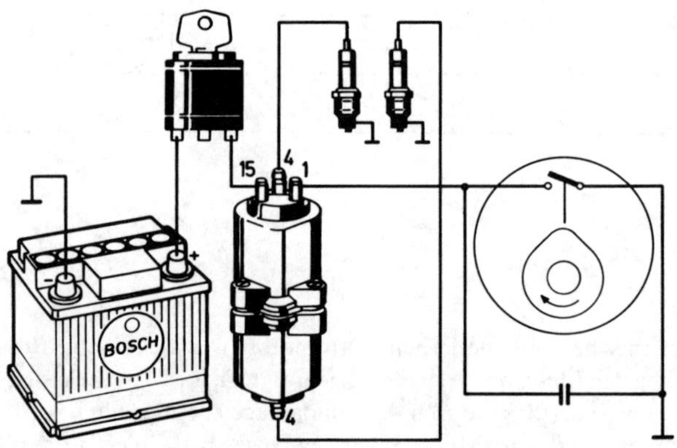

Bild 8.27 Bei kleinen Zweizylindermotoren, z. B. Citroën 2 CV, kann eine Doppelzündspule betrieben werden, die beide Kerzen gleichzeitig zünden läßt. Ein Funke fällt in den Arbeitstakt, der andere in den Auspufftakt (Bosch-Bild)

Elektrodenmaterial, die Elektrodenform und deren Zustand beeinflussen den Spannungsbedarf. Es ist bekannt, daß alte, abgebrannte Elektroden zündunwillig sind.

Die Zündanlage muß andererseits aber auch die zum Erreichen der Enddrehzahl des Motors notwendige Anzahl Zündfunken erzeugen können, was besonders bei hochtourigen, vielzylindrigen Motoren Sonderkonstruktionen erfordert. Dann muß noch dem Umstand Rechnung getragen werden, daß Kfz-Motoren mit unterschiedlichsten Drehzahlen und Belastungszuständen betrieben werden. Das macht Verstelleinrichtungen notwendig, die den Zündzeitpunkt den momentanen Gegebenheiten anpassen.

Zündanlagen bestehen deshalb grundsätzlich aus

1. Einer Spannungsquelle, der Batterie oder dem Generator,
2. dem Zündschloß,
3. der Zündspule, im Bedarfsfall mit Vorwiderstand,
4. dem Verteiler, zur Hochspannungsverteilung und Ansteuerung der Zündspule, und den Verstelleinrichtungen,
5. den Hoch- und Niederspannungsleitungen,
6. den Zündkerzen.

Um unterschiedliche Konstruktionen der Anlagen kurz und prägnant anzusprechen, haben sich Abkürzungen eingebürgert: Die konventionelle Spulenzündung wird mit «SZ», die Thyristorzündung oder auch Hochspannungs-Kondensatorzündung mit «HKZ» und die Transistorzündung mit «TSZ» bezeichnet. Im weiteren wird noch nach der Art der Zündimpulsauslösung nach «TSZ-K» für kontaktgesteuerte, «TSZ-H» für hallgesteuerte und «TSZ-I» für induktivgesteuerte Zündanlagen unterschieden. Es ist nicht auszuschließen, daß in Zukunft nur noch die von der Firma Bosch entwickelten vollelektronischen Zündanlagen mit Kennfeldsteuerung «VZ-F» Anwendung finden.

8.2.1 Zündspulen

Aufgabe der Zündspule ist es, die niedrige Bordnetzspannung auf die hohe Zündspannung heraufzusetzen. Der *Aufbau* normaler Zündspulen ist aus Bild 8.28 zu ersehen. Um einen lamellierten Eisenkern ist die Sekundärwicklung gelegt. Sie besteht aus etwa 0,05 bis 0,1 mm starkem, lackiertem Kupferdraht und etwa 40000 Windungen. Über die Sekundärwicklung ist die Primärwicklung gelegt. Sie besteht aus etwa 0,6 bis 0,9 mm starkem, lackiertem Kupferdraht und etwa 350 bis 600 Windungen. Eisenkern und Wicklungen ruhen im Zündspulengehäuse auf einem meist keramischen Isolierstein und sind von magnetischen Leitblechen umgeben. Das Gehäuse ist weiterhin mit einer bituminösen Vergußmasse oder Öl gefüllt. Diese Füllung hat die Aufgabe, die entstehende Stromwärme abzuleiten. Die beiden Enden der Primärwicklung sind an die Primäranschlüsse 15 und 1 des im Gehäuse eingebördelten Isolierdeckels angeschlossen. Am Hochspannungsanschluß 4 innen ist ein Ende der Sekundärwicklung angelegt, das andere im sogenannten Sparschaltpunkt mit der Primärwicklung verbunden. Hierdurch wird eine separate Masseverbindung für den Sekundärkreis gespart, was die Herstellung der Zündspule vereinfacht. Der Sparschaltpunkt kann an der Klemme 15 oder 1 sein, ohne daß der Betrieb beeinträchtigt wird.

Bild 8.28 Schnittbild und schematisierte Darstellung einer Zündspule

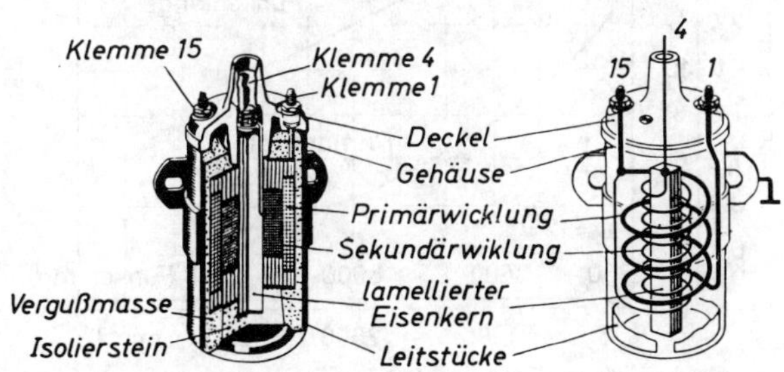

Die *Wirkungsweise* einer Zündspule läßt sich, obwohl Ähnlichkeiten im Aufbau vorhanden sind, nur sehr bedingt mit einem Transformator vergleichen. In beiden läuft ein Induktionsvorgang ab (siehe Abschnitt 8.1.1 «Induktionselektrik»). Im direkten Vergleich erkennt man aber: Bei dem Transformator wird durch Wechselstrom in dessen Primärwicklung ein Magnetfeld erzeugt, das in der Sekundärwicklung Wechselspannung hervorruft. Die Spannungen verhalten sich hier proportional dem Windungszahlenverhältnis.

Trafogleichung: $U_1 : U_2 = n_1 : n_2$.

Die Ströme in beiden Spulen verhalten sich umgekehrt proportional.

Somit bestimmt bei einem Transformator das Übersetzungsverhältnis die Höhe der Sekundärspannung (siehe auch Bild 8.7).

Bei Zündspulen liegt das Übersetzungsverhältnis etwa bei 1 : 100 bis 1 : 120. Hier wird durch die Primärwicklung zur Zeit der geschlossenen Unterbrecherkontakte Gleichstrom, genannt Primärstrom, geleitet. Es erfolgt der durch Gegeninduktion verzögerte Aufbau des Primärmagnetfelds (siehe Abschnitt 8.1.1 «Induktionselektrizität, 2. Lenzsche Regel». Die Schnittgeschwindigkeit des aufbauenden Magnetfelds reicht also nicht aus, um sekundärseitig Zündspannung zu induzieren.

Beim Öffnen des Unterbrecherkontakts bricht das Primärmagnetfeld zusammen, schneidet die Sekundärwicklung und induziert in ihr Spannung. Gleichzeitig entsteht in der Primärwicklung die primäre Öffnungsinduktionsspannung. Sie ist ca. 300 bis 400 V groß und hat die gleiche Richtung wie die Batteriespannung. Das würde zu Funkenbildung an den Kontakten und zu einem verzögerten Magnetfeldabbau führen, wodurch die Sekundärspannung nicht den geforderten Wert erreicht. Die notwendige Beschleunigung erfährt das zusammenbrechende Magnetfeld dadurch, daß der parallel zum Unterbrecherkontakt geschaltete Zündkondensator die primäre Öffnungsinduktion aufnimmt. Die Feldänderung ist dadurch um etwa das Zwanzigfache beschleunigt, so daß die gegenüber einem Transformator unterproportionierte Sekundärwicklung die Zündspannung induzieren kann. Gleichzeitig werden die Kontakte durch weitgehendste Unterdrückung des Öffnungsfunkens geschont. Die Arbeitsweise von Zündspulen ist somit die eines Ruhmkorffschen Funkeninduktors.

Durch die primäre Gegeninduktion bedingt, vergeht eine Zeit von etwa 10 bis 15 ms, bis der Primärstrom von ca. 3 bis 4 A fließt. Darum ist auch der Aufbau des Primärmagnetfelds um diese Zeit verzögert. Bei steigender Motordrehzahl wird der Primärstrom zunehmend schon in der Anstiegsphase unterbrochen, was zum Absinken der Zündleistung der Anlage führt. Konventionelle

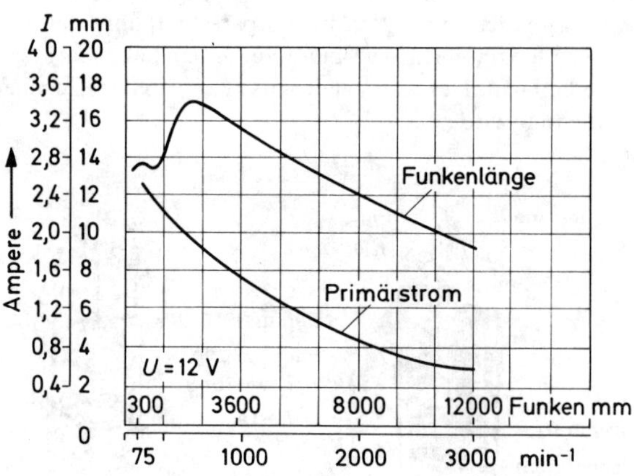

Bild 8.29 Das Verhalten von Primärstromaufnahme und Funkenlänge einer Zündspule bei steigender Motordrehzahl

Spulen erreichen etwa 12000 Funken von 6 mm Meßfunkenstreckenlänge je Minute (Bild 8.29). Um höhere Funkenzahlen und größere Überschlagsspannung zu erreichen, sind Hochleistungszündspulen notwendig.

Die Zündspannungspolarität an der Kerzenmittelelektrode muß negativ sein, weil die bei Betrieb heißer werdende Mittelelektrode schon bei niedrigerer Spannung zur Elektronenemission gelangt. Positive, also falsche Zündspannungspolarität erkennt man auf den Zündungsoszilloskopen daran, daß das Oszillogramm auf dem Kopf steht. Dann sind die Primäranschlüsse der Zündspule gegeneinander zu vertauschen.

Um höhere Funkenzahlen ohne eine übermäßige Erwärmung der Spule im Stand oder bei niedriger Drehzahl des Motors zu erreichen, werden Zündspulen Vorwiderstände zugeordnet. Die Wirkung des zur Primärspule abgestimmten Widerstands beruht darauf, daß er bei Stillstand oder geringer Drehzahl einen Teil der Bordnetzspannung verbraucht und die Spule mit weniger Primärwindungen ein kräftiges Magnetfeld erzeugt. Zerstörung durch Erwärmung ist ausgeschlossen. Bei steigender Motordrehzahl vermindert sich durch die Gegeninduktion der primäre Strom, so daß die im Vorwiderstand verbrauchte Teilspannung absinkt. Folglich steigt die an der Primärspule anliegende Spannung, was zu einem steileren Primärstromanstieg führt. Die Zündspannung sinkt bei den von Bosch mit «KW» angegebenen Zündspulen nicht mehr so stark in Abhängigkeit der Drehzahl. Die so bezeichneten Spulen müssen aber unbedingt mit dem dazu passenden Vorwiderstand betrieben werden. Andernfalls tritt extremer Kontaktverschleiß auf, und die Spule kann sich so stark erwärmen, daß sie explodiert.

Startanhebung der Primärspannung ist bei diesen Anlagen dadurch möglich, daß mit Hilfe eines Relais oder eines Anlassermagnetschalters mit zusätzlicher Kl 16 der Vorwiderstand während des Startens überbrückt wird (siehe Bild 8.26).

Prüfen der Zündspule ist am einfachsten, indem die Widerstandswerte von Primärwicklung und Sekundärwicklung mit einem Ohmmeter ermittelt werden. Dazu sind alle Anschlüsse zu lösen und das Ohmmeter gemäß Bild 8.30 an die Spule anzulegen. Auf guten Kontakt ist zu achten. Wenn auch die Widerstandswerte der Herstellerangaben Vorrang haben, kann als grober Anhalt gelten: 12-V-Spulen ohne Vorwiderstand haben einen Primärwiderstand von etwa 3 Ω, solche mit etwa 1,2 bis 1,5 Ω. Der Sekundärwiderstand liegt bei den meisten Zündspulen bei ca. 10 kΩ. Windungs- oder Lagenschlüsse setzen den ohmschen Wert herab. Solche Spulen sind auszuwechseln.

Bild 8.30 Anschluß des Ohmmeters zum Messen des Primär- und Sekundärwiderstands

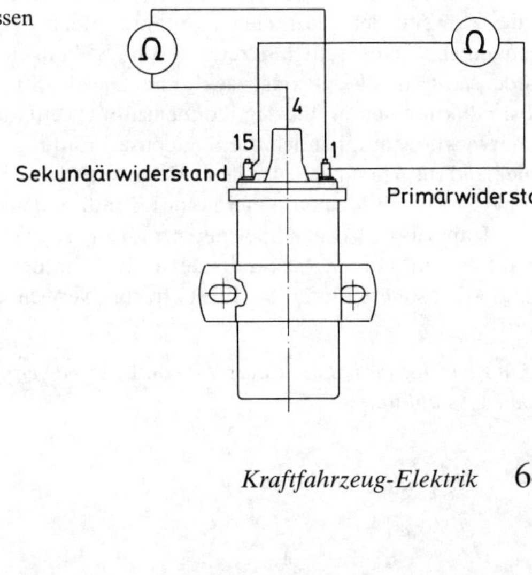

8.2.2 Zündkondensatoren

Sie haben die Aufgabe, die Lichtbogenbildung an den Kontakten möglichst zu verhindern, um eine exakte Abschaltung des Primärstroms zu gewährleisten. Dadurch wird Energieverlust vermieden, das Primärmagnetfeld schlagartig zum Zusammenbruch gebracht und übermäßigem Verschleiß der Kontakte vorgebeugt. Es kommen ausschließlich Wickelkondensatoren zum Einsatz. In ihm sind zwei dünne Metallfolienbänder durch mit Isoliermitteln getränkte Papierstreifen gegeneinander isoliert. Sie sind so aufgewickelt, daß auf jeder Seite eine Folie übersteht. Diese Wickelpuppe ist in das Gehäuse luft- und feuchtigkeitsgeschützt so eingebracht, daß eine Folie Verbindung mit Masse die andere Verbindung mit dem isolierten Anschluß hat (Bild 8.31).

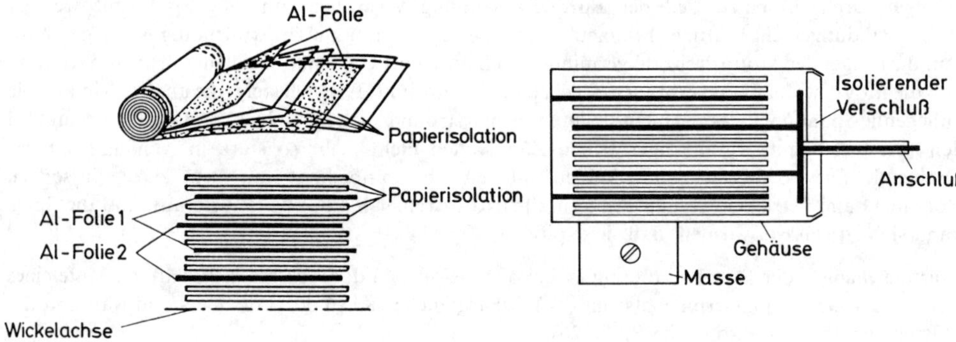

Bild 8.31 Schematisierter Aufbau eines Zündkondensators

Seine Wirkungsweise beruht darauf, daß er parallel zu den Kontakten geschaltet, im Zündmoment die primäre Öffnungsinduktion aufnimmt. Dadurch wird sie so weit herabgesetzt, daß an den Kontaktflächen kein nennenswerter Lichtbogen entsteht. Die weiter ansteigende Kondensatorladespannung wirkt bei Spannungsgleichheit der Öffnungsinduktion entgegen und verhindert ein weiteres Fließen von Strom. Das Primärmagnetfeld bricht schlagartig zusammen. Zu diesem Zeitpunkt wäre die Aufgabe des Zündkondensators erfüllt. Er muß aber beim nächsten Schließen der Kontakte entladen sein, weil seine Energie sonst mit einem Schließfunken die Kontakte verbrennen würde. Zur Zeit der geöffneten Kontakte bilden der Kondensator und die Primärwicklung den sogenannten Reihenschwingkreis. Nach Abklingen der Öffnungsinduktion entlädt sich der Kondensator in die Primärwicklung. Dieser Stromstoß ruft hier wieder Magnetfeld und Selbstinduktion hervor, die den Kondensator erneut auflädt. Hört die magnetische Veränderung der Primärwicklung auf, pendelt die Kondensatorladung mit geringerer Energie in die Primärwicklung zurück und verursacht den gleichen Effekt in schwächerer Form. Auf diese Weise verbraucht sich hin- und herschwingend die Restenergie des Zündkondensators, bevor der Kontakt schließt.

Die Kapazität, also sein Speichervermögen, ist grundsätzlich abhängig von der Größe der beiden Metallfolien und deren Abstand zueinander. Um den Abstand kleinzuhalten, wird ein hochdurchschlagfestes Isoliermaterial als Dielektrikum verwendet. Die Maßeinheit für die Kapazität ist das Farad.

Ein Kondensator hat die Kapazität von 1 F, *wenn er bei Anlage einer Spannung von* 1 V *eine Ladung von* 1 As *aufnimmt.*

Die Kapazität der Zündkondensatoren ist durch Berechnung ermittelt. Sie liegt zwischen 0,15 und 0,35 Mikrofarad (µF) und ist damit geringfügig größer als tatsächlich erforderlich. Dadurch ist der Kapazitätsminderung durch Temperatur und Alterung Rechnung getragen. Außerdem ist es möglich, den gleichen Kondensator für fast alle Fahrzeuge zu verwenden.

Defekte Kondensatoren wirken sich durch starken Kontaktverschleiß, wobei die Kontakte sich blau verfärben, und durch verminderte Zündleistung aus. Das führt zu schlechtem Anspringen, unwilligem Beschleunigen und Zündaussetzern im oberen Drehzahlbereich, wenn nicht sogar zum völligen Aussetzen der Zündung. Ein Durchmessen des Kondensators erfordert Prüfgeräte, die die Kapazität, den Widerstand des Dielektrikums, also den Isolationswiderstand, und den Widerstand zwischen der Kontaktierung und den Kondensatorplatten, den sogenannten Reihenwiderstand, messen können. Diese Instrumente sind manchmal in Motortesterkabinette integriert, wodurch sich der Vorteil ergibt, daß der Kondensator zur Messung nicht ausgebaut zu werden braucht. Bei der nach Bedienungsanleitung durchgeführten Messung müssen sich etwa folgende Werte ergeben: Kapazität 0,15 bis 0,35 µF, Isolationswiderstand mindestens 200 kΩ. Der Zeigerausschlag bei der Reihenwiderstandsmessung darf die für diese Messung vorgesehene Markierung nicht überschreiten.

Für die Praxis ist es im Regelfall ausreichend, den Kondensator durch Aufladen und anschließendes Kurzschließen zu überprüfen. Hierzu kann der ausgebaute Kondensator an Fahrzeugmasse eines Autos mit intakter Zündanlage gelegt und mit zwei bis drei Zündfunken aufgeladen werden. Beim Überbrücken des Anschlusses zum Gehäuse nach 5 bis 10 s muß ein Entladefunken zeigen, daß der Kondensator Strom speichert.

Weiterhin ist es möglich, fehlerhafte Kondensatoren mit dem Zündungsoszilloskopen nachzuweisen, weil sie bestimmte Bildteile des Grundoszillogramms in charakteristischer Weise verändern (siehe auch Abschnitt 8.2.7).

8.2.3 Zündunterbrecherkontakte

Bei konventionellen Zündanlagen wird der Primärstrom im Rhythmus der Zündungen durch den Zündkontakt geschaltet. Er sitzt normalerweise im Zündverteiler und besteht aus einem mit Masse verbundenen festen Kontakt, dem Amboß, und dem isolierten, beweglich angeordneten Unterbrecherhebel, dem Hammer. Am Hammer ist die Klemme 1 der Zündspule und der Zündkondensator angeschlossen. Der Unterbrecherhebel wird durch den Nocken, der entsprechend der Motorzylinderzahl 4, 6 oder 8 Erhebungen aufweist, über ein Ablenkstück aus Isolierstoff gesteuert. Als Kontaktmaterial wird im Normalfall Wolfram verwendet, weil es einen hohen Schmelzpunkt von 3200 °C und große Härte aufweist. Vereinzelt kommen aber auch Platinkontakte zum Einsatz.

Die Zündkontakte sind bei Betrieb einer elektrischen und mechanischen Beanspruchung ausgesetzt. Die Kontaktflächen unterbrechen fortlaufend Batteriestrom, was zu einer Materialwanderung vom Hebelkontakt zum Amboßkontakt führt. Diese Krater- und Höckerbildung ist als normaler Verschleiß anzusehen und beeinträchtigt den Betrieb der Zündanlage nicht. Ist der Abbrand zu weit fortgeschritten, sollten die Kontakte erneuert werden.

Durch Reibung des Nockens am Ablenkstück, das aus Novotex oder Polyimit hergestellt ist, entsteht Verschleiß, der zur Verringerung des Kontaktabstands und zur Verschiebung des Zündzeitpunkts in Richtung «spät» führt. Die Standzeit der Kontakte von etwa 20000 km ist durch Sonderkonstruktionen auf teilweise 50000 km heraufgesetzt worden. Ist z.B. der Amboßkontakt mittig gebohrt – man spricht dann von ventilierten Kontakten – wird das Kontaktpaar durch die sich bewegende Luftsäule kälter gehalten. Andere Hersteller verbinden den Unterbrecherhebel durch einen Mechanismus mit der Unterdruckverstelleinrichtung, so daß der Hammerkontakt bei jedem Lastwechsel eine andere Stelle des Amboßkontakts beaufschlagt (Bild 8.32).

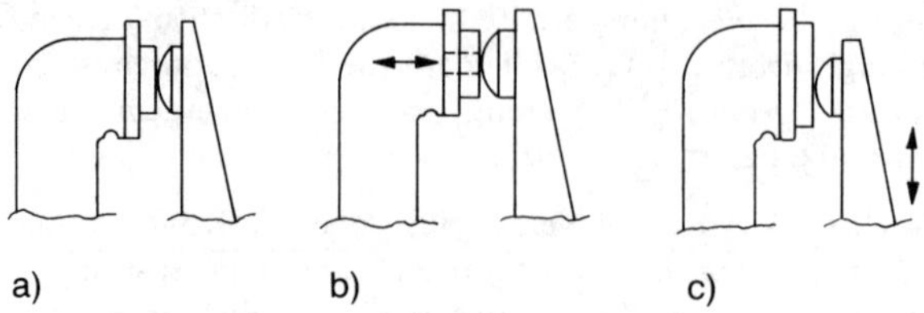

Bild 8.32
a) Herkömmliche Kontakte
b) Ventilierte Kontakte
c) Bei jedem Lastwechsel verschiebt sich der Hammerkontakt auf dem Amboß

Bei unbefriedigendem Zündverhalten kann das Aussehen der Kontakte Rückschlüsse auf den Zustand der Zündanlage ermöglichen.

Tab. 8.8

Zustand	Ursache
Starke Krater- bzw. Höckerbildung bei sauberen Kontaktstellen	Normal abgenutzte Kontakte, die ersetzt werden müssen
Gleichmäßiger grauer Überzug auf der ganzen Kontaktfläche	Kontakte sind wegen zu schwachen Kontaktdruckes oder zu kleinen Kontaktabstandes oxidiert
Stark verbrannte und blau angelaufene Kontakte	schlechter Kondensator oder schadhafte Zündspule
Schwarz verkrustete, mit verbrannten Rückständen bedeckte Kontakte	Öl, Fett oder Schmutz ist zwischen die Kontakte gelangt

8.2.4 Zündabstand und Schließwinkel

Der Zündabstand eines Motors ist der Drehwinkel der Kurbelwelle zwischen zwei aufeinanderfolgenden Zündungen. Seine Größe ist also von der Zylinderzahl und der Bauform der Kurbelwelle abhängig und beträgt z.B. für Vierzylinder-Viertaktmotoren 180°, für Sechszylindrige 120°. Die Zündverteiler sind zur Kurbelwelle 1 : 2 übersetzt und laufen deshalb mit halber Kurbelwellendrehzahl. Bei jeder Umdrehung der Verteilerwelle müssen alle Zylinder einmal mit Zündspannung versorgt werden, woraus sich ergibt, daß der Abstand der Nockenerhebungen dem halben Zündabstand des Motors entspricht. Der Abstand beträgt bei vierzylindrigen Motoren 90 °, bei sechszylindrigen 60 °. Es steht also bei größer werdender Zylinderzahl für ein Arbeitsspiel der Kontakte ein immer kleiner werdender Teil des gesamten Drehwinkels der Verteilerwelle zur Verfügung.

Um einmal Zündspannung zu erzeugen, muß der drehende Nocken den Kontakt einmal schließen und einmal öffnen lassen. Ein Zündvorgang teilt sich hier in den Schließ- und Öffnungswinkel auf. Da bei geschlossenen Kontakten das Primärmagnetfeld aufgebaut wird, ist dem Schließwinkel die größere Bedeutung beizumessen. *Der Schließwinkel ist der Drehwinkel der Verteilerwelle, den diese bei geschlossenen Kontakten für einen Zündvorgang durchläuft.* Seine Größe bestimmt im weiteren die Schließzeit der Kontakte für den höheren Drehzahlbereich (Bild 8.33). Die Größe des Schließwinkels hängt einmal ab von der Form des Nockens und zum anderen vom Kontaktabstand. Das Einstellen des Schließwinkels erfolgt über eine Veränderung des Kontaktabstands, wobei großer Kontaktabstand kleinen Schließwinkel und kleiner Abstand großen Schließwinkel bewirkt. Die genaue

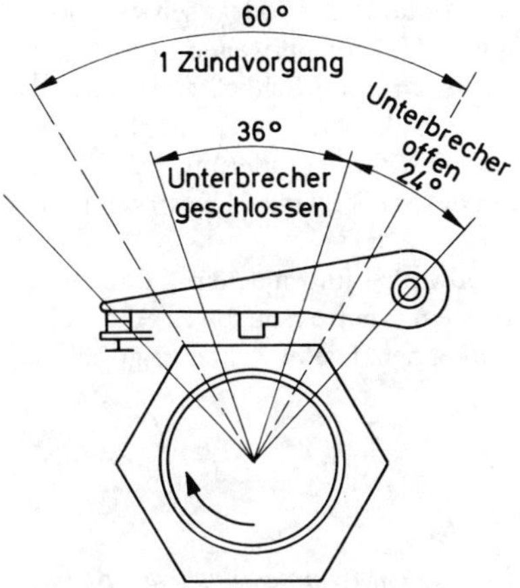

Bild 8.33 Schließ- und Öffnungswinkel am Beispiel eines Sechszylindermotors

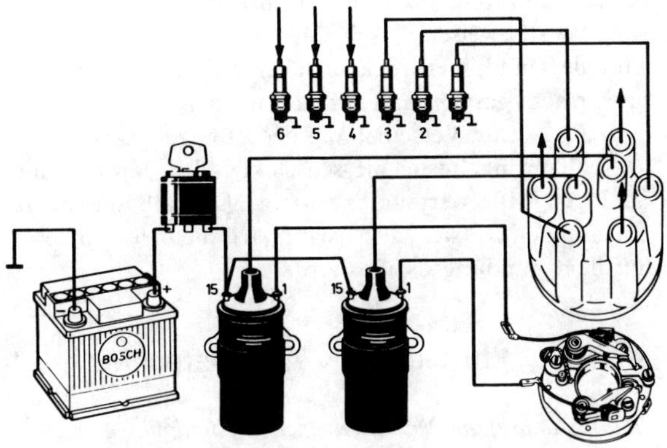

Bild 8.34 Bei hochtourigen Motoren können zwei Zündspulen über je einen Unterbrecherkontakt im Verteiler gesteuert werden. Der Nocken weist nur die halbe Anzahl von Höckern auf. Dadurch ist der Schließwinkel und die Schließzeit für jeden Zündkreis ausreichend groß (Bosch-Bild)

Größe des einzustellenden Schließwinkels ist den Herstellerangaben des betreffenden Motors zu entnehmen. Sollten diese nicht bekannt sein, ist es möglich, ihn zu errechnen, indem man 60 % des Zündwinkels der Verteilerwelle veranschlagt.

Hierfür gilt der Rechengang

$$\frac{360° \cdot 60\,\%}{\text{Zylinderzahl} \cdot 100\,\%}.$$

Das Ergebnis weist den Schließwinkel in Winkelgraden aus.

Die Schließzeit errechnet sich nach der Formel

$$\frac{\text{Schließwinkelgrade} \cdot 1000}{6 \cdot \text{Verteilerdrehzahl}},$$

wobei sich eine Schließzeit im Millisekundenbereich ergibt. Es ist verständlich, daß bei zu klein eingestelltem Schließwinkel die Zeit für den Aufbau eines kräftigen Primärmagnetfelds nicht mehr ausreicht und mit Zündaussetzern im hohen Drehzahlbereich zu rechnen ist (Bild 8.34).

Schließwinkeltester ermöglichen das Einstellen bzw. Kontrollieren der Zündkontakte bei im Motor eingebautem Zündverteiler. Beim Einstellen des Schließwinkels ist darauf zu achten, daß die Hochspannung von Zündspulenklemme 4 nach Masse abgeleitet wird. Andernfalls können innere Durchschläge die Spule schädigen oder bei transistorisierten Zündanlagen die Schaltgeräte zerstören.

Bei laufendem Motor können auch dynamische Fehler des Verteilers sichtbar werden. Tanzende Zeigerbewegungen des Testers bei Starter- oder Leerlaufdrehzahl weisen auf ausgelaufene Verteilerwellenlagerung oder stark abgenutzte Kontakte hin. Mit steigender Drehzahl kleiner werdender Schließwinkel weist auf eine weichgewordene Kontaktfeder oder schwergängige Lagerbuchse des Unterbrecherhebels hin. Hier wäre mit geeigneter Hakenfederwaage zu prüfen, ob der Kontaktdruck noch die vorschriftsmäßigen 400 bis 600 g ausmacht. Eine Schließwinkelveränderung bei stoßweisem Beschleunigen kennzeichnet eine nicht mehr exakt geführte Grundplatte eines Verteilers mit Unterdruckverstelleinrichtung. Übersteigt die Schließwinkelveränderung ± 3°, so muß die Ursache gesucht und beseitigt werden, denn Veränderungen des Schließwinkels bewirken immer eine ungewollte Verschiebung des Zündzeitpunkts.

Schließwinkeltester messen elektrisch jeden einzelnen Schließwinkel und machen daraus einen analogen Mittelwert für die Anzeige. Deshalb ist es nicht möglich, einen einzelnen, durch Härtefehler abgenutzten Nocken, also asymmetrischen Nockenversatz, zu erkennen. Dieser Fehler zeigt sich nur auf dem Zündungsoszilloskop.

8.2.5 Einstellen des Zündzeitpunkts

Bei Instandsetzungsarbeiten an der Zündanlage muß der Zündzeitpunkt immer nach der Schließwinkeleinstellung korrigiert werden.

Die für den Zündzeitpunkt richtige Kolbenstellung des ersten Zylinders ist meist durch eine umlaufende Marke an Schwung- oder Riemenscheibe und eine Festmarke am Motorgehäuse gekennzeichnet. Diese beiden Markierungen müssen im Zündmoment deckungsgleich stehen. Zur Kontrolle dessen reichte früher eine an Klemme 1 der Zündspule angeschlossene Prüflampe, die beim Abheben der Zündkontakte aufleuchtete. Diese statische Zündeinstellung wird heute durch die empfindlicheren Motoren und die verschärften Abgasbestimmungen als unzureichend angesehen. Die moderne dynamische Zündeinstellung erfordert eine durch Zündimpuls für Zylinder 1 gesteuerte Zündlichtpistole, mit der die Zündmarke angeblitzt wird. Infolge des stroboskopischen Effekts scheint sie bei laufendem Motor stillzustehen. So ist zu erkennen, ob der Motor mit zu viel Früh- oder Spätzündung läuft. Steht die umlaufende Marke vor der Festmarke, bedeutet es zu viel Frühzündung. Korrigiert wird dieser falsche Zündzeitpunkt dadurch, daß der Verteiler gelöst und so lange in Antriebsrichtung seiner Welle verdreht wird (Laufrichtungspfeil am Gehäuse), bis die Marken deckungsgleich stehen. Bei Spätzündung verfährt man sinngemäß entgegengesetzt (Bild 8.35).

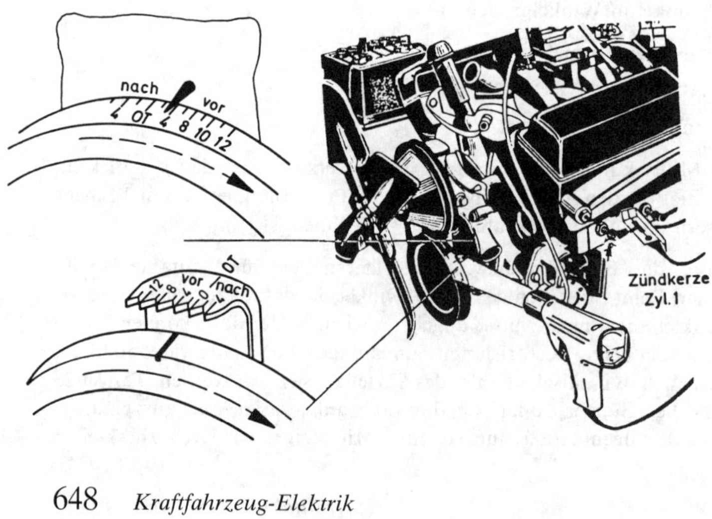

Bild 8.35 Zwei Beispiele für die Art der Zündmarkierungen

Bei der *dynamischen Zündzeitpunkteinstellung* sind die Herstellerangaben des betreffenden Motors peinlichst genau zu beachten. Sie enthalten immer folgende Angaben:

1. **Die Zündmarkierung.** Sie kann sowohl eine OT- oder Zündmarke sein als auch ein durch eine Zahl gekennzeichneter Strich einer Gradskala.

2. **Die Einstelldrehzahl.** Sie kann als Anlasser-, Leerlauf- oder Leistungsdrehzahl erscheinen.

3. **Die Unterdruckschläuche.** Es können ein oder zwei Unterdruckschläuche sein, die entweder von der Unterdruckdose abgezogen werden müssen oder nicht.

Die Mißachtung auch nur eines dieser Punkte führt zwangsläufig zu falscher Grundeinstellung.

Da in viele Zündlichtpistolen zusätzlich ein Verstellwinkeltester eingebaut ist, muß berücksichtigt werden, daß diese Meßeinrichtung beim Betätigen den Lichtblitz gegenüber dem tatsächlichen Zündmoment zeitlich verzögert. Die Riemenscheibe hat sich also schon weitergedreht, wenn der Lichtblitz sie trifft. Diese durch das Stellrad der Pistole beeinflußte Elektronik ist zum Messen des Verstellwinkels vorgesehen, wenn Fliehkraft- und Unterdruckverstelleinrichtung arbeiten. Bei der Grundeinstellung ist der Verstellwinkeltester in der Regel auszuschalten.

8.2.6 Zündverstelleinrichtungen

Unterschiedliche Motordrehzahlen und Gemischzusammensetzungen im Teillastbereich und damit im Zusammenhang stehende verschieden lang dauernde Verbrennungsvorgänge machen Vorrichtungen erforderlich, die den Zündzeitpunkt in Abhängigkeit dieser Parameter in Richtung «Früh» verstellen.

Die Fliehkraftverstelleinrichtung arbeitet drehzahlabhängig. Sie ist an die Verteilerwelle angebaut und besteht aus zwei außermittig gelagerten Fliehgewichten, die über den Versteller mit dem drehbar auf die Verteilerwelle aufgesetzten Nocken im Eingriff stehen. Die Fliehgewichte werden in Ruhestellung durch zwei unterschiedlich starke Federn an die Welle herangelegt. Dadurch wird der Nocken in einer bestimmten Stellung zur Verteilerwelle fixiert. Bei steigender Motordrehzahl wandern die Fliehgewichte durch Zentrifugalkraft nach außen und verdrehen den Nocken im Drehsinn der Verteilerwelle. Dadurch wird der Zündkontakt früher geöffnet.

Dem Frühzündungsbedarf verschiedener Motoren zum Erreichen der Vollastleistung wird jeweils durch eine besondere Verstellkennlinie entsprochen, die durch unterschiedliche Anlagekurven und Federn konstruktiv festgelegt ist. Da diese Mechanik verschleißen kann, ist es zweckmäßig, die Fliehkraftverstellkurven bei Inspektionen zu überprüfen. Der Motorhersteller gibt die Verstellwerte entweder in Diagrammform oder mit Prüfdrehzahlen nebst dazugehörigem Verstellwert an. Die maximalen Fliehkraftverstellwerte liegen normalerweise zwischen 20 und 40 °KW (Bild 8.36).

Bei der Überprüfung muß die Unterdruckverstelleinrichtung unwirksam sein. Dann wird der Motor auf die Prüfdrehzahl gebracht und mit der Stroboskoplampe die Zündmarke angeblitzt. Ist am Motor serienmäßig eine Gradskala angebracht, kann der Verstellwert direkt abgelesen werden, weil die bewegliche Zündmarke gegen die Laufrichtung des Motors weggewandert ist. Bei fehlender Gradskala muß der Verstellwinkeltester der Zündlichtpistole so lange betätigt werden, bis die Zündmarkierung optisch wieder so wie bei der Grundeinstellung steht. Am Anzeigeinstrument ist dann der Verstellwert in °KW abzulesen. Sollten die Herstellerwerte nicht erreicht werden, muß der Verteiler ausgetauscht oder in einer Fachwerkstatt instandgesetzt werden.

Bild 8.36 Wirkungsweise der Fliehkraftverstelleinrichtung. In dem Diagramm stellt ① die Grundeinstellung, ② die Fliehkraftverstellkurve und ③ die Unterdruckverstellkurve dar (Bosch-Bild)

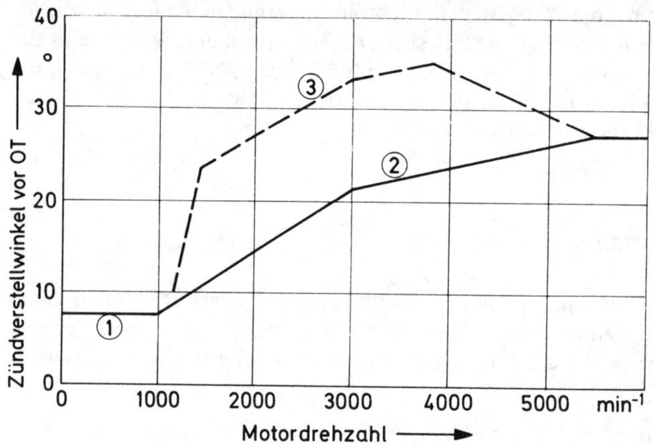

Die Unterdruckverstelleinrichtung muß im Teillastbereich zusätzlich Frühzündung bewirken, weil das Kraftstoff-Luft-Gemisch gegenüber dem Vollastbetrieb abgemagert ist und langsamer durchbrennt. In der Unterdruckdose ist eine federbelastete Membran gespannt, die mit der gelagerten Grundplatte im Verteiler verbunden ist. An die Unterdruckseite der Dose ist die Vakuumleitung angeschlossen, die am Vergaser oberhalb der Drosselklappe mündet. Die Größe des Unterdrucks ist das Maß für die momentane Teillast. Dieser zieht die Membran an und verdreht dabei die Grundplatte gegen den Drehsinn der Verteilerwelle, so daß die Zündung früher erfolgt (Bild 8.37, siehe auch Bild 8.36).

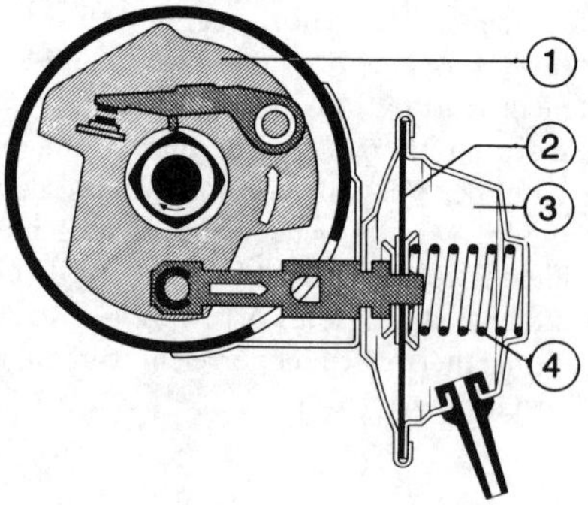

Bild 8.37 Die funktionsbestimmenden Teile der Unterdruckverstelleinrichtung sind ① die Unterbrechergrundplatte, ② die Membran, ③ die Vakuumseite der Unterdruckdose und ④ die Rückstellfeder (Bosch-Bild)

Bild 8.38 In die Unterdruckleitung zwischen Vergaser und Verteiler ist ein Regulierventil und Manometer geschaltet. Mit dem Ventil wird bei konstanter Motordrehzahl der Verstellunterdruck verändert

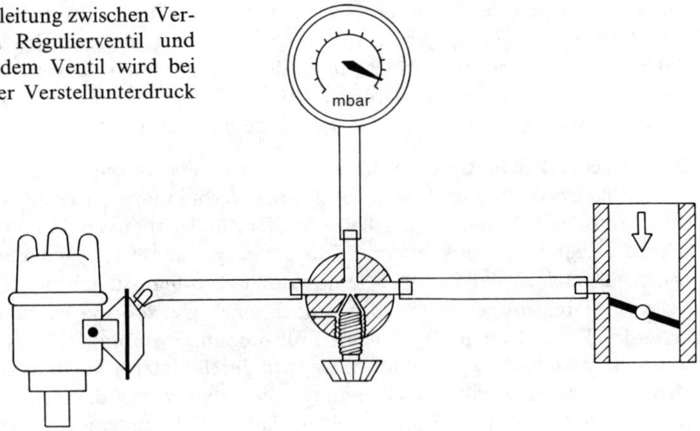

Grundlagen für die Überprüfung der Unterdruckverstelleinrichtung sind die vom Fahrzeughersteller herausgegebenen Werte. Sie enthalten zwei Unterdruckwerte und einen Verstellwinkelwert. Zu deren Überprüfung sind notwendig:

1. Die Zündlichtpistole mit Verstellwinkeltester,
2. Ein Unterdruckmanometer,
3. Ein Regulierventil.

Prüfanordnung und Wirkungsweise des Regulierventils gehen aus Bild 8.38 hervor.

Prüfgang anhand eines Beispiels:

Unterdruckverstellbeginn	100 bis 130 mbar
Unterdruckverstellende	300 mbar
Unterdruckverstellbereich	15 bis 17 °KW

1. Regulierventil schließen und Motordrehzahl einstellen, bei der der höchste Unterdruck erzeugt wird.
2. Zündmarkierung anblitzen. Sie steht jetzt infolge der Wirkung von Fliehkraft- und Unterdruckverstellung in «Früh».
3. Langsam das Regulierventil öffnen und Zündmarke beobachten. In dem Moment, wo sie anfängt, in Richtung «Spät» zu wandern, das Unterdruckmanometer ablesen. Es zeigt den Unterdruck für das Verstellende an.
4. Dann das Regulierventil ganz öffnen und langsam schließen. Dabei wieder die Zündmarke beobachten. Beginnt sie in Richtung «Früh» auszuwandern, Manometer ablesen. Es zeigt den Unterdruck für den Verstellbeginn an.
5. Mit dem Verstellwinkeltester einmal mit (Gesamtverstellung) und einmal ohne Unterdruck (nur Fliehkraftverstellung) die Frühzündung messen.
6. Auswertung:

Gesamtverstellung	34 °KW
– Fliehkraftverstellung	19 °KW
= Reine Unterdruckverstellung	15 °KW

Sollten die gemessenen Unterdruckverstellwerte von den Sollwerten abweichen, kann das durch mechanische Schwergängigkeit der Grundplatte, eine porös gewordene Membran oder ein Leck im Vakuumbereich, eventuell aber auch durch eine lahm gewordene oder falsch eingestellte Rückstellfeder hervorgerufen worden sein. Letzteres kann ggf. durch Nachjustieren korrigiert werden. Ansonsten müssen die defekten Teile oder der ganze Verteiler ausgewechselt werden.

Die doppeltwirkende Unterdruckdose ist von der Firma Bosch entwickelt worden, um die gesetzliche Forderung nach schadstoffarmer Verbrennung zu erfüllen. Durch ihre Wirkung wird beim Motorleerlauf und im Schiebebetrieb der Zündzeitpunkt nahe an OT herangelegt oder sogar in echte Spätzündung verwandelt. Dadurch ist gewährleistet, daß der Verbrennungsvorgang so vollständig abläuft, daß nur noch geringste Schadstoffemissionen im Abgas enthalten sind. Nebenbei weist ein damit ausgerüsteter Motor noch einen gleichförmigen, runden Leerlauf auf. In dieser Unterdruckdose ist mit der Teillast-Frühzündungsmembran eine zweite Ringmembran für die Verstellung nach «spät» verbunden. Sie wird durch Unterdruck beaufschlagt, der bei geschlossener Drosselklappe unterhalb derselben durch die Saugwirkung der Zylinder entsteht. Bei Arbeiten an solchen Zündanlagen ist darauf zu achten, daß die Vakuumleitungen nicht gegeneinander vertauscht werden (Bild 8.39).

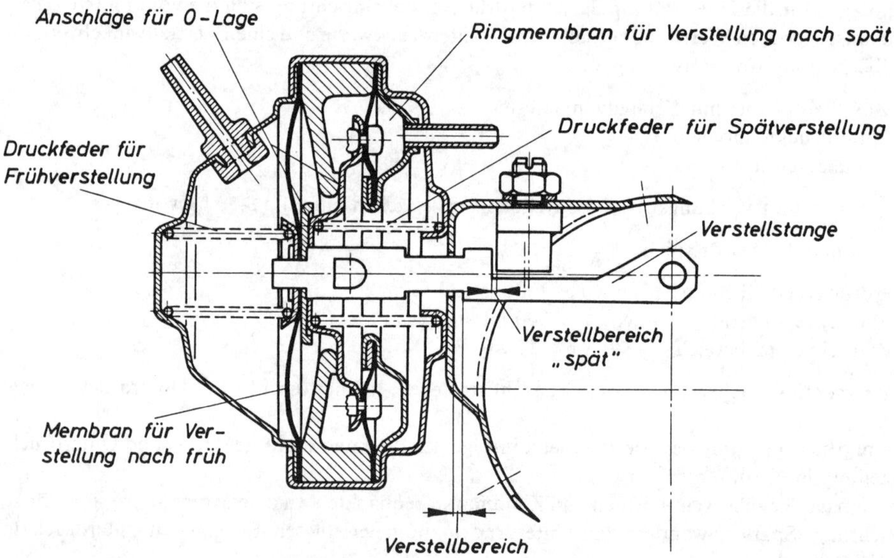

Bild 8.39 Schnitt durch die doppeltwirkende Unterdruckdose der Fa. Bosch

8.2.7 Überprüfen der Batteriezündanlage

Wenn ein Motor nicht anspringt, schlecht beschleunigt oder seine Enddrehzahl nicht erreicht, kann das neben mangelhafter Kraftstoffversorgung oder schlechtem Motorzustand auch darin begründet sein, daß in der Zündanlage mechanische oder elektrische Fehler entstanden sind. Mechanische Fehler beschränken sich auf den Bereich Zündverteiler, dessen Antrieb oder falschen Zündzeitpunkt. Elektrische Fehler können sowohl im Primär- als auch im Sekundärbereich auftreten.

Die Spannungsmessung im Primärkreis bei Zündspulenruhestrom gibt Aufschluß darüber, ob die elektrischen Verbindungen und Einzelteile einwandfrei sind. Zur Messung kann ein handelsübliches Voltmeter oder ein Motortesterkabinett verwendet werden. Es ist die Zündung einzuschalten und der Motor so zu verdrehen, daß der Zündkontakt geschlossen ist. Die abzugreifenden Meßpunkte gehen aus Bild 8.40 hervor.

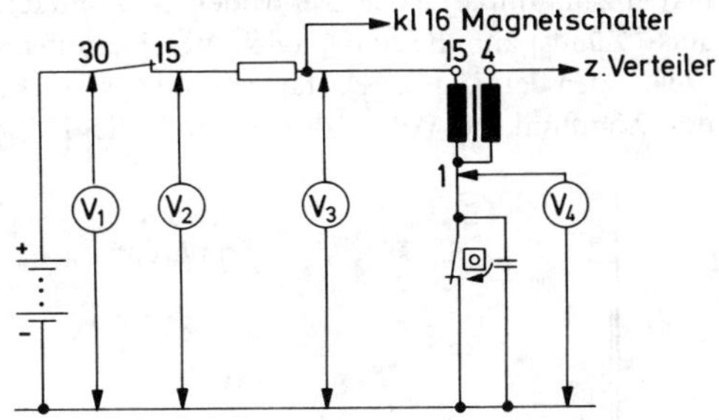

Bild 8.40 Spannungsmessung im Primärkreis bei Zündspulenruhestrom.
Sollwerte:
Voltmeter 1 Batteriespannung 12 V
Volemeter 2 ca. 11,5 bis 12 V
Voltmeter 3 ca. 7 bis 9 V (ist abhängig vom Vorwiderstand)
Voltmeter 4 zeigt den Spannungsverlust der Kontakte an, 0 bis 0,3 V

Abweichungen von den Sollwerten weisen auf Fehler in der Anlage hin. Wird bei Messung 1 eine zu niedrige Spannung erkannt, ist entweder eine entladene Batterie oder ein unzulässiger Spannungsverlust der Leitung 30 die Ursache. Zu niedrige Werte bei Messung 2 weisen auf ein defektes Zündschloß hin. Meßergebnis 3 kann bei verschiedenen Fahrzeugen differieren. Der hier gemessene Wert ist vom ohmschen Wert des Vorwiderstands abhängig. Sollwert ist die Herstellerangabe unter «Mindestspannung an Kl 15 bei Ruhestrom». Andere Istwerte können entweder durch einen falschen oder defekten Vorwiderstand oder durch eine falsche oder defekte Zündspule hervorgerufen werden. In diesem Fall ist mit einer Widerstandsmessung der Vorwiderstand und der Primärwiderstand der Spule zu kontrollieren (siehe Abschnitt 8.2.1 «Prüfen der Zündspule»).

Liegen Startschwierigkeiten vor, so ist der Anlasser zu betätigen, um die Startanhebung der Spannung zu kontrollieren (siehe Abschnitt 8.2.1 «Startanhebung»). In diesem Moment muß am Meßpunkt 3 die Spannung ansteigen und kann je nach Ladezustand der Batterie etwa 11 V erreichen. Bei ausbleibendem Spannungsanstieg oder sogar absinkendem Wert ist die Leitung 16 und der Anlassermagnetschalter zu untersuchen. Messung 4 sollte im Idealfall 0 V ergeben. Ein Spannungsverlust von maximal 0,3 V ist noch zulässig.

Spannungskontrolle im Sekundärbereich ist auf einfache Weise möglich, indem bei vom Anlasser durchgedrehtem Motor die Kerzenstecker nacheinander abgezogen werden und kontrolliert wird, ob ein etwa 8 mm langer Funken zu jedem Kerzenanschlußbolzen überspringt. Ist das der Fall, können nur noch defekte Zündkerzen oder falscher Zündzeitpunkt Ursache für Versagen der Zündanlage sein. Durch eine Funkenstrecke der Zündleitung 4 nach Masse kann auch geprüft werden, ob die Zündspule überhaupt Hochspannung erzeugt. Funkenlänge hier etwa 20 mm. Diese Prüfmethode ist aber auf konventionelle Zündanlagen zu beschränken, da einige elektronische Zündanlagen lebensgefährliche Spannungen erzeugen.

Eine gefahrlose Überprüfung des Sekundärkreises gewährleistet der Einsatz des Zündungsoszilloskops. Das Oszilloskop, normalerweise in ein Testerkabinett integriert, wird nach Bedienungsanleitung angeschlossen. Für die Sekundäranschlüsse sind kapazitive oder induktive Geberzangen über Kabel 4 und die Zündleitung Zylinder 1 zu legen. Wenn der Motor läuft, wird auf dem Bildschirm der Spannungsverlauf der Sekundärspannung oder bei anderer Bildartwahl das Primärbild abgezeichnet. Die Auswertung der Oszillogramme ist nur möglich, wenn die Grundoszillogramme von Primär- und Sekundärkreis einer intakten Zündanlage bekannt sind und Abweichungen in den einzelnen Bildabschnitten auf ihren Ursprung hin gedeutet werden können.

Die Grundoszillogramme können in drei Hauptabschnitte eingeteilt werden: In die Funkendauer (1), den Ausschwingvorgang (2) und den Schließabschnitt (3), der den Schließwinkel kennzeichnet.

Unterbrecher öffnet (4). Die Kontakte sind während der Öffnungszeit (5) geöffnet. Das sich abbauende Magnetfeld induziert in der Sekundärspule eine Hochspannung, die Zündspannung (6), bis der Zündfunke an den Elektroden der Zündkerze überspringt. Der rasche Spannungsanstieg wird auch Zündspannungsnadel oder Vorspannungslinie (7) genannt. Hat der Überschlag an den Elektroden der Zündkerze stattgefunden, so sinkt der Spannungsbedarf, der zum Aufrechterhalten des Zündfunkens notwendig ist, auf die Höhe der Brennspannung (8) ab. Die Länge der

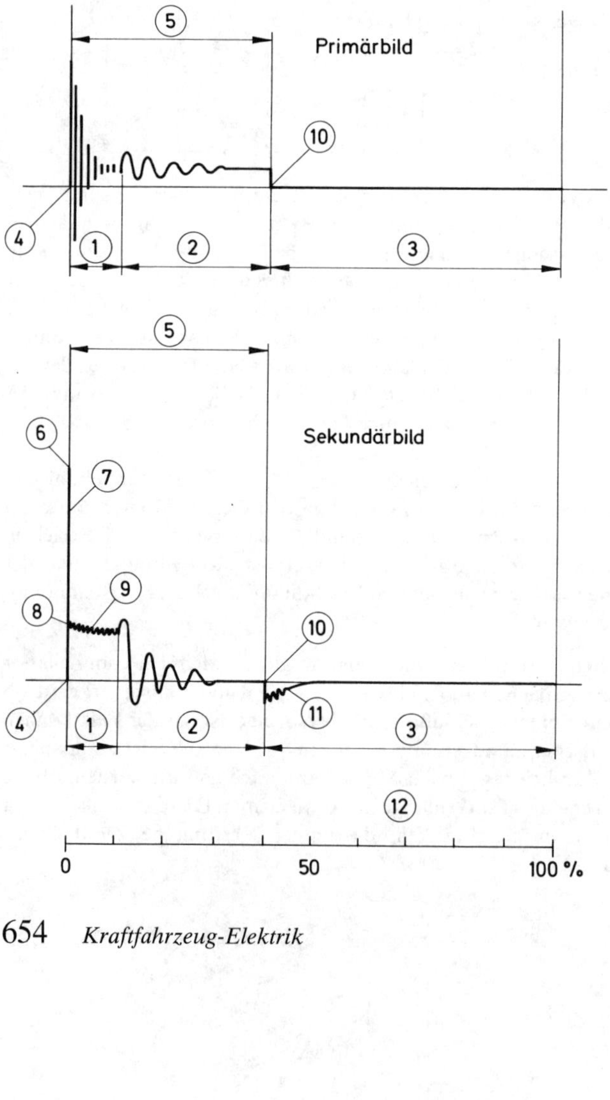

Bild 8.41 Das Primär- und Sekundäroszillogramm eines Zündvorgangs

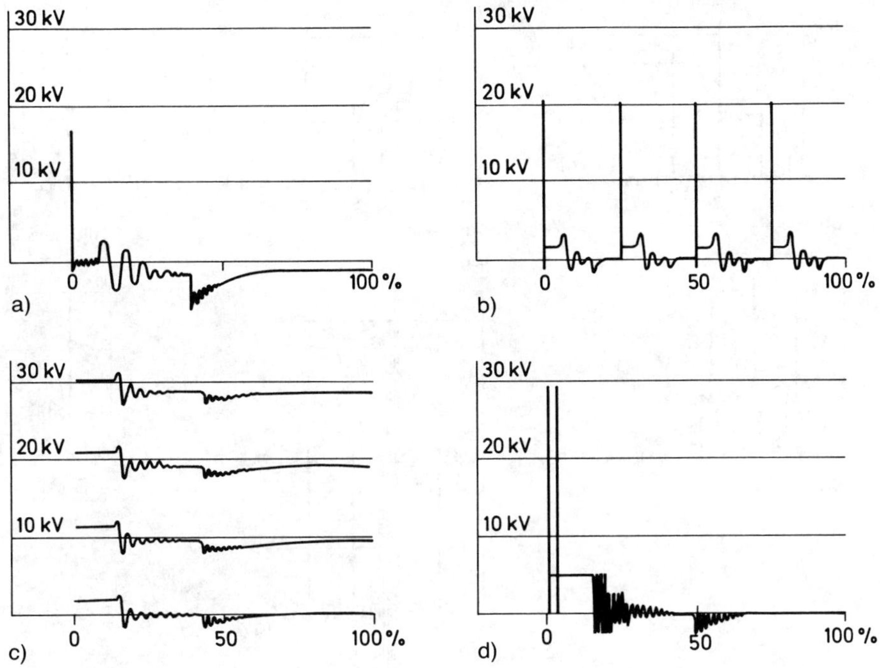

Bild 8.42 Durch einen Bildwahlschalter ist es grundsätzlich möglich, Primär- oder Sekundärbilder in vier verschiedenen Darstellungen abzurufen. Das erleichtert das Vergleichen der einzelnen Spannungsverläufe und somit das Erkennen von Fehlern
a) Zeigt den Zündspannungsverlauf eines Zylinders. Es können die Oszillogramme aller Zylinder nacheinander eingestellt werden.
b) Zeigt alle Sekundäroszillogramme des Motors gleichzeitig nebeneinander.
c) Dasselbe, aber übereinander gezeichnet, und
d) die überlagerte Aufzeichnung aller Diagramme, um eventuellen Nockenversatz zu messen

Brennspannungslinie (9) ist ein Maß für die Zeit, während der der Zündfunke an den Kerzenelektroden brennt. Reißt der Zündfunke ab, setzt der Ausschwingvorgang (2), eine gedämpfte Schwingung, ein. Dabei wird bei geöffneten Kontakten durch den Kondensator die restliche elektrische Energie, die für die Funkenbildung nicht verwertet wurde, abgebaut. Nach Beendigung der Öffnungszeit (5) schließt der Unterbrecherkontakt (10). Nach dem Schließen des Kontakts induziert das sich in der Primärspule aufbauende Magnetfeld in der Sekundärspule eine Spannung, die zusätzlich durch Schwingungen überlagert ist (11). Sobald das Magnetfeld aufgebaut ist, wird die induzierte Spannung Null. Der Zeitraum, in dem der Kontakt geschlossen ist, nennt man den Schließabschnitt (3). Auf der Schließwinkelskala (12) kann der Schließabschnitt als Schließwinkel in % abgelesen werden.

Fehlerhafte Oszillogramme und ihre Auswertung

Fehler verändern gewöhnlich sowohl das Primär- als auch das Sekundärbild, sind aber im Sekundärbild meistens augenfälliger. Aus diesem Grund sind im folgenden nur die Abweichungen hier auf ihre Ursachen zurückgeführt. Da die Einzeloszillogramme in der Reihenfolge der Zündfolge abgezeichnet werden, ist es einfach, den geschädigten Zündzweig zu ermitteln.

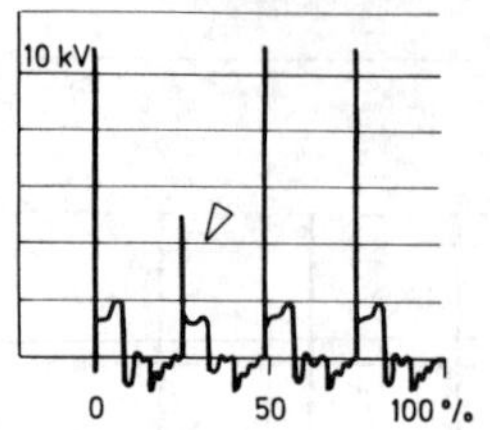

Bild 8.43

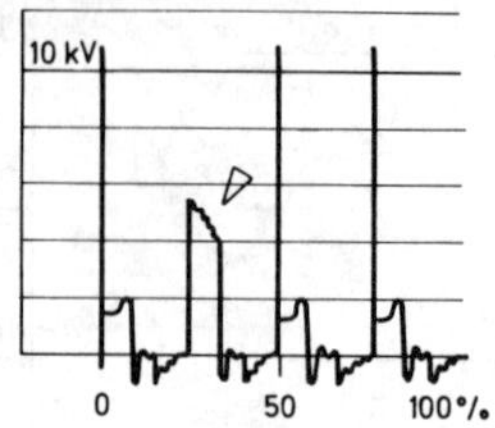

Bild 8.44

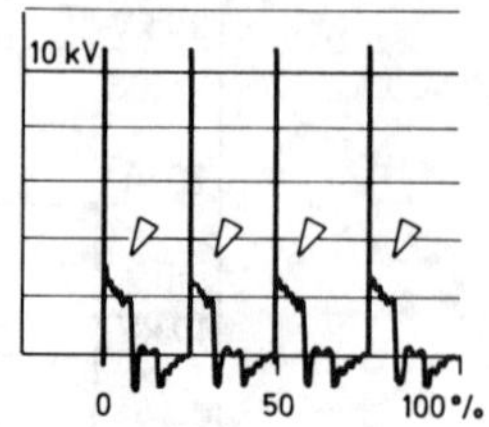

Bild 8.45

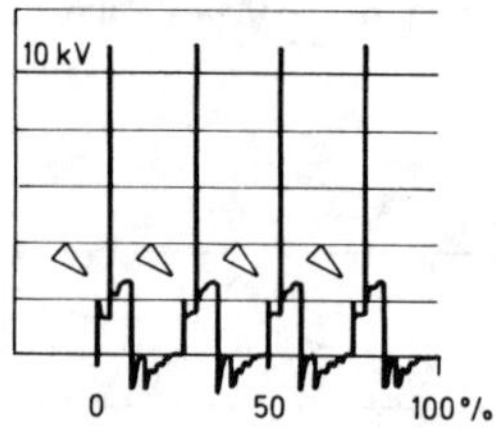

Bild 8.46

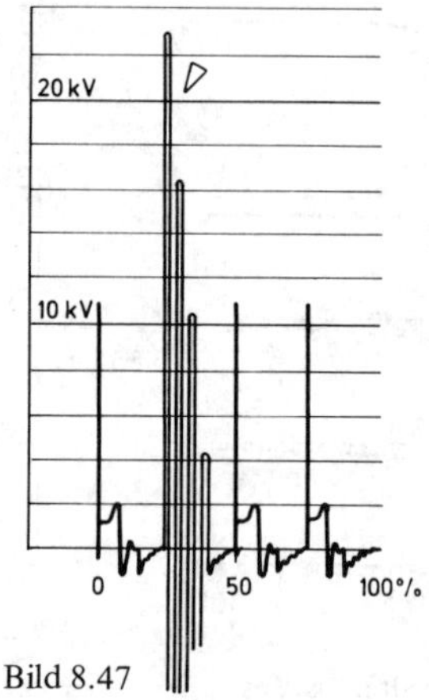

Bild 8.47

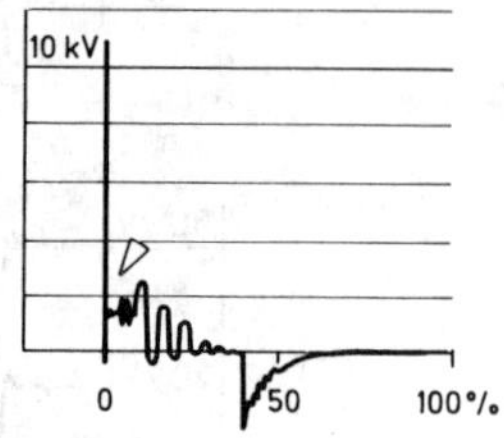

Bild 8.48

Bild 8.43 Die Vorspannungslinie aller Zylinder soll möglichst gleichgroß sein. Ist die Differenz größer als 2 kV, so ist der Fehler zu suchen und zu beheben. Das kann bei einer größeren Zündnadel eine Unterbrechung des betreffenden Zündkabels sein, der Verteilerfinger kann unrund laufen, oder der Elektrodenabstand ist zu groß. Eventuell ist auch die Gemischverteilung ungleichmäßig und hier zu mager. Ist die Zündnadel zu klein, kann zu niedrige Kompression des betreffenden Zylinders oder schadhafte Isolation in diesem Zündzweig die Ursache sein

Bild 8.44 Ist die Kerzenisolatorspitze einer Kerze verbleit, so geht der Zündstrom über diesen leitfähigen Nebenschluß ohne Funkenbildung an Masse. Dieser Fehler läßt sich nur bei warmem Motor erkennen

Bild 8.45 Hängen die Brennspannungslinien in allen Oszillogrammen gleichmäßig durch, so ist ein schadhafter Entstörwiderstand im Verteilerfinger oder defekte Widerstandszündleitung 4 die Ursache. Liegt die schräge Brennspannungslinie an nur einem Zylinder vor, so kann die Ursache nur in dem Entstörstecker hier liegen. Eventuell sind Widerstandsleitungen und Stecker mit einem Ohmmeter vergleichend durchzumessen

Bild 8.46 Haben die Vorspannungslinien vor Erreichen ihres Spitzenwerts eine Stufe, so hat der Zündkondensator einen Reihenwiderstand. Er kann sowohl im Innern des Kondensators, aber auch zwischen dessen Gehäuse und Masse liegen

Bild 8.47 Diese Schwingung wird bei der verschärften Isolationsprüfung abgezeichnet, wenn alle Isolierteile des Zündzweigs in Ordnung sind. Dazu wird nacheinander jeder Kerzenstecker abgezogen und somit die ungedämpfte Zündspannung erfaßt. Es wird also gleichzeitig die Zündspannungsreserve gemessen. Bei schadhafter Isolation schlägt die Spannung nach Masse durch. Dann ist entweder keine gedämpfte Schwingung vorhanden, oder sie ist kleiner und geht nicht nach unten über die Nullinie hinaus. Diese Prüfung ist nur bei konventionellen Spulenzündungen zulässig

Bild 8.48 Bei stark verrußten Zündkerzen erscheint die Brennspannungslinie dicker, weil sie von vielen zusätzlichen Schwingungen überlagert wird

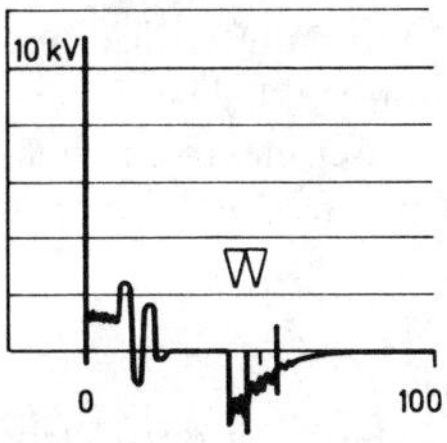

Bild 8.49

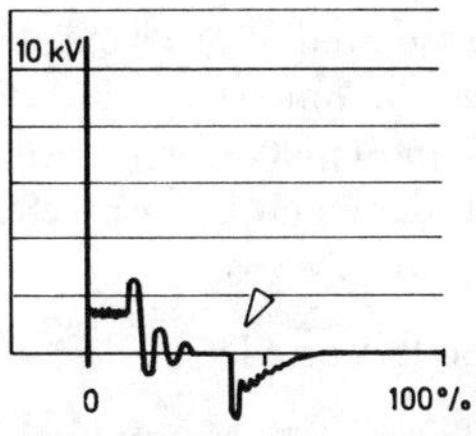

Bild 8.50

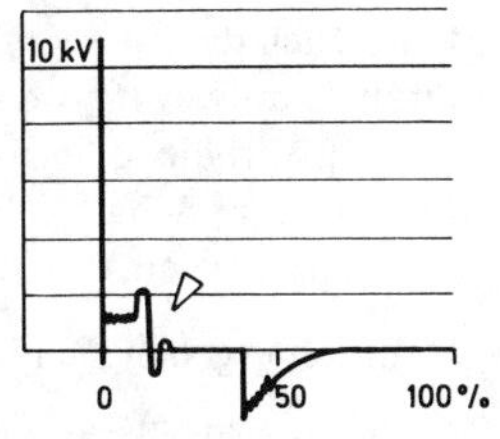

Bild 8.51

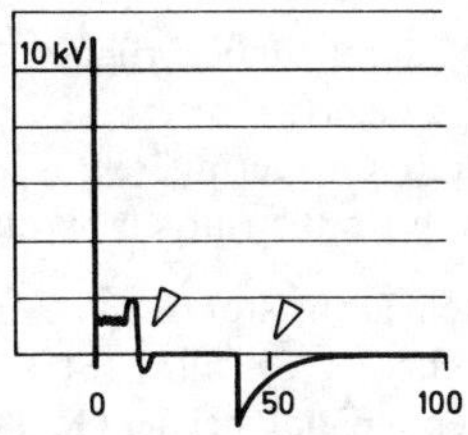

Bild 8.52

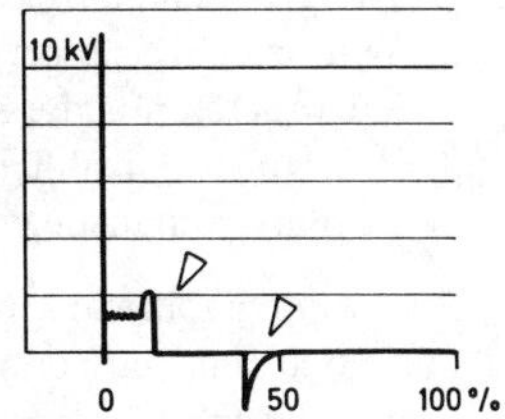

Bild 8.53

Bild 8.49 Weist die Streuschwingung nach dem Schließen der Kontakte nicht den sauberen trompetenförmigen Verlauf auf, sondern sind hier ein oder zwei Überlagerungen zu erkennen, ist das durch prellende Kontakte hervorgerufen worden. Hier ist die Feder des Zündkontakts zu weich

Bild 8.50 Unsaubere Schwingungen im Schließabschnitt lassen verkokte Kontakte erkennen

Bild 8.51 Bei zu niedrigem Isolationswiderstand des Zündkondensators, eventuell durch Feuchtigkeit hervorgerufen, liegt ein leichter Masseschluß in ihm vor. Dann wird die Zahl der Amplituden im Ausschwingvorgang reduziert

Bild 8.52 Bei einem primären Windungsschluß ist der Ausschwingvorgang ebenfalls stark gedämpft. Außerdem fehlen die Schwingungen im Schließabschnitt faßt vollständig

Bild 8.53 Liegt eine Unterbrechung in der Sekundärwicklung der Spule vor, so reichen die Halbwellen des Ausschwingvorgangs nicht unter die Nulllinie. Auch hier fehlen die Schwingungen im Schließabschnitt fast vollständig. Die Restenergie des Kondensators reicht nicht aus, diese Unterbrechung zu überbrücken

8.2.8 Elektronische Zündanlagen

Bei vielzylindrigen, schnellaufenden Motoren, die hoch verdichtet sind und wegen der Schadstoffemission im Abgas mager eingestellt werden, kann der Zündspannungsbedarf der Kerzen nicht mehr ausreichend durch eine konventionelle Spulenzündung abgedeckt werden. Das liegt zum einen daran, daß bei sehr kurzer Schließzeit der Kontakte infolge der Gegeninduktion der Spule nicht mehr genügend Zündenergie gespeichert werden kann, zum anderen daran, daß es nicht möglich ist, die Energiespeicherung dadurch zu steigern, daß ein größerer Primärstrom eingesetzt wird. Bei leistungsstarken Spulenzündungen ist man der maximalen Schaltstromstärke der Zündkontakte von etwa 5 A schon sehr nahegekommen. Um noch größere Primärströme zu schalten, bedarf es eines Transistors, der 20 A und mehr ohne Funkenbildung, also verschleißfrei, schalten kann. Deshalb kann auch die Zündspule so ausgelegt sein, daß ihre Primärwicklung weniger Windungen dickeren Drahtes aufweist, wodurch die Stromaufnahme steigt und die Gegeninduktion sinkt. Das Übersetzungsverhältnis liegt zwischen 1:300 und 1:400. Der Transistor, der neben anderen elektronischen Bauteilen im Schaltgerät sitzt, kann durch einen Unterbrecherkontakt oder andere Gebersysteme gesteuert werden.

Dadurch ergeben sich insgesamt folgende Vorteile:

1. Da der Zündkontakt nur noch mit einem Steuerstrom von ca. 0,5 bis 1 A belastet wird, ist kein Kontaktabbrand mehr zu verzeichnen, Verschleiß ist also auf mechanischen Abrieb des Gleitstücks beschränkt. Ferner kann der Zündkondensator fortfallen. Kontaktlose Gebersysteme sind völlig verschleißfrei.
2. Während des Startvorgangs wird durch Überbrücken eines zur Zündanlage gehörenden Vorwiderstands die Zündleistung gesteigert.
3. Bei Hochdrehzahlbetrieb wird durch die geringere Gegeninduktion der Spule ein steilerer Primärstromanstieg erreicht, wodurch Funkenzahlen bis zu 40000 pro Minute möglich werden.

Zur Anfangszeit wurden die verwendeten Transistoren aus Germanium hergestellt (Ge-TSZ), heute nur noch aus temperaturunempfindlicherem Silizium (Si-TSZ). Der Unterschied dieser beiden Zündanlagen ist äußerlich daran zu erkennen, daß bei der Ge-TSZ das Schaltgerät vor der Zündspule und deren Kl 1 somit an Masse liegt. Bei der Si-TSZ liegt es hinter der Spule, und darum ist deren Kl 1 an die Schaltgeräteklemme 16 gelegt (Bild 8.54).

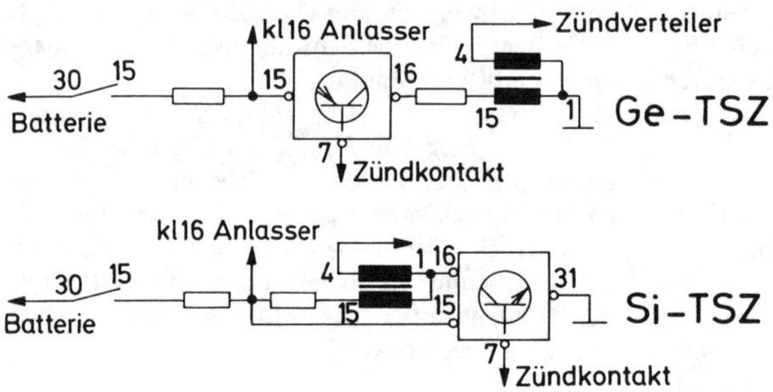

Bild 8.54 Prinzipschaltbild einer Germanium- und einer Silizium-Transistorzündanlage

Arbeitsweise einer siliziumbestückten Transistorzündanlage (TSZ-k)

Bei eingeschalteter Zündung und geschlossenem Unterbrecherkontakt fließt dessen Steuerstrom über den Widerstand R 3 und die Basis-Emitterstrecke des Transistors T 1, wodurch er zwischen Emitter und Kollektor leitend wird. Der Kollektorstrom gelangt über den Widerstand R4 an den Basisanschluß der Darlington-Endstufe T 2 und T 3 und steuert sie durch. Da die Primärwicklung der Zündspule und die Endstufe in Reihe geschaltet sind, kann jetzt Primärstrom über Klemme 31 an Masse fließen. Öffnet der Unterbrecher, fehlt dem Transistor T 1 der Basisstrom. Er sperrt, und folglich schaltet die Darlington-Endstufe den Primärstrom ab. Das Primärmagnetfeld bricht zusammen und induziert in der Sekundärwicklung die Zündspannung (Bild 8.55).

Die weiterhin eingebauten elektronischen Teile, Widerstände und Kondensatoren haben untergeordnete Aufgaben, die die Arbeit der «Hauptelektronik» unterstützt oder sie schützt. Die Zenerdiode ZD begrenzt die Öffnungsinduktion der Primärwicklung an den Anschlüssen der Endstufe auf etwa 120 V. Der Kondensator C 3 entlastet die Endstufe beim Abschalten. Diode D 1 in Verbindung

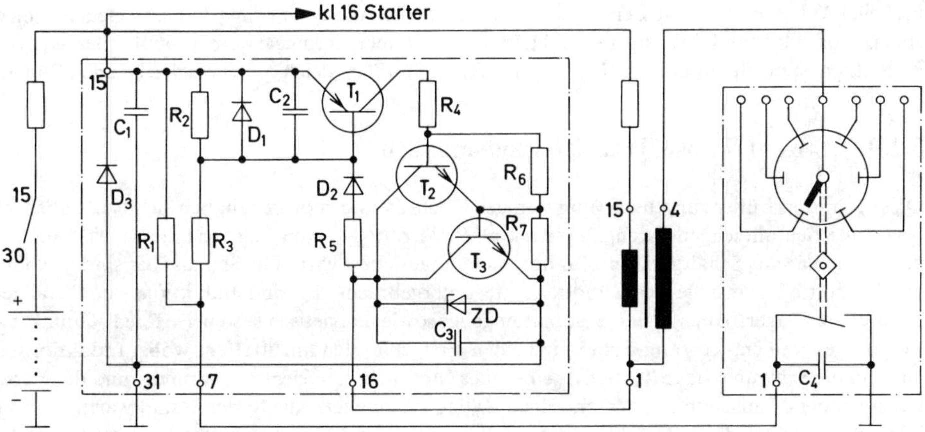

Bild 8.55 Wirkschaltbild einer kontaktgesteuerten Transistorzündanlage von Bosch

mit dem Kondensator C2 sind Schutzbauteile für Transistor T1. Induktionsspannungsspitzen aus dem Bordnetz werden durch Kondensator C1 geglättet und somit weitgehendst unschädlich gemacht. Diode D3 ist als Freilaufdiode zur Primärwicklung geschaltet, um die beim Ausschalten der Zündung kurz nach Abheben der Unterbrecherkontakte entstehende Induktion abzuleiten. Widerstand R1 bestimmt den Selbstreinigungsstrom für den Unterbrecherkontakt. Die Widerstände R3 und R4 sind der Basiswiderstand für T1 und die Endstufe. R2, R6 und R7 verbessern das Sperrverhalten der Transistoren. Kondensator C4 ist für die Arbeitsweise der Anlage eigentlich überflüssig. Er dient lediglich der Rundfunkentstörung. Die Hochspannungserzeugung beim Anlaßvorgang wird dadurch begünstigt, daß auch hier die Primärspannung über die Magnetschalterklemme 16 unter Umgehung des ersten Vorwiderstands an die Zündspule gelangt.

Ob es im Störungsfalle notwendig ist, sich die «innere Arbeitsweise» des Schaltgeräts vor Augen zu halten, sei dahingestellt. Auf jeden Fall ist das in Abschnitt 8.1.8 Betonte zu berücksichtigen. Somit sind zur Fehlersuche nur Volt- und Ohmmeter, eventuell noch Schließwinkeltester, Drehzahlmesser und Oszilloskop zulässig, um die Werte aus den Herstellerangaben zu überprüfen. Andernfalls ist die Gefahr groß, daß das Schaltgerät «kaputtgeprüft» wird.

Die elektronischen Zündsysteme fast aller Hersteller arbeiten in einem Leistungsbereich, der bei Berührung spannungsführender Klemmen und Teile lebensgefährlich sein kann. Das gilt sowohl für den Hoch- als auch den Niederspannungsbereich.

Weitere Leistungssteigerungen zeichnen sich ab. Darum sind bei Arbeiten hieran die Bestimmungen nach VDE 0104/7.67 einzuhalten. Solche Arbeiten, wie das Auswechseln von Teilen oder Anschließen von Testern, dürfen nur bei ausgeschalteter Zündung durchgeführt werden. Bei laufendem Motor treten nicht nur am Schaltgerät und Zündverteiler selbst gefährliche Spannungen auf, sondern auch an einigen Stellen des Kabelbaums, z.B. Drehzahlmesser oder Diagnosestecker.

Die Überprüfung des Hochspannungskreises erfolgt in bekannter Weise mit dem Zündungsoszilloskop. Die abgezeichneten Zündbilder sind mit denen konventioneller Zündanlagen identisch. Funkenstreckproben sind zu unterlassen, weil die Spannung das Schaltgerät zerstören kann. Zur Überprüfung des Primärbereichs hat der Fahrzeughersteller gewöhnlich einen Fehlersuchplan erstellt, in dem für alle Klemmen von Schaltgerät, Zündspule und Vorwiderstand Spannungswerte eingetragen sind. Diese sind mit geeignetem Voltmeter zu überprüfen. Als Richtlinie kann gelten, daß bei heiler Anlage und geschlossenem Zündkontakt die Spannung im Primärkreis, ausgehend von dem ersten Vorwiderstand bis zur Geräteklemme 16, immer geringer werden muß. Bei geöffneten Kontakten ist die Spannung an allen abgegriffenen Punkten gleich groß (vergleiche auch Bild 8.40).

8.2.9 Kontaktlose Transistorzündanlagen

Diese gehörten früher zur Ausrüstung weniger Hochleistungsmotoren, haben sich heute aber schon bei Großserienfahrzeugen durchgesetzt. Die als Si-TSZ ausgelegten Anlagen unterscheidet man nach der Art, in der das Schaltgerät im Zündmoment angesteuert wird. Die Signalgeber sind gewöhnlich im Zündverteiler anstelle der Zündkontakte untergebracht. Es sind Induktions- und Hallgeber, Fotozellen, Trägerfrequenz- und Feldplattengeber sowie magnetisch gesteuerte Reed-Kontakte zum Einsatz gekommen. Vorrangig sind die beiden Erstgenannten anzutreffen, wobei Induktionsgeber auch an die Schwung- oder Riemenscheibe eines Motors herangelegt sein können, und der Verteiler nur noch die Zündspannung den einzelnen Zylindern zuleitet. Alle Systeme sind wartungsfrei und können gegenüber einer TSZ-k höhere Funkenzahlen pro Minute erzeugen. Außerdem fällt die Veränderung des Zündzeitpunkts durch Kontaktverschleiß fort.

Die induktiv gesteuerte Zündanlage (TSZ-i) von Bosch weist im Verteiler einen Rotor aus weichmagnetischem Stahl auf, dessen Zähnezahl der Zylinderzahl des Motors entspricht. Er erzeugt bei Drehung eine Magnetflußänderung je Zahn in einem durch Dauermagneten aufgebauten Magnetfeld. Dadurch induziert er in der innenliegenden Geberspule eine Wechselspannung mit steilem Abfall von der positiven zur negativen Halbwelle. Von diesem Impuls wird eine negative Spannung von – 0,3 V im Zündmoment zum Entregen des Schaltgeräts ausgenutzt. Grob vereinfacht gesagt, arbeitet dieses System also wie ein Fahrraddynamo. Bei unterschiedlicher Drehzahl und Teillast wird der Zündzeitpunkt durch Fliehgewichte und Unterdruckdose vorverlegt (Bild 8.56).

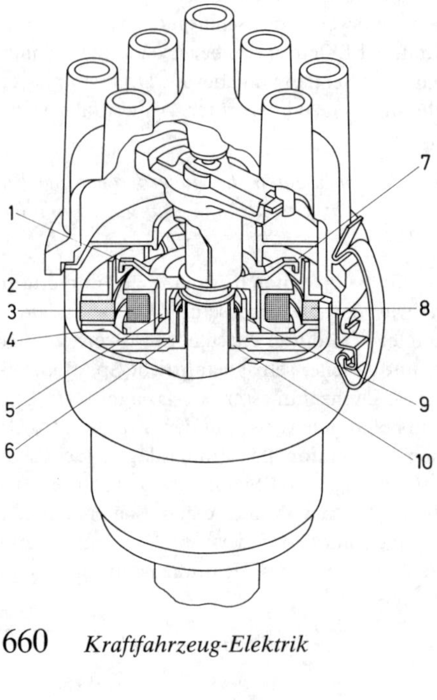

Bild 8.56 Innenansicht eines induktiv steuernden Zündverteilers von Bosch.
1 Rotor
2 Stator
3 Geberspule
4 Statorplatte
5 Rotorbuchse
6 Statorbuchse
7 äußerer Luftspalt
8 Sinteroxidmagnet
9 innerer Luftspalt
10 feststehende Trägerplatte und -buchse

Tabelle 8.9 **Fehlersuchplan für die TSZ-i.**
Prüfbedingung: Batterie, Anlasser und Kraftstoffsystem in Ordnung.

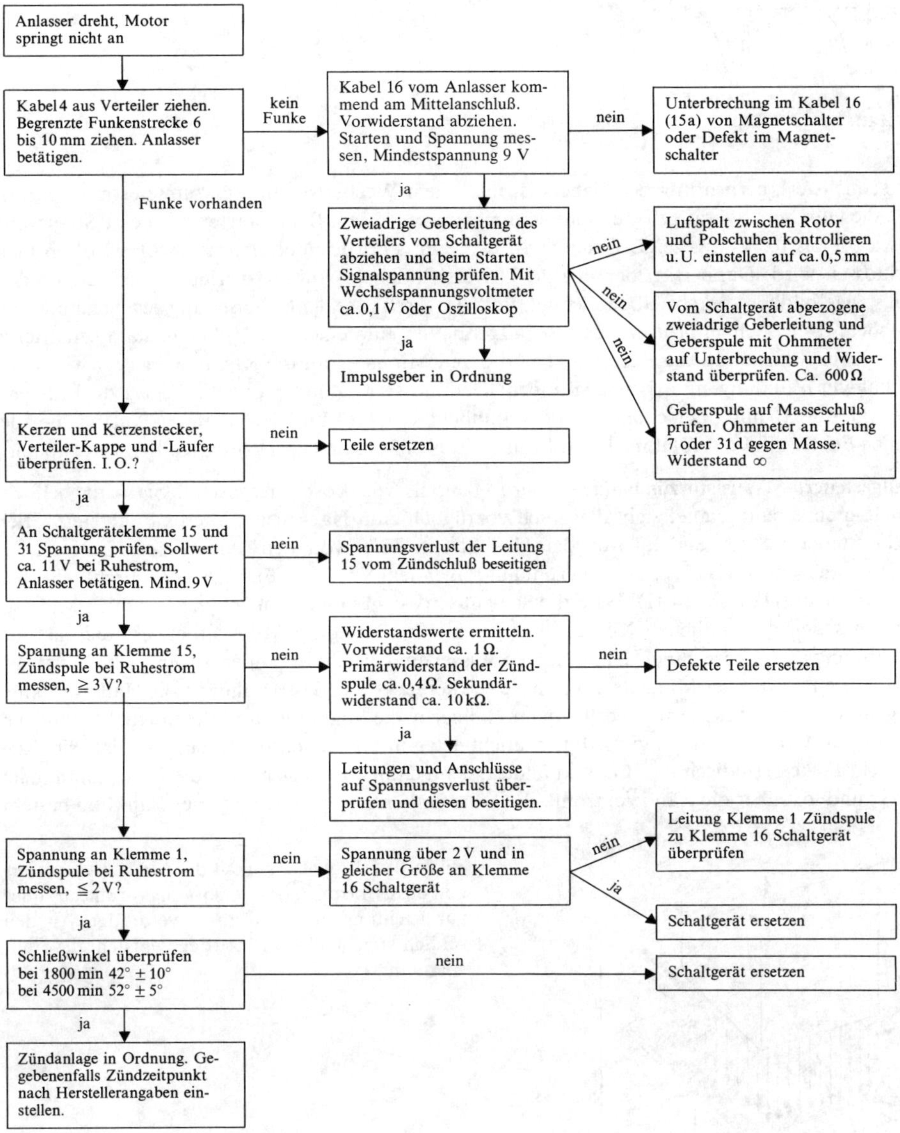

Dieser Fehlersuchplan und hier aufgeführte Werte können nur ein Anhalt sein. Im akuten Fall muß ein fahrzeugspezifischer Suchplan herangezogen werden.

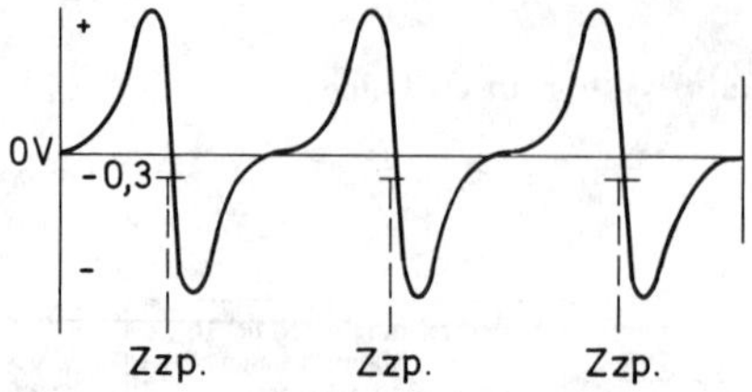

Bild 8.57 Oszillographisch aufgenommener Spannungsverlauf eines induktiven Bosch-Verteilers

Die schnellste Überprüfung des Gebers ist mit einem Wechselspannungsvoltmeter möglich. Es wird an die vom Schaltgerät gelöste Steuerleitung angeschlossen. Beim Starten wird eine Spannung von etwa 0,1 bis 0,5 V angezeigt. Genauer ist es, wenn statt des Voltmeters ein Oszilloskop hier angeschlossen wird. Dann wird der in Bild 8.57 ersichtliche Spannungsverlauf angezeigt. Ist der Verlauf spiegelbildlich verkehrt abgezeichnet, sind die Anschlüsse der Geberleitung gegeneinander zu vertauschen. Eine Schnellprüfung des Schaltgeräts ist mit einer 1,5-V-Taschenlampenbatterie möglich, deren Pluspol an die Klemme 31 und deren Minuspol an die Klemme 7 gelegt wird. Bei eingeschalteter Zündung muß beim Antippen Klemme 4 der Zündspule eine begrenzte Funkenstrecke von 6 bis 10 mm überschlagen. Eine gründliche Überprüfung der gesamten Anlage, die alle möglichen Fehler erfaßt, erfolgt nach den Prüfschritten eines fahrzeugspezifischen Fehlersuchplans.

Die hallgesteuerte Transistorzündanlage wird ebenfalls von Bosch hergestellt. Sie wird vielfach serienmäßig eingebaut, eignet sich aber auch vorzüglich zum Nachrüsten älterer Fahrzeuge. Hier wird zur Steuerung des Schaltgeräts der Hall-Effekt, 1879 von dem Amerikaner E. H. HALL beobachtet, ausgenutzt (Bild 8.58). Er beruht auf folgendem Vorgang: Ein Strom I_v durchfließt eine Halbleiterschicht (Hallschicht H). Wird die Schicht senkrecht von einem Magnetfeld durchsetzt, so entsteht zwischen den seitlichen Kontaktflächen eine Spannung im Millivoltbereich, die man als «Hallspannung» (U_H) bezeichnet. Unter der Voraussetzung gleichbleibender Stromstärke hängt die Hallspannung nur von der Magnetstärke ab. Je stärker das Feld, desto höher ist die Hallspannung. Im Gegensatz zum induktiven Geber ist beim Hallgeber die Spannung und deren Rückwirkungen nicht von der Drehzahl abhängig. Man braucht jetzt nur noch dafür zu sorgen, daß sich die Magnetfeldstärke periodisch im Zündtakt ändert, denn dann ändert sich auch die Hallspannung im Zündtakt und löst über die Zündelektronik die Zündfunken aus. Aufgrund seiner Funktion besteht

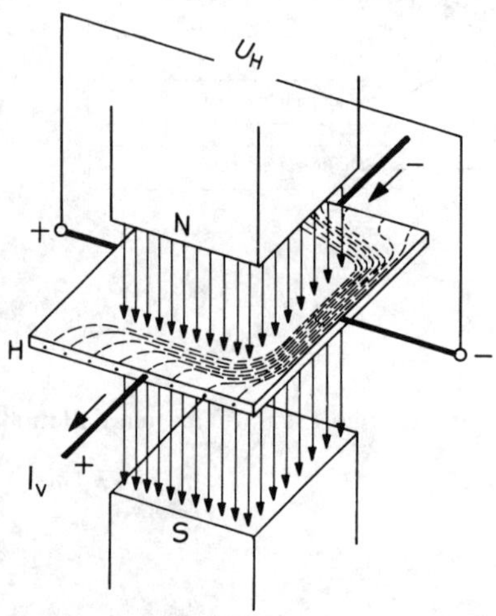

Bild 8.58 In Abhängigkeit des Magnetfeldes werden die Elektronen des Versorgungsstromes I_v quer zur Richtung der Kraftlinien verdrängt. An den seitlich angebrachten Elektroden entsteht die Hallspannung U_H

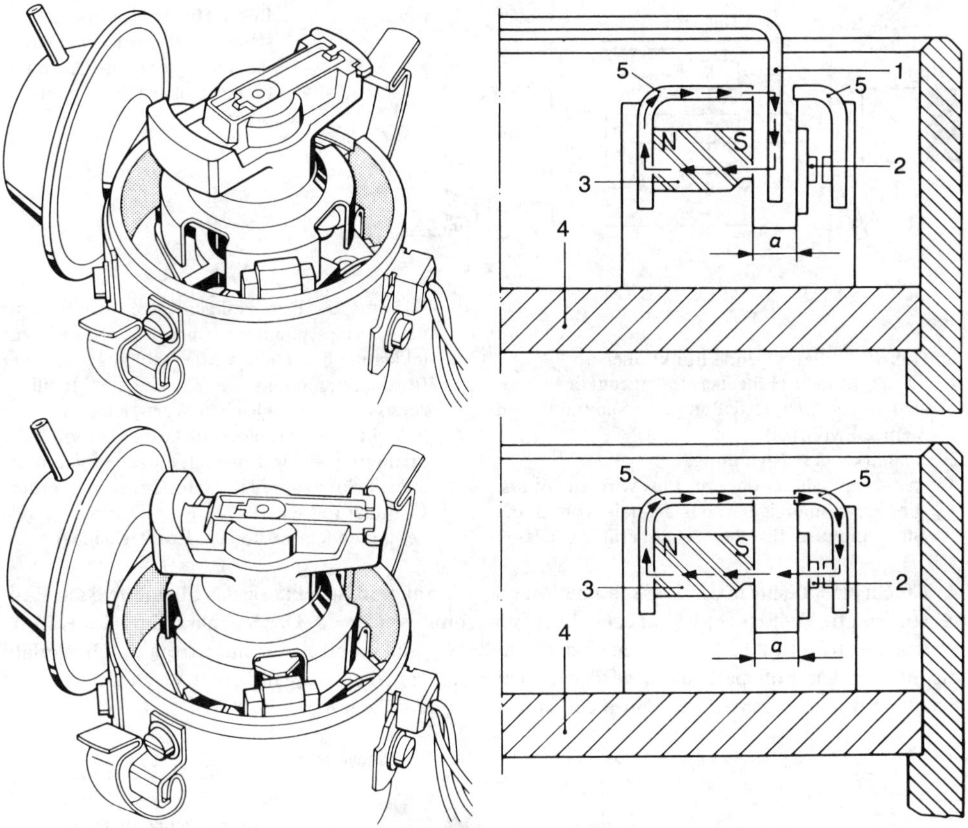

Bild 8.59 Aufbau und Kraftlinienverlauf im Zündverteiler mit Hallgeber.

1 Blende
2 Hall-IC
3 Dauermagnet
4 Kunststoffträger
5 magnetisches Leitblech
a Luftspalt

Oberes Bild: Blende im Luftspalt, Magnetfeld wird am Hall-IC vorbeigeleitet. Diese Stellung entspricht dem alten Schließwinkel

Unteres Bild: Lücke im Luftspalt, Hall-IC wird vom Magnetfeld durchsetzt. Diese Stellung entspricht dem alten Öffnungswinkel

der Hallgeber aus einem festen Teil, der Magnetschranke, und aus einem rotierenden Teil, dem Blendenrotor. Zur Magnetschranke gehören ein Dauermagnet mit Leitstücken sowie als integrierte Halbleiterschaltung ein Hall-IC. Der Hall-IC ist ein elektronischer Schalter, er trägt unter anderem die Hallschicht.

Der Hallgeber befindet sich im Zündverteiler. Die Magnetschranke ist auf die bewegliche Trägerplatte montiert. Der Hall-IC sitzt auf einem Keramikträger und ist mit einem der Leitstücke zum Schutz gegen Feuchtigkeit in Kunststoff eingegossen. Blendenrotor und Verteilerläufer sind ein Bauteil. Die Anzahl der Blenden ist gleich der Anzahl Zylinder. Die Breite der einzelnen Blenden bestimmt den Schließwinkel dieses Zündsystems. Er bleibt demnach über die gesamte Lebensdauer des Hallgebers konstant, und eine Schließwinkeleinstellung ist nicht erforderlich (Bild 8.59).

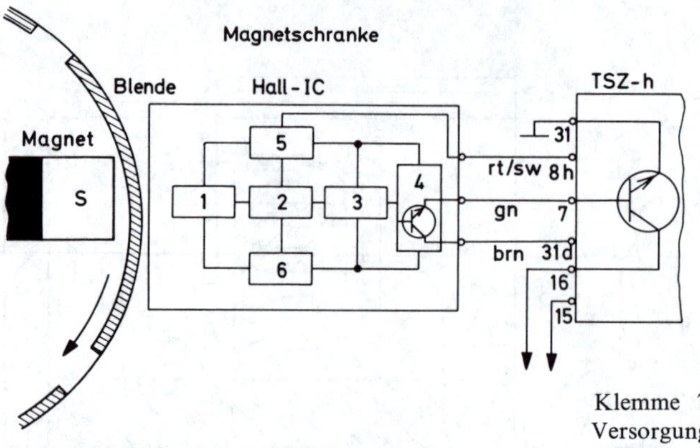

Bild 8.60 In der Magnetschranke ist neben dem Dauermagneten der Hall-IC, ein nur 1 mm^2 großer Chip, untergebracht

Im Hall-IC laufen folgende Funktionen ab:

1 Der eigentliche Hallgenerator erzeugt in Abhängigkeit der Blendenstellung eine Spannung von wenigen Millivolt.
2 verstärkt diese Spannung.
3 kehrt deren Potential um, Plus wird zu Minus.
4 gibt in Abhängigkeit des Signals von 3 die Steuerimpulse für das Schaltgerät an dessen Klemme 7. Der Hallgenerator erhält seine Versorgungsspannung über die Schaltgeräteklemme 8 h. Diese wird unabhängig von der Bordnetzspannung durch die Stabilisierungsstufe 5 auf gleichen Wert gehalten.
6 bewirkt die Temperaturkompensation der Spannung. Es darf niemals Bordnetzspannung zum Prüfen an den Hall-IC gelegt werden. Oszillographische Prüfung an Klemme 7 ergibt bei laufendem Motor ein Rechtecksignal

Taucht eine Blende in den Luftspalt der Magnetschranke ein, so lenkt sie das Magnetfeld am Hall-IC vorbei. Die Hallschicht ist nahezu feldfrei und somit ist $U_H = 0$. Der Signalausgang des Hall-IC ist jetzt positiv, etwa 2,5 V, und steuert das Schaltgerät und damit den Primärstrom durch. Verläßt die Blende den Luftspalt, dann wird die Spannung am Signalausgang zu 0 V. Dadurch sperrt Schaltgerät den Primärstrom, und die Zündung erfolgt (Bilder 8.60 und 8.61).

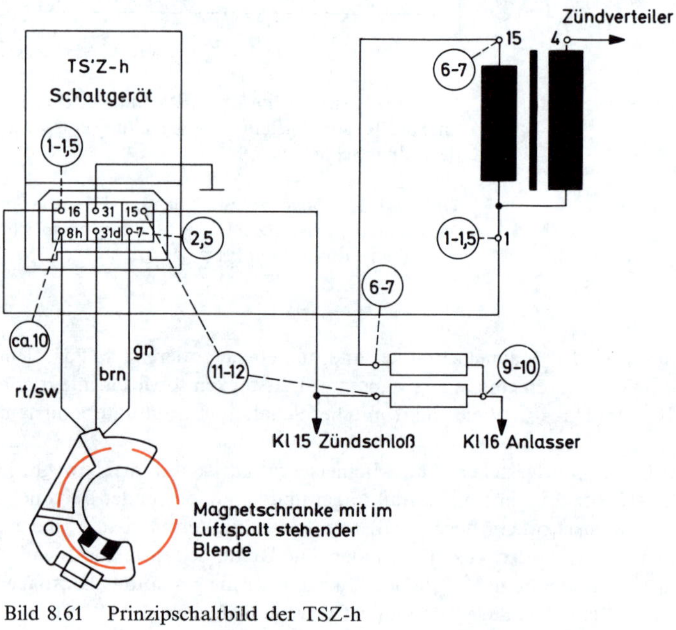

Bild 8.61 Prinzipschaltbild der TSZ-h

Sollte für die Überprüfung der gesamten TSZ-h kein fahrzeugbezogener Fehlersuchplan greifbar sein, kann anhand dieses Schaltbilds an den bezeichneten Punkten mit einem Voltmeter die Spannung kontrolliert werden. Die Zahlenangaben entsprechen der Spannungshöhe bei im Luftspalt stehender Blende. Gegenprobe bei geöffneter Magnetschranke. Jetzt muß an Klemme 7 die Spannung zu Null geworden sein, an allen anderen Meßpunkten, außer Klemme 8h, muß die Spannung 12 V betragen. 8h muß unabhängig von der Blendenstellung eine Spannung von ca. 10 V führen. Sorgfältig arbeiten, damit keine Kurzschlüsse mit den Meßspitzen des Voltmeters entstehen!

Bild 8.62 Zündverteiler mit induktivem Gebersystem und integriertem Schaltgerät. An das Verteilergehäuse 1 ist das Schaltgerät 2 zur Wärmeableitung angeschraubt. Über die Anschlußverbindung 3 mit Gummiabdichtung wird der Kontakt zum Gebersystem 4 und zur Zündspule 5 hergestellt

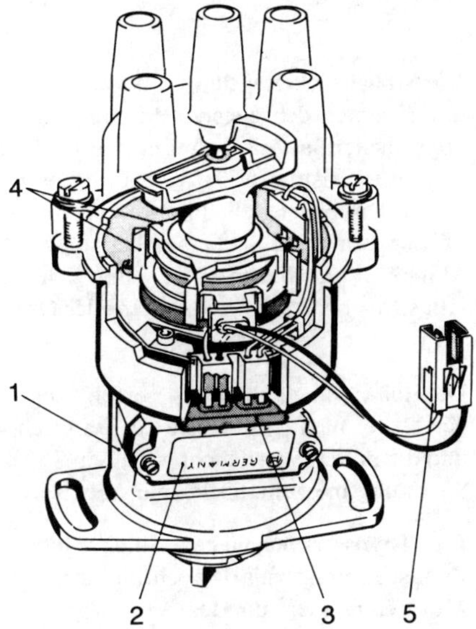

TSZ-h und TSZ-i mit Hybridschaltgerät

Die Anwendung neuer Technologie machte es möglich, die für die Arbeitsweise eines Schaltgeräts notwendigen elektronischen Bauteile, Widerstände und Kondensatoren auf kleinstem Raum zu konzentrieren. Unter Hybridtechnik versteht man den verkapselten Aufbau dieser Teile auf eine Dickschichtplatte aus Keramiksubstrat. Bei dieser Bauweise fallen eine Vielzahl sonst notwendiger, aber störanfälliger Verbindungen fort. Infolge der kleinen Baugröße ist es möglich, das Schaltgerät in Zündverteiler zu integrieren (Bild 8.62). Gegenüber herkömmlichen Schaltgeräten können die Hybridgeräte den Primärstrom begrenzen, den Schließwinkel regeln und bei stehendem Motor und eingeschalteter Zündung den primären Ruhestrom abschalten. Durch Strombegrenzung und die Ruhestromabschaltung ist es möglich, die sonst notwendigen Vorwiderstände wegfallen zu lassen. Auch die Klemme 16 am Anlassermagnetschalter zur Startanhebung fehlt. Die auf das Schaltgerät abgestimmte Zündspule weist als Sonderheit eine Sollbruchstelle im Isolierdeckel auf, damit bei einem Kurzschluß des Schaltgeräts und damit unkontrolliert hohem Primärstrom diese nicht explodiert.

Teilweise sind solche Zündanlagen noch um eine separate Zusatzelektronik erweitert. Bei unterschiedlichen Firmenbezeichnungen (DLS für Digitale-Leerlauf-Stabilisierung oder ESV, Elektronische Spätverstellung) haben sie die Aufgabe, die Motorleerlaufdrehzahl durch geringfügiges Verändern des Zündzeitpunktes, unabhängig von Motortemperatur oder Belastung durch eingeschaltete Verbraucher konstant zu halten. Bei bestimmten Arbeiten am Kfz, z. B.: Grundeinstellung des Zündzeitpunktes, der Leerlaufdrehzahl, des CO-Gehaltes oder einem Zylindervergleichstest muß diese Elektronik nach Herstellerangaben unwirksam gemacht werden (siehe auch Abschnitt 3.6.4).

Die Strombegrenzung funktioniert vereinfacht so, daß bei Erreichen des Primärstromsollwerts an dem Stromerfassungswiderstand im Schaltgerät ein definierter Spannungsabfall entsteht. Dieser Spannungsabfall wird von der Elektronik erkannt und bewirkt, daß der Endtransistor nicht mehr bis zur Sättigungsgrenze durchgesteuert wird. Die hier abfallende Spannung kann also unterschiedliche Werte, in der Strombegrenzungszeit 6 bis 8 V, annehmen. Da Primärwicklung und Endstufe in Reihe geschaltet sind, bestimmt somit dieser geregelte Transistor die Nutzspannung an der Spule und damit deren Primärstrom.

Die Schließwinkelregelung bewirkt, daß unabhängig von der Motordrehzahl und der Batteriespannung immer der gleiche Primärabschaltstrom erreicht wird. Während des Startens, also bei abgefallener Batteriespannung, würde der Primärstromanstieg flacher verlaufen als bei 12 oder 14 V. Das hätte Leistungsverlust zur Folge, wenn die Elektronik nicht den Primärstrom früher einschalten würde. Das bedeutet Schließwinkelvergrößerung. Bei laufendem Motor, also steilerem Primärstromanstieg, wird der Schließwinkel so weit verkleinert, daß die Zündspule ein ausreichend starkes Magnetfeld aufbauen kann, ohne sich übermäßig zu erwärmen. Diese Schließwinkelveränderung läßt sich am Schließwinkeltester oder Oszilloskop beobachten und ist wichtigstes Prüfungskriterium bei der Fehlersuche.

Die Ruhestromabschaltung erfolgt spätestens eine Sekunde nach Einschalten der Zündung, wenn der Motor nicht gestartet wird. Dadurch kann die Zündanlage nicht thermisch überlastet werden, und die Batterie wird nicht entladen. Sobald gestartet wird, ist das Schaltgerät wieder aktiviert. Eine Spannungsmessung im Primärkreis bei Ruhestrom wie bei älteren TSZ ist hier also nicht möglich.

Die Thyristorzündanlage, auch Hochspannungs-Kondensatorzündanlage genannt, deckt den Zündspannungsbedarf hochtouriger, sportlicher Motoren und Wankelmotoren ab. In diesen Motoren müssen, um dem Vollastbetrieb gerecht zu werden, kalte Zündkerzen verwendet werden. Sie weisen einen kurzen, stumpfen Kegel als Isolatorfußspitze auf oder sind als Gleitfunkenkerze ausgelegt. Durch die kleine wärmeaufnehmende Oberfläche heizt sich der Kerzenisolator nicht bis zur Glühzündtemperatur auf. Daraus erwächst aber der Nachteil, daß der Abstand zwischen Mittelelektrode und Masseelektrode kleiner wird. Wenn dann der Motor im Teillastbereich betrieben wird und die Kerze nicht ihre Selbstreinigungstemperatur erreicht, lagern sich Rußteilchen am Isolator ab. Aufgrund des geringen Abstands kann die Hochspannung jetzt keinen zündenden Funkenüberschlag an den Elektroden erzeugen, sondern nur einen nichtzündenden Kriechfunken. Bei genauester Beobachtung kam man zu der Erkenntnis, daß ein zündender Funke um so sicherer erzeugt wird, je schneller die Zündspannung an den Kerzenelektroden ansteigt. Diesem steht aber die Art, wie die Zündenergie in Spulenzündungen gespeichert wird, entgegen. Es ist bekanntlich das Primärmagnetfeld, das im Zündmoment zum Zusammenfallen gebracht wird. Diese Methode bewirkt einen Zündspannungsanstieg von etwa 350 V/µs. Bei der Thyristorzündanlage ist die elektrische Energie in einem aufgeladenen Kondensator bis zum Zündmoment gespeichert. Daher rührt auch der Name Hochspannungs-Kondensatorzündanlage (HKZ). Diese Kondensatorladung wird im Zündmoment über einen durchgesteuerten Thyristor in die Primärwicklung des sogenannten Zündtransformators geleitet. Hier erzeugt sie einen so rasanten Primärfeldaufbau, daß in dieser Phase in der Sekundärwicklung bereits die Hochspannung entsteht. Der Zündspannungsanstieg beträgt etwa 8000 V/µs. Dadurch ist aussetzerfreier Betrieb des Motors gewährleistet. Nachteilig kann sich bei mager eingestellten Motoren aber die kurze Funkendauer dieses Systems auswirken, denn den Zündfunken fehlt der sonst übliche «Funkenschwanz». Zündet der Funkenkopf nicht, gibt es Verbrennungsaussetzer. Das Schaltgerät, das die Elektronik und den Speicherkondensator birgt, kann mit Kontakten, aber auch mit induktiven Gebern angesteuert werden. Ein Austauschen gegeneinander ist aber nicht möglich. Bei Arbeiten an so einem System fällt auf, daß beim Einschalten der Zündung das Schaltgerät ein hohes singendes Geräusch erzeugt. Das kann als Warnsignal angesehen werden, denn bei einer HKZ kann im Primärbereich eine Spannung bis zu rund 500 V entstehen. Deshalb ist es gefährlich, die Primäranschlüsse von Zündtrafo und Schaltgerät bei laufendem Motor zu berühren; auch am Schaltgerät, das kurz vorher eingeschaltet war, herrscht noch diese Spannung (Bild 8.63).

Anhand des Prinzipschaltbilds kann man den Stromverlauf erkennen. Beim Einschalten der Zündung gelangt Batteriestrom in den elektronischen Ladeteil des Schaltgeräts. Hier wird dieser Gleichstrom in viele Impulse zerhackt und über einen Transformator auf etwa 500 V hochgespannt.

Bild 8.63 Prinzipschaltbild einer Thyristorzündanlage.
a) Elektronischer Ladeteil
b) Gleichrichterteil
c) Speicherkondensator
d) Steuerteil
e) Schalterteil

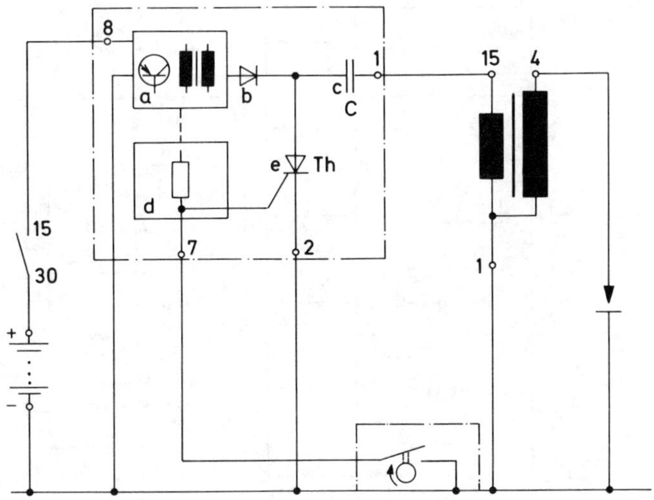

Bild 8.64 Sekundäroszillogramm eines Vierzylindermotors mit HKZ

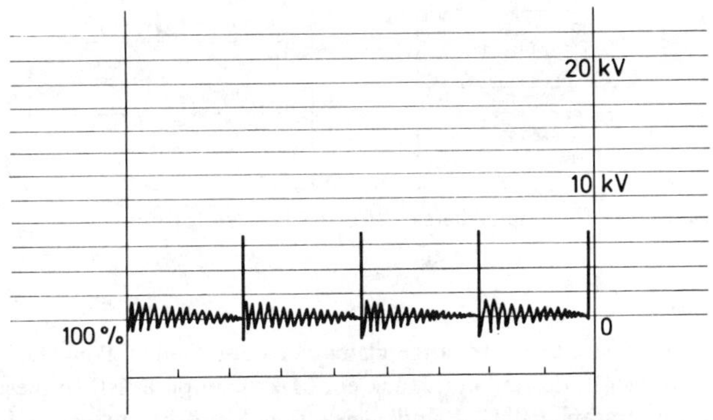

Dieser Vorgang erzeugt das oszillierende Geräusch. Diese Spannung wird über Dioden gleichgerichtet und lädt den Speicherkondensator auf. Der Thyristor im Schalterteil ist in diesem Moment gesperrt. Öffnet der Unterbrecherkontakt oder kommt von dem Induktionsgeber ein Signal, wird über den Steuerteil der Thyristor verzögerungsfrei leitfähig gemacht, so daß sich der Kondensator in die Primärwicklung entladen kann. Seine Energie wird induktiv in die Sekundärwicklung übertragen und bewirkt die Zündspannung. Wegen der hohen Primärspannung haben Zündtrafos nur ein Übersetzungsverhältnis von 1 : 90.

Bei der Fehlersuche im Primärkreis kann nur die Spannung am Schaltgerät und seine Stromaufnahme gemessen werden. Es sind die Kabelanschlüsse und der Zündkontakt auf sichere elektrische Verbindung hin zu untersuchen und die Widerstandswerte des Zündtrafos zu messen. Oszillographische Überprüfung im Sekundärbereich ergibt ein charakteristisches, aber bei Fehlern ein wenig aussagekräftiges Zündbild (Bild 8.64).

Die Motronic von Bosch ist ein System zur vollelektronischen Steuerung der Zündung und der Einspritzung. In einem Schaltgerät sind sowohl die Elemente der LE-Jetronic (siehe Abschnitt 3.8.4) als auch die einer kontaktlos gesteuerten TSZ-i untergebracht. Weniger Verschleißteile für den Zündungsteil und gemeinsame Geber für Einspritzung und Zündung sorgen für weitgehende

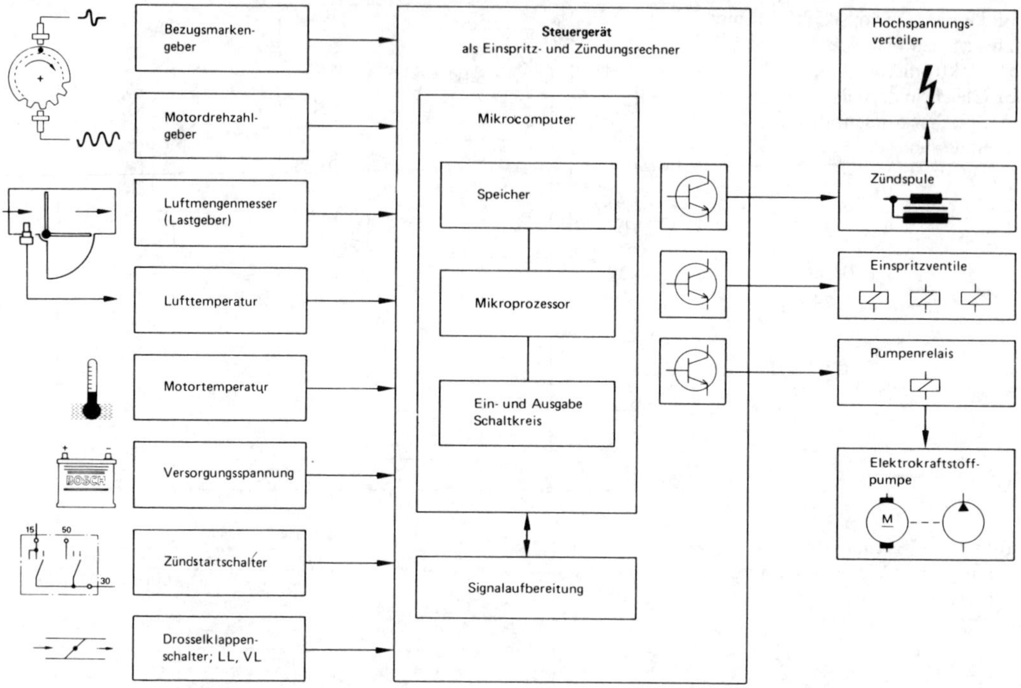

Bild 8.65 Funktionsübersicht für die Bosch-Motronic

Wartungsfreiheit und lange gleichbleibende Genauigkeit. Das System arbeitet mit einem digitalen Steuergerät, dessen Kernstück ein Mikrocomputer ist. In diesem ist das sogenannte Zündkennfeld einprogrammiert. Das sind viele, vom Motorhersteller ermittelte Zündzeitpunkte, die für jeden Betriebszustand den optimalen Zündverstellwinkel darstellen. Dem Computer ist ein Mikroprozessor zugeordnet. Das Steuergerät erhält über Sensoren eine Vielzahl von Motorinformationen, der Mikroprozessor errechnet in Sekundenbruchteilen den für die momentane Situation richtigen Grad der Vorzündung und ruft den Wert vom Computer ab. Die Leistungsendstufen im Steuergerät schalten nach diesen elektrischen Befehlen die Zündspule und die Einspritzventile (Bild 8.65).

Da die Motronic im Bereich Einspritzung der LE- bzw. LH-Jetronic etwa entspricht, sollen im folgenden nur die Sonderheiten des Zündungsteils angesprochen werden.

Mit herkömmlichen Zündverteilern und deren Verstelleinrichtungen kann der Zündzeitpunkt nur annähernd linear in Richtung «früh» oder «spät» verstellt werden. Zum einen durch die Fliehgewichte in Abhängigkeit der Motordrehzahl, zum anderen durch die Unterdruckdosen in Abhängigkeit des Saugrohrunterdrucks. Die so vorgegebenen Zündzeitpunkte können aber den tatsächlichen Frühzündungsbedarf des Motors nur unvollkommen abdecken, da aus Sicherheitsgründen die Verstellkurve in gewisser Entfernung zur Klopfgrenze verlaufen muß. Wäre die Verstellkurve der Klopfgrenze des Motors direkt angepaßt, würde er seine beste Leistung und Wirtschaftlichkeit erbringen. Schwankende Treibstoffqualität, Ablagerungen im Brennraum, Bearbeitungstoleranzen und durch Verschleiß hervorgerufene Veränderungen der Verstellmechanik würden aber klopfende Verbrennung und Motorschäden bewirken (Bild 8.66).

Bild 8.66 Vergleich der mechanischen mit der elektronischen Verstellkurve

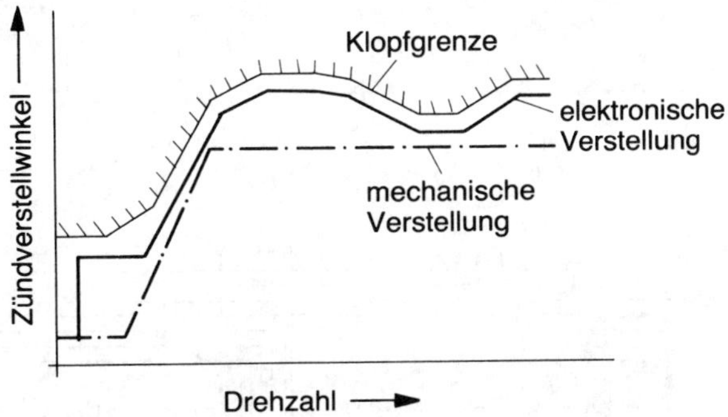

Bild 8.67 Räumliche Darstellung des gespeicherten Zündkennfelds. Jeder Kreuzungspunkt stellt einen optimierten Zündzeitpunkt für den Motor dar

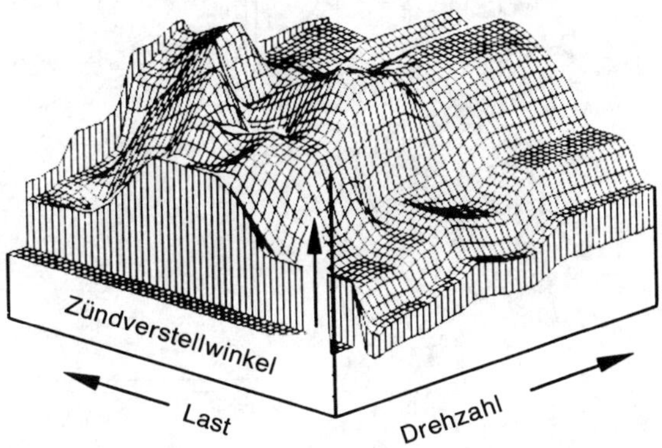

Diese störanfällige Mechanik wird bei der Motronic durch das gespeicherte Zündkennfeld ersetzt. Das räumliche Kennfeld ist nach den Parametern Last und Motordrehzahl in viele kleine Abschnitte unterteilt. Jeder Kreuzungspunkt dieses Netzes stellt einen dicht an der Klopfgrenze liegenden Zündzeitpunkt dar und belegt einen Speicherplatz im Computer. Auf diese Weise sind 256 Zündzeitpunkte festgelegt (Bild 8.67). Deshalb kommt dem Zündverteiler nur noch die Aufgabe zu, den Zylindern die Hochspannung gemäß der Zündfolge zuzuleiten. Bei BMW ist dieser Hochspannungsverteiler an den Zylinderkopf angeflanscht und der Verteilerfinger direkt auf das Nockenwellenende aufgesteckt.

Vom Luftmengenmesser erhält der Computer das Lastsignal. Die Drehzahlmessung erfolgt über einen induktiven Geber, der am Motorschwungrad die Zähnezahl erfaßt. Zum Erkennen der Kurbelwellenstellung ist ein zweiter induktiver Geber vorhanden, der ein Signal erzeugt, wenn eine in die Schwungscheibe eingelassene Bezugsmarke vorbeidreht. Bei jeder Kurbelwellenumdrehung fragt der Computer über diese Sensoren den Motorbetriebszustand ab und errechnet mit Hilfe der gespeicherten Werte den Grad der Vorzündung neu. Über das festgelegte Kennfeld hinaus wird der Zündzeitpunkt zusätzlich noch temperatur- und drehzahlabhängig bei besonderen Betriebszuständen korrigiert. Bei Heiß- und Kaltstartphasen erfolgt die Zündung später, was das Anspringen begünstigt. Um eine stabile Motordrehzahl zu erreichen, wird bei Drehzahlabfall zur Erhöhung des Drehmoments die Zündung früher gelegt. Wenn bei Schiebebetrieb die Schubabschaltung noch nicht einsetzt, wird der Zündzeitpunkt so angepaßt, daß ein einwandfreies Verbrennen erfolgt. Um bei hohen Außentemperaturen, bei langsamer Kolonnenfahrt o.ä. den Motor thermisch zu entlasten,

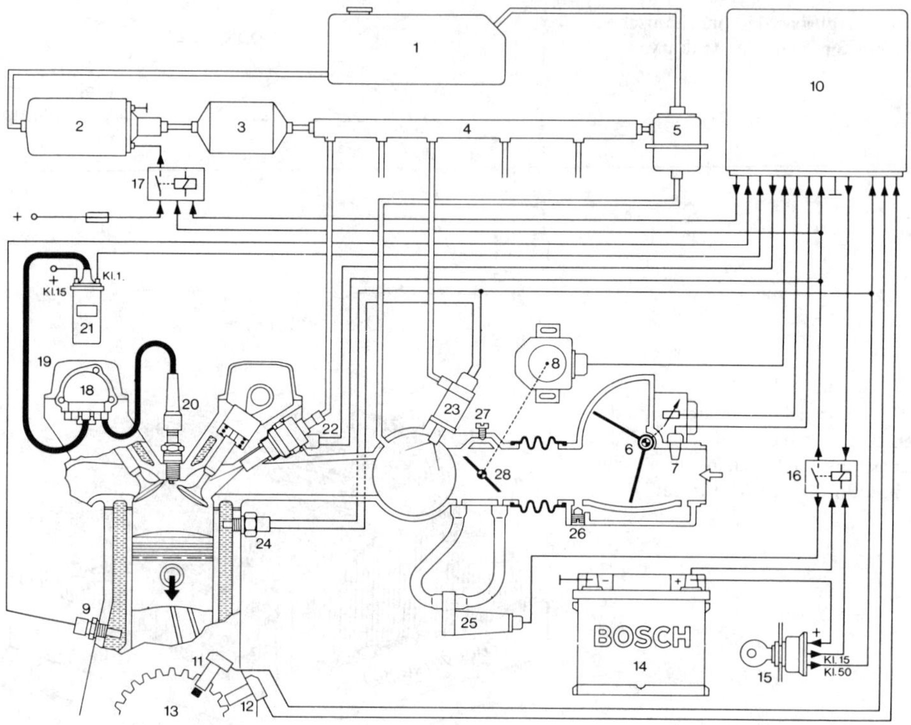

Bild 8.68 Gesamtdarstellung des Motronic-Systems

1 Kraftstoffbehälter

2 Elektrokraftstoffpumpe
fördert den Kraftstoff und erzeugt den zum Einspritzen notwendigen Druck

3 Kraftstoffilter
hält feinste Verunreinigungen zurück

4 Verteilerrohr
verteilt den Kraftstoff gleichmäßig auf alle Einspritzventile

5 Druckregler
hält die Druckdifferenz zwischen Kraftstoffdruck und Saugrohrdruck konstant

6 Luftmengenmesser
mißt stetig die vom Motor angesaugte Luftmenge und gibt über das Potentiometer die Information in Form eines elektrischen Signals an das Steuergerät

7 Lufttemperaturfühler
meldet die Ansauglufttemperatur an das Steuergerät

8 Drosselklappenschalter
meldet die Betriebszustände «Leerlauf» und «Vollast» an das Steuergerät

9 Motortemperaturfühler
meldet die Motortemperatur an das Steuergerät

10 Steuergerät
verarbeitet alle Motorbetriebsdaten und die Ansauglufttemperatur zur Berechnung des Zündzeitpunkts, des Schließwinkels und der benötigten Kraftstoffmenge, die über die Einspritzzeit zugemessen wird

11 Bezugsmarkengeber
meldet die Kurbelwellenposition an das Steuergerät, das zur Festlegung für den Zündzeitpunkt und Einspritzbeginn eine Zuordnung zum OT benötigt
12 Drehzahlgeber
tastet die Zähne des Schwungradzahnkranzes zur Berechnung der Motordrehzahl im Steuergerät ab
13 Schwungradzahnkranz
14 Batterie
15 Zündstartschalter
schaltet das Bordnetz an Versorgungsspannung und signalisiert dem Steuergerät den Startvorgang. Er schaltet während des Startens bei kaltem Motor das Startventil ein
16 Relais 2
versorgt das Steuergerät und die Einspritzventile mit Strom
17 Relais 1
versorgt die Elektrokraftstoffpumpe mit Strom. Es schaltet nur, wenn Relais 2 eingeschaltet hat und der Motor gestartet wird oder läuft
18 Hochspannungsverteiler
ist am Motor angeflanscht und ordnet die Zündimpulse den Zylindern zu. Der Verteilerläufer sitzt direkt auf dem Nockenwellenende
19 Zylinderkopf
20 Zündkerze
21 Zündspule
wird von einer Transistorendstufe im Steuergerät geschaltet
22 Einspritzventil
wird von einer Transistorendstufe im Steuergerät geschaltet und spritzt, elektromagnetisch betätigt, den Kraftstoff vor das Einlaßventil
23 Kaltstartventil
spritzt beim Kaltstart zusätzlich Kraftstoff in das Sammelsaugrohr
24 Thermozeitschalter
begrenzt die Einschaltzeit des Kaltstartventils in Abhängigkeit von der Motortemperatur
25 Zusatzluftschieber
erhöht und stabilisiert die Leerlaufdrehzahl bei kaltem Motor
26 Leerlauf-Gemischeinstellschraube
27 Leerlauf-Drehzahleinstellschraube
28 Drosselklappe

---

wird im Leerlauf der Zündzeitpunkt nach «früh» verlegt. Die kritische Motortemperatur erkennt das Schaltgerät über den Motortemperaturschalter.

Weiterhin kann bei der Motronic und auch bei anderen vollelektronischen Zündanlagen der Zündzeitpunkt durch das Signal eines Klopfsensors zurückgenommen werden. In diesen ist ein Piezokristall eingebracht. Der Sensor ist an den Motorblock außen in Höhe des Verbrennungsraums angeschraubt. Klopft der Motor, wird dessen Block in mechanische Schwingungen versetzt, in deren Abhängigkeit in dem Piezokristall elektrische Spannungsimpulse entstehen. Dieses Signal erkennt das Schaltgerät und legt sofort den Zündzeitpunkt um einen bestimmten Betrag nach «spät». Danach wird der Zündzeitpunkt langsam wieder an seinen Ausgangswert herangestellt, wenn der Klopfsensor nicht wieder erneut klopfende Verbrennung erkennt. Es ist absehbar, daß in Zukunft noch weitere Parameter zur Steuerung der Zündung und Einspritzung herangezogen werden, um das gesamte Motorverhalten zu verbessern und die Schadstoffemission abzusenken.

Selbstverständlich sind in das Schaltgerät der Motronic auch die Schließwinkelsteuerung und die Strombegrenzung einkonstruiert, so daß auch hier die Vorwiderstände überflüssig sind. Bei stehendem Motor und eingeschalteter Zündung erfolgt auch die Ruhestromabschaltung, um die Batterie und die Zündspule zu entlasten.

Allgemeine Hinweise für den Umgang mit elektronischen Zündanlagen

1. Das Berühren spannungsführender Klemmen bei Betrieb kann gefährlich sein.
2. Motor nie ohne festangeschlossene Batterie starten oder ohne sie betreiben.
3. Falschpolung der Batterie oder der Zündspule kann zur Zerstörung des Schaltgeräts führen.
4. Batterie vor dem Schnelladen abklemmen.
5. Starthilfe mit Schnelladern ist unzulässig.
6. Zündspulenklemme 1 nicht an Batterie-Plus legen, das Schaltgerät wird zerstört.
7. Bei Temperaturen über 80 °C, z.B. im Trockenofen, Schaltgerät ausbauen.
8. Bei Elektroschweißungen am Fahrzeug Batterieminusklemme lösen.
9. Bei Arbeiten wie Kompressionsdruckprüfung oder Schließwinkeleinstellung (TSZ-k) die Zündspannung an Masse ableiten oder Zentralstecker vom Schaltgerät abziehen.

8.2.10 Zündkerzen

Zündkerzen haben die Aufgabe, das Kraftstoff-Luft-Gemisch im Verbrennungsraum zu entzünden und den Verbrennungsraum gasdicht abzuschließen. Dies geschieht in der Weise, daß an den Kerzenanschlußbolzen Hochspannung angelegt ist, die isoliert in den Brennraum hineingeleitet wird und von der Mittelelektrode zur Masseelektrode einen Lichtbogen bildet. Die Temperatur dieses Funkens, rund 3000 °C, entzündet die im Funkenkanal befindlichen Kraftstoffteilchen, durch deren Wärmeerzeugung die umliegenden Kraftstoffteilchen entflammt werden. Dadurch findet ein fortlaufendes Verbrennen in Art einer Flammenfront statt. Der Aufbau, der bei den Standardkerzen aller Hersteller ähnlich ist, geht aus Bild 8.69 hervor. Durch die Maßnahmen, die den gasdichten Abschluß des Brennraums gewährleisten, unterscheiden sich die Kerzen. Die äußere Abdichtung, also zwischen Kerze und Zylinderkopf, kann einmal durch Flachsitz mit Dichtring, zum andern durch konusförmigen Dichtsitz erreicht werden (Bild 8.70). Die innere Abdichtung – zwischen Kerzenisolator und Kerzenkörper – wird von einigen Herstellern durch einen eingepreßten Weichkupferring, bei anderen durch Befüllen mit Silimentpulver und anschließendes Aufheizen bewirkt. Die für den Motor richtige Kerze hat der Hersteller in aufwendigen Versuchen ermittelt, sie darf nicht willkürlich gegen andere getauscht werden, da unbefriedigendes Motorverhalten oder sogar Motorschäden hervorgerufen werden können.

Die wichtigsten Unterscheidungsmerkmale von Zündkerzen sind:

1. Der Wärmewert,
2. der Gewindedurchmesser, dessen Steigung und Länge,
3. die Form der Elektroden und deren Lage im Brennraum und
4. die Art der äußeren Abdichtung.

Der Kerzenisolator ist hohen Temperaturen, schroffen Temperaturwechseln und den Arbeitsdrücken des Motors ausgesetzt. Er nimmt bei Vollastbetrieb eine Temperatur bis zu 800 °C an, darf dabei aber nicht leitfähig werden. Der Verbrennungstemperatur von etwa 2500 °C steht im nächsten Ansaugtakt bei winterlichen Außentemperaturen ein Wert in der Nähe des Gefrierpunkts gegenüber. Ungeeignete Isolatorwerkstoffe würden verspröden. Bei jedem Arbeitstakt wird der im Kerzenkörper befestigte Isolator einem schlagartig ansteigenden Druck von 40 bis 70 bar ausgesetzt. Wenn er nicht eine bestimmte Härte aufweisen würde, wäre die Gefahr einer Verformung oder Zerstörung vorhanden. Die Anforderungen an das Isolatormaterial sind also mannigfaltig, wenn zusätzlich noch bedacht werden muß, daß die Form der Isolatorfußspitze maßgeblichen Einfluß auf das Temperaturverhalten einer Kerze ausübt. Unter anderem wird durch besondere Formgebung der

Bild 8.69 Aufbau einer Bosch-Standardkerze
1 Anschlußmutter
2 Anschlußgewinde
3 Kriechstrombarriere
4 Isolator (Al_2O_3)
5 Bördelring
6 elektrisch leitende Glasschmelze
7 innerer Dichtring
8 Atmungsraum
9 Anschlußbolzen
10 Stauch- und Warmschrumpfzone
11 unverlierbarer äußerer Dichtring
12 Mittelelektrode
13 Isolatorfußspitze
14 Masseelektrode

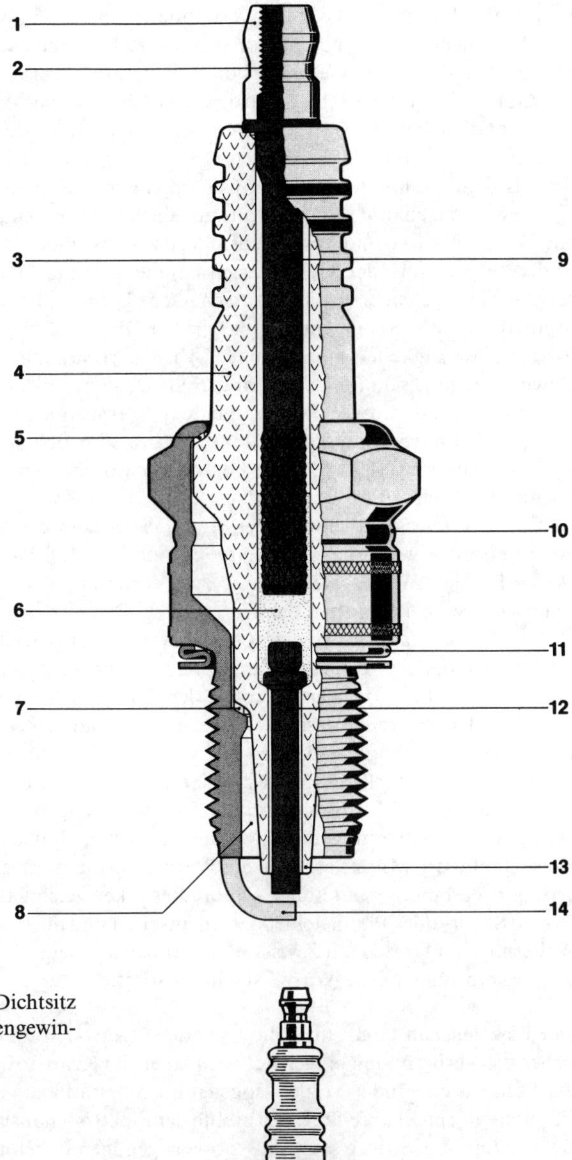

Bild 8.70 Zündkerzen mit konischem Dichtsitz leiten die Wärme über diesen und das Kerzengewinde besser an den Motor ab

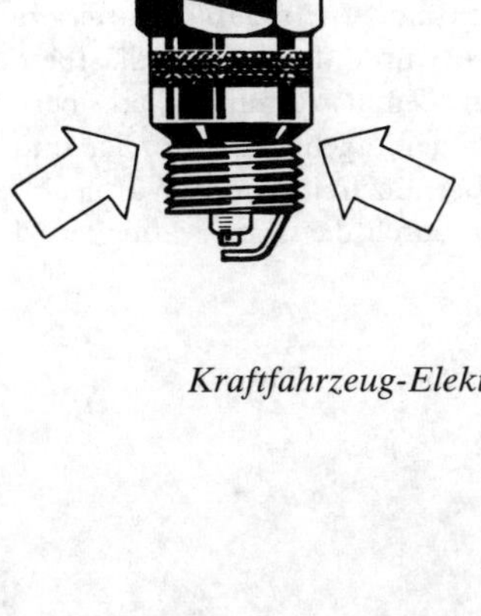

Wärmewert bestimmt. Die früher verwendeten Speckstein-, Glimmer- oder Steatitisolatoren würden den Ansprüchen moderner Motoren nicht mehr genügen. Darum verwenden alle Hersteller von Kerzen heute keramische Sinterkorundisolatoren, deren Grundmaterial reines Aluminiumoxid (Al_2O_3) ist. Diese plastische Tonerde wird in die Form des zukünftigen Isolators gebracht und dann im Brennofen bei 1600 °C gebrannt und gesintert. Dadurch erhält der Isolator die geforderten elektrischen und thermischen Eigenschaften und eine Härte, die es ermöglicht, mit der Bruchkante eines Isolators Glas zu schneiden wie mit einem Diamantglasschneider.

Die Kerzengehäuse sind aus Automatenstahl hergestellt. Sie tragen den eingebördelten Isolator mit Anschlußbolzen und Mittelelektrode, das selbstfindende Einschraubgewinde und die Masseelektrode. Außerdem ist der Montagesechskant angeformt. Um die Oberfläche der Kerzengehäuse und der Gewinde gegen Korrosion zu schützen, können diese vernickelt, verzinkt, vermessingt oder brüniert werden. Somit entfällt das früher übliche Einstreichen der Gewinde mit Graphit, um Ausbauschwierigkeiten vorzubeugen. Zur Verfestigung der einzelnen Gewindegänge sind die Gewinde nicht geschnitten sondern gerollt. Die Gewinde dienen aber nicht nur der Befestigung der Kerze im Zylinderkopf, sondern auch der Wärmeableitung. Aus diesem Grund ist der Trend zu Kerzen mit Langgewinde und Konusdichtsitz zu beobachten. Kerzengewinde und Montagesechskant sind genormt. Als Gewinde kommen metrische Gewinde M18 × 1,5, M14 × 1,25, bei älteren oder ausländischen Motoren M12 × 1,25 und bei kleineren Motoren, z. B. für Motorräder, M10 × 1 zum Einsatz. Die Schlüsselweite der Montagesechskante weicht von der des normalen Werkzeugs ab. So hat normalerweise die Kerze mit Gewinde M14 × 1,25 die Schlüsselweite 20,8, die mit Gewinde M18 × 1,5 die SW 26. Das zwingt zur Verwendung eines speziellen Kerzenschlüssels, da ein Maulschlüssel beim Einbau der Kerze deren Gehäuse deformiert und sie undicht werden könnte.

An *das Material der Kerzenelektroden* werden bei Betrieb besondere Anforderungen gestellt. Sie sollen mit möglichst niedriger Zündspannung einen heißen, energiereichen Funken erzeugen und darum widerstandsarm sein. Sie sollen der Funkenerosion, also dem Abbrand, und den chemischen Angriffen der Verbrennungsrückstände möglichst lange Zeit widerstehen. Außerdem dürfen sie nicht verzundern. Bei Standardkerzen verwendet man Chrom- und Nickellegierungen, wobei den Mittelelektroden noch besondere ionisierend wirkende Zusätze wie Radium, Barium oder Polonium beigegeben werden. Dadurch wird der Zündspannungsbedarf zum Funkenüberschlag herabgesetzt. Da das Wärmeleitvermögen von Metallen besser ist als das von Keramik, wird durch Verändern des Querschnitts der Mittelelektrode die Wärmeableitung gezielt gesteuert. Niedriger Zündspannungsbedarf in Verbindung mit hoher Abbrandfestigkeit zeichnet auch Kerzen mit Sonderelektroden aus. Es sind Silber- oder Platinelektroden anzutreffen und auch solche aus Gold-Palladium-Legierungen. Weiterhin sind Kerzen mit Zweistoffelektroden auf dem Markt, bei denen in der Mittelelektrode ein Kupferkern für schnelle Wärmeableitung sorgt.

Der Elektrodenabstand und die Lage der Elektroden im Brennraum bestimmen weitgehend, wie sicher die Verbrennung eingeleitet wird. Je mehr Kraftstoffteilchen zugleich durch die Temperatur des Funkens entzündet werden, sogenannte Startradikale, um so sicherer ist gewährleistet, daß die Verbrennung nicht abreißt. Dazu müßte der Elektrodenabstand sehr groß sein, und sie müßten so im Brennraum angeordnet sein, daß sie von genügend brennbaren Frischgasen durchspült werden. Großem Elektrodenabstand steht aber dessen großer Zündspannungsbedarf entgegen, der besonders bei Hochdrehzahlbetrieb durch Batteriezündanlagen nicht zufriedenstellend abgedeckt werden kann. Ebenso würde dann bei Teillastbetrieb oder kaltem Motor mit noch nicht freigebrannten Isolatoren die Zündspannung eher über die Rußschicht nach Masse abgeleitet. Weit in den Brennraum hineinragende Elektroden sind den thermisch-korrosiven Einflüssen besonders stark ausgesetzt. Bei unzureichender Wärmeableitung würden sie sich so stark aufheizen, so daß die Verbrennung durch die Temperatur der Elektroden und nicht durch den Zündfunken eingeleitet wird. Diese Glühzündungen verursachen schwere Motorschäden. Außerdem muß infolge der höheren Temperatur und der aggressiveren Wirkung der Verbrennungsrückstände ein größerer Abbrand der Elektroden in Kauf genommen werden. Zurückgezogene Elektroden sind in dieser Hinsicht weniger anfällig. Sie sind aber nicht für alle Motoren geeignet, weil nicht sicher ist, daß sich im Zündmoment genügend brennfähiges Frischgas im Funkenkanal befindet. Solche Kerzen würden Motoren teillastempfindlich machen, weil sie Verbrennungsaussetzer bewirken können. Deshalb ist der Elektrodenabstand vom Motorhersteller für jeden Motor vorgeschrieben. Da es nicht für jeden Motor Kerzen mit motorspezifischem Elektrodenabstand gibt, sind bei Neueinbau und bei turnusmäßiger Kontrolle die vorschriftsmäßigen Werte einzustellen. Das hat mit geeignetem Biegewerkzeug zu geschehen, welches es ermöglicht, die Masseelektrode nachzurichten, ohne dabei einen Druck auf die Mittelelektrode auszuüben (Bild 8.71).

Die Elektrodenformen wurden in Zusammenarbeit von Motor- und Kerzenhersteller entwickelt und auf die Belange des Motors abgestimmt. Sie weisen arttypische Eigenschaften auf, die ihren Einsatz in dem einen Motor begünstigt, in einem anderen unmöglich macht (Bild 8.72).

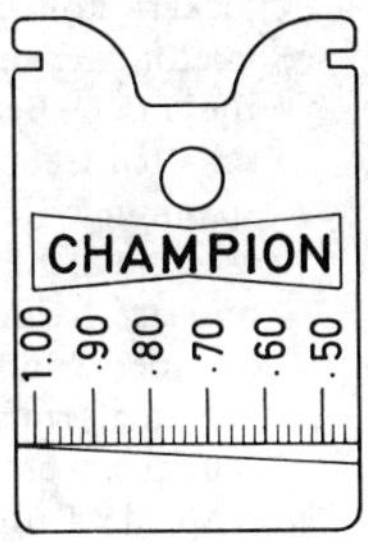

Bild 8.71 An der Kerzenlehre von Champion sind am oberen Teil zwei Biegehaken angebracht, die eine Korrektur der Stellung der Masseelektrode ermöglichen. Zum Messen des Elektrodenabstands ist an dem unteren Teil eine Zehntelmillimeterskala vorgesehen, die bis zum Festklemmen in den Elektrodenabstand hineingeführt wird

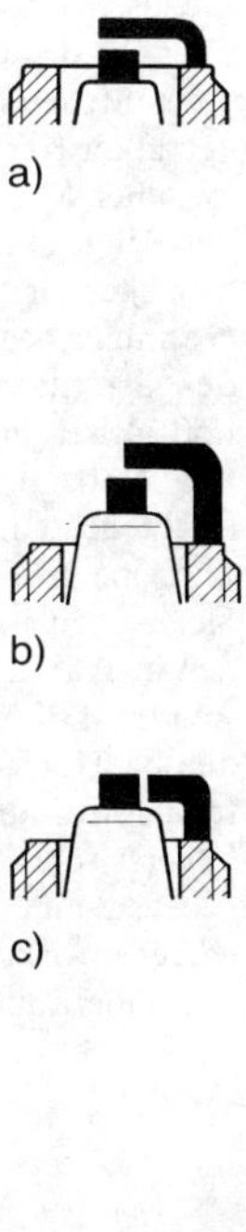

Bild 8.72
a) Die Kerze mit vollüberdeckender Stirnelektrode weist bei kleinem Spannungsbedarf ausreichende Gemischzugänglichkeit auf. Sie kann als Standardkerze für ältere Motoren angesehen werden. Sie zeichnet sich durch große Abbrandreserve und leichte Nachstellbarkeit aus. In ungeeigneten Motoren können im Leerlauf- und Teillastbetrieb Verbrennungsaussetzer auftreten.
b) Die Gemischzugänglichkeit wird besser, wenn die Masseelektrode als halbüberdeckende Stirnelektrode ausgeführt ist und die Funkenlage vorgezogen ist. In Hochleistungsmotoren besteht aber die Gefahr, daß sie bei nicht richtig gewähltem Wärmewert Glühzündungen hervorruft.
c) Die Seitenelektrode gewährleistet gute Gemischzugänglichkeit bei leicht gestiegenem Zündspannungsbedarf. Die Abbrandreserve ist gering und die Nachstellung des Elektrodenabstands schwierig, wenn nicht sogar unmöglich.

d)

d) Bei Kerzen mit Platinelektroden ist die Gemischzugänglichkeit besonders günstig. Dieses Material ist auch bei hohen Temperaturen korrosions- und abbrandfest. Das ermöglicht die Herstellung fast nadelfeiner Elektroden, die in geringem Abstand zueinander gestellt sein können, ohne daß die Durchspülung mit Frischgas beeinträchtigt wird. Der geringe Elektrodenabstand setzt den Zündspannungsbedarf herab und macht die Kerze nebenschlußunempfindlicher. Die geringe Masse der Elektroden entzieht jedem Funken auch weniger Wärme, so daß er heißer bleibt und sicherer zündet. Diese Kerzen sind ausgesprochene Hochleistungskerzen, deren allgemeiner Verwendung nur der Preis des Elektrodenmaterials entgegensteht. Vor dem Nachstellen der Elektroden muß gewarnt werden, da die Platineinsätze in dem Trägermaterial sich dabei lockern können.

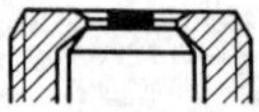
e)

e) Gleitfunkenkerzen zeichnen sich durch extreme thermische Belastbarkeit aus. Ihre besten Eigenschaften treten in Verbindung mit einer Hochspannungs-Kondensatorzündanlage hervor, die es ermöglicht, einen Hochleistungsmotor auch aussetzerfrei im Teillastbereich zu betreiben. Da hier der Zündfunke über die Isolatorfußspitze zur ringförmigen Masseelektrode gleitet, sorgt seine Temperatur schon für das Verbrennen hier haftender Rußniederschläge, ohne daß die Kerze ihre Selbstreinigungstemperatur erreicht hat. Dieser eigentlich für alle Kerzen wünschenswerten Eigenschaft steht die oft nicht ausreichende Gemischzugänglichkeit entgegen.

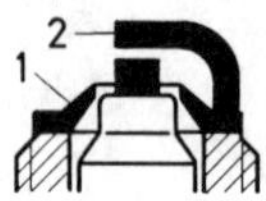

f)

f) Hier ist die Gleitfunkenstrecke zusätzlich mit einer Steuerelektrode versehen (2). Bei kalter, verrußter Kerze liegt der Zündspannungsbedarf zwischen Mittel- und Steuerelektrode unter dem der Ringelektrode. Die Kerze zündet also. Bei ansteigender Motortemperatur sinkt der Zündspannungsbedarf der Ringelektrode (1) unter den der Steuerelektrode. Der Funke wechselt und gleitet jetzt über den Isolator, wodurch er von Nebenschlüssen gereinigt wird. Dadurch ergibt sich eine große Standzeit der Elektroden und eine größere Kilometerlaufleistung.

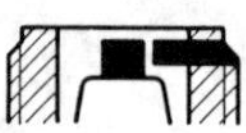
g)

g) Kerzen mit innenliegender Funkenstrecke werden in Wankelmotoren oder Rennmotoren verwendet. Die zurückgezogenen Elektroden werden bei Höchstleistung nicht bis zur Glühzündtemperatur aufgeheizt. Diesem Vorteil steht die äußerst schwierige Gemischzugänglichkeit entgegen, der man häufig durch die Doppelzündung entgegenwirkt und mit zwei Kerzen im Brennraum die Zündung einleitet.

Das Temperaturverhalten einer Zündkerze muß dem jeweiligen Motor angepaßt sein. Der Isolatorfuß ist den Brenngasen ausgesetzt und nimmt mit steigender Motorbelastung eine höhere Temperatur an. Dabei dürfen aber selbst bei stundenlangem Vollastbetrieb die Elektroden und die Isolatorfußspitze nicht heißer als 820 °C werden, da bei Überschreiten der Glühzündtemperatur von 900 °C die Verbrennung schon vor Entstehen des Zündfunkens eingeleitet wird. Die Folgen dieser Glühzündung entsprechen denen eines zu früh stehenden Zündzeitpunkts. Andrerseits darf bei geringer Motorbelastung die Isolatortemperatur nicht unter die Selbstreinigungstemperatur von etwa 400 °C absinken, da dann die Verbrennungsrückstände leitfähige Niederschläge auf der Oberfläche der Isolatorfußspitze bilden. Bei entsprechender Dichte dieses Nebenschlusses kann so viel Zündspannung darüber abgeleitet werden, daß letztendlich der Zündfunke an den Elektroden aussetzt. Eine richtig zum Motor abgestimmte Kerze erreicht kurz nach dem Starten ihre Arbeitstemperatur von 500 bis 800 °C, wodurch Verrußen und Glühzündungen ausgeschlossen sind.

Der Wärmehaushalt einer Kerze ist in erster Linie durch die Formgebung des in den Brennraum ragenden Teils des Isolators festgelegt. Bildet er einen langen schlanken Kegel, so findet die Verbrennungstemperatur hieran eine große wärmeaufnehmende Oberfläche. Der Isolator wird schnell temperiert. Dieser großen wärmeaufnehmenden Oberfläche steht ein langer Weg mit geringem Isolatorquerschnitt für die Wärmeableitung zum Kerzengehäuse gegenüber. In einem sportlichen Motor würde sich die Kerze zu stark erwärmen, weil sich die anfallende Temperatur infolge ungenügender Ableitung in der Isolatorfußspitze staut. Eine solche Kerze wird als heiße Kerze bezeichnet. Für den Hochleistungsbetrieb ist demgemäß eine kalte Kerze zu wählen. Ihr Isolator weist einen kurzen stumpfen Kegel auf. Er hat eine kleine wärmeaufnehmende Oberfläche, für die Ableitung aber einen großen Querschnitt bei kurzem Wärmeleitweg. In einem langsamlaufenden Motor kann diese Kerze ihre Freibrenntemperatur nur schwer erreichen, weil gegenüber der aufgenommenen Temperatur diese zu schnell und in zu großem Maß abgeleitet wird. Sie muß zwangsläufig verrußen (Bild 8.73).

Bild 8.73 Der Wärmewert einer Kerze wird vorrangig durch die Form des Isolatorfußes bestimmt. Der Weg für die Wärmeableitung ist unterschiedlich lang

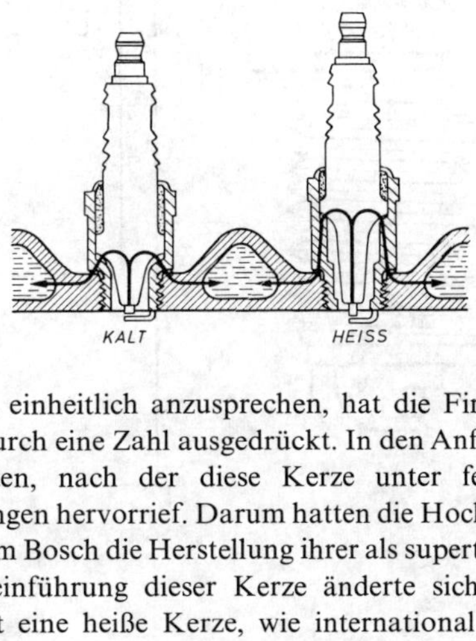

Um die Kerzen für unterschiedliche Motoren einheitlich anzusprechen, hat die Firma Bosch schon 1925 den Begriff Wärmewert geprägt und durch eine Zahl ausgedrückt. In den Anfängen war diese Zahl gleichzusetzen der Zeit in Sekunden, nach der diese Kerze unter festgelegten Prüfbedingungen in einem Prüfmotor Glühzündungen hervorrief. Darum hatten die Hochleistungskerzen früher eine hohe Wärmewertzahl. 1979 nahm Bosch die Herstellung ihrer als superthermoelastisch bezeichneten Kerze auf. Mit der Markteinführung dieser Kerze änderte sich auch die Bedeutung der Wärmewertkennzahl. Jetzt erhält eine heiße Kerze, wie international allgemein üblich, eine einstellige höhere Zahl als eine kalte Kerze. Eine Hochleistungskerze ist also durch eine niedrige Wärmewertzahl gekennzeichnet. Leider haben sich einige fernöstliche Kerzenhersteller diesem Modus nicht angeschlossen. Darum ist es notwendig, sich bei Wechsel des Kerzenfabrikats anhand von Vergleichslisten zu informieren, welche Bedeutung die Wärmewertzahl des neuen Fabrikats hat (Bild 8.74).

Typformelerläuterung

Einschraubgewinde		Dichtsitz
D	= M 18 x 1,5	Kegel
H	= M 14 x 1,25	Kegel
M	= M 18 x 1,5	Flach
U	= M 10 x 1	Flach
W	= M 14 x 1,25	Flach
X	= M 12 x 1,25	Flach

Konstruktionsmerkmale

B = geschirmt, wasserdicht, mit Widerstand, für Zündleitung Ø 7 mm
C = wie B, jedoch für Zündleitung Ø 5 mm
E = Gleitfunkenkerze
S = kurze Bauart
R = Widerstand (kann auch an 3. Stelle stehen)

Wärmewert

niedrige Kennzahl = „kalte" Zündkerze
hohe Kennzahl = „warme" Zündkerze

13 warm
12
11
10
9
8
7
6
5
4
3
2
09
08
07
06 kalt

gängigster Wärmewert

Gewindelänge		Funkenlage
A	= 12,7 mm	normal
B	= 12,7 mm	vorgezogen
C	= 19 mm	normal
D	= 19 mm	vorgezogen
E	= 9,5 mm	normal
F	= 9,5 mm	vorgezogen
G	= 11,2...12,7 mm	extrem vorgezogen
H	= 19 mm	extrem vorgezogen

Elektrodenwerkstoff

bei Standard-Ausführung bleibt der vorgesehene Raum bei der Beschriftung frei

C = Ni-Cu-Mittelelektrode
L = Inconel-Masseelektrode
P = Platin-Elektroden
S = Silber-Elektroden

Sonstige Merkmale

X = Elektrodenabstand 1,1 mm
Y = Elektrodenabstand 1,5 mm
0 = Abweichung von Grundausführung
1, 3, 5, 7 = Wärmewertabweichung nach „kalt" und zusätzliche mech. Abweichung
2, 4, 6, 8 = Wärmewertabweichung nach „warm" und zusätzliche mech. Abweichung

Bild 8.74 In der Typenformel sind alle für die Auswahl der Kerze wichtigen Bestandteile zusammengefaßt

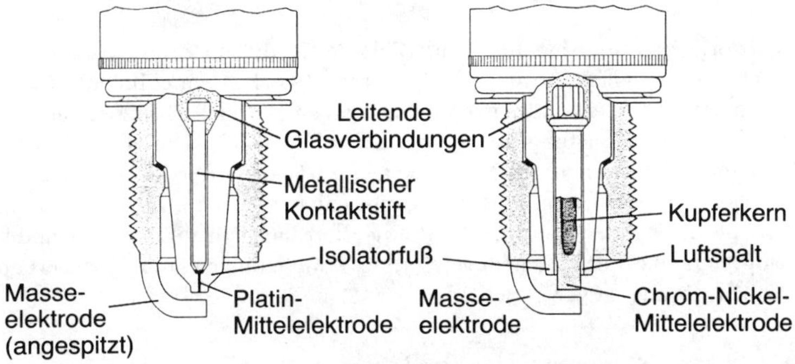

Bild 8.75 Bei der Platinzündkerze von Bosch in der neuen Ausführung, linkes Bild, ist eine 0,3 mm starke Mittelelektrodenspitze fugenlos in die Isolatorspitze eingesintert. Dadurch werden unnötig lange Wege zur Wärmeableitung vermieden, so daß der Isolator weiter in den Brennraum vorgezogen werden kann. Er erreicht schon wenige Sekunden nach dem Start die Freibrenntemperatur, wodurch die Kerze einen erweiterten thermischen Arbeitsbereich erhält. Die angespitzte Masseelektrode begünstigt die Gemischzugänglichkeit. Bei der rechts abgebildeten Kerze mit Zweistoffelektrode verhindert ein Luftspalt um die Mittelelektrode den sofortigen Wärmeaustausch von dem Isolator zur Mittelelektrode. Ab etwa 750 °C wird die vermehrt anfallende Wärme über den Kupferkern schneller abgeleitet

Bild 8.76 Der thermische Arbeitsbereich einer Platinkerze 1 im Vergleich zu einer Kerze mit Nickel-Kupfer-Elektrode 2 und einer mit normaler Nickel-Chrom-Elektrode 3. Aufgrund des unterschiedlichen Elektrodenmaterials muß bei einfachen Kerzen der Motor stärker belastet werden, um die Freibrenngrenze von 400 °C zu erreichen

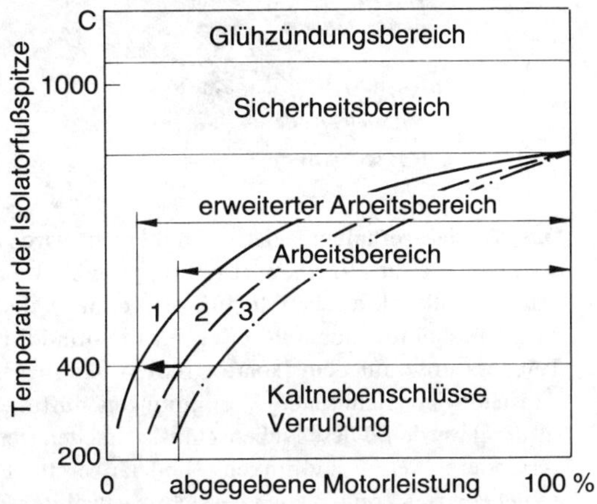

Allgemein sind die Bestrebungen der Kerzenhersteller zu beobachten, ihre Kerzen mit erweitertem Wärmewert auszustatten. Die Notwendigkeit ergibt sich aus der Leistungssteigerung der Motoren und der nachweisbaren Tatsache, daß die modernen Kfz überwiegend im unteren Teillastbereich betrieben werden. Beim Stop-and-go-Verkehr in der Stadt und beim häufigen Anlassen kalter Motoren ist die Gefahr des Verrußens der Kerze unvermeidlich. Um den bei Vollastbetrieb auftretenden hohen Temperaturen gerecht zu werden, sind also Kerzen erforderlich, die sich anfänglich schnell erwärmen, dann aber vor Erreichen der Glühzündtemperatur die vermehrt anfallende Wärme schneller ableiten. Dies erfordert einen langen schlanken Isolatorfuß und eine Zweistoffelektrode. Die Bosch-Kerzen erfuhren eine konstruktive Änderung in der Form, daß in die Chrom-Nickel-Mittelelektrode ein Kupferkern «eingeschossen» wurde. Die bessere Wärmeleitfähigkeit des Kupfers macht sich erst oberhalb von etwa 750 °C bemerkbar, so daß sich die Kerze schnell erwärmt, aber bei richtig gewähltem Wärmewert keine Glühzündungen bewirken kann (Bilder 8.75 und 8.76).

Entstörte Kerzen sind für Sonderfälle der Radioentstörung vorgesehen, gehören teilweise aber auch zur Grundausstattung von Motoren. Zwischen Anschlußbolzen und Mittelelektrode ist ein keramischer Widerstand eingebracht, der den Wärmefluß hindert und somit Sondermaßnahmen für die Wärmeableitung notwendig macht (Bild 8.77). Die Herstellung ist aufwendig und teuer. Darum wird vorrangig auf Normalkerzen zurückgegriffen, die mit Widerstandskerzensteckern und solchen mit metallischer Abschirmkappe entstört werden. In mit Funk ausgerüsteten Fahrzeugen, z. B. die der Bundeswehr oder der Polizei, sind auch voll abgeschirmte und wasserdichte Zündkerzen eingebaut, die aber auch abgeschirmte Zündleitungen und Verteilerkappen verlangen, um die Vollentstörung zu gewährleisten.

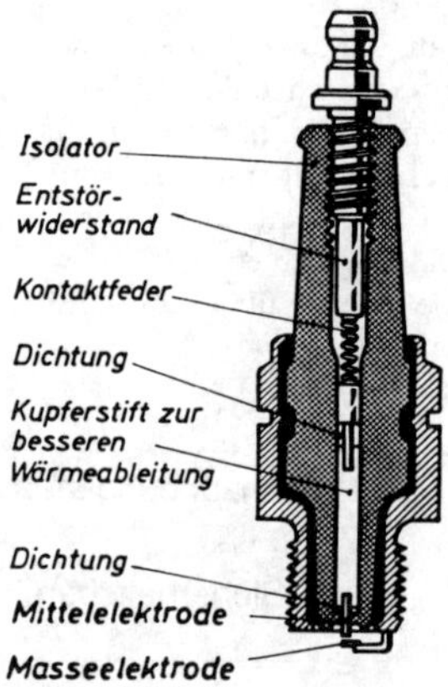

Bild 8.77 Zündkerze mit eingebautem Entstörwiderstand

Das Betriebsverhalten der Zündkerzen wird durch eine Reihe unterschiedlicher Faktoren bestimmt. Bei im Wärmewert richtig gewählter Zündkerze wird die Freibrenntemperatur erreicht. Ruß und Ölkohle am Isolatorfuß verbrennen vollständig, wenn der Motor seine Betriebstemperatur hat. Rückstände aus Öl- oder Kraftstoffadditiven bleiben aber zum Teil auch bei höheren Temperaturen auf dem Isolator haften. Hierbei können insbesondere Rückstände aus verbleitem Kraftstoff in chemischen Verbindungen auftreten, die erst bei hohen Temperaturen elektrisch leitfähig werden. Diese Nebenschlüsse machen sich ab etwa 500 °C bemerkbar und schwächen oder verhindern den Zündfunken. Bei längerem Betrieb im Teillastbereich, bei Leerlauf oder Schiebebetrieb können auch bei richtig gewählten Zündkerzen Verrußungen auftreten. Diese werden aber bei folgendem Betrieb mit höherer Leistung wieder abgebrannt. Wenn der Motor, die Vergasereinstellung oder die Zündeinstellung nicht in Ordnung sind, kann sich mehr Ölkohle bilden als verbrennt. Als vorübergehende Notmaßnahme könnte man Zündkerzen niedrigeren Wärmewerts einbauen. Dann ergibt sich aber die Gefahr, daß bei kurzzeitigem Vollastbetrieb die Kerzen so heiß werden, daß aus dem Atmungsraum der Kerze Flammenlanzen auf die Kolbenböden schlagen und Löcher einbrennen. Darum sollte der Wärmewert den vom Motorhersteller vorgeschriebenen nicht wesentlich unterschreiten. Die Kontrolle der Zündkerzen in ausgebautem Zustand ist in erster Linie eine Sichtprüfung. Das Aussehen des Kerzeninnern ermöglicht Rückschlüsse auf Funktion der Kerze und des Motors. Eine gute Hilfe hierbei sind die von den Kerzenherstellern gelieferten bunten Bildtafeln, die verschiedene «Kerzengesichter» zeigen und die Entstehungsursache für deren Aussehen erklären. Verbrauchte Zündkerzen mit abgebrannten Elektroden, gerissenem Isolator oder anderen erkennbaren Fehlern sollen ausgetauscht werden. Aus Sicherheitsgründen ist dabei der ganze Satz Zündkerzen zu erneuern. Bei richtig gewähltem Wärmewert hat der Isolator eine hellgraue

Farbe. Samtartiger schwarzer Rußbelag kann auf zu fettes Gemisch oder verschmutzten Luftfilter hinweisen. Möglicherweise ist aber auch der Wärmewert zu hoch gewählt. Hellbraune, schlackeähnliche Ablagerungen sind durch verbrannte Ölzusätze entstanden und kennzeichnen einen beginnenden Motorschaden. Ist das Kerzengesicht schwarz verölt, gelangt über verschlissene Kolbenringe oder Ventilschaftabdichtungen zuviel Öl in den Brennraum.

Angeschmolzene Mittel- und Masseelektroden bei lasiertem Isolatorfuß sind durch zu hohe Temperatur entstanden. Das kann durch zu viele Frühzündung, schadhafte Ventile oder Kopfdichtung verursacht worden sein, vielleicht ist aber auch der Wärmewert zu niedrig. Gelborange Färbung des Isolators kann sich bei hoher Motorbelastung nach längerem Teillastbetrieb einstellen. Diese Kerzen sind verbleit und können nicht wie solche mit anderen Verunreinigungen mittels Sandstrahlgebläse gereinigt werden. Das Reinigen von Kerzen mit einer Stahlbürste ist grundsätzlich unzulässig, weil dadurch in die Oberfläche der Isolatorfußspitze Metallabrieb eingearbeitet wird und die Kerze eher zu Nebenschlüssen neigt.

Prüfen von Zündkerzen

Das Prüfen von Zündkerzen erfolgt mit einem Zündkerzenprüfgerät. Dies besteht aus einer Druckkammer, in die die zu prüfende Zündkerze so eingeschraubt wird, daß das Kerzeninnere durch ein Schauglas beobachtet werden kann. Durch eine Steuerung kann dieser Druckraum auf beliebig hohen Luftdruck zwischen 0 und etwa 15 bar gebracht werden. Dabei wird der jeweilige Druck durch ein Manometer gemessen. Während des Prüfens wird die Hochspannungsleitung eines Funkeninduktors mit der Zündkerze verbunden. Zur zu prüfenden Zündkerze ist eine Funkenstrecke parallel geschaltet (Bild 8.78).

Vor dem Prüfen der Zündkerze muß der Elektrodenabstand gemessen und unter Umständen nachgestellt werden. Zum Prüfen von Zündkerzen werden diese in die Druckkammer des Prüfgeräts eingeschraubt. Dabei soll ein Prüfen von öl- oder kraftstoffeuchten Kerzen vermieden werden, weil dadurch Explosionen im Gerät erfolgen können. Die Prüfung beginnt bei hohem Druck. Dabei müssen die Funken ohne Aussetzen an der Nebenfunkenstrecke überspringen. An oder in den Zündkerzen dürfen dabei keine Funken erscheinen. Dann wird der Druck abgesenkt, bis die ersten Funken an den Zündkerzenelektroden überspringen. Bei je höherem Druck dies geschieht, um so weniger verbraucht ist die Zündkerze. Die Druckwerte, bei denen die Funken an den Elektroden der

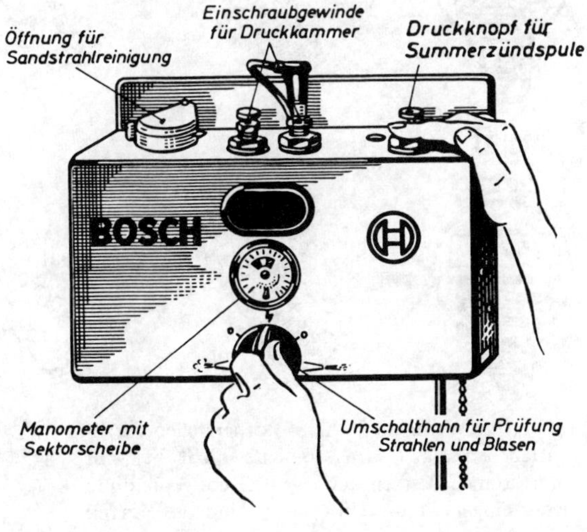

Bild 8.78 Bosch-Zündkerzenprüf- und -reinigungsgerät

Zündkerzen überspringen müssen, sind je nach Elektrodenabstand und Fabrikat von Zündkerzen und Prüfgeräten verschieden. Beim Prüfen mit dem Bosch-Prüfgerät EFKE D2 gelten folgende Werte:

Tab. 8.10

Elektrodenabstand mm	Druck, bei dem die ersten Funken an der Kerze überspringen Kerze schlecht bar	Kerze noch brauchbar bar	Kerze gut bar
0,4	8,5 bis 10,5	10,5 bis 12,0	12,0 bis 14,0
0,5	6,5 bis 8,5	8,5 bis 10,0	10,0 bis 12,0
0,6	5,5 bis 7,5	7,5 bis 9,0	9,0 bis 11,0
0,7	4,5 bis 6,5	6,5 bis 8,0	8,0 bis 10,0
0,8	4,0 bis 6,0	6,0 bis 7,5	7,5 bis 9,5
0,9	3,5 bis 5,5	5,5 bis 7,0	7,0 bis 9,0
1,0	3,0 bis 5,0	5,0 bis 6,5	6,5 bis 8,5
1,1	2,5 bis 4,5	4,5 bis 6,0	6,0 bis 8,0

Beim Einbau von Kerzen ist darauf zu achten, daß die richtigen bezüglich Dichtsitz und Gewindelänge verwendet werden. Das Kerzengewinde muß im Brennraum bündig abschließen, weil sonst die Gewindegänge verkoken oder Glühzündungen entstehen können. Des weiteren ist auf das vom Motorhersteller vorgeschriebene Anzugsdrehmoment zu achten. Es liegt im Mittel bei etwa 40 Nm. Sollte es nicht bekannt sein, kann behelfsmäßig nach Bild 8.79 verfahren werden.

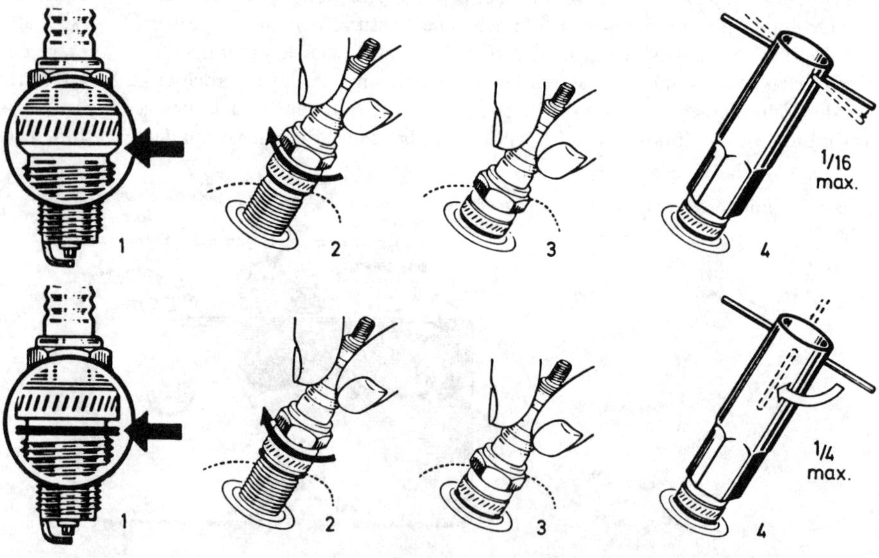

Bild 8.79 Wenn die vom Motorhersteller vorgeschriebenen Anzugsdrehmomente nicht bekannt sind, können Kerzen auch gemäß der Abbildung sicher eingebaut werden. Hierzu sind die Kerzen fingerfest auf ihren Sitz einzuschrauben, und dann je nach Dichtsitz mit dem Kerzenschlüssel $^1/_4$ oder $^1/_{16}$ Umdrehung anzuziehen

8.3 Fern- und Nahentstörung

§ 55a der StVZO schreibt vor, daß die Hochspannungsseite der Zündanlagen von Ottomotoren entstört sein muß, damit einwandfreier Radio- und Fernsehempfang gewährleistet ist. Hiermit ist die sogenannte Fernentstörung angesprochen. Ein Kfz gilt normalerweise als fernentstört, wenn es eine Metallkarosserie hat und im Verteilerfinger ein Entstörwiderstand von 5 kΩ und in jedem Kerzenstecker ein Widerstand von 1 kΩ eingebaut ist. Die von einigen Kfz-Herstellern verwendeten Entstörkabel haben sich in der Vergangenheit als manchmal sehr störanfällig erwiesen, bestanden sie doch nicht aus Kabeln mit Metallseele, sondern aus Glasfasern, welche mit Kohle- und Graphitstaub versehen waren.

Fahrzeuge mit Kunststoffkarosserie und grundsätzlich alle Krafträder müssen mit metallabgeschirmten Kerzensteckern versehen sein, bei denen der Blechmantel Verbindung mit Fahrzeugmasse haben muß. Entstörte Verteilerfinger und Kerzenstecker sind mit einem aufgedruckten F kenntlich gemacht. Dieses wird von den verschiedenen Herstellern von Entstörmaterial geringfügig variiert (Bild 8.80).

Bild 8.80 Gebräuchliche Funkschutzzeichen an Entstörbauteilen

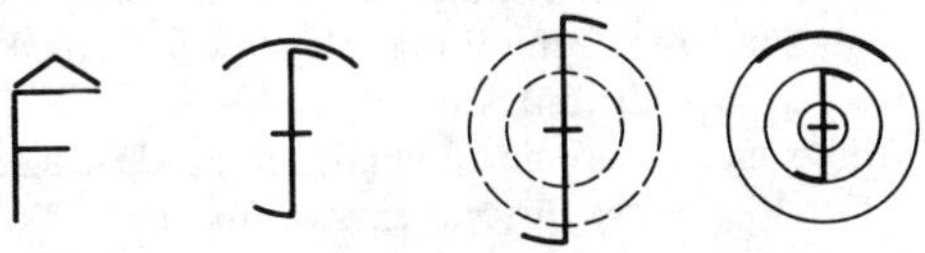

Bei schlecht anspringendem Motor, der eventuell auch schlecht beschleunigt und seine Endleistung nicht erreicht, empfiehlt sich die Überprüfung der Zündanlage mit einem Zündoszillographen. Defekte Entstörwiderstände machen sich durch Abweichung von dem normalen Zündoszillogramm bemerkbar. Widerstände können verkoken oder verbrennen, wodurch sich dann ihr Wert wesentlich erhöht. Das wiederum schwächt den Zündfunken sehr. Hierbei ist zu beachten, daß ein defekter Kerzenstecker nur ein Zündbild, ein defekter Verteilerfinger jedoch alle Zündoszillogramme verändert. Die Fehler können aber auch mit einem in Kiloohm messenden Ohmmeter herausgefunden werden.

Nahentstörung

Mit im Fahrzeug eingebautem Autoradio ist störungsfreier Empfang bei nur fernentstörter Zündanlage meistens nicht möglich. Es muß also nahentstört werden. Hierbei ist zu berücksichtigen, daß grundsätzlich jeder elektrische Funke eine Störung abstrahlt und daß induktive Veränderungen in Spulen hochfrequente Störspannungen ins Bordnetz senden. Beides ist als Knacken, Prasseln, Jaulen oder Rauschen im Radio zu hören, und mit ein wenig Routine wird man aus der Art des Störgeräusches auf den Störer schließen können. Zur Störunterdrückung gibt es mehrere Methoden und Entstörbauteile.

1. Widerstandsdämpfung Mit Widerständen wird nur die Sekundärseite der Zündanlage entstört. Die vorhandenen Widerstandswerte müssen vergrößert werden. Es ist darauf zu achten, daß die Dämpfungswiderstände so dicht wie möglich an den Störer herangesetzt werden. Entstörte Kerzen mit 5 kΩ, aber auch Kerzenstecker mit dem gleichen Wert, können eingebaut werden. Weiter können Entstörmuffen in die Zündleitungen und Entstörstecker auf den Zündverteiler gesteckt werden. Bei der Widerstandsdämpfung ist darauf zu achten, daß der Wert von 20 kΩ für einen Zündzweig, das ist der Strompfad von Klemme 4 Zündspule über den Verteiler zu einer Kerze, nicht überschritten wird. Das würde die Zündleistung zu sehr schwächen.

2. Entstörkondensatoren Die Zündanlage kann aber auch über die Zündspule Klemme 15 Störung ins Bordnetz abstrahlen. Diese wird durch einen Parallelkondensator von 2,2 µF an Klemme 15 und Masse gelöscht. Der gleiche Kondensator wird auch an die Klemme B+ des Drehstromgenerators geklemmt. Bei den Kollektorgeneratoren gehörte für die UKW-Entstörung ein Durchführungskondensator von 0,5 µF in die D+-Leitung auf den Generator. Ferner mußte der Regler durch einen Durchführungskondensator von 2,5 µF in der B+-Leitung und einen gleichen von 0,5 µF in der Leitung 61 entstört werden.

3. Drosseln und Siebglieder In die DF-Leitung der Regler durfte kein einfacher Kondensator eingebaut werden, da dadurch der Erregerstromkreis unterbrochen oder bei Parallelkondensatoren die Regelkontakte zerstört wurden. Hier kam ein Drosselkondensator zum Einsatz. Eine Drossel besteht aus einer Kupferdrahtwicklung, die um einen Ferritkern gelegt ist. Ihr induktiver Widerstand dämpft die hochfrequente Störspannung durch Selbstinduktion (siehe Abschnitt 8.1.1 «Selbstinduktion»).

Drosseln befinden sich in vielen elektrischen Kleinmotoren, wo sie in Reihe geschaltet direkt an den Pluskohlen angelötet sind. Bei höherem Entstörgrad sind Kombinationen von Drosseln und Kondensatoren, sogenannte Entstörer oder Siebglieder, an den vorgenannten Bauteilen zu finden. Insbesondere Kfz mit Funkanlagen wie Taxis, Krankenwagen, aber auch Fahrzeuge der Bundeswehr werden hiermit funkentstört.

Normalerweise sind Siebglieder an AD-Reglern von Drehstromgeneratoren zu finden, wenn keine ADN-Regler (N für Nahentstörung) oder Transistorregler eingebaut sind. In die Leitung 1 wird direkt am Verteiler auch ein Drosselkondensator geschaltet, bei dem Ein- und Ausgang gekennzeichnet sind.

4. Abschirmung Sollten die bisher angesprochenen Entstörmaßnahmen noch zu keinem Erfolg geführt haben, bleibt als letzte Möglichkeit noch die Abschirmung. Hiermit ist die Maßnahme gemeint, die die Störer in eine geschlossene, elektrisch leitende Metallumhüllung einschließt, die Verbindung zur Fahrzeugmasse hat. Das können aus Kupferdraht geflochtene Schläuche sein, welche über Zündleitungen gezogen, oder Metallkappen, welche über den Verteilerdeckel gestülpt werden. Bei einigen Fahrzeugen ist auch in die Staubkappe des Verteilers ein dichtes Metallnetz eingegossen oder um den Verteilerdeckel ist ein mit Masse verbundener Blechring herumgelegt.

Zur Abschirmung gehört auch, daß die Motorhaube mit Massebändern oder -federn gut an die Karosserie gelegt wird, damit die Haube nicht als Sekundärstrahler die von der Zündanlage ausgesendeten Störwellen an die Antenne abstrahlt. Bowdenzüge, die ins Wageninnere führen, können auch Störungen hereinschleppen. Sie sind mit Massebändern an die Spritzwand im Motorraum abzuleiten. Die Störungen durch statische Aufladungen werden durch Radnabenschleifkontakte unterdrückt.

8.4 Batterien für Kraftfahrzeuge

Batterien sollen die elektrischen Anlagen der Kraftfahrzeuge dann mit Energie versorgen, wenn die Generatoren bei stehenden oder sich langsamer drehenden Motoren keine oder zu geringe Leistung erzeugen. Startbatterien sollen außerdem den Anlasserstrom abgeben, der zum Anwerfen der Motoren erforderlich ist. Darum ist auch der zum Anlassen benötigte Strom für die Größenwahl der Starterbatterien bestimmend (Bild 8.81).

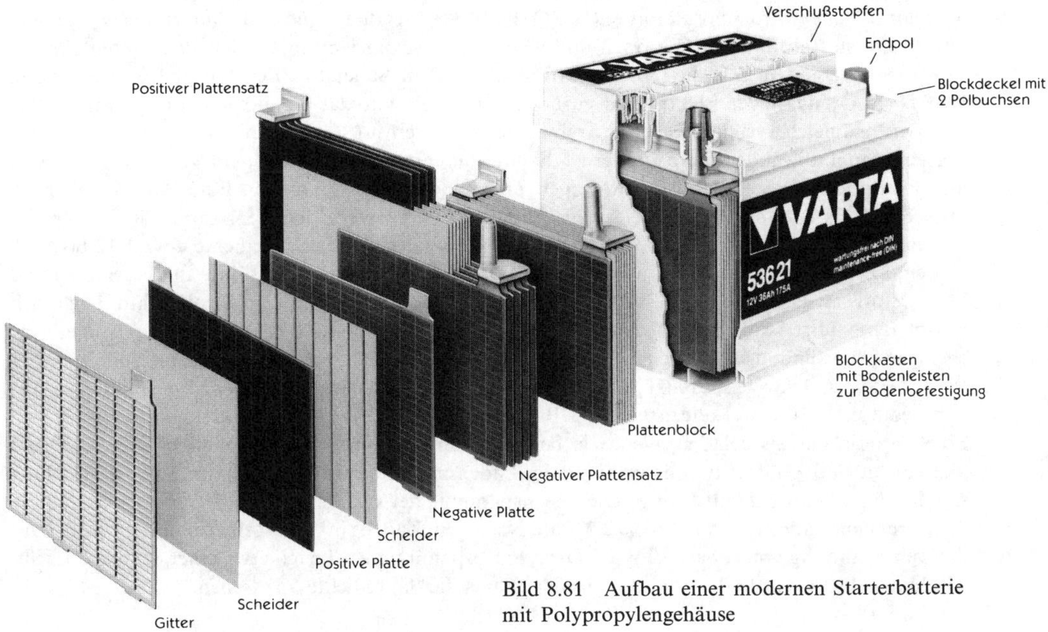

Bild 8.81 Aufbau einer modernen Starterbatterie mit Polypropylengehäuse

8.4.1 Aufbau der Starterbatterien

Die Platten von Kraftfahrzeugbatterien bestehen aus Hartbleigittern, in denen die chemisch aktive Masse gehalten wird. Die aktive Masse der Platten wird aus gemahlenem Blei hergestellt. Diese aktive Masse ist so porös in die Plattengitter eingelagert, daß die Akkumulatorensäure die Platten durchdringen kann. Mit dieser Plattenart wird erreicht, daß fast die gesamte aktive Masse der Platten an der chemischen Umwandlung beim Laden und Entladen beteiligt ist. Starterbatterien haben Plattenblöcke, die aus einer größeren Anzahl positiver und negativer Platten bestehen, die durch Polbrücken zu je einem positiven und einem negativen Satz geschaltet sind. Durch die in geringem Abstand voneinander angeordneten Platten mit großer Fläche wird ein geringerer innerer Widerstand der Batterie erreicht. Dieser geringere innere Widerstand der Batterien ist erforderlich, damit der zum Anlassen ausreichende Strom erzeugt werden kann, ohne daß die Batteriespannung zu sehr absinkt. Damit die nebeneinander angeordneten positiven und negativen Platten keinen Berührungskontakt bekommen, werden zwischen diesen poröse Separatoren oder Scheider angeordnet, die Plattenberührung verhindern, aber einen elektrolytischen Kontakt ermöglichen.

8.4.2 Chemische Vorgänge beim Entladen und Laden

Bei geladener Batterie besteht die aktive Masse der Plusplatten aus Bleidioxid (PbO_2) und die der Minusplatten aus Blei (Pb). Die Akkumulatorensäure soll bei geladener Batterie eine Dichte von 1,285 haben. Dies entspricht einem Mischungsverhältnis von Schwefelsäure (H_2SO_4) und Wasser (H_2O) von etwa 1 zu 3.

Beim *Entladen* wird Schwefelsäure (H_2SO_4) in Wasserstoff (H) und den Säurerest (SO_4) zerlegt. Die Wasserstoffatome sind Kationen und wandern in Stromrichtung zu den Plusplatten. An der Plusplatte verbinden sich die Wasserstoffionen mit dem Sauerstoff der Plusplatte chemisch zu Wasser (H_2O), das in den Elektrolyten zurückkehrt. Dabei wird das Bleidioxid der Plusplatte zu Blei reduziert. Zugleich verbindet sich der freiwerdende Säurerest (SO_4) chemisch mit dem Blei beider Plattenarten und wandelt diese mit der Entladung zunehmend in Bleisulfat ($PbSO_4$). Dadurch wird mit der Entladung der Elektrolyt wäßriger, und seine Dichte nimmt ab. Eine Batterie gilt nach DIN 72311 als entladen, wenn bei einem Entladestrom von 5 % der Nennkapazität ihre Zellenspannung auf 1,75 V abgesunken ist. Bei entladener Batterie ist die Säuredichte etwa 1,12 bis 1,14.

Beim *Laden* von Batterien wird Wasser aus der Akkumulatorensäure in Sauerstoff und Wasserstoff zerlegt. Die Sauerstoffionen wandern dabei entgegen der Stromrichtung zu den Plusplatten. Dort oxidieren sie deren Plattenmasse zu Bleidioxid (PbO_2). Zugleich findet eine chemische Verbindung des freigewordenen Wasserstoffs (H) mit dem Säurerest (SO_4) beider Plattenarten zu Schwefelsäure (H_2SO_4) statt. Dabei wird die aktive Masse der Minusplatten zu Blei (Pb) reduziert. Mit dem Ladezustand der Batterien nimmt die Dichte der Akkumulatorensäure zu. Eine Batterie gilt als geladen, wenn sie bei normaler Ladung starke Gasentwicklung zeigt und Säuredichte und Zellenspannung während des Ladens nicht mehr ansteigen. Zum Ende der Ladung soll die Säuredichte 1,285 betragen. Die Zellenspannung der geladenen Batterie steigt unter Ladung mit normalem Ladestrom auf 2,6 bis 2,7 V an. Nach dem Laden sinkt die Zellenspannung wieder auf die Ruhespannung von etwa 2,12 V ab. Diese Ruhespannung wird nach etwa einer Stunde erreicht. Als Maßstab für den Ladezustand ist in der Praxis die Säuredichte anzusehen.

8.4.3 Begriffsbestimmungen und technische Eigenschaften

Die Begriffsbestimmung für die Kapazität und Prüfvorschriften zu den Bleibatterien für Kraftfahrzeuge sind in DIN 72311, Blatt 7, gegeben. Die Begriffsbestimmung entspricht im wesentlichen auch den amerikanischen SAE-Normen.

Als *Nennspannung* sind 2 V pro Zelle einer Batterie festgelegt (VDE 0510 § 9). Die wirkliche effektive Spannung kann je nach Ladezustand oder Belastung größer oder kleiner sein. So ist zum Beispiel die Ruhespannung einer geladenen Zelle etwa 2,12 V. Entsprechend der Nennspannung einer Zelle muß eine 6-V-Bleibatterie drei Zellen und eine 12-V-Bleibatterie sechs Zellen haben.

Die *Nennkapazität* einer Batterie nach DIN 72311 ist die Strommenge, die ihr in einer 20stündigen Entladung bei 300 K = 27 °C Säuretemperatur mit einem Strom von 5 % der Nennkapazität entnommen werden kann. Eine Batterie hat somit die Nennkapazität von 84 Ah, wenn ihr bei 300 K = 27 °C Säuretemperatur 20 Stunden 4,2 A entnommen werden können, bevor sie entladen ist. Das Kurzzeichen für auf diese Weise festgelegte Nennkapazität ist «K_{20}».

Größere Entladeströme und niedrigere Säuretemperaturen vermindern die der gleichen Batterie entnehmbare Strommenge. Von 300 K = 27 °C Säuretemperatur ausgehend, vermindert sich die Kapazität je K Temperaturabnahme um etwa 1 %.

Kälteprüfstrom Die Fähigkeit der Batterie, den bei großer Kälte zum Anlassen der Motoren erforderlichen Strom abgeben zu können, ist bestimmend für die Wahl der Starterbatterien für die einzelnen Kraftfahrzeuge.

Zur Festlegung der Kaltstartleistung der Batterien ist in DIN 72311 der Kälteprüfstrom angegeben und neben Spannung und Kapazität meist auf dem Typenschild verzeichnet. Der Kälteprüfstrom ist der Entladestrom, bei dem die Zellenspannung einer geladenen Batterie mit einer Anfangstemperatur der Säure von 255 K = −18 °C nach 30 s nicht unter 1,5 V und nach 150 s nicht unter 1 V absinkt. Bei neuzeitlichen Batterien kann der Kälteprüfstrom nicht mehr auf deren Kapazität bezogen werden, weil diese in ihrer Bauart entsprechend ihrer Verwendung abgestimmt sind.

Lebensdauer Die Batterien haben nur eine begrenzte Lebensdauer. Die nach DIN genormten Batterien müssen mindestens 250 Ladezyklen aushalten. Jeder dieser Ladezyklen besteht aus einem Entladen von einer Stunde mit 40 % der Nennkapazität und einem Laden von fünf Stunden mit 10 % der Nennkapazität. Die Lebensdauer einer Batterie gilt als beendet, wenn ihre effektive Kapazität unter 40 % der Nennkapazität gesunken ist. Es handelt sich dabei um eine theoretische Prüfmethode zum Vergleichen von verschiedenen Fabrikaten, weil die Beanspruchung der Batterien im Fahrzeug eine ganz andere ist.

Im Laufe der Lebensdauer verlieren die Hartbleigitter durch elektrochemische Einflüsse ihre Festigkeit, wodurch das Wachsen der Batterieplatten erleichert wird. Bei normal beanspruchten Batterien führt diese Gitterkorrosion gegen Ende der Lebensdauer zu verminderter mechanischer Festigkeit, so daß die Gitter reißen und ihre Leitfähigkeit verlieren. Der Spannungsabfall der Zellen wird dann so groß, daß ein Starten nicht mehr möglich ist. Werden die Batterien regelmäßig während der Stillstandzeiten entladen, so wird die aktive Masse der Platten besonders stark beansprucht. Solche Batterien halten bei täglicher Entladung u. U. weniger als ein Jahr, besonders, wenn die Ladung unzureichend ist. Starterbatterien sind deshalb für solche Betriebsweise ungeeignet.

Für die *Säuredichte* gelten bei den verschiedenen Ladezuständen und einer Säuretemperatur von 293 K = 20 °C etwa folgende Werte:

Tab. 8.11

Ladezustand	Normal (kg/dm³)	Tropen (kg/dm³)
geladen	1,28	1,23
halb geladen	1,21	1,16
entladen	1,14	1,09

Bei größeren Abweichungen der Säuretemperatur vom Normalwert 293 K = 20 °C ist die gemessene Säuredichte umzurechnen. Kühlt sich die Säure ab, so erhöht sich ihre Dichte um etwa 0,01 kg/dm^3 je 15 K Temperaturunterschied; erwärmt sich die Säure, so verringert sich die Dichte entsprechend.

Für die *Ruhespannung* einer Batterie ist im wesentlichen die Säuredichte bestimmend. Darum kann man auch aus der Säuredichte die Ruhespannung annähernd mit der Formel:

$$U_0 = \text{Säuredichte} + 0{,}84$$

errechnen.

Danach hat eine entladene Batteriezelle mit 1,14 Säuredichte eine Ruhespannung von etwa 1,98 V und eine geladene mit 1,28 Säuredichte etwa 2,12 V. Wenn die Säuredichte nicht meßbar ist, kann man diese in gleicher Weise errechnen, indem man von der gemessenen Ruhespannung 0,84 abzieht. Das Messen der Ruhespannung der einzelnen Zellen erfordert ein genaues Voltmeter. Sie darf dazu frühestens $^1/_2$ Std. nach dem Laden oder Entladen der Batterie gemessen werden, weil vordem noch vom Laden her eine Wasserstoffüberspannung an den negativen Platten vorhanden ist.

Entladespannung Nach dem Einschalten des Entladestroms sinkt die Spannung der geladenen Batterie auf die dem Entladestrom und der Kapazität entsprechende Entladespannung. Beim Entladen einer Batterie nimmt ihre Spannung stetig bis zur Entladeschlußspannung und dann rascher ab. Die Entladespannung ist bei gleicher Batterie von gleichem Ladezustand geringer, wenn der Entladestrom größer oder die Säuretemperatur niedriger ist (8.82).

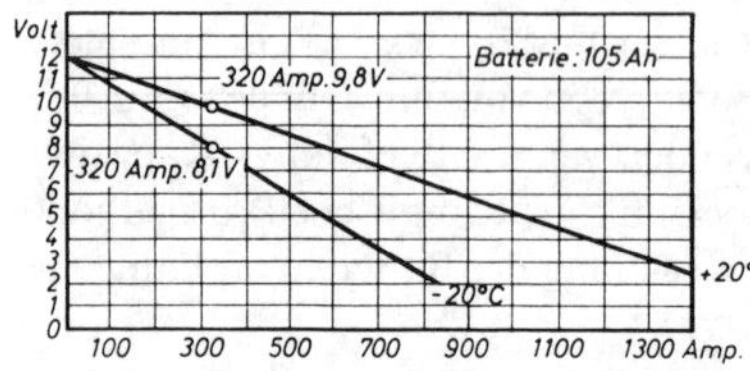

Bild 8.82 Die Abhängigkeit der Entladespannung einer 12-V-Batterie vom Entladestrom und der Säuretemperatur

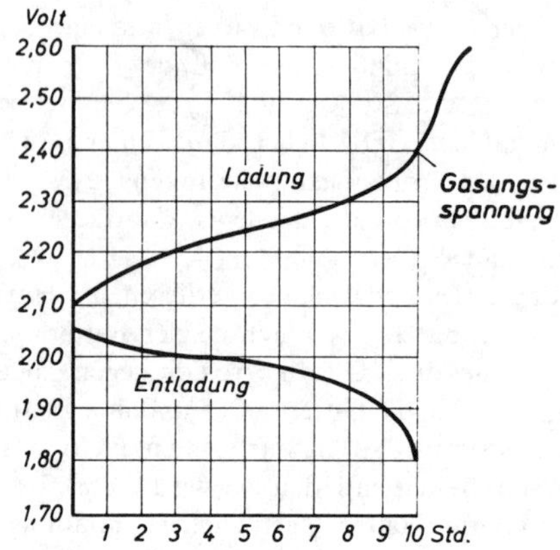

Bild 8.83 Die Zellenspannung beim Laden und Entladen einer Batterie

Ladespannung Die Spannung der Batterie steigt in wenigen Sekunden nach dem Ladebeginn auf die Ladespannung an. Die Ladespannung der entladenen Batterie ist bei größerem Ladestrom und niedrigeren Säuretemperaturen höher. Bei einem Ladestrom von 5% der K_{20} und 293 K = 20 °C Säuretemperatur beträgt sie bei entladener Batterie etwa 2,2 V.

Während der normalen Ladung steigt die Zellenspannung anfänglich langsam auf etwa 2,4 V und danach steiler auf etwa 2,7 V an (Bild 8.83). Bei 2,4 V Ladespannung je Zelle ist die Batterie etwa zu 90% aufgeladen. Bei Erreichen einer Ladespannung von etwa 2,4 V beginnt die Zersetzung des Wassers (H_2O), so daß an den Platten gasförmiger Sauerstoff und Wasserstoff entweicht. Gleichzeitig wächst die Ladespannung verhältnismäßig schnell bis auf etwa 2,7 V an. Dieser Wert steigt auch nach längerem Gasen der Zelle nicht höher an. Da Wasserstoff und Sauerstoff ein explosionsgefährliches Gasgemisch, das sogenannte Knallgas, bilden, müssen in der Nähe einer Batterie offene Flammen und Funkenbildung unbedingt vermieden werden. Weil die Platten durch starkes Gasen angegriffen werden, darf nach Einsetzen der Gasentwicklung nicht mehr mit hohem Strom geladen werden. Nach Überschreiten der Gasungsspannung darf maximal mit 10% der K_{20} weitergeladen werden (siehe VDE 0510 § 21 Tafel 4).

8.4.4 Betriebsverhalten

Die Bleiakkumulatoren haben ein besonderes Betriebsverhalten, dem man bei ihrer Verwendung, Behandlung und Pflege entsprechen muß. Denn durch falsche Behandlung der Batterien können diese in kürzester Zeit unbrauchbar werden.

Sulfatieren Bei jedem Entladen bildet sich in den Batterieplatten Bleisulfat, das beim Laden wieder rückgewandelt wird. Bleibt aber die Batterie längere Zeit ungeladen, so nimmt das Bleisulfat eine grobkristalline Form an, die nur sehr schwer wieder rückgewandelt werden kann. Das gleiche geschieht, wenn das bei Entladung gebildete Bleisulfat bei der nachfolgenden Ladung nicht vollständig zurückgewandelt wird. Bei längerem Stehen bildet sich aus dem anfänglich feinkörnigen Bleisulfat hartes grobkörniges Bleisulfat. Dadurch wird die entladen abgestellte Batterie nach einiger

Zeit unbrauchbar. Bereits nach 24 Std. ist eine derartige grobkörnigere Sulfatbildung festzustellen. Darum sollen entladene Batterien spätestens nach 24 Std. geladen werden.

Die *normale Selbstentladung* beträgt bei neuen Batterien und normaler Temperatur pro Tag ungefähr 1 % der Kapazität; bei längerer Standzeit wird sie geringer. Durch Verunreinigungen der Säure ergibt sich eine wesentlich stärkere Selbstentladung. Bei hohen Temperaturen ist die Selbstentladung größer als bei niedrigen Temperaturen. Auch durch Selbstentladung entladene Batterien können unbrauchbar werden. Bei nicht benutzter Batterie kann die Selbstentladung durch dauerndes Laden mit einem entsprechenden Strom, durch eine sogenannte Erhaltungsladung, ausgeglichen werden. Wenn die Batterien nicht ständig voll geladen sein müssen, genügt auch ein Nachladen in Abständen von etwa vier Wochen mit kleinen Ladeströmen, bis der volle Ladezustand wieder erreicht ist.

Überladung Beim Weiterladen geladener Batterien wird weiter Wasser in Wasserstoff und Sauerstoff zerlegt. Da diese Elemente nun aber nicht mehr chemisch abgebunden werden können, tritt Gasentwicklung ein. Diese Gasentwicklung findet auch im Gefüge der Platten statt. Dadurch erfolgt bei längerem Laden mit normalem oder größerem Strom ein Lockern und Ausfallen der Plattenmasse, was eine Kapazitätsminderung zur Folge hat. Diese Erscheinung tritt insbesondere bei den Plusplatten auf. Durch die chemischen Vorgänge in der Batterie wird aber auch Wärme entwickelt. Die wärmere und dadurch aggressivere Akkumulatorensäure zerstört das Plattengitter in verstärktem Maße. Besonders dann, wenn durch längeres Überladen auch noch die Säurekonzentration erhöht wird. Während man wenig geladene Batterien bedenkenlos mit größeren Strömen laden kann, wird aus den genannten Gründen nach dem Einsetzen der Gasentwicklung das Laden bedenklich, wenn mit zu großem Strom oder mit normalem Stron zu lange geladen wird.

Der *Gefrierpunkt der Säure* ändert sich in Abhängigkeit vom Ladezustand bzw. von der Säuredichte wie folgt:

Tab. 8.12

Säuredichte (kg/dm^3)	Gefrierpunkt (K)
1,28	205 = −68 °C
1,21	243 = −30 °C
1,14	259 = −14 °C

Zu einem Erstarren der Schwefelsäure in den Blockbatterien kommt es unter normalen Umständen in unseren Breitengraden nicht. Selbst bei entladenen Batterien, die lange Zeit einer tiefen Außentemperatur ausgesetzt sind, ist mit einem völligen Erstarren der Säure nicht zu rechnen. Ist die Elektrolyttemperatur nämlich so weit gesunken, daß sich Eiskristalle ausscheiden, dann steigt die Dichte der restlichen Säure an. Damit fällt der Gefrierpunkt dieser Säure weiter ab.

8.4.5 Laden von Bleibatterien

Räume, in denen Batterien geladen werden, müssen die in VDE 0510 festgelegte Forderung erfüllen.

Wenn die Leerlaufspannung der Ladegeräte mehr als 65 V beträgt oder aus Gleichstromnetzen geladen wird, muß die Batterie isoliert aufgestellt werden (VDE 0510 § 18.1). Ist die verwendete Ladespannung über 65 V oder die Nennleistung der Ladeeinrichtung (Nennspannung × maximaler Ladestrom) über 2 kW, so sind solche Räume als elektrische Betriebsstätten zu behandeln und dürfen nur von unterwiesenem Personal betreten werden (siehe VDE-Vorschrift 0100). Solche

Räume sind gemäß der VDE-Vorschrift 0510 auszuführen. Räume, in denen Akkumulatoren geladen werden, müssen gut lüftbar sein, damit das beim Laden entstehende Wasserstoffgas so verdünnt wird, daß es seine Explosionsfähigkeit verliert. Der hier erforderliche stündliche Luftbedarf beträgt:

$$Q = 55 \cdot n \cdot I \text{ (Liter je Stunde)}$$

Hierbei ist n die Zellenzahl und I der Ladestrom (nähere Einzelheiten siehe VDE 0510 § 14). Das vorhandene freie Luftvolumen des Raums muß mindestens so groß sein wie der stündliche Luftbedarf nach dieser Formel beträgt. Praktisch würde also hiernach ein Gerät mit zwei Ladestromkreisen, je maximal 8 A und zwölf Zellen, einen stündlichen Luftwechsel und einen freien Raum erfordern von:

$$Q = 2 \cdot 55 \cdot 8 \cdot 12 \qquad Q = 10\,500\,\text{l} = 10{,}5\,\text{m}^3$$

Ladegeräte dürfen mit Ladegasen und Elektrolytnebeln nicht in Berührung kommen. Wenn möglich, sind Ladegeräte und Batterien in getrennten Räumen unterzubringen. Die Batterien sind im Laderaum so aufzustellen, daß auftretende Elektrolytnebel, Säurespritzer oder ausgelaufener Elektrolyt keine Schäden anrichten. Vor der Abwasserkanalisation müssen Säureabscheider liegen.

Beim Laden müssen die Batterien von funkenbildenden Betriebsmitteln, z. B. von Steckvorrichtungen, Schaltern, Maschinen, mindestens 2 m entfernt stehen. Blei- und Stahlbatterien dürfen nur dann gleichzeitig in dem gleichen Raum geladen werden, wenn Elektrolytnebel der Bleibatterien nicht an die Stahlbatterien gelangen können, da diese sonst geschädigt werden. Bei Gleichspannung über 65 V muß das Bedienungspersonal durch isolierende Bedienungsroste oder Schuhe vor zu hoher Berührungsspannung geschützt werden. Der Abstand der ladenden Batterien zur nächsten Steckdose muß mindestens 1 m betragen (VDE 0510 § 17a Pkt. 12 bzw. 18a).

Gefahrenverhütung beim Umgang mit Akkumulatoren Das beim Laden und zum Teil in Ruhe (Nachgasen nach der Ladung) entstehende Knallgas ist explosibel. Offene Flammen dürfen daher nicht in die Nähe der Batterieöffnung gebracht werden. Vor Ausführung von Schweißarbeiten an gefüllten Batterien ist das unter dem Zellendeckel vorhandene Gas vorsichtig – z. B. durch Ausblasen oder Wedeln – zu entfernen. Niemals Werkzeuge auf die Zellen legen! Säure hat eine stark ätzende Wirkung, weshalb in VDE 0510 folgende Vorschrift enthalten ist: «Besteht die Gefahr, daß das Bedienungspersonal schädlichen Elektrolyteinflüssen ausgesetzt ist, so sind geeignete Schutz- und Gegenmittel gegen Verätzungen durch Säure bereitzuhalten und zu verwenden.»

Als Schutzmittel gelten z. B. Schutzanzüge, -handschuhe, -fingerlinge, -schuhe, -brillen und als Gegenmittel z. B. 2,5 %ige Boraxlösung.

Füllung und Inbetriebsetzung neuer Batterien Die meisten Batterien werden von den Herstellern in trockenem Zustand mit vorgeladenen Platten geliefert. Sie müssen bei Inbetriebsetzung mit Akkumulatorensäure (Dichte 1,28) gefüllt werden. Grundsätzlich empfiehlt es sich jedoch, beim Erneuern von Batterien nach der Inbetriebsetzungsanleitung zu verfahren.

Füllen neuer Batterien Die Batterie ist mit reiner Akkumulatorensäure zu füllen, deren Dichte bei einer Temperatur der Säure von 293 K = 20 °C 1,28 (für die Tropen 1,23) betragen muß, bis der Säurespiegel etwa 10 mm über den Plattensätzen steht, wenn der Hersteller der Batterien nichts anderes vorschreibt.

Laden neuer Batterien Die meisten modernen Batterien sind vorgeladen und trocken und etwa 10 min nach dem Befüllen einsatzbereit. Nur wenige, meist lange gelagerte neue Batterien erfordern eine Ladung. Der Akkumulator muß zum Laden an Gleichstrom angeschlossen werden. Beim Anschluß ist darauf zu achten, daß die gleichnamigen Pole von Batterie- und Ladeleitung miteinander verbunden werden, d.h. + mit + und − mit −.

Die Ladung hat bei abgeschraubten Verschlußstopfen zu erfolgen. Der Ladestrom beträgt $^1/_{20}$ der 20stündigen Batteriekapazität (ist bei den Inbetriebsetzungsvorschriften jeweils genau angegeben).

Die Ladung hat so lange zu erfolgen, bis sich stärkere Gasentwicklung zeigt und sich innerhalb 2 Std. die Werte der Säuredichte und der Spannung nicht mehr erhöhen. Vor und während der Ladung ist auf die Temperatur der Säure zu achten. Sie soll bei Ladebeginn 283 K = 10 °C nicht unterschreiten. Steigt sie beim Laden über 313 K = 40 °C (in Tropen 323 K = 50 °C), so ist die Ladung zu unterbrechen, bis die Temperatur gefallen ist. Zwei Stunden nach Beendigung der Ladung ist darauf zu achten, daß der Flüssigkeitsspiegel mindestens 5 bis 10 mm über den Plattensätzen steht.

Normales Laden Ist die Ladung im Kraftfahrzeug infolge besonderer Umstände nicht ausreichend, so muß die Batterie außerhalb des Fahrzeugs nachgeladen werden. Bei jeder Nachladung soll möglichst wieder der volle Ladezustand erreicht werden, weil sonst die nicht umgewandelte aktive Masse grobkristallin sulfatiert und verhärtet.

Solange die Gasungsspannung 2,4 V/Zelle nicht erreicht ist, vermögen die Batterien ohne Schaden sehr hohe Ströme aufzunehmen. Jedoch darf die Säuretemperatur während der Ladung bei Batterien mit Holzbrettchen nicht über 318 K = 45 °C und bei Miporbatterien nicht über 328 K = 55 °C ansteigen. Nach Überschreiten der Gasungsspannung muß der Ladestrom begrenzt werden.

Beim Nachladen sind Säuredichte, Säuretemperatur und Spannung zu messen, um etwa vorhandene Störungserscheinungen an den Zellen feststellen zu können. Sulfatierte Batterien erreichen beim Laden nicht ihre volle Säuredichte, sie erwärmen sich stark und haben hohe Ladespannung. Zellen mit Plattenschluß zeigen ebenfalls ungenügende Säuredichte und starke Erwärmung, haben aber niedrigere Ladespannung und geringere Gasentwicklung. Das stationäre Laden von Batterien soll, wenn dabei die Gasungsspannung überschritten wird, mit einem Ladestrom von 8 % bis höchstens 10 % ihrer Nennkapazität in Ampere erfolgen. Geringere Ladeströme sind günstiger, aber meist unwirtschaftlicher, weil es länger dauert.

Bei der Ladung steigt die Ladespannung der Batterie von etwa 2,1 V/Zelle langsam bis 2,35 V/Zelle und dann schneller an. Sie erreicht am Ende der Ladung einen Beharrungswert, der je nach Art, Alter und Zustand der Batterie zwischen 2,6 bis 2,75 V/Zelle liegt. Gleichzeitig steigt bei 2,35 V/Zelle unter lebhaftem Gasen die meßbare Säuredichte schneller an und soll am Ladeende 1,28 bezogen auf 293 K = 20 °C erreichen.

Sind Spannung und Säuredichte bei der Ladung etwa 2 Std. konstant geblieben, so ist der Volladezustand erreicht, und die Batterie muß abgeschaltet werden. Bei längerem Laden werden freie Masseteilchen aus der Plusplatte herausgerissen, und außerdem erhöht sich die Säuretemperatur unzulässig.

Durch das *Schnelladen* soll eine entladene Batterie rasch wieder auf den Ladezustand gebracht werden, den das Anlassen des Motors erfordert. Hierzu genügen etwa 50 bis 60 % des Volladezustandes. Dem Schnelladen der Batterie kommt entgegen, daß bei entladenen Batterien höhere Ladeströme bis zum Erreichen der Gasungsspannung (etwa 2,4 V) unbedenklich sind. Dagegen würden diese großen Ladeströme bei höherem Ladezustand der Batterie Schädigungen verursachen. Deshalb sollte die Bedienungsanweisung von Schnelladegeräten genauestens beachtet werden, weil sonst Batterieschäden unvermeidlich sind.

8.4.6 Behandlung von Batterien

Neue ungefüllte Batterien sind trocken und möglichst kühl, aber frostfrei zu lagern, damit die negativen Platten nicht oxidieren. Andernfalls ist eine längere Inbetriebsetzungsladung (erste Ladung) erforderlich. Bei feuchter Lagerung der trockenen vorformierten Batterie kann sogar Selbstentladung und Sulfatieren eintreten. Lagerzeiten von einem Jahr sollten nicht überschritten werden. Die höchstzulässige Lagerzeit beträgt in den meisten Fällen zwei Jahre.

Behandlung abgestellter Batterien Sollen in Betrieb gesetzte neue oder alte Batterien längere Zeit unbenutzt stehen, so sind sie vorher gründlich nachzuladen. Damit diese Batterien durch ihre Selbstentladung nicht sulfatieren, erhalten sie am besten eine laufende Erhaltungsladung mit einem Strom von 40 bis 100 mA je 100 Ah Nennkapazität. Der Strom wird so bemessen, daß sich eine Zellenspannung von 2,2 bis 2,25 V/Zelle einstellt. Anstelle der Erhaltungsladung können die Batterien auch in Abständen von höchstens einem Monat mit einem Strom von maximal 10 A je 100 Ah Nennkapazität geladen werden, bis der volle Ladezustand wiederhergestellt ist; dieses kann 3 bis 4 Std. dauern.

Zusätzlich sind die Batterien bei diesem Verfahren vor jeder dritten Nachladung mit einem Strom von 5 bis 10 A je 100 Ah Nennkapazität bis zur Spannungsgrenze von 1,75 V/Zelle zu entladen und wieder gründlich vollzuladen. Diese zusätzliche Behandlung dauert einschließlich Nachladung je nach der verwendeten Entlade- und Ladestromstärke ein bis zwei Tage. Die Platten von gefüllten, in Ruhe stehenden Batterien sind ständig dem Angriff der Säure ausgesetzt. Es empfiehlt sich daher nicht, Batterien länger als ein bis zwei Jahre in Ruhe stehen zu lassen. Nach dieser Zeit ist mit verminderter Leistung zu rechnen. Dies gilt auch für Starterbatterien von Notstromaggregaten, die praktisch ständig in Ruhe stehen. Bei solchen Batterien muß die Startfähigkeit laufend kontrolliert werden.

Einbau der Batterie Die Unterbringung und Befestigung der Batterien im Fahrzeug beeinflußt die Funktion und Lebensdauer der Batterien stark. Sie dürfen nicht zu starken Erschütterungen ausgesetzt sein, um Schäden an den Platten, wie z. B. Gitter- und Fahnenbrüche, und starken Masseausfall sowie Undichtigkeiten zu vermeiden. Bei besonders rauhem Betrieb sollte zwischen Batterie und Befestigungsteil eine elastische Zwischenlage (z. B. Schaumgummi) vorgesehen werden, um die auftretenden Stöße zu mildern. Die Batterien müssen an einer Stelle eingebaut sein, wo sie sowohl vor starker Kälte als auch vor hohen Temperaturen geschützt sind. Zu niedrige Temperaturen reduzieren Startleistung und Kapazität, während zu hohe Temperaturen die Lebensdauer der Batterie verringern. Die Temperatur im Unterbringungsraum der Batterien darf nur so hoch sein, daß die Säuretemperatur von 322 K = 45 °C nicht überschritten wird, um die Funktionsfähigkeit der Batterie nicht zu gefährden.

Vor starker Verschmutzung müssen Batterien geschützt sein, um Kriechströme oder Nebenschlüsse an Polen und Verbindern zu verhindern. Die Verbindungsleitungen zum Anlasser und zur Lichtmaschine sollen möglichst kurz sein, um starken Spannungsabfall zu vermeiden.

Wartung und Pflege eingebauter Batterien

Prüfen des Säurespiegels Die Höhe des Säurespiegels liegt allgemein 5 mm über der Scheideroberkante und damit etwa 10 mm über den Platten. Dieser Säurestand ist oft durch eine Markierung angegeben. Da nur die mit Säure bedeckten Teile der Platten an der Stromspeicherung und Stromabnahme teilnehmen, lassen ungenügend gefüllte Batterien in der Leistung nach, und die Platten korrodieren und nehmen Schaden. Deshalb muß die Höhe des Säurespiegels in regelmäßigen Zeitabständen (etwa alle vier Wochen) nachgeprüft werden. Ist ein häufigeres Nachfüllen von Wasser erforderlich, so wird zu viel geladen. Dies kann die Folge zu hoher Reglerspannung des Generators sein. Zum Nachfüllen darf nur gereinigtes oder destilliertes Wasser verwendet werden. Säure darf nur nachgefüllt werden, wenn solche durch besondere Umstände verlorengegangen ist.

Säure und Nachfüllwasser für Akkumulatoren müssen den Reinheitsvorschriften von VDE 0510 entsprechen. Das zum Nachfüllen oder zur Säureverdünnung erforderliche «gereinigte Wasser» wird entweder durch Destillieren oder Entsalzen gewonnen.

Wartungsfreie Batterien Um ein Nachfüllen von Wasser zu ersparen, wurden von verschiedenen Firmen wartungsfreie Batterien entwickelt, bei denen dies über die gesamte übliche Lebensdauer nicht erforderlich sein soll. Diese Wartungsfreiheit kann auf verschiedene Weise erreicht werden. So kann man z. B. anstelle der normalen Batteriestopfen besondere Stopfen mit Katalysatoren in Art des Hoppecke-Aqua-Gen-Systems einbauen, die Wasserstoff und Sauerstoff wieder in Wasser rückwandeln.

Bosch- und Varta-Batterien dieser Art verwenden Bleigitter mit geringerem Antimongehalt und Selenzusätzen. Dadurch werden die Selbstentladung und das Zerlegen von Wasser beim Laden herabgesetzt. Außerdem wurde bei diesen Batterien das Säurevolumen vergrößert und der Säurestand von 5 mm auf 20 mm über die Plattenoberkanten erhöht. Voraussetzung für die wartungsfreien Batterien ist eine einwandfreie Spannungsregelung der Generatoren.

Messen der Säuredichte mit Aräometer Beim Messen der Säuredichte ist nötigenfalls der Säurestand und die Säuretemperatur zu berücksichtigen und der gemessene Wert auf 293 K, also 20 °C, umzurechnen. Das Messen muß vor dem Nachfüllen von Wasser erfolgen. Liegt die gemessene Säuredichte unter 1,21 kg/dm^3, so sollte durch Nachladen außerhalb des Fahrzeugs der volle Ladezustand wiederhergestellt werden. Andernfalls besteht die Gefahr, daß die Platten sulfatieren und die Zellen ihre Startfähigkeit und Kapazität verlieren. Sogenannte Schnelladungen führen nicht zur Volladung und sind nur in eiligen Fällen zu empfehlen. Die Volladung ist dann nachzuholen, wenn der Volladezustand nicht durch längeren Fahrbetrieb erreicht wird. Ist die Säuredichte zu hoch (über 1,28 kg/dm^3 bei 293 K, also 20 °C), so ist die Säure abzuziehen und durch Wasser zu ersetzen. Dann ist nachzuladen und die Säuredichte erneut zu messen. Nötigenfalls ist dieser Vorgang zu wiederholen, oder man kippt die gesamte Säure nach vorheriger Nachladung aus und ersetzt sie durch Säure von vorgeschriebener Dichte.

Bei Verwendung von anderer als der vorgeschriebenen Akkumulatorensäure, insbesondere von sogenannten Spezialelektrolyten und Aufbesserungsmitteln, erlischt jede Garantie.

Reinigen der Batterieoberflächen und der Klemmen Schmutz und Feuchtigkeit auf der Batterie führen zu Korrosionen an den Metallteilen, insbesondere an den positiven Anschlußklemmen, aber auch zu Störungen an den Anschlußkabeln. Darum soll man Batterien an der Oberfläche stets sauber und trocken halten. Zum Säubern der Batterien kann man lauwarmes Sodawasser verwenden, was nicht nur reinigt, sondern auch die Säure neutralisiert. Dieses darf aber auf keinen Fall in die Zellen gelangen. Die Anschlußklemmen sind an den Endpolen mit Säureschutzfett einzufetten.

8.4.7 Beurteilung und Prüfen von Batterien

Eine Starterbatterie wird im Regelfalle als defekt bezeichnet, wenn sie nicht mehr zum Anlassen des kalten Motors ausreicht. Da die Startfähigkeit der Batterien mit der Lebensdauer allmählich abnimmt, tritt dieser Fall meist im Spätherbst ein, wenn geringere Temperaturen größere Anforderungen an die Batterie stellen.

Beurteilung des Batteriezustands Die Batterie kann durch Feststellen des Alters beurteilt werden, weil ihre Lebensdauer zwischen zwei und vier Jahren beträgt. Aber das Alter ist nur ein bedingter Anhalt, weil andere Faktoren wesentlich sind. Ebenso weisen an den Plusklemmen hochgedrückte Zellendeckel darauf hin, daß die Batterie in absehbarer Zeit unbrauchbar wird.

Wenn der Anlasser versagt, kann man in einfachster Weise feststellen, ob die Batterie die Ursache ist, indem man bei eingeschaltetem Licht den Anlasser betätigt. Wenn während des Anlassens das Licht nicht wesentlich dunkler wird, ist die Batterie nicht die Ursache des Versagens.

Beurteilung des Batteriezustands durch den Zellenprüfer Die Prüfung einer Starterbatterie, deren Zellenverbinder ausgeführt sind mit einem Zellenprüfer, ist zweckmäßig, wenn der Anlasser versagt oder die Batterie unzureichend geladen ist. Dagegen ist die Messung bei frisch geladener Batterie unzureichend, wenn man die Leistungsminderung einzelner Zellen feststellen will. *Während oder kurz nach der Ladung darf man den Zellenprüfer wegen Explosionsgefahr nicht verwenden.* Zur Messung drückt man die beiden Spitzen des Zellenprüfers 5 bis 10 s fest auf die Pole der zu prüfenden Zelle. Bei einer intakten, ausreichend geladenen Zelle stellt sich der Zeiger auf einen Wert zwischen 1 und 1,6 V, um dann zu verharren. Die angezeigte Spannung ist bei größeren Batterien höher und bei kleineren geringer. Bei geringerer Spannung als etwa 1 V ist ein Aufladen notwendig. Wird aber bei einigen Zellen eine höhere Spannung angezeigt, während bei anderen Zellen die Spannung weit unter 1 V abfällt, so kann auf einen Defekt dieser Zellen geschlossen werden. Dann ist ein Untersuchen dieser Zellen erforderlich.

Prüfen einer Starterbatterie durch Stoßbelastung Das einwandfreiere Prüfen von Starterbatterien ermöglicht die Stoßbelastung. Es sind dazu Geräte erforderlich, die der Batterie oder einer Zelle kurzzeitig einen bestimmten einstellbaren hohen Strom entnehmen, wobei zugleich deren Spannung gemessen werden kann. Derartige Geräte gibt es als reine Prüfgeräte, aber auch die meisten Schnelladegeräte sind damit ausgerüstet.

Die zu prüfende Batterie muß mindestens halbvoll geladen sein, also in allen Zellen eine Säuredichte von mehr als 1,20 haben. Diese Batterien werden zur Stoßbelastung zwischen 5 und 7 s mit einem Strom vom 5fachen der Nennkapazität belastet. In dieser Zeit darf die Klemmenspannung keiner Zelle unter 1,1 V abfallen. Bei Prüfgeräten, mit denen die angegebenen Belastungsströme nicht eingestellt werden können, gelten andere Werte.

Da die Höchststrombelastbarkeit neuzeitlicher Batterien nicht alleine durch ihre Kapazität, sondern auch durch ihre Bauart bestimmt wird, kann auch die Stoßbelastung nicht mehr als 100 %ige Batterieprüfung angesehen werden.

Prüfen von Batterien mit eingegossenen Zellenverbindern Die Polverbinder sind bei modernen Batterien meist innerhalb der Batteriegehäuse angeordnet. Dadurch werden die Verbindungen zwischen den Zellen kürzer (Bild 8.84).

Dies ergibt einen geringeren Eigenwiderstand der Batterien, die dadurch mit größerem Starterstrom belastet werden können. Ein größerer Starterstrom konnte auch dadurch erreicht werden, daß es möglich wurde, im gleichen Zellenvolumen dünnere und deshalb mehr Platten anzuordnen. Dadurch kann der innere Widerstand der Batterie ebenfalls vermindert werden, was bei gleicher Batteriekapazität einen höheren Starterstrom ergibt. Da dies insbesondere das Starten der Motoren bei größerer Kälte ermöglicht, wird bei modernen Batterien neben Nennspannung in Volt und Nennkapazität in Amperestunden auch der «Kältestartstrom» oder «Kälteprüfstrom» in Ampere angegeben (siehe Abschnitt 8.4.3 «Kälteprüfstrom»). Dieser Kälteprüfstrom ist beim Testen

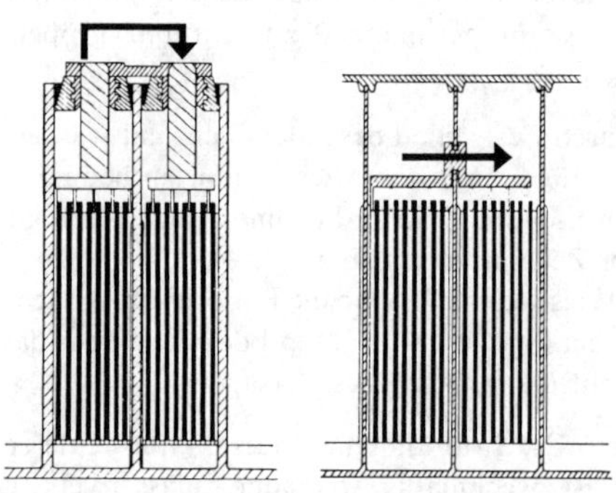

Bild 8.84 Bei den herkömmlichen Batterien werden die Polköpfe durch den Zellendeckel hindurchgeführt und durch Zellenverbinder verbunden. Dadurch entstehen lange elektrische Verbindungen von entsprechend großem Widerstand (linkes Bild). Bei modernen Batterien werden die Polbrücken innerhalb des Batteriegehäuses durch die Zellenwände miteinander verschweißt. Dadurch erreicht man kürzere Leitwege mit geringerem Widerstand und in der Folge eine größere Strombelastbarkeit der Batterie

der Batterien mit modernen automatischen Batterietestern zu einem maßgeblichen Faktor geworden. Der Tatsache, daß sich bei modernen Batterien die Zellenverbinder im Gehäuse befinden, wird bei den modernen Batterietestern dadurch entsprochen, daß sie die bei der Belastung an den Endpolen herrschende Gesamtspannung als Meßwert verwenden.

Mit Bosch-Eisemann-Batterietestern können Starterbatterien mittels eines automatisch ablaufenden Prüfvorgangs getestet werden. Die entsprechenden Bosch-Batterietestgeräte brauchen nur mit ihren beiden Prüfkabeln polrichtig mit der zu prüfenden Batterie verbunden werden. Das Bosch-Testgerät T 12220 ist für einen maximalen Belastungsstrom von 220 A ausgelegt. Nach Anschluß und Einstellung des der Batterie entsprechenden Kälteprüfstroms, mittels eines Drehschalters, läuft nach dem Drücken der Starttaste der etwa 30 s dauernde Prüfablauf ab. Damit wird zugleich auf einem Zeigerinstrument der Ladezustand der Batterie durch die Zeigerstellung über «gut», «$^1/_2$» oder «Laden» angezeigt. Bleibt der Zeiger über dem Segment «Laden», so ist die Batterie entladen und muß vor dem Testen erst aufgeladen werden. Andernfalls, oder nach dem Laden, ist die untere Segmentskala gültig, die nach etwa 30 s den Zustand der Batterie als «defekt», «noch brauchbar» oder «gut» anzeigt.

Wenn auf den Batterien der Kälteprüfstrom nicht angegeben ist, kann man zum Testen behelfsmäßig folgenden Kälteprüfstrom einstellen:

32 bis 40 Ah = 140 bis 180 A
41 bis 70 Ah = 190 bis 270 A
71 bis 120 Ah = 280 bis 420 A
121 bis 180 Ah = 430 bis 630 A

Prüfen der Batterien durch die Kapazitätsprobe Die aufwendigste Prüfung der Batterien ist die Kapazitätsprobe nach DIN 72311, Blatt 7. Dazu wird die geladene Batterie mit Säuredichte 1,28 und etwa 300 K (27 °C) Säuretemperatur mit einem Verbraucherstrom von 5 % der Nennkapazität belastet und die Zeit gemessen, bevor die Gesamtspannung der 12-V-Batterie auf 10,5 V abgefallen ist. Multipliziert man den Entladestrom in A mit der Entladezeit in Stunden, so erhält man die effektive Kapazität in Ah. Wenn diese gemessene Kapazität 40 % der Nennkapazität nicht übersteigt, so ist die Starterbatterie verbraucht.

8.5 Generatoren für Kraftfahrzeuge

Die Generatoren – auch Lichtmaschinen genannt – sollen während des Betriebs der Kraftfahrzeuge alle eingeschalteten Verbraucher mit Strom versorgen und zugleich die Batterien schnell und gut laden. Auch bei nächtlicher Fahrt, wenn die Beleuchtungseinrichtungen eingeschaltet sind, sollen sie die durch das Anlassen oder sonstige Verbraucher bewirkte Entladung der Batterien durch genügend Ladestrom rasch ausgleichen.

Für die Wahl der Leistungsgröße von Generatoren ist die gemessene Leistungsaufnahme aller bei Fahrt auf die Dauer eingeschalteten Verbraucher bestimmend. Diese Dauerstromverbraucher sind:

□ Batteriezündung, Scheinwerfer, Begrenzungslampen, Schlußlampen, Wischer, Instrumentenleuchten, Nebelscheinwerfer, heizbare Heckscheibe usw.

Ist bei Generatoren die Nennleistung angegeben, so darf diese höchstens 10 % geringer sein als die Leistungsaufnahme aller auf Dauer einschaltbaren Verbraucher. Ist bei Generatoren der

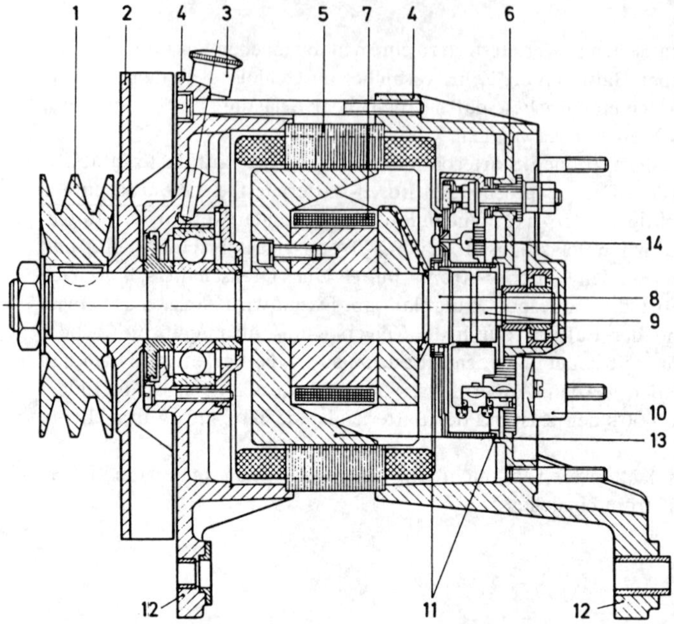

Bild 8.85 Generatorschnittbild
1 zweirillige Riemenscheibe
2 Lüfter
3 Fettbuchse
4 Generatorgehäuse
5 Ständerpaket
6 Schleifringlager
7 Erregerwicklung
8 Dichtring
9 Schleifring mit Kohlen
10 Anbautransistorregler
11 Schleifringkapselung
12 Schwenkarmbefestigung
13 Klauenpolläufer
14 Dioden
(Bosch-Bild)

Höchststrom angegeben, so darf die Stromaufnahme aller Dauerverbraucher höchstens $^2/_3$ dieses Höchststromes betragen.

Um die in Kraftfahrzeugen eingebauten Batterien zu laden, müssen Generatoren Gleichstrom abgeben. Die bisher üblichen Generatoren waren selbsterregende Nebenschluß-Gleichstromerzeuger mit Kollektoren. In zunehmendem Maße finden aber auch kollektorlose Gleichstromgeneratoren Verwendung. Diese Generatoren erzeugen Drehstrom oder Wechselstrom, der durch in der Maschine eingebaute Siliziumgleichrichter gleichgerichtet wird. Generatoren der letztgenannten Art werden auch Drehstromgeneratoren oder «Alternatoren» genannt (Bild 8.85).

8.5.1 Kollektorgeneratoren

Bei Kollektorgeneratoren schneiden die auf dessen Anker aufgebrachten Wicklungen das durch die Erregerfeldspulen erregte Magnetfeld des Polgehäuses. Dabei wird in den Wicklungen des Ankers elektrische Spannung induziert. Diese Spannung wird durch Kollektor und Kohlebürsten gleichgerichtet, weil das Laden von Batterien Gleichstrom erfordert.

Die mechanische Gleichrichtung in Kollektorgeneratoren Wird die Spannung der im Magnetfeld drehenden Spule von mit den Spulenenden verbundenen Schleifringen abgenommen, so herrscht an den Anschlußklemmen Wechselspannung, und es fließt bei geschlossenem Stromkreis ein Wechselstrom (Bild 8.86). Indem man die Spulenenden an mit der Spule drehenden Segmenten anschließt, kann man erreichen, daß bei Spannungsrichtungsänderung auch die Anschlüsse an auf den Segmenten schleifenden Kohlebürsten wechseln. Und so fließt außerhalb der Spule ein gleichgerichteter Strom, der pulsiert (Bild 8.87). Durch Verwendung von mehreren Spulen, die mit den Lamellen eines Kollektors verbunden sind, kann ein fast gleichmäßiger Gleichstrom erreicht (Bild 8.88).

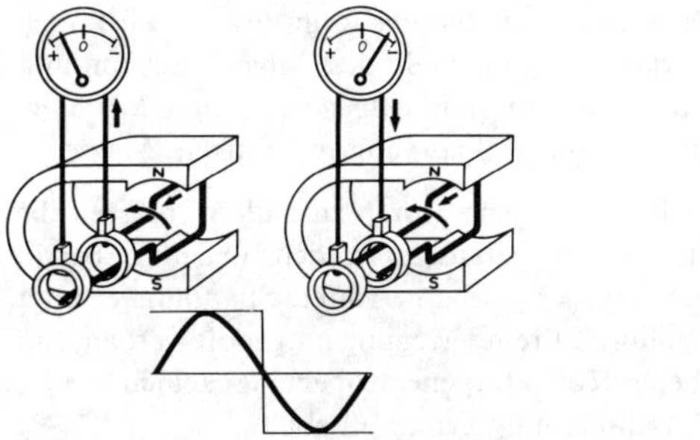

Bild 8.86 Eine Drahtschleife rotiert zwischen Nordpol und Südpol. Es entsteht Wechselspannung

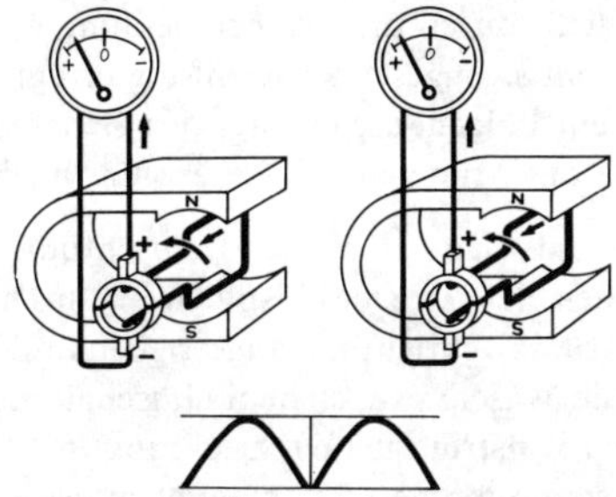

Bild 8.87 Drahtschleife an einem zweiteiligen Kollektor angeschlossen. Der Kollektor richtet den in der Drahtschleife entstehenden Wechselstrom gleich (Bosch-Bild)

Bild 8.88 Mehrere Drahtschleifen sind an einem mehrteiligen Kollektor angeschlossen. Es entsteht ein Gleichstrom mit geringer Welligkeit. Links mit Dauermagnetfelderregung, rechts mit Nebenschlußerregerwicklung (Bosch-Bild)

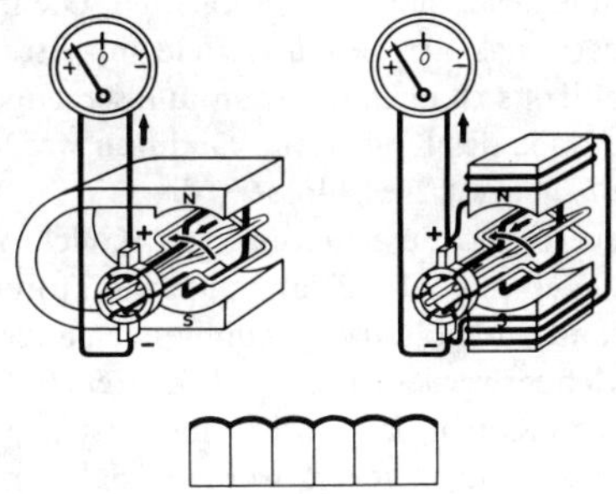

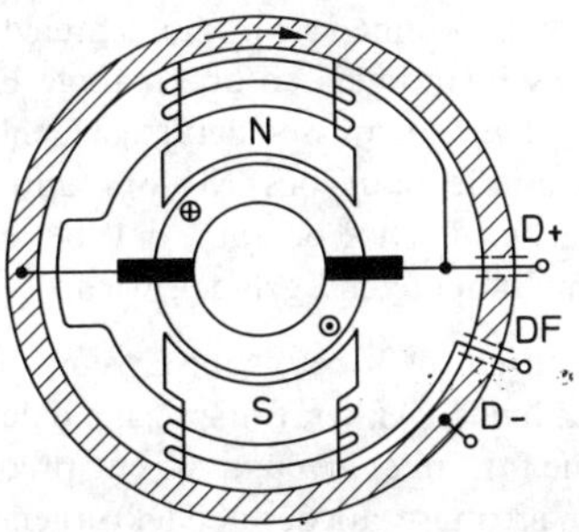

Bild 8.89 Grundsätzliche Schaltung eines Nebenschluß-Gleichstromerzeugers

Durch Kollektor und Kohlebürsten wird der im Anker von Kollektorgeneratoren erzeugte Wechselstrom gleichgerichtet und kann so zum Laden von Batterien verwendet werden.

Polen durch Fremderregung Vor der ersten Inbetriebnahme von Kollektorgeneratoren muß eine Fremderregung erfolgen. Dabei fließt Gleichstrom von einem anderen Stromerzeuger (z.B. einer Batterie) durch die Erregerwicklungen. Dadurch wird Elektromagnetismus erzeugt, der das Polgehäuse magnetisiert. Die Eisenpolgehäuse behalten nach diesem Fremderregen ein geringes restmagnetisches Feld, die Remanenz.

Selbsterregung Wird ein Generator in Betrieb gesetzt, so schneiden die Ankerwicklungen das restmagnetische Feld des Polgehäuses, und es wird in ihnen elektrische Spannung induziert. Diese Spannung verursacht in den im Nebenschluß geschalteten Erregerwicklungen Strom, der das restmagnetische Feld verstärkt. Dies wiederum hat zur Folge, daß die Ankerspannung und der Erregerstrom zunimmt. Durch diese Wechselwirkung von Ankerspannung und Erregermagnetismus zueinander erregt sich der Generator selbst (Bild 8.89).

Umpolen Fließt durch die Erregerwicklung ein Fremdstrom in anderer Richtung, so wird auch Magnetismus entgegengesetzter Richtung erregt, der das Restmagnetfeld des Polgehäuses umpolt. Bei umgepoltem Polgehäuse erzeugt der Generator auch Spannung in *entgegengesetzter Richtung.* Die Maschine mit Minus an Masse erzeugt nach dem Umpolen Spannung mit Plus an Masse.

Drehrichtungsänderung Um die Drehrichtung von Kollektorgeneratoren zu ändern, müssen die Wicklungsenden der Erregerfeldspulen an ihren Anschlüssen getauscht werden. Da nun aber in entgegengesetzter Drehrichtung angetrieben und auch entgegengesetzt gerichtete Spannung erzeugt würde, muß die Maschine nach dem Umschalten noch durch Fremderregung umgepolt werden. Ein entgegen seiner konstruierten Drehrichtung angetriebener Kollektorgenerator erzeugt keinen Strom, da die Ankerspannung den Restmagnetismus der Polschuhe umpolend aufhebt.

Nachteile der Kollektorgeneratoren Die seit Jahrzehnten verwendeten Kollektorgeneratoren haben einige Eigenschaften, die sie beim heutigen Stande der Technik und den veränderten Betriebsbedingungen von Kraftfahrzeugen nicht mehr voll geeignet erscheinen lassen.

Drehzahlbegrenzung Durch die Kohlebürsten wird die im Anker erzeugte Spannung in der neutralen Zone des Kollektors abgegriffen. Die magnetische Rückwirkung des im Anker fließenden Stroms verzerrt das Erregermagnetfeld mit Strom und Drehzahlen zunehmend in Drehrichtung. Damit verschiebt sich auch die Spannungserzeugung im Drehsinne der Ankerspulen und so auch in die neutrale Zone des Kollektors. Dadurch werden bei hohen Drehzahlen durch die Kohlebürsten Kollektorlamellen kurzgeschlossen, die mit Spulen verbunden sind, die Spannung erzeugen. Die Folge ist Feuern und Verschmoren von Kollektor und Kohlebürsten und übermäßige Erwärmung des Ankers. Weil es bei Kraftfahrzeuggeneratoren nicht möglich ist, die Stellung der Kohlebürsten den sich verändernden Betriebsbedingungen anzupassen, können sie nur in begrenzten Drehzahlbereichen betrieben werden. Um bei höchsten Fahrgeschwindigkeiten übermäßige Erwärmung und Zerstörung von Kollektoren und Kohlebürsten zu vermeiden, müssen derartige Generatoren so zum Motor übersetzt angetrieben werden, daß im Standleerlauf des Motors und bei geringerer Fahrgeschwindigkeit kein Strom von ihnen erzeugt wird. Dies bedingt, daß bei extremem Fahr-Halte-Verkehr, z.B. in Großstädten, die Batterie nicht genügend geladen wird.

Mechanischer Wirkungsgrad Bei Kollektorgeneratoren fließt der große Erzeugerstrom im gegenüber dem Polgehäuse kleineren und schlechter zu kühlenden Anker. Entsprechend der erforderlichen geringen Drahtstärken wird dabei viel Elektrowärme im Anker erzeugt, die entsprechende Kühlung erfordert. Beides vermindert den mechanischen Wirkungsgrad der Kollektorgeneratoren um so stärker, als man bestrebt ist, klein und leicht zu bauen.

Wartungsempfindlichkeit Der im Anker erzeugte Strom muß durch die Kohlebürsten vom Kollektor abgenommen werden. Der große Strom erfordert Kohlebürsten von großem leitendem Querschnitt, die mit hohem Druck auf den Kollektor gepreßt werden. Beides ergibt Verschleiß, und der abgeriebene Kohlestaub erhöht außerdem die Gefahr von elektrischen Kurzschlüssen.

8.5.2 Drehstromgeneratoren

Die Erzeugung der Induktionselektrizität geschieht bei den Drehstromgeneratoren in der Weise, daß das Magnetfeld des Erregerläufers beim Drehen die Erzeugerwicklungen in wechselnder Richtung durchdringt. Dabei wird in den Spulen eine EMK von wechselnder Richtung erzeugt (siehe Bild 8.90).

Jede einzelne Spule des Generators erzeugt somit Wechselspannung und würde einen Wechselstrom verursachen. Ein in den Stromkreis der Erzeugerspule geschalteter Gleichrichter wirkt wie ein

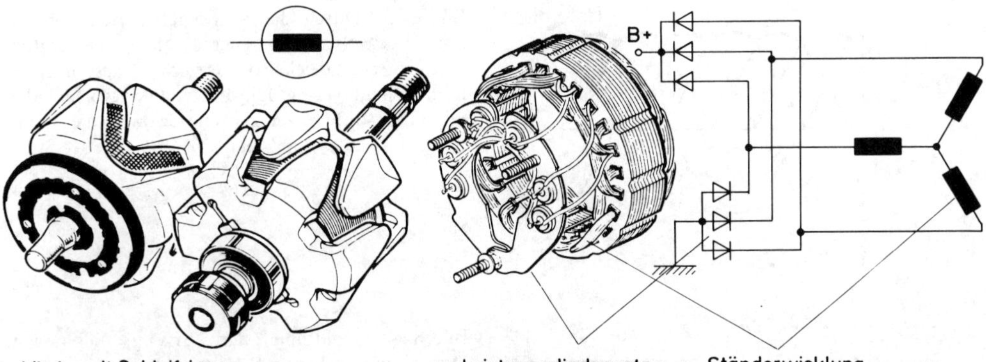

Bild 8.90 Erregerläufer, Diodensatz und Ständerwicklung mit dafür üblichen Schaltzeichen

Ventil. Es läßt den Strom nur in einer Richtung fließen und unterdrückt die entgegengesetzte Amplitude (siehe Abschnitt 8.1.8 «Dioden»).

Durch entsprechende Schaltung von mehreren Dioden nützt man auch die bei der vorher beschriebenen Einweg-Gleichrichterschaltung unterdrückten Amplituden, indem man die Stromrichtung im äußeren Stromkreis wendet. Diese Art der Gleichrichtung bezeichnet man als Vollweggleichrichtung. Bei Drehstromgeneratoren verwendet man eine Brückenschaltung von mehreren Dioden. Man ordnet im Polgehäuse der Drehstromgeneratoren drei Erzeugerwicklungen (Bild 8.94) an, die um je 120° der Drehung des Läufers versetzt ihren jeweiligen Spannungshöchstwert erreichen (siehe Bilder 8.91 bis 8.93).

Durch Dreiphasen-Brückenschaltung von sechs Dioden kann eine gleichbleibende Spannung und damit der Gleichstrom erreicht werden, den der Dauerparallelbetrieb mit Starterbatterien erfordert (siehe Bild 8.91).

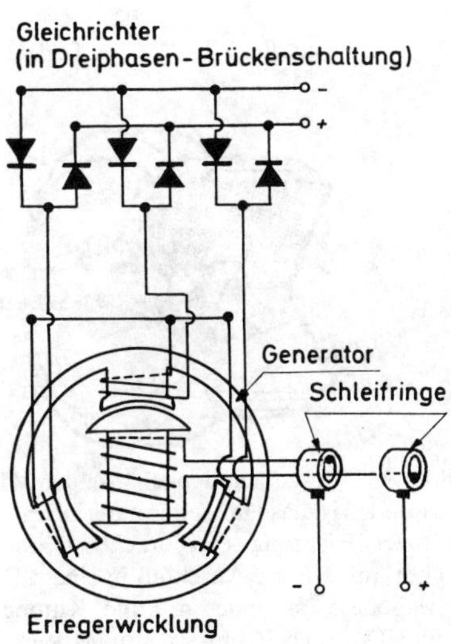

Bild 8.91 Vereinfachte Darstellung eines Drehstromgenerators mit Vollweggleichrichtung in 3-Phasen-Brückenschaltung

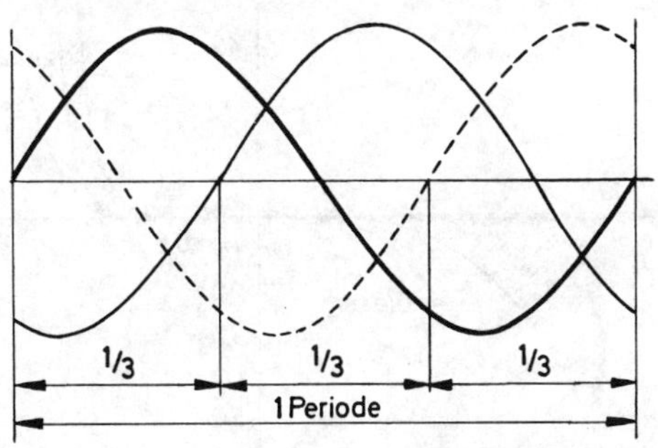

Bild 8.92 Durch die Versetzung der drei Erzeugerspulen um je 120° des Gehäuseumfanges wird erreicht, daß deren Spannungen um je $^1/_3$ der Drehung zeitlich versetzt ihren Höchstwert erreichen

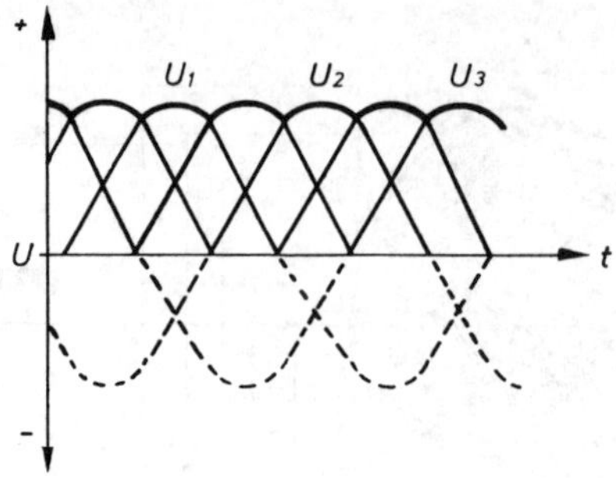

Bild 8.93 Durch die Vollweggleichrichtung von drei Wechselströmen eines Drehstromgenerators läßt sich ein Gleichstrom erreichen, dessen Spannung sich nur geringfügig ändert. Die verbleibenden Spannungsdifferenzen glätten sich durch die Induktivität im Ladestromkreis

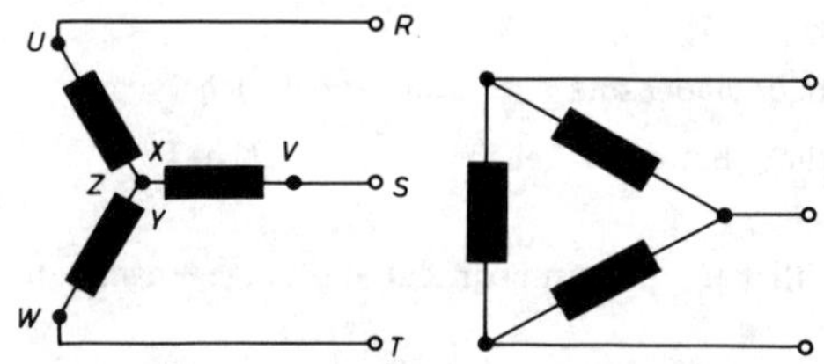

Bild 8.94 Schaltung der Erzeugerwicklungen. Durch entsprechende Schaltung kann der gleiche Generator auf 6 oder 12 V Nennspannung umgeschaltet werden. Bei Bosch-Drehstromgeneratoren werden die Wicklungen für 14 V im Stern und für 7 V im Dreieck geschaltet

Die Gleichrichterdioden Moderne Siliziumgleichrichter haben nur wenige Gramm Gewicht und etwa die Abmessung eines Knopfes. Sie können daher in die Generatoren eingebaut werden. Um den Betriebsbedingungen in Kraftfahrzeugen, also den extremen Temperaturen, den Stoßströmen und den auftretenden Schwingungen zu entsprechen, mußten besondere Dioden entwickelt werden. Diese speziellen Dioden werden auch als «Autodioden» bezeichnet (siehe Bild 8.95).

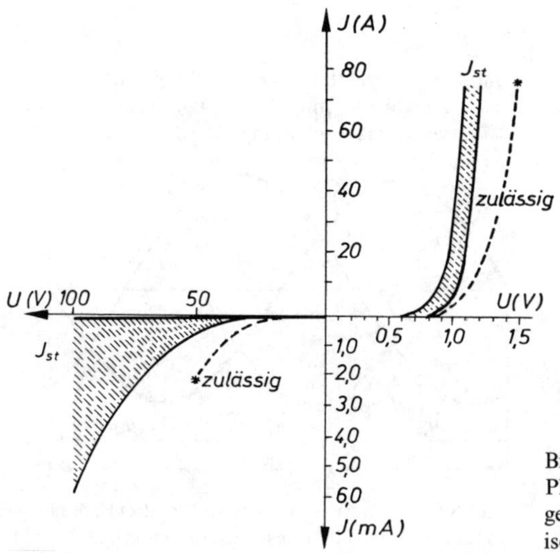

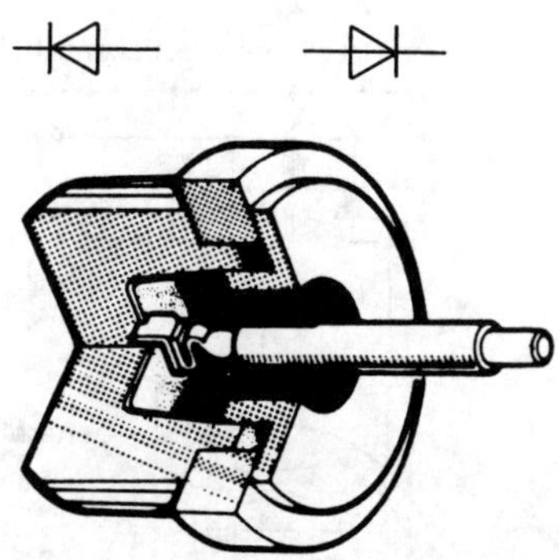

Bild 8.95 In das Diodengehäuse der Minus- oder Plusdioden ist das Halbleitermaterial je in entgegengesetzter Richtung eingebracht. Darum ist der isoliert ausgeführte Anschluß in einem Fall Anode (Plusdiode), im anderen Falle Katode (Minusdiode). Daneben Strom-Spannungs-Kennlinie einer solchen Diode

Die von der Firma Siemens entwickelten Autodioden bestehen aus zwei Scheiben von reinem hochohmigem Silizium, in die von der einen Seite als p-Zone Boratome und in der anderen Seite als n-Zone Phosphoratome eindiffundiert sind. Diese Scheiben haben durch eine Sattelfeder mit Druckkontakt Verbindung zu ihren Anschlüssen. Diode, Feder und Anschlußteile sind gasdicht im Gehäuse eingebördelt, um Korrosionen zu vermeiden. Derartige Autodioden sind zwischen 233 K und 423 K (−40 °C bis +150 °C) betriebssicher. Sie sind unempfindlich gegenüber Erschütterungen und gegenüber normalen Dioden höher überlastbar. Im Regelfall können sie in Sperrichtung bis etwa 100 V belastet werden. Werden sie mit höherer Spannung betrieben, als der Hersteller angibt, so werden die Dioden geschädigt oder zerstört. In Durchlaßrichtung werden die Autodioden erst beim Überschreiten einer bestimmten Spannung leitend. Diese Durchlaßspannung liegt im Regelfalle bei 0,6 bis 0,8 V. Die Werte sind für Dioden der einzelnen Hersteller und meist auch je nach Betriebsspannung der Generatoren verschieden.

Die Erregung von Drehstromgeneratoren Die Erregerläufer sind bei kleineren Drehstromgeneratoren meist als 8- bis 16polige Klauenpolrotoren und nur bei größeren Maschinen – z. B. Omnibusse – als Einzelpolrotoren ausgeführt. In Klauenpolerregerrotoren ist eine zentrale Spule in axialer Richtung angeordnet, die an beiden Seiten klauenförmige ineinandergreifende Polschuhe trägt. Dadurch folgen nacheinander, in der Drehrichtung, entgegengesetzte magnetische Pole. Entsprechend der Polzahl der Rotoren sind die Erzeugerwicklungen im Polgehäuse in Teilspulen unterteilt, die wie die Pole des Rotors zueinander versetzt sind. Durch die höhere Polzahl wird eine höhere Frequenz und durch die abgeschrägten Pole des Rotors eine Abflachung der Wechselstromamplitude erreicht. Beides gemeinsam ergibt damit eine größere Gleichmäßigkeit des erzeugten Gleichstroms (siehe Bild 8.96).

Der Erregerstrom wird den Erregerrotoren durch auf Schleifringen schleifende Kohle zugeführt. Da dieser Erregerstrom nur wenige Ampere beträgt, sind dazu nur Kohlebürsten von kleinem Querschnitt mit geringem Federdruck erforderlich. Daraus resultiert geringer Verschleiß und gegenüber Kollektorgeneratoren längere Betriebszeiten.

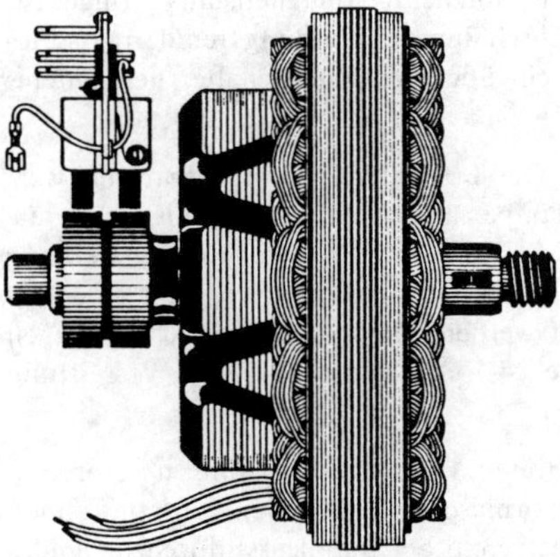

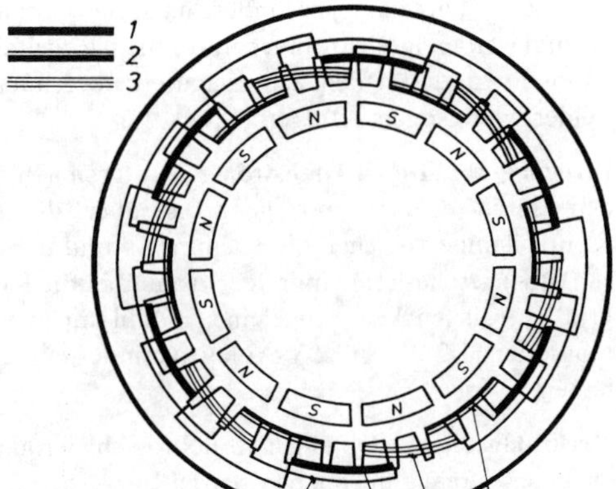

Bild 8.96 Die drei Erzeugerwicklungen der Drehstromgeneratoren sind entsprechend der Polzahl des Erregerrotors in Einzelwicklungen unterteilt, so daß sie jeweils dem gleichen Magnetfeld des Rotors gegenüberliegen

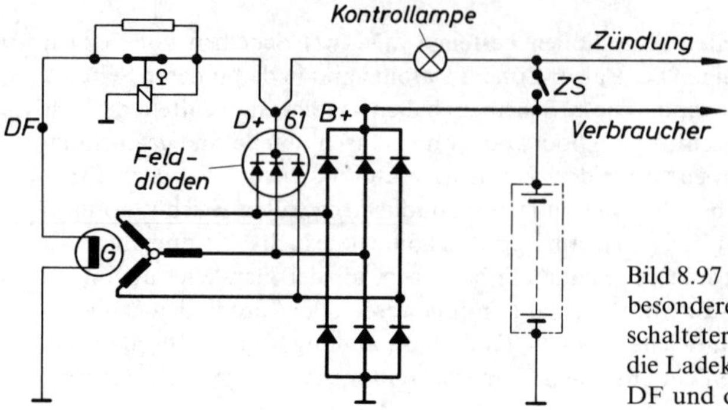

Bild 8.97 Bei Bosch-Drehstromgeneratoren sind besondere Erregerdioden vorgesehen. Bei eingeschalteter Zündung fließt ein Vorerregerstrom über die Ladekontrollampe und den Regler zur Klemme DF und dann über die Erregerwicklung

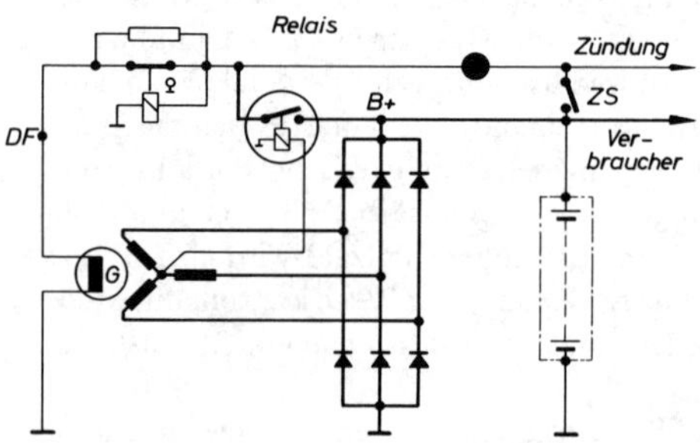

Bild 8.98 Über den Zündschalter fremderregter Drehstromgenerator. Bei geschlossenem Zündschalter fließt der Erregerstrom von der Batterie über Zündschalter, Reglerschalter, DF und die Erregerwicklung zur Masse und damit zur Batterie zurück

Wegen der gegenüber Polgehäusen von Kollektorgeneratoren geringeren Eisenmenge der Erregerrotoren, ist deren Remanenz geringer. Darum ist die Selbsterregung von Drehstromgeneratoren infolge der Diodencharakteristik (Durchlaßspannung) nicht unter allen Betriebsbedingungen so gewährleistet, daß der Generator auch bei geringeren Drehzahlen erregt wird (siehe Abschnitt 8.1.8 «Dioden»). Dies gilt insbesondere nach Betriebspausen, weil dann der Restmagnetismus geringer ist. Darum werden Drehstromgeneratoren im Regelfall beim Einschalten der Zündung fremderregt. Dies kann direkt durch den Zündschalter, aber auch durch ein über den Zündschalter geschaltetes Felderregungsrelais erfolgen (Bild 8.98).

Erregung von Bosch-Drehstromgeneratoren (Bild 8.97) Die Bosch-Drehstromgeneratoren werden durch einen Vorerregerstrom über die Kontrollampe hilfserregt. Darum ist hier die Kontrollampe zwischen die Klemme 15 und die von der Masse isolierte Seite der Erregerwicklung (Kl D+) geschaltet. Damit der Strom über die Kontrollampe und damit die Vorerregung genügend groß ist, dürfen keine zu kleinen Glühlampen verwendet werden. Diese sollten bei 6-V-Anlagen mindestens 1,2 W, bei 12-V-Anlagen mindestens 2 W und bei 24-V-Anlagen mindestens 3 W Leistung haben.

Drehzahlbereich Da keine Kollektorschwierigkeiten auftreten, können Drehstromgeneratoren in größeren Drehzahlbereichen betrieben werden als Kollektormaschinen. Die Generatoren können darum so zum Motor übersetzt angetrieben werden, daß sie bereits bei Standleerlaufdrehzahlen des Motors Strom erzeugen.

Mechanischer Wirkungsgrad und Baugröße Der mechanische Wirkungsgrad, also das Verhältnis der entnommenen zur verbrauchten Leistung, ist bei Drehstromgeneratoren besser. Bei gleicher Leistung sind diese Generatoren etwa um die Hälfte kleiner und leichter als Kollektorgeneratoren.

Wartungsempfindlichkeit Weil Kollektor und Kohlebürsten zur Stromabnahme entfallen und die auf Schleifringen schleifenden Erregerkohlen durch geringen Strom kaum verschleißen, wird die normale Laufzeit von Drehstromgeneratoren fast nur durch den Verschleiß der Kugellager begrenzt.

Drehrichtung Die Antriebsdrehrichtung spielt bei Drehstromgeneratoren keine Rolle, weil sie ohne Umschaltung in beiden Drehrichtungen betrieben werden können. Vereinzelt sind aber die Antriebslüfterscheiben je nach Drehrichtung verschieden.

Umgang mit Drehstromgeneratoren

Besondere Richtlinien für Drehstromgeneratoren sind erforderlich, weil deren Gleichrichterdioden gegenüber zu hoher Spannung, zu hohem Strom und auch gegen Hitze empfindlich sind. Wenn auch die Kenngrößen different sind, kann man als Richtwerte annehmen, daß bei den bei Drehstromgeneratoren verwendeten Dioden 50 V und 353 K (80 °C) nicht überschritten werden sollten. Dies gilt sowohl für das Prüfen als auch für den Betrieb der Generatoren. Durch besondere Schutzeinrichtungen können die Drehstromgeneratoren zwar gegenüber den bei falscher Behandlung auftretenden Schäden unempfindlicher gemacht werden. Dies würde derartige Anlagen aber verteuern. Eine ausreichende Betriebssicherheit ist in jedem Falle gewährleistet, wenn folgende Richtlinien eingehalten werden.

Während des Betriebs von Drehstromgeneratoren muß immer eine einwandfreie Verbindung der Kabel vom Generator zu Regler und Batterie gewährleistet sein. Somit dürfen auch bei laufendem Motor keine dieser Kabel gelöst oder angeschlossen werden. Ebenso ist jegliches Kurzschließen von mit Generatoren und Regler verbundenen Leitungen beim Betrieb zu unterlassen. Bereits kurzzeitiges Antippen dieser Verbindungen kann schädliche Öffnungsinduktion verursachen.

Die Kabelanschlüsse am Generator oder Regler müssen immer richtig sein und dürfen nicht vertauscht werden. *Das Laden eingebauter Batterien* mittels Ladegeräten sollte mit von den Batteriepolen abgenommenen Batterieklemmen erfolgen. Denn nicht alle Ladegeräte bzw. Schnelladegeräte haben Einrichtungen, die den Schutz der Generatordioden gewährleisten.

Starthilfen durch Schnelladegeräte oder Parallelschalten einer zweiten Batterie sollte man möglichst unterlassen.

Batterieklemmen dürfen beim Batterieeinbau nie vertauscht werden.

Batteriehauptschalter normaler Bauart sind in üblicher Schaltung nicht geeignet. Sie dürfen nie geschaltet werden, solange der Motor läuft. Spezielle Schalter für diesen Zweck verhindern eine Unterbrechung der Verbindungen zur Batterie, solange der Generator Spannung erzeugt. Bei handgeschaltetem Batteriehauptschalter kann man ein von der Klemme D+/61 gesteuertes Relais anordnen, das trotz Abschaltens des Hauptschalters die Verbindung der Batterie zum Generator so lange aufrechterhält, wie dieser Spannung erzeugt.

Elektrolichtbogenschweißen am Kraftwagen sollte man erst, nachdem man die Kabelanschlüsse am Drehstromgenerator gelöst hat. Zumindest aber sollte man die Masseklemme des Schweißgeräts dicht bei der Schweißstelle befestigen.

Die Kühlung der Drehstromgeneratoren darf nicht durch Einbau von Ableitblechen oder durch später eingebaute Geräte vermindert werden.

Vor dem Trocken von Lackierungen in stark beheizten Räumen sollte man den Drehstromgenerator möglichst ausbauen. Auf keinen Fall sollte man aber bei zu stark erhitztem Generator den Motor in Betrieb setzen.

Lüfterscheiben an den Keilriemenscheiben dürfen nicht verändert werden. Teilweise sind diese nur für eine bestimmte Drehrichtung bestimmt und müssen darum beim Ändern der Drehrichtung ausgetauscht werden.

Große induktive Verbraucher können schädliche Induktionsspannung erzeugen. Die größten Spannungsspitzen werden durch kontaktgesteuerte und kontaktlose elektronische Spulenzündanlagen hervorgerufen. Sie können durch unterbrochene Ladeleitung bei Transistorreglern im ungünstigsten Falle bis 350 V erreichen. Um hier den Generator zu schützen, ist es zweckmäßig, an D+ und Masse einen Parallelkondensator mit 2,2 µF zu schalten. Der halbiert die anfallenden Spannungsspitzen und wirkt gleichzeitig als Entstörkondensator. Die Spannung liegt dann aber immer noch über 100 V, ist für die Dioden also gefährlich. Absoluten Schutz erreicht man dadurch, daß an B+ und Masse eine bis 350 V spannungsfeste Zenerdiode geschaltet wird. Diese leitet die Gefahrenspannung nach Masse ab. Anderen großen induktiven Verbrauchern wird eine besondere Löschdiode parallel geschaltet. In 24-V-Anlagen kann ein Überspannungsschutzgerät dem Generator parallel geschaltet sein (siehe Bild 8.99).

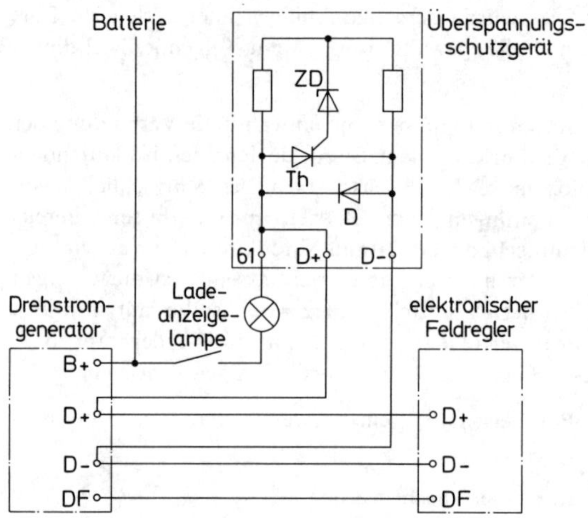

Bild 8.99 Prinzipschaltung des Überspannungsschutzgeräts. Übersteigt die Spannung an D+ ca. 32 V, so öffnet die Zenerdiode ZD den Thyristor Th. Mit einer Ansprechzeit von 0,3 ms schließt er D+ und D− kurz, entregt damit den Generator. Dieser «Kurzschluß» wird durch Ausschalten der Zündung wieder aufgehoben. Diode D ist Löschdiode

Kontrollampen von Bosch-Drehstromgeneratoren dienen zur Hilfserregung. Darum müssen defekte Glühlampen baldmöglichst ersetzt werden, um eine sichere Erregung zu erreichen.

Bosch-Regler für Drehstromgeneratoren müssen senkrecht mit den Befestigungslöchern nach unten eingebaut werden. Sie sind so vor Wärmeeinwirkung zu schützen, daß die Umgebungstemperatur bei Transistorreglern 333 K (60 °C) und bei Kontaktreglern 343 K (70 °C) nicht übersteigt.

8.5.3 Begriffsbestimmungen und technische Eigenschaften

Die Begriffsbestimmungen für Generatoren sind zum größten Teil in DIN 72411 gegeben.

Als Nennspannung für die elektrischen Anlagen und Geräte von Kraftfahrzeugen wird pro Zelle der zur Anlage gehörenden Bleibatterien 2 V angenommen. In Kraftfahrzeugen sind 6, 12 und 24 V üblich. Dabei wird die letztgenannte Nennspannung nur für größere Kraftfahrzeuge mit hohem Stromverbrauch und in NATO-Fahrzeugen verwendet.

Die Ladespannung auch Generatorspannung oder mittlere Betriebsspannung genannt, ist die Spannung, die beim Normalbetrieb zwischen D+ und D− des Generators gemessen werden kann. Bei 6-V- sind dies 7 V, bei 12-V- beträgt sie 14 V und bei 24-V-Batterien 28 V.

Die Nennleistungsangabe dient zur Auswahl der Generatoren für die Kraftfahrzeuge. Die Nennleistung soll so gewählt werden, daß sie der gemeinschaftlichen Leistungsaufnahme aller bei nächtlicher Fahrt eingeschalteten Dauerstromverbraucher entspricht. Wenn dies der Fall ist, so steht noch eine Leistungsreserve von 50 % der Nennleistung zum Aufladen der entladenen Batterie zur Verfügung. Somit ist die Nennleistung $^2/_3$ der Maximalleistung oder Dauerhöchstleistung der Generatoren. Während früher die Nennleistung angegeben wurde, haben heute bei modernen Generatoren die Ladespannung und der Maximalstrom Vorrang.

Die Dauerhöchstleistung oder Maximalleistung des Generators ist die Leistung, die die Generatoren auf Dauer erzeugen können, ohne daß sie durch übermäßige Erwärmung zerstört werden.

Der Maximalstrom (I_{max}) ist der Höchststrom des Generators, der auf Dauer nicht überschritten werden darf, damit dessen Zerstörung durch übermäßige Erwärmung vermieden wird. Der Nennstrom, neuerdings auch als $^2/_3$-Maximalstrom bezeichnet, ist der der Nennleistung entsprechende Strom. Wird ein nach Maximalstrom bezeichneter Generator verwendet, so muß $^2/_3$ des Maximalstroms der Stromaufnahme der unter Abschnitt 8.5 beschriebenen Dauerstromverbraucher entsprechen.

Die Nenndrehzahl oder Drehzahl bei $^2/_3$-Maximalstrom ist die Drehzahl, von der ab in dem betriebswarmen Generator die Nennleistung bzw. bei Ladespannung $^2/_3$ des Maximalstroms erzeugt wird.

Die Nullwattdrehzahl bzw. Nennspannungsdrehzahl oder Drehzahl bei 0 Ampere ist die Drehzahl, bei der der betriebswarme Generator seine Nennspannung bzw. Ladespannung erreicht, ohne Leistung abzugeben.

Die Höchstdrehzahl des Generators ist die Drehzahl, die beim Betrieb nicht überschritten werden darf. Bei Kollektorgeneratoren ist sie durch Erwärmung und Verschleiß von Kollektor und Kohlebürsten begrenzt (siehe Abschnitt 8.5.1 «Drehzahlbegrenzung»).

Die Drehrichtung wird bei normalen Generatoren von der dem Kollektor bzw. den Schleifringen entgegengesetzten Seite aus bestimmt. Bei Generatoren, deren Anker auf die Kurbelwelle aufgesteckt wird, ist die Drehrichtungsangabe so, wie man auf das Wellenende sieht, auf das der Anker aufgeschraubt ist.

Bosch-Generatorbezeichnungen

K	1	(RL)		14 V	35 A	20	(Drehstromgenerator)
T	L	M	R	28 V	62 A	11	(Kollektorgenerator)

- 20 / 11: Drehzahl in Hundert bei $^2/_3$-I_{max}
- 35 A / 62 A: maximaler Ladestrom (I_{max})
- 14 V / 28 V: mittlere Betriebsspannung (Generatorspannung)
- R: Drehrichtung
  - R oder → = Rechtslauf
  - L oder ← = Linkslauf
  - (RL) oder (↔) = Rechts- oder Linkslauf

  auf die Antriebsseite gesehen
- M: nahentstört
- L / 1: Unterbauart
  - L = Lüfter eingebaut
  - W = wasserdicht
  - 1 = Klauenpolgenerator
  - 2 = Einzelpolgenerator
  - 3 = Leitstückläufergenerator
  - 4 = schleifringloser Generator

  bei Drehstromgenerator
- K / T: Größenbuchstabe für Polgehäusedurchmesser
  - B = unter 55 mm
  - C = 55 bis 64 mm
  - D = 65 bis 79 mm
  - E = 80 bis 99 mm
  - G = 100 bis 109 mm
  - I = 110 bis 119 mm
  - K = 120 bis 139 mm
  - Q = 140 bis 169 mm
  - T = 170 bis 199 mm
  - U = 200 bis ... mm

8.5.4 Reglerschalter für Generatoren

Entsprechend den Induktionsgesetzen erzeugen Generatoren mit zunehmender Drehzahl mehr Spannung und in der Folge auch mehr Strom. Weil die Motoren und damit auch die Generatoren der Kraftfahrzeuge mit besonders starken Drehzahlveränderungen betrieben werden, müssen Regler vorgesehen sein, die Spannung und Strom auf festgelegte Werte begrenzen. Außerdem ist eine Einrichtung erforderlich, die die Verbindung zwischen Batterie und Generator herstellt, wenn dieser genügend Spannung erzeugt, um zu laden. Sie muß diese Verbindung wieder trennen, bevor der Rückstrom von der Batterie zum Generator so groß wird, daß er diesen durch Erwärmen gefährdet. *Der Reglerschalter muß somit Spannung und Strom des Generators begrenzen und ihn vor zu großem Rückstrom schützen.*

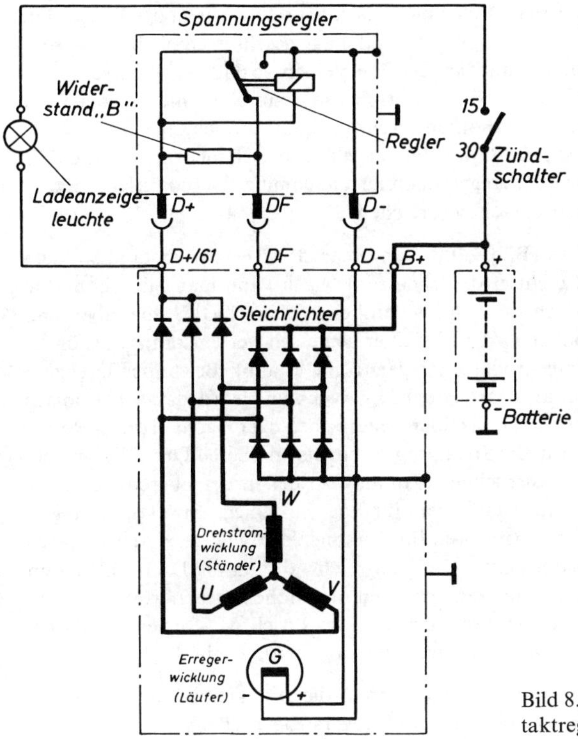

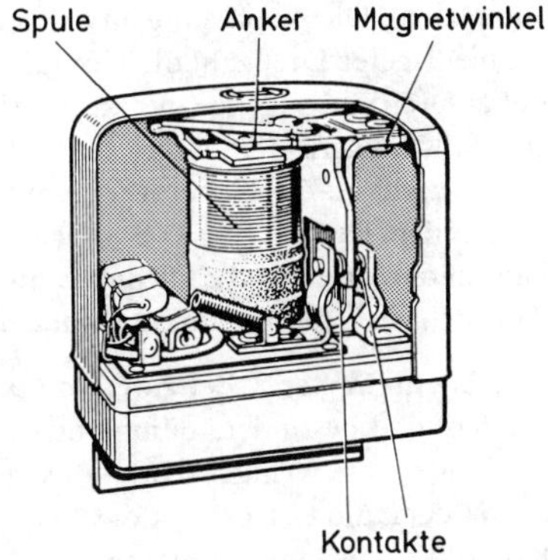

Bild 8.100 Bosch-Drehstromgenerator mit Kontaktregler AD und Generatorkontrolleuchte

Spannungsregler Die Spannungsregler sollen die Generatorspannung möglichst auf den Wert begrenzen, der der Betriebscharakteristik der Batterien entspricht. Diese Spannung soll möglichst 2,35 bis 2,4 V pro Zelle der Batterie betragen, um Überladen und zu starke Gasentwicklung zu vermeiden (Abschnitt 8.4.4). Außerdem werden bei spannungsgeregelten Generatoren die Verbraucher nicht gefährdet, wenn die Verbindung zur Batterie unterbrochen wird.

Die wesentlichsten Bauteile eines Spannungsreglers sind ein Spulenkern und eine Spannungsspule, über die der Regleranker so angeordnet ist, daß er vom Spulenkern durch Federkraft weggezogen wird. Durch die Federkraft wird in Ruhestellung ein in den Erregerstromkreis geschaltetes Kontaktpaar geschlossen. Diesem Kontaktpaar ist ein Funkenlöschwiderstand, der sogenannte Regelwiderstand (*B*), parallelgeschaltet (Bild 8.100).

Funktion eines Spannungsreglers

Wenn bei zunehmender Drehzahl die Generatorspannung höher wird, so fließt entsprechend mehr Strom durch die zwischen Plus und Minus der Maschine geschalteten Magnetwicklungen, und deren Zugkraft wächst. Sobald die Sollspannung überschritten wird, ist diese magnetische Kraft größer als die Federkraft und öffnet die Reglerkontakte. Dadurch wird ein Widerstand (*B*) in den Erregerstromkreis geschaltet, was ein Sinken des Erregerstroms und damit ein Sinken der Generatorspannung zur Folge hat. Nun werden die Kontakte infolge Überwiegens der Federkraft über die magnetische Kraft wieder geschlossen; der Erregerstrom kommt erneut voll zur Wirkung, und die Maschinenspannung steigt an. Sobald dann die Sollspannung überschritten ist, beginnt dies von neuem. Die Anpassung an die verschiedenen Drehzahlen geschieht selbsttätig in der Weise, daß bei niedrigerer Drehzahl die Kontakte nur kurzzeitig öffnen und lange geschlossen bleiben, bei sehr hoher Drehzahl dagegen nur kurzzeitig schließen und länger offen bleiben, so daß der Widerstand (*B*) ebenfalls längere Zeit eingeschaltet bleibt und der Erregerstrom somit auf einen niedrigeren Wert sinkt, wodurch die Generatorspannung bei der erhöhten Drehzahl konstant gehalten wird.

Der dem Reglerkontakt parallele Widerstand (*B*) wäre zur Regelung an sich nicht erforderlich. Er hat nur die Aufgabe, die Öffnungsinduktion der Erregerwicklung und damit das Kontaktfeuern so zu dämpfen, daß die Kontakte genügende Betriebszeiten erreichen.

Zweikontaktregler Bei Zweikontaktreglern (Bild 8.100) kann man den Regelwiderstand so klein wählen, daß besondere dämpfende Mittel nicht erforderlich sind. Auch kann man Silberkontakte verwenden, die weniger oxidationsempfindlich sind. Der wesentliche Unterschied ist hier aber, daß der Widerstand (*B*), der vor das Feld geschaltet wird, viel kleiner bemessen werden kann, was für die Kontaktlebensdauer günstig ist und deshalb größere Erregerströme erlaubt. Bei hoher Drehzahl arbeitet der Regler mit dem zweiten Kontaktpaar. Die Erregerwicklung wird dabei periodisch kurzgeschlossen. Dadurch lassen sich auch hohe Drehzahlen beherrschen. Der Nachteil dieser Regler ist, daß sie bei unteren Drehzahlen meist geringere Spannung regeln als im oberen Drehzahlbereich. Die Differenz der in der unteren Regellage geregelten Spannung zu der in der oberen Regellage geregelten Spannung (Regelweite) muß innerhalb der für die einzelnen Zweikontaktregler festgelegten Grenzen sein. Bosch-Drehstromgeneratoren für Personenkraftwagen begrenzen ihren Höchststrom selbsttätig. Darum ist die Spannungsregelung ausreichend. Um die Drehzahlen zum Erreichen einer ausreichenden Leistung niedrigzuhalten, benötigt man hohe Erregerströme. Darum verwendet man hier Zweikontaktregler oder Transistorregler. Die Bosch-AD-Regler für diesen Zweck regeln an der isolierten Seite der Erregerwicklungen, also plusseitig (siehe Bild 8.100).

Transistorregler Normale Kontaktregler haben einen durch die Funkenbildung bedingten Kontaktverschleiß. Dieser Verschleiß nimmt sowohl mit dem Erregerstrom als auch der Induktivität der Erregerfeldspulen zu und begrenzt die Lebensdauer der Regler.

Um auch bei geringer Drehzahl ausreichenden Generatorstrom zu erreichen, ist ein möglichst großer Erregerstrom günstig, weil dieser mehr Erregermagnetismus erzeugt. Diesem steht aber die durch den Kontaktverschleiß bedingte Begrenzung des Erregerstroms entgegen. Dies gilt insbesondere für Generatoren höherer Leistung. Bei mechanisch wirkenden Kontaktreglern ist die Kraft einer Feder für die Einstellung bestimmend. Da diese Feder dauernd wechselnden Kräften unterworfen ist, verändert sie ihre Kennwerte und damit die Reglereinstellung. Elektronische Bauteile können die Steuerung des Erregerstromes ohne mechanischen Verschleiß übernehmen und auch größere Erregerströme unterbrechen.

Zenerdioden dienen im Regelfalle als Sollwertgeber für die Spannungsregler von Generatoren. Dies sind besonders entwickelte Dioden, die in Sperrichtung bei einer genau festlegbaren Spannung leitend werden. Da auch bei diesem Durchbruch die zulässige Wärmeentwicklung nicht überschritten wird, können Zenerdioden diese Beanspruchung ohne Schädigung auf Dauer ertragen (siehe Abschnitt 8.1.8 «Zenerdioden»).

Transistoren sind elektronische Schalter. Sie werden zwischen ihren Klemmen E (Emitter) und C (Kollektor) leitend, solange zwischen seinen Klemmen E und B (Basis) eine kleine Spannung anliegt, die einen geringen Steuerstrom verursacht (Bild 8.17).

Funktion des Bosch-Volltransistorreglers T_1

Einer der einfachsten in der Funktion erklärbaren Transistorregler ist der Bosch-T_1-Regler für Drehstromgeneratoren (siehe Bild 8.101).

Bild 8.101 Schaltbild des Bosch-Drehstromgenerators K1 mit Volltransistorregler T1

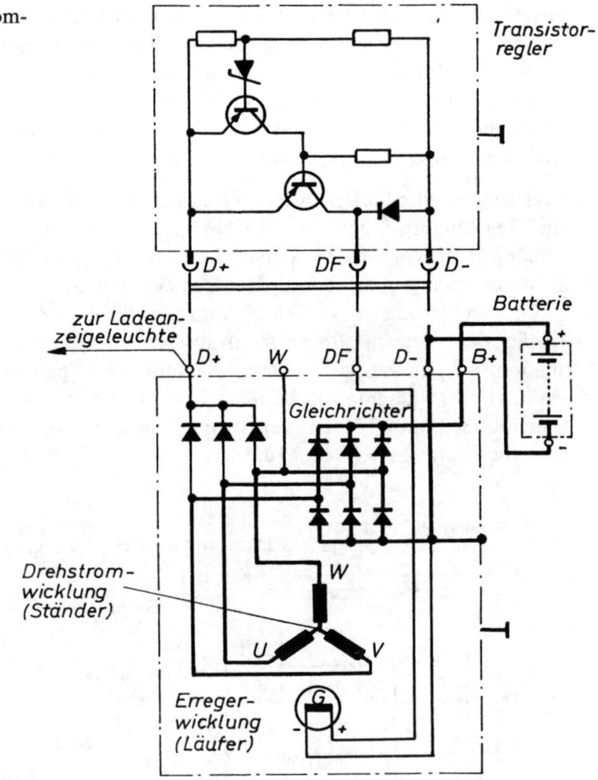

Bei diesem Regler kann von D+ über Emitter und Basis und den mit D+ verbundenen Widerstand des Steuerstromkreises der Steuerstrom fließen, der den Erregerfeldtransistor auch über Emitter und Kollektor leitend macht. Es fließt somit, bevor die Regelung einsetzt, der Erregerstrom von D+ über den Erregertransistor und DF durch die Erregerwicklung zu D–. Der Steuertransistor zwischen D+ und dem Widerstand im Steuerstromkreis des Erregertransistors sperrt, solange zwischen D+ und seiner Basis keine Spannung anliegt. Die Basis dieses Transistors ist über eine Zenerdiode mit der Verbindungsstelle zweier in Reihe zwischen D+ und D– des Generators geschalteter Widerstände verbunden. Die beiden Widerstände wirken als Spannungsteiler. Mit zunehmender Spannung zwischen D+ und D– nimmt auch die Spannung zwischen D+ und dem Anschluß der Zenerdiode zu. Wird hier die Durchbruchspannung der Zenerdiode erreicht, so kann der Strom über Emitter und Basis des Steuertransistors fließen, der den Durchgang zwischen Emitter und Kollektor herstellt. Der nun leitende Steuertransistor verbindet Emitter und Basis des Erregertransistors. Dieser sperrt den Erregerstrom, weil nun sein Steuerstrom entfällt. Die Folge ist ein Abfallen des Erregermagnetismus und Minderung der Spannung zwischen D+ und Zenerdiode. Da die Zenerdiode nun wieder sperrt, wird der Erregertransistor wieder leitend, und der Regelvorgang wiederholt sich, weil die Generatorspannung wieder ansteigt. Beim Bosch-Volltransistorregler ist parallel zur Erregerwicklung eine Löschdiode geschaltet, die die Transistoren vor deren Selbstinduktion und den schädlichen Spannungsspitzen schützt. Es sind aber im Transistorregler weitere Bauteile und Schaltungen erforderlich, durch die dessen konkrete Funktion erreicht wird.

Stromregelung bei Reglerschaltern Bei Bosch-Drehstromgeneratoren für Personenkraftfahrzeuge ist die Spannungsregelung ausreichend, weil der Strom bis zu einem maximalen Wert und bei weiterer Drehzahlerhöhung nicht mehr ansteigt. Bei Kollektorgeneratoren würde der erzeugte Strom um so höher, je mehr Verbraucher eingeschaltet und je entladener die Batterien wären. Dies würde dann zur übermäßigen Erwärmung und zur Zerstörung des Generators führen. Um dies zu vermeiden, muß auch der vom Generator erzeugte Strom begrenzt werden.

Dreielementregler für Regelung mit Knickkennlinie für Kollektorgeneratoren Bei Spannungsreglern zur Regelung mit geknickter Kennlinie ist ein zusätzlicher Stromregler vorhanden, der in Abhängigkeit vom durch den Generator erzeugten Strom arbeitet. Die Reglerkontakte des Stromreglers liegen mit den Spannungsreglerkontakten im Feldstromkreis in Reihe (Bild 8.102).

Bis zum Erreichen des Höchststroms arbeitet allein der Spannungsregler. Beim Überschreiten des Höchststroms jedoch öffnet der Stromregler seine Kontakte und beginnt zu arbeiten, während der Spannungsregler infolge der stark gesunkenen Spannung außer Tätigkeit gesetzt wird, seine Kontakte also geschlossen bleiben. Beim Überschreiten des höchstzulässigen Stromes wird die Generatorspannung durch den Stromregler steil nach unten geregelt und eine Überlastung mit Sicherheit vermieden (Bild 8.103).

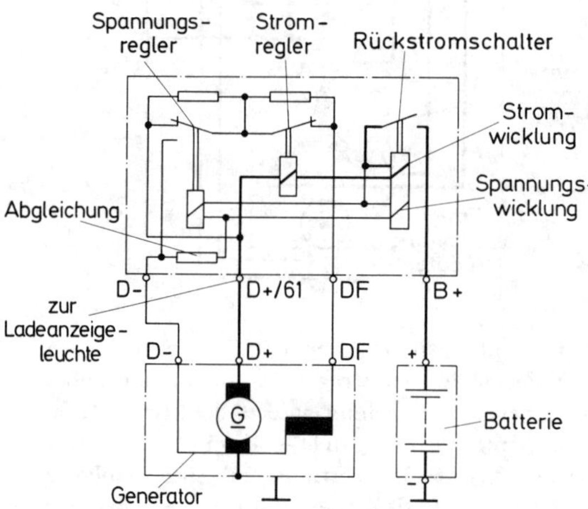

Bild 8.102 Kollektorgenerator mit Dreielementregler

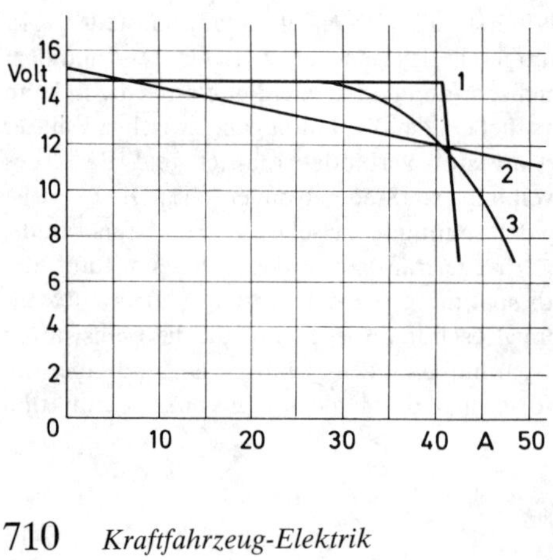

Bild 8.103 Reglerkennlinien
1 Knickkennlinie des Dreielementreglers
2 Neigekennlinie des Zweielementreglers
3 annähernd geknickte Kennlinie des Variodenreglers für 14-V-40-A-Generators

Bild 8.104 Schaltung eines Zweielementreglers zur Regelung mit geneigter Kennlinie

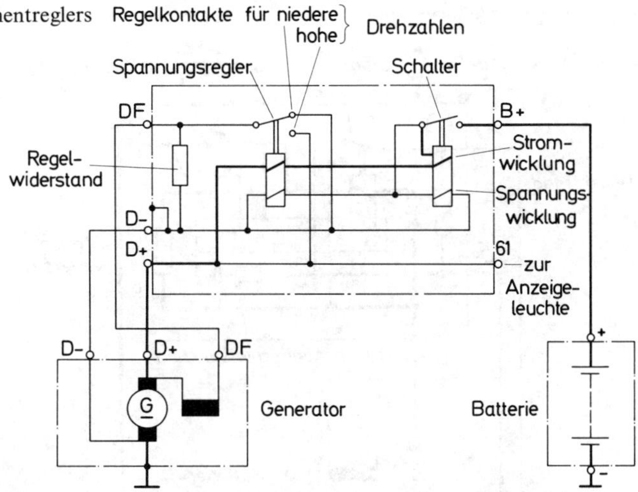

Regelung mit geneigter Kennlinie Bei Reglern mit geneigter Kennlinie (Bild 8.104) sucht man sich ein besonderes Stromreglerelement durch eine zusätzliche auf dem Spannungsregler angeordnete Stromspule zu ersparen. Diese Stromspule wird von dem im Generator erzeugten Strom durchflossen, der die magnetische Kraft der Spannungsspule verstärkt. Dadurch bewirkt man, daß die Spannung bei steigender Belastung sinkt. Je größer der durch die Stromwicklung fließende Belastungsstrom ist, desto stärker kommt ihr magnetisches Feld zur Wirkung, das das von der Spannungswicklung herrührende Feld unterstützt. Der Anteil der Spannungswicklung wird also geringer sein, als bei unbelasteter Maschine, d.h., bei steigender Belastung wird die Spannung etwas nachgeben (Bild 8.103).

Die Neigung der Kennlinie kann den jeweiligen Verhältnissen so angepaßt werden, daß bei Anschluß sämtlicher Verbraucher und leerer Batterie der höchstzulässige Generatorstrom nicht überschritten und die Batterie gut geladen, jedoch in vollem Zustand nicht überladen wird. Während bei Knickreglern beliebig große Batterien verwendet werden können, dürfen bei Reglern mit geneigter Kennlinie die für den jeweiligen Generator angegebenen Batteriekapazitäten nicht überschritten werden. Werden größere Batterien gewählt, so kann der Generator überlastet werden.

Variodenregler Beim Variodenregler (Bild 8.105) sucht man ohne den Aufwand eines besonderen Stromreglers, eine dem Knickregler ähnliche Regelkennlinie zu erreichen. Das Halbleiterelement Variode übernimmt die Aufgabe, den Maschinenstrom des Generators zu begrenzen, ähnlich wie der Stromregler bei der Knickregelung.

Zum Steuerwiderstand sind die Variode und die Steuerwicklung parallel geschaltet. Erreicht der Spannungsverlust im Steuerwiderstand (Hauptstromkreis) den Wert von ungefähr 0,3 V, dann fließt ein Steuerstrom, der sich entsprechend der Variodenkennlinie rasch steigert. Die Wirkungsweise der Steuerwicklung entspricht der Stromwicklung des Reglers mit nachgiebiger Kennlinie (Bild 8.103). Die Tatsache, daß Halbleiterbauelemente stark temperaturabhängig sind, ergibt zusätzlich, daß bei höheren Temperaturen weniger Strom geregelt wird.

Rückstromschalter Auf dem Spulenkern der Rückstromschalter (Bild 8.102) sind eine Spannungsspule und eine Stromspule angeordnet. Die Spannungsspule ist zwischen D+ und D− des Generators geschaltet, dagegen liegt die Stromspule bei geschlossenen Schalterkontakten im Erzeugerstromkreis des Generators. Der Schalteranker wird in Ruhelage durch Federkraft vom Spulenkern weggehalten und damit zugleich die Kontakte getrennt.

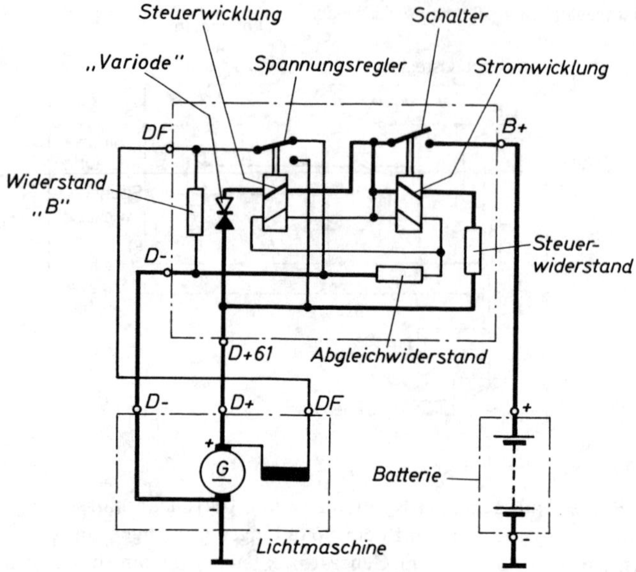

Bild 8.105 Schaltbild eines Bosch-Variodenreglers

Einschaltspannung Wenn bei zunehmender Drehzahl des Generators dessen Spannung ansteigt, so nehmen auch der Strom und die dadurch bewirkte magnetische Zugkraft der Spannungsspule des Rückstromschalters zu. Beim Erreichen der Einschaltspannung ist diese magnetische Kraft größer als die Federkraft. Darum wird nun der Schalteranker angezogen und dadurch die Verbindung zwischen D+ (61) des Generators und B+ hergestellt. Diese Einschaltspannung soll einerseits möglichst niedrig sein, damit bei geringstmöglicher Fahrgeschwindigkeit Generatorstrom zur Versorgung des Lichtnetzes genutzt werden kann. Andererseits soll beim Einschalten möglichst kein Strom von der geladenen Batterie zum Generator fließen. Bei modernen Reglerschaltern ist die Einschaltspannung oft geringfügig kleiner als die Nennspannung der Anlage, aber höchstens 10% höher als diese. Der Erzeugerstrom des Generators fließt bei geschlossenen Kontakten in gleicher Richtung um den Spulenkern und erhöht durch seinen Magnetismus die Zugkraft auf den Schalteranker.

Rückstrom Sinkt bei Verminderung der Generatordrehzahl dessen Spannung unter die Batteriespannung, so fließt ein Rückstrom von der Batterie zum Generator. Dieser Rückstrom fließt entgegengesetzt um den Spulenkern des Rückstromschalters und schwächt mit einem entgegengesetzt gerichteten Magnetismus die Kraft der Spannungsspule. Bei einer bestimmten Stärke des Rückstroms überwindet die Federkraft die magnetische Kraft der Spannungsspule und trennt die Schalterkontakte. Je nach Reglerschalter und Ladezustand der Batterie sind zwischen 2A und 14A Rückstrom erforderlich, bevor der Rückstromschalter die Verbindung zwischen Generator und Batterie trennt.

Für die Rückstromschalter ist ein unregelmäßiger Lauf der Motoren im unteren Drehzahlbereich betriebsschädlich. Denn durch das dauernde Unterbrechen des Rückstroms können die Kontakte heiß werden und verschweißen. Deshalb ist bei teuren Reglerschaltern auch oft eine besondere Sicherung im Ladestromkreis vorgesehen.

Dioden als Rückstromsperre Halbleiterbauelemente, z.B. Siliziumdioden, können bei entsprechender Bemessung die Aufgabe der Rückstromschalter übernehmen, weil sie, wie ein Ventil wirkend, den

Strom nur in einer Richtung durchlassen. Sie können ohne mechanischen Verschleiß den Rückstrom exakter verhindern. Darum benötigen die Drehstromgeneratoren, bei denen aus anderen Gründen derartige Gleichrichterdioden erforderlich sind, keine Rückstromschalter. Man kann aber auch bei jedem anderen Generator derartige Dioden verwenden. Dem steht der höhere Preis dieser Dioden entgegen.

Generatorkontrolleuchten

Kontrolleuchten, die im Blickfeld des Fahrzeugführers angeordnet sind, sollen diesem anzeigen, daß der Generator arbeitet und an das Verbrauchernetz angeschlossen ist. Ihr Verlöschen zeigt nicht unbedingt an, daß der Generator Strom erzeugt. Von Kollektorgeneratoren wird meist erst dann Strom abgegeben, wenn nach dem Verlöschen der Kontrolleuchte die Drehzahl noch um etwa 50% erhöht wird. Ebenso leuchtet die Anzeigeleuchte nicht auf, wenn ein Rückstrom zum Generator fließt, also wenn entladen wird. Darum sollte man möglichst nicht die Standleerlauf-Drehzahlen eines Motors so wählen, daß die Anzeigeleuchte gerade noch verloschen ist.

Bei Kollektorgeneratoren ist die Anzeigeleuchte zwischen die Klemme Nr. 15 des Zündschalters und (D+) des Generators geschaltet. Wird bei stehendem Motor die Zündung eingeschaltet, so fließt Strom von Plus der Batterie über den Zündschalter, die Anzeigeleuchte, D+/61, über die Wicklung des Generators und die Masse zu Minus der Batterie. Folglich leuchtet nun die Anzeigelampe hell auf. Die nach Inbetriebnahme des Motors mit der Drehzahl zunehmende Generatorspannung wirkt im Stromkreis der Anzeigeleuchte der Batteriespannung entgegen. Nun herrscht an der Glühlampe nur noch die Spannungsdifferenz zwischen Batterie und Generator, und mit zunehmender Generatorspannung glüht der Glühfaden dunkler. Wenn die Spannungsdifferenz an der Glühlampe auf etwa 10% der Nennspannung gesunken ist, verlischt die Glühlampe. Darum kann die Glühlampe verloschen sein, bevor der Rückstromschalter arbeitet und Ladestrom fließt. Bei geschlossenem Rückstromschalter ist die Anzeige verloschen, gleichgültig ob Ladestrom, Rückstrom oder kein Strom fließt. Denn dem Stromkreis der Anzeigeleuchte sind der Rückstromschalter und die Ladeleitung parallel geschaltet. Wenn durch großen Übergangswiderstand zwischen D+ und Batterie + oder durch zu großen Strom in diesem Teil des Stromkreises der Spannungsverlust 10% der Nennspannung übersteigt, so kann die parallele Anzeigeleuchte wieder leicht aufglühen. Dies ist dann meist der Fall, wenn bei nächtlicher Fahrt viele große Verbraucher eingeschaltet sind.

Bei Bosch-Drehstromgeneratoren bekommt die Kontrolleuchte in der Hauptsache über den Erregerstromkreis, also über D+, den Reglerkontakt, DF und die Erregerwicklung des Läufers ihre Masseverbindung (Bild 8.100). Sie verlöscht somit auch in gleicher Weise, wenn die Generatorspannung an D+ den erforderlichen Wert erreicht. *Der Ladekontrolleuchtenstrom dient aber außerdem zur Vorerregung des Generators* (siehe Abschnitt 8.5.2 Erregung von Drehstromgeneratoren). Glimmt sie bei Betrieb, liegt gewöhnlich ein Diodenfehler vor.

8.5.5 Überprüfen von Generatoren

Das Verlöschen der Kontrolleuchte zeigt nicht unbedingt an, daß der Generator arbeitet. Verlöscht sie aber nicht, obwohl die Leitungen in Ordnung sind, so sollte man Generator und Reglerschalter ausbauen und prüfen. Das Erproben und Prüfen von Generatoren muß je nach Art der Generatoren, Regler und Prüfgeräte verschieden vorgenommen werden. Es werden für jede Regler- und Generatorenbauarten besondere Prüfanweisungen gegeben. Mit Vorliegendem soll darum nur das Grundsätzliche beschrieben werden. Bei Generatoren oder Reglerschaltern, die mit Dioden oder Transistoren ausgerüstet sind, dürfen Verbindungen nur dann gelöst oder angeschlossen werden, wenn der Generator nicht betrieben wird. Denn bei den dabei auftretenden Spannungsspitzen und

Stromstößen würden diese Halbleiterbauelemente gefährdet. Auch müssen die Anschlüsse der Prüfschaltungen so einwandfrei sein, daß sie nicht unbeabsichtigt den Kontakt verlieren können.

Einfachsterprobung eingebauter Generatoren Wenn sich trotz verlöschender Anzeigeleuchte die Batterie entlädt, so sollte man sich, bevor man den Generator und den Reglerschalter prüft, überzeugen, ob die am Fahrzeug verwendeten Verbraucher nicht mehr verbrauchen als die Nennleistung (bzw. $^2/_3$-Maximalstrom) des Generators. Ist dies nicht der Fall, so kann man bei Kollektorgeneratoren mit eingeschaltetem Fahrlicht vom Standleerlauf aus die Motordrehzahl rasch erhöhen. Wenn dabei das Licht heller wird, so lädt der Generator.

Vor dem Testen oder weiterem Erproben kann man nach dem Prüfen des Ladezustandes der Batterie durch Messung der Säuredichte Grundsätzliches über das Ladeverhalten des Generators aussagen. Wenn eine Säuredichte von 1,24 bis 1,28 gemessen wird, so ist es kaum möglich, daß der Generator zu wenig Leistung abgibt. Dagegen weisen starker Verlust von Wasser, feuchte Zellendeckel und zerfressene Polklemmen auf Überladung, also meist auf zu hohe Einstellung des Spannungsreglers hin.

Messen des Generatorstroms Um den vom Generator erzeugten Strom zu messen, kann ein Amperemeter zwischen die Klemme Nr. 51 (B+) und das dort abgeklemmte Kabel geschaltet werden. Bei einer Motordrehzahl, die etwa $^3/_4$ der Höchstgeschwindigkeit des Kraftwagens entspricht, kann der vom Generator erzeugte Strom gemessen werden. Meistens ist der Ladestrom gering, weil die Batterie normalerweise geladen ist. Werden nun das Fahrlicht und alle größeren Dauerverbraucher eingeschaltet, so soll das Amperemeter etwa $^2/_3$ des Höchststromes bzw. den Nennstrom anzeigen. Wenn dies nicht der Fall ist, so kann ein Fehler am Generator, den Leitungen, den Verbindungen, am Antrieb des Generators, an der Masserückleitung oder am Reglerschalter vorliegen. Um die Einstellung des Spannungsreglers zu prüfen, kann man dessen Regelspannung messen.

Messen der Regelspannung bei Kollektorgeneratoren Als grundsätzlicher Meßwert für die Einstellung des Spannungsreglers von Kollektorgeneratoren dient die Leerlaufregelspannung. Das ist die Spannung, die der Regler regelt, wenn kein Strom erzeugt wird. Dazu ist das Kabel B+ am Reglerschalter zu lösen und ein Voltmeter zwischen Klemme Nr. 61 (D+) oder B+ des Reglers und Masse zu schalten. Die bei mittlerer Motordrehzahl gemessene Leerlaufregelspannung soll zwischen 2,4 V bis maximal 2,6 V pro Zelle der zur Lichtanlage gehörenden Batterie betragen. Sie ist aber für einzelne Reglerschalter verschieden und wird jeweils vom Hersteller angegeben.

Regelspannung ohne Belastung Bei einzelnen Einkontaktreglern und Reglern mit Dioden oder Transistoren darf ebenso wie bei Drehstromgeneratoren die Regelspannung nicht im Leerlauf gemessen werden. Hier wird zwischen Klemme B+ und das dort gelöste Kabel ein Widerstand

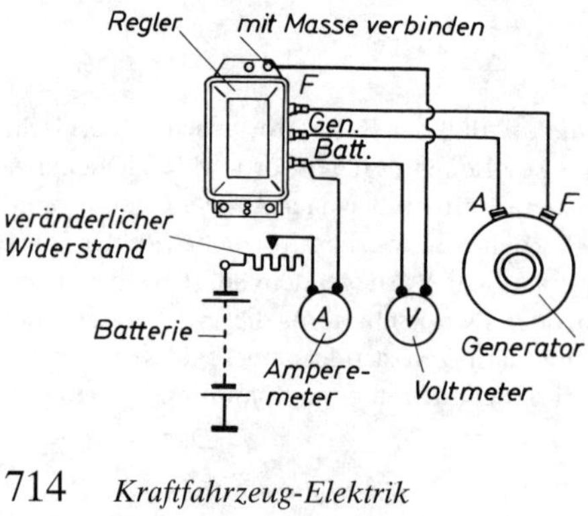

Bild 8.106 Prüfen der Regelspannung ohne Belastung von kontaktempfindlichen Reglern bzw. von Transistorreglern

geschaltet (Bild 8.106). Um das Prüfen der Regelspannung zu vereinheitlichen, wird diese bei fast allen Reglerschaltern mögliche Art des Messens zunehmend üblich. Sie wird als «Regelspannung ohne Belastung» bezeichnet. Darum ist bei modernen Prüfständen und Testern dieser von Bosch als «Stauwiderstand» bezeichnete Vorwiderstand zur Batterie z.T. bereits eingebaut.

Batteriespannungsmessung zum Prüfen der Regelspannung von Kollektor- und Drehstromgeneratoren Bei Drehstrom- und Kollektorgeneratoren kann die Spannung zwischen Plus und Minus der angeschlossenen Batterie gemessen werden. Ohne Einschalten zusätzlicher Verbraucher soll nach wenigen Minuten Lauf mit mittleren Drehzahlen bei 12-V-Anlagen zwischen 14 und 15 V gemessen werden.

Generatorprüfung durch Tester bei Kollektorgeneratoren Die Generatortester ermöglichen meist ein Prüfen der Einschaltspannung, des Rückstroms, der Leerlaufspannung, der Reglerspannung bei Belastung und des Höchststroms. Es sind je nach Tester verschiedene Schaltungen möglich. Zum Prüfen des Reglers wird aber meist ein Voltmeter zwischen Klemme B+ des Reglerschalters und Masse geschaltet. Parallel zu diesem Voltmeter wird ein veränderlicher Belastungswiderstand mit einem Amperemeter in Reihe geschaltet.

Drehstromgeneratoren Bei Drehstromgeneratoren darf die Regelspannung im Leerlauf nicht geprüft werden, weil diese nur mit angeschlossener Batterie betrieben werden dürfen. Hier werden meist die Generatorspannung und der Generatorstrom bei durch einen Widerstand belasteter Batterie bei vorgeschriebenen Generatordrehzahlen gemessen.

Zur Leistungsprüfung von Drehstromgeneratoren mit Bosch-Volt-Ampere-Tester ETT 011.00 mit Belastungswiderstand wird das Voltmeter an B+ und D− des Generators geschaltet. Die Strommeßzange des Amperemeters wird über die Ladeleitung zur Batterie geklemmt und der Belastungswiderstand an Plus und Minus der Batterie geschaltet (siehe Bild 8.107). Danach ist der Motor anzulassen und seine Drehzahl so zu erhöhen, daß der Generator mit etwa 4000 min^{-1} dreht. Bei konstanter Drehzahl wird der Belastungswiderstand auf einen Tabellenwert eingestellt. Die nun gemessene Spannung muß innerhalb der in der gleichen Tabelle gegebenen Grenzen liegen.

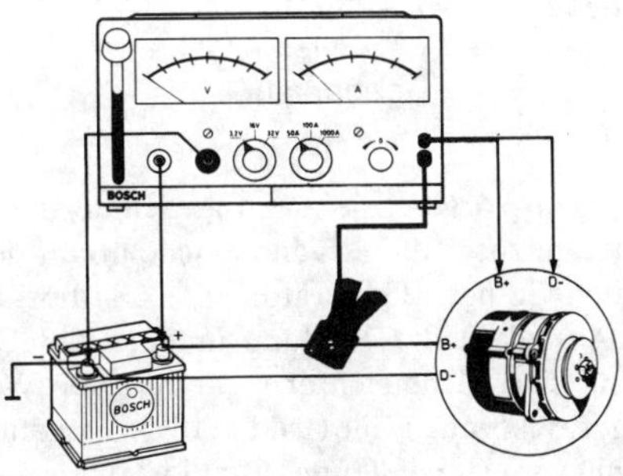

Bild 8.107 Bosch-Volt-Amperetester ETT 011.00, angeschlossen zum Messen der Ladeleistung des Generators

Wenn die Spannung oder der Strom nicht den für den Generator vorgeschriebenen Werten entspricht, so kann auch ein Fehler an Dioden oder Erzeugerwicklungen die Ursache sein. Darum sollte man vor dem Erneuern des Spannungsreglers den Generator prüfen. Dies kann durch Messen und Prüfen der Dioden und Wicklungen geschehen. Einfacher ist es, den Generator mit einem Katodenstrahl-Oszilloskop zu prüfen. Denn dieser Test ermöglicht, Fehler an Dioden oder Wicklungen ohne Ausbau des Generators mit größter Sicherheit festzustellen.

Prüfen von Drehstromgeneratoren mit Oszilloskopen Durch Oszilloskopen können Fehler an Dioden und Erzeugerwicklungen leicht und eindeutig ermittelt werden. Darum sind bei den meisten modernen Zündoszilloskopen Einrichtungen vorgesehen, die ein Feststellen dieser Fehler ohne Ausbau und Demontage des Generators ermöglichen. Dazu werden die dafür vorgesehenen Prüfkabel je nach Fabrikat und Bauart des Oszilloskopen entweder mit D+/61 und D− des Generators oder mit Plus und Minus der Batterie verbunden. Ebenso ist je nach Oszilloskop die horizontale Steuerung des Katodenstrahlers (Triggerung) verschieden. Meist muß das Triggerkabel an der ersten Zündkerze angeschlossen werden. Darum ist zum Teil bei der Erprobung des Drehstromgenerators auf dem Generatorprüfstand ein Behelfsbatteriezünder zum Erzeugen des entsprechenden Zündimpulses erforderlich (siehe Bild 8.108).

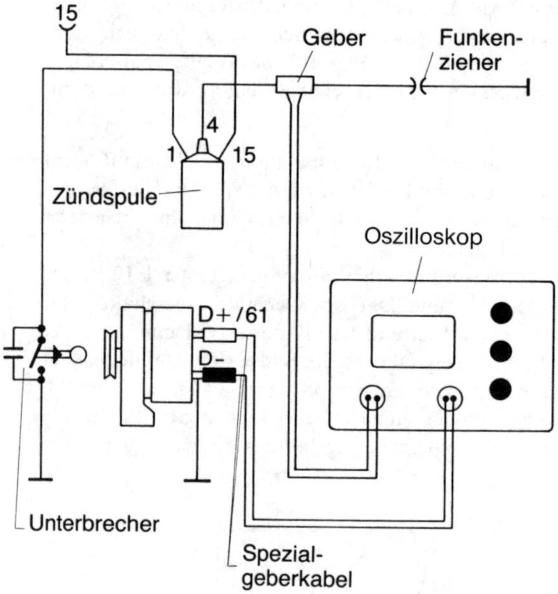

Bild 8.108 Synchronisiereinrichtung eines Generatorprüfstandes zum Prüfen von Drehstromgeneratoren mit dem Zündoszilloskopen

Nach dem vorgeschriebenen Anschluß und der Einstellung des Oszilloskopen sind alle Verbraucher einzuschalten. Dann erscheint auf dem Bildschirm eine Wellenlinie. Wenngleich diese Wellenlinie je nach Generator oder Oszilloskop geringfügig verschieden sein kann, so zeigt die Gleichförmigkeit der Wellung immer, daß Dioden und Erzeugerwicklung des Generators in Ordnung sind. Ungleichförmigkeiten der Wellenlinien weisen auf Schaden an Dioden oder Erzeugerwicklungen hin (Bild 8.109). Genauere Auswertung dieser Oszillogramme durch Vergleich mit vom Hersteller des Oszilloskopen gegebenen Schaubildern ermöglichen eine eindeutige Feststellung der Fehlerursache. Dies ist nur bei der Prüfstandarderprobung von Bedeutung. Denn im Regelfall wird man bei ungleichförmiger Wellenlinie den Generator zur Prüfung und Instandsetzung ausbauen und demontieren.

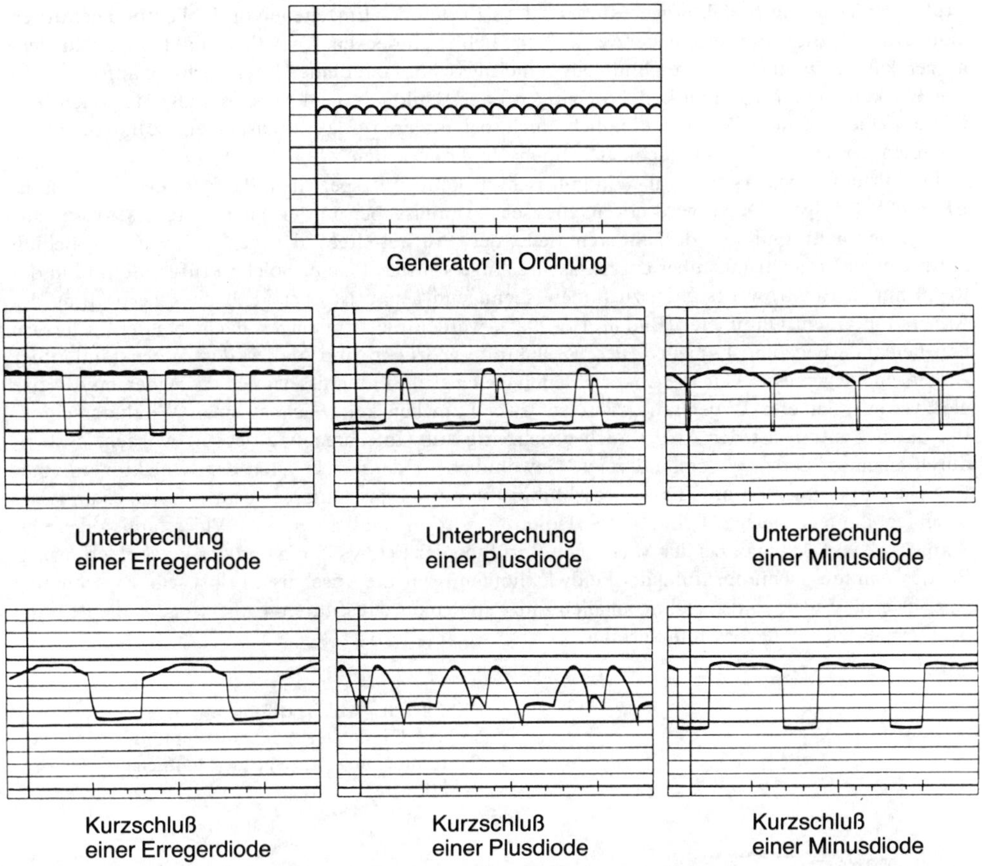

Bild 8.109 Bei der oszilloskopischen Überprüfung des Drehstromgenerators werden Fehler sichbar

8.5.6 Instandsetzen von Generatoren

Eine grobe Vorprüfung der ausgebauten Kollektor-Generatoren kann man dadurch erreichen, daß man diese als Elektromotor im Leerlauf betreibt. Dazu wird D+ des Generators mit Plus der Batterie und die Masse mit Minus der Batterie verbunden. Die Klemme DF ist bei masseseitig geregelten Generatoren mit der Masse und bei plusseitig geregelten mit D+ zu verbinden. Zweckmäßig ist es, dabei das Staubband zu lösen, damit Kollektor und Kohlebürsten beobachtet werden können.

Beim Anschluß an die Batterie muß der Generator aus jeder Stellung des Ankers anlaufen und mit etwa 50 % seiner Nenndrehzahl laufen. Wenn er schneller oder langsamer läuft, liegt meist ein Fehler in der Erregerwicklung vor. Läuft der Generator nicht an, so kann eine Unterbrechung im Erregerstromkreis oder im Ankerstromkreis oder aber ein Masseschluß oder ein Windungsschluß im Anker vorliegen. Läuft der Generator bei leichtem Bremsen ruckweise an, so liegt ein Ankerfehler vor. Feuern beim Drehen einzelne Lamellen, so kann eine Unterbrechung, sonst ein Windungsschluß im Anker vorliegen.

Prüfen der Teile von Kollektorgeneratoren Das Prüfen der Einzelteile von Kollektorgeneratoren kann grundsätzlich drei verschiedene elektrische Fehler aufdecken. An Anker- und Erregerfeldwicklungen kann sowohl ein Masseschluß, ein Windungsschluß oder eine Unterbrechung auftreten. An den Pluskohlehalterungen im kollektorseitigen Lagerschild kann ein Masseschluß entstanden sein. Diese Fehler können selbstverständlich auch bei anderen Elektromaschinen, z.B. Anlassern, auftreten, so daß die Prüfmöglichkeiten für beide Arten gelten.

Das Prüfen eines Ankers auf Windungsschluß kann mit speziellen Prüfgeräten, z.B. Bosch-EFAW 95, erfolgen. Dabei wird ein magnetischer Impulsgeber an der einen Seite des Ankers zur Anlage gebracht und auf der anderen Seite der Prüfpolschuh, der den bei Windungsschluß auftretenden Magnetismus über ein magisches Auge sichtbar macht. Solche Prüfgeräte sind in der Regel nur in Elektrowerkstätten zu finden. Genügend genau ist aber auch die Überprüfung des Ankers mit einem Ohmmeter (Bild 8.110). Dazu werden die Prüfspitzen nacheinander an je zwei nebeneinanderliegende Lamellen des Kollektors gedrückt und dabei der Widerstand einer Ankerschleife gemessen. Da die Ankerschleifen gleich groß sind, müssen auch die Widerstandswerte gleich sein. Kleinerer Widerstand zwischen zwei Lamellen kennzeichnet einen Windungsschluß. Bei dieser Prüfung ist der Anker auch gleichzeitig auf Unterbrechung geprüft worden, die sich durch einen größeren Widerstand zeigt. Gewöhnlich ist dann aber auch der Kollektor an einer Lamelle stark eingebrannt. Zur Masseschlußprüfung wird das Ohmmeter an den Anker und eine beliebige Lamelle gelegt. Bei intakter Isolation wird unendlich großer Widerstand angezeigt. Sinngemäß verfährt man bei der Masseschlußprüfung der Feldwicklung und der Pluskohleführung. Bei der Windungsschlußprüfung der Feldwicklung müssen alle Anschlüsse gelöst sein. Zweckmäßig ist es hier die Widerstandsmessung an allen Einzelspulen durchzuführen. Dabei ist auch die Prüfung nach eventueller Unterbrechung erfolgt.

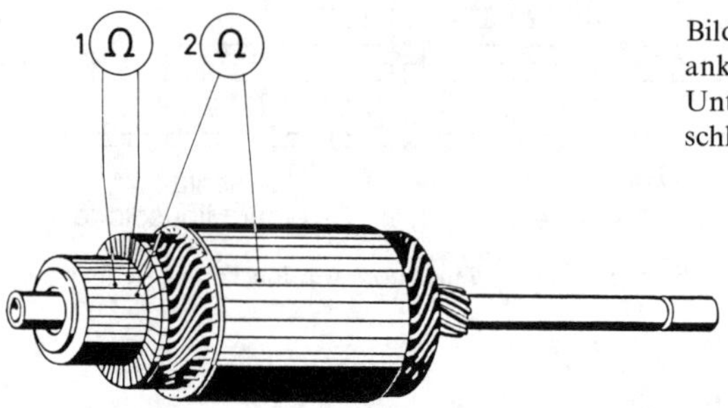

Bild 8.110 Ankerprüfung am Beispiel Anlasseranker. Ohmmeter 1 kann Windungsschluß und Unterbrechung anzeigen, Ohmmeter 2 Masseschluß

Prüfen der Teile von Drehstromgeneratoren Zum Prüfen der Dioden ohne spezielle Prüfgeräte müssen deren Anschlüsse gelöst werden. Dabei ist darauf zu achten, daß die Dioden beim Ablöten nicht zu stark erwärmt werden und nicht durch geringfügigen Masseschluß des elektrischen Lötkolbens zerstört werden. Zum Prüfen von Dioden gibt es spezielle Prüfgeräte, die z.T. das Nachmessen der Kennlinien ermöglichen. Als einfachste Prüfung kann man eine Prüflampe bis 24 V Gleichspannung an den Anschlüssen der Dioden wechselnd anschließen. In Durchgangsrichtung angeschlossen, muß die Lampe voll aufleuchten, und in Sperrichtung angeschlossen, darf die Lampe nicht aufglühen. Sinngemäß können auch Gleichrichter mit Hilfe eines Ohmmeters geprüft werden. Dabei ist in Durchgangsrichtung der Widerstand eines guten Gleichrichters klein. In Sperrichtung dagegen liegt der Widerstandswert wesentlich höher.

Besondere Drehstromgenerator-Prüfgeräte, z.B. das Bosch-Gerät AW 192, ermöglichen das Prüfen der Dioden und der Ständerwicklungen im verschalteten Zustand. Ohne derartige Geräte müssen die Dioden zum Prüfen abgelötet oder abgeklemmt werden. Das gilt auch zum Prüfen der Ständerwicklungen mit höheren Spannungen als 80 V.

Prüfen der Ständerwicklungen Das Prüfen auf Windungsschluß kann in gleicher Weise erfolgen wie bei Kollektorankern, nur müssen vordem Dioden abgelötet werden. Auf Masseschluß kann man die Ständerwicklung auch ohne Ablöten der Dioden prüfen. Dazu ist Plus des Gleichstromkreises einer 24-V-Prüflampe mit der Wicklung und Minus mit der Masse zu verbinden. Dabei darf die Glühlampe nicht aufleuchten.

Prüfen der Läuferwicklungen Auf Windungsschluß werden die Läuferwicklungen durch das Messen des Widerstandes geprüft und auf Masseschluß mit der Prüflampe. Zur Masseschlußprüfung sind höhere Prüfspannungen als 40 V unbedenklich.

8.6 Anlasser

Zum Anlassen von Kraftfahrzeug-Verbrennungsmotoren verwendet man meist Elektromotoren. In der Regel wird zum Anlassen ein Anlasserritzel in der Schwungscheibenverzahnung eingespurt. Nur bei Anlassern von einigen Rollern, Rollermobilen oder sonstigen Kleinfahrzeugen verwendet man Lichtanlaßmaschinen, die dauernd mit der Kurbelwelle des Motors im Kraftschluß bleiben. Anlasser werden neuerdings auch als «Starter» bezeichnet.

Aufbau und Schaltung

Die Elektromotoren von Anlassern sind Gleichstrom-Hauptschlußmotoren, bei denen Erregerwicklungen und Ankerwicklungen in Reihe geschaltet sind (Bild 8.111). Bei Elektromotoren dieser Bauart können die Erregerwicklungen in ihrem elektrischen Widerstand so ausgelegt werden, daß sie viel Strom aufnehmen, damit sie so starke Magnetfelder erzeugen, wie es zum Erreichen eines hohen Drehmoments erforderlich ist. Dies geschieht aber nur bei geringer Anlasserdrehzahl. Denn bei zunehmender Drehzahl wird dadurch, daß die Ankerwicklungen das Erregermagnetfeld schneiden, im Anker zunehmend Spannung induziert, die dem einfließenden Strom entgegenwirkt. Aus diesem Grund erreichen Anlasser-Hauptschlußmotoren hohe Drehzahlen, wobei sich die Stromaufnahme vermindert (Bild 8.112).

Bild 8.111 Grundsätzliche Schaltung eines Hauptstrommotors

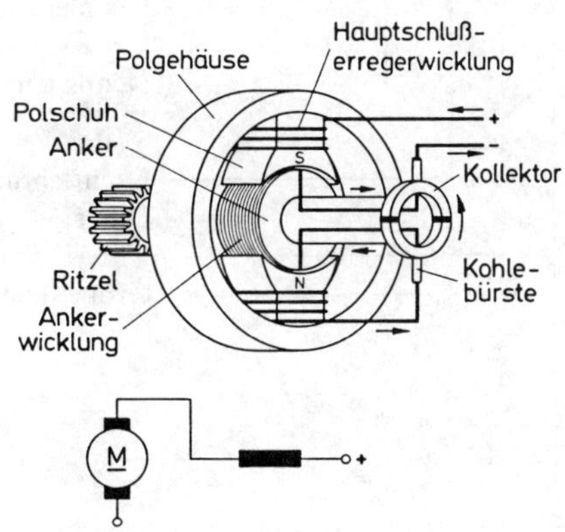

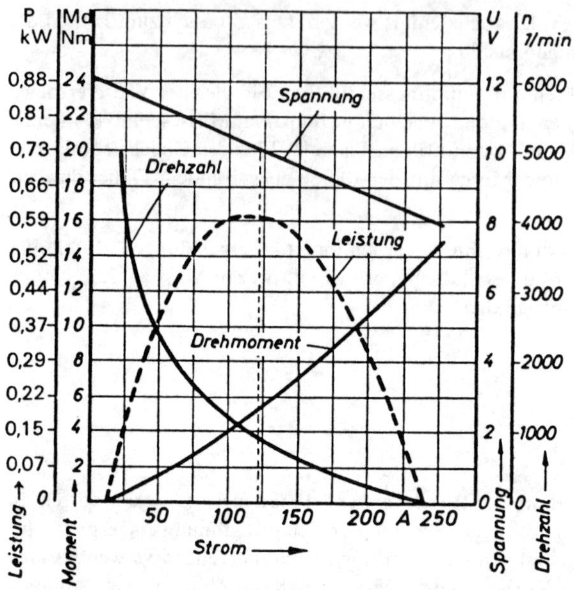

Bild 8.112 Verhalten von Strom, Spannung, Leistung, Drehzahl und Drehmoment beim Betrieb eines 12-V-Anlassers von 0,6 PS Nennleistung

Anlasserkohlebürsten Kohlebürsten aus Graphit oder Elektrodenkohle würden den Widerstand des Anlasserstromkreises so erhöhen, daß kein genügender Strom und damit nur ein geringes Drehmoment erreicht würde. Darum verwendet man bei Anlassern Kohlebürsten, die aus Graphit und Kupfer bestehen. Diese Kohlebürsten sind je nach Anlasserart, Anlasserleistung und Nennspannung in ihrer Zusammensetzung so verschieden, das passende, aber im Material falsch gewählte Kohlebürsten Störungen verursachen können.

Bosch-Anlasserbezeichnung

G F R 12 V 0,6 PS

- 0,6 PS — Nennleistung
- 12 V — Nennspannung
- R — Drehrichtung R oder → = Rechtslauf, L oder ← = Linkslauf (auf die Kraftabgabeseite gesehen)
- F — Unterbauart
- G — Größenbuchstabe Polgehäusedurchmesser

B	= unter 55 mm	I	= 110 bis 119 mm
C	= 55 bis 64 mm	K	= 120 bis 139 mm
D	= 65 bis 79 mm	Q	= 140 bis 169 mm
E	= 80 bis 99 mm	T	= 170 bis 199 mm
G	= 100 bis 109 mm	U	= über 200 mm

Leistungsbezeichnungen von Bosch-Anlassern

Die bis 1976 verwendeten Anlasserbezeichnungen mußten bis 31. 12. 1977 auf das internationale Einheitensystem (SI) umgestellt werden. Danach wird die Leistungsangabe nicht mehr in PS, sondern in kW ausgedrückt. Gleichzeitig wurde die Starterleistung neu definiert. Die aufgeprägten PS-Angaben waren die «Nennleistung», die der Anlasser mit der im Fahrzeug eingebauten Batterie abgab. Die neuen kW-Angaben sind Maximalleistungen und beziehen sich auf die für den Anlasser zugelassene größte Batterie. Dadurch ergibt sich eine scheinbare Leistungssteigerung. Die Maximalleistung wird folgendermaßen festgelegt: Es ist die Anlasserleistung, die die größte zugelassene Fahrzeugbatterie, welche $^3/_4$ geladen sein muß, bei einem auf $-20\,°C$ (253 K) unterkühlten Anlasser hervorbringt. Bei Startern ab 10 kW ist die Prüftemperatur auf $0\,°C$ (273 K) festgelegt. Aus diesem Grund ist das Umrechnen der alten PS-Angabe in kW nach der Formel $1\,PS = 0{,}736\,kW$ nicht möglich.

Für eine Übergangszeit sind auf Bosch-Anlassern nur die Bestellnummer, die Nennspannung und der Drehrichtungspfeil eingeprägt.

8.6.1 Anlasserarten

Die in der Schwungscheibenverzahnung einspurenden Anlasser werden je nach Art des Einspurens bezeichnet. In deutschen Kraftfahrzeugen sind zur Zeit folgende Anlasser üblich:

1. Schubschraubtriebanlasser für Personenkraftwagen und kleinere Lastwagen,
2. Schubankeranlasser für mittlere Lastkraftwagen-Dieselmotoren,
3. Schubtriebanlasser mit Vorstufe für mittlere und größere Dieselmotoren.

Aufbau und Funktion der Schubschraubtriebanlasser

Beim Schubschraubtriebanlasser (Bild 8.113) ist der Schaft des Anlasserritzels auf einem Steilgewinde der Ankerachse so gelagert, daß es durch eine in eine Schiebemuffe eingreifende Gabel axial bewegt werden kann. Zwischen dem Ritzel und der Ankerachse ist ein Klemmenrollenfreilauf angeordnet. Dieser Klemmenrollenfreilauf verhindert ein Antreiben des Anlasserankers durch den anspringenden Motor und die dadurch mögliche Zerstörung. Meist ist darum bei Anlassern dieser Bauart noch eine Ankerbremse vorgesehen.

Das Betätigen der Schubschraubtriebanlasser geschieht meist durch einen Einrückmagnetschalter. Durch diesen Magnetschalter wird erst der Einrückhebel bewegt, der das Ritzel in der Schwungscheibenverzahnung zum Eingriff bringt. Dann wird der Anlassermotor eingeschaltet, und der drehende Anlasseranker schraubt das Anlasserritzel über sein Steilgewinde bis zu einem Anschlag voll in die Schwungscheibenverzahnung, wodurch der Kraftschluß erfolgt. Durch das Drehen bis zum Kraftschluß wird im Anker Schwungkraft aufgespeichert, die zum Losbrechen und Beschleunigen des stehenden Motors zusätzlich zum Drehmoment des Elektromotors zur Verfügung steht. Der anspringende Motor überholt den Anlasser, bringt aber nur das Ritzel auf die entsprechend hohe Drehzahl. Freilauf und Ankerbremse verhindern nun, daß der Anker auf die für ihn schädlichen Drehzahlen gebracht wird.

Der 1982 von Bosch entwickelte Schubschraubtriebstarter ist bei gleicher Leistung nur noch halb so schwer wie die alten. Dieser Starter hat keine Hauptfeldwicklung, sondern statt dessen einen Satz Permanentmagneten. Dadurch ist es möglich geworden, den Ankerstrom anzuheben. Des weiteren ist zwischen Anker und Ritzel ein Planetengetriebe gesetzt, welches die hohe Ankerdrehzahl auf die Anlasserdrehzahl herab- und das Drehmoment heraufsetzt. Die mechanische Arbeitsweise läuft wie bei den herkömmlichen Startern ab (Bild 8.114).

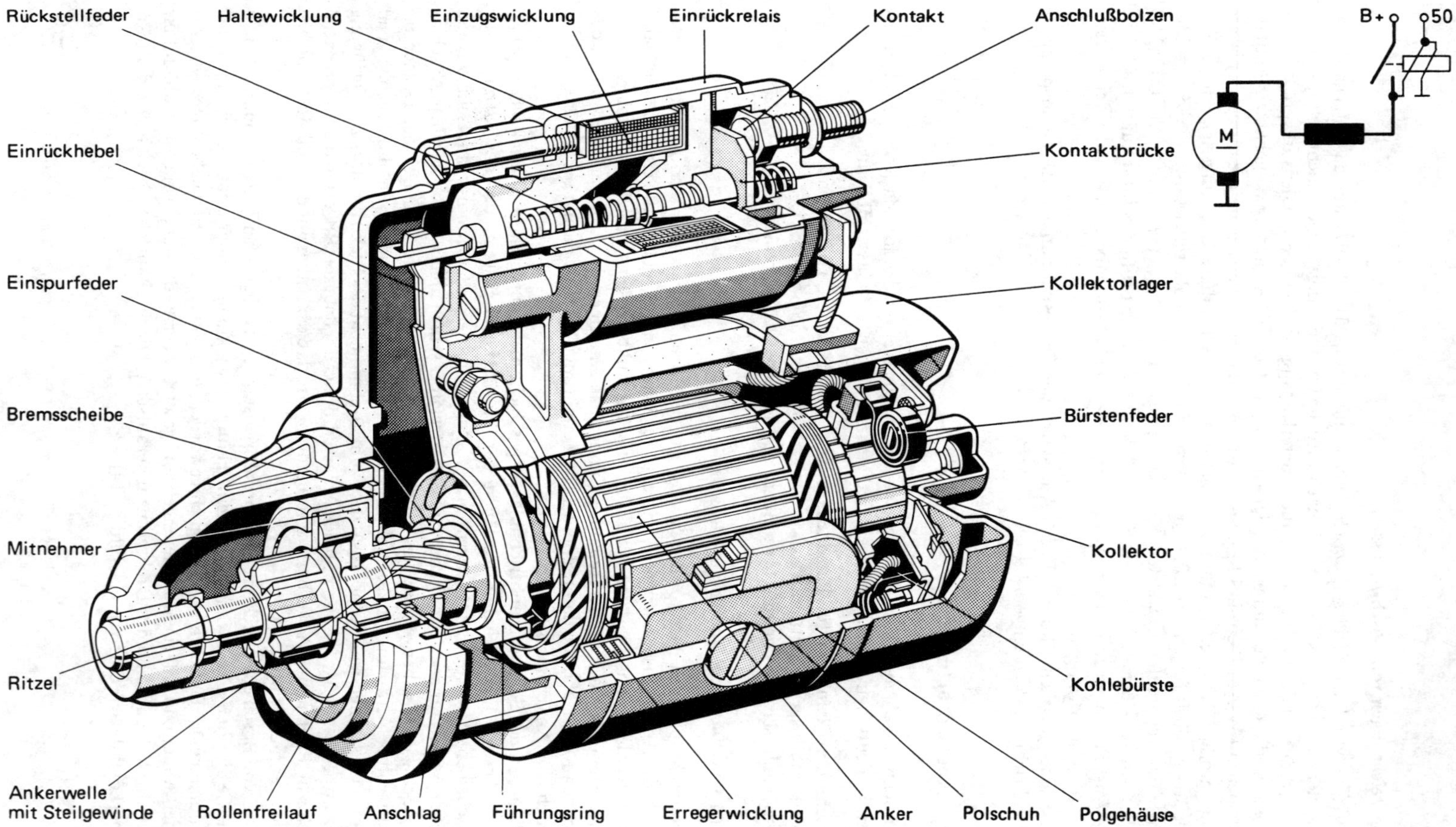

Bild 8.113 Schnittbild und Wirkschaltbild des Bosch-Schubschraubtriebstarters

Bild 8.114 Schubschraubtriebstarter vom Bosch mit Permanenterregung und Planetengetriebe

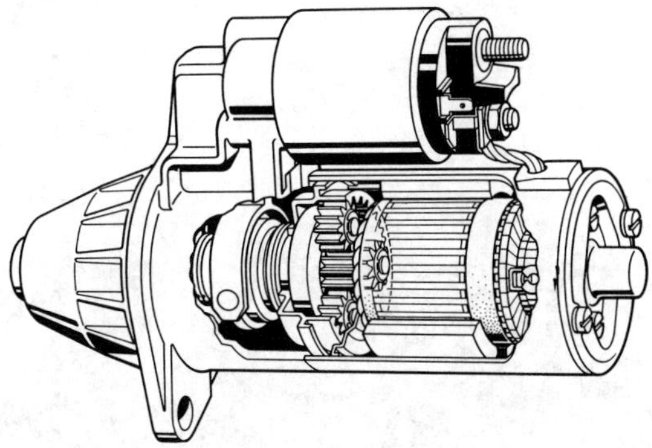

Aufbau und Funktion der Schubankeranlasser

Beim Schubankeranlasser (Bild 8.115) ist der Anker in Ruhestellung durch einen federbelasteten Ankerrückzugbolzen in Kollektorrichtung aus dem Magnetfeld gezogen. Dabei wird zugleich das mit dem Anlasseranker verbundene Ritzel aus der Verzahnung der Schwungscheibe gehalten. Der Einspurvorgang wird durch einen im Anlasser eingebauten Magnetschalter in Verbindung mit auf zwei besonderen Polschuhen aufgewickelten Hilfsfeldspulen gesteuert. Somit hat dieser Starter nur zwei Polschuhe mit Hauptwicklungen. Zum Erreichen eines schonenden Einspurens ist zwischen Anker und Ritzel eine selbsttätig wirkende Lamellenkupplung vorgesehen. In ihr ist eine mechanische Einspurvorstufe und ein Überlastungsschutz vereint.

Einspuren Zum Betätigen eines Schubankeranlassers wird über den Anlasserschalter die Schaltspule des Anlassermagnetschalters eingeschaltet. Dadurch wird dessen Schalteranker bis zum Anschlag an eine Sperrklinke angezogen. In dieser Einspurvorstufe des Anlassermagnetschalters liegt dessen Schaltbrücke am oberen Schaltsegment an, das mit Plus der Batterie verbunden ist. Dadurch sind nun die an der Schaltbrücke verbundenen Steuerwicklungen des Anlassers mit der Batterie verbunden. Dabei fließt Strom über die Hilfswicklungen und den Anlasseranker (siehe Bild 8.115). Dadurch wird der Anlasseranker unter langsamem Drehen in das Erregermagnetfeld gezogen, wobei zugleich das Ritzel in die Schwungscheibenverzahnung einspurt. Nach einem bestimmten Vorspurweg, der gewährleisten soll, daß das Ritzel einige Millimeter in die Schwungscheibenverzahnung eingespurt ist, wird die Sperrklinke des Magnetschalters durch eine hinter dem Kollektor des Anlasserankers befestigte Auslösescheibe ausgelöst. Nun zieht der Magnetschalter voll an, und seine Schaltbrücke kommt auch auf dem unteren Segment zur Auflage. Dadurch wird auch die Hauptwicklung des Anlassers eingeschaltet, und der Anlasser entwickelt nun sein volles Drehmoment.

Ausspursperre Um ein Ausspuren des Anlasserritzels zu verhindern, wenn der Anlasser bei einzelnen Zündstößen des Motors überholt wird, sind Haltewicklungen vorgesehen. Diese auf den Polschuhen der Hilfswicklungen befindlichen Haltewicklungen sind zwischen Schaltbrücke und Minus des Anlassers, also im Nebenschluß, geschaltet. Dadurch haben sie eine von der bei höherer Drehzahl größer werdenden Ankergegenspannung unabhängige Stromaufnahme. Diese Stromaufnahme ist so bemessen, daß der Magnetismus ausreicht, um bei Leerlauf des Anlassers den Anker im Magnetfeld und damit zugleich das Anlasserritzel eingespurt zu halten.

Lamellenkupplung Wenn das Ritzel eingespurt ist, so drückt die auf dem Steilgewinde des Ritzelschaftes geführte Kupplungsdruckmutter bei zunehmendem Drehmoment des Anlassers die Kupplung mit größerer Kraft zusammen. Zwei kleine, im Wulst der Druckmutter gehaltene

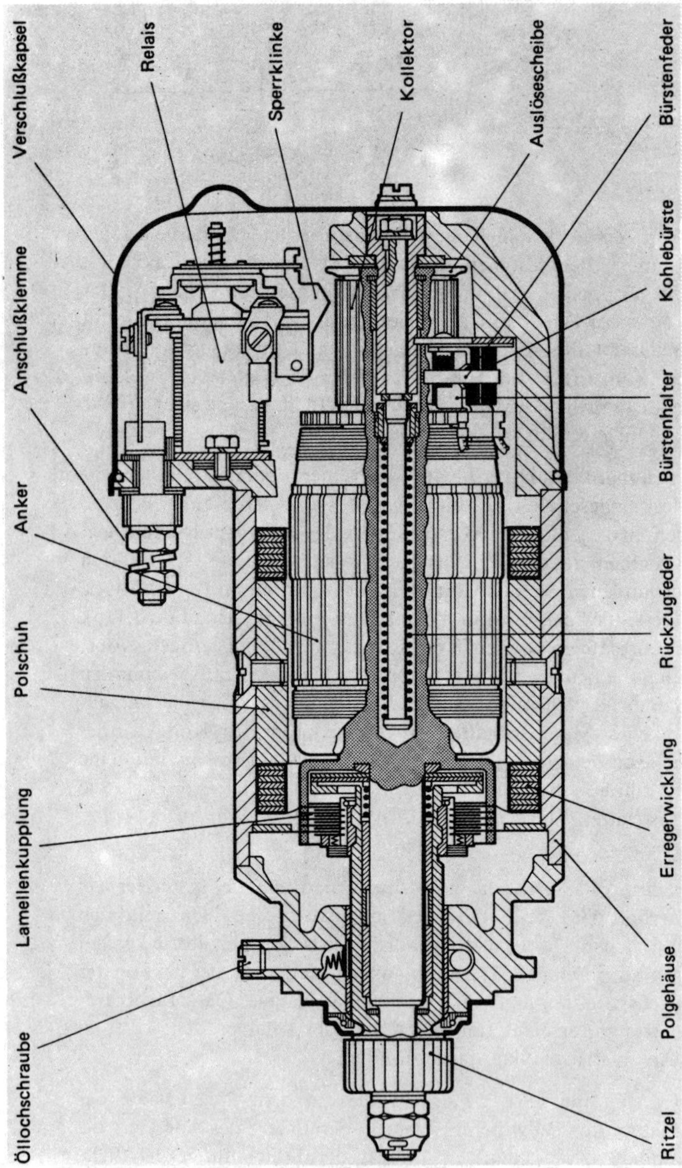

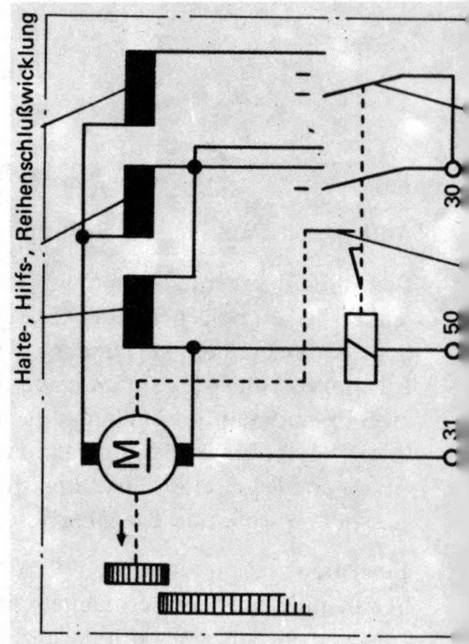

Bild 8.115 Schnittbild und Wirkschaltbild des Bosch-Schubankerstarters

Bild 8.116 Lamellenkupplung eines Bosch-Schubankeranlassers in Ruhelage

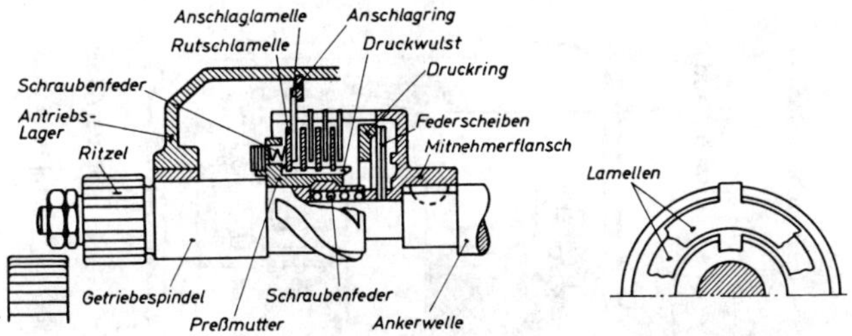

Kupplungsvorspannfedern sollen einen sicheren und weichen Kraftschluß der Kupplung gewährleisten (Bild 8.116). Beim Überholen des Anlassers durch den Motor schraubt das Steilgewinde die Druckmutter los und löst den Kraftschluß wieder.

Kupplungsvorstufe Beim Einspuren der Schubankeranlasser könnten die Stirnflächen der Zähne von Ritzel und Schwungscheibe so aufeinandertreffen, daß Drehkraft und Vorschubkraft so wirken, daß sie ein Einspuren verhindern. Darum ist eine Einspurvorstufe der Kupplung vorgesehen. Diese wird dadurch bewirkt, daß die erste oder zweite Außenlamelle (vom Ritzel aus) einen Kragen hat, der so lange an einem Anschlagring liegt, bis das Ritzel in die Schwungscheibenverzahnung eingespurt hat. Ein Kuppeln, und somit der Kraftschluß vor dem Einspuren, wird durch diese mechanische Einspurvorstufe verhindert.

Überlastungsschutz Wenn bei in die Schwungscheibe eingespurtem und drehendem Anlasser Zündrückschläge des Motors erfolgen, so werden dadurch so große Kräfte wirksam, daß das Triebwerk des Anlassers zerstört werden könnte. Dies verhindert ein mit der Kupplung verbundener Überlastungsschutz. Das Kupplungspaket lastet im Kupplungskorb auf einem Kupplungsdruckring. Dieser drückt mit einem Druckwulst am äußeren Rand auf zwei Federscheiben, die innen auf einem Wulst im Kupplungskorb aufliegen. Die Federscheiben werden durch den mit dem Drehmoment zunehmenden Kupplungsdruck verbogen. Bei genügendem Drehmoment werden diese Federn so weit verbogen, daß die Kupplungsdruckmutter mit einem Wulst auf der oberen Federscheibe anliegt. Dadurch kann bei größerem Drehmoment der Kupplungsdruck nicht mehr zunehmen, und die Kupplung rutscht durch. Das Durchrutschdrehmoment des Überlastungsschutzes soll bei Bosch-KG- und KB-Anlassern zwischen 120 und 150 Nm betragen. Die Einstellung des Überlastungsschutzes geschieht nach dem Messen durch eine auf dem Ritzel aufgeschraubte Hebelwaage, durch Wegnehmen oder Zufügen von Distanzscheiben von 0,15 bis 0,2 mm Dicke zwischen Kupplung und Kupplungsdruckring.

Aufbau und Funktion zweistufiger Schubtriebanlasser

Die Schubankeranlasser genügen in manchen Fällen nicht mehr den größer gewordenen Anforderungen. Auch kann es vorkommen, daß bei Steigungen oder Gefällen durch schnelles Beschleunigen oder Bremsen das Ritzel bei laufendem Motor gegen die Schwungscheibenverzahnung gestoßen wird. Dies kann Beschädigungen des Ritzels oder der Schwungscheibenverzahnung zur Folge haben. Beide Gründe führten zur Entwicklung der zweistufigen Schubtriebanlasser (Bild 8.117).

An der Kollektorseite der zweistufigen Schubtriebanlasser ist ein Einrückmagnetschalter angeordnet. Er spurt das Ritzel durch eine durch die Hohlachse des Anlasserankers geführte Einrückstange ein und schaltet ebenso den Anlassermotor in zwei Stufen ein. Auf allen vier Polschuhen des Anlassers sind Hauptwicklungen. Auf zwei dieser Hauptschlußwicklungen sind

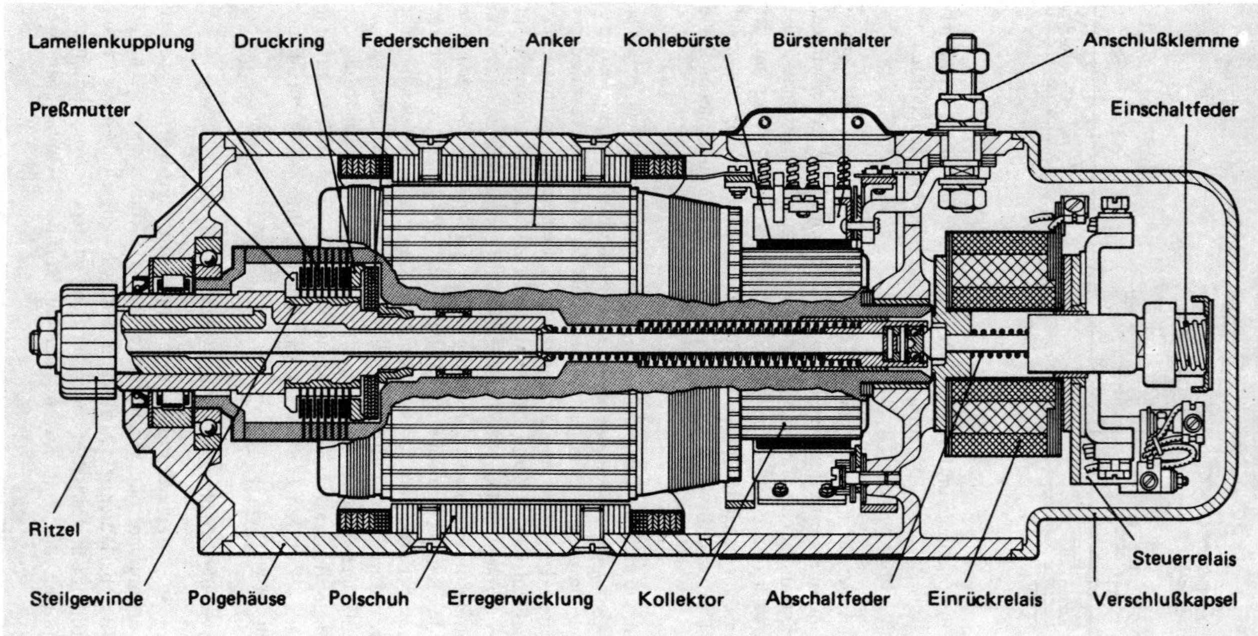

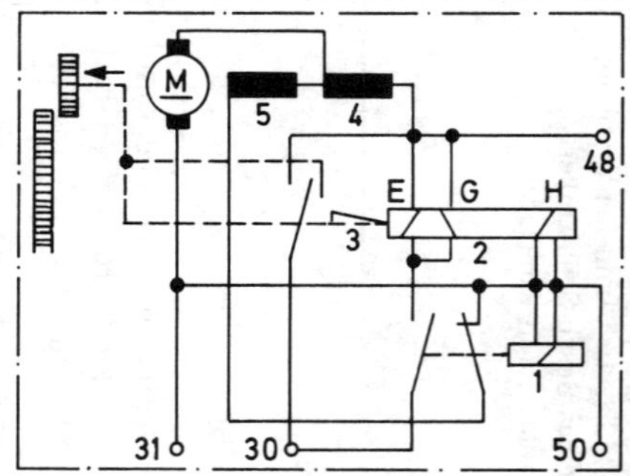

Bild 8.117 Schnittbild und Wirkschaltbild des zweistufigen Schubtriebstarters Bauart TB von Bosch. Im Wirkschaltbild ist Position 1 das Steuerrelais, 2 das Einrückrelais, 3 die Sperrklinke, 4 die Hauptschlußwicklung und 5 die Bremswicklung. An Klemme 48 kann zusätzlich ein Anlaßwiederholrelais geschaltet sein

zusätzlich Nebenschlußwicklungen aufgewickelt. Das Ritzel ist in einer Getriebespindel mit 6gängigem Steilgewinde befestigt, das in die Kupplungspreßmutter einer Lamellenkupplung greift. Die Kupplung wirkt ähnlich wie die der Schubankeranlasser und hat wie diese einen Überlastungsschutz (siehe Abschnitt 8.6.1 «Lamellenkupplung»).

Wird der Anlaßdruckknopf betätigt, fließt Strom in die Wicklung des Magnetschalters und gleichzeitig in die Haltewicklung des Einrückmagneten. In der *1. Schaltstufe* zieht der Magnetschalter ein und gibt über den geschlossenen Hilfskontakt dem Nebenschlußfeld des Anlassers Strom. Zugleich fließt Strom auf den gegenüberliegenden Kontakt des Magnetschalters zur Einzugwicklung des Einrückmagneten und weiter zur Hauptstromwicklung des Anlassers. Der Einrückmagnet drückt über die Einrückstange die Getriebespindel mit dem Ritzel gegen den Zahnkranz, wobei der Anker leicht gedreht wird. Das Ritzel spurt dadurch ein. Am Ende des Einspurweges löst der Auslösehebel am Einrückmagnet die Sperrklinke am Magnetschalter aus. Die gespannte Feder der Kontaktbrücke schließt dann schlagartig den zweiten Kontakt am Magnetschalter.

In der *2. Schaltstufe* erhält der Anlasser den vollen Strom und wirft über die Lamellenkupplung den Motor an. Die Nebenschlußwicklung begrenzt dann die Anker-Leerlaufdrehzahl und damit auch die Ankerauslaufzeit.

8.6.2 Überprüfen von eingebauten Anlassern

Beim Erproben in Kraftfahrzeugen eingebauter Anlasser ist zu berücksichtigen, daß bei betriebswarmem Motor nicht das Anlasserdrehmoment erforderlich ist, das zum Anlassen des kalten Motors benötigt wird. Darum sagt die Tatsache, daß der Anlasser den betriebswarmen Motor andreht, nichts Vollgültiges über seine Funktion aus. Um angenähert den Zustand zu schaffen, der bei kaltem Motor herrscht, kann man die Kurzschlußspannung und die Kurzschlußstromaufnahme des Anlassers prüfen. Hierzu wird ein Voltmeter zwischen Plus und Masse des Anlassers und ein Amperemeter von genügendem Meßbereich in das Zuleitungskabel des Anlassers geschaltet (Bild 8.118). Danach wird der Anlasser bei eingeschaltetem 3. oder 4. Gang und angezogener Handbremse etwa 1 bis 2 s betätigt. Dabei ist Spannung und Strom zu messen. Die gemessenen Werte

Bild 8.118 Bosch-Volt-Amperetester ETT 011.00 zum Messen des Anlasserstromes und der Batteriespannung geschaltet

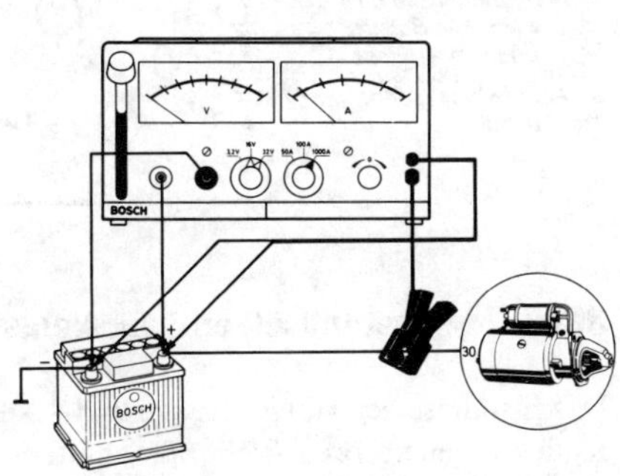

sollen bei mindestens halbvoller Batterie (siehe Abschnitt 8.4.3 «Säuredichte») und 293 K (20 °C) den von den Herstellern der Anlasser bzw. der Kraftfahrzeuge gegebenen Richtwerten entsprechen. Sind diese Richtwerte nicht gegeben, so kann man sich angenäherte Werte errechnen. Die Kurzschlußspannung soll etwa 60 % der Nennspannung, also bei 6-V-Anlassern 3,5 V und bei 12-V-Anlassern

7 V betragen. Der Kurzschlußstrom soll mindestens 3000 W Anlassernennleistung je PS = 0,736 kW entsprechen. Bei einem 12-V-Anlasser von 0,5 PS (0,37 kW) Nennleistung zum Beispiel:

$$I = \frac{P \cdot 3000}{U} = \frac{0{,}5 \cdot 3000}{12} = 125\,\text{A}\,.$$

Werden die Richtwerte für Spannung und Strom nicht unterschritten, so ist Anlasser und Anlasseranlage elektrisch einwandfrei. Es können aber noch mechanische Fehler im Anlasser (z. B. ausgelaufene Lager oder schleifender Anlasseranker) vorliegen. Ebenso kann sich der Motor in kaltem Zustand zu schwer drehen.

Wenn das Amperemeter einen viel zu großen Strom anzeigt, liegt meist ein Windungs- oder Masseschluß im Anlasser vor. Wird bei einer Spannung über dem Richtwert ein beachtlich zu geringer Strom angezeigt, ist der innere Widerstand des Anlassers zu groß. Dies kann ebenso durch lose oder verschmutzte Kontakte an Kollektoren, Wicklungen oder Schaltern wie auch durch abgelaufene oder falsch gewählte Kohlebürsten verursacht worden sein. Ist die am Anlasser gemessene Spannung wesentlich geringer als der Richtwert, obwohl der vorgeschriebene Kurzschlußstrom nicht erreicht wird, so liegt der Fehler in der Regel außerhalb des Anlassers, an der Batterie oder dem Zustand der Leitungen und Verbindungen.

Zur Überprüfung der Anlasseranlagen (Bild 8.119) außerhalb des Anlassers können während der Kurzschlußprobung die Spannungsabfälle der Batterie und der einzelnen Leitungsabschnitte gemessen und mit den zulässigen Werten verglichen werden. Es sind bei 293 K (+20 °C) und mindestens halbvoller Batterie zulässig:

	bei 12 V etwa
a) zwischen Plus und Minus der Batterie	8,0 V
b) zwischen Plus der Batterie und Plus des Anlassers	0,5 V
c) zwischen Minus der Batterie und Masse des Motors	0,5 V

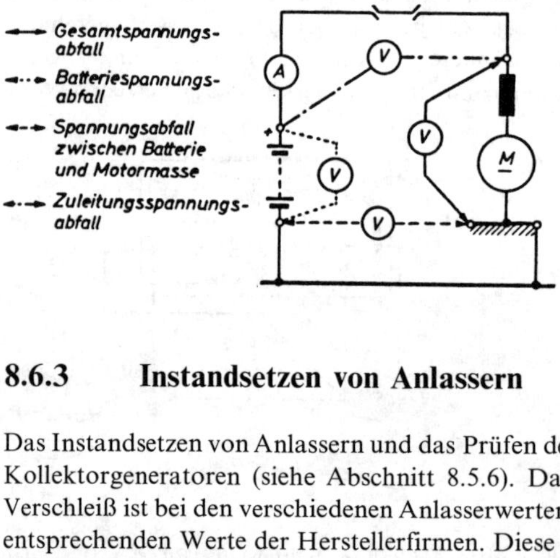

Bild 8.119 Prüfen des Spannungsabfalls in der Batterie und den Verbindungen zum Anlasser

8.6.3 Instandsetzen von Anlassern

Das Instandsetzen von Anlassern und das Prüfen der Einzelteile geschieht in ähnlicher Weise wie bei Kollektorgeneratoren (siehe Abschnitt 8.5.6). Das Prüfen der Triebwerkteile auf mechanischen Verschleiß ist bei den verschiedenen Anlasserwerten funktionsbedingt verschieden und erfordert die entsprechenden Werte der Herstellerfirmen. Diese geben dabei auch die entsprechenden Meß- und Erprobungsrichtlinien für die einzelnen Bauteile.

8.6.4 Prüfen von Anlassern mit Anlasserprüfständen

Zum Prüfen wird der Anlasser auf einen Anlasserprüfstand so aufgespannt, daß sein Ritzel ordnungsgemäß in eine passende Schwungscheibenverzahnung einspuren kann. Während des stufenlos zunehmenden Abbremsens der Schwungscheibe kann Strom, Spannung und Drehzahl des Anlassers gemessen werden. Neben der artgemäßen Einspurfunktion des Anlassers wird nacheinander gemessen:

1. Leerlaufdrehzahl und Leerlaufstromaufnahme,
2. Spannung und Stromaufnahme bei einer festgelegten Drehzahl,
3. Kurzschlußspannung und Kurzschlußstromaufnahme.

Die Prüfungen sollen mit geladener Batterie in der angegebenen Reihenfolge möglichst rasch erfolgen, weil sich durch die dabei erfolgende Entladung der Batterie und die Erwärmung des Anlassers die Meßwerte verändern. Die gemessenen Werte können mit den Sollwerten des Herstellers verglichen werden. Sofern diese nicht bekannt sind, muß man sich mit Erfahrungswerten behelfen (siehe Abschnitt 8.6.2).

8.6.5 Batterieumschaltanlagen in schweren Diesel-Lkw

Die Batterieumschaltanlagen, mit denen manche schweren Diesel-Lastkraftwagen ausgerüstet sind, ermöglichen es, Anlasser mit 24 V Nennspannung zu betreiben, obwohl die Lichtmaschinen und alle anderen Geräte für 12 V Nennspannung ausgelegt sind. Aus den Schaltbildern lassen sich die Einzelheiten der Leitungsführung ersehen (Bild 8.120).

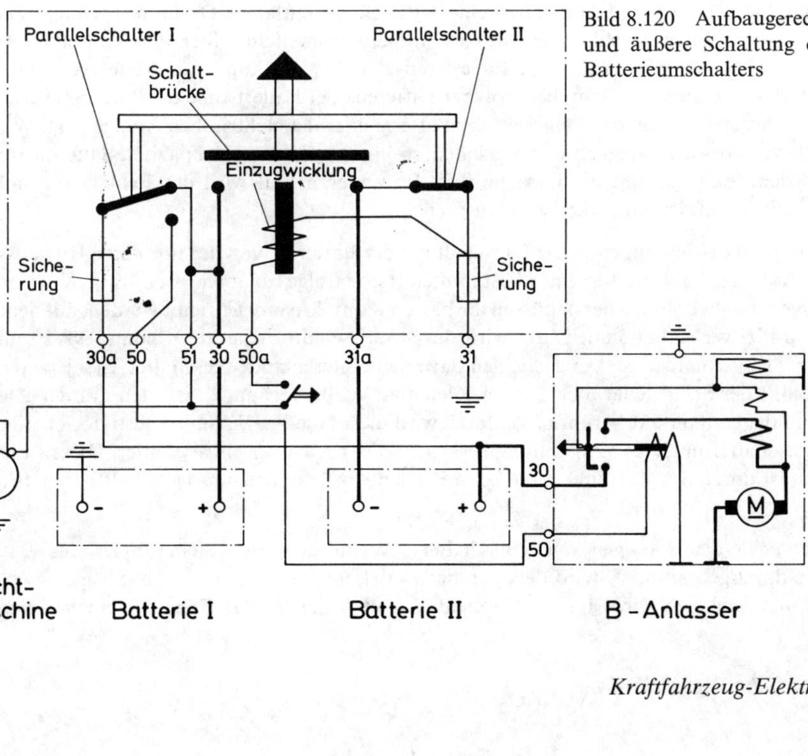

Bild 8.120 Aufbaugerechte innere und äußere Schaltung des Bosch-Batterieumschalters

Wirkungsweise

In Ruhelage des Schalters sind beide 12-V-Batterien über den Umschalter parallel geschaltet. Dadurch werden nicht nur alle Verbraucher mit 12 V Spannung gespeist, sondern es können auch beide Batterien mit einer 12-V-Lichtmaschine geladen werden. In Ruhelage des Umschalters ist an keiner Stelle der elektrischen Anlage eine höhere Spannung als 12 V. Somit ist es auch unsinnig, unter Umgehung des Anlasserschalters und durch Überbrücken der Klemme Nr. 50 den Anlasser mit der Klemme Nr. 30 (am Anlasser) betätigen zu wollen. Wenn der Magnetschalter des Anlassers trotz Unterspannung schaltet, so wird nun ein viel zu hoher Anlaßstrom über die beiden parallel geschalteten Batterien fließen, der die Schalterfedern zerstören kann, wenn nicht die vorgeschalteten Sicherungen zuvor abschmelzen würden.

Ausgleich unterschiedlicher Leitungswiderstände Die Lichtmaschine soll beide Batterien gleichmäßig laden, weil diese auch beim Anlassen – also in Reihenschaltung – gleich stark belastet werden. Um beide Batterien mit einer Lichtmaschine mit gleichem Ladestrom laden zu können, ist es nötig, daß die Widerstände beider Ladestromkreise gleich groß sind. Dies ist aber schon deshalb nicht der Fall, weil die Batterie I mit dem Anlasserkabel von großem Querschnitt direkt an der mit der Lichtmaschine verbundenen Klemme Nr 51 angeschlossen ist. Die Masseverbindung der Batterie I ist ebenfalls mit Anlasserkabel oder einem Masseleiter von großem Querschnitt ausgeführt. Dagegen ist die Batterie II an den Klemmen Nr. 30a und Nr. 31a (mit einem größeren Leitungswiderstand) in den gleichen Ladestromkreis geschaltet.

Neben den längeren Leitungen mit geringeren Querschnitten sind die in diesem Stromkreis befindlichen sonstigen Schalterkontakte, Schaltfedern und Sicherungen noch zusätzliche Widerstände.

Ladestromkontrolle Für die einwandfreie Funktion der elektrischen Anlagen dieser Art ist es erforderlich, daß alle Verbindungen innerhalb dieser Stromkreise einwandfreien Kontakt haben. Ebenso müssen die Schalterkontakte genügend fest schließen, denn sonst wird – trotz Funktionieren der Lichtmaschine und der Ladekontrolle – eine der Batterien entladen. Deshalb sagt auch ein in die Leitung Nr. 51 zur Lichtmaschine geschaltetes Amperemeter nichts über den Ladestrom beider Batterien aus. Es ist darum nötig, den Ladestrom zwischen Polkopf und Batterieklemme jeder einzelnen Batterie zu messen. Wenn bei größerer Differenz der Ladeströme die Batterien vertauscht werden, so ist feststellbar, ob der Fehler an der Batterie oder der elektrischen Anlage liegt. Wird die gleiche Batterie in beiden Fällen zu wenig geladen, so können Zustand, Kapazität, Säuredichte oder der verschiedene Ladezustand die Ursache sein. Im anderen Fall wird der Fehler vom höheren Übergangswiderstand des Stromkreises verursacht.

Die Reihenfolge der Schaltungen Die Umschaltung der Batterien von der normalen Betriebsschaltung in die Anlaßstellung muß in einer bestimmten Reihenfolge ablaufen, weil sonst Kurzschlüsse und Störungen möglich sind. Zuerst müssen die beiden Kontaktpaare getrennt werden, mit denen die Batterien parallel geschaltet sind. Dann wird durch die Schaltbrücke die Klemme Nr. 30 mit der Klemme Nr. 31a verbunden und so die beiden Batterien hintereinander geschaltet. Erst jetzt darf der zweite Kontakt der Schaltfeder, der mit der Klemme Nr. 30a verbunden ist, den mit der Klemme Nr. 50 verbundenen Kontakt berühren; dadurch wird die an dieser Klemme befestigte Schaltleitung zum Magnetschalter unter 24 V Spannung gesetzt und der Anlasser eingeschaltet. Diese Folge der Schaltungen ist durch Stellschrauben, die beim Betrieb des Schalters auf die Schaltfedern drücken, einstellbar.

Fehler und Fehlerauswirkungen am Umschalter Wenn eine der Sicherungen des Batterieumschalters durchgebrannt ist, wird dies von der Ladekontrolleuchte nicht angezeigt, obwohl die Batterie II nicht geladen wird. Um zu vermeiden, daß trotzdem das Fahrzeug noch einige Zeit betrieben und dabei die Batterie entladen wird, ist dies dadurch kenntlich gemacht, daß der Anlasser nicht einschaltet.

Bei durchgebrannten Sicherungen in der Leitung Nr. 30a schaltet zwar der Batterieumschalter, aber da die Verbindung zur Klemme 30a, also zu +24 V der Batterie II, unterbrochen ist, bekommt der Magnetschalter des Anlassers keine Spannung.

Bei Defekt der Sicherung in der Masseleitung Nr. 31 des Batterieumschalters bekommt der Anlaßschalter und damit die Schaltspule des Batterieumschalters von Klemme 30a der Batterie II über die Schalterkontakte und die Klemme 51 des Umschalters Strom. Ebenso fließt der Strom von der Magnetspule wieder über das zweite Kontaktpaar zur Klemme Nr. 31a der Batterie II zurück. Wenn nun aber der Schalteranker angezogen wird und dabei die beiden Kontaktpaare getrennt werden, wird der Stromfluß durch die Schaltspule unterbrochen. Die Rückzugfeder schließt die Kontakte wieder, und ein neuer Schaltvorgang folgt. Weil diese Vorgänge in rascher Folge wechseln, ist ein schnarrendes Geräusch des Schalters die Folge. Ebenso hört man ein Schnarren des Schalters, wenn durch eine entladene oder defekte Batterie schlechte Verbindung, Überlastung des Anlassers usw. ein so großer Spannungsabfall vorhanden ist, daß die geschwächte Magnetspule des Schalters den Umschalter nicht mehr in der Anlaßstellung halten kann. Dies ist auch bei direktem Kurzschluß der Fall, und es werden damit auch die Batterien und ihre Polköpfe vor Zerstörung geschützt.

Wenn bei Batterieumschaltanlagen der vorbeschriebenen Art die am Schalter befestigten Schmelzbandsicherungen häufig durchbrennen, so ist dies ein Zeichen dafür, daß ein Fehler vorliegt. Dieser kann ebenso durch eine defekte Batterie wie auch durch ungleiche Batterien, einen Kurzschluß im Leitungssystem oder einen defekten Batterieschalter verursacht sein. In einem solchen Fall ist es falsch, die vorgesehenen Sicherungen durch stärkere oder gar durch Schlauchbandstücke zu ersetzen; denn nun ist bei höheren Strömen nicht nur die elektrische Anlage gefährdet, sondern das Fahrzeug kann auch in Brand geraten. Auf diese Weise wurde bereits mehrfach ein Totalschaden an Lastkraftwagen verursacht. Darum soll man stets den Fehler suchen und beseitigen. Auf keinen Fall dürfen diese Anlagen mit zwei Batterien verschiedener Kapazität oder von unterschiedlichem allgemeinen Zustand betrieben werden.

8.7 Das Kabelnetz

Im Kfz-Wesen hat sich, bis auf wenige Sonderfahrzeuge, das Einleitersystem durchgesetzt. Darunter versteht man, daß Verbraucher mit einer plusführenden Leitung versorgt werden und die Masserückleitung über die Karosserie oder das Chassis erfolgt. Ein großer Prozentsatz von Fehlern der elektrischen Anlage ist darauf zurückzuführen, daß einer der beiden Strompfade einen Übergangswiderstand oder eine Unterbrechung aufweist. Da die Kupferleitungen einer Schwingungsbeanspruchung ausgesetzt sind und in der Regel Schalter und Verzweigungspunkte aufweisen, sind sie der störanfälligere Teil der Anlage. Im Normalfall kann davon ausgegangen werden, daß der serienmäßig verlegte Kabelquerschnitt der Stromaufnahme des Verbrauchers angepaßt ist (siehe auch Abschnitt 8.1.6 «Kabelquerschnittsbestimmung»). Wenn nicht Herstellungskosten oder Betriebsempfindlichkeit dagegensprechen, kann das Kabelnetz eines Kfz, das teilweise einen Umfang von 3000 bis 4000 m aufweist, durch das sogenannte Multiplex-System reduziert werden. Hierunter ist zu verstehen, daß Gruppen gleichartiger Verbraucher, z. B. die Beleuchtungs- und Signaleinrichtung, mit einer gemeinsamen Stromleitung versehen sind. Ebenfalls haben sie und ihre «Schalter» Verbindung über eine gemeinsame, serielle Datenleitung. Vom «Schalter» und der darin befindlichen Elektronik wird bei Betätigung ein codiertes Signal in die Datenleitung eingespeist. Das wird von einer zweiten Elektronik erkannt. Sie befindet sich direkt am Verbraucher und schaltet diesen an die Stromleitung.

8.7.1 Schalter

Auch die Schalter sind in ihrem leitenden Querschnitt für einen ihrer Bauweise entsprechenden Höchststrom entwickelt. Der für die Schalter als Höchstwert angegebene Strom sollte nicht überschritten werden, weil sie dadurch Schaden erleiden. Darum sollte man auch die vom Herstellerwerk eingebauten Schalter nicht mit zusätzlich eingebauten Verbrauchern belasten, wenn man nicht weiß, ob diese Schalter dafür ausreichend sind. So sind zum Beispiel bei vielen preisgünstigen Kraftfahrzeugen die Tagesverbraucher, wie Wischer, Bremslicht, Signalhorn usw., direkt mit Plus der Batterie verbunden, weil der normale Zündschalter maximal etwa 5 A schalten soll. Dies hat zur Folge, daß die Tagesverbraucher auch ohne Einschalten der Zündung eingeschaltet werden können. Die Tagesverbraucher können dabei auch unbeabsichtigt bei abgestelltem Fahrzeug eingeschaltet bleiben und die Batterie entladen. Darum wird oft gewünscht, daß durch den Zündschalter zugleich die Tagesverbraucher ausgeschaltet werden, wie dies bei Kraftfahrzeugen höherer Preisklassen üblich ist. Hier wird oft der Fehler begangen, die Tagesverbraucher an den entsprechend schwächer ausgeführten Zündschalter anzuschließen, der dadurch überlastet und schadhaft wird. Von außen ist an einem Schalter nicht immer der Höchststrom zu erkennen, der mit ihm geschaltet werden darf, auch sind diese Angaben nicht allgemein bekannt. Deshalb sollte man sich zur Regel machen, an einem Schalter nie mehr Kabel anzuschließen, als in der Bohrung der Anschlußklemme an Leiterquerschnitten unterzubringen sind.

8.7.2 Schaltrelais

Wenn größere Ströme geschaltet werden sollen, ohne kleinere Schalter oder geringere Leitungsquerschnitte zu überlasten, aber auch, um einen zu großen Spannungsabfall zu vermeiden, verwendet man elektrisch gesteuerte Schalter. Solche Schalter, die auch Relais oder Schaltschütz genannt werden, bestehen im wesentlichen aus einer Zugspule mit Eisenkern, über dem ein Schalteranker angeordnet ist. Schließt man bei Strom in der Zugspule die Kontakte, so spricht man von «Arbeitskontakt». Werden dagegen bei Strom in der Spule die Kontakte getrennt, bezeichnet man es als «Ruhekontakt».

Durch einen geringen Strom von 0,15 bis 0,3 A in den Schaltspulen können die Schaltrelais Ströme bis 100 A schalten. Man könnte zum Beispiel ein Schaltrelais mit Arbeitskontakt verwenden, um mit einem nur für die Batteriezündung ausgelegten Zündschalter auch die Tagesverbraucher einzuschalten. Dazu werden dessen Schaltspulenklemme Nr. 86 mit der Klemme Nr. 15 des Zündschalters und die andere Schaltspulenklemme Nr. 85 mit Masse verbunden. Bei Anschluß der Klemme Nr. 30 des Schaltrelais an die Klemme Nr. 30 am Anlasserschalter kann der Strom direkt von dieser Klemme über die Klemme Nr. 87 des Schaltrelais zu den Tagesverbrauchern geschaltet werden. Dadurch werden die übrigen Leitungen nicht zusätzlich belastet, und ein zu großer Spannungsabfall wird vermieden (Bild 8.121). Bei Verbrauchern mit größerer Stromaufnahme ist es sogar zweckmäßig, die Klemme Nr. 30 mit der Klemme B+ des Generators zu verbinden, um bei Betrieb des Motors den Strom und damit den Spannungsabfall im Ladekabel zu vermindern. Ebenso können Schaltrelais verwendet werden, um selbsttätig die Benutzung eines anderen Verbrauchers zu verhindern (Bild 8.122).

Abblendrelais können den Spannungsabfall in der Zuleitung zu den Scheinwerfern stark herabsetzen. Dabei werden die langen, über Lichtschalter und Abblendschalter geführten Leitungen nur zum Steuern der Schaltrelais benutzt. Es ist dabei möglich, Scheinwerferlampen vom Generator über Schaltrelais und Sicherungen zu versorgen. Damit entfällt auch der Spannungsabfall in der Ladeleitung B+ (Bild 8.123).

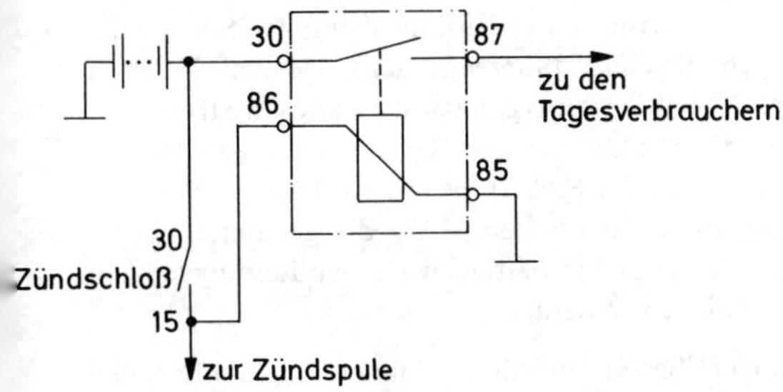

Bild 8.121 Arbeitsstromrelais als Entlastungsrelais für das Zündschloß geschaltet

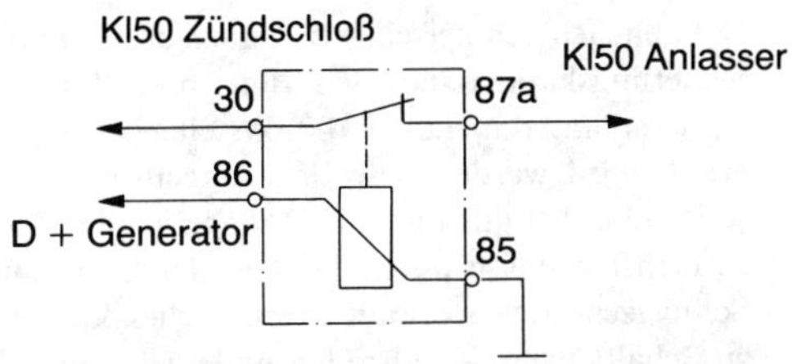

Bild 8.122 Ruhestromrelais als Anlaßwiederholsperre geschaltet. Bei laufendem Motor werden die Kontakte geöffnet, so daß die Startersteuerleitung unterbrochen wird

Bild 8.123 Schaltrelais für Fern- und Abblendlicht mit Lichthupenkontakt im Abblendschalter

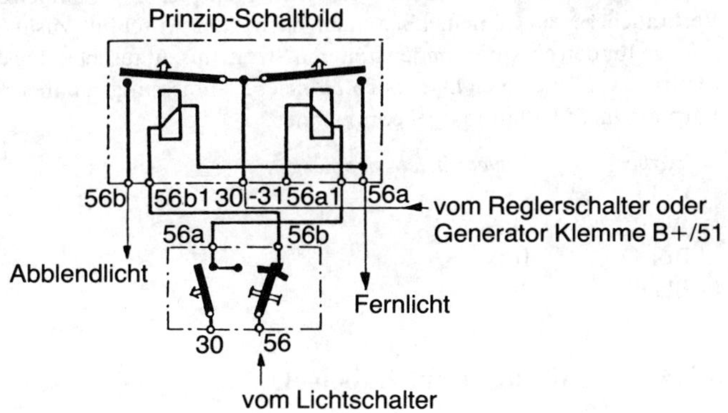

8.7.3 Sicherungen

Die Sicherungen haben die Aufgabe, die in ihrem Stromkreis angeordneten Leitungen vor dem Strom zu schützen, der sie unzulässig erwärmen würde. Dadurch kann die Leitung vor dem Verschmoren und das Kraftfahrzeug vor Brand geschützt werden. Die allgemein verbreitete Meinung, daß eine Sicherung nur bei einem Kurzschluß bzw. Masseschluß abschmelzen muß, ist irrig. Denn auch vor zu großem Strom infolge des Anschlusses von zusätzlichen Verbrauchern oder durch blockierten Wischermotor usw. soll die Sicherung schützen. In deutschen Kraftfahrzeugen sind Schmelzeinsätze für Dauerstrom von 8 A und 25 A und Sicherungsstreifen für Dauerstrom von 50 A und 80 A üblich. Die Schmelzeinsätze werden meist im Kabelnetz verwendet. Die Sicherungsstreifen finden meist an Reglerschaltern und Batterieumschaltern Verwendung.

Die Schmelzeinsätze nach DIN 72581 müssen folgende Voraussetzungen erfüllen:

Tab 8.13

Übliche Bezeichnung	Mindestens 1 Stunde vor dem Abschmelzen	Spätestens in einer Minute Abschmelzen bei	Zulässiger Spannungsabfall zwischen den Kappen
8/15 A	12 A	20 A	bei 8 A = 0,08 V
25/40 A	35 A	62,5 A	bei 25 A = 0,05 V

Die üblichen Schmelzeinsätze haben den Fehler, daß die zwischen Federn eingeklemmten Spitzen der Sicherungskappen bei den Betriebserschütterungen der Kraftfahrzeuge zeitweise den Kontakt verlieren und dabei die Kontaktstellen verschmoren. Weil der Übergangswiderstand im Stromkreis erhöht wird, werden diese Sicherungen zu einer zusätzlichen Ursache von Betriebsstörungen. Darum sollte man bei auftretenden Mängeln zuerst den Kontakt der Sicherung prüfen. Dies geschieht in einfachster Weise durch Drehen der Sicherung in ihren Klemmfedern. Da die genannten DIN-Schmelzeinsätze Störungen verursachen können, sollte man sie in betriebswichtigen Leitungen (z. B. zu Schaltkästen, Zündspulen und Lichtmaschinen) nicht verwenden.

Sicherungen und Kennfarben Um die Sicherungen besser auf die an ihnen angeschlossenen Verbraucher abstimmen zu können, werden bei neuzeitlichen Automobilen Schmelzeinsätze verwendet, die für einen Dauerstrom von 5, 8, 16 oder 25 Ampere ausgelegt sind. Dabei werden für alle Stromstärken Schmelzeinsätze verwendet, die in ihren Abmessungen dem 8/15-A-Schmelzeinsatz nach DIN 72581 entsprechen. Dies ermöglicht es, den Schmelzeinsatz je nach angeschlossenen Verbrauchern zu wählen, aber auch nach dem Anschluß zusätzlicher Verbraucher gegen einen solchen für den entsprechenden höheren Strom auszutauschen. Da die beschriebenen Schmelzeinsätze für die verschiedenen Dauerströme gleiche Abmessungen haben, werden diese durch verschiedene Färbung ihrer Isolatoren gekennzeichnet.

Farbe	*Dauerbetriebsstrom*
Gelb	5 A
Weiß	8 A
Rot	16 A
Blau	25 A

8.7.4 Störungen im Kabelnetz

Die meisten vorkommenden Störungen in der elektrischen Anlage sind Masseschluß, Unterbrechungen und zu großer Spannungsverlust in der Leitung. Wenn diese Störungen akut auftreten, ist ihre Feststellung nicht schwierig. Treten sie aber nur zeitweise in Abhängigkeit von der Belastung bei Fahrterschütterungen auf, so ist die Lokalisierung der Störungsstellen nicht immer einfach.

Masseschluß einer Leitung Bei Dauerkontakt einer Leitung mit der Masse wird diese beim probeweisen, kurzzeitigen Anschluß an Plus der Batterie bis zum Masseschluß warm. Dies gibt die Möglichkeit, bei freiliegenden Leitungen die Stelle des Masseschlusses festzustellen. Bei unübersichtlich verlegter oder brandgefährdeter Leitung kann man durch kurzes Anschlagen einer mit Plus der Batterie verbundenen Leitung einen Öffnungsfunken ziehen. Da die Induktivität der Leitung mit deren Länge zunimmt, wird der Öffnungsfunken größer, wenn der Masseschluß weiter von der Kontaktstelle entfernt ist. Bei einiger Übung kann man auf diese Weise ziemlich genau die Stelle des Masseschlusses ermitteln.

Zeitweise auftretende Masseschlüsse bemerkt man meist durch das häufige Abschmelzen einer Sicherung. In diesem Fall sollte man zuerst überprüfen, ob die Sicherung nicht durch zusätzlich angeschlossene Verbraucher überlastet wird, so daß nach Einschalten aller mit der Sicherung verbundenen Verbraucher bei 8/15-A-Sicherungen nicht mehr als 8 A und bei 25/40-A-Sicherungen nicht mehr als 25 A über jede Sicherung fließen. Denn geringfügig höhere Ströme verursachen ein Abschmelzen der Sicherungen erst nach geraumer Zeit; dann wird oft fälschlicherweise Masseschluß angenommen. Um die Stelle des zeitweisen Masseschlusses zu finden, kann man eine Prüflampe, besser aber einen Summer oder eine Klingel benützen. Bei der am Verbraucher abgeklemmten Leitung oder ausgebauten Glühlampe wird diese Klingel in die Leitung geschaltet und die Leitung vom Anschluß ausgehend bis zum Verbraucher bewegt und gezerrt. Wenn die Stelle des Masseschlusses gefunden ist, wird dies durch das Kontrollgerät angezeigt. Dabei hat ein akustisches Signal gegenüber der Prüflampe den Vorteil, daß man es nicht im Auge behalten muß, was beim Abtasten der Leitung meist nicht möglich ist. Es sind auch einfache Geräte handelsüblich, die den Schluß sowohl durch eine Glühlampe als auch durch einen Ton anzeigen.

Unterbrechung einer Leitung Eine Unterbrechung in einer Leitung kann dauernd, aber auch in Abhängigkeit von den Betriebsbeanspruchungen kurzzeitig sein. Im ersten Falle führt die Unterbrechung zum vollen Aussetzen des Stroms und damit zum Versagen des mit der Leitung verbundenen Geräts. Kurzzeitige, während der Fahrt auftretende Unterbrechungen verursachen zeitweiliges Aussetzen der Geräte und sind meist nicht sofort erkennbar.

Unterbrechungen werden meist durch Kontaktkorrosion an den Anschlußklemmen, durch Dauerschwingungsbrüche, seltener durch Abreißen oder Durchscheuern verursacht. Darum sollte man bei festgestellter Unterbrechung zuerst die Klemmenstellen und Anschlüsse der Leitungen überprüfen. Bei durch Schmelzeinsätze abgesicherten Leitungen sollte man zuerst durch Drehen der Sicherung in ihren Haltefedern deren Kontakt prüfen. Eine Prüflampe ermöglicht die Feststellung der Unterbrechung. Dazu wird eine Klemme der Prüflampe mit Masse des Kraftfahrzeugs verbunden und mit der zweiten Klemme die Anschlüsse von der Stromquelle ausgehend abgetastet. Bis zur Unterbrechung glüht die Prüflampe auf und dahinter nicht mehr. Bei speziellen Prüflampen für diesen Zweck ermöglicht eine Nadel- und Prüfspitze auch, die Stelle der Unterbrechung in einer Leitung zu finden, indem man mit der Nadel die Kabelisolation durchsticht. Man kann sich dabei im Regelfall darauf beschränken, das Kabel nur vor und hinter Knickstellen oder sonstigen durch Dauerschwingungen beanspruchten Stellen zu durchstechen. Werden zeitweise Unterbrechungen in Leitungen vermutet, so ist es zweckmäßig, das mit der Leitung verbundene Gerät einzuschalten und an der Leitung zu ziehen und zu knicken. Wenn die Stelle der Unterbrechung in dieser Weise beansprucht wird, so versagt das angeschlossene Gerät. Auch bei dieser Erprobung sollte man in der Hauptsache die Kabelstellen prüfen, die durch Knickung und Dauerschwingung beansprucht werden.

Spannungsverlust Zu große Übergangs- und Leitungswiderstände verursachen übernormale Spannungsverluste, die ihrerseits wieder die Leistung angeschlossener Geräte stark herabsetzen. Dies macht sich insbesondere bei Scheinwerferleitungen durch starke Verminderung der Leuchtkraft bemerkbar. Aber auch bei den anderen Geräten verursacht der Spannungsabfall großen Leistungsverlust. Beim Betrieb der Kraftfahrzeuge erzeugen die Generatoren den elektrischen Strom für die Verbraucher und zum Laden der Batterien. Darum wird die Erzeugerspannung zwischen der Klemme (B+) am Reglerschalter oder Generator und Masse des Motors gemessen.

Beim Anlassen von Motoren erzeugen die Batterien den Anlasserstrom. Darum wird in diesem Fall die Erzeugerspannung an den Anschlußpolen der Batterien gemessen. Der Spannungsverlust ist unbedenklich, wenn die in Abschnitt 8.1.6 aufgeführten Werte nicht überschritten werden.

Die angegebenen Werte werden aus preiskalkulatorischen Gründen nicht immer eingehalten. Einzelne Firmen verwenden geringere Kabelquerschnitte, die sie für ausreichend halten. Hier muß in jedem Fall entschieden werden, ob man durch Änderungen des Zustandes eine Verbesserung erreichen kann.

Das Prüfen des Spannungsverlustes geschieht am einfachsten mit einem Voltmeter. Zum Prüfen des Gesamtspannungsverlustes wird bei eingeschaltetem Verbraucher dessen Betriebsspannung gemessen. Wenn diese Betriebsspannung zum Beispiel zwischen Klemme Nr. 56a und dem Scheinwerfereinsatz nicht um mehr als 0,6 V geringer ist als die zwischen der Klemme B+ und Masse des Reglerschalters, ist der Spannungsverlust unbedenklich. Bei wesentlich größerem Spannungsabfall wird bei eingeschaltetem Scheinwerfer zwischen der Klemme Nr. 56a am Scheinwerfer und der

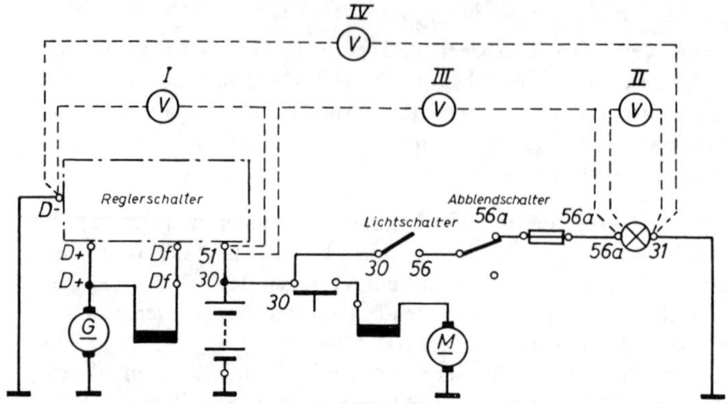

Bild 8.124 Das Messen des Spannungsverlustes im Stromkreis eines Scheinwerfers mit einem Voltmeter (I Messen der Reglerspannung, II Messen der Scheinwerferspannung. III Messen des Spannungsverlustes in Leitungen, Schaltern, Klemmstellen und Sicherungen, IV Messen des Spannungsverlustes in der Masseleitung)

Klemme B+ am Generator der Spannungsverlust in den Leitungen gemessen. Dieser darf bis 0,2 V betragen. Die zwischen der Masse des Scheinwerfereinsatzes und der Masse des Reglerschalters gemessene Spannung soll nicht mehr als 0,4 V betragen (Bild 8.124). Wenn zwischen den Meßpunkten eine höhere Spannung gemessen wird, so kann die Stelle des erhöhten Widerstands durch Messung einzelner Teilabschnitte ermittelt werden. Bei den anderen Verbraucherstromkreisen kann der Spannungsabfall unter Zugrundelegung der entsprechenden Werte in ähnlicher Weise gemessen werden. Beim Anlasserstromkreis ist die Spannungsdifferenz zwischen Plus und Minus der Batterie zu Plus und Minus des auf Stillstand gebremsten Anlassers zu messen.

Der Spannungsverlust im Generatorstromkreis kann bei eingeschaltetem Fahrlicht und mittleren bis höheren Drehzahlen des Motors gemessen werden. Der gesamte Spannungsverlust ist die Differenz der Spannung zwischen der Klemme Nr. 51 und Masse des Reglerschalters zur Spannung zwischen Plus und Minus an der Batterie.

Beim Prüfen der Masserückleitung im Generatorstromkreis, das bei stehendem Kraftfahrzeug erfolgt, können andere Verhältnisse vorliegen als beim Betrieb. Denn bei stehendem Fahrzeug hat der Motor, und damit der Generator, über die Zahnräder und Kugellager der Getriebe und Triebachsen zusätzliche Masseverbindung. Diese Masseverbindung entfällt, wenn das Kraftfahrzeug betrieben wird, weil nun der Schmierfilm zwischen den Lagern die Masseverbindung aufhebt. Deshalb ist auch die Tatsache, daß der Anlasser einwandfrei arbeitet, kein Beweis für eine gute Masseverbindung. Darum sollte man sich trotz einwandfreien Prüf- und Testergebnissen zusätzlich vom Zustand der Massebänder des Motors überzeugen. Die Tatsache, daß der gleiche Strom im größeren Widerstand mehr Wärme erzeugt, ermöglicht eine Feststellung von Übergangswiderständen an Kontakt- und Anschlußstellen durch Abfühlen. Denn bei eingeschaltetem Strom werden Anschlußstellen mit größerem Übergangswiderstand warm.

8.8 Beleuchtungseinrichtungen

Als Beleuchtungseinrichtungen für Kraftfahrzeuge gelten alle nach außen wirkenden Leuchten und Scheinwerfer. Ebenso gelten nach außen wirkende rückstrahlende Einrichtungen, wie Rückstrahler und Leuchtfarben, als Beleuchtungseinrichtungen.

Vorgeschriebene Beleuchtungseinrichtungen sind:

□ Scheinwerfer, Abblendlicht, Begrenzungslicht, Rücklicht, Kennzeichenbeleuchtung, Rückstrahler, Bremslicht, Warnleuchten, Fahrtrichtungsanzeiger, Rückfahr- und Nebelschlußleuchten.

Zugelassene Beleuchtungseinrichtungen sind:

□ Nebelscheinwerfer, Zusatzfernscheinwerfer, Suchscheinwerfer, Türsicherungsleuchten, zusätzliche Schlußleuchten, Anhänger-Spurhalteleuchten, Parkleuten und Zusatzbremsleuchten.

Außer den vorgeschriebenen oder für zulässig erklärten Beleuchtungseinrichtungen dürfen keine weiteren Beleuchtungseinrichtungen an Kraftfahrzeugen angebracht sein, wenn sie nicht durch eine sonstige Verordnung (z. B. Bo-Kraft), durch eine Sondergenehmigung oder eine Ausnahmebestimmung gestattet oder vorgeschrieben sind. Hierunter fallen z. B. die gelben Rundumleuchten für Pannenhilfsfahrzeuge, Straßendienstfahrzeuge oder solche mit Überbreite oder -länge und das «Blaulicht» der Polizei- und Krankenfahrzeuge.

8.8.1 Bauartgenehmigung

Fast alle nach außen wirkenden Beleuchtungseinrichtungen und die darin verwendeten Glühlampen sind nach § 20 der StVZO in ihrer Bauart genehmigungspflichtig. Ausgenommen sind nur die Suchscheinwerfer und die Rückfahrscheinwerfer. Die Bauartgenehmigung erteilt in der Regel das Kraftfahrtbundesamt, nachdem der Bautyp durch ein von diesem beauftragtes technisches Institut geprüft wurde. Die bauartgenehmigten Beleuchtungseinrichtungen sind durch eine Wellenlinie mit drei Perioden, einem Buchstaben und einer Zahl gekennzeichnet. Beleuchtungseinrichtungen, die nach gemeinsamen europäischen Richtlinien geprüft und bauartgenehmigt wurden, sind durch ein «E» im Kreis und eine Zahl gekennzeichnet. Nach § 26 Abs. 5 des Straßenverkehrsgesetzes kann derjenige, der Kraftfahrzeugteile, die bauartgenehmigt sein müssen, in einer nicht genehmigten Ausführung gewerbsmäßig feilbietet, mit einer Geldbuße bis zu 10000 DM belegt werden. Auch Änderungen an diesen Bauteilen werden durch die Rechtsprechung als strafbare Handlung angesehen. Darum darf man nur bauartgenehmigte Beleuchtungseinrichtungen der genannten Art anbauen und verkaufen. Ebenso sollte man beim Instandsetzen an diesen Geräten nur Originalersatzteile verwenden und keine Änderungen vornehmen.

8.8.2 Allgemeine Grundsätze für Beleuchtungseinrichtungen

Der § 49a der StVZO gibt allgemeine Grundsätze für Beleuchtungseinrichtungen. Danach müssen alle Beleuchtungseinrichtungen – also nicht nur die vorgeschriebenen, sondern auch die zulässigen – immer betriebsfertig sein. Sie müssen vorschriftsmäßig angebracht sein (Bilder 8.125 und 8.126). Bei paarweiser Verwendung von Beleuchtungseinrichtungen müssen diese gleich hoch über der Fahrbahn und gleich weit von der Fahrzeugmittellinie befestigt sein. Die Lichtwirkung dieser Beleuchtungseinrichtungen muß gleich sein. Die paarweisen Beleuchtungseinrichtungen müssen mit Ausnahme von Fahrtrichtungsanzeigern und Parkleuchten gleichzeitig einschaltbar sein.

Nach vorn wirkende Beleuchtungseinrichtungen – mit Ausnahme von Fahrtrichtungsanzeigern und Parkleuchten – müssen so geschaltet sein, daß sie nur in Verbindung mit Schluß- und Kennzeichenbeleuchtung eingeschaltet werden können. Werden jedoch die Scheinwerfer zur Abgabe von Leuchtzeichen verwendet (Lichthupe), so dürfen Schluß- und Nummernbeleuchtung nicht aufleuchten.

In allen nach außen wirkenden Beleuchtungseinrichtungen dürfen nur die dafür bestimmten, in ihrer Bauart genehmigten Glühlampen verwendet werden (Bild 8.127).

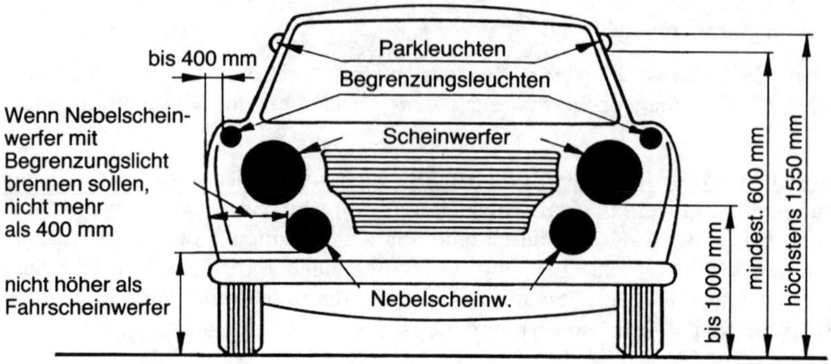

Bild 8.125 (oben) Vorgeschriebene Anbaumaße für die vorderen Beleuchtungseinrichtungen von Personenkraftwagen.
(Lt. StVZO muß das Maß an der Kante der Lichtaustrittsfläche angelegt werden)

Bild 8.126 (unten) Vorgeschriebene Anbaumaße für hintere Beleuchtungseinrichtungen von Personenkraftwagen. Nebelschlußleuchten müssen zwischen 250 und 1000 mm hoch angebracht sein bei einem Mindestabstand von 100 mm zu den Bremsleuchten. Für Zusatzbremsleuchten ist die Anbauhöhe nicht definiert

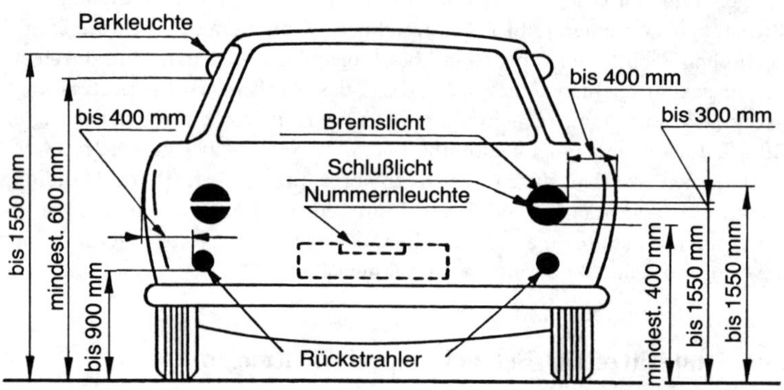

Bild 8.127 Gebräuchliche Scheinwerferlampen. Zweifadenlampen sind für Einscheinwerfersysteme, H1 bis H3 für Zusatzscheinwerfer vorgesehen

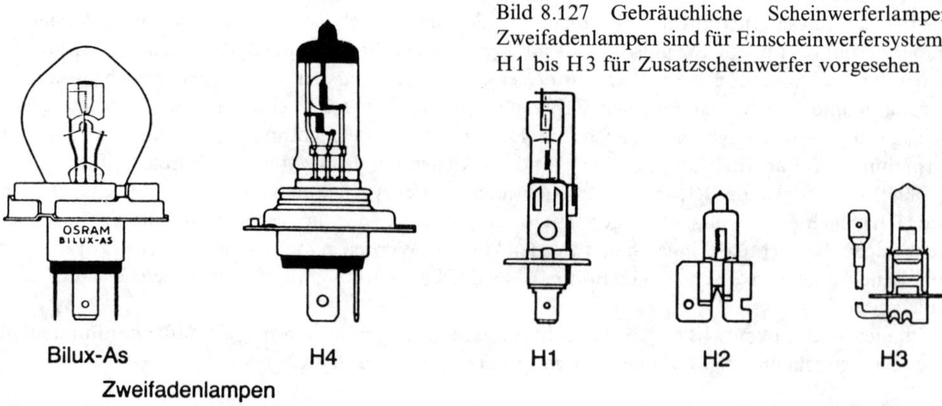

8.8.3 Fahrscheinwerfer

Kraftfahrzeuge mit einer Höchstgeschwindigkeit von mehr als 30 km/h benötigen abblendbare Scheinwerfer. Für die in der Bundesrepublik hergestellten Kraftfahrzeuge sind zulässig:

- ☐ abblendbare Scheinwerfer mit symmetrischem oder europäischem asymmetrischem Abblendlicht und Halogen-H 4-Abblendscheinwerfer.
- ☐ Besondere, getrennte Scheinwerfer für das Fernlicht und für das Abblendlicht,
- ☐ zusätzliche Halogen-Fernscheinwerfer.

Bei normalen Kraftfahrzeugen dürfen die Scheinwerfer mit dem unteren Rande ihrer Lichtaustrittsflächen nicht mehr als 1 m von der Fahrbahn entfernt sein. In 100 m Entfernung muß in Verlängerung der Fahrzeuglängsachse in Höhe der Scheinwerfermitte vor jedem Scheinwerfer folgende Mindestbeleuchtungsstärke erreicht werden:

bei Krafträdern unter 100 cm^3 Hubraum	= 0,25 Lux,
bei Krafträdern über 100 cm^3 Hubraum	= 0,5 Lux,
bei anderen Kraftfahrzeugen	= 1,0 Lux.

Als abgeblendet gelten die Scheinwerfer, wenn in 25 m vor dem Fahrzeug in Höhe der Scheinwerfermitte und darüber nicht mehr als 1 Lux gemessen wird. Bei Scheinwerfern mit europäischem asymmetrischem Abblendlicht darf die Grenze der höheren Lichtstärke, wie 1 Lux, von der verlängerten Scheinwerfermitte aus nach rechts mit einem Winkel von 15° ansteigen. In 25 m Entfernung muß vor jedem Scheinwerfer bei Abblendlicht 15 cm über der Fahrbahn mindestens 1 Lux Beleuchtungsstärke sein (§ 50 Abs. 6 StVZO).

Das Einschalten des Fernlichts muß durch eine blaue Kontrolleuchte im Blickfeld des Fahrzeugführers angezeigt werden. Dies ist bei Krafträdern und Zugmaschinen mit offenem Fahrersitz nicht erforderlich, wenn das Einschalten des Fernlichts an der Stellung des Abblendschalters erkannt werden kann.

Scheinwerferoptik Die Scheinwerferoptik wird durch die Glühlampe, den Reflektor und die Streuscheibe bestimmt. In der Glühlampe ist die Lage der Wolframwendel festgelegt, der Reflektor bestimmt den Strahlengang des Lichts und die geriffelte Streuscheibe die Lichtverteilung. Es ist einsehbar, daß das willkürliche Verändern des einen oder anderen Teils die Scheinwerferoptik in unzulässiger Weise verändert. Für das Fernlicht ist die Wolframwendel im Brennpunkt des Parabolspiegels angeordnet. Dadurch werden alle Lichtstrahlen parallel zur Achse des Parabols abgestrahlt, so daß ein weitreichender Lichtkegel entsteht. Für das Abblendlicht ist die Wendel hinter den Brennpunkt gelegt und mit einer Strahlenblende versehen, die den Lichteinfall in den unteren Teil

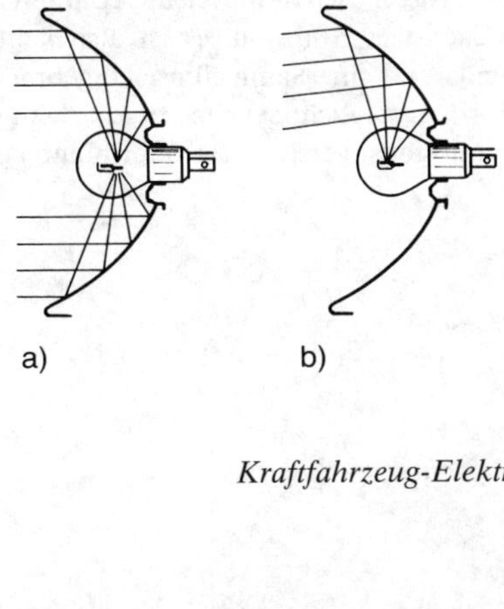

Bild 8.128 Lichtstrahlengang bei a) Fernlicht und b) Abblendlicht

des Reflektors verhindert (Bild 8.128). Dadurch wird in Verbindung mit der Streuscheibe und richtiger Scheinwerfereinstellung ein blendfreies Licht erzeugt. Bei europäischem asymmetrischen Abblendlicht hat die Strahlenblende eine Abknickung nach links unten um 15°, wodurch in die untere Hälfte des Parabols so viel Licht fällt, daß die rechte Fahrbahnseite bis etwa 100 m voraus beleuchtet wird.

Bi-Focus-System Pkw mit $5^3/_4$″-Doppelscheinwerfern haben zwar hervorragendes Fernlicht, weisen aber beim Abblendlicht größenbedingte Nachteile auf. Der untere Teil der Abblendreflektoren muß normalerweise abgeschattet werden, weil das daraus abgestrahlte Licht den Gegenverkehr blenden würde.

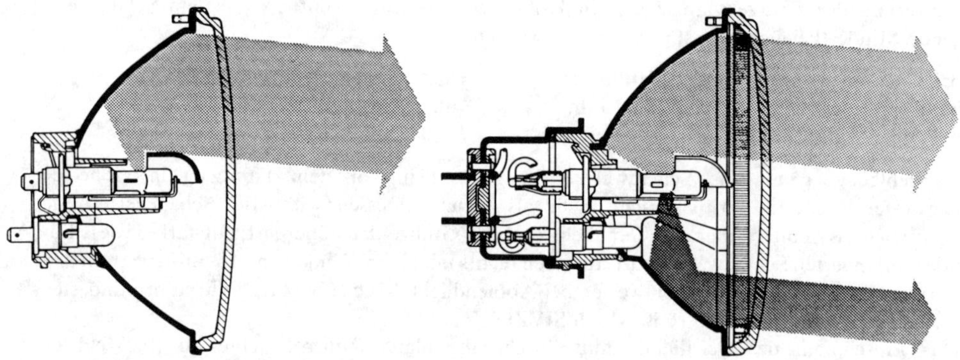

Bild 8.129 Beim Hella-Bi-Focus wird das Licht, das bisher ungenutzt blieb, durch eine Stufe im Reflektor auf die Fahrbahn gelenkt

Die Fa. Hella nutzt bei ihrem als Bi-Focus-System bezeichneten Abblendscheinwerfer diesen Teil aus (Bild 8.129). Er hat Stufenform erhalten, so daß das durch einen Lichtschacht auf ihn fallende Licht blendfrei auf die Straße gelenkt wird. Das ergibt eine um 25 % erhöhte Lichtleistung, wobei besonders die Seitenbereiche besser als herkömmlich ausgeleuchtet werden. Ein weiterer Vorteil ist, daß der Helligkeitsunterschied zwischen Fern- und Abblendlicht geringer ist. Das menschliche Auge braucht sich den geänderten Beleuchtungsverhältnissen nicht mehr so gravierend sprunghaft anzupassen und wird dadurch geschont. Eine weitere sehr aufwendige Konstruktion der gleichen Firma ist der Abblendscheinwerfer mit computerberechnetem DE-Reflektor (Bild 8.130). DE steht hier für dreiachsiges Ellipsoid, es ist also kein Parabolspiegel mehr. In dieses System ist eine Strahlenblende und eine Sammellinse eingebracht, die das Abblendlicht auf die Straße projiziert. Diese Bauform ermöglicht sehr niedrige Scheinwerfergehäuse, was dem Wunsch der Autostilisten nach strömungsgünstiger Karosserieform entgegenkommt.

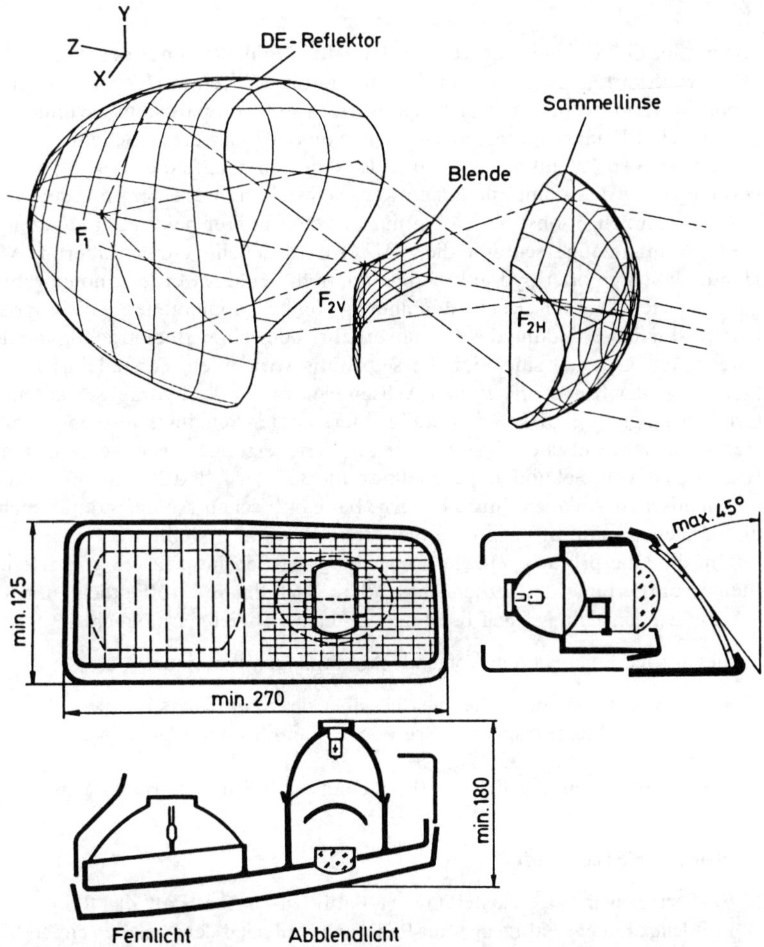

Bild 8.130 Die von der Glühlampe im Brennpunkt F1 ausgehenden Strahlen werden vom DE-Reflektor reflektiert. Sie treffen auf der Brennlinie zwischen F2V und F2H wieder zusammen. Dort wird die Blende angeordnet, die die Hell-Dunkel-Grenze erzeugt. Im zweiten Brennpunkt F2H befindet sich die Sammellinse, die das Licht auf die Fahrbahn projiziert. Darunter eine komplette Doppelscheinwerfereinheit

8.8.4 Scheinwerfereinstellung

Die Grundlage der Scheinwerfereinstellung ist eine Prüftafel, die in 10 m Entfernung senkrecht vor jedem einzelnen Scheinwerfer aufgestellt wird. Ihre Markierung für die Scheinwerfermitte muß dabei auf ebenem Boden in gleicher Höhe wie die Scheinwerfermitte parallel zur verlängerten Fahrzeugmittellinie vor dem Scheinwerfer sein. Die Mitte des Scheinwerferlichtkegels soll möglichst auf der Markierung «Scheinwerfermitte» auftreffen. Entscheidend ist aber die Einstellung des Abblendlichts (Fahrlicht), und diesem entsprechend muß anschließend der Scheinwerfer höher oder tiefer eingestellt werden. Die Hell-Dunkel-Grenze des Abblendlichts soll bei beiden Scheinwerferarten nach links vor der Markierung «Scheinwerfermitte» 12 cm unter der Höhe der Scheinwerfermitte liegen. Bei Scheinwerfern mit europäischem asymmetrischem Abblendlicht darf die Hell-Dunkel-Grenze nach rechts von der Markierung Scheinwerfermitte um 15 Winkelgrade ansteigen. Wenn bei Belastung des Kraftfahrzeuges die Neigung der Hell-Dunkel-Grenze vermindert wird, so muß die Scheinwerfereinstellung bei einem mit der zulässigen Nutzlast belasteten Fahrzeug, sonst bei einem nur mit dem Fahrer belasteten Fahrzeug erfolgen.

Für Neufahrzeuge schreibt die StVZO eine Leuchtweitenregulierung vor. Diese kann von Hand, elektrisch oder hydraulisch/pneumatisch betätigt werden und gewährleistet, daß die Neigung der Hell-Dunkel-Grenze unabhängig von der momentanen Fahrzeugbeladung gleichbleibt. Damit ist einer Blendung des Gegenverkehrs oder einer Beeinträchtigung der Sicht des Fahrers vorgebeugt. Optimal sind hier die selbsttätig wirkenden Verstelleinrichtungen, bei denen die Höhenlage der Karosserie zu den Achsen elektrisch oder hydraulisch aufgenommen wird. Diese Größe gelangt als Signal zu den Stellgliedern an den Scheinwerfern und kann hier, zumindest bei elektrisch/elektronischen Systemen, Karosserieneigungen, wie sie beim Bremsen entstehen, in Bruchteilen von Sekunden kompensieren. Bei Ausfall des Systems werden bei hydraulisch/pneumatischen Anlagen durch Federn, bei elektrischen Anlagen durch Sicherheitselektroniken die Abblendscheinwerfer in eine blendfreie Position gestellt.

Um die Überprüfung und die Einstellung der Scheinwerfer zu erleichtern, wurden durch das Bundesministerium für Verkehr besondere Richtlinien veröffentlicht, die das Überprüfen der Scheinwerfereinstellung auch beim unbelasteten Fahrzeug ermöglichen.

In diesen Richtlinien werden folgende Abkürzungen verwendet:

H = Höhe der Mitte des Scheinwerfers über der Standfläche in cm
h = Höhe des Trennstrichs der Prüffläche über der Standfläche in cm
e = Einstellmaß in cm, $e = H - h$
N = Maß in cm, um das die Lichtbündelmitte auf 5 m Entfernung geneigt werden soll

Einstellen der Scheinwerfer

1. Vor der Scheinwerfereinstellung ist dafür zu sorgen, daß die Reifen den vorgeschriebenen Luftdruck haben. Fahrzeuge mit Federung sind nach dem Beladen einige Meter zu rollen, damit sich die Federn richtig einstellen.
2. Für die Einstellung der Scheinwerfer ist das Fahrzeug auf einer ebenen Fläche aufzustellen; auch kleine Unebenheiten (Wölbungen und dergleichen) am Standort des Fahrzeugs können zu einer falschen Einstellung führen.
3. Die Scheinwerfer sind einzeln einzustellen. Dazu müssen die anderen Scheinwerfer ausgeschaltet oder abgedeckt werden.
4. Bei Fahrzeugen mit automatischem Ausgleich – der durch die Lastabhängigkeit verursachten Karosserie- oder Scheinwerferneigung – sind die Eigenheiten dieser Einrichtungen nach den Anweisungen des Herstellers sorgfältig zu beachten.
5. Zum Einstellen der Scheinwerfer muß sich bei Fahrzeugen, bei denen die Scheinwerfer von Hand stufenlos verstellt werden können, die Verstelleinrichtung in der vorgeschriebenen Raststellung befinden.

   Bei Scheinwerfern mit Verstelleinrichtungen für nur zwei Stellungen ist wie folgt zu verfahren:
   a) Bei Fahrzeugen, bei denen sich das Lichtbündel mit zunehmender Beladung hebt, ist die Einstellung in der Endstellung der Verstelleinrichtung vorzunehmen, bei der das Lichtbündel am höchsten liegt.

b) Bei Fahrzeugen, bei denen sich das Lichtbündel mit zunehmender Beladung senkt, ist die Einstellung in der Endstellung der Verstelleinrichtung vorzunehmen, bei der das Lichtbündel am niedrigsten liegt.

6. Die Fahrzeuge sind bei der Einstellung der Scheinwerfer wie folgt zu belasten:
   a) Personenwagen mit einer Person oder 75 kg auf dem Führersitz bei sonst unbelastetem Fahrzeug (Leergewicht nach §42 Abs. 3 StVZO).
   b) Lastkraftwagen und sonstige mehrspurige Fahrzeuge bleiben unbelastet (Leergewicht nach §42 Abs. 3 StVZO).
   c) Einspurige Fahrzeuge sowie einachsige Zug- oder Arbeitsmaschinen (mit Sitzkarre oder Anhänger) mit einer Person oder 75 kg auf dem Führersitz.
7. Von den Belastungen nach Absatz 6 darf abgewichen werden, wenn das Einstellmaß hierfür so gewählt wird, daß sich (bei Belastung nach Absatz 6a, b oder c) das entsprechende Einstellmaß nach anliegender Tabelle für die Einstellung ergibt.
8. Für die Einstellung des Scheinwerfers nach der Tabelle ist eine verstellbare ebene Fläche zu verwenden. Diese Prüffläche soll hellfarbig und mit einer Zentralmarke sowie mit einem Trennstrich versehen sein. Sie muß senkrecht zur Standfläche und senkrecht zur Fahrzeuglängsmittelebene angeordnet sein. Für die Anwendung der Einstellmaße nach der Tabelle muß der Abstand zwischen der Prüffläche und dem einzustellenden Scheinwerfer 10 m betragen. Bei großen Lichtbündelneigungen, z. B. bei Nebelscheinwerfern, ist ein Abstand von 5 m zu wählen; hierbei sind die vorgeschriebenen Einstellmaße zu halbieren.
9. Die Zentralmarke der Prüffläche muß in der zur Fahrzeuglängsmittelebene parallelen Ebene liegen, die durch die Mitte des einzustellenden Scheinwerfers geht.
10. Für jeden einzustellenden Scheinwerfer muß der Trennstrich parallel zur Standfläche auf Höhe h eingestellt werden.
11. Nach Möglichkeit ist in einem geschlossenen Raum und in nicht zu heller Umgebung einzustellen, da die Einstellgenauigkeit durch Wind (Bewegung der Prüffläche) und Fremdlicht beeinflußt werden kann.
12. a) Bei Scheinwerfern für symmetrisches Abblendlicht und bei Nebelscheinwerfern muß die höchste Stelle der Hell-Dunkel-Grenze den Trennstrich berühren und über die Mindestbreite der Prüffläche möglichst waagerecht verlaufen.
    In seitlicher Richtung müssen diese Scheinwerfer so eingestellt werden, daß die Lichtverteilung möglichst symmetrisch zur vertikalen Linie durch die Zentralmarke liegt.
    b) Bei Scheinwerfern für asymmetrisches Abblendlicht muß die Hell-Dunkel-Grenze links von der Mitte den Trennstrich berühren. Der Schnittpunkt zwischen dem linken (möglichst waagerechten) und dem rechts ansteigenden Teil der Hell-Dunkel-Grenze muß auf der Senkrechten durch die Zentralmarke liegen. Zur leichteren Ermittlung des genannten Schnittpunkts kann die linke Scheinwerferhälfte einige Male abwechselnd abgedeckt und wieder freigegeben werden.
    c) Die Lichtbündelmitte des Fernlichts muß auf der Zentralmarke liegen. Bei Scheinwerfern mit gemeinsamer Einstellbarkeit für Fern- und Abblendlicht sind Abweichungen von je 20 cm nach rechts oder links und von 15 cm nach oben oder 10 cm nach unten zulässig.
    d) Bei einachsigen Zug- oder Arbeitsmaschinen mit dauerabgeblendeten Scheinwerfern, auf denen die Neigung der Lichtbündelmitte angegeben ist, muß die Lichtbündelmitte auf dem Trennstrich und auf der vertikalen Linie durch die Zentralmarke liegen.
13. Bei Verwendung von Scheinwerfereinstellprüfgeräten, die den hierfür geltenden Richtlinien entsprechen müssen, sind die Bedienungsanweisungen des Herstellers zu beachten.
14. Die Scheinwerfer müssen nach der Einstellung am Fahrzeug wieder so befestigt werden, daß eine unbeabsichtigte Verstellung nicht eintreten kann.

15. *Nach einer Reparatur an der Fahrzeugfederung sowie bei Änderungen und Maßnahmen, die die Scheinwerfereinstellung beeinflussen können, sind die Scheinwerfer stets neu einzustellen.* Dies empfiehlt sich auch nach dem Auswechseln einer Glühlampe.

Scheinwerfereinstellgeräte

Die Scheinwerfereinstellung mit einer Prüffläche in 10 m Entfernung erfordert einen abgedunkelten Raum mit ebenem Boden von 15 bis 20 m Länge. Durch Scheinwerfereinstellgeräte, die mit besonderen Vorrichtungen zum Kraftfahrzeug ausgerichtet werden können, ist eine Scheinwerfereinstellung auf beschränktem Raum möglich. Mit optischen Systemen wird der Abstand des Bildschirms vom Scheinwerfer meist auf etwa 1 m verkürzt. Weil nun aber 1 mm auf 1 m Entfernung 1 cm auf 10 m Entfernung entspricht, muß die Ausrichtung des Geräts sorgfältig vorgenommen werden.

Viele Scheinwerfereinstellgeräte sind zusätzlich mit einem Luxmeter ausgerüstet. Das Meßinstrument ist in das Glas der Einblicköffnung eingelassen, so daß mit einem Blick Einstellung und Lichtstärke beurteilt werden können. Die Fotodiode ist hinter dem Fernlichtkreuz angebracht. Sie ist farbkorrigiert, d.h., sie zeigt zum Beispiel auch dann richtige Lichtwerte an, wenn durch Spannungsabfall das Scheinwerferlicht gelb statt weiß ist. Dadurch wird eine relativ hohe Meßgenauigkeit erreicht. Das Luxmeter hat je einen Meßbereich für Fern- und Abblendlicht, wobei der kleine Meßbereich für das Abblendlicht mit Druckknopf eingeschaltet wird. Die Skala des Anzeigeinstruments hat für jeden dieser beiden Meßbereiche je einen roten (= schlecht) und einen grünen Bereich (= gut) und ist auf die vorgeschriebenen Werte der deutschen Straßenverkehrs-Zulassungsordnung geeicht.

8.8.5 Begrenzungsleuchten

Kraftwagen und Krafträder mit Beiwagen müssen mit Begrenzungsleuchten ausgerüstet sein. Die Begrenzungsleuchten dürfen mit ihrer Lichtaustrittsfläche nicht mehr als 40 cm von der breitesten Stelle des Kraftfahrzeuges bzw. des Anhängers entfernt sein. Begrenzungsleuchten müssen so geschaltet sein, daß sie auch bei Fernlicht und Abblendlicht mit eingeschaltet sind. Begrenzungsleuchten dürfen auch im Scheinwerfer untergebracht sein, wenn diese mit ihrer Lichtaustrittsfläche nicht mehr als 40 cm vom Fahrzeugumriß entfernt sind. Zwei zusätzliche Begrenzungsleuchten sind zulässig, wenn ein Paar Begrenzungsleuchten im Scheinwerfer eingebaut sind. Wenn der Anhänger eines Kraftfahrzeuges mehr als 400 mm über die äußere Begrenzung der Lichtaustrittsflächen der Begrenzungsleuchten hinausragt, so müssen für den Anhänger ein besonderes Paar Begrenzungsleuchten angebracht sein.

8.8.6 Parkleuchten

Zur Kenntlichmachung bei Dunkelheit in geschlossenen Ortschaften genügen bei parkenden Kraftwagen ohne Anhänger, die nicht breiter als 2 m und nicht länger als 6 m sind, Parkleuchten an der dem Verkehr zugewandten Seite. Parkleuchten müssen nach vorne weißes und nach hinten rotes Licht zeigen und mit der Unterkante mindestens 60 cm und mit der Oberkante der Lichtaustrittsfläche höchstens 155 cm über der Fahrbahn befestigt sein. Anstelle von Parkleuchten für weißes und rotes Licht ist auch die Verwendung einer mit der Schlußleuchte vereinigten Parkleuchte für rotes Licht mit einer mit der Begrenzungsleuchte in einem Gerät vereinigten Parkleuchte für weißes Licht oder einer Schluß- und Begrenzungsleuchte auf der gleichen Seite des Kraftfahrzeuges zulässig.

Um zu verhindern, daß die Parkleuchte auch bei eingeschaltetem Licht mit eingeschaltet bleibt, sind besondere Schaltungen möglich. Die einfachste Schaltung dieser Art ermöglicht eine zweipolige Parkleuchte. Verbindet man die zweite Leitung anstelle der Masse mit der Klemme Nr. 58, hat die Begrenzungsleuchte nur so lange Masseverbindung über die Glühlampen der Schlußkennzeichen- und Begrenzungsleuchten, bis das Licht eingeschaltet wird.

8.8.7 Suchscheinwerfer

Ein Suchscheinwerfer ist zulässig, wenn er so geschaltet ist, daß er nur in Verbindung mit Schluß- und Kennzeichenbeleuchtung eingeschaltet werden kann. Er darf nur kurzzeitig und nicht zum Beleuchten der Fahrbahn benutzt werden. Er ist darum auch mit der Klemme Nr. 58 zu verbinden.

8.8.8 Nebelscheinwerfer

An zweispurigen Fahrzeugen sind nur zwei Nebelscheinwerfer zulässig. Nebelscheinwerfer dürfen nicht höher als die vorgeschriebenen Scheinwerfer angebracht werden. Sie müssen so geschaltet sein, daß sie nur zugleich mit der Schluß- und Kennzeichenbeleuchtung eingeschaltet werden können. Nebelscheinwerfer dürfen nur bei Nebel oder Schneefall und nur in Verbindung mit dem Abblendlicht eingeschaltet werden. Bei schlechter Sicht am Tage, wegen Nebel, Schneefall oder Regen, dürfen auch zwei Nebelscheinwerfer anstelle des sonst vorgeschriebenen Abblendlichts

Bild 8.131 Schaltung von Nebelscheinwerfern mit Schaltrelais

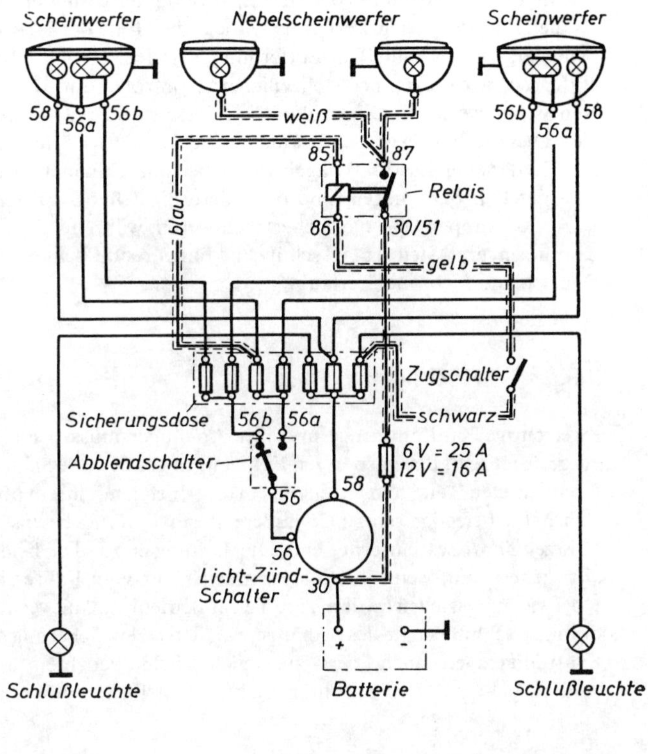

eingeschaltet werden. Wenn die zwei Nebelscheinwerfer an einem Kraftwagen so befestigt werden, daß ihre Lichtaustritte nicht mehr als 40 cm von der breitesten Stelle des Fahrzeugumrisses entfernt sind, dürfen sie auch bei eingeschaltetem Begrenzungslicht einschaltbar sein. Bei größerem Abstand dürfen sie nur in Verbindung mit den Abblendscheinwerfern einschaltbar sein. Es werden dazu einfach einzubauende spezielle Nebelscheinwerferschaltschütze geliefert. Eine entsprechende Schaltung ist aber auch unter Verwendung eines normalen Schaltrelais möglich (Bild 8.131).

Halogen-Nebelscheinwerfer sollten immer mit Schaltrelais geschaltet werden. Denn bei größerem Spannungsabfall ist der Wolfram-Halogen-Kreisprozeß gestört (siehe Abschnitt 8.8.12). Dabei ist es zweckmäßig, die Leitung der Klemme 30 des Relais mit B+ am Reglerschalter oder Drehstromgenerator zu verbinden. Denn damit wird auch der Spannungsabfall in der Ladeleitung ausgeschaltet. Die Leitung zum Relais und den Nebelscheinwerfern sollte aus dem gleichen Grund bei 12-V-Anlagen mindestens 2,5 mm^2 Nennquerschnitt haben. Bei Schaltung nach Bild 8.131 werden beim Einschalten des Fernlichts die Nebelscheinwerfer durch das Relais selbsttätig ausgeschaltet. Beim Umschalten auf Abblendlicht werden die Nebelscheinwerfer selbsttätig durch das Relais wieder eingeschaltet.

Bei Krafträdern – auch mit Beiwagen – darf nur ein Nebelscheinwerfer angebracht sein.

Einstellen der Nebelscheinwerfer

Nach den «Richtlinien für die Einstellung von Scheinwerfern an Kraftfahrzeugen und Fahrrädern» muß bei normalen Personenkraftwagen, Lastkraftwagen, Kraftomnibussen und Kombinationskraftwagen mit voller Nutzlast die höchste Stelle der Hell-Dunkel-Grenze des Nebelscheinwerfers auf einer in 10 m Abstand vor dem Scheinwerfer aufgestellten Prüftafel mindestens 20 cm tiefer liegen als die Höhe der Scheinwerfermitte. Liegt die Höhe der Hell-Dunkel-Grenze in Abhängigkeit vom Belastungszustand auf 10 m Entfernung zwischen 15 und 50 cm unter der Höhe der Scheinwerfermitte, so wird dies bei polizeilicher Kontrolle auf der Straße nicht beanstandet. Die als Nebelscheinwerfer in Deutschland zugelassenen «Breitstrahler» wirken mit größerer Neigung bei Nebel besser. Darum ist es zweckmäßig, die laut den Richtlinien zulässige größere Neigung zu nutzen. Für Vorderlader-Lastkraftwagen und Arbeitsmaschinen, bei denen die Scheinwerfer mehr als 100 cm über der Fahrbahn liegen, sind besondere Einstellvorschriften gegeben.

Abdeckkappen, die die Nebelscheinwerfer während der Zeit der Nichtbenutzung gegen Verschmutzen und Steinschlag schützen können, sind seit dem 01.07.1988 in der Bundesrepublik Deutschland nicht mehr erlaubt.

8.8.9 Rücklicht

Zweispurige Kraftfahrzeuge und ihre Anhänger müssen mit zwei Schlußleuchten für rotes Licht ausgerüstet sein. Bei einspurigen Fahrzeugen genügt eine Schlußleuchte. Schlußleuchten müssen mit ihrem unteren Rand mindestens 40 cm und dürfen mit ihrem oberen Rand höchstens 155 cm über der Fahrbahn befestigt sein. Der äußere Rand darf höchstens 40 cm von der breitesten Stelle des Fahrzeugumrisses entfernt sein. Die Leitungen zu den beiden Schlußleuchten müssen getrennt abgesichert sein, wenn ihre Wirksamkeit nicht vom Fahrersitz aus überwacht werden kann. Die Überwachungsstellen fordern zum Teil außerdem, daß die rechte Schlußleuchte des Kraftwagens und die linke Schlußleuchte des Anhängers an derselben Sicherung angeschlossen sind. Es dürfen an allen Kraftfahrzeugen auch zwei zusätzliche Schlußleuchten angebracht sein. Diese zusätzlichen Schlußleuchten dürfen mit ihren Lichtaustrittsflächen höher als 1,55 m über der Fahrbahn sein.

Am hinteren Ende von Anhängern darf an beiden Längsseiten eine nach vorn wirkende bauartgenehmigte Spurhalteleuchte für weißes Licht angebracht sein. Die rückwärtigen amtlichen Kennzeichen müssen eine Beleuchtungseinrichtung haben, die sie bei Krafträdern und Kleinwagen auf 20 m und bei den übrigen Fahrzeugen auf 25 m Entfernung lesbar machen. Die Leitung für die Kennzeichenbeleuchtung kann mit einer Schlußleuchtenleitung verbunden werden.

Rote Rückstrahler mit mindestens 20 cm^2 rückstrahlender Fläche sind für die Kraftfahrzeuge vorgeschrieben. Kraftwagen benötigen zwei, einspurige Kraftfahrzeuge einen roten Rückstrahler. Anhänger müssen mit zwei dreieckigen roten Rückstrahlern von mindestens 15 cm Seitenlänge ausgerüstet sein. Eine Ecke dieser Rückstrahler muß nach oben zeigen. Rückstrahler dürfen mit dem unteren Rand ihrer wirksamen Fläche höchstens 90 cm über der Fahrbahn und mit ihrem äußeren Rand höchstens 40 cm von der breitesten Stelle des Fahrzeugumrisses entfernt sein.

Kraftwagen und Anhänger mit einer durch ihre Bauart bestimmten Höchstgeschwindigkeit von über 25 km/h müssen zwei Bremsleuchten für gelbes oder rotes Licht führen, die durch ihr Aufleuchten nach rückwärts das Betätigen der Betriebsbremse anzeigen (Bild 8.132). Die Bremsleuchten sollen in der Nähe der Schlußleuchten befestigt sein. Sie dürfen mit dem unteren Rand ihrer Lichtaustrittsflächen höchstens 30 cm über den Schlußleuchten und dem oberen Rand ihrer Lichtaustrittsflächen bis zu 155 cm über der Fahrbahn angebracht sein. Bremsleuchten und Blinkleuchten können zu einem Gerät zusammengebaut werden. Dabei genügt es, wenn zugleich gebremst und geblinkt wird, daß nur die Bremsleuchte aufleuchtet, die nicht zur Fahrtrichtungsanzeige benutzt wird.

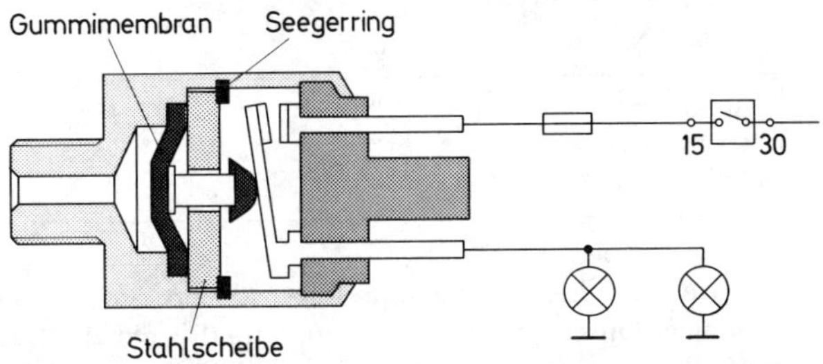

Bild 8.132 Schematischer Aufbau eines hydraulischen Bremslichtschalters in Sicherheitsausführung. Der elektrische Teil ist von dem «nassen» Teil durch eine Stahlscheibe getrennt. Der Schalter schließt zwischen 3 und 6 bar

Nebelschlußleuchten

An der Rückseite von Kraftfahrzeugen und Anhängern müssen bei Neufahrzeugen ab 1. 1. 91 zur zusätzlichen rückwärtigen Sicherung bei Nebel eine oder zwei Nebelschlußleuchten für rotes Licht angebracht sein, deren Lichtaustrittsfläche höchstens *1000 mm (oberer Rand)* über der Fahrbahn liegen darf. Die Nebelschlußleuchte muß mindestens *100 mm* von der Bremsleuchte entfernt angebracht sein.

Nebelschlußleuchten müssen in amtlich genehmigter Bauart ausgeführt sein (§ 22a StVZO). Die Einschaltung der Nebelschlußleuchte muß durch eine *gelb leuchtende Lampe für Dauerlicht im Blickfeld des Fahrzeugführers angezeigt werden. Bei Krafträdern und Zugmaschinen mit offenem Führersitz kann die Einschaltung der Nebelschlußleuchte durch die Stellung des Schalters angezeigt werden. Sie dürfen nur bei Fernlicht, Abblendlicht oder Nebellicht einschaltbar sein.*

8.8.10 Rückfahrscheinwerfer

Es sind ein oder zwei Rückfahrscheinwerfer vorgeschrieben, die so geschaltet sein müssen, daß sie bei Vorwärtsfahrt und bei abgezogenem Zündschlüssel nicht brennen können. Sie müssen mit der Klemme 15/54 des Zündschalters verbunden sein, oder aber es muß ein Schaltrelais – wie in Abschnitt 8.7.2 beschrieben – geschaltet werden.

Rückfahrscheinwerfer müssen so befestigt und eingestellt sein, daß sie die Fahrbahn auf höchstens 10 m hinter dem Fahrzeug beleuchten. Diesem wird entsprochen, wenn die Lichtkegelmitte in 5 m Entfernung vom Rückfahrscheinwerfer ½mal so hoch wie die Mitte des Rückfahrscheinwerfers über der Fahrbahn ist.

8.8.11 Glühlampen für Kraftfahrzeuge

Die Glühlampen für Kraftfahrzeuge haben gegenüber etwa 1000 Brennstunden normaler Haushaltsglühlampen mit 100 Brennstunden der Scheinwerferlampen und 200 Brennstunden der Kleinlampen geringe Lebensdauer. Die Angaben beziehen sich auf die 100%-Spannung dieser Lampen. Die 100%-Spannung ist bei Glühlampen für 6 V Nennspannung 6,75 V und bei 12 V Nennspannung 13,5 V. Geringere Betriebsspannungen ergeben höhere und höhere Betriebsspannungen geringere Lebensdauer. Nach Angaben der Firma Bosch verändern sich Lebensdauer und Lichtstärke folgendermaßen:

Tab. 8.14

Spannung	85%	90%	95%	100%	105%	110%	120%
Lichtstärke	53%	67%	83%	100%	120%	145%	200%
Lebensdauer	1000%	440%	210%	100%	50%	28%	6%

Danach sind Lichtstärke und Lebensdauer der Glühlampen sehr von der Betriebsspannung abhängig. Durch geringen Spannungsabfall sinkt die Leuchtkraft der Beleuchtungseinrichtungen stark ab. Andererseits wird durch geringe Spannungserhöhung die Lebensdauer der Glühlampen stark vermindert. Da die Glühdrähte auch bei höheren Temperaturen spröde bleiben, sind Glühlampen erschütterungsempfindlich, und die Glühdrähte können durch kurze harte Stöße abbrechen. Auch kann durch einen Riß im Kotflügel oder eine lose Schraube in der Nähe der Glühlampen ein häufiger Defekt durch Dauerschwingungsbruch des Glühfadens verursacht werden.

Die Lichtstärke, die eine Glühlampe erzeugt, wird mit zunehmender Lebensdauer geringer, weil beim Betrieb Metall vom Glühfaden abdampft. Bereits nach der Hälfte der Lebensdauer ist ein beachtliches Nachlassen der Lichtwirkung meßbar. Darum sollte man die Glühlampen ausbauen, bevor sie endgültig unbrauchbar sind. Dies gilt besonders, wenn Schwärzung des Glaskolbens infolge dieser Metalldämpfe die Lichtstärke zusätzlich vermindert. Ebenso ist ein paarweiser Austausch von Glühlampen zu empfehlen.

Halogenglühlampen

Höhere Spannung erhöht die von der gleichen Glühlampe erzeugte Lichtstärke. Die hellere Glutfarbe des Glühdrahts verbessert zugleich das Licht. Andererseits wird bei höherer Spannung die Lebensdauer der Glühlampe stark vermindert. Der normale Glühlampenverbrauch beruht darauf, daß von den Glühdrähten Metall abdampft. Dies geschieht um so mehr, je höher die

Glühdrahttemperaturen sind. Die Lichtausbeute der Glühlampen kann ohne wesentliche Verringerung der Lebensdauer erhöht werden, wenn das Abdampfen von Glühdrahtmetall vermindert wird. Eine dieser Möglichkeiten ist die Befüllung der Lampenkolben mit Halogen.

Halogene sind Elemente, die sich mit Metallen zu Salzen verbinden. Bei Kraftfahrzeug-Scheinwerferlampen verwendet man das Halogen Brom, welches dem Füllgas als Methylenbromid beigemischt wird. Dadurch war es möglich, die Zerstörung von geringer temperierten Metallteilen – z. B. Glühdrahthalterungen – zu vermeiden. Außerdem wurde dadurch die Entwicklung der H4-Zweifadenabblendlampe ermöglicht.

Wie der Schnitt A–B durch eine H4-Abblendlampe zeigt, verdampfen in der heißen Zone I am mit etwa 3200 °C glühenden Wolframwendel Wolframatome. Sie werden in der Zone II bei etwa 1400 °C mit dort freiwerdendem Brom zu gasförmigem Wolframbromid abgebunden; das in die Temperaturzone III von etwa 1000 °C gelangende Wolframbromid kann hier infolge der hohen Temperatur nicht kondensieren. In dieser Temperaturzone wird zugleich bewirkt, daß aus Methylenbromid durch Zerfall bei Temperaturen über 500 °C der erforderliche Bromwasserstoff entsteht. Durch Austauschvorgänge zwischen den verschiedenen Zonen, wandert das Wolframbromid zur glühenden Wendel, wo es zerfällt und Wolfram ausscheidet. Dadurch ist der Wolfram-Halogen-Kreislauf geschlossen. Die in der kalten Zone liegenden Teile werden vom nicht aggressiven Bromwasserstoff umhüllt. Darum werden diese Teile im Gegensatz zur Jod-Halogenlampe chemisch nicht angegriffen.

Dadurch, daß beim Glühen des Glühdrahts dessen Umgebung mit Wolfram abgesättigt ist, wird weiteres starkes Abdampfen von Wolfram verhindert. Dies ermöglicht höhere Glühdrahttemperaturen, die ihrerseits mehr Licht bei besserem Wirkungsgrad bewirken. Um die für den Halogen-Kreislaufprozeß erforderlichen Temperaturen zu erhalten, muß der Raum für die Füllgasmenge kleiner gehalten werden als bei den üblichen Glühlampen. Dadurch wird die Temperatur des Lampenkolbens so hoch, daß man Glas hierzu nicht verwenden kann (Bild 8.133).

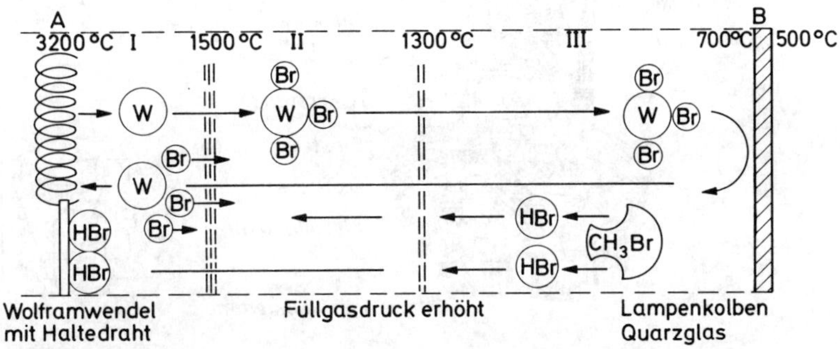

Bild 8.133 Der Wolfram-Halogen-Kreislauf bei Krypton-Methylenbromid-Füllung

Quarzkolben, die man bei Halogenlampen aus thermischen Gründen verwendet, haben auch höhere Festigkeit wie normale. Darum wird zusätzlich durch höheren Gasdruck im Lampeninneren die Siedetemperatur des Wolframglühfadens erhöht und so dessen Verdampfungsmenge herabgesetzt. Diese Druckerhöhung und der Halogen-Kreisprozeß bewirken gleichbleibendes Licht über die Lebensdauer der Halogenlampen und macht es möglich, trotz höherer Lichtausbeute eine normale Lebensdauer zu erreichen. Es ist aber erforderlich, daß die entsprechenden Temperaturen im Quarzglaskolben und im Füllgas herrschen. Darum wird bei verringerter Spannung nicht nur die

Lichtausbeute, sondern auch die Lebensdauer der Halogenlampen stark vermindert. Diesem muß durch geringstmöglichen Spannungsabfall in der Anschlußleitung entsprochen werden.

H1-Halogenlampen haben Quarzglaskolben, in denen die Glühdrahtwendeln in Längsrichtung angeordnet sind. H3-Halogenlampen haben nur eine einseitige Quetschung des Quarzglaskolbens mit querliegendem Glühdrahtwendel. Diese Weiterentwicklung ergibt eine bessere Strahlenführung des Lichts im entsprechenden Scheinwerfer. Außerdem ist an der H3-Lampe das Anschlußkabel befestigt. H4-Halogenlampen sind Zweifaden-Abblendlampen (Bild 8.127).

8.9 Sonstige elektrische Einrichtungen

8.9.1 Fahrtrichtungsanzeiger

Fahrtrichtungsanzeiger müssen so beschaffen sein, daß die Anzeige der beabsichtigten Fahrtrichtungsänderung von den Verkehrsteilnehmern, für die sie von Bedeutung ist, deutlich zu erkennen ist. Die Blinkleuchten sollen mit einer Frequenz von 90 Impulsen je Minute blinken. Dabei ist eine Toleranz von plus oder minus 30 Blinkimpulsen zulässig. Die Blinkimpulse können durch einen Hitzdrahtblinkgeber, durch elektronische, motorisch angetriebene oder pneumatisch steuernde Blinkgeber gesteuert werden. Der preisgünstigste, aber auch störungsanfälligste Blinkgeber ist der Hitzdrahtblinkgeber (Bild 8.134). Im Ruhestand werden die Blinkkontakte durch den kalten, am

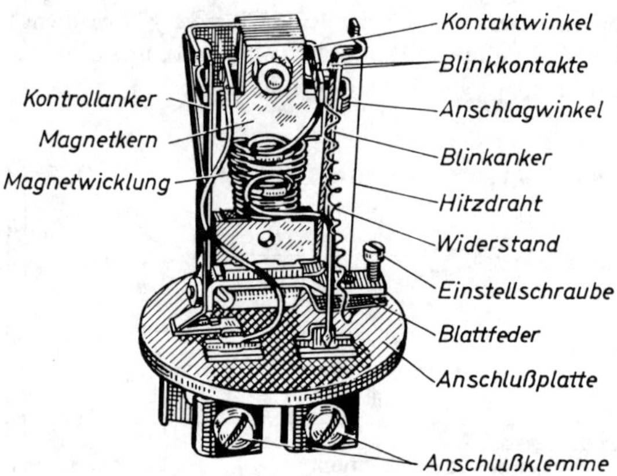

Bild 8.134 Aufbau und Wirkschaltbild eines Bosch-Hitzdrahtblinkgebers mit Dunkelbeginn

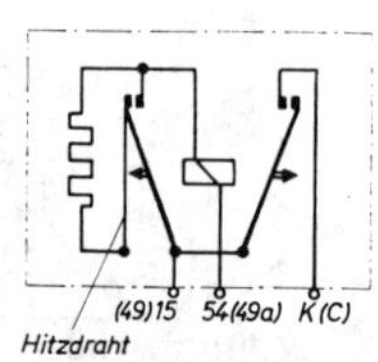

Blinkanker angreifenden Hitzdraht entgegen der Wirkung der Ankerfeder offengehalten. Die Hitzdrahtvorspannung kann mit einer gegen die Blattfeder drückenden Schraube eingestellt werden. Dadurch wird die Frequenz des Blinkens verändert.

Wird der Blinkerschalter betätigt, so fließt der von der Batterie über den Zündschalter kommende Strom zur Klemme 15 (49), über den Blinkanker, den Hitzdraht, den Widerstand und die Magnetwicklung zur Klemme 54 (49a), von hier über den Blinkschalter und die Blinkleuchten zur Masse. Obwohl Strom durch die Blinkleuchten fließt, leuchten diese wegen des eingeschalteten Widerstands noch nicht auf. Der Hitzdraht wird nun heiß und dehnt sich, so daß der Blinkanker durch die Kraft der Ankerfeder gegen den Magnetkern gezogen wird, bis die Blinkkontakte sich schließen. Nun sind Hitzdraht und Vorwiderstand kurzgeschlossen, es fließt der volle Blinkleuchtenstrom, die Blinker leuchten auf. Zugleich wirkt eine zusätzliche Magnetkraft auf den Blinkanker, so daß die Blinkkontakte mit einem kräftigen Kontaktdruck schließen. Der nun kurzgeschlossene Hitzdraht kühlt sich wieder ab, zieht sich zusammen und bewirkt, daß auf den Blinkanker eine ansteigende Zugkraft ausgeübt wird. Sobald die Zugkraft die magnetische Haltekraft überwindet, öffnet der Hitzdraht ruckartig die Blinkkontakte, weil nun auch die Magnetkraft entfällt. Die Blinkleuchten erhalten jetzt wieder den geringeren Strom über den Hitzdraht und verlöschen. Der geschilderte Vorgang wiederholt sich in regelmäßiger Folge so lange, bis der Blinkschalter ausgeschaltet wird. Da der Hitzdraht bereits durch den Betrieb erwärmt ist, kann er bei kurzzeitig auftretenden Masseschlüssen in den Leitungen zum Schalter oder zur Blinkleuchte überhitzt werden, bevor die Sicherung abschmilzt. Dabei braucht der Hitzdraht nicht gleich abzuschmelzen. Er kann bereits durch Dehnung die Funktion des Blinkgebers verändern. Deshalb sollte man besonders bei häufigem Defekt des Blinkgebers diese Leitungen und die Blinkleuchten auf Masseschluß prüfen.

Die bauartgenehmigten Fahrtrichtungsanzeiger müssen vorschriftsmäßig angebracht sein. An Kraftfahrzeugen dürfen nur Fahrtrichtungsanzeiger für gelbes Licht angebracht sein. Bei Fahrzeugen unter 4 m Länge und 1,6 m Breite genügen Fahrtrichtungsanzeiger an den Längsseiten. Längere und breitere Kraftfahrzeuge müssen Fahrtrichtungsanzeiger an der Vorderseite oder am vorderen Teil der Längsseiten und Blinkleuchten an der Rückseite führen. Wenn der Abstand zwischen den vorderen und den hinteren Fahrtrichtungsanzeigern mehr als 6 m beträgt, so müssen zusätzliche Fahrtrichtungsanzeiger an beiden Längsseiten des Kraftfahrzeuges angebracht sein, wenn die vorderen Blinkleuchten nicht auch seitwärts wirken.

Kontrolleinrichtungen für Fahrtrichtungsanzeiger

Sind Fahrtrichtungsanzeiger nicht im Blickfeld des Fahrzeugführers, so muß diesem die Wirksamkeit der Fahrtrichtungsanzeige angezeigt werden. Im Regelfall verwendet man hier Kontrolleuchten, die nach einer internationalen Empfehlung grün sein sollen.

Bei je einer Blinkleuchte auf jeder Wagenseite ist es ausreichend, wenn die Anschlüsse zur Kontrolleuchte mit 15 (49) und 54 (49a) des Blinkgebers oder mit L und R des Blinkschalters verbunden werden. Im erstgenannten Fall leuchtet die Kontrolleuchte, solange die Blinkleuchten nicht brennen, und im zweiten Fall mit den Blinkleuchten gemeinsam. Wenn mehr als eine Blinkleuchte je Seite angebracht ist, müssen Blinkgeber mit einem Kontrollanker verwendet werden. Diese Blinkgeber müssen für Spannung, Blinkleuchtenzahl und Leistungsaufnahme der Blinkerlampen passend gewählt werden. Wenn die Blinkkontakte sich schließen, wird der Kontrollanker durch die volle Erregung des Magnetfelds angezogen und damit die Anzeigeleuchte eingeschaltet. Beim Öffnen der Blinkkontakte wird auch der Kontrollanker losgelassen und die Anzeigeleuchte ausgeschaltet. Die Anzeigeleuchte blinkt also im gleichen Rhythmus wie die Blinkleuchte. Setzt eine Blinkleuchte aus, so ist die Stärke des durch die Magnetwicklung fließenden Stroms geringer, und die kleinere Magnetkraft genügt nicht mehr zum Anziehen des Kontrollankers. Die Anzeigeleuchte bleibt infolgedessen dunkel. Dies ist ein Zeichen für den Fahrer, daß eine Störung vorliegt (Bild 8.134).

Bei Kraftfahrzeugen, die mit oder ohne Anhänger betrieben werden, ist für die Blinkleuchten des Anhängers eine besondere Kontrolleuchte erforderlich. Hierzu wird entweder ein Blinkgeber mit zwei Kontrolleuchtenkontakten oder ein zusätzliches Kontrollgerät für die Anhängerblinkleuchten erforderlich.

Elektronische Blinkgeber

Elektronische Blinkgeber haben gegenüber den herkömmlichen Hitzdrahtblinkgebern den Vorteil, daß ihre Funktion bei Temperaturen zwischen -35 bis $+65\,^\circ C$ (238 und 338 K) absolut konstant bleibt. Durch entsprechende Schaltmaßnahmen ist auch eine größere Unabhängigkeit der Blinkimpulse von Spannungsschwankungen im Lichtnetz erreichbar. Da die Impulssteuerung durch Transistoren in Verbindung mit durch Widerstände und Kondensatoren gebildeten Zeitgliedern bewirkt wird, ist die Lebensdauer eines elektronischen Blinkgebers praktisch unbegrenzt. Es muß natürlich der Empfindlichkeit der Transistoren gegenüber zu hoher Spannung und zu hohem Strom entsprochen werden. Wenngleich eine vollelektronische Steuerung der Blinkimpulse durch Leistungstransistoren möglich ist, so verwendet man meist einen durch kleinere preisgünstigere Transistoren gesteuerten astabilen Multivibrator, der ein mechanisches Kontaktschaltrelais steuert. Dadurch wird das Gerät mit einfacheren Bauteilen belastungsunabhängig und genügend kurzschlußfest. Da Rundum-Blinkwarnlicht bei modernen Kraftwagen allgemein üblich ist, sind die elektronischen Blinkgeber meist als Blink-Warnlicht-Relais ausgeführt. Als Beispiel der Funktion dient das Hella-Blink-Warnlicht-Relais 96 M 2J 2 × 21 W – 12 V (Bild 8.135).

Bei eingeschaltetem Zündschalter ist Plus mit Klemme +49 des Blink-Warnlicht-Schalters verbunden. Es fließt nun Strom von +49 über die Widerstände R_1, R_2 und R_3 zur Klemme – 31. Der Spannungsabfall in den Klemmen B (Basis) und E (Emitter) des Transistors T_1, parallelen Widerstand R_3, ist so groß, daß dieser Transistor zwischen C (Kollektor) und E leitend wird. Der Kondensator C_1, der mit C und B des T_1 verbunden ist, wird überbrückt und damit entladen. Dagegen ist der Kondensator C_2 mit der einen Seite über den Widerstand R_5, die Schutzdiode D_2 sowie R_6 und die Schaltspule des Relais RL_1 mit Plus und über B und E des Transistors T_1 mit Minus verbunden und damit aufgeladen. In diesem Zustand fließt ein geringfügiger Strom von + 49 über den Widerstand R_4 und den Transistor T_1 zu – 31. Dabei ist E und B des Transistors T_2 durch den Transistor T_1 überbrückt, und er sperrt.

Beim Einschalten der Blinkleuchten fließt Strom von +49 über den Widerstand R_1, die Wicklung des Blinkkontrollampen-Relais RL_2 und die eingeschalteten Blinkleuchten zu Minus. Dabei liegt der geringere Widerstand der Wicklung des RL_2 den Widerständen R_2 und R_3 parallel. Dies bewirkt zwischen E und B des Transistors T_1 ein Absinken der Spannung. Die Folge ist, daß der Transistor T_1 sperrt. Nun wird die Spannung an B des Transistors T_2 unter gleichzeitiger Aufladung des Kondensators C_1 über den Widerstand R_4 positiv. Dadurch liegt an B und E des Transistors T_2 die Spannung, die diesen auf Durchgang schaltet. Es fließt Strom von +49 über die Schaltwicklung des

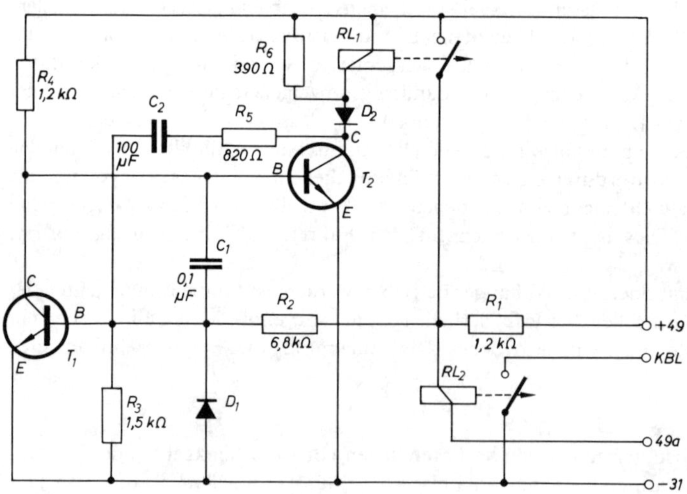

Bild 8.135 Schaltbild des Hella-Blink-Warnlicht-Gebers

Relais RL_1, die Diode 2, C und E des Transistors T_2. Dadurch wird das Relais RL_1 eingeschaltet, und der Strom kann von +49 über die Kontakte des Relais RL_1 und die Wicklung des Kontrollampenrelais RL_2 zu den Blinklampen fließen, die nun als Hellphase aufleuchten. In der *Hellphase* der Blinkanlage ist der Kondensator C_2 mit +49 verbunden und entlädt sich. Dabei wird die mit dem Kondensator C_2 verbundene Basis des Transistors T_1 wieder positiv. Dadurch wird der Transistor T_1 wieder leitend und sperrt den Transistor T_2. Als Folge öffnet nun das Relais RL_1 und unterbricht den Strom zu den Blinklampen.

In der *Dunkelphase* wird der Kondensator C_1 wieder aufgeladen und der Kondensator C_2 wieder entladen. Die Folge ist, daß zwischen B und E des Transistors T_1 die Spannung mit der Kondensatorspannung sinkt, bis dieser wieder sperrt und eine erneute Hellphase eingeleitet wird. Die Abstimmung der Größen von Kondensatoren und Widerständen bestimmen die Lade- und Entladefunktionen zeitlich (*e*-Funktion). Als Zeitglieder steuern sie die Hell- und Dunkelzeiten der elektronischen Blinkanlagen. Die Dioden und der Widerstand R_6 dienen hauptsächlich dem Schutz der Transistoren vor zu hoher Spannung und damit vor Schädigung.

8.9.2 Warnblinkeinrichtungen

Um Unfälle durch Auffahren auf ein auf der Fahrbahn stehendes Fahrzeug zu vermeiden, sollen vom liegengebliebenen Fahrzeug Warneinrichtungen in Tätigkeit gesetzt werden. Abweichend von § 53a Abs. 2 StVZO müssen mehrspurige Fahrzeuge, die mit Fahrtrichtungsanzeigern ausgerüstet sind, mit einer Rundum-Warnblinkanlage ausgerüstet sein. Sie muß wie folgt beschaffen sein:

Für die Schaltung muß im Kraftfahrzeug ein besonderer Schalter vorhanden sein. Nach dem Einschalten müssen – unabhängig von der Stellung anderer Schalter – alle am Fahrzeug oder Zug vorhandenen Blinkleuchten gleichzeitig mit einer Frequenz von 90 ± 30 Perioden in der Minute blinken, und dem Fahrzeugführer muß durch eine auffällige Kontrolleuchte für rotes Licht angezeigt werden, daß das Warnblinklicht eingeschaltet ist. Das Warnblinklicht darf auch während der Fahrt einschaltbar sein (Bild 8.136).

Bild 8.136 Wirkschaltbild einer Blink- und Warnblinkanlage mit Anhängerbetrieb

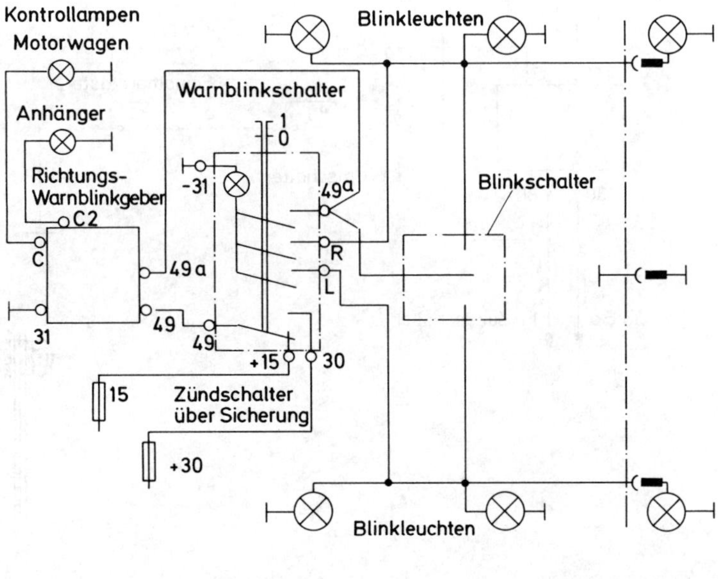

Warndreieck Alle Personenkraftwagen, Kombinationskraftwagen, land- oder forstwirtschaftliche Zug- oder Arbeitsmaschinen und andere Kraftfahrzeuge, mit einem zulässigen Gesamtgewicht von nicht mehr als 2,5 t, müssen vom *1. Juli 1970* an ein Warndreieck in amtlich genehmigter Bauart mitführen; ausgenommen sind Krankenfahrstühle, Krafträder und einachsige Zug- oder Arbeitsmaschinen.

Die Ausführung in amtlich genehmigter Bauart wird durch ein Prüfzeichen, eine Wellenlinie mit drei Perioden nebst Buchstaben und Zahl, kenntlich gemacht, das auf dem Warndreieck angebracht ist.

8.9.3 Signalhörner

Als Vorrichtung für Schallzeichen müssen an Kraftfahrzeugen Hupen oder Hörner angebracht sein. Sie müssen einen in seiner Tonhöhe gleichbleibenden Klang oder einen Akkord erzeugen, der in 7 m Entfernung 104 DIN-Phon nicht übersteigen darf. Es finden meist elektrische Signalhörner Verwendung (Bild 8.137). Ihre Wirkungsweise beruht darauf, daß mit Hilfe eines Elektromagneten und eines Unterbrechers nach der Arbeitsweise des Wagnerschen Hammers (eingeschalteter Elektromagnet öffnet Kontakte, geöffnete Kontakte unterbrechen Magnetstromkreis) eine Membran in Schwingung versetzt wird. Ein zum Unterbrecher parallel geschalteter Kondensator unterdrückt die Funkenbildung und bewirkt, daß die Unterbrecherkontakte weniger abgenützt werden.

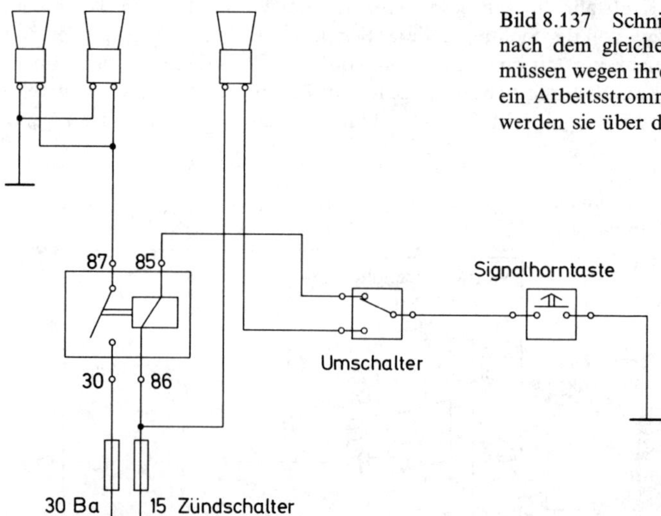

Bild 8.137 Schnittbild eines Bosch-Horns. Die nach dem gleichen Prinzip arbeitenden Fanfaren müssen wegen ihrer größeren Stromaufnahme über ein Arbeitsstromrelais geschaltet werden. Betätigt werden sie über den serienmäßigen Hupenknopf

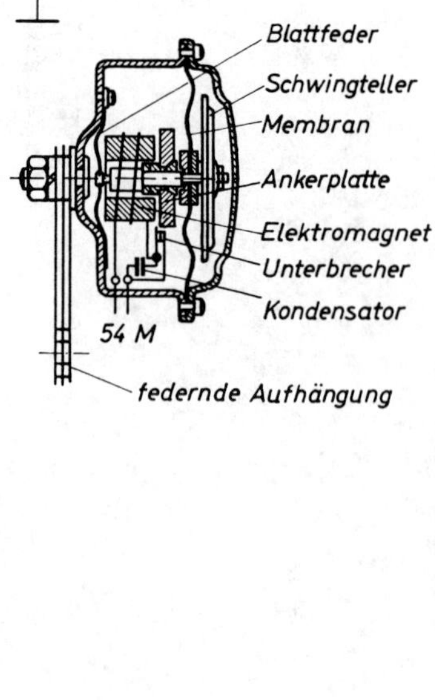

8.9.4 Vorglühanlagen

Um das Anlassen von Fahrzeug-Dieselmotoren zu erleichtern, sind bei vielen Typen *Glühkerzen* vorgesehen. Diese dienen zum Vorwärmen der Brennkammern, um eine Zündung des hier eingespritzten Kraftstoffs auch bei kaltem Motor zu ermöglichen. Da die Glühspiralen den im Verbrennungsraum herrschenden Verhältnissen ausgesetzt sind, müssen das Material und die Form dieser Beanspruchung gewachsen sein. Damit der Glühdraht durch Erschütterungen und Zundern nicht so schnell zerstört wird, ist er bei großem Querschnitt möglichst kurz gehalten. Darum muß der spezifische Widerstand des hierzu verwendeten Materials sehr hoch und dieses außerdem wärmebeständig und zunderfest sein. Durch die Reihenschaltung der einzelnen Glühkerzen erreicht man, daß jeder einzelne Glühdraht nur noch den entsprechenden Teil der Gesamtspannung verbraucht (Bild 8.138). Diese Schaltung hat aber den Nachteil, daß nun die Glühkerzen zweipolig ausgeführt werden müssen. Ist ein Glühfaden zerstört, kann kein Strom mehr fließen, und ein Vorglühen ist nicht mehr möglich.

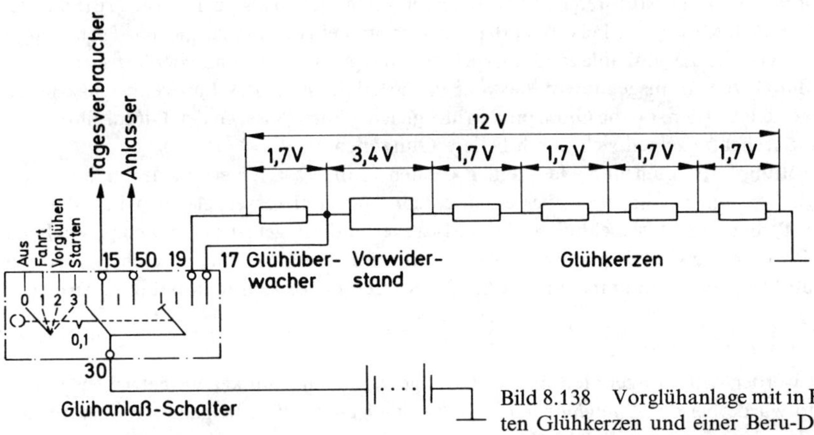

zweipolige Glühkerze

Bild 8.138 Vorglühanlage mit in Reihe verschalteten Glühkerzen und einer Beru-Drahtwendelglühkerze

Ein *Vorglühüberwacher* am Armaturenbrett soll dem Fahrer ermöglichen, die Funktion der Vorglühanlage zu kontrollieren. Es darf dazu keine beliebige, sondern es muß die «richtige» Kontrollspirale verwendet werden. Bei einem sechszylindrigen Motor sind also sieben gleiche Glühspiralen in Reihe geschaltet, von denen jede den gleichen Anteil der angelegten 12-V-Spannung (1,7 V) verbraucht. Bei Motoren mit weniger Zylindern wird die geringere Anzahl Glühkerzen durch genau abgestimmte Vorwiderstände ergänzt, die die Spannung der entsprechenden fehlenden Glühkerzen verbrauchen. Die Stromaufnahme der Vorglühanlage ist etwa 36 A, das sind rund 430 W für die gesamte Vorglühanlage und etwa 60 W je Glühspirale. Es muß als entsprechender Kabelquerschnitt mindestens 6 mm^2 gewählt werden, um das richtige Erwärmen der Glühkerzen zu erreichen.

Vorglühen während des Anlassens Beim Betätigen des Anlassers erfolgt ein Spannungsabfall der Batterie. Außerdem werden durch Luftbewegung im Verbrennungsraum die Glühdrähte der Glühkerzen mehr abgekühlt. Um diese für den Anlaßvorgang ungünstige Auswirkung zu vermindern, wird meist ein besonderer Vorglühanlaßschalter verwendet, der außer dem Anlasser auch die Vorglühanlage in zwei Stufen schaltet. Die erste Schalterstellung verbindet das Kabel Nr. 19, das zum Vorglühüberwacher führt, mit 30, also der Batterie. Es fließt nun, wie oben beschrieben, ein Strom über den Kontrollwiderstand und die Glühkerzen zur Masse. Bei der zweiten Schaltstellung wird das Kabel Nr. 50 zum Magnetschalter des Anlassers und das Kabel Nr. 17 eingeschaltet, das den Kontrollwiderstand überbrückt. Der nunmehr fließende größere Strom soll die durch den Anlaßvorgang verminderte Heizleistung ausgleichen.

Kontrolle der Vorglühanlage Um die fehlerhafte Kerze zu finden, wird nun oft eine Kerze nach der anderen mit Masse verbunden. Der sich dabei zeigende Kurzschlußfunken soll anzeigen, daß die Unterbrechung mehr in Richtung zur Masseverbindung liegt. Diese Prüfung ist unsachgemäß, weil sie eine übermäßige Belastung und damit Zerstörung einzelner Glühkerzen hervorruft, da der so verminderte Widerstand einen zu großen Strom fließen läßt. Die gleiche Prüfung kann ohne Risiko erfolgen, wenn anstelle des Kurzschlusses eine 12-V-Prüflampe eingeschaltet wird. Die brennende Glühlampe zeigt, bis zu welcher Kerze die Batterie Verbindung hat.

Es kommt vor, daß einzelne Motoren mehr Glühkerzen verbrauchen als normal ist. Trifft dies zu, ist der Fehler oft an dem Motor, der Düse oder der Förderbeginneinstellung zu suchen. Trotzdem ist es empfehlenswert, erst die Vorglühanlage zu überprüfen. Dies geschieht in einfacher Weise dadurch, daß man alle Glühkerzen in ausgebautem Zustand in die Glühanlage des Fahrzeugs einschaltet. Dabei kann festgestellt werden, ob die Glühspiralen alle gleich glühen. Risse in den Glühdrähten und schlechter Stromdurchgang zeigen sich durch hellere Glutzonen an.

Bei dieser Prüfung wird man auch feststellen können, daß Kerzen verschiedenen Fabrikats verschieden warm werden. Darum ist es besser, in einem Satz Glühkerzen gleichen Fabrikats zu verwenden. Zum Prüfen auf Masseschluß wird die Masseverbindung gelöst und bei eingeschalteter Glühanlage die Prüflampe zwischen jede einzelne Glühkerze und die Motormasse geschaltet. Hinter dem Masseschluß bleibt die Prüflampe aus, wobei die Kerzen davor sich übermäßig erwärmen.

Stabglühkerzen

Vorglühanlagen werden seit Jahrzehnten mit in Reihe geschalteten Glühkerzen betrieben. Dieses bewährte Prinzip wurde bei den *Stabglühkerzen mit zweipoligem Aufbau* beibehalten. Der Vorteil einer solchen Anlage besteht darin, daß durch einen Glühüberwacher, der direkt im Stromkreis liegt,

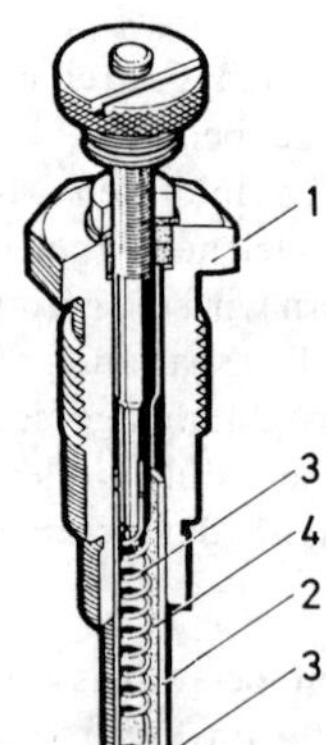

Bild 8.139 In das temperatur- und korrosionsbeständige Glührohr ② der Stabglühkerze ist die dezentralisierte Glühwendel ③ in ein warmfestes Isoliermaterial ④ rüttelsicher eingebettet. Kerzengehäuse ① und Glührohr sind gasdicht miteinander verbunden

mittels einer Glühwendel die Betriebsbereitschaft sämtlicher Glühkerzen sicher angezeigt wird. Der Ausfall einer Glühkerze wird einwandfrei durch Erlöschen des Glühüberwachers registriert, und die defekte Glühkerze kann sofort ausgetauscht werden. Für einen guten Start, besonders in den Wintermonaten, ist dies von größter Wichtigkeit. Die Leistungssteigerung der zweipoligen Stabglühkerze beträgt gegenüber der herkömmlichen Drahtglühkerze fast 50%. Der Glühstab besitzt eine große Hitzeabstrahlfläche mit robustem Heizelement, ist zunderfest und kraftstoffunempfindlich (Bild 8.139).

Im allgemeinen besitzen diese eine Einzelnormspannung von 1,2 oder 1,7 V und eine Stromaufnahme von 50 bis 55 A. Bei Sechs-, Acht- oder Zwölfzylindermotoren ergibt sich bei der Reihenschaltung in Verbindung mit einem Glühüberwacher jeweils die Nennspannung der Batterie. Es ist also kein Vorschaltwiderstand erforderlich. Dabei ist bereits der auftretende Spannungsverlust in der Verkabelung inbegriffen. Würde man bei diesen Sechs-, Acht- oder Zwölfzylindermotoren einpolige Stabglühkerzen mit 10 A Stromaufnahme je Kerze, die parallelgeschaltet werden, verwenden, würde gegenüber der zweipoligen Anlage, die einen Glühstrom von 50 bis 55 A erfordert, der Stromverbrauch erheblich größer, zum Beispiel beim Sechszylindermotor 60 A, beim Achtzylindermotor 80 A und beim Zwölfzylindermotor 120 A. Bei einpoligen Anlagen steigt also der Glühstrom mit der Glühkerzenanzahl. Aus diesem Grund werden ab Sechszylindermotoren aufwärts vorteilhafterweise zweipolige Stabglühkerzen eingebaut.

Bei einpoligen Stabglühkerzen ergab sich anfangs das Problem der einwandfreien Glühüberwachung. Da sie eine Betriebsspannung von etwa 11 V aufweisen, müssen sie parallelgeschaltet werden, wodurch sich zwar der Vorteil ergibt, daß bei Ausfall einer Glühkerze mit den verbliebenen noch weiter vorgeglüht werden kann. Die Fehleranzeige durch einen herkömmlichen Glühüberwacher aber ist zu ungenau, da der Strom der heilen Kerzen den Überwacher, wenn auch später, aufheizt. Abhilfe brachte ein speziell auf diese Glühkerzen abgestimmter Kerzenvorwiderstand, in den ein Bimetallstreifen mit Kontakt zum Ansteuern einer Kontrollampe im Blickfeld des Fahrers eingebracht ist. Diese signalisiert, je nach Verschaltung durch Aufleuchten oder Verlöschen, daß bei vorgeschriebenem Kerzenstrom aller Kerzen die Vorglühtemperatur erreicht ist. Beim Starten kann dieser Kerzenwiderstand auch über Klemme 17 überbrückt werden (Bild 8.140). Trotz geringer Stromaufnahme erreichen die Kerzen nach etwa 15 s die Glühtemperatur von 1000 °C und werden deshalb als Schnellstartkerzen bezeichnet. Diese werden in modernen schnellaufenden Dieselmotoren nur noch verwendet.

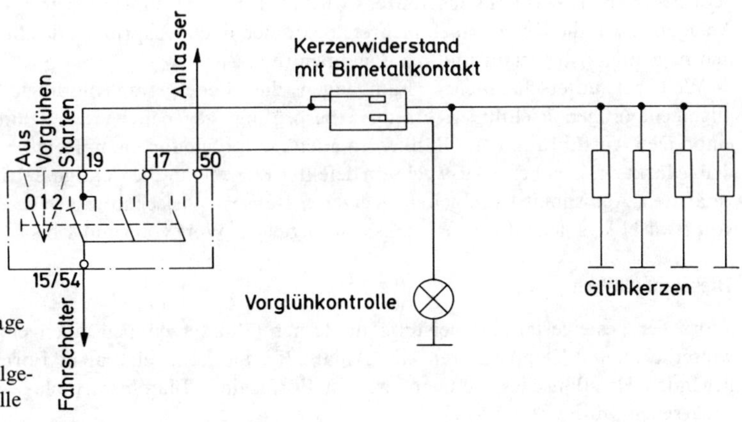

Bild 8.140 Vorglühanlage mit parallelgeschalteten Glühkerzen und bimetallgesteuerter Vorglühkontrolle

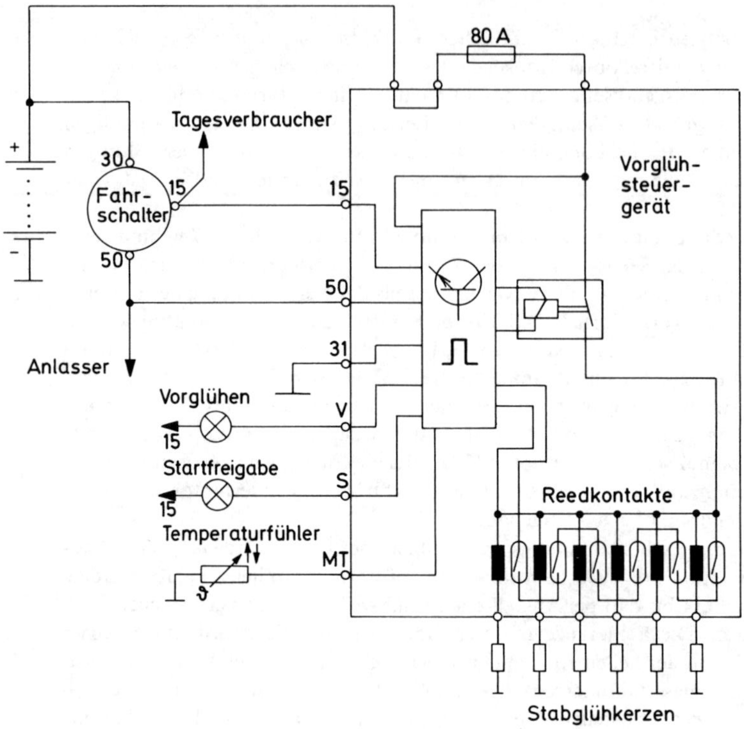

Bild 8.141 Prinzipielle Verschaltung eines Vorglühsteuergeräts. Nach dem Einschalten der Zündung erkennt die Elektronik die momentane Motortemperatur und schaltet darauf über eine bestimmte Zeit das Relais für den Glühkerzenstrom. Bei intakten Glühkerzen werden alle Reedkontakte geschlossen, und die Kontrolle leuchtet

Da ein Vorglühen nur beim Starten kalter Motoren notwendig ist, finden zunehmend *Vorglühsteuergeräte* Anwendung. In diesen bestimmt eine, über einen am Motorblock angebrachten NTC-Temperaturfühler gesteuerte Elektronik, ob und wie lange vorgeglüht wird. Vorglühzeit und Startfreigabe kann durch je eine Kontrolleuchte signalisiert werden. Erfolgt nach der Startfreigabe nicht sofort der Anlaßvorgang, begrenzt die Elektronik die Vorglühzeit auf für die Kerzen unschädliche Werte. Die Überwachung der einzelnen parallelgeschalteten Kerzen erfolgt über Reedkontakte, die bei defekter Kerze infolge ausbleibenden Spulenstroms und Magnetismus geöffnet bleiben. Während des Startens wird über das Vorglühsteuergerät weitergeglüht, und einige Anlagen lassen die Kerzen noch mehrere Sekunden nach Anspringen des Motors weiterglühen, was den nagelnden Motorlauf und das Qualmen reduziert.

Weil bei unterschiedlichen Fahrzeugen die Steuergeräte modifiziert sind, können keine allgemeingültigen Richtlinien für die Überprüfung gegeben werden (Bild 8.141). Da neben der einpoligen Ausführung von Glühkerzen auch zweipolige für die in Reihe geschalteten Anlagen auf dem Markt sind, ist beim Auswechseln defekter Kerzen auf die richtige Betriebsspannung der neuen zu achten. Als Anhalt kann gelten: Kerzen für die Parallelschaltung weisen eine Betriebsspannung von etwa 11 V, solche für die Reihenschaltung einen Wert von rund 1 bis 2 V auf dem Gehäuse auf.

Dieselanlaßhilfen

Trotz der gesteigerten Heizleistung moderner Glühkerzen benötigen einige Dieselmotoren bei winterlich tiefen Temperaturen eine Anlaßhilfe. Sie kann einmal in Form eines im Ansaugrohr liegenden Heizflansches, zum anderen in Form einer Flammstartanlage (siehe Abschnitt 4.2.1) vorgesehen sein.

Bei Heizflanschen wird die Ansaugluft vor dem Starten durch eine mehrgängige Widerstandsspirale vorgewärmt (Bild 8.142). Die Bedienung erfolgt über einen separaten Schalter und muß kurz vor dem Starten erfolgen. Eine Vorheizzeit von länger als 1 min ist unzweckmäßig, da infolge einer Stromaufnahme von etwa 60 A die Batterie stark belastet wird und vielleicht die Restkapazität für den Anlaßvorgang nicht mehr ausreicht. Außerdem hat die Heizspirale nach 1 min ihre max. Glühtemperatur von 1000 bis 1100 °C erreicht. Wie auch bei der Glühkerzenanlage ist es nicht ratsam, das Betätigen des Anlassers über 30 bis 40 s auszudehnen, denn für das Anspringen sind die ersten 20 bis 30 s wichtig. Bei längerer Anlaßdauer kühlen sich die Heizspiralen durch den Luftstrom so stark ab, daß die angesaugte Luft nicht mehr genügend vorgewärmt werden kann. In diesem Fall ist es ratsam, nach nochmaligem Vorwärmen erneut zu starten.

Bild 8.142 Heizflansch zum Einbau in das Luftansaugrohr

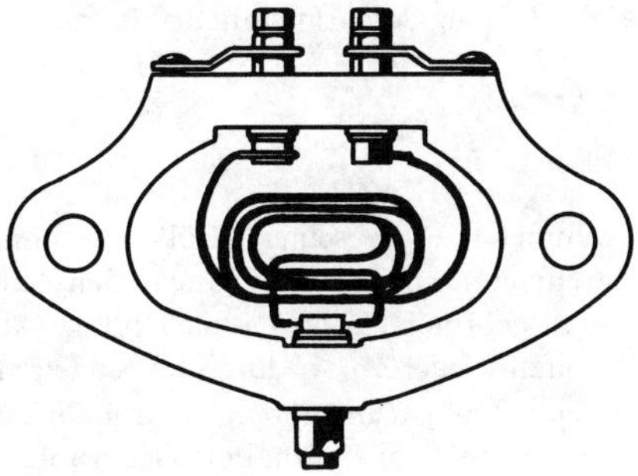

8.9.5 Anzeigeinstrumente und Kontrolleuchten

Bestimmte Motor- bzw. Fahrzeugzustände müssen dem Fahrer kontinuierlich übermittelt werden, andere wiederum nur im Fall einer Betriebsstörung. Zu den Dauerinformationen gehören z. B. die Werte der Motortemperatur oder des Kraftstoffvorrats, zu den Störinformationen z. B. die Bremsbelag-Verschleißkontrolle, die aufleuchtende Generator- oder Öldruckkontrolle. Je nach Ausstattung oder technischer Notwendigkeit greifen die Fahrzeughersteller auf elektrische Meßinstrumente oder einfache Kontrolleuchten zurück, bei Fahrzeugen der Spitzenklasse sogar auf komplexe vollelektronische Kontrollsysteme.

Die früher verwendeten Drehspul-Anzeigeinstrumente sind heute weitgehend durch Bimetallinstrumente ersetzt. Am Beispiel der Kraftstoffvorratsanzeige soll Aufbau und Wirkungsweise erklärt werden (Bild 8.143). In der Anzeige ist ein mit dünnem Widerstandsdraht umwickelter Bimetallstreifen so angebracht, daß sein loses Ende über ein Kniehebelgelenk seine Lageänderung auf den Zeiger übertragen kann. Dieser Widerstand ist für die gesamte Bordnetzspannung zu empfindlich, er würde sich zu stark erwärmen und verbrennen und dabei den Zeiger zu weit auslenken. Darum ist ein vor das Instrument zu schaltender Spannungskonstanthalter notwendig, der die Bordnetzspannung auf eine Teilspannung reduziert. Weiterhin ist ein durch Schwimmer betätigter Widerstand hinter das Instrument in Reihe geschaltet. Die Konstanthalter können nach mechanischen und elektronischen unterschieden werden. In dem mechanischen Konstanthalter ist ebenfalls ein widerstandsumwickelter Bimetallstreifen befestigt, der an seinem losen Ende einen Kontakt trägt, der durch Vorspannung geschlossen ist und Verbindung zu Plus 15 herstellt. Der Ausgang des Widerstands liegt an Masse. Beim Einschalten der Zündung wird der Bimetallstreifen und der Widerstand von Strom durchflossen und in der Folge auch der Widerstand des Instruments und des Tankgebers. Der durch

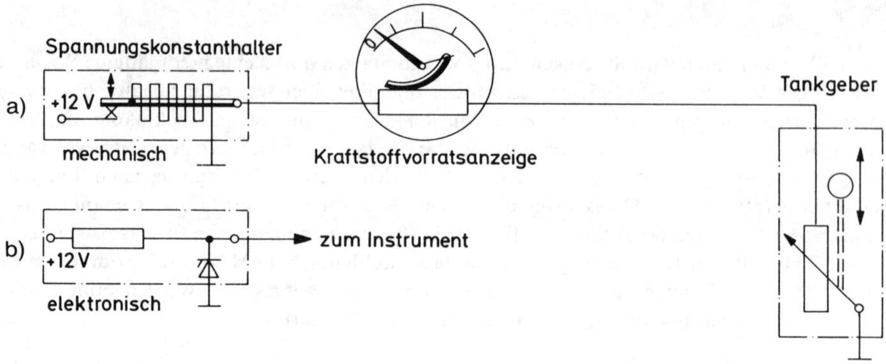

Bild 8.143 Schaltung der Kraftstoffvorratsanzeige

a) Spannungskonstanthalter mit widerstandsbeheiztem Bimetallstreifen,
b) desgleichen mit Zenerdiode

den Schwimmerstand in seiner Größe bestimmte Strom bewirkt eine Erwärmung der beiden Bimetallstreifen und somit im Instrument den Zeigerausschlag. Im Konstanthalter wird dadurch das Kontaktpaar geöffnet, wodurch die Anlage kurzzeitig stromlos wird. Dabei kühlen sich die Bimetallstreifen wieder ab, wodurch im Konstanthalter der Kontakt wieder geschlossen wird. Der Bimetallstreifen im Instrument reagiert erheblich träger, so daß der Zeiger in seiner Stellung verharrt. Dieser Vorgang im Konstanthalter wiederholt sich in rascher Reihenfolge. Durch die schnellen Schaltvorgänge stellt sich am Eingang des Instruments eine Spannung von 3 bis 5 V ein.

Diese mechanischen Konstanthalter können Störungen im Radio hervorrufen, weil sie mit Kontakten arbeiten. Daher sind viele Fahrzeuge serienmäßig mit einem elektronischen Konstanthalter ausgerüstet, dessen die Funktion bestimmende Bauteile ein Widerstand und eine an Masse gelegte Zenerdiode sind (siehe Abschnitt 8.1.8). Der Widerstand kann in einfachsten Konstanthaltern dieser Art eine 12-V-5-W-Soffitte sein. Beim Einschalten der Zündung ruft der Strom durch das Instrument und den Tankgeber in dem Widerstand einen Spannungsverlust hervor, der dicht oberhalb der Zenerspannung der Z-Diode liegt. Sie schaltet also durch und läßt den Strom nach Masse abfließen. Der Spannungsabfall im Widerstand ist jetzt noch größer, so daß die Zenerspannung unterschritten wird. Dadurch fällt die Z-Diode in ihren Sperrzustand zurück, und hinter dem Konstanthalter steigt die Spannung an. Auch diese Vorgänge wiederholen sich fortlaufend und führen zu einer Spannungsreduzierung. Allerdings, da ohne Kontakte, störungsfrei für den Radioempfang.

Bei der Fehlersuche ist ein Kurzschließen von Anschlüssen sowie das Trennen der Masseverbindung des Konstanthalters zu vermeiden, weil dadurch der Widerstand im Instrument verbrennt. Es müssen mit einem Voltmeter die Spannungen gemessen und mit den Sollwerten der Herstellerangaben verglichen werden.

Bei der Temperaturanzeige ist als Wärmefühler ein in den Kühlkreislauf gebauter NTC-Widerstand das strombestimmende Glied. Im Bedarfsfall muß dessen Kalt- und Warmwiderstand mit Ohmmeter gemessen werden.

Die Öldruckkontrolle erfolgt in aller Regel über einen hydraulisch betätigten Schalter, der die Masseverbindung der Kontrolleuchte steuert. Öldruckanzeigeinstrumente sind die Ausnahme. Der Öldruckschalter ist an den Ölkreislauf des Motors angeschlossen und durch eine Membran in einen «nassen» und einen elektrischen Teil getrennt. Im elektrischen Teil stellt ein tellerförmiger, federbelasteter Kontakt die Masseverbindung her. Bei älteren deutschen Öldruckschaltern und bei einigen ausländischen kann man die Federspannung von außen über eine Einstellschraube verändern. Die werksmäßige Einstellung läßt bei laufendem Motor und einem Öldruck von etwa 0,3 bis 0,5 bar auf die Membran diese sich gegen die Federkraft bewegen, wodurch die Masseverbindung im Schalter aufgehoben wird und die Kontrolle erlischt (Bild 8.144).

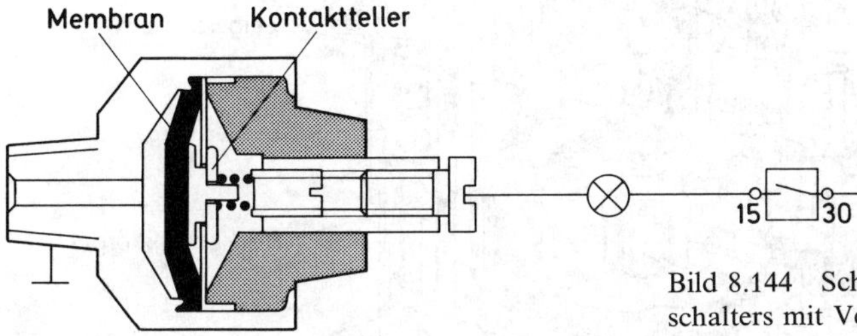

Bild 8.144 Schnittbild eines Öldruckkontrollschalters mit Verschaltung der Kontrolleuchte

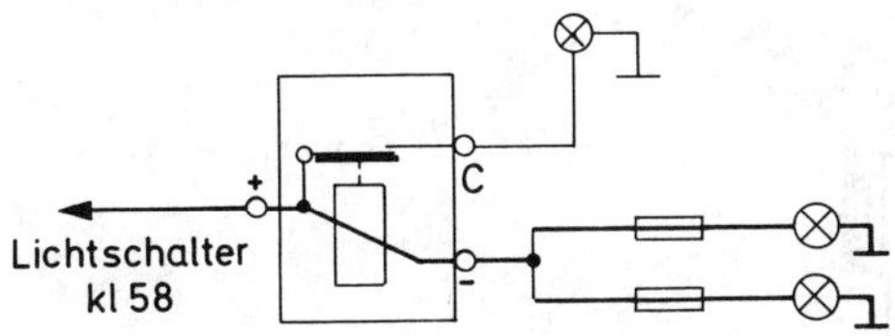

Bild 8.145 Einfache Kontrollschaltung für die Schlußlampen. Die Schaltwicklung solcher Relais ist gegenüber normalen Ruhestromrelais mit stärkerem Drahtquerschnitt versehen, da der Lampenstrom spannungsverlustlos hier durchfließen muß

Grundsätzlich kann man Kontrolleuchten nach Einschalt- und Funktionskontrollen unterscheiden. Einschaltkontrollen sind z.B. die Fernlichtkontrolle oder die der heizbaren Heckscheibe. Ihr Aufleuchten sagt nicht unbedingt, daß die eingeschalteten Verbraucher auch wirklich arbeiten. Für andere Einrichtungen, z.B. die Blinkanlage, sind Funktionskontrollen vorgeschrieben, deren Nichtaufleuchten oder Rhythmusänderung dem Fahrer den Ausfall einer Blinkleuchte signalisiert. Bei Fahrzeugen der gehobenen Klasse können Einrichtungen, deren Ausfall die Verkehrssicherheit beeinträchtigen, auch durch Kontrollrelais überwacht werden. Als Beispiel hierfür die Schlußleuchtenkontrolle (Bild 8.145), bei der der Lampenstrom durch die Schaltwicklung geleitet wird. Sind die Schlußleuchten in Ordnung, ruft er hierin so starken Magnetismus hervor, daß der Kontrollanker abhebt. Bei einer ausgefallenen Glühlampe bleibt er infolge schwächeren Magnetismus geschlossen, und die Kontrolle brennt. Eine Sonderaufgabe ist der Generatorkontrolleuchte für Drehstromgeneratoren zugeordnet (siehe Abschnitt 8.5.2). Sie überwacht nicht nur die Spannungserzeugung und zeigt Fehler des Generators durch Glimmen bei Betrieb oder im Stand an, sondern muß auch beim Einschalten der Zündung den Vorerregerstrom in den Generatorläufer leiten.

Tachometer der herkömmlichen Bauart werden zwar vereinzelt schon durch vollelektronische Anzeigedisplays auf Flüssigkristallbasis ersetzt, bestimmen aber noch überwiegend das Bild bei der Geschwindigkeitskontrolle und Wegstreckenmessung (Bild 8.146).

In dem durch eine biegsame Welle angetriebenen Instrument dreht sich ein scheibenförmiger Dauermagnet, der sonst keinerlei mechanische Verbindung mit irgendeinem anderen Teil hat. Den Dauermagneten umgibt mit geringem Luftspalt der Systemring aus unmagnetischem, aber elektrisch gut leitendem Material, meist aus Aluminium und zu einer Glocke geformt. Mit ihr über die Achse starr verbunden ist der Zeiger. Systemring und Zeiger werden bei Stillstand des Wagens durch eine Spiralfeder auf Tacho-Null gehalten. Die Aluminiumglocke wird durch einen Weicheisenring, den magnetischen Rückschlußkörper, berührungslos umschlossen.

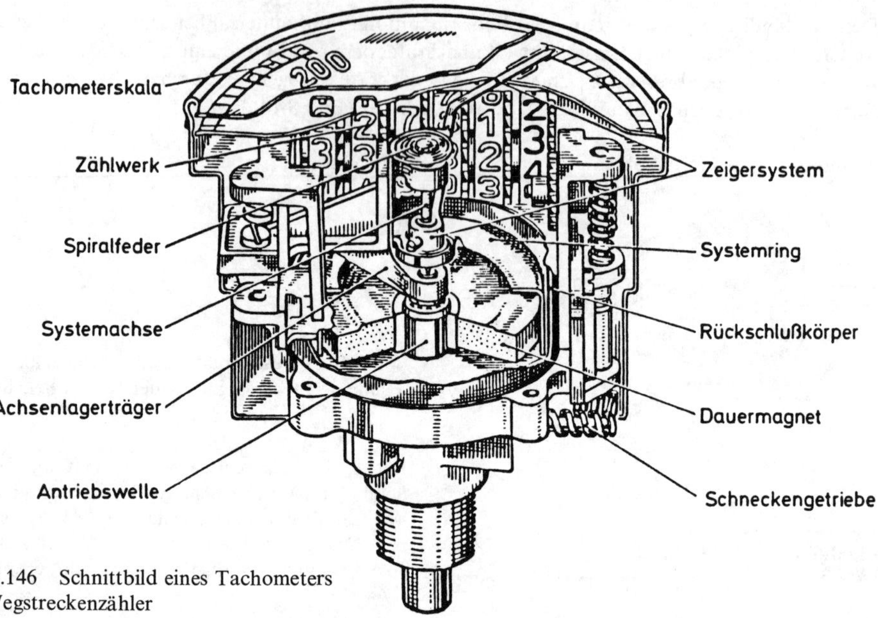

Bild 8.146 Schnittbild eines Tachometers mit Wegstreckenzähler

Dreht sich der Dauermagnet, so schneiden seine Kraftlinien den Systemring und induzieren in ihm Wirbelstrom. Daraufhin wird die bis dahin unmagnetische Aluminiumglocke magnetisch und übt ihrerseits auf den drehenden Dauermagneten eine Rückwirkung aus. Infolge dieser Wechselwirkung entsteht ein elektromagnetisches Drehmoment, das den Systemring und damit den Zeiger aus seiner Ruhelage herausdreht, bis sich ein Kräftegleichgewicht zu dem mechanischen Drehmoment der Spiralfeder ausgebildet hat. Je schneller sich der Dauermagnet dreht, desto größer wird das elektromagnetische Drehmoment, und der Zeiger wird weiter in die Skala gestellt.

Der über die gleiche Welle angetriebene Wegstreckenzähler besteht aus einem Getriebe mit zwei Schnecken, einer Reihe von Zählscheiben und Hilfsrädern. Dreht sich der Antrieb, so wird über die Schnecke das daranliegende Zählrad verdreht. Hat dieses eine ganze Umdrehung durchlaufen, dreht sich über ein Hilfsrad das nächste Zählrad um eine Stelle weiter usw. Da Radumfang und Übersetzung des Tachoantriebs von Fahrzeug zu Fahrzeug verschieden sind, ist ein Austauschen der Tachometer nicht möglich. Reparaturen daran sollten nur von einer Fachwerkstatt mit anschließender Eichung ausgeführt werden. Daß Manipulationen am Wegstreckenzähler den Tatbestand des Betrugs darstellen und gerichtliche Verfolgung nach sich ziehen können, sei noch hinzugefügt.

Wischermotoren

Windschutzscheiben, zum Teil Heck- und Scheinwerferstreuscheiben, werden heute mit elektrischen Wischermotoren saubergehalten. Diese sind, ausgenommen von wenigen Kompoundmotoren (Haupt- und Nebenschluß-Feldwicklung), Gleichstrom-Nebenschlußmotoren. Anker und Feldwicklung sind also parallel geschaltet. Die Drehbewegung des Ankers entsteht aufgrund von Magnetfeldern, die verdrängend aufeinander wirken. Diese Drehbewegung muß nun in die

Schwenkbewegung der Wischerarme umgesetzt werden. Die Art und Weise, wie das geschieht, macht ein Unterscheiden nach zwei Systemen möglich.

Pendelwischer Wenn die räumlichen Verhältnisse im Fahrzeug den Einbau eines aufwendigen Wischergestänges nicht zulassen, oder wenn nur ein Wischerblatt betrieben werden soll, greift der Fahrzeughersteller auf Pendelwischer zurück. Zu finden sind diese in Traktoren, als Heckscheibenwischer in Pkw oder Sportbooten. Bei dieser Bauart ist in das Gehäuse des Wischermotors neben Anker und Erregerfeld ein Getriebe eingesetzt, mit dem die hohe Ankerdrehzahl heruntergesetzt und auf ein großes Abtriebszahnrad übertragen wird. Hieran befindet sich in Art eines Pleuels eine Zahnstange, die bei Betrieb des Wischers über ein Ritzel hin- und herbewegt wird. Das Ritzel sitzt an der aus dem Wischermotor ausgeführten Wischerwelle, an der der Wischerarm mit dem Blatt befestigt ist. Dieses wird in bestimmtem Winkel über die Scheibe bewegt. Beim Auswechseln defekter Wischermotoren ist darauf zu achten, daß der neue den gleichen Wischwinkel wie der alte aufweist. Angaben über dessen Größe befinden sich häufig auf dem Getriebedeckel. Der Wischwinkel ist konstruktiv durch den Kurbelradius der Zahnstange festgelegt und kann somit nicht nachträglich verändert werden (Bild 8.147).

Bild 8.147 Das Getriebe eines Pendelwischers. Der Kraftverlauf geht von der Ankerachse A über die Zwischenräder bis zur Wischerwelle F

Umlaufwischer Wenn es darum geht, mit einem Wischermotor zwei oder drei Wischerblätter auf einer Scheibe gleichzeitig zu bewegen, greift man auf einen Umlaufwischer zurück. Dieser Motor ist einfacher aufgebaut, da hier die Drehbewegung des Ankers über ein Wischergestänge in die Schwenkbewegung der Arme umgelenkt wird. Es fällt also das bei Pendelwischern notwendige Getriebe fort. Außerdem ist es bei entsprechender Auslegung des Wischergestänges möglich, die Wischerarme gleichförmiger und ruckfrei oder gegenläufig über die Windschutzscheibe zu bewegen.

Die Kraftübertragung vom Anker kann hier über eine in die Ankerwelle eingearbeitete Schnecke auf ein Schneckenrad erfolgen. Dessen Welle ist aus dem Gehäuse ausgeführt. Hierauf sitzt die Kurbel und wird bei Betrieb somit in eine umlaufende Bewegung versetzt. Da der Kurbelradius hier geringer ist als der Radius an der eigentlichen Wischerwelle, wird diese, also auch der Wischerarm, hin- und herbewegt.

Da die Schneckenräder in aller Regel aus isolierendem Kunststoff (z.B. Novotex oder Polyamid) bestehen, ist es möglich, sie mit elektrischen Kontaktbahnen zu versehen. Sie sind für das selbständige

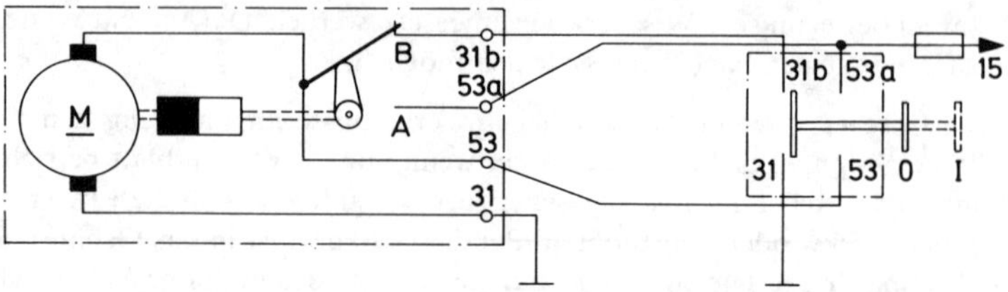

Bild 8.148 Wischermotor mit Dauermagnetfelderregung und Endabschaltung. Bis der Wischerarm seine Endstellung erreicht, befindet sich der Kontakt des Nockenschalters in Stellung A. Es fließt weiterhin Ankerstrom. In der Endstellung ist der Anker über den Kontakt B und den in Ruhestellung nach Klemme 31 geschlossenen Wischerschalter kurzgeschlossen. Der im auslaufenden Anker induzierte Strom läßt hier ein Magnetfeld entstehen, welches ihn schlagartig abbremst

Abschalten des Motorstroms notwendig, damit nach dem Ausschalten der Wischeranlage die Wischerarme automatisch ihre Endstellung erreichen und hier verbleiben. Diese Endabschaltung wurde aus der Forderung nach mehr Komfort und Sicherheit entwickelt. In anderen Bauarten kann sie auch durch einen vom Motor betätigten Nockenschalter im Wischer erfolgen (Bild 8.148).

8.9.6 Steckdosen

Zur Übertragung des Stromes für die gesetzlich vorgeschriebenen Beleuchtungs- und Signaleinrichtungen sowie zusätzlicher Verbraucher im Anhänger sind am Zugwagen Steckdosen für den Anhänger notwendig. Diese sollten so ausgelegt sein, daß mit nur einer Steckdose die Gesamtzahl aller Verbraucher abgedeckt werden kann. Diese Bedingung erfüllte, wenn auch in Teilbereichen unvollständig, die 7polige Steckdose nach DIN 72577. Deren Anschlußbelegung geht aus Bild 8.149 hervor. Anzumerken wäre, daß die Klemme 54 g nach Norm für die Ansteuerung des elektromagnetisch betätigten Druckluftventils für die Abbremsung des Anhängers vorgesehen war. Nach Inkrafttreten der gesetzlichen Bestimmung von 1993 ist diese Anlage außer Kraft zu setzen, so daß Kl 54 g für die Nebelschlußleuchte, ebenfalls vorgeschrieben, zu verwenden ist.

Wenn weitere Verbraucher, z. B.: Kühlschrank, Innenbeleuchtung, Rückfahrscheinwerfer usw. am Anhänger betrieben werden müssen, sollte zweckmäßigerweise auf die 13polige Steckdose nach DIN-Vornorm 72570 zurückgegriffen werden. Auch hier ist die Anschlußbelegung und Lage der Kontakte aus Bild 8.149 ersichtlich.

Kontakt Nr.	Ader-farbe	Stromkreis
L	Gelb	Fahrtrichtungsanzeiger links
54 g	Blau	Nebelschlußleuchte
31	Weiß	Masse
R	Grün	Fahrtrichtungsanzeiger rechts
58 R	Braun	Rechte Schlußleuchte, Begrenzungsleuchte u. Kennzeichenbeleuchtung
54	Rot	Bremsleuchten
58 L	Schwarz	Linke Schlußleuchte, Begrenzungsleuchte u. Kennzeichenbeleuchtung

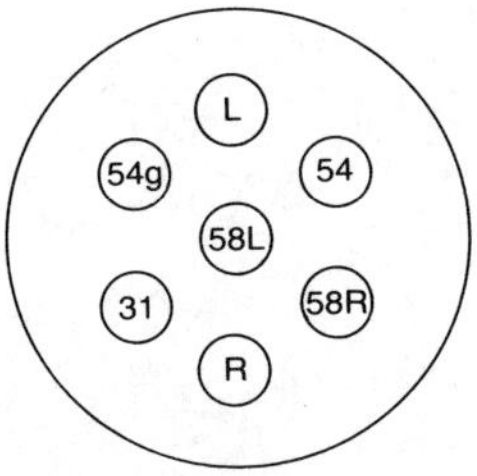

7polige Steckdose nach DIN 72 577 (Anschlußseite)

DIN-Entwurf 72 570

Kontakt Nr.	Stromkreis	Leitung Q mm^2
1	Fahrtrichtungsanzeiger links	1,5
2	Nebelschlußleuchte	1,5
3*	Masse (für Stromkreis 1 bis 8)	2,5
4	Fahrtrichtungsanzeiger rechts	1,5
5	Rechte Schlußleuchte, Begrenzungsleuchte u. Kennzeichenbeleuchtung	1,5
6	Bremsleuchten	1,5
7	Linke Schlußleuchte, Begrenzungsleuchte u. Kennzeichenbeleuchtung	1,5
8	Rückfahrleuchte u./o. Rückfahreinrichtung für Auflaufbremse	1,5
9	Stromversorgung (Dauerplus)	2,5
10	Ladeleitung Plus für Batterie im Anhänger	1,5
11	Noch nicht zugeteilt	1,5
12	Noch nicht zugeteilt	1,5
13*	Masse (für Stromkreis 9 bis 12)	2,5
* Beide Masseleitungen dürfen anhängerseitig nicht elektrisch leitend verbunden werden.		

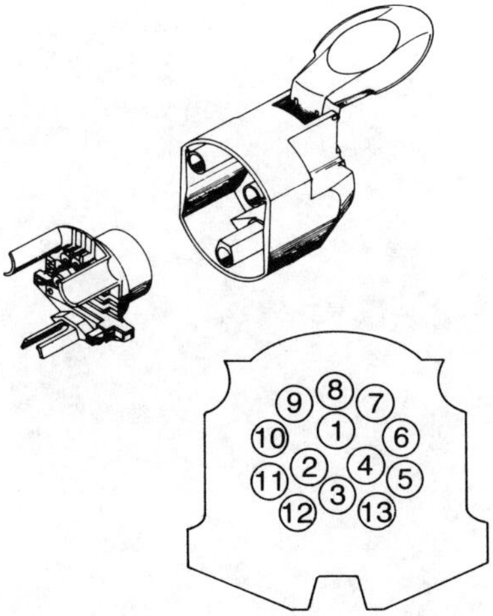

13polige Steckdose nach DIN-Vornorm 72 570

Bild 8.149

9 Fachrechnen

9.1 Die Länge

Die Erde ist in ihrer äußeren Form eine Kugel, die an zwei sich gegenüberliegenden Punkten (an den Polen) etwas abgeflacht ist. Eine an zwei Seiten abgeplattete Kugel nennt man *Geoid.*

Die Erdoberfläche (Mantelfläche) ist unterteilt in Breiten- und Längengrade.

Der 0. Breitengrad ist der Äquator, hier hat die Erde den größten Umfang (40076592 m). Vom 0. Breitengrad aus werden parallel zum Äquator in nördliche und südliche Richtung bis zu den Polen weitere Breitengrade immer im gleichen Abstand gelegt, so daß die Erde in

	90 Breitengrade in nördlicher Richtung,
	90 Breitengrade in südlicher Richtung,
also insgesamt	180 Breitengrade unterteilt wird.

Die Aufteilung der Mantelfläche in östlicher und westlicher Richtung wird von den Längengraden vorgenommen, die senkrecht zum Äquator stehen und alle durch Nord- und Südpol laufen. Der 0. Längengrad geht durch Greenwich, einen Londoner Vorort. Wir haben von dort ausgehend

	180 Längengrade in östlicher Richtung,
	180 Längengrade in westlicher Richtung,
also insgesamt	360 Längengrade.

Mit Hilfe dieser Längen- und Breitengrade ist es möglich, jeden Ort der Erdoberfläche schnell zu finden bzw. zu bestimmen. So liegt zum Beispiel Flensburg

□ zwischen dem 9. und 10. Längengrad östlich
und dem 54. und 55. Breitengrad nördlich.

Während die Breitengrade am Äquator ihren größten Umfang haben und zu den Polen hin immer kleiner werden, bis sie am Pol nur noch einen Punkt bilden, sind die Längengrade alle gleich lang, nämlich 40000000 Meter (m).

Ein Meter (m) ist demnach der 40millionste Teil des Erdumfanges, gemessen über die Pole. Ein Stab, der die Länge des 40millionsten Teiles des Erdumfanges hat, nämlich das Urmeter, liegt in Breteuil bei Paris. Es ist aus Platin-Iridium gefertigt und wird ständig auf 0 °C gehalten (wegen der Ausdehnung bei Erwärmung bzw. der Verkleinerung bei Unterkühlung).

□ 1 Meter (m) hat 100 Zentimeter (cm) oder 1000 Millimeter (mm)
□ 1 Dezimeter (dm) = 10 Zentimeter (cm)

9.1.1 Kurzsymbole für Maßeinheiten

Um kleinere oder größere Werte von Maßeinheiten durch kleinere Zahlen ausdrücken zu können, benutzt man Vorzeichen oder Hochzahlen, aus denen die Größenordnung ersichtlich ist (Tabelle A).

Es bedeuten Tabelle A:

Bezeichnung	Vorzeichen	Zahl	In Worten	Hochzahl
Pico	p	0,000000000001	ein Billionstel	10^{-12}
Nano	n	0,000000001	ein Milliardstel	10^{-9}
Mikro	µ	0,000001	ein Millionstel	10^{-6}
Milli	m	0,001	ein Tausendstel	10^{-3}
Zenti	c	0,01	ein Hundertstel	10^{-2}
Dezi	d	0,1	ein Zehntel	10^{-1}
Deka	D	10	zehnfach	10^{1}
Hekto	h	100	hundertfach	10^{2}
Kilo	k	1000	tausendfach	10^{3}
Mega	M	1000000	millionenfach	10^{6}
Giga	G	1000000000	milliardenfach	10^{9}
Tera	T	1000000000000	billionenfach	10^{12}

z.B. 1 Mikrometer = µm = 1 millionstel Meter, 1 Kilometer = km = 1000 Meter

9.2 Kraft

Eine Kraft kann einen Körper in Bewegung setzen oder dessen Bewegung ändern, ebenso den Körper verformen. Die Einheit der Kraft ist das Newton (N). 1 Newton (N) ist jene Kraft, die der Masse (m) von 1 Kilogramm (kg) die Beschleunigung (a) von 1 m/s² erteilt.

$$1\,\text{N} = \frac{1\,\text{kg} \cdot 1\,\text{m}}{1\,\text{s}^2} = 1\,\frac{\text{kgm}}{\text{s}^2}$$

Nach dem englischen Physiker Sir ISAAK NEWTON gilt folgende Gleichung:

$$\boxed{F = m \cdot a}$$

F = Kraft in N
m = Masse in kg
a = Beschleunigung in m/s²

9.2.1 Gewichtskraft

Die Gewichtskraft von 9,80665 Newton (bei technischen Rechnungen kann mit allgemein 10 m/s² gerechnet werden) ist gleich der Kraft, mit der die Masse von einem Kilogramm (entspricht 1 Liter oder 1000 cm³ Wasser von 277 K, denn bei dieser Temperatur hat Wasser seine größte Dichte = kleinste Ausdehnung) am 45. Breitengrad in Höhe des Meeresspiegels auf eine Unterlage drückt. Die Gewichtskraft einer Masse stellt man mit der Federwaage fest. Würde man an verschiedenen Stellen der Erde die Gewichtskraft ein und derselben Masse mit der Federwaage messen, würde man feststellen, daß die Gewichtskraft sich ändert. Je näher man dem Erdmittelpunkt kommt, um so größer wird die angezeigte Gewichtskraft; das heißt, am Nordpol und Südpol wird in Meereshöhe die größte, am Äquator die niedrigste Gewichtskraft gemessen.

$$\boxed{G = m \cdot g}$$

G = Gewichtskraft in N
m = Masse in kg
g = Erdbeschleunigung in m/s²

9.2.2 Masse

Die physikalische Größe Masse (m) kennzeichnet nach DIN 1305 die Eigenschaft eines Körpers, die sich sowohl als Trägheit gegenüber einer Änderung seines Bewegungszustandes als auch in der Anziehung zu anderen Körpern äußert. Die Masse (m) eines Körpers wird durch Vergleich mit Körpern bekannter Massen bestimmt. Die Masse (m) von einem Kilogramm (kg) wurde ursprünglich von einem Kubikdezimeter (dm^3) Wasser von 277 K dargestellt. Heute wird als «Urkilogramm» ein Platin-Iridium-Zylinder von 39 mm Durchmesser und 39 mm Höhe verwendet.

Die Masse (m) eines Körpers ist unabhängig von der geographischen Breite und Höhe, sie ist unveränderlich.

m = Masse in g, kg, t.

1 Tonne (t)	= 1000 Kilogramm (kg)
1 Kilogramm (kg)	= 1000 Gramm (g)
1 Gramm (g)	= 1000 Milligramm (mg)

9.2.3 Beschleunigung

Ein Körper, der seine Geschwindigkeit ändert (beschleunigt oder verzögert), bewegt sich ungleichförmig. Die Beschleunigung (a) ist die Geschwindigkeitszunahme pro Zeiteinheit.

$$\boxed{a = \frac{v}{t}}$$

a = Beschleunigung in m/s^2
v = Geschwindigkeit in m/s
t = Beschleunigungszeit in s
s = Weg in m

$$a = \frac{v_{Ende} - v_{Anfang}}{t}$$

$$a = \frac{s}{t^2}$$

9.2.4 Die Zeiteinheit

Die Erde benötigt zum vollständigen Umlauf um die Sonne

365 Tage 5 Stunden (h) und rd. 49 Minuten (min).

Da wir ein Jahr mit 365 Tagen annehmen, würde nach spätestens vier Jahren die Erde um einen Tag falsch in der Stellung zur Sonne stehen. Aus diesem Grund wird dieser Tag (besser die 4mal 5 h und 49 min) alle vier Jahre dem Kalender angehängt. Wir haben ein Schaltjahr mit 366 Tagen.

Das Jahr wird in Monate unterteilt, die Monate in Tage, ein Tag in 24 Stunden (h), die Stunde in 60 Minuten (min), die Minute in 60 Sekunden (s).

1 Tag	= 24 Stunden (h) = 1440 Minuten (min) = 86400 Sekunden (s)
1 Stunde (h)	= 60 Minuten (min)
1 Minute (min)	= 60 Sekunden (s)

9.2.5 Druck

Unter Druck versteht man die wirkende Kraft eines festen, flüssigen oder gasförmigen Körpers auf eine Flächeneinheit von 1 cm². Die Einheit des Druckes ist das Pascal (Pa). In der Technik wird aber meistens die Einheit bar verwendet.

$$1\,\text{Pa} = \frac{1\,\text{N}}{1\,\text{m}^2}, \qquad 1\,\text{bar} = \frac{1\,\text{daN}}{1\,\text{cm}^2}$$

$$\boxed{p = \frac{F}{A}}$$

p = Druck in daN/cm² oder bar
F = Kraft in daN
A = Fläche in cm²

$$A = \frac{F}{p}$$

$$F = A \cdot p$$

9.2.6 Dichte

Um die Masse eines Körpers berechnen zu können, benötigt man den Rauminhalt (Volumen) und die Dichte (Rho) des Stoffes, aus dem der Körper hergestellt ist. Die Dichte gibt an, um wieviel schwerer oder leichter eine Flüssigkeit oder ein fester Stoff ist als die gleiche Menge (Volumen) Wasser. Die Maßeinheit für die Dichte ist kg/m³. In der Praxis wird jedoch bei festen und flüssigen Stoffen mit kg/dm³ gerechnet.

$$\boxed{\varrho = \frac{m}{V}}$$

ϱ = Dichte (Rho) in kg/dm³
m = Masse in kg
V = Volumen in dm³

9.2.7 Temperaturen

Nach Lord KELVIN OF LARGS (1824 bis 1907) werden Temperaturen in Kelvin (K) gemessen.

Temperaturen können gemessen werden in:	Der absolute Nullpunkt liegt bei:
Kelvin (K)	0 Kelvin oder
Grad Celsius (°C)	−273,16 °Celsius oder
Grad Fahrenheit (°F)	−459,7 °Fahrenheit
Grad Reaumur (°R)	−218,53 °Reaumur

Wasser hat seinen Gefrierpunkt bei 0 °C = 273 K, seinen Siedepunkt bei 100 °C = 373 K.

Um die Temperaturen der verschiedenen Bezeichnungen vergleichen und errechnen zu können, dienen die Umrechnungsformeln

1. $t_C = 1{,}25 \cdot t_R; \quad t_R = 0{,}8 \cdot t_C;$
2. $t_F = 1{,}8 \cdot t_C + 32 = 2{,}25 \cdot t_R + 32;$
3. $t_R = 0{,}444\,(t_F - 32);$
4. $t_C = t_K - 273; \quad t_K = t_C + 273.$

9.2.8 Formelzeichen und Kurzzeichen für Maßeinheiten

Begriff	Kurzzeichen	Maßeinheit	andere Maßeinheit
Länge	l	m	
Breite	b	m	
Höhe	h	m	
Radius, Halbmesser	r	m	
Durchmesser	d	m	
Fläche	A	m^2	
Querschnittsfläche	S	m^2	
Volumen, Raum	V	m^3	
Dichte	ϱ (Rho)	kg/m^3	kg/dm^3
Wichte	γ (Gamma)	N/m^3	
Kraft	F	N	daN
Druck	p	$Pa = 1\ N/m^2$	$daN/cm^2 = bar$
Gewichtskraft	G	N	
Masse	m	kg	
Drehmoment	M	Nm	
Arbeit	W	J, kJ	Nm, Ws
Zeit	t	s	min, h
Leistung	P	W, kW	J/s, Nm/s
Geschwindigkeit	v	m/s	km/h
Verzögerung, Beschleunigung	a	m/s^2	
Fallbeschleunigung	g	m/s^2	
Weglänge, Hub	s	m	
Wirkungsgrad	η (Eta)		
mechanische Spannung	σ (Sigma)	Pa	daN/mm^2
Temperatur	ϑ (Theta)	K	°C
Längenausdehnungszahl	α (Alpha)	1/K	1/°C
Wärmemenge	Q	J, kJ	Nm, Ws
Stromstärke	I	A	
Spannung	U	V	
Widerstand	R	Ω (Ohm)	

9.2.9 Arbeit

Wird ein Körper von einer Kraft (F) fortbewegt, dann ergibt das Produkt Kraft (F) mal Weg (s) die mechanische Arbeit (W). Die Einheit der mechanischen Arbeit (W) ist das Joule (J). 1 Joule ist jene Arbeit (W), die verrichtet wird, wenn der Angriffspunkt der Kraft (F) 1 N in Richtung der Kraft um einen Meter verschoben wird.

1 J = 1 Nm = 1 *Ws*

$$\boxed{W = F \cdot s}$$

W = Arbeit in J
F = Kraft in N
s = Weg in m

$$F = \frac{W}{s}$$

$$s = \frac{W}{F}$$

9.2.10 Drehmoment

Ist ein Hebelarm (r) drehbar gelagert, und wirkt an diesem Hebelarm (r) eine Kraft (F), dann entsteht eine Drehbewegung. Das Produkt aus Kraft (F) mal Hebelarm (r) nennt man Drehmoment (M). Dieses Drehmoment (M) entsteht am Motor dadurch, daß die Kolbenkraft (F) auf den Kurbelwellenzapfen wirkt.

$$\boxed{M = F \cdot r}$$

M = Drehmoment in Nm
F = Kraft in N
r = Hebelarm in m

$$F = \frac{M}{r}$$

$$r = \frac{M}{F}$$

9.2.11 Leistung

Die Leistung (P) ergibt sich aus der in einer bestimmten Zeiteinheit verrichteten Arbeit. Die Einheit der Leistung (P) ist das Watt (W).

$$\boxed{P = \frac{W}{t}}$$

P = Leistung in W
W = Arbeit in J
t = Arbeit in s

$$W = P \cdot t$$

$$t = \frac{W}{P}$$

9.2.12 Wirkungsgrad

Der Wirkungsgrad η (Eta) ist das Verhältnis der entnommenen Leistung (P_e) zur zugeführten Leistung (P_i). Dies Verhältnis kann in einer Verhältniszahl oder in Prozenten ausgedrückt werden. So sagt zum Beispiel der Wirkungsgrad 0,8 oder 80 %, daß von der zugeführten Leistung «Eins» oder «100 %» nur 0,8 oder 80 % entnommen werden. Man errechnet den Wirkungsgrad:

$$\boxed{\eta = \frac{P_e}{P_i}}$$

η = Wirkungsgrad (Eta)
P_e = effektive Leistung in kW
P_i = indizierte Leistung in kW

$$P_e = P_i \cdot \eta$$

$$P_i = \frac{P_e}{\eta}$$

9.3 Bruchrechnen

Bruchrechnen ist die Grundlage für technisches Formel- und Übersetzungsrechnen.

9.3.1 Benennung der Teile eines Bruches

Man nennt die Zahl, die über dem Bruchstrich steht, *Zähler*; die Zahl, die unter dem Bruchstrich steht, heißt *Nenner*.

9.3.2 Multiplizieren von Brüchen

Man multipliziert einen Bruch mit einem Bruch, indem man Zähler mit Zähler und Nenner mit Nenner multipliziert.

Beispiel: $\frac{1}{3} \cdot \frac{2}{5} = \frac{2}{15}$

Man multipliziert einen Bruch mit einer Zahl oder eine Zahl mit einem Bruch, indem man den Zähler des Bruches mit der Zahl multipliziert.

Beispiel: $\frac{1}{7} \cdot 2 = \frac{2}{7}$

Man multipliziert gemischte Zahlen, indem man sie vorher in unechte Brüche umwandelt und dann Zähler mit Zähler und Nenner mit Nenner multipliziert. Unechte Brüche sind Brüche, deren Wert 1 oder größer ist.

Beispiel: $1\frac{2}{3} \cdot 2\frac{1}{5} = \frac{5 \cdot 11}{3 \cdot 5} = \frac{55}{15} = 3\frac{2}{3}$

Man zerlegt einen Bruch, indem man ihn in zwei oder mehrere Einzelbrüche trennt. Multipliziert man diese Einzelbrüche miteinander, so müssen sie wieder den Ursprungswert ergeben.

(Zum Beispiel aus Getriebeübersetzung und Achsübersetzung die Gesamtübersetzung zu errechnen.)

Beispiel: $\frac{4}{18} = \frac{1 \cdot 2 \cdot 2}{2 \cdot 3 \cdot 3} = \frac{1}{2} \cdot \frac{2}{3} \cdot \frac{2}{3}$

9.3.3 Dividieren von Brüchen und Dividieren durch Brüche

Man dividiert einen Bruch durch eine ganze Zahl, indem man den Nenner des Bruches mit der Zahl multipliziert.

Beispiel: $\frac{1}{3} : 2 = \frac{1}{6}$

Man dividiert eine Zahl durch einen Bruch, indem man die Zahl mit dem Kehrwert des Bruches (reziproker Wert) multipliziert.

Beispiel: $4 : \frac{2}{3} = 4 \cdot \frac{3}{2} = 6$

Man dividiert einen Bruch durch einen Bruch, indem man den zu teilenden Bruch mit dem Kehrwert des teilenden Bruches multipliziert.

Beispiel: $\frac{1}{7} : \frac{1}{3} = \frac{1}{7} \cdot \frac{3}{1} = \frac{3}{7}$

9.3.4 Kürzen und Erweitern von Brüchen

Man kürzt Brüche, indem man Zähler und Nenner durch die gleiche Zahl dividiert.

Beispiel $\frac{6}{18} = \frac{6:6}{18:6} = \frac{1}{3}$

Man erweitert Brüche, indem man Zähler und Nenner mit der gleichen Zahl multipliziert.

Beispiel: $\frac{1}{3} = \frac{1 \cdot 3}{3 \cdot 3} = \frac{3}{9}$

9.3.5 Addieren und Subtrahieren von Brüchen

Man addiert Brüche, indem man sie auf einen gleichen Nenner bringt und die Zähler addiert.

Beispiel: $\frac{1}{6} + \frac{2}{3} + \frac{5}{12} = \frac{2}{12} + \frac{8}{12} + \frac{5}{12} = \frac{15}{12} = 1\frac{1}{4}$

Man subtrahiert Brüche, indem man sie auf einen gleichen Nenner bringt und Zähler von Zähler abzieht.

Beispiel: $\frac{1}{2} - \frac{1}{4} = \frac{2}{4} - \frac{1}{4} = \frac{1}{4}$

9.3.6 Umwandeln eines Bruches in eine Dezimalzahl

Man wandelt einen Bruch um in eine Dezimalzahl, indem man den Zähler durch den Nenner dividiert.

Beispiel: $\frac{1}{5} = 1 : 5 = 0{,}2$

9.3.7 Umwandeln einer Dezimalzahl in einen Bruch

Man wandelt eine Dezimalzahl um in einen Bruch, indem man die Dezimalzahl als Zehntel, Hundertstel, Tausendstel usw. auf den Bruchstrich setzt.

Beispiel: $0{,}125 = \frac{125}{1000} = \frac{1}{8}$

9.4 Prozentrechnen

Das Prozentrechnen ist eine besondere Form der Dreisatzrechnung und wird viel in kaufmännischen Berufen angewendet. Aber auch in der Kraftfahrzeugtechnik wird vieles in Prozenten ausgedrückt; zum Beispiel Steigungen, Verjüngungen, Schließwinkel, Bremsverzögerungen usw.

Der Ausgangs- oder Grundwert entspricht 100 Anteilen. Die Teil- oder Prozentwerte sind hierbei immer soviele Hundertstel des Grundwertes wie der Prozentsatz (% = von Hundert) angibt. Bei Steigungswerten wäre zum Beispiel die Wegstrecke der Grundwert und die Steigungshöhe der Prozentwert.

Bei einer Wegstrecke von 4,8 km beträgt die Steigungshöhe 1056 m.

9.4.1 Prozentsatz

Den Prozentsatz errechnet man nach der Formel:

$$\text{Prozentsatz} = \frac{\text{Prozentwert} \cdot 100}{\text{Grundwert}}$$

Somit beträgt die bezogene Steigung

$$\frac{1056 \cdot 100}{4800} = 22\,\%$$

9.4.2 Prozentwert

Den Prozentwert errechnet man durch Umstellung der vorgenannten Formel wie folgt:

$$\text{Prozentwert} = \frac{\text{Prozentsatz} \cdot \text{Grundwert}}{100}$$

die Steigungshöhe:

$$\frac{22 \cdot 4800}{100} = 1056\,\text{m}$$

9.4.3 Grundwert

Den Grundwert errechnet man ebenfalls durch Umstellung der Formel wie folgt:

$$\text{Grundwert} = \frac{\text{Prozentwert} \cdot 100}{\text{Prozentsatz}}$$

die Wegstrecke:

$$\frac{1056 \cdot 100}{22} = 4800\,\text{m} = 4{,}8\,\text{km}$$

9.5 Flächenberechnung

Das Grundmaß der Flächenberechnung ist das Quadratmeter. Es wird durch eine Fläche von 1 m Länge und 1 m Breite gebildet. Generell unterscheidet man zwischen eckigen und runden Flächen.

9.5.1 Längenmaße

Das Ausgangsmaß des metrischen Maßsystems ist die Längeneinheit 1 Meter.

Bei den Längenmaßen werden unterschieden:

Größe	m	dm	cm	mm
Meter	1	10	100	1000
Dezimeter	0,1	1	10	100
Zentimeter	0,01	0,1	1	10
Millimeter	0,001	0,01	0,1	1

9.5.2 Flächenmaße

Das Flächenmaß 1 Quadratmeter ist dargestellt durch die Fläche eines Quadrates mit einer Seitenlänge von 1 m.

Bei den Flächenmaßen werden unterschieden:

Größe	m^2	dm^2	cm^2	mm^2
Quadratmeter	1	100	10000	1000000
Quadratdezimeter	0,01	1	100	10000
Quadratzentimeter	0,0001	0,01	1	100
Quadratmillimeter	0,000001	0,0001	0,01	1

9.5.3 Raummaße

Das Raummaß 1 Kubikmeter wird durch den Rauminhalt eines Würfels mit einer Kantenlänge von 1 m dargestellt.

Bei den Raummaßen werden unterschieden:

Größe	m^3	dm^3	cm^3	mm^3
Kubikmeter	1	1000	1000000	1000000000
Kubikdezimeter	0,001	1	1000	1000000
Kubikzentimeter	0,000001	0,001	1	1000
Kubikmillimeter	0,000000001	0,000001	0,001	1

9.5.4 Hohlmaße

Größe	hl	l	dl	cl
Hektoliter	1	100	1000	10000
Liter	0,01	1	10	100
Deziliter	0,001	0,1	1	10
Zentiliter	0,0001	0,01	0,1	1

9.5.5 Umrechnung von Zoll in mm

Für die technische Umrechnung von Zoll in mm oder von mm in Zoll ist festgelegt:

1 Zoll (″) = 25,4 mm

$$\text{Millimeter} = \text{Zoll} \cdot 25{,}4$$

$$\text{Zoll} = \frac{\text{Millimeter}}{25{,}4}$$

9.5.6 Gebogene Längen

Bei der Bestimmung der Länge gebogener Werkstücke errechnet man die neutrale Faser, welche bei regelmäßigen Körpern in der Mitte des Querschnittes liegt.

$$d_m = \frac{(d_a + d_i)}{2}$$

oder

$$d_m = d_i + s$$

$$d_m = d_a - s$$

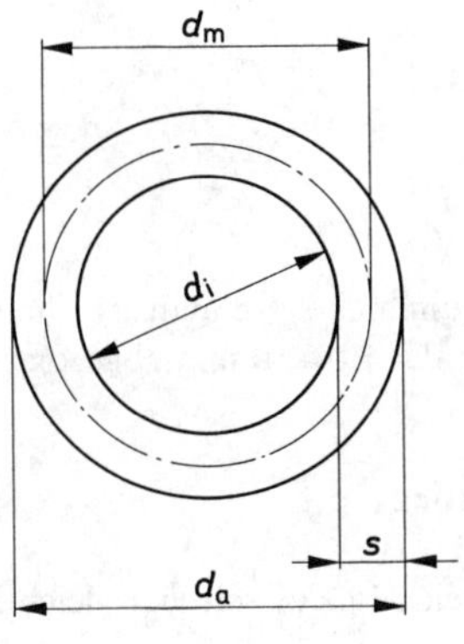

9.5.7 Teilung von Längen

Sollen bestimmte Längen in gleich große Stücke unterteilt werden, so kann man hierzu die Berechnung des Lochabstandes oder Lochzahl aus der Teilungslänge verwenden.

Teilungslänge l	Lochabstand t	Lochzahl n
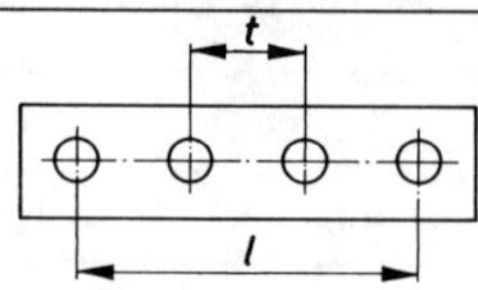	$t = \frac{l}{(n-1)}$	$n = \frac{l}{t} + 1$
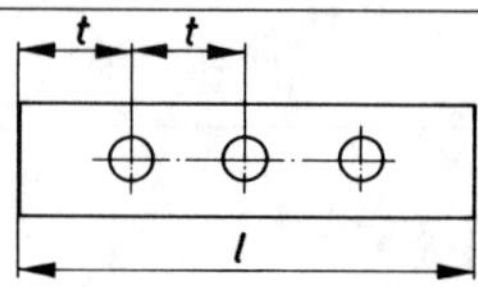	$t = \frac{l}{(n+1)}$	$n = \frac{l}{t} - 1$

Beispiel: In eine Zierleiste von 1,4 m Länge sollen 6 Löcher in gleichem Abstand gebohrt werden. Wie groß ist der Lochabstand?

$$t = \frac{l}{(n+1)} = \frac{1{,}4}{(6+1)} = 1{,}4:7 = 0{,}2\,\text{m Lochabstand}$$

9.5.8 Längenausdehnung

Alle Körper dehnen sich bei Erwärmung aus. Je nach Werkstoff ist bei gleicher Temperaturzunahme die Längenzunahme jedoch verschieden. Wird z. B. ein Stahlstab um 1 °C oder 1 K erwärmt, so dehnt er sich um den 12millionsten Teil seiner Ursprungslänge.

$$l_z = l_k \cdot \alpha \cdot t_z$$

$$l_w = l_k \cdot (1 + \alpha \cdot t_z)$$

$$l_k = \frac{l_z}{\alpha \cdot t_z}$$

$$t_z = \frac{l_z}{l_k \cdot \alpha}$$

l_z = Längenzunahme
l_k = Länge vor der Erwärmung
l_w = Länge nach der Erwärmung
α = (Alpha) Längenausdehnungszahl
t_k = Temperatur vor der Erwärmung
t_w = Temperatur nach der Erwärmung
t_z = Temperaturzunahme

Die Temperaturzunahme kann man errechnen, indem die Temperatur vor der Erwärmung von der Temperatur nach der Erwärmung abgezogen wird.

9.5.9 Quadrat

Das Quadrat ist eine Fläche mit vier gleich langen, rechtwinklig zueinanderstehenden Seiten.

Fläche = Seitenlänge · Seitenlänge

$$\boxed{A = a \cdot a}$$

$$a = \sqrt{A}$$

Umfang = Seitenlänge · 4

$$U = a \cdot 4$$

$$a = \frac{U}{4}$$

Eckmaß = Seitenlänge · 1,414

$$e = a \cdot 1{,}414$$

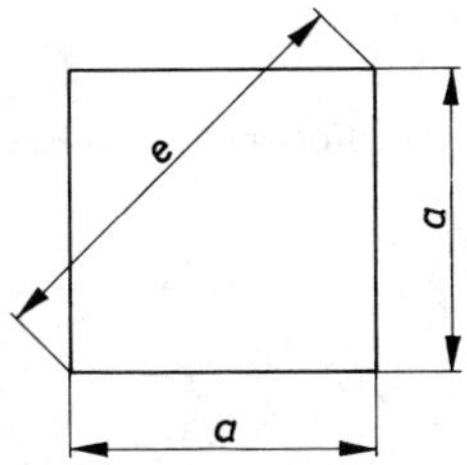

9.5.10 Rechteck

Von den vier Seiten eines Rechtecks sind je zwei gleich lang und bilden miteinander rechte Winkel.

Fläche = Seitenlänge · Breite

$$A = l \cdot b$$

$$l = \frac{A}{b}$$

$$b = \frac{A}{l}$$

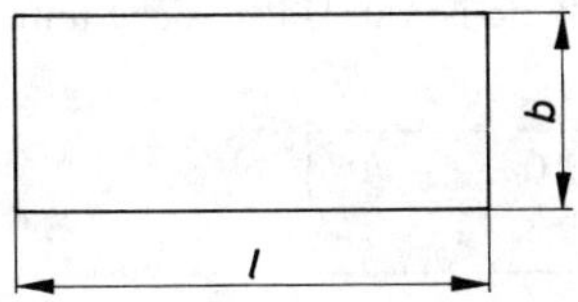

Umfang = 2 (Seitenlänge + Breite)

$$U = 2(l + b) \text{ oder } 2 \cdot l + 2 \cdot b$$

Flächen, deren Seiten keine rechten Winkel bilden, werden im Regelfalle nicht selbst errechnet, sondern man errechnet Flächen, von denen man weiß, daß sie den zu errechnenden gleich sind.

9.5.11 Rhombus

Ein Rhombus ist ein verschobenes Quadrat mit gleich langen Seitenlängen.

Fläche = Seitenlänge · Höhe

$$A = a \cdot h$$

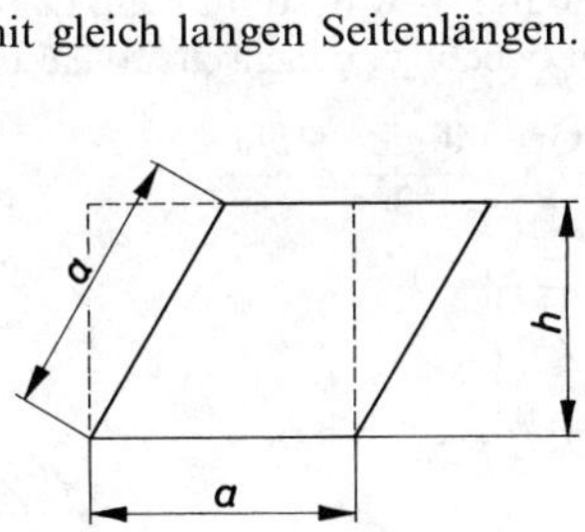

9.5.12 Parallelogramm

Ein Parallelogramm ist ein verschobenes Rechteck.

Fläche = Seitenlänge · Höhe

$$A = l \cdot h$$

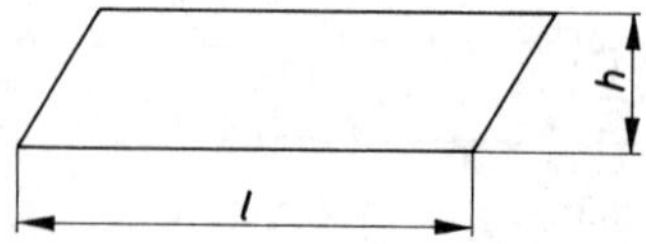

9.5.13 Trapez

Das Trapez ist ein Viereck mit zwei parallelen, verschieden langen Seiten. Auch die beiden anderen Seiten können unterschiedlich lang sein und unter beliebigen Winkeln zueinander stehen.

Fläche = mittlere Grundlinie · Höhe

Die mittlere Grundlinie ist die Hälfte der Summe der beiden parallelen Seiten.

$$A = \frac{(G + g) \cdot h}{2}$$

$$h = \frac{A \cdot 2}{G + g}$$

$$G = \frac{A \cdot 2}{h} - g$$

$$g = \frac{A \cdot 2}{h} - G$$

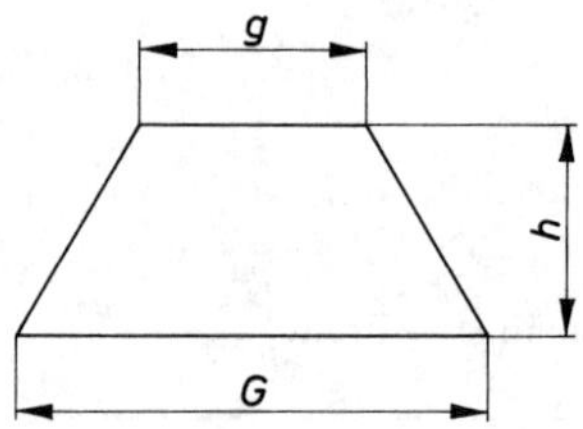

9.5.14 Dreieck

Dreiecke werden nach ihren Winkeln oder nach ihren Seitenlängen benannt. Nach Winkeln werden spitzwinklige, rechtwinklige sowie stumpfwinklige Dreiecke unterschieden. Nach Seitenlängen werden die Dreiecke in beliebige, gleichschenklige und gleichseitige Dreiecke unterteilt.

$$\text{Fläche} = \frac{\text{Grundlinie} \cdot \text{Höhe}}{2}$$

$$A = \frac{g \cdot h}{2}$$

$$g = \frac{A \cdot 2}{h}$$

$$h = \frac{A \cdot 2}{g}$$

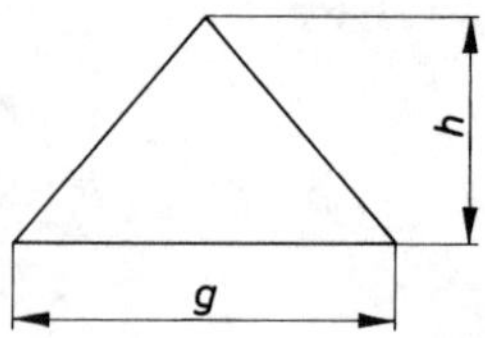

9.5.15 Sechskant

Zwischen der Schlüsselweite und dem Eckmaß bestehen bei regelmäßigen Vielecken mathematische Beziehungen. Beim Sechskant sind:

Eckweite = 1,155 · Schlüsselweite
Schlüsselweite = 0,866 · Eckweite

$$A = \frac{g \cdot h}{2} \cdot 6 \text{ oder } A = e \cdot SW \cdot 0{,}75$$

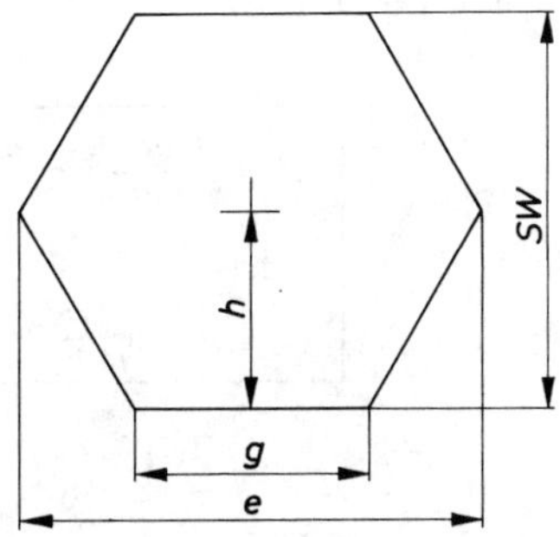

9.5.16 Kreisförmige Flächen

und der Kreisumfang werden mit Hilfe einer Verhältniszahl π (auch Ludolfsche Zahl genannt) errechnet. Deren durch ARCHIMEDES seit etwa 200 v. Chr. als $3\,^1/_7$ oder 3,14 bekannter Wert ist eine nichtperiodische Unendliche. Der genaue Wert wird auch mit einigen tausend Stellen hinter dem Komma noch nicht erreicht. Beim normalen Rechnen wird eine ausreichende Genauigkeit mit 3,14 erreicht. Bei Tabellen oder zum Erreichen von größerer Genauigkeit verwendet man oft die weniger gekürzte Zahl 3,14159265359.

9.5.17 Der Kreisdurchmesser

verhält sich zum Kreisumfang wie 1 : π. Der Kreisumfang ist demnach:

$$U = d \cdot \pi$$

Da π eine Verhältniszahl ist, wird zum Beispiel für jeden Meter, den der Kreisdurchmesser vergrößert wird, der Umfang um 3,14 m größer. Durch Umstellen kann man aus dem Umfang des Kreises seinen Durchmesser errechnen:

$$d = \frac{U}{\pi}$$

9.5.18 Die Kreisfläche

errechnet man grundsätzlich aus dem Quadrat des Kreisradius. Die Fläche des Radiusquadrats verhält sich zur Fläche seines Kreises wie 1 : π. Darum lautet die grundsätzliche Formel zur Kreisflächenberechnung:

$$A = r \cdot r \cdot \pi = r^2 \cdot \pi$$

$$r = \sqrt{\frac{A}{\pi}}$$

Meist wird zur Kreisberechnung vom Kreisdurchmesser ausgegangen. Weil mit der Seitenlänge des Quadrats dessen Fläche quadratisch zunimmt, ist die Fläche des Durchmesserquadrates von doppelter Seitenlänge viermal so groß wie die des Radiusquadrates. Darum muß man das Ergebnis durch 4 teilen.

$$A = \frac{d \cdot d \cdot \pi}{4} = \frac{d^2 \cdot \pi}{4}$$

oder

$$A = d^2 \cdot 0{,}785$$

$$d = \sqrt{\frac{A \cdot 4}{\pi}} \quad \text{oder} \quad d = \sqrt{\frac{A}{0{,}785}}$$

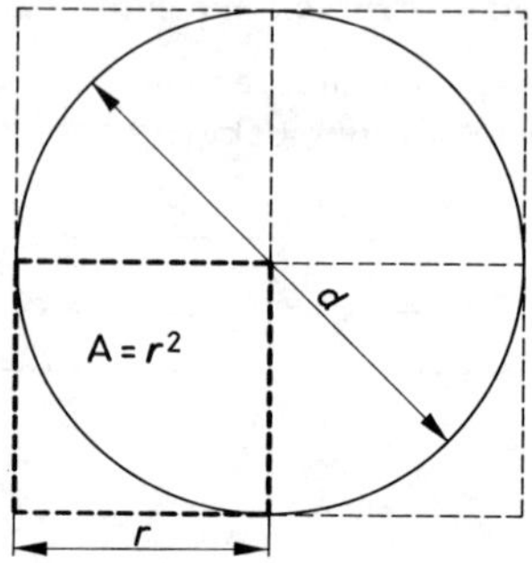

Aus der Tatsache, daß ein Kreis aus dem Quadrat seines Radius errechnet wird, ergibt sich, daß seine Fläche zum Durchmesser quadratisch zunimmt, bei dreifachem Durchmesser ist die Fläche (wenn $d_1 = 1$, $d_2 = 3$)

anstelle $1 \cdot 1 \cdot \frac{\pi}{4}$ nun $3 \cdot 3 \cdot \frac{\pi}{4}$, also neunmal so groß.

9.5.19 Kreisring

Die Fläche des Kreisringes ergibt sich aus der Fläche des Außenkreises minus der Fläche des Innenkreises.

$$A = \frac{D \cdot D \cdot \pi}{4} - \frac{d \cdot d \cdot \pi}{4}$$

oder

$$A = \frac{\pi}{4} \cdot (D^2 - d^2)$$

$$D = \sqrt{\frac{A \cdot 4}{\pi} + d^2}$$

$$d = \sqrt{D^2 - \frac{A \cdot 4}{\pi}}$$

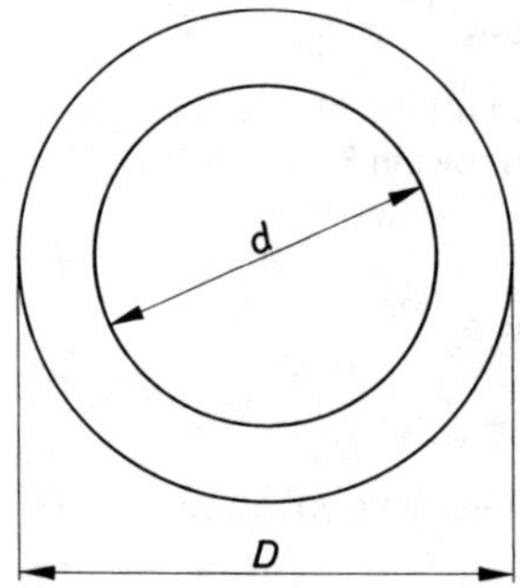

9.5.20 Kreisausschnitt

Der Flächeninhalt eines Kreisausschnitts wird durch den Teil eines Kreises bestimmt. Da der Kreis als Vollwinkel mit 360° vorgegeben ist, läßt sich der Kreisausschnitt über den Winkel bestimmen.

Aus der Berechnungsformel für den Flächeninhalt des Kreises läßt sich die Formel für den Flächeninhalt des Kreisausschnittes ableiten.

$$A = \frac{d^2 \cdot \pi \cdot \alpha}{4 \cdot 360}$$

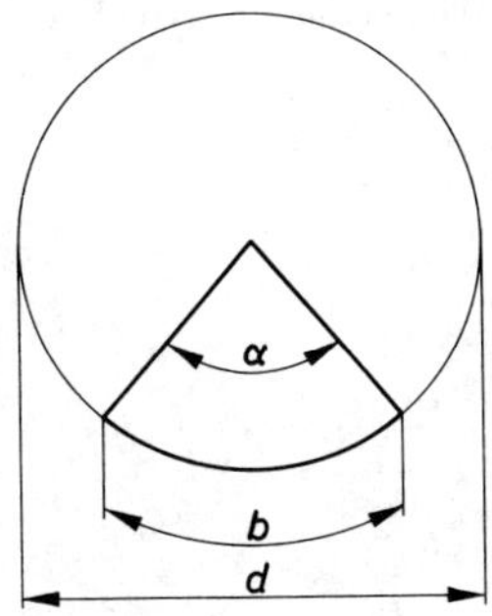

$$d = \sqrt{\frac{A \cdot 4 \cdot 360}{\pi \cdot \alpha}}$$

$$a = \frac{A \cdot 4 \cdot 360}{d^2 \cdot \pi}$$

Bogenmaß b:

$$b = \frac{d \cdot \pi \cdot \alpha}{360°}$$

9.6 Körperberechnung

Die Grundformel zum Errechnen von Körpervolumen (V) lautet:

$V = A \cdot h$ (Volumen = Grundfläche × Höhe)

Die Oberfläche (O) von Körpern errechnet man, indem man alle Flächen, die den Körper umschließen, zusammenzählt (addiert).

9.6.1 Das Würfelvolumen (Kubus)

errechnet man:

$$V = a \cdot a \cdot a = a^3$$

Die Würfeloberfläche errechnet man:

$$O = 6 \cdot A = 6 \cdot a \cdot a = 6 \cdot a^2$$

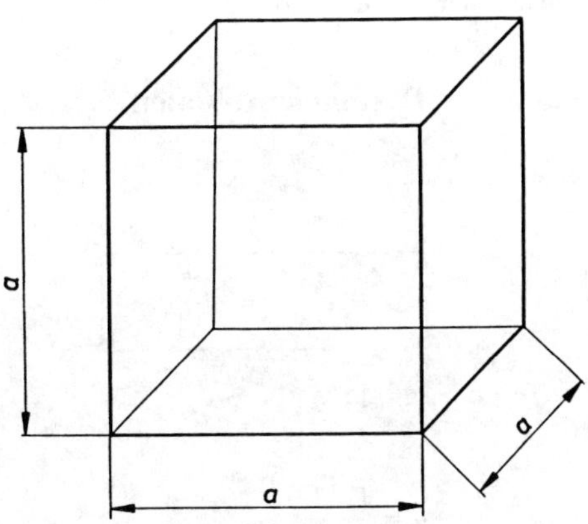

9.6.2 Prisma

nennt man Körper mit geraden Seiten, die parallel zur Mittellinie angeordnet sind, mit geraden Grundflächen rechtwinklig zur Mittellinie. Die grundsätzliche Formel zur Errechnung des Volumens (V) eines Prismas lautet:

$$V = A \cdot h$$

9.6.3 Prismavolumen

vierseitiger Prismen (Quader) errechnet man:

$$\boxed{V = l \cdot b \cdot h}$$

$$l = \frac{V}{b \cdot h}$$

$$b = \frac{V}{l \cdot h}$$

$$h = \frac{V}{b \cdot l}$$

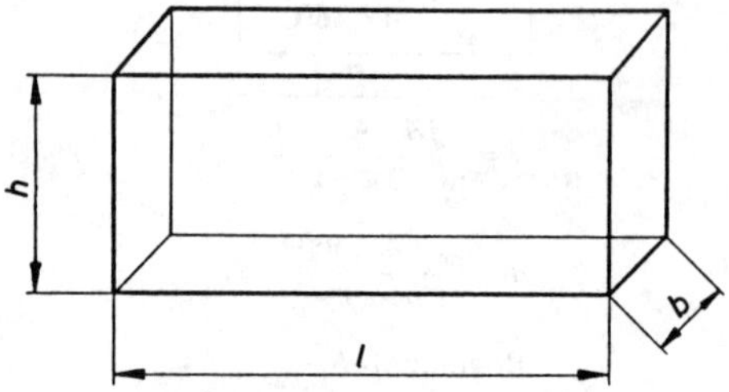

9.6.4 Oberflächen

vierseitiger Prismen errechnet man:

$$O = 2 \cdot l \cdot b + 2 \cdot l \cdot h + 2 \cdot b \cdot h$$

oder

$$O = 2 \cdot (l \cdot b + l \cdot h + b \cdot h)$$

9.6.5 Körper, die nicht rechtwinklig zueinander verlaufende gerade Seiten besitzen

können nicht direkt errechnet werden, sondern man errechnet Prismen, deren Volumen den Körpern gleich oder ähnlich sind.

9.6.6 Pyramidenvolumen

errechnet man:

$$\boxed{V = \frac{A \cdot h}{3} = \frac{l \cdot b \cdot h}{3}}$$

$$l = \frac{V \cdot 3}{b \cdot h}$$

$$b = \frac{V \cdot 3}{l \cdot h}$$

$$h = \frac{V \cdot 3}{l \cdot b}$$

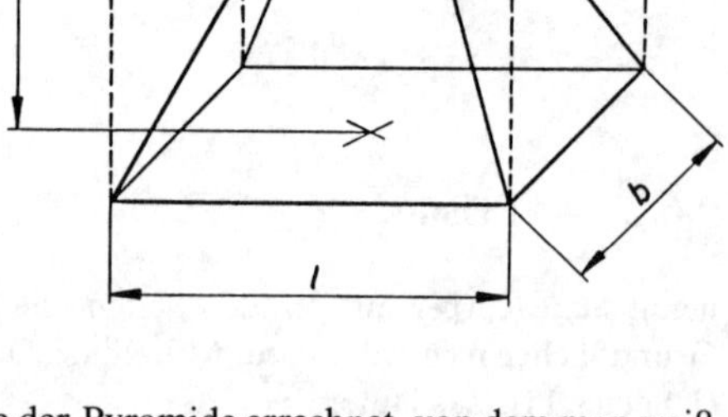

Es wird dabei das Prisma der Höhe auf der Grundseite der Pyramide errechnet, von dem man weiß, daß sein Volumen dreimal so groß ist wie das der eingeschlossenen Pyramide.

9.6.7 Pyramidenstumpfvolumen

kann man mit folgender Formel errechnen:

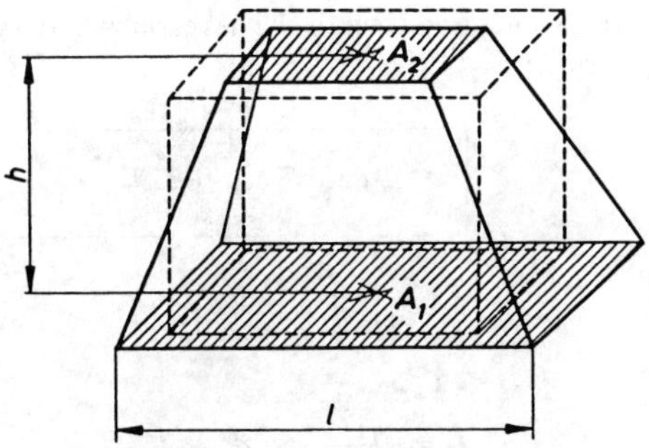

$$V = \frac{h}{3} \cdot (A_1 + A_2 + \sqrt{A_1 \cdot A_2})$$

Praxisüblich und mit ausreichender Genauigkeit ist die Formel:

$$\boxed{V = \frac{(A_1 + A_2)}{2} \cdot h}$$

$$h = \frac{V \cdot 2}{(A_1 + A_2)}$$

Mit dieser Näherungsformel errechnet man das Volumen des Prismas der Höhe auf der mittleren Grundfläche, dessen Volumen geringfügig kleiner ist als das des Pyramidenstumpfes.

9.6.8 Zylindervolumen

errechnet sich aus der Formel:

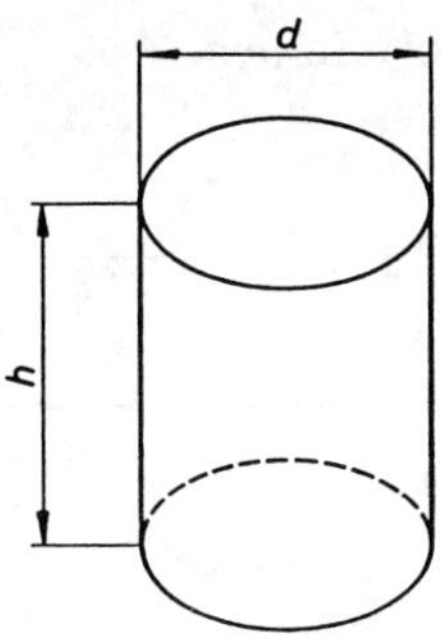

$$\boxed{V = \frac{d \cdot d \cdot \pi \cdot h}{4} = d^2 \cdot 0{,}785 \cdot h}$$

$$h = \frac{V \cdot 4}{d^2 \cdot \pi}$$

$$d = \sqrt{\frac{V \cdot 4}{h \cdot \pi}}$$

Die Oberfläche des Zylinders setzt sich aus der doppelten Grundfläche plus der Mantelfläche zusammen.

$$O = 2 \cdot \frac{d^2 \cdot \pi}{4} + d \cdot \pi \cdot h, \text{ vereinfacht}$$

$$O = \frac{d^2 \cdot \pi}{2} + d \cdot \pi \cdot h$$

Die Mantelfläche errechnet sich aus der Formel:

$$M = d \cdot \pi \cdot h$$

Aus der Mantelfläche und der Höhe errechnet man den Durchmesser:

$$d = \frac{M}{h \cdot \pi}$$

9.6.9 Hohlzylindervolumen

Die Grund- und Deckfläche des Hohlzylinders ist ein Kreisring. Sein Volumen errechnet sich aus der Formel:

$$V = (A_1 - A_2) \cdot h = \frac{(D^2 - d^2) \cdot \pi \cdot h}{4}$$

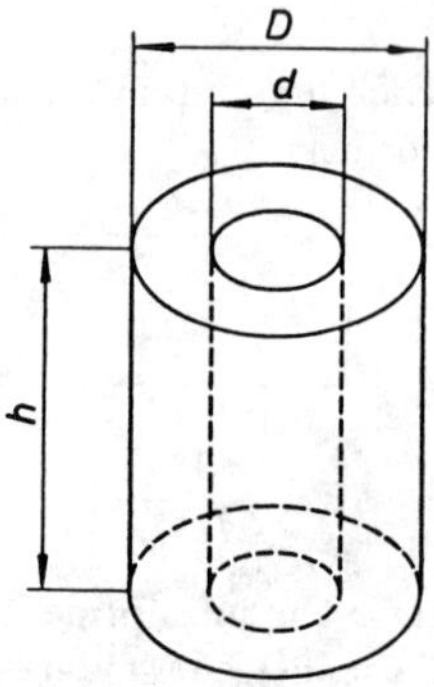

$$h = \frac{V \cdot 4}{(D^2 - d^2) \cdot \pi}$$

$$D = \sqrt{\frac{V \cdot 4}{h \cdot \pi} + d^2}$$

$$d = \sqrt{D^2 - \frac{V \cdot 4}{h \cdot \pi}}$$

9.6.10 Kegelvolumen

errechnet man:

$$V = A \cdot h \cdot \frac{1}{3} = \frac{A \cdot h}{3} = \frac{d^2 \cdot \pi \cdot h}{4 \cdot 3} = \frac{d^2 \cdot \pi \cdot h}{12}$$

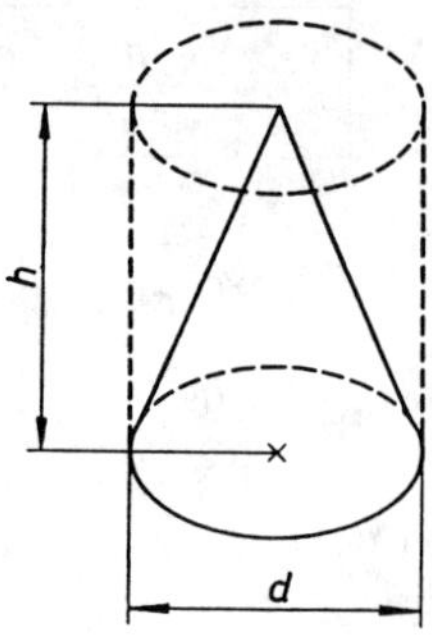

$$A = \frac{V \cdot 3}{h}$$

$$h = \frac{V \cdot 3}{A}$$

$$d = \sqrt{\frac{V \cdot 12}{h \cdot \pi}}$$

Es wird dabei der Zylinder der Höhe auf der Grundfläche errechnet, von dem man weiß, daß sein Volumen dreimal so groß ist wie das des eingeschlossenen Kegels.

9.6.11 Kegelstumpfvolumen

kann man mit folgender Formel errechnen:

$$V = \frac{\pi \cdot h}{12} (D \cdot D + d \cdot d + D \cdot d)$$

Praxisüblich und mit ausreichender Genauigkeit ist die Näherungsformel:

$$V = \frac{(A_1 + A_2) \cdot h}{2} = \left(\frac{D \cdot D \cdot \pi}{4} + \frac{d \cdot d \cdot \pi}{4}\right) \cdot \frac{1}{2} \cdot h$$

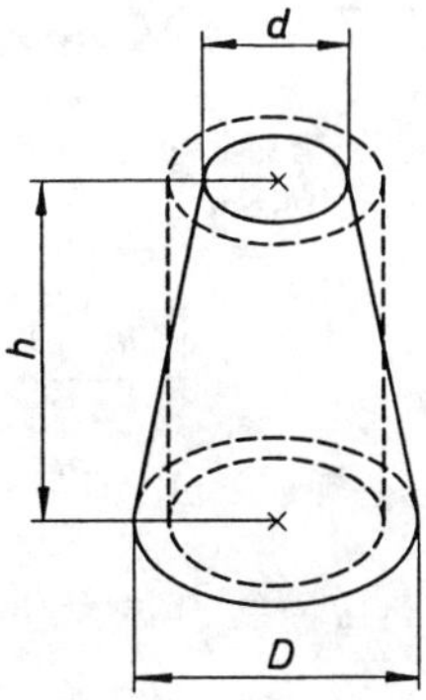

oder

$$V = \frac{(D^2 + d^2) \cdot \pi \cdot h}{8}$$

$$h = \frac{V \cdot 8}{(D^2 + d^2) \cdot \pi}$$

$$d = \sqrt{\frac{V \cdot 8}{h \cdot \pi} - D^2}$$

$$D = \sqrt{\frac{V \cdot 8}{h \cdot \pi} - d^2}$$

Bei der Näherungsformel errechnet man den Zylinder der Höhe auf der mittleren Grundfläche, dessen Volumen geringfügig kleiner ist als das des Kegelstumpfes.

9.6.12 Kugelvolumen

errechnet man:

$$V = \frac{d \cdot d \cdot d \cdot \pi}{6} = \frac{d^3 \cdot \pi}{6} = d^3 \cdot 0{,}523$$

$$d = \sqrt[3]{\frac{V \cdot 6}{\pi}}$$

In allen Fällen errechnet man zuerst den die Kugel allseitig umschließenden Würfel. Das Verhältnis dieses Würfels zum Kugelvolumen ist:

$$1 : \frac{\pi}{6}, \text{ also } 1 : 0{,}5235$$

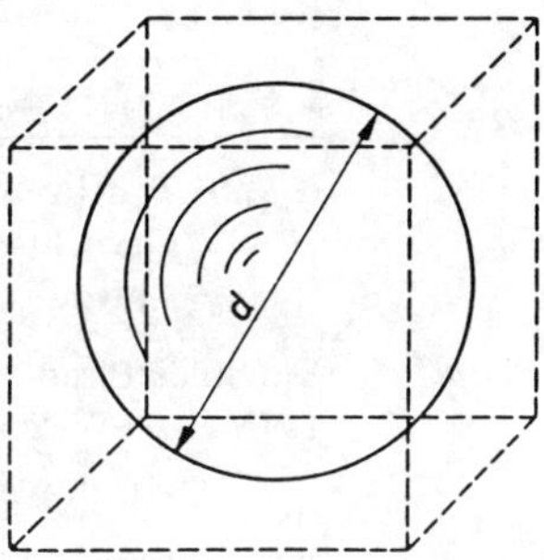

Die Kugeloberfläche errechnet man:

$$O = d \cdot d \cdot \pi = d^2 \cdot \pi$$

$$d = \sqrt{\frac{O}{\pi}}$$

9.7 Masseberechnung von Körpern

Die Masse eines Körpers errechnet man, indem man sein Volumen mit der Dichte (ϱ = Rho) multipliziert:

$$m = V \cdot \varrho$$

m = Masse in g, kg, t
V = Volumen in cm^3, dm^3, m^3
ϱ = Dichte in g/cm^3, kg/dm^3, t/m^3

$$V = \frac{m}{\varrho}$$

Beispiel: Eine Tafel Stahlblech mit den Maßen 2000 · 1000 · 3 mm ($\varrho = 7{,}8$) hat welche Masse?

$m = V \cdot \varrho = l \cdot b \cdot h \cdot \varrho = 20 \cdot 10 \cdot 0{,}03 \cdot 7{,}8 =$ **46,8 kg**

9.7.1 Berechnung der Auftriebskraft

Die Auftriebskraft ist der scheinbare Gewichtskraftverlust, mit der ein Körper in einer Flüssigkeit oder in einem Gas gehoben wird.

$$A_K = G_{Fl} = V \cdot \varrho_{Fl} \cdot g$$

A_K = Auftriebskraft des Körpers in Flüssigkeit in N
G_{Fl} = Gewichtskraft der vom Körper verdrängten Flüssigkeit in N
V = Volumen des Körpers oder der verdrängten Flüssigkeit in m^3
ϱ_{Fl} = Dichte der Flüssigkeit in kg/dm^3
g = Fallbeschleunigung in m/s^2

9.7.2 Tauchgewichtskraft

Die Tauchgewichtskraft eines in einer Flüssigkeit eingetauchten Körpers ist seine Gewichtskraft in Luft abzüglich seiner Auftriebskraft in der Flüssigkeit.

$$G_{KFl} = G_K - A_K$$

G_{KFl} = Tauchgewichtskraft des Körpers in Flüssigkeit in N
G_K = Gewichtskraft des Körpers in Luft in N
A_K = Auftriebskraft des Körpers in Flüssigkeit in N

Beispiel: Ein Stück Eisen mit einem Volumen von 1 dm^3 = 1 l Eisen wiegt 7,85 kg und verdrängt 1 l Wasser. Welche Auftriebs- und Tauchgewichtskraft besitzt das Stück Eisen?

$A_K = V \cdot \varrho_{Fl} \cdot g$
$A_K = 1\,dm^3 \cdot 1\,kg/dm^3 \cdot 9{,}81\,m/s^2 = 9{,}81\,\frac{kg\,m}{s^2} = \mathbf{9{,}81\,N \approx 10\,N}$
$G_{KFl} = G_K - A_K$
$G_{KFl} = 78{,}5\,N - 10\,N = \mathbf{68{,}5\,N}$

9.8 Lehrsatz des PYTHAGORAS

Bei einem rechtwinkligen Dreieck bezeichnet man die beiden den rechten Winkel bildenden Seiten als Katheten (a und b) und die dem rechten Winkel gegenüberliegende Seite als Hypotenuse (c). Der Lehrsatz des PYTHAGORAS lautet vereinfacht:

Die Fläche des Hypotenusenquadrats ist so groß wie die Summe der Flächen beider Kathetenquadrate.

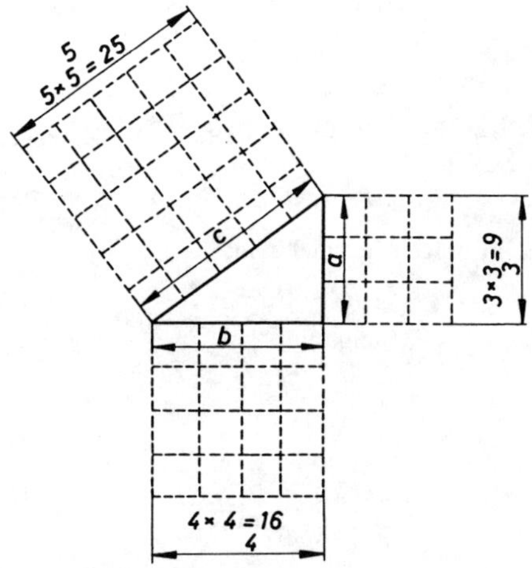

Somit ist $c^2 = a^2 + b^2$
und $a^2 = c^2 - b^2$
sowie $b^2 = c^2 - a^2$

Über den Umweg der aus den einzelnen zu errechnenden quadratischen Flächen kann durch den Lehrsatz von PYTHAGORAS aus zwei bekannten Seitenlängen die jeweils unbekannte dritte Seitenlänge errechnet werden. Denn:

$c = \sqrt{a^2 + b^2}$, da $a^2 + b^2 = c^2$ ist;

$a = \sqrt{c^2 - b^2}$, denn $a^2 = c^2 - b^2$;

$b = \sqrt{c^2 - a^2}$, denn $b^2 = c^2 - a^2$.

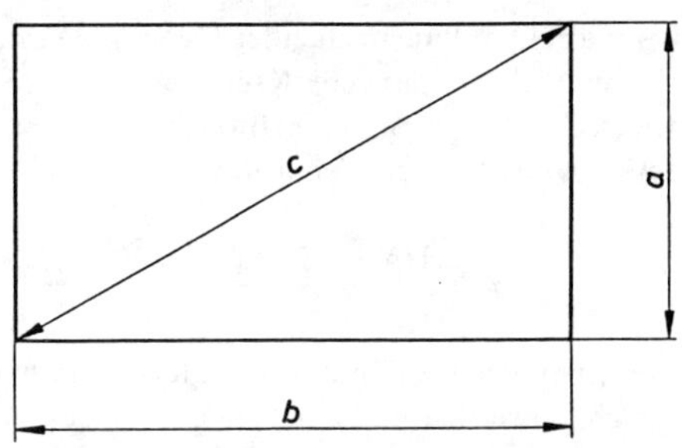

So kann zum Beispiel das Diagonalmaß (c) eines Rechteckes aus den Seitenlängen a und b errechnet werden. Ist zum Beispiel $a = 200$ mm und $b = 400$ mm, so ist:

$$c = \sqrt{a^2 + b^2} = \sqrt{200 \cdot 200 + 400 \cdot 400}$$
$$= \sqrt{200000} = 447{,}21 \text{ mm}$$

9.9 Steigungserrechnung

Steigungen nennt man geradliniges Ansteigen auf einer Basis. Angaben über Steigungen können in Verhältniszahlen, in Prozenten und in Winkelgraden angegeben werden.

9.9.1 Das Steigungsverhältnis

ist das Verhältnis der Höhe zur Basis. Man errechnet das Steigungsverhältnis, indem man die Höhe als Zähler über den Bruchstrich, die Basis als Nenner darunter schreibt und diesen Bruch auf den Zähler «1» kürzt. Zum Beispiel:

Höhe = 2 m, Basis = 20 m

$$\text{Steigungsverhältnis} = 2:20 = \frac{2:2}{20:2} = \frac{1}{10} = 1:10$$

9.9.2 Steigungsprozente

sagen, wieviel Prozent der Basis die Höhe beträgt.

Beim obigen Beispiel also:

$$\text{Steigung (\%)} = \frac{h \cdot 100}{B} = \frac{2 \cdot 100}{20} = 10\,\%$$

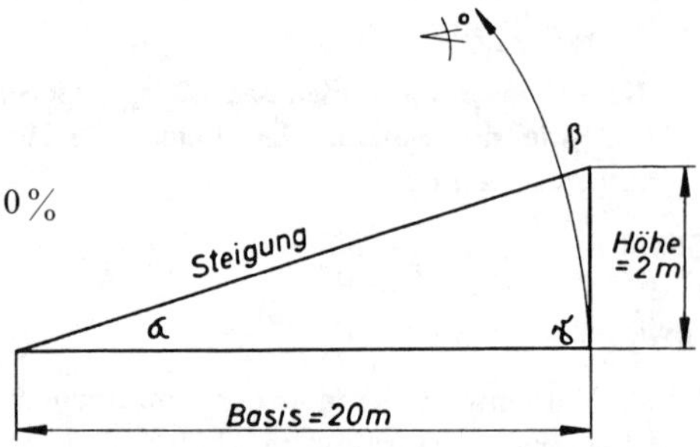

9.9.3 Der Steigungswinkel (α)

kann direkt mit ausreichender Genauigkeit nur bei Winkeln bis etwa 8° berechnet werden, weil der den Winkel bestimmende Kreisbogen bei größerem Winkel zu stark von der die Höhe angebenden senkrechten geraden Linie abweicht. Bei kleinerem Winkel als 8° ist folgende Formel ausreichend, in der man die Basis um den Radius eines Kreises von 360° Umfang erweitert. Bei genanntem Beispiel:

$$a = \frac{\text{Höhe} \cdot 57{,}325}{\text{Basis}} = \frac{2 \cdot 57{,}325}{20} = 5{,}7325° \quad \text{also etwa } 5°43'$$

$1° = 60'$

$0{,}7325° = 43'$

Zur genaueren Bestimmung des Steigungswinkels kann – und bei Winkeln über 8° muß – der Tangens errechnet werden und der Winkel aus der Tangens-Tabelle abgelesen werden.

Der Tangens eines Winkels ist das als Dezimalbruch wiedergegebene Steigungsverhältnis. Man errechnet den Tangens, indem man die Höhe durch die Basis teilt. Beim vorherigen Beispiel:

$$\tan \alpha = \frac{h}{B} = \frac{2}{20} = 0{,}10$$

In der Tangens-Tabelle entspricht:

$0{,}0992 = \tan 5°40'$ und $0{,}1022 = \tan 5°50'$

Somit entspricht:

$0{,}1000 = \tan 5°42'40''$

Wie man aus Höhe und Basis den Tangens errechnen und den Winkel bestimmen kann, so ist es auch möglich, bei bekanntem Winkel bzw. Tangens und einem der beiden Maße das andere zu errechnen.

So ist z.B.:

$h = B \cdot \tan \alpha$

und somit bei gegebenem Beispiel:

$h = 20 \cdot 0{,}1 = 2\,\text{m}$

Die Basis kann man aus Höhe und Tangens errechnen:

$$B = \frac{h}{\tan \alpha} = \frac{2}{0{,}1} = 20\,\text{m}$$

Sinus nennt man das Verhältnis der Steigung zur Höhe (Steigung : h). Man kann damit in gleicher Weise wie in der Tangens-Tabelle die entsprechenden Winkel ablesen. Wie mit dem Tangens kann man durch Umstellen der Formel mit dem Sinus auch Höhe oder Steigung errechnen.

9.9.4 Den Steigungswinkel eines Konus

benötigt man, um den Längsschlitten des Kreuzsupports der Drehbank zum Drehen des Konus einzustellen.

Der Steigungswinkel ist somit der Winkel, um den eine Seite des Konus von der Mittellinie des Drehkörpers abweicht. Diesen Konus kann man für das normale Drehen mit ausreichender Genauigkeit bis etwa 8° mit der Verhältniszahl 57,325 nach folgender Formel errechnen:

Sinus 0°...45°

Grad	Minuten zu Sinus 0′	10′	20′	30′	40′	50′	60′	
0	0,0000	0,0029	0,0058	0,0087	0,0116	0,0145	0,0175	**89**
1	0,0175	0,0204	0,0233	0,0262	0,0291	0,0320	0,0349	88
2	0,0349	0,0378	0,0407	0,0436	0,0465	0,0494	0,0523	87
3	0,0523	0,0552	0,0581	0,0610	0,0640	0,0669	0,0698	86
4	0,0698	0,0727	0,0756	0,0785	0,0814	0,0843	0,0872	85
5	0,0872	0,0901	0,0929	0,0958	0,0987	0,1016	0,1045	**84**
6	0,1045	0,1074	0,1103	0,1132	0,1161	0,1190	0,1219	83
7	0,1219	0,1248	0,1276	0,1305	0,1334	0,1363	0,1392	82
8	0,1392	0,1421	0,1449	0,1478	0,1507	0,1536	0,1564	81
9	0,1564	0,1593	0,1622	0,1650	0,1679	0,1708	0,1736	80
10	0,1736	0,1765	0,1794	0,1822	0,1851	0,1880	0,1908	**79**
11	0,1908	0,1937	0,1965	0,1994	0,2022	0,2051	0,2079	78
12	0,2079	0,2108	0,2136	0,2164	0,2193	0,2221	0,2250	77
13	0,2250	0,2278	0,2306	0,2334	0,2363	0,2391	0,2419	76
14	0,2419	0,2447	0,2476	0,2504	0,2532	0,2560	0,2588	75
15	0,2588	0,2616	0,2644	0,2672	0,2700	0,2728	0,2756	**74**
16	0,2756	0,2784	0,2812	0,2840	0,2868	0,2896	0,2924	73
17	0,2924	0,2952	0,2979	0,3007	0,3035	0,3062	0,3090	72
18	0,3090	0,3118	0,3145	0,3173	0,3201	0,3228	0,3256	71
19	0,3256	0,3283	0,3311	0,3338	0,3365	0,3393	0,3420	70
20	0,3420	0,3448	0,3475	0,3502	0,3529	0,3557	0,3584	**69**
21	0,3584	0,3611	0,3638	0,3665	0,3692	0,3719	0,3746	68
22	0,3746	0,3773	0,3800	0,3827	0,3854	0,3881	0,3907	67
23	0,3907	0,3934	0,3961	0,3987	0,4014	0,4041	0,4067	66
24	0,4067	0,4094	0,4120	0,4147	0,4173	0,4200	0,4226	65
25	0,4226	0,4253	0,4279	0,4305	0,4331	0,4358	0,4384	**64**
26	0,4384	0.4410	0,4436	0,4462	0,4488	0,4514	0,4540	63
27	0,4540	0,4566	0,4592	0,4617	0,4643	0,4669	0,4695	62
28	0,4695	0,4720	0,4746	0,4772	0,4797	0,4823	0,4848	61
29	0,4848	0,4874	0,4899	0,4924	0,4950	0,4975	0,5000	60
30	0,5000	0,5025	0,5050	0,5075	0,5100	0,5125	0,5150	**59**
31	0,5150	0,5175	0,5200	0,5225	0,5250	0,5275	0,5299	58
32	0,5299	0,5324	0,5348	0,5373	0,5398	0,5422	0,5446	57
33	0,5446	0,5471	0,5495	0,5519	0,5544	0,5568	0,5592	56
34	0,5592	0,5616	0,5640	0,5664	0,5688	0,5712	0,5736	55
35	0,5736	0,5760	0,5783	0,5807	0,5831	0,5854	0,5878	**54**
36	0,5878	0,5901	0,5925	0,5948	0,5972	0,5995	0,6018	53
37	0,6018	0,6041	0,6065	0,6088	0,6111	0,6134	0,6157	52
38	0,6157	0,6180	0,6202	0,6225	0,6248	0,6271	0,6293	51
39	0,6293	0,6316	0,6338	0,6361	0,6383	0,6406	0,6428	50
40	0,6428	0,6450	0,6472	0,6494	0,6517	0,6539	0,6561	**49**
41	0,6561	0,6583	0,6604	0,6626	0,6648	0,6670	0,6691	48
42	0,6691	0,6713	0,6734	0,6756	0,6777	0,6799	0,6820	47
43	0,6820	0,6841	0,6862	0,6884	0,6905	0,6926	0,6947	46
44	0,6947	0,6967	0,6988	0,7009	0,7030	0,7050	0.7071	45
	60′	50′	40′	30′	20′	10′	0′ Minuten zu Cosinus	Grad

Cosinus 45°...90°

Sinus 45°...90°

Grad	Minuten zu Sinus 0′	10′	20′	30′	40′	50′	60′	
45	0,7071	0,7092	0,7112	0,7133	0,7153	0,7173	0,7193	**44**
46	0,7193	0,7214	0,7234	0,7254	0,7274	0,7294	0,7314	43
47	0,7314	0,7333	0,7353	0,7373	0,7392	0,7412	0,7431	42
48	0,7431	0,7451	0,7470	0,7490	0,7509	0,7528	0,7547	41
49	0,7547	0,7566	0,7585	0,7604	0,7623	0,7642	0,7660	40
50	0,7660	0,7679	0,7698	0,7716	0,7735	0,7753	0,7771	**39**
51	0,7771	0,7790	0,7808	0,7826	0,7844	0,7862	0,7880	38
52	0,7880	0,7898	0,7916	0,7934	0,7951	0,7969	0,7986	37
53	0,7986	0,8004	0,8021	0,8039	0,8056	0,8073	0,8090	36
54	0,8090	0,8107	0,8124	0,8141	0,8158	0,8175	0,8192	35
55	0,8192	0,8208	0,8225	0,8241	0,8258	0,8274	0,8290	**34**
56	0,8290	0,8307	0,8323	0,8339	0,8355	0,8371	0,8387	33
57	0,8387	0,8403	0,8418	0,8434	0,8450	0,8465	0,8480	32
58	0,8480	0,8496	0,8511	0,8526	0,8542	0,8557	0,8572	31
59	0,8572	0,8587	0,8601	0,8616	0,8631	0,8646	0,8660	30
60	0,8660	0,8675	0,8689	0,8704	0,8718	0,8732	0,8746	**29**
61	0,8746	0,8760	0,8774	0,8788	0,8802	0,8816	0,8829	28
62	0,8829	0,8843	0,8857	0,8870	0,8884	0,8897	0,8910	27
63	0,8910	0,8923	0,8936	0,8949	0,8962	0,8975	0,8988	26
64	0,8988	0,9001	0,9013	0,9026	0,9038	0,9051	0,9063	25
65	0,9063	0,9075	0,9088	0,9100	0,9112	0,9124	0,9135	**24**
66	0,9135	0,9147	0,9159	0,9171	0,9182	0,9194	0,9205	23
67	0,9205	0,9216	0,9228	0,9239	0,9250	0,9261	0,9272	22
68	0,9272	0,9283	0,9293	0,9304	0,9315	0,9325	0,9336	21
69	0,9336	0,9346	0,9356	0,9367	0,9377	0,9387	0,9397	20
70	0,9397	0,9407	0,9417	0,9426	0,9436	0,9446	0,9455	**19**
71	0,9455	0,9465	0,9474	0,9483	0,9492	0,9502	0,9511	18
72	0,9511	0,9520	0,9528	0,9537	0,9546	0,9555	0,9563	17
73	0,9563	0,9572	0,9580	0,9588	0,9596	0,9605	0,9613	16
74	0,9613	0,9621	0,9628	0,9636	0,9644	0,9652	0,9659	15
75	0,9659	0,9667	0,9674	0,9681	0,9689	0,9696	0,9703	**14**
76	0,9703	0,9710	0,9717	0,9724	0,9730	0,9737	0,9744	13
77	0,9744	0,9750	0,9757	0,9763	0,9769	0,9775	0,9781	12
78	0,9781	0,9787	0,9793	0,9799	0,9805	0,9811	0,9816	11
79	0,9816	0,9822	0,9827	0.9833	0,9838	0,9843	0,9848	10
80	0,9848	0,9853	0,9858	0,9863	0,9868	0,9872	0.9877	**9**
81	0,9877	0,9881	0,9886	0,9890	0,9894	0,9899	0.9903	8
82	0,9903	0,9907	0,9911	0,9914	0,9918	0,9922	0.9925	7
83	0,9925	0,9929	0,9932	0,9936	0,9939	0,9942	0,9945	6
84	0,9945	0,9948	0,9951	0,9954	0,9957	0,9959	0.9962	5
85	0,9962	0.9964	0,9967	0,9969	0,9971	0,9974	0,9976	**4**
86	0,9976	0,9978	0,9980	0,9981	0,9983	0,9985	0.9986	3
87	0,9986	0,9988	0,9989	0,9990	0,9992	0,9993	0,9994	2
88	0,9994	0,9995	0,9996	0,9997	0,9997	0,9998	0.99985	1
89	0,99985	0,99989	0,99993	0,99996	0,99998	0,99999	1.0000	0
	60′	50′	40′	30′	20′	10′	0′ Minuten zu Cosinus	Grad

Cosinus 0°...45°

$$\alpha = \frac{(D - d) \cdot 57{,}325}{2 \cdot L} \quad \text{bzw.} \quad \frac{(D - d) \cdot 28{,}66}{L}$$

Hat zum Beispiel der Konus einen großen Durchmesser $D = 20$, einen kleinen Durchmesser $d = 16$ und eine Länge $L = 18$, so wäre zu errechnen:

$$\frac{(D-d)\cdot 28{,}66}{L}$$

$$= \frac{(20-16)\cdot 28{,}66}{18} = 6{,}37°;$$

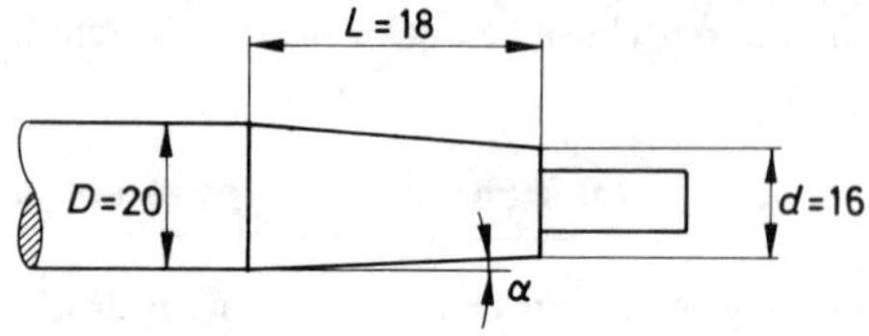

also etwa 6°22′.

Zur genaueren Bestimmung des Winkels kann der Tangens mit folgender Formel errechnet werden:

$$\tan\alpha = \frac{D-d}{2\cdot L} = \frac{20-16}{2\cdot 18} = 0{,}1111$$

In der Tangens-Tabelle entspricht 0,1110 = 6°20′ und 0,1139 = 6°30′. Somit entspricht 0,1111 = 6°20′20″.

Tangens 0°...45°

Grad	Minuten zu Tangens 0′	10′	20′	30′	40′	50′	60′	
0	0,0000	0,0029	0,0058	0,0087	0,0116	0,0145	0,0175	**89**
1	0,0175	0,0204	0,0233	0,0262	0,0291	0,0320	0,0349	88
2	0,0349	0,0378	0,0407	0,0437	0,0466	0,0495	0,0524	87
3	0,0524	0,0553	0,0582	0,0612	0,0641	0,0670	0,0699	86
4	0,0699	0,0729	0,0758	0,0787	0,0816	0,0846	0,0875	85
5	0,0875	0,0904	0,0934	0,0963	0,0992	0,1022	0,1051	**84**
6	0,1051	0,1080	0,1110	0,1139	0,1169	0,1198	0,1228	83
7	0,1228	0,1257	0,1287	0,1317	0,1346	0,1376	0,1405	82
8	0,1405	0,1435	0,1465	0,1495	0,1524	0,1554	0,1584	81
9	0,1584	0,1614	0,1644	0,1673	0,1703	0,1733	0,1763	80
10	0,1763	0,1793	0,1823	0,1853	0,1883	0,1914	0,1944	**79**
11	0,1944	0,1974	0,2004	0,2035	0,2065	0,2095	0,2126	78
12	0,2126	0,2156	0,2186	0,2217	0,2247	0,2278	0,2309	77
13	0,2309	0,2339	0,2370	0,2401	0,2432	0,2462	0,2493	76
14	0,2493	0,2524	0,2555	0,2586	0,2617	0,2648	0,2679	75
15	0,2679	0,2711	0,2742	0,2773	0,2805	0,2836	0,2867	**74**
16	0,2867	0,2899	0,2931	0,2962	0,2994	0,3026	0,3057	73
17	0,3057	0,3089	0,3121	0,3153	0,3185	0,3217	0,3249	72
18	0,3249	0,3281	0,3314	0,3346	0,3378	0,3411	0,3443	71
19	0,3443	0,3476	0,3508	0,3541	0,3574	0,3607	0,3640	70
20	0,3640	0,3673	0,3706	0,3739	0,3772	0,3805	0,3839	**69**
21	0,3839	0,3872	0,3906	0,3939	0,3973	0,4006	0,4040	68
22	0,4040	0,4074	0,4108	0,4142	0,4176	0,4210	0,4245	67
23	0,4245	0,4279	0,4314	0,4348	0,4383	0,4417	0,4452	66
24	0,4452	0,4487	0,4522	0,4557	0,4592	0,4628	0,4663	65
25	0,4663	0,4699	0,4734	0,4770	0,4806	0,4841	0,4877	**64**
26	0,4877	0,4913	0,4950	0,4986	0,5022	0,5059	0,5095	63
27	0,5095	0,5132	0,5169	0,5206	0,5243	0,5280	0,5317	62
28	0,5317	0,5354	0,5392	0,5430	0,5467	0,5505	0,5543	61
29	0,5543	0,5581	0,5619	0,5658	0,5696	0,5735	0,5774	60
30	0,5774	0,5812	0,5851	0,5890	0,5930	0,5969	0,6009	**59**
31	0,6009	0,6048	0,6088	0,6128	0,6168	0,6208	0,6249	58
32	0,6249	0,6289	0,6330	0,6371	0,6412	0,6453	0,6494	57
33	0,6494	0,6536	0,6577	0,6619	0,6661	0,6703	0,6745	56
34	0,6745	0,6787	0,6830	0,6873	0,6916	0,6959	0,7002	55
35	0,7002	0,7046	0,7089	0,7133	0,7177	0,7221	0,7265	**54**
36	0,7265	0,7310	0,7355	0,7400	0,7445	0,7490	0,7536	53
37	0,7536	0,7581	0,7627	0,7673	0,7720	0,7766	0,7813	52
38	0,7813	0,7860	0,7907	0,7954	0,8002	0,8050	0,8098	51
39	0,8098	0,8146	0,8195	0,8243	0,8292	0,8342	0,8391	50
40	0,8391	0,8441	0,8491	0,8541	0,8591	0,8642	0,8693	**49**
41	0,8693	0,8744	0,8796	0,8847	0,8899	0,8952	0,9004	48
42	0,9004	0,9057	0,9110	0,9163	0,9217	0,9271	0,9325	47
43	0,9325	0,9380	0,9435	0,9490	0,9545	0,9601	0,9657	46
44	0,9657	0,9713	0,9770	0,9827	0,9884	0,9942	1,0000	45
	60′	50′	40′	30′	20′	10′	0′ Minuten zu Cotangens	Grad

Cotangens 45°...90°

Tangens 45°...90°

Grad	Minuten zu Tangens 0′	10′	20′	30′	40′	50′	60′	
45	1,0000	1,0058	1,0117	1,0176	1,0235	1,0295	1,0355	**44**
46	1,0355	1,0416	1,0477	1,0538	1,0599	1,0661	1,0724	43
47	1,0724	1,0786	1,0850	1,0913	1,0977	1,1041	1,1106	42
48	1,1106	1,1171	1,1237	1,1303	1,1369	1,1436	1,1504	41
49	1,1504	1,1571	1,1640	1,1708	1,1778	1,1847	1,1918	40
50	1,1918	1,1988	1,2059	1,2131	1,2203	1,2276	1,2349	**39**
51	1,2349	1,2423	1,2497	1,2572	1,2647	1,2723	1,2799	38
52	1,2799	1,2876	1,2954	1,3032	1,3111	1,3190	1,3270	37
53	1,3270	1,3351	1,3432	1,3514	1,3597	1,3680	1,3764	36
54	1,3764	1,3848	1,3934	1,4019	1,4106	1,4193	1,4281	35
55	1,4281	1,4370	1,4460	1,4550	1,4641	1,4733	1,4826	**34**
56	1,4826	1,4919	1,5013	1,5108	1,5204	1,5301	1,5399	33
57	1,5399	1,5497	1,5597	1,5697	1,5798	1,5900	1,6003	32
58	1,6003	1,6107	1,6213	1,6318	1,6426	1,6534	1,6643	31
59	1,6643	1,6753	1,6864	1,6977	1,7090	1,7205	1,7321	30
60	1,7321	1,7438	1,7556	1,7675	1,7796	1,7917	1,8041	**29**
61	1,8041	1,8165	1,8291	1,8418	1,8546	1,8676	1,8807	28
62	1,8807	1,8940	1,9074	1,9210	1,9347	1,9486	1,9626	27
63	1,9626	1,9768	1,9912	2,0057	2,0204	2,0353	2,0503	26
64	2,0503	2,0655	2,0809	2,0965	2,1123	2,1283	2,1445	25
65	2,1445	2,1609	2,1775	2,1943	2,2113	2,2286	2,2460	**24**
66	2,2460	2,2637	2,2817	2,2998	2,3183	2,3369	2,3558	23
67	2,3559	2,3750	2,3945	2,4142	2,4342	2,4545	2,4751	22
68	2,4751	2,4960	2,5172	2,5387	2,5605	2,5826	2,6051	21
69	2,6051	2,6279	2,6511	2,6746	2,6985	2,7228	2,7475	20
70	2,7475	2,7725	2,7980	2,8239	2,8502	2,8770	2,9042	**19**
71	2,9042	2,9319	2,9600	2,9887	3,0178	3,0475	3,0777	18
72	3,0777	3,1084	3,1397	3,1716	3,2041	3,2371	3,2709	17
73	3,2709	3,3052	3,3402	3,3759	3,4124	3,4495	3,4874	16
74	3,4874	3,5261	3,5656	3,6059	3,6470	3,6891	3,7321	15
75	3,7321	3,7760	3,8208	3,8667	3,9136	3,9617	4,0108	**14**
76	4,0108	4,0611	4,1126	4,1653	4,2193	4,2747	4,3315	13
77	4,3315	4,3897	4,4494	4,5107	4,5736	4,6383	4,7046	12
78	4,7046	4,7729	4,8430	4,9152	4,9894	5,0658	5,1446	11
79	5,1446	5,2257	5,3093	5,3955	5,4845	5,5764	5,6713	10
80	5,6713	5,7694	5,8708	5,9758	6,0844	6,1970	6,3138	**9**
81	6,3138	6,4348	6,5605	6,6912	6,8269	6,9682	7,1154	8
82	7,1154	7,2687	7,4287	7,5958	7,7704	7,9530	8,1444	7
83	8,1444	8,3450	8,5556	8,7769	9,0098	9,2553	9,5144	6
84	9,5144	9,7882	10,0780	10,3854	10,7019	11,0594	11,4301	5
85	11,4301	11,8262	12,2505	12,7062	13,1969	13,7267	14,3007	4
86	14,3007	14,9244	15,6048	16,3499	17,1693	18,0750	19,0811	3
87	19,0811	20,2056	21,4704	22,9038	24,5418	26,4316	28,6363	2
88	28,6363	31,2416	34,3678	38,1885	42,9641	49,103	57,2900	1
89	57,2900	68,7501	85,9398	114,5887	171,885	343,774	∞	0
	60′	50′	40′	30′	20′	10′	0′ Minuten zu Cotangens	Grad

Cotangens 0°...45°

9.10 Übersetzungsverhältnis

Als Übersetzungsverhältnis bezeichnet man das Verhältnis der Drehzahlen von durch Zahnräder, Riementriebe oder ähnlichen verbundenen Drehkörpern zueinander (Bild 9.1).

Bild 9.1

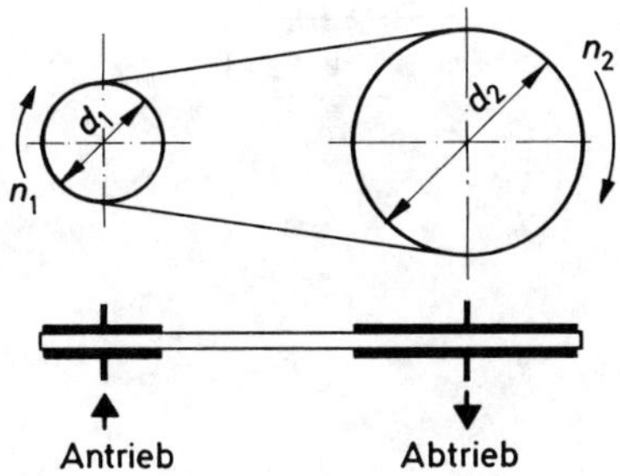

9.10.1 Einfacher Zahnradtrieb

Bei einem Zahnradpaar wälzen sich die Zähne des treibenden Rades in denen des getriebenen Rades ab. Es ist also Zähnezahl mal Drehzahl des treibenden Rades gleich Zähnezahl mal Drehzahl des getriebenen Rades. Das kleine Zahnrad hat stets die größere Drehzahl, d.h., die Drehzahlen verhalten sich umgekehrt wie die Zähnezahlen.

$$\boxed{z_1 \cdot n_1 = z_2 \cdot n_2}$$

z_1 = Zähnezahl des treibenden Rades
n_1 = Drehzahl des treibenden Rades
z_2 = Zähnezahl des getriebenen Rades
n_2 = Drehzahl des getriebenen Rades
i = Übersetzungsverhältnis

$$n_2 = \frac{z_1 \cdot n_1}{z_2}$$

$$z_2 = \frac{z_1 \cdot n_1}{n_2}$$

$$z_1 = \frac{z_2 \cdot n_2}{n_1}$$

$$n_1 = \frac{z_2 \cdot n_2}{z_1}$$

$$\boxed{i = \frac{n_1}{n_2} \quad \text{oder} \quad i = \frac{z_2}{z_1}}$$

$$n_2 = \frac{n_1}{i}, \quad z_1 = \frac{z_2}{i}$$

$$n_1 = n_2 \cdot i, \quad z_2 = z_1 \cdot i$$

9.10.2 Doppelter oder mehrfacher Zahnradtrieb

Bei einem doppelten oder mehrfachen Zahnradtrieb müssen, um die Gesamtübersetzung berechnen zu können, alle Einzelübersetzungen multipliziert werden.

$$\boxed{i_{ges} = i_1 \cdot i_2 \quad \text{usw.}}$$

i_{ges} = Gesamtübersetzung
i_1 = 1. Übersetzung
i_2 = 2. Übersetzung

$$i_1 = \frac{i_{ges}}{i_2}$$

$$i_2 = \frac{i_{ges}}{i_1}$$

9.10.3 Einfacher Riementrieb

Bei einem Riementrieb werden die beiden Scheiben am Umfang durch einen Riemen miteinander verbunden. Bei genauer Errechnung von Keilriemenübersetzungen müßte man den mittleren wirksamen Durchmesser der Keilriemenscheibe einsetzen. Diesen wirksamen mittleren Durchmesser erhält man, indem man den Durchmesser über den eingelegten Keilriemen mißt und von diesem Maß die Dicke des Keilriemens abzieht. Normalerweise wird aber mit dem Außendurchmesser der Riemenscheibe die für das Kraftfahrzeug ausreichende Genauigkeit erreicht.

$$\boxed{n_1 \cdot d_1 = n_2 \cdot d_2}$$

n_1 = Drehzahl der treibenden Scheibe
d_1 = Durchmesser der treibenden Scheibe
n_2 = Drehzahl der getriebenen Scheibe
d_2 = Durchmesser der getriebenen Scheibe
i = Übersetzungsverhältnis

$$n_1 = \frac{n_2 \cdot d_2}{d_1}$$

$$d_1 = \frac{n_2 \cdot d_2}{n_1}$$

$$n_2 = \frac{n_1 \cdot d_1}{d_2}$$

$$d_2 = \frac{n_1 \cdot d_1}{n_2}$$

$$\boxed{i = \frac{n_1}{n_2} \quad \text{oder} \quad i = \frac{d_2}{d_1}}$$

$$n_2 = \frac{n_1}{i}, \quad n_1 = n_2 \cdot i, \quad d_2 = d_1 \cdot i, \quad d_1 = \frac{d_2}{i}$$

9.10.4 Doppelter oder mehrfacher Riementrieb

Bei einem doppelten oder mehrfachen Riementrieb wird genauso wie bei einem doppelten oder mehrfachen Zahnradtrieb vorgegangen, indem alle Einzelübersetzungen multipliziert werden.

$$i_{ges} = i_1 \cdot i_2 \text{ usw.}$$

i_{ges} = Gesamtübersetzung
i_1 = 1. Übersetzung
i_2 = 2. Übersetzung

9.10.5 Lenkübersetzung

Die Errechnung der Lenkübersetzung erfolgt nach der Formel:

$$\text{Übersetzung } i = \frac{\text{gezählte Lenkradumdrehungen} \cdot 360°}{\text{Gesamteinschlagwinkel der gelenkten Räder}}$$

Bei vollem Anschlag des Lenkrades nach links sei das linke Vorderrad um 32° eingeschlagen. Nach drei Lenkumdrehungen nach rechts sei das rechte Vorderrad um 34° nach rechts eingeschlagen. So ergibt sich bei drei gezählten Lenkradumdrehungen ein Gesamteinschlagwinkel von:

$$\begin{array}{r} 32° \\ +34° \\ \hline 66° \end{array}$$

In der Formel eingesetzt erhält man:

$$i = \frac{3 \cdot 360}{66} \quad \text{nach der Kürzung durch 6}$$

$$i = \frac{180}{11} = 16{,}36$$

Die Lenkübersetzung $i = 16{,}36:1$.

9.11 Geschwindigkeitsberechnung

Als Geschwindigkeit bezeichnet man den pro Zeiteinheit zurückgelegten Weg. Die Geschwindigkeitsangabe kann in Meter pro Sekunde (m/s), in Meter pro Minute (m/min) oder Kilometer pro Stunde (km/h) angegeben werden. So bedeutet zum Beispiel die Geschwindigkeitsangabe 5 m/s, daß pro Sekunde 5 Meter zurückgelegt wurden. Je nach Bezeichnung der Geschwindigkeit muß man bei der Errechnung die gegebenen Maßeinheiten einsetzen.

Gradlinige gleichförmige Bewegungsgeschwindigkeiten errechnet man grundsätzlich:

$$\text{Geschwindigkeit} = \frac{\text{Weg}}{\text{Zeit}} \quad \text{also } v = \frac{s}{t}$$

Danach ist:

$$\text{Weg} = \text{Zeit} \cdot \text{Geschwindigkeit, also } s = v \cdot t$$

und ebenso:

$$\text{Zeit} = \frac{\text{Weg}}{\text{Geschwindigkeit}}, \quad \text{also } t = \frac{s}{v}$$

9.11.1 Umfangsgeschwindigkeit

Bei kreisförmiger Bewegung errechnet man die Geschwindigkeit, indem man errechnet, welche Wegstrecke ein Punkt am Kreisumfang in einer Zeiteinheit zurücklegt. Die Grundformel dazu ist:

$$\boxed{v = \frac{d \cdot \pi \cdot n}{60}}$$

$$d = \frac{v \cdot 60}{\pi \cdot n}$$

$$n = \frac{v \cdot 60}{\pi \cdot d}$$

v = Umfangsgeschwindigkeit in m/s
d = Durchmesser in m
n = Drehzahl in min^{-1}
60 = Umrechnung von Minute in Sekunde

9.11.2 Schnittgeschwindigkeit

Beim Drehen, Fräsen oder Bohren wird an der Schneide des Schneidstahls Wärme entwickelt. Damit die Schneide nicht zu warm wird und dadurch ihre Härte verliert, muß die Schnittgeschwindigkeit begrenzt werden. Sie kann höher gewählt werden, wenn Material geringerer Festigkeit gedreht wird oder wenn die Schneide des Drehstahls höhere Temperaturen erreichen darf (z.B. Schnellschnittstahl).

$$\boxed{v = d \cdot \pi \cdot n}$$

$$d = \frac{v}{\pi \cdot n}$$

$$n = \frac{v}{\pi \cdot d}$$

v = Schnittgeschwindigkeit in m/min
d = Durchmesser in m
n = Drehzahl in min^{-1}

9.12 Festigkeit

Festigkeit ist die Kraft, die der Verformung oder Zerstörung eines Stoffs oder eines Bauteils widersteht. Entsprechend der wirksamen Kraft unterscheidet man Zugfestigkeit, Druckfestigkeit, Biegefestigkeit und Scherfestigkeit. Sie wird berechnet, indem man die Höchstbelastung durch den ursprünglichen Querschnitt des Stoffs dividiert. Man erhält damit die Bruchfestigkeit oder Bruchspannung σ_B (σ = griech. Sigma). Diese Bruchfestigkeit ist bei Stählen meist durch die Normbezeichnung, z.B. St 37, zum Ausdruck gebracht. Ein Werkstoff darf aus Sicherheitsgründen aber nur bis zur zulässigen Spannung (σ_{zul}) belastet werden.

$$\boxed{\sigma_{zul} = \frac{F}{A} \quad \text{oder} \quad \frac{\sigma_B}{\nu}}$$

$$F = A \cdot \sigma_{zul}$$

$$A = \frac{F}{\sigma_{zul}}$$

$$\boxed{\nu = \frac{\sigma_B}{\sigma_{zul}}}$$

$$\sigma_B = \sigma_{zul} \cdot \nu$$

σ_{zul} = zulässige Festigkeit oder Spannung in daN/mm^2
σ_B = Bruchfestigkeit oder Bruchspannung in daN/mm^2
F = Kraft oder Belastung in daN
A = Fläche oder Querschnitt in mm^2
ν = (sprich Nü) Sicherheitszahl

9.13 Hubraum

Als Hubraum (V_h) bezeichnet man das beim Kolbenweg vom unteren zum oberen Totpunkt veränderte Zylindervolumen. Um den Hubraum eines Zylinders zu errechnen, multipliziert man die Kolbenfläche (A) mit dem Kolbenhub (s).

$$\boxed{V_h = \frac{d^2 \cdot \pi \cdot s}{4}}$$

$$s = \frac{V_h \cdot 4}{\pi \cdot d^2}$$

$$d = \sqrt{\frac{V_h \cdot 4}{\pi \cdot s}}$$

$$\boxed{V_H = V_h \cdot z}$$

V_h = Hubraum eines Zylinders in cm^3
V_H = Gesamthubraum in cm^3
d = Zylinderdurchmesser in cm
s = Kolbenhub in cm
z = Zylinderzahl

9.13.1 Verdichtungsverhältnis

Während der Verdichtung wird die angesaugte Gasmenge auf den Verdichtungsraum zusammengedrückt. Das Verdichtungsverhältnis ε (griech. Epsilon) ist das Verhältnis des gesamten Zylinderraums (Hubraum eines Zylinders plus Verdichtungsraum) zum Verdichtungsraum.

$$\boxed{\varepsilon = \frac{V_h + V_c}{V_c}}$$

$$V_h = V_c \cdot (\varepsilon - 1)$$

$$V_c = \frac{V_h}{\varepsilon - 1}$$

ε = Verdichtungsverhältnis
V_h = Hubraum eines Zylinders in cm^3
V_c = Verdichtungsraum in cm^3

9.13.2 Verändern des Verdichtungsverhältnisses

Zum Verändern eines Verdichtungsverhältnisses muß der Verdichtungsraum verändert werden. Bei Vergrößerungen des Verdichtungsraums vermindert und bei Verkleinerung erhöht sich das Verdichtungsverhältnis. Zum Verändern des Verdichtungsverhältnisses kann man bei einzelnen Zylinderrohren zwischen Rohr und Kurbelgehäuse Distanzringe einlegen. Bei Zylinderblöcken ist eine Veränderung durch dickere Dichtungen oder Abschleifen möglich. Wenn beide Möglichkeiten nicht anzuwenden sind, kann man Kolben mit anderer Kompressionshöhe verwenden. Sofern die Veränderung am kreisförmigen Querschnitt erfolgt, kann man das Maß (s_1), um das der Kolben mehr oder weniger Kompressionsraum verdrängen soll, errechnen. Denn (s_1) ist die Höhe des zylindrischen Volumens, das mehr oder weniger verdrängt werden soll (Bild 9.2).

$$s_1 = \frac{V}{A} = \frac{V_{c1} - V_{c2}}{d \cdot d \cdot \pi/4}\ \text{cm}$$

Soll zum Beispiel ein Verdichtungsverhältnis von 10 : 1 bei einem Kolbendurchmesser von 90 mm und einem Verdichtungsraum von 50 cm³ auf $\varepsilon_1 = 9:1$ geändert werden, so kann man den neueren größeren Verdichtungsraum errechnen:

$$V_{c1} = \frac{V_h}{\varepsilon_1 - 1} = \frac{450}{9-1} = \frac{450}{8} = 56{,}25\ \text{cm}^3$$

Die Höhe s_1 wäre somit

$$s_1 = \frac{(V_{c1} - V_{c2})}{d^2 \cdot \pi/4} = \frac{(56{,}25 - 50)}{9 \cdot 9 \cdot 0{,}785} = \frac{6{,}25}{63{,}585} = 0{,}098\ \text{cm, also 1 mm}$$

Ebenso kann man das Maß «s_1» aus dem Hub (s) und dem Verdichtungsverhältnis direkt errechnen, weil Kolbenfläche, Hub und dadurch die übrigen Verhältnisse gleich bleiben.

$$s_1 = \frac{s}{\varepsilon_2 - 1} - \frac{s}{\varepsilon_1 - 1}$$

Wird beim oben angenommenen Hubvolumen ein Hub von 70,8 mm angenommen, so ergäbe sich

$$s_1 = \frac{70{,}8}{9-1} - \frac{70{,}8}{10-1} = \frac{70{,}8}{8} - \frac{70{,}8}{9} = 8{,}85 - 7{,}86 = 0{,}99\ \text{mm}$$

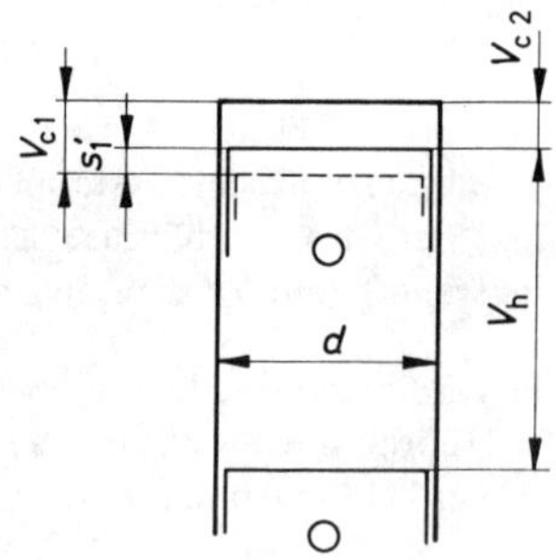

Bild 9.2 Vergrößerung des Verdichtungsraumes durch das Maß s_1

9.13.3 Mittlere Kolbengeschwindigkeit

Die mittlere Kolbengeschwindigkeit (v_m) in m/s errechnet man, indem man festlegt, wieviel Meter pro Sekunde der Kolben bei einer bestimmten Drehzahl des Motors zurücklegt.

$$v_m = \frac{2 \cdot s \cdot n}{60} \quad \text{oder} \quad \frac{s \cdot n}{30}$$

$$s = \frac{v_m \cdot 30}{n}$$

$$n = \frac{v_m \cdot 30}{s}$$

v_m = mittlere Kolbengeschwindigkeit in m/s
s = Kolbenhub in m
n = Kurbelwellendrehzahl in min^{-1}
2 = bei einer Umdrehung legt der Kolben zwei Hubwege zurück
60 = Umrechnung von Minute auf Sekunde

Maximale Kolbengeschwindigkeit Die maximale Kolbengeschwindigkeit (v_{max}) ist etwa 60 % oder 1,6fach größer als die mittlere Kolbengeschwindigkeit (v_m).

$$v_{max} = v_m \cdot 1{,}6$$

9.13.4 Kolbenkraft

Der Gasdruck im Motorzylinder ändert sich mit jedem Takt. Um trotzdem die Kolbenkraft zu errechnen, ermittelt man mit einem Druck-Weg- oder Indikatordiagramm den mittleren Verbrennungsdruck.

$$F_K = A \cdot p_m$$

$$A = \frac{F_K}{p_m}$$

$$p_m = \frac{F_K}{A}$$

F_K = Kolbenkraft in daN
A = Kolbenfläche in cm^2
p_m = mittlerer Verbrennungsdruck in bar

9.13.5 Leistung

Die mechanische Leistung ist eine Arbeit, die in einer bestimmten Zeit vollbracht wird. Wenn die Kraft (F) = 1 N über den Weg (s) von 1 m wirkt, so wird damit die Arbeit von 1 Nm verrichtet. Soll aus dieser Arbeit eine Leistung errechnet werden, so muß noch durch die Zeit (t) in Sekunden dividiert werden. Die Einheit der Leistung (P) ist das Watt (W).

$$1\,\text{W} = 1\,\frac{\text{J}}{s} = 1\,\frac{\text{Nm}}{s}$$

$$P = \frac{F \cdot s}{t}$$

P = Leistung in Watt
W = Arbeit in Nm
t = Zeit in Sekunden
s = Weg in m
F = Kraft in N

oder

$$P = \frac{W}{t}$$

Da Weg geteilt durch Zeit gleich Geschwindigkeit ergibt, kann man umformen:

$$P = F \cdot v$$

Bei den Verbrennungsmotoren unterscheidet man (Bild 9.3):

1. die indizierte Leistung (Innenleistung)
2. die effektive Leistung (Nutzleistung)

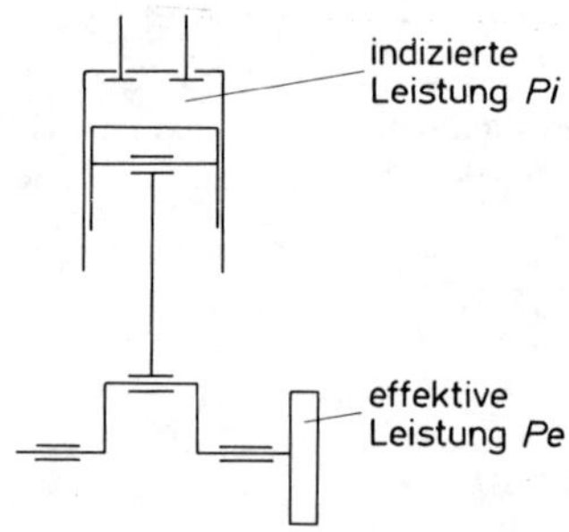

Bild 9.3

9.13.6 Indizierte Leistung

Leistungsformel $P = \dfrac{F \cdot v}{1000}$ [kW]

$$P_i = \frac{\text{mittlere Kolbenkraft} \cdot z \cdot \text{Kolbengeschwindigkeit}}{1000}$$

Da beim Viertakter nur jeder 4. Takt und beim Zweitakter nur jeder 2. Takt ein Arbeitstakt ist, muß noch durch 4 bzw. 2 geteilt werden.

$$P_i = \frac{d^2 \cdot \pi \cdot p_m \cdot 10 \cdot z \cdot 2 \cdot s \cdot n}{4 \cdot 1000 \cdot 60 \cdot (4 \text{ bzw. } 2)}$$

Nach Auskürzung der bleibenden Werte und Einsetzen der Kolbenfläche bleibt als Formel:

$$P_i = \frac{A \cdot p_m \cdot z \cdot s \cdot n}{3000 \cdot (4 \text{ bzw. } 2)}$$

Da das Ergebnis aus $A \cdot s \cdot z$ gleich den Gesamthubraum ergibt, kann als vereinfachte Formel eingesetzt werden:

Viertakter

$$P_i = \frac{V_H \cdot p_m \cdot n}{1200} \text{ [kW]}$$

Zweitakter

$$P_i = \frac{V_H \cdot p_m \cdot n}{600} \text{ [kW]}$$

Hierbei ist besonders zu beachten, daß die Maßeinheiten unterschiedlich in die Berechnung eingesetzt werden müssen.

P_i = indizierte Leistung in kW
d = Zylinderbohrung in cm
p_m = mittlerer Arbeitsdruck oder Verbrennungsdruck in bar
z = Zylinderzahl
s = Kolbenhub in m
n = Drehzahl in min^{-1}
A = Kolbenfläche in cm^2
V_H = Gesamthubraum in dm^3
10 = Umrechnung von daN in N

9.13.7 Effektive Leistung

Leistungsformel $P = \frac{F \cdot v}{1000}$ [kW]

$$P_e = \frac{\text{Umfangskraft} \cdot \text{Umfangsgeschwindigkeit}}{1000}$$

Die Umfangskraft erhält man aus der Drehmomentberechnung Kraft mal Hebelarm. Da der Hebelarm der halbe Durchmesser, nämlich $d/2$ ist, lautet die Formel:

$$M = F \cdot \frac{d}{2}$$

Wird diese Formel nach F umgestellt und in die Grundformel eingesetzt, so lautet sie:

$$P_e = \frac{M \cdot 2 \cdot d \cdot \pi \cdot n}{d \cdot 1000 \cdot 60} \text{ [kW]}$$

Werden auch hier die gleichbleibenden Werte ausgerechnet, bleibt als Formel:

$$P_e = \frac{M \cdot n}{9550} \text{ [kW]}$$

P_e = effektive Leistung in kW
F = mittlere Kolbenkraft in N
M = Motordrehmoment in Nm
n = Drehzahl in min^{-1}

9550 = ausgekürzter Wert aus: $\frac{2 \cdot \pi}{60 \cdot 1000} = \frac{1}{9549{,}296}$

Die effektive Leistung kann aber auch unter Berücksichtigung des mechanischen Wirkungsgrades errechnet werden mit der Formel:

$$P_e = P_i \cdot \eta$$

P_e = effektive Leistung in kW
P_i = indizierte Leistung in kW
η = Wirkungsgrad

Effektive Leistungsbestimmung auf dem Prüfstand. Ein Motor, der z.B. eine Maschine antreibt, entwickelt nicht nur die Drehzahl und damit den Weg in einer bestimmten Zeit, sondern auch die

Kraft, die zum Antreiben nötig ist. Wird der Weg, den z.B. der Treibriemen je Sekunde in Meter zurücklegt, mit der Kraft in Newton multipliziert, so ist das Ergebnis die Leistung in Nm/s oder Watt. Die Formel würde wie folgt lauten:

$$P_e = \frac{F \cdot r \cdot 2 \cdot \pi \cdot n}{60}$$

P_e = effektive Leistung in W
F = Kraft in N
r = Radius oder Hebelarm in m
n = Kurbelwellendrehzahl in min^{-1}
M = Motordrehmoment in Nm

Bei Errechnung der Leistung bleiben die Zahlen $\frac{2 \cdot \pi}{60}$ immer bestehen. Nach Kürzung dieser Zahlen lautet die Formel:

$$P_e = \frac{F \cdot r \cdot n}{9{,}95} \quad \text{oder} \quad P_e = \frac{M \cdot n}{9{,}55}$$

Um die effektive Leistung eines Motors zu ermitteln, wird dieser auf einem Motorleistungsprüfstand bis auf seine Nenndrehzahl abgebremst. Dabei wird durch Auswiegen mit Hilfe des Hebelgesetzes das Motordrehmoment bestimmt. Aus Erkenntnis heraus, daß man über dem Bruchstrich stehende Werte gegen gleiche unter dem Bruchstrich stehende kürzen kann, wäre ein Hebelarm von 9,55 m ideal. Die Herstellung eines so langen Hebelarms ist aber aus räumlichen Gründen nicht möglich. Darum wird dieser auf 0,955 m verringert, und die Formel auf den Leistungsprüfständen lautet:

$$P_e = \frac{F \cdot n}{10}$$

P_e = effektive Leistung in W
F = abgelesene Bremskraft am Prüfstand in N
n = Kurbelwellendrehzahl in min^{-1}

Will man bei gegebener effektiver Leistung das Motordrehmoment errechnen, muß die Formel umgestellt werden:

$$M = \frac{P_e \cdot 9{,}55}{n}$$

Bei der Anwendung am Motorleistungsprüfstand ist diese Formel zu umständlich, so daß eine Vereinfachung nötig ist. Dazu wird der P_e-Wert aus der Formel in $\frac{F \cdot n}{10}$ zerlegt und eingesetzt.

$$M = \frac{F \cdot n \cdot 9{,}55}{10 \cdot n}$$

Da sich die Drehzahl (n) aufhebt und herausgekürzt werden kann, bleibt als Formel übrig:

$$M = \frac{F \cdot 9{,}55}{10} \quad \text{oder} \quad M = F \cdot 0{,}955$$

9.14 Kraftstoffverbrauch

9.14.1 Der spezifische Kraftstoffverbrauch b_e in g/kWh

Bei der Ermittlung der Motorleistung wird auch gleichzeitig der Kraftstoffverbrauch in Gramm je 1 kW in der Stunde ermittelt. Dieser Wert g/kWh ist eine dem Fachmann allgemein verständliche Angabe. Es empfiehlt sich nicht, hier auf die neue Einheit kg/J umzurechnen.

Würde man nun so vorgehen, wie es der Ausdruck g/kWh verlangt, so müßte man den Motor – den man in mehreren Drehzahlen abbremst – in jeder Drehzahl jeweils eine Stunde lang laufen lassen, um den Kraftstoffverbrauch in Gramm messen zu können. Der Zeitaufwand wäre zu groß, denn es würde mehrere Stunden in Anspruch nehmen. Deshalb ändert man den Meßvorgang, indem man dem Motor eine bestimmte Kraftstoffmenge (Q) gibt und die Zeit in Sekunden (t) mißt, in der er diese Menge (Q) verbraucht hat. Die Formel dafür lautet:

$$b_e = \frac{3600 \cdot Q \cdot \varrho}{P_e \cdot t}$$

b_e = spezifischer Kraftstoffverbrauch in g/kWh
Q = Kraftstoffverbrauchsmenge in cm^3
ϱ = Dichte (Rho) in g/cm^3
P_e = effektive Leistung in kW
t = Zeit in s
3600 = Erweiterung von Sekunde auf Stunde

9.14.2 Stündlicher Kraftstoffverbrauch

Die Umrechnung vom spezifischen Kraftstoffverbrauch (b_e) auf den stündlichen Kraftstoffverbrauch (B_e) erfolgt nach der Formel:

$$B_e = \frac{P_e \cdot b_e}{1000}$$

B_e = stündlicher Kraftstoffverbrauch in kg/h
P_e = effektive Leistung in kW
b_e = spezifischer Kraftstoffverbrauch in g/kWh

9.14.3 Kraftstoffstreckenverbrauch

Darunter versteht man den Verbrauch in Liter auf 100 km Fahrstrecke.

$$k = \frac{K \cdot 100}{s}$$

k = Kraftstoffverbrauch in l/100 km
K = verbrauchte Kraftstoffmenge in l
s = Fahrstrecke in km

9.14.4 Der Wärmewirkungsgrad eines Verbrennungsmotors

Soll herausgefunden werden, inwieweit der Verbrennungsmotor seine zugeführte Kraftstoffmenge (Verbrauchsmenge) ausnutzt, dann errechnet man den *wirtschaftlichen Wirkungsgrad:*

$$\text{Wirkungsgrad } \eta_w = \frac{P_e}{P_i} = \frac{\text{abgegebene Wärmemenge (in Form von Nutzleistung)}}{\text{zugeführte Wärmemenge (in Form von Kraftstoff)}}$$

Man muß hier also die im Kraftstoff und in der Nutzleistung (effektive Leistung) enthaltene Wärmemenge ermitteln. Diese Werte findet man in jedem Tabellenbuch. Die Einheitenbezeichnung für die Wärmemenge (Q) ist das Kilojoule (kJ) oder Joule (J), das den gleichen Energiebetrag wie die Wattsekunde (Ws) und das Newtonmeter (Nm) darstellt. So hat z.B. 1 kg Dieselkraftstoff eine Wärmemenge von 42000 kJ/kg, und 1 kWh entspricht einer Wärmemenge von 3600 kJ. Unter Berücksichtigung des Heizwertes (H_u) in kJ/kg und des Kraftstoffverbrauchs in kg je Betriebsstunde (bezeichnet mit B_e) errechnet man den Wärmewirkungsgrad nach folgender Formel:

$$\eta_w = \frac{P_e\,(\text{kW}) \cdot 3600\,(\text{kJ/kWh})}{B_e\,(\text{kg/h}) \cdot H_u\,(\text{kJ/kg})}$$

Diese Formel kann vereinfacht werden, indem der spezifische Kraftstoffverbrauch (b_e) eingesetzt wird, aber nicht in Gramm, sondern in Kilogramm je kWh. Das kWh kürzt sich heraus, und es bleibt als einfache Formel übrig:

$$\eta_w = \frac{3600\,(\text{kJ/kWh})}{b_e\,(\text{kg/kWh}) \cdot H_u\,(\text{kJ/kg})}$$

Bei der Errechnung des Wirkungsgrades wird immer P_e durch P_i geteilt. Somit ist das Ergebnis immer kleiner als 1; außerdem ist dieses Ergebnis dimensionslos. Der Beweis dafür:

$$\eta_w = \frac{\text{kW} \cdot \text{kJ/kWh}}{\text{kg/h} \cdot \text{kJ/kg}} = \frac{\text{kW} \cdot \text{kJ} \cdot \text{kg} \cdot \text{h}}{\text{kg} \cdot \text{kWh} \cdot \text{kJ}} = \text{dimensionslos}$$

Die Werte auf dem Bruchstrich heben sich mit den Werten unter dem Bruchstrich auf.

Der Heizwert eines Brenn- oder Kraftstoffs ist die Wärmemenge in kJ, die 1 kg eines festen oder flüssigen oder 1 m³ eines gasförmigen Brenn- oder Kraftstoffs entwickelt.

$$\text{Heizwert} = \frac{\text{Wärmemenge}}{\text{Masse}}; \quad H_u = \frac{Q}{m}\,[\text{kJ/kg}]$$

Rechenbeispiel: Ein Motor verbraucht 260 g/kWh, der Heizwert (H_u) ist 42000 kJ/kg. Wie groß ist der wirtschaftliche Wirkungsgrad?

$$\eta_w = \frac{3600\,(\text{kJ/kWh})}{b_e\,(\text{kg/kWh}) \cdot H_u\,(\text{kJ/kg})} = \frac{3600}{0{,}26 \cdot 42000} = 0{,}3297$$

umgerechnet in Prozent: $0{,}3297 \cdot 100 = 32{,}97\,\%$.

9.14.5 Mischungsverhältnis und Luftbedarf

Der Luftbedarf zur vollständigen Verbrennung beträgt etwa 15 kg Luft auf 1 kg Kraftstoff. Im ungünstigsten Falle enthält 1 m³ Luft 2 g und im allergünstigsten Falle 0,001 g Staub. Das Mischungsverhältnis kg/kg kann man in m³/l mit folgender Formel umstellen:

$$\boxed{L = \frac{M \cdot \varrho_K}{\varrho_L}\,[\text{m}^3/\text{l}]}$$

L = Luftbedarf in m³/l
M = Mischungsverhältnis
ϱ_K = Dichte von Kraftstoff in kg/l
ϱ_L = Dichte von Luft 1,29 kg/m³

Der Luftbedarf bei einem Mischungsverhältnis von 15 kg Luft auf 1 kg Kraftstoff beträgt somit:

$$L = \frac{M \cdot \varrho_K}{\varrho_L} = \frac{15 \cdot 0{,}77}{1{,}29} = 8{,}95\,m^3/l$$

9.15 Berechnung von Kraftübertragung und Fahrgeschwindigkeit

Da jede Kraftübertragung vom Motor bis zu den Antriebsrädern aus mehreren Übersetzungen – meist Zahnradstufen – besteht, müssen alle Übersetzungsverhältnisse miteinander multipliziert werden, um das Gesamtübersetzungsverhältnis (i_{ges}) zu erhalten. Das Bild 9.4 zeigt die einzelnen Zahnradstufen bei der meist üblichen Anwendung gleichachsiger Getriebe. Die Gesamtübersetzung in den einzelnen Gängen erhält man, indem die Zähnezahlen aller getriebenen Räder miteinander multipliziert und durch die miteinander multiplizierten Zähnezahlen der treibenden Räder dividiert werden oder indem alle Einzelübersetzungen multipliziert werden.

$$i_{ges} = i_1 \cdot i_2 \cdot i_3 \quad \text{usw.}$$

$$i_{ges} = \frac{z_2 \cdot z_4 \cdot z_6}{z_1 \cdot z_3 \cdot z_5}$$

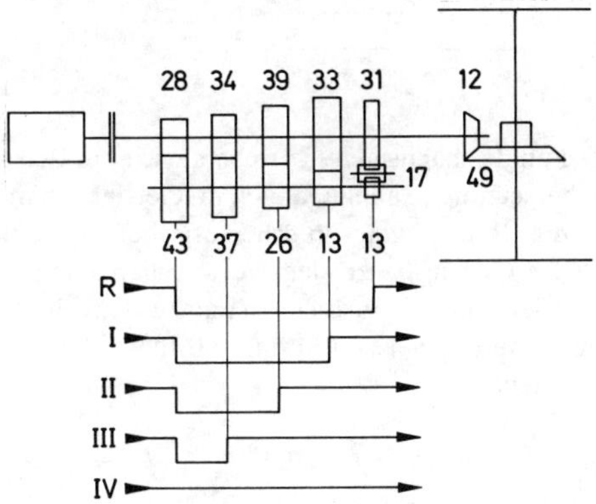

Bild 9.4 Kraftübertragung mit gleichachsigem Getriebe (schematische Darstellung). Die Zahlen geben die Zähnezahlen der einzelnen Zahnräder an

So erhält man für den I. Gang:

$$i_{ges\,I} = \frac{43 \cdot 33 \cdot 49}{28 \cdot 13 \cdot 12} \text{ durch Kürzung } \frac{43 \cdot 11 \cdot 7}{4 \cdot 13 \cdot 4} = 15{,}9$$

Für den II. Gang:

$$i_{ges\,II} = \frac{43 \cdot 39 \cdot 49}{28 \cdot 26 \cdot 12} \text{ durch Kürzung } \frac{43 \cdot 13 \cdot 7}{4 \cdot 26 \cdot 4} = 9{,}4$$

Für den III. Gang:

$$i_{ges\,III} = \frac{43 \cdot 34 \cdot 49}{28 \cdot 37 \cdot 12} \text{ durch Kürzung } \frac{43 \cdot 17 \cdot 7}{4 \cdot 37 \cdot 6} = 5{,}76$$

Für den IV. Gang:

$$i_{ges\,IV} = \frac{49}{12} = 4{,}08$$

Für den R-Gang:

$$i_{ges\,R} = \frac{43 \cdot 31 \cdot 49}{28 \cdot 13 \cdot 12} = 14{,}95$$

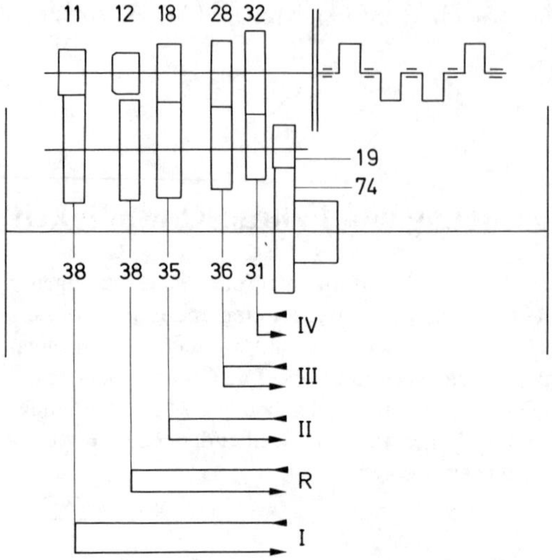

Bild 9.5 Kraftübertragung mit ungleichachsigem Getriebe (schematische Darstellung). Die Zahlen geben die Zähnezahlen der einzelnen Zahnräder an.

Bei ungleichachsigen Getrieben, wie zum Beispiel bei den VW-Typen Golf und Scirocco, erfolgt die Übersetzung in allen Gängen im Getriebe in nur einer Zahnradstufe; dafür gibt es keinen «direkten» Gang. Bild 9.5 zeigt in schematischer Darstellung die Gänge eines solchen Getriebes.

Im Gegensatz zu dem vorangegangenen Rechenbeispiel kann man auch jede Übersetzung im Getriebe für sich ausrechnen und zur Errechnung der Gesamtübersetzung mit der Hinterachsübersetzung multiplizieren. Für das in Bild 9.5 dargestellte Beispiel ergeben sich folgende Übersetzungen im Getriebe:

$$i_{\mathrm{I}} = \frac{38}{11} = 3{,}45 \qquad i_{\mathrm{III}} = \frac{36}{28} = 1{,}29 \qquad i_{\mathrm{R}} = \frac{38}{12} = 3{,}17$$

$$i_{\mathrm{II}} = \frac{35}{18} = 1{,}94 \qquad i_{\mathrm{IV}} = \frac{31}{32} = 0{,}969$$

Die Übersetzung im Achsantrieb i_{achs} beträgt:

$$i_{\mathrm{achs}} = \frac{74}{19} = 3{,}89$$

Die Gesamtübersetzung i_{ges} errechnet man nach der Formel:

$$i_{\mathrm{ges}} = i_{\mathrm{getr}} \cdot i_{\mathrm{achs}}$$

Das ergibt für die einzelnen Gänge:

$$i_{\mathrm{ges}} = 3{,}45 \cdot 3{,}89 = 13{,}42 \text{ im I. Gang}$$

$$i_{\mathrm{ges}} = 1{,}94 \cdot 3{,}89 = 7{,}55 \text{ im II. Gang}$$

$$i_{\mathrm{ges}} = 1{,}29 \cdot 3{,}89 = 5{,}02 \text{ im III. Gang}$$

$$i_{\mathrm{ges}} = 0{,}969 \cdot 3{,}89 = 3{,}77 \text{ im IV. Gang}$$

$$i_{\mathrm{ges}} = 3{,}17 \cdot 3{,}89 = 12{,}33 \text{ im R.-Gang}$$

Berechnung der Fahrgeschwindigkeit Um die Fahrgeschwindigkeit zu errechnen, werden außer der Gesamtübersetzung benötigt:

Motordrehzahl und
Abrollumfang des Rades oder der
dynamische Halbmesser des Reifens
(siehe auch Abschnitt Räder und Reifen).

Den Abrollumfang oder den dynamischen Halbmesser entnimmt man den Reifentabellen (zum Beispiel Continental – Technischer Ratgeber Reifen).

Ist der Abrollumfang oder der dynamische Halbmesser des Reifens bekannt, so kann die Fahrgeschwindigkeit nach folgenden Formeln errechnet werden:

$$v = \frac{U \cdot n \cdot 60}{i_{ges} \cdot 1000}$$

$$v = \frac{r_{dyn} \cdot n}{i_{ges} \cdot 2{,}65}$$

v = Fahrgeschwindigkeit in km/h
U = Abrollumfang in m
n = Motordrehzahl in min^{-1}
r_{dyn} = dyn. Radhalbmesser in m
i_{ges} = Gesamtübersetzung

Nachfolgend soll die Fahrgeschwindigkeit des Fahrzeugs aus dem zweiten Rechenbeispiel in den einzelnen Gängen bei 5600 min^{-1} des Motors errechnet werden. Der Abrollumfang der Bereifung 175/70 SR 13 beträgt 1,755 m und der dyn. Radhalbmesser 0,28 m.

Die Formel lautet: $v = \frac{0{,}28 \cdot 5600}{i_{ges} \cdot 2{,}65}$

Zur Erleichterung des Rechnens werden die für jeden Gang gleichbleibenden Konstanten ausgerechnet:

$$\frac{0{,}28 \cdot 5600}{2{,}65} = 591{,}7$$

Die Formel lautet jetzt:

$$v = \frac{591{,}7}{i_{ges}}$$

Die Fahrgeschwindigkeiten in den einzelnen Gängen betragen folglich:

$$v_{I} = \frac{591{,}7}{13{,}42} \approx 44 \text{ km/h im 1. Gang}$$

$$v_{II} = \frac{591{,}7}{7{,}55} \approx 78 \text{ km/h im 2. Gang}$$

$$v_{III} = \frac{591{,}7}{5{,}02} \approx 117 \text{ km/h im 3. Gang}$$

$$v_{IV} = \frac{591{,}7}{3{,}77} \approx 156 \text{ km/h im 4. Gang}$$

$$v_{R} = \frac{591{,}7}{12{,}33} \approx 47 \text{ km/h im R.-Gang}$$

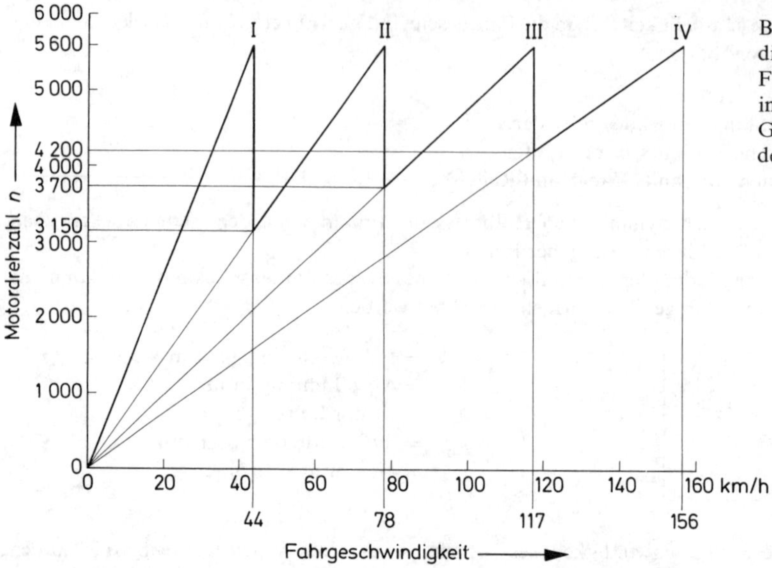

Bild 9.6 Das Fahrdiagramm zeigt die Fahrgeschwindigkeit in den einzelnen Gängen abhängig von der Motordrehzahl

Trägt man die Fahrgeschwindigkeit in den einzelnen Gängen, abhängig von der Motordrehzahl, in ein Koordinatensystem ein, erhält man ein Fahrdiagramm (Bild 9.6). Bei Verwendung eines brauchbaren Drehzahlmessers kann man mit Hilfe des Fahrdiagramms die Anzeigegenauigkeit des Geschwindigkeitsmessers überprüfen.

9.16 Bremsberechnung

Durch die Antriebskraft des Motors bewegt sich ein Kraftfahrzeug beim Anfahren mit zunehmender Geschwindigkeit und beim Bremsen mit abnehmender Geschwindigkeit. Die Zunahme der Geschwindigkeit je Sekunde nennt man Beschleunigung, die Abnahme der Geschwindigkeit je Sekunde Verzögerung.

9.16.1 Darstellung des Bremsvorgangs (Bild 9.7)

Reaktionszeit Zeit vom Erkennen der Gefahr bis zum Betätigen des Bremspedals. Sie beträgt etwa *0,8 s*, ist aber individuell verschieden und kann daher vom Bremsenhersteller nicht beeinflußt werden.

Ansprechzeit Zeit vom Betätigen des Bremspedals bis zum Einsetzen der Bremswirkung.

Schwellzeit Zeit vom Einsetzen der Bremswirkung bis zum Erreichen der größten Bremswirkung.

Vollverzögerungszeit Zeit vom Beginn der größten Bremswirkung bis zum Stillstand des Fahrzeugs.

Bremszeit (gesamt) Zeit vom Betätigen des Bremspedals bis zum Stillstand des Fahrzeugs.

Bild 9.7 Schematische Darstellung eines Bremsdiagrammes

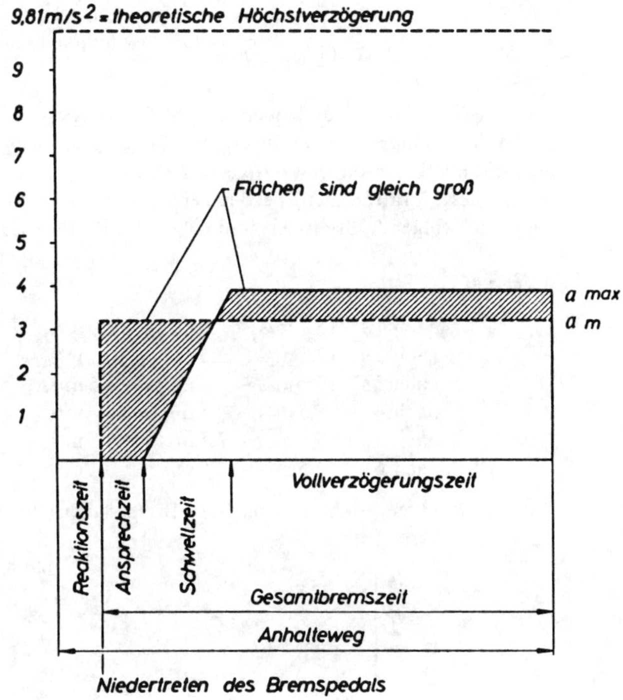

Anhalteweg Der vom Fahrzeug zurückgelegte Weg vom Erkennen der Gefahr bis zum Stillstand des Fahrzeugs.

Schrecksekunde Zeit vom Erkennen der Gefahr bis zur Reaktion (≈ 1 s). Diese Zeit wird einem Fahrer nur dann zugebilligt, wenn ein unvorherzusehendes Ereignis eintritt.

Mittlere Bremsverzögerung a_m Verzögerung, die rein theoretisch vom Betätigen des Bremspedals bis zum Stillstand des Fahrzeugs in gleicher Größe wirksam ist.

Sie ist nicht meßbar und läßt sich nur rechnerisch oder zeichnerisch ermitteln. Wird sie errechnet, so wird die maximale Verzögerung mit einem Umrechnungsfaktor (Gütefaktor) multipliziert:

1. bei mechanischen Bremsen $a_m = a_{max} \cdot (0{,}60 \text{ bis } 0{,}80)$,
2. bei hydraulischen Bremsen $a_m = a_{max} \cdot (0{,}70 \text{ bis } 0{,}80)$,
3. bei Druckluftbremsen $a_m = a_{max} \cdot (0{,}50 \text{ bis } 0{,}75)$,
4. Druckluftbremsen im Anhängerbetrieb $a_m = a_{max} \cdot (0{,}45 \text{ bis } 0{,}70)$,
5. Saugluftbremsen $a_m = a_{max} \cdot (0{,}50 \text{ bis } 0{,}70)$,
6. Saugluftbremsen im Anhängerbetrieb $a_m = a_{max} \cdot (0{,}45 \text{ bis } 0{,}70)$.

Die Umrechnungsfaktoren geben jeweils den Gütegrad der betreffenden Bremse an.

9.16.2 Berechnungsbeispiele und Formeln von Bremsvorgängen

Muß die Geschwindigkeit km/h in m/s geändert werden, so kann dieses mit der Zahl 3,6 geschehen. Denn 1 Kilometer pro Stunde (km/h) entspricht 1000 Meter pro 3600 Sekunden (m/s).

$$\text{Geschwindigkeit m/s} = \frac{\text{Geschwindigkeit km/h}}{3{,}6}$$

Wird die Fahrgeschwindigkeit eines Kraftfahrzeugs von 15 m/s (54 km/h) innerhalb von 4 s auf 5 m/s (18 km/h) gemindert, so hat die Geschwindigkeit in 4 s um 10 m/s oder in 1 s um 10 m/s : 4 = 2,5 m/s pro Sekunde Bremsdauer verzögert = 2,5 m/s^2.

Soll dieses Kraftfahrzeug bei der Verzögerung von 2,5 m/s^2 bis zum Stillstand abgebremst werden, ergibt sich folgende Bremszeit und folgender Bremsweg:

Bremszeit

nach 1 s 15 m/s − 2,5 m/s = 12,5 m/s,
nach 2 s 12,5 m/s − 2,5 m/s = 10 m/s,
nach 3 s 10 m/s − 2,5 m/s = 7,5 m/s,
nach 4 s 7,5 m/s − 2,5 m/s = 5 m/s,
nach 5 s 5 m/s − 2,5 m/s = 2,5 m/s,
nach 6 s 2,5 m/s − 2,5 m/s = 0 m/s.

Das Kraftfahrzeug steht also nach 6 s Bremsdauer (Bild 9.8).

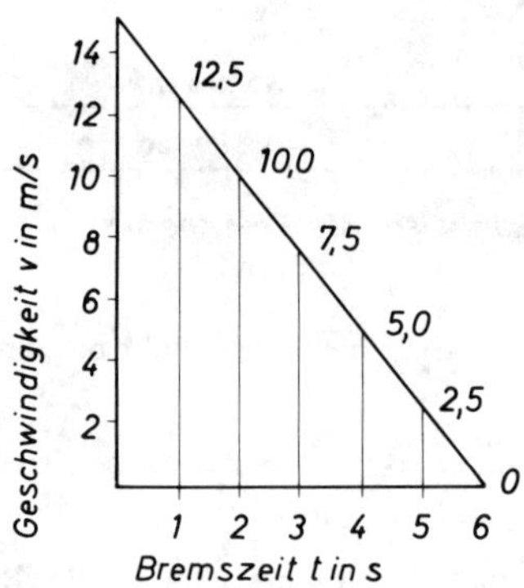

Bild 9.8 Geschwindigkeit-Zeit-Diagramm

Bremsweg

Die Fahrgeschwindigkeit beträgt 15 m/s, nach 1 s Bremsdauer nur noch 12,5 m/s.

15 m/s + 12,5 m/s = 27,5 m/s,
27,5 m/s : 2 = Durchschnittsgeschwindigkeit.

Durchschnittsgeschwindigkeit = zurückgelegter Weg/s.

27,5 m/s : 2 = 13,75 m/s.

Der zurückgelegte Weg nach der 1. Sekunde beträgt 13,75 m.
Zu Beginn der 2. Sekunde beträgt die Fahrgeschwindigkeit 12,5 m/s, am Ende 10 m/s.

12,5 m/s + 10 m/s = 22,5 m/s,
22,5 m/s : 2 = Durchschnittsgeschwindigkeit:
22,5 m/s : 2 = 11,25 m/s.

Der zurückgelegte Weg nach der 2. Sekunde beträgt 11,25 m.
Zu Beginn der 3. Sekunde ... usw.

Bremsweg in der

	1. Sekunde	13,75 m
	2. Sekunde	11,25 m
	3. Sekunde	8,75 m
	4. Sekunde	6,25 m
	5. Sekunde	3,75 m
	6. Sekunde	1,25 m
Gesamtbremsweg:		45,00 m

Erklärung der im Anschluß verwendeten Formelzeichen. Bei Bremsberechnungen wird die mittlere Verzögerung (a_m) als Verzögerung (a) angegeben.

a = Verzögerung in m/s^2
v = Geschwindigkeit in m/s
v_a = Anfangsgeschwindigkeit in m/s
t = Bremszeit in s
s = Bremsweg in m

Formeln für die Berechnung bei konstanter Verzögerung bis Geschwindigkeit Null oder Stillstand und Beschleunigung von Geschwindigkeit Null oder Stillstand bis zur Endgeschwindigkeit:

$s =$	$\frac{a \cdot t^2}{2}$	$\frac{v^2}{2 \cdot a}$	$\frac{v \cdot t}{2}$
$v =$	$a \cdot t$	$\sqrt{2 \cdot a \cdot s}$	$\frac{2 \cdot s}{t}$
$t =$	$\frac{v}{a}$	$\frac{2 \cdot s}{v}$	$\sqrt{\frac{2 \cdot s}{a}}$
$a =$	$\frac{v}{t}$	$\frac{v^2}{2 \cdot s}$	$\frac{2 \cdot s}{t^2}$

Formeln für die Berechnung bei konstanter Verzögerung von der Anfangsgeschwindigkeit (höchste) bis zur Endgeschwindigkeit:

$s =$	$v_a \cdot t - \frac{a \cdot t^2}{2}$	$\frac{v_a + v}{2} \cdot t$	$\frac{v_a^2 - v^2}{2 \cdot a}$
$v =$	$v_a - a \cdot t$	$\sqrt{v_a^2 - 2 \cdot a \cdot s}$	
$t =$	$\frac{v_a - v}{a}$	$\frac{2 \cdot s}{v_a + v}$	
$a =$	$\frac{v_a - v}{t}$	$\frac{v_a^2 - v^2}{2 \cdot s}$	$\frac{2 \cdot (v_a \cdot t - s)}{t^2}$

Formeln für die Berechnung bei konstanter Beschleunigung von der Anfangsgeschwindigkeit (niedrigste) bis zur Endgeschwindigkeit:

$s =$	$v_a \cdot t + \dfrac{a \cdot t^2}{2}$	$\dfrac{v_a + v}{2} \cdot t$	$\dfrac{v^2 - v_a^2}{2 \cdot a}$
$v =$	$v_a + a \cdot t$	$\sqrt{v_a^2 + 2 \cdot a \cdot s}$	
$t =$	$\dfrac{v - v_a}{a}$	$\dfrac{2 \cdot s}{v_a + v}$	
$a =$	$\dfrac{v - v_a}{t}$	$\dfrac{v^2 - v_a^2}{2 \cdot s}$	$\dfrac{2 \cdot (s - v_a \cdot t)}{t^2}$

Soll außer dem Bremsweg auch der Anhalteweg berechnet werden, muß zu dem Bremsweg noch der Reaktionsweg addiert werden.

Anhalteweg = Reaktionsweg plus Bremsweg

$$\boxed{s_A = s_R + s}$$

$$s_R = v \cdot t_R$$

s_A = Anhalteweg in m
s_R = Reaktionsweg in m
s = Bremsweg in m
v = Geschwindigkeit in m/s
t_R = Reaktionszeit in s

9.17 Berechnungen der Kraftfahrzeugelektrik

9.17.1 Ohmsches Gesetz

$$\boxed{U = R \cdot I}$$

$$R = \frac{U}{I}$$

$$I = \frac{U}{R}$$

U = Spannung in Volt (V)
R = Widerstand in Ohm (Ω)
I = Stromstärke in Ampere (A)

Beispiel: Ein Zigarrenanzünder für 12 V Spannung hat einen Widerstand von 1,6 Ω. Wieviel Ampere nimmt er auf?

$$I = \frac{U}{R} = \frac{12}{1{,}6} = 7{,}5\,\text{A}$$

9.17.2 Reihenschaltung

Der Gesamtwiderstand eines geschlossenen Stromkreises errechnet sich als Summe aller in Reihe geschalteten Einzelwiderstände.

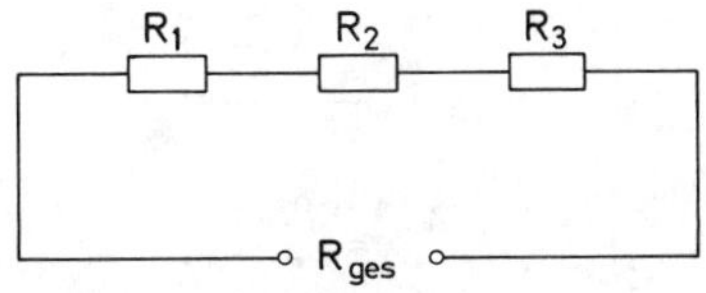

$$R_{ges} = R_1 + R_2 + R_3 + \cdots$$

R_{ges} = Gesamtwiderstand in Ohm (Ω)

R_1, R_2, R_3 = Teilwiderstände in Ohm

9.17.3 Parallelschaltung mehrerer Widerstände

Hat man mehrere Widerstände, die alle an derselben Spannung liegen, so sagt man: Die Widerstände liegen parallel. Der Strom in jedem einzelnen Widerstand errechnet sich nach dem Ohmschen Gesetz.

$$R_{ges} = \frac{1}{\frac{1}{R_1} + \frac{1}{R_2} + \frac{1}{R_3} \cdots}$$

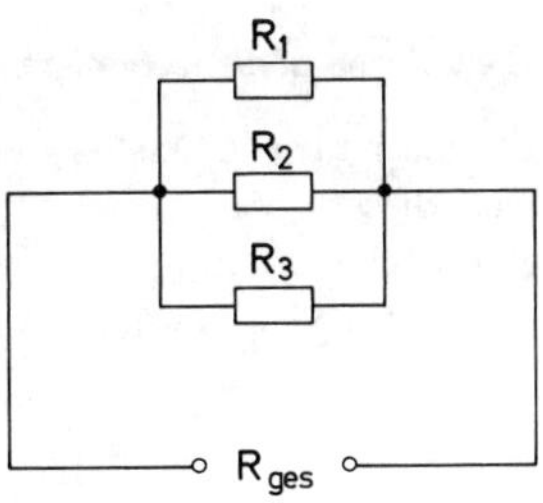

Parallelschaltung zweier Widerstände

$$R_{ges} = \frac{R_1 \cdot R_2}{R_1 + R_2}$$

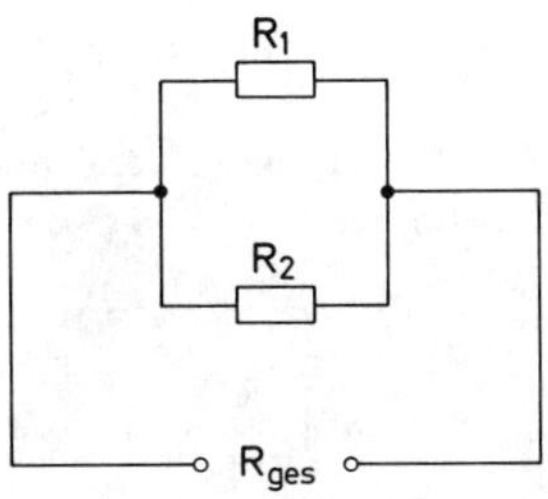

Beispiel: Berechne den Gesamtwiderstand folgender Widerstände in Reihen- und Parallelschaltung.

$R_1 = 2\,\Omega$, $R_2 = 3\,\Omega$

Reihenschaltung:

$$R_{ges} = R_1 + R_2 = 2 + 3 = 5\,\Omega$$

Parallelschaltung:

$$R_{ges} = \frac{1}{\frac{1}{R_1} + \frac{1}{R_2}} = \frac{1}{\frac{1}{2} + \frac{1}{3}} = \frac{1}{\frac{3}{6} + \frac{2}{6}} = \frac{1}{\frac{5}{6}} = \frac{6}{5} = 1{,}2\,\Omega$$

9.17.4 Elektrische Leistung

Die elektrische Leistung ist das Produkt aus Spannung und Strom.

$$\boxed{P = U \cdot I}$$

P = Leistung in Watt (W)
U = Spannung in Volt (V)
I = Stromstärke in Ampere (A)

$$U = \frac{P}{I}$$

$$I = \frac{P}{U}$$

Beispiel: Ein Generator hat bei einer Spannung von 14 V eine elektrische Leistung von 490 W. Wie groß ist die Stromstärke?

$$I = \frac{P}{U} = \frac{490}{14} = 35\,\text{A}$$

Elektrische und mechanische Leistung

Die mechanische Leistung PS und die elektrische Leistung W stehen zueinander im Verhältnis 1 : 736. Aus diesem Verhältnis ist es möglich, aus der mechanischen Leistung die ihr entsprechende elektrische Leistung zu errechnen.

Denn PS · 736 ergibt Watt, und W : 736 ergibt PS.

9.17.5 Wirkungsgrad

Als Wirkungsgrad bezeichnet man das Verhältnis der abgegebenen Leistung zur aufgenommenen Leistung.

$$\boxed{\eta = \frac{P_{ab}}{P_{zu}}}$$

η = (griech. Eta) Wirkungsgrad
P_{ab} = abgegebene Leistung
P_{zu} = zugeführte Leistung

$$P_{ab} = P_{zu} \cdot \eta$$

$$P_{zu} = \frac{P_{ab}}{\eta}$$

$$\eta \text{ in } \% = \eta \cdot 100$$

Beispiel: Ein Anlasser nimmt bei einer Spannung von 12 V 180 A auf und gibt eine Leistung von 1472 W ab. Wie groß ist der Wirkungsgrad?

$$P = U \cdot I = 12 \cdot 180 = 2160\,\text{W}$$

$$\eta = \frac{P_{ab}}{P_{zu}} = \frac{1472}{2160} = 0{,}68$$

$$\eta \text{ in } \% = 0{,}68 \cdot 100 = 68\,\%$$

9.17.6 Elektrische Arbeit

Die elektrische Arbeit ist die elektrische Leistung während einer bestimmten Zeit.

$$\boxed{W = P \cdot t}$$

W = elektrische Arbeit in Wattsekunde (Ws)
P = Leistung in Watt
t = Zeit in Sekunden (s)

$$P = \frac{W}{t}$$

$$t = \frac{W}{P}$$

Beispiel: Eine Glühlampe von 100 W brennt 50 Sekunden. Wie groß ist die elektrische Arbeit?
$W = P \cdot t = 100 \cdot 50 = 5000$ Ws (5000 J)

9.17.7 Elektrizitätsmenge

Die Elektrizitätsmenge oder Strommenge errechnet man, indem man den Strom mit der Zeit, in der er geflossen ist, multipliziert.

$$\boxed{Q = I \cdot t}$$

Q = Elektrizitätsmenge in Amperesekunde (As)
I = Stromstärke in Ampere (A)
t = Zeit in Sekunden (s)

$$I = \frac{Q}{t}$$

$$t = \frac{Q}{I}$$

Beispiel: Ein Strom von 15 Ampere fließt 60 Sekunden. Wie groß ist die Elektrizitätsmenge?

$Q = I \cdot t = 15 \cdot 60 = 900$ As (900 Coulomb C)

9.17.8 Leitungswiderstand

Der Widerstand in elektrischen Leitungen hängt vom Querschnitt, der Länge und dem Werkstoff des Leiters ab. Der spezifische Widerstand (ϱ = griech. Rho) gibt an, wie groß der Widerstand eines Leiters von 1 m Länge und 1 mm² Querschnitt bei 293 K ist. Die elektrische Leitfähigkeit ist der umgekehrte (reziproke) Wert des spez. Widerstandes. Ein Kupferdraht von 1 m Länge und 1 mm² Querschnitt hat z.B. einen Widerstand von 1/57 = 0,0175 Ω oder eine Leitfähigkeit von 57/1 = 57 Siemens bei 293 K.

$$\boxed{R_{Ltg} = \frac{\varrho \cdot l}{A}}$$

R_{Ltg} = Widerstand in Ohm (Ω)
ϱ = spez. Widerstand in Ohm · mm²/m
l = Länge der Leitung in m
A = Leiterquerschnitt in mm²

$$l = \frac{R_{Ltg} \cdot A}{\varrho}$$

$$\varrho = \frac{R_{Ltg} \cdot A}{l}$$

Beispiel: Berechne den Widerstand einer Kupferleitung von 2,5 mm² Querschnitt und einer Länge von 30 m.

$$R_{Ltg} = \frac{\varrho \cdot l}{A} = \frac{0{,}0175 \cdot 30}{2{,}5} = 0{,}21\,\Omega$$

9.17.9 Temperaturabhängigkeit des Widerstandes

$$\boxed{\varrho t = \varrho \cdot [1 + \alpha(t - 293)]}$$

ϱt = Warmwiderstand
ϱ = spezifischer Widerstand
α = Temperaturkoeffizient
t = erhöhte Temperatur

Beispiel: Wie groß ist der Warmwiderstand von Kupfer bei 353 K?

$\varrho t = \varrho \cdot [1 + \alpha(t - 293)]$

$\varrho t = 0{,}0175 \cdot (1 + 4 \cdot 10^{-3} \cdot 60) = 0{,}0217\,\Omega \cdot mm^2/m$

9.17.10 Kabelquerschnittsberechnung (Leitungsquerschnitt)

Für die Kabelleitungen in Kraftfahrzeugen sind Spannungsverlust und Erwärmung ausschlaggebend.

Der höchstzulässige Spannungsverlust beträgt:

In Verbraucherleitungen	bei 6-V-Anlagen	0,4 V
	bei 12-V-Anlagen	0,8 V
In den Ladeleitungen des Generators	bei 6-V-Anlagen	0,15 V
	bei 12-V-Anlagen	0,3 V
In den Anlasserleitungen bei Kurzschlußstrom	bei 6-V-Anlagen	0,25 V
des Anlassers	bei 12-V-Anlagen	0,5 V

Die erwärmungsbedingte höchstzulässige Belastbarkeit bei Dauerstrom beträgt:

bis 6 mm², 10 A pro mm² Leitungsquerschnitt
bis 35 mm², 6 A pro mm² Leitungsquerschnitt
bis 120 mm², 4 A pro mm² Leitungsquerschnitt

bei kurzzeitigen Strömen 20 A, pro mm² Leitungsquerschnitt.

$$\boxed{A = \frac{\varrho \cdot P \cdot l}{U_v \cdot U} \text{ oder } \frac{\varrho \cdot I \cdot l}{U_v}}$$

A = Kabelquerschnitt in mm²
ϱ = spez. Widerstand in Ohm · mm²/m
P = Leistung in Watt
l = Länge der Kabelleitung in m
U = Spannung in Volt
U_v = zulässiger Spannungsverlust in Volt
I = Stromstärke in Ampere

Beispiel: Generator 14 V, 35 A. Länge der Ladeleitung 2 m. Material der Kabelleitung Kupfer. Gesucht wird der zu verlegende Kabelquerschnitt.

$$A = \frac{\varrho \cdot I \cdot l}{U_v} = \frac{0{,}0175 \cdot 2 \cdot 35}{0{,}3} = 4{,}083\,\text{mm}^2$$

9.17.11 Spannungsverlust

Spannungsverlust oder Spannungsabfall ist die verbrauchte Spannung vom Spannungserzeuger bis zum Verbraucher.

$$U_v = R_{Ltg} \cdot I$$

oder

$$U_v = \frac{I \cdot \varrho \cdot l}{A}$$

U_v = Spannungsverlust in Volt
R_{Ltg} = Widerstand der Leitung
I = Stromstärke in Ampere
ϱ = spez. Widerstand
l = Länge der Leitung
A = Querschnittsfläche der Leitung

$$I = \frac{U_v}{R_{Ltg}}$$

$$R_{Ltg} = \frac{U_v}{I}$$

$$U_v \text{ in } \% = \frac{U_v \cdot 100\,\%}{U}$$

Beispiel: Berechne den Spannungsverlust einer 3 m langen Scheinwerferleitung aus Kupfer von 2,5 mm² Querschnitt, 12 V Spannung und 6 Ampere.

$$U_v = R_{Ltg} \cdot I = \frac{\varrho \cdot l \cdot I}{A} = \frac{0{,}0175 \cdot 3 \cdot 6}{2{,}5} = 0{,}126\,\text{V}$$

$$U_v \text{ in } \% = \frac{U_v \cdot 100}{U} = \frac{0{,}126 \cdot 100}{12} = 1{,}05\,\%$$

9.17.12 Kapazität der Batterie

$$C = I \cdot t$$

C = Kapazität einer Batterie in Amperestunden (Ah)
I = Stromstärke in Ampere (A)
t = Lade- oder Entladezeit in Stunden (h)

$$I = \frac{C}{t}$$

$$t = \frac{C}{I}$$

Beispiel: Eine Batterie 12 V, 84 Ah zu 50 % geladen, speist 12-V-Verbraucher mit einer Gesamtstromstärke von 14 Ampere.

Wie lange können die Verbraucher betrieben werden?

$$\text{Ladezustand } 50\,\% = \frac{C \cdot \%}{100} = \frac{84 \cdot 50}{100} = 42\,\text{Ah}$$

$$t = \frac{C}{I} = \frac{42}{14} = 3\,\text{h}$$

9.17.13 Schließwinkel

Für die Zündung aller Zylinder eines Motors steht in der Regel eine Umdrehung (360°) im Verteiler zur Verfügung. Die Zündwinkelgröße ist abhängig von der Zylinderzahl. Der Schließwinkel liegt zwischen 50 und 70 % des Zündwinkels.

$$\text{Zündwinkel} = \frac{360°}{\text{Anzahl der Zylinder}} = (\ \ °)$$

$$\text{Schließwinkel} = \frac{360° \cdot \text{Schließwinkel } \%}{100\,\% \cdot \text{Anzahl der Zylinder}} = (\ \ °)$$

Beispiel: Ein Sechszylindermotor hat einen Schließwinkel von 60 %. Wieviel Grad?

$$\text{Schließwinkel} = \frac{360° \text{ Schließwinkel } \%}{100\,\% \cdot \text{Anzahl der Zylinder}} = \frac{360 \cdot 60}{100 \cdot 6} = 36°$$

Schließzeit

Die Zeit, in der die Unterbrecherkontakte geschlossen sind, hängt von dem Schließwinkel und der Drehzahl ab.

$$\boxed{t = \frac{60 \cdot \alpha}{360 \cdot n} = \frac{\alpha}{6 \cdot n}}$$

t = Schließzeit in Sekunden (s)
α = Schließwinkel in Grad (°)
n = Verteilerdrehzahl in Minuten (min^{-1})

Beispiel: Der Schließwinkel beträgt 50° und die Verteilerdrehzahl 2500 min^{-1}. Wie lange ist der Unterbrecherkontakt geschlossen?

$$t = \frac{\alpha}{6 \cdot n} = \frac{50}{6 \cdot 2500} = \frac{1}{300} = 0{,}0033\,\text{s}$$

9.17.14 Spulenberechnung

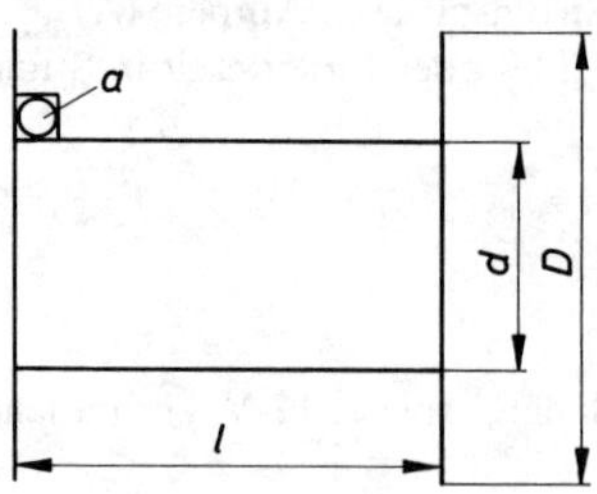

D = großer Durchmesser
d = kleiner Durchmesser (Spulenkern)
A = große Fläche
a = kleine Fläche (Platzbedarf eines Drahtes)
l = Spulenlänge

Windungszahl

$$W_z = \frac{A}{a}$$

$$A = \frac{(D-d)}{2} \cdot l$$

$$a = \varnothing \cdot \varnothing$$

W_z = Windungszahl
A = große Fläche
a = kleine Fläche
D = großer Durchmesser
d = kleiner Durchmesser
$\varnothing$ = Drahtdurchmesser

Drahtlänge

$$D_l = mW_l \cdot W_z$$

$$mW_l = \left[\frac{(D-d)}{2} + d\right] \cdot \pi$$

D_l = Drahtlänge
mW_l = mittlere Windungslänge
W_z = Windungszahl
D = großer Durchmesser
d = kleiner Durchmesser

Beispiel: Eine Spule hat die Maße:

Außen = 200 mm
Innen = 20 mm
Länge = 100 mm

Berechne: a) Windungszahl, b) Drahtlänge

a) $W_z = \frac{A}{a} = \frac{9000}{4} = 2250$ Windungen

$$A = \frac{(D-d)}{2} \cdot l = \frac{(200-20)}{2} \cdot 100 = 9000\,\text{mm}^2$$

$$a = \varnothing \cdot \varnothing = 2 \cdot 2 = 4\,\text{mm}^2$$

b) $D_l = mW_l \cdot W_z = 0{,}3453\,\text{m} \cdot 2250 = 777{,}15\,\text{m}$

$$mW_l = \left[\frac{(D-d)}{2} + \text{d}\right] \cdot \pi = \left[\frac{(200-20)}{2} + 20\right] \cdot 3{,}14 = 345{,}5\,\text{mm}$$

9.18 Fahrwiderstände

Die Widerstände am fahrenden Kraftfahrzeug – Rollwiderstand, Luftwiderstand, Steigungswiderstand – müssen durch die Motorleistung überwunden werden.

9.18.1 Rollwiderstand

Der Rollwiderstand entspricht dem Reibungswiderstand zwischen Reifen und Fahrbahn.

$$F_R = F_N \cdot \mu_R$$

F_R = Rollwiderstand in N
F_N = Gesamtgewichtskraft des Fahrzeuges in N
μ_R = Rollreibungszahl

9.18.2 Luftwiderstand

Der Luftwiderstand wird hervorgerufen durch den Staudruck der Luftströmung. Er ist abhängig von der Fahrzeugform, Stirnfläche und der Fahrgeschwindigkeit.

$$F_L = 0{,}048 \cdot c_w \cdot A \cdot v^2$$

F_L = Luftwiderstand in N
c_w = Luftwiderstandsbeiwert
A = Stirnfläche des Fahrzeuges in m^2
v = Fahrgeschwindigkeit in km/h
0,048 = Konstante der Luftdichte bei normalem Luftdruck

Für die Berechnung der Fahrzeugstirnfläche rechnet man näherungsweise:
$A \approx 0{,}8 \cdot b \cdot h$

9.18.3 Steigungswiderstand

Der Steigungswiderstand ist die Kraft, die zusätzlich erforderlich ist, um eine Steigung zu befahren.

$$F_{St} = \frac{G \cdot p}{100\,\%}$$

$$F_{St} = \frac{G \cdot h}{s}$$

F_{St} = Steigungswiderstand in N
G = Fahrzeuggewichtskraft in N
p = Steigung in %
h = Höhenunterschied in m
s = Länge der Steigung in m

9.18.4 Gesamtwiderstand

Der Gesamtwiderstand ist die Addition aller Einzelwiderstände.

$$F_{ges} = F_R + F_L + F_{St}$$

10 Werkstoffkunde

Die in den «Fachlichen Vorschriften für die Meisterprüfung» vorgeschriebenen Kenntnisse über Eigenschaften, Gewinnung, Verarbeitung sowie Prüfung aller im Kraftfahrzeugbau verwendeten Werkstoffe sollen im Abschnitt «Werkstoffkunde» behandelt werden. Dazu gehören zum besseren Verstehen dieses Gebietes auch chemische und physikalische Grundkenntnisse.

10.1 Chemische Grundkenntnisse der Werkstoffkunde

Chemie ist die Lehre von den Umwandlungen und Eigenschaften der Stoffe. Die Chemie unterteilt sich in die *organische und anorganische* Chemie.

Organische Chemie ist die Zusammenfassung der Stoffe, die Kohlenstoff (C) enthalten. Eine Ausnahme machen z.B. die Kohlenstoffoxide (CO und CO_2), die nicht mit zur organischen Chemie gezählt werden.

Kohlenoxid CO entsteht, wenn bei der Verbrennung des Kohlenstoffs (C) der Sauerstoff (O) nicht in ausreichender Menge zur Verfügung steht, so daß eine unvollkommene Verbrennung verläuft.

CO ist ein farb-, geruch- und geschmackloses Gas, das sehr giftig ist. Es verbindet sich anstelle des Sauerstoffs mit dem roten Blutfarbstoff. Schon 0,3 Vol.-% in der Atemluft können in kurzer Zeit zum Tode führen. Kohlenoxid ist etwas leichter als Luft und brennbar. Auspuffgase von Verbrennungsmotoren sind häufig die Ursache von CO-Vergiftungen.

Kohlendioxid CO_2 ist ein farb- und geruchloses, nicht brennbares Gas, welches etwa 1,5mal schwerer ist als Luft. CO_2 entsteht beim Verbrennen von Kohlenoxid. Dieses Gas ist nicht giftig, wirkt aber erstickend, wenn beim Einatmen größerer Mengen CO_2 der Sauerstoff der Atemluft zu gering wird.

Anorganische Chemie befaßt sich mit allen Verbindungen, Elementen und Legierungen, die *keinen* Kohlenstoff (C) enthalten.

Chemische Elemente

Es gibt z.Z. 106 Stoffe, die sich chemisch nicht weiter zerlegen lassen, sie werden als Elemente oder Grundstoffe bezeichnet.

92 der 106 Elemente sind natürlich vorkommende Stoffe, 14 werden künstlich hergestellt. Von diesen 92 natürlichen Elementen sind bei normalem Druck und normaler Temperatur elf gasförmig, zwei flüssig (Brom [Br] und Quecksilber [Hg]) sowie 79 fest.

Chemische Kurzzeichen Um kurz, aber doch exakt anzugeben, welche Veränderungen bei chemischen Reaktionen eintreten, werden nicht die ausgeschriebenen Namen der Stoffe, sondern ihre Kurzzeichen verwendet. Die Kurzzeichen einiger in der Werkstoffkunde häufig vorkommenden Grundstoffe (Elemente) zeigt die nachfolgende Tabelle.

Nichtmetalle		Metalle	
Sauerstoff	O	Aluminium	Al
Wasserstoff	H	Blei	Pb
Stickstoff	N	Eisen	Fe
Kohlenstoff	C	Magnesium	Mg
Phosphor	P	Kupfer	Cu
Schwefel	S	Zink	Zn
Silizium	Si	Zinn	Sn

Atom (von griechisch «atomos» = nicht mehr zerlegbar) nennt man das kleinste, mit chemischen Mitteln nicht mehr zerlegbare Teilchen eines Elements (Grundstoffs). Jedes Atom besteht aus einem Atomkern und einer Elektronenhülle (Bild 10.1).

Der Atomkern besitzt positive elektrische Ladung und setzt sich aus *Protonen und Neutronen* zusammen. Auf der Elektronenhülle befinden sich die elektrisch negativ geladenen *Elektronen*, die den Atomkern umkreisen. Die Atomkerne der verschiedenen Elemente unterscheiden sich im wesentlichen durch die Anzahl der positiven Protonen. Da zu jedem Proton im Atomkern auch ein entsprechendes Elektron gehört, stellt sich dadurch ein elektrisches Gleichgewicht dar.

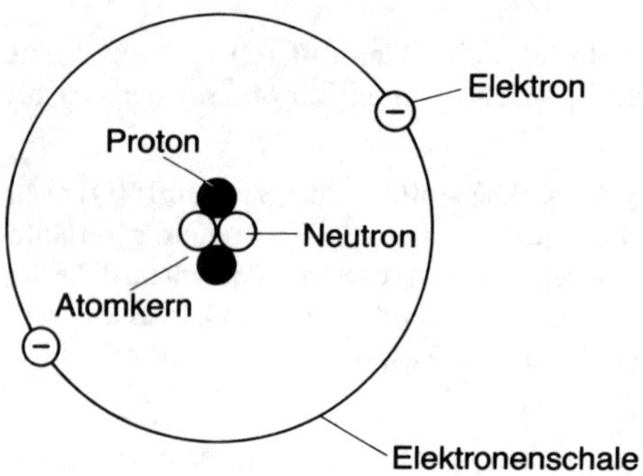

Bild 10.1 Modell eines Atoms

Bild 10.2 Aufbau verschiedener Atome in schematischer Darstellung

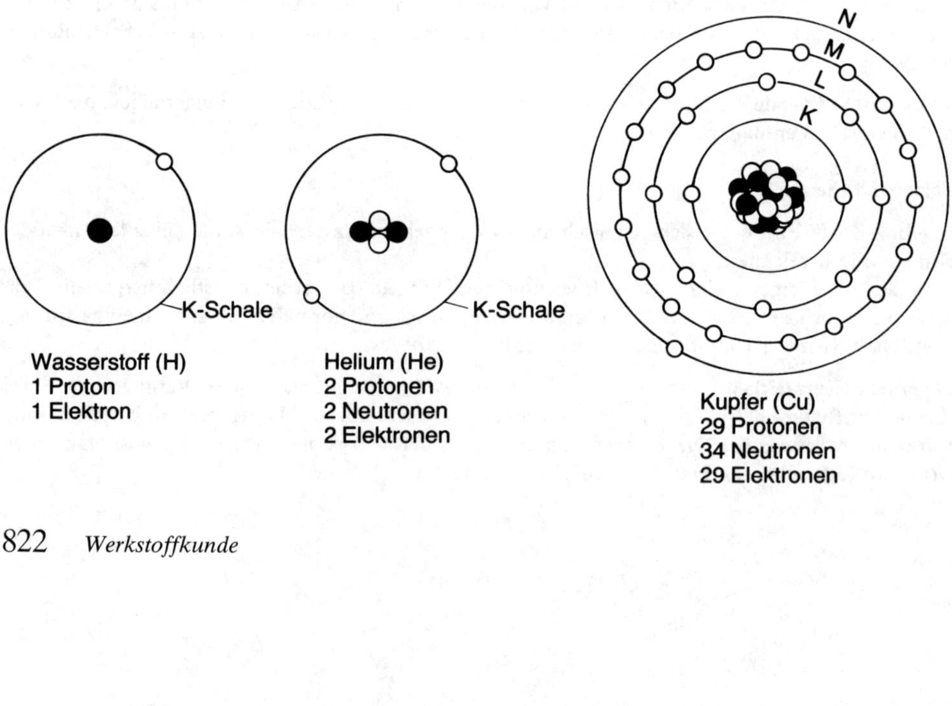

Das einfachste und leichteste Atom ist das des Wasserstoffs (H). Sein Kern hat nur ein einziges Proton aufzuweisen, um das ein negativ geladenes Elektron kreist, denn zu jedem Proton im Atomkern gehört auch ein entsprechendes Elektron (Bild 10.2). Das von der Masse nächstgrößere Atom ist Helium (He). Es besitzt als Kern zwei elektrisch positive Protonen und zwei etwa ebensoschwere Teilchen – die elektrisch neutralen Neutronen –, um die sich nun zwei Elektronen bewegen.

Die Elektronen kreisen nicht nur um den Atomkern, sondern rotieren auch um sich selbst. Diese Eigendrehung – der sogenannte «spin» – verursacht magnetische Kräfte, die für das Zustandekommen von chemischen Verbindungen wichtig sind. Um den Atomkern gibt es mehrere Elektronenbahnen, die als Elektronenschalen bezeichnet werden. Diese Elektronenschalen werden von innen nach außen als K-, L-, M-, N-, O-, P- und Q-Schalen bezeichnet.

Synthese ist das Herstellen chemischer Verbindungen aus Elementen oder Grundstoffen.

Moleküle sind die kleinsten Teilchen einer chemischen Verbindung.

Analyse ist Trennen von Stoffgemischen in ihre Einzelteile.

Elektrolyse nennt man ein mit Hilfe des elektrischen Stroms durchgeführtes Zersetzen von flüssigen Lösungen. Die Elektrolyse wird angewendet zur Zerlegung von Wasser oder Abscheidung fester Metalle, z.B. Gold, Silber, Kupfer.

Oxidation bedeutet Sauerstoffaufnahme. Elemente oder Stoffe, die sich mit Sauerstoff verbunden haben, werden als Oxide bezeichnet.

Reduktion ist der Ausdruck für den Entzug von Sauerstoff. Bei jeder Oxidation ist auch eine Reduktion vorhanden. Sie spielt bei der Herstellung von Metallen eine wichtige Rolle.

Korrosion ist laut DIN die Zerstörung von Werkstoffen durch chemische oder elektrochemische Vorgänge. Es gibt eine Vielzahl von Korrosionsformen, die einzeln oder zusammen auftreten können (z.B. Rost durch Oxidation oder Kontaktkorrosion durch elektrochemische Vorgänge).

Edelgase sind einatomige gasförmige Elemente, die farb- und geruchlos sind. Sie gehen normalerweise keine chemischen Verbindungen ein. Hierzu gehören Argon (Ar), Helium (He), Krypton (Kr), Neon (Ne), Radon (Rn) und Xenon (Xe).

Edelmetalle sind chemisch besonders beständige Metalle, speziell gegenüber dem Sauerstoff (O). Bekannt sind Gold (Au), Silber (Ag), Platin (Pt), Palladium (Pd), Iridium (Ir), Osmium (Os), Rhodium (Rh) sowie Ruthenium (Ru).

Erdkruste

Als Erdkruste bezeichnet man eine Schicht, die auf den Kontinenten etwa 30 km, unter den Weltmeeren etwa 10 km und unter den Gebirgszügen etwa 50 km dick ist. In dieser Schicht befinden sich die meisten der 92 natürlichen Elemente. Die Zusammensetzung der Erdkruste zeigt Bild 10.3.

Säuren, Laugen (Basen)

Säuren sind chemische Verbindungen, die sich aus Wasserstoff (H), einem Nichtmetall und meistens Sauerstoff (O) zusammensetzen. Da die Wasserstoffatome ganz oder teilweise durch Metalle ersetzt werden können, greifen Säuren Metalle an.

Wichtige Säuren sind: Schwefelsäure (H_2SO_4), Salpetersäure (HNO_3), Kohlensäure (H_2CO_3), Salzsäure (HCl). Säuren färben blaues Lackmuspapier rot.

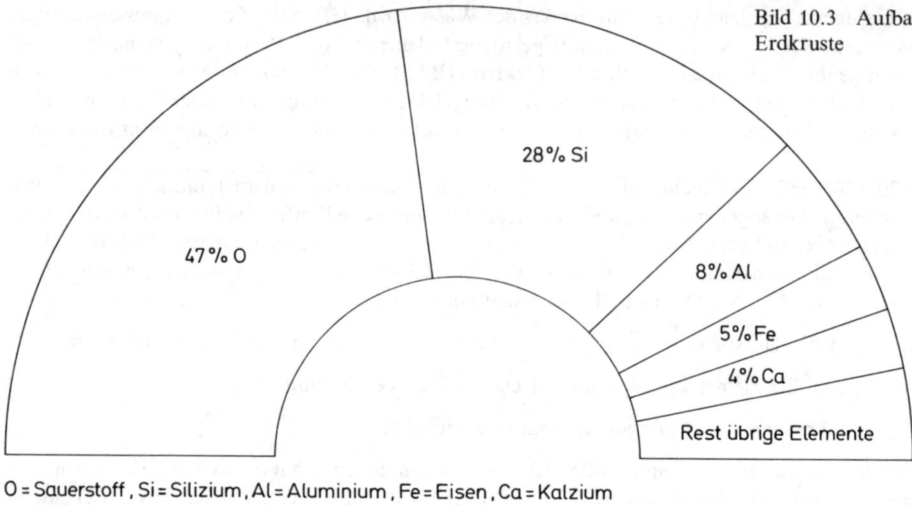

Bild 10.3 Aufbau der Erdkruste

Verdünnen von Säuren

Da beim Verdünnen einer Säure mit Wasser eine heftige chemische Reaktion auftreten kann, *muß die Säure immer vorsichtig ins Wasser geschüttet werden! Nie umgekehrt.* Außerdem sollten alle Vorsichtsmaßnahmen getroffen werden, die beim Umgang mit Säuren vorgeschrieben sind.

Laugen (Basen) sind chemische Verbindungen von Wasserstoff (H), einem Metall sowie Sauerstoff (O). Rotes Lackmuspapier wird durch Laugen blau gefärbt.

Da Laugen metallisch gesättigt sind, können Wasserstoffatome nicht durch Metallatome ausgetauscht werden. Metalle werden nicht angegriffen. Beim Umgang mit Laugen sollten die gleichen Vorsichtsmaßnahmen getroffen werden, wie beim Umgang mit Säuren, um ein Verätzen der Augen und der Haut zu vermeiden. Laugen rufen gefährlichere Verätzungen hervor als Säuren.

Wichtige Laugen sind: Kalilauge (KOH), Natronlauge (NaOH), Aluminiumhydroxid ($Al[OH]_3$).

Neutralisation

Bei einem Vermischen gleich starker Säuren und Laugen (Basen) zu gleichen Teilen werden die ätzenden Wirkungen der beiden aufgehoben, und es bilden sich Salze + Wasser.

Beispiel: Beim Vermischen von Natronlauge (NaOH) und Salzsäure (HCl) entsteht Natriumchlorid (NaCl) oder Kochsalz und Wasser (H_2O).

10.2 Physik

Physik ist die Lehre von den Vorgängen, bei denen sich der Stoff nicht ändert, wohl aber die Form oder Lage eines Körpers.

Man unterscheidet in der Physik verschiedene Gebiete. Einige sollen hier aufgeführt werden: Mechanik, Wärmelehre, Akustik, Optik, Elektrik, Atom- und Kernphysik. Die Anwendung des physikalischen Wissens bezeichnet man als *Technik*.

Physikalische Eigenschaften der Werkstoffe

Dichte angegeben allgemein in kg/dm^3, besagt, wievielmal leichter oder schwerer ein Stoff ist, als das gleiche Volumen Wasser bei 4 °C (277 K).

Schmelzpunkt ist die Temperatur, bei der ein Werkstoff vom festen in den flüssigen Zustand übergeht.

Wärmeleitfähigkeit nennt man das Weiterführen von Wärme in einem Werkstoff. Sie wird durch genaue physikalische Richtlinien festgelegt. Kupfer (Cu) hat z.B. eine gute, Luft dagegen eine schlechte Wärmeleitfähigkeit.

Elektrische Leitfähigkeit ist das Vermögen eines Stoffes, Strom zu transportieren. Das Gegenteil von der elektrischen Leitfähigkeit ist der elektrische Widerstand.

Bild 10.4 Wärme- und elektrische Leitfähigkeit wichtiger Metalle

Metall	elektrische Leitfähigkeit	Wärme-leitfähigkeit
	in % (Kupfer = 100%)	
Silber	106	108
Kupfer	100	100
Gold	72	76
Aluminium	62	56
Magnesium	39	41
Zink	29	29
Nickel	25	15
Cadmium	23	24
Kobalt	18	17
Eisen	17	17
Platin	16	18
Zinn	15	17
Blei	8	9
Titan	4	4

Zustandsformen (Aggregatzustände)

Die Zustandsformen der Stoffe sind *fest*, *flüssig*, *gasförmig*. Durch Abkühlen oder Erwärmen können die Zustandsformen der Stoffe geändert werden. Am einfachsten sind die Zustandsformen anhand des Wassers zu beobachten.

Bei 0 °C (273 K) ist Wasser fest (Eis), ab 100 °C (373 K) geht Wasser in den dampfförmigen Zustand über, und zwischen diesen Temperaturen ist Wasser flüssig. Die Angaben fest, flüssig, gasförmig beziehen sich immer auf eine Umgebungstemperatur von 20 °C (293 K) und normalen Luftdruck.

Mechanische Eigenschaften der Werkstoffe

Die wichtigsten mechanischen Eigenschaften der Werkstoffe, wie z.B. Zug-, Druck-, Biegefestigkeit, Härte, Dehnung, Zähigkeit und Sprödigkeit, spielen bei der Verwendbarkeit eines Werkstoffs eine wichtige Rolle.

Eine besondere Gruppe innerhalb der mechanischen Eigenschaften bilden die technologischen Eigenschaften, die bei der Formgebung und Verarbeitung der Werkstoffe von Bedeutung sind. Spanbarkeit, Schmiedbarkeit, Gießbarkeit, Schweißbarkeit und Klebbarkeit sind z.B. technologische Eigenschaften, nach denen man die Werkstoffe beurteilt.

Festigkeit ist die Kraft, die ein Werkstoff seiner Zerstörung oder Verformung entgegensetzt. Die Festigkeit ist ganz entscheidend von der Form des Werkstücks, von der Beanspruchungsart (Druck, Verdrehung, Zug, Biegung, Knickung) und dem Werkstoff abhängig (siehe auch Bild 10.5).

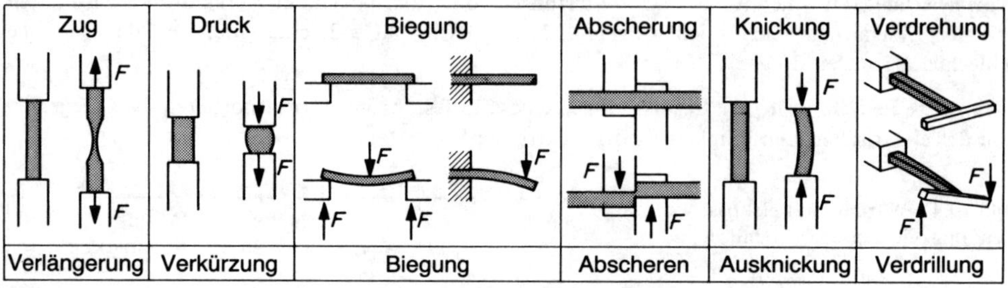

Bild 10.5 Mechanische Eigenschaften (Beanspruchungsarten) der Werkstoffe

Härte ist der Widerstand, den ein Körper dem Eindringen eines anderen Gegenstands entgegensetzt.

Unter Elastizität versteht man die Fähigkeit eines Stoffs, durch äußere Krafteinwirkung entstandene Formveränderungen rückgängig zu machen.

Zähigkeit ist die Eigenschaft eines Stoffs, große Formveränderungen zuzulassen, ohne daß der Stoff bricht.

Sprödigkeit macht sich dadurch bemerkbar, daß der Stoff ohne merkliche Formveränderung bricht.

10.3 Einteilung der Werkstoffe

Die Einteilung der Werkstoffe erfolgt in zwei Gruppen:

1. in *Metalle*,
2. in *Nichtmetalle*.

Die Metalle unterteilt man in die *Eisenwerkstoffe und Nichteisenwerkstoffe* (NE-Metalle), letztere wiederum in *Schwermetalle und Leichtmetalle.*

Alle Metalle mit einer Dichte über $5\ kg/dm^3$ sind Schwermetalle. Metalle mit einer Dichte unter $5\ kg/dm^3$ werden als Leichtmetalle bezeichnet.

Metalle

Bei normaler Temperatur befinden sich Metalle, mit Ausnahme des Quecksilbers (Hg), im festen Zustand. Sie sind gute elektrische und gute Wärmeleiter, besitzen den typischen metallischen Glanz sowie einen kristallinen Aufbau. Unter kristallinem Aufbau versteht man, daß die in Feststoffen enthaltenen Atome und Moleküle sich zu Kristallgittern vereinigt haben, die in der Bruchfläche deutlich sichtbar sind. Die sichtbaren Kristalle werden auch als Körner oder Korngrenzen bezeichnet.

Im Gegensatz zum kristallinen Aufbau der Werkstoffe steht der *amorphe* Aufbau. Hier werden in der Bruchfläche keine Kristalle (Körner oder Korngrenzen) sichtbar, so daß sie gestaltlos oder formlos bleiben (Beispiel: Glas, Asbest, Bitumen, Harze).

Bild 10.6 Einteilung der Werkstoffe

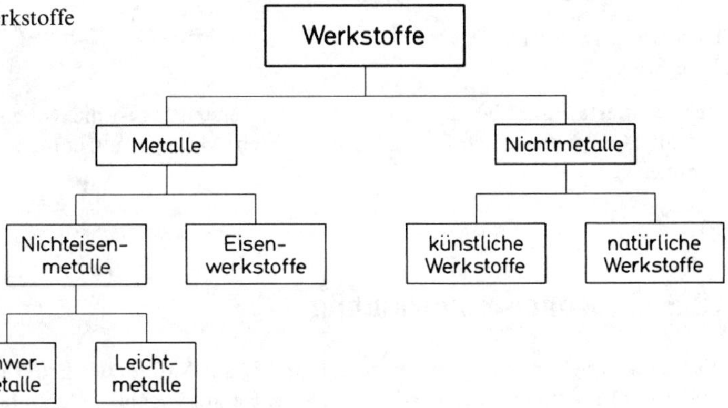

Bild 10.7 Kristalliner Aufbau eines Metalls

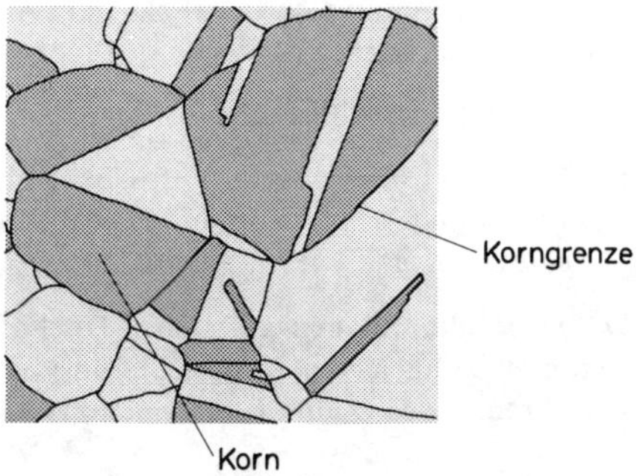

Nichtmetalle

Es gibt 22 chemische Elemente, die nichtmetallische Eigenschaften wie schlechte Wärme- und elektrische Leitfähigkeit, geringe Festigkeit, schlechte Verformbarkeit und eine gewisse Sprödigkeit aufweisen. Zu den Nichtmetallen zählen Kohlenstoff (C), Phosphor (P), Schwefel (S), Silizium (Si), Stickstoff (N), Wasserstoff (H), Sauerstoff (O) sowie die Halogene und Edelgase.

10.4 Eisen und Stahl

Hinter Sauerstoff, Silizium und Aluminium steht Eisen an vierter Stelle der in der Erdkruste vorkommenden Stoffe. Eisen verbindet sich sehr gern mit Sauerstoff, welches einer der Gründe dafür ist, daß es nicht im reinen Zustand, sondern meistens als Eisenoxid (Eisensauerstoffverbindung) in der Natur vorkommt.

Da reines Eisen schwer herzustellen ist und eine technische Verwendung kaum möglich wäre, werden Eisenlegierungen hergestellt, die wesentlich bessere Eigenschaften aufweisen. Die Eisenwerkstoffe werden in zwei Gruppen eingeteilt:

1. in *Gußeisenwerkstoffe*,
2. in *Stähle*.

Der wichtigste Punkt bei der Eisen- und Stahlherstellung ist die Roheisengewinnung. Hier nehmen fast alle Gußeisenwerkstoffe und Stähle ihren Anfang, um dann in den Werkstoffkreislauf zu kommen.

10.5 Roheisengewinnung

Wie bereits erwähnt, ist Eisen mit ungefähr 5 % am Aufbau der Erdkruste beteiligt. Nur an einigen Stellen der Erde kommt Eisen so häufig vor, daß es im Tagebau oder unter Tage als *Eisenerz* abgebaut werden kann. Lagerstätten von eisenarmen Erzen (unter 30 % Fe) beutet man heute nicht mehr aus, da die Aufbereitung der Erze zu aufwendig ist. Deshalb greift man immer mehr auf bessere Eisenerzsorten zurück.

Zu den wichtigsten Eisenerzen zählen:

Magneteisenstein	mit 60 bis 70 % Eisengehalt
Roteisenstein	mit 40 bis 60 % Eisengehalt
Spateisenstein	mit 30 bis 40 % Eisengehalt

Da nicht alle Eisenerze für den Hochofen geeignet sind (Erze enthalten außer Eisen noch Verunreinigungen von Schwefel, Phosphor, Silizium, Mangan), müssen sie durch verschiedene Verfahren, die ganz auf die einzelnen Erzzusammensetzungen abgestimmt sind, aufbereitet werden.

10.5.1 Hochofen

Aus den aufbereiteten Erzen wird im Hochofen Roheisen erzeugt. Der Hochofen hat die Form eines aus zwei übereinandergesetzten abgestumpften Kegels, an dessen unteren Teil sich ein kurzes zylindrisches Teil anschließt. Die Gesamthöhe eines Hochofens beträgt ungefähr 30 bis 110 m, der Innendurchmesser zwischen 9 und 15 m, die Tagesproduktion je nach Größe zwischen 1500 bis 4000 t Roheisen.

Der Aufbau und die Teile einer Hochofenanlage sind aus Bild 10.8 und 10.9 zu ersehen.

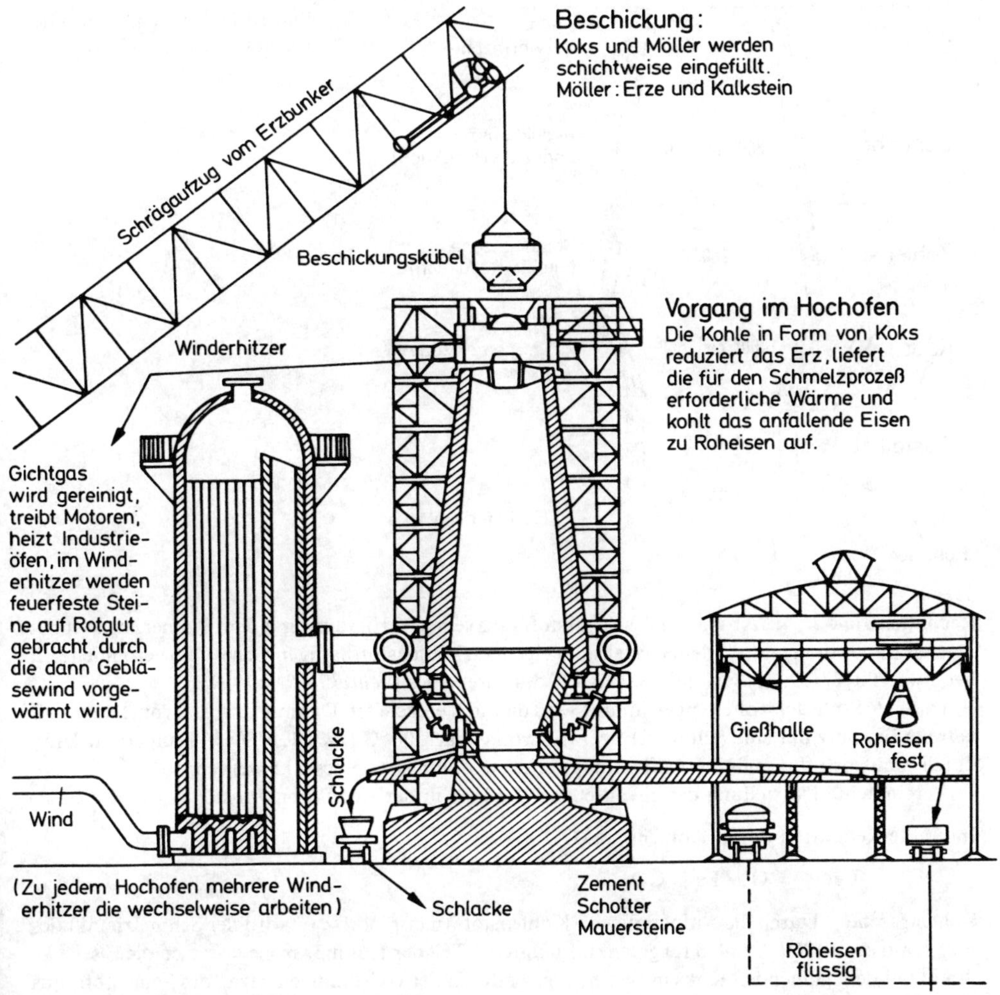

Bild 10.8 Hochofenanlage

10.5.2 Vorgänge im Hochofen

Zur Beschickung des Hochofens werden durch einen Schrägaufzug oder Förderband die Einsatzstoffe (Koks, Erz, Zuschläge) zur Gicht gebracht und dort schichtweise in den Hochofen geschüttet. Die Einsatzstoffe rutschen beim Verhüttungsprozeß langsam von der Gicht nach unten ins Gestell, wobei sie zunehmend erwärmt werden.

Vorwärmzone Hier wird das eingefüllte Material bis auf etwa 400 °C (673 K) erwärmt, dabei findet ein geringes Entschwefeln des Eisenerzes statt. Das gleichzeitige Entfernen des noch anhaftenden Wassers lockert die Einsatzstoffe auf.

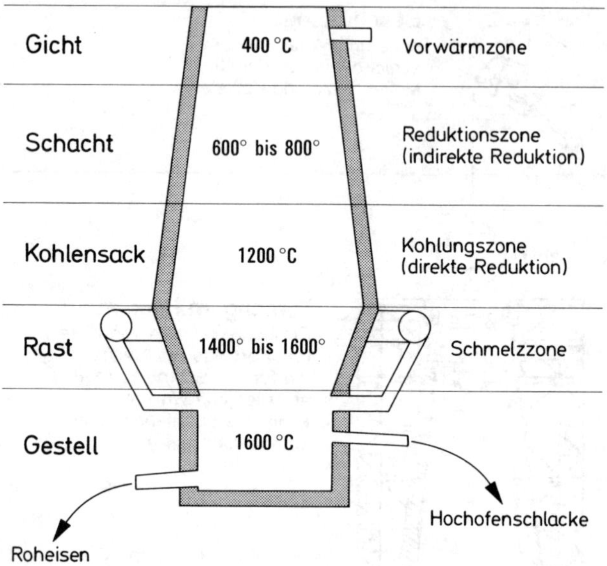

Bild 10.9 Teile und Zonen des Hochofens (schematisch)

Reduktionszone Das Abspalten des Sauerstoffs aus seiner Verbindung mit dem Eisenerz bezeichnet man als Reduktion. Die aus dem Gestell aufsteigenden kohlenstoffhaltigen Gase (CO) verbinden sich bei etwa 700 °C (973 K) mit dem Sauerstoff des Eisenerzes (*indirekte Reduktion*).

Die erste Stufe der Roheisengewinnung wird dadurch eingeleitet. Das nur zum Teil vom Sauerstoff befreite Eisenerz hat eine Schmelztemperatur von etwa 1500 °C (1773 K). Diese Temperatur kann durch Kohlenstoffaufnahme (Aufkohlung) in der Kohlungszone gesenkt werden.

Vereinfachte Darstellung der chemischen Vorgänge in der Reduktionszone:

Indirekte Reduktion durch Kohlenoxid (CO)

$$FeO + CO \rightarrow Fe + CO_2$$

Kohlungszone Durch die Aufnahme von Kohlenstoff (meist bis 4 % C) wird der Schmelzpunkt des Eisens auf etwa 1200 °C (1473 K) gesenkt. Im unteren Teil der Kohlungszone kommen die Eisenerze direkt mit dem glühenden Koks in Berührung, wodurch der vollständige Entzug des Sauerstoffs aus dem Eisenerz stattfindet (*direkte Reduktion*). Durch diese direkte Berührung des glühenden Kokses mit dem Eisenerz trennt sich der größte Teil der Eisenbegleiter Silizium, Phosphor und Mangan vom Eisen.

Vereinfachte Darstellung der chemischen Vorgänge in der Kohlungszone:

Direkte Reduktion durch Kohlenstoff (C) $FeO + C \rightarrow Fe + CO$

Aufkohlung durch CO und C:

$$3\,Fe + 2\,CO \rightarrow Fe_3C + CO_2$$
$$3\,Fe + C \rightarrow Fe_3C$$

Schmelzzone In der Schmelzzone schmilzt das kohlenstoffhaltige Eisen vollständig und tropft in das Gestell des Hochofens ab. Von dort aus wird es abgestochen. Die Hochofenschlacke läuft durch eine spezielle Bohrung, die oberhalb der Eisenabstichöffnung liegt, kontinuierlich ab.

10.5.3 Erzeugnisse des Hochofens

Je nach Zusammensetzung der Hochofenbeschickung lassen sich verschiedene Roheisensorten herstellen.

1. Das *graue oder siliziumhaltige Roheisen.* Bei dieser Sorte bewirkt Silizium, daß ein Teil des Kohlenstoffs aus der chemischen Verbindung Eisen—Kohlenstoff als Graphit ausgeschieden wird. Ein langsames Abkühlen oder eine Aufnahme von zusätzlichem Silizium verstärkt die Graphitausscheidung in Lamellenform. Graues Roheisen wird vorwiegend zur Herstellung von Grauguß verwendet.
2. Das *weiße oder manganhaltige Roheisen.* Hier ist der Kohlenstoff am Eisen chemisch gebunden, wodurch eine helle strahlige Bruchfläche entsteht, die dem Material ihren Namen gibt. Weißes Roheisen ist der Ausgangsstoff für die Stahl- und Tempergußherstellung.

Nebenerzeugnisse des Hochofens

Als Nebenerzeugnisse des Hochofens fallen *Gichtgas und Schlacke* an. Gichtgas ist ein sehr wichtiger Energieträger für das Hüttenwerk. Es wird zum Beheizen der Winderhitzer benutzt, ein erheblicher Teil wird in Kraftwerksanlagen verbraucht. Die Hochofenschlacke wird in modernen Verfahren zu Schlackenwolle (Isoliermaterial), Schlackensteine und unter Beigabe von Kalk zu Hochofenzement verarbeitet.

10.5.4 Direktreduktion von Eisenerzen

Neben der Gewinnung von Roheisen im Hochofen gibt es heute das Verfahren der Direktreduktion, bei dem der im Eisenerz enthaltene Sauerstoff entfernt wird, ohne daß das Erz seine eigentliche Form ändert.

Die Direktreduktion verläuft bei niedrigeren Temperaturen als der Hochofenprozeß und liefert daher kein flüssiges Roheisen. Das Eisenerz wird bei 1000 °C einem Reduktionsgas (einem Gemisch aus Wasserstoff und Kohlenoxid) ausgesetzt, welches das Erz in annähernd reines Eisen (sogenannten *Eisenschwamm*, etwa 95 % Fe) verwandelt. Der Eisenschwamm kann direkt zur Stahlerzeugung eingesetzt werden. Die Direktreduktionsanlagen arbeiten bereits bei geringer Betriebsgröße wirtschaftlich und werden in naher Zukunft wohl an Bedeutung gewinnen.

10.6 Gußeisenwerkstoffe

Gußeisenwerkstoffe sind Werkstoffe mit meist mehr als 2 % Kohlenstoff. Die Formgebung erfolgt durch Gießen in verschiedenen Verfahren, z. B. Kokillenguß oder Schleuderguß.

10.6.1 Grauguß Schmelztemperatur 1150 bis 1250 °C (1423 bis 1523 K)

hat einen Kohlenstoffgehalt von 2 bis 4 %, der größte Teil ist als Graphit im Materialgefüge eingebettet. Beim Vergießen bildet sich das Graphit als Lamellengraphit aus, dessen Lamellen das Materialgefüge unterbrechen (schlag- und bruchempfindlich). Grauguß wird aus grauem Roheisen unter Zugabe von

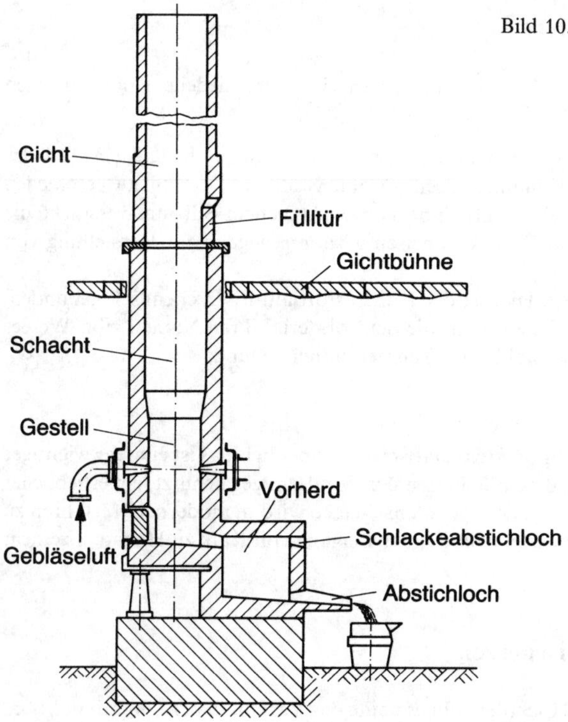

Bild 10.10 Gießereischachtofen (Kupolofen)

Stahlschrott, Brucheisen oder Bohrspänen im Gießereischachtofen (Kupolofen) erschmolzen (Bild 10.10).

Eigenschaften Grauguß ist nicht schmiedbar, kann auf Druck beansprucht werden, hat gute Schwingungsdämpfung, ist gut bearbeitbar und gießbar. Es zeichnet sich durch gute Gleiteigenschaften aus.

Verwendung Zylinderlaufbuchsen, Zylinderköpfe, Achs- und Motorengehäuse, Maschinengestelle, Radbremszylinder, Bremstrommeln und Bremsscheiben (Bild 10.11).

Bild 10.11 Gefügeschliffbild von Gußeisen mit Lamellengraphit (GG-)

10.6.2 Kugelgraphitguß Schmelztemperatur 1300 bis 1400 °C (1573 bis 1673 K)

Werden dem flüssigen Grauguß Zusätze von Magnesium, Magnesium-Silizium oder Magnesium-Nickel beigegeben, wird das Graphit in Kugelform ausgeschieden. Dadurch vereinigt der Kugelgraphitguß die Vorzüge des Graugusses mit den guten Eigenschaften des Stahls. Eine Kerbempfindlichkeit, sowie eine Beeinträchtigung des Kräfteflusses im Material, wie sie beim Grauguß mit Lamellengraphit auftreten, sind beim Kugelgraphitguß ausgeschlossen.

Eigenschaften Hohe Festigkeit, hohe Biege- und Verdrehfestigkeit, Zähigkeit, gute Dämpfungseigenschaften, gute Bearbeitbarkeit, gute Gleiteigenschaften, härtbar.

Verwendung Achs-, Getriebe-, Lenkgehäuse, Kurbelwellen, Nockenwellen, Pleuelstangen, Kolbenringe, Schaltgabeln (Bild 10.12).

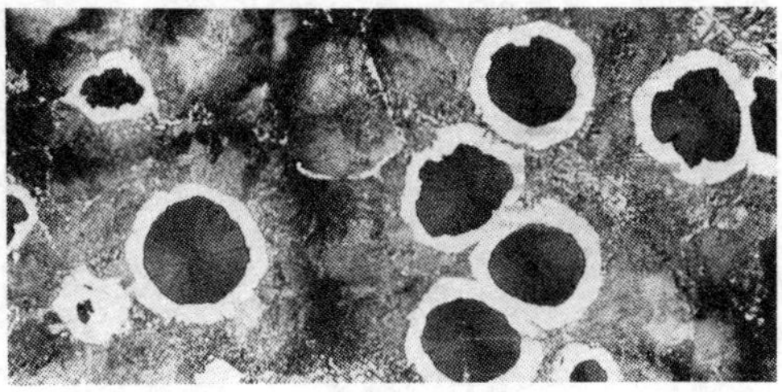

Bild 10.12 Gefügeschliffbild von Gußeisen mit Kugelgraphit (GGG-)

10.6.3 Temperguß

Wie schon in Abschnitt 10.5.3 erwähnt, ist der Ausgangsstoff zur Herstellung von Temperguß weißes oder manganhaltiges Roheisen. Das weiße Roheisen wird zu Temperrohgußeisen verarbeitet, aus dem durch Tempern der Temperguß entsteht. Unter Tempern versteht man eine Glühbehandlung von Temperrohguß, durch die ein zäher Werkstoff mit guter Bearbeitbarkeit und guten Festigkeitswerten erzeugt werden soll. Ungefähr 70 % der gesamten Tempergußproduktion der Bundesrepublik Deutschland werden zu Kraftfahrzeugteilen verarbeitet.

Durch zwei verschiedene Behandlungsarten lassen sich weißer und schwarzer Temperguß herstellen.

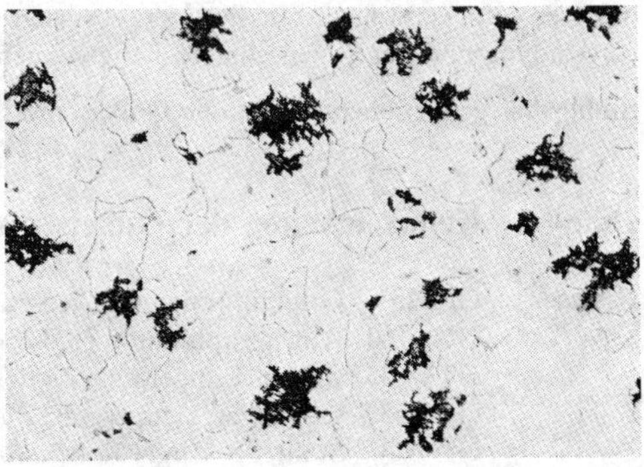

Bild 10.13 Gefügeschliffbild von schwarzem Temperguß (GTS-)

1. Weißer Temperguß (GTW-)

Weißer Temperguß wird in *sauerstoffhaltiger Umgebung* unter Luftabschluß entkohlend geglüht. Die Glühdauer beträgt bei etwa 1000 °C (1273 K) 60 bis 120 Stunden.

Eigenschaften GTW- ist schmiedbar, schweißbar, kerbunempfindlich, beständig gegen Korrosion, gut bearbeitbar und hat eine hohe Festigkeit.

Verwendung Auspuffkrümmer, Radträger an Schräglenkerachsen (Bild 10.14).

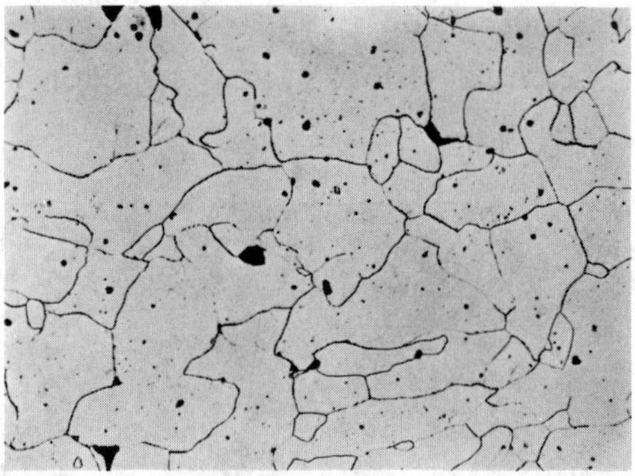

Bild 10.14 Gefügeschliffbild von weißem Temperguß (GTW-)

2. Schwarzer Temperguß (GTS-)

Schwarzer Temperguß wird in *siliziumhaltiger Umgebung* geglüht. Bei der Glühbehandlung, die etwa der der GTW-Herstellung entspricht, findet keine Entkohlung statt. Der Kohlenstoff aus dem Temperrohguß flockt zu sogenannter Temperkohle (Graphit) aus. Das Gefüge des GTS- ist gleichmäßig mit flockenförmiger Temperkohle durchsetzt.

Eigenschaften Das Schweißen von GTS- ist je nach Beanspruchung und Verwendung der Schweißnaht bedingt möglich. GTS- ist nicht schmiedbar, hat gute Gleiteigenschaften, ist kerbunempfindlich, gut bearbeitbar sowie beständig gegen Korrosion. GTS- hat eine hohe Festigkeit und ist härtbar.

Verwendung Bremstrommeln, Bremsscheiben, Planetenradträger, Kreiskolben für Wankelmotoren, Nockenwellen. Die Tempergußsorten stehen ebenso wie der Kugelgraphitguß von der Anwendung und den Eigenschaften her zwischen Grauguß und Stahl (Bild 10.13).

Stahlguß gehört ebenfalls zu den Gußeisenwerkstoffen.

10.6.4 Kennzeichnung der Gußeisenwerkstoffe

Beispiel:	GG-25	Grauguß mit Lamellengraphit, Zugfestigkeit 25 daN/mm²
	GGG-60	Kugelgraphitguß, Zugfestigkeit 60 daN/mm²
	GTW-45	weißer Temperguß, Zugfestigkeit 45 daN/mm²
	GTS-55	schwarzer Temperguß, Zugfestigkeit 55 daN/mm²
	GS-70	Stahlguß, Zugfestigkeit 70 daN/mm²

Die Kennzeichnung der Gußeisenwerkstoffe erfolgt mit den Werkstoffkurzzeichen und der garantierten Mindestzugfestigkeit. Werkstoffkurzzeichen und Mindestzugfestigkeit sind durch einen Bindestrich getrennt.

10.7 Stahlerzeugung

Stahl ist alles ohne Nachbehandlung schmiedbare Eisen mit einem Kohlenstoffgehalt unter 2,06 %. Stahl wird aus weißem Roheisen (Mn-haltig) durch «Frischen» gewonnen. Frischen ist ein teilweises oder vollständiges Verbrennen von im Roheisen vorhandenen Eisenbegleitern wie Schwefel, Phosphor, Silizium, Mangan, Kohlenstoff mittels Sauerstoff oder Sauerstoff abgebenden Materialien.

10.7.1 Herstellungsverfahren

Es kommen folgende Stahlherstellungsverfahren zur Anwendung:

1. Sauerstoffaufblasverfahren
2. Herdfrischen (Siemens-Martin-Verfahren)
3. Elektroverfahren

Das aus dem Hochofen kommende Roheisen, soweit es in Stahl umgewandelt werden soll, wird in einem Roheisenmischer gesammelt, der Qualitätsschwankungen ausgleichen und das Roheisen zu einem gewissen Teil entschwefeln soll. Vom Roheisenmischer aus wird je nach Bedarf das Roheisen zu den einzelnen Stahlherstellungsverfahren gebracht, in denen es dann zu Flußstahl verarbeitet wird.

Sauerstoffaufblasverfahren

Das Sauerstoffaufblasverfahren hat sich in den letzten Jahren als wichtigstes Stahlherstellungsverfahren herauskristallisiert. Bei diesem Verfahren wird der Konverter mit bis zu 30% Schrott, flüssigem Roheisen und Kalk befüllt. Anschließend wird *reiner* Sauerstoff durch eine wassergekühlte Lanze (6 bis 7 Austrittsöffnungen an der Mündung) mit bis zu 12 bar auf die Schmelze geblasen.

Durch das Zusammentreffen des Sauerstoffs mit dem flüssigen Roheisen findet eine heftige Reaktion statt mit einer Temperatur bis zu 2000 °C (2273 K). Der Kohlenstoff verbrennt überwiegend zu Kohlenmonoxid, und die verbrannten Eisenbegleiter wie Schwefel, Phosphor und Mangan werden von Kalk zu Schlacke gebunden. Die Blaszeit beträgt etwa 20 bis 30 min. Während dieser Zeit werden etwa 300 bis 400 t Roheisen zu Stahl umgewandelt (beim Thomasverfahren waren es nur bis zu 90 t). Nach Kippen des Konverters wird über die Einfüllöffnung die Schlacke abgelassen und eine Probe entnommen. Die Probe wird im Labor analysiert. Über eine spezielle Abstichöffnung wird der flüssige Stahl schlackefrei in die Gießpfanne abgelassen, was eine gute Stahlqualität zur Folge hat. Legierungsstoffe werden in die Gießpfanne dazugegeben, ebenso eine kleine Menge ausgesuchten Schrotts zur Kühlung auf Gießtemperatur. Die beim Verarbeiten phosphorreicher Roheisensorten entstehende Schlacke kann in feingemahlener Form als wertvoller Phosphatdünger (Thomasmehl) eingesetzt werden.

Ursprünglich wurde das Sauerstoffaufblasverfahren nur für die Erzeugung von Massenstählen eingesetzt. Durch verbesserte Verfahrenstechniken lassen sich heute niedriglegierte Stähle für jeden Anwendungsbereich herstellen. Nicht nur das Thomas-Verfahren (Windfrischen) wird durch das

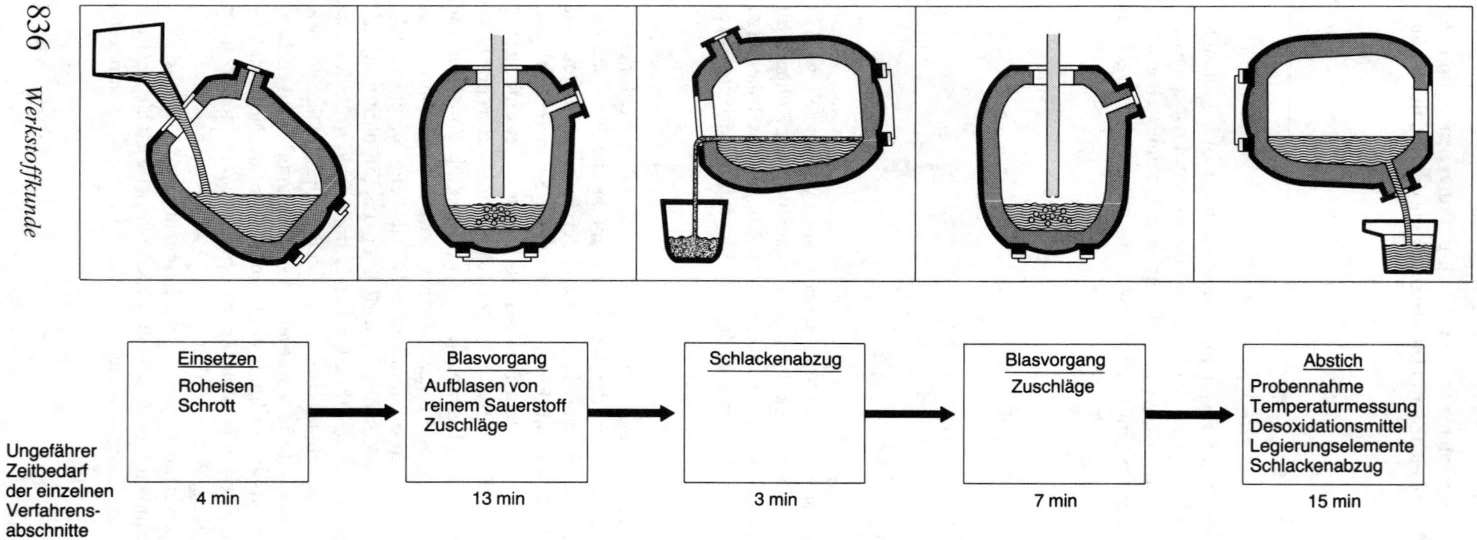

Bild 10.15 Sauerstoffaufblasverfahren in schematischer Darstellung

Sauerstoffaufblasverfahren ersetzt, auch der Anteil des Siemens-Martin-Verfahrens (Herdfrischen) geht laufend zurück.

Siemens-Martin-Verfahren (Herdfrischen)

Beim Siemens-Martin-Verfahren benutzt man einen Herdofen, der sich aus zwei Bauteilen zusammensetzt, nämlich dem *Oberofen*, der aus einer großen flachen (meist mit basischem Material), feuerfest ausgemauerten Wanne besteht, und dem *Unterofen*, in dem sich Wärmespeicher befinden, die einen ähnlichen Aufbau haben wie die Winderhitzer des Hochofens. Mit diesen Winderhitzern können Temperaturen bis 2000 °C (2273 K) erreicht werden; diese hohen Temperaturen ermöglichen es, feste Stahl- oder Eisenwerkstoffe (Schrott) miteinzuschmelzen. Die verbrannten Gase heizen einen Wärmespeicher bis auf Rotglut auf. Ist das geschehen, erfolgt durch Umschalten der Luftführung ein Wechsel.

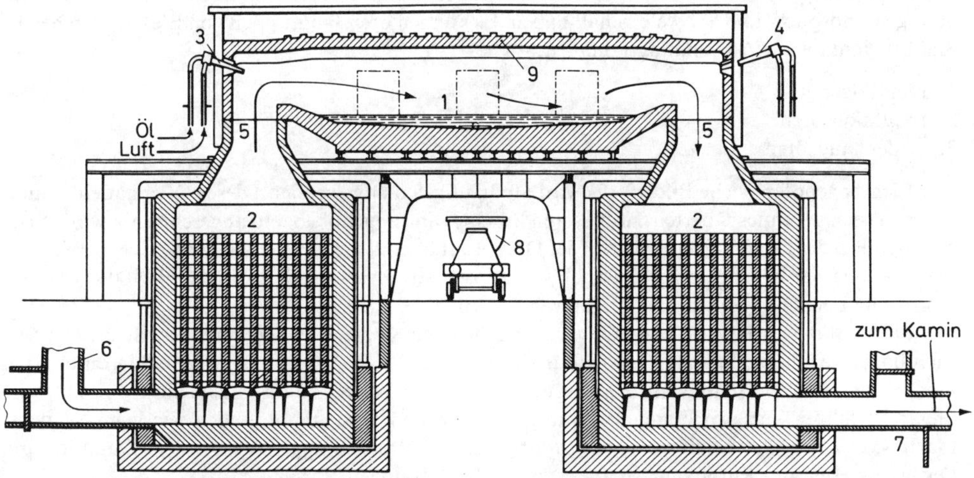

1 Herd
2 Luftkammer
3 Öl-Gas-Brenner in Betriebsstellung
4 Öl-Gas-Brenner in Ruhestellung
5 Luft-Gas-Schacht
6 Luftzuführung
7 Abgaskanal
8 Schlackenwagen
9 Hängegewölbe

Bild 10.16 Siemens-Martin-Ofen

Die kalte Verbrennungsluft strömt durch den aufgeheizten Wärmespeicher (erwärmt sich bis auf 1300 °C [1273 K]), wird anschließend mit Gas oder Öl vermischt und entzündet. Diese Flamme streicht über das Einsatzgut, wobei es mit dem eingefüllten Material in breiter Fläche in Berührung kommt. Hierdurch findet eine gute Reaktion zwischen den Materialien statt. Die Reinigung des Einsatzgutes bzw. der Entzug von überflüssigem Kohlenstoff aus dem Roheisen wird durch den Sauerstoff des am Schrott anhaftenden Rosts sowie des Sauerstoffs der Verbrennungsluft oder sauerstoffabgebende Zuschläge (Roteisenstein oder Zunder) vollzogen. Während der aufgeheizte Speicher seine Wärme abgibt, heizen die Abgase den gegenüberliegenden abgekühlten Wärmespeicher so lange auf, bis eine erneute Umschaltung der Luftführung erfolgt. Damit man einen möglichst wirtschaftlichen Betrieb bekommt, ist es üblich, etwa 30% flüssiges Roheisen und 70% festes Material (Schrott) in den Herdofen zu geben.

Elektroverfahren

Der große Unterschied zwischen dem Elektroverfahren und den zwei vorgenannten Stahlherstellungsverfahren besteht in der Wärmequelle. Zum Beseitigen der Verunreinigungen aus der Eisenschmelze benutzt man elektrischen Strom.

Diese Beheizungsmöglichkeit gestattet eine genaue Steuerung des Frischvorgangs. Da elektrischer Strom sehr teuer ist, wird das Elektroverfahren nicht zur vollständigen Reinigung der Eisenschmelze benutzt, sondern man arbeitet mit ausgewähltem Schrott und teilentkohltem Stahl, der im Siemens-Martin-Verfahren oder Sauerstoffaufblasverfahren gefrischt wurde.

Durch diese Zusammensetzung des Schmelzgutes lassen sich ausgezeichnete Stähle mit hochwertigen Eigenschaften herstellen, bei denen besonders hervorzuheben ist, daß sie einen sehr geringen Phosphor- und Schwefelgehalt haben. Es können drei Baugruppen von Elektroöfen bei der Stahlgewinnung zur Anwendung kommen:

1. Lichtbogenöfen
2. Induktionsöfen
3. Widerstandsöfen

Der Lichtbogenofen (siehe Bild 10.17) wird am häufigsten angewendet. Dieser Ofen hat eine runde Form, dessen gesamtes Oberteil zur besseren Beschickung angehoben und abgeschwenkt wird. Nach dem Befüllen des Lichtbogenofens wird der Deckel aufgesetzt, wodurch er wieder betriebsbereit wird. Das Fassungsvermögen beträgt etwa 1 bis 400 t, der Stromverbrauch etwa 400 bis 900 kWh/t, die elektrische Leistung kann bis zu 135 MW betragen.

Zum Verflüssigen des Einsatzgutes wird zwischen den Kohleelektroden und dem Schmelzgut ein Lichtbogen gezündet, der eine Temperatur von über 3000 °C (3273 K) haben kann, hierdurch ist es möglich, auch schwerschmelzende Legierungsbestandteile in den Stahl miteinzubringen. Da beim Elektroverfahren keine oxidierende Atmosphäre vorhanden ist, muß ähnlich wie beim Siemens-Martin-Verfahren der Schmelze sauerstoffabgebendes Material zugeführt werden. Das Ein- und Fertigschmelzen des Einsatzgutes dauert etwa 1 bis 6 Stunden.

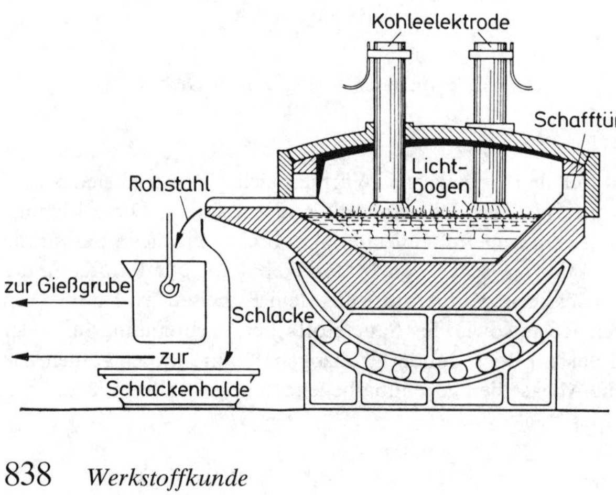

Bild 10.17 Lichtbogenofen

Windfrischen (Thomas-Verfahren)

Beim Windfrischen erfolgte die Umwandlung des flüssigen Roheisens zu Stahl durch Hindurchblasen eines Luft-Sauerstoff-Gemischs. Dieser Vorgang fand in einem kippbaren Konverter statt. Die Forderungen nach besseren Stahlqualitäten (Thomasstahl hat durch die eingeblasene Luft und die damit verbundenen starken Stickstoffverunreinigungen eine geringere Qualität als andere Stahlsorten) und verbessertem Umweltschutz sind der Grund dafür, daß das Windfrischverfahren ersetzt worden ist.

Weiterverarbeitung des flüssigen Stahls

Der aus den Stahlherstellungsverfahren kommende Stahl wird als *Flußstahl* bezeichnet. Flußstahl ist im flüssigen Zustand gewonnener Stahl, fast alle Stahlsorten gelangen als Flußstahl zur Weiterverarbeitung.

10.7.2 Stahlarten

Die Stähle können nach Kohlenstoffgehalt, Verwendung, Herstellung, Legierung, Formgebung und Handelsform bezeichnet werden. Wenn man eine grobe Einteilung der Stahlsorten treffen will, gibt es

1. *Baustähle*, die etwa einen C-Gehalt von 0,05 bis 0,6 % haben, z.B. zählt der allgemeine Baustahl, Einsatzstahl und Vergütungsstahl dazu.
2. *Werkzeugstähle*, die einen C-Gehalt von 0,65 bis 1,6 % haben. Eine Unterteilung kann in unlegierte oder legierte sowie nach dem Verwendungszweck stattfinden.

Stähle die weniger als

0,8 % Mangan
0,5 % Silizium
0,25 % Kupfer
0,1 % Aluminium
0,1 % Titan
0,06 % Schwefel und Phosphor

enthalten, gelten als *unlegiert*. Liegen die Werte der Legierungssätze über den angegebenen Prozentsätzen, handelt es sich um *legierte Stähle*, ebenfalls wenn Legierungszusätze, z.B. Chrom, Nickel, Vanadium, Wolfram, vorhanden sind.

10.8 Legierter Stahl Schmelztemperatur etwa 1460 bis 1480 °C (1733 bis 1753 K)

Die Legierungszusätze zum Stahl sollen möglichst eine Verbesserung der Metalleigenschaften hervorrufen. Um die Verbesserungen der Eigenschaften, wie Festigkeit, Härte, Zähigkeit, Korrosionsbeständigkeit usw., voll zur Geltung zu bringen, sind bestimmte Prozentsätze nötig; werden diese überschritten, verschlechtern sich die Eigenschaften wieder. Diese Nachteile lassen sich durch andere Legierungszusätze beheben, so daß man in Stählen sehr oft mehrere Legierungsstoffe vorfindet.

Legierungen sind Gemenge aus verschiedenen Metallen oder aus Metallen und Nichtmetallen. Neben den reinen Metallen spielen vor allen Dingen die Legierungen in der Werkstofftechnik eine wichtige Rolle.

Niedriglegierte Stähle enthalten nicht mehr als 5 % Legierungszusätze.

Hochlegierte Stähle enthalten über 5 % Legierungszusätze.

Legierungsprozentangaben sind immer die Gewichtsanteile der Legierungsstoffe.

10.8.1 Kennzeichnung von Stählen

Hier eine Übersicht der wichtigsten Stahlbezeichnungen in vereinfachter Form; genauere Angaben sind aus dem DIN-Blatt 17006 zu entnehmen.

1. **Unlegierte Stähle, die nicht für eine Wärmebehandlung gedacht sind.**

Beispiel: St 42

- 42 — garantierte Mindestzugfestigkeit = 42 daN/mm²
- St — allgemeiner Baustahl

Hier wird durch die Buchstaben *St* auf den Werkstoff «Stahl» und durch die Zahl auf dessen garantierte Mindestzugfestigkeit hingewiesen.

2. **Unlegierte Stähle, die für eine Wärmebehandlung gedacht sind.**

Beispiel: C 45

- 45 — Kohlenstoffgehalt in $^{1}/_{100}$ % = $^{45}/_{100}$ = 0,45 % C
- C — Kohlenstoff

Bei der Wärmebehandlung von Stahl wird durch den Kohlenstoff ein großer Einfluß auf die Materialeigenschaft ausgeübt. Um Schwierigkeiten, die bei der Wärmebehandlung des Stahls auftreten können, entgegenzuwirken, wird der Kohlenstoffgehalt bei diesen Stahlsorten angegeben. Je nach Kohlenstoffgehalt und Weiterverarbeitung unterscheidet man

1. unlegierten Einsatzstahl	0,05 bis 0,2 % C
2. unlegierten Vergütungsstahl	0,2 bis 0,6 % C
3. unlegierten Werkzeugstahl	0,6 bis 1,7 % C

3. **Niedriglegierte Stähle**

Beispiel: 25 Cr Mo 5 4

- Mo — Molybdän 4 = $^{4}/_{10}$ = 0,4 %
- Cr — Chrom 5 = $^{5}/_{4}$ = 1,25 %
- 25 — C-Gehalt in $^{1}/_{100}$ % = 0,25 %

Bei niedriglegierten Stählen wird zuerst der C-Gehalt in $^{1}/_{100}$ % angegeben. Das Kurzzeichen für Kohlenstoff «C» entfällt. Die Legierungszusätze werden durch ihre chemischen Zeichen nach fallenden Prozentsätzen aufgeführt, hinter denen die Legierungskennzahlen in der gleichen Reihenfolge gesetzt werden. Zur Errechnung der Prozentsätze werden die Kennzahlen durch Multiplikatoren geteilt.

Die Multiplikatoren sind aus der Tafel ersichtlich.

100		10		4	
Kohlenstoff	C	Aluminium	Al	Chrom	Cr
Phosphor	P	Blei	Pb	Kobalt	Co
Schwefel	S	Molybdän	Mo	Mangan	Mn
Stickstoff	N	Titan	Ti	Nickel	Ni
		Vanadium	V	Silizium	Si
				Wolfram	W

4. **Hochlegierte Stähle**

Beispiel: X 45 Cr Si 9 2

- Si 2: Silizium = 2 %
- Cr 9: Chrom = 9 %
- 45: C-Gehalt in $^1/_{100}$ % = 0,45 % C
- X: hochlegiert (über 5 % Legierungsbestandteile)

Bei hochlegierten Stählen erscheint nach einem vorangestellten X der C-Gehalt in $^1/_{100}$ %, dahinter die chemischen Zeichen der Legierungszusätze und danach die Kennzahlen der Legierungszusätze in ihren *tatsächlichen* Prozentsätzen (es erfolgt *keine Umrechnung* der Kennzahlen).

10.9 Wärmebehandlung von Stählen

Bei der Wärmebehandlung von Stahl kann sich der Gefügeaufbau des Werkstoffs entscheidend verändern; darum sollen die wichtigsten Gefügebegriffe kurz erklärt werden.

Ferrit Fachliche Bezeichnung für reines Eisen ohne Kohlenstoff. Leicht zu bearbeiten, ohne Nachbehandlung eine geringe Festigkeit.

Perlit Eisen mit einem Kohlenstoffgehalt von 0,8 %. Perlitteile sind gleichmäßig im Gefüge verteilt. Werkstoff ist besonders fest und ausgeglichen (eutektisch, s. Seite 821).

Zementit Eine Eisen-Kohlenstoffverbindung (Eisenkarbid Fe_3C), die hart und spröde ist. Dieser Gefügeanteil verursacht im Eisen bzw. Stahl die Härte.

Martensit Entsteht aus perlitischem Gefüge durch Glühen und Abschrecken mit einem Abschreckmittel (z. B. Wasser). Martensitisches Gefüge besitzt eine hohe Härte (Bild 10.18).

Bei geringerem Kohlenstoffgehalt überwiegen die weichen Eisenkristalle (Ferrit), und das Eisen bzw. Stahl ist weich und gut verformbar. Mit zunehmendem Kohlenstoffgehalt nimmt die Härte zu, weil der Anteil der harten Karbidkristalle größer wird. Anfänglich bilden sich mit der Zunahme des Kohlenstoffgehalts feinkörnige Mischgefüge, die bei 0,8 % Kohlenstoffgehalt *perlitisch* sind und

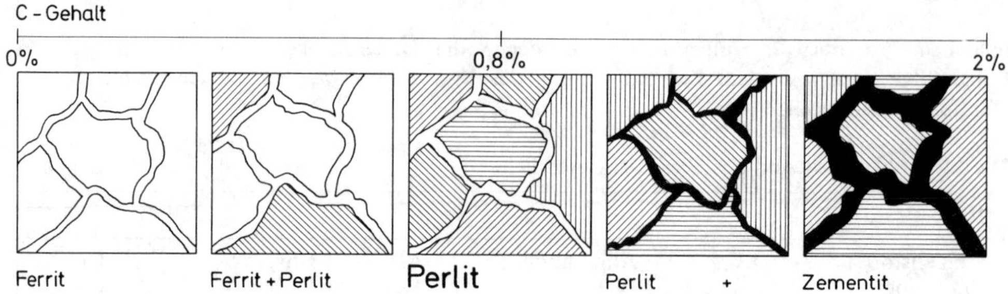

Bild 10.18 Bestandteile der Stahlgefüge

infolge der kleineren Kristalle die höchste Festigkeit im Werkstoff hervorrufen. Bei höherem Kohlenstoffgehalt besteht das Gefüge aus größeren Zementitkristallen und Perlit. Darum nimmt mit dem Kohlenstoffgehalt die Härte noch zu, aber die Festigkeit wieder ab.

10.9.1 Härten, Anlassen und Vergüten von Stahl

Durch Härten und Vergüten kann man die Festigkeits- und Verschleißeigenschaften von Stahl in weiten Grenzen verändern.

Härten

ist ein Erwärmen von härtbarem Stahl auf Temperaturen zwischen 850 und 900 °C (1023 und 1173 K) – Kirschrot- bis Hellrotglut – mit anschließendem Abschrecken. Bei Temperaturen über 723 °C (996 K) beginnt sich die chemische Verbindung Eisenkarbid aufzulösen, und der freiwerdende Kohlenstoff verteilt sich dabei atomar im Gefüge zu einer festen Lösung (Austenit). Bei der unteren Umwandlungstemperatur von 723 °C (996 K) löst sich auf diese Weise Perlit, und erst bei höheren Temperaturen sind die größeren Ferrit-Zementit-Kristalle an der Lösung beteiligt. Darum braucht man auch zum Härten von Stahl mit geringerem Kohlenstoffgehalt als 0,8 % höhere Härtetemperaturen.

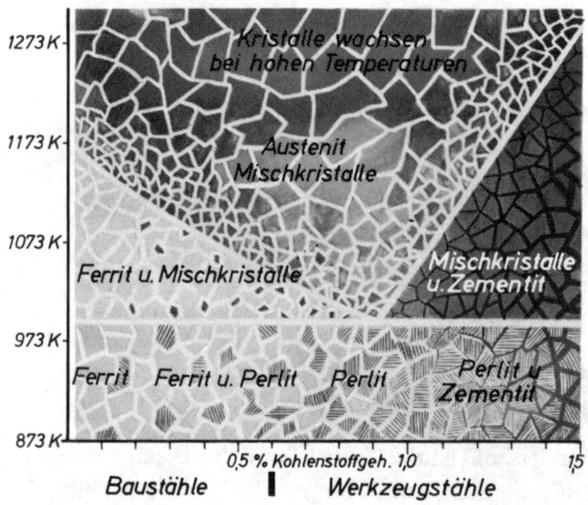

Bild 10.19 Gefügeveränderungen von Stählen bei hohen Temperaturen

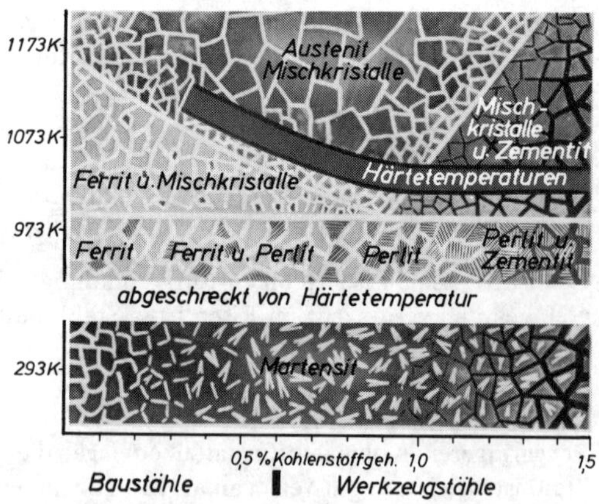

Bild 10.20 Härtetemperaturen je nach Kohlenstoffgehalt

Beim langsamen Abkühlen erfolgt eine Rückbildung in den Ursprungszustand, also das Gefüge von Ferrit, Perlit und Zementit.

Bild 10.21 Schematische Gefügebilder von Stahl zur Darstellung des Härteprozesses

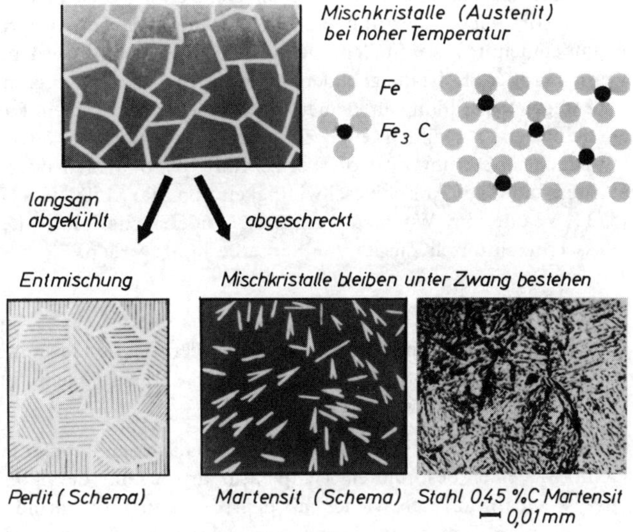

Bild 10.22 Die Ursachen für die inneren Spannungen gehärteter Stähle

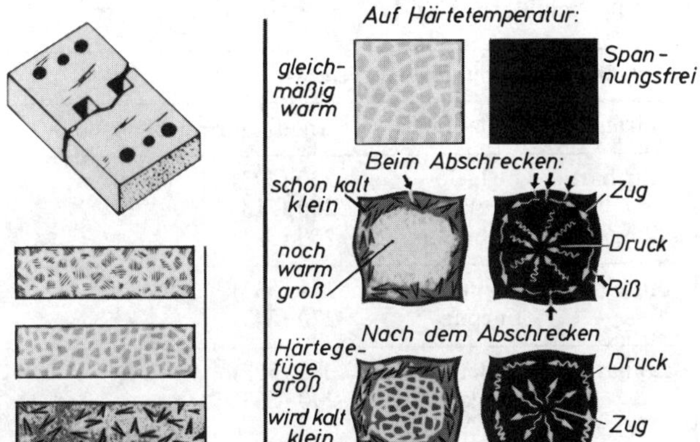

Beim Abschrecken also dem schnellen Abkühlen, fehlt die Zeit zur Rückbildung, und diese wird so teilweise unterdrückt. Die feste Lösung bleibt zum Teil bestehen, und es bilden sich kleine, harte Mischkristalle des Härtungsgefüges (Martensit).

Härter wird der Stahl durch die größere Härte der Kristalle.

Fester wird der Stahl durch die größere Berührungsfläche und den geringeren Abstand der kleineren Kristalle.

Spröder wird der Stahl weit innerhalb des Gefüges, weil infolge des größeren Raumbedarfs kleiner Kristalle starke Spannungen herrschen. Denn an den Stellen, an denen schneller abgekühlt wird, also an der Oberfläche oder dünneren Stellen, werden kleinere Kristalle gebildet, die einen größeren Raum einnehmen. An Stellen, die langsamer abgekühlt werden, also innen und an dicken Stellen, werden größere Kristalle gebildet, die beim Abkühlen einen geringeren Raum einnehmen wollen, es aber wegen der Bildung an kleineren Kristallen nicht können. Diese Spannungen können bereits bei zu schnellem Abkühlen eine Zerstörung des Bauteils oder ein Abplatzen der Härteschicht verursachen. Darum wird oft bei zerklüfteten Bauteilen oder bei legierten Stählen anstelle des Wassers mit einer Abkühlgeschwindigkeit von max. 1500 °C/s (1773 K/s), im Öl mit max. 300 °C/s (573 K/s) oder im Warmbad gehärtet. Andererseits kann auch die Abkühlgeschwindigkeit des Wassers noch durch Zusatz von Säuren erhöht werden.

Anlassen von gehärtetem Stahl

In bezug auf Festigkeit würde das Härten allein wenig Gewinn bringen, weil das Bauteil nicht nur hart, sondern auch spröde würde. So würde z. B. ein ungehärteter Lagerzapfen bei Stoßbelastung verbiegen, gehärtet aber abbrechen.

Anlassen nennt man das Erwärmen eines gehärteten Stahlbauteils auf eine bestimmte Temperatur. Denn von einer bestimmten Temperatur an beginnt der Kohlenstoff aus dem Härtungsgefüge auszuscheiden, um sich wieder mit dem Eisen zu Eisenkarbid zu verbinden. Dabei wird mit der zunehmenden Temperatur immer mehr weiches, bildsames Eisen frei, und die Spannungen im Werkstoff werden vermindert.

Normale Anlaßfarben sind:

Anlaßtemperaturen und -farben

Härtestufe	Anlaßfarbe	Anlaßtemperatur in °C (K)	Beispiele für die Anwendung
sehr hart	hellgelb dunkelgelb gelbbraun	220 (493) 240 (513) 250 (523)	Meßwerkzeuge Drehmeißel, Bohrer, Senker, Reibahlen
mittelhart	braunrot purpur	260 (533) 270 (543)	Meißel, Hämmer
zähhart	violett dunkelblau	280 (553) 290 (563)	Durchtreiber, Körner, Schraubendreher, Holzbearbeitungswerkzeuge
	kornblumenblau	300 (573)	Werkzeuge für weiche Werkstoffe

Durch die Wahl der Temperatur kann auf diese Weise jeder Zustand zwischen Härtungszustand und Ursprungszustand erreicht werden.

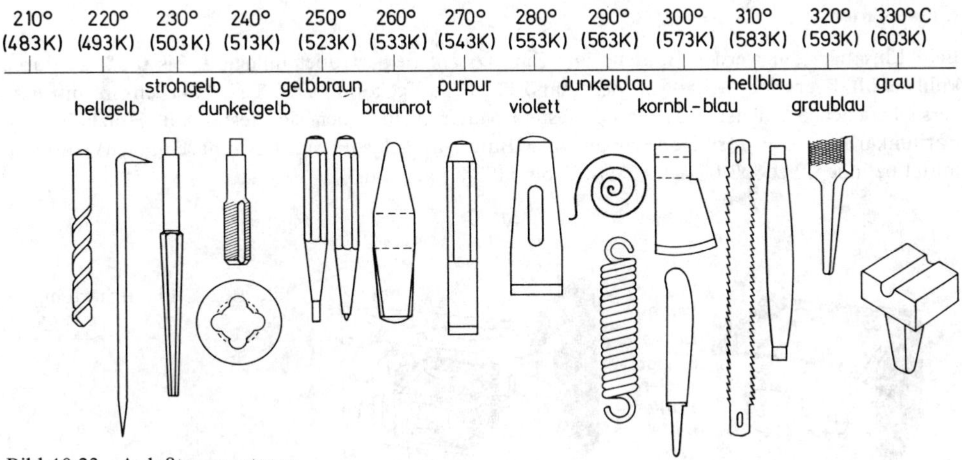

Bild 10.23 Anlaßtemperaturen

Haltepunkttemperatur nennt man die Temperatur, auf die man gehärteten Stahl erwärmen muß, um die gewünschte Zähhärte zu erreichen. Bei unlegiertem Stahl liegen diese Haltepunkttemperaturen zwischen 200 und 350 °C (473 und 593 K). Denn bei 200 °C (473 K) beginnt der Anlaßvorgang und ist bei 360 °C (633 K) beendet. Je näher die Anlaßtemperatur bei 200 °C (473 K) ist, um so härter und spröder bleibt der Stahl, und je näher die Anlaßtemperatur an 360 °C (633 K) ist, um so weicher und zäher wird er. Für die durch das Anlassen erreichten Festigkeitseigenschaften sind außerdem auch noch der Kohlenstoffgehalt und die Legierungszusätze bestimmend.

Anlaßfarben nennt man die Farben, die beim Anlassen an vordem blankgemachten Stellen auftreten. Sie sollen die Temperaturen an den blanken Stellen anzeigen. Anlaßfarben sind aber keine unbedingte Gewähr für die im Bauteil herrschenden Temperaturen, weil sie bei langsamer Erwärmung bereits bei niedrigeren Temperaturen auftreten. Auch bei legierten Stählen treten die gleichen Anlaßfarben bei höheren Temperaturen auf. Thermocolorstifte ermöglichen eine genauere Temperaturbestimmung dadurch, daß sich die Farbe eines auf das Material aufgebrachten Striches bei bestimmter Temperatur verändert.

Vergüten ist ein Härten von Stählen (0,2 bis 0,6 % C) mit anschließendem Anlassen bei Temperaturen von 400 bis 670 °C (673 bis 943 K). Dadurch werden die Elastizitätsgrenze sowie die Zähigkeit des Stahls enorm gesteigert.

10.10 Oberflächenhärtung

Durch das Oberflächenhärten sollen Werkstücke eine harte, verschleißfeste Randzone erhalten, ohne daß die Kernzähigkeit und Kernfestigkeit wesentlich verändert werden.

Die wichtigsten Verfahren sind:

1. Einsatzhärten
2. Nitrieren
3. Flammhärtung
4. Induktionshärtung

Einsatzhärten

Bein Einsatzhärten werden Bauteile aus Einsatzstahl (legiert oder unlegiert, bis 0,2 % C) durch kohlenstoffabgebende Mittel in der Randschicht aufgekohlt. Die Teile werden in luftdicht verschlossenen Stahlkästen aus zunderfestem Material, in denen sich feste (z.B. Holzkohle mit Bariumkarbonat), gasförmige (Propan- oder Butangas) oder flüssige (Zyanmischungen) Aufkohlmittel befinden, bei 800 bis 900 °C (1073 bis 1173 K) geglüht.

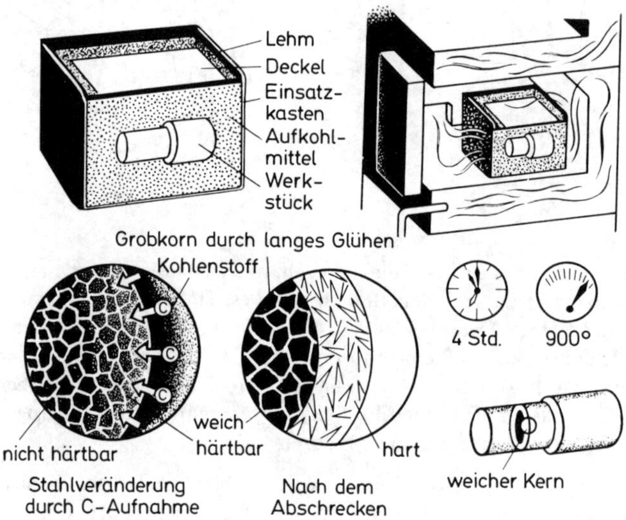

Bild 10.24 Einsatzhärtung

Je nach Temperatur und Glühdauer ist eine Aufkohltiefe = Härttiefe von max. 1,8 mm möglich. Nach dem Aufkohlen erfolgt ein Abschrecken in Wasser oder Öl, angelassen werden die Bauteile mit 150 bis 200 °C (423 bis 473 K).

Nitrieren

Unter Nitrieren versteht man eine thermochemische Behandlung mit Stickstoff abgebenden Mitteln bei Temperaturen zwischen 500 bis 600 °C (773 bis 873 K). Durch die niedrige Behandlungstemperatur findet keine Gefügeumwandlung des Materials statt. Alle Stähle lassen sich nitrieren, bevorzugt werden jedoch Stahlsorten, die mit Chrom (Cr), Aluminium (Al), Nickel (Ni), Molybdän (Mo), Vanadium (V) legiert sind (sogen. Nitrierstähle). Diese Legierungszusätze bilden mit Stickstoff sehr harte Nitride, die die Verschleißfestigkeit des Stahls enorm steigern und eine Temperaturbelastung bis 500 °C (773 K) zulassen. Die Nitrierschicht ist nur wenige $^1/_{10}$ mm dick und zunderfrei. Man unterscheidet zwischen dem Gasstromnitrieren und dem Badnitrieren. Dem Badnitrieren gibt man den Vorzug, da hier kurze Aufstickzeiten möglich sind.

Zum Vergleich: Beim Gasstromnitrieren benötigt man für eine 0,5 mm dicke Nitrierschicht etwa 50 bis 60 Stunden, dagegen beim Badnitrieren für die gleiche Dicke etwa 6 bis 10 Stunden.

Bild 10.25 Schematische Darstellung einer Nitrieranlage

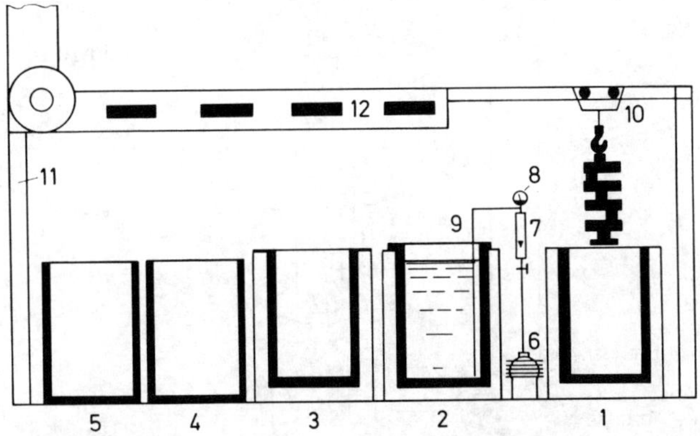

1 Vorwärmofen
2 Nitrierofen
3 Tank zum Abkühlen an der Luft
4 Kaltwassertank
5 Warmwassertank
6 Kompressor
7 Luftmengenmesser
8 Manometer
9 Belüftungsrohr
10 Hebezeug
11 allseitig geschlossene Absaughaube
12 Absaugung

Gasstromnitrieren ist ein 30 bis 100 Stunden langes Glühen bei Temperaturen von etwa 500 bis 550 °C (773 bis 823 K) im Ammoniakgasstrom (NH_3), dabei verbindet sich der Stickstoff (N) mit dem Metall zu Metallnitriden.

Das Badnitrieren wird in zyanhaltigen Salzbädern durchgeführt. Bei einer Temperatur von etwa 570 °C (843 K) findet ein chemischer Zerfall der Zyanverbindung statt, so daß in der Salzschmelze Stickstoff (N) frei wird, der sich mit der Oberfläche der Stahlteile verbindet. Die Behandlungsdauer kann zwischen einigen Minuten und 2 bis 6 Stunden liegen.

Anwendungsbeispiele: Schaltgabeln, Zylinderlaufbuchsen, Einlaßventile, Gelenkköpfe, Kurbelwellen, Nockenwellen, Kolbenringe, Kolbenbolzen können nitriert sein.

Flammhärtung

Bei der Flammhärtung wird durch eine Sauerstoff-Azetylen-Flamme der zu härtenden Oberfläche mehr Wärme zugeführt, als durch Wärmeableitung in den Kern des Werkstücks abwandern kann. In der Randzone bildet sich ein Wärmestau, der einen schnellen Anstieg auf Härtetemperatur bewirkt. Unmittelbar im Anschluß erfolgt eine Abschreckung mit Wasser. Da der Kern kalt bleibt, findet kein Verziehen der Werkstücke statt. Je nach Werkstoffsorte und Glühdauer liegt die Härttiefe zwischen 0,2 bis 0,8 mm.

Induktionshärtung

Beim Induktionshärten erreicht man die Erwärmung der Oberfläche durch elektrische Wirbelströme. Vornehmlich dient dieses Oberflächenhärtungsverfahren zur Verbesserung des Widerstands gegen Verschleiß. Grundsätzlich lassen sich durch dieses Verfahren alle Eisenwerkstoffe mit einem ausreichenden Kohlenstoffgehalt (ab etwa 0,4 % C) an der Oberfläche härten. Aber auch höher gekohlte Stähle können auf diese Weise ohne Gefahr einer Überhitzung oder Entstehung von Härterissen gehärtet werden. Durch Abschrecken mit Wasser wird die Härtung abgeschlossen.

Anwendungsbeispiele für induktives Härten sind: Kurbelwellen, Nockenwellen, Lenkungsteile, Kugelbolzen, Achsschenkel, Zahnräder und Getriebewellen.

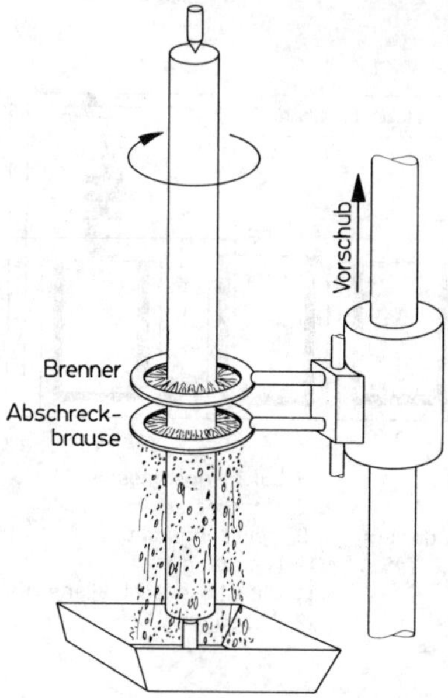

Bild 10.26 Flammhärtung

10.11 Härteprüfungen

Die Brinell-, Vickers-, Rockwell-, Skleroskop- oder Rückprallhärte sind die wichtigsten Härteprüfungen in der Technik. Härteprüfungen zählen zu den zerstörungsarmen Werkstoffprüfungen, wobei die gemessene Härte Rückschlüsse auf Zerspanbarkeit, Verschleißverhalten oder Festigkeit gibt.

Brinellhärte HB

Beim Brinellverfahren wird eine *Kugel* (Durchmesser 10,5 oder 2,5 mm) aus gehärtetem Stahl mit einer bestimmten Kraft (N) in die Oberfläche eines Probestücks gedrückt. Die Kraft (in Newton = N), mit der eingedrückt wird, hängt vom Werkstoff selbst sowie der Größe der verwendeten Kugel ab. Nach Ausmessen des Eindruckdurchmessers ermittelt man die Härtezahl anhand einer Tabelle, die die Brinellhärte für alle Eindruckdurchmesser (von $^1/_{100}$ zu $^1/_{100}$ mm gestuft) enthält. Dieses Verfahren eignet sich nur bis 400 daN/mm^2, darüber würde die Abplattung der Stahlkugel das Prüfergebnis verfälschen.

Das Brinellverfahren verdankt seine Beliebtheit der einfachen Handhabung und dem Umstand, daß die Härtewerte in enger Beziehung zur Zugfestigkeit stehen.

Vickershärte HV

Das Vickersverfahren ähnelt dem Brinellverfahren, arbeitet aber genauer.

Eine *Diamantpyramide* wird in die Oberfläche des Werkstücks hineingedrückt. Aus der Diagonalen des Eindruckes wird die Oberfläche bestimmt. Nach Ausmessen der Eindruckdiagonalen (auf 0,002 mm genau) wird der Härtewert aus Tabellen ermittelt. Dieses Verfahren ist besonders für oberflächengehärtete Bauteile oder Chromschichten geeignet.

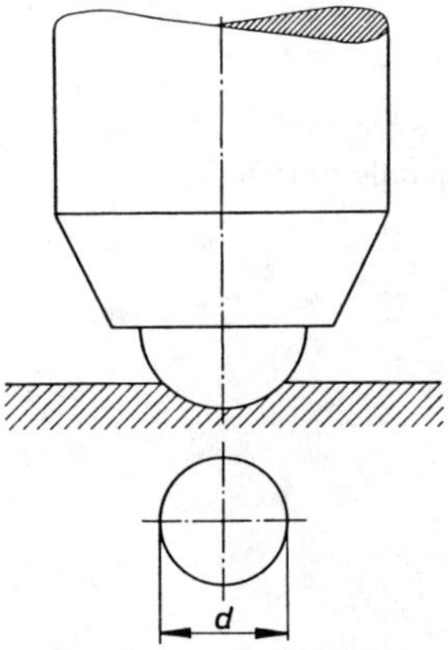

Bild 10.27 Härteprüfung nach BRINELL

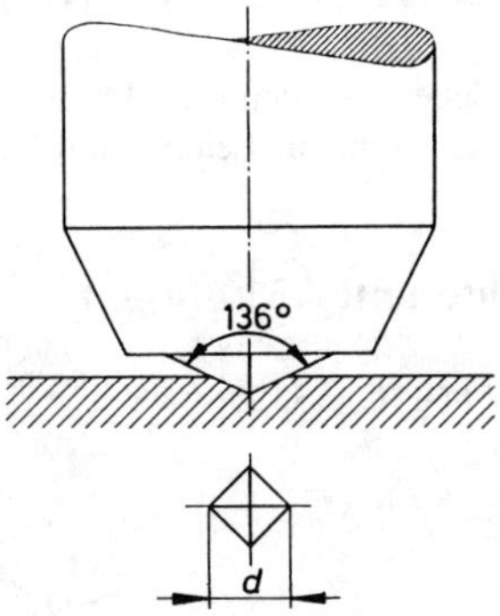

Bild 10.28 Härteprüfung nach VICKERS

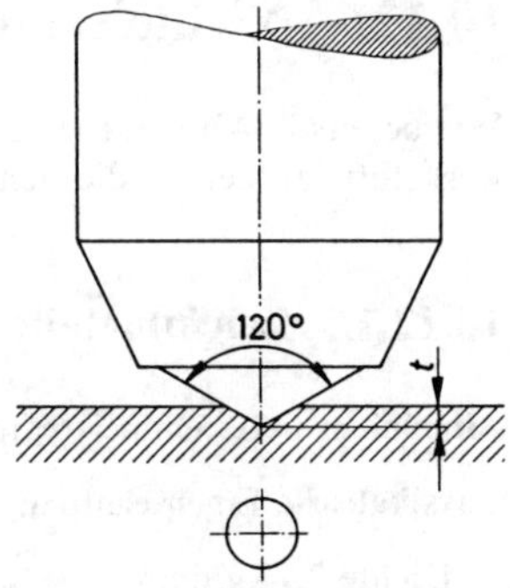

Bild 10.29 Härteprüfung nach ROCKWELL

Rockwellhärte HRC = **c**onus und HR**B** = **b**allum

Sehr harte Werkstoffe werden mit einem *Diamantkegel* geprüft (HRC). Den Diamantkegel drückt man mit einer Vorlast von 10 daN auf die zu prüfende Oberfläche.

Nach der Justierung der am Prüfgerät angebauten Meßuhr auf «Null» wird die Hauptlast von 140 daN aufgebracht, d.h., bei dieser Prüfart ergibt sich eine Gesamtlast von 150 daN. Da man die Eindringtiefe ermittelt, können die Rockwell-Härtegrade sofort abgelesen werden. Unterschied der Eindringtiefe zwischen Vor- und Hauptlast ist die Härte des Werkstoffs. Bei weichen Werkstoffen erfolgt die Ermittlung der Härte durch eine gehärtete Stahlkugel mit einem Durchmesser von $^1/_{16}{}''$ = 1,5875 mm. Die Vorlast beträgt 10 daN, die Hauptlast 90 daN. Diese Prüfmethode wird als Rockwell-B-Verfahren (HRB) bezeichnet.

Skleroskop- oder Rückprallhärte

Die Härtewerte werden dadurch ermittelt, daß man ein Gewicht aus Stahl oder Hartmetall auf das Prüfstück fallenläßt. Die Rückprallhöhe ist dabei für das Maß der Härte bestimmend. Diese Härteprüfung mißt eigentlich die Elastizität, nicht die Härte des Werkstoffs. Im Kraftfahrzeugbau wird die Skleroskophärte zum Prüfen der Härteschichten von Kurbelwellen benutzt.

Shorehärte

Dieses Verfahren wird zur Härtebestimmung von weichen Kunststoffen und Gummi angewendet. Der Prüfkörper ist ein Stahlstift mit einem Durchmesser von 1,25 mm, der durch eine bestimmte Federkraft auf die zu prüfende Werkstückoberfläche gedrückt wird. Die dabei auftretende Längenänderung der Feder (Federweg) ist ein Maß für die Shorehärte. Jeweils 0,025 mm Federweg entsprechen 100 Shorehärteeinheiten.

Zur Anwendung kommen die *Verfahren Shore A* und *Shore D*. Nach dem Verfahren *Shore A* werden weiche Kunststoffe geprüft. Die erwähnte Feder drückt ohne Vorlast einen abgerundeten kegelförmigen Stahlstift in die Werkstückoberfläche. Das Verfahren *Shore D* wird bei der Prüfung von Hartgummi angewendet. Hier drückt die Feder mit einer Vorlast von 0,55 N einen Stahlstift mit Kegelstumpf in die Oberfläche des Werkstücks.

10.12 Nichteisenwerkstoffe (NE-Metalle)

Wie bereits in Abschnitt 10.3 beschrieben, werden die Metalle in Eisenwerkstoffe und Nichteisenwerkstoffe aufgeteilt, die sich dann nochmals in Leicht- und Schwermetalle unterteilen.

10.12.1 Leichtmetalle (Dichte unter 5 kg/dm³)

Aluminium (Al), Schmelztemperatur 660 °C (933 K)

Physikalische Eigenschaften:

Dichte 2,7 kg/dm³
gute Wärmeleitfähigkeit
gute elektrische Leitfähigkeit
unmagnetisches Verhalten

Chemische Eigenschaften:

korrosionsbeständig durch natürliche Oxidschicht
gegen konzentrierte Salpetersäure beständig
unbeständig gegen Seewasser und Soda

Technologische Eigenschaften:

gut dehnbar, weich, läßt sich bis zu einer Stärke von 0,004 mm auswalzen

Aluminiumgewinnung

Im metallischen Zustand kommt Aluminium in der Natur nicht vor. Es steht jedoch mit 8 % Vorkommen in der Erdkruste hinter Sauerstoff mit etwa 47 %, Silizium mit etwa 27 % an dritter Stelle. Für die Herstellung von Aluminium wird ausschließlich *Bauxit* verwendet, die Hauptfundstätten des Bauxits sind in

Europa	Südfrankreich, Jugoslawien, Griechenland, Ungarn
Amerika	USA, Kanada, Brasilien
Afrika	Guinea, Zaire (Kongo)
Asien	UdSSR, Indien, VR China
Australien	Nord- und Westaustralien

Die Gewinnung von Aluminium erfolgt in zwei Abschnitten:

1. Gewinnung von reinem Aluminiumoxid
2. Reduktion des Aluminiumoxids durch Schmelzflußelektrolyse

Eine normale Reduktion durch Koks oder kohlenstoffhaltige Materialien ist beim Aluminium nicht möglich, da Aluminium sehr stark Sauerstoff aufnimmt.

1. Gewinnung von reinem Aluminiumoxid

Das Bayerverfahren ist das wichtigste Verfahren zur Herstellung von Aluminiumoxid. Hierbei wird das Bauxit gemahlen, mit Natronlauge vermischt und in Autoklaven (dampfbeheizte Druckkessel mit Rührwerk) unter Druck (etwa 30 bar Überdruck) und einer Temperatur von 250 °C (523 K)

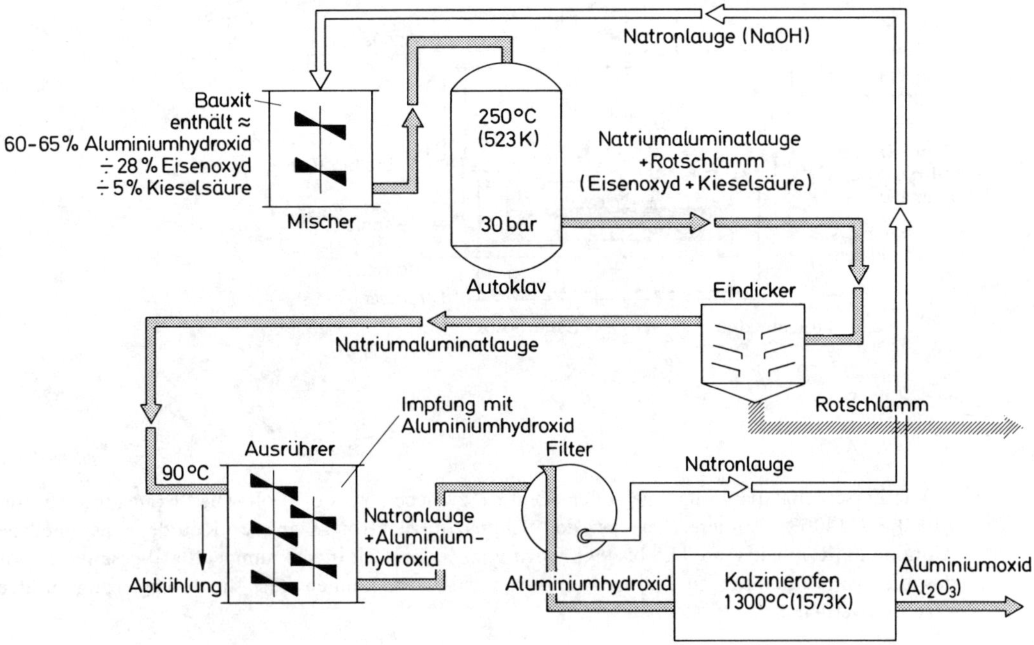

Bild 10.30 Aluminiumgewinnung (schematisch)

zerlegt. Aluminiumoxid geht als Natriumaluminat in Lösung. Die unlöslichen Bestandteile des Bauxits (Eisenoxid, Siliziumdioxid, Titanoxid) werden nach dem Eindicken als Rotschlamm abgezogen. Der Rotschlamm wurde bisher abgelagert oder im Meer versenkt. Neue technologische Verfahren ermöglichen es, den Rotschlamm zur Gewinnung von Roheisen, zur Herstellung von Mauerziegeln u.ä. Materialien zu verarbeiten.

Das flüssige Natriumaluminat wird mit einem Impfstoff (kristallines Aluminiumhydroxid) versetzt und 60 bis 120 Stunden in Ausrührbehältern bewegt, bis das Aluminium als Aluminiumhydroxid in Form von weißen Flocken ausfällt, die dann durch Vakuumtrommelfilter abgetrennt werden. Anhaftende Laugenreste werden vom Aluminiumhydroxid sorgfältig durch heißes Wasser ausgewaschen. Aus dem Aluminiumhydroxid entsteht durch Trocknen bei 1200 bis 1300 °C (1473 bis 1573 K) in Drehrohröfen reines Aluminiumoxid.

2. Reduktion des Aluminiumoxids durch Schmelzflußelektrolyse

Aluminiumoxid hat eine hohe Schmelztemperatur (über 2000 °C [2273 K]). Durch die Herstellung einer Mischung aus Kryolith (Salz) und Aluminiumoxid wird der Schmelzpunkt auf etwa 950 °C (1223 K) herabgesetzt. Die Reduktion erfolgt in Elektrolyseöfen, das sind 3 bis 4 m lange und 2 bis 2,5 m breite Stahlblechwannen mit einer Tiefe von etwa 0,5 m. Mit Ausnahme von Kohle ist flüssiger Kryolith gegenüber stromleitenden Materialien aggressiv, deshalb besteht die Auskleidung des Elektrolyseofens aus Kohle. Die Kohleauskleidung dient gleichzeitig als Katode (Minuspol); als Anode (Pluspol) verwendet man sehr reine Kohlematerialien, da Verunreinigungen vom geschmolzenen Kryolith aufgenommen werden und die Reinheit des hergestellten Aluminiums beeinträchtigen würde.

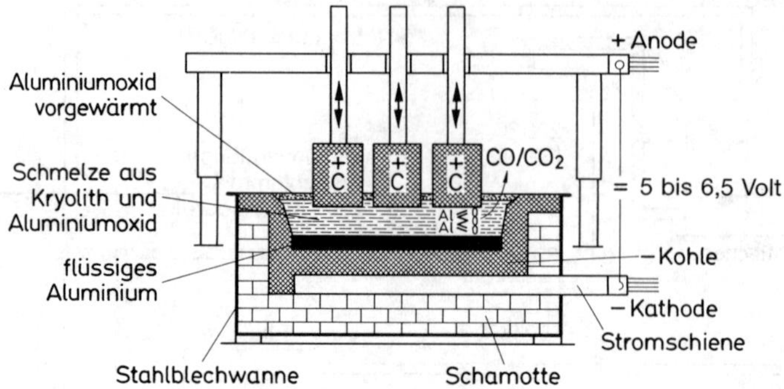

Bild 10.31 Elektrolyseofen

Die Zersetzungsspannung eines Ofens liegt ca. zwischen 5 bis 6,5 Volt. Die Stromstärke beträgt 70000 bis 140000 Ampere. Das bei der Schmelzflußelektrolyse an der Katode abgeschiedene Aluminium (Reinheitsgrad 99,5 bis 99,8) wird von Zeit zu Zeit in Vakuumgefäße abgesaugt. Bevor das flüssige Aluminium zu Halbzeugen vergossen wird, können auch noch Legierungszusätze zugefügt werden.

Aluminiumlegierungen

Die mechanischen Eigenschaften von Aluminium sind durch Legierungszusätze stark zu beeinflussen. Die wichtigsten Zusätze sind Silizium, Magnesium, Kupfer, Mangan. Besonders die Al-Si-Legierungen spielen durch ihre gute Gießbarkeit im Motoren- und Kolbenbau eine wesentliche Rolle. Diese Legierungen sind der Standardwerkstoff für die Kolbenherstellung. Man unterscheidet die *eutektischen* Al-Si-Legierungen (bis 14 % Si) und die *übereutektischen* Al-Si-Legierungen (von 17 bis 25 % Si).

Eutektikum

Unter eutektisch oder Eutektikum versteht man, daß die Schmelze, die aus zwei oder mehreren Legierungszusätzen bestehen kann, ohne teigigen Übergang erstarrt. Größere Kristalle können sich dadurch nicht bilden, so daß ein Werkstoff mit einem sehr feinen Gefüge entsteht. Eutektische Legierungen besitzen eine sehr hohe Festigkeit. Bei Al-Si-Legierungen liegt die eutektische Temperatur (oder das plötzliche Erstarren der Schmelze) bei 577 °C (850 K), bei Eisen-Kohlenstoff-Legierungen bei etwa 1147 °C (1420 K), bei Blei-Zinn-Legierungen bei etwa 183 °C (456 K).

Weitere wichtige Aluminiumlegierungen sind:

Aluminium–Magnesium Diese Legierung ist sehr leicht, gut spanbar, je nach Mg-Zusatz gut verformbar und wird meistens im Druckguß verarbeitet. Al-Mg-Legierungen sind nicht härtbar.

Aluminium–Kupfer Neben der aushärtenden Eigenschaft von Al-Cu-Legierungen ist die starke Zunahme der Festigkeit hervorzuheben. Der Zusatz von 1% Cu erhöht die Zugfestigkeit des Al um etwa 14 daN/mm². Besonders das Duraluminium (Hartaluminium), eine Legierung aus Aluminium–Kupfer und Magnesium, kann Zugfestigkeiten bis 50 daN/mm² aufweisen. Verwendung findet Duraluminium für hochbelastete Konstruktionsteile im Kraftfahrzeugbau.

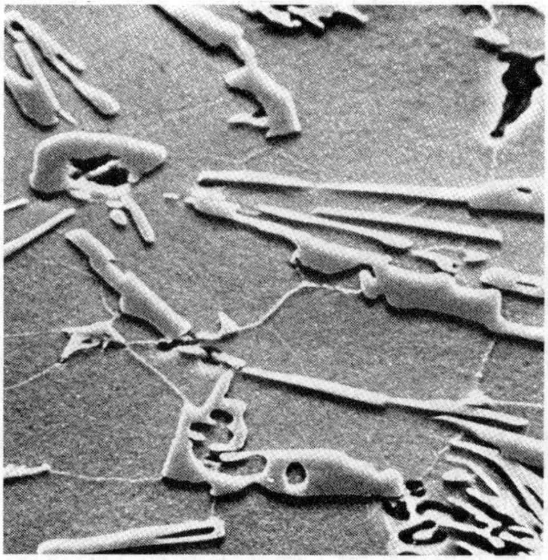

Bild 10.32 Gefügebild einer eutektischen Aluminiumlegierung

Bild 10.33 Gefügebild einer übereutektischen Aluminiumlegierung

Magnesium (Mg), Schmelztemperatur 650 °C (923 K)

Physikalische Eigenschaften:

Dichte 1,74 kg/dm^3
geringe Festigkeit
geringe Härte

Chemische Eigenschaften:

korrosionsanfällig, gegen Wasser nicht beständig, Reduktionsmittel

Technologische Eigenschaften:

größte Vorsicht beim Schmelzen, Mg-Schmelzen entzünden sich an der Luft
gut spanbar, gießbar

Magnesium ist ein beliebter Legierungszusatz, als reines Metall findet es kaum Verwendung.

Magnesiumgewinnung Magnesium wird ähnlich wie Aluminium durch Elektrolyse gewonnen. Die Ausgangsmaterialien zur Gewinnung von Magnesium sind praktisch unerschöpflich, da der Abraum von Kalibergwerken sowie das Salz des Meerwassers genutzt werden.

Titan (Ti), Schmelztemperatur 1670 °C (1943 K)

Physikalische Eigenschaften

Dichte 4,5 kg/dm^3
hohe Festigkeit
hohe Warmfestigkeit

Chemische Eigenschaften

ausgezeichnete Korrosionsbeständigkeit in einem Temperaturintervall von
−253 °C bis 550 °C (20 K bis 823 K)
gegen Königswasser, Salpetersäure beständig
verbindet sich bei sehr hohen Temperaturen mit Sauerstoff und Stickstoff

Technologische Eigenschaften

Reindarstellung von Titan ist sehr aufwendig (schwer schmelzbar)
Titan wird hauptsächlich gewalzt und geschmiedet
sonstige Verarbeitung schwierig

Gewinnung von Titan Titan wird aus den Erzen Rutil und Ilmenit gewonnen. Rund 95 % des Titanerzes Rutil für die westliche Welt werden vor der australischen Küste im Meer abgebaut. Mehr als 36 % des westlichen Bedarfs an dem Titanerz Ilmenit werden in Form von Wascherzen vor den Küsten Indiens, Ceylons, Australiens und in Florida gefördert. Nach der Aufbereitung wird das Titan unter Vakuum im Lichtbogenofen umgeschmolzen. Da die Herstellung von reinem Titan sehr aufwendig ist, begnügt man sich in der Technik mit Ferrotitan, das einen Ti-Gehalt von 10 bis 25 % aufweist. Titan ist sehr teuer und deshalb kein Massenwerkstoff.

Verwendung: Für Pleuelstangen, Radaufhängungen, Federn, Titan-Kohlenstoff-Verbindungen zur Herstellung von Hartmetallen.

10.13 Schwermetalle (Dichte über 5 kg/dm^3)

Kupfer (Cu), Schmelztemperatur 1083 °C (1356 K)

Physikalische Eigenschaften

Dichte 8,9 kg/dm^3
sehr gute elektrische Leitfähigkeit
sehr gute Wärmeleitfähigkeit
Zugfestigkeit von 20 bis 50 daN/mm^2

Chemische Eigenschaften

gute Korrosionsbeständigkeit
gegenüber nicht oxidierenden Säuren beständig

Patina Patina ist eine festhaftende, nicht giftige Schutzschicht des Kupfers. Sie kann je nach Standort, z. B. Großstadt, als Kupfer-Schwefel-Verbindung (Kupfersulfat), an der See als Kupfer-Chlor-Verbindung (Kupferchlorid), in den Bergen und auf dem Land als Kupfer-Kohlenstoff-Verbindung (Kupferkarbonat) auftreten. Diese Patinaschutzschicht erklärt die ausgezeichnete Korrosionsbeständigkeit des Kupfers. Beschädigungen der Patinaschutzschicht werden nach einer gewissen Zeit durch Neuüberzug beseitigt.

Grünspan Grünspan wird oftmals mit Patina verwechselt. Im Gegensatz zur Patinaschutzschicht ist Grünspan giftig und wasserlöslich; es bildet sich durch chemische Reaktionen mit Essigsäure, wodurch Kupferacetat (Grünspan) entsteht.

Technologische Eigenschaften

Kupfer ist weich und zäh und läßt sich gut verformen (z. B. walzen, schmieden, ziehen usw.). Durch Hämmern oder Walzen tritt eine Kaltverfestigung ein, die durch Glühen beseitigt werden kann.

Kupfervorkommen Die Erdkruste enthält etwa 0,01 % Kupfer (Cu), in gediegener Form (metallischem Zustand) kommt Kupfer nur an wenigen Stellen auf der Welt vor, z. B. in der UdSSR (Ural), den USA (Oberer See) und Neu-Mexiko, sonst treten Kupfererze hauptsächlich in Form von schwefelhaltigen Mineralien auf.

Kupfererze	Cu-Gehalt	Fundorte
Rotkupfererz	89 %	Chile, Peru, Südwest-Afrika
Kupferglanz	80 %	USA, Kanada, Zaire, Sambia
Buntkupferkies	63 %	USA, UdSSR, Mexiko, China
Kupferkies	35 %	Kanada, Chile, Mexiko, Polen

Kupfergewinnung Das Umschmelzen der Kupfererze zu Rohkupfer kann nur bei sauerstoffhaltigem Kupfererz (z. B. Rotkupfererz) erfolgen. Da die meisten Kupfererze aber Schwefel (S), Eisen (Fe) sowie taubes Gestein enthalten, müssen sie zu kupferreichen Zwischenprodukten, dem sogenannten *Kupferstein*, verhüttet werden. Kupferstein ist flüssig und hat einen Cu-Gehalt von etwa 50 %. Dieses flüssige Zwischenprodukt wird in einen liegenden Konverter gegossen, in dem durch Einblasen von Luft hochprozentiges *Rohkupfer* (97 % bis 99 %) entsteht. Die weitere Reinigung des Kupfers geschieht in einem *Raffinierflammofen* oder durch *Elektrolyse*.

Kupferlegierungen Kupferlegierungen werden als Zwei- oder Mehrstofflegierungen ausgeführt. Die wichtigsten Legierungszusätze sind Zink (Zn), Zinn (Sn), Aluminium (Al), Silizium (Si), Blei (Pb). Es ist zwischen Knet- und Gußlegierungen zu unterscheiden.

Knetlegierungen werden für Halbzeuge (Bleche, Rohre, Stangen usw.) verarbeitet, Gußlegierungen zu Gleitlagern, Schneckenrädern, Armaturen und Glocken.

Kupfer-Zink-Legierungen (Messing)

Die Kupfer-Zink-Legierung (Messing) ist wohl die wichtigste Kupferlegierung. Ihr Cu-Gehalt liegt zwischen 55 und 95 %. Durch Zulegieren von bis zu 3 % Blei (Pb) tritt eine Verbesserung der Zerspanbarkeit, bei der Zugabe von Aluminium (Al) eine Verbesserung der Gießbarkeit ein.

Eigenschaften der Kupfer-Zink-Legierung (Messing) Ein besonderes Merkmal dieser Legierung ist die Farbe, die im allgemeinen ein sattes Gelb aufweist. Die Kupfer-Zink-Legierung kann im weichen Zustand gut getrieben und gebogen werden, im harten Zustand ist sie elastisch. Die Festigkeit, Gießbarkeit ist bei dieser Legierung bedeutend besser als bei Kupfer, die Korrosionsbeständigkeit etwa gleich.

Verwendung im Kraftfahrzeug Autokühler, Lagerbuchsen, Wälzlagerkäfige, Synchronringe, Vergaserdüsen, Lampenfassungen, Gehäuse für Thermofühler- und -schalter.

Kupfer-Zinn-Legierungen (Bronzen)

Kupfer-Zinn-Legierungen (Zinnbronzen) haben einen Zinn-(Sn-)Gehalt bis etwa 15 %. Sie werden oftmals mit Phosphor (P) desoxidiert und bekommen vereinzelt den Namen «Phosphorbronze». Diese Bezeichnung ist überholt und sollte nicht mehr verwendet werden. Die Kupfer-Zinn-Gußlegierungen setzen sich aus verschiedenen Kristallarten zusammen, wobei die härteren Kristalle in der weichen Grundmasse eingebettet sind. Dadurch ist diese Legierungsart bestens zur Herstellung von Gleitlagern geeignet.

Besonders hervorzuheben ist die Kupfer-Blei-Zinn-Gußlegierung (Bleibronze), sie besitzt gute Gleiteigenschaften, ist etwas weicher als Zinnbronze und hat eine poröse Oberfläche. Da sie hohe Belastungen bei mittleren Gleitgeschwindigkeiten aufnehmen kann, wurden Kupfer-Blei-Zinn-Gußlegierungen bei Dieselmotoren eingebaut (als Haupt-, Pleuel- und Nockenwellenlager).

Eigenschaften der Kupfer-Zinn-Legierungen (Bronzen) Kupfer-Zinn-Legierungen besitzen eine hohe Festigkeit, gute Korrosionsbeständigkeit und gute Gleiteigenschaften.

Verwendung im Kraftfahrzeug Gleitlager, Benzinpumpenteile, Zahnräder, elektrotechnische Bauteile (Flachstecker), Ventilführungen.

Kupfer-Nickel-Zink-Legierung (Neusilber)

Durch den Nickelzusatz bekommt dieser Werkstoff eine silberweiße Farbe.

Kupfer-Zinn-Zink-Blei-Legierung (Rotguß)

ist eine Legierung mit über 85 % Kupfer (Cu), 5 % Zinn (Sn), 5 % Zink (Zn), 5 % Blei (Pb), sie wird auch als Maschinenbronze bezeichnet.

Zink (Zn), Dichte 7,1 kg/dm^3, Schmelztemperatur 419 °C (692 K)

Zink ist ein bläulich-weißes Metall von guter Legier- und Gießbarkeit. Gewonnen wird Zink (Zn) aus der *Zinkblende* oder *Zinkspat* (Galmei). Die wichtigsten Fundstätten dieser Erze befinden sich in den USA, Mexiko, Frankreich, Großbritannien, Australien und Deutschland.

Die Zinkerze werden geröstet, feingemahlen und zu *Rohzink* verhüttet, anschließend im Raffinierofen geschmolzen. Dieser Ofen liefert Hüttenzink mit einem Reinheitsgrad von 98 bis 99,5 % Zn. Durch Destillation oder Elektrolyse läßt sich Feinzink (99,9 % Zn) herstellen. Da sich Zink an der Luft mit einer dichten, festen Schutzschicht (Zinkkarbonat) überzieht, wird es sehr gerne als Korrosionsschutz für Stahlteile benutzt. Nicht beständig ist Zink gegenüber Säuren, salzhaltigen Materialien sowie Kalk und Zement.

Verwendung im Kraftfahrzeug Vergaser, Gehäuse für Blink- und Bremsleuchten, Türgriff, hydraulische Bremsenteile.

Zinn (Sn), Dichte 7,3 kg/dm^3, Schmelztemperatur 232 °C (505 K)

Zinn besitzt eine geringe Härte, eine gute Verformbarkeit, ist sehr weich und gut gießbar. Im Kraftfahrzeugbau wird es hauptsächlich als Legierungsmetall für Gleitlager verwendet (Weißmetall). Die Gewinnung von Zinn (Sn) erfolgt überwiegend aus Zinnstein (80 % Sn). Dieses Erz wird in Südostasien (Thailand, Indonesien, Malaysia), ferner China, Bolivien und Australien gefunden. Die Verarbeitung und Gewinnung entsprechen ungefähr der des Zinks. Zinn ist an der Luft beständig, gegenüber Säuren unbeständig.

Eine unangenehme Erscheinung ist das Zerfallen des Zinns zu unmetallischem Pulver bei Temperaturen um −20 °C (253 K). Diesen Vorgang bezeichnet man auch als *Zinnpest*. Eine weitere charakteristische Eigenschaft ist der *Zinnschrei*. Beim Biegen von Zinnstreifen entsteht ein knisterndes Geräusch, durch Zerreißen von Zinnkristallen. Man kann anhand des Zinnschreis eine Beurteilung des Zinngehaltes von Lötzinn oder ähnlichen Zinn-Blei-Legierungen vornehmen.

Verwendung im Kraftfahrzeug als Legierungsmetall von Gleitlagerwerkstoffen (z. B. Weißmetall).

Blei (Pb), Dichte 11,3 kg/dm³, Schmelztemperatur 327 °C (600 K)

Die wichtigsten Bleilieferanten sind die USA, UdSSR, Spanien, Polen und Deutschland. Blei (Pb) wird vor allem aus Bleiglanz (86 % Pb) durch Rösten und Oxidieren mit anschließender Reduktion und Reinigung durch Umschmelzen oder Elektrolyse gewonnen. An der Luft ist Blei sehr beständig, ebenso gegenüber der Schwefelsäure (H_2SO_4) und Salzsäure (HCl), die mit Blei unlösliche Salze (z. B. Pb-Sulfat) bilden. Da alle Verbindungen des Bleis gesundheitsschädlich (*giftig*) sind, müssen bei der Verarbeitung besondere Vorsichtsmaßnahmen getroffen werden.

Durch den dichten Atomaufbau ist Blei undurchlässig für Röntgen- und radioaktive Strahlen, der dieses Metall als wertvollen Strahlenschutz ausweist. Als mechanische und technische Eigenschaften sind die geringe Zugfestigkeit, die Weichheit, Dehnbarkeit, Zähigkeit und guten Gleiteigenschaften zu nennen.

Wichtige Bleilegierungen sind:

Hartblei	Blei (Pb) + Antimon	(Sb)
Lötzinn	Blei (Pb) + Zinn	(Sn)

Verwendung im Kraftfahrzeug Bleiplatten für Batterien, Auswuchtgewichte, Plomben, Farben, Legierungsmetall bei Bronzen, Messing, Aluminiumwerkstoffen zur Verbesserung der Zerspanbarkeit.

10.14 Sintermetalle

Von Jahr zu Jahr steigt der Anteil der im Kraftfahrzeug verwendeten Sinterformteile. Dies liegt hauptsächlich an der guten Verarbeitbarkeit der Ausgangsmaterialien zur Herstellung der Sinterstoffe.

Sintern ist ein Zusammenbacken von Pulvermischungen aus Metallen bzw. Nichtmetallen durch Erwärmung auf Schweißtemperatur.

Vorteile der Sintertechnik:

1. Schmelztechnische Schwierigkeiten werden überwunden, es lassen sich Materialien mit sehr unterschiedlichen Schmelztemperaturen verbinden (z. B. Kohlebürsten, sie bestehen aus Kupfer und Graphit).
2. Sinterteile lassen sich mit einer sehr hohen Maßgenauigkeit und innerhalb geringer Gewichtstoleranzen ohne jegliches Spanen herstellen.
3. Gesinterte Lager sind porös! Die Lager können bis 30 % ihres Volumens an Öl aufnehmen, welches dann zur Schmierung selbsttätig abgegeben wird.
4. Materialien von großer Härte können erzeugt werden (Hartmetalle, z. B. Widia, Titanit, Miramant).
   Nachteil: z. Z. entfallen etwa 30 bis 40 % der Gesamtkosten auf das Herstellen der Metallpulver.

Verwendung von Sinterteilen im Kraftfahrzeugbau Ventilführungen, Ventilsitzringe, Kipphebel, Pleuel, Ventile für Stoßdämpfer, Ölpumpenzahnräder, Filter, Kettenritzel, Brems- und Kupplungsbeläge, Gleitlager.

Graphitbronze ist eine Formsinterung von Bronze und Graphit. Dabei werden Bronzepulver und Graphitpulver geformt und bei geringerem Druck auf Schweißtemperatur der Bronze gebracht.

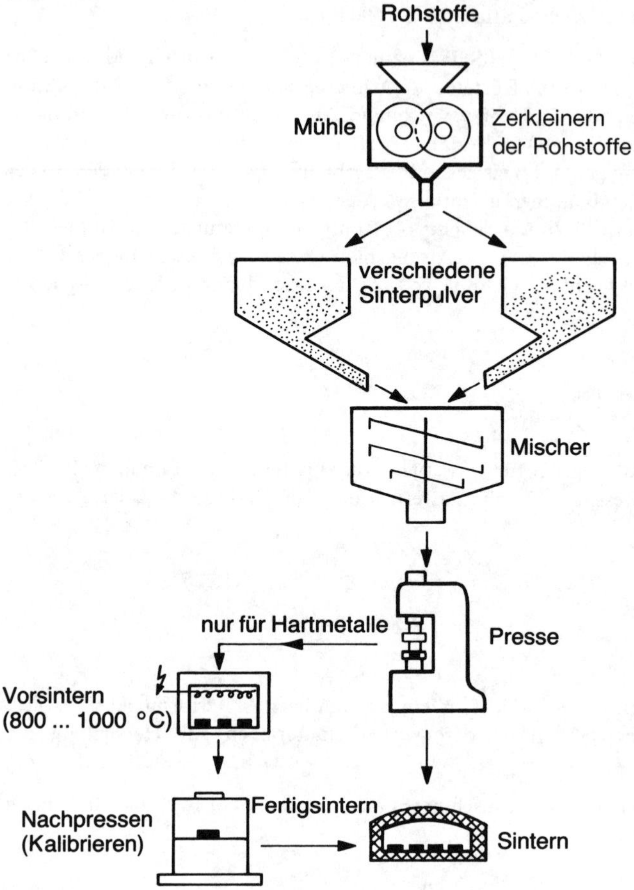

Bild 10.34 Herstellung von Sintermaterialien (schematisch)

Dadurch mischt sich das Graphit nicht aus. Außerdem wird durch die Kapillarwirkung der Gefügeporen eine selbsttätige Schmierölförderung erreicht. Graphitbronzen sind zwar spröde, aber für wartungsfreie oder wartungsarme Lager geeignet (z.B. an Verteiler, Wasserpumpe, Anlasser usw.).

Graphitsintereisen ist mit Graphit gesinterter Grauguß, der billiger ist als Graphitbronze, aber ähnlichen Lagerzwecken dient.

Drucksinterungen sind Sinterungen, bei denen der Sintervorgang unter Druck erfolgt. Dadurch werden Gefügebohrungen vermieden, und das Material bekommt höhere Festigkeiten (z.B. Anlasserkohlen aus Kupfer und Graphit).

Hartmetalle

Für Schneidwerkstoffe können Hartmetalle Verwendung finden. Als Ausgangsmaterial dienen Metallkarbide (Metall-Kohlenstoff-Verbindungen), wie etwa Wolfram-, Molybdän-, Vanadium-,

Titankarbid, welche mit Kobalt (Co) als Bindemittel vermischt und unter hohem Druck und Wärme zusammengesintert werden.

Vorteile der Hartmetalle:

1. Hartmetalle haben nahezu Diamanthärte.
2. Sie lassen Schneidtemperaturen bis etwa 900 °C (1173 K) zu.
3. Hartmetalle besitzen eine große Schneid- und Verschleißfestigkeit.
4. Sie lassen hohe Schnittgeschwindigkeiten zu.

Nachteile: Hartmetalle sind spröde, gegen Schlag und Stoß empfindlich.

10.15 Sicherheitsglas

Nach § 40 der StVZO müssen sämtliche Scheiben – mit Ausnahme der Spiegel sowie Abdeckscheiben an Beleuchtungseinrichtungen und Instrumenten – aus Sicherheitsglas bestehen. Als Sicherheitsglas gelten Glas oder glasähnliche Werkstoffe, deren Bruchstücke keine ernstlichen Verletzungen verursachen können. Sie müssen lt. StVZO typgeprüft und gekennzeichnet sein, eine nachträgliche Änderung darf nicht durchgeführt werden, da es sich um behördlich genehmigte Teile handelt. Als Sicherheitsglas sind Einscheibensicherheitsglas (ESG) und Verbundsicherheitsglas (VSG) zugelassen.

10.15.1 Glasherstellung

Die Rohstoffe zur Herstellung von Glas sind Quarzsand (SiO_2), Soda (Na_2CO_3) und Kalk (CaO). Nach dem Zerkleinern und Vermischen der Materialien werden sie in einem Glasschmelzofen bei einer Temperatur von etwa 1550 °C (1823 K) zu einer zähflüssigen Masse geschmolzen.

Diese zähflüssige Glasmasse überfließt ein Metallbad (flüssiges Zinn) und wird gleichzeitig von der Oberseite durch eine sogenannte Feuerpolitur bearbeitet (Floatglasverfahren). Dadurch erreicht man ein planparalleles Glasband von bester optischer Qualität, welches nach dem Zuschnitt auf Transportmaß zur Herstellung von Sicherheitsglas Verwendung findet.

10.15.2 Einscheibensicherheitsglas (ESG)

Das Einscheibensicherheitsglas ist auch als «vorgespanntes Sicherheitsglas» bekannt. Hierbei handelt es sich um eine Glasart, die bei der Herstellung einer besonderen thermischen Behandlung unterworfen wird.

Die Glasscheiben werden dazu auf über 600 °C (873 K) erhitzt und anschließend sehr schnell abgeschreckt. Bei Bruch zerfällt die Scheibe in kleine Glaskrümel ohne scharfe Kanten, wodurch die Sicht stark beeinträchtigt wird (Bild 10.35).

Bei neueren Windschutzscheiben wird durch eine abgestufte Abschreckung eine Breitsichtstruktur erzeugt. Bei der Zerstörung der Scheibe entstehen im Sichtfeld größere Scherben, die noch genügend Sicht ermöglichen (Bild 10.36).

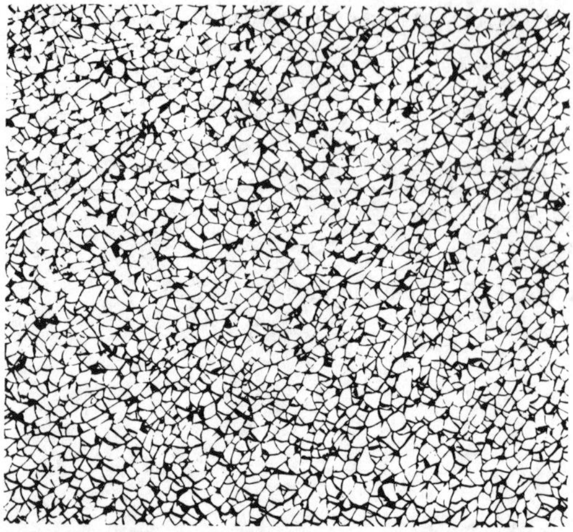

Bild 10.35 Bruchstruktur von Einscheibensicherheitsglas

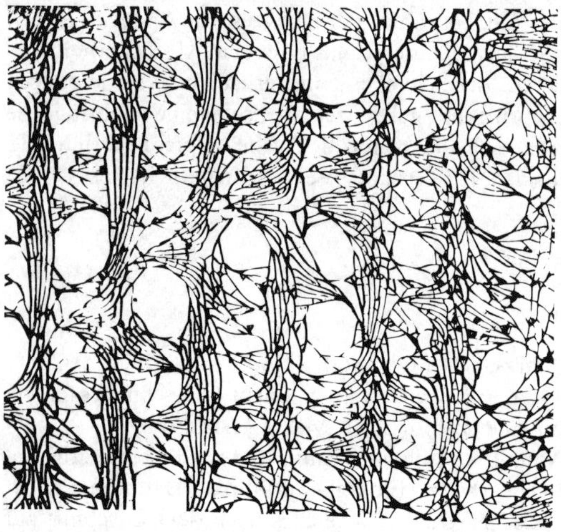

Bild 10.36 Bruchstruktur von ESG mit Breitsicht (BS1)

10.15.3 Verbundsicherheitsglas (VSG)

Der Vorteil des Verbundsicherheitsglases gegenüber dem Einscheibensicherheitsglas beruht auf der splitterbindenden Vereinigung zweier Glasscheiben mit einer äußerst elastischen Kunststoffolie (Polyvinylbutyral PVB) mit einer Dicke von 0,76 mm. Nach Zuschnitt und Reinigung werden zwei verzerrungsfreie Glasscheiben und die Kunststoffzwischenschicht zusammengelegt und vorgepreßt.

Die endgültige Fertigstellung des Verbundsicherheitsglases sowie die Verbindung zwischen Folie und Glas erfolgen bei hoher Temperatur und hohem Druck (Bild 10.37).

Bild 10.37 Bruchstruktur von Verbundsicherheitsglas

10.15.4 Kunststoffglas

Um den Kraftstoffverbrauch der Kraftfahrzeuge zu senken, hat die Automobilindustrie in den letzten Jahren kontinuierlich versucht, das Fahrzeuggewicht zu senken. Es wird zur Zeit eine Entwicklung betrieben, die Silikatglasscheiben durch Kunststoffscheiben zu ersetzen.

Erste Versuche im Rennsport mit unbeschichteten Kunststoffscheiben haben ihre Bewährungsprobe bestanden. Ihre Kratzfestigkeit war leider nicht ausreichend. Durch Beschichten mit kratzfesten Einbrennlacken ist dieses Problem gelöst worden, so daß der Automobilindustrie im Bereich der Verglasung neue Möglichkeiten offenstehen.

Die hohen Anforderungen an die Kraftfahrzeugverglasung werden durch *Acrylglas* (PMMA) abgedeckt. Beschichtetes Acrylglas ist kratzfest, beständig gegen Chemikalien, verdünnte oder konzentrierte Säuren, organische Lösungsmittel sowie Witterungseinflüsse. Es ist wegen seiner amorphen Struktur glasklar, hat keine Eigenfarbe und eine hohe Lichtdurchlässigkeit. Als Sicherheitsglas ist es hervorragend geeignet, da es beim Bruch nicht splittert und gute Zug-, Druck- und Biegefestigkeit besitzt.

10.15.5 Kennzeichnung von Sicherheitsglas

Aus der deutschen Zulassung (ABE) für Sicherheitsglas ist nicht ersichtlich, um welche Glassorte es sich handelt. Durch die zusätzlichen Bezeichnungen der Hersteller sowie die amtlichen Kennzeichnungen (Zulassungen) ausländischer Verkehrsministerien lassen sich die verschiedenen Glasausführungen bestimmen (Bilder 10.38 und 10.39).

Einscheibensicherheitsglas (ESG)

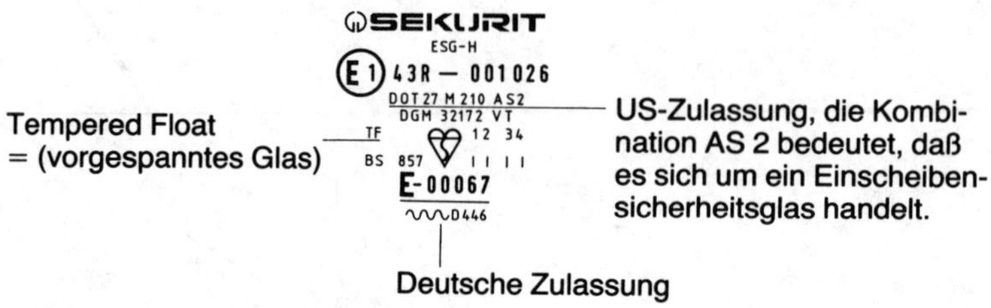

Bild 10.38 Kennzeichnung von ESG

Verbundsicherheitsglas (VSG)

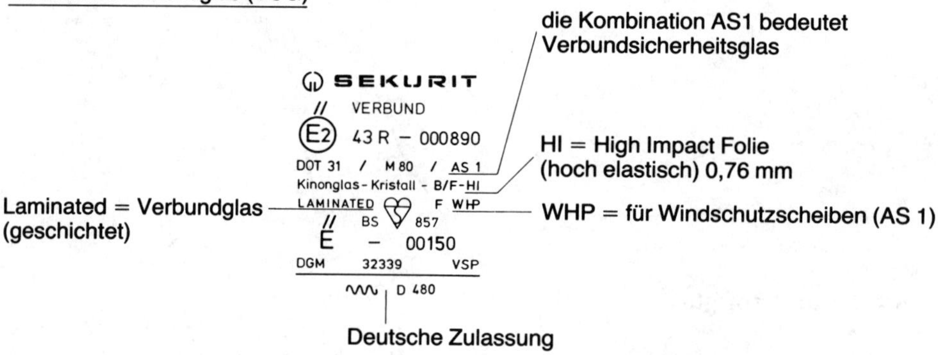

Bild 10.39 Kennzeichnung von VSG

10.16 Kunststoffe

Kunststoffe bezeichnet man als organisch-synthetische Werkstoffe. Der Anteil an Kunststoffen ist in den letzten Jahren im Automobilbau ständig gestiegen. In deutschen Personenkraftwagen befinden sich z.Z. je 1 t Gesamtgewicht ungefähr 60 bis 80 kg Kunststoff. Man kann daran erkennen, daß dieser Werkstoff in den Kraftfahrzeugen immer mehr an Bedeutung gewinnt.

Eigenschaften der Kunststoffe

1. gute chemische Beständigkeit (korrosionsbeständig)
2. schlechter elektrischer Leiter (Isolierwerkstoff)
3. schlechter Wärmeleiter
4. alterungs- und witterungsbeständig
5. niedrige Dichte (0,9 bis 2,0 kg/dm^3)
6. geringe Festigkeit und Formbeständigkeit bei Erwärmung
7. einfache Verarbeitung
8. sehr gute Form- und Oberflächengestaltung

Die Kunststoffe werden in zwei Hauptgruppen eingeteilt:

1. in Duroplaste oder härtbare Kunststoffe,
2. in Thermoplaste oder nicht härtbare Kunststoffe.

Als Untergruppe sind noch die Elastomere aufzuzählen, die üblicherweise nicht zu den Kunststoffen gezählt werden, aber im Automobilbau und Reifenbau eine wichtige Rolle spielen (z.B. Buna).

Duroplaste (härtbare Kunststoffe) Zu den Duroplasten zählen Phenol-, Epoxidharze sowie die ungesättigten Polyesterharze.

Phenol-Formaldehydharz (PF-Harze) ist einer der ältesten Kunststoffe. Da sich Phenol-Formaldehydharze sehr einfach herstellen lassen und günstige mechanische Eigenschaften besitzen, zählen sie auch heute noch zu den wichtigsten Kunststoffen. Eine Mischung aus Phenol und Formaldehyd reagiert unter Wärme und Abspaltung von Wasser (Polykondensation) bis zur völligen Aushärtung. In diesem Zustand ist Phenol-Formaldehydharz unschmelz- und unlösbar (z.B. Bakelite).

Epoxidharze (EP-Harze) In ihrer Reaktion unterscheiden sich Epoxidharze entscheidend von den Phenol-Formaldehydharzen. Die Aushärtung der EP-Harze erfolgt ohne Wasserabspaltung (Polyaddition). Diese Harze werden mit einem «Härter» versetzt, die dann je nach Harzsystem und Härter hochwertige Kunststoffe bilden. Besonders mit Glasfasermatten als Trägermaterial können sie sehr hohe mechanische und elektrische Belastungen aufnehmen.

Ungesättigte Polyesterharze (UP-Harze) UP-Harze sind wegen ihres günstigen Preises sehr gefragt. Sie werden vorwiegend als *g*las*f*aserverstärkte *K*unststoffe (GfK), ähnlich den Epoxidharzen, im Fahrzeugbau verwendet.

Duroplaste werden durch Wärme (170 °C = 443 K) oder durch Beimischen bestimmter Zugaben zu Harzkörpern gepreßt oder gegossen. Die Endprodukte haben die gleiche Festigkeit wie Metalle, sind jedoch gut spanbar, wesentlich elastischer und wartungsfrei. Auf keinen Fall darf man bei der Aufzählung der Duroplaste die sogenannten «Schichtpreßstoffe», wie z.B. Novotext, Pertinax u.ä., vergessen.

Schichtpreßstoffe sind Werkstoffe mit durchgehend geschichtetem Füllstoff aus Textil, Papier, Leder oder Asbest. Diese Füllstoffe werden in Harzlösung (PF-, EP-, UP-Harze) getränkt, anschließend getrocknet, unter Wärme und Druck verpreßt, wobei sie dann aushärten.

Eigenschaften der Duroplaste

- ☐ geräuscharmer Lauf
- ☐ verschleißfest und druckfest
- ☐ wartungsfrei
- ☐ unschmelzbar
- ☐ nicht brennbar, nicht schweißbar
- ☐ spanbar
- ☐ geringe Dichte
- ☐ schlechter elektrischer Leiter und Wärmeleiter
- ☐ beständig gegen Schmierstoffe und Säuren

Verwendung im Kraftfahrzeug Fahrzeugkarosserien, Zahnräder, Verteilerkappen, Filtergehäuse, Stecker, Blink- und Bremsleuchten, Isoliermaterial, Treibstofftanks.

Thermoplaste (nichthärtende Kunststoffe) Thermoplaste werden bedeutend häufiger von der Automobilindustrie verwendet als Duroplaste. Dies liegt hauptsächlich daran, daß Thermoplaste wesentlich vielseitiger und besser zu verarbeiten sind.

Zu den wichtigsten Thermoplasten zählen: Polyamid (PA), Polyvinylchlorid (PVC), Polyethylen (PE) und Polystyrol (PS).

Polyamid (PA) wird sehr gerne als Ersatzwerkstoff für härtbare Kunststoffe (Duroplaste) genommen. PA ist ein äußerst abrieb- und schlagfester Werkstoff, welcher zusätzlich elastisch ist und bei 1 bis 30 % Wassergehalt eine gute Zähigkeit besitzt. Die Reibung ist sehr gering.

Gegenüber Kraft- und Schmierstoffen ist Polyamid beständig, gegen Säuren nur bedingt. Die Formbeständigkeit reicht von 170 °C (443 K) bis − 40 °C (233 K). Polyamid ist ein thermoplastischer Werkstoff, der meistens durch Polykondensation entsteht. Kettenspannschienen, Wasserkästen, Schwimmer für Vergaser, Druckluftbremsleitungen, Ummantelungen für Bremsseile und Bowdenzüge, Türschloßteile und Tachoantriebe sind einige Beispiele für den vielseitigen Einsatz von Polyamid.

Polyvinylchlorid (PVC) zeichnet sich durch eine große Beständigkeit gegenüber Säuren, Laugen, Alkohol, Schmierstoffe und Normalbenzin aus. Superbenzin und Benzol greifen PVC an. Polyvinylchlorid wird im weichen Zustand (Weich-PVC) als gummi- oder lederartiger Stoff sowie im harten Zustand (Hart-PVC) hergestellt. Durch die gute Einfärbungsmöglichkeit ist es der ideale Isolierwerkstoff für elektrische Leitungen. Die Wärmebeständigkeit beträgt je nach Produkt 50 bis 90 °C (323 bis 363 K).

Die Automobilindustrie benutzt PVC als Pumpengehäuse, Filtereinsätze, Nummernschilder, Einstiegleisten, Polsterbezüge, Keder, Kabelisolierungen, Schläuche und Folien.

Polyethylen (PE) wird aus dem bei der Rohöldestillation anfallenden Gas «Ethylen» unter Druck durch Polymerisation gewonnen. Daß es der z. Z. zukunftsreichste Kunststoff ist, liegt an seinen guten Werkstoffeigenschaften. Polyethylen ist beständig gegen Laugen und Säuren, besitzt gute Isoliereigenschaften, ist aber gegenüber Öl, Schmierstoffen und Benzin empfindlich. Eine Ausnahme bildet Polyethylen mit hoher Dichte. Dieses Material ist bis etwa 100 °C (373 K) warmbeständig (PE niedriger Dichte bis etwa 70 °C = 343 K), wird von Benzin, Dieselkraftstoff und Chemikalien nicht angegriffen, zeigt aber gegenüber Benzol eine gewisse Empfindlichkeit.

Polyethylen fühlt sich wachsartig bis seifig an, welches als charakteristisches Merkmal gilt. PE hoher Dichte findet Verwendung als Kraftstofftank, Reservekanister, Scheibenwaschbehälter, Bremsflüssigkeitsbehälter, Luftfiltergehäuse und Ventilatoren.

Weichpolyethylen wird für Formteile aller Art im Kraftfahrzeug verwendet, z. B. Blattfederzwischenlagen, Faltenbälge, Schmutzfänger, Achsstulpen, Folien usw.

Polystyrol (PS) wird aus der Kohlenwasserstoffverbindung Styrol gewonnen. Durch Polymerisation entsteht eine glasklare, harte, durchsichtige Masse, die sich in allen Farbschattierungen herstellen läßt. PS ist ein sehr guter Isolierwerkstoff. Der Kunststoff ist beständig gegen fast alle Säuren, Laugen und Salze. Benzin und Mineralöle greifen ihn an. Wegen seiner guten Spritzbarkeit wird Polystyrol zu vielen Formteilen im Automobilbau verwendet, z. B. Bedienungsknöpfe, Batteriekästen, Zierteile, Armaturenbretteile und Abdeckungen.

Elastomere sind gummiartige Kunststoffe, die ein plastisch-elastisches Verhalten haben, das dem des Naturkautschuks entspricht. Einer der wichtigsten Elastomere im Kraftfahrzeug ist die Kunstgummisorte Buna.

Buna ist ein Polymerisationsprodukt aus *Bu*tadien und *Na*trium. Butadien ist ein gasförmiger ungesättigter Kohlenwasserstoff (C_4H_6), der auch aus Azetylen gewonnen wird.

Erkennung von Kunststoffen

Kunststoff (DIN)	DIN-Kurzzeichen	Allgemeines	Brennprobe Die meisten Kunststoffe im Kfz lassen sich mit einer Brenn- oder Klangprobe erkennen	Klangprobe
Thermoplaste Polyvinylchlorid (weich)	PVC	Artikel sind mittelhart bis gummiartig weich. Aussehen und Farbeinstellungen wie Polyvinylchlorid, hart. Mit dem Fingernagel ritzbar.	Ähnlich Polyvenylchlorid, hart. Weiche Einstellungen neigen mehr zum Tropfen und können außerhalb der Flamme eventuell weiterbrennen. Vorsicht: giftig!	ohne Klang
Zellulose-acetat (DIN 7742)	CA	Ungefärbt meist wasserhell, nur einige Typen leicht trüb. Alle Farbeinstellungen möglich. Mit dem Fingernagel nicht ritzbar.	Schmilzt, tropft, brennt mit leuchtender Flamme. Spritzt manchmal beim Brennen etwas. Geruch nach verbranntem Stroh und Essig.	dumpf
Zellulose-acetobutirat (DIN 7743)	CAB	ähnlich CA	ähnlich CA-Geruch nach Buttersäure	
Polyphenylenoxid	PPO	Undurchsichtig, alle Farbeinstellungen möglich, außer Weiß. Jetzt auch glasähnlich durchsichtig mit leicht bräunlichem Stich. Mit dem Fingernagel nicht ritzbar.	Verkohlt in der Flamme, tropft nicht, brennt unruhig, *selbstlöschend.* Geruch ähnlich Phenol.	hell
Duroplaste Phenolpreßmassen (DIN 7708)	PF	Ausgehärtete Preßteile meist gelbbraun bis schwarz gefärbt. Gebräuchlichste Füllstoffe sind Holzmehl, Zellstoff, Asbestfasern, Gesteinsmehl, Textilschnitzel.	Schwer entzündbar, starke Verkohlung. Außerhalb der Flamme meist verlöschend oder glimmend. Kein Schmelzen, kein Tropfen. Kann beim Erhitzen aufblähen und springen. Bei schwacher Erhitzung deutlicher Phenolgeruch, in starker Hitze auch Formaldehydgeruch.	ähnlich Sperrholz

Kunststoff (DIN)	DIN-Kurzzeichen	Allgemeines	Brennprobe	Klangprobe
			Die meisten Kunststoffe im Kfz lassen sich mit einer Brenn- oder Klangprobe erkennen	
Polyesterpreßmassen (DIN 16911)	UP	Ausgehärtete Preßteile in verschiedenen Farben einschließlich Weiß und Schwarz. Gebräuchlichste Füllstoffe sind Glasfasern, Textilschnitzel und Gesteinsmehl.	Schwer entflammbar, starke Verkohlung, außerhalb der Flamme meist verlöschend oder glimmend. Kein Schmelzen, kein Tropfen. Kann beim Erhitzen aufblähen und springen. Bei Erhitzung Geruch aromatisch bis kratzend; wenn styrolhaltig, nach Styrol.	ähnlich Sperrholz
Polyamid	PA	Ungefärbte Teile meist hornartig, gelblich. Je nach Typ fast klar bis *trüb*. Alle Farbeinstellungen möglich. Mit dem Fingernagel nicht ritzbar.	Schmilzt in der Flamme, tropft stark. Brennt leuchtend, nicht verlöschend. Geruch ähnlich verbranntem *Horn*.	dumpf
Polyacetal	POM	Ungefärbte Teile sind *opak* aussehend. Alle Farbeinstellungen möglich. Sehr hart, geringe Neigung zum Kalkfluß, fast unzerbrechlich. Mit dem Fingernagel nicht ritzbar.	Brennt auch außerhalb der Flamme bläulich (ähnlich Trockenspiritus) leuchtend weiter. *Beißender,* stechender Geruch.	scheppernd
Polycarbonat (DIN 7744)	PČ	Ungefärbte Teile transparent bis opak, in Sondereinstellungen auch glasklar mit leichtem Gelb- oder Blaustich. Alle Farbeinstellungen möglich. Mit dem Fingernagel nicht ritzbar.	Brennt in der Flamme gelblich, stark rußend, außerhalb der Flamme *verlöschend.* Geruch nicht charakteristisch	scheppernd
Polypropylen	PP	Ungefärbte dünnere Teile leicht trüb, dickere Teile opak. Alle Farbeinstellungen möglich. Mit dem Fingernagel nicht ritzbar.	Schmilzt in der Flamme, tropft. Brennt außerhalb der Flamme schwach leuchtend weiter. Riecht nach dem Ausblasen wie *Paraffin*kerzen.	scheppernd
Niederdruck-Polyethylen (hart)	PE	Ungefärbte Teile opak, etwas trüber als Polyethylen, weich. Alle Farbeinstellungen möglich. Mit dem Fingernagel noch ritzbar.	ähnliche Polypropylen	scheppernd

Kunststoff (DIN)	DIN-Kurzzeichen	Allgemeines	Brennprobe	Klangprobe
			Die meisten Kunststoffe im Kfz lassen sich mit einer Brenn- oder Klangprobe erkennen	
Hochdruck-Polyethylen (weich)	PE	Ungefärbte Teile wachsartig, opak aussehend. In dünnen Schichten nur schwach trüb. Alle Farbeinstellungen möglich. Mit dem Fingernagel leicht ritzbar.	ähnlich Polypropylen	dumpfer als Niederdruck-Polyethylen
Polymethacrylat (DIN 7745)	PMMA	Ungefärbte Teile wasserklar, hohe Brillanz. Alle Farbeinstellungen möglich, meist aber ungefärbt. Mit dem Fingernagel nicht ritzbar.	Schmilzt in der Flamme, tropft nicht knisternd. Brennt schwach leuchtend weiter. Bläht etwas auf, rußt nicht. Geruch *fruchtartig* süßlich.	dumpf
Polystyrol, ABS (DIN 7741)	PS	Ungefärbt wasserhell, einige Spezialtypen schwach trüb. Alle Farbeinstellungen möglich. Mit dem Fingernagel nicht ritzbar.	Schmilzt in der Flamme, tropft, *rußt stark,* außerhalb der Flamme weiterbrennend. Geruch *süßlich,* ähnlich Leuchtgas.	Normaltypen hell, schlagfeste Typen dumpfer
Polyvinylchlorid (hart)	PVC	Ungefärbt klar (Suspensionsware) oder schwach trüb (Emulsionsware). Halbzeug meist rötlich bis gelbbraun eingefärbt. An sich alle Farbeinstellungen möglich. Mit dem Fingernagel nicht ritzbar.	Nur in der Flamme brennend, schmilzt, tropft wenig, rußt, Flamme grünlich gesäumt. Außerhalb der Flamme *verlöschend*.	scheppernd

10.17 Wälzlager und ihre Anwendung im Kfz

Wälzlager sind einbaufertige Maschinenelemente, die gegenüber Gleitlagern beachtliche Vorteile aufweisen:

□ geringe Anlaufreibung,
□ hohe Tragfähigkeit,
□ geringer Schmiermittelbedarf,
□ praktisch verschleißloser Lauf.

Geringe Anlaufreibung Um eine stillstehende wälzgelagerte Welle in Bewegung (Drehung) zu versetzen, ist nur ein Bruchteil der Kraft erforderlich als für die gleiche Welle, die gleitgelagert ist.

Hohe Tragfähigkeit Durch den Abrollvorgang im Lager ergibt sich trotz geringer Laufflächen eine hohe Tragfähigkeit.

Geringer Schmiermittelbedarf Auch hierfür liegt der Grund im Abrollvorgang wie an der geringen tragenden Oberfläche. Viele mit Dichtringen ausgerüstete Lager sind vom Hersteller mit Schmiermittel versehen und brauchen nicht mehr geschmiert zu werden. Die Kugellager eines Staubsaugers zum Beispiel laufen mit einer Fettfüllung von 0,2 g über eine Milliarde Umdrehungen.

Zu viel Fett im Lager ist schädlich. Es führt zum «Blaulaufen», hervorgerufen durch die große Walkarbeit. Als Maß gilt: Höchstens 50 % des freien Raumes eines Lagers mit Wälzlagerfett füllen! Ein großer Teil der Lager wird durch Öl oder Ölnebel geschmiert, wenn eine Fettfüllung nicht möglich ist (Getriebe, Ausgleichgetriebe, Hinterachse).

Wälzlagerwerkstoffe

Heute wird fast einheitlich für Wälzlager schwach legierter Chromstahl verwendet. Für Lager mittlerer Größe gilt folgende Zusammenstellung:

Etwa 1 % C; 0,25 bis 0,40 % Mn; 0,15 bis 0,35 % Si; 1,40 bis 2,5 % Cr.

Der Gehalt an unerwünschten Stoffen ist äußerst gering:

Phosphor weniger als 0,03 %;
Schwefel weniger als 0,025 %.

Zusammenstellung der in Kfz hauptsächlich eingebauten Wälzlager

Lagerbauform	Reihenzeichen	Maß für Bohrung
Radialrillenkugellager	60, 62, 63, 160	
Schrägkugellager einreihig	72, 73	
Schrägkugellager zweireihig	32, 33	
Pendelkugellager	12, 13, 22, 23	Maßangabe für
Tonnenlager einreihig	202, 203	die Bohrung siehe
Pendelrollenlager	213	«Erläuterung der
Kegelrollenlager	302, 303, 322	Bohrungskennziffer»
Axialzylinderrollenlager	811, 812	
Zylinderrollenlager	N, NU, NJ, NUP	
Vierpunktlager	Q	
Nadellager	Na	in mm Durchmesser
Schulterkugellager	E, Bo, L, M	angegeben

Erläuterung der Lagerkurzzeichen

Das Lagerkurzzeichen (die Lagerbezeichnung) setzt sich aus Ziffern oder aus Buchstaben und Ziffern zusammen (siehe aufgeführte Beispiele).

Erläuterung der Bohrungskennziffer

Es bedeutet:

Bohrungskennziffer 00 = 10 mm Bohrung,
Bohrungskennziffer 01 = 12 mm Bohrung,
Bohrungskennziffer 02 = 15 mm Bohrung,
Bohrungskennziffer 03 = 17 mm Bohrung.

Im Bereich von 20 bis 480 mm erhält man die Lagerbohrung durch Multiplikation der Bohrungskennziffer mit dem Faktor 5.

Beispiele: Bohrungskennziffer 04 = 04 · 5 = 20 mm Bohrung,
Bohrungskennziffer 05 = 05 · 5 = 25 mm Bohrung,
Bohrungskennziffer 06 = 06 · 5 = 30 mm Bohrung,
Bohrungskennziffer 10 = 10 · 5 = 50 mm Bohrung
usw. bis
Bohrungskennziffer 96 = 96 · 5 = 480 mm Bohrung.

10.17.1 Rillenkugellager

Durch hohe radiale und axiale Tragfähigkeit sowie die Eignung für höchste Drehzahlen kommt es von allen Lagerbauformen am häufigsten zur Anwendung.

An Kfz: Generator, Wasserpumpe, Kupplungsausrücklager, Lagerung der Antriebswelle in der Kurbelwelle bei Lkw-Motoren, Lagerung der Wellen im Getriebe, Hinterradlagerung (Bild 10.40).

Beispiel: 6 2 02

02 = 15 mm Bohrung
2 Durchmesserreihe 2
6 Lagerbauform: Rillenkugellager

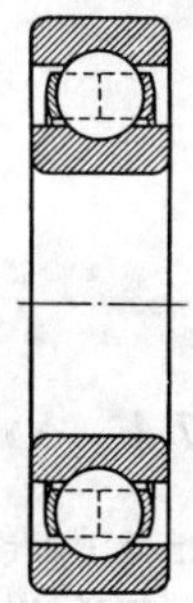

Bild 10.40

10.17.2 Schrägkugellager

Schrägkugellager einreihig und Schrägkugellager zweireihig (Bild 10.41)

Einreihige Schrägkugellager werden immer paarweise, spiegelbildlich zueinander eingebaut (siehe Bilder 10.50 und 10.51).

Zweireihige Schrägkugellager (Bild 10.41) entsprechen einem Paar einreihiger Schrägkugellager. Anwendung als *Lagereinheiten* zur Lagerung der Vorderräder bei Frontantrieb sowie der angetriebenen Hinterräder an Schräglenkerhinterachsen (Bilder 10.48 und 10.49).

Beispiel: 3 2 04

- 04 = 20 mm Bohrung
- 2 Durchmesserreihe 2
- 3 Lagerbauform: Schrägkugellager zweireihig

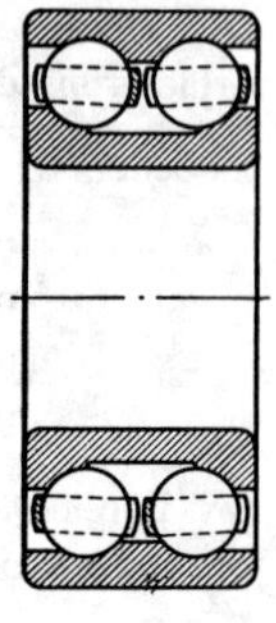

Bild 10.41

10.17.3 Kegelrollenlager

Für sie gilt im wesentlichen das bereits über einreihige Schrägkugellager Gesagte. Die Belastbarkeit ist gegenüber Schrägkugellagern noch größer, außerdem läßt sich das Lagerspiel feinfühliger regulieren (Bild 10.42).

Anwendung für die Lagerung von: Vorderradnaben, Kegelrad-(Ritzel-)-Welle im Ausgleichgetriebe, Hinterradnaben bei Lkw.

Schnecken und Spindeln in Lenkgetrieben, Vorgelegewellen in Lkw-Getrieben, Lkw-Hinterachsantrieben mit Vorgelege, Lenkzapfen bei allradgetriebenen Lkw, Ausgleichkörben (Differential) in Hinterachsen.

Beispiel 3 0 2 06

- 06 $06 \cdot 5 = 30$ mm Bohrung
- 2 Durchmesserreihe 2
- 0 Breitenreihe 0
- 3 Lagerbauform: Kegelrollenlager.

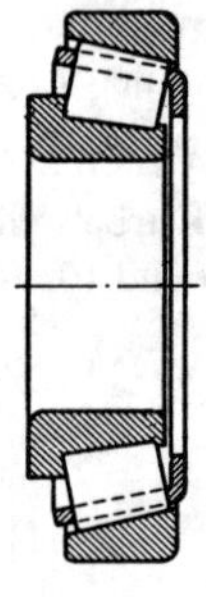

Bild 10.42

10.17.4 Axialzylinderrollenlager (Bild 10.43)

werden bei der Lagerung von Achsschenkeln an Lkw verwendet. Sie übertragen die Last vom Achskörper auf den Achsschenkel.

Beispiel: 81 2 06

- 06 = 30 mm Bohrung
- 2 Durchmesserreihe 2
- 81 Lagerbauform: Axialzylinderrollenlager

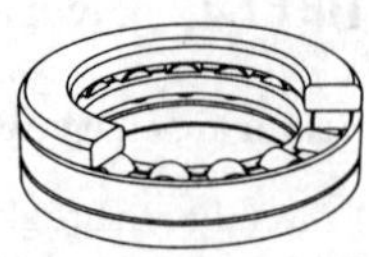

Bild 10.43

10.17.5 Zylinderrollenlager (Bild 10.44)

Rollen und Rollbahnen sind in der Grundform zylindrisch geschliffen. Sind sie schwach ballig geschliffen, ist eine geringe Einstellbarkeit möglich. Es werden unterschieden:

Loslager Bauarten N und NU,

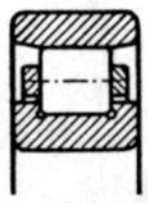
N

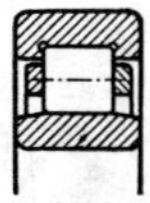
NU

Stützlager Bauart NJ

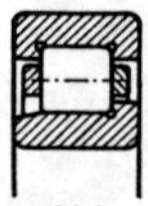
NJ

Festlager Bauart NUP

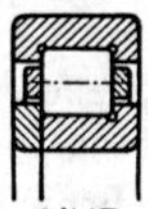
NUP

Bild 10.44

Beispiel: N 1 0 08

- 08 · 5 = 40 mm Bohrung
- Durchmesserreihe 0
- Breitenreihe 1
- Lagerbauform: Zylinderrollenlager mit Innenbord

Anwendung im Kfz:

- ☐ Lagerung von Getriebewellen in Schaltgetrieben und Lkw-Verteilergetrieben,
- ☐ Ritzel in Ausgleichgetrieben,
- ☐ Halslager an Ritzelwellen beim Lkw-Hinterachsantrieb mit Vorgelege,
- ☐ Kurbelwellenlager von Ein- und Zweizylinder-Dieselmotoren (Schleppermotoren),
- ☐ Pleuellager von Zweitaktmotoren.

10.17.6 Schulterkugellager (Bild 10.45)

Der Innenring ist der gleiche wie beim Rillenkugellager, der Außenring hat nur eine Schulter, ähnlich dem des Schrägkugellagers. Die Lager sind wie Schrägkugellager und Kegelrollenlager zerlegbar. Die Lager werden paarweise spiegelbildlich zueinander eingebaut und mit geringem Spiel gegeneinander angestellt.

Beispiel: E 17

- Bohrung = 17 mm
- Lagerbauform: Schulterkugellager

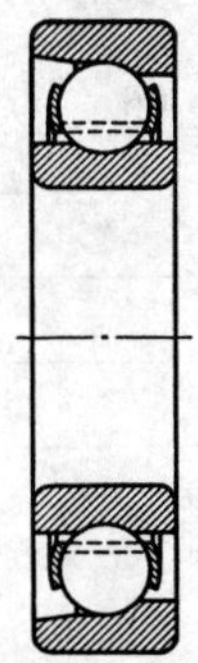
Bild 10.45

Anwendung im Kfz:

- ☐ Nockenwellen von Dieseleinspritzpumpen,
- ☐ Kurbelwellen in kleinen Zweitaktmotoren,
- ☐ Lagerung von Generatorankern.

10.17.7 Nadellager (Bild 10.46)

Sie werden vorwiegend dort verwendet, wo nur geringe Durchmesser zur Lagerung vorhanden sind. Man unterscheidet käfiglose und Lager mit Käfig. Vielfach sind Nadellager ohne Innen- und Außenring ausgeführt. Die Nadeln – mit oder ohne Käfig – laufen dann direkt auf der gehärteten Welle und im gehärteten Gehäuse.

Anwendung im Kfz:

- ☐ Lagerung der Getriebeantriebswelle in der Kurbelwelle,
- ☐ Lagerung der Getriebehauptwelle in der Antriebswelle,
- ☐ Lagerung der Gangräder (Losräder) auf der Getriebehauptwelle bei allen modernen Synchrongetrieben,
- ☐ wartungsfreie Lagerung von Lenkzapfen bei Lkw,
- ☐ Pleuel- und Kolbenbolzenlager bei Zweitaktmotoren,
- ☐ Lagerung der Kreuzgelenke in Hülsen.

Beispiel: Na 20

- 20 — Bohrung = 20 mm
- Na — Nadellager

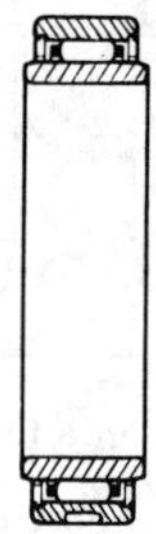

Bild 10.46

10.17.8 Vierpunktlager (Bild 10.47)

Es erfüllt die gleichen Aufgaben wie das zweireihige Schrägkugellager. Der Hauptvorteil besteht in seiner geringen Breite, im Vergleich zum zweireihigen Schrägkugellager. Jede Kugel berührt den Lageraußenring an zwei Punkten, an je einem Punkt die beiden Lagerinnenringe, daher der Name Vierpunktlager. Das Lager ist sowohl in axialer als auch in radialer Richtung hoch belastbar (siehe auch 10.17.10 Angestellte Lagerung).

Anwendung im Kraftfahrzeug:

- ☐ Lagerung des Trieblings in den Getrieben von Audi und Porsche.

Beispiel: Q J 2 06

- 06 — 0,6 · 5 = 30 mm Bohrung
- 2 — Durchmesserreihe 2
- J — Bauform mit geteiltem Innenring
- Q — Lagerbauform: Vierpunktlager

Bild 10.47 Vierpunktlager mit geteiltem Innenring. Der Verlauf der Drucklinien entspricht der angestellten Lagerung in O-Anordnung.

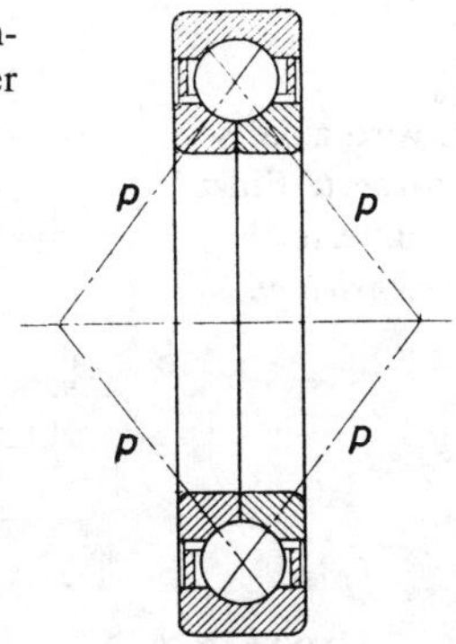

10.17.9 Lagereinheiten als Radlager in Personenkraftwagen (Bilder 10.48 und 10.49)

Sie sind in Form *zweireihiger Schrägkugellager* ausgeführt und werden immer mehr sowohl zur Lagerung der Vorderräder bei Frontantrieb als auch der einzeln aufgehängten Hinterräder bei Hinterradantrieb verwendet.

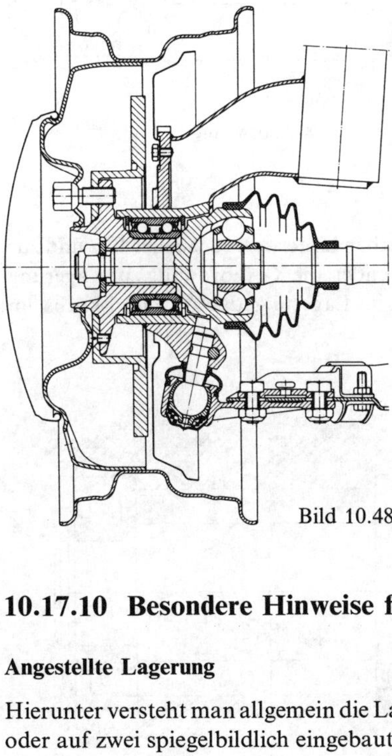

Bild 10.48

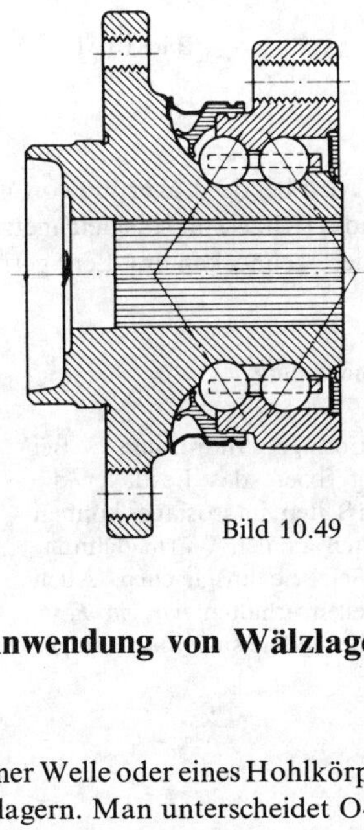

Bild 10.49

10.17.10 Besondere Hinweise für die Anwendung von Wälzlagern

Angestellte Lagerung

Hierunter versteht man allgemein die Lagerung einer Welle oder eines Hohlkörpers (z. B. Radnabe) in oder auf zwei spiegelbildlich eingebauten Schräglagern. Man unterscheidet O- oder X-Anordnung.

O-Anordnung (Bild 10.50):

Der *Innen*ring eines Lagers wird axial so weit verschoben, bis die geforderte Einstellung (Spiel oder Vorspannung) erreicht ist. Diesen Vorgang nennt man *Anstellen.*

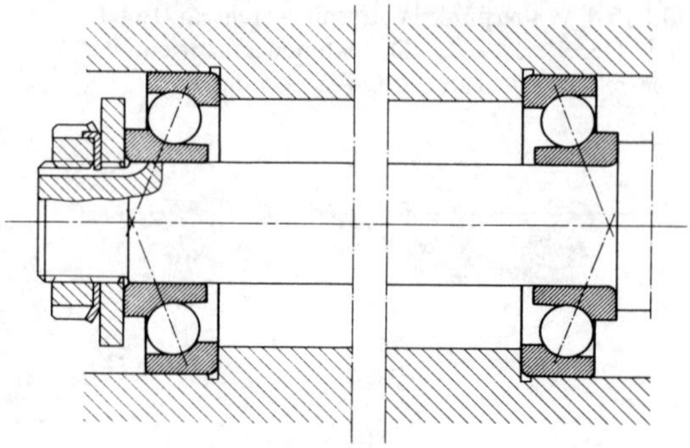

Bild 10.50 **O-Anordnung**

X-Anordnung (Bild 10.51):

Der *Außen*ring eines Lagers wird axial so weit verschoben, bis die geforderte Einstellung (Spiel oder Vorspannung) erreicht ist.

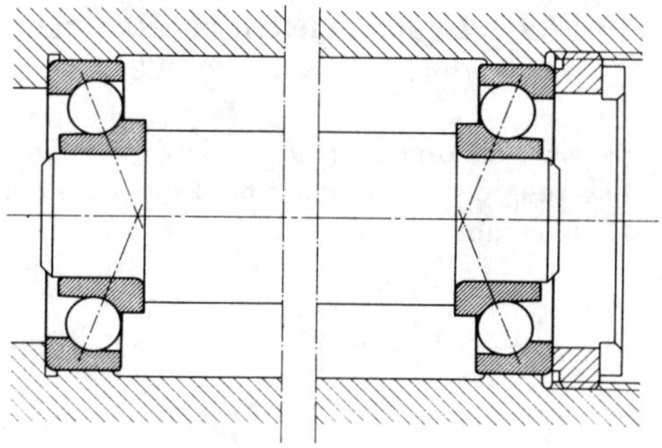

Bild 10.51 **X-Anordnung**

Die O-Anordnung wird bei der Lagerung von Vorderradnaben hinterradgetriebener Kfz und zur Lagerung des Kegelrades (Ritzel) im Ausgleichgetriebe angewendet, die X-Anordnung zur Lagerung von Lenkspindeln oder -schnecken im Lenkgetriebe und zur Lagerung des Ausgleichkorbs im Ausgleichgetriebe.

Festlager-Loslager-Anordnung

Bild 10.52 Festlager-Loslager-Anordnung. Bei dieser Lageranordnung fixiert das Festlager die Welle axial nach beiden Seiten, im Loslager können sich die unterschiedlichen axialen Wärmedehnungen von Welle und Gehäuse ausgleichen. Auch mehrfach gelagerte Wellen erhalten *nur ein Festlager*; alle übrigen Lagerstellen sind als Loslager auszubilden

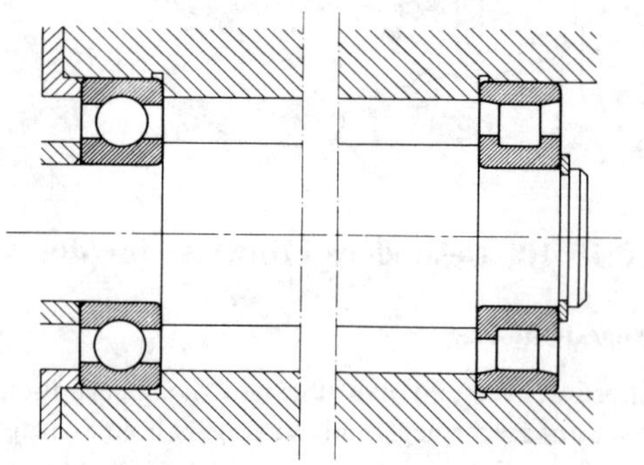

10.17.11 Besondere Ausführungen von Wälzlagern

Abdichtungen und Abdeckungen

Hierbei handelt es sich praktisch nur um Rillenkugellager, die mit Dichtscheiben versehen sind.

Beispiel: 63 04-2 RS
Nachsetzzeichen -2 RS = Lager mit Dichtscheiben auf beiden Seiten

-2RS

Die Lager sind mit Dauerschmierung versehen. Das Lager mit dem Nachsetzzeichen -2 RS wird dort eingesetzt, wo im Betrieb keine Schmierung erfolgt und staubfreie Abdichtung auf beiden Seiten gefordert wird.

Ringnut im Lageraußenring

Beispiel: 63 08 N Rillenkugellager mit Ringnut im Lageraußenring und zugehörigem Sprengring nach DIN 5417

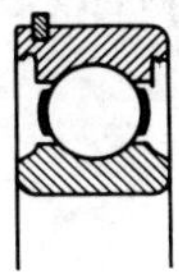

NR

Anwendungsbeispiel: Festlager zur Aufnahme der Axialkräfte (Schub- und Zugwechsel) von Getriebewellen: Antriebs- und Getriebehauptwelle.

Käfig

Zusatzzeichen für Käfige werden nur dann an das Lagerkurzzeichen angehängt, wenn ein anderer als der für den Lagertyp vorgesehene Käfig (laut Lagerkatalog) verwendet wird.

Massivkäfig. Es bedeuten:

F	= Käfig aus Stahl (oder Sondergußeisen)	M	= Käfig aus Messing
FE	= Käfig aus Stahl, gebondert	T	= Käfig aus Kunststoff mit Gewebeeinlage (Phenoplaste)
L	= Käfig aus Leichtmetall	TN	= Käfig aus Kunststoff (Polyamide)

Beispiel: 62 06 M
Rillenkugellager,
Durchmesserreihe 2,
Bohrung 30 mm mit
Messingmassivkäfig, auf den Kugeln geführt.

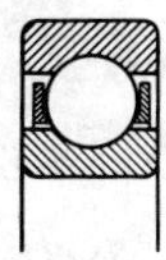

M

Lagerluft

Die Kennzeichnung der Lagerluft erfolgt durch den Buchstaben C in Verbindung mit einer Ziffer. Die Anwendung erstreckt sich praktisch nur auf Rillenkugellager.

Es bedeuten:

C 1 = Lagerluft kleiner als C 2	weniger Luft
C 2 = Lagerluft kleiner als normal	
Normales Lager: 63 07 (Beispiel)	————
C 3 = Lagerluft größer als normal	
C 4 = Lagerluft größer als C 3	
C 5 = Lagerluft größer als C 4	mehr Luft

Anwendung im Kfz: C 3, C 4 und C 5 = Lager bei hohen Drehzahlen und großen Temperaturen (z.B. Lagerung der Kurbelwellen von Zweitaktmotoren).

10.18 Gewindearten und ihre praktische Anwendung

Wickelt man ein rechtwinkliges Dreieck um einen Zylinder, so entsteht eine Schraubenlinie. Die größere der Katheten entspricht dem Umfang des Zylinders, die kleinere der Steigung. Die Hypothenuse ist die Abwicklung der Schraubenlinie. Die Schraubenlinie ist die Grundform eines jeden Gewindes.

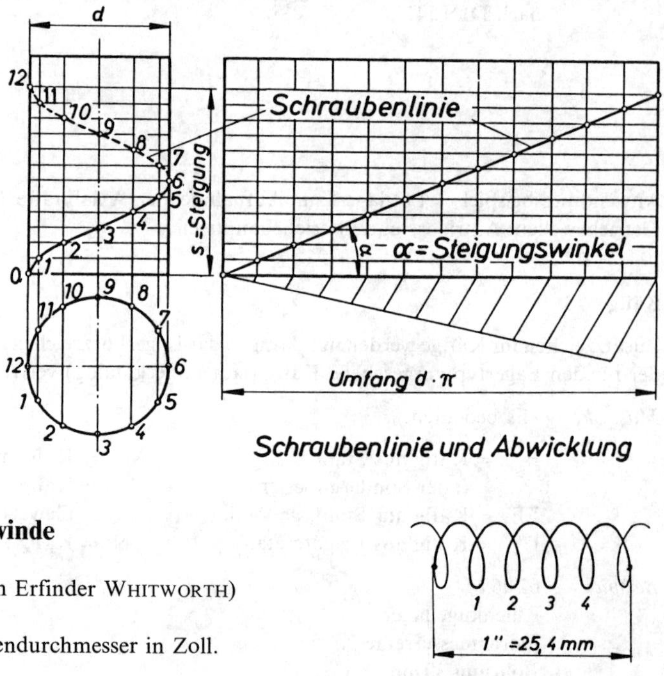

Schraubenlinie und Abwicklung

10.18.1 Whitworth-Gewinde

(benannt nach dem Erfinder Whitworth)

Angegeben wird: Gewindeaußendurchmesser in Zoll.

Beispiel: 2″ Steigung, entnommen aus der Tabelle: 4½ Gang/″.
Das bedeutet: Auf eine Länge von 1″ = 25,4 mm kommen 4½ Umdrehungen der Schraube. Der Flankenwinkel beträgt 55°.
Am Kfz wird das Gewinde kaum verwendet.

10.18.2 Whitworth-Feingewinde (W)
Flankenwinkel 55°

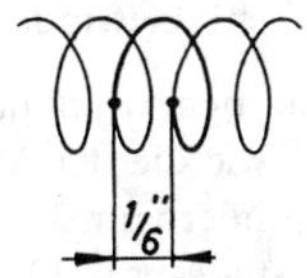

Angegeben: Gewindeaußendurchmesser in mm × Steigung in ".

Beispiel: W 84 × 1/6". Das bedeutet: Außendurchmesser des Gewindes 84 mm, Steigung 1/6". Bei einer Umdrehung bewegt sich die Schraube oder Mutter um 1/6" (= 4,23 mm) weiter. Anwendung des Gewindes an englischen Fahrzeugen

10.18.3 Metrisches Gewinde (M)
Flankenwinkel 60°

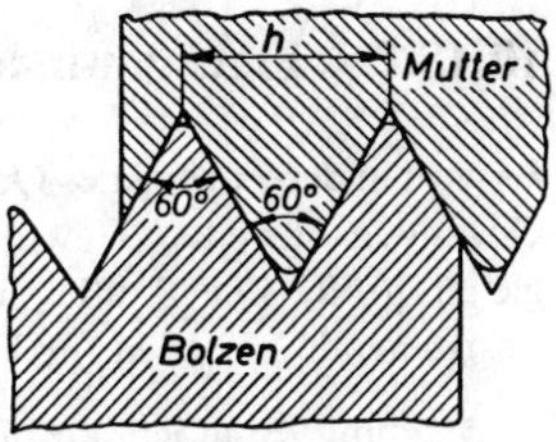

Angegeben: Gewindeaußendurchmesser in mm.

Beispiel: M 10. Der Außendurchmesser beträgt 10 mm. Die Steigung, die beim metrischen Gewinde nicht mit angegeben wird, ist 1,5 mm. Eine Umdrehung der Schraube ergibt eine Bewegung in Längsrichtung von 1,5 mm.
Anwendungen an allen Kfz und anderen Industrieerzeugnissen der Länder mit metrischem System.

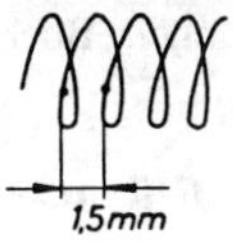

10.18.4 Metrisches Feingewinde (M)
Flankenwinkel 60°

Angegeben: Gewindeaußendurchmesser in mm × Steigung in mm.

Beispiel: M 10 × 1. Einige Anwendungsbeispiele am Kfz: Kugelbolzen an Spurstangengelenken, Pleuelschrauben, Schwungscheibenbefestigung, Kreuzgelenke an Kardanwellen, Tellerradbefestigung, Hydrauliknippel, Bremsleitungen.

10.18.5 Trapezgewinde (Tr)
Flankenwinkel 30°

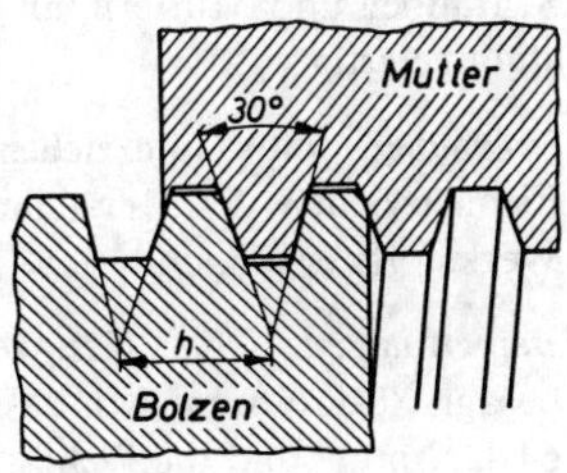

Angegeben: Gewindeaußendurchmesser in mm × Steigung in mm.

Beispiel: Tr 24 × 5. Anwendung: Lenkspindel in der ZF-Ross-Lenkung.
Als mehrgängige Spindel in der Spindelhydrolenkung; Spindel an Wagenhebern und schweren Abziehvorrichtungen, Schraubstockspindeln und Leitspindeln an Drehmaschinen.

10.18.6 Sägengewinde (S)
Flankenwinkel 30°

Angegeben: Gewindeaußendurchmesser in mm × Steigung in mm.

Wie aus dem Bild hervorgeht, sind die steilen Flanken des Bolzens wie die der Mutter nicht genau senkrecht zur Bolzenachse, sondern um 3° geneigt. Trotzdem wird der Flankenwinkel des Gewindes mit 30° (an sich 33°) angegeben.

Beispiel: Selbsttätige stufenweise Bremsnachstellung.

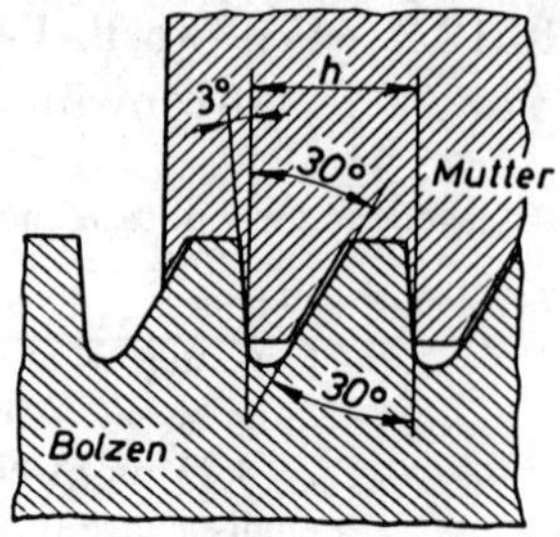

h = Ganghöhe, Steigung

10.18.7 Flachgewinde

Es wird in der Form eines Quadrats hergestellt. In der Regel sind Gewindegangweite, Gewindelückenbreite und Gewindetiefe gleich groß. Die Maße entsprechen dann einem Quadrat. Feststehende Tabellen für Flachgewinde gibt es nicht.

Anwendung: Spindeln an billigen und kleinen Schraubstöcken, Schraubzwingen, Bücherpressen usw.

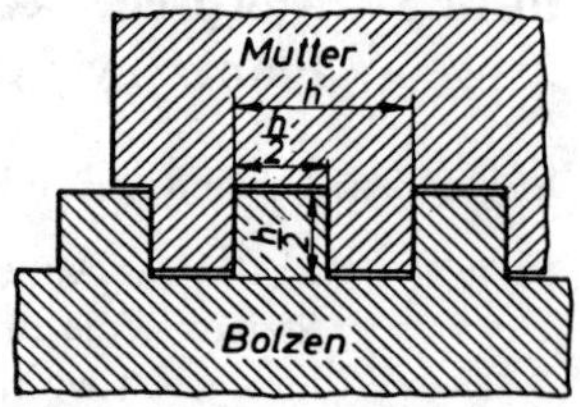

h = Ganghöhe, Steigung

10.18.8 Edison-Gewinde (E)

Benannt nach dem Erfinder der ersten brauchbaren Glühlampen: THOMAS ALVA EDISON (1847 bis 1931).

Das Gewinde ist dem Rundgewinde ähnlich. Anwendung nur bei Glühlampen und Glimmröhren.

Beispiele: E 40 (Goliathfassung, für Lampen ab 500 W),
E 27 Normal-Edison: meistverwendete Glühlampen in Haushalt und Gewerbe,
E 14 Glühlampen in Leselampen, Rasierleuchten und Nachttischleuchten,
E 12 Glimmröhren (Betriebsanzeige),
E 10 Taschenlampenbirnen.

Die Zahl hinter dem E gibt den Außendurchmesser des Gewindes der Lampe (Birne) in mm an.

10.18.9 Fertigung von Schrauben und Muttern

Schrauben und Muttern, an die keine hohen Anforderungen gestellt werden, sind aus Automatenstahl gefertigt.

Schrauben mit Gütezeichen nach DIN 267/3 lassen auf dem Schraubenkopf außer dem Firmenzeichen des Herstellers auch Zugfestigkeit, Dehnung und Streckgrenze des verwendeten Werkstoffs erkennen.

Bemerkungen: Das Kennzeichen setzt sich aus zwei Kennzahlen zusammen, z. B. 8.8. Die erste 8 besagt: 80 daN/mm^2 Mindestzugfestigkeit; die zweite 8 bedeutet, daß die Streckgrenze mindestens 64 daN/mm^2 und die Dehnung mindestens 12 % betragen muß.

Bild 10.53 Sechskantmutter hoher Festigkeit mit eingeschlagenem Gütezeichen (M 12 × 1,5, DIN 934-8)

Bei Muttern hoher Festigkeit sind die Gütezeichen eingeschlagen. Bild 10.53 zeigt als Beispiel eine Sechskantmutter M 12 × 1,5 DIN 934-8.

Festigkeitseigenschaften für Schrauben und Muttern (Auszug aus DIN 267/3)

		Festigkeitseigenschaften											
		meist unlegiert										legiert	
Kennzahl für Zugfestigkeit		4				5			6		8	10	12
Streckgrenze σ_S daN/mm²		20	21	21	32	28	45	40	36	48	64	90	108
Zugfestigkeit σ_B daN/mm²		34	37			50			60		80	100	120
Dahnung δ_5	hoch	30	25	–	–	22	–	–	18	–	12	8	8
	niedrig	–	–	–	14	–	14	10	–	8	–	–	–
Kennzeichen [1]	bisher	4 A	4 D	4 P	4 S	5 D	5 R	5 S	6 E	6 S	8 G	10 K	12 K
	neu	3.6	4.6		4.8	5.6		5.8		6.8	8.8	10.9	12.9
Brinellhärte mind. dN/mm²		95			105		140			170	230	285	340

1 Die handelsüblichen Marken für Schrauben sind durch Striche oben links, für Muttern unten rechts gekennzeichnet.

Schraubenfertigung

Schrauben geringer Festigkeit werden aus dem Vollen gefertigt. Die Gewinde werden geschnitten, der Faserlauf ist unterbrochen (Bild 10.54).

Schrauben mit Gütezeichen nach DIN 267 werden meist aus Rundstahl hergestellt, dessen Durchmesser dem Nennmaß der Schraube entspricht. Die Schraubenköpfe werden angestaucht, die Gewinde gerollt oder gewalzt. Der Faserlauf im Werkstoff wird nicht unterbrochen, wodurch bei gleichem Werkstoff bessere Festigkeitseigenschaften erzielt werden (Bild 10.55).

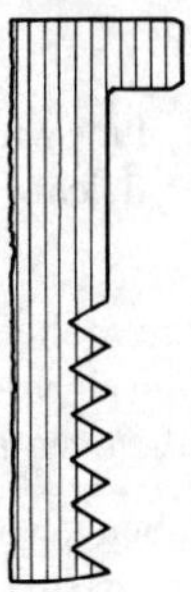

Bild 10.54

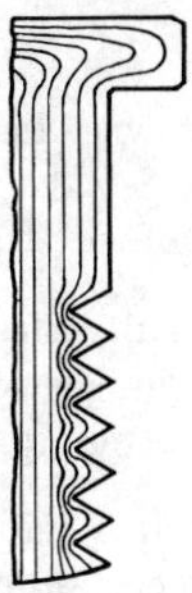

Bild 10.55

Gewindefertigung

Schneideisen die in Schneideisenhaltern eingespannt werden, ermöglichen das Schneiden von Schraubengewinden bis 30 mm Durchmesser bzw. 4 mm Steigung. Geschlitzte Schneideisen sind nachstellbar und ermöglichen den Ausgleich bei Verschleiß. Bei Stahlschrauben sollte man zum Gewindeschneiden Maschinenöl, bei Stählen höherer Festigkeit Rüböl oder Bohröl als Kühl- und Schmiermittel verwenden.

Schneidkluppen ermöglichen das Schneiden von Gewinden auch größerer Durchmesser und Steigungen. Da die Schneidbacken verstellt werden können, muß das volle Gewinde nicht wie beim Schneideisen in einem Arbeitsgang geschnitten werden.

Gewindedrehen erfolgt meist an Bauteilen oder bei anormalen Steigungen, für die keine Schneideisen oder Kluppen vorhanden sind. Die Steigung entsteht durch Einsetzen oder Einschalten von Wechselrädern zwischen Drehspindel und Leitspindel der Drehmaschine, deren Zähnezahlen dem Verhältnis der Steigungen von zu drehendem Gewinde und Leitspindelgewinde entsprechen müssen. Beim Gewindedrehen mit Drehmeißel sind meist mehrere Durchgänge erforderlich. Dabei schneidet man zweckmäßig bei jedem Durchgang eine andere Flanke des Gewindes.

Gewinderollen wendet man bei hochwertigen Schrauben bzw. Gewinden an. Beim Gewinderollen wird das Rundmaterial zwischen zwei drehenden zylindrischen Rollen mit entsprechender Gewindesteigung gedreht. Dabei wird der Schraubenwerkstoff der Gänge nach außen gequetscht (Bild 10.56).

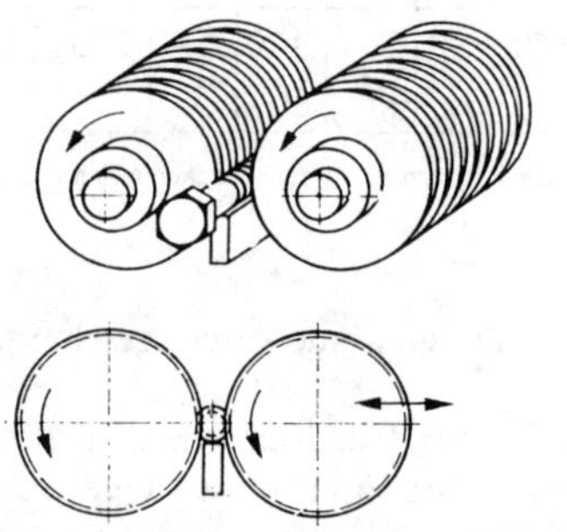

Bild 10.56 Rollen und Rundwalzen von Gewinden, schematisch dargestellt

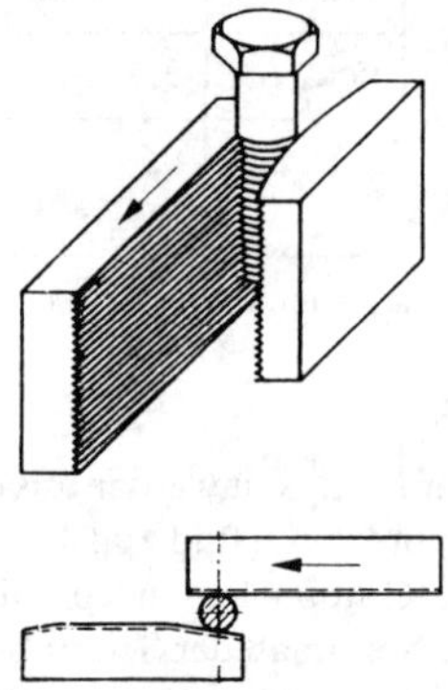

Bild 10.57 Walzen von Gewinden in schematischer Darstellung

Gewindewalzen geschieht in ähnlicher Weise wie das Gewinderollen, nur wird hier der Schraubenrohling zwischen zwei Flachbacken gewalzt, von denen einer leicht gewölbt ist (Bild 10.57).

Gerollte oder gewalzte Schrauben haben ein kaltverfestigtes Gewinde von hoher Festigkeit, Genauigkeit und Oberflächengüte. Für beide Fertigungsarten muß der Bolzen um ein vorbestimmtes Maß dünner ausgeführt werden, weil durch die Fertigung Werkstoff nach außen gequetscht wird.

Gewindebohren ist die bekannteste Möglichkeit zum Herstellen von Innengewinden. Beim Gewindebohren von Hand wird die Schnittfolge meist auf drei Gewindebohrer verteilt, die mit dem

Wendeisen nacheinander eingedreht werden. Einschnittgewindebohrer werden in Gewindebohrautomaten verwendet zur Bearbeitung von Werkstoffen geringerer Festigkeit. Derartige Einschnittgewindebohrer sollte man bei Sacklöchern nicht verwenden, da sie beim Anlaufen leicht abbrechen. Auch beim Gewindebohren sind je nach Stahl als Kühl- und Schmiermittel Maschinenöl, Böhröl oder Rüböl zu verwenden.

Mutternfertigung

Kleinere Muttern werden kalt oder warm um einen Gewindedorn gepreßt, der anschließend herausgedreht wird. Dann werden die Flanken geglättet und ggf. das Gütezeichen aufgeschlagen. Große Muttern werden von Sechskantstangenmaterial auf Länge abgeschnitten, gebohrt und das Gewinde eingerollt oder eingeschnitten.

10.18.10 Über den Umgang mit Schrauben

Richtwerte für Anzugsdrehmomente von Schrauben sind in der folgenden Tabelle angegeben.

Liegen Angaben für die Anzugsdrehmomente vom Kfz-Hersteller vor, sind diese zu verwenden. Wichtig ist beim Anziehen von Schraubverbindungen, ob und welche Schmiermittel verwendet werden sollen. Die Kfz-Hersteller geben z. B. an, ob die Gewinde mit Öl oder Fett geschmiert oder ob sie trocken eingeschraubt werden sollen. Die Schmiermittel beeinflussen die Gewindereibung beträchtlich, vor allem die Anwendung von hoch druckfesten Schmiermitteln auf der Basis von Molybdändisulfid!

Drehmomentschlüssel sollen nur zum *Anziehen* von Schrauben und Muttern, jedoch *nicht zum Lösen* von Schraubverbindungen verwendet werden.

Bei Import-Kfz aus angelsächsischen Ländern werden die Anzugsdrehmomente meist in poundforce foot (lbf.ft.) angegeben. Um mit den vorhandenen Drehmomentschlüsseln alle Schraubverbindungen den Herstellerangaben entsprechend *richtig* anzuziehen, ist folgende Beziehung zu beachten:

$$1\,\text{kpm} = 9{,}81\,\text{Nm} = 7{,}25\,\text{lbf.ft.}$$

Da der Unterschied zwischen 1 kpm und 10 Nm nur rund 2% beträgt, wird in der Praxis 1 kpm = 10 Nm gesetzt.

Wissenswertes über Schrauben und Muttern

Inbus-Schraube Innensechskantschraube der Firma Bauer und Schaurte in Neuß am Rhein, hergestellt aus einem Dreikomponentenstahl (Chrom-Nickel-Molybdänlegierung). Es bedeuten: In = Innensechskantschraube, bus = Bauer und Schaurte.

Verbus-Schraube Ver = Vergütete Schraube, bus = Bauer und Schaurte. Allgemein entspricht die Festigkeit einer Schraube ihrem Kerndurchmesser. Bei der formelastischen Schraube (Dehnschraube) wird der Dehnschaft normalerweise mit 90% des Kerndurchmessers ausgeführt. Durch den Dehnschaft wird die Elastizität der Schraube vergrößert, wodurch bei vorgespannten Verbindungen der auf die Schraube entfallende Anteil der Betriebslast verringert wird. Dehnschrauben werden mit einem oder mehreren Führungszylindern versehen, wenn sie gleichzeitig zur Zentrierung herangezogen werden (zum Beispiel Pleuel- und Hauptlagerschrauben, Bild 10.58). An Kraftfahrzeugen werden vorwiegend Schrauben der Güteklassen 8.8 und 10.9 verwendet.

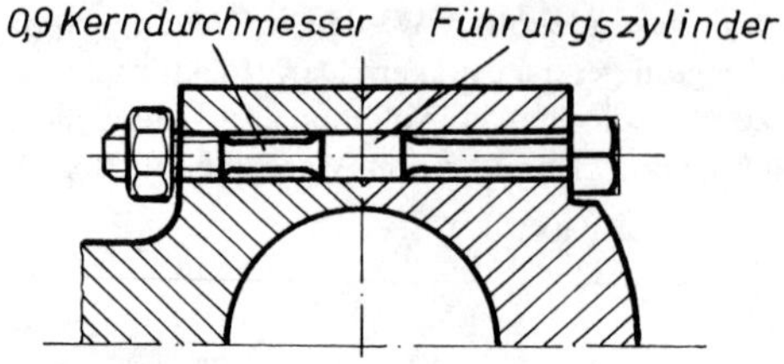

Bild 10.58 Dehnschraube mit Führungszylinder

Beim Lösen von 10.9-Schraubverbindungen Werkvorschriften beachten, vielfach dürfen gebrauchte Schrauben für den Zusammenbau nicht wiederverwendet werden!

Anzugsdrehmomente für Schrauben und Mutter Güteklassenbezeichnung nach DIN 267/3

Anzugs-drehmoment	5.8	6.9	8.8	10.9	12.9
	Nm	Nm	Nm	Nm	Nm
M 5	2	4	6	8	10
M 6	7	9	10	13,5	16
M 7	11	15	16	22	26
M 8	17	23	25	35	40
M 10	33	45	46	65	80
M 12	56	70	80	110	140
M 14	90	110	130	175	220
M 16	135	170	200	260	310
M 18	188	250	260	370	440
M 20	260	350	370	520	620

11 Kraft- und Schmierstoffe

11.1 Kraftstoffe

Die für Verbrennungsmotoren notwendigen Kraftstoffe werden heute fast ausschließlich aus dem Rohstoff Erdöl gewonnen. Erdöl wird seit etwa 100 Jahren aus der Erde gefördert. Nach dem sprunghaften Anstieg der Motorisierung vor ca. 30 Jahren wurde die Erdölförderung dermaßen erhöht, daß die jährlich entdeckten Vorräte fast die gleiche Menge ausmachen wie die, die jährlich verbraucht wird (derzeitige jährliche Fördermenge: ca. 2,9 Milliarden Tonnen).

Die OPEC (Organisation of Petroleum Exporting Countries), zu der hauptsächlich die Länder Libyen, Iran, Saudi-Arabien, Kuwait, der Irak und Venezuela gehören, diktiert seit einiger Zeit den Preis, so daß der ursprünglich preiswerte Rohstoff Erdöl nicht nur knapp, sondern auch teuer wird. Die Industriestaaten sind gezwungen, mit der aus Erdöl gewonnenen Energie sparsam umzugehen. Andere geeignete Energieträger werden gesucht, um mehr Unabhängigkeit vom Erdöllieferanten zu erreichen.

Erdöl ist eine dunkelbraune Flüssigkeit, die in reflektierendem Licht blau bis dunkelgrün fluoresziert. Seine Hauptbestandteile sind Kohlenwasserstoffe. Daneben sind Sauerstoff-, Stickstoff- und Schwefelverbindungen enthalten: die mittlere Zusammensetzung in Gewichtsprozenten

- ☐ Kohlenstoff 84,5 %
- ☐ Wasserstoff 12,5 %
- ☐ Schwefel 0,01 und mehr %
- ☐ Stickstoff 0,01 bis 2 %

Kohlenwasserstoffe

Kohlenwasserstoffe sind Verbindungen aus Kohlenstoff (C) und aus Wasserstoff (H). Kohlenstoff ist vierwertig, Wasserstoff ist einwertig, d.h., 1 Kohlenstoffatom kann z.B. 4 Wasserstoffatome binden ($C + 4H = CH_4$).
Bei den Kohlenwasserstoffen sind folgende Bindungen zu Molekülen möglich:

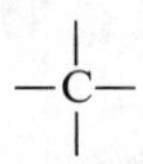

C-Atom (vierwertig)

H— H-Atom (einwertig)

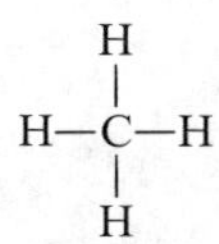

CH_4 = Methan

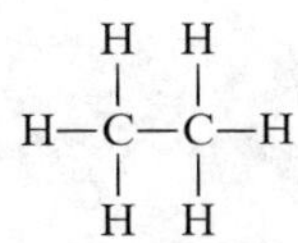

C_2H_6 = Aethan

Prinzipieller Aufbau der Kohlenwasserstoffverbindungen

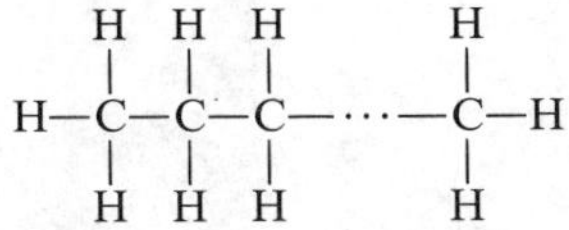

Alkane ringförmig gesättigte Kohlenwasserstoffe.

Summenformel C_nH_{2n+2}

Diese Kohlenwasserstoffverbindungen nennt man auch *Paraffine*, und zwar n-Paraffine, wenn es sich um unverzweigte Kohlenstoffketten, und i-(Iso-)Paraffine, wenn es sich um verzweigte Kohlenstoffketten handelt.

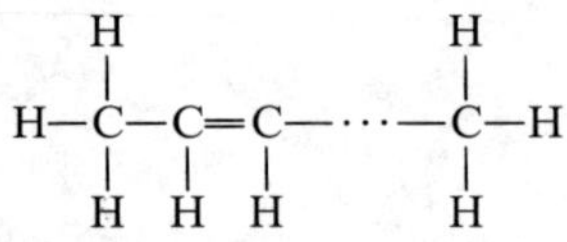

Alkene kettenförmige (geradlinige oder verzweigte) ungesättigte Kohlenwasserstoffe mit einer Doppelbindung.

Summenformel C_nH_{2n}

Diese Verbindungen werden auch *Olefine* genannt.

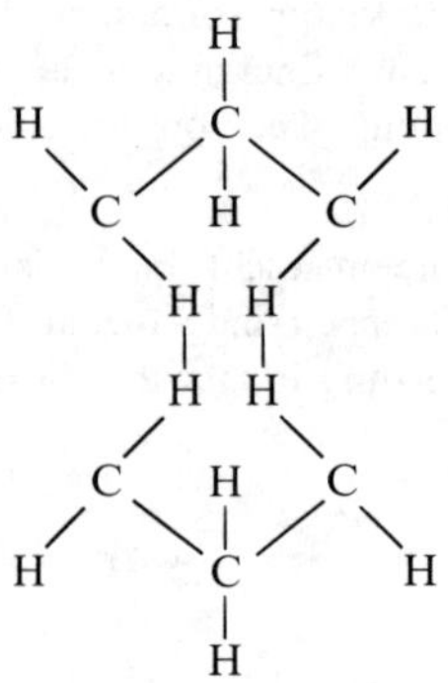

Zykloalkane ringförmig gesättigte Kohlenwasserstoffe.

Summenformel C_nH_{2n}

Diese Verbindungen werden auch Zykloparaffine oder *Naphthene* genannt.

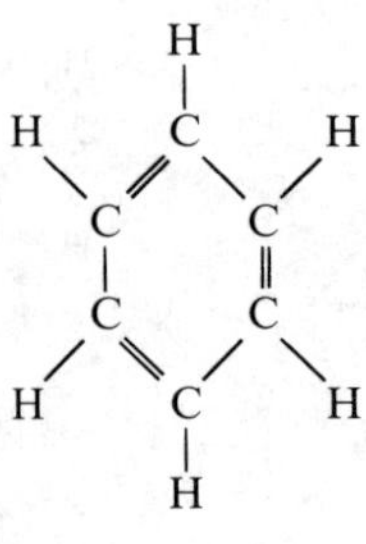

Benzol = C_6H_6

Aromaten z.B. Benzol C_6H_6

Zu den ringförmigen Kohlenwasserstoffverbindungen gehören auch die Aromaten. Der Grundkörper der aromatischen Kohlenwasserstoffe ist das Benzol C_6H_6. Die sechs ringförmig angeordneten C-Atome haben insgesamt drei nicht lokalisierbare Doppelbindungen. Für die Kraftstoffherstellung sind insbesondere die Benzolhomologen Toluol und Xylol von Bedeutung. Die kompakte symmetrische Benzolstruktur verleiht den Aromaten ihre hervorragende thermische Stabilität. Je nach den in einem Erdöl überwiegend vorkommenden Hauptgruppen an Kohlenwasserstoffverbindungen spricht man von «paraffinbasischen» und «naphthenbasischen», oder, wenn keine klare Zuordnung möglich ist, von «gemischtbasischen» Erdölen. Die Basis ist u.U. für die Verarbeitung und die Art der Fertigprodukte wichtig.

Betriebe, in denen das Erdöl (Rohöl) zu Kraftstoffen, Schmierstoffen und sonstigen Endprodukten verarbeitet wird, nennt man Raffinerien. Die Verfahren, die in Raffinerien angewendet werden, sind:

□ Trennen, Umwandeln und chemisches Behandeln

Trennverfahren sind: Destillieren, Absorbieren, Adsorbieren, Filtern und Extrahieren.

Umwandlungsverfahren sind: Cracken, Reformieren, Polymerisieren, Hydrieren.

Chemische Behandlungen dienen dazu, die vorhandenen unerwünschten Bestandteile zu entfernen oder umzuwandeln.

Destillation Das Erd- oder Rohöl besteht aus verschiedenen Kohlenwasserstoffverbindungen und hat dadurch keinen festen Siedepunkt, sondern einen Siedebereich, der bei 300 K (30 °C) beginnt und sich über mehrere 100° bis auf ca. 850 K erstreckt.

Das gereinigte Rohöl wird in einem Wärmetauscher auf etwa 200 °C (500 K) gebracht und dann in einem Röhrenofen auf 350 °C (630 K) aufgeheizt. Das aufgeheizte Gemisch wird dann der Destillierkolonne (Fraktionierturm) zugeleitet. Dieser Turm, in dem das Gemisch (dampfförmig) aufsteigt, besitzt Sieb und Glockenböden, in denen der Rohöldampf kondensiert. Je höher der

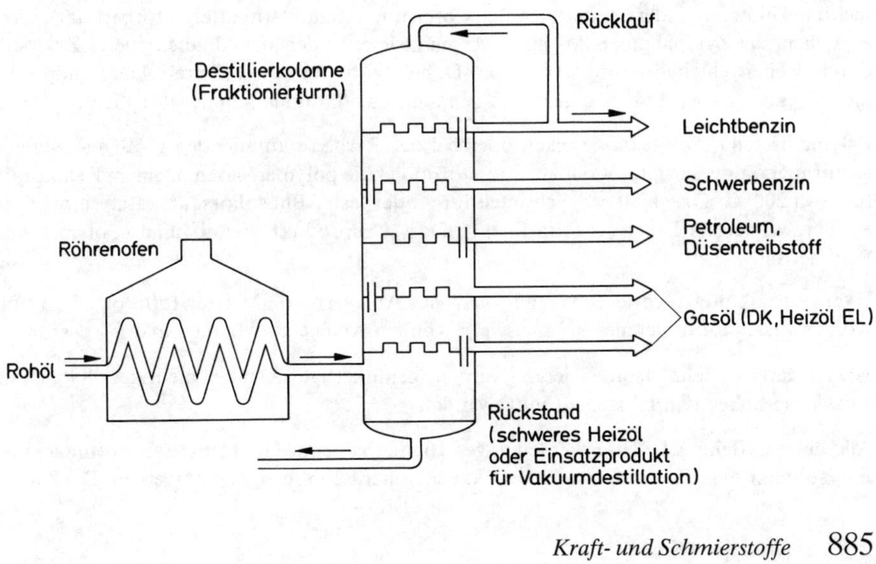

Boden, je niedriger die Temperatur. Das Destillat wird seitlich abgeleitet und gekühlt. Aus dem Rohöl werden prozentual etwa folgende Produkte gewonnen:

Benzin	23 %	(30 bis 200 °C)
Petroleum	9 %	(200 bis 250 °C)
Gasöl	20 %	(250 bis 300 °C)
Schmieröl	18 %	
Zylinderöle	18 %	Vakuum
Rückstände	12 %	Destillation 200 bis 350 °C
gesamt	100 %	

Die bei der Destillation gewonnenen Kraftstoffprodukte müssen weiterverarbeitet werden, da sie in ihrer Qualität nicht den Anforderungen im Motor entsprechen.

Cracken In Crackanlagen werden längere Kohlenwasserstoffmoleküle in kürzere «zerbrochen» (englisch: to crack = zerbrechen). Damit ist es möglich, hochsiedende Fraktionen in niedrigsiedende umzuwandeln. Beim Cracken bilden sich sowohl gesättigte als auch ungesättigte Verbindungen. Man unterscheidet verschiedene Verfahren:

Das thermische Cracken ist das älteste und einfachste Crackverfahren. Die Spaltung langer Moleküle in kurze erfolgt ausschließlich durch Wärmebehandlung.

Das katalytische Cracken ist schonender als das thermische und läßt sich leichter steuern. Das Einsatzprodukt (Rückstand aus der atmosphärischen Destillation) kommt in einem Reaktor mit dem etwa 550 °C heißen Katalysator (vielfach Aluminiumoxid) in Kontakt. Es verdampft, und binnen weniger Sekunden läuft der Crackprozeß ab. Crackprodukte sind Heizgas, Flüssiggas, Benzin, Dieselkraftstoff, Heizöl und Kohlenstoff.

Das Hydrocracken ist ein hydrierendes katalytisches Crackverfahren. Es liefert hochwertige, schwefelarme Kraftstoffkomponenten. Einsatzprodukte sind Mitteldestillate oder noch höhersiedende Fraktionen.

Reformieren Beim Reformieren (= Umformen) werden Kohlenwasserstoffmoleküle niedriger Oktanzahl in solche hoher Oktanzahl (Ringe, verzweigte Ketten) umgewandelt. Das Einsatzprodukt ist Schwerbenzin aus der Destillation. Die Umwandlung der Moleküle findet bei etwa 500 °C in mehreren hintereinandergeschalteten Reaktoren mit festem Platinkatalysatorbett statt. Vornehmlich entstehen aus Zykloalkanen Aromate (Aromatisieren) oder aus Alkanen zuerst Zykloalkane und durch weitere Dehydrierung Aromate. Dabei wird Wasserstoff frei. Das Endprodukt heißt «Reformat». (Es wird auch Platformat genannt, da Platin als Katalysator dient.)

Polymerisieren Die beim Cracken oder bei der Pyrolyse anfallenden größeren Mengen kurzer, gasförmiger, ungesättigter Kohlenwasserstoffmoleküle polymerisieren in einem Reaktor (Temperatur etwa 200 °C; Druck 80 bar, Schwefelsäure- oder fester Phosphorsäurekatalysator) vornehmlich zu verzweigten Alkanen (i-Paraffinen). Das Endprodukt nennt man Polymerbenzin oder Polymerisat.

Hydrieren Unter Hydrieren versteht man das Anlagern von Wasserstoffatomen an ungesättigte Kohlenwasserstoffmoleküle. Beispielsweise können Alkene zu Alkanen hydriert werden.

Isomerisieren Beim Isomerisieren werden geradkettige Alkane niedriger Klopffestigkeit in verzweigte hoher Klopffestigkeit umgewandelt.

Alkylieren Beim Alkylieren werden ungesättigte, gasförmige Kohlenwasserstoffmoleküle (Alkene) mit Isobutan zu größeren verzweigten Alkanen hoher Klopffestigkeit umgebaut. Die Klopffestigkeit des Kraftstoffs kann durch Isomer- und/oder Alkylatbenzin besonders im unteren Siedebereich verbessert werden.

Nachbehandlungsverfahren Die Endprodukte der Raffinerie müssen lagerstabil sein, dürfen keine Korrosion verursachen, müssen von einwandfreiem Geruch und sollen von heller und klarer Farbe sein. Sie sollen einen möglichst geringen Schwefelgehalt aufweisen. Deshalb stehen am Ende der Rohölverarbeitung Raffinations- und Reinigungsprozesse. Eine klassische Raffinationsmethode ist die Schwefelsäurebehandlung, um basische und leicht oxidierende, polymerisierende oder unerwünschte Verfärbungen hervorrufende Verbindungen herauszuholen. Da in den Raffinerien heute genügend Wasserstoff anfällt, hat sich in großem Umfang die hydrierende Druckraffination, in der Schwefel, Stickstoff und Sauerstoff entfernt werden, durchgesetzt. Dazu gehört z.B. das

Hydrotreatingverfahren Ottokraftstoffe, Düsenkraftstoffe, Dieselkraftstoffe, leichte Heizöle und Schmieröle als Einsatzprodukte werden zusammen mit wasserstoffreichem Gas in einem Reaktor (Temperatur 300 bis 350 °C, Druck 50 bar) mit Hilfe eines Katalysators entschwefelt. Der entstehende Schwefelwasserstoff wird anschließend in Claus-Anlagen zu reinem Schwefel aufgearbeitet.

Mischen von Kraftstoffen

Ottokraftstoffe auch mit VK = Vergaser-Kraftstoffe bezeichnet, werden aus verschiedenen Komponenten aufgemischt. Sie sind in nachfolgender Zahlentafel zusammengestellt. Hinzu kommen noch Kraftstoffadditive und ggf. Farbstoffe. Jede Raffinerie hat einen anderen Aufbau, deshalb stehen unterschiedliche Komponenten in unterschiedlichen Mengen zur Aufmischung zur Verfügung.

Dieselkraftstoffe auch mit DK = Diesel-Kraftstoff bezeichnet, bestehen meistens aus Gemischen reiner Destillatfraktionen, evtl. zusammen mit hochsiedenden Crackkomponenten.

Kraftstoffkomponente	Hauptbestandteile	Dichte	ROZ	MOZ
Destillatbenzin	Alkane, geradkettig; Zykloalkane	0,700 bis 0,725	70 bis 80	60 bis 70
Crackbenzin	paraffinisch naphthenisch Alkene, Alkane (verzweigte Ketten)	0,720 bis 0,750	90 bis 93	80 bis 90
Reformatbenzin	Aromaten	0,740 bis 0,790	93 bis 98	83 bis 88
Polymerbenzin	Alkane	0,720 bis 0,740	95 bis 100	80 bis 90
Motorenbenzol	Aromaten	ca. 875	108 bis 112	90 bis 95

Kraftstoffzusätze Zusätze (engl.: Additive) sollen vorhandene Eigenschaften verändern bzw. verbessern oder auch dem Kraftstoff zusätzliche Eigenschaften verleihen. Die zugesetzten Mengen liegen unter 1 %.

Metallorganische Klopfbremsen Gegenwärtig werden auf metallorganischer Basis nur Bleiverbindungen, die Bleialkyle Bleitetraethyl $Pb(C_2H_5)_4$ und Bleitetramethyl $Pb(CH_3)_4$ sowie physikalische oder chemische Mischungen aus beiden (engl.: Tetra Ethyl Lead [TEL], Tetra Methyl Lead [TML]) eingesetzt.

Metallfreie Klopfbremsen Bei den organischen Stickstoffverbindungen wurden besonders die aromatischen Amine (z.B. Anilin, Monomethylanilin) als klopfhemmend erkannt und untersucht. Sie haben jedoch im Vergleich zu den Bleialkylen eine niedrigere Wirksamkeit. Zu hohe Dosierungen führen zu Ablagerungen im Einlaßsystem und zu Verlackungen der oberen Kolbenringe an den Kolben. Als weitere Antiklopfmittel kommen Sauerstoffverbindungen in Frage wie Alkohole, Phenole, Äther, Oxide, Ketone, Ester und Aldehyde. In neuerer Zeit ist insbesondere Methanol als Kraftstoffkomponente (85 % Ottokraftstoff/15 % Methanol = M15) im Gespräch.

Zündbeschleuniger Zur Steigerung der Zündwilligkeit des Dieselkraftstoffs werden fast ausschließlich organische Substanzen, z.B. Ester der Salpetersäure, verwendet. Thermisch sehr labile Gruppen der Verbindungen erniedrigen die Entzündungstemperatur und erhöhen die Reaktionsgeschwindigkeit.

Rückstandsumwandler (Deposit Modifier) Ablagerungen in Brennräumen von Ottomotoren bestehen hauptsächlich aus Kohlenstoff, Bleiverbindungen und aus Additiverückständen des Schmieröls. Rückstandsumwandler (Deposit Modifier) sollen die schlecht wärmeleitenden, meist borkig porösen Ablagerungen in Schmelze mit hoher Glühtemperatur und verbessertem Wärmeübergangsverhalten umwandeln.

Filtrierbarkeitsverbesserer Die Filtrierbarkeit von Dieselkraftstoffen kann durch Fließverbesserer bzw. Filtrierbarkeitsverbesserer gesteigert werden. Sie verhindern zwar nicht die Paraffinausscheidung, jedoch werden die Form (kristallin oder amorph) und die Größe der ausgeschiedenen Paraffine und deren Vernetzungsgeschwindigkeit beeinflußt. Dadurch bleiben Dieselkraftstoffe auch bei tiefen Temperaturen noch fließ- und pumpfähig und können Filter passieren. Die Wirkung der Filtrierbarkeitsverbesserer hängt weitgehend von der Provenienz des Erdöls und damit der Zusammensetzung des Dieselkraftstoffs ab.

Kraftstoffeigenschaften

Die Eigenschaften der Kraftstoffe werden mittels Kenndaten näher beschrieben, die mit Hilfe von genormten Prüfverfahren ermittelt werden. Die für die Praxis entscheidenden Kenndaten sind in den Mindestanforderungen für Ottokraftstoffe gem. DIN 51600 und in den Mindestanforderungen für Dieselkraftstoffe gem. DIN 51601 festgelegt.

Die Dichte ϱ des Ottokraftstoffs darf für Super zwischen 0,730 und 0,780 g/ml, für Normal zwischen 0,715 und 0,755 g/ml liegen. Die Dichte des Dieselkraftstoffs liegt zwischen 0,815 und 0,855 g/ml. Die Dichte des Kraftstoffs ändert sich mit der Temperatur. Sie wird jeweils auf 15 °C umgerechnet und mit p_{15} bezeichnet. Die Umrechnung erfolgt nach der Formel

$$p_{15} = p_{\text{gem}} + a \cdot (t - 15\,°\text{C})$$

p_{gem} = gemessene Dichte mit dem Aräometer
a = Umrechnungsfaktor
t = Temperatur, bei der die Dichte gemessen wurde

Die Klopffestigkeit eines Ottokraftstoffs wird durch die Oktanzahl ausgedrückt. Sie wird in einem Einzylinder-CFR-(Cooperative Fuel Research Commitee-)Prüfmotor ermittelt. Das Verdichtungsverhältnis des CFR-Motors kann während des Laufs verändert werden. Nach den Prüfmethoden unterscheidet man zwischen ROZ (Research-Oktanzahl – ermittelt bei 600/min^{-1}; ohne Gemischvorwärmung; konstanter Zündzeitpunkt) und MOZ (Motor-Oktanzahl – ermittelt bei

900 min^{-1}; Gemischvorwärmung auf 150 °C; Zündzeitpunkt mit dem Verdichtungsverhältnis variabel).

Die Bestimmung der Oktanzahl erfolgt als vergleichende Messung zwischen dem zu prüfenden Kraftstoff und Primär-Bezugskraftstoffen (Mischungen aus n-Heptan, C_7H_{16} und Iso-Oktan, genauer 2,2,4-Trimethylpentan, C_8H_{18}). Definitionsgemäß enthält n-Heptan als sehr klopffreudige Kohlenwasserstoffverbindung die Oktanzahl 0 und Iso-Oktan als sehr klopffeste Kohlenwasserstoffverbindung die Oktanzahl 100 zugeordnet. So ergibt sich z.B. für einen zu untersuchenden Kraftstoff eine Oktanzahl von 91, wenn seine Klopffestigkeit einer Mischung aus 91 Vol.-% Iso-Oktan und 9 Vol.-% n-Heptan entspräche.

In DIN 51600 ist die Klopffestigkeit für verbleite, in DIN 51607 für unverbleite Kraftstoffe festgelegt.

Klopffestigkeit	Normal unverbleit	Super verbleit	unverbleit	Super plus
mind. ROZ	91,0	98,0*	95,0	98,0
mind. MOZ	82,7	88,0*	86,0	88,0

* Hersteller und/oder Lieferer sind verpflichtet, bei der ROZ 0,6 und bei der MOZ 0,8 vorzuhalten, unverbleiter Kraftstoff darf max. 10 mg/l Blei enthalten.

Der Bleigehalt eines verbleiten Ottokraftstoffs wurde am 1. 1. 1976 auf max. 0,15 g Pb/l begrenzt. Damit wurden die Möglichkeit, auf einfache Art und Weise die Oktanzahl zu steigern, sowie der Verarbeitungsspielraum in den Raffinerien stark eingeengt.

Der Schwefelgehalt darf in Ottokraftstoffen höchstens 0,1 Gew.-%, in Dieselkraftstoffen 0,30 Gew.-% betragen.

Die kinematische Viskosität ist ein Maß für das Fließverhalten. Bei 20 °C soll sie beim Dieselkraftstoff zwischen 2 und 8 mm^2/S (cSt) liegen.

Der Flammpunkt dient als Maß für die Einordnung der Kraftstoffe in Gefahrklassen. Er muß bei Dieselkraftstoff höher als 55 °C liegen.

Der Grenzwert der Filtrierbarkeit gibt Auskunft über das Kälteverhalten des Dieselkraftstoffs, d.h., bis zu welchen Temperaturen der Fließwiderstand in Kraftstoffiltern, Leitungen usw. aufgrund von Paraffinausscheidungen noch eine einwandfreie Kraftstoffversorgung der Einspritzpumpe zuläßt. Dieser Wert darf im Sommer bei max. 0 °C und im Winter bei max. − 12 °C liegen. Nach der Bestimmungsmethode wird der Grenzwert der Filtrierbarkeit Cold-Filter-Plugging-Point (CFPP) genannt.

Die Zündwilligkeit eines Dieselkraftstoffs wird durch die Cetanzahl CZ ausgedrückt. Sie wird in einem Einzylinder-CFR- bzw. BASF-Prüfdieselmotor ermittelt.

Die Cetanzahl gibt also an, wieviel Vol.-% Cetan in einem Gemisch Cetan/α-Methylnaphthalin enthalten sein müssen, damit die Zündwilligkeit des zu untersuchenden Kraftstoffs der des Bezugskraftstoffs entspricht.

Wie zur Oktanzahlbestimmung werden zur Cetanzahlbestimmung Bezugskraftstoffe verwendet. Es sind Gemische aus dem paraffinischen Cetan $C_{16}H_{34}$ und dem aromatischen $C_{11}H_{10}$ (α-Methylnaphthalin). Dem besonders zündwilligen Cetan wurde die CZ 100 und dem besonders zündträgen α-Methylnaphthalin die CZ 0 zugeordnet.

Der Wassergehalt ist auf 500 mg/kg Dieselkraftstoff begrenzt, um Betriebsstörungen, z.B. Korrosionen, zu verhindern (siehe DIN 51601).

Land	Ottokraftstoff					
	Normal			Super		
	Klopffestigkeit		Bleigehalt g Pb/l	Klopffestigkeit		Bleigehalt g Pb/l
	ROZ	MOZ		ROZ	MOZ	
Belgien	90/93	82/87	max. 0,40	98/99	88/92	max. 0,40
Bulgarien	86/93	–	max. 0,55	min. 96	–	max. 0,55
Dänemark	92/96	83/85	max. 0,40	min. 98	min. 88	max. 0,40
Bundesrepublik Deutschland	91	83	0,0	98/99 95	88/90 86	max. 0,15 0,0
Finnland	92	83	max. 0,40	99	87	max. 0,40
Frankreich	89/91	82/85	max. 0,40	97/99	86/92	max. 0,40
Griechenland	90	–	max. 0,40	96/98	–	max. 0,40
Großbritannien (3 Sorten[1, 2, 3])	min. 90 [1]	min. 80 [1]	max. 0,40	min. 94 [2] min. 97 [3]	min. 82 [2] min. 86 [3]	max. 0,40 max. 0,40
Irland	90/94	83/85	max. 0,40	97	88	max. 0,40
Italien	85/86	82/83	max. 0,40	97/98	87/91	max. 0,40
Jugoslawien	86/87	80/83	max. 0,60	min. 98	87/91	max. 0,60
Niederlande	91/93	min. 82	max. 0,40	98/99	88/92	max. 0,40
Norwegen	93/94	84/87	max. 0,15	97/98	89/91	max. 0,40
Österreich	88/89	79/84	max. 0,15	98/99	87/89	max. 0,40
Polen	78	76	0,55	94	86	0,33
Portugal	85	81	0,30	98	87	0,60
Rumänien	87/89	79/81	max. 0,60	95/97	86/88	max. 0,60
Schweden	93/96	85/86	max. 0,15	min. 98	min. 87	max. 0,15
Schweiz	90/91	84	max. 0,15	98	89	max. 0,15
Sowjetunion (4 Sorten)	76 80/93	72 76/85	0 max. 0,40	95 98	86 89	0 max. 0,40
Spanien	90	85	max. 0,48	96/98	88/89	max. 0,65
Tschechoslowakei	min. 90	min. 82	0,45	min. 96	min. 89	0,55
Türkei	min. 85	79/82	max. 0,84	min. 95	83/93	max. 0,84
Ungarn	86/92	78/85	0,60	98	90	0,70
USA (4 Sorten) Unleaded Regular/Premium Regular/Premium	89/91 91/94	80/82 84/86	<0,01 0,29	97 95/98	87 84/89	<0,01 0,29

[1] Two Star
[2] Three Star
[3] Four Star

Klopffestigkeit und Bleigehalt der handelsüblichen Ottokraftstoffe in einigen Ländern

Energiegehalt der Kraftstoffe

Der Energiegehalt der Kraftstoffe wird durch den *Heizwert* ausgedrückt. Er ist ein Maß für die bei der vollständigen Verbrennung freiwerdende Wärmemenge. Man unterscheidet den Brennwert H_0 (früher «oberer Heizwert» genannt), der zusätzlich zur nutzbaren Wärmemenge die Kondensationswärme des bei der Verbrennung entstehenden Wassers enthält, und den Heizwert H_u (früher «unterer Heizwert» genannt), der die tatsächlich nutzbare Wärmemenge ausdrückt.

Bei der motorischen Verbrennung wird vorausgesetzt, daß nach der Verbrennung der Kohlenstoff vollständig als Kohlendioxid CO_2, der im Kraftstoff enthaltene Schwefel als Schwefeldioxid SO_2 und das bei der Verbrennung gebildete Wasser in dampfförmigem Zustand vorliegen, der Stickstoff aber nicht oxidierte. Der Heizwert wird üblicherweise auf die Masse bezogen. Für Kraftfahrzeuge ist bezüglich des Streckenverbrauchs der auf das Volumen bezogene Heizwert (Liter-Heizwert) besonders interessant.

Der Liter-Heizwert ist eine Funktion der Dichte der Kohlenwasserstoffe. Bei den Aromaten ist er am höchsten und fällt über die Zykloalkane, Alkene zu den Alkanen hin. Alkohole haben trotz hoher Dichte nur mäßige Heizwerte.

Kraftstoff	kJ/kg	kJ/l	Dichte bei 15 °C g/ml
n-Heptan	44400	30600	0,688
i-Oktan	44200	30800	0,696
Benzol	40300	35600	0,883
Normalkraftstoff	44000	31800	0,725
Superkraftstoff	43200	32300	0,750
Dieselkraftstoff	42750	35600	0,830

Heizwerte von Kraftstoffen

Vollständige Verbrennung Reagieren Kohlenstoff (C) und Wasserstoff (H) vollständig mit dem Sauerstoff (O) der Verbrennungsluft, so gelten folgende, einfache, chemische Reaktionsgleichungen:

$$C + O_2 \rightarrow CO_2$$

$$2\,H_2 + O_2 \rightarrow 2\,H_2O$$

Die dazu notwendige Mindestluftmenge – der theoretische Luftbedarf L_0 – ist:

$$L_0 = \frac{0\,(\text{kg Luft})}{0{,}23\,(\text{kg Kraftstoff})}$$

Die vollständige Verbrennung setzt «ideale Verbrennungsbedingungen» voraus, d.h. ausreichende Reaktionszeiten und keine beeinträchtigenden äußeren Einflüsse (z.B. kleine Verbrennungsräume mit stark von den Reaktionstemperaturen abweichenden Wandtemperaturen).

Im Brennraum eines Verbrennungsmotors herrschen keine idealen Verhältnisse. Der tatsächliche Luftbedarf L ist

$$L = \lambda \cdot L_0$$

Die Luftzahl λ liegt für Ottomotoren zwischen 0,9 und 1,3 und für Dieselmotoren zwischen 1,2 und 2.

Kraftstoff	Gew.-%		C/H	L kg/kg
	C	H		
Benzol	92,3	7,7	12,0	13,4
Super	~86,5	~13,5	~6,4	~14,7
Normal	~85,5	~14,5	~5,9	~14,9
Dieselkraftstoff	~86,3	~13,7	~6,3	~14,8

Gew.-Anteile von Kohlenstoff und Wasserstoff sowie theoretischer Luftbedarf für Kraftstoffe

Unvollständige Verbrennung Unter den im Verbrennungsmotor herrschenden Bedingungen kommt es zu einer unvollständigen Verbrennung.

Man kann folgende prinzipielle Reaktionsgleichung angeben:

$$(HC + X) + (O_2 + N_2) \xrightarrow{\text{Einflußfaktoren wie Betriebszustand, Konstruktion usw.}} CO_2 + H_2O + N_2 + CO + CH + NO_x + SO_2 + \text{Feststoffe}$$

mit HC Kohlenwasserstoffverbindungen des Kraftstoffs
X Kraftstoffzusätze und andere Verbindungen (z.B. Schwefelverbindungen)
O_2 Sauerstoff
N_2 Stickstoff
CO Kohlenmonoxid
CO_2 Kohlendioxid
CH unverbrannte Kohlenwasserstoffe
NO_x Stickoxide ($NO + NO_2$)
SO_2 Schwefeldioxid
Feststoffe enthalten z.B. Ruß, Bleiverbindungen

Formen der klopfenden Verbrennung

Das Beschleunigungsklopfen tritt vornehmlich beim Beschleunigen unter Vollgas aus niedrigen Geschwindigkeiten in den oberen Gängen auf. Die ROZ gibt einen Anhaltspunkt für die Neigung des Kraftstoffs zum Beschleunigungsklopfen.

Das Klopfen unter konstanter Drehzahl und hoher Last wird auch Hochgeschwindigkeitsklopfen (high speed knock) oder Hochdrehzahlklopfen genannt. Es tritt meistens im mittleren oder oberen Drehzahlbereich besonders bei Vollast auf. Die Fahrgeräusche (Reifen, Fahrtwind) sind bei höheren Drehzahlen (Geschwindigkeiten) meist so groß, daß die Klopfgeräusche oft nicht wahrzunehmen sind. Dadurch wird der kritische Betriebszustand u.U. mehrere Minuten beibehalten. Durch thermische Überlastung kann es dabei zu Motorschäden (durchgebrannte Kolbenböden, Fresser) kommen.

«Nageln», Klopfen im Dieselmotor Das Klopfen im Dieselmotor ist mit dem Klopfen im Ottomotor nicht vergleichbar. Bedingt durch die Selbstzündung des Dieselkraftstoffs hat der Dieselmotor von Haus aus eine harte Verbrennung. Die Übergänge von normaler Verbrennung zum Klopfen, auch «Nageln» (Dieselknock) genannt, sind fließend und nicht exakt definiert. Die Verbrennung im Dieselmotor wird durch den in die hochverdichtete und erhitzte Verbrennungsluft eingespritzten Kraftstoff eingeleitet. Der Entflammung geht ein Molekülzerfall voraus.

Dieser Zündverzug liegt im CFR-Prüfmotor für weichen Gang unter 0,0015 s und für harten Gang über 0,0027 s. Der Zündverzug hängt stark von der Zündwilligkeit des Dieselkraftstoffs ab. Die Maßzahl für die Zündwilligkeit ist die Cetanzahl CZ. Eine hohe Cetanzahl drückt eine gute Zündwilligkeit und einen geringen Zündverzug des Kraftstoffs aus. Je größer der Zündverzug ist, um so steiler ist der Druckanstieg bei der Verbrennung, und der eingespritzte Kraftstoff verbrennt fast augenblicklich – der Gang des Motors wird härter. Im Extremfall spricht man dann vom «Nageln» oder «Klopfen». Einfluß auf den Zündverzug haben neben dem Kraftstoff die Motorbauart und die Betriebsbedingungen.

Zündwilligkeit des Dieselkraftstoffs Die Zündwilligkeit hängt eng mit der Selbstzündungstemperatur zusammen. Bei gleicher C-Atomzahl haben die Aromaten und einige verzweigte Alkane die höchsten Selbstzündtemperaturen und damit die niedrigsten Cetanzahlen. Die Cetanzahlen steigen weiter über die Zykloalkane zu den Alkenen und Alkanen. Die gleiche Reihenfolge erhält man, wenn man die Oktanzahlen dieser Verbindungen in fallender Tendenz aufführt. Kraftstoffe mit hoher Oktanzahl haben eine schlechte Cetanzahl und umgekehrt.

Ein einwandfreier motorischer Dieselbetrieb ist bei Cetanzahlen zwischen 45 und 55 gegeben. Diese Werte werden ohne Schwierigkeit bei reinen Destillaten erreicht. Dieselkraftstoffe aus Konversionsanlagen können niedrigere Cetanzahlen haben. Die Cetanzahl kann, ähnlich wie die Oktanzahl bei Ottokraftstoffen, durch Zusätze (Zündbeschleuniger) beeinflußt werden.

Cloudpoint auch Trübungspunkt, ist die Temperatur, bei der z.B. aus Dieselkraftstoff beim Abkühlen die ersten Paraffinkristalle ausgeschieden werden. Ersatz für die Bestimmung der BPA (*B*eginn *P*araffin *A*usscheidung).

Startverhalten von Dieselkraftstoff im Winter Das Startverhalten eines Dieselmotors wird durch seine Konstruktion, die Vorglüheinrichtungen, die Vorglühzeit sowie das Kälteverhalten und die Cetanzahl des Dieselkraftstoffs bestimmt. Direkteinspritzer sind startfreudiger als Vorkammermotoren. Ein hohes Verdichtungsverhältnis führt zu hohen Brennraumtemperaturen, die die Selbstentzündung und damit das Startverhalten begünstigen. Ebenso wirken eine niedrige Siedelage und eine höhere Cetanzahl (CZ).

Wichtigstes Qualitätsmerkmal des Dieselkraftstoffs im Winter ist das Kälteverhalten. Dieselkraftstoff besteht vorzugsweise aus paraffinischen Kohlenwasserstoffen, die, je nach Molekülgröße, als Paraffinkristalle bei einer bestimmten Temperatur ausfallen und die Pumpfähigkeit des Dieselkraftstoffs beeinträchtigen. Aussagen über die Wintertauglichkeit des Dieselkraftstoffs erlauben der Cloudpoint (früher: BPA = Beginn der Paraffinausscheidung), die Filtrierbarkeit und der Pourpoint (Stockpunkt). Für die Praxis hat die Filtrierbarkeit (Cold Filter Plugging Point) die größte Aussagekraft. Bis zu dieser Temperatur ist im allgemeinen ein einwandfreier motorischer Betrieb möglich. Darunter führen Paraffinausscheidungen zu Kraftstoffilterverstopfungen, und die Kraftstoffversorgung wird unterbrochen. Ist die Paraffinausscheidung bereits so weit fortgeschritten, daß es zu Betriebsstörungen kommt, so können diese nur noch durch Erwärmen des gesamten Systems (z.B. in einer beheizten Garage) beseitigt werden.

Die Filtrierbarkeit kann durch Zumischen von Normalkraftstoff (Superkraftstoff setzt die Cetanzahl zu stark herab) oder besser Petroleum (s. nachfolgende Zahlentafeln) verbessert werden. Zu bachten ist, daß der der Gefahrklasse A III angehörende Dieselkraftstoff durch die Zugabe von Ottokraftstoff in die Gefahrklasse A I abrutscht. Zumischungen von über 30 Vol.-% Ottokraftstoff zum Dieselkraftstoff können zu einer ungenügenden Cetanzahl für den motorischen Betrieb und einer zu geringen Viskosität und damit zu übermäßigem Verschleiß führen. Bei Zugabe von Petroleum sind diese Nachteile nicht gegeben.

	D_{15} g/ml	Filtrier-barkeit °C	Viskosität bei 20 °C cSt	Cetanzahl mot.
Normalkraftstoff	0,736	–	–	–
Dieselkraftstoff	0,820	−16	3,57	59,0
10 Vol.-% OK/90 Vol.-% DK	0,811	−17	2,80	54,5
20 Vol.-% OK/80 Vol.-% DK	0,803	−19	2,18	50,0
30 Vol.-% OK/70 Vol.-% DK	0,794	−22	1,74	45,0
40 Vol.-% OK/60 Vol.-% DK	0,786	−25	1,43	38,5
50 Vol.-% OK/50 Vol.-% DK	0,778	−28	1,18	33,0

Einfluß von Normalkraftstoff auf Kältebeständigkeit, Cetanzahl und Viskosität von Dieselkraftstoff

DK (Vol.-%)	100	–	80	60
Petroleum (Vol.-%)	–	100	20	40
Spez.-Gewicht/15 °C g/ml	0,833	0,801	0,827	0,820
Flammpunkt (P.M.) °C	69	67	69	68
Viskosität cSt/20 °C	3,30	2,24	3,03	2,80
BPA °C	−15	−27	−18	−20
Stockpunkt °C	−23	−40	−26	−30
Filtrierbarkeit °C	−16	−30	−18	−20

Einfluß von Petroleum auf die Kältebeständigkeit von Dieselkraftstoff

Falsche Betankung Wird z.B. durch eine Verwechslung der Zapfsäulen beim Selbsttanken eine andere Kraftstoffsorte getankt, als für den Motor vorgeschrieben ist, können Motorstörungen auftreten.

Kraftstoffbedarf des Motors	getankter Kraftstoff		
	Super	Normal	Diesel
Super	□	Klopfen	Klopfen/Verölen
Normal	□	□	Klopfen/Verölen
Diesel	Nageln	Nageln	□

Abgase

Im Brennraum herrschen keine idealen Verbrennungsbedingungen. Dafür sind z.B. verantwortlich die Anforderungen an das Betriebs- und Fahrverhalten, die unvollständige Gemischaufbereitung, die ungleichmäßige Gemischverteilung auf die einzelnen Zylinder, niedrige Zylinderwand- und Zylinderkopftemperaturen, zu kurze Reaktionszeiten und andere Betriebsbedingungen. Deshalb gilt für die motorische Verbrennung nicht die Reaktionsgleichung für die vollständige Verbrennung, sondern die prinzipielle Reaktionsgleichung für die unvollständige Verbrennung. Insgesamt machen die unschädlichen Bestandteile des Abgases (CO_2, H_2O, N_2) 98 bis 99 % der Gesamtabgasmenge aus. Nur die restlichen 1 bis 2 % sind Schadstoffe.

Die wichtigsten Schadstoffe sind das Kohlenmonoxid, die unverbrannten Kohlenwasserstoffe und die Stickoxide. Sie sind im Abgas von Otto- und Dieselmotoren in unterschiedlicher Konzentration vorhanden:

Im Abgas enthaltene Schadstoffe

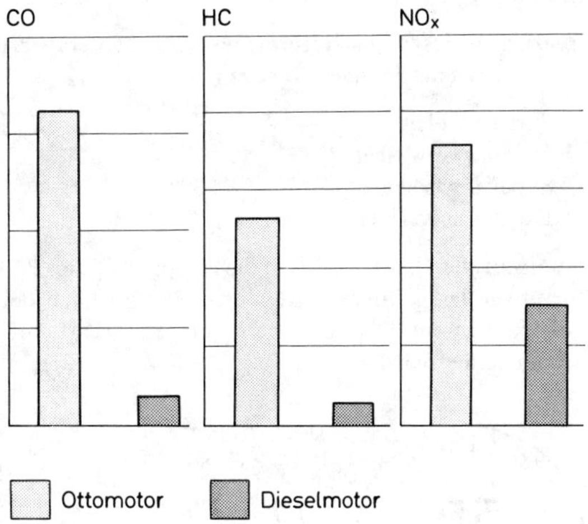

Weitere Kraftstoffe

Flüssiggas Sammelbegriff für solche gasförmigen Kohlenwasserstoffe – Propan, Propylen, Butan, Butylen –, die sich durch Anwendung geringen Drucks (5 bis 10 bar) verflüssigen und z. B. in Stahlflaschen speichern lassen. Diese Flüssiggase sind in der Flasche unter Druck flüssig und gehen vor der Verwendung durch Entspannung wieder in den gasförmigen Zustand über. Verwendung als Heiz-, Koch- und Leuchtgas in Industrie, Haushalt und Camping; als Treibgas für Kraftfahrzeuge z. Z. ohne Bedeutung.

Gasöl Nur im Raffineriebetrieb gebräuchlicher Ausdruck für Mitteldestillate zwischen 220 bis 360 °C, die im Dieselkraftstoff und Heizöl EL verwendet werden. Die Bezeichnung entstand, weil früher aus Gasöl durch thermische Zersetzung (unter Luftabschluß) hauptsächlich sog. «Ölgas» hergestellt wurde, das damals für Beleuchtung von Eisenbahnwagen und -signalen sowie von Leuchtbojen erhebliche Bedeutung hatte.

Petroleum (Kerosin) Als Brennstoff, als Leuchtöl und zu Putzzwecken benutzte Fraktion der Erdöldestillation – im Siedebereich von etwa 150 bis 300 °C. Nach verringerter Nachfrage neuerdings erheblich steigender Bedarf, weil Petroleum einen wichtigen Anteil von Düsenkraftstoff darstellt.

Treibgas Im weiteren Sinne alle als Kraftstoff für Ottomotoren geeigneten brennbaren Gase: Stadtgas, Methan, Flüssiggas. Da Stadtgas nur in Notzeiten und beschränkt zur Anwendung kommt, Methan nur regionale Bedeutung hatte (im Ruhrgebiet), wird unter Treibgas meist nur Flüssiggas verstanden.

Methanol Eine mögliche Alternative zu aus Erdöl gewonnenem Kraftstoff ist das Methanol (Methylalkohol), das sich z. B. aus Erdgas oder Kohle herstellen läßt.

Düsenkraftstoff Angloamerikanische Bezeichnung Jet Fuel oder Jet Propellant, abgekürzt JP. Für Strahltriebwerke (z. B. Düsenantrieb TL und Turboprop PTL) benutzte Kraftstoffe aus dem Siedebereich der Schwerbenzin-Petroleum-Fraktionen.

Erdgas Erdgas kommt oft selbständig, häufig auch in Verbindung mit Erdöl-Lagerstätten vor. Es besteht ausschließlich oder mindestens vorzugsweise aus Methan (CH_4) – dem kleinsten und «einfachsten» Kohlenwasserstoff. Verwendung für Heiz- und Kochzwecke in Industrie und Haushalt (z.B. anstelle von Stadtgas).

Benzinqualitäts-Angabeverordnung Ab September 1984 müssen alle Tankstellen, die Ottokraftstoffe anbieten, deutlich zwischen

- ☐ Super verbleit
- ☐ Normal verbleit und
- ☐ Super unverbleit
- ☐ Normal unverbleit

unterscheiden. Dies hat durch die entsprechenden Plaketten nach DIN zu geschehen. Die Aufkleber für unverbleites Super bzw. Normalbenzin nach der neuen DIN 51607 sind weiß mit schwarzer Schrift, während DIN-gerechter, verbleiter Kraftstoff durch schwarze Plaketten mit weißer Schrift ausgezeichnet wird.

11.2 Schmierstoffe

Der Name Schmierstoffe ist ein Sammelbegriff für Schmieröle, Schmierfette und Festschmierstoffe. Bei der Destillation von Erd- oder Rohöl wurden die schwerer siedenden Anteile unter Vakuum destilliert. (Eine kochende Flüssigkeit muß bekanntlich den Druck der auf ihr lastenden Atmosphäre überwinden, wenn sie in den Dampfzustand übergehen will. Senkt man aber den auf die Oberfläche wirkenden Druck – eben durch Herstellung eines Vakuums – so siedet die Flüssigkeit schon bei tieferer Temperatur.)

Das Einsatzprodukt für die Vakuumdestillation – auch atmosphärischer Rückstand genannt – wird bei etwa 150 °C (420 K) beginnend bis auf 350 °C (630 K) erhitzt und destilliert, wobei der Reihe nach folgende Destillate anfallen: Schmieröle, Zylinderöle und der sogenannte Rückstand, der als Grundlage für die Petrochemie Verwendung findet.

Motorenöle

Die Motorenöle sind, entsprechend ihrer Eigenschaft und Verwendung, eingeteilt in Viskositätsklassen.

Die Viskosität sagt etwas über die Zähflüssigkeit aus. Viskosität ist etwa als innere Reibung zu verstehen. Die Viskosität wird nach Grad Engler angegeben, wobei eine Zeit gemessen wird, in der eine bestimmte Ölmenge einer bestimmten Temperatur aus einer bestimmten Öffnung ausfließt. Die ermittelte Zeit wird ins Verhältnis gesetzt zu der Ausflußzeit von Wasser, das eine Temperatur von 20 °C (293 K) hat.

Nach UBBELOHDE ist die *Viskosität* in das physikalische Maßsystem eingeordnet. Die Definition der Zähflüssigkeit besagt, daß bei der Verschiebung zweier benachbarter Schichten ein Widerstand (Schubspannung) proportional zur Verschiebegeschwindigkeit (Geschwindigkeitsgefälle) sich einstellt. Der sich dabei ergebende Quotient wird «dynamische Viskosität» genannt und hat die Dimension Masse/(Länge · Zeit) mit der Einheit g/(cm · s). Nach dem französischen Physiker POISEUILLE wird diese Einheit Poise (P) genannt. Da diese Einheit meist zu kleine Zahlenwerte liefert, ist die Angabe in Zentipoise (cP) gebräuchlich. Ein cP ist gleich $^1/_{100}$ P. Interessanter ist jedoch für Strömungsvorgänge das *Viskositäts-Dichte-Verhältnis*, die sog. *kinematische Viskosität.* Ihre Dimension ist Länge^2/Zeit; ihre Einheit cm^2/s wird Stokes genannt – nach dem englischen Physiker STOKES. Auch hier werden allgemein Zentistokes (cSt) = $^1/_{100}$ St angegeben.

Üblich ist es heute, die Viskosität in sog. Kapillarviskosimetern zu messen, mit denen sich direkt die kinematische Viskosität bestimmen läßt; bei tiefen Temperaturen sind sog. Rotationsviskosimeter in Gebrauch, bei denen sich die dynamische Viskosität ergibt. Neben der absoluten Viskositätsangabe in cP bzw. cSt ist der sog. *Viskositätsindex* von besonderem Interesse. Der Viskositätsindex (VI) ist eine Maßzahl für die temperaturabhängige Viskositätsänderung von Schmierölen. Der Zahlenwert des VI liegt um so höher, je geringer die Viskositätsänderung mit der Temperatur ist.

Ab 1978 gelten auch für die Viskosität die Einheiten des internationalen Einheitensystems (SI). Die kinematische Viskosität wird in mm^2/s – vorher cSt – und die dynamische Viskosität in mPa · s (Milli-Pascalsekunde) – vorher cP – gemessen. An den Zahlenwerten ändert sich hierdurch nichts.

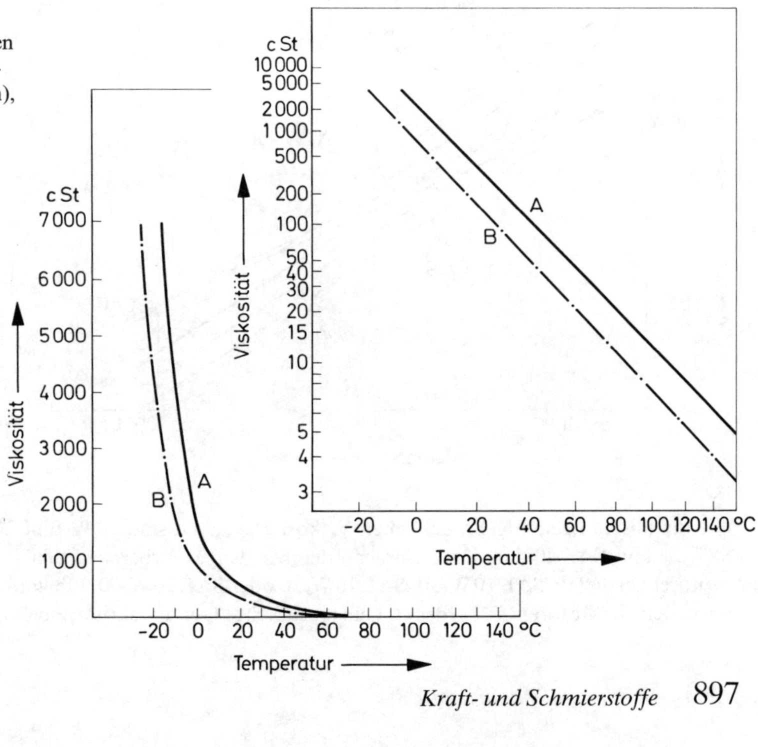

Viskositäts-Temperatur-Verlauf zweier Öle: unten links in normalem Maßstab (gekrümmte Kurven), oben rechts in logarithmischem Maßstab (gerade Linien)

SAE-Klassen für Motorenöle

Durch die Society of Automotive Engineers – kurz SAE – wurden die Motoren- und Getriebeöle in sogenannte Viskositätsklassen eingeteilt und in DIN 51511 und DIN 51512 festgelegt.

Einbereichsöle gehören einer dieser Klassen an. Trägt man diese Klassen in das Viskositätstemperatur-Schaubild ein, so kann dies sehr anschaulich aufgrund von einigen Viskositätstemperaturkurven von Einbereichsölen gezeigt werden. Gehört ein Motorenöl sowohl einer mit W beginnenden Klasse an als auch einer ohne W, so spricht man von einem Mehrbereichsöl (Ausnahme: SAE 20 W/20 ist ein Einbereichsöl).

SAE-Viskositätsklasse	scheinbare Viskosität bei – 18 °C mPa · s (cP)	kinetische Viskosität bei 100 °C mm^2/s (cSt)	
		min.	max.
5 W	bis 1250	3,8	–
10 W	über 1250 bis 2500	4,1	–
15 W	über 2500 bis 5000	5,6	–
20 W	über 5000 bis 10000	5,6	–
20	–	5,6	unter 9,3
30	–	9,3	unter 12,5
40	–	12,5	unter 16,3
50	–	16,3	unter 21,9

SAE-Klassen der Motorenöle

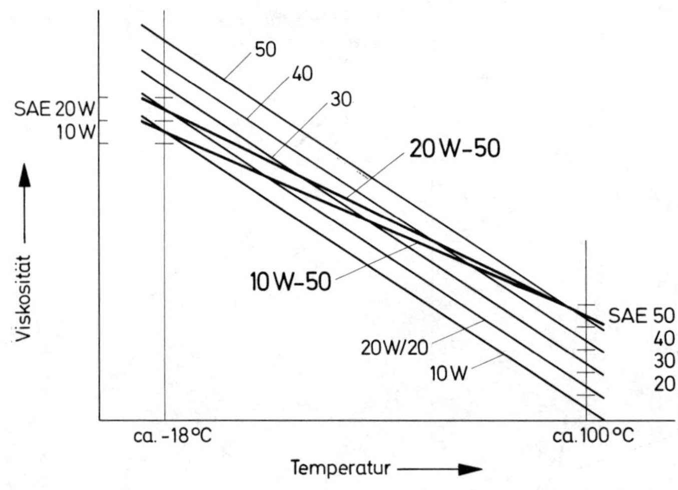

VT-Geraden verschiedener Ein- und Mehrbereichsöle

Die für unsere Breiten gebräuchlichen Viskositätsklassen sind 10 W und 20 W/20 für den Winter, SAE 30 und SAE 40 für den Sommer oder bei den Mehrbereichsölen je nach Empfehlung des Motorenherstellers SAE 10 W-30, SAE 10 W-50 oder SAE 20 W-50. Obwohl der SAE-Viskositätsbereich, den ein Motorenöl überdeckt, kein eigentliches Qualitätskriterium darstellt, kommt heute den

Mehrbereichsölen eine immer größere Bedeutung zu. Für die sichere Schmierung einer beliebigen Schmierstelle ist immer eine gewisse Mindestviskosität notwendig. Bei tiefen Temperaturen darf ein Öl aber auch nicht zu dick sein, um den Startvorgang nicht zu behindern.

Dadurch ergeben sich für jede Viskositätsklasse bzw. jeden Viskositätsbereich bestimmte Temperatureinsatzbereiche für Motorenöle. Bedenkt man, daß im Frühjahr oder Herbst oft so unterschiedliche Temperaturen herrschen, daß nach Empfehlung des Motorenherstellers von einem auf den anderen Tag ein anderes Einbereichsöl eingesetzt werden müßte, mit einem Mehrbereichsöl dies aber nicht notwendig ist, so liegt die immer stärker zunehmende Bedeutung von Mehrbereichsölen auf der Hand. Zudem findet dieser jahreszeitliche Wechsel im Motor täglich oft viele Male statt (Bild «VT-Geraden» auf S. 864).
Hier entspricht der Start dem Winterbetrieb, das Warmlaufen dem Frühjahr, der Autobahn- oder Langstreckenbetrieb dem Sommer und die anschließende Stadtfahrt dem Herbst.

Das reine Mineralöl erhält zur Verbesserung verschiedener Eigenschaften Zusätze, auch *Additive* genannt.

Viskositätsindex verbessern Hierbei handelt es sich um hochmolekulare Stoffe (Polymere), die die Eigenschaft haben, bei tiefen Temperaturen die gegenseitige Bewegung der einzelnen Ölmoleküle wenig zu beeinflussen, bei Erwärmung aber durch ihre Länge und durch gegenseitiges Ineinanderschlingen einer zu leichten Verschiebbarkeit der einzelnen Ölmoleküle gegeneinander entgegenzutreten und damit das Grundöl nicht so dünnflüssig werden zu lassen, wie es ohne diese Zusätze der Fall wäre. Verwendet werden hauptsächlich Polymethacrylate, Polyacrylate, Polyisobutene.

Stockpunktverbesserer Je niedriger die Temperaturen werden, um so zähflüssiger werden Öle, bis sie schließlich ihre Fließfähigkeit einbüßen und «stocken» oder bis bei paraffinbasischen Ölen durch die Ausbildung von Paraffinkristallgittern schon frühzeitiger die Fließfähigkeit unterbunden wird. Dieses Stocken soll nach Möglichkeit erst bei tiefen Temperaturen auftreten, um eine sichere Schmierung, z.B. auch beim Start während tiefer Temperaturen, sicherzustellen. Polymethacrylate, Polyacrylamide, Vinylcarboxylate, Naphthalinderivate u.a. haben die Fähigkeit, diese Eigenschaft beim Öl wesentlich zu verbessern.

Antioxidantien und Korrosionsinhibitoren Ölalterung muß so lange wie möglich hinausgezogen und Lagerkorrosion auf jeden Fall vermieden werden. Stoffe, wie bestimmte Amine, Phenole, organische Phosphorverbindungen und organische Schwefelverbindungen mindern die Alterung und verhindern die Lagerkorrosion.

Rostschutzmittel Neben einem gewissen Rostschutz, der sich durch andere Additive ergibt, werden organische Phosphate und komplexe Amine, wie Naphthenate und Minearalölsulfonate, eingesetzt, vor allem wenn es sich um spezielle Motorenschutzöle handelt, die bei «eingemotteten» Fahrzeugen einen Rostschutz über lange Zeiträume bieten sollen.

Detergentien – Dispersantien Verbrennungsprodukte, kondensierte Luftfeuchtigkeit und mechanischer Abrieb verunreinigen Öle und bilden Schlammablagerungen. Dispersantien verteilen die Verunreinigungen in kleinste Partikelchen und halten sie in Schwebe. Detergentien sind Waschmitteln vergleichbar – sie lösen Ablagerungen und Schlamm. Heute sind vielfach kombiniert wirkende Additive (multifunktionale Additive) im Einsatz, die aus metall- und vollorganischen Substanzen bestehen. Vollorganische Additive sind von besonderem Interesse, da dadurch der Aschegehalt niedrig gehalten werden kann. Die wichtigsten metallorganischen Verbindungen sind Phenolate, Sulfonate, Naphthenate, die als aschebildende Elemente Kalzium, Barium oder Magnesium enthalten.

Filmfestigkeitsverbesserer Es ist wichtig, einen möglichst zerreißfesten Ölfilm auf den sich gegeneinander bewegenden Teilen zu erzielen. Durch polare Verbindungen wie Fettsäuren, tierische oder pflanzliche Öle kann die Filmfestigkeit wesentlich gesteigert werden.

Hochdruckzusätze – Verschleißschutzadditive Hochdruckzusätze haben die Aufgabe, auch unter hohen und höchsten Druckbeanspruchungen einen sicheren Verschleißschutz zu gewährleisten. Im Motor wird der Verschleißschutz vornehmlich durch Metall-(z. B. Zink-)Dithiophosphate erreicht. In Getrieben finden HP-(high pressure-) und EP-(extreme pressure-)Additive Verwendung, die im Motor durch hohe Temperaturen und Verbrennungserscheinungen schädliche Nebenwirkungen hätten. Nachdem noch vor einigen Jahren Schwefel-Chlor-Blei-Verbindungen (SCL = engl.: sulphur, chlorine, lead) vorherrschten, so dominieren heute Phosphor-Schwefel-Verbindungen. Beiden Verbindungsarten ist eigen, daß sie mit den Metalloberflächen reagieren. Die Reaktionsschichten verhindern dann unter extremen Bedingungen einen direkten metallischen Kontakt.

Schauminhibitoren Durch die bewegten Teile wie Kurbelwellen, Pleuel, Zahnräder u. ä. werden die Öle stark mit Luft durchmischt und neigen zum Schäumen. Wird andererseits Schaum durch die Ölpumpe angesaugt, so versagt dadurch das Schmiersystem, und es kann zu schwerwiegenden Ausfällen kommen. Deshalb werden zur Schaumunterdrückung spezielle Schauminhibitoren dem Öl zugegeben. Silikonöle in der Größenordnung von weniger als einem Promille haben sich besonders bewährt.

Aufgaben des Motoröls

- ☐ Reibung mindern
- ☐ Verschleiß mindern
- ☐ Abdichten
- ☐ Kühlen
- ☐ vor Korrosion schützen
- ☐ Motor sauberhalten
- ☐ Kaltstart erleichtern
- ☐ bei allen Betriebstemperaturen die Schmierung gewährleisten

API-Klassifikation für Motorenöle

Das American Petroleum Institute (API) in New York schuf die API-Klassifikation. Dieses Institut wurde 1919 als Einrichtung der amerikanischen Mineralölindustrie gegründet und vertritt deren Interessen. In Zusammenarbeit mit der Society of Automotive Engineers (SAE) wurde 1947 vom API eine erste Einteilung der Motorenöle vorgenommen; sie hatte drei Klassen. Jede Klasse beschrieb einen bestimmten Öltyp.

Regular	unlegiertes Motorenöl (straight mineral)
Premium	höherwertiges Motorenöl mit Oxidations- und Korrosionsinhibitoren
Heavy Duty (HD)	Motorenöl für schwere Beanspruchung in Lkw (Diesel- und Ottomotoren) mit Oxidations- und Korrosionsinhibitoren sowie Detergentien

Bis ungefähr 1955 hatte diese Klassifikation Gültigkeit. Sie wurde abgelöst durch eine besser differenzierende Einteilung, die nicht mehr Öltypen beschrieb, sondern bestimmte Einsatzbedingungen festlegte.

Klassifikationen beschreiben Motorenöle zum Zweck der richtigen Anwendung durch den Verbraucher. Ab 1970 wurde ein neues API-Klassifikationssystem eingeführt. Hierin wird nicht mehr nach Otto- und Dieselmotoren, sondern nach Handelswegen unterschieden.

☐ Service-(S-)Klasse. Vertrieb über Tankstelle.
☐ Commercial-(C-)Klasse. Vertrieb über Handel.

In der Tabelle auf Seite 868 werden die Leistungsbeweise für die S-Klasse durch Spezifikationen der US-Autoindustrie, die der C-Klasse durch US-Militär-Spezifikationen definiert.

Spezifikationen legen Art und Umfang der Prüfung von Motoröl fest zum Zweck des Nachweises der Eignung für die jeweilige Einsatzart.

Spezifikationen

Sowohl militärische Dienststellen als auch große Automobilfirmen haben eigene Spezifikationen erlassen.

Große Bedeutung haben die amerikanischen Militärspezifikationen, die vom Department of Defence herausgegeben werden und für Heer, Marine und Luftwaffe gelten. Die erste militärische Spezifikation ORD 2-104 wurde 1941 von der US-Armee erlassen; 1950 erschien die erste MIL-Spezifikation für Motoröle MIL-O-2104. Ihr folgten:

☐ MIL-L-2104 A/S1, MIL-L-2104 B, MIL-L-45 199 und 1970 die
☐ MIL-L-2104 C und MIL-L-46 152.

Öle dieser Spezifikationen könnte man folgendermaßen beschreiben:

MIL-L-2104 A/S1 Das Leistungsvermögen dieser Öle wird im Rahmen der Motorenöl-Prüfverfahren der MIL-L-2104A in Prüfläufen getestet, deren Forderungen durch Verwendung von Dieselkraftstoff mit 1 Gew.-% Schwefel verschärft wurden. Öle dieser Spezifikation sind nur noch wenig gebräuchlich.

MIL-L-2104B Das sind Öle, die sowohl in Otto- als auch in Dieselmotoren getestet, d.h. verwendet werden können. Sie decken alle normalen Betriebsbedingungen, vom Stop-and-go-Verkehr in den Großstädten bis hin zu den heißesten Autobahnbedingungen, ab. Sie bieten hohen Verschleißschutz und einen guten Korrosionsschutz. Nicht zuletzt durch sie wurden die heute üblichen langen Ölwechselintervalle möglich. Nach der heute gültigen API-Klassifikation entsprechen sie der Klasse CC. Kurz vor Ende der Gültigkeit der MIL-L-2104 B wurden erstmalig auch Mehrbereichsöle (SAE 10 W-30) freigegeben.

MIL-L-45 199 Diese Spezifikation schließt die Caterpillar-Spezifikation Superior Lubricants Series 3 (S 3-Öle) ein, die 1955 von der Caterpillar Tractor Comp. herausgegeben wurde. Sie wurde 1961 in MIL-L-45 199A und 1968 in MIL-L-45 199B modifiziert. Die S 3-Öle sind für sehr hoch belastete, mit sehr schwefelhaltigem Kraftstoff und unter besonders ungünstigen Bedingungen betriebene Dieselmotoren, hauptsächlich aufgeladene, entwickelt worden und gehören zu den am höchsten legierten.

MIL-L-2104C Die MIL-L-2104C beschreibt, welchen Forderungen Einbereichsöle gerecht werden müssen, damit sie in taktischen Fahrzeugen der US Army, Navy und Air Force verwendet werden können. Als Leistungsnachweis werden alle Tests der MIL-L-45 199B sowie zusätzliche Ottomotorentests, die auch in der MIL-L-46 152 gefordert werden, vorgeschrieben.

API-Klasse	Spezifikation Testläufe	Einsatzart entsprechend der
SB	L–38 Chevrolet L-4	Service-Klasse B: Mindestanforderungen von Ottomotoren; geringer Schutz gegen Fressen, Ölalterung und Lagerkorrosion. Solche Öle sind seit 1930 im Einsatz.
SC	API MS/1964	Service-Klasse C: Einsatz in Ottomotoren von Pkw und Lkw – Baujahr 1964 bis 1967, Herstellergewährleistung. Schutz gegen Hoch- und Tieftemperaturablagerungen, Verschleiß, Rost und Korrosion.
SD	API MS/1968 Ford ESE M2C 101 B GM 6041 M/7-70	Service-Klasse D: Einsatz in Ottomotoren von Pkw und Lkw – Baujahr 1968 bis 1971, Herstellergewährleistung. Höherer Schutz gegen Hoch- und Tieftemperaturablagerungen, Verschleiß, Rost und Korrosion als Öle der Klasse SC; sie können verwendet werden, wenn SC gefordert ist.
SE	Ford ESE M2C 101 C (USA) Ford SSM-2C 9001 AA (Europa) GM 6136 M	Service-Klasse E: Einsatz in Ottomotoren von Pkw und Lkw ab Baujahr 1972 (und gewissen 71er Modellen), Herstellergewährleistung. Noch höherer Schutz gegen Hoch- und Tieftemperaturablagerungen, Verschleiß, Rost und Korrosion als bei denen der Klasse SD oder SC. Sie können verwendet werden, wenn eine dieser Klassen gefordert wird.
SF	Ford SQM-2C-9011 MIL-L-46 152 B GM 6048 M	Service-Klasse F: Einsatz in Ottomotoren von Pkw und Lkw ab Baujahr 1980. Im Vergleich zur Klasse SE noch höhere Anforderungen hinsichtlich der Oxidationsstabilität des Öles sowie des Verschleißschutzes und der Motorsauberkeit. Verwendung wenn die Klasse SE oder SF gefordert wird.
CA	MIL-L-2104-A	Commercial-Klasse A: Einsatz in ansaugenden Dieselmotoren unter milden bis mäßigen Betriebsbedingungen mit Kraftstoffen hoher Qualität sowie Ottomotoren unter milden Betriebsbedingungen. Diese Ende der 40er und in den 50er Jahren weit verbreiteten Öle bieten Schutz gegen Lagerkorrosion und Hochtemperaturablagerungen.
CB	MIL-L-2104A/S1	Commercial-Klasse B: Einsatz in ansaugenden Dieselmotoren unter milden bis mäßigen Betriebsbedingungen mit Kraftstoffen mit höherem Schwefelgehalt und Ottomotoren unter milden Betriebsbedingungen. Schutz bei oben beschriebenem Einsatz gegen Lagerkorrosion und Hochtemperaturablagerungen. Dieser Öltyp wurde 1949 eingeführt.
CC	MIL-L-2104-B	Commercial-Klasse C: Einsatz in leicht aufgeladenen Dieselmotoren unter mittleren bis schweren Betriebsbedingungen und schweren Betriebsbedingungen bei Ottomotoren. Dieser Öltyp wurde 1961 eingeführt. Schutz gegen Hochtemperaturablagerungen in leicht aufgeladenen Dieselmotoren und auch in Ottomotoren gegen Rost, Korrosion und Tieftemperaturablagerungen.
CD	MIL-L-45 199 Series 3	Commercial-Klasse D: Einsatz in aufgeladenen Dieselmotoren mit hoher Drehzahl/Leistung, bei denen Verschleiß und Ablagerungen sehr wirksam beherrscht werden müssen. Öltyp 1955 eingeführt. Schutz gegen Lagerkorrosion und Hochtemperaturablagerungen bei Verwendung unterschiedlichster Kraftstoffqualitäten.

API-ASTM-SAE-Klassifikation

MIL-L-46 152 Diese Spezifikation legt die Anforderungen an Motorenöl fest, die in den Fahrzeugparks ziviler Dienststellen des Department of Defence der Vereinigten Staaten eingesetzt werden sollen. Es können auch für Mehrbereichsöle Approvals (d.h. Freigaben entsprechend einer Spezifikation, im speziellen Fall hier entsprechend der Spezifikation MIL-L-46 152) erteilt werden.

Diese Spezifikation wird auch von Caterpillar gemäß der Spezifikation Superior Lubricants Series 3 anerkannt. Öle gem. MIL-L-2104C können sowohl in Otto- als auch in Dieselmotoren (auch aufgeladen) eingesetzt werden.

Herstellerempfehlungen

Zwischen der Kfz- bzw. Motoren- und der Mineralölindustrie bestehen seit langem enge Beziehungen. Frühzeitig werden neue Motorenentwicklungen bekannt. Zum einen stellt die Mineralölindustrie den Motorenherstellern die nötigen Versuchsöle zur Verfügung, zum anderen unterhalten die Mineralölkonzerne eigene, ausgedehnte Motorenprüffelder, um Forschungs- und Entwicklungsarbeiten zu leisten.

Das Ergebnis dieser gemeinsamen Arbeit sind die Schmierstoffempfehlungen, wie sie in den Betriebsanleitungen für die Automobile aufgeführt sind. Ihnen ist unbedingt Folge zu leisten, denn nur der Hersteller in Verbindung mit den Ölfirmen kann über die jeweiligen Ansprüche seines Motors gültige Aussagen machen.

Dieselmotoröle Beim Dieselmotor begann die Ära der legierten Motorenöle. Unlegierte Öle reichten aufgrund der hohen Mitteldrücke, der stoßartig verlaufenden, oft nicht exakt kontrollierbaren Verbrennungen und der harten Einsatzbedingungen unter oft mangelnder Pflege und Wartung nicht mehr aus, um eine hohe Lebensdauer der Motoren sicherzustellen. Für Dieselmotoren werden heute größtenteils Öle gemäß der Spezifikation MIL-L-2104B bzw. der API-Klasse CC vorgeschrieben. Vereinzelt werden noch bei sehr günstigen Einsatzbedingungen oder bei stark verkürzten Ölwechselintervallen Öle gemäß MIL-L-2104A/S1 empfohlen.

Sehr hochbelastete Motoren (z.B. aufgeladene) verlangen Öle gemäß MIL-L-45 199 bzw. Caterpillar Superior Lubricants Series 3. Für die Zukunft treten an deren Stelle zunehmend Öle gemäß der Spezifikation MIL-L-2104C, die die Caterpillar-Spezifikation Superior Lubricants Series 3 einschließt.

Ottomotoröle Durch schnellen Wechsel von Stop-and-go-Verkehr in der Stadt und forcierten Fahrten auf Stadtautobahnen, durch extremen Kurzstreckenbetrieb und nicht zuletzt durch Maßnahmen zur Reinhaltung der Luft in Verbindung mit höheren Drehzahlen, höheren spezifischen Flächenbelastungen und geringerem Ölvolumen werden die Schmierstoffe für Ottomotoren stärker belastet als solche für Dieselmotoren. Die API-Klassifikation empfiehlt heute Öle nach SD bzw. SE. Zusätzlich wird oft die Erfüllung firmeneigener Spezifikationen verlangt. Aber auch die Spezifikationen MIL-L-2104B und MIL-L-46 152 werden in Schmierstoffempfehlungslisten angeführt.

Zweitaktmotor Der Zweitaktmotor nimmt eine Sonderstellung ein; da er keinen Ölsumpf im eigentlichen Sinne besitzt, kann seinen Lagern nicht mittels einer Ölpumpe Öl unter Druck zugeführt werden. Das dem Kraftstoff zugemischte Öl muß sich im Kurbelgehäuse vom vergasenden Kraftstoff trennen und schmiert als Ölnebel. Damit läßt sich aber kaum eine hydrodynamische Schmierung aufbauen. Deshalb verwendet man im Zweitaktmotor auch keine Gleit-, sondern Wälzlager. Der Ölnebel kann in diese eindringen und reicht zur Schmierung aus.

Gefordert werden neben einer ausreichenden Druckaufnahmefähigkeit ein guter Korrosionsschutz und hohe Detergierwirkung zum Freihalten der Kolbenringe. Durch die Einführung der selbstmischenden Zweitaktmotorenöle wurde deren Handhabung wesentlich vereinfacht. Früher mußte das Öl in einer Mischkanne mit dem Kraftstoff vermischt werden. Selbstmischende 2-T-Öle sind mit einem Lösungsmittel vorgemischt, das gewährleistet, daß sich das Öl von selbst mit dem Kraftstoff mischt, wenn man es diesem zugibt. Außerdem ist die Dosierung einfacher und Sauberkeit bei der Manipulation gewährleistet.

Wankelmotor Beim Wankelmotor liegen für die Schmierung der Triebwerksteile die Verhältnisse wie beim Viertaktmotor. Bei der Schmierung der Dichtleisten, die durch Zugabe von Motorenöl zum Kraftstoff erfolgt, sind Motorenöle mit geringem Sulfataschegehalt besonders günstig.

Ölwechselintervalle Grundsätzlich sollten die vom Motorenhersteller vorgeschriebenen Ölwechselintervalle eingehalten werden; vor allem sollte man aber auch auf die Ausnahmen, d.h. die Intervalle bei erschwerten Betriebsbedingungen, achten.

Die Verwendung von Zusatzmitteln zum Motorenöl

Im Handel gibt es die verschiedensten Zusatzmittel. Keine der großen Mineralölfirmen bietet in ihrem Verkaufsprogramm solche Mittel an. Die Markenschmierstoffe wurden in den jeweiligen Laboratorien so entwickelt, daß eine weitere Verwendung von Zusätzen in einem technisch einwandfreien Motor nicht nötig ist und nur stören würde.

Ölverbrauch Für den Ölverbrauch geben die Kfz-Hersteller in den Betriebsanleitungen oft Richtwerte an. Bis zu 2 g/kWh werden als normal angesehen, das sind 0,5 bis 1,5 l/1000 km bei Pkw-Motoren.

Ölverbrauch ist die Menge, die an Kolbenringen vorbei oder über die Ventilführungen in den Brennraum gelangt und dort verbrennt oder verkokt. Bläuliche Abgasfahne.

Ölverlust Der Ölverlust erfaßt alle durch Undichtigkeiten verlorengehende Ölmengen.

Ölverdünnung Bei Kurzstreckenverkehr kann sich die Ölmenge im Motor scheinbar vergrößern. Nach längerer Fahrt wird dann aufgrund der Verdampfung des Kraftstoffs aus dem Motorenöl ein hoher Ölverbrauch vorgetäuscht.

Einlauf- und Einfahröl (Erstbetriebsöl) Die neuen oder überholten Motorenteile werden beim Einbau oft mit einem Festkörperschmiermittel (z.B. MoS_2) bestrichen, um während der ersten Phase des Anlaufs, bei der Trockenreibung auftreten könnte, Fressen zu verhindern. Im Übergangsgebiet der Mischreibung findet dann der eigentliche Einlaufverschleiß – der wohlgemerkt erwünscht ist – statt.

Legierte Öle Es sind Öle mit Zusätzen (Additiven).

Additive

Allgemeine Bezeichnungen für Zusätze, die in Kraft- und Schmierstoffen eingesetzt werden, um u.a. folgende Wirkung zu erzielen:

- ☐ In Motorenölen: Ölunlösliche Produkte ablösen und in Schwebe halten, Kaltschlamm und Schäumen verhindern, Säuren neutralisieren, vor Verschleiß und Korrosion schützen, Alterungsneigung verringern, Viskositätstemperaturverhalten verbessern.
- ☐ In Getriebeölen: Vor Verschleiß und Alterung schützen, Schäumen verhindern, Fließverhalten verbessern.
- ☐ In Ottokraftstoffen: Klopffestigkeit erhöhen, Vergaservereisung, Ansaugsystemverschmutzung und Korrosion im Kraftstoffsystem verhindern.
- ☐ In Dieselkraftstoffen: Filtrierbarkeit verbessern, Zündwilligkeit erhöhen.

Heizöl EL (Extra Leicht) Gemisch verschiedener Kohlenwasserstoffe im Siedebereich von ca. 180 bis 360 °C, Gefahrklasse A III, Kenndaten nach DIN 51603. Seit 1976 muß Heizöl rot gefärbt werden und außerdem mit einem chemischen Zusatz (Furfurol) versehen sein, der noch geringste Heizölbeimischungen zum Dieselkraftstoff einwandfrei erkennen läßt.

Motorenöl-Prüfverfahren

Da chemische oder physikalische Labortests nur begrenzt aussagefähig sind, muß das Leistungsvermögen von legierten Motorenölen durch genormte motorische Testläufe nachgewiesen werden. Als Prüfmotoren werden sowohl Otto- als auch Dieselmotoren verwendet. Sie wurden entweder speziell für die Prüfung von Motorenölen entwickelt (z.B. Caterpillar, CLR, Petter) oder werden der Serie entnommen (z.B. General Motors, Fiat, Ford, Mercedes). Geprüft wird u.a.: Oxidationsverhalten, Ringstecken, Kolbensauberkeit (heiß und kalt), Kolbenlackbildung, Zylinder-, Ring-, Stößel-, Nocken- und Lagerverschleiß, Kaltschlamm, Rost- und Rückstandsbildung, Korrosionsverschleiß (s. API-Klassifikation, CCMC-, DEF- und MIL-Spezifikationen).

Ölalterung Bildung schädlicher Stoffe im Öl durch den Luftsauerstoff und saure Verbrennungsprodukte bei den im Motor herrschenden hohen Temperaturen.

Öleindickung tritt überwiegend im Dieselmotor auf und ist meistens bedingt durch Ruß, der mit dem Durchblasegas in das Kurbelgehäuse und damit in das Öl gelangt. Sie kann aber auch sowohl im Diesel- als auch im Ottomotor auf Oxidationsprodukte zurückzuführen sein, die besonders bei thermischer Überbelastung entstehen.

Pourpoint Temperatur eines Heizöls, Kraftstoffs oder Schmierstoffs, bei der sie eben noch wahrnehmbar fließen.

Entparaffinieren Entfernen von Paraffin aus Schmierölen durch Ausfrieren und anschließendes Ausfiltern.

Synthetische Schmierstoffe

Spezielle Eigenschaften eines mineralischen Schmierstoffes können durch die Verwendung bestimmter synthetischer Basisöle verbessert werden. Z.B. können das Viskositäts-Temperatur-(VT-)Verhalten, der Verdampfungsverlust und das Kältefließverhalten positiv beeinflußt werden. Vier Gruppen von Syntheseölen sind für Verbrennungsmotoren im Gespräch:

1. *Polyglykole*
   Diese werden abgeleitet von zweiwertigen Alkoholen (= Glykole) und können einen natürlichen Viskositätsindex bis 150 haben. Ihr Kältefließverhalten ist besser als das von Mineralölen. Ihr Verdampfungsverlust liegt in der gleichen Größenordnung. Ein entscheidender Nachteil ist jedoch, daß sie *nicht* mit mineralischen Ölen mischbar sind.
2. *Di-Ester*
   Das sind chemische Verbindungen, die durch die Einwirkung von Alkoholen auf organische Säuren unter Abspaltung von Wasser entstehen. Mit einem natürlichen Viskositätsindex bis 170 haben sie ein sehr günstiges VT-Verhalten. Auch im Kältefließverhalten und im Verdampfungsverlust sind sie günstiger als Mineralöle. Da ihre Ausgangsviskosität niedrig liegt, kommt sie praktisch nur für die unteren Viskositätsklassen in Frage. Sie sind mit üblichen Mineralölen mischbar.
3. *Poly-Olefine*
   Kurzkettige Olefine werden durch Polymerisation zu langkettigen verbunden. Diese Polymerisate

haben einen Viskositätsindex bis 130. Das Kältefließverhalten und der Verdampfungsverlust sind günstiger als bei reinen Mineralölen. Je nach Polymerisationsgrad können Grundkomponenten unterschiedlicher Viskosität hergestellt werden. Als reine Kohlenwasserstoffverbindungen sind diese mit Mineralölen mischbar.

4. *Hydrocracköle*
Hydrocracköle sind keine Syntheseöle im eigentlichen Sinne. Sie werden aber in der Literatur häufig in diese Kategorie eingestuft. Durch Cracken und gleichzeitige Hydrierung (Behandlung mit Wasserstoff unter hohem Druck und hohen Temperaturen über Katalysatoren) werden sogenannte Superraffinate aus mineralischen Grundölen hergestellt. Ihr Viskositätsindex reicht bis 140. Das Kältefließverhalten ist abhängig vom Grad der Entparaffinierung. Der Verdampfungsverlust dieser Hydrocracköle ist günstiger als bei herkömmlichen Ölen. Ihre Mischung mit normalen Motorenölen ist möglich.

Schmiermittel für Getriebe

Aufgaben des Getriebeöls

☐ Verschleiß mindern, möglichst unterbinden
☐ Kühlen
☐ Korrosion und Rostbildung verhindern
☐ Schaumbildung unterbinden

Die Einteilung der Getriebeöle nach API-Klassen

Klasse	Einsatzart
API-GL-1	kennzeichnet die Anwendungsfälle in Automobilachsen mit Schrägverzahnung und Schneckentrieben sowie in einigen handgeschalteten Getrieben, die unter so milden Bedingungen hinsichtlich niedriger Drücke und Gleitgeschwindigkeiten arbeiten, daß unlegiertes Mineralöl für den Einsatz vollkommen ausreichend ist. Oxidations- und Rostinhibitoren, Antischaummittel und Stockpunktverbesserer können zugesetzt werden, um die Eigenschaften des Schmiermittels zu verbessern. EP-Additive oder Zusätze, die das Reibverhalten ändern, sollen nicht verwendet werden.
API-GL-2	kennzeichnet die Anwendungsfälle in Automobilachsen mit Schneckentrieben, die aufgrund der Betriebsbedingungen hinsichtlich Last, Temperatur und Gleitgeschwindigkeit nicht mehr mit Ölen nach API-GL-1 ausreichendversorgt werden können.
API-GL-3	kennzeichnet die Anwendungsfälle in handgeschalteten Getrieben und schrägverzahnten Achsantrieben, die unter mittelschweren Bedingungen hinsichtlich Geschwindigkeit und Belastung arbeiten. Diese Betriebsbedingungen erfordern ein Schmiermittel mit einem höheren Lasttragevermögen als für API-GL-1 notwendig ist, das aber noch unter den Anforderungen für Öle nach API-GL-4 liegt.
API-GL-4	kennzeichnet die Anwendungsfälle in Getrieben, insbesonders in Hypoidgetrieben von Personenwagen und anderen Fahrzeugtypen, die unter hoher Drehzahl/niedrigem Drehmoment und niedriger Drehzahl/hohem Drehmoment arbeiten. (Sperrdifferentiale haben normalerweise spezielle Schmierstoffanforderungen, für die gesonderte Vereinbarungen mit den Schmierstoffherstellern zu treffen sind.)

Klasse	Einsatzart
API-GL-5	kennzeichnet die Anwendungsfälle in Getrieben, insbesondere Hypoidgetrieben in Personenwagen und anderen Fahrzeugtypen, die unter hoher Drehzahl/Schockbelastung, hoher Drehzahl/niedrigem Drehmoment und niedriger Drehzahl/hohem Drehmoment betrieben werden. (Für Sperrdifferentiale gilt das unter API-GL-4 Gesagte.)
API-GL-6	kennzeichnet die Anwendungsfälle in Getrieben, speziell in Hypoidgetrieben mit hohem Achsversatz (Achsversatz über 5 cm und etwa 25 % des Tellerraddurchmessers), in Personenwagen und anderen Fahrzeugtypen, die unter hoher Drehzahl und hohen Leistungsbedingungen betrieben werden. (Für Sperrdifferentiale gilt das unter API-GL-4 Gesagte.)

Einen besseren Überblick über das Leistungsverhalten eines Getriebeöls als die API-Klassen geben die US-Militär- und -Firmen-Spezifikationen, da diese Leistungsnachweise fordern.

MIL-L-2105 Die MIL-L-2105 entspricht in etwa der API-Klasse GL-4. Öle dieser Spezifikation sind als Mehrbereichsöle anzusehen; sie werden heute sowohl in hochbeanspruchten Schaltgetrieben als auch in mittelbeanspruchten Achsantrieben oder Hypoidgetrieben mit nicht allzu großem Achsversatz eingesetzt.

MIL-L-2105B Die MIL-L-2105 wurde durch die MIL-L-2105B abgelöst. Diese Spezifikation entspricht ungefähr der API-Klasse GL-5. Solche Öle werden mit Schwergewicht in Hypoidgetrieben mit großem Achsversatz bzw. bei extremer Beanspruchung eingesetzt.

Sie stellen gegenüber Dichtungsmaterialien höhere Anforderungen als Öle nach der Spezifikation MIL-L-2105. Auch auf die Verwendung geeigneten Lagermaterials ist vom Getriebehersteller besondere Sorgfalt zu legen. Bei Verwendung von Ölen gemäß der Spezifikation MIL-L-2105 ist daher immer darauf zu achten, ob ihr Einsatz vom Hersteller speziell vorgesehen wurde.

Automatic Transmission Fluids Für Automatikgetriebeöle, im amerikanischen Sprachgebrauch Automatic Transmission Fluids (ATF), gibt es einige Spezifikationen. Unter enger Zusammenarbeit von General Motors und der Ölindustrie wurde 1949 die erste Spezifikation für Automatic Transmission Fluids (ATF) erlassen.

Die präzise Arbeitsweise eines automatischen Getriebes hängt weitgehend von der Einhaltung des konstruktiv vorgesehenen Zeitablaufs während der Schaltvorgänge ab. Dazu ist notwendig, daß die Öle über einen weiten Temperaturbereich möglichst geringfügige Veränderungen in ihrem physikalischen Verhalten zeigen.

Geringe Viskositätsänderungen, Oxidationsstabilität und Einhaltung eines bestimmten Reibverhaltens sind am wichtigsten. Neben Additiven zum Erzielen dieser Eigenschaften werden den ATF noch EP-(Extreme Pressure-), Antischaumzusätze, Dispersantien und Stockpunkterniedriger zugegeben.

Automatic Transmission Fluid Type A, Suffix A Diese General-Motors-Spezifikation stammt aus dem Jahre 1960 und ist eine Überarbeitung der ersten Spezifikation für automatische Getriebeöle, die von General Motors 1949 unter der Bezeichnung Automatic Transmission Fluid Type A herausgebracht wurde. Als Leistungsnachweis müssen diese Öle enggefaßte physikalische und chemische Eigenschaften aufweisen sowie bei einem unabhängigen Institut genau festgelegte Prüfläufe absolvieren. Sie erhalten dann eine sog. ATF-AQ-Nummer, die auf jedem Gebinde verzeichnet ist und dem Verbraucher garantiert, daß das Produkt die Anforderungen der Spezifikation erfüllt.

General-Motors-Dextron Diese General-Motors-Spezifikation wurde 1967 eingeführt. Sie ist eine Weiterentwicklung gegenüber der GM-Spezifikation vom Typ A, Suffix A. Das Öl muß nicht nur spezielle Anforderungen bezüglich Korrosionsverhalten gegenüber bestimmten Materialien und der Lebensdauererwartung der Kupplungsplatten erfüllen, sondern auch eine höhere Oxidationsstabilität aufweisen, um längere Ölwechselintervalle sogar unter verschärften Betriebsbedingungen zulassen zu können.

Ford M2C 33E/F 1959 wurde die erste Ford-Spezifikation für Automatic Transmission Fluids, die M2C 33C/D, veröffentlicht. Sie galt nur für die Werksbefüllung. Im Jahre 1964 wurde diese Spezifikation in einigen Punkten überarbeitet und dann auch für die Nachfüllöle bindend.

Die Ford-Spezifikation unterscheidet sich von der General-Motors-Spezifikation, Typ A, Suffix A, hauptsächlich durch folgende Anforderungen:

1. eine tiefere gemessene Viskosität bei −17,8 °C (0 °F),
2. einen Hochtemperatur-Oxidationstest bei 149 °C (300 °F), gegenüber dem GM-Test bei 135 °C (275 °F),
3. einen Test für das Antiverschleißverhalten des Öles,
4. unterschiedliches Reibverhalten.

Freigaben für diese Fluids werden ausschließlich durch Ford USA erteilt. Diese Öle sind alle rot gefärbt.

SAE-Klassen der Getriebeöle nach DIN 51512

SAE-Viskositätsklasse	Kinematische Viskosität bei −17,8 °C (0 °F)		98,9 °C (210 °F)	
	mindestens mm^2/s	höchstens mm^2/s	mindestens mm^2/s	höchstens mm^2/s
75	–	3250	4,2	–
80	3250	21700	4,2	–
90	–	–	14,2	25,0
140	–	–	25,0	43,0

SAE-Klassen der Getriebeöle nach SAE J306c

SAE-Viskositätsklasse	Maximale Temperatur für dynamische Viskosität bei 150000 mPa/s	Kinematische Viskosität bei 100 °C	
	°C	mindestens mm^2/s	höchstens mm^2/s
75 W	− 40	4,1	–
80 W	− 26	7,0	–
85 W	− 12	11,0	–
90	–	13,5	24,0
140	–	24,0	41,0
250	–	41,0	–

Vereinzelt werden in Getrieben auch Motorenöle verwendet. Sie sind durchaus den Anforderungen gewachsen, obwohl ihr Aufbau stark von dem der Getriebeöle abweicht.

Der Ölempfehlung vom Kfz- bzw. Getriebehersteller ist stets zu folgen, da bei Verwendung von ungeeigneten Schmiermitteln (Legierungshöhe und -art) z.B. bei Synchrongetrieben Schaltschwierigkeiten durch chemisch-physikalische Veränderungen der Synchronreibflächen auftreten können.

Das Schmieröl für Schaltgetriebe wird nach vier Typen unterschieden:

- ☐ **HP** (**H**igh **P**ressure = hohe Belastung) kaum noch Nachfrage
- ☐ **EP** (**E**xtrem **P**ressure = extreme Belastung) auch als **MP** (**M**ulti **P**urpose = Mehrzweck) bezeichnet, für handgeschaltete Getriebe und nur bedingt für Achsantriebe, entspricht MIL-L-2105 und ungefähr GL 4.
- ☐ **Hyp** (Hypoid) für Achsantriebe und nur bedingt für handgeschaltete Getriebe, entspricht MIL-L-2105 B und ungefähr GL 5.
- ☐ **LS** (**L**imited **S**lip = begrenzter Schlupf) für Sperrdifferentiale, s. API-Klassen und MIL-Spezifikationen.

Getriebeöl-Prüfverfahren Es gibt viele Ölprüfmaschinen (z.B. Almen Wieland, FZG, Vierkugelapparat), deren Meßergebnisse aber untereinander nicht vergleichbar und nicht direkt auf die Praxis übertragbar sind. Daher meist Bezug auf die Spezifikationen MIL-L-2105, MIL-L-2105B oder MIL-L-2105C mit Testen in Originalachsen.

Ölwechsel Die Ölwechselintervalle in Schaltgetrieben sind sehr unterschiedlich; auf jeden Fall sind sie aber länger als bei den Motoren, da Getriebeöle z.B. nicht durch Verbrennungsprodukte zusätzlich belastet werden. Versäuerung und Verschmutzung fallen somit weitestgehend weg. Bestehen bleibt die Temperaturbelastung und der Abrieb. Letzterer wird oft – soweit es sich um Metallpartikelchen handelt – durch magnetische Ablaßschrauben dem Getriebeölsumpf entzogen. Ölwechselintervalle zwischen 20000 und 50000 km sind üblich. In einigen Fällen findet gar kein Ölwechsel statt (for life-Füllung beim Hersteller); nur der Ölverlust wird ergänzt.

Schmiermittel für automatische Getriebe (ATF)

Automatische Getriebe bestehen in der Regel aus folgenden Elementen: hydrodynamischer Drehmomentwandler (selten nur hydrodynamische Kupplung), ein, zwei oder mehrere Planetengetriebesätze (diese wiederum bestehen aus Sonnen-, Planeten- und Hohlrad, wobei sich das Übersetzungsverhältnis ändert, je nachdem, welches Rad festgehalten wird), Lamellen- oder Bandbremsen (sie dienen zum Festhalten der einzelnen Räder in den Planetengetriebesätzen) und hydraulische (neuerdings auch elektrische) Steuerelemente.

Aus diesen Konstruktionselementen ergeben sich die Aufgaben für das Öl:

1. Kraftübertragungsflüssigkeit für den hydrodynamischen Drehmomentwandler (bzw. die hydrodynamische Kupplung),
2. Schmierung, d.h. Verschleißschutz bzw. Verschleißminderung für die Planetengetriebesätze,
3. Grenzschmierverhalten entsprechend einer durch die konstruktive Auslegung von Lamellen- oder Bandbremsen bedingten Reibcharakteristik,
4. Hydraulikflüssigkeit für die Steuerelemente, die die einzelnen Schaltelemente auslösen,
5. Abführung der im Betrieb erzeugten Wärme.

Als Kenngrößen für ein Automatikgetriebeöl sind von besonderer Bedeutung das Viskositätstemperaturverhalten, der Verschleißschutz, die Reibeigenschaften, die Thermo- und Oxidationsstabilität, die Schaumverhinderung sowie der Korrosionsschutz und die Verträglichkeit mit nichtmetallischen Werkstoffen.

Die Viskosität soll sich über einen großen Temperaturbereich möglichst wenig ändern, um guten Kaltstart, gleichbleibende Schaltzeiten und gleichbleibenden Wandlerwirkungsgrad sicherzustellen. ATF sind dünnflüssige Öle mit flacher Viskositätstemperaturkurve. Öle für automatische Getriebe gehören allgemein der Viskositätsklasse SAE 75 an.

Der Verschleißschutz ist nicht nur für die Planetengetriebesätze, sondern besonders für die Kupplungslamellen und Bremsbänder von Bedeutung, denn Drehzahldifferenzen von 5000 bis 6000 min^{-1} müssen überbrückt werden. In engem Zusammenhang damit stehen die Reibungseigenschaften im Wechselspiel Reibpartner–ATF. Nur bei genauer Abstimmung aller beteiligten Parameter findet der unter Last in Abhängigkeit von den Fahrdaten ablaufende Schaltvorgang im richtigen Zeitpunkt statt, geräuschlos, ohne Rucken und mit minimalem Verschleiß.

Die Ölwechselintervalle bei automatischen Getrieben sind sehr unterschiedlich. Die kürzesten liegen um 20000 km, die übrigen bei 30000 km und länger, je nach Bauart und Baujahr der Getriebe.

Schmiermittel für Achsantriebe

Überwiegend finden heute Ausgleichsgetriebe mit Achsversatz, d.h. Hypoidverzahnungen, Anwendung. Der Vorteil ist darin zu sehen, daß bei Frontmotor und Heckantrieb die Kardanwelle tiefer gelegt und damit der Getriebetunnel im Fahrzeuginnern sehr flach ausgeführt werden kann. Bei Fahrzeugen mit Frontmotor und -antrieb findet man unterschiedliche Konstruktionsprinzipien.

Je größer der Achsversatz, desto höher wird der Anspruch an das Schmiermittel, da der Abwälzbewegung der Zahnflanken eine stärkere Gleitbewegung überlagert wird. Um Fressen oder örtliche Verschweißungen, also übermäßigen Verschleiß, zu verhindern, müssen Öle mit einem sehr hohen Gehalt an EP-(extreme pressure = Höchstdruck-)Zusätzen eingesetzt werden – man bezeichnet diese Öle allgemein als Hypoidgetriebeöle. Als Leistungsnachweis wird häufig die US-Militärspezifikation MIL-L-2105 B verlangt. Die noch vor wenigen Jahren üblichen Mehrzweckgetriebeöle, die sowohl in Schalt- als auch in Ausgleichsgetrieben verwendbar waren, erfüllen diese Spezifikationen meistens nicht und werden deshalb nur noch selten empfohlen.

Heute werden Öle für Ausgleichsgetriebe bevorzugt mit Phosphor und Schwefel oder Schwefel-/Chlor-/Blei-(SCL = sulphur, chlorine, lead = Schwefel-Chlor-Blei-)Verbindungen legiert. Kennzeichnend ist, daß diese Verbindungen bei bestimmten Temperaturen chemisch mit den Metalloberflächen reagieren und dadurch Schutzschichten bilden, die einen direkten metallischen Kontakt verhindern. Die Bildung dieser Reaktionsschichten stellt aber gleichzeitig einen permanenten geringen Verschleiß dar, der von einigen Herstellern zur gezielten Selbstjustierung der Achsen genutzt wird.

Werden Hypoidgetriebeöle eingesetzt, so muß dem vom Hersteller durch geeignetes Lager- (keine Buntmetalle) und Dichtungsmaterial (z.B. Silikonkautschuk) Rechnung getragen werden, da diese Öle solche Konstruktionselemente angreifen können. Die Ölwechselintervalle für Hinterachsgetriebe entsprechen denjenigen bei Schaltgetrieben. Sie erstrecken sich von ca. 20000 km bis «for life» (Lebensdauerfüllung).

Der Vollständigkeit halber seien noch Ausgleichsgetriebe mit Schneckenrädern und solche mit Sperrdifferentialen erwähnt. Schneckenräder finden sich fast nur bei ausländischen Kraftfahrzeugen. Hier sind immer Sonderschmiermittel in Anwendung.

Weitere Schmiermittel

Hydrauliköle Auf dem Kraftfahrzeugsektor kommen Hydrauliköle vornehmlich in Kippern, Hebezeugen, Bau- und Landmaschinen zum Einsatz. Wichtig ist vor allem die Viskosität, denn das Hydrauliköl soll für den Winterbetrieb im Freien nicht zu dick sein, für den Sommer, wenn hohe Betriebstemperaturen auftreten, aber nicht zu dünn, um noch eine ausreichende Abdichtung sicherzustellen. Ein niedriger Stockpunkt, hoher Verschleiß- und Korrosionsschutz, geringe Schaumneigung, hohe Alterungsbeständigkeit und Verträglichkeit gegen Dichtungsmaterial müssen außerdem vorhanden sein.

Hauptsächlich bei Landmaschinen findet man einen kombinierten Hydraulik-/Getriebeöltyp. Getriebe, Arbeitshydraulik und in Sonderfällen sogar die Lenkhydraulik haben einen gemeinsamen Ölkreislauf. Besondere Anforderungen stellen dabei die bei schweren Ackerschleppern vielfach verwendeten «nassen» Scheibenbremsen, die mit im Getriebeölsumpf laufen und der leichteren Manövrierbarkeit des Fahrzeuges dienen. Nur geeignete Additive gewährleisten das richtige Reibverhalten dieser Bauelemente.

Fette Neben dem Motor und dem Getriebe (hierzu zählen z.B. auch Lenkgetriebe, die im allgemeinen mit Getriebeölen geschmiert werden) finden sich rund um ein Kraftfahrzeug noch zahlreiche andere Schmierstellen, angefangen von Radlagern, Achsschenkeln, Spurstangen bis zu Bedienungspedalen und Türschlössern. Wenige davon werden mit Öl geschmiert, die meisten mit Fetten. Schmierfette sind meistens Aufquellungen von Metallseifen in Mineralölen. Die Art des Quellmittels, der Seifengehalt und der Herstellungsprozeß bestimmen die Struktur und die Konsistenzen «zähflüssig» bis «wachsartig».

Wenn auch das im Seifengitter festgehaltene Öl hauptsächlich für die Schmierung verantwortlich zeichnet, so hängen die Gebrauchseigenschaften doch auch in hohem Maße von der Verseifungsbasis ab. Nach der ursprünglichen Einsatzart unterschied man anfangs zwei Fett-Typen:

- ☐ Wälzlagerfette waren und sind vielfach heute noch auf *Natriumseifenbasis* – auch Natron genannt – aufgebaut. Sie sind wasserempfindlich, d.h., sie bilden mit Wasser eine Emulsion und dürfen für die Schmierung von mit Wasser in Berührung kommenden Lagern nicht verwendet werden. Sie haben jedoch den Vorteil, temperaturstabiler als die wasserabweisenden Abschmierfette auf *Kalziumbasis* zu sein.
- ☐ *Kalziumseifenfette* (Kalkseifenfette) dürften die ältesten konsistenten Schmierstoffe auf Seifenbasis sein.

Erst im Laufe des zweiten Weltkrieges wurden die *Lithiumseifenfette* entwickelt. Trotz der zugrundeliegenden Alkaliseife handelt es sich um ein wasserunempfindliches Fett. Durch Zugabe von einigen speziellen Additiven wird das Korrosions- und Verschleißschutzvermögen gesteigert. Ihr Temperatureinsatzbereich übertrifft noch den der Natriumseifenfette. Diese Eigenschaften ließen lithiumverseifte Fette sehr schnell zu Mehrzweckfetten werden. Unter dieser Bezeichnung werden sie auch heute auf dem Markt angeboten.

Weitere bekannte, aber beim Kraftfahrzeug seltener verwendete Metallseifenbasen sind *Kalium, Aluminium und Barium.*

Verhältnismäßig neu sind Komplexseifenfette, basierend auf den unterschiedlichsten Metallseifen aus niedrigmolekularen Fettsäuren und Metallsalzen. Diese Seife/Salz-Komplexe ergeben für bestimmte Einsatzgebiete, z.B. schnelldrehende Wälzlager, wesentlich bessere Gebrauchseigenschaften, vor allem bei höheren Betriebstemperaturen.

Die Zähigkeit oder Konsistenz eines Fettes wird durch die vom NLGI (National Lubricating Grease Institute) eingeführte und als DIN 51818 übernommene Konsistenzeinteilung definiert und als Penetration bezeichnet. Man unterscheidet zwischen Ruhe- und Walkpenetration. Unter der Penetration wird die Eindringtiefe (in $^1/_{10}$ mm) eines genormten Kegels verstanden. Bei der Ruhepenetration wird diese Messung im Anlieferungszustand des Fetts bei 25 °C, bei der Walkpenetration nach einem genau definierten Knetvorgang ebenfalls bei 25 °C durchgeführt. In der Praxis wird immer die Walkpenetration angegeben.

Abschmierfette haben üblicherweise die Konsistenz-Nr. 1 und 2, Mehrzweckfette die Konsistenz-Nr. 2 und Wälzlagerfette die Konsistenz-Nr. 2 und 3. Die bei Fahrzeugen früher gelegentlich verwendeten Getriebe-(Fließ-)Fette hatten die Konsistenz-Nr. 00.

Verseifungsart	Einsatztemperatur		wasser-empfindlich	Verwendung als	verträglich mit
	hoch	niedrig			
Ca (Kalzium/Kalk)	nein	ja	nein	Abschmierfett	Li-Fett
Na (Natrium/Natron)	ja	nein	ja	Wälzlagerfett	–
Li (Lithium)	ja	ja	nein	Mehrzweckfett	Ca-Fett

Typische Merkmale von Kfz-Schmierfetten

Konsistenz-Nr.	Walkpenetration in Zehntelmillimeter
00	400 bis 430
0	355 bis 385
1	310 bis 340
2	265 bis 295
3	220 bis 250

Konsistenzeinteilung

Verordnung über brennbare Flüssigkeiten (VbF) und Technische Regeln für brennbare Flüssigkeiten (TRbF)

Die VbF gilt auf Bundesebene für die Einrichtung und den Betrieb von Anlagen zur Lagerung, Abfüllung oder Beförderung brennbarer Flüssigkeiten zu Lande, sofern diese Anlagen gewerblichen Zwecken dienen oder im Rahmen wirtschaftlicher Unternehmungen Verwendung finden. Brennbare Flüssigkeiten im Sinne der VbF sind Stoffe mit Flammpunkt, die bei 35 °C weder fest noch salbenförmig sind, bei 50 °C einen Dampfdruck von 3 bar oder weniger haben und zu einer der nachstehenden Gruppen gehören:

1. Gruppe A:
   Flüssigkeiten, die einen Flammpunkt nicht über 100 °C haben und hinsichtlich der Wasserlöslichkeit nicht die Eigenschaften der Gruppe B aufweisen, und zwar

   Gefahrklasse I: Flüssigkeiten mit einem Flammpunkt unter 21 °C
   Gefahrklasse II: Flüssigkeiten mit einem Flammpunkt von 21 °C bis 55 °C
   Gefahrklasse III: Flüssigkeiten mit einem Flammpunkt von über 55 °C bis 100 °C

2. Gruppe B:
   Flüssigkeiten mit einem Flammpunkt unter 21 °C, die sich bei 15 °C in jedem beliebigen Verhältnis in Wasser lösen oder deren brennbare flüssige Bestandteile sich bei 15 °C in jedem beliebigen Verhältnis in Wasser lösen.

Vergaserkraftstoffe (VK) haben einen Flammpunkt unter 21 °C und fallen in die Gruppe A, *Gefahrklasse I.*

Dieselkraftstoffe (DK) haben einen Flammpunkt über 55 °C bis 100 °C und fallen in die Gruppe A, *Gefahrklasse III.* Altöl ist der Gefahrklasse A III zuzuordnen, wenn sichergestellt ist, daß nur

Altöl bekannter Herkunft mit einem Flammpunkt über 55 °C gelagert wird. Das wird einwandfrei sichergestellt, wenn

1. nur solches Altöl gelagert wird, das beim Ölwechsel an der Tankstelle anfällt und
2. weder Benzin noch ähnliche brennbare Flüssigkeiten der Gefahrklasse A I, A II oder der Gruppe B in den Altölbehälter eingefüllt werden. (Entsprechende Klebepakete und Altöl-Hinweisschilder sind bei allen Tankstellen vorhanden.)

Da die VbF insbesondere dem Brand- und Explosionsschutz dient, legt sie bei Lagerung von Stoffen der Gefahrklasse A I besonders strenge Maßstäbe an und unterscheidet je nach Menge der gelagerten Flüssigkeit sowie den örtlichen und betrieblichen Verhältnissen:

1. *Bedingt freie Lagerung*, d.h. Lagerung, die zwar keiner Anzeige oder Erlaubnis bedarf, aber im übrigen den Vorschriften der Verordnung entsprechen muß (s. Beispiel Tabelle 1)
2. *Anzeigebedürftige Lagerung* (s. Beispiel Tabelle 2)
3. *Erlaubnisbedürftige Lagerung*
4. *Unzulässige Lagerung*

Beispiele:

Tabelle 1: **Bedingt freie Lagerung in bruchsicheren Gefäßen**

Ort der Lagerung	A I/Liter
1. Wohnungen und Räume, die mit Wohnungen in unmittelbarer, nicht feuerbeständig abschließbarer Verbindung stehen	3
2. Gast- und Schankräume	–
3. Verkaufs- und Vorratsräume in versand-	60
fähigen Verbraucherpackungen	20
4. Lagerräume gewerblicher Betriebe usw.	200
in versandfähigen Verbraucherpackungen	40
in Gefäßen mit fest angebrachter Abfüllvorrichtung	400
5. auf Grundstücken, Grundstücksteilen, die dem allgemeinen Verkehr nicht zugänglich sind	200

Tabelle 2: **Anzeigebedürftige Lagerung in bruchsicheren Gefäßen**

Ort der Lagerung	A I/Liter
1. Keller, die zur Lagerung brennbarer Flüssigkeiten bestimmt sind	1000
2. Oberirdische Lagerräume, die zur Lagerung brennbarer Flüssigkeiten bestimmt sind	1000
3. Lagerplätze auf Grundstücken oder Grundstücksteilen, die dem allgemeinen Verkehr zugänglich sind	
oberirdisch	200 bis 400
zusätzlich in bruchsicheren beweglichen Kleinzapfgeräten mit fest angebrachter Abfüllvorrichtung, auch mit selbsttätiger Abgabe	100
unterirdisch	
mit mindestens 0,8 m Erddeckung, jedoch nicht unter Gebäuden liegend	10000
4. Öffentliche Tankstellen	
in bruchsicheren, ortsfesten oder beweglichen Kleinzapfgeräten mit fest angebrachter Abfüllvorrichtung, auch mit selbsttätiger Abgabe sowie in Gefäßautomaten	100

Die Lagerung größerer Mengen, als in der Tabelle 2 angegeben, bedarf der Erlaubnis. Die Lagerung an Orten, die in den Tabellen 1 und 2 nicht genannt sind, bedarf ebenfalls der Erlaubnis.

Unzulässig ist die Lagerung an den in Tabelle 1 Nr. 1 bis 4 genannten Orten, sofern die dort festgelegten Lagermengen überschritten werden.

Unzulässig ist außerdem die Lagerung brennbarer Flüssigkeiten in Durchgängen und Durchfahrten, in Treppenhäusern, in Haus- und Stockwerksfluren, in Dachböden von Wohnhäusern, Krankenhäusern, Bürohäusern und ähnlichen Gebäuden sowie in Arbeitsräumen und Laboratorien.

Prüfungen

Folgende Anlagen unterliegen erstmaligen und wiederkehrenden regelmäßigen Prüfungen:

1. *Anzeigebedürftige Anlagen* mit unterirdischen Tanks für brennbare Flüssigkeiten der Gruppe A, Gefahrenklasse I, und zwar:
   a) einer Prüfung vor der Inbetriebnahme und
   b) einer Prüfung nach jeder wesentlichen Änderung.
   Elektrische Einrichtungen zur Förderung brennbarer Flüssigkeiten bei anzeigebedürftigen Tankstellen unterliegen den Prüfbestimmungen für erlaubnisbedürftige Anlagen.
2. *Erlaubnisbedürftige Anlagen*, mit Ausnahme der Lager beweglicher Gefäße, und zwar:
   a) einer Prüfung vor der Inbetriebnahme,
   b) einer Prüfung nach jeder wesentlichen Änderung,
   c) wiederkehrenden Prüfungen.

Die Fristen für die wiederkehrenden Prüfungen betragen z. B.:

a) bei oberirdischen Tanks	fünf Jahre
b) bei unterirdischen Tanks	fünf Jahre
c) bei elektrischen Einrichtungen von Tankstellen mit elektromotorischem Antrieb	drei Jahre

Außerdem können die Aufsichtsbehörden bei Schadensfällen oder aus sonstigem besonderem Anlaß im Einzelfall außerordentliche Prüfungen anordnen.

Besonderheiten brennbarer Flüssigkeiten aus der Sicht des Gewässerschutzes

Für den Schutz der Gewässer besteht auf Bundesebene das Wasserhaushaltsgesetz (WHG), zu diesem Rahmengesetz haben die Bundesländer – bis auf z. Z. Bremen und Hamburg – nach einem Entwurf der Länderarbeitsgemeinschaft Wasser (LAWA) sehr eingehende und umfangreiche, durch Vollzugsvorschriften ergänzte Verordnungen (VLwF/S: Verordnungen über das Lagern wassergefährdender Flüssigkeiten/Stoffe) erlassen.

Diese Vorschriften der Länder sind von wesentlicher Bedeutung für den Umgang mit brennbaren Flüssigkeiten (und anderen schädlichen Stoffen), insbesondere bei der Lagerung wassergefährdender Flüssigkeiten. Lagerbehälter müssen doppelwandig sein und sind mit einem selbsttätig arbeitenden Leckanzeigegerät (optisches und akustisches Alarmgerät) auszustatten.

Bestehende einwandige Behälter und deren Zubehör, die diese Forderungen nicht erfüllen, sind in den Bundesländern in den festgesetzten Fristen an die Lagerverordnungen anzupassen (z. B. bei Behältern mit Kraftstoffen der Gruppe A, Gefahrklasse III, durch Innenhüllen mit bauartzugelassenen Leckanzeigegeräten bzw. bei A-I-Behältern sind infolge des Fehlens von bauartzugelassenen Leckanzeigegeräten für diese Behälter Innenbeschichtungen und – wenn erforderlich – katodische Korrosionsschutzanlagen vorgesehen).

In Wasserschutzgebieten ist im Fassungsbereich und in der engeren Zone (Zone I/II) das unterirdische Lagern wassergefährdender Flüssigkeiten nicht zulässig, während in der weiteren Zone von Schutzgebieten (Zone III) das Lagern mit der Einschränkung erlaubt wird, daß das Fassungsvermögen der Behälter 40 m^3 nicht übersteigt.

Prüfungen

Ortsfeste oberirdische Anlagen mit mehr als 40000 l Rauminhalt sowie unterirdische Anlagen müssen geprüft werden:

1. Vor Inbetriebnahme oder nach einer wesentlichen Änderung,
2. vor Wiederinbetriebnahme einer länger als zwei Jahre stilliegenden Anlage,
3. in Zeitabständen von höchstens fünf Jahren sowie nach der Anpassung. Kürzere Prüffristen können festgesetzt werden, wenn der Gewässerschutz das erfordert.

Die Prüfungen werden nach den Vorschriften der VbF/TRbF durchgeführt.

Anzeigepflicht

Für bestehende unterirdische Anlagen, ortsfeste oberirdische Anlagen in Gebäuden mit einem Rauminhalt von mehr als 300 l und oberirdische Anlagen im Freien von mehr als 1000 l gilt die Anzeigepflicht bei der Unteren Bauaufsichtsbehörde, die Vollzugsbehörde ist.

Ölalarm

Das Auslaufen von wassergefährdenden Flüssigkeiten aus Anlagen ist unverzüglich der örtlichen Ordnungsbehörde zu melden, die gemäß den Ölalarm-Richtlinien die erforderlichen Schritte einleitet.

Beseitigung von Altöl

Das 1969 erlassene Altölgesetz regelt die Beseitigung von Altöl. An Tankstellen gesammeltes Altöl wird nach dem Gesetz kostenlos von hierfür bestimmten Firmen abgeholt, wenn die Mindestmengen 200 l betragen und der Anteil an Fremdstoffen nicht mehr als 10 % beträgt.

Kennzeichnung der Fahrzeuge

hat durch orangefarbene Warntafeln (40 cm × 40 cm) an der Vorder- und Rückseite der Beförderungseinheit deutlich sichtbar zu erfolgen. Sie müssen entfernt, verdeckt oder umgedreht werden, wenn kein gefährliches Gut befördert bzw. der Tankwagen leer und gereinigt ist.

12 Technisches Zeichnen

Die Grundlagen für das Lesen und Anfertigen von technischen Zeichnungen

12.1 Maßstäbe und Linienarten

12.1.1 Maßstäbe nach DIN 823

Alle Werkstücke sind möglichst immer maßstäblich zu zeichnen. Bei natürlicher Größe:

$$M = 1:1$$

Bei Verkleinerungen werden folgende Maßstäbe verwendet:

$$M = 1:2,5;\ 1:5;\ 1:10;\ 1:20;\ 1:50;\ 1:100;\ 1:200;\ 1:500$$

Bei Vergrößerungen:

$$M = 2:1;\ 5:1;\ 10:1$$

Bei einer Zusammenstellungszeichnung können verschiedene Maßstäbe (z.B. 1:1,1; 1:2,5; 2:1) vorkommen. Hier ist der Hauptmaßstab durch größere Schrift hervorzuheben. Um Verwechslungen zu vermeiden, ist es üblich, bei Vergrößerungen von kleinen Teilen zusätzlich eine Darstellung in natürlicher Größe ($M = 1:1$) ohne Maßstab daneben zu zeichnen.

12.1.2 Linienarten nach DIN 15

Linienart nach Liniengruppe 0,7	**Anwendung**
breite Vollinien Bleistiftminen HB Nr. $2\frac{1}{2}$ – Tuschespitzen 0,7	Für sichtbare Körperkanten und Umrisse, Gewindebegrenzung nach ISO, Schweißnähte und Schweißzeichen
schmale Vollinien Bleistiftminen 2 H Nr. 4 – Tuschespitzen 0,35	Für Maßlinien, Maßhilfslinien, Schraffurlinien, Kerndurchmesser bei Bolzengewinde und Außendurchmesser bei Innengewinde nach ISO, eingezeichnete Querschnitte, Bezugslinien, Diagonalkreuz, Oberflächenzeichen, Biegelinien und Lichtkanten
Strichlinien Bleistiftminen HB Nr. $2\frac{1}{2}$ – Tuschespitzen 0,5	Nicht sichtbare, verdeckte Kanten, Gewinde, Kerndurchmesser bei Bolzengewinde und Außendurchmesser bei Innengewinde, Fußkreis bei Zahnrädern, Schnecken und Zahnstangen
breite kurze Strichpunktlinien Bleistiftminen HB Nr. $2\frac{1}{2}$ – Tuschespitzen 0,7	Kennzeichnung begrenzter Oberflächenbehandlung oder Oberflächenbehandlung, Schnittverlauf
schmale Strichpunktlinien Bleistiftminen HB Nr. 4 – Tuschespitzen 0,35	Für Mittellinien, Teilkreise bei Zahnrädern, Lochkreise, Grenzstellungen bei Hebeln, Griffen usw.
Freihandlinien Bleistiftminen 2 H Nr. 4 – Tuschespitzen 0,35	Für Bruchkanten und Sprengfugen bei Metallen, Isolierstoffen, Steinen, Holz und Holzquerschnitten

Vollinien für sichtbare Kanten sind je nach der Darstellung so dick wie möglich zu zeichnen. Nach dieser Strichlinie *a* richten sich die übrigen Liniendicken und Linienarten. Die Linienarten müssen innerhalb einer Zeichnung gleich dick (stark) sein.

12.1.3 Normschrift nach DIN

1. Maßzahlen nach DIN sind innerhalb einer Skizze oder Zeichnung *immer gleich groß;* sie sollen möglichst nicht kleiner als 3 mm sein. Zusätze zur Maßzahl (Toleranzen, Kugel u.ä.) werden etwas kleiner geschrieben.
   Maßzahlen sind nach DIN so einzutragen, daß sie in der Gebrauchslage der Zeichnung von unten und von rechts lesbar sind.
   Bezugskanten und Gebrauchslage der Zeichnung beachten!

Großbuchstaben	*10/10 × h*
Kleinbuchstaben	*7/10 × h*
Strichdicke	*1/10 × h*
Zeilenabstand	*14/10 × h*

Nennhöhe h in mm			
	2,5	*3,5*	*5*
7	*10*	*14*	*20*

Nennhöhe ist die Höhe der Großbuchstaben

2. Maßzahlen dürfen durch Linien, z.B. Mittellinien oder Schraffurlinien, nicht getrennt oder gekreuzt werden.

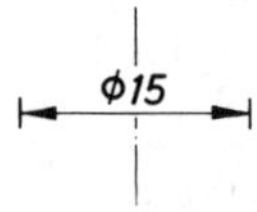

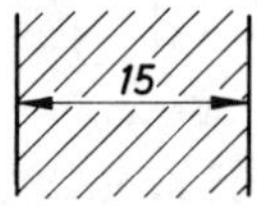

3. Bei Platzmangel Maßzahlen über die Maßlücke (2,5) bzw. zwischen die aufeinander zulaufenden Maßpfeile setzen (7,5). Bei untereinanderstehenden Maßen werden die Maßzahlen gegeneinander versetzt.

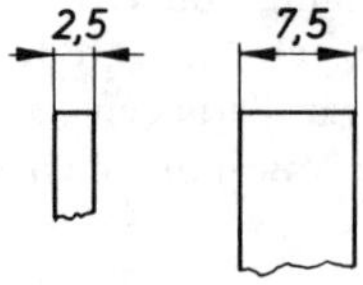

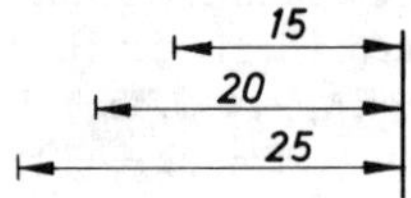

4. Maßzahlen wie 6, 9, 66, 68, 86, 89, 98 und 99 erhalten in Zweifelsfällen einen Punkt am Ende. Insbesondere bei Kennzeichnung von Werkstücken mit Schlagzahlen zu beachten.

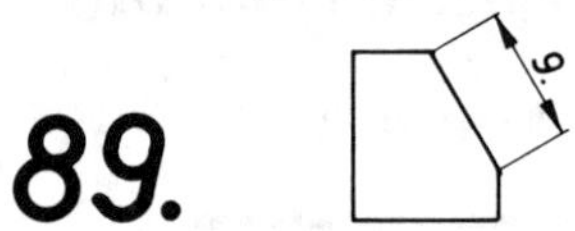

5. Maßzahlen für nicht maßstäblich gezeichnete Maße müssen *immer unterstrichen* werden (Maß ⌀10). Bei Handskizzen entfällt diese Unterstreichung, soweit diese nicht streng maßstäblich gezeichnet sind.

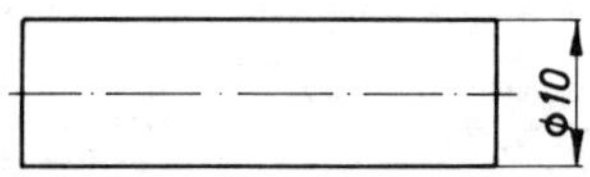

6. Die Stellung der Maßzahlen ist, wie wir aus 4. entnehmen, wichtig. Wie unter 1. aufgeführt, müssen die Maßzahlen einer Zeichnung so eingetragen sein, daß sie möglichst *von unten und von rechts* lesbar sind.
   Sind Maßzahlen bei «geneigten Maßlinien» oder Winkelangaben in den schraffiert gekennzeichneten Lagen nicht zu vermeiden, so müssen sie hier *von links* her lesbar sein.
   Auch ist dabei Punkt 4 zu beachten.

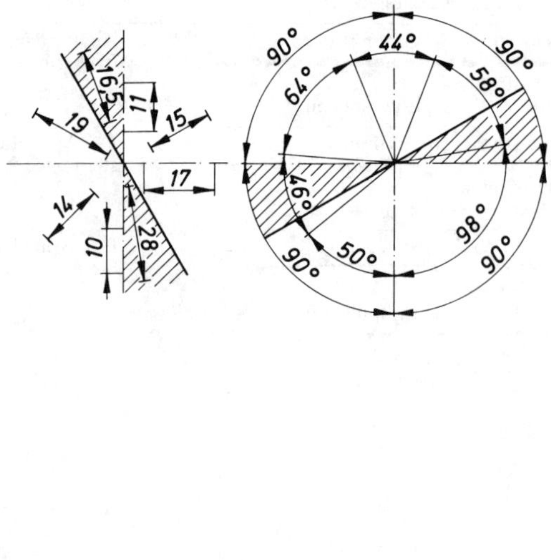

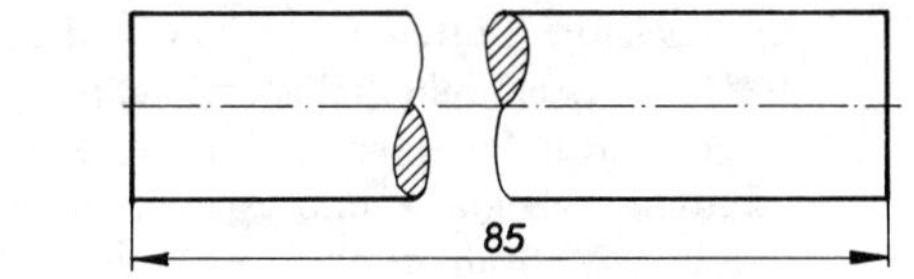

7. Werden Maßstrecken bzw. Teile unterbrochen dargestellt, sind die Maßzahlen nicht zu unterstreichen (Maß 85).

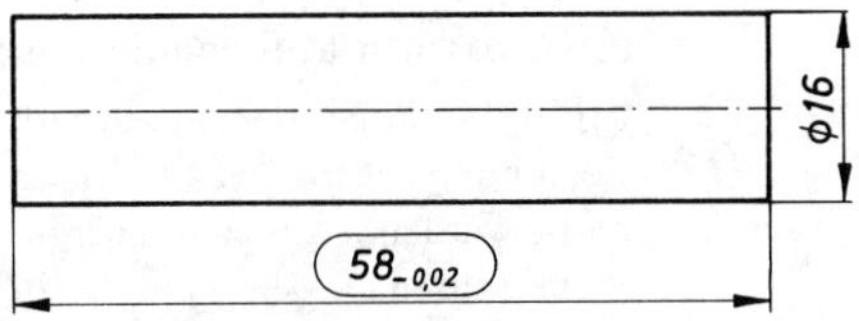

8. Maße, die vom Besteller (Empfänger) aufgrund besonderer Vereinbarungen verlangt werden, sind durch Einrahmung gekennzeichnet. Es sind besondere Prüfmaße.

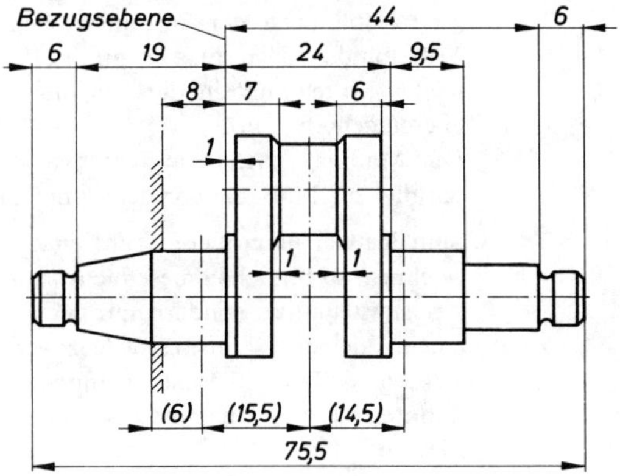

9. Maßzahlen, die in Klammern sind, können als Prüfmaße oder Zusammenbaumaße (Funktion) besondere Bedeutung haben. Sie gelten also nicht für die Fertigung (Bearbeitung).

10. Alle Maßzahlen innerhalb einer Zeichnung müssen sich auf eine Maßeinheit (mm, cm, m) beziehen. Wird z.B. in einem Werkstattplan davon abgewichen, so ist hinter der Maßzahl die Maßeinheit anzugeben, um Unklarheiten zu vermeiden.

12.2 Radien und Durchmesser

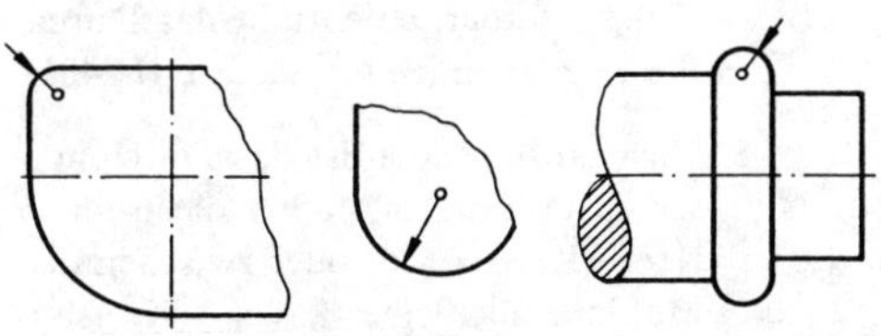

Regeln und Anwendung

1. Bei Radien wird immer nur ein Maßpfeil eingetragen. Der Mittelpunkt wird durch das Mittellinienkreuz, einen kleinen Kreis oder bei kleinen Maßen mit einem Punkt gekennzeichnet.

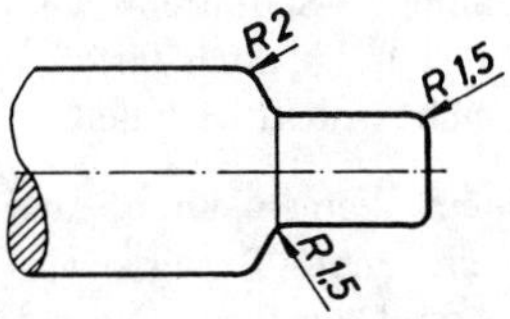

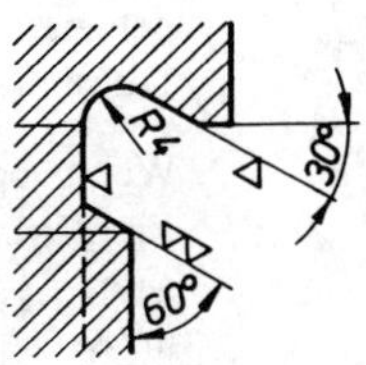

2. Kann ein Mittelpunkt aus Platzgründen (R4) nicht eingetragen werden, wird vor die Maßzahl ein R gesetzt. Ab 2 mm kann ein Mittelpunkt meist nicht mehr angegeben werden, daher ist hier immer ein R vor die Zahl zu setzen.

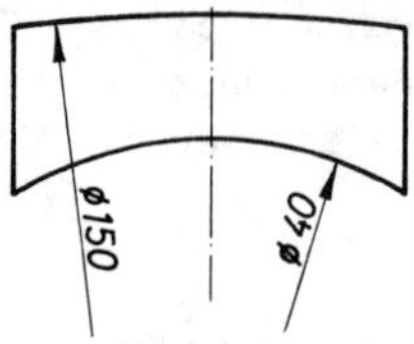

3. Liegen die Mittelpunkte von Radien (Halbmesser) außerhalb der Zeichnung (große Rundung), so entfällt der Mittelpunkt ebenfalls, und es wird ein R vor die Maßzahl gesetzt. Die Verlängerung der Maßlinie muß nach dem geometrischen Mittelpunkt zeigen.

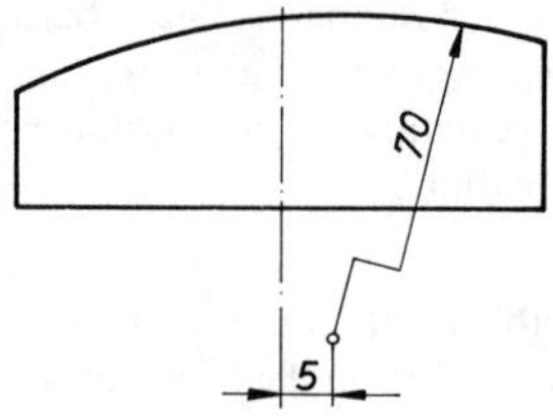

4. Muß die Lage des außerhalb einer Zeichnung liegenden Mittelpunktes bemaßt werden, so ist wie nebenstehend zu verfahren.
   Die Maßlinie vor dem rechtwinkligen Knick soll nach dem geometrischen Mittelpunkt zeigen. Das R entfällt, da ja der Mittelpunkt in die Zeichnung «hereingeholt» wurde.
   Die Maßlinie nach dem Knick liegt parallel zur Maßlinie vor dem Knick.

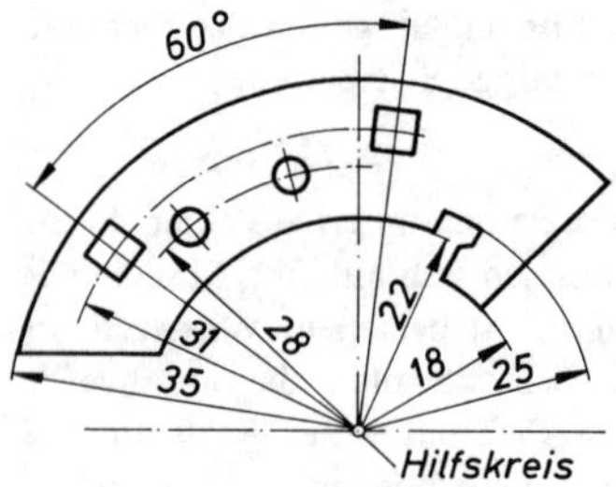

5. Sind Radien in größerer Zahl einzuzeichnen, so brauchen diese nicht zum Kreismittelpunkt, sondern nur bis zu einem kleinen «Hilfskreis» gezogen werden. (Bei Tuschezeichnungen könnten diese Linien sonst zusammenfließen.)

6. Das Durchmesserzeichen ist vor die Maßzahl zu setzen. Der «Querstrich» vom Durchmesserzeichen liegt in der Schriftrichtung = 75°.

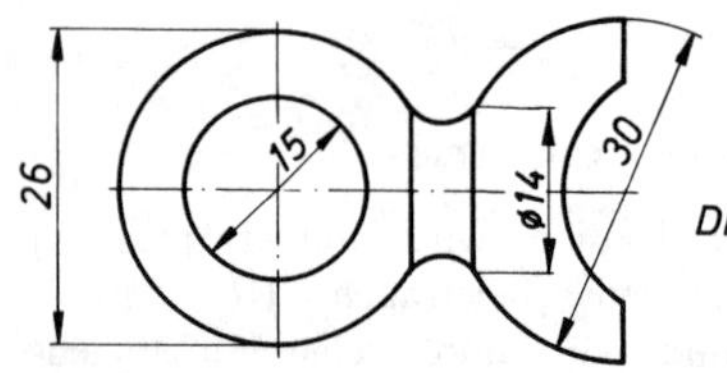

DIN 406

7. Ist der zu bemaßende Kreis als solcher völlig sichtbar, so entfällt das Durchmesserzeichen (Skizze nach DIN 406).

8. Nicht anzuwenden ist das Durchmesserzeichen also bei Maßen, die in einem Kreis (Kreisbogen) oder zwischen den Maßhilfslinien eines Kreises (Kreisbogens) stehen.

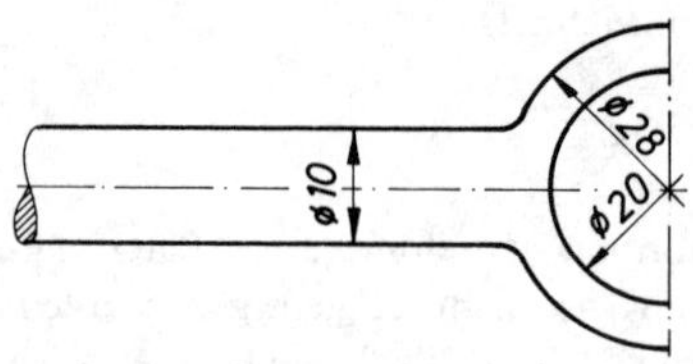

9. Die Maßlinie des Durchmessers kann man bei «Symmetrie-Schnitten» wie nebenstehend verkürzen, doch darf das Durchmesserzeichen nicht entfallen.

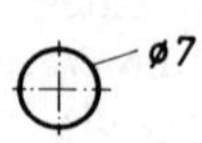

10. Wenn bei einem kleinen Kreis aus Platzgründen ein kurzer Bezugsstrich gesetzt werden muß, darf das Durchmesserzeichen nicht entfallen.

12.3 Kugel- und Quadratzeichen

Anwendung eines Diagonalkreuzes

1. Kugelige Werkstücke erhalten die Bezeichnung Kugel ⌀ vor dem Nennmaß.

2. Liegt der Mittelpunkt des Kugeldurchmessers innerhalb des gezeichneten Kugelteiles, so wird das Maß mit zwei Pfeilen voll ausgezeichnet und kein zusätzliches Durchmesserzeichen eingetragen (DIN 406).

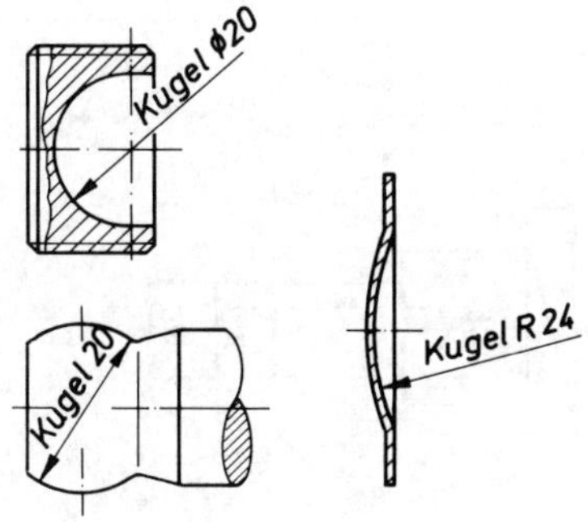

3. Ist die Maßlinie des Kugeldurchmessers nicht mit zwei Pfeilen versehen oder ist die Kugel als solche nicht ohne weiteres erkennbar, so tritt hinter das Wort «Kugel» das « ⌀».

4. Liegt der Mittelpunkt eines Kugelhalbmessers außerhalb des gezeichneten Kugelteiles, steht der Kugelradius R hinter dem Wort «Kugel».

5. Das Quadratzeichen muß wie das Durchmesserzeichen vor der Maßzahl stehen.

6. Im Gegensatz zum ⌀ erhält das Quadratzeichen (□) keinen «Beistrich», und außerdem liegt es auch nicht in der Schriftrichtung unter 75°, sondern steht senkrecht vor der Maßzahl.

7. Das Quadratzeichen kennzeichnet die quadratische Form eines Werkstückes, wenn diese als solche nicht zu erkennen ist:
   Zu bevorzugen ist jedoch die Darstellung, bei der die Maße der Quadratform in einer Ansicht (z. B. Seitenansicht) zu erkennen sind. In diesem Fall entfällt das Quadratzeichen, und es wird an zwei Quadratseiten (rechts und unten) das Quadratmaß eingetragen.

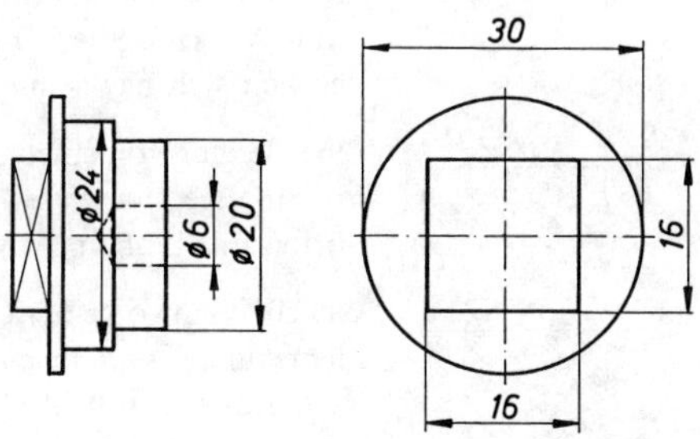

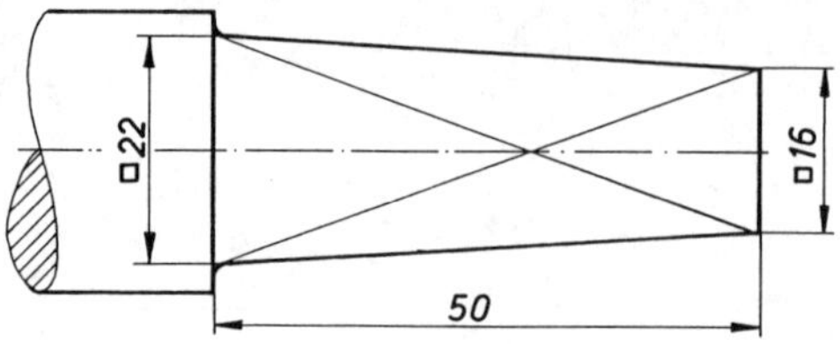

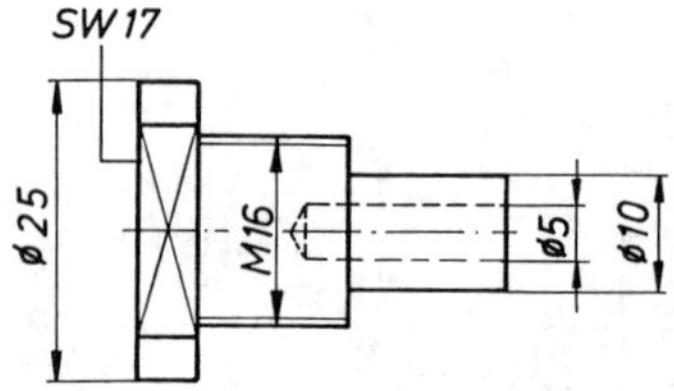

8. Ist nur eine Ansicht in nebenstehender Form zu zeichnen möglich, so muß zu dem Quadratzeichen auch noch das Diagonalkreuz treten. Das Diagonalkreuz ist aber auch bei zwei Ansichten zulässig. Das Diagonalkreuz wird durch eine dünne Vollinie (Dicke wie Maßlinie) dargestellt.
9. Das Diagonalkreuz kennzeichnet nicht allein nur quadratische Körper, sondern auch andere ebene vierseitige Flächen, die z.B. an einem Rundkörper liegen.
10. Bei genormten Vierkanten, bei denen die Form aus der Benennung schon hervorgeht, genügt die einmalige Angabe der Seitenlänge bzw. der Schlüsselweite (SW 17).

12.4 Kennzeichnung der Oberflächen durch Oberflächenzeichen

Oberflächenzeichen bestimmen nur die Güte der Oberfläche, nicht aber das Bearbeitungsverfahren; sie sind keine Bearbeitungszeichen.

Oberflächenzeichen bezeichnen den Endzustand des Werkstücks: roh, saubere rohe Fläche, geschruppt, geschlichtet, feingeschlichtet.

Ist ein ISO-Passungskurzzeichen angegeben, so muß das Oberflächenzeichen der ISO-Qualität entsprechend gewählt werden. In Ausnahmefällen kann aus fertigungstechnischen Gründen eine hohe Oberflächengüte notwendig sein, obgleich eine größere Toleranz genügt.

12.4.1 Bedeutung der Zeichen nach DIN 140

① 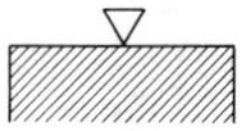

Oberflächen von einer Gleichförmigkeit und Glätte, wie sie z.B. durch ein- oder mehrmalige *spanabnehmende Schruppbearbeitung* erzielt werden kann. Riefen (vom Werkzeug herrührende Merkmale) dürfen fühlbar und mit bloßem Auge deutlich sichtbar sein.

② 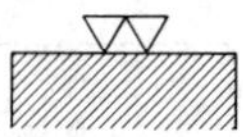

Oberflächen von einer Gleichförmigkeit und Glätte, wie sie z.B. durch ein- oder mehrmalige *spanabnehmende Schlichtbearbeitung* erzielt werden kann. Riefen dürfen mit bloßem Auge noch sichtbar sein.

③ 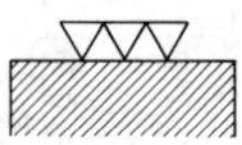

Oberflächen von einer Gleichförmigkeit und Glätte, wie sie z.B. durch ein- oder mehrmalige *spanabnehmende Feinschlichtbearbeitung* erzielt werden kann. Riefen dürfen mit bloßem Auge nicht mehr sichtbar sein.

12.4.1.1 Bedeutung der Zeichen nach ISO 1302

Die DIN-Norm 140 wird immer mehr durch die ISO-Norm 1302 ersetzt. In der ISO-Norm werden andere Symbole für die Oberflächenbeschaffenheit benutzt.

④ 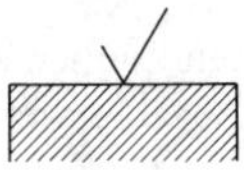

Grundsymbol; es besteht aus zwei ungleichen Linien, die im Winkel von 60° zueinander stehen. Dieses Symbol hat so keinen Aussagewert; es wird durch entsprechende Zusätze aussagefähig.

⑤ 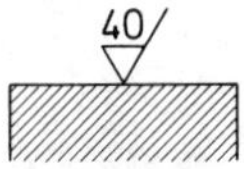

Bei spanabhebender Bearbeitung wird dem Grundsymbol eine Querlinie hinzugefügt, auf der dann der Wert der Rauhtiefe eingetragen wird.

⑥ 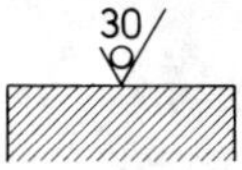

Bei spanloser Herstellung von Werkstücken wird in das Grundsymbol ein Kreis eingezeichnet, über den die Rauhtiefe eingetragen wird (Rauhtiefe 30 = 30 µm).

12.4.2 Anwendung der Oberflächenzeichen

Oberflächengüte

Oberflächenzeichen möglichst in einer Ansicht vereinigen.

Oberflächenzeichen nicht in die Fläche eintragen, sondern an der Fläche angeben, die als Kante erscheint.

Ⓐ 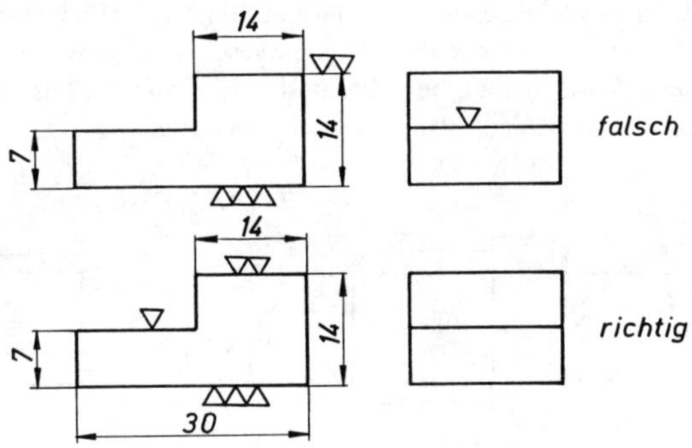

Oberflächenzeichen bei Rundkörpern auf der Lauffläche angeben.

Ⓑ 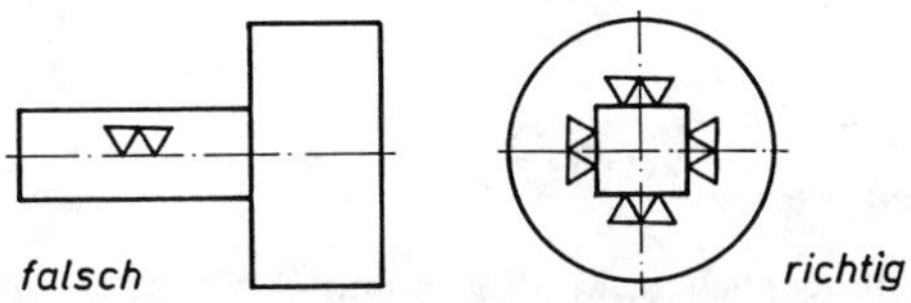

Allseitig gleiche Oberflächengüte wird durch Herauszeichnen des Oberflächenzeichens gekennzeichnet.

Ⓒ 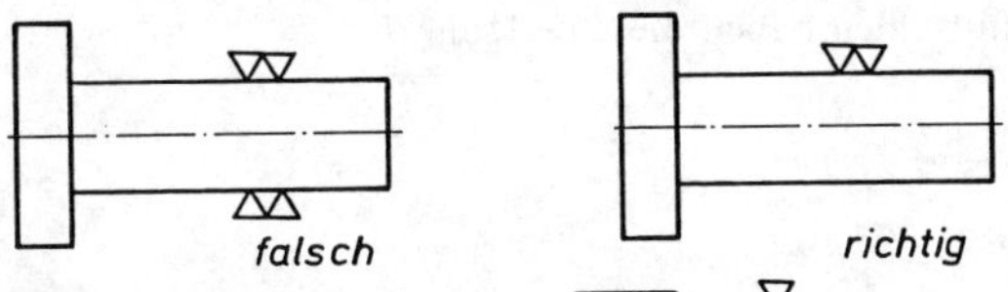

Berührungsflächen erhalten nur ein Oberflächenzeichen.

Ⓓ 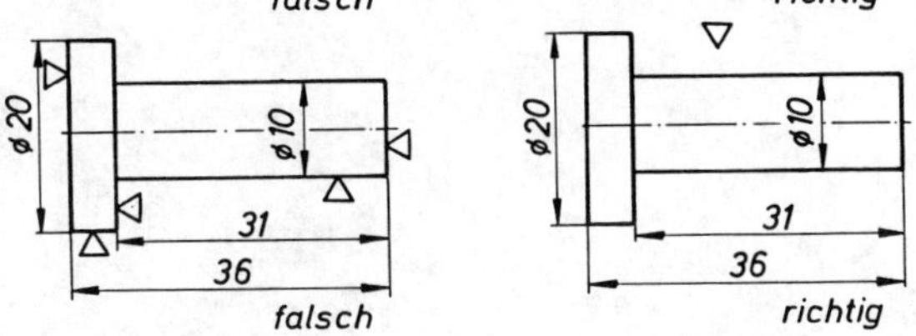

Werkstückflächen bzw. Laufflächen mit abweichender, verschiedener Oberflächengüte durch Maße kennzeichnen.

Ⓔ 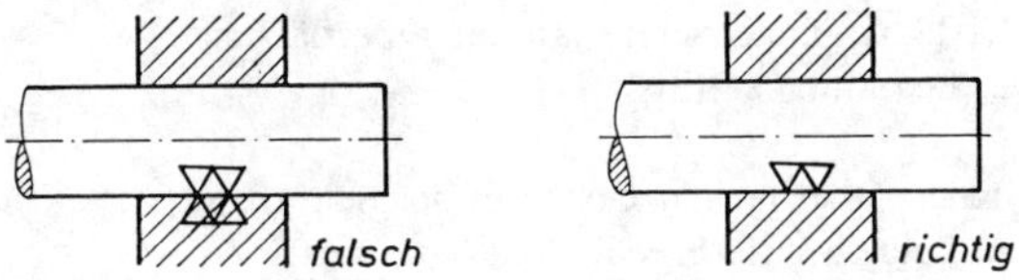

(F)

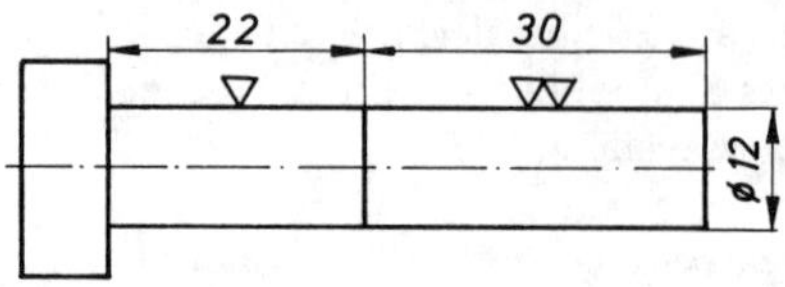

Oberflächenzeichen können auch auf Hilfslinien angegeben werden.

12.4.3 Anwendung der Oberflächenzeichen

Oberflächenart

Jede Oberfläche kann durch das Herstellungsverfahren eine bestimmte Oberflächenart (geschliffen, geschabt usw.) erhalten. Die Güte der Oberfläche kann verschieden sein (grob oder fein). Sie wird vom Konstrukteur durch das Oberflächenzeichen (▽) bestimmt. Wortangaben über das Herstellungsverfahren werden meist mit dem Oberflächenzeichen verbunden. Sie müssen waagerecht in bezug auf die Zeichenblattlage eingeschrieben werden und über den Bezugslinien stehen.

Diese Wortangaben bezeichnen den Endzustand des Werkstücks und sind deshalb im «Partizip Perfekt» einzutragen, also z.B. nicht «schaben», sondern «geschabt».

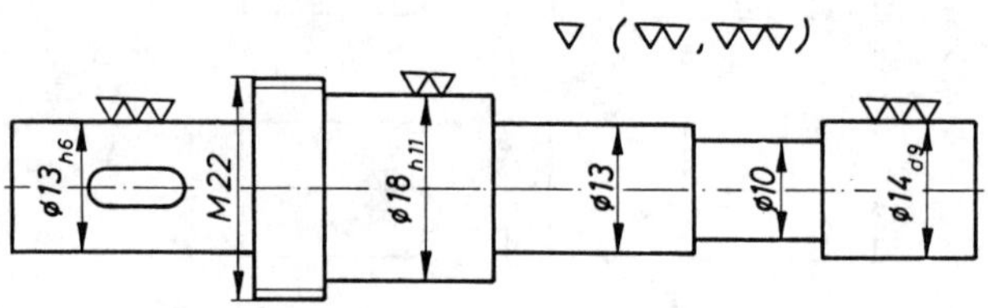

Bei Passungsangaben sind Oberflächenzeichen anzugeben, während Gewinde und Keilnuten usw. im allgemeinen keine Oberflächenzeichen erhalten.

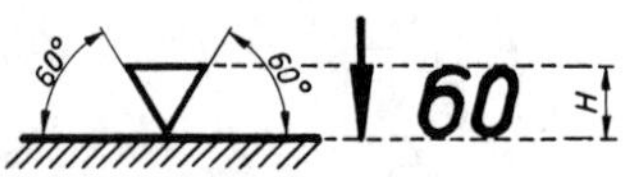

Bearbeitungszeichen, Maßpfeile und Maßzahlen haben dieselbe Höhe *H*.

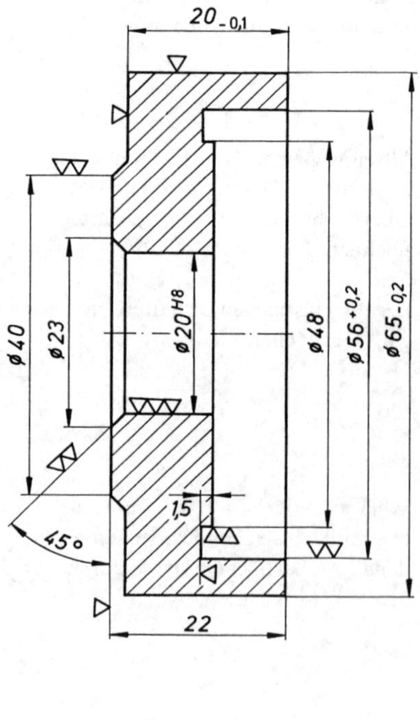

Bei Platzmangel setzt man das Oberflächenzeichen an eine Hilfslinie.

Stehen Oberflächenzeichen in der Schraffur, ist diese zu unterbrechen.

12.5 Einführung in Schnittdarstellungen

12.5.1 Vollschnitt/Halbschnitt

Schnittdarstellungen sind wertlos, wenn Vorder-, Seitenansicht und Draufsicht das Werkstück nicht erschöpfend wiedergeben (z.B. Hohlkörper u.ä.).

Ein Schnitt ist die gedachte Zerlegung eines Werkstücks durch eine oder mehrere Schnittebenen. Dadurch entstehen die Schnittflächen, die in der jeweiligen Schnittebene liegen.

Man unterscheidet dabei: Vollschnitte, Halbschnitte und Teilschnitte.

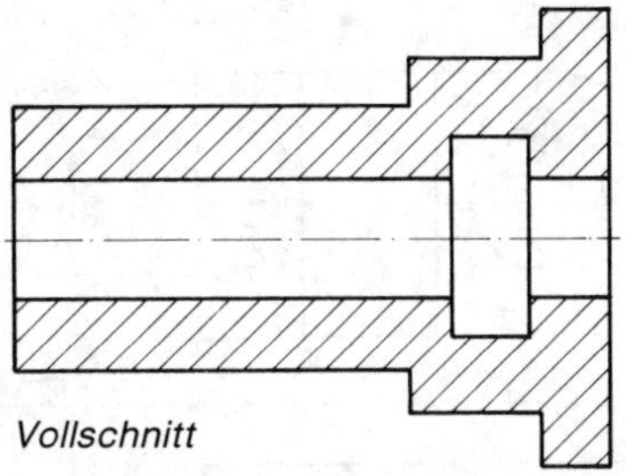

Einfache Hohlkörper werden im Längsschnitt und meist in der Hauptansicht dargestellt. Unsichtbare Kanten sind im Schnitt nur dann einzuzeichnen, wenn sie zum Verständnis der Zeichnung unbedingt nötig sind.

Umlaufende Kanten und durch den Schnitt sichtbar gewordene Teile sind sichtbare Kanten.

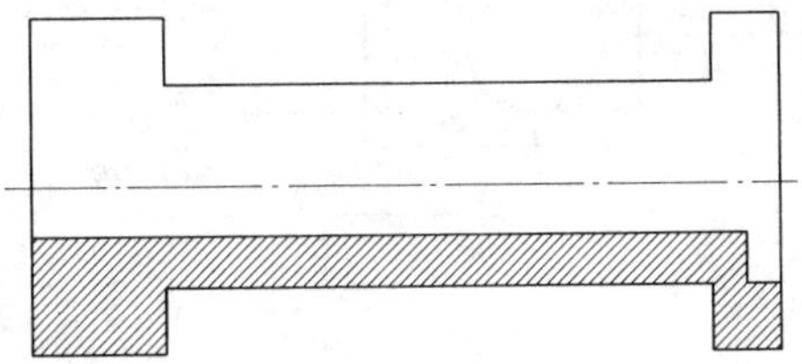

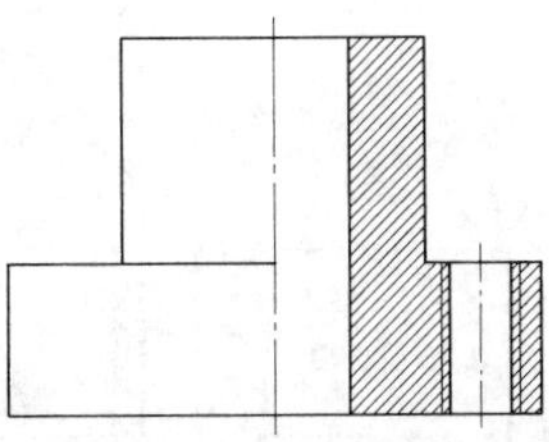

Halbschnitte werden bei symmetrischen Teilen (Drehteile) gezeichnet. Man schneidet das Werkstück bis zur Mittellinie und läßt eine Hälfte ungeschnitten. Die geschnittene Fläche befindet sich bei *stehenden* Werkstücken *rechts*, bei *liegenden* Werkstücken *unten.* Fällt die Mittellinie und eine Körperkante des Halbschnittes zusammen, wird nur die Mittellinie gezeichnet.

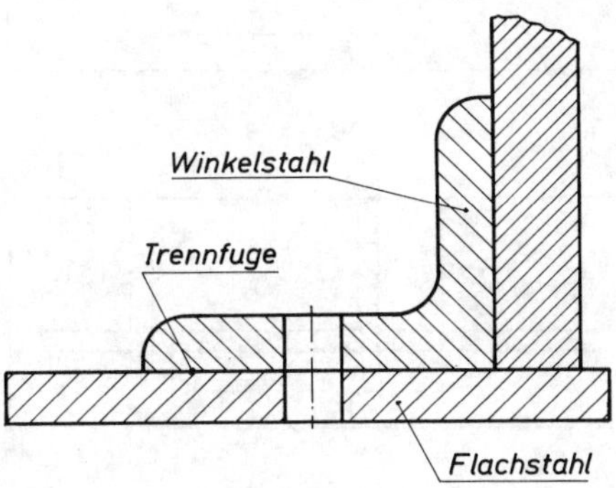

Trennfugen sind mitzuzeichnen.
Aneinanderstoßende Teile erhalten entgegengesetzt gerichtete Schraffuren. Unter 45° schraffieren.

12.5.2 Teilausschnitte, Ausbruch und Abbruch

Es ist nicht immer zweckmäßig, das ganze Werkstück durchgehend im Schnitt zu zeichnen oder die Halbschnitt-Darstellung anzuwenden. In vielen Fällen verwendet man, wie die nachstehenden Beispiele zeigen, für die Darstellungen von Teilschnitten oder Ausbrüchen und Abbrüchen die dünne Freihandlinie.

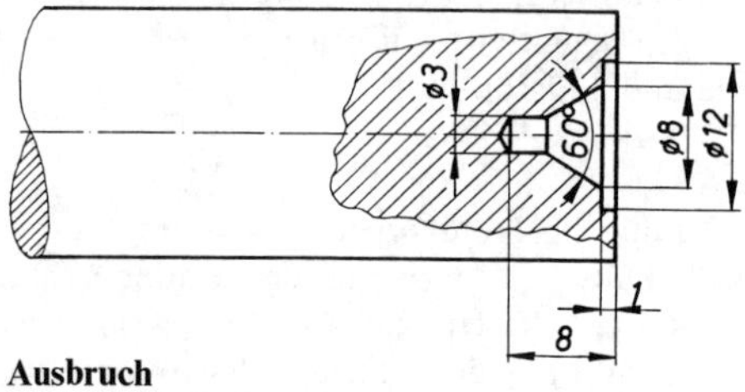

Ausbruch

Beachte immer, daß keine Maße an unsichtbare (gestrichelt gezeichnete) Kanten gelegt werden sollen. Deshalb ist hier an diesem Wellenende der *Ausbruch* gerechtfertigt.

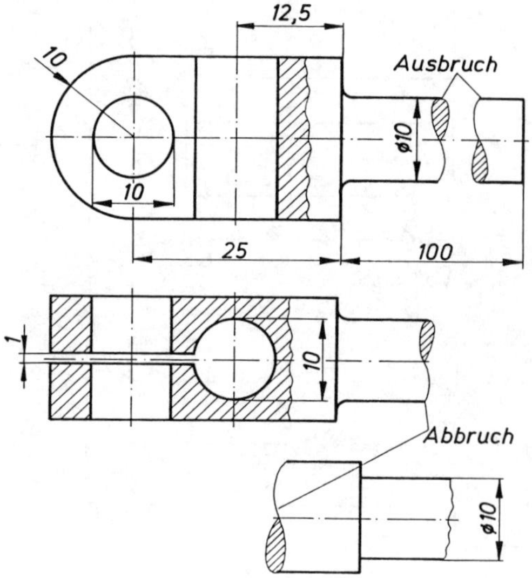

Teilausschnitt, Ausbruch und Abbruch

Der Teilausschnitt wird durch eine dünne Freihandlinie begrenzt.

Der Ausbruch gestattet eine Verkürzung des Werkstücks und seiner Bemaßung (vgl. Maß 100).

Der Abbruch soll die Form des Werkstückes kennzeichnen, selbst dann, wenn *kein* Durchmessermaß angegeben ist.

Nach DIN kann der Abbruch einer Welle auch mit einer Freihandlinie – jedoch nur *mit* Maßeintragung – dargestellt werden.

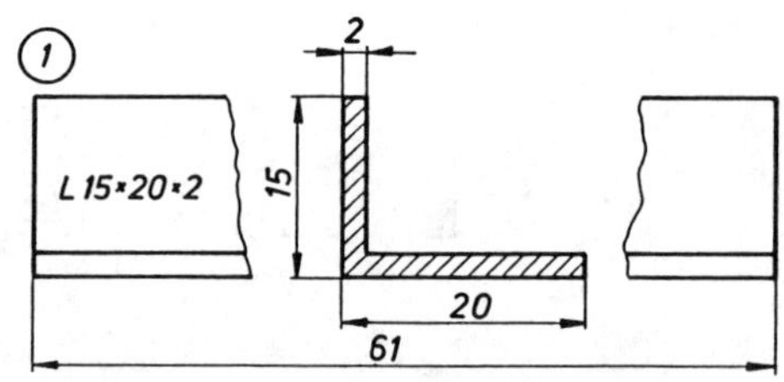

Bild 1 zeigt den *Ausbruch* eines Profilstückes mittels Freihandlinie. Im Ausbruch wird das Profil im «Querschnitt» bemaßt (Einsparung einer weiteren Ansicht). Die Angabe L 15 × 20 × 2 auf dem Profil erspart den Ausbruch und den «Querschnitt».

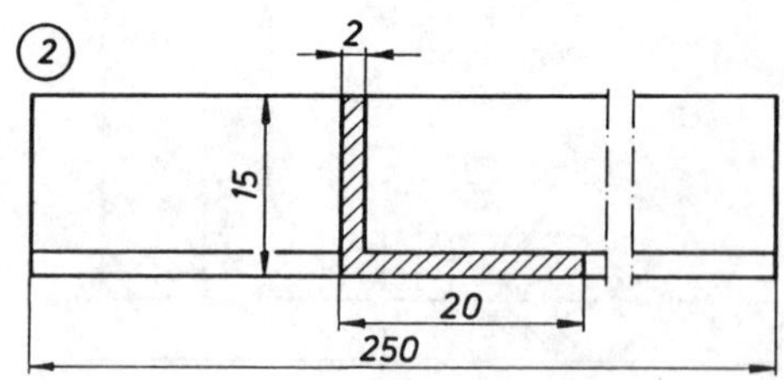

Bild 2 zeigt den Abbruch eines Profilstückes mittels Strichpunktlinie.

Diese Darstellung ist meist im Stahlbau üblich. Der «Querschnitt» des Profils wird *ohne Ausbruch* eingezeichnet (dünn).

12.6 Gewindedarstellung und Bemaßung

Darstellung von Außengewinden

Die bemaßte Gewindelänge ist die nutzbare Gewindelänge. Ausnahme ist das Einschraubende des Stehbolzens. Hier zählt der Gewindeauslauf zur angegebenen Gewindelänge.

Der Gewindeaußendurchmesser wird als dicke Vollinie, der Gewindekerndurchmesser als dünne Vollinie und das *Gewindeende als dünne Vollinie gezeichnet.*

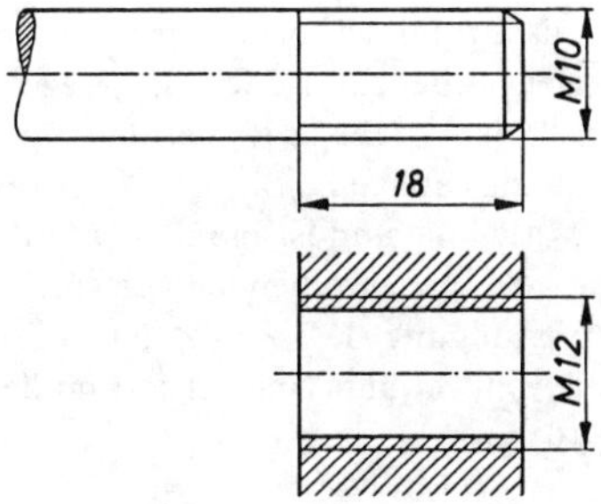

Darstellung von Innengewinden

Der Gewindekerndurchmesser wird als dicke Vollinie, Gewindeaußendurchmesser und Gewindeende werden als dünne Volllinie und die Bohrspitze im Winkel von 120° gezeichnet.

Bemaßt werden die Bohrtiefe und die brauchbare Gewindelänge.

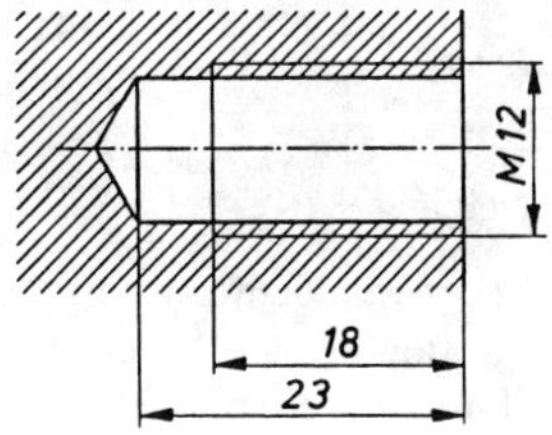

Darstellung von unsichtbaren Gewinden

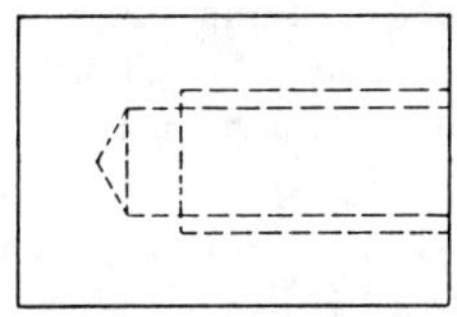

Ungenaue Darstellung von Innengewinden

Die angegebene Länge ist die Bohrtiefe, nicht die brauchbare Gewindelänge.

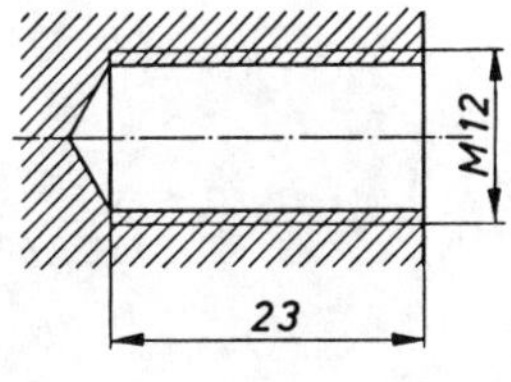

Darstellung von Innengewinden in der Draufsicht

Wenn eine abnormale Ansenkung in der Seitenansicht gezeichnet wird, so wird sie in der Draufsicht nicht gezeichnet, wenn der Außendurchmesser der Ansenkung kleiner ist als der Gewindeaußendurchmesser.

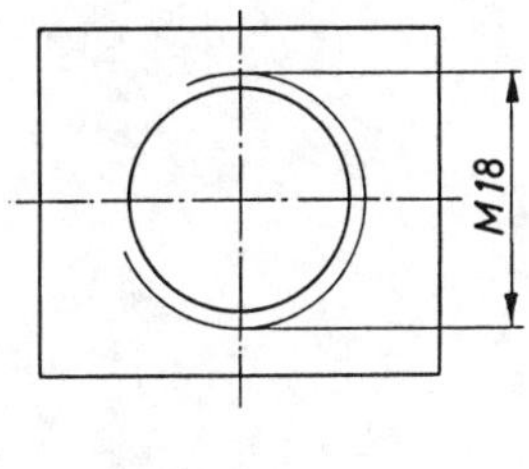

12.7 Verjüngung, Neigung nach DIN 406

Verjüngung

Das Wort Verjüngung wird bei Werkstücken mit Pyramidenform angewendet und hat die gleiche Bedeutung wie das Kegelverhältnis.

Die Angabe, z.B. Verjüngung 1 : 5, ist stets auszuschreiben. Sie steht etwas über der Mittellinie und ist parallel zu ihr einzutragen.

Im nebenstehenden Beispiel beträgt die Verjüngung 1 : 5, d.h., auf die Länge von 50 mm verjüngt sich der Pyramidenstumpf um 10 mm.

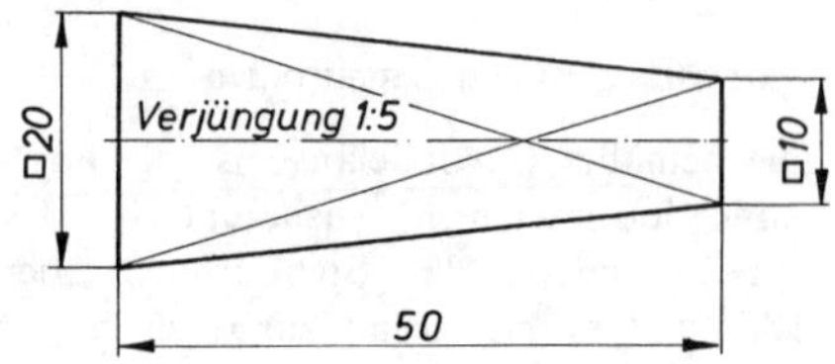

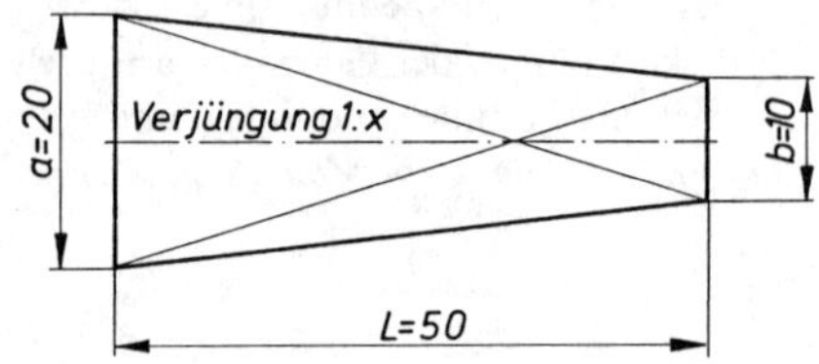

Berechnung der Verjüngung

$$1:x = \frac{a-b}{L} = \frac{20-10}{50} = \frac{1}{5} = 1:5$$

Neigung

Bei pyramidenförmigen Werkstücken ist die Eintragung der Neigung selten erforderlich. Häufiger ist die Eintragung an schrägen Flächen, z.B. bei Formstählen, Keilriemen usw. Die Eintragung der Neigung erfolgt parallel zur Mantellinie. Das Wort Neigung wird stets ausgeschrieben.

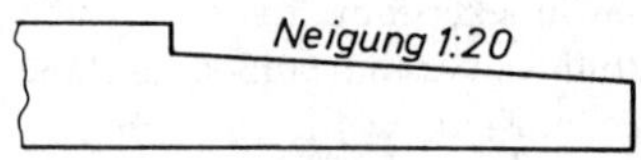

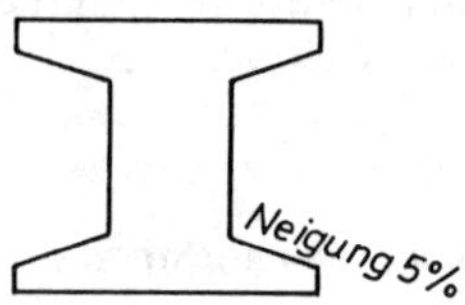

$$\text{Neigung} = \frac{1}{2}\,\text{Verjüngung bzw. Kegel}$$

Berechnung der Neigung

A. Neigung $1:y = \dfrac{a-b}{2L}$

$$1:y = \frac{20-10}{2 \cdot 50}$$

$$1:y = 1:10$$

B. $$1:y = \frac{18-8}{2 \cdot 40}$$

$$1:y = 1:8$$

A

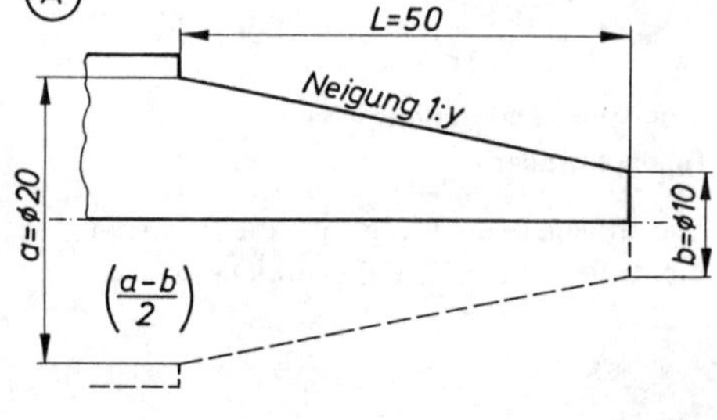

B

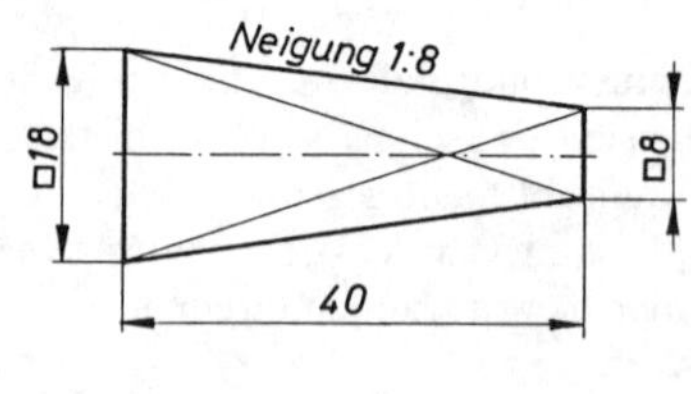

12.8 Bemaßung nach Bezugskanten

12.8.1 Mittellinien und Bezugspunkte

Von der Wahl der Bezugspunkte hängt der Aufbau einer Bemaßung ab. Die Bezugskante ist die bearbeitete Kante, eine unbearbeitete Kante ist als Bezugskante ungeeignet.

Bei A ist die Lage der Bohrungen in bezug auf die linke und untere Kante wichtig (für Bohrtisch mit Koordinatenverschiebung geeignete Bemaßung).

Bei B wird daneben besonderer Wert auf den Mittenabstand *M* gelegt.

Bei C ist der Abstand A der beiden Bohrungen fertigungsbedingt.

Bei D kann nur von einer Bezugskante ausgegangen werden. Die symmetrische Lage der Bohrungen zur senkrechten Mittellinie ist wichtig, außerdem wird auf Einhaltung des Bohrungsabstandes *M* Wert gelegt.

In Beispiel E ist zur Kennzeichnung der mittigen Lage von Bohrungen in Flachstahl und dergleichen das Gleichheitszeichen (=) anzugeben (DIN 406).

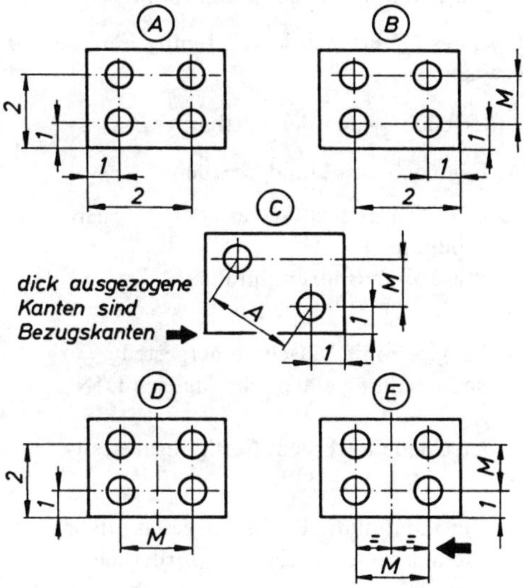

Sollen mehrere mit gleichen Abständen hintereinander liegende Bohrungen unter Berücksichtigung von gleichen Randabständen (*R*) bemaßt werden, so kann

bei *groben* Toleranzen

unter Vermeidung einer «Maßkette» nach F bemaßt werden.

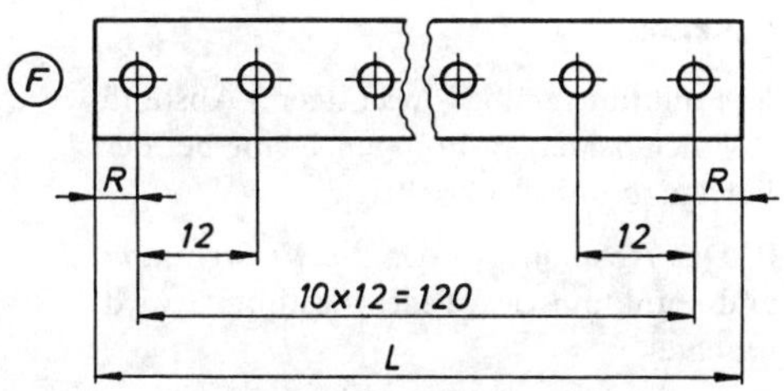

Sind mehrere Bohrungen

mit *genaueren* Toleranzen

herzustellen, so sind diese nach einem Bezugspunkt wie in Figur G zu bemaßen. Der Bezugspunkt (⌖) ist die Bohrungsmitte der Bohrung A. Diese Bemaßung findet im Austauschbau bei kleinen Toleranzen (*t*) Anwendung.

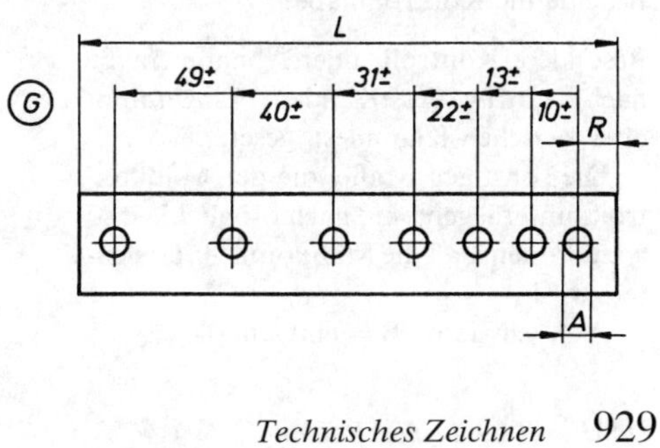

12.8.2 Fertigungs-, Funktions- und Kontrollmaße

Berücksichtige bei der Bemaßung

I. die Fertigungsart: Handarbeit oder Maschinenarbeit
II. das Fertigungsverfahren: handmaschinell oder automatisch = *Fertigungsmaße*
III. den Verwendungszweck des Werkstücks und die Funktion = *Funktionsmaße*
IV. die Maßkontrolle = *Kontrollmaße*

Oberstes Gesetz bei der Fertigung und bei der Konstruktion: «Denke wirtschaftlich und handle ebenso.»

Unterscheide nach der Fertigungsart:

A. Langloch von Hand bearbeitet.

20 = Maß für das Setzen der Körnerpunkte,
8 = Maß für Bohrung und
8 = Maß für Breite feilen.

B. Langloch mit Maschine hergestellt.
Diese Bemaßung entspricht zugleich DIN.

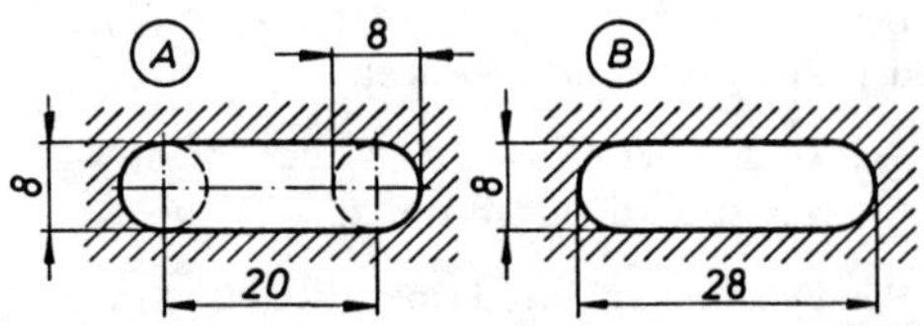

Unterscheide nach dem Fertigungsverfahren:

A. Gewinde auf der Drehbank geschnitten.
Freidrehen handmaschinell erforderlich.

B. Gewinde gewalzt oder gefräst.
Einsparung des Freidrehens.

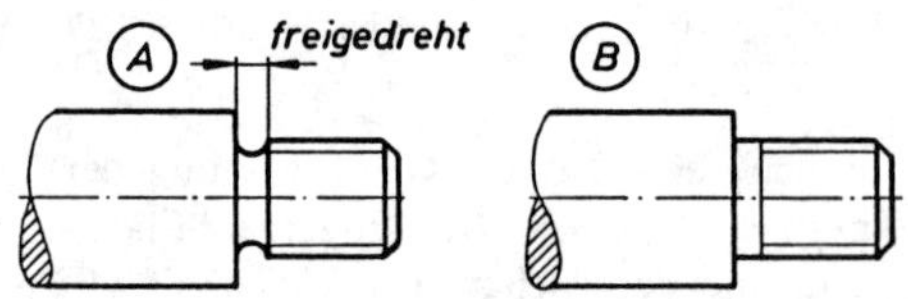

Unterscheide nach Verwendung und Funktion:

A. Funktionsmäßig wichtiger Abstand (14) der beiden Bohrungen bleibt bei der Fertigung unberücksichtigt.

B. Der Abstand 14, der die Verwendung und Funktion des Teiles bestimmt, wird beachtet.

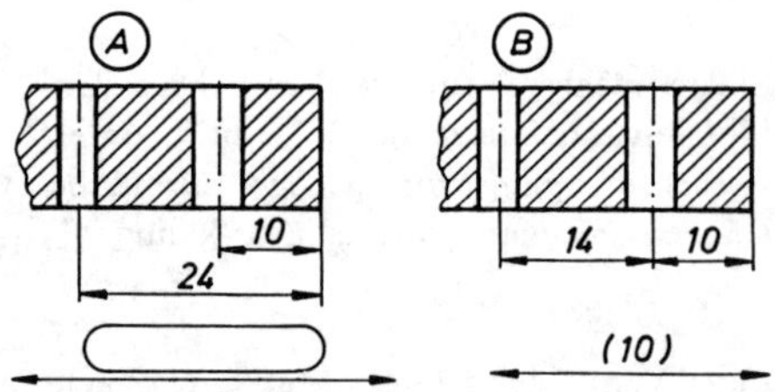

Beachte die Kontrollmaße:

Besondere Kontroll- oder Abnahmemaße nach Auftrag des Kunden: Eingerahmt oder zwischen Klammern gesetzt.

Die sonstigen Maße, die der Maßkontrolle unterliegen, sind nach Möglichkeit so anzuordnen, daß die Maßkontrolle erleichtert wird.

A = schwierig, B = einfacher.

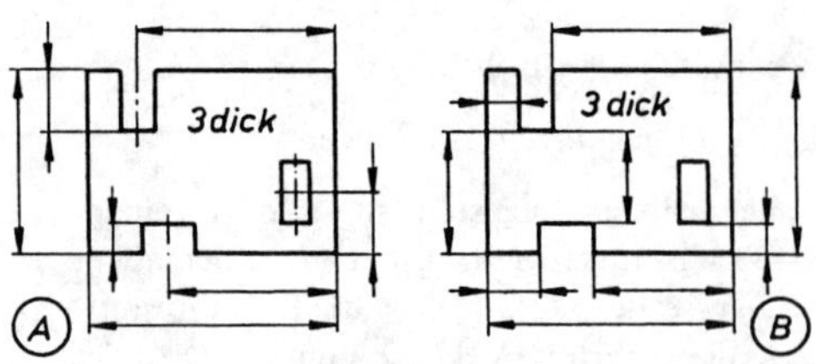

Beachte die Wirtschaftlichkeit:

Herstellung eines Wellenbundes. Vielleicht genügt schon ein Stellring. Arbeitszeitersparnis durch Verwendung von DIN-Teilen.

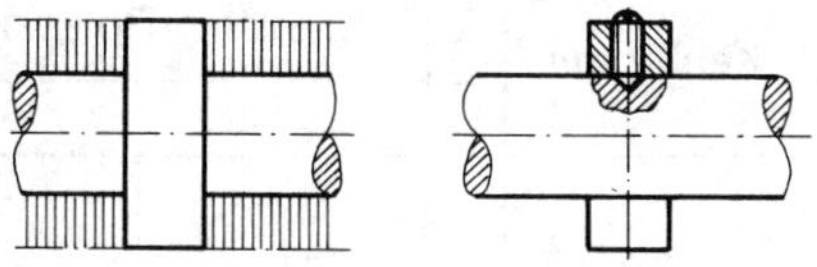

12.9 Kennzeichnung von Schweißnähten

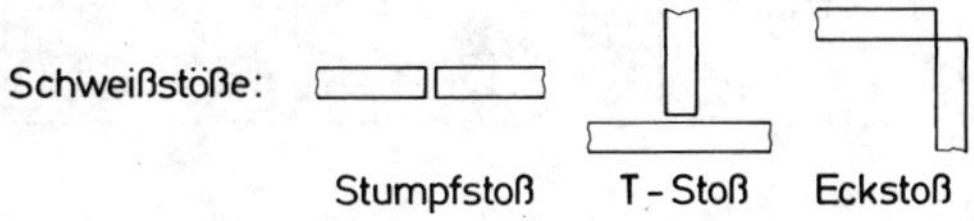

Unter Schweißstoß versteht man die Nahtart, wie die zu verbindenden Teile aneinanderstoßen und wie sie miteinander verschweißt werden.

Im Kfz-Bereich wird am häufigsten der Stumpfstoß, T-Stoß und Eckstoß verwendet. In den nebenstehenden Zeichnungen sind die wichtigsten und häufigsten Nahtarten in ihrer sinnbildlichen und bildlichen Darstellung gezeichnet.

Bei der Stumpfnaht sind

I Naht,
V Naht,
X Naht,
HV Naht,
K Naht dargestellt.

Kehlnähte	Sinnbild	bildliche Darstellung	
		Schnitt	Ansicht
Kehlnaht flach sichtbar	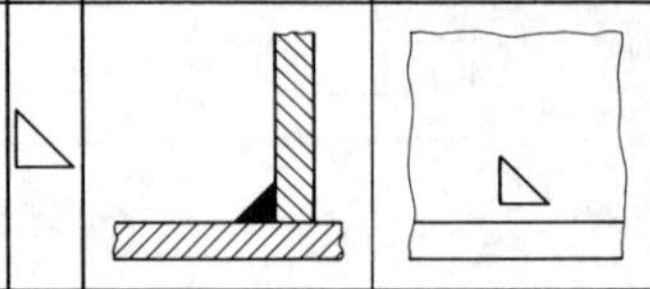		
Kehlnaht unsichtbar	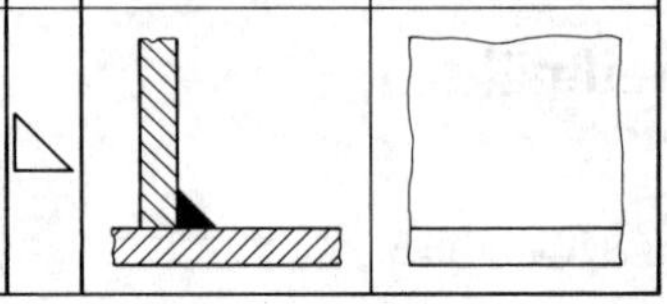		

Kehlnähte	Sinnbild	bildliche Darstellung	
		Schnitt	Ansicht
Doppel-Kehlnaht	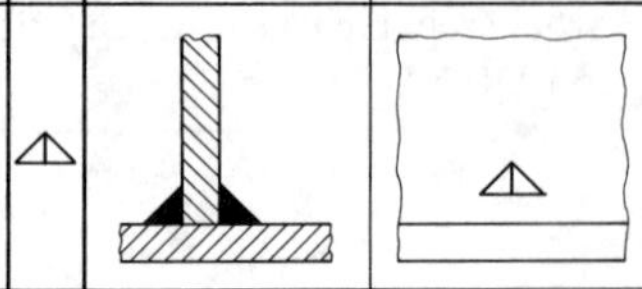		
Kehlnaht umlaufend	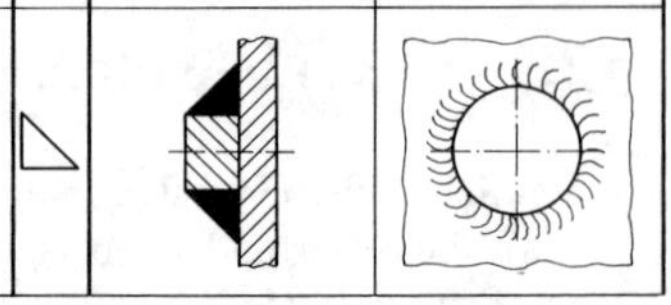		

Bei der Kehlnaht sind:
die sichtbare Kehlnaht, die unsichtbare Kehlnaht, die Doppelkehlnaht, die umlaufende Kehlnaht dargestellt.

Nahtart	bildliche Darstellung	
	Schnitt	Ansicht
Punktnaht, einreihig	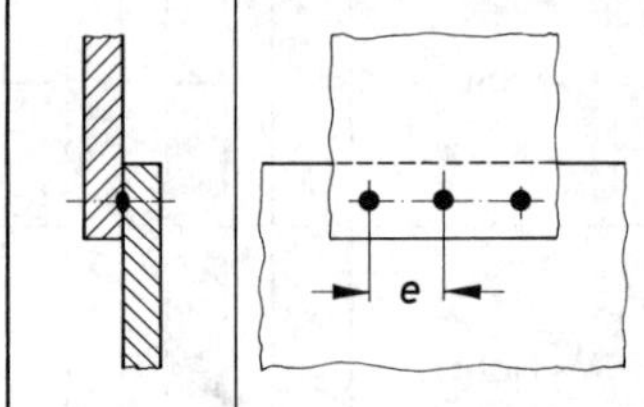	
Punktnaht, zweireihig	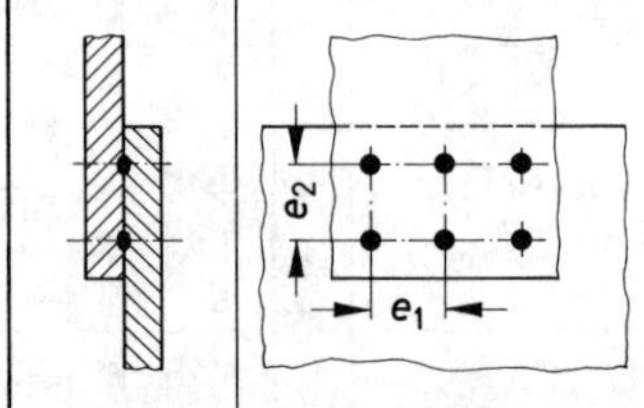	
Punktnaht, zweireihig versetzt	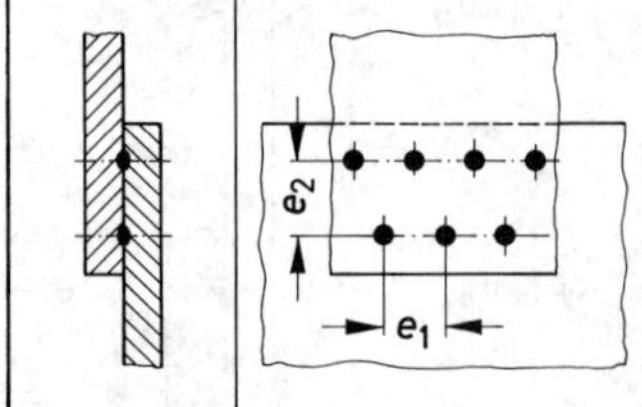	

Ecknaht (äußere Kehlnaht)	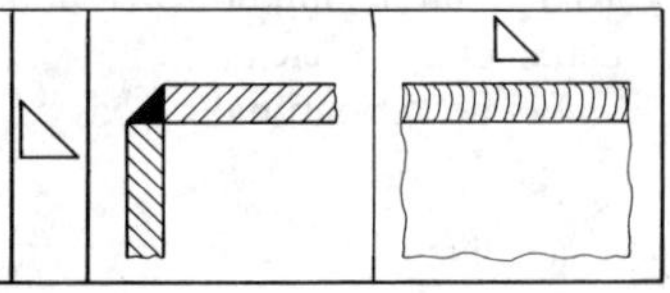		

Die Ecknaht ist als äußere Kehlnaht zu zeichnen.

◄
Die Preß- oder Punktschweißung.
Die zu verbindenden Teile liegen glatt aufeinander. Man verbindet beide Teile durch Schweißpunkte und erhält

eine einreihige Punktnaht
oder
eine zweireihige Punktnaht, die außerdem versetzt durchgeführt werden kann.

12.10 Die Blattgröße bei Zeichnungen

Grundsätzlich werden alle Zeichnungen und Skizzen auf einem DIN-Format angefertigt.

Als Grundlage für die DIN-Papierform dient das Seitenverhältnis $\frac{\text{Breite}}{\text{Länge}} = \frac{1}{\sqrt{2}}$.

Jeder Schnitt teilt dabei das Format in zwei gleich große Teile. Ein weiterer Schnitt in ein Teil des bereits einmal geschnittenen Formats ergibt eine Vierteilung des Ausgangsformats.

Die DIN-Formate (DIN 476)

Format	Benennung	DIN-Reihe A
0	Vierfachbogen	841 × 1189
1	Doppelbogen	594 × 841
2	Einfachbogen	420 × 594
3	Halbbogen	297 × 420
4	Viertelbogen	210 × 297
5	Blatt	148 × 210
6	Halbblatt	105 × 148
7	Viertelblatt	74 × 105
8	Achtelblatt	52 × 74

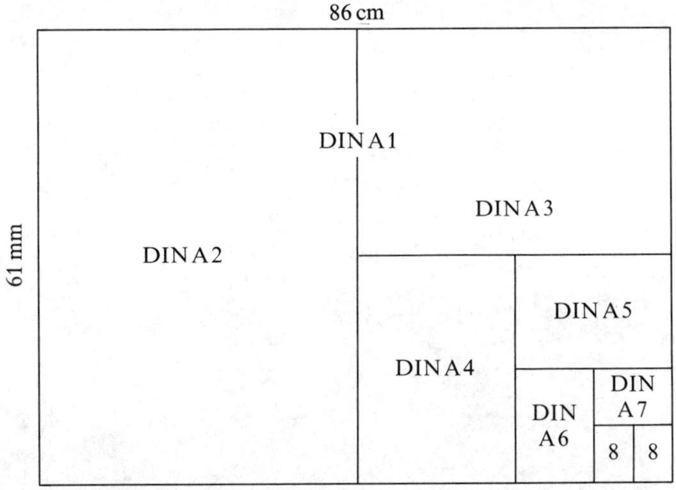

Rohbogen im Format DIN A1

Stichwortverzeichnis

E

G

L

M

S

U

V

W

Meisterlehrwerkstatt für das Kfz-Handwerk

des Kreises Dithmarschen

Postfach 1526, Fernruf 04 81/85 66-0, Fax 04 81-21, 25735 Heide/Holstein

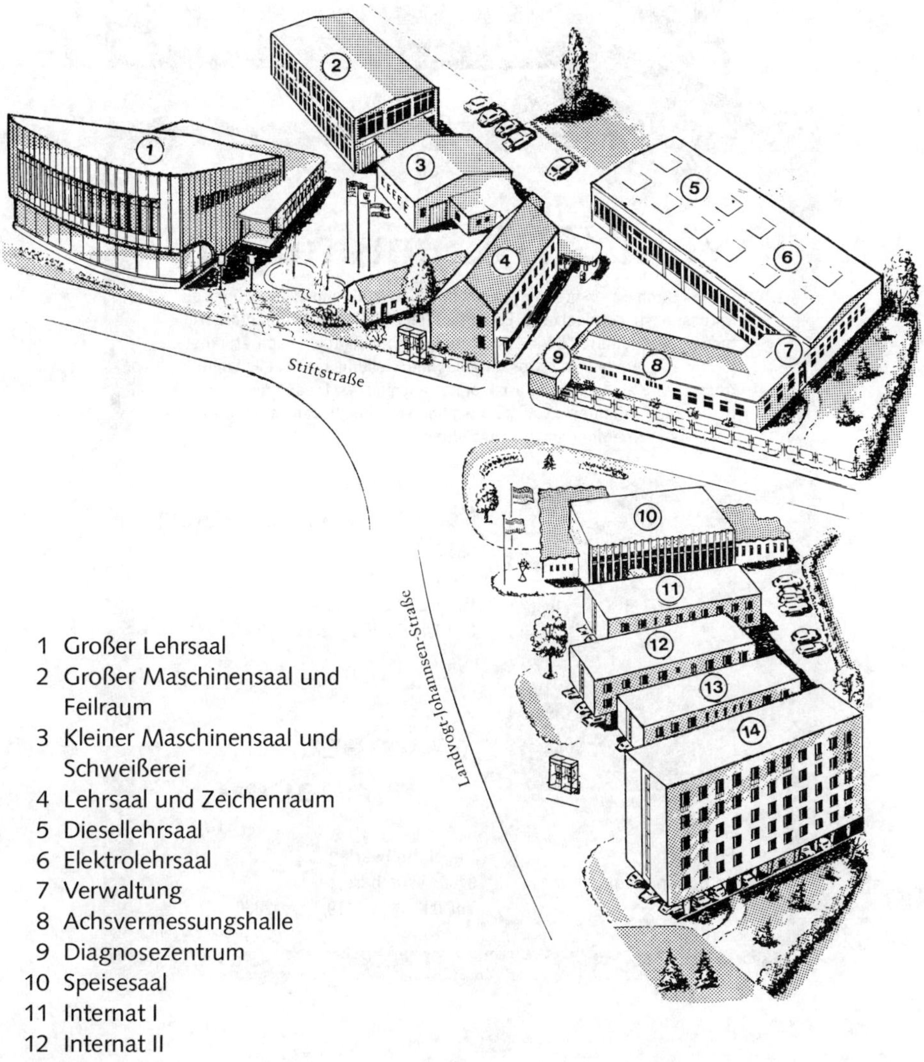

1 Großer Lehrsaal
2 Großer Maschinensaal und Feilraum
3 Kleiner Maschinensaal und Schweißerei
4 Lehrsaal und Zeichenraum
5 Diesellehrsaal
6 Elektrolehrsaal
7 Verwaltung
8 Achsvermessungshalle
9 Diagnosezentrum
10 Speisesaal
11 Internat I
12 Internat II
13 Internat III
14 Internat IV